Gesamtverzeichnis des deutschsprachigen Schrifttums (GV) 1700 – 1910

Bearbeitet unter der Leitung von
Hilmar Schmuck und Willi Gorzny
Bibliographische und redaktionelle Beratung:
Hans Popst und Rainer Schöller

10

Beb - Beh

K·G·Saur München · New York · London · Paris 1979

Redaktion:
Monika Eichler, Ursula Geier, Robert Mittelstaedt, Sabine Nebinger,
Hildegard Roßberg, Hermann Schrott, Brigitte Semmler,
Eva von Troschke, Helga Werner, Gabriele Winter

CIP-Kurztitelaufnahme der Deutschen Bibliothek

Gesamtverzeichnis des deutschsprachigen Schrifttums :
(GV). – München, New York, London, Paris : Saur.
Bd. 1 – 6 bearb. unter d. Leitung von Peter Geils
u. Willi Gorzny.
ISBN 3-598-30000-X

1700 – 1910 / bearb. unter d. Leitung von Hilmar
Schmuck u. Willi Gorzny. Bibliograph. u. red.
Beratung: Hans Popst u. Rainer Schöller

NE: Schmuck, Hilmar [Bearb.]

10. Beb - Beh. - 1979.

Techn. Realisierung und Druck: Norbert Gärtner, Mainz-Kastel
Binden: Karl Schaumann, Darmstadt
Printed in the Federal Republic of Germany
ISBN 3-598-30000-X (Gesamtwerk)

Bebar, Lorenz: Fundamentum scientiarum primum, seu logica usui hodierno accommodata anno 1770. Ed. 3. — Viennae [1770]: Kirchberger. 116 S. 8° **309.**
14.1915

— Institutiones philosophiae rationalis methodo Frid. Christ. Baumeisteri, anno 1777. adornatae. T. 1. — Lincii [1777]: Pramsteidel. 76 S. 8° **302.**
14.1916

Bebauungsplan f. d. alte Bahnhofgelände u. d. Festplatz d. Stadt Karlsruhe. (11 m. 20 Taf.) 33×24,5 cm. Karlsr., CF Müller '12. 2 —

— d. Stadt Danzig 1893. Aufgestellt nach d. Vorschlägen v. Stübben. 1:5000. 40,5×52 cm. Farbendr. Danz. 93, (A Scheinert). n.n. — 50

Ein Bebauungsplan für die Stadt Dresden ⟨innere Stadt⟩. Dresden: Meinhold (1877). 13 S. 4° **14. 90. 106.**
14.1918

Bebauungsplan für die Erweiterung der Stadt Strassburg. 1:5000. 2 Bl. Chromolithogr. Imp.-Fol. Strassburg 880, Schultz und Comp. *

Bebauungsplan für die Erweiterung der Stadt Strassburg. Nach Angaben des Stadt-Bauamtes. 1:5000. 2 Bl. 2. Aufl. Chromolithogr. Imp.-Fol. Strassburg 888, Strassburger Druckerei und Verlagsanstalt. *

Bebauungsplan für die Erweiterung der Stadt Wiesbaden. 1:4000. 2. amtlich revid. Aufl. Genehmigt durch allerh. Cabinetsordre d. d. Bad Gastein 23. Aug. 1871. Chromolithogr. Imp.-Fol. Wiesbaden 879, Limbarth. *

Bebauungs-Plan, neuester, von Berlin mit nächster Umgebung und Angabe des Weichbildes und Polizei-Bezirksgrenzen. 1:12,500. 4 Bl. Fol. Berlin 868, Schropp'sche Landkartenh. *

Bebauungsplan der Ringstrasse zu Dresden. Von den königl. und städt. Behörden genehmigt. 1:1820. Chromolithogr. Imp.-Fol. Dresden 886, Warnatz und Lehmann. *

Bebauungsplan v. Rixdorf. 1:4000. 2 Bl. Berl. 890, D. Reimer * 8 —

— v. Schöneberg, Kreis Teltow. Festgesetzt durch d. Gemeinde u. Amtsvorstand. Section I—III, IIIa u. IV—VII. 1:4000. 3 Bl. Autogr. Berl., (D Reimer). à Bl. n.n. 2.50
I, II. Förmlich festgestellt am 14. März 1891. 98×78 cm.
III, IIa, V. Festgesetzt im J. 1884. 89×52 cm.
IV, VI u. VII. Festgesetzt im J. 1884, bezw. 1892 u. 1893. 47×57 cm.

Bebauungsplan v. Schöneberg. 3 Bl. in Autogr. 1:4000 Berl. 890—92, D. Reimer. à Bl. * 2 50

Schwedt s. [18.] Karte d. Deutschen Reiches. 217. — Messtischbätter.

Bebauungsplan des westlichen Stadtfeldes der Stadt Magdeburg. 1:4000. Farbendr. 63×44,5 cm. Magdeb. 891, (Rathke).

Bebauungsplan von Steglitz. 4 Blatt. (80×58 cm.) 1:2500. Berl. 892, D. Reimer. * 12 —

—— der Umgebungen Berlins. Genehmigt durch Allerhöchste Cabinesordre vom 27. Jan. und 26. Juli 1862. 17 Bl. Sect. 1—4. 6—17. 1:4,000. Berlin 871—75, D. Reimer. à Bl. **

—— dass. — Sect. 5. 1:6,250. Ebendas. 875.

Bebauungsplan der Umgebungen Berlins. Genehmigt durch Allerhöchste Cabinets-Ordres. 1:4000. Sect. 1—4, 6—9, 10 I und II, 11, 12, 13 I und II, 14 und 15. Revid. in den J. 1886—1888. Lithogr. und color. Imp.-Fol. Berlin, D. Reimer. à Sect. **

—— dass. — 5. Abthl.: Charlottenburg. 1:6250. Revid. im J. 1885 und 1888. Lithogr. und color. Imp.-Fol. Ebendas. **

Bebauungsplan der Umgebungen Berlins. Genehmigt durch Allerhöchste Cabinets-Ordres. 1:4000. Abthl. 1—4, 7, 8, 10. 11, 12 u. 14. Neue bericht. Ausg. Lithogr. u. color. Imp.-Fol. Berl. 889—91, D. Reimer. à Abthl. ** 2 —

—— dass. — 5. Abtl.: Charlottenburg. 1:6,250. Neue Ausg. 1889. Lithogr. u. color. Ebd. 889. ** 3 —

Bebauungsplan d. Umgebgn Berlins. Rev. in d. J. 1891—1894. Abth. III—VII u. X, 1. Lith. u. kol. Berl. 91—94, D Reimer. n.n. 13 —
III. 1:4000. 75,5×60 cm. n.n. 2 — ‖ IV. 1:4000. 60×75,5 cm. n.n. 2 — ‖ V. Charlottenburg (Westend). 1:6250. 80,5×98 cm. n.n. 8 — ‖ VI. 1:4000. 60×75,5 cm. n.n. 2 — ‖ VII. 1:4000. 63,5×92,5 cm. n.n. 2 — ‖ X, 1. 1:4000. 73,5×97 cm. n.n. 2 —

Bebauungsplan d. Umgebgn Berlins. Abth. VI, XI, XIII Sect. 2 u. XIV. 1:4000. Farbdr. Berl., (D Reimer). Je nn 2 —
VI. Rev. im J. '02. 47×67 cm. ‖ XI. Rev. im J. '03. 80×55 cm. ‖ XIII, 2. Rev. im J. '02. 56×82 cm. ‖ XIV. Rev. im J. '05. 64,5×80,5 cm.

Bebauungsplan d. Umgebgn Berlins. Abtlg. X, 2. Rev. im J. 07. 1:4000. 53×76 cm. Farbdr. Berl., D Reimer '07. nn 2 —

Bebbelius, Henricus s. *Bebel*, Heinrich.

Bebber, August: Der Weinbau im Saale- und Unstrut-Tale. Halle (Saale): Thiele 62 S. Aus: Monatsschrift für Obst-, Wein- und Gartenbau der Landwirtschaftskammer für die Provinz Sachsen zu Halle a.S.

Bebber, H. v., De Thucydidis ingenio brevis adumbratio. Pr. 1868. 12 S. 4°.

Bebber, Hans van: Die Feuchtigkeitsverhältnisse von Putbus a. Rügen. ⟨1854—1903.⟩ Ein Beitr. z. Klimatol. d. deutschen Ostseeländer. Greifswald 1909: Abel. 72 S. 8° ¶ (Aus: Jahresbericht d. Geogr. Gesellsch. zu Greifswald. 12.)
Greifswald, Phil. Diss. v. 1. Sept. 1909, Ref. Braun
[Geb. 26. Juni 83 Hamburg; Wohnort: Altona-Ottensen; Staatsangeh.: Preußen; Vorbildung: Gymn. Altona Reife O. 05; Studium: Marburg 3, Berlin 1, Greifswald 3 S.; Rig. 2. März 09.] [U 10. 1598

Bebber, Heinr. van Realkatalog der Schülerbibliothek des Progymnasiums zu Andernach. 15 S. Progr. *Andernach* 1877.

Bebber, J. van s. *Bebber*, Wilhelm Jakob van.

Bebber, Ida T.: Familie Langschwanz. Eine Mäusegeschichte. — Berlin: Stankiewicz 1905. 15 Bl. quer-4° **1: quer-4° Yo 30504.**
14.1919

Bebber, Johann van: Zur Chronologie des Lebens Jesu. Eine exegetische Studie. — Münster: Schöningh 1898. 187 S. 8° **1: Bq 3433. 3. 5. 6. 12:** B. hist. 10 ym. **15. 19. 20. 21. 24. 26. 28. 29. 102. 214. 302. 303.**
14.1920

— [Übers.] s. *Nepveu*, François: Geist des Christenthums oder Nachfolge Christi [L'Esprit du christianisme ou la conformité du chrétien avec Jésus-Christ, deutsch]. 1879.

Bebber, Johann Baptist: Als der allerdurchläuchtigste, großmächtigste und unüberwindlichste Fürst und Herr, Herr Carolus der Siebente, Römischer König und des Teutschen Reichs Kayser ... im Jahr Christi 1742 ... gekrönet worden; hat ein ... Rath der Freyen-Reichs Stadt Cölln am Rhein seine ... Ehrenbezeugung ... durch gegenwärtige Freuden-Vorstellungen ... und Illuminationen offenkündig machen sollen; auf obrigkeitliche Verordnung verf. — (Cölln 1742: Schauberg.) 8 S. 4° **26. 38. 211.**
14.1921

(—) Schens- und merckwürdigste Beleuchtung in des Heyligen Römischen Reichs Freyer Stadt Cöllen. Welche, nachdem ... Herr Franciscus Primus, Herzog zu Lothringen u. Baar ... zum Kayser gecrönet worden, ein ... Magistrat allhier ... auffs herrlichste und zu jedermanns ergötzlicher Bewunderung vorstellen lassen. — (Cölln 1745: Schauberg.) 10 S. 4° **38.**
14.1922

— Ovidius christianus sive B. Thomae a Kempis, De imitat. Christi libri 4, versu, quantum licuit, Ovidiano redditi. — [Köln 1734.] 312 S. 8° **1: Eq 4514. 2. 6. 18. 36. 38. 52.**
14.1923

— — Ovidius christianus sive B. Thomae à Kempis De imitatione Christi libri 4 aurei, stylô Ovidianô sic redditi, ut asceta simul & poëta sed christianus appareat. — Coloniae a. Rh.: Schauberg 1742. 312 S. 8° 6. 12: P. lat. 1227. 17.
14.1924

[—] Synopsis oder Begriff des Schau-Spiels. Der wegen verübten Frevels, mit dem grossen F. bezeichneter Foebus [Phoebus], oder der seines aygenen Nahmens sich schämende, neu-sachsische teutsche Michel ... Auffgefuhret an Sant Michels Tag, auff der Schau-Bühne des Welt berühmtesten Parnasses, ohnweit der Dülckener Wind-Mühle durch J.B.B. — Cöllen: C. Müller 1750. 8 S. 8° 38.
14.1925

Bebber, Robert van, approb. Arzt aus Rees a. Rh.: Über Totalresection langer Röhrenknochen bei acuter eitriger Osteomyelitis. *Greifswald 1902: J. Abel.* (23 S.) 8°
Greifswald, Med. Diss. v. 2. Mai 1902

Bebber, Wilhelm Jakob van: Anleitung zur Aufstellung von Wettervorhersagen für alle Berufsklassen, insbes. für Schule u. Landwirtschaft. — Braunschweig: Vieweg 1902. VI,38 S. 8° 1: Mz 22984. 6. 7. 12: Phys. sp. 41 ys. 14. 23. 29. 33. 44. 60. 62. 79. 84. 86. 89. 107. 117. 121. 202. 207. 210. 302→305.
14.1926

Bebber, W. J. van, Anleitung zur Aufstellung v. Wettervorhersagen f. alle Berufsklassen, insbes. f. Schule u. Landwirtschaft, gemeinverständlich bearb. 2. rev. Aufl. (VI, 88 S. m. 16 Abbildgn.) gr. 8. Braunschweig 908. F. Vieweg & Sohn. — 60

— Barometer und Wetter. — Hamburg 1904: Hammerich & Lesser in Altona. 17 S. 4° (Aus d. Archiv d. Deutschen Seewarte. 27,2.) 1: 4° Hz 14725–27,2. 4. 7. 8. 10. 11. 12: 4° Phys. sp. 8 h–27,2. 16. 18. 25. 27. 30. 39. 46. 90.
14.1928

Bebber, W. J. van, Beitrag zur Kenntniss d. täglichen Periode der Windgeschwindigkeit an unserer Küste. [Aus: „Nova acta der Kaiserl. Leop.-Carol. Deutschen Akademie der Naturforscher".] gr. 4. (5 S.) Halle 889. (Leipzig, Engelmann.) n. — 50

— Beiträge zur Kenntniss der Windverhältnisse an der deutschen Küste. — Hamburg 1890: Hammerich & Lesser in Altona. 22 S. 4° (Aus d. Archiv d. Deutschen Seewarte. 13,5.) 1: 4° Hz 14725–13,5. 4. 7. 8. 10. 11. 12: 4° Phys. sp. 8 h–13,5. 16. 18. 25. 27. 30. 39. 46. 89. 90.
14.1929

Bebber, W. J. van, d. Beurtheilung d. Wetters auf mehrere Tage voraus. gr. 8. (52 S. m. Fig.) Stuttgart 896. F. Enke. n. 1. —

— Uns. Erde, s.: Waagen, Luk.

Bebber, J. van, Ergebnisse der Sturmwarnungen im J. 1889 nach Anemometer-Angaben bearb. u. Bestimmung der unteren Grenze für stürmische Winde. Hamburg 1890. Lex.-8.
Ist: Monatsber. d. d. Seewarte. Jbg. 11. 1890. Beiheft 2.

—— Ergebnisse der Sturmwarnungen in d. J. 1889 u. 1891,
—— Die Ergebnisse der Wetterprognosen in d. J. 1886—1889,
} s. Monatsbericht d. deutschen Seewarte.

— die Ergebnisse der Wetterprognosen im J. 1886 nach den tabellarischen Zusammenstellungen in den Monatsberichten der Deutschen Seewarte 1886. [Beiheft z. Monatsbericht d. Deutschen Seewarte.] Lex.-8. (22 S.) Hamburg 887. (Friederichsen & Co.) n.n. — 50

— Die Ergebnisse der Wetterprognosen im Lustrum 1886–1890 nach den tabellar. Zusammenstellungen in den Monatsberichten der Deutschen Seewarte für das Lustrum 1886–1890. — Hamburg 1891: Hammerich & Lesser in Altona. 28 S. 4° (Monatsbericht d. Deutschen Seewarte. 15,Beih. 3.) 1: Mz 21207–15,3. 4. 7. 8. 9. 16. 25. 90.
14.1931

— Wissenschaftliche Grundlage einer Wettervorhersage auf mehrere Tage voraus. [Nebst] Weitere Folge. — Hamburg 1899–1901: Hammerich & Lesser in Altona. 4° (Aus d. Archiv d. Deutschen Seewarte. 22,5. 24,2.) 1: 4° Hz 14725–22,5; 24,2. 4. 7. 8. 10. 11. 16. 18. 25. 27. 30. 39. 46. 90.
14.1932

Bebber, W. J. van, Handbuch der ausübenden Witterungskunde. Geschichte u. gegenwärt. Zustand der Wetterprognose. 2 Thle. Mit Holzschn. gr. 8. Stuttgart. Enke. n. 19. —
1. Geschichte der Wetterprognose. (X, 392 S.) 885. n. 8. —
2. Gegenwärtiger Zustand der Wetterprognose. Mit e. Vorwort v. Buys Ballot. (X, 503 S.) 886. n. 11. —

— Die Isobarentypen des Nordatlantischen Ozeans und Westeuropas, ihre Beziehungen zur Lage und Bewegung der barometrischen Maxima und Minima. Bearb. von W. J. van Bebber u. W. Köppen. — Hamburg 1895: Hammerich & Lesser in Altona. 27 S. 4° (Aus d. Archiv d. Deutschen Seewarte. 18,4.) 1: 4° Hz 14725–18,4. 4. 7. 8. 10. 11. 12: 4° Phys. sp. 8 h–18,4. 16. 18. 25. 27. 30. 39. 46. 84. 90.
14.1934

— Katechismus der Meteorologie. 3. Aufl., gänzl. umgearb. — Leipzig 1893. XII,259 S. 8° (Webers illustrierte Katechismen. 60.) 1: Ag 7200/20³–60. 14. 15. 16. 22. 24. 30. 60. 79. 84. 91. 109. 210.
14.1935

— Katechismus der Meteorologie. 3. Aufl., gänzlich umgearb. v. W. J. van B. 12. (XII, 259 S. m. 63 Abbildgn.) Leipzig 893. J. J. Weber. Geb. in Leinw. n 3. —
2Bs zur 2. Aufl. bearb. v. H. Gretschel.

— Lehrbuch der Meteorologie für Studierende u. zum Gebrauche in d. Praxis. — Stuttgart: Enke 1890. XII,391 S. 8° 1: Mz 2229. 2→7. 10. 11. 12: Phys. sp. 41 yl. 15. 18. 22. 24. 26. 33. 43. 53. 88→91. 93. 109. 121. 201. 205. 207. 302. 303. 305.
14.1936

— Hygienische Meteorologie. Für Ärzte u. Naturforscher. Stuttgart: Enke 1895. X,330 S. 8° 1: Ik 337. 5. 7. 8. 9. 12: Phys. sp. 41 yo. 14. 15. 16. 20. 21. 22. 24. 25. 26. 45. 46. 83. 91. 106. 202. 210. 300: 190.849–B. 302. 305.
14.1937

Bebber, W. J. van, Dr., Die allgemeinen Niederschlags-Verhältnisse mit besonderer Berücksichtigung Deutschlands. (Separat-Abdruck aus Wollny, Agrikulturphysik.) (13534)

— Vergleichende Regenmessungen an der Deutschen Seewarte. — Hamburg 1895: Hammerich & Lesser in Altona. 14 S. 4° (Aus d. Archiv d. Deutschen Seewarte. 18,3.) 1: 4° Hz 14725–18,3. 4. 7. 8. 10. 11. 12: 4° Phys. sp. 8 h–18,3. 16. 18. 25. 27. 30. 39. 46. 84. 90.
14.1938

Bebber, J. van, Regentafeln f. Deutschland. Mittlere Regenhöhen bis 1873 incl. in Millimetern. [Aus: „Die Regenverhältnisse Deutschlands".] Lex.-8. (23 S.) Kaiserslautern 876. Muschi. 1. 80

— Die Regenverhältnisse Deutschlands. — München: Ackermann 1877. 121 [vielm. 122] S. 4° 1: Mz 21210. 2. 3. 5. 6. 8. 9. 10. 12: 4° Phys. sp. 15 p. 19. 21. 24. 26. 29. 41. 45. 83. 84. 89. 90. 205. 210. 303.
14.1939

— Das Sturmwarnungswesen an den deutschen Küsten. Berlin: Dümmler 1891. 32 S. 8°
Erschien zuerst in: Naturwissenschaftliche Wochenschrift. 6. 1891.
(Allgemein-verständliche naturwissenschaftliche Abhandlungen. 10.) 51. 210.
14.1940

(—) Veröffentlichungen von Prof. Dr. Wilhelm Jakob van Bebber, Abtheilungs-Vorstand der Deutschen Seewarte. — Altona: Hammerich & Lesser 1896. 16 S. 8° 1: At 9500. 3. 4. 5. 7→10. 12: Biogr. 78 d. 15. 16. 18. 19. 21. 25. 26. 27. 29. 38. 90. 205.
14.1941

— Das Wetter in den barometrischen Maxima. — Hamburg 1892: Hammerich & Lesser in Altona. 23 S. 4° (Aus d. Archiv d. Deutschen Seewarte. 15,4.)
1:4° Hz 14725–15,4. 4. 7. 8. 10. 11. 12:4° Phys. sp. 8 h–15,4. 16. 18. 25. 27. 30. 39. 46. 84. 89. 90.
14.1942

— Zur Wetterprognose. Sep.-Abdr. aus der deutschen Revue. 1879.

Bebber, Wilhelm Jakob van

—— Die Wettervorhersage. Eine prakt. Anleitg. zur Wettervorhersage auf Grundlage der Zeitungswetterkarten u. Zeitungswetterberichte f. alle Berufsarten. Im Auftrage der Direktion der deutschen Seewarte bearb. Mit zahlreichen Beispielen u. 103 Abbildgn. gr. 8. (XII, 171 S.) Stuttg. 891, Enke. * 4 —

— D. Wettervorhersage. E. gemeinverständl. prakt. Anleitg. z. Wettervorhersage a. Grundlage d. Zeitungs-Wetter-Karten u. Zeitungs-Wetterberichte f. alle Berufsarten. Im. Auftr. d. Direktion d. deutschen Seewarte bearb. M. zahlr. Beispielen u. 126 Abb. 2., verb. u. verm. Aufl. gr. 8. (XVI, 219 S.) Ebd. 898. n. 5. –

— Die strengen europäischen Winter vom Jahre 1829 bis 1871. — Kaiserslautern: Rohr 1872. 38 S. 8°
Erschien zuerst als Diss. Jena 1871. 17. 90. 205. 304.
14.1945

—— dass. — Neue unveränd. Ausg. gr. 8. (88 S.) Kaiserslautern 874, Muschi. *

—— Neue, unveränd. Ausg. Kaiserslautern: Muschi 1875. 38 S. 8° 17. 19. 91.
14.1946

— Typische Witterungs-Erscheinungen. [Nebst] Weitere Folge. — Hamburg 1882–86: Hammerich & Lesser in Altona. 4° (Aus d. Archiv d. Deutschen Seewarte. 5,3. 9,2.)
1:4° Hz 14725–5,3; 9,2. 4. 7. 10. 11. 12:4° Phys. sp. 8 h–5,3; 9,2. 16. 18. 27. 30. 46. 89.
14.1947

—— die moderne Witterungskunde, s. Sammlung gemeinnütziger Vorträge.

— Die moderne Witterungskunde. — (Prag: Deutscher Verein zur Verbreitung gemeinnütziger Kenntnisse [1878].) 31 S. 8° (Sammlung gemeinnütziger Vorträge. 42.43.)
1:Ag 309–42.43. 6. 47. 207. 300:393.143–B. 42.43. 304. 305.
14.1948

— Die Wolken als Wettersignale. Sep.-Abdr. a. d. deutsch. Revue. 1883.

Bebecus, Emericus, et Joannes Zápolya, Roxiae gubernatores, a Ludovico I. Hungariae rege constituti . . . S. l. 1723. V: *Kovacs, Paul.* (Jes)

Bebel. —
August Bebel der Arbeiter-Bismarck. Von e. Socialisten. Berlin: Küchenmeister [1892]. 30 S. 8°
1:Rz 14026. 11. 14. 17. 60. 106. 205.
14.1949

—— Berlin: Berliner Volksverl. [1892]. 30 S. 8° 109.
14.1950

Bebel. — A. Bebel und sein Evangelium. 1885 s. *Ley,* Konrad Albrecht.

Bebel! Bebel! Gieb uns das Verlor'ne wieder. — (Dresden: Heymann [1877].) 1 Bl. quer-2° 14.
14.1953

— im Lichte d. Bibel. D. Sozialismus u. d. Frau in Vergangenheit, Gegenwart u. Zukunft. Von Germanicus. 1. Tl. gr. 8. (XV, 201 S.) Leipzig 898. A. Deichert Nachf. n. 2. 60

Bebel im Lichte der Bibel, 2. Tl., s.: Sozialismus, der, u. die Frau.

Bebel contra Reichensperger. Amtlicher stenographischer Bericht d. deutschen Reichstages. — Köln 1884: Winz. 54 S. 8° 1:Rz 14025/950–14.
14.1954

Bebel, d. Sozialdemokrat Aug., als Denunziant preuss. Offiziere. Von e. Offizier. 8° (18) Berl. 97, Militär-Verl. R Felix. nn — 35

— Und Bebel sprach! 1893 u. ö. s. *Crome*-Schwiening, Karl.

— u. sein „Zukunftsstaat" vor dem Reichstag. Nach den stenograph. Berichten der Verhandlgn. des Reichstags vom 12., 13., 14. u. 31. Jan. u. 3., 4., 6. u. 8. Febr. 1893, nebst Erläutergn. Hrsg. im Auftrage des Volksvereins f. das kathol. Deutschland. gr. 8. (168 S.) Köln 893. (J. P. Bachem.) n. — 50

Bebel, August

— 'Innungsmeister' Ackermann und die Befugniß zum Halten von Lehrlingen. Rede d. Reichstagsabgeordn. Bebel. Mit e. Anh.: Rede des Reichstagsabgeordn. W. Blos zur 3. Lesung des Unfallversicherungs-Gesetzes. — Nürnberg: Grillenberger [1884]. 16 S. 8° 109.
14.1958

Bebel, Aug., Akademiker u. Sozialismus. E. Vortrag, geh. in d. öff. Studenten-Versammlg. a. 14. XII. 1897 in Kellers Fest-Sälen z. Berlin. gr. 8. (14 S.) Berlin 898. Verlag d. sozialist. Monatshefte. n. — 50

Bebel, Aug., Akademiker u. Sozialismus. 2., verb. Aufl. (27 S.) gr. 8. Berlin 906. Verlag der sozialist. Monatshefte. n. — 60

— Antrag und Reden der Reichstagsabgeordneten Bebel und Liebknecht gegen die preußische Annexions-Anleihe von 100 Millionen Thalern. — Crimmitschau: Junghahn, Stolle & Co. [1870]. 18 S. 8° 1:Rz 14025/950–1. 15 [unvollst.]
14.1963

—— Leipzig: Thiele [1870]. 18 S. 8°
1:Rz 14025/950–2. 36. 106.
14.1964

— [Hrsg.] s. *Arbeiterschutz-Heuchelei,* Die, der bürgerlichen Parteien im Reichstage. 1896.

— Attentate und Sozialdemokratie. Nach e. Rede. — Berlin: Vorwärts 1898. 16 S. 8°
1:Fc 8452. 47. 60. 106. 109. 203.
14.1965

— Attentate u. Sozialdemokratie. Nach e. Rede, geh. am Mittwoch, den 2. XI. zu Berlin. 2. durchgeseh. Aufl. m. e. Nachwort. (23 S.) 8. Berlin 905. Buchh. Vorwärts. n. — 20

Bebel, Aug., der deutsche Bauernkrieg mit Berücksicht. der hauptsächlichsten sozialen Bewegungen des Mittelalters. gr. 8. (IV, 230 S.) Braunschweig 876, Bracke jun. *

Bebel, August: [Werke, Ausz.] Gegen Bebel! Die verwerflichen Ziele Bebel's u. der Sozialdemokratie. — Berlin: Gensch 1883. 13 S. 8° 12:36/11. 41.
14.1957

(—) Herr Professor Birnbaum als Gründer und als 'Nationalökonom'. — (Glauchau [1877]: Genossensch.-Buchdr.) 1 Bl. 4° 14.
14.1972

Bebel, Aug., Christenthum u. Sklavenfrage, s.: Lieber.

Bebel, Aug., s.: Christenthum u. Sozialismus.

— Die Entwicklung Frankreichs vom 16. bis gegen Ende des 18. Jahrhunderts. — Leipzig: Genossenschaftsdr. 1878. 47 S. 8° **1:Re 434. 14. 21. 30. 52. 109. 203. 208. 302.**
14.1973

— Festrede zum IV. Stiftungsfest des Fachvereins der Tischler zu Dresden am 12. Oktober 1886 in der Zentralhalle. — Dresden: Schönfeld & Harnisch [1886]. 16 S. 8° **109.**
14.1974

— — 2. Aufl. Ebd. [1886]. 16 S. 8° **14. 15. 31. 106.**
14.1975

(—) Herr Findel und die Sozialdemokratie. — (Leipzig [1880]: Genossenschaftsbuchdr.) 1 Bl. 2° **14. 106.**
14.1976

[—] Fort mit dem Militarismus! Ein Mahnwort an d. Reichstagswähler gegen d. Militär-Vorlage. — Berlin: Vorwärts 1893. 32 S. 8° **1:Sa 7797/93. 106. 109. 203.**
14.1977

— Charles Fourier. Sein Leben u. seine Theorien. — Stuttgart: Dietz 1888. 311 S. 8° (Internationale Bibliothek. 6.) **1:Ag 7214/5–6. 3. 6. 8. 11. 12:Pol. g. 1040n–6. 14. 15. 17. 18. 20. 22. 25→28. 30. 39. 41. 43. 47. 48. 60. 64. 106. 109. 203. 205. 208. 300:391.897–B.Per. 1,6.**
14.1978

— — Ebd. 1890. 311 S. 8° (Internationale Bibliothek. 6.) **1:As 7759. 29. 60. 61. 117. 302.**
14.1979

Bebel, A., Charles Fourier. Sein Leben u. seine Theorien. Mit e. Portr. Fouriers u. e. Abbildg. des Phalanstères. 3. Aufl. (XVI, 271 S.) 8. Stuttgart 907. J. H. W. Dietz Nachf. 2. —; geb. 2. 50

— Die Frage der Taktik. Reden der Abgeordneten Bebel u. v. Vollmar. — München: Birk [1903]. 72 S. 8° **12:Pol. g. 42 me. 19. 64. 109. 203.**
14.1982

— Die Frau und der Sozialismus. — Zürich: Volksbuchh. 1879. 180 S. 8° **1:No 4317. 14. 30. 31. 32. 106. 109. 203.**
14.1983

Bebel. Die Frau und der Socialismus. In-8°. 180 S. Hottingen-Zürich, Volksbuchhandlung. 2 —
1881

Bebel, August. Die Frau und der Sozialismus.
Die 1. Auflage (Zürich 1883) hiess "Die Frau in Vergangenheit, Gegenwart und Zukunft".

— — Die Frau und der Sozialismus. ⟨Die Frau in d. Vergangenheit, Gegenwart u. Zukunft.⟩ 9., umgearb. Aufl. — Stuttgart: Dietz 1891. XVI,382 S. 8°
Diese u. die folgenden bei Dietz in Stuttgart erschienenen Ausgaben bilden Bd 9 d. Sammlung Internationale Bibliothek. Der Serientitel fehlt aber in d. meisten Exemplaren.
1:No 4318⁹. 2. 3. 5. 7. 11. 12:Pol. g. 42 m [2 Ex.] 14. 15. 18. 22. 24. 27. 30. 31. 32. 35. 38. 41. 43. 44. 46. 60. 106. 109. 121. 203. 205. 208. 211. 302. 309.
14.1991

— — 10. Aufl. Ebd. 1891. XVI,382 S. 8° **4. 5. 8. 12:Pol. g. 1121 i. 14. 16. 26. 28. 30. 33. 34. 36. 38. 39. 41. 43. 45. 46. 51. 60. 64. 79. 84. 93. 109. 169. 206. 207. 211. 308.**
14.1992

— — 11., neubearb. Aufl. Ebd. 1892. XX,386 S. 8° **9. 24. 27. 32.**
14.1993

— — 12., unveränd. Aufl. Ebd. 1892. XX,386 S. 8° **25. 53.**
14.1994

— — 13., unveränd. Aufl. Ebd. 1892. XX,386 S. 8° **17. 52.**
14.1995

— — 14., unveränd. Aufl. Ebd. 1892. XX,386 S. 8° **12:Pol. g. 1122 g. 22. 304.**
14.1996

— — 15., unveränd. Aufl. Ebd. 1892. XX,386 S. 8° **17. 24 [unvollst.] 123.**
14.1997

— — 16., unveränd. Aufl. Ebd. 1892. XX,386 S. 8° **2. 16. 29. 61.**
14.1998

— — 17., unveränd. Aufl. Ebd. 1893. XX,386 S. 8° **1:No 4318¹⁷. 47. 79.**
14.1999

— — 18., unveränd. Aufl. Ebd. 1893. XX,386 S. 8° **6. 26. 33. 308.**
14.2000

— — 19., unveränd. Aufl. Ebd. 1893. XX,386 S. 8° **14. 15. 19.**
14.2001

— — 20., unveränd. Aufl. Ebd. 1893. XX,386 S. 8° **7. 211.**
14.2002

— — 21., unveränd. Aufl. Ebd. 1893. XX,386 S. 8° **3. 23.**
14.2003

— — 23., unveränd. Aufl. Ebd. 1894. XX,386 S. 8° **10. 17.**
14.2004

— — 24., unveränd. Aufl. Ebd. 1894. XX,386 S. 8° **20.**
14.2005

— — 24., unveränd. Aufl. Ebd. 1895. XX,386 S. 8° **25. 36. 64.**
14.2006

— — Die Frau und der Sozialismus. Vollst. durchges., verb. ... Jubiläums-Ausg. 25. Aufl. — Ebd. 1895. XXIV,472 S. 8° **1:No 4318²⁵. 12:Pol. g. 42mb [2 Ex.] 14. 17. 21. 24. 25. 33. 41. 44. 60. 62. 64. 84. 102. 109. 123. 203. 302→304.**
14.2007

— — 27. Aufl. Ebd. 1896. XXIV,472 S. 8° **5.**
14.2008

— — 28. Aufl. Ebd. 1897. XXIV,472 S. 8° **109.**
14.2009

— D. Frau u. d. Sozialismus. 29. Aufl. (N. d. Jubiläums-Ausg. unver.) 8 (XXIV, 472 S.) Stuttgart 898. J. H. W. Dietz Nachf. n. 2. —; geb. n. 2. 50

— die Frau u. der Sozialismus. 30.—33. Aufl. (Nach der Jubiläums-Ausg. unverändert.) gr. 8. (à XXIV, 472 S.) Stuttgart 899—902. J. H. W. Dietz Nachf. n. 2. —; geb. n. 2. 50

— dasselbe. 34. Aufl. Verb. u. m. neuen Materialien versehen. gr. 8. (XXIV, 476 S.) Ebd. 903. n. 2. —; geb. n. 2. 50

— — 35. Aufl. Ebd. 1903. XXIV,476 S. 8° **17. 18. 24. 27. 43.**
14.2015

— die Frau u. der Sozialismus. 36. u. 37. Aufl. (Nach der 34. Aufl. unverändert.) (XXIV. 476 S.) 8. Stuttgart 904. J. H. W. Dietz Nachf. n. 2. —; geb. n. 2. 50

— — 38. Aufl. Ebd. [um 1905]. XXIV,476 S. 8° **29. 31.**
14.2018

— — 40. Aufl. Ebd. [um 1905]. XXIV,476 S. 8° **41. 44.**
14.2019

— — 41. Aufl. Ebd. [um 1905]. XXIV,476 S. 8° **16.**
14.2020

— — 42. Aufl. Ebd. [1906]. XXIV,476 S. 8° **24. 180.**
14.2021

— — 44. Aufl. Ebd. [1907]. XXIV,476 S. 8° **106.** 14.2022

— Die Frau u. der Sozialismus. 46. Aufl. Nach der 34. Aufl. unverändert. (XXIV, 476 S.) 8. Ebd. (907.) Geb. in Leinw. 2. 50

— — 47. Aufl. Ebd. [1909]. XXIV,476 S. 8° **36. 64. 206.** 14.2023

— Die Frau u. d. Sozialismus. 49. Afl. (24,476) 8° Ebd. ('08). L. 2.50 d

— — 50. Aufl., verb., verm. u. neu bearb. Jubiläums-Ausg. Ebd. 1910. XXXII,519 S. 8°
1: No 4318[50] [u.] 4318a[50]. **7. 14. 21. 24. 30. 44. 89. 109. 203. 300**: 469.452–B. **303. 308** [unvollst.] 14.2024

— — 51. Aufl. Ebd. 1910. XXXII,519 S. 8°
21. 46. 64. 111. 208. 14.2025

— — Die Frau in der Vergangenheit, Gegenwart und Zukunft. — Hottingen-Zürich: Schweizerische Volksbuchh. 1883. 220 S. 8° **62. 109. 206.** 14.1984

Bebel, Aug., die Frau in der Vergangenheit, Gegenwart u. Zukunft. gr. 8. (220 S.) Zürich 883. Verlags-Magazin. n. 4. —

— — (3. Aufl.) Hottingen-Zürich: Schweizerische Volksbuchh. 1883 [vielm. 1884]. VI,220 S. 8° **36.** 14.1986

— — (3. Aufl.) Ebd. 1884. VI,220 S. 8° **22. 25. 31.** 14.1987

— — 6. Aufl. Ebd. 1887. VI,220 S. 8° 1: No 4318[a]. **31.** 14.1988

— — 7. Aufl. Ebd. 1887. VI,220 S. 8°
4. 12: Pol. g. 1133w. **46. 106.** 14.1989

— — 8., unveränd. Aufl. London: German Cooperative Print. and Publ. Co. 1890. VI,220 S. 8°
27. 43. 61. 64. 207. 302. 14.1990

Bebel, August: Die Frau in d. Vergangenheit, Gegenw. und Zukunft. Spätere Aufl., s. Bebel: Die Frau u. der Sozialismus.

— Für Volkswehr gegen Militarismus. Eine Buchbesprechung u. Abwehr. — Berlin: Vorwärts 1898. 16 S. 8°
Aus: Vorwärts. 1898. 1: Hu 11540. **14. 106. 203.** 14.2047

— — u. Paul Singer. Gesetz betr. Invaliditäts- u. Altersversicherung. Mit Erläutergn. 1. u. 2. durchgeseh. Aufl. 16. (134 S.) Stuttg. 889, Dietz. cart. * — 50

— Gewerkschafts-Bewegung und politische Parteien. — Stuttgart: Dietz 1900. 31 S. 8°
7. 11. 14. 38. 61. 64. 109. 180. 203. 205. 14.2048

— s. Guyot, Y, u. S Lacroix, d. wahre Gestalt d. Christenthums.

— Glossen zu Yves Guyot's und Sigismond Lacroix's Schrift: Die wahre Gestalt des Christenthums (Étude sur les doctrines sociales du christianisme). Nebst e. Anh.: Über d. gegenwärtige u. künftige Stellung d. Frau. — Leipzig: Genossenschaftsbuchdr. 1878. 44 S. 8°
1: D 9455/5. **12**: Pol. g. 482 l/4. **31. 106.** 14.2050

— — Glossen zu Yves Guyot's und Sigismond Lacroix's 'Die wahre Gestalt des Christenthums' ... 2. Aufl. — Hottingen-Zürich: Volksbuchh. 1887. VIII,47 S. 8° (Sozialdemokratische Bibliothek. 3,Beil. 1.)
1: Fc 6230[2]. **10. 31. 38. 60. 64. 109. 208. 300**: 190.701–B. 14.2051

— — 3., durchges. Aufl. Berlin: Vorwärts 1892. VIII,47 S. 8° (Sozialdemokratische Bibliothek. 3,Beil. 1.)
In einigen Exemplaren fehlt d. Titel d. Sammlung.
1: Fc 6230[3]. **4. 7. 11. 14. 21. 30. 32. 43. 44. 64. 106. 203.** 14.2052

— Glossen zu Yves Guyots u. Sigismund Lacroix' „Die wahre Gestalt des Christentums" (Études sur les doctrines sociales de christianisme). Nebst e. Anh.: Über die gegenwärt. u. künft. Stellg. der Frau. 4. durchgeseh. Aufl. (54 S.) 8. Berlin 908. Buchh. Vorwärts. — 75

— Die Handhabung des Vereins- und Versammlungsrechts im Königreich Sachsen. — Berlin: Vorwärts 1897. 165 S. 8° Verschiedene Ausg. 1: Gq 2902. **11. 12**: J. publ. G. 45p. **14. 21. 30. 60. 79. 106. 203. 205. 206. 208.** 14.2054

— Stehendes Heer oder Volkswehr? Rede. — Nürnberg: Wörlein 1893. 26 S. 8° **38. 64. 75. 106. 109.** 14.2055

— s.: Jugendgeschichte, die, e. Arbeiterin.

— Klassenpolitik und Sozialreform. 2 Etats-Reden. — Berlin: Glocke 1898. 62 S. 8°
1: Fc 8447. **47. 60. 64. 109. 111. 203. 300**: 93.956–B. 14.2056

— Klassenpolitik u. Sozialreform. 2 Etats-Reden (geh. in d. Reichstags-Sitzgn. v. 11. u. 15. XII. 1897). A. d. amtl. Stenogramm. gr. 8. (62 S.) Berlin 898. Buchh. Vorwärts. — 15

— Die hohen Communalsteuern [Kommunalsteuern] und die städtische Vertretung Leipzigs. Rede. — Leipzig: Volksstaat 1871. 8 S. 8° Aus: Volksstaat. 1871.
1: Rz 14025/950–5. **36. 106. 109. 207.** 14.2057

— Für und wider die Commune [Kommune]. Disputation zwischen den HH. Bebel u. Sparig. — (Leipzig: Genossenschaftsbuchdr. [1876].) 32 S. 8°
1: Kr. Samml. Ed 105/4. **15. 36. 106. 109. 203. 213.** 14.2058

— Die mohamedanisch-arabische Kulturperiode. — Stuttgart: Dietz 1884. IV,144 S. 8°
1: Um 404. **5. 10. 12**: H. g [illegible] r. **14. 15. 18. 20. 24. 25. 36. 109. 203. 300**: [illegible] 30.91[illegible]–B. 14.2059

— die mohamedanisch-arabische Kulturperiode. 2. Aufl. 8. (IV, 103 S.) Stuttgart 889. Dietz. n. — 50

— Zur Lage der Arbeiter in den Bäckereien. — Stuttgart: Dietz 1890. IV,184 S. 8°
1: Fd 3104/10. **4→7. 12**: Cam. 9ai. **14. 20. 21. 23. 24. 27. 29. 30. 39. 106. 117. 203. 205. 302.** 14.2061

Unsere wirtschaftliche u. politische Lage. Rede des deutschen Reichstagsabgeordneten August **Bebel**. Geh. 1892 im Kasino Zürich III. Nach stenogr. Aufnahme d. Stolz. Stenographenbureau Zürich. Zürich: Schweiz. Grütliverein 1893. (47 S.) 8° [F.] [07. 1620]

— unsere wirtschaftliche u. politische Lage. Rede. Geh. im Dezbr. 1892 im Kasino Zürich III. 2. Aufl. 12. (47 S.) Zürich 893. Buchh. d. Schweiz. Grütlivereins. n. — 20

— Zu den Landtagswahlen in Sachsen. — Berlin: Vorwärts 1891. 31 S. 8°
1: Sq 6978. **11. 14. 48. 106. 109. 203. 300**: 190.767–B. 14.2064

— Aus meinem Leben. T.1-3. — Stuttgart: Dietz 1910-14. 8°
3. Hrsg. von Karl Kautsky. 1914.
1: Fc 7105. 2→7. 9. 10. 11. 12: Biogr. 78 gb. 14→24. 26→31. 33. 35. 36. 38. 39. 41→47. 60. 61. 62. 64. 75. 79. 106. 107. 109. 117. 121. 169. 180. 203. 205. 206. 208. 300: 470.488-B. 302. 308.
14.2065

— Aus meinem Leben. 1. u. 2. Tl. 8° Ebd. '11. 4 —; geb. 5 — d
1. 1. u. 2. Afl. (8, 221 bezw. 336 m. je 1 Taf.) '10 '11. 1.50; geb. 2 — ||
2. (420) '11. 2.50; geb. 3 —

[—] Ein Mahnwort an die arbeitenden Klassen! Von A. B. Kellinghusen: Molkenbuhr [1889]. 15 S. 8° 203.
14.2075

— Gegen den Militarismus und gegen die neuen Steuern. 2 Reichstags-Reden von A. Bebel u. W. Liebknecht. — Berlin: Vorwärts 1893. 56 S. 8° 1: Sa 7797/91. 14. 17. 26. 52. 60. 64. 106. 109. 300: 78.560-B.
14.2076

(—) Mucker-, Pfaffen- und Königsschwindel. ⟨Zur Naturgeschichte der Volksausbeuter.⟩ (Verf.: Konstantin [d. i. August Bebel].) — o. O. [1883]. 16 S. 8°
1: Dd 10632. 31.
14.2077

— Ein Nachwort zur Vizepräsidentenfrage und Verwandtem. — (Stuttgart: Dietz [1903].) 22 S. 8°
Aus: Die neue Zeit. 21,2. 1902/03. 1: Rz 17715. 109.
14.2078

— Nicht stehendes Heer, sondern Volkswehr! — Stuttgart: Dietz 1898. 80 S. 8° 1: Hu 11536. 2. 7 [**Titelbl.] 11. 12: Mil. g. 12 nv. 14. 20. 21 [**Titelbl.] 24. 30. 48. 60. 109. 203. 205. 208. 300: 93.859-B. 302.
14.2079

— Noch einmal Herr Findel und die Sozialdemokratie. — Leipzig: Selbst-Verl. 1880. 20 S. 8°
1: Fc 8352/7. 14. 106.
14.2080

Der nationalliberale Parteitag und die Sozialdemokratie. Rede d. Reichstags abgeordn. August Bebel in d. Volksversammlung v. 16. Okt. 1907 in Berlin. Berlin: Vorwärts 1907. (31 S.) 8° [F.]
— Agitations-Bibliothek, Sozialdemokratische. 10. [08. 1041]

— Petition an den Deutschen Reichstag ... die polizeilichen Ausweisungen aus dem Königreich Sachsen betr. — Nürnberg 1882: Wörlein. 36 S. 8°
1: Sq 6961. 23. 30. 52. 106. 109.
14.2082

— Rede über den Antrag der Abgeordneten von Helldorff, Graf von Kleist-Schmenzin und Genossen, die Verlängerung der Legislaturperioden des deutschen Reichstags von 3 auf 5 Jahre betr., und den Antrag der Abgeordneten Auer, Bebel, Kayser und Genossen, die Herabsetzung der Legislaturperioden des deutschen Reichstags von 3 auf 2 Jahre betr. — (Dresden: Becker [1885].) 2 Bl. 4° 14.
14.2084

— Rede über die Anträge betr. Abänderung der Gewerbeordnung ⟨Arbeiterschutzgesetz⟩. — Leipzig 1877. 23 S. 8° (Die Fackel. 1877,54, Beil.)
1: Rz 14025/950-7. 14. 106. 109.
14.2083

— Rede zum Etat. — Hamburg: Auer 1900. 39 S. 8° 47.
14.2085

— Rede über den Gesetz-Entwurf gegen die gemeingefährlichen Bestrebungen der Socialdemokratie. — Dresden: Dresdner Volkszeitung [1878]. 34 S. 8°
1: Rz 14025/950-9.
14.2086

— Rede zum spanischen Handelsvertrag. — Nürnberg: Grillenberger [1883]. 8 S. 8° 1: Rz 14025/950-13. 109.
14.2087

— Rede über das Hilfskassen-Gesetz. — (Königsberg: Schwibbe [1875].) 12 S. 8° 14.
14.2088

— Rede zum Maulkorb-Gesetz und weitere Motive zu demselben. Verschiedenes. — (Leipzig [1879]: Genossenschaftsbuchdr.) 2 Bl. gr.2° 14.
14.2089

— Rede, gehalten am 19. November in Köln. — Köln: Franke 1876. 30 S. 8°
1: Rz 14025/950-6. 30. 38. 300: 190.785-B. 109.
14.2090

Bebel, Aug., Rede über den Reichsetat nach dem amtl. stenograph. Berichte. 8. (16 S.) Dresden 880. (Gera, Fink.) n. — 10

Bebel, A, Rede üb. d. Reichsetat nach d. amtl. stenograph. Berichte. 8. (16) Dresd. 80. (Lpzg. Goldhausen.) n. — 10

— Rede über den Reichsetat. — Dresden: Schlüter [1880]. 16 S. 8° 1: Rz 14025/950-11. 14. 15. 106.
14.2091

— Rede über den Reichs-Etat. — Berlin [1889]: Bading. 8 S. 4° 1: 4° Rz 14025/950-17.
14.2092

— Rede zum Reichshaushalt-Etat 1881/82. — (Dresden: Dresd. Abend-Ztg. [1881].) 16 S. 8°
1: Rz 14025/950-12. 14.
14.2093

— Rede über das Reichs-Militair-Etat-Gesetz ⟨Militair-Septennat pro 1882-89⟩. — Leipzig: Genossenschafts-Buchdr. 1880. 15 S. 8° 1: Rz 14025/950-10.
14.2095

— Rede über das Unfallversicherungsgesetz. — (Hottingen-Zürich [1881]: Vereinsdr.) 34 S. 8° 16.
14.2096

— Die Reden Bebel's. Gehalten in der ersten Session des deutschen Reichstags. — Leipzig: Volksstaat [1871]. 30 S. 8° 1: Rz 14025/950-4. 14. 15. 30. 36. 117. 207.
14.2098

— Reden Bebel's gehalten in der zweiten Session des Deutschen Reichstages. — (Leipzig 1871: Thiele.) 24 S. 8°
1: an Fc 8318. 109.
14.2099

— Zwei Reden zum Reichshaushalts-Etat. — Berlin: Vorwärts [1890]. 29 S. 8° 1: Rz 14025/950-18. 27.
14.2100

—— Zwei Reden zum Reichshaushalts-Etat geh. im deutschen Reichstag am 9. u. 11. Dez. 1890. 8. (29 S.) Berl. 891, Verlag des „Vorwärts". * — 10

— Das Reichs-Gesundheitsamt und sein Programm vom socialistischen Standpunkt beleuchtet. — Berlin: Allg. deutsche Associations-Buchdr. 1878. 32 S. 8°
1: Kr 1866. 14. 15. 21. 30. 44. 203.
14.2101

— Zwei Reichstags-Reden. — Dresden: Dresdner Volks-Zeitung 1877. 40 S. 8° 1: Rz 14025/950-8. 14.
14.2102

— die bevorstehende Reichstagswahl. Rede, geh. auf dem Münchener Parteitage am 19. IX. 1902. gr. 8. (16 S.) Berlin 902. Buchh. Vorwärts. n. — 10

Die Reichstagswahlen des Jahres 1907 und die politische Lage. Rede [August] Bebels auf d. sozialdemokr. Parteitage in Essen. Berlin: Vorwärts 1907. (32 S.) 8° [F.]
= Agitations-Bibliothek, Sozialdemokratische. 9. [08. 1040]

— Die Sonntags-Arbeit. Auszug aus d. Ergebnissen d. Erhebungen über d. Beschäftigung gewerblicher Arbeiter an Sonn- u. Festtagen nebst kritischen Bemerkungen. — Stuttgart: Dietz 1888. 143 S. 8°
1: Ds 3874. 4. 5. 6. 12: Cam. 9 ah. 14. 20. 21. 24. 26. 62. 106. 109. 203. 205. 206. 208.
14.2106

· Sozialdemokratie u. Antisemitismus. Rede auf dem IV. Parteitag der sozialdemokrat. Partei zu Köln a/Rh. Nebst e. Nachtrag. gr. 8. (32 S.) Ebd. 894. — 20

— Sozialdemokratie u. Antisemitismus. Rede auf dem sozialdemokrat. Parteitage in Berlin. Mit 2 Nachträgen. 2. durchges. Aufl. (38 S.) 8. Berlin 906. Buchh. Vorwärts. n. — 75

— [Hrsg.] s. *Sozialdemokratie*, Die, im Deutschen Reichstag. 1907–09 u.ö.

Bebel, Aug., d. Sozialdemokratie u. d. allgem. Stimmrecht. M. bes. Berücksicht. d. Frauen-Stimmrechts u. Proportional-Wahlsystems. gr. 8. (56 S.) Ebd 895. n. — 20

— Sozialdemokratie u. Zentrum. Eine Rede in Bamberg. Mit e. Anh. zur Wahlagitation: Die Sünden des Zentrums. (24 S.) gr. 8. Ebd. 903. n. — 20

— Über die gegenwärtige und künftige Stellung der Frau. 1878 u.ö.
in: *Bebel:* Glossen zu Yves Guyot's und Sigismond Lacroix's Schrift: Die wahre Gestalt des Christenthums.

— Das allgemeine Stimmrecht. Reichstags-Rede. — München: Viereck 1886. 16 S. 8° (Sozialpolitische Zeit- u. Streitfragen. 24.)
1:Rz 14025/950–16. 12:Pol. g. 1005f-24. 302.
14.2115

[—] — Die parlamentarische Thätigkeit des Deutschen Reichstags und der Landtage und die Sozialdemokratie. 2. Aufl. Ebd. 1873. 64 S. 8° 12:J. publ. G. 45o. 14. 30. 109.
14.2117

— — Die parlamentarische Tätigkeit des Deutschen Reichstages und der Landtage und die Sozialdemokratie von 1871 bis 1874. — Berlin: Vorwärts 1907. 66 S. 8° (Die Sozialdemokratie im Deutschen Reichstag. 1.)
1:Fc 7088–1. 2. 8. 11. 12:J. publ. G. 771 pd–1. 14. 19. 30. 61. 106. 109. 169. 206. 208. 300:453.767–B. 1.
14.2118

[—] [1871-1874] Die parlamentarische Thätigkeit des Deutschen Reichstags und der Landtage und die Sozial-Demokratie. Nebst e. Anh., enth.: Winke für die Agitation. — Leipzig: Genossenschaftsbuchdr. 1873. 94 S. 8°
1:Gv 14712. 14. 30. 31. 36. 203.
14.2116

—— die parlamentarische Thätigkeit des deutschen Reichstages und der Landtage von 1874—1876, beleuchtet. Nebst einem Anhang, enth.: Winke für die Agitation, Auszüge aus den deutschen Vereins- und Versammlungsgesetzen, dem Strafgesetzbuch, dem Reichswahlgesetz, der Reichswahlgesetz-Verordnung ꝛc. ꝛc. 16. (149 S.) Berlin 876, Allg. Deutsche Associations-Buchdr. **

— — Die parlamentarische Thätigkeit des Deutschen Reichstages und der Landtage von 1874–1876. 2., veränd. u. verm. Aufl. — Ebd. 1878. 99 S. 8° 1:Gv 14713². 5. 12:Pol. g. 482 l/3. 15. 21. 30. 44. 109. 203. 208.
14.2120

— — Die parlamentarische Tätigkeit des Deutschen Reichstages und der Landtage und die Sozialdemokratie von 1874 bis 1876. — Berlin: Vorwärts 1907. S. 69–184. 8° (Die Sozialdemokratie im Deutschen Reichstag. 2.)
1:Fc 7088–2. 2. 8. 11. 12:J. publ. G. 771 pd–2. 14. 19. 30. 61. 106. 109. 206. 208. 300:453.767–B. 2.
14.2121

— — [1887–1889] Die Thätigkeit des Deutschen Reichstags von 1887 bis 1889. — Nürnberg: Wörlein 1890. 183 S. 8°
1:Gv 14713/2. 11. 15. 17. 30. 64. 109. 203.
14.2122

— — Die Tätigkeit des Deutschen Reichstages von 1887–1889. — Berlin: Vorwärts 1909. S. 287–418. 8° (Die Sozialdemokratie im Deutschen Reichstage. 4.)
1:Fc 7088–4. 2. 11. 12:J. publ. G. 771 pd–4. 14. 19. 30. 61. 106. 109. 208. 300:453.767–B. 4.
14.2123

— — [1890–1893] Die Tätigkeit des Deutschen Reichstages von 1890–1893. — Berlin: Vorwärts 1909. S. 421–542. 8° (Die Sozialdemokratie im Deutschen Reichstage. 5.)
1:Fc 7088–5. 2. 11. 12:J. publ. G. 771 pd–5. 14. 19. 30. 61. 109. 169. 208. 300:453.767–B. 5.
14.2124

— Die sozialdemokratischen Wahlaufrufe für die Reichstagswahlen 1881, 1884, 1887. — Berlin: Vorwärts 1908. S. 187–283. 8° (Die Sozialdemokratie im Deutschen Reichstage. 3.)
1:Fc 7088–3. 2. 11. 12:J. publ. G. 771 pd–3. 14. 19. 30. 61. 64. 106. 109. 208. 300:453.767–B. 3.
14.2127

— An meine Wähler. [Wahlaufruf.] — (Glauchau [1877]: Genossenschafts-Buchdr.) 1 Bl. 2°, gefaltet in 4° 14.
14.2125

— An meine Wähler. [Rechenschaftsbericht.] — (Dresden [1880]: Zumbusch.) 1 Bl. 2°, gefaltet in 8° 15.
14.2126

— Wie unsere Weber leben. — Leipzig: Verf. [1879]. 32 S. 8° 14. 30. 38. 64. 106. 109. 203.
14.2128

— wie unsere Weber leben. 1. u. 2. unveränd. Aufl. 8. (32 S.) Dresden 880. (Gera, Fink.) n. — 20

— Wie verhalten sich die Arbeiter gegenüber dem neuen Kranken-Versicherungsgesetz? — (Nürnberg: Wörlein [1883].) 16 S. 8°
1:Fe 10689. 12:Cam. 9 ag. 106. 109. 203.
14.2129

— Eugen Richters sozialdemokratische Zerrbilder beleuchtet von B. August [d. i. August Bebel]. — Leipzig: Thiele [1891]. 32 S. 8° 1:Fc 8392/3. 14.
14.2130

— — 2. Aufl. Ebd. [1891]. 32 S. 8°
10. 14. 17. 33. 34. 123. 300: 190.748–B. 302.
14.2131

— Die Ziele der Arbeiterbewegung. Nach d. 6. Aufl. vom Jahre 1877 kritisch revidirt u. hrsg. von Ad. Hepner. — New York: Hepner 1883. IV, 32 S. 8°
Die Schrift ist eine freie Bearb. von: Bebel: Unsere Ziele. 1877.
1:Fc 8318/3. 106.
14.2132

— Unsere Ziele. Eine Streitschrift gegen d. 'Demokratische Correspondenz'. — Leipzig 1870. 38 S. 8°
Aus: Der Volksstaat. 1870. 1:Fc 8318. 36. 109.
14.2133

— — 2. Aufl. Ebd. 1871. 47 S. 8° 21. 35. 106.
14.2134

— — 3. Aufl. Ebd. 1872. 50 S. 8° 44. 207.
14.2135

— — 4. Aufl. Ebd. 1874. 48 S. 8° 14. 15. 20. 32. 48. 109.
14.2136

—— unsere Ziele. Eine Streitschrift gegen die „Demokratische Korrespondenz". 5. unveränd. Aufl. 8. (48 S.) Leipzig 875, Genossenschaftsbuchdr.

— — 6., unveränd. Aufl. Ebd. 1877. 48 S. 8°
Freie Bearb. dieser Aufl. s. *Bebel:* Die Ziele der Arbeiterbewegung. 1883.
36. 64. 203.
14.2138

— — (9. Aufl.) Hottingen-Zürich: Volksbuchh. 1886. 48 S. 8° (Sozialdemokratische Bibliothek. Bd 1.H. 5.)
1:in Fc 328–1. 4. 10. 15. 16. 25. 27. 30. 31. 64. 106. 109. 203. 208. 302.
14.2139

Bebel, Aug., unsere Ziele. Eine Streitschrift gegen die „Demokratische Korrespondenz". 10. Aufl. 8. (59 S.) Berlin 893. Verlag des „Vorwärts". n. — 30

—— 11. Aufl. Ebd. 1903. 56 S. 8° **30. 203.**
14.2141

—— 12. Aufl. Ebd. 1906. 56 S. 8°
1: Fc 8318[12]. 12: Pol. g. 1062 a. 38.
14.2142

Bebel, A., Unsere Ziele. Eine Streitschrift gegen die: „Demokrat. Korrespondenz". 13. Aufl. (56 S.) 8. Berlin 910. Buchhdl. Vorwärts. — 75

— Zukunftsstaat u. Sozialdemokratie. Eine Rede in der Sitzg. d. deutschen Reichstags vom 3. Febr. 1893. [Aus: „Der sozialdemokrat. Zukunftsstaat".] gr. 8. (16 S.) Ebd. 893. — 5

Bebel, Balthasar

Der Name d. Verfassers erscheint meist in d. Form Balthasar Bebelius.

—— Bericht von den Fronleichnams-Fest, auf der Pommerischen Universität zu öffentlicher Unterredung wieder hrsg. von Joh. Fr. Mayern. — Greiffswald: Fickweiler 1706. 136 S. 8° **14. 41. 48.**
14.2162

—— Dissertatio theologica de Bis-mortuis, oder von denen zweymahl Verstorbenen. Recusa. — Vitembergae 1712: Heber. 40 S. 8° **4. 12**: 4° Diss. 898–34. **19. 23.**
14.2169

—— Dissertatio theologica de Bis-mortuis oder: Von denen zweymahl Verstorbenen. Ed. 3. — Jenae 1718: Heller. 48 S. 8° **3. 4. 7. 9. 11. 24. 27. 41. 43. 61.**
14.2171

—— Recusa. o. O. 1730. 20 Bl. 8° Verschiedene Drucke.
1: 27 in Bd 8154 [u.] 13 in Bd 8603–153. **5. 9. 12**: 4° Diss. 3033–15 a [2 Ex.] **14. 15. 17. 23. 24. 25. 27. 32. 180.**
14.2172

—— Commentatio theologica de Bis-mortuis, von denen Zweymal-Verstorbenen. — Jenae 1743: Ritter. 40 S. 8°
1: Cz 1808 [u.] 9 in Bd 8141. **4. 5. 12**: 4° Diss. 3033–5. **14. 15. 24.**
14.2173

—— Ed. novissima. Francofurti [usw.] 1744. 20 Bl. 8°
1: 13 in Bd 8603–131. **2. 29.**
14.2174

— Balthas. Bebelii Collegium anti-syncretisticum, ventilationibus publicis ab Universitatis Gryphicae civibus discussum, praeside Jo. Frid. Mayero, qui praefationem, An penes Lutheranos culpa impeditae pacis Eccles. [!] haereat? adiecit. — Gryphiswaldiae: Fickweiler 1709. 122 S. 8°
1: Dm 9810. **2. 9. 18. 24. 27. 29. 41. 44.**
14.2177

— Disputatio theologica de religionis falsae mixtaeque in republica Damnis. [Resp.:] Joannes Balthasar Ritter. Recusa. — o. O. 1730. 48 S. 8°
Erschien zuerst als Diss. Straßburg 1667.
1: 49 in Ah 7738 [u.] 32 in Bd 8603–162. **4. 9. 11. 14. 41.**
14.2178

Bebel, Balthasar

— David peccans & poenitens, ex II. Samuel. XXIV. & I. Paralip. XXII. [Resp.:] Rudolphus Grischow. Recusa. — o. O. 1703. 31 Bl. 8° Erschien zuerst als Diss. Straßburg 1665.
1: 35 in Bf 3 [u.] 8 in Bn 2000. **4. 5. 14. 24. 27. 28. 41.**
14.2179

— Dissertatio historico-theologica de Fide Abrahamica in nativitatem Christi, von Abrahams Glauben an Christum. [Resp.:] Cornelius Loschenbrandt. Recusa. — o. O. 1734. 12 Bl. 8° Erschien zuerst als Diss. Straßburg 1669.
1: 29 in Bd 8114 [u.] 25 in Bd 8603–211. **12**: 4° Diss. 2478–24. **15. 17. 19. 28. 78.**
14.2183

— De violentis Calvinianorum doctorum Machinationibus admonitio. 1706
in: *Anti-Henotica*, Celeberrimorum virorum varia.

— Memorabilia historiae ecclesiasticae recentioris, a tempore Reformationis 1517. coeptae, usque ad an. 1680. perducta, continuata deinceps supplementis usque ad 1730 ... et ed. per Christian. August. Hausen. — Dresdae [usw.]: Zimmermann & Gerlach 1731. 370 S. 8°
1: Cc 4070. **2. 4. 5. 12**: 4° H. eccl. 79. **14. 15. 16. 18. 23. 25. 26. 39. 41. 44.**
14.2199

— Commentatio theologica de Primogenitura ex mortuis redivivi et triumphantis Goelis nostri Domini Jesu Christi ad Coloss. cap. I. vers. XVIII. Oder: Von Christo dem Erstgebohrnem unter den Todten. Ed. novissima. — Francof[urti] [usw.] 1743. 24 S. 8°
Erschien zuerst als Diss. Straßburg 1671.
1: 8 in Bd 8603–115. **2. 5. 7. 8. 12**: 4° Diss. 496–3. **19. 21. 26. 41. 61. 78.**
14.2205

— Dissertatio theologica de vera Theologia Johannaea, ex Johan. cap. 20. vers. 31. [Resp.:] Andreas Schaefferus. Recusa. — o. O. 1730. 32 S. 8°
Erschien zuerst als Diss. Straßburg 1686.
9. 12: 4° Diss. 2485–27.
14.2211

Bebel, Heinrich

Der Name d. Verfassers erscheint meist in d. Form Henricus Bebelius.

—— Facetien hrsg. von Karl Amrain. Leipzig: Deutsche Verl. A. G.; [übergekl.:] Ethnolog. Verl. 1907. LV, 48 S. 8° (Deutsche Schwankerzähler d. XV. bis XVII. Jahrhunderts.) (Historische Quellenschriften zum Studium d. Anthropophyteia. 2.) **2. 9. 12**: Rem. II. 93–2. **14. 17. 18. 21. 23. 30. 41. 300**: 450,057-B. 2.
14.2263

Bebel's, Heinrich, Proverbia Germanica. Bearbeitet von W. H. D. Suringar. Leiden 1879. 8. . . . . (D.)

BEBEL, Heinrich. Heinrich Bebels Schwänke. Zum ersten Male in vollständiger Übertragung herausgegeben von Albert Wesselski. Erster (und Zweiter) Band. (Vignette.) München und Leipzig bei Georg Müller, 1907. (Titel rot und schwarz gedruckt.) Einmalige Auflage 1000 numer. Expl. Ganzpgt. mit rotem Titel und gepreßter Goldillustr. auf den Deckeln. Kopfgoldschnitt. 2 Bde. 4°. [B. I, 195.]
Band I: 1 Bl. weiß, 2 Bl. Titel, XXVIII und 241 SS., 1 S. Fehler, 2 Bl. weiß. — Band II: 1 Bl. weiß, 2 Titelbl., 212 SS.

BEBEL. — Heinrich Bebels Schwänke. Zum ersten Male in vollständiger Übertragung hrsg. von Albert Wesselski. 2 Bde. (von zus. ca. 800 S.) München 1907, Georg Müller. (Expll. auf feinstem Hadernpap. in Hprgt. mit Deckelpressg. Mk. 27.—; auf echt van Geldern in gepr. Schweinsleder [nur 35 Expll.] Mk. 60.—.)
Der Übertragung ist Bebels Ausgabe letzter Hand, die 1514 in Straßburg bei Schürer erschienenen BEBELIANA OPUSCULA NOVA ET ADOLESCENTIAE LABORES, zugrunde gelegt worden, jedoch sind auch die nur in andern Editionen enthaltenen Stücke beigegeben, so daß absolute Vollständigkeit erreicht ist.

Bebel, Katharina: C[atharina] B[ebel]. Rettung ihres ehrlichen Nahmens, wider Hrn. M. Johann Wincklers, Seniors in Hamburg, ehrenrührende Anzüglichkeiten. — Greiffswald [1702]: Adolphi. 4 Bl. 8° **9. 15. 18.**
14.2273

Bebelius s. *Bebel.*

Bebel's, Prof. Dr. Balthasar, Biographie, s. Hornina, W.

Bebenhausen. — Das Kloster Bebenhausen in 7 photographischen Abb. — Tübingen: Sinner 1869. 7 Bl., 7 Taf. 2° **32.**
14.2275

Kloster und Schloss Bebenhausen mit Bebenhausens Umgebung. — Tübingen: Fues 1886. 29 S. 8°
Aus: Tübingen u. seine Umgebung. 2. Aufl. 2. 1887. **38.**
14.2276

Bebenhausen, Kloster u. Schloss, mit Bebenhausens Umgebung. Mit Illustr., Plan d. Klosters u. Karte d. Umgebung. 8. (32 S.) Tübingen 888. Fues. n. — 60

Bebenhausen; Die Cisterzienser-Abtei. Bearbeitet von Eduard Paulus unter Mitwirkung von Heinr. Leibnitz und F.A. Tscherning. Herausgegeben vom Württembergischen Alterthums-Verein. Mit 20 Tafeln in Stein-, Licht- und Farbendruck und 225 Holzschnitten nach Aufnahmen und Zeichnungen von Eugen Macholdt. Unter Mit-Wirkung von Max Bach. Holzschnitte von A. Closs. Stuttgart 1886. (Umschlagtitel: 1887.) Paul Neff. fol.

Beber, Adolf Eduard: Über Betriebsmittelgemeinschaft der deutschen Eisenbahnen. — Breslau: Gutsmann 1909. 45 S. 8°
Aus: Zentralblatt d. Verbandes d. mittleren Staatseisenbahnbeamten d. Verwaltungsdienstes. 5. 1909.
2. 3. 4. 6→10. 15. 16. 19. 20. 21. 25. 26. 27. 29. 41. 89.
14.2278

Beber, Johann: Kurtzer Tractat von der Chiromantia. Aus d. Ital. übers. — Berlin 1710: Schlechtiger. 48 S. 8°
1[?]: Anthr. 50/1.
14.2279

Beber, Oscar [aus Hannover]: Thom. Shadwell's Bearbeitung des Shakespeare'schen „Timon of Athens" ... Rostock, C. Hinstorffs Buchdr., 1897; 55 S. 8.
Rostock, Phil. Fak., Inaug.-Diss. v. [31. Juli] 1897

Bebernitz, Ernst: Neubildungen und Neuerscheinungen der französischen Sprache. — (Charlottenburg: Verf.) 1910: Hartung in Königsberg. 51 S. 8°
1: Xs 7290. 6. 9. 10. 11. 14. 21. 26. 28. 62. 107. 209.
14.2282

Bebert, Kurt, Assistenzarzt bei der Haupt-Kadettenanstalt in Groß-Lichterfelde: Aus der Chirurgischen Universitäts-poliklinik des Kgl. Charité-Krankenhauses zu Berlin: Herr Prof. Dr. Pels-Leusden. Ueber die sogenannte Bennettsche Fraktur des ersten Metakarpalknochens. Leipzig 1906: B. Georgi. (34 S.) 8°
Leipzig, Med. Fak., Ref. Sattler, Diss. v. 23. Juni 1906
[Geb. 27. Nov. 77 Magdeburg; Wohnort: Groß-Lichterfelde; Staatsangeh.: Preußen; Vorbildung: Augusta-Gymn. Charlottenburg Reife M. 97; Studium: Berlin 1. München 1, Berlin 9 S.; Coll. 23. Juni 06; Approb. 3. Nov. 04.]

Bebie, Hermann
Bebie, Herm., eine Hochzeitsreise ins Weltall, s.: Erzählungen aus dem Unterhaltungsblatt f. Stenographen. Nr. 13.

Bebie, Herm., aus helvetischen Landen. 10 schweiz. Erzählgn., Novellen etc. In Stolzischer Stenographie hrsg. 12 Bdchn. 12. Wetzikon. (Leipzig, J. H. Robolsky.) à n.n. — 20
(kplt. in 2 Leinw.-Bde. geb.: à n.n. 2. —)
1. Wie Joggeli e. Frau sucht. Erzählung v. Jerem. Gotthelf. (18 autogr. S.) 891.
2. Die Freiämter-Deputirten u. General Massena. Ein geschichtl. Genrebild v. Jak. Frey. (18 S.) 891.
3. 4. Ein Sturm auf dem Vierwaldstätter See. Erzählung v. L. Meyer v. Schauensee. (34 S.) 891.
5. Schach! Humoreske v. J. Kübler. (18 S.) 891.
6. Auf der stotzigen Alp. Erzählung aus dem Emmenthal v. Arth. Bitter. (18 S.) 891.
7. Drei Tage Schulmeisterdienst. Ein heiteres Erlebnis aus dem 2. Dezennium dieses Jahrh. Von Bernh. Wyss. Mit güt. Genehmigg. d. Verf. hrsg. (18 S.) 893.
8. Der Gang zum Wildkirchli. Eine Erzählg. aus dem Appenzellerland. Autoris. Übertragg. (18 S.) 893.
9. 10. Georg Usteri. Eine Erzählg. aus dem alten Zürichkrieg v. Jak. Heinrich. (34 S.) 893.
11. Ein Abenteuer an der Landesgrenze. Erzählt v. R. Toepffer. (18 S.) 893.
12. Die Reiselehrlinge. Humoristische Novelle v. Rud. Kolterborn. (34 S.) 893.

Bebie, Herm., Lehrbuch d. Stolze'schen Stenographie, — Schlüssel dazu, } s.: Algo, S.

Bebie. Herm., s.: Praktiker. d., kl.

— Taschen-Stenogr.-Kalender 1902. (63) 64° Wetzikon. (Lpzg, JH Robolsky.) — 30
Fortsetzg s. u. d. T.: Praktiker, d. kl.

— Grausames Unrecht. Gut abgeführt, s.: Blätter u. Blüten.

Bebie, H. (Red.), s. Unterhaltungsblatt, Illustriertes Schweizer, für Stenographen.

Bebie, Julius. Beiträge zur Kenntniss der Nitrocellulosen. Diss. Phil. [II.] Univ. Zürich. [Mit 3 Figuren.] 33 S. 4. Berlin, Julius Springer, 1901. Nq 550[16]

Bebius, Philippus: Chronologia brevis, ab orbe condito ad haec tempora, ex Bellarmino ac Baronio ... collecta. Coloniae Agr.: Birckmann 1705.- 26 Bl. 8°

— — Cronologica [!] brevis, ab orbe conditio [!] ad haec tempora, ex Bellarmino ac Baronio ... collecta, ac continuata. — Ebd. [um 1715]. 26 Bl. 8° 30.
14.2302

Beblo, Emil: Materialien für den methodischen Unterricht in der Mineralogie auf Gymnasien. H. 1. — Breslau 1885: Breslauer Genossensch.-Buchdr. 35 S. 8° 41.
14.2314

Beblo, Aemilius *(geb. Oppeln 17. 6. 1841)*: De nonnullis, qui in rerum natura inveniuntur, fluosalibus. Vratislaviae (1867). (28 S.) 8°
Breslau, Phil. Diss. v. 9. Apr. 1867

BEBO, JOAN(NES) NEP(OMUCENUS) OTTO FRANC(ISCUS) XAV(ERIUS): Licht und Schatten mit welchen das unbegreiffliche Geheimniss der drey allerhöchsten dreyeinigen Gottheit, in den geheiligten Blättern des alt. und neuen Testaments entworffen. Und in einer geringen Lob- und Ehren-Rede, am hohen Titular-Fest des Baarfüsser-Ordens der allerheil. Dreyfaltigkeit Joannes Nepomucenus Otto Franciscus Xaverius in erwehnter Ordens-Kirchen zu Klein-Maria-Zell ... den 17. Junii anno 1763 vorgetragen. Ofen 1763. Gedr. bey Leopold Franz Landerer. 8 f. - 4°

Bečak, Tomáš, Odpustky na katolické cirkwi. Wydal ku prospěchu katolických missij. 8. (36 S.) Olmütz 852. (Neugebauer.) 3 *ngr*

Bečák, T., katolický Kancionálek. 3. rozmn. vydání. Olmütz 859. Neugebauer. (Grosse.) 16. (VIII, 440 S.) 12 *ngr.*

— nejobyčejnější Písně k weřejným službám Božím. Ebend. 859. 8. (78 S.) 2½ *ngr.*

Becanus, Martinus
Der Name d. Verfassers findet sich auch in d. Form Martin van der Beek.
Becani, Martini, Compendium manualis controvers. 18 Colon. Augsb. Wolf.

Becanus, Martinus: Compendium Manualis controversiarum huius temporis de fide ac religione. Cum excerpto animadversionum Moguntinensium Anti-Becano oppositarum. De novo ed. Coloniae Agr.: Mucher 1707. 612 S. 8°

— — Viennae [1744]: Kaliwoda. 458 S. 8° 302.
14.2433

— — Compendium Manualis controversiarum huius temporis de fide ac religione. T. 1.2. — Heidelbergae 1759–60: Haener. 8° 12[*2]: Polem. 189. 17. 24. 180.
14.2434

— — Compendium Manualis controversiarum huius temporis de fide ac religione... Post plures editiones denuo recusum. Kaufburae 1771: Nethin. 428 S. 8° 12: Polem. 190. 19.
14.2436

Becanus, Martinus
— dissertation. ad historiam ecclesiasticam. 8. ibid. 776.

— — Manuale controversiarum in 5 libros distributum. Ed. novissima, variis controversiis ex autoris operibus auctior. Coloniae Agr.: Metternich 1714. 819 S. 8° **2. 17. 25.**
14.2407

Becattini, A., s. Becattini, Francesco

Becattini, Francesco
* Becattini, F., Compendio universale di tutte le scienze e belle arti, per uso della gioventù. 8. Triest, Geistinger. 795.

— — [deutsch] Gründliche Geschichte der Türken und ihrer mit den morgenländischen, deutschen, russischen Kaisern und andern christlichen Mächten geführten Kriege. (Übers.: J.G.B. Büschel.) Bd 1. — Leipzig: Büschel 1792. XX,539 S. 8°
1:8° Bibl. Diez 1068. 12:Turc. 7. **15. 17. 24. 26. 39. 209.**
14.2507

Becattini, A., gründl. Gesch. d. Türken u. ihrer mit d. morgenländ. deutsch. russ. Kaisern u. and. christl. Mächten geführt. Kriege, a. d. Italien. m. Anmerk. v. Büschel. 1r Bd. gr. 8. Leipz. Büschel. (Joachim.) 792.

Beccattini, A., gründl. Gesch. d. Türken u. ihrer mit d. morgenländ., deutsch., russ. Kaisern u. andern christl. Mächten geführten Kriege. A. d. Italien. mit Anmerkk. v. J. B. G. Büschel. 1r Bd. gr. 8. Leipz. 792. (Central-Compt.) 1 ₰ 8 ℊ

Becattini, Francesco
* Beccati, F., Storia accampamenti e militari Operazioni del Feld-Maresciallo Laudon. Terze ediz. 8. Triest, Geistinger. 793. Rthlr.

Beccadelli, Antonio, s.a. Antonius Panormita

Beccadelli, Antonio, Tristano Caracciolo, Camillo Porzio: Alfonso I., Ferrante I. v. Neapel, s: Zeitalter, Das, d. Renaissance.

Beccadelli, Antonio
Antonii Panormitae Hermaphroditus; primus in Germania edidit et Apophoreta adjecit Frid. Carol. Forbergius (geb. 1770, 1807 Conservator der Coburger Bibl., † 1848). Coburgi, sumtibus Meuseliorum, , 1824. 8°. XVI, 406 S., 1 Bl. (80 Mk. Adolf Weigel, 1908.)
Die „Apophoreta" bilden eine geradezu classische Erotologie und das Werthvollste am Buche:
„Sammlung einiger hundert Epigramme aus den alten Autoren, vornehmlich Martial, soweit sie die Liebe in allen ihren Variationen betreffen, Hermaphroditus genannt, parce que, wie der entrüstete La Monnaye sagt, toutes les ordures touchant l'un et l'autre sexe font la matière du volume." Proben (5) in deutscher Uebersetzung von Dr. O. Knapp in: Die Opale, Th. 3, Lpz. 1907. Gr. 4°. S. 96—96. Dieselben tragen die Ueberschriften: 1. An Cosmus von Medici über den Titel des Buches. 2. Die reitende (coitirende) Urse. 3. Grabschrift des Pegasus, eines hinkenden Knabenfreundes. 4. An Cornutus. 5. Grabschrift für eine Hetäre.

Antonii Panormitae Hermaphroditus. Lateinisch nach der Ausgabe von C. Fr. Forberg (Coburg 1824), nebst einer deutschen metrischen Übersetzung und der deutschen Übersetzung der Apophoreta von C. Fr. Forberg. Besorgt und herausgegeben von Fr. Wolff-Untereichen. Mit einem sexualwissenschaftlichen Kommentar von Dr. Alfred Kind. Leipzig, Adolf Weigel, 1908. Privatdruck. Mit den Abbildgn. der Orig.-Ausgabe. (21 Kpfrtaf.) Gr. 8°. 29½ Bogen auf Büttenpapier. In eleg. Pergamentband. (Subskriptionspreis Mk. 60— [ohne Abbildgn. Mk. 40—]; Ausgabe auf Japanpapier Mk. 100—.)
Die Exemplare sind numerirt.

Beccanus, Martinus s. *Becanus.*

Beccard, Erich, a. Berlin: Über Versuche zur synthetischen Verwertung acylierter Allylamine. (Berlin 1906: G. Schade.) (29 S.) 8°
Berlin, Phil. Fak., Ref. Fischer, Diss. v. 14. Juli 1906
[Geb. 3. Febr. 83 Berlin; Wohnort: Berlin: Staatsangeh.: Preußen; Vorb.: ng: Werdersche Oberrealsch. Berlin Reife M. 01; Studium: Berlin 1, Freiburg i. B. 1. Berlin 7 S.; Rig. 25. Juni 06.]

Beccard, Theodor: Fremdenführer in Paris. [Verf.: Theodor Beccard.] — Berlin: Springer (1855). VI,154 S. 8°
1:Rg 1440. **6. 12:**Gall. sp. 14 t.
14.2554

Beccard, Thdr., de scholiis in Homeri Iliadem Venetis [A]. Pars I. Dissertatio inauguralis. gr.8. (IV u. 92 S.) Berolini 850. (Springer.) baar ¼ ₰

Beccard-Blensdorf, Luise: Gedichte. — Detmold: Meyer 1908. 96 S. 8° **30. 60.**
14.2555

Beccari, Madame, s. Beccary, (Madame)

Beccari, C: Notizia e saggi di opere e documenti inediti riguardanti la storia di Etiopia durante i secoli XVI, XVII e XVIII. (519 m. 8 Fksms u. 2 Kart.) 8° Roma '03. (Lpzg, O Harrassowitz.) L. Subskr.-Pr. nn 16 —; Einzelpr. nn 20 —
Bildet Vol. I v.: Rerum aethiopicar. scriptores occidentales inediti.
— Vgl. dieses.

Beccari, C., S. I., s.: Rerum aethiopicarum scriptores occidentales inediti.

Beccari, Jacopo Bartolomeo: Jacobi Beccariae Commentarii duo, de phosphoris naturalibus et artificialibus. — Graecii 1768: Widmanstad. 113 S. 8°
Erschien zuerst in: De Bononiensi scientiarum et artium Instituto atque Academia Commentarii. 2,2.3. 1746-47.
8. 17. 27. 202. 302. 303. 307. 309.
14.2569

Beccaria, Cesare
Beccaria, ... dei delitti et delle pene. 18. Wien 798. Sammer. 12 ℊ 212 S.

Beccaria, Cesare: Opere. Dei delitti e delle pene, s: Bibliotheca romanica.

Beccaria, über Verbrechen und Strafe, s. a. Bibliothek, historisch-politische.

— — dass. 3 Thle. s. a. Hommels Criminalrecht.

[—] — [deutsch] Abhandlung von den Verbrechen und Strafen. Nach d. franz. Ausg. übers. [von Albrecht Wittenberg]. — Hamburg: Bock 1766. 200 S. 8° **8. 21. 23. 27. 41.**
14.2630

— Dass. a. d. Italien. v. Jak. Schultes, m. Anmerkk. v. J. L. Bartholomäi. 4. Ulm 766.

— Dass. übers. v. A. Wittenberg. 8. Hamb. 767.

[—] — Von den Verbrechen und Strafen. [Übers.: Jakob Schultes.] — Ulm: Bartholomäi 1767. 214 S. 8°
1:Fu 4886. **10. 11. 14. 15. 16. 18. 19. 21. 23. 25. 28. 29. 34. 38. 43. 47. 60. 117. 208. 211. 302. 303.**
14.2631

— — Des Herren Marquis von Beccaria unsterbliches Werk von Verbrechen und Strafen. Mit durchgängigen Anm. des ... Hofrath Hommels. (Übers.: Philip Jacob Flade.) Breslau: Korn 1778. LVI,279 S. 8°
1:Fu 4892. **2. 4. 8. 10. 12:**Crim. 12. **14. 19. 23. 24. 30. 31. 32. 34. 36. 39. 41. 42. 43. 45. 48. 53. 66. 106. 121. 180. 203. 208. 300:** 12.088-B. **303. 304. 307. 308.**
14.2632

— — Wien 1786: v. Trattner. XL,238 S. 8°
17. 23. 46. 300: 76 F 48. **309.**
14.2633

— — Neueste Ausg., von neuem verb. u. verm., nebst dem Commentar des Voltaire, Widerlegungen u. andern interessanten Werken verschiedner Verfasser. Bd 1.2. — Breslau: Korn. 1788. 8°
2. Widerlegungen u. andres mehr. Neueste Aufl.
1:Fu 4898. **2. 3. 6→9. 12:**Crim. 12m. **14. 15. 17→21. 23. 25. 26. 28. 30. 47. 48. 61. 66. 75. 117. 203. 208. 302→304.**
14.2634

Beccaria, Cesare

—— **Abhandlung über Verbrechen und Strafen. Von neuem übers. ... Mit e. Anh. über d. Nothwendigkeit d. Geschwornengerichts ... Von J.A.Bergk. Th.1.2. — Leipzig: Beygang 1798. 8° 2. 5. 12: Crim. 13. 14. 17. 19. 25. 27. 28. 29. 31. 33. 35. 41. 46. 61. 106. 111. 117. 169. 208.**
14.2635

—— Neue Ausg. Th.1.2. Leipzig: Franz [1798]. 8° **309.**
14.2636

—— Von neuem übers. Mit Anm. von Diderot, mit Noten und Abhandlungen vom Übers. ... J.A.Bergk. Neue Ausg. Th.1.2. — Ebd. [1817]. 8° **43.**
14.2637

— Abhandl. üb. Verbrechen u. Strafen. A. d. Italien. m. Zus. v. J. A. Bergk. 2 Thl. gr. 8. Leipz. ... N. A. 817. (Taubert). 2 ℛ

Beccaria, über Verbrechen u. Strafen. A. d. Italien. übers. v. Herm. Gareis. gr. 8. (8½ B.) Leipzig 841, Rauck.

Beccaria, Caesar, über Verbrechen u. Strafen. Uebers. v. Jul. Glaser. gr. 8. (XXVIII u. 108 S.) Wien 851, Tendler & Co. n. ⅔ ℛ

—— Nebst Anm. u. e. Anh.: Graf Röderer, Ueber die Abschaffung der Todesstrafe. Uebers. u. mit Vorw. u. Beccaria's Biographie vers. von M.Waldeck. — Berlin: Heimann 1870. 124 S. 8° (Historisch-politische Bibliothek. 8.) **1: Ag 7204–11. 5. 11. 12: Crim. 13ch. 16. 19. 21. 26. 27. 33. 38. 48. 79. 123. 203. 302. 308.**
14.2640

—— Nebst Anm. u. e. Anh.: Graf Röderer: Ueber die Abschaffung der Todesstrafe. Uebers. u. mit Vorw. u. Biographie Beccaria's vers. von M.Waldeck. — Leipzig: Dürr 1870. 124 S. 8° **15. 17. 44. 53. 106.**
14.2641

Beccaria, Caesar, über Verbrechen und Strafen. Uebers. von Jul. Glaser. 2. neu durchgeseh. Aufl. gr. 8. (IV, 128 S.) Wien 876, Manz'sche Hofverlags- und Universitäts-Buchh.

Beccaria, Cesare, über Verbrechen u. Strafen. Übers., m. biograph. Einleitg. u. Anmerkgn. versehen v. Karl Esselborn. (VI, 204 S.) Lex.-8. Leipzig 905. W. Engelmann. n. 8. 60

— Verbrechen u. Strafen. Jetzt: Lpzg, F Meiner. 01/05

Beccaria, Giovanni Battista

Beccaria, I. B., Electricitas vindex experimentis atq. observ. stabilita. 8. Grätz, Felsecker. 773.

—— **Electricitas vindex experimentis atque observationibus stabilita. — Graecii [um 1775]: Widmanstad. 90 S. 8° 7. 12: Phys. sp. 42. 20. 22. 302. 303.**
14.2689

Beccaria, Jacobus s. *Beccari,* Jacopo Bartolomeo.

Beccaria Bonesaria, **Cesare** s. *Beccaria,* Cesare.

Beccarius, Jacobus Bartholomaeus
s. *Beccari,* Jacopo Bartolomeo.

Beccaro, Gerard, s.: Rosenkranz, der hochheil.

Beccary, Mad., Lord Danby. Ein Sittengemälde nach d. Französ. 8. Leipz. 797. (W. Rauck). 1 ℛ

Beccary, Mme

Die Folgen der Lästersucht. Oder: Begebenheiten der Fanny Spingler. [Übers.: Christian August Wichmann.] — Leipzig: J.G.Müller 1783. XIV,430 S. 8° **1: Xy 5969. 14.**
14.2703

Beccatellus, Antonius s. *Beccadelli,* Antonio.

Beccati, F., s. Becattini, Francesco

Beccatini, Francesco s. *Becattini.*

Beccattini, A., s. Becattini, Francesco

Beccau, Christian Ulrich: Gedichte. — Altona: Aue in Comm. 1836. 239 S. 8° **1: Yn 9416. 8. 18. 25.**
14.2706

Beccau, Chr. Ulr., Gedichte. 8. (15 B.) Husum 830. (Dessau, Aue.)

— **Versuch einer urkundlichen Darstellung der Geschichte Husums bis zur Ertheilung des Stadtrechtes. — Schleswig: van der Smissen 1854. IV,382 S. 8° 1: So 8678. 5. 7. 8. 18. 29. 48. 205.**
14.2707

Beccau, Joachim: Der wahre Adel ... [Trauergedicht auf Friedrich Rantzau, Geheimer Raht, † 8. Februar 1723, beigesetzt am 6. April 1723.] — Kiel (1723): Reuther. 2 Bl. 4°

Beccau, Joachim: Als das wegen Lutheri Reformation einfallende Jubel-Fest, Anno 1717 ... insonderheit in dem Königreiche Dennemarck, und den Fürstenthümern Schleßwig und Holstein ... gefeyert, und die dazu bestimte biblische Texte auf allergnädigste Veranstaltung des ... Herrn Friederich des Vierten, Königes in Dennemarck und Norwegen ... ausgeschrieben wurden ..., wollte ... allerunterthänigst gratuliren Joachim Beccau. Kiel [1717]: Reuther. 6 Bl. 4° 8.
14.2708

BECCAU. — * Bey Verschiedenen Gelegenheiten Entworffene Ehren-Gedichte, Zur vergönnten Gemüths-Ergetzlichkeit Denen Liebhabern der Poësie mitgetheilet Von BECCAU. Hamburg, Bey Christian Liebezeit und Theodor Christoph Felginer. 1720. 8°. (In Berlin: an Yk 2781.)

1 Bog. Vorst. (incl. Titel in Roth- u. Schwarzdruck) u. 208 S.

Beccau, [Joachim]: Die durch den Tod erlangte Freiheit ... [Trauergedicht auf Friedrich von Sallern, Amptsverwalter zu Neumünster, † 29. April 1712.] — Kiel (1712): Reuther. 2 Bl. 4°

Beccau, geistl., weltl. u. theatral. Gedichte. 4 Thle. 8. Hamb. 719.

BECCAU. — * Theatralische Gedichte und Ubersetzungen, Denen Liebhabern der teutschen Poësie mitgetheilet von BECCAU. Hamburg, Bey Christian Liebezeit und Theod. Christoph Felginer. 1720. 8°. (Auch in Göttingen: Dram. 6002.)

6 Bll. (incl. Tit. in Roth- u. Schwarzdr.), 321 S., 1 Bl. Druckf. — Dem Flensburger prakt. Arzt Dr. Henr. Schäffer gewidmet. Inh.: 1) Amadis von Gaula, in e. Schau-Spiel (in 3 Handlungen, in Versen; a. d. Italien. des James Heidegger; zuerst in Hamburg aufgef. tit.: „Oriana. Ein Singe-Spiel. Hamburg, gedr. mit sel. F. Konr. Greflingers Schriften. 1717." 20 Bll. 4°. Comp. von Händel). 2) L'amour insanguinato, od. Holofernes, in einem Singe-Spiel (in 5 Handl., in Versen; im J. 1710 mit dem Titel „Judith" verfaßt; zuerst in Braunschweig aufgef.). 3) Blutiges doch muthiges PEGU, od. BANISE, aus dem bekannten ROMAN des Herrn Zieglers (s. d.) in eine Opern-mäßige Vers-Art geschlossen, u. in 2 Thle. verfasset. (S. 103—246). — Unter den Ueberstzgn. (aus d. Lat., Französ., Italien. (Tasso, Gierusalemme liberata, Canto I.), Holländ. (Cats), sind zieml. freie Epigramme, u. S. 285—305: „Byblis" (Erzählung von deren blutschänderischen Liebe zu ihrem Bruder, aus Ovid's Metam. lib. IX), sämmtlich mit Beifügung des Orig.-Textes links.

[Mutmaßl. Verf.: Joachim Beccau]: Bittere Klage ... [Trauergedicht von d. sämmtl. Convictoristen auf Justina Juliana **Schellhammer,** beerdigt am 9. [!] Dec. 1707.] — Kiel (1707): Reuther. 2 Bl. 4°

— **Zuläßige Verkürtzung müßiger Stunden, bestehend in allerhand geistlichen Gedichten, nebst dem Leyden Christi und dem Hohen-Liede Salomonis. — Hamburg: Liebezeit & Felginer 1719. 128 S. 8° 1: 1 in Yk 2781 [u.] 1 in Yk 2781a. 7. 14. 18. 24. 30. 35. 42. 111. 303.**
14.2712

* **BECCAU** (Joach.), Zulässige Verkürtzung müssiger Stunden, Bestehend in allerhand Weltlichen POESIEN, Als Nahmentlich (sic!) In Verliebten, Satyrischen- und Sinn-Gedichten, Grab- und Uberschrifften, Moralischen und Vermischten Gedichten. Denen Liebhabern der teutschen Poësie zur vergönneten Gemüths-Ergötzung . . . . ans Licht gestellet, Von BECCAU. Hamburg, Bey Christian Liebezeit u. T. C. Felginer. Anno 1719. 8°.
184 SS. incl. 12 SS. Vorst. (Titel roth u. schwarz.)
Selten!

Becce, G: Gut Französisch, s: Löwe, Heinr.

Beccer s. ***Becker.***

Beccerus s. ***Becker.***

Beccherus s. ***Becher.***

Becchiarelli, S.: Memoiren von Anton Galotti, drei Mal zum Tode verurtheilten italien. Offizier. In französ. Sprache herausgg. u. mit histor. Actenstücken belegt; aus d. Französ. übersetzt.
Meiß: 1832 Bödsche.
8°

Beccius, G. Th., Ex historia et scientia naturali de animalibus nocte videntibus. 8 l. Vitemb. 4°. 1700

Beeclaere, M. van, Uebermuth thut niemals gut, s.: Familien-Bibliothek.

Bech, August Caspar Emil (Pirna), De cataracta centrali. Diss. med. Lpz. (Staritz), 16. IV. 1830. 32 S. u. 9 Fig. Abb. (4.—) 1518
Gew.: Carl Aug. Kuhl, Ernst Aug. Pech, Friedr. Aug. v. Ammon.
Dass. Lpz.: Voss

Bech, Curt (geb. Pirna 4. 2. 1848): Ein Fall von Pyaemie. Berlin (1880). (30 S.) 8°
Berlin, Med. Diss. v. 24. Jan. 1880

Bech, Emil [Übers.] s. ***Dupuytren,*** **Guillaume Bⁿ: Klinisch-chirurgische Vorträge [Leçons orales de clinique chirurgicale, deutsch]. 1832–34.**

— Offenes Sendschreiben als Erwiderung ... auf den 'Offnen Brief' des Direktors an der Strafanstalt zu Waldheim, Herrn Kapitain Christ, auf das von Ersterem in d. deutschen Ztschr. für Staatsarzeneikunde (1848) entworfene Diorama der K. Sächs. Strafanstalten zu Waldheim und Zwickau. — Pirna 1849:(Diller). 32 S. 8° 14. 106.
14.2778

— Das Steinbrecherbüchlein, oder Winke für Steinbrecher, Leib und Seele gesund zu erhalten. Von Emil Bech u. Heinrich Otto Wilisch. — Pirna : Diller 1842. VIII,118 S. 8° 1:Ik 9532. 58.
14.2779

Bech, Emil
— Vortrag über das Entstehen, Sein und Wirken des gegenwärtigen Stadtkrankenhauses zu Pirna. — Dresden:Verf. 1845. 28 S. 8° 15.
14.2780

— Vortrag, die Reorganisation des Stadtkrankenhauses zu Pirna betreffend. — Dresden [1846]:Meinhold. 16 S. 8° 14.
14.2781

Bech, W[ilhelm] F[edor]: • Callimachi Aetia. Fragmenta collegit et disposuit. IV, 271 S. 4° (2°)
Halle-Wittenberg, Phil. Diss. v. 28. Aug. 1848
Geb. [Rettgenstedt (Kr. Eckartsberga) 30. 3. 1821]
Verf. erlebte die Diplomerneuerung 1898 als Gymnasialprofessor a. D. in Zeitz.

Bech, Fedor: Beispiele von der Abschleifung des deutscnen Participium Praesentis und von seinem Ersatz durch den Infinitiv. — Zeitz:Huch 1882. 15 S. 4°
Zugleich Progr. Zeitz, Kgl. Stifts-G. 1881/82. 24. 27. 169.
14.2782

Bech: Beiträge zu Vilmars Idioticon von Kurhessen. 26 S.
Progr. Zeitz 1868.

Bech, Fedor Lexikalische Beiträge aus Pegauer Handschriften des 14. und 15. Jahrhunderts. 4 (22 S.). Stifts-G. *Zeitz* 1887 Progr.

Bech, Fedor, s. Classiker, deutsche, des Mittelalters.

— Der umgelautete Coniunctivus praeteriti rückumlautender Zeitwörter. — Wien:Gerold 1870. 29 S. 8°
Aus: Germania. 15. 1870. 10. 30.
14.2783

— [Hrsg.] s. ***Eingaben,*** **Drei, an den Schiedsrichter aus den Jahren 1455 und 1456. 1879.**

— Sprachliche Erläuterungen zu den im Programm von 1887 gebrachten Beiträgen aus Pegauer Handschriften. — Zeitz 1888:Brendel. 10 S. 8° 32.
14.2784

— Granum sinapis, deutsches Gedicht und lat. Kommentar aus dem Zeitalter der deutschen Mystik auszugsweise mitgeteilt. XIV S. *Zeitz* 1883. Progr.

— Klage des Bischofs Petrus von Naumburg wider den Herzog Wilhelm von Sachsen. — Zeitz 1875:Brendel. 26 S. 8° 32.
14.2785

Bech: Mittheilung und kritische Beleuchtung eines bisher übersehenen längeren Akrostichon des Johannes Rothe aus Kreuzburg. 8 S.
Progr. Zeitz 1861.

Neue Mittheilungen über Johannes Rothe v. Fedor Bech. (Programm. Zeitz. 1860.) 4°.

— Über Johannes Rothe. — Wien [1861]. 67 S. 8°
Aus: Germania. 6. 1861. 11. 23. 39.
14.2786

— Zur Sage von Karl und Elegast. — Wien:Gerold 1864. 20 S. 8° Aus: Germania. 9. 1864. 300:54.215–B. 302.
14.2787

Bech, F.: Die bischöflichen Satzungen über das Eidgeschoss in Zeitz aus dem 14. u. 15. Jahrhd. 24 S.
Progr. Zeitz 1870.

Bech: Specilegium verborum in Passionali vetusto poëmate Germanico ab editoribus cum praetermissorum tum male explicatorum. 32 S. (Zusätze und Verbesserungen dazu im Progr. 61 S. 6-8.).
Progr. Zeitz 1859.

— Verzeichniss der alten Handschriften und Drucke in der Domherren-Bibliothek zu Zeitz. — Berlin:Weidmann 1881. XI,58 S. 4° 1:4° Ao 8145 [u.] 8145a. 2→11. 12:4° Cat. 102. 14→32. 34. 36. 38. 39. 41. 43. 44. 53. 61. 66. 109. 121. 203. 208. 300:33.605–C. 302→304.
14.2788

Bech, Heinrich: Stanislaw, der Polenkönig. Trauerspiel. Breslau:Trewendt 1861. 131 S. 8°
1:Ys 11846. 2. 41. 300:64.947–B.
14.2789

— Heinr. Aug. Anton (Rettgenstadt/Thür.), De cyanosi. Diss. med. Halle (Ploetz) 26. VI. 1847. 30 S. mit Biogr. (M.: A. F. Hennicke.) (4.—) 1519
Oppon.: A. Kalkoff, A. Besser. — Gew.: Benedict Wilhelm, Joh. Christ. Friedr. Bech.

Bech, Jos.: Martha. Episch-lyr. Sang a. d. Pfälzerland. (5, 171) 8° Neust. a/H., D Meininger ('11). Ldr 3 — d

Bech, Louise Sophie s. *Beck*, Lovise Sophie.

Bech, Michael Schendo van der: Empirica illustris per septem nobilissima euporista familiaria remedia ad totidem gravissimos et frequentiores morbos profligandos: Authore Michaele Schendo R.C.S.Eq.Vanderbech. Add. authoris Apologia adversus Maurocordati sycophantias par le docteur Conrade du Schebhen. Ed.2., prototypo Londinensi longe elegantior ac em. — Augustae Vind.: Mertz & Mayer 1723. 61 S. 8° **14. 308.**
14.2802

BECH, P. C., s. Schleswig-Holstein-Lauenburgischer Gewerbefreund. 1828 ff.

Bech, Wilhelm Fedor, s. B e c h , Fedor

Béchade (Hrsg.), s. P r a x i s , Die, der Zuschneidekunst.

Bechaiji Ben Joseph s. *Bahjā* Ben-Jōsēf.

Bechai, Rabbi, חובת הלבבות oder: über d. Herzenspflichten. Aus dem Arab. nach der hebr. Uebersetzung des Ebn Tabun ins Deutsche übersetzt und kommentirt von R. J. Fürstenthal. 5 Hfte. (hebräisch und deutsch). 8. Breslau 836. (Schulz u. Comp.) n. 4 ₰

—— üb. d. Herzenspflichten, ins Hebr. übers. v. Jehuda ibn Tybon u. a. d. Hebr. v. RJ Fürstenthal. 2. Aft. 1. Lfg. 8. (64) Bresl. 52, Morgenstern. n. — 10

Bechai ben Joseph, ספר חובה חלבבוה oder über die Herzenspflichten, ins Hebr. übers. v. J e h u d a i b n T i b o n u. aus dem Hebr. ins Deutsche übers. u. m. einem ausführl. hebr. Commentar versehen v. R. J. F ü r s t e n t h a l. 2. durchaus verb. Aufl. 1. Liefrg. gr. (S. 1—64.) Breslau 852, Schulz & Co. n. 1/3 ₰

Bechaiji Ben Joseph, Rabbi, „Choboth ha-l'baboth". — Lehrbuch der Herzenspflichten. Zur Veredlung der religiösen u. sittlichen Denk- u. Handlungsweise. Mit einer, nach Jehuda Ebn Tibbon's ebräischer Uebertragung des arab. Originales, wortgetreuen neuen deutschen Uebersetzung, nebst exeget. Anmerkungen über schwierige Bibel-Citata u. einer metrisch-gereimten Uebersetzung der „Mahnrede" von M. E. S t e r n. Wien 853. (Wenedikt.) gr. 8. (XX, 476 S.) 1 ₰ 24 ngl

Bechaiji Ben Joseph, „Choboth ha — l'baboth." Lehrbuch der Herzenspflichten. Zur Veredlung der religiösen und sittlichen Denk- und Handlungsweise. Mit einer nach Jehuda Ebn Tibbons ebräischer Uebertragung des arab. Originals, wortgetreuen neuen deutschen Uebersetzung nebst exeget. Anmerkungen über schwierige Bibel-Citata und einer metr. Uebersetzung der „Mahnrede." Von M. E. Stern. 2., verb. Aufl. gr. 8. (XXXI und 464 S.) Wien 856. (Leipzig, Gerhard.)

Béchaux, Aug., nationalökonomische Schulen d. XX. Jahrh. I. Die französ. Nationalökonomie der Gegenwart. Übers. u. m. Anmerkgn. versehen v. G. Wampach. (XII, 140 S.) gr. 8. Berlin 903. Puttkammer & Mühlbrecht. n. 3. —

Beche, Henry T. de la

—— Anleitung zum naturwissenschaftlichen Beobachten für Gebildete aller Stände. 1. Geologie. Aus dem Englischen von Rebbock. Berlin 1836. 8.

— **l'art d'observer en Géologie.** Trad. de l'anglais par H. de Collegno. gr. in-8. Paris et Strasb. 838. Levrault. 2 1/2 ₰

de la Beche, Bar. Heinr., der geologische Beobachter oder vollständige Anleitung, die Wirkungen der noch thätigen geolog. Kräfte zu beobachten, sowie die Erdoberfläche auf ihre Beschaffenheit, auf das Verhalten der Gesteinschichten, auf das Vorkommen der in ihnen eingeschlossenen nutzbaren Mineralien, als Erze, Stein- u. Braunkohlen, Torf, Steinsalz u. s. w. auf die Quellen, Versteinerungen u. s. w. zu untersuchen. Ein Handbuch für Reisende, Bergleute, Oekonomen, Architecten, kurz für Alle, welche die Geologie treiben u. treiben wollen. Deutsch bearb. v. C a r l H a r t m a n n. Mit 304 Fig. auf 47 lith. Quarttaf. 8. (XII u. 657 S.) Weimar 852, Voigt. 3 ₰

Beche, Henr. de la, der geologische Beobachter oder vollständige Anleitung die Wirkungen der noch thätigen geolog. Kräfte zu beobachten, sowie die Erdoberfläche auf ihre Beschaffenheit, auf das Verhalten der Gesteinschichten, auf das Vorkommen der in ihnen eingeschlossenen nutzbaren Mineralien etc. zu untersuchen. Ein Handbuch für Reisende, Bergleute, Oekonomen, Architekten etc. Deutsch bearb. von C a r l H a r t m a n n. 2., mit der Biographie des am 13. April 1855 zu London verstorbenen Verf. verm. u. ergänzte Ausg., mit Benutzung der 2. Aufl. des engl. Originals. Mit 309 Fig. auf 48 lith. Taf. (in qu. 4.) Weimar 855. Voigt. 8. (XVI, 712 S.) 3 ₰

Beche, Henry de la, und Leon Plaifair, erster Bericht über die zur Dampfschifffahrt geeigneten Steinkohlen Englands. (Auf Veranlassung der kaiserl. Akademie der Wissenschaften in Wien, aus den „Memoirs of the geological survey of Great Britain" übers. und von ihr hrsg.) Lex.-8. (134 S. mit 5 Stnt. in Fol.) Wien 849, (Braumüller.) *

Beche, Henry T. de la, Geologie, s. Anleitung z. naturwiss. Beobachten.

Beche, H. T. de la, Handbuch d. Geognosie. N. d. 2. Aufl. d. Engl. Orig. bearb. v. H. v. Dechen. M. 28 eingedr. Holzschn. gr. 8. (39 1/4 B.) Berlin 832, Duncker u. Humblot.

— **Manuel géologique.** 2e édit., publ. à Londres en 1832. Traduction française, revue et publ. par A. J. M. Brochant de Villiers. gr. in-8. Paris et Strasb. 833. Levrault. 5 5/6 ₰

— **Recherches sur la partie théorique de la Géologie.** Trad. de l'anglais par H. de Collegno. gr. in-8. (2 Steindr. und mehr. Holzschn.-Vign.) Paris et Strasb. 838. Levrault. 2 1/2 ₰

de la Beche, Hnr. T., Untersuchungen über theoret. Geologie. Aus d. Engl. von Karl Hartmann. Mit 8 lithogr. Taf. gr. 8. Quedlinburg 836. Basse. 1 1/2 ₰

—— Vorschule der Geologie. Eine Anleitung zur Beobachtung und zum richtigen Verständniss der noch jetzt auf der Erdoberfläche vorgehenden Veränderungen sowie zum Studium der geologischen Erscheinungen überhaupt. Nach dem „geological observer" frei mit Zusätzen bearb. von Ernst Dieffenbach. Mit 312 in den Text eingedr. Illustrationen in Holzschn. gr. 8. (XVIII und 624 S.) Braunschweig 853, Vieweg und Sohn. *

v. Becheli, Friedrich, od. die vermeinte Fürstentochter, (v. J. F. Arnold). 8. Gotha 800. Ettinger. 4 gl

Bechem: Das heilige Jahr der Kirche. 22 S. Progr. Aachen 1869.

Bechem, Adolf: Vortrag über Centralheizung, insbesondere über Niederdruck-Dampfheizung mit selbstthätiger Regulirung. — Hagen i.W. 1893: Quitmann. 16 S. 8° **210.**
14.2851

Bechem, H., Geschichte der Loreto-Kapelle in Düsseldorf-Bilk. [Aus: „Jahrbuch VIII des Düsseldorfer Geschichts-Vereins", m. hinzugefügtem Vor- u. Nachwort.] gr. 8. (III, 50 S. m. Titelbild.) Düsseldorf 894. (W. Deiters.) n. — 60

Bechem, Heinrich: Geschichte der Loreto-Kapelle in Düsseldorf-Bilk. — Düsseldorf: Lintz in Comm. 1894. 50 S. 8°
Erweitert aus: Beiträge zur Geschichte d. Niederrheins. 8. 1894.
5. 61.
14.2852

Bechen, Franciscus (geb. am 18 Nov. 1822 in Muelheim a. Rh.): Quaedam de hydrope spinali . . . Bonnae, litt. F. P. Lechneri 1845. 2 Bl., 31 S. 8.
Bonn, Med. Fak., Diss. v. 15 März 1845

Becher, August s. *Anklageakt* gegen den vormaligen Rechts-Consulenten August Becher, von Ravensburg, und Genossen, wegen Hochverrats &c. 1851.

Becher, Die, der ehemaligen Chorherrnstube. Zürich [1860]. V: *Vögelin, Anton Salomon.* (Cat. d. Stadtbibl. Zürich. Zürich 1864—97.)

Der Becher der Freundschaft. Eine Geburtstags-Feyer am 6. Jan. 1821 im Kreise aufrichtig gesinnter Freunde. — München [1821]: Martin. 16 S. 8° 1:Yn 3274.
14.2853

Der Becher der Weyhe. Am 5ten Febr. 1782 in der Loge Amalia zu Weimar. [Weimar 1782.] 2 Bl. 8° [Umschlagtit.]
Lied ohne Noten: „Brüder, reicht dem Jüngstgeweyhten . . .“

Becher, Dr. jur. 1794 s. *Becher,* Georg Ludwig.

Becher, Universalgelehrter, um 1630-1682. 1639 s. *Becher,* Johann Joachim.

Becher, Oberbergrat, Bonn, später Wiesbaden, 1752-1831. 1780 s. *Becher,* Johann Philipp.

Becher, Hauptmann im 4. Brandenburgischen Infanterie-Regiment Nr 24. 1875 s. *Becher,* Paul.

Becher, A. J., s. Volksfreund, 2r Jahrg.

Becher, Adolf: Drei Gedichte, hervorgerufen durch die Ereignisse des Jahres 1859 in Italien. — Eibenstock: Becher in Comm. [1859]. 4 Bl. 8° 14.
14.2854

Becher, Adolf, Die Psalmen metrisch übersetzt. 11. 8. (310 S.) Wien, Braumüller. 1865 2 fl.

Becher, Adolf Anton: Von der Wiege bis zum Grabe. Lebensgeschichte u. Erinnerungen des im 70. Jahre stehenden Rezitators patriotischer Werke Adolf Anton Becher genannt: Gustav Becker. — [Düsseldorf 1906.] 8 S. 8° 61.
14.2855

Becher, Alexander Bridport
— [Navigation of the Indian Ocean, deutsch] Anweisung zur Navigation des Indischen Oceans, so wie des Chinesischen und Australischen Meeres mit deren Verbindungsstrassen u. s. w. Aus d. Engl. von Lorenz Göde. — Hamburg: Salomon [1864]. VIII,224 S. 8° 8. 18.
14.2858

[—] — [deutsch] Die Beschiffung des Atlantischen Oceans und Beschreibung der dort zu den verschiedenen Jahreszeiten vorherrschenden Winde, Wetter und Strömungen . . . Neueste Ausg. Mit Zusätzen von A. Wagner. — Hamburg: Salomon 1864. VIII,168 S. 8° 8. 17. 205.
14.2859

— [Navigation of the Pacific Ocean, deutsch] Navigation des Stillen Oceans. Mit einer Beschreibung d. Winde, Wetter und Strömungen. Nach neuesten Berichten verfaßt. Uebers. von C. Raddatz. — Hamburg: Salomon 1867. 199 S. 8° 18. 205.
14.2861

Becher, Alfred Julius: Erinnerungen an das Königliche Handelsgericht zu Elberfeld. ⟨Zunächst für die verehrlichen Mitglieder desselben.⟩ — [Elberfeld]: Lucas 1832. 30 S. 8° 18. 62.
14.2864

— Der deutsche Kaiser. — Wien 1848: Ullrich. 1 Bl. 4° 27.
14.2865

Becher, A. J., s. Lind, J., eine Skizze ihres Lebens.

[—] Jenny Lind. Eine Skizze ihres Lebens und ihrer Künstler-Laufbahn bis zu ihrem ersten Auftreten in Wien. — Wien: Jasper 1846. 28 S. 8° 300:659.998-B. M.
14.2866

— — 2., umgearb., verm. Aufl. Ebd. [1846]. 48 S. 8° 1: Mus. Dl 266 [u.] 2 in Mus. Dl 264. 6. 7. 18. 23. 30. 117.
14.2867

— — 2., umgearb., mit e. kritischen Abhandlung über d. Künstlerin und ihr erstes Gastspiel in Wien verm. Aufl. Ebd. 1847. 48 S. 8° 12: Mus. Th. 4832. 300:657.930-B. M. 302.
14.2868

— Das Niederrheinische Musikfest ästhetisch und historisch betrachtet. — Köln 1836: Büschler. 25 S. 8° 5.
14.2869

Becher, Bruno: Die rechtliche Natur der internationalen Verträge Elsass-Lothringens. *Berlin 1897: E. Ebering.* (62 S.) 8°
Erlangen, Jur. Diss. v. 24. Juli 1897

Becher, C. (Hrsg.), s. Schul- und Hausgarten, Der.

Becher, C. C. s. *Becher,* Karl Christian.

Becher, Carl, s. Becher, Karl

Becher, Christian Fürchtegott. Kurze Darstellung des Werths der auf altclassische Studien gegründeten Schulbildung. (Schulprogramm.) Liegnitz 1816. 8°.

Becher, Christian Fürchtegott. Zur Erinnerung an Luthers Verdienste. Liegnitz 1818. 8°.

Becher, Christian Fuerchtegott: Ovids zehnte Heroide, Ariadne an Theseus. Mit Einl. u. Anm., als Probestück einer neuen Ausgabe aller Heroiden desselben. — Görliz: Hermsdorf & Anton 1796. XVI,92 S. 8° 12: A. lat. a. 1134d.
14.2870

Becher, Chr. Fürchteg. s. Ovids 10e Heroide.

Becher, Ch. F.: Observationum in aliquot Horatii locos max. part. criticar. specim. (Zu 29 verschiedenen Stellen des ganzen Horaz.) 12 S.
Progr. Liegnitz R. 1830.

Becher, C. F., Prolog zur ersten Tuscul. Disputation, kritisch-philosophisch erläutert. Zwei Progr. Liegnitz 819. 20. 8.

Becher, Christian Fürchtegott. Von dem gegenwärtigen Zustande der Königlichen Ritter-Akademie zu Liegnitz. Liegnitz 1814. 8°.

Becher, David: Neue Abhandlung vom Carlsbad. Th. 1. Prag 1766: Clauser. 116 S. 8°
1. Chymische u. physicalische Untersuchung d. Carlsbader warmen Quellen. 12: 4° M. med. 25. 14. 17. 300: 70 H 57.
14.2871

Becher, Dav., († d. 4. Febr. 1792.) neue Abhdlg. v. Karlsbade. 3 Thle. Mit Kpf. 4. Prag 766—68. N. A. gr. 8. Dresd. 772. Walther. 1 Thl. 8 gr. N. umgearb. Aufl. gr. 8. Mit 3 Kpf. u. 1 Portr. Leipz. 789. (W. Vogel). 1 Thl. 20 gr.

— — Neue Abhandlung vom Karlsbade. Th. (1)–3. Prag: Gerle 1772. 8° 1: Ir 33858. 2→5. 7. 8. 9. 11. 12: M. med. 89. 14. 15. 16. 19. 23. 27. 29. 30. 39. 42. 45. 46. 75. 117. 202. 300: 68 Z 4. 302.
14.2872

— — Neue Abhandlungen über das Karlsbad. 2., umgearb. u. verb. Ausg. — Leipzig: Crusius 1789. 538 S. 8° 1: Ir 33859. 2. 5. 7. 8. 11. 12: M. med. 90. 14. 15. 19. 21. 24. 25. 27. 28. 29. 34. 39. 43. 47. 53. 169. 202. 300: 171.324-B. 302. 303.
14.2873

— — Neue Abhandlung vom Karlsbade. Th. (1)-3. Prag: Gerle 1792. 8°
43.
14.2874

— Kurze und gründliche Untersuchung der neuen Sprudelquelle im Karlsbade. — Prag: Gerle 1777. 21 S. 8°
Aus: Abhandlungen e. Privatgesellschaft in Böhmen. 3. 1777.
2. 15. 17. 19. 300: 68 Z 3.
14.2877

Becher, E.: Die deutschen Zoll- und Handelsverhältnisse ..., s. Becher, Siegfried

Becher, E.E.: Nützl. Bemerkungen bei der Einleitung u. Führung der kaufmänn. Geschäfte mit England, s. Becher, Karl Christian

Becher, Eduard. 1890: Abhandlungen über den Speichel. ⟨1851.⟩ 1890 s. *Ludwig*, Karl.

Becher, E., Abhandlungen üb. den Speichel, s. Ostwald's, W., Klassiker der exakten Wissenschaften.

Becher, E. Abhandlungen üb. den Speichel, s. Klassiker der exakten Wissenschaften.

Becher, Eduard, Zoologe. 1882: Arbeiten aus dem Zoologischen, vergleichend-anatomischen Institute der Universität Wien. Zur Kenntniss der Mundtheile der Dipteren. Wien: Gerold in Comm. 1882. 42 S. 4°
Aus: Denkschriften d. Kaiserlichen Akademie d. Wissenschaften. Math.-nat. Kl. 45, Abth. 2. 1882.
302.
14.2878

Becher, Eduard. 1883: Der Polterabend. Hochzeits-Gedichte. — Waldenburg i. Schl.: Georgi [1883]. 64 S. 8°
1: Yf 5910. 2.
14.2879

Becher, Elisab., neue Musterblätter für weibl. Arbeiten. Mit erklär. Texte u. kurzem Modenberichte. I—VI. Hft. (à 1 col. Bl. 1 Taf. in Fol. u. 2 S. Text.) gr. 8. Wiesbaden 847, Beyerle. (à 1/8 ℛ) 3/4 ℛ

Becher, Erich
— Der Begriff des Attributes bei Spinoza in seiner Entwicklung und seinen Beziehungen zu den Begriffen der Substanz und des Modus. — Halle: Niemeyer 1905. 61 S. 8° (Abhandlungen zur Philosophie u. ihrer Geschichte. 19.)
1: Nh 6219-19. 2. 3. 5. 6. 7. 10. 11.
12: Ph. U. 0 dg-19. 14. 15. 17. 18. 19. 26. 27. 38. 302.
14.2880

Becher, Erich, aus Remscheid: Experimentelle und kritische Beiträge zur Psychologie des Lesens bei kurzen Expositionszeiten. *Leipzig: J. A. Barth 1904.* (55 S.) 8°
Bonn, Phil. Diss. v. 15. Juli 1904

Becher, Erich, der Darwinismus u. die soziale Ethik. Ein Vortrag, geh. zur Hundertjahrfeier v. Darwins Geburtstag vor der philosoph. Vereinigg. in Bonn, nebst Erweitergn. u. Anmerkgn. (67 S.) gr. 8. Leipzig 909. J. A. Barth. 2. —

Becher, Erich: Gehirn u. Seele, s: Psychologie, Die, in Einzeldarstellgn.

— **Die Grundfrage der Ethik. Versuch e. Begründung d. Prinzips d. grössten allgemeinen Glückseligkeitsförderung. Köln: Du Mont-Schauberg [1908]. VII,217 S. 8°**
1: Np 5647/10. 2. 5. 6. 7. 12: Ph. Pr. 107 t. 14. 16. 18→21. 26. 27. 28. 34. 38. 46. 79. 121. 300: 459.624–B. 302.
14.2888

— **Philosophische Voraussetzungen der exakten Naturwissenschaften. — Leipzig: Barth 1907. V,243 S. 8°**
1: Lf 5418. 3→8. 11. 12: Ph. Sp. 63 x. 14. 15. 17→21. 24. 26. 28. 30. 34. 38. 41. 46. 86. 91. 106. 109. 202. 210. 300: 457.775–B. 302. 303.
14.2897

Becher, Ernst, Sekretär d. K. k. Seebehörde, Triest. 1868: **Die Arbeiterfrage in ihrer gegenwärtigen Gestaltung und die Versuche zu ihrer Lösung. — Pest [usw.]: Hartleben 1868. 256 S. 8°**
1: Fd 1216. 7. 10. 11. 12: Pol. g. 42 x. 16. 19. 26. 27. 30. 35. 38. 45. 48. 83. 90. 106. 109. 203. 205. 211. 302.
14.2900

Becher, Ernst, aus Dresden: Zur Kenntnis des m-Tolimidazols. *Dresden 1902: Lehmann.* (29 S.) 8°
Erlangen, Phil. Diss. v. 6. März 1902

Becher, Ernst, der Credit und seine Organisation. Eine volkswirthschaftl. Studie. gr. 8. (64 S.) Wien 867, Hartleben.

— **Der Credit und seine Organisation. — Pest [usw.]: Hartleben 1868. 64 S. 8°**
1: Fe 4910.
12: Cam. 9 b. 30. 38. 106. 205. 300: 69.277–B. 302.
14.2901

(—) Oesterr.-Ungar. Industrie- u. Landwirthschaftliche Ausstellung Triest 1882. Die oesterreichische Seeverwaltung. Nebst Special-Catalog zu den von der K. k. Seebehörde ausgestellten Gegenständen. (Verf.: Ernst Becher u. Hermann Breidenstein.) — Triest: K. k. Seebehörde 1882. LXXI,274 S. 8°
1: Sb 9046. 302. 304.
14.2903

Becher, Ernst, die österreichische Seeverwaltung 1850—1875. Im Auftrage d. k. k. Seebehörde verf. gr. 8. (IV, 304 S. m. Steintaf. u. 1 chromolith. Karte in qu. gr. Fol.) Triest 875. (Wien, Braumüller & Sohn.) n. 12. —

Becher, Ernst, Zyklamen. Gedichte. (V, 104 S.) 8. Wien 905. (J. Safář.) n. 2. —

Becher, Ernestus Davides (geb. am 11 Nov. 1795 in Linda bei Naumburg a. S.): Dissertatio ... exhibens secundarum partus casus aliquot speciosos eosdemque ad artis historiam praeceptaque applicatos ... Bonnae, typ. Thormannianis 1822. 30 S. 8.
[Bonn], Med. Fak., Diss. v. [21 Dez.] 1822

Becher, Ewald: Venus und Adonis von P. P. Rubens. (Verf.: E. Becher.) — (Berlin [1898-1900]: Hempel.) 19 S. 4°
1: 4° Nt 7591/17.
14.2906

Becher, F. C., s. Becher, Friedrich Liebegott

Becher, F. Wilh.: De historica medicinae Explicatione, s. Becker, Ferdinand Wilhelm

Becher, Ferdinand
Becher, Ferd., Auswahl deutscher Gedichte, s.: Echtermeyer, Thdr.

— Bericht üb. d. Litteratur zu Quintilian a. d. Jahr. 1880—1887. S.-A. 1887. 82 S. 1.50

Becher, Ferd*inand* [Dr., Dir.]: Zum 10. Buch des Quintilian. Aurich, Druck v. H. W. H. Tapper & Sohn, *1891;* S. 3—28; 4°
Aurich, k. G, OP 1891 (201)

Becher, Ferd., zum 10. Buch d. Quintilian. gr. 4. (28 S.) Aurich 891. (Leipzig, Fock.) n. 1.20

— Die sprachliche Eigenart der Briefe ad Brutum. Gel. 1885. 81 S. —.90

Becher, Ferdin. De Ciceronis quae feruntur ad Brutum epistulis. 22 S. Progr. *Harburg* 1876.

Becher, Ferd., de Ciceronis quae feruntur ad Brutum epistulis. Dissertatio inauguralis. gr. 4. (22 S.) Harburg 876. (Jena, Deistung.) n. — 60

— **Hauptregeln d. latein. Syntax.** —
s.: **Harre, P.**

Becher, Ferdinand De locis quibusdam Taciti annalium. 4 (S. 3—14).
In: Festschrift z. 200jähr. Jubelfeier der Univ. Halle-Wittenb. Lat.
Progr. Hauptsch. *Halle* 1894.
Nicht im Tauschverkehr.

Becher, F., de locis quibusdam [Pseudo-]Ciceronis epistularum ad Brutum, s.: Philologus.

Becher, Ferdinand, Philologe, Halle, 1850-1900. 1879: Quaestiones grammaticae et criticae ad Quintiliani Librum decimum. — Berlin:Weidmann 1879. 26 S. 8°
Zugleich Progr. Ilfeld, Kgl. Klosterschule 1879. 2. 21.
14.2907

— lateinische Schulgrammatik, s.: Harre, Paul.

Becher, Ferdinand Über den Sprachgebrauch des M. Caelius Rufus in den bei Cic. ad fam. VIII enthaltenen Briefen mit Berücksichtigung der bei Quintilian u. a. überlieferten Fragmente aus seinen Reden. (Umschlagtitel: Über den Sprachgebrauch des Caelius.) 4 (41 S.).
Progr. Klostersch. *Ilfeld* 1888

Becher, Ferd. (I.), über den Sprachgebrauch des Caelius. gr. 4. (41 S.) Ilfeld 888. (Leipzig, Fock.) *

Becher, Ferdinand, Wäschereibesitzer, Bückeburg. 1886: Praktischer Unterricht im Waschen und Plätten. — Minden: Bruns 1886. 30 S. 8° 1:Op 16777. 6.
14.2908

Becher, Friedrich Liebegott: Die Mineralogen, Georg Agricola zu Chemnitz, im sechszehnten und A.G. Werner zu Freiberg, im neunzehnten Jahrhunderte. — Freiberg: Craz & Gerlach 1819. 67 S. 8°
1:At 7351. 3. 12:Biogr. 6h. 14. 17. 21. 43. 82. 210. 302.
14.2900

Friedr. Liebegott Becher; die Mineralogen Georg Agricola zu Chemnitz im XVI. und Abr. Gottlob Werner zu Freiberg im XIX. Jahrhunderte. Winke zu einer biographischen Zusammenstellung aus Sachsens Culturgeschichte. Freiberg 1820. 8. (Cfr. Sam. Glo. Frisch und Chr. Sim. Weiss Lebensbeschreibung Abr. Glo. Werners. Leipz. 1825. 8.)

— Beiträge zu den Schul- und Universitätsstudien. Eine Auswahl kleiner, teutscher u. verbesserter Schulschriften. Bd 1. — Leipzig:Cnobloch 1815. XII,215 S. 8°
29. 48.
14.2910

— Pr. Bibliotheca Lycei Chemnicensis memoriam instaurat. 8. Chemn. 817.

Becher, F. L., Kurze Darstellung des Werths der auf altclassische Studien gegründeten Schulbildung. Liegnitz 816. 8.

— Ad Virum Illustrem C.A.Boettigerum, cum e Lusatia ad Vinarienses abiret, Elegia amicitiae interpres. — Laubani 1791:Scharf. 4 Bl. 8° 15.
14.2911

— [Hrsg.] s. *Fabricius*, Georg: Iter Chemniciense, 1543. 1811.

— Die hundertjährige Jubelfeier der sächsischen Distanz- und Post-Säulen, im J. 1822. sammt einer Geschichte derselben. Ein vaterländisches Programm im Vorjahre 1821. Chemnitz:Kretschmar 1821. 54 S. 8° 3. 14. 15. 106.
14.2912

— d. 100jähr. Jubelfeier d. sächs. Distanz- u. Post-Säulen im Jahr 1822, sammt e. Gesch. derselben; ein vaterländ. Pogramm im Vorjahre 1821. gr. 8. Chemn. 822, Kretschmar. 8 Ж

— Kritik e. Stelle der Deutschung des Caj. Corn. Tacitus durch K. L. v. Woltmann. 8. Chemn. 820.

— — Ad memoriam viri Christian Gottlob Heyne (Chemnitz). — Prolus. causa insunt quaedam, de b. Heynii vita juvenili, ingenio, doctrina moribusque. Chemnitz (Kretschmar) 25. IX. 1812. 23 S. (4.60) 1522

— Observationum criticarum ad quosdam scriptores veteres utriusque linguae specimen 1. — Lipsiae: Auctor; Barth [in Komm.] 1808. 88 S. 8° 1:Vb 2880.
5. 7. 8. 10. 12:Philol. 17. 14. 15. 21. 26. 27. 39. 42. 78.
14.2913

— observationes critic. ad quosd. scriptor. utriusque linguae. Spec. I. 8 maj. Leipz 809. Barth. 8 Ж

Becher, Friedr. Liebeg. (Ehrenfriedersdorf), Dec. Laberii Mimi prologus praecedit historia poeseos mimicae apud Romanos. Viris Carl David Ilgen, Aug. Magn. Kraft, Joh. Gg. Scheibe summos in philos. honor. gratul. Lpz. 1787. 30 S. (4.—) 1520

— Pr. Rückblick auf Laubans Unfälle. 4. Lauban 790. Pr. Fehlt es unserm Zeitalter an neuen Vorschlägen u. Anstalten zur Verhütung u. Dämpfung d. Feuersbrünste? 4. Ebd. 791. Ueber einige geheime Arten der Feuerentstehung, Selbstentzündungen genannt. 8. Ebd. 792. Fortgesetzte Beitrr. zur Verbreitung d. neuesten Belehrr. &c. wider Feuergefährlichkeit. 8. Ebd. 793. 4r Beitr.: Verhütung u. Dämpfung d. Feuersbrünste. gr. 8. Ebd. 795.

Becher, Fr. Liebeg., Schicksale d. öffentl. Sammll. v. Büchern, Naturalien, Münzen u. Kunstsachen. 8. Lauban 795.

— über d. Studium d. Muttersprache. gr. 8. Leipz. 812. Cnobloch. 4 Ж

— — Ueber d. Studium der Muttersprache, zunächst i. d. Studienklassen unsers Lyzeums. Nebst Schuljahrsbericht v. 1811—12. Chemnitz (Kretschmar) 1812. 40 S. mit Namen. (4.—) 1521
Biogr. v. Joh. Friedr. Schneider (Naumburg), Mor. Ferd. Hözel (Waldheim).

— — Suspiciones quaedam Horatianae. Actui valedict. in lyceo. Chemnitz (Kretschmar) 2. IV. 1822. 30 S. mit Namen. (3.—) 1523

— Suspiciones quaedam Horatianae. Actui valedictorio in Lyceo Chemnicensi ... rite instituendo praemissae a Frid. Liebeg. Bechero. — Chemnitz:Kretschmar [1827]. 30 S. 8° 78.
14.2914

— Versuch einer Propädeutik der Universitätsstudien, für Abiturienten unsrer Gelehrten-Schulen. — Lauban 1795: Scharf. 16 S. 8° 78.
14.2915

— Winke über frühe Ausbildung u. Uebung d. Körpers. 8. Lauban 794.

[—] Witzfunken und Lichtleiter, oder neue, geordnete Auswahl von Gegenständen des Scherzes, der Laune, des Witzes und Scharfsinns. Bd 1-8. — Leipzig:Cnobloch 1816-25. 8° 7.8. Neue Witzfunken u. Lichtleiter. Bd 1.2. 1823-25.
1[°° 6.8]:Xa 10890. 12:L.eleg. m. 832 p. 17. 18. 19. 24. 33. 38. 64. 106.
Dass. s.a. Witzfunken
14.2916

— Ein patriotisch-pädagogisches Wort an Eltern und Lehrer. — Leipzig:Cnobloch 1814. 24 S. 8° 78.
14.2917

— ein Wort über d. Reinigung unsrer Sprache von französ. Wörtern. 8. Chemnitz 815.

— einige Züge z. Gemälde d. Lehrers an e. Gelehrten-Schule überhaupt u. d. Rectors insbesond. E. Antrittsrede. 8. Gottbus 800.

Becher, Georg, Referendar: Die rechtliche Natur der Volksvertretung im Deutschen Reiche und in Preussen. Breslau 1910: Breslauer Genossensch.-Buchdr. V, 40 S. 8°
Breslau, Jur. Diss. v. 29. Juli 1910, Ref. Brie, Gretener
[Geb. 10. Febr. 85 Breslau; Wohnort: Herrnstadt; Staatsangeh.: Preußen; Vorbildung: Auguste-Viktoria-Gymn. Posen Reife O. 06; Studium: Berlin 1, Breslau 6 S.; Rig. 8. Febr. 10.] [U 10. 464

Becher, Georg Christoph: Geheimes Jäger-Cabinet, darinnen die nöthigsten Wissenschafften so zur Jägerey gehörig nebst siebenzig geheimen und bißhero meist verborgen gewesenen Jäger-Künsten enthalten, nunmehro aber eröffnet. — Leipzig: Groschuff 1701. 184 S. 8°
1:Oy 19520. 18. 32. 111.
14.2920

— — 1702 u.ö.
in: *Becher*, Johann Joachim: Kluger Hauß-Vater.

Becher, Georg Ludwig: Auch Vetter Heinrich hat Launen. Von G[eorg] L[udwig] B[echer]. — Frankfurt a. M.: Zeßler 1796. 164 S. 8° 1:Yw 4526. 7. 121.
14.2921

Becher, Geo. Ldw., s. Auch Vetter Heinrich hat Launen.

(—) Ueber die Entschädigungsverbindlichkeit sachfälliger Arrestimpetranten nach gemeinem und frankfurtischem Statutarrecht. Appellationsschrift für d. köllnischen Schiffer Paul Reith, entgegen d. hiesigen Gastwirth Eckhart u. Konsorten. — Frankfurt a. M. 1802. 51 S. 8° 10 [unvollst.] 17. 24. 30.
14.2922

[—] Der Geisterseher. Eine venetianische Geschichte, wundervollen Inhalts. Beschrieben von G. B***. — Hamburg: Bachmann & Gundermann 1794. 188 S. 8°**
30.
14.2923

— s. Samml. d. n. Uebersetz. röm. Prosaiker. 15r Thl.

Becher, Geo. Ldw., vindiciae interpret. genuinae legis sext. cod. de secundis nuptiis. 8maj. Frkf. 797. Diez. 8¼

— Vindiciae interpretationis genuinae legis sextae Codicis de secundis nuptiis. Dissertationis quondam inauguralis auctior ed. repetitae praelectionis. — Francofurti a. M.: Zessler 1797. 67 S. 8° 5. 8. 10. 14. 17. 21. 28. 30.
14.2924

— Gottlob Benjamin (Gussenstadt), Sciagraphia methodi materiae medicae qualitatum aestimationi superstructae. Tl. IV. Präs. G. C. C. Storr. Tübingen (Hopffer) Juli 1799. 56 S. (4.50) 1525

Becher, Guilelmus Theodorus Mauritius
s. *Becher*, Wilhelm Theodor Moritz.

Becher, H., u. Rettig, W., Festschrift zum 50jähr. Bestehen des Männerturnvereins Burg b. Magdeburg, Burg 1910, 64 S., 8°.

Becher, Heinrich, Oberstlandesgerichtsrat, München, geb. 1865.
1891: Die Ausführungsgesetze zum Bürgerlichen Gesetzbuche. Sammlung d. von d. Bundesstaaten zur Ausführung d. Bürgerlichen Gesetzbuchs u. seiner Nebengesetze erlassenen Gesetze u. mit Gesetzeskraft versehenen Verordnungen. Bd 1.2 [nebst] Erg. Bd [1.] 2,1.2. — München (Erg. Bd 2: München [usw.]): Schweitzer 1901–11. 8°
1:Gl 22577. 2→8. 10. 11. 12: J. germ. 1003. 15. 18→21. 24. 26→31. 33. 35. 36. 38. 43. 45. 106. 201. 203. 208.
14.2926

Becher, Heinr., s.: Baugewerbe, das.

Becher, Heinrich, Ingenieur, Berlin. 1901 [Hrsg.]
s. *Bauingenieur-Zeitung*. 1901 ff. [Zeitschriften].

[F.] **Becher,** Heinrich [k. Amtsrichter in München]: Das rechtsrheinisch-bayerische Landescivilrecht und Landescivilprozessrecht unter Berücks. d. freiwilligen Gerichtsbarkeit. Allgem. Tl ... [Erscheint vollst. im gl. Verl.] München, J. Schweitzer, 1895; VI S., 5 Bl., 562 S. 8.
Würzburg, Jur. Fak., Inaug.-Diss. v. 1895

— Das rechtsrheinisch-bayerische Landescivilrecht u. Landescivilprozeßrecht unter Berücksichtigung der freiwilligen Gerichtsbarkeit. Bd 1.2. — München: Schweitzer 18(94)–96. 8° Erschien teilweise auch als Diss. Würzburg 1895.
1:Gp 1536. 2. 3. 6→9. 11. 12: Bavar. 210g. 14. 16. 19. 20. 21. 25→30. 75. 203. 208.
14.2927

Die gesammten Materialien zu dem Ausführungsgesetze zum Bürgerlichen Gesetzbuche vom 9. Juni 1899. Hrsg. von Heinrich Becher. Bd 1–3. *München: J. Schweitzer 1900.* 3 Bde 8° [F.]
= **Becher**: Die gesammten Materialien zu den d. BGB. betr. bayer. Gesetzen. Abth. 4. 5. [01. 12319

Die gesammten Materialien zu dem Ausführungsgesetz zu der Grundbuchordnung und dem Gesetz über die Zwangsversteigerung u. die Zwangsverwaltung vom 9. Juni 1899. Hrsg. von Heinrich Becher. *München: J. Schweitzer 1900.* (195 S.) 8° [F.]
= **Becher**: Die gesammten Materialien zu den d. BGB. betr. bayer. Gesetzen. Abth. 6. [01. 12320

Die gesammten Materialien zu dem Gesetze über das Liegenschaftsrecht in der Pfalz vom 1. Juli 1898. Hrsg. von Heinrich Becher. *München: J. Schweitzer 1899.* (211 S.) 8° [F.]
= **Becher**: Die gesammten Materialien zu den d. BGB. betr. bayer. Gesetzen. Abth. 3. [01. 12318

Die gesammten Materialien zum Gesetz, Uebergangsvorschriften zum Bürgerlichen Gesetzbuche betr., vom 9. Juni 1899. Hrsg. von Heinrich Becher. *München: J. Schweitzer 1900.* (563 S.) 8° [F.]
= **Becher**: Die gesammten Materialien zu den d. BGB. betr. bayer. Gesetzen. Abth. 7. [01. 12321

Die gesammten Materialien zu dem Gesetze, das Unschädlichkeitszeugniss betr. vom 15. Juni 1898. Hrsg. von Heinrich Becher. *München: J. Schweitzer 1899.* (271 S.) 8° [F.]
= **Becher**: Die gesammten Materialien zu den d. BGB. betr. bayer. Gesetzen. Abth. 2. [01. 12317

Die gesammten Materialien zu dem Gesetze, die Vorbereitung der Anlegung des Grundbuchs in den Landestheilen rechts des Rheins betr. vom 18. Juni 1898. Hrsg. von Heinrich Becher. *München: J. Schweitzer 1901.* (VIII, 232 S.) 8° [F.]
= **Becher**: Die gesammten Materialien zu den d. BGB. betr. bayer. Gesetzen. Abth. 1. [01. 12316

Die gesammten Materialien zu den das Bürgerliche Gesetzbuch und seine Nebengesetze betreffenden bayerischen Gesetzen und Verordnungen nebst d. einschlägigen Ministerialerlassen hrsg. von Heinrich Becher. Abth. 1–8. *München: J. Schweitzer (1898)–1901.* 8 Bde 8° [F.]
1 = Gesetz, die Vorbereitung d. Anlegung d. Grundbuchs in d. Landestheilen rechts d. Rheins betr. (1898–)1901.
2 = Gesetz d. Unschädlichkeitszeugniss betr. 1899.
3 = Gesetz über d. Liegenschaftsrecht in d. Pfalz. 1899.
4. 5 = Ausführungsgesetz z. BGB. Bd 1–3. 1899–1900.
6 = Ausführungsgesetz zu d. Grundbuchordnung u. d. Gesetz über d. Zwangsversteigerung u. d. Zwangsverwaltung. 1900.
7 = Gesetz, Uebergangsvorschriften z. BGB. betr. 1900.
8 = Notariatsgesetz. 1900. [01. 12315

Die gesammten Materialien zum Notariatsgesetze vom 9. Juni 1899. Hrsg. von Heinrich Becher. *München: J. Schweitzer 1900.* (496 S.) 8° [F.]
= **Becher**: Die gesammten Materialien zu den d. BGB. betr. bayer. Gesetzen. Abth. 8. [01. 12322

Becher, Heinrich (Hrsg.), s. Monatsschrift, Juristische, zur Vorbereitung auf die 2. Prüfung für den höheren Justiz- und Verwaltungsdienst in Bayern.

Becher, Heinr., s: Wörterbücher, Illustrierte techn.

Becher, Heinr., Bayrisches Civilrecht, s.: Roth, Paul v.

Becher, Huld: Neuester Orbis pictus oder Schauplatz der Natur und Kunst. Ein Universal-Bilderlexicon mit erklärendem deutschen Texte u. e. Nomenclatur in 5 Sprachen ... Hrsg. von Huld Becher u. J. C. Schneemann. — Meissen: Goedsche [um 1845]. 41 Taf., 120 S. 8°
207 [unvollst.]
14.2932

Becher, Huld, und J. C. Schneemann, neuester Orbis pictus oder Schauplatz der Natur und Kunst. Ein Universal-Bilderlexikon mit erklärendem deutschen Texte und einer Nomenclatur in zehn Sprachen. Zur belehrenden und erheiternden Unterhaltung für Jung und Alt. 2., um 5 Sprachen verm. Aufl. 1. Heft. Lex.-8. (S. 1—8 mit 4 ill. Stnt. und 4 Bl. Erklärungen.) Meißen 850, Goedsche'sche Vrlgsh.
Dass. s.a.: O r b i s pictus.

Becher, Johann Christian: Der Durchlauchtigste Fürst und Herr, Herr Ernst Aug. Constantin Herzog zu Sachsen &c.&c. als die Lust seiner Länder bey dero höchst erfreulichsten Geburths-Fest besungen. — Weimar 1753: Mumbach. 2 Bl. 4° **32.**
14.2934

— Das Geburts-Fest des Durchlauchtigsten Fürsten und Herrn, Herrn Ernst August Constantins Herzogs zu Sachsen. — Weimar 1754: Mumbach. 2 Bl. 2° **32.**
14.2935

— Das höchste Geburthsfest [Geburtsfest] des Durchlauchtigsten Fürsten und Herrn, Herrn Ernst August Constantins Herzogs zu Sachsen. — Weimar 1751: Mumbach. 2 Bl. 4° **32.**
14.2936

— Des Durchlauchtigsten Herzogs, Fürsten und Herrn, Herrn Ernst August Constantin Herzog zu Sachsen-Weimar und Eisenach &c.&c.&c. Wiegenfest. — Weimar 1755: Mumbach. 2 Bl. 2° **32.**
14.2937

Becher, Johann Joachim

— [Alphabetum minerale, deutsch] Mineralisches ABC. Oder 24 chymische Theses von der Geburt, denen Principiis, Unterschied, Vermischung, und Auflösung deren Mineralien, Metallen, und übrigen unterirdischen Dingen &c. Zum Druck befördert durch Friederich Roth-Scholtzen. Nürnberg [usw.]: Tauber 1723. 150 S. 8°
1: Mu 3891. **2. 6. 9. 12:** Chem. 13. **14. 17. 20. 23. 27. 29. 41. 75. 107. 210. 308.**
14.2939

Becher, Joh. Joachim, Dr.* (geb. 1628 zu Speier, gest. 1685 zu London.) Acta laboratorii chimici monacensis seu Physicae subterraneae libri II. 1669, 1671, 1681. Neuaufgelegt Leipzig 1734 (für die Leichenverbrennung.) In deutscher Uebersetzung als „Chimisches Laboratorium oder unterirdische Naturkündigung". Frankfurt 1680, 1690, 1703 und 1738.

— Bericht von Polychrest Pillen, samt Hrn. Johann Daniel Gohls Gedancken, von Würckung und Gebrauch dieser edlen Pillen; zusammen gesetzet u. ausgefertiget durch Friederich Roth-Scholtzen. — Nürnberg [usw.]: Tauber 1719. 16 S. 8° **29. 30. 75.**
14.2946

Becher, Johann Joachim: Demonstratio philosophica seu theses chymiae, veritatem, et possibilitatem transmutationis metallorum in aurum evincentes. Lipsiae: 1738

s.: Becher, J.J.: Supplementum secundum in physicam subterraneam...

JB 296/Suppl.2

— Vera Descriptio praecellentis illius medicamenti, aquae magneticae, titulo insigniti, & ex improviso inter manuscripta D. Becheri comperti. — (Lipsiae: Rhodius [um 1700].) 2 Bl. 8° **14.**
14.2951

— — Politische Discurs von den eigentlichen Ursachen des Auff- und Abnehmens der Städte, Länder und Republicken. 4. Aufl. — Franckfurt [usw.]: Bielcke 1720. 1272 S. 8° **9. 12:** Pol. g. 46. **14. 18. 19. 23. 24. 46.**
14.2955

— — Politische Discurs von den eigentlichen Ursachen, des Auf- und Abnehmens der Städte, Länder und Republicken. 4. Aufl. — Ebd. 1721. 1272 S. 8°
16. 17. 26. 27. 75. 205. 211. 305. 309.
14.2956

— — Politischer Discurs von den eigentlichen Ursachen des Auf- und Abnehmens der Städte und Länder. Oder gründliche Anleitung zur Stadt-Wirtschaft und Policey der teutschen Staaten ... Brauchbarer gemacht u. verb. von Georg Heinrich Zincken. — Frankfurt [usw.]: Gsellius in Zelle 1754. 2020 S. 8° Beigedr.: Hauptreg. o. J.
Vollst. . . . . **1:** Fe 1432. **15→19. 21. 23. 26. 29. 35. 39. 44. 45. 75. 304.**
Unvollst. . . . . **14. 31. 33. 43. 107. 302. 307.**
14.2957

Becher, J. Joach., polit. Discours v. d. Ursachen d. Auf- u. Abnehmens d. Städte u. Länder. Aufs Neue edirt v. E. G. H. Zink. 8. Leipz. 754. (Brockhaus). 2 ℛ 6 ℊ Dass. 8. Marb. 759. Krieger. 2 ℛ

— polit. Discours v. d. Ursach. des Auf- u. Abnehm. d. Städte u. Länd. verm. v. Zink. 8. Leipz. Gleditsch. 754.

— — Politischer Discurs von den eigentlichen Ursachen des Auf- und Abnehmens der Städte und Länder. Georg Heinrich Zincken hat diese Anleitung zur Stadt-Wirthschaft u. Policey d. deutschen Staaten, mit neuen Hauptstücken u. Anm. . . . verm., erl. u. brauchbarer gemacht. — Ebd. 1759. 2020 S. 8° **6. 14. 19. 20. 21. 25. 27. 31. 211.**
14.2958

Becher, Joh(ann) Joachim: Experimentum chymicum novum, quo artificialis, et instantanea metallorum generatio et transmutatio ad oculum demonstratur. Loco supplementi (primi) in physicam suam subterraneam et responsi ad D. (Guerneri) Rolfincii schedas de non entitate mercurii corporum... 66 S. (S. 281 - 346), gbd.

Lipsiae: Weidmann 1738
in: Becher, J.J.: Physica subterranea... Editio novissima...a Georg Ernst Stahl. 1738

JB 296/Suppl.1

— — Experimentum novum ac curiosum de minera arenaria perpetua. Sive prodromus historiae, seu propositionis Praep. D. D. Hollandiae Ordinibus ab autore factae, circa auri extractionem mediante arena littorali. — Lipsiae: Gleditsch 1703. S. 836-1008. 8° (Becher: Physica subterranea. Suppl. 3.)
1: Mu 3868; 1 an Mu 3821 [u.] 1 an 8° Bibl. Diez 7345. **2. 3. 5. 7. 9. 10. 14. 15. 16. 18. 19. 21→24. 27→32. 34. 41. 44. 46. 82. 89. 107. 117. 169. 210. 211. 304. 308.**
14.2963

Becher, Johann Joachim: Experimentum novum ac curiosum de minera arenaria perpetua, sive prodromus historiae, seu propositionis Praep(otentibus) D.D. Hollandiae Ordinibus ab autore factae, circa auri extractionem mediante arena littorali, per modum minerae perpetuae seu operationis magnae fusoriae cum emolumento. Loco supplementi tertii in physicam suam subterraneam. Cui accessit) theoria et experientia de nova temporis dimetiendi ratione... 73 S. (S. 417 - 489), 16 S. (S. 489 - 504), gbd.
Lipsiae: Weidmann 1738
in: Becher, J.J.: Physica subterranea... Editio novissima...a Georg Ernst Stahl. 1738

JB 296/Suppl.3

Becher, Johann Joachim: Chymischer G l ü c k s - H a f e n .

— — **Nebst e. neuen Vorr. oder Bedencken von der Gold-Macherey, Herrn Georg Ernst Stahls. Neue u. verb. Ed.** — Halle: Krug 1726. 810 S. 8°
1: Mu 3882. **2. 5. 9. 10. 12**: 4° Alch. 5. **14. 16. 17. 22. 26. 27. 34. 36. 41. 46. 78. 300**: • 70 C 4. **302. 303. 305.**
14.2965

— — Nebst e. neuen Vorr. und Bedencken von der Gold-Macherey, Herrn Georg Ernst Stahls. Neue u. verb. Ausg. Leipzig: Kraus 1755. 876 S. 8°
2. 3. 8. 14→17. 23. 29. 44. 107. 210. 300: 69 R 22. **308.**
14.2966

— — **Kluger Hauß-Vater, verständige Hauß-Mutter, Vollkommner Land-Medicus, wie auch Wohlerfahrner Roß- und Viehe-Artzt, nebst einem Deutlichen und gewissen Handgriff die Haußhaltungs-Kunst ... zu erlernen ... Welchem anitzo noch beygefüget, des edlen Weydmanns Geheimes Jäger-Cabinet.** — Ebd. 1702. 1047 S. 8°
Sondert.: 1. (Becher, Johann Joachim:) Gründliche Nachricht von d. Viehe-Zucht, d. Ackerbau, Wiesewachs u. Fischerey.
Sondert.: 2. [Becher, Georg Christoph:] Geheimes Jäger-Cabinet.
18. 29.
14.2973

— — **Kluger Haus-Vater, verständige Haus-Mutter, Vollkommener Land-Medicus, wie auch Wohlerfahrner Roß- und Viehe-Artzt, nebenst einem Deutlichen und gewissen Hand-Griff, die Haushaltungs-Kunst ... zu erlernen ... Welchem anitzo noch beygefüget, des edlen Weydmanns Geheimes Jäger-Cabinet.** — Ebd. 1709. 1054 S. 8°
Sondert.: 1. (Becher, Johann Joachim:) Gründliche Nachricht von d. Viehe-Zucht, d. Ackerbau, Wiesewachs u. Fischerey.
Sondert.: 2. [Becher, Georg Christoph:] Geheimes Jäger-Cabinet.
1: Ov 2021. **23. 24** [unvollst.] **27.**
14.2974

— — Ebd. 1714. 1054 S. 8°
Sondert.: 1. (Becher, Johann Joachim:) Gründliche Nachricht von d. Viehe-Zucht, Ackerbau, Wiesewachs u. Fischerey.
Sondert.: 2. [Becher, Georg Christoph:] Geheimes Jäger-Cabinet.
7.
14.2975

— — Welchem anitzo noch beygefüget des edlen Weidmanns Geheimes Jäger-Cabinet. — Leipzig: Schuster 1721. 1142 S. 8°
Sondert.: 1. (Becher, Johann Joachim:) Gründliche Nachricht von d. Viehe-Zucht, d. Ackerbau, Wiesewachs u. Fischerey.
Sondert.: 2. [Becher, Georg Christoph:] Geheimes Jäger-Cabinet.
1: Ov 2021/2. **12**: Oecon. 2015 q. **14. 25. 41. 102.**
14.2976

— — **Welchem anjetzo noch beygefüget des edlen Weidmanns Geheimes Jäger-Cabinet.** — Ebd. 1729. 1142 S. 8°
Sondert.: 1. (Becher, Johann Joachim:) Gründliche Nachricht von d. Viehe-Zucht, d. Acker-Bau, Wiesewachs u. Fischerey.
Sondert.: 2. [Becher, Georg Christoph:] Geheimes Jäger-Cabinet.
18.
14.2977

— — Ebd. 1738. 1142 S. 8°
Sondert.: 1. (Becher, Johann Joachim:) Gründliche Nachricht von d. Viehe-Zucht, d. Acker-Bau, Wiesewachs u. Fischerey.
Sondert.: 2. [Becher, Georg Christoph:] Geheimes Jäger-Cabinet.
18.
14.2978

— — **Kluger Haus-Vater, verständige Haus-Mutter, Vollkommener Land-Medicus, wie auch Wohlerfahrner Roß- und Viehe-Artzt. Nebenst einem Deutlichen und gewissen Handgriff, die Haushaltungs-Kunst ... zu erlernen, Weidmanns Geheimes Jäger-Cabinet, welchem anjetzo noch beygefüget des edlen [!].** — Ebd. 1747. 1142 S. 8°
Sondert.: 1. (Becher, Johann Joachim:) Gründliche Nachricht von d. Viehe-Zucht, d. Acker-Bau, Wiesewachs u. Fischerey.
Sondert.: 2. [Becher, Georg Christoph:] Geheimes Jäger-Cabinet.
23. 24. 25. 33. 42.
14.2979

— — Leipzig: Lanck 1755. 1142 S. 8°
Sondert.: 1. (Becher, Johann Joachim:) Gründliche Nachricht von d. Viehe-Zucht, d. Acker-Bau, Wiesewachs u. Fischerey.
Sondert.: 2. [Becher, Georg Christoph:] Geheimes Jäger-Cabinet.
33.
14.2980

— kluger Hausvater, verständ. Hausmutter rc. **12.** Leipz. 778. (Brockhaus). 20 K

— kluger Hausvater, verständ. Hausmutter rc. 12. Leipz. Gleditsch. 778.

— — **Kluger Haus-Vater, verständige Haus-Mutter, Vollkommener Land-Medicus, wie auch Wohlerfahrner Roß- und Viehe-Artzt, nebenst einem Deutlichen und gewissen Handgriff, die Haushaltungs-Kunst ... zu erlernen ... Welchem anjetzo noch beygefüget des edlen Weidmanns Geheimes Jäger-Cabinet.** — Leipzig: Junius 1778. 1142 S. 8°
Sondert.: 1. (Becher, Johann Joachim:) Gründliche Nachricht von d. Viehe-Zucht, d. Acker-Bau, Wiesewachs u. Fischerey.
Sondert.: 2. [Becher, Georg Christoph:] Geheimes Jäger-Cabinet.
15. 30. 45. 117.
14.2981

Becher, Johann Joachim: I n s t i t u t i o n e s chimicae prodromae.

— — **Francofurti: J. M. à Sande 1705. 192 S. 8°**
2. 5. 12: Chem. 16 [2 Ex.] **14. 18. 19. 24. 29. 30. 36. 44. 211. 303.**
14.2984

— — Ebd. 1705. 347 S. 8°
Nebent.: Becher: Metallurgia.
In einigen Exemplaren fehlt d. Nebentitel.
2. 3. 4. 14. 17. 21. 25. 27. 29. 30. 34. 36. 41. 107. 303.
14.3006

Becher, Johann Joachim: N a t u r - K ü n d i g u n g der Metallen.

— — **Oedipus chymicus. Seu institutiones chymicae ... Ed. novissima ... Supplementa Beccheriana, elementa chymiae methodo mathematica conscripta exhibentia subiunxit Joh. Jacobus Rosenstengelius.** — **Francofurti a. M.: J. M. van** Sande 1716. 228,156 S. 8°
Sondert.: Rosenstengel, Johann Jakob: Supplementa Beccheriana.
2. 7. 12 [unvollst.]: Alch. 32 m. **22. 27. 29. 30. 34. 36. 41. 48. 89. 300**: • 69 L 113. **302.**
14.2985

Becher, Johann Joachim: [Teils.] Opuscula chymica rariora, add. nova praef.... multisque figuris aeneis illustr. a Friderico Roth-Scholtzio. — Norimbergae [usw.]: Tauber 1719. 50,310 S. 8°
Sondertitel:
1. Tripus Hermeticus fatidicus, pandens oracula chymica.
2. Scyphus Beccherianus. Sive laboratorium portatile.
3. Centrum mundi concatenatum, seu duumviratus Hermeticus.
4. Alphabethum minerale.
5. Bericht, von Erfind- u. Zubereitung e. compendieusen Ofens.
6. Chymischer Rosengarten.
7. Bericht von dem Sande.
8. Pantaleon delarvatus.
Abweichend in einigen Exemplaren Roth-Sholtzio statt Roth-Scholtzio.
1: Mu 3911. **2. 7. 8. 12**: Chem. 17. **14. 16. 17. 18. 20. 23. 24. 26. 27. 29. 41. 48. 75. 180. 210. 300**: 75 F 43. **302. 303. 308.**
14.2938

BECHER, JOHANN JOACHIM.
Physica subterranea, profundam subterraneorum genesin e principiis hucusque ignotis ostendens. (Experimentum chymicum novum, quo artificialis et instantanea metallorum generatio et transmutatio ad oculum demonstratur; loco supplementi et responsi ad D. Rolfincii schedas de non entitate mercurii corporum. Supplementum secundum: Demonstratio philosophica seu theses chymicæ possibilitatem transmutationis . . . evincentes. Experimentum novum de minera arenaria perpetua . . . loco supplementi tertii.) Editio novissima, præfatione utili præmissa; libro tersius et curatius edendo operam navavit et specimen Beccherianum fundamentorum, documentorum, experimentorum subjunxit G. E. Stahl. Lipsiæ, 1703. 2 vols., 8vo.
Editio Novissima. Lipsiæ, 1738. Sm. 4to. Frontispiece.

— — **Joh. Joachimi Beccheri Physica subterranea profundam subterraneorum genesin ...** — **Lipsiae: Gleditsch 1703.** 1008,304 S. 8° [Forts.
Sondert.: Becher: Specimen Beccherianum [Werke. Ausz.] Ex autoris scriptis ... exhibet Georg. Ernestus Stahl.
1: Mu 3821 [u.] 8° Bibl. Diez 7345 [auch Suppl. 3 — Mu 3868]. **2. 3. 5. 7. 9. 10. 12** [unvollst.]: Alch. 32. **14. 15. 16. 18. 19. 21→24. 27→32. 34. 41. 44. 46. 82. 89. 107. 117. 169. 210. 211. 304** [unvollst.] **308.**
14.3014

— — Lipsiae 1738: Weidmann. 504,161 S. 8°
Suppl. 1-3 sind mit d. Hauptwerk durch fortlaufende Seitenzählung verbunden.
1: Mu 3827. 2. 4. 6. 7. 8. 12: 4° Alch. 6. 14. 16. 17. 19. 20. 21. 23→27. 36. 38. 41. 43. 180. 210. 211. 300: • 69 G 52. 302. 303.
14.3015

— — Psychosophia oder Seelen-Weißheit, wie nemlich ein jeder Mensch auß Betrachtung seiner Seelen selbst allein alle Wissenschafft u. Weißheit gründlich u. beständig erlangen könne. 2. Ed., corr. u. verb. — Franckfurt: Schiele 1683. 338 S. 8° 1: 8° Bibl. Diez 6542. 2. 5. 14. 24. 29. 36. 45. 79. 107. 111. 309.
14.3020

— — 2. Ed., corr. u. verb., anitzo wieder aufgeleget. Hamburg: Liebezeit 1705. 350 S. 8°
2. 7. 8. 12: Ph. sp. 64. 14. 18. 21. 23. 39. 41. 66.
14.3021

— 3. Ed., corr. u. verb., anitzo wieder aufgeleget. Ebd. 1707. 350 S. 8°
1. 12: Ph. sp. 64 a. 27. 29. 30. 70. 300: • 69 L 328.
14.3022

— — Psychosophia oder Seelen-Weisheit ... 4. Ed. Hamburg: Felginer 1725. 336 S. 8°
2. 9. 17. 18. 23. 26. 27. 30. 35. 39. 43. 117.
14.3023

BECHER, JOHANN JOACHIM.

Chymischer Rosen-Garten, samt einer Vorrede und kurtz gefassten Lebens-Beschreibung Herrn J. J. Bechers, zum Druck befördert von Friedrich Roth-Scholtze. Nürnberg, bey Johann Daniel Taubers seel. Erben. Anno 1717. pp. 96, 16mo.

— Des hoch-berühmten Becheri Medicinische Schatz-Kammer, darinnen zu finden, wie man die Kinder-Kranckheiten, mancherley Alters, curiren kan. Aus dessen hinterlassenen raren Manuscriptis ... zusammen getragen, von H. I. I. — Leipzig: Hülsen 1700. 464,128 S. 8°
Die Schrift wird Becher nur zugeschrieben.
2. 4. 7. 8. 14. 17. 19. 24. 28. 29. 36. 41. 302.
14.3027

— [Werke, Ausz.] Specimen Beccherianum ... Ex autoris scriptis ... exhibet Georg. Ernestus Stahl. 1703 u. ö.
in: *Becher:* Physica subterranea.

Becher, Johann Joachim: Supplementum secundum in physicam subterraneam. Id est: demonstratio philosophica seu theses chymiae, veritatem, et possibilitatem transmutationis metallorum in aurum evincentes. 70 S.(S.347 - 416), gbd.

Lipsiae: Weidmann 1738
in: Becher, J.J.: Physica subterranea... Editio novissima...a Georg Ernst Stahl.

JB 296/Suppl.2

Becher, Johann Joachim: Theoria et experientia de nova temporis dimetiendi ratione, et accurata horologiorum constructione, ad Societatem Regiam A(n)glicanam in Collegio Greshamensi Londini, Jan(uario) 1680. 16 S. (S.489 - 504), gbd.

Lipsiae: Weidmann 1738
in: Becher, J.J.: Experimentum novum ac curiosum de minera arenaria perpetua... Loco supplementi tertii in physicam suam subterraneam. 1738

D. *Joh. Joachim Bechers* Röm. Kayſ. Maj. Cammerraths Närriſche Weisheit und weiſe Narrheit: oder Ein hundert ſo politiſche als phyſikaliſche, mechaniſche und mercantiliſche Concepten und propoſitionen, deren etliche gut gethan, etliche zu nichts worden, anjetzo von neuem herausgegeben mit einem Vorbericht an den Leſer, darinn erſtlich von des Hrn. D. *Bechers* Perſon nach ihren Tugenden und Laſtern, und dem daraus entſtandenen Glück und Unglück; hernach von ſeinen Schriſſten ſowohl insgemein, als auch von gegenwärtigem Tractat inſonderheit gehandelt wird, von *J. F. R.* PP. et S. I. A. P. P. H. 12. 208 S.

— närriſche Weisheit u. weiſe Narrheit. 12. Hamb.

— — Anjetzo von neuem hrsg. mit e. Vorbericht ... darinn erstlich von d. Hn. D. Bechers Person ... hernach von seinen Schrifften gehandelt wird, von J[akob] F[riedrich] R[eimmann]. — o.O. 1706. 208 S. 8°
Im Exemplar von 30 ist d. Erscheinungsjahr nicht mit Sicherheit festzustellen.
2. 3. 5. 8. 14. 23. 24. 30. 35. 41. 75. 107. 117. 201.
14.3035

— — o.O. 1707. 208 S. 8° 1: Oo 13244. 2. 7. 8. 9. 14. 17. 18. 19. 23. 27→30. 32. 41. 44. 60. 302.
14.3036

— — o.O. 1725. 208 S. 8° 1: Oo 13246. 2. 6. 7. 12: Var. 285. 15. 17. 18. 27. 29. 35. 36. 106. 107. 302. 305.
14.3037

Becher, Johann Konrad: Freüdenvolles Vivat oder hertzlicher Glück-Wunsch auff den dem Pfältzer-Land so erfreülichen Geburths- und Nahmens-Tag des Durchleuchtigsten Churfürsten und Herrn Hrn. Caroli Philippi. Mannheim [1727]: Häner. 2 Bl. 4° 180.
14.3038

Becher, Johann Philipp: Mineralogische Beschreibung der oranien-nassauischen Lande, nebst einer Geschichte des siegenschen Hütten- und Hammerwesens. — Marburg: Neue akad. Buchh. 1789. 624 S. 8°
1: Mn 1425. 3. 4. 5. 7. 12: Lith. 34. 14. 16. 17. 19. 20. 21. 24. 26. 27. 31 [unvollst.] 34. 36. 39. 43. 111. 121. 302.
14.3039

Becher, Jh. Ph., († d. 26. April 1831.) mineralog. Beſchreib. d. Oran.-Naſſauiſchen Lande ꝛc. Mit 4 Kpf., 1 Karte u. 3 Grubenriſſen. gr. 8. Marb. 789. Krieger. 2 ꝑ 12 K

Becher, Joh. Philipp, mineralogiſche Beſchreibung der oranien-naſſauiſchen Lande, nebſt e. Geſchichte des ſiegenſchen Hütten- u. Hammerweſens. Mit 4 Karten. 2. Aufl. (die 1. erſchien 1789). gr. 8. (VIII, 326 S.) Dillenburg 902. C. Seel's Nachf. n. 8.—; geb. n. 9.—

Mineralogische Beschreibung des Westerwalds insbesondere der beiden Holzkohlenbergwerke zu Stockhausen und Hoen. — Berlin: Maurer 1786. 118 S. 8° 21. 27. 43.
14.3041

— Rede bey dem feyerlichen Anfange des Tiefen-Königs-Stollens in dem Districte des Königl. Preuss. Rheinischen Oberbergamtes. — Siegen 1821: Vorländer. 16 S. 8° 82.
14.3042

— Rede bey dem feyerlichen Anfange und der Weihe des Erbstollens für das Bergmeisterey-Revier Müsen, im Königlich Preuss. Rheinischen Haupt-Bergdistricte (der Martinsharter tiefe Revier-Stollen genannt) ... 1826. — Bonn: Weber 1827. 24 S. 8° 16. 38. 43. 82.
14.3043

[—] Schreiben eines Siegerländers an Herrn Professor Jung, in Lautern zur Berichtigung seiner Geschichte des nassau-siegenschen Stahl- und Eisengewerbes. — Gießen: Krieger 1780. 36 S. 8° 43.
14.3044

— — Schreiben an Herrn Professor Jung, in Lautern zur Berichtigung seiner Geschichte des nassau-siegenschen Stahl- und Eisengewerbes. — Ebd. 1780. 36 S. 8° 7.
14.3045

Becher, Joseph: Ueber das Verhalten des Arztes am Kreissbette m. Rücks. auf d. neueren Fortschritte in d. Geburtshilfe ... Breslau, Druck v. E. Neisser & C., 1893; 3 Bl., 27 S., 1 Bl. 8.
Breslau, Med. Fak., Inaug.-Diss. v. 9. Juni 1893

Becher, Jos., üb. das Verhalten des Arztes am Kreissbette m. Rücksicht auf die neueren Fortschritte in der Geburtshilfe. Diss. gr. 8. (27 S.) Breslau 893. (L. Köhler.) n. 1. —

Becher, Julius *Augustus Hans Erdmann* [aus Berlin]: Ueber die Operation der Blasen-Mastdarmfisteln ... Berlin, Buchdr. v. Th. Hildebrandt, *1896*; 30 S., 1 Bl. 8.
.96 Berlin, Med. Fak., Inaug.-Diss. v. 28. Juli 1896

Becher, Julius Car. (Erdmann.) (geb. Berlin 6. 1. 1842): De grisea funiculorum posteriorum medullae spinalis degeneratione. Berolini (1865). (32 S.) 8°
Berlin, Med. Diss. v. 3. Aug. 1865

Becher, K., Traumbilder. Dichtungen. 12. (47 S.) Neuwied 899. Frz. Gützkow. n. 1. —; geb. n. 1. 80

Becher, K.: Traumbilder. Dichtungen. — Neuwied: Heuser 1899. 47 S. 8° 1:Yo 27746. 5.
14.3080

Becher, Karl
Becher, Carl, Referendar: Die Haftung des nicht rechtsfähigen Vereins für Delikte seiner Vertreter. Borna-Leipzig 1910: Noske. IX, 34 S. 8°
Heidelberg, Jur. Diss. v. 1. Juli 1910, Ref. Endemann
[Geb. 18. April 88 Berlin; Wohnort: Friedrichshagen b. Berlin; Staatsangeh.: Preußen; Vorbildung: Gymn. Schrimm Reife O. 06; Studium: Heidelberg 1, Berlin 5 S.; Rig. 10. Mai 10.] [U 10. 1831

— Katalog der Bibliothek Becher Karlsbad. Frühe Inkunabeln, deutsche Holzschnittbücher d. 15. u. 16. Jhs, illuminierte Hs. sowie Einzelminiaturen u. Wappen. — (Altenburg 1906: Bonde.) 83 S. 8° (Boerner, C. G.: Auktion. 84.)
1:4° Nv 2593-84. 2. 6. 7. 9. 10. 14. 15. 18. 39. 79.
14.3081

BECHER, Karl (Velden): Philosophie und Heilkunde im 19. Jahrhundert.- München: Gotteswinter 1900. 27 S.
17.5.1900 - Chr 1899/1900,13; Jv 1899/1900,203 Diss. Ingolst.-L...

Becher, Karl Anton Ernst: Abhandlung von dem Sabbathe der Jüden und dem Sonntage der Christen. — Halle: Hendel 1775. XXVIII,390 S. 8°
1:Ds 3270. 3. 10. 27. 61. 78.
14.3098

— Vermischte Abhandlungen zur Pastoraltheologie gehörig, zu Beförderung einer gemeinnützlichen Führung des evangelischen Lehramts. — Leipzig: Schwickert 1782. XVI,343 S. 8° 19. 20. 25. 33. 78.
14.3099

Becher, Karl Anton Ernst
[—] Beantwortung der Frage: Was ist von der Beichte und der Vergebung der Sünden, die bey ihr durch die Prediger geschiehet, zu halten? — Halle: Hendel 1775. 92 S. 8°
1:Ds 18450. 3. 8. 19.
14.3100

— über d. Besuchung d. Kranken durch d. Prediger. 8. Halle 780. Hendel. 16 gr.

— Über die Besuchung der Kranken durch die Prediger. — Halle: Hendel 1781. 342 S. 8° 12:Past. 24 1. 10. 33.
14.3101

[—] Betrachtungen über die große Unwissenheit der heutigen Christen, deren Ursachen und Mittel, sie zu heben. Th. 1. 2. — Leipzig: Hilscher (2: Gotha: Ettinger) 1777-78. 658 S. 8° 1[ᵐ2]: 8° Bibl. Diez 6002. 5. 19.
14.3102

Becher, Karl Anton Ernst, s. Briefe über d. Sonn- u. Festtage.

— Kurze Erklärung auf den vermeintlichen Beweis eines Ungenannten, daß der Verfasser des Buchs: Betrachtungen über die große Unwissenheit der heutigen Christen ... kein evangelisch lutherischer Christ sey. — Halle: Hendel 1780. 204 S. 8° 1:Dm 12714. 19. 78.
14.3103

— Ueber die Privatkommunion der Gesunden und Kranken und einige Mißbräuche in Ansehung des Genusses des heiligen Abendmahls. — Halle: Kümmel 1784. 166 S. 8°
1:Cy 26248. 10. 19.
14.3104

— Ueber Toleranz und Gewissensfreyheit, und die Mittel, beyde in ihre gehörigen Grenzen zu weisen. — Berlin: Himburg 1781. 696 S. 8°
1:Do 640. 2. 7. 12:J. can. P. 98. 15. 16. 17. 19. 21. 30. 302. 303.
14.3105

Becher, K. A. E., über Toleranz u. Gewissensfreyheit. gr. 8. 782. Ist jetzt Verl. v. Reimer in Berl. u. d. Preis

— Von den ungleichen Urtheilen der Menschen über die wichtigsten und ehrwürdigsten Sachen der Religion. Bd 1. Züllichau: Frommann 1782. VIII,263 S. 8° 1:Dc 3370.
14.3106

Becher, Karl Christian: Nützliche Bemerkungen bei der Einleitung und Führung kaufmännischer Geschäfte in und mit England. Useful observations ... Observations utiles ... — Hamburg: Perthes & Besser in Comm. 1820. 39 S. 8°
Text deutsch, englisch u. französisch. 11. 15. 18. 205.
14.3107

(—) Hauptmomente des Wirkens der Rheinisch-Westindischen Kompagnie, als Anhaltspunkt zur Beurtheilung der Sache, bei Gelegenheit der General-Versammlung vom 2. März 1830, den verehrlichen Aktionären mitgetheilt von der Direktion. — Elberfeld 1830: Lucas. 55 S. 8° 14.
14.3108

— Mexico in den ereignißvollen Jahren 1832 und 1833 und die Reise hin und zurück, aus vertraulichen Briefen mit e. Anh. über die neuesten Ereignisse daselbst aus officieller Quelle nebst mercantilischen u. statistischen Notizen. — Hamburg: Perthes & Besser in Comm. 1834. XII,269 S. 8°
1:Ux 3610. 5. 7. 8. 12:It. sing. 58 h. 14. 17. 18. 22. 43. 46. 204→206.
14.3109

— [Hrsg.] s. *Organ*, Allgemeines, für Handel und Gewerbe. 1835 ff. [Zeitschriften].

— über den deutschen Zollverband, Ursprung, der, und das Fortschreiten des kommerziellen Systems von Preußen.

— Ueber den deutschen Zollverband. — Köln [usw.]: Kohnen 1835. 25 S. 8°
Nebent.: Der Ursprung u. d. Fortschreiten d. kommerziellen Systems von Preussen, u. d. daraus hervorgegangene Vereinigung d. Mehrzahl d. deutschen Staaten zu einer Gleichstellung d. Zölle u. Douanen. 1:Sx 9262. 5. 15. 18. 19. 48. 109. 205.
14.3110

Becher, Matth., die kleinen Savoyarden. Erzählung für die Jugend. Warschau 863. Okoński. 8. (48 S.) 10 ngr.

Becher, Max, appr. Tierarzt in Steinheim i. Westf.: Pharmacologische Untersuchungen über Alphaeucain, Holocain, Betaeucain, Tropacocain. Gießen 1905: v. Münchow. (61 S.) 8°
Gießen, Verein. Med. Fak., Ref. Geppert, Diss. v. 17. Juli 1905
[Geb. 29. Sept. 76 Oeynhausen; Wohnort: Steinheim; Staatsangeh.: Preußen; Vorbildung: Realgymn. Lippstadt Reife O. 97; Studium: Hannover Tierärztl. H. 4, Berlin Tierärztl. H. 1, Hannover 3 S.; Rig. 16. Mai 05.]

Becher, N., s.: Grüsse a. Potsdam u. Umgeb.

Becher, Oskar: Kriegstagebuch eines Vierundneunzigers aus dem Kriege 1870-1871. — Weimar: Thelemann 1904. 75 S. 8°
1: Kr. Samml. R 376. 12: Eur. 694d-991. 27. 46. 209.
14.3114

— — Schwarzbach bei Triptis: Selbstverl. 1905. 75 S. 8°
101.
14.3116

Becher, Otto: Das 1. Opfer d. Basler Mission in Kamerun. Leben u. Sterben d. Miss. Fritz Becher. (64 m. Abb.) 8° Bas., Basler Missionsbh. '11. — 20 d

Becher, Paul, der Kronprinz Friedrich als Regiments-Chef in Neu-Ruppin von 1732—1740. gr. 8. (VI, 138 S. m. 1 farb. Plan.) Berlin 892. A. Duncker. n. 4. —

Becher, Paul, f.: Geschichte des Infanterie-Regiments Großherzog Friedrich Franz II. v. Mecklenburg-Schwerin (4. brandenb.) Nr. 24.

— Geschichte des 4. Brandenburgischen Infanterie-Regiments Nr. 24 (Großherzog von Mecklenburg-Schwerin). Von 1870-1907. 2., durchges. u. verb. Aufl. — Berlin: Mittler 1908. IV,304 S. 8° (Geschichte d. Infanterie-Regiments Großherzog Friedrich Franz II. von Mecklenburg-Schwerin Nr. 24. 2,2.)
1: Sy 3565^{2}-2,2. 11. 14. 46. 102. 109.
14.3121

Becher, Richard [aus Chemnitz]: Die Ansichten des Desiderius Erasmus über die Erziehung und den ersten Unterricht der Kinder. . . . Leipzig, Druck v. C. Grumbach, 1890; 45 S. + 1 Bl. 8°
Leipzig, Phil. Fak., Inaug.-Diss. v. 22. Jul. 1890

Becher, Richard: Wulfstans Homilien. Leipzig 1910: Sturm & Koppe. 105 S. 8°
Leipzig, Phil. Diss. v. 24. Juni 1910, Ref. Wülker, Birch-Hirschfeld
[Geb. 24. Dez. 85 Leipzig; Wohnort: Leipzig; Staatsangeh.: Sachsen; Vorbildung: Realgymn. Leipzig Reife O. 05; Studium: Leipzig 9 S.; Rig. 26. April 10.] [U 10. 3097

Becher, Rich., f.: Lesebuch, deutsches, f. Realschulen u. verwandte Lehranstalten.

Becher, Rich., u. Heinz Henneberg: Das Zuwachssteuergesetz v. 14.2.'11 nebst d. Ausführgsbestimmgn d. Bundesrats u. d. Abschn. 9 (Tarifnummer 11) d. Reichsstempelgesetzes, erläutert. 2. Ausg. m. sämtl. preuss. u. d. wichtigsten Ausführgsbestimmgn d. übr. Bundesstaaten. (32, 12, 250) kl8° Berl., HW Müller '12. HL 3.60;
Nachtr. (Ausführgsbestimmgn) allein. (32) '12. — 60 d

Becher, (S.): Über den deutschen Zollverband, s. Becher, Karl Christian

Becher, Siegfried, Nationalökonom, Wien, 1806-1873. 1833: Album der glorreichen Ereignisse der Woche vom 12. bis 18. März 1848, nebst einer Sammlung aller in dieser Zeit erschienenen Reden, Aufrufe u. Gedichte. — Wien: Braumüller & Seidel 1848. IV,99,104 S. 8°
1: Sb 4470. 5. 14. 16. 19. 22. 25. 106. 300: 43.483-B. 302.
14.3123

Becher, Siegfr., ein Beitrag zur Organisation d. Gewerbewesens. gr. 8. (IV u. 64 S.) Wien 849. (Leipzig, Hübner.) n. 6 ngr.

— Ein Beitrag zur Organisation des Gewerbewesens. — Wien: Sommer 1849. IV,64 S. 8° 1: Stala 829.
12: J. germ. 240-3. 17. 19. 24. 29. 34. 100. 205. 302.
14.3125

Becher, Siegfried, Beiträge z. österreich. Handels- u. Zollstatistik auf Grundlage der officiellen Ausweise über den Verkehr d. österreich. Monarchie mit dem Auslande vom J. 1831 bis 1842. 1. Abthl. gr. 8. (27¼ B.) Stuttgart 844, Cotta'sche Buchh.

— Die Bevölkerungs-Verhältnisse der österreichischen Monarchie mit e. Anh. der Volkszahl, Geburten, Sterbfälle u. Trauungen vom Jahre 1819 bis zum Jahre 1843. — Wien: Doll 1846. 368 S. 8°
1: Sb 6674. 3. 8. 10. 12: Austr. 351. 14. 15. 21. 23. 24. 28. 30. 38. 51. 106. 205. 300: 36.701-B. 302. 303.
14.3126

— Die Ergebnisse des Handels und Zolleinkommens der österreichischen Monarchie im Jahre 1842. — Leipzig: G. Mayer 1845. IV,251 S. 8°
1: Sb 8898. 8. 12: Austr. 352. 14. 15. 24. 28. 38. 117. 205. 206. 300: 34.823-B. 302. 304. 305.
14.3127

— Allgemeine Geographie zum Gebrauche für die Jugend. Wien: v. Mösle & Braumüller 1840. VIII,248 S. 8° 207.
14.3128

— — Allgemeine Geographie zum Gebrauche für Real- oder Industrial-Schulen. 2., verm. u. verb. Aufl. — Wien: Braumüller & Seidel 1845. X,312 S. 8° 302. 304.
14.3129

Becher, Siegfr., Handbuch z. Vorbereitung f. d. histor. Gesammtstudium u. Literatur dess. gr. 8. (19 B.) Wien 833, Sollinger. Thlr.

— Handelsgeographie z. Gebr. f. Kaufleute, Fabrikanten, Geschäftsmänner u. Handelsschulen. 2 Bde. (0 Lfgn.) gr. 8. (71¼ B. u. 2 Tab.) Wien 836, 37, Gerold.

— Ideen zu einer vernünftigen Erziehung. — Wien: Wallishausser 1835. VIII,264 S. 8° 18. 29. 300: 20.131-A. 302.
14.3132

— das österr. Münzwesen v. J. 1524 bis 1838 in histor., statist. u. legislat. Hinsicht, mit besond. Berücksichtigung d. allgem. deutschen Reichs-Münzsysteme, d. Münzverhältnisse fast aller in Europa während dieser Zeit coursir. Gold-, Silber- u. Kupfer-Geldsorten, u. ihrer Valvirung nach d. österr. Münzfuße. 2 Bde. (3 Abthln.) gr. 8. (64½ B., 1 Tab. u. 1 Titkpfr.) Wien 838, (Braumüller u. Seidel.) *

— Die Organisation des Gewerbewesens. — Wien: Sollinger 1851. IV,297 S. 8° 1: Ff 4763. 5. 7. 12: J. germ. 80. 14. 19. 21. 24. 25. 29. 31. 36. 39. 41. 45. 46. 48. 89. 90. 91. 106. 205. 300: 12.865-B. 302→305.
14.3134

Becher, Siegfried, a. Remscheid: Rhabdomolgus ruber und die Stammform der Holothurien. Bonn 1907: S. Foppen. (39 S.) 8°
Bonn, Phil. Fak., Ref. Ludwig, Diss. v. 14. Mai 1907
[Geb. 2. Juli 84 Remscheid; Wohnort: Remscheid; Staatsangeh.: Preußen; Vorbildung: Realgymn. Remscheid Reife O. 02; Studium: Bonn 9 S.; Rig. 19. Dez. 06.]

Becher, Siegfried, Dr. phil., Assist. am zool. Inst. d. Univ. Gießen: Die Stammesgeschichte der Seewalzen. Gießen 1908: (Lippert, Naumburg a. S.). 88 S. 8° ¶(Aus: Ergebnisse u. Fortschritte d. Zool. Bd 1, H. 3.)
Gießen, Phil. Hab.-Schr. v. 1908 [U 09. 1252

— Statistische Uebersicht der Bevölkerung der österreichischen Monarchie nach den Ergebnissen der Jahre 1834 bis 1840. — Stuttgart [usw.]: Cotta 1841. XII,579 S. 8°
14. 23. 24. 27. 30. 35. 39. 46. 53. 117. 205. 209. 300: 74 S 110. 302. 303. 305.
14.3135

— Statistische Uebersicht des Handels der österreichischen Monarchie mit dem Auslande während der Jahre 1829 bis 1838. — Stuttgart [usw.]: Cotta 1841. XII,347 S. 8°
1: Sb 8890. 2. 7. 11. 12: Austr. 353. 16. 17. 18. 21. 24. 27→31. 38. 39. 41. 47. 84. 117. 205. 206. 300: 74 S 111. 302. 304. 305.
14.3136

— Erkenntnistheoretische Untersuchungen zu Stuart Mills Theorie der Kausalität. — Halle: Niemeyer 1906. 149 S. 8° (Abhandlungen zur Philosophie u. ihrer Geschichte. 25.)
1: Nh 6219-25. 2. 3. 5. 6. 7. 10. 11. 12: Ph. U. Odg-25. 14. 15. 17. 18. 19. 21. 27. 38. 302.
14.3145

Becher, Siegfr., die Volkswirthschaft. Wien 853. Wallishauffer. gr. 8. (IV, 364 S.) 2 fl 20 ngl

—— allgemeine Weltgeschichte zum Gebrauche f. d. Jugend. gr. 8. (10 B.) Wien 842, Braumüller u. Seidel.

— Zentroepigenese? Bemerkungen zu einigen Problemen d. allgemeinen Entwicklungsgeschichte. — Leipzig: Thieme 1909. S. 507–564. 8°
Aus: Biologisches Centralblatt. 29. 1909. 10.
14.3146

Becher, Siegfried
— Die deutschen Zoll- und Handelsverhältnisse in ihrer Beziehung zur Anbahnung der österreichisch-deutschen Zoll- und Handelseinigung. — Leipzig: Fleischer 1850. VI,448 S. 8° 1: Stala 831. 3. 5. 7. 9. 10. 12: Merc. 20. 15→21. 25. 26. 28→31. 38. 45. 46. 89. 106. 203. 205. 206. 300: 12.860–B. 302.
14.3139

Becher, T.A.E., s. Becher, Karl Anton Ernst

Becher, W.: Die dt. Zoll- u. Handelsverhältnisse..., s. Becher, Siegfried

Becher, Wilhelm, Diakon, Lommatzsch, später Privatgelehrter, Dresden, geb. 1812. 1832 s. *Becher*, Wilhelm Theodor Moritz.

Becher, Wilh., Grundzüge der alten Geschichte, s.: Ulbricht, Edm.

Becher, Wilh., De Lucii Junii Moderati Columellae vita et scriptis Diss. gr. 8. (84 S.) Leipzig 897. (E. Gräfe.) n. 2. —

Becher, Guilelmus: De Lucii Junii Moderati Columellae vita et scriptis. *Lipsiae 1897: B. G. Teubner.* (84 S.) 8°
Leipzig, Phil. Diss. v. [2. Okt.] 1897

Becher, Wilhelm Theodor Moritz
Becher, Wlh. Thdr. Mor., s. **Chrysostomus Homiliae V.**

Becher, Wilhelm Theodor Moritz: Die würdige Gedächtnissfeier unserer in dem Herrn vollendeten Lieben. Eine Predigt am Todtenfeste 1846. — Döbeln: Thallwitz in Comm. 1846. 24 S. 8° 14. 15.
14.3153

— Geschichte und Beschreibung des königlich sächsischen Lust- und Jagdschlosses Moritzburg. — Dresden: Selbstverl. [1866]. 46 S. 8°
1: Sr 9710. 3. 5. 11. 14. 15. 106. 117. 207.
14.3154

— **Wilh. Theod. Moritz,** Sancti patris nostri Joannis Chrysostomi archiep. Constantinop. homilia ad eos qui magni aestumant opes et erga res vitae splendidas frustra affecti fuerunt. E cod. Dresdensi nunc primum ed. et latine reddita. Dresd. (Blochmann) 1837. 6 Bl. (3.—) 1526

— Reihenfolge der Pfarrer und Diakonen zu Lommatzsch von 1539 bis 1846 nebst einigen denkwürdigen Nachrichten über Lommatzsch u. dessen Umgegend. — Döbeln: Thallwitz in Comm. 1846. 15 S. 8° 14. 15. 35.
14.3155

Becher, W. Th. M., biograph. Skizze d. sel. Dr. Tittmann, s. Chr. G. E. Großmann, Rede.

Becher, W. Th. M., biograph. Skizze des sel. D. Tittmann, s. Rede am Grabe rc.

— [Hrsg.] s. *Tittmann*, Johann August Heinrich: De Synonymis in Novo Testamento. 2. 1832.

— Schloß Weesenstein und seine Umgebungen. — Dresden: Grimm [1850]. 64 S. 8° 1: Sr 11215.
12: Germ. sp. 27 ku. 14. 106.
14.3156

Becher, Wolf: Robert Koch. Eine biographische Studie. Mit e. Anh.: Verzeichniß d. Schriften Koch's. — Berlin: Conitzer [1891]. 104 S. 8° 6. 12: Biogr. 582f. 14. 61. 202.
14.3157

—— 2. Aufl. Ebd. [1891]. 104 S. 8°
1: Au 14496. 2. 11. 20. 203.
14.3158

—— 3. Aufl. Ebd. [1891]. 104 S. 8° 39.
14.3159

— Rudolf Virchow. Eine biographische Studie. — Berlin: Karger 1891. IV,108 S. 8° 1: Av 20195. 11. 12: Biogr. 1203q. 20. 26. 43. 46. 109. 202. 203. 302.
14.3160

— dasselbe. 2., unveränd. (Titel-)Ausg. gr. 8. (IV, 110 S.) Ebd. 894. n. 1. 60

Becher, Wolf, über Walderholungsstätten f. kranke Kinder m. besond. Berücksicht. der Tuberkulösen. Nach Beobachtgn. in der 1. Kinder-Erholungsstätte vom rothen Kreuz in Schönholz. Mittheilungen üb. Erholungsstätten. 1. Heft. (IV, 52 S. m. 1 Taf.) gr. 8. Berlin 903. A. Hirschwald. n. 1. —

Becher, Wolf, Arzt in Berlin: Ueber Walderholungsstätten für kranke Kinder mit besonderer Berücksichtigung der Tuberkulösen. Nach Beobachtungen in d. 1. Kinder-Erholungsstätte vom Rothen Kreuz in Schönholz. *Berlin 1904: G. Schade.* (52 S.) 8°
Leipzig, Med. Diss. v. (2. März) 1904

Bécheraz, A. Über die Sekretbildung in den schizogenen Gängen. M. 1 Taf. In-8°. 35 S. Bern. These. 1894

Bechère, B. L., Die Liebesgeheimnisse und Intriguen des Kaisers Napoleon und seiner Familie. Nach geschichtlichen Dokumenten bearb. von —. Zwei Thle. in 1 Bde. Weimar, Verlag von Rauschke und Schmidt 1851. (*A. E.:* Gedr. bei J. G. Cramer in Erfurt.) 8°. (2 Mk. 50 Pfg., Expl. im grünen Orig.-Umschl., Ant. Creutzer, Aachen, 1906; jetzt theurer!)

Tit., Nebentit., 114 S. (Th. 2 beginnt mit S. 71), 2 S. Verlag d. Firma. — Vergriffen u. selten!

I, Cap. 1: Die Liebe von Neun Jahren; die schöne Eugenie; feurige Liebe; Trennung; eine Courtisane. 2: Der Luftballon; Napoleon, Offizier; Abreise nach Valence; neue Eroberungen. 3: Die Ehebrecherin; Vergiftung; Charlotte; Liebschaft Lucians; Louis u. Elise. 4: Charlotte zu Toulon; Trennung; Künstlerleben; Josephine. 5: Joseph und Lucian in Italien; die Gesellschaftsdame; die Liebe und die Mathematik; Lucian, Nebenbuhler von Napoleon. 6: Napoleon, Nebenbuhler eines Virtuosen; doppelte Verbindung. 7: Liebschaften im Lager von Boulogne; die schöne Leserin; die betrogenen Männer. 8: Eine Dame; Hieronymus; die Genueserin; Lucian.

II, Cap. 1: Ein Abenteuer Paulinens. 2: Die Wiederverheirathung Paulinens; Der Geliebte u. der Zahnarzt; Joseph, König von Neapel. 3: Verheirathung des Prinzen Eugen; Stephanie Beauharnais; Louis, König von Holland; der Beobachter; Susanne; Berlin u. Warschau. 4: Hieronymus, König von Westphalen; Napoleon, Fenstersteiger; Kongreß in Erfurt; Schill; Canouville (e. junger Oberst, damaliger Geliebter der Prinzessin Pauline). 5: Liebschaften der Königin Caroline von Neapel (Gemahlin Murat's); die Spanierin; die Polin; der Krampf. 6: Marie Louise; Napoleon untreu; Geburt des Königs von Rom; zwei Abenteuer Lucians und Hieronymus.

Becherer, Abraham (Waibling.), Diss. de influxu dogmatis de praedestinationis et reprobationis decreto absoluto. Präs. Chph. Matth. Pfaff. Tübingen (Jo. Cunr. Reis) 19. VII. 1720. 22 S. (5.—) 1527

Becherer, Andreas: Ueber die sturmbewegte Gegenwart, ihre Gefahren und deren Abwehr. — München 1849: Weiß. 16 S. 8° 22.
14.3166

— Ueber Principien und Grundrechte des deutschen Bundesstaates oder Reiches in ihrer Anwendung auf die einzelnen Staaten. Symbolisiert durch ein Glockengeläute. — München 1849: Weiß. 15 S. 8° 22.
14.3167

Becherer, Johann Georg
[-] NÖTHIGE PRUEFUNG DER ZINZENDORFISCHEN LEHR-ART VON DER HEIL. DREYEINIGKEIT, Darinnen gezeiget wird: 1. Daß Herrn Grafens Lehre wider die heilige Schrift Alten und Neuen Testaments, sey. 2. Daß sie ganz neu sey. 3. Daß dieser irrige Vortrag von grosen mißlichen Folgen sey. Aufgesetzet und verfasset Von einem Liebhaber der GeoffenBarten Warheit [d.i. Johann Georg Becherer]. Zum Druck befördert Und mit einer Vorrede begleitet Von Johann Philip Fresenio, Evangel. Predigern zu Franckfurt am Mayn. - Franckfurt am Mayn: Andreä 1748. 1228 S.
Sondert.: Zugabe Zu der Nöthigen Prüfung Der Lehre Des Hrn. Grafen von Zinzendorf, Von der Heil. Dreyeinigkeit, Bestehend In einer Nachlese der Stellen, Die in denen An den Synodum zu Zeyst Gehaltenen Reden und Homilien über die Wunden-Litanie vorkommen, Und, Weil sie in diese Materie einschlagen, Einer Erläuterung oder Zurechtweisung bedörfen. (S. 1035 ff.) [24.

Becherer, Magnus Anton: Ueber häusliche und öffentliche Erziehung mit bes. Rücks. auf die Elementar-Volksschulen. — Breslau: Max 1829. VI,204 S. 8°
1: Nd 1974. **2. 12**: Paed. Th. 348. **19. 41. 46. 60. 207. 214. 309.**
14.3178

— Ueber den Glauben der Juden an Unsterblichkeit der menschlichen Seele vor der babylonischen Gefangenschaft. München: Giel 1827. 78 S. 8° 1: Bl 2960. **2→5. 7. 9. 12**: Exeg. 90h. **16. 19. 24. 26. 27. 214. 302.**
14.3179

— Leitfaden zum Beicht- und Communion-Unterrichte für die katholische Jugend in den deutschen Elementar- und in den untern lateinischen Schulen. Als Anh. zum Diöcesan-Katechismus. 3., umgearb. Aufl. — München: Giel 1830. 44 S. 8° **12**: Asc. 393 k. **19.**
14.3180

Becherer, Moritz: Rhein-Ems-Kanal. 1886 s. *Baur*, Kaspar.

Becherer, Moritz
— Die Stempelgesetze für das Deutsche Reich und Preußen im Auszuge nebst dem vollständigen Stempeltarif ⟨unter Ausschluß des gerichtlichen Stempelwesens⟩. — Düsseldorf: Bagel 1891. 64 S. 8°
1: Gt 7920. **5. 18. 30. 34. 66. 208.**
14.3181

— — Die Stempelgesetze für das Deutsche Reich und Preußen nebst dem vollständigen Stempeltarif ⟨unter Ausschluß des gerichtlichen Stempelwesens⟩. 2., verb. u. verm. Aufl. — Frankfurt a.M. [1894]. 127 S. 8° (Jaeger's Ausgaben deutscher Reichsgesetze. 12.)
1: Gt 7920². **11. 18. 30. 41. 203. 208.**
14.3182

Becherescu, Petre, Dr. med., aus Rumänien: Uber das ⟨1, 3⟩-Diphenylpyrazoldion ⟨4, 5⟩ und seine Derivate. *Berlin (1903): G. Schade.* (48 S.) 8°
Berlin, Phil. Diss. v. 4. März 1903

). **Becherlied.** Dem Br. Joh. Semler am Tage seiner 25jährigen Maurerweihe liebend gewidmet von seinen treu verbundenen Ordensbrüdern, den 17. April 1841. Hamburg [1841]: Witt. 2 Bl. 4⁰ [Umschlagtit.]
Ohne Noten.

Becherlied zu Ehren des Kunstbechers, eines Pathengeschenks der löblichen Stadt Zofingen. ... O. O. u. J. V: *Wyss, Johann Rudolph* [?] (AarF)

Becherlied. — Becherlied dem Herrn Geheimen Hofrath Dr. Weber gesungen am 26. November 1836. — Breslau [1836]: Kupfer. 2 Bl. 8° **2.**
14.3183

Becheros, Lymanos s. *Beecher*, Lyman.

Bechers, Hubert (Hrsg.), s. Repertorium der in- und ausländischen Literatur der gesammten Philosophie.

Bechert, Curt Friedrich: Ueber Condensationen von Aldehyden und Cyaniden ... Leipzig-R., Druck v. O. Schmidt, 1894; 42 S., 1 Bl. 8.
Leipzig, Phil. Fak., Inaug.-Diss. v. [13. Apr.] 1894

Bechert, Franz: Erlebtes und Erträumtes. Gedichte. Hrsg. von Karl Schrattenthal. — Königsberg: Thomas & Oppermann 1896. XVI,134 S. 8° (Dichterstimmen aus d. Volke. 1.)
1: Yc 7667-1. **9. 10. 12**: P. o. germ. 79 ts. **14. 15. 33. 79. 300**: 603.891-B.1.
14.3184

Bechert, Frz., Erlebtes u. Erträumtes, s. a. Dichterstimmen a. d. Volke.

Bechert, Friedrich August, bacc. iur., Referendar: Das Aussonderungsrecht der Ehefrau. Ein Beitr. z. Auslegung d. § 45 K.O. Leipzig: Wigand 1908. 68 S. 8°
Leipzig, Jur. Diss. v. 2. Nov. 1908
[Geb. 12. Febr. 84 Leipzig; Wohnort: Leipzig; Staatsangeh.: Sachsen; Vorbildung: König-Albert-Gymn. Leipzig Reife O. 03; Studium: München 1, Leipzig 7 S.; Rig. 15. Jan. 07.] [U 09. 2442

Bechert, Julius (geb. Ratzebuhr 14. 4. 1814): De fontibus medicatis in agro Polzinensi. Berolini (1840). (20 S.) 8°
Berlin, Med. Diss. v. 13. Okt. 1840

Bechert, Malwin De M. Manilio Astronomicorum Poeta. 4 (20 S.). **Progr.** Kgl. G. *Leipzig* 1891

Bechert, Malwin, de M. Manilio astronomicorum poeta. gr. 4. (20 S.) Leipzig 891. (Hinrichs' Sort.) n. 1. 20

Bechert, M., De M. Manilii emendandi ratione. Diss. 1878. 61 S. 2.—

Bechert, Willy, zur Behandlung der Leberechinococcen. Diss. gr. 8. (46 S.) Königsberg 894. (W. Koch.) n. — 80

Bechert, Willy [pr. Arzt]: Zur Behandlung der Leberechinococcen ... Königsberg in Pr., Buchdr. v. R. Leupold, 1894; 46 S., 1 Bl. 8.
Königsberg, Med. Fak., Inaug.-Diss. v. 14. Aug. 1894

Becherweihe der Zunft zur Waag am Sechseläuten... 1879; dramatische Szene. [Zürich 1879.] V: *Steiner, Leonh.* (Zuwachsverz. d. Bibliotheken in Zürich 1898 ff.)

Bechgaard, Jul., Frode. Oper in 3 Akten. Nach dem Dän. deutsch von M. v. Borch. Musik v. B. Textbuch. 8. (51 S.) Breslau 894. J. Hainauer. n. — 50

Bechhold, Heinrich: Die Ausflockung von Suspensionen bzw. Kolloiden und die Bakterienagglutination. — Leipzig: Engelmann 1904. S. 385-423. 8°
Aus: Zeitschrift für physikalische Chemie. 48. 1904. **33.**
14.3207

— Ungelöste Fragen über den Anteil der Kolloidchemie an der Immunitätsforschung. — Wien [usw.]: Braumüller 1905. 4 S. 8° Aus: Wiener klinische Wochenschrift. 18. 1905. **302.**
14.3208

— Die Gallertfiltration ⟨Ultrafiltration⟩. — Dresden: Steinkopff & Springer 1907. 15 S. 4°
Aus: Zeitschrift für Chemie u. Industrie d. Kolloide. 2. 1907/08. **33. 84.**
14.3209

Bechhold's Handlexikon der Naturwissenschaften und Medizin, bearb. v. A. Velde, W. Schauf, V. Loewenthal u. J. Bechhold. (In ca. 10 Lfgn.) 1. Lfg. gr. 8. (64 S.) Frankfurt a/M. 891. Bechhold. n. — 80

Bechhold's Handlexikon der Naturwissenschaften u. Medizin. Bearb. v. A. Velde, W. Schauf, O. Pulvermacher, L. Mehler, V. Loewenthal, C. Eckstein, J. Bechhold u. G. Arends. 2.—18. (Schluss-) Lfg. gr. 8. (S. 65—1127.) Frankfurt a/M. 891—893. H. Bechhold. à n. — 80 (kplt.: n. 14. 40; geb. in Leinw. n. 16. —; in Halbfrz. n. 16. 60)

Bechhold, Heinrich
Bechhold, H (JH): Die Kolloide in Biol. u. Medizin. (12, 441 m. Tab., Abb. u. 2 Taf.) gr8° Dresd., Th. Steinkopff '12. 14 —; geb. 15.50

— Kolloidstudien mit der Filtrationsmethode. — Leipzig: Engelmann 1907. S. 257-318. 8°
Aus: Zeitschrift für physikalische Chemie. 60. 1907.
1:Mr 11914. 20.
14.3216

— Pulsirende Ultrafiltration. — o. O. [1910]. 4 S. 8°
Aus: Gedenkboek aangeboden aan J. M. van Bemmelen. 1910.
30.
14.3217

— [Hrsg.] s. *Umschau*, Die. 1897ff. [Zeitschriften].

Bechhold, J. [aus Frankfurt a. Main]: Beiträge zur Kenntniss der Amidophenole. . . . Berlin. Buchdr. v. Max Bading. 1889: 41 + 1 S. + 1 Bl. 8°
Berlin. Phil. Fak., Inaug.-Diss. v. 12. Jul. 1889

Bechhold, Jac. H., kaufmännisches Rechenbuch. Frankfurt a. M. 857. Bechhold. Lex.-8. (X, 187 S. u. 1 Tab. in Fol.) 22½; die Fragen u. Aufgaben allein 12½; die Antworten dazu 10 ngr.

Bechhold, Jak. H., kaufmännisches Rechenbuch zum Abschlusse des Unterrichts in den oberen Klassen der Realschulen und Handelsinstitute, sowie zum Selbststudium. 2. Ausg., durch den Nachtrag den neuesten kaufmännischen Verhältnissen angepasst. Frankfurt a. M. 860. Bechhold. Lex.-8. (XII, 240 S. u. 1 Tab. in Fol.) 1 ℳ

Bechhold, Jakob Heinrich: Wanderungen in Norwegen und Schweden. ([S.-A.] Bericht über die Senkenbergische Naturforschende Gesellschaft in Frankfurt a. M. 1895. S. 31—46.) Frankfurt a. M. 1895. 16 S. 8°. [F 1346

Bechinė, Anton — Neues weltgeschichtliches Lottospiel mit 315 wichtigen Daten und Erläuterungen aus der allgemeinen Weltgeschichte zum Nutzen und Vergnügen der Jugend von — —. Prag, 1857. Druck von Friedr. Rohlíček. (29 Tafeln. 8.)

Bechinot Olam, oder philosophische Betrachtungen über die Welt, aus dem Hebräischen, übersetzt von I. J. Lewy aus Dessau [= Joel ben Joseph Wust] und herausgegeben von J. S. Brandau. Sondershausen 1824. V: *Jedaiah ben Abraham Penini Bedarshi.* (BrMm)

Bechius s. *Bech.*

Bechler

— Steilschreibhefte m. der Lineatur des B. 8 Hfte. 4. (à 32 S.) Apolda 894. F. Lauth. à n. —. 15
1. Deutsch: 1. u. 2. Schulj. Lateinisch: 1. Jahrg. — 2. Deutsch: 3. Schulj. Lateinisch: 2. Jahrg. — 3. Deutsch: 4. Schulj. — 4. Deutsch: 5. Schulj. — 5. Deutsch: 6. Schulj. — 6. Deutsch: 7. Schulj. — 7. Lateinisch: 3. Jahrg. — 8. Deutsch: 8. Schulj. Lateinisch: 4. Jahrg.

Bechler, Alfred [approb. Arzt aus Elster in Sachsen]: Complication der Schwangerschaft und Geburt durch Fibromyome . . . . Strassburg, Univ.-Buchdr. v. J. H. Ed. Heitz (Heitz & Mündel Nachf.). 1885: 2 + 68 S. 8°.
Strassburg, Med. Fak., Inaug.-Diss. v. 1885.

Bechler, Alfred, Complication der Schwangerschaft und Geburt durch Fibromyome. Diss. Strassburg i. Els. 1885, Trübners Buchh. u. Antiqu. (E. d'Oleire). 8°. 68 S.

Bechler, Anna, Erzählungen aus der Heimat. 8. (III, 188 S.) Dresden 902. E. Pierson. n. 2. —; geb. n. 3. —

Bechler, Anna, im Favorite-Park. Novelle. Umschlagzeichnung v. Rich. Sackur. (310 S.) kl. 8. Berlin 900. Dr. F. Lehermann. n. 3. —; geb. n. 4. —

Bechler, Emanuel Ferdinand: Lebens-Beschreibung des Emanuel Ferdinand Bechler . . . Pfleger im städtischen Lazareth zu Liegnitz. Von ihm selbst bearb. — Goldberg 1834: Köhler. 131 S. 8° 1:At 9561. 2.
14.3240

Bechler, Ernst, das Wesen der Architektur und die Formenbildung der klassischen Baukunst. Eine systemat. Darstellung der wichtigsten architekton. Gesetze unter besond. Berücksicht. der antiken Baukunst. Zum Gebrauche für Architekten und Bautechniker. 8. (48 S. mit 50 in den Text gedr. Abbild.) Berlin 887, O. Spamer. *

Bechler, Franz: Bad Elster. Beobachtungen u. Erfahrungen. — Leipzig: J. J. Weber 1867. VII, 268 S. 8°
1:Is 4215. 14. 15. 22. 61. 106.
14.3242

Bechler, Frz., Bad Elster und seine Heilmittel. Mit 1 Lithogr. Zwickau 861. Gebr. Thost. 8. (VII, 120 S.) 12 ngr.

Bechler, Franz Hermann (Lengenfeld), De dislocationibus lentis crystallinae exponitur addito gravi casu quodam dislocationis lentis inter scleroticam et conjunctivam. Diss. ophthalm. Lpz. (C. W. Vollrath) 23. V. 1853. 24 S. mit Biographie. (M.: Th. Wolf.) (3.50) 1528
Gew.: Carl Strobel, Jul. Schuster.

Bechler, Karl: Das Präfix to im Verlaufe der englischen Sprachgeschichte. Königsberg i. P. 1909: Hartung. 91 S. 8°
Königsberg, Phil. Diss. v. 12. Aug. 1909, Ref. Kaluza
[Geb. 15. Febr. 86 Danzig; Wohnort: Königsberg; Staatsangeh.: Preußen; Vorbildung: Realgymn. Danzig Reife O. 06; Studium: Greifswald 2, Berlin 3, Königsberg 2 S.; Rig. 29. Juni 09.] [U 09. 2389

Bechler, Karl Friedrich: Eumenes, ein Gedichte. Ihro Excellenz dem . . . Herrn Ernst Dietrich von Marschall . . . gewidmet von Carl Friedrich Bechler u. Christoph Gotthold Thienemann. — Altenburg 1754: Richter. 6 Bl. 2°
7. 14.
14.3252

BECHLER, MARTIN. Ueber Cymolmercaptan und Versuch zur Aufklärung der Constitution des Thymols. Leipzig, 1873. Diss. G. S.

Bechler, Otto: Heimatkundliche Ausflüge und ihre unterrichtliche Behandlung. (Anschauungsgebiet: Die Umgebung Weimars.) — Langensalza: Beyer 1909. 54 S. 8° (Pädagogisches Magazin. 384.) 1:Nc 3971-384.
3. 7. 14. 15. 27. 32. 207. 300:457.827-B.Per.384. 309.
14.3254

Bechler, heimatskundliche Ausflüge in die Umgebung v. Weimar nach Beobachtungsstoffen u. unterrichtlicher Behandlung. gr. 8. (30 S. m. 2 Taf.) Weimar 891. (L. Thelemann.) n. 1. —

Bechler, Th. C. s. *Bechler*, Theodor.

Bechler, Theodor: Aus der Heimat in die Heimat. Von der Reise zweier Missionskinder. Nach Mitteilungen d. Missionare O. Heinke u. H. Francke. — Herrnhut: Missionsbuchh. 1908(1909). 32 S. 8° (Illustrierte Jugendschriften aus d. Mission d. Brüdergemeine. 10.)
12 [unvollst.]: Paed. Pr. 4404m-10. 29.
14.3256

Bechler, Th[eodor]. Unter dem Banner der Freiheit. Die äthiopische Bewegung in Südafrika. [Mit illustriertem Umschlag.] 40 S. 8. Basel, Missionsbuchh., 1903. V Bas
(Für die Mitglieder der Quartal-Kollekte No. 27.)

— Gefahrvolle Begegnungen zwischen Mensch und Tier. 3. Aufl. — Herrnhut: Missionsbuchh. [1904]. 24 S. 8° (Illustrierte Jugendschriften aus d. Mission d. Brüdergemeine. 4.) **12: Paed. Pr. 4413 p-4. 29. 101.**
14.3260

— [Bearb.]
s. *Dewitz*, August v.: An der Küste Labrador's. 1900.

Bechler, Th., Frauenleben u. Frauenmission in Klein-Tibet, s.: Licht u. Finsternis. Nr. 1.

— [...] Jahrbuch der Missionskonferenz der Brüdergemeine.

— Vor hundert Jahren und heut. Die Mission d. Brüdergemeine am Anfang u. Schluß d. 19. Jh. mit Berücks. ihres Einflusses auf d. Entstehung anderer Missions-Gesellschaften. — Herrnhut: Missionsbuchh. 1900. 56 S. 8°
Erweitert aus: Missionsblatt d. Brüdergemeine. 64. 1900.
7. 38.
14.3267

— Jubelfest in Rama auf der Moskitoküste. Auf Grund von Mitteilungen von Missionar Br. F. Weinstein und seiner Gattin. — Herrnhut: Missionsbuchh. 1910. 32 S. 8° (Illustrierte Jugendschriften aus d. Mission d. Brüdergemeine. 11.) **12: Paed. Pr. 4404 m-11.**
14.3268

— [Hrsg.] s. *Jugendschriften*, Illustrierte, aus der Mission der Brüdergemeine. 1903 ff. [Zeitschriften].

— im Kampf m. d. Tierwelt, s. a. Jugendschriften, illustr., aus der Mission der Brüdergemeine. Nr. 4.

— Im Kampf mit der Tierwelt. 3. Aufl. — Herrnhut: Missionsbuchh. [1903]. 24 S. 8° (Illustrierte Jugendschriften aus d. Mission d. Brüdergemeine. 3.) **12: Paed. Pr. 4413 p-3.**
14.3270

— Eine Karawanenreise ins Innere Afrikas. — Herrnhut: Missionsbuchh. [1903]. 28 S. 8° (Illustrierte Jugendschriften aus d. Mission d. Brüdergemeine. 2.) **12: Paed. Pr. 4404 m-2.**
14.3273

— — 2. Aufl. Ebd. [1905]. 31 S. 8° (Illustrierte Jugendschriften ... 2.) **12: Paed. Pr. 4413 k-2.**
14.3274

— Karpik, der Eskimoknabe in England oder: Wie es zur Taufe des ersten Labrador-Eskimo kam. — Herrnhut: Missionsbuchh. [1903]. 32 S. 8° (Illustrierte Jugendschriften aus d. Mission d. Brüdergemeine. 5.) **12: Paed. Pr. 4404 m-5. 101.**
14.3276

— an der Küste Labrador's, s.: Dewitz, A. v.

— Dienende Liebe. Missions- u. Diakonissenarbeit auf einer Aussätzigenstation. (Suriname.) — Herrnhut: Missionsbuchh. 1901. 63 S. 8° **7. 12: H. ref. 636 k/3. 21.**
14.3282

— Die Mission d. Brüdergemeine, s: Hefte z. Missionskde.

— Missionar u. Eingeborener im Angesicht wilder Tiere, s: Jugendschriften, Illustrierte, a. d. Mission d. Brüdergemeine.

Bechler, Theodor (Hrsg.), s. Nord, Aus, und Süd.

(—) Bischof Spangenberg im Dienste der Mission. — Herrnhut: Missionsbuchh. [1904]. 32 S. 8° (Illustrierte Jugendschriften aus d. Mission d. Brüdergemeine. 7.) **12: Paed. Pr. 4404 m-7.**
14.3289

— Unabhängigkeitsbewegungen der Farbigen in Südafrika. — Basel: Missionsbuchh. 1903. 40 S. 8° (Basler Missions-Studien. 18.) **1: Cv 5270/5-18. 9. 12: H. ref. 609 m-18. 21. 24. 26. 41.**
14.3290

— Die beiden Urwaldkinder. Ein Blatt aus d. neuesten Indianer-Missions-Geschichte Surinames. Erzählung. — Herrnhut: Missionsbuchh. [1901]. 52 S. 8° **1: Ng 17263/30. 12: H. ref. 629 c. 41.**
14.3292

— [Hrsg.]
s. *Von* der Wiege bis zum Grab. 1903 ff. [Zeitschriften].

— Erste Weihnachtsfeste in Deutsch-Ostafrika. Auf Grund von Mitteilungen d. Missionars Tr. Bachmann. — Herrnhut: Missionsbuchh. 1908. 31 S. 8° (Illustrierte Jugendschriften aus d. Mission d. Brüdergemeine. 9.) **12: Paed. Pr. 4404 m-9.**
14.3296

— in alle Welt. Missionsstunden aus der Brüdergemeine. 1.—8. Heft. 8. Herrnhut, Missionsbuchh. n. 2. 80
1. (63 S.) 901. — 50. — 2. (81 S.) 902. — 70.
3. (64 S.) 903. — 50. — 4. (64 S.) 904. — 50.
5. (75 S.) 906. — 60.

— In alle Welt. Missionsstunden (ab Heft 7: Missionsvorträge) a. d. Brüdergemeine. 6. u. 7. Heft. (56 bezw. 61) 8° Herrnh., Missionsbh. '09'11.) je — 50 (1—7: 3.80

Bechler, Theodor
— Graf Zinzendorf, der Stifter der Brüdermission. — Herrnhut: Missionsbuchh. [1903]. 32 S. 8° (Illustrierte Jugendschriften aus d. Mission d. Brüdergemeine. 1.) **12: Paed. Pr. 4404 m-1.**
14.3298

— — 3. Aufl. Ebd. 1907. 32 S. 8° (Illustrierte Jugendschriften ... 1.) **1: Cv 13415-1. 12: Paed. Pr. 4413 p-1.**
14.3299

— Zur Schau gestellt. Ausgestellte Eskimo in drei Weltteilen. 1899-1901. — Herrnhut: Missionsbuchh. 1902. 46 S. 8° **12: H. ref. 636 k/5.**
14.3305

Bechler, W., Knaben od. Mädchen? Ein Wegweiser f. Eheleute u. andere Ratschläge f. Erwachsene beiderlei Geschlechts. (VII, 63 S.) 8. Leipzig, Verlag Nach Feierabend 903. n. 2. —

Bechler, Wilhelm, aus Lengenfeld i. V.: Über isomere Reduktionsprodukte des Äthindiphtalids. *Leipzig 1901: O. Schmidt.* (26 S.) 8°
Leipzig, Phil. Diss. v. [7. Febr.] 1902

Bechlin, Louise, Leitfaden zum theoretischen und praktischen Unterricht der Damenschneiderei. 4. verb. und verm. Aufl. gr. 8. (40 S. mit eingedr. Fig. und 2 Taf.) Straßburg 879, (Schultz und Comp.)
1.—3. Aufl. waren nicht im Handel.

Bechlin, Louise, Leitfaden zum theoretischen und praktischen Unterricht der Damenschneiderei. 5. verb. und verm. Aufl. gr. 8. (40 S. mit eingedr. Fig. und 2 Taf.) Straßburg 881, (Schultz und Comp.)

Bechly, Hans
— Kritische Betrachtungen über die Pensionsversicherung der Privatangestellten. — (Hamburg: Hanseatische Dr. u. Verl. Anst. [um 1910].) 15 S. 8° **18.**
14.3308

— Die staatliche Pensions-Versicherung für Privat-Angestellte. Vortrag. 2. Aufl. — Hamburg 1907. 64 S. 8° (Schriften d. Deutschnationalen Handlungsgehilfen-Verbandes. 35.) **1: Fg 324/24-35. 2. 5. 10. 12: Merc. 301 t-35. 15. 20. 26. 47. 203.**
14.3316

— Warum gegen die Pensionsversicherung? Ein Wort an d. deutschen Kaufleute u. Industriellen. — Hamburg: Hanseatische Dr. u. Verl. Anst. 1910. 20 S. 8°
12:Cam.254m. 18. 23. 61. 169.
14.3321

Bechmann, Adolf: Der Einfluß des neuen bürgerlichen Rechts auf die vor dem 1. Januar 1900 begründeten Güterstände und der gesetzliche Güterstand des Bürgerlichen Gesetzbuches. — (Nürnberg [1899]: Schlennert.) 18 S. 8°
75.
14.3322

Bechmann, Adolf [Rechtspraktikant am k. Landger. Nürnberg]: Die Haftung des Beneficialerben für die Schulden der Erbschaft nach römischem und gemeinen [!] Recht ... *Nürnberg, Buchdr. G. Rüll,* 1895; 46 S. 8.
Erlangen, Jur. Fak., Inaug.-Diss. v. 1895

— Odysseus auf Scheria (Nausikaa). Trauerspiel ... auf d. Grundlage d. Goetheschen Entwurfs verfaßt von Hans Helge [d.i. Adolf Bechmann]. — Berlin [usw.]: Wigand 1907. 127 S. 8°
1:Ys 36430. 9. 10. 29.
14.3323

— Die Wohnungsmiete nach dem Bürgerlichen Gesetzbuch. Unter Berücks. d. bisher in Nürnberg in Geltung gewesenen gesetzlichen Bestimmungen. — [Nürnberg 1899: Schlennert.] 16 S. 8°
75.
14.3324

Bechmann, August R[r] v.: Das römische Dotalrecht. Abth. 1.2. — Erlangen: Deichert 1863–67. 8°
1:Gh 2544. 2→11. 12:J. rom. m. 33n. 15. 16. 18→22. 24→30. 33. 43. 45. 48. 111. 203. 208. 300:146.210-B. 302→304.
14.3325

[*A.*] Feuerbach und Savigny. Rede beim Antritte d. Rektorats d. Ludwig-Maximilians-Univ. geh. am 15. Dez. 1894 v. Dr. August von Bechmann Reichsrath d. Krone Bayern, o. ö. Prof. d. röm. Civilrechts, z. Z. Rektor. München, kgl. Hof- u. Univ.-Buchdr. v. Dr. C. Wolf & Sohn, 1894; 21 S. 4.

Geschichte des Kaufs im Roemischen Recht von Dr. August **Bechmann**, Prof. Erlangen: A. Deichert 1876. (XI, 692 S.) 8°
= **Bechmann**: Der Kauf nach gemeinem Recht. Th. 1. [o4. 5194]

Bechmann, (Carl Geo.) Aug., über den Inhalt und Umfang der Personalservitut des usus nach römischem Rechte. Eine civilist. Abhandlung. gr. 8. (117 S.) Nürnberg 861. (Erlangen, Deichert.) *

— Das Ius postliminii und die Lex Cornelia. Ein Beitrag zur Dogmatik d. römischen Rechts. — Erlangen: Deichert 1872. 103 S. 8°
1:Fm 5590. 3→11. 12:J. rom. m. 33nh. 15→19. 21. 25→29. 33. 302→304.
14.3326

Bechmann, Aug., der Kauf nach gemeinem Recht. 1. Thl. A. u. d. T.: Geschichte des Kaufs im roemischen Recht. gr. 8. (XI, 692 S.) Erlangen 876, Deichert. *

Bechmann, Aug., der Kauf nach gemeinem Recht. 2. Thl. 1. Abth. A. u. d. T.: System d. Kaufs nach gemeinem Recht. 1. Abth. gr. 8. (XII, 569 S.) Erlangen 884. Deichert. n. 10. — (I. u. II, 1.: n. 22. —)

Bechmann, Aug, der Kauf nach gemeinem Recht. III. Thl. System des Kaufs nach gemeinem Recht. 2. Abth. I. Hälfte. (VIII, 217 S.) gr. 8. Leipzig 905. A. Deichert Nachf. n. 5. —
I u. II. 1 Ebd. 876. 884. n. 22. —.

Bechmann, Aug., der Kauf nach gemeinem Recht. III. Thl. System des Kaufs nach gemeinem Recht. 2. Abth. II. Hälfte. Aus dem Nachlass des Verf. hrsg. nebst Sach- u. Quellenregister zum Gesamtwerk v. Paul Oertmann. (X, 318 S.) gr. 8. Leipzig 908. A. Deichert Nachf. 8. — (Kplt. 35.—)

Bechmann, A. v., d. churbayer. Kanzler Alois Freiherr v. Kreittmayr. Festrede, geh. i. d. öff. Sitzg. d. k. b. Akademie d. Wiss. z. München z. Feier ihres 137. Stiftungstages a. 14. März 1896. gr. 4. (32 S.) München 896. (G. Franz' Verl.) n. 1. —

— zur Lehre vom Eigenthumserwerb durch Accession. Kiel 867. (Schröder & Co.) 4. (38 S.) 6 ngr.

— Zur Lehre vom Eigenthumserwerb durch Accession und von den Sachgesammtheiten. — Kiel: Schwers 1867. 79 S. 8° Erschien teilweise auch als Univ.-Schrift. Kiel 1867.
3. 5→9. 11. 12:J. rom. m. 33nc. 15. 16. 18→21. 24. 25. 27. 28. 29. 36. 48. 106. 208. 30.
14.3329

— Studie im Gebiete der legis actio sacramenti in rem. Festschrift zum Doctor-Jubiläum des Herrn Geheimen Raths und Professors Dr. Bernhard Windscheid. — München: Kaiser 1888. 48 S. 8° 6. 25. 26. 52. 303.
14.3330

Bechmann, A., Studie im Gebiete der legis actio sacramenti in rem. Festschrift zum Doctor-Jubiläum des Hrn. Geh.-R. Prof. Dr. Bernh. Windscheid, im Auftrage der Juristen-Facultät zu München verf. gr. 8. (48 S.) München 889. Kaiser. n. 1. —

System des Kaufs nach gemeinem Recht von Dr. August **Bechmann**, † Prof. Abth. 1. 2, Hälfte 1. 2. Erlangen: A. Deichert (2: Leipzig: A. Deichert Nachf.) 1884–1908. 2 Bde 8°
1. 1884. 2, 1. 1905. 2, 2. Aus d. Nachl. d. Verf. hrsg. nebst Sach- u. Quellenreg. z. Gesamtwerk von Dr. Paul Oertmann, Prof. 1908.
= **Bechmann**: Der Kauf nach gemeinem Recht. T. 2. 3. [o8. 4467 6]

Bechmann, Ueber die richterliche Tätigkeit der Pontifices im altrömischen Zivilprozess. S.-A. 1890. 25 S. 1.20

— s.: Vierteljahresschrift, krit., f. Gesetzgebg. u. Rechtswissenschaft.

Bechmann, Carl Georg August, s. Bechmann, August

Bechmann, Eduardus [Coburgiensis]: Drei dits de l'ame aus der Handschrift Ms. Gall. Oct. 28 der Königl. Bibliothek zu Berlin. ... (Aus: Zeitschr. f. Roman. Philol. Bd. XIII.) Halis Saxonum, form. descrips. E. Karras, 1889; 24 S. + 1 Bl. 8°
Halle, Phil. Fak., Inaug.-Diss. v. [28. März] 1889

Bechmann, Eduard: Einführung in die Wortbildungslehre und Geschichte der deutschen Sprache. — Leitmeritz: Selbstverl. 1910. 48 S. 8° 300:468.860-B.
14.3332

Bechmann, Eduard: Wandkte d. Kgr. Böhmen. 1:300000. 4 Bl. je ca 63,5×53 cm. Farbdr. Wien, E Hölzel ('12). 9 —; auf L in M 11 —: m. St. 13.50

Bechmann, Eugen, cand. med. aus Ruegheim: Ein Fall von Aneurysma dissecans der Aorta. *Würzburg 1904: A. Borst.* (22 S.) 8°
Würzburg, Med. Diss. v. 1899

-04

Bechmann, Friedemann
Dt.: Name d. Verfassers erscheint stets in d. Form Fridemannus Bechmannus.

— Annotationes uberiores in Compendium theologicum Leonhardi Hutteri. — Longo Sal.: Bachmann 1690. 906 S. 8° 1:Cw 8542/20. 7. 18. 24. 27. 29. 32. 44. 78.
14.3333

— — Praemissa est nova ad lectorem praef. à Joh. Paulo Hebenstreito ... conscripta. Denuo ed. — Francof[urti] [usw.]: Cröker 1703. 1012 S. 8°
4. 17. 36. 39. 41. 300:811 1.
14.3337

— Ad Institutiones catecheticas Cunradi Dieterici ... Annotationes uberiores ... Praef. De origine et auctoritate catechismi praemisit Joan. Franciscus Buddeus. — Francof[urti] [usw.]: Cröker 1707. 376 S. 8°
2. 9. 18. 19. 24. 34. 39. 41.
14.3338

— Ad ... Joh. Olearii Theologiam moralem Annotationes ... Praemissa est Joh. Pauli Hebenstreiti praef. — Francof[urti] [usw.]: Cröker 1704. 568 S. 8°
2. 9. 14. 18. 19. 29. 32. 36. 39. 41.
14.3330

— Haeresiographia, hoc est, haeresium inde ab Apostolorum aetate, ad nostra usque tempora brevis descriptio. — Jenae: Bielcke 1700. 276 S. 8°
1: Ck 340. 2. 5. 8. 9. 12: 4° H. eccl. 82k [u.ö.] 14. 16. 19. 23. 24. 27. 29. 30. 32. 48. 75. 78. 180.
14.3341

Bechmann, Friedemann: Institutiones logicae ex Aristotele einsque optimis ... interpretibus concinnatae.
— — Ed. 9., auctior & em. Gotha: Mevius 1708. 662 S. 8°
53.
14.3350

— Institutiones theologicae. — Jenae: Bailliar 1701. 767 S. 8°
3. 8. 24. 27. 41. 78.
14.3351

— — Ed. 2., in qua acc. Joan. Francisci Buddei praef. De augmento studii theologici. — Ebd. 1207 [vielm. 1707]. 767 S. 8°
7. 14. 18. 19. 39. 78. 79.
14.3352

— Disputatio theologica, de extremo Iudicio, Germanice: Vom Jüngsten Gerichte. [Resp.:] Paulus Bergman. Rec. Jenae 1731: Heller. 28 S. 8° Erschien zuerst als Diss. Jena 1680.
12: 4° Diss. 3043–14. 24.
14.3353

Bechmann, Friedemann: De Modo solvendi sophismata.
Leipz.: Fleischer 1711.
136 S. 8°

— Dissertatio inauguralis theologica, de reali Praesentia corporis & sanguinis Christi in sacra coena, Matth. XXVI, 26.27. Oder: Von der würcklichen Gegenwart des Leibes und Blutes Christi im h. Abendmahle. [Resp.:] Fridericus Ledel. — Jenae 1733: Ritter. 20 S. 8°
Erschien zuerst als Diss. Jena 1679.
1: 25 in Bd 8558 [u.] 24 in Bd 8603–85.
9. 12: 4° Diss. 2502–5. 41.
14.3362

— Disquisitio theologica, de Signo filii hominis, ex loco Matth. XXIV. vers. 30. [Resp.:] Johannes Nicolaus Rhost. Rec. — Jenae 1720: Heller. 20 Bl. 8°
Erschien zuerst als Diss. Jena 1681. 12: 4° Diss. 896–15. 46.
14.3364

— Disputatio theologica de Termino vitae humanae, oder: Von der Art, Zeit, Ort und andern Umständen des menschlichen Leben und Todes. [Resp.:] Johannes Adamus Zinck. Rec. — Jena 1721: Heller. 16 Bl. 8°
Erschien zuerst als Diss. Jena 1673.
12: 4° Diss. 146–26. 24. 41.
14.3372

— — Theologia conscientiaria sive tractatus de casibus conscientiae. — Francof[urti] [usw.]: J. Meyer in Jena 1700. 372 S. 8°
1: D 3618. 4. 28. 29.
14.3376

— — Ebd. 1705. 372 S. 8°
14. 18. 23. 27. 28. 41.
14.3377

— — Ebd. 1713. 372 S. 8°
2. 17. 75.
14.3378

— — Ebd. 1715. 372 S. 8°
24.
14.3379

Bechmann, Friedemann: Theologia polemica.
Frankfurt: J. Meyer 1702.
1128 S. 8°
— — Praemissa praef. Joannis Francisci Buddei. Ed. novissima. — Francofurti [usw.]: Mayer 1710. 1128 S. 8°
10. 30. 78.
14.3382

— — Ed. novissima. Jenae: Mayer 1719. 1128 S. 8°
1: Dh 9823. 9. 12: 4° Polem 318. 24. 29. 79.
14.3383

— Theologia thetico-polemica. 4. 719.

— Tractatus brevis de cognitu necessariis in praeparando futuro Ecclesiae ministro. — Jenae: Croeker 1702. 74 S. 8°
1: 24 in Bc 3018/10. 4. 14. 18. 21. 25. 41. 75. 78.
14.3384

Bechmann, H: Naturois-Anlagen. Bamberg (1899)

Bechmann, H: Verbesserte, regulierbare Naturois-Erzeugungs-Anlage. Bamberg (1902)

Bechmann, Hermann, a. Nürnberg: Der Entwicklungsgedanke in der Philosophie von Gustav Class. Ansbach (1906): C. Brügel. (56 S.) 8°
Erlangen, Phil. Fak., Ref. Falckenberg, Diss. v. 10. Juli 1906
[Geb. 10. April 69 Nürnberg; Wohnort: Dinkelsbühl; Staatsangeh.: Bayern; Vorbildung: Altes Gymn. Nürnberg Reife M. 87; Studium: Erlangen 4, Berlin 2, Tübingen 1, Erlangen 1 S.; Rig. 21. Mai 06.]

Bechmann, J. E., vollkommener Blumengarten im Winter. 8. Leipzig, 1751. Hilscher. — 3³/₄

Bechmann, Johann Volkmar

Der Name d. Verfassers erscheint auch in d. Form Bechmannus u. Bechman.

— Disputatio inauguralis de pluribus concurrentibus Actionibus sive actionum concursu. [Resp.:] Johannes Debelius. Recusa. — [Jena] 1739: Schill. 48 S. 8°
Erschien zuerst als Diss. Jena 1670.
9. 11. 12: 4° Diss. 1912–1. 16. 17. 23. 24. 25. 28. 29. 300: 151.173 B.
14.3398

— Tractatus iuridicus de Amore, von der Liebe. — Halae Magd.: Hendel 1722. 46 S. 8°
Erschien zuerst als Diss. Jena 1669.
1: Gd 5250 [u.] 21 in Fi 2800.
3→7. 9. 12: 4° Diss. 3764–20. 14. 16. 19. 24. 25. 26. 28. 29. 31. 41. 208. 300: 151.874–B. 302. 303.
14.3400

— Disputatio inauguralis iuridica, de Aestimis, von Steur- und Anlags-Registern. [Resp.:] Godofredus Ross. — Jenae 1720: Ehrich. 72 S. 8° Erschien zuerst als Diss. Jena 1680.
1: 27 in Fi 2800. 2. 3. 4. 7. 9. 10. 14. 17. 19. 23. 25. 26. 30. 32. 41. 48. 300: 184.107–B. 302→304.
14.3399

— Dissertatio iuridica inauguralis, de Avocatione causarum, Germanis: Von denen Ursachen, durch welche eine Streit-Sache, auch ausser einer Appellation, in höhere oder andere Gerichte gebracht werden könne. [Resp.:] Christianus Biel. — Jenae 1748: Heller. 76 S. 8°
Erschien zuerst als Diss. Jena 1675.
1: 13 in Fi 1402. 4. 8. 10. 12: 4° Diss. 1559 6. 16. 17. 19. 23. 26. 28. 29. 30. 302.
14.3401

— Tractatio iuridica, de Coitu damnato, von sündlichen Vermischungen. — Halae Sal. 1733: Hendel. 40 S. 8°
Erschien zuerst als Diss. Jena 1684.
1: 10 in Fi 1143 [u.] 42 in Fi 2800. 3. 4. 5. 7. 8. 9. 11. 12: 4° Diss. 3034–14. 14. 16. 17. 19. 23→26. 28. 29. 32. 36. 41. 47. 208. 300: 178.923–B. 302→304.
14.3402

— Commentatio de scabinis et scabinatibus. Von Schöppen- und Schöppen-Stühlen. — Francofurti [usw.]: Burgmann 1727. 27 Bl. 8° Erschien zuerst als Diss. Jena 1669.
1: Gl 5820 [u.] 32 in Fi 2800. 4. 7. 8. 10. 11. 12: 4° Diss. 19–7. 14. 16. 17. 18. 23. 26. 27. 28. 30. 31. 34. 36. 48. 78. 208. 300: 24.203. 302→304.
14.3408

— Discursus iuris publici, de Confraternitatibus illustrium familiarum in civitate Germanorum, von Erb-Verbrüderungen des teutschen Adels. [Resp.:] Gerhardus Tidaeus. — Halae Magd. 1737: Hendel. 48 S. 8°
Erschien zuerst als Diss. Jena 1666.
1:5 in Gy 96. 2. 4. 5. 7. 8. 9. 12:4° Diss. 376-12. 14→17. 19. 24→30. 34. 48. 300:151.974-B. 302.
14.3409

— Discursus iuridicus de Crimine maleficii, vulgo von Zauberey. [Resp.:] Joach. Ernst. Kober. Nunc recusa [!]. — Jenae 1717. 30 S. 8° Erschien zuerst als Diss. Jena 1678.
1:13 in Bd 8603-21; 41 in Fi 2800 [u.] 2 in N 8926a. 2. 7. 8. 9. 14. 27. 28. 31. 39. 41. 300:141.576-B.
14.3410

— — Discursus iuridicus de Crimine maleficii, von der Zauberey. — Halae Sal. 1749: Hendel. 24 S. 8°
4. 9. 12:4° Crim. 8m [2Ex.] 16. 17. 19. 25. 26. 34. 42. 61.
14.3411

— Dissertatio iuridica de legitima Defensione, vulgo: Von der Noth- und Gegen-Wehr. [Resp.:] Georgius Heinricus Rauchmaul. Ed. novissima. — Jenae: Ritter 1726. 40 S. 8°
Erschien zuerst als Diss. Jena 1660.
1:37 in Fi 1401 [u.] 39 in Fi 2800. 4. 5. 7. 9. 10. 11. 14. 16. 17. 19. 26. 27. 28. 48. 208. 302→304.
14.3413

— De Eo, quod circa equos publice privatimque iustum est. Vom Pferde-Recht. Insonderheit aber von Ritter- und Post-Pferden. [Resp.:] Georgius Jacobus Hackher. — Wittebergae: Eichsfeld 1733. 64 S. 8°
Erschien zuerst als Diss. Jena 1676.
1:Ha 5260 [u.] 5263. 4. 7. 9. 11. 12:4° Diss. 1928-14. 14. 16. 17. 24. 26. 45. 46. 61. 300:142.089-B. 302→304.
14.3414

— — Tractatus iuridicus de Eo, quod circa equos publice privatimque iustum est. Vom Pferde-Recht, insonderheit aber von Ritter- und Post-Pferden. Ed. nova, denuo recogn. — Vitembergae: Eichsfeld 1743. 62 S. 8° 3. 4. 8→11. 14. 16. 19. 24. 27. 28. 30. 36. 44. 48. 208. 300:21.202
14.3415

— Dissertatio academica de Eo quod iustum est circa optionem minoris haeredis. Vulgò Kuhr-Gerechtigkeit des jüngsten Erben. [Resp.:] Petrus Paulus Freießleben. — Jenae 1719: Ehrich. 20 Bl. 8° Erschien zuerst als Diss. Jena 1673.
1:15 in Fi 2800. 2. 5. 6. 9. 10. 11. 16. 17. 19. 23. 26. 28. 302.
14.3416

— Dissertatio inauguralis, de Imperitia et infirmitate, Germanis: Von dem durch Unerfahrenheit und Ungeschick verursachten Schaden; in welchen Fällen, und von wem solcher ersetzet werden muß. [Resp.:] Joannes Georgius Brem. Rec. — Jenae 1746: Heller. 56 S. 8°
Erschien zuerst als Diss. Jena 1680. 1:30 in Fi 2800. 4. 10. 12:4° Diss. 3034-18. 16. 17. 19. 26. 28. 29. 31. 32.
14.3421

— Dissertatio iuridica de Iure alienandi, d. i. von dem Rechte etwas zu vereusern oder: Einem andern das Seine zu zuwenden. [Resp.:] Johannes Knauer. Recusa. — Witenbergae 1740: Bossoegel. 46 S. 8°
Erschien zuerst als Diss. Jena 1659. 2. 4. 9. 10. 11. 12:4° Diss. 5164-16. 16. 17. 24. 28. 34. 48. 302. 303.
14.3423

— Disputatio iuridica de Iure constituendi, lingua vernacula: Von gesetzmäßiger Einrichtung, daß ein rechtl. Vornehmen, als in Ehe-, Schuld-, Bürge-, Vormunds- und Contracts-Fällen, &c. Bestand habe. [Resp.:] Christophorus Geutenbruck. Rec. — Jenae 1759: Heller. 48 S. 8°
Erschien zuerst als Diss. Jena 1671.
4. 5. 10. 12:4° Diss. 2156-13. 16. 19. 23→26.
14.3425

Bechmann, Johann Volkmar

— Disputatio iuridica de Iure numellarum. Von Pranger-Recht. [Resp.:] Christian Benjamin Hertz. — Jenae 1700: Ehrich. 28 S. 8° Erschien zuerst als Diss. Jena 1684.
1:5 in Fi 126; 6 in Fi 1403 [u.] 44 in Fi 2800. 2. 4. 5. 7→11. 14. 16. 17. 19. 23. 26. 27. 41. 48.
14.3426

— — Lipsiae 1710: Schede. 28 S. 8° 3. 4. 7. 8. 11. 12:4° Diss. 3034-20. 14. 19. 24. 25. 27. 32. 41.
14.3427

— — De Iure numellarum. Vom Rechte des Prangers und Halseisens. — Vitembergae 1737: Eichsfeld. 28 S. 8°
4. 7. 9. 11. 19. 24. 25. 36. 208. 300:151.955-B. 302.
14.3428

— — Disputatio iuridica de Iure numellarum. Vom Pranger-Recht. Ed. 3. — Lipsiae 1748: Stopffel. 32 S. 8°
1:Fy 1216. 5. 9. 12:4° Diss. 3034-21. 16. 19. 28. 34. 302.
14.3429

— Exercitatio iuridica de Iure viarum. Vom Strassen-Recht. Ed. novissima. — Halae Magd.: Hendel 1730. 24 S. 8°
Erschien zuerst als Diss. Jena 1670.
1:Gz 3478. 4. 5. 7. 8. 11. 12:4° Diss. 916-4. 14. 16. 17. 23→28. 30. 36. 46. 47. 208. 300:59.945-B. 302→304.
14.3431

— Disputatio iuris publici de coronae Opibus, Germanis: Vom Recht und rechtem Gebrauch der Reichs-, Land-, Cammer- und Küchen-Güter. [Resp.:] Jo. Christoph. v. Koerbitz. Rec. — Jenae 1744: Heller. 44 S. 8°
Erschien zuerst als Diss. Jena 1683.
4. 9. 11. 12:4° Diss. 3034-28. 14. 17. 19. 24. 25. 26. 31.
14.3432

— Opifices et literati clancularii, vulgo Pfuscher. [Resp.:] Tobias Grantz. Denuo recusa. — Jenae 1728. 74 S. 8°
Erschien zuerst als Diss. Jena 1683.
1:16 in Fi 2800. 4. 7. 10. 11. 12:4° Diss. 33-12. 15. 16. 17. 19. 23. 25. 48. 300:184.182-B. 302. 303.
14.3433

— — Ebd. 1744. 74 S. 8° 2. 5. 6. 9. 10. 11. 12:4° Diss. 3034-29. 15. 16. 17. 24. 26. 28. 30. 31. 302. 303.
14.3434

— Dissertatio iuridica de Poena et iure ebriorum, vom Recht und Bestrafung der Betrunckenen. [Resp.:] Adrianus Gustorff. — Jenae: Marggraf 1737. 24 S. 8°
Erschien zuerst als Diss. Jena 1673.
6. 7. 11. 16. 27. 29. 61. 300:152.085-B. 302. 303.
14.3436

— — Tractatus de Privilegiis mulierum, von den weiblichen Frey- und Gerechtigkeiten. Ed. 3. — Lipsiae: Burgkmann 1712. 123 S. 8°
1:Gd 5131³. 4. 6. 9. 12:4° Diss. 830-3. 16. 18. 23. 27. 28. 32. 36. 41. 208. 300:134.276-B. 303.
14.3440

— — Dissertatio inauguralis de Privilegiis mulierum, von den weiblichen Frey- und Gerechtigkeiten. — Jenae 1720: Ehrich. 124 S. 8° 7. 10. 11. 12:4° Diss. 3034-32. 14. 17. 23. 26. 29. 43. 300:119.965-B. 302.
14.3441

— — Vitembergae 1745: Off. Hakiana. 118 S. 8°
1:21 in Fi 15. 4. 9. 11. 12:4° Diss. 5102-7. 16. 17. 19. 24. 28. 29. 34. 41. 302.
14.3442

Bechmann, Johann Volkmar: Disputatio juridica de Privilegiis pauperum.
Jena: Nisius 1702.
56 S. 8°

— — Tractatus historico-iuridicus de Privilegiis ac iuribus studiosorum. Von denen besondern Vorrechten, Freyheiten und Gerechtigkeiten derer Studenten auf Academien und andern Orten. Praemissa est Christophori Augusti Heumanni Historia de gladio academico. Vom Ursprung des academischen Degens. — Jenae: Ritter 1741. 91 S. 8° 1:Fm 12160 [u.] 15 in Fi 1414. 3. 4. 5. 7. 8. 9. 11. 12:4° Diss. 2134-5. 14. 15. 16. 19. 21. 23. 24. 26→30. 32. 34. 36. 41. 78. 302. 303.
14.3449

— — Tractatus de studiosorum privilegiis, Von Freyheiten der Studenten / una cum d. de pactis adjectis Aug. 1666. Ed. IV. Lpz. (Joh. Mart. Burgkmann) 1712. 47 Bl., z. Tl dtsch. (6.50) 1535

Bechmann, Peter Anton

— **Pet. Anton** (Nürnberg), De excubiis. Diss. jur. Altdorf (M. D. Meyer) Juni 1723. 24 S. (5.—) 1548
Gew.: Gust. Gg. Tezel, Joh. Chph. v. Imhof, Leonh. Grundherr v. Altenthan, Hieron. Wilh. Ebner v. Eschenbach.

Bechmannus s. *Bechmann.*

Bechmeier, Hans, Referendar: Der Einfluß der Familienangehörigkeit auf Erwerb und Verlust der Reichs- und Staatsangehörigkeit. Breslau 1910: Breslauer Genossensch.-Buchdr. VIII, 49 S. 8°

Breslau, Jur. Diss. v. 12. Juli 1910, Ref. Brie, Meyer

[Geb. 30. März 88 Frankfurt a. O.; Wohnort: Münsterberg; Staatsangeh.: Preußen; Vorbildung: Johannes-Gymn. Breslau Reife O. 06; Studium: Breslau 7 S.; Rig. 24. Febr. 10.] [U 10. 465

Bechor-Schor, Jos., Commentar zum Pentateuch. Nach einer Handschrift der königl. Hofbibliothek in München herausg. von Adph. Jellinek. 1. Abth.: „Genesis u. Exodus." Leipzig 856. Gerhard. 8. (159 S.) n. 1 ₰

Bechor Schor, Jos., Pentateuch-Commentar zum Buche Numeri Cap. 1—15. Nach dem Mscr. No. 52 der kgl. Hof- u. Staatsbibliothek in München hrsg., sowie m. Quellenangaben u. Anmerkgn. versehen v. Jac. Neumann. gr. 8. (VIII, 36 S.) Frankfurt a/M. 900. J. Kauffmann. n. 1. 50

Bechstad, Jo. Phil. Nicol. (Friedberg/Wetterau), De abusu cessionis bonorum. Germanis: Vom widerrechtlichen Missbrauch, der zwischen Schuldnern u. Gläubigern vor u. bey Abtretung d. Güther vorzugehen pfleget. Disp. jur. Präs. Bernh. Ludw. Mollenbec. 3. III. 1718. Jena (J. B. Heller) 1747. 52 S., teilw. dtsch. (3.—) 1553

Bechstedt, Diss. de artuum ligaturis ad nonnullos morbos internos usitatis. Duisb. 4°. (Gegen Epilepsie.) 1773

Bechstedt, Johann Kaspar: Oeconomisches Handbuch für den Landmann und Gartenliebhaber, mit besondrer Rücksicht auf die Herzogthümer Schleswig und Holstein. Altona: Hammerich 1802. XXIV,397 S. 8°
1:Ow 819. 8. 23.
14.3473

— d. Küchengartenbau beschr. gr. 8. Schleswig, Christiani. 795.

— der Küchengartenbau, für Gärtner u. Gartenliebhaber beschrieben. gr. 8. Schlesw. 795. (Hammerich in Alt.) 1 ₰ Daraus apart abgedr.: Küchengartenkalender. gr. 8. Ebd. 795.

— Der Küchengartenbau für den Gärtner und den Gartenliebhaber beschrieben. — Schleswig [usw.]: Röhß 1795. VIII,332 S. 8° 8. 12: Occon. 198. 18. 21. 26.
14.3474

— Küchengartenkalender oder kurze Anweisung zu den wichtigsten, in jedem Monate im Küchengarten vorzunehmenden Geschäften. — Schleswig: Röhß 1795. 20 S. 8°
1:8° Bibl. Diez 7302. 18.
14.3475

Bechstedt J. C.: Vollständiges niedersächsisches Land- u. Garten-Buch. 3 Th. (2 Vol.). Flensb. u. Leipz. 1772-73.
(1. V. Ackerbau u. v. Frucht-Bäumen. (12) 522 S. — 2. V. Blumen. 375 S. — 3. V. Pflanzen, welche z. Zierde d. Gärten dienen. 936 S.).

— niedersächs. Land- u. Gartenbuch. 3 Thle. 8. Flensburg. (Christiani, Schlesw.) 772. 73.

— niedersächs. Land- u. Gartenbuch. 3 Thle. 8. Flensb. 772, 73. (Hammerich in Altona). 2 ₰ 12 ℊ

Bechstein, der Juengere, Neffe u. Adoptivsohn von Johann Matthäus Bechstein, Märchensammler. 1823 s. *Bechstein,* Ludwig.

Bechstein, Adolf: Aufgaben aus der astronomischen Geographie. Görlitz, Druck d. Görlitzer Nachrichten und Anzeiger, 1889; S. 3—13, 1 Taf. 4°
Rossleben, Kloster-S, OP 1889 (235)

Bechstein, Alb., der schweizerische Robinson. Neu bearb. gr. 8. (148 S. m. 3 Farbendr.) Fürth 893. G. Löwensohn. Kart. 2. —

Bechstein, B., Großmutter's Märchen- und Sagenschatz. gr. 16. (224 S. mit 5 lithogr. und ill. Kpfrn.) Sondershausen. [Thonberg bei Leipzig] 863, Neuse. cart. ·

Bechstein, B.: Sophienlust, s. Bechstein, Ludwig

Bechstein, Bernh., s. Ansicht der Herzogl. Residenz-Stadt Altenburg.

Bechstein, C., Schriftsteller u. Märchensammler, Meiningen. 1823 s. *Bechstein,* Ludwig.

Bechstein, Edmund [Hrsg.]
s. *Landeskunde* des Herzogtums Gotha. 1884.

Bechstein, Ferdinand Anton: Der Fang der deutschen Raub- und Rauchthiere. — Quedlinburg [usw.]: Basse 1813. 56 S. 8° 2.
14.3478

Bechstein, Ferd. Ant., d. Fang d. deutschen Raub- u. Rauchthiere od. wie fängt man Füchse, Ottern, wilde Katzen, Baum- u. Steinmarder ꝛc. auf die sicherste, unterhaltendste u. leichteste Weise. Für Waidmänner, Jagdfreunde, Kürschner u. s. w. 1. u. 2. Aufl. 8. (à 3½ B.) Quedlinburg 843, 46, Basse. à

Bechstein, Ferd. Ant., der Fang der deutschen Raub- und Rauchthiere. Oder: Wie fängt man Füchse, Ottern, wilde Katzen, Raubvögel ꝛc. Mit genauer Beschreibung der eisernen und hölzernen Fallen ꝛc. Für Waidmänner, Jagdfreunde, Kürschner ꝛc. 3. Aufl. 8. (56 S.) Quedlinburg 852, Basse.

Bechstein, Ferd. Ant., der Fang der deutschen Raub- und Rauchthiere. Oder: Wie fängt man Füchse, Ottern, wilde Katzen, Baum- und Steinmarder ꝛc. auf die sicherste, unterhaltendste und leichteste Weise. Mit genauer Beschreibung der eisernen und hölzernen Fallen, der Netze, Witterungen ꝛc. Für Weidmänner, Jagdfreunde, Kürschner ꝛc. 4. Aufl. gr. 8. (56 S.) Quedlinburg 857, Basse.

Bechstein, Ferd. Ant., der Fang der deutschen Raub- und Rauchthiere. Oder: Wie fängt man Füchse, Ottern, wilde Katzen ꝛc. auf die sicherste, unterhaltendste und leichteste Weise. Mit genauer Beschreibung u. Abbildung der eisernen u. hölzernen Fallen, der Netze, u. mit Angabe der Witterungen ꝛc. Für Waidmänner, Jagdfreunde, Kürschner ꝛc. 5., verm. u. verb. Aufl. Mit 1 (lith.) Taf. Abbildungen (in Fol.). Quedlinburg 862. Basse. 8. (2 Bl. 65 S.) 15 *ngr.*

Bechstein, Ferd. Ant., der Fang der deutschen Raub- u. Rauchthiere. Oder: Wie fängt man Füchse, Ottern, wilde Katzen ꝛc. auf die sicherste, unterhaltendste u. leichteste Weise. Mit genauer Beschreibung u. Abbildung der eisernen u. hölzernen Fallen, der Netze, u. mit Angabe der Witterungen ꝛc. Für Weidmänner, Jagdfreunde, Kürschner ꝛc. 6., verm. u. verb. Aufl. Mit 1 (lith.) Taf. Abbildgn. (in Fol.). Quedlinburg 866. Basse. 8. (3 Bll., 65 S.) 15 *ngr.*

Bechstein, Friedrich: Handbuch der Körpermeßung. — Eilenburg: Offenhauer [1847]. 39 S. 8° 1:Oa 5592. 14.
14.3482

— — Gerbstädt: Verf. [1847]. 39 S. 8° 9.
14.3483

— — Mit e. Anh. von Formeln zur Berechnung d. Flächen u. Körper. — Hettstädt: Hüttig [1847]. 48 S. 8° 91.
14.3484

Bechstein, Frdr., Handbuch der Körpermessung. Ein practisches Handbuch für Zimmerleute, Tischler, Forstverwalter ꝛc. Mit einem Anhange von Formeln zur Berechnung der Flächen u. Körper. Mit 16 Holzschn. (im Text.) Hettstedt 860. Hüttig. 8. (48 S.) n. 5 ngr.

—— Handb. d. Körpermessg. 8. (48) Hettst. 60, Schnee. n. — 5

Bechstein, Friedr. (II.), Handbuch der königl. preußischen Pensions-Gesetzgebung. Eine Sammlung sämmtl. Reglements und Verordnungen für die Offiziere aller Grade, der Civil-Staatsbeamten, der Communal-Beamten und der Beamten und Lehrer an den höheren Unterrichtsanstalten, mit Ausschluß der Universitäten. Mit Beifügung der erläuternden allerh. Kabinets-Ordres und Ministerial-Rescripte bis auf die neueste Zeit. Nebst einem Anhang über Gnadengehalte. 2., verm. Aufl. gr. 8. (IV und 191 S.) Leipzig 859, Geibel. *

Hieraus einzeln:

Das Königlich Preußische Civil-Pensions-Reglement. Mit sämmtl. Nachträgen u. Erläuterungen bis zum Ende des Jahres 1858. (112 S.) n. 10 ngr.

Das Königlich Preußische Militair-Pensions-Reglement. Mit allen Nachträgen u. Erläuterungen bis zum Ende des Jahres 1858. (42 S.) n. 5 ngr.

Die Pensionirung der Communal-Beamten. (29 S.) n. 4 ngr.

Verordnung, die Pensionirung der Lehrer u. Beamten an den höhern Unterrichtsanstalten mit Ausschluß der Universitäten. Vom 28. Mai 1846, mit der Ergänzung vom Jahre 1852. (8 S.) n. 2 ngr.

—— das königl. preußische Militair-Pensions-Reglement, s. Militair-Pensions-Reglement.

—— Pensionirung der Kommunalbeamten, s. Pensionirung.

— Pensionirung der Kommunalbeamten sowol 1. nach Vorschrift der Städteordnung vom 19. Nov. 1808 als auch 2. der revidirten Städteordnung vom 17. März 1831. — Eilenburg: Verf. 1847. 20 S. 8° 6.
14.3486

— — Die Pensionirung der Communal-Beamten. Nach Vorschrift A. der Städte-Ordnung vom 19. Nov. 1808, B. der revidirten Städte-Ordnung vom 17. März 1831 ... Nebst II. Verfahren bei Pensionirung d. Communal-Beamten. 2. Aufl. — Leipzig: Geibel 1859. 29 S. 8° 14.
14.3487

Bechstein, Friedrich

—— der preußische Subalternbeamte im Civildienste, was er wissen und leisten muß. 1—8. Abthl. gr. 8. Eilenburg, Offenhauer. à 6 Ngr.

Abthl. 1. Das Amt eines Secretairs. (34 S.) 847.
" 2. Das Amt eines Actuars. (53 S.) 847.
" 3. Das Amt eines Rendanten. (42 S.) 848.
" 4. Das Amt eines Kreis-Secretairs. (84 S.) 848.
" 5. Das Amt eines Kassen-Controlleurs. (34 S.) 848.
" 6. Das Amt eines Registrators. (28 S.) 848.
" 7. Das Amt eines Archivars. (52 S.) 848.
" 8. Das Amt eines Calculators. (16 S.) 848.

Bechstein, Friedr. (II.), Verordnung, die Pensionirung der Lehrer und Beamten an den höhern Unterrichtsanstalten mit Ausschluß der Universitäten. Vom 28. Mai 1846, mit der Ergänzung vom J. 1852. 2. Aufl. gr. 8. (8 S.) Leipzig 859, Geibel. Thlr. *

—— Verordnung über die Pensionirung der Lehrer ꝛc., s. Verordnung.

Bechstein, Friedr., das königl. preußische Civil-Pensions-Reglement, s. Civil-Pensions-Reglement.

—— das königl. preußische Civil-Pensions-Reglement. Mit sämmtl. Nachträgen und Erlauterungen bis zum Ende des J. 1858. 2. Aufl. gr. 8. (112 S.) Leipzig 859, Geibel. *

—— Zusammenstellung der Gnadengehalts-Competenzen verabschiedeter Militärs, s. Zusammenstellung.

— Zusammenstellung der Gnadengehalts-Competenzen verabschiedeter Militärs, vom Oberfeuerwerker abwärts. Delitzsch: Eißner 1851. IV, 49 S. 8° 1:2 in Hu 14150.
14.3488

Bechstein, Hans, Referendar: Die Gewährleistung beim Verkauf eines Handelsgewerbes. Göttingen 1908: Hofer. 77 S. 8°

Göttingen, Jur. Diss. v. 16. Dez. 1908, Ref. Ehrenberg

[Geb. 14. Jan. 84 Chemnitz; Wohnort: Düsseldorf; Staatsangeh.: Preußen; Vorbildung: Gymn. Düsseldorf Reife O. 04; Studium: Göttingen 3, Berlin 1, Bonn 2 S.; Rig. 28. Okt. 08.] [U 09. 1268

Bechstein, Johann Matthaeus: Getreue Abbildungen naturhistorischer Gegenstände in Hinsicht auf Bechsteins Kurzgefasste gemeinnützige Naturgeschichte des In- und Auslandes. Hundert 1-8 (= Heft 1-80). — Nürnberg: Schneider & Weigel 1793-1809. 8°

Die Hefttitelblätter, die nur teilweise erhalten sind, haben z. T. abweichende Auflagebezeichnungen u. Erscheinungsjahre.
Im Exemplar von 17 fehlt auf d. Haupttitelblättern von Hundert 5-8 d. Angabe d. Erscheinungsjahrs.

16[∞3]. 17. 18[∞1]. 21[∞8]. 26[∞Heft 15/80]. 39 [∞4/6]. 75.
14.3489

— — Hundert getreue Abbildungen aus der Naturgeschichte des In- und Auslandes. Hundert (1.)3. — Ebd. 1796-1802. 8°

3. Getreue Abbildungen naturhistorischer Gegenstaende in Hinsicht auf Bechsteins Kurzgefasste gemeinnützige Naturgeschichte d. In- u. Auslandes. 1802. 16[∞1]. 18[∞3].
14.3490

Bechstein, J. M., getreue Abbildungen naturhistorischer Gegenstände in Hinsicht auf dessen kurzgefaßte gemeinnützige Naturgeschichte des In- und Auslandes ꝛc. 1sten Bandes, 1s u. 2s Heft mit 10 ausgemahlten Abbildungen, gr. 8. Nürnberg, Schneider u. W. 816. à 16 Gr.

— — derselben 4s—9s Heft. N. Aufl. 816—20. à 16 Gr.

Bechstein, (J. M.,) getreue Abbildd. u. Beschreib. naturhist. Gegenstände ꝛc. 3s—8s Hundert, à 10 Hefte. Neue Aufl. jedes mit 10 collor. Kupfert. gr. 8. Nürnberg 821—27, Schneider u. W. à Heft

— [Hrsg.] Gründliche Anweisung alle Arten von Vögeln zu fangen. 1796 u. ö.
s. *Pernau*, Ferdinand Adam v.: Angenehme Land-Lust.

— Anweis. Vögel z. fangen. s. Anweis.

Bechstein, Johann Matthäus

(-) Anzeige von der Herzoglich-Sächsisch-Gothaischen und Altenburgischen Societät der Forst- und Jagdkunde zu Waltershausen, nebst den vorläufigen Statuten derselben. — o. O. [1797]. 16 S. 8°
Erschien zuerst in: Diana oder Gesellschaftsschrift zur Erweiterung u. Berichtigung d. Natur-, Forst- u. Jagdkunde. 1. 1797.
21. 24.
14.3491

Bechstein, Johann Matthäus: Beyträge zur Geschichte der Kieferraupe nach angestellten Bemerkungen erfahrner sächsischer Forstmänner. Dresden 1800. 44 S.

— zweckmäß. naturhistor. Bilderbuch. Mit 15 Kpf. qu. 4. Nürnb., Schneider u. W. 1 ₰

— naturhist. Bilderbuch. m. ill. K. 4. Nürnb. Schneider. 804.

— Diana, oder Gesellschaftsschrift zur Erweiterung d. Natur-, Forst- u. Jagdkunde. 3 Bde, mit Kpf. gr. 8. (Gotha) 800—805. Ettinger. 5 ₰ 16 ℊ 4r Bd. A. u. d. T.: Diana, oder neue Gesellschaftsschrift ꝛc. 1r Bd., mit Kpf. gr. 8. Kassel 815. Krieger. 2 ₰ 16 ℊ

Bechstein, Jh. Math., Forstbenutzung. gr. 8. Gotha 833. (Erfurt, Hennings u. Hopf.) 1⅔ ₰

Bechstein, Joh. Matth., Forstbotanik, s. Forst- u. Jagdwissenschaft, I. Thl.

Bechstein, Johann Matthäus
— **Forstbotanik** oder vollständige Naturgeschichte der deutschen Holzpflanzen und einiger fremden. Zur Selbstbelehrung für Oberförster, Förster u. Forstgehülfen. — Erfurt: Hennings 1810. VIII,642 S. 8°
Die Schrift bricht auf Seite 642 mitten im Text ab.
Als 2. Teil hierzu erschien: Behlen, Stephan: Forstkräuterkunde. Hrsg. von S. Behlen u. F. A. Desberger. 1833.
1:Oy 9514. 16. 19.
14.3492

— — Zur Belehrung für Oberförster, Förster u. Forstgehülfen. Ebd. 1810. XVIII [vielm. XXVIII],1456 S. 8° **14. 17. 33.**
14.3493

— — Neueste Aufl. Th. 1.2. Erfurt: [Hennings] 1812. XXVIII, 1452 S. 8° **300:4 L 2. 303.**
14.3494

— — 2., wohlfeile Aufl. Erfurt: Hennings 1815. XVIII [vielm. XXVIII],1460 S. 8° **29. 34. 42.**
14.3495

— — 3. Aufl. Erfurt [usw.]: Hennings 1819. XVIII [vielm. XXVIII],1467 S., S. IX–XII. 8° (Die Forst- u. Jagdwissenschaft nach allen ihren Theilen. [1,]1.) **7. 17. 19. 22. 90.**
14.3496

— — 3., wohlfeile Aufl. Ebd. 1819. XVIII [vielm. XXVIII], 1467 S., S. IX–XII. 8° (Die Forst- u. Jagdwissenschaft ... [1,]1.) **12:Oecon. 632h-1. 17. 24. 26. 61.**
14.3497

— — Forstbotanik oder Naturgeschichte der deutschen Holzgewächse und einiger fremden. 4., verm. u. verb. Ausg. — Gotha: Hennings 1821. XXVIII,948 S. 8° (Die Forst- u. Jagdwissenschaft ... [1,]1.)
Im Exemplar von 30 fehlt d. Haupttitelblatt.
In einigen Exemplaren fehlt d. Titel d. Sammlung.
9[unvollst.] **10. 12:Oecon. 199m-1. 15. 21. 24. 30. 43. 44. 45. 47. 109. 111. 300:BE 4 Z 42. T. 1,1. 302.**
14.3498

— — Forstbotanik oder vollständige Naturgeschichte der deutschen Holzgewächse und einiger fremden. 4., verm. u. verb. Ausg. — Ebd. 1821. XLVI,1130 S. 8°
Das Exemplar von 32 hat d. Titelblatt d. vorhergehenden Ausgabe.
4. 5. 21. 32. 34. 39. 61. 78. 82. 303.
14.3499

— **Forstbotanik.** 2r Thl.: Forstkräuterkunde, oder Naturgeschichte der deutschen Forstkräuter. Herausg. v. St. Behlen u. F. A. Deßberger. 2 Abthlg., Forstphanerogamen u. Forstkryptogamen enthaltend. gr. 8. Gotha 833. Hennings. 5 ℛ (A. u. d. T.: Forst- und Jagdwissenschaft ꝛc. 1r u. 2r Thl., jetzt Verlag von Hennings u. Hopf in Erfurt.)

Bechstein's, Jh. Matth., Forstbotanik, oder vollständige Naturgeschichte d. deutschen Holzgewächse u. einiger fremden. Zur Selbstbelehrung f. Oberförster, Förster u. Forstgehülfen. 5., v. Forstmeister Prof. St. Behlen durchges. u. verm. Aufl. gr. 8. Erfurt 842, Hennings u. Hopf. 4 1/6 ℛ

— — 5., vom Forstmeister St. Behlen durchges. u. verm. Aufl. Erfurt: Hennings & Hopf 1843. XXVIII,888 S. 8°
1:Oy 9518. 3. 20. 26.
14.3500

—— Forstinsectologie, s. a. Forst- u. Jagdwissenschaft, IV. Thl. 2. Bd.

Bechstein, Johann Matthaeus
— Forstinsectologie oder Naturgeschichte der für den Wald schädlichen und nützlichen Insecten. — Gotha: Hennings 1818. XII,558 S. 8° (Die Forst- u. Jagdwissenschaft nach allen ihren Theilen. 4,2.)
In einigen Exemplaren fehlt d. Titel d. Sammlung.
In einigen Exemplaren fehlen die Seiten 553-558 enthaltend Zusätze zur Forstinsectologie.
1:Oy 16030 2. **7. 8. 12:**Oecon. 632h-4,2[2 Ex.] **16. 18. 21. 23. 24. 26. 30. 33. 39. 43. 45. 52. 61. 121. 123. 302.**
14.3501

— Forstinsektologie oder Naturgeschichte d. für d. Wald schädl. Insekten, nebst Einleit. in d. Insektenkunde. 2 Bde. Mit 4 ill. Kpf. gr. 8. Gotha 819. Hennings. 2 ℛ 16 𝔤 1r Bd. Neu bearb. v. D. E. Müller. gr. 8. Ebd. 829. 16 𝔤 (A. u. d. T.: Forst- u. Jagdwissensch. IV, 2.)

— **Forstinsektologie**, oder Naturgeschichte der für d. Wald schädlichen u. nützlichen Insekten, nebst Einleitung in die Insektenkunde überhaupt. Neu bearb. v. A. F. A. Deßberger. 2r Thl.: Beschreib. Forst-Insektenkunde. 2 Aufl. Mit 5 Kpfrtaf. gr. 8. Ebd. 835. (Erfurt, Hennings u. Hopf.) 2 ℛ (A. u. d. T.: Forst- und Jagdwissenschaft ꝛc. 4r Thl.)

— [Hrsg.] s. *Forstwissenschaft.* — Die Forst- und Jagdwissenschaft nach allen ihren Theilen. 1818–33 u. ö.

— **Gespr. d. Bothens a. Thür. s. a. Gespräche.**

(—) Auserlesene **Gespräche** des Botens aus Thüringen über Gegenstände aus der Natur und Oekonomie (3.4: Auserlesene Gespräche im Wirtshause zu Klugheim gehalten über Gegenstände aus der Naturlehre, Naturgeschichte und Oekonomie ... Von Johann Matthäus Bechstein). Bdch. 1–4. — Nürnberg: Weigel & Schneider (3.4: Schneider) 1796–1804. 8°
1.2. Gespräche im Wirtshause zu Klugheim gehalten über Gegenstände aus d. Natur u. Oekonomie. Bdch. 1.2. 1796.
3.4. Neue Gespräche im Wirtshause zu Klugheim gehalten über Gegenstände aus d. Natur u. Oekonomie. Bdch. 1.2. 1804.
In einigen Exemplaren fehlt ein Teil d. Titelblätter.
7[∞ 3.4]. 44. [∞3.4]. 75. 117 [∞ 1/3]. 300[∞3.4]:6110.
14.3503

— neue Gespräche im Wirthshause zu Klugheim über Natur u. Oekonomie. 1r Bd. oder 1s, 2s Quartal. 8. Schnepfenth. 796. Erzieh.-Anst. 8 𝔤

— [Hrsg.] s. *Handbuch* der Jagdwissenschaft. 1801–22.

— Die **Jagdwissenschaft** nach allen ihren Theilen. Bd 1–4. Erfurt [usw.] (2 ff.: Gotha): Hennings 1820–22. 8°
1. Jagd-Zoologie. 1820. 2. Jagd-Technologie. 1820.
3. Wildzucht u. Wildjagd. 1821.
4. Wildjagd u. Wildbenutzung. Hrsg. von C. P. Laurop. 1822.
(Die Forst- u. Jagdwissenschaft nach allen ihren Theilen. 9[vielm. 10],1.2.10,3.4.)
1:Oy 19790. **12:**Oecon. 632h-9,1.2; 10,1.2. **17. 21. 26. 32. 43. 45. 61. 84. 300:**BE 4 Z 42. T. 10,1/4.
14.3504

— [Übers.] s. *Latham*, John: Allgemeine Übersicht der Vögel [A general Synopsis of birds, deutsch]. 1793–1812.

— Kurze, aber gründliche **Musterung** aller bisher mit Recht oder Unrecht von dem Jäger als schädlich geachteten und getödeten Thiere nebst Aufzählung einiger wirklich schädlichen, die er ... nicht dafür erkennt. — Gotha: Ettinger 1792. XVI,200 S. 8°
10. 12: Zool. 28. **15. 16. 17. 21. 29. 36. 39. 47. 106.**
14.3505

— — Ebd. 1792. XVI,204 S. 8° **8. 15. 43. 66.**
14.3506

— — 2., verm. u. verb. Aufl. Ebd. 1805. XXV,248 S. 8°
15. 19. 36. 47. 48. 106. 169.
14.3507

Bechstein, Johann Matthäus
— **Naturgeschichte** oder Anleitung zur Kenntniß und Wartung der Säugethiere, Amphibien, Fische, Insecten und Würmer, welche man in der Stube halten kann. — Gotha: Ettinger 1797. 312 S. 8°
Nebent.: Naturgeschichte d. Stubenthiere. Säugethiere, Amphibien, Fische, Insecten, Würmer.
(Bechstein: Naturgeschichte d. Stubenthiere. 2.)
Im Exemplar von 28 fehlt d. Haupt- u. d. Gesamttitelblatt
1:Lo 4738-2. **5. 7. 10. 15. 17. 19. 28. 300:**3552, Bd 2.
14.3508

— — 3., verm. u. verb. Aufl. Ebd. 1807. XIV,368 S. 8°
Nebent.: Naturgeschichte d. Stubenthiere. Saeugthiere, Amphibien, Fische, Insecten, Würmer.
(Bechstein: Naturgeschichte d. Stubenthiere. 2.)
In einigen Exemplaren fehlt d. Haupt- u. d. Gesamttitelblatt.
1: Lo 4738^{3}-2. 12: Zool. 27. 27. 30. 32. 39. 41. 43. 207. 302. 304.
14.3509

— Gemeinnützige Naturgeschichte Deutschlands nach allen drey Reichen. Bd 1-4. — Leipzig: Crusius 1789-95. 8°
1. Welcher d. nöthigen Vorkenntnisse u. d. Geschichte d. Säugthiere enthält. 1789.
2-4. Bechstein: Gemeinnützige Naturgeschichte d. Vögel Deutschlands. Bd 1-3. 1791-95.
In einigen Exemplaren fehlt ein Teil d. Titelblätter.
1: Lm 5340. 2. 5. 7. 8. 9. 15→18. 21. 25. 26. 29. 30. 31. 33 [unvollst.] 36. 39. 46. 66. 106. 111. 117. 300: 55 L 8. 302. 308.
14.3510

— gemeinnütz. Naturgesch. Deutschlands nach allen 3 Reichen d. Natur. 4 Bde. Mit Kpf. gr. 8. Leipz. 791 u. ff. W. Vogel. 2e verb. Aufl. 4 Thle. Mit 142 Kpf. gr. 8. Ebd. 801 — 9. 23 Rthl. 22 gGr. ill. 36 Rthl. 18 gGr. 2r—4r Thl. A. u. d. T.: Naturgesch. d. Vögel Deutschlands 2c. 2e Aufl., mit 117 Kpf. 804—9. 18 Rthl. 6 gGr. ill. 28 Rthl. 18 gGr. Das ganze Werk 4 Bde ohne Kpf. 22 Rthl.

— — 2., verm. u. verb. Ausg. Bd 1-4. Leipzig: Crusius (4: Vogel) 1801-09. 8°
1. Bechstein: Gemeinnützige Naturgeschichte d. Säugethiere Deutschlands. 1801.
2-4. Bechstein: Gemeinnützige Naturgeschichte d. Vögel Deutschlands. Bd 1-3. 1805-09.
Nachtr. s. *Leisler*, Johann Philipp Achilles: Nachträge zu Bechsteins Naturgeschichte Deutschlands. 1812-13.
Die Besitzvermerke sind nur bei d. Stücktiteln angegeben.
14.3511

— Gemeinnützige Naturgeschichte der Säugethiere Deutschlands. 2., verm. u. verb. Ausg. — Leipzig: Crusius 1801. XXX,1370 S. 8° (Bechstein: Gemeinnützige Naturgeschichte Deutschlands. 1.)
Im Exemplar von 20 fehlt d. Haupttitelblatt.
1: Lm 5341-1. 3. 5. 7. 9. 10. 15. 17 [unvollst.] 19. 20 [unvollst.] 24. 29 [unvollst.] 32. 36. 60. 109. 202.
14.3512

— Gemeinnützige Naturgeschichte der Vögel Deutschlands. Bd 1-3. — Leipzig: Crusius 1791-95. 8° (Bechstein: Gemeinnützige Naturgeschichte Deutschlands. 2/4.)
In einigen Exemplaren fehlt ein Teil d. Titelblätter.
1: Lm 5340-2/4. 2. 5. 7. 8. 9. 15→18. 20. 21. 25. 26. 29. 30. 31. 33 [unvollst.] 36. 39. 46. 66. 106. 111. 117. 300: 55 L 8. Bd 2/4. 302. 308.
14.3513

— — 2., verm. u. verb. Ausg. Bd 1-3. Leipzig: Crusius (3: Vogel) 1805-09. 8° (Bechstein: Gemeinnützige Naturgeschichte Deutschlands. 2/4.) 1: Lm 5341-2/4. 3. 7. 9. 10. 15. 19. 24. 32. 36. 39. 43. 109. 202. 207.
14.3514

— Naturgeschichte der Hof- und Stubenvögel. 1870 u. ö. s. *Bechstein:* Naturgeschichte der Stubenvögel.

— Naturgesch. d. Hunde-Racen f. Kinder 2c. m. d. Fig. in papier mâché in 1 Kästch. 8. Leipz. Gleditsch. 805.

— Naturgesch. f. Jäger u. Kind., mit d. Fig. in pap. mâché in 1 Kästchen. 8. Ebend. 801.

— Naturgesch. für Kaufleute, Kinder 2c. mit Fig. in pap mâché in einem Kästch. 8. Ebend. 805.

— Kurzgefaßte gemeinnützige Naturgeschichte des In- und Auslandes für Schulen und häuslichen Unterricht. Bd 1.2. — Leipzig: Crusius 1792-97. 8°
1. Kurzgefaßte gemeinnützige Thiergeschichte d. In- u. Auslandes. Abth. 1.2. 1794.
2. Kurzgefaßte gemeinnützige Naturgeschichte d. Gewächse. Bd 1.2. 1796-97.
In einigen Exemplaren fehlen d. Stücktitelblätter.
2. 4. 5. 7. 12: H. nat. 23. 15. 16. 28. 30. 44. 45. 47. 66. 78. 202. 207.
14.3515

— kurzgefaßte Naturgeschichte d. In- u. Auslandes, f. Schulen. 2 Bde in 4 Abtheill. Mit 6 Kpf. gr. 8. Leipz. 792—97. W. Vogel. 7 Rthl.

Bechstein, J. M., Naturgesch. für Oeconomen mit den Fig. in pap. mâché in einem Kästch. 8. Leipzig, Gleditsch. 801. Rthlr.

Bechstein, Joh. Matth., Naturgeschichte für Oekonomen-Kinder und die Oekonomen werden wollen, nebst Kästchen, enth. die Abbildungen der Hausthiere in Papiermaché geformt und gemalt. Leipzig 1805. 8.

— Naturgesch. des Pferdes 2c. mit der Abbildung auf pap. mâché in einem Kästch. 8. Ebend. 805.

— Naturgeschichte der Stubenthiere. Säugethiere, Amphibien, Fische, Insecten, Würmer. Bd [1.] 2. — Gotha: Ettinger 1795-97. 8°
1 u. d. T.: Bechstein: Naturgeschichte d. Stubenvögel. 1795.
2. Bechstein: Naturgeschichte oder Anleitung zur Kenntniß ... d. Säugethiere ... welche man in d. Stube halten kann. 1797.
Die Besitzvermerke sind nur bei d. Stücktiteln angegeben.
14.3516

— — Naturgeschichte der Stubenthiere oder Anleitung zur Kenntniß und Wartung derjenigen Thiere, welche man in der Stube halten kann. 2., verm. u. verb. Aufl. Bd 1. — Ebd. 1800. XVI,658 S. 8°
Nebent.: Naturgeschichte d. Stubenthiere. Vögel.
1. Die Stubenvögel.
In einigen Exemplaren fehlt d. Haupttitelblatt.
15. 19. 33. 34. 36. 39. 302.
14.3517

— — 3., verm. u. verb. Aufl. Bd 1.2. Ebd. 1807-12. 8°
1. Bechstein: Naturgeschichte d. Stubenvögel. 1812.
2. Bechstein: Naturgeschichte oder Anleitung zur Kenntniß ... d. Säugethiere ... welche man in d. Stube halten kann. 1807.
Die Besitzvermerke sind nur bei d. Stücktiteln angegeben.
14.3518

— Naturgesch. d. Stubenvögel, oder Anleit. zur Kenntniß u. Wartung derjen. Vögel, welche man in d. Stube halten kann. Mit Kpf. 8. Gotha 792. 2e A. 800. 3e A. 812. Ettinger. 2 Rthl. 4 gGr. ill. 2 Rthl. 12 gGr. ohne Kpf. 1 Rthl. 20 gGr. 2r Thl. oder Anleit. zur Kenntniß u. Wartung d. Säugthiere 2c., welche man in Stuben halten kann. 8. Gotha 797. 2e A. 807. Ettinger. 1 Rthl.

— Naturgeschichte der Stubenvögel oder Anleitung zur Kenntniß und Wartung derjenigen Vögel, welche man in der Stube halten kann. — Gotha: Ettinger 1795. X,488 [vielm. X,490] S. 8° [(Bechstein: Naturgeschichte d. Stubenthiere. 1.)] 1: Lo 4738-1. 5. 10. 14. 17. 27. 29. 30. 36. 44. 48. 117. 180. 300: 3552. Bd 1.
14.3519

— — Naturgeschichte der Stubenvögel oder Anleitung zur Kenntniß, Wartung und zum Fang derjenigen in- und ausländischen Vögel, welche man in der Stube halten kann. 3., verm. u. verb. Aufl. — Ebd. 1812. XXVI,764 S. 8°
Nebent.: Naturgeschichte d. Stubenthiere. Vögel.
(Bechstein: Naturgeschichte d. Stubenthiere. 1.)
In einigen Exemplaren fehlt d. Haupt- u. d. Gesamttitelblatt.
1: Lo 4738^{3}-1. 6. 7. 14. 17. 18. 24. 32. 36. 43 [unvollst.] 60. 78. 123. 304.
14.3520

— — Naturgeschichte der Stubenvögel oder Anleitung zur Kenntniß, Wartung, Zähmung, Fortpflanzung und zum Fang derjenigen in- und ausländischen Vögel, welche man in der Stube halten kann. 4., verm. u. verb. Aufl. — Halle: Heynemann 1840. XXII,480 S. 8°
1: Lo 4738^{4}. 3. 5. 17. 18. 30. 36. 75. 180.
14.3521

Bechstein, J. M., Naturgeschichte der Hof- und Stubenvögel. Anleitung zur Kenntniß, Wartung, Zähmung, Fortpflanzung und zum Fang derjenigen ausländ. Vögel, welche man in der Stube, im Hause, Garten oder auf dem Hofe halten kann. Neu hrsg. von Edm. Berge. Mit 8 Taf. in Farbendr., enth. 79 prachtvolle Vogelportraits nach Orig.-Zeichnungen von Emil Schmidt und mit mehreren Holzschn. zur Versinnlichung des Vogelfanges und Vogelschutzes. 5. gänzl. umgearb., sehr verm. und verb. Aufl. Lex.-8. (XIV, 858 S.) Leipzig 870. Keil. *

— — 5., umgearb., verm. u. verb. Aufl. Leipzig: Hartung 1879. XIV,358 S. 8° 36.
14.3523

Bechstein, Joh. Math., u. G. L. **Scharfenberg**, Vollständige Naturgeschichte aller schädlichen Forstinsekten; nebst einem Nachtrage der schonungswerthen welche die schädlichen vertilgen. Bd. 1—3 mit kolor. Kupfern. von Jac. Sturm. Leipzig 1803—5. 4. . . . . (D.)
—, — Gotha 1818. 4.
—, — Th. 1. 2. besorgt von Desberger. Kupfer. 4. Gotha 1829—35. 8. —

— und Scharfenberges vollſt. Naturgeſchichte aller ſchädl. Forſt-Inſekten. 3 Thle. m. K. 4. Leipz. Gleditſch. 803—5. (1r 3 Thlr. 8 gr. 2r, 3r à 2 Thlr. 16 gr.).

— u. G. L. Scharfenberger, vollſtänd. Naturgeſch. aller ſchädl. Forſtinſekten. 3 Thle, m. 13 ill. Kpf. gr. 4. Lpz. 804—5. (Brockhaus). 8 Thlr 16 gGr

— Vollständige Naturgeschichte der schädlichen Forstinsekten, nebst e. Nachtr. der schonenswerthen Insekten ... Hrsg. von Johann Matthäus Bechstein u. Georg Ludwig Scharfenberg. Th. 1–3. — Leipzig: Richter 1805. VIII, 1042 S. 8° 1. 1804. 2.3. 1805.
1: Oy 16611. 2→5. 7. 12: 4° Zool. 24. 14→19. 26. 28. 29. 30. 34. 61. 66. 106. 117. 123. 300[∞2.3]: 8831. 302.
14.3527

— Naturgeſchichte d. ſchädl. Waldinſekten. 1s Heft, mit ill. Kpf. gr. 8. Nürnb. 797. 2e A. 800. Monath u. K. 1 Thlr

— Naturgeschichte der schädlichen Waldinsecten. H. 1. Nürnberg: Monath & Kußler 1798. 76 S. 8°
1: Lt 15370. 9. 10. 12: Zool. 29. 17. 21. 30.
14.3528

— — Neue, verb. Aufl. Ebd. 1800. 82 S. 8°
7. 12: Zool. 30. 18. 30. 66.
14.3529

— [Übers.] s. *Pennant*, Thomas: Allgemeine Uebersicht der vierfüßigen Thiere [History of quadrupeds, deutsch]. 1799–1800.

Bechstein, Johann Matthäus: Spatziergänge, s. André, Chr. K.

— Taschenblätter der Forstbotanik. Th. 1. — Weimar: Industrie-Comptoir 1798. 141 S. 8°
1. Die deutschen Bäume, Sträucher u. Stauden.
1: Oy 9456. 12: Phyt. 32. 17. 21. 43. 78.
14.3530

— Taſchenblätter d. Forſtbotanik. Ein bewährtes Hülfsmittel beim Botaniſiren. 2., sehr verm. Aufl., bearb. v. St. Behlen. 1. Thl. Die in Deutſchland einheim. u. acclimatiſ. Bäume, Sträucher u. Stauden enthalt. gr. 12. (14 B.) Weimar 828, Landes-Induſtrie-Compt.

Bechstein, Johann Matthäus, s. Taschenbuch, Meiningisches.

— ornitholog. Taſchenbuch von u. für Deutſchland, oder Beſchreib. aller Vögel Deutſchlands. 3 Theile. Mit Kpf. 8. Leipz. 801—12. (1r, 2r Thl. 2e A. 811, 13. Brockhaus). 6 Thlr 8 gGr (3r Thl. A. u. d. T.: Gattungskennzeichen d. Vögel ꝛc. 812. 1 Thlr 16 gGr)

— Ornithologisches Taschenbuch von und für Deutschland oder kurze Beschreibung aller Vögel Deutschlands. Th. 1–3. — Leipzig: Richter (3: Gleditsch) 1802–12. 8°
In einigen Exemplaren außerdem noch ein Gesamttitelblatt mit d. Erscheinungsjahr 1803.
1: Lo 6385a [auch 1.2 = Lo 6385]. 2. 6. 7. 9. 10. 12[∞3]: Zool. 31. 17. 20. 24. 28. 32. 36. 44. 89. 109. 302.
14.3532

Bechstein J. M.: Kurzgefasste gemeinnützige Thiergeschichte d. In- u. Auslandes ... (2 Bd.). Leipz. 1792-94. (16) 1352 S. 2 Tvl.
(=: K. g. Naturgesch. ... Bd. 1). 52.

— kurze Ueberſicht aller Vögel nach ihren Kennzeichen ꝛc., ſ. Latham, allgem. Ueberſicht.

— Kurze Uebersicht aller bekannten (2: der) Vögel oder ihre Kennzeichen der Art nach Lathams General synopsis of birds und seinem Index ornithologicus. Th. [1.]2. — Nürnberg: Schneider & Weigel 1811–12. IV, 576 S. 8° (Latham, John: Allgemeine Uebersicht d. Vögel [A general Synopsis of birds, deutsch]. 4,1.2.)
In einigen Exemplaren fehlt das eine oder andere d. Titelblätter.
1[∞2]: 4° Lo 2910–4,1 [u.] 4° Lo 2910a–4,1. 2[∞2]. 6. 8. 14. 17. 20. 21 [unvollst.] 24. 30 [unvollst.]
14.3533

— — Kurze Uebersicht der Vögel oder ihre Kennzeichen der Art nach Lathams General synopsis of birds und seinem Index ornithologicus. — Ebd. 1812. IV, 576 S. 4° [(Latham, John: Allgemeine Uebersicht d. Vögel [A general Synopsis of birds, deutsch]. 4,1.2.)] 30.
14.3534

— Verzeichniß der von J. M. Bechstein hinterlassenen gebundenen und ungebundenen Bücher, mathematischen und optischen Instrumente, Jagdgeräthe, gemahlten und aufgelegten Vögel. [Auktionskat.] — o. O. 1822. 110 S. 8°
21. 32.
14.3535

— Die Waldbenutzung. — Gotha: Hennings 1821. XXI, 402 S. 8° (Die Forst- u. Jagdwissenschaft nach allen ihren Theilen. 5.) 1: Oy 17120. 12: Oecon. 632h–5. 17. 21. 26. 32. 39. 43. 45. 52. 61. 300: BE 4 Z 42. T. 5. 302.
14.3536

— die Waldbenutzung f. Forſtmänner. gr. 8. Gotha 825. Hennings. 1 Thlr 16 gGr (A. u. d. T.: Forſt- u. Jagdw. V.)

— Waldbenutzungslehre. gr. 8. Gotha ... (Erf., Hennings u. Hopf.) 1 Thlr

— Die Waldbeschützungs-Lehre. — Gotha: Hennings 1818. XII, 214 S. 8° (Die Forst- u. Jagdwissenschaft nach allen ihren Theilen. 4,1.) 1: Oy 16030–1. 12: Oecon. 632h–4,1. 17. 18. 19. 21. 23. 24. 26. 32. 33. 39. 43. 45. 52. 61. 123. 300: BE 4 Z 42. T. 4,1. 302.
14.3537

— d. Waldbeſchützungslehre im Allgem., f. Forſtmänner. gr. 8. Gotha 819. Hennings. 1 Thlr (A. u. d. T.: Forſt- u. Jagdwiſſenſch. IV. 1.)

— Wildjagd und Wildbenutzung. gr. 8. Ebd. ... (Erfurt, (Hennings u. Hopf.) 3 1/6 Thlr

— Wildzucht und Wildjagd. gr. 8. Ebd. ... (Erfurt, Hennings u. Hopf.) 2 2/3 Thlr

Bechstein, Lothar: Phantasie-Costüme. — München: Braun & Schneider [1881]. 16 Taf. 4° 12: 4° H. g. hum. 1es.
14.3540

Bechstein, Ludwig

[—] Die Ahnherrinnen deutscher Regenten-Familien aus dem Gräflichen Hause Henneberg. Eine Denkschrift ... dargebracht von d. Hennebergischen alterthumsforschenden Verein. — Meiningen 1846. 13 S. 4°
1: 3 an 4° Ss 5604. 3. 9. 11. 12: 4° Germ. sp. 384–18. 17. 21. 24. 27. 32. 33. 36. 39. 41. 52. 111.
14.3548

— [Hrsg.] s. *Album* der Haupt- und Residenzstädte Europa's. 1843–45 u. ö.

— [Hrsg.] s. *Album* der Residenzen, Schlösser und Rittergüter Thüringens. 1858.

— [Vorr.] s. *Alpenburg*, Johann Nepomuk Rr v.: Mythen und Sagen Tirols. 1857.

— Arabesken. — Stuttgart: Hallberger 1832. 203 S. 8°
1: Yz 7317. 7. 11. 12: P. o. Germ. 79 udh. 16. 19. 61.
14.3549

Bechstein, Ludw., Arabesken. 2. Aufl. 8. (13 B.) Stuttgart 841, Hallberger'sche Vrlsbhlg.

Bechstein, Ludw., s.: Aus der Märchenwelt.

Bechstein, Ludw., Dr. Johann Matthäus Bechstein und die Forstacademie Dreißigacker. Ein Doppel-Denkmal. Lex.-8. (X und 420 S. mit Portr. in Stahlst.) Meiningen 854(55,) Brückner und Renner. *

— [Werke, Ausz.] L. Bechstein. Spindler. Wolff. Mit d. Biographien d. Verf. — Hildburghausen [usw.]: Bibliographisches Inst. [1855]. 143,158 S. 8° (National-Bibliothek d. deutschen Classiker. Suppl. Bd 4.) **30.**
14.3547

— [Illustr.] s. *Bechstein*, Reinhold: Altdeutsche Märchen, Sagen und Legenden. 1877.

— Berlin von Ludwig Bechstein u. V. Kleinknecht. — Schweinfurt: Kleinknecht & Schäfer 1843. 71 S. 8°
Die Schrift ist e. selbständige Ausg. von: Album d. Haupt- u. Residenzstädte Europa's. Sect. 1, Lfg 1. 1843.
1:Tc 9408. 109.
14.3552

— Berthold der Student oder Deutschlands erste Burschenschaft. Romantisches Zeitbild. Bd 1.2. — Halle: Pfeffer 1850. 8° (Bechstein: Wollen u. Werden. 1.)
1:Yx 6961-1.2. 2. 8. 5. 7. 11. 12:P.o. germ. 79uh [2 Ex.] 14. 15. 20. 22. 26. 27. 31. 39. 41. 60.
14.3553

Bechstein, Ludwig: Bildnisse, Zweihundert, ... dt. Männer, s. Bechstein: 200 dt. Männer ... u. Männer, Zweihundert dt., ...

Bechstein, Ludwig, s. Blätter, Bunte, aus Natur u. Leben.

— Fliegende Blätter, gedichtet von L. Bechstein, radirt von Fr. Pocci. — o. O. [1839]. 7 Bl. 8° **12:Rar. 399. 22.**
14.3554

—— fliegende Blätter. Gedichte, rad. v. F. Pocci. gr. 8. (7 Bl.) München 830, Literar.-artist. Anstalt. *

— Schmalkalder Bohrer oder ein lustiger Kaufhandel. Jahrmarktstücklein. — Eisenach: Eifert & Scheibe [um 1910]. 34 S. 8°
Erschien zuerst in: Der deutsche Pilger durch d. Welt. 9. 1850.
1:Yx 32495/180. 7. 12:P.o. germ. 79uso. 27. 30. 39. 78.
14.3556

— Botenlauben. Vorläufer u. Skizze. — Meiningen: Verf. 1841. 58 S. 8° **1:Sf 9460. 8. 11. 12:Don. Lud. 365. 18. 22. 24. 26. 27. 30. 109. 112.**
14.3558

— Botenlauben. Vorläufer und Skizze. (Mit 1 Stammtafel u. 2 Lithogr.) 16. Meiningen 841. (Schweinfurt, Wetzstein.) n. 1/3 ₰

Bruderworte zur feierlichen Weihe der Loge Karl zur Wartburg im Orient Eisenach d. 22. Mai 5859. Im Namen u. Auftrag der St. Johannis-Loge Charlotte zu den drei Nelken im Orient Meiningen dargebracht von Ludw. **Bechstein.** Meiningen [1859]: Gadow & Sohn. 2 Bl. 4°.
„Mit Brudergruss den Brüdern hier zur Stelle“...

Bechstein, Ludw., der Gesangverein Brüllaria, s.: Baumbach, Rud.

— Villa Carlotta. Poetische Reisebilder vom Comersee und aus den Lombardisch-Venetianischen Landen. Weimar 857. Voigt. 8. (3 Bl., 260 S. u. 1 Lithogr. in 4.) 1 ₰ 15 ngl

[--] Die Darstellung der Tragödie Faust von Göthe auf der Bühne. Von L.B. — Stuttgart: Brodhag 1831. XIV, 70 S. 8° **1:Yr 5422. 2. 10. 11. 12:P.o. germ. 497xi. 15. 18. 24. 25. 27. 28. 32. 300:54. 333-A [u.ö.]**
14.3560

Bechstein, Ludw., der kleine Däumling. Der Schmied v. Jüterbog, s. a. Schatzgräber, der, Nr. 31.

—— Der kleine Däumling. Der Schmied von Jüterbog. Mit Bildern von Ludwig Richter. — München: Callwey [1910]. 16 S. 8° (Der Schatzgräber. 31.)
12:P. o. germ. 1255 gi-31. 19.
14.3624

Bechstein, Ludwig, s. Deutschland, Das malerisch-romantische.

— Deutsches Dichterbuch. Eine Sammlung d. besten ... deutschen Gedichte. — Leipzig: Wigand [1844]. XVI, 726 S. 8° **1:Yf 3324. 2. 3. 11. 14. 15. 17. 18. 21. 23. 24. 26. 30. 35. 38. 41. 44. 60. 61. 109. 180. 207. 303. 307.**
14.3561

—— deutsches Dichterbuch. Eine Sammlung der besten und kernhaftesten deutschen Gedichte aus allen Jahrhunderten. 2., durchgesehene, verb. und verm. Aufl. Lex.-8. (XVI und 310 S.) Leipzig 854, Schlicke. *
Dass. s.a.: Dichterbuch, Dt.

— u. (J.) Meyer, s.: Donau-Ansichten.

— Die Donau-Reise und ihre schönsten Ansichten. Hrsg. ... von J. Meyer. Bd 1.2. — Hildburghausen [usw.]: Bibliographisches Inst. [1849]. quer-8°
11. 19. 22. 30. 39. 41. 44. 61. 109. 302.
14.3563

—— Dresden. Lex.-8. (3¼ B., 1 Stahlst. u. 1 Plan.) Schweinfurt 844, Kleinknecht u. Comp. *
Vgl. Album.

— Der Dunkelgraf. Roman. Th. 1-3. — Frankfurt a. M.: Meidinger 1854. 472 S. 8°
Nach der Norm = (Deutsche Bibliothek. 3.)
4. 15. 17. 24. 26. 39. 45. 53. 109. 303.
14.3565

—— Der Dunkelgraf. Roman. Ebd. 1854. 472 S. 8° (Deutsche Bibliothek. 3.) **5. 7. 11. 12:P.o. germ. 121f-3. 10. 17. 18. 22. 27. 31. 32. 43. 46. 60. 61. 123. 300:9359-B. 3.**
14.3566

—— Ebd. 1857. 472 S. 8° (Oesterreichische Familienbibliothek. 11.) **3. 5. 22. 30.**
14.3567

—— Ebd. 1858. 472 S. 8° (Belletristische Hausbibliothek. 8.) **1:Yx 8581. 41.**
14.3568

—— der treue Eckhart, s. a. Volksbücher, neue.

— Der treue Eckhart. — Leipzig: Schlicke [um 1855]. 32 S. 8° (Neue Volksbücher mit Holzschnitten. 32.) **11.**
14.3569

— Harald von Eichen, eine romantische Sage der Vorzeit. 1823 in: *Bechstein:* Thüringische Volksmährchen.

(—) Einzugs-Gruss den hohen Vermählten. 28. Oct. 1858. Meiningen [1858]: Gadow. 2 Bl. 2° **11.**
14.3570

[—] Empfindungen der Liebe und Freude bey dem ... Einzuge unsers ... Herzogs Bernhard und ... der Herzogin Maria ... gewidmet von der Schuljugend der Residenzstadt Meiningen. — Meiningen 1825. 2 Bl. 8°
11.
14.3571

Bechstein, Ludwig, Schriftsteller u. Märchensammler, Meiningen, 1801-1860. 1823: [Teils.] Gesammelte Erzählungen und Novellen. Bd 1–6. — (Leipzig: Taubert 1839–40.) 8°
1-3. Clarinette. Seitenstück zu d. Fahrten e. Musikanten. Th. 1-3. 1840.
4. Hallup, der Schwimmer. 1839.
5.6. Aus Heimath u. Fremde. Bd 1.2. 1839.
Die einzelnen Stücke sind auch selbständig erschienen.
22. 26 [°°1/4].
14.3541

— Erzählungen und Phantasiestücke. Bd 1–4. — Stuttgart: Hallberger 1831. 8°
1: Yx 1366. **3. 5. 7. 11. 12**: P. o. germ. 79ud. **14. 17. 19. 23. 24. 26. 31. 32. 39. 43. 109.**
14.3572

Bechstein, Ludw., es war einmal, s. a. Düm's Märchen-Bibliothek.

Bechstein, Ludw. Es war einmal! Ein deutsches Märchenbuch. 12. (72 S. m. 5 farb. Bildern v. W. Schäfer.) Wesel 891, Düms. geb. — 50

Bechstein, Ludw., Es war einmal! E. deutsches Märchenbuch. M. 5 Farbendr.-Bild. v. W. Schäfer. 26.—35. Taus. 12. (71 S.) Wesel 898. W. Düms. Geb. — 50

— Es war einmal! Ein deutsches Märchenbuch. Mit (3) Farbendr.-Bildern v. W. Schäfer. (72 S.) kl. 8. Wesel (907.) W. Düms. Geb. — 50; m. 1 Bild, kart. — 40

—— Fahrten eines Musikanten. 3 Thle. 8. (64½ B. u. 1 Musikbeil.) Schleusingen 837, Glaser.
Inh. Thl. 1. Der Student. — 2. Der Philhellene. — 3. Der Musikus.

Bechstein, Ludw., Fahrten eines Musikanten. 2., verb. und mit 4. Bd. verm. Aufl. 2 Thle. gr. 8. (XII und 749 S.) Frankfurt a. M. 854, Meidinger Sohn und Comp. Thlr.

— Faustus. Gedicht. — Leipzig: Leo 1833. IV, 195 S. 8°
1: Yn 7151. **3. 7. 11. 12**: 4° P. o. germ. 11. **15. 16. 18. 21. 22. 24. 27. 30. 32. 33. 38. 39. 53. 109. 111. 180. 302.**
14.3573

[—] Der westphälische Friede und seine Bedeutung. — Meiningen 1848: Keyßner. 30 S. 8°
11.
14.3574

—— der Fürstentag. Histor.-romant. Zeitbild a. d. 16. Jahrh. 2 Thle. gr. 16. (34½ B.) Frankfurt a. M. 834, Sauerländer.

—— Gedichte. gr. 8. (26½ B.) Frankfurt a. M. 830, Sauerländer.

— Ausgewählte Gedichte. Um 1855
in: *Bechstein:* Jägerzauber.

Die Geheimnisse eines Wundermannes. Roman von Ludw. **Bechstein.** Th. 1—3. Leipzig: Einhorn 1856. III, 551 S. 1 lithogr. Portr. 8°
cf. °Schmieder: Geschichte der Alchimie. 1832 S. 527—542.
TB. 327.

— Die Geheimnisse eines Wundermannes. Th. 1–3. — Leipzig: Einhorn [usw.] 1856. 8° (Leipziger Lesekabinet.)
In den meisten Exemplaren fehlt d. Titel d. Sammlung.
1: Yx 9252. **5. 7. 11. 12**: P. o. germ. 79ut. **14. 18. 20. 22. 26. 31. 38. 39. 109. 302.**
14.3578

—— d. Geheimnisse e. Wundermannes. 3 Thle. 8. (551) Lpzg 56. (Prag, Kuranda.) (?) 2. 12

— Geschichte des Gemeinschaftlichen Hennebergischen Archivs zu Meiningen. — Gotha 1850: Engelhard-Reyher. 16 S. 8° **14. 15. 20. 22. 27. 39. 208.**
14.3579

— Geschichte der Astrologie. — Sondershausen: Neuse 1860. 24 S. 8°
Aus: Die Wissenschaften im neunzehnten Jahrhundert. 5. 1860.
11. 12: Astr. P. 10h. **45. 84. 102. 106. 111. 169. 304. 308.**
14.3580

Bechstein, Ludw., Geschichte Otto's von Botenlauben, s. a. Geschichte.

— Geschichte und Gedichte des Minnesängers Otto von Botenlauben Grafen von Henneberg. Mit e. Urkundenbuch. — Leipzig: Wigand 1845. 228 S. 4°
1: 4° Yg 2266. **2. 3. 5. 7. 9. 10. 11. 12**: 4° P. o. germ. 16u. **14. 15. 16. 18→21. 23. 24. 27. 29. 32. 34. 35. 38. 39. 45. 46. 53. 300**: 22.958-C. **302→304.**
14.3581

— Grimmenthal. Romantisches Zeitbild aus d. 16. Jh. — Hildburghausen: Kesselring 1833. 302 S. 8°
1: Yx 2166. **7. 11. 12**: P. o. germ. 79ub. **19. 22. 39.**
14.3583

—— Grumbach. 3 Thle. gr. 8. Hildburghausen u. Meiningen 839, Kesselringsche Hofbuchh.
Thl. 1. Der Ritter u. sein Recht. (27⅛ B. u. W. v. Grumbach's Bildn., Stahlst.)
" 2. Der Fürst u. sein Wort. (23⅛ B. u. Joh. Friedrich II. Bildn., Stahlst.)
" 3. Die Fürstin u. ihre Treue. (20⅛ B. u. Elisabeth Hrzgin. zu Sachsen Bildn., Stahlst.)

Bechstein, Ludw., Wilhelm v. Grumbach. Historische Erzählg. Lex.-8. (287 S.) Würzburg 892. Neue Bayer. Landeszeitung. n. 2. —

— Johannes Gutenberg. — Erfurt 1840: Knick. 8 S. 8°
36.
14.3585

— Die Haimons-Kinder. Ein Gedicht aus d. Sagenkreise Karls d. Großen. — Leipzig: Hartmann 1830. 253 S. 8°
1: Yn 6003. **7. 8. 10. 11. 14. 15. 22. 25. 39. 109. 180. 302.**
14.3588

— Hainsterne. Berg-, Wald- u. Wander-Geschichten. Bd 1–4. — Halle: Pfeffer 1853. 8°
1. (Der Pfarrer von Meslar. Das unsichtbare Mädchen. Jägerzauber.)
2. (Der Heerwurm u. d. Wildschützen. Irrthum laß los d. Augen Band.)
3. Der Spielmann vom Thüringer Walde. Die Tochter d. Geheimnisses.
4. Eine Nacht im Spessartwalde. Natur u. Poesie. Der Pakt mit d. Bösen.
Bd 3 u. 4 sind auch ohne d. Stücktitel erschienen.
1: Yx 8121. **7. 11. 12**: P. o. germ. 79up [auch Bd 1.2 = P. o. germ. 1917 l]. **14. 17. 27. 31. 32. 109.**
14.3589

— Hallup der Schwimmer. Novelle. — Leipzig: Taubert 1839. 269 S. 8°
Vgl. Bechstein: Gesammelte Erzählungen u. Novellen [Teils.] 4. 1839.
1: Yx 3905. **7. 11. 16. 17. 19. 26. 31. 64.**
14.3590

— Hänsel u. Gretel. Märchen. (20 Bl. m. z. Tl farb. Abb.) Lex8° Stuttg., G Weise ('11). geb. 3 — d

Bechstein, Ludw., der Heerwurm, sein Erscheinen, seine Naturgeschichte und seine Poesie. Ein monograph. Versuch. Mit Abbildungen. 8. (VI und 82 S. mit 1 Stnt. in 4.) Nürnberg 851, Korn'sche Buchh.

— Aus Heimath und Fremde. Erzählungen. Bd 1.2. — Leipzig: Taubert 1839. 8°
Vgl. Bechstein: Gesammelte Erzählungen u. Novellen [Teils.] 5.6. 1839.
1: Yx 3906. **2. 7. 11. 14→17. 19. 31. 39. 109.**
14.3592

— Meister Heinrich von Meissen genannt Frauenlob. Romantischer Bilderkranz für plastische Darstellung. — o.O. [um 1855]. 16 S. 8° **27.**
14.3593

—— Meister Heinrich von Meissen genannt Frauenlob. Romantischer Bilderkranz für plastische Darstellung mit Gesang. Composition von Friedrich Nohr. — Meiningen 1857: Gadow. 15 S. 8° **30.**
14.3594

— Hexengeschichten. — Halle: Pfeffer 1854. 276 S. 8°
1:Yx 8551. **3. 11. 12:**Rar. 660. **17. 22. 26. 39. 60.**
14.3595

— Ludwig Bechstein. (Jägerzauber. Ausgewählte Gedichte.) — New-York; Hildburghausen [um 1855]: Bibliographisches Inst. 131 S. 8° (Meyer's Groschen-Bibliothek d. deutschen Classiker. 365.) 1:Yc 7543-365. **26. 31. 51.**
14.3597

— das tolle Jahr v. Erfurt, s. a. Bibliothek der Gesamtlitteratur.

— Das tolle Jahr. Historisch-romantisches Gemälde aus d. 16. Jh. Bd 1-3. — Stuttgart: Hallberger 1833. 8°
Im Exemplar von **39** ist d. Erscheinungsjahr geändert in 1835.
1:Yx 2131. **7. 11. 12:**P. o. germ. 79 ua. **15. 17. 19. 31. 32. 39. 53. 64.**
14.3598

—— Das tolle Jahr von Erfurt. Historisch-romantischer Roman aus d. 16. Jh. Neu hrsg. von Paul Sonnekalb. — Halle: Hendel [1899]. 471 S. 8° (Bibliothek d. Gesamtlitteratur d. In- u. Auslandes. 1282/1287.)
1:X 8366-1282/1287. **3. 22. 29. 32. 51. 52. 60. 64. 109.**
14.3599

— Des Hasses und der Liebe Kämpfe. Drama. — Hildburghausen: Kesselring 1835. V,146 S. 8° **11. 22. 109.**
14.3602

— Der gestiefelte Kater. Deutsches Märchen. — Stuttgart: Hallberger [1851]. IV,67 S. 8°
1:Yt 2654. **11. 12:**P. o. germ. 79 ul. **24. 30.**
14.3603

— deutsche Kinder-Märchen, s.: Grimm, Jak. u. Wilh.

Bechstein's, Ludw., schönste Kindermärchen in neuer Auswahl. Mit zahlreichen Bildern v. M. Claudius u. E. Voigt. (Volksausg.) (159 S.) 8. Reutlingen 906. Enßlin & Laiblin. Geb. 1. 25; Prachtausg. m. 4 Farbdr. geb. in Leinw. 1. 75

— Clarinette [Klarinette]. Seitenstück zu d. Fahrten e. Musikanten. Th.1-3. — Leipzig: Taubert 1840. 8°
Vgl. Bechstein: Gesammelte Erzählungen u. Novellen [Teils.] 1-3. 1840.
1:Yx 4186. **5. 7. 11. 14. 15. 19. 26. 27. 31. 39. 43. 109. 300:**666.096-B.
14.3604

— Thüringens Königshaus. Sein Fluch u. Fall. Erzählendes Gedicht in sechs Gesängen. Aus dem Nachlasse des Dichters. Leipzig 865. G. Wigand. gr. 8. (287 S.) n. 1 ₰ 15 ngr.; geb. n. 1 ₰ 25 ngr.

—— der dreißigjährige Krieg, s. a. Volksbücher, neue.

— Der dreißigjährige Krieg. — Leipzig: Schlicke [um 1855]. 64 S. 8° (Neue Volksbücher mit Holzschnitten. 30.31.) **11. 207.**
14.3606

— [Hrsg.]
s. *Kunstdenkmaeler* in Franken und Thüringen. 1844.

— Kunstfleiß und Gewerbfleiß. In einigen ... Lebensbildern geschildert. — Leipzig: Wigand 1860. 111 S. 8°
1:Oo 13762. **7. 11. 12:**Biogr. 1048 i. **14. 22. 34. 109. 205. 210.**
14.3607

[—] Schloß Landsberg bei Meiningen. ⟨Neue Ausg.⟩ — Meiningen 1847: (Mylius in Sonneberg). 66 S. 8° 1:Ss 6075². **11.**
14.3608

[—] — ⟨3. Ausg.⟩ Meiningen 1853: (Gadow in Hildburghausen). 73 S. 8°
1:Ss 6075³. **3. 12:**Germ. sp. 264 u. **14. 39.**
14.3609

— Leipzig von Ludwig Bechstein u. V. Kleinknecht. — Schweinfurt: Kleinknecht & Schäfer 1844. 56 S. 8°
Die Schrift ist e. selbständige Ausg. von: Album d. Haupt- u. Residenzstädte Europa's. Sect. 1, Lfg 4. 1844. **5. 14.**
14.3610

—— Leipzig beschrieben von Ludwig Bechstein. Dresden: Kunth [um 1845]. 56 S. 8° **14. 35.**
14.3611

—— Leipzig von Ludwig Bechstein u. V. Kleinknecht. Schweinfurt: Kleinknecht 1846. 56 S. 8° **106. 117.**
14.3612

[—] Das Mineralbad Liebenstein, seine Kaltwasser-Heilanstalt und seine Umgebungen. — Gotha: Verl. Comptoir 1842. VIII,109 S. 8°
Nebent.: Liebenstein u. Altenstein. **3. 18. 32. 39.**
14.3613
Dass. s.a.: L i e b e n s t e i n und Altenstein.

— des Kindes Lieblingsmärchen. Der Jugend gewidmet. Neue Ster.-Ausg. 8. (96 S. m. 4 Farbdr.-Bildern.) Reutlingen (899). Enßlin & Laiblin. Geb. n. — 75

— des Kindes Lieblingsmärchen. Der Jugend gewidmet. 4. Aufl. (96 S.) kl. 8. Ebd. (904). Kart. — 30

— Des Kindes Lieblingsmärchen. Der Jug. gewidmet. 30—35. Taus. (96 m. 4 Farbdr.) kl8° Reutl., Enssl. & L. ('12). HL — 50 d

— dass. NAfl (160 m. Abb. u. 4 Farbdr.) 8° Ebd. ('12). HL 1.60 d

(—) Lied der Klage am Sarge der höchstseligen Frau Erbprinzessin Friederike Louise Wilhelmine Marianne Charlotte von Sachsen-Meiningen, geb. Prinzessin von Preußen, Königl. Hoheit, vollendet am 30. März, beigesetzt am 3. April 1855. — [Meiningen 1855.] 3 Bl. 4° **32.**
14.3614

Bechstein, Ludw., ein dunkles Loos. Volkserzählung. 3 Thle. 8. (XIV u. 776 S.) Nürnberg 850, Korn. 3½ ₰

— Luther. Gedicht. — Frankfurt a. M.: Sauerländer 1834. 206 S. 8°
1:Yn 7986. **2. 7. 11. 16. 17. 18. 22. 32. 39. 109. 112. 123. 180.**
14.3617

— [Hrsg.] s. *Maenner*, Die, der Reformation. 1859 u.ö.

—— 400 deutsche Männer, s. a. Männer, 400 deutsche.

—— 200 deutsche Männer, s. a. Männer, 200 deutsche.

— Zweihundert deutsche Männer in Bildnissen und Lebensbeschreibungen. — Leipzig: Wigand 1854. 202 Bl. 4°
Im Exemplar von **18** mit d. Lieferungstitelblättern: Vierhundert deutsche Männer in Bildnissen und Lebensbeschreibungen.
1:4° Pb 7236. **3. 5. 6. 7. 10. 11. 12:**4° Biogr. C. 16 p. **14. 15. 17. 18. 20. 22. 29. 33. 42. 46. 47. 48. 51. 62. 66. 106. 207. 300:**46.384. **308.**
14.3618

[—] — Zweihundert Bildnisse und Lebensbeschreibungen berühmter deutscher Männer. 2., verb. Aufl. — Ebd. 1857. 204 Bl. 8° **3. 14. 23. 26. 39. 43. 302.**
14.3619

[—] — Zweihundert Bildnisse und Lebensabrisse berühmter deutscher Männer. 3., verb. Aufl. — Ebd. 1870. 200 S. 8°
1:Pb 7238. 14. 30. 62. 79. 90. 207.
14.3620

[—] — 4., verb. Aufl. Ebd. 1880. 200 S. 8° 5. 24. 26. 33.
14.3621

— — Dreihundert Bildnisse und Lebensabrisse berühmter deutscher Männer. Neu bearb. ... von Karl Theodor Gaedertz. 5., verb. u. verm. Aufl. — Ebd. (1890). 300 S. 4° 1:4° Pb 7239. 12:4° Biogr. C. 250 m. 22. 27. 30. 31. 32. 34. 36. 43. 48. 61. 107. 109.
14.3622

—— die Manuscripte Peter Schlemihl's. Kosmologisch-literar. Novelle. 2 Theile. 8. (352 S.) Berlin 851, Allgemeine deutsche Verlags-Anstalt. *

Bechstein, L., Märchen, s. a. Köhler's illustrirte Jugendbibliothek.

— dasselbe, s. a. Jugendbibliothek, illustrierte.

— Märchen. Eine Auslese der schönsten Märchen f. Knaben u. Mädchen. 8. (120 S. m. 6 farb. Bildern v. W. Schäfer.) Wesel 891. W. Düms. Geb. 1. —

— Märchen. E. Auslese d. schönsten Märchen f. Knaben u. Mädchen. M. 6 feinen Farbendr.-Bild. u. Aquarellen v. W. Schäfer. (Neue Aufl.) 8. (120 S.) Wesel 895. W. Düms. Geb. 1. —

— — Märchen. Reutlingen: Bardtenschlager [1897]. 112 S. 8°
24.
14.3685

— Märchen. Eine Auslese der schönsten Märchen f. Knaben u. Mädchen. Mit 6 feinen Farbendr.-Bildern nach Aquarellen v. W. Schäfer. 23—24½. Taus. 8. (120 S.) Wesel (900). W. Düms. Geb n. 1.—

Ausg. (120 m. 2 Farbdr.) 8° Wes., W Düms ('06). Geb. — 75 Vergr. ‖ 6—11. Taus. ('08.) Geb. 1 — ‖ Neue Ausg. ('08.) Kart. — 80 d

— — Märchen. Eine Auslese ... für Knaben u. Mädchen. Neue Ausg. — Wesel: Düms [1908]. 119 S. 8° 5. 101.
14.3718

— Märchen. Illustriert v. Wilh. Roegge. (IV, 187 S. m. Abbildgn. u. 8 farb. Taf.) 8. Stuttgart (910) Levy & Müller. Geb. in Leinw. 4. —

— dass. (Einbd: Märchenb.) Eine Auslese d. schönsten Märchen f. Knaben u. Mädchen. Neue Ausg. (120 m. 2 Farbdr.) 8° Wes., W Düms ('10). geb. — 80 d

— dass. Für d. Jugend ausgew. v. Jos. Ambros. (376 m. 9 Vollbild.) kl8° Wien, A Pichler's Wwe & S. ('12). L 3 — d

— ausgewählte Märchen. 12. (64 S. m. 3 Buntbildern.) Berlin 891. H. Liebau. Kart. — 60

— ausgew. Märchen. 12° (64 m. 3 Buntbildern.) Berl. 91, A Weichert. Kart. — 60

— — Ausgewählte Märchen. Hamburg [usw.]: Bruer [1892]. 52 S. 8° (Illustrierte Jugendbibliothek. 7.)
1:Ng 10566-7. 18.
14.3671

— ausgewählte Märchen. 8. (128 S. m. Farbdr.) Dresden (899). M. Fischer. Geb. n. 4.—

— dasselbe. gr. 8. (192 S. m. 4 Farbdr. Ebd. (899). Geb. n. 6. —

— ausgewählte Märchen. Eine Sammlg. der schönsten Kinder- u. Hausmärchen. (127 S. m. 4 Farbdr.) gr. 8. Stuttgart (905). Reutlingen, R. Bardtenschlager. Geb. 2. 50

Bechstein, Ludw.: Ausgew. Märchen. (127 m. 4 Farbdr.) 8° Reutl., R Bardtenschlager ('09). Geb. 1.10 d

— das Märchen vom kleinen Däumling, neu erzählt. br. 8. (VI u. 82 S. m. 4 lith. u. color. Taf. in Tondr.) Stuttgart 852, Ed. Hallberger. ½ ℳ

— deutsche Märchen, s. a. Aschendorff's Prachtausgaben deutscher Jugendschriften.

Bechstein, Ludw. Deutsche Märchen, s. a. Volks- u. Jugendschriften, ausgewählte.

— — Deutsche Märchen. Für d. deutsche Jugend bearb. von O. Heinrichs. — Münster [1892]. IX, 243 S. 8° (Aschendorffs Prachtausgaben wertvoller Jugendschriften. 5.)
1:Ng 205-5. 6.
14.3673

— — Ebd. 1892. XI, 372 S. 8° (Ausgewählte Volks- u. Jugendschriften. 61/64.) 1:Ng 25250-61/64. 6.
14.3674

— — Mährchen und Erzählungen. Neue rechtmäß. Orig.-Aufl. gr. 16. (III und 179 S. mit 6 ill. Kpfrn.) Leipzig 861, Expedition des Campe'schen Robinson. *

— Mährchen und Erzählungen. Neue rechtmäßige Orig.-Aufl. Mit 6 color. Kpfrn. Leipzig 862. Werl. 16. (2 Bl., 179 S.) n. 15 ngr.

— 55 Märchen f. Kinder. Mit 100 Textabbildgn. nach Zeichngn. v. Fritz Bergen u. a. (V, 158 u. 152 S.) kl. 8. Stuttgart (908). Loewe. Geb. in Leinw. 2. —

— — 55 Märchen für Kinder. Stuttgart: Loewe [1909]. 152 S. 8°
24.
14.3720

— Romantische Märchen und Sagen. — Altenburg: Pierer [1855]. 249 S. 8°
1:Yx 8789. 2. 3. 11. 12:P. o. germ. 79 us. 14. 22. 26. 30. 39. 41. 51.
14.3626

— sämtliche Märchen. Mit 67 Text-Illustr. u 5 Buntbildern nach Orig.-Zeichngn. v. Carl Voß. Volksausg. gr. 8. (352 S.) Berlin 892. F. Fontane & Co. Kart. n. 3. —; Prachtausg. geb. in Leinw. n. 5. —

— — Schönste Märchen. Hrsg. von Gustav Schalk. Illustr. von G. Bartsch. — Düsseldorf: Bagel [1892]. 300 S. 8°
1:Ng 16412. 5.
14.3670

—— Schönste Märchen. Hrsg. v. Gust. Schalk. Mit 6 Farbendr.-Bildern. 8. (III, 300 S.) Düsseld. 892. (Bonn, Strauß.) cart. 3 —

— — Schönste Märchen. Eine Sammlung d. schönsten Kindermärchen. — Stuttgart: Bardtenschlager [1905]. 79 S. 8°
24.
14.3708

— Schönste Märchen. (80 m. 1 Farbdr.) kl8° Stuttg. ('06). Reutl., R Bardtenschlager. Kart. — 50 d

— — Die schönsten Märchen. (Wesel: Düms [1897].) 192 S. 8°
1:Ng 17053. 5.
14.3686

— Die schönsten Märchen. 7—12. Taus. 8° (192 m. 3 Farbdr.) Wes. 97, W Düms. Geb. 2 —

— D. schönsten Märchen. M. (3) feinen Farbendr.-Bild. u. Aquarellen v. Fritz Bergen. (7.—12. Taus.) gr. 8. (192 S.) Ebd. 898. Geb. 2. —

— — W. Hauff u. L. Pichler, die schönsten Märchen f. die liebe Jugend. Eine Sammlg. der besten u. schönsten Märchen. (112 S. m. 3 Farbdr.) 8. Reutlingen (909). Enßlin & Laiblin. Geb. — 75

– Die schönsten Märchen. Mit 34 Textabbildgn. nach Zeichngn. v. P. B. Mohn, F. Reiß, E. Kepler u. a. (III, 96 S.) kl. 8. Ebd. (910). Geb. in Halbleinw. — 75

— Die schönsten Märchen. 1—3. Afl. (93 m. Abb.) kl8° Stuttg., Loewe ('12). HL — 75 d

-- Mährchenbilder [Märchenbilder] und Erzählungen. -- Leipzig: Magazin für Industrie u. Literatur [1829]. 177 S. 8° 1:Nga 467. 11.
14.3628

Bechstein, L, Märchenbuch s. a. Volksschriften.

— dasselbe. s. a. Grimm, Jac.

— dasselbe, s. a. Jugendhort. 1.

—— Mährchenbuch. 12. Aufl. 1. illustr. Ausg. 4. (XVI und 280 S. mit 174 eingedr. Holzschn. nach Originalzeichnungen von Ludw. Richter. Leipzig 853, G. Wigand. *

— — Mit 68 Holzschn. (im Text) nach Originalzeichnungen von Ludw. Richter. 13. Aufl. Ebend. 854. 16. (IV, 315 S.) n. 10 ngr

—— Mit 68 Holzschnitten nach Original-Zeichnungen von Ludwig Richter. 14. Aufl. — Ebd. 1855. IV,315 S. 8° 3.
14.3638

—— dass. — 2., illustr. Ausg. 4. (VIII und 345 S. mit 187 eingedr. Holzschn. und 1 Holzschnt.) Ebds. 856(57.) *

—— Märchenbuch. Mit 90 Holzschnitten nach Original-zeichnungen von Ludwig Richter. 16. Aufl. — Leipzig: Wigand 1857. IV,255 S. 8° 14. 304.
14.3640

—— 17. Aufl. Ebd. 1860. IV,255 S. 8° 11. 29. 48.
14.3642

Bechstein's, Ludw., Märchenbuch. 19.—21. Aufl. 16. (IV und 255 S. mit 90 eingedr. Holzschn. nach Orig.-Zeichnungen von Ludw. Richter.) Leipzig 862—67, G. Wigand. cart. *

—— dass. — (Taschen-Ausg.) 25.—29. Aufl. 16. (IV, 225 S. mit 90 eingedr. Holzschn. nach Orig.-Zeichnungen von Ludw. Richter.) Ebendas. 868—74. cart. *

—— Märchenbuch. Mit 90 Holzschnitten nach Original-zeichnungen von Ludwig Richter. 25. Aufl. — Leipzig: Wigand 1869. IV,255 S. 8° 207.
14.3649

—— Märchenbuch. Mit 90 Holzschnitten nach Original-zeichnungen von Ludwig Richter. 26. Aufl. — Leipzig: Wigand 1870. IV,255 S. 8° 22.
14.3651

—— Märchenbuch. 8. illustr. Pracht-Ausg. gr. 8. (VIII, 296 S. mit 187 eingedr. Holzschn. und auf 1 Taf. nach Orig.-Zeichnungen von Ludw. Richter.) Leipzig 871, G. Wigand. * geb. *

—— Nach d. 24. Aufl. verb. u. verm. Philadelphia: Kohler 1875. IV,251 S. 8° 3.
14.3656

Bechstein, Ludw., Märchenbuch. Mit 90 (eingedr.) Holzschn. nach Orig.-Zeichnungen von Ludw. Richter. 30.—34. Aufl. 16. (IV, 255 S.) Leipzig 875—82, G. Wigand. cart. *

—— Mit 187 Holzschnitten nach Original-Zeichnungen von Ludwig Richter. 4. illustr. Ausg. — Leipzig: Wigand 1877. VIII,296 S. 8° 5.
14.3657

—— Märchenbuch. 36. und 37. Aufl. 12. (VI, 233 S. mit 84 Holzschn. nach Orig.-Zeichnungen von Ludw. Richter.) Leipzig 886,87, G. Wigand. cart. *

—— dass. — Mit 84 Holzschn. nach Ludw. Richter. 38. u. 39. Aufl. 12. (VI, 233 S.) Lpz. 889,92, G. Wigand. cart. * 1 20

— Märchenbuch. 8. (144 S. m. 5 Farbendr.-Bildern.) Berlin 891. H. Liebau. Kart. 1. 50

— Märchenbuch. 8° (144 m. 5 Farbendr.) Berl. 91, A Weichert. Kart. 1.50

— dasselbe. Mit 6 Illustr. v. F. Czabran. 8. (IV, 191 S.) Leipzig 891. R. Werther. Kart. n. 1. 20

— dasselbe. Mit 153 Holzschn. u. 4 Tondr.-Bildern nach Orig.-Zeichngn. v. Ludw. Richter. Pracht-Ausg. 5. Aufl. gr. 8. (XII, 248 S. m. 2 Bildnissen.) Ebd. 892. Geb. in Leinw. n. 6. —

-- dasselbe. Mit 84 Holzschn. nach Orig.-Zeichngn. v. Ludw. Richter. 39.—41. Aufl. 12. (VI, 233 S.) Leipzig 892. 893. G. Wigand. Geb. n. 1. 20

— dasselbe. 2 Tle. 8. (à 88 S.) Leipzig 894. Greßner & Schramm. Kart. à — 60

— dass. 6—10. Taus. 8° (192 m. 6 Farbendr.) Lpzg 95, F Simon. Kart. 1.20 || 3 Tle in 1 Bd. (192 m. 3 Farbdr.) 92. Kart. 1 —

— dass. 43. Afl. 12° (233 m. Il. v. L Richter.) Lpzg 95, G Wigand. Geb. 1.20 || Pracht-Asg. 5. Afl. 8° (248 m. Il. u. 6 Taf.) 92. Geb. in Lnw. 6 —

— dasselbe. M. 84 Holzschn. n. Orig.-Zeichngn. v. Ludw. Richter. 45. Aufl. 12. (VI, 233 S. m. Bildn.) Leipzig 896. G. Wigand. Geb. in Leinw. 1. 20

— dasselbe. M. 153 Holzschn. u. 4 Tondr.-Bild. n. Orig.-Zeichngn. v. Ludw. Richter. Pracht-Ausg. 6. Aufl. M. d. Bildn. Ludw. Bechsteins u. Ludwig Richters. gr. 8. (XII, 248 S.) Ebd. 896. Geb. in Leinw. n. 6. —

—— Märchenbuch. Berlin: Weichert [1897]. 141 S. 8° 1:Ng 17095.
14.3683

—— Mülheim a. d. Ruhr: Bagel [1897]. 134 S. 8° 1:Ng 17128. 5.
14.3684

— dasselbe. Gesamt-Ausg. Mit 6 Farbdr. u. 100 Text-bildern v. F. Bergen, W. Claudius, F. Flinzer rc. 8. (V, 154 u. 152 S.) Ebd. (900). Geb. in Leinw. 3. —

— Märchenbuch. Mit 153 Holzschn. u. 4 Tondr.-Bil-dern nach Orig.-Zeichngn. v. Ludw. Richter. Pracht-Ausg. 7. Aufl. Mit den Bildnissen Ludwig Bechsteins u. Ludwig Richters. gr. 8. (XII, 248 S.) Leipzig (902). G. Wigand. Geb. in Leinw. n. 6. —

-- dasselbe. Mit 84 Holzschn. nach Orig.-Zeichngn. v. Ludw. Richter. 53. Aufl. (VI, 233 S.) kl. 8. Leipzig (904). G. Wigand. Geb. in Leinw. 1. 20

— dasselbe. Mit 153 Holzschn. u. 4 Tondr.-Bildern nach Orig.-Zeichngn. v. Ludw. Richter. Pracht-Ausg. 9. Aufl. Mit den Bildnissen Ludwig Bechsteins u. Ludwig Richters. (XII, 248 S.) gr. 8. Ebd. (904). Geb. in Leinw. 6. —

— dasselbe. 2 Tle. in 1 Bde. Mit 8 Farbendr.-Bildern v. Willy Claudius, 9 Tondr.-Bildern u. 100 Textbildern v. Willy Planck. (IV, 183 u. IV, 186 S.) 8. Ebd. (905). Geb. in Leinw. 4. 50; in 2 Bdn. à 2. 25

—— Märchenbuch. Für d. Jugend ausgewählt von Ernst Arndt. — Berlin: Jugendhort [1905]. 96 S. 8° (Jugend-hort. 1.) 1:Ng 10586-1.
14.3707

—— Märchenbuch. Stuttgart: Weise [1905]. Getr. Pag. 8° 24.
14.3711

— Märchenbuch. (240 S. m. 5 Farbdr.) gr. 8. Berlin (906). Globus-Verlag. Geb. in Leinw. n.n.n. 1. 10

— dasselbe. Unter Fortlassg. aller m. den Brüdern Grimm gleichart. Märchen f. die Jugend ausgewählt u. m. Berücksicht. der neuen Rechtschreibg. durchgesehen v. Rich. Lorenz. Mit 14 schwarzen Textbildern sowie 6 farb. Bildern v. Eug. Hanetzog. (128 u. 112 S.) 8. Berlin (906). Verlag Jugendhort. Geb. in Halbleinw. 2. 25; in Leinw., gr. 8. 3. —

— dasselbe. 2 Tle. in 1 Bde. Mit 4 Farbendr.-Bildern v. Wilh. Claudius u. 100 Textbildern v. Willy Planck. (IV, 188 u. IV, 186 S.) 8. Stuttgart (906). G. Weise. Geb. in Leinw. 3. —

— Märchenbuch. Mit 153 Holzschn. u. 4 Tondr.-Bild. nach Orig.-Zeichngn. v. Ludw. Richter. Pracht-Ausg. 10. Aufl. Mit den Bildnissen Bechsteins u. Richters. (XII, 248 S.) gr. 8. Leipz. (907). G. Wigand. Geb. in Leinw. 6. —

— dasselbe. Mit 84 Holzschn. nach Orig.-Zeichngn. v. Ludw. Richter. 56. Aufl. (VI, 233 S. m. Bildnis.) kl. 8. Ebd. (907). Geb. 1. 20

—— Märchenbuch. Stuttgart: Weise [1908]. Getr. Pag. 8°
24.
14.3717

— dass. Mit Zeichngn v. Ludw. Richter. Pracht-Ausg. 11. Afl. (248 m. 2 Bildn. u. 4 Taf.) gr8° Lpzg, G Wigand ('09). L. 6 — d

— dass. (Volksausg.) 60. Afl. (233 m. Bildn.) kl8° Ebd. ('09). Geb. 1.20 d

—— Märchenbuch. Jubiläums-Ausg. in neuer Rechtschreibung. — Berlin: Deutsche Jugend [um 1910]. 158 S. 8°
19.
14.3722

— Märchenb. (240 m. 5 Farbdr.) 8° Berl., Globus Verl. ('11). L 1.50 d

— dasselbe, s. a. Bibliothek der Gesamt-Litteratur d. In- u. Auslandes.

— dasselbe, s. a. Greßler's, F. G. L., neue Jugendbücherei.

— dasselbe, s. a. Meyer's Volksbücher.

— dasselbe, s. a. Volksbibliothek d. Lahrer hink. Boten.

Bechstein, Ludwig: Deutsches M ä r c h e n b u c h , s.a. M ä h r c h e n b u c h , Dt.

Bechstein, Ludwig. *Deutsches Märchenbuch.* Herausgegeben von Ludwig Bechstein . . . Leipzig, Georg Wigand, 1845. VIII, 301 S. und wundervolles Frontispiz in Holzschnitt u. farb. Tondruck von Ludwig Richter. Kl.-8°. Pappbd. d. Z. mit rotem Rsch. 85.—

H.-B. 1150. Außerordentlich seltene ★ erste Ausgabe. Das Titelbild, „die Märchen Erzählerin" wurde später häufig wiederholt. Goed. XIII. 168. 52 zitiert eine Ausgabe vom gleichen Jahre, aber mit 10 Stahlstichen. Schönes Ex. Name a. d. Titel. Einband etw. berieben.

Bechstein. *Deutsches Märchenbuch.* Leipzig, G. Wigand, 1846. VIII, 301 S. u. Titelholzschnitt von H. Bürkner nach Ludwig Richter. Kl.-8°. Hlwd. d. Z. m. Rv. 40.—

Goed. XIII. 168, 52. Zweite Ausgabe. Sauberes, gutes Ex., schwacher Stempel a. d. Titel.

—— Ebd. 1847. VIII,301 S. 8° **3. 14. 18. 26. 34.**
14.3632

—— 5., Stereot. Aufl. Ebd. 1847. VIII,301 S. 8° **19. 123.**
14.3633

— **Deutsches Märchenbuch.** 5. m. Ster. gedr. Aufl. 8. (VIII u. 301 S. m. 1 Holzschn.) Leipzig 848, G. Wigand. — 6. Ster.-Aufl. 8. Ebd. 849. — 7. Ster.-Aufl. 8. Ebd. 850. — 8. Ster.-Aufl. Ebd. 850. — 9. Ster.-Aufl. 8. Ebd. 851. n. 1/3 ß

—— 7., Stereot. Aufl. Ebd. 1848. VIII,301 S. 8°
1: Yt 1062/30. 9. 30.
14.3634

—— 8., Stereot. Aufl. Ebd. 1849. VIII,301 S. 8°
12: P. o. germ. 79 usd. 52.
14.3635

—— 9., Stereot. Aufl. Ebd. 1850. VIII,301 S. 8°
10. 38. 207.
14.3636

—— Deutsches Märchenbuch. Halle: Hendel [1891]. IV, 156 S. 8° (Bibliothek d. Gesamt-Litteratur d. In- u. Auslandes. 471.472.)
1: X 8366-471.472. 3. 38. 43. 46. 52. 303. 309.
14.3666

— deutsches Märchenbuch. gr. 8. (192 S. m. farb. Bildern.) Fürth 894. G. Löwensohn. Kart. 2. —

—— Leipzig [usw.]: Bibliographisches Inst. [1894]. 202 S. 8° (Meyers Volksbücher. 1069/1071.)
15. 75. 300: 393.125-A. Per. 1069/1071. 302.
14.3680

Bechstein, Ludw., deutsches Märchenbuch. Auswahl, f. die Jugend bearb. u. m. (8) farb. Illustr. versehen. gr. 8. (120 S.) Berlin (902). Globus-Verlag. Geb. — 60

—— Deutsches Märchenbuch. Für Kinder von 8–10 Jahren. Auswahl 1.2. — Langensalza 1904–06. 8° (Greßlers neue Jugendbücherei. 10.14.) **1: Ng 214-10.14. 3.**
14.3706

— deutsches Märchenbuch. Mit 50 Text-Abbildgn. u. 10 Farbendr.-Bildern v. Th. W. Schäkel. (280 S.) 8. Leipzig 906. O. Spamer. 3. —; geb. in Leinw. 3. 50

— dasselbe. 2. [Titel-]Aufl. (280 S.) 8. Ebd. (906) 907. 3. —; geb. in Leinw. 3. 50

Bechstein, Ludw., deutsches Märchen-Buch. (IV, 230 S. m. 4 [1 farb.] Vollb.) 8. Einbeck (907). A. Oehmigke. Geb. in Leinw. 3. —

Deutsches Märchen-Buch von Ludwig **Bechstein**. Mit Bildern. Einbeck & Leipzig [1908]. (230 S.) 8° [F.] [08. 1160] 7

—— Deutsches Märchenbuch. Lahr: Schauenburg [1909]. 164 S. 8° (Volksbibliothek d. Lahrer hinkenden Boten. 1425/1435.)
123.
14.3719

— dasselbe. Mit 50 Text-Abbildgn. u. 10 Farbendr.-Bild. v. Th. W. Schäkel. 5. [Titel-]Aufl. (280 S.) 8. Leipzig [908] (909). O. Spamer. 3. —; geb. in Leinw. 3. 50

— Deut. Märchenb. 6. [Tit.-]Afl. (280 m. Abb. u. 10 Farbdr.) 8° Lpzg, O Spamer ['08] ('11). L 3.50 d

—— Märchenbuch für Kinder. Wohlfeile Ausg. Stuttgart [usw.]: Effenberger [1892]. IV,153 S. 8° **24. 207.**
14.3675

— dasselbe f. Kinder. Mit 54 Textabbildgn. nach Zeichngn. v. P. B. Mohn, F. Reiß, E. Kepler u. a. 1. u. 2. Aufl. 13.—18. Taus. 8. (IV, 153 S. m. 3 Buntbildern.) Stuttgart 892. 893. F. Loewe. Geb. in Leinw. 1. 80; wohlf. Ausg. ohne Buntbilder kart. 1. 20

— Märchenbuch f. Kinder. 3. Afl. 12° (153 m. Textillustr. u. 3 Farbendr.) Stuttg. 95, F Loewe. Geb. 1.80; wohlf. Asg. ohne Farbendr., geb. 1.20

—— Märchenbuch für Kinder. 5. Aufl. Stuttgart: Effenberger [1898]. IV,153 S. 8°
207.
14.3687

Bechstein, Ludw., Märchenbuch f. Kinder. M. 3 Farbdr.-Bild., sow. 51 Textabb. n. Zeichngn. v. P. V. Mohn, F. Reiß, E. Kepler ꝛc. 5. Aufl. (33.—42. Tauſ.) 8. (IV, 153 S.) Stuttgart 898. F. Loewe. Geb. 1. 80; wohlf. Ausg. (ohne Buntbild.) Geb. 1. 20

— dass. In sorgfältigster Ausw. f. d. Jugend bearb. v. M Pannwitz. 8° (152 m. Abb.) Ebd. 1900. Geb. 1.20; m. 6 Farbdr. 2. Afl. 4° (120) 1900. Geb. 3 —

— dass. Gesamt-Asg. 8° (154 u. 152 m. Abb. u. 6 Farbdr.) Ebd. 1900. Geb. 3 —

— Märchenbuch f. Kinder. Mit 51 Textabbildgn. nach Zeichngn. v. P. V. Mohn, F. Reiß, E. Kepler ꝛc. 6. Aufl. 8. (IV, 153 S.) Stuttgart (901). Loewe. Geb. 1.20

Bechstein's, Ludwig, Märchenbuch für Kinder. Mit 51 Textabbildgn. nach Zeichngn. v. P. V. Mohn, F. Reiß, E. Kepler u. a. 8.—12. Aufl. (Wohlfeile Ausg.) (à VI, 153 S.) kl. 8. Stuttgart (904—906). Loewe. Geb. 1. 20

— Märchenbuch f. Kinder. Mit 51 Textabbildgn. nach Zeichngn. v. P. V. Mohn, F. Reiß, E. Kepler u. a. 15. Aufl. (Wohlfeile Ausg.) (VI, 158 S.) kl. 8. Stuttgart (909). Loewe. Geb. 1. 20

— Märchenb. f. Kinder. 20. Afl. (Wohlfeile Ausg.) (6, 153) kl8° Stuttg., Loewe ('12). HL 1.20 d

— dass. 21. Afl. (6, 153 m. Abb. u. 3 Farbdr.) kl8° Ebd. ('12). L 1.80 d

—— Märchenbuch f. Knaben u. Mädchen. gr. 8. (192 S. m. 5 farb. Bildern.) Wesel 891, Düms. geb. 2 —

—— Märchenbuch für Knaben und Mädchen. (Wesel: Düms [1892].) 192 S. 8° 1:Ng 16458/5. 5. 14.3676

— Märchenbuch f. Knaben u. Mädchen. Mit (8) Farbendr.-Bildern nach Aquarellen v. Fritz Bergen. (192 S.) 8. Wesel (906). W. Düms. Geb. 1. 25

— Märchenb. f. Knaben u. Mädchen. (35—37. Taus.) (192 m. 3 Farbdr.) 8° Wes., W Düms ('10). geb. 1.25 d

— Neues Märchenbuch. Die schönsten Kindermärchen, der Jugend erzählt. 5. Aufl. gr. 8. (96 u. 96 S. m. 8 Farbdr.-Bildern. Ebd. (899). Geb. in Leinw. 1.50

— dasselbe. Die schönsten Kindermärchen, der Jugend erzählt. Ster.-Ausg. 8. (96 S. m. 4 Farbdr.-Bildern.) Reutlingen (899). Enßlin & Laiblin. Geb. — 75

—— Für d. Jugend bearb. von Max Pannwitz. Stuttgart: Effenberger [1899]. IV, 120 S. 4° 24. 14.3693

— neues Märchenbuch. In sorgfält. Auswahl f. d. Jugend, bearb. v. Max Pannwitz. Mit 6 Farbdr. u. 61 Textbildern v. F. Bergen, W. Claudius, F. Flinzer ꝛc. 1. u. 2. Aufl. 4. (IV, 120 S.) Ebd. (899. 900). Geb. 3. —

— neues Märchenbuch. In sorgfältigster Auswahl f. die Jugend bearb. v. Max Pannwitz. Mit 6 Farbdr. u. 61 Textbildern v. F. Bergen, W. Claudius, F. Flinzer u. a. 7. u. 8. Aufl. (à IV, 120 S.) Lex.-8. Ebd. (903. 906). Geb. 3. —

— dasselbe. Mit 49 Textabbildgn. nach Zeichngn. v. F. Bergen, W. Claudius, F. Flinzer u. a. 5.—9. Aufl. (Volksausg.) (à IV, 152 S.) kl. 8. Ebd. (903—906.) Geb. 1. 20

— dasselbe. Die schönsten Kindermärchen, der Jugend erzählt. 4. Aufl. (96 S.) kl. 8. Reutlingen (904). Enßlin & Laiblin. Kart. — 80

—— Neues Märchenbuch. Für d. Jugend bearb. von Max Pannwitz. 6. Aufl. — Stuttgart: Loewe [1905]. IV, 152 S. 8° 24. 14.3710

— dasselbe. In sorgfält. Auswahl f. die Jugend bearb. v. Max Pannwitz. Mit 49 Textabbildgn. nach Zeichngn. v. F. Bergen, W. Claudius, F. Flinzer u. a. 10. Aufl. (Volksausg.) (IV, 152 S.) kl. 8. Ebd. (908). Geb. 1. 20

— Neues Märchenbuch. In sorgfält. Auswahl f. die Jugend bearb. v. Max Pannwitz. Mit 6 Farbdr.- u. 61 Textbildern v. F. Bergen, W. Claudius, F. Flinzer u. a. 16. Aufl. (IV, 120 S.) Lex. 8. Stuttgart (909). Loewe. Geb. 3. —

— Neues Märchenb. Für d. Jugend bearb. v. Max Pannwitz. 13. Afl. (4, 152 m. Abb.) kl8° Stuttg., Loewe ('11). HL 1.20 d

— dass. 19. Afl. (4, 126) Lex8° Ebd. ('11). HL 3 — d

— dass. 21. Afl. (4, 152 m. Abb.) kl8° Ebd. ('12). HL 1.20 d

— dass. (100 m. Abb.) kl8° Ebd. ('12). HL — 75 d

—— Neues ausgewähltes Märchenbuch. Berlin: Gahl [1899]. 119 S. 8° 1:Yt 1664. 14.3690

Bechstein, Ludwig

—— neues deutsches Märchenbuch. 8. (XVIII und 326 S. mit 1 Titelkpfr.) Leipzig 856, Einhorn's Verlag.

— neues deutsches Märchenbuch. Mit 1 Titelkpfr. (Holzschn.) Wien 856. Hartleben. 8. (XVIII, 326 S.) 27 ngl

— neues deutsches Märchenbuch. Mit 1 Titelkpfr. Neue wohlf. Ausg. Wien 864. Hartleben. 8. (V, 306 S.) 12 ngr.

—— dass. — 4.—9. wohlf. Ausg. 8. (III und 288 S. mit 1 Titelkpfr. in Tondr.) Wien 864—67, Hartleben. cart.

—— Neues deutsches Märchenbuch. 4., wohlfeile Aufl. Pest [usw.]: Hartleben 1865. 288 S. 8° 300:72.643-A. 14.3643

—— Neue wohlfeile Ausg. Ebd. 1865. 306 S. 8° 16. 14.3644

—— Neues deutsches Märchenbuch. 5., wohlfeile Aufl. Pest [usw.]: Hartleben 1866. 288 S. 8° 11. 14.3646

—— 9., wohlfeile Aufl. Ebd. 1867. 288 S. 8° 300:69.468-A. 14.3647

— neues deutsches Märchenbuch. 7—19. Stereot.-Ausg. Mit 1 Titelkupfer u. 50 Holzschn. nach Orig.-Zeichnungen von Leop. Weinmayer. Wien 867—71. Hartleben. 8. (V, 271 S.) 12 ngr.

—— dass. — 10. und 11. wohlf. Aufl. 8. (IV und 271 S. mit 1 Titelkpfr. in Tondr. und 50 eingedr. Holzschn. nach Orig.-Zeichnungen von Leop. Weinmayer.) Wien 868, Hartleben. cart.

—— neues deutsches Märchenbuch. 12.—19., 21.—28. Ster.-Ausg. 8. (V, 271 S. mit 1 Titelkpfr. und 50 eingedr. Holzschn. nach Orig.-Zeichnungen von Leop. Weinmayer.) Wien 869—75, Hartleben's Verlag. cart.

—— Neues deutsches Märchenbuch. 16., Stereot. Aufl. Pest [usw.]: Hartleben 1870. 271 S. 8° 78. 14.3652

—— 18., Stereot. Aufl. Ebd. 1871. 271 S. 8° 11. 14.3653

Bechstein, Ludw., neues deutsches Märchenbuch. 20. Aufl. Pracht-Ausg. gr. 8. (V, 271 S. mit 10 Farbendr.-Bilden und 50 eingedr. Holzschn. nach Orig.-Zeichnungen von Frz. Kollarz und Leop. Weinmayer.) Wien 871, Hartleben's Verlag. cart.

Bechstein, Ludw., neues deutsches Märchenbuch. 29.—32. und 35.—38. Ster.-Aufl. Volks-Ausg. Mit 1 Titelkpfr. (in Tondr.) und 50 (eingedr.) Holzschn. nach Orig.-Zeichnungen von Leop. Weinmayer. 8. (271; IV, 271 S.) Wien 875—79, Hartleben's Verlag. cart.

Bechstein, Ludw., neues deutsches Märchenbuch. 33. und 34. Aufl. Pracht-Ausg. Mit 10 Farbendruckbildern und 50 (eingedr.) Holzschn. nach Orig.-Zeichnungen von Frz. Kollarz und Leop. Weinmayer. 8. (IV, 271 S.) Ebendas. 876,77. *

Bechstein, Ludw., neues deutsches Märchenbuch. 31. Ster.-Aufl. Volks-Ausg. Mit e. Titelkpfr. (in Tondr.) u. 50 (eingedr.) Holzschn. nach Orig.-Zeichngn. v. Leop. Weinmayer. 8. (271 S.) Wien 877. Hartleben. 1. 20

Bechstein, L, neues deut. Märchenbuch. 41. Afl. Volks-Asg. 16. (271 m. H.) Wien 80, Hartleben. 1. 20 || 39. Afl. Pr.-Asg. m. H. u. 10 Chromol. 8. 3. —

—— neues deutsches Märchenbuch. 39. und 40. Ster.-Aufl. Pracht-Ausg. Mit 10 Farbendr.-Bildern und 50 (eingedr.) Holzschn., nach Orig.-Zeichnungen von Frz. Kollarz und Leop. Weinmayer. gr. 8. (VI, 271 S.) Wien 881,82, Hartleben's Verlag. cart.

—— dass. — 41.—45. Ster.-Aufl. Volks-Ausg. Mit 1 Titelkpfr. (in Tondr.) und 50 (eingedr.) Holzschn. nach Orig.-Zeichnungen von Leop. Weinmayer. 8. (VI, 271 S.) Ebendas. 881—84. cart.

Bechstein, Ludw., neues deutsches Märchenbuch. 43. Ster.-Aufl. Volks.-Ausg. Mit einem Titelkpfr. (in Tondr.) u. 50 (eingedr.) Holzschn. nach Orig.-Zeichngn. v. Leop. Weinmayer. gr. 16. (271 S.) Wien 882. Hartleben. cart. 1. 20;

— neues deutsches Märchenbuch. 45. Ster.-Aufl. Volks-Ausg. Mit e. Titelkpfr. (in Tondr.) u. 50 (eingedr.) Holzschn., nach Orig.-Zeichngn. v. Leop. Weinmeyer. 8. (IV, 271 S.) Wien 884. Hartleben. cart. 1. 20

—— neues deutsches Märchenbuch. 49. Ster.-Aufl. Volks-Ausg. 12. (VI, 271 S. mit 1 Titelbild in Tondr. und 50 Holzschn., nach Orig.-Zeichnungen von Leop. Weinmayer.) Wien 887, Hartleben. cart.

—— dass. — 50.—52. Aufl. Volks-Ausg. 8. (VI, 278 S. mit 1 Titelbild und 60 Holzschn.) Ebendas. 887,88. cart.

Bechstein, Ludwig, Neues deutsches Märchenbuch. 53. Aufl. Volksausgabe. Mit einem Titelbild und 60 Holzschnitten. 8. (280 S.) Cart. —.70
Wien: Hartleben 1889.

—— 54. Aufl. Prachtausg. Ebd. [1889]. VI,278 S. 8°
18. 302.
14.3661

—— dass. — 54. u. 60. Aufl. Pracht-Ausg. 8. (VI, 278 S. m. 16 Farbendr.-Bildern u. 60 Holzschn.) Ebd. 889,90. geb. * 3 —

—— Neues deutsches Märchenbuch. 53., 57.—59. Aufl. Volks-Ausg. Mit e. Titelbild u. 60 Holzschn. 8. (VI, 278 S.) Wien 890,91, Hartleben. cart. 1 20

—— Neues deutsches Märchenbuch. 61. Aufl. Volks-Ausg. Wien [usw.]: Hartleben [1893]. VI,278 S. 8°
75. 302. 308.
14.3678

— neues deut. Märchenbuch. 63. Afl. Volks-Asg. 8° (278 m. H.) Wien 95, A Hartleben. Kart. 1,20; 64. Afl. Pracht-Asg. (278 m. H. u. 16 Farbendr.) 95. Kart. 3 —

Bechstein, Ludwig, Neues deutsches Märchenbuch. 65 Auflage. Volks-Ausgabe. Mit einem Titelbilde und 60 Holzschnitten. 8. (VI, 280 S.) In Farbendruckumschlag. Cart. —.70
Wien: Hartleben 1898.

—— 69. Aufl. Pracht-Ausg. Ebd. [1898]. VI,278 S. 8°
302.
14.3689

BECHSTEIN, Ludwig 087
(F) Neues deutsches Märchenbuch. Von Ludwig Bechstein. 67. Auflage Volksausgabe. Mit 1 Titelbild und 60 Holzschnitten. Wien. Pest. Leipzig. [1901.] Hartleben. 8°. VI, 280 S. Geb. K 1.40. Dasselbe 70. Auflage. Prachtausgabe K 3.60

— neues deutsches Märchenbuch. 70. Aufl. Pracht-Ausg. Mit 16 Farbendr.-Bildern u. 60 Holzschn. 8. (VI, 278 S.) Wien (901). A. Hartleben. Geb. n. 3. —

— dasselbe. 67. u. 68. Aufl. Volks-Ausg. Mit e. Titelbild u. 60 Holzschn. (à VI, 278 S.) Ebd. (901. 902). Kart. 1. 20

— dasselbe. (283 S. m. 9 Farbdr.) gr. 8. Leipzig (903). E. Kempe. Geb. in Leinw. n. 8. —

— neues deutsches Märchenbuch. 70.—81. Aufl. Pracht-Ausg. Mit 16 Farbendr.-Bildern u. 60 Holzschn. (à VI, 278 S.) kl. 8. Wien (903—906). A. Hartleben. Geb. n. 8. —

— dasselbe. 71.—77. Aufl. Volks-Ausg. Mit e. Titelbild u. 60 Holzschn. (VI, 278 S.) kl. 8. Ebd. (903—906). Kart. 1. 20

—— 72. Aufl. Volks-Ausg. Ebd. [1904]. VI,278 S. 8° **302.**
14.3699

—— 73. Aufl. Volks-Ausg. Ebd. [1904]. VI,278 S. 8°
211. 302.
14.3700

— Neues deut. Märchenb. 74. Afl. Volks-Ausg. (278 m. H. u. 1 Titelbild.) 8° Wien, A Hartleben ('04). Kart. 1.20 || 80. Afl. Pracht-Ausg. (278 m. H. u. 16 Farbdr.) ('04.) Geb. 3 — d

—— 77. Aufl. Volks-Ausg. Ebd. [1904]. VI,278 S. 8°
60. 302.
14.3702

—— 78. Aufl. Volks-Ausg. Ebd. [1904]. VI,278 S. 8°
309.
14.3703

—— 80. Aufl. Pracht-Ausg. Ebd. [1904]. VI,278 S. 8°
60. 302.
14.3704

—— 81. Aufl. Pracht-Ausg. Ebd. [1904]. VI,278 S. 8°
302.
14.3705

— Neues deutsches Märchenbuch. 86. Aufl. Volks-Ausg. (VI, 278 S. m. 60 Holzschn. u. 1 Titelbild.) kl. 8. Wien (909). A. Hartleben. Kart. 1. 20

— Neues deut. Märchenb. Volksausg. 92. Afl. (6, 278 m. Titelbild u. Abb.) kl8° Wien, A Hartleben ('12). Pappbd 1.20 d

—— Neues, ausgewähltes deutsches Märchenbuch. Berlin: Pohlmann [um 1895]. 119 S. 8°
78.
14.3682

— neues, ausgewähltes deutsches Märchenbuch. Illustriert v. F. Schneider. gr. 8. (120 S. m. 3 Farbdr.) Berlin (899). R. Gahl. Geb. — 75; erhöht. Pr. 2.25

— **u. Grimm, Märchen-Hausschatz. Eine Auswahl der schönsten Märchen. Für die Jugend m. Berücksicht. der neuen Rechtschreibg. durchgesehen v. Rich. Lorenz. Mit 12 schwarzen Textbildern sowie 12 farb. Bildern v. Eug. Hanetzog u. Ernst Zimmer.** (VI, S. 5—128, 112, 120 u. 120 S.) gr. 8. Berlin (906). Verlag Jugendhort. Geb. in Leinw. n. 6. —

— **Märchenhort.** Unter Fortlassg. aller m. den Brüdern Grimm gleichart. Märchen f. die Jugend ausgewählt u. m. Berücksicht. der neuen Rechtschreibg. durchgesehen v. Mich. Lorenz. Mit 8 schwarzen Textbildern sowie 8 farb. Bildern v. Eug. Hanetzog. (128 S.) 8. Berlin (906). Verlag Jugendhort. Geb. 1.40

— Im Märchenlande, s.: **Grimm, Jak.**

— u. H. C. **Andersen,** im goldenen Märchenreich. Die schönsten Märchen v. B. u. A. gr. 8. (143 u. 143 S. m. Farbdr.) Berlin (900). A. Weichert. Geb. in Leinw. 6.—

Bechstein, Ludwig
— **Märchen-Sammlung.** Text gesichtet v. Hans Fraungruber. Bilder v. Karl Fahringer. (Gerlach's Jugendbücherei.) 12. (98 S.) Wien (901). M. Gerlach & Co. Geb. in Leinw. n. 1.25; erhöht. Pr. n. 1.50

— s. o. Märchenschatz.

— **Märchenschatz.** Unter Fortlassg. aller m. den Brüdern Grimm gleichart. Märchen f. die Jugend ausgewählt u. m. Berücksicht. der neuen Rechtschreibg. durchgesehen v. Mich. Lorenz. Mit 6 schwarzen Textbildern sowie 8 farb. Bildern v. Eug. Hanetzog. (112 S.) 8. Ebd. (906). Geb. 1.40

—— die Mären vom Rübezal, s. **Volksbücher, neue.**

— Die Mären vom Rübezahl dem Geiste des Riesengebirges. Leipzig: Schlicke [um 1855]. 64 S. 8° (Neue Volksbücher mit Holzschnitten. 33.34.) **11.**
14.3818

— **Mittheilung** die Nachbildung mittelalterlicher Siegel in Gutta Percha betreffend. — o. O. [um 1855]. 1 Bl. 4° **14.**
14.3820

—— **Mittheilungen aus dem Leben der Herzoge zu Sachsen-Meiningen und deren Beziehung zu Männern der Wissenschaft.** 8. (VII und 283 S.) Halle 850, Pfeffer. *

— **München** von Ludwig Bechstein u. V. Kleinknecht. — Schweinfurt: Kleinknecht & Schäfer 1843. IV, 44 S. 8°
Die Schrift ist e. selbständige Ausg. von: Album d. Haupt- u. Residenzstädte Europa's. Sect. 1, Lfg 2. 1843. **17.**
14.3822

Bechstein, Ludwig, s. **Musenalmanach**

— [Hrsg.] s. *Museum*, Deutsches, für Geschichte, Literatur, Kunst und Alterthumsforschung. 1842 ff. [Zeitschriften].

—— **Mythe, Sage, Märe und Fabel,** s. **Volk, das deutsche.**

— **Mythe,** Sage, Märe und Fabel im Leben und Bewußtsein des deutschen Volkes. Th. 1–3. — Leipzig: Weigel 1854–55. 8° (Das deutsche Volk, dargestellt in Vergangenheit u. Gegenwart zur Begründung d. Zukunft. 14/16.)
1: Sa 303-14/16. **3. 5. 7→11. 12:** Germ. g. 513 au-14/16. **14→22. 25→28. 30. 32. 34. 38. 41. 42. 44→48. 60. 66. 102. 107. 111. 117. 203. 300:** 166.487–B. **304.**
14.3823

— **Nala u. Damajanti.** Indisches Märchen der Jugend erzählt. br. 8. (IV u. 56 S. m. 4 Lithochrom.) Stuttgart 851, Ed. Hallberger. 1/3 ℛ

— **Neue Naturgeschichte der Stubenvögel.** Ein Lehrgedicht von Bechstein dem Jüngern [d. i. Ludwig Bechstein]. — Hannover: Hahn 1846. VII, 368 S. 8°
1: Yo 2403. **7. 11. 15. 17. 23. 27. 30. 31. 32. 35. 36. 39. 47. 60. 123. 308.**
14.3825

—— **Novellen u. Phantasieblüthen.** 2 Thle. 8. (26 B.) Leipzig 834, Leo.

— **Novellen** und Phantasieblüthen. Th. 1.2. — Leipzig: Leo 1835. 8° **1:** Yx 2711. **2. 5. 7. 12:** P. o. germ. 79 uf. **14. 15. 22. 26. 39. 41. 53. 109.**
14.3826

— **Novellen** und Phantasiegemälde. Bd 1.2. — Hildburghausen: Kesselring 1832. 8°
7. 11. 12: P. o. germ. 79 ug. **15. 19. 26. 41.**
14.3827

—— **Oberon König der Elfen.** Für die Jugend neu erzählt. br. 8. (IV und 80 S. mit 4 ill. Stnt. in Tondr.) Stuttgart 852, Ed. Hallberger.

—— —— **Paris.** Lex.-8. (7 B., 2 Stahlst. u. 1 Plan.) Schweinfurt 844, Kleinknecht u. Comp. *
Vgl. Album.

Bechstein, Ludw. (Hrsg.), s. **Perlen.**

— **Phantasie** im Marienthale. 25. Aug. 1847. [Gedicht.] — Altenburg [1847]: Bechstein. 1 Bl. 8° Autographiert. **11.**
14.3829

Bechstein, Ludwig: **Phantasie-Costüme,** s. **Bechstein,** Lothar

— **Philidor.** Erzählung aus d. Leben e. Landgeistlichen. — Gotha: Verl. Comptoir 1842. 290 S. 8°
1: Yx 4808. **7. 11. 31. 64. 109.**
14.3830

— **Scenischer Prolog** zur Schiller-Jubelfeier am 10. Nov. 1859. — Meiningen 1859: Keyßner. 7 S. 8°
1: Ys 10962. **10. 11.**
14.3831

— die **Reisetage.** Aus meinem Leben. 2 Thle. 8. Mannheim 835. Hoff. $2^{2}/_{3}$ ℛ

— **Die Reisetage.** Aus meinem Leben. Th. 1.2. — Mannheim: Hoff 1836. 8°
1: At 9582. **3. 7. 11. 12:** It. sing. 58 hf. **16. 22. 25. 26. 30. 31. 33. 39. 46. 52. 61. 64. 180.**
14.3832

— **Rheinsagen,** s: Schaffstein's blaue Bändchen.

— **Rotkäppchen.** Märchen. (16 Bl.) Lex8° Stuttg., G Weise ('12). HL 3 — d

Die Sagen von Eisenach und der Wartburg, dem Hörselberg und Reinhardtsbrunn [1] gesammelt u. hrsg. von Ludwig **Bechstein.** Eisenach: Eifert & Scheibe [1908]. 127 S. 8° (10. 1,802

— **Deutsches Sagenbuch.** Mit 16 Holzschn. nach Zeichngn. v. A. Ehrhardt. 8 Lfgn. Lex. 8. (XXIV u. 814 S.) Leipzig 852, G. Wigand. (à n. 1/3 ℛ) n. $2^{2}/_{3}$ ℛ

BECHSTEIN. *Deutsches Sagenbuch* von Ludwig Bechstein. Mit sechszehn Holzschnitten [auf Tafeln] nach Zeichnungen von A. EHRHARDT. Leipzig, Verlag von Georg Wigand. 1853. XXIV, 813 S. Gr.-8°. Grüner Hldr. d. Z. 45.—
Goed. XIII. 170, 71. Rüm. 357. ★ Erstausgabe des, neben dem Grimmschen, bedeutendsten deutschen Sagenbuches; vorzüglich illustr. — Teilw. ganz leicht wasserfleckig, kl. Loch im weißen Rande d. 2. Blattes, Einband leicht benutzt. Gutes Ex.

Bechstein, Ludwig
— **Thüringer Sagenbuch.** Bd 1.2. — Wien [usw.]: Hartleben 1858. 8°
In einigen Exemplaren ist d. Erscheinungsvermerk überklebt mit: Coburg: Sendelbach.
1: Yt 2141. **3. 8. 11. 12:** Germ. sp. 27 lz. **18. 19. 24. 27. 32. 39. 79. 107. 300:** 39.897–A. **302. 304.**
14.3840

—— **Thüringer Sagenbuch.** 2 Bde. 2. Aufl. 8. (VIII, 272; 311 S.) Leipzig 885, C. A. Koch's Verlagsbuchh. +

— **Thüringer Sagenbuch.** 3. Aufl., hrsg. v. **M. Berbig.** gr. 8. (VI, 314 S.) Dresden 898. C. A. Koch. Geb. in Leinw. n. 3.50

—— der Sagenschatz des Frankenlandes, s. **Sagenschatz.**

— Der Sagenschatz des Frankenlandes. Th. 1. — Würzburg: Voigt & Mocker 1842. 314 S. 8°
1. Die Sagen d. Rhöngebirges u. d. Grabfeldes.
1: Yt 1581. 2→5. 11. 12: Bavar. 210 m. 14. 15. 17→22. 24. 26→32. 34. 36. 38. 39. 41. 43. 45. 46. 66. 109. 111. 300: 32.001-B. 302.
14.3843

— Der Sagenschatz und die Sagenkreise des Thüringerlandes. Th. 1-4. — Hildburghausen (3.4: Meiningen [usw.]): Kesselring 1835-38. 8°
1. Die Sagen von Eisenach u. d. Wartburg, d. Hörseelberg u. Reinhardsbrunn. 1835.
2. Die Sagen aus Thüringens Frühzeit, von Ohrdruf u. d. Inselberge. 1836.
3. Die Sagen aus Thüringens Vorzeit, von d. drei Gleichen, d. Schneekopf u. d. thüringischen Henneberg. Nebst e. Abhandlung über d. ethischen Werth d. deutschen Volkssagen. 1837.
4. Die Sagen d. Kiffhäusers u. d. Güldenen Aue, d. Werragrundes u. von Liebenstein u. Altenstein. 1838.
1: Yt 1391. 2. 3. 7. 8. 11. 12: Germ. g. 27 m. 14→18. 21. 22. 27. 28. 35. 39. 41. 43. 46. 109. 112. 300: 9327-B.
14.3844

— — Der Sagenschatz des Thüringerlandes. Neue Ausg. Th. 1-4. — Hildburghausen: Kesselring 1862. 8°
Inhalt wie in 14.3844. 5. 24. 30. 31. 32. 45. 53. 117.
14.3845

— Thüringens Sagenschatz, s: Richter-Heimbach, Arth.

—— der Sängerkrieg auf Wartburg, s. a. Volksbücher, neue.

— Der Sängerkrieg auf Wartburg. — Leipzig: Schlicke [um 1855]. 32 S. 8° (Neue Volksbücher. Mit Holzschnitten. 25.) 1: Ss 2726/10. 11. 27.
14.3834

— Vom tapferen Schneiderlein. Der beherzte Flötenspieler. Mit Bildern von Ludwig Richter. — München: Callwey [1910]. 16 S. 8° (Der Schatzgräber. 22.)
12: P. o. germ. 1255 gi-22. 19.
14.3849

— Sonettenkränze. — Arnstadt: Mirus 1828. XXXII,253, VIII S. 8° 11. 15.
14.3850

— Sonettenkränze. 12. Leipzig 828. (Metzger.) 2/3 ßf

— Der Sonntag. Gedicht ... nebst 6 Kupfertafeln von Ferdinand Berthold. — Leipzig: Börner [1831]. 12 S. quer-4° 2. 11. 14.
14.3851

—— der Sonntag. Gedicht in 6 Gesängen, nebst 6 Kpfrt., erfunden u. radirt v. Ferd. Berthold. qu. Roy.-Fol. (7 B.) Leipzig 832, (Brockhaus.)

— Sophienlust. Novelle. — Stuttgart: Hoffmann 1840. IV,355 S. 8°
1: Yx 4273. 7. 11. 15. 18. 19. 22. 24. 26. 27. 32. 39. 64.
14.3852

(*Bechstein, L.*), Zum Spiel v. Frau Jutten (Päpstin Johanna betr.). Leipzig 1862. A. 8°. (80 Pfg. B. Seligsberg, Bayreuth, 1911.)

Bechstein, Ldw. (Hrsg.), s. Taschenbuch, Historisch-statistisches, für Thüringen u. Franken.

—— Thüringen, s. a. Deutschland, das maler. und romant

— Thüringen. 1838 u. ö.
s. *Bechstein:* Wanderungen durch Thüringen.

— Thüringen in der Gegenwart. — Gotha: Verl. Comptoir 1843. 232 S. 8° 1: Ss 1074. 3. 10. 11. 15. 16. 20. 21. 22. 27. 32. 30. 53. 112. 180. 302.
14.3853

— Der Todtentanz. Ein Gedicht. Mit 48 Kupfern nach H. Holbein. — Leipzig: Leo 1830. VIII,200 S. 8°
30. 43. 46.
14.3854

—— der Todtentanz. Ein Gedicht. M. 48 Kpfrt. in treuen Conturen nach H. Holbein. gr.-16. (18 B.) Leipzig 831, Leo.

(—) Den hohen Vermaehlten. 1. Juni 1850. — [Meiningen 1850.] 2 Bl. 8° 32.
14.3856

— Verzeichniss der Sammlung von Kunst- und Alterthums-Gegenständen aus dem Nachlasse des weil. Hofraths Ludwig Bechstein. [Auktionskat.] — Meiningen 1860: Keyßner. IV,43 S. 8° 11.
14.3857

— Drugulin's Kunst-Auction 14. Verzeichniss der von Ludwig Bechstein hinterlassenen und einiger anderer werthvollen Sammlungen von Kupferstichen, Holzschnitten, Holzschnittwerken, Antiquitäten und Oelgemälden. [Nebst] Preisliste. [Auktionskat.] — Leipzig 1860: Nies. 8°
23 [∞ Preisliste]. 302.
14.3858

— Volks-Erzählungen. — Altenburg: Pierer [1853]. VI, 262 S. 8°
1: Yx 8302. 7. 11. 12: P. o. germ. 79 uq. 22. 38. 39. 43.
14.3859

— Deut. Volkserzählgn, s: Erzähler, Unsere.

BECHSTEIN, Ludw. — Deutsche Volkslieder. (Abdrücke nach mündlichen Mittheilungen, Handschriften u. fliegenden Blättern, in: Deutsches Museum etc. Hrsg. v. Ludw. Bechstein. Bd. I. Jena, Mauke, 1842. Gr. 8°. S. 191—218; II. Ebd. 1843. S. 197—242.) (1 Mk. 50 Pfg., B. Seligsberg, Bayreuth, 1911.)

— Thüringische Volksmährchen von C. Bechstein, angehangen ist Harald von Eichen, eine romantische Sage d. Vorzeit aus d. 10. Jh. — Sondershausen: Fleck 1823. 165 S. 8° 1: Yt 1251. 3. 10. 11. 14. 17. 22. 25. 32. 78. 109. 112. 300: 160.274-B.
14.3860

— Die Volkssagen, Mährchen und Legenden des Kaiserstaates Oesterreich. Bd 1. — Leipzig: Polet 1840. VIII, 184 S. 8° 2. 7. 10. 11. 12: Austr. 360. 15. 17 [unvollst.] 21. 22. 25. 26. 27. 29. 34. 39. 41. 109. 302.
14.3861

— Die Volkssagen, Mährchen und Legenden des Kaiserstaates Oesterreich. — Ebd. 1841. VIII,184 S. 8°
1: Yt 1566. 5. 8. 14. 28. 32. 43. 300: 390.991-A. 304.
14.3862

—— Wanderungen durch Thüringen, s. a. Deutschland, das maler. u. romant., III. Sect.

— Wanderungen durch Thüringen. Mit 30 Stahlstichen. Roy.-8. Leipzig 837, G. Wigand. n. 3 1/3 ß

— Wanderungen durch Thüringen. — Leipzig: Wigand [1838]. 291 S. 8° Nebent.: Bechstein: Thüringen. (Das malerische u. romantische Deutschland. 4.)
In einigen Exemplaren fehlt d. Titel d. Sammlung oder d. Nebentitel.
1: S 10790-4. 2→6. 8→11. 12: Germ. g. 100 h-4 [2 Ex.] 14. 16→19. 22→28. 30→34. 36. 39. 41. 43. 44. 46. 47. 48. 51. 60. 61. 62. 75. 78. 79. 106. 109. 111. 117. 169. 180. 205. 214. 302→304. 308.
14.3865

— — Thüringen. 2. Aufl. Ebd. 1846. 205 S. 8° (Das malerische u. romantische Deutschland. 3.) 25.
14.3866

— — 2. Aufl. Leipzig: Haendel [1847]. 205 S. 8° (Das malerische u. romantische Deutschland. 3.)
1: S 10791-3. 15. 20. 27. 39. 111. 112.
14.3867

— — Wanderung durch Thüringen. 3. Aufl. Ebd. [1850]. II, 204 S. 8° 1: Ss 1059³. 10. 14. 42. 51. 79. 109.
14.3869

— Schloß Wartburg. In Liedern u. Romanzen gefeiert. — Leipzig: Voigt & Günther 1859. IV,120 S. 8°
11. 12:P. o. germ. 79uhc. 14. 22. 23. 39. 43.
14.3870

— Weimar von Ludwig Bechstein u. V. Kleinknecht. — Schweinfurt: Kleinknecht 1844. 39 S. 8°
Die Schrift ist e. selbständige Ausg. von: Album d. Haupt- u. Residenzstädte Europa's. Sect. 2, Lfg 2. 1844.
38. 300: ∘5512.
14.3871

— — Weimar. (Mit 1 Stahlstich u. 1. Plan.) Lex.-8. Ebd. 845. 1/3 ℳ

— Die Weissagung der Libussa. Historisches Gemälde aus d. 9. Jh. Th. 1.2. — Stuttgart: Franckh 1829. 8°
1:Yx 805. 7. 11. 12:P. o. germ. 79u. 15. 24. 39.
14.3872

—— die Weissagung d. Libussa. Histor. Gemälde a. d. 9. Jahrh. 2 Thle. gr. 12. (24 B.) Stuttgart 829, [Hallberger.]

—— die Weissagung d. Libussa. Histor. Gemälde. 2 Thle. 2. Ausg. gr. 12. (23½ B.) Stuttgart 841, Hallberger'sche Vrlshlg.

— Über den ethischen Werth der deutschen Volkssagen. 1837 in: *Bechstein:* Der Sagenschatz und die Sagenkreise des Thüringerlandes. 3.

— — o. O. 1837. 31 S. 8°
Aus: Bechstein: Der Sagenschatz u. d. Sagenkreise d. Thüringerlandes. 3. 1837.
3. 18. 23. 27. 30. 117. 207. 308.
14.3874

—— —— Wien. Lex.-8. (5¼ B., 1 Stahlst. u. 1 Plan.) Schweinfurt 843, Kleinknecht u. Comp.
Vgl. Album.

— Wollen u. Werden; Deutschlands Burschenschaft u. Burschenleben. Romantisches Zeitbild. 1. Abth. A. u. d. T.: Berthold der Student od. Deutschlands erste Burschenschaft. 2 Bde. 8. (367 u. 334 S.) Halle 850, Pfeffer. n. 3½ ℳ

— Die Wurzel der nordischen Mythologie aufgefunden und nachgewiesen im Herzogl. Sächs. Verwaltungsamte Wasungen und dessen Angrenzungen. Tischrede. — Wasungen & Washington [vielm. Meiningen]: Verl. Komptoir [1838]. 12 S. 8°
3. 11. 22.
14.3876

— — Der Zauberwettkampf. Die drei Gaben. Der goldene Rehbock. Das Kätzchen und die Stricknadeln. Mit Bildern von Ludw. Richter. — München: Callwey [1910]. 15 S. 8° (Der Schatzgräber. 37.)
12:P. o. germ. 1255 gi-37. 19.
14.3723

Bechstein, Marie: Märchenbuch. Eine Sammlung ... Märchen für Knaben u. Mädchen. — Berlin: Kühn [1883]. 233 S. 8°
1:Ng 16044.
14.3878

Bechstein, O., De linguae latinae nominibus suffixorum ent — et mino — ope formatis. Diss. 1875. 61 S. —.75

Bechstein, Otto, Prof. Dr., Schriftführer d. Vogesen-Clubs. 1893: Ausflüge in die Vogesen. Nebst e. Anh.: Rastorte, Stützpunkte, Sommerfrischen in den elsass-lothringischen Vogesen. — Strassburg 1895: Heitz. 40 S. 8°
21. 46. 169.
14.3879

Bechstein, O., der Donon u. seine Altertümer, s. a. Streifzüge u. Rastorte im Reichslande.

- Der Donon und seine Altertümer. — Strassburg: Heitz [1894]. 66 S. 8° (Streifzüge u. Rastorte im Reichslande u. d. angrenzenden Gebieten. 7.)
Erschien zuerst in: Jahrbuch für Geschichte, Sprache u. Litteratur Elsass-Lothringens. 7. 1891.
1:Rh 5572-7. 16. 30. 31. 107.
14.3880

Bechstein, Otto, Führer durch Strassburg, s.: Euting, Jul.

Bechstein, Otto: Führer durch d. Vogesen, s: Mündel, Curt.

— Guide illustré de la ville de Strasbourg, s: Euting, Jules.

Bechstein, Otto, Instrumente zur Messung der Temperatur f. technische Zwecke. (64 S. m. 61 Abbildgn.) 8. Hannover 905. Dr. M. Jänecke. n. 1. 80
Sonderabdruck aus: „Deut. Techniker-Zeitg."

— [Hrsg.] s. *Muendel,* Kurt: Führer durch die Vogesen. 5. Aufl. 1907 u. ö.

Bechstein, Otto, die Vogesen, s.: Mündel, Curt.

— Les Vosges, s.: Mündel, Curt.

Bechstein, Reinhold: Die Alterthümlichkeiten in unserer heutigen Schriftsprache. — Rostock: Werther 1878. 48 S. 8°
1:Ya 3460. 3. 8. 9. 10. 12:L. germ. 20gb. 18. 20. 21. 25. 28. 33. 39. 43. 303.
14.3884

— Anmerkungen zu Heinrichs von Freiberg Tristan. — o. O. 1887. 48 S. 8°
Aus: Germania. Vierteljahrsschrift für deutsche Altertumskunde. N. R. 20. 1887.
28. 117.
14.3886

Bechstein, Reinhold, die Aussprache des Mittelhochdeutschen. Halle 858. Pfeffer. 8. (VIII, 96 S.) n. 16 ngl

— Ludwig Bechstein in seinem wissenschaftlichen Wirken. Meiningen 1882. 72 S. 8°
Aus: Einladungsschrift zur Feier d. fünfzigjährigen Bestehens d. Henneberg. altertumsforschenden Vereins zu Meiningen. 1882.
12:Biogr. 79 hf. 21. 26. 28. 33.
14.3887

— Denkschrift zur Feier des fünfundzwanzigjährigen Bestehens des deutsch-philologischen Seminars auf der Universität zu Rostock am 11. Juni 1883. — Rostock 1883: Adler. 24 S. 4°
2. 9. 12:4°H. lit. P. 256af. 16. 18. 19. 21. 26→29. 32. 33. 39. 53. 302→304.
14.3888

Bechstein, Rhold., die deutsche Druckschrift u. ihr Verhältnis zum Kunststil alter u. neuer Zeit, s. a. Sammlung v. Vorträgen.

— Die deutsche Druckschrift und ihr Verhältnis zum Kunststil alter und neuer Zeit. — Heidelberg: Winter 1884. 32 S. 8° (Sammlung von Vorträgen für d. deutsche Volk. 11,7.)
1:Ag 9324-11,7. 3. 5. 7. 10. 11. 12:Var. 366ai-11,7 [2 Ex.] 14. 15. 16. 19. 20. 21. 23. 25. 26. 28. 29. 30. 33. 35. 39. 43. 60. 93. 107. 109. 203. 207. 302.
14.3889

— das höfische Epos. Auswahl aus den Erzählgn. Hartmann's v. Aue, Wolfram's v. Eschenbach u. Gottfried's v. Strassburg. Schulausg. Mit Einleitg., Anmerkgn. u. Wörterbuch. 12. (XXIV, 182 S.) Stuttgart 881. Cotta. cart. n. 1. 20

— Zu Ludwig Uhland's Gedächtniß. Festrede. — Rostock 1887. 40 S. 8° Aus: Rostocker Zeitung. 1887.
4. 15. 21. 28. 32. 33. 39. 109.
14.3890

— Ausgewählte Gedichte Walther's von der Vogelweide und seiner Schüler. Schulausg. Mit Einl., Anm. u. Wörterbuch. — Stuttgart: Cotta 1879. XVIII,134 S. 8° (Schulausgaben deutscher Classiker mit Anmerkungen.)
16. 33.
14.3891

— — 2. Aufl. Ebd. 1893. 158 S. 8° [(Schulausgaben deutscher Classiker mit Anmerkungen.)]
33.
14.3892

— Aus dem Kalender-Tagebuche des Wittenberger Magisters und Marburger Professors Victorin Schönfeld, 1555 –1563. — Rostock 1875: Boldt. 24 S. 4°
3. 32. 33. 123. 169.
14.3893

Bechstein, Rhold., aus dem Kalender-Tagebuche d. Wittenberger Magisters u. Marburger Professors Victorin Schönfeld 1555–1563. Ein Beitrag zur Universitäts- u. Culturgeschichte d. 16. Jahrh. 2. Ausg. gr. 4. (24 S.) Rostock 875. Stiller. n. 1. 40

Bechstein, Reinhld., die Literatur der Schulprogramme, ihre Verwerthung für die Wissenschaft und ihre Concentration durch den Buchhandel. Eine Anregung. Leipzig 864. O. A. Schulz. Lex.-8. (15 S.) 3 *ngr.*

Bechstein, Reinhold

—— altdeutsche Märchen, Sagen und Legenden. Treu nacherzählt und für Jung und Alt hrsg. 8. (VIII und 152 S.) Leipzig 863, O. A. Schulz. cart.
Vgl.: Boheim, Matth. v., Evangelionbuch. — Museum, deutsches, für Geschichte rc.

— altdeutsche Märchen, Sagen u. Legenden. Treu nacherzählt f. Jung u. Alt. 2. verm. Aufl., m. Holzschn. (eingedr. u. auf Taf.) nach Orig.-Zeichngn. v. Ludw. Bechstein. 8. (VIII, 248 S.) Leipzig 877. Schulz. cart. n. 3. —

— Die germanische Philologie vorzugsweise in Deutschland seit 1870. Encyklopädischer Ueberblick. — Leipzig: Fues 1883. 38 S. 8°
Aus: Encyklopädie d. gesamten Erziehungs- u. Unterrichtswesens. 2. Aufl. 6. 1885. **10. 21. 28. 33. 107. 303.**
14.3898

—— das Spiel von den zehn Jungfrauen, ein deutsches Drama des Mittelalters. Vortrag gehalten in der Aula der Universität zu Rostock im Februar 1872. 8. (52 S.) Rostock 872, Kuhn. [Werther's Verlag.] *

— Deutsche Sprache und Litteratur. Kulturgeschichte, Volks- und Altertumskunde ... Bibliothek des † Prof. Dr. R. Bechstein. — (Leipzig [1895]: Hesse & Becker.). 120 S. 8° (Fock, Gustav: Lager-Verzeichnis. 103.)
1: Aq 6831–103. **14. 16.**
14.3900

— Tristan und Isolt in deutschen Dichtungen der Neuzeit. Leipzig: Teubner 1876. VIII, 235 S. 8°
1: Yc 7012. **2. 5. 6. 10. 11. 12:** H. lit. P. 33 t. **14→17. 19. 21. 23. 24. 25. 28. 30. 32. 33. 38. 45. 46. 64. 117. 302.**
14.3901

— [Hrsg.] s. *Ulrich* v. Lichtenstein: Frauendienst. 1888.

Bechstein, Walter: Photometer mit proportionaler Teilung und dezimal erweitertem Meßbereich. — Berlin: Springer 1907. S. 178–183. 4°
Aus: Zeitschrift für Instrumentenkunde. 27. 1907. **33.**
14.3902

Becht, Kommissär, Rastatt. 1817: Beschreibung von Rastatt von den Zeiten der Römer bis zum glorreichen Regierungs-Antritt des Großherzogs Leopold von Baden. — Rastatt: Verf. 1832. XVI, 136 S. 8°
1: Si 4486. **12:** Germ. sp. 27 n. **17. 21. 24. 25. 31. 32. 43.**
14.3905

— Denkwürdigkeiten der zwey Feldzüge Großherzogl. Bad. Truppen im Elsasse in den Jahren 1814 und 1815. Nebst ... d. Geschichte ... d. Infanterie-Regiments von Neuenstein. — Heidelberg: Verf. 1817. XVIII, 207 S. 8°
1: Si 1758. **14. 16. 17. 24. 25. 31. 32. 180. 209.**
14.3906

Becht, Alphonse: Geschichtliche Notizen über die ehemalige gräflich württembergische Herrschaft Horburg bei Colmar, im Ober-Elsaß. (Verf.: Becht.) — Colmar 1888: Eglinsdörfer & Waldmeyer. 10 S. 8° **24. 25.**
14.3907

Becht, Georg Adam (Heilbronn), De eo quod justum est circa actus quosdam necessitatis. Disp. jur. Präs. Simon Nicol. Orth. Giessen (J. Reinh. Vulpius' Erben) 17. III. 1711. 52 S. (4.—) 1556
Gew.: Jacob v. Schroedern. — Widm. v.: Matth. Nicol. Kortholt, Gg. Ludw. Handwerck, Ant. Nicol. Orth, Joh. Jerem. Schenck, J. J. Busbaum (Hattnegga Marcanus), J. E. Günst (deutsch).

Becht, J. L., u. J. Schmitt, Taschen-Liederbuch für Lehrer. Hrsg. u. allen deutschen Lehrer-Vereinen gewidmet. 1. Hft. qu. 8. (72 S. m. Melodien.) Darmstadt 849. (Dietzsch.) 8 *ngr*

Becht, J. L.: Der Weinkeller auf Schloß Salurn. Eine Sage. Frankfurt a. M. [usw.]: Heyder & Zimmer 1860. 84 S. 8°
12: P. o. germ. 79 w. **21. 24. 29.**
14.3909

Becht, Ida: Regiergsrat Karl Becht. Ein Lebensbild. (7, 64 m. Bildn.) 8° FreiburgB., (Caritas-Bh.) '11. — 50

Becht, Johann Jakob: Commentatio historico-iuridica, de Iure linguae, lingua vernacula: Vom rechtlichen Gebrauch der Sprache in Reichs-, Lehn-, bürgerlichen und peinlichen Geschäfften. Ed. novissima. — Argentorati 1751. 56 S. 8°
Erschien zuerst als Diss. Straßburg 1691. **4. 8. 9. 10. 11. 12:** 4° Diss. 1521-6. **15. 16. 17. 19. 24. 26. 27. 32. 48.**
14.3913

Becht, Johann Moritz: Heilbronnische nova Documenta restitutionis in Sachen Hupfer contra das Stadtgericht zu Heilbronn. [Verf.: Johann Moritz Becht.] — Dat. Wezlar 20. Jun. 1771. 22 S. 4° **14. 17. 24.**
14.3914

(—) Geschichtserzälung zweier reichskammergerichtlichen Mandatsprocesse, in Sachen Johann Georg Hupfer gegen das Stadtgericht der freien Reichsstadt Heilbronn. Wezlar 1770. 132, 60 S. 4°
1: 3 in 4° Gx 13000-16. **14. 16. 24. 35.**
14.3916

(—) Unterthänigstes Pro memoria ad causas Johann Georg Hupfer, paup. gegen das Stadtgericht zu Heilbronn. — Dat. Wezlar 8. Jun. 1770. 14 S. 4° **14. 24.**
14.3910

[—] Kurzgefaßter Status causae in Sachen Hupfer contra das Stadtgericht zu Heilbronn. — Dat. Wezlar 22. April 1771. 20 S. 4° **5. 14. 24.**
14.3917

Becht, Ulrich Friedrich (Heilbronn)
Dissertatio inauguralis juridica de legibus ad statum cujuslibet reipublicae prudenter applicandis, et de jure recedendi a constitutionibus imperii, statibus competente.
Giessae 7. Sept. 1722: Joh. Reinh. Vulpius. 55 S. 4°
pro dignitate doctorali consequenda.

Bechte, Benedikt [Übers.] s. *Bassano*, Daniele da: Das Geheimniß der göttlichen Liebe in der geistlichen Vereinigung [Il Segreto dell'amor di Dio nell'unione spirituale, deutsch]. 1888.

Bechte, B., von den vier letzten Dingen. Vom ehrwürd. Dionysius dem Karthäuser. Nach der italien. Uebersetzg. 12. (343 S.) Steyl 889. Missionsdruckerei. n.n. 1. —

Bechtel, Invaliditäts- u. Altersversicherung. Der Entwurf einer Reichsversicherungs-Ordnung. Invaliditäts- und Altersversicherung, 1909, 15. April.

Bechtel, Adolf
Bechtel, A., französische Chrestomathie für die oberen Classen der Mittelschulen, mit sprachl. und sachl. Erläuterungen, sowie mit literar. und biograph. Einleitungen. gr. 8. (VIII, 471 S.) Wien 879, Klinkhardt. *

Bechtel, A., französische Chrestomathie f. die oberen Klassen der Mittelschulen, m. sprachl. u. sachl. Erläutergn., sowie m. literar. u. biograph. Einleitgn. 2. verb. Aufl. gr. 8. (VIII, 528 S.) Wien 881. Klinkhardt. n. 4. —

Bechtel, A., französische Chrestomathie f. die oberen Classen der Mittelschulen, m. sprachl. u. sachl. Erläutergn., sowie m. literar. u. biograph. Einleitgn. 3., verb. Aufl. gr. 8. (VIII, 536 S.) Wien 884. Manz. geb. n. 4. 48.

Bechtel, Adf., französische Chrestomathie f. die oberen Classen der Mittelschulen, m. sprachlichen u. sachlichen Erläuterungen, sowie m. literarischen u. biographischen Einleitungen. 4., verb. Aufl. Mit 1 (farb.) Karte v. Paris. gr. 8. (X, 598 S.) Wien 892. Manz. Geb. in Leinw. n. 4. 48

Bechtel, Adf., französische Chrestomathie f. die oberen Klassen der Mittelschulen m. sprachl. u. sachl. Erläuterungen, sowie m. literar. u. biograph. Einleitgn. 5. Aufl. Mit e. Karte v. Paris. Inhaltlich unveränd., nach der neuen Rechtschreibg. hergestellter Abdr. der 4. Aufl. gr. 8. (VI, 598 S.) Wien 902. Manz. n. 4. —; geb. n. 4. 48

Bechtel, Adf., französische Chrestomathie f. die oberen Klassen der Mittelschulen m. sprachlichen u. sachl. Erläuterungen, sowie m. literar. u. biograph. Einleitgn. 6. Aufl. Mit e. (farb.) Karte v. Paris. Inhaltlich unveränd., nach der neuen Rechtschreibg. hergestellter Abdr. der 4. Aufl. (VI, 598 S.) 8. Wien 908. Manz. Geb. nn 3. 75

Bechtel, Adf: Französ. Chrestomathie f.d.ob.Kl. d.Mittelsch. Mit sprachl. u. sachl. Erläutergn sowie m. lit. u. biograph. Einleitgn. 7. Afl. (6, 419 m. Abb., 1 farb. Kte u. 1 farb. Pl.) 8° Wien, Manz '11. L 3.50

— französisches Elementarbuch f. Mittelschulen. Mit dem f. die 2 ersten Jahrgänge nöth. Übungs- u. Lesestoff methodisch bearb. gr. 8. (XI, 152 S.) Wien 884. Manz. geb. n. 1. 84

— französisches Elementarbuch f. Mittelschulen. Mit dem f. die 2 ersten Jahrgänge nöth. Uebungs- u. Lesestoff, methodisch bearb. 2., unveränd. Aufl. gr. 8. (XI, 152 S.) Ebd. 888. geb. n. 1. 84

Bechtel, A., Enseignement par les yeux (Leçons de choses) basé sur le cartes murales d'Edouard Hölzel. Edition destinée à l'enseignement primaire supérieur. 8 (147 S.) 1.40
— — Edition destinée à l'enseignement secondaire. 8. (117 S.) 1.40
Wien: Hölzel 1893.

— Enseignement par les yeux (leçons de choses) basé sur les tableaux muraux d'Ed. Hoelzel. Ed. destinée à l'enseignement secondaire. 2. éd. gr. 8. (XIV, 117 S.) Wien 897. E. Hölzel. n. 2. 40

— dasselbe. Ed. destinée à l'enseignement primaire supérieur. 2. éd. revue et corrigée. gr. 8. (X, 147 S.) Ebd. 898. n. 2. 40

· Enseignement par les yeux (leçons de choses) basé sur les tableaux muraux d'Éd. Hoelzel. Édition destinés à l'enseignement secondaire. 3. éd. (14, 125) 8° Wien, E Hölzel ('07). 2.40

— Enseignement par les yeux (leçons de choses) basé sur les tableaux muraux d'Éd. Hoelzel. Édition destinée à l'enseignement primaire supérieur. 3. éd. revue et corrigée. (X, 158 S.) 8. Wien (908). E. Hölzel. 2. 80

Bechtel, Adolf
— französische Grammatik für Mittelschulen. 1. Thl., mit dem für die zwei ersten Jahrgänge nöthigen Lesestoffe. gr. 8. (VIII, 256 S.) Ebendas. 878. *

— französische Grammatik f. Mittelschulen. 2 Thle. gr. 8. Ebend. 880. 81. n. 4. 40
1. m. dem f. die 2 ersten Jahrgänge nötigen Lesestoffe. 3. vereinfachte u. verb. Aufl. (VIII, 209 S.) n. 2. —
2. für die Mittel- u. Oberclassen. (X, 252 S.) n. 2. 40

Bechtel, A. (I.), Schlüssel zu den deutschen Übungen in der französischen Grammatik für Mittelschulen. 1. Thl. 1. und 2. vereinf. und verb. Aufl. gr. 8. (32 S.) Wien 880, Klinkhardt. *

— Schlüssel zu d. deut. Uebgn in d. franz. Grammatik f. Mittelschulen. 1. Thl. 2. Afl. 8. (32) Ebd. 80. ‖ Oberstufe. [Für Cl. V—VII.] (62) 81. à n. 1. —

Bechtel, Adolf, Französische Grammatik für Mittelschulen. 2. Theil, für die Mittel- und Ober-Classen. 2. verbesserte Auflage. Wien 1882. Julius Klinkhardt. Preis, broschirt, 1 fl. 20 kr.

— französische Grammatik für Mittelschulen. 2 Thle. gr. 8. Wien, Klinkhardt. *

Inhalt:
Thl. 1. Mit dem für die zwei ersten Jahrgänge nötigen Lesestoffe. 2. vereinfachte und verb. Aufl. (X, 222 S.) 1880. *M 2.; 3. vereinf. und verb. Aufl. (VIII, 209 S.) 1881. *M 2.; 4. vereinf. und verb. Aufl. (VIII, 205 S.) 1882. *M 2.; 5. Aufl. (VIII, 205 S.) 883. *M 2,40.
" 2. Für die Mittel- und Oberklassen. (X, 252 S.) 1880. *M 2,40.; 2. verb. Aufl. (XII, 263 S.) 1882. *M 2,40.; 3. Aufl. (XII, 263 S.) 883. *M 2,80.

— französische Grammatik für Mittelschulen. 2 Thle. gr. 8. Wien, Manz'sche Hofverlagsb. geb. *

Inhalt:
Thl. 1. Mit dem für die zwei ersten Jahrgänge nöthigen Lesestoffe. 6. revid. Aufl. (VIII, 208 S.) 884. *M 2,40.
" 2. Für die Mittel- und Oberclassen. 3. Aufl. [Unveränd. Abdr. der 2. verb. Aufl.] (XII, 263 S.) 883. *M 2,80.

Bechtel, A., französische Grammatik f. Mittelschulen. 2 Thle. gr. 8. Wien, Manz. geb. n. 5. 20
1. Mit dem f. die 2 ersten Jahrgänge nöthigen Lesestoffe. 7. rev. Aufl. (VIII, 208 S.) 885. n. 2. 40. — 2. Für die Mittel- u. Oberclassen. 3. Aufl. [Unveränd. Abdr. der 2. verb. Aufl.] (XII, 263 S.) 883. n. 2. 80.

Bechtel, Adf., französische Grammatik für Mittelschulen. 2. Thl., f. die Mittel- u. Oberklassen. 4. Aufl. [Unveränd. Abdr. der 2. verb. Aufl.] gr. 8. (XII, 263 S.) Wien 886. Manz. n. 2. 40; geb. n. 2. 80

— französische Grammatik f. Mittelschulen (Realschulen, Mädchenlyceen u. Lehrerinnen-Bildungsanstalten). 4., verb., dem „Normallehrplan" u. den „Instruktionen" vom 1. III. 1899, Z. 5546, sowie den „Regeln f. die deutsche Rechtschreibg." vom J. 1902 angepaßte Aufl. gr. 8. (XII, 244 S.) Ebd. 902. n. 2. 40; geb. in Leinw. n. 2 90

Bechtel, Adf., französische Grammatik für Mittelschulen (Realschulen, Mädchenlyceen u. Lehrerinnen-Bildungsanstalten). 5., verb., dem „Normallehrplan" u. den „Instruktionen" vom 1. III. 1899, Z. 5546, sowie den „Regeln f. d. deutsche Rechtschreibg." vom J. 1902 angepaßte Aufl. (XII, 244 S.) 8. Wien 906. Manz. Geb. n. 2. 50

— **Kurzgefasste Grammatik d. französ. Sprache f. Mittelsch.** (Auch m. französ. Titel.) (7, 111) 8° Ebd. '11. geb. 1.70 d

Bechtel, Adolf und Hertzog, Paul, Französische Conversations-Grammatik für commercielle Lehranstalten. Wien 1891, bei Manz. (Min.-Erl. 17. Juni 1891. Z. 10626.) Geheftet 1.20, gebunden XIV, 344 S. 1.40

Bechtel, Adolf: Französische Conversations-Grammatik für commercielle Lehranstalten. Von Adolf Bechtel u. Charles Glauser. 2., verb. u. vereinfachte Aufl. — Wien: Manz 1897. X,351 S. 8° 300:193.332-B. 14.3922

— — 3., rev. Aufl. Ebd. 1899. X,351 S. 8° 300:402.649-B. 14.3923

— u. Charles Glauser, französische Conversations-Grammatik für commercielle Lehranstalten. 3., rev. Aufl. gr. 8. (XI, 351 S.) Wien 900. Manz. Geb. in Leinw. n. 2.88

— u. Charles Glauser, französische Konversations-Grammatik f. kommerzielle Lehranst. (Mit abrégé de grammaire.) 4., umgearb., m. e. abrégé de grammaire verseh. Aufl. (XV, 304 u. 80 S.) 8. Wien 907. Manz. Geb. 2.80

— Französ. Konversations-Grammatik f. Lehrer- u. Lehrerinnenbildungsanstalten, Fortbildungsschulen sowie zum Selbstunterrichte. 6., umgearb. Aufl. (XII, XXXVI, 854 S.) 8. Wien 907. Manz. Geb. 2.85

— Französ. Konversations-Grammatik f. Lehrer- u. Lehrerinnenbildgsanst., Fortbildgssch. sowie z. Selbstunterr. 7. Afl. (12, 36, 354) 8° Ebd. '12. L 2.85 d

— Französische Conversations-Grammatik für Schulen sowie zum Selbstunterrichte. — Wien: Manz 1887. XII, 275 S. 8° 302. 14.3025

Bechtel, Adf., französische Conversations-Grammatik für Schulen sowie zum Selbstunterrichte. gr. 8. (XIII, 275 S.) Wien 888, Manz'sche Hof-Verlags- und Universitäts-Buchh. geb. *

Bechtel, Adf., französische Conversations-Grammatik f. Schulen sowie zum Selbstunterrichte. 2., verb. Aufl. gr. 8. (XIV, 288 S.) Wien 889. Manz. n. 2. —; geb. n. 2. 40

Bechtel, Adolf, Französische Conversations-Grammatik für Schulen sowie zum Selbstunterrichte. 3. Auflage. Unveränderter Abdruck der 2. verbesserten Auflage. Wien 1891. Manz'scher Verlag. (Min.-Erl. 20. März 1891. Z. 1200.) Broschirt 1.—

Bechtel, Adf., französ. Conversations-Grammatik f. Schulen, sow. z. Selbstunterr. 4. Aufl. (Unveränd. Abdr. d. 2., verb. Aufl.) gr. 8. (XIV, 288 S.) Wien 896. Manz. Geb. in Leinw. n. 2. 40

— französische Conversations-Grammatik f. Schulen, sowie zum Selbstunterrichte. 5. Aufl. (Unveränd. Abdr. der 2., verb. Aufl. gr. 8. (XIV, 288 S.) Ebd 899. Geb. in Leinw. 2. 40

Bechtel, Adolf: Französ. Lesebuch f. Bürgerschulen, s. Bechtel: Franz. Lesebuch f. Volks- u. Bürgerschulen.

— — französisches Lesebuch für die unteren und mittleren Classen der Mittelschulen. Mit einem Wörterbuche. Im Anschlusse an den grammat. Unterricht und an den Normallehrplan für die österreich. Realschulen method. bearb. 1. und 2. unveränd. Aufl. gr. 8. (IX, 220 S.) Wien 880,82, Klinkhardt. *

— französisches Lesebuch f. die unteren u. mittleren Classen der Mittelschulen. Mit einem Wörterbuche. Im Anschlusse an den grammat. Unterricht u. an den Normallehrplan f. die österreich. Realschulen methodisch bearb. 2. unveränd. Aufl. gr. 8. (IX, 220 S.) Ebend. 881. n. 2. —

— — dass. — 2. verb. Aufl. gr. 8. (X, 237 S.) Wien 884, Manz'sche Hofverlagsb. geb. *

— — französisches Lesebuch für die unteren und mittleren Classen der Mittelschulen. Mit einem Wörterbuche. Im Anschlusse an den grammat. Unterricht und an den Normallehrplan für die österreich. Realschulen methodisch bearb. 3. verb. Aufl. gr. 8. (X, 238 S.) Ebendas. 885. *

geb *

— dasselbe f. die unteren u. mittleren Klassen der Mittelschulen. Mit e. Wörterbuche. Für die in der österreich. Realschule vorgeschriebene Lektüre methodisch bearb. 4. Aufl. Unveränd., nach der neuen Rechtschreibg. hergestellter Abdr. der 3. Aufl. (X, 238 S.) 8. Ebd. 904. Geb. in Leinw. n. 2. 40

— französisches Lesebuch f. Mädchenlyzeen u. verwandte Anstalten (Töchterschulen u. Institute). 2 Tle. gr. 8. Ebd. n. 6. 80; geb. in. Leinw. n. 7. 80

1. Für die unteren u. mittleren Klassen. Mit sprachl. u. sachl. Anmerkgn., e. Vokabular u. 2 farb. Karten. (VI, 298 S.) 903. n. 2. 80; geb. n. 3. 30
2. Für die oberen Klassen. Mit e. sprachl. u. sachl. Kommentar, 1 (farb.) Karte, 1 (farb.) Plan u. 10 Abbildgn. (VIII, 404 S.) 904. n. 4. —; geb. n. 4. 50

— Französisches Lesebuch f. Mädchenlyzeen u. verwandte Anstalten (Töchterschulen u. Institute.) 2 Tle. 8. Ebd. Geb. 6. 65

1. Für die unteren u. mittleren Klassen. Mit sprachl. u. sachl. Anmerkgn., e. Vokabular u. 2 Karten. 2. Aufl. Unveränd. Abdr. der 1. Aufl. (VI, 298 S.) 907. Geb. 2. 85
2. Für die oberen Klassen. M. e. sprachl. u. sachl. Kommentar, 1 Karte, 1 Plan u. 10 Abbildgn. 2. Aufl. Im wesentl. unveränd. Abdr. (VIII, 404 S.) 909. Geb. 3. 80

— Französ. Leseb. f. Mädchenlyzeen u. verwandte Anst. (Töchtersch. u. Instit.). 2 Tle. 8° Ebd. L 6.65
1. Für d. unt. u. mittl. Kl. 3. Afl. (6, 298 m. 2 farb. Ktn.) '10. L 2.85 ||
2. Für d. ob. Kl. (8. 404 m. Abb., 1 Kte u. 1 Pl.) '09. L 3.80

— u. Charles Glauser, französisches Lese- u. Übungsbuch für Handels-Akademien (höhere Handelsschulen). Formenlehre. (IX, 316 S.) 8. Ebd. 904. Geb. n. 2. 50

— — dasselbe. Satzlehre (m. Abrégé de grammaire). (IX, 268 u. IV, 80 S.) 8. Ebd. 904. Geb. in Leinw. n. 3. 10

— — Französisches Lese- u. Übungsbuch f. Handels-Akademien (höhere Handelsschulen.) Formenlehre. 2., rev. Aufl. (IX, 316 S.) 8. Ebd. 907. Geb. 2. 50

— u. Charles Glauser: Französ. Lese- u. Ubgsb. f. Handels-Akademien (höh. Handelsch.). Formenlehre. 3. Afl. (9, 316) 8° Ebd. '11. L 2.50 d

— französisches Lesebuch f. Volks- u. Bürgerschulen. Mit einem Wörterbuche. Im Anschlusse an den grammat. Unterricht u. an den Lehrplan f. den französ. Unterricht in Bürgerschulen methodisch bearb. gr. 8. (X, 149 S.) Ebend. 882. n. 1. 20

— — französisches Lesebuch für Volks- und Bürgerschulen. Mit einem Wörterbuche. Im Anschlusse an den grammat. Unterricht und an den Lehrplan für den französ. Unterricht in Bürgerschulen method. bearb. 1. und 2. unveränd. Aufl. gr. 8. (X, 149 S.) Wien 883, Klinkhardt. *

— französisches Lesebuch f. Volks- u. Bürgerschulen. Mit e. Wörterbuche. Im Anschlusse an den grammat. Unterr. u. an den Lehrplan f. den französ. Unterricht in Bürgerschulen methodisch bearb. 3., unveränd. Aufl. gr. 8. (X, 149 S.) Ebend. 884. n. 1. 20; geb. n. 1. 52

— französisches Lesebuch f. Bürgerschulen. Mit e. Wörterbuche. Im Anschlusse an den grammat. Unterricht u. an den Lehrplan f. den französ. Unterricht in Bürgerschulen methodisch bearb. 5. Aufl. Inhaltlich unveränd., nach der neuen Rechtschreibg. hergestellter Abdr. der 4. Aufl. gr. 8. (VI, 149 S.) Ebd. 902. n. 1. 20; geb. in Leinw. n. 1. 52

— dasselbe f. Bürgerschulen. Mit e. Wörterbuche. Im Anschlusse an den grammat. Unterricht u. an den Lehrplan f. den französ. Unterricht in Bürgerschulen methodisch bearb. 6., umgearb. u. verb. Aufl. (VII, 188 S.) 8. Ebd. 908. Geb. 1.45

BECHTEL, A.
Die Reform der französischen Syntax. Von A. Bechtel. Separat-Abdruck aus der „Zeitschrift für das Realschulwesen", XXVI. Jahrgang. V. Heft. Wien. 1901. Hölder. Gr.-8°. 19 S. K —.60

Bechtel, Adolf
— — Samml. franz. Aufsatzthemata (m. Dispositionen u. Vocabular). Recueil de sujets de composition. I. Tl. f. d. unt. u. mittl. Cl. höh. Lehranst. gr. 8. (XVI, 180 S.) Ebd. 898. n. 2.40

— — dasselbe. Schlüssel. gr. 8. (X, 130 S.) Ebd. 898. n. 1.20

— — Sammlung französischer Aufsatzthemata (m. Dispositionen u. Vocabular). — Recueil de sujets de composition. II. Thl. f. die oberen Classen höherer Lehranstalten u. f. Seminare (Lehramts-Candidaten u. Candidatinnen). gr. 8. (XIX, 300 S.) Ebd. 899. n. 3.60

— — Sammlung französischer Aufsatzthemata (m. Dispositionen u. Vokabular.) Recueil de sujets de composition. I. Tl. f. die unteren u. mittleren Klass. höh. Lehranstalten. 2., rev., der amtl. Rechtschreibg. v. 1902 angepaßte Aufl. (XVI, 180 S.) gr. 8. Ebd. 906. 2.20

— — Sammlg französ. Aufsatzthemata (m. Dispositionen u. Vokabular). Recueil de sujets de composition. 2. Tl f. d. ob. Kl. höh. Lehranst. u. f. Seminare (Lehramts-Kandidaten u. Kandidatinnen). 2. Afl. (19, 300) 8° Ebd. '10. 3.10 (vollst.: 5.30) d

Bechtel, Adolf: Französ. Sprachbuch . . . ,
s. Bechtel: Französ. Sprechbuch . . .

—— französische Sprachlehre für Bürgerschulen. 3 Stufen. gr. 8. Wien, Hölder. [1. Stufe. (VIII, 74 S.) 883. * 64 Pf.; 2. verb., dem Lehrplan von 1884 angepaßte Aufl. (VIII, 60 S.) 884. * 60 Pf.; 2. Stufe. (IV, 88 S.) 883. * 72 Pf.; 3. Stufe. (III, 125 S.) 883. * 92 Pf.] *

Bechtel, Adolf, Französ. Sprachlehre f. Bürgerschulen. 3., verb. d. Lehrplan v. 1884 angepasste Aufl. 8. Wien, Alfred Hölder. I. Stufe. (60 S.) 30 kr. II. Stufe. (IV u. 84 S.) 36 kr. III. Stufe. 2., verb. Aufl. (V u. 92 S.) 40 kr. 1885

—— franz. Sprachlehre f. Bürgerschulen. 1. Stufe. 4. Afl. 8. (60) Wien 84, Hölder. *n.* — 60 || 2. 2. Afl. (84) 85. *n.* — 72 || 3. 2. Afl. (125) 85. *n.* — 80

— französische Sprachlehre f. Bürgerschulen. 1—3. Stufe. Dem Lehrplan v. 1884 angepaßt. gr. 8. Wien 885. 86. Hölder. n. 2.12
1. 6. verb. Aufl. (VIII, 60 S.) n. — 60. — 2. 3. verb. Aufl. (IV, 84 S.) n. — 72. — 3. 2. verb. Aufl. (VI, 92 S.) n. — 80

—— französische Sprachlehre für Bürgerschulen. 1.—3. Stufe. Dem Lehrplan von 1884 angepaßt. gr. 8. Wien, Hölder. [1. Stufe. 3.—10. Aufl. (VIII, 60 S.) 885—88. * 60 Pf.; 2. Stufe. 2.—5. Aufl. (IV, 86 S.) 885—88. * 72 Pf.; 3. Stufe. 2. verb. und 3. unveränd. Aufl. (VI, 92 S.) 885,87. * 80 Pf.] *

— französische Sprachlehre f. Bürgerschulen. 3 Stufen. gr. 8. Wien 889. Hölder. n. 2.12
1. 11. unveränd. Aufl. (VIII, 60 S.) n. — 60
2. 6. unveränd., dem Lehrplan v. 1884 angepaßte Aufl. (VI, 86 S.) n. — 72
3. 4. unveränd. Aufl. (VI, 92 S.) n. — 80

—— Französische Sprachlehre f. Bürgerschulen. 3 Stufen. gr. 8. Wien, Hölder. [1. 11.—13. unveränd. Aufl. (VIII, 60 S.) 890—92. * — 60. — 2. 6.—8. unveränd., dem Lehrplan v. 1884 angepaßte Aufl. (IV, 86 S.) 890—92. * — 72. — 3. 4. u. 5. unveränd. Aufl. (VI, 92 S.) 890,92. * — 80.] * 2 12

— französische Sprachlehre f. Bürgerschulen. 3 Stufen. gr. 8. Wien, A. Hölder. n. 2.12
1. 14. unveränd. Aufl. (IV, 60 S.) 893. n. — 60; geb. n. — 92
2. 9. unveränd., dem Lehrplan v. 1884 angepaßte Aufl. (IV, 86 S.) 893. n. — 72; geb. n. 1.4
3. 5. unveränd. Aufl. (VI, 92 S.) 891. n. — 80

— Franz. Sprachlehre f. Bürgerschulen. 1.—3. Stufe. gr. 8. Wien, A. Hölder. Geb. n. 3.08
1. 15., im wesentl. unver. Aufl. (IV, 60 S.) 897. n. — 92
2. 10., unver. Aufl. (IV, 86 S.) 898. n. 1.04
3. 6., unver. Aufl. (VI, 92 S.) 896. n. 1.12

— französische Sprachlehre f. Bürgerschulen. 1. Stufe. 16. unveränd. Aufl. gr. 8. (IV, 60 S.) Ebd. 901. Geb. n. — 96

— französische Sprachlehre f. Bürgerschulen. II. u. III. Stufe. 8. Wien 906. A. Hölder. Geb. n. 1.86
II. 11. Aufl. Inhaltlich unveränd., nach der neuen Rechtschreibg. hergestellter Abdr. der 10. Aufl. (IV, 86 S.) n. — 90
III. 7. Aufl. Inhaltlich unveränd., nach der neuen Rechtschreibg. hergestellter Abdr. der 6. Aufl. (VI, 92 S.) n. — 96

Bechtel, Adolf, Erstes französisches Sprach- u. Lesebuch für Mädchen. 8. (X, 110 S.) —.60
Wien: Hölder 1889

— erstes franz. Sprech- u. Lesebuch f. Mädchen. 2., verb. u. erw. Aufl. gr. 8. (XI, 140 S.) Ebd. 896. n. 1.80; geb. n. 1.60

—— französisches Sprech- und Lesebuch. 1. Stufe: Für die ersten zwei Jahrgänge. 8. (XII, 150 S.) Wien 888, Manz'sche Hof-Verlags- und Universitäts-Buchh. geb. *

Bechtel, Adolf, Französisches Sprach- und Lesebuch. I. Stufe. Für die ersten zwei Jahrgänge. Zweite vereinfachte und verbesserte Auflage. Wien 1890. J. Klinkhardt. (Min.-Erl. 4. April 1890. Z. 4967.) Broschirt —.75

—— dass. — Mittelstufe. Für die III. u. IV. Classe. gr. 8. (XVI, 218 S.) Ebd. 890. geb. * 2 40
Oberstufe s. desselben Verf. Französisch. Sprech- u. Übungsbuch.

—— Französisches Sprech- u. Lesebuch. 1. Stufe. Für die ersten 2 Jahrgänge. 3. u. 4. Aufl. [Unveränd. Abdr. der 2. verb. Aufl.] gr. 8. (XII, 148 S.) Wien 890,91, Manz. geb. * 1 90

Bechtel, Adolf, Französisches Sprech- und Lesebuch. I. Stufe, für die zwei ersten Jahrgänge. 5. Auflage. (Unveränderter Abdruck der zweiten verbesserten Auflage.) Wien 1893. Manz'sche Verlagsbuchhandlung (Julius Klinkhardt u. Co.). (Min.-Erl. v. 15. März 1893, Z. 4633.) Broschirt —.75

BECHTEL, Adolf 44.8
Französisches Sprech- und Lesebuch von Adolf Bechtel. I. Stufe. Für die ersten zwei Jahrgänge. 6., dem Normallehrplan vom Jahre 1898 und den Instructionen für die Realschulen in Oesterreich vom Jahre 1899 entsprechende Auflage. Mit 6 Bildern. Mit hohem k. k. Ministerial-Erlass vom 25. April 1900, Z. 10.046, zulässig erklärt. Wien. 1900. Manz. Gr.-8°. VI, 150 S. Geb. K 2.20

BECHTEL, Adolf 44 8
Französisches Sprech- und Lesebuch von Adolf Bechtel. Mittelstufe. Für die III. und IV. Classe. 2., dem „Normallehrplan vom Jahre 1898" und den „Instructionen für die Realschulen in Oesterreich vom Jahre 1899" entsprechende Auflage. Mit 8 Bildern. Mit hohem k. k. Ministerial-Erlass vom 17. August 1901, Z. 18473, zulässig erklärt. Wien. 1901. Manz. Gr.-8°. VII, 278 S. Geb. K 3.10

— französisches Sprech- u. Lesebuch. I. Stufe. Für die ersten beiden Jahrgänge. 7., dem Normallehrplan vom J. 1898 u. den Instruktionen f. die Realschulen in Österreich vom J. 1899 entsprech. Aufl. Mit 6 Bildern. Textlich unveränd., nach der neuen Rechtschreibg. hergestellter Abdr. der 6. Aufl. gr. 8. (VI, 150 S.) Wien 902. Manz. n. 1.80; geb. in Leinw. n. 2.20

— dasselbe. Mittelstufe. Für die III. u. IV. Klasse. 3., dem „Normallehrplan vom J. 1898“ u. den „Instruktionen f. die Realschulen in Österreich vom J. 1899“ entsprech. Aufl. gr. 8. (X, 278 S. m. 8 Abbildgn.) Ebd. 902.
Geb. in Leinw. n. 3. 10

— Französisches Sprech- u. Lesebuch. 1. Stufe. Für die ersten 2 Jahrgänge. 8., dem Normallehrplan v. J. 1898 u. den Instruktionen f. die Realschulen in Österreich vom J. 1899 entsprech. Aufl. Unveränderter, nach der neuen Rechtschreibg. hergestellter, durch e. Anh. v. Lesestücken erweit. Abdr. der 6. Aufl. (VI, 164 S. m. 6 Bild.) 8. Wien 907. Manz. Geb. 2. —

Bechtel, Adf., französisches Sprech- u. Lesebuch. Mittelstufe. Für die III. u. IV. Klasse. 4., dem Normallehrplan vom J. 1898 u. den Instruktionen f. die Realschulen in Österreich vom J. 1899 entsprech. Aufl. Textlich unveränd., nach der neuen Rechtschreibg. hergestellter Abdr. der 2. Aufl. (X, 278 S. m. 8 Taf.) 8. Wien 907. Manz. Geb. 2. 70

— Französ. Sprech- u. Leseb. I. Stufe. Für d. ersten 2 Jahrgänge. 9. Afl. (7, 218 m. 5 Taf.) 8° Ebd. '09. L 2.40 d

— Französ. Sprech- u. Leseb. Mittelst. Für d. 3. u. 4. Kl. 5. Afl. (8, 225 m. Abb. u. 1 farb. Kte.) 8° Ebd. '11. L 2.50 d

—— dass. — für Bürgerschulen. 1.—3. Stufe. gr. 8. Wien, Hölder. * 2 22

1. Für die 1. Klasse der Bürgerschule. (VIII, 70 S.) 889. * — 70. — 2. Für die 2. Klasse der Bürgerschule. Mit e. method. Anleitg. (VII, 72 S.) 890. * — 72. — 3. Für d. 3. Klasse d. Bürgerschule. (IV, 88 S.) 890. * — 80.

Bechtel, Adf. Französisches Sprech- u. Lesebuch. 1. Stufe. Für die 1. Classe der Bürgerschule. 2. verb. u. vereinfachte Aufl. gr. 8. (VIII, 70 S.) Wien 892, Hölder. * — 60

Bechtel, Adolf, Französisches Sprech- und Lesebuch für Bürgerschulen. II. Stufe. 2. verbesserte Auflage. Wien 1893, bei Alfred Hölder. (Min.-Erl. v. 4. Juni 1893, Z. 10508.) Geh. —.36

— dass. f. Bürgerschulen. 1—3. Stufe. 8° Wien 95, A Hölder. Geb. 3.18

1. Für d. 1. Classe. 4. Afl. (70) 1.02 ‖ 2. Für d. 2. Classe. 3. Afl. (76) 1.04 ‖ 3. Für d. 3. Classe. 2. Afl. (92) 1.12.

— Franz. Sprech- u. Lesebuch f. Bürgerschulen. 1.—3. Stufe. gr. 8. Ebd. Geb. n. 3. 18

1. F. d. 1. Cl. d. Bürgerschulen. 6., unver. Aufl. (IV, 70 S.) 898. n. 1. 02
2. F. d. 2. Cl. d. Bürgerschule. 4., unver Aufl. (IV, 76 S.) 897. n. 1. 04
3. F. d. 3. Cl. d. Bürgerschule. 3., im wesentl. unver. Aufl. (IV, 92 S.) 897. n. 1. 12

BECHTEL, Adolf 41.07

(F) Französisches Sprech- und Lesebuch für Bürgerschulen von Adolf Bechtel. 2. Stufe. Für die zweite Classe der Bürgerschule. 5. unveränderte Auflage. Wien. 1899. Hölder. Gr.-8°. IV, 76 S. Geb. fl. —.52

42.07

Bechtel, Adf., französisches Sprech- u. Lesebuch f. Bürgerschulen. 1.—3. Stufe. gr. 8. Wien, A. Hölder. Geb. n. 3. 38

1. Für die 1. Classe der Bürgerschule. 8. Aufl. (In neuer Rechtschreibg.) (IV, 70 S.) 902. n. 1. 08
2. Für die 2. Classe der Bürgerschule. 6., unveränd. Aufl. (IV, 76 S.) 901. n. 1. 10
3. Für die 3. Classe der Bürgerschule. 4., im Wesentlichen unveränd. Aufl. (IV, 92 S.) 901. n. 1. 20

— dass. f. Bürgersch. 1—3. Stufe. 8° Wien, A Hölder. Geb. 2.98 d
I. 1. Kl. 9. Afl. (70)'04. — 95 ‖ II. 2. Kl. 7. Afl. (76)'05. — 98 ‖ III. 3. Kl. 5. Afl. (92)'03. 1.05.

Bechtel, Adf., französisches Sprech- u. Lesebuch für Bürgerschulen. I.—III. Stufe. 8. Wien 906. A. Hölder. Geb. n. 2. 96

I. Für die 1. Klasse der Bürgerschule. 10. Aufl. (IV, 70 S.) 906. Geb. n. — 95
II. Für die 2. Klasse der Bürgerschule. 8. Aufl. Inhaltlich unveränd. Abdr. der 7. Aufl. (IV, 76 S.) 905. Geb. n. — 96
III. Für die 3. Klasse der Bürgerschule. 6. Aufl. Inhaltl. unveränd. Abdr. der 5. Aufl. (IV, 92 S.) 906. Geb. n. 1. 05

— dass. f. Bürgersch. I. u. III. St. 8° Wien, A Hölder. Geb. 2 — d
I. Für d. 1. Kl. 10. Afl. (70)'06. — 95 ‖ III. Für d. 3. Kl. 6. Afl. (92)'06. 1.05.

— dass. f. Bürgersch. 1. u. 2. Stufe. 8° Wien, A Hölder. d
1. Für d. 1. Kl. 13. Afl. (4, 70) '10. geb. — 95 ‖ 2. Für d. 2. Kl. 10. Afl. (4, 76) '10. geb. 1 —

— — französisches Sprech- u. Lesebuch für kommerzielle Lehranstalten. Mit 3 Bildern. 1. Stufe. gr. 8. (VI, 153 S.) Ebd. 902. n. 1. 80; geb. in Leinw. n. 2. 20

— — französisches Sprech- u. Lesebuch f. kommerzielle Lehranstalten (zweiklassige Handelsschulen). Mit 3 Bildern. (XI, 348 S.) gr. 8. Ebd. 903.
n. 2. 70; geb. in Leinw. n. 3. 20

Bechtel, Adf., u. Charles Glauser, französisches Sprech- u. Lesebuch f. kommerzielle Lehranstalten (2klass. Handelsschulen). Mit 3 Bildern u. 1 Karte Frankreichs. 2., verb. Aufl. (VIII, 333 S.) 8. Wien 909. Manz. Geb. in Leinw. 2.80.

—— Französisches Sprech- u. Übungsbuch. Oberstufe. Für die V., VI. u. VII. Classe. gr. 8. (XV, 224 S.) Wien 892, Manz. geb. in Leinw. * 2 40

1. Stufe u. Mittelstufe s. desselben Verf. Franz. Sprech- u. Lesebuch.

— französisches Sprech- u. Übungsbuch. Oberstufe. Für die V., VI. u. VII. Klasse. 2., nach dem Normallehrplan v. J. 1898 u. den „Instruktionen f. die Realschulen in Österreich vom J. 1899“, der amtl. Schreibg. vom J 1892 entsprech. Aufl. (IX, 254 S.) gr. 8. Wien 903. Manz.
n. 2. 20; geb. in Leinw. n. 2. 70

— Tableaux chronologiques des principales œuvres ⟨et des principaux ouvrages destinés à la jeunesse⟩ de la littérature française depuis les origines jusqu'a nos jours, suivis de deux tables alphabétiques, à l'usage des candidats et candidates aux divers examens de lettres et des étudiants de lettres. — Wien: Manz 1895. 97 S. 8° 169.
14.3933

— Tableaux chronologiques des principales œuvres (et des principaux ouvrages destinés à la jeunesse) de la littérature française depuis les origines jusqu'à nos jours, suivis de deux tables alphabétiques, à l'usage des candidats et candidates aux divers examens de lettres et des étudiants de lettres. 2. éd. revue et augmentée. (107 S.) Lex.-8. Ebd. 905. n. 2. 10

Bechtel, Adf: Tableaux chronolog. des principales œuvres (et des principaux ouvrages destinés à la jeunesse) de la litt. franç. depuis les origines jusqu' à nos jours, suivis de 2 tables alphabét., à l'usage des candidats et canditates aux divers examens de lettres et des étudiants de lettres. 3. éd. (107) gr8° Wien, Manz '12. 2.10

— Französisches Übungs- u. Hilfsbuch f. die Oberstufe der Realschulen. 3., der „Verordng. des Ministers f. Kultus u. Unterricht vom 8. IV. 1909, Z. 14741“, entsprech. Aufl. (VIII, 193 S.) 8. Ebd. 910. Geb. in Leinw. 2. 30

— Übungsbuch zur französischen Grammatik. Mittelstufe. [Für Classe III u. IV.] gr. 8. (IV, 84 S.) Ebend. 880.
n. — 80

—— dass. — Oberstufe. [Classe V—VII.] gr. 8. (VII, 102 S.) Ebendas. 880. *
Schlüssel. (62 S.) 881. *

—— Übungsbuch zur französischen Grammatik. Mittelstufe. [Classe III und IV.] (IV, 84 S.) 1880; 2. und 3. verb. Aufl. gr. 8. (VI, 108 S.) Wien 882,83, Klinkhardt. *
Schlüssel. (46 S.) 880. *

— — baſſ. — Mittel- und Oberſtufe. gr. 8. Wien 884, Manz'ſche Hofverlagsb. [Mittelſtufe. (Claſſe III und IV.) 4. Aufl. (Unveränd. Abdr. der 2. verb. Aufl.) (VI, 108 S.) * 80 Pf.; Oberſtufe. (Claſſe V—VII.) 2. verb. Aufl. (VIII, 146 S.) * ℳ 1,20.] *

— Übungsbuch z. franz. Grammatik f. Mittelſchulen. Oberſt. (F. Claſſe V—VII.) Schlüſſel. 2., verm. Aufl. gr. 8. (75 S.) Ebd. 895. n. 1. 20

— Übungsbuch zum franzöſiſchen Lehrgange f. Mittelſchulen. Mittelſtufe (Klaſſe III u. IV). 5. Aufl. (VIII, 126 S.) 8. Ebd. 905. n. — 85

— dasſelbe. Oberſtufe (Klaſſe V bis VII). 3., umgearb. Aufl. (VIII, 195 S.) 8. Ebd. 905. n. 1. 80

— Wörterbuch Franzöſiſch-Deutſch u. Deutſch-Franzöſ. zu d. franz. Lehrbüchern: Unterſtufe, Mittelſtufe, Übungs- u. Hilfsbuch. (132 S.) 8. Ebd. 910. In Leinw. kart. 1. 20

Bechtel, Adolf (Hrsg.), s. Zeitschrift für das Realschulwesen,

Bechtel, Anton

Bechtel, A., Kilometerzeiger zu den allgemeinen u. Militär-Tarifen der österreichisch-ungarischen Eisenbahnen. 8. (XXXII, 310 S. m. 71 Detail-Uebersichtskarten f. die einzelnen Bahnen u. einer Gesammt-Uebersichtskarte.) Wien 882. v. Waldheim. n. 3. —

— — Kilometerzeiger mit Uebersichts-Skizzen zu den allgemeinen und Militär-Tarifen der österreichisch-ungarischen Eisenbahnen und Stations-Verzeichniss der 1. k. k. priv. Donau-Dampfschiffahrts-Gesellschaft. 2. Aufl. (Deutsch und ungarisch.) 8. (XXXV, 346 S. mit Karten.) Ebendas. 884. *

Bechtel, A., officieller Kilometerzeiger mit Uebersichts-Skizzen zu den allgemeinen und Militär-Tarifen der österreichisch-ungarischen Eisenbahnen und Stations-Verzeichniss der 1. k. k. privileg. Donau-Dampfschiffahrts-Gesellschaft. Unter Controle der betheiligten Verwaltungen redig. 3. Jahrg. (Deutsch und ungarisch.) 8. (XXXVII, 396 S. mit Karten.) Wien 885, v. Waldheim. *

Bechtel, A., officieller Kilometerzeiger m. Uebersichts-Skizzen zu den allgemeinen u. Militär-Tarifen der österreichisch-ungarischen Eisenbahnen u. Stations-Verzeichniss der 1. k. k. priv. Donau-Dampfschiffahrts-Gesellschaft. Unter Controle der betheiligten Verwaltgn. red. 4. Jahrg. (Deutsch u. ungarisch.) 8. (XXXVIII, 442 S. m. Karten.) Wien 886. v. Waldheim. n. 3 —

Bechtel, A., officieller Kilometerzeiger m. Uebersichts-Skizzen zu den allgemeinen u. Militär-Tarifen der österreich.-ungar. Eisenbahnen u. Stations-Verzeichniss der 1. k. k. priv. Donau-Dampfschiffahrts-Gesellschaft. Unter Controle der betheil. Verwaltgn. red. 5. Jahrg. (Deutsch u. ungarisch.) 8. (XLIII, 504 S. m. Karten.) Wien 888. v. Waldheim. n. 3. —

Bechtel, A. Officieller Kilometerzeiger m. Übersichts-Skizzen zu den allgemeinen u. Militär-Tarifen der österreichisch-ungarischen Eisenbahnen u. Stations-Verzeichniss der 1. k. k. priv. Donau-Dampfschiffahrts-Gesellschaft. Unter Controle der betheiligten Verwaltgn. redig. 6. Jahrg. (Deutsch u. ungarisch.) 8. (XLIII, 690, 24 S. m. Karten.) Wien 891, v. Waldheim. * 4 —

Bechtel, A., officieller Kilometerzeiger m. Ubersichtsskizzen zu den allgemeinen u. Militär-Tarifen der österreichisch-ungarischen Eisenbahnen u. Stations-Verzeichniss der 1. k. u. k. priv. Donau-Dampfschifffahrts-Gesellschaft. Unter Controle der betheiligten Verwaltgn. red. v. F. Smolik. VII. Ausg. (Deutsch u. ungarisch.) 8. (LIII, 930 u. 25 S. m. Karten.) Wien 893. R. v. Waldheim. n. 4. 50; kart. n. 5. —

Bechtel, A., Kilometerzeiger, VIII. Ausg., s.: Kilometerzeiger.

Bechtel, August, von Dürkheim a/Haardt: Ein Fall angeborner Stenose der Pulmonalis. Zür. Orell Füssli Cie Dr. 1862. 34 S., 1 Bl. 8°.
Zürich, Med. Diss. v. 9. Aug. 1862.

Bechtel, Eugen: Das Einmachen, Eindünsten und Dörren der Früchte, Gemüse und Pilze, sowie die Bereitung von Fruchtsaft und Beerenobstwein. — Ulm: Ebner [1910]. VII,71 S. 8° **24. 201.**
14.3937

Bechtel, Eug., großes illuſtr. Kochbuch, ſ.: Löffler.

— kleines Kochbuch f. die einfache bürgerliche Küche, ſ.: Löffler.

Bechtel, Friedrich, Indogermanist, Göttingen, 1855-1924. 1876: Aeolica. Bemerkungen zur Kritik u. Sprache d. aeolischen Inschriften. — Halle: Niemeyer 1909. V,67 S. 8°
1:Ph 1282. **2. 3. 5. 6. 9. 10. 11. 12:**L. gr. 12 cf. **14. 15. 16. 18. 20. 21. 25. 26. 30. 32. 38. 39. 300:**468.078-B. **302.**
14.3946

— Ueber gegenseitige Assimilation und Dissimilation der beiden Zitterlaute in den ältesten Phasen des Indogermanischen. — Göttingen: Peppmüller 1876. 68 S. 8°
Zugleich Diss. Göttingen 1876. **26.**
14.3947

Bechtel, Friedrich, Kirchenrat, Durlach, geb. 1822. 1857: Die wichtigsten Aussagen des Neuen Testaments über die Person Jesu Christi. — Heidelberg: Winter 1899. XVI, 275 S. 8° 1:Bq 2058. **3. 12:**Exeg. 90 t. **16. 17. 31. 44. 46. 300:**409.548-B. **302.**
14.3941

— Ueber die Bezeichnungen der sinnlichen Wahrnehmungen in den indogermanischen Sprachen. — Weimar: Böhlau 1879. XX,168 S. 8°
1:V 5330. **2→7. 9. 10. 11. 12:**L. rel. 1 gp. **14→17. 19. 24→31. 38. 53. 300:**181.956-B. **302. 303.**
14.3948

Bechtel, F., die attischen Frauennamen nach ihrem Systeme dargestellt. gr. 8. (VIII, 144 S.) Göttingen 902. Vandenhoeck & Ruprecht. n. 5. —

— Die Hauptprobleme der indogermanischen Lautlehre seit Schleicher. — Göttingen: Vandenhoeck & Ruprecht 1892. IX,414 S. 8°
1:V 5699/36. **2→11. 12:**L. rel. 1 gp. **14→21. 24→35. 38. 44. 46. 109. 300:**185.559-B. **302. 304.**
14.3951

Bechtel, F., die Inschriften v. Aigina, Pholegandros, Anaphe, Astypalaia, Telos, Nisyros, Knios, s.: Sammlung der griechischen Dialekt-Inschriften.

Bechtel, Fritz, die aeolischen Inschriften, — die arkadischen Inschriften, } s.: Sammlung der griechischen Dialekt-Inschriften.

— Die Inschriften des ionischen Dialekts. — Göttingen: Dieterich 1887. VIII,154 S. 4°
Aus: Abhandlungen d. Königlichen Gesellschaft d. Wissenschaften zu Göttingen. 34. 1887. **2. 7. 32. 45. 48. 53. 79. 109.**
14.3952

Bechtel, F., d. ionischen Inschriften, s.: Sammlung d. griechischen Dialekt-Inschriften. III.

— d. Inschriften v. Kalymna u. Kos, s.: Müllensiefen, P.

— die megarischen Inschriften, s.: Sammlung der griechischen Dialekt-Inschriften.

— Thasische Inschriften ionischen Dialekts im Louvre. — Göttingen: Dieterich 1884. 32 S. 4°
Aus: Abhandlungen d. Königlichen Gesellschaft d. Wissenschaften zu Göttingen. 32. 1885.
7. 45.
14.3953

— Der Katechismus für die evang.-protest. Kirche im Grossherzogthum Baden ausführlich erklärt. Ein Handbuch. — Karlsruhe: Groos 1857. XVIII,482 S. 8°
1: Eo 11712. 16. 25. 29. 31. 44. 123.
14.3942

— Die einstämmigen männlichen Personennamen des Griechischen, die aus Spitznamen hervorgegangen sind. — Berlin: Weidmann 1898. 85 S. 4° (Abhandlungen d. Königlichen Gesellschaft d. Wissenschaften zu Göttingen. Phil.-hist. Klasse. N.F. 2,5.)
1: 4° Ab 409-N.F.2,5. 2→11. 12: 4° Acad. 63h-N.F.2,5. 14→21. 23→32. 34. 35. 38. 39. 41. 44. 45. 46. 90. 300: 392.809-C. Per. N.F. 2. 302. 303.
14.3956

— die griechischen Personennamen, s.: Fick, Aug.

Bechtel, Friedrich

— Predigt über die religiöse Bedeutung der neuen Glasgemälde in dem Chor der evang. Stadtkirche zu Durlach, geh. ... 1875. — Durlach 1875: Dups. 15 S. 8° 31.
14.3943

Bechtel, F., und K. Mühlhäußer, Predigten, s. Predigten.

— [Mitarb.] s. *Robert*, Karl: Studien zur Ilias. 1901.

— [Mitarb.] s. *Sammlung* der griechischen Dialekt-Inschriften. 2.3. 1888-1905.

— Schattenbilder. Nach d. Tagebuchblättern eines Unmodernen. Von Amadeus Wolfgang [d.i. Friedrich Bechtel]. — Salzburg [usw.]; (Halle) 1909: (Waisenhaus). 123 S. 8° 3. 7. 10. 32.
14.3958

Bechtel, Frdr., die positive Theologie u. der moderne Rationalismus m. Bezug auf das Schriftchen „Falsche Alternative in der evangel. Kirche" v. Krone in Bötzingen. 8. (V, 160 S.) Karlsruhe 894. J. J. Reiff. n. 1.20

— Vedica. — o.O. [1894]. S.392-402. 8°
Aus: Nachrichten von d. Königl. Gesellschaft d. Wissenschaften zu Göttingen. Phil.-hist. Kl. 1894. 30.
14.3959

— Die Vocalcontraction bei Homer. — Halle: Niemeyer 1908. XI,314 S. 8°
1: Ve 4644. 2→11. 12: A. gr. a. 1422x. 14. 15. 16. 18→21. 25. 26. 27. 30. 38. 300: 455.712-B. 302. 304.
14.3960

— Ein Wort über die moderne Leichenverbrennung innerhalb der christlichen Kirche. — Karlsruhe: Reiff 1900. 28 S. 8° 17. 24. 26. 31. 38.
14.3945

Bechtel, Fritz s. *Bechtel*, Friedrich. 1876.

Bechtel, G: Die wichtigsten Bestimmgn d. RVO m. bes. Berücks. der v. d. Landesversichergsanst. Grossh. Hessen geschaffenen od. unterstützten hess. Wohlfahrtseinrichtgn u. Wohlfahrtsbestrebgn. (104) 8° Darmst., Buchh. d. grossh. hess. Staatsverl. '12. nn — 60

Bechtel, G[ustav] W., Rechtsanwalt in Bremen: Das Receptum Nautarum im heutigen deutschen Seerecht und die Bedeutung des § 606 H.G.B. Leipzig: O. Wigand 1908. (60 S.) 8° [F]
Göttingen, Jur. Fak., Ref. Ehrenberg. Diss. v. 1. Aug. 1908
[Geb. 2. Febr. 81 Bremen; Wohnort: Bremen; Staatsangeh.: Bremen; Vorbildung: Gymn. Bremen Reife O. 00; Studium: Freiburg i. B. 2, München 2, Berlin 2 S.; Rig. 6. Juli 08.]

Bechtel, J. C.: Nachricht von 2 unentdeckten Mitteln für Schwangere und Gebärende. — Bern 1780. 27.
14.3966

Bechtel, Johann Friedrich s. *Bechtel*, Friedrich. 1857.

Bechtel, Johann Georg, Rektor, Melsungen in Hessen-Nassau. 1839: Aufsätze für Bürger- und Volksschulen. — Kassel: Döll & Schäffer [usw.] [1839]. 96 S. 8° 47.
14.3967

Bechtel, Joh. Geo.: Erinnergn e. Odenwälders. Hrsg. v. Karl Esselborn. (21) gr8° Darmst., (HL Schlapp) '12. — 50 d

Bechtel, S. F., ein Buchführungssystem für den modernen Landwirtschaftsbetrieb. Mit Musterbeilagen von sämtl. nöt. Buchformularien u. e. vollständig ausgearbeiteten Bilanz. (Archiv f. Landwirtschaft. [Beilage zur „Wiener landwirtschaftl. Zeitg."] Hrsg. v. Rob. Hitschmann u. Hugo Hitschmann. XXXVII.) (109 S.) gr. 8. Wien 905. (C. Gerold's Sohn.) n. 2.50

Bechtel, S. F.: Ein Buchführungssystem für den modernen Landwirtschaftsbetrieb. — Wien: Hitschmann 1905. 109 S. 8° (Archiv für Landwirtschaft. 37.)
1: Ou 15940-37. 91. 300: 428.214-B. Per. 37. 302.
14.3969

Bechtel, S. F., Kalken u. Mergeln im modernen Landwirthschaftsbetriebe. Eine Monographie üb. die Bedeutg. des Kalkes im modernen Landwirtschaftsbetriebe u. eine Anleitg. zur richt. Ausführg. aller Arten der Kalkdüngg. (Archiv f. Landwirthschaft. XXXIV.) gr. 8. (IV, 64 S. m. 9 Abbildgn.) Wien 900. (C. Gerold's Sohn) n. 1.60

— Kalken und Mergeln im modernen Landwirthschaftsbetriebe. Monographie über d. Bedeutung d. Kalkes im modernen Landwirthschaftsbetriebe. — Wien: Hitschmann 1900. 64 S. 8° (Archiv für Landwirthschaft. 34.)
1: Ou 15940-34. 300: 428.214-B. Per. 34. 302.
14.3970

Bechtel, Theodor: Großes illustriertes Kochbuch. 1897 u.ö. s. *Loeffler*, Henriette.

— Kleines Kochbuch für die einfache bürgerliche Küche. 1905 u.ö. s. *Loeffler*, Henriette.

Bechtel & Biedendorf, Zementwarenfabrik Fritzlar, G. m. b. H.: Zementrohre mit Dichtungsrinnen. Fritzlar und Cassel 1906

Bechtein, J. Kurzer Kathechismus. Phila. 1742.

Bechterev, Vladimir Michajlovič

— [Vnušenie i ego rol' v obščestvennoj žizni, deutsch] Die Bedeutung der Suggestion im sozialen Leben. Von W. v. Bechterew. — Wiesbaden: Bergmann 1905. IX,142 S. 8° (Grenzfragen d. Nerven- u. Seelenlebens. 39.)
1: Ky 16985-39. 6. 7. 10. 11. 12: Anthr. 47m-39. 15. 17. 19→22. 26. 27. 30. 38M. 43. 46. 79. 106. 107. 123. 169. 202. 203. 207. 302. 303.
14.3999

Bechterew, W. v., Bewusstsein u. Hirnlokalisation. Rede, geh. a. d. allgem. Versammlg. d. VI. Kongresses russ. Ärzte z. Erinnerg. an N. J. Pirogoff. Deutsch v. R. Weinberg. gr. 8. (III, 50 S.) Leipzig 898. A. Georgi. n. 1.50

— Die Energie des lebenden Organismus und ihre psychobiologische Bedeutung. Von W. v. Bechterew. — Wiesbaden: Bergmann 1902. VII,132 S. 8° (Grenzfragen d. Nerven- u. Seelenlebens. 16.)
2. Aufl. s. *Bechterev:* Psyche u. Leben [Psichika i žizń, deutsch]. 1908.
1: Ky 16985-16. 5. 6. 7. 9. 11. 12: Anthr. 47m-16 [2 Ex.] 14. 15. 17. 19→22. 25. 26. 27. 30. 38M. 43. 62. 202. 210. 302. 303.
14.3976

Bechterew, W. v., die Funktionen d. Nervencentra. Deutsche Ausg., in Verbindg. m. dem Verf. red. durch Rich. Weinberg. 1. u. 2. Heft. Lex. 8. Jena, G. Fischer. 36. —; geb. 39. —
1. Einleitung, Untersuchungsmethoden, Rückenmark u. verlängertes Mark. (IX, 601 S. m. 98 Abbildgn.) 908. 16. —; geb. 17.50
2. Kleinhirn, Mittelhirn, Zwischenhirn u. subkortikale Ganglien. (VIII u. S. 603—1336 m. 141 Abbildgn.) 909. 20. —; geb. n 21.50

Bechterew, W v.: Die Funktionen d. Nervencentra. Deutsch red. durch Rich. Weinberg. 3. Heft: Hemisphären d. Grosshirns. (10 u. 1337—2047 m. Abb.) Lex8° Jena, G Fischer '11. 22.50; geb. 24 — (vollst.: 58.50; geb. 63 —)

- Das Gehirn des Chemikers D. J. Mendelejew. Von W. v. Bechterew u. R. Weinberg. — Leipzig: Engelmann 1909. 22 S. 4° (Anatomische u. entwicklungsgeschichtliche Monographien. 1.) 1:4° Kt 358/11-1. 3. 7. 11. 12:4° Anat. 131 h-1. 15. 16. 21. 26. 30. 90. 202. 302.
14.3977

- Die Hypnose und ihre Bedeutung als Heilmittel. Von W. v. Bechterew. — (Wien [1895].) 17 S. 8°
Aus: Therapeutische Wochenschrift. 1.2. 1894-95.
300: 197.691-C. 302.
14.3978

Bechterew, W. v., die Leitungsbahnen im Gehirn u. Rückenmark. Übers. unter Mitwirkg. des Verf. v. J. Weinberg. gr. 8. (XII, 210 S. m. 16 Abbildgn. u. 1 farb. Taf.) Leipzig 894. E. Besold. n. 6. —

Die Leitungsbahnen im Gehirn und Rückenmark. E. Handb. f. d. Studium d. Aufbaues u. d. inneren Verbindgn d. Nervensystemes. Von W[ladimir] v. Bechterew, ... Prof. ... zu St. Petersburg. 2., völlig umgearb. u. stark erweit. Aufl. Deutsch v. Richard Weinberg, Assist. d. Iurjeff-Dorpater anat. Instit. M. 589 Textabb. u. 1 farb. Taf. *Leipzig: A. Georgi 1899.* (XI, 692 S., 1 Taf.) 1 Bd 8. [98. 10918 Ko]

-- [Ličnost' i uslovija ee razvitija i zdorovja, deutsch] Die Persönlichkeit und die Bedingungen ihrer Entwicklung und Gesundheit von W. v. Bechterew. — Wiesbaden: Bergmann 1906. VI,38 S. 8° (Grenzfragen d. Nerven- u. Seelenlebens. 45.) 1: Ky 16985-45. 6. 7. 8. 10. 11. 12: Anthr. 47 m-45. 15. 17. 19→24. 26. 27. 30. 38M. 43. 46. 53. 107. 202. 207. 302.
14.3979

— [Psichika i žizń, deutsch] Psyche und Leben. Von W. v. Bechterew. 2. Aufl. — Wiesbaden: Bergmann 1908. IX, 209 S. 8°
1. Aufl. s. *Bechterev:* Die Energie d. lebenden Organismus. 1902.
1: 4° Nn 4484/4². 3. 5. 7. 10. 11. 12: 4° Anthr. 1 fx. 15. 19. 20. 21. 38M. 43. 46. 207. 210. 300: 457.422-C. 302. 303.
14.3988

Bechterew, W. v., Suggestion u. ihre soziale Bedeutung. Rede, geh. a. d. Jahresversammlg. d. kaiserl. medizin. Akademie a. 18. XII. 1897. M. Zusätzen d. Verf. u. e. Vorwort v. P. Flechsig. Deutsch v. Rich. Weinberg. gr. 8. (V, 84 S.) Leipzig 899. A. Georgi. n. 2. —

Bechterew s. *Bechterev.*

Bechtinger, Josef
Bechtinger, J., ein Jahr auf den Sandwich-Inseln. [Hawaiische Inseln.] Land, Leute, Sitten und Gebräuche etc. [Memoiren 1. Bd.] Lex.-8. (V, 204 S. mit 8 Holzschntaf. und 1 lithogr. Karte in qu. gr. 4.) Wien 869, (Gerold's Sohn.)

—— Ost-Afrika. Erinnerungen und Miscellen aus dem abessinischen Feldzuge. Mit naturgetreuen Holzschn. gr. 8. (X, 238 S. mit 4 Holzschntaf.) Wien 870, (Gerold's Sohn.)

— Der hinkende Teufel im ostindischen Archipel ... oder Memoiren eines Wiener Arztes. — Alexandrien: Verf.; F. Hoffmann [in Komm.] 1873. X,288 S. 8°
1: Up 7386. 12: It. sing. 58 i-2. 302.
14.4007

Bechtius s. *Becht.*

Bechtle, A.: Klima, Boden und Obstbau. Die deutschen Klima- u. Bodenverhältnisse, ihr Einfluß u. ihre Wechselwirkung auf d. Obstpflanzen. — Frankfurt a.O.: Trowitzsch 1908. XX,557 S. 8°
1: Ow 36010. 12: Oecon. 199 r. 30. 79. 106. 201. 302.
14.4008

— Das Klima des Rieses und seiner Umgebung. — Nördlingen: Beck 1907. 49 S. 8°
7. 12: Bavar. 210 s. 19. 24. 91. 210.
14.4009

Bechtle, J., Leçons et lectures zu C. C. Meinholds Bildern f. den Anschauungsunterricht. Ein Hilfsbüchlein zum französ. Sprechunterricht. gr. 8. (VII, 124 S. m. Abbildgn.) Dresden 901. C. C. Meinhold & Söhne. Kart. n. 1. 25

-- französische Sprachschule für die Unterstufe. Mit 1 Kärtchen u. 7 Bildern. gr. 8. (VIII, 240 S.) Stuttgart 901. [P. Neff.] A. Bonz & Co. Geb. in Leinw. n. 2.40

Bechtle, J., u. A. Mergenthaler, französische Sprachschule. Mittel- u. Oberstufe. XII, 368 S.) 8. Stuttgart 905. A. Bonz & Co. Geb. n. 3. 60

Bechtle, Otto: Die Gewerbeförderung im Königreich Württemberg im Geschäftsbereich der Zentralstelle für Gewerbe und Handel. Im Auftr. der Kgl. Zentralstelle für Gewerbe u. Handel.
Stuttgart 1905: Grüninger.
176 S. 8°

Bechtle, Otto
Bechtle, O., die Gewerkvereine der Schweiz, s. Studien staatswissenschaftliche.

— Die Gewerkvereine in der Schweiz. — Jena: G. Fischer 1887. 77 S. 8° (Staatswissenschaftliche Studien. 2,1.)
Zugleich Diss. Tübingen 1887.
1: F 518-2,1. 2. 4. 5. 6. 9. 10. 11. 12: Pol. g. 913 im-2,1 [2 Ex.] 14. 16. 17. 19. 21. 24→28. 30. 106. 203. 205. 206. 208. 300: 418.328-B. 2,1. 302.
14.4011

Bechtle, Richard, Oberingenieur d. Gotthardbahn, Heilbronn. 1885: Die Gotthardbahn, ihre Entstehung und Verwaltung, ihr Bau und Betrieb in kurzgefasster Darstellung. — Stuttgart: Wittwer 1895. 40 S. 8°
12: A. hydr. 349. 21. 24. 38. 83. 84.
14.4015

— Mittheilungen über den Bau der im Generalaccord ausgeführten Gebirgsbahn Altsohl-Kremnitz-Ruttek in Ober-Ungarn und Vergleich mit den Gebirgsstrecken der Gotthardbahn, Brennerbahn und Orleansbahn. — Luzern: Doleschal [1885]. 16 S. 4°
Aus: Zeitschrift d. Österreichischen Ingenieur- u. Architekten-Vereins. 37.1885.
89. 305.
14.4018

Bechtlin, Josef: Französische Handelskorrespondenz in Beispielen und Aufgaben aus der Praxis von J. Bechtlin u. J. Oberbach. T. 1.2. — Frankfurt a. M. [usw.]: Kesselring 1910-11. 8° 30[∞2]. 38[∞1].
14.4025

Bechtold, Karl, Oberstleutnant, Darmstadt, 1762-1809. 1789
s. *Andenken*, Dem, unsers verewigten Freundes Carl Bechtold ... geweiht. 1809.

Bechtold, v., Generalleutnant, Darmstadt, 1791-1866. 1850
s. *Bechtold*, Karl v.

Bechtold, Bⁿ, Österreichischer Oberst. 1836
s. *Bechtold*, Philipp Bⁿ v.

Bechtold: Die Not d. Brüder v. d. Landstrasse u. ihre Hilfe durch d. Posener innere Mission, s: Bilder a. d. innern Mission im Posener Land.

Bechtold's Operntext-Bibliothek. Nr. 1—15, 17—46, 48—64, 66—91. 8. Wiesbaden, R. Bechtold & Co.
Ausg. A, mit Einleitg. in die Oper. à Nr. — 25 bis — 30
Ausg. B, ohne Einleitung. à Nr. — 20 bis — 25
1. Athalia. — 1a. Antigone. — 2. Alessandro Stradella. — 3. Adlers Horst. — 4. Aschenbrödel. — 5. Barbarossa's Erwachen. — 6. Barbier von Sevilla. — 7. Beiden Schützen. — 8. Belisar. — 9. Belmonte u. Constanze. (Entführung aus d. Serail.) — 10. Blitz. — 11. Brauer von Preston. — 12. Carlo Rosa. — 13. Casilda v. Ernst, Herzog von Sachs.-Coburg-Gotha. — 14. Cosi fan tutte, oder So machen es alle. — 15. Zar u. Zimmermann. — 17. Dom Sebastian. — 18. Don Juan. — 19. Don Pasquale. — 20. Dorf-Barbier. — 21. Ein Maskenball (Amelia). — 22. Ernani. — 23. Erste Falte. — 24. Euryanthe. — 25. Favoritin. — 26. Fee von Elvershöh. —

27. Feensee. — 28. Ferdinand Cortez. — 29. Fidelio. — 30. Figaro's Hochzeit. — 31. Fra Diavolo. — 32. Freischütz. — 33. Gustav oder der Maskenball. — 34. Hans Helling. — 35. Heimliche Ehe. — 36. Herzog Fr. v. Tyrol. — 37. Jagd. — 37a. Idomeneus. — 38. Jessonda. — 39. Joseph u. seine Brüder. — 40. Johann von Paris. — 41. Iphigenia auf Tauris. — 42. Iphigenia in Aulis. — 43. Jüdin. — 44. Katharina, die Tochter des Banditen. — 44a. Krondiamanten. — 45. König Alfred. — 46. Lara. — 48. Liebestrank. — 49. Linda von Chamounix. — 50. Lodoiska. — 51. Lucia v. Lammermoor. — 52. Lucrezia Borgia. — 53. Maurer u. Schlosser. — 54. Martha. — 55. Marie, die Regimentstochter. — 56. Mozart u. Schikaneder. — 57. Nachtlager. — 58. Nachtwandlerin. — 59. Norma. — 60. Nordstern. — 61. Oberon. — 62. Othello. — 63. Pensionat. — 64. Orpheus u. Euridice. — 66. Postillon v. Lonjumeau. — 67. Puritaner. — 68. Rigoletto. — 69. Rizzio.

— 70. Robert der Teufel. — 71. Schwarze Domino. — 72. Schweizerfamilie. — 73. Schwestern von Prag. — 74. Stumme von Portici. — 75. Tancred. — 76. Tell. — 77. Templer u. die Jüdin. — 78. Teufels Antheil. — 79. Titus d. Gütige. — 80. Troubadour. — 81. Unbekannte. — 82. Undine. — 83. Vampyr. — 84. Vestalin. — 84a. Violetta (La Traviata). — 85. Weiße Dame. — 86. Waffenschmied. — 87. Wasserträger. — 88. Wildschütz. — 89. Zauberflöte. — 90. Zampa. — 91. Zigeunerin. —

Bechtold, A. (Hrsg.), s. F r e i s i n n i g e , Der, oder allgemeine Zeitschrift für Kunst, Literatur, Theater und Geselligkeit.

Bechtold, Arthur: Ein Fall von Tumor sacralis bei Spina bifida. *Würzburg 1897: H. Stürtz.* (35 S.) 8°
Würzburg, Med. Diss. v. 1897

Bechtold, August: Teufelsspuck und Liebesspuck. Novellen u. Erzählungen. — Nürnberg: Rötter 1831. VIII, 181 S. 8° 1:Yx 1569/12. **19. 26.**
14.4035

— — Nürnberg: Winter 1832. VIII,181 S. 8° **12:P. o. germ. 79x. 30.**
14.4036

Bechtold, Carl, s. B e c h t o l d , Karl

Bechtold, Christian v.: Die Lombardei und ihre Beziehungen zu Deutschland. — Darmstadt: Jonghaus 1849. 31 S. 8° 1:Ro 6022. 12:Ital. 521-23. **17. 18. 26. 30. 35. 107. 209. 300:**400.577-B. **302. 303.**
14.4037

Bechtold, Ch. v., Ulrich Pultz v. Carlsen. Ein ächtes Soldatenleben. Nach hinterlassenen biograph. Skizzen. 8. (20 S.) Darmstadt 874. Zernin. n. — 60

Bechtold, Elisabeth: Morgendämmerung. Gedichte. — Straßburg: Singer 1905. 117 S. 8° **302.**
14.4040

Bechtold, Friedrich: Katechismus der Eisenbahn-Telegraphie und des elektrischen Signalwesens. 1883 s. *Kareis,* Josef.

Bechtold, Georg. Wilh. Ludw., De heredit. aditione conditionata. Dissert. jur. Giessen (Joh. Jac. Braun) Sept. 1784. 34 S. (5.—) 1560

Bechtold, Gustav: Die für den Amtsbezirk Mannheim geltenden Vorschriften über 1. die Sonntagsruhe in der Industrie und im Gewerbebetrieb, 2. im Handelsgewerbe sowie 3. über den Ladenschluß in offenen Verkaufsstellen an Werktagen und die Mindestruhezeit der Gehilfen. Mit kurzen Erl. nebst 4 Uebersichtstab. u. e. Anh. — Ladenburg: Molitor 1909. 62 S. 8° **31.**
14.4042

Bechtold, Hermann v.: Das Eisenbahnwesen für jedermann. — Berlin: Siemenroth & Worms 1895. 82 S. 8° 1:Nz 14090. **17. 109.**
14.4043

Bechtold, Herm. v., d. Eisenbahnwesen f. Jedermann. gr. 8. (V, 82 S. m. Holzschn.) Berlin 895. Leipzig, Luckhardt's Buchh. f. Verkehrswesen. n. 1.50

Bechtold, J. (Red.), s. H a n d s c h u h m a c h e r - Z e i t u n g, Allgemeine.

Bechtold, Johann Georg

— [Quae in doctrina de praescientia futurorum contingentium theologi vitare facereque prudenter soleant, deutsch] Abhandlung von der Vorhersehung Gottes ... Übers. von Johann Andreas Sixt, hrsg. u. mit e. Vorr. ... begleitet von Just Christian Hennings. — Jena: Cuno 1766. 198 S. 8° **2. 25. 32. 39.**
14.4055

— Antrittspredigt am Sonntage Estomihi 1786. über Römer I, 16. in der Stadtkirche zu Giesen gehalten. — Giesen: Krieger 1786. 38 S. 8° **17.**
14.4046

— Wiederholte Apologie der Lessischen Moral; was die Lehre vom Gottesdienste d. Christen, u. einige andere zum Theil damit verwandte Materien betrift. — Frankfurt[usw.]: Fleischer 1781. 141 S. 8° 1:Da 720. **17. 19. 26. 60.**
14.4047

Bechtold, Jh. Geo., wiederholte Apologie d. Leß'schen Moral. 8. **Frankf. 782. Fleischer.** 8 gr. 8.

Alefeld, Johann Ludwig [Präs.] u. Ioh. Georg Bechtold (Darmstadt) [Resp.]
Dissertatio inauguralis de Belo Babylonio Philosopho Chaldaeorum antiquissimo.
Gissae ipsis Cal. Maii 1755: Schröder. (4), 48 S. 4°
pro summis in philos. honoribus rite impetrandis.

— Johannes Georgius Bechtold De gratiae auxiliis exponit contra Ven. Junckhemium. — Gissae: Krieger 1777. 54 S. 8° **16.**
14.4048

Bechtold, Joh. Georg [Präs.] u. Philipp Chrn. Lauer (Bromskirchen)
Lutherana de divinae gratiae auxiliis etiam ratione modi operandi supernaturalibus doctrina fundamento biblico minime destituta, neque a se ipsa discedens, aut vesano fanaticorum enthusiasmo favens, dissertatio theologica Junckhemianis criminationibus opposita.
Gissae [30.] April 1777: Schröder. 54, (2) S. 4°

— Joannis Georgii Bechtoldi Dilucidationes theologicae Ven. Lessii quibusdam propositionibus moralibus nuper adspersam labem fortassis abstersurae. — Gissae: Krieger 1781. 48 S. 8° **16. 17.**
14.4049

— Die gerechten Ansprüche würdiger Regenten auf die tiefste Ehrfurcht und das demüthige Lob ihrer Unterthanen wurden in einer Einladungs-Schrifft zu dem ... Namensfeste des ... Fürsten und Herrn, Herrn Ludwigs, regierenden Landgrafens zu Hessen ... erwiesen von Johann Georg Bechtold. — Giesen [1764]: Schröder. 16 S. 8° **4. 26.**
14.4050

— s. Geschichte, ält. u. neuere, bibl.

(—) Aeltere und neuere biblische Geschichte; ein Lesebuch für angehende Christen. Bd 1-4. — Giesen: Krieger (4: Heyer) 1789-92. 8° **17.**
14.4051

— Die von ... Ludwig regierenden Landgrafen zu Hessen ... der hiesigen teutschen Gesellschafft durch die huldreichste Bestätigung ihrer Gesetze zugewendete unschätzbare Gnade preiset ... in einer öffentlichen Rede ... der Gesellschaft Aeltester; zu welcher Feyerlichkeit vermittelst einer Abhandlung, worinnen von einigen Haupthindernissen der geistlichen Beredsamkeit in unsern Tagen geredet wird ... einladet Johann Georg Bechtold. — Giesen 1765: Braun. 49 [vielm. 51] S. 8° **4. 24.**
14.4052

— Cantate [Kantate], welche bey der ... Ludwig dem Achten Landgrafen zu Hessen ... gehaltenen öffentlichen Trauer- und Gedächtnüß-Rede mit Music aufgeführet wurde. — Giesen [1768]: Braun. 4 Bl. 4° **4.**
14.4053

— Materialien zu Beförderung eines rein-biblischen practischen Volks-Unterrichts in der christlichen Glaubenslehre für Prediger und Catecheten. Bd 1-3 [nebst] Anh. zu 1. — Lemgo: Meyer 1799-1801. 8°
Anh. Bechtold: Sammlung religiöser Lieder. 1799.
1[∞1/3]:Ei 9916. **17**[∞2.3]. **18**[∞1/3]. **26**[∞1/3]. **123**[∞1].
14.4054

— Venerando theologorum in Ordine h. t. promotor Jo. Georgius Bechtold Viri summe Reverendi Joannis Michaelis Lobstein ... sollemnia inauguralia indicit, simulque Quo sensu lex de inimicis diligendis Matth. 5, 44. nova nominari Christi praescriptio possit? exponit. — Gissae 1777: Braun. 24 S. 8° 17. 36.
14.4056

Bechtold, Johann Georg u. Heinr. Dietr. Gebhard (Butzbach) [Resp.]
Reformatorum Deus peccatores indurans a sana ratione abhorrens et sacro Codici ignotus. Disputationis theologicae Pars 1.
Gissae 26. März 1767: Joh. Chrph. Schröder. (6), 74 S. 4°

Bechtold, Johann Georg [Präs.] u. Henr. Christoph Ellenberger [Resp.]
Reformatorum Deus, peccatores indurans, a sanae rationi et sacro Codici ignotus, disputationis theologicae, Pars 2.
Gissae [15.] März 1768: Joh. Chrph. Schröder. 83, (1) S. 4°

Bechtold, Johann Georg u. Georg Girsch (Eichelsdorf) [Resp.]
Reformatorum Deus peccatores indurans sanae rationi et sacro Codici ignotus, disputationis theologicae P. 3, Sectio 1.
Gissae [24.] Jan. 1771: Joh. Chrph. Schröder. (1), 59, (2) S. 4°

Bechtold, Johann Georg u. Joh. Georg Smirmund [Resp.]
Reformatorum Deus homines obdurans sanae rationi et sacro Codici ignotus, Disputationis theologicae, partis III, sect. II.
Gissae 21. März 1771: Joh. Chrph. Schröder. (8) 72 S. 4°

Bechtold, Johann Georg [Präs.] u. Joh. Christian Tobias Röder (Reiskirchen) [Resp.]
Reformatorum Deus, homines obdurans sanae rationi et sacro codici ignotus, disputationis theologicae, P. 3, Sectio 3.
Gissae [28.] Nov. 1771: Joh. Chrph. Schröder. (2), 80, (2) S. 4°

— Sammlung religioser Lieder meist von ihm selbst verfertiget. — Lemgo: Meyer 1799. 136 S. 8° (Bechtold: Materialien zu Beförderung eines rein-biblischen practischen Volks-Unterrichts in d. christlichen Glaubenslehre. Anh. zu 1.) 1: Ei 9916. 17. 18. 20. 123.
14.4057

Bechtold, Johann Georg u. Joh. Henr. Weismann (Schwarzburg) [Resp.]
Theses inaugurales philosophicae.
Gissae 13. Dezember 1763: Braun. 8 S. 4°

— Trauer- und Gedächtniß- Rede auf das ... Absterben des Durchlauchtigsten Fürsten und Herrn Herrn Ludwigs des Neunten regierenden Landgrafen zu Hessen. — o. O. 1790. 22 S. 8° 4. 26.
14.4058

— Johannes Georgius Bechtold Vim fidei mortalium ad salutem comparatam contra b. Toellnerum disputat. — Gissae 1780: Braun. 20 S. 8° 17. 36.
14.4059

Bechtold, Josef: Beschimpfung der evangelischen oder der katholischen Kirche? Geschichte einer ... Predigt über d. heilige Sakrament d. Ehe. — Straßburg [1892]: Le Roux. 48 S. 8° 38. 107. 208.
14.4060

— — 2. Aufl. Ebd. 1893. 198 S. 8° 21.
14.4061

Bechtold, J., in der Festung wegen e. katholischen Predigt üb. die Ehe. Trostgedanken aus der Festungsstubengefangenanstalt im Deckwerk der Schleuse 88 zu Straßburg. 12. (144 S.) Straßburg i/E. 893. (F. X. Le Roux & Co.) n. — 60

Bechtold, Karl v., Generalleutnant, Darmstadt, 1791-1866. 1856: Zur Bundesreform-Frage. — Darmstadt [usw.]: Zernin 1862. 80 S. 8° 7. 12: J. publ. G. 46 f. 17. 19. 23. 26. 30. 31. 35. 36. 41. 109. 205. 209. 300: 173,896-B. 302.
14.4063

— Kurzgefaßte Gedanken über die von Campe, in seiner Reisebeschreibung, über die Hessen-Darmstädtische Staaten ... gefällte Urteile. — Frankfurt a. M. 1789. 32 S. 8° 17. 26. 34. 123.
14.4062

Bechtold, Carl, aus Frankfurt a. M.: Ueber das multiple Myelom. *Würzburg 1902: F. Scheiner.* (45 S.) 8°
Würzburg, Med. Diss. v. 1902

— Die Nothwendigkeit einer Vereinbarung über gleiche Commandowörter im deutschen Bundesheere. — Darmstadt: Jonghaus 1856. VIII,330 S. 8° 1: Hv 30250. 10. 12: Mil. g. 12 o. 17. 26. 30. 32. 33. 36. 45. 200.
14.4064

Bechtold, Philipp Bn v.: Militärische Handbibliothek für die Offiziere der k. k. östr. Cavallerie. Bd 1-9. — Wien: Heubner 1836-40. 8°
1. Der Escadrons-Dienst. 1836.
2. Der innere Regiments-Dienst. 1836.
3. Kriegsschule mit d. Gemeinen u. Unteroffizieren d. Cavallerie. 1836.
4.5. Vorbereitungswissenschaften d. Cavallerie-Offiziers zu seinen Felddiensten. [1.2.] 1836.
Nebent.: Die Stellungs- u. Gefechtslehre d. Cavallerie u. d. Cavallerie-Geschützes. [1.] 2. 1836.
6. Terrain- u. Orientirungslehre. Bildung d. Soldatenauges. Terraindarstellung. Militärische Aufnahme im Felde. 1839.
7-9. Feld-Dienste. [1]-3. 1840.
7. Allgemeine Verhaltungen vor d. Feinde. Marsch- u. Stellungs-Sicherungsdienste d. Cavallerie.
8. Die Patruillen- u. Rekognoscirungs-Dienste.
9. Detaschirte Feld-Dienste kleinerer Cavallerie-Abtheilungen offensiver u. defensiver Art.
17 [∞ 1/3]. 30 [∞ 6/9]. 209 [∞ 1/3]. 300: 73 J 75. 302. 303 [∞ 1/3.7/9].
14.4067

— — 2., unveränd. (3: umgearb.) Aufl. Bd 1-3. Ebd. 1837. 8°
Inhalt wie in 14.4067. 17. 209.
14.4068

Bechtold, Wilhelm: Das Ministerium Brandenburg. [Lied.] — (Berlin [1848]: Bernstein.) 1 Bl. 8° 1: 67 in 4° Rz 8885/98.
14.4069

— Preussens Grösse. [Lied.] — Berlin [um 1850]: Bernstein. 1 Bl. 8° 1: 46a in 4° Rz 8885/98.
14.4070

— Das preußische Heer und sein Führer. [Lied.] — (Berlin 1849.) 1 Bl. 8° Aus: Preußische Volkszeitung. 1849. 1: 63 in 4° Rz 8885/98.
14.4071

— Von Wrangel im Jahre 1848. [Lied.] — Berlin [1848]: Bernstein. 1 Bl. 8° 1: 51 in 4° Rz 8885/98.
14.4072

Bechtolsheim, Hans Frhr. v., Dreikönigsabend. Komödie in 5 Akten. (VI, 140 S.) 8. Würzburg (904). Stahel's Verl. n. 2. 50

Bechtolsheim, Julie Freifrau v.: Abschiedsworte einer Bergbewohnerin an die Neu-Vermählte im Julius 1810. [Verf.: Julie Freifrau v. Bechtolsheim.] — o. O. [1810]. 8 S. 8° 14. 27. 28. 32. 33.
14.4077

[—] L'Aurore aux peuples fortunés de Saxe Weimar et Eisenach. — [Eisenach 1804.] 2 Bl. 8° 32.
14.4078

[—] Die Kinder der neuerrichteten Mädchen-Freischule des Frauenvereins zu Eisenach, an alle schöne Seelen. Am 18. Oct. 1817. — o. O. [1817]. 1 Bl. 8° 8.
14.4079

[—] Die Nymphe der Liebensteiner Quelle an die Herzogin Mutter bey Darreichung einer Schaale. Den 10. August, 1800. — o. O. [1800]. 1 Bl. 2° 27.
14.4080

v. Bechtolsheim, Julie, geb. Freiin v. Keller, b. 1. Sept. 1810. in Eisenach; ein Gedicht zum Besten d. Hülfsbedürftigen. 8. Gotha 810. Becker. 8 ℬ. 51 S.

Bechtolsheim, Katharina Freifrau v., geb. Gräfin Bueil, s. Erinnerungen e. Urgrossmutter.

Bechtolsheim, Katharina Freifrau v.: Erinnerungen einer Urgrossmutter (Katharina Freifrau v. Bechtolsheim geb. Gräfin Bueil) 1787-1825. Mit Originalbriefen von Goethe, Wieland, Herder ... u. a. Hrsg. von Carl Graf Oberndorff. — Berlin: Fontane 1902. XIV,474 S. 8° 1: Pb 8060. 2. 11. 12: Biogr. 79 hi. 14. 16. 17. 18. 20. 21. 23. 25. 26. 30→33. 35. 38. 39. 41. 43. 45. 60. 61. 70. 109. 111. 117. 121. 123. 180. 203. 300: 416,031-B. 302.
14.4082

—— Berlin: Fleischel 1903. XIV,474 S. 8° **15. 28.**
14.4083

Bechtolsheim, Klemens Frhr v.: Die primären Naturkräfte. Vortrag. — Berlin: Seydel 1902. 23 S. 4°
1:4° Mw 10036. **11. 12**:4° Phys. sp. 20bm. **210.**
14.4084

Bechtolsheim, Klementine Baroness v.: A Leaf from my hortus siccus. — (Munich 1881.) 158 S. 8° **19.**
14.4085

Bechtolsheim, Rosemarie Freiin v.
Pseudonym: M. v. Bernau

Bechtolsheim, Rose-Marie Freyin v., der christliche Pilger auf dem Wege zur ewigen Heimat. Nach dem engl. Original. gr. 8. (VII, 388 S.) Mainz 901. F. Kirchheim.
n. 3. 50; geb. n. 4. 50

Bechtolsheimer, Heinrich

— Das Elend der Fremdherrschaft. — Hamburg: Schloeßmann 1910. 107 S. 8° (Als Deutschland erwachte. 8.)
1:Qn 7703–8. **4. 12**:Germ. g. 583d. **17. 26. 36. 46. 107.**
14.4092

— Das Hungerjahr. Erzählung. — Wiesbaden: Volksbildungsverein 1907. 291 S. 8° (Wiesbadener Volksbücher. 97.) **17. 18. 24. 26. 36. 43. 60. 62. 121.**
14.4096

— Rede über Hebr. 13,9, gehalten bei der Konfirmationsfeier der Lukasgemeinde am Sonntag Quasimodogeniti, 3. April 1910, in der Johanneskirche zu Gießen. — Gießen [1910]: Kindt. 17 S. 8° **26.**
14.4102

Bechtolsheimer, Heinr., zwischen Rhein u. Donnersberg. Roman aus der Franzosenzeit. (310 S.) 8. Gießen 903. E. Roth. n. 3. —; geb. in Leinw. n. 4. —

— Rheinhessen zur Zeit der Franzosenherrschaft, 1792–1814. Vortrag. — Worms: Kranzbühler 1905. 96 S. 8°
17. 36. 123.
14.4109

—— Ebd. 1905. 100 S. 8° 1:Sk 1716³. **17. 26. 38. 43. 107.**
14.4110

— Rheinhessen zur Zeit der Franzosenherrschaft 1792—1814. Vortrag. (96 S.) kl. 8. Worms 905. (H. Kräuter.)
n. — 50

— Die Seelsorge in der Industriegemeinde. — Göttingen: Vandenhoeck & Ruprecht 1907. VI,180 S. 8° (Praktisch-theologische Handbibliothek. 5.)
1:Dp 318–5. **3. 5. 7. 10. 11. 12**:Liturg. 563 i–5. **17. 26. 28. 29. 30. 35. 60. 79. 107. 211.**
14.4111

Bechzet: Die Cholera-Epidemie zu Constantinopel und Verhaltungsregeln dabei. Aus d. Türk. übers. u. mit Anm. begleitet vom Fürsten Demetrius Maurocordato. — o.O. [1832]. 15 S. 8°
Aus: Journal d. practischen Heilkunde. 74. 1832.
1:Ka 6500. **11.**
14.4122

Beck [Sachl. OW]

Viro Christian Daniel Beck die semiseculari a suscepto munere doctoris academici gratul. univers. litt. Lipsiensis. Lpz. (Staritz) 8. V. 1829. Folio. 4 Bl. (2.60) 1616

Viro Christian Daniel Beck memoriam diem quo ante hos quinquaginta annos acad. doctoris munus felic. ausp. est schola Thomana gratul. — Inest quaest. logicarum particula prima de vi et natura artis logicae. Lpz. (Staritz) 8. V. 1829. 16 S. (3.—) 1617

Beck.– Johann Tobias Beck.

— Ein Lebensbild, bearb. von Bernh. Riggenbach. siehe Riggenbach.

s. *Worte* der Erinnerung an Dr. Johann Tobias Beck. 1879.

Johannes Beck, der gesegnete Missionar unter den Grönländern. 4. Aufl. — Berlin 1885. 16 S. 8° ([Tractate der] Deutschen Evang. Buch- u. Tractat-Gesellschaft. 1.)
1:Cv 52148–1.
14.4146

Beck, Johannes, der gesegnete Missionar unter den Grönländern. 7. Aufl. 12. (16 S.) Berlin 893. Deutsche evangel. Buch- u. Tractat-Gesellschaft. n.n. — 5

Beck, Konrad. 1908 s. *Begraebnisfeier*, Zur, unsers am 24. Februar 1908 entschlafenen Bruders Konrad Beck. 1908.

Beck [Verfasser]

Beck, Kgl. Preußischer Generalarzt, 1821-1894. 1844
s. *Beck*, Bernhard v.

Beck, Generalmajor, Darmstadt, 1837-1910. 1884 s. *Beck*, Fritz.

Beck, Großherzogl. Hessischer Geh. Regierungsrat, 1789-1862. 1824
s. *Beck*, Ferdinand Karl Heinrich.

Beck, Dr., Schulrat, Gymnasialdirektor, Coburg. 1905
s. *Beck*, Heinrich.

Beck, Schauspieler u. Bühnendichter, Gotha, später Mannheim, 1760-1803. 1788 s. *Beck*, Heinrich.

Beck, Dr. phil., Pfarrer, Braunschweig, geb. 1865. 1905
s. *Beck*, Henry.

Beck, Oberkonsisorialrat, Bayreuth, 1849 - 1919., s. B e c k , Hermann

Beck, Konsistorial- Kirchen- u. Schulrat, Ravensburg, 1750-1814. 1795 s. *Beck*, Johann Georg.

Beck, Professor d. Theologie, Tübingen, 1804-1878. 1833
s. *Beck*, Johann Tobias.

Beck, Generalsuperintendent, Hall in Württemberg, 1818-1886. 1848
s. *Beck*, Karl.

Beck, Oberbürgermeister, Mannheim, 1846-1908. 1897
s. *Beck*, Otto.

Beck, Regierungs- u. Departementsrat, Trier, 1818-1875. 1855
s. *Beck*, Otto.

Beck, Dr. phil., Studienrat, Leipzig, geb. 1870. 1904 s. *Beck*, Paul.

Beck, Pastor, Ørslev, Dänemark, 1829-1901. 1897 s. *Beck*, Vilhelm.

Beck, Registrator am Wohnungsbureau d. Stadtpolizeiamts, Stuttgart. 1865 s. *Beck*, Wilhelm.

Beck, Bnin v. 1850 s. *Beck*, Wilhelmine Bnin v.

Beck: A n f a n g s g r ü n d e d. math. Wissenschaft . . . , s. B e c k , Franz Josef .

Beck: Über einige physikalische B e g r i f f e ,
s. B e c k , Hans

Beck, Gebr.*-Offenbach. F e u e r b e s t a t t u n g s-a p p a r a t K l i n g e n s t i e r n a-B e c k. Offenbach 1908. Wilh. Gerstung.

Beck, Gedenkschrift z. 50-Jahr-Feier dtsch. Turnens in F u l n e c k u. Jahndenkmalenthüllung 22. 9. 1907, m. Abb., Fulneck 1907, 15 S., 8°.

Beck: H i s t o r i a Helvetiorum . . . , s. B e c k , Jakob Christoph

Beck, Horaz als Kunstrichter und Philosoph. 4. (86 S.) Mainz 875. (Berlin, Calvary und Comp.) *

Beck, Jahresbericht des landwirthschaftl. District-Vereins des Eichsfeldes, s. Jahres-Bericht.

Beck. 1876: Der Karlistenkrieg im Sommer und Herbst 1875. [Verf.: Beck.] — Berlin: Mittler 1876. 56 S. 8° (Militär-Wochenblatt. Beih. 1876,1.)
1: Hu 2318–1876,1. 4→7. 9. 10. 11. 14. 16. 17. 18. 24. 29. 32. 33. 43. 46. 61. 117.
14.4147

Beck(Hrsg.), s. Korrespondenzblatt für die evangelisch-lutherischen Geistlichen in Bayern.

Beck u. Lautern, ..., das Landrecht, od. die eigenthümlichen bürgerlichen Rechte u. Sitten der Grafschaft Erbach u. Herrschaft Brauberg im Odenwalde. 8. Darmstadt ... (Dingeldey.) 5 ℳ

Beck: Math. Lehrbuch f. Schüler der Baukunst, s. Beck, Franz Josef

Beck: Principales of Kants critical Philosophie ..., s. Beck, Jakob Sigismund

Beck, Prof. Dr., s. M. F. Roos, christl. Glaubenslehre.

Beck, ..., Selim u. Zulima. Schspl. Aus d. Dän. 8. Leipz. 771. Schwickert. 3 ℳ

Beck, Dr., Klosterwald. 1894: Die römischen Strassen Regensburg's. — (Ottobeuren 1894: Ganser.) 18 S. 8°
1: Sg 5704. 5. 7. 10. 12: Bavar. 210w. 15. 16. 17. 19. 21. 24. 25. 27. 29. 33. 44. 107. 211. 302→304.
14.4148

Beck, die römischen Straßen Regensburg's. 8. (18 S.) Ottobeuren 894. (Regensburg, A. Klempp.) n. — 20

Beck: Untersuchungen über Schweineseuche ..., s. Beck, Max

Beck: Über Versäumnisse u. deren Entschuldigung bei Aktiengesellschaften, s. Beck, Johann Ludwig Wilhelm

Beck [Amtsrichter]: Über einige ehegüterrechtliche Verträge süddeutscher Adelsfamilien aus der Zeit vom 14. bis 16. Jahrhundert ... Stuttgart, Druck v. W. Kohlhammer, 1895; VI, 48 S. 8.
Freiburg i. B., Jur. Fak., Inaug.-Diss. v. 1895

Beck (Hrsg.), s. Zeitschrift, Deutsche, für Chirurgie.

Beck, A., über die Ermüdbarkeit des Nerven. (S. 585—592.) gr. 8. Bonn 908. M. Hager. — 60
Sonderabdruck aus: „Archiv f. d. ges. Physiol."

Beck, A.: Der Budweiser Kreis im Königreiche Böhmen. — Wien: H. F. Müller 1841. 41 S. 4° (Das pittoreske Oesterreich. 14.) In d. Exemplaren von 10 u. 302 fehlt d. Titel d. Sammlung.
10. 12: 4° Austr. 94m-2. 300: 34.601-C.K. 14. 302. 304.
14.4149

Beck, A. K.: Lehrbuch f. d. Geschichtsunterricht ..., s. Beck, Karl August

Beck, Adam Jos., Ziegelei-Anlagen u. Ziegelfabrikation, s. a. Hittenkofer, M., Unterrichts-Werke. 36 B.

Beck, Adam Josef: Ziegelei-Anlagen und Ziegelfabrikation. — Strelitz i. M.: Hittenkofer [1901]. 94 S. 4° (Unterrichts-Werke ‹Methode Hittenkofer› für Selbstunterricht u. Bureaugebrauch. Lehrfach 36 B.) 85. 210.
14.4151

Beck, Adolf

Beck, Adolf, a. Mainz: Die Kirchenpolitik des Erzbischofs von Köln, Johannes Kardinal von Geißel. Mainz 1905: Lehrlingshaus. (84 S.) 8° [F.]
Gießen, Phil. Fak., Ref. Oncken, Diss. v. 30. Mai 1905
[Geb. 28. Sept. 81 Mainz; Wohnort: Mainz; Staatsangeh.: Hessen; Vorbildung: Gymn. Mainz Reife Juli 00; Studium: Gießen 6, Berlin 1, Heidelberg 1 S.; Rig. 2. März 05.]

Beck, Adolf, Das Kronprinz-Rudolfslied. Gedicht. 8. (4 S.) geh. In Comm. 10 kr.

Beck, Adolf, Erzherzogin Maria Antoinette. (Geboren 10. Jänner 1858, † 13. April 1883.) Ein Gedenkblatt. (Sep.-Abdr.) kl. 8. (27 S.) Salzburg, Heinrich Dieter. 30 kr. 1334 501

Beck, Adf., prakt. Ratschläge f. d. weinbautreibenden Landwirt. (60 S.) 8. Offenburg 909. G. Roth. — 60

— **Über die Wirkung der Radiumstrahlen auf die peripheren Nerven.** — Cracovie 1905. S. 287-288. 8°
Aus: Bulletin international de l'Académie des sciences de Cracovie. Classe des sciences math. et nat. 1905.
Die Schrift ist eine deutsche Zusammenfassung von: Beck: O Dzialaniu promieni radu na nerwy obwodowe. 1905.
300: 440.951-B.
14.4163

Beck, Albin: Jung Werner's [d.i. Albin Beck] Gedichte aus vergangenen Tagen. 2. Aufl. — Brünn: Wissenschaftlich Geselliger Verein 'Apollo'; Knauthe in Comm. 1883. 66 S. 8° 302.
14.4170

[Beck, Alexander.] Der Bergsturz von Goldau. 2., durch eine Ansicht des alten Kirchleins von Goldau [Tafel] vermehrte Aufl. [Umschlag mit Vignette.] 8. ([Basel] 1892.) A 2971²
[Hrg. vom] Verein zur Verbreitung christlicher Schriften Basel. (No. 557.)

Beck, Alexander, Pfarrer, Lohn, Kanton Schaffhausen, 1814-1899. 1850: Bilder aus dem Arbeiterleben oder wie gelangt ein Volk zu wahrer Bildung? Beantwortet durch Zuschriften von 23 englischen Arbeitern an e. schweizerischen Handwerkerssohn. Mit e. Vorw. von S. E. Kapff. — Basel: Bahnmaier 1852. VI,113 S. 8° 27.
14.4171

Beck, Alexander, von Schaffhausen [Professor am Polytechnikum in Riga]: Ueber die Gestalt des Mondes. [S.A. aus: Vierteljahrsschrift der Naturforsch. Ges. in Zür., Bd 22, S. 167—198]. Zür. Zürcher u. Furrer Dr. 1877. 1 Bl., 32 S. 8°.
Zürich, Phil. Diss. [v. 14. Juli 1877].

— [Übers.]
s. *Hill,* John: Es geht gut [It is well, deutsch]. 1850 u. ö.

[Beck, Alexander.] Die katholische Kirche in Schaffhausen nach ihrer Vergangenheit, Gegenwart u(nd) Zukunft. Ein christfreundliches Wort an die lieben Mitbürger zu Stadt und Land. 8. Schaffhausen 1840. A 6666¹

Beck, A., die Mission u. die Confessionen. Sendschreiben an Hrn. Prof. Dr. A. Harleß. gr. 8. Schaffhausen 840, Beck u. Sohn. n. 4 n℔

Beck, A(lex.), die Mission und die Confessionen. Sendschreiben an Hrn. Prof. Dr. A. Harleß in Leipzig. gr. 8. (30 S.) Schaffhausen 847, Beck und Sohn.

Beck, Alex., Religion und Cultus, Betrachtungen eines Laien als Material zum Entwurfe eines vernünftigen Glaubensbekenntnisses. gr. 8. (14 S.) Pappenheim 870. (Weissenburg, Meyer.)

Beck, A[lexander]. Über die mehrfachen Sekanten algebraischer Raumkurven. Sonderabdruck aus Jahrg. 52, 1907 [der] Vierteljahrsschrift der Naturforschenden Gesellschaft in Zürich.... II S. + S. 266—278. gr.-8. Zürich, Zürcher & Furrer. N 5180²³

— **Der Tag des Herrn und seine Heiligung. Ein Wort an d. Christenheit deutscher Zunge.** — Schaffhausen: Beck 1850. XIV,145 S. 8° 27. 106.
14.4172

(—) Die Triangulirungsarbeiten zur Vermessung Rigas. (Verf.: A. Beck u. H. Malcher.) — Riga 1882: Müller. 11 S. 4° 305.
14.4175

Beck, Alexander, Notar, Karlsruhe. 1899: Verlassenschafts-Verhandlung nach dem Badischen Landrecht ‹Satz 1500–1504› und dem Bürgerlichen Gesetzbuch ‹Satz 1519–1548› in Aktenform dargest. — Karlsruhe 1899: Stieß. 21 S. 8° 16. 25. 31.
14.4173

Beck, Alexander: Wand-Karte von Dithmarschen. Bearb. unter Zugrundelegung der K. Preuss. Landes-Aufnahme und unter Mitwirkung von Lehrern v. Alexander Beck. Meldorf. 1884. Lithogr. Buntdruck. 2 Bl. Gr.-Fol., 73,5/102,5 cm.

Wand-Karte von Husum—Eiderstedt. Bearb. unter Zugrundelegung der Königl. Preuß. Landesaufnahme durch Alexander **Beck.** Hrgg. v. H. Siercks u. Herm. Bremer. 1 : 50000. Heide u. Meldorf. 1889. **W 5**

Wand-Karte von Schleswig-Eckernförde. Bearb. unter Zugrundelegung der Königl. Preuß. Landesaufnahme durch Alexander **Beck.** Hrgg. v. H. Siercks u. Herm. Bremer. 1 : 60000. Heide u. Meldorf. 1888. **W 7**

— **Zwangsversteigerung und Zwangsverwaltung von Grundstücken im Wege der Zwangsvollstreckung nach dem Reichsgesetz vom 24. März 1897 nebst Einführungsgesetz, u. Bad. Ausführungsgesetz vom 18. Juni 1899 nebst Zwangsversteigerungsverordnung. — Karlsruhe: Beck 1902. 48 S. 8°** **208.**
14.4174

Beck, A., Zwangsversteigerung u. Zwangsverwaltung v. Grundstücken im Wege der Zwangsvollstreckung nach dem Reichsgesetz vom 24. III. 1897 nebst Einführungsgesetz, u. bad. Ausführungsgesetz vom 18. VI. 1899 nebst Zwangsversteigerungsverordng. An Beispielen in Aktenform dargestellt. (48 S.) 8. Karlsruhe 902. (G. Pillmeyer.) n. 2. —

Beck, Alfred, aus Dinkelsbühl, Rechtspraktikant am Kgl. Landgericht zu Weiden: Die Rechtsverhältnisse der nichtpragmatischen Staatsdiener — nichtpragmatischen Staatsbeamten und Staatsbediensteten im Sinne der K. Allerh. Verordnung vom 26. Juni 1894 — nach bayerischem Staatsrechte systematisch dargestellt. *Weiden 1903: K. Knauff.* (51 S.) 8° [J.]
Erlangen, Jur. Diss. v. 14. Juli 1903

Beck, Alois: Über Aufforstung von Privatwaldungen. — (Pettenhofen): Verf.; Regensburg 1906: Habbel. 15 S. 8°
12: Oecon. 200. 19.
14.4181

Beck, Ambrosius: Betet ohne Unterlaß! Ein katholisches Gebetbuch für bejahrte Leute. — Saarlouis: Stein 1853. 308 S. 8° **1: Er 13016.**
14.4184

Beck, Andreas, Lehrer, Cannstatt, später Moskau, 1825-1882. 1840: **Cannstatt und sein Thal. In 5 Gedichten. — Cannstatt 1843: Bosheuyer. 47 S. 8°** **21.**
14.4187

— **Frühlingsknospen. Gedichte. — Cannstatt 1840: Richter. 37 S. 8°** **24.**
14.4188

Beck, Andr., Gedichte. 16. (VII, 182 S.) Stuttgart 871, (Grüninger.) •

— **Deutsche Klänge aus Moskau. Gedichte. Samml. 2. — Moskau: Kundt 1879. 66,II S. 8°** **1: Yo 13800/2. 31.**
14.4190

Beck, Anton, appr. Arzt: Ueber das doppelseitige Carcinom der Mamma. *München 1904: Kastner & Callwey.* (24 S.) 8°
München, Med. Diss. v. 1904

Beck, Anton, K. K. Ministerialsekretär. 1856: **Zu II A. Darstellung der Organisation, der Gerichtszuständigkeit und des Wirkungskreises der Behörden für die Strafrechtspflege in Oesterreich [I]. — o.O. [1856]. 19 Bl. 2°**
Titelblatt u. Text autographiert. **18. 30. 31. 205. 304.**
14.4191

BECK, Anton: S. Hilarii Pictaviensis doctrina de SS.Trinitate. (Titel nach der Urkunde)
22.1.1898 - Urk: Chr 1897/98,15
Diss. Ingolst.-Landsh.-Mchn.

Beck, Ant., die Amberger Parcifal-Fragmente u. ihre Berliner u. Aspersdorfer Ergänzungen. gr. 4. (50 S. m. Abbildgn. u. 6 Lichtdr.-Taf.) Amberg 902. H. Böes.
n. 5. —

Beck, Anton, Dr., k. Präfekt an d. Lehrerbildungsanst.: Der Prolog des Lukas-Evangeliums. Eine exeget. Studie. *Amberg 1900: H. Böes.* (47 S.) 8°
Amberg, k. humanist. G, P 1900*

Beck, Ant., kirchliche Studien u. Quellen. (IV, 891 S. m. 1 Fksm.) gr. 8. Amberg 903. H. Böes. n. 8. —

— **Die Trinitätslehre des heiligen Hilarius von Poitiers. — Mainz: Kirchheim 1903. 255 S. 8° (Forschungen zur christlichen Literatur- u. Dogmengeschichte. 3,2.3.)**
1: B 1500–3,2.3. **2. 3. 5→11. 12:** Th. U. 149e–III,2,3. **15. 16. 17. 19. 20. 21. 25. 26. 28. 29. 30. 36. 52. 102. 211. 300:** 411.280–B. Per. 3,2.3. **302→304.**
14.4193

— **Die menschliche Willensfreiheit. — München: Münchener Volksschriftenverl. 1906. 140 S. 8° (Glaube u. Wissen. 7.)** **1: Dc 7502/48–7. 5. 12: Polem. 1144 tb–7. 19. 38. 169. 211. 303.**
14.4194

Beck, Anton August: [Kupferstiche von öffentlichen Gebäuden in Braunschweig und Umgebung.] — o.O. [um 1750]. 32 Bl. quer-8° **17.**
14.4195

Beck, Anton Ludwig Christian: Ueber die Location der Hypotheken-Forderungen im Sinne des § 19 der bayerschen Prioritäts-Ordnung vom 1. Juni 1822. — Erlangen: Bläsing 1855. 52 S. 8° **1: Gm 19380. 19. 101.**
14.4196

Beck, Arno [aus Pössneck in Thür.]: Über Veränderungen der Lunge bei Steinmetzen ... Würzburg, Druck d. kgl. Universitätsdr. v. H. Stürtz, 1895; 44 S., 4 Taf. 8.
Würzburg, Med. Fak., Inaug.-Diss. v. 1895

Beck, Arthur, aus Waghäusel (Baden): Zur diätetisch-physikalischen Therapie des Galen, besonders beim Fieber. *Berlin (1899): G. Schade.* (29 S.) 8° • (Enthält d. Übers. von Galen: θεραπευτική μέθοδος, VIII. 5—6.)
Berlin, Med. Diss. v. 14. März 1899

Beck, August, Schweizer Zeichner u. Maler, 1823-1872. 1854: **Die Königlich Sächsische Armee in ihrer neuesten Uniformirung. 24 colorirte Abb. nach Originalzeichnungen. — Dresden: Meinhold [1867]. 1 Bl., 24 Taf. 4°** **14. 17. 106.**
14.4204

— **Lose Blätter zur Geschichte der Königlich Sächsischen Armee. — Dresden: Meinhold [1874]. 41 Taf. quer-8°**
Nebent.: Beck-Album. **14. 17. 106.**
14.4205

Beck, Aug., Buch zur Unterhaltung f. Jung u. Alt. 1. Hft. Enth. Rätselfragen u. Spitzfindigkeiten, Unterschiede, Aehnlichkeiten, Schnellsprechübgn. u. falsche Betong. u. Brechg. von Wörtern u. Sätzen. 2. Hft. Enth. Zauberkünste, Rechenaufgaben u. e. kurzweil. Allerlei. Gesammelt u. z. Tl. selbst bearb. 8. (63 S. m. Fig.) Zwickau 898. (Kirchberg, E. Schneider.) — 30

Beck, August, Historiker, Archivrat, Gotha, 1812-1874. 1836: **Ernst der Fromme, Herzog zu Sachsen-Gotha und Altenburg. Ein Beitrag zur Geschichte d. 17. Jahrhunderts. Th. 1.2. — Weimar: Böhlau 1865. 8°**
1: Ss 4220. 2→5. 7→11. 12: Germ. sp. 27 nfh. 14→17. 19. 20. 21. 24→27. 29. 30. 32. 34. 38. 39. 42→45. 48. 53. 61. 62. 66. 109. 117. 123. 203. 300: 111.928–B. 302.
14.4197

Beck, Aug., Ernst der Zweite, Herzog zu Sachsen-Gotha und Altenburg, als Pfleger und Beschützer der Wissenschaft und Kunst. Mit dem (in Kupfer gest.) Bildnisse u. 1 (lith.) Facsimile Herzog Ernsts. Gotha 854. J. Perthes. 8. (4 Bl., 448 S.) n. 1 *rℓ* 15 *ngℓ*

— **Der Zoologische Garten zu Coeln. Ansichten verschiedener Gebäulichkeiten nach Plan u. Angabe d. Directors Dr. Bodinus, entworfen vom Architecten Carl Denz. Gezeichnet von August Beck. — Cöln 1860: Weber & Deckers. 13 Bl. quer-8°** **38.**
14.4206

— **Gedenkblatt an den deutsch-französischen Feldzug 1870–1871. — Leipzig: Expedition d. Illustr. Zeitung [1871]. 2 Bl., 1 Taf. 2°** **17.**
14.4207

— Geschichte des gothaischen Landes. 1. u. 2. Bd. Gotha 868, 70. Thienemann. gr. 8. (VIII, 535; X, 585 S.)
n. 5 *rℓ* 21 *ngℓ*
1. Bd.: Geschichte der Regenten. n. 2 *rℓ* 24 *ngℓ*
2. " Geschichte der Stadt Gotha. n. 3 *rℓ*

— Geschichte d. gothaischen Landes. 3. Bd. Geschichte der gothaischen Landstädte, Marktflecken u. Dörfer in alphabet. Ordng. 1. Thl. Altenbergen — Mechterstedt. gr. 8. (480 S.) Gotha 875. Thienemann. n. 8. 40
(I—III, 1.: n. 25. 80)

Beck, Aug., Geschichte des gothaischen Landes. 3. Bd. Geschichte der gothaischen Landstädte, Marktflecken u. Dörfer in alphabet. Ordnung. 2. Thl. Menteroda — Zella. gr. 8. (VI, 470 S.) Gotha 876. Thienemann. n. 8. 40
(I—III, 2.: n. 34. 20)

— Graf Gustav Adolf von Gotter. Ein Lebensbild aus d. Zeit Friedrich's d. Großen u. Maria Theresia's. — Gotha: F.A.Perthes 1867. 106 S. 8°
1:Qk 699. **4. 5. 7. 8. 9. 12:**Biogr. 465 o. **14. 16. 17. 19. 21. 24. 32. 33. 34. 39. 45. 53. 62. 109. 203. 300:**70.771-B.
14.4200

Beck, Aug., Grammatik d. engl. Sprache f. Schulen. gr. 8. (12½ B.) Gotha 841, Müller.

— Handbuch der englischen Literatur. Bd 1.2. — Gotha: Henning (2: Leipzig: Böhme) 1838-45. 8°
1. Prosa.
2. English poets, oder Lebensnachrichten von d. wichtigsten englischen u. amerikanischen Dichtern.
6[∞1]. **11**[∞1]. **12**[∞2]:H. lit. P. 33 w-1. **14**[∞2]. **33**[∞2]. **39**[∞2]. **43.**
14.4201

Beck, Aug., Handbuch d. englischen Literatur. 2. Bd. Poesie. A. u. d. T.: English Poets, od. Lebensnachrichten von d. wichtigsten engl. u. amerikan. Dichtern in chronolog. Ordnung, nebst ausgew. Stücken aus deren Werken. gr. 8. (32½ B.) Leipzig 846, Böhme. (?)
1. Bd. Gotha 838, Hennings'sche Buchh. 2 Thlr.

Beck, August, cand. med. aus Hassfurt: Ueber Intoxikationen mit Kresol und Lysol. *Würzburg: B. Cramer 1899.* (24 S.) 8°
Würzburg, Med. Diss. v. 1899

Beck, Aug. (I.), Johann Friedrich der Mittlere, Herzog zu Sachsen. Ein Beitrag zur Geschichte des 16. Jahrhunderts. 2 Thle. gr. 8. (XV und 953 S.) Weimar 858, Böhlau. *

Beck, August, Dr. phil., Schulrat, Direktor d. Lehrerseminars, Brühl. 1893: Geheimrat Dr. Lorenz Kellner. Ein Blatt d. Erinnerung an d. Hingeschiedenen. — Trier: Lintz 1893. 89 S. 8° **121.**
14.4210

—— **Vom Kriegsschauplatz! Telegraphische Depeschen der neuen russischen Zeitung. An Ort und Stelle aufgenommen. qu. 4. (8 Stnt. in Tondr.) Düsseldorf 854, Arnz und Comp.** *

Beck, A., Ein Lied aus der Tragödie „König Oedipus". Pr. 1883. 35 S. 4°. 2.—

Beck, A., malerisches Militair-Album. 12 (lithogr.) Blatt militair. Gruppenbilder mit landschaftl. Staffage, in Farbendr. ausgeführt. Nach der Natur gezeichnet. 4. Berlin 861, Reymann.

—— maler. Militair-Album. 12 Bl. Lith. 4. Berl. 62. (Oberh., Spaarmann.) — 22½

Beck, Aug., malerisches Militair-Album. 12 (lith.) Blatt militair. Gruppenbilder mit landwirthschaftlicher Staffage, in Farbendruck ausgeführt. Nach der Natur gez. Berlin 863. Reymann. (M'Gladbach, Spaarmann.) 4. 22½ ngr.

[Beck, August.] Schweizer Militair Album. [Gez. v. A. Beck.] Dusseldorfer lithographische Kunst-Anstalt [um 1860]. [Umschlagtit.]
12 farb. Taf. 4°

— Schweizer Militair Album. — Basel: Lang [um 1865]. 12 Taf. 4° **302.**
14.4209

Beck, August, Gymnasialprofessor, Basel. 1896: Musik und Recitation. Rede. — Basel 1896. 15 S. 8°
Aus: Allgemeine Schweizer Zeitung. 1896. **26. 302.**
14.4211

Beck, Aug.: Rechtschreibübgn u. Diktate. Handb. f. Lehrer. (12, 188) gr8° Rottenbg, W Bader '12. 2.60: L 3.40 d

Beck, Aug., Satzbilder als Übungsstoffe zur Ausbildg. des Sprachgefühls u. Rechtschreibens f. d. Mittelstufe der Volksschulen (4.—5. Schulj.) (20 S.) 8. Rottenburg 910. W. Bader. nn — 15

Beck, Aug. (II.), Soldatenlust, Soldatenleid, für Deutschlands muth'ge Jugend. Text von Jul. Zähler. qu. gr. 4. (16 ill. Stnt. in Tondr. mit 19 S. Text.) Dresden 859, Meinhold und Söhne.

—— Soldatenwelt in Krieg und Frieden. Originalzeichnungen. Text von Jul. Zähler. qu. gr. 4. (16 ill. Stnt. in Tondr. mit 34 S. Text.) Dresden 859, Meinhold und Söhne.

Beck, A., Scenen aus dem Kriegsleben. qu. gr. Fol. (12 lithogr. Bl. in Tondr.) Düsseldorf 854, Arnz und Comp. *

Beck, A, Scenen a. d. Kriegsleben. Fol. (12 K.) Düsseld. 54, Breidenbach u. Co. *n.* 3. —

— [Hrsg.] s. *Theodulus:* Ecloga. 1836.

Beck, Aug., Übungsmaterial zur Erlernung des Satzbaus, der Verbindung u. Umformung der Sätze, f. d. Oberklass. der Volksschulen (6. u. 7. Schulj.) gesammelt u. zusammengestellt. (23 S.) 8. Rottenburg 910. W. Bader. nn — 15

— Worte der Trauer bei der Gedächtnißfeier des Herzogs Ernst, Herzogs von Sachsen-Coburg-Gotha etc., im Realgymnasium zu Gotha den 27. Februar 1844. — Gotha [1844]: Engelhard-Reyher. 3 Bl. 4° **39.**
14.4203

Beck, August Emil Alfred s. *Beck*, August. 1836.

BECK, Augustin (Mindelheim): De dysenteria.- Monachii: Giesser 1839. 16 S.
22.5.1839 - Urk; F 64
Diss. Ingolst.-Landsh.-Mchn.

Beck, B. (Red.), s. Botschaft, Gute.

Beck, B., s. Gallerie aller merkwürdigen Nationaltrachten.

Beck, B.: Preces et lectiones . . ., s. Beck, Johann Baptist

Beck, B. W. [Pseud.] s. *Beckstein*, B. W.

Beck, Beatus Benedict (Dresden), Dissertat. super Saxon. decis. XII. de anno 1746. Präs. Heinr. Gottfr. Bauer. Lpz. (Langenheim) 14. XI. 1770. 8 S. (2.80) 1563

Beck, Bernhard v., Kgl. Preußischer Generalarzt, 1821-1894. 1844: Anatomisch-physiologische Abhandlung über einige in Knochen verlaufenden und an der Markhaut derselben sich verzweigenden Nerven. — Freiburg i. Br.: Herder 1846. 24 S. 4° 1:4° Ky 5020. **2. 6. 12:**4° Anat. 15 h. **16. 20. 21. 25. 28. 30. 31. 202.**
14.4222

Beck, B(ernh.), anatomisch-physiologische Abhandlung über einige in Knochen verlaufenden und an der Markhaut derselben sich verzweigenden Nerven. Roy.-4. (24 S. und 3 Stnt.) Freiburg 847, Herder'sche Vrlgsh.

— Beitrag zur Messung der räumlichen Verhältnisse des weiblichen Beckens. — Stuttgart 1845: Kreuzer. 34 S. 8°
4. 10. 12:A. obst. 2c. **15. 19. 21. 26. 29. 31.**
14.4221

— Ein neuer Beitrag zur Lehre von den Schädel- und Rückenmarksverletzungen. 8°
Aus: Deutsche Zeitschrift für Chirurgie. 24. 1886. **16. 31.**
14.4225

Beck, Bernh., klinische Beiträge zur Histologie und Therapie der Pseudoplasmen, nebst einem Berichte über die vom März 1851 bis Juli 1857 in Rastatt ausgeführten Operationen. gr. 8. (VIII und 200 S.) Freiburg im Br. 857, Wagner'sche Buchh.

von Beck Jun., Bernhard [Dr. Assistenzarzt an d. chirurg. Klinik]: Beiträge zur Pathologie und Chirurgie des Gehirnes ... (Aus: Beitr. z. klin. Chir., Bd XII Heft 1.) Tübingen, Druck v. H. Laupp jr, 1894; 2 Bl., 142 S. 8.
Heidelberg, Med. Fak., Hab.-Schr. v [24. Febr.] 1894

Beck, B v.: Beiträge z. Thrombosefrage, s: Aschoff, L.

— **Neue Beobachtungen über Zerreissung wichtiger Organe des Unterleibs.** 8°
Aus: Deutsche Zeitschrift für Chirurgie. 19.1884. **16. 31.**
14.4226

— Ueber **Brand nach Thrombosirung von Schlagadern und nach Erfrierung. Ueber Darmzerreissung nach heftiger Erschütterung und Quetschung des Unterleibes. — Leipzig 1878. 41 S. 8°**
Aus: Deutsche Zeitschrift für Chirurgie. 11. 1879. **31.**
14.4227

Beck, Bernh., Chirurgie der Schussverletzungen. Militärärztliche Erfahrgn. auf dem Kriegsschauplatze d. Werder'schen Corps gesammelt. gr. 8 (923 S.) Freiburg i/B. 872. Wagner. n. 22. 25

— Ueber **Darmzerreissung nach heftiger Erschütterung und Quetschung des Unterleibes. 1878 in: *Beck:* Ueber Brand nach Thrombosirung von Schlagadern.**

— Zur **Doppelamputation des Oberschenkels. — Berlin 1869. 15 S. 8°**
Aus: Archiv für klinische Chirurgie. 11. 1869. **20.**
14.4229

Einladung zur öffentlichen Probe-Vorlesung, welche Dr. Bernhard von Beck zur Erlangung der Venia legendi bei der medicinischen Facultät der Ruprecht-Carls-Universität zu Heidelberg Samstag, d. 24. Febr. ... abhalten wird. Thema: Ueber Aethernarkose. *Heidelberg*, Druck v. J. Hörning, *1894*; 1 Bl. 8.

— Kriegs-chirurgische **Erfahrungen während des Feldzuges 1866 in Süddeutschland. — Freiburg i. Br.: Wagner 1867. VIII,360 S. 8°**
1: Kq 9220. 3. 6. 7. 9. 10. 11. 12: Chir. 14rf. 14→17. 19. 20. 24. 25. 27. 30. 31. 180. 202.
14.4230

Beck, Bernhard, Reiseprediger, 1840-1912. **1906: Die christliche Gemeinde in biblischer Beleuchtung mit besonderer Berücksichtigung der Gemeinden der Evangelischen Gemeinschaft. — Stuttgart: Christl. Verl. Haus [1906]. 72 S. 8°**
12: Asc. 5428k. 24.
14.4244

Beck, Bernhard. Goldenes Jub d Wirkens der Redemptoristenväter an St Philomena Kirche in Pittsb u Umgegend ... Ilchester, Md, 1887. 59 1

— Zur **Casuistik [Kasuistik] der Schädelverletzungen. — Leipzig 1877. 96 S. 8°**
Aus: Deutsche Zeitschrift für Chirurgie. 8. 1877. **31.**
14.4231

Beck, B., Leitfaden beim Unterrichte der Sanitäts-Mannschaft. Freiburg im Br. 860. Wagner. 12. (184 S. m. Holzschn. im Text.) n. 12 ngr.

von Beck, Bernhard [app. Arzt]: Die osteoplastische Resection des Kreuzsteissbeines zur Freilegung der inneren weiblichen Sexualorgane behufs Totalexstirpation des Uterus bei Carcinom und entsprechender anderer operativer Eingriffe. ... Freiburg i. B., Univ.-Buchdr. v. H. M. Poppen & Sohn, 1889; 50 S. + 1 Bl. 8°
Freiburg i. B., Med. Fak., Inaug.-Diss. v. 19. Jul. 1889

— **Die Schaedelverletzungen. — Freiburg i. Br.: Wagner 1865. VI,117 S. 8° 1: Ki 1285. 5. 6. 8. 9. 12: Chir. 14rc. 15. 16. 17. 20. 25. 31. 36. 180. 202. 302. 308.**
14.4233

— Eine weitere **Serie von Schädelverletzungen. — Leipzig 1879. 45 S. 8°**
Aus: Deutsche Zeitschrift für Chirurgie. 11. 1879. **31.**
14.4234

— **Schädelverletzungen. N.F. 8°**
Aus: Deutsche Zeitschrift für Chirurgie. 16. 1882. **31.**
14.4235

— Ueber **Schussfracturen des Oberschenkels; Deformirung d. Geschosse u. Wundbehandlung. 8°**
Aus: Archiv für klinische Chirurgie. 24. 1879. **31.**
14.4236

— **Die Schuss-Wunden. Nach auf d. Schlachtfelde wie in d. Lazarethe während d. Jahren 1848 & 1849 gesammelten** Erfahrungen **dargest. — Heidelberg: Groos [1850]. 343 S. 8° 1: Kq 2786. 6→9. 12: Chir. 14r. 15. 17→20. 25. 26. 27. 29. 30. 31. 39. 43. 45. 202. 209. 300: 18.565-B. 302.**
14.4237

—— (2. Ausg.) Ebd. (1859). 343 S. 8° **16. 20.**
14.4238

— Ueber den **Seiten-Steinschnitt mit dem Stromeyer'schen doppeltgedeckten Steinmesser (Lithotome bicaché).** Mit e. Vorr. von Prof. Dr. Stromeyer. — **Carlsruhe [usw.]:** Herder 1844. VIII,46 S. 8°
Zugleich Diss. Freiburg i. Br. 1844.
1: Kc 5636. 2. 7. 8. 15. 20. 21. 25. 27. 31. 180. 202.
14.4239

— Anatomische **Untersuchungen über einzelne Theile des** VII. und IX. **Hirnnervenpaares. — Heidelberg: Groos 1847.** 69 S. 2° **1: 2° Ky 6180. 2. 5. 7. 8. 9. 11. 12: 4° Anat. 15h/1. 15. 16. 17. 19. 20. 25. 26. 28. 30. 31. 38M. 302. 304.**
14.4240

Beck, Bernh., Untersuchungen und Studien im Gebiete der Anatomie, Physiologie und Chirurgie. Mit microscop. Zeichnungen. gr. 8. (VII und 103 S. mit 1 Stnt. in qu. Fol.) Carlsruhe 852, Groos. Thlr.

— **Über die Verbindungen des Sehnerven mit dem Augen- und Nasenknoten, sowie über den feinern Bau dieser Ganglien. — Heidelberg: Groos 1847. 54 S. 8° 1: Ky 4120. 7. 9. 10. 12: Anat. 64 l. 15. 16. 17. 20. 25. 26. 28. 30. 31.**
14.4242

Beck, B. v., über die Wirkung moderner Gewehrprojektile, insbesondere der Lorenz'schen verschmolzenen Panzer-Geschosse, auf den thierischen Körper. 8. (VII,88 S. mit 43 Taf. in Lichtdr.) Leipzig 885, F. C. W. Vogel. *

Beck, Bertold: Zehn **Abhandlungen zum neuen oesterreichischen Civilprocessrecht. — Wien: Perles 1898. IV,** 112 S. 8° **1: Go 3176. 6. 208. 300: 93.083-B. 302. 303. 307.**
14.4248

— Fünf **Capitel [Kapitel] über Vollzugsverordnungen und Verlautbarungen zu den oesterreichischen Civilprocessgesetzen. — Wien: Perles 1898. 36 S. 8°**
208. 300: 187.431-B. 302.
14.4249

Beck, C., Kgl. Dänischer Offizier, 1817-1890. **1859 s. *Beck*, Charles.**

Beck, C. v., s.: Deutschland u. seine Kolonien.

Beck, C. v., s.: Deutschland, das überseeische.

Beck, C.: De vera epodon Horatianorum indole. 6 S. 4°. Progr. Troppau ÖG. 1873.

Beck, C., Volkswirtschaftler. **1887: Wirthschaftliche und rechtliche Verhältnisse. — M. Weißkirchen: Selbstverl. 1887. 19 S. 8° (Österreichische Volkshefte. 1.) 300: 83.146-B.**
14.4250

Beck, C. A. 1873 s. *Beck*, Karl August.

Beck, C. A. 1746 s. *Beck*, Kaspar Achatius.

Beck, C. Ch. 1827 s. *Beck*, Karl Christian.

Beck, C. F.: Die **Obstpastenbereitung für Haushaltungszwecke. — Stuttgart: Ulmer 1891. 14 S. 8° 24. 201.**
14.4251

Beck, C. F. H. T., s. B e c k , Christian Friedrich Hermann Theodor

Beck, C. H., Cannstatt. 1893 s. *Beck*, Karl Hermann.

Beck, C. H., Verlag u. Druckerei, Nördlingen, später München. 1829
— Verzeichniß [Verzeichnis] ungebundener Bücher aus allen Fächern (Verzeichniß ungebundener und gebundener Bücher; Antiquarischer Katalog; Verzeichniss einer ausgewählten Sammlung bedeutender Werke aus allen Wissenschaften). Nr 1-219. — Nördlingen 1829-94. 8°
Der Katalog ist auf allen Bibliotheken nur lückenhaft vorhanden.
1:Aq 5541. 12:Cat. 36 q. 14.
14.4254

Beck, C. J., de hymnis primi sanctiorisque coetus Christo devincti. Numb. 1760. 4.

Beck, C. L. 1881 [Pseud.] s. *Luebeck*, Karl.

Beck, C. L. 1818: Anleitung zur ökonomisch-statistischen Beschreibung landwirthschaftlicher Besitzungen; mittelst tabellarischer Darstellung ihrer Bestandtheile u. Nutzungs-Rubriken. — Prag 1818: Haase. 128 S. quer-8°
300:27 Jj 24.
14.4258

Beck, C. L., Anleit. z. ökonom.-statist. Beschreib. landwirthschaftl. Besitzungen; mittelst tabellar. Darstell. ihrer Bestandtheile u. Nutzung-Rubriken. qu. 8. Prag 818. Krauß. 20 K

Beck, C. W., s. Liederkranz.

Beck, C. W., 40 Vorlegeblätter f. Anfänger im Schönschreiben. qu. 8. (21 lith. Bl.) Ravensburg 848, Dorn. 6 ngr

Beck, C. W., 40 Vorlegeblätter zum Schönschreiben für reifere Elementar- u. Sonntagsschüler. Schmal qu. 8. (41 lith. Bl.) Nördlingen 842, Beck'sche Buchh. *

— Dass. qu. 8. Ravensberg 842, Gradmann u. K. n. 1/3 ℔

Beck, Carl, s. Beck, Karl

Beck, Caspar Achatius, s. Beck, Kaspar Achatius

Beck, Ch., Petronius Arbiter de antiquis dictionibus; an unpublished grammatical fragment. S.-A. 1860. 26 S. 4°. 1.80

Beck, Ch., die Tante wird bekehrt, s.: Theater, kleines.

Beck, Charles
—— [deutsch] Die Kriegführung der Dänen in Jütland, dargest. an General Rye's Rückzug im Jahre 1849. Bearb. von A. Seubert. — Darmstadt [usw.]: Zernin 1864. IV, 160 S. 8° 1:So 3208. 8. 12:Mil. g. 12 p.
17. 24. 26. 31. 38. 41. 205. 209. 300:120.429-B. 302.
14.4265

Beck, Christian, Baalsdorf, Sachsen. 1744: Epistola ad virum ... Carolum Ferdinandum Hommelium Lipsiensem, Artium Magistrum ipso die quo honores iurisprudentiae academicos Lipsiae solenniter consequebatur ... missa a Christiano Beckio. — [Leipzig 1744]: Breitkopf. XVI S. 8°
2. 14.
14.4266

Beck, Christian, Schmied, geb. 1828. 1857: Des Schmiedegesellen Christian Beck Fahrten und Abenteuer zu Land und zur See. Bearb. von Robert Storch. — Gotha: Selbstverl. 1857. 368 S. 8° 39.
14.4269

—— Fahrten und Abenteuer zu Land und zur See. Bearb. von Robert Storch. 2., verm. u. verb. Aufl. — Dresden: Selbstverl. 1858. XII, 368 S. 8° 15. 35. 106.
14.4270

—— 3., verm. u. verb. Aufl. Ebd. 1860. XII, 368 S. 8°
8. 14. 106.
14.4271

—— 4., verm. u. verb. Aufl. Ebd. [1865]. XII, 386 S. 8°
12:It. sing. 58 ic. 22. 29.
14.4272

—— 5., verm. u. verb. Aufl. Dresden: Selbstverl. [usw.] 1868. XII, 384 S. 8° 1:Pt 3286/505.
14.4273

—— 7., verm. u. verb. Aufl. Dresden: Selbstverl. 1870. XII, 386 S. 8° 300:*8109.
14.4274

—— 7., verm. u. verb. Aufl. Ebd. 1871. XII, 386 S. 8°
22. 27. 32. 111. 300:163.451-B.
14.4275

—— 8., verm. u. verb. Aufl. Ebd. 1872. XII, 386 S. 8°
12:It. sing. 58 id. 205.
14.4276

—— 8., verb. u. verm. Aufl. Ebd. 1886 (1884). XII, 386, 16 S. 8° 7. 30. 35. 60. 61. 64. 106. 212.
14.4277

—— 18 Monate in Honolulu und auf den Sandwich-Inseln. Erlebnisse u. Abenteuer eines Deutschen. In stenographische Schrift übertr. — Ebd. [1899]. 61 S. 8° (Reuters Bibliothek ... 112.) Text autographiert. 52. 207.
14.4283

Beck, Chrn. Reise um die Welt. Fahrten u. Abenteuer zu Land u. zur See. Mit 7 Illustr. u. dem Portr. Christian Becks in Stahlst. 9. verb. Aufl. gr. 8. (XII, 320 S.) Dresd. 892, Reuter.
* 3 50; geb. in Leinw. * 4 —
1.—8. Aufl. erschien im Selbstverlage.

— Reise um die Welt. Fahrten u. Abenteuer zu Land u. zur See. 10., verb. Aufl. (19.—20. Tausd.) gr. 8. (309 S. m. 2 Illustr.) Dresden 900. W. Reuter.
n. 3. 50; geb. in Leinw. n. 4. —

Beck, Christian, Reise um die Welt. Fahrten u. Abenteuer zu Land u. zur See. 11. verb. Aufl. (21.—23. Tausd.) (310 S. m. 2 Abbildgn.) 8. Dresden 907. W. Reuter.
n. 3. 50; geb. in Leinw. n. 4. —

Beck, Christian, Fürstl. Waldeckscher Stallmeister, Arolsen. 1843: Nützliches Recept-Taschenbuch für alle Stände, besonders aber für solche, welche Pferde u. Wagen halten. — Hannover: Hahn 1843. X, 98 S. 8° 7. 35.
14.4267

Beck, Christn., der Verfertiger aller bekannten gemischten Getränke. Eine Samml. mehrerer 100 erprobter Recepte. 12. (5 B.) Hannover 845, Hahn'sche Hofbuchh.

—— [Ausz.] Als Walfischfahrer um die Erde. Reisen u. Erlebnisse. In stenographische Schrift übertr. — Dresden [1891]. 86 S. 8° (Reuters Bibliothek für Gabelsberger Stenographen. 4.)
Text autographiert. 15. 207.
14.4282

— als Walfischfahrer um die Erde. Reisen u. Erlebnisse. gr. 8. (83 S. m. 1 Abbildg.) Ebd. 902. n. — 75; geb. n. 1. —

Beck, Christian, als Walfischfahrer um die Erde. Reisen u. Erlebnisse. 3.—7. Tausd. (79 S. m. Titelbild.) 8. Dresden 907. W. Reuter. — 75; geb. in Leinw. 1. 20

Beck, Christian August
— Commentatio academica de origine et natura errorum in iure publico Imperii Rom. Germanici. — Viennae Austr. 1748: Heyinger. 33 S. 8°
5. 16. 27. 31. 300:124.320-B. 303. 304.
14.4289

Beck, Chr. Aug., jus publ. Hungariae. 8maj. Pesth 790. Kilian. 1 ℔

— Ius publicum Hungariae. Cum notis autoris et observationibus Josephi Benzur. — Viennae: Krauss 1790. 284 S. 8°
1:Go 14280. 8. 24. 304.
14.4290

— — Ebd. 1790. 284 S. 8° (Bibliotheca iurisconsultorum Hungariae. 4.)
2. 5. 7. 12:J. austr. 28-4. 14. 300:64 M 59. Bd 4. 302.
14.4291

Das Unvergångliche in dem Weesen eines Frey-Maurers wurde am Neu-Jahrs-Tage 1745 denen versammleten Brüdern der Loge der Einigkeit zu **Franckfurt am Mayn in einer poetischen Rede vorgestellt von C[hristian] A[ug.] B[eck]. [Frankfurt a. M. 1745]: Diehl. 14 S. 4⁰ [Umschlagtit.]**
Kl. 801, Tt. 1951a. Sehr selten. Gedicht: „Was ist, Ehrwürdigster! Verehrungswerthe Brüder!"

— Versuch einer Staatspraxis, oder Canzeleyübung, aus der Politik, dem Staats- und Völkerrechte. — Wien: Kraus 1751. 398 S. 8°
1:Fm 7184. 4. 7. 12:J. publ. E. 37. 14→19. 21. 23→28. 33. 41. 75. 117. 121. 300:20.081. 302. 308.
14.4292

2., verm. u. verb. Aufl. Ebd. 1778. 398 S. 8°
19. 21. 29. 31. 111. 121. 300:27 Gg 1. 302.
14.4293

Beck, Christian Daniel
Der Name d. Verfassers erscheint meist in d. Form Christianus Daniel Beckius.

— — Honorum candidatis. — Praem. accessionum ad Fabricii biblioth. Graecam spec. primo. Lpz. (Rueckmann) 1827. 18 S. (1.50) 1612

— — Solemnia doctorum philosophiae et Mag. LL. AA. . . renunc. — Praem. accessionum ad Fabricii bibliothecam graecam specim. secundo. Lpz. (Rueckmann) 21. II. 1828. 19 S. mit Namen (1.20) 1614

— [Hrsg.] s. *Acta* Seminarii Regii et Societatis philologica Lipsiensis. 1811 ff. [Zeitschriften].

Beck, Christian Daniel
— Anleit. zur Kenntniß d. allgem. Welt- u. Völkergesch. f. Studirende. 4 Thle. gr. 8. Leipz. 787—807. (1r Thl. 2e A. 813.) Weidmann. 7 rthl 12 gl. Dass. im Ausz. 1r Thl. gr. 8. Ebd. 789. 21 gl. (3r u. 4r Thl. A. u. d. T.: Handb. d. mittlern u. neuern allgem. Welt- u. Völkergesch. 1r, 2r Thl. 4 rthl 20 gl.

Anleitung zur genauern Kenntniß der allgemeinen Welt- und Völker-Geschichte vorzüglich für Studirende. 2., umgearb. u. verm. Ausg. Th.1, Hälfte 1. — Ebd. 1813. XX, 912 S. 8°
1, 1. Einleitung. Urgeschichte bis auf d. Einwanderungen fremder Stämme in Griechenland.
1:Py 99. 2→5. 7→10. 12:H. Un. 24. 15→19. 21. 23. 24. 25. 27→30. 32→35. 38. 41. 42. 43. 46. 51. 52. 78. 117. 169. 300:111.360-B. 1. 303.
14.4295

— [Ausz.] Kurzgefaßte Anleitung zur Kenntniß der allgemeinen Welt- und Völker-Geschichte. Ein Auszug aus d. größern Werke zum Gebrauch d. Vorlesungen. Th. 1. Ebd. 1789. IV, 425 S. 8°
1. Von Erschaffung der Welt bis auf das J. Chr. 843.
5. 12:H. Un. 23a. 17. 19. 20. 26. 27. 41. 117. 123. 207. 304.
14.4296

— [Hrsg.] s. *Apollonius* Rhodius: Argonauticorum libri 4 [Argonautica]. 1797.

— [Hrsg.] s. *Aristophanes*: Aves. 1782.

— historicorum veterum judicandi de rebus post bella instituta ars illustrata. Novae recens. Thucydidis libror. specimen. 4. Leipz. 813.

— — Philos. doctorum et LL. AA. Magistr. creationem. — Historicorum vest. judicandi de rebus post bella institutis ars illustrata. Novae recensionis Thucydidis librorum specim. Lpz. (Breitkopf & Härtel) 7. II. 1815. 25 S. m. Namen. (2.—) 1603

— [Hrsg.] s. *Calpurnius* Siculus, Titus: Eclogae 11. 1803.

— Carmen dotis monumentum linguae Romanae rusticae antiquissimum illustravit simulque . . . Guilielmo Christiano Stemlero . . . nuptias gratulatus est Christianus Daniel Beck. — Lipsiae (1782): Sommer. 12 S. 8°
1:Gl 15510. 5. 7. 10. 14. 27. 39.
14.4297

— [Hrsg.]
s. *Cicero*, Marcus Tullius: Opera [Werke]. 1795-1807.

— Commentarii in Aristophanis Comoedias. Coll., dig., auxit Christianus Daniel Beckius (5ff.: Guilielmus Dindorfius). 1-7. — Lipsiae: Weidmann 1809-34. 8°
1. Prolegomena. Comm. in Plutum. 1809.
2. Prolegomena. Comm. in Nubes. 1810.
3. Comm. in Ranas et Aves. 1811.
4. Comm. in Equites, Pacem et Ecclesiazusas. 1819.
5. Comm. in Acharnenses et Vespas. 1820.
6. Comm. in Lysistratam et Thesmophoriazusas et ind. 1821.
7. Supplementa commentariorum. P. 1.2. 1822-34.
(Aristophanes: Comoediae . . . em. a Philippo Invernizio [Werke, griech. u. lat., 1794-1834]. 3/9.)
1:Vh 5754-3/9. 2→5. 7→11. 12[∞7,2]:A. gr. a. 350-3/9, 1 14. 16→20. 24→27. 34. 111. 117. 300:59 H 50. Bd 3/9. 302. 303.
14.4298

— Commentarii historici decretorum religionis christianae et formulae Lutheriae. — Lipsiae: Dyck 1801. 943 S. 8°
1:Cz 13160. 2. 3. 4. 7→11. 12:Dogm. 69 m. 14→17. 19. 21. 23. 24. 26. 28. 29. 30. 39. 43. 44. 48. 78. 117. 207.
14.4299

— Commentarii de litteris et auctoribus Graecis atque Latinis scriptorumque editionibus. P.1. — Lipsiae: Fleischer 1789. 118 S. 8°
1. Historiam litterarum Graecarum et scriptorum Graecorum complectens. Sect. 1.
2. 5. 7. 10. 12:Philol. 18. 14. 15. 19. 20. 21. 23. 24. 43. 78. 117.
14.4300

Beck, Christian Daniel (Hrsg.), s. Commentarii Societatis Philologicae Lipsiensis.

— Commentationes academicae de interpretatione veterum scriptorum atque monumentorum. Comm. (1-)3. — Lipsiae: Gleditsch 1791-98. 8°
Commentatio 1.2 erschienen zuerst als Univ.-Schriften. Leipzig 1790-91.
1-3 . . . . 10. 30.
1.2 . . . . 12: 4° Philol. 3 [2 Ex.] 4. 5. 6. 9. 15. 18. 24→27. 30. 45.
1 . . . . 23. 41. 43. 66. 302.
14.4301

— Commentationes criticae quinque de glossematis in veteribus libris. — Lipsiae: Cnobloch 1832. Getr. Pag. 8°
Die einzelnen Commentationes erschienen zuerst als Univ.-Schriften.
1:Va 5540. 8. 10. 12: 4° Diss. 3820-5. 14. 21. 27. 28. 32. 39. 302.
14.4302

Beck, Christian Daniel, Commentatio consilia formulae Augustanae ante 300 annos compositae. Lpz. (Carl Cnobloch) 1830. 20 S. (3.—) 1618
— — Dasselbe. = Rector univers. Lips. sacra saecularia Augustanae formulae publicae. Leipzig (Rueckmann) 25. VI. 1830. 21 S. (3.—) 1619

— De Consiliis et rationibus Seminarii philologici. — Lipsiae: Tauchnitz 1809. 71 S. 8°
1:Az 2934. 5. 7. 11. 15. 23. 43. 45. 106. 207.
14.4303

— consolatio ad Liviam Augustam de morte Drusi Neron. quae C. Pedoni Albinovano tribuit, ex rec. Burmann. 8. Leipz. 802. Centr.-Compt. 4 gl.

Beck, Chr. Dn., Pr. Decennia quinquennalia Friderici Augusti, Justi, Constantis, votis multis suscipiendis celebr. indicit. 4. Leipz. 818.

— [Hrsg.] s. *Demosthenes*: Oratio de pace. 1799.

— — [deutsch] Denkmaal des durchlauchtigsten Fürsten Ludwig August Karl Friedrich Aemil, Herzogs von Anhalt-Köthen ... Verdeutscht von Vetterlein. — Köthen 1819: Aue. 28 S. 8° 111.
14.4318

— literar. Denkwürdigk. f. Leipz. Zeitung.

— (Diatribe de lege regia Romanorum.) — Lipsiae: Langenheim & Klaubarth [1780]. 20 S. 8°
Glückwunsch für Karl Wilhelm u. Heinrich Gottfried Winckler.
3. 5. 10. 14. 24.
14.4304

— Sacrorum Emendatio philologiae coniunctissima. — Lipsiae [1817]: Breitkopf & Haertel. 26 S. 8°
1: 3 in Cn 21051. 2. 5. 10. 11. 12: Exeg. 1243-12.
14. 15. 18.
14.4305

— Sacrorum emendatio philologiae conjunctissima. 8. Leipz. 817. Cnobloch. 3 gr.

— Entwurf der allgem. Welt- u. Völkergesch. der drey letzten Perioden. 8. Leipz. Weidmann. 780.

— Entwurf der allgemeinen Welt- und Völkergeschichte der drey letzten Perioden von der Theilung der Carolingischen Monarchie bis auf die gegenwärtige Zeit. — Leipzig: Weidmann 1790. 204 S. 8°
5. 10. 12: Lg. gen. 21/1. 14. 17. 46. 117. 304.
14.4306

— — Solemnia doctorum philos. et Mag. LL. AA. — Praem. est epicrisis quaestionis de historiae Romanae antiquissimae fontibus et veritate. Lpz. Breitkopf & Härtel) 13. II. 1812. 23 S. m. Namen. (2.—) 1602

— Epicrisis quaestionis de historiae Rom. antiquiss. fontibus et veritate. 4. Leipz. 812. Cnobloch. 5 gr.

Beck, C. D., Epicrisis quaestionis de historiae Romanae antiquissimis fontibus et veritate. Lips. 821. 4. 5 gr.

— — Summ. honor. candidatis ornat. — Praem. est epicrisis quaestionum de originibus veterum populorum. Lpz. (Breitkopf & Härtel) 1816. 19 Seiten. (2.—) 1604

— Pr. Epicrisis quaestionum de originibus veterum populorum. 4. Leipz. 817.

— Epistola de epicrisi cum aliis litteris conjunctione. 8. Leipz. 811. Cnobloch. 2 gr.

— Ad Virum ... Augustum Guilielmum Irmischium per decem lustra apud Megaportenses et Agriophreatinos sacris muneribus ... functum Epistola de philologiae cum aliis litteris coniunctione. — Lipsiae 1817: Breitkopf & Haertel. 20 S. 8° 2. 5. 10. 14. 15. 18.
14.4307

— — Epistola de philologiae cum aliis litteris conjunctione. 8. ibid. 821.

— — De epitritis doriis dissertatio, scripta creationi 38 philos. doct. et LL. AA. Mag. Rector Gottfr. Hermann. Lpz. (Staritz) 4. III. 1824. 30 Seiten. (3.60) 1610
Biogr. v.: F. W. Landgraf, E. L. Schweltzer, A. T. Gross, Th. H. B. Lippert, J. L. Cador H. Ch. W. Grussendorf, O. B. Kuehn, F. A. A. Brueckner, J. G. Hinze, J. Th. Kuntze, C. H. W. Meissner, C. F. Berl, C. A. B. Sieghardt, C. A. F. Weller, M. W. Drobisch, J. C. Schmidt, A. F. Reh, E. Jacobi, M. Rothe, C. F. Kleinert, F. A. Winkler, E. W. E. Starcke, F. W. Graser, J. F. Lang, H. R. Stoeckhardt, C. F. Zschimmer u. C. C. Gretschel (beide ohne Biogr.), C. Gebhardt, H. L. Fleischer, Ch. F. Fliessbach, G. A. Sauppe, J. F. Truebenbach, Ch. T. Lasch u. F. C. G. Stieber (beide ohne Biogr.), F. A. A. Naebe, H. v. Weiss, T. F. A. Stimmel, M. L. Rosenberg.

— [Hrsg.] s. *Euripides:* Tragoediae, fragmenta, epistolae [Werke, griech. u. lat.] 1778-88 u.ö.

— — Summorum ord. phil. honor. candidatis. — Praem. examen artis et rationis historicorum vett, in judicandis ingeniis et moribus. Leipzig (Klaubarth) 1806. 20 S. (1.50) 1597

— — u. **Carl Gottlob Sonntag** (Radeberg), Examen caussarum cur studia liberalium artium inprimisque poeseos a philosophis veteribus nonnullis aut neglecta aut impugnata fuerint. Lpz. (Klaubarth) 3. XII. 1785. 50 S. (4.80) 1584

— Exercitatio critica de Rheso supposititio Euripidis dramate. — Lipsiae [1780]. 28 S. 8° 5. 7. 14.
14.4308

— Exercitatio crit. de Rheso, supposititio Euripidis dramate. 4. Leipz. 781.

— De Fontibus, unde sententiae et coniecturae de creatione et prima facie orbis terrarum ducuntur, commentatio. — Lipsiae [1782]: Jacobaeer. XXIII S. 8°
Einladungsschrift zur Antrittsvorlesung. Leipzig 1782.
1: Mp 535. 7. 11. 14. 15. 16. 23. 27. 44.
14.4309

— über d. Fortschritte d. Wissenschaften, d. philolog. u. histor. insbesondere in d. letzten 50 Jahren. Vortrag, gehalten bei seinem Amtsjubelfeste am 8. Mai 1829. Nebst e. Anh., die nach d. Vorlesung gehaltene Rede d. Hrn. Dr. Bauer u. einige Festschriften enthaltend. gr. 8. Leipz. 829. Cnobloch. 8 gr.

— [Übers.] Geschichte des Fortgangs und Untergangs der Römischen Republik. 1784-86 s. *Ferguson*, Adam

— [Übers.] s. *Goldsmith*, Oliver: Geschichte der Griechen [The History of Greece, deutsch]. 1792-93 u.ö.

— Grundriß der Archäologie oder Anleitung zur Kenntniß der Geschichte der alten Kunst und der Kunst-Denkmäler und Kunstwerke des classischen Alterthums. (Abth. 1.) — Leipzig: Hinrichs 1816. XIX, 250 S. 8°
1: Nw 1985. 2. 3. 5. 7. 10. 11. 12: Arch. 4m. 14→18. 20. 21. 24. 27. 28. 29. 34. 38. 39. 41→44. 52. 53. 78. 111. 117. 123. 180. 207. 300: 31.633-B.
14.4311

— Grundriß zu hodegetischen Vorlesungen für angehende Studirende auf deutschen Universitäten. — Leipzig: Schwickert 1808. IV, 56 S. 8°
2. 4. 7. 10. 15. 18. 21. 23. 26. 27. 43. 47. 78. 117.
14.4312

— Handbuch der mittlern und neuern allgemeinen Welt- und Völker-Geschichte. 1.2. 1802-07 s. *Beck:* Anleitung zur Kenntniß der allgemeinen Welt- und Völker-Geschichte für Studirende. 3.4.

Beck, Christian Daniel: Hercules, s. Böttiger, K. A.

— **Christian Daniel**, Epistola ad virum Joh. Gottlob Boehmium (Gohlis) natalem. — Dissertat. de restaurato a Carolo Magno Imperio Romano ad locum Zonarae, annal. 50. 15. 100. 13. Leipzig (Langenheim) 13. IV. 1777. 30 S. (4.—) 1579

— institutio histor. relig. christ. et formulae nostrae dogmatum. 8. Leipz. 793. Mit neuem Tit. 811. Hinrichs, u. Andrä). 16 gr.

— Institutio historica religionis christianae et formulae nostrae dogmatum. — Lipsiae: Beer 1795. 246 S. 8°
2. 3. 7. 20. 21. 42. 117. 308.
14.4315

— — Ed. nova, non mutata. Lipsiae: Hinrichs 1811. 246 S. 8° 15.
14.4316

— — De interpretatione veterum scriptorum et monumentorum ad sensum veri et pulcri facilem et subtilem excitandum acuendumque recte instituenda. Comment. prima. — Candidatus summorum ampl. ordinis honorum. Lpz. (Salbach) 1790. 54 S. (2.50) 1586

— — Dasselbe. Comment. secunda. Ad panegyrin doctorum philosophiae et mag. art. lib. Lpz., 10. III. 1791. S. 55—118. mit Namen. (2.50) 1587

—Pr. I. II. Commentat. de interpretatione vet. scriptor. 4. Leipz. 790, 91. Ed. III. 798. (Brockhaus). 18 gl.

— — Solemnia philos. doctorum et Mag. LL. AA. inaug. — Judicium artis historicorum vett in causis et eventis bellorum exponendis. Lpz. (Ackermann) 16. II. 1809. 18 S. mit Namen. (1.50) 1599

— — Ad viros Carl Wilhelm Winckler u. Heinr. Gottfr. Winckler amicorum quorundam epistola. — Praem.: de lege regia Romanorum. Leipzig (Langenheim Erb. & Klaubarth) Juni 1780. 20 S. mit Namen d. Gratulanten. (3.50) 1582

—comment. de literis gr. et lat. et scriptor. utriusque linguae antiq. Sect. I. 8maj. Leipz. 789. Fr. Fleischer. 8 gl.

— [Übers.] s. *Macquer*, Philippe: Römische Jahrbücher [Annales romaines, deutsch]. 1783.

Beck, Christian Daniel

— — Memoria seren. princip. Ludovici Augusti Caroli Friderici Aemilii ducis Ascanio-Cothenensis academiae Lips. civis 16. XII. 1818 placide universitatis Lipsiensis immaturam mortem lugentis. Lpz. 1819. 28 S. mit Sections-Protocoll. (3.—) 1606

— Memoria Serenissimi Principis Ludovici Augusti Caroli Friderici Aemilii Ducis Ascanio-Cothenensis. — Lipsiae: Cnobloch [1819]. 28 S. 8°
Zugleich Univ.-Schrift. Leipzig 1819. 7. 17. 78. 111.
14.4317

— Monogrammata hermeneutices librorum Novi Foederis. P.1. — Lipsiae: Schwickert 1803. X,199 S. 8°
1. Hermeneutice N. T. universa.
1: Bp 6950. 3. 4. 5. 7. 8. 9. 11. 12: Exeg. 91. 21. 24. 27. 28. 41. 61. 117.
14.4319

— Institutionis philologicae Monogrammata. In usum scholarum domesticarum adumbrata a Christiano Daniele Beckio. Adiectis duobus capitibus Characterum Theophrasti e cod. Vatic. Romae editis. — Lipsiae: Klaubarth 1787. 35 S. 8° 5. 24. 27. 43. 117.
14.4320

— mutationis civit. veter. etc. 4. Leipz. 807. (Nauck). 6 gl.

— Mutationis civitat. vetor. etc. 4. Leipz. Sommer. 807.

— Progr. de altioris criseos natura et ratione et de finibus interpretationis locor. et criseos subtilioris regundis. Lips. 795. 4.

Beck, Ch. D., De Nestore Homeri. Gel. 1818. 24 S. 1.25

— — Comm. I. de nominibus artificum aliisque in monumentis artis antiquae interpolatis. = Rector acad. Lips. memoriam formulae Saxoniae regiae constit. et promulg. Lpz. (Melzer-Cnobloch) 4. IX. 1831. 14 S. (1.20) 1625

— — Candidatis summ. ord. ampl. honor. diem. petit. — Praem. comment. II. de nominibus artificum antiquorum fictis et interpolatis, inprimis in vasis fictilibus pictis. Lpz. (Melzer-Cnobloch) 1832. 11 S. (1.20) 1626

— — Panegyrin philos. doctor. et Mag. LL. AA. renunc. — Nonnulla de judicio artis historicae classicorum script. Lpz. (Klaubarth) 28. II. 1805. 20 S. mit Namen. (2.—) 1596

Beck, Christian Daniel

— — Panegyrin doctorum philos. et Mag. LL. Art. — Praem. sunt observat. critico-exegeticae. Lpz. (Loeper) 19. II. 1795. 18 S. mit Namen. (1.20) 1589

— — Panegyrin doctorum philos. et Mag. LL. Art. — Praem. sunt observat. critico-exegeticae II. Leipzig (Loeper) 7. II. 1799. 18 S. mit Namen. (1.20) 1591

— — Memoriam Graflanam. — Praem. sunt observat. critico-exegeticae III. Lpz. (Neubert) 14. II. 1801. 15 S. (1.50) 1592
Sig. Lebr. Jaspis (Meissen). Carl Theod. Fiedler (Dittersbach).

— — Prima saeculi undevigesimi sollennia philos. doctorum et Mag. LL. AA. — Praem. sunt observat. critico-exegeticae IV. Lpz. (Neubert) 19. II. 1801. 20 S. mit Namen. (1.50) 1593

— — Candidatis summor. ord. philos. honor. — Praem. sunt observ. critico-exeget. V. Lpz. (Neubert) 1802. 18 S. (1.20) 1594

— Pr. I. II. III. IV. Observationes historicae et criticae. 4. Leipz. 821—26. Cnobloch.

— — Creationem et renunc. doctorum philos. et Mag. LL. AA. — Praem. sunt observat historicae et criticae. Lpz. (Staritz) 8. III. 1821. 24 S. mit Namen. (1.20) 1607

— — Observationes historicae et criticae II. De probabilitate critica, exegetica, historica I. — Candidatis summorum honorum. Lpz. (Staritz) 1823. 18 S. (1.20) 1608

— — Dasselbe. III. De probabilitate critica, exegetica, historica II. Solemnem doctorum philos. et Mag. LL. A. creationem. Lpz. (Staritz) 4. III. 1824. 20 S. mit Namen. (1.20) 1609

— — Solemnia creationis doctorum philos. et M. L. A. — Observ. hist. et crit. IV. De etymologiae vocabulorum et nominum usu in explicandis linguarum, mythorum, historiarum rationibus moderando. Lpz. (Staritz) 9. II. 1826. 20 S. mit Namen. (1.80) 1611

— — Sollenia doctorum philos. et Mag. Art. renunt. — Praem. sunt observat. philologicae. Lpz. (Neubert) 24. II. 1803. 20 S. m. Namen. (1.80) 1595

— [Übers.] s. *Ohsson*, Ignace Mouradja d': Allgemeine Schilderung des Othomanischen Reichs [Tableau général de l'Empire othoman, deutsch]. 1788–93.

— — Oratio muneris rectoris acad. Lips. quintum auspic. causa. Seren. regiis Saxoniae principibus praesentibus habita. Lpz. (J. G. Beygang) Juni 1809. 24 S. (1.50) 1600

— oratio de constantia et gravitate in legibus tuendis etc. 4. Leipz. 809.

Beck, Chrstn. Dan., Oratiuncula in solemnibus Doctor. philos. et Magistror. LL. AA. a. d. 21. Febr. a. c. 1828. renunciat. et creator. 4. (2 B.) Lipsiae, Cnobloch.

— — Oratiuncula in solemnibus doctorum philos. et Mag. LL. AA. creatorum. Lpz. (Rueckmann) 21. 2. 1828. 14 S. (1.—) 1615

— — Solenn. doctor. philos. et Mag. LL. Art. creationem renunc. — De philologia saeculi Ptolemaeorum. Lpz. (Breitkopf & Härtel) 5. II. 1818. 27 S. mit Namen. (2.—) 1605

— comment. de philologia saeculi Ptolemaeorum. 4. Lpz 821. Cnobloch. 6 gl

— [Hrsg.] s. *Pindarus:* Carmina et fragmenta [Werke]. 1792-95 u.ö.

— [Hrsg.] s. *Plato:* Opera [Werke]. 1813-29.

— [Hrsg.] s. *Plutarchus:* De physicis philosophorum decretis libri 5 [De Placitis philosophorum]. 1787.

Beck, Chr. Dn., († d. 13. Dec. 1832.) artis lat. scribendi praecepta. 8. Leipz. (801.) Klein. 8 gl

— idem liber. 8. Leipz. Herzog.

— Artis Latine scribendi Praecepta. Suis scholis proposuit Christianus Daniel Beckius. — Lipsiae: Leupold 1801. 113 S. 8° 1:Wa1558. **2. 10. 12**:L. lat. 87 m. **14. 15. 17. 19. 21. 23. 25. 27. 30. 32. 38. 41. 45. 102. 117. 180. 303.** 14.4321

— — Ad audiendam orationem memoriae Bestuchefflae cel. causa. — De glossematis criticae quaestio I. Lpz. (Melzer) Juli 1831. 15 Seiten. (1.—) 1620

— — Ad virum Friedr. Huldreich Carl Siegmann memor. disp. ante 10 lustra habitae epistola. — Quaest. crit. de glossematis I. contin. de glossem. in codd. legum et libb. jur. Lpz. (Cnobloch) 5. VII. 1831. 14 S. (2.50) 1622

— — Ad virum Wilhelm Gesenius (Halle) munere doctoris acad. per quinque lustra epistola. — Quaest. crit. de glossematis contin. II. de iis, quae in sacris libris occurrunt. Lpz. (Cnobloch) 1831. 18 S. (2.50) 1621

— — Orationem in memoriam Johann August Ernesti. — De glossematis criticae quaestio II. Lpz. (C. Ph. Melzer) 7. IX. 1831. 14 S. (1.20) 1623

— — Doctorum philosophiae et Mag. LL. AA. creationem. — Praem. quaest. critica III. de glossematis. Lpz. (Melzer) 8. III. 1832. 20 S. mit Namen. (1.20) 1624

— — Ad orationem memoriae Ernestiae sacram. — Pragmaticae historiae apud veteres ratio et judicium. Lpz. (Ackermann) 15. IX. 1810. 14 S. (1.50) 1601

— De Ratione, qua scholiastae poëtarum Graecorum veteres, inprimisque Homeri, ad sensum elegantiae et venustatis acuendum, adhiberi recte possint. — (Lipsiae [1785]: Klaubarth.) XVI S. 8° Einladungsschrift zur Antrittsvorlesung. **14. 26. 34. 36. 45. 78. 117.** 14.4322

— — Ad celebrandas exsequias regis Friderici Augusti et audiendas funebres conciones. — Praem. est comment. de ratione et sorte varia diuturnorum imperiorum. Lpz. (Staritz) 18. VI. 1827. 20 S. (2.—) 1613

— Recitatio de D. Sam. Frid. Nathan. Moro summo theologo a. d. XI. Nov. defuncto. — Lipsiae: Dyck 1792. XXXVI S. 8° 1:Av2176 [u.] 6 an 8° Bibl. Diez 1650. **3. 6. 14. 15. 16. 18. 24. 32. 44. 45. 300**: 16.727-B. 14.4323

— [Hrsg.] s. *Repertorium*, Allgemeines, der neuesten in- und ausländischen Literatur. 1819ff. [Zeitschriften].

— — u. **Johann Wilhelm** (Brüder), Specimen historiae bibliothecarum Alexandrinarum. Leipzig (Langenheim) 8. V. 1779. 24 S. (3.50) 1580

— — Dasselbe. Lpz. (Carl Tauchnitz) 8. V. 1829. 16 S. (3.—) 1581

— Specimen observationum criticarum in Euripidis fabulam quae inscribitur Hippolytus ... propositum a Christiano Daniele Becquio. — Lipsiae [1775]: Langenheim. XXIV S. 8° **5. 12**:4° Diss. 3035-21. **14. 17. 26. 45. 109.** 14.4324

Beck, Christian Daniel, s. Terentius: Comoediae.

— [Hrsg.] s. *Thucydides: Περὶ τοῦ Πελοποννησιακοῦ πολέμου βιβλία* 8. De Bello Peloponnesiaco libri 8 [griech. u. lat.] 1790-1804.

— — Varietas lectionis libellorum Aristotelicorum e Codice Lips. Lpz. (Sommer) 14. II. 1793. 24 S. mit Namen. (2.—) 1588

— Worte des Dank's an Herrn Hofrath D. Platner nach seiner Vorlesung am 12. May 1817 dem Tage seines Lehrer-Jubiläums. — Leipzig: Fleischer [1817]. 16 S. 8° 1:Av6025. **3. 10. 14. 15. 207.** 14.4325

— Ueber die Würdigung des Mittelalters und seiner allgemeinen Geschichte. Einleitung zu ihrem Studium. — Leipzig: Breitkopf & Härtel 1812. 55 S. 8° 1:Qc120. **7. 8. 12**:H. misc. 21. **14. 15. 17. 19. 21. 24. 26. 32. 39. 46. 102. 117. 121. 207. 304. 309.** 14.4326

Beck, Christian Friedrich, s. Beck, Friedrich

— **Christian Friedrich Heinrich** u. **Carl Friedr. Salomon Liscov**, De schola medicorum Alexandrina commentatio. Lpz. (Ackermann) 13. X. 1810. 36 S. (4.80) 1627

Beck, Christian Friedrich Hermann Theodor: Die Reformation und die deutsche Volksschule. — Nürnberg: Raw 1865. 32 S. 8° **24. 112. 207.** 14.4327

Beck, Christian Ludwig: Beleuchtung der Offenbarung Jesu Christi. — Frankfurt [usw.] 1768. 962 S. 8° **12**:Exeg. 1309d. **17. 25. 31.** 14.4328

Beck, Chr. Ldw., Beleuchtung d. Offenbar. Jesu Christi, 2 Thle. 8. Frankf. u. Leipz. 768, 69. 2e A. 8, Basel 786. (Neukirch).

Beck, C. L., Beleuchtung der Offenbar. Jesu Christi. 2 Thle. 8. Basel, Flick. 786.

GRENZSTEIN der weiblichen Rechte in und ausser der Ehe. Von einem Freunde der Wahrheit *(Chrn. Ludw. Beck*, geb. 26. Dezbr. 1736 zu Gundelfingen im Breisgau, Pfarrer im Waisen- und Zuchthause zu Pforzheim). Basel 1786. Kl. 8°. (1 Mk. A. Bielefeld, c. 1885.)
Gradmann, Joh. Jac., d. gelehrte Schwaben, 1802, p. 29; Anon.-Lex. II. p. 239 (nach Meusel).

Beck, Christoph

Beck, Cph., gemeinnütz. Beitr. z. peinl. Gesetzgebung nach philosoph. u. jurid. Grundsätzen, zum prakt. Gebrauch bearb. 2 Thle. 8. (Basel) 807. Holdenecker. 10 gl

Beck, Christoph, Notar, Adelberg, Württemberg. 1807: Gemeinnützige Beiträge zur peinlichen Gesezgebung. (Th. 1.2.) Fürth: Büreau für Litteratur 1807. 155 S. 8° **45. 208.** 14.4329

— — (Th.1.2.) Reutlingen [usw.]: Mäcken 1807. 155 S. 8°
16. 21.
14.4330

Beck, Christoph: Französ. Gedichte v. d. ältesten Zeiten bis z. Gegenwart, nebst 3 Kapiteln üb. Verslehre, Poesie, Figuren u. Tropen (in französ. Spr.), sowie e. Stoffverteilg auf 9 Klassen u. 4 Gedichtekanons, f. alle höh. Knaben- u. Mädchensch. hrsg. (28, 213) 8° Nürnbg, F Korn '12. L 2.20 d

Beck, Christoph, a. Pretzfeld: Phil. Massinger, The Fatall Dowry. Einleitung zu einer neuen Ausgabe. Bayreuth 1906: L. Ellwanger. (04 S.) 8°
Erlangen, Phil. Fak., Ref. Varnhagen, Diss. v. 5. März 1906
[Geb. 28. April 74 Pretzfeld; Wohnort: Neustadt a. Aisch; Staatsangeh.: Bayern; Vorbildung: Gymn. Bamberg Reife Juli 94; Studium: München 8 S.; Rig. 20. Dez. 05.]

— Phil. Massinger, The fatall dowry. Literarhistorische Untersuchungen mit bes. Berücks. von Beer-Hofmann, Der Graf von Charolais. — Nürnberg: Koch 1906. 94 S. 8°
Zugleich Diss. Erlangen 1906. 12:P.o.angl.220pgl. 29.180.
14.4338

Beck, Christoph, französische Orig.-Texte zu den Stilübungen nebst Hinweisen auf die französische Stillehre u. Synonymik. (IV, 111 S.) 8. Nürnberg 910. F. Korn. Geb. in Leinw. 2.50

— Originaltexte zu d. engl. Stilübgn nebst Präparationen. (95) 8° Ebd. '11. L 2.50 d

Beck, Christoph: Die Ortsnamen des Aischtales und der Nachbartäler. Einl.: Ergebnisse für d. Besiedlungs-, Kultur- u. Sprachgeschichte. Neustadt a/Aisch 1908: Schmidt. 37 S. 8° [Nachträglich geliefert.]
Neustadt a. Aisch, k. PG P 1908* ** [S 09. 10

— Die Ortsnamen des Pegnitztales und des Gräfenberg-Erlanger Landes. Mit 1 Kt. aus d. Pfinzing-Atlas vom Jahre 1594. — Nürnberg 1909: Sebald. VIII,152 S. 8°
1:Sf 5681. 11. 12:Bavar. 211 de [2 Ex.] 14. 15. 19. 21. 22. 25. 26. 29. 30. 38. 75. 90. 207. 300:468.861-B. 302.
14.4343

— Die Ortsnamen der Fränkischen Schweiz. — Erlangen: Junge 1907. 132 S. 8°
1:Sf 5680. 7. 10. 11. 12:Bavar. 211 d [2 Ex.] 14. 16. 22. 25. 26. 29. 30. 44. 66. 75. 300:454.104-B. 302.
14.4344

— Ueber Pfleg- und Vormundschaften, nach römischen, deutschen und würtembergischen Rechten ... Nebst e. Anh. über Gannt-Lokationen als Leitfaden für Anfänger. Gmünd: Ritter 1810. 52 S. 8° 21. 24.
14.4331

— üb. d. Pfleg- u. Vormundschaften, nebst röm.-deutschen u. würtemberg. Rechten rc. 8. Gmünd 810. (Stuttg., Steinkopf). 54 K

— Französische Stillehre nebst Synonymik f. höhere Lehranstalten. (VI, 114 S.) 8. Nürnberg 910. F. Korn. Geb. 1.50

— Engl. Stilübgn nebst Stillehre u. Synonymik sowie Lit.-Proben u. Konversationsstoffen. (8, 253) 8° Ebd. '11.
L 3 — d

— Französ. Stilübgn nebst Diktat- u. Lesestoffen f. höh. Lehranst. II. Tl, 3 Abtlgn. 8° Ebd. '10. L je 1.40 d
Den I Tl. bildet d. französ. Stillehre.
1. Abtlg. Kl. 7. (12, 84) ‖ 2. Abtlg. Kl. 8. (4, 72) ‖ 3. Abtlg. Kl. 9. (4, 96)

— Videant consules! Eine Stimme für d. Uebersetzung ⟨Traductio⟩. Unter Bezugnahme auf d. preuss. Schulkonferenz 1900. ⟨Mommsen, Harnack, Jäger etc.⟩ — Nürnberg: Koch 1904. 20 S. 8° 12:Paed.Th.350. 29.
14.4348

Beck, Cl. [Pseud.] s. *Baumstark*, Reinhold.

Beck, D. J., peinliche Halsgerichtsordnung. mit Anmerk. 8. Heilbr. Class. 784.

Beck, Deogratias, Art und Weise, wie man eine Betrachtung anstellen soll. 16. (100 S. mit 1 Stahlst.) Regensburg 871, Pustet.

— [Übers.] s. *Gaspare* da Monte Santo: Geistliche Exerzitien für Ordensleute. 1869.

— Rede gehalten am Grabe des Fräuleins Henriette v. Zeech, am 19. Januar 1858. — (München [1858]: Hübschmann.) 4 S. 8° 12:Asc.3739k-14/1.
14.4359

Beck, Desiderius: Die Soolen- und Moor-Schlamm-Bad-Anstalt in Aibling ⟨Oberbayern⟩. — München 1846: Franz. 41 S. 8° 12:Bavar.211f. 19. 21. 22. 30. 308.
14.4360

Beck, Dionys, die Ausgaben-Rückerstattung. Der sicherste Förderer der Barzalung. gr. 8. (47 S.) Budapest 881, (Tettey und Comp.)

— Die Ursachen der Geldverteuerung. — Budapest [1907]. 24 S. 8°
Erweitert aus: Ungarische volkswirtschaftliche Revue. 30. 1906.
41. 206.
14.4362

Beck, Dominikus, Benediktiner d. Klosters Ochsenhausen, Professor d. Mathematik u. Physik, Salzburg, 1732-1791. 1764: Briefe eines Reisenden von *** an seinen guten Freund zu *** über verschiedene Gegenstände der Naturlehre und Mathematik. [Verf.: Dominikus Beck.] — Salzburg: J. J. Mayer 1781. 249 S. 8°
1:Lf 16773. 3. 21 [defekt]. 38. 300:97.215-A. 308.
14.4364

— Kurzer Entwurf von der Experimental Physik, welche in nachstehender Ordnung für den hohen Adel und Standespersonen ... wird erkläret werden. — [Salzburg 1774]: Hof- u. akad. Buchdr. 4 Bl. 8° 5. 12:4° Diss.3730-10.
14.4365

— Kurzer Entwurf von der Experimentalphysik, welche in nachstehender Ordnung für den hohen Adel und Standespersonen ... wird erkläret werden. — [Salzburg 1776]: Hof- u. akad. Waisenhausbuchdr. 4 Bl. 8° 19.
14.4366

— Kurzer Entwurf der Lehre von der Elektricität. — Salzburg: Hochfürstl. akad. Waisenhausbuchh. 1787. 196 S. 8°
8. 12:Phys.sp.46. 16. 19. 25. 36. 202. 303. 304. 308.
14.4367

— kurzer Entwurf d. Lehre von d. Elektricität. Mit 8 Kpft. gr. 8. Salzb. 787. N. A. 817. Duyle. 7 K

— Entwurf der philosophischen Unterhaltungen aus der Experimentalphysik, welche in nachstehender Ordnung für den hohen Adel und Standespersonen während des May- und Brachmonats ... wird erkläret werden. — [Salzburg 1779]: Hof- u. akad. Waisenhausbuchdr. 4 Bl. 8° 308.
14.4368

— Entwurf der philosophischen Unterhaltungen aus der Experimentalphysik, welche in nachstehender Ordnung für den hohen Adel und Standespersonen ... wird erkläret werden. — [Salzburg 1780]: Hof- u. akad. Waisenhausbuchdr. 4 Bl., 1 Taf. 8° 308.
14.4369

— Entwurf der philosophischen Unterhaltungen aus der Experimentalphysik, welche in nachstehender Ordnung für den hohen Adel, und Standespersonen ... wird erkläret werden. — [Salzburg 1781]: Hof- u. akad. Waisenhausbuchdr. 4 Bl. 8° 19.
14.4370

— Entwurf einiger philosophischen Unterhaltungen mit physischen Experimenten. — Salzburg 1790: Duyle. 4 Bl. 8° 12:4° Diss.3730-9. 308.
14.4371

— Ephemerides meteorologicae Salisburgi anno 1763. et 1764. compilatae, in quibus non solum utilitas et praestantia id genus ephemerides adornandi, sed et modus eas instituendi, una cum non nullorum phoenomenorum huc pertinentium expositione exhibetur. — Salisburgi [1764]: J.J.Mayr. 58 S. 8° Zugleich Diss. Salzburg 1764.
12:4° Phys.sp.302-32 [2 Ex.] **16. 22. 61. 308.**
14.4372

— ephemerides phys. astron. 4. Salzb. 780. Duyle. 4 gl.

— Epitome philosophiae experimentalis. — Salisburgi:J.J. Mayr 1769. 224 S. 8° Zugleich Diss. Salzburg 1769.
12:Phys. g. 30z. **25. 308.**
14.4373

— — Olim sparsim ed., nunc in unum vol. coll., novis accessionibus aucta et em. — Ebd. 1772. 288 S. 8°
12:Phys. g. 31. **16. 22. 24. 25. 38. 66. 302. 304. 308.**
14.4374

— — Olim sparsim ed., nunc in unum vol. coll., novis accessionibus aucta et em. — Lipsiae:Boehm 1777. 288 S. 8°
102. 210.
14.4375

— Geometria utilis et iucunda scholis humanioribus. — Salisburgi 1772:J.J.Mayr. 141 S. 8°
Zugleich Diss. Salzburg 1772. **19. 25.**
14.4376

— compendiaria matheseos element. instit. 8. maj. Salzb. Waisenh. 783.

— Institutiones logicae. — Salisburgi:J.J.Mayr [1780]. 272 S. 8°
24. 25. 30. 61. 303. 308.
14.4377

— institutiones logicae. 8. maj. Salzb. Mayr. 784.

— — Ed. 2., em. Salzburgi:J.J.Mayr [1785]. 237 S. 8°
12:Ph.Sp.65. **16. 17. 19. 20. 21. 26. 30. 36. 38. 66. 207. 211. 302. 304. 308.**
14.4378

— Institutiones mathematicae. 1777 u.ö.
s. *Beck:* Praelectiones mathematicae.

— Institutiones metaphysicae. — Salisburgi: J. J. Mayr 1774. 514 S. 8°
12:Ph. Sp. 65x. **25. 30. 61. 304. 308.**
14.4379

— — Ed.2., em. Salzburgi:J.J.Mayr 1780. 406 S. 8°
1:Nm 4032². 12:Ph. Sp. 66. **16. 19. 20. 30. 36. 66. 304. 308.**
14.4380

— — Ed. 3., em. Ebd. 1785. 406 S. 8°
12:Ph. Sp. 65/1. **17. 21. 25. 26. 30. 302. 308.**
14.4381

— Institutiones physicae. Liber 1. — Salisburgi:J.J.Mayr 1776. 263 S. 8°
12:Phys. g. 32. **24. 61. 66. 308.**
14.4382

— — P.1.2. Salzburgi:J.J.Mayr 1779. 8°
12:Phys. g. 33. **16. 17. 19. 308.**
14.4383

— — Ed. 2. (2: aucta et em.) P.1.2. Ebd. 1782–83. 8°
12[∞1]:Phys. g. 34–2. **17. 25. 26. 38. 53. 302.**
14.4384

— institut. physicae. 11 Tom. 8maj. Salzb. 783 u. 89. Mayr. 1 Rt 16 gl.

— — Ed. 3., aucta. P. 1. Ebd. 1790. 174 [vielm. 274] S. 8°
12:Phys. g. 34–1. **22. 30. 308.**
14.4385

— philosophia rational. etc. 4. Salzb. 764. Mayr.

Beck, Dominikus

— Praelectiones mathematicae. T.1. — Memmingae 1768: Mayer. 385 S. 8°
12:Math. U. 17. **16. 25. 308.**
14.4386

— — T.1.2. Salisburgi:J.J.Mayr. 1770. 8°
16[∞1]. 20. 22. 25[∞1]. 308.
14.4387

— — Institutiones mathematicae. Ed. 2., aucta et em. T.1. Lipsiae:Boehm 1777. 403 S. 8°
12:Math. U. 14-1. **300.**
14.4388

— — Ed. 2., aucta et em. T.1.2. Salisburgi (2: Salzburgi): J.J.Mayr 1777–81. 8°
1[∞1]:O 6238-2. 12:Math. U. 15. **16[∞2]. 19[∞1]. 25[∞1]. 66. 304. 308.**
14.4389

— — Ed. 3., aucta et em. T.1. Ebd. 1781. 437 S. 8°
1:O 6238-1. 12:Math. U. 16. **19. 24. 66. 302. 308.**
14.4390

— Pannicus eclipsium Terror ex earum theoria methodice demonstratus. — Salisburgi:J.J.Mayr [1764]. 24 S. 8°
Zugleich Diss. Salzburg 1764.
12:4° Astr. P. 528-7. **19. 66. 308.**
14.4391

— Faßlicher Unterricht, Gebäude auf eine leichte und sichere Art vor dem Einschlagen des Blitzes zu bewahren. Salzburg:Akad. Waisenhausbuchh. 1786. 63 S. 8°
1:Mw 4040/10. 12:Phys. sp. 45. **16. 17. 19. 27. 38. 210. 308.**
14.4392

— Vanitas influxus syderum. — Salisburgi:J.J.Mayr [1764]. 27 S. 8°
Zugleich Diss. Salzburg 1764. 12:4° Astr. P. 528-5. **19.**
14.4393

Beck, E: Mannheim. s: Miniatur-Bibliothek 1104.

Beck, E., Domänenverwalter. 1877: Landwirthschaftliche Production auf der Domäne Z. Kunstdüngererfolge u. Nachweis einer 100%, Produktionssteigerung in d. Zeitdauer vom 1. Mai 1872 bis 1. Juli 1875. (Verf.: E. Beck.) — Leitmeritz:Verf. 1877. 15 S. 8°
300:73.381-B.
14.4394

Beck, E. C. G., s. Beck, Ernst Christian Gottfried

Beck, E. H. E. s. *Beck*, Eduard. 1845.

Beck, E. W., alphabetisches Sachregister über die noch ganz oder theilweise giltigen Gesetze, Verordnungen, amtlichen Bekanntmachungen rc. im Württemberg. Regierungsblatt von 1806 bis Dezember 1869. Ergänzungsband von 1838 und 1852 und im Staatsanzeiger bis Dezember 1869. 4. Aufl. Lex.-8. (132 S. und Suppl. 40 S.) Stuttgart 870, Schober. *
Supplement einzeln *
Vgl.: Sachregister.

Beck, Eduard, Unteroffizier, später Stadthauptkassen-Rendant, Bunzlau, † 1884. 1845: Die Berechtigung zur Civil-Versorgung des preußischen Soldaten. Handbuch für Preußens Krieger u. Militair-Versorgungsberechtigte. — Bunzlau:Appun 1845. 176 S. 8°
1:Fm 11835. **2.**
14.4397

— — 2., verm. Aufl. Ebd. 1845. 208 S. 8°
1:Fm 11836. **45.**
14.4398

— Der Kreis Bunzlau. Ein Ortschafts-Verzeichniß mit topographischen, statistischen u. historischen Notizen. — Bunzlau:Verf. 1864. 96 S. 8°
2. 41. 43.
14.4399

Beck, Eduard (Red.), s. Friedens-Halle, Die.

— Glaubst du an Gott? Ein Wort an alle, welche d. Wahrheit erkennen wollen. 2. Aufl. — Berlin 1894. 16 S. 8° ([Tractate der] Deutschen Evangelischen Buch- u. Tractat-Gesellschaft. 666.)
1:N 20.57-666.
14.4401

— Hast du den Herrn Jesum lieb? Ein Wort d. Wahrheit, für Zeit u. Ewigkeit. — Berlin 1884. 12 S. 8° ([Traktate der] Deutschen Evangelischen Buch- u. Traktat-Gesellschaft. 187.)
1:Cv 52148-187.
14.4402

— — 6. Aufl. Ebd. 1889. 12 S. 8° ([Traktate] ... 187.)
12:Hom. 2009q-187.
14.4403

— Heiligst du den Sonntag? 2. Aufl. — Berlin 1886. 16 S. 8° ([Tractate der] Deutschen Evang. Buch- u. Tractat-Gesellschaft. 197.) **1:Cv 52148-197.**
14.4404

— Die Pensionirung und Civilversorgung der Militairpersonen des Deutschen Reichsheeres und der Kaiserlichen Marine sowie die Bewilligungen für Hinterbliebene. Nach d. neuesten Gesetzen bearb. — Bunzlau 1874: Waisenhaus-Buchdr. 328,VIII S. 8° **2. 23. 31. 203. 208. 209.**
14.4400

— Wie wendest du deine freie Zeit an? Ein wohlgemeintes Wort zum Neuen Jahr. — Berlin 1898. 8 S. 8° ([Tractate der] Deutschen Evangelischen Buch- u. Tractat-Gesellschaft. 796.) **1:N 20.57-796.**
14.4405

— Willst du reich werden? Ein Wegweiser zum größten Reichthum.— Berlin 1892. 8 S. 8° ([Tractate der] Deutschen Evangelischen Buch- u. Tractat-Gesellschaft. 544.)
1:Cv 52148-544.
14.4406

— — 9. Aufl. Ebd. [um 1900]. 8 S. 8° ([Tractate] ... 544.)
12:Hom. 2009q-544.
14.4407

Beck, Elise: Bauernbluat. Niederbay'rische Gedichte. — München: Verf.; Finsterlin [in Komm.] 1900. 117 S. 8°
1:Yb 9430. 12:P. o. germ. 80 cb. **19. 30. 302.**
14.4409

Beck, Elise: Bauernbluat. Niederbay'rische Gedichte. 2. Afl. (168 m. Bildn.) kl8° Münch., Walhalla-Verl. ('12). L 3 — d

Beck, Elise, a. d. Hoamat. Niederbay'rische Gedichte. 12. (IV, 82 u. XII S.) Leipzig 895. W. Fiedler.
Geb. 1. 50; m. Goldschn. 2. —

Beck, Emanuel: Des Fähnrichs schönstes Weihnachtsfest. — Berlin: Deutsche Ev. Buch- u. Tractat-Ges. [1894]. 16 S. 8° (Weihnachtsblüthen. 10[,2].) **1:Ng 10551-10,2.**
14.4413

Beck, Eman., des Fähnrichs schönstes Weihnachtsfest. 2. Aufl. 12. (16 S.) Berlin 894. Deutsche evangel. Buch- u. Tractat-Gesellschaft. n.n. — 5

Beck, Emil [app. Arzt aus Erolzheim]: Ein Fall von Schleimhautsarcom des Uterusfundus ... Tübingen, F. Pietzcker, 1897; 24 S., 1 Bl. 8.
Tübingen, Med. Fak., Inaug.-Diss. v. 1897

Beck, Emil [Oberl.]: Handschriften und Wiegendrucke der Gymnasial-Bibliothek in Glatz. I. Tl. Glatz, Druck v. L. Schirmer, 1892; 31 S. 4.
Glatz, k. Kath. G, OP 1892 (181)

Beck, Emil: Handschriften und Wiegendrucke der Gymnasial-Bibliothek in Glatz. II. Tl. '(Schauspiele des Glatzer Jesuitenkollegs.)' [Forts. d. P-Beil. 1892.] Glatz, Druck v. L. Schirmer, 1893; 36 S. 4.
Glatz, k. Kath. G, OP 1893 (184)

Beck, Emil, die Ludwigsburger Heilquelle. (88 S. m. 1 Taf.) 8. Ludwigsburg (908). (J. Aigner.) — 40

Beck, Emil, Oberamtswundarzt u. Stadtarzt, Ludwigsburg. 1908: Die Ludwigsburger Heilquelle. — Ludwigsburg 1908: Eichhorn. 38 S. 8° **24.**
14.4415

Beck, E., kurzer Leitfaden f. d. bürgerl. Unterricht i. d. aarg. Bürgerschule, sow. z. Gebr. i. d. obersten Klassen d. Gemeinde- u. Fortbildungsschule. 2., verm. u. verb. Aufl. gr. 16. (43 S.) Aarau 895. H. R. Sauerländer & Co. Kart. n. — 50

Beck, Emil. Absolute Messungen über den Peltier-Effekt. Diss. Phil. [II.] Univ. Zürich. [Mit Figuren.] (Separatabzug aus der Vierteljahrsschrift der Naturforschenden Gesellschaft in Zürich, Jahrg. 55, 1910.) 60 S. 8. Zürich, Zürcher & Furrer, 1910. V Zür'

Beck, E[mil]. Vaterlandskunde der Schweiz zum Gebrauche in Bürger-Schulen. 2 Teile. 8. Aarau, H. R. Sauerländer & Co., 1905. [cart. *je* fr. —. 90] N 3391
Teil 1. (Mit 3 Abbildungen, [wovon 2 Tafeln].) VI + 68 S.
Teil 2: Lesestoff. (Mit 5 Abbildungen, [wovon 3 Tafeln].) VI + 54 S.

Beck, Erich, appr. Arzt a. Hohenstein-Er[nstthal]: Ueber Scharlachrezidive. Leipzig 1905: B. Georgi. (44 S.) 8°
Leipzig, Med. Fak., Ref. Curschmann, Diss. v. 15. Juni 1905
[Geb. 7. Apr. 80 Hohenstein-Ernstthal; Wohnort: Leipzig; Staatsangeh.: Sachsen; Vorbildung: Gymn. Plauen i. V. Reife O. 00; Studium: Greifswald 1, Leipzig 9 S.; Coll. 26. Juni 05; noch nicht approbiert.]

Beck, Erich: Studien über die Darstellung von Legierungen nitridbildender Metalle. Halle: Knapp 1908. 22 S. 4°
¶ Aus: Metallurgie. Jg. 5.
Aachen, Dr.-Ing.-Diss. v. 21. 9. 1908

Beck, Ernst (II.), des Königs letzte Augenblicke! Eine Vision den Manen meines Allergnädigsten Fürsten und Herrn weiland König Johanns von Sachsen, gestorben am 29. Octbr. 1873, in tiefster Ehrerbietung gewidmet. Am 4. Novbr. 1873. 4. (8 S.) Camenz 873, Krausche.

Beck, Ernst, des Königs letzte Augenblicke! Eine Vision den Manen meines Allergnädigsten Fürsten u. Herrn weiland König Johannes v. Sachsen, gestorben am 29. Octbr. 1873, in tiefster Ehrerbietg. gewidmet. Am 4. Novbr. 1873. 4. (8 S.) Camenz 874. Krausche.
n.n. — 50

Beck, Ernst [approb. Arzt aus Mezingen]: Über die Behandlung der Kniescheibenbrüche und deren Endresultate .... Tübingen, Druck v. H. Laupp jr., 1887; 37 S. 8°
Tübingen, Med. Fak., Inaug.-Diss. v. 1887

Beck, Ernst, Advokat, Kamenz, 1834-1874. 1863: Betrachtungen zu dem Entwurf einer Sächs. Civilprozeßordnung in seiner Beziehung zu dem Handelsgerichtsverfahren. — Kamenz: Krausche 1866. 42 S. 8° **14. 15. 106.**
14.4425

Beck, Ernst (I.), die Einmarschkämpfe des deutschen Heeres im August 1870. Taktische Studien. 1. Heft: Das Gefecht bei Weißenburg und die Schlacht bei Wörth. gr. 8. (VII, 107 S. mit 3 lithogr. Taf. und 5 Oleaten in gr. Fol.) Wien 872, Seidel und Sohn. *

— dass. — 2. Heft: Die Schlacht bei Spichern. gr. 8. (64 S. mit 1 lithogr. Taf. und 2 Oleaten in gr. Fol.) Teschen 873, Prochaska. *

Beck, Ernst, über einen Fall von Lähmung im Gebiete des Plexus brachialis. Inaugural-Dissertation. gr. 8. (37 S.) Jena 887. (Neuenhahn.) *

Beck, Ernst, das Lessingfest zu Kamenz am 1. Juni 1863. Eine Erinnerungsgabe an die Weihe der Lessingbüste und ihre Festreden. Camenz 863. Krausche. gr. 8. (32 S.)
n. 4 ngr.

— **Ernst (Schneeberg), Quibusdam de causis prognosis in dysenteria saepius infausta sit statuenda? Diss. med. Lpz. (C. H. Hossfeld) 9. III. 1847. 28 S. (3.50) 1628**

Beck, Ernst, eine Studie über Taktik der Cavallerie. Mit Fig. (in eingedr. Holzschn.) gr. 8. (IV, 84 S.) Wien 875, Seidel und Sohn.

— Stufenweiser Vorgang bei der Ausbildung der Escadron im Felddienst. — Wien: Seidel 1876. 36 S. 8°
31. 300:64.459-A. 302.
14.4429

Beck, Ernst Christian Gottfried: Confirmationshandlung in der Kirche zu Liebenwerda am Sonntage Palmarum, 1808 gehalten. — (Liebenwerda: Verf. [1808].) 24 S. 8° **15.**
14.4433

Beck, E. C. G., einige Predigten u. Gelegenheitsreden. 8. Leipz. Bruder. (in Comm.) 812.

Beck, E. C. G., einige Predigten u. Gelegenheitsreden. gr. 8. Leipz. 813. (Lauffer). 15 gl.

Beck, Ernst Ferdinand: Ueber die ursprünglichen Laute der hebräischen Buchstaben; besonders in Beziehung auf Herrn M. Seyffarths Schrift über diesen Gegenstand. — Leipzig: Reclam 1825. 34 S. 8° **27. 28. 45.**
14.4434

Beck, Ernst Mor., juristischer Rathgeber für Fremde und Einheimische im Königreich Sachsen in ihren gegenseitigen Beziehungen, nebst einem Anhang in besonderer Berücksichtigung auf Dresden. — Guide judiciaire et administratif pour le royaume de Saxe à l'usage des étrangers et indigènes dans leurs rapports réciproques etc. Dresden 859. Ernst. 8. (119 S.) n. 10 ngr.

Beck, Eugen: Talgdrüsentumoren beim Hunde und ihre Beziehung zu den Adenomata sebacea 'Naevi sebacei' des Menschen. Leipzig 1910. 54 S.
Leipzig, Vet.-med. Diss. v. 1910.

Beck, F., Geschichtsbilder für die österreichische Volks- und Bürgerschule gesammelt und bearb. Untere Lehrstufe. 8. (IV, 84 S.) Trautenau 875. (Prag, Dominicus.) cart. *

Beck, F., s. W. Scott's sämmtliche Werke. 3e Abthlg., Supplementband.

Beck, F., Die Kaiserstadt Wien. [Hölzels Wandbilder. Bd. XI.] 142 × 98 *cm* mit Rand K 8.80

Beck, F., Ueb. die Zeus-Idee in ihrer centralen Stellung i. hellen. Götterkreise. 1852. 28 S.

Beck, F. A., Ueb. d. Wesen d. Horaz. Satire. Pr. 1859. 24 S. 4°.

***Beck*, F. A. C., s. *Aventures* de Jos. Pignata.**

Beck, F.C.H. s. ***Beck*, Ferdinand Karl Heinrich.**

Beck, F. N. L. Paul, s. Beck, Franz Nikolaus Lorenz Paul

Beck, F W: Die Weltübel d. Todes u. d. Geburt. Ausblick auf e. komm. biolog. Revolution. (109) gr8° Frankf.M., Neuer Frankfurter Verl. '12. 2 —

Beck, Fanni: Die Ernährung des Menschen. Kochbuch für reizlose, gesunde u. kräftig machende Kost ohne Fleischstoffe. Hrsg.: B. Winkler. — Gesundheitsstätte Erdenglück bei Frauendorf: Gesundheitsblätter-Verl. [um 1905]. 106,6 S. 8° 30.
14.4437

Beck, Fanny. Hygienisches Kochbuch. Anleitung zu e. einfachen, sparsamen u. gesundheitl. Lebensweise. Nebst zwei Kapiteln v. Frau Klara Muche. gr. 8. (X, 185 S.) Berl. 890, Globig. geb. * 2 —

Beck, Felix, s. Beck, Karl Felix

Beck, Feodor: Ätiologie und Therapie des Kephalhaematoma neonatorum. Ergebnisse aus e. Zusammenstelluug [!] von 102 Fällen. — Halle: Marhold 1904. 16 S. 8° (Sammlung zwangloser Abhandlungen aus d. Gebiete d. Frauenheilkunde u. Geburtshilfe. 6,3.) Zugleich Diss. München 1904.
1: Ih 1729-6,3. **3. 12:** A. obst. 45 s - 6,3. **15. 21. 24. 25. 30. 302. 303.**
14.4439

Beck, Ferdinandus: De vel imperativo quatenus vim priscam servaverit. Marpurgi 1908: Koch. 86 S. 8°
Marburg, Phil. Diss. v. 17. Nov. 1908, Ref. Birt
[Geb. 24. Juni 82 Eupen; Wohnort: Marburg; Staatsangeh.: Preußen; Vorbildung: Gymn. Münstereifel Reife O. 02; Studium: Bonn 3, Münster 1, Marburg 5 S.; Rig. 5. März 08.] [U 09. 3158

Beck, Ferd., Kämpfe um Liebe, s.: Kiefer, Aug.

Beck, Ferdinand Anton: Das Grundübel in der modernen Jugendbildung, mit vorzüglicher Berücks. des Gymnasialunterrichts. Reformvorschläge e. Schulmannes. — Berlin: Lüderitz 1872. 56 S. 8° (Deutsche Zeit- u. Streit-Fragen. Jg. 1. H. 13.) **1:** Ag 9122-1,13. **3. 5. 7→10. 12:** Var. 392 d-1,13. **14. 15. 17→21. 24. 26. 28→31. 34. 35. 36. 38. 39. 41. 44. 45. 47. 61. 62. 79. 82. 93. 106. 109. 111. 203. 205. 207. 208. 211. 300:** 406.065-B. 1,13. **302. 303. 305.**
14.4440

Beck, Ferdinand Karl Heinrich: Die Bestimmung Deutschlands oder Gottes Ruf an Volk und Fürsten zur Wiederherstellung der Reichsverfassung im Geiste unserer Zeit. — Darmstadt: Jacoby [usw.] 1848. V,39 S. 8°
1: Deutsche Flugschr. 1848-396. **11. 12:** J. publ. G. 921-17. **16→19. 35. 203. 302→304.**
14.4441

Beck, F. C. H., die Bestimmung Deutschlands od. Gottes Ruf an Volk u. Fürsten zur Wiederherstellg. der Reichsverfassg. im Geiste unserer Zeit. 8. (VI u. 39 S.) Darmstadt 848, Küchler in Comm. 1/6 ß

Beck, Ferd. Carl Heinr., vierzigjährige Erfahrungen im Armenwesen oder Skizzen aus dem Leben eines Armenfreundes. Eine Mahnung aus Hessen an vier Hauptorgane der Armenpflege im Geiste unserer Zeit u. Bedürfniß der Gegenwart. Darmstadt 857. Jonghaus. gr. 8. (1 Bl., 94 S.) n. 10 ngr

(Beck, Ferd. Carl Heinr.,) Grundgesetze d. Teutschen Bundes. — Das Hessische Staatsrecht, s. Grundgesetze auch Staatsrecht.

[—] Handbuch der Gesetze, Verordnungen und sonstigen Vorschriften für das Forststrafwesen im Großherzogthum Hessen. Abth. 1-3. — Darmstadt: Leske 18[39]-41. 8°
Nach d. Norm = [Beck:] Hess. Staatsrecht. 9,3.
1-3 . . . . **17. 31. 36.**
2.3 . . . . **21. 24. 34. 208.**
2 . . . . **33. 111.**
3 . . . . **47.**
14.4443

[—] — 2. Aufl. Abth. 1.2. Ebd. 1840. 8°
Nach d. Norm = [Beck:] Hess. Staatsrecht. 9,3.
1.2 . . . . **17. 47.**
1 . . . . **21. 24. 33. 34. 208.**
14.4444

[—] — 3., verb. Aufl. Abth. 1. Darmstadt: Jonghaus 1863. 138 S. 8°
Nach d. Norm = [Beck:] Hess. Staatsrecht. 9,3. **17. 208.**
14.4445

[—] Die Knaben-Arbeits-Anstalt zu Darmstadt. Nebst Andeutungen über ihre Nachbildung für Stadt u. Land. — Darmstadt: Jonghaus 1841. IV,38 S. 8°
1: Ne 15845. **17. 26. 27. 31. 34. 207.**
14.4446

Beck, Ferd. Karl Hnr., s. Landrecht, Das Hessische.

— Die historische Nothwendigkeit des Christenthums. Ein Beitrag zur Förderung d. religiösen Bildung d. Jugend. Darmstadt: Jonghaus 1844. 140 S. 8° **5. 17. 26. 36.**
14.4448

— Die Offenbarungen und Gebote Gottes über Deutschlands künftige Reichsverfassung. — Darmstadt 1849: Wittich. 19 S. 8°
1: Deutsche Flugschr. 1849–29. 3. 7→10. 16. 18. 19. 21. 22. 23. 29. 30. 34. 35. 38. 39. 45. 106. 111. 203. 302.
14.4449

Beck, Ferdinand Karl Heinrich, s. Staatsrecht, Das Hessische.

Beck, F. C. H., s. Stadelmann, Rud., die Stiftung v. Hofwyl.

Beck, Ferdinand Karl Heinrich
— Die Centralleitung [Zentralleitung] des Wohlthätigkeitsvereins im Königreich Würtemberg. Anhang: Das Armengesetz im Königreich Baiern. — Darmstadt: Pabst 1847. X,78 S. 8° **7. 17. 24. 26. 106. 203.**
14.4451

Beck, Fr., Vergleichungstabelle d. neuen u. alten Münze; nach d. Gesetz v. 30. Sept. 1821. lithogr. Fol. Berl. 822. Th. Enslin. 2 gr

Beck, Fr. Ch., Gymnasialprofessor, München, 1806-1888. 1829
s. *Beck,* Friedrich.

Beck, Franz, Schornsteinfegermeister, Frankfurt a. M. 1896: Abhandlung über das Schornsteinfeger-Geschäft in Frankfurt a. M. und die dasselbe betreffenden Verordnungen. — Frankfurt a. M.: Heil 1896. 60 S. 8° **30.**
14.4454

Beck, Franz, Collaborator am Progymnasium in Ohrdruf. 1860: Zur dankbaren Erinnerung an Dr. Ludwig Koch. [Verf.: Franz Beck.] — (Gotha [1874]: Stollberg.) 15 S. 8° **39.**
14.4452

(—) Katalog der Kirchenbibliothek zu St. Michaelis in Ohrdruf. — Suhl 1860: Manitius. XXIX,127 S. 8° **16. 27. 39.**
14.4453

Beck, Frz: Studien zu Lionardo Bruni, s: Abhandlungen z. mittl. u. neueren Gesch.

Beck, Franz August: Anfänge und Ziele der altkatholischen Bewegung Badens. Bd 1. — Mannheim: J. Schneider 1875. VII,148 S. 8° 1: Si 2297. **5.** 12: H. eccl. 3055-69. **17. 19. 21. 25. 26. 31. 203. 302.**
14.4456

[—] Des Scheuernpurzel's am See Anklage und Freisprechung. Verhandlungen d. Schwurgerichtes Konstanz am 11. März 1874, betr. die Anklage gegen den Großh. Oberamtsrichter Franz August Beck von Heidelberg, Theophil Schneider von Engen, Heinrich Zimmermann von Waldshut, Ferdinand Förderer von Villingen u. Eduard Stadtmann von Stockach wegen Beschimpfung der katholischen Kirche. — Konstanz: Meck in Komm. 1874. 92 S. 8° 12: Crim. 408s. **31. 180. 213.**
14.4457

[—] — 2. Aufl. Ebd. 1874. 92 S. 8° **25.**
14.4458

[—] — 3. Aufl. Ebd. 1874. 92 S. 8° **21. 41.**
14.4459

[—] — 4. Aufl. Ebd. 1874. 92 S. 8° 12: Crim. 2w. **31. 47.**
14.4460

Beck, Franz Aug., Arnold, Tragödie in 5 Aufzügen. Ein Phantasiestück. Als Manuscript gedruckt. Mannheim 856. Bensheimer. 8. (196 S.) n. 24 ngr

[—] Ein Blick in die heutige Anwaltschaft hinein. Vom Verf. neu durchges. u. erw. — Heidelberg: Weiß in Komm. 1894. 38 S. 8° Erschien zuerst in: Höhgauer Erzähler. 1894. **6.** 12: J. pract. 24 g. **16. 21. 31. 34. 47. 208.**
14.4462

[—] Der Scheuernpurzel am See. (1.-3. Aufl.) — Engen: Schneider 1874. 32 S. 8° Aus: Höhgauer Erzähler. 1873. **31.**
14.4463

Beck, Franz Josef
Beck, Anfangsgründe der mathemat. Wissensch. für jene, welche sich der Baukunst widmen. 4 Thle. m. K. 8. Wien, Binz.

Beck, Franz Josef: Mathematisches Lehrbuch, zum Gebrauche der Schüler der Baukunstschule an der k.k. Akademie der bildenden Künste eingerichtet. Th. 1.2,1-4. — Wien 1795: Alberti. 8° **30.**
14.4464

— mathemat. Lehrbuch für Schüler der Baukunst. 4 Thle. 8. Wien, Alberti. (Liebeskind, Leipzig). 805.

Beck, ..., mathemat. Lehrbuch f. Schüler d. Baukunst. 4 Thle. Mit Kpf. 8. Wien 805. Binz. 3 rß 8 gr

Beck, Franz Josef: Untersuchungen über die mittlere Zeit der Blütenentwicklung mehrerer vorzüglich in der Flora Deutschlands einheimischer Pflanzen. — Tübingen 1831. 31 S., m. Tab. — Phil Diss.

Beck, Franz Nikolaus Lorenz Paul: Factum, das ist: Einfältige, aufrichtige und in der Wahrheit gegründete Darstellung, derer von dem Königlichen Praetore Joseph Klingling zu Straßburg ... an der Person, Ehre und Güter des F. N. L. Paul Becks ... verübten Ungerechtigkeiten u. ... Gewaltthaten. Im Monath Mertz des 1749sten Jahrs. Benebst e. Anh. von 112. authentischen rechtfertigenden Schrifften. — Franckfurt a. M.: Hechtel 1752. 130,115 S. 4° **7. 10.** 12: 2° Ded. 159. **14. 16. 18. 48. 66.**
14.4465

—— Factum oder aufrichtige und wahrhafte Erzehlung der Ungerechtigkeiten und unerhörten Grausamkeiten, welche theils der Königl. Praetor Joseph Klingling, theils der grose [!] Rath, auf dessen Anstiftung, wider die Person, Ehre, Haab und Güter des F. N. L. Paul Beck ... 1749. begangen hat. — Franckfurt a. M. 1752. 92,98 S. 4° 1: 2° Rh 6280. **14. 17. 19. 23. 24. 29. 30.**
14.4466

Beck, P., Factum geg. den kön. Prätor Klinglin zu Straßburg. 2 Thle. Fol. Frankf. Eßlinger. 753—56.

Beck, P., Factum gegen d. königl. Prätor Klinglin zu Straßburg. 2 Thle. Fol. Frankf. 753, 56. (Schäfer). 1 rß 5 gr

— Verfolg des weltbekannten, im Jahr 1752. durch Pierre Mortier in Amsterdam, in französischer Sprache, gedruckten, und ... übersetzten ... Facti, von mir, Paul Beck ... in teutscher Sprache fortgesetzet. — o. O. 1755. VIII,18, 22 S. 4° **7. 23. 24. 35. 48.**
14.4469

Beck, Franz Xaver, Stadtförster, Rottenburg. 1872: Taschenbuch für Jäger & Jagdfreunde. Weidmannssprache, Auszug aus G. L. Hartig's Anleitung, nebst Abänderungen u. e. Anh. verschiedener, d. Jäger nöthigen Notizen, wie Krankeiten d. Hunde u. Mittel dagegen. — Tübingen: Riecker 1872. IV,96 S. 8° **24.**
14.4475

Beck, Frz. Xav. Wolfg., d. geduldige Christ. 8. Constanz 779. (Doll in Augsb.) 9 gr

— Lehrschul ewiger Wahrheiten. 8. Constanz 775. (Doll, auch Wolf in Augsb.) 12 gr

— Schutzwehre standesmäß. Reinigkeit. 8. Constanz 774. (Doll in Augsb.) 6 gr

Beck, Frederik: De Capite quinquagesimo tertio libri Jesajani. Commentatio exegetico-critica et speculativa. — Havniae 1840: Tengnagel. 96 S. 8° Zugleich Diss. Kopenhagen 1840. 12: Exeg. 91e. **16. 30.**
14.4477

Beck, Fr., de capite quinquagesimo tertio libri Jesajani. Commentatio exegetico-critica et speculativa. breit 8. Havniae 840. (Philipsen.) 2/3 rß

—— de parallelismi membror. in poesi Hebraeor. usu hermeneut. et crit., Dissertat. Ps. I. 8maj. (5⅛ B.) Havniae 840, (Philipson.)

— Die cyro-jesajanischen Weissagungen, oder die Capitel 40-66 des Jesajah, kritisch u. exegetisch bearb. — Leipzig: Reclam 1844. 207 S. 8° **5. 16. 19. 27. 28. 29.**
14.4480

—— Leipzig: Schrey [1844]. 207 S. 8° 1: Bo 1100. **2. 4. 7. 14. 15. 21. 25. 26.**
14.4481

Beck, Friedrich, Generalmajor, Darmstadt, 1837-1910. 1884
s. *Beck,* Fritz.

Beck, Frdr.: Americana paedagogica. Bericht üb. e. Studienreise nach d. Vereinigten Staaten v. Nordamerika. (8, 138) Lex8° Lpzg, J Klinkhardt '12. 3 —; L 4 —

Beck, Friedrich, Gymnasialprofessor, München, 1806-1888. 1829: Dem Andenken meiner Elisabeth. — München 1865: C.Wolf. 21 S. 8° **12:P.o.germ.80dk [2 Ex.]**
14.4482

— Andeutungen zu einer tieferen Begründung der Geschichte der religiösen Kunst. — München 1834: C.Wolf. 22 S. 4° **11. 12:4° Art. 115-23 [2 Ex.] 28. 31. 43.**
14.4483

(—) An Cornelius. München am 16. Februar 1841. — o.O. [1841]. 2 Bl. 8° **12:P.o.germ.700-115.**
14.4484

— [Übers.] s. *Dante* Alighieri: Das neue Leben [Vita nuova, deutsch]. 1903.

— [Hrsg.] s. *Dante* Alighieri: Vita nova. 1896 u.ö.

Beck, Frdr.: Irdische Dinge. (236) gr8° Wien, H Heller & Co. '11. 2.50; geb. 4 —

Beck, Frdr.: Aus Eifersucht, s: Mehrakter.

[—] Aus Eifersucht. Volksschauspiel. Aus e. Nachlaß. — Augsburg [um 1900]: Reichel. 48 S. 8° **1:Ys 31584.**
14.4485

Beck, F. Les Epistres sur le Roman de la Rose par Christine de Pizan. Neuburg a/D., G., 1888. X u. 25 S.

Beck, Friedrich *Wilhelm* [aus Engelskirchen '(Rheinprov.)']: Beiderseitige Erblindung durch retrobulbäre Neuritis. Restitutio ad integrum ... Berlin, Buchdr. v. G. Schade, *1895;* 29 S., 1 Bl. 8.
Berlin, Med. Fak., Inaug.-Diss. v. 28. Mai 1895

(—) Zur Erinnerung an Heinrich von Heß. — (München [1863]): C.Wolf. 2 Bl. 8° **12:Bavar.4003.V,37-8.**
14.4486

Beck, Friedrich, appr. Arzt: Ein Fall von traumatischer Haematomyelie nach Dystokie. ⟨Ein Beitr. z. Klinik d. Bauchmuskellähmungen.⟩ Erlangen 1908: Jacob. 44 S. 8°
Erlangen, Med. Diss. v. 10. Febr. 1909, Ref. Jamin
[Geb. 25. Okt. 77 Nürnberg; Wohnort: Nürnberg; Staatsangeh.: Bayern; Vorbildung: Altes Gymn. Nürnberg Reife 97; Studium: Erlangen 10 S.; Coll. 24. Juli 08; Approb. 6. Aug. 06.] [U 09. 765

— Das Fest des Bürgerfleißes. 1834. Zur Industrieausstellung in München. — München [1834: C.Wolf]. 3 Bl. 2° **12:2° Don.Lud.24 [2 Ex.] 19.**
14.4487

[—] Fest-Lied gesungen bei der feierlichen Enthüllung des Denkmals auf Wittelsbach am 25. August 1834. — (Augsburg [1834]: Wirth.) 2 Bl. 8° **12:Bavar.4003.V,37-1.**
14.4488

— Festlied, gesungen bei der Enthüllung des Standbildes Lorenz von Westenrieder's zu München am 1. August 1854. In Musik gesetzt von Ignaz Köhler. — München [1854]: C.Wolf. 1 Bl. 4° **12:2° Bavar.1400.IX,11[u.ö.]**
14.4489

— Zu Göthe's hundertjähriger Geburts-Feyer. Prolog. — München 1849: Franz. 7 S. 8° **1:Yo 4098. 12:P.o.germ.80de. 15.**
14.4490

[—] Zur Geburtstagsfeier Sr.Maj. des Königs Maximilian II. Vorgetragen in d. Gesellschaft 'zu d. drei Rosen' am 28. Nov. 1852. — o.O. [1852]. 1 Bl. 8°
Aus: Neue Münchener Zeitung. 1852, Beil. 284.
12:4° Bavar.2120.II,12b.
14.4491

— Gedichte. — (München: C.Wolf 1829.) 116 S. 8° **11. 12:P.o.germ.80da [2 Ex.]**
14.4492

Beck, Friedr., Gedichte. gr. 12. (12 B.) München 844. (Literar.-artist. Anstalt.)

Beck, Friedrich: Ungedruckte Gedichte des Simone Serdini da Siena nebst e. Kanzone d. Leonardo d'Arezzo. Neuburg a. d. D., Griessmayersche Buchdr., *1895;* IV, 10 S. 8.
Neuburg a. d. D., k. humanist. G, P 1895*

(—) Gesänge bei der feierlichen Enthüllung des Monuments Seiner Majestät des höchstseligen Königs Max I. — o.O. [1835]. 8 S. 8° **12:Bavar.4003.V,37-2.**
14.4494

Beck, Friedr. (I.), Geschichte der deutschen Steinmetzen, s. Universal-Bibliothek Nr. 1877.

Geschichte eines deutschen Steinmetzen. Von Friedr. **Beck.** Hrsg. von der Gesellschaft für deutsche Alterthumskunde in München. München: Cotta 1834. IV, 144 S. 2 Bl. Noten. 8°

[Dasselbe.] Leipzig: Reclam [1883]. 118 S. 8°
(Univ.-Bibliothek. 1377.)
cf. L. 23 (1864) S. 31.
Kl. 2754, Tt. 791, TB. 263.

— — Leipzig: Reclam [1880]. 118 S. 8° (Universal-Bibliothek. 1377.) **1:Ag 7201-1377. 15. 19. 64. 300:** 410.411 A.Per.1377. **304.**
14.4496

Beck, Frdr., franz. Grammatik f. humanist. Gymnasien, m. bes. Berücksicht. d. Lateinischen. gr. 8. (11, XVII, 230 S.) München 896. Piloty & Loehle. Geb. in. Leinw. n.n. 2.50

Beck, Friedr., stilistisches Hilfsbuch. 1. Abthl. A. u. d. T.: Materialien und Dispositionen zu Uebungs-Aufsätzen nebst einzelnen Musterbeispielen. Für die untere Lehrstufe des deutschen Unterrichtes an Gymnasien und verwandten Lehranstalten. 2., unveränd. Aufl. gr. 8. (XI und 146 S.) München 868. [Merhoff's Verlag.]
Die 1. Aufl. erschien u. d. T.: Materialien und Dispositionen ꝛc. Für die untere Lehrstufe, vgl. dieses.

— dass. — 2. Abthl. A. u. d. T.: Materialien und Dispositionen zu Uebungs-Aufsätzen nebst einzelnen Musterbeispielen. Für die obere Lehrstufe des deutschen Unterrichts an Gymnasien und verwandten Lehranstalten. gr. 8. (XI und 383 S.) Ebendas. 868. *

Beck, Friedr., stilistisches Hilfsbuch. 3 Abthlgn. gr. 8. München, Merhoff's Verlag. *

Inhalt:

Abthl. 1. Für die untere Lehrstufe des deutschen Unterrichts an Gymnasien und verwandten Lehranstalten. 3., verb. und verm. Aufl. (XII, 150 S.) 872. * M. 1,50.

" 2. Materialien und Dispositionen zu Uebungs-Aufsätzen nebst einzelnen Musterbeispielen. Für die obere Lehrstufe des deutschen Unterrichts an Gymnasien und verwandten Lehranstalten. (XI, 383 S.) 868. * M. 3,60.

" 3. Materialien und Dispositionen zu Uebungs-Aufsätzen nebst einzelnen Musterbeispielen. Für die obere Lehrstufe des deutschen Unterrichts an Gymnasien und militär. Bildungsanstalten. (X, 208 S.) 871. * M. 2,40.

Beck, Friedr., stilistisches Hilfsbuch. 2. Abthl. A. u. d. T.: Materialien und Dispositionen zu Uebungs-Aufsätzen nebst einzelnen Musterbeispielen. Für die obere Lehrstufe des deutschen Unterrichtes an Gymnasien und verwandten Lehranstalten. 2. verb. und verm. Aufl. gr. 8. (VII, 416 S.) **München 878, Merhoff's Verlag.**
1. und 3. Abthl. Ebendas. 1871,72. * M. 3,90.

(—) Zur Jahres-Feier des 6. März 1848. — o.O. [1849]. 2 Bl. 4° **12:4° Bavar.3007.VI,18. 22.**
14.4497

(—) Die Kaiserwahl zu Frankfurt am 28. März 1849. — Dat. München 2. April 1849. 1 Bl. 4° **3. 22.**
14.4498

Beck, Frdr.: Der Karlsgraben. Eine histor., topograph. u. krit. Abhandlg. (8, 91 m. Abb., 2 Taf. u. 3 Ktn.) gr8° Nürnberg, F Korn '11. 1.50

Beck, Frdr., Lehrbuch des deutschen Prosastiles für höhere Unterrichts-Anstalten, wie auch zum Privatgebrauche. Mit einer Sammlung von Uebungsaufgaben, Hinweisung auf Musterbeispiele und einem Anhang über Titulatur der Briefe. München 861. Fleischmann. gr. 8. (XII, 207 S.)
n. 22½ ngr.

— **Lieder eines Verwaisten. Ein Bändchen Lyrik.** — Wien: Gerold 1885. 78 S. 8° **300:36.427-A. 302.**
14.4515

— **Lother und Maller. Ein episches Gedicht.** — München: Fleischmann 1863. 61 S. 8° **1:Yo 10870. 5. 11.**
12:P.o.germ. 80di. 18. 19. 109.
14.4499

—— Lother und Maller. Ein episches Gedicht. 16. (61 S.) München 863, [Merhoff's Verlag.]

— **Materialien und Dispositionen zu Übungs-Aufsätzen nebst einzelnen Musterbeispielen. Für die untere Lehrstufe des deutschen Unterrichts an Gymnasien und verwandten Lehranstalten.** Ebend. 863. gr. 8. (XI, 146 S.) n. 18 ngr.

—— dass. — 2. Aufl., s. dessen Hilfsbuch, stilistisches. 1. Abthl.

Beck, Friedrich: Die Metapher bei Dante, ihr System, ihre Quellen. Neuburg a. d. D., Griessmayersche Buchdr., *1896;* VIII, 82 S. 8.
Neuburg a. d. D., k. humanist. G, P 1896*

[—] Zur Namensfeier Seiner Majestät des Königs Maximilian II. von Bayern. — [München 1851]: Weiß. 1 Bl. 4°
12:4° Bavar. 2120. II,12.
14.4500

— **An seine Majestät König Otto von Griechenland bei allerhöchstdessen Erscheinen beim Oktober-Feste 1836.** — o.O. [1836]. 2 Bl. 4° **12:Beckiana IV,33,2.**
14.4501

— s. Otto der Große.

Beck, F: Rassentypen d. Menschen, s.: Hölzel.

— **Schicksal und Freiheit. 3 Sonette.** — München 1858: C. Wolf. 2 Bl. 8° **12:P.o.germ. 80dg/1 [u.ö.]**
14.4502

Beck, Christ. Friedr., Über die Schicksalsidee in der Religion der Griechen. (Münchener) Gymnas.-Progr. 1847.

Beck, Friedrich, Buchhandlung, Wien. 1895: **Sport Catalog.** (Hrsg.: Buchhandlung für Sport Friedrich Beck.) — (Wien [1895].) 111 S. 8° **300:206.185-B. 302.**
14.4519

Beck, Friedr. (II.), Spruch- und Räthselbüchlein. 8. (120 S.) Augsburg 888, Literarisches Institut von Dr. M. Huttler. **

— **Stillleben. Lyrische Dichtungen in neuer Auswahl.** — München: Fleischmann 1861. 348 S. 8° **1:Yo 10066.**
12:P.o.germ. 80dh [2 Ex.] 14. 19. 109. 302.
14.4501

Beck, Friedrich

— **Telephos. Eine Tragödie.** — München: C. Wolf 1858. 47 S. 4° **1:4° Ys 10466. 2. 7. 11.**
12:4° P.o.germ. 11 f [u.ö.] 15. 19. 30. 109.
14.4505

—— **Telephos. Versuch einer Nachdichtung der gleichnamigen Tragödie des Euripides.** — München 1869. S. 326–366. 8°
Aus: Blätter für d. bayerische Gymnasialwesen. 5. 1869.
12:P.o.germ. 80dl [2 Ex.]
14.4506

Beck, Friedr. (II.), Theophanie. gr. 8. (V und 195 S.) Gotha 855, F. A. Perthes.

—— **Theophanie.** 2. (Titel-)Aufl. 8. (VI, 195 S.) Gotha (855)877, F. A. Perthes.

— Theorie der Prosa und Poesie. Ein Leitfaden für den Unterricht in der Stilistik (Rhetorik) und Poetik an Gymnasien und verwandten Lehranstalten wie auch zum Privatgebrauche. 2. Abth. A. u. d. T.: Lehrbuch der Poetik. Ebend. 862. gr. 8. (XIII, 118 S.) n. 15 ngr.
Die 1. Abth. bildet des Verf. Lehrbuch des deutschen Prosastiles.

Beck, Frdr., Theorie der Prosa u. Poesie. Ein Leitfaden für den Unterricht in der Stilistik [Rhetorik] u. Poetik an Gymnasien u. verwandten Lehranstalten, wie auch zum Privatgebrauche. 2 Abthlgn. München 867. Merhoff. gr. 8. n. 1 ₰ 5 ngr.
1. Abth.: Lehrbuch des deutschen Prosastiles. Mit e. Sammlung von Uebungsaufgaben, Hinweisung auf Musterbeispiele, u. e. Anh. über Titulatur der Briefe. 3. verb. u. verm. Aufl. (VIII, 224 S.) n. 20 ngr.
2. Abth.: Lehrbuch der Poetik für höhere Unterrichts-Anstalten wie auch zum Privatgebrauche. 2. verb. u. verm. Aufl. (XIII, 123 S.) n. 15 ngr.

—— Theorie der Prosa und Poesie. Ein Leitfaden für den Unterricht in der Stilistik [Rhetorik] und Poetik an Gymnasien und verwandten Lehranstalten wie auch zum Privatgebrauche. 2 Abthlgn. gr. 8. München, Merhoff's Verlag. *
Inhalt:
Abthl. 1. Lehrbuch des deutschen Prosastiles. Mit einer Sammlung von Uebungsaufgaben, Hinweisung auf Musterbeispiele, und einem Anh. über Titulatur der Briefe. 4. verb. und verm. Aufl. (XVIII, 224 S.) 872. * ℳ 2.
" 2. Lehrbuch der Poetik für höhere Unterrichtsanstalten wie auch zum Privatgebrauche. 3. verb. und verm. Aufl. (XV, 132 S.) 873. * ℳ 1,50.

— Theorie der Prosa u. Poesie. Ein Leitfaden f. den Unterricht in der Stilistik [Rhetorik] u. Poetik an Gymnasien u. verwandten Lehranstalten wie auch zum Privatgebrauche. 2 Abthlgn. gr. 8. Ebend. 876. n. 3. 85.
1. Lehrbuch d. deutschen Prosastils. Mit e. Sammlg. v. Uebungsaufgaben, Hinweisg. auf Musterbeispiele, u. e. Anh. üb. Titulatur der Briefe. 4. verb. u. verm. Aufl. (X, 234 S.) n. 2. 25.
2. Lehrbuch der Poetik. 4. verb. u. verm. Aufl. (XV, 134 S.) n. 1. 60

Beck, Friedr., Theorie der Prosa und Poesie. Ein Leitfaden für den Unterricht in der Stilistik [Rhetorik] und Poetik an Gymnasien und verwandten Lehranstalten, wie auch zum Privatgebrauche. 2 Abthlgn. gr. 8, München 876, Merhoff's Verlag. *
Inhalt:
Abthl. 1. Lehrbuch des deutschen Prosastils. Mit einer Sammlung von Uebungsaufgaben, Hinweisung auf Musterbeispiele, und einem Anhang über Titulatur der Briefe. 5. verb. und verm. Aufl. (X, 234 S.) * ℳ 2,25.
" 2. Lehrbuch der Poetik. 4. verb. und verm. Aufl. (XV, 134 S.) * ℳ 1.60.

— **Theorie der Prosa u. Poesie. Ein Leitfaden f. den Unterricht in der Stilistik [Rhetorik] u. Poetik an Gymnasien u. verwandten Lehranstalten, wie auch zum Privatgebrauche.** 1. u. 2. Abth. gr. 8. Ebend. 880. n. 3. 85
1. Lehrbuch des deutschen Prosastils. Mit einer Sammlung von Uebungsaufgaben, Hinweisung auf Musterbeispiele u. einem Anhang über Titulatur der Briefe. 6. verb. u. verm. Aufl. (XII, 249 S.) n. 2. 25
2. Lehrbuch der Poetik. 5. verb. u. verm. Aufl. m. Beobachtung der neuen amtl. deutschen Rechtschreibung. (XVI, 137 S.) n. 1. 60

Beck, Friedr. (I.), Theorie der Prosa und Poesie. Ein Leitfaden für den Unterricht in der Stilistik [Rhetorik] und Poetik an Gymnasien und verwandten Lehranstalten, wie auch zum Privatgebrauche. 2 Abtlgn. gr. 8. München, Merhoff's Verlag. *
Inhalt:
Abtl. 1. Lehrbuch des deutschen Prosastils. Mit einer Sammlung von Übungsaufgaben, Hinweisung auf Musterbeispiele, und einem Anhang über Titulatur der Briefe. 7. verb. und verm. Aufl. (XII, 266 S.) 887. * ℳ 2.25.
2. Lehrbuch der Poetik. 6. verb. und verm. Aufl. (XVI, 148 S.) 888. * ℳ 1.60.

Beck, Frdr., Theorie d. Prosa u. Poesie. E. Leitfaden f. d. Unterr. i. d. Stilistik (Rhetorik) u. Poetik a. Gymnasien u. verw. Lehranst., wie auch z. Privatgebr. 2. Abtlg.: Lehrbuch d. Poetik f. höh. Unterrichts-Anst. wie auch z. Privatgebr. 7., verb. u. verm., v. H. Holland überarb. Aufl. M. Beobachtg. d. neuen amtl. deutschen Rechtschreibg. gr. 8. (XV, 144 S.) Leipzig 896. H. Zieger. Kart. n. 2. 25

— Übungs- u. Lesebuch z. franz. Grammatik f. humanist. Gymnasien. 2 Tle. gr. 8. Ebd. Geb. in Leinw. n.n. 4. —
1. (§ 1—75.) (IV, 140 S.) 896. n. 1.50
2. (§ 76—110.) (IV, 200 S.) 897. n. 2.50

Beck, Frdr., Untersuchungen zu den Handschriften Lucans. Diss. gr. 8. (III, 75 S.) München 900. (A. Buchholz.) n. 1.80

Beck, Friedrich, aus Schweinfurt: Untersuchungen zu den Handschriften Lucans. *München 1900: Kastner & Lossen.* (III, 75 S.) 8°
München, Phil. Diss. v. 1900

— franz. Vocabular f. Gymnasien. 8. (136 S.) Ebd. 896. Geb. in Leinw. n. 1.20

Beck, Frdr.: Europ. Völkertypen, s.: Hölzel.

— Die Weihe des Tages. Festspiel mit lebenden Bildern zur Feier d. 100jähr. Bestehens d. Königlichen Cadetten-Corps am 1. Juli 1850. — (Augsburg [1850]: Geiger.) 20 S. 8° 12: Bavar. 4323i [2 Ex.] 29.
14.4512

Beck, Friedr., die Weihe des Tages. Festspiel mit lebenden Bildern zur Feier des 100jährigen Bestehens des Königl. Cadetten-Corps am 1. Juli 1850. Augsburg. (München, Lindauer.) gr. 8. (20 S.) n. 4 ngl

Beck, Friedr. (II.), ernste Weisen. Ein Bändchen Lyrik. 8. (84 S.) Wien 888. Konegen. *

Beck, Frdr., Weisen des Lebens. Gedichte. (180 S.) 8. Berlin 905. E. Ebering. n. 2.50

Beck, Frdr., Wollen u. Sollen des Menschen. Ein Versuch. (III, 146 S.) gr. 8. Leipzig 907. O. Wigand. 2.70

—— Zeitklänge. 16. (64) Münch. 60, Fleischmann. — 9

— Zeitklänge. Gedichte aus d. Jahren 1845–1860. — München: Rohsold 1860. 64 S. 8°
7. 11. 12: P. o. germ. 80 dg. 19. 60

Beck, Friedrich Adolf [Hrsg.]
s. *Ampelius*, Lucius: Liber memorialis. 1826.

Beck, Friedr. Adolf, Auszug aus d. osnabrücker Friedensurkunde, s. Epitome.

Beck, Friedr. Ad., Deutschlands Befreiungskampf v. 1813—1815, in ein. Auswahl d. vorzügl. Volkslieder. Ein vaterländ. Erinnerungsbuch f. Schule u. Haus. 1. Bdchn. M. 3 Bildn. 8. (9 B.) Emmerich 836, Romen. (Leipzig, Hermann.) Binp.

— [Mutmaßl. Verf.] Beiträge zur Geschichte der Proselytenmacherei. 1827 s. *Weda*, Sincerus.

Beck, Friedr. Ad., Beschreibung d. Stadt Neuwied. Für Fremde u. Einheimische. M. 1 Ansicht u. 1 Plan v. Neuwied in sein. jetz. Zustande, u. m. d. französ. Brückenschanze im J. 1795. 12. (5 B.) Coblenz 828, Röhling.

—— lateln. Chrestomathie aus Plinius Naturgeschichte, s. Chrestomathie.

— Erinnerung an Friedrich Wilhelm III. König von Preußen, wie er gestorben, bestattet u. betrauert ist. Mit 2 Anh. und mehrern Beilagen. 8. Ebend. 841. (Lichtfers.) n. 1/4 rß

Beck, Friedr. Adolf, das Kirchspiel Feldkirchen am Rhein. 8. (X und 100 S.) Neuwied 847, (Lichtfers.)

— [Übers.] s. *Friedemann*, Friedrich Traugott: Leitung der Gelehrtenschulen [Oratio de ludis litterariis regundis, deutsch]. 1825.

— M. Luthers Gedanken über d. Musik, s. Luther.

— Geschichte der Burg Landsberg bei Halle in ihren Trümmern und Überresten. — Halle: Waisenhaus 1824. XVI,94 S. 8° 1: Te 6346. 2. 3. 11. 14. 15. 17. 21. 24. 27. 32. 44. 117. 300: ∘ 69 D 145.
14.4526

— Geschichten, Sagen und Naturgemälde, des Rheins aus dem Munde deutscher, besonders rheinischer, Dichter. Ein Erinnerungsbuch. — Heidelberg [usw.]: Engelmann 1834. XII,402 S. 8°
1: Yf 2999. 5. 16. 18. 29. 30. 32. 36. 38. 43. 61.
14.4527

— Grundriß der preußischen Geschichte, von den ältesten bis auf die neusten Zeiten. Für mittlere Gymnasialclassen. Coblenz: Neue Gelehrten-Buchh. 1827. IV,132 S. 8°
1: St 1238. 5. 61. 117.
14.4528

— Grundriß der Naturgeschichte. Für Gymnasien, höhere Bürger- u. Realschulen. — Bonn: Marcus 1827. XVI,47 S. 8° 1: Le 4152.
14.4529

— Grundriß der Naturlehre. Für Gymnasien, höhere Bürger- u. Realschulen. — Essen: Bädeker 1828. VIII,54 S. 8°
1: Mv 5270. 52. 60. 91. 207.
14.4530

— Grundriß der Technologie. Für Real- u. Gewerbeschulen. — Bonn: Marcus 1827. X,42 S. 8° 1: Oo 5620. 36.
14.4531

— Grundr. d. Weltgeschichte, f. mittlere Gymnas.-Klassen. 8. Bonn 827. Marcus. 15 gl

— Grundriß der Weltgeschichte. Für mittlere Gymnasialclassen u. höhere Bürgerschulen. — Coblenz: Neue Gelehrten-Buchh. 1827. VIII,186 S. 8° 1: Py 944. 30. 117.
14.4532

—— christl. Katechumenen-Unterricht, od.: Biblische Sprüche; zu Begründung d. Religionsunterr., u. zum Auswendiglernen bei dem Schul- u. Kirchen-Gebrauche. 8. (2¼ B.) Neuwied 841, Lichtfers.

Beck, Fr. Ad., christlicher Confirmanden-Unterricht, oder christliche Kinderlehre. Nach Anleitung des Heidelberger Katechismus bearbeitet. 8. Neuwied 842, Lichtfers. 1/8 rß

— Lebensbilder aus dem preußischen Rheinlande. — Neuwied: Verf. 1831. XXIII,524 S. 8°
In einigen Exemplaren ist d. Erscheinungsvermerk überklebt: Neuwied: Fürstl. Wied. Hof-, Buch- u. Kunsth. in Comm. 1832.
7. 12: Bor. 21 y. 17. 30. 38. 52. 60. 61. 62. 64. 117.
14.4533

—— Neuwied: Fürstl. Wied. Hof-, Buch- u. Kunsth. in Comm. 1832. XXIII,524 S. 8° 1: Sa 11460. 5. 16.
14.4534

—— Lebensbilder aus dem preuß. Rheinlande. Ein belehr. u. unterhalt. Leseb. für Schule u. Haus. 2., wohlf. Ausg. gr. 8. (34 B.) Neuwied 842, van der Beeck. ⅔ Thlr. ; Schrbp.

— Lehrbuch der allgemeinen Erdkunde und der besondern von Rheinpreußen und Westpfalen [!]. Für höhere Bürgerschulen. — Neuwied: Lichtfers & Faust 1826. XV,144 S. 8° 1: Pp 4290. 5. 61.
14.4536

— Lehrbuch d. allgem. Erdkunde u. d. besond. v. Rheinpreußen u. Westphalen. gr. 8. Neuwied 826. Lichtfers u. Faust. (Guilhaumann in Frankf.) 12 gl

—— lateinisches Lesebuch, s. Gedike.

— [Hrsg.] s. *Luther*, Martin: Gedanken über die Musik [Werke, Ausz.] 1825.

— [Hrsg.] s. *Plinius* Caecilius Secundus, Gaius: Lateinische Chrestomathie aus C.Plinius' Naturgeschichte [Historia naturalis, Ausz.] 1828.

—— Preußens Ruhm u. Ehre rc., s. Preußen.

— Preußen's Ruhm und Ehre unter Sr. Maj. dem Könige Friedrich Wilhelm III. Oder: Deutschland's Befreiungskampf von 1813–1815. Geschildert von deutschen Dichtern. (Bdch. 1.) — Kreuznach: Kehr 1834. XIV,176 S. 8°
1:Yf 2998. 5. 30. 109.
14.4537

— s. Sammlung symbol. Bücher.

— Schullieder. — Neuwied: Lichtfers 1835. VIII,55 S. quer-8°
1:Ng 9830. 5.
14.4538

Beck, Friedrich Adolf

—— Statistik der evang. Kirche in der Rheinprovinz und Westphalen. Mit geograph.-histor. Anmerkungen und kurzen biograph. Notizen über die Pfarrer jener Provinzen, seit Einführung der Reformation bis jetzt. I. Theil. A. u. d. T.: Statistik der evangel. Kirche in der königl. preuß. Rheinprovinz. 8. (VIII und 250 S.) Neuwied 848, (Lichtfers.) *

— deutsche Synopsis d. drei ersten Evangelien. Nach d. griech. Synopsis de Wette's u. Lücke's bearb. Ein Handb. für Lehrer in Schullehrer-Seminarien u. niedern Klassen gelehrter Schulen, so wie für jeden denkenden Christen. gr. 8. Berl. 826. Amelang. 18 gGr.

— Die höhere Töchterschule. Ein Lehr- u. Lesebuch. — Coblenz: Hölscher 1827. XIII,377 S. 8°
1:Nd 8480. 5.
14.4540

— Uebersicht der preußischen Geschichte. Von d. ältesten bis auf d. neuesten Zeiten; in 7 chronologischen Tabellen. Neuwied: Lichtfers 1836. 16 Bl. 2°
1:2° St 1240. 5.
14.4541

— Die Unterscheidungslehren der römisch-katholischen und evangelischen Kirche. In 4 Uebersichtstabellen. — Neuwied: Lichtfers 1832. 8 Bl. 2°
1:2° Di 2530. 5. 19.
14.4542

— Wörterbuch zu Luther's Bibelübersetzung oder: Erklärung der darin vorkommenden veralteten, dunkeln u. bedeutenderen fremden Wörter. — Siegen [usw.]: Friedrich 1846. VIII,67 S. 8°
1:3 in Cn 4013. 8. 11. 12: B.g. Luth. 210. 15. 52. 207.
14.4543

Beck, Friedr. Adf., Wörterbuch zu Luther's Bibelübersetzung oder Erklärung der darin vorkommenden veralteten, dunkeln und bedeutenderen fremden Wörter. Mit eingestreuten etymolog. und grammat. Anmerkungen. 2. (Titel-)Ausg. (Anhang zur luther. Bibel.) 8. (VIII und 67 S.) Wiesbaden 854, Friedrich's Vrlgsh.

Beck, FA, Wörterb. zu Luther's Bibelübers. 2. Asg. 8. (67) Wiesb. 54. (Lpzg, Herbig.) — 7½

— [Hrsg.] s. *Zeitschrift*, Pädagogische, für Deutschland's Lehrer. 1828 [Zeitschriften].

— **Friedr. Arnold** (Lippstadt), De causis juramentum suppletorium respuentibus. Disp. jur. Präs. Jo. Sam. Stryk. Halle (Joh. Montag) 4. VI. 1710. 32 S. (5.—) 1629
Widm. v.: J. Theod. Grün (dtsch.), Casp. Harbort (Westf.), Fried. Rudlg. Gummersbach (Westf.).

— — Dasselbe. Ohne Widmung. (4.60) 1630

Beck, Frid. Aemil. (geb. Ründeroth im Rheinl. 30. 11. 1837): De febri intermittente. Berolini (1862). (30 S.) 8°
Berlin, Med. Diss. v. 21. Juli 1862

— **Friedr. Gottlob** (Dresden), De muliere contra senatus consultum Vellejanum & auth. si qua mulier, obligata. Diss. jur. Präs. Conr. Wilhelm Strecker. Erfurt (J. Chph. Hering) 30. X. 1730. 24 S. (4.80) 1631

Beck, Friedrich Leopold Ritter: Ueber die Naturkräfte, welche neben der Gravitation die Bewegungen der Himmelskörper vermitteln, und anderes Einschlägige. — (Berlin [um 1870]: Schade.) 31 S. 8°
1:4 in Oh 2740. 2. 4. 5. 7. 8. 19. 20. 25. 26. 27.
14.4549

—— 2. Ausg. Ebd. [1874]. 40 S. 8°
1:5 in Oh 2740. 7. 10. 15. 16. 26. 27. 29. 302. 304.
14.4550

Beck, Friedrich Ludwig Theodor s. *Beck*, Fritz.

Beck, Friedrich Rudolf, a. Bingen a. Rh.: Eine Methode zur Bestimmung des Schädelinhaltes und Hirngewichtes am Lebenden und ihre Beziehungen zum Kopfumfange. Stuttgart: E. Schweizerbart 1906. (27 S.) 8°
Würzburg, Med. Fak., Ref. Rieger, Diss. v. 16. Jan. 1907
[Geb. 7. Apr. 83 Bingen; Wohnort: Würzburg; Staatsangeb.: Hessen; Vorbildung: Gymn. Darmstadt Reife O. 01; Studium: Heidelberg 3, München 2, Berlin 2, Würzburg 3 S.; Coll. 20. Juni 06; Approb. 30. Apr. 06.]

Beck, Fritz, D. Errichtung d. landgräfl. Hessen-Darmstädt. Kreis-Regiments i. J. 1697 u. s. erster Kommandeur Hartmann Samuel Hoffmann v. Löwenfeld. Festschrift z. 200jähr. Jubiläum d. grossherzogl. 3. Infanterie-Regts. (Leib-Regt.) Nr. 117 a. 10. VI. 1897. M. 1 Titelbild, Portr. d. Generals Hoffmann v. Löwenfeld n. e. alten Orig.-Gemälde, u. 3 Anlagen. gr. 8. (20 S.) Darmstadt 897. (A. Bergstässer.) n. — 80

Beck, Fritz: Die Errichtung des Landgräflich Hessen-Darmstädtischen Kreis-Regiments im Jahre 1697 und sein erster Kommandeur Hartmann Samuel Hoffmann von Löwenfeld. Festschrift zum 200jähr. Jubiläum d. Grossherzogl. 3. Infanterie-Regiments ⟨Leib-Regiments⟩ Nr. 117 am 10. Juni 1897. — Darmstadt 1897: Wittich. 20 S. 8°
1:Sk 2411. 4. 12: Mil.g. 12 pf. 17. 26. 36.
14.4551

Beck, Fritz, Geschichte d. großherzogl. hessischen Fahnen u. Standarten. I. Allerh. Auftr. bearb. M. 17 farb. Taf. d. hess. Fahnen u. Standarten. Lex.-8. (VII, 166 S.) Berlin 895. E. S. Mittler & Sohn. n. 10. —; geb. in Halbldr. n.n. 12. —

— Geschichte des Großherzoglich Hessischen Feld-Artillerie-Regiments Nr. 25 ⟨Großherzogliches Artilleriekorps⟩ und seiner Stämme, 1460–1883. Auf Grund offizieller Aktenstücke entworfen u. zsgest. — Berlin: Mittler 1884. IX,366 S. 8° Nebent.: 1883. Geschichte d. hessischen Artillerie.
1:Sk 2404. 2. 10. 12: Mil.g. 12 pe. 14. 15. 17. 18. 21. 26. 30. 31. 34. 36. 47. 123. 209.
14.4553

Beck, Fritz, Geschichte des großherzogl. hessischen Feldartillerie-Regiments Nr. 25 (großherzogl. Artilleriekorps) u. seiner Stämme 1460—1883. Auf Grund offizieller Aktenstücke entworfen u. zusammengestellt. Fortgesetzt v. 1883 bis 1897 durch Karl v. Hahn. Mit 1 Bildniß, 2 Uniformbildern u. 1 Plan der Schlacht v. Gravelotte-St. Privat. gr. 8. (XI, 404 S.) Berlin 899. E. S. Mittler & Sohn. n. 8. —; geb. n. 10. —

(—) — [Ausz.] Geschichte des Großherzoglich Hessischen Feld-Artillerie-Regiments Nr. 25 ⟨Großherzogliches Artilleriekorps⟩ 1790 bis 1890. Bearb. für d. Unteroffiziere u. Mannschaften. — Ebd. 1890. 122 S. 8°
1:Sk 2405. 17.
14.4556

— Geschichte des Großherzoglich Hessischen Gendarmeriekorps 1763–1905. — Darmstadt 1905: Hohmann. VI,200 S. 8°
1:Sk 2419. 4. 10. 14. 17. 26. 123.
14.4557

— Geschichte des 1. großherzoglich hessischen Infanterie-(Leibgarde-)Regiments No. 115, s.: Röder v. Diersburg, Carl Chrn. Frhr.

— Kurze Geschichte der hessischen Fahnen und Standarten. — Darmstadt 1896. 32 S. 8°
Erweitert aus: Quartalsblätter d. Historischen Vereins für d. Großherzogtum Hessen. N.F. 1. 1895. **17. 26. 30.**
14.4558

Beck, Fritz

— Geschichte der alten Hessen-Darmstädtischen Reiterregimenter bis zur Errichtung des 1. Großherzoglich Hessischen Dragoner-Regiments ⟨Garde-Dragoner-Regiment⟩ Nr. 23 ⟨1609–1790⟩. Auf Grund offizieller Aktenstücke entworfen u. zsgest. — Darmstadt: Schlapp 1910. 76 S. 8°
Aus: Archiv für hessische Geschichte u. Altertumskunde. N.F. 7. 1910.
1:Sk 2416. 12:38/309. 14. 15. 17. 26. 30. 34. 209.
14.4559

— [Bearb.] s. *Roeder* v. Diersburg, Karl Christian Frhr: Geschichte des 1. Großherzoglich Hessischen Infanterie-⟨Leibgarde-⟩ Regiments Nr. 115. 1621–1899. 1899.

Beck G.: *Heinrich Wilhelm Reichardt.* 1885. [Rostr. Saml.].

Beck, G.: Vaterländische Volksgeschichten im Gewande gemüthlicher Erzählungen. — Augsburg: Kollmann 1851. IV, 182 S. 8° **12:Paed.Pr. 308. 19.**
14.4560

Beck, G. L., De suctione fumi tabaci. Altd. 4°. 1745

Beck, Georg, Kunstmaler, 1854-1912. 1906
s. *Beck*, Georg Wolfgang.

Beck, G., Herm. **Ritter** u. Bernh. **Vornhecke,** Dichter u. Dichtung des Musikdramas Kunihild, s.: Schimmelbusch, E. W., im Geiste Richard Wagners.

Beck, Georg, Pfarrer, Berlin, geb. 1865. 1908: Geglaubt und erkannt. Predigten. — Gotha: F. E. Perthes [1908]. 127 S. 8° **1:Ec 28334. 101.**
14.4561

Beck, Georg Zur Methodik des mathematischen Unterrichts. 11 S. Progr. Rsch. *Coburg* 1878.

Beck, Georg. Verschuldungsfreiheit oder Schuldenfreiheit? Eine agrarpolitische Studie mit Berücksichtigung des Entwurfes eines Schweiz. Civilgesetzbuches. Sonderabzug aus der «Monatsschrift für christliche Sozialreform», Jahrg. 1905, No. 1, 2, 11 und 12. II + II + 52 S. 8. Luzern, Räber & Co., 1906. [fr. —.65]

Beck, Georg Friedrich Heinrich: Anleitung zur richtigen Aussprache des Englischen, nach den besten Orthoëpisten. Gotha: Verf.; Verl. Comptoir [in Komm.] [1844]. 59 S. 8° **39.**
14.4563

— Dissertatio de Orosii historici Fontibus et auctoritate, et altera De Antonii Raudensis aliquo opere inedito, cum Hilarii Carmine in natalem Machabaeorum matris. — Gothae: Hennings & Hopf 1834. 64 S. 8°
Zugleich Diss. Marburg 1832.
1:Bb 3662. 2. 3. 7. 10. 12:P. lat. ...0m. 14. 17. 21. 27. 28. 39. 78. 300:37.718-B. 302.
14.4564

Beck, Geo. Friedr. Heinr., Formenlehre d. franz. Sprache f. Anfänger, nebst einigen d. wichtigsten grammat. Regeln u. Leseübungen. 8. (9 B.) Gotha 841, (Becker'sche Brlsbuchh.)

— Paradigmen zur englischen Formenlehre für den ersten Unterricht in dieser Sprache. Gotha 843, Müller. 1/6 ℔

Beck, Georg Heinrich (Red.), s. Schul-Anzeiger für Oberfranken.

Beck, Georg Leonhard: Alt-Frankfurt. Dramatische Lebens-Bilder. — Frankfurt a. M.: Keller 1901. 159 S. 8° **1:Yb 11488. 8. 30.**
14.4566

— 1/4 [Ein Viertel] des Reichswaldes bei Norimberga. — Nürnberg: Knoll 1895. 45 S. 8° **12:P.o.germ.80ds. 29. 75.**
14.4567

Beck, Georg Simon: Erklärung der Verhältniß-Regel, Regel von drey oder Regel de tri, wie sie ausführbar angewendet und wie sie nicht hinreichend ausführbar angewendet werden kann. — Erlangen: Breuning 1812. 48 S. 8° **12:Math. P. 27.**
14.4568

— Erklär. d. Verhältnißregel, Regel de Tri, wie sie ausführbar angewendet u. nicht ausführbar angewendet werden kann. 8. Erlangen 812. (Heyder). 4 gr

Beck, Geo. Sim., († 182..) Reductionstabelle d. Nürnberg. u. Bayreuth. trocknen u. flüssigen Maaßes. 4. Erlang. 811. Palm. 3 gr Dies., d. Nürnb. u. Baier. Verhältnisses in Courant. 8. Ebd. 811. 1 gr

Beck, Georg Wilhelm s. *Beck*, Wilhelm. 1790.

Beck. Georg Wolfgang

Beck, Geo., Peiterla & Schwemmkniedla. Humoristische Dichtgn. in Nürnberger Mundart. 1. Folge. (IV, 166 S.) 8. Nürnberg (906). C. Koch. Kart. n. 1. 50

Beck, Georg Wolfgang: Peiterla & Schwemmkniedla. Humoristische Dichtungen in Nürnberger Mundart. Folge 1. Nürnberg: Koch (1906). 176 S. 8° **1:Yb 10266. 12:P. o. germ. 80dr. 29. 75.**
14.4570

Beck, Giuseppe s. *Beck*, Josef. 1835.

Beck, Gottfried
[—] Robert Seidel. Zu seinem 60. Geburtstag 23. November 1910. — Zürich: Füßli 1910. 15 S. 8° **300:478.371-B. 302.**
14.4574

Beck, Gottfried Carlot

Fest-Akt zur Feier des 25jährigen Maurerjubiläums des Br. Adolf Collischonn am 27. März 1889. Gedichtet von Gottfr. Carlot Beck. [Frankfurt a. M. 1889: Mahlau & Waldschmidt.] 2 Bl. 8° [Kopftit.]
Deklamation.

Johannisfestzeichnung 1872 von [Gottfr. Karlot] Beck. [Frankfurt a. M. 1872: Krebs-Schmitt.] 6 S. 8° [Kopftit.]
Abgedr. in: MitthF. (NF.) 9 (1872) S. 70—75
Üb. Johannes den Täufer als Vorbild für die Mr.

Maurerisches Wirken ausserhalb der Werkstätte. Zeichnung des [Br] Gottfr. Carlot Beck. Gemäss Logenbeschluss vom 25. Nov. 1874 gedr. Frankfurt a. M.: Mahlau & Waldschmidt 1874. 16 S. 8°
Üb. Lessing, Herder, Goethe, Fichte u. Börne in ihren mrischen Gesinnungen als Vorbilder der Mr.

Beck, Gottfried Christoph: Anweisung zur wahren Gemüths-Ruhe bey aller Wiederwärtigkeit. — Schneeberg: Fuld 1751. 324 S. 8° **28.**
14.4576

— Godofredi Christoph. Beckii De Donis mortuis haud offerendis ex Deut. XXVI, 14. commentatio philologica. — Lipsiae 1737: Langenheim. 16 S. 8°
Zugleich Diss. Leipzig 1737. 1: Bm 6750. 5. 9. 10. 12: 4° Diss. 2502-6. 15. 17. 18. 32. 39. 41. 45.
14.4577

— — Commentatiuncula de Donis mortuis haud offerendis ex Deut. XXVI,14. — Ebd. [1737]. 16 S. 8° 1: Dt 2487 [u.] 26 in Bd 8603-50. 12: 4° Diss. 389-37. 14. 17. 28.
14.4578

— Moralitatem gloriationis christianae ex Rom. V, 3. 11., II. Cor. XI, 17.18. ostendere insimulque ... Joanni Gottlob Brücknero ... eximiam mentis laetitiam comprobare debuit Godofr. Christophorus Beckius. — Lipsiae [1737]: Langenheim. XII S. 8° 10. 15.
14.4579

Beck, Gottlieb: Antidodel. Eine Antwort auf Professor Dodels Schrift 'Moses oder Darwin'. — Zürich: Höhr 1890. 58 S. 8° 28.
14.4580

— — 2. Aufl. Ebd. 1890. 58 S. 8° 83.
14.4581

Beck, Glieb., über die Haftscheibe der Echeneis remora. Inaugural-Dissertation. gr. 8. (36 S. m. 1 Steintaf.) Schaffhausen 879. (Bern, Huber & Co.) n. 1. 50

Beck, G[ottlieb]. Repetitorium der Anorganischen Chemie. 3. Aufl. 45 S. 8. Bern, Buchdr. des Berner Tagblatt, 1902. [fr. 1.20]

Beck, G[ottlieb]. Repetitorium der Anorganischen Chemie. 4. Aufl. 44 S. 8. Bern, Buchdr. des Berner Tagblatt, 1908. [fr. 1.—]
N 6230[26]

Beck, G.: Eine neue Route nach dem obern Niger und dem Sudan. Vortrag, gehalten in der Sitzung der Geographischen Gesellschaft in Bern am 25. November 1880. (S.A. 3. Jahresbericht der Geographischen Gesellschaft in Bern.)
Bern 1881. 21 S. 8°

Beck, G[ottlieb]. Ueber die anthropologische Untersuchung der Schulkinder mit besonderer Berücksichtigung der schweizerischen Erhebung. ⟨SA.⟩ 8. Bern 1880. A 692[1]

— Der Urmensch. Kritische Studie. — Basel: Geering 1899. 62 S. 8° 12: Anthr. 7 rf. 20. 30. 109.
14.4582

Beck, Gottlieb
Beck, G., s.: Vorarlberger, der junge.

(—) Der junge Vorarlberger. Vereins- u. Jugend-Liederbuch. — Bregenz: Teutsch in Komm. [1907]. 129 S. 8° 304.
14.4583

Beck, G[ottlieb]. Der obere Zambesi nach Dr. [David] Livingstone und Serpa Pinto. Vergleichende Studie. Mit zwei Karten. SA. 8. Bern 1882.

Beck, Gottlob: Predigt am Geburtsfeste Seiner Königlichen Hoheit des Großherzogs Ludwig von Baden, den 9. Februar 1821 gehalten. — Karlsruhe: Braun [1821]. 16 S. 8° 16. 25. 31.
14.4585

Beck, Guenter, Dr., Direktor d. Botanischen Gartens, Prag, geb. 1856. 1879 s. *Beck* v. Mannagetta, Guenter R[r].

Beck, Gustav

Beck's G., Almanach der ärztlichen Polytechnik. Eine Uebersicht der neuesten, der ärztl. Therapie und Diagnostik dienenden Instrumente, Apparate und Vorrichtungen. [Suppl. zu Dr. G. Beck's „Therapeut. Almanach".] 1. Jahrg. gr. 8. (IV, 96 S. mit 90 Holzschn. im Text.) [Leipzig] 877. Bern, Dalp'sche Buchh. *
Fortsetzung u. d. T.: Vierteljahrsschrift, illustr., für ärztl. Polytechnik.

— [Hrsg.] s. *Almanach*, Dr. G. Becks therapeutischer. 1877 ff. [Zeitschriften].

—— therapeutischer Almanach [Fortsetzung des „Recept-Almanach"], enth. ein Verzeichniss der neuesten Heilmittel und Heilmethoden etc. für pract. Aerzte. 4. Jahrg. 1877. 2. Aufl. gr. 16. (64 S.) Ebendas. (* ℳ 1,20.) *

—— dass. — 5. Jahrg. 1878. Des Taschenbuch's der neuesten Therapie 2. Bdchn. 1. Heft. 16. (78 S.) Ebendas. *
Register zum 1.—5. Jahrg. 1873—1877 *

— therapeutischer Almanach. 6. Jahrg. 1879. Des Taschenbuches der neuesten Therapie 2. Bdchn., 2. Hft. 16. (IV, 74 S.) Ebend. n. 1. 20

Beck's, G., therapeutischer Almanach. 7.—9. Jahrg. 1880—1882. Des Taschenbuchs der neuesten Therapie 2. Bdchn., 3.—5. Heft. 16. (VIII, 74; VI, 61; VI, 65 S.) Bern, [Dalp'sche Buchh.] Schmid, Francke und Comp. à Jahrg.

— dass. — 10. und 11. Jahrg. 1883 und 1884. Des Taschenbuchs der neuesten Therapie 3. Bdchn., 1. und 2. Heft. 16. (VIII, 76; VIII, 87 S.) Ebendas. à Jahrg.

Beck's, G., therapeutischer Almanach. 12.—14. Jahrg. 1885—1887. Des Taschenbuches der neuesten Therapie 3. Bdchn., 3.—5. Heft. 16. (VI, 82; VI, 82; VI, 93 S.) Bern, Schmid, Francke und Comp. à Jahrg. *

— dass. — 15. Jahrg. 1888. 1. und 2. Semester. 16. (IV, S. 1—60; S. 61—134.) Ebendas. à Semester *
compl. geb. in 1 Bd. *

Beck's, G., Therapeutischer Almanach. 16. Jahrg., 1889. 1. Semester. In-16°, 68 S. Bern, Schmid, Francke & Cie. 1888 1 25

Beck's, G. (I.), therapeutischer Almanach. 16. Jahrg. 1889. II. Sem.—20. Jahrg. 1893. I. Sem. 16. (VI, S. 69—137; IV, 126; VI, VI, 132; IV, VI, 125; IV, S. 1—60). Bern, Schmid, Francke u. Comp. à Sem. * 1 —

Beck's, G., therapeutischer Almanach. 21. Jahrg. 1894. I. u. II. Sem.-Hft. gr. 16. (XIV, 126 S.) Leipzig, Verl. d. Reichs-Medicinal-Anzeigers, B. Konegen. à n. 1. — (kplt. in 1 Bd. geb.: n. 2. 50)

Beck's, G, therapeut. Almanach. 22. Jahrg. 1895. II Sem.-Hfte. 16° (221) Lpzg, Verl. d. Reichs-Medicinal-Anz., B Konegen. à 1 — (kplt in 1 Bd geb.: 2.50)

— dass. Hrsg. v. Schill. 23. Jahrg. 1896. I. Sem. 16° (101) Ebd. 1 —

Beck's, G, therapeut. Almanach. Hrsg. v. Schill. 23. Jahrg. 1896. II. Sem. 16° (89—168) Lpzg, B Konegen. 1 — (Jahrg. 1896 kplt: 2 —; geb. 2.50)

— dass. 24—26. Jahrg. 1897—1899. à 2 Sem. 16° (238, 222 u. 246) Ebd. à Sem. 1 —; in je 1 Bd geb. 2.50 || 27. Jahrg. 1900. 2 Sem. (278) à 1.50; in 1 Bd geb. 3.50 || 28. Jahrg. 1901. 1. Sem. (150) 1.50

Beck, G[ustav]. Dr. Beck's [in Bern] Therapeutischer Almanach. Hrg. (seit 1893) von Oberstabsarzt Dr. [E] Schill in Dresden. Jahrg. 28, 1901. XVI + 282 [+ 12] S. 8. Leipzig, Benno Konegen, 1901. ([br.] M. 3. —, geb. M. 3. 50) —

Beck's, Gust., therapeut. Almanach. Hrsg. v. Schill. 29. Jahrg. 1902. I. u. 2. Sem. gr. 16. (XV, XVI u. 274 S.) Leipzig, B. Konegen. à n. 1. 50; geb. in 1 Bd. n. 3. 60

— dasselbe. 30. Jahrg. 1903. I. Sem. gr. 16. (XVI, 192 S.) Ebd. n. 1. 50

Beck's, Gust., therapeutischer Almanach. Hrsg. v. Schill. 30. Jahrg. 1903. II. Sem. (XXXII u. S. 193 bis 348.) gr. 16. Leipzig, B. Konegen. n. 1. 50 (Vollständig geb. in Leinw. n. 3. 60)

— dasselbe. 31.—33. Jahrg. 1904—1906. à 2 Sem.-Hefte. (1906: XIV, XXXII u. 374 S.) kl. 8. Ebd. à Sem.-Hft. n. 1. 50; (geb. in Leinw.-Bd. à Jhrg. n. 3. 60)

Beck's, Gust., therapeut. Almanach. Hrsg. v. Schill. 33. J.'06. II. Sem.-Heft. (32 u. 177—374.) kl8° Lpzg, B Konegen. 1.50 (Vollst.: 3 —; L. 3.60) || 34. J.'07. 2 Hefte. (28, 460) Je 1.50; in 1 L.-Bd 3.60 || 35. J.'08. 2 Hefte. (12, 23 u. 416) Je 2 —; in 1 L.-Bd 4.60

— dass. Hrsg. v. Otto Rigler. 36. J.'09. 2 Hefte. (16, 33, 340) kl8° Ebd. Je 2 —; in 1 L.-Bd 4.60 || 37. J. '10. I. Sem.-Heft. (19, 228) 2 —

Beck's, G, therapeut. Almanach. Hrsg. v. Fritz Walther u. Otto Rigler. 37. J. II. Sem.-Heft u. 38. u. 39. J. '11 u. '12 je 2 Sem.-Hefte. (40, 229—550; 5, 36, 404; 50, 464) kl8° Lpzg, B Konegen. d. Heft 2 —; d. J. L 4.60 || 40. J. '13. I. Sem.-Heft. (10, 270) 2.50

[Beck, Gustav.] Ansichten und Gedanken eines alten Freidenkers über Prof. Häckels Buch «Die Welträtsel». Von Justus Vitalis. *2 Artikel.* 4.

In: Der Freidenker. Organ des Deutschen Freidenkerbundes. Jahrg. 9, 1901. Nr. 19 *u.* 21, Oktober 1 *u.* November 1. Charlottenburg (Dr. Rudolf Penzig). S. 150—152 *u.* 165—167.

— Die Bergpredigt. Übersichtliche Vergleichung mit verwandten Stellen d. übrigen Evangelien u. Kritik derselben vom modernen Standpunkt. Bearb. von einem Nicht-Theologen. Justus Vitalis [d.i. Gustav Beck]. — Frankfurt a.M. 1902. 69 S. 8° (Flugschriften d. Neuen Frankfurter Verlags. 8.) 12:H. misc. 104c-8. 26. 38. 79.
14.4587

Beck, Gust.: Die Ergebn. d. zeitl. abgemessenen Beschränkg d. Freiheitsstrafen in ihrer Anwendg auf vorbestrafte Rechtsbrecher, unter bes. Berücks. d. jugendl. Rechtsbrecher. Kriminalpolit. Studie in statist. Beleuchtg. [Erweit. SA a.: „Ztschr. f. schweiz. Statistik".] (165—208) Lex8° Bern, (A Francke) '12. nn 3 —

Beck, G. (Hrsg.), s. Fortschritte der Krankenpflege.

— Zur Frage der unentgeltlichen Krankenpflege. Negationen u. Positionen. — Bern: Schmid, Francke & Co. 1894. 62 S. 8° (Diskussionsfragen. 1.)
12:Pol. civ. 10v. 38M. 106.
14.4589

Beck, Gust[av]. Gedanken eines Arztes über Sträflings-Diagnostik und Sträflings-Therapie. Von Dr. med. Gust. B' in Bern. Sonderabdruck aus den Blättern für Gefängniskunde [Band 38]. II + 28 S. 8. [Cassel, G. Weiss, 1904.]

— Gedanken e. Arztes üb. Sträflings-Diagnostik u. Sträflings-Therapie. (28 S.) 8. Bern (905). (A. Francke.) n. — 40
Sonderabdruck aus: „Blätter f. Gefängniskde."

Beck, Gust., das Institut der Vormundschaft in seiner Beziehung zur Generalprävention der Kriminalität. (16 S.) gr. 8. Bern 908. A. Francke. — 50

— s.: Medizinal-Jahr- u. Adressbuch, schweizer.

Beck, G. (Hrsg.), Monatsschrift, Illustrirte, der ärztlichen Polytechnik.

— über den Nutzen öffentlicher Krankenmobilien-Magazine. [Aus: „Illustr. Monatsschr. d. ärztl. Polytechnik".] gr. 8. (8 S.) Ebend. 885. n. — 25

Beck, Gustav: Zur Pathogenese des Brandes. Bern 1857.

—— Recept-Almanach [Fortsetzung des „kleinen Recept-Almanach"], enth. ein Verzeichniss der neuesten Heilmittel und Heilmethoden, Apparate etc. für prakt. Aerzte. Jahrg. 1875 und 1876. 16. (62; 80 S.) [Zürich, Zürcher und Furrer.] Bern, Dalp'sche Buchh. à Jahrg. (* ℳ 1,20.) *

— s.: Rundschau, illustrirte, der medicinisch-chirurgischen Technik.

Beck, Gustav (Hrsg.), s. Sprechsaal, Berner.

—— Taschenbuch der neuesten Therapie. Eine Sammlung der bisher erschienenen Jahrgänge von Beck's Therapeut. Almanach, verbunden mit einem vollständ. Gesammt-Materienregister für Aerzte und Pharmaceuten. Enthaltend: Jahrg. 1873—1877. 16. Ebendas. 878. *

Beck, G. (Dr.) Taschenbuch der neuesten Therapie. II. Bd. gebd. Bern, J. Dalp. 1 8 8 2 5 —

Beck, G. (Hrsg.), s. Vierteljahrsschrift der ärztlichen Polytechnik.

Beck, H., Dr. phil., Pfarrer, Braunschweig, geb. 1865. 1905
s. *Beck*, Henry.

Beck, H., Oberkonsistorialrat, Bayreuth, 1848-1919. 1876
s. *Beck*, Hermann.

Beck, H., Dr. med., Arzt. 1890: Des Grafen Leo Tolstoi Kreutzersonate vom Standpunkt des Irrenarztes. 2. Aufl. Leipzig: Rauert & Rocco 1890. 50 S. 8° 1:Zn 12802/82.
14.4594

Beck, H. (II.). Des Grafen Leo Tolstoi Kreutzersonate vom Standpunkte d. Irrenarztes. 3. Aufl. gr. 8. (50 S.) Lpz. 890, Rauert u. Rocco. * 1 —

—— 4. Aufl. Ebd. 1890. 50 S. 8° 79.
14.4596

Beck, H., Des Grafen Leo Tolstoi Kreutzersonate v. Standpunkte d. Irrenarztes. Neue [Titel-]Ausg. 8. (50 S.) Leipzig (890) 898. H. W. Th. Dieter. n. — 60

Beck, H. C. J., s. Beck, Hermann

Beck, H. L. D., Annotationes in aliquot locos commentariorum Caesaris de bell. gall. Pr. 1863. 10 S. 4°.

Beck, [Hans]: Ueber einige physikalische Begriffe. *Dortmund 1902: E. Herfort.* (6 Bl.) 8°
Dortmund, OR (i. E.), OP 1902 (422)

Beck, Hans: Beiträge zur Kenntnis der Metalle der Cergruppe. 1907. 59 S. 8°
¶ Vgl. J. Liebig's Annalen d. Chemie. Bd 331. 1904.
München, Dr.-Ing.-Diss. v. 31. 12. 1906

Beck, Hans [app. Arzt aus Windsbach]: Über einen Fall von Sarkom der obern Lymphdrüsen des Halses . . . München, Buchdr. v. M. Ernst, 1892; 24 S. 8.
München, Med. Fak., Inaug.-Diss. v. 1892

Beck, Hans, a. Hannover: Die Strahlenketten im hyperbolischen Raum. Hannover 1905: W. Riemschneider. (55 S.) 8°
Bonn, Phil. Fak., Ref. Study, Diss. v. 6. Dez. 1905
[Geb. 16. Aug. 76 Altzarrendorf bei Elmenhorst, Pommern; Wohnort: Hannover; Staatsangeh.: Preußen; Vorbildung: Gymn. Greifswald Reife O. 95; Studium: Greifswald 7 S.; Rig. 18. Jan. 05.]

Beck, Heinrich, Oberlehrer, Berlin. 1872: Aufgaben eines Unterrichtsgesetzes betreffend Verwaltung, Beaufsichtigung und Förderung der Bildungsanstalten durch die Eltern, Gemeinden, Kirchen und den Staat. — Berlin: Henschel 1872. 105 S. 8° (Zur Schulreform. 2.)
1:Ne 1888-2. 11. 12:Paed. Th. 5288-2. 17. 106. 207.
14.4630

Beck, H., Aufgaben e. Unterrichtsgesetzes betr. Verwaltg., Beaufsichtigg. u. Förderg. der Bildungsanstalten durch Eltern, Gemeinden, Kirchen u. den Staat. 8. (III, 105 S.) Berlin 872. München, Th. Ackermann. n. 1. 50

— Betrachtungen über die landläufigen Vorwürfe gegen die Realschulen. — Berlin: Gülker 1874. 63 S. 8°
Aus: Central-Organ für d. Interessen d. Realschulwesens. 2. 1874.
12:Paed. Th. 351.
14.4631

Beck, Heinr.: Die Blitzlicht-Photogr., 4. Afl. d. Werkes v. Herm. Schnauss, s: Bücherschatz, Photographischer.

— Das Kamäleon [Chamäleon]. Lustspiel. — Frankfurt a.M.: Eßlinger 1803. 177 S. 8° (Beck: Theater.)
In einigen Exemplaren fehlt d. Titel d. Sammlung.
1:an Ys 41. 12:P. o. germ. 80 k. 17. 30. 31. 41. 42. 180. 300:2441-A [u.] 18.652 A.
14.4605

Beck, Heinrich
Beck, Henr., de Ciri. Dissertatio philologica. gr. 8. (38 S.) Coburg 869, Riemann'sche Hofbuchh. *

Beck, Heinrich [Prof. Dr.]: Coburgische Dichter aus der Zeit des Herzogs Casimir. Coburg, Druck d. Dietz'schen Hofbuchdr. (1889); S. 3—10; 4°
Coburg, G Casimirianum, OP 1889 (660)

Beck, Heinrich. Einwirkung von Mikroorganismen auf einige chemische Normallösungen. Diss. Phil. [II.] Univ. Zürich. *Kopftitel:* Aus dem bakteriol. Laboratorium des eidgenöss. Polytechnikums Zürich. — [Separatabdruck aus: Centralblatt für Bakteriologie.... Abteilung I. Originale. Band 32.] 20 S. 8. Jena, Gustav Fischer, 1902.
V Zür

— Entwurf einer Denkschrift zur Klärung der Meinungen über Ursache, Bedeutung und Tragweite der Realschulfrage. — (Berlin [1873].) 20 S. 8°
Aus: Central-Organ für d. Interessen d. Realschulwesens. 1. 1873.
S. 207.
14.4632

— Entwurf eines Unterrichtsgesetzes für Preußen, ausgehend von d. Grundsatze d. Selbstverwaltung u. unter Berücks. d. Städte-, Kreis- u. Provinzial-Ordnung. — Leipzig: Siegismund & Volkening 1876. 59 S. 8° [(Pädagogische Sammelmappe. 1,7.)]
1:Nc 3844-7 [u.] 10 in 4° Ay 5010. 17. 29. 38. 79. 82. 123. 203. 207. 208. 302.
14.4634

Beck, Heinrich, Dr., Schulrat, Gymnasialdirektor, Coburg. 1905: Festschrift zur Feier des dreihundertjährigen Bestehens des Gymnasium Casimirianum in Coburg 1605—1905. Mitteilungen aus d. Geschichte d. Gymnasiums. — Coburg [1905]: Dornheim. 251 S. 8° 12:H.lit.P.414rt.
14. 16. 25. 26. 29. 38. 39. 41. 79. 207.
14.4639

Beck: Festschrift z. Feier d. 300jähr. Bestehens d. Gymnasium Casimirianum in Coburg 1605—1905. Mitteilgn a. d. Gesch. d. Gymnasiums. (251 m. 1 Taf.) 8° Cobg, (E Riemann) ('06). 2 — d

Beck, Heinrich
Beck, H., kurzgefaßte lateinische Formenlehre. [Aus d. Verf. Uebungsbuch f. Sexta.] Berlin 869. Stubenrauch. gr. 8. (92 S.) n. 8 *ngr.*

Beck, H., kurzgefaßte lateinische Formenlehre, bearb. von W. Haag. 7. und 8. verb. Aufl. gr. 8. (100 S.) Berlin 881,84, Stubenrauch'sche Buchh.

Beck, H. (I.). Lateinische Formenlehre f. höhere Lehranstalten, besonders f. Realgymnasien, bearb. v. W. Haag. 10. Aufl. gr. 8. (VI, 100 S.) Bielef. 889, Velhagen u. Klasing. * — 80

Beck, H., lateinische Formenlehre f. höhere Lehranstalten, besonders f. Realgymnasien. Bearb. v. W. Haag. 11. Aufl. gr. 8. (VIII, 108 S.) Bielefeld 891. Velhagen & Klasing. n. — 80

Beck, H., latein. Formenlehre f. höh. Lehranst., bearb. v. W. Haag. 12. Aufl. gr. 8. (VII, 108 S.) Bielefeld 895. Velhagen & Klasing. n. — 80

Beck, H., lateinische Formenlehre f. höhere Lehranstalten. Bearb. v. W. Haag. 13. Aufl. gr. 8. (VIII, 108 S.) Bielefeld 902. Velhagen & Klasing. n. — 80

— Fort mit der Bureaukratie aus der Schule! Vorschläge zur Verwirklichung d. Selbstverwaltung, mit bes. Beziehung auf Berlin. — Berlin: Gülker 1873. 20 S. 8°
1:21 in Nc 2831. 207.
14.4635

—— Fort mit der Büreaukratie aus der Schule. Vorschläge zur Verwirklichung der Selbstverwaltung mit besond. Beziehung auf Berlin. gr. 8. (20 S.) Berlin 874, Gülker und Comp. *

— Der Geheimnißvolle, ein leicht aufzuführendes Lustspiel. Von J. Beck. — Wien: Mößle 1796. 75 S. 8°
31. 300:2131-A.
14.4606

Beck, Heinr., u. Herm. Vetters, zur Geologie der kleinen Karpathen. Eine stratigraphisch-tekton. Studie. Mit 1 geolog. Karte, 2 Profiltaf. u. 40 Textfig. (106 S.) Imp. 4. Wien 904. W. Braumüller. n. 12. —
Sonderabdruck aus: „Beiträge z. Paläontologie u. Geologie."

—— kleine lateinische Grammatik. Zunächst für Real- und höhere Bürgerschulen. Vorausgeschickt sind: Vorschläge zur Concentration des latein. Unterrichts auf Realschulen. gr. 8. (XVI, 160 S.) Berlin 870, Stubenrauch. *

—— kleine lateinische Grammatik zunächst für Real- und höhere Bürgerschulen. 2. und 3. Aufl. gr. 8. (164 S.) Berlin 878,76, Stubenrauch. *

— kleine lateinische Grammatik zunächst f. Real- u. höhere Bürgerschulen, bearb. v. W. Haag. 4. Aufl. gr. 8. (172 S.) Berlin 881. Stubenrauch. n. 1. 60

Beck, H., lateinische Grammatik für höhere Lehranstalten, besonders für Realgymnasien, bearb. von W. Haag. 5. Aufl. gr. 8. (VI, 173 S.) Berlin 886, Stubenrauch'sche Buchh. *

—— Lateinische Grammatik f. höhere Lehranstalten, besonders f. Realgymnasien. Bearb. v. W. Haag. 6. Aufl. gr. 8. (IV, 176 S.) Ebd. 890. * 1 50

[F.] Lateinische Grammatik für höhere Lehranstalten, bes. f. Realgymn., v. Dr. H[einrich] Beck, weil. Oberl. ... zu Berlin, bearb. v. Prof. Dr. W[ilhelm] Haag, Oberl. am Friedrichs-Realgymn. 8. Aufl. *Bielefeld & Leipzig: Velhagen & Klasing 1897.* (IV, 187 S.) 1 Bd 8. 98 1247

— Das Herz behält seine Rechte. Schauspiel. — Berlin: Decker 1788. 117 S. 8°
Die Schrift ist eine freie Bearbeitung von: Kelly, Hugh: False Delicacy.
1:3 in Yp 5064. 2. 3. 7. 12:P. o. germ. 80 gr. 17. 18. 31. 33. 35. 42. 109. 180. 300:624.937-A. Th.
14.4607

— das Herz behält seine Rechte. Schspl. 8. Berl. 788. Mettmann. 12 gr.

—— Wien 1788: Jahn. 88 S. 8°
30. 300:5 in 440.778-A. 106 [u.ö.]
14.4608

— hoch die Realschule. Zur Klärg. der Meingn. üb. Ursache, Bedeutg. u. Tragweite der Realschulfrage. Für Eltern, Gemeinden u. Fachmänner. gr. 8. (20 S.) Bielefeld 874. Gülker & Co. n. — 50

Beck, Heinr., zur Kenntniss der Entstehung der Herzruptur und des chronischen partiellen Herzaneurysma. Inaugural-Dissertation. gr. 8. (35 S.) Tübingen 886, (Fues.) †

Beck, Heinrich: Homiletische Lektionen...,
s. Beck, Hermann

—— Lohn der Liebe. Schauspiel. Leipzig: Bornschein 1799. 152 S. 8°
12:P. o. germ. 80 ib/1. 15. 34. 109. 300:18.653-A.
14.4628

Beck, Heinrich, Dir. Schulrat Dr.: [Der frühere Direktor des Gymnasiums, Oberschulrat Dr. Heinrich Muther, gest. am 22. Juli 1900.] *Coburg (1901): E. Dorn.* (S. 20—21.) 4° [F.]
Coburg, G Casimirianum, OP 1901 (760)

[—] Die Quälgeister. Lustspiel. — Wien: Wallishausser 1794. 109 S. 8° 302.
14.4609

—— Frankfurt a.M.: Eßlinger 1801 (1802). 147 [vielm. 167] S. 8° (Beck: Theater.)
In einigen Exemplaren fehlt d. Titel d. Sammlung.
1:Ys 41 [u.] 4 in Yp 5318-1. 7. 17. 19. 30. 32. 41. 52. 107. 180. 300:18.652 A.
14.4610

—— o.O. 1806. 118 S. 8° 1:Ys 42. 17.
14.4611

— — Die Quälgeister. Lustspiel von Heinrich Beck. Der neun und zwanzigste Februar. Trauerspiel von Adolph Müllner. — Wien: Schade 1826. 166 S. 8° (Deutsche Schaubühne seit Lessing u. Schröder. 24.)
5. 12: P. o. germ. 1259 m-24. 15. 32.
300: • 69 E 163. Bd 24 [u. ö.] 302. 307. 308.
14.4612

Beck, Heinrich: Q u a e s t i o n e s aeschyleae. 14 S. Progr. G. Coburg 1877.

— Die erwünschte Rekrutirung. Lustspiel. Von J. Beck. Wien: Mößle 1797. 51 S. 8° 300: 3302-A [u. ö.]
14.4613

— — Ebd. 1797. 55 S. 8° 20. 300: 4 in 440.778-A. 255.
14.4614

— Rettung für Rettung. Original-Schauspiel. — Frankfurt a. M.: Eßlinger 1801 (1802). 152 S. 8° (Beck: Theater.)
In einigen Exemplaren fehlt d. Titel d. Sammlung.
1: Ys 44. 8. 12: P. o. germ. 80 ib. 17. 30. 31. 180.
300: 18.652-A. 308.
14.4615

— — Wien: Wallishausser 1803. 100 S. 8° 14. 300: 3423-A.
14.4616

[—] — Die Schachfigur, oder: Der Sonderling. Lustspiel nach d. Engl. — Leipzig: Köhler 1797. 124 S. 8° 17. 18.
14.4618

Beck, Heinrich

[—] Die Schachmaschine oder Geniestreich über Geniestreich. Lustspiel nach d. Engl. — Leipzig 1797. 134 S. 8° 1: Ys 30. 18. 39. 300: 9931-A.
14.4617

[—] — Die Schach-Maschine. Lustspiel nach d. Engl. frey bearb. — Wien: Wallishausser 1797. 108 S. 8°
31. 300: 2 in 624.939-A. Th.
14.4619

— die Schachmaschine. Lstspl. in 4 A. 8. Berl. 793. (Herbig). 10 ℳ

Die Schachmaschine. Lstsp. in vier Aufzügen. Nach dem Englischen frey bearbeitet von Heinrich Beck, Schauspieler des Churfürstlichen National-Theater zu Mannheim. Rechtmäßige Auflage. Berlin, 1798. Bey J. F. Unger. 8°.

[—] — Wien: Wallishaußer 1798. 102 S. 8°
300: 1913 A [u. ö.]
14.4621

— — Die Schachmaschine. Lustspiel von Heinrich Beck. Die unterbrochene Whistpartie, oder: Der Strohmann. Lustspiel von Carl Schall. — Wien: Schade 1826. 186 S. 8° (Deutsche Schaubühne seit Lessing u. Schröder. 27.)
5. 12: P. o. germ. 1259 m-27. 14. 15. 300: • 69 E 163.
Bd 27 [u. ö.] 302. 307.
14.4622

Beck: Die Schule in Wechselwirkung mit dem Leben. 34 S. Progr. Berlin Fr. R. 1871.

— Die Schule in Wechselwirkung mit dem Leben. Blicke in d. Vergangenheit, Gegenwart u. Zukunft deutscher Schulen. — Berlin: Henschel 1872. 279 S. 8° [(Zur Schulreform. 1.)]
1: Nc 1888-1. 11. 12: Paed. Th. 5288-1. 35. 41. 106.
207. 302.
14.4636

—— die Schule in Wechselwirkung mit dem Leben. Blicke in die Vergangenheit, Gegenwart und Zukunft der Schulen. 8. (III, 279 S.) Berlin 872, Henschel. [München, Th. Ackermann.] *

Beck, Heinrich, Schauspieler u. Bühnendichter, Gotha, später Mannheim, 1760-1803. 1788: [Teils.] Theater. Bd 1. — Frankfurt a. M.: Eßlinger 1803. 152, 147, 177 S. 8°
1. Rettung für Rettung. Die Quälgeister. Das Kamäleon.
Sondert.: 1. Die Quälgeister. Lustspiel. 1801.
Sondert.: 2. Das Kamäleon. Lustspiel. 1803.
7. 39. 44. 180.
14.4604

—— lateinisches Uebungsbuch für Gymnasien, Real- und höhere Bürgerschulen mit besond. Berücksicht. der Realschulen und im Anschluß an eine kurzgefaßte latein. Formenlehre. Abthl. für Sexta. 1. Aufl. (VI, 146 S.) 1868, und 2. Aufl. gr. 8. (100 S.) Berlin 872, Stubenrauch. *

—— dass. — Abthl. für Quinta. gr. 8. (IV, 95 S.) Ebendas. 868. *

—— lateinisches Uebungsbuch für Gymnasien, Real- und Höhere Bürgerschulen mit besond. Berücksicht. der Realschulen und im Anschluß an eine kurzgefaßte latein. Formenlehre, bearb. von W. Haag. 7 Curse. gr. 8. Berlin, Stubenrauch. *
Inhalt:
Abthl. 1. 2. für Sexta. 3.—5. Aufl. (IV, 52 S.) 873—79. * 60 Pf.; mit kurzgefaßter latein. Formenlehre, 6. verb. Aufl. (100 S.) * ℳ 1,40.; Formenlehre allein * 80 Pf.
" 3. 4. für Quinta. 2. Aufl. 872. * ℳ 1.
" 5. für Quarta. 3. und 4. Aufl. (VIII, 94 und deutsch-latein. Wörterverzeichnis 32 S.) 875—79. * ℳ 1.; Wörterverzeichnis allein * 20 Pf.
" 6. 7. für Tertia und Secunda der Real- und höheren Bürgerschulen, Tertia der Gymnasien. 2. und 3. verb. Aufl. (VIII, 164 S.) 873, 76. * ℳ 1,50.

Beck, H., lateinisches Uebungsbuch f. Gymnasien, Real- u. Höhere Bürgerschulen m. besond. Berücksicht. der Realschulen u. im Anschluß an eine kurzgefaßte latein. Formenlehre, bearb. v. W. Haag. 1—7. Curs. gr. 8. Berlin 879. 80. Stubenrauch. n. 4. 10
1. 2. Abtheilung f. Sexta. 5. Aufl. (IV, 52 S.) n. — 60; m. kurzgefaßter latein. Formenlehre, 6. verb. Aufl. (100 S.) n. 1. 40, Formenlehre ap. n. — 80
3. 4. Abtheilung f. Quinta. 4. Aufl. (IV, 134 S.) n. 1. —
5. Abtheilung f. Quarta. 4. Aufl. (VIII, 94 u. deutsch-latein. Wörterverzeichnis 32 S.) n. 1. —; Wörterverzeichnis ap. n. — 20

—— lateinisches Übungsbuch für Gymnasien und Realgymnasien mit besond. Berücksicht. der Realgymnasien und im Anschluß an die latein. Formenlehre, bearb. von W. Haag. 1.—7. Kursus. gr. 8. Ebendas.
Inhalt:
Kursus 1. 2. Abteilung für Sexta. 6. Aufl. (56 S.) 883. * 60 Pf.
" 3. 4. Abteilung für Quinta. 3. und 4. Aufl. (IV, 134 S.) 876, 80. * ℳ 1.
" 5. Abteilung für Quarta. (VIII, 134 S.) 885. * ℳ 1.
" 6. 7. Abteilung für Tertia und Sekunda der Realgymnasien, Tertia der Gymnasien. 4. verb. und verm. Aufl. (VIII, 175 S.) 883. * ℳ 1,50.

—— lateinisches Übungsbuch für Gymnasien und Realgymnasien mit besond. Berücksicht. der Realgymnasien, bearb. von W. Haag. [3. und 4. Kurs.] Abtl. für Quinta. 5. Aufl. gr. 8. (IV, 108 S., Wörterverzeichnis 36 S.) Ebendas. 886. *

— lateinisches Übungsbuch im Anschluß an die lateinische Formenlehre, neu bearb. v. W. Haag. Abteilung f. Sexta. 8., verb. Aufl. gr. 8. (101 S.) Ebd. 892. n. — 80; m. Formenlehre n. 1. 60

— dasselbe. Abtlg. f. Quinta. 6., verb. Aufl. gr. 8. (IV, 134 S.) Ebd. 893. n. 1. —

Lateinisches Übungsbuch im Anschl. an d. latein. Formenlehre von Dr. H[einrich] Beck, weil. Oberlehrer, Berlin, neu bearb. von Prof. Dr. W[ilhelm] Haag, Oberlehrer. 9. Aufl. [1.] *Bielefeld & Leipzig: Velhagen & Klasing 1900.* 8° [J.]
[01. 2676

Beck, Heinrich

—— Uebungsbuch zum Uebersetzen aus dem Deutschen ins Lateinische besonders für Real- und höhere Bürgerschulen. Abthl. für Quarta. 1. Aufl. (VIII, 104 S.) 1868, und 2. Aufl. gr. 8. (VIII, 92 S.) Berlin 872, Stubenrauch. *

— — Abth. für Quinta. Ebend. 868. gr. 8. (IV, 95 S.) n. 8 *ngr.*

—— Uebungsb. z. Uebers. a. d. Deut. ins Latein. Abth. f. Sexta. 8. (146) Ebd. 68. *n.* — $12^1/_2$ || Abth. f. Quinta. (95) *n.* — 8 || Abth. f. Quarta. (104) *n.* — 8 || Abth. f. Tertia u. Secunda. (167) 69. *n.* — 15

—— Ubungsbuch z. Übersetzen a. d. Deutschen ins Lat. Bearb. v. W Haag. [6. u. 7. [Kurs.] Abtlg f. Tertia u. Sekunda d. Realgymnasien u. Tertia d. Gymnasien. 4. Afl. 8. (175) Ebd. 83. *n.* 1. 50

Beck, H., Übungsbuch zum Übersetzen aus dem Deutschen ins Lateinische, besonders für Realgymnasien, bearb. von W. Haag. [5. Kurs.] Abtl. für Quarta. 5. Aufl. gr. 8. (VIII, 99 S., Wörterverzeichnis 35 S.) Berlin 885, Stubenrauch'sche Buchh. *

—— Übungsbuch zum Übersetzen aus dem Deutschen ins Lateinische, besonders f. Realgymnasien, bearb. v. W. Haag. [5. Kurs.] Abteil. f. Quarta. 6. Aufl. gr. 8. (VIII, 101 u. Wörterverzeichnis 36 S.) Ebd. 889. * 1 —

—— dass. — [6. u. 7. Kurs.] Abtl. f. Tertia u. Sekunda der Realgymnasien, Tertia der Gymnasien. 6. Aufl. gr. 8. (VIII, 180 S.) Ebd. 890. * 1 50

—— dass. — Wörterverzeichniß dazu. gr. 8. (36 S.) Ebd. 890. * — 20

— Übungsbuch z. Übersetzen a. d. Deutschen ins Lateinische, bearb. v. W. Haag. (3. Kurs.) Abtlg. f. Quarta. 7., verb. Aufl. gr. 8. (VIII, 152 S.) Ebd. 894. Geb. n. 1. 60

— dasselbe. (4. Kurs.) Abtlg. f. Tertia. 7. Aufl. gr. 8. (VIII, 224 S.) Ebd. 896. Geb. n. 2. —

— lateinische Übungsbücher, deutsch-lateinisches Wörterverzeichnis dazu, s.: Haag, W.

Beck, Heinrich, Dr. iur., Bürgermeister, Frankenberg, später sächsischer Staatsminister, geb. 1854. 1890: Die rechtlichen Verhältnisse zwischen benachbarten Grundstücken gegenüber genehmigungspflichtigen Gewerbeanlagen. — Leipzig: Roßberg 1890. VI,66 S. 8°
1:Gm 8500. **15. 28. 106. 203. 208.**
14.4638

— Verirrung ohne Laster. Schauspiel. — o.O. 1793. 128 S. 8°
Die Schrift ist eine Dramatisierung von: Fielding, Henry: The History of Tom Jones. **17. 180. 308.**
14.4626

—— Prag [usw.]: Albrecht 1793. VIII,152 S. 8°
12:P.o.germ.80h. **18. 30. 42. 109. 117.**
300:5318-A[u.ö.]
14.4627

— Verirrung ohne Laster. Schsp. 8. Prag 793. (Hinrichs in Leipz.) 10 gl. dass. 8. Hamb. 804. (Herold jun.) 12 gl.

—— Verirrung ohne Laster. Schauspiel. 2., verb. Aufl. Hamburg [usw.]: Vollmer 1804. 152 S. 8°
1: Ys 40². **8. 300**:4 in 392.620-A. 282.
14.4620

(**Beck,** Heinrich, Direktor Dr.:) Verzeichnis der Lehrer des Gymnasiums von der Gründung an. Coburg 1907: R. Dornheim. (S. 3—13.) 4° [F.]
Coburg, G Casimirianum OP 1907 (877)

—— lateinisch-deutsches Vocabular. Sachlich und etymologisch geordnet. Mit Gegenüberstellung der betr. französ. und engl. Umbildungen von Alb. Benecke. Für höhere Lehranstalten, besonders für Real- und höhere Bürgerschulen. gr. 8. (XII, 168 S.) Berlin 868, Stubenrauch. *

— lateinisch-deutsches Vocabular. Sachlich u. etymologisch geordnet. Mit Gegenüberstellg. der betr. französ. u. engl. Umbildgn. v. Alb. Benecke. Für höhere Lehranstalten. 2. erweit. Aufl. gr. 8. (XX, 204 S.) Ebend. 875. n. 2. —

— Was können und sollen Gewerbe, Ackerbau und Handel zu ihrer Hebung von der Schule verlangen? — Berlin: Heymann 1877. 56 S. 8° (Schriften zur Belehrung für Gewerbe u. Industrie. 1.) 1:13 in Nc 2835.
5. 25. 30. 79. 82. 83. 106. 203. 207. 302.
14.4637

Beck, Heinrich, Dir. Schulr. Dr.: [Oberschulrat Dr. Karl Julius Weismann, der frühere Direktor des Gymnasiums, gestorben am 22. Februar 1900.] *Coburg (1900): Dietz.* (S. 29—30.) 4° [F.]
Coburg, G Casimirianum, OP 1900 (753)

Beck, Heinrich Christian: Adreßbuch der Stadt Schweinfurt. Mit vorausgeschickter Darstellung d. Hauptmomente ihrer Geschichte u. einer Übersicht d. Sehenswürdigkeiten d. Stadt. — Schweinfurt: [Wetzstein] 1846. VII,161 S. 8° 12:Bavar.211m. **18. 20. 22.**
14.4653

—— Chronik der Stadt Schweinfurt. Bd 1,Abth. 1.2. 2,Abth. 1-3. — Schweinfurt: Wetzstein 1836-41. 8°
1:Sg 6820. **7. 9. 12**:4° Bavar. 220 [2 Ex.] **14. 15. 16. 19. 20. 22. 29. 34. 35. 46. 209.**
14.4655

— Predigt über 1.Chron.18,12. am festlichen Tage der Wiedereröffnung der unteren Pfarrkirche zu St. Kilian zu Markt-Bergel. 2. Aufl. — Schweinfurt: Wetzstein 1837. 16 S. 8° **12**:Hom.1796-4.
14.4656

Beck, Heinr. Christ., zwei Predigten, bei d. aus Veranlassung d. ruhmvoll. Thronbesteig. Sr. Maj. d. Königs Otto v. Griechenland am 25. Dez. 1832 u. am 28. April 1833 in d. Hauptkirche zu St. Johannes in Schweinfurt stattgehabten feierlichen Gottesdiensten gehalten. gr. 8. (1½ B.) Sulzbach, v. Seidel.

—— M. Johannes Sutellius Reformator u. erster Superintendent der Kirchen zu Göttingen u. Schweinfurt, Superint. zu Allendorf u. Nordheim nach gedruckt. u. ungedruckten Quellen. Ein Beitr. zur Reformationsgeschichte zugl. Festschrift z. 300jähr. Jubelfeier zu Schweinfurt am 20. Mai 1842. 8. (12 B. u. 2 Stnt.) Schweinfurt 842, Wetzstein.

—— der deutsche Weinbau. Prakt. erprobte Anleit. zu einer rationellen, einen sichern u. reichlichen Traubenertrag verbürgenden Kultur d. Weinstockes am Hause, im Garten u. auf dem Weinberge rc. 8. (9 B.) Leipzig 843, Baumgärtners Buchh.

— 'Die Zeit ist kurz!' Predigt über 1. Korinther 7,29. am letzten Abende des Jahres 1840 gehalten in der Hauptkirche zu St. Johannis zu Schweinfurt. — Schweinfurt: Wetzstein 1841. 16 S, 8° **12**:Hom.1796-3. **20.**
14.4660

— Heinr. Jacob Wilh. (Sobernheim), De ovariorum degeneratione. Diss. pathol.-med. Bln. (Jordan) 20. XII. 1830, 30 S. mit Biogr. (M.: J. Schmitt.) (3.50) 1632
Oppon.: C. Dolnet, H. Thienemann, E. Lange. — Gew.: Stanisl. Schmitt.

Beck, Heinrich Johann Karl: Festgedicht zur Feier der Kranzweihe am Hause der Schiffbauer am 9. Juli 1859. — [Hamburg 1859.] 2 Bl. 8° **18.**
14.4661

Beck, Henri

Beck, H. Acropolis von Athen. (17 Blatt Photographien.) Athen. Fol.

Beck, Henri: Vues d'Athènes et de ses monuments. Photographies d'après nature. — Berlin [usw.]: Asher 1868. 52 Taf. quer-2°
Eine abweichende Ausgabe, über die nähere Angaben nicht zu ermitteln sind, ist in 88 vorhanden.
12:2° Arch.34m. **24.**
14.4662

Beck, Henry: Festspiel zur Feier der Grundsteinlegung der St. Jakobikirche in Braunschweig am 27. Juni 1909. — (Braunschweig: Neumeyer 1909.) 16 S. 8°
Nebent.: Beck: Religion u. Kunst als Schwestern. **23.**
14.4665

Beck, Henry, Pastor an St. Jakobi in Braunschweig: Die Geschichte des fränkischen Kreises von 1500 bis 1533. 1. Teil. Göttingen 1906: [H. Stürtz, Würzburg]. (54 S.) 8° [F.] (Erscheint vollst. in: Archiv des historischen Vereins für Unterfranken und Aschaffenburg Bd 48.)
Göttingen, Phil. Fak., Ref. M. Lehmann, Diss. v. 5. Juli 1906
[Geb. 8. Aug. 65 Wolfenbüttel; Wohnort: Braunschweig; Staatsangeh.: Braunschweig; Vorbildung: Gymn. Martino-Katharineum Braunschweig Reife O. 97; Studium: Halle 3, Göttingen 4 S.; Rig. 7. Febr. 06.]

— Die Geschichte des fränkischen Kreises von 1500 bis 1533. Auf Grund archivalischer Studien dargest. — Würzburg: Stahel in Komm. 1906. 184 S. 8°
Aus: Archiv d. Historischen Vereins von Unterfranken u. Aschaffenburg. 48. 1906.
Erschien teilweise auch als Diss. Göttingen 1906. **10. 20. 203.**
14.4666

Beck, Henry, Konfessions- od. Simultanschule. (III, 36 S.) gr. 8. Braunschweig 905. E. Appelhans & Co. n. — 60

— Religion und Kunst als Schwestern. 1909 s. *Beck:* Festspiel zur Feier der Grundsteinlegung der St. Jakobikirche.

— Wahlpredigt über 1.Petr.2,11-18, geh. d. 10.April 1910. Hamburg 1910: Kammerer. 13 S. 8° **4.**
14.4673

Beck, Herb.: Der gemischte Betrieb im deut. Verlagsbuchhandel, s: Studien, Münchener volkswirtschaftl.

Beck, Hermann, Oberkonsistorialrat, Bayreuth. 1849-1919. 1876: Die Arbeit der inneren Mission im Lichte des göttlichen Worts. Predigt über Röm. 12,13-16. 1.Aufl. — Nürnberg: Raw 1885. 16 S. 8° **12:** Hom. 766 qs/10. **29. 75.**
14.4675

Beck, Herm., die Arbeit der inneren Mission im Lichte d. göttlichen Worts. Predigt üb. Röm. 12, 13—16, geh. bei der Konferenz f. innere Mission zu Nürnberg am 15. Septbr. 1885. 3. Aufl. gr. 8. (16 S.) Nürnberg 885. Raw. n. — 20

Beck, Hermann, Dr. phil., Sozialwissenschaftler, Berlin, geb. 1879. 1902: Gerechter Arbeitslohn! — Dresden: Böhmert 1902. VIII,176 S. 8° **1:** Fd 2281. **6. 8. 11. 17. 21. 26. 27. 30. 31. 38. 83. 106. 169. 203. 205. 206. 208.**
14.4713

Beck, Herm.: Aristoteles de sensuum actione. Berolini 1860 (58 S.). Phil. Diss. Berlin

— Sociale Aufgaben und Pflichten der Techniker. — Dresden: Böhmert 1902. 47 S. 8°
Erweitert aus: Der Arbeiterfreund. 39. 1901.
23. 30. 38. 83. 84. 87. 88. 91. 106. 305.
14.4714

Beck, Hermann. Die internationale Bibliographie und ihre Zukunft. Sonderabdruck aus Heft 4 des Jahrg. 1907 der Kritischen Blätter für die gesamten Sozialwissenschaften. 16 S. 8. Dresden, O. V. Boehmert. M. 1.—

Beck, Herm., s.: Bibliographie der Sozialwissenschaften.

— [Hrsg.] s. *Blaetter*, Kritische, fuer die gesamten Sozialwissenschaften. 1905ff. [Zeitschriften].

— [Hrsg.]
s. *Dokumente* des Fortschritts. 1908ff. [Zeitschriften].

— Die Erbauungsliteratur der evangelischen Kirche Deutschlands. T.1. — Erlangen: Deichert 1883. XII, 371 S. 8°
1. Von Dr. M. Luther bis Martin Moller.
1: Eq 1580. **3→11. 12:** Asc. 393o. **14. 15. 17. 18. 21. 23→26. 28. 29. 41. 45. 48. 123. 302.**
14.4676

Beck, Hermann, aus Seemühle b. Vaihingen: Ueber einen Fall sehr grosser Dilatation der Flexura sigmoidea infolge einer durch Axendrehung entstandenen Stenose, nebst Bemerkungen über die histologischen Veränderungen der hypertrophierten Darmwand. *Würzburg 1899 [vielm. 1901/02]: A. Boegler.* (18 S.) 8°
Würzburg, Med. Diss. v. 1899

Beck, Herm., Friede u. Freude in Christo. Konfirmationsrede, geh. am 9. April 1893. 12. (8 S.) Würzburg 893. A. Stuber's Verl. n. — 20

Beck, Herm., Gebetbuch f. evang. Christen. A. d. Gebetsschatze d. Kirche geschöpft. D. Gebetskämmerleins 2., verm. Aufl. 16. (132 S.) Rothenburg o/T. 895. J. P. Peter. Geb. n. — 50

Beck, Herm., Gebetbuch f. evangelische Christen. Aus dem Gebetsschatze der Kirche geschöpft. 3., verm. Aufl. 16. (150 S.) Rothenburg o/T. (901). J. P. Peter. Geb. n. — 50

[—] Evangelischer Christen Gebetskämmerlein. — Rothenburg o./T.: Peter 1887. 141 S. 8° **12:** Asc. 393 oe. **29.**
14.4670

Beck, Herm., Gedichte. (Umschlagzeichng. v. Heinr. Borner.) (176 S.) 8. Straßburg 907. J. Singer. 2.50; geb. in Leinw. 3.50

— Der christliche Glaube nach dem Bekenntnis der evangelisch-lutherischen Kirche. Eine Handreichung zum Konfirmandenunterricht. — Würzburg: Stuber 1893. 61 S. 8° **4. 12:** Dogm. 69 n. **20. 26. 29.**
14.4683

— — 2., verm. Aufl. Ebd. 1897. 59 S. 8°
12: Dogm. 69 na. **20. 29. 30.**
14.4684

— Grüße aus dem Hause Gottes. 16 Predigten. — Rothenburg o./T.: Peter 1887. 162 S. 8° **12:** Hom. 112 he. **29.**
14.4685

Beck, Herm., Jesus Christus herrscht als König. Predigt, geh. am Missionsfeste in Nürnberg am 6. VI. 1899 üb. Psalm 45, 2—7. gr. 8. (13 S.) Nürnberg 899. G. Löhe. n. — 20

— Die kirchliche Katechisation. Wünsche u. Winke. — Rothenburg o./T.: Peter 1905. 120 S. 8°
12: Catech. 15 h. **26. 29. 207.**
14.4688

— Der kleine Katechismus Dr. Martin Luthers mit erläuternden Fragen und Antworten und beweisenden Sprüchen der heiligen Schrift. Ein katechetischer Versuch. — Würzburg: Ballhorn & Cramer 1898. VII,88 S. 8°
12: Catech. 456 ne. **20.**
14.4690

— [Hausbuch, wendisch] Na zyle lěto wschědny boži khlěb. Na Serbski pschel. A. Saykora. — w Budyschinje: Szerbsk. luthersk. knihown. Tow. 1890. VIII,902 S. 8° [Tägliches Brot für d. ganze Jahr.] (Towafstwowych Spisow cžisło. 95.) **14.**
14.4686

— Kaspar Klee von Gerolzhofen. Das Lebensbild e. elsässischen evangelischen Pfarrers um d. Wende d. 16. zum 17. Jahrhundert. — Halle 1901. IV,56 S. 8° (Schriften d. Vereins für Reformationsgeschichte. Jg. 19,2 - Nr 71.)
1: Cm 660-71. **2→11. 12:** H. ref. 351 nh-71. **14→21. 23→36. 38. 39. 41. 43. 45→48. 51. 60. 61. 64. 75. 79. 106. 107. 109. 117. 121. 123. 203. 212. 300:** 391.420-B. Per. 71. **302.**
14.4691

Beck, Herm. Kraft u. Freudigkeit zu gesegnetem Wirken im heiligen Amte. Antrittspredigt üb. Jeremias 1, 7. gr. 8. (9 S.) [Würzburg] 891. Dresd., Hertz. — 30

— Für die Kranken. Eine Handreichung zur Kranken-Seelsorge. — Würzburg: Ballhorn & Cramer 1898. 134 S. 8°
12: Past. 24 lh. **20.**
14.4693

— für die Kranken. Eine Handreichg. zur Krankenseelsorge. 3. geänd. Aufl. (189 S.) gr. 16. Würzburg 903. Ballhorn & Cramer Nachf. Geb. n. 1.20

— Unter dem roten Kreuze. Bilder aus d. Friedensarbeit im Kriege. — Leipzig 1896. 50 S. 8° (Sächsischer Volksschriften-Verlag. 6,2.)
Im Exemplar von 18 fehlt d. Titel d. Sammlung. **14. 18. 207.**
14.4695

— — Würzburg: Ballhorn & Cramer 1896. 64 S. 8°
12: Eur. 694 d-827. **20.**
14.4696

— Lasset uns beten! Predigt über Luc. 11,9-13. — Bad Kissingen 1886: Schachenmayer. 15 S. 8° **24.**
14.4698

— Lasset uns mit Jesu unsere Strasse ziehen! Abschiedspredigt über Mark. 8,34-38. — Würzburg: Ballhorn & Cramer 1898. 8 S. 8° **12:** Hom. 1548 pd/4. **20.**
14.4699

Beck, Herm., das Leben Abrahams in 30 Betrachtungen erbaulich ausgelegt. gr. 8. (III, 183 S.) Erlangen 878. Deichert. n. 2. —

— Das kirchliche Leben der evangelisch-lutherischen Kirche in Bayern. — Tübingen: Mohr 1909. VIII,300 S. 8° (Evangelische Kirchenkunde. 4.) 1:Sa 8757-4. 2→11. 12:H. ref. 217z-4 [2Ex.] 14→21. 24. 26→30. 33. 34. 39. 43. 45. 75. 106. 107. 203. 211. 302.
14.4701

— Homiletische Lektionen zur kirchlichen Vorlesung aus den Werken der Väter und Erbauungsschriftsteller der evangelischen Kirche. Nach d. Ordnung d. Kirchenjahres zsgest. u. bearb. — Erlangen: Deichert 1881. VIII,442 S. 8° 12:Hom. 112h. 14. 15. 39. 101.
14.4702

Beck, Hermann: Lohn- und Arbeitsverhältnisse in der deutschen Maschinenindustrie am Ausgang des 19. Jahrhunderts. Zwei sozialstatist. Monographieen. *Berlin 1902: L. Simion.* (71 S.) 8°
Heidelberg, Phil. Diss. v. 1902

— Lohn- und Arbeitsverhältnisse in der deutschen Maschinenindustrie am Ausgang des 19. Jahrhunderts. — Dresden: Böhmert 1902. 71 S. 8° (Untersuchungen über Arbeitslöhne. 2.) Zugleich Diss. Heidelberg 1902.
1:Fd 1908-2. 14. 21. 27. 30. 38. 106. 180. 203. 206. 302. 305.
14.4716

Beck, Herm. G. J., die innere Mission. Ein Büchlein zum Dienst der Gemeinden. Mit einem Anhang. gr. 8. (VIII, 126 S.) Ansbach 875, Junge. *

— Die innere Mission. Ein Büchlein zum Dienst d. Gemeinden. — Ansbach: Junge 1876. VIII,126 S. 8°
12:H. ref. 18n. 29. 44. 75.
14.4703

— Die innere Mission in Bayern diess. d. Rh. — Hamburg: Oemler 1880. VIII,238 S. 8° (Die innere Mission in Deutschland. 3.) 1:Cv 36584-3. 3. 4. 5. 10. 11. 12:Bavar. 211s. 14. 17. 18. 21. 24. 26→29. 46. 48. 75. 106.
14.4704

— Philipp Adolf von Münchhausen der Ältere, ein Lebenszeuge und Laienprediger der lutherischen Kirche während des dreißigjährigen Krieges. — Würzburg: Hertz 1890. 82 S. 8° 1:Av 2706. 2. 3. 7.
12:Biogr. 827vi. 15. 20. 28. 61. 207. 300:85.359-B.
14.4705

— Pfingsttrost und Pfingstmahnung in dieser schweren, betrübten Zeit. 2 Pfingstpredigten, nach d. Attentaten vom 11. Mai u. 2. Juni 1878. — Ansbach: Brügel [1878]. 21 S. 8° 29.
14.4706

— Zwanzig Predigten über ausgewählte Texte. — Würzburg: Hertz 1890. VI,181 S. 8°
1:Ec 24910. 3. 12:Biogr. 827 vi/1. 20.
14.4707

— s.: Predigten, 2, bei d. 42. Hauptversammlg d. ev. Ver. d. Gustav Adolf-Stiftg geh.

— Zwei Predigten bei der 54. Hauptversammlung des Evangel. Vereins der Gustav Adolf-Stiftung 1901 s. *Rogge*, Bernhard.

Beck, H: Raumlehre f. Knaben-Mittelsch. Nach d. ministeriellen Best. üb. d. Neuordng d. Mittelschulwesens in Preussen v. 3.2.'10. (8, 173 m. Fig. u. 1 Taf.) gr8° Halle, H Schroedel '13. L 2

— Recht und Pflicht der inneren Mission. Vortrag. — Nürnberg: Verein für innere Mission [1910]. 15 S. 8°
12:H. ref. 18nd. 29.
14.4708

— Recht, Wirtschaft und Technik. Ein Beitrag zur Frage d. Ingenieurausbildung. — Dresden: Böhmert 1904. 42 S. 8° Erweitert aus: Zeitschrift d. Vereines deutscher Ingenieure. 48.1904.
12:Techn. 2000. 27. 30. 38. 46. 83. 84. 86. 88. 89. 91. 106. 111. 180. 203. 205. 210. 305.
14.4717

— — 2., verb. Aufl. Ebd. 1904. 46 S. 8° 38. 180.
14.4718

— Der Segen der Erinnerung an grosse Zeiten. Predigt über Ps. 116,17. — Bayreuth: Mühl 1900. 14 S. 8°
12:Hom. 112hg. 20.
14.4709

— Senfkorn und Sauerteig oder die äussere Entfaltung und die innere Wirksamkeit des Himmelreichs. 2 Predigten. — Würzburg: Hertz 1891. 24 S. 8° 12:Hom. 112hf. 20.
14.4710

Beck, Hermann

—— Die religiöse Volkslitteratur der evangelischen Kirche Deutschlands in e. Abriß ihrer Geschichte, s. a. Zimmer's Handbibliothek der praktischen Theologie.

— Die religiöse Volkslitteratur der evangelischen Kirche Deutschlands in einem Abriß ihrer Geschichte. — Gotha: F. A. Perthes 1891. VI [vielm. X],291 S. 8° (Zimmers Handbibliothek d. praktischen Theologie. 10c.)
Im Exemplar von 30 fehlt d. Titel d. Sammlung.
1:Bd 6973-10c. 2→7. 9. 10. 12:H. ref. 18mw. 14. 15. 18. 20. 21. 23. 24. 26. 28→31. 34. 39. 41. 43. 48. 83.
14.4711

— Die Wiederholung der Katechismussprüche. Den Mitarbeitern in Kirche u. Schule dargeboten. — Würzburg: Stuber 1894. 33 S. 8° 12:Hom. 219m/3. 20.
14.4712

Beck, Hermann G. J. s. *Beck*, Hermann. 1876.

Beck, Hub., neueste Gewichtstabellen aller Dimensionen Flacheisen, Rund- und Quadrateisen, Rund- und Quadratblech etc. Ein nothwend. Handbuch für Ingenieure, Architekten, Eisenhändler etc. 2. Aufl. 8. (V und 104 S.) Berlin 862, Spaeth. –

Beck, Hugo, Gesetzentwurf üb. d. Privat-Versicherungs-Unternehmungen. Text, allgem. u. Special-Motivenbericht. Referenten-Entwurf. Im Auftr. d. k. ung. Justizministers ausgearb. Übers. v. Heinr. Schiller. gr. 4. (48 S.) Budapest 894. S. Deutsch & Co. n. 2. —

Beck, Hugo. 1905: Holleffer. Humoristischer Roman. — Leipzig: Werner in Komm. [1905]. 148 S. 8° 39.
14.4722

Beck, Hugo, aus Altötting ⟨Bayern⟩: Über Jodoso-, Jodo- und Jodiniumverbindungen des o-Methyl-a-jodchinolins. *Freiburg i. B. 1901: K. Henn.* (30 S.) 8°
Freiburg i. B., Phil. Diss. v. 1901

— Perpetua. Roman. 2 Bde. (148 u. 148 S.) gr. 8. Ebd. 905. n. 4. —

Beck, J. s. *Beck*, Heinrich. 1788.

Beck, J., geschichtl. Darstell. d. vener. Nasen-Geschwürs. Als merkwürd. Beispiel e. gelung. Wiederersetzung d. Sprach-Organe, herausg. v. P. Th. v. Leveling. Mit 2 Kpft. 8. Augsb. (ohne Jahrz.) v. Jenisch u. St. 8 gr.

Beck, J., Hochgebirgsansichten. Photographien nach der Natur. 106 Bll. in-4. Bern, Dalp'sche Buchhdlg. (K. Schmid.) pr. Blatt 3. —

Beck, J.: Zur Katastrophe am Matterhorn. 12. Sept. 1890. Strassburg.

Beck, J.: Untersuchungen über d. mittlere Zeit d. Blütenentwicklung mehrerer . . . einheimischer Pflanzen, s. Beck, Franz Josef

Beck, J. A.: Kurtze, jedoch wahrhaffte Beschreibung von derer Bienen oder Imen Natur und Eigenschaft . . . Aus eigener Erfahrung, allen Liebhabern von diesem kunst- und nutzreichen Thierlein, wohlmeinend zu dienen eröffnet. Von J. A. Becken. — Neustadt a. d. Aysch: Helmhack 1709. 88 S. 8° 20. 302.
14.4724

Beck, J. B., s. Annalen der Großherzogl. Badischen Gerichte.

Beck, J. B.: Über die dingliche Rechte an Liegenschaften, insbesondere über Vermehrung derselben durch die Eintragung in den Grund-und Pfandbüchern, nach dem französ. und badischen Rechte. Karlsruhe: Braun 1831.

Beck, J. B. Basilius
s. *Beck*, Johann Baptist. 1818.

Beck, J. C. A.: Regulativ für das Rettungs-Institut der Mobilien und Effekten bei Feuersgefahr zu Gotha. (Verf.: J. C. A. Beck.) — Erfurt: Hoyer & Rudolphi 1799. 36 S. 8°
Mutmaßl. Vorname d. Verf.: Johann Christian August. **3. 7. 24.**
14.4725

Beck, J. D.: Kurze Uebersicht über die Behandlung der Zähne, welche in Vermehrung und Verbesserung besteht. (Verf.: J. D. Beck.) — o. O. 1809. 15 S. 8° **22.**
14.4726

Beck, J. Ge., Diss. historiam de viro, palpitatione cordis et asthmate violento mortuo ejusdemque viscerum, cultro anatomico nudatorum mirabilem structuram, exhibens. Giss. 4°. Auch: *Haller*, Disp. ad morbos 1757, II, 499—525. 1718

Beck, J. M.: Versammlungs-Regeln für das deutsche Volk. Nach d. parlamentarischen Regeln d. Engländer u. Amerikaner bearb. — Darmstadt 1848: Leske. VIII, 37 S. 8°
17. 21. 36.
14.4727

Beck, J. P., s. Beck, Johann Philipp

Beck, J. R. von, s. Beck, Josef (Ritter) von

Beck, J. S., Prof., Philosoph, 1761-1840. 1793
s. *Beck*, Jakob Sigismund.

Beck, J. S. van der. 1835: Das gewerbsame Deutschland. Handbuch für Tabakfabrikanten, Tabakhändler, Raucher und Schnupfer, enthaltend das Ganze der holländischen Rauch- und Schnupftabak-Fabrikation. — Heilbronn a. N.: Class 1835. XIV, 328 S. 8° **30. 36. 60.**
14.4728

— — Heilbronn [usw.]: Landherr 1851. XIV, 328 S. 8°
25. 91.
14.4729

Beck, J. T., s. Beck, Johann Tobias

Beck, J. W., ſ.: Gemälde, berühmte, d. Welt.

— J. W., De differentiarum scriptoribus latinis. Diss. 1883. 95 S.

Beck, J. W., De M. Valerio Probo Berytio. Quaestiones novae. Accedunt lectiones Porphyrioneae. 1886. 50 S. 1.—

Beck, Jakob v., Stadtamman, Ravensburg, geb. 1725. 1765: An Ihro Römisch-Kayserliche, auch in Germanien und Jerusalem Königliche Mayestät &c. allerunterthänigst-höchst nothgedrungen-beschwerende Anzeige neuer – von dem Ober-Ammt der Kayserl. Königl. Oesterreichischen Grafschaft Nellenburg attentirten – höchstwiderrechtlichen Invasionen, des der reichspfandschaftlichen Herrschaft Bodmann, lehensweise anklebenden Reichs-Blutbanns ... Anwalds Freyherrn Johann Adam zu Bodmann, contra das Ober-Ammt und Land-Gericht der oesterreichischen Grafschaft Nellenburg. Samt Beyl. [Verf.: Jakob v. Beck.] — Dat. Ravenspurg 11. July 1765. 90 S. 4°
12 [unvollst.]: 2° Ded. 471-16. **16. 24.**
14.4730

— **Jacob** (Isny), Differentiam legatorum purorum et non purorum praecipue quartae legis falcidiae. Diss. jur. Präs. Just. Henning Boehmer. Halle (J. Fr. Grunert) 22. IV. 1747. 60 S. (5.—) 1633
Gew.: Leonh. Beck. — Widm. v.: Samuel Gottfr. Goering, Joh. Gottfr. Hagen (Bayreuth, deutsch).

Beck, Jakob, K. k. Übungsschullehrer, Brünn. 1887: Methodik des Unterrichtes in der Elementarclasse. — Wien: Hölder 1887. 56 S. 8° (Lehrbuch d. speciellen Methodik für d. österreich. Lehrer u. Lehrerinnen-Bildungsanstalten. 1.)
46. 79. 207. 300: 60.477-B. 1. **302.**
14.4732

Beck's, Jak., Methodik des Unterrichts in der Elementarklasse, 2. Aufl. v. Wilh. Zenz, s. Lehrbuch der speziellen Methodik. I

— — 2., umgearb. Aufl. von Wilhelm Zenz. Ebd. 1905. 81 S. 8° (Lehrbuch ... 1.)
101. 300: 60.477-B. 1. 2. Aufl. **302. 307. 309.**
14.4733

Beck, Jakob, Rabbinatsassessor, Leipnik. 1899: Siwche Schlomim. Die Vorschriften über das Schächten und die Untersuchung der Lunge. In katechetischer Form zsgest. Neu hrsg., durch Zusätze erg. u. mit e. deutschen Bearb. vers. von S. Gronemann. — Frankfurt a. M.: A. J. Hofmann 1899. XVI, 158 S. 8° Nebent., hebr.: Sefer zibḥê kelmim.
12: A. hebr. 943 i. **30. 47. 203. 208.**
14.4734

Beck, Jakob, Oberlehrer an d. Allg. Deutschen Schule i. Antwerpen: Versuche über elektrolytische Oxydation und Reduktion. 1906. 71 S. 8°
München, Dr.-Ing.-Diss. v. 21. 3. 1906

[—] Loco deductionis submissivae, kurzer Zusammenzug derer, in bisherig disseitigen Actis, und exhibirten Responsis, enthaltenen Rechtsgründen, worauf in der Freyherrl. Bodmannischen Familie, die Praerogativa agnatica, bey der Erbfolg, in die altväterliche Stamm Guther, vor dem Sexu sequiori, sich steiffet, nebst weiterer standhafter Erläuterung ... impetratischen Anwaldts in Sachen, Freyherren Rinck von Baldenstein, uxorio nomine contra Freyherren Joh. Adam, von und zu Bodmann. Mit Beyl. — Dat. Ravenspurg 10. April 1766. 120 S. 4° **24.**
14.4731

Beck, Jakob Christoph
Der Name d. Verfassers erscheint meist in d. Form Jacobus Christophorus Beckius.

Beck, Jak. C, Anweis. z. wahren Gemüthsruhe. 8. Schneeb. 751. Fulde. 6 gr

— Gelehrtes Basel, oder gesammelte Nachrichten zu der Kirchen- und Gelehrten-Geschichte von Basel. Th. 1. [Verlagsprospekt.] — Basel: Im-Hof 1777. VI S. 8°
1: 5 in Ru 302.
14.4735

— — [deutsch] Einleitung zu den helvetischen Geschichten bis auf das Jahr 1743, fortgesetzet. [Übers.: Johann Jakob Spreng.] — Zürch: Heidegger 1744. 117 S. 8°
7. 14. 15. 18. 23. 27. 28. 39. 300: 39.612-B. **302.**
14.4738

— — Bis auf das Jahr 1768, fortgesetzet. (Übers.: Spreng.) Neue Aufl. — Zürich: Füeßlin 1768. 115 S. 8°
1: Ru 1167. **7. 12:** Helv. 139. **27. 117.**
14.4739

— — Einleitung zu den helvetischen Geschichten zu academischem Gebrauche abgefasset. Übers. von Johann Jacob Spreng. Neue, bis auf gegenwärtige Zeit fortgeführte Aufl. — Basel: Schweighauser 1788. 118 S. 8°
10.
14.4740

— Epitome historiae ecclesiasticae Veteris Testamenti, auditorum usui destinata. — Basileae: Thurneysen 1779. 131 S. 8° **12:** B. hist. **13. 17.**
14.4736

— fundamenta theol. natural et revel. 8. Basel 757. Thurneisen. 16 gr

Beck, Historia Helvetior. ad ann. 1743 etc. 8. Zürich.

— Introductio in historiam patriam Helvetiorum, ad annum 1743. usque progressa. — Tiguri: Heidegger 1744. 76 S. 8°
1: Ru 1166. **7. 8. 14. 17. 23. 26. 27. 300:** 48 X 43 (2).
14.4737

— introduct. in hist. Helvetic. 8. Tig. Orell. 744.

— Oratio panegyrica quam ... Hieronymo Burcardo ... defuncto dixit Jacobus Christophorus Beckius. Acc. amicorum epicedia. — Basileae [1738]: Decker. 87 S. 8°
5. 24. 25.
14.4741

Beck, Jacob Christoph. und Buxtorf, Johann August. Supplement zu dem Baselischen allgemeinen Historischen Lexico. Basel 1742 u. 1744 s. Iselin, Jacob Christoph. Neu-vermehrtes Historisch- und Geographisches Allgemeines Lexicon. Basel 1726-1727.

— Synopsis institutionum universae theologiae naturalis & revelatae, dogmaticae, polemicae & practicae in usum auditorii domestici. Praemittitur Encyclopaedia theologica breviter delineata. — Basileae: Imhof 1765. 744 S. 8°
1: Bc 1224. 61.
14.4742

Beck, Jakob Christoph: Theses miscellaneae ex jure naturae et philosophia morali, s. David, Franz Kaspar (Praes.)

— Ungrund des Separatismus, oder Beantwortung der fürnehmsten Ursachen, derentwegen sich die Separatisten von dem öffentlichen Gottesdienste absöndern. — Basel: Thurneysen 1753. 120 S. 8° 19. 25.
14.4743

— De vita & meritis ... Joh. Ludovici Freyi ... oratio funebris, quam d. 18. Aprilis ... 1760. publice ... recitavit Jac. Christoph. Beckius. — Basileae 1760: Thurneisen. 50 S. 8° 17. 24. 25. 34. 44.
14.4744

— bibl. Wörterbuch od. Concordanz. 2 Thle. Fol. Basel 770. (Hilscher in Dresd.) 6 ℔

— Vollständiges biblisches Wörterbuch, oder Real- u. Verbal-Concordanz. T. 1.2. — Basel: Im-Hof 1770. 2°
1: 2° Bu 1803. 4. 11. 15. 19. 23. 25. 28. 30. 33. 45. 123.
14.4745

Beck, Jakob Sigismund: Erläuternder Auszug aus den critischen Schriften des Herrn Prof. Kant. Bd 1–3. — Riga: Hartknoch 1793–96. 8°
1. Welcher d. Critik d. speculativen u. practischen Vernunft enthält. 1793.
2. Welcher d. Critik d. Urtheilskraft u. d. Metaphysischen Anfangsgründe d. Naturwissenschaft enthält. 1794.
3. Beck: Einzig-möglicher Standpunct, aus welchem d. critische Philosophie beurtheilt werden muß. 1796.
1: Nm 308. 2. 4. 5. 7. 10. 11. 12: Ph. U. 37. 14. 15. 16. 19. 20. 27. 28. 29. 32. 33, 34. 48. 111. 117. 123. 202. 300: 44 E 68. 302→304. 308.
14.4746

— von d. Formen d. Staatsverfassung. (3 Programme). Rostock 816, 17. Stiller. 12 ℊ

— Grundriß der critischen Philosophie. — Halle: Renger 1796. XVI, 296 S. 8°
1: Nm 312. 3. 4. 10. 12: Don. Lud. 696. 18. 27. 28. 29. 102. 111. 117. 123. 202. 304. 308.
14.4747

— Grundsätze der Gesetzgebung. — Leipzig: Hartknoch 1806. 853 S. 8°
Im Exemplar von 203 ist d. Erscheinungsjahr nachträglich in 1826 geändert.
1: Fl 3478. 3. 7. 8. 12: Jur. is. 11 d [2 Ex.] 14. 19. 29. 48. 117. 203. 208.
14.4749

— Grundsätze der Gesetzgebung. gr. 8. Leipzig, Hartknoch. 816.

— Commentar [Kommentar] über Kants Metaphysik der Sitten. Th. 1. — Halle: Renger 1798. XVI, 518 S. 8°
1. Welcher d. metaphysischen Principien d. Naturrechts enthält.
1: Np 4172. 2. 3. 4. 10. 11. 12: Ph. Pr. 109. 19. 28. 29. 38. 117. 123. 302.
14.4750

Beck, Jakob Sigismund

— Lehrbuch der Logik. — Rostock [usw.]: Stiller 1820. XVI, 120 S. 8°
10. 12: Ph. Sp. 66 b. 20. 21. 28. 33. 117. 202.
14.4751

— Lehrbuch des Naturrechts. — Jena: Cröker 1820. 119 S. 8° 27. 28. 29. 117.
14.4752

— über d. moral. Natur d. menschl. Willens. 4. Rostock 818. Stiller. 12 ℊ

Beck, Principles of Kants critical Philosophie and translad from de German by a Man of lettres. gr. 8. Hamb. Hoffmann. 797.

— Propädeutik zu jedem wissenschaftlichen Studio. — Halle: Renger 1799. 535 S. 8° 1: Nm 7072. 3. 10. 12: Enc. 13. 19. 20. 27. 28. 34. 117. 302.
14.4753

— Einzig-möglicher Standpunct, aus welchem die critische Philosophie beurtheilt werden muß. — Riga: Hartknoch 1796. 483 S. 8° (Beck: Erläuternder Auszug aus d. critischen Schriften d. Herrn Prof. Kant. 3.)
1: Nm 308–3. 2→5. 7. 8. 10. 11. 12: Ph. U. 37–3. 14→20. 27. 28. 29. 32. 33. 34. 48. 111. 117. 123. 202. 300: 44 E 68. Bd 3. 302→304. 308.
14.4754

Jac. Sgm. Beck's System der Logik. *Rost.*, Stiller. 820. 8° 12 ℊ

— Verzeichniss der von dem weil. Hrn. Prof. Dr. J. S. Beck in Rostock nachgelassenen Bücher. [Auktionskat.] — Rostock 1841: Rathsbuchdr. 48 S. 8° 33.
14.4755

Beck, Jan Wibertus [Hrsg.]
s. *Apuleius* Madaurensis, Lucius: Fabula de Psyche et Cupidine [De Asino aureo, Ausz.] 1902.

— [Hrsg.]
s. *Ekkehardus I.* Monachus Sangallensis: Waltharius. 1908.

— Horazstudien. — Haag: Nijhoff 1907. 80 S. 8°
1: Wh 1119/78. 4→7. 11. 12: A. lat. a. 565 c. 14. 15. 16. 18. 25. 26. 27. 29. 30. 39. 300: 457.424-C. 302.
14.4803

Beck, J. W. Observationes criticae et palaeographicae ad Flori epitomam de Tito Livio. gr. 4. (28, XXXVIII S.) Groningae 891. (Berl., Calvary u. Comp.). * 3 20

— Studia Gelliana et Pliniana. — Lipsiae: Teubner 1892. 56 S. 8°
Aus: Jahrbücher für classische Philologie. Suppl. Bd 19. 1893.
30. 300: 91.900-B.
14.4806

Beck, Jean, Dr. phil., Musikhistoriker, Gebweiler i. Elsaß, später Philadelphia. 1908 s. *Beck,* Johann Baptist.

Beck, Jean Jaques s. *Beck,* Johann Jakob. 1817.

Beck, Ignaz: Prinz Eugen von Savoyen im Lichte der neueren Geschichtsforschung. — Wien: Konegen 1907. 22 S. 8° Aus: Danzer's Armee-Zeitung. 12. 1907.
30. 38. 203. 300: 452.178-B. 302.
14.4811

— Der Marienkultus der Soldaten. ⟨Zum 8. Dezember 1904.⟩ — Wien 1905. 13 S. 8°
Aus: Kalksburger Korrespondenz. 20. 1905.
300: 442.180-B. 302.
14.4812

Beck, Ignaz Heinrich: Quid est veritas? Philosophische Gedanken. Im Jahre 1864. — Triest 1865: Herrmanstorfer. 28 S. 8° 300: 72.578-B.
14.4813

Beck, Johann, Missionar in Grönland, 1706–1777. 1759
s. *Anfaenger,* Die, der Brüdermission in Grönland. Matthäus Stach, Friedrich Böhmisch, Johann Beck. 1842.

Beck, Johann, K. k. Oberstleutnant, Wien. 1880: Taktische Aufgaben gestellt im Landwehr-Stabsoffiziers-Curs 1879/80. Wien: Seidel 1880. V, 79 S. 8°
17. 30. 117. 300: 182.065-B. 302.
14.4825

Beck, Johann, Bankdirektor, Ebingen, Württ. 1905: Denkschrift zum 40-jährigen Jubiläum der Gewerbebank Ebingen eingetragene Genossenschaft ... 11. September 1865–1905. — (Ebingen [1905]: Genossenschaftsdr.) 48 S. 8° 24.
14.4826

Beck, Johs. s: Für dich, Lämmchen, Das.

— — Geistliche Seelen-Apotheck. Leipzig: Fleischer 1713. 52 S. 8° 28.
14.4821

Beck, Johann, Dr. med., prakt. Arzt, Tübingen. Um 1880: Zur Topographie des Gehirns. [Verf.: Johann Beck.] — Tübingen: Fues [um 1880]. 6 Taf. quer-8° 21.
14.4824

Beck, Johann, Buchhändler, Straßburg. 1716: Zweyte Fortsetzung oder Verzeichnuß der jenigen Bücher, welche Johannes Beck, Buchhändler auff dem Prediger Kirchhoff zu Straßburg sich in dem Jahr 1716. von neuem zum Verkauff beygelegt. — [Straßburg 1716.] 64 S. 8° **14.**
14.4822

Beck, Johann Adam
— von Einwerfung der Güter in gemeine Erbschaft. 4. Nürnberg, Grattenauer. (Stage, Augsb.). 742.

Beck, Johann Adam: Tractatus novus de collatione bonorum oder von der Einwerffung der Güter in die gemeine Erbschafft ... Von Johanne Adamo Beckio. — Nürnberg: Lochner 1742. 486 S. 8° 1:Gl5195. **2→5. 7.** 12:4° J. rom. m. 14. **15. 16. 17. 19. 20. 21. 23→31. 36. 61. 66. 75. 86. 121. 208. 300:**34 N 16. **302→304. 309.**
14.4828

— Tractatus novus Johannis Adami Beckii vom Wechsel-Recht. — Nürnberg: Lochner 1729. 512 S. 8° 1:Fo1070. **2. 3. 7.** 12:4° Merc. 8. **16. 17. 18. 21→27. 30. 31. 32. 36. 38. 44. 47. 48. 52. 61. 66. 75. 205. 300:**26 O 64. **302→304.**
14.4829

— vollständ. Wechselrecht. 4. Nürnb. 751. (Eichhorn). 20 gl

— — Vollständiges Wechsel-Recht. Ebd. 1751. 512 S. 8° 1:Fo1072. **2. 4. 7. 12:**4° Merc. 9. **15. 17→21. 24. 25. 31. 48. 302.**
14.4830

Beck, Johann August: Flores iuris Almae Philyreiae festis secularibus sparsi a Joanne Augusto Beck. — Dresdae 1809: Gaertner. 27 S. 8° **14. 19. 23. 45. 106.**
14.4831

— **Joh. Aug.**, De feudi in pecunia constituti pecuniae et quanti feudalis in creditorum conflictu habenda ratione secundum jus electorale Saxonicum. Disp. Präs. Carl Gottfr. v. Winckler. Lpz., 11. X. 1787. 28 S. (3.50) 1634

Beck, J[ohann] B[aptist], a. Gebweiler i. Els.: Die Melodien der Troubadours. Nach d. gesamten handschriftl. Material zum erstenmal bearb. u. hrsg. nebst e. Untersuchung ü. d. ältere Notenschrift ⟨bis um 1250⟩ u. d. rhythmisch-metr. Prinzip d. mittelalterlich-lyr. Dichtungen u. e. Übertragung d. Melodien d. Troubadours u. Trouvères in moderne Noten. Straßburg 1908: K. J. Trübner. (29 S.) 4° ¶ (Nur Einleitung — erscheint vollst. im gleichen Verlage.)
Straßburg, Phil. Fak., Ref. Gröber-Ludwig, Diss. v. 20. Juli 1907
[Geb. 14. Aug. 81 Gebweiler i. Els.; Wohnort: Straßburg; Staatsangeh.: Elsaß-Lothringen; Vorbildung: Gymn. Gebweiler, École alsacienne Paris, Gymn. Gebweiler Reife O. 04; Studium: Straßburg 8 S.]

— Die Melodien der Troubadours. Nach d. gesamten handschriftlichen Material zum erstenmal bearb. u. hrsg., nebst e. Untersuchung über d. Entwickelung d. Notenschrift (bis um 1250). — Straßburg: Trübner 1908. VIII,202 S. 4°
Erschien teilweise auch als Diss. Straßburg 1908.
1:4° Mus. Cb 174. **2→11. 12:**4° Mus. Th. 92. **14→21. 25. 26. 27. 29. 30. 35. 38. 46. 61. 117. 300:**459.625-C. M. **302. 304.**
14.4833

Beck, Johann Baptist, Professor u. Rektor, Rottweil, 1776-1823. 1818: Preces et lectiones ex Sacra Scriptura collectae, litterarum studiosorum praecipue in usum. — Rotwilae a. N.: Herder 1818. VI,167 S. 8° **24.**
14.4832

Beck, Johann Christian August s. *Beck*, J. C. A.

Beck, Johann David: Predigt, zum feierlichen Andenken der Schlacht bei Leipzig. — Dresden [1814]: Gärtner. 31 S. 8° **106. 117. 300:**15.823.
14.4835

Beck, Johann Ernst: Dissertatio iuris publici inauguralis de Collegio electorum antiquitus a Collegio principum separato. Recusa. — Lipsiae 1742: Langenheim. 36 S. 8°
Erschien zuerst als Diss. Straßburg 1728.
1:2 in Fi 1756. **4. 5. 8. 9. 11. 12:**4° Diss. 3036-5 [2 Ex.] **14. 16. 17. 19. 24→28. 31. 34. 36. 300:**149.353-B. **302.**
14.4836

Beck, Johann Fr.
— über Bienenzucht in Kurland. (Nach d. Verf. Tode herausg.) gr. 8. Mitau 818. (Reyher). 14 gl

Beck, Jh. Fr., († d. 1. Sept. 1813.) Vorschläge zur Einführung d. Sparöfen in d. Bauernstuben, nebst Beschreib. e. einfachen Holzsparofens. 8. Mitau 804.

Beck, Johann Franz: Actenmässige Relation iuris, et facti, in Sachen Freyberg contra Bodmann, den ex capite deß ledigen Anfalls suchenden Regress zu der Halbscheyd der dreyen Herrschafften Bodmann, Espasingen, und Wahlwiß betreffend. — o. O. [um 1700]. 98 S. 4° **21.**
14.4837

BECK, Johann Friedrich (Bettenfeld): De fistula sacci lacrymalis.- Wirceburgi: Becker 1836. 40 S. 28.8.1834 - Urk; F 61
Diss. Ingolst.-Landsh.-Mchn.

Beck, Jh. Fr., Synodalpredigt über Röm. 8, V. 9. gehalten am 3. Juli 1816 in Hersbruck. 8. Nürnb., (v. Ebner). 3 gl Schrb.: Pap. 4 gl

Beck, Johann Friedrich: Synodal-Predigt über Röm. 8. v. 9. — Nürnberg: Lechner 1818. 40 S. 8° **12:**Hom. 112m. **75.**
14.4838

— **Joh. Friedrich** (Greiz), Theses miscellaneae med. Präs. Friedr. Houck. Jena (Werther) 4. III. 1716. 24 S. (5.—) 1637
Gew.: Joh. Balth. Kaldewey, Gerh. Heinr. u. Joh. Heinr. Jacobi. — Widm. v.: Jo. Franz. Budde.

Beck, Johann Friedrich Theodor
Beck, Jh. Fr. Thdr., Abhandl. üb. d. verkehrte Forderung e. Lehrfreiheit, f. Jh. Cph. Fr. Wild, was es heiße.

Beck, Johann Friedrich Theodor: Lebenslauf des sel. Herrn Johann Friedrich Theodor Beck, k. Pfarrers u. Prodekans in Kattenhochstadt, von ihm selbst verfaßt. — Weissenburg 1877: C. Fr. Meyer. 12 S. 8° **29.**
14.4839

Beck, Johann Georg
Beck, Jh. Geo., († d. 9. Febr. 1814.) Andacht für Confirmanden u. Confirmirte, mit Anh. 8. Ravensberg 791.

— kurzer Begriff aller Künste, Handwerker u. Geschäfte d. gemeinen Lebens. 8. Ravensb. 792. Verf. 2e A. 8. Nördl. 796. 3e A. 799. 4e A. 807. Beck. 12 gl

Beck, Johann Georg: Kurzer Begriff aller Künste, Handwerker und Geschäfte des gemeinen Lebens, ein Lesebuch für junge Leute. 3., umgearb. u. verm. Ausg. — Nördlingen: Beck 1799. XVI,263 S. 8° **20. 27. 48.**
14.4840

— Begriff aller Künste, Handwerker u. Geschäfte des gem. Lebens. 8. Nördl. Beck. (Feind, Leipzig). 807.

— Blicke d. Zufriedenheit in d. Himmel, 5 Kanzelreden. 8. Nördl. 797. Beck. 4 gl

Beck, Johann Georg (Resp.): De germinatione metallica ..., s. Hensing, Johann Thomas

— Konfirmanden-Unterricht. — Nördlingen: Beck 1808. XVI,70 S. 8° **19.**
14.4842

— meine Launen, e. Epos zu d. Almanachen 1799. 8. Kempten 799. 3e A. 801. Dannheimer. 8 gl

— Meine Launen. Ein *Ἔπωδος* zu den Almanachen. 3., verm. Ausg. — Kempten; Leipzig: Mauke in Komm. [usw.] 1081 [vielm. 1801]. 148 S. 8°
1: Ym 7726. 12: P. o. germ. 81-1.
14.4843

Beck, J. N. G., Meine Launen. Ein Epodos z. d. Almanachen. 8. Kempt. Dannheimer. 804. Rthlr.

[—] — Meine Launen. 3. Bdchen. Schafhausen: Hurter 1806. 172 S. 8°
12: P. o. germ. 81-2.
14.4844

— — Ein Lesebuch für alle Stände. 4. Aufl. Ebd. 1807. XVI, 232 S. 8°
20.
14.4841

— Neujahrs-Geschenk für Eintausend siebenhundert neun und neunzig. Keine Predigt! — Kempten: Dannheimer 1799. 32 S. 8°
1: Ym 7731.
14.4845

— Neujahrsgeschenk für seine christliche Mitbürger. Siebentes u. letztes Stück im 18ten Jahrhundert. Keine Predigt u. keine Verse, sondern e. Herzens-Erleichterung in e. Gespräche. — Kempten 1800: Dannheimer. 16 S. 8°
12: L. eleg. m. 112.
14.4846

— Neujahrsgeschenk f. die lieben Mitbürger. 8. Ulm 793.

— Reisebuch f. junge Professionisten auf ihrer Wanderschaft. 8. Nördl. 794. 2e A. 806. Beck. 16 gr

— Reisebuch für junge Professionisten auf ihrer Wanderschaft. In 6 Hauptstücken verf. Th. 1.2. — [Ravensburg]: Verf. 1795. XVI, 467 S. 8°
36.
14.4847

Beck, Joh. Geo., das Singen im Dienste der Sprache. Eine Reihenfolge leicht ausführbarer mehrstimm. Gesänge in Verbindung mit der deutschen Aufsatz-Uebung in gehobenen gemischten Volksschulen, oberen Mädchenklassen, höheren Töchterschulen rc. für Lehrer und Schüler bearb. 1. Heft. gr. 8. (19 S.) Schweinfurt 875, Stör. *

—— Tempel-Klänge oder der Organist im Amte. Eine Reihenfolge leicht ausführbarer themat. Orgelstücke zu bestimmten Choral-Melodien, mit kurz angedeuteter Durchführung zum Gebrauche beim öffentl. Gottesdienste zunächst in den protestant. Kirchen im Königr. Bayern componirt. gr. 8. (43 S.) Ebendas. 876. *

— Freymüthige Unterhaltungen für edle Freunde der Wahrheit, guter Sitten, und des Frohsinns. — Kempten: Dannheimer 1805. VIII, 162 S. 8°
12: P. o. germ. 82. 16.
14.4848

— Mein letztes Wort, zum Schluß des vorigen Jahrhunderts! über die Sonntags-Epistel: Gal. 4, 1-7. Ein Geschenk für Konfirmanden u. Konfirmirte. — Kempten 1801: Dannheimer. 8 S. 8°
24.
14.4849

Beck, Johann Heinrich: Ueber den ursprünglichen Hirnmangel und über die Pathologie und Therapie des Gehirnblutflusses. — Nürnberg: Riegel & Wießner 1826. VIII, 254 S. 8°
1: Ki 436. 2. 3. 11. 12: Path. 103 p. 16. 17. 19. 20. 22. 25→28. 30. 75. 202. 300: • 70 J 55. 302.
14.4850

Beck, Johann Jakob, Pfarrer, Straßburg. 1817: Abschieds-Predigt gehalten in Schiltigheim. — Straßburg [um 1820]: Heitz. 16 S. 8°
30.
14.4854

Beck, JJ, d. Bäcker-Meister. 8. (79) Freib. 53, Scheuble. — 14

Beck, Joh. Jak., der Bäcker-Meister oder praktische Anleitung zur bekannten und Kunstbäckerei, enthaltend: die ordentliche deutsche und Kunstbäckerei, die französische Backart rc. Freiburg im Br. 853. Wangler. 8. (VIII, 79 S. u. 2 Tab. in 4. u. Fol.)
14 ngr

Beck, J[ohann] J[acob]. Bilder aus dem alten Schaffhausen. Schaffhausen 1899 s. Bäschlin, J[ohann] H[einrich].

Beck, J. J., Bilder aus dem alten Schaffhausen. qu. gr. Fol. (33 [4 farb.] Taf.) Beschreibender Text v. J. H. Bäschlin. Lex.-8. (14 S. m. 1 Bildnis.) Schaffhausen 899. Historisch-antiquar. Verein. In Leinw.-Mappe 36. —

Beck, Johann Jakob
— Geschichte der Reformation in Straßburg. Denkmal d. 3. Jubelfeier 1817. H. 1. — Straßburg: Heitz [usw.] [1817]. 48 S. 8°
1: Rh 6722. 4. 7.
14.4855

— **Joh. Jac.** (Synbronn/Ansbach), Princeps christianus aeternae subditorum salutis curator. Occasione jubil. II ob recitatam anno 1530 in comitiis Augustanis fidei evangel. Lutheranae formul. Präs. Casp. Achat. Beck. Jena (Fickelscherr) (1730). 48 S. (3.—) 1638

Beck, J. J., s. Rheinansichten.

Beck, Johann Jakob Friedrich [Übers.] s. *Bayen*, Pierre: Chymische Untersuchungen über das Zinn [Recherches chimiques sur l'étain, deutsch]. 1784.

Beck, Johann Jodokus
Der Name d. Verfassers erscheint meist in d. Form Johannes Jodocus Beckius.

Beck, Ioh. Jod., Vom Abschoß, Nachsteuer u. Handlohn. 4. Nürnb. Grattenauer. (Stage, Augsb.). 749.

Beck, Johann Jodokus: Vom A b s c h o ß . . ., s. a. B e c k: T r a c t a t u s de jure detractionis . . .

— Dissertatio de licita maioratuum et fideicommissorum familiarum nobilium Alienatione. Von rechtserlaubter Veräußerung adelicher Fideicommiß-Stamm- und Major-rat-Gütter. [Resp.:] Carolus Gottlieb Straus. — Altdorfii Noric.: Grebner 1750. 48 S. 8°
Erschien zuerst als Diss. Altdorf 1735.
1: 2 in Gy 8750. 5. 7. 10. 12: 4° Diss. 3036-6. 16. 17. 19. 23. 24. 25. 27. 28. 30. 34. 43. 48. 208.
14.4858

— Animadversiones ad Joachimi Hoppii Commentationem succinctam ad Institutiones Justinianeas. Remissionibus, ad eiusdem autoris Examen Institutionum marginalibus exornatae . . . Acc. tabb. summam 4. librorum Institutionum Justin. repraesentantes, cum ind. — Norimbergae: Michahelles 1708. 202 S., 33 Taf. 8°
17. 21. 25. 75.
14.4859

— — Ed. nova, auctior et corr. Norimbergae: Lochner 1737. 296 S., 33 Taf. 8°
5. 20. 22. 24. 25. 31. 36. 66. 75. 300: 27 Y 21. 302. 308.
14.4860

Beck, Johann Jodocus. Annotationes ad Sam. Stryckii Introductionem ad praxin forensem . . . Norimb. 1749. H: *Zeidler, Carl Sebastian.* (BB) (ML) (Will)

— Annotationes ad Samuelis Strykii Introductionem ad praxin forensem caute instituendam iam publici iuris factae. Norimbergae: Monath 1749. 184 S. 8°
18. 22. 25. 27. 31. 75. 304.
14.4861

— Annotationes succinctae ad B. Georgii Adami Struvii Iurisprudentiam Romano-Germanicam forensem. — Francofurti [usw.]: Adolph 1716. 741 S. 8°
4. 9. 12: J. rom. c. 25. 14. 17. 18. 20. 24. 28. 29. 75. 211. 300: 36 X 28.
14.4862

Beck, Johann Jodokus (Präs.): De c o n c u r s u hypothecariorum simplicium, s. B i r k n e r, Adam (Resp.)

— Decisiones et responsa, so theils in seinem eigenen, mehrentheils aber in löblicher Juristen-Facultaet Nahmen, ausgefertiget worden. T. 1. — Nürnberg: Riegel 1734. 960 S. 8° 1:Hg 6640. 2. 6. 7. 12:4° Decis. 11c. 16. 17. 18. 20. 21. 22. 24. 27. 28. 30. 31. 36. 47. 48. 66. 75. 211. 300:34 N 12. 304. 14.4863

Beck, Johann Jodokus: Von Einwerfung d. Güter in gemeine Erbschaft, s. Beck, Johann Adam

— Vollständiges und nach dem heutigen Curial-Stilo eingerichtetes Formular, darinnen verschiedene Instrumenten, wie sie von denen Notariis ausgefertiget werden ..., anzutreffen sind. — Nürnberg [usw.]: Lochner 1716. 1232 S. 8° 2. 15. 75. 303. 308. 14.4864

— — Ebd. 1718. 1232 S. 8° 2. 6. 24. 31. 61. 75. 14.4865

— — Ebd. 1724. 1232 S. 8° 1:Hc 12785. 2. 7. 11. 12:4° J. pract. 13. 22. 36. 14.4866

— — Vollständiges und nach dem heutigen Curial-Stilo eingerichtetes Formular, darinnen verschiedene Instrumenta und Wechsel-Protest, wie sie von denen Notariis ausgefertigt werden ..., anzutreffen sind ... Nunmehro bey dieser 3. Aufl. ... verb. u. verm. — Franckfurth [usw.]: Lochner 1734. 1266 S. 8° 17. 22. 26. 302. 309. 14.4867

— — Nunmehro bey dieser 4. Aufl. ... verb. u. verm. Ebd. 1742. 1266 S. 8° 6. 16. 21. 24. 25. 38. 64. 300:35 M 11. 307→309. 14.4868

— — Nunmehro bey dieser 5. Auffl. ... verb. u. verm. Franckfurth [usw.]: Lochner in Comm. 1750. 1265 S. 8° 14. 17. 19. 21. 24. 31. 36. 61. 300:BE 12 M 35. 14.4869

— — Nunmehro bey dieser 6. Auffl. ... verb. u. verm. Ebd. 1755. 1266 S. 8° 2. 10. 17. 20. 25. 66. 14.4870

Beck, Jh. Jod., vollständ., nach d. heutigen Styl eingericht. Formular. 4. Nürnb. 765. (Eichhorn). 2 ℔ 16 ℋ

— — Nunmehro bey dieser 7. Aufl. ... verb. u. verm. Nürnberg: Lochner 1765. 1266 S. 8° 7. 14. 18. 25. 42. 75. 14.4871

— vom Gastrecht. 4. Nürnb. Grattenauer. 727.

— s. Halsgerichtsordnung.

FURWERGER, Mart. (auct. et def.), J. J. Beck (praes.), De juribus feminarum Norimbergensium singularibus. Altdorfii 1723. 4°. 71 pp. (1 Mk. 20 Pfg. Ludw. Rosenthal, c. 1888.

— — Dasselbe, deutsch: Rechtliche Abhandlung von den besondern Rechten der Nürnbergischen Weibspersonen. Aus d. Lateinischen von J. J. Beck. Nürnberg 1771. 4°. (80 xr. Kuppitsch' Wwe., Wien, Cat. 75.)

Der Ehestandsalmanach f. 1800 hat S. 250 „Schwabach 1771".

— Dissertatio iuridica de Iuribus feminarum Norimbergensium singularibus. Von denen besondern Rechten der nürnbergischen Weibs-Persohnen. [Resp.:] Martinus Furwergerus. Aucta., em. et recusa. — Altorfii: Graebner 1740. 79 S. 8° Erschien zuerst als Diss. Altdorf 1723. 9. 10. 11. 12:4° Diss. 2966-3. 14→19. 23. 24. 26. 28. 34. 36. 48. 75. 302. 303. 14.4872

— — [deutsch] Dissertatio iuridica de Iuribus feminarum Norimbergensium singularibus. Von denen besondern Rechten der nürnbergischen Weibs-Personen ... In unsere teutsche Sprache gebracht, von ... L[eonhard] C[hristoph] L[ahner]. — o.O. 1771. 82 S. 8° 1:Gm 1530. 7. 12:4° J. germ. 15. 19. 26. 36. 75. 14.4873

Beck, Johann Jodocus. Dissertatio de juribus feminarum Norimbergensium singularibus: Von den besondern Rechten der Nürnbergischen Weibspersonen; ... ins Deutsche gebracht ... Nürnberg 1771. Ü: *Lehner, L. C.* (Ky) »*Lahner*« (will)

— — Rechtliche Abhandlung von denen besondern Rechten derer Weibs-Personen ... Ins teutsche übers. u. mit e. ... Vorr. d. Verf. begleitet. — Schwabach [usw.]: Enderes [1772]. 82 S. 8° 4. 14.4874

— Kaiser Carl V. u. des Röm. R. peinl. Handelsgerichtsordnung. m. Anm. 8. Nürnb. Schneider u. W. 781.

— von Leistung d. ehel. Pflichten. 4. Nürnb. 756. (Eichhorn). 12 ℋ

— vom Nachbarrecht. 4. Ebend. 744.

Beck, Johann Jodokus: Von d. unmittelbaren vogteilichen Obrigkeit, s.a. Beck: Tractatus de jurisdictione vogteiica.

— von d. unmittelbaren Voigteil. Obrigkeit. 4. Nürnb. 756. (Eichhorn). 1 ℔

— von der unmittelb Voigteylichen Obrigkeit. 4. Ebend. (Stage, Augsb.). 756.

— Generalia iuris universi Praecognita, quibus libri iuris civilis, canonici et ecclesiastici Protestantium, feudalis atque publici, eorum in Imperio Romano-Germanico autoritas, iurisque universi historia ... breviter ac perspicue exhibentur ... In lucem denuo ed. Ed. 2., em. et corr. — Altdorfi Nor.: Buggel & Seitz 1726. 208,10 S. 8° 12:4° Jur. is. 4. 14.4875

— — Ed. 2., em. et corr. Ebd. 1727. 208,10 S. 8° 21. 24. 75. 303. 309. 14.4876

Beck, Johann Jodokus
— — De conjugalis debiti praestatione, Von Leistung der ehelichen Pflicht. Diss. jur. Altdorf (Meyer) 25. VI. 1706. 28 S. (3.50) 1641

— Dissertatio inauguralis, de coniugalis debiti Praestatione, von Leistung der ehelichen Pflicht. Nunc recusa. — o.O. 1717. 24 S. 8° Erschien zuerst als Diss. Altdorf 1706. 7. 9. 12:4° J. can. P. 103h. 15. 24. 36. 41. 106. 304. 14.4877

— — Recusa. [Altdorf] 1721: Kohlesius. 28 S. 8° 1:15 in Fi 15. 4. 7. 12:4° Diss. 5220-3. 14. 16. 17. 24. 34. 36. 302. 304. 14.4878

— — Dissertatio inauguralis, de coniugalis debiti Praestatione, Germanice: Von Leistung der ehelichen Pflicht. Ed. 3. — Jenae 1733: Heller. 30 S. 8° Im Exemplar von 10 ist d. Erscheinungsvermerk weggeschnitten. 4. 10. 12:4° Diss. 2018-9. 19. 28. 30. 39. 41. 48. 208. 302. 304. 14.4879

— — Dissertatio inauguralis, de coniugalis debiti Praestatione. Von Leistung der ehelichen Pflicht. — o.O. 1742. 31 S. 8° 7. 9. 11. 12:4° Diss. 1443-9. 14. 16. 25. 34. 41. 48. 300:151.218-B. 302. 14.4880

Beck, Jh. Jod., de conjugalis debiti praestatione. 4. Nürnb. 757. Lochner. 12 gr.

— — Dissertatio inauguralis iuridica, de coniugalis debiti Praestatione, Germanice: Von Leistung der ehelichen Pflicht. Ed. 4. — Jenae 1760: Heller. 43 S. 8°
4. 5. 19. 24.
14.4881

— Praxis aurea de iurisdictione superiore, criminali & centena, vulgo von der Ober-Gerichtbarkeit, Zent-Gericht, hohen Malefiz- oder fraißlichen Obrigkeit und Blut-Bann. Nürnberg: Adelbulner [usw.] 1720. 678,36,92 S. 8°
2. 4. 5. 6. 12: 4° J. pract. 13d. 14. 15. 17. 18. 21. 22. 24. 26. 30. 31. 34. 38. 39. 43. 52. 75. 117. 121. 304.
14.4882

— — Aufs neue hrsg. Nürnberg: Lochner 1750. 678,36, 92 S. 8° 6 [unvollst.] 7. 8. 16. 19. 20. 21. 24. 25. 31. 36. 45. 48. 107. 117. 208. 300: 35 M 9. 302. 308.
14.4883

— **Joh. Jodocus (Nürnberg), Prolegomena juris universi. Präs. Heinr. Hildebrand. Altdorf (H. Meyer) Nov. 1704. 40 S. (4.80)** 1639
Gew.: Joh. Jod. Peller, Pet. Friedr. Endter, Gg. Reich. Hammer. — Widm. v.: Samuel Faber, Chph. Aug. Laemmermann.

— Prolegomena iuris universi . . . Nunc vero denuo rev. . . . Una cum Brevi manuductione ad studium iuris. — Norimbergae: Buggelius 1712. 208,10 S. 8°
7. 9. 15. 17. 18. 27. 31. 303.
14.4884

— — **De quarta decimationis. Exerc. acad. jur. canon. Präs. Heinr. Hildebrand. Altdorf (H. Meyer) 16. XII. 1705. 16 S. (3.50)** 1640

Beck, Johann Jodokus: Vom R e c h t der Grenz-u. Marksteine, s.a. B e c k : T r a c t a t u s de jure limitum.

— vom Recht d. Grenz- u. Marksteine. 4. Nürnb. 754. (Eichhorn). 20 gr.

— — Vollständiges Recht der Gränzen und Marksteine . . . Deme pro Supplemento noch beygefügt . . . 1. Formul eines Fluhr- und Markungs-Buchs . . . 2. Herrn Ahasveri Fritschii . . . in das Teutsche übersezter Tractat: Von Fluhr-Recht . . . Nunmehro bey dieser 4. Aufl. um ein merkliches verm. — Nürnberg: Lochner 1754. 352,136 S. 8°
3. 12: 4° J. rom. m. 13 f. 17. 19. 20. 21. 24. 25. 31. 33. 45. 75. 208. 308.
14.4899

— von d. besond. Rechten d. Nürnberg. Weibspersonen, s. oben Diss. de juribus.

Beck, Joh. Jodokus (Präs.): De r e m e d i i s sententiae executionem impedientibus, s. B e c k , Philipp Ludwig (Resp.)

— De Resignatione, avulsione et turbatione sigillorum. Von eröffneten, abgerissenen und zerbrochenen Siegeln. [Resp.:] Joh. Laurentius Dorn. Recusa. — Altorfii Nor.: Grebner 1742. 56 S. 8°
Erschien zuerst als Diss. Altdorf 1728. 2. 4. 7. 9. 11. 16. 17. 19. 26. 30. 34. 36. 48. 300: 128,059-B.
14.4885

— Responsa juris criminal. et civil. etc. 4. Nürnb. Gratenauer. 736.

— Responsa iuris criminalia et civilia. — Norimbergae: Lochner 1736. 1294 S. 8° 6. 7. 12: 4° Decis. 11. 16→21. 24. 25. 26. 28. 31. 48. 52. 61. 66. 75. 300: 29 Q 6.
14.4886

— Tractatus de eo, quod iustum est circa coniugalis debiti praestationem. Von Leistung der ehelichen Pflicht. — Franckfurth [usw.]: Lochner 1733. 264 S. 8°
1: Ft 1531. 5. 9. 11. 12: 4° J. can. P. 105. 14. 16→24. 26→29. 33→36. 39. 43. 45. 52. 53. 66. 75. 208. 300: 26 N 22.
14.4887

— — Ebd. 1756. 264 S. 8° 8. 20. 25. 26. 28. 30. 46.
14.4888

— Tractatus de eo, quod iustum est circa stuprum. Von Schwäch- u. Schwängerung der Jungfern und ehrlichen Wittwen. — Nürnberg: Lochner 1743. 918 S. 8°
1: Fw 4172. 5. 7. 8. 12: 4° Crim. 9. 16. 17. 19→26. 28→31. 33. 45. 61. 66. 75. 121. 304.
14.4889

— Tractatus de iure detractionis, emigrationis et laudemii, von Abschoß, Nachsteur und Handlohn. — Nürnberg [usw.]: Lochner 1725. 208,216 S. 8°
2→6. 12: 4° J. rom. m. 9. 17. 19→22. 24. 29→32. 36. 61. 75. 121. 300: ∗28 N 30. 302. 304. 307.
14.4890

— — Ebd. 1735. 208,216 S. 8°
1: Gz 8979. 2. 4. 7. 9. 10. 19. 21. 23. 24. 25. 27. 28. 29. 36. 38. 45. 48. 66. 75. 106. 211. 300: 34 N 23.
14.4891

— — 2., verb. Aufl. Ebd. 1749. 208,216 S. 8° 6. 14. 16. 20. 21. 25. 31. 33. 38. 39. 41. 43. 62. 121. 302. 308.
14.4892

— Tractatus de iure emphyteutico, von Erb-Zinnß-Recht. Nürnberg: Weber 1727. 720 S. 8°
1: Gm 16308. 4. 9. 10. 12: 4° J. rom. m. 10. 16. 17. 19→22. 24. 25. 26. 31. 34. 38. 43. 44. 75. 302→304. 308.
14.4893

— — Ebd. 1739. 720 S. 8°
1: Gm 16310. 3. 7. 12: 4° Feud. 1 m. 14. 16. 17. 18. 20. 21. 24. 25. 26. 29. 31. 34. 36. 75. 211. 300: 34 N 17. 303.
14.4894

— Tractatus de iure limitum, von Recht der Gränzen und Marksteine . . . Deme pro Supplemento noch beygefügt . . . 1. Formul eines Fluhr- und Markungs-Buchs nebst . . . consiliis u. decisionibus . . . 2. Herrn Ahasveri Fritschii . . . in das Teutsche übersezter Tractat: Von Fluhr-Recht. — Nürnberg [usw.]: Lochner 1722. 172,154 S. 8°
2. 8. 10. 12: 4° J. rom. m. 10 m. 15. 17. 21. 25. 27. 29. 31. 35. 36. 39. 60. 75. 121. 302. 303. 309.
14.4895

— — Ebd. 1723. 172,154 S. 8°
4. 5. 6. 12: 4° J. rom. m. 11 [u.ö.] 14. 17. 19. 23. 26. 30. 39. 60. 61. 117. 121. 302. 307. 308.
14.4896

— — Ebd. 1729. 172,154 S. 8°
1: Gg 9101. 5. 9. 12: 4° J. rom. m. 13. 17. 24. 25. 28. 30. 31. 32. 36. 38. 43. 47. 51. 52. 106. 304.
14.4897

— — Nunmehro bey dieser 3. Aufl. . . . um ein merkliches verm. — Ebd. 1739. 352,136 S. 8° 2. 3. 4. 6. 7. 10. 12: 4° J. rom. m. 13 d. 16. 17. 19→25. 27. 29. 30. 32. 34. 36. 38. 47. 53. 66. 75. 208. 211. 300: 35 J 6. 303. 309.
14.4898

— Tractatus de iuribus Judaeorum, von Recht der Juden. Nürnberg: Lochner 1731. 603 S. 8° 1: Ez 634. 2. 3. 5. 6. 9. 11. 12: 4° Jud. 2. 16→31. 36. 39. 42. 44. 45. 47. 52. 75. 123. 203. 211. 300: 34 N 18. 302. 304.
14.4900

— — Ebd. 1741. 509 S. 8° 3. 4. 6. 7. 12: 4° Jud. 2b [2 Ex.] 15. 16. 18→25. 29. 30. 34. 61. 66. 75. 208. 309.
14.4901

— Tractatus de iurisdictione forestali, von der forstlichen Obrigkeit, Forst-Gerechtigkeit, und Wildbann. — Nürnberg: Riegel 1733. 440 S. 8° 2. 6→9. 12: 4° J. germ. 13. 16. 17. 19. 21. 23. 24. 26. 27. 28. 30. 32. 33. 39. 52. 75. 302→304. 307.
14.4902

— — Nunmehr bey dieser 2. Aufl. verb., u. verm. Ebd. 1737. 560 S. 8°
2. 4→8. 10. 12: 4° J. germ. 13 a. 16. 17. 18. 20→23. 31. 34. 36. 38. 66. 75. 106. 121. 308. 309.
14.4903

— — Nunmehro bey dieser 3. Aufl. mit Supplementis verm. ... von Johann Gottlob Klingnern. — Frankfurt [usw.]: Riegel 1748. 798 S. 8°
Sondert.: Klingner, Johann Gottlob: Supplementa zu D. Johann Jodoci Becks ... Tractatu de iurisdictione forestali. Nürnberg: Riegel 1748.
1: Gm 10309. 3. 7. 12: 4° J. germ. 14. 14. 16. 17. 19. 20. 21. 23. 25. 27. 29. 31. 32. 35. 36. 38. 39. 43. 61. 208. 302. 308.
14.4904

— — Nunmehro bey dieser 4. Aufl. mit Supplementis verm. ... von Johann Gottlob Klingnern. — Ebd. 1767. 640 S. 8°
Sondert.: Klingner, Johann Gottlob: Johann Gottlob Klingers [!] Supplementa zu D. Johann Jodoci Becks ... Tractatu de iurisdictione forestali. Nürnberg: Riegel 1767.
1: Gm 10310. 21. 24. 25. 28. 75. 302.
14.4905

— Tractatus de iurisdictione vogteiica immediata, von der ohnmittelbahren vogteylichen Obrigkeit. — Nürnberg: Lochner 1738. 660 S. 8° 1: Gz 7330. 2. 4→7. 9. 10. 12: 4° J. publ. G. 122. 14. 16. 17. 19. 20. 21. 23→27. 29→34. 36. 39. 52. 66. 75. 300: 35 J 1. 302. 304. 307.
14.4906

— — Ebd. 1756. 660 S. 8°
12: 4° J. publ. G. 122c. 19. 31. 39. 208. 308.
14.4907

— de jurisdict. Vogteiica. 4. Nürnb. 757. Lochner. 1 ℔

— De Vidimus sive copiis vidimatis. Von vidimirten Urkunden und Abschrifften. [Resp.:] Carolus Christophorus Stockmarus. Recus. — Altorfii Nor.: Grebner 1745. 39 S. 8° Erschien zuerst als Diss. Altdorf 1724.
2. 4. 5. 7. 9. 11. 12: 4° Diss. 2135–5. 16. 17. 19. 23. 24. 28. 36. 75. 208. 300: 128.050–B.
14.4908

Beck, Johann Jodokus: Vollständ. Wechselrecht, s. Beck, Johann Adam

Beck, Johann Ludwig: Die Bemerkungen und Melodienangaben zu der neuen Auflage des Gesangbuchs für die protestantische Gesammt-Gemeinde des Königreichs Baiern von A.N.R. — Sulzbach: Seidel in Komm. 1819. 16 S. 8° 1: Mus. Cb 178. 12: Liturg. 36 t [2 Ex.] 18. 75.
14.4909

— Ein Blick auf die Presbyterien im Geiste Luther's. Oder: Ernste Stimmen aus d. Vergangenheit u. Gegenwart an diejenigen meiner evangelisch-lutherischen Landsleute, welche gegen d. sittliche Zucht protestiren. — München 1822: Fleischmann. 72 S. 8° 12: Bavar. 212–1. 19. 75.
14.4910

— Zweiter Blick auf die Presbyterien im Geiste Luther's, oder fortgesetzte historische Nachweisung, daß weltliche Kirchenvorstände u. Kirchenzucht von jeher in d. evangelisch-lutherischen Kirche bestanden haben u. noch bestehen. — Sulzbach: Seidel 1823. 140 S. 8°
12: Bavar. 212–2. 32.
14.4911

— Erinnerung an die Wohltaten, die Gott seit 25 Jahren der evangelischen Gemeinde in München erzeigt hat. Eine Predigt zum Andenken an d. Gründung dieser Gemeinde. Nebst e. Festgesang von Witschel. — München 1824: Fleischmann. 24 S. 8° 12: Don. Lud. XXXIII, 7.
14.4912

— Ermahnungen an die evangelische Jugend am Reformations-Jubelfeste 1817. — München: Seybold [1817]. 16 S. 8° 12: H. ref. 18 o. 21.
14.4913

— Gebet um den Segen der Vorsehung zu der neuen Verfassung des Reichs, gesprochen am Geburtstage Sr. Majestät des Königs. — München 1818. 8 S. 8°
12: Bavar. 781 u/1.
14.4914

— Das heilige Band zwischen Regenten und ihren Völkern ist Gottes Werk. Eine Predigt, am Namensfeste Ihrer Majestät der Königin. — Sulzbach 1822: Seidel. 16 S. 8°
12: Hom. 112 p. 19.
14.4915

— Melodienbüchlein f. Schulen, zur Beförderung d. richtigen Kirchengesanges. qu. 4. Sulzb. 819. (v. Seidel). 8 gl.

Beck, Johann Ludwig

— Rede am Grabe des Herrn Christian Friedrich Bährenstecher. — München 1818. 8 S. 8° 12: Bavar. 4339 l.
14.4916

Beck, Dr. Joh. Ludw. (Pfarrer u. Schulinsp.), *Rede* bei d. feierlichen *Legung d. Grundsteines z. neuen protestant. Pfarrkirche in München*, am 5. August 1827. Zum Besten unglücklicher Mitchristen in Griechenland. München, Gedr. b. E. A. Fleischmann. 4°. 8 S. Cart.

— Rede an das Volk nach der Hinrichtung des Raubmörders Georg Wengert aus Foretsweiler im Königreich Würtemberg. — Dat. München 27. Jan. 1821. 4 S. 4°
12: 4° Exeg. 195 k/1.
14.4917

— Reden und Gesänge bei dem am 7. März 1832 zu Vach gefeierten constitutionellen Bürger-Feste. — [Fürth i. B. 1832]: Volkhart. 16 S. 8° 75.
14.4918

— Sendschreiben an d. evangel. Gemeinde in München über d. vielbesprochene Erbauungsbuch. 8. Münch. 820.

— Warum warnt Jesus so nachdrücklich vor falschen Propheten und Wunderthätern? Predigt. — Sulzbach 1821: Seidel. 24 S. 8° 12: Bavar. 4004–I, 10. 19. 22. 302.
14.4919

— warum warnt Jesus so nachdrückl. vor falschen Propheten u. Wunderthätern? eine Predigt. gr. 8. Sulzb. 822. v. Seidel. 2 gl.

— Was erleichtert dem Religionslehrer und Seelsorger seinen Abschied von einer geliebten Gemeinde? Abschiedspredigt in d. protestantischen Hof- u. Pfarrkirche zu München am 26. April 1829. — München 1829: Fleischmann. 29 S. 8°
12: Bavar. 212 c. 21. 207.
14.4920

— Wodurch äußert sich ein wahrhaft evangelischer Sinn? Predigt. — München: Seybold [1817]. 23 S. 8°
1: 2 in Cn 21122. 21.
14.4921

Beck, Johann Ludwig Wilhelm: Anleitung zum Referiren und Decretiren. — Leipzig: Cnobloch 1839. VIII, 198 S. 8°
4. 7. 14. 15. 18. 27. 30. 45. 48. 106. 111. 208. 303.
14.4922

— — Leipzig: Roßberg [1839]. VIII, 198 S. 8° 16.
14.4923

Beck, Joh. Ludw. Wilh., Bemerkungen üb. d. Criminalgerichtsstand im Königr. Sachsen. gr. 8. (4 B.) Leipzig 842, B. Tauchnitz jun.

— Corpus juris civilis, s. Corpus.

Beck, Joh. Ldw. Wlh., das Executionsgesetz vom 28. Febr. 838, mit Anmerkk. gr. 8. Leipzig 839. Tauchnitz jun. 1/2 ℔

Beck, Jo. Lud. Guil., de iniquitate temporum nostrorum, in iudicando rerum publicarum statu passim conspicua, commentatio. 4. (1½ B.) Lipsiae 831, (Cnobloch.)

— De Iniquitate temporum nostrorum in iudicando rerum publicarum statu passim conspicua commentatio. — Lipsiae 1831: Melzer. 12 S. 8°
Glückwunsch d. Königlichen Schöffenkollegiums zu Leipzig zum 50jährigen Doktorjubiläum des Dr. Friedrich Huldreich Karl Siegmann.
1: F 3369. 10. 14. 15. 17. 24.
14.4925

— **Joh. Ludw. Wilh.** (Leipzig), De Fabio Mela juris consulto eiusque fragmentis. Präs. Christ. Gottl. Haubold. Lpz. (Saalbach) 10. VI. 1806. 60 S. (4.50) 1643

— — De vera furti consummati notione. Lpz. (J. W. Ackermann) 19. IX. 1809. 36 S. (4.50) 1645

— — u. **Chn. Friedr. Heinr.** (Brüder), Observationes de Romanorum disciplina publica medica ad illustr. veterum scriptorum et juris civilis loca. Lpz. (Ackermann) 22. III. 1809. 28 Seiten (4.—) 1644

Beck, Jh. Ldw. Wlh., indicis codicum et editionum juris Justinianei prodromus. 8. Leipz. 822. Weidmann. 10 gr

— Indicis codicum et editionum Iuris Justinianei Prodromus. — Lipsiae: G. Reimer 1823. 111 S. 8°
1:Gb 368. **2. 5. 6. 8. 10. 12:**J. rom. c. 25d. **14. 15. 16. 18. 21. 22. 23. 28. 30. 48. 208. 303.**
14.4926

BECK, J. L. Guil.: Indicis codd. et editt. jur. Justinianei prodromus. *Lips.*, Weidmann. 823. gr. 8. (10 Gr.)

Beck, Johann Ludwig Wilhelm
— — Solemnia doctoris juris a juris consultorum ordine creati. Praem. quaestio de judicio legislatoris in conficiendo legum civilium codice eoque maxime ab exteris petendo. Königsberg/Pr. (Hartung) 18. VII. 1812. 15 S. (2.—) 1646

— über Versäumnisse und deren Entschuldigung bei Actiengesellschaften. Aus dem 1. Hefte der „Zeitschrift für Rechtspflege u. Verwaltung ꝛc." besond. abgedr. gr. 8. Leipzig 838. Tauchnitz jun. 1/8 rß

Beck, Johann Nepomuk: Baden in Nieder-Oesterreich. — Wien: Heubner in Comm. 1822. 232 S. 8° 1:Ir 32140 [u.] 2 in Ir 32144. **11. 15. 121. 300:** •46 W 27. **302. 308.**
14.4927

— [Hrsg.] s. *Chronik* der Heilquellen von Baden in Oesterreich. 1827 [Zeitschriften].

Beck, Johann Philipp, Dekan, Nördlingen, geb. 1766. 1817: Predigt am dritten Jubelfeste der Reformation, den 31. Oktober 1817, in der Hauptkirche zu Nördlingen. — Nördlingen: Beck [1817]. 53 S. 8° **12:**Hom. 112 s. 21.
14.4929

Beck, J. P., Predigt am dritten Jubelfeste d. Reformation, d. 31. Oct. 1817. 8. Nördl. 818. Beck. 3 gr

— Verzeichniss der von dem verstorbenen Herrn Dekan Beck in Nördlingen nachgelassenen Bücher-Sammlung. [Auktionskat.] — Nürnberg: Börner [1841]. 101 S. 8° **12:**Cat. LXXIX,12.
14.4930

Beck, Johann Renatus Wilhelm
Der Name d. Verfassers erscheint auch in d. Form Johann Wilhelm Beck.

Beck, J. R. W., Aphorismen zur Philosophie der franz. Sprachlehre. 8. Leipz. Herzog. 801.

(—) Aphorismen zur Philosophie der französischen Sprachlehre. — Leipzig: Leupold 1801. VI,105 S. 8° **1:**Xs 2505. **15**
14.4931

— Auctarium Lexici Latino-Graeci manualis ex optimis scriptoribus Graecis collectum a Joh. Ren. Guil. Beckio. — Lipsiae: Hinrichs 1828. VIII S., 106 Sp. 8° **15.**
14.4932

Beck, Johann Renatus Wilhelm: Begriff aller Künste . . . u.: Blicke der Zufriedenheit in d. Himel, s. Beck, Johann Georg

— Dictionnaire d'idiotismes françois. 2. éd., augm. 1800 s. *Beck:* Handwörterbuch französischer Idiotismen [Geist der französischen Sprache. 2., verm. Ausg.]

— Die Eigenthümlichkeiten der französischen Sprache, in einem Grundrisse für mündliche Vorträge. — Leipzig: Hinrichs 1832. IV,120 S. 8° **15. 30. 33. 35. 207.**
14.4933

Beck, Johann Renatus Wilhelm, s. Esprit de la lang. franc.

[—] Geist der französischen Sprache; oder Sammlung von Idiotismen, Sprüchwörtern u. auserlesenen Redensarten . . . Ein Handbuch für Deutsche. — Leipzig: Reinicke 1796. VIII,VIII,480 S. 8°
Nebent.: Esprit de la langue françoise. **1:**Xs 1940. **27. 109.**
14.4934

— Praktisches Handbuch für Reisende durch Europa und Nord-Asien. Neue Ausg. Th. [1.] 2. — Leipzig: Hinrichs [1809]. 8°
Selbständige Ausg. von Th. 2 s. *Beck:* Topographisches Handwörterbuch für Reisende. 1809.
10 [unvollst.] **14. 15. 35** [∞2]. **117.**
14.4936

— prakt. Handbuch f. Reisende durch Europa u. Nord-Asien ꝛc. 2 Bde. 8. Leipz. 810. 2e A. 813. Hinrichs. Mit 2 Karten. 2 rß 16 gr ohne Karten 2 rß

— — **dasselbe franz. od. Manuel** du voyageur en Europe et dans le nord de l'Asie etc. 8. Ebend. 810.
Belinp.

— — Handwörterbuch französischer Idiotismen. Oder Sammlung eigenthümlicher Redensarten, welche d. Geist d. franz. Sprache u. ihr Verhältniss zu d. deutschen bezeichnen. 2., verm. Ausg. — Leipzig: Reinicke & Hinrichs 1800. 480 S. 8°
Nebent.: Beck: Dictionnaire d'idiotismes françois. 2. éd., augm.
14. 33. 304.
14.4935

— — dasselbe in franz. Sprache. 8. Ebend. 800.

— Topographisches Handwörterbuch für Reisende durch Europa und Nord-Asien oder kurze Beschreibung aller merkwürdigen Städte u. Ortschaften. — Leipzig: Hinrichs 1809. 242 S. 8°
Die Schrift ist eine selbständige Ausg. von Beck: Praktisches Handbuch für Reisende. Th. 2. **15.**
14.4937

Beck, Johann Renatus Wilhelm: Meine Launen . . ., s. Beck, Johann Georg

Beck, Johann Renatus Wilhelm, s.a. Leben Bonaparte's, ersten Consuls.

— Leben Bonaparte's Ersten Consuls der Französischen Republik, von seiner Geburt bis zum Frieden mit England. — Leipzig: Hinrichs 1802. XIV,144 S. 8° **8. 46. 302.**
14.4938

— Leben des ersten Consuls Bonaparte. m. K. u. Chart. 8. Leipz. Hinrichs. 805.

— Leitfaden für den ersten Unterricht in der französischen Sprache auf deutschen gelehrten Schulen. Mit Andeutungen für e. höhern Cursus. — Leipzig: Cnobloch 1823. VI,119 S. 8° **14.**
14.4939

Beck, Johann Renatus Wilhelm
— Lexicon Latino-Graecum manuale in usum scholarum. Acc. index prosodicus. — Lipsiae: Hinrichs 1817. XII S., 716 Sp., S. 718–730. 8° **3. 15. 19. 33. 38. 78.**
14.4940

— Lexicon Latino-Graecum manuale in usum scholarum. Accedit Index prosodicus. 8. Leipz. 817. (Ed. N.) 828. Hinrichs. 1 ℛ 4 ℊ Schrbp. 1 ℛ 14 ℊ

— Nouv. manuel du voyageur en Europe et dans le nord de l'Asie etc. 2 Tom. avec 2 cartes. 8. Leipz. 810. 2e A. 813. Hinrichs. 2 ℛ Mit Kart. 3 ℛ

— Joh. Ren. Wilhelm u. Friedr. Gotthilf Klopfer, Quaestionum de originibus linguae Francogallicae spec. Lpz. (J. W. Ackermann) 11. IV. 1810. 75 S. (4.80) 1649

— — Dasselbe. (Ohne Angabe d. Mitverf. Klopfer.) (4.50) 1650

— quaestionum de origin. linguae franco-gall. specimen. 8maj. Leipz. 810. Beygang. 8 ℊ

Beck, Johann Renatus Wilhelm: Reisebuch f. Professionisten auf d. Wanderschaft, s. Beck, Johann Georg

— [Übers.] s. *Romilly*, Jean Edme: Predigten über verschiedene Gegenstände der Religion und Sittenlehre [Sermons sur divers textes de l'Écriture sainte, deutsch]. 1787.

— u. L. Möller, Tabellen d. französ. Conjugationen. gr. Fol. Merseb. 780. 2e Ausg. 812.

Beck, Johann Renatus Wilhelm: Freymüthige Unterhaltungen ..., s. Beck, Johann Georg

Beck, Johann Tobias: Abschiedsrede gehalten den 5. Juni 1836 zu Mergentheim. — [Mergentheim]: Evang. Gemeinde [1836]. 28 S. 8° 24.●
14.4942

Beck, J. T., Abschiedsrede, gehalten den 5. Juni 1836 zu Mergentheim. 8. Stuttgart 838. (Belser.) 1/12 ℛ

— Die genetische Anlage des christlichen Lebens. Hrsg. von Jul. Lindenmeyer. — Gütersloh: Bertelsmann 1882. X, 407 S. 8° (Beck: Vorlesungen über christliche Ethik. 1.) 1:D 6235-1. 2. 3. 5→11. 15. 16. 18. 20. 21. 24. 26. 28. 30. 43. 45. 46. 48.
14.4943

Beck, J. T., Ansprache bei Eröffnung der Vorlesungen über christliche Glaubenslehre am 22. Oktbr. 1875. 8. (5 S.) Tübingen 875, (Lindenmaier.)

— Ueber die wissenschaftliche Behandlung der christlichen Lehre. Eine akademische Antrittsrede, gehalten zu Basel ... 1836. — Basel: Spittler [1836]. 32 S. 8° 21. 24. 48.
14.4944

Beck, J. T., über d. wissenschaftl. Behandlung d. christl. Lehre. Eine akadem. Antrittsrede, gehalt. zu Basel d. 7. Nov. 1836. gr. 8. (2 B.) Basel 837, [Bahnmaier.]

Beck, J. T., über die wissenschaftliche Behandlung der christlichen Lehre. Eine akadem. Antrittsrede, gehalten zu Basel den 7. Novbr. 1836. Erneuerter Abdr. gr. 8. (32 S.) Tübingen 865, Osiander'sche Buchh. *

Beck, JT, üb. d. wiss. Behandlg d. christl. Lehre. 8. (32) Tüb. 65. (Heilbr., Scheurlen's V.) n. — 4

Beck, J. T., über die wissenschaftliche Behandlung der christlichen Lehre. Eine akadem. Antrittsrede, gehalten zu Basel den 7. Novbr. 1836. Erneuerter Abdr. Tübingen 869. Osiander. gr. 8. (32 S.) n. 4 *ngr.*

Beck, Joh. Tob., über die wissenschaftliche Behandlung der christlichen Lehre. Eine akadem. Antrittsrede, geh. zu Basel den 7. Novbr. 1836. Auf Verlangen erneuerter Abdr. Neue (Titel-)Ausg. gr. 8. (32 S.) Heilbronn 878. Scheurlen's Verl. n. — 40

— Briefe und Kernworte. Hrsg. von J. Lindenmeyer u. P. v. Zychlinski. — Gütersloh: Bertelsmann 1885. 280 S. 8° 1: Be 9835. 6. 9. 21. 24. 51. 123.
14.4947

— der neue und der alte Christus. Predigt am Palmsonntag 1864. gr. 8. (24 S.) Stuttgart 864, J. F. Steinkopf. *

— — Rede. Neuer Abdr. Gütersloh: Bertelsmann 1893. 23 S. 8° 1: Ec 19286. 6. 123.
14.4949

— Einleitung in das System der christlichen Lehre oder propädeutische Entwicklung der christlichen Lehr-Wissenschaft. — Stuttgart: Belser 1838. XII, 295 S. 8° 1: Cw 11298. 4. 7. 8. 15. 16. 21. 24. 26. 27. 29. 30. 33. 44. 48.
14.4950

Beck, J. T., Einleitung in das System der christlichen Lehre oder propädeutische Entwicklung der christlichen Lehrwissenschaft. Ein Versuch. 2. verm. Aufl. gr. 8. (XII, 294 S.) Stuttgart 870, J. F. Steinkopf. *

— Die pädagogische Entwicklung des christlichen Lebens. Hrsg. von Jul. Lindenmeyer. — Gütersloh: Bertelsmann 1883. VIII, 472 S. 8° (Beck: Vorlesungen über christliche Ethik. 2.) 1: D 6235-2. 2. 3. 5→11. 15. 16. 18. 20. 21. 24. 26. 28. 30. 43. 45. 46. 48.
14.4952

Beck, Johann Tobias
— Erklärung der zwei Briefe Pauli an Timotheus. Hrsg. von Jul. Lindenmeyer. gr. 8. (VIII, 338 S.) Gütersloh 879, Bertelsmann. *

— Erklärung der Briefe Petri. Hrsg. von Jul. Lindenmeyer. Gütersloh: Bertelsmann 1896. VI, 300 S. 8° 1: Bt 13832. 2. 5. 6. 9. 11. 12: Exeg. 91 hg. 15. 21. 24. 28. 64.
14.4955

— Erklärung des Briefes Pauli an die Epheser nebst Anmerkungen zum Brief Pauli an die Kolosser. Hrsg. von Jul. Lindenmeyer. — Gütersloh: Bertelsmann 1891. XII, 271 S. 8° 1: Bt 8088. 3. 5. 6. 7. 9. 15. 21. 24. 28. 29. 30. 48. 64.
14.4953

— Erklärung des Briefes Pauli an die Römer. Hrsg. von Jul. Lindenmeyer. Hälfte 1.2. — Gütersloh: Bertelsmann 1884. 8° 1: Bt 3399. 2→11. 12: Exeg. 91 hf. 15. 16. 18. 21. 24. 25. 28. 29. 30. 43. 46. 48. 64. 70. 302.
14.4954

— Erklärung der Propheten Micha und Joel nebst e. Einl. in d. Prophetie. Hrsg. von Jul. Lindenmeyer. — Gütersloh: Bertelsmann 1898. VII, 246 S. 8° 1: Bo 9598. 3. 5. 6. 7. 9. 10. 11. 15. 21. 24. 26. 27. 30. 302. 303.
14.4957

— Erklärung der Propheten Nahum und Zephanja nebst e. prophetischen Totalbild d. Zukunft. Hrsg. von H. Gutscher u. J. Lindenmeyer. — Gütersloh: Bertelsmann 1899. VI, 168 S. 8° 1: Bo 9882. 3. 6. 9. 15. 21. 24. 28. 46. 302. 303.
14.4958

— Erklärung der Offenbarung Johannis Cap. 1—12. Hrsg. von Jul. Lindenmeyer. gr. 8. (IV, 221 S.) Ebendas. 883. *

— Erklärung der Offenbarung Johannis Cap. 1-12. Hrsg. von Jul. Lindenmeyer. — Gütersloh: Bertelsmann 1884. IV, 221 S. 8° 1: Bt 17393. 2→6. 8→11. 12: Exeg. 91 hd. 15. 21. 24. 28. 29. 43. 48. 64.
14.4959

— Die ethische Erscheinung des christlichen Lebens. Hrsg. von Jul. Lindenmeyer. — Gütersloh: Bertelsmann 1883. VIII,222 S. 8° (Beck: Vorlesungen über christliche Ethik. 3.)
1:D 6235-3. **2. 3. 5→11. 15. 16. 18. 20. 21. 24. 26. 28. 30. 43. 45. 46. 48.**
14.4960

Beck, JT: Das alte Evangelium — göttl. Weish. Ein Jahrg. Predigten. (676 m. Bildn. u. Hauschronik 8 m. Abb.) gr8° Reutl., Ensslin & L. ('11). L 3 — d

— Die Geburt des christlichen Lebens, sein Wesen und sein Gesetz. Ein Bruchstück aus d. christlichen Sittenlehre. — Basel: Spittler in Comm. 1839. IV,XI,98 S. 8°
Forts. s. Beck: Die christliche Menschen-Liebe, das Wort u. d. Gemeinde Christi. 2. Stück aus d. christlichen Sittenlehre. 1842.
1:D 5794. **8. 20. 21. 24. 27. 30.**
14.4961

—— die Geburt d. christl. Lebens, sein Wesen u. sein Gesetz. Ein Bruchstück aus d. christl. Sittenlehre, zur Erinnerung f. seine Zuhörer u. Freunde hrsg. gr. 8. (7 B.) Basel 840. (Bahnmaier.)

— die Geburt des christl. Lebens, sein Wesen und sein Gesetz. Ein Bruchstück aus der christl. Sittenlehre, zur Erinnerung für seine Zuhörer und Freunde herausg. gr. 8. Basel 840. (Spittler u. Comp.) 1/2 ₰

—— 1) Die Geburt des christlichen Lebens, sein Wesen und sein Gesetz. 2) Die christliche Menschenliebe, das Wort und die Gemeinde Christi. — Stuttgart: Steinkopf 1872. 303 S. 8° (Beck: Die christliche Liebeslehre. 1.)
1:D 6152-1. **2. 3. 5. 9. 21. 24. 27→30. 48. 93.**
14.4962

— Gedanken aus und nach der Schrift für christliches Leben und geistliches Amt. — Frankfurt a.M. [usw.]: Heyder & Zimmer 1859. IV,96 S. 8° **15. 21. 29.**
14.4963

—— 2., verm. Aufl. Heilbronn: Scheurlen [1868]. IV, 200 S. 8° **4.**
14.4964

—— 2., verm. Aufl. Tübingen: Osiander 1868. IV,200 S. 8° **9. 18. 24. 26. 29. 43.**
14.4965

—— Gedanken aus und nach der Schrift für christliches Leben und geistliches Amt. 2. verm. Aufl. 1868. Neue Ausg. gr. 8. (IV, 200 S.) Tübingen 872, Osiander'sche Buchh. [Heilbronn, Scheurlen's Verlag.] *

—— Gedanken aus und nach der Schrift für christliches Leben und geistliches Amt. 3. verm. Aufl. gr. 8. (VII, 205 S.) Heilbronn 876, Scheurlen. * ℳ 2,70.; geb. ** geb. mit Goldschn. **

— Gedanken aus u. nach der Schrift f. christliches Leben u. geistliches Amt. 3., verm. Aufl. Neue (Titel-)Ausg. gr. 8. (VII, 205 S.) Heilbronn 893. A. Scheurlen's Verl. n. 2. 70

—— 4., verm. Aufl., hrsg. von J. Lindenmeyer. Gütersloh: Bertelsmann 1900. VIII,221 S. 8° 1:Dp 7078[4]. **6. 30. 79.**
14.4967

—— dass. — Neue Folge. gr. 8. (104 S.) Ebendas. 868. *

— Gedanken aus u. nach der Schrift f. christliches Leben u. geistliches Amt. Neue Folge. gr. 8. (III, 164 S.) Heilbronn 878. Scheurlen's Verl. n. 2. 40; geb. n.n. 3. 10; m. Goldschn. n.n. 3. 25; (1. u. 2.: n. 5. 10)

— dasselbe. Neue Folge. Neue (Titel-)Ausg. gr. 8. (164 S.) Ebd. 893. n. 2. 40

— 1. Gegenwart und Zukunft der Kirche von J.T. Beck. (Bearb.: Ph. Gust. Hauck.) 2. Pietismus und Orthodoxie in Baden, ihr sittlicher Abfall vom Christentum. (Verf.: Ph. Gust. Hauck.) — Bühl (Baden) [1894]: Konkordia. 24 S. 8° **30. 31.**
14.4968

—— Het geloof aan den Vader, Zoon en heiligen Geest. Leerrede over Matthéüs 28, 18—20. gr. 8. (16 S.) Stuttgart 864. (Leer, Meyer.) k

— [Der Glaube an den Vater ..., holl.] Het geloof aan den Vader, Zoon en heiligen Geest. Leerrede over Matthéüs 28,18-20. — (Stuttgart [1864]: Steinkopf.) 16 S. 8° **24.**
14.4969

— der neue u. der alte Glaube. Rede. Neuer Abdr. gr. 8. (23 S.) Gütersloh 893. C. Bertelsmann. n. — 40

— Der Grundfehler unsrer Zeit. Predigt über Luc. 3,2-18. Basel 1851: Detloff. 18 S. 8° **24.**
14.4970

—— Kirche und Staat und ihr Verhältniß zu einander. Nach den Vorlesungen des Verf. und mit dessen Ermächtigung hrsg. von Jul. Lindenmeyer. gr. 8. (IV, 56 S.) Tübingen 870, Osiander'sche Buchh. [Heilbronn, Scheurlen's Verlag.] *

—— Kirche und Staat und ihr Verhältniß zu einander. Nach den Vorlesungen mit dessen Ermächtigung hrsg. von Jul. Lindenmeyer. Neue (Titel-)Ausg. gr. 8. (IV, 56 S.) Ebendas. (870) 878. *

— Die Lehre von den Sakramenten. — Stuttgart: Steinkopf 1874. XII,275 S. 8° (Beck: Die christliche Liebeslehre. 2.)
1:D 6152-2. **2. 3. 5. 9. 21. 24. 27→30. 48. 93.**
14.4971

— Die christliche Lehr-Wissenschaft nach den biblischen Urkunden. Th. 1. — Stuttgart: Belser 1841. XVI,647 S. 8°
1. Die Logik d. christlichen Lehre.
1:Cw 11300. **2. 3. 5. 7→11. 15. 16. 19. 20. 21. 24. 25. 27→30. 38** [unvollst.] **48. 79. 123. 302.**
14.4972

—— die christliche Lehr-Wissenschaft nach den biblischen Urkunden. Ein Versuch. 1. Thl.: Die Logik der christl. Lehre. 2. Aufl. gr. 8. (608 S.) Stuttgart 875, J. F. Steinkopf. *

— Leitfaden der christlichen Glaubenslehre für Kirche, Schule und Haus (2: Leitfaden der christlichen Glaubenslehre). Abth. 1.2. — Stuttgart: Steinkopf 1862. 8°
1. Lehrsätze. 2. Bibeltext.
Forts. s. Beck: Die christliche Liebeslehre. 1872-74.
2. 3. 5. 7. 9. 12[°°2]: Dogm. 1207m. **15. 21. 24. 27. 28. 29. 44. 62.**
14.4974

—— Leitfaden der christlichen Glaubenslehre für Kirche, Schule und Haus. 2 Abthlgn. [Lehrsätze. — Bibeltext.] 2. verb. Aufl. gr. 8. (XL, 264; 870 S.) Stuttgart 869, J. F. Steinkopf. *

—— dass. — im Auszuge, s. Lindenmeyer, Jul., christliche Glaubenslehre.

— Gottes Liebe gegen die Sünder. Predigt am 2. Sonntag nach Trinitatis über Lukas 15,11-32. — Stuttgart 1853: Hasselbrink. 24 S. 8° **24.**
14.4976

Beck, J. T., die christliche Liebeslehre. Fortsetzung des „Leitfaden der christl. Glaubenslehre". 1. und 2. Abthl. gr. 8. Stuttgart, J. F. Steinkopf. *
Inhalt:
Abthl. 1. 1) Die Geburt des christlichen Lebens, sein Wesen und sein Gesetz. 2) Die christliche Menschenliebe, das Wort und die Gemeinde Christi. (303 S.) 872. * ℳ 3,60.
" 2. Die Lehre von den Sakramenten. (XII, 276 S.) 874. * ℳ 3,80.

— Die christliche Menschen-Liebe, das Wort und die Gemeinde Christi. 2. Stück aus d. christlichen Sittenlehre. (Fortsetzung d. im Jahre 1839 erschienenen 'Geburt des christlichen Lebens'.) — Basel: Bahnmaier 1842. VII, 152 S. 8° 1:an D 5794. **5. 8. 21. 24. 27.**
14.4978

— — Die christliche Menschenliebe, das Wort und die Gemeinde Christi. 1872
in: *Beck:* Die Geburt des christlichen Lebens.

— Pastorallehren des Neuen Testamentes, hauptsächlich nach Matth. 4-12 und Apostelg. 1-6. Hrsg. von Bernhard Riggenbach. — Gütersloh: Bertelsmann 1880. XII,312 S. 8°
1: Dp 2110. 2. 3. 4. 6. 7. 10. 11. 12: Past. 24 li. 15. 21. 24. 25. 27. 28. 29. 38. 44. 48. 123. 302.
14.4979

— Pastorallehren d. Neuen Testamentes, hauptsächl. n. Matth. 4—12 u. Apostelg. 1—6. Hrsg. v. Bernh. Riggenbach. 2. Aufl. gr. 8. (XIV, 312 S.) Ebd. 895. n. 5. —; geb. n. 6. —

— Predigt am Sonntag Exaudi 1847. Gehalten zu Tübingen. Stuttgart [1847]: Belser. 26 S. 8° **24.**
14.4981

— — 2. Aufl. Ebd. [1847]. 26 S. 8° **24.**
14.4982

— Predigt am Osterfest 1847. Gehalten zu Balingen. — Stuttgart [1847]: Belser. 23 S. 8° **24.**
14.4983

Beck, Johann Tobias

— Christliche Reden. H. 1. — Stuttgart: Hoffmann in Comm. 1834. X,164 S. 8° **21.**
14.4984

Beck, J. T., christliche Reden. 1. Hft. gr. 8. (11 B.) Stuttgart 834, (Welse.)

— christl. Reden. 1s Hft. gr. 8. Stuttgart 834. (Hoffmann.) 1/3 ℛ 2r Abdr. 1r Bd. 3 Hfte. gr. 8. Ebd. 836. Belser'sche Buchh. n. 3/4 ℛ 2r Bd. 3 Hfte. 8. Ebd. 838. 3/4 ℛ (1r u. 2r Bd. 1 1/2 ℛ)

—— dass. — Mit einem Sachregister und Verzeichniß etlicher erklärter Bibelstellen. 1. Sammlung. 2. Aufl. gr. 8. (XII und 856 S.) Stuttgart 858, J. F. Steinkopf. *

—— christliche Reden. 2. Sammlung. 2. Aufl. der „Neuen Folge christlicher Reden" nebst Casual-Reden. gr. 8. (IV und 404 S.) Stuttgart 867, J. F. Steinkopf. *

Beck, J. T., christl. Reden. 3. Sammlung. gr. 8. (XII u. 652 S.) Stuttgart 847, Belser. 2 ℛ 6 ngr (— 1. u. 2. Bd. Ebd. 834—38. 1 1/2 ℛ — Neue Folge. Basel 842, Bahnmaier. n. 2/3 ℛ)

—— dass. — 3. Sammlung. 2., mit Sachregister und Verzeichniß einiger außer den Texten selbst erklärter Bibelstellen verm. Aufl. gr. 8. (XII und 671 S.) Tübingen 862, Moser. *

—— christliche Reden. 3. Sammlung. 2. Aufl. Mit einem Sachregister und Verzeichniß etl. erklärter Bibelstellen. 8. (641 S.) Stuttgart 869, J. F. Steinkopf. *

Beck, J. T., christliche Reden. 4. Sammlung. gr. 8. (III und 804 S.) Stuttgart 856(57,) J. F. Steinkopf. *

—— christliche Reden. 4. Sammlung. 2. Aufl. Mit einem Sachregister und Verzeichniß erklärter Bibelstellen. In 4 Lfgn. gr. 8. (II, 919 S.) Tübingen 879, Fues'sche Sortimentsh. * ℳ 6,50.; geb. *

—— christliche Reden. 5. Sammlung. 1—4. Heft. gr. 8. Stuttgart 857—60, J. F. Steinkopf. [1. Heft. (II und 192 S.) * 12 1/2 Ngr., 2. (II und S. 193—392.) * 12 Ngr., 3. (II und S. 393—582.) * 12 Ngr., 4. (II und S. 583—850.) * 12 Ngr.] * 1

Beck, Jos., christliche Reden. 5. Sammlg. 3. u. 4. Heft. — 6. Sammlg. 1. Hft. Stuttgart 860—63. J. F. Steinkopf. gr. 8. (5.: S. 393—850.; 6.: S. 1—192.) Jedes Hft. n. 12 ngr.

—— dass. — 5. Sammlung. 2. Aufl. Mit einem Sachregister und Verzeichniß etl. erklärter Bibelstellen. 2 Bde. gr. 8. (822 S.) Ebendas. 871. *

—— dass. — 5. Sammlung. [52 Predigten.] 3. (Titel-)Ausg. Mit einem Sachregister und Verzeichniß etlicher erklärter Bibelstellen. 2 Hälften. gr. 8. (822 S.) Stuttgart (875)879, J. F. Steinkopf. *
1. und 6. Sammlung. Stuttgart, J. F. Steinkopf (à * ℳ 4,50.) vergriffen, 2. und 3. Sammlung. Ebendas. * ℳ 7,10.

—— dass. — 6. Sammlung. 1.—3. Heft. gr. 8. (682 S.) Stuttgart 864—66, J. F. Steinkopf. à Heft * 12 Ngr. *

—— dass. — 6. Sammlung. 4. Heft. gr. 8. (S. 683—750.) Ebendas. 870. *
1.—3. Heft. Ebendas. 1864—66. * ℳ 3,60.

— — Christliche Reden zur Erbauung auf alle Sonn- und Fest-Tage des ganzen Jahres (2f.: Christliche Reden). Bd (3-6: Samml.) [1-]6. — Stuttgart: Belser (2: Basel: Bahnmaier; 4ff.: Stuttgart: Steinkopf) 1837-70. 8°
[1.] Christliche Reden ... 1.2. 1. (2. Abdr.) 1837. 2. 1838.
[2.] Neue Folge christlicher Reden. 1842.
3-6. 1847-70.
1. 3-6 . . . **1: 1 = Ec 10938; 3-6: Ec 10940-3/6.**
1.2.4.5 . . . . **8.**
1.4.5 . . . . **3.**
1 . . . . **5.**
2-4 . . . . **4.**
2 . . . . **7.**
3-6 . . . . **302.**
4-6 . . . . **9. 11.**
5 . . . . **12: Hom. 2046 c.**
14.4985

— — Christliche Reden zur Erbauung auf alle Sonn- und Festtage des ganzen Jahres (2ff.: Christliche Reden). 2. Aufl. Samml. 1-5. — Stuttgart: Steinkopf (4: Tübingen: Fues) 1858-80. 8°
1. 1858.
2. 2. Aufl. d. 'Neuen Folge christlicher Reden' nebst Casual-Reden. 1867.
3. 1869.
4. Beck: Die alte Wahrheit für d. neue Zeit. 1880.
5. Mit e. Sachreg. u. Verzeichniß etlicher erklärter Bibelstellen. 1871.
Vollst. . . . . **18. 24.**
Unvollst. . . **1: 1.2 = Ec 10940-1.2; 4 = Ec 10941. 3. 4. 9. 11. 15. 17. 21. 29. 43. 211. 302.**
14.4986

— Die Schule der Krankheit. 3. Aufl. — Basel: Verl. christl. Schriften 1887. 24 S. 8°
Erschien zuerst in: Beck: Christliche Reden. 3. 1847. **26.**
14.4991

—— zur Stärkung des Glaubens. Luk. 18, 8. Offenb. 14, 12. 5 Reden. gr. 8. (96 S.) Stuttgart 865, J. F. Steinkopf. *
Aus: 6. Sammlung christl. Reden, besonders abgedruckt.

— Die Sünderliebe Jesu Christi. Predigt am 2. Sonntag nach Trinitatis über Luc. 15,1-10. — Stuttgart 1854: Hasselbrink. 16 S. 8° **24.**
14.4992

— s.: Tröstungen u. Ratschläge aus der Erfahrung.

— Umriß der biblischen Seelenlehre. — Stuttgart: Belser 1843. XVI,135 S. 8° **1: Bf 9445. 2. 4. 5. 8. 9. 11. 12: Exeg. 91 h. 15. 16. 18. 19. 21. 24→29. 34. 38. 41. 169. 207. 214. 302.**
14.4994

— — 2., verm. u. verb. Aufl. Tübingen: Moser 1862. XVI, 142 S. 8° **11. 12: Exeg. 1306 i. 21. 24. 29. 48.**
14.4995

—— Umriss der biblischen Seelenlehre. Ein Versuch. 3. verm. und verb. Aufl. gr. 8. (XV, 152 S.) Stuttgart 871, J. F. Steinkopf. *

— Unten und Oben. Predigt am Sonntag Sexagesimä 1854 über Joh. 8,21-29. — Stuttgart 1854: Hasselbrink. 24 S. 8° **24.**
14.4997

— Ueber das Verhältniß des Christenthums zum Zeitleben. Academische Antritts-Rede gehalten zu Tübingen ... 1843. — Stuttgart: Belser 1843. 28 S. 8° **9. 21. 24. 75.**
14.4998

— Versuch einer pneumatisch hermeneutischen Entwicklung des neunten Kapitels im Briefe an die Römer. — Stuttgart: Hoffmann 1833. IV,165 S. 8°
1:Bt 4499. **8. 9. 15. 24. 27. 45.**
14.4999

—— Versuch einer pneumat.-hermeneut. Entwicklung d. 9. Kap. im Briefe an die Römer. Nebst e. Anh. gr. 8. (10¼ B.) Stuttgart 833, [Weise.]

Beck, J. T., die Vollendung d. Reiches Gottes. [Aus: „Christl. Glaubenslehre".] Hrsg. v. J. Lindenmeyer. gr. 8. (107 S.) Gütersloh 887. Bertelsmann. n. 1. 40

Beck, J. T., Vorlesungen über christliche Ethik. Hrsg. von Jul. Lindenmeyer. 3 Bde. gr. 8. Gütersloh, Bertelsmann. *
Inhalt:
Bd. 1. Die genetische Anlage des christlichen Lebens. (X, 407 S.) 882. *ℳ 6,75.
„ 2. Die pädagogische Entwicklung des christlichen Lebens. (VIII, 472 S.) 883. *ℳ 7,50.
„ 3. Die ethische Erscheinung des christlichen Lebens. (VIII, 222 S.) 883. *ℳ 3,60.

— Vorlesungen über christliche Glaubenslehre. Hrsg. von J. Lindenmeyer. Th. 1.2. — Gütersloh: Bertelsmann 1886–87. 8° 1. Prolegomena u. Einl. 1886. 2. Specieller Theil. 1887.
1:Cw 11900. **2. 4→11. 15. 16. 21. 24. 26→30. 43. 46. 302.**
14.5003

—— die alte Wahrheit für die neue Zeit. Predigt am Sonnt. Lätare 1848. Gehalten zu Tübingen. gr. 8. (24 S.) Tübingen 848, Fues, Brlgsh. *

— die alte Wahrheit f. die neue Zeit. Der christl. Reden 4. Sammlung. 2. Aufl. Mit einem Sachregister u. Verzeichniß erklärter Bibelstellen. gr. 8. (VI, 919 S.) Tübingen 879. 80. Fues. n. 6. 50

— Die alte Wahrheit für die neue Zeit. 2. Aufl. (Hrsg.: Julius Lindenmeyer.) — Tübingen: Fues 1880. IV,919 S. 8° (Beck: Christliche Reden. 4.)
1:Ec 10941. **17. 18. 21. 24. 26. 29. 43.**
14.5006

— was man v. der heil. Schrift hat od. haben kann. gr. 16. (4 S.) Ebd. 893. Für 10 Stück n. — 16

— wie man die heil. Schrift gebrauchen u. wie man sie nicht gebrauchen soll. gr. 16. (4 S.) Basel 893. Jaeger & Kober. Für 10 Stück n. — 16

— Die Wohlthätigkeit gegen Arme. Predigt am 2. Advent-Sonntag den 9. Dezember 1855. Ueber Matth. 25,31–46. — Stuttgart 1856: Sprandel. 15 S. 8° **24.**
14.5007

Beck, Johann Tobias
— Worte zur Eröffnung seiner Vorlesung über christliche Ethik. — (Tübingen [1874]: Fues.) 4 S. 8° **24.**
14.5008

— Worte zur Eröffnung seiner Vorlesung üb. christliche Ethik. gr. 8. (4 S.) Tübingen 874. Lindenmaier. n. — 10

—— Worte zur Eröffnung seiner Vorlesung über christliche Ethik. gr. 8. (4 S.) Tübingen 876, (Lindenmaier.) *

Beck, Johann Wilhelm s. *Beck*, Johann Renatus Wilhelm.

Beck, Josef, Dr. theol., Universitätsprofessor, Freiburg, Schweiz, geb. 1858. 1899 [Hrsg.] s. *Ah*, Josef Ignaz v.: Ausgewählte Predigten u. Predigt-Entwürfe. 1904–14.

Beck, Joseph [aus Alsdorf (Rheinprovinz)]: Über Ankylostoma duodenale und Ankylostomiasis bei Bergleuten. . . . Greifswald, Druck v. Julius Abel, 1889; 29 S. 8°
Greifswald, Med. Fak., Inaug.-Diss. v. 13. März 1889

Beck, Josef, Fabrikant, München. 1859: Anleitung zum Eindecken der Dächer mit Steinpappe aus der Fabrik wasserdichter Stoffe von Joseph Beck in München. — München: Finsterlin 1859. 8 S. 8° 12:A.civ.118–29a. **19. 88. 91.**
14.5060

Beck, Jos., über Arbeiter-Seelsorge. Briefe an e. städt. Vikar. I. u. III. Heft. gr. 8. Freiburg (Schweiz) 909. Universitäts-Buchh. 4. 50
I. 1.–11. Brief (VIII, 110 S.) 1. 50
II. 12.–20. Brief. (108 u. II S.) 3. —

Beck, Josef, Gymnasialprofessor, Karlsruhe, später Stuttgart, 1803–1883. 1835: Historisch-geographischer Atlas für Schule und Haus in fünfundzwanzig colorirten Karten. — Freiburg i. Br.: Herder 1856. 25 Taf. 4° **41.**
14.5015

—— Ebd. 1857. 25 Taf. 4° **214. 302.**
14.5016

Beck, Jos., historisch-geographischer Atlas für Schule und Haus in 25 Bl. 2. verb. Abdr. Fol. Freiburg i. Br. 870, Herder'sche Verlagsh. geb. ℳ 6. und

Beck, J., historisch-geographischer Atlas für Schule und Haus. In 26 (lithogr. und) color. Blättern. 3 Abthlgn. 3. verm. Ausg. in neuer Bearbeitung. qu. gr. Fol. Freiburg i. Br. 877, Herder'sche Verlagsh. *ℳ 6.; geb. *
Inhalt:
Abthl. 1. Die vorchristliche Zeit oder die alte Welt. (Bl. I—X.) ℳ 2,40.
„ 2. Das Mittelalter. (Bl. XI—XVII.) ℳ 1,80.
„ 3. Die neue Zeit. (Bl. XVIII—XXVI.) ℳ 2,30.

—— In 26 colorirten Karten. 3., verm. Ausg. in neuer Bearb. Ebd. 1878. 26 Taf. 4° **21. 24. 36. 60. 211.**
14.5018

Beck, Jos., Banjaluka-Jajce, s. a/Truppen, unsere, in Bosnien u. der Herzegowina 1878. 4. Bd.

Beck, Josef, Hauptmann, Wien. 1908: Banjaluka-Jajce. — Wien [usw.]: Stern 1908. 152 S. 8° (Unsere Truppen in Bosnien u. d. Herzegowina 1878. 4.)
1:Ui 14293/5–4. 12:Turc. 141g–4. **14. 46. 203. 209. 300:**451.316-B.4. **302.**
14.5098

— Ein Beitrag zur Geschichte der Wiedertäufer in Kärnten. Mitgetheilt nach Handschriften d. 16. u. 17. Jahrhundertes. — (Klagenfurt [1867].) 36 S. 8°
Aus: Archiv für vaterländische Geschichte u. Topographie. 11.1867.
304.
14.5061

Beck, Joseph [méd. prat. de Sursee, Lucerne]: Ein Beitrag zur Lehre vom Carcinom der Knochen. Fribourg (Suisse) 1898. 47 p. 8°.
Lausanne, Thèse méd. 1897/98.

— Die katholisch-sociale Bewegung in der Schweiz. — Bern 1903. 16 S. 8°
Aus: Handwörterbuch d. schweizerischen Volkswirtschaft, Socialpolitik u. Verwaltung. 1. 1903.
1:Fc 6390. 12:Pol. g. 47d. **15. 25. 106. 211. 302.**
14.5078

— Georg Blaurock und die Anfänge des Anabaptismus in Graubündten und Tirol. Hrsg. von Joh. Loserth. — Berlin: Gaertner 1899. 30 S. 8° (Vorträge u. Aufsätze aus d. Comenius-Gesellschaft. 7,1.2.)
1:Nc 5428–7,1.2. **3. 5. 11.** 12:Paed. Th. 6089–7,1.2. **14. 24. 38. 302. 303.**
14.5062

—— [Ausz., ital.] Elementi di logica. Prima versione ital. per cura di Luigi Cesare Pavissich. — Vienna: Lechner 1857. 56 S. 8° **300:**194.115-B. **302.**
14.5047

Beck, Jos., Elementi di logica. Versione italiana del consigliere ed ispettore scolastico provinciale Luigi Cesare cav. de Pavissich. 2a ediz. gr. 8. (VI, 55 S.) Triest 888, Dase. *

Beck, Josef. Über eine volkswirtschaftliche Enquete in Sachen der Kranken- und Unfallversicherung. [Bericht an die] Jahresversammlung des Verbandes schweizerischer amtlicher Statistiker und der schweiz. statist. Gesellschaft, abgehalten in Freiburg 1901. 8 S. 4. [Bern, Stämpfli & Cie.]

— Über die Entwicklung und Darstellung der messianischen Idee in den heiligen Schriften des alten Bundes. — Hannover: Hahn 1835. VIII,115 S. 8° 1:Bg 8630. 3. 5. 6. 7. 15. 16. 17. 19. 21. 23. 26. 28. 31. 35. 39. 41. 302.
14.5019

— Encyclopädie [Enzyklopädie] der theoretischen Philosophie. 1844 u.ö. s. *Beck:* Philosophische Propädeutik. 2.

Beck, Jos., Erklärung des Briefes an die Hebräer, s. Stengel, L.

Beck, Josef, K. K. Staatsanwalt. 1854: Geschichte der Stadt Neutitschein ⟨Nový Jičín⟩ und deren Umgebung. — Neutitschein 1854: Enders. 291 S. 8°
29. 41. 212. 300:8507-B. 302→305.
14.5059

— die Geschichts-Bücher der Wiedertäufer in Oesterreich-Ungarn, s. Fontes rerum austriacarum.

— [Hrsg.] s. *Geschichts-Buecher,* Die, der Wiedertäufer in Oesterreich-Ungarn. 1883.

—— hebraeische Grammatik, s. Stengel, Lib.

— Grundriß der Logik. — Stuttgart: Metzler 1851. 80 S. 8°
Erschien zuerst in: Beck: Philosophische Propädeutik. 1. 1841.
24. 302.
14.5020

—— 2. bes. Abdr. Ebd. 1857. 80 S. 8°
Erschien zuerst in: Beck: Philosophische Propädeutik. 5., durchges. Aufl. 1. 1856.
308.
14.5021

Beck, Jos., Grundriß der Logik. 3., besond. Abdr. aus dess Verf. philosoph. Propädeutik. 6., verb. Aufl. 8. (IV und 87 S.) Stuttgart 863, Metzler'sche Buchh. Verlags-Conto.

— Grundriß der empirischen Psychologie und Logik. 1841 u.ö. s. *Beck:* Philosophische Propädeutik. 1.

[J.] Beck, Joseph [Prof. Dr.]: Gründungsgeschichte des Realgymnasiums zu Posen. Posen, Buchdr. A. Förster, 1895; 3—24 S. 4.
Posen, k. Berger-RG, P 1895 (173)

-- Erster allgemeiner Schweiz. Heimarbeiterschutzkongress. Die schweizerische Hausindustrie. Ihre soziale u. wirtschaftliche Lage. — (Zürich): Buchh. d. Schweiz. Grütlivereins in Komm. [1909]. 48 S. 8° 1:Ru 7944/6.
14.5081

Beck, Joseph. Das Heiligste Herz Jesu und die Männer. Vortrag gehalten am schweizer. Herz-Jesu-Kongresse in Einsiedeln den 20. August 1907 und mit Ergänzungen hrg. von Dr. J' B', Professor ... [in] Freiburg ⟨Schweiz⟩. [Mit 1 Tafel.] 36 S. 8. Einsiedeln *etc.*, Benziger & Co. A. G., (1908). [fr. —. 80]

— Katalog der Bibliothek des Herrn Dr. Josef Ritter von Beck. [Auktionskat.] — Wien 1889. 77 S. 8° (Einsle, A.: Bücher- & Kunst-Auction. 52.) 305.
14.5063

Beck, Jos., Commentar üb. d. Brief d. Apostels Paulus an d. Römer, s. Stengel, Lib.

Beck, Jos. (I.), Konrad v. Marburg, Inquisitor in Deutschland. Inaugural-Dissertation. gr. 8. (47 S.) Breslau 871, (Maruschke und Berendt.) *

(Beck, [Joseph].) †Mgr. Jakob Krucker (Regens des Konviktes «Albertinum» in Freiburg, 1841—1907. [Nekrolog.] Sonderabzug aus den «Freiburger Nachrichten», Februar 1907). II + 15 S. 8. [Freiburg, St. Paulusdruckerei.]

Beck, Jos. (II.), das badische Land oder badische Heimathskunde. Eine geographisch-statist. und histor. Skizze. 8. (VI, 104 S.) Karlsruhe 873, Braun'sche Hofbuchh. cart. *

[—] Das Leben I. H. v. Wessenberg's, ehemaligen Bisthumsverwesers in Constanz. Nach schriftlichen u. mündlichen Mittheilungen. Hrsg. von e. Freunde u. Verehrer d. Verstorbenen. — Freiburg i. B.: Wagner 1860. 159 S. 8°
1:Av 22776. 2. 5. 7. 31.
14.5024

Beck, Jos., Lehrbuch d. allgem. Geschichte, s.: Viereck, L.

—— Lehrbuch d. allgem. Geschichte f. Schule u. Haus. 3 Cursus. (od. 4 Abthln.) gr. 8. Hannover Hahn'sche Hofbuchh.
A. u. d. Ttln.:
Curs. 1. Lehrbuch d. allgem. Gesch. f. d. unteren u. mittl. Klassen höher. Unterrichtsanstalten. M. 5 synchronist. Tab. (Fol.) 1. Aufl. 835., 2. A. (11 B.) 838. 16 Gr. — Die Tabellen apart 6 Gr.
» 2. Geschichte d. Griechen u. Römer f. höh. (kathol.) Unterrichtsanstalten. Mit besond. Rücksicht auf Archäologie u. Literatur. (12 B.) 838. 12 Gr.
» 3. Geschichte d. Teutschen u. d. vorzügl. europä. Staaten, f. höh. Unterrichtsanstalten. Mit besond. Rücksicht auf Geographie u. Literatur. 2 Abthln.
1. Abth. Das Mittelalter. (5⅝ B.) 839. 6 Gr.
2. » Neuere Geschichte. Gesch. Teutschl. (Oesterreichs, Preußens), Frankreichs, Englands, Rußlands. (6⅝ B.) 839. 6 Gr.

— Lehrbuch der allgemeinen Geschichte für Schule und Haus. 1. Curs. A. u. d. T.: Lehrbuch der allgem. Gesch. für die unteren u. mittleren Kl. höherer Unterrichtsanstalten. 4., durchaus verb. u. verm. Aufl. gr. 8. Hannover 846, Hahn'sche Hofbuchh. 5/12 ₰

Beck, Jos., Lehrbuch der allgemeinen Geschichte für Schule u. Haus. 1. Thl. [Cursus.] A. u. d. T.: Lehrbuch der allgem. Geschichte f. die unteren u. mittleren Klassen höherer Unterrichtsanstalten. 5. durchaus verb. u. verm. Ausg. gr. 8. (XVI u. 243 S.) Hannover 849, Hahn. ⅔ ₰

—— Lehrbuch der allgemeinen Geschichte für Schule und Haus. 1. Theil. (Cursus.) A. u. d. T.: Lehrbuch der allgem. Geschichte für die unteren und mittleren Klassen höherer Unterrichtsanstalten. 5., verb. und verm. Ausg. gr. 8. (XVI und 243 S.) Hannover 850, Hahn'sche Hofbuchh.

—— Lehrbuch der allgemeinen Geschichte für Schule und Haus. 1. Thl. (Cursus.) 6., durchgesehene Ausg. 2. Abdr. A. u. d. T.: Lehrbuch der allgemeinen Geschichte für die unteren und mittleren Klassen höherer Unterrichtsanstalten. 6., durchgesehene Ausg. 2. Abdr. gr. 8. (XVIII und 246 S.) Hannover 856, Hahn'sche Hofbuchh.

Beck, Jos., Lehrbuch der allgemeinen Geschichte für Schule und Haus. 1. Thl. Lehrbuch d. allgemeinen Geschichte für die unteren und mittleren Klassen höherer Unterrichtsanstalten. 7. Aufl. 859. (XVI, 296 S.) — 8. verm. u. verb. Aufl. Hannover 861. Hahn. gr. 8. (XVI, 301 S.) 20 ngr.

Beck, Jos., Lehrbuch der allgemeinen Geschichte für Schule u. Haus. 1. Thl. Lehrbuch der allgemeinen Geschichte für die unteren u. mittleren Klassen höherer Unterrichtsanstalten. 9. verm. u. verb. Aufl. Hannover 868. Hahn. gr. 8. (XVI, 312 S.) 20 ngr.

— Lehrbuch der allgemeinen Geschichte f. Schule u. Haus. 1. Thl., Lehrbuch der allgemeinen Geschichte f. höhere Unterrichtsanstalten. 10. neubearb. u. bis auf die Gegenwart fortgeführte Aufl. gr. 8. (XVI, 405 S.) Hannover 872. Hahn. 2. 40

Beck, Jos., Lehrbuch der allgemeinen Geschichte für Schule und Haus. 1. Cursus: Lehrbuch der allgem. Geschichte für höhere Unterrichtsanstalten und zum Privatgebrauch. 11. neu bearb. und bis auf die Gegenwart fortgeführte Aufl. gr. 8. (XVI, 480 S.) Hannover 876, Hahn'sche Buchh.
2.—4. Cursus. Ebendas. 1869—74. * ℳ 10,20.

—— Lehrbuch der allgemeinen Geschichte für höhere Unterrichtsanstalten und zum Privatgebrauch. 1. Teil. 12. durchges. Aufl. gr. 8. (XVI, 472 S.) Hannover 883, Hahn'sche Buchh.

Beck's, Jos. Lehrbuch der allgemeinen Geschichte f. höhere Unterrichtsanstalten. 13. gänzlich umgearb. u. bis zum J. 1888 fortgeführte Aufl. Mit e. Anh.: Bürgerkunde. Von L. Viereck. gr. 8. (XVI, 368 S.) Hannov. 892, Hahn. * 3 —

— dass. 2. Curs. A. u. d. T.: Geschichte d. Griechen u. Römer, mit Beziehung auf die vorzügl. Völker. 2., durchaus verb. u. verm. Ausg. gr. 8. Ebd. 846. 3/4 Thlr.

Beck, Jos., Lehrbuch der allgemeinen Geschichte für Schule u. Haus. 2. Cursus. A. u. d. T.: Geschichte der Griechen u. Römer mit Beziehung auf die vorzüglicheren Völker, die mit jenen in Berührung kamen, und mit besonderer Rücksicht auf Archäologie u. Literatur. Ein Hand- u. Lehrbuch. 3. Ausg. in neuer Bearbeitung. Ebend. 858. gr. 8. (XVI, 503 S.) 1 Thlr. 10 Ngr.

— dasselbe. 2. Cursus. Geschichte der Griechen u. Römer. 1. Abth. Griechische Geschichte m. besond. Rücksicht auf Archäologie u. Literatur. Ein Hand- u. Lehrbuch. 4. Ausg. in neuer Bearbeitg. gr. 8. (XII, 235 S.) Ebend. 873. 2. 25

Beck, Jos. (II.), Lehrbuch der allgemeinen Geschichte für Schule und Haus. 2. Cursus: Geschichte der Griechen und Römer. 2 Abthlgn. 4. Ausg. in neuer Bearbeitung. gr. 8. Hannover 874, Hahn'sche Hofbuchh.
Inhalt:
Abthl. 1. Griechische Geschichte mit besonderer Rücksicht auf Archäologie und Literatur. Ein Hand- und Lehrbuch. (XII, 235 S.) ℳ 2,25.
" 2. Römische Geschichte mit besonderer Rücksicht auf Archäologie und Literatur. Ein Hand- und Lehrbuch. (X, 263 S.) ℳ 2,40.

—— dass. — 3. Theil. (Cursus.) 1. Abthl. 2., verb. und verm. Aufl. A. u. d. T.: Geschichte der Teutschen und der vorzüglicheren europäischen Staaten, für höhere Unterrichtsanstalten. Mit besond. Rücksicht auf Geographie und Literatur. 1. Abthl.: Teutsche Geschichte. Das Mittelalter. gr. 8. (XII und 124 S.) Ebds. 850.

Beck, Jos., Lehrbuch der allgemeinen Geschichte für Schule und Haus. 3. Theil. (Cursus.) A. u. d. T.: Geschichte der Teutschen und der vorzüglicheren europ. Staaten, für höhere Unterrichtsanstalten. Mit besond. Rücksicht auf Geographie und Literatur. 2. Abthl.: Die neuere Geschichte. Geschichte von Teutschland (Oestreich, Preußen), Frankreich, England, Rußland nebst Polen. 2., umgearb. und verm. Aufl. gr. 8. (XII und 283 S.) Hannover 850, Hahn'sche Hofbuchh. Thlr. –

—— dass. — 3. Cursus: Geschichte des deutschen Volkes und Landes. 2 Abthlgn. 3. Ausg. in neuer Bearbeitung. gr. 8. Ebendas. 869.
Inhalt:
Abthl. 1. Die alte und mittlere Zeit bis auf den Anfang des 16. Jahrh. (XI, 220 S.) ℳ 1,80.
2. Die neuere Zeit vom Anfange des 16. Jahrh. bis auf die Gegenwart. (XV, 255 S.) ℳ 2,10.

—— dass. — 4. Cursus: Geschichte von Frankreich, England, Polen und Rußland. Ein Hand- und Lehrbuch. 2 Abthlgn. gr. 8. Ebendas. 872.
Inhalt:
Abthl. 1. Geschichte von Frankreich. 3. bis auf den Frankfurter Frieden 10. Mai 1871 fortgeführte Ausg. in neuer Bearbeitung. (XI, 148 S.) ℳ 1,20.
2. Geschichte von England, Polen und Rußland. Ein Hand- und Lehrbuch. 3. umgearb. bis auf die neueste Zeit fortgeführte Aufl. (VIII, 107 S.) 75 Pf.

—— Lehrbuch d. christl. Religion f. Schule u. Haus. 2 Thle. gr. 8. Hannover, Hahn'sche Hofbuchh.
A. u. d. Ttln.:
Thl. 1. Der christl. Glaube, nach d. Grundsätzen d. kathol. Kirche, dargest. f. höh. Unterrichtsanstalten u. gebild. Christen überhaupt. (7 1/2 B.) 835. 8 Gr.
" 2. Sittenlehre. — Das christl. Leben nach d. Grundsätzen d. kathol. Kirche, dargest. ꝛc. (6 3/4 B.) 836. 6 Gr.

Beck, Jos., Leitfaden beim ersten Unterricht in der Geschichte, in vorzugsweise biograph. Behandlung. gr. 8. (Mit 3/4 B. Tabellen.) Karlsruhe 842, Braun'sche Hofbuchh. n. 1/3 Thlr. — 2. verb. u. verm. Ausg. Mit 2 Tabellen. gr. 8. Ebd. 843. n. 1/3 Thlr. — 3. u. 4. verb. u. verm. Aufl. gr. 8. Ebd. 845. n. 8 3/4 Ngr.

— Leitfaden beim ersten Unterricht in der Geschichte in vorzugsweise biograph. Behandlung, u. m. besond. Berücksicht. der teutschen Geschichte. 5. verb. u. verm. Aufl. gr. 8. (XII u. 132 S. m. 3 Tab. in Fol.) Karlsruhe 850, Braun. n. 3/8 Thlr. — 6. verb. u. verm. Aufl. gr. 8. (XIV u. 146 S. m. 3 Tab. in Fol.) Ebd. 851. n. 5/12 Thlr.

— Leitfaden beim ersten Unterricht in der Geschichte in vorzugsweise biographischer Behandlung, und mit besonderer Berücksichtigung der deutschen Geschichte. 8. durchges. Aufl. 854. (XIV, 146 S.) — 9. durchges. Aufl. Karlsruhe 857. Braun. gr. 8. (XIV, 150 S. u. 3 Tab. in Fol.) n. 12 1/2 Ngr.

—— Leitfaden beim ersten Unterricht in der Geschichte in vorzugsweise biographischer Behandlung, und mit besond. Berücksicht. der deutschen Geschichte. 9—11., verb. Aufl. gr. 8. (XVI und 160 S. mit 3 Tab. in Fol.) Carlsruhe 857, Braun'sche Hofbuchh. *

— Leitfaden beim ersten Unterricht in der Geschichte in vorzugsweise biographischer Behandlung, und mit besonderer Berücksichtigung der deutschen Geschichte. 11. Aufl. 861. — 12. Aufl. 863. — 13., durchges. Aufl. Karlsruhe 864. Braun. gr. 8. (XVI, 160 S. u. 3 Tab. in Fol.) n. 13 Ngr.

— Leitfaden beim ersten Unterricht in der Geschichte in vorzugsweise biographischer Behandlung u. mit besond. Berücksichtigung der deutschen Geschichte. 15. verb. Aufl. Karlsruhe 868. Braun. gr. 8. (XVI, 169 S. u. 3 Tabb. in Fol.) n. 13 Ngr.

—— Leitfaden beim ersten Unterricht in der Geschichte in vorzugsweise biographischer Behandlung, und mit besond. Berücksicht. der deutschen Geschichte. Fortgesetzt bis auf die neueste Zeit. 16.—25. verb. Aufl. gr. 8. (XVI, 191 S. mit 4 Tab.) Karlsruhe 869—83, Braun'sche Hofbuchh. *

Beck, Jos., Leitfaden beim ersten Unterricht in der Geschichte in vorzugsweise biographischer Behandlung und mit besond. Berücksicht. der deutschen Geschichte. Fortgesetzt bis auf die neueste Zeit. 26. verb. Aufl. von Ludw. Viereck. 8. (XVI, 203 S.) Karlsruhe 887, Braun'sche Hofbuchh. *

Beck, Jos., Leitfaden beim ersten Unterricht in der Geschichte in vorzugsweise biographischer Behandlung u. m. besond. Berücksicht. der deutschen Geschichte. Fortgesetzt bis auf die neueste Zeit. 27., verb. Aufl. v. Ludw. Viereck. 8. (XVI, 192 S.) Karlsruhe 890. Braun. n. 1. 50

— Leitfaden beim ersten Unterricht in der Geschichte in vorzugsweise biographischer Behandlung u. m. besond. Berücksicht. der deutschen Geschichte. 28. bis zum J. 1888 fortgeführte Aufl. Von Ludw. Viereck. 8. (XVI, 195 S.) Karlsruhe 892. G. Braun. n. 1. 50

Beck's, Jos., Leitfaden beim ersten Unterricht in der Geschichte in vorzugsweise biographischer Behandlung u. m. besond. Berücksicht. der deutschen Geschichte. Neu bearb. v. Ludw. Viereck. 30. Aufl. gr. 8. (XVI, 212 S.) Karlsruhe 901. G. Braun'sche Hofbuchdr. Geb. in Leinw. n. 2.10

Beck's Leitf. d. Gesch. In 31. Afl. hrsg. v. Ludw. Viereck. (15, 268) 8° Karlsr., G Braun'sche Hofbdr. '11. L 2.60 d

Beck, J. A., Leitfad. beim Unterr. in d. Geschichte, mit vorzugsweiser Rücksicht auf Biogr. gr. 8. Karlsr. 840. Groos. 1/6 Thlr.

Beck, J., Cardinal Manning als Sozialpolitiker, s.: Broschüren, Frankfurter zeitgemäße. 11.

Beck, Josef (Hrsg.), s. Monatsschrift für christliche Sozialreform.

Beck, Jos., Carl Friedrich Nebenius. Ein Lebensbild eines deutschen Staatsmannes und Gelehrten. Zugleich ein Beitrag zur Geschichte Badens und des deutschen Zollvereins. gr. 8. (IV und 128 S.) Mannheim 866, Schneider. *

— Philosophische Propädeutik. Ein Leitfaden zu Vorträgen an höhern Lehranstalten. 1.2. — Stuttgart: Metzler 1841–44. 8°
1. Grundriß d. empirischen Psychologie u. Logik. 1841.
2. Encyclopädie d. theoretischen Philosophie. 1844.
1[∞2]: Ni 8168. 8. 11. 12[∞2]: Ph. U. 37 b–1. 16. 19. 24. 25. 300[∞1]: 665.927–B. 2.
14.5029

—— dass. II. A. u. d. T.: Encyklopädie der theoret. Philosophie. 12. (8½ B.) Ebds. 843.

—— 2., verb. Aufl. 1.2. Ebd. 1846–51. 8°
Inhalt wie in 14.5029.
9. 19. 24. 30. 211. 300: [∞2]: 665.927–B. 1.
14.5030

—— 3., verb. (2: 3., neu bearb.) Aufl. 1.2. Ebd. 1849–60. 8°
Inhalt wie in 14.5029.
1[∞2]: Ni 8168^{3}–1. 20[∞1]. 24. 26[∞1]. 207. 303[∞2]. 304[∞1].
14.5031

—— 4., unveränd. (2: 4., neu bearb.) Aufl. 1.2. Ebd. 1852–69. 8° Inhalt wie in 14.5029.
Vollst. . . . . 24.
1 . . . . 19. 21. 28. 47. 169. 308.
2 . . . . 18. 29. 31. 51. 93.
14.5032

—— 5., durchges. Aufl. (2: 5. Aufl., in neuer Bearb.) 1.2. Ebd. 1856–77. 8° Inhalt wie in 14.5029.
Vollst. . . . . 19. 24. 211.
1 . . . . 4. 31. 60. 207. 304. 309.
2 . . . . 1: Ni 8168^{14}–2. 5. 15. 29. 30. 123. 169.
14.5031

—— 6. Aufl. (1.) 2. Ebd. 1860–86. 8°
1. Grundriß d. empirischen Psychologie u. Logik. 6., verb. Aufl. 1860.
2. Encyklopädie d. theoretischen Philosophie. 6. Aufl., in vollst. neuer Bearb. von Carl Braig. 1886.
2[∞2]. 6[∞1]. 12[∞1]: Ph. U. 37 b–2. 16[∞2]. 17[∞1]. 19. 24. 30[∞2]. 107[∞1]. 121[∞1]. 211[∞2].
14.5034

—— 7., durchges. Aufl. 1. Ebd. 1864. XVI,175 S. 8°
Inhalt wie in 14.5034. 3. 20. 24. 30. 41. 211.
14.5035

—— 8., durchges. Aufl. 1. Ebd. 1866. XVI,175 S. 8°
Inhalt wie in 14.5034. 2. 17. 21. 24. 26. 52. 79. 304.
14.5036

—— 9., durchges. Aufl. 1. Ebd. 1869. XVI,175 S. 8°
Inhalt wie in 14.5034. 6. 18. 24. 30. 51. 308.
14.5037

—— 10. Aufl. 1. Ebd. 1872. XVI,175 S. 8°
Inhalt wie in 14.5034. 21. 29. 93. 209. 309.
14.5038

—— 11., durchges. Aufl. 1. Ebd. 1874. XVI,179 S. 8°
Inhalt wie in 14.5034.
1: Ni 8168^{11}. 8. 19. 24. 25. 26. 211. 309.
14.5039

—— 12., durchges. Aufl. 1. Ebd. 1876. XVI,179 S. 8°
Inhalt wie in 14.5034. 24. 41. 207.
14.5040

—— 13., verb. Aufl. 1. Ebd. 1877. XVI,189 S. 8°
Inhalt wie in 14.5034. 15. 24. 26. 36. 86. 107. 207.
14.5041

—— 14., verb. Aufl. 1. Ebd. 1880. XVI,189 S. 8°
Inhalt wie in 14.5034.
1: Ni 8168^{14}–1. 4. 15. 24. 25. 38. 61. 107. 207.
14.5042

Beck, Jos., philosophische Propädeutik. Ein Leitfaden zu Vorträgen an höheren Lehranstalten u. zum Selbststudium. 1. u. 2. Thl. gr. 8. Stuttgart 880. 82. Metzler's Verl. n. 5. 20
1. Grundriß der empirischen Psychologie u. Logik. 15. verb. Aufl. (XVI, 189 S.) n. 2. 20
2. Encyclopädie der theoretischen Philosophie. 5. Aufl., in neuer Bearbeitung. (XIV, 280 S.) n. 3. —

—— 16., durchges. Aufl. 1. Ebd. 1885. XVI,189 S. 8°
Inhalt wie in 14.5034. 5. 25. 60. 207.
14.5044

—— 17., durchges. Aufl. 1. Ebd. 1887. XVI,197 S. 8°
1. Grundriß d. empirischen Psychologie u. Logik. Von J. P. Baltzer.
17. 102. 302.
14.5045

Beck, Jos., philosoph. Propädeutik. E. Leitfaden z. Vorträgen an höh. Lehranst. u. z. Selbststud. I. 8. Stuttgart 894. J. B. Metzler's Verl. n. 2. 20
1. Grundr. d. empir. Psychologie u. Logik. 18., durchgesch. Aufl. v. J. P. Baltzer. (XVI, 197 S.)

Beck, Jos., philosophische Propädeutik. Ein Leitfaden zu Vorträgen an höheren Lehranstalten u. zum Selbststudium. I. Grundriß der empir. Psychologie u. Logik. Durchgesehen v. J. P. Baltzer. 19. Aufl. (XVI, 197 S.) gr. 8. Stuttgart 903. J. B. Metzler. n. 2. 20

— Rede bei der öffentlichen Feier des fünfzigjährigen Amts-Jubiläums des Herrn Joseph Loreye ... Direktors und Professors am Lyceum zu Rastatt. — Rastatt 1839: Birks. 20 S. 4° 21. 31.
14.5052

Beck, Jos. Ueb. Sozialpädagogik, s: Zeitfragen, Pädagogische.

Beck, Jos., der heutige Stand der Krankenversicherungsfrage in der Schweiz. (24 S.) 8. Luzern 906. Baeßler, Drexler & Co. n. — 80
Sonderabdruck aus: „Monatsschr. f. christl. Sozialreform".

— [Hrsg.] s. *Stengel*, Liborius: Commentar über den Brief des Apostels Paulus an die Römer. 1836.

— Synchronistische Tabellen zur leichten Übersicht der allgemeinen Geschichte und Kultur. 2., verb. u. verm. Aufl. — Hannover: Hahn 1842. 5 Taf. 2° 107.
14.5053

—— synchronistische Tabellen zur leichten Uebersicht der allgem. Geschichte und Kultur. Ein Anhang zu jedem Lehrbuche der Geschichte. 3., verb. und verm. Aufl. Imp.-Fol. (6 Bl.) Hannover 850, Hahn'sche Hofbuchh.

—— synchronistische Tabellen zur Uebersicht der allgemeinen Geschichte und Cultur. In 6 Blättern. 8. Aufl. Fol. Hannover 872, Hahn'sche Hofbuchh. *

Beck, Jos., synchronist. Tabellen z. d. Lehrbuche d. allgem. Gesch., s. oben dess., Lehrbuch ꝛc. 1. Curs.

Beck, Joseph. Volkswirtschaft und Sittengesetz. Rede beim Antritt des Rektorates der Universität Freiburg, Schweiz, gehalten am 15. November 1906 von Prof. Dr. J' B', Rektor.... 58 S. 8. Freiburg ⟨Schweiz⟩, St. Paulus-Druckerei, 1908.

Beck, Josef

— Freiherr I. Heinrich v. Wessenberg. Sein Leben u. Wirken. Zugleich e. Beitrag zur Geschichte d. neuern Zeit. Auf d. Grundlage handschriftlicher Aufzeichnungen Wessenbergs. — Freiburg: Wagner 1862. XII,527 S. 8°
1: Av 22778. 2. 4. 5. 7. 8. 9. 11. 12: Biogr. 1240 rc. 14→22. 24. 25. 26. 29→32. 34. 39. 41. 43. 45. 48. 51. 102. 109. 121. 180. 203. 300: 109.043–B. 302. 309.
14.5055

—— J. Heinr. v. Wessenberg. Sein Leben und Wirken. Zugleich ein Beitrag zur Geschichte der neueren Zeit. Auf der Grundlage handschriftl. Aufzeichnungen Wessenbergs. 2. wohlfeile Ausg. gr. 8. (XII, 528 S.) Carlsruhe 874, Braun'sche Hofbuchh. *

— I. Heinr. v. Wessenberg. Ein deutsches Lebensbild. — Freiburg i. B.: Wagner 1863. IV,140 S. 8°
1: Av 22779. 12: Biogr. 1240rd. 16. 18. 25. 26. 31. 45. 60. 121. 300: 30.966.
14.5057

—— Wessenberg und die kirchliche Reform oder Nationalität und Romanismus. Ein Lebensbild Wessenbergs. 2. wohlfeile Volks-Ausg. 8. (140 S.) Carlsruhe 874, Braun'sche Hofbuchh. *

Beck, Josef August s. *Beck*, Josef. 1835.

Beck, Julius, Rodaun bei Wien. 1854: Ansichten des wahren Patrioten über Staatsangelegenheiten, oder welchen Einfluß ein religiöses Gemüth in Beurteilung von Staatsangelegenheiten übt. In 3 Anschauungen. — Wien 1854: Auer. 33 S. 8° 302.
14.5103

Beck, Jul., Bilder aus dem Tierleben, s.: Meggendorfer, Loth.

Beck, Julius: D e u t s c h l. in Afrika, s. V o l k s b ü c h e r, Münchener.

Beck, Jul.: Feuerzauber, s: Hagen, Wilh.

Beck, Jul., Gigerl's Freud u. Leid, s. Meggendorfer, Loth.

Beck, Julius

— Der Hausfreund. Lustspiel. — München: Verf. 1892. 48 S. 8° 1: Ys 27393/16. 12: P. o. germ. 82d. 30. 32.
14.5104

—— Ebd. (Umschlagt.: München: Franz) 1892. 48 S. 8° (Muenchener Theater-Bibliothek. 11.)
12: P. o. germ. 1445 p-11. 19.
14.5105

— Das neunzehnte Jahrhundert in seinen wichtigsten Ereignissen dargestellt. — o.O. [um 1900]. 32 S. 8° 207.
14.5106

— Kameradschaft, s: Jugendvereins-Bühne.

— Geniale Kinder. Lustspiel von J. Beck u. Fritz Brentano. Berlin: Entsch 1887. 81 S. 8° 30. 32.
14.5107

— Aus d. Kinderstube, s.: Meggendorfer, Loth.

Beck, Jul., das Recht v. fünf Millionen. Roman aus dem sozialen Leben des neuen Mittelstandes. (138 S.) 8. München 905. Münchener freie Vereinigg. f. staatliche Pensions-Versicherg. der Privatbeamten. n. — 60

Beck, Jul., Neues Struwwelpeterbuch, — Zum Vergnügen, } s.: Meggendorfer, Loth.

Beck, Julius. Die Versicherung zu Gunsten Dritter auf Grundlage des Schweizerischen Versicherungsvertragsgesetzes. Diss. Jur. Bern. X + 178 S. 8. Luzern, Räber & Cie., 1910.

Beck, Julius: Unter wilden V ö l k e r n in Ostafrika, s. V o l k s b ü c h e r, Münchener.

— Die Wassernoth im Juni 1876 und die Hülfe. Ein Gedenkbuch zu Gunsten d. Beschädigten. — Romanshorn: Juker 1876. 57 S. 8° 24.
14.5109

Beck, Jul. Zeitstimmen üb. Oberammergau u. sein Passionsspiel im J. 1890. 12. (VIII, 199 S.) Münch. 890. (Lpz., Minde.) cart. 1 —

Beck, K., Gerettet aus tiefem Fall, s. Familien-Bibliothek.

Beck, K.E.F. (Hrsg.), s. S c h u l e, Die deutsche, . . .

Beck, Karl, Kgl. Dänischer Offizier, 1817-1890. 1859 s. *Beck*, Charles.

— Appendicitis. — Leipzig: Breitkopf & Härtel 1898. 44 S. 8° (Sammlung klinischer Vorträge. Ser. 8,11 = N.F. 221 = Chirurgie. 65.) 1: in Ic 2472-8. 3→11. 12: Path. 1352 ga-II,65. 14→17. 20. 21. 24→30. 33. 38M. 43. 61. 202. 308.
14.5180

—— Karl Beck. Hildburghausen; New York [um 1852]. 125 S. 8° (Meyer's Groschen-Bibliothek d. deutschen Classiker für alle Stände. 238.)
1: Yc 7543-238. 10. 11. 26. 31. 51. 109. 180. 308.
14.5120

— [Werke, Ausz.] (Anthologie aus den Gedichten von) Karl Beck und (aus den Werken von) Berthold Auerbach. (Anh.: Alfred Meißner: Ausgewählte Gedichte.) — Hildburghausen [usw.]: Bibliogr. Inst. [um 1840]. 174,142S. 8° (National-Bibliothek d. deutschen Classiker. 91.)
10. 30. 45. 121.
14.5110

Beck, Carl. Über Befunde an Nieren mit gehemmter Entwicklung. Diss. Vet.-Med. Bern. [Sep.-Abdr. aus Virchow's Archiv für patholog. Anatomie u. Physiologie..., Bd. 173.] 18 S. 8. Berlin, Georg Reimer, 1903.

— Begrüssungsworte beim Commers der Vereinigung alter deutscher Studenten in Amerika zu Ehren der deutschen Congressgäste am 8. October, 1904. — o. O. [1904]. 4 S. 8° 15.
14.5191

Beck, Karl, a. Bonndorf: Ein Beitrag zur Lehre des akuten neurotischen Oedems. Heidelberg 1906: J. Hörning. (21 S.) 8°
Heidelberg, Med. Fak., Ref. Erb, Diss. v. 1907
[Geb. 4. März 80 Bonndorf; Wohnort: München; Staatsangeh.: Baden; Vorbildung: Realgymn. Mannheim, Wertheim Reife O. 00; Studium: Heidelberg 4, München 1, Straßburg 1, Berlin 1, Heidelberg 4 S.; Coll. 24. Nov. 05; Approb. 30. Sept. 06.]

Beck, Karl, Dr.: Beiträge zur Bestimmung der relativen inneren Reibung von Flüssigkeiten, im besondern des menschlichen Blutes. Die Konstante der inneren Reibung als Hilfsmittel zur Erkennung von Konstitutionsunterschieden. Leipzig: W. Engelmann 1904. (43 S.) 8° ¶ (Aus: Zeitschrift f. physik. Chemie Bd 48.)
Leipzig, Phil. Fak., Hab.-Schr. v. 7. Juni 1904

Beck, Karl [aus Messkirch '(Baden)']: Beiträge zur chemischen Kenntnis der Süssweine ... Erlangen, Druck d. Univ.-Buchdr. v. E. Th. Jacob, 1894; 24 S. 8.
Erlangen, Phil. Fak., Inaug.-Diss. v. 1894

Beck, Karl: [I.] Beiträge zur Kenntnis der aromatischen Sulfinsäuren. [II.] Ueber s-Dimethyläthylbenzol. *Heidelberg 1898: J. Hörning.* (30 S.) 8°
8. Heidelberg, Naturw.-math. Diss. v. [22. Apr]. 1898

Beck, Karl, Medicinalprakt.: Aus d. chir. Klin. zu Heidelberg. Bericht ueber die in den Jahren 1898—1905 an der chirurgischen Klinik zu Heidelberg behandelten Schuss-Verletzungen. Mühlacker 1908: Elser. 55 S. 8°
Heidelberg, Med. Diss. v. 1908, Ref. Narath
[Geb. 18. Febr. 82 Dürrmenz-Mühlacker; Wohnort: Elbing; Staatsangeh.: Württemberg; Vorbildung: Gymn. Pforzheim Reife M. 01; Studium: Tübingen 2, Heidelberg 4, München 2, Heidelberg 2 S.; Coll. 2. März 08; Approb. 7. Aug. 08.] [U 09. 1949

— Über die Bewertung der Frühsymptome bei der Entzündung des Wurmfortsatzes. — Leipzig: Vogel 1906. 5 S. 8° Aus: Deutsches Archiv für klinische Medizin. 89. 1907.
33.
14.5192

Beck, Carl: Bilanz u. preuss. Einkommensteuer. Erläutert an e. Buchgs- u. Veranlaggsbeisp. (15) kl8° Hann., Hahn '12.
-- 10 d

— Bildung und Zusammensetzung der Gallensteine nebst einigen Gesichtspunkten des Röntgenverfahrens und der Behandlung. — Leipzig: Breitkopf & Härtel 1907. 28 S. 8° (Sammlung klinischer Vorträge. Ser. 15,27 = N.F. 447 = Chirurgie. 127.) 1: in Ic 2472–15.
2→11. 12: Path. 1352 ga–II,127. 14→17. 19. 20. 21. 24. 25. 26. 28. 31. 33. 38M. 43. 61. 202.
14.5193

Beck, Karl, Generalsuperintendent, Hall, Württ., 1818-1886. 1848: Buch der Weisheit aus Griechenlands Dichtung. — Heilbronn: Henninger 1879. XII,240 S. 8° 7. 21. 24. 38. 79.
14.5153

Beck, Carl, das Buchhaltungswesen der G. m. b. H. Ausführl. u. leichtverständl. Darstellg. aller in Betracht komm. Vorfälle unter Berücksicht. der Umwandlgn., Finanzierg., Sanierg., Bilanzen u. Abschlüsse. Ein Ratgeber u. Leitfaden f. Gesellschaft., Geschäftsführer, Buchhalter etc. (VI, 74 S.) 8. Hannover 909. Hahn. 2. —

— Das Buchhaltgswesen d. G.m.b.H. Ratgeber u. Leitf. Ergänzgsheft. (38) 8° Ebd. '12. — 90
(Hauptw. u. Ergänzgsheft: 2.90)

Beck, Carl, das Christenthum nach seiner Geschichte u. Lehre als Lehrbuch f. den evangel. Religions-Unterricht an Gelehrten- u. höheren Gewerbeschulen, zugleich als Handbuch f. Gebildete. 2 Thle. gr. 8. 1. Thl. A. u. d. T.: Die christliche Geschichte. (XII u. 266 S.) 2. Thl. A. u. d. T.: Die christliche Lehre. (VI S. u. S. 255—375.) Stuttgart 852, Metzler. (1: ⅚ ℛ 2: ½ ℛ) 1⅓ ℛ

Beck, Carl, das Christenthum nach Geschichte und Lehre. 2 Thle. 2. durchaus umgearb. Aufl. Stuttgart 864. Metzler. gr. 8. n. 1 ℛ 12 *ngr.*
1. Thl.: Die christliche Geschichte als Lehrbuch für den evangelischen Religions-Unterricht an Gelehrten- u. höheren Gewerbeschulen, zugleich als Handbuch für Gebildete. (X, 276 S.) n. 28 *ngr.*
2. Thl.: Die christliche Lehre als Lehrbuch für den evangelischen Religions-Unterricht an Gelehrten- u. höheren Gewerbeschulen, zugleich als Handbuch für Gebildete. (VI, 124 S.) n. 14 *ngr.*

Beck, Carl, das Christenthum nach Geschichte u. Lehre. (In 2 Thln.) 1. Thl. Die christl. Geschichte als Lehrbuch f. den evangel. Religions-Unterricht an Gelehrten- u. höheren Gewerbeschulen zugleich als Handbuch f. Gebildete. 3. verb. Aufl. gr. 8. (X, 291 S.) Stuttgart 875. Metzler. n. 3. —

Beck, Carl, Carl Curtze. Ein Lebensbild. Mengeringhausen 856. (Arolsen, Speyer.) 4. (83 S.) n. 12 *ngr*

Beck, C, Carl Curtze. 4. (83) Mengeringh. 57. (Arols., Speyer.)
n. — 12

Beck, Carl. Ueber das Dioxydiphenylmethan. (Tübingen) Nürtingen, 1877. Diss. G. S.

— Christliche Dogmengeschichte in gedrängter Übersicht als Handbuch zum Selbstunterricht. — Weimar: Landes-Industrie-Comptoir 1848. X,353 S. 8° 2. 9. 21. 24. 26→29. 32. 47. 60. 123. 169. 207. 300: 568.460–B.
14.5157

—— christliche Dogmengeschichte bis auf die neuste Gegenwart in gedrängter Uebersicht als Handbuch zum Selbstunterricht. 2., durchaus umgearb. und erweit. Aufl. gr. 8. (XXII und 501 S.) Tübingen 864, Osiander'sche Buchh.

—— christl. Dogmengesch. 2. Afl. 8. (501) Tüb. 64. (Heilbr., Scheurlen's V.) 1. 27

— christliche Dogmengeschichte bis auf die neueste Gegenwart in gedrängter Uebersicht als Handbuch zum Selbstunterricht. 2. durchaus umgearb. u. erweit. Aufl. [Neue Ausg.] gr. 8. (XXII, 501 S.) Heilbronn. 872. Scheuerlen's Verl. 5. 70

— Die Entwicklung des ärztlichen Fortbildungsunterrichts in den Vereinigten Staaten von Amerika. — Jena: G. Fischer [1910]. 23 S. 8° Aus: Zeitschrift für ärztliche Fortbildung. 7. 1910. 31.
14.5200

— Die Epistel an den Czaaren. 1. — Berlin: Schindler 1854. 15 S. 8°
1: Yz 8309. 12: L. eleg. m. 851–3. 14. 18. 27. 29. 203.
14.5121

— — 2. Aufl. 1. Ebd. 1854. 15 S. 8° 11. 47.
14.5122

— Eine Ferienreise über den atlantischen Ozean. — München: J. F. Lehmann [1905]. 8 S. 8° Aus: Münchener medizinische Wochenschrift. 53. 1905. 302.
14.5202

Beck, Carl, Feuchtfröhliches u. Feuchtunfröhliches. (143 S.) 8. Berlin 906. L. Simion Nf. n. 1. 50; geb. n. 2. 50

— Fingerzeige für evangelische Prediger in Entwürfen über vier Jahrgänge. — Tübingen: Osiander 1864. 431 S. 8° (Beck: Homiletisches Repertorium. N.F.)
21. 24. 27. 29. 33.
14.5160

— Die medizinische Fortbildungsschule in New York. — München: J. F. Lehmann [1903]. 8 S. 8° Aus: Münchener medizinische Wochenschrift. 50. 1903.
123. 302.
14.5204

— Ueber die Fractur [Fraktur] des Processus coronoideus ulnae. — (Leipzig [1901].) 7 S. 8° Aus: Deutsche Zeitschrift für Chirurgie. 60. 1901. 61.
14.5206

— Ueber deform geheilte Frakturen und ihre Behandlung. München: J. F. Lehmann [1901]. 9 S. 8° Aus: Münchener medicinische Wochenschrift. 48. 1901.
61. 123.
14.5207

— An Franz Joseph. Gedicht. — Wien: Jasper, Hügel & Manz 1849. 49 S. 8° 31. 302.
14.5123

— — 2. Aufl. Ebd. 1849. 49 S. 8° 1: Yo 4106. 2. 11. 29.
14.5124

Beck, Karl, Dichter, 1817-1879. 1838: [Teils.] Gedichte. Neue, umgearb. u. verm. Ausg. — Berlin: Voss 1844. 344 S. 8°
1: Yo 1241. 2. 4. 5. 8. 10. 11. 14. 23. 30. 39. 41. 43. 61. 109. 117. 121. 302.
14.5112

— — Der neuen, umgearb. u. verm. Ausg. 2., unveränd. Aufl. Ebd. 1845. 344 S. 8°
3. 7. 10. 11. 21. 31. 51. 109. 112. 300: 106.625–B.
14.5113

— — 4., d. neuen Ausg. 3. Aufl. Berlin: Berliner Literatur-Comptoir 1846. 344 S. 8° 20. 43. 109. 180. 302.
14.5114

— — Durchges. u. verm. Originalausg. Leipzig: Verlags-Magazin 1852. VI,345 S. 8°
1: Yo 1242. 2. 7. 10. 23. 27. 30. 60. 302.
14.5116

—— 2. Miniatur-Aufl. (Sämmtlicher Aufl. 8.) Berlin: Schindler 1854. VI,345 S. 8° 18.
14.5117

—— 3. Miniatur-Aufl. (Sämmtlicher Aufl. 9.) Ebd. 1870. VI,345 S. 8° 1: Yo 1244. 15. 45.
14.5118

— Die christliche Geschichte als Lehrbuch für den evangelischen Religions-Unterricht an Gelehrten- und höheren Gewerbeschulen zugleich als Handbuch für Gebildete. — Stuttgart: Metzler 1852. XII,251,14 S. 8° (Beck: Das Christenthum. 1.) 19. 24. 60.
14.5161

—— 2., umgearb. Aufl. Ebd. 1864. X,275 S. 8° (Beck: Das Christenthum. 1.) 8. 24. 93.
14.5162

—— 3., verb. Aufl. Ebd. 1875. X,291 S. 8° (Beck: Das Christenthum. 1.) 1: Eo 11486³-1. 24.
14.5163

Beck, (Karl), Prof. Dr.: Geschichte der Mainzer Realschule (R, RG, Höh. Handels-S, OR.) (Mainz 1906: H. Prickarts.) (24 S.) 4° [F.]
Mainz, großh. RG P 1906 (808)

— Grundriß des gemeinen Kirchen-Rechts nach Richter-Dove. — Tübingen: Osiander 1885. XIII,170 S. 8°
1: Fq 2365. 6. 11. 12: J. can. U. 6f. 19. 21. 24→27. 29. 214.
14.5164

Beck, Carl, Grundriß des gemeinen Kirchen-Rechts nach Richter-Dove. 2. verm. und verb. Aufl. 8. (XIII, 194 S.) Tübingen 885, Osiander'sche Buchh. *

Beck, Karl, Handbuch für evangelische Prediger zu zwei vollständigen Jahrgängen von Evangelien und Episteln. Des Repertoriums und der Fingerzeige 2. umgearb. Aufl. gr. 8. (1019 S.) Stuttgart 886, Gundert. *

Beck, Karl (I.). Handbuch f. evangelische Prediger zu zwei vollständigen Jahrgängen v. Evangelien u. Episteln. 3. verb. Aufl. 12 Lfgn. gr. 8. (981 S.) Stuttg. 891,92, Gundert. à Lfg. * 1 —; * 12 —

—— 3., verb. Aufl. [Nebst] Suppl. Ebd. 1892-95. 8°
Suppl. Hole, Karl: Der dritte Jahrgang d. württembergischen Perikopen. Nebst e. Anh.: Bearbeitung von freien Texten für d. Trinitatishalbjahr. 1895.
Vollst. . . . . 24. 26.
[°° Suppl.] . . . . 11. 21.
14.5167

Beck's, K., Handb. f. evang. Prediger. 2. Tl., enth. den 3 Jahrgang württemberg. Perikopen, freie Texte a. d. Alten u. d. Neuen Testament nebst den 10 Geboten zu Katechismuspredigten. Hrsg. v. Karl Hole. gr. 8. (400 u. 272 S.) Stuttgart 896. D. Gundert. n. 8. —
1. u. 2.: n. 20. —

— dasselbe, Suppl., s. a. Hole, Karl, d. 3. Jahrgang der württemberg. Perikopen.

— Heidelberg und Studententhum. — Philadelphia [1904]. 24 S. 4° Aus: German American Annals. N. S. 2. 1904.
1: 4° Ay 29722/24. 16. 24. 30. 41. 302.
14.5209

— Aus der Heimath. Gesänge. — Dresden: Schaefer 1852. VI,330 S. 8° 1: Yo 5646. 5. 11. 12: P. o. germ. 79 ye [2 Ex.]
15. 300: 66.083-A.
14.5125

—— a. d. Heimath. 2. Afl. 16. (330) Dresd. 52. (Hamb., Richter.) geb. n. 2. —

Beck, Karl, Aus der Heimath. Gesänge. 2. Aufl. Dresden 852. Schäfer. (Prag, Kober u. Markgraf.) 16. (VI, 330 S. u. 1 Stahlst.) n. 2 ₰

—— 3. Aufl. Prag: Kober & Markgraf [um 1855]. VI,330 S. 8° 22.
14.5127

—— 4. Aufl. Wien: Prandel & Ewald [usw.] [um 1860]. 330 S. 8° 180. 302.
14.5128

— Das deutsche Hochschulleben als eine Stütze deutsch-amerikanischer Freundschaft. — Berlin: Duncker 1903. 10 S. 8°
Aus: Deutsche Monatsschrift für das gesamte Leben der Gegenwart. 3. 1903. 21. 302.
14.5210

— Jadwiga. Gedicht. — Leipzig: Grunow 1863. 100 S. 8°
11. 14. 16. 32.
14.5129

Beck, Karl, Verlagsbuchhändler, Leipzig. 1907 [Hrsg.]
s. *Jahrbuch* der Bücherpreise. 1907 ff. [Zeitschriften].

Beck, Karl, Janko, der ungarische Roßhirt. Ein Roman in Versen. 8. Leipzig 840. Bösenberg. n. 1⅔ ₰

Beck, Karl, Jankó d. ungar. Roßhirt. Roman in Versen. 8. (21 B.) Leipzig 841, Bösenberg. *

—— Jankó. Roman in Versen. 2., verb. Aufl. 16. (335 S.) Berlin 853, Schindler. *

—— Jankó. Roman in Versen. 2., verb. Aufl. Leipzig: Verlags-Magazin 1853. 334 S. 8°
10. 11. 14. 31. 33. 47. 111. 302.
14.5132

—— Jankó. Roman in Versen. 3. Aufl. 16. (335 S.) Berlin 870, H. Schindler. *
geb. mit Goldschn. *

— Jesuiter, Jesuwider! Oder: Sind die Väter Jesu Christi Jünger? Eine Zeitfrage, aus alter Zeit beantwortet, von Friedrich von Hohenfels [d. i. Karl Beck]. — Reutlingen: Kurtz 1852. 59 S. 8°
12: Jes. 1062-22. 24. 30. 300: 262-B.
14.5168

—— Jesuiter, Jesuwider! von Friedrich von Hohenfels. 2., verm. Aufl. — Stuttgart: E. Müller 1873. 67 S. 8°
24.
14.5169

— Über Irrtümer der Röntgographie. Vortrag. [Nebst] Nachtr. — Berlin: Grosser 1900. 8°
Aus: Deutsche Medizinal-Zeitung. 1900. 27.
14.5211

— Ueber die Kombination von Excisions- und Röntgen-Therapie bei Morbus Basedowii. — (Berlin [1905].) 7 S. 8°
Aus: Berliner klinische Wochenschrift. 42. 1905. 61.
14.5212

— Der Commers [Kommers] alter deutscher Studenten in Amerika zu Ehren des Prinzen Heinrich in New York. — Berlin: Mayer & Müller [1902]. 8 S. 8°
Aus: Americana Germanica. 4. 1902. 123.
14.5213

— Zum Confirmations-Büchlein [Konfirmations-Büchlein]. — Stuttgart: Metzler 1876. 41 S. 8° 24.
14.5170

— Vom internationalen Kongress in St. Louis. — München: J. F. Lehmann [1905]. 37 S. 8°
Aus: Münchener medizinische Wochenschrift. 52. 1905. **123.**
14.5214

— Die chirurgischen Krankheiten der Brust u. ihre Behandlung. Aus dem Engl. übers. v. Schröder. Mit 16 kolor. u. 251 anderen Abbildgn. (XII, 485 S.) gr. 8. Berlin 910. A. Hirschwald. 12. —

— Der schwerste Krieg und der schönste Sieg. Predigt an 12. Trinitatis 1870. — Reutlingen: Rupp 1870. 14 S. 8°
24.
14.5171

— Die christliche Lehre als Lehrbuch für den evangelischen Religions-Unterricht an Gelehrten- und höheren Gewerbeschulen zugleich als Handbuch für Gebildete. — Stuttgart: Metzler 1852. VI S., S. 255-374. 8° (Beck: Das Christenthum. 2.) **19. 24. 60.**
14.5172

— — 2., umgearb. Aufl. Ebd. 1864. VI, 124 S. 8° (Beck: Das Christenthum. 2.) **24. 93.**
14.5173

— — 3., verb. Aufl. Ebd. 1876. VI, 142 S. 8° (Beck: Das Christenthum. 2.) **24.**
14.5174

— Gepanzerte Lieder. 1. Berlin: Trautwein 1848. 2 Bl. 8°
1. An Preußens Volksvertreter. **12:**P. o. germ. 1634 m/5.
14.5134

— Lieder vom armen Mann. Mit e. Vorw. an d. Haus Rothschild. — Leipzig: Hermann 1846. 324 S. 8°
1:Yo 1548. **4. 5. 7. 11. 12:**P. o. germ. 79 yg. **14. 15. 16. 18. 21. 23. 24. 30. 31. 32. 35. 38. 41. 43. 44. 109. 304.**
14.5135

— — 2., unveränd. Aufl. Ebd. 1846. 324 S. 8°
2. 3. 10. 14. 22. 27. 30. 46. 109. 203. 300:23.104-B. **302.**
14.5136

— Lieder vom armen Mann. Mit einem Vorwort an das Haus Rothschild. 3., durchges. Aufl. Der Taschen-Ausg. 1. Aufl. 16. Leipzig 846, W. Hermann. geb. n. 1⅓ ℳ

— Lieder vom armen Mann. Mit einem Vorwort an das Haus Rothschild. 3. durchgeseh. Aufl. Der Taschenausg. 1. Aufl. 16. (VIII u. 324 S.) Leipzig 847, Hermann. In Engl. Einb. mit Goldschnitt n. 1⅓ ℳ

— — 4., durchges. Aufl. Der Taschenausg. 1. Aufl. Prag: Kober & Markgraf [um 1850]. VIII, 324 S. 8° **117. 180.**
14.5138

— Stille Lieder. Bdch. 1. — Leipzig: Engelmann 1840. 100 S. 8° 1:Yn 10931. **7. 11. 12:**P. o. germ. 79 ya. **27. 32. 109. 117. 302.**
14.5139

Beck, Karl, Reg. Rat im Kaiserl. Gesundheitsamt, Berlin. 1910: Über die Löslichkeit von Bleisulfat und Bleichromat für sich, in Gemischen und in Form von Ölfarben in verdünnter Salzsäure, sowie über das Gleichgewicht von Chromat und Bichromat in Lösung. Von Karl Beck u. Ph. Stegmüller. — Berlin: Springer 1910. 41 S. 4°
Aus: Arbeiten aus d. Kaiserlichen Gesundheitsamte. 34. 1910.
86.
14.5262

— Mater dolorosa. — Berlin: Schindler 1853. 298 S. 8°
1:Yx 8111. **4** [unvollst.] **7. 11. 12:**P. o. germ. 79 yf. **41. 109.**
14.5140

— Mater dolorosa. Erzählung. 1. Aufl. 1853. und 2. Aufl. gr. 16. (298 S.) Berlin 854, Schindler. *

— Ueber eine neue Methode der Deckung von Schädeldefecten. — Berlin 1906. 8 S. 8°
Aus: Archiv für klinische Chirurgie. 80. 1906.
12: Chir. 371 u. **31. 33.**
14.5218

— Monatsrosen. Strauß 1.2. — Berlin: Trautwein 1848. 8°
1. Januar. Berliner Elegien. Amoretten.
2. Februar. Amoretten. Aus Rußland.
1[∞2]: Yo 3787-1. **11. 12**[∞2]: P. o. germ. 79 yh-1. **18**[∞2]. **27**[∞2]. **31. 38**[∞2]. **41. 109**[∞2].
14.5142

— — 2., unveränd. Aufl. Strauß 2. Ebd. 1848. 47 S. 8°
2. Februar. Amoretten. Aus Rußland.
1:Yo 3787-2. **12:**P. o. germ. 79 yh-2. **109.**
14.5143

— Nächte. Gepanzerte Lieder. — Leipzig: Engelmann 1838. VIII, 216 S. 8° 1:Yn 9981. **2. 5. 7. 10. 11. 12:**P. o. germ. 79 yc. **14. 15. 17. 23. 24. 27. 32. 38. 41. 43. 44. 48. 61. 62. 109. 207. 300:**5388-B. **302.**
14.5144

— Die Operation der Hypospadie. — Leipzig: Thieme 1901. 12 S. 8°
Aus: Deutsche medicinische Wochenschrift. 27. 1901. **61. 123.**
14.5219

— Oesterreich in zwölfter Stunde. — Berlin: Schindler 1868. 24 S. 8°
1:3 in Yf 6763. **7. 11. 27. 32. 180. 300:**24.173-A. **302.**
14.5145

Beck, Karl, Revisions-Assistent, Saulgau, Württ. 1861: Die württembergische Paß-Polizei. — Saulgau: Verf. 1861. 136 S. 8°
24.
14.5185

— Pfingstpredigt in der St. Michaels-Kirche zu Hall. — Schw. Hall: Schwend 1878. 11 S. 8° **24.**
14.5175

Beck, Carl v., Pfingstpredigt, in der St. Michaelis-Kirche zu Hall geh. gr. 8. (11 S.) Schw.-Hall 878. (Staib.) — 25

— Platons Philosophie im Abriß ihrer genetischen Entwicklung. — Stuttgart: Mäcken 1853. VIII, 270 S. 8°
1:Nk 10916. **2. 3. 5. 7. 9. 10. 12:**A. gr. b. 2687. **14. 16. 19. 21. 24. 28. 214.**
14.5176

— der fahrende Poet. Dichtungen. Ungarn. — Wien. — Weimar. — Die Wartburg. 8. (16½ B.) Leipzig 838, Engelmann.

— Predigt zum Friedens-Feste 5. März 1871 in der Marienkirche zu Reutlingen. — Reutlingen: Rupp 1871. 18 S. 8°
24.
14.5177

— Predigt am Sedans-Feste XI. Trin. 1878 in der Michaelskirche zu Hall. — Schw. Hall: Staib [1878]. 12 S. 8° **24.**
14.5178

— Predigt am zehnten Sonntage nach Trinitatis 21ten August 1870 in der Marienkirche zu Reutlingen. — Reutlingen: Rupp 1870. 14 S. 8° **24.**
14.5179

Beck, Karl (Hrsg.), s. Quellen, Frische.

— Rede im Trauergottesdienste zum Gedächtniß des Herzogs Christoph von Wirtemberg am 28. Dezember 1868. Reutlingen: Rupp 1869. 14 S. 8° **24.**
14.5180

— Das Reichspostmuseum und seine Markenbestände. Vortrag. — Berlin: Funcke 1908. 11 S. 8°
Aus: Philatelistische Miscellen. 5. 1908. **101.**
14.5250

— Homiletisches Repertorium für zwei vollständige Jahrgänge von Evangelien und Episteln. Th. 1.2 [nebst] N.F. Stuttgart: Metzler (N.F.: Tübingen: Osiander) 1853–64. 8°
1. Die Festzeit. 1853.
2. Die Trinitatiszeit u. d. Feiertage. 1854.
N.F. Beck: Fingerzeige für evangelische Prediger in Entwürfen über vier Jahrgänge. 1864.
Spätere Aufl. s. Beck: Handbuch für evangelische Prediger. 1886 u. ö.
Vollst. . . . . **24. 33.**
N.F. . . . . **21. 27. 29.**
1.2 . . . . **26. 30. 60.**
14.5181

—— Homiletisches Repertorium für zwei vollständige Jahrgänge von Evangelien und Episteln. Neue Folge. Fingerzeige für evangelische Prediger in Entwürfen über vier Jahrgänge. gr. 8. (481 S.) Heilbronn 878, Scheurlen's Verlag.

Beck, Carl, die Röntgenstrahlen im Dienste der Chirurgie, s. Abhandlungen, zwanglose, a. d. Gebiete der mediz. Photographie etc. VIII. 3—6.

— Die Röntgenstrahlen im Dienste der Chirurgie. T. 1-4. München: Seitz & Schauer 1901. 8° (Zwanglose Abhandlungen aus d. Gebiete d. medizinischen Photographie, Röntgoskopie, Röntgographie u. d. Lichtanwendung. 8,3/6.)
1: I 6227/5- 8,3/6. 12: Med. g. 328 o-8,3/6. **19. 24**[∞ 3.4].
38M[∞ 3.4]. **302.**
14.5225

— Die Röntgenstrahlen im Dienste der Chirurgie. Ebd. 1902. 158 S. 8° **39.**
14.5226

— — T. 1.2. Ebd. 1902. 8°
12: Chir. 14 rp-1.2. **19. 30. 34. 202. 302→304.**
14.5227

— Roosa und die ärztliche Fortbildung. — Jena: G. Fischer [1908]. 7 S. 8°
Aus: Zeitschrift für ärztliche Fortbildung. 5. 1908. **31. 33.**
14.5228

Beck, Carl, Approb. Arzt aus Biebrich a. Rh.: Zur Säuferleber im Kindesalter. *Berlin: S. Karger 1901.* (28 S.) 8° ¶ (Aus: Jahrbuch f. Kinderheilkunde, N. F. Bd 54.)
Heidelberg, Med. Diss. v. 1901

— Saul. Tragödie. — Leipzig 1840: Polz. 108 S. 8°
11. 27. 30.
14.5147

— — Saul. Trauerspiel. Leipzig: Bösenberg 1841. 140 S. 8°
1: Ys 7441. **5. 7. 11.** 12: P. o. germ. 79 yb. **17. 27. 33. 60.** 300: 3998-A. **302.**
14.5148

—— Schleiermacher ein deutscher Mann. Neujahrsgabe an das deutsche Volk aus seinen Briefen und Schriften. 2 Abthlgn. 8. Reutlingen 869, Rupp.
Inhalt:
Abthl. 1. Schleiermacher in Mitten seiner Zeit und seines Volkes. (91 S.) 75 Pf.
" 2. Schleiermacher im Kreise der Freunde und Familie. (66 S.) 60 Pf.

— Schleiermacher als Mann der Kirche für die Gebildeten unter ihren Verehrern. — Reutlingen: Rupp 1869. VIII, 247 S. 8° **17. 21. 24. 109. 304.**
14.5182

— Der Schwedenkonrad. Eine Geschichte aus d. Neckartal. — Berlin: Simion 1906. 473 S. 8°
1: Yx 37407. **11. 16. 31.**
14.5229

— Ueber die Schwierigkeit, das Verhältnis der anatomischen Veränderungen zu den klinischen Erscheinungen bei der Entzündung des Wurmfortsatzes zu würdigen, und über die Operationstechnik. — Wien [1903]. 32 S. 8°
Aus: Wiener klinische Rundschau. 17. 1903. **61.**
14.5230

— Siegespredigt an die Deutschen. Fest-Rede am Gedenktage d. Völkerschlacht bei Leipzig am 18. Oktober 1863. — Reutlingen: Bühler [1863]. 14 S. 8° **24.**
14.5183

Beck, Carl, Sonnenblicke vom latein. Amerika. Eine Kreuzfahrt nach Westindien, Columbien, Panama u. Costa Rica. (III, 281 S. m. Abbildgn.) gr. 8. Berlin 908. L. Simion Nf. 7.50; geb. 9. —

— Sonnenblicke aus der amerikanischen Praxis. Eindrücke einer Reise zum St. Pauler Aerztecongress u. nach Wunderland. — (München: J. F. Lehmann [1901].) 65 S. 8°
Aus: Münchener medicinische Wochenschrift. 48. 1901.
11. 12: lt. sing. 58 ib. **19. 24. 109.**
14.5232

— s. Statius ad Calpurnium Pisonem Poemation.

—— Still und bewegt. 2. Sammlung der Gedichte. 1. Aufl. (VII, 176 S.) 1870, und 2. verm. Aufl. 8. (VII, 200 S.) Berlin 870, H. Schindler. *
geb. mit Goldschn. *

— Amerikanische Streiflichter. — Berlin: Simion 1905. VI, 246 S. 8° 1: Uu 5885. **10. 11.** 12: lt. sing. 58 ibd. **16. 30. 38. 41. 79. 109. 205. 212. 302.**
14.5233

— Medizinische Streiflichter aus Amerika. Eine Ferienrundfahrt vom Aerztekongress in Saratoga über die Adirondacks nach Canada, den weissen Bergen und Boston. — München: J. F. Lehmann 1902. 29 S. 8°
Aus: Münchener medicinische Wochenschrift. 49. 1902.
31. 302.
14.5234

Beck, Karl, Küchenmeister. 1888: Taschenbuch der Kochkunst. — Berlin: (Dreyer) 1888. XX, 192 S. 8°
1: Oq 7997.
14.5186

Beck, Carl, Taschen-Buch der Kochkunst. Rezepte f. Familien-, Restaurations- u. Hotel-Küche. (XXIII, 192 S.) kl. 8. Berlin 905. O. Dreyer. Geb. in Leinw. 2. —

— 'Täubchen im Nest'. 1860. Elegien. — Wien: Gotthard 1868. 68 S. 8° 1: Yo 12907. **11. 30. 32. 38. 300:** 120.729-A.
14.5151

—— „Täubchen im Nest." 1860. Elegien. 1. und 2. Aufl. 16. (68 S.) Wien 869, Gotthard. *

— s. Ungar, der.

Beck, Karl [aus Giessen, Realgymnasiallehrer in Mainz]: Zur Verfassungsgeschichte des Rheinbunds. . . . (= Progr. d. Realgymn. in Mainz v. 1890.) Mainz, Buchdr. v. H. Prickarts, 1890; 48 S. 4°
Giessen, Phil. Fak., Inaug.-Diss. v. 1890

Beck, Karl (II.). Zur Verfassungsgeschichte d. Rheinbunds. gr. 4. (48 S.) Mainz 890. (Lpz., Fock.) * 1 20

— Praktischer Wegweiser durch das Reich der Philatelie. Ein Notbehelf für jüngere Briefmarkensammler nebst e. Geschichte d. deutschen Philatelistentage. — Berlin: Verf. 1899. 15 S. 8° **14. 30. 101.**
14.5253

— Der Wert des Röntgenverfahrens in der Chirurgie. — Berlin: Simion 1905. 75 S. 8° (Moderne ärztliche Bibliothek. 18.19.) 1: Ic 2629/55-18.19. **6. 9. 11. 24. 30. 31. 38**M.
14.5239

— Zeittafeln für die Dogmengeschichte mit Rücksicht auf Kirchen- und Culturgeschichte. — Tübingen: Osiander 1864. 47 S. 8°
Aus: Beck: Christliche Dogmengeschichte. 2. Aufl. 1864. **26.**
14.5184

Beck, Karl August

—— und P. J. Rick, Fibel nach der analytisch-synthetischen Lesemethode. 1. Thl. gr. 8. (72 S., wovon 26 lithogr.) Aachen 879, Barth. **

—— —— dass. — 2. Thl.: Erstes Lesebuch. gr. 8. (80 S.) Ebendas. 879. **

Beck, Karl Aug., Geschichte des katholischen Kirchenliedes von seinen ersten Anfängen bis auf die Gegenwart. gr. 8. (X, 288 S.) Köln 878, DuMont-Schauberg'sche Buchh. *

Beck, Karl Aug., Handbuch z. Erklärung d. bibl. Geschichte. 1. Bd.: D. Alte Testament. gr. 8 (VIII, 511 S.) Köln 896. J. P. Bachem. n. 4. —; geb. n.n. 5. —

— — **2. Aufl. Bd 1. Ebd. [1902]. VIII,511 S. 8°**
1. Das Alte Testament. **1:Eo 3906^2. 5.**
14.5277

— — 3. Aufl. Bd 1. Ebd. [1906]. VIII,515 S. 8°
1. Das Alte Testament. **1:Eo 3906^3. 12:B. hist. 12 t.**
14.5278

— u. J **Dahmen:** Lehrb. f. d. Gesch.-Unterr. in Lehrerbildgsanst. In 3 Tln. 8° Bresl., F Hirt. Geb. 14.30 d
I. Hilfsb. f. d. Gesch.-Unterr. in Präparandenanst. (282 u. 48 m. Abb.) '03. Geb. u. geh. 3 —; 3. Afl. (359 u. 52) '05. 3.50
II. Hilfsb. f. d. Gesch.-Unterr. in Seminaren. Unter Mitwirkg v. Hoymann u. Schmitz hrsg. 1. Abtlg: Der Lehrstoff d. 3. Kl. (220 u. 48 m. Abb.) '04. 2.75 ‖ 2. Abtlg: Unter Mitwirkg v. Keller u. Schiel bearb. Der Lehrstoff d. 2. Kl. (192 m. 6 Pl.) '04. 2.30 ‖ 3. Abtlg: Der Lehrstoff d. 1. Kl., bearb. v. A Schiel. (232 m. 4 Pl. u. 2 Skizzen.) '05. 2.75; in 1 Bd geb. u. geh. 7 —
III. Quellenb. f. d. Gesch.-Unterr. in Seminaren. Unter Mitwirkg v. J Dahmen zusammengest. v. L Hoffmeyer u. W Hering. 1. u. 2. Afl. (464 m. 2 Taf.) '03.'04. 3 —

Lehrbuch für den Geschichtsunterricht in Lehrerbildungsanstalten hrsg. von D. Dr. A[ugust] K[urt] **Beck**, Sem.Dir. in Heiligenstadt, u. Dr. Joseph Dahmen. In 3 T. Mit zahlr. Abb. (2. verb. u. erw. Aufl.) T. 1. Breslau: F. Hirt 1905. 8° [F.] [06. 9470

Beck, A. K., u. Joh. Dahmen, Lehrbuch f. d. Geschichtsunterricht in Lehrerbildungsanstalten. (In 3 Tln.) Mit zahlreichen Abbildgn. zur Kultur- u. Kunstgeschichte. I. Tl., II. Tl. 3 Abtlgn. u. III Tl. gr. 8. Breslau, F. Hirt.
Geb. u. geh. n. 14. 80
I. Hilfsbuch f. den Geschichtsunterricht in Präparandenanstalten. Auf Grund des Lehrplans vom 1. VII. 1901 bearb. Mit 1 Taf. „Dorisches Gebälk" in Farbendr., 8 Kartenskizzen im Text u. e. Anh. v. 99 Abbildgn. in Schwarzdr. 3., durchgeseh. Aufl. (XVI, 359 u. Bilderanh. 62 S.) 906. Geb. n. 3. 50
II. 1. Hilfsbuch f. den Geschichtsunterricht in Seminaren. Auf Grund der Bestimmgn. vom 1. VII. 1901 unter Mitwirkg. v. Hoymann u. Schmitz hrsg. 1. Abtlg.: Der Lehrstoff der 3. Klasse. Mit e. Anh. v. 66 Abbildgn. zur Kultur- u. Kunstgeschichte. (XII, 220 u. 48 S.) 904. n. 2. 75
2. Dasselbe. Auf Grund der Lehrpläne v. 1. VII. 1901 unter Mitwirkg. v. Keller u. Schiel bearb. 2. Abtlg.: Der Lehrstoff der 2. Klasse. Mit 6 Schlachtplänen im Texte. (VIII, 192 S.) 904. n. 2. 30
3. Dasselbe. 3 Abtlg.: Der Lehrstoff der 1. Klasse, bearb. v. A. Schiel. Mit 4 Schlachtplänen u. 2 Skizzen im Text. (X, 231 S.) 905. Geb. in Leinw. 2. 75
III. Quellenbuch f. den Geschichtsunterricht in Seminaren. Unter Mitwirkg. v. Jos. Dahmen zusammengestellt v. L. Hoffmeyer u. W. Hering. Mit 1 Taf. Schriftproben u. der verkleinerten Wiedergabe des ältesten Originals der in den deutschen Archiven aufbewahrten Königsurkunden. 2., verb. Aufl. (XII, 404 S.) 904. n. 3. —

— — dasselbe. II. Tl. Ausg. in 1 Bde. gr. 8. Ebd. Geb. u. geh. 7. —
Hilfsbuch f. den Geschichtsunterricht in Seminaren. Auf Grund des Lehrplans vom 1. VII. 1901 unter Mitwirkg. v. A. Schiel, Hoymann, Schmitz u. Keller hrsg. Mit 10 Schlachtplänen u. 2 Skizzen im Text, e. Skizze des Limes Romanus u. e. Anh. v. 66 Abbildgn. zur Kultur- u. Kunstgeschichte. (XX, 220, 192, 232 u. 48 S.) 905.

Beck, K. A., u. Jos. Dahmen, Lehrbuch f. den Geschichtsunterricht in Lehrerbildungsanstalten. (In 3 Tln.) Mit zahlr. Abbildgn. zur Kultur- u. Kunstgeschichte. 3. Tl. gr. 8. Breslau 908. F. Hirt. Geb. 3. —
Quellenbuch f. d. Geschichtsunterricht in Seminaren. Unter Mitwirkg. v. Jos. Dahmen zusammengestellt v. L. Hoffmeyer u. W. Hering. Mit 1 Taf. Schriftproben u. der verkleinerten Wiedergabe des ältesten Originals der in den deutschen Archiven aufbewahrten Königsurkunden. 3. Aufl. (XII, 404 S.)

— — erstes Lesebuch. 2. Thl. der von denselben Verf. hrsg. Fibel nach der analytisch-synthetischen Lesemethode. gr. 8. (80 S.) Ebend. 879. n.n. — 40

Beck, Karl August

Beck, C. A., und P. Stürmer, Liederheft. Eine Sammlung kirchl. und weltl. Gesänge für kathol. Gesellenvereine und andere Männergesangchöre. 2. bedeutend verm. Aufl. 1872. * ℳ 1,50., und 3. unveränd. Aufl. 16. (VIII, 386 S.) Trier 874, Groppe. *

—— und P. Stürmer, Liederheft. Eine Sammlung kirchl. und weltl. Gesänge für kathol. Gesellen- und andere Männer-Gesang-Vereine. 4. verm. Aufl. gr. 16. (VIII, 342 S.) Trier 877, Groppe. * ℳ 1,60.; geb. *

Beck, K. A., und P. Stürmer, Liederheft. Eine Sammlung kirchl. und weltl. Gesänge für kathol. Gesellen- und andere Männer-Gesang-Vereine. 5. unveränd. Aufl. 12. (VIII, 342 S.) Trier 880, Groppe's Verlag. * ℳ 1,60.; geb. *

—— —— dass. — 6. verb. und verm. Aufl. 12. (VIII, 352 S.) Ebendas. 884. *

— **Liederheft.** Eine Sammlung kirchlicher u. weltlicher Gesänge für katholische ... Gesangvereine. Hrsg. von C. A. Beck u. P. Stürmer. 7., unveränd. Stereot.-Aufl. — Trier: Groppe 1887. VIII,352 S. 8° **1:Mus. O. 214. 5. 121. 211.**
14.5279

Beck, C. A., u. P. Stürmer. Liederheft. Eine Sammlung kirchl. u. weltl. Gesänge für kathol. Gesellen-, Lehrer- u. andere Männer-Gesangvereine. 8. Aufl. kl. 8. (352 S.) Trier 892, Köln, Tonger. * 1 80; geb. * 2 25

— — Liederheft. 175 kirchliche u. weltliche Gesänge für katholische Männergesangvereine. Hrsg. von C. A. Beck u. P. Stürmer. 11. Stereot.-Aufl. — Köln a. Rh.: Tonger 1897. VIII,352 S. 8° **38.**
14.5280

Beck, C. Aug., s.: Schulfreund, der.

Beck, Karl Christian: Erzählungen, Anecdoten und Biographien für Freunde des Militairstandes und der Militairgeschichte ... Nebst e. Anh.: Ueber das Beschläg der Pferde. Aus franz. Schriften gezogen. — Ludwigsburg: Nast 1827. 286,IV,31 S. 8° **1:Yt 12381. 24.**
14.5281

Beck, K. Chr., s. Erzählungen f. Freunde d. Militärstandes.

(—) Post- und Botenbuch oder Verzeichniß der nach Stuttgart kommenden, fahrenden und fußgehenden, berechtigten Boten und Frachtfuhrleute, mit Angabe der Zeiten ihrer Ankunft in Stuttgart. (Verf.: C. C. Beck.) — Stuttgart: Hartneck in Comm. 1828. XVI,107 S. 8° **24.**
14.5282

Beck, Karl Felix: Über die Beschaffenheit der durch Fütterung von Kartoffel-Schlempe erzeugten Kuhmilch und ihre Brauchbarkeit zur Ernährung der Säuglinge. — Leipzig: Wittrin 1895. 65 S. 8° **38 M.**
14.5283

[F.] **Beck,** *Carlo* Felix (in d. Vita: Felice): Untersuchungen über den Einfluss der Fütterung von Kartoffelschlempe auf die Milchsekretion bei Kühen und auf die Geeignetheit der Milch zur Säuglings-Ernährung ... Leipzig, Druck v. Sellmann & Henne, 1894; 2 Bl., 65 S., 2 Taf. 8.
Leipzig, Phil. Fak., Inaug.-Diss. v. [22. Dez.] 1894

Beck, Carl Fel., wie schützt sich der Landwirt am sichersten vor Frostschäden? Nach alten u. neuen prakt. u. wissenschaftl. Erfahrgn. bearb. 8. (IV, 62 S. m. 4 Abbildgn.) Leipzig 895. Landwirtschaftl. Schulbuchh. (K. Scholtze.) n. 1. 20

Beck, Karl Friedrich: Ueber die Verwertung der Doubletten unserer Bibliotheken. Ein Aufruf zur Gründung e. internationalen Institutes für Doublettenaustausch. — Basel: Beck 1904. 13 S. 8°
1:Ao 601/47. **2→11. 12:**N. libr. 17c. **14→27. 29. 30. 31. 33. 34. 38. 39. 43→48. 51. 52. 60. 61. 66. 75. 78. 84. 90. 93. 102. 106. 111. 121. 201. 203. 300:**469.787-B. **302→305. 307→309.**
14.5285

Beck, Karl Heinrich, Verlagsbuchhandlung, Nördlingen
s. *Beck,* C.H.

Beck, Karl Hermann: Cannstatt und die neue Neckarbrücke. Eine Festgabe zum 27. September 1893. — Cannstatt: Cannstatter Zeitung [1893]. 93 S. 8° **24.**
14.5286

— Cannstatter Chronik über die zweite Hälfte des XIX. Jahrhunderts. Nach Urkunden, Aufzeichnungen u. Erinnerungen zsgest. — Cannstatt: Hopf 1900. 362 S. 8°
1:Sh 6236. **14. 21. 24.**
14.5287

Beck, Karl Jos., Abbildungen von Krankheitsformen aus d. Gebiete d. Augenheilkunde u. einigen augenärztlichen Werkzeugen, mit erläut. Texte. (Als Atlas zu seinem Handbuche der Augenheilkunde.) Mit 17 Kpfrtaf. 4. Heidelb. 834. (836.) Gros. 6 ₰

Beck, Karl Josef: Ueber die Anwendung der Ligatur an einer von der Wunde entfernten, dem Herzen zugewendeten Stelle der verwundeten Arterie oder des entsprechenden Arterienstammes. — Freiburg: Groos 1836. VIII,79 S. 8° **1:**Iw 1555. **3. 8. 16. 23. 25. 26. 31. 202. 303.**
14.5288

Beck, Karl Jos., ophthalmolog. Atlas, nach in seiner Praxis ihm vorgekomm. Augenkrankh., M. 17 ill. Kpfrt. u. erläut Texte. Heidelberg 854, Groos.

— Gedächtnissrede auf Herrn Mathias Alex. Ecker, Doctor der Medicin und Chirurgie, Professor der Chirurgie, Geburtshülfe und gerichtlichen Arzneikunde ... bei dessen ... Todtenfeier ein Jahr nach seinem Hintritte in der Universitätskirche am 5. August 1830. — Freiburg: Groos 1830. 21 S. 8° **2. 4. 5. 7. 8. 9. 12:**4° Diss. 3820-30. **15. 16. 19. 21. 25→28. 31. 180.**
14.5289

— Handbuch der Augenheilkunde. [Nebst] Atlas. — Heidelberg (Atlas: Heidelberg [usw.]): Groos 1823-35. 8°
Atlas. Abbildungen von Krankheitsformen aus d. Gebiete d. Augenheilkunde u. einigen augenärztlichen Werkzeugen. 1835.
1:Text: Km 952; Atlas: Km 1066. **3. 10. 12** [$^{\infty}$Text]: 4° Chir. 3 m. **16. 19. 27. 31. 300:**Text: 77 Ec 175; Atlas: 177.810 C.
14.5290

Beck, Karl Jos., Handbuch d. Augenheilkunde, z. Gebr. bei sein. Vorlesn. 2., verm. u. verb. Aufl. gr. 8. (42 B.) Heidelberg 832, Groos. Thlr.

— Die Krankheiten des Gehoerorganes. — Heidelberg [usw.]: Groos 1827. X,296 S. 8°
1:Kn 740. **2. 3. 5. 6. 8→11. 12:**Path. 103m. **15. 16. 17. 19→22. 24→28. 30. 31. 43. 45. 46. 48. 53. 61. 79. 180. 202. 300:**39 H 28. **302→304. 308.**
14.5292

— Ueber den Kropf. — Freiburg: Groos 1833. VI,81 S. 8°
1:Kl 3560. **3. 6. 8. 15. 16. 19. 20. 22. 24. 25. 26. 30. 31. 52. 53. 202. 303. 309.**
14.5293

Beck, Karl Josef
— Rede bei der academischen Feier des fünfzigjährigen Amts-Jubiläums des Herrn Joseph Ignaz Schmiderer. — Freiburg i. Br.: Groos 1829. 31 S. 4° **2. 4. 5. 7. 8. 9. 12:**4° Diss. 3821-1. **15. 19. 21. 24→27. 31.**
14.5294

— Rede bei der akademischen Feier des hundertsten Geburtsfestes des Hochseligen Großherzogs Karl Friedrich zu Baden etc. — Freiburg i. Br. 1828: Wagner. 30 S. 8°
2. 4. 5. 7. 8. 9. 12: Diss. 830-14. **19. 21. 25. 26. 27. 31. 52. 303.**
14.5295

— Ueber die angebohrne Verwachsung der Finger. — Freiburg: Herder 1819. 67 S. 8° **1:**Kg 11250. **4. 6. 8. 16. 19. 20. 25→28. 31. 202. 303. 304.**
14.5296

— Ueber die Vorzüge der Lappenbildung bei der Amputation in der Continuität der Gliedmassen und die ihr zukommenden Operations-Arten. — Freiburg: Wagner 1819. IV,74 S. 8° Aus: Eleutheria. 2.1819. **25. 26. 31. 304.**
14.5297

Beck, Karl Theodor: Beyträge zur Philosophie der Geschichte und des Rechtes der Polizey in Deutschland und vorzüglich in Baiern. — München: Lentner 1807. 68 S. 8°
12: Bavar. 211. **19. 302.**
14.5298

[—] Ueber Entstehung, Fortschritte und dermaligen Zustand der Landeskultur der Königl. Herzogl. Bair. Großprioratsherrschaft Ebersberg. — München: Lindauer 1807. 83 S. 8° **19.**
14.5299

— Ernst, Gefühl und Laune. — München: Lentner 1784. 212 S. 8° **12:**P.o. germ. 80. **19.**
14.5300

Beck, Karl Theodor, s. Familie von Engelheim

— Gedichte. — St. Gallen: Huber 1789. 96 S. 8°
1:Ym 4297. **27. 53. 308.**
14.5301

— Cornelii a genis aridis (d.i. Karl Theodor Beck) Unterhaltungen für die empfindsame Welt. — München: Strobl 1790. 130 S. 8° **1:**Yw 3299/90. **7.**
14.5302

Beck, Karl Wilhelm: Vollständige Anleitung für Ortsvorsteher &c. zur Besorgung des Geschäftes der Kapital-Steuer-Aufnahme, mit beigefügten Formularen. — Reutlingen 1840: Grözinger & Schauwecker. 24 S. 8° **21. 24.**
14.5303

Beck, C. W., vollständ. Anleitung z. Besorg. d. Geschäftes bei d. Kapital-Steuer-Aufnahme, mit beigefügt. Formularen. Für Ortsvorsteher etc. 8. (1½ B. u. 8 Bl. Tab.) Ulm 841, Ebner'sche Buchh. Thlr.

Beck, Karl Wilhelm
— Alphabetisches Sach-Register über die im Regierungs-Blatt von 1806 bis Ende Sept. 43 und dem Ergänzungs-Band dazu (v. 1838.), so wie auch in dem Auszug beider von 1806-42 enthaltenen, noch ganz oder theilweise giltigen Gesetze, Verordnungen &c. — Stuttgart: Verf. 1843. 90 S. 8° **24. 25.**
14.5304

— — Alphabetisches Sachregister über die noch ganz oder theilweise giltigen Gesetze, Verordnungen &c. im württ. Regierungsblatt von 1806 bis 1. Juni 52., Ergänzungsband von 38 u. 52. und Staatsanzeiger bis 1. Juni 52. 2., verm. u. verb. Aufl. — Ebd. 1852. 116 S. 8° **25.**
14.5305

— — Alphabetisches Sachregister über die noch ganz oder theilweise giltigen Gesetze, Verordnungen, amtlichen Bekanntmachungen etc. im württ. Regierungsblatt von 1806 bis 1. Januar 1858, Ergänzungsband von 38 u. 52. und Staatsanzeiger bis 1. Januar 1858. 3., verm. u. verb. Aufl. [Stuttgart]: Verf. 1858. 131 S. 8° **24. 93. 208.**
14.5306

— — 3., verm. u. verb. Aufl. 2. Ausg. Mit Anh.: Sachreg. zum Regierungsblatt u. Staatsanzeiger bis 31. Dez. 1869. Stuttgart: Schober 1870. 131,39 S. 8°
24.
14.5307

— Zins-, Frucht-, Wein- &c. Rechnungen, Münzen-Berechnung und Vergleichung, Vorschriften über Maß u. Gewicht, mit vielen andern gesetzlichen Bestimmungen, ... für Ortsvorsteher, Kassenbeamte ... und insbesondere auch für Schulen. — o.O.: Verf. 1845. XXVI,205 S. 8°
24.
14.5308

— Zusammenstellung der Verordnungen über die Bevölkerungs-Aufnahme für Pfarrämter. — Herrenberg 1840: Braun. 15 S. 8°
21. 24.
14.5309

Beck, Kaspar Achatius

— [Hrsg.] s. *Bayer*, Georg Konrad: Deutliche und gründliche Erläuterung des teutschen Lehen-Rechts [Deutlich- und gründlicher Discurs von teutschen Lehen-Recht]. 1746.

— De provida Dei Cura in dispensandis iurisprudentiae fatis. 1731 u.ö.
in: *Beck:* De Novellis Leonis Augusti et philosophi.

— — Progr. candidati Ludw. Gottfried Tanner (Gotha) disp. de differentia juris Romani et German. circa connubium impar praem. Jena (Müller) 12. I. 1731. 11 S. mit Biogr. (M.: M. C. Coburger.) (3.—) 1574

— — Progr. candidati Paul Adam Ulsenheimer (Marckeimersheim) de quibusdam collegiorum jurid. dissens. praem. Jena (Müller) 30. VII. 1729. 4 Bl. mit Biogr. (M.: A. M. Ribenstein.) (3.—) 1567

— — Progr. candidati Paul Wilhelm Schmidt (Jena) disp. de emendata, occasione reformationis b. Lutheri, doctrina de decimis praecipue novalium praem. Jena (Horn) 3. XI. 1730. 4 Bl. mit Biogr. (M.: E. L. Kunhold.) (3.—) 1572

— **Caspar Achatius** (Ansbach), De ducatu Franconiae. Disp. jur. Präs. Christian Wildvogel. Jena (Müller) 18. IX. 1709. 36 S. (5.—) 1564

— — De exemtione academiarum a jurisdictione curiarum provinc. Diss. candidati Joh. Wilhelm Buschmann (Hamburg) de officio judicis nobili et mercenario praem. Jena (Horn) 19. VI. 1733. 12 S. mit Biogr. (M.: D. M. Louissen.) (3.—) 1577

Beck, Kaspar Achatius

— Exercitatio iuris feudalis, de Feudis transmissione faemininis, Germanis: Von denen mancherley Arten der Reichs- und adelichen Lehn-Rechte; besonders aber wie weibliche Herrschafften an männliche Persohnen gelangen können. [Resp.:] Jo. Georgius de Cornberg. — Jenae 1754: Heller. 68 S. 8° Erschien zuerst als Diss. Jena 1720.
4. 5. 10. 12: 4° Diss. 790-8. 15. 16. 17. 19. 23. 24. 26. 28. 36.
14.5311

— Exercitatio iuris feudalis, de vera Indole feudi et officii nobilis. [Resp.:] Adamus Antonius Meyer. Ed. novissima. Jenae 1751: Heller. 40 S. 8°
Erschien zuerst als Diss. Jena 1722.
4. 5. 8. 9. 11. 12: 4° Diss. 694-12. 16. 17. 19. 23. 24. 28.
14.5312

— Commentatio iuris publici universalis de Iure principis circa connubia ministrorum et vasallorum. Rec. — Jenae 1754: Ritter. 54 S. 8° Erschien zuerst als Diss. Jena 1724.
1: Ft 6175. 4. 5. 8→11. 12: 4° J. publ. G. 121 t [2 Ex.]
16. 19. 23. 24. 30. 36. 48. 208. 302.
14.5313

— — Dissertationes de paribus reipublicae ministri et vasalli juribus ex primaeva feudorum indole deductis. Jena (Ernst Claudius Bailliar) 1715. 184 S. u. Index. (6.50) 1565
Mitverfasser: Carl Heinr. Heidenreich (Tännstadt/Thür.), Gottlob Heinrich Heidenreich (Erfurt) Franz. Hermann Heldmann (Lemgo), Eckh. Matth. Westphal (Quedlinburg).

— — De jurisdictione curiarum provinc. Saxonicarum in causis politiam spectantibus, diss. candidati Jo. Joach. Heinr. Doose (Vilstria/Holst.) de ratione dicti testium praem. Jena (Fickelscherr) 6. VIII. 1732. 4 Bl. mit Biogr. (M.: A. M. Vahlencamp.) (3.—) 1575

— Dissertatio iuridica, de Lege non obligante, Germanis: Von denen Gesetzen, welche nicht verbinden. [Resp.:] Ernestus Fridericus Boch. Rec. — Jenae 1751: Heller. 64 S. 8° Erschien zuerst als Diss. Jena 1719.
5. 9. 12: 4° Diss. 1503-34. 16. 17. 24. 26. 41. 48. 61.
14.5314

— De Novellis Leonis Augusti et philosophi earumque usu et auctoritate commentatio prolusoria. Praem. est dissertatio De provida Dei cura in dispensandis iurisprudentiae fatis itemque laudati Imperatoris vita. — Jenae: Bielcke 1731. 156 S. 8°
1: Gk 17523. 4. 7. 8. 9. 12: 4° Diss. 3035-11. 14. 15. 17. 21. 23. 24. 26. 27. 28. 30. 31. 36. 39. 48. 53. 208. 302.
14.5315

— — De Novellis Leonis Augusti et philosophi earumque usu et auctoritate liber singularis. Praem. est dissertatio De provida Dei cura in dispensandis iurisprudentiae fatis. Adiectis animadversionibus et mantissa commentationum ... ed. Carolus Frider. Zepernick. — Halae: Hendel 1779. XX,581 S. 8°
1: Gk 17525. 2→5. 7. 9. 10. 11. 12: Jur. is. 11. 14. 15. 16. 20. 21. 23. 28. 30. 31. 39. 45. 208. 300: 27 Gg 8. 302.
14.5316

— — Progr. candidati Reinhold Dultz (Königsbg./Pr.) disp. d. oppignoratione servitutum praem. Jena (Müller) 2. IX. 1729. 6 Bl. mit Biogr. (M.: B. Senger.) (3.—) 1569

— — Progr. candidati Georg Daniel Müller (Leipzig) disp. de pactis rem afficientibus praem. Jena (Müller) 27. VIII. 1729. 8 S. mit Biogr. (M.: Ch. R. Winckler.) (3.—) 1568

— — Progr. candidati Ulrich Thomas Peschmann (Frankfurt/M.) disp. de periculo nominis pupillaris praem. Jena (Fickelscherr) 23. IX. 1729. 4 Bl. mit Biogr. (M.: S. C. Erhard.) (3.—) 1570

— — Progr. candidati Carl August Fabarius (Jena) disp. de potestate et jurisdictione principum, speciatimque S. R. Imperii, in liberos praem. Jena (Fickelscherr) 23. X. 1729. 4 Bl. mit Biogr. (M.: M. S. Gerber.) (3.—) 1571

— Dissertatio inauguralis iuridica de Potestate & iurisdictione principum, speciatimque S.R.Imperii, in liberos. [Resp.:] Carolus Augustus Fabarius. Rec. — Jenae 1754: Ritter. 31 S. 8° Erschien zuerst als Diss. Jena 1729.
4. 5. 8. 9. 11. 12:4° Diss. 3035–14. 16. 17. 19. 24. 25. 26. 28. 30. 36. 48.
14.5317

— — Progr. praelect. priv. super Joannis Schilteri institutiones jur. canon. ad eccles. veter. et hod. stat. Jena (Fickelscherr) 10. X. 1728. 4 Bl. (1.80) 1566

Beck, Kaspar Achatius (Präs.): Princeps christianus aeternae subditorum salutis curator, s. Beck, Joh. Jakob (Resp.)

— — Diss. candidati Joh. Sophon Saher (Ansbach) de probatione consuetudinis et observ. tam priv. quam publ. praem. Jena (Müller) 29. X. 1732. 6 Bl. mit Biogr. (M.: A. M. Heyd.) (3.—) 1576

— Programma de curiarum provincialium Saxon. iurisdictione, qua ratione in caussis etiam criminalibus fundata sit. 1751 in: *Beck:* De solenni fractionis baculi Ritu.

— Programma de recta iuris per principia docendi ratione, lectionibus auspicalibus in publico icc. auditorio habendis, praemissum. — Jenae [1718]: Krebs. 4 Bl. 8° 17.
14.5318

Beck, Kaspar Achatius

— Dissertatio inauguralis iuridica, de solenni fractionis baculi Ritu in exequenda supplicii extremi sententia. [Resp.:] Georgius Andreas Fichselius. Adnexo Programmate de curiarum provincialium Saxon. iurisdictione, qua ratione in caussis etiam criminalibus fundata sit. Rec. — Jenae 1751: Heller. 68 S. 8° Erschien zuerst als Diss. Jena 1732.
4. 8. 11. 12:4° Diss. 5252a–1. 16. 17. 23→26. 36. 48.
14.5319

Beck, Kornelius: Die feinere Architektur der primären Hautcarcinome ... Von Cornelius Beck u. Edmund Krompecher. — Hamburg [usw.]: Voss 1903. 111 S. 8° (Dermatologische Studien. 19.) (Monatshefte für praktische Dermatologie. 1903. Erg.H. 1.) 1: Ko 64–19. 7. 9.
12: Path. 1226 l–19. 17. 18. 20. 25. 44. 202. 302.
14.5321

— Arbeiten aus d. Pharmakol. Institut d. Universität zu Budapest (Prof. Á. von Bókay). Ueber die Resorption des Ichthyols durch die Haut ... Von Cornelius Beck u. Béla v. Fennyvessy. Bruxelles: Lamartin [usw.] 1899. S. 109–120. 8°
Aus: Archives internationales de pharmacodynamie et de thérapie. 6. 1899.
33.
14.5322

Beck, Kurt, Leipzig. 1901: Geschäftskunde für Schlosserklassen. — Wittenberg: Herrosé 1901. 42 S. 8°
Spätere Auflagen sind vorhanden in 1, 3 u. 101.
1: Oe 19840. 8. 207.
14.5323

Beck, Curt, Geschäftskunde f. Schlosserklassen. 2. Aufl. (48 S.) gr. 8. Wittenberg 904. R. Herrosé. n. — 50

Beck, L., Opfertreue, s. Jahrbuch deutscher Bühnenspiele.

Beck, L. C. 1878 s. *Beck,* Louis Konstantin.

Beck, L. W. [Pseud.] s. *Beckstein,* B. W.

Beck, Leonh., die Heiligen, s. Jahrbuch der kunsthistorischen Sammlungen d. allerhöchsten Kaiserhauses.

Beck, Leonhard: Theses miscellaneae juridicae. 6 S. – Basel, Jur.Diss.v. 22.Mai 1722.

Beck, Leopold: Tractatus de incarnatione verbi divini. Unà cum conclusionibus theologicis ex prima parte D. Thomae, item prima secundae et tertia parte ... Publicae disputationi expositis praeside Leopoldo Beck ... defendentibus ... Mauro Goldmeyer [u.a.] — Wirceburgi [1745]: Engman. 476 S. 8° 21.
14.5327

Beck, Leopold A.: Die ruß- wie auch türkische Staats- und Kriegs-Geschichte (2: Staats-Geschichte). (Verf.: Leopold A. Beck.) Th. 1.2. — Frankfurt [usw.] 1777. 8°
1. Vom Ursprung, Religion, Sitten ... beider Völker ... bis auf gegenwärtige Zeit.
2. Vom Anfang d. Türkenkrieges 1768. durch die polnische Conföderation, bis zum Friedensschluß 1774.
1 [∞ 1]: 8° Bibl. Diez 1378–2. 15 [∞ 1]. 32 [∞ 1]. 78.
14.5328

(—) — Die ruß- wie auch türkische Staats- und Kriegsgeschichte. Th. 1. — Nordhausen: Groß 1777. 131 S. 8°
Inhalt wie in 14.5328. 1: 8° Bibl. Diez 1378–1. 15. 32.
14.5329

Beck, Lorenz

Beck, L.: Beiträge zur Regiments- und Verfassungsgeschichte der ehemals freien Reichsstadt Dinkelsbühl. pg. 3-63. 8°. C. Fritz. Progr. Dinkelsbühl 1885/86.

Beck, Louis Konstantin: Die Aufgaben der Geographie mit Berücksichtigung der Handelsgeographie. Vortrag. — Stuttgart 1884. 44 S. 8°
Erweitert aus: Jahresbericht d. Wuerttembergischen Vereins für Handelsgeographie. 1.2. 1882-84.
21. 24. 205.
14.5346

— Der Dutzendteich in natur-, orts- und industriegeschichtlicher Beziehung. Nach einer von L. C. Beck unter Benützung von Quellen d. Firma Spaeth bearb. Studie. — Nürnberg 1898: Bieling-Dietz. 58 S. 4°
1: 4° Sg 4119. 12: 4° Bavar. 3119b [2 Ex.] 19. 22. 75. 82. 84. 88. 89. 91. 209.
14.5347

— Die Fabrikindustrie Nürnbergs. — Nürnberg [1899]. S. 339–568. 4°
Aus: Festschrift zur 40. Haupt-Versammlung d. Vereins Deutscher Ingenieure in Nürnberg vom 11.-15. Juni 1899. 1899.
88.
14.5348

Beck, L. C., Bayerns Grossindustrie u. Grosshandel 1. Thl. gr. 4. Nürnberg 895. (S. Soldan's Hofbuchh.) Geb. in Halbleinw. n. 10. —
Maschinen- u. Metallwaaren-Fabrikation d. Industriebez. Nürnberg-Fürth. (IV, 91 S. m. Abb.)

— Bayerns Grossindustrie und Grosshandel. Th. 1. — Nürnberg: Soldan in Comm. [1895]. II,91 S. 4°
1: 4° Sf 3535. 12: 2° Bavar. 91 u. 20. 29. 30. 75. 91. 203.
14.5349

— Deutschlands Grossindustrie und Grosshandel. Abtheilung Thüringen. Hrsg. von d. Deutschen Export-Bank. H. 1–3. — Berlin 1888–91: Sittenfeld (3: Gergonne). IV,209,II S. 4° 14. 39 [∞ 3]. 78 [∞ 2.3]. 106.
14.5350

— Joh. Wilh. Späth. Maschinenfabrik u. Eisengiesserei Dutzendteich bei Nürnberg. — Nürnberg 1895. 10 S. 4°
Aus: Beck: Bayerns Grossindustrie u. Grosshandel. 1. 1895.
29. 75. 201.
14.5351

— Die heutige Türkei. 1878–79 u.ö.
s. *Hellwald,* Friedrich v.

Beck, Ludwig

(—) Beiträge zur Geschichte des Eisens. — (Düsseldorf [1905].) 12 S. 4°
Aus: Stahl u. Eisen. 25,2. 1905. 17.
14.5352

— **Beiträge** zur Geschichte der Eisenindustrie von Ludwig Beck u. Oberst v. Cohausen. — (Wiesbaden : Niedner [1879].) S. 125–139. 8°
Aus: Annalen d. Vereins für Nassauische Altertumskunde u. Geschichtsforschung. 15. 1879.
17. 83. 210.
14.5353

— **Beiträge** zur Geschichte der Eisenindustrie in Nassau. — [Wiesbaden 1904.] 87 S. 4°
Aus: Annalen d. Vereins für Nassauische Altertumskunde u. Geschichtsforschung. 33. 1903-04.
17. 43. 210.
14.5354

Beck, Ludwig [aus Wien]: Beitraege zur Kenntniss der substituirten p-Brom-o-toluylsäuren. . . . Freiburg i. B., Buchdr. v. Chr. Ströcker, 1890; 42 S., 1 Bl. 8°
Freiburg i. B., Phil. Fak., Inaug.-Diss. v. 1890

— Die alte **Bruderschaft** der Stahlschmiede in Siegen. — [Wiesbaden 1908.] S. 229–244. 4°
Aus: Annalen d. Vereins für Nassauische Altertumskunde u. Geschichtsforschung. 37. 1908.
17.
14.5355

Beck, Ludwig, a. München: Über Farbstoffe aus Furfurol und einige ungesättigte 1,5-Dicarbonylverbindungen. München 1907: V. Höfling. (33 S.) 8°
München, Phil. Fak., Ref. v. Baeyer, Diss. v. 3. Juli 1907
[Geb. 14. Mai 80 München; Wohnort: München; Staatsangeh.: Bayern; Vorbildung: Maximilians-Gymn. München Reife Juli 99; Studium: Phil. München 4, Jena 1, Staatsw. Erlangen 1, Phil. München 7 S.; Rig. 3. Juli 07.]

Beck, Ludw., die Geschichte des Eisens in technischer und kulturgeschichtlicher Beziehung. (In 2 Abtlgn.) 1. Abtl.: Von der ältesten Zeit bis um das J. 1500 n. Chr. gr. 8. (X, 1047 S. mit 315 in den Text eingedr. Holzst.) Braunschweig 884, Vieweg und Sohn. *

Beck, Ludw. Die Geschichte d. Eisens in technischer u. kulturgeschichtlicher Beziehung. 1. Abthl. Von der ältesten Zeit bis um das J. 1500 n. Chr. Mit 315 eingedr. Holzst. 2. (Titel-)Aufl. 6 Lfgn. gr. 8. (XI, XII, 1070 S.) Braunschw. 891,92, Vieweg u. Sohn. à Lfg. * 5 —; * 30 —

— dasselbe. 2. Abtlg. Vom Mittelalter bis zur neuesten Zeit. 1. Tl. Das 16. u. 17. Jahrh. 1.—6. Lfg. gr. 8. (1056 S. m. Holzst.) Ebd. 894. à Lfg. n. 5. —

Beck, Ludw., d. Geschichte d. Eisens i. techn. u. kulturgeschichtl. Beziehung. 2. Abtlg. Vom Mittelalter bis z. neuesten Zeit. 1. Tl. Das 16. u. 17. Jahrh. 7. u. 8. (Schluss-)Lfg. gr. 8. (S. 1057—1332 m. Abb.) Braunschweig 895. F. Vieweg & Sohn. à n. 5. —

— dasselbe. 3. Abtlg. D. XVIII. Jahrh. M. 232 i. d. Text eingedr. Abb. 7 Lfgn. gr. 8. (VII, 1205 S.) Ebd. 895—897. à n. 5. — (I—III.: n. 103. —)

— dasselbe 4. Abtlg. D. XIX. Jahrh. 1.—5. Lfg. gr. 8. (S. 1—880 m. Holzst.) Ebd. 897—898. à n. 5. —

Beck, Ludw., die Geschichte des Eisens in technischer u. kulturgeschichtlicher Beziehung. IV. Abtlg.: Das XIX. Jahrh. von 1801—1860. 6. Lfg. gr. 8. (IX u. S. 881—1036 m. Abbildgn.) Braunschweig 899. F. Vieweg & Sohn. n. 5. — (IV. Abtlg. kplt. n. 30. —; geb. in Leinw. n. 32. —)

— dasselbe. V. Abtlg.: Das XIX. Jahrh. v. 1860 an bis Schluss. 1.—7. Lfg. gr. 8. (S. 1—1232 m. Abbildgn.) Ebd. 902. à n. 5. —
1.—III. Abt. Ebd. 892—897. n. 103. —; geb. n. 109. —.

Beck, Ludw., die Geschichte des Eisens in technischer u. kulturgeschichtlicher Beziehung. V. Abtlg.: Das XIX. Jahrh. von 1860 an bis Schluss. Mit 344 in den Text eingedr. Abbildgn. 8. Lfg. (VII u. S. 1233 bis 1417.) gr. 8. Braunschweig 903. F. Vieweg & Sohn. n. 5 —; (Vollständig n. 178 —; Einbde. à n. 2. —)

— Zur Geschichte des Eisens in Inner-Oesterreich. — (Düsseldorf [1909].) 14 S. 4°
Aus: Stahl u. Eisen. 29,1. 1909.
17.
14.5359

— Geschichte der Eisenindustrie in Wales. — (Düsseldorf [1906].) 24 S. 4°
Aus: Stahl u. Eisen. 26,2. 1906.
17.
14.5360

— Zum fünfzigjährigen **Jubiläum** des Regenerativofens. — (Düsseldorf [1906].) 7 S. 4°
Aus: Stahl u. Eisen. 26,2. 1906.
17.
14.5361

— Herzog **Julius** von Braunschweig und die Eisenindustrie am Oberharz. — Halle 1890. 29 S. 8°
Aus: Zeitschrift d. Harzvereins für Geschichte u. Altertumskunde. 22. 1889.
17. 30. 86. 210.
14.5362

Beck, Ludwig, cand. phil. aus Molsheim: Mirabeau als Politiker. *Berlin 1902: E. Streisand.* (92 S.) 8°
Rostock, Phil. Diss. v. [28. Febr.] 1902

— Die Familie **Remy** und die Industrie am Mittelrhein. — [Wiesbaden 1906.] 129 S. 4°
Aus: Annalen d. Vereins für Nassauische Altertumskunde u. Geschichtsforschung. 35. 1906.
17. 43. 210.
14.5363

Beck, Ludwig Theodor

— **Ludwig Theodor** (Spitzkunnersdorf), Ueber d. Behandlung des Entropium. Diss. med. Lpz. (A. Th. Engelhardt) 22. V. 1869. 28 S. mit Biogr. (M.: Ch. R. Köhler) u. Liter. (3.—) 1651
Oppon.: E. Schmidt, Schröter, Kriegsmann.

Beck, Ludwig Ulrich

Beck, L. U., Lieder für Deutschland's turnende Jugend, s. Lieder.

— s. Liederbuch.

Beck, M., der Letzte der Mohikaner, s.: Cooper, J. Fenimore, Lederstrumpf-Erzählungen. 2. Bd.

Beck, M., Tierarzt, Heidenheim. 1900: Das Wichtigste über die Gewährleistung bei Viehveräußerungen nach dem Bürgerlichen Gesetzbuche sowie der Erkennungszeichen der Krankheiten. (Hauptmängel.) — Erlangen: Palm & Enke 1900. 43 S. 8°
6. 12: J. germ. 1143 l. 29.
14.5365

Beck, M.E., s. Beck, Martin Eugen

Beck, Marie

—— Wilhelms Besuch im zoologischen Garten. Eine lust. Geschichte in Versen f. große u. kleine Kinder. gr. 4. (24 S. m. 17 farb. Bildern v. Fed. Flinzer.) Ebd. 891. geb. 1 50

Beck, Marie. Freude üb. Freude. Ein Bilderbuch f. art. Kinder m. Versen. 4. (9 farb. Taf. m. 9 S. Text.) Wesel 892, Düms. geb. 1 —

— unsere Haustiere u. ihr Nutzen, s.: Lipps, F.

Beck, Marie, d. lebendige Struwwelpeter u. and. drollige Geschichten f. Kinder v. 3 b. 8 Jahren. M. 10 Farbendr.-Bild. v. Margarete Pfeifer. gr. 4. (M. eingedr. u. 9 Bl. Text.) Wesel 895. W. Düms. Kart. 1. 20

— ein neuer Struwwelpeter. M. Bild v. M. Pfeifer. gr. 4. (8 farb. Taf. m. eingedr. u. 4 Bl. Text.) Ebd. 895. Kart. — 50; a. Pappe 1. —; z. Aufstellen 1. —

Beck, Marie: Ein neuer Struwwelpeter. (16 m. farb. Abb.) 30× 20,5 cm. Wes., W Düms ('07). Kart. — 60; 8 Bl. auf L. 1.50 d

Beck, Marie, ein neuer Struwwelpeter. Mit (farb.) Bildern v. M. Pfeifer. (16 S.) 30×20,5 cm. Wesel 909. W. Düms. Kart. — 60; 8 Bl. auf Leinw. 1. 50

Beck, Martin, Pfarrer, Inzell. 1898: Erinnerungen aus dem Tagebuche eines Jerusalempilgers. — Deggendorf: Ditsch [1898]. 230 S. 8°
Aus: Altöttinger Liebfrauenbote. 2.3. 1896-97.
12: It.sing. 58ih. 19.
14.5371

Beck, Martin, Lehrer u. Schriftsteller, Berlin, geb. 1860. 1885: Aus Fels und Wald. Lieder-Strauss. — Berlin: Ißleib 1885. 44 S. 8° 1: Yo 20196. 7. 207.
14.5369

Beck, Mart. Allerhand kleine Geschichten. 16. (128 S.) Hamb. 889, Verlagsanstalt u. Druckerei. * 1 60

Beck, Martin: Vom G o l d e des Meeres. Bernsteinstudie.
Berlin: F. Schulze 1899.
23 S. 8° [Text stenogr.]
= Jugend-Bibliothek, Lehrer Jachts Stenographische.
Bd. 2, [1.]

Beck, Mart., vom Golde des Meeres, s. a. J a c h t's stenographische Jugend-Bibliothek. II.

Beck, Martin Eugen: Soli Deo! Ein Wort zu Nutz und Ehren der evangelischen Paramentik. — Schwerin i. M.: Schmale 1882. 15 S. 8°
Aus: Der Mecklenburger. 1.2. 1881-83.
(Für d. Tage d. lutherischen Konferenz. 3.) 28.
14.5372

Beck, Mart. Eug., soli Deo! Ein Wort zu Nutz und Ehren der evangel. Paramentik. gr. 8. (II, 15 S.) Leipzig 885, [Drescher.] Wilh. Weber. *

Beck, M. E., 32 Konfirmationsdenksprüche, s.: F a u l h a b e r, Herm.

B e c k, M. E., Confirmations-Scheine in zwei Farben. gr. 4. (6 Bl.) Leipzig 880, (Böhme.) *

B e c k, M. E., zwei Lesezeichen, nach Entwürfen für die Hochzeitbibel I. k. H. der Frau Grossfürstin Marie von Russland, geb. Herzogin von Mecklenburg, in Seide gestickt von Schwester Sara zu Neuendettelsau, in Farbendr. übertragen von Ad. M. Hildebrandt. gr. 8. Wernigerode 876. (Berlin, Rother.) *

— Musterblätter für kirchliche Stickerei. Nebst Text: Altarschmuck von Moritz Meurer. — Leipzig: Dörffling & Franke 1868 (1869). 8 S., 12 Bl. 2°
Die auf d. Titelblatt genannte Schrift von Meurer ist selbständig.
14. 33. 44. 84.
14.5373

Beck, Mart. Eug., Musterblätter für kirchliche Stickerei. Nebst Text: Altarschmuck von M o r. M e u r e r. Leipzig 869. Dörffling & Franke. Fol. (8 S. u. 12 lith. Taff. u. Text VII, 99 S. in 8.) n. 3 ℳ

— Evangelische Paramentik. — Dresden: Zahn & Jaensch 1906. VIII, 66 S. 4°
2. 3. 6. 12: 4° Liturg. 50 s. 14. 17. 18. 24. 30.
14.5374

— die Stellung der kirchlichen Kunst u. insonderheit der evangel. Paramentik zur sozialen Frage, s.: S c h r i f t e n des thüringischen Paramenten-Vereins. I.

Beck (Mathias), der Croup u. seine Behandlung. 8. (15 S.) St. Gallen 850, Huber & Co. 3 ngr

Beck, M., Arzt, Heiden. 1866: Der Croup und seine Behandlung. 2., verb. Aufl. — St. Gallen: Huber & Comp. 1866. 23 S. 8° 31.
14.5364

Beck, M., der Croup u. seine Behandlung. 2., verb. Aufl. Mit (lith.) Bildniß des Verf. St. Gallen 867. Huber & Co. 8. (23 S.) 4 ngr

Beck, Mathilde: Kurze Beschreibung der Burg-Ruine Montclair bei Mettlach in Geschichte und Sage. — Mettlach: Ed. Beck 1909. 17 S. 8° 121.
14.5377

— — 2. Aufl. Ebd. 1910. 19 S. 8° 121.
14.5378

Beck, Mathilde, s. S t o r i e s and sketsches.

— Stories and sketches. Für d. Schulgebrauch hrsg. [Nebst] Wörterbuch. — Wien: Tempsky 1902. 8° (Freytags Sammlung französischer u. englischer Schriftsteller.)
107. 300: 60.628-B.Per. 68. 302.
14.5370

Beck, Matthaeus Friedrich: Hertzliche Ermunterung zur Freude und Dancksagung bey feyerlicher Begehung des 14ten Augusti A, 1745. als des Wieder-Gedächtniß-Tages der den 14ten Augusti A. 1736. geschehenen Errichtung des Hoch-Fürstlichen Armen-Zucht- und Arbeits-Hauses zu Ludwigsburg. Von Matthäo Friederich Beckhen. — Stuttgart [1745]: Cotta. 28 Bl. 8° 24. 28.
14.5380

— Ermunterungs-Rede zur Dancksagung gegen Gott ... an die Gemeinde des Hoch-Fürstl. Armen-Zucht- und Arbeits-Hauses zu Ludwigsburg bey seinem an dem 14den Augusti, als dem Wieder-Gedächtniß-Tage der ... Errichtung der Anstalt dieses Hauses, Anno 1754. gefeyrten zweyten Danck-Fest ... von Matthäo Friderich Beckhen. Nebst der Stand-Rede, welche bey Legung des Grund-Steins der neu-zuerbauenden Kirche bemeldten Hauses, und der Predigt, welche bey würcklicher Einweyhung derselben abgelegt worden. — Ludwigsburg [1754]: Schreitmüller. 52,32 S. 8° 24. 28 [unvollst.]
14.5381

— Die Huldigung wahrer Unterthanen des Königes aller Königen und Herrn aller Herren ... wurde nach Anleitung des sonntäglichen Evangelii am ersten Sonntag des Advents der Gemeine im Hochfürstl. Zucht- und Arbeits-Hauß in Ludwigsburg vorgestellt von Matthäus Friderich Becken. — o. O. 1741. 36 S. 8° 24.
14.5382

Beck, Max, Reg.-Rat, Prof. Dr. 1899: Über die diagnostische Bedeutung des Koch'schen Tuberkulius. — Leipzig: Thieme 1899. 14 S. 8°
Aus: Deutsche medicinische Wochenschrift. 25,1. 1899. 169.
14.5389

Beck, Max, Kgl. Landesrichter, Zusmarshausen, 1774-1826. 1817: Beiträge zur baierischen Insektenfaune, oder Beschreibung und Abbildung neuentdeckter Käfer, mit angehängtem Namensverzeichnisse der Eleuteraten des Landgerichtsbezirks Zusmeshausen. [Verf.: Max Beck.] — Augsburg: J. Wolff 1817. 45 S. 8°
1: Ls 7141 [u.] 6 in Ls 3802. 12: Bavar. 366. 17. 24. 30.
14.5388

Beck, Max, Beiträge üb. die Unterscheidung der Bazillen von menschlicher u. tierischer Tuberkulose, namentlich nach Infektion verschiedener Tiere, s.: F e s t s c h r i f t zum 60. Geburtstage v. Robert Koch.

— Bericht über die Tätigkeit der zur Erforschung der Schlafkrankheit im Jahre 1906/07 nach Ostafrika entsandten Kommission. 1909 s. *Koch*, Robert.

Beck, M., Berichte üb. die Thätigkeit der Wutschutzabteilung am königl. preuss. Institut f. Infektionskrankheiten zu Berlin, s.: Kirchner, M., üb. die Bissverletzungen v. Menschen durch tolle usw. Tiere.

Beck, Max, appr. Arzt a. München: Ueber einen Fall von Cystenbildung ⟨Erweichungscysten⟩ in der fibrösen Kapsel der Niere. München 1905: C. Wolf & Sohn. (27 S.) 8°
München, Med. Fak., Ref. v. Bollinger, Diss. v. 30. Sept. 1906
[Geb. 6. Febr. 81 München; Wohnort: München; Staatsangeh.: Bayern; Vorbildung: Maximilians-Gymn. München Reife Juli 00; Studium: München 9 S.; Coll. 30. Sept. 06; Approb. 25. Juli 05.]

Beck, Max, über einen Fall von anämischer Erweichung des Rückenmarks. Inaugural-Dissertation. gr. 8. (20 S.) Tübingen 887, (Fues's Verlag.) *

Zur Frage der säurefesten Bazillen. Von Reg.R. Prof. Dr. M[ax] Beck. Berlin: J. Springer 1905. (S. 145–160.) 4°(8°)
= Tuberkulose-Arbeiten aus d. Kais. Gesundheitsamte. H. 3. [3.] 05. 12304

— Untersuchungen über Schweineseuche mit bes. Berücks. der Immunitätsfrage. Von Beck u. F. Koske. — Berlin: Springer 1905. 76 S. 4°
Aus: Arbeiten aus d. Kaiserlichen Gesundheitsamte. 22. 1905.
86.
14.5390

Beck, Michael
— Das wunderbar gerettete Jerusalem, bey der so wunderbahr erfolgten Erlösung deß ulmischen Sions, in einer Danck-Predigt aus dem ordinari-Jesaias-Text Cap. XXXVII, v. 6 ... fürgestellet von Michael Becken. — Ulm: Bartholomae [1704]. 19 S. 8°
18.
14.5400

Beck, Michael. Leichenpredigt bei dem Tode Johann Faulhabers, Artillerie-Hauptmanns und Zeugwarts in Ulm. 4. Ulm 1700.

— Specimen vindiciarum Jesaianarum ... Auctore Michaele Beckio. — Ulm 1710: Kühn. 40 S. 8°
Zugleich Progr. Ulm 1710.
1:3 in Bu 6001-3 [u.] 23 in Bd 8603-64. **39. 41.**
14.5401

— Suscitabulum horologio Schikhardiano aptatum, sive auctarium Institutionum B. W. Schikh. novissimum. Auctore Michaele Beckio. — Ulmae: Wagner 1696. 226 S. 8°
1:3 in Bk 4404-1. **19. 20. 24. 26. 28. 29. 180.**
14.5402

— — Ed. 2. Ulmae: Bartholomae 1713. 226 S. 8°
2. 3. 18. 24. 31.
14.5403

— Versio Lutheri Megalandri in CCCCXXXX. dictis V. Testamenti, à censura M. A. H. F. auctoris Observationum bibl. ... disquisitionibus hermeneuticis, pro virili vindicata ... atque disputationibus publicis in inclyto Ulmensi Gymnasio sub praesidio Michaelis Beckii ... ventilata. Quibus ... acc. Dissertatio Rostochiensis, nec non Stricturae ad Epicrisin Dn. Promachi Halensis M. J. H. M. — Ulmae 1700: Wagner. 585 S. 8°
12:4° Diss. 432-1. **14. 18. 19. 25. 27. 48. 300**:2 E 45.
14.5404

Beck, Moritz, die ersten Elemente d. Geometrie u. Trigonometrie. Lex.-8. (12¼ B. u. 14 Stnt.) Bern 842, Dalp.

—— die ersten Elemente d. Geometrie u. Trigonometrie. (Planimetrie.) gr. 8. (4 B. u. 7 Stnt.) Bern 842, Dalp. -

—— die ersten Elemente der Stereometrie. gr. 8. (4¼ B. u. 6 Stnt.) Bern 842, Dalp.

—— die ersten Elemente d. Trigonometrie. gr. 8. (4⅛ B. u. 1 Stnt.) Bern 842, Dalp.

Beck, M., die ebene Geometrie, nach Legendre. 8. (8 B., 7 Stnt. in 4. u. Tilvign.) Bern 831, Jenni, Sohn.

Beck, Moriz: Die ebene Geometrie nach Legendre. 2., verb. Aufl. — Bern 1835: Jenni. VI, 106 S. 8°
20.
14.5405

— die ebene Geometrie nach Legendre. 3. unveränd. Aufl. 8. (Mit 5 Steint.) Bern 842, Jenni Sohn. 5/12 ₰

Beck, Nath., geistl. Blumenbetracht. in Pfingstpredigten. 4. Danzig 755. 6 K

Beck, Nikolaus: Analecta ad historiam Novimonasterii. (101) 8°
Kiel 1875

(Beck, Oscar.) Heiden. Canton Appenzell A.Rh. ⟨Schweiz⟩ als klimatischer und Molken-Kurort. (*Umschlag:* Umgearb. nach dem Schriftchen des Hrn. Dr. Gabriel Rüsch sel. von Dr. med. O. B.) 8. Heiden 1874.

BECK, Oscar Ludwig August (Heiden/Schweiz): De ruptura uteri. (Titel nach der Urkunde)
14.3.1868 – Urk; P 72; Chr 1867/68,13
Diss. Ingolst.-Landsh.-Mchn.

Beck, Otto, Regierungs- u. Departementsrat, Trier, 1818-1875. 1855: Ueber die Abschaffung der Streunutzung und der Gemeinde-Viehheerden unter bes. Berücks. der Eifel-Kreise Schleiden, Montjoie und Malmedy. — Coblenz 1858: Hildenbrandt. 25 S. 8°
31.
14.5411

— Auf welche Weise kann ein für das Aufkommen der Fischzucht hinreichender Schutz herbeigeführt werden? 2. Referat. — Coblenz 1859: Hildenbrandt. 45 S. 8°
24. 27. 30. 41. 121.
14.5412

Beck, Otto, pr. Tierarzt a. Nördlingen: Arbeiten aus der med. Veterinärklinik der Univ. Giessen. Direktor: Gmeiner. Die Behandlung der Akarus-Räude des Hundes. Giessen 1909: v. Münchow. 82 S. 8°
Gießen, Veterinär-Med. Diss. v. 16. Febr. 1909, Ref. Geppert
[Geb. 1. Febr. 85 Polsingen; Wohnort: Gießen; Staatsangeh.: Bayern; Vorbildung: Neues Gymn. Nürnberg Reife Juli 03; Studium: München Tierärztl. Hochsch. 5, Gießen 3 S.; Rig. 22. Dez. 08.] [U 09. 1135

— Beiträge zur Prüfung der Frage: Ueber die Nothwendigkeit der landwirthschaftlichen Interessenvertretung nach Analogie der Handelskammern mit zweckentsprechender Weiterentwickelung dieses Instituts. — Trier: Lintz 1870. 42 S. 4°
Erschien zuerst in: Beck: Beschreibung d. Regierungsbezirks Trier. 2,1. 1869.
(Beck: Was der preußischen Landwirthschaft Noth thut. 2.)
1: Stala 834. **17.**
14.5413

— Beschreibung des Oberamts Meisenheim. 1868 s. *Reinhardt*, Georg Martin.

Beck, Otto, Beschreibung des Regierungsbezirks Trier. Zur Erinnerung an die 50jähr. Jubelfeier der königl. Regierung zu Trier am 22. April 1866. Mit Benutzung amtlichen Materials bearb. 1. Bd. u. 2. Bd. 1. Abth. Trier 868, 70. Lintz. Lex.-8. (1. Bd.: XVII, 587 S., 1 Lithogr. u. 4 Tabb.; 2. Bd.: X, 558 S.) n. 6 ₰

Beck, Otto, Beschreibung d. Regierungsbezirks Trier. Zur Erinnerg. an die 50jährige Jubelfeier der königl. Regierg. zu Trier am 22. April 1866. Mit Benutzg. amtl. Materials bearb. 3. Bd. od. 2. Bd. 2. Abth. Lex.-8. (XIX, 680 S.) Trier 871. Lintz. n. 9. —; (cplt.: n. 24. --)

Beck, Otto, Oberbürgermeister, Mannheim, 1846-1908. 1897: Denkschrift betreffend die Erhebung von Verbrauchssteuern in der Hauptstadt Mannheim. — Mannheim 1897: Haas. 85 S. 4°
31.
14.5441

— Die Einverleibung des Rheinaugebiets in die Stadtgemeinde Mannheim. Denkschrift. Nov. 1904. [Nebst] Anh. Mannheim 1904: Mannheimer Vereins-Dr. 4°
27. 30. 31. 180.
14.5442

Beck, Otto, zur Erinnerung an die Jubelfeier des 50jähr. Bestehens der königl. Regierung zu Trier am 22. April 1866. gr. 8. (38 S.) Trier 867, (Groppe.) *

— Zur Erinnerung an die Jubelfeier des 50jährigen Bestehens der Königlichen Regierung zu Trier am 22. April 1866. — Trier: Sonnenburg [usw.] 1867. 38 S. 8°
Erschien auch in: Beck: Beschreibung d. Regierungsbezirks Trier. 1. 1868.
1:5 in Th 4. 10. 24. 38. 61. 121.
14.5415

Beck, Otto, die Erndtemaschinen in der preuß. Rheinprovinz und der am 26. Juli d. J. zu Gembloux bei Brüssel abgehaltene Concurs. Köln, Eisen. (Affenheimer & Co.) gr. 8. (36 S.) n. 5 ngr.

— Die Erndtemaschinen in der preussischen Rheinprovinz und der ... zu Gembloux bei Brüssel abgehaltene Concurs. — Köln: Eisen 1860. 36 S. 8°
1:Ow 3274. 5. 9. 24. 31. 34. 91.
14.5416

— Das Familienleben in der Fabrikindustrie. 8°. Glarus 1862 (Zürich, Meyer u. Zeller).

—— Festschrift für den trierischen Pomologen- und Oenologenkongreß über die Förderung des Obstbaues und der Alleepflanzungen im Regierungsbez. Trier. Zugleich 6. [1878er] Jahrg. der land- und volkswirthschaftl. Tagesfragen. gr. 8. (VI, 248 S.) Trier 874, Lintz' Verlag. *

— Förderung der gemeinnützigen Bautätigkeit durch die Gemeinden. — Leipzig: Duncker & Humblot 1901. S. 182-272. 8° Aus: Schriften d. Vereins für Socialpolitik. 96. 1901.
180.
14.5443

— Die landwirthschaftliche Fortbildungsfrage für den Regierungsbezirk Trier. H.1. — Trier: Leistenschneider 1865. 28 S. 8° **1:an Ou 13500-1. 91. 207.**
14.5418

— — kleiner Führer durch Mainz. 8. (125 S.) Ebendas. 882. *

Beck, Otto, Führer durch Mainz. Große Ausg. 8. (307 S.) Mainz 882, Faber'sche Buchh. *

— Die Güterconsolidation in der preußischen Rheinprovinz. — Coblenz 1859: Hildenbrandt. 34 S. 8°
5. 12: Bavar. 3038 f/1. 34. 106.
14.5419

— die Güterconsolidation in der Rheinprovinz und das altpreußische Separationsverfahren, auf den Wunsch der Central-Direction des landwirthschaftlichen Vereins für Rheinpreußen neu bearb. Köln 859. Eisen. (Affenheimer & Co.) gr. 8. (VII, 62 S.) n. 15 ngr.

Beck, Otto, Oberpostsekretär, Mainz, † 1926. 1881: Mainzer Hafen-Einweihung am 5. und 6. Juni 1887. [Verf.: Otto Beck.] — Mainz: Jörg [1887]. 20 S. 8° **17. 26. 36. 203.**
14.5436

— [Hrsg.]
s. *Jahresbericht* über die Hebung des Flachs- und Hanfbaues im Regierungsbezirk Trier. 1873ff. [Zeitschriften].

— [Hrsg.] s. *Jahresbericht* über die Hebung des ländlichen Kreditwesens im Regierungsbezirk Trier. 1873 [Zeitschriften].

— Instruktion über das Pflanzen und die Pflege der Alleebäume. — Trier: Lintz 1871. 24 S. 8°
Erschien zuerst in: Beck: Beschreibung d. Regierungsbezirks Trier. 3. 1871.
6. 121.
14.5421

—— Instruktion über das Pflanzen und die Pflege der Alleebäume. 4. bedeutend verm. und verb. Aufl. gr. 8. (52 S.) Trier 878, Lintz' Verlag. *

Beck, der rheinpreußische Consolidationsfreund. Ein Beitrag zur Erörterung der Frage: Was kann der landwirthschaftl. Verein für Rheinpreußen für das baldige Zustandekommen eines dem Rechtsbewußtsein und den landwirthschaftl. Zuständen der Rheinprovinz möglichst entsprechenden Consolidations-Gesetzes thun? gr. 8. (44 S.) Köln und Neuß 862, Schwann'sche Verlagsh.

Beck, Otto, die ländliche Kreditnoth und die Darlehnskassen im Reg.-Bez. Trier. Zugleich 7. Jahrg. der Land- und volkswirthschaftl. Tagesfragen. gr. 8. (VIII, 312 S.) Trier 875, Lintz'sche Buchh. *

— Die Cultivirung [Kultivierung] des hohen Venns nach dem vom Herrn Minister für die landwirthschaftlichen Angelegenheiten durch Rescript vom 26. März 1860 (Nr. 1357) genehmigten Plane der Königlichen Regierung zu Aachen. 8° Aus: Forstliche Blätter. 1861. **27. 34. 38. 121.**
14.5425

— Mainz und sein Handel (2: Mainz, sein Handel und Wandel). Th. (1.)2. — Mainz: Faber 1881. 8°
1:Sk 8044. 9. 11. 12: Germ. sp. 27nft. 17. 24. 26. 30. 36. 41. 106. 203. 211.
14.5438

Beck, Otto, Mainz, sein Handel u. Wandel. Eine Volksstudie der Gegenwart für alle Stände, Berufsklassen u. Parteien unter Berücksichtigung aller sozialpolitischen Streitfragen. 1. u. 2. Thl. 8. (132 u. 184 S.) Mainz 881. Faber. à — 60

— Mainz und die Pfalz vor hundert Jahren. Nach dem amtlichen statistischen Jahrbuch der damaligen französischen Verwaltung des Departements Mont-Tonnerre. — (Mainz 1907: Reuter.) 34 S. 8° **17. 36.**
14.5439

— Mittheilungen [Mitteilungen] und Erörterungen über den jetzigen Stand der landwirthschaftlichen Interessenvertretungsfrage und das revidirte Regulativ für das Landes-Oekonomiekollegium vom 24. Mai 1870. — Trier: Lintz in Komm. [usw.] 1871. 30 S. 4°
Erschien zuerst in: Beck: Beschreibung d. Regierungsbezirks Trier. 3. 1871.
(Beck: Was der preußischen Landwirthschaft Noth thut. 3.)
17.
14.5420

— [Hrsg.] s. *Mitteilungen.* — Mittheilungen vom Trierischen Kongresse der deutschen Pomologen und Oenologen. 1875.

— Die Reform des kaufmännischen Bildungswesens. Denkschrift. — Mannheim [1899]: Mannheimer Vereinsdr. 196 S. 8° **1:Fg 6008/4. 16. 23. 25. 30. 31. 36. 38. 52. 64. 79. 90. 180. 203. 206. 207.**
14.5444

—— s. Reinhardt, Beschreibung des Oberamts Meisenheim.

— Die Schafhütungsverhältnisse im Regierungsbezirk Trier und die Einführung der Vierfelderwirthschaft zu Niederscheidweiler. — Trier 1870. 10,8 S. 8°
Erschien zuerst in: Beck: Beschreibung d. Regierungsbezirks Trier. 3. 1871.
1:Stala 835. 24.
14.5427

— Der Sonntag. Ein Tractat. gr. 8°. Glarus 1864 (Basel, Bahnmaier).

— [Hrsg.] s. *Tagesfragen*, Land- und volkswirthschaftliche, für den Regierungsbezirk Trier. 1866ff. [Zeitschriften].

Beck, Die Teilung und Zusammenlegung der gehöferschaftlichen Ländereien zu Saarhölzbach. 1861.

[—] Die im Jahre 1864 ausgeführte Theilung und gleichzeitige Zusammenlegung resp. Zusammenhaltung der Gehöferschafts-Ländereien zu Saarhölzbach, im Kreise Merzig des Regierungs-Bezirks Trier. Vom Verf. des Consolidationsfreundes. — Trier: Sonnenburg 1864. 23 S. 8°
24. 38.
14.5428

Beck, Otto, Referendar a. Cöln a. Rh.: Das Verhältnis des § 985 zum § 1007 B.G.B. bei der Verfolgung beweglicher Sachen. Borna-Leipzig 1908: R. Noske. (IV, 64 S.) 8°
Heidelberg, Jur. Fak., Ref. Heinsheimer, Diss. v. 1908
[Geb. 31. März 85 Cöln; Wohnort: Cöln; Staatsangeh.: Preußen; Vorbildung: Friedrich-Wilhelms-Gymn. Cöln Reife O. 04; Studium: Freiburg i. B. 2, München 2, Bonn 2 S.; Rig. 13. Dez. 07.]

— Vorschläge zur Reform der landwirthschaftlichen Statistik Preußens. — Bonn 1861: Georgi. VI,36 S. 8°
1:Ov 10098.
14.5429

— die Waldschutzfrage in Preußen, auf Veranlassung der landwirthschaftlichen Central-Direction für Rheinpreußen vom Standpunkte der National-Oeconomie, des Rechtes und der Politik als Orientirungsschrift nach E. M. Arndt, Cotta, Grebe u. A. bearb. Berlin 860. Bosselmann. (Wiegandt & Hempel.) gr. 8. (VII, 123 S.) n. 20 ngr.

Beck, Otto, die Waldschutzfrage in Preußen, mit besond. Berücksicht. der Rheinprovinz. 2. Heft. gr. 8. (VII, 106 S.) Trier 870, (Lintz' Verlag.) *
1. Heft. Berlin 860, Wiegandt, Hempel und Parey. * ₰ 2.

—— was der preußischen Landwirthschaft Noth thut. Heft 2, enth. Beiträge zur Prüfung der Frage: über die Nothwendigkeit der landwirthschaftl. Interessenvertretung nach Analogie der Handelskammern und zweckentsprechender Weiterentwickelung dieses Instituts. Lex.-8. (IV, 42 S.) Trier 870, Lintz' Verlag.
Aus: Beschreibung des Regierungsbez. Trier, besonders abgedruckt.

— Was der preußischen Landwirthschaft Noth thut. H. 2.3.— Trier: Lintz (3: Lintz in Komm. [usw.]) 1870–71. 4°
2. Beck: Beiträge zur Prüfung d. Frage: Ueber d. Nothwendigkeit d. landwirthschaftlichen Interessenvertretung. 1870.
3. Beck: Mittheilungen u. Erörterungen über d. jetzigen Stand d. landwirthschaftlichen Interessenvertretungsfrage u. d. revidirte Regulativ für d. Landes-Oekonomiekollegium vom 24. Mai 1870. 1871.
Erschien zuerst in: Beck: Beschreibung d. Regierungsbezirks Trier. 2,1; 3. 1869-71. **1[∞3]: Stala 831. 17[∞2].**
14.5431

— Was wir hinsichtlich der Mosel- und Hochwaldbahn für den Regierungsbezirk Trier wünschen. — Trier: Sonnenburg 1872. 58 S. 8°
Aus: Trierische Volks-Zeitung. 1872. **121.**
14.5432

— Der Weinbau an der Mosel und Saar. — Trier: Kgl. Regierung 1869. 117 S. 8°
Erschien zuerst in: Beck: Beschreibung d. Regierungsbezirks Trier. 1. 1868.
1:Ox 5210. 5. 11. 17. 29. 36. 38. 60. 61. 121. 206. 302.
14.5433

— Weltpost, Reichspost, Mainzer Post. Das Postwesen in Vergangenheit und Gegenwart mit bes. Berücks. der Mainzer Verhältnisse. — Mainz: (Verf.) 1909. 35 S. 8°
17. 26. 30. 33. 36.
14.5440

— Wie fördern wir den Obstbau in der Rheinprovinz und insbesondere im Regierungs-Bezirk Aachen? — (Coblenz 1860.) 36 S. 8°
Aus: Zeitschrift d. landwirtschaftlichen Vereins für Rheinpreussen. 1860. **1:Ow 35705. 34.**
14.5434

Beck, Otto

Beck, d. Wohnungsfrage m. bes. Berücksicht. d. Mannheimer Verhältnisse. Denkschrift a. d. Stadtrath d. Hauptstadt Mannheim. Lex.-8. (138 S.) Mannheim 897. Bürgermeisteramt. Postfrei n.n. 3. —

— Die Wohnungsfrage und die Betheiligung der Gemeinden an der Lösung derselben. Berichte u. Vorträge. — (Berlin 1900.) 67 S. 8°
Aus: Schriften d. Centralstelle für Arbeiter-Wohlfahrtseinrichtungen. 17. 1900.
180.
14.5445

— Die Mannheimer Wohnungsfrage und die Bau- und Bodenpolitik der Stadtgemeinde. Denkschrift. — [Mannheim 1906]: Mannheimer Vereinsdr. 99 S. 8° **180.**
14.5446

—— Ebd. [1907]. 107 S. 8° **12:4° Germ. sp. 404 g.**
16. 23. 25. 27. 30. 31. 64. 90. 180. 203. 207.
14.5447

—— die Wurzellaus des Rebstocks [Phyloxera vastatrix]. Im Auftrage der königl. Regierung zu Trier nach den neusten Erfahrungen bearb. gr. 8. (24 S.) Trier 873, Lintz' Verlag. *

Beck, P. in Ulm. Zur Pasquill-Literatur des österreichischen Erbfolgekrieges. Separat-Abdruck a. d. „Mittheilungen des hist. Vereines für Steiermark", XXXIII. Heft 1885. 8. Graz 1885.

Beck, Paul, Preußischer Kommerzienrat, 1705-1778. 1752 s. *Beck,* Franz Nikolaus Lorenz Paul.

Beck, Paul, Dr., Ministerialkonzipist im Handelsministerium, Wien. 1879 s. *Beck* v. Mannagetta, Paul R^r^.

Beck, Paul, Amtsrichter a. D., Ravensburg, 1845-1915. 1883 [Hrsg.] s. *Archiv,* Schwaebisches. 1908ff. [Zeitschriften].

Beck, Paul. Französische Barbarei in Altbreisach und der Grafschaft Falkenstein im Jahre 1793. Sonderabdruck aus „Alemannia". Neue Folge. 4. Band (gz. Reihe 31. Band), 1. u. 2. Heft. 8. Freiburg i. B. 1903.

Beck, Paul. Beitrag zur Kenntniss des Umbelliferons. (Erlangen) Berlin, 1884. Diss. G. S., S. I.

Beck, Paul, Dr. phil., Studienrat, Leipzig, geb. 1870. 1904: Die Ekstase. Ein Beitrag zur Psychologie u. Völkerkunde. — Bad Sachsa i. Harz: Haacke 1906. 255 S. 8°
2→6. 11. 12:Ph. Sp. 66 byd. 14. 15. 16. 21. 24. 26. 31. 36. 46. 169. 202. 300:445.803-B. 302. 308.
14.5454

— [Hrsg.]
s. *Eser,* Friedrich: Aus meinem Leben (1798-1873). 1907.

Beck, Paul: Geol. d. Gebirge nördl. v. Interlaken, s: Beiträge z. geolog. Kte d. Schweiz.

— Zum siebenhundertjährigen Jubiläum des Prämonstratenser-Reichsstifts Schussenried. — Stuttgart 1883. 84 S. 8°
Aus: Deutsches Volksblatt. 1883. **21. 24. 25. 307.**
14.5452

— Geolog. Kte d. Gebirges nördl. v. Interlaken, s: Spezialkarte, Geologische, d. Schweiz.

Beck, Paul, München. 1906: Leitfaden für die Vorträge über Buchführung gehalten im Verein Deutscher Ingenieure 1906. — München 1906: Hafner. 40 S. 4° **91.**
14.5464

Beck, Paul: Lied eines kaiserl. wurmserischen Husaren beim Marsche nach den Niederlanden im Jahre 1785. (Aus: ‚Alemania'. 26. Bd. 5. Hft.
8. Freiburg i.B. 1898

Beck, Paul. Ueber Mesaortitis gummosa. Diss. Med. Basel. [Mit 1 Tafel.] *Kopftitel:* Aus der patholog.-anatom. Anstalt der Universität Basel. 32 S. 8. (Basel, Schweizer Verlags-Druckerei,) 1903.

— **Die Nachahmung und ihre Bedeutung für Psychologie und Völkerkunde. — Leipzig: Haacke 1904. 173 S. 8°**
1: Nn 4497. 12: Ph. Sp. 66by. 14. 15. 16. 24. 30. 106. 302. 303.
14.5457

Beck, Paul: Ein Soldatenlied aus dem Türken-Krieg vom 1789. (Aus: ‚Alemania.' 25. Bd. 2. Heft. 8. Freiburg i.B. 1897

[F.] **Beck,** Paul *Konrad:* Der Substanzbegriff in der Naturwissenschaft ... Meissen, Druck v. C. E. Klinkicht & Sohn, 1896; 64 S., 1 Bl. 8.
Leipzig, Phil. Fak., Inaug.-Diss. v. [10. Aug.] 1896

Beck, Paul Alexander s. *Beck* **v. Mannagetta, Paul Rr.**

Beck, Paul Nicolaus. Ueber die spezifische Wärme einiger magnetischer Substanzen: Magnetit, Nickel und Eisen. Diss. Phil. [II.] Univ. Zürich von P' Nik' B'.... [Mit 4 Tafeln.] 51 S. 8. Zürich-Selnau, Gebr. Leemann & Co., 1908.

Beck, Paul Ralph, Oesterreichs Regentenhalle, m. Erläutergn. v. Leo Smolle, s. Mück's prakt. Taschenbücher.

Beck, Paul Ralph: Österreichs Regentenhalle in Bild und Wort. Nach Holzschnitten gezeichnet von Paul Ralph Beck. Mit biographischen Erläuterungen von Leo Smolle. Wien: Szelinski [1908]. 54 Bl. gefaltet in Leporelloform. 8° (Mücks praktische Taschenbücher. 26.) 302.
14.5408

Beck, Pet.: Lehrb. d. Philos., s: Lehmen, Alfons.

Beck, Peter Paul (Hrsg.), s. Diöcesan-Archiv.

Beck, Ph., Liederbuch, nebst kurzer Gesanglehre, für höhere Mädchenschulen und Lehrerinnen-Bildungsanstalten. 3 Tle. 2. verm. Aufl. 8. [Köln, Roemke und Comp.] Leipzig, H. Bredt. [1. Tl. (VIII, 68 S.) 889. * 75 Pf.; 2. Tl. (VI, 104 S.) 887. * 85 Pf.: 3. Tl. (VIII, 192 S.) 888. * M 1.40.] cart. *

Beck, Ph. Liederbuch nebst kurzer Gesanglehre f. höhere Mädchenschulen u. Lehrerinnen-Bildungsanstalten. 1.—3. Tl. 8. Lpz., H. Bredt. [1. Tl. 2. u. 3. Aufl. (VIII, 68 S.) 889,91. cart. * — 75; 2. Tl. 3. u. 4. Aufl. (VIII, 104 S.) 890,92. cart. * — 90; 3. Tl. 3. Aufl. (VIII, 192 S.) 890. * 1 40.] cart. * 3 5

Beck, P, Liederbuch, nebst kurzer Gesanglehre f. höh. Mädchenschulen u. Lehrerinnen-Bildungsanstalten. 3 Tle. 8° Lpzg 94, H Bredt. Kart. 3.05
1. 4. Afl. (68) — 75 ‖ 2. 5. Afl. (104) — 90 ‖ 3. 5. Afl. (110) 1.40.

Beck, Ph., Liederbuch, nebst kurzer Gesanglehre f. höhere Mädchenschulen u. Lehrerinnen-Bildungsanst. (Nach d. preuß. Bestimmgn. v. 31. V. 1894.) 3 Tle. 8. Leipzig 898. H. Bredt. Kart. n. 3. 05
1. 1.—4. Schulj. 6. Aufl. (VIII, 68 S.) n. — 75
2. 5.—7. Schulj. 8. Aufl. (VIII, 104 S.) n. — 90
3. Oberst. 8. Aufl. (VIII, 196 S.) n 1. 40

Beck, P: Liederb., nebst kurzer Gesanglehre f. höh. Mädchensch. u. Lehrerinnen-Bildgsanst. 3 Tle. 8° Lpzg, H Bredt. Kart. 3.05
1. 1—4. Schulj. 8. Afl. (68) 1900. — 75 ‖ 2. 5—7. Schulj. 11. Afl. (104) 99. — 90 ‖ 3. Oberst. 11. Afl. (196) 01. 1.40.

Beck, Ph., Liederbuch, nebst kurzer Gesanglehre f. höhere Mädchenschulen u. Lehrerinnen-Bildungsanstalten. 3 Tle. (Nach den preuß. Bestimmgn. v. 31. V. 1894.) 8. Leipzig 902. H. Bredt. Kart. n.n. 3. 05
I. 1.—4. Schulj. 10. Aufl. (VIII, 68 S.) n.n. — 75
II. 5.—7. Schulj. 14. Aufl. (VIII, 104 S.) n.n. — 90
III. Oberstufe. 13. Aufl. (VIII, 196 S.) n.n. 1. 40

Beck, P: Liederb., nebst kurzer Gesanglehre f. höh. Mädchensch. u. Lehrerinnen-Bildgsanst. 3 Tle. 8° Lpzg, H Bredt '05. Kart. nn 3.05 d
I. 1—4. Schulj. 15. Afl. (68) nn — 75 ‖ II. 5—7. Schulj. 21. Afl. (104) nn — 90 ‖ III. Oberstufe. 19. Afl. (196) nn 1.40.

Beck, Ph., Liederbuch, nebst kurzer Gesanglehre f. höhere Mädchenschulen u. Lehrerinnen-Bildungsanstalten. 3 Tle. 8. Leipzig, H. Bredt. Kart. n.n. 3. 05
I. 1.—4. Schulj. 16. Aufl. (VIII, 68 S.) 906. n.n. — 75
II. 5.—7. Schulj. 23. Aufl. (VIII, 104 S.) 905. n.n. — 90
III. Oberstufe. 21. Aufl. (VIII, 196 S.) 906. n.n. 1. 40

Beck, Ph.: Liederb., nebst kurzer Gesanglehre f. mittl. u. höh. Mädchensch., sowie Lehrerinnen-Bildgsanst. 3 Tle. 8° Lpzg, H Bredt. Kart. nn 3.05 d
I. Unterst. 21. Afl. (68) '08. nn — 75 ‖ II. 5—7. Schulj. 20. Afl. (104) '08. nn — 90 ‖ III. Oberst. 26. Afl. (196) '08. nn 1.40.
Neue Afl. u. d. T.:

— **Liederb., nebst kurzer Gesanglehre f. mittl. u. höh. Mädchensch., Frauensch., Studienanst. u. Lehrerinnenseminare. 3 Tle. 8° Ebd.** Kart. nn 3.05 d
I. Unterst. 23. Afl. (68) '09. nn — 75 ‖ II. Mittelst. 31. Afl. (116) '09. nn — 90 ‖ III. Oberst. 27. Afl. (196) '09. nn 1.40.

Beck, Ph., Liederbuch, nebst kurzer Gesanglehre f. mittlere u. höh. Mädchenschulen, Frauenschul., Studienanstalten u. Lehrerinnenseminare. Nach den preuß. Ausführungsbestimmgn. vom 12. XII. 1908. 3 Tle. 8. Leipzig, H. Bredt. nn 3. 35
I. Unterstufe. 23. Aufl. (VIII, 68 S.) 909. Kart. nn — 75
II. Mittelstufe. 33. Aufl. (VIII, 116 S.) 910. Geb. 1. —
III. Oberstufe. 30. Aufl. (VII, 248 S.) 910. Geb. 1. 60

Beck, Ph.: Liederb., nebst kurzer Gesanglehre f. mittl. u. höh. Mädchensch., Frauensch., Studienanst. u. Lehrerinnenseminare. 3 Tle. 8° Lpzg, H Bredt. geb. nn 3.35 d
1. Unterst. 28. Afl. (8, 72) '11. nn — 75 ‖ 2. 5—7. Schulj. (Mittelst.) 38. Afl. (8, 116) '12. geb. 1 — ‖ 3. Oberst. 33. Afl. (8, 248) '12. geb. 1.60

— **Philipp Ludwig** (Nürnberg), De remediis sententiae executionem impedientibus, Von denen die Vollziehung des richterl. Urthels hintertreibenden Rechtsmitteln. Diss. jur. Präs. Joh. Jodoc. Beck (Vater). Altdorf (J. Gg. Meyer) 21. IV. 1742. 56 S. (5.—) 1654

Beck, R.G., s. Beck, Richard

BECK, Rainer Julius (Wallerstein): Zur Aetiologie und Prophylaxis der Hysterie.- München: Mühlthaler 1872. 15 S.
27.1.1872 - Urk (Titel: De hysteriae aetiologia et prophylaxi.); F 73; Chr 1871/72,19
Diss. Ingolst.-Landsh.-Mchn.

Beck, Rainer Julius: Die Erhaltung unseres Bauernstandes. — Berlin: Frei Land-Expedition 1892. 51 S. 8°
24. 26. 30. 62. 169. 203.
14.5471

— Die soziale Frage. Vortrag. — Mengen [1890]: Ruopp. 27 S. 8° **24.**
14.5472

— Typhus und Trinkwasser. — München: J. F. Lehmann 1911 (1910). 56 S. 4° (Jubiläumsschrift zum 50 jährigen Gedenken d. Begründung d. lokalistischen Lehre Max Pettenkofers. 4.) **1:** Ic 2629/81-4. **5. 7. 10. 11. 12:** 4° Path. 174 t-4. **15. 16. 19. 20. 26. 202. 302.**
14.5173

Beck, Richard, Prof. d. Forstwissenschaft, Tharandt, 1867-1923. 1893: Die Aufforstung der unrentablen Flächen des landwirtschaftlichen Kleinbesitzes vom agrar- und forstpolitischen Standpunkte aus betrachtet. — Berlin: Parey 1908. 99 S. 8° Aus: Tharandter forstliches Jahrbuch. 58. 1908.
12: Oecon. 200 o. **27. 90. 91. 203. 302.**
14.5479

Beck, R: Üb. d. Bedeutg d. Mikroskopie f. d. Lagerstättenlehre. Rede. (16) gr8° Freiberg, Craz & Gerl. '11. — 70

Beck, Richard, Assistenzarzt an d. Univ.-Poliklinik f. Hautkranke zu Königsberg i. P.: Aus d. Univ.-Poliklinik f. Hautkranke zu Königsberg i. P. Dir.: Scholtz. Beiträge zur Lehre der idiopathischen Hautatrophie. Königsberg i. P. 1908: Kümmel. 37 S. 8°
Königsberg, Med. Diss. v. 12. Okt. 1908, Ref. Henke
[Geb. 6. Sept. 78 Regensburg; Wohnort: Königsberg i. P.; Staatsangeh.: Bayern; Vorbildung: Gymn. Regensburg Reife M. 97; Studium: München, Würzburg, Erlangen, zus. 11 S.; Coll. 28. Sept. 08; Approb. 19. Mai 05.]
[U 09. 2361

Beck, Richard, Dr. phil., Zwickau, geb. 1864. **1890:** M. Christian Daums Beziehungen zu den gelehrten Kreisen Schleswig-Holsteins während der zweiten Hälfte des XVII. Jahrhunderts. — o.O. [1896]. S. 148-208. 8°
Aus: Zeitschrift d. Gesellschaft für Schleswig-Holstein-Lauenburgische Geschichte. 26. 1896.
14. 117.
14.5477

Beck, Richard *Gustav* [Dr.]: M. Christian Daums Beziehungen zur Leipziger gelehrten Welt während der sechziger Jahre des XVII. Jahrhunderts. Zwickau, Druck v. R. Zückler, 1893; 1—16 S. 4.
Zwickau, G, OP 1893 (546)

Beck, Richard *Gustav* [Dr.]: M. Christian Daums Beziehungen zur Leipziger gelehrten Welt während der sechziger Jahre des XVII. Jahrhunderts. II. Tl. [Forts. d. P-Beil. 1893.] Zwickau, Druck v. R. Zückler, 1894; 1—39 S. 4.
Zwickau, G, OP 1894 (549)

Beck, Rich., üb. die Beziehungen der Geologie zur praktischen Landwirthschaft unter besond. Berücksicht. der neuen geologischen Karte v. Sachsen. Vortrag, geh. in der Oekonom. Gesellschaft im Königr. Sachsen, Dresden, am 13. Jan. 1893. gr. 8. (15 S.) Dresden 893. G. Schönfeld's Verl. n. — 40

B **Beck,** Rich., Beziehungen d. Geologie zur Landwirtschaft. 893. (KBL 27.) Jetzt: Leipzig, Fritzsche & Schmidt.

— Leibnizens Beziehungen zu Christian Daum, Rektor zu Zwickau. — o. O. [um 1890]. 5 S. 8° 14.
14.5478

Beck (R.) und **Luzi** (W.), Ueber die Bilduug von Graphit bei der Contactmetamorphose. (Separat-Abdruck aus dem Neuen Jahrbuch für Mineralogie etc., Jahrgaug 1891. Band II.) 8.

Beck, Rich., Einleitung und Disposition zu Cicero's fragmentarisch erhaltener Rede in Clodium et Curionem. gr. 4. (31 S.) Leipzig 886, Fock. *

Beck, Richard(Gustav).Einleitung und Disposition zu Ciceros fragmentarisch erhaltener Rede in Clodium et Curionem. 4 (31 S.). Progr. G. *Zwickau* 1886

— Über einige Eruptivgneise des Sächsischen Erzgebirges. (T.[1.]2.) — Wien:Hölder [1901-04]. 8°
Aus: Tschermak's mineralogische u. petrographische Mittheilungen. 20. 23. 1901-04.
14. 302.
14.5484

— Über die Erzlager der Umgebung von Schwarzenberg im Erzgebirge. T.1.2. — Freiberg i. Sa.: Mauckisch 1902-04. 8°
Aus: Jahrbuch für d. Berg- u. Hüttenwesen im Königreiche Sachsen. 1902-04.
14.
14.5485

— s.: Exkursions-Liederbuch f. Berg- u. Hüttenleute.

Beck, R: Forstbotanik, s.: Fischbach, H.

— Friedrich August Frenzel †. — Stuttgart: Schweizerbart 1902. S. 641-646. 8°
Aus: Centralblatt für Mineralogie, Geologie u. Palaeontologie. 1902.
14.
14.5487

Beck, Richard

— Über die Gesteine der Zinkblendelagerstätte Långfallsgrube bei Räfvåla in Schweden. — Wien: Hölder [1901]. S.383-389. 8°
Aus: Tschermak's mineralogische u. petrographische Mittheilungen. 20. 1901.
302.
14.5488

— [Mitarb.] s. *Heimatschutz* in Sachsen. 1909.

(—) Katalog der Bibliothek der Königlich Sächsischen Forstakademie Tharandt. [Nebst] Nachtr. 1. — Tharandt: Stettner in Komm. 1900-05. 4°
1:4° Ao 7841. 7. 11. 14. 26. 30. 90.
14.5481

— Die Contacthöfe [Kontakthöfe] der Granite und Syenite im Schiefergebiete des Elbthalgebirges. — Wien: Hölder [1893]. S.291-342. 8°
Aus: Tschermak's mineralogische u. petrographische Mittheilungen. 13. 1892.
14.
14.5489

— Lehre von den Erzlagerstätten. — Berlin: Bornträger 1901. XVIII,724 S. 8° 1:Mo 4046. 4. 7. 11.
12: Metall. 8 of. 15. 16. 18. 20. 25. 26. 28. 30. 61. 82. 83. 84. 88→91. 305.
14.5490

Beck, Rich., Lehre v. den Erzlagerstätten. 2., neu durchgearb. Aufl. Mit 257 Fig. u. 1 (farb.) Gangkarte. (XX, 732 S.) Lex.-8. Berlin 908. Gebr. Borntraeger. n. 18. —; geb. n.n. 21. —

— Lehre v. d. Erzlagerstätten. 3., stark umgearb. Aufl. in 2 Bdn. Mit 523 Fig. u. 1 (farb.) Gangkte. (XI, 540 u. X, 542 S.) Lex. 8. Berlin 909. Gebr. Borntraeger. 82. —

— Hermann Müller. — [Berlin: Springer 1907.] 4 Bl. 4°
Aus: Zeitschrift für praktische Geologie. 15. 1907. 14.
14.5493

Beck, Richard: Das Oligocän von Mittweida mit besonderer Berücksichtigung seiner Flora. (Sep.-Abdr. a. d. Zeitschr. d. D. geolog. Gesellsch. Jahrg. 1882.)
8°. Mit 2 Tafeln.

Beck, R. G., Quaestionum in Ciceronis pro C. Cornelio orationes capita quattuor. Diss. 1877. 57 S. —.90

Beck, R: Forstl. Tagesfragen u. ihre Bedeutg f. d. Kleinwaldbesitz. Vortr. (27) gr8° Lpzg '11. Lpzg-R., Reichenbach. — 80 d

— Geologischer Wegweiser durch das Dresdner Elbthalgebiet zwischen Meissen und Tetschen. — Berlin: Bornträger 1897. VIII,162 S. 8° [(Sammlung geologischer Führer. 1.)] 1:Mf 3562-1. 11.
12: Lith. 352 lf-1. 14. 15. 16. 18. 27. 89. 106. 207. 302.
14.5495

— Über ein kürzlich aufgeschlossenes Wolframerzgangfeld und einige andere neue Aufschlüsse in sächsischen Wolframerzgruben. — Berlin: Springer [1907]. 5 Bl. 4°
Aus: Zeitschrift für praktische Geologie. 15. 1907. 14.
14.5499

Beck, Rudolf

Bücher-Verzeichnis der zum Verbande der grossen National-Mutterloge in den Preussischen Staaten genannt Zu den drei Weltkugeln [in Berlin] gehörigen St. Johannis-Freimaurer-Loge Eintracht zur Akazie im Or. Eschwege. Bearb. und der Loge gewidmet von Rud. Beck. Eschwege 1905: [Illgc]. 21 S. 8° [Umschlagtit.]
cf. Bbl. 19 (1905) S. 52 (G. Diercks).

Beck, Rudolf, Dr. med. 1908: Einfluß sportlicher Extremleistungen auf Herz, Niere, Blutdruck und Körpertemperatur. Von Rudolf Beck u. Emil Epstein. — Wien [usw.]: Braumüller 1908. 15 S. 8°
Aus: Wiener klinische Wochenschrift. 21. 1908. 302.
14.5504

Beck, Rud., der zwölfjährige Jesus, das schönste Vorbild der Jugend im Dienste Gottes. Eine Sammlung der vorzüglichsten Gebete, Gesänge und Andachten zum Gebrauche der studier. Jugend an kathol. Realschulen. 16. (IV und 292 S. mit 1 Stahlst.) Olmütz 865, Grosse. *

Beck, Rudolf. 1910: Altes und modernes Judentum. — Wien: Verf. 1910. 32 S. 8° 300:475.434-B. 302.
14.5505

Beck, Rupert: Des Kindes Gebetbuch für Kirche, Haus und Schule. 10. Aufl. — Regensburg: Botzler [1902]. VIII,190 S. 8° 12: Asc. 393p.
14.5506

— dass. 16—25. Taus. (246 m. 6 Bildern.) 16° Rgnsbg, A Coppenrath's V. ('05). L. nn — 50; Ldr 2 — d

Beck, R., des Kindes Gebetbuch f. Kirche, Haus u. Schule. 26.—35. Taus. (XV, 248 S. m. 1 Stahlst., 5 Vollbildern u. 35 Vignetten.) 16. Regensburg (906). A. Coppenrath's Verl. Geb. in Leinw. n.n. — 50; in Ldr. 2. —

— Des Kindes Gebetbuch f. Kirche, Haus u. Schule. 47—51. Taus. Mit Titelbild, 5 Vollbildern u. 35 Vignetten. (XV, 248 S.) 16. Regensburg (909). A. Coppenrath's Verl. Geb. nn — 50

Beck, Rup., die hl. Karwoche. Die kirchl. Feier vom Palmsonntag bis Ostersonntag, zum Gebrauche f. das Volk nach den liturg. Büchern im Auszuge. (IV, 235 S. m. Titelbild.) kl. 8. Regensburg 909. F. Pustet. — 60; geb. in Leinw. 1. —

— Fromme Übgn zu Ehren d. schmerzhaften Mutter Gottes Maria. (32) 16° Ebd. '07. — 25 d

Beck, Rup., das hl. Weihnachtsfest. Christmette u. die 3 hl. Messen, deutsch f. das kathol. Volk. (III, 75 S. m. Titelbild.) 16. Regensburg 909. F. Pustet. — 20; geb. in Leinw. — 50

Beck, Sebastian

— Almanğe Tashîl-i-ta'lîm. ⟨Deutsche Konversationsgrammatik für Türken. Sbastian Beq.⟩ — Heidelberg: Groos 1904. 13,477,112 gez. Bl. 4° [Türk.u.F.] (Ġaspei-Oto-Zau'er uşûly ⟨Methode Gaspey-Otto-Sauer⟩.)
Titel u. Text autographiert. 12:4° L.germ.51g.
14.5514

Beck, Siegfried, Postmeister a. D., Hirschberg. 1883: Das Bober-Katzbach-Gebirge. Handbüchlein für Geographen, Naturfreunde u. Vergnügungsreisende. 1. Aufl. Hirschberg i. Schl.: Verf. 1896. 71 S. 8°
1:Ta 5730. 2. 41.
14.5516

Beck, Siegfr., D. Bober-Katzbach-Gebirge. E. Handbüchl. f. Geographen, Naturfreunde u. Vergnügungsreisende. M. 1 allgem. Karte, 1 Gebirgs-Skizze, 6 Umgebungskarten u. 4 Rundsichtsplänen. M. güt. Unterstützg. seit. d. Riesengebirgsvereins hrsg. 2., verb. Aufl. 12. (XIII, 71 S.) Hirschberg 897. Selbstverlag. n.n. 1. —

Beck, Siegfried, Superintendent, Leißnig u. Zwickau. 1680-1762. 1727: Nöthige und nützliche Fragen von Ursprung und Absehen, derer vornehmsten Lehren ... in der päbstlichen Kirche. — Leipzig: Hekel 1728. 88 S. 8°
1:8° Bibl. Diez 5511c.
14.5515

[—] Führer im Bober-Katzbach-Gebirge verfasst vom Riesengebirgs-Verein Sektion Schönau. — Warmbrunn: Gruhn 1883. IV,48 S. 8° 2. 14. 41.
14.5519

(—) — 2., verb. u. verm. Aufl. Ebd. 1885. IV,49 S. 8°
2. 41.
14.5520

Beck, Siegfr., Führer f. Flinsberg u. Umgegend. Mit 2 Karten. 12. (IV, 112 S.) Schweidnitz 899. G. Brieger. n. — 50

— Führer für Krummhübel und Umgegend. — Schweidnitz: Brieger 1899. 94 S. 8° 1:Tb 4836. 2. 14.
14.5522

Beck, S, s.: Leipelt's Touristenführer f. d. Riesen- u. Isergebirge.

— Die kleineren und die eingegangenen Mineral-Quellen Schlesiens. — Breslau 1906: Jungfer. 61 S. 8°
2. 41. 60. 169.
14.5523

Beck, Siegfried: Das Riesengebirge, s. Grieben's Reiseführer

Beck, Siegfr., das Riesengebirge, s.: Woerl's, Leo, Reisehandbücher.

— Rübezahl, ausgewählte Sagen u. Schwänke, m. Bildschmuck v. Rob. Engels. Aus d. Sammlg. „Das deutsche Bilderbuch". (23 S. m. Abb. u. 8 farb. Vollbildern.) 24,5×31 cm. Mainz (907). J. Scholz. Kart. 3. —

Beck, Siegfr., Touristenführer für das Riesen- u. Isergebirge, s. a. Leipelt.

[—] Leipelt's Touristenführer für das Riesen- und Isergebirge. — Warmbrunn: Leipelt 1897. VIII,115 S. 8°
Spätere Auflagen sind vorhanden in 1, 2, 9, 41, 101 u. 169.
1:Ta 5736. 2.
14.5524

Leipelts Touristenführer für das Riesen- und Isergebirge. Kurzgefaßtes Handbuch f. Gebirgswanderer u. Sommerfrischler von Siegfried **Beck**, Postmeister. Mit 1 Karte. 4., durch d. Ortsgruppe des RGV. rev. u. verb. Aufl. Warmbrunn: M. Leipelt [1905]. (VIII, 136 S.) 8°
[Umschlagt.:] Leipelts Touristenführer ... f. d. Riesen- u. Isergebirge. (c6. 1046

Leipelt's Touristenführer für das Riesen- und Isergebirge. Kurzgefaßtes Handbuch ... von Siegfried **Beck**. Mit 1 Karte. 5. durch d. Ortsgruppen d. RGV. geprüfte, verm. u. verb. Aufl. Warmbrunn: M. Leipelt [1908]. (VIII, 148 S.) 8°
[Umschlagt.:] Leipelts Touristenführer f. d. Riesen- u. Isergebirge. (08. 17413 2

Beck, Siegfried: Wintersport u. Winterreisen im Riesengebirge, s. Grieben's Reiseführer.

Beck, Theodor, Prof. an d. Techn. Hochschule Darmstadt, 1830-1917. 1876: Beiträge zur Geschichte des Maschinenbaues. — Berlin: Springer 1899. 559 S. 4°
1:4° O 856/5. 7. 9. 11. 12:4° Math. A. 20db. 16. 17. 19. 26. 28. 30. 43. 44. 47. 60. 61. 64. 79. 82. 83. 84. 86. 88→91. 93. 111. 201. 210. 305.
14.5537

— — 2., verm. Aufl. Ebd. 1900. 582 S. 4°
1:4° O 856/5². 11. 14. 16. 21. 32. 38. 43. 61. 62. 82. 83. 85. 86. 88. 90. 91. 210. 309.
14.5538

Beck, Th., Bemerkungen zu F. Reuleaux's Kinematik über die Frage: Ist Reibung eine Kraft oder ein Widerstand? gr. 8. (18 S.) Darmstadt 876, (Brill.) *

Beck, Theodor, Wundarzt bei d. westphälischen Armee, später Zahnarzt, Düsseldorf. 1846: Kleine Bemerkungen und Belehrungen für jedermann, besonders aber für die, welche ihre Zähne so wie ihren Mund in gutem Zustande zu erhalten wünschen. — Düsseldorf 1846: (Franck). 14 S. 8°
61.
14.5535

Beck, Theodor, a. Nördlingen: Erfahrungen aus der ärztlichen Praxis mit Novocain-Lokalanaesthesie. ⟨Aus dem Spital Rothenburg o. T.⟩ o. O. u. J.
Erlangen, Med. Fak., Ref. Graser, Diss. v. 18. Febr. 1908
[Geb. 15. Jan. 82 Nördlingen: Wohnort: Rothenburg; Staatsangeh.: Bayern; Vorbildung: Gymn. St. Anna Augsburg Reife 01; Studium: Erlangen 8, Freiburg i. B. 2 S.; Coll. 10. Dez. 07; Approb. 18. Dez. 06.]

— Leonardo da Vinci ⟨1452 bis 1519⟩. Abh. 4. — Berlin 1906. 29 S. 4°
4. Codice atlantico.
Aus: Zeitschrift d. Vereines Deutscher Ingenieure. 50,1. 1906.
Abh. 1-3 erschienen in: Der Civilingenieur. N.F. 34.30.42. 1888-96.
2. 5. 12:4° Math. A. 20d–19. 14. 16. 17. 18. 22. 24. 26. 27. 29. 31. 32. 34. 35. 36. 75. 83. 84. 86. 89. 90. 91. 300:473.416-D. 210. 302.
14.5541

— Historische Notizen. 4°
17. Heinrich Zeising ⟨† 1613⟩.
18. Leonardo da Vinci ⟨1452-1519⟩. 3. Abh.: Codice atlantico.
Aus: Der Civilingenieur. 41.42. 1895-96.
22[∞17]. 30. 84[∞18]. 300:190.343-C.17.18.
14.5542

Beck, Theodor. 1868: Raffet Euch auf! Ein Wort an die Arbeiter von Theodor Beck u. Arnold Lang. — Bern: Selbstverl. 1868. 119 S. 8° 27. 107.
14.5536

— Kaspar Schott ⟨1608 bis 1666⟩. — Berlin 1902. 9 S. 4°
Aus: Zeitschrift d. Vereines Deutscher Ingenieure. 46,2. 1902.
2. 5. 12:4° Math. A. 20d–17. 14→18. 22. 24→27. 29. 30. 31. 35. 36. 39. 75. 82. 83. 84. 90. 300:421.622-C. 302.
14.5543

— Evangelista Torricelli ⟨geb. 15. Okt. 1608, gest. 25. Okt. 1647⟩. — (Berlin: Springer in Komm. [1908].) 7 S. 4°
Aus: Zeitschrift d. Vereines Deutscher Ingenieure. 52,2. 1908.
2. 5. 7. 12:4° Biogr. 246 u. **14. 16. 18. 22. 24. 26. 27. 30. 31. 32. 34. 36. 39. 75. 82. 83. 84. 90. 91. 210. 300:**478.507-D. **302.**
14.5541

Beck, Theodor Julius Chr., s. K a r l u. Sophie

Beck, Theodric Romeyn

Beck, Th. Rom.: Elemente der gerichtl. Medicin. Nach der 2. v. W. Dunlop mit Noten vers. Ansg. aus d. Engl. übers. I. n. II. Hälfte. *Weimar*, **Industr.-Compt.** 823. gr. 8. (4 Thl. 18 Gr.)

— — [deutsch] Elemente der gerichtlichen Medicin. Hälfte 1.2. — Weimar: Landes-Industrie-Comptoir 1827. 8°
1:Kr 3431. **2. 5. 16. 17. 19. 20. 21. 24. 27. 28. 30. 32. 43. 45→48. 52. 202. 300:**21 W 5. **302.**
14.5550

Beck, Theophil

Beck, Theoph., Panorama des Bodensee's, s.: O b a c h, H. C.

Beck, Th., Panorama vom Bodensee. Kupferst. 8 × 71,5 cm. Mit Erklärung. Konstanz 1893. 16.

Beck, U.: Die U n i o n - A s s e k u r a n z - S o c i e t ä t in London.
Bern 1857.

Beck, Ulrich Sebastian

Beckii, U. S., Observationes philologicae in Juvenalis Satiras duas priores. Altorf. 732. 4.

— **Ulrich Sebastian** (Nürnberg), De verbo *ΠΡΟΣΚΥΝΕΙΝ*. Observ. philol. Präs. Joh. Heinr. Schulze. Altdorf (J. W. Kohles) Juni 1730. 28 S. (5.—) 1655
Gew.: Gust. Phil. Moerl, Gg. Jer. Hofmann, Joach. Negelin, Joh. Jac. Pfizer, Nic. Haecker, Joh. Herdegen.

Beck, Vilhelm

Beck, tägliche A n d a c h t e n, s.: J e n s e n, Chrn.

— [En lille **Skakiste** til Hjælp ved daglig Husandagt, **deutsch**] 'Es stehet geschrieben!' Tägliches Andachtsbuch. Besorgt von Pastor Simonsen. — o. O.: Hrsg. 1901. 815 S. 8° **1:**N 09.11. **12:**Asc. 5448f. **18. 35.**
14.5554

— — Hannover: Brunn [1901]. 815 S. 8° **8.**
14.5555

— [Fra Livets **Kilde, deutsch**] Aus der Quelle des Lebens. Ein Jahrgang Predigten. Uebers. von Pastor Simonsen. — Brcklum: Christliche Buchh. 1897. 712 S. 8°
1:Ed 17628. **14. 26.**
14.5552

— dass. 3—5. Taus. 8° (706) Lpzg 98, F Jansa. 4 —; geb. 5 —

Beck, Vincentius: Iuris ecclesiastici pars media anterior, quam ... publico eruditorum tentamini submittunt Vincentius Beck, Christophorus Boser. — Eustadii [1767]: Strauss. 16 S. 8° **12:**4° Diss. 4551-8.
14.5556

— **Positiones** historico-iuridico-publico-canonicae ex universo iure ecclesiastico selectae, quas ... propugnabunt Vincentius Beck, & Christophorus Boser. — Eustadii [1768]: Strauss. 8 Bl. 8° **19.**
14.5557

Beck, W., deutsch-russisches technisches Wörterbuch der Bergbau- u. Hüttenkunde, enth. die gebräuchlichsten techn. Wörter aus der Metallurgie, Bergbaukunde, Markscheidekunst, Probirkunde, Salinenkunde, Geologie, Mineralogie, Chemie, Physik, Mechanik, Geodäsie, Baukunde u. d. Eisenbahnwesens. Lex.-8. (VII, 496 S.) St. Petersburg 890. (Ricker.) n. 16. —

Beck, Walter, Dr. iur., Karlsruhe, geb. 1884. 1910: Die **Maximaleigentümerhypothek** des Bürgerlichen Gesetzbuches. Eine Studie aus d. Gebiete d. Eigentümerhypothek. — Karlsruhe: Braun 1910. 127 S. 8°
Erschien teilweise auch als Diss. Heidelberg 1910.
1:Gm 19862/8. **3. 5. 11. 12:**J. germ. 1144 l. **24. 30. 31. 203. 208. 302. 304.**
14.5560

Beck, Walter, Schriftsteller, 1857-1896. 1888: **Meine Reise** durch die Donau-Länder im Jahre 1888. — Magdeburg [1888]. 40 S. 8°
Text in Stenographie. **1:**V 21128/10.
14.5559

Beck, Wilhelm, Pastor, Ørslev, 1829-1901. 1897 s. *Beck,* Vilhelm.

Beck, Wilhelm, Registrator am Wohnungsbureau d. Stadtpolizeiamts, Stuttgart. 1865 [Hrsg.] s. *Adresshandbuch.* — Adreß- und Geschäfts-Handbuch der Königlichen Haupt- und Residenzstadt Stuttgart. 1865 ff. [Zeitschriften].

Beck, Wilhelm, Bayerischer Infanterie-Oberst a. D., Ansbach, 1851-1934. 1908: Die ältesten **Artikelsbriefe** für das deutsche Fußvolk. Ihre Vorläufer u. Quellen u. d. Entwicklung bis zum Jahre 1610. München: Lindauer 1908. XII, 121 S. 8°
1:Sa 7686. **5. 11. 12:**Mil. g. 12 ph. **14. 15. 17. 19. 24. 29. 30. 31. 36. 208. 209. 300:**458.220-B. **302. 304.**
14.5592

Beck, Wilhelm [app. Arzt aus Tübingen]: Über den Austritt des N. hypoglossus und N. cervicalis primus aus dem Centralorgan beim Menschen und in der Reihe der Säugetiere unter bes. Berücks. d. dorsalen Wurzeln ... (Aus: Anat. Hefte, Abt. I Heft XVIII.) Wiesbaden, J. F. Bergmann, 1895; 1 Bl., 251—344 S., 1 Bl., 2 Doppeltaf. 8.
Tübingen, Med. Fak., Inaug.-Diss. v. 1865

Im Burenkriege. Peter Fröhlichs Erlebnisse u. Abenteuer im Freiheitskampfe d. Buren. Für d. reifere Jugend erzählt von W i l h e l m v. Beck. *Berlin: A. Weichert [1902].* (253 S.) 8° [F.] 03, 604

Beck, Wilhelm v., Schriftsteller, 1868-1903. 1901 [Bearb.] s. *Cooper,* James Fenimore: Lederstrumpf-Erzählungen [Leather Stocking Tales, deutsch]. 1902.

Beck, Wilhelm, Ingenieur, Leipzig, geb. 1871. 1891 [Hrsg.] s. *Elektrizitaet,* Die. 1891 ff. [Zeitschriften].

Beck, W., d. Elektrizität u. ihre Technik. E. gemeinverständl. Darstellg. d. physikal. Grundbegriffe u. d. prakt. Anwendg. d. Elektrizität. Nebst e. Anh.: D. Wesen d. Elektrizität u. d. Magnetismus. Von J. G. V o g t. M. zahlr. Ill., farb. Bild., Tonbild., Beilagen u. s. w. [Sep.-Ausg. d. 3. Bds. v. J. G. V o g t, Welt d. Erfindgn.] In 66 Hftn. gr. 8. (XIV, 760 u. 134 S.) Leipzig 896—897. E. Wiest Nachf. à — 10; auch i. 11 Hftn. à — 60

— — 2. Aufl. Ebd. 1897. 760,134,XIV S. 8° **47. 207.**
14.5572

— — 3. Aufl. Ebd. 1899. 760,134,XIV S. 8° **302.**
14.5573

Beck, W., die Elektrizität u. ihre Technik. Eine gemeinverständl. Darstellg. der physikal. Grundbegriffe u. der prakt. Anwendg. der Elektrizität. Nebst e. Anh.: Das Wesen der Elektrizität u. des Magnetismus. Von J. G. Vogt. Mit zahlreichen Illustr., farb. Bildern, Tonbildern, sowie 3 zerlegbaren Modellen (in 2 separaten Einbänden) e. Akkumulators, e. Dynamomaschine u. e. Telephons in Buntdr. 4., erweit. Aufl. gr. 8. (928, 134 u. XV S.) Leipzig 899. E. Wiest Nachf. Geb. in Leinw. 18. 60

— — 5., erw. Aufl. Ebd. 1900. 928,134,XV S. 8°
210 [unvollst.]
14.5575

— — 6., erw. Aufl. [Nebst] Anh. 1.2. Ebd. 1903. 8° [u.] quer-8° **109** [unvollst.]
14.5576

Beck, Wilh., die Elektrizität u. ihre Technik. Eine gemeinverständl. Darstellg. der physikal. Grundbegriffe u. der prakt. Anwendg. der Elektrizität. 7. vollständig umgearb. Aufl. 60.—70. Taus. Mit 1259 Abbildgn. u. 34 Taf. sowie 3 zerlegbaren Modellen neuester Konstruktion nebst ausführl. Erläutergn. 3 Bde. (IX, 1759 S. u. Erklärgn. 18, 12 u. 7 S.) gr. 8. Leipzig 906. E. Wiest Nachf. Geb. in Leinw. 45.—; auch in 50 Lfgn. à —50 u. 3 Modellhftn. à 3.50

—— 7., umgearb. Aufl. (Bd 1-3) [nebst] Erg.Bd. Ebd. 1906-11. 8°
1-3. 1906.
Erg.Bd. Beck: Die neuesten Fortschritte auf d. Gebiete d. Elektrotechnik. 1911. 30[=1/3]. 109[=1/3]. 208. 210[=1/3]. 14.5578

—— 7., umgearb. Aufl. (Bd 1.3.) Ebd. [1910]. 8° 109. 14.5579

— Erlebnisse und Abenteuer im Chinakriege. Der deutschen Jugend erzählt. — Berlin: Weichert [1901]. 160S. 8° 1:Ng 17241. 14.5585

Beck, Wilhelm, Regierungsarchivar, Rinteln, geb. 1764. 1790: Die Erscheinung auf dem Frauenberge. Ein ernstes Wort an teutsche Männer. [Verf.: Wilhelm Beck.] — o.O. 1813. 20 S. 8° 1:3 in Yn 885. 4. 34. 300:80 J 253. 14.5566

Beck, Wilhelm, s. Erscheinungen im Haine Thuisko's.

Beck, Wilh.: Die neuesten Fortschritte auf d. Gebiete d. Elektrotechnik. Ergänzgsbd d. 7. Afl. v. „Die Elektrizität u. ihre Technik" v. Wilh. Beck. 1. u. 2. Afl. (110 m. Abb.) gr8° Lpzg, E Wiest Nf. '11'12. L 2 — (Hauptw. u. Ergänzgsbd: geb. 45 —)

Beck, Wilh. v., der Buren Heldenthaten. Der Jugend erzählt. Mit 4 Vollbildern v. J. Schlattmann. gr. 8. (160 S.) Berlin (902). A. Weichert. Geb. 5.—

(—) Die neuere Kriegsgeschichte der Hessen. In beschränkter Beziehung auf den izt bestehenden Landgräflich Hessischen Kriegsstaat, vom Anfang seiner Errichtung bis zum Jahr 1730. Bdch.1. — Marburg 1790: Neue akad. Buchdr. X,193S. 8° 2. 4. 14. 17. 26. 30. 34. 47. 62. 66. 14.5567

— auf dem Kriegszuge nach China. Erlebnisse u. Kriegsabenteuer des Matrosen Martin Scharfschütz. Für die deutsche Jugend bearb. gr. 8. (252 S. m. 5 Vollbildern) Ebd. (901). Geb. in Leinw. 6.—

— Lederstrumpf-Erzählungen, s.: Cooper, J. F.

Beck, Wilhelm, Gymnasiallehrer, Oppeln. 1896: Dr. K.J.Lorinser, Regierungs- und Geheimer Medizinal-Rat. Sein Leben u. seine Verdienste um d. Turnen. Zur 100jährigen Wiederkehr seines Geburtstages. — Oppeln: Maske 1896. V,43 S. 8° 1:Au 18567. 2. 169. 207. 14.5570

— Materialien für Denker. Bdch.1. — Leipzig: Hecht 1801. 196 S. 8° 1:Nh 8819. 39. 14.5568

— Materialien f. Denker. 1s Bdchen. 8. Lpz. 801. Schmidt. 16gr.

Beck, Wilh. v., die wunderbaren Reisen u. Abenteuer des Freiherrn v. Münchhausen auf u. zu Bodenwerder. Nach der Orig.-Ausg. v. Gottfried August Bürger in neuer Bearbeitg. u. durch viele neue Schnurren u. Abenteuer vermehrt. Ein unterhaltsames Buch f. die Jugend u. f. Erwachsene. Mit 6 Chromobildern nach Aquarellen v. J. Lehmann-Bertrand u. zahlreichen Textbildern v. Jul. Schlattmann. Große Ausg. 1.—5. Taus. (240 S.) gr. 8. Berlin (903). A. Weichert. Geb. in Leinw. 6.—

Beck, W. Reiterwerbung im Jahre 1546. Leipzig 1910. 9 S.

Beck, Wilhelm: Eine Spießrechtsordnung aus dem Jahre 1542. Aus: Archiv für Kultur-Geschichte. 28-38. 1908

Beck, Wilh., Wanderbuch f. die Umgebung v. Saarbrücken u. St. Johann, nebst einer Uebersichtskarte. (56 S.) 12. Saarbrücken 904. C. Schmidtke. n. — 60

Beck, Wilh.: Wanderb. f. d. Umgebg v. Saarbrücken u. St. Johann. 2. Afl. (60 m. 1 Karte.) kl8° Saarbrück., C Schmidtke '07. — 60

Beck, Wilh., Wanderbuch f. die Umgebung v. Saarbrücken nebst 1 (farb.) Übersichtskarte. 8. Aufl. (64 S.) kl. 8. Saarbrücken 910. C. Schmidtke. — 60

Beck, Wilhelm, 1743-1821. 1792: Ueber Wilhelm den Neunten Landgrafen zu Hessen &c. und dessen sechs erste Regierungsjahre. [Verf.: Wilhelm Beck.] — Schweiz [vielm. Offenbach: Brede] 1792. 136 S. 8° 1:Sk 3528. 4. 7. 12:Germ.sp. 529. 14. 15. 17. 19. 30. 34. 66. 121. 14.5569

Beck, Wilhelm, s.a. Wilhelm d. Neunte.

Beck, Wilhelmine v., Memoiren einer Dame während des letzten Unabhängigkeitskrieges in Ungarn. Eine treue Schilderung ihrer abenteuerl. Reisen und geheimen Missionen im Auftrage Kossuth's, in Ungarn, Galizien, Oestreich und Deutschland; sowie ein zusammenhängendes Bild der Kriegsereignisse, Kämpfe und inneren Parteiungen bis zur Waffenstreckung bei Világos. 2 Bde. 8. (XX und 679 S.) London 851, Thimm. (Leipzig, Geibel.)

Beck, Wilhelmine. 1908: Vendetta u. a. Erzählungen aus Italien. Für d. deutsche Jugend von W. Beck-Zell. — Breslau: Goerlich [1908]. 186 S. 8° 1:Ng 26813. 2. 14.5602

Beck, Willi (Hrsg.), s. Katzenmusik, Wiener.

Beck, Willy: Die Arbeiter-Versicherung. Gemeinverständliche Darstellung der reichsgesetzlichen Kranken-, Invaliden- u. Unfall-Versicherung. — Nürnberg: Verf. [1908]. 48 S. 8° 12:Cam. 213 q. 14.5605

Beck, Xaver s. *Beck,* Franz Xaver.

Beck, Zoltan

[—] 'Dreadnought'-Häresie. Eine Streitschrift von B.-n. Wien: Seidel 1907. 28 S. 8° 300:451.988-B. 302. 305. 307. 14.5608

Beck-Bernard, Karl: Argentinien. — Leipzig: Weltpost-Verl. 1883. 170 S. 8° (Über's Meer. 5.) 3. 18. 27. 43. 203. 205. 14.5610

Beck-Bernard, C., Argentinien, s. a. Uber's Meer.

— Die Argentinische Republik. — Bern 1872: Allemann. 202 S. 8° 1:Uy 8970n. 12:Am. A. 243. 106. 14.5611

Beck-Bernard, Carl, die Argentinische Republik. Ein Handbuch für Auswanderer und Kolonisten. 1. Aufl. (IV, 202 S.) 1873, und 2. verb. und bedeutend verm. Aufl. gr. 8. (VI, 240 S. mit 3 lithogr. Karten in Fol. und gr. Fol.) Bern 874, (Huber und Comp.) *

—— 2., verb. u. verm. Aufl. Bern 1874: Körber. 240 S. 8° 18. 45. 205. 206. 14.5612

Beck-Bernard, Carl (Konsul d. Argentin. Republik). Die Argentinische Republik. Ein Handbuch f. Auswanderer u. Kolonisten. 2. verb. Aufl. In-8°, 240 S. Mit 3 Kart. Lausanne, Benda. 1 25
1879

— Die Argentinische Republik als Auswanderungsziel. Ein kleines Handbuch für Auswanderer u. Kolonisten. — Bern 1808: Allemann. 56 S. 8° **39. 47.**
14.5614

Beck-Bernard, Lina: Ueber Frauengefängnisse. St. Gallen 1869.

Beck-Corrodi, Ernst: Das Italienerhuhn als Sport- und Nutzhuhn. — (Hirzel): Selbstverl. 1900. VIII,207 S. 8°
43.
14.5620

Beck-Corrodi, Ernst, das Italienerhuhn als Sport- u. Nutzhuhn. Ein zuverläss. Wegweiser zur Beurteilg., Züchtg. u. Pflege aller Farbenschläge, sowie zur Erkenng. der Krankheiten u. deren Heilmittel. Mit 6 Farbendr.-Taf. u. vielen Abbildgn. gr. 8. (IX, 207 S.) Zürich 900. Buchdruckerei Berichthaus (durch Fäsi & Beer). n. 2. 80

— die Kaninchenzucht. Ein kurzer Wegleiter zur rationellen Zucht u. Pflege der Kaninchen, hauptsächlich aber zur Produktion v. Kaninchenfleisch. gr. 8. (39 S.) Zürich 893. (Faesi & Beer.) n. — 60

— die Kaninchenzucht. E. kurzer Wegleiter z. ration. Zucht u. Pflege d. Kaninchen, hauptsächl. aber z. Produktion v. Kaninchenfleisch. 2., verb. u. verm. Aufl. gr. 8. (42 S.) Ebd. 895. n. — 60

— die Kaninchenzucht. Ein kurzer Wegleiter zur rationellen Zucht u. Pflege der Rasse-Kaninchen, sowie auch zur Produktion v. Kaninchenfleisch. 3., verb. u. verm. Aufl. gr. 8. (76 S.) Ebd. (900). n. — 80

Beck-Corrodi, Ernst, der Harzer Sänger. Praktischer Wegweiser f. Zucht, Pflege u. Ausbildg. d. Harzer Kanarienvogels, nebst zwei preisgekrönten Konkurrenz-Arbeiten. 8. (X, 149 S.) Zürich 890. Ulrich & Co. n. 1. 20

Beck-Corrodi, Ernst, d. Harzer Sänger. Prakt. Wegweiser f. Zucht, Pflege u. Ausbildg. d. Harzer Kanarienvogels, nebst e. Anh. üb. d. Zucht u. Pflege d. Gestalts- u. Farbenkanarien, sow. d. Bastardzüchtg. 2., gänzl. neu bearb. u. erweit. Aufl. 8. (XIV, 194 S.) Zürich 895. Ulrich & Co. (durch Fäsi & Beer). n. 1. 80

Beck-Corrodi, Ernst. Der Harzer Sänger. Praktischer Wegweiser für Zucht, Pflege und Ausbildung des Harzer Kanarienvogels: nebst einem Anhang über die Zucht und Pflege der Gestalts- und Farbenkanarien, sowie die Bastardzüchtung. 3., neu durchgesehene und verbesserte Aufl. [Mit Titelvignette.] XVI + 210 S. 8. Zürich, Berichthaus, [1901]. [fr. 2. —]

Beck-Ernst, Maximilian
Der Name d. Verfassers erscheint stets in d. Form M. A. Böck-Ernst.

— Alt-Landtsperg. Märkbüchlein für frumme Frawen und Jungfrawen. Etliche nützliche u. wohlvermeynte Ratschläge den Satansschlingen u. Liebesteufeleien zu entgehen etc. etc. Historische Skizze nach alten Aufzeichnungen. — Landsberg a. L.: Neumeyer 1909. 47 S. 8°
12: Bavar. 425 bk. 19.
14.5622

Beck v. Mannagetta, **Guenter R**[r]: **Alpenblumen des Semmering-Gebietes.** Colorirte Abbildungen von 188 auf den niederösterreichischen u. nordsteierischen Alpen verbreiteten Alpenpflanzen. — Wien: Gerold 1898. 47 S., 18 Taf. 8°
30. 109. 300: 187.538-B. 302.
14.5626

Beck v. Mannagetta, Günther Ritter, Alpenblumen des Semmering-Gebietes. Kolorierte Abbildgn. v. 188 auf den niederöstorreich. u. nordsteier. Alpen verbreiteten Alpenpflanzen. Gemalt u. m. kurzem Text versehen. 2. Aufl. (18 Taf. m. IV, 47 S. Text.) kl. 8. Wien (905). C. Gerold's Sohn. Geb. in Leinw. n. 4. —

Beck, Günther, vergleichende Anatomie der Samen von Viola und Ervum. [Arbeiten des pflanzenphysiolog. Institutes der k. k. Wiener Universität. XII.] Lex.-8. (85 S. mit 2 lithogr. Taf.) Wien 878, (Gerold's Sohn.) *
Aus: Sitzungsberichte der k. k. Akademie der Wissenschaften, besonders abgedruckt.

— E. botan. Ausflug auf den Troglav (1913 M) bei Livno, s.: Mitteilungen, wissenschaftliche, a. Bosnien u. der Hercegovina.

—— s. Becker, M. A., Hernstein in Niederösterreich.

— Beitrag zur Flora des östlichen Albanien. — (Wien: Hölder 1904.) S. 71-78. 8°
Aus: Annalen des K. K. Naturhistorischen Hofmuseums. 19. 1904.
302.
14.5628

— Elementi di storia naturale delle piante per le classi inferiori delle scuole medie ed istituti analoghi. Versione italiana fatta sulla 3. ed. dal R Solla. (4, 227 m. z. Tl farb. Fig.) gr8° Vienna '11. Wien, A Hölder. L 3.60

— Die Entwicklung der Pflanzengeographie in Österreich während der Jahre 1850 bis 1900. — Wien: Hölder 1901. 28 S. 8°
Aus: Botanik u. Zoologie in Österreich während d. letzten fünfzig Jahre. 1901.
302.
14.5629

— Entwicklungsgeschichte des Prothalliums von Scolopendrium. — Wien 1879. 15 S. 8°
Aus: Verhandlungen d. kaiserlich-königlichen zoologisch-botanischen Gesellschaft in Wien. 29. 1879.
21.
14.5630

Beck, G., Fauna u. Flora des Gebietes, s.: Becker, M. A., Hernstein in Niederösterreich.

— Fauna von Hernstein in Niederösterreich und der weiteren Umgebung. Unter Mitw. von . . . zsgest. von Günther Beck. Die Bewirtschaftung des Gebietes. Bearb. von Wilhelm Stöger. — Wien: Holzhausen 1886. VIII,382 S. 8° (Hernstein in Niederösterreich. 2,2.)
1: Sc 1671-2,2.
14.5631

— **Deutschlands Flora. 1900–14**
s. *Reichenbach,* Heinrich Gottlieb Ludwig.

— Flora von Hernstein in Niederösterreich und der weiteren Umgebung. — Wien: Holzhausen 1884. XII,467 S. 8° (Hernstein in Niederösterreich. 2,1.) 1: Sc 1671-2,1.
14.5633

Beck v. Mannagetta, Günther Ritter, Flora v. Nieder-Österreich. Handbuch zur Bestimmg. sämmtl. in diesem Kronlande u. den angrenz. Gebieten wildwachs., häufig gebauten u. verwild. vorkomm. Samenpflanzen u. Führer zu weiteren botan. Forschgn. f. Botaniker, Pflanzenfreunde u. Anfänger. Mit Abbildgn. nach Orig.-Zeichngn. des Verf. Lex.-8. Wien, C. Gerold's Sohn. 45. —
1. Hälfte. (VI, 432 S.) 890. n. 15. —
2. Hälfte, 1. Abth. (VI u. S. 433—891.) 892. n. 15. —
2. Hälfte, 2. Abth. (X, 74 S. u. S. 893—1396.) 893. n. 15. —

— Flora des Stewart-Atolls im stillen Ocean. — Wien: Hölder 1888. S. 252-256. 8°
Aus: Annalen des K. K. Naturhistorischen Hofmuseums. 3. 1888.
302.
14.5635

— Flora v. Südbosnien u. d. angrenzend. Hercegovina. 4 Thle. [Aus: „Annalen d. k. k. naturhistor. Hofmuseums".] Lex.-8. (34 S.) Wien, Hölder. n. 14. —
1. (55 S.) 886. n. 2. 40
2. (42 S.) 887. n. 2. —
3. (104 S. m. 6 Taf.) 887. n. 8. —
4. (34 S.) 890. n. 1. 60

— Flora v. Südbosnien u. der angrenzenden Hercegovina. V. u. VI. Thl. [Aus: „Annalen d. k. k. naturhistor. Hofmuseums".] Lex.-8. Wien, A. Hölder. n. 6. — (1—VI.: n. 20. —)
V. (S. 35—64 m. 1 Abbldg.) 890. n. 1. 60
VI. (S. 65—102 m. 3 Taf.) 891. n. 4. 40

— Flora v. Südbosnien u. d. angrenz. Herzegovina. Enth. d. Ergebn. e. dahin i. J. 1888 unternomm. Forschungsreise, sow. d. inzw. i. d. Literatur verzeichn. Pflanzen dies. Gebietes. VII.—IX. Tl. [A.: „Annalen d. k. k. naturhistor. Hofmuseums".] Lex.-8. Wien, A. Hölder. n. 5. 60
VII. (S. 103—141.) 895. n. 2. —
VIII. (S. 142—183.) 896. n. 2. —
IX. (32 S.) 898. n. 1. 60

— Die Futterschuppen d. Blüten v. Vanilla planifolia Andr. [Aus: „Sitzgsber. d. k. Akad. d. Wiss."] (13 m. 1 Taf.) gr8° Wien, A Hölder '12. — 68

Beck, Günther Ritter von Managetta: Österreichs Garten- und Gemüsebau .. s. L a u c h e, Wilhelm

— Geschichte des Wiener Herbariums (der botanischen Abtheilung des k. k. naturhistorischen Hofmuseums in Wien) im Abrisse mitgetheilt von Günther R[r] v. Beck. — Cassel 1888. 19 S. 8°
Aus: Botanisches Centralblatt. 33.34. 1888.
300: 27.943-B. **302. 308.**
14.5638

— Grundriß der Naturgeschichte des Pflanzenreiches. Eine Erwiderung. — Wien: Hölder 1906. 6 S. 8° **302.**
14.5639

Beck von Mannagetta, Dr. Günther, Grundriß der Naturgeschichte des Pflanzenreiches für die unteren Klassen der Mittelschulen und verwandten Lehranstalten. Mit 193 Original-Abbildungen, davon 160 Pflanzenbildern in Farbendruck. Wien 1903. A. Hölder. Preis, geheftet 3 K 10 h, gebunden 3 K 60 h.
Dieses Buch wird zum Lehrgebrauche an Mittelschulen mit deutscher Unterrichtssprache allgemein zugelassen.
(Min.-Erl. vom 28. April 1903, Z. 12976.)

— Grundriss der Naturgeschichte des Pflanzenreiches f. die unteren Klassen der Mittelschulen u. verwandter Lehranstalten. 2., verm. Aufl. Mit 193 Orig.-Abbildgn., davon 160 Pflanzenbilder in Farbendr. (VI, 212 S.) gr. 8. Wien 905. A. Hölder. Geb. n. 3. 20

Beck von Mannagetta, Dr. G., Grundriß der Naturgeschichte des Pflanzenreiches für die unteren Klassen der Mittelschulen und verwandten Lehranstalten. 3., vermehrte Auflage. Wien 1908. A. Hölder. Geh. K 3.10, geb. K 3.60. (Min.-Erl. vom 21. November 1907, Z. 46023.)

— Hilfsbuch für Pflanzensammler. — Leipzig: Engelmann 1902. 36 S. 8° **15. 16. 27. 84. 121.**
14.5640

— Icones florae Germanicae et Helveticae simul terrarum adiacentium ergo mediae Europae. 1903-12
s. *Reichenbach*, Heinrich Gottlieb Ludwig.

Beck, Günther, Inulae Europae. Die europäischen Inula-Arten. Monograph. bearb. Imp.-4. (59 S. mit 1 chromolithogr. Karte und 1 eingedr. Holzschn.) Wien 881, (Gerold's Sohn.)
Aus: Denkschriften der k. Akademie der Wissenschaften, besonders abgedruckt.

—— s. Itinera Principum S.-Coburgi.

— Itinera principum S.Coburgi. 2. 1888
s. *Wawra* v. Fernsee, Heinrich R[r] v.

— Zur Kenntniss der Torf bewohnenden Föhren Niederösterreichs. Von Günther R[r] v. Beck. — Wien: Hölder 1888. S.74-78. 8°
Aus: Annalen d. K. K. Naturhistorischen Hofmuseums. 3. 1888.
302.
14.5642

— Knautiae (Tricherae) aliquot novae. Auctore G. de Beck. Wien: Hölder 1894. S.352-354. 8°
Aus: Annalen d. K. K. Naturhistorischen Hofmuseums. 9. 1894.
302.
14.5643

— — [deutsch] Die Knöterich- (Polygonaceae), Melden- (Chenopodiaceae inkl. Amarantaceae), Mistel- (Loranthaceae), Hartriegel- (Cornaceae), Spieren- (Spiraeaceae), Pfeifenstrauch- (Philadelphaceae), Hundskohl- (Thelygonaceae) Gewächse und Aizoaceae der Flora Deutschlands und aller benachbarten Länder, daher der Flora Mitteleuropas. Bearb. von Günther R[r] Beck v. Mannagetta u. Lerchenau. — Leipzig [usw.]: v. Zezschwitz 1903-09. 296 S., 163 Taf. 4° (Reichenbach, Heinrich Gottlieb Ludwig: Deutschlands Flora. 24.)
12: 1° Phyt. 243m-24. **15. 16. 20. 25. 26. 31. 309.**
14.5650

— Monographie der Gattung Orobranche, s. a. Bibliotheca botanica.

— Monographie der Gattung Orobanche. — Cassel: Th. Fischer 1890. 275 S. 4° (Bibliotheca botanica. Bd 4. H. 19.)
1: in 4° Lw 11585-4. **2. 3. 4. 6. 7. 11. 12**: 4° Phyt. 32d-19. **16. 17. 18. 20. 21. 24→27. 29. 30. 34. 46. 61. 300**: 37.955. **302→304.**
14.5644

— Die Nadelhölzer Niederösterreichs. — Wien 1890. 49 S. 8°
Aus: Blätter d. Vereines für Landeskunde von Niederösterreich. N.F. 24. 1890.
305.
14.5645

— Orobanchaceae, s.: Engler, A., u. K. Prantl, d. natürl. Pflanzenfamilien.

— D. prähistor. Pfahlbau v. Ripač, s.: Radimsky, W.

— Zur Pilzflora Niederösterreichs. — Wien: Braumüller [usw.] 1880. 24 S. 8°
Aus: Verhandlungen d. kaiserlich-königlichen zoologisch-botanischen Gesellschaft in Wien. 30. 1880.
47.
14.5646

— Polygonaceae, Chenopodiaceae (incl. Amarantaceis), Loranthaceae, Cornaceae, Spiraeaceae, Philadelphaceae, Aizoaceae, Thelygonaceae florae Germaniae simul terrarum adiacentium ergo Europae mediae. Auctore G. Equite Beck de Mannagetta et Lerchenau. — Lipsiae [usw.]: Zezschwitz 1909. 213 S., Taf. 139-301. 4° (Reichenbach, Heinrich Gottlieb Ludwig: Icones florae Germanicae et Helveticae. 24.)
1: 4° Lx 23560-24. **4→10. 17. 18. 19. 21. 24. 30. 300**: 177.319-C. 2,24. **302. 305.**
14.5649

— Rosaceae. Auctore G. Equite Beck de Mannagetta et Lerchenau. 1 [nebst] Cont. 1. — Lipsiae [usw.]: Zezschwitz 1909-[14]. 4°
1. Dryadeae (Potentilleae). Filipenduleae florae Germaniae simul terrarum adiacentium ergo Europae mediae. 1909-12.
2. Cont. 1 (= Decas 15-24). [1913-14.]
(Reichenbach, Heinrich Gottlieb Ludwig: Icones florae Germanicae et Helveticae. 25,1.2.)
1: 4° Lx 23560-25,1.2. **4→7. 9. 10. 17. 18. 19. 21. 24. 30. 305.**
14.5651

— — [deutsch] Die Rosengewächse (Rosaceae) der Flora Deutschlands und aller benachbarten Länder daher der Flora Mitteleuropas. T.1 [nebst] Forts. 1. — Leipzig [usw.]: v. Zezschwitz 1909-[14]. 4°
1. Dryadeae (Potentilleae). Filipenduleae. 1909-12.
2. Forts. 1 (= Lfg 15-24). [1913-14.]
(Reichenbach, Heinrich Gottlieb Ludwig: Deutschlands Flora. 25,1.2.)
12 [° Forts. 2]: 4° Phyt. 243m-25,1. **15. 16. 25. 26. 31. 309.**
14.5652

Beck, G. de (Hrsg.), s. S c h e d a e ad „Kryptogamas exsiccatas."

— Schilderung der Vegetation der Umgebung v. Abbazia, s.: Schubert, Carl, der Park v. Abbazia.

— Uebersicht der bisher bekannten Kryptogamen Niederösterreichs. — Wien: Hölder [usw.] 1887. 128 S. 8°
Aus: Verhandlungen d. kaiserlich-königlichen zoologisch-botanischen Gesellschaft in Wien. 37. 1887.
305.
14.5653

— Die Umkehrung der Pflanzenregionen in den Dolinen des Karstes. — Wien: Hölder in Komm. 1906. 18 S. 8°
Aus: Sitzungsberichte d. Kaiserlichen Akademie d. Wissenschaften. Math.-nat. Kl. 115,1. 1906.
302.
14.5654

— Vegetationsstudien in den Ostalpen. 1-3. — Wien: Hölder in Komm. 1907–13. 8°
1. Die Verbreitung d. mediterranen, illyrischen u. mitteleuropäisch-alpinen Flora im Isonzo-Tale. 1907.
2. Die illyrische u. mitteleuropäisch-alpine Flora im oberen Save-Tale Krains. 1908.
3. Die pontische Flora in Kärnten u. ihre Bedeutung für d. Erkenntnis d. Bestandes u. d. Wesens einer postglazialen Wärmeperiode in d. Ostalpen. 1913.
Aus: Sitzungsberichte d. Kaiserlichen Akademie d. Wissenschaften. Math.-nat. Kl. 116,1. 117,1. 122,1. 1907-13.
101. 302.
14.5655

Beck v. Mannagetta, **Guenter R^r**

— dio Vogetationsvorhältnisse der illyrischen Länder, s. a. Vogotation, die, dor Erde. IV.

Die Vegetationsverhältnisse der illyrischen Länder begreifend Südkroatien, d. Quarnero-Inseln, Dalmatien, Bosnien u. d. Hercegovina, Montenegro, Nordalbanien, d. Sandžak Novipazar u. Serbien von Dr. Günther R^r Bock v. Mannagetta, Prof. in Prag. Mit 6 Vollbild., 18 Textfig. u. 2 Karten. *Leipzig: W. Engelmann 1901.* (XV, 534 S.) 4°(8°)
= Vogotation d. Erde. 4. fol. 10173

— Die Wachau. Eine pflanzengeographische Skizze aus Niederösterreich. — Wien 1898. 18 S. 8°
Aus: Blätter d. Vereines für Landeskunde von Niederösterreich. N.F. 32. 1898.
302. 305.
14.5657

— Waldeszauber, s.: Vorträge des Voreines zur Verbreitg. naturwiss. Kenntnisse in Wien. 47. Jhrg. 9. Heft.

Beck v. Mannagetta u. Lerchenau, Günth. Ritter: Wo Blumen stehen. Bilder a. d. deut. Pflanzenwelt. (7, 188 m. Abb.) 8° Wien, A Hartleben '11. L 4.50 d

Beck v. Mannagetta, Leo Ritter, u. Carl v. **Kelle,** die österreichischen Universitätsgesetze. Sammlung der f. die österreich. Universitäten gült. Gesetze, Verordngn., Erlässe, Studien- u. Prüfungsordngn. usw., im Auftrage des k. k. Ministeriums f. Kultus u. Unterricht m. Benützung der amtl. Akten hrsg. (VIII, II, 1086 S.) gr. 8. Wien 904—906. Manz. n. 18. —; geb. n. 20. 50
Erschien auch in 14 Lfgn. à n. 1. 30.

Beck v. Mannagetta, **Paul R^r**: Anleitung zur Bienenzucht für kleine Landwirthe. — Wien: Bienenzüchter-Verein; Frick in Comm. 1887. 32 S. 8°
12: Oecon. 2122g. **300**: 108.102-B. **302.**
14.5661

— — 2. Aufl. . . . mit d. Verf. bearb. von Theodor Weippl. Wien: Central-Verein für Bienenzucht in Oesterreich 1897. 32 S. 8°
12: Oecon. 2122r.
14.5662

Beck, Paul, administrativer Bericht über die Betheiligung Oesterreichs an der Weltausstellung in Paris im J. 1878. Hrsg. von der k. k. Central-Commission in Wien für die Weltausstellung 1878 in Paris. gr. 8. (XI, 411 S.) Wien 878, (Faesy und Frick.) *

Beck, Paul, administrativer Bericht über die Botheiligung Oesterreichs an der Weltausstellung in Paris im Jahre 1878. Hrsg. von der k. k. Central-Commission in Wien f. die Weltausstellung 1878 in Paris. gr. 8. (XI, 411 S.) Wien 879. (Frick.) n. 7. 20

Beck v. Mannagetta, **Paul R^r**

— Das Bienenrecht in Oesterreich. — Wien: Manz 1883. 32 S. 8° Aus: Oesterreichisch-ungarische Bienen-Zeitung. 6. 1883.
1: Gm 9628. 12: Oecon. 200 l. **19. 106. 203. 208.**
300: 48.918-A. **302. 304. 308.**
14.5665

— Der Erfindungsschutz in Oesterreich. — Wien 1884. 34 S. 8°
Aus: Wochenschrift d. Niederösterreichischen Gewerbevereines. 45. 1884.
302→304.
14.5666

—— der Enfindungsschutz in Oesterreich. 2. ergänzte Aufl. gr. 8. (IV, 41 S.) Wien 885, Hölder. *

— Imkerarbeiten im Frühjahre bei Mobilstöcken und Körben. — Wien: Bienenzüchter-Verein 1895. 19 S. 8°
300: 206.261-A. **302. 305.**
14.5668

— Das neue österreichische Patentrecht und seine Bedeutung für Gewerbe und Industrie. Vortrag. — Wien: (Verf.) 1897. 22 S. 8°
Aus: Österreichische Zeitschrift für gewerblichen Rechtsschutz. 3. 1897.
302.
14.5669

Beck v. Mannagetta, Paul Rittor, D. noue österroich Patontrecht auf Grund d. Patont-Gosotzos vom 11. 1. 1897, R.-G.-Bl. Nr. 30. Ein Loitfadon i. systomat. Darstollg. 8. (XV, 330 S.) Wion 897. A. Höldor. n. 3. 60; gob. in Loinw. n. 4. 50

Beck-Mannagotta, Paul Rittor v, das österroichischo Patontrecht. gr. 8. (XV, 660 S.) Borlin 893. C. Hoymanns Vorl. n. 12. —

Beck v. Mannagetta u. Lerchenau
s. *Beck* v. Mannagetta.

Beck Edl. v. Nordenau, Otto, u. Albin **Juda,** dor Bau dor Eisonbahn-Brücke über dio Save boi Brood 1878 – 1879. Im Auftrago dos k. k. Reichs-Kriogsministoriums verf. Mit 7 (lith.) Plänon, 1 photogr. Lichtdr. u. 17 Fig. im Toxte. [Aus: „Mittheilungon über Gogonstände dos Artillerie- u. Gonie-Wesens".] gr. 8. (92 S.) Wion 880. v. Waldhoim in Comm. n. 4. --

Beck-Peccoz, Karl Frh. von, appr. Arzt aus Gressoney: Ueber Schussverletzungen des Kopfes. *München 1900: Kastner & Lossen.* (86 S.) 8°
München, Med. Diss. v. 1900

Beck-Zell, Wilhelmine s. *Beck.*

Becka, Friedrich [Pseud.] s. *Kiessling,* Bernhard.

Bečka, Glieb, über die Bahn des Planeten Ino (173). I. Mittheilung. Lex.-8. (8 S.) Wien 880, (Gerold's Sohn.) *

– — dass. — **II. Mittheilung. Lex.-8. (5 S.) (Ebendas.) 881.** *

—— dass. — **III. Mittheilung. Lex.-8. (6 S.) (Ebendas.) 882.** *

Bečka, Gliob., über dio Bahn dos Komoton II vom Jahro 1878. [Aus: „Sitzungsbor. d. k. Akad. d. Wiss."] Lox.-8. (11 S.) Wion 878. (Gorold's Sohn.) n.n. — 30

Bečka, Karl, und **Rothaug, Johann Georg,** Pražský národní atlas. Wien 1898. Freytag & Berndt. Preis der einzelnen Karten: Nr. 1 u. 5 à —.06, Nr. 2, 3, 4, 6, 7, 8, 9 u. 10 à —.10 (Min.-Erl. v. 16 November 1898, Z. 27929.)

Beck-Album. — Beck-Album. 1874 s. *Beck,* August: Lose Blätter zur Geschichte der Königlich Sächsischen Armee.

Becke, von der, Justiz-Staatsrat, 1754-1832. 1790
s. *Becke,* Franz Arnold von der.

Becke, Württemberg. Offizier, später Musikdirektor am Fürstl. Oetting-Wallersteinischen Hofe, 1733-1803. 1783 s. *Beecke,* Ignaz v.

Becke, Universitätssyndikus, Göttingen. 1772 s. *Becke,* Johann.

Becke, von der, Geheimrat, Gotha, 1756-1830. 1777
s. *Becke,* Johann Karl von der.

Becke, A.F. von der , s. B e c k e , Franz Arnold von der

Becke, Arnold

— Die Obst-und Rebanlagen der Domäne Kutjevo —Wien: Selbstverl. 1903. 14 S. 8°
Aus: Wiener landwirtschaftliche Zeitung. 53. 1903.
300:427.153-B. 302.
14.5683

Becké, Arthur, approb. Arzt aus Hannover: ⟨Aus d. kgl. Universitäts-Augenklinik zu Marburg.⟩ Die bei Erkrankungen des Hinterhauptlappens beobachteten Erscheinungen mit spezieller Berücksichtigung der okularen Symptome. *Marburg a. L. 1903.* (41 S.) 8° ¶(Aus: Zeitschr. f. Augenheilk., Bd 10.)
Marburg, Med. Diss. v. 17. Sept. 1903

Becke, Bernhard von der: Streit und Versöhnung. Cantate zur Feier der glücklichen Vermählung I.I.K.K.H.H. des Prinzen Maximilian von Sachsen und der Infantin Luise Charlotte von Lucca. [Verf.: Bernhard von der Becke.] Dresden [1825]: Königl. Hofbuchdr. 41 S. 4°
Nebent.: La Lite sopita. Cantata per solennizzare le fauste nozze delle Loro Altezze Reali il Principe Massimiliano di Sassonia, e l'Infanta Luisa Carlotta di Lucca.
Text deutsch u. italienisch.
14.
14.5684

Becke, C.F. v. s. *Becke*, Franz Karl v.

Becke, David von der

— Amoenitates physicae, variis meditationibus, observationibus & experimentis. Circa rerum naturalium principia; & praecipua naturae phoenomena propositae. 3. ed., auctior. — Hamburgi: Schiller 1703. 423 S. 8°
2. 4. 7. 14. 15. 19. 24. 30. 31. 41. 160. 202. 308.
14.5692

Becke, Franz Arnold von der: Auch eine Beantwortung der Frage: Ist die Kaiserinn von Rußland Garant der westphälischen Friedensschlüsse? [Verf.: Franz Arnold von der Becke.] — [Frankfurt: Eichenberg] 1793. 40 S. 8°
1:3 in Qm 2195. 6. 19. 21.
14.5694

[—] Bericht und Gutachten eines deutschen Reichstags-Gesandten an seinen Hof über das kaiserliche Hof-Dekret vom 9. September 1795. In Betreff des von Hessen-Cassel mit Frankreich am 28. August zu Basel geschlossenen Friedens. — Germanien [vielm. Heilbronn] 1795. 70 S. 8°
4. 7. 12: J. publ. G. 90 r/1. 14. 19. 29. 34.
14.5695

— s.a. Bericht e. deutschen Reichsgesandten.

[—] Die Besitzungen, Einkünfte, Freiheiten, Rechte und Prärogativen der deutschen Reichsfürsten, Kirchen und Körper im Elsaß vertheidiget gegen die Beschlüße der französischen National-Versammlung ... Les possessions, revenus, immunités, droits et prérogatives des princes d'Empire ... défendus ... — Nürnberg [usw.] 1790. 64, XXIII S. 4° Text deutsch u. französisch.
1:4° Rh 5738. 16. 17. 21. 24. 31.
14.5696

Becke, Franz Arnold von der

— Von Staatsämtern und Staatsdienern. — Heilbronn: Claß 1797. XIV,182 S. 8°
1: Fb 1439. 2. 3. 6. 7. 14→17. 19. 21. 22. 24. 26→31. 33. 35. 36. 39. 45. 106. 111. 208. 302. 305. 308.
14.5697

— Ueber Verminderung und Abkürzung der Prozesse durch Vergleich. Ein Beitrag zur Verbesserung d. Justizverfassung. — München: Fleischmann 1812. IV,88 S. 8°
19. 25.
14.5698

Becke, Franz Karl v.: Die Siebenbürger Eisenbahnfrage aus dem Gesichtspunkte des österreichischen auswärtigen Handels von C.F.v.Becke. — Kronstadt: Gött 1864. 9 S. 8°
300:168.369-B. 305.
14.5699

(—) Zur siebenbürgischen Eisenbahnfrage. Beleuchtung d. projectirten siebenbürgischen Eisenbahnlinien Hermannstadt-Rothenthurmthor-Bukarest und Kronstadt-Bodzau-Pass-Galatz vom national-öconomischen Standpuncte. Wien 1862: Förster. 40 S. 8°
302. 305.
14.5700

Becke, Friedrich

— Einige Bemerkungen über die Einschlüsse des Granites von Flamanville. — Wien: Hölder [1902]. S. 231-237. 8°
Aus: Tschermak's mineralogische u. petrographische Mittheilungen. N. F. 21. 1902.
302.
14.5702

— Bericht über die Aufnahmen am Nord- und Ostrand des Hochalmmassivs. — Wien: Hölder in Komm. 1908. 34 S. 8°
Aus: Sitzungsberichte d. Kaiserlichen Akademie d. Wissenschaften. Math.-nat. Kl. 117,1. 1908.
302.
14.5704

Becke, Frdr., Bericht üb. d. Erdbeben v. Brüx a. 3. XI. 1896, } s.: Mitteilungen der Erdbeben-Commission
— Bericht über das Graslitzer Erdbeben, } d. kaiserl. Akademie d. Wissenschaft. in Wien.

Becke, Prof. F., Mittheilungen der Erdbeben-Commission der kaiserl. Akademie der Wissenschaften in Wien. III. Bericht über das Erdbeben vom 5. Januar 1897 im südlichen Böhmerwalde. Mit einer Kartenskizze. Gr.-8. (14 S.) Wien: Gerold 1897. —.20

— Erster Bericht über petrographische und geotektonische Untersuchungen im Hochalmmassiv und in den Radstädter Tauern von F. Becke u. V. Uhlig. — Wien: Hölder in Komm. 1906. 45 S. 8°
Aus: Sitzungsberichte d. Kaiserlichen Akademie d. Wissenschaften. Math.-nat. Kl. 115,1. 1906.
302.
14.5705

— — dasselbe, Fortsetzg., s.: Uhlig, Vict., Bericht üb. geotektonische Untersuchungen in den Radstädter Tauern.

— Bericht über geologische und petrographische Untersuchungen am Ostrande des Hochalmkerns. — Wien: Hölder in Komm. 1909. 28 S. 8°
Aus: Sitzungsberichte d. Kaiserlichen Akademie d. Wissenschaften. Math.-nat. Kl. 118,1. 1909.
302.
14.5706

— Vorläufiger Bericht über den geologischen Bau und die krystallinischen Schiefer des Hohen Gesenkes (Altvatergebirge). — Wien: Tempsky in Comm. 1892. 15 S. 8°
Aus: Sitzungsberichte d. Kaiserlichen Akademie d. Wissenschaften. Math.-nat. Cl. 101,1. 1892.
302.
14.5707

— Über die Bestimmbarkeit der Gesteinsgemengtheile, besonders der Plagioklase auf Grund ihres Lichtbrechungsvermögens. — Wien: Tempsky in Comm. 1893. 19 S. 8°
Aus: Sitzungsberichte d. Kaiserlichen Akademie d. Wissenschaften. Math.-nat. Cl. 102,1. 1893.
302.
14.5708

— Der Einfluss des Gesteins auf das Landschaftsbild, s.: Vorträge des Vereines zur Verbreitung naturwiss. Kenntnisse in Wien. 50. Jahrg. 8. Heft.

— einiges üb. krystalline Schiefer, s.: Vorträge des Vereines zur Verbreitung naturwissensch. Kenntnisse in Wien. 42. Jahrg. 13. Hft.

Becke, F., über Eis u. Schnee, s.: Vorträge des Vereines z. Verbreitung naturwissensch. Kenntnisse in Wien. 40. Jahrg. 12. Hft.

— Die Eruptivgebiete des böhmischen Mittelgebirges und der amerikanischen Andes. — Wien: Hölder [1903]. S. 209-265. 8°
Aus: Tschermak's mineralogische u. petrographische Mitteilungen. N. F. 22. 1903.
302.
14.5710

Becke, Frdr., Geologisches v. der Tauernbahn, s.: Vorträge des Vereines zur Verbreitung naturwissenschaftlicher Kenntnisse in Wien. 46. Jahrg. 10. Hft.

Becke, Frdr., Gesteine von der Halbinsel Chalcidice. [Aus: „Sitzungsber. d. k. Akad. d. Wiss."] Lex.-8. (7 S.) Wien 878. (Gerold's Sohn.) n. — 20

— Gesteine von Chalcidice und Griechenland. — Wien: Hölder 1879. S. 243-247,459-493,17-77. 8°
Aus: Mineralogische u. petrographische Mittheilungen. N.F. 1.2. 1878-80.
12:Lith. 34dc. 302.
14.5711

— Gesteine von Griechenland. [Aus: „Sitzungsber. d. k. Akad. d. Wiss."] Lex.-8. (14 S.) Ebend. 878. n.n. — 30

— Das spezif. Gewicht d. Tiefengesteine. [Aus: „Sitzgsber. d. k. Akad. d. Wiss."] (37 m. Fig.) gr8° Wien, A Hölder '11. — 75

— Die Goldbergbaue der Hohen Tauern, s.: Vorträge des Vereines zur Verbreitung naturwiss. Kenntnisse in Wien. 49. Jhrg. 10. Heft.

— über die vulkanischen Laven, s.: Vorträge des Vereines zur Verbreitung naturwiss. Kenntnisse in Wien. 44. Jahrg. 10. Hft.

— Über Mineralbestand und Struktur der krystallinischen Schiefer. — Wien: Gerold in Comm. 1903. 53 S. 4°
Aus: Denkschriften d. Kaiserlichen Akademie d. Wissenschaften. Math.-nat. Kl. Bd 75,1. 1913.
12:4° Lith. 9r. 89. 302.
14.5713

— Über Mineralbestand und Struktur der kristallinischen Schiefer. — Wien 1904: Br. Hollinek. S. 553-570. 8°
Aus: Congrès géologique international. Compte Rendu de la IX. session, Vienne 1903. 1904.
89.
14.5714

Becke, F. (Hrsg.), s. Mittheilungen, Tschermak's, Mineralogische und petrographische.

— s.: Tschermak's mineralog. u. petrograph. Mittheilungen.

— Optische Orientierung des Albit von Amelia, Virginia. Wien: Hölder [1900]. S. 322-335. 8°
Aus: Tschermak's mineralogische u. petrographische Mittheilungen. N.F. 19. 1900.
302.
14.5715

— Optische Orientirung des Anorthits vom Vesuv. — Wien: Gerold in Comm. 1899. 8 S. 8°
Aus: Sitzungsberichte d. Kaiserlichen Akademie d. Wissenschaften. Math.-nat. Cl. 108,1. 1899.
302.
14.5716

— Optische Orientirung des Oligoklas-Albit. — Wien: Hölder [1901]. S. 56-72. 8°
Aus: Tschermak's mineralogische u. petrographische Mittheilungen. N.F. 20. 1901.
302.
14.5717

— Zur Physiographie der Gemengteile der krystallinen Schiefer. — Wien: Hölder in Komm. 1906. 55 S. 4°
Aus: Denkschriften d. Kaiserlichen Akademie d. Wissenschaften. Math.-nat. Kl. 75,1. 1913.
12:4° Lith. 9 rb. 89. 302.
14.5718

Becke, Friedr., die krystallinischen Schiefer des niederösterreichischen Waldviertels. Lex.-8. (15 S.) Wien 881, (Gerold's Sohn.) **
Vorstehende vier Schriften sind aus: Sitzungsberichte der k. Akademie der Wissenschaften, besonders abgedruckt.

Becke, Friedrich, s. Taschenbuch, Mineralogisches, d. Wiener mineralog. Gesellsch.

— Die Tracht der Kristalle, s.: Vorträge des Vereines z. Verbreitung naturwiss. Kenntnisse in Wien. 47. Jhrg. 13. Hft.

— Optische Untersuchungsmethoden. — Wien 1904. 41 S. 4°
Aus: Denkschriften d. Kaiserlichen Akademie d. Wissenschaften. Math.-nat. Kl. 75.1. 1913.
12:4° Math. A. 20f. 89. 90. 302.
14.5719

— über das Uranpecherz v. Joachimsthal, s.: Vorträge des Vereines zur Verbreitung naturwissenschaftl. Kenntnisse in Wien. 45. Jahrg. 11. Hft.

— Das Vorkommen des Uranpecherzes zu St. Joachimsthal. 1904 s. Step, Josef.

— [Bearb.] s. Zepharovich, Viktor R[r] v.: Mineralogisches Lexicon für das Kaiserthum Österreich. 3. 1893.

— über die Zwillingsbildung u. die optischen Eigenschaften des Chabasit. [Aus: „Sitzungsber. d. k. Akad. d. Wiss."] Lex.-8. (6 S.) Ebend. 879. n. — 20

Becke, Friedrich Johann s. Becke, Friedrich.

von der Becke, Fritz [gepr. Cand. rer. nat. aus Dortmund]: Beiträge zur Kenntniss der Veränderung der stickstoffhaltigen Körper in den Samen der Gerste während des Keimungsprozesses. . . . Dortmund, Buchdr. v. Friedr. Crüwell, 1888; 32 S. 8°
Erlangen, Phil. Fak., Inaug.-Diss. v. 1888

Becke, J., Entwürfe von Grabmonumenten in sämmtlichen Stylen für Steinmetzen, Bildhauer, Kunstschreiner etc. 1. und 2. Lfg. Fol. (12 Stnt. und 1 Blatt Text.) Nördlingen 866, (Beck'sche Buchh.) à Lfg. * 18 Ngr. *

Becke, Johann: Verzeichniß der Bücher aus allen Theilen derer Wissenschaften des weiland Universitäts-Syndici Becke. [Auktionskat.] — Göttingen 1772: Barmeier. 93 S. 8° 7.
14.5721

Becke, Johann Karl von der: Von der allgemeinern Brauchbarkeit mehrerer Theile der positiven Jurisprudenz. Nebst e. Anzeige seiner Sommervorlesungen u. einem Plan vom Handlungs-, Wechsel- und See-Recht. — Göttingen 1777: Dieterich. 42 S. 8° 3. 7. 15. 16. 17. 42. 45.
14.5722

— An meine Tochter Cecilie, als sie die Geschichte der Miss Sidney Bidulph erhielt, den 26sten Junius 1823. — o.O. [1823]. 1 Bl. 8° 32.
14.5723

Becke, Johann Carl von der (Iserlohn), De die decretorio pace Westphalica posito maxime ad paragr. 25 et 26 art. 5 instrumenti Osnabrugensis. Diss. jur. Göttingen (Fr. Andr. Rosenbusch) 23. X. 1776. 81 S. (5.—) 1656

— Epistel an Herrn Hofrath Basse auf Bassenheim &c. in Pennsylvanien jetzt zu Neckarhausen. — o.O. 1822. 2 Bl. 8° 32.
14.5724

— Epistel an Ulriken, bey ihrem ländlichen Aufenthalte zu Harpstedt an der Dellme. — o.O. 1821. 2 Bl. 8° 32.
14.5725

Becke, Johann Karl von der
— Gedichte. — Gotha 1821: Engelhard-Reyher. XXX, 205 S. 8° 1:Yn 3241. 7. 18. 32. 39. 53. 117.
14.5726

— — Ebd. 1821. XXX,205 S.,11 Bl. 8°
Beigedruckt:
1. Epistel an Ulriken. 1821.
2. Epistel an Herrn Hofrath Basse. 1822.
3. An die Frau Cammerherrin von Münchhausen. 1823.
4. Epistel an Herrn Leopold von der Becke. 1824.
1:Yn 3241a. 27 [unvollst.]
14.5727

— An die Frau Cammerherrin von Münchhausen bey Uebersendung eines Spinnrads für die neue Wirthschaft, nach ihrer Ankunft zu Gotha. — Gotha 1823. 2 Bl. 8° 32.
14.5728

— Julius Eduard von der (Leipzig), De juribus et obligationibus usufructuarii usumfructum derelinquentis observationes. Lpz. (G. H. Maret) 6. X. 1825. 42 S. (4.50) 1658
Gew.: Joh. Carl u. Joh. Heinr. v. d. Becke.

Becke, Louis: Helen Adair, s. Unwin's library.

Becke, Louis, Helen Adair. (276 S.) 8. London u. Leipzig 903. T. F. Unwin. 1. 50

— Chinkle's flat and other stories, s.: Unwin's library. 25.

Becke, Louis, Südseegeschichten, s. a. Aegir-Serie. 4.

Becke, Louis: [Teils., deutsch] Südseegeschichten. Uebers. von Hans Lindner. Samml. 1. — Stuttgart: Lutz 1902. 348 S. 8° (Aegir-Serie. 4.) 24. 60.
14.5729

Becke, Max. 1907: Das Buch, das du lesen sollst. — Frankfurt a. M.: Neuer Frankfurter Verl. 1907. 228 S. 8°
1: Np 5641/4. 26. 30. 38. 43. 64. 207. 302. 303.
14.5744

Becke, Wilhelm von der: Die Milchprüfungs-Methoden. Mit e. Vorr. von J. König. — Bremen: Heinsius 1882. VI, 105 S. 8° 1: Io 1828. 15. 17 [unvollst.] 26. 46. 302. 305.
14.5747

Becke-Kluechtzner, Edmund von der: Der Adel des Königreichs Württemberg. Neu bearb. Wappenbuch mit genealogischen u. historischen Notizen. — Stuttgart: Kohlhammer 1879(-80). 400 S., 47 Taf. 4°
1: 4° Sh 2978. 5. 7. 12: 2° Herald. 6f. 14→17. 20. 21. 22. 24. 25. 30. 31. 43. 61. 64. 106. 203. 300: 19.150-D.
14.5748

Becke-Klüchtzner, E. v. der, s.: Hof- u. Residenzkalender, Karlsruher.

— Stamm-Tafeln des Adels des Großherzogthums Baden. Ein neu bearb. Adelsbuch. (Lfg 1)-14 [nebst] Nachtr. — Baden-Baden: v. Hagen 1886(-88). 631 S. 2°
1: 2° Si 1236. 7. 8. 12: 2° Geneal. 23u. 15. 16. 17. 21. 24. 25. 29. 31. 32. 117. 300: 188.714-D. 302.
14.5749

— genealogisch-statistische Tafeln. Bl. I u. II. Imp.-Fol. Stuttgart 881. G. Weise. à n. 3. —
I. Königreich Preussen. — II. Königreich Bayern.

Becke-Telnitz, Minka v.: Minka. (Verf.: Minka v. Becke-Telnitz.) — Wien: Verf. 1881. VIII, 291 S. 8°
300: 51.008-B. 302.
14.5750

Beckedorf, A. B.: Demosthenes als Staatsmann u. Redner, s. Becker, Albert Gerhard

Beckedorff, Friedrich von: Betrachtungen über das Exerzier-Reglement der Infanterie. 8°
Berlin 1863.

Beckedorff, Friedrich v.: Ein Wort über leichte Infanterie, deren Taktik und Reglement. — Berlin: Mittler 1862. 32 S. 8° 1: 5 in Hu 14102. 10. 11. 30. 45. 46.
14.5751

Beckedorff, Ludolf v.

[—] Gegen die Aktensammlung, welche der Professor D. de Wette über seine Entlassung vom theologischen Lehramte zu Berlin, zur Berichtigung des öffentlichen Urtheils herausgegeben hat. — Berlin: Albanus 1820. 94 S. 8°
1: Av 22883. 8. 18. 30. 32. 79.
14.5753

— [Hrsg.] s. *Briefwechsel* zwischen zwei Geistlichen bei Gelegenheit der Versuche zur Kirchenvereinigung. 1818.

Beckedorff, Ludolph v. (II.), die Cholera, ihre Ursachen, ihre Verbreitung, ihre Abwehr und ihre Heilung. Vermuthungen nicht blos für Aerzte geschrieben. gr. 8. (44 S.) Berlin 848, Veit und Comp.

— An gottesfürchtige protestantische Christen. Worte des Friedens und der Wiederversöhnung. 1844 u. ö.
s. *Beckedorff:* Worte des Friedens und der Wiederversöhnung.

— Entwurf eines Systems landwirthschaftlicher Versuche. Berlin 1849: Schade. 51 S. 8° 2. 84.
14.5755

— Vorläufige Friedensrede. — Halle: Hemmerde & Schwetschke [1814]. 24 S. 8°
1: Deutsche Flugschr. 1814-47. 10. 12: 4° Eur. 10s.
14.5756

Beckedorff, Ludolf v. Die Grundsteuer. 8°. Berlin, Logier, 1850.

(—) Die Grundsteuer. — Berlin [um 1850]: Schade. 8 S. 8°
1: 5 in Ff 1601a. 9. 12: Cam. 9cl. 38. 39. 41. 109.
14.5757

— [Hrsg.] s. *Jahrbuecher* des preußischen Volks-Schul-Wesens. 1825 ff. [Zeitschriften].

— An die deutsche Jugend. Ueber der Leiche des ermordeten August von Kotzebue. — o. O. 1819. 30 S. 8°
42. 109. 302. 304.
14.5758

— an d. deutsche Jugend. Ueber d. Leiche Kotzebue's. gr. 8. Hannov. 819. Hellwing. 5 gGr.

— zur Kirchenvereinigung, eine Streitschrift zu d. Glückwünschungsschreiben e. Ungenannten etc. 8. Halle 814. Schwetschke u. S. 12 gGr.

— Zur Kirchenvereinigung. Eine Streitschrift gegen eines Ungenannten Glückwünschungsschreiben an die Hochwürdigen Mitglieder der ... zur Aufstellung neuer liturgischer Formen ernannten Commission. — Halle: Hemmerde & Schwetschke 1815. 95 S. 8°
1: Sy 5533. 5. 32. 42. 79.
14.5760

Beckedorff, Ludolph v., Offenbarung und Vernunft. Meditationen u. eine Einleitung. Regensburg 853. Manz. 8. (151 S.)
22½ ngr.

— Das landwirthschaftliche Prämienwesen. — Berlin 1850: Schade. 12 S. 8° ([Denkschriften zu d. Berathungsgegenständen für d. landwirthschaftliche Versammlung zu Berlin im Mai 1850.] Denkschrift 6.)
9. 12: Oecon. 2015r 6. 60.
14.5762

Beckedorff, Ludolf v.: [Teils.] Gesammelte landwirthschaftliche Schriften. Bd 1.2. — Berlin: Wiegandt (2: Wiegandt & Grieben) 1849-51. 8° (Annalen d. Landwirthschaft in d. Königlich Preußischen Staaten. Jg. 9, Beil.)
In einigen Exemplaren fehlt d. Titel d. Sammlung.
1: Ou 29206. 2. 4. 7. 9. 11. 12: Oecon. 200u. 15. 17. 19. 24. 28. 34. 43. 44. 47. 53. 84. 106.
14.5752

— Der landwirthschaftliche Unterricht in den Volksschulen. — Berlin 1850: Schade. 15 S. 8° ([Denkschriften zu d. Berathungsgegenständen für d. landwirthschaftliche Versammlung zu Berlin im Mai 1850.] Denkschrift 4.)
9. 12: Oecon. 2015r 4. 60. 84.
14.5763

— das Verhältniß von Haus, Staat und Kirche zu einander und der Schule zu Haus, Staat und Kirche. Zwei Bruchstücke, neu hrsg. gr. 8. (32 S.) Berlin 849, [Wiegandt und Grieben.] *

— Die Vermehrung der Lohnarbeit auf dem Lande. — Berlin 1850: Schade. 19 S. 8° ([Denkschriften zu d. Berathungsgegenständen für d. landwirthschaftliche Versammlung zu Berlin im Mai 1850.] Denkschrift 10.)
9. 12: Oecon. 2015r-10.
14.5765

— Landwirthschaftliches Versuchswesen. Einrichtung eines Versuchsfeldes. — Berlin 1850: Schade. 14 S. 8° ([Denkschriften zu d. Berathungsgegenständen für d. landwirthschaftliche Versammlung zu Berlin im Mai 1850.] Denkschrift 5.) 1: Stala 837. 9. 12: Oecon. 2015r-5. 60. 84.
14.5766

-- Die katholische Wahrheit. 1846 u.ö. s. *Beckedorff:* Worte des Friedens und der Wiederversöhnung.

-- An gottesfürchtige protestantische Christen. Worte des Friedens und der Wiederversöhnung. Wort 1-3,1.2. — Weissenburg a. S.: Meyer [usw.] (2.3: Weissenburg a. S.: C. F. Meyer) 1840-46. 8°
3[∞2.3]. 6[∞1.3]. 12[∞2.3,1]: Polem. 208 mc. 17[∞3]. 18[∞2.3]. 19[∞3]. 21[∞1.2.3,1]. 30[∞3]. 35[∞2.3]. 48[∞3]. 79[∞3]. 102[∞3]. 169[∞3]. 214[∞3]. 304[∞3].
14.5767

v. Beckedorff, Ludolph, an gottesfürchtige protestantische Christen. Worte des Friedens und der Wiederversöhnung. Zweites Wort. gr. 8. Weißenburg a/S. 841, Meyer's Verlagsexped. (à) 1 ₰ — Drittes Wort 1. Abthlg. gr. 8. Regensburg 844, Manz. 1 ₰

v. Beckedorff, Ludolph, an gottesfürcht. protestant. Christen. Worte d. Friedens u. d. Wiederversöhnung. 3. Wort. 2. Abth. A. u. d. T.: Die kath. Wahrheit. 3. Wort. 2. Abth. gr. 8. (232 S.) Regensburg 847, Manz. 1 ₰ (I—III, 2: 4 ₰)

—— Die katholische Wahrheit. Worte des Friedens und der Wiederversöhnung an gottesfürchtige protestantische Christen. 2., verb. Aufl. Wort 1-3,1. — Regensburg: Manz [usw.] 1843-44. 8° **2. 5. 12:** Polem. 208 m-1.3,1. **19. 21. 30. 44. 102. 211. 214. 304** [∞1.2].
14.5769

—— die katholische Wahrheit. Worte des Friedens und der Wiederversöhnung an gottesfürchtige protestant. Christen. 3., verb. Aufl. 8. (704 S.) Regensburg 852, Manz.

Beckel, August: Beiträge zur Kenntnis des Lupanins. Marburg 1910: Friedrich. 63 S. 8°
Marburg, Phil. Diss. v. 19. März 1910, Ref. Schmidt
[Geb. 12. Aug. 86 Wiesbaden; Wohnort: Marburg; Staatsangeh.: Preußen; Vorbildung: Oberrealsch. Wiesbaden Reife O. 05; Studium: Marburg 4, München 2, Marburg 3 S.; Rig. 18. Dez. 09.] [U 10. 3343

Beckel, Carl. Die Braut des Spaniers; ein Drama in 5 Akten. New Orleans, 1875.

Beckel, H., Anaxagorae doctrina de rebus animatis. Diss. 1869. 89 S.

Beckel, H.: Kritische Miscellen zur Berichtigung der westfälischen Regesten. — Münster 1857. 37 S. 8°
Aus: Zeitschrift für vaterländische Geschichte u. Alterthumskunde. 18 = N.F. 8. 1857. **203.**
14.5773

Beckel: Ueber die Stufenfolge des Geschichts-Unterrichtes in den Gymnasien. 25 S.
Progr. Münster 1857.

Becken s. auch *Beck.*

Becken, J., Entzifferer, oder Aufschlüsse zu d. Kunst, in allen Sprachen zu reden, u. zu d. Geheimnisse, französ., italien. etc. Schriften zu verstehen etc. Verb. v. Hofr. v. Eckartshausen, neu herausg. v. Braun. gr. 8. Leipz., Centr.-Compt. 4 ₰

Becken's, J., Entzifferer, oder Aufschlüsse zu der Kunst in allen Sprachen zu reden u. zu dem Geheimnisse, französische, ital., engl., holländ., griech., latein. u. alle and. Schriften zu verstehen u. den Sinn davon herauszubringen. Verbess. vom Hofr. v. Eckartshausen, neu herausg. von Braun. gr. 8. Leipzig, Joachim.

Becken's, J., französ. Konversation d. Kaufmannes im Verkehr m. dem Französisch sprechenden Publikum. Kleine Ausg. 12. (72 S.) Göppingen 888. (Esslingen, Rath.) — 75

Becken, Ignatius Henricus Udalricus de: (Tractatus de concursu causae primae.) — o.O. 1719. 109 S. 8°
12 [∞Titelbl.]: 4° Diss. 3036-22.
14.5774

Beckendahl: Die Einwirkung des Mißbrauchs geistiger Getränke auf Gesundheit und Lebensdauer. Bordesholm 1890.

Beckendahl, F.: Die Gleichungen höherer Grade, eine Studie. — Nürnberg: J. L. Schmid 1869. 30 S. 8°
12: Math. P. 27 h. **20.**
14.5777

Beckendahl, Franz: Aktenstücke betr. die Auflösung der Mitgliedschaft der Social-demokratischen Arbeiterpartei zu Fürth, zur Information der Parteigenossen ... zsgest. Erlangen 1873: Jacob. IV,60 S. 8° **109.**
14.5778

Beckendahl, Matthias: Gedichte. — Köln 1870: Mermet. 443 S. 8° **38.**
14.5779

Beckendorf, Dem Br. Georg Martin Ritt und Br. F[riedrich] W[ilhelm], zum Johannisfeste 1858 brüderlichst geweiht von sämmtlichen Brüdern. H. N. Den Meistern Heil! »Sie, die uns liebend leiten ...« Hamburg 1858. V: *Ney, Heinrich.* (wolfstieg I, 906)

Beckendorff, Elis. v., die schönsten Märchen unserer besten Dichter. E. M. Arndt, Brentano, Chamisso, Fouqué, Goethe, Hauff, E. T. A. Hoffmann und Tieck. Für Kinder von 8 bis 12 Jahren bearb. Mit 4 Farbendr.-Bildern nach Entwürfen von Fritz Berger. 1. und 2. Aufl. 8. (VII, 230 S.) Leipzig 880,81, C. Zieger. cart. *

Beckendorff, Elise v., die schönsten Märchen unserer besten Dichter. 2. Aufl. 8. Berlin 881, H. S. Meidinger. cart. *

Beckendorff, Elisabeth v., goldene Worte aus der neueren deutschen Literatur. 8. (VII, 320 S.) Berlin 878, H. W. Müller. geb. mit Goldschn. *

Beckendorff, Elisabeth v., goldene Worte aus der neueren deutschen Litteratur. 2., verm. Aufl. Mit 5 Vollbildern in Holzschn. 8. (VII, 342 S.) Berlin 891. H. W. Müller. Geb. in Leinw. m. Goldschn. n. 4. 50

— Worte der Liebe. Aus unseren Dichtern Schiller, Goethe, Lessing, Körner, Shakespeare gesammelt u. geordnet von Frauen- u. Freundeshand. ⟨Elisabeth v. Beckendorff u. Ernst Leistner.⟩ Samml. 1. — Leipzig: G. Schulze [1874]. 191 S. 8° **14. 79.**
14.5782

—— Worte der Liebe. Aus unseren Dichtern Goethe, Herder, Körner, Lessing, Schiller und Shakespeare gesammelt. 1. und 2. verm. Aufl. gr. 16. (192 S.) Leipzig 877,79, G. Schulze. geb. mit Goldschn. *

Beckendorff, Elis. v., Worte der Liebe. Aus unseren Dichtern Goethe, Herder, Körner, Lessing, Schiller und Shakespeare gesammelt. 3. verm. (Titel-)Aufl. 16. (192 S.) Leipzig 886, Bauer. geb. mit Goldschn.

Beckendorff, E[lisabeth] v. Aus dem Zauberland. Die schönsten Märchen, der lieben Jugend erzählt. Mit 5 Farbendr.-Bildern. 3. Aufl. gr. 8. (218 S.) Berl. 892, Meidinger. geb. in Leinw. * 3 —

Beckendorff, Marie v., Blumen-Studien. gr. 4. (6 Bl. in Farbendr.) Leipzig 892. E. Baldamus, Sep.-Cto. n. 6. —; einzelne Blätter à 1. 50

Beckendorff, M. v.: Früchte u. Blumen, s. Universal-Malvorlagen

Beckendorff, Marie v., Malvorlagen. 2 Lfgn. gr. 4. (à Lfg. 4 Chromolithogr.) Leipzig 884, (Baldamus.) à Lfg. * ℳ 6. Einzelne Bl. à

Beckendorf, Marie v., Malvorlagen. 3.—6. Lfg. Fol. (à Lfg. 4 Chromolithogr.) Leipzig 885,86, (Baldamus Sep.-Cto.) à Lfg. * ℳ 5. * Einzeln à Bl.
1. und 2. Lfg. Ebendas. 1884. à * ℳ 5.

Beckendorff, Marie v., Musterblätter für Blumen-Malerei. Kleine Vorlagen für Gouache-, Aquarell- und Porzellan-Malerei. 1.—3. Heft. 4. (à 6 Bl. in Farbendr.) Leipzig 878—79, Arnoldische Buchh. à Heft * M. 6. *

—— Musterblätter für Blumen-Malerei. Kleine Vorlagen für Gouache-, Aquarell- und Porzellan-Malerei. 1. und 2. Heft. 2. Aufl. 4. (à Heft 6 Chromolithogr.) Leipzig, [Arnoldische Buchh.] Zehl's Verlag. [1. Heft. 880. * M 6.; 2. Heft. 883. * M 4.] *

—— dass. — Wohlf. Ausg. 1. und 3. Heft. 4. (à Heft 6 Chromolithogr.) Leipzig 884, Zehl's Verlag. à Heft * M 4. *

Beckendorff, M.v.: Meissner Porzellan-Blumen, s. Universal-Malvorlagen

Beckendorff, Marie v., u. a., Worte d. Herzens. Eine Blüthenlese aus deutschen Dichtern u. Denkern. Mit Illustr. von M. v. B. u. a. gr. 8. (40 S.) Leipzig 889. Meissner & Buch. geb. n. 5. —

Beckenhaupt, Charles

(—) Aufruf an die Herren Mitglieder der Gesellschaft Deutscher Naturforscher und Ärzte in Bezug auf die Notwendigkeit den Grundirrtum der Naturforschung auszuschalten. Als Begründung von Anträgen für 1908. Mit einem kurzen geschichtlichen Nachweis des Ursprungs u. der Einwirkungen dieses Grundirrtums. — Strassburg: Elsäss. Dr. u. Verl. Anst. 1907. 24 S. 4°
12:4° Phys. g. 11c. 27. 30. 90. 207.
14.5784

Beckenhaupt, C., Bedürfnisse u. Fortschritte des Menschengeschlechtes. Leben, Nahrg., Produktion u. Geisteskultur in ihren Grundlagen u. Zielen, im Rahmen der Weltentwicklg. Mit Vorschlägen zur Lösg. der Rätsel des Stoffs u. der Kraft. (XII, 286 S.) gr. 8. Heidelberg 904. C. Winter, Verl. n. 5. —

Beckenhaupt, C., Grundzüge e. Physik des Weltraumes als Grundlagen einheitlicher physikalisch-chemischer Werte u. neuer experimenteller Fragestellungen. (25 S.) Lex. 8. Altenstadt bei Weissenburg (Elsass) 899. Selbstverlag. (Nur direkt.) 2. 50

— Der Kampf ums Dasein in der Hopfenkultur. Den deutschen Produzenten eine Mahnung zur Einigkeit u. zielbewußter, thatkräftiger Aktion. — Weißenburg i. E. 1890: Ackermann. 64 S. 8° 30.
14.5788

— Über die Konstitution des Äthers und der Elektronen und den Mechanismus der elektromagnetischen Vorgänge. — Heidelberg: Winter 1906. VI,89 S. 8°
1: Mv 11157. 12: Phys. sp. 46 bt. 16. 38. 46. 90. 302.
14.5789

Beckenhaupt, C., genauere Nachweisung d. auf d. Schwerkraft sowie d. Bewegungssystem v. Erde u. Mond bezüglichen Zahlenausdrücke m. schematischen Darstellungen der Bildung der Schwerkraft u. des Bewegungssystems v. Erde u. Mond. (VI u. S. 27—45 m. Fig.) Lex. 8. Altenstadt bei Weissenburg (Elsass) (910). Selbstverlag. (Nur direkt.) 3. 20
Auch m. dem Obertitel: Abhandlungen üb. einheitliche Naturlehre auf der Grundlage der astronomischen, physikalischen u. chemischen Zahlen u. des Prinzips d. Erhaltung der Energie.

— Qualität und Quantität im Hopfenbau. T. 1. 2. — Weißenburg i. E. 1900: Ackermann. 144 S. 8° 24. 91.
14.5792

— Die Tetraeder-Theorie im Leben, in der Evolution und im Aufbau der Materie. Grundzüge e. atomistisch-mechanischen Naturgeschichte. — Heidelberg: Winter 1906. XIX,91 S. 8°
1: Mv 11156. 12: Ph. Sp. 66 cd. 15. 16. 46. 88. 90. 302.
14.5793

— Die Urkraft im Radium und die Sichtbarkeit der Kraftzustände. — Heidelberg: Winter 1904. 39 S. 8°
1: Mx 9386. 15. 16. 25. 90. 91. 210. 302.
14.5794

— Witterg, Erdoberfläche u. Leben, ihr Ineinandergreifen u. ihre astronom. Ursprünge u. Regulatoren, s: Humboldt-Bibliothek.

— Ueber die Zukunft unsres Wein-, Obst-, Hopfen- und Tabakbaues und die Sorten, deren Konstanz und Neuzucht, als nötigste Grundlagen ihrer wirtschaftlichen Ziele. Metz: (Lupus) 1902. 70 S. 8° 1: Ow 9112. 91. 302.
14.5798

Beckenkamp, Jakob [aus Horchheim bei Coblenz]: Über die Ausdehnung monosymmetrischer und asymmetrischer Krystalle durch die Wärme. Leipzig, Wilhelm Engelmann, 1881. 8. 35 S. **Diss. Strassburg**

Beckenkamp, J: Üb. Beziehgn zw. Kristallogr. u. Chemie, erläutert an d. Mineralien Quarz u. Kalkspat. [Aus: „Sitzgsber. d. phys.-med. Gesellsch. zu Würzbg".] (26) gr8° Würzbg, C Kabitzsch '12. nn — 70

Beckenkamp, J., Demonstration einiger neuer Strukturmodelle. (17 S.) gr. 8. Würzburg 908. C. Kabitzsch. — 80
Sonderabdruck aus: „Verhandlgn. d. phys.-med. Gesellsch. zu Würzburg".

— Grundz. e. kinet. Kristalltheorie. [Aus: „Sitzgsber. d. phys.-med. Gesellsch. zu Würzbg".] (38 m. Fig.) gr8° Ebd. '11. — 90

Beckenkamp, J., Professor Fridolin v. Sandberger. Gedächtnisrede, geh. in der Festsitzg. der physikal-med. Gesellschaft zu Würzburg am 24. XI. 1898. Mit dem Bildnis v. Sandberger's u. e. chronol. Verzeichnis seiner Publicationen. gr. 8. (39 S.) Würzburg 899. Stahel's Verl. n. — 75

Beckenkamp, Jakob: [Teils.] 1. Über die geologischen Verhältnisse der Stadt und der nächsten Umgebung von Würzburg. 2. Über die Bildung der Zellenkalke. 3. Über Eisenoxydknollen von Kleinrheinfeld bei Schweinfurt. — Würzburg: Stuber 1907. 33 S. 8° 12: Bavar. 212 eb.
14.5799

Beckenkamp, Otto, Rechtsprakt.: Die Kriegskonterbande in der Behandlung des Instituts für internationales Recht. Breslau: Marcus 1910. IV, 74 S. 8° ¶ (Ersch. vollst. als: Abhandlungen aus d. Staats- u. Verwaltungsrecht. H. 21.)
Würzburg, Jur. Diss. v. 19. April 1910, Ref. Meurer
[Geb. 5. Mai 86 Mülhausen i. E.; Wohnort: Würzburg; Staatsangeh.: Bayern: Vorbildung: Gymn. Würzburg Reife Juli 04; Studium: Würzburg 8 S.; Rig. 16. Juli 09.] [U 10. 4281

Beckenkamp, Otto: Die Kriegskonterbande in der Behandlung des Instituts für Internationales Recht und nach der Londoner Erklärung über das Seekriegsrecht. — Breslau: Marcus 1910. VIII,128 S. 8° (Abhandlungen aus d. Staats- u. Verwaltungsrecht. 21.)
Erschien teilweise auch als Diss. Würzburg 1910.
1: Gv 1130-21. 2. 3. 6. 7. 9. 10. 11. 12: J. publ. G. 7c-21. 14. 16. 18. 19. 20. 24→30. 38. 41. 43. 47. 106. 203. 205. 208. 213. 300: 393.632-B. Per. 21. 302.
14.5811

Beckenordnung. —
Fürstlich-Fürstenbergische Becken-, Brod-B'schau und Kornmesser-Ordnung. — Dat. Donaueschingen 16. Junii 1757. Bog. A–D. 4° 25.
9.7235

Beckenstein, Johann Simon: Kurtze Einleitung zur Wappen-Kunst, und zur Art des Blasonirens, in deutlichen Exempeln gezeigt u. in ... deutsch, französisch, u. lateinisch erkläret. (Verf.: Johann Simon Beckenstein.) — Petersburg 1731: Kays. Acad. d. Wißenschafften. 329 S. 8°
1: Pf 1770. 5. 7. 12: Herald. 13. 14. 17 [unvollst.] 19. 21. 32. 78 [unvollst.] 111.
14.5812

Beckenstein, Joh. Sim., Einleit. zur Wappenkunst und zur Art des Blasonirens. 3 Thle. m. K. 8. Peterb. (Hartknoch, Leipzig). 740.

Beckensteiner, C., Etudes sur l'électricité. Nouvelle méthode pour son emploi médical. Avec 8 planches explicatives. Tome I. gr. 8. (340 S. u. 8 lith. Taf. in qu. 4.) Paris. Lyon. Leipzig 852, T. O. Weigel. n. 4⅔ ₰

Beckensteiner, Josef Anton: Wunder über Wunder, gefunden in dem H. Bernardo, und an dem Fest-Tag dises grossen wunderthätigen Vatters in dem freyen Reichs- und eximirten Gottes-Hauss Heggbach, des Heil. Cisterzer [!]-Ordens, auff offentlicher Cantzel, in einer Lob-Red entdecket. — Augspurg: Eysenbarth 1754. 20 S. 8°
12: 4° Hom. 1901. XLI-41.
14.5815

Becker [Sachl. OW]
Becker, Familie. 1893. Stammbaum Becker-Glauch. 1893–1932 s. *Becker*, Ernst Artur.

Kunst-Sammlung Consul C. Becker, Frankfurt a. M. 1898 s. *Becker*, Karl: Katalog.

Becker, Otto. Gedächtnisrede auf ihn, s. Czerny, Vinz.

Der Proceß Oskar Becker, verhandelt vor dem Schwurgerichte zu Bruchsal am 23. September 1861. — Heidelberg: Bangel & Schmitt 1861. 52 S. 8°
1: Fy 13911. 12: Crim. 206zm. **16. 17. 25. 31.**
14.5820

Der Student Oscar Becker und dessen Mordversuch gegen Wilhelm I. König von Preußen, am 14. Juli 1861 in Baden-Baden. — Leipzig: Sturm & Koppe [1861]. 16 S. 8° **14.**
14.5822

Ulrich Justus Hermann Becker ... und dessen Familie. 1897 s. *Becker*, Bernhard.

Wilhelm Becker. Kölns Entwicklung unter seiner Führung. — Köln (1907): DuMont Schauberg. 19 S. 8°
Aus: Kölnische Zeitung. 1907. **38. 61.**
14.5823

Becker [Verfasser]
Becker, Superintendent, Bremervörde, 1797-1886. 1853 s. *Becker*, August Wilhelm.

Becker, Sanitätsrat, Mühlhausen i. Thüringen, 1792-1869. 1829 s. *Becker*, Christian August.

Becker, Stadtphysikus, Augsburg, 1756-1792. 1782 s. *Becker*, Christoph Ludwig.

Becker, Hauptlehrer, Remscheid. 1888 s. *Becker*, Eduard.

Becker, Bürgermeister, Lünen. 1907 s. *Becker*, Ernst.

Becker, Major a. D. 1877 s. *Becker*, Ernst.

Becker, Dr., Landgerichtsdirektor, Dresden. 1893 s. *Becker*, Ernst Artur.

Becker, Archäologe u. Theologe. 1866 s. *Becker*, Ferdinand.

Becker, Dr. med., Privatdozent, Berlin, 1805-1834. 1826 s. *Becker*, Ferdinand Wilhelm.

Becker, Veterinär-Assessor, Koblenz. 1864 s. *Becker*, Friedrich Andreas.

Becker, Hofrat, Gotha. 1865 s. *Becker*, Friedrich Gottlieb.

Becker, Arzt u. Schriftsteller, Leipzig, 1778-1854. 1802 s. *Becker*, Gottfried Wilhelm.

Becker, Regierungsbaumeister, Königsberg. 1887 s. *Becker*, Gustav.

Becker, Licentiat, Pfarrer, Berlin-Schöneberg, geb. 1865. 1908 s. *Becker*, Hans.

Becker, Dr., Oberlehrer u. Stadtarchivar, Zerbst, geb. 1875. 1907 s. *Becker*, Heinrich.

Becker, Gerichts- u. Handelschemiker, Prof., Frankfurt a. M. 1861-1931. 1893 s. *Becker*, Heinrich.

Becker, Pastor, Wilsleben, später Lindau, Anhalt, 1839-1906. 1883 s. *Becker*, Heinrich.

Becker, Freimaurer. 1888 s. *Becker*, Heinrich August.

Becker, Rittmeister, Karlsruhe. 1874 s. *Becker*, Hermann.

Becker, Altertumsforscher, Frankfurt a. M., 1820-1888. 1854 s. *Becker*, Jakob.

Becker, M. d. R., Hessischer Finanzminister a. D., Darmstadt, geb. 1869. 1900 s. *Becker*, Johann.

Becker, Sicherheits-Beamter d. Bezirks von Simmern. 1792 s. *Becker*, Johann Nikolaus.

Becker, Sozialist, 1809-1886. 1841 s. *Becker*, Johann Philipp.

Becker, Dr. phil., Gymnasialprofessor, Straßburg, geb. 1856. 1903 s. *Becker*, Josef.

Becker, Geh. Rechnungsrat im Reichs-Justizamt, Berlin. 1879 s. *Becker*, Julius.

Becker, Statistiker, Bln., 1823-1896, s. Becker, Karl

Becker, Lutherischer Pastor, Königsberg i. N., später Ludwigslust. 1835 s. *Becker*, Karl.

Becker, Kgl. Sächsischer Oberst. 1818 s. *Becker*, Karl August.

Becker, Historiker, Berlin, 1777-1806. 1801 s. *Becker*, Karl Friedrich.

Becker, Prof. für orientalische Sprachen, später Preuß. Kultusminister, Berlin, 1876-1933. 1900 s. *Becker*, Karl Heinrich.

Becker, Münzfälscher, 1771-1830. 1830 s. *Becker*, Karl Wilhelm.

Becker, S.J., Theologieprof. in Münster, 1724-1790. s. Becker, Klemens

Becker, Oberst, geb. 1858. 1898 s. *Becker*, Ludwig Karl.

Becker, Stiftsprediger, Eisenach, später Propst an St. Nicolai, Kiel, 1837-1908. 1878 s. *Becker*, Wilhelm.

Becker, Staatsarchivar, Koblenz. 1881 s. *Becker*, Wilhelm.

Becker, Prof. d. klassischen Philologie, 1796-1846. 1823 s. *Becker*, Wilhelm Adolf.

Becker, s.: Anleitung zur Pflanzung und Pflege von Straßenbäumen.

Becker. 1881: Aufmunterung und Anleitung zur Formirung und Instruktion freiwilliger Kadetten-Korps. Von einem patriotischen Schulmeister [d. i. Becker]. — Oerlikon-Zürich: Hallauer 1881. V, 35 S. 8° **15.**
14.5828

Becker s: Beobachtungen, Deutsche überseeische meteorolog.

Becker, Bericht u. Gutachten üb. d. Gasmotorenwagen „System Lührig", s.: Uhlenhuth.

Becker: Buchführung für Geflügelzüchter, s. Becker, Karl

Becker, Oberförster. 1891 [Übers.] s. *Columella*, Lucius Junius Moderatus: Bienenzucht und Bienenkenntnis der Griechen und Römer im Altertum [De Re rustica, Ausz., deutsch]. 1891.

Becker: C o m m e n t a t i o n e s criticae ad Cic. lib. I. de natura deorum. Büdingen. 1865. Schul-/Univ.-Schrift.

Becker, über die Einrichtung v. Eierverkaufsgenossenschaften, s.: B l a n c k e, B., landwirtsch. Geflügelzucht.

Becker, Enthüllgn. üb. d. Lebensende Lassalle's. Neue Bearbeitg. Berl. 892.

Becker: Entwickelung einiger häufig vorkommender Functionen in Reihen. 9 S.
Progr. Dortmund 1846.

Becker: Aug. Herm. F r a n k e , s. B e c k e r , Karl

Becker: G e h e i m n i s s e d. Liebe u. Ehe,
s. B e c k e r , Gottfried Wilhelm: Der Rathgeber vor, bey u. nach dem Beischlafe.

Becker's Geschäftshandbuch f. die deutsche Textil-Industrie, bearb. v. Ernst Flemming. 2 Thle. in 1 Bde. 1895. gr. 8. (VIII, 759 S.) Berlin, J. Becker. Geb. in Leinw. n. 28.—; 1. Thl. all. (VIII, 575 S.) Geb. n. 15.—

Becker: Vielerley G e s t a l t e n . . . , s. B e c k e r , Gottfried Wilhelm

Becker: G e s u n d h e i t , Schönheit , Eheglück,
s. H e i l m e t h o d e n . Neue II.

Becker: Joh. Melchior G o e z e u. Lessing,
s. B e c k e r , Wilhelm

Becker, Dr. med., Spezialarzt für Kosmetik. 1910: **Haut- und Schönheitspflege mit Beiträgen von Boettger [u.a.] — Dresden: Verl. d. Deutschen Ges. für Kosmetik [1910].** 83 S. 8° **12:M.med.1214d.101.**
14.5830

Becker: H u n d e u. Katzen . . . , s. B e c k e r , Emil

Becker, ich aber u. mein Haus wollen dem Herrn dienen! Eine Gewissensfrage an die christl. Hausväter nach der Hausandacht. 8. (22 S.) Breklum 882. Christl. Buchh.
n. — 10

Becker, die Kapelle der h. Katharina auf der Mainbrücke zu Frankfurt, s.: O v e n, v.

Becker (Hrsg.), s. M a n n i g f a l t i g k e i t e n zum Nutzen und Vergnügen.

Becker (Hrsg.), s. M i n u t a l i a

Becker: Die Orestessage d. Griechen bis z. d. Tragikern. 30 S.
Progr. Wittenberg 1858.

Becker: Sonder-Katalog f. d. Gruppe Haus u. Wohng. d. internat. Hygiene-Ausstellg Dresden, s: Bergmann, Eug.

Becker (Hrsg.), s. S o n n t a g s g r ü s s e für das Bergische Land.

Becker: Das Sprichwort in nationaler Bedeutung. 24 S.
Progr. Wittenberg 1851.

Becker, Dr. 1863: **Taschenliederbuch für fröhliche Leute. Eine Sammlung von 365 d. bekanntesten u. schönsten Volks-, Studenten-, Soldaten-, Opern- u. Gesellschaftslieder. 4. Aufl. — Leipzig: F. Voigt 1863. XII, 420 S. 8° 14.**
14.5827

Becker: Schiller's „Wilhelm Tell". Versuch einer methodischen Erklärung dieses Dramas. 26 S.
Progr. Züllichau 1868.

Becker, Trostblätter an Kindergräbern. Z. Verteilen an Leidtrag. i. d. Häusern u. a. d. Friedhofe. 4 Nrn. gr. 8. (à 4 S.) Heilbronn 895. M. Kielmann.
25 Nrn. gemischt i. Umschlag n. 1. —; 50 Nrn. n. 1. 60; 100 Nrn. n. 3 —

— Trostblätter f. Verwitwete u. Verwaiste. Z. Verteilen a. Leidtrag. i. d. Häusern u. a. d. Friedhofe. 4 Nrn. gr. 8. (à 4 S.) Ebd. 895.
25 Nrn. gemischt in Umschlag n. 1. —; 50 Nrn. n. 1. 60; 100 Nrn. n. 3. —

Becker: U n a r t e n , Krankheiten u. Feinde des Geflügels,
s. B e c k e r , Wilhelm

Becker, Buchhandlung, Gotha. 1824: **Verlags-Verzeichniß der Beckerschen Buchhandlung in Gotha bis zur Leipziger Ostermesse 1824. — [Gotha 1824.] 22 S. 8° 1:Aq 5551.**
14.5826

Becker, wie produziere ich billigst das feinste Tafelgeflügel? Populäre Anleitg. f. e. erfolgreiche Zucht u. Mast v. Winterkücken nebst einfachen Verfahren zum Kapaunen der Hähne. (62 S. m. 9 Abbildgn.) 8. Leipzig 905. A. Michaelis. n. 1. —

Becker: W o r t e der Erinnerung an Frau d. Jepsen . . . ,
s. B e c k e r , Wilhelm

Becker: Die Ziegenzuchtverhältnisse in Schleswig-Holstein. [Berl. 1910]. (12) S. (Sartr.). 4°.

Becker, Der schwarze [Pseud.] s. *Becker*, Hans. 1817.

Becker, Der weisse: **Die Christen und die Juden oder Richterspruch der Vernunft über das Leben, Dichten und Trachten der Juden. Vom Weissen-Becker. — Frankfurt a. M.: Bock [1819].** 110 S. 8° **1:4 in Ez 64. 12:Jud. 51m. 30. 42.**
14.5824

Becker, A., Gymnasiallehrer, Staßfurt. 1910 s. *Becker*, Adolf.

Becker, A., Linienschiffskapitän der K.k.Marine. 1867
s. *Becker*, Alois Rr v.

Becker, A., Verfasser von 'Auf der Wildbahn'. 1899
s. *Becker*, Anna.

Becker, A., Landesschulinspektor a. D., Hofrat, Wien, geb. 1868. 1898 s. *Becker*, Anton.

Becker, A., Theaterdirektor, Oldenburg. 1864 s. *Becker*, August.

Becker, A., Rektor, Haspe. 1895 s. *Becker*, August.

Becker, A.: A n i l i n - F ä r b e r e i , s. B e c k e r s , A.

Becker, A., Ansichten von Harzgegenden. 1s Heft (6 lith. Bl.) gr. Fol. Münch. 829. Weber. 4 ₰ ill. 8 ₰

Becker, A. 1863: **Fabeln und Märchen. — Dresden: Meinhold 1863.** 33 S. 8° **14.**
14.5833

Becker, A., Ueber zwei unedirte römische Inschriften aus Bingerbrück. S.-A. O. J. 10 S. —.75

Becker (A.). Die um Sarepta wildwachs. Pflanzen. Moskau, 1858. 8°.

Becker, A., De Rhodiorum primordiis. Diss. 1882. 41 S.

Becker, A. 1810: **Der Volksfreund oder Briefe zur Belehrung des Landmanns und zum Gebrauche der Lehrer in Volksschulen. — Fulda 1810: Müller.** IV, 264 S. 8° **4.**
14.5832

Becker, A. (Hrsg.), s. W e h r ' D i c h .

Becker, A., Wilhelm der Siegreiche, der I. Kaiser nach Deutschlands Wiedervereinigung. Sein Leben u. seine Thaten, seine letzten Tage, sein Tod und seine Beisetzg. 8. (32 S.) Aschersleben 888. Schnock. n. — 15

Becker, A.G.A. (um 1800), s. B e c k e r , Albert Wilhelm August

Becker, A.L. s. *Becker*, Anton Leopold.

Becker, A.R.I.: Einige Gedichte und Reden. Von A.R.I. B[ecker]. — Franckfurt: Auctor 1742. 158 S. 8°
1:Yk 6771.
14.5837

Becker, A.W., Propst an St. Nicolai, Kiel, 1827-1908. 1880 s. *Becker*, Wilhelm.

Becker, A.W., Kunsthistoriker. 1862 [Pseud.] s. *Seemann*, Ernst.

Becker, A. Wolfgang [Pseud.] s. *Seemann*, Ernst.

Becker, Abel: Geschichte des Kirchspiels Netra. — Wanfried: Braun 1908. 119 S. 8° **4. 34. 47.**
14.5838

Becker, Adalbert: Beiträge zur Geschichte der Frei- und Reichsstadt Worms und der daselbst seit 1527 errichteten höheren Schulen. — Darmstadt: Historischer Verein für d. Großherzogthum Hessen ⟨Klingelhöffer in Comm.⟩ 1880. 288 S. 4°
14. 15. 17. 30. 36. 39. 64. 107. 123. 207.
14.5840

Becker, Adb., Beiträge zur Geschichte der Frei- und Reichsstadt Worms und der daselbst seit 1527 errichteten höheren Schulen. gr. 4. (II, 288 S.) Worms 880, (Kräuter'sche Buchh.) *

— — Worms: Großherzogl. Gymnasium; Stern in Comm. 1880. 288 S. 4°
1:4° Sk 9180-1. **2. 3. 4. 7→11. 12:**4° H. lit. P. 23q. **14. 16. 17. 21. 24→27. 29. 32. 33. 36. 38. 41. 43. 44. 46. 51. 52. 61. 106. 111. 121. 123. 180. 203. 300:**50.547-C.
14.5841

— Geist, Ziele und Mittel der Gymnasialbildung. — Darmstadt: Winter 1884. 144 S. 8° Zugleich Progr. Darmstadt 1884.
2. 5. 10. 11. 12:4° H. lit. P. 240dk-1884. **14. 17. 18. 21. 25→28. 30. 31. 36. 41. 43. 46. 62. 123.**
14.5842

Heinrich Julius Kämmel. Zum Andenken an einen edlen Verstorbenen für seine zahlreichen Freunde und Schüler. 29 S. G. *Zittau* 1882. Progr.

— Mitteilungen über den Erziehungs- und Unterrichtsplan der Grossherzoglichen Realschule zu Alzey der mit derselben verbundenen Gymnasialabtheilungen und der Vorschule. — Alzey 1866: Böhm. 28 S. 4° **123.**
14.5843

— Rede bei der Sedan-Feier zu Worms a. Rh. am 2. September 1874. — Worms: Stern 1874. 32 S. 8°
1:2 in Kr. Samml. N27. **17. 26. 36. 123.**
14.5844

Becker, Adb., Rede bei der Sedan-Feier zu Worms a. Rh. am 2. Septbr. 1875 gehalten. gr. 8. (35 S.) Worms 875, Kräuter'sche Buchh. *

Becker, Adeline: Kriegs- und Sieges-Lieder aus den Jahren 1870 und 1871. — Köln [usw.]: E.H. Mayer in Comm. 1871. 55 S. 8° 1:Kr. Samml. Ua 304. **30. 61. 109.**
14.5849

Becker, Adolf

Becker, (Otto) Adolph. (Guil.) (geb. Rhade in Westf. 3. 5. 1822): De cyanosi. Berolini (1848). (29 S.) 8°
Berlin, Med. Diss. v. 10. Jan. 1848

Becker, Adolf [app. Arzt aus Hannover]: '[Aus d. Augen-Klinik zu Jena.]' Ein Fall von Pemphigus conjunctivae ... Jena, Druck v. B. Engau, 1896; 56 S. 8.
Jena, Med. Fak., Inaug.-Diss. v. [21. Dez.] 1896

Becker, Adf: Die deut. Handschriften d. Stadtbibliothek zu Trier, s: Verzeichnis, Beschreibendes, d. Handschriften d. Stadtbibliothek zu Trier.

BECKER, Adolf (Gudensberg): Zur cerebralen Kinderlähmung.- München: Ernst 1889.
4.7.1889 - Chr 1889/90,25; Jv 1888/89,211

Diss. Ingolst.-Landsh.-Mchn.

Becker, Adolf, Rektor, Usingen, 1876-1925. 1910: Aus Nassaus Sagenschatz. Sagensammlung aus d. Regierungsbezirk Wiesbaden. — Idstein: Grandpierre 1910. VIII, 158 S. 8°
17. 30. 36. 43.
14.5860

— [Bearb.]
s. *Schneider*, Justus: Bad Salzschlirf. 3. Aufl. 1910.

Becker, Adolf, Verleger, Teplitz-Schönau. 1899
s. *Taschenbuch*, Becker's, für Kohlen-Interessenten. 1900 ff. [Zeitschriften].

— Das Tertiärgebirge zwischen Stassfurt u. Egeln. ⟨Nebst Orientierungskt.⟩ Eine heimatkundliche Studie. — [Staßfurt: Schencker 1910.] 10 S. 4° 1:4° Mm 9960. **3.**
14.5857

— s.: Uebersichtskarte d. nordwestböhm. Braunkohlenbeckens.

Becker, Adolf, Dr., I. Assistenzarzt d. Chirurg. Klinik: Aus d. chirurg. Klinik zu Rostock. Direktor: Prof. Dr. W. Müller. Die Verbreitung der Echinokokkenkrankheit in Mecklenburg. Eine Fortsetzung der Madelung'schen Sammelforschung. Tübingen 1907: H. Laupp jr. (191 S., 1 Taf.) 8° (Aus: Beiträge z. klin. Chirurgie Bd 56.)
Rostock, Med. Fak., Hab.-Schr. v. 1907

Becker, Adf., Verzeichnis v. paläontologischen, geologischen, geognostischen, mineralogischen u. bergtechnischen Abhandlungen üb. das Königreich Böhmen. 12. (13 S.) Teplitz-Schönau 899. A. Becker. n. — 10

Becker, Adolf, approb. Arzt aus Gonsenheim: **Aus d. Universitäts-Augenklinik zu Giessen. Über den Zusammenhang von Katarakt und Struma.** Mit 2 Taf. *Giessen 1902: v. Münchow.* (30 S.) 8°
Giessen, Med. Diss. v. 1902

Becker, Albert

Becker, Alb. (II.), Imperator L. Domitius Aurelianus restitutor orbis. Dissertatio historica. gr. 8. (56 S.) Münster 866, (Brunn's Verlag.)

Becker, Albert, Dr.: Beiträge zur Heimatkunde der Pfalz. I. Schiller und die Pfalz. Mit 12 Abb. Ludwigshafen a. Rh. 1907: J. Waldkirch & Co. (82 S.) 8°
Ludwigshafen a. Rh., k. G P 1907*

Becker, Alb., Choral-Buch zum evangelischen Gesangbuch f. Ost- u. Westpreußen, s.: Markull, F. W.

[F.] Choralbuch unt. Zugrundelegg des v. Kgl. Konsistorium d. Prov. Schlesien hrsg. Melodieenbuches bearb. v. Albert **Becker,** Kgl. Prof. ... in Berlin. *Breslau: W. G. Korn 1897.* (1 Bl., 270 S.) 1 Bd quer-8. [97. 6329

Becker, Alb. u. Fr. **Kriegeskotten,** Chorübungsbuch f. höhere Mädchenschulen. Hrsg. als progressiv geordneter Lehrgang. Unter-, Mittel- u. Oberstufe. gr. 8. Quedlinburg, Gr. Lichterfelde, Ch. F. Vieweg. n. 2. 60
Unterstufe. 1. u. 2. verb. Aufl. (64 S. m. Fig.) (898. 901.) n. — 60
Mittelstufe. 1. u. 2. Aufl. (80 S.) (898. 902.) n. — 80
Oberstufe. (132 S.) (898.) Kart. n. 1. 20

Becker, A, u. F Kriegeskotten: Chorübgsb. f. höh. Mädchensch. 3 Stufen. 2. Afl. 8° Berl.-Gr. Lichterf., CF Vieweg. 2.60
Unterst. (64) Quedlinbg ('01). — 60 ‖ Mittelst. (80) Quedlinbg ('02). — 80 ‖ Oberst. (132) ('03.) 1.20.

Becker, Alb., u. Fr. Kriegeskotten, Chorübungsbuch f. höhere Mädchenschulen. Als progressiv geordneter Lehrgang hrsg. Oberstufe. 6. u. 7. Taus. (182 S.) 8. Berlin-Gr. Lichterfelde (906). Ch. F. Vieweg. n. 1.20

— — dasselbe. Neue Ausg. nach den ministeriellen Bestimmgn. vom 18. VIII. 1908. 1.—5. Heft. 8. Ebd. 910. Geb. 4. 85
1. Unterstufe Klasse X—VIII. (44 S.) — 55
2. Mittelstufe Klasse VII. (70 S. m. Abbildgn.) — 70
3. Klasse VI u. V. (III, 91 S.) — 90
4. Oberstufe Klasse IV u. III. (III, 91 S.) — 90
5. Klasse II u. I, Lyceum u. Studienanstalt. (III, 190 S.) 1. 80

Becker, Alb., u. Fr. Kriegeskotten, Chorübungsbuch f. höh. Mädchenschulen. Als progressiv geordneter Lehrgang hrsg. Unter- u. Mittelstufe. 8. Berlin-Gr.-Lichterfelde, Ch. F. Vieweg. Kart. 1. 60
Unterstufe. 5. Aufl., 10.—12. Taus. (64 S.) (909). Kart. — 70
Mittelstufe 9.—11. Taus. (80 S.) (909). Kart. — 90

Becker, Alb., u. Fr. Kriegeskotten: Chorübgsb. f. höh. Mädchensch. Neue Ausg. 5 Hefte. 8° Berl.-Lichterf., Ch. F. Vieweg.
1. Unterst. (44) ('10) geb. — 55 ‖ 2. Mittelst. (70 m. Abb.) ('10) geb. — 70 ‖ 3. (91) ('10) geb. — 90 ‖ 4. Oberst. (91) ('10) geb. — 90 ‖ 5. (199) ('10) geb. 1.80

— Pfälzer Frühlingsfeiern. — Kaiserslautern: Kayser in Komm. 1908. 49 S. 8°
Aus: Hessische Blätter für Volkskunde. 6. 1907.
(Beiträge zur Heimatkunde d. Pfalz. 2.)
1: Sf 4263/15-2. 8. 11. 12: Bavar. 212gc-2 [u. 5.] 16. 17. 25. 29. 31. 41. 107. 109. 123. 180.
14.5892

Becker, Alb.: Gasfänge f. Löffel- u. Plungerbetrieb. [Aus: „Petroleum".] (9 m. Fig.) Lex8° Berl., Verl. f. Fachlit. '12. 1 —

Becker, Alb.: 50 Jahre pfälz. Gymnasiallehrerverein 1862—1912. (59 m. Abb.) gr8° Kaisersl., H Kayser '12. 1.25

Becker, Alb. (I.), Herz aufwärts! Geistliche Lieder im Volkston für eine (mittlere) Singstimme mit Begleitung des Pianoforte (oder Harmoniums) componirt. 1. Heft. qu. 4. (11 S.) Breslau 867, Dülfer.

[Ant. u. F.] Kaiserlied '([Ged. v.] A[dda] v. Liliencron)' comp. v. Albert Becker. Op. 89. Ausg. f. eine Singstimme m. Klavier-Begl. *Berlin: E. Bote & G. Bock [1897].* (6 S.) 1 Bd 4. [99. 1218

— Liturgie für den Hauptgottesdienst in der Adventszeit. Op. 57. — Leipzig [1888]. 14 S. 8° (Breitkopf & Härtel's Textbibliothek. 147.) 1: Mus. T 111-147.
14.5877

— Des Müllers Lust und Leid. (Nach W. Müller.) Dichtung von Albert Linge. Op. 33. [Textb.] — Berlin: Ries & Erler [um 1890]. 13 S. 8° 1: Mus. Tb 320. 14. 48.
14.5878

— Große Messe in B moll. Op. 16. — Leipzig [1879]. 7 S. 8° (Breitkopf & Härtel's Textbibliothek. 103.)
1: Mus. T 111-103. 48.
14.5879

Becker, Albert (Massow/Pomm.), De methodo resolvente nonnulla. Diss. pathol.-therap. Bln. (Nietack) 7. III. 1837. 34 S. mit Biogr. (M.: A. Littfas.) (3.50) 1660
Oppon.: M. Zettwach, O. Bredow, A. Nehse.

Becker, Albert, Arzt, Goldberg i. M., 1820-1871. 1862: Nachrichten über das Stahlbad zu Goldberg in Mecklenburg-Schwerin. — Goldberg: Andreae 1862. 64 S. 8°
12: M. med. 91 q. 28. 33.
14.5870

Becker, A., Nachrichten über das Stahlbad zu Goldberg in Mecklenburg-Schwerin. Goldberg 862. Gertz. 8. (64 S.) n. 10 ngr.

Becker, A, Nachr. üb. d. Stahlbad zu Goldberg. 8. (64) Goldb. 62, Oppermann. n. — 10

Becker, Albert, Dr.: Pseudo-Quintilianea. Symbolae ad Quintiliani quae feruntur declamationes XIX maiores. Ludwigshafen a. Rh. 1904: Jul. Waldkirch. (89 S.) 8° ¶ [Erschien auch als Diss. von München.]
Ludwigshafen a. Rh., k. humanist. G P 1904*

— Reformations-Cantate zum Luther-Jubiläum am 10. November 1883. Nach Worten d. heiligen Schrift ... zsgest. von R. B. Op. 28. — Leipzig [1883]. 7 S. 8° (Breitkopf & Härtel's Textbibliothek. 137.)
1: Mus. T 111-137. 9. 60.
14.5880

Becker, Alb., Rheingeister. Zur Vollendg. u. Weihe der Kaisergruft zu Speyer. (27 S.) 8. Speyer 906. A. Michelsen. n. — 50

— Schiller und die Pfalz. — Ludwigshafen: Waldkirch 1907. 82 S. 8° (Beiträge zur Heimatkunde d. Pfalz. 1.)
Zugleich Progr. Ludwigshafen 1907.
1: Sf 4263/15-1. 12: Bavar. 212gc-1. 14. 16. 17. 19. 28. 30. 38. 41. 107. 123. 180. 302.
14.5909

Schulchorbuch für Gymnasien und Realschulen. Hrsg. als progressiv geordneter Lehrgang von Albert **Becker** u. Fr. Kriegeskotten. T. 1—5. *Quedlinburg: C. F. Vieweg [1897—99].* 6 Bde 8°
1. Sexta. [1897.] 2. Quinta. [1897.] 3. Quarta u. Tertia. [1897.]
4. Der gemischte Chor. Bearb. von Fr. Kriegeskotten. [1899.]
5. Der Männerchor. Bearb. von Fr. Kriegeskotten. [1899.] [04. 14c88 3

— — Schulchorb. f. Gymnasien u. Realsch. 1—5. Tl. 8° Ebd. 5.70
1. Sexta. 2. Afl. (64) 1900. — 60 ‖ 2. Quinta. (72) 97. — 70; Asg. B. (72) 1900, — 70 ‖ 3. Quarta u. Tertia. (78) 98. — 80 ‖ 4. Der gemischte Chor. Bearb. v. K. (240) 99. Geb. 1.80 ‖ 5. Der Männerchor. Bearb. v. K. (256) 99. Geb. 1.80.

Schulchorbuch für höhere Lehranstalten. Hrsg. als progressiv geordneter Lehrgang von Albert **Becker** u. Fr. Kriegeskotten. 3. Aufl. T. 1. *Quedlinburg: C. F. Vieweg [1901].* 8° [01. 9028 3

— — Schulchorbuch f. höhere Lehranstalten. Hrsg. als progressiv geordneter Lehrgang. Tl. 1, 2. Ausg. B., 4 u. 5. 8. Ebd. n. 4. 90
1. Sexta. 5. Aufl. (64 S.) 902. n. — 60
2. Ausg. B. 1. u. 2. Aufl. (à 72 S.) 900. 901. n. — 70
4. Der gemischte Chor. Bearb. v. Fr. Kriegeskotten. (240 S.) 899. Geb. in Leinw. n. 1. 80
5. Der Männerchor. Bearb. v. Fr. Kriegeskotten. (256 S.) 899. Geb. in Leinw. n. 1. 80

— — Schulchorb. f. höh. Lehranst. 1., 2. u. 6. Tl. 8° Ebd. 2.60 (1—6.: 6.90; bezw. 7 —)
1. Sexta. 6. Afl. (64) Quedlinbg '03. — 60 ‖ 2. Quinta. Ausg. A. 2. Afl. (72) '03. — 70; Ausg. B. 3. Afl. (72) — 70; 4. Afl. (88) ('04.) — 80 ‖ 6. (Der 3stimm. Chor.) Bearb. v. F Kriegeskotten. (163) ('05.) Geb. 1.20.

Schulchorbuch für höhere Lehranstalten. Hrsg. als progressiv geordneter Lehrgang von Albert **Becker** u. Fr. Kriegeskotten. Ausg. B. 4. Aufl. T. 2. Berlin-Gr. Lichterfelde: Ch. F. Vieweg [1904]. 8° [06. 14556

— — **Schulchorbuch f. höhere Lehranstalten.** Als progressiv geordneter Lehrgang hrsg. 1. Tl., 2. Tl. Ausg. A. u. B. u. VI. Tl. 8. Ebd. n. 3. 30
1. Sexta. 24.—29. Taus. (64 S.) (906.) — 60
2. Quinta. Ausg. A. 2. Aufl. (72 S.) 903. n. — 70; Ausg. B. 11.—14. Taus. (88 S.) 906. n. — 80
VI. (Der 3stimm. Chor.) Bearb. v. Fr. Kriegeskotten. (IV, 163 S.) (905.) Geb. 1. 20

— — dasselbe, f. Gymnasien u. Realschulen. Hrsg. als progressiv geordneter Lehrgang. 4. Tl.: Der gemischte Chor. Bearb. von Fr. Kriegeskotten. 7. u. 8. Taus. (257 S.) 8. Ebd. (906.) Geb. n. 1. 80

— — Schulchorbuch f. höhere Lehranstalten. Als progressiv geordneter Lehrgang hrsg. 1. Tl. u. 2. Tl. Ausg. A u. B. 8. Ebd. Kart. 2. 50
1. Sexta. 30.—33. Taus. (64 S.) (909). Kart. — 70
2. Quinta. Ausg. A. 10.—12. Taus. (88 S.) (909). Kart. — 90; Ausg. B. 15. u. 16. Taus. (88 S.) (909). Kart. — 90

— — Schulchorb. f. höh. Lehranst. Neue Ausg. v. Fr. Kriegeskotten. 1. u. 2. Tl. 8° Ebd.
1. Für Sexta. 38—41. Taus. (79) ('11) — 80 ‖ 2. Für Quinta. (32—34. Taus.) (126) ('11) geb. 1 —

— Karl Joseph Schuler. Der Pfälzer Freund Karl Mayers u. Justinus Kerners. Mit ungedruckten Briefen K. Mayers, Justinus Kerners, K. Geibs. — Kaiserslautern: Kayser in Komm. 1909. 31 S. 8°
Aus: Festschrift zum 350jährigen Jubiläum d. Hornbach-Zweibrücker Gymnasiums. 1909.
(Beiträge zur Heimatkunde d. Pfalz. 3.)
1: Sf 4263/15-3. 11. 12: Bavar. 212 gc-3. 14. 16. 17. 19. 24. 30. 36. 41. 107. 123.
14.5910

Becker, Albert. Selig aus Gnade, s. Breitkopf u. Härtel's Text-Bibliothek.

— Selig aus Gnade. Kirchen-Oratorium. Op. 61. — Leipzig [1890]. 12 S. 8° (Breitkopf & Härtel's Textbibliothek. 282.)
1: Mus. T 111-282. 12: L. eleg. m. 1226 p. 14. 28. 33.
14.5881

Becker, Alb., Sonntagsschulharfe. Liederbüchlein f. christl. Sonntags-Schulen. 1. Thl. (Ausg. m. Noten.) 12. (IV, 111 S.) Berlin 879. Brochnow. n. — 35

— — Ausg. ohne Noten. Ebd. [um 1880]. 56 S. 8°
1: 22 in Eo 5.
14.5883

—— dass. — Ausg. ohne Noten. 2. Aufl. 12. (IV, 56 S.) Ebendas. 880. *

—— dass. — 3. Ausg. der unter demselben Titel erschienenen Liederbücher für 2 Singstimmen mit Begleitung des Pianoforte oder Harmonium als Liederbuch für Schule und Haus bearb. Op. 10. qu. gr. 4. (III, 60 S.) Ebendas. 880. *

— Der gegenwärtige Stand der Pfaelzer Geschichtsforschung. Vortrag bei der Jahresversammlg. des literar. Vereins der Pfalz, 8. XII. 1906 im Saalbau zu Neustadt a.H. (14 S.) gr. 8. Speier 907. (A. Michelsen). — 60
Sonderabdruck aus „Mittlgn. d. histor. Ver. d. Pfalz."

Becker, Albert, Die Sueven. Weilburg 1874. 4.
Progr. Gymn. Hadamar. . . . . (D.)

— Der Verlauf des Festes, s.: Zum 350jährigen Bestehen des Zweibrücker Gymnasiums.

— Die Wallfahrt nach Kevlaar. Ballade nach d. Gedicht von Heinrich Heine. Op. 23. Text. — Berlin: Ries & Erler [um 1890]. 4 S. 8°
1: Mus. Tb 324.
14.5884

Becker, Albert Gerhard

— Analekten zu den attischen Rednern. H. 1. — (Quedlinburg: Becker 1835.) VIII, 50 S. 8°
1. Becker: Die Reden d. Demosthenes u. Aeschines über d. Truggesandtschaft.
1: Vx 7070. 3. 5. 7. 8. 10. 21. 25. 304.
14.5926

— [Übers.] s. *Andocides:* [Orationes] deutsch. 1832.

Becker, Albr. Gerh., Auszüge aus Xenophon's Schriften, mit Anmerkk. u. Wörterbuch zum Schulgebr. gr. 8. Halle 794. Hendel. 14 gr.

— Coniectanea in locum Paulinum 2 Corinth. XII. 7-9. Epistola ad ... Joa. Henr. Fritschium. — Magdeburgi: Heinrichshofen 1822. 20 S. 8°
26.
14.5927

— Demosthenes als Staatsbürger, Redner und Schriftsteller. Abth. 1. — Quedlinburg [usw.]: Becker 1830. 8°
1. Becker: Literatur des Demosthenes. Abth. [1.]2. 1830-34.
1: Vx 5832. 2. 3. 5. 7→11. 14. 15. 18. 19. 21. 25. 26. 27. 29. 30. 32. 35. 39. 43. 45. 300: 77 Ee 234. 302→304. 308.
14.5928

—— dass. 2. Abthl. — A. u. d. T.: Literatur d. Demosthenes. 2. Abthl. Nachtre. u. Fortsetz. d. Lit. v. J. 1830 bis z. Schlusse d. J. 1833, nebst Register. gr. 8. (8¾ B.) Ebds. 834.

— Demosthenes als Staatsmann und Redner. Historisch-kritische Einl. zu dessen Werken. Th. 1.2. — Halle [usw.]: Reinicke [1815-16]. 8°
101. 303. 304 [=2].
14.5929

— — Th. 1.2. Ebd. [1815-16]. XVI, 608 S. 8°
23.
14.5930

— — Bd (1.)2. Halle [usw.]: Ruff 1815-16. 8°
1: Vx 5830. 2. 3. 5. 7. 9. 10. 11. 12: A. gr. b. 1218. 15. 16. 18. 19. 21. 24. 26. 27. 28. 35. 38. 39. 41. 43. 44. 46. 78. 102. 109. 111. 211. 300: 94.297-B. 302.
14.5931

— [Übers.] s. *Demosthenes:* Auserlesene Reden [Orationes, deutsch]. 1797.

— [Übers.] s. *Demosthenes:* Philippische Reden [Orationes contra Philippum, deutsch]. 1824-26.

— [Übers.] s. *Dionysius* Halicarnassensis: Über die Rednergewalt des Demosthenes [De Demosthene, deutsch]. 1829.

—— Erinnerungen an Dr. Joh. Heinr. Fritsch, vormal. Königl. Preuß. Superintend. d. Dioces Quedlinburg u. Oberpred. zu St. Benedicti daselbst. Nebst Erinnern. aus Fritsch's häusl. Leben v. Sophie Fritsch, geb. Haupt. gr. 8. (12 B.) Quedlinburg 837, (Franke.) * ⅔ Thlr., mit Fritsch's Bildn. *

— Ist wohl eine Vereinigung beider protestantischen Kirchen zu einer Feier des heiligen Abendmahls möglich und wünschenswerth? Predigt. — Quedlinburg: Ernst 1817. 16 S. 8°
1: 3 in Dl 4201.
14.5933

— ist wohl eine Vereinigung beider protest. Kirchen zu einer Feier d. heil. Abendmahls nützl. u. wünschenswerth? Quedlinb. 818. Ernst. 3 gr.

— Evangelisches Jubelfest-Büchlein. — Quedlinburg 1817: Strube. 60 S. 8°
1: 8 in Cn 21105.
14.5934

— Confirmationshandlung am 31. März 1822 in d. Aegidienkirche zu Quedlinburg. 8. Halle 822. Hendel. 4 gr.

—— sechzig Confirmations-Scheine mit pass. bibl. Denksprüchen. 3. Aufl. qu. gr. 8. Quedlinburg 830, Franke.

Becker, A. G., 60 Confirmations-Scheine m. passenden bibl. Denksprüchen. 4. Aufl. qu. gr. 8. Quedlinburg 851, Franke. ⅓ ℛ︎

— Literatur des Demosthenes. Abth. [1.]2. — Quedlinburg [usw.]: Becker 1830-34. 8°
[1.] 1830. 2. Nachtr. u. Forts. d. Literatur vom J. 1830 bis zum Schlusse d. J. 1833 nebst Reg. 1834.
(Becker: Demosthenes als Staatsbürger, Redner u. Schriftsteller. 1.)
1: Vx 5832-1. 2. 3. 5. 7→11. 14. 15. 18. 19. 21. 25. 26. 27. 29. 30. 32. 35. 39. 43. 45. 300: 77 Ee 234. 302→304. 308.
14.5935

— [Hrsg.] s. *Lycurgus:* Quae exstant Graece [Orationes]. 1821.

— Die Reden des Demosthenes und Aeschines über die Truggesandtschaft. — Quedlinburg: Becker 1835. VIII, 50 S. 8° (Becker: Analekten zu d. attischen Rednern. 1.)
1: Vx 7070-1. 3. 5. 7. 8. 10. 21. 25. 304.
14.5936

— Worte dankbarer Rückerinnerung, gesprochen ... am 15ten November 1829. — Quedlinburg [usw.]: Becker 1830. 33 S. 8°
1: Ee 11006.
14.5937

— [Übers.]
s. *Xenophon:* Feldzug des Cyrus [Anabasis, deutsch]. 1802.

— [Übers.] s. *Xenophon:* Gastmahl und Oekonomikus [Convivium, deutsch]. 1795.

Becker, Albert Wilhelm August

— **Albert Wilhelm Aug.** (Rossla/Th.), Quaestio jur. contr. an donatio remuneratoria ultra D. Solidos insinuanda sit. Präs. Chn. Heinr. Breuning. Lpz. (Rumpf) 21. IX. 1770. 8 S. (2.50) 1661

Becker, Albert Wilhelm August: Biga observationum iuris. — Jenae 1803:Prager. 61 S. 8° **15. 21. 27. 32.**
14.5939

— Commentatio iuridica de partu septimestri eoque spurio non legitimo ad leg. 12.ff. de statu hom. — Lipsiae: Reinike 1805. XIX,162 S. 8°
7. 8. 9. 15. 19. 21. 26. 27. 28. 46.
14.5940

— De Iudice in diiudicandis decidendisque causis ad usumfructum maritalem passim spectantibus subinde non parum fluctuante. — Numburgi (1786): Ulig. 75 S. 8° 26.
14.5941

Becker, Alexander

Becker, (Abr.) Alexander (geb. Veert im Rheinl. 13. 1. 1857): Albrecht von Haller und seine Bedeutung für die Medicin. Berlin (1880). (32 S.) 8°
Berlin, Med. Diss. v. 14. Dez. 1880

Becker, A: Aus Deutsch-Ostafrikas Sturm- u. Drangperiode, s: Bibliothek d. Gesamtlit.

— [Mitarb.] s. *Wissmann*. — Hermann von Wissmann. Deutschlands größter Afrikaner. 1906 u.ö.

Becker, Alexander Christian: An die Hohe Deutsche Bundes-Versammlung zu Francfurth a. M. Unterthänige Beschwerden-Darstellung und Bitte. ⟨Mit rechtfertigenden Anl. No. 1-13.⟩ — o.O. 1823. 77 S. 4° 18.
14.5944

(—) Merkwürdiger Rechtsfall in einer Handlungs-Angelegenheit, welches [!] vor einem förmlichen Gericht gezogen und daselbst anhängig gemacht worden ist. — (Altona [1819]:J. Schultz.) 15 S. 8° 18.
14.5945

Becker, Alfred [aus St. Johann a. d. Saar]: Beitrag zur Kenntniss des Netzhautglioms ... (Aus: v. Graefe's Arch. f. Ophthalmol., Bd. XXXIX Abth. 3.) Leipzig, W. Engelmann, 1893; 31 S., 1 Taf. 8.
Heidelberg, Med. Fak., Inaug.-Diss. v. [19. Mai] 1893

Becker, A: Michel Theies. Erzählg a. d. 30jähr. Kriege. (134 m. Abb.) 8° Cass., F Lometsch ('11). L 2 — d

Becker, Alfred Ferdinand [Übers. u. Hrsg.] s. *Bouillaud*, Jean Baptiste: Die Krankheiten des Herzens [Traité clinique des maladies du cœur, deutsch]. 1836-37.

Becker, Alois Rr v.: Zur Physiographie des Meeres. 1867 s. *Gareis*, Anton.

Becker, **Alois(R.) v., arktische Reise der englischen Yacht Pandora im J. 1876 unter Commando des Capit. Sir Allen Young.** [Hrsg. von der Redact. der „Mittheilungen aus dem Gebiete des Seewesens".] gr. 8. (64 S. mit 1 chromolithogr. Karte in Imp.-Fol.) Pola 878. (Wien, Gerold's Sohn.)

Becker, Aloys Joseph, Oberlehrer: Die Kunstanschauung Wilhelm Müllers. Ein Beitrag zum Verständnis u. zur Würdigung seiner künstlerischen Persönlichkeit. Borna-Leipzig 1908: R. Noske. (x, 88 S.) 8° [F.]
Münster, Phil. Fak., Ref. Schwering, Diss. v. 24. Febr. 1908
[Geb. 12. Jan. 74 Bingen; Wohnort: Elten; Staatsangeh.: Preußen; Vorbildung: Gymn. Mainz Reife M. 95; Studium: Bonn 8 S.; Rig. 20. Jan. 08.]

Becker, Andreas. 1700: Disputatio iuridica inauguralis de Iure spectrorum. 1700 u. ö. s. *Stryk*, Samuel.

— **Andreas Julius** (Rostock), De quaestione: an poena fustigationis, cum relegatione perenni conjuncta, reprobanda sit? Diss. jur. Präs. Hermann Becker. Rost. (Adler) 2. X. 1759. 40 S. (5.—) 1662

Becker, Anna

Becker, A., s. : Kompaß, mein.

Becker, Anna. 1899: Auf der Wildbahn. Ferien-Abenteuer in deutschen Jagdgründen. Für Jung u. Alt nach eigenen Erlebnissen erzählt. — Berlin:Trowitzsch [1899]. 327 S. 8° **1:Yx 31416. 11. 28.**
14.5952

Becker, A., auf der Wildbahn. Ferien-Abenteuer in deutschen Jagdgründen. Für Jung u. Alt nach eigenen Erlebnissen erzählt. Mit 9 Tondr.-Bildern u. 18 Text-Illustr. v. Woldem. Friedrich. 1. u. 2., durchg. Aufl. Nebst e. Karte des Schauplatzes. gr. 8 (à 327 S.) Berlin (899. 900). Trowitzsch & Sohn. Geb. in Leinw. n. 7.—

— — 2., durchges. Aufl. Ebd. [1901]. 327 S. 8°
1:Yx 31416².
14.5953

Becker, A., auf der Wildbahn. Ferien-Abenteuer in deutschen Jagdgründen. Für Jung u. Alt nach eig. Erlebnissen erzählt. Mit 9 Vollbildern u. 18 Text-Illustr. v. Woldem. Friedrich u. 1 Karte des Schauplatzes. 7. Tauf. (343 S.) 8. Berlin (908). Trowitzsch & Sohn. Geb. in Leinw. 5.50

— — Auf der Wildbahn. Ferienabenteuer in deutschen Jagdgründen. — Ebd. [um 1910]. 343 S. 8° 1:N 09.249.
14.5954

Becker, Anselm: Programma de praecavendis in disputationibus polemicis abusibus ceu fini theologiae polemicae christianae maxime noxiis. — Bonnae [1783]: Abshoven. 16 S. 8° **4. 5. 19. 61.**
14.5957

Becker, Anton

— **Anton** (Würgensis ad Camberg), De alimentis liberorum, parentum, fratrum, & sororum. Von Unterhaltung der Kinder / Eltern / Brüdern u. Schwestern. Diss. jur. Präs. Ferdin. Heinrich Dünwaldt. Mainz (Joh. Mayer) 18. IX. 1716. 20 Seiten. (5.—) 1663
Gew.: Damian Ludw. Philipp Wilhelm u. Franz. Carl Frh. v. Hohenfeld.

— **u. Fritz Biffl: Führer f. Lehrausflüge in d. Umgebg v. Wien.** 1. u. 2. Heft. 8° Wien, F Deuticke. je 1 —
1. Nussdorf, Donau, Leopoldsberg, Kahlenberg (4, 38) '12. ‖ 2. Grinzing, Krapfenwaldl, Kobenzl, Himmel, Sievering. (40 m. Fig.) '12.

— Zur Geschichte der deutschen Landwirtschaft. — Wien 1904. 33 S. 8°
Aus: Landwirtschaftliche Zeitschrift. 30. 1904. **302.**
14.5962

Becker, Ant., Geograph. Grundbegriffe, s.: Mayer, Jul.

Becker, Anton: Die Haftung der Gastwirte für eingebrachte Sachen nach dem Bürgerlichen Gesetzbuch. Borna-Leipzig 1910: Noske. IX, 42 S. 8°
Heidelberg, Jur. Diss. v. 1. Juli 1910, Ref. Endemann
[Geb. 8. Febr. 83 Münster i. W.; Wohnort: Berlin; Staatsangeh.: Preußen; Vorbildung: Gymn. Vechta Reife O. 05; Studium: Berlin 8 S.; Rig. 13. Mai 10.]
[U 10. 1832

Becker Dr. Anton: Die Hydrographie des Nil. (36, 28). Wien VIII. (Langer) 96, 97. **Progr.**

Becker, Anton: Katalog der Lehrerbibliothek (II. Theil). 8 (S. 17—58). (III. Theil.) 8 (S. 9—34).
Progr. K. k. Staatsg. im VIII. Bezirke *Wien* 1899. 1900.

— Zur Lehrbücherfrage. Vortrag. — Berlin 1901. S. 103-109. 8°
Aus: Verhandlungen d. 13. Deutschen Geographentages zu Breslau am 28., 29. u. 30. Mai 1901. 1901.
302.
14.5965

Becker, Anton
— u. Jul. **Mayer,** Lernbuch der Erdkunde. 1. Thl. Mit 5 Textfig., sowie 4 Abbildgn. u. 5 Karten im Anh. gr. 8. (IV, 92 S.) Wien 902. F. Deuticke.
Geb. in Leinw. n. 1. 50

— u. Jul. **Mayer,** Lernbuch der Erdkunde. 2 Tle. 8. Wien, F. Deuticke. Geb. in Leinw. n. 5. 50
I. (Allgemeine Ausg.) Mit 3 Textfig. sowie 4 Abbildgn. u. 4 Karten im Anh. (IV, 86 S.) 904. n. 1. 50
II. Mit reichl. Lesestoff, 16 Textfig., sowie 4 Tab. u. 1 Diagr. im Anh. (VI, 331 S.) 903. n. 4. —

Becker, Dr. Anton und **Mayer, Dr. Julius,** Lernbuch der Erdkunde. III. Teil. Österreich-Ungarn. Wien 1906. F. Deuticke. Geh. K 1.80, geb. K 2.20.
(Min.-Erl. vom 20. April 1906, Z. 12830.)

Becker, Ant., u. Jul. **Mayer,** Lernbuch der Erdkunde. I.—III. Tl. 8. Wien, F. Deuticke. Geb. 5. 30
I. 2., nach den neuen Normallehrplänen vollkommen umgearb. u. sehr gekürzte Aufl. (IV, 80 S. m. 22 Abbildgn., 1 Titelbilde u. 1 farb. Taf.) 910. Geb. 1. 50
II. 2., gekürzte u. verb. Aufl. Mit reichl. Lesestoff, 1 Textfig., sowie 4 Tab. u. 1 Diagr. im Anh. (IV, 148 S.) 907. Geb. 1. 80
III. 2., gekürzte u. verb. Aufl. Mit reichl. Lesestoff sowie 4 Tab. u. 1 Diagr. im Anh. (IV, 157 S.) 908. Geb. 2. —

— — dasselbe f. Bürgerschulen. 1. Tl. Mit 1 Titelbild, 1 Taf. u. 52 Abbildgn. im Text. (IV, 144 S.) 8. Ebd. 909. Geb. 1. 50

— — dass. f. Bürgersch. 2. u. 3. Tl. Ebd. d
2. (4, 97 m. Abb., 4 Tab. u. 1 Diagr. im Anh.) '11. geb. 1.40 ‖ 3. (6, 88 m. Abb., 4 Tab. u. 1 Diagr. im Anh.) '11. geb. 1.40

— **Methodik des geographischen Unterrichtes. Ein pädagogisch-didaktisches Handbuch. — Leipzig [usw.]: Deuticke 1905. VII,92 S. 8° (Die Erdkunde. 3.)** 1:Pp 7025-3.
2. 5. 6. 8. 10. 11. 12:4° Geo. U. 41s-3. **14. 15. 17. 19. 21. 22. 26. 29. 30. 36. 38. 43. 44. 46. 91. 109. 111. 201. 205. 207. 209. 300:**425.880-B. K. 3. **302→305. 308.**
14.5066

Becker, Anton: Napoleon und Ungarn 1809. Ein Beitrag zur Geschichte des Friedens von Schönbrunn. 8 (S. 3—16).
Progr. K. k. Staatsg. im VIII. Bezirke *Wien* 1899.

Becker, Antonius *(geb. Frauenwaldau in Schles. 4. 6. 1814)*:
Observationum in scriptores historiae Augustae criticarum p. I.
Vratislaviae (1838). (52 S.) 8°
Breslau, Phil. Diss. v. 12. Sept. 1838

Becker, Ant., Ornamente zu Zimmer-Decorationen für Baugewerke. 1—8. Heft. Leipzig (859—63.) Friese. Fol. Jedes Heft (à 6 lith. Taf.) n. 1 ℳ

Becker, Ant., Ornamente zu Zimmer-Decorationen für Baugewerke. 1. Hft. 2. Aufl. Leipzig 866. Friese. Fol. (6 lith. Bll.) n. 1 ℳ

Becker Anton: Der Plan der zweiten Heirat Napoleons. **Diss.** Wien, Univ.
1892 PN 753

— **Der Plan der zweiten Heirat Napoleons. — [Innsbruck 1898.] S.93-156. 8°**
Aus: Mittheilungen d. Instituts für österreichische Geschichtsforschung. 19. 1898.
300:41.187. **302. 304.**
14.5067

Becker, Anton: St. Sebastianus-Schützen-Bruderschaft Stolberg 1659—1909. Stolberg, 1909, 87 S.

— **[Hrsg.] s.** ***Studien*** **zur Heimatkunde von Niederoesterreich. 1910-13.**

Becker, Ant.: Studien z. Heimatkde v. Niederösterr., s. a. Abhandlungen d. geograph. Seminars d. Landes-Lehrerakad. in Wien.

Becker, Anton ⟨geb. am 22 Okt. 1853 in Bonn⟩: Versuche und Beobachtungen über die Anwendung des gerbsauren Chinins ... Bonn, Druck v. J. F. Carthaus (1879). 49 S., 1 Bl. 8.
Bonn, Med. Fak., Diss. v. 6 Aug. 1879 [929

Becker, Anton (Hrsg.), s. Zeitschrift für Schul-Geographie,

— s: Zeitschrift f. d. österr. Volksschulwesen.

Becker, Anton Leopold: Deutsch für Ausländer. — Leipzig 1904. 132 S. 8° (Teubners kleine Sprachbücher. 5.)
101. 109. 207.
14.5972

Becker, A. L., s.: Eco de Madrid.

Becker, A. L, englisches Lesebuch, s.: Worshoven, F. J.

— vocabulary, s.: Echo of spoken French. — Echo of spoken German.

Becker, Arno, a. Neuhaus i. Solling: Über Methylhydrazo-o-toluol und Methyltolidin sowie neue Versuche zur Darstellung alkylierter Hydrazobenzole. Leipzig 1906: Thalacker & Schöffer. (56 S.) 8°
Leipzig, Phil. Fak., Ref. Hantzsch-Beckmann, Diss. v. 11. Jan. 1907
[Geb. 31. Okt. 78 Neuhaus i. Solling, b. Holzminden a. d. Weser; Wohnort: Neuhaus; Staatsangeh.: Braunschweig; Vorbildung: Gymn. Wolfenbüttel Reife O. 00; Studium: Leipzig 13 S.; Rig. 13. Nov. 06.]

Becker, Arno: Die pathologisch-histologischen und bacteriologischen Untersuchungsmethoden. 1886
s. *Huber,* Karl.

Becker, Artur, Dr., Amtsgerichtspräsident, Dresden. 1893
s. *Becker,* Ernst Artur.

Becker, Arth.: König Heinzelmann, s: Jugend- u. Volksbühne.

Becker, Artur, Privatlehrer, Niederlössnitz bei Kötzschenbroda. 1878: Aus dem Internat! Allen Leidensgenossen gewidmet. — Niederlössnitz: Selbstverl. 1878. 27 S. 8°
1:Ne 4872. **207.**
14.5973

Becker, Arth., aus dem Internat! Allen Leidensgenossen gewidmet. gr. 8. (27 S.) Niederlössnitz 878. (Leipzig, Siegismund & Volkening.) n. — 50

Becker, August, Professor d. Physik, Heidelberg, geb. 1879. 1903: Über die Abhängigkeit der Kathodenstrahlabsorption von der Strahlgeschwindigkeit. — Heidelberg: Winter 1910. 16 S. 8° (Sitzungsberichte d. Heidelberger Akademie d. Wissenschaften. Math.-nat. Kl. Jg. 1910,19.)
1:in Ab 1718-Math.-nat. Kl. 1. **2→11. 12:**Acad. 41 dd-Math.-nat. Kl. 1. **14→21. 23→31. 38. 38M. 39. 47. 84. 88→91. 93. 201. 300:**508.194-B. Per. Math.-nat. Kl. 1.
302. 303.
14.6061

Becker, Aug.: Der Aufsatzunterr. Beitrag z. Methodik n. d. neuen Fordergn. (8, 110) 8° Weinh., F Ackermann '11.
1.50; geb. 2 — d

Becker, August, Belletrist, 1828-1891. 1854: Das alte Bild. Erzählung. — Berlin [usw.] [1885]. 190 S. 8° (Deutsche Hand- u. Hausbibliothek. Collection Spemann. 75.)
1:X 8364-75. **10. 12:**P. o. germ. 82 qc. **17. 18. 24. 30. 31. 34. 38. 107.**
14.5981

— -- Stuttgart [usw.]: Union [1900]. 190 S. 8° (Moderne Romane aller Nationen. 18.)
1:Yt 722-18. **11. 12:**P. o. germ. 82 qca. **29. 107.**
14.5982

Becker, August (Hrsg.), s. Botschaft, die fröhliche, von der religiösen und sozialen Bewegung.

Becker, August, Jurist. aus Halle a. S. 1748: De Concursu delictorum. 1748 s. *Schultz*, Peter.

Becker, August, Lehrer, Sandersleben. 1884: Die wichtigsten Dichter des evangelischen Kirchengesanges nebst Inhaltsangabe ihrer bekanntesten Lieder. — Bernburg: Bacmeister 1884. 47 S. 8° **34. 207.**
14.6056

Becker, Aug., die wichtigsten Dichter des evangelischen Kirchengesanges, nach Inhaltsangabe ihrer bekanntesten Lieder. Bernburg 884. Gotha, Behrend. *

Becker, August: Über d. Diffusion leucht. Metalldämpfe in Flammen u. üb. d. Lichtemissionszentren dieser Dämpfe, s. Sitzungsberichte d. Heidelb. Adad. d. Wiss.

Becker, Aug., Mignons Eiertanz. Eine Adventgeschichte. 2 Thle. in 1 Bd. 8. (128 u. 147 S.) Leipzig 882. Thiel. n. 3. —; geb. n. 4. —

! — Mignons Eiertanz. Jetzt: Kaisersl., E Crusius. Geb. 3.25 81/85

— Der Erbgraf. Bd 1.2. — Berlin: Janke 1866. 8° (Becker: Des Rabbi Vermächtniß. 3.) 1:Yx 13367-3,1.2. **17.**
14.5984

— — Bd 1.2. Ebd. 1867. 8° (Becker: Des Rabbi Vermächtniß. 3.) **30. 33. 209.**
14.5985

— — 2. Aufl. Bd 1.2. Leipzig: Lehmann 1884. 8° (Becker: Des Rabbi Vermächtnis. 3.) **31. 43. 107.**
14.5986

— — Neue billige Ausg. Bd 1.2. Kaiserslautern: Crusius [1907]. 8° (Becker: Des Rabbi Vermächtnis. 3.) **107.**
14.5987

Becker, August: Über d. lichtelektr. Ermüdung, s. Sitzungsberichte d. Heidelb. Akad. d. Wiss.

— — Erzählungen aus der Heimat. Gottlieb Gutfreunds Adventbilder, Weihnachtsgeschichten u. Wintermärchen ... Hrsg. von Karl Becker. — Ebd. 1907. 276 S. 8° **107.**
14.6051

Becker, August [aus Gravenstein]: Aus d. patholog. Institut zu Kiel. Zwei geheilte Fälle von Darm-Invagination. . . . Kiel, Druck v. A. F. Jensen, 1890; 15 + 1 S. 8°
Kiel, Med. Fak., Inaug.-Diss. v. 25. Jul. 1890

Becker, August, Theaterdirektor, Oldenburg. 1864: Festspiel zur Feier der Heimkehr unserer siegreichen Truppen. — Oldenburg: Schulze 1866. 16 S. 8° **14. 45.**
14.6054

Becker, August. 1850: Kurze Geschichte von Schleswig und Holstein von der frühesten Zeit bis zur Mitte des Jahres 1848. Mit allen, das Verhältniß zu Dänemark u. zum deutschen Bund betreffenden Aktenstücken. — Berlin: Hempel 1850. 125 S. 8° **8. 32. 34. 100. 303.**
14.5980

— Geschichten und Märchen. — Stuttgart: Kröner [um 1880]. 64 S. 8° (Universalbibliothek für d. Jugend. 123.) **24. 107.**
14.5988

— Hedwig. Ein Roman aus d. Wasgau. Bd 1.2. — Berlin: Janke 1868. 8° 1:Yx 14122. **11.** 12:P. o. germ. 82o [2 Ex.] **17. 24. 31. 107. 209. 212.**
14.5989

[J.] Hedwig. E. Roman aus dem Wasgau v. August Becker. 2. Aufl. Bd 1. 2 ... (Vorr.: Amandus Korn.) *Berlin: Deutsche Schriftsteller-Genoss. 1896.* 2 Bde 8.
1. (XI, 177 S.) 2. (2 Bl., 239 S.) [97. 2701

Becker, Aug., Hedwig. Ein Roman aus dem Wasgau. 3. Aufl. 2 Tle. in 1 Bd. (XIV, 174 u. 235 S.) 8. Kaiserslautern 905. J. J. Tascher. n. 2. 50; geb. n. 3. —

— dasselbe. 4. Aufl. 4. u. 5. Taus. 2 Tle. in 1 Bd. (XV, 179 u. 239 S.) 8. Kaiserslautern 907. E. Crusius. n. 2. 50; geb. n. 3. —

— — 5. Aufl. Bd 1.2. Ebd. 1910-11. 8° 12:P. o. germ. 82 obc. **26. 30. 43. 107. 123.**
14.5993

Becker, Aug., der Held von Guntersblum. Erzählung. 8. (150 S.) Iserlohn 885. Leipzig, J. Baedeker's Verlag. *

Becker, Aug. Vor hundert Jahren. Zwei Novellen. gr. 8. (III, 363 S.) Stuttg. 891, Bonz u. Comp. * 4 —; geb. * 5 —

! — Vor 100 Jahren. Jetzt: Kaisersl., E Crusius. 2.40 91/95

Becker, A., die graue Jette. Roman. 8. (333 S.) Jena 890. Costenoble. n. 5. —

— Die graue Jette. Roman. — Jena: Costenoble [1891]. 333 S. 8° **7.** 12:P. o. germ. 82qe. **16. 31. 60. 107.**
14.6004

Becker, August, aus Karlsruhe: Interferenzröhren für elektrische Wellen. *Heidelberg 1901: K. Rössler.* (62 S.) 8°
Heidelberg, Naturw.-math. Diss. v. 1901

Becker, Aug., das Johannisweib. Eine Familiengeschichte. 1. Abthl. A. u. d. T.: Meine Schwester. Roman in 4 Bdn. 8. (178, 128; 291; 337 und 314 S.) Wismar 876, Hinstorff'sche Hofbuchh.

Becker, Aug., Jung Friedel der Spielmann. Ein lyrisch-episches Gedicht aus dem deutschen Volksleben des 16. Jahrhunderts. 16. (VIII und 455 S.) Stuttgart 854, Cotta'sche Buchh. *

— — [Ausz.] Liederhort aus Jungfriedel der Spielmann. Leipzig: Liebeskind 1884. XIX,288 S. 8° 1:Yo 6402. **26. 41. 43. 45. 73. 107.**
14.6009

— Der Kabbalist. Roman. Bd 1.2. — Berlin: Janke 1866. 8° (Becker: Des Rabbi Vermächtniß. 2.) 1:Yx 13367-2,1.2. **17. 30. 33. 209.**
14.6010

— — 2. Aufl. Bd 1.2. Leipzig: Lehmann 1884. 8° (Becker: Des Rabbi Vermächtnis. 2.) **31. 43. 107.**
14.6011

— — Der Kabbalist. Neue billige Ausg. Bd 1.2. Kaiserslautern: Crusius [1907]. 8° (Becker: Des Rabbi Vermächtnis. 2.) **107.**
14.6012

Becker, Aug., der Karfunkel. Erzählung. gr. 8. (270 S.) Berlin 870, Janke.

— Zur Kenntnis der Elektrizitätsträger in Gasen: Über die durch Kathodenstrahlen erzeugten Elektrizitätsträger. Von A. Becker u. H. Baerwald. — Heidelberg: Winter 1909. 27 S. 8° (Sitzungsberichte d. Heidelberger Akademie d. Wissenschaften. Math.-nat. Kl. Jg. 1909,4.)
1: in Ab 1718 Math.-nat. Kl. 1. **2→11. 12:** Acad. 41 dd Math.-nat. Kl. 1. **14→21. 23→31. 38. 38M. 39. 47. 84. 88→91. 93. 201. 300:** 508.191 B. Per. Math.-nat. Kl. 1. **302. 303.**
14.6068

Becker, Aug., Kristalloptik. Eine ausführl. elementare Darstellg. aller wesentlichen Erscheingn., welche die Kristalle in der Optik darbieten, nebst e. histor. Entwicklung der Theorien des Lichts. (X, 362 S. m. 106 Fig.) gr 8. Stuttgart 903. F. Enke. n. 8. —; geb. in Leinw. n. 9. —

— Der Küster von Horst. Roman. Bd 1.2. — Jena: Costenoble 1889. 8° 7. 12:P. o. germ. 82qd. 24. 31. 43. 107. 14.6014

— Liederhort aus Jungfriedel der Spielmann. 1884 s. *Becker:* Jung Friedel [Ausz.]

Becker, August, Kunstmaler, geb. 1878 in Gelnhausen. 1910: Mainz. (Hrsg. vom Verein zur Förderung d. Künste in Hessen u. im Rhein-Maingebiet. Federzeichnungen von August Becker. Text von E. Neeb.) — Gießen [1910]: v. Münchow. 10 S., 22 Taf. 4° (Veröffentlichungen d. Kunst unserer Heimat. 1.) 26. 30. 203. 14.6073

— Der Maler. Roman. Bd 1.2. — Berlin: Janke 1866. 8° (Becker: Des Rabbi Vermächtniß. 1.) 1:Yx 13367-1,1.2. 17. 30. 33. 209. 14.6015

— — 2. Aufl. Bd 1.2. Leipzig: Lehmann 1884. 8° (Becker: Des Rabbi Vermächtnis. 1.) 31. 43. 107. 14.6016

— — Der Maler. Neue billige Ausg. Bd 1.2. Kaiserslautern: Crusius [1907]. 8° (Becker: Des Rabbi Vermächtnis. 1.) 107. 14.6017

Becker, August: Messungen an Kathodenstrahlen. Leipzig: J. A. Barth (1905). (S. 381—470.) 8° [Umschlagt.] ¶Aus: Annalen der Physik. 4. Folge. Bd 17, 1905.
Kiel, Phil. Fak., Hab.-Schr. v. 13. Mai 1905

Becker, Aug., der Nixenfischer. Eine Geschichte vom Starnberger See. 2 Bde. 8. (285 u. 244 S.) Berlin 871. Janke. 9. —

— Der Nixenfischer. Eine Geschichte vom Starnberger See. Bd 1.2. — Berlin: Janke 1872. 8° 1:Yx 15788. 7. 12:P. o. germ. 82 p [2 Ex.] 17. 19. 24. 31. 44. 107. 14.6018

— die Nonnensusel. Ein Bauernroman aus dem Pfälzer Wasgau. 3 Bde. 8. (251; 309; 253 S.) Jena 886, Costenoble. *

— die Nonnensusel. Ein Bauernroman aus d. pfälzer Wasgau. 2. Aufl. (VI, 456 S.) 8. Berlin 903. Jena, H. Costenoble. n. 4. —; geb. n. 5. —

— Die Nonnensusel. Bauernroman a. d. Wasgau. 3. Afl. (4, 472) 8° Ebd. ('11). 3.30; geb. 4 — d

— Novellen. — Pesth: Heckenast 1856. VI, 218 S. 8° 7. 12:P. o. germ. 1912 r. 14. 17. 107. 300:9473-A. 14.6025

— Zwei Novellen. — Iserlohn: Bädeker 1883. 88, 150 S. 8° 1:Yx 20791. 6. 7. 31. 107. 14.6026

Becker, Aug., die Pfalz und die Pfälzer. 8. (XVI und 830 S. mit 80 in den Text gedr. Abbild. und 1 ill. Karte der Pfalz in Holzschn.) Leipzig 858, Weber. *

! — Pfalz u. Pfälzer. Jetzt: Neustadt a/H., H Marnet. 56/60

— Prolog zur Eröffnung der Oldenburger Bühne mit Schiller's 'Wilhelm Tell' am 18. September 1870. — Oldenburg: Schulze 1870. 2 Bl. 8° 1:Kr. Samml. Ua 11. 45. 14.6055

Becker, A. (Hrsg.), s. Roman-Zeitung, Deutsche.

— Maler Schönbart. Eine Geschichte aus der Mark Brandenburg. 1. u. 2. Aufl. 8. (114 S.) Bernburg 878. Dresden, Bleyl & Kämmerer. n. 1. 50

— Maler Schönbart. Eine Geschichte aus d. Mark Brandenburg. — Eisenach: Bacmeister (1878). 114 S. 8° 12:P. o. germ. 1852 c. 32. 33. 107. 14.6031

— — 2. Aufl. Ebd. [1878]. 114 S. 8° 24. 30. 109. 14.6032

— — 3. Aufl. Ebd. [1878]. 114 S. 8° 107. 14.6033

— Meine Schwester. Roman. Bd 1-4. — Wismar [usw.]: Hinstorff 1876. 8° (Becker: Das Johannisweib. 1.) 7. 12:P. o. germ. 1980 l-1/4. 33. 43. 107. 14.6034

— Aus Stadt und Dorf. 2 Erzählungen. Inhalt: Todt und lebendig. Zigeunerstoffele. — Berlin [1869]. 272 S. 8° (Otto Janke's deutsche Roman-Collection.) 1:Yx 14220. 12:P. o. germ. 673 h-2 [2 Ex.] 17. 24. 31. 107. 14.6035

— Franz Staren. Roman. Bd 1-3. — Leipzig: Dürr 1878. 8° 12:P. o. germ. 1852 d-1.2.3. 43. 107. 14.6036

Becker, August

— eine Stimme. Roman. 3 Bde. 8. (285; 228; 254 S.) Dresden 887, Pierson. *

— — 2. Aufl. Bd 1-3. Ebd. 1887. 8° 12:P. o. germ. 82 qce. 14.6038

— dass. — 3 Bde. 3. Aufl. (285; 228; 254 S.) Ebendas. 888. *

— e. Stimme. Roman. 3. Aufl. 3 Bde. 8. (285, 228 u. 254 S.) Dresden 889. Pierson. n. 4. —

(I) — E. Stimme. 889. Jetzt: Berlin, Verlag Berlin-Wien.

Becker, August [aus Harzgerode '(Hrzt. Anhalt)']: Ältere und neuere Theorien über das Wesen der Blausäurevergiftung m. Berücks. ihrer gerichtsärztl. Verwertg ... Berlin, C. Vogt's Buchdr., 1893; 36 S., 2 Bl. 8.
Berlin, Med. Fak., Inaug.-Diss. v. 7. Juli 1893

— das Thurmkätherlein. Roman aus dem Elsaß. 4 Bde. 8. (215, 210, 222 u. 237 S.) Leipzig 871. E. J. Günther. 12. —

— — Bd 1-4. Ebd. 1871. 8° (Album. Bibliothek deutscher Original-Romane. 26,1.2.9.19.) 4. 12:P. o. germ. 19 k-1871,1.2.9.19. 31. 43. 107. 14.6040

— das Thurmkätherlein. Roman aus dem Elsaß. 4 Bde. 8. (215; 210; 222; 237 S.) Leipzig 872, E. J. Günther.

Becker, August, Rektor, Haspe. 1895: Die Verflachung des Volksgesangs und ihre Bekämpfung durch die Kirchengesangvereine. Vortrag. — Leipzig: Klinner 1910. 21 S. 8°
Aus: Die Orgel. 10. 1910.
(Kirchenmusikalisches Archiv. 6.) 1:Mus. Ha 6-6. 14.6058

— Des Rabbi Vermächtniß. Roman. Abth. 1-3. — Berlin: Janke 1866. 8°
1. Becker: Der Maler. Bd 1.2.
2. Becker: Der Kabbalist. Bd 1.2.
3. Becker: Der Erbgraf. Bd 1.2.
1:Yx 13367. 17. 30[³3]. 33[³3]. 209[³3]. 14.6041

Des Rabbi Vermächtniss. Roman in 3 Abtheilungen von Aug. Becker. Abt. 1—3. Berlin: Janke 1866—1867. 8°
1. Der Maler Bd 1. 2. 700 S.
2. Der Kabbalist Bd 1. 2. 634 S.
3. Der Erbgraf Bd 1. 2. 733 S.
TB. 355. Kabbala, Freimaurer, Rosenkreuzer und Illuminaten spielen in diesem Roman eine grosse Rolle.

— — Abth. 3, Bd 1.2. Ebd. 1867. 8°
Inhalt wie in 14.6041. **30. 33. 209.**
14.6042

— — 2. Aufl. Abt. 1-3. Leipzig: Lehmann 1884. 8°
Inhalt wie in 14.6041. **31. 43. 107.**
14.6043

— des Rabbi Vermächtnis. Roman in 3 Abtlgn. 2. Aufl. 6 Tle. in 3 Bdn. 8. (248, 209, 221, 264 u. 185 S.) Leipzig 884. F. Richter. n. 18. —

— — Neue billige Ausg. Abt. 1-3. Kaiserslautern: Crusius [1907]. 8° Inhalt wie in 14.6041. **107.**
14.6044

— Vervehmt. Roman aus d. Gegenwart. Bd 1-4. — Berlin: Janke 1868. 8° 1:Yx 14208. 4.
12:P. o. germ. 1942 g [2 Ex.] **17. 24. 30. 44. 107.**
14.6045

Becker, Aug., die Volksphilosophie unser. Tage. gr. 8. (2½ B.) Zürich 843, [Fröbel u. Comp.]

— Die Volksphilosophie unserer Tage. — Neumünster bei Zürich: Heß 1843. 35 S. 8° **21. 30. 41. 106.**
14.5978

Becker, August, Kgl. Oberamtmann, Eldena. 1885: Die Vortheile der Drillkultur beim Anbau von Getreide. (Vortrag.) — Greifswald: Abel 1885. 27 S. 8°
1:Ow 1212. **9.**
14.6057

— Liturgische Votiv-Vesper vom h. h. Sakramente nebst den Marianischen Schluß-Antiphonen in Ziffern-Notation übertragen. — Arnsberg: Stahl 1895. 24 S. 8°
1:Dq 2354. **6.**
14.6059

— — Nebst den Marianischen Schluß-Antiphonen, Te Deum u. Gesängen beim Empfange d. Bischofs, in Ziffern-Notation übertragen. 2. Aufl. — Ebd. 1902. 32 S. 8° **6.**
14.6060

— Auf Waldwegen. Mit e. Einl. von Joseph Kürschner. — Berlin [usw.] [1881]. 232 S. 8° (Deutsche Hand- u. Hausbibliothek. Collection Spemann. 5.)
1:X 8364-5. **4. 10.** 12:P. o. germ. 82 q. **15. 17. 18. 24. 30. 31. 33. 38. 48. 107. 123. 207.**
14.6046

— — Stuttgart [1881]. 232 S. 8° (Deutsche Hand- u. Hausbibliothek. Collection Spemann. 5.) **43. 51. 308.**
14.6047

— — Mit Einl. von Erich Liesegang. Wiesbaden: Behrend [1909]. 168 S. 8° (Rheinische Hausbücherei. 31.)
36. 38. 43. 60. 62. 107. 112. 207.
14.6048

— Was wollen die Kommunisten? Eine Rede. — Lausanne: Kommunisten-Verein 1844. 64 S. 8°
12:Pol. g. 1022-38. **31. 106. 203.**
14.5979

— Wasgaubilder. Mit dem Bildnis u. e. Fksm. des Verf. (VII, 205 S.) Lex.-8. Kaiserslautern 908. Thiemesche Druckereien. n. 2. —; geb. in Leinw. n.n. 2. 50

— Ein Weihnachtsbuch. Gottlieb Gutfreunds Adventbilder, Weihnachtsgeschichten u. Wintermärchen von August Becker. Aus d. Nachlass hrsg. von Karl Becker. — Kaiserslautern: Crusius 1906. 276 S. 8°
12:P. o. germ. 82 qg. **16. 107.**
14.6050

—— Willi. Novelle. 8. (88 S.) Iserlohn 885. Leipzig, J. Baedeker's Verlag. *

Becker, August Wilhelm, Stiftspred., Eisenach, sp. Propst an St. Nicolai, Kiel, gest. 1908, s. Becker, Wilhelm

Becker, August Wilhelm, Mediziner. 1747: Medicinische vernunft- und erfahrungs-mässige Abhandlung vom Friesel. Bielefeld 1747: Süvern. 38 S. 8° **5.**
14.6076

Becker, August Wilhelm, Superintendent, Bremervörde, 1797-1886. 1853: Trauer- und Gedächtnißrede bei der Beerdigung des Herrn Superintendent und Pastor Brüning in Selsingen am 1. Nov. 1852. — Stade 1853: Schultz. 8 S. 8° **7.**
14.6077

Becker, Auguste: Kleine Nadelstiche d. Lebens. Ein gemütl. Buch f. Frauen u. f. manche Männer. (4, 287) 8° Magdeburg, R Zacharias ('11). 1.50; geb. 2.50 d

— Neue Nadelstiche d. Lebens. (6, 256) gr8° Ebd. ('12). 2 —; L 3 — d

Becker, B., Sicherheits-Beamter d. Bezirks von Simmern. 1792 s. *Becker*, Johann Nikolaus.

Becker, B. v., Harry Alone, der Findling v. Williamstown. Eine Erzählg. f. die Jugend. 8. (III, 264 S. m. 8 Abbildgn.) Bielefeld 890. Velhagen & Klasing. geb. n. 3. —

Becker, B. v., Dr. med., Kairo. 1891: Harry Alone, der Findling von Williamstown. Eine Erzählung für d. Jugend. — Bielefeld [usw.]: Velhagen & Klasing 1891. 264 S. 8°
1:Ng 16366. **6.**
14.6082

Becker, B., Pfarrer, Linthal, Sohn d. Pfarrers Bernhard Becker. 1880 [Hrsg.]
s. *Becker*, Bernhard. 1852: Ein Ruf zur Heimath. 1880.

Becker, B., Miechowitz, Ober-Schlesien. 1880: Der Curort Graefenberg und Umgegend in Oesterreich-Schlesien. Beuthen 1880: Boehm. 24 S. 8° **33. 41.**
14.6080

Becker, B., der Curort Graefenberg und Umgegend in Oesterreich-Schlesien mit Angabe seiner Wohnungen, Quellen, Fernsichten und sämmtl. Entfernungen vom Curhause an. Zum Gebrauche für Curgäste und Besucher. 4. verb. und verm. Aufl. 8. (32 S. mit 1 lithogr. Situationsplan in 4.) Beuthen 880. (Berlin, W. J. Peiser Sortiment und Antiq.) *

— — 4., verb. u. verm. Aufl. Beuthen: Selbstverl. 1881. 32 S. 8° **33.**
14.6081

! Becker, B: Gräfenberg. Jetzt: Freiw., A Blažek. — 50

Becker, B., Plan von dem Curorte Gräfenberg und Umgebung in Oesterreichisch-Schlesien. Mit seinen Quellen und Fernsichten unter Angabe sämmtl. Entfernungen vom Kurhause aus. Fol. Breslau 875, Morgenstern. *

Becker, Balth., C. A. Crusius Bedenken über d. Schröpferschen Geisterbeschwörungen, mit antiapokalyptischen Augen betrachtet. gr. 8. Berl. 775. (Gotha, Ettinger). 3 ℳ

— Leben, Meinungen u. Schicksale, oder wichtige Beyträge zur Gesch. der Toleranz, herausgeg. von J. M. Schwager. 8. Leipz. Weygand. 780.

Becker, Balthasar, Maastricht. 1733: Die betrübte Nachricht von der zu Mastricht bey gehaltenem Kriegs-Recht über den Königl. Preußis. Lieutenant von Wolshagen und den Stadt-Aachischen Lieutenant Delwich den 19. Jan. 1733. zuerkandt und den 20. dito an beyden vollstreckten Execution, auch was eigentlich dieselbe veranlasset; nebst e. Entrevue im Reich d. Todten unter ihnen beyden, u. ihrer Grabschrifft. — Franckfurt a. M.: Rudolph 1733. 4 Bl. 8° **31.**
14.6084

Becker, Balth., bezauberte Welt; neu übers. v. J. M. Schwager, verm. v. J. S. Semmler. 3 Bde. gr. 8. Leipz. 781, 82. Weygand. 4 ℳ 16 ℊ

Becker, Bernhard, Pfarrer, Soziologe, Linthal, 1819-1879. 1852: Die Allmeinde, das Grundstück zur Lösung der socialen Frage, gestützt auf schweizerische Verhältnisse. — Basel: Schweighauser 1868. 135 S. 8°
1: Stala 838. 12: J. rel. 1209 n. **20. 21. 30. 302.**
14.6092

Becker, Bernh., die Allmeinde, das Grundstück zur Lösung der socialen Frage gestützt auf schweizerische Verhältnisse. 8. (V, 135 S.) Basel 869, Schweighauser'sche Verlagsh. *

Becker, Bernh., die Arbeiterfrage u. das Evangelium. Referat in der schweiz.-reformirten Predigergesellschaft bei ihrem Jahresfeste in Schaffhausen den 9. August 1871. 8. (44 S.) Schaffhausen 872. Schoch. — 60

Becker, Bernhard, Ehemaliger Eisenbahnbetriebsdirektor, Riga, 1829-1913. 1897: Aus der Bauthätigkeit Rigas und dessen Umgebung in der zweiten Hälfte des XIX. Jahrhunderts. — Riga: Mellin 1898. VIII, 112 S. 8° 1: Uf 5305/18.
14.6133

(—) Ulrich Justus Hermann Becker ⟨geboren am 26. Juni 1791 in Klein-Giewitz in Mecklenburg-Schwerin, gestorben am 6. October 1843 auf dem Domhof Ratzeburg in Mecklenburg-Strelitz⟩ und dessen Familie. Zsgest. von e. Sohne des Obigen. — Riga 1897: Häcker. 27 S. 8° **33.**
14.6134

Becker, Bernhard, Oberlehrer, Oldenburg. 1845 [Hrsg.] s. *Becker,* Karl Ferdinand. 1803: A Grammar of the German language. 2. ed. 1845.

Becker, Bernhard, Sozialdemokrat, vorübergehend Präsident d. Allgemeinen Deutschen Arbeitervereins. 1863: Die Deutsche Bewegung von 1848 und die gegenwärtige. In 4 Theilen bearb. Th. (1.) 2. — Berlin: Schlingmann 1864. 8°
1: Rz 8966. **2. 4. 7. 12:** Germ. sp. 30 sg. **16. 22. 30. 38. 44. 64. 106. 109. 203. 205. 208. 300:** 173.621-B.
14.6104

Becker, Bernhard. Die deutsche Bewegung von 1848 und die gegenwärtige. Berlin, Reinhold Schlingmann 1864. 183. 200 S. 8. (Th. 1. Die wilde, einzig dem Geschichtsgesetz folgende Revolution. Th. 2. Die auf dem eroberten gesetzlichen Boden stehende Revolution.)

— Briefe deutscher Bettelpatrioten an Louis Bonaparte. ⟨Eine gründliche Bearbeitung d. sämmtlichen, im Buche: L'Allemagne aux Tuileries französischerseits veröffentlichten Dokumente.⟩ — Braunschweig: Bracke 1873. III, 482, LVI S. 8° In einigen Exemplaren fehlen S. I-III.
1: Rc 8140 [u.] Kr. Samml. Qa 55 m. **5. 9. 10. 14. 21. 22. 25. 26. 30. 41. 43. 47. 48. 51. 62. 64. 106. 109. 117. 121. 203. 208. 211.**
14.6105

Becker, Bernhard. Das erste Hundert Croup-Operationen des Zürcher Kinderspitals (Eleonorenstiftung). In den Jahren 1874—1880. Inaug.-Dissertation. In-8°, 52 S. Zürich, Druck von Zürcher & Furrer, 1882. **1883**

— Einiges aus Ratzeburgs Vergangenheit und Gegenwart. Riga 1902: Häcker. 22 S. 8° **28. 33.**
14.6135

— Enthüllungen über das tragische Lebensende Ferdinand Lassalle's. — Schleiz: Hübscher 1868. VII, 137 S. 8°
1: Au 16411. **2. 12:** Biogr. 599 oh. **15. 16. 21. 22. 26. 30. 33. 34. 38. 39. 47. 48. 61. 109. 169. 203. 300:** 424.357-B.
14.6106

—— Enthüllungen über das tragische Lebensende Ferdinand Lassalle's. Auf Grund authent. Belege dargestellt. 1. und 2. Aufl. gr. 8. (VII, 139 S.) Schleiz 868, Hübscher's Buchh. *

—— Enthüllungen über das tragische Lebensende Ferdinand Lassalle's und seine Beziehungen zu Helene von Dönniges. Neue Bearb. — Nürnberg: Wörlein 1892. XV, 232 S. 8°
1: Au 16411/10. **5. 22. 60. 75. 106. 109. 300:** 190.915-B.
14.6108

— Der ungenügende Erfolg in der Volksschule. Referat. — Basel: Bahnmaier in Comm. 1860 (1861). 92 S. 8°
Aus: Verhandlungen der Schweizerischen gemeinnützigen Gesellschaft. 40. 1860. **23. 46. 91. 302.**
14.6094

— Die Näfelser Fahrt. Ein Gedicht in schweizerischer Mundart. Von Ander Linth [d.i. Bernhard Becker]. (Zur Jubelfeier d. Aufnahme Glarus in d. Bund am 4. Juni 1352.) St. Gallen: Scheitlin & Zollikofer 1852. 39 S. 8°
1: Yb 8806. 12: P. o. germ. 36 t.
14.6095

—— Näfelser Fahrt. 2. Aufl. 1876
in: *Becker:* St. Fridolins Land.

Becker, Bernh. (II.), das Familienleben in der Fabrikindustrie. 8. (66 S.) Glarus 862. (Zürich, Meyer und Zeller's Verlag.) *

— Das Familienleben in der Fabrikindustrie. — Glarus 1862: F. Schmid. 66 S. 8° 1: Fd 1076. **16. 61. 205.**
14.6096

—— Karl Fourier. Nebst einem Anh.: Der Social-Palast oder das Familistere in Guise. gr. 16. (93 S. mit dem Portr. Fourier's in Holzschn. und 1 eingedr. Abbild. seines Phalanstere in Holzschn.) Braunschweig 874, Bracke jun.

— Geschichte der Arbeiter-Agitation Ferdinand Lassalle's. Braunschweig: Bracke 1874. VI, 312 S. 8°
1: Fd 1411. **5. 19. 20. 21. 27. 48. 106. 109. 203. 206. 300:** 185.092-B. **302.**
14.6110

—— Ebd. 1875. VI, 312 S. 8° **2. 3. 7. 12:** Pol. g. 47 m. **14. 29. 30. 36. 39. 64. 75. 83. 109. 169. 205.**
14.6111

Becker, Bernh. (I.), Geschichte der revolutionären Pariser Kommune in den J. 1789 bis 1794. Mit dem Portr. J. P. Marat's in (Holzschn.). gr. 8. (187 S.) Braunschweig 875, Bracke jun. *

Becker, Bernh., Geschichte u. Theorie der Pariser revolutionären Kommune d. J. 1871. gr. 8. (VII, 412 S.) Leipzig 879. O. Wigand. 7. 50

Der alte und der neue Jesuitismus oder: Die Jesuiten und die Freimaurer. Eine Klostergefängniss-Arbeit von Bernh. **Becker.** Braunschweig 1872: Bracke. 56 S. 8° [Umschlagtit.]

—— 2., verb. Aufl. Ebd. 1872. 56 S. 8°
12: Jes. 991. **23. 29. 48. 52. 109.**
14.6115

Der alte und der neue Jesuitismus, oder: Die Jesuiten und die Freimaurer. Eine Klostergefängniss-Arbeit von Bernhard **Becker.** 3. Aufl. Braunschweig 1873: Bracke. 56 S. 8°. [Umschlagtit.]
Vgl. W. 23453.

— der alte u. der neue Jesuitismus od. die Jesuiten u. die Freimaurer. Eine Klostergefängniß-Arbeit. 4. verb. Ausg. gr. 8. (50 S.) Ebend. 875. — 60

— Jugenderinnerungen. 1880
in: *Becker:* Ein Ruf zur Heimath.

—— Kennzeichnung der bei den Parlamentswahlen zum Vorschein gekommenen und im Parlament vertretenen Parteien. 8. (16 S.) Leipzig 867, (Priber.) *

Becker, Bernh. (II.), St. Fridolins Land. Gedichte in Schriftsprache und Mundart. [Landsgemeinde und Näfelser Fahrt in 2. Aufl.] 8. (VIII, 261 S.) Basel 876, (Bahnmaier's Verlag.) *

— Der große Arbeiter-Agitator Ferdinand Lassalle. Denkschrift für d. Todtenfeier d. Jahres 1865. — o. O.: Selbstverl. 1865. 64 S. 8° **38. 48. 106. 109.**
14.6119

— Lassalle und seine Verkleinerer. — Frankfurt a. M.: Verf. 1863. 23 S. 8° **30. 36. 61. 109.**
14.6120

Becker, Bernh., Leitfaden f. den ersten Unterricht in d. Geometrie mit einer Meßtafel in Steindruck. 8. (4½ B.) Frankfurt a. M. 845, Hermannsche Buchh. *

— Ueber die Methode des geometrischen Unterrichts. Nebst Erl. zu d. Leitfaden für d. ersten Unterricht in d. Geometrie. — Frankfurt a. M.: Hermann 1845. VIII,158 S. 8° **15. 30. 47. 207.**
14.6091

— Der Mißbrauch der Nationalitäten-Lehre. — Wien: Pichler 1867. 134 S. 8°
1:Flugschr. 1867-16. **4. 12:**J. publ. E. 37 f. **21. 27. 38. 106. 205. 300:**69.505-B. **302. 303.**
14.6121

—— der Mißbrauch der Nationalitäten-Lehre. 2. Aufl. gr. 8. (VIII, 135 S.) Wien 869, Pichler's Witwe und Sohn.

—— 3. Aufl. Braunschweig: Bracke 1873. VIII,134 S. 8° **14. 30. 48. 203.**
14.6123

Becker, Bernh., national-ökonomische Raketen. Schleiz 870. Hübscher. 8. (XI, 221 S.) n. 28 ngr.

— National-ökonomische Raketen. — Schleiz: Hübscher 1871. X,221 S. 8° 1:Fe 4977. **14. 15. 21. 27. 29. 30. 36. 47. 82. 84. 106. 109. 203. 205. 300:**109.541-B.
14.6124

Becker, Bernhard
— Die Reaktion in Deutschland gegen die Revolution von 1848, beleuchtet in sozialer, nationaler und staatlicher Beziehung. — Wien: Pichler 1868. VI,490 S. 8° **300:**112.018-B. **302.**
14.6125

—— Ebd. 1869. VI,490 S. 8° 1:Rz 8970. **12:**J. publ. G. 47 u. **14. 16. 19→22. 26. 32. 45. 106.**
14.6126

—— 2. Ausg. Ebd. 1869. 509 S. 8° **15. 17. 47. 300:**112.025-B. **302.**
14.6127

—— die Reaktion in Deutschland gegen die Revolution von 1848 beleuchtet in sozialer, nationaler und staatlicher Beziehung. 1. Ausg. in 6 Lfgn. à M. 1. 1868, und 2. Ausg. gr. 8. (IV, 509 S.) Wien 870, Pichler's Witwe und Sohn.

—— 3. Aufl. Braunschweig: Bracke 1873. 509 S. 8° **2. 5. 12:**38/5304. **18. 21. 25. 29. 30. 48. 83. 109. 203.**
14.6128

— Ein Ruf zur Heimath. Eine Reihe Predigten. Nach d. Tode d. Verf. mit dessen Jugenderinnerungen hrsg. von seinem Sohne B. Becker. — Glarus 1880: F. Schmid. VIII, 300 S. 8° 1:Ec 23479.
14.6098

Becker, Bernhard (Pfarrer). Ein Ruf zur Heimath. Eine Reihe Predigten. Nach dem Tode des Verfassers mit dessen Jugenderinnerungen herausgegeben von seinem Sohne B. Becker, Pfarrer. In-8°, 300 S. Linthal, Selbstverlag des Herausgebers. 1880 2 50

— Der Social-Palast oder das Familistere in Guise. 1874
in: *Becker:* Karl Fourier.

—— der Sonntag. Ein Tractat. gr. 8. (IV und 79 S.) Glarus 864. (Basel, Bahnmaier's Verlag.) *

— Der Sonntag. Ein Traktat. — Glarus 1864: Schmid. IV, 78 S. 8° **106.**
14.6099

Becker, Bernhard, Mechernich, Reg.-Bez. Aachen. 1903: Der Steuer-Reklamant. Praktische Anleitung zur Aufstellung von Steuer-Reklamationen. — Essen: Fredebeul & Koenen 1903. 28 S. 8° (Kleine Gesetzessammlung. 8.) 1:Gl 22576/17-8. **5. 64.**
14.6136

[—] — Ebd. [1910]. 37 S. 8° (Kleine Gesetzessammlung. 8.) **101.**
14.6137

— über den Unterricht in der Geometrie, s. Programm. D. Vorschule rc. zu Oldenburg.

— Verjährung, Mahnverfahren und Warenklage. Anleitung zum Einziehen d. Außenstände für Geschäftsleute, Handwerker usw. — Trier: Paulinus-Dr. 1903. 24 S. 8° (Keil's Rechts-Bibliothek. 10.) 1:Gv 15325²-10.
14.6138

Becker, Bernh. Die christliche Volksunterweisung, e. Bindeglied zwischen der Reformation u. dem Pietismus. Zwei Vorlesgn., geh. am theolog. Seminar der Brüdergemeine in Gnadenfeld O/S. 8. (54 S.) Gütersloh 891. Bertelsmann. * — 80

Becker, Bernh., Luthers Wertschätzung des gekreuzigten Christus. Vortrag, gehalten im theolog. Seminar der Brüder-Unität in Gnadenfeld O/S. am 10. Novbr. 1883. gr. 8. (40 S.) Berlin 884, Gaertner's Verlag. *

— Wie Arbeiterwohnungen gut und gesund einzurichten und zu erhalten seien. Preisschrift. — Basel: Bahnmaier 1859. 64 S. 8° **16.**
14.6100

Becker, Bernh., wie Arbeiterwohnungen gut und gesund einzurichten und zu erhalten seien. Preisschrift gekrönt und hrsg. von der Gesellschaft des Guten und Gemeinnützigen in Basel. gr. 8. (64 S.) Basel 860, Bahnmaier's Verlagsh.

— Ein Wort über die Fabrikindustrie. Mit bes. Hinsicht auf d. Canton Glarus. — Basel: Schweighauser 1858. 118 S. 8° **39. 205.**
14.6102

Becker, B.: Ein Wort über das Schulwesen mit besonderem Bezug auf die körperliche Bildung. Neue Ausg. Basel 1860. 96 S.
— — Neue Ausg. 1868. 96 S.

— Ein Wort über das Schulwesen mit besonderem Bezug auf körperliche Bildung. Neue Ausg. — Basel: Schweighauser 1868. XX,96 S. 8° 1:Ne 8227. **27. 106. 207.**
14.6103

Becker, Bernh., Zinzendorf im Verhältnis zu Philosophie und Kirchentum seiner Zeit. Geschichtl. Studien. gr. 8. (VIII, 580 S.) Leipzig 886, Hinrichs' Verlag. *

Becker, Bernh., Zinzendorf u. sein Christentum im Verhältnis zum kirchlichen u. religiösen Leben seiner Zeit. Geschichtl. Studien. 2. wohlf. [Titel-]Ausg. gr. 8. (VIII, 580 S.) Leipzig [886.] 900. F. Jansa. n. 4. —; geb. n. 5. —

Becker, C., Sanitätsrat, Mühlhausen i. Thüringen, 1792-1869. 1829 s. *Becker*, Christian August.

Becker, C., Dr. phil., ehemaliger Redakteur d. Mittelrheinischen Zeitung, Schriftsteller, Wiesbaden. 1866 s. *Becker*, Christoph Karl.

Becker, C., Lutherischer Pastor, Königsberg i. N., später Ludwigslust. 1835 s. *Becker*, Karl.

Becker, C., Steuer- u. Zollinspektor, Kunsthistoriker, Würzburg. 1849 s. *Becker*, Karl.

Becker, C., Statistiker, Berlin, 1823-1896. 1861 s. *Becker*, Karl.

Becker, C., Premier-Leutnant a. D. 1832 [Mitarb.] Die Cistercienser-Abtei **Altenberg** bei Cöln. 1832 s. *Schimmel*, Kornelius.

Becker, C.: Zur Aetiologie des Unterleibs-Typhus . . . , s. Becker, Karl

Becker, C. (Hrsg.), s. Frau, Die deutsche.

Becker, C.: Die Gewerbefreiheit als Mittel geg. d. überhandnehmende Ehelosigkeit, s. Becker, Karl

Becker, zur Kenntniß der Oder u. ihres Flächengebietes. 1. Abschnitt nebst e. Nachweisung von Erdschichten bei Breslau. Berlin 868. Moeser in Comm. gr. 8. (67 S. u. 1 Tab. in Fol.) n. 20 ngr.

Becker, C., Artillerie-Leutnant a. D. 1893: **Der nächste Krieg und die deutschen Bahn-Verwaltungen.** — Hannover: Manz & Lange 1893. 62 S. 8° **7. 12: A. hydr. 349o. 35. 41. 47. 82. 83. 88. 89. 93. 106. 203. 205. 209. 305.** 14.6149

Becker, C, d. nächste Krieg u. d. deut. Bahn-Verwaltgn. 2. Taus. 8° (62) Hannov. 93, Manz & L. — 80

Becker, C., u. C. **Killmeier, Lauttafel zu Plate-Kares, Lehrgang der englischen Sprache. (1 Bl.) gr. 8. Dresden (905). L. Ehlermann. — 16; Wandtafelausg. in siebenfacher Vergrösserg. auf Leinw. m. Stäben u. Ösen** 8. —

— — Leitf. d. deut. Sprachlehre netst Aufg.-Sammlg f. d. unt. u. mittl. Kl. höh. Lehranst. u. f. Mittelsch. (128) 8° Köln, P Neubner ('07). Kart. 1.20 d

Becker, C., u. C. Killmeier, Leitfaden der deutschen Sprachlehre nebst Aufgaben-Sammlung f. die unteren u. mittleren Klassen höherer Lehranstalten u. f. Mittelschulen. 2., verb. Aufl. (VIII, 127 S.) 8. Cöln (910). P. Neubner. Geb. 1. 20

Becker, C., Geh. Oberbaurat a. D. 1864: Die Oder und ihre Gebietsfläche. Th. 1, Abschnitt 1-3. — Berlin: Duncker in Comm. 1864. 166 S. 8° **1: Sx 2748. 11. 41. 83. 89. 205.** 14.6147

Becker, C. 1897: **55 Rösselsprünge mit Auflösungen.** — Berlin: Nagel [1897]. 65 S. 8° **1: Yd 3874.** 14.6150

Becker, C., Theosoph. 1800: **Ein brüderliches Wort, zur Beherzigung für diejenigen, die da ernstlich wünschen Jesum wesendlich anzuziehen. Aus Briefen gezogen, die aus gesegneter Feder des Herrn C. Becker geflossen sind.** — o. O. [1800]. 74 S. 8° **19.** 14.6146

Becker, C. A., Kgl. Sächsischer Oberst. 1818 s. *Becker*, Karl August.

Becker, C. A., d. aufgeklärte Hausvater in allen seinen Geschäften. 3 Thle. Mit 2 Kpf. 8. Wien 823. Bauer u. Dirnböck. 2 fl Schrbp. 2 fl 12 xr

Becker, C. A., zwei Naseweise auf der Ferienreise. Eine Tertianergeschichte. Mit 35 Text-Abbildgn. u. 2 Tonbildern. gr. 8. (VIII, 148 S.) Leipzig 886. Spamer. n. 2. 50; cart. n. 3. —

Becker, C. A., zwei Naseweise a. d. Ferienreise. E. Tertianergeschichte. M. 35 Text-Abb. u. 2 Tonbild. 2. [Titel-] Aufl. gr. 8. (VIII, 148 S.) Leipzig (886) 897. O. Spamer. n. 1. 50; geb. in Leinw. n. 2. —

Becker, C. A., Gebrüder Saus u. Braus u. Hüll u. Füll, s.: Spamer's, Otto, neue Volksbücher.

Becker, C. A., Gebrüder Saus und Braus und Hüll und Füll. Volkstümliche Erzählung in 2 Abtlgn. 8. (VI, 114 S. mit 5 Tonbildern, Kopfleisten und Initialen.) Leipzig 885, Spamer. * cart. *

Becker, C. E.: Versuch einer Sonn- und Festtagsliturgie. H. 1. — Straßburg: Levrault 1843. 8°

1. Die Liturgie für d. gewöhnlichen Sonntagsgottesdienst enth. [Nebst] Musikalische Beil.

29. 14.6152

Becker, C. F., Sprachforscher, Direktor d. Salpeterfabrikation im Harzdepartement, später Arzt, Offenbach a. M., 1775-1849. 1803 s. *Becker*, Karl Ferdinand.

Becker, C. F., Organist, Musikwissenschaftler, Leipzig, 1804-1877. 1828 s. *Becker*, Karl Ferdinand.

Becker, C. H., Prof. für orientalische Sprachen, später Preuß. Kultusminister, Berlin, 1876-1933. 1900 s. *Becker*, Karl Heinrich.

Becker, C. J., Evangelischer Pfarrer, Dörnthal. 1895 s. *Becker*, Kurt Johann.

Becker, C. J. F. s. *Becker*, Karl Johann Friedrich.

Becker, C. L., Prediger, geb. um 1750 in Köthen. 1784 s. *Becker*, Christian Ludwig.

Becker, C. L., Stadtphysikus u. Arzt, Augsburg, 1756-1792. 1782 s. *Becker*, Christoph Ludwig.

Becker, Carl, s: Becker, Karl.

Becker, Christian: Die Feinde der Obstbäume und Gartenfrüchte namentlich der Frostspanner, Blüthenbohrer, Obstmaden . . . nebst Angabe des Verfahrens und der Zeit zu ihrer Vertilgung. Mit e. Anh. über d. Schädlichkeit d. Sperlings. — Leipzig: Mentzel 1878. 55 S. 8° **46.** 14.6159

Becker, C., die Feinde der Obstbäume u. Gartenfrüchte, namentlich der Frostspanner, Blüthenbohrer, Obstmaden, Gespinnstmotten, Pflaumen-Sägewespen, Blutläuse, Blattläuse, Stachelbeerenwespen, Weidenbohrer, Kohlweißlinge u. A., nebst Angabe des Verfahrens u. der Zeit zu ihrer Vertilgung. Mit einem Anh. über die Schädlichkeit des Sperlings. 8. (55 S. m. 1 color. Steintaf.) Leipzig 878. A. Krüger. n. 1. —

Becker, Christ[ianus] ‹geb. am 5 Nov. 1811 in Wahlscheid bei Siegburg›: Meletemata de asthmate thymico morbo adhuc valde dubio . . . Bonnae, typ. C. Georgii (1836). VI S., 1 Bl, 32 S. 8.

Bonn, Med. Fak., Diss. v. 21 März 1836

Becker, Christian August: Das Aceton. 1867 s. *Becker:* Der geheime Weingeist der Adepten.

Becker, Arnika u. Armagnak, Hollunder, Kamille, Elektr. u. Magn., d. wicht. Heilmittel. 8. (118) Lpzg 54, Baensch. — 10

— Arnika und Armagnak, Hollunder, Kamille, Electricität und Magnetismus, die wichtigsten Heilmittel bei fast allen äußern und innern Krankheiten der Menschen und Hausthiere. — Leipzig: Polet (1854). X, 118 S. 8° **2. 15.** 14.6160

Becker, Arnika und Armagnak, Hollunder, Kamille, Electricitat u. Magnetismus, die wichtigsten Heilmittel bei fast allen äußern und innern Krankheiten der Menschen und Hausthiere. Ein Rathgeber für Jedermann, insbesondere aber für Landbewohner 2c. Mit (lith. u.) illum. Abbildung der Arnika, des Hollunders und der Kamille. 1. u. 2. Aufl. Leipzig (855.) Polet. 8. (X, 118 S.) 10 ngl.

Becker, Chrstn. Aug., neue Aufschlüsse üb. d. Wesen u. d. Behandl. d. Cholera, gewon. in d. Epidemie zu Mühlhausen; mit einem Flankenmarsche geg. vermeintl. Homöopathie. Ein fliegendes Blatt f. d. bedrohte Nachbarschaft. 8. (1½ B.) Mühlhausen 832, Heinrichshofen.

— Beiträge zur Würdigung der Homöopathie. Von Dr. Becker u. Dr. Gräger. — Mühlhausen: Heinrichshofen 1833. 59 S. 8° 1: If 11128. 2. 3. 30. 304.
14.6162

— Bemerkungen über die Cholera nach zehntägiger Beobachtung der Krankheit in Magdeburg. Ein Sendschreiben an Dr. Tilesius v. T. in Leipzig. — Leipzig: Kollmann 1831. 32 S. 8° 2. 10. 14. 15. 20. 24. 33. 202.
14.6163

— Der Boracit. 1868 s. *Becker:* Das Geheimmittel des Paracelsus gegen den Stein. 2. Aufl.

Becker, Christian August

— Die Cholera durch richtige Wasseranwendung heilbar. — Magdeburg: Quednow 1850. 16 S. 8° 1: 2 in Ka 2092.
14.6164

— Die Cholera, ihre Ursachen und ihre Heilung durch Wasser. — Cöthen: Schettler 1853. 54 S. 8° 2. 12: Path. 1430-6. 16. 21. 111.
14.6165

— Cholera-Brevier. — Mühlhausen: Heinrichshofen 1849. 32 S. 8° 1: 19 in Ka 2091.
14.6166

Becker, Christ(ian.) August. (geb. Mühlhausen in Thür. 24. 8. 1792): De medicamentorum acrium vegetabilium classificatione. Berolini (1819). (40 S.) 8°
Berlin, Med. Diss. v. 22. Sept. 1819

— Das Geheimmittel des Paracelsus gegen den Stein. — Mühlhausen: Heinrichshofen 1842. 20 S. 8° 1: Kc 3928. 3. 52. 111.
14.6167

Becker, Chrn. Aug., der Boracit, das Geheimmittel des Paracelsus gegen den Stein. 2. verb. Aufl. verm. mit einer prakt. Abhandlung über die Anwendung des Boracitsalmiaks und der borcitronensauren Magnesia gegen Nierenstein, Harngries, Steinschmerzen etc. gr. 8. (41 S.) Mühlhausen 868, (Heinrichshofen'sche Buchh.)

Becker, Chr. Aug., s. Paracelsus Geheimmittel gegen den Stein.

— Der mineralische Magnetismus und seine Anwendung in der Heilkunst. — Mühlhausen: Heinrichshofen 1829. 202 S. 8° 1: Kh 1430. 2. 3. 5. 10. 15→18. 24. 27. 53. 202. 300: ∗38 L 133.
14.6169

— Homöopathische Studien. — Leipzig: Dyk 1839. IV, 75 S. 8° 14. 15.
14.6170

— Der geheime Weingeist der Adepten, Spiritus vini Lulliani s. philosophici, und seine medicinische Anwendung. Mühlhausen: Heinrichshofen 1862. VIII, 62 S. 8° 1: Im 6635. 2. 7. 12: M. med. 91 t. 27. 30.
14.6171

Becker, Chrn. Aug., das Aceton (Acetonol) der geheime Weingeist der Adepten, spiritus vini Lulliani s. philosophici und seine medicin. Anwendung für Chemiker und Aerzte bearb. 1. Aufl. 1862. und 2., mit einer Einleitung verm. Ausg. gr. 8. (VIII und 62 S.) Mühlhausen 867, Heinrichshofen. *

Becker, Christian Ludwig

— s. Jesaias, das 53. Kapitel.

— das 53. Capitel Jesaiä übers. u. erläut. 8. Ebend. 786.

— Samml. heil. Reden üb. Stellen d. Schrift. 1r Thl. 8. Bückeburg 788. 2r Thl. 8. Leipz. 790. (Göschen). 16 gl.

— Vorschlag, Juden auf eine kürzere und für sie überzeugendere Art im Christenthum zu unterrichten. — Bremen 1784. 48 S. 8° 27.
14.6173

Becker, Chr. Edw., Vorschlag, Juden im Christenthum zu unterrichten. 8. Bremen 785. Förster. 3 gl.

Becker, Christian Siegmund: Viro ... Domino M. Gotthelff Ehrenreich Beckero ... filiam unicam ... elocanti gratulatur & de Levitarum Matrimonio disserit Christianus Siegismund Becker. — Dresdae [1715]: Riedel. 4 Bl. 8° 12: 4° Diss. 632 34.
14.6174

— Schediasma historico-literarium, quô curam Amplissimi Senatus Dresdensis circa ecclesias & scholas urbis patronatas, à Reformatione B. Lutheri usque ad iubilaeum Ecclesiae evangelicae alterum variis accessionibus auctas & ornatas depraedicat Christianus Sigismundus Becker. — Dresdae [1724: Krause]. 24 S. 8° 3. 14. 39. 106.
14.6175

— — Schediasma historico-literarium, quô curam Amplissimi Senatus Dresdensis circa ecclesias & scholas urbis patronatus à Reformatione B. Lutheri usque ad iubilaeum Ecclesiae evangelicae alterum variis accessionibus auctas & ornatas depraedicat, eaque occasione Nobilissimo ... Consuli Domino Christophoro Henrico Voglero ... gratulatur Christianus Sigismundus Becker. — [Dresden] 1724. 24 S. 8° 3. 117.
14.6176

Becker, Christian Wilh. (Hrsg.), s. Büchersaal, Theologischer, darinnen von dem Inhalte der neuesten theologischen Bücher und Schriften zuverlässige Nachricht gegeben wird.

Becker, Christian Wilhelm, s. Heinsius, J.G.: Kurze Fragen.

Becker, Christian Wilh. (Hrsg.), s. Nachrichten von den neuesten theologischen Büchern und Schriften.

Becker, Christoph

Becker : Beitrag zur Geschichte von Brilon. 33 S. Progr. Brilon 1869.

Becker, Chrph., geschichtliche Nachrichten über die in dem Briloner Stadtgebiete untergegangenen Dorfschaften u. Einzelhöfe. Nebst e. Anh. über die Briloner Landwehren, die Lage von Arbalo u. die Höfe Boxen u. Lehmekesbrok. Mit 1 (lith.) Karte (in Fol.). Als Beitrag zu der Geschichte der Stadt Brilon. Brilon 869. Friedländer. 4. (76 S.) n. 15 ngr.

Becker, Christoph, geschichtliche Nachrichten üb. die in dem Briloner Stadtgebiete untergegangenen Dorfschaften u. Einzelhöfe. 2. umgearb. Aufl. v. Frz. Jos. Niemann. Mit dem Bildnis des Verf. u. 1 Karte. (112 S.) gr. 8. Brilon 908. M. Friedländer. nn 2.—

Becker, Christoph Friedrich s. *Becker,* Karl Friedrich. 1794.

Becker, Christoph Karl: Die Erziehung der Mutter. 12 Briefe an d. deutschen Frauen. Bdch. 1. 2. — Wiesbaden: Neue mittelrheinische Zeitung (2: Verf.) 1866–85. 8° 1 [∞ 1]: Nd 2640-2. 31. 43 [∞ 2].
14.6181

Becker, C., die Erziehung der Mutter. Zwölf Briefe an die deutschen Frauen. 2 Bdchn. 16. Wiesbaden 885, (Bechtold und Comp. — Rodrian.) [1. Bdchn. 2. Aufl. (XV, 72 S.); 2. Bdchn. (VIII, 72 S. mit 7 Portr.)] à Bdchn. *ℳ 1. *
Die 1. Aufl. des 2. Bdchn. war nicht im Handel.

— Preußisch oder deutsch? Ein Wort zur Erläuterung meines Verhältnisses zur Mittelrheinischen Zeitung und zu den Führern der Fortschrittspartei in Nassau. — (Mannheim 1866: J. Schneider.) 16 S. 8° 35. 180.
14.6183

(Wiesbaden [1866]: Riedel.) 16 S. 8° 43.
14.6184

Becker, Christoph Ludwig
- [Übers.] s. *Sloane*, Hans: Von den Krankheiten, welche er in Jamaika beobachtet und behandelt hat [Voyage to the islands Madera, Barbados ..., Ausz., deutsch]. 1784.

- [Übers.] s. *Smellie*, William: Sammlung anatomischer Tabellen [A Set of anatomical tables, deutsch]. 1782 u.ö.

Becker, D., Dr. phil., Direktor d. Bischöflichen Konvikts, Speyer, 1830-1879. 1859 s. *Becker*, Dietrich.

Becker, D., Real-Oberlehrer, Wiesbaden. 1867 [Hrsg.] s. *Becker*, Friedrich Wilhelm. 1867: Erlebnisse in Rußland und Sibirien. 1867.

Becker, D., Führer durch Ballenstedt u. Umgegend f. die Zwecke der Kurgäste des Sanatoriums v. Dr. Max Rosell. (48 S. m. 2 Vollbildern.) 8. Ballenstedt (905). (E. Luppe.) n.n. — 50

Becker, Damian Johann
— Das Dies irae, Ave maris stella und Salve regina homiletisch erkl., nebst e. Zugabe Festpredigten. — Freiburg i. Br. [usw.]: Herder 1898. XX,386 S. 8°
107. 300:94.092-B. 302.
14.6195

BECKER, Daniel: Beitrag zur Casuistik der Hirntumoren.-München: Ernst 1897. 28 S.
14.12.1897 - Chr 1897/98,18; Jv 1897/98,208

Diss. Ingolst.-Landsh.-Mchn.

Becker, Dietrich, Dr. phil., Direktor d. Bischöflichen Konvikts, Speyer, 1830-1879. 1859: Die Freiheit und das Recht der neueren Philosophie, nach dem von Prof. Dr. Frohschammer jüngst veröffentlichten Vortrage. — Speyer: Bregenzer 1863. 23 S. 8°
6. 12:Ph. U. 37e. 16. 19. 20. 107. 121. 123. 211. 308.
14.6205

Becker, Dietr., die Freiheit und das Recht der neueren Philosophie, nach dem von Prof. Dr. Frohschammer jüngst veröffentlichten Vortrage, beleuchtet. gr. 8. (23 S.) Speyer 863, [Kleeberger.]

— Die Hauptmomente der Frohschammerschen Philosophie, auf Veranlassung der von Einhauser jüngst erschienenen Schrift beleuchtet. Speier, Bregenzer, 1863, 8°, 27 S., 40 Pf.

— Die Hauptpunkte der Frohschammer'schen Philosophie. Speyer: Bregenzer 1863. 27 S. 8°
5. 12:Ph. U. 37eb. 16. 19. 25.
14.6206

— Der Humanismus in seiner Beziehung zu den Prinzipien der antik-platonischen und der christlichen Sittenlehre. — Speier 1862: Kranzbühler. 22 S. 8°
Zugleich Progr. Speyer 1862. **6. 15. 19. 26. 207.**
14.6207

— Die Kirche und die Naturforschung. — Mainz: Kirchheim 1865. VIII,108 S. 8°
1:Dd 3366. 12:Phys. g. 34m. 14. 25. 30 [unvollst.] 36. 38. 102. 107. 211. 300:568.461-A.
14.6208

— Eduard Steinle's neuere Kunstschöpfungen. — Regensburg: Manz 1859. 62 S. 8° **6. 12:Art. 22d. 20. 30. 52.**
14.6209

— Das philosophische System Platon's in seiner Beziehung zum christlichen Dogma. — Freiburg i. Br.: Herder 1862. XII,348 S. 8° **1:Nk 10968. 2. 3. 5→9. 12:A. gr. b. 2688. 15. 16. 19→22. 25. 28. 31. 38. 43. 48. 107. 121. 169. 211. 214. 300:66.443-B. 302. 304. 308.**
14.6210

— Trauer-Rede gehalten bei der Beerdigung des Hochw. Herrn Bischofes Dr. Nikolaus von Weis im Kaiserdome zu Speyer am 15. Dec. 1869. — Speyer: Kleeberger 1869. 12 S. 8° **12:Bavar. 4007-III,10.**
14.6211

— Trauer-Rede, gehalten im hohen Dome zu Speyer, am Grabe des Hochwürdigsten Herrn Dr. Daniel Bonifacius v. Haneberg. — Speyer: Vereinsdr. zu Speyer 1876. 18 S. 8°
12:Bavar. 4007-III,18. 107.
14.6212

— Trauerrede bei den feierlichen Exequien Sr. Majestät Königs Ludwig I. von Bayern im Kaiserdom zu Speyer am 11. März 1868. — Speyer: Kleeberger 1868. 16 S. 8°
1:Sf 1462/8. 12:Bavar. 4100-17. 22.
14.6213

Becker, Dietrich David: Abhandlung von denen Verdiensten Magni Torquati, Herzogs zu Braunschweig, um Sangerhausen, mit welcher dem ... Herrn Christian Gottlob Kändlern ... zu seinem Namenstage den 17. May 1749. gehorsamst Glück wünschten, die sämmtlichen Mitglieder des Collegii oratorii ... Dietrich Dav. Becker [u. a.] — Leipzig [1749]: Breitkopf. XVI S. 8° **3. 7.**
14.6214

— Dietr. David (Hannover), De nitro. Diss. med. Präs. Joh. Hieron. Kniphof. Erfurt (Hering) 24. XII. 1753. 24 S. (3.—) 1673

— Des Chymischen Wahrsagers Vertheidigung wider die partheyische Recension der Verfasser der Erfurtischen gelehrten Nachrichten. — Langensalza: Martini 1757. 88 S. 8°
6. 7. 10. 14. 17. 20. 29. 30. 210.
14.6215

— Der chymische Wahrsager oder Beschreibung eines rubinrothen, fixen und durchdringenden Oels, so ohne alles Feuer ... aus dem Thau bereitet. — Langensaltza: Martini 1755. 78 S. 8°
1:Mu 5401. 5. 6. 7. 10. 16. 17. 20. 26. 27. 30. 34. 111.
14.6216

Becker, D. D., d. chymische Wahrsager, nebst Vertheid. 8. Langensalza 756. Martini. 6 K

Becker, Dominikus: Alphabetisches Repertorium aller Gesetze, Verordnungen und Normativ-Rescripte, welche vom Jahre 1803 bis zum Schlusse d. Jahres 1844 in d. Intelligenzblättern von Unterfranken u. Aschaffenburg erschienen sind, nebst e. Anh., der in d. ehemaligen Fürstenthume Aschaffenburg u. d. fuldaischen Gebietstheilen v. J. 1803 bis zum Anfall dieser Territorien an d. Krone Bayern in d. betreffenden Intelligenzblättern erschienenen gesetzlichen Bestimmungen. Verfaßt von Dominicus Becker. [Nebst] Nachtr. [1–4]. — Würzburg 1845–72: Bonitas-Bauer (Nachtr. 4: Thein). 8°
Nachtr. 1. Vom Jahre 1845 bis zum Schlusse d. Jahres 1852 ... Verfaßt von Dominikus Becker. 1854.
Nachtr. 2. Vom Jahre 1853 bis zum Schlusse d. Jahres 1864 ... Verfaßt von Th. Diem. 1865.
Nachtr. 3. Vom Jahre 1865 bis zum Schlusse d. Jahres 1868 ... Verfaßt von G. Scheer. 1869.
Nachtr. 4. Welche in den Jahren 1869, 1870 u. 1871 ... erschienen sind, verbunden mit e. ... Haupt-Uebersicht auf alle seit d. Jahre 1803 bis zum Jahre 1868 incl. ... erschienenen u. in Becker's Repertorium ... aufgenommenen Gesetze, Verordnungen u. Normativ-Rescripte ... Verfaßt von G. Scheer. 1872.
12: 4° Bavar. 3059 1845a. 1852a. 1861a. 1868a. 1871a.
20. 30. 300 [° Nachtr.]: 656.110 C.
14.6217

Becker, E., Pfarrer, Alsfeld. 1904 s. *Becker*, Eduard Edwin.

Becker, E., Astronom, Direktor d. Sternwarte, Straßburg, 1843-1912. 1870 s. *Becker*, Ernst.

Becker, E: Drehkrahne mit Kraftbetrieb für Werkstätten. Berlin 1887

BECKER, E., verw. WOLFF, und A. DE(C)KEN, Wilhelm Leewend. Eine moralische Geschichte aus der würklichen Welt zur Beförderung der Menschenkunde. Nach einem niederländischen Originale frei bearbeitet vom Verf. des Siegfried von Lindenberg [ɔ: JOH. GOTTWERTH MÜLLER]. 1. Bd. Berlin. 1798. — 1. Bd. 2. Abth. Mainz und Hamburg. Sm. A. — 2. Bd. Sm. St. o. A.

— — Klärchen Wildschütt oder: die Folgen der Erziehung. Nach einem niederländischen Originale frey verdeutschet von JOH. GOTTWERTH MÜLLER. 1. Bd. Berlin. 1800. (2—3. Bd. mglr. i K. B.).

Beckerus, E. A., Scrutinium operationis medicamentorum fluxus impedientium, nominatim: adstringentium, ambustionem sedantium, defensivorum, narcoticorum, lac imminuentium, semen extinguentium. 24 pp. Rost. 4°. 1715

Becker E. F. Ph.: Zur Aetiologie d. Darmeinschiebungen. Inaug.-Diss. Kiel 1885. 16 S. 1 Tvl. 4°.

Becker, E. T., Herbarium vivum. Enthaltend circa 60 aufgetrocknete, mit den Linné'schen Benennungen versehene Giftpflanzen d. Mark. Landsb. a. d. W., (Ende). In einer Mappe 1 ℛß 4 𝔤𝔤

Becker, E. W.: Ein neuer Stern der Hoffnung für Kranke und Leidende entdeckt in der einzigen und wahren Naturheilkraft. 2. Aufl. — Greiz: Bredt [um 1850]. VI,42 S. 8°
60.
14.0210

Becker, Eberhard, Pastor, Mirow, 1823-1897. 1841: Der heilige Ansverus,¹ Abt des Klosters Ratzeburg. Mit e. Vorr. von U. J. H. Becker. [Verf.: Eberhard Becker.] — Schönberg 1841: Bicker. VI,40 S. 8° 12: V.SS.70x. 18. 28. 29. 33.
14.0220

— Rede vor der Beisetzung der Leiche Seiner Hoheit des Hochseligen Herzogs Georg zu Mecklenburg in der Kirche zu Mirow geh. am 27. Juni 1876. — Neustrelitz: Barnewitz 1876. 7 S. 8° 36.
14.0221

Becker, Eduard
Becker, E. (II.), Formenlehre der lateinischen Sprache für Sexta und Quinta. 1.—3. Aufl. gr. 8. (104 S.) Metz 878—83, Gebr. Even. geb. *

Becker (V.) und Rettig, Formenlehre der lateinischen Sprache zum wörtlichen Auswendiglernen für Sexta und Quinta. 2. Aufl. 8. (85 S.) Metz 879, Gebr. Even. geb. *

Becker, E., Formenlehre der lateinischen Sprache für Sexta und Quinta. 4. Aufl. gr. 8. (116 S.) Metz 877, Gebr. Even. geb. *

Becker, Eduard, Repetent bei d. theol. Fak. zu Gießen: Geschichte des Kondominats zu Kürnbach bis 1598. Ein Beitrag zur Geschichte d. Kondominatswesens. *Darmstadt 1903.* (VIII, 40 S.) 8° ¶ (Erscheint vollst. in: Archiv f. Hess. Gesch. u. Altertumskunde.)
Gießen, Phil. Diss. v. 1903

— Geschichte des Kondominats zu Kürnbach bis 1598. — Darmstadt: Historischer Verein für d. Grossherzogtum Hessen; Bergsträsser in Komm. 1904. 154 S. 8°
Aus: Archiv für hessische Geschichte u. Altertumskunde. N. F. 4. 1904.
Erschien teilweise auch als Diss. Giessen 1903.
12: Germ. sp. 27 nik. 17. 30. 31. 66.
14.0231

— Eine Handschrift zur Geschichte der buttlarischen Rotte. — [Darmstadt 1905.] 23 S. 8° 1: Ct 2172. 17. 26.
14.0232

Becker, Eduard Beiordnende und unterordnende Satzverbindung bei den altrömischen Bühnendichtern. 4 (30 S.).
Progr. Lyc. *Metz* 1888

Becker, E., De syntaxi interrogationum obliquarum apud priscos scriptores latinos. Diss 1872. 32 S. 1.2

Becker, Eduard, Hauptlehrer, Remscheid. 1888: Über Trennung resp. Vereinigung der Geschlechter in der Volksschule. Vortrag. — Langenberg: Joost [1888]. 24 S. 8°
1: Ne 14889. 5. 62.
14.0224

— Aus der Vergangenheit von Leusel. — [Alsfeld] 1907. 16 S. 8° Aus: Oberhessische Zeitung. 1907. 17. 26.
14.6237

Becker, Eduard Daniel Heinrich: Einige Aufgaben aus der Zinsrechnung . . . , s. Becker, Hermann Friedrich

Becker, Eduard Daniel Heinrich
— Uebersichtliche Darstellung der gegenwärtigen landwirthschaftlichen Verhältnisse der Großherzogthümer Mecklenburg. — Rostock 1841: Rathsbuchdr. 78 S. 8°
17. 27. 28. 33. 34. 42. 47.
14.0226

(—) An Mecklenburgs Hofkatenleute. — (Teterow [1848]: Hirsch.) 2 Bl. 8° 33.
14.0227

Becker, Elise, der städtische Haushalt. Ratgeber für junge Frauen und Jungfrauen. gr. 8. (VIII, 279 S.) Hannover 885, Norddeutsche Verlagsanstalt. *ℳ 3.—.; geb. *

Becker, Emil, aus Eisenfeld: Beitrag zur Lehre von den menschlichen Mißbildungen, insbesondere der Cyklopie. *Würzburg 1903: Verlagsdruckerei.* (23 S.) 8°
Würzburg, Med. Diss. v. 1903

Becker, Emil. 1904: Neuer vollständiger Briefsteller für alle Lebenslagen. — Berlin: Steinitz (1904). 128 S. 8°
1: Yb 3508.
14.0250

Becker, Emil, Amtsrichter, Rhaunen, später Landgerichtsdirektor, Dortmund, geb. 1857. 1890: Frisch auf! Fünfzig der schönsten Wanderungen in der Umgebung von Trier. [Verf.: Emil Becker.] 3., verb. Aufl. der von d. Trierer Wanderbund hrsg. 50 Wanderungen. — Trier: Lintz 1905. VIII,36 S. 8°
1: Ti 5494³. 5. 38. 60.
14.0242

Becker, Emil: Die Herren von Hanau als Landvögte in der Wetterau. *Marburg 1902: R. Friedrich.* (S. 5—24.) 4°
Marburg, k. G, P 1902 (443)

Becker, E: Hochwald- u. Hunsrückführer. Zugl. umfass. d. Täler d. Mosel, Nahe u. Saar. 10. Afl. (14, 247 m. 21 Ktn u. Pl.) kl8° Trier, J Lintz '12. L 2.85

Becker (III.). Hunde u. Katzen auf dem Jagdgebiet im Bereiche d. rheinischen Rechts. gr. 8. (18 S.) Trier 890, Lintz. * — 50

Becker, Emil, Leitfaden f. den Unterricht in der Holz- u. Marmormalerei. 12. (83 S.) Köln 893. (Leipzig, Jüstel & Göttel.) n. 2. 50

Becker, Emil: Nachtrag zum Album des akademischen Pädagogiums (1654—1779). Marburg 1906: R. Friedrich. (S. 3—28.) 4° ¶ (Forts. d. P-Beil. 1905.)
Marburg, k. G Philippinum P 1906 (491)

Becker, Emil, Landgerichtsrat, Erfurt. 1897: Der Walchensee und die Jachenau. Eine Studie. — Innsbruck: Edlinger 1897. VIII,262 S. 8° 1: Sg 7088. 12: Bavar. 212id.
14. 15. 16. 26. 61. 109. 208. 300: 90.455-B. 302. 304.
14.0249

Becker, Emil, Dr. med., prakt. Arzt, Düsseldorf. 1896: Über Zwitterbildung beim Schwein. — Würzburg: Stahel 1896. 15 S. 8° (Verhandlungen d. Physikalisch-medicinischen Gesellschaft zu Würzburg. N.F. 30,8.)
Zugleich Diss. Würzburg 1896.
1: Lc 7624-30,8. 2. 5. 7→11. 12: Bavar. 2641 q-30,8. 15→18. 20. 25→30. 38M. 302.
14.0248

Becker, Emm. s. *Bekker*, Immanuel.

Becker Emma: Über Drehfelderscheinungen im elektrostatischen Wechselfeld (mit 1 Taf. und 1 Textfigur) S. 122. Ha. 515 . . . . —.90
Separatabdruck

Becker, Erich, appr. Arzt: Aus d. Polikl. f. Zahn- u. Mundkrankh. d. Zahnärztl. Inst. d. Univ. Breslau u. aus d. Konventhospit. d. Barmherz. Brüder, Breslau. Ein Beitrag zur operativen Behandlung der angeborenen Gaumenspalten. Breslau 1909: Breslauer Genossensch.-Buchdr. 47 S. 8°
Breslau, Med. Diss. v. 26. Juli 1909, Ref. Partsch-Küttner
[Geb. 2. Nov. 81 Wilsleben; Wohnort: Breslau; Staatsangeh.: Anhalt; Vorbildung: Gymn. Neuhaldensleben Reife M. 02; Studium: Leipzig 1. Straßburg 1. Halle 8 S.; Coll. 9. Juli 09: Approb. 29. Jan. 09.] [U 09. 540

Becker, Erich: Das Quellwunder des Moses in der altchristlichen Kunst. Straßburg 1909: Heitz. 76 S. 4° (8°) (Ersch. vollst. als: Zur Kunstgeschichte d. Auslandes. H. 72.)
Erlangen, Phil. Diss. v. 5. Juli 1909, Ref. Curtius
[Geb. 5. Dez. 83 Düsseldorf; Wohnort: Berlin; Staatsangeh.: Preußen; Vorbildung: Prinz-Heinrich-Gymn. Schöneberg Reife O. 02; Studium: Tübingen 2, Erlangen 1. Berlin 6 S.; Rig. 12. Febr. 09.] [U 09. 800

— **Das Quellwunder des Moses in der altchristlichen Kunst.** Strassburg: Heitz 1909. VIII,159 S. 4° (Zur Kunstgeschichte d. Auslandes. 72.)
Erschien teilweise auch als Diss. Erlangen 1909.
1: 4° Nr 4080-72. 2. 3. 6→11. 12: 4° Art. 49us-72. 14→18. 21. 25. 30. 38. 89. 212. 300: 407.243-C. Ks. 72. 302.
14.6258

Becker, Erich, aus Koblenz, Referendar am kgl. Amtsger. zu Jülich: Sicherung des Gläubigers durch constitutum possessorium. *(Düren [1900]: M. Becker.)* (53 S.) 8°
Erlangen, Jur. Diss. v. 18. Okt. 1899

Becker, Ernst, Astronom, Direktor d. Sternwarte, Straßburg, 1843-1912. 1870 [Hrsg.] s. *Annalen* der Kaiserlichen Universitäts-Sternwarte in Strassburg. 1896 ff. [Zeitschriften].

Becker, Ernst [app. Arzt aus Triptis i/Thür.]: Aus d. Augenklinik zu Jena. Beitrag zur Kenntnis der Bindehautdiphtherie. '(Klin. u. patholog.-anatom. Untersuchg.)' ... Jena, Univ.-Buchdr. G. Neuenhahn, 1897; 33 S. 8.
Jena, Med. Fak., Inaug.-Diss. v. [21. Juli] 1897

Becker, Ernst, Beiträge zur Geschichte der Aspirationspneumonie. Inaugural-Dissertation. gr. 8. (75 S. mit 1 Tab.) Helmstedt 887. (Göttingen, Vandenhoeck und Ruprecht.) *

Becker, Ernst, Stud. iur. 1898: Die zur Zeit gültigen Beschlüsse sämtlicher Verbands-Tagungen des Kyffhäuser-Verbandes der Vereine Deutscher Studenten. — Berlin 1898: (Knoll & Wölbling). 34 S. 8° 11.
14.6284

— **Bestimmung** der Längendifferenz zwischen der Großh. Sternwarte (Astronom. Institut) bei Heidelberg und der Kaiserl. Universitäts-Sternwarte in Straßburg i. E. im J. 1903, nach d. Beobachtungen von L. Carnera [u.a.] Bearb. u. hrsg. von E. Becker, W. Valentiner. — Karlsruhe: Braun in Komm. 1906. 79 S. 4° 1: 4° Ol 14585. 7. 10. 11. 12: 4° Astr.P. 32mc. 15. 16. 25. 26. 31. 38. 90. 169. 304.
14.6269

Becker, E. (I.), Bestimmung des Zeitunterschiedes zwischen dem Meridian von Berlin und dem Meridian von Greenwich und von Wien im Anschluss an eine gleichzeitige Bestimmung des Zeitunterschiedes zwischen Wien und Greenwich, unter Leitung von Th. v. Oppolzer und W. Förster ausgeführt von E. Becker, A. Nahlik und F. Kühnert. gr. 4. (IV, 94 S.) Berlin 881, Friedberg und Mode. *

— **Bestimmung** des Zeitunterschiedes zwischen dem Meridian von Berlin und den Meridianen von Greenwich und von Wien ... Unter Leitung d. Prof. Th. von Oppolzer u. W. Förster ausgeführt von E. Becker u. A. Nahlik u. F. Kühnert, bearb. von E. Becker. — Berlin: Stankiewicz 1881. 94 S. 4° 1: 4° Ol 14553. 11. 12: 4° Astr.P. 32m. 39. 90. 93. 169. 304. 305.
14.6270

Becker, Ernst, üb. Doxiocardie. Diss. gr. 8. (41 S. m. 1 Taf.) Jena 891. (Rudolstadt, Dabis.) n. — 60

Becker, Ernst: D. Eheschliessungsakt nach bürgerl. Recht. Rostock, Jur. Diss. v. 1910. Darmstadt 1910. 8°

Becker, Ernst, Kammergerichtsref. in Berlin: Über den Einfluss der Unternehmerkartelle auf die Arbeiterverhältnisse. *Berlin 1902: Knoll & Wölbling.* (57 S.) 8°
Leipzig, Phil. Diss. v. [18. Apr.] 1902

Becker, Ern. Aemil. (geb. Emmerich 11. 8. 1843): Nova elementa Amphitrites planetae ex observationibus duodecim oppositionum annorum 1854-1868 deducta et cum observatione Besseliana anni 1825 conciliata. Sunt additae tabulae motum planetae heliocentricum usque ad annum 1900 exhibentes. Berolini (1869). (24 S.) 4°
Berlin, Phil. Diss. v. 2. Aug. 1869

Becker, Ernest. Aemil., nova elementa Amphitrites planetae ex observationibus duodecim oppositionum annorum 1854—1868 deducta et cum observatione Besseliana anni 1825 conciliata. Sunt additae tabulae motum planetae Heliocentricum usque ad annum 1900 exhibentes. Dissert. inaug. astronomica. Berlin 870. (Calvary & Co.) 4. (24 S.) 15 ngr.

Becker, Ernst, ein Fall von Bauchblasengenitalspalte mit Kloakenbildung und Dicephalus tripus dibrachius. Inaugural-Dissertation. gr. 8. (26 S. mit 1 Stnt.) Göttingen 881, (Vandenhoeck und Ruprecht's Verlag.) *

—— s. **Foerster, W., Sammlung von Hülfstafeln der Berliner Sternwarte.**

Becker, Ernst, Major a. D. 1877: Geschichte des 2. Badischen Grenadier-Regiments Kaiser Wilhelm Nr. 110. — Berlin: Mittler 1877. IX,369 S. 8° 1: Si 1800. 11. 14. 16. 17. 26. 30. 31. 180. 209.
14.6282

Becker, Ernst, Kreisphysikus u. Oberarzt, Hildesheim. 1899: Die Geschichte der Medicin in Hildesheim während des Mittelalters. — Berlin: Hirschwald 1899. 44 S. 8°
Aus: Zeitschrift für klinische Medicin. 38. 1899. 7. 26. 35.
14.6286

— **Logarithmisch-trigonometrisches Handbuch** auf fünf Decimalen. Stereot. Ausg. — Leipzig: Tauchnitz 1882. XV, 104 S. 8° 1: 4° Oc 6347. 17. 30. 31. 39. 79. 82. 83. 85. 90. 91. 93. 169. 207.
14.6272

— logarithm.-trigonometr. Handbuch auf 5 Decimalen. 2. Ster.-Ausg. Lex.-8. (XVI, 104 S.) Leipzig 897. B. Tauchnitz. 1. 20

— **Logarithmisch-trigonometrisches Handbuch auf 5 Decimalen. 8. Ster.-Ausg. (XVI, 104 S.) Lex. 8. Leipzig 910. B. Tauchnitz. 1. 20**

— **Katalog** von 8204 Sternen zwischen 1° 42′ und 6° 10′ südlicher Deklination 1855 für das Äquinoktium 1900 nebst einmalig bestimmten Örtern von weiteren 107 Sternen nach Zonen-Beobachtungen von J. Halm ... u. a. am Repsoldschen Meridiankreise der Kaiserlichen Universitäts-Sternwarte zu Straßburg in den Jahren 1888-1893, 1895 und 1903 bis 1905. Bearb. von E. Becker. — Leipzig: Engelmann in Komm. 1906. 191 S. 4° (Katalog d. Astronomischen Gesellschaft. 2,1.)
1: 4° Ol 20258-2,1. 7. 18. 25. 90. 303. 304.
14.6271

— Catalog [Katalog] von 9208 Sternen zwischen 20° 0' und 25° 10' nördlicher Declination 1855 für das Aequinoctium 1875. Nach Zonen-Beobachtungen am Pistor u. Martins'-schen Meridiankreise d. Königlichen Sternwarte zu Berlin in d. Jahren 1879 bis 1883. — Leipzig: Engelmann in Comm. 1895. 13,223 S. 4° (Catalog d. Astronomischen Gesellschaft. 1,10.) 1:4° Ol 20258-1,10. **7. 12:**4°Astr.U.37e-1,10. **18. 25. 303. 304.**
14.6275

— Resultate aus Beobachtungen von 521 Bradley'schen Sternen am grossen Berliner Meridiankreise. — Berlin: Dümmler 1881. 43 S. 4° (Beobachtungs-Ergebnisse d. Königlichen Sternwarte zu Berlin. 1.)
1:4° Ol 8616-1. **7. 10. 11. 12:**4°Eph.astr. 11i-1. **304.**
14.6276

— Henri Rochefort. Vom modern-nationalen Standpunkt betrachtet. — Berlin: Kufahl 1898. 20 S. 8°
Aus: Der moderne Völkergeist. 5. 1898.
43. 300:412.960-B. **304.**
14.6285

Becker, Ernst, Halle a. S.: Der Roßbergbasalt bei Darmstadt und seine Zersetzungsprodukte. Nebst einer geolog. Spezialkarte, 2 Profilen in 1 : 4000 u. 2 Handskizzen. Frankfurt a. M. 1904: Gebr. Knauer. (80 S.) 8°
Halle, Phil. Fak., Ref. v. Fritsch, Diss. v. 3. Jan. 1905
[Geb. 22. Mai 71 Darmstadt; Wohnort: Darmstadt; Staatsangeh.: Hessen; Vorbildung: Gymn. Darmstadt Reife M. 91; Studium: Charlottenburg T.H. 4, Berlin 1, Heidelberg 2 S.; Rig. 21. Juni 04.]

— Die Sonne und die Planeten populär-wissenschaftlich dargestellt. — Leipzig: Freytag [usw.] 1883. XI,296 S. 8° (Das Wissen d. Gegenwart. 10.)
1:Om 964. **3. 4. 9. 12:**Var. 673z-10[2Ex.] **14. 15. 17. 18. 19. 22. 26. 28. 29. 31. 38. 39. 41. 44. 47. 52. 60. 61. 64. 79. 82. 91. 102. 106. 109. 123. 207. 210. 211. 300:**79.193-B. 10. **303. 308. 309.**
14.6277

— — Ebd. 1887. XI,296 S. 8° (Das Wissen d. Gegenwart. 10.) **39. 61.**
14.6278

— Spjewy sa Serbske schulje. Shromadź. wot K. E. Pekarja. Gesänge für wendische Schulen gesammelt von Carl Ernst Becker. Sesch. 1.2. — w Budyschini: Maćiza Serbska 1856–60. 8° (Maćicźnych Spisow. 29.36.) **14.**
14.6266

— — Spěwy sa Serbske schule. Shromadź. wot K. E. Pjekarja. Gesänge für wendische Schulen. Gesammelt von Carl Ernst Becker. 2. wud. Sesch. 2. — w Budyschinje: Maćiza Serbska 1875. 59 S. 8° (Maćicźnych Spisow. 36.) **14.**
14.6267

— — 3. wud. Sesch. 1. Ebd. 1873. 46 S. 8° (Maćicźnych Spisow. 29.) **14.**
14.6268

Becker, E.: Strömungsvorgänge. . ., s.a. Mitteilungen u. Forschungsarbeiten.

Becker, Ernst: Strömungsvorgänge in ringförmigen Spalten und ihre Beziehungen zum Poiseuilleschen Gesetz. ⟨Mitteilung aus dem Maschinenlaboratorium B der Technischen Hochschule zu Dresden.⟩ 1906. 47 S. 4° ¶ Auch in: Mitteilungen über Forschungsarbeiten auf d. Gebiete d. Ingenieurwesens. H. 48. 1907; Ausz. in: Zeitschrift d. Vereines deutscher Ingenieure. Bd 51. 1907, Halbj. 2.
Dresden, Dr.-Ing.-Diss. v. 13. 12. 1905

Becker, Ernst, s.: Stückdes, neue Mölmsche.

— Tafeln der Amphitrite mit Berücksichtigung der Störungen durch Jupiter, Saturn und Mars. — Leipzig: Engelmann 1870. XLVIII,106 S. 4° (Publication d. Astronomischen Gesellschaft. 10.)
1:4° Oh 1988 10. **2. 7. 10. 12:**4°Eph. astr. 94 rm-10. **15. 17→20. 24. 25. 28. 30. 93. 303. 305.**
14.6279

— Tafeln z. Berechng. d. Praecession. [Aus: „Annalen d. kais. Universitäts-Sternwarte i. Strassburg", 2. Bd.] gr. 4. (IV, 91 S.) Karlsruhe 898. (G. Braun'sche Hofbuchdr. u. Verl.) n. 5. —

— Theorie d. Mikrometer u. d. mikrometr. Messungen a. Himmel. [Aus: „Handwrtrb. d. Astronomie".] gr. 8. (VII, 185 S. m. 73 Abb. u. 3 Taf.) Breslau 899. E. Trewendt. Geb. in Leinw. n. 7. —

Becker, Ernst (Louis Wilh.) (geb. Belgard in Pomm. 23. 11. 1857): Ueber Transplantation. Berlin (1881). (35 S.) 8°
Berlin, Med. Diss. v. 10. Aug. 1881

Becker, Ernst, Regierungsrat, Dresden. 1904: Verordnung über den Gewerbebetrieb der Gesindevermieter und Stellenvermittler vom 6. Aug. 1902. — Dresden: Heinrich 1904. 63 S. 8° **14. 15. 106. 203. 208.**
14.6287

Becker, Ernst, Bürgermeister, Lünen. 1907: Die Wertzuwachssteuer, bearb. für d. Stadtverordneten-Kollegium in Lünen. — Dortmund 1907: Crüwell. 20 S. 8° **6.**
14.6288

— Zonenbeobachtungen der Sterne zwischen 20 und 25 Grad nördlicher Declination. Hrsg. von W. Foerster. (Th. 1.2.) — Berlin: Dümmler 1892 (-93.) XLVII,616 S. 4° (Astronomische Beobachtungen auf d. Königlichen Sternwarte zu Berlin. Ser. 2,1.)
1:4° Ol 8178-2,1. **7. 10. 11. 12:**2°Eph. astr. 1k-II,1. **304.**
14.6281

Becker, Ernst Artur, Dr., Landgerichtsdirektor, Dresden. 1893: Stammbaum Becker-Glauch. (Verf.: Ernst Arthur Becker.) [Nebst] Nachtr. 1.2 [u.] Erg. Taf. — Dresden (Erg. Taf.: Dresden: Beckerscher Familienverband) [1893]–1932: Lehmann. quer-8°, 8° [u.] 4°
Hauptwerk. [1893.]
Nachtr. 1. Zsgest. von Becker. 1900.
Nachtr. 2. Zsgest. unter Mitw. des Herrn ... Arthur Becker von Rudolf Jahn. [1912.]
Erg. Taf. Bearb. von Theodor Korselt. 1932.
14 [∞ Hauptw.; Nachtr. 1.2]. **101. 117** [∞ Nachtr. 1.2; Erg. Taf.]
14.6297

(—) — Stammbaum Becker-Glauch. ⟨Dörstling.⟩ Dresden [1893]: Lehmann. 20 S., 11 Taf. quer-8° **14.**
14.6298

Becker, einige Bemerkungen zum Entwurf e. Gesetzes üb. die Fürsorge-Erziehung im Königr. Sachsen, nach den im März 1908 geh. Vorträgen im Richterverein u. in der forensisch-psychiatr. Vereinigg. in Dresden. (20 S. u. 1 Beilagebl.) gr. 8. Dresden 908. Lehmann'sche Buchdr. — 50

— Schutz der kriminell gewordenen Jugend im Strafrecht und Strafprozeß. Nach d. Entwurf e. Strafprozeßordnung. Dresden: v. Zahn & Jaensch 1909. 36 S. 8° 1:Fv 3694. **12:**Crim. 13 lc. **14. 24. 38. 106. 203. 207. 208. 302.**
14.6300

Becker, Ernst Artur
— Das System der Schutzaufsicht im Rahmen vorbeugender Jugendhilfe. Leitsätze. — Dresden: Verband für Jugendhilfe 1910. 12 S. 8° **106.**
14.6301

— Ein Vorschlag zur Schaffung von Arbeiterwohnungen auf baugenossenschaftlichem Wege durch den Dresdner Spar- und Bauverein e. G. m. b. H. Hrsg.: Dr. Becker. — (Dresden [1899]: Lehmann.) 21 S. 8° **14.**
14.6302

— Die Vorteile der Baugenossenschaften für die Gesamtheit und den Einzelnen mit bes. Berücks. d. Dresdner Spar- u. Bauvereins u. d. Dresdner Verhältnisse. Beiliegend e. Zusammenstellung nach d. Veröffentlichung d. städtischen statistischen Amts. — Dresden: Lehmann 1902. 19 S. 8° 14 [∞Zusammenst.] **106. 203.**
14.6303

— Die Wohnungsfrage und ihre Lösung auf baugenossenschaftlichem Wege. — Dresden: v. Zahn & Jaensch 1901. 44 S. 8° 1:Fd 3793. **14. 15. 17. 21. 30. 31. 32. 35. 38. 106. 180. 203.**
14.6304

Becker, Ernst Emil, s. B e c k e r , Ernst

Becker, Ernst Gotthelf: Catalogus bibliothecae Ern. Gotthelf Beckeri. [Auktionskat.] — Dresdae 1773: Walther. 912 S. 8° Als Verfasser wird Johann Michael Francke genannt.
1:Ap 1141. **3. 7. 14. 30. 39. 43. 44. 45.**
14.6305

Becker, Erwin: Beiträge zur Geschichte der lutherischen Kirche in Queensland. Im Auftrage d. Vereinigten deutschen u. skandinavischen lutherischen Synode von Queensland. — South Brisbane 1898. 34 S. 8° **18.**
14.6306

Becker, Erwin, Referendar, aus Hamburg: Das kaufmännische Zurückbehaltungsrecht des neuen Handelsgesetzbuches. *Göttingen 1901: Dieterich.* (51 S.) 8°
Göttingen, Jur. Diss. v. [12. Sept.] 1901

Becker, Erwin, das kaufmännische Zurückbehaltungsrecht des neuen Handelsgesetzbuches. Diss. gr. 8. (III, 51 S.) Göttingen 901. (Vandenhoeck & Ruprecht.
n. 1. 20

Becker, Eugen: Die Bedeutung von Dur und Moll für den musikalischen Ausdruck. Auf Grund d. Untersuchung Schubert-, Schumann- u. Franz'scher Lieder. Stuttgart 1910: Union. 50 S. 8° ¶ (Aus: Zeitschrift f. Ästhetik. Bd 5.)
Würzburg, Phil. Diss. v. 28. Mai 1910, Ref. Külpe
[Geb. 13. Juni 86 Landau, Pfalz; Wohnort: Landau; Staatsangeh.: Bayern; Vorbildung: Gymn. Landau Reife Juli 05; Studium: Würzburg Jura 2, Phil. 5 S.; Rig. 24. Juli 09.] [U 10. 4377

Becker, Eugen, Fabrikant, Hilden, später Bialystok, geb. 1848. 1898: Beiträge zur Geschichte der Familie Becker. (Verf.: Eugen Becker.) H. 1. — (Düsseldorf) 1898: (Lintz). 43 S. 4° **5. 23. 38. 61. 62. 64. 106.**
14.6308

— Beiträge zur Geschichte Bensbergs. — Elberfeld 1902: Baedeker. 68 S. 8° 1:Th 2657. **5. 38. 60. 61. 62.**
14.6309

— Name und Burg Bensberg. — Elberfeld 1902: Baedeker. 20 S. 8° **38. 60. 61. 62.**
14.6310

Becker, Eug., das badische Gesetz vom 14. VI. 1899, die Erbschafts- u. Schenkungssteuer betr., s.: Lang's Sammlung deutscher u. badischer Gesetze. 5 Bd.

Becker, Eugen

— Jan von Werth unser Vorfahr. — St. Petersburg 1904: Trenke & Füsnot. 15 S. 8° **38. 52. 60. 61. 64. 106.**
14.6311

— Johann von Werth. Ein Beitrag zu seiner Familiengeschichte. — St. Petersburg 1904: Trenke & Füsnot. 82 S. 4°
5. 12: 4° Biogr. 261k. **25. 30. 38. 60. 61. 62. 64.**
14.6312

Becker, Eustachius Johannes: Processus judicialis ex utroque iure desumptus. — Hannoverae: Förster 1700. 228 S. 8° **2. 5. 7. 17. 23. 27. 39. 42. 48. 303. 309.**
14.6314

Becker, Eust. I., Processus judicialis. 4. Hannov. Helwing 700. Rthlr.

Becker, Ewald: Die Korallen der Nattheimer Schichten. Von Ewald Becker u. Constantin Milaschewitsch. — Cassel: Th. Fischer 1875-1876. 123 S. 4°
Aus: Palaeontographica. 21. 1872-76. **29. 34.**
14.6315

Becker, E, u. C Milaschewitz: Korallen. Jetzt: Stuttg., E Schweizerbart. 76/80

Becker, Ewald *(geb. [Breslau] 14. 3. 1846)*: Ueber das Mineralvorkommen im Granit von Striegau, insbesondere über den Orthoklas und den dunkelgrünen Epidot. Breslau (1868). (34 S.) 8°
Breslau, Phil. Diss. v. 7. [vielmehr 6.] Nov. 1868

Becker, F., Kartograph, Professor, Zürich. 1888
s. *Becker,* Fridolin.

Becker, F., Oberst, Darmstadt, 1809-1875. 1850
s. *Becker,* Friedrich Christian.

Becker, F., Prediger, 1864-1931. 1897
s. *Becker,* Friedrich Gottlieb.

Becker, F., Anleitung zur Bedienung u. Instandhaltung der stationären Dampfmaschinen u. deren Kessel [nebst e. Anh. enth.: Allgemeine polizeil. Bestimmgn. üb. die Anlegg. v. Dampfkesseln.] 2. verm. u. verb. Aufl. Imp.-Fol. (1 Bl.) Darmstadt 872. Köhler. n. — 50

Becker, F., Anleitung zur Bedienung u. Instandhaltung der stationären Dampfmaschinen u. deren Kessel [nebst einem Anh., enth.: Allgemeine polizeil. Bestimmungen über die Anlegung von Dampfkesseln]. 3. verm. u. verb. Aufl. Plakat. Imp.-Fol. Darmstadt 877. Köhler. n. — 50

Becker, F., Dr. med. 1875: Repetitorium der Physiologie. — Leipzig: Grossmann 1875. 286 S. 8°
In einigen Exemplaren ist d. Erscheinungsvermerk überklebt mit: Marburg: Erhardt. **4. 10. 16. 22. 34. 47. 60.**
14.6317

Becker, F., u. J. G. **Thiele,** Taschenbüchlein neuer Lieder f. Schützengilden. 2. Aufl. 18. (36 S.) Königsberg 847, Universitäts-Buchh. in Comm. n. 1/12 ℛ

Becker, F.: Die wirthschaftl. U n t e r n e h m u n g s f o r m e n in ihrer Anwendbarkeit a.d. Versicherungswesen, s. B e c k e r - L a u r i c h , Fr.

Becker, F. (II.), Vorschriften zur Bedienung und Instandhaltung der stationären Dampfmaschinen und deren Kessel. 1 Tab. Imp.-Fol. Darmstadt 867, Köhler's Verlag. *

Becker, F. A., Hauptlehrer, Cuxhaven. 1880
s. *Becker,* Friedrich Adolf.

Becker, F. C., Zollrevisor, Darmstadt, † 1867. 1837
s. *Becker,* Friedrich Christian.

Becker, F.G. (Hrsg.), s. A n z e i g e r , Allgemeiner, u. Nationalzeitung d. Deutschen. 1843-1848.

Becker, F.G. (Hrsg.), s. A n z e i g e r , Der, d. Deutschen. Jge. 1807-29.

Becker, F.G., s. N a t i o n a l z e i t u n g

Becker, F. R., Reformierter Prediger, Golmerbruch. 1784: Die Kraft und Weisheit der Lehre von einem gecreuzigtem Christo in einer Paßions-Predigt über I. Corinther Cap. I. V. 23. 24. vorgetragen. 2., verb. u. verm. Aufl. — Potsdam 1784: Sommer. 44 S. 8° **33.**
14.6322

Becker, F. R. 1767: Polybia oder die unbelohnte Treue, ein Trauerspiel. — Berlin: Birnstiel 1767. 92 S. 8°
12: P. o. germ. 83. **23. 300:** an 624.942-B.Th.
14.6321

Becker, F.W.: F a m i l i e n - S t a m m b u c h , s. S ü h r i n g

Becker, F. W., Lehrbuch der Elementargeometrie. Oppenheim a. Rh., Kern. gr. 8.
1. Thl. Planimetrie. 2 Abthlgn. 859. (164 S. u. 10 lith. Taf. in 4.) 1. Abth. n. 15 *ngr.*; 2. Abth. n. 16 *ngr.*
2. Thl. 1. Abth.: Stereometrie. 860. (116 S. u. 6 lith. Taf. in 4.) 18 *ngr.*
2. Thl. 2. Abth.: Darstellende Geometrie. Mit 24 lith. Taf. (in 4.) 861. (VIII, 131 S.) n. 1 ℛ.
1.Thl.1.Abth.2.Aufl.:
s. Becker, W.

Becker, F. W., Genealoge u. Heraldiker, Dresden. 1891: Schäden moderner Kultur. — Dresden: Glöß in Comm. 1891. 50 S. 8°
12: H. g. hum. 322a. **14. 38. 106.**
14.6323

Becker, F.W., Geistlicher, Milwaukee. 1907: Auf dem Wege zum Glück. Aufsätze. — Berlin: Georgi [1907]. 48 S. 8° (Talisman-Bibliothek. 13.) 1: Nb 203/12–13. **11. 33.**
14.6324

Becker, Fanny

— Bilder aus der Kindheit und Jugend der seligsten Jungfrau und Gottesmutter Maria. Aus Überlieferung u. Legende ... zsgest. Bevorwortet von W. K. Reischl. — München 1869: Pössenbacher. VIII,48 S. 8°
12: V. SS. 523h. **18.**
14.6326

Becker, Fanny: [Teils.] Die heilige Elisabeth, Landgräfin von Thüringen. Die Jungfrau von Orleans. Maria Stuart, Königin von Schottland und Frankreich. (Verf.: F. Becker.) — Freiburg i. Br.: Herder 1872. 244 S. 8° (Sammlung historischer Bildnisse. [1,]6.)
1: Pb 3530–1,6. 12: Biogr. C. 284y–6. **31. 52. 214.**
14.6325

— Die heilige Hedwig Herzogin von Schlesien und Polen. — Freiburg i. Br. [usw.]: Herder 1872. 201 S. 8° (Sammlung historischer Bildnisse. 1,8.)
1: Pb 3530–1,8. **2.** 12: Biogr. C. 284y–8. **38. 52. 169. 302.**
14.6327

Becker, Felix

(Becker, F.:) Julius Blüthner in Leipzig, Königlich Sächs. Hofpianofortefabrik. Festschr. zur Feier des 50jähr. Geschäftsjubiläums am 7. Nov. 1853—1903. (Hrsg. vom Leipziger Künstlerverein.) [Mit Abb.] (Leipzig 1903: Weber.) 32 S. 4°

— [Mitarb.]
s. *Buch*, Spemanns goldenes, der Kunst. 1901 u. ö.

Becker, Felix, Referendar aus Berlin: Die **cessio legis** im römischen, gemeinen und bürgerlichen Recht unter besonderer Berücksichtigung der einzelnen Anwendungsfälle. *Greifswald 1903: H. Adler.* (VII, 64 S.) 8°
Greifswald, Jur. Diss. v. [23. Okt.] 1903

Becker, Felix: De parturientium delirio. Halis (1856): Hendel. 31 S. 8°
Halle-Wittenberg, Med. Diss. v. 1. Okt. 1856
Geb. Billerbeck (Westf.; Kr. Koesfeld) 25. 12. 1830. V.

Becker, Fel., Handbuch der Kunstgeschichte, s.: Springer, Ant.

(—) Herzoglich Sachsen-Altenburgisches Museum ⟨Lindenau-Stiftung⟩. Beschreibender Katalog der Gemäldesammlung. 1898. — Altenburg [1898]: Pierer. VIII,161 S. 8°
1: Ns 4740/5. **14. 24.**
14.6333

— [Hrsg.] s. *Lexikon*, Allgemeines, der bildenden Künstler von der Antike bis zur Gegenwart. 1907ff.

Becker, Felix: Schriftquellen zur Geschichte der altniederländischen Malerei nach den Hauptmeistern chronologisch geordnet. 1. Kritik und Commentar der Quellen. *Leipzig 1897: Sellmann & Henne.* (94 S.) 8°
Leipzig, Phil. Diss. v. [25. Febr.] 1898

Becker, Fel., s.: Gemäldegalerie Speck v. Sternburg in Lützschena.

— Gemäldegalerie Speck von Sternburg in Lützschena. 40 Aufnahmen ausgewählter Meisterwerke. — Leipzig: Twietmeyer 1904. 5 Bl.,40 Taf. gr. 2°
1: gr. 2° Ns 11441. **2.** 12: 2° Art. 112e. **14. 15. 18. 117. 169.**
14.6335

Becker, Ferdinand

Becker, Ferd., der Bandit v. Nizza od. die Rache d. Verschmähten. Eine Erzählg. aus der Zeit der französ. Revolution. 8. (75 S.) Elberfeld 873. Büttmann. n. — 30

Becker, Fd., erstes Buchstabir- u. Lesebüchlein f. Kinder. 12. Paderborn 785.

Becker, Ferdinand, Archäologe u. Theologe. 1866: Rom's altchristliche Coemeterien. Ein Beitrag zur Kenntniss d. christlichen Alterthums. — Düsseldorf 1874: L. Voss. 120 S. 8° **3. 5. 20. 39. 61. 83. 102. 304.**
14.6337

—— Charlotte Corday od. d. Judith v. Caen. Eine histor. Erzählg. 8. (80) Ebd. 72. n. — 50

—— Charlotte Corday oder die Judith von Caen. Eine histor. Erzählung. 8. (80 S.) Elberfeld 878, Büttmann. *

Becker, Ferd., die Darstellung Jesu Christi unter dem Bilde des Fisches auf den Monumenten der Kirche der Katakomben. gr. 8. (VIII und 128 S. mit eingedr. Holzschn.) Breslau 866, Mälzer. *

Becker, Ferd., die Darstellung Jesu Christi unter dem Bilde des Fisches auf den Monumenten der Kirche der Katakomben erläutert. 2. unveränd. (Titel-)Ausg. gr. 8. (VII, 128 S.) Gera (866)876, Reisewitz. *

Becker, Ferdinand (Hrsg.), s. Erinnerung an Rügen.

—— der Felsenwirth oder die Belagerung von Hohenkrähen. Eine Erzählung aus dem Mittelalter. 8. (79 S.) Elberfeld 878, Büttmann. *

Becker, Ferdinand, Romanschriftsteller. 1871: Der Franzosenkrieg im Jahre 1870 oder Deutschland's Feuerprobe. Bd 1–4. — Berlin: Seehagen [1871]. 8°
1: Kr. Samml. T 3. **46. 302** [** 3.4].
14.6349

Becker, Ferdinand, Theologe, Paderborn. 1799: Geschichte meiner Gefangenschaft im Franziscaner Closter zu Paderborn. — Rudolstadt: Langbein & Klüger 1799. 46 S. 8°
1: At 9631 [u.] 2 in Av 22930. **6. 211.**
14.6336

— Geschichtstabelle f. Schulen. 4. Paderb. o. Jahrz.

— synchronist. Geschichtstafel, von d. Urwelt bis auf Christum. 4. Paderb. 792.

— Die Inschriften der römischen Coemeterien. Erklärung 30 ausgewählter facsimilirter altchristlicher Grabschriften. Gera: Reisewitz 1878. 40 S. 8°
1: Ph 3588. **3. 5. 8. 11.** 12: Arch. 4o. **14. 16. 18. 20. 21. 22. 24. 29. 39. 44. 45. 61. 102. 121. 304.**
14.6340

— Die gegenwärtige kirchliche Lage Italien's. Vortrag. — Berlin: Matthies in Comm. 1868. 16 S. 8°
Erschien zuerst in: Schutz u. Trutz. 5. 1868.
1: 3 in Rn 9501 [u.] Deutsche Flugschr. 1868–24.
14.6341

Becker, Ferd. (II.), die gegenwärtige kirchliche Lage Italiens. Ein Vortrag im evangel. Verein zu Berlin gehalten. 8. (16 S.) Berlin 869, (Matthies.) *

— Die christliche Lehre vom Gewissen. Doppelpredigt. — (Düsseldorf [1872]: L. Voß.) 16 S. 8° **61.**
14.6342

Becker, Ferd.: Quaestiones grammaticae et criticae ad Quintiliani librum decimum, s. Becher, Ferdinand

— Reisebilder aus Italien. H. 1. — Berlin 1870 (1869: Rosenthal). 160 S. 8° **61.**
14.6343

—— die weiße Sklavin oder 150000 Dollars. Eine Erzählung aus dem Pflanzerleben von Louisiana. 8. (78 S.) Elberfeld 868, Püttmann. *

— die weiße Sklavin od. 150000 Dollars. Eine Erzählg. aus dem Pflanzerleben v. Louisiana. 8. (78 S.) Elberfeld 873. Püttmann. n. — 50

— Das Spott-Crucifix der römischen Kaiserpaläste aus dem Anfange des dritten Jahrhunderts. — Breslau: Mälzer 1866. 44 S. 8°
1: Dt 10608. **2. 3. 5. 7. 11. 12:** H. eccl. 103c. **16. 17. 19. 20. 23. 25. 27. 29. 30. 32. 33. 300:** 71.220–B.
14.6344

—— das Spott-Crucifix der römischen Kaiserpaläste aus dem Anfange des 3. Jahrh. erläutert. 2. unveränd. (Titel-) Aufl. gr. 8. (44 S.) Gera (866)876, Reisewitz. *

Becker, Ferd. (I.), die Strandräuber, oder Angelika, die Tochter des Meeres. Eine Seegeschichte. 8. (77 S.) Elberfeld 873, Püttmann. *

—— Thron u. Schaffot, od. König Wenzel v. Böhmen u. d. Henkersknecht. Eine histor. Erzählg. 8. (79) Ebd. 72. n. — 50

—— Thron und Schaffot, oder König Wenzel von Böhmen und der Henkersknecht. Eine histor. Erzählung. 8. (79 S.) Elberfeld 873, Püttmann. *

— Vergiß die treuen Todten nicht! Predigt am Todtenfeste 1871. — (Düsseldorf [1872]: L. Voß.) 32 S. 8° **61.**
14.6346

—— die Wand- und Decken-Gemälde der römischen Katacomben. Ein Beitrag zur Kenntniss derselben mit besond. Berücksicht. der Forschungen de Rossi's den Freunden des christl. Alterthums mitgetheilt. gr. 8. (60 S. mit vielen Holzschn., eingedr. und auf 1 Taf., und 1 Photolithogr.) Düsseldorf 874. (Gera, Reisewitz.) *

— Die Wand- und Decken-Gemälde der römischen Katacomben. — Düsseldorf 1874: A. Voss. 60 S. 8°
In einigen Exemplaren ist d. Erscheinungsvermerk überklebt mit: Gera: Reisewitz 1876. 1: Rr 7752. **14. 16.**
14.6347

Becker, Ferd., die heidnische Weiheformel D · M [Diis manibus sc. sacrum] auf altchristlichen Grabsteinen. Ein Beitrag zur Kenntniss des christl. Alterthums. gr. 8. (68 S. mit vielen eingedr. Abbild. in Holzschn.) Gera 881, Reisewitz. *

—— die schöne Zigeunerkönigin, oder das Geheimniß des Vagabunden. Historisch-romant. Erzählung aus der Gegenwart. Mit farb. Illustr. 24 Lfgn. gr. 8. (1147 S.) Elberfeld 874, Püttmann. à Lfg. 40 Pf.

Becker, Ferdinand G.: Auch ein Wort zur Vereinigungs- und Verfassungs-Frage der Herzogthümer Coburg und Gotha. (Verf.: F. G. Becker.) — ([Gotha 1852]: Engelhard-Reyher.) 2 Bl. 8° **39.**
14.6351

— Bemerkungen über Erziehungsanstalten und häusliche Erziehung in Teutschland. Von Carl Friedr. Wilh. Rast [d. i. Ferdinand G. Becker]. — Lemgo: Meyer 1806. 119 S. 8° **79.**
14.6352

—— Bemerkungen über Erziehungs-Anstalten und häusliche Erziehung. — Ebd. 1807. 119 S. 8° **51.**
14.6353

— Die Erziehungsanstalt in Vechelde oder Nachricht von der Entstehung, dem Fortgange und der gegenwärtigen Verfassung dieser Anstalt. — Gotha: Becker 1806. 159 S. 8°
7. 14. 23. 39. 43. 207.
14.6354

(—) Offenes Schreiben an meine Mitbürger im Herzogthum Gotha. — [Frankfurt a. M. 1848.] 2 Bl. 4° **39.**
14.6355

Becker, Ferdinand Wilhelm, Mediziner, Privatdozent, Berlin, 1805–1834. 1826 [Hrsg.]
s. *Andral,* Gabriel: Grundriss der pathologischen Anatomie [Précis d'anatomie pathologique, deutsch]. 1829–30 u. ö.

— De historica medicinae Explicatione prolusio academica. Berolini: Hirschwald 1830. 46 S. 8°
Zugleich Diss. Berlin 1830. **20. 202.**
14.6356

— De Glandulis thoracis lymphaticis atque thymo specimen pathologicum. — Berolini: Hirschwald 1826. IV, 58 S. 4°
Zugleich Diss. Berlin 1826.
2. 10. 12: 4° Path. 432–17 [2 Ex.] **14. 15. 17. 23. 24. 202. 300:** 135.256–B.
14.6357

Becker, Ferdinand Wilhelm, Missionsprediger, 1797–1863. 1896: Der Messias. Eine Betrachtung über Jesaia 49, 1–6. 3. Aufl. — Berlin [1896]. 16 S. 8°
Erschien zuerst in: Dibre Emeth. 1861.
([Tractate der] Deutschen Evangelischen Buch- u. Tractat-Gesellschaft. 716.) 1: Cv 52148–716.
14.6360

— Medicinische Nachrichten aus Paris. 1. — Berlin 1829. 31 S. 8°
1. Ueber Behandlung d. Harnröhrenverengerungen.
Aus: Archiv für medicinische Erfahrung. 1829, 1. **202.**
14.6359

Becker, Ferdinandus Gulielmus. 1826
s. *Becker,* Ferdinand Wilhelm.

Becker, Fr., Polizeiinspektor, Trier. 1897
s. *Becker,* Friedrich Klemens.

Becker, Fr., Pfarrer. 1876: Die Majestät des Gesetzes und der unbedingte Gehorsam. Die Macht des Gewissens und der passive Widerstand. Eine Zeitfrage. — Würzburg: Woerl 1876. 36 S. 8° (Katholische Studien. 2, 9.)
1: Bd 6856–2, 9. **12:** Th. U. 366 ko–2, 9. **20. 106. 211. 303.**
14.6362

—— Ebd. 1877. 36 S. 8°
Aus: Katholische Studien. 2. 1876. **6. 52. 203.**
14.6363

Becker, F. (I.), der unternehmende und wohlhabende Selbst-Fabrikant. Eine Sammlung von 525 Anweisungen zur Selbstanfertigung von allerhand Handelsartikeln wie: Seifen, Kerzen, Parfümerien, Tinten 2c. Ein nützliches Handbuch für alle Gewerbtreibende, so wie zum Nutzen für Jedermann. 8. (VI und 202 S.) Berlin 865, Mode.

Becker, Fr., der unternehmende und wohlhabende Selbst-Fabrikant. Eine Sammlung von über 500 Anweisungen zur Selbstanfertigung von allerhand Handelsartikeln, wie: Seifen, Kerzen, Parfümerien 2c. Ein nützl. Handbuch für alle Gewerbtreibende, vorzüglich für Materialisten, Techniker, Färber 2c., sowie zum Nutzen für Jedermann. 6. und 7. verb. Aufl. 8. (XVI, 240 S.) Berlin 876,78, Mode's Verlag.

Becker, Fr., der unternehmende u. wohlhabende Selbst-Fabrikant. Eine Sammlung von über 500 Anweisungen zur Selbstanfertigung von allerhand Handelsartikeln, wie: Seifen, Kerzen, Parfümerien 2c. Ein nützliches Handbuch für alle Gewerbtreibende, vorzüglich für Materialisten, Techniker, Färber 2c., sowie zum Nutzen f. Jedermann. 7. verb. Aufl. 8. (XVI, 240 S.) Berlin 879. Mode's Verl. 2. 25

Becker, Fr., der unternehmende und wohlhabende Selbst-Fabrikant. Eine Sammlung von über 500 Anweisungen zur Selbstanfertigung von allerhand Handelsartikeln, wie: Seifen, Kerzen, Parfümerien ꝛc. Ein nützl. Handbuch für alle Gewerbtreibende, vorzüglich für Materialisten, Techniker, Färber ꝛc., sowie zum Nutzen für Jedermann. 8. und 9. verb. Aufl. 8. (XVI, 240 S.) Berlin 880,82, Mode's Verlag.

Becker, Fr., der unternehmende u. wohlhabende Selbst-Fabrikant. Eine Sammlg. v. üb. 500 Anweisgn. zur Selbstanfertigung v. allerhand Handelsartikeln, wie: Seifen, Kerzen, Parfümerien ꝛc. Ein nützl. Handbuch f. alle Gewerbtreibende, vorzüglich f. Materialisten, Techniker, Färber ꝛc., so wie zum Nutzen f. Jedermann. 12., verb. Aufl. 8. (XVI, 240 S.) Berlin 893. S. Mode's Verl. 2. 25

Becker, Fr. Er. Thdr., († d. 4. Juli 1828.) **Diss. inaug. de A. C. Celsi medicinae libro tertio. Gött. 816.**

Becker, Fr. Ludw., zur Frage der Maultierzucht. (19 S.) 8. Thale (908). Marienwerder (F. Trinks). — 40

Becker, Franz, aus Frankfurt a. d. O.: Beitrag zur Kenntnis des Narcotins und seiner Derivate. *Berlin (1903): G. Grandpierre, Idstein.* (46 S.) 8°
Berlin, Phil. Diss. v. 25. März 1903

— Franz (Leipzig), Ueber den Einfluss, welchen verschiedene Salze auf d. rothen Blutkörperchen ausüben. Diss. med. Halle (Plötz / R. Nietschmann) 15. XII. 1884. 40 S. mit Biogr. (3.50) 1674
Oppon.: E. Böttger, J. Simdorn.

Becker, Franz, Dr. med., Augenarzt, Düsseldorf. 1901: Der Entschädigungsanspruch des Arbeiters bei Augenverletzungen. Ein neuer Versuch, denselben durch e. einfaches Rechnungsverfahren genau prozentualite [!] festzustellen. — Berlin 1901. 12 S. 4°
Aus: Die Arbeiter-Versorgung. 19. 1902. **17.**
14.6374

Becker, Frz., der Entschädigungsanspruch des Arbeiters bei Augenverletzungen. Ein neuer Versuch, denselben durch e. einfaches Rechnungsverfahren genau prozentualite festzustellen. Lex.-8. (12 S.) Berlin 901. Grunewald, Verl. der Arbeiter-Versorgung, A. Troschel. n. — 60
Sonderabdruck aus: „Arbeiter-Versorgung."

Becker, Franz, Hofprediger, Karlsruhe. 1843: Die Festfeier des 19. April 1843 zu Donaueschingen. [Verf.: Franz Becker.] — Carlsruhe ([1843]: Creuzbauer, Hasper & Sonntag). 104,2 S. 8°
Nebent.: Festfeier d. silbernen Hochzeit Seiner Durchlaucht d. Fürsten Carl Egon von Fürstenberg u. Ihrer Hoheit d. Fürstin Amalie gebornen Prinzessin von Baden am 19. April 1843. **31.**
14.6367

Becker, Franz. 1845: Dieses Buch gehört den Kindern. Geschichten und Mährchen, wie ich sie meinen Kindern gern erzähle. — Leipzig: Hartung [1845]. 124 S. 8° **207.**
14.6368

Becker, Franz [Dr.]: Die sittlichen Grundanschauungen Senecas. E. Beitr. z. Würdigung d. stoischen Ethik. *Bonn, Univ.-Buchdr. v. C. Georgi, 1893;* 21 S. 4.
Köln, k. Friedrich-Wilhelms-G, P 1893 (433)

— Kämpfe und Siege der Kirche oder Gottes Strafgerichte über die Christen- und Kirchenverfolger von König Herodes dem Großen an bis auf Kaiser Napoleon III. Ein Trostwort an d. Christenvolk von Firmianus Lactantius. — Mainz: Kirchheim 1873. IV,504 S. 8°
12: H. eccl. 580 g. 15. 17. 52.
14.6369

— — Kämpfe und Siege der Kirche ... von König Herodes dem Großen bis auf Kaiser Napoleon III. Ein Trostwort an das Christenvolk von Firmianus Lactantius. 2. Aufl. — Ebd. 1874. IV,510 S. 8° **17. 26. 36.**
14.6370

Becker, Franz, Photograph. Berlin. 1902: Kinderstudien für Künstler. 1902 s. *Becker*, Fritz Adolf.

— Ernst Koch. — Wien: Verf. [1907]. S. 457-460. 8°
Aus: Die Kultur. Viertel-Jahrschrift für Wissenschaft, Literatur u. Kunst. 8. 1907. **302.**
14.6376

Becker, Frz: **Die Kunstseide.** (8, 368 m. Abb.) gr8° Halle, W Knapp '12. 20 —

Becker, Frz., Lehrbuch d. kathol. Religion f. höh. Schulen. 1. Tl. Apologetik. 8. (VII, 55 S.) Freiburg i/Br. 897. Herder. n. — 70; Einbd. in Halbleinw. n.n.n. — 10

— dasselbe. 2. Tl. D. Glaubenslehre. 8. (XII, 277 S.) Ebd. 898. n. 2. 50; Einb. n.n.n. — 30

Becker, Frz., Lehrbuch der katholischen Religion f. höhere Schulen. 1. Tl. Apologetik. 2., erweit. u. verb. Aufl. (VII,71 S.) 8. Freiburg i B. 908. Herder. — 80; geb. 1. —

Becker, Franz, Rektor, Soest. 1899: Lehrplan und Stoffverteilung für die katholische Volksschule in Soest. — Hamm: Breer & Thiemann 1899. 85,VI S. 8°
1: Az 13756. 6.
14.6373

Becker, Franz, Religionslehrer, Bonn, geb. 1856. 1900 [Hrsg.] s. *Monatsblaetter* für den kathol. Religionsunterricht an höheren Lehranstalten. 1900ff. [Zeitschriften].

Becker, Frz: Bryan Waller Procter (Barry Cornwall), s: Beiträge, Wiener, z. engl. Philol.

Becker, Frz., neues Schatzkästlein der Jugend. Mit 11 Abbild. (in Holzschn.) 8. (VI u. 138 S.) Berlin 851, Vereins-Buchhandlung. ½ ₰

— Was will der Liberalismus und was will der Mainzer Katholikenverein? Eine kurze Abendunterhaltung zur Belehrung für d. Bürgers- u. Bauersmann von Firmianus Lactantius. — Mainz: Kirchheim 1873. 64 S. 8° **17. 21. 52.**
14.6371

— — 2. Aufl. Ebd. 1873. 64 S. 8° **36.**
14.6372

Becker, Franciscus Daniel (Wallscheid)
De fungo articulorum.
Giessae: Schroeder [1809]. 16 S.
Diss. med. 7.3.1809. vorh. 4.

Becker, Frz. Maria Wilh. De Paro Insula Pars. I, Chorographiam continens. (112) 8. c. tab. Monasterii 1868.

Becker, Franziska: Zwerg Nase. Märchensp. in 6 Bild. nach Hauff's gleichnam. Erzählg, frei f. d. Bühne bearb. (62) 8° Frankf.M., Blažek & B. ('12). — 60 d

Becker, F[ridolin]. Neue Anforderungen an das Landesvermessungswesen und an Topographie und Kartographie. [Mit 1 Vignette.] Separatabzug aus den Mitteilungen der ostschweizerischen geographisch-kommerziellen Gesellschaft in St. Gallen. [Jahrg. 1910.] Vortrag, gehalten am XVI. Verbandstag der schweizerischen geographischen Gesellschaften in St. G' 1910. II+20 S. 8. St. Gallen. Honegger. 1910.

Becker, Fr. Die topographischen Aufnahmen im Hochgebirge. 1882.

Becker, F[ridolin]. Der Bau der Klausenstrasse. [Mit Figuren.] Sonder-Abdruck aus der Schweiz. Bauzeitung, B. 37 [1901], No. 11, 12 und 16. 31 S. 8. Zürich, Jean Frey, 1901.

Becker, Frid.: Der Comersee m. s. Umgebgn u. Zufahrten. (Reliefkarte.) 1:150000. 89,5×81 cm. Farbdr. Winterth., Kartographia (04). (Nur dir.) 1.20

Becker, F[ridolin]. Lago di Como = Der Comersee mit seinen Umgebungen und Zufahrten. Reliefkarte von Prof F. B'. 1 Bl. fol. *zus.-gefaltet mit Titel* 8. [1905.] [fr. 1. 60]

Titel auf dem Blatt: Der Comersee mit s' U' und Z' = Il Lago di Como coi suoi dintorni e vie d'accesso. [Von] F. B', Prof. Masstab = Scala 1:150000. 392/310 mm. Nach den neuesten Aufnahmen.... Stich der topograph. Anstalt J. Schlumpf, Winterthur.

Teil der Relief-Karte der Oberitalienischen Seen von Prof. F. B'.

Becker, F[ridolin]. Erläuterungen zur Karte des Kantons Luzern. Zugleich Schlüssel zum Verständnis der modernen Kurven- und Reliefkarte. Im Auftrage des Erziehungsrates des K' L' Bearb. von Prof. F. B'. II + 32 S. 8. (Luzern, H. Keller, [1904].) [mit der Karte fr. —. 80]

Becker, F[ridolin]. Excursionskarte von Biel und Umgebung, hrg. vom Verkehrs- und Verschönerungsverein Biel und dem Schweizerischen Juraverein, bearb. von Professor F. B'. Masstab: 1 : 75000 = Carte d'excursions pour Bienne et ses environs. Echelle: 1 : 75000. 1 Bl. quer-fol., *in Umschlag* 8. Biel-Bienne, Ernst Kuhn, [1904]. [fr. 1. 50, auf Lwd. 2. —]

Titel auf dem Blatt: Exc'-K' von B' und U' = Carte d'exc' pour B' et ses e'. Hrg. vom V'- u. V' B' und dem Schweiz. J' und b' von Prof. F. B'. Masstab = 1 : 75000 = Echelle. 415/515 mm. Nach den Aufnahmen des eidg. topograph. Bureau.... Lith. u. Druck ... H. Kümmerly & Frey, Bern. Verlag von E' K', Biel, Editeur. — *Umschlag mit Angaben betr. Ausflüge.*

Becker, Fridolin: Glarnerland m. Wallensee u. Klausenstrasse. (160 u. 8 m. Abb., farb. Titelbild u. 1 farb. Ktc.) 8° Glar., J Baeschlin ('12). geb. 1.60

Becker, Frid., die Gotthardbahn, s.: Rechts u. links der Eisenbahn 73. Heft.

— Graue Hörner-Calanda-Ringelspitz. — Glarus 1888: Schmid & Dürst. 84 S. 8° (Itinerarium für das Excursionsgebiet des S.A.C. 1888.)
1:Ru 4800-1888. 12:Helv. 422t-1888. **43. 308.**
14.6392

Becker, F, s.: Karte d. Adamello- u. Presanella-Gruppe.

Becker, F[ridolin]. Karte von Bodensee & Rhein. Bearb. von Prof. F. B'. Masstab = 1 : 125000. 1 Bl. fol., *zus.-gefaltet mit illustr. Titel* 8. Bern, Geographischer Kartenverlag H. Kümmerly & Frey & A. Francke, [1905]. [fr. 2. 50]

Titel auf dem Blatt: Karte von B' und Rhein, mit den angrenzenden Gebieten von Baden, Württemberg, Bayern, Österreich und der Schweiz, bearb. von Prof. F. B'. Hrg. vom Verein für Geschichte des Bodensee's und seiner Umgebung und dem Bodensee-Verkehrsverein. Masstab 1:125000. 377/787 mm. Nach den topograph. Aufnahmen der Bodenseeuferstaaten mit deren Bewilligung. Lithographie u. Druck von H. K' & F', geograph. Anstalt Bern.

— Kte v. Bodensee, Rhein u. Bregenzerwald m. d. angrenz. Geb. v. Baden, Württemb., Bayern, Österr. u. d. Schweiz. (In Reliefmanier.) 1:125,000. 38×84,5 cm. Farbdr. Bern. Geogr. Ktnverl. ('10). 2 —: auf L 2.80

Becker, F[ridolin]. Karte der Churfirsten-Säntisgruppe. 1 : 75000. Nach den Aufnahmen des eidgen. topogr. Bureaus und des österreich. k. u. k. militärgeograph. Instituts bearbeitet. [Mit Reliefton.] 1 Bl. fol. St. Gallen, Komm. Fehr, 1904.

Titel auf dem Blatt: Karte der Ch'-S', bearbeitet von Prof. F. B' und hrg. vom Schweizer. Alpenclub 1903. Masstab - 1 : 75000. Äquidistanz der Kurven 30 Meter. 740/661 mm. Nach den Aufnahmen des eidg. topograph. Bureau und des öster. K. u. K. militärgeograph. Instituts mit deren Bewilligung. Stich und Druck ... J. Schlumpf in Winterthur.

Ausg. A: unaufgezogen. [fr. 3. —] K

Ausg. B: auf Lwd. aufgezogen, mit Titel 8. [fr. 5. 50] K

Becker, F: Karte d. Ferwallgruppe. 1:50,000. 46×79 cm. Farbdr. Münch. 99, (J Lindauer). 4 —

— Kte d. Kt. Glarus. 1:100,000. 58×40 cm. Farbdr. Glar., (Baeschlin) ('07). nn 1.50; auf Kartenl. nn 1.80

Karte des Kantons Glarus von F. **Becker**, Prof. [am eidgen. Polytechn.]. (Hrsg. von d. Erziehungsdir. d. Kantons. Nach d. eidg. topogr. Aufnahmen. Maßst. 1:100,000. Winterthur [1907]: Kartographia Winterthur.) (1 Kartenbl. 39×52 cm.) [Kopft. lith.] [kol.] [07. 11819

Becker, F, Karte d. Jungfrau-Massivs, s.: Westentaschen-Karten-Collection.

Becker, F[ridolin]. Karte des Kantons Luzern. Obligatorisches Lehrmittel, entworfen und gezeichnet von Prof. F. B'. Masstab 1 : 150.000. 1 Bl. fol., *zus.-gefaltet mit Titel* 8. Bern, Geograph. Anstalt H. Kümmerly & Frey, [1904]. [auf Lwd., mit Erläuterungen,] fr. —. 80 K

Titel auf dem Blatt: Karte des K' L'. Obl' L'. Im Auftrag des Erziehungsrates entw. u. gez. v. Prof. F. B'. 2. Ausgabe. Masstab 1:150.000. 452/452 mm. Lith. u. Druck der geograph. Kunstanst. H. K' & F', Bern.

— Karte v. Rigi. 1:50,000. 32,5×43 cm. Farbdr. Winterth. ('01). (Luz., E Haag.) nn — 90; auf L. nn 1.30

— Karte d. Vierwaldstättersees m. d. angrenz. Gebieten v. Zürichsee bis ins Berner Oberland. (Auch m. französ. Titel.) 1:150,000. 45,5×45,5 cm. Farbdr. Bern, Geograph. Kartenverl. ('05). — 95; auf L. 1.45

Becker, F., über Karten und Reliefs und die Bedeutung der letztern für den militärischen Unterricht. gr. 8. (15 S.) Zürich 883, (Wurster und Comp.)

Aus: Schweizerische Zeitschrift für Artillerie und Genie, besonders abgedruckt.

Becker, F. Die schweizer. Kartographie an der Weltausstellung in Paris 1889 und ihre neuen Ziele. Mit 3 artist. Beilagen. Gr. in-8°. 71 S. Frauenfeld, J. Huber's Verlag. 2 40

*** Sonderdr. aus der „Zeitschrift für Artillerie und Genie."
1890

Becker, F., über den Klausen. Auf neuer Gebirgsstr. zwischen Ur- u. Ost-Schweiz. Mit Illustr. nach photogr. Aufnahmen v. J. Knobel u. e. Karte der Klausenstrasse. Im Auftrage der h. Regiergn. v. Uri u. Glarus hrsg. vom Verkehrsverein f. den Canton Glarus. 8. (144 S.) Glarus 900. (Baeschlin).
In Leinw. kart. n. 1. 60

Becker, F[ridolin]. Die Kunst in der Kartographie. (Nach einem am internationalen Geographenkongress in Genf 1908 gehaltenen Vortrag.) Sonderabdruck aus der Geographischen Zeitschrift. (Hrg. von Dr. Alfred Hettner....) Band 16. Heft 9. II S. + S. 473—490 8. Leipzig, B. G. Teubner, (1910).

Becker, F[ridolin]. Land, Volk, Armee. Grundlage und Ausbildung unserer Wehrkraft. Mit zwei Karten [im Text]. 46 S. 8. Zürich, Arnold Bopp, Komm. Ed. Rascher's Erben, [1905]. (fr. —. 90) Q

(Militärische Einzelschriften über Tagesfragen der Schweiz. Armee.... Heft 6.)

Becker, F[ridolin]. Ueber Landes- und Terrainkunde. Vortrag, gehalten in der allgemeinen Offiziersgesellschaft von Zürich und Umgebung. SA. 8. Frauenfeld [1885].

— Der Langensee (Lago Maggiore) m. s. Umgebgn u. Zufahrten. (Reliefkarte.) 1:150,000. 46×35,5 cm. Farbdr. Winterth. ('04). Kartographia. (Nur dir.) 1.20

Becker, F[ridolin]. Lago Maggiore = Der Langensee mit seinen Umgebungen und Zufahrten. Reliefkarte von Prof F. B'. 1 Bl. fol., *zus.-gefaltet mit Titel* 8. [1905.] [fr. 1. 60]

Titel auf dem Blatt: Der Langensee mit s' U' und Z' = Il L' M' coi suoi dintorni e vie d'accesso. [Von] F. B', Prof. Masstab = Scala 1 : 150000. 461/353 mm. Nach den neuesten Aufnahmen.... Stich der topograph. Anstalt J. Schlumpf, Winterthur.

Teil der Relief-Karte der Oberitalienischen Seen von Prof. F. B'.

Becker, F[ridolin]. Das Topographische Relief in seiner Bedeutung für die Landeskunde. SA. 8. Frauenfeld 1897.

Becker, F: Ueber Relief-Fernrohre und Entfernungsmesser von Carl Zeiß. Frauenfeld 1900

Becker, Fridolin

Becker, F. Reliefkarte der Albiskette vom Uetliberg bis Albishorn. Entworfen u. bearb. nach den neuesten eidg. Aufnahmen mit Nachträgen 1889. Colorirt. 1 : 25,000. Gr. in-fol. Zürich, Hofer & Burger. **1890** In Carton 4 —

Becker, F. Prof. Reliefkarte vom Rigi. Luzern, Geschw. Doleschal's Buchhandlg. Nachf. J. Eisenring. 1900 1 —

— Relief-K. d. Oberitalien. Seen u. ihrer Excursionsgebiete. 1:150,000. 40,5×57 cm. Farbdr. Zür. ('01). Bern, Geograph. Kartenverl. 2 —; auf L. 2.80

Becker, F[ridolin]. Relief-Karte der Oberitalienischen Seen von Prof. F. B' = I Laghi dell'alta Italia, Colle loro regioni d'escursione. Massstab = Scala 1:150000. 1 Bl quer-fol., *zus.-gefaltet mit Titel* 8. Winterthur, J. Schlumpf, [1903]. [Auf Papier fr. 2.50, auf Lwd. 3.50] K

Titel auf dem Blatt: Die oberit' Seen und ihr Excursionsgebiet, von F. B'... = I laghi dell'alta It', colle l' r' d'esc', di F. B'.... Relief Karte = Carta topografica policroma. Massstab = Scala 1:150000. 459/588 mm. Nach den neuesten Aufnahmen des ital. militär-geograph. Institutes u. des eidg. topograph. Bureau's sowie eigenen Aufnahmen = Secondo i più recenti rilievi.... Stich der topograph. Anstalt J. Schlumpf, Winterthur = Incisione dell'Istituto topografico J. Sch', W'.

— Reliefkarte v. Uetliberg bis Felsenegg, s.: Westentaschen-Karten-Collection.

Rigi. Karte: hrsg. von d. Directionen d. Rigi-Bahn, d. Arth-Rigi-Bahn u. d. Scheidegg-Bahn ... Entw. u. gezeichnet von F. Becker, Prof. am Eidgen. Polytechn. Maasst. 1:50,000. *Winterthur [1902]: J. Schlumpf.* (1 Kartenbl. 41 × 30 cm.) 2° [kol.] 10. 6364

— Die erste Schlacht bei Zürich den 4. Juni 1799. — Zürich: Schultheß 1899. 112 S. 8° (Vor hundert Jahren. 2.)
1:Ru 2604-2. 11. 12:Helv. 416 mf-2. 14. 15. 34. 209. 300:406.841-B. 2. 302.
14.6398

Becker, F., und A. Fleiner, das Unglück an der Jungfrau vom 15. Juli 1887. Auf Veranlassung des Vorstandes der Section Uto S. A. C. dargestellt. gr. 8. (48 S. mit den Porträts der Verunglückten, 1 Karte des Jungfrau-Massivs und 1 Ansicht des Jungfrau-Gipfels.) Zürich 887, Hofer und Burger. ††

Becker, F[ridolin, und] Fleiner, A[lbert]. Das Unglück an der Jungfrau vom 15. Juli 1887. Auf Veranlassung des Vorstandes der Section Uto S. A. C. dargestellt von F. B'... [und] A. F'.... Mit den Portraits der Verunglückten, einer Karte des Jungfrau-Massivs und einer Ansicht des Jungfrau-Gipfels [3 Tafeln]. 8. Zürich [1887].

(2. Auflage!) — (3. Auflage!)
(4. Auflage!) — (5. Auflage!)

Becker, F[ridolin]. Vierwaldstättersee mit den angrenzenden Gebieten vom Zürichsee bis in's Berner Oberland. Massstab 1:150000 (= Lac des Quatre Cantons avec les régions limitrophes du lac de Zurich jusqu'à l'Oberland bernois. Echelle 1:150000). [Karte.] 1 Bl. fol., *zus.-gefaltet mit illustr. Titeln* 8. Bern, Geographischer Karten-Verlag ... (= Berne, Soc. d'édition de cartes géographiques ...), [1905]. Auf Papier fr. 1.20, auf Lwd. 1.80 K

Titel auf dem Blatt: V' — — bis ins B'-O' von Prof. F. B' = Le Lac des Q' C' et les — — bernois par F. B', prof. Massstab 1:150.000. 452/453 mm. [Lith. u. Druck der] Geograph. Anstalt Kümmerly & Frey Bern. Geogr' Kartenverlag Bern ... = Soc. d'Ed' de c' géogr' Berne....

Gleiche Karte auch ersch. u. d. T.: Karte des Kantons Luzern ... von Prof. F[ridolin] Becker ... [1904]; *s. Bulletin 1905, S. 54.*

— Vierwaldstättersee m. angrenz. Geb. v. Zürichsee bis ins Berner Oberland. 1:150,000. (Ausg. '07.) 45,5×45,5 cm. Farbdr. Bern, Geogr. Kartenverl. 1 —; L. 1.50

— Vierwaldstättersee m. d. angrenz. Gebieten v. Zürichsee bis ins Berner-Oberland. — Le lac des quatre cantons et les régions limitrophes du lac de Zürich jusqu'à l'Oberland bernois. 1:150,000. (Neue Ausg.) 45,5×45,5 cm. Farbdr. Ebd. ('12). — 80; auf L n 1.20

— Wasserstrassen zu und in der Schweiz. Eine verkehrsgeographische Studie. — Zürich: A. Müller 1904. 29 S. 8°
Aus: Mitteilungen d. Ostschweizerischen Geographisch-Commerciellen Gesellschaft. 1903.
[(Nordostschweizerischer Verband für Schiffahrt Rhein-Bodensee. Verbandsschrift. 13.)] 1:Sa 6787/5-13.
12:A. hydr. 80v-1. 31. 38. 106. 180. 203. 206.
14.6399

Becker, Friedrich, Direktor d. Schwedisch-Gymnastischen Heilanstalt, zuletzt Berlin. 1856: Anleitung zur naturgemäßen Heilung der Menschen-Blattern, Masern, Rötheln, des Scharlach &c.; sowie zur Verhütung der Pocken-Narben, der schädlichen Folgen der Kuhpocken-Impfung &c. — Cassel: Freyschmidt in Komm. 1865. 56 S. 8° 4. 34. 47.
14.6412

— Audiatur et altera pars. — (Berlin: Königsmann in Comm. 1877.) 11 S. 8° 47.
14.6413

— Die naturgemässe Behandlung der häutigen Bräune, sowie des Catarrhs der Luftröhre, des Keuchhustens und endlich der Diphteritis, Laryngitis etc. etc. — Cassel: Freyschmidt in Comm. 1865. 48 S. 8°
1:Iy 7610. 4. 20. 29. 34. 47.
14.6414

Becker, Fr[iedrich]: ⟨Aus der medizinischen Klinik zu Jena.⟩ Ein Beitrag zur Ätiologie der exsudativen Pleuritis. *Jena 1898: B. Engau.* (74 S.) 8°
Jena, Med. Diss. v. [5. Apr.] 1898

— Beitrag zur Ergründung der Ursache für die gegenwärtige Theuerung der nothwendigsten Nahrungsmittel. — Hannover: Th. Schulze in Komm. 1868. 14 S. 8°
7. 19. 23. 38. 106.
14.6415

— Bericht über das Institut für schwedische Heilgymnastik zu Cassel zur Behandlung chronischer und orthopädischer Krankheiten. — Cassel: Bohné 1856. 40 S. 8°
4. 34. 47.
14.6416

Becker, Friedrich, Bücherrevisor, Dortmund. 1904: Becker's Currentbuch ⟨Buchführungssystem⟩. — Dortmund: Becker 1904. 191 S. quer-8° 1:Fg 7823/40. 6.
14.6427

Becker, Frdr., Denkschrift über die schwedische Heilgymnastik, als eine der wichtigsten Erfindungen und ihren außerordentlichen Nutzen für das menschliche Befinden in gesunden und in kranken Tagen. Cassel 864. Freyschmidt in Comm. gr. 8. (62 S.) n. 6 ngr.

Becker, Friedrich. 1844: Die atmosphärische Eisenbahn. Nach d. Berichten von Smith, Mallet, Samuda, Pim &c. u. engl. Quellen bearb. — Frankfurt a. M.: Hermann 1844. 48 S. 8° 1:Nz 13945/10. 11. 12:A. hydr. 350. 14. 20. 33. 84. 91. 210. 304. 305.
14.6404

Becker, Friedrich, Lehrer, Tilsit, geb. 1805. 1847: Bittere Erfahrung eines Tilsiter Bürgers von ihm selbst erzählt u. eigenhändig unterschrieben. [Verf.: Friedrich Becker.] — Tilsit 1857: Reyländer. 8 S. 8° 10.
14.6405

— Friedensklänge im Felde der Glaubenskämpfe, oder der Antikonfessionalist. — Tilsit: Selbstverl. 1869. 94 S. 8°
1:1 in Yf 6703.
14.6406

— Friedrichslied in drei Abschnitten: der junge König; Friedrich der Held; der alte Fritz. Ein vaterländisches Heldengedicht. — Berlin: Selbstverl. 1850. XII, 228 S. 8°
1:Yo 4548. 15. 109.
14.6407

Becker, Friedr., Friedrichslied in 3 Abschnitten: der junge König; Friedrich der Held; der alte Fritz. Ein vaterländ. Heldengedicht. 4. (XII und 228 S. mit 1 Titelbild in Tondr.) Berlin 850, (Mai.) *

— Ueber das Gemeinschädliche der Kuhpocken-Impfung. — Cassel: Freyschmidt in Comm. 1864. 16 S. 8°
1:Stala 841. 4. 12:Chir. 14w. 17. 24. 28. 34. 36. 39. 47.
14.6418

Becker, Friedr., über das Gemeinschädliche der Kuhpocken-Impfung. 12. (16 S.) Berlin 886, Muskalla. *

— Geschichte Friedrich's des Großen. Volksbuch. Mit dem Standbilde Friedrich's v. Rauch u. anderen Holzschn. 8. (132 S.) Berlin 851, Vereins-Buchhandlung. 1/12 ℳ

Becker, Fr., Geschichte Friedrich's des Großen. Volksbuch. 2., unveränd. Aufl. 12. (132 S. mit dem Standbilde Friedrich's von Rauch und anderen 9 Holzschn.) Berlin 861, Vereins-Buchh.

Becker, Friedr., Die deutschen Geschlechtsnamen, ihre Entstehung und Bildung. Basel, Gewerbeschule 1864. **Progr.-Schr.**

(—) Die Grundprincipien der schwedischen Heilgymnastik. — Cassel: Freyschmidt in Comm. 1859. 18 S. 8° **4.**
14.6419

Becker, Friedrich, Lehrer, Basel. 1860 [Hrsg.]
s. *Hebel.* — J. P. Hebel. Festgabe zu seinem hundertsten Geburtstage. 1860 u. ö.

(—) Die schwedische Heilgymnastik. — Cassel: Bohné 1856. 29 S. 8° **4. 17. 30. 34. 47.**
14.6420

Becker, F, Heilg d. Cholera, d. Typhus u. Nervenfiebers auf physiolog. Basis. 16. (16) Berl. 85, Muskalla, n. — 15

Becker, Friedrich, Staßfurt. 1715: Hercules musagetes i. e. fortitudinis combinatio cum musis quando musarum quies defensione Herculis, & virtus Herculis voce musarum servatur. — Quedlinburgi: Sievert 1715. 46 S. 8° **4. 18. 21. 27.**
14.6400

— Impfen oder Nichtimpfen! — Berlin: Selbstverl. 1872. 32 S. 8° 1:4 in Ko 3261. 12: Chir. 14 wb. **111. 202. 203. 302.**
14.6421

Becker, Friedr., Impfen oder Nichtimpfen! Beitrag zur grossen Tagesfrage über den Impfzwang und zur Behandlung der Blatternkrankheit. gr. 8. (32 S.) Berlin 872, (Königsmann.) *

— Der kleine Littauer. Das Wichtigste aus der Sprachlehre. Tilsit: Selbstverl. 1866. VIII, 218 S. 8° 1: Zq 14928. **10. 30. 44. 102. 109.**
14.6409

— Die neuen und alten Maße, mit einander verglichen und alphabetisch geordnet für Schule und Haus. — (Tilsit [1870]: Albreghs.) 8 S. 8° **10.**
14.6410

— Mittheilungen aus der schwedisch-gymnastischen Heil-Anstalt zu Hannover. — Hannover: Verf. 1869. 31 S. 8° **7.**
14.6422

— Ueber den Nutzen der schwedischen Heilgymnastik in vorgerückten Lebensjahren. — Kassel: Freyschmidt in Comm. 1859. 8 S. 8° **4. 47.**
14.6423

Becker, Friedrich, Theologe, Lübeck, geb. 1817. 1842: Die Parteiungen in der Gemeinde zu Korinth. Ein Beitrag zur Einleitung in d. Briefe d. Apostels Paulus an d. Korinther. — Altona: Schlüter 1842. 69 S. 8° **2. 15. 27. 48.**
14.6403

Becker, Friedrich, Pfarrer, Klein-Rechtenbach. 1904: Port Arthur auf dem Schulgebiete. Ein Beitrag zur Schulaufsichtsfrage. — Wetzlar 1904: Schnitzler. 32 S. 8° 1: Dp 12230. **52. 207.**
14.6428

Becker, Friedrich, Pastor, Rittermannshagen, Mecklenburg-Schwerin, 1773-1837. 1817: Drei Predigten zum dritten Jubelfeste der Reformation. — Güstrow 1817: Ebert. 44 S. 8° **28. 33.**
14.6402

Becker, Friedrich, Kaplan, Duderstadt. 1869: Das Progymnasium zu Duderstadt, seine Geschichte und gegenwärtige Einrichtung, zum zweihundertjährigen Jubiläum dieser Anstalt. — Duderstadt 1869: (Wagner). 30 S. 8° **7. 211.**
14.6426

Die deutschen Satznamen. Basel, Gewerbeschule 1873. **Progr.-Schr.**

— Ueber die Verhütung und Heilung der Cholera etc. Bericht an die Reichs-Cholera-Commission. — Berlin: Königsmann in Comm. 1873. 16 S. 8° 1:3 in Ka 2095. **4. 7. 9. 15. 20. 22. 24. 26. 38M. 44. 202. 302.**
14.6424

— Via felicitatis & principi bono, & ministris eius ingenuis & subditis morigeris conveniens, delineata. — o. O. 1715. 81 S. 8° **23. 28. 29.**
14.6401

Becker, F., siehe: Volkssagen, Litthauische.

Becker, Friedrich

— Litthauische und preußische Volkssagen, nach zum Theil unbenutzten Quellen poetisch bearb. ... von F. Becker, C. Roose u. J. G. Thiele. — Königsberg: Samter 1847. VI, 146 S. 8° 1: Yo 3358. **10. 11.** 12: P. o. germ. 82 w. **14. 18. 44. 300:** 9397-A.
14.6411

— Ueber die Wirkungen der medicin. und chirurg. Heilgymnastik auf den menschlichen Organismus. — Berlin: Selbstverl. 1878. 8 S. 8° 1:19 in Kg 108. **33.**
14.6425

Becker, Fr.: Über die Wirkungen der medicinisch-chirurgischen Heilgymnastik auf den menschlichen Organismus. 2. Aufl. Berlin 1879. 8 S.

Becker, Friedrich Adolf

Becker, F. A., Cuxhafen und das Amt Ritzebüttel. Ein Beitrag zur Geschichte und Entwickelung des Landes, nebst topograph., statist. und chronologisch geordneten Mittheilungen und 1 (chromolithogr.) Karte. 8. (VIII, 248 S.) Hamburg 880, O. Meißner. ℳ 3,60.; geb.

Becker, F. A., Cuxhaven und das Amt Ritzebüttel. 8. Hamburg 880. Cuxhaven, Rauschenplat. [*ℳ 3.60.] *

Becker, Frdr. Alfr.: Die Magie d. Güte. (Die Freude, e. notwend. Faktor z. menschl. Harmonie.) (15) 8° Lorch, K Rohm '12. — 20 d

— Die Verneing d. Willens. Ein Wort nicht f. d. Leben, sondern f. Dein Leben. (16) 8° Ebd. '11. — 20 d

Becker, Friedrich Andreas: Mittheilungen über die Hundswuth, wie sie in den Jahren 1861 und 1862 in der Rheinprovinz beobachtet wurde. Referent: Becker. Correferent: Wegeler. — Coblenz 1864: Buet. 40 S. 8° 1: Stala 842. **5. 30. 38M.**
14.6447

Becker, Friedrich Christian, Oberst, Darmstadt, 1809-1875. 1850: Denkschrift über die Wasserversorgung von Darmstadt. [Verf.: Friedrich Christian Becker.] — Darmstadt: Jonghaus 1871. 152 S. 8° **17. 26. 36.**
14.6450

— Section Dieburg (Darmstadt) der Karte des Grossh. Hess. General-Quartiermeister-Stabs geologisch bearb. von F. Becker u. R. Ludwig. Mit e. Höhenverzeichniss. — Darmstadt: Jonghaus 1861. XVI, 80 S. 8° (Geologische Specialkarte d. Grossherzogthums Hessen u. d. angrenzenden Landesgebiete im Maasstabe von 1:50000.) (Karten u. Mittheilungen d. mittelrheinischen geologischen Vereins. 6.) 1: Kart. 8° W 14790-6. 12: Mapp. XXIV. 99-6. **14. 17. 19. 26. 30. 36. 89.**
14.6451

Becker, F., Hohenschichten-Karte des Grossherzogth. Hessen und der angränzenden Länder. 1 : 250,000, bearb. im grossherzogl. hess. Generalquartiermeisterstabe. Hrsg. von der grossh. hess. Centralstelle für die Landesstatistik. 2 Bl. Fol. Darmstadt 874, Jonghaus' Verlag. + ∗

Becker Friedrich Christian
— geognostische Skizze des Grossherzogth. Hessen u. seiner nächsten Angränzungen, m. besond. Berücksicht. d. Einflusses der geognost. Beschaffenheit der einzelnen Landestheile auf deren geograph. Verhältnisse. gr. 8. (66 S.) Darmstadt 849. (Bauerkeller's Präganstalt.) n. 1/3 ₰

— Geognostische Skizze des Grossherzogthums Hessen und seiner nächsten Angränzungen.—[Darmstadt 1850.] S. 98-162. 8°
Aus: Beiträge zur Landes-, Volks- u. Staatskunde d. Grossherzogthums Hessen. 1. 1850. 12:Germ. sp. 27 nk.
14.6452

Becker, Friedrich Christian, Zollrevisor, Darmstadt, † 1867. 1837: Ueber Tilgungsrenten verzinslicher Kapitalschulden nebst den Hülfsmitteln, solche, so wie die Resultate für jedes Jahr der Tilgungsperiode ... zu berechnen. — Darmstadt: Diehl 1837. 19 S. 8° 17. 26. 36.
14.6448

Becker, F., geognost. Uebersichtskarte v. dem Grossherzogthum Hessen. Masstab 1/500000. Hrsg. von dem Vereine für Erdkunde u. verwandte Wissenschaften zu Darmstadt. 22" hoch u. 12½" breit. Lithochrom. Darmstadt 847, Jonghaus. n. 2/3 ₰

— Die Zins-Zinsrechnung und was damit in näherer Verbindung steht. Ein Hülfsbuch. — Darmstadt: Jonghaus 1866. IV,111 S. 8° 1:Stala 843. 17. 18. 26. 36. 84.
14.6449

Becker, Friedrich Gottlieb, Prediger, 1864-1931. 1897: Der Adventismus, woher er stammt und was er will. — Stuttgart: Christl. Verlagshaus [1897]. 24 S. 8° 24. 207.
14.6454

Becker, F., d Adventismus, woher er stammt u. was er will. 12. (24 S.) Stuttgart 898. Christl. Verlagshaus. — 05

— — 3. Aufl. Ebd. [1901]. 24 S. 8° 12:H. ref. 637 m. 24. 75.
14.6455

Becker, Friedrich Gottlieb, Hofrat, Gotha. 1865: Catalog der hinterbliebenen Becker'schen Kupferstich-Sammlung in Gotha. [Auktionskat.] — Leipzig 1865: Bär & Hermann. 80 S. 8° (Rudolph Weigel's Kunst-Auction.) 14.
14.6453

Becker, Friedrich Klemens: Trierisches Handbuch. Eine Sammlung d. in d. Stadt Trier geltenden Polizei-Verordnungen, Ordnungen, Ortsstatute, Regulative usw. nebst e. Anh. Hrsg. von Fr. Becker u. M. Weirauch. — Trier 1897: Philippi & Koch. 554 S. 8° 12:Pol. civ. 307 t. 121.
14.6457

Becker, Friedrich Wilhelm, Reißzeugpoliermeister, Nürnberg, 1860-1925. 1903: Die Nürnberger Bergkraxler in 100 neuen Schnadahüpfeln. — Nürnberg: Selbstverl. [um 1905]. 14 S. 8° 75.
14.6464

Becker, Friedrich Wilhelm, Pfarrer, Neuenhain, Taunus. 1851: Christus der Auferstandene und seine Kirche. Eine Reihe von Schriftauslegungen mit Rücksicht auf d. kirchlichen Zeiten. — Frankfurt a. M. [usw.]: Heyder & Zimmer 1851. 399 S. 8° 12:Hom. 113c. 24. 29.
14.6458

Becker, Friedrich Wilhelm, Ingenieur, geb. 1836 zu Wiesbaden. 1867: Fr. Becker's Erlebnisse in Rußland und Sibirien. Hrsg. von D. Becker. — Wiesbaden: Feller & Gecks 1867. 46 S. 8° 43. 212.
14.6459

— Gedichte in Nürnberger Mundart. — Nürnberg (1903): Held. 16 S. 8° 75.
14.6465

— Gedichte in hochdeutscher Sprache und in Nürnberger Mundart. — Nürnberg: Verf. 1903. 176 S. 8° 75.
14.6466

— Das Hochwasser in Nürnberg am 5. bis 6. Februar 1909. Gereimte Episoden u. Erinnerungen. — (Nürnberg): Verf. 1909. 14 S. 8° 75.
14.6467

— 33 Lieder für Radfahrer. — Nürnberg 1904: Held. 27 S. 8° 75.
14.6469

Becker, Friedrich Wilhelm, Erster Geistlicher der Katholischen Apostolischen Gemeinde, Stettin, 1808-1881. 1868: Offenes Sendschreiben an Se. Hochwürden Herrn Dr. Jaspis, Generalsuperintendenten der Provinz Pommern. — Berlin: Hickethier 1868. 42 S. 8° 1:Theol. Flugschr. 1868-1. 9. 11. 19.
14.6460

— — 2. Aufl. Ebd. 1868. IV,42 S. 8° 21.
14.6461

— — 3., unveränd. Aufl. Augsburg: Preyß [1879]. 39 S. 8° 12:Hom. 996 f/6. 19. 123.
14.6462

Becker, Friedrich Wilhelm, Referendar: Wer wird Eigentümer des von einem Wilddieb erlegten Wildes? Greifswald 1905: J. Abel. (48 S.) 8° [F.]
Greifswald, Jur. Fak., Ref. Frommhold, Diss. v. 27. Nov. 1905
[Geb. 20. Jan. 80 Lübbenow, Kr. Prenzlau; Wohnort: Ranzin bei Züssow, Pommern; Staatsangeh.: Preußen; Vorbildung: Gymn. Anklam Reife O. 00; Studium: Halle 4, Greifswald 5 S.; Rig. 23. Aug. 05.]

Becker, Fritz, Chorgesänge für Sopran, Alt, Tenor und Baß. gr. 8. (22 S.) Demmin 884, Frantz.

Becker, Fritz, Chorgesänge f. Sopran, Alt, Tenor u. Baß. gr. 8. (22 S.) Leipzig 884. Verlags-Institut. — 60

Becker, Fritz, Assistenzarzt: Über prämenstruelle Temperatursteigerungen. Ein kasuistischer Beitr. aus d. Material d. Jenenser Univ.-Frauenklinik ⟨in der Zeit vom 1. X. 1904 bis 30. IX. 1907⟩. Leipzig 1909: Lehmann. 45 S. 8°
Leipzig, Med. Diss. v. 23. Okt. 1909, Ref. Zweifel
[Geb. 27. März 79 Lebe; Wohnort: Britz b. Berlin; Staatsangeh.: Preußen; Vorbildung: Gymn. Bremerhaven Reife O. 97; Studium: Berlin 3, Tübingen 2, Berlin 2, Jena 3 S.; Coll. 30. Okt. 09; Approb. 4. Jan. 09.] [U 10. 2939

Becker, Fritz, aus Brandenburg b. H.: Ueber Tumoren im vorderen Mediastinum. *Berlin (1898): E. Ebering.* (31 S.) 8°
Berlin, Med. Diss. v. 11. Okt. 1898

Becker, Fritz Adolf: Kinderstudien für Künstler. Photographische Aufnahmen von Kindern im Alter bis zu 2 Jahren. Von Fritz Ad. u. Franz Becker. — Berlin [usw.]: Hessling [1902]. 50 Taf. 4° 79. 91.
14.6474

Becker, Fritz Adf, u. **Becker-Tempelburg:** Kinderstudien f. Künstler. Photograph. Aufnahmen v. Kindern im Alter bis zu 3 Jahren. 2. Afl. (50 Lichtdr.-Taf.) 31,5×23 cm. Berl., Ornament-Verl. ('11). in M 28 —

Becker, Fr. Ad., die moderne Schrift. Eine Sammlg. neuer Schriften u. Schilder f. Architekten, Kunstgew.-Zeichner, Lithographen, Schildermaler, Schriftmaler, Kalligraphen etc. gr. Fol. (30 z. Tl. farb. Taf.) Berlin (900). Kanter & Mohr. In Mappe n. 20. —

Becker, G., Tapezierer, Berlin. 1902 s. *Becker*, Gustav.

Becker, G., s.: Anleitung zur deutschen Landes- u. Volksforschung.

Becker, G.: De Aetolia adjecta dissertatio. 27 S.
Progr. Bedburg 1857.

Becker, G., das Buch der Spiele und Unterhaltungen oder Anleitung, eine Gesellschaft angenehm zu unterhalten, im Freien wie im Zimmer und zu jeder Jahreszeit. Reichhaltige Sammlung aller Arten Spiele, Räthsel, Charaden ꝛc. 8. (64 S.) Hamburg 877, Kramer. *

Becker: De Aetoliae finibus ac regionibus dissertatio. 32 S. Progr. Bedburg 1845.

Becker, G.: De Aetoliae finibus ac regionibus dissertatio II. Progr. Bedburg 1852.

Becker, G.: Zur Kritik des Suetonius, s. Becker, Gustav

Becker, G., über Margarinsäure. Inaug.-Dissert. Göttingen 857. (Vandenhoeck u. Ruprecht.) gr. 8. (32 S.) n. 6 ngl.

Becker, G., Arzt, Riede. **1909: Die adenoiden Vegetationen in der Nasenrachenhöhle und ihre Bedeutung für die Schule. Osterwieck/Harz: Zickfeldt 1909. 45 S. 8°**
1: Iy 5145. 3. 207.
14.0475

Becker, G. P., über d. Amt d. Hypotheken-Aufseher im Königr. Westphalen. gr. 8. Götting. 807. Dieterich. 9 ℳ

Becker, G.P.: Ueber das Amt der Hypotheken-Aufseher im Königreiche **Westphalen. — Göttingen: Dieterich** 1809. 28 S. 8° **1: Ht 9259. 4. 5. 7. 15. 18. 34. 35. 43. 44.**
14.0476

Becker, G. P., üb. das Amt der Hypotheken-Aufseher im Königr. Westphalen. gr. 8. Götting. Dieterich. 812. —

Becker, G.T., s. Becker, Gottlieb Theodor

Becker, G. W., Arzt, Leipzig, 1778-1854. **1802** s. *Becker*, Gottfried Wilhelm.

Becker, G. W., Dr. med. **1907: Die Geheimnisse des Todes. Für alle, die sich vor d. Tode fürchten, an Selbstmordideen leiden u. sich über d. letzten Augenblicke ihrer Angehörigen beunruhigen. — Braunschweig: Verlagshaus für moderne Literatur [1907]. 97 S. 8°** **303.**
14.0477

Becker, G. W., die Geheimnisse des Todes. Für alle, die sich vor dem Tode fürchten, an Selbstmordideen leiden u. sich üb. die letzten Augenblicke ihrer Angehörigen beunruhigen. (III, 97 S.) 8. Leipzig (907). Fritzsche & Schmidt. 2. —

Becker, G. W., Ratgeber für Stadt- und Landleute, mit wenig Mitteln ihre Einkünfte zu vermehren. gr. 8. (96 S.) Leipzig 886, Siegismund und Volkening. * 80 Pf.; cart. *

Becker, G. W., Ratgeber f. Stadt- u. Landleute, m. wenig Mitteln ihre Einkünfte zu vermehren. gr. 8. (96 S.) Leipzig 887. Siegismund & Volkening. n. — 80; cart. n. 1. —

Becker, G. W., wie kann man mit wenigen Mitteln seine Einkünfte vermehren. 4. [Titel-]Aufl. (96 S.) 8. Leipzig [886] (904). Fritzsche & Schmidt. n. 1. —

Becker, Gabriel
— **Ueber Automobil-Unfälle in Deutschland 1906–1907. Vortrag. — Berlin: Boll & Pickardt in Komm. 1908. 64 S. 8° (Mitteleuropäischer Motorwagen-Verein. [5.])**
1: Or 10397/8-5. 23. 30. 38. 41. 44. 64. 78. 83. 48. 86. 89. 90. 91. 203. 210.
14.0480

Becker, Georg, Gerichts-Assessor: Die grundsätzlichen Abweichungen des B.G.B. von den römischen Grundsätzen der societas. Breslau 1909: Breslauer Genossenschafts-Buchdr. VIII, 43 S. 8°
Breslau, Jur. Diss. v. 5. Jan. 1909, Ref. Schott-Meyer
[Geb. 30. Juni 77 Beuthen O.-S.; Wohnort: Beuthen; Staatsangeh.: Preußen; Vorbildung: Gymn. Beuthen Reife O. 99; Studium: Heidelberg 1, Berlin 3, Breslau 2 S.; Rig. 17. Dez. 08.] [U 09. 457

Becker, Georg [aus Schotten (Ober-Hessen)]: **Beitrag zur Resection des Nervus alveolaris inferior. . . .** Schotten, **Druck v. Ph. Engel, 1885;** 33 **S. 8°.**
Würzburg, Med. Fak., Inaug.-Diss. v. 1885.

Becker, Georg, Beitrag zur Resection des Nervus alveolaris inferior. Diss. Würzburg 1885, Stahelsche Univ.-Buchh. 8°. 33 S.

Becker, Geo.: Bericht üb. 60 konservativ behandelte Fälle v. menschl. Milzbrand, s: Mitteilungen a. d. hamburg. Staatskrankenanst.

Becker, Georg, Schriftsteller, Berlin. **1898: Blumenlese. — (Berlin [1898]: Schenck.) 110 S. 8°** **11. 34.**
14.0487

— Drei. **Erzählungen. — Dresden [usw.]: Pierson** 1901. 253 S. 8° **1: Yx 33157.**
14.0488

Becker, Geo., Märchen. (149 S.) 8. Berlin (908). R. Kühn. Geb. in Leinw. 2. 50

Becker, Geo., das Reichs-Gesetz betr. die Abzahlungsgeschäfte, vom 16. Mai 1894, gemeinverständlich dargestellt. 8. (II, 47 S.) Berlin 894. Th. Thiele. n. — 60

Becker, Georg, z. Z. Assistent am pathologischen **Institut Gießen: Aus der medizinischen Klinik zu Gießen. Untersuchungen über das Zeitgesetz des menschlichen Labfermentes und dessen quantitative Bestimmung. Braunschweig:** F. Vieweg & Sohn 1905. (35 S.) 8° ¶(Aus: Beiträge zur chemischen Physiologie u. Pathologie, Zeitschrift f. d. gesamte Biochemie, Bd 7, Heft 1/3.)
Gießen, Med. Fak., Ref. Pfannenstiel, Diss. v. 1. Aug. 1905
[Geb. 23. Okt. 81 Friedberg; Wohnort: Gießen; Staatsangeh.: Hessen; Vorbildung: Gymn. Friedberg Reife O. 00; Studium: Gießen 4, München 1, Berlin 2, Gießen 3 S.; Coll. 11. Mai 05; Approb. 8. Mai 05.]

Becker, Georg Albert: Über den Zusammenhang zwischen Farbe und Konstitution der Pyridinfarbstoffe aus sekundären Aminen. 1910. 57 S. 8° ¶ Erw. u. verändert in: Journal f. prakt. Chemie. Bd 193. N. F. Bd 85. 1912.
Dresden, Dr.-Ing.-Diss. v. 23. 7. 1910

Becker, Georg Friedrich Hermann: Über d. beste Art d. Pflanzens d. Bäume im Verband, s. Becker, Hermann Friedrich

Becker, Georg Friedrich Hermann
— **Ueber den Umfang des Provocations-Processes, mit bes. Rücksicht auf d. Grundsätze d. mecklenburgischen Rechts.** Rostock 1828. 48 S. 8°
Aus: Wöchentliche rostocksche Nachrichten u. Anzeigen. 1828. Beil.
28. 33. 42.
14.0493

Becker, Georg Philipp: Versuch eines kurzen medicinisch-praktischen Unterrichts in der im Jahr 1786 epidemisch herrschenden Krankheit für die Landwundärzte im Oberamt Heidelberg. (Verf.: Georg Philipp Becker.) — Heidelberg [1786]: Wiesen. 116, 26 S. 8° **16. 17. 29.**
14.0494

Becker, Gerhard, Handelslehrer, Köln. 1906: Praktisches Lehrbuch der Becker'schen Stenographie ⟨Internationale Kurzschrift⟩ für Schul-, Privat- u. Selbstunterricht. — Düsseldorf [usw.] [1906]. 16 S. 8° **38.**
14.6527

Becker, Gerh., s.: Rosenmontagszug, der Kölner.

Becker, Gertrud
Becker, G., s.: Kompaß, mein.

Becker, Godfrid
— **Schiller's Leben und Schriften. — Cincinnati: Weil [1859]. IV,84 S. 8° 1:Av 11056/5. 10.**
14.6528

Becker, Godfrid, Schiller's Leben und Schriften. gr. 16. (84 S.) Cincinnati 861. (Philadelphia, Schäfer und Koradi.)

Becker, Gottfried: Sieben Fasten-Predigten, besonders für das Landvolk. — Breslau: Korn 1787. 124 S. 8° **2.**
14.6534

Becker, Gottfried Wilhelm [Hrsg.] Hatim Tai's Abentheuer. 1831 s. *Qissa*-i-Hātim Ṭā'ī [deutsch].

[—] Egypten [Aegypten], wie es jetzt ist. Das Land, seine Bewohner und der Herrscher desselben. Von *r. — Leipzig: Hinrichs 1841. VIII,260 S. 8°
12:H.Afr.88. 15. 16. 302.
14.6535

— [Übers.] s. *Aikin*, Lucy: Elisabeth, ihr Hof und ihre Zeit [Memoirs of the court of Queen Elizabeth, deutsch]. 1819.

Becker, Gottfr. Wilh., siehe: Altes u. Neues aus der Landwirthschaft.

[—] Altes und Neues aus der Land- und Hauswirthschaft. Für Leser, die gern über gewöhnliche Dinge nachzudenken pflegen. Von *r. [Bdch.1.] — Zwickau: Verein zur Verbreitung guter u. wohlfeiler Volksschriften 1846. 86 S. 8°
117.
14.6536

[—] — Bdch. [1] 3. Ebd. 1847-50. 8° **14[$^{\infty}$2]. 15[$^{\infty}$2.3]. 106.**
14.6537

— Kurze, jedoch gründliche Anleitung, wie man gesund bleiben, sich und die Seinigen vor Krankheiten bewahren, davon heilen, und zu einem frohen Alter gelangen kann. — Leipzig: Engelmann 1817. VI,408 S. 8° **302.**
14.6538

— — Reutlingen: Mäcken 1818. 304 S. 8° **17. 24. 123.**
14.6539

— — 2. Aufl. Leipzig: Engelmann 1823. VI,408 S. 8° **4.**
14.6540

Becker, Gtfr. Wilh., kurze, jedoch gründl. Anleitung, wie man gesund bleiben, sich u. d. Seinigen v. Krankheiten bewahren, davon heilen, u. zu einem froh. Alter gelangen kann. Neue Ausg. Mit ein. vollständ. Register. gr. 8. (26 B.) Leipzig 831, Engelmann.

— Anweisung, die Gesundheit der Augen zu erhalten und die Krankheiten derselben, so weit es möglich ist, selbst zu heilen ... von Guillaume Boulanger [d. i. Gottfried Wilhelm Becker]. — Pirna: Friese [1805]. VIII,118 S. 8°
5. 8. 17. 302.
14.6541

— — Neue Aufl. Pirna [1805]. VIII,88 S. 8° **303.**
14.6542

— — Von G. W. Becker. 2., verm. Aufl. Pirna: Friese [1805]. VIII,131 S. 8° **2. 15.**
14.6543

— — 3., verb. Aufl. Ebd. 1820. XII,116 S. 8°
2. 9. 12:Path. 104b [2 Ex.] 20. 22. 38M. 210.
14.6544

Becker, Gottfried Wilhelm: Vollständige Anweisung, ... erfrorene Glieder zu heilen, s.a. Anweisung ...

[—] Vollständige Anweisung, auf die leichteste, sicherste und wohlfeilste Art alle erfrorene Glieder aus dem Grunde zu heilen. 2., umgearb. Aufl. — Pirna: Friese [um 1810]. 16 S. 8° **8.**
14.6546

— — 3., umgearb. Aufl. Ebd. [1815]. 20 S. 8° **41.**
14.6547

Becker, Gf. Wlh., der Arzt d. Kinder, oder Anleit., d. Krankheiten d. Kinder zu erkennen. 2e wohlf. Ausg. 8. Pirna 817. Friese. 16 K

— Der Augenarzt oder sichere Hülfe für kranke Augen, in welchem gelehret wird, wie man seine Augen erhalten, und Krankheiten derselben verhüten ... könne. — Leipzig: Gräff [1812]. IV,54 S. 8°
Die Schrift ist inhaltlich identisch mit: Albrecht, Johann Friedrich Ernst: Der Augenarzt oder sichere Hülfe für kranke Augen. 1809 u. ist möglicherweise auch von diesem verfasst.
300:135.350-B. 302.
14.6548

— — (4., umgearb. Aufl.) Köln: Hammer [nach 1812]. 63 S. 8° **308.**
14.6549

[—] Der Ausflug nach der Ostsee oder die Fahrt nach Rügen. Von *r. — Leipzig: Fest 1838. VIII,256 S. 8° **41.**
14.6550

(Becker, Gtfr. Wilh., bezeichn. seine Schriften mit *r.,) der Ausflug nach d. Ostsee, s. Ausflug.

Becker, Gottfried Wilhelm: Historische Basreliefs, s.a. Basreliefs ...

[—] Historische Basreliefs. Schilderungen merkwürdiger Personen u. interessanter Begebenheiten vergangener Zeiten ... Dargestellt von *r. Bd [1.] 2. — Leipzig: E. Klein 1821. 8° **7[$^{\infty}$2]. 11[$^{\infty}$2]. 33[$^{\infty}$2]. 117.**
14.6551

[—] Neue historische Basreliefs. Schilderungen merkwürdiger Personen u. wichtiger Begebenheiten vergangener Zeiten ... Von *r. — Leipzig: Weygand 1827. VI,224 S. 8° **10. 27. 53. 117. 302.**
14.6552

Becker, Gottfried Wilhelm: Der Beischlaf ..., s. Becker: Der Rathgeber vor, bey u. nach d. Beischlafe.

Becker, Gottfried Wilhelm: Beschreibung von Leipzig ..., s.a. Beschreibung von Leipzig.

[—] Beschreibung von Leipzig für Fremde und Reisende, die ihren dasigen Aufenhalt [!] zweckmässig und angenehm benutzen wollen. 2., verb. Aufl., verm. mit e. Wegweiser durch die Schlachtfelder bei Leipzig und Lützen. — Leipzig: Baumgärtner 1816. 130 S. 8°
Sondert.: Joerg, Johann Christian Gottfried: Wegweiser auf die Schlachtfelder um Leipzig. **17. 22. 23.**
14.6553

[—] Neue Beschreibung von Leipzig. Ein Handbuch für Fremde u. Einheimische. Mit e. Vorr. von J. G. Leonhardi (vielm. Friedrich Gottlob Leonhardi). — Leipzig: Hinrichs 1806. VIII,167 S. 8° **7. 44.**
14.6554

[—] — Neue, mit Plan verm. Ausg. Ebd. 1808. VIII,167 S. 8° **30.**
14.6555

Becker, Gottfr. Wilh.: Bibliothek der Volksarzneikunde, s.a. Bibliothek d. Volksarzneikunde.

— Bibliothek der Volksarzneikunde. 2 Bde. 8. Ebend. 803. 804.

[—] Ein Blick auf das Jahr 1826 in Beziehung auf Leipzig. (Von *r.) — Leipzig 1827. 22 S. 8°
Aus: Leipziger Tageblatt. 1827. **117.**
14.6557

[—] Ein Blick auf das Jahr 1827 in Beziehung auf Leipzig. — Leipzig 1828. 28 S. 8°
Aus: Leipziger Tageblatt. 1828. **117.**
14.6558

[—] Ein Blick auf das Jahr 1828 in Beziehung auf Leipzig. (Von *r.) — Leipzig 1829. 36 S. 8°
Aus: Leipziger Tageblatt. 1829. **117.**
14.6559

[—] Ein Blick auf das Jahr 1832 in Beziehung auf Leipzig. — Leipzig: Fest 1833. IV,38 S. 8°
Nebent.: Ein Rückblick auf das Jahr 1832 in Bezug auf Leipzig.
101. 106. 117.
14.6560

[—] Ein Blick auf das Jahr 1833 in Beziehung auf Leipzig. (Von *r.) — Leipzig: Fest 1834. 39 S. 8° **117.**
14.6561

[—] Ein Blick auf das Jahr 1834 in Beziehung auf Leipzig. (Von *r.) Leipzig: Schaarschmidt [1835]. 38 S. 8° **117.**
14.6562

Becker, Gottfr. Wilh., s. J. Er. Bloß, Gartenkunst.

[—] Briefe über Ifflands Spiel in Leipzig zu Ende des Junius 1804. — Leipzig: Comptoir für Litteratur 1804. IV,136 S. 8° **1:Yp 1582. 5. 8. 12:P. o. germ. 182. 18. 300:•28 L 118 [u.ö.]**
14.6563

— Der Bruchkranke oder gründliche Anweisung den Brüchen zuvorzukommen, sie zu verhüten ... u. zu heilen. — Pirna: Friese [1805]. 131 S. 8° **2. 28.**
14.6564

— der Bruchkranke, od. gründl. Anweis., d. Brüchen zuvor zu kommen ꝛc. 8. Pirna 805. 2e A. 808. 3e A. 8. 808. 4e A. 810. Friese. 12 gr.

— — 2., verb. Aufl. Ebd. 1810. 131 S. 8° **6. 60.**
14.6565

— Der Bruchkranke oder gründliche Anweisung, den Brüchen zuvorzukommen, sie zu verhüten ... und zu heilen. 1811 u.ö. s. *Becker:* Das wahre Noth- und Hülfsbüchlein für Bruchkranke aller Art.

— Das Buch der Liebe und Ehe. 15. Aufl. 1876 s. *Becker:* Der Rathgeber vor, bey und nach dem Beischlafe.

Becker, Gottfr. Wilh.: Der weibl. Busen, ... s.a. Busen, Der weibliche, ...

[—] Der weibliche Busen, dessen Werth und Erhaltung, oder Anweisung zur Erlangung und Erhaltung eines schönen und gesunden Busens. Nebst allgemeinen Gesundheitsregeln für d. weibliche Geschlecht von e. practischen Arzte. 3., verm. Aufl. — Pirna: Friese 1812. X, 141 S. 8° **117.**
14.6566

— [Übers.] s. *Carlisle,* Anthony: Die Schwächen des Alters [An Essay on the disorders of old age, deutsch]. 1820.

—— Caroline u. ihre Mutter ꝛc., s. Caroline.

— Charakter u. Kostüm's a. d. Darstell. d. Sächs. Hofschauspielerges. n. d. Leben gezeichnet, gestoch. u. colorirt v. Schröter. 2 Hefte mit 12 color. K. Fol. Leipz. Hinrichs. 80?.

Becker, Gottfr. Wilh.: Charakterzüge u. Anekdoten russischer Krieger, s.a. Charakterzüge ...

[—] Charakterzüge und Anekdoten russischer Krieger. Ein Beitrag zur Zeitgeschichte. — Leipzig: Joachim 1813. 32 S. 8° **7. 19. 39. 300:80 J 226.**
14.6567

— [Übers.] s. *Chomel,* Auguste François: Die Fieber- und Pestkrankheiten [Des Fièvres et des maladies pestilentielles, deutsch]. 1822.

— [Übers.] s. *Chortet,* Jean François: Ueber die Würkung des Opiums [Traité de la propriété exclusivement stimulante de l'opium, deutsch]. 1805.

— [Übers.] s. *Cooper,* James Fenimore: Die Ansiedler [The Pioneers, deutsch]. 1824.

— [Übers.] s. *Cooper,* James Fenimore: Der Spion oder das neutrale Land [The Spy, deutsch]. 1825.

— [Übers.]
s. *Cooper,* James Fenimore: Werke [deutsch]. 1. 1826.

[—] — [franz.] Description de Leipzig et de ses environs pour servir de guide aux voyageurs et aux habitans de cette ville ... Préc. d'un avant-propos de J. G. Leonhardi (vielm. Friedrich Gottlob Leonhardi). — Ebd. 1808. VIII,207 S. 8°
117.
15.6556

— Diätetik f. d. elegante Welt, s. Kitchener.

Becker, Gottfr. Wilhelm: Der Ehemann u.d. Hagestolz ..., s.a. Ehemann, Der, u.d. Hagestolz ...

[—] Der Ehemann und der Hagestolz oder welcher Lebensweg ist der beste? Komischer Roman frei aus d. Engl. von *r. Th. 1.2. — Leipzig 1818. 8° **1:Yw 8534. 19.**
14.6568

Becker, Gottfr. Wilh.: Über den bisherigen u. künft. Einfluß Englands auf Europa ..., s.a. Einfluß. – Über den Einfluß Englands auf Europa.

[—] Ueber den bisherigen und künftigen Einfluß Englands auf Europa und was hat Europa von ihm zu hoffen oder zu fürchten? — Leipzig: Engelmann 1814. IV,100 S. 8°
1:Qo 1091. 10. 14→17. 23. 30. 35. 38. 43.
14.6569

— Die Entdeckung von Sibirien. Ein Seitenstück zur Entdeckung von Amerika. — o.O. 1813. IV,63,20 S. 8°
1:Un 167. 16.
14.6570

— — Nebst e. kurzen Geschichte der Kosaken. Jena: Voigt 1813. 124 S. 8°
8. 10. 12:Russ. 9u. 19. 24. 39. 46. 47. 205. 302.
14.6571

Becker, Gottfr. Wilh.: Die Erbschaft, s. Erbschaft. – Die Erbschaft.

[—] Die Fahrten und Abenteuer des Kapitain James Roß auf seinen Entdeckungsreisen nach den Gegenden des Südpols. Seitenstück zu den Fahrten des Kapitain John Roß nach dem Nordpole. Von *r. — Leipzig: Fritzsche 1848. VIII,264 S. 8° **106.**
14.6572

(——). die Fahrten u. Abentheuer d. Kapitain John Roß auf seinen Entdeckungsreisen, s.a. Fahrten.

[—] Die Fahrten und Abenteuer des Kapitain John Roß auf seinen Entdeckungsreisen nach den Gegenden des Nordpols. (Von *r.) — Leipzig: Weber 1836. XII,320 S. 8°
14.
14.6573

[—] **Die Fahrten und Abenteuer des Lieutenant Ferdinand von Wrangel auf der Reise von Petersburg nach der Nordostküste von Sibirien zu Wasser und zu Lande** ... Für die Jugend und ihre Freunde von *r. — Leipzig: Hinrichs 1841. X,253 S. 8° ([Becker:] Reisen für d. Jugend u. ihre Freunde. 2.) **14. 26. 43. 207.**
14.6574

— **Der Familienarzt, oder die Kunst, sein Leben im Genusse der Gesundheit zu führen, sich gegen Krankheiten zu sichern und diese selbst erträglicher, kürzer und gefahrloser zu machen.** — Weißenfels [usw.]: Böse 1804. 483 S. 8° **16. 75.**
14.6575

— d. Familienarzt, od. d. Kunst, sein Leben im Genusse d. Gesundheit zu führen ꝛc. 8. Leipz. 804. N. A. 811. Hinrichs. 1 ℛ 8 gl.

— [Übers.] s. *Farr*, William: Die Natur der Skrophelkrankheit [A Treatise on the nature of scrofula, deutsch]. 1820.

— — Der Feldarzt in Kriegs- und Friedenszeiten. Ein Hülfsbuch für d. Unterfeld- u. Wundärzte deutscher Armeen. Ebd. 1806. X,438 S. 8° **14.**
14.6577

— **Der Feldscherer in Kriegs- und Friedenszeiten.** Ein Hülfsbuch für d. Unterfeld- u. Wundärzte deutscher Armeen. — Leipzig: Barth 1808. X,438 S. 8° **8. 12:** Chir. 15. **14. 17. 202.**
14.6576

— — Der Feld-Wundarzt in Kriegs- und Friedenszeiten. Ein Hülfsbuch für d. Unterfeld- u. Wundärzte deutscher Armeen. — Ebd. 1813. X,438 S. 8° **15.**
14.6578

— [Übers.] s. *Flourens*, Pierre: Versuche über das Nervensystem [Expériences sur le système nerveux, deutsch]. 1827.

— [Übers.] s. *Flourens*, Pierre: Versuche und Untersuchungen über die Eigenschaften und Verrichtungen des Nervensystems bei Thieren mit Rückenwirbeln [Recherches expérimentales sur les propriétés et les fonctions du système nerveux, deutsch]. 1824.

— der weiße Fluß, oder was hat d. Mädchen u. d. Weib zu thun, um sich gegen ihn zu schützen. 8. Pirna 807. 2e A. 817. 3e A. 822. Friese. 14 gl.

— [Angebl. Verf.]
s. *Freiheitskampf*, Der, der Polen gegen die Russen. 1831.

Becker, Gottfr. Wilh.: F r i e d r i c h August d. Gerechte, ..., s.a. F r i e d r i c h August d. Gerechte ...

[—] **Friedrich August der Gerechte, König von Sachsen.** Sein Leben u. Wirken in allen Verhältnissen ... Von *r. — Leipzig: E. Klein [1818]. VII,209 S. 8° **2. 6. 12:** Germ. sp. 147 p. **14→17. 27. 32. 34. 106. 117. 207.**
14.6579

Becker, Gottfr. Wilh. s. G a l l e r i e auserles. Familiengemälde.

— Geheimnisse d. weibl. Geschlechts, s. W. Tissot.

— **Die Geheimnisse des weiblichen Geschlechts, seine Krankheiten und die Mittel dagegen.** — Leipzig: Gräff 1810. IV,186 S. 8° **26.**
14.6581

— die Geheimnisse d. weibl. Geschlechts, wohlf. Ausg.
Auch unt. dem Titel:
Tissots Heimlichkeiten d. weibl. Geschlechts. 3te wohlf. Ausg. Leipz. Gräff. 816.

— — 3. Ausg. Ebd. 1817. VI,216 S. 8°
Nebent.: Becker: Tissots Heimlichkeiten des weiblichen Geschlechts. Für unser Zeitalter gänzlich umgearb. 4. Ausg. **8.**
14.6582

— — 4., verb. Ausg. Leipzig: Wienbrack 1823. 238 S. 8°
Nebent.: Becker: Tissots Heimlichkeiten ... 5. Ausg. **117.**
14.6583

[—] **Gemälde von Leipzig und seiner Umgegend für Fremde und Einheimische mit besonderer Rücksicht auf die Schlachten bei dieser Stadt** von *r. — Leipzig: Hinrichs 1823. XII,279 S. 8° **3. 5. 7. 12:** Germ. sp. 27 nkd. **14. 15. 17. 109. 117.**
14.6584

[—] **Geschenk für Neuverehlichte oder Enthüllung der Geheimnisse der Ehe.** Ein Lesebuch für junge u. nicht-junge Eheleute. Entworfen von e. praktischen Arzte. — Pirna: Friese [1815]. XII,123 S. 8° **109.**
14.6585

[—] — 5., verm. Aufl. Ebd. 1830. XII,116 S. 8° **17.**
14.6586

[—] — Geschenk für Neuverehelichte ... 6. Aufl. Leipzig: Friese [um 1840]. XIV,130 S. 8° **308.**
14.6587

[—] — 8. Aufl. Ebd. 1845. XII,99 S. 8° **15.**
14.6588

[—] **Geschichte Friedrichs des Großen.** Für d. Jugend reiferen Alters bearb. von *r. — Leipzig: Thomas [1846]. X,321 S. 8° **14. 41. 101.**
14.6589

— — 2. Aufl. Ebd. 1851. X,321 S. 8° (Historische Jugendbibliothek für d. reifere Alter. 2.) **14. 207.**
14.6590

[—] **Geschichte des Kaisers Napoleon.** Für die Jugend reiferen Alters bearb. von *r. — Leipzig: Thomas [1846]. XII,314 S. 8° **79.**
14.6591

[—] **Neueste Geschichte Egyptens und seiner Wiedergeburt.** Nach Jul. Planat, Prokesch, Mengin, Minutoli u.a. von *r. — Dresden: Hilscher 1830. XIV,162 S. 8° (Allgemeine historische Taschenbibliothek für jedermann. 32.)
In einigen Exemplaren fehlt d. Titel d. Sammlung.
1: Ur 8707-32. **3. 5. 8. 10. 14. 19. 22. 23. 25. 29. 30. 33. 36. 39. 106. 117. 207.**
14.6592

— **Vielerley Gestalten oder Geniestreich für Geniestreich.** Lustspiel. Nach e. franz. Erzählung frei bearb. — Elberfeld: Büschler 1806. 50 S. 8° **1:** Ys 2365. **7. 17. 300:** 3015-A.
14.6593

Becker, G. W., vielerlei Gestalten, od. Geniestreich über Geniestreich. 8. Elberfeld 806. (Schönian). 4 gl.

— **Gicht und Rheumatismus oder Unterricht für jedermann, wie man sich gegen alle unter d. Namen: Gicht ... etc. bekannten Leiden verwahren ... kann.** — Pirna: Friese [1805]. X,150 S. 8° **10. 16. 17. 47.**
14.6594

— — 2., verm. u. umgearb. Aufl. Ebd. [1806]. X,133 S. 8° **8. 21. 30.**
14.6595

— — Hrsg. von W. G. Becker. 2., verm. u. umgearb. Aufl. o.O. 1808. X,99 S. 8° **1:** Kg 64942.
14.6596

— — Hrsg. von G. W. Becker. 2., verm. u. umgearb. Aufl. o.O. 1808. X,133 S. 8° **303.**
14.6597

— — Hrsg. von G. W. Becker. 3., verm. u. umgearb. Aufl. Pirna: Friese 1811. XII,124 S. 8° **15.**
14.6598

— die Gicht u. d. Rheumatismus, od. Unterricht f. Jedermann, wie man sich dagegen verwahren u. glücklich davon befreien soll. 3te Ausg. 8. Pirna, Friese. 812. —

—— Hrsg. von G.W. Becker. 4., verm. u. umgearb. Aufl. Ebd. [1818]. XII,124 S. 8° **10. 308.**
14.6599

— die Gicht u. d. Rheumatismus, od. Unterricht f. Jedermann, wie man sich dagegen verwahren u. glücklich davon befreien soll. 8. Pirna 805. 3e A. 812. 4e A. 819. Friese. 12 gr

[—] Der neue Glaube und die alte Kirche; oder die Religion nach den Lehren Jesu, für Schule und Leben dargest. von *r. — Liestal: Honegger 1840. XIII,124 S. 8° **123.**
14.6600

— [Übers.] s. *Grégoire*, Henri: Geschichte der Beichtväter von Kaisern, Königen und andern Fürsten [Histoire des confesseurs des empereurs, deutsch]. 1825.

(——) Grundlinien d. Deklamationskunst, s. Grundlinien.

— die Hämorrhoiden, ein guter Rath für die, die daran leiden. 8. Leipzig, Baumgärtner. 804.

— Die Hämorrhoiden. Ein guter Rath für alle, die daran leiden oder sie fürchten. — Weißenfels [usw.]: Böse 1804. X,222 S. 8° **3. 7. 8. 20. 22. 30. 180.**
14.6601

—— 2., umgearb. Aufl. Leipzig: Baumgärtner 1827. XII, 216 S. 8° **22. 28. 38M.**
14.6602

— Neue Haus- und Reise-(2: Land-)Apotheke oder medizinisches Noth- und Hülfsbüchlein. Th.[1.]2. — Leipzig: Barth 1802–05. 8° **5[∞2]. 17. 30[∞2].**
14.6603

—— Neueste Aufl. [Th.1.] Leipzig 1803. X,270 S. 8° **303.**
14.6604

—— 2., verm. u. verb. Aufl. [Th.1.] Leipzig: Barth 1803. XX,368 S. 8° **2. 202.**
14.6605

—— Neueste Aufl. Th.[1.]2. Leipzig 1815. 8° **8. 302[∞2].**
14.6606

— medizin. Hausbedarf f. Frauen u. Mädchen, od. Belehrung üb. d. vorzügl. ihnen eignen Krankheiten u. Verhältn. (Monatl. Reinigung. — Schwangerschaft. — Weißer Fluß.) 4e Ausg. 8. Pirna 826, Friese.

— Der Hausfreund oder das geheime Buch. Eine faßliche Anweisung auch ohne Arzt d. Fruchtbarkeit unfruchtbarer Weiber zu befördern, u. ihnen ohne d. Lehnhardschen Gesundheitstrank e. leichte Geburt zu verschaffen von einem praktischen Arzte. Als Anh. zum Rathgeber beim Beischlaf. — Leipzig [usw.]: Rößler in Comm. 1806. 96 S. 8° Als Verfasser wird auch Eduard Loebenstein-Loebel genannt. **30.**
14.6607

— der Hausfreund, od. d. geheime Buch, eine Anweis. d. Fruchtbark. unfruchtbar. Weiber zu befördern, als Anh. zum Rathgeber b. Beischlaf. 8. Naumb. Wild. 809

(——) die Hausthiere, s. Hausthiere.

— Sicherste, gründlichste und wohlfeilste, auf vieljährige Erfahrung gegründete Heilung aller Frostbeulen und erfrornen Glieder. Nebst e. Anweisung ihnen vorzubeugen. o. O. 1817. 36 S. 8°
Die Schrift ist inhaltlich identisch mit: Albrecht, Johann Friedrich Ernst: Sicherste, gründlichste und wohlfeilste ... Heilung aller Frostbeulen und erfrornen Glieder. Um 1790 u. ist möglicherweise auch von diesem verfasst. **308.**
14.6608

— Tissots Heimlichkeiten des weiblichen Geschlechts. 1817
s. *Becker:* Die Geheimnisse des weiblichen Geschlechts.

(Becker, Gottfr. W.) Heinrich IV., König von Frankreich, der Stammvater der Bourbonen. Von *r. 8. Leipzig 1823.

– s. Heirath, die.

Becker, Gottfr. Wilhelm: Herrmannfried,
s.a. Herrmanfried.

[—] Herrmannfried oder der Fall der Thüringer. Historisch-romantisches Gemälde aus d. Tagen d. Vorzeit. Von *r. — Leipzig: Engelmann 1820. VI,328 S. 8°
1: Yw 8920/12. 10. 15. 19. 32. 117.
14.6609

— Hülfsbuch [Hilfsbuch] für alle, die an der güldenen Ader oder Hämorrhoidal Zufällen leiden. — Leipzig: Gräff [1804]. VI,50 S. 8° **302. 303. 308.**
14.6610

(——) Andreas Hofer, s. Hofer.

[—] Andreas Hofer und der Freiheitskampf in Tyrol 1809. Von *r. Bd(1)–3. — Leipzig: Teubner 1841. 8°
5. 15. 24. 31. 34. 39. 41. 43. 46. 48. 109. 117. 302. 304.
14.6611

(Becker, W. G.) Andreas Hofer und der Freiheitskampf in Tyrol 1809. Von r. 3 Bde. (51⅛ B.) 8. Leipzig 1841. 42. 6,00.

— [Übers.] s. *Hooper*, Robert: Chirurgisches Hülfsbuch [The surgeon's Vade-mecum, deutsch]. 1821.

— [Übers.] s. *Jaubert*, Pierre Amédée Émilien Probe: Reise durch Armenien und Persien [Voyage en Arménie et en Perse, deutsch]. 1822.

– s. Jesuit, der.

(——) die Insecten u. ihre Wohnungen, s. Naturgeschichte d. Thierreichs, 1. Bdchn.

(Becker, Gottfr. Wi.) John Paul Jones, der kühne Seemann und Gründer der amerikanischen Marine. Von * r. 8. Leipzig 1826. — 8. ib. 1828.

Becker, Gf. Wlh., Katechismus d. Entbindungskunst. 8. Leipz. 803. 2e A. 804. Compt. f. Litt. 9 gr

— Katechismus der Entbindungs-Kunst oder die wohlunterrichtete Hebamme in der Stadt u. auf dem Lande. — Leipzig: Comptoir für Literatur 1805. VI,184 S. 8°
1: Ih 2654. 15. 17. 30. 32. 42.
14.6612

— Die Kopfschmerzen, ihre schnelle Linderung und gänzliche Heilung. Ein unentbehrliches Hülfsbuch. — Leipzig: Gräff [um 1810]. 68 S. 8°
Die Schrift ist inhaltlich identisch mit: Albrecht, Johann Friedrich Ernst: Die Kopfschmerzen, ihre schnelle Linderung und gänzliche Heilung. 1809 u.ö. u. ist möglicherweise auch von diesem verfasst. **308.**
14.6613

—— Ebd. 1811. 68 S. 8° **303. 308.**
14.6614

—— (Neue, umgearb. Aufl.) Köln: Hammer [nach 1811]. 80 S. 8° **308.**
14.6615

Becker, Gottfr. Wilh.: Kotzebue,
s.a. Kotzebue.

[—] Kotzebue. Skizze seines Lebens u. Wirkens. — Leipzig: F. Richter 1819. 30 S. 8°
1: Deutsche Flugschr. 1819 29. 10. 12: Biogr. 586 ak. 14. 15. 17. 32.
14.6616

— Die Krankheiten der Kinder, ihre Kenntniß und Heilung. Th.[1.]2. — Pirna: Friese 1807-09. 8°
1:Ii 5005. 15. 17[∞2]. 21[∞2]. 27[∞2].
14.6617

— die Krankheiten d. Kinder, ihre Kenntniß u. Heilung ꝛc. 2 Thle. 8. Pirna 807—9. 2e A. 817. Friese. 1 ₰ 8 gr (A. u. d. T.: d. Arzt d. Kinder ꝛc.)

— [Angebl. Verf.] Gustav Feldhams Kreuz- und Querzüge. 1822 s. *Feldham*, Gustav.

[—] Der dreißigjährige Krieg und seine Helden. Für d. Jugend reiferen Alters bearb. von *r. 2. Aufl. — Leipzig: Thomas 1851. X,420 S. 8° (Historische Jugendbibliothek für d. reifere Alter. 3.) 14. 207.
14.6618

Becker, Gottfr. Wilh.: Der Krieg d. Franzosen . . ., s.a. Krieg. – Der Krieg der Franzosen . . .

[—] Der Krieg der Franzosen und ihrer Alliirten gegen Rußland (2.3: Rußland, Preußen und seine Verbündeten; 4: Rußland, Preußen und Oestreich in den Jahren 1812 bis 1815). Von *r. Bdch. 1-4. — Leipzig: Engelmann (4: Duisburg [usw.]: Baedecker) 1813-16. 8°
1:1 - Qn 7750; 2-4 - Qn 7751-2/4. 12: Mil. g. 12q. 17. 21. 32. 43. 209. 300[∞1.4]:33 G 65.
14.6619

[—] – 2., umgearb. u. verm. Aufl. (Bdch. 1.) Ebd. 1814. XIV,304 S. 8°
1: Qn 7751-1. 2. 3. 7. 15. 16. 17. 23. 33. 46. 209.
14.6620

(Becker.) Der Krieg der Franzosen mit den verbündeten Mächten Europas 1815. Von . . . r. 8. M. 1 Pl. Leipzig 1817. 5,00.

— die Kunst, sich schön u. jung zu erhalten. 8. Leipz. 806. Compt. f. Litt. 1 ₰

— Die Kunst das Zeugungsvermögen beider Geschlechter zu erhalten und das verlohrne zu ersetzen. Th. [1.]2. — Leipzig: Tauchnitz 1802-03. 8°
1 mit Nebent.: Becker: Verhütung u. Heilung d. Onanie mit allen ihren Folgen bei beiden Geschlechtern.
1 . . . . 1: Kd 640. 17. 25. 26. 30.
2 . . . . 12: Anthr. 78.
14.6621

— — Die Kunst das Zeugungsvermögen beyder Geschlechter zu erhalten und das verlorne zu ersetzen. 2., verb. Aufl. [Th. 1.] — Ebd. 1803. XIV,279 S. 8°
Nebent.: Becker: Verhütung u. Heilung d. Onanie mit allen ihren Folgen bey beyden Geschlechtern. 303.
14.6622

— — 3., verb. Aufl. Th. 1. Ebd. 1805. XIV,279 S. 8°
Nebent.: Becker: Verhütung u. Heilung d. Onanie mit allen ihren Folgen bei beiden Geschlechtern. 53.
14.6623

— — die Kunst das Zeugungsvermögen beider Geschlechter zu erhalten u. das verlorne zu ersetzen. Jetzt Engelmann in Leipzig.

— [Übers.] s. *Larrey*, Dominique Jean de: Medicinisch-chirurgische Denkwürdigkeiten aus seinen Feldzügen [Mémoires de chirurgie militaire, deutsch]. 1813-19.

[—] Das Leben und der Tod. Todesahnungen, Todesanzeichen, Todesfurcht; die Ohnmacht, der Schein- und der wahre Tod. Zur Belehrung u. Beruhigung für jedermann. Von *r. — Leipzig: Fest 1850. IV,92 S. 8° 14. 39.
14.6625

— [Übers.] s. *Llorente*, Juan Antonio: Geschichte der Inquisition [Historia crítica de la inquisición de España, Ausz., deutsch]. 1823.

— [Übers.] s. *Llorente*, Juan Antonio: Die Päpste als Fürsten eines Staates und Oberhäupter der Kirche [Portrait politique des papes, deutsch]. 1823.

— [Übers.] s. *Lobstein*, Johann Friedrich: Untersuchungen und Beobachtungen über den Phosphor [Recherches et observations sur le phosphore, deutsch]. 1817.

Becker, Gottfr. Wilh.: Luther u.s. Zeitgenossen, s.a. Luther . . .

[—] Luther und seine Zeitgenossen oder Ursachen, Zweck und Folgen der Reformation von *r. — Leipzig: Engelmann 1817. 280 S. 8°
1:5 in Cn 21004. 3. 12: H. ref. 244 d. 14. 15. 29. 31.
14.6626

— [Übers.] s. *Malcolm*, John: Geschichte Persiens [The History of Persia, deutsch]. 1830.

– s. Maleck

— [Übers.] s. *Mariamne*.— Mariamne. Eine historisch-romantische Erzählung aus Palästina. 1828.

— [Übers.] s. *Masaniello*. — Masaniello oder acht Tage in Neapel. 1824.

— [Übers.] Mathilde. Eine Begebenheit unserer Tage. s. *Normanby*, Constantine Henry Phipps Mis of: Mathilda [deutsch].
u.: Mathilde.

— Populäre Menschenkunde in jeder Hinsicht. Ein Handbuch für d. erwachsenere Jugend beiderlei Geschlechts. Th. 1. 2. — Leipzig: Barth 1803. 8° 117. 207.
14.6627

– s. Michaud de Vilette, Napoleons Feldzüge.

— [Übers.] s. *Millot*, Jacques André: Die Erzeugungskunst [L'Art de procréer, deutsch]. 1807 u.ö.

(——) die Mißgriffe d. Bourbons in Frankreich, s. Mißgriffe.

[—] Die Mißgriffe der Bourbons in Frankreich seit 1814. Von *r. — Leipzig: Fest 1830. IV,104 S. 8°
Erschien zuerst in: Leipziger Tageblatt. 1830. 7. 14. 34.
14.6628

— Die sichersten Mittel sich von den Krämpfen zu befreien. Pirna: Friese [1803]. VIII,120 S. 8° 2. 7. 10. 19. 41. 202.
14.6629

— — Pirna 1805. 94 S. 8° 47.
14.6630

— — Ebd. 1808. VIII,120 S. 8° 300: 13.533. 302. 303.
14.6631

— Sichere Mittel gegen das Zahnweh oder der kleine Zahnarzt, enthaltend eine genaue und deutliche Uebersicht der Zähne, ihrer Behandlung und Wartung. — Leipzig: Gräff [um 1815]. 60 S. 8°
Die Schrift ist inhaltlich identisch mit: Albrecht, Johann Friedrich Ernst: Sichere Mittel gegen das Zahnweh oder der kleine Zahnarzt. 1809 u. ö. u. ist möglicherweise auch von diesem verfasst.
303. 308.
14.6632

— [Übers.] s. *Mollien*, Gaspard Théodore: Reise nach Columbia im Jahre 1823 [Voyage dans la république de Columbia, en 1823, deutsch]. 1825.

— [Übers.] s. *Montègre*, Antoine François Jenin de: Die Hämorrhoiden [Des Hémorrhoides, deutsch]. 1821.

(——) Napoleon, s. Napoleon.

[—] Napoleon dargestellt nach den besten Quellen von *r. Bd 1.2. — Leipzig: Kollmann 1838-39. 8°
1:Rb 3787. 5. 12[∞2]: 36/8552. 15. 17. 18. 20. 30. 31. 41. 79. 106. 117. 201. 305.
14.6033

—— 2. Abdr. Bd 1.2. Ebd. 1839. 8° 20.
14.6034

— [Angebl. Verf.]: Denkwürdige Neuigkeiten jüngstvergangener und gegenwärtiger Zeit. 1814

— **Gottfried Wilhelm** (Leipzig), De nisu formativo. Diss. physiol. Präs. Chn. Friedr. Ludwig. Lpz. (Klaubarth) 7. VIII. 1801. 19 S. (4.—) 1677
Gew.: Chn. Gottfr. Hermann.

— Das wahre Noth- und Hülfsbüchlein für Bruchkranke aller Art. Neue Ausg. — Nürnberg: Schneider & Weigel [1808]. VIII,184 S. 8° 12:Chir. 15 e.
14.6035

— das wahre Noth- u. Hülfsbuch f. Bruchkranke aller Art. 8. Nürnb. 809. Schneider u. W. 12 gl. N. A. 829. 8 gl.

—— Wien [usw.]: Haas 1811. VIII,148 S. 8°
Nebent.: Becker: Der Bruchkranke oder gründliche Anweisung, den Brüchen zuvorzukommen.
12:Chir. 15 d. 22. 23. 61.
14.6036

—— Neueste Aufl. Ebd. 1816. IV,138 S. 8°
Nebentitel wie in 14.6636. 302. 303.
14.6037

—— Nürnberg: Schneider & Weigel 1823. VIII,184 S. 8°
5. 24.
14.6038

— d. wahre Noth- u. Hülfsbüchlein für Bruchkranke aller Art. 8. Nürnb. 824, Schneider u. W.

—— das wahre Noth- u. Hülfsbüchlein f. Bruchkranke aller Art. Neue Ausg. 8. (12 B.) Nürnberg 829, Schneider u. Weigel.

— [Übers.] s. *Parent*-Duchatelet, Alexandre Jean Baptiste: Die Sittenverderbniß ... des weiblichen Geschlechts in Paris [De la Prostitution dans la ville de Paris, deutsch]. 1837.

— Don Pedro I. und Brasilien. Ein Rückblick auf d. Verhältniß, in welchem beide 10 Jahre lang zu einander gestanden haben. — Leipzig: Engelmann 1831. 50 S. 8° 117.
14.6039

— Philaleth über Natur, Welt und Menschenleben. (Th.1.) Weißenfels [usw.]: Böse 1806. VI,396 S. 8° 4. 7.
14.6040

— Philaleth, über Natur-, Welt- u. Menschenleben, e. nützl. Allerlei. 8. Weißenf. 806. (Leipz., Weygand). 1 ₰ 6 gl.

— Ueber Pollutionen und die untrüglichsten Mittel dagegen. — Leipzig: Gräff 1807. 96 S. 8° 19. 29. 303.
14.6041

—— 2., verb., verm. u. d. Nachdrucks wegen wohlfeilere Ausg. — Ebd. 1808. 63 S. 8° 302. 307.
14.6042

—— Für Nichtärzte. 2., verb. Ausg. Ebd. 1808. 72 S. 8°
5.
14.6043

— über Pollutionen u. die Mittel dagegen. Mit 1 Kpf. 8. Leipz. 807. 2e A. 808. 3e A. 815. 4e A. 817. Wienbrack. 4 gl.

—— 3. Aufl. Ebd. 1816. 72 S. 8° 10. 27. 300:33.077.
14.6044

—— 4., verb., verm. u. wohlfeilere Ausg. Ebd. 1817. 72 S. 8°
3. 36. 61 [defekt].
14.6045

—— 4., einzig rechtmäßige Ausg. Leipzig 1819. 60 S. 8°
30.
14.6046

— [Übers.] s. *Radcliffe*, Ann: Gaston von Blondeville [Gaston de Blondeville, deutsch]. 1827.

—— Guter Rath an meine Freunde die Hypochondristen. — Leipzig: Jacobäer 1803. XII,268 S. 8°
8. 10. 12:Path. 104. 17. 32. 308.
14.6047

— guter Rath an meine Freunde, die Hypochondristen etc. 8. Chemnitz, Maucke. 805.

—— Neue Ausg. Chemnitz: Starke 1815. XII,268 S. 8° 2.
14.6048

— Guter Rath für Schwindsüchtige und sich Auszehrende. Pirna: Friese [1807]. VI,160 S. 8° 1:Iz 3579. 2.
14.6049

—— Ebd. 1808. VI,160 S. 8° 18.
14.6050

—— Neue wohlfeilere Ausg. Pirna [usw.]: In allen guten Buchh. 1809. 124 S. 8° 6. 21. 61.
14.6051

—— guter Rath für Taube u. Harthörige. 8. Leipzig, Franz. 815.

— Guter Rath für Taube und Schwerhörige. — Wien: Haas 1816. 48 S. 8° 38M. 75. 303. 308.
14.6052

—— 2. Aufl. Leipzig: Franz 1823. VI,64 S. 8° 23.
14.6053

— guter Rath f. Taube u. Schwerhörige. 2e Aufl. 8. Leipz. 827, Taubert.

— Wohlgemeinter Rath an ehefähige Mädchen, neuverheurathete Gattinnen, Schwangere und Wöchnerinnen. — Leipzig: Supprian 1803. 286 S. 8° 27. 30. 33.
14.6054

—— 2., verb. u. mit e. Anh. verm. Aufl. Leipzig: Mittler 1806. XII,302 S. 8° 17.
14.6055

—— Neue wohlfeile Ausg. Leipzig 1815. 78 S. 8° 303.
14.6056

— der Rathgeber vor, bei u. nach d. Beischlaf. 8. Naumb. 804. 6e A. 8. Leipz. 816. 12e verb. A. 8. Ebd. 831. Wienbrack 12 gl.

— Der Rathgeber vor, bey und nach dem Beischlafe. Naumburg: Rößler 1805. 110 S. 8° 24.
14.6058

—— 4. Aufl. Frankfurth [usw.] 1806. 104 S. 8° 308.
14.6059

—— Neueste, verm. Aufl. Baßel: Flick 1807. VIII,60 S. 8°
303.
14.6060

BECKER, G. W. Der Ratgeber vor, bei und nach dem Beifchlafe. 4. A. Leipzig 1807. 8°. 96 S.

—— 5., verm. Aufl. Leipzig: Gräff 1809. 140 S. 8° 10. 33.
14.6061

— der Rathgeber vor, bei u. nach d. Beischlafe. 8. Naumburg, Wild. (Gräff, Lpz.) 809.

—— 5., verm. Aufl. Reutlingen: Mäcken 1810. 95 S. 8° 24.
14.6062

—— 6., verm. Aufl. Leipzig: Gräff 1810. 111 S. 8°
12:Anat. 64 z. 303.
14.6063

—— 6., verm. Aufl. Ebd. 1816. XII,116 S. 8° 27. 39.
14.6064

— — 7., verm. Aufl. Ebd. 1816. XII,112 S. 8° 30.
14.6665

— — 7., umgearb. Aufl. Reutlingen: Mäken [1816]. 86 S. 8° 12: Anat. 64 zd.
14.6666

— — der Rathgeber vor, bey und nach dem Beyschlaf. 7te Aufl. 8. Leipzig, Gräff. 817.

— — 7., umgearb. Aufl. Reutlingen: Mäcken [1818]. 96 S. 8° 25.
14.6667

— — Neueste, ganz umgearb. Aufl. Reutlingen: Ensslin [1820]. 96 S. 8° 12: Path. 104 b.
14.6668

— — Nebst e. Anh. 9., verm. Aufl. Leipzig: Wienbrack [1824]. XVI,94 S. 8° 23 [defekt].
14.6669

— — Nebst e. Anh. 10., verm. Aufl. Ebd. 1827. XVI,87 S. 8° 117.
14.6670

—— der Rathgeber vor, bei u. nach dem Beischlafe ꝛc. Nebst ein. Anh., worinnen d. Geheimn. d. Geschlechts u. d. Zeugung d. Menschen erklärt sind, auch ein. Nachricht, d. Erfindung eines Schaamgürtels z. Heilung d. männl. Unvermögens betreffend. 11. Aufl. 829., 12., A. 831. u. 13., wiederum verb. A. (à 6¼ B.) 8. Leipzig 834, Wienbrack. à

Becker, der Beischlaf und das Geschlechtsleben in seinem ganzen Umfange. Ein treuer Rathgeber für junge Eheleute. 11. und 12. Aufl. 8. (78 S.) Reutlingen 872,73, Enßlin und Laiblin.

Becker, der Beischlaf und das Geschlechtsleben in seinem ganzen Umfange. Ein treuer Rathgeber für junge Eheleute. 13. und 14. Aufl. 8. (80 S.) Reutlingen 874,75, Enßlin und Laiblin'sche Verlagsh.

Spätere Aufl. u. d. T.:

— Das Buch der Liebe und Ehe oder das Geschlechtsleben des Menschen in seinem ganzen Umfange. Ein treuer Rathgeber für junge Eheleute. 15., verm. u. verb. Aufl., durchges. u. bearb. von di Centa. — Reutlingen: Enßlin & Laiblin [1876]. 64 S. 8° 24.
14.6672

Becker, Geheimnisse der Liebe und Ehe. Ein treuer Ratgeber f. Verlobte u. Neuvermählte. 17., m. Schwangerschaftskalender verm. u. zeitgemäß verb. Aufl., durchgesehen u. bearb. von di Conta. Ster.-Ausg. 12. (63 S.) Leipzig 890. Wilh. Radestock. n. 1. —

Becker, Arzt. 1899: Geheimnisse der Liebe und Ehe. Ein treuer Ratgeber für Verlobte u. Neuvermählte. — Hannover: Kreuzkam [1899]. 63 S. 8° 4.
14.5820

— Rathgeber b. allen vener. Krankheiten ꝛc. Ein Seitenstück zu seinem Rathgeber vor, bei u. nach d. Beischlaf. 8. Leipz. Joachim. 811.

— Rathgeber bei allen vener. Krankheiten ꝛc. Ein Seitenstück zu seinem Rathgeber vor, bei u. nach d. Beischlaf. 8. Leipz. 812. 2e A. 816. Joachim. 16 gr.

— Rathgeber bei rheumatischen Schmerzen oder sogenannten Flüssen. Nebst den Ursachen ihrer Entstehung. — Leipzig: Gräff 1810. VIII,52 S. 8° 303.
14.6675

[—] Friedrich August's des Gerechten fünfzigjährige Regierung. — Leipzig: E. Klein 1818. VI,54 S. 8° 3. 8. 14. 32. 34. 106. 117.
14.6676

(——) das Reich der Geister ꝛc. 2 Thle., s. Reich.

[—] Das Reich der Geister, der Wunder, des Priestertrugs und der Zauberei. Von *r. Th. 1.2. — Leipzig: Volkmar 1834. 8° 1: N 1530. 10. 14. 15. 27. 32. 35. 46.
14.6677

— Die monatliche Reinigung oder wie hat sich das Mädchen und das Weib dabei zu verhalten, um schön, gesund und von Schmerzen frei zu bleiben? — Pirna: Friese [1803]. VII [vielm. VIII],104 S. 8° 30. 117. 202. 303.
14.6678

— die monatl. Reinigung, oder wie hat sich das Mädchen u. das Weib dabei zu verhalten, um schön, gesund u. von Schmerzen frei zu bleiben. 8. Pirna 803. 2e A. 810. 3e A. 816. Friese. 4e Aufl. 8. Ebd. 822. 12 gr.

—— die monatl. Reinigung, od. wie hat sich d. Mädchen u. d. Weib dabei zu verhalten, um schön, gesund, u. von Schmerzen frei zu bleiben? 4., unveränd. Aufl. 8. (8 B.) Pirna 831, [Leipzig,] Friese.

[—] Die fröhliche Reise nach Thüringen. Für d. Jugend u. ihre Freunde von *r. — Leipzig: Hinrichs 1840. X,240 S. 8° ([Becker:] Reisen für d. Jugend u. ihre Freunde. 1.) 3. 15. 78.
14.6679

(——) die Reise in d. Harz, s. Reise.

[—] Die Reise in den Harz. Für d. Jugend u. ihre Freunde. Vom Verfasser d. 'Fahrten u. Abenteuer d. Kapitain Roß'. Leipzig: J. J. Weber 1837. VIII,264 S. 8° 8. 123.
14.6680

(——) meine große Reise v. Leipzig nach Oesterreich, s. Meine.

[—] Meine grosse Reise von Leipzig nach Oesterreich. Von *r. — Leipzig: Fest 1835. VIII,118 [vielm. 144] S. 8° 16. 117. 207. 300: 31.758-B.
14.6681

(——) Reisebilder aus Süddeutschland, s. Reisebilder.

[—] Reisebilder aus Süddeutschland, aufgenommen im Sommer 1836 von *r. — Leipzig: Fest 1837. VIII,215 S. 8° 14. 30. 75. 117. 302.
14.6682

(——) Reisen für die Jugend, s. Reisen.

[—] Reisen für die Jugend und ihre Freunde von *r. Th. 1-3. Leipzig: Hinrichs 1840-42. 8°
1. [Becker:] Die fröhliche Reise nach Thüringen. 1840.
2. [Becker:] Die Fahrten u. Abenteuer d. Lieutenant Ferdinand von Wrangel. 1841.
3. [Becker:] Lustige Wanderungen durch Baiern, Tyrol u. Salzburg. 1842.

3[∞2.3]. 14[∞1]. 15[∞2.3]. 26[∞1.3]. 43[∞1.3]. 207[∞1].
14.6683

Becker, Gottfr. Wilhelm: Rezepte u. Kurarten . . . ,
s.a. Recepte u. Kurarten . . .

[—] Rezepte und Kurarten der besten Aerzte aller Zeiten. Von e. praktischen Arzte. Th. 1-4. — Leipzig: Barth 1808-11. 8° 2. 19. 28. 32. 46.
14.6684

[—] — 2., verm. u. verb. Aufl. Th. 1-4. Ebd. 1813-14. 8° 5. 8. 19. 27. 303.
14.6685

[—] — 3., verm. u. verb. (4: verb. u. mit e. Reg. verm.) Aufl. Th. 1-4. — Ebd. 1817-18. 8° 14. 15. 23. 61. 302. 303. 308.
14.6686

— [Übers.] s. *Ross*, John: Die zweite Entdeckungs-Reise nach den Gegenden des Nordpols [Narrative of a second voyage in search of a north-west passage, deutsch]. 1835 u. 6.

(——) polit. Rundgemälde od. klein. Chronik ꝛc., s. Rundgemälde.

– s. Sagen d. Hebräer.

Becker, Gottfr. Wilh.: Sagen d. Vorzeit, s.a. Sagen der Vorzeit.

[—] Sagen der Vorzeit. Nach d. Englischen von *r. — Leipzig: Hartmann 1829. IV,298 S. 8° **15. 17. 19.**
14.6687

— [Übers.] s. *Santo-Domingo*, Joseph Hippolyte Cte de: Neapel, wie es ist [Tablettes napolitaines, deutsch]. 1828.

— [Übers.] s. *Santo-Domingo*, Joseph Hippolyte Cte de: Rom, wie es ist [Tablettes romaines, deutsch]. 1825.

Becker, Gottfr. Wilh.: Georg Scanderberg, s.a. Scanderberg.

[—] Georg Scanderberg. Glücklicher Vorgänger des Ali Pascha von Janina. Von *r. — Leipzig: E. Klein 1821. IV,128 S. 8° **7. 19.**
14.6688

— d. Scharlachfieber, od. Anweis. f. Jedermann, wie diese gefährl. Seuche zu verhüten rc. 8. Pirna 804. Friese. 12 ℊ

— Das Scharlachfieber oder Anweisung für jedermann, wie diese gefährliche Seuche möglichst zu verhüthen, ihren Fortschritten Einhalt zu thun, u. . . . zu heilen sey. Pirna 1806. 152 S. 8° **302. 303.**
14.6689

[—] Italiens Schicksale seit 1789 bis Ende 1831. — Leipzig: Engelmann 1832. VIII,257 S. 8°
1: Rm 3743. **2. 10. 16. 17. 117. 308.**
14.6690

[—] Polens Schicksale seit 1763 bis zu dem Augenblicke, wo es sich für unabhängig erklärte. — Paris: Didot 1831. X,174 S. 8°
1: Ud 683. **5. 7. 8. 12**: Polon. 95 ac. **15. 16. 21. 23. 25. 27. 33. 41. 44. 106. 109. 117. 302. 304. 307.**
14.6691

(——) Spaniens Schicksale in d. neuesten Zeit rc., s.a. Spaniens Schicksale.

[—] Spaniens Schicksale in der neuesten Zeit oder Geschichte Spaniens seit der Rückkehr Ferdinands VII. 1814 bis zur Einberufung der constituirenden Cortes. Von *r. — Leipzig: Fest 1836. X,266 S. 8° **14. 15. 117. 302.**
14.6692

— Schnupfen und Husten. Ein guter Rath an meine Mitbürger. — Pirna: Friese [1803]. IV,140 S. 8° **202.**
14.6693

— — Pirna 1805. 80 S. 8° **303.**
14.6694

— — Ebd. 1805. 100 S. 8° **19.**
14.6695

— — 2., verm. u. verb. Aufl. Pirna: Friese 1809. X,156 S. 8° **8.**
14.6696

— — Wien: Haas 1815. 92 S. 8° **33. 308.**
14.6697

— — 3., verm. u. verb. Aufl. Pirna: Friese 1815. XII,148 S. 8° **6. 214.**
14.6698

— — 4., verm. u. verb. Aufl. Ebd. 1820. XII,148 S. 8°
2 [unvollst.] **9. 10.**
14.6699

— Schnupfen u. Husten, e. guter Rath an meine Mitbürger, d. sich gegen ihn u. seine Folgen schützen wollen. 4e verb. Aufl. 8. Pirna 821, Friese.

—— Schnupfen u. Husten. Ein guter Rath an meine Mitbürger, die sich gegen ihn u. seine Folgen, besonders d. Auszehrung, Schwindsucht rc. schützen, u. v. ihm überfallen, sich u. die Ihrigen heilen wollen. 6., unveränd. Aufl. 8. (10 B.) Pirna 829, [Leipzig,] Friese. Thlr.
B. bezeichnete dies. Schriften, denen sein Name nicht beigefügt ist u. die meistens in Uebertragungen aus dem Französ. u. Engl. bestehen, mit *r.

— Schnupfen u. Husten. Ein guter Rath an meine Mitbürger. 8. Pirna 803. 2e A. 809. 3e A. 815. 4e A. 821. 5e A. 830. Friese. 12 ℊ

— Leipzigs Schreckensscenen, s.a. Leipzig.

[—] Leipzigs Schreckensszenen im September und October 1813. Von *r. — o. O. 1813. 62 S. 8° **307.**
14.6701

[—] — Leipzigs Schreckensscenen im September und October 1813. Von *r. — Leipzig 1813. 19 Bl. 8° **5. 14. 15. 304.**
14.6702

[—] — Leipzigs Schreckensszenen im September und October 1813. Von *r. — Leipzig 1813. VI,63 S. 8° **30.**
14.6703

[—] — [Leipzig: Engelmann] 1813. IV,58 S. 8° **21.**
14.6704

[—] — Leipzig: Engelmann 1813. VI,63 S. 8°
1: Deutsche Flugschr. 1813–68. **3. 6. 7. 10. 12**: Germ. sp. 89 y/1. **15. 18. 23. 24. 27. 30→34. 38. 111. 117. 300**: 80 J 269.
14.6705

[—] — Leipzig's Schreckensscenen im September und October 1813. Von *r. — Wien [um 1815]: Strauß. 72 S. 8° **302.**
14.6700

— [Übers.] s. *Scott*, Sir Walter: Werke [deutsch]. 27.28.35.36. 1825–26.

Becker, Gottfried Wilh.: Meine kleine Seereise, s.a. meine kl. Seereise . . . , u.: Seereise, Meine kl.

[—] Meine kleine Seereise oder die Fahrt nach Helgoland. Seitenstück zu meiner großen Reise nach Oesterreich. Von *r. — Leipzig: Fest 1836. VI,161 S. 8° **8. 117. 205.**
14.6707

— [Übers.] s. *Simonde* de Sismondi, Jean Charles Léonard: Die Kreuzzüge gegen die Albigenser [Histoire des Français, Ausz., deutsch]. 1829.

— [Vorr.] s. *Sommerfruechte*. 1823.

[—] Die Spazierfahrt nach Venedig und Mailand. Von *r. Leipzig: Kollmann 1840. VIII,304 S. 8° 1: Pv 6367. **7.**
14.6708

(——) die polit. Stürme Europas, s.a. Stürme.

[—] Die politischen Stürme Europa's, oder flüchtige Skizze der vorzüglichsten Unruhen, welche während des Jahres 1830 in Europa stattfanden. Von *r. — Leipzig: Fest 1831. V,110 S. 8° **27. 41. 106. 117.**
14.6709

Becker, Gottfr. Wilh.: Südamerika . . . , s.a. Südamerika . . .

Becker, G. W. Südamerika, wie es war u. jetzt ist, od. Ursprung u. Fortgang der Revolution daselbst. Leipzig 1819. 20.

[—] Südamerika, wie es war und jetzt ist, oder: Ursprung und Fortgang der Revolution daselbst bis 1819. Von *r. — Leipzig: Rein 1820. XVI,350 S. 8°
14. 15. 17. 24. 28. 30. 117. 180.
14.6710

— [Übers.] s. *Taylor*, Joseph: Der Scheintod oder die Gefahren des frühen Begrabens und der Beerdigung in Kirchen [The Danger of premature interment, deutsch]. 1821.

[—] Das illustrirte Thierreich [Tierreich]. Naturgeschichtliche Unterhaltungen für d. Jugend u. ihre Freunde. 2. Aufl. Leipzig: I. I. Weber 1846. XII,460 S. 8° **15. 29. 207.**
14.6711

Becker, G(ottfried) W(ilhelm) (Übers.u.Hrsg.):

s.: Tissot, (Simon André): Medizinisches Not- und Hülfsbüchlein für alle Menschen. Leipzig: 1832

Becker, G. W., kurz. Unterr. f. Bruchkranke, die davon befreit u. gesichert seyn wollen. 5te verb. Aufl. 8. Leipz. Bruder u. Hoffmann. 812.

— — Kurzer Unterricht für Bruchkranke ... 6., verb. u. verm. Aufl. — Ebd. 1817. 32 S. 8° **2.**
14.6710

— — kurzer Unterricht für Bruchkranke. 7te Aufl. 8. Elberfeld, Büschler. 817.

— — [Ausz.] Unterricht für Schwangere und Wöchnerinnen, oder Anweisung, wie sich Schwangere zu verhalten haben. Pirna: Friese 1804. VIII,152 S. 8° **15. 30.**
14.6657

— Unterricht f. Schwangere u. Wöchnerinnen, oder Anweis., wie sich Schwangere zu verhalten haben, um gesund u. froh zu bleiben rc. 8. Pirna 804. 2e A. 817. 3e A. 822. Friese. 12 gl

— neue Untersuchungen über d. Lebenskraft organisirter Körper. 2 Thle. gr. 8. Liegn. 802. Siegert. (Barth in Leipz.) 1 rß 21 gl

— Neue Untersuchungen über die Lebenskraft organisirter Körper mit e. vorzüglichen Hinsicht auf den Bildungstrieb. Th.(1.)2. — Liegnitz [usw.]: Siegert 1802–03. 8°
1:Ku 7200. 6. 12[**2]: Anat. 65. **19. 53. 202.**
14.6712

— Verhüt. u. Heil. der Onanie. (ist desselb. Kunst das Zeugungsvermögen zu erhalt. rc.) 8. Leipz. Tauchnitz. 802.

— — Verhütung und Heilung der Onanie mit allen ihren Folgen bei beiden Geschlechtern. 4., umgearb. Aufl. [T. 1.] Leipzig: Engelmann 1820. XII,241 S. 8° **15. 24. 308.**
14.6024

Becker, Gottfr. Wilh.: Vernunft oder Offenbarung? s.a. Vernunft und Offenbarung.

[—] Vernunft oder Offenbarung? Welcher soll ich glauben? Worte eines Unbefangenen an Unbefangene. — Merseburg: Klein 1819. 46 S. 8°
12:Polem. 2795m [2 Ex.] 19. 41.
14.6713

[—] Sachsens Verwüstung durch die Franzosen 1813. Ein Beitrag zur Geschichte d. Zeit. Vom Hrsg. d. Briefe über d. neuesten Ereignisse d. Zeit. — Leipzig: Engelmann 1814. VIII,192 S. 8° **117. 300:80J223.**
14.6714

[—] Lustige Wanderungen durch Baiern, Tyrol und Salzburg. Mit historischen Rückblicken. Für d. Jugend u. ihre Freunde von *r. — Leipzig: Hinrichs 1842. VIII, 292 S. 8° ([Becker:] Reisen für d. Jugend u. ihre Freunde. 3.)
14. 207.
14.6715

— Die Wartung der Kranken. Ein Buch für alle Familien. Weißenfels [usw.]: Böse 1808. 505 S. 8° **79.**
14.6716

— — 2., verm. Aufl. Leipzig: Hinrichs 1811. VI,316 [vielm. 516] S. 8° **23. 48. 300:•70 J 12.**
14.6717

Becker, Gottfr. Wilhelm: Wie können Eltern den Kindern das Zahnen erleichtern ...? s.a. Wie ...

— — Wie können Eltern d. Kindern das Zahnen erleichtern u. dadurch oft das Leben erhalten? 2te Ausg. 8. Pirna, Friese. 817.

— Ein paar Worte an Bruchkranke ... Nebst e. Anweisung zum Gebrauch seiner ... Bruch-Bandagen. — Leipzig: Verf. [usw.] 1807. 22 S. 8° **10.**
14.6718

— ein paar Worte an Bruchkranke, d. v. ihr. Leibesschad. befr. rc. 8. Leipz. Bruder u. Hofmann. 810.

— ein paar Worte an Bruchkranke, die v. ihren Leibesschaden befreit sein wollen. 8. Lpz. 810. 4e A. .. (Schönian in Elberf.) 16 gl

Becker, Gottfr. Wilh.: Der Zahnarzt f.d. weibl. Geschl., s.a. le Maire: Der Zahnarzt ...

— — der Zahnarzt für d. weibl. Geschlecht. N. d. französischen des Hrn. Le Maire. 8. Leipzig, Baumgartner. 820.

— über d. Zähne u. d. sichersten Mittel, sie bis zum höchsten Alter rein, weiß, gesund u. von Schmerzen frei zu erhalten. 8. Leipz. (808.) 2e A. 812. Fr. Fleischer. 12 gl

— üb. die Zähne u. die sichersten Mittel sie bis z. höchst. Alter rein, weiß, gesund u. v. Schmerzen frei zu erhalten. 8. Leipz. Benj. Fleischer, (a. Solbria). 810.

— Ueber die Zähne und die sichersten Mittel, sie bis zum höchsten Alter rein ... zu erhalten. Nebst e. Unterricht über d. schwere Zahnen d. Kinder. — Reutlingen: Mäcken 1810. 131 S. 8° **19. 22. 24. 38M.**
14.6720

— — 2., verb. Aufl. Leipzig: Fleischer 1810. V,124 S. 8°
1:8° Bibl. Diez 7511. 6. 15.
14.6721

Becker, Gotthelf Ehrenfried

— — De chiasmo periodoque decussatim scripta disp. ut nov. in ill. schola Portensi. Friedrichst. (Hagenmüller) 16. IV. 1762. 12 S. (2.—) 1685

— — Commiseran-Saxoniae fortunam. Friedrichst. (Hagenmüller) 29. V. 1761. 16 S. (2.—) 1684
Gottfr. Sig. Walckof, Carl Fd. Schubart, Carl Sev. Donat (sämtl. Dresden), Fd. Wilh. Grahl (Waldkirchen).

— — Gracilem Horatium del. Dresden (J. W. Harpeter) 5. III. 1752. 4 Bl. (1.40) 1680

— — De ludicro cottaborum prim. diss. Dresd. (J. Ch. Kraus) 21. V. 1754. 8 Bl. (2.—) 1681
J. Chph. Meyner, Joh. Chph. Müller, Adam Chph. Eckard.

— — Dasselbe. Tert. diss. Friedrichst.-Dresden (Hagenmüller) 18. VII. 1756. 10 S. (2.—) 1682

— — De magnitudine animi quae cernitur in adversis rebus. Friedrichst. (Hagenmüller) 24. V. 1757. 18 S. (2.—) 1683
Joh. Adolf Blumlchen (Dresden), Joh. Gotth. Bretschneider (Liebstadt), Chph. Friedr. Uhlemann (Sehma).

— — (Megalohaynensis), De numeris orationi aptis . . auct. Chph. Jerem. Rost. (Lpz. (Joh. Gottl. Imm. Breitkopf) 25. V. 1746. 36 S. (3.50) 1679
Gew.: Joh. Jac. Mascov.

Becker, Gotthelf Ehrenfried: De Virtutibus Horatii commentatio ... Qua praemissa ... Bernardo Sigismundo ab Koenneritz ... gratulatur Gotthelff Ehrenfried Beckerus. Comm. 1. — Lipsiae: Pouillard [um 1750]. XXIV S. 8°
117.
14.6724

Becker, Gotthelf Theodor: Romantische Poesien für Geist und Herz. — Leipzig: Tauchnitz in Comm. 1804. 62 S. 8°
11.
14.6725

Becker v. Lichtenström, G. T., romant. Poesien für Geist u. Herz. 8. Leipz. 805. Tauchnitz. 6 gr

Becker, Gotthelf Wilhelm Rupert: Die schöne Bäkkerin. Eine Legende. Nebst einer Apologie an den Pater S. in M. [Verf.: Gotthelf Wilhelm Rupert Becker.] — Dessau: Buchh. d. Gelehrten 1781. 48 S. 8°
Als Verfasser wird auch Gottfried August Bürger genannt.
7. 30. 78. 79. 109.
14.6726

— Begebenheiten aus dem gesellschaftlichen Leben. — Berlin: Maurer 1786. 343 S. 8° **1:Yw 2105. 7. 15. 53.**
14.6727

— Romantische Chronicken. Bd 1.2. — Leipzig: Voß 1794–95. 8°
1. Becker: Die Familie Wasa. 1794.
2. Becker: Kayserbarts Leben u. Schicksale. 1796.
In d. einzelnen Exemplaren fehlen teilweise d. Titelblätter.
1:Yw 2112 [auch Bd 2 = Yw 2116]. 7. 10[∞2]. 24[∞1]. 42[∞2]. 53.
14.6728

Becker, Gotthelf Wilhelm Rupert: Über Frauenzimmer u. Ehe, s.a. Frauenzimmer.–

[—] Ueber Frauenzimmer und Ehe. Aus d. Franz. Mit e. Vorr. A. G. Meißners. — Leipzig: Weygand 1783. VIII, 444 S. 8° **300:11.748.**
14.6729

— Geschichte d. Regierung Ferdinand d. Kathol., König v. Spanien. 2 Thle. 8. Prag 790, 91. Neureitter (Centr.-Compt. 2 Rthlr 12 gr Hinrichs in Leipz.) 1 Rthlr

— Geschichte der Regierung Ferdinand des Katholischen, Königs von Spanien. Th. [1.] 2. — Prag [usw.]: v. Schönfeld-Meißner 1790–91. 8° **1:Qr 6482. 3. 4. 5. 7. 12:Hisp. 13. 14→19. 42. 43. 53. 209. 300:8 Mm 13. 302.**
14.6730

— Karl der Kühne, Herzog von Burgund. Biographie von Rupert Bekker. — Prag [usw.]: Meißner 1792. 6,229 S. 8° **1:Rh 8661. 5. 7. 11. 12:Gall. sp. 16. 14. 19. 46. 53. 300:163.452-A.**
14.6731

Becker, Gtthlf. Wlh. Rupert, († d. 15. Febr. 1823.) Karl d. Kühne, Herzog v. Burgund. Biographie. 8. Prag 792. Neureitter. 16 gr (Hinrichs in Leipz.) 14 gr

Becker, Rup., Carl d. Kühne, Herzog v. Burgund, Biograph. 8. Prag, Neureuter; Meißner. (Joachim in Leipz.) 792. Rthlr.

— — Wien [usw.]: Reichs-Commissions- u. Industrie Büreau [um 1795]. 6,229 S. 8° **12:Gall. sp. 15 z.**
14.6732

[—] Der Landtagsritter oder Weselwinds gesammelte Korrespondenz. — Gera: Bekmann 1785. 206 S. 8°
11. 14. 32.
14.6733

— Kayserbarts Leben und Schicksale. — Leipzig: Voß 1796. 390 S. 8° (Becker: Romantische Chronicken. 2.)
1:Yw 2112-2 [u.] Yw 2116. 7. 24. 53.
14.6734

— Schauspiele, nach span. Origin. frei bearbeit. 8. Leipz. Sommer.

— Schauspiele nach spanischen Plänen bearb. — Dresden [usw.]: Breitkopf 1783. 280 S. 8° **14. 18. 42. 300:3594-A.**
14.6735

— Späne aus der Werkstatt Meister Sachsens, eines unmittelbaren Abkömmlings des berühmten Meistersängers Hans Sachs. — Leipzig: Voß & Leo 1793. 346 S. 8°
1:Yw 2110. 7. 14. 19. 24. 36. 53. 109.
14.6736

— Die Familie Wasa. — Leipzig: Voß 1794. 422 S. 8° (Becker: Romantische Chronicken. 1.) **1:Yw 2112-1. 7. 10. 53.**
14.6737

Becker, Gotthilf *Hermann* [aus Kloster-Mansfeld]: Ueber das arteriell-venöse Aneurysma ... Halle a. S., Plötz'sche Buchdr., 1897; 24 S., 2 Bl. 8.
Halle, Med. Fak., Inaug.-Diss. v. 5. März 1897

Becker, Gottlieb Arnold: Letzte Confirmations-Rede gehalten am Altare zu St. Jacobi am Sonntage Palmarum 1829 und letzte Catechismus-Predigt gehalten zu St. Marien am 15. September 1829 hrsg. von d. Wittwe. — Lübeck 1830: Borchers. 32 S. 8° **207.**
14.6738

— Das System des Kirchenvaters Junilius, mit e. historischen Einleitung. — Lübeck 1787: Green. XXXVIII,66 S. 8°
7. 15. 18. 19. 27. 48.
14.6739

Becker, Gottlieb Theodor: Cyclus deutscher Dichtungen besonders zum Gebrauch in höheren Bildungsanstalten erl. H. 1. — Halle: Lippert 1852. X,101 S. 8°
1. Göthe's Hermann und Dorothea.
1:Yf 6451. 3. 10. 11. 12:P. o. germ. 831. 24. 27. 28. 32. 33. 34. 38. 41. 43. 79.
14.6740

Becker, Guilelmus Adolphus s. *Becker*, Wilhelm Adolf.

Becker, Gustav, Rezitator, geb. 1836. **1906**
s. *Becher*, Adolf Anton.

Becker, Gustav, Landwirtschaftlicher Lehrer. **1892:** Anleitung zur zweckmässigen Aufstellung von Futtermischungen für Milchkühe. — Bunzlau i. Schl. 1892. 19 S. 8° (Preisschriften u. Sonderabdrücke d. 'Landwirthschaftlichen Thierzucht'. 5.) **1:Ov 17460-5. 17.**
14.6744

Becker, Gust., Anleitung zur zweckmäßigen Aufstellung v. Futtermischungen f. Milchkühe, Jung-, Mast- u. Zugrinder, nebst e. Anh. üb. den Wert u. die Verwendung der wichtigst. Futtermittel. 3., verm. Aufl. gr. 8. (53 S.) Berlin 901. P. Parey. n. 1.20

Becker, Gustav, Studienrat, Berlin, geb. 1878. **1906** [Hrsg.]
s. *Archiv* für das Studium der neueren Sprachen und Literaturen [Zeitschriften]. Reg. zu Bd 111–120 = N. F. 11–20. 1908.

Becker, Gustav, aus Frankfurt a. M.: Die Aufnahme des Don Quijote in die englische Litteratur (1605 bis c. 1770). *Berlin 1902: C. Sabewski.* (30 S.) 8° ¶ (Erscheint vollst. in: Palaestra.)
Berlin, Phil. Diss. v. 6. Nov. 1902

— Die Aufnahme des Don Quijote in die englische Literatur (1605–c. 1770). — Berlin: Mayer & Müller 1906. 246 S. 8° (Palaestra. 13.) Erschien teilweise auch als Diss. Berlin 1902.
1:X 8426-13. 2→11. 12:P. o. germ. 1041 fo-13. 14→21. 25→28. 30. 36. 38. 39. 64. 90. 204. 300:393.550-B. Per. 13. 302. 303.
14.6749

— Aus der Praxis für die Praxis. Kurze, leichtverständliche Abhandlungen aus d. Gebiete d. Landwirtschaft. 1. Aufl. Ratzeburg in Lauenburg: Selbstverl. [1902]. 48 S. 8°
106.
14.6746

Becker, Gustav: Über Automobilunfälle in Deutschl. 1906–07, s. Becker, Gabriel

Becker, Gustav, Regierungsbaumeister, Königsberg. 1887: Bericht über die Vorarbeiten für die Anlagen zur Reinigung der städtischen Abwässer in Königsberg i. Pr. (Verf.: Becker.) — Königsberg 1887: Hausbrand. 62 S. 4° **10. 89. 90.** 14.6742

Becker, Gust., catalogi bibliothecarum antiqui, collegit G. B. I. Catalogi saeculo XIII vetustiores. II. Catalogus catalogorum posterioris aetatis. gr. 8. (IV, 329 S.) Bonn 885, Cohen und Sohn. *

Becker, Gust., die **Entwässerung der Stadt Königsberg** i/Pr. [Aus: „Zeitschr. f. Bauwesen".] Fol. (12 S. m. 3 lith. Taf.) Berlin 890. Ernst & Sohn n. 5. —

Becker, Gust. (II.). Futtermittel-Tabelle zur schnellen Ermittelung der preiswertesten Kraftfuttermittel nach ihrem Futterwerte. Fol. Chemnitz 892, (Bülz). ** — 30

(—) Zur Geschichte des Tapezierer-Gewerbes und der Organisation der deutschen Tapezierer-Gehülfen. — Hamburg: Deutscher Tapezierer-Verband 1902. 116 S. 8° **12: Cam. 246 w. 18. 101. 203.** 14.6748

Becker, Gustav. 1907: Die Hochwilde. — Stuttgart [usw.]: Deutsche Verl. Anst. 1907. 66 S. 8° (Alpine Gipfelführer. 14.) 1: S 11939-14. 12: It. coll. 32 e-14. 24. 44. 60. 300: 447.581-A. Kt. 14. 14.6750

Becker, Gustav, aus Schwalbenthal am Meissner: Zur **Kenntniss** der sesquioxyd- und titanhaltigen Augite. *Erlangen 1902: F. Junge.* (55 S.) 8°
Erlangen, Phil. Diss. v. 21. Jan. 1902

— Zur Kritik des Suetonius. S.-A. 1867. 8 S.

Becker, Gustav, Pastor, Hoffnungsthal b. Odessa. 1869: Liederstrauß. — Odessa: Deubner 1869. VIII, 146 S. 8° **26.** 14.6741

— **Gustav** (Lübeck), De Isidori Hispalensis de natura rerum libro. Diss. philol. Bln. (C. Schultz) 28. III. 1857. 26 S. mit Biogr. (M.: A. Kock.) (3.—) 1687
Opponenten: Ant. Klette, Franz. Buecheler, Adolf Kiessling.

Becker, Gust., quaestiones criticae de C. Suetonii Tranquilli de vita Caesarum libris VIII. Memel 862. (Königsberg, Nürmberger.) gr. 4. (22 S.) n. 7⅙ ngr.

Becker, Gustav (geb. am 20 Juni 1845 in Laasphe Westf.): Ueber Retroflexio uteri gravidi ... Bonn, Druck v. F. Krüger 1868. 2 Bl., 27 S., 1 Bl. 8.
Bonn, Med. Fak., Diss. v. 30 [nach d. Akten v. 31] Juli 1868

Becker, Gustav: Neue Untersuchungen über excentrische Sehschärfe und ihre Abgrenzung von der centrischen. Halle 1883: Karras. 26 S., 1 Taf. 8°
Halle-Wittenberg, Med. Diss. v. 28. März 1883
Geb. Mühlhausen (Thür.) 29. 4. 1859. V.
Im Buchhandel 1883 bei Bergmann in Wiesbaden.

— die **Wasserversorgung** der königl. Haupt- u. Residenzstadt Königsberg i/Pr., verf. unter Mitbenutzg. der Akten d. Magistrats. [Erweit. Abdr. aus: „Zeitschr. d. Ver. deut. Ingen."] gr. 4. (26 S. m. 25 Abbildgn.) Berlin 890. (Königsberg i/Pr., Gräfe & Unzer.) n. 3. —

— Die Wasserversorgung der Königlichen Haupt- und Residenzstadt Königsberg i./Pr. — Berlin 1890: Schade. 26 S. 4°
Erschien zuerst in: Zeitschrift d. Vereines Deutscher Ingenieure. 35. 1891.
Spätere Bearb. s. *Kuck*, Ernst: Die Wasserversorgung d. Haupt- u. Residenzstadt Königsberg i. Pr. 1910. **10. 38M. 82. 89.** 14.6743

Becker, Gustav Georg Theophil, s. Becker, Theophil

Becker, Gustav Wilhelm, Referendar: Der Unterhaltsanspruch der Frau während der Ehe. Leipzig: Wigand 1909. 68 S. 8°
Leipzig, Jur. Diss. v. 23. Okt. 1909
[Geb. 29. Jan. 83 Zwickau i. S.: Wohnort: Leipzig; Staatsangeh.: Sachsen; Vorbildung: Gymn. Zwickau Reife O. 02; Studium: Halle 4, Leipzig 6 S.; Rig. 2. Febr. 07.] [U 10. 2653

Becker, H., Vikar, Kloppenburg. 1899 s. *Becker*, Heinrich.

Becker, H., Gerichts- u. Handelschemiker, Professor, Frankfurt a. M., 1861-1931. 1893 s. *Becker*, Heinrich.

Becker, H., Pastor, Wilsleben, später Lindau, Anhalt, 1839-1906. 1883 s. *Becker*, Heinrich.

Becker, H., Ingenieur, Aachen. 1907 s. *Becker*, Hermann.

Becker, H., Oberbürgermeister, Köln, 1820-1885. 1850 s. *Becker*, Hermann.

Becker, H., Architekt, Magdeburg. 1896 s. *Becker*, Hugo.

Becker, H., e. Antwort auf „Die neueste Kundgebg d. Protestantenver. 8. (42) Brschw. 72, Bruhn'sche S.-Bh. n. — 60

Becker, H., Pastor, Goslar. 1873: Eine Antwort auf 'Die neueste Kundgebung des Protestantenvereins, beleuchtet von einem praktischen Geistlichen'. — Braunschweig: Bruhn 1873. 42 S. 8° **23. 123. 203.** 14.6756

— Offener Brief an das Hannoversche Landes-Consistorium. Braunschweig: Bruhn 1874. 52 S. 8° **33. 47. 123.** 14.6757

Becker, H. (Resp.): Diss. de doloribus, s. Alberti, M. (Praes.)

Becker, H., Elektrochemiker, Paris. 1898: Die Elektrometallurgie der Alkalimetalle. — Halle: Knapp 1903. VIII, 135 S. 8° (Monographien über angewandte Elektrochemie. 9.) 1: Mr 12341-9. 3. 12: Chem. 234 o-9. **16. 17. 25. 29. 30. 79. 83. 88→91. 93. 210. 305.** 14.6758

Becker, H. (II.), neue Gelegenheits-Gedichte. Sammlung auserlesener Gedichte und Glückwünsche zu allen Festtagen und Festlichkeiten. 8. (96 S.) Oberhausen 884, Spaarmann. *

Becker, H. (II.), neue Gelegenheits-Gedichte. Sammlung auserlesener Gedichte und Glückwünsche zu allen Festtagen und Festlichkeiten. 3. Aufl. 8. (96 S.) Styrum 888, Spaarmann. *

Becker, H., neue Gelegenheits-Gedichte. Sammlung auserlesener Gedichte u. Glückwünsche zu allen Festtagen u. Festlichkeiten. 4. Aufl. 12. (96 S.) Styrum 890. Spaarmann. n. — 50

Becker, H., neue Gelegenheits-Gedichte. Sammlung auserlesener Gedichte u. Glückwünsche zu allen Festtagen u. Festlichkeiten. 4. Aufl. 12. (96 S.) Styrum 892. A. Spaarmann. n. — 50

Becker, H., Lebensbild des Propheten Jesaia. Göttingen 867. (Vandenhoeck & Ruprecht.) gr. 4. (38 S.) n. 10 ngr.

Becker, H., Vorsteher d. Bauernschule zu Roggentin. 1861: Mittheilungen aus der practischen Landwirthschaft. — Berlin: Bosselmann 1861. 81 S. 8° 1: Ou 29338. 11. 28. 42. 14.6755

Becker, H., Mittheilungen aus der practischen Landwirthschaft. Berlin 861. Bosselmann. (Wiegandt & Hempel.) gr. 8. (V, 81 S.) n. 15 ngr.

Becker, H. De Sigiberto I. Francorum rege. (38) 8. Monasterii 1869.

Becker, H., die Tertiär- u. Kohlen-Ablagerungen in der Umgebung v. Kaaden, Komotau u. Saaz. 2. Aufl. gr. 8. (46 S. m. 2. Taf.) Toplitz-Schönau 901. A. Becker. n. 2.—

Becker, H.F. s. *Becker*, Hermann Friedrich.

Becker, H.H. s. *Becker*, Hermann

Becker, H. L., de morborum crisi post s. coenae usum. Rost. 1747. 4.

Becker, H.T.v. s. *Becker*, Hans T.v.

Becker, H.V., s. Becker, Heinrich Valentin

Becker, Hans, Licentiat, Pfarrer, Berlin-Schöneberg, geb. 1865, 1908: Augustin. Studien zu seiner geistigen Entwicklung. — Leipzig: Hinrichs 1908. IV,155 S. 8°
1: Bb 4446/4. 2→8. 10. 11. 12: P. lat. 234 bg. 14. 15. 16. 18. 20. 21. 26. 27. 28. 169. 211. 300: 400.556–B. 302.
14.6765

Becker, Hans, s: Beiträge, Marburger, z. roman. Philol., Prosaroman, Der altfranzös., v. Lancelot del Lac.

Becker, Hans, Landwirt, Mosbach. 1817
Pseudonym: Der Schwarze Becker
— Der Bienenvater zum Nutzen und Vergnügen vom Schwarzen-Becker. — Frankfurt a. M.: Körner 1817. 80 S. 8° 30.
14.6760

— Vom Brauen, Brennen, Essig- und Potaschsieden, nebst Stärkebereitung oder praktische Anweisung landwirthschaftliche Gewerbe zu erlernen. Vom schwarzen Becker. Frankfurt a. M.: Hermann 1818. III,167 S. 8°
30. 201. 302.
14.6761

Becker, Hans, a. Berlin: Die Einwirkung des Lichts auf die Bildung der Schwefelsäure. Göttingen 1908: W. F. Kaestner. (60 S.) 8°
Göttingen, Phil. Fak., Ref. Tammann, Diss. v. 2. März 1908
[Geb. 8. Jan. 83 Berlin; Wohnort: Berlin; Staatsangeb.: Preußen; Vorbildung: Friedrich-Wilhelms-Gymn. Berlin Reife O. 02; Studium: Göttingen 11 S.; Rig. 17. Jan. 08.]

Becker, Hans, Referendar in Hannover: Entwicklung und Voraussetzungen des Rücktrittsrechtes aus § 326 des Bürgerlichen Gesetzbuches. *Borna-Leipzig 1904: R. Noske.* (VI, 46 S.) 8°
Leipzig, Jur. Diss. v. 1904

Becker, Hans, s. Erdmann, Jh.

— — Erscheinung in d. Nacht v. 18ten z. 19ten Oct. 1817 v. d. Fest aller Deutschen im Elysium. 8 Frankf. Bosell. 817

— Meine Erscheinung in der Nacht vom 18. zum 19. October 1817. Oder das Fest aller Deutschen im Elisium. Dem Bunde der Wartburg gewidmet vom Schwarzen Becker. Frankfurt a. M.: Bosell 1818. 23 S. 8°
1: Deutsche Flugschr. 1818–2. 8. 12: L. eleg. m. 851–25. 23. 26. 30.
14.6762

Becker, Hans, Franz v. Assisi, s.: Für Feste u. Freunde der inneren Mission.

Becker, Hans, s.: Gesetz, d. Feldbereinigg betr.

[—] Die landwirthschaftlichen Gewerbe in ihrer nützlichen Verbindung mit dem Feldbaue durch eine zweckmäßige Musteranstalt dargestellt, nebst Vorträgen über die Landwirthschaft in England ... Hrsg. von Johann Erdmann. — Neustadt a. d. O.: Wagner 1823. VIII,136 S. 8° 10.
14.6763

Becker, Hans, Referendar am Amtsger. zu Rixdorf: Die lex 33 Digestorum 12. 6 (Si in area tua) im Vergleiche mit dem Bürgerlichen Gesetzbuch. Ein Beitr. z. Kondiktionslehre. Berlin 1909: Windolff. XII, 49 S. 8°
Marburg, Jur. Diss. v. 27. Juli 1909, Ref. Leonhard
[Geb. 7. Febr. 86 Berlin; Wohnort: Berlin; Staatsangeb.: Preußen; Vorbildung: Askan. Gymn. Berlin Reife M. 04; Studium: Berlin 4, Tübingen 2 S.; Rig. 19. Juni 09.] [U 09. 3117

Becker, Hans, Referendar: Der nicht rechtsfähige Verein als offene Handelsgesellschaft. Berlin 1904: E. Streisand. XII, 54 S.) 8°
Heidelberg, Jur. Fak., Ref. Schröder, Diss. v. 28. Dez. 1904
[Geb. 26. Nov. 80 Düsseldorf; Wohnort: Cöln; Staatsangeb.: Preußen; Vorbildung: Friedrich-Wilhelm-Gymn. Cöln Reife M. 99; Studium: Heidelberg 3, Berlin 5 S.; Rig. 23. Nov. 04.]

Becker, Hans, Adjunkt im K. k. Eisenbahn-Ministerium, Wien. 1905: Wohlfahrtspflege im Eisenbahndienste. — Wien: Verf. 1906. 22 S. 8°
Aus: Österreichische Eisenbahn-Zeitung. 29. 1906. 302. 305.
14.6764

Becker, Hans Otto s. Familienbibliothek, Schweizer. Nr. 53.

Becker, Hans Otto, Schloß Frankenberg, s. a. Enßlin's Roman- u. Novellenschatz.

— Schloß Frankenberg. Erzählung. — Reutlingen: Enßlin & Laiblin [1906]. 96 S. 8° (Enßlins Roman- & Novellenschatz. 97.)
4. 17. 24.
14.6780

— — Wien [1906]. 96 S. 8° (Hölzer's Wiener Roman-Bibliothek. 67.) 300: 431.660–B. Per. 67.
14.6781

Becker, Hans Otto
— Gesetzeskunde f. den hessischen Wirt, umfassend die Reichs- u. hess. Landesgesetzgebg., nebst den nötigen Erläutergn. u. ausführl. Sachregister. Ein unentbehrliches Handbuch f. den Brauer, Hotelier, Restaurateur, Weinwirt, Gastwirt, Schankwirt, Cafetier, Branntweinschenkeninhaber, Konditor u. s. w. (II, 48 S.) 8. Mainz 904. J. Diemer. n. – 75

— [Bearb.] s. *Regierungsblatt*, Großh. Hessisches [Zeitschriften]. Neues allgemeines Sachregister. 4–9. 1902–28.

Becker, H: Sachregister, s.: Best, d. hess. Ges. etc. z. Ausführg d. BGB.

— Sachregister, s.: Reh, Gesetz-Samml. f. das Großherzogt. Hessen.

— Vereinigtes Sachregister zu d. Bundes- bezw. Reichs-Gesetzblatt sowie zu dem Centralblatt für das Deutsche Reich von 1891 bis 1902 inkl. 1. Fortsetzg. als 2. Tl. (III, 140 S) gr. 8. Mainz 903. J. Diemer.
n. 3. 20 (1. u. 2. ermäß. Pr. n. 9. 20)
Tl. 1 u. d. T: Pfaff, Frdr., Sachregister. Ebd. 891. n. 8.—

— Vereinigtes Sachregister zu dem Bundes- bezw. Reichs-Gesetzblatt sowie zu dem Centralblatt f. das Deutsche Reich von 1903 bis 1907 inkl. 2. Fortsetzg. als 3. Tl. (IV, 23 S.) Lex. 8. Mainz 908. J. Diemer. 2.40
(1—3. erm. Pr. 11.60)

— Die Schwurgenossen. Erzählung aus d. Zeit Philipps des Großmütigen. — Gießen: Roth [1904]. 144 S. 8° (Bibliothek vaterländischer Sagen u. Erzählungen. 4.)
Im Exemplar von 26 fehlt d. Titel d. Sammlung. 17. 26. 36.
14.6788

— Aus e. kl. Universität. Novelle. 1—3. Taus. (140) 8° Lpzg, Buchdr. Ferd. Peter (06). 2 — d

— Aus einer kleinen Universität. Novelle. — Leipzig: Stoll [1906]. 140 S. 8° 1: Yx 37744/110. 17.
14.6793

— der schriftliche Verkehr mit den Gerichten, den Verwaltungs-, Polizei- u. a. Behörden, insbesondere nach den im Großherzogt. Hessen geltenden Gesetzen u. Verordnungen. Mit e. Anh.: Abfassung der Privattestamente. Eine Sammlg. v. Musterbeispielen f. Jedermanns Gebrauch im Verkehr m. den Behörden. Mit ausführlichem Sachregister. (63 S.) gr. 8. Mainz 902. J. Diemer. n. — 60

Becker, Hans Otto, wie behandelt man seine Dienstboten? Praktische Winke. 8. (28 S.) Mainz (901). J. Diemer. n. — 50

Becker, Hans Otto: Die neue Zeit. Geschichte a. d. Anfang d. 16. Jahrh. (248) 8° Münch., Hans Sachs-Verl. '12. 3.50; geb. 4.50

Becker, Hans T. v.: Handbuch der Vaccinationslehre. Zum 100jährigen Gedächtniss ihrer wissenschaftlichen Erforschung durch Edward Jenner. — Stuttgart: Enke 1879. IV, 260 S. 8° 2. 3. 10. 12: Chir. 15 l. 16. 19. 20. 24. 26. 33. 36. 38M. 45. 300: 34.831. 302. 304.
14.6797

Becker, H. T. v., zur Pathologie und Therapie der Rachen-Diphtherie. Mit Bezugnahme auf den Charakter der in Wien herrschenden Epidemie. Zwei Vorträge, gehalten im Verein der Aerzte in Nieder-Oesterreich, Section Wien. gr. 8. (IV, 72 S.) Wien 872, Braumüller.

— zur Pathologie u. Therapie der Rachen-Diphtherie. Mit Bezugnahme auf den Charakter der in Wien herrschenden Epidemie. 2 Vorträge, geh. im Verein der Aerzte in Nieder-Oesterreich, Section Wien. gr. 8. (IV, 72 S.) Wien 877. Braumüller. n. 1. 60

Becker, Heinr., z. Alexandersage. D. Brief üb d. Wunder Indiens b. Johannes Hartlieb u. Sebastian Münster, s.: Festschrift, z. 70. Geburtstage Oskar Schade dargebracht.

Becker, Heinrich, Direktor, Memel, geb. 1857. 1879: Zur Alexandersage. Der Brief über d. Wunder Indiens im ältesten deutschen Alexanderepos. — Königsberg 1892. 14 S. 8°
Aus: Festschrift zur Einweihung d. neuen Gebäude d. Kgl. Friedrichs-Kollegiums. Königsberg. 1892. 3. 4. 5.
14.6812

— Zur Alexandersage. Alexanders Brief über die Wunder Indiens. — Königsberg 1894: Hartung. 26 S. 8°
Aus: Progr. Königsberg. Kgl. Friedrichs-Kollegium 1894. 47. 300: 147.630–C.
14.6813

Becker, H[einrich], Prof. Dr.: Zur Alexandersage. Der Brief über die Wunder Indiens in der Historia de preliis. Königsberg Pr. 1906: Hartung. (39 S.) 4°
Königsberg, k. Friedrichs-K P 1906 (6)

Becker, Heinr., Anfänge d. Volksschule i. Anhalt, s. Allotria, ernste.

Becker, Heinrich, Pastor, Wilsleben, später Lindau, Anhalt. 1839-1906. 1883: Anfänge der Volksschule in Anhalt. — Dessau: Baumann 1898. 19 S. 8° 111.
14.6821

Becker, Heinrich, Musikschriftsteller. 1865: Die Anklage gegen Peter Keller von Büttelborn wegen Kirchen-Diebstahls, seine Freisprechung, der denkwürdige Wahrspruch der Geschwornen, kritisch dargest. — Darmstadt: Verf. 1868. 38 S. 8° 17.
14.6807

— Die Art des deutschen Reformiertentums nach seiner Ausgestaltung in Anhalt. — Cöthen: Schettler 1900. 33 S. 8° (Beiträge zur anhaltischen Geschichte. 3.) 1: Ss 8629/10-3. 3. 10. 14. 15. 29. 111. 117.
14.6822

Becker, Heinrich, a. Braunschweig: Die Auffassung der Jungfrau Maria in der altfranzösischen Litteratur. Göttingen 1905: Dieterich. (91 S.) 8°
Göttingen, Phil. Fak., Ref. Stimming, Diss. v. 3. Mai 1905
[Geb. 27. Sept. 81 Braunschweig; Heimatsort: Braunschweig; Staatsangeh.: Braunschweig; Vorbildung: Realgymn. Braunschweig Reife O. 01: Studium: Leipzig 2, Göttingen 6 S.; Rig. 8. Febr. 05.]

Becker, Heinr., die Auffassung der Jungfrau Maria in der altfranzösisch. Litteratur. Diss. (92 S.) 8. Göttingen 905. (Vandenhoeck & Ruprecht.) n. 2. 40

Becker, Heinrich, Prediger, Neukirchen. 1804: Auszug aus denjenigen kurhessischen Landes-Verordnungen, welche einem jeden zu wissen nöthig sind. — [Neukirchen]: Verf. 1804. VIII, 303 S. 8° 7. 34. 47. 66.
14.6806

Becker, Heinrich, Gerichts- u. Handelschemiker, Professor, Frankfurt a. M., 1861-1931. 1893 [Bearb.]
s. *Barth*, Max. 1884: Die Obstweinbereitung. 5. Aufl. 1900.

Becker, Heinrich, appr. Arzt: Beitrag zur Bibliographie und Geschichte der acuten und chronischen epidemischen Kinderlähmung. Bonn (1910): Trapp. 80 S. 8°
Bonn, Med. Diss. v. 25. Juni 1910, Ref. Krause
[Geb. 15. Jan. 83 Siegburg; Wohnort: Siegburg; Staatsangeh.: Preußen; Vorbildung: Gymn. Siegburg Reife O. 04; Studium: Freiburg i. B. 1, München 1, Bonn 3, Berlin 3, Bonn 2 S.; Coll. 11. Juni 10; Approb. 25. Mai 10.] [U 10. 302

— Kritische Beleuchtung des Oratoriums Paulus von Mendelssohn-Bartholdy. Auf Veranlassung d. Musiksection d. Lutherfestes zu Worms verfasst. — Worms 1868: Kranzbühler. 15 S. 8° 123.
14.6808

Becker, Heinrich, Cand. min. 1900: Kirchliche Bestrebungen des Fürsten Ludwig von Anhalt-Cöthen 1603–1650. Cöthen 1900: Schettler. 18 S. 8° 3. 111.
14.6830

Becker, Heinrich [Dr.]: Die Brahmanen in der Alexandersage. Königsberg, Hartungsche Buchdr., 1889; S. 1–34; 4°
Königsberg, k. Friedrichs-K, OP 1889 (7)

Becker, H., die Brahmanen in der Alexandersage. gr. 4. (34 S.) Königsberg 889. (Leipzig, Fock.) n. 1. —

Becker, Heinr., Chronik der evangelischen Volksschule in Heddesdorf. Eine Festgabe zur Feier ihres 300jähr. Bestehens. Als Anh. e. kleine Ortschronik v. Heddesdorf. (75 S. m. 8 Taf.) 8. Neuwied 905. Heuser's Verl. Kart. n. 1. —

Becker, Heinr., Cinghala und die Cinghalesen, Land und Volk des alten Paradieses. gr. 8. (32 S., dazu 1 Taf. in Lichtdr. mit den hervorrag. Personen aus Hrn. Hagenbeck's Cinghalesen-Truppe, nebst deren Orig.-Namenzügen.) Frankfurt a. M. 885. (Stuttgart. Metzler's Sortiment.)

— VII. Mittelrheinisches Musik-Fest. Beethovens Freiheit-Symphonien, die Helden-Symphonie (in Es-dur), und Sturm-Symphonie (in C-moll), im Zusammenhang mit dem deutschen Freiheit-Krieg und Schillers 'Wallenstein' und "Tell'. — Darmstadt: Verf. 1870. 16 S. 8° 17.
14.6809

— Die Geburts-Feier Seiner Königlichen Hoheit des Grossherzogs Ludwig IV. von Hessen im Darmstädter Hof-Theater am 12. September 1880. — Darmstadt: Hrsg. 1880. 15 S. 8° 17.
14.6810

— Geistreiches Gesang-Büchlein, in welchem etliche hundert so woll alte als neue geistliche Lieder ... heraußgegeben. — Rostock 1705: Schwiegerau. 840, 14 S. 8°
Verschiedene Drucke. 28 [unvollst.] 33.
14.6709

—— Geistreiches Gesang-Büchlein, in welchem etliche hundert so woll alte als neue geistliche Lieder ... heraus gegeben. — [Rostock 1710.] 341,12,34 S. 8°
Beigedr.: 1. Lassenius, Johann: Kleines Gebet-Büchlein, worinnen ein allgemeiner Morg- und Abend-Segen, wie auch ... andere ... Gebeter enthalten. Rostock: Schwiegerau [1710].
Beigedr.: 2. [Neumann, Kaspar:] Der Kern aller Gebethe. o.O. 1710. 28 [defekt].
14.6800

—— Geistreiches Gesang-Büchlein, in welchem etliche hundert so wol alte als neue geistliche Lieder ... heraus gegeben. Benebst sehl. D. Lassenii Kleinen Gebet-Büchlein und dem Kern aller Gebete. — Rostock 1717: Schwiegerau. 341,12,36 S. 8°
Sondert.: 1. Lassenius, Johann: Kleines Gebet-Büchlein, worinnen ein allgemeiner Morg- und Abend-Segen, wie auch ... andere ... Gebeter enthalten. Dabey angefüget der Kern aller Gebete. Rostock: Schwiegerau [1717].
Sondert.: 2. [Neumann, Kaspar:] Der Kern aller Gebethe. o.O. 1717. 28.
14.6801

—— Geistliches Gesang-Büchlein, in welchem etliche hundert so wol alte als neue geistliche Lieder ... heraus gegeben. Benebst sehl. D. Lassenii Kleinen Gebet-Büchlein und dem Kern aller Gebete. — o.O. [1733]. Getr. Pag. 8°
Sondert.: 1. Lassenius, Johann: Kleines Gebet-Büchlein, worinnen ein allgemeiner Morgen- und Abend-Segen, wie auch ... andere ... Gebeter enthalten. Dabey angefüget der Kern aller Gebete.
Sondert.: 2. [Neumann, Kaspar:] Der Kern aller Gebethe. 9 [defekt].
14.6802

—— Neu-vermehrtes geistreiches Gesang-Büchlein, in welchem etliche hundert sowol alte als neue geistliche Lieder ... herausgegeben. — Rostock 1734: Adler. 876,38 S. 8°
Beigedr.: Lassenius, Johann: Kleines Gebet-Büchlein, worinnen der Bund Gottes mit der gläubigen Seelen, und dann ein allgemeiner Morgen- und Abend-Seegen ... enthalten. 28.
14.6803

—— Geistliches Gesang-Büchlein, in welchem etliche hundert so wol alte als neue geistliche Lieder ... herausgegeben. Benebst sel. D. Lassenii Kleinem Gebeth-Büchlein und dem Kern aller Gebethe. [Nebst] Neuer Anh. — o.O. 1735. 8°
Sondert.: 1. Lassenius, Johann: Kleines Gebet-Büchlein, worinnen ein allgemeiner Morgen- und Abend-Segen, wie auch ... andere ... Gebeter enthalten. Dabey angefüget der Kern aller Gebete.
Sondert.: 2. [Neumann, Kaspar:] Der Kern aller Gebethe. 33.
14.6804

Becker, Heinrich, Vikar, Kloppenburg. 1899: Geschichte Goldenstedts. — Cloppenburg: Imsiecke 1899. 239 S. 8°
1: Sn 3124. 45.
14.6835

— Geschichte des Dorfes Wilsleben. — Dessau 1883: Reiter. 75 S. 8° 1: Tf 6885.
14.6823

Becker, Heinrich, Dr., Oberlehrer u. Stadtarchivar, Zerbst, geb. 1875. 1907: Geschichte der Stadt Zerbst. — Zerbst: Gast in Komm. 1907. VI,135 S. 8°
1: Ss 9614/15. 3. 5. 7. 12: Germ. sp. 27 nkm. 14. 15. 18. 43. 111. 300: 454.100–B. 302.
14.6838

Becker-Lindau: Ein uraltes heidn. Götzenbild auf d. Marktplatz e. anhalt. Stadt. Vortr. (26) 8° Zerbst, (F Gast) '06. nn 1.50 d

— Ein uraltes heidnisches Götzenbild auf dem Marktplatz einer anhaltischen Stadt. Vortrag. — Zerbst 1906: Schnee. 26 S. 8° 3. 14. 111.
14.6824

Becker, H., das Zerbster Gymnasium als anhaltische Universität. (30 S.) 8. Zerbst 903. (F. Gast.) n. 1.50

— Das Zerbster Gymnasium als anhaltische Universität. — Zerbst 1903: Schnee. 30 S. 8° 3.
14.6825

Becker, Heinrich, a. Zerbst: Der Haushalt der Stadt Zerbst 1460 bis 1510 dargestellt nach den Handbüchern des Rates der Stadt Zerbst. Dessau (1905): C. Dünnhaupt. (83 S.) 8° [F.]
Tübingen, Phil. Fak., Ref. v. Below, Diss. v. 21. Nov. 1905
[Geb. 9. Mai 75 Kleckewitz i. Anhalt; Wohnort: Zerbst; Staatsangeh.: Anhalt; Vorbildung: Gymn. Bernburg Reife O. 93; Studium: Tübingen 1, Leipzig 2, Halle 6 S.; Coll. 13. Juli 05.]

— Die Hungersnoth in Rußland. Eine geographisch-politische Schilderung. — Frankfurt a. M.: Verf. 1892. 27 S. 8°
12: Russ. 9 ud. 17. 22. 30. 38. 107. 203.
14.6816

Becker, Heinrich, Architekt. 1866: Die Cathedrale zu Palermo nach den genauesten Aufnahmen der Architecten Heinr. Becker & Heinr. Rttr. v. Förster. — Wien: Allgemeine Bauzeitung 1866. 2 Bl., 9 Taf. 2° 2. 3. 6. 12: 2° Ital. 21 m. 19. 24. 30. 32. 33. 83. 84. 89. 302. 304. 305.
14.6811

Becker, Heinr., u. Heinr. v. **Förster,** die Cathedrale zu Palermo nach den genauesten Aufnahmen. Wien 866. (v. Waldheim.) gr. Fol. (9 Kpfrtaff. u. 1 Bl. Text.) 5 ℛ︁

— Die Zerbster Landschulen in der Zeit nach dem 30jährigen Kriege. — Zerbst 1902: Schnee. 75 S. 8° 3.
14.6826

— Die Marmor- und Granit-Werke am Mittel-Rhein. Eine Schilderung der Marmor-Bänke u. Brüche im Nieder-Lahn-Gau u. d. daraus erschaffenen Burgen, Dome u. Denkmale im Lahn-, Main- u. Rhein-Land, sowie d. Granit-Brüche im Odenwald u. d. daraus erschaffenen Werke. Frankfurt a. M.: Keller 1884. VIII,112 S. 8°
12: A. civ. 11e. 14. 16. 17. 24. 26. 30. 36. 43. 64. 82. 83. 91. 107. 123. 180. 210.
14.6817

Becker, Heinrich (Hrsg.), s. Musik, Frankfurter.

Becker, Heinrich (Hrsg.), s. Musik-Zeitung, Frankfurter.

Becker, Heinr. (II.), der östliche Odenwald. Eine Schilderung von dem Mümling-, Itter- und Neckarthal. Mit 2 (chromolithogr.) Karten vom nördl. und südl. Odenwald, nebst Anschlusskärtchen. 8. (XV, 84 S.) Mainz 882, Diemer.

—— (2., unveränd. Abdr.) Ebd. 1882 (1883). XIV,84 S. 8°
16 [unvollst.] 17. 123.
14.6819

—— 2. Aufl. Ebd. 1883. XIV,84 S. 8° 17. 26. 36.
14.6820

— Des Zerbster Superintendenten Wolfgang Amling Ordinationen. 1578–1606. 8°
Aus: Theologische Studien u. Kritiken. 1897. 111.
14.6827

— Böhmische Pastoren, in Anhalt ordiniert 1583–1609. — o. O. [1897]. 87 S. 8°
Aus: Jahrbuch d. Gesellschaft für d. Geschichte d. Protestantismus in Österreich. 17.18. 1896–97. 111.
14.6828

Becker, [Heinrich]: Der alttestamentliche Prophetismus im Lehrplan der höheren Mädchenschule. Zerbst 1910: Schnee. S. 1—17. 8°
Zerbst, herz. HT P 1910 [284] [S 10. 15

— Reformationsgeschichte der Stadt Zerbst. — Dessau 1910: Dünnhaupt. 220 S. 8°
Aus: Mitteilungen d. Vereins für Anhaltische Geschichte u. Altertumskunde. 11. 1912. 111.
14.6829

Becker, Heinrich, Apotheker. 1853: Rückblicke auf die Entwicklung der Pharmacie und ihrer Hülfswissenschaften zumal in den letzten fünfzig Jahren. Festgabe für Ludwig Becker. — Osnabrück 1853: Kißling. 47 S. 8° 7. 46.
14.6806

Becker, Heinrich. 1910: Sibilla. Schauspiel. — Berlin [usw.]: Wigand 1910. 101 S. 8°
1: Ys 38952. 38. 300: 484.919–B.
14.6840

Becker, Heinr.: Sibilla. Schausp. (101) 8° Lpzg, Modernes Verl.-Bureau '10. 3 —

(—) Über die Sterilisation von Milch und anderen Flüssigkeiten in unabgefassten Mengen (Kannenbetrieb) und den dazu geeigneten Apparat D.R.-P. No. 69824. Chemisch-techn. und hygienisches Institut von Dr. Popp & Dr. Becker. (Auszug aus e. Vortrag: Becker, H.: Ueber d. Sterilisation grosser unabgefasster Mengen Milch für d. Kannenbetrieb u. d. Verwendung erhitzter Milch in Molkereien.) [Nebst] Gutachten. — Frankfurt a. M. 1893: Schirmer & Mahlau. 8°
26.
14.6834

— Anhaltische Studenten in Wittenberg von 1502-1602. 8°
Aus: Mitteilungen d. Vereins für Anhaltische Geschichte u. Altertumskunde. 8. 1902.
111.
14.6830

— Studia Apuleiana. — Berolini: Weidmann 1879. 92 S. 8°
Erschien teilweise auch als Diss. Königsberg 1879.
1: Ws 7080. 2. 5. 7. 9. 10. 11. 12: A. lat. b. 50 c. 14. 15. 16. 18. 19. 21. 24. 26. 45. 300: 43.021-B. 304.
14.6814

Becker, Heinrich, 50 Jahre Marburger Turnverein, 1860—1910, Festschr., m. Abb., Marburg 1910, 80 S., 8°.

— Der Urnenfriedhof von Forsthaus Sorge bei Lindau-Anhalt. 8°
Aus: Jahresschrift für d. Vorgeschichte d. sächsisch-thüringischen Länder. 2. 1903.
111.
14.6831

Becker, Heinrich Adolf Otto: Neuestes Verzeichniß sämmtlicher Städte und Flecken des Preussischen Staates nach alphabetischer Reihenfolge. — Breslau: Verf. 1859. 24 S. 8°
41.
14.6846

— — 5. Aufl. Ebd. 1865. 24 S. 8°
41.
14.6847

Becker, Heinrich August: Geschichte der ger. u. vollk. St. Johannis-Freimaurer-Loge Bruderkette zu den drei Schwanen im Or. Zwickau im ersten Vierteljahrhunderte ihres Bestehens. Nebst e. Berichte über d. Feier d. fünfundzwanzigjährigen Stiftungsfestes am 8. April 1888. — Zwickau 1888: Glöckner & Kausche. 82 S. 8°
14.
14.6848

— **Heinr. Gottfr.** (Halle), De actione in factum pro retinenda possessione praesentanea competente. Exerc. acad. Präs. Jac. Born. Lpz. (Joh. Georgi) 15. VII. 1675. 10 Bl. (4.80) 1689

— — Dasselbe. Lpz. (Brandenburger) 1704. 24 S. (4.20) 1690

Henr. Car. Becker doctrinae de vasis chyliferis et lymphaticis primordia. Hal. 1797. 8. (Historiam inventorum continet usque ad Bilsium et Deusingium.)

Becker, Heinrich Valentin
Becker, **Hnr. Val.**, († d. 15. Dec. 1796.) commentatio crit. exeget. loci Evangel. Joh. CXII, v. 20—33. 8. Lcipz. 792. Fr. Fleischer 4 gl.

Becker, Heinrich Valentin: Gesetze zur Bestimmung der Geschwindigkeit derer Körper in der geradlinichten Bewegung. — Rostock [usw.]: Berger & Boedner 1756. 110 S. 8°
3. 18. 24. 25. 28. 29. 31. 48. 117.
14.6850

Becker, H. V., de necessitate paedobaptismi. Rost. 1767. 4.

— Sacra natalitia domini nostri Jesu Christi indicit. 4. Rost. (B. Fleischer, Lps.)

— Heinrich Valentin Beckers Sammlung einiger Predigten. Nach dessen Tode hrsg. von Johann Georg Becker. — Rostock 1797: Müller. XXVIII, 267 S. 8°
28. 33.
14.6851

— tract. theolog. qua in quaestionem, utrum lectio literarum sacr. omnib. omnino christ. etc. 4. Rost. 793. (Fr. Fleischer in Leipz.) 4 gl.

— Untersuchung der Frage: Ob die Apostel oder Fremdlinge aus entfernten Ländern zu Jerusalem am Pfingsttage in fremden Sprachen geredet haben. — Leipzig: J. B. G. Fleischer in Comm. 1792. 35 S. 8°
Zugleich Univ. Schrift. Rostock 1792.
1: Bp 10640. 3. 7. 21. 300: 33.178-B.
14.6852

Becker, H. V., utrum Christus clauso sepulcro su discipulorum conclave intraverit? Rost. 1773. 4.

Becker, Henricus s. *Becker*, Heinrich.

Becker, Henricus Valentinus s. *Becker*, Heinrich Valentin.

Becker, Herma: Achim v. Arnim in d. wissenschaftl. u. polit. Strömgn sr Zeit, s: Abhandlungen z. mittl. u. neueren Gesch.

Becker, Hermann [Präs.]: A n p(o)ena fustigationis, cum relegatione perenni conjuncta, reprobanda sit? s. B e c k e r, Andreas Julius [Resp.]

Becker, Hermann, Maler u. Kunstkritiker, Köln, 1817-1885. 1857: Auszug aus dem Protokoll der zweiten allgemeinen Versammlung der deutschen Künstler am 27., 28. und 29. September 1857 in Stuttgart. Im Auftr. d. Comités d. Versammlung verfaßt. — München 1857: Wolf. 10 S. 4°
12: 4° Art. 3 w-1. 14. 61.
14.6889

Becker, Hermann. 1862: Bau-Rede, gehalten bei der Richtfeier von Bohmbach's Passage in St. Georg, am 7. Mai 1862. (Verf.: Hermann Becker.) — ([Hamburg 1862]: Wichers.) 2 Bl. 8°
18.
14.6892

Becker, Hermann, appr. Arzt a. Styrum (Rheinprovinz): Aus der Medizinischen Poliklinik in Marburg. Zur Begründung einiger subjektiver Symptome bei der initialen Phthise mit besonderer Berücksichtigung der Bronchial- und Mediastinaldrüsenvergrößerung. Marburg 1907: H. Bauer. (30 S.) 8°
Marburg, Med. Fak., Ref. de la Camp-Brauer, Diss. v. 27. Juni 1907
[Geb. 21. Nov. 78 Styrum, Kr. Mülheim a. d. Ruhr; Wohnort: Elberfeld; Staatsangeh.: Preußen; Vorbildung: Gymn. Coblenz Reife M. 00; Studium: Marburg 4, Göttingen 1, Gießen 1, Marburg 4 S.; Coll. 19. Jan. 07; Approb. 5. Apr. 07.]

Becker, Hermann, Lehrer, Wollstein. 1893: Neue Bildungsideale. — Bonn [usw.]: Soennecken [1900]. 39 S. 8° (Sammlung pädagogischer Vorträge. 12, 10.)
1: Nc 3944-12, 10. 5. 12: Paed. Th. 4925-12, 10. 107. 207. 302.
14.6909

Der Bruderbund der deutschen Steinmetzen und Maurer. Eine kurze Schilderung seiner Organisation und Wirksamkeit vom Mittelalter bis auf die neuere Zeit von Hermann Becker. Solingen: Selbstverlag 1894. 82 S. 8°.

Becker, Herm., der Bruderbund der deutschen Steinmetzen u. Maurer. Eine kurze Schilderung seiner Organisation und Wirksamkeit vom Mittelalter bis auf die neuere Zeit. gr. 8. (82 S. m. Abbildgn.) Solingen 894. (Köln, P. Neubner.) n 2.—

— Christnacht. Cantate. Weihnachtsfest. Ein verbindender Text zu lebenden Bildern. — Frankfurt a. M.: Stritt 1892. 17 S. 8°
1: Ys 27393/21. 30. 38.
14.6905

Becker, Hermann [Präs.]: D i f f e r e n t i a e quaedam inter spolia et alias dejectionum species, s. B e c k m a n n, Hermann Friedrich [Resp.]

Becker, Hermannus [Guestfalus]: Hermogenis Tarsensis de rhythmo oratorio doctrina ... Monasterii Guestf., ex typogr. I. Bredt, 1896; 86 S., 2 Bl. 8.
Münster, Phil. Fak., Inaug.-Diss. v. [29. Febr.] 1896

Becker, Herm. Einleitungen zur Lektüre griechischer Schriftsteller. 21 S. **Progr.** *Waren* 1885.

Becker, Hermann Einleitungen zur griechischen Lectüre gröfstenteils nach den Quellen zusammengestellt. II. Teil. (Umschlagtitel: Einleitungen . . . Lektüre. II. Teil.) 4 (26 S.). G. *Waren* 1887 **Progr.**

Becker, Hermann: Die geometrische Entwickelung des Infinitesimalbegriffs im Exhaustionsbeweise bei Archimed und ihre Bedeutung für die Differentialgeometrie und die Schule. Leipzig, Druck v. B. G. Teubner, 1894; 26 S. 4.
Insterburg, k. G u. RG, P 1894 (6)

BECKER, Hermann (Oldenburg): Ein Fall von Mikrophthalmus congenitus unilateralis nebst einigen Bemerkungen über die vermuthliche Aetiologie und Entwicklungsgeschichte desselben.- Leipzig: Engelmann 1888. 50 S.,1 Taf.- S.-Abdr.aus: Graefe's Archiv für Ophthalmologie. Bd.34.
_ 7.7.1887 - Chr 1887/88,17 (= Becker, Heinrich); Jv 1888/89,211 (Prom.-Datum: 1888)
Diss. Ingolst.-Landsh.-Mchn.

Becker, Hermann, Ingenieur. Aachen. **1907: Aachener Hütten-Aktien-Verein, Rothe Erde bei Aachen. Festschrift für den 60jährigen Gedenktag der Inbetriebnahme seiner Werksanlagen. 1847 1. Mai 1907. (Verf.: H. Becker.) — (Aachen [1907]: La Ruelle.) 77 S. quer-8°**
1:Ot 752. 5. 52. 60. 61. 82. 205.
14.6915

Becker, Hermann, Magister, Wittenberg. **1748: Fridericum III Sapientem Saxoniae Electorem et Academiae Vitembergensis fundatorem Praes. Hermannus Becker ... et Resp. Joannes Phleps ... laudibus condecorabunt. Rec. — Vitembergae: Tzschiedrich 1748. 56 S. 8°**
Erschien zuerst als Diss. Wittenberg 1702.
12:4° Diss. 1085-15. 17. 27. 48. 117.
14.6866

Becker, Hermann, Jurist, Professor, Greifswald, 1719-1797. **1768: Gedanken und Erläuterungen über das Kirchenrecht bey Erklärung der principiorum iuris canonici ... des ... Georg Ludewig Böhmers zu Göttingen. — Bützow [usw.]: Berger & Boedner 1772. 780 S. 8° 1:Fq 1783. 5. 6. 7. 12:J. can. U. 16 m. 14. 16. 17. 21. 23. 24. 31. 33. 45. 47. 302.**
14.6867

Becker, Hermann, Rektor, Frankfurt a. M. **1885: Vaterländische Geschichte für Seminaristen und Lehrer an Volks- und Bürgerschulen. T. 1.2,1. — Langensalza: Greßler 1892-94. 8° 1:Rx 5721. 3. 30 [∞2]. 34.**
14.6899

Becker, H, vaterländ. Geschichte f. Seminaristen u. Lehrer an Volks- u. Bürgerschulen. 1. Tl u. 2. Tl, 1. Abtlg. 8° Langens., Schulbh. 5.20
I. Von d. alten Deutschen bis z. Reformation. (203) 92. 2.20
II, 1. Von d. Reformation bis z. westfäl. Frieden. 1517—1648. (275) 94. 3 —

— **Solinger Geschichten! Allen seinen Verehrern gewidmet von Amandus Liebreich [d. i. Hermann Becker u. J. H. Frantzen]. Ser. 1.2. — Solingen: Genossenschafts-Dr. 1896. 80 S. 8°** Aus: Bergische Arbeiterstimme. **38.**
14.6906

Becker, H. H., Gesetz für das Herzogth. Oldenburg, den bürgerlichen Prozeß betreffend. Unter Mittheilung der zum Verständniß und zur Auslegung dienlichen Regierungs- und Landtags-Motive, sowie der sich anschließenden Bestimmungen der übrigen die neue Organisation der Justiz betreffenden Gesetze und mit Anmerkungen zum prakt. Gebrauche versehen. gr. 8. (290 S.) Oldenburg 859, Schulze'sche Buchh. *

Becker, Hermann: Über das Glühfrischen mit gasförmigen Oxydationsmitteln. Halle: Knapp 1910. 24 S., 2 Taf. 4° ¶ Aus: Metallurgie. Jg. 7; auch in: Mitteilungen aus d. Eisenhüttenmänn. Institut d. Kgl. Techn. Hochschule Aachen. Bd 4. 1911 [Nr 99]. Aachen, Dr.-Ing.-Diss. v. 7. 3. 1910

Becker, Hermann [Dr.]: Goethe als Geograph. Berlin, R. Gaertner, 1894; 30 S. 4.
Berlin, Margarethen-S, OP 1894**

Becker, Hermann: Goethe als Geograph. ⟨Fortsetzung.⟩ *Berlin: R. Gaertner 1898.* (3—29 S.) 4° ¶ (Fortsetzung d. P-Beilage Berlin, Margarethen-S 1894.)
Berlin, Neunte St. R ⟨HB⟩, OP 1898 (125)

Becker, Hermann, Prof. Dr.: Goethe als Geograph. ⟨Schluss.⟩ Berlin: Weidmann 1904. (28 S.) 4° ¶ (Forts. d. P-Beil. d. Margarethenschule 1894, der 9. R 1898.)
Berlin, 9. st. R OP 1904 (138)

Becker, Hermann, Notar. **1904: Die Freiherrlich von Bettendorff'schen Güter von Gauangelloch und Nußloch. (Verf.: Becker.) — Heidelberg: Vereinsdr. [1904]. 10 Bl. 4° 16.**
14.6914

Becker, Hermann, Gerichtsassessor in Oberweißbach: **Die Haftung des Tierhalters nach § 833 BGB. Borna-Leipzig 1906: R. Noske. (VIII, 75 S.) 8° [F.]**
Leipzig, Jur. Fak., Diss. v. 29. Mai 1906
[Geb. 17. Juni 74 Rudolstadt; Wohnort: Oberweißbach i. Th.; Staatsangeh.: Schwarzburg-Rudolstadt; Vorbildung: Gymn. Fridericianum Rudolstadt Reife M. 95; Studium: Jena 5, Leipzig 1, Berlin 2 S.; Rig. 23. Dez. 03.]

Becker, H., litteraturkundliches Handbuch f. Mittelschulen u. mehrklassige Volksschulen. 2 Tle. gr. 8. Frankfurt a/M. 886. Knauer. cart. n. 2. 10; geb. n. 2. 80; in 1 Bd. geb. n. 2. 20
1. Gedichte. Etwas aus der Poetik. Liederverzeichnis. (XI, 156 S.) cart. n. 1. 10; geb. n. 1. 20
2. Litteraturkunde. (X, 103 S.) cart. n. 1. —; geb. n. 1. 10

Becker, Herm., der Landdrosteibezirk Hannover. Verwaltungsbericht über dessen Sanitäts- und Medicinalwesen mit besond. Berücksicht. des J. 1880. Nach amtl. Quellen bearb. gr. 8. (III, 132 S.) Hannover 881, Schmorl und v. Seefeld. *

Becker, Herm., s. a. Hannover, d. Reg.-Bez.

Becker, Herm. (II.), der Reg.-Bez. Hannover. Verwaltungsbericht über dessen Sanitäts- und Medicinalwesen mit besond. Berücksicht. der J. 1883—1885. Nach amtl. Quellen bearb. gr. 8. (III, 188 S.) Hannover 887, Schmorl und v. Seefeld. *

Becker, Herm., der Reg.-Bez. Hannover. Verwaltungsbericht üb. dessen Sanitäts- u. Medicinalwesen in den J. 1886—1888. Nach amtl. Quellen bearb. gr. 8. (III, 162 S.) Hannover 891. Schmorl & v. Seefeld Nachf. n. 5. —

— dasselbe, in den J. 1889—1891. Nach amtl. Quellen bearb. gr. 8. (III, 128 S.) Berlin 894. J. Springer. n. 3. —

Becker, Hermann, Rittmeister, Karlsruhe. **1874: Heerwesen und Soldatenleben der Deutschen zur Zeit des dreißigjährigen Krieges. Vortrag. — Carlsruhe: Chr. Fr. Müller 1875. 37 S. 8° 2. 12: Mil. g. 12 pm. 31.**
14.6893

Becker, Hermann: De indole contractus locationis conductionis adjecti assecurationi.
1757.

Becker, Herm., die secretissima instructio Gallo-Britanno-Batava. Ein Beitrag zur Kritik der Flugschriften des 30jähr. Krieges. Inaugural-Dissertation. 8. (41 S.) Göttingen 874, (Vandenhoeck und Ruprecht's Verlag.) *

—— aus der Jugendzeit der stehenden Heere Deutschlands und Oesterreichs. Kurze Darstellung des Heerwesens und der Fechtweise der Deutschen gegen Ende des 17. und zu Anfang des 18. Jahrh. gr. 8. (79 S.) Karlsruhe 877, Bielefeld's Hofbuchh. *

Becker, Herm.: De iure de non evocando.
s. Becker, Johann Rudolf

Becker, Hermann, Oberbürgermeister, Köln, 1820-1885. **1850: Meine Candidatur zum Abgeordnetenhause. ⟨Wahlkampf am 6. Dez. 1861.⟩ 2. Aufl. — Dortmund: Krüger 1862. 31 S. 8° 1:Sw 17080/55². 24. 203. 300: 153.921-B.**
14.6869

— — 3., verm. Aufl. Ebd. 1862. 40 S. 8° **18.**
14.6870

— — 5., verm. Aufl. Ebd. 1862. 40 S. 8° **38. 60. 64. 109.**
14.6871

— — 6., verm. Aufl. Ebd. 1862. 40 S. 8° **43.**
14.6872

Becker, Herm. (I.), zehn Kapitel aus der praktischen Pädagogik. Gesammelte Aufsätze. gr. 8. (V, 116 S.) Langensalza 886, Schulbuchhandlung.

Becker, Hermann. 1877: Herzog Leopold von Braunschweig. Drama von Hermann [d. i. Hermann Becker]. — Berlin: Kühling [um 1880]. 20 S. 8° **1:Ys 31967. 23.**
14.6897

(—) Liederbuch für Hüttenleute. — Halle 1909: Knapp. IV,87 S. 8° **1:N 10.898. 3. 14.**
14.6916

— Litteraturkunde für Präparanden-, Mittel- und höhere Töchterschulen nebst e. Anh.: Etwas aus der Poetik. — Frankfurt a. M.: Knauer 1886. VIII,125 S. 8° **30.**
14.6902

Becker, H, Litteraturkunde f. Präparanden-, Mittel- u. höh. Töchterschulen, nebst e. Anh.: Etwas a. d. Poetik. 8° (125) Frankf. a/M. 96, Gebr. Knauer. Kart. 1 —

Becker, Herm. (III.), deutsche Maler. Von Asmus Jak. Carstens an bis auf die neuere Zeit in einzelnen Werken kritisch geschildert. Bearb. und hrsg. von Herm. Becker d. J. gr. 8. (XLVIII, 576 S. mit 1 Lichtdr.) Leipzig 888, Reissner. *ℳ 10.—.; geb. *

— römische Militär-Verhältnisse. Vortrag, geh. in der militär. Gesellschaft zu Karlsruhe am 21. Febr. 1874. gr. 8. (30 S.) Berlin 874. Mittler & Sohn. n. — 50

— Gegen die Militairvorlage. — Berlin: Moeser 1863. 16 S. 8°
Erschien zuerst in: Stenographische Berichte über d. Verhandlungen d. beiden Häuser d. Landtages. Haus der Abgeordneten. 1863,2. 1863. **5. 38. 60. 203.**
14.6873

—— Monarchie oder Republik in Deutschland. Vertheidigungsrede gehalten vor dem Geschwornengericht zu Köln am 25. October 1850. — Köln: Creteur 1850. 59 S. 8° **36. 38.**
14.6877

—— Monarchie oder Republik in Deutschland. Vertheidigungsrede ... (Nebst Anklageakt.) 2. Aufl. — Ebd. 1850. 59 S. 8° **12:Pol.g.47o. 38. 47.**
14.6878

—— 3., durchges. Aufl. Ebd. 1850. 59 S. 8° **41. 109. 203.**
14.6879

—— 4., durchges. Aufl. Ebd. 1850. 59 S. 8° **1:1 in Fy 13308. 38. 60. 61. 75. 109.**
14.6880

— Monarchie oder Republik in Deutschland? Th. 2. — Köln: H. H. Becker 1851. 58 S. 8°
2. Erster geheimer Preßproceß wegen der Vertheidigungsrede vom 25. Oct. 1850.
Th. 1 hierzu s. *Becker:* Vertheidigungsrede. 1850 u. ö. **5. 30. 79. 109.**
14.6874

Becker, H., Monarchie od. Republik in Deutschland. Vertheidigungsrede, gehalt. vor dem Geschwornengerichte zu Köln am 25. Octbr. 1850. [Nebst Anklageakt.] 32. (59 S.) Köln 851, Eisen'sche Sort.-B. in Comm. — 2—9. Aufl. 32. (à 59 S.) Ebd. 851, in Comm. n. 1/6 ß

—— 10. Aufl. Ebd. 1851. 63 S. 8° **10. 38. 44. 203.**
14.6886

—— 11. Aufl. Köln: Creteur 1851. 63 S. 8° **5.**
14.6887

— **Hermann (Rostock), De prodigo felici in materia de fructuum restitutione. Disp. jur. Präs. Matthias Benoni Hering. Rostock (Jo. Jac. Adler) 17. VIII. 1741. 42 S. (5.—) 1691**

— Prolusio academica: De actione hypothecaria legatariis ex L. 1. C. comm. de legat. contra coheredes competente non ipso iure divisa. — ([Greifswald] 1768): Röse. 28 S. 8° **9. 17. 28.**
14.6868

Becker, Hermann *Joseph* [aus Oberwesel]: Aus d. chirurg. Klinik d. Univ. Bonn. Ueber die Radicaloperation von Hernien m. bes. Berücks. d. Macewen'schen Operation ... Bonn, Buchdr. J. Bach Wwe., 1891; 42 S., 1 Bl. 8.
Bonn, Med. Fak., Inaug.-Diss. v. [15.] Aug. 1891

— deutsche Reiterei in den Kriegen der Urzeit u. d. frühen Mittelalters bis zu Ende d. 11. Jahrh. 2 Vorträge nach Quellenschriften, geh. am 13. Jan. u. 18. März 1876 in der militär. Gesellschaft zu Karlsruhe. gr. 8. (85 S.) Karlsruhe 876. Bielefeld. n. 1. 60

— Wider die öffentlichen Schulprüfungen. — Bielefeld: Helmich [1893]. 20 S. 8° (Sammlung pädagogischer Vorträge. 5,11.) **1:Nc 3944-5,11. 4. 6. 28. 107. 203. 207. 302.**
14.6910

Becker, H. (I.), das Staatsrecht des Großherzogth. Oldenburg, s. **Handbuch** des öffentlichen Rechts der Gegenwart.

Becker, Hermann [aus St. Gallen]: Die Stellung des Concursverwalters historisch und dogmatisch entwickelt ... Berlin, Buchdr. v. G. Schade, *1897;* 60 S., 2 Bl. 8.
Berlin, Jur. Fak., Inaug.-Diss. v. 2. Juli 1897

— Die Tscherkessen-Jungfrau. Dramatisches Gedicht von Ernst Hermann [d. i. Hermann Becker]. — Berlin 1877. 60 S. 8° **23.**
14.6898

Becker, Hermann, Pfarrer, Remda, Thüringen. 1901: Zum Verständnis der Bibel. Eine erweiterte biblische Geschichte auf wissenschaftlicher Grundlage für d. evangelische Volk. A. B. — Heidelberg: Evang. Verl. 1901. 8°
A. Das alte Testament.
B. Das neue Testament. **16. 17. 46. 123. 207.**
14.6913

— Vertheidigungsrede, gehalten am 25. October 1850. Nebst Anklage-Akt. — Berlin: Schlesinger 1850. 31 S. 8°
Th. 2 hierzu s. *Becker:* Monarchie oder Republik in Deutschland.
1:Fy 13306. 18. 38. 109. 203.
14.6876

—— Vertheidigungsrede, gehalten am 25. October 1850. Lübeck 1850: Boldemann. 22 S. 8° **48.**
14.6881

— [Hrsg.] s. *Wandschneider-Buch,* Das Dortmunder. 1871.

— Was kann die Landschule zur Lösung der sozialen Frage thun? — Bielefeld: Helmich [1901]. 15 S. 8° (Pädagogische Abhandlungen. N.F. 6,5.)
1:Nc 3973-N.F. 6,5. 6. 12:Paed. Th. 5a-6,5. 107. 207.
14.6911

Becker, Hermann, Vorstand d. Großherzogl. Kultur-Inspektion, Karlsruhe. 1892: Die Wasserversorgung des Alb-Pfinz Plateaus. — (Karlsruhe 1892: Doering.) 15 S. 8° **31.**
14.6908

[—] Wie sind die Knappschafts-Kassen zweckmäßig zu verbessern? — Dortmund 1868: Crüwell. 18 S. 8°
1:Stala 845.
14.6888

— Die entsittlichende Wirkung der Tierquälerei, ihr schädlicher Einfluß auf das Zusammenleben der Menschen und ihre Bekämpfung durch die Schule im Anschluß an den bestehenden Lehrplan, sowie durch Einwirkung des Lehrers auch auf die Erwachsenen in der Gemeinde. — Bielefeld: Helmich [1899]. 16 S. 8° (Pädagogische Abhandlungen. N.F. 4,6.)
1:Nc 3973-N.F.4,6. 6. 12:Paed. Th. 5a-4,6. 207.
14.6912

Becker, Dr. Herm. (Heinr.) Vide: Zeitung (Westdeutsche).

Becker, H(ermann), Prof.: Lorenzo Mascheroni's Zirkelgeometrie im Dienste des mathematischen Unterrichts. Insterburg 1905: A. Bittner. (15 S.) 4°
Insterburg, K. G OP 1905 (5)

— s. a. Civilprozeß-Ordnung.

Becker, [Herm. Heinr.], Civilprozeß-Ordnung nebst Einführungs-Gesetz. Vom 30. Jan. 1877. Mit Einleitung, entnommen dem Kommissions-Berichte, und ausführl. Sachregister. 8. (XXXVIII, 246 S.) Berlin 877, Kortkampf. cart. *
geb. *

Becker, Hermann Friedrich

Becker, Herm. Fr., üb. d. beste Art d. Pflanzens d. Bäume im Verbande, e. Versuch z. Prüfung f. Forstleute u. Oekonomen. Mit 1 Kpf. 8. Rostock, 1815. Stiller. — 7½

Becker, Hermann Friedrich: Einige Aufgaben aus der Zinsrechnung mit Anwendung auf Holz-Taxation.
Rostock: Adler 1815.
39 S. 8°

Becker, Hermann Friedrich: Beiträge zu den Staatswissenschaften mit besonderer Rücksicht auf teutsche Provinzen. Bd 1. — Rostock [usw.]: Stiller 1795. 8°
1,1. 1793. 1,2. 1794. 1,3. 1795.
In einigen Exemplaren fehlt d. Haupttitelblatt.
8. 28. 30. 32. 33.
14.6920

— Beschreibung der Bäume und Sträucher, welche in Mecklenburg wild wachsen. — Rostock: Koppe in Komm. 1791. 87 S. 8°
7. 8. 9. 12: Oecon. 201. 15. 16. 20. 23. 27. 28. 33.
14.6921

Becker, Herm. Fr., Beschreib. d. Bäume u. Sträucher, welche im Mecklenburg. wild wachsen. gr. 8. Rostock... 2e A. 805. (Fr. Fleischer in Leipz.) 16 gl.

— — Beschreibung der Bäume und Sträuche [!], welche in Mecklenburg wild wachsen. 2., verm. Aufl. — Rostock: Verf. 1805. VIII,151 S. 8° **9. 28. 42.**
14.6922

— Topographische Beschreibung des heiligen Dammes bey Dobberan und Rehdewisch in Mecklenburg. — Schwerin: Bärensprung 1792. X,77 S. 8°
1: Sn 8640. 7. 17. 27. 28. 33. 34. 39. 42.
14.6923

— topogr. Beschr. d. heiligen Damms b. Dobberan und Rhedewisch im Mecklenburg. gr. 8. Schwerin, Bärensprung. (Gräff, Leipz.) 792.

— topograph. Beschreib. d. heil. Dammes bei Dobberan u. Rhedewisch im Mecklenburg. gr. 8. Schwerin 792. (Wienbrack in Leipz.) 10 gl.

— von d. hydrostat. Bestimmung d. specifiken Schwere d. Körper; e. akad. Abhandl. 4. Rostock 787.

— Von der hydrostatischen Bestimmung der specifischen Schwere der Körper. Eine akademische Abhandlung. — Rostock 1788: Adler. 28 S. 8° **7. 16. 28. 33.**
14.6924

[—] Systematisches Handbuch der Forstwirthschaft zum Gebrauch für junge Forstmänner. Hrsg. von Carl Wilhelm Fiedler. Th. [1.]2. — Eisenach: Wittekindt 1796. 8°
21. 23.
14.6925

— Über Cultur [Kultur], künstliche Bildung und Fällung des Schiffsbauholzes. Eine ... gekrönte Preisschrift. — Leipzig: Fleischer 1804. XIV,184 S. 8°
12: A. hydr. 6. 16. 28. 33. 43. 201. 205. 302.
14.6926

Becker, H.F. (Hrsg.), s. Monatsschrift von und für Mecklenburg.

Becker, Hermann Heinrich
s. *Becker*, Hermann.

Stadt und Burg Mansfeld zur Zeit der Reformation. Eine volkstüml. Festschrift z. 500jähr. Jubelfeier der St. Georgenkirche zu Mansfeld v. H[ugo] **Becker,** Diaconus. M. Vorw. v. Hofprediger D. [Wilhelm] Faber, Generalsuperint. v. Berlin. *Mansfeld: F. Hohenstein 1897.* (4 Bl., 95 S.) 1 Bd 8.
[97. 821]

Becker, Hugo: Singet dem Herrn ein neues Lied.
Bd. 1, 8°
Barmen: E. Müller 1910.

Becker, Hugo *[geb. Oder-Wilxen in Schles. 16. 11. 1844]*: Thesen ... behufs Erlangung der medicinischen Doctorwürde. [Breslau] (1870). (1 Bl.) 2°
Breslau, Med. Thesen v. 22. Juli 1870

Becker, Hugo, prakt. Arzt: Pharmakologische Untersuchungen über einige Morphinderivate. *Rostock 1902: H. Winterberg.* (67 S.) 8°
Rostock, Med. Diss. v. [25. Juni] 1902

Becker, H., geometrisches Zeichnen, s. a. Sammlung Göschen.

Becker, Hugo, Architekt, Magdeburg. 1896: Geometrisches Zeichnen. — Leipzig 1896. 94 S. 8° (Sammlung Göschen. 58.)
12: Var. 323-58. 14. 18. 24. 86. 107. 207. 309.
14.6936

— — 2. Aufl. Ebd. 1900. 92 S. 8° (Sammlung Göschen. 58.)
24. 79.
14.6937

— — Neubearb. von J. Vonderlinn. 3. ⟨d. Neubearb. 1.⟩ Aufl. Ebd. 1903. 136 S. 8° (Sammlung Göschen. 58.) **44.**
14.6938

— — 3. ⟨d. Neubearb. 1.⟩ Aufl. Neudr. Ebd. 1905. 136 S. 8° (Sammlung Göschen. 58.) **26. 52. 84. 169.**
14.6939

— — 3. ⟨d. Neubearb. 1.⟩ Aufl. Neudr. Ebd. 1907. 136 S. 8° (Sammlung Göschen. 58.)
11. 15. 30. 60. 79. 109. 201. 210.
14.6940

Becker, J., Lieutenant d'artillerie, Leiter d. Station Karema am Tanganjikasee. 1886 s. *Becker*, Jérôme.

Becker, J., Dr., Direktor d. Landwirtschaftlichen Schule zu Lage in Lippe, später Rostock. 1902 s. *Becker*, Joachim.

Becker, J., M. d. R., Hessischer Finanzminister a. D., Darmstadt, geb. 1869. 1900 s. *Becker*, Johann.

Becker, J., M. d. R., Beirat im Reichsarbeitsministerium, geb. 1875. 1898 s. *Becker*, Johann.

Becker, J., Hessischer Volksschriftsteller, geb. 1851. 1896 s. *Becker*, Johann.

Becker, J., Hof-Organist, Kassel. 1795 s. *Becker*, Johann.

Becker, J., Bürgermeister, Nordhausen. 1904 s. *Becker*, Julius.

Becker, J., Geh. Rechnungsrat im Reichs-Justizamt, Berlin. 1879 s. *Becker*, Julius.

Becker, J., Verleger, Hamburg, später Glücksburg. 1905 s. *Becker*, Julius Ferdinand.

Becker, J. 1908: Aus dem Alltag. Novelle. — Berlin: Metropol-Verl. [1908]. 32 S. 8° (Intime Geschichten. 235.)
1: Yt 726/52-235.
14.6951

Becker, J., Polizeibeamter, Pinneberg. 1853: Auszüge aus meinem Tagebuche, oder interessante Diebs- und Gaunergeschichten aus den Jahren 1838 bis 1848. (Verf.: J. Becker.) — Hamburg [1853]: Anthes. 108 S. 8° **18.**
14.6950

Becker, J. 1900 [Hrsg.]
s. *Fuehrer* durch den Spreewald. Um 1900.

—— Predigt, bei d. Gottesdienst z. Eröffng d. 3. Allg. luther. Konferenz in Hamburg. 8. (16) Hamb. 87, Ebert durch Weitbrecht & M. n. — 40

— z. experimentellen Therapie. Hrsg. v. E v. Behring. 5. u. 6. Heft. 8° Marbg, (NG Elwert's V.) 19 —; geb. 22 —
5. Tuberkulose. Einl. v. E v. Behring. 1. Thl v. E v. Behring, P Römer u. WG Ruppel. Text. (28 m. 6 Taf. u. 5 Tab.) Nebst Anl. (29—90 m. 32 Taf.) '02. 12 —; geb. 14 —
6. I. Tuberkelbacillenstämme. II. Wohngsdesinfektion durch Formaldehyd. III. Trinkwasserversorgg. Von PH Römer. (151 m. 9 Tab. u. 11 Taf.) '03. 7 —; geb. 8 —

Becker, J. B., Prof. d. Theol. Mainz, geb. 1857, s. B e c k e r, Josef Blasius

Becker, J. Becker-, s. B e c k e r - B e c k e r

Becker, J. C., Prof. d. Mathematik, Mannheim, später Bruchsal. 1870 s. *Becker,* Johann Karl.

Becker, J. C., Evangelischer Pfarrer, Dörnthal. 1895 s. *Becker,* Kurt Johann.

Becker, J. C., s. Grundregeln d. Zeichnenkunst.

Becker, J. C., Grundregeln d. Zeichenkunst od. d. Perspective. gr. 8. Frankf. am M. Boselli. Rthlr.

Becker, J. D.: Practisches Handbuch für Seefahrer. — Pillau 1836. 54 S. 8° **83.**
14.6953

Becker, J. F., Sozialist, 1809–1898. 1883 s. *Becker,* Johann Philipp.

Becker, J. F., Landmann, Klemmerwitz i. Schlesien. 1829: Die ländliche Muse. Naturdichtung. — Liegnitz 1829: D'oench. 23 S. 8° **2.**
14.6954

Becker, J. Ferdinand: Ueber eine zweckmäßigere Einrichtung der Renten-Anstalten. — Berlin: Hirschwald 1844. XII, 196 S. 8°
1: Fe 10172. **11. 12:** Cam. 9db. **16. 205. 305.**
14.6955

— Ueber Gewinn und Verlust bei Renten-Anstalten. — Berlin: Hirschwald 1842. VI, 303 S. 8°
1: Fe 10145. **7. 10. 12:** Cam. 9d. **16. 24. 43. 205. 305.**
14.6956

Becker, J. H., Pfarrer, Radevormwald, geb. 1823. 1864 s. *Becker,* Johann Heinrich.

Becker, J. H., Quidni Deus diabolum ejusque nocendi potestatem s. illum plane adnihilando s. quam arctissime captivando pridem sustulerit? Rostock. 769. 4.

— J. H., de fide infantum praesumta. Gryph. 1747. 4.

Becker, J. N. s. *Becker,* Johann Nikolaus.

Becker, J. P., Apotheker, Magdeburg, geb. 1711. 1783 s. *Becker,* Johann Philipp.

Becker, J. Ph., Aufgaben zum schriftlichen Rechnen für Elementarschulen. 1s Heft. Die 4 Species mit einfach benannten Zahlen. 8. Wesel 840. Prinz. 1/8 Thlr. Mit Facit-Büchelchen u. kurzer Vorrede. 1/4 Thlr.

— Auflösungen zu diesem Rechenbuche. 8. Ebd. 840. 1/8 Thlr.

Becker, J. Ph.: Facit-Büchelchen und kurze Vorrede zu den Aufgaben zum schriftlichen Rechnen für Elementarschulen. — Wesel: Prinz 1840. 40 S. 8° **23.**
14.6958

— Brandenburgisch-preußische Geschichte für Bürger-, Real- und Militairschulen. 2., bis auf d. Gegenwart fortges. Aufl. — Altona: Verl. Bureau 1852. 96 S. 8° **2.**
14.6959

Becker, J. Ph., brandenburgisch-preußische Geschichte. Für Bürger-, Real- und Töchterschulen bearb. 3., mit Rücksicht auf die 3 preuß. Regulative umgearb. Aufl. Altona 856. Verlagsbureau. gr. 12. (116 S.) n. 5 ngr.

Becker, J. Ph., brandenburgisch-preußische Geschichte. Für Bürger-, Real- und Töchterschulen bearb. 4., mit Rücksicht auf die drei preuß. Regulative umgearb. Aufl. Altona 859. Verlagsbureau. 12. (116 S.) n. 5 ngr.

— — 5., verm. u. verb. Aufl. Ebd. 1864. 140 S. 8° **207.**
14.6961

Becker, J. Ph., brandenburgisch-preußische Geschichte. Für Bürger-, Real- u. Töchterschulen bearb. 5. Aufl. 864. — 6. Aufl. Altona 869. Verlags-Bureau. 8. (141 S.) n. 6 ngr.

Becker, J. Ph., brandenburgisch-preußische Geschichte. Für Bürger-, Real- u. Töchterschulen bearb. 7. Aufl. Mit e. Anh. der Krieg d. Jahres 1870 u. 1871. gr. 8. (195 S.) Altona 871. Verlagsbureau. n. 1. —; Anhang apart n. — 40

Becker, J. Ph., brandenburgisch-preußische Geschichte. Für Bürger-, Real- u. Töchterschulen bearb., fortgeführt von Jul. Bönneken. 8. Aufl. 8. (160 S.) Altona 879. Verlags-Bureau. n. 1. —

Becker, J. Ph., brandenburgisch-preußische Geschichte für Schule und Haus. gr. 12. Wesel 841. Prinz. n. 1/6 Thlr.

— Preußisch-Brandenburgische Geschichte für Elementarschulen. 8. Wesel 840. Prinz. 1/4 Thlr.

— Vorlegeblätter zum Schönschreiben. I. Enthaltend die Geographie Preußens. 2. Aufl. Wesel 857. Hülsemann. qu. gr. 8. (12 lith. Bl.) n. 4 ngr.

—— Vorlegebl. z. Schönschr. I. 2. Afl. qu. 8. (12 Bl.) Wes. 57. (Liegn., Krumbhaar.) n. — 4

Becker, J. W., Berechnung der Zinsen in preuß. Courant von 5 Sgr. bis incl. 1000 Thlr. Kapital zu 2, 2½, 3, 3⅓, 3½, 4, 4½, 5 und 6 Prozent in 48 Tabellen. gr. 4. (51 S.) Breslau 848, Graß, Barth und Comp., Verlag.

Becker, J. W.: Berechnung der Zinsen in Preußisch Courant von 5 Silbergroschen bis incl. 1000 Thaler Kapital zu 2, 2½, 3, 3⅓, 3½, 4, 4½, 5 und 6 Prozent in 48 Tabellen. — Breslau: Graß, Barth & Co. [um 1860]. 8° **2.**
14.6962

Becker, JW, Berechng d. Zinsen in Preuss. Cour. v. 5 Sgr. bis incl. 1000 Thlr. 2. Afl. 4. (48) Bresl. 61. (Ratib., Thiele.) — 12

Becker, J. W., Berechnung der Zinsen in Preußisch Courant von 5 Sgr. bis incl. 1000 Thlr. Kapital zu 2, 2½, 3, 3⅓, 3½, 4, 4½, 5 und 6 Prozent in 48 Tabellen. 2. Aufl. Breslau 861. (Ziegler.) 4. (48 S.) 12 ngr.

Becker, Jakob, Altertumsforscher, Frankfurt a. M., 1820–1883. 1854: Unedierte Alterthümer aus Mainz und dessen Umgegend. — (Frankfurt a. M. [1856].) 8 S. 8° **32.**
14.6969

Becker, Jakob, Erbach i. Taunus. 1907: [Teils.] Vermischte Aufsätze aus den Jahren 1903, 1904, 1905 und 1907. 1. Aufl. Camberg [1907]: Fischer. 39 S. 8° **43.**
14.6986

(—) Borma und Caesoriacum. (Florus IV, 12, 26.) — o. O. [1863]. 55 S. 8°
Aus: Jahrbücher d. Vereins von Alterthumsfreunden im Rheinlande. 33. 34. 1863. **12:** Arch. 4 pd/1. **30. 34.**
14.6970

Becker, J., die heddernheimer Bronzehand. Ein Votivdenkmal des Juppiter Dolichenus mit den übrigen Dolichenus-Denkmälern aus Heddernheim zusammengestellt. gr. 4. (23 S. mit 1 Stnt.) Frankfurt a. M. 861, (Sauerländer's Sortimentsbuchh.) *

— Castellum Mattiacorum. Das römische Castel. [Nebst] Nachtr. 1. — Wiesbaden 1863. 8°
Hauptwerk = Aus: Annalen d. Vereins für Nassauische Alterthumskunde u. Geschichtsforschung. 7. 1864.
Vollst. . . . . **30.**
Hauptw. . **5. 12:** Arch. 4 pd. **34. 35. 36. 38. 43. 303.**
14.6971

Becker, Jakob, Jurist, Köln. 1716: Combinationes practicabiles Jacobi Beckers . . . ad concordantem & discrepantem interpretationem iuris communis ac statutarii tam archidioeceseos Coloniensis quam patriae Juliacensis ac Montensis . . . concinnatae. — Coloniae: Combinator; Rommerskirchen [in Komm.] 1716. 61 S. 4° **1:** 4° Fi 6952. **5. 6. 38.**
14.6965

Becker, Jakob: G e s c h i c h t e , Kurze, der Apatiner Kirche, s. B a s s l e r , Stefan

Becker, Jac., Grabschrift eines römischen Panzerreiterofficiers aus Rödelheim bei Frankfurt a. M. Mit 2 lith. Taff. Frankfurt a. M. 868. (Alt.) qu. 4. (45 S.) n. 24 *ngr.*

— Grabschrift eines römischen Panzerreiterofficiers aus Rödelheim bei Frankfurt a. M. — Frankfurt a. M. 1868. 45 S. 4° (Neujahrs-Blatt, d. Mitgliedern d. Vereins für Geschichte u. Alterthumskunde zu Frankfurt a. M. dargebracht. 1868.) **1:** 4° Ph 5652 [u.] 4° Si 5038-1868. **2→5. 7→11. 12:** 4° Germ. sp. 240n-1868. **14→18. 20. 21. 24→27. 29. 30. 32. 33. 34. 36. 38. 39. 41. 43. 46. 107. 300:** 109.400-C. 1868.
14.6072

! Becker, J: Grabschrift e. röm. Panzerreiterofficiers. — 3 röm. Votivhände. Jetzt: Frankf. M., II Keller. 66/70

— Metrische Grabschriften aus den Rheinlanden. Gel. 1860. 8 S. 4°.

Becker, J., Die römischen Heeresabteilung in Britannien. S.-A. O. J. 19 S. 1.—

— Römisch-fränkische Inschrift eines Bronzerings aus Mainz. 1874
in: *Altertuemer*, Römisch-fränkische, vom Mittelrhein.

Becker, Jakob
— Die altchristlichen Inschriften von Wiesbaden. 1874
in: *Altertuemer*, Römisch-fränkische, vom Mittelrhein.

— J, Zu rheinländischen Inschriften. Gel. 1850. 24 S.

— Die römischen Inschriften im Gebiete der Stadt Frankfurt a. M. insbesondere der Römer-Büchner'schen Sammlung. — Frankfurt a. M. 1854. 30 S. 4°
Aus: Archiv für Frankfurts Geschichte u. Kunst. 2. 1858.
1: Ph 5575. **17. 30. 36. 38. 305.**
14.6973

— Römische Inschriften aus Mainz und der Umgegend. — o. O. [um 1860]. S. 170–222. 8°
Aus: Zeitschrift d. Vereins zur Erforschung d. rheinischen Geschichte u. Alterthümer zu Mainz. 2. 1859-64. **32. 34.**
14.6974

— Römische Inschriften aus den Rheinlanden.' — Wiesbaden 1874. 30,3 S. 4°
Aus: Annalen d. Vereins für Nassauische Alterthumskunde u. Geschichtsforschung. 13. 1874.
(Corpus inscriptionum Rhenanarum. Nachträge.) **30.**
14.6975

Becker, J., die römischen Inschriften und Steinsculpturen des Museums der Stadt Mainz, s. a. V e r z e i c h n i s s der röm., germanisch-fränk., mittelalterl. und neueren Denkmäler des Museums der Stadt Mainz.

— Die römischen Inschriften und Steinsculpturen des Museums der Stadt Mainz. [Nebst] Nachtr. [1]–4. — Mainz: V. v. Zabern in Comm. [u. a.] 1875–1905. 8°
Nachtr. [1.]2. Zsgest. von Jacob Keller. Mainz 1883-87: Ph. v. Zabern.
Nachtr. 3. Koerber, Karl: Römische Inschriften d. Mainzer Museums. Mainz 1897: Prickarts.
Nachtr. 4. Koerber, Karl: Neue Inschriften d. Mainzer Museums. Mainz: Altertumsverein 1905.
Hauptwerk = (Verzeichniss d. römischen, germanisch-fränkischen, mittelalterlichen u. neueren Denkmäler d. Museums d. Stadt Mainz. 1.)
Nachtr. 3.4 = (Zeitschrift d. Vereins zur Erforschung d. Rheinischen Geschichte u. Altertümer in Mainz. 4,2/4.)
Nachtr. 1.2 erschien auch in: Zeitschrift d. Vereins zur Erforschung d. Rheinischen Geschichte u. Altertümer in Mainz. 3,2/4. 1883-87.
Selbständige Ausg. von Nachtr. 3 s. *Koerber*, Karl: Inschriften ⟨römische, griechische, mittelalterliche ⟨auch Runen-⟩ Inschriften⟩ d. Mainzer Museums. 1900.
Nachtr. 3.4 zugleich Progr. Mainz 1897 u. 1905.
1: Hauptw.; Nachtr. 1.2 – Ns 6090; Nachtr. 3.4 – Rx 673–4,2/4. **5. 9. 12** [∞Nachtr. 1.2]: Hauptw. – Arch. 147ad–1; Nachtr. 3.4 – 4° H. lit. P. 252zf–1896/97. 1904/05. **15. 16. 17. 24. 26. 36. 41. 43. 48. 300** [∞Nachtr. 3.4]: Hauptw. – 84.491–B; Nachtr. 1.2 – 97.161–B.
14.6976

— Die Kapelle der H. Katharina auf der Mainbrücke zu Frankfurt. 1880 s. *Oven*, Anton Heinrich Emil v.

Becker, Jacob [pr. Arzt aus Ludwigshöhe]: Aus d. patholog. Institut zu Giessen. Zur Casuistik der Arsenwasserstoff-Intoxicationen.... Giessen, C. v. Münchow, Univ.-Druckerei, 1888; 30 S. 8°
Giessen, Med. Fak., Inaug.-Diss. v. 1888

— Der merovingische Kirchhof zu La Chapelle St.-Éloi und die Antiquitätenfabrik zu Rheinzabern. Ein Beitrag zur Geschichte antiquarischer Fälschungen. — Frankfurt a. M.: Sauerländer in Comm. 1856. 14 S. 8°
Erschien zuerst in: Periodische Blätter d. Geschichts- u. Alterthums-Vereine zu Kassel, Darmstadt, Frankfurt, Mainz u. Wiesbaden. 1857.
7. 12: Arch. 4 p. **14. 30. 34. 36. 107. 302. 303.**
14.6977

Becker, Jakob ⟨geb. am 10 März 1857 in Birkenfeld (Fürstenth.)⟩: Ueber die traumatischen Continuitätstrennungen der Bulbushäute . . . Bonn, Druck v. P. Neusser (1881). 29 S., 1 Bl. 8.
Bonn, Med. Fak., Diss. v. 20 Juli 1881

— Zur Kunde römisch-keltischen Götterwesens. — (Bonn [1851].) 26 S. 8°
Erschien zuerst u. d. T.: Becker: Mythologiae septentrionalis monumenta latina in: Jahrbücher d. Vereins von Alterthumsfreunden im Rheinlande. 17. 1851.
43.
14.6978

— Drei keltische Münzen aus der Dr. Römer-Büchner-schen Sammlung. — Frankfurt a. M. 1861. 17 S. 8°
Aus: Mittheilungen an d. Mitglieder d. Vereins für Geschichte u. Alterthumskunde in Frankfurt a. M. 2. 1864.
12: Num. ant. 2t. **19. 30. 34. 36. 39.**
14.6979

— General und universal Rechts-Ordnung, abgetheilt in 2 Theil . . . Authore Jacobo Beckero. — Cölln: Rommerskirchen 1723. 80 S. 4° **5. 38.**
14.6966

— — Ebd. 1723. 84 S. 4°
1: 4° Gu 25365,25365a [u.] 25365b. **3. 6. 7. 36. 38. 61.**
14.6967

Becker, Jakob: Zur R e i c h s f i n a n z r e f o r m , s. B e c k e r , Johann

— Die Rheinübergänge der Römer bei Mainz. 4°
Aus: Annalen d. Vereins für Nassauische Alterthumskunde u. Geschichtsforschung. 10. 1870.
30.
14.6980

Becker. (J[acob]). Skizzen zur Geschichte und Würdigung der St. Luzisteig. Mit einer Kärtchen-Beilage. Vortrag von Major B', gehalten im Unteroffiziers-Verein Chur 1893. Hrg. vom U-V Chur. 8. Chur 1893.

— Die ältesten Spuren des Christenthums am Mittelrhein. [Nebst] Nachtr. 1. 8°
Hauptwerk = Aus: Annalen d. Vereins für Nassauische Alterthumskunde u. Geschichtsforschung. 7. 1864.
30 [∞ Hauptw.] **32. 38** [∞ Nachtr.] **303** [∞ Nachtr.]
14.6981

— Zur Urgeschichte von Mainz und Castel. — Mainz 1877. 12 S. 8°
Aus: Mainzer Journal. 1877. **16. 17. 30. 36. 43.**
14.6982

— Zur Urgeschichte des Rhein- und Mainlandes. 8°
Aus: Archiv für Frankfurts Geschichte u. Kunst. N.F. 1. 3. 1860-65.
30. 32. 36. 123. 303.
14.6983

Becker, Jakob: Von Savoyen für die Schweiz. Eine militärpolitische Studie von einem schweizerischen Offizier.
8°
Zürich 1885.

(—) Die Heddernheimer Votivhand. Eine römische Bronze aus d. Dr. Römer-Büchner'schen Sammlung. — Frankfurt a.M. 1861: Kruthoffer. 23 S. 4°
1: 4° Nw 8956. **2→5. 7. 9. 10. 12:** 4° Arch. 17o. **14. 16→19. 21. 30. 31. 32. 34. 36. 38. 43. 48. 52. 107. 111. 300:** 110.335-C. **302. 303.**
14.6985

— Drei römische Votivhände aus den Rheinlanden mit den übrigen Bronzen verwandter Art zsgest. nebst e. Excurse über Thonbilder des Zeus Sabazios. — Frankfurt a.M. 1862. 32 S. 4° (Neujahrs-Blatt, d. Mitgliedern d. Vereins für Geschichte u. Alterthumskunde zu Frankfurt a.M. dargebracht. 1863.) **1:** 4° Nw 8980 [u.] 4° Si 5038-1863. **2→5. 7. 8. 9. 12:** 4° Germ. sp. 240n-1863. **14→17. 21. 24. 26. 27. 29. 30. 32. 33. 34. 36. 38. 41. 43. 46. 300:** 109.400-C. 1863. **303. 304.**
14.6984

Becker, Jakob, Städt. Sekretär, Mainz. 1853: Wegweiser der Provinzial-Hauptstadt Mainz für das Jahr 1853. — Mainz 1853: Seifert. VIII, 224, 48 S. 8° **17. 36.**
14.6968

Becker, Jacob. Über Zungenpapillen. Ein Beitrag zur phylogenetischen Entwickelung der Geschmacksorgane. Diss. Phil. Bern ... von Jakob B' ... Mit 1 Tafel [*d. i.* 2 Tafeln] und 44 Figuren im Text. IV + 82 S. 8. Jena, Gustav Fischer, 1908.

Becker, Jakob Alois: De Romanorum Censura scenica. Acc. variae de didascaliis Terentianis quaestiones partim chronologicae partim criticae. — Mogontiaci: V. a Zabern 1852. 40 S. 4°
Zugleich Progr. Mainz, Großherzogl. Hess. G. 1852.
5. 7. 10. 11. 12: 4° Diss. 3867b-10. **17. 21. 26. 123.**
14.6990

Becker, Jac. Fr., De speciali sanguinis in cerebro circulatione. Regiom. 4°. 1744

Becker, Jakob Friedrich: Konradin, ein Trauerspiel. [Verf.: Jakob Friedrich Becker.] — Göttingen: Danckwerts 1806. 172 S. 8°
1: Ys 2298/50. **7. 12:** P. o. germ. 756. **28. 35.**
14.6991

Becker, Jakob Wilhelm

Diſſ. inaugur. mathem. ſiſtens ſolutionem problematis ad geometriam practicam ſpectantis nec non demonſtrationem pro ſpatio ſphaerico, quam exhibet auctor *Jacobus Guilielmus Becker*, Erfordienſ. Theol. Cand. Erfordiae, ex officina Jo. Chriſt. Goerlingii, Acad. typogr. 4. 20 S. 1792.

Becker, Ida: L'écho de Paris, s: Fliessbach, Ferd.

Becker, Jérôme: Über Ausbildungsanstalten für Forschungsreisende und Kolonisatoren ... Aus d. Franz. übers. — Antwerpen (1886): Kockx. 30 S. 8°
1: Ps 2363. **106.**
14.6902

Becker, Imanuel, s. Bekker, Immanuel

Becker, Jo. Paul., Schediasma histor.-ecclesiasticum de jejuniis veterum christianorum. 24 pp. Leucopetr. 1742. 4°.

Becker, Joachim

Becker, J., der Körper der landwirtschaftlichen Haussäugetiere. Ein Lehrbuch f. den Gebrauch an landwirtschaftl. Schulen u. den Selbstunterricht. (Landwirtschaftl. Unterrichtsbücher.) 8. (IV, 94 S. m. 67 Abbildgn.) Berlin 902. P. Parey. Geb. in Leinw. n. 1.40

Becker, J., Leitfaden der Düngerlehre f. den Unterricht an landwirtschaftlichen Lehranstalten u. zum Selbstunterrichte. 2. unveränd. [Titel-]Aufl. (VII, 104 S.) 8. Bautzen [901] 907. E. Hübner. Geb. in Leinw. n. 1.20

— Leitfaden der Fütterungslehre zum Gebrauche an landwirtschaftlichen Lehranstalten sowie zum Selbstunterrichte. 2. unveränd. [Titel-]Aufl. (VII, 179 S.) 8. Ebd. [901] 907. Geb. in Leinw. n. 1.20

Becker, Joachim *Hermann* [aus Petersdorf (Insel Fehmarn)]: Über Melasse-Fütterung ... Leipzig, Druck v. Sellmann & Henne, 1895; 45 S., 1 Bl., 1 Taf. 8.
Leipzig, Phil. Fak., Inaug.-Diss. v. [24. Juli] 1895

Becker, Johann, Prof.: Der zweite Akt des ursprünglichen Oedipus von Sophokles. St. Johann a. d. Saar 1906: Saardruckerei. (21 S.) 4°
Saarbrücken, k. Ludwigs-G P 1906 (576)

Becker, Johann, Hessischer Volksschriftsteller, geb. 1851. 1896: Karthäusersch Anndort. Eine oberhessische Dorfgeschichte. — Leipzig 1896. 123 S. 8° (Werthers Volksbibliothek. 4.5.) **4. 17.**
14.7022

— — 2. Aufl. Münden: Werther [1896]. 123 S. 8°
1: Yx 28587/89².
14.7023

— — 2. Aufl. Ebd. 1897. 123 S. 8° **7. 8. 35.**
14.7024

Becker, Joh.: Die Aufg. d. Arbeitervertreter in d. reichsgesetzl. Arbeiterversicherg. (126) 8° Cöln, Christl. Gewerkschaftsverl. '12. — 50

BECKER, Johann (Wildeshausen): Beitrag zur Therapie der Ovarialcysten des Ligamentum latum.- München: Bayer. Landeszeitung u. Börsenhalle 1881. 23 S.
19.2.1881 - Urk (Titel: De therapia cystidum ovarialium ligamenti lati.); Chr 1880/81,15

Diss. Ingolst.-Landsh.-Mchn.

Becker, Johann, Lehrer, Gonnesweiler, Oldenburg. 1865: Bilder aus meinem Tagebuche. Ein offenes Wort zu d. Streitfrage über Trennung d. Schule von d. Kirche. — Birkenfeld 1865: Kittsteiner. 26 S. 8° **211.**
14.7011

Becker, J., Choralbuch zu d. in d. Hessen-Casselschen Landen eingeführten verbess. Gesangbuche. 4. Cassel 771. (Luckhardt).
1 rdl 8 gl.

Becker, Johann [aus Merken]: Aus d. gynäkolog. Klinik. Ueber Clitoridectomie ... Bonn, Buchdr. J. Bach Wwe., 1892; 20 S., 1 Bl. 8.
Bonn, Med. Fak., Inaug.-Diss. v. [6.] Aug. 1892

Becker, Johann, Gymnasialdirektor, Kolberg, geb. 1840. 1895: Das Königl. Dom-Gymnasium und Realgymnasium zu Kolberg in seinen ersten fünfzig Jahren. Festschrift. — (Kolberg [1895]:Post.) 115 S. 8°
Zugleich Progr. Kolberg, Königl. Dom- u. Real-G. 1895.
1:Ay 20281. 8. 21. 24. 34. 61. 79.
14.7021

— Die Eifel vom historischen und kirchlichen Standpunkte. Köln: Bachem in Comm. 1893. VIII,130 S. 8°
Aus: Becker: Geschichte d. Pfarreien d. Dekanates Blankenheim. 1893.
[(Aus d. rheinischen Geschichte. 21.)]
1:Sa 11261-21. 38. 61.
14.7013

Becker, J: Die Eifel v. histor. u. kirchl. Standpunkte. 8° (130) Köln 93. (Bonn, P Hanstein.) 2 —

— — Neudr. Bonn: Hanstein 1908. VIII,142 S. 8°
1:Th 4167². 5. 38. 52.
14.7014

Einiges zur Geschichte der Stadt Schlawe bis zur Zerstörung des Schlosses Alt-Schlawe im Jahre 1402 mit 19 Urkunden aus den Jahren 1358—1411. Teil III. 19 S. — Einiges ... bis zu ihrer Bestrafung durch Herzog Bogislaw X. wegen der Enthauptung Borcharts von Winterfeld im Jahre 1485 mit 26 Urkunden aus den Jahren 1412—1486. 24 S. *Schlawe* 1877. 1878. Progr.

Becker, Johann, M. d. R., Hessischer Finanzminister a. D., Darmstadt, geb. 1869. 1900 [Hrsg.] s. *Entscheidungen* höherer Gerichtshöfe in hessischen Steuersachen. 1900 ff. [Zeitschriften].

Becker, Johann, Botaniker, Frankfurt a. M., 1769-1833. 1828: Flora der Gegend um Frankfurt am Main. Abth. 1.2. — Frankfurt a. M.: Reinherz 1828. 8°
1. Phanerogamie. 2. Cryptogamie.
1:Lx 15080. 4. 7. 15. 17. 20. 26. 30. 43. 79. 300: 38 W 9.
14.7010

Becker, Joh., Flora d. Gegend um Frankfurt a. M. 2 Abthln. gr. 8. (94 B. incl. 1 Tab.) Frankfurt a. M., Hermann. [I. Phanerogamie. 828. 3 Thlr., II. 1, Cryptogamie. 828. 4 Thlr., II. 2. Kerngewächse. 829. 16 Gr.]

Becker, Joh.: Aus d. Franzosenzeit, s: Theater-Bibliothek (f. Vereins- u. Dilettantenbühnen).

— Das Geldfeuerchen am Wittstrauch. Eine oberhessische Dorfgeschichte. — Leipzig 1896. 88 S. 8° (Werthers Volksbibliothek. 6.)
4. 17.
14.7025

— — 2. Aufl. Münden: Werther [1896]. 88 S. 8°
1:Yx 28587/83².
14.7026

Becker, J., d. Goldfeuerchen am Wittstrauch. E. oberhess. Dorfgeschichte. 2. [Titel-]Aufl. 8. (88 S.) Hann.-Münden (896) 897. R. Werther. n. 1. —

— Das Gemeindeumlagengesetz v. 8. 7. '11, s: Finanz- u. Steuerwesen.

— Gesch. d. Pfarreien Cuchenheim, Effelsberg, Flamersheim, Grossbüllesheim, Houverath, Iversheim, Kirchheim, Kirspenich, Kleinbüllesheim, Münstereifel, Mutscheid, Roitzheim, Rupperath, Schönau, Rotzheim, Weidesheim. — Gesch. d. Pfarreien d. Dekanates Münstereifel, s.: Geschichte d. Pfarreien d. Erzdiöc. Köln.

Becker, Johann, Premierleutnant im 2. Ostpreußischen Grenadier-Regiment Nr. 3, geb. 1851. 1885 [Bearb.] s. *Geschichte* des 2. Ostpreußischen Grenadier-Regiments Nr. 3. Th. 1. 1885.

Becker, Johs., Geschichte der Pfarreien des Dekanates Blankenheim, s. a. Geschichte der Pfarreien der Erzdiözese Köln.

— Geschichte der Pfarreien des Dekanates Blankenheim. Köln: Bachem in Comm. 1893. XV,656 S. 8° (Geschichte d. Pfarreien d. Erzdiöcese Köln. 4.) [(Aus d. rheinischen Geschichte. 22.)]
1:Th 6172-4. 5. 6. 7. 12:H. eccl. 301qc-4. 14. 15. 17. 18. 25. 29. 30. 38. 43. 52. 61. 300:83.991-B. 4.
14.7015

— Geschichte der Pfarreien des Dekanates Münstereifel. Bonn: Hanstein 1900. XXII,356 S. 8° (Geschichte d. Pfarreien d. Erzdiöcese Köln. 34.) [(Aus d. rheinischen Geschichte. 28.)]
1:Th 6172-34. 5. 6. 12:H. eccl. 301qc-34. 14. 15. 17. 25. 29. 30. 38. 43. 52. 61. 300:83.991-B. 34.
14.7016

— Die Heimkehr am Weihnachtsabend. Lebensbild. — Trier: Paulinus-Dr. 1901. 24 S. 8° (Theater-Bibliothek. 31.)
1:Yp 6374-31. 5.
14.7034

Becker, Johann, Arzt aus Eltville: Aus d. psychiatr. Klinik d. Universität Bonn. Über Heroin als Sedativum und Narkoticum. *Bonn 1902: C. Georgi.* (43 S.) 8°
Bonn, Med. Diss. v. 17. Dez. 1902

Becker, Joh., Kurfürst Johann von Sachsen u. seine Beziehungen zu Luther. 1. Tl. 1520—1528. Inaug.-Diss. gr. 8. (82 S.) Leipzig 890. Gräfe. n. 1. 60

— Katalog einer Sammlung von Gemälden älterer u. neuerer Meister ... aus d. Nachlasse d. Herrn Pfarrer Becker, eines Hamburger Rheders u. anderer Kunstgegenstände. [Auktionskat.] — (Bonn 1900: Trapp.) 26 S. 4° (Bonner Kunstversteigerung. 68.)
5.
14.7017

— Die Kommunalbesteuerung im Großherzogtum Hessen. — o. O. [1908]. 54 S. 8°
Aus: Schriften d. Vereins für Socialpolitik. 126. 1908. **17. 36.**
14.7037

[—] Philippus Krementz, der neue Erzbischof von Köln. Eine Skizze seines Lebens. Vorher geht e. Abriss d. Lebens seines Vorgängers, d. Kardinals Paulus Melchers. — Aachen: Kaatzer 1885. 16 S. 8° **38. 44. 52.**
14.7018

Lehr- und Gebetbüchlein für Kinder in den ersten Schuljahren. Von Johann **Becker**, Lehrer a. D. Neue rev. Ausg. von Dr. Joh. Praxmarer. *Einsiedeln, Köln: Benziger & Co. 1903.* (128 S.) 8° [J.] 03. 15878

Becker, Johannes: Aus d. anat. Inst. d. Univ. Göttingen. Nebeneierstock und Gartnerscher Gang. (Nordhausen 1909: Müller.) 24 S. 8°
Göttingen, Med. Diss. v. 9. Dez. 1909, Ref. F. Merkel
[Geb. 13. Jan. 83 Kl.-Werther; Wohnort: Kl.-Werther; Staatsangeh.: Preußen; Vorbildung: Gymn. Nordhausen Reife O. 03; Studium: Halle 1, München 2, Jena 4, Marburg 1. Göttingen 3 S.; Coll. 22. Juli 09; Approb. 9. Dez. 09.]
[U 10. 1365

Becker, Joh. Noch 15 bisher nicht veröffentlichte Urkunden der Stadt Schlawe aus den Jahren 1317—1357. Teil II. 18 S. [I: 1875.] Progr. *Schlawe* 1876.

— Das neue Progymnasialgebäude mit Bauzeichnungen, die Feier seiner Weihe und die bei derselben gehaltenen Reden. 7 S. u. 3 Taf. Progr. *Schlawe* 1880.

— Das Rathhaus zu Aachen und sein Brand am Petri- und Pauli-Tage 1883. Von Johannes Chorus. — Aachen: Kaatzer 1883. 20 S. 8°
1:Th 2064. 12:Biogr. 224bq/3. 52. 61. 300:48.716-B.
14.7019

Becker, Johannes [Dr., Dir.]: Rede am 15. Oktober 1895 *bei der Feier des 50jährigen Bestehens der Anstalt.* Kolberg, Druck d. C. F. Post'schen Buchdr., *1896*; 9—13 S. 4.
Kolberg, k. Dom-G u. k. RG, P 1896 (135)

— Zur Reichsfinanzreform. Vortrag. — Berlin: Centralbüro d. Nationalliberalen Partei 1906. 26 S. 8°
1:Gz 7908. 10. 11. 26. 30. 38. 106. 203.
14.7038

— Das Reichsstempel-Ges. m. Ausführgs-Bestimmgn u. kurzen Erläutergn, nebst d. Wechselstempelsteuer-Ges. u. Börsen-Ges. 8° (226 m. Formularen.) Ebd. 1900. 2.50; geb. in L. 3 —

— Ueber den Reichtum der ehemaligen Abtei Prüm. 1. — Prüm: Plaum [1891]. 17 S. 8°
1. Das Güterverzeichnis von 893. **1:Ti 2297. 5.**
14.7020

Becker, J., d. Stempelsteuergesetz v. 31. Juli 1895 nebst d. erlass. Ausführungsbestimmgn. F. d. Handgebr. bearb. gr. 8. (VI, 227 S.) Berlin 896. A. Nauck & Co. n. 3. 50; geb. n. 4. —

— Der Streit zwischen Materialismus und Christenthum um die Schule. Eine Belehrung für christliche Eltern. 2. Aufl. — Birkenfeld 1871: Kittsteiner. 39 S. 8°
12:Paed.Th.357.
14.7012

Becker, Johann, Hof-Organist, Kassel. 1795: Text zur Musik der Superintendenten-Wahl im Stift St. Martin. Cassel d. 17. Juny 1795. Die Poesie ist vom Rath Casparson. In Musik gesetzt vom Hof-Organist J. Becker. — [Kassel 1795.] 2 Bl. 4° 47.
14.7009

Becker, Johannes, aus Siegroth (Schl.), Dr. d. Philos., Pastor: Theologische Thesen ... zur Erwerbung des Grades eines Lizentiaten der Theologie ... *Berlin (1903): G. Schade.* (2 Bl.) 4°
Berlin, Theol. Thes. v. 12. Febr. 1903

Becker, Johann: Die Ueberarbeitung des ursprünglichen Oedipus von Sophokles. Cleve, Druck v. H. Steus, 1891; 26 S. 4°
Cleve, k. G, OP 1891 (424)

Becker, Joh., die Ueberarbeitung d. ursprünglichen Oedipus v. Sophokles. gr. 4. (26 S.) Cleve 891. Leipzig, G. Fock. n. 1. 50

Becker, Joh. Die in den Grundstein des Progymnasialgebäudes gelegte Urkunde vom 18. Oktober 1878 und Nachrichten über zwei städtische Stiftungen aus den Jahren 1550 und 1590. 24 S. Progr. *Schlauer* 1879.

Becker, Joan.: De sophisticarum artium vestigiis apud Thucydidem. Berolini 1864 (57 S.).
Phil. Diss. Berlin

— Am Weihnachtsbaum. Lebensbild. — Trier: Paulinus-Dr. 1898. 16 S. 8° (Theater-Bibliothek. 27.)
1:Yp 6374-27. 5.
14.7035

Becker, Johann
— Der Wildhirt. Eine oberhessische Dorfgeschichte. — Leipzig 1896. VI,174 S. 8° (Werthers Volksbibliothek. 1/3.)
4. 17.
14.7028

— — 2. Aufl. Münden: Werther [1896]. VI,174 S. 8°
1:Yx 28587/95².
14.7029

— — 2. Aufl. Ebd. 1897. VI,174 S. 8° 7. 8. 35.
14.7030

Becker, Johann Albrecht
— Das Opernhaus zu Frankfurt am Main. Ein Führer bearb. und hrsg. von der Bauleitung J. A. Becker, E. Giesenberg. — Frankfurt a. M.: Knauer [1881]. 37 S. 8°
30. 47.
14.7047

Becker, Johann Arnold: An eines ehrbahren hochweisen Raths des Königlichen Stuhls und heiligen Römischen Reichs freyer Statt Aachen Hrn Herrn Deputirte, unterthänig, wahrhaffte, auch gründliche Deduction und Information. Uber das einem wohlgedachten ehrsamen hochweisen Rath zuständig Hospital zu S. Elisabeth im Radermarck. Nebst angefügter Beantwortung der coram hac Commissione am 28ten Augusti 1717 von wegen der geistlichen Schwestern daselbst übergebener demühtiger Remonstration, Expurgation, und Bitt. Sambt Beyl. 1-33. [Nebst] App. — Aachen 1717(-18): Metternich. 4° 52.
14.7048

Becker, Johann August
— — (Schmiedeberg), Honorarii datio in contractibus gratiosis liberet a damno dato restituendo. Quaestio jur. controv. Präs. Chn. Heinr. Breuning. Lpz. (Rumpf) 7. I. 1772. 8 S. (3.20) 1698

— — De lite heredis cum possessore singulari. Diss. jur. Präs. Gebh. Chn. Bastineller. Wittenberg (Gaebert) 7. III. 1727. 36 S., z. Tl. dtsch. (4.—) 1697

— Joh. August (Dresden), De secretariis protonotariis et actuariis judicialibus. Exerc. jur. Präs. Dietr. Herm. Kemmerich. Wittenberg (Wwe. Gerdes) 30. X. 1726. 32 S. (4.80) 1695

— — Dasselbe. Wittbg. (Scheffler) 1746. (4.50) 1696

Becker, Johann Benjamin: Geschichte des Lyceums bey der evangelischen Friedenskirche zu Schweidnitz nebst d. damit verbundnen deutschen Schule. — Reichenbach [1808]: E. Müller. 106 [vielm. 206] S. 8°
1:Az 13316. 2. 10. 14. 41. 169.
14.7049

— — Breslau: Barth 1809. 106 [vielm. 206] S. 8° 15.
14.7050

Becker, J. B., Gesch. d. Lyceums bey d. evangel. Friedenskirche zu Schweidnitz. gr. 8. Bresl. Barth. 810.

Becker, J. Benj., († d. 14. Nov. 1823.) Geschichte d. Lyceums bei d. evangel. Friedenskirche zu Schweidnitz. Nebst 1 Abbild. gr. 8. Bresl. 810. Holäufer. (Graß, B. u. C.) 12 *K*

— s. Conjugationstabelle.

— Joh. Bernh. Gottschalck (Schaumburg), De obstructione. Diss. med. Präs. Gg. Erh. Hamberger. Jena (Ritter) 12. V. 1753. 48 Seiten. (5.—) 1699
Widm. v.: Carl Friedr. Kaltschmied, Joh. Chn. Stock, Joh. Chph. Tannenberger, Eman. Wundsch (Marienburg/Pr.), G. F. Stuss (Jena, dtsch.), Christ. Friedr. Jampert (Berlin), C. A. Förtsch (Lübeck, dtsch.).

— Joh. Chn. (Smilinghusano-Waldeccus), De purpura alba maligna et benigna seu chronica. Diss. med. Präs. Joh. Juncker. Halle (Joh. Chn. Hilliger) Okt. 1738. 36 S. (5.—) 1700
Widm. v.: G. E. A. Abesser, F. C. Haldensleben, Joh. Gg. Stegmann (dtsch.).

— Johann Franz. (Lehmbeck/Westf.), De morbo hypochondriaco. Diss. med. Bln. (Brueschck) 13. X. 1820. 32 S. mit Biogr. (3.50) 1701
Oppon.: Jos. Verlage, Gg. Schrakamp, Bernh. Raue. — Gew.: Ferd. Aug. Grf. v. Spiegel, C. Ferd. Graefe.

Becker, Johann Friedrich, Pfarrer, geb. 1728. 1755: Einseegenungs-Reden bey der Konfirmation derer Kinder nebst einer Abhandelung von der Wichtigkeit des Konfirmations-Tages. — Frankfurt a. M.: Garbe 1775. 71 S. 8° 30.
14.7053

Becker, Joannes Fridericus (Resp.): De fistula urethrae virilis, s. A l b e r t i, Michael (Praes.)

— moral. Fragmente, aus d. besten moral. Schriftstellern gesammelt u. herausg. 8. Frankf. a. M. 783.

— Fromme Gedanken bey der öffentlichen Hinrichtung des Kliebensteins, worinnen dieser Unglückliche allen jungen Leuten zum traurigen Beyspiel und ernstlichen Warnung vorgestellet wird. — [Frankfurt a. M.] 1782. 16 S. 8° 30.
14.7054

—— 2. Aufl. Ebd. 1782. 16 S. 8° **30.**
14.7055

— Ordnung des Heils in Frag und Antwort, welche von denen Kindern im Armen-Hauß bey der Confirmation öffentlich den 9. May 1755. beantwortet worden. 1755 in: *Becker:* Rede, welche über Psalm LXXIII,28. V. bey dem Anfang einer neu-errichteten gottesdienstlichen Stifftung in der Kirche des hiesigen Armen-, Waysen- und Arbeitshauses gehalten worden.

— Rede, welche über Psalm LXXIII,28. V. bey dem Anfang einer neu-errichteten gottesdienstlichen Stifftung in der Kirche des hiesigen Armen-, Waysen- und Arbeitshauses gehalten worden. — Franckfurt a. M. 1755: Brönner. 72 S. 8°
Beigedr.: Becker: Ordnung des Heils in Frag und Antwort, welche von denen Kindern im Armen-Hauß bey der Confirmation öffentlich den 9. May 1755. beantwortet worden. **30.**
14.7056

— Die grose Seelen-Gefahr derer, welche die Religion Jesu verachten, in e. Früh-Predigt ... vorgestellt. — Frankfurt a. M. 1775: Schnackenburg. 40 S. 8° **5.**
14.7057

BECKER J. Fr.: Vom Selbstmord für jeden Christen aus allen Religionsschichten. Frankfurt a. M. 1781 — Dessau, Buchh. d. Gelehrten 1782, 8°.

Becker, Joh. Friedrich (Hrsg.), s. Tugendfreund, Der christliche, eine Wochenschrift.

— Die Verbindung gründlicher Einsicht und geistlicher Erfahrung in dem Gnadenwercke. — Franckfurt a. M. 1762: Brönner. 19 S. 8° **4. 19.**
14.7059

Becker, Johann Friedrich Adolf: Lieder für Verehrer der Religion. (Verf.: Johann Friederich Adolph Becker.) — Rinteln 1783: Bösendahl. 64 S. 8° **12:**P. o. germ. 83 w.
14.7060

Becker, Johann Georg [Hrsg.] s. *Becker*, Heinrich Valentin: Sammlung einiger Predigten. 1797.

— **Joh. Gg.** (Wanfried/Kassel), De consensu tacito. Disp. jur. Präs. Joh. Wilh. Engelbrecht. Helmstedt (Gg. Wolfg. Hamm) 7. V. 1711. 15 Seiten. (2.50) 1702

— Die Hauptpunkte der christlichen Religions- und Tugend-Lehre ausgesprochen von jungen Christen am Tage ihrer Confirmation als Bekenntniß ihres Glaubens und Gelübde ihrer Treue. — Rostock 1812: Adler. 15 S. 8° **28. 33.**
14.7061

Becker, Johann Georg, s. Luzak

— Predigt und Rede am Confirmationstage 1809, vor der Gemeine zu Jördensdorf gehalten. — Rostock [1809]: Adler. 32 S. 8° **28. 33.**
14.7062

— Predigt am 16ten Sonntage nach Trinitatis 1803 über Luc. VII,11-17. Womit wir uns als Christen bey d. unbegreiflichen Führungen Gottes beruhigen können u. müssen. — Rostock [1803]: Adler. 16 S. 8° **28. 33.**
14.7063

Becker, Johann Gottfried, Prediger, Völkershausen, 1702-1778. 1772: Allgemeine in Gottes Wort gegründete Fragen und Antworten von christlicher Lehre: nach Anleitung des Catechismi D. Luthers. Zur Unterweisung d. Kinder in d. Schule zu gebrauchen u. aufges. von e. Diener d. göttlichen Worts [d.i. Johann Gottfried Becker]. — Herßfeld 1772: Mohr. 136 S. 8° **34.**
14.7067

— **Johann Gottfried** (Braunschweig), De sale amaro. Diss. med. Präs. Friedr. Hildebrandt. Erlangen (Kunstmann) Sept. 1796. 24 S. (3.20) 1703

— Unfug des natürlichen Zinnobers im menschlichen Leibe. Copenhagen: Paulli 1708. 24 S. 8° **8. 29. 75.**
14.7065

—— Ebd. 1709. 24 S. 8° **1:**1 in Iq 4519. **14. 18. 29. 42.**
14.7066

— **Johann Gottlieb** (Danzig), De jure collectandi non cives. Diss. jur. Präs. Heinr. Bodin. Halle (Chr. Henckel) Okt. 1707. 21 S. (4.50) 1704
Widm. v. Sam. Stryk.

Becker, Johann Gottlieb: Kurtzer, doch gründlicher Unterricht von der Computatione graduum und Successione ab intestato ... Welchem nunmehro d. Erb-Folge nach d. preußischen, lübischen, culmischen u. d. adelichen Land-Rechte, wie auch sonst verschiedenes zu dieser Sache dienliches beygefüget worden von Daniel Gralath. — Dantzig 1728: Schreiber. 160 S. 8°
2. 10. 18. 23. 44. 48. 214.
14.7068

— **Johann Heinrich** (Duisburg), Differentias juris Romani & Germanici in tutelis, testamentaria et legitima. Diss. jur. Präs. Joh. Pet. Ludewig. Halle (Chn. Henckel) 10. X. 1712. 52 S., teilw. deutsch. (4.80) 1705

Becker, Johann Heinrich, Pfarrer, Radevormwald, geb. 1823. 1864: Geschichte der Stadt Rade vorm Wald ⟨im Regierungs-Bezirk Düsseldorf⟩ ... Nebst e. Anh.: Beleuchtung einiger Vorurtheile gegen d. katholische Kirche. — Köln [usw.]: Schwann in Comm. [1864]. VI,216 S. 8°
1:Ti 2316. **5. 6. 12:**Bor. 21z. **29. 30. 38.**
60. 61. 62. 64. 211.
14.7072

Becker, J. H., Die kath. Kirche u. ihre Lehre gegenüber der Broschüre des ev.-luth. Pfarrers Bramesfeld zu Remlingrade, betitelt: Beleuchtung der Broschüre des kath. Pfarrers Becker „Geschichte der Stadt Rade vorm Wald". Köln, Du Mont-Schauberg, 1864. 8°. 75 Pf.

Becker, Johann Heinrich, Prof. d. Theologie, Rostock, 1698-1774. 1731: Joannis Henrici Beckeri Programma de motu eiusque caussis, praelectionibus suis ... habendis praemissum. — Halae Magd. [1736]: Hilliger. 4 Bl. 8° **3.**
14.7069

Becker, Johann Heinrich, Doktor d. Medizin, Aurich. 1739: Kurtzer, doch gründlicher Unterricht von den Temperamenten. — Bremen: Saurmann 1739. 118 S. 8°
1:No 1596. **2. 7. 8. 9. 15. 17. 18. 27. 29.**
14.7071

— Abgenöhtigte Vertheidigung gegen eine von dem Authore anonymo des Tractats, betitult: Der Labadismus die Quelle des Pietismi ihm ... fälschlich-angeschuldigte Hypothesin: Von Seeligkeit der Heyden ohne Glauben an Christum. — Rostock: Fritsch 1734. 32 S. 8° **2. 27. 41.**
14.7070

Becker, Johann Hermann, Prof. d. Theologie u. Pfarrer, Greifswald, später Lübeck, 1700-1759. 1725: Abschieds-Rede von dem Rückfall aus der Gnade ... über Luc. XI,14-28. — Lübeck: Green [1751]. 20 S. 8°
1:9 in E 194-1. **9. 41. 48.**
14.7073

— Die Amts-Pflicht eines evangelischen Lehrers, als eines Zeugen der Auferstehung Christi, in e. Antritts-Predigt ... vorgestellet. — Lübeck: J. Schmidt [1751]. 24 S. 8°
1:8 in E 194-1. **18. 28. 44. 48.**
14.7074

— Anmerkung über die ehelichen Gesetze und den Grund ihrer erweiterten Erklärung. — Greifswald: Struck in Comm. 1749. 32 S. 8° **1:**14a in Fi 15.
2. 8. 9. 10. 12:4° Diss. 090-19. **28. 300:**124.071-B.
14.7075

— Anthropologia physico-theologica, das ist: Eine Betrachtung des Geheimnisses der Wiedergebuhrt, nach Anleitung und Gleichniß der leiblichen Gebuhrt eines Menschen, zu desto besserer Erkänntniß der Krafft Gottes. — Rostock [usw.]: Fritsch 1733. 356 S. 8° **17. 18. 33. 41.**
14.7076

— AnzugsPredigt bey der christlichen Gemeine zu St. Jacob, in der Königlich Schwedischen Universität Greifswald, im Jahr 1747 am Sontage Oculi. — Rostock: Fritsch [1747] 24 S. 8° **28. 33. 44.**
14.7077

Becker, Johann Hermann. 1785: Dogmata de satisfactione, et de imputatione meriti Christi per fidem praxi pietatis christianae nil derogare sed eam promovere, commentatione hac academica probare studuit J. H. Becker. — Jenae 1785: Maucke. 24 S. 8° **32.**
14.7085

Becker, Johann Hermann, Landes-Archivar, Rostock, 1764–1847. 1807: Ueber Einquartierung und Kriegs-Contribution in Beziehung auf Rostock. — Rostock 1807: Adler. 31 S. 8° **28.**
14.7080

— Fundamentum praelectionum physico-dogmaticarum brevioribus aphorismis includens modernae, sanioris, experimentalis philosophiae adaequatos conceptus. — Rostochii: Schwecht 1725. 248 S. 8°
1: Le 1887. **2. 8. 9. 17. 24. 28. 29. 33.**
14.7078

— — Em. & recusum. Rostochii: Fritsch 1736. 192 S. 8° **2. 29.**
14.7079

— Grund der Seeligkeit oder einfältige Anleitung zur rechten Betrachtung der Erlösung, die durch Jesum Christum geschehen ist. — Greifswald 1751: Struck. 84 S. 8° **9.**
14.7080

— Die aufgehobene Hindernisse des fröligen und seeligen Sterbens zur seeligen Erkentnis der Kraft des Todes Jesu, in sieben Betrachtungen über die letzten Worte des Herrn am Kreutze. Der christlichen Gemeine in der Kloster-Kirche zum H. Kreutz im Jahr 1744 öffentlich fürgetragen. Rostock: Koppe 1747. 183 S. 8° **28. 33. 34. 41.**
14.7081

— — (Rostock), De pignore universitatis. Dissert. jur. Jena (Göpferdt) 13. VIII. 1791. 40 Seiten. (4.80) 1707
Gew.: Heinr. Valent. Becker (Vater).

— Letzter Seegen, der christlichen Gemeine zu St. Marien in Rostock, im Jahr 1747 ... bey bevorstehenden Abzug nach der Universitet Greifswald ... zum Abschiede öffentlich ertheilet. — Rostock: Fritsch [1747]. 23 S. 8° **18. 28. 33. 44.**
14.7082

Becker, Johann Hermann

— Theoria motae circa solem telluris Scripturae non inimica. — Raceburgi 1726: Hartz. 76 S. 8°
9. 12: 4° Diss. 3037–19. **14. 18. 19.**
14.7083

— Theoricae Iobeae specimen ad loca Iobi cap. IX. v. 9. & XXXIIX. v. 31.32. — Lubecae: Boeckmann [1752]. 34 S. 8° **9. 18. 41. 48.**
14.7084

Becker, Johann Herrmann, Großherzogl. Mecklenburg-Schwerinscher Leibarzt, Altona, später Parchim, 1770–1848. 1796: Anweisung zu einem zweckmäßigen Verhalten vor, und bei dem Ausbruche der Cholera-Krankheit. — Parchim 1831: Zimmermann. 24 S. 8° **28. 33.**
14.7087

Becker, Jh. Herrm. I., Auszüge aus d. neuesten medicin. Schriften, s. F. G. Bouchholz.

— Einige Bemerkungen über den Einfluss der Witterung auf den menschlichen Organismus überhaupt, und insbesondere auf die Anwendung der Seebäder in Dobberan. — Parchim: Hinstorff 1835. 89 S. 8°
1: Ik 255. **3. 11. 18. 27. 28. 33. 42. 43.**
14.7088

— Darstellung der Nahrungsmittel der Menschen nach alphabetischer Ordnung. Bd 1.2. — Stendal: Franzen & Grosse 1818–22. 8° (Becker: Versuch e. allgemeinen u. besondern Nahrungsmittelkunde. 2.)
1: Ik 5140–2. **2→5. 7. 8. 12:** Path. 105m–2. **14. 17. 20. 21. 24. 28. 32. 33. 91. 300:** 10.051. Bd 2. **304.**
14.7089

— Doberan im Sommer 1837. Mit 1 lithogr. Ansicht des neu erbauten Bade- u. Logirhauses am heiligen Damm bei Doberan. 8. Parchim u. Ludwigsl. 838. Hinstorff'sche Hofb. n. 1/2 ℛ

— s. Monteur, über Kinderkrankheiten.

Becker, Joh. Herrm., der Magen, in sein. gesund. u. krank. Zustande betrachtet. I. Thl. Allgem. Betrachtung. I. Abthl. gr. 8. (32 B.) Stendal 836, Franzen u. Grosse. Thlr.

— Diss. inaug. exhib. quaestionem, an phthisi pulmonali exulceratae conveniant remedia tonica. 8. Rost. 793.

Becker, Johann Herrmann

— Versuch einer Literatur und Geschichte der Nahrungsmittelkunde. Abth. 1–3. — Stendal: Franzen & Grosse 1810–12. 8° (Becker: Versuch e. allgemeinen u. besondern Nahrungsmittelkunde. 1.) 1: Ik 5140–1. **2→5. 7. 8. 9. 11. 12:** Path. 105m–1. **14. 17. 20. 21. 24. 25. 28. 29. 32. 33. 44. 91. 202. 300:** 10.051. Bd 1. **304.**
14.7092

— Versuch einer allgemeinen und besondern Nahrungsmittelkunde. Mit e. Vorr. von S. G. Vogel. Th. 1.2. — Stendal: Franzen & Grosse 1810–22. 8°
1. Becker: Versuch e. Literatur u. Geschichte d. Nahrungsmittelkunde. Abth. 1-3. 1810-12.
2. Becker: Darstellung d. Nahrungsmittel d. Menschen nach alphabetischer Ordnung. Bd 1.2. 1818-22.

1: Ik 5140. **2→5. 7. 8. 12:** Path. 105m. **14. 17. 19. 20. 21. 24. 28. 32. 33. 91. 300:** 10.051. **304.**
14.7093

— **Johann Hubert** (Castris/Köln-Rh.), Nonnulla de pneumophthisi et bronchoblennorrhoea. Dissert. pathol.-diagn. Berlin (Nietack) 19. VIII. 1835. 36 S. mit Biogr. (M.: M. S. Meuser.) (3.60) 1708
Oppon.: C. Botschen-Horst, Th. Glasmacher, J. V. Schoeller.

Becker, Johann Jakob: Gedächtnißpredigt auf das am 14. Januar 1820 erfolgte Ableben Ihrer Königlichen Hoheit, Kurfürstin von Hessen, am 30. Jan. 1820 zu Cassel gehalten. — Cassel 1820: Hampe. 12 S. 8° **47.**
14.7094

— Predigt über Psalm 72,18.19. zur Feyer des wegen der glücklichen und höchst erfreulichen Rückkehr Seiner Kurfürstlichen Durchlaucht Wilhelms I. und der Kurfürstl. Familie verordneten Dankfestes. — Marburg: Krieger 1813. 19 S. 8° **4. 34.**
14.7095

Becker, Johann Karl, Prof. d. Mathematik, Mannheim, später Bruchsal. 1870: Abhandlungen aus dem Grenzgebiete der Mathematik und Philosophie. — Zürich: Schulthess 1870. 62 S. 8° 1: O 5453. **2. 4. 5. 7. 12:** Math. U. 17m. **17. 21. 30. 31. 82. 83. 84. 91. 302. 305.**
14.7098

Becker, Johann Karl, Arzt, Remscheid, später Volberg, 1798–1870. 1838: Apollonia, oder: Poesieen. Nebst e. Ausz. aus dessen Abhandlung über den großen und heilsamen Einfluß der Musik auf den menschlichen Organismus. — Lennep 1838: Schumacher. X, 163 S. 8° **5.**
14.7096

Becker, J. C., und K. Paul, Aufgaben für den Rechenunterricht. 1. Thl. Für die Elementarklassen höherer Bürgerschulen. Rechnung mit ganzen Zahlen. Frankfurt a. M. 863. Auffarth. gr. 8. (VI, 79 S.) n. 10 ngr.

— u. K. Paul, Aufgaben für den Rechenunterricht. 3 Thle. Frankfurt a. M. 865, 67. Auffarth. gr. 8. Jeder Thl. n. 12 ngr.
1. Thl.: Für die Elementarklassen höherer Bürgerschulen. 2. Aufl. Rechnung mit ganzen Zahlen. (VI, 79 S.)
2. Thl.: Für die Mittelklassen höherer Bürgerschulen. Rechnung mit Brüchen. (VIII, 75 S.)
3. Thl.: Für die Oberklassen höherer Bürgerschulen. Schlußrechnung, Kettenrechnung, Prozentrechnung ꝛc. (X, 84 S.)

— — dasselbe. Resultate. 3 Thle. gr. 8. Ebend. à n.n. — 70
1. 3. Aufl. (28 S.) 872. — 2. 3. Aufl. Mit den Verändergn. zur 5. Aufl. (VI, 26 S.) 874. — 3. 5. Aufl. (15 S.) 883.

— u. K. Paul, Aufgaben f. den Rechenunterricht. 3 Thle. gr. 8. Frankfurt a. M. 873—75. Auffarth. geb. à n. 1. 40
1. Für die Elementarklassen höherer Bürgerschulen. 4. m. Rücksicht auf die neuen Münzverhältnisse umgearb. Aufl. Rechnung mit ganzen Zahlen. (VIII, 81 S.)
2. Für die Mittelklassen höherer Bürgerschulen. 3. m. Rücksicht auf die neuen Münzverhältnisse umgearb. Aufl. Rechnung m. Brüchen. (X, 84 S.)
3. Schlußrechnung, Kettenrechng., Prozentrechng. ꝛc. Für die Oberklassen höherer Bürgerschulen. 2., m. Rücksicht auf die neue deutsche Reichswährg. umgearb., verb. u. verm. Aufl. (VIII, 90 S.)

Becker, J. C., und K. Paul, Aufgaben für den Rechenunterricht. 1. und 3. Thl. 8. Frankfurt a. M. 875, Auffarth. geb. à Thl. ℳ 1,40.
Inhalt:
Thl. 1. Rechnung mit ganzen Zahlen. 5. Aufl. (VII, 82 S.)
" 3. Schlußrechnung, Kettenrechnung, Prozentrechnung ꝛc. Für die Oberclassen höherer Bürgerschulen. 2., mit Rücksicht auf die neue deutsche Reichswährung umgearb., verb. und verm. Aufl. (VIII, 90 S.)
2. Thl. Ebendas. 1873. *ℳ 1,40.

Becker, J. C., u. K. Paul, Aufgaben für den Rechenunterricht. 3 Thle. gr. 8. Frankfurt a/M. 880. Auffarth. geb. à n.n. 1. 40
1. 7. Aufl. (VII, 80 S.) 1879. — 2. 6. Aufl. (X, 83 S.) — 3. 4. Aufl. (X, 99 S.)

Becker, JC, u. K Paul, Aufgaben f. d. Rechenunterricht. 3 Tle. 8. Frankf. a/M., Auffarth. geb. à n.n. 1. 40
1. 9. Afl. (85) 82. — 2. 8. Afl. (85) 84. — 3. 5. Afl. (100) 83.

Becker, J. C., u. K. Paul, Aufgaben f. den Rechenunterricht. 3 Tle. gr. 8. Frankfurt a/M., Auffarth. geb. à n.n. 1, 40
1. 10. Aufl. (VIII, 85 S.) 886. — 2. 8. Aufl. (IV, 85 S.) 884. — 3. 5. Aufl. (X, 100 S.) 888.

Becker, J. C., u. K. Paul, Aufgaben f. den Rechenunterricht. 2. u. 3. Tl. gr. 8. Frankfurt a/M. 888. Auffarth. geb. à n.n. 1. 40
2. 9. Aufl. (X, 85 S.) — 3. 6. Aufl. (XI, 100 S.)

Becker, J. C. u. K. Paul. Aufgaben f. den Rechenunterricht. 3 Tle. gr. 8. Frankf. a. M., Auffarth. [1. Tl. 11. Aufl. (VIII, 87 S.) 890; 2. Tl. 9. Aufl. (X, 85 S.) 888; 3. Tl. 6. Aufl. (XI, 100 S.) 888.] à Tl. ** 1 40; ** 4 20

Becker, J. C., u. K. Paul, Aufgaben f. den Rechenunterricht. 2. u. 3. Tl. Bearb. v. Karl Paul. gr. 8. Frankfurt a/M. 893. F. B. Auffarth. Geb. à n.n. 1. 40
2. 10. Aufl. (VII, 88 S.) — 3. 7. Aufl. (VIII, 104 S.)

Becker, J. C., u. K. Paul, Aufgaben f. d. Rechenunterricht. 1. u. 3. Tl. gr. 8. Frankfurt a/M. F. B. Auffahrt. Geb. à n.n. 1. 40
1. Rechng. m. ganzen Zahlen. 12. Aufl. (VII, 87 S.) 895.
3. Schlußrechng., Kettenrechng., Prozentrechng. (Spesen, Rabatt, Gewinn u. Verlust, Zins u. Zinseszinsen, Diskont, Terminrechng.), Gesellschaftsrechng., Mischungsrechng., Münzrechng., Wechsel- u. Effektenrechng., Wiederholungsaufgaben. Nebst e. Anh.: Aufgaben a. d. Kranken-, Unfall-, Invaliditäts- u. Altersversicherg. Bearb. v. Karl Paul. 8. Aufl. (VIII, 112 S.) 898.

Becker, JC, u. K Paul: Aufgaben f. d. Rechenunterr. 1—3. Tl. 8° Frankf. a/M, FB Auffarth. Geb. à nn 1.40
1. 13. Afl. (86) 99. ‖ 2. 11. Afl. v. K Paul. (88) 98. ‖ 3. 8. Afl. v. K Paul. (112) 98; Resultate. (12) 98. — 80.

— — dass. Ausg. f. Mädchensch., bearb. v. C Hess. 3 Tle. 8° Ebd. '01. Geb. je nn 1.20; Auflösgn. (32, 32 u. 27) '02. Je — 80 d
I. 13. Afl. (80) ‖ II. 11. Afl. (79) ‖ III. 8. Afl. (128)

— — dass. Ausg. f. Mädchensch. Bearb. v. Carl Hess. I—III. Tl. 8° Ebd. Geb. je nn 1.20
I. 14. Afl. (80) '06. ‖ II. 12. Afl. (80 m. Fig.) '08. ‖ III. 9. Afl. (136) '09.

Becker, J. C., u. K. Paul, Aufgaben f. den Rechenunterricht. III Tle. Ausg. f. Knabenschulen, bearb. v. Carl Heß. gr. 8. Frankfurt a/M. 902. F. B. Auffarth. Geb. à n.n. 1. 20
I. Das Rechnen m. ganzen Zahlen. 15. Gesamt-Aufl. (VII, 80 S.)
II. Das Rechnen m. Brüchen. 13. Gesamt-Aufl. (VII, 79 S.)
III. Schlußrechnung, bürgerl. Rechnungsarten, Sachgebiete, Aufgaben aus der Buchstabenrechnung u. der Raumlehre, vermischte Aufgaben. 10. Gesamt-Aufl. (VII, 136 S.)

— u. K. Paul, Aufgaben f. den Rechenunterricht. Neubearbeitung v. C. Heß. Ausg. f. Knabenschulen, fortgeführt v. W. Reinhardt u. H. H. Müller. I—III. Tl. 8. Frankfurt a/M., F. B. Auffarth. Geb. à nn 1. 20
I. Das Rechnen m. ganzen Zahlen. 16. Aufl. (VII, 80 S.) 908.
II. Das Rechnen m. Brüchen. 14. Aufl. (VIII, 80 S.) 908; Ausg. f. Mädchenschulen. 12. Aufl. (VIII, 80 S. m. Fig.) 908.
III. Schlußrechnung, bürgerl. Rechnungsarten, Sachgebiete, Aufgaben aus der Buchstabenrechng. u. der Raumlehre, vermischte Aufgaben. 11. Aufl. (VIII, 136 S.) 909; Ausg. f. Mädchenschulen. 9. Aufl. (VIII, 138 S.) 909.

Becker, Johann Karl

— Die Elemente der Geometrie auf neuer Grundlage streng deduktiv dargestellt. Th. 1. — Berlin: Weidmann 1877. XV,295 S. 8° 1: Oa 1756. 5. 10. 11. 12: Math. P. 27k. 16. 20. 82. 84. 302. 304. 305.
14.7099

— Eulogistia, oder der nach Vernunftprinzipien zur Gewißheit geführte Beweis, daß eine Fortdauer nach diesem Leben stattfinde. — Köln 1840: Dietz. XVI,124 S. 8° 16.
14.7097

— Die Grenze zwischen Philosophie und exacter Wissenschaft. — Berlin: Weidmann 1876. 63 S. 8° 1: Ni 5077. 7. 11. 12: Ph. U. 37em. 15. 16. 24. 26. 30. 36. 79. 107. 207. 210. 302. 305.
14.7100

Becker, Johann Karl

— Lehrbuch der Elementar-Mathematik f. den Schulgebrauch. 2 Thle. gr. 8. Ebend. 877—79. n. 9. 20
I. Lehrbuch der Arithmetik u. Algebra. 2 Bücher. à n. 1. 60
1. Das Pensum der Tertia u. Secunda. (XII, 186 S.)
2. Das Pensum der Prima. (XI, 184 S.)
II. Lehrbuch der Elementar-Geometrie 3 Bücher. n. 6. —
1. Pensum der Tertia u. Untersecunda, Planimetrie. 1. Stufe. Mit 90 in den Text gedr. Holzschn. (XII, 198 S.) n. 1. 60
2. Das Pensum der Obersecunda. Ebene Trigonometrie u. Planimetrie. 2. Stufe. Mit 60 in den Text eingedr. Holzschn. (XIII, 170 S.) n. 2. —
3. Das Pensum der Prima. Stereometrie, sphärische Trigonometrie u. Kegelschnitte. Mit 77 in den Text eingedr. Holzschn. (XIV, 216 S.) n. 2. 40

Becker, Prof. J. C., Leitfaden für den Unterricht in der Geometrie an Mittelschulen. Mit lithogr. Figuren. 168 Stn. u. 6 Tfln. 8. Schaffhausen, Carl Schoch. 1872 2. —

— Die Mathematik als Lehrgegenstand des Gymnasiums. Berlin: Weidmann 1883. 99,16 S. 8° 1: Nf 4295. 7. 11. 12: Paed. Th. 359. 16. 17. 30. 207.
14.7101

Becker, Johann Karl: Zur Reform des geometrischen Unterrichts. 25 S. Progr. Wertheim 1880.

Becker, Ioan. Car. (geb. Holpe 18. 1. 1708 [vielmehr 1798]): De musicae vi salutari. Berolini (1821). (48 S.) 8°
Berlin, Med. Diss. v. 28. Sept. 1821

Becker, Johann Konrad
Der Name d. Verfassers erscheint meist in d. Form Johannes Conradus Beckerus.

— **De *Παιδοκτονία* inculpata ad servandam puerperam, tractatus medico-legalis ... Cum praef. Jo. Melchior. Verdries. — Giessae: Krieger 1729. 103 S. 8°**
1: Ih 12802. **2. 4. 5. 7→10. 12**: 4° Diss. 1666–22. **14→17. 19. 21. 23. 24. 26. 29. 30. 36. 39. 45. 47. 52. 302.**
14.7102

— **Paradoxum medico-legale de submersorum morte sine pota aqua ... Cui adiicitur Dodecas observationum circumstantiis curaque rarissimarum. — Giessae 1704: H. Müller. 142 S. 8°** **4. 5. 7. 12**: Path. 105. **14. 19. 26. 27. 29. 35. 53. 180. 211. 300**: •69 N 153 •. **302.**
14.7103

— — De submersorum morte sine pota aqua, tractatus medico-legalis, qui ... 2. hac ed. ... auctior prodit. — Jenae: Mayer 1720. 100 S. 8° **41.**
14.7101

— — Cum praef. Georgii Wolffgangi Wedelii. Ebd. 1720. 100 S. 8° 1: If 7220. **3. 4. 5. 8. 9. 10. 14. 15. 16. 18. 19. 24. 29. 44. 48. 202. 300**: 70 S 64. **303.**
14.7105

— — De submersorum morte sine pota aqua, oder: Von dem Tod derer ohne Wasser Ertrunckenen. Cum praef. Wedelii. — Jenae: Ritter 1729. 100 S. 8°
1: 11 in Kr 400. **2. 9. 14. 16. 29. 39. 41. 302.**
14.7106

— — De submersorum morte sine pota aqua, tractatus medico-legalis, qui ... 2. hac ed. ... auctior prodit ... Cum praef. Georgii Wolffgangi Wedelii. — Jenae: Mayer 1736. 100 S. 8° **4. 7. 15.**
14.7107

Becker, Johann Leonhard: De Moderatione servanda in ferendis censuris theologicis. — Moguntiae 1784: Crass. 78 S. 8° 1: Ck 1440. **6. 7. 12**: J. can. P. 99. **15. 17. 19. 23. 24. 30. 34. 36. 43. 61. 308.**
14.7108

— J. J. Bona, d. Rüstlichste ꝛc.

[—] Die Rechtmäßigkeit der Prokurazionen der Kirchenvisitatoren, besonders in dem mainzer Erzstifte. — Mainz 1785: Craß. XVI,234 S. 8°
5. 12: J. can. P. 788/1. **16. 17. 31.**
14.7109

— Theologiae moralis compendium. Ad usum praelectionum suarum ed. P. 1.2. — Moguntiae: Crass in Comm. 1789. 915 S. 8° **12** [∞2]: Mor. 90 h. **19. 36.**
14.7110

***Becker*, Jh. Leonh., (†... 1799.) theologiae moralis compendium. II. T. 8maj. Mainz 789. Fischer. 1 rthl. 16 gr.**

— — P. 1.2. Magontiaci: J. P. Fischer 1796. 8° **308.**
14.7111

Becker, Johann Nikolaus [wirkl. Name], s.a.
B e i l s t e i n , Apollonius von [Pseud.]

Becker, Johann Nikolaus
— Beschreibung meiner Reise in den Departementern vom Donnersberge, vom Rhein und von der Mosel im 6. Jahr der französischen Republik. In Briefen. — Berlin: Schöne 1799. XXV,424 S. 8°
1: Pv 4960. **2. 7. 9. 11. 12**: It. sing. 58 in. **14. 17. 19. 25. 26. 27. 30. 34. 36. 38. 43. 46. 52. 53.**
14.7112

— — 2. Aufl. Ebd. 1808. XXV,424 S. 8°
1: Pv 4960². **5. 10.**
14.7113

[—] Fragmente aus dem Tagebuche eines reisenden Neu-Franken. Hrsg. von seinem Freunde B. — Frankfurt [usw.] 1798. 232 S. 8° **7. 27. 30. 39. 300**: 34.336.
14.7114

— aktenmäß. Geschichte d. Räuberbanden an d. beiden Ufern d. Rheins. 2 Thle. 8. (Leipz. 804. Rein). 2 rthl. 8 gr.

(—) Zur kritischen Geschichte des Rastadter Friedens, von e. unpartheiischen Beobachter (d.i. Apollonius v. Beilstein). — Braunshorn: Knipperdolling & Ziffer [vielm. Berlin] 1798. 31 S. 8°
Nebent.: Zum Rastadter Frieden.
In einigen Exemplaren fehlt d. Nebentitel.
3. 7. 12: J. publ. E. 499–23. **14. 30. 32. 117. 180.**
14.7115

— Magazin d. peinl. Rechtsgelehrsamkeit für die 4 Rheindepartemente. 1s Heft. gr. 8. Berl. 801. Schöne. 12 gr.

[—] Ueber Mainz. In Briefen an Freund R. — Auf einer Rheininsel [vielm. Frankfurt a. M.] 1792. 176 S. 8°
1: Sk 7842. **12**: Germ. sp. 288. **16. 18. 30. 41.**
14.7116

Becker, Johann Nikolaus
— Der Meuchelmord von Wallhausen. — Kirn: Simon 1805. 158 S. 8° **5.**
14.7117

Becker, J. N., der Meuchelmord v. Wallhausen. 8. Coblenz 806. Pauli u. C. 12 gr.

— Versuch einer Geschichte der Hochmeister in Preußen. Seit Winrichs von Kniprode bis auf d. Gründung d. Erbherzogtums. — Berlin: Schöne 1798. XVI,112 S. 8°
1: Sz 1440 [u.] 8° Bibl. Diez 3989. **2. 7. 8. 10. 12**: Bor. 22. **14. 17. 22. 23. 32. 33. 38. 42. 44. 64. 117.**
14.7118

— Wezel, seit seinem Aufenthalte in Sondershausen. 8. Erfurt 799. (Ettinger in Gotha). 6 gr.

— Wezel seit seines Aufenthalts in Sondershausen. Ein Nachflug zu Herrn v. Hessens Durchflügen durch Deutschland. — Erfurt: Neumann 1799. 92 S. 8°
1: Av 22930. **5. 12**: Biogr. 1240 w. **14. 39. 78. 300**: 117.446–A.
14.7119

Becker, J(ohann) P(antaleon), aus Köln a. Rh.: Die **sprache** der kurischen fischer in Perwelk auf der kurischen **nehrung.** Ein beitrag zu d. sprache d. preuß. Letten. *(Göttingen 1904: E. A. Huth.)* (IV, 25 S.) 8° ¶ (Die mit d. Arbeit eingereichten Textproben erscheinen an anderer Stelle.)
Berlin, Phil. Diss. v. 27. Febr. 1904

Becker, Johann Philipp, Magister, Prediger zu Adorf. 1755: Schriftmäßige Abhandlung über den Text, Coloss. am 3.v.15., welcher am andern Jubel-Feste der Evangelisch-Lutherischen Kirche, welches wegen des vor 200 Jahren ... zu Augspurg geschlossenen Religions-Friedens in den Churf. Sächs. ... Landen ... gefeyert wurde, von höchster Landes-Obrigkeit ... angeordnet war, der Gemeine zu Adorf vorgetragen. — Leipzig: Heinsius 1755. 43 S. 8°
41.
14.7120

Becker, Johann Philipp, Apotheker, Magdeburg, geb. 1711. 1783: Chemische Anekdoten, oder Versuche, über einige zweifelhafte und noch keine authentike Gültigkeit erlangte Sätze. Leipzig: Hertel 1788. 253 S. 8°
1: Mt 1121. **3. 16. 17. 23. 26. 27. 39. 302. 303. 307.**
14.7121

Becker, Johann Philipp, Sozialist, 1809-1886. 1841: Die Internationale Arbeiter-Association und die Arbeiterbewegung in Basel im Winter 1868 auf 1869. — Genf: Deutsche Verlagshalle 1869. 40 S. 8° **36. 106. 109. 203.**
14.7125

— Die Internationale Arbeiter-Association und die Arbeitseinstellung in Genf im Frühjahr 1868. — Genf: Deutsche Verlagshalle 1868. 40 S. 8°
12: Cam. 9 dg. **23. 36. 106. 109.**
14.7126

— Offener Brief an die Arbeiter über Schulze-Delitzsch und Ferd. Lassalle, die Bourgeoisie und das Proletariat. Genf: Deutsche Verlagshalle 1863. 44 S. 8°
12: Pol. g. 47tc. **30. 36. 109. 203.**
14.7127

Becker, Johann Philipp: Offener Brief an die deutschen Parteigenossen bei Gelegenheit der 50-jähr. Gedenkfeier des Hambacher Festes. Flugblatt mit 2 Liedern. 8°
Genf, 21. Mai 1882. Hottingen-Zürich, Vereinsbuchdr.

— [Mitarb.] s. *Briefe* und Auszüge aus Briefen von Joh. Phil. Becker, Jos. Dietzgen, Friedrich Engels, Karl Marx u. a. an F. A. Sorge und andere. 1906.

Becker, Jh. Ph., Etwas f. Chemiker u. Apotheker. gr. 8. Altenb. 796. (Hennings in Neiße). 20 gl

— Etwas für dem [!] Chimiker und Apotheker. — Altenburg: Richter 1796. 290 S. 8° **10.** 12: Chem. 18. **27. 53. 302.**
14.7122

— Geschichte der süddeutschen Mai-Revolution des Jahres 1849 von Joh. Phil. Becker u. Chr. Essellen. — Genf: G. Becker 1849. V,455 S. 8°
8. 12 [unvollst.]: Germ. sp. 27nl. **16. 21. 22. 25. 26. 31. 38. 106. 107. 109. 180. 203.**
14.7128

— Über den Idealismus der Sozialdemokratie zu einigem Troste der Bourgeoisie. — (Leipzig [um 1850]: Genossenschaftsbuchdr.) 2 Bl. 8° 1: Fc 7920.
14.7129

[—] Über das Missionswesen, ein Gegenwort gegen die Missionspredigt des Herrn Vikar Güder in Biel, von e. Kulturfreunde. — Biel 1843: Hofmann. 28 S. 8°
12: H. ref. 403-4.
14.7132

— Die Neutralität nach dem Mährchen vom Menschenfresser erzählt. — Biel 1848: Benz. 8 S. 8°
12: Pol. g. 1025-33.
14.7133

— Polen, die Diplomatie und die Revolution. — Genf: Deutsche Verlagshalle 1863. 60 S. 8° **18. 30. 36. 38. 109.**
14.7134

— Entdecktes Salpeter-Sauer in den animalischen Ausleerungen. Nebst e. Abhandlung vom Salpeter. [Nebst] Suppl. — Dessau: Buchh. d. Gelehrten (Suppl.: Dessau: Verlagskasse für Gelehrte u. Künstler [usw.]) 1783–84. 8°
Suppl. zu d. Abhandlung vom Salpeter u. näherer Beweis, daß d. Salpeter u. dessen Säure nirgends, denn aus d. Pflanzenreich u. animalischen Ausleerungen zu erwarten sey. 1784.
1: Ms 9551 [auch Suppl. = Ms 9552]. **5. 7. 17** [∞ Hauptw.] **19** [∞ Suppl.] **21. 302** [∞ Suppl.]
14.7123

— entdecktes Salpetersauer in d. animal. Ausleerungen, nebst Abhandl. v. Salpeter. 8. Dessau 784. Buchh. d. Gelehrten. 6 gl
Supplement zu d. Abhandl. v. Salpeter. 8. Ebd. 784. (Leipz., Barth). 10 gl

— Psalmen in Reimform. Neue Stunden der Andacht ... Kriterien u. Satire. — Genf: Deutsche Verlagshalle 1875. 240 S. 8° 1: Yo 15702. **21** [unvollst.] **36. 109. 203.**
14.7135

— neue Stunden der Andacht. Psalmen in Reimform. Die Zeitgebrechen, bloßgelegt durch strikte Schlußfolgergn. aus den überlieferten Anschaugn. u. Einrichtgn. in religiöser, polit., eth. u. sozialer Beziehg. Kriterien u. Satire. gr. 8. (240 S.) Zürich 875. Volksbuchh. in Comm.
5 —.

— Chemische Untersuchung der Pflanzen und deren Salze nebst andern dahin gehörigen Materien. — Leipzig: Kummer 1786. XXXII,286 S. 8° **2. 5. 7. 10.**
12: Chem. 18g. **15. 16. 17. 20. 21. 27. 38. 39. 169. 302.**
14.7124

— chem. Untersuchung d. Pflanzen u. d. Salze. gr. 8. Magdeb. 786. (Leipz., Kummer). 18 gl

Becker, Johann Philipp

— Wie und wann? Ein ernstes Wort über die Fragen und Aufgaben der Zeit. — Genf: Deutsche Verlagshalle [usw.] 1862. VII,462 S. 8°
1: Qo 3520. **18. 30. 36. 41. 106. 109. 203.**
14.7136

— Ein Wort über die Fragen der Zeit, seinen Mitbürgern zum Geschenk. — Belle-Vue b. Constanz 1841: Deutsche Volkshalle. X,41 S. 8° 12: J. publ. G. 925-21. **41. 107.**
14.7137

— Zuschrift an den Fünfziger-Ausschuss in Frankfurt a. M. Biel 1848: Benz. 8 S. 8° 12: Pol. g. 47t. **17.**
14.7138

Becker, Johann Rudolf

— Dissertat. sur l'époque de la puissance des Papes. 4. Berl. 764. 2e Aufl. u. d. T.: Histor.-krit. Untersuchung, betreff. den Zeitpunkt d. Veränderungen in d. Oberherrschaft üb. Rom. 8. Lübeck 769, Donatius. 4 gl

Becker, Johann Rudolf: Umständliche Geschichte der Kaiserl. und des Heil. Römischen Reichs freyen Stadt Lübeck. Bd 1–3. — Lübeck: Verf. 1782–1805. 8°
1: Sp 6280. **2. 3. 5. 7→10. 14. 15. 16. 18. 19. 24. 28. 32. 33. 35. 39. 45. 46. 48. 203. 205. 300:** 55 H 16.
14.7139

Becker, Jh. Rud., († d. 18. Dec. 1815.) umständl. Geschichte d. Stadt Lübeck. 2 Bde. 4. Lübeck 782—84. Donatius. 7 ß 12 gl

— **Johann Rudolf** (Rostock), De jure de non evocando. Diss. jur. Präs. Hermann Becker. Greifswald (A. F. Röse) 4. XI. 1768. 78 S. (5.—) 1711

— — Dasselbe. Jus de non evocando. Tract. histor. jur. Lübeck (Christ. Gottfr. Donat) März 1769. (2.20) 1712

Becker, Jh. Rud., Pelopia, od. d. unbelohnte Treue. Trspl. gr. 8. Berl. 767. Birnstiel. 6 gl

— Historisch critische Untersuchung betreffend den Zeitpunct der Veränderungen in Absicht der Oberherrschaft über die Stadt Rom. 2. u. verm. Aufl. — Lübeck: Donatius 1769. 84 S. 8°
Die 1. Aufl. erschien ohne Verfasserangabe in: Sabbathier, François: Dissertation ... sur l'époque de la puissance souveraine des papes. 1764.
1: 8° Bibl. Diez 10209. **7. 15. 17. 28. 29. 33. 34. 42. 48. 53.**
14.7141

— De Urbibus immediatis Sacri Imperii Romano Germanici commentatio. — Rostochii [usw.]: Berger & Boedner 1757. 36 S. 8° 1: 1 in Gw 11372. **3. 4. 9.**
12: 4° Diss. 3037-22. **17. 19. 23. 26. 28. 30. 33. 35. 36. 48.**
14.7142

— Verzeichniß der von dem seel. Herrn Lic. J. R. Becker nachgelassenen Bücher. [Auktionskat.] — Lübeck 1816. 51 S. 8° **21.**
14.7143

— **Joh. Wilhelm** (Berlin), Solemnis oratio de musis felicissimis memoriae immortalis custodibus. Wittenberg (Gerdes) 1720. 8 Bl. (3.50) 1713
Gew.: Joh. Friedr. v. Patov (Malänchen).

Becker, Johann Wilhelm: Solemnis Oratio qua ... Joh. Patovii ... memoriam ... a. 1720 ... colere voluit, debuit Joh. Guilielmus Beckerus. — Wittenbergae [1720]: Gerdes. 8 Bl. 8° **3.**
14.7144

Becker, Johannes, s. Becker, Johann

Becker, John, a. Herrnhut: Die Atli-Lieder der Edda. Halle a. S. 1907: E. Karras. (96 S.) 8° ¶ (Aus: Beiträge z. Gesch. d. deutschen Sprache u. Literatur Bd 33.)
Leipzig, Phil. Fak., Ref. Sievers-Mogk, Diss. v. 13. Dez. 1907
[Geb. 25. Dez. 83 Herrnhut; Wohnort: Herrnhut; Staatsangeh.: Sachsen; Vorbildung: Kgl. Gymn. Glogau Reife O. 03; Studium: Leipzig 6 S.]

Becker, John H.: Die hundertjährige Republik. Sociale u. politische Zustände in d. Vereinigten Staaten Nordamerika's. Mit Einl. von Friedrich v. Hellwald. — Augsburg: Lampart 1876. LV,384 S. 8° 1: Uu 1102. **3. 7. 10. 11. 12:** Am. B. 273. **14→17. 19. 21. 24. 25. 27. 29. 30. 31. 35. 41. 46. 64. 66. 75. 79. 82. 109. 180. 203. 205. 206. 212. 300:** 106.518-B. **302→304. 307.**
14.7147

— **Saga.** 1-3.—Berlin: Verf. (2.3: Leipzig: Fock) 1888-91. 8°
1. Mahabharata. Der große Krieg. 1888.
2. Zur Deutung urzeitlicher Überlieferung. 1889.
3. Die Zwillingssage als Schluessel zur Deutung urzeitlicher Überlieferung. 1891.
1[*3]: Qb 2792. **6. 12:** P.o.germ. 83t. **30. 62. 209.**
14.7149

— — Ursprung und geschichtliche Entwickelung der Sittlichkeit durch den Kampf ums Dasein. — Ebd. 1885. 112, 16 S. 8° **1:** Nq 14858. **19.**
14.7152

— Ursprung u. geschichtl. Entwickelg d. Sittlichkeit durch d. Kampf ums Dasein. 8. (128) Ebd. 86. n. 1. 20

— Dissertatio. Streitschrift zum Beweise indogermanischen Ursprungs altamerikanischer Kultur ... Die Wälsungen- und Zwillingssage in Amerika. — Leipzig: Fock 1889. 8 S. 8° **1:** Ut 1388. **12:** P.o.germ. 83t-2/1. **15. 16. 18. 24. 26. 302.**
14.7150

— Der freie Wehrmann als Träger der darwinischen Sittlichkeit und Sozialreform. Mit e. Anh.: Saga-Schlüssel. — Berlin: Becker 1884. 112,112 S. 8°
Der auf d. Titelblatt genannte Anhang fehlt. **1:** Fc 7936.
14.7151

— Das Wesen des Geldes. Eine Studie über d. Ursachen d. Krisis. — Berlin: Behr 1879. 147 S. 8°
1: Fh 5476. **8. 11. 12:** Cam. 9dd. **16. 29. 35. 38. 61. 64. 106. 123. 203. 205. 302.**
14.7153

— sociale u. politische Zustände in den Vereinigten Staaten Nordamerika's. Mit Einleitung von Frdr. v. Hellwald. 2. (Titel-)Ausg. v. Becker, die hundertjährige Republik. gr.8. (IV,LV,384S.) Augsburg 879. Lampart & Co. n. 5. —

Becker, Josef, Prof. d. Theologie, Mainz, geb. 1857. 1890 s. *Becker,* Josef Blasius.

Becker, Joseph Die Entwicklung der Dienerrolle bei Molière. 4 (S. 3—17).
Progr. Bischöfl. G. an St. Stephan *Strassburg i. E.* 1890

Becker, Josef, Dr. phil., Gymnasialprofessor, Straßburg, geb. 1856. 1903: Geschichte der Stadt Hagenau. — Strassburg: Heitz 1905. 17 S. 8°
Aus: Das Reichsland Elsass-Lothringen. 3. 1901-03.
(Städte u. Burgen in Elsass-Lothringen. 9.)
1: Rh 5597/70-9. **7. 12:** Als. 152d-9. **14. 17. 25. 30. 109. 300:** 425.791-A. 9.
14.7154

— Geschichte der Reichslandvogtei im Elsass. Von ihrer Einrichtung bis zu ihrem Übergang an Frankreich 1273-1648. — Straßburg: Schlesier & Schweikhardt 1905. XI, 256 S. 8° **1:** Rh 5846/122. **2. 3. 5. 6. 9. 12:** Als. 10n. **14. 15. 16. 18. 20. 21. 24→27. 30. 31. 41. 43. 106. 203. 208. 212. 300:** 442.181-C. **302.**
14.7155

— Die Reichsvogtei Kaysersberg von ihrem Ursprung bis zur französischen Revolution. — Strassburg 1906: Buchdr. d. 'Elsässer'. VII,74 S. 8°
Zugleich Progr. Straßburg, Bischöfl. G. 1906.
Erweitert aus: Zeitschrift für d. Geschichte d. Oberrheins. N. F. 17. 1902. **24. 25. 101. 169. 208.**
14.7156

— Die Landvögte des Elsass von 1273 bis 1308. — Strassburg: Strassburger Dr. u. Verl. Anst. 1903. 24 S. 4°
Aus: Mitteilungen d. Gesellschaft für Erhaltung d. geschichtlichen Denkmäler im Elsass. Folge 2.21. 1906. **38.**
14.7157

Becker, Joseph: Die Landvögte des Elsass und ihre Wirksamkeit von Heinrich VII. 1308 bis zur Verpfändung der Reichslandsvogtei an die Kurfürsten der Rheinpfalz 1408 ... (Th. 1 [= Progr. d. bischöfl. Gymn. zu Strassburg i. E. 1894]. — Th. 2 erscheint in d. Zeitschr. f. Gesch. d. Oberrheins.) Strassburg, Buchdr. Müller, Herrmann & C., 1894; 2 Bl., 40, VIII S., 2 Bl. 4.
Strassburg, Phil. Fak., Inaug.-Diss. v. 1894

— Textgeschichte Liudprands von Cremona. — München: Beck 1908. 46 S. 8° (Quellen u. Untersuchungen zur lateinischen Philologie d. Mittelalters. 3,2.)
Erschien teilweise auch als Diss. u. d. T.: Becker: Zur handschriftlichen Überlieferung Liudprands von Cremona. München 1908.
1: Va 9466-3,2. **2→11. 12:** P.o. lat. 1232i-3,2. **14→23. 25→31. 35. 38. 39. 52. 211. 300:** 441.719-C. H. 3,2. **302→304.**
14.7158

Becker, Josef, prakt. Arzt in B.-Gladbach: Ueber Torticollis spastica. *Bonn 1902: J. Trapp.* (54 S.) 8°
Bonn, Med. Diss. v. 10. Dez. 1902

Becker, Josef: Zur handschriftlichen Überlieferung Liudprands von Cremona. München 1908 (Nördlingen: C. H. Beck). (21 S.) 8° ¶ [Erschien vollst. als: Quellen u. Untersuchungen z. lat. Philol. d. Mittelalters Bd 3 H. 2, 1908.]
München, Phil. Fak., Ref. Traube, Diss. v. 8. März 1906
[Geb. 15. Aug. 83 Undenheim (Hessen); Wohnort: Lörzweiler (Hessen); Staatsangeh.: Hessen; Vorbildung: Gymn. Bensheim a. d. B. Reife O. 02; Studium: Freiburg i. B. 1, München 4, Straßburg 2 S.; Rig. 8. März 06.]

Becker, Josef Blasius: Der hl. Aloysius von Gonzaga in seiner pädagogischen Bedeutung. — Frankfurt a.M. [usw.]: Foesser 1891. 32 S. 8° (Frankfurter zeitgemäße Broschüren. N.F. 12,8.)
1: Ag 8981-N.F. 12,8. **4. 5. 6. 12:** H. misc. 47 m-12,8. **17. 21. 25. 30. 38. 52. 102. 107. 207. 211. 214.**
14.7160

— — Hamm i. W.: Breer & Thiemann [1891]. 28 S. 8° (Frankfurter zeitgemäße Broschüren. N.F. 12,8.) **41. 302.**
14.7161

Becker, Jos., s: Katholik, Der.

— Die Weissagungen als Kriterien der Offenbarung. — Mainz: Kirchheim 1890. VIII,224 S. 8°
2. 17. 25. 26. 28. 36. 211. 214. 302.
14.7164

Becker, Joseph Ernest de: The nightless City. Or the 'History of the Yoshiwara Yūkwaku'. 2. ed., rev. — Yokohama; Bremen: Nössler [usw.] [1906]. XVI,386 S. 8° **61.**
14.7165

— — 3. ed., rev. Ebd. [1906]. XVI,386 S. 8°
12: H. g. hum. 314 t. **300:** 448.095-C.
14.7166

— — 4. ed., rev. Ebd. [um 1910]. XVI,386 S. 8°
1: Un 11790. **24. 38.**
14.7167

— — 5. ed., rev. Ebd. [um 1910]. XVI,386 S. 8° **7. 17.**
14.7168

Becker, Julius, Dr. phil., Schriftsteller, geb. 1881. 1899: Aberglaube und Mystik im 19. Jahrhundert. — Berlin: Verl. Aufklärung 1902. 63 S. 8° (Am Anfang d. Jahrhunderts. 14.) **1:** Ag 7234-14. **11. 12:** H. Un. 9n-14. **26. 60. 79. 106. 203. 204.**
14.7204

— [Hrsg.] s. *Albrecht*, J. 1862: Rangverhältnisse, Tagegelder, Reise- und Umzugskosten der Reichs-, preußischen Staats- und elsaß-lothringischen Landesbeamten [Verordnungen über die Rangverhältnisse, Diäten ... der Civil- und Militair-Beamten]. 5. Aufl. 1906 u. ö.

Becker, Julius, Geh. Rechnungsrat im Reichs-Justizamt, Berlin. 1879 [Hrsg.] s. *Albrecht*, J. 1862: Verordnungen und Ergänzungen betr. die Rangverhältnisse, Tagegelder ... der Reichsbeamten [Verordnungen über die Rangverhältnisse, Diäten ... der Civil- und Militair-Beamten]. 4. Aufl. 1889.

Becker, Julius, Komponist u. Musikschriftsteller, Oberlößnitz b. Dresden, 1811-1859. 1840: Columbus. Melodramatische Dichtung. Op. 42. Text d. Gesänge. — Leipzig: Hofmeister [um 1855]. 8 S. 8° **1:** Mus. Tb 335.
14.7182

— — Columbus. Melodramatische Dichtung mit Chören u. Clavierbegleitung. [Textb.] — Bregenz [1892]: Teutsch. 16 S. 8° **302. 304.**
14.7183

— — Columbus. Melodramatische Dichtung. Für höhere männliche Bildungsanstalten ... sowie für Männergesangvereine bearb. von Karl Hegnauer. 2. Aufl. d. Textbüchleins. — Regensburg [usw.]: Pustet 1905. 16 S. 8°
12: L. eleg. m. 1020 k.
14.7184

Becker, Jul.: Kolumbus. Melodramat. Dichtg m. Chören u. Orchesterbegleitg. Für gemischte Chöre u. höh. Schulen bearb. v. Fritz Hentschel. Textb. (14) 8° Berl.-Gr.-Lichterf., CF Vieweg ('09). — 30 d

— Die Gebühren der Rechtsanwälte im Reiche und in Preußen. Deutsche Gebührenordnung für Rechtsanwälte u. Preußisches Gesetz, enthaltend d. landesgesetzlichen Vorschriften über d. Gebühren d. Rechtsanwälte vom 21. März 1910. Textausg. [Nebst] Nachtr. — Berlin: Heymann 1910-19. 8° (Taschen-Gesetzsammlung. 73.)
1: Gv 15329-73. **10. 11. 15. 43. 208.**
14.7194

— [Hrsg.] Die deutsche Gebührenordnung für Rechtsanwälte vom 7. Juli 1879. 1879 u. ö.
s. *Gebuehrenordnung* für Rechtsanwälte.

Becker, J, Gedichte. 16. (150) Lpzg 62, Hartknoch. — $22^1/_2$

— Gedichte. Aus seinem Nachlaß. — Leipzig: Wiedemann [1862]. VII,150 S. 8° **14.**
14.7186

— Das deutsche Gerichtskostenwesen, enthaltend d. Gerichtskostengesetz vom 18. Juni 1878, d. Gebührenordnung für Gerichtsvollzieher vom 24. Juni 1878 u. d. Gebührenordnung f. Zeugen u. Sachverständige v. 30. Juni 1878, nebst dem in Preussen erlassenen Ausführungsgesetze vom 10. März 1879 ... Hrsg. von Becker, Groch. — Berlin: Hrsg. 1879. 47,22,7 S. 4° **2. 208.**
14.7195

—— —— das deutsche Gerichtskostenwesen, enth. das Gerichtskostengesetz vom 18. Juni 1878, die Gebührenordnung für Gerichtsvollzieher vom 24. Juni 1878, die Gebührenordnung für Zeugen und Sachverständige vom 30. Juni 1878 und das Gesetz vom 29. Juni 1881, betr. die Abänderung von Bestimmungen des Gerichtskostengesetzes und der Gebührenordnung für Gerichtsvollzieher, nebst dem in Preußen erlassenen Ausführungsgesetze vom 10. März 1879. Mit Motiven, erläut. Bemerkungen, Tabellen und einem Tarif zur Gebührenberechnung nach § 7 der Gebührenordnung für Gerichtsvollzieher vom 24. Juni 1878. 2. und 3. verb. Aufl. Fol. (100 S.) (Ebendas.) 880,81.

— das deutsche Gerichtskostenwesen, enth. das Gerichtskostengesetz vom 18. Juni 1878, die Gebührenordng. f. Gerichtsvollzieher vom 24. Juni 1878, die Gebührenordng. f. Zeugen u. Sachverständige v. 30. Juni 1878 u. das Gesetz vom 29. Juni 1881, betr. die Abänderg. v. Bestimmgn. d. Gerichtskostengesetzes u. der Gebührenordng. f. Gerichtsvollzieher, nebst dem in Preußen erlassenen Ausführungsgesetze vom 10. März 1879 u. dem Gesetze vom 21. März 1882. Mit Motiven, erläut. Bemerkgn., Tabellen u. e. Tarif zur Gebührenberechng. nach §§ 7 u. 11 der Gebührenordng. f. Gerichtsvollzieher vom 24. Juni 1878 hrsg. 4. Aufl. Fol. (98 S.) Ebend. 883. n. 4. —

Becker, Julius, Bürgermeister, Nordhausen. 1904: Der Früh'sche Gesangverein in Nordhausen von 1874 bis 1904. — Nordhausen 1904: (Strecker). 40 S. 8° **1:** Mus. Cb 186. **3.**
14.7208

— Die Graphologie. Ausführliche Erklärung u. Anleitung aus d. Handschrift Charakter, Gemütsstimmung, seelische Zustände etc. zu erkennen. Mit vielen Schriftproben. 1. Aufl. — Leipzig: Ficker [1899]. VIII,140 S. 8°
12: Graph. 6d. **47.**
14.7205

— — 3. Aufl. Ebd. [um 1900]. VIII,140 S. 8° **210.**
14.7206

Becker, Jul., Grossindustrie u. Sozialreform. Vortrag, geh. i. evang. Arbeiterverein z. Gera a. 4. Febr. 1895. Nebst Anh.: D. evang.-soziale u. d. kathol.-soziale Programm, ferner Thesen, d. Bildung christl. Berufsvereine betr. etc. gr. 8. (64 S.) Leipzig 895. R. Werther. n. — 50

— Der Gymnasial-Gesangverein in Nordhausen. Ein Gedenkblatt zum 25jährigen Stiftungsfeste. — (Nordhausen) 1905: (Strecker). 84 S. 8° **1:** Mus. Cb 187. **3.**
14.7209

Becker, Julius

— Harmonielehre. Briefe an eine Dame. — Leipzig: Friese 1842. 104 S. 8° **10. 117. 207.**
14.7187

— f. Harmonielehre, kleine, f. Dilettanten.

— Kleine Harmonielehre für Dilettanten ... Nach d. Franz. bearb. — Leipzig: Friedlein & Hirsch [1843]. 39 S. 8° **14. 48. 303. 304.**
14.7188

Becker, Jul., kleine Harmonielehre für Dilettanten oder: Anweisung zur leichten Erlernung der Kunst, eine Melodie mit Pianoforte, Guitarre, Harfe oder mehren verschiedenen Instrumenten zu accompagniren. Nach dem Französ. bearb. 2. Aufl. Leipzig 853. Hirsch. gr. 8. (VIII, 39 S.) $7^1/_2$ ngr.

Becker, *Karl* Julius *Gustav* [aus Berghausen '(Baden)']: Zur Kenntnis der Thiobiazole und über die Einwirkung von salpetriger Säure auf Diphenylsulfosemicarbazid und Diphenylsemicarbazid ... Erlangen, k. b. Hofbuchdr. v. A. Vollrath, 1896; 35 S. 8.
Erlangen, Phil. Fak., Inaug.-Diss. v. 29. Juli 1896

— Kleebein & Compie. Freie Federzeichnung in Hogarths Manier. — Leipzig: Weber in Comm. 1841. VIII,261 S. 8°
1: Yx 4415. **7. 14. 15. 19.**
14.7190

— g: Kostengesetze. Die preuss.

— Sozial-wissenschaftlicher Kursus in Halle. Vortrag. — (Gera): Verf. [1895]. 24 S. 8° **101.**
14.7201

Becker, J: Üb. histor. Lieder u. Flugschriften a. d. Zeit d. 30jähr. Krieges. (111) 8° Rost., (GB Leopold)'04. 2 — d

Becker, Julius, aus Neustrelitz i. M.: Über historische Lieder und Flugschriften aus der Zeit des Dreißigjährigen Krieges. *Rostock 1904: H. Winterberg.* (111 S.) 8°
Rostock, Phil. Diss. v. [5. Dez.] 1903

Becker, Julius (Hrsg.), s. Locarno u. Umgebung

— Das deutsche Manchestertum. Eine Studie zur Geschichte d. wirtschaftspolitischen Individualismus. — Karlsruhe: Braun 1907. 135 S. 8° Zugleich Diss. Bern 1907.
1: Fe 328/28. **12:** Cam. 9di. **15. 16. 21. 24. 25. 29. 30. 31. 38. 41. 61. 84. 106. 117. 203. 205. 206. 300:** 454.105–B. **302.**
14.7207

—— Männergesangschule, eine die Zwecke u. Einrichtungen von Männergesang-Vereinen zugleich berücksichtigende theoret.-prakt. Singschule f. Tenor, Bariton u. Bass, sowie überhaupt für den Chorgesang. Mit einer Beigabe von 5 3stimm. u. 15 4stimm. Gesängen in Partitur u. 4 Stimmhftn. gr. Lex.-8. (11⅞ B.) Leipzig 845, C. A. Klemm. Thlr.

—— der Neuromantiker. Musikal. Roman. 2 Bde. 8. (23¼ B.) Leipzig 840, Weber.

Becker, Julius, Bauleiter, Graz. 1890: 's ist alles eins. Ein Lustspiel ... von *** [d. i. Julius Becker]. — Graz: Hauswirth 1890. 92 S. 8° **30.**
14.7199

— Beckers Volksbücher. Eine christliche Volks-, Gemeinde- u. Arbeiter-Bibliothek. Mit e. Vorw. von Lic. Pfr. Weber. Ser. 1,1-3. — Gera: Becker; Leipzig: Werther in Komm. 1894. 8° **12:** Paed. Pr. 310.
14.7202

— — Ser. 1(,1-5). Ebd. 1894. 207 S. 8° **101.**
14.7203

— Winzerleben. Eine Rhapsodie in 7 Gesängen mit verbindendem Text. — Leipzig [usw.]: Klemm 1885. 15 S. 8° **14.**
14.7192

— Die Zigeuner. Rhapsodie in 7 Gesängen. [Textb.] — Leipzig: Peters [um 1850]. 8 S. 8° **14.**
14.7193

Becker, Jul. Adolf Untersuchungen aus dem Gebiete der Minimalflächen. 14 S. Progr. G. *Zwickau* 1877

Becker, Julius August: Geschichte der Loge Ferdinand zum rothen Adler im O. von Neu-Ruppin während der ersten funfzig Jahre ihres Bestehens. — Neu-Ruppin: Oehmigke in Comm. 1862. 67 S. 8° **14.**
14.7211

Becker, Julius Becker- s. *Becker*-Becker.

Becker, Julius Ferdinand

Becker, J. F., Schiff u. Wasser. Betrachtungen üb. das fahr. Schiff u. das Wasser seiner Umgebg. (35 S. m. Fig. u. 3 Taf.) 8. Hamburg (Admiralitätsstr. 3—4) 905. Jul. Ferd. Becker. n. 1. 50; geb. in Leinw. n. 2. —

Becker, Julius Maria
— Julfest. Gedichte. — Aschaffenburg: Walter 1908. 88 S. 8° **12:** P. o. germ. 83 wk. **20. 308.**
14.7225

Becker, Jul. **Maria:** Im Ring d. Jahres. Zyklus in Versen. (47) 8° Aschaffenbg, (A Wailandt) ('11). 1 —

Becker, K., u. L. **Bahlsen,** Ergänzungsheft zu O. Ulbrichs Elementarbuch u. Schulgrammatik der französischen Sprache. Die Grammatik in Beispielen der französ. Lesestücke des Elementarbuches, sowie die lautl. Umschrift e. Anzahl dieser Lesestücke. gr. 8. (VII, 56 S.) Berlin 894. R. Gaertner. n. — 60

Becker, K.: Die Feinde der Obstbäume u. Gartenfrüchte, s. Becker, Christian

— — Questionnaire zu O. Ulbrichs Elementarbuch der französischen Sprache. gr. 8. (23 S.) Ebd. 894. n. — 30

Becker, K. A. G., allgem. Weltgesch. u. kleine Erdbeschreib. 2c. 8. Berl. 810. 2e A. 821. Schöne. 16 gr

— allgem. Weltgeschichte u. kleine Erdbeschreibung. 8. Berl. Schöne. 811. —

Becker, K. A. G., Weltgeschichte. 3. Aufl., neu bearb. v. G. L. Staedler. 3 Thle. gr. 8. Berlin, Grang.
A. u. d. Titn.:
Thl. 1. Gesch. d. Orients u. d. Alterthums. (9¼ B.) 840. 12 Gr.
" 2. Gesch. d. Mittelalters. (10 B.) 841. 12 Gr.
" 3. Gesch. d. neueren Zeit. (10 B.) 841. 12 Gr.

Becker, K. F., Sprachforscher, Direktor d. Salpeterfabrikation im Harzdepartement, später Arzt, Offenbach a. M., 1775-1849. 1803 s. *Becker,* Karl Ferdinand.

Becker, K. F., Historiker, Berlin, 1777-1806. 1801 s. *Becker,* Karl Friedrich.

ORIGINALNOVELLEN .... (von *K. G. Becker*). Frankfurt 1798.
Anon.-Lex. III. p. 243 (nach Kayser).

Becker, K. H., Prof. für orientalische Sprachen, später Preuß. Kultusminister, Berlin, 1876-1933. 1900 s. *Becker,* Karl Heinrich.

Becker, K.S.: Prüfung des vom Major Aster herausgegebnen Plans des Schlachtfeldes von Leipzig, s. Becker, Karl August.

Becker, K.S.: Die letzten Worte an meine Zöglinge ..., s. Becker, R.S.

Becker, Karl, Lutherischer Pastor, Königsberg i. N., später Ludwigslust. 1835: Abschiedspredigt, gehalten am 2ten Pfingsttage, den 12. Juni 1848 über Apostelgesch. 10, 42-48 vor der evangelischen Gemeinde in Pinne. — Berlin: Verf. 1848. 16 S. 8° **15. 33.**
14.7247

Becker, C, Jobst Amman. Nebst Zus. v. R Weigel. 4. (236) Lpzg 54, H Vogel. *n.* 3. —

Becker, Karl, Steuer- u. Zollinspektor, Kunsthistoriker, Würzburg. 1849: Jobst Amman, Zeichner und Formschneider, Kupferätzer und Stecher. Nebst Zusätzen von R. Weigel. Leipzig: Weigel 1854. XX, 235 S. 8°
1: Nt 101. **2. 3. 5. 6. 7. 10. 11. 12:** Art. 22c. **14→18. 20. 23. 24. 25. 28→31. 34. 35. 36. 38. 39. 44. 45. 75. 89. 109. 300:** 32.412–B.Ks.
14.7296

Becker, Karl, Statistiker, Berlin, 1823-1896. 1861: Zur Berechnung von Sterbetafeln an die Bevölkerungsstatistik zu stellende Anforderungen. Gutachten ... im Auftr. d. permanenten Commission d. internationalen statistischen Congresses. — Berlin: Königl. statistisches Bureau 1874. 76 S. 4°
Erschien zuerst in: Programme du 0. Congrès international de statistique à Budapest 1876. Sect. 1. 1876.
1: Fe 8646. **2. 7. 11. 20. 21. 28. 30.**
14.7300

— — Berlin 1874: Koebke. 76 S. 8° **29. 106. 111.**
14.7301

—— und A. Todt, Arion, s. Todt, A.

Becker, Carl, zur Aetiologie des Unterleibs-Typhus im Anschlusse an die Liegnitzer Typhus-Epidemie im J. 1888. Diss. gr. 8. (83 S.) Glogau 892. (Breslau, L. Köhler.) n. 1. —

— [Übers.] s. *Baxter,* Richard: Die ewige Ruhe der Heiligen [The saints everlasting Rest, Ausz., deutsch]. 1854 u.ö.

— Beantwortung einiger Beschuldigungen, welche man gegen die lutherische Kirche in Preußen vorbringt. — Schneidemühl: Eichstädt 1850. 102 S. 8° 1:9 in Sy 4962. 14.7248

Becker, Karl, Seminarlehrer, Neuwied, später Musikdirektor, Berlin, geb. 1853. 1888: **Bedeutung und Behandlung der Elementarübungen im Gesangunterrichte der Volksschule.** — Neuwied [usw.]: Heuser 1888. 24 S. 8° 1:Mus. E 2200. 5. 207. 14.7312

Becker, Carl [aus Viersen (Kgr. Preussen)]: Beitrag zur vergleichenden Anatomie der Portulacaceen ... München, Buchdr. v. M. Ernst, 1895; 38 S., 2 Bl., 3 Taf. 8.
Erlangen, Phil. Fak., Inaug.-Diss. v. 1895

Becker, Karl [pr. Arzt in Marktzeuln (Oberfranken)]: Ein Beitrag zur Lehre von der Laryngotomie. . . . (Aus d. Münch. Med. Wochenschr.) München, Jos. Ant. Finsterlin, 1889; 1 Bl. + 30 S. 8°
Würzburg, Med. Fak., Inaug.-Diss. v. 1889

Becker, Karl. Beiträge zur Geschichte der Volksschul-Liederbücher. 8. (22 S.) Neuwied 889, Heuser's Verlag. * — 40

— Geschichtliche und litterarische Bemerkungen zu den vorzüglichsten (87) Schulliedern älterer und neuerer Zeit. Neuwied [usw.]: Heuser 1890. 43 S. 8° 1:Ng 10139. 5. 14. 38. 14.7314

— Geschichtliche u. litterarische Bemerkungen zu den vorzüglichsten (87) Schulliedern älterer u. neuerer Zeit. Nach Quellen bearb. 8. (43 S.) Ebd. 891. — 60

Becker, Karl, Bergmanns-Lieder, f. „Männerchor" leicht bearb. u. komponiert. qu. 8. (III, 15 S.) Neuwied 886. Heuser's Verl. — 80

Becker, Karl, Ingenieur. 1873: **Die Beschwerden über den Eisenbahn-Gütertransport in Rheinland und Westphalen und die Antwort des Handelsministers Grafen von Itzenplitz.** — Hamburg: Hoffmann & Campe in Komm. 1873. 51 S. 8° 1:Nz 33936/4. 18. 38. 109. 205. 14.7305

Becker, Karl, approb. Arzt in Marburg: Die neueren Bestrebungen zur Sicherung einer aseptischen Losstoßung des Nabelschnurrestes. *Marburg 1903: H. Bauer.* (24 S.) 8°
Marburg, Med. Diss. v. 11. Nov. 1903

— Von der rechten Betkunst. Predigt über Evangelium Johannis 16,23-30. — Cöln 1870: Hassel. 29 S. 8° 18. 33. 14.7249

Becker, Carl (II.), von der rechten Betkunst. Predigt über Evang. Joh. 16, 23—30, gehalten am Sonntag Rogate 1869. Mit später hinzugefügten, auf Israel bezügl. Anmerkungen. gr. 8. (29 S.) Cöln 870. (Barmen, Klein.) *

— Vier Bilder in einem Rahmen. Hrsg. von d. christlichen Verein im nördlichen Deutschland. — Eisleben: Klöppel [usw.] [in Komm.] 1872. IV,242 S. 8° 1:Et 13518. 12:Polem. 208p. 41. 48. 14.7250

— Bist du der da kommen soll, oder sollen wir eines Andern warten? Ein dreifacher Beweis, daß Jesus der wahre Messias sei. Predigt, mit später hinzugefügten Anmerkungen. gr. 8. (16 S.) Cöln 869. (Barmen, Klein.) *

— d. Bruderhand. Dargereicht v. Rabb. Dr. Abrah. Geiger d. ev. Pred. Dr. Sydow. 8. (88) Hermannsb. 71. (Lpzg, J Naumann.) n. — 80

— Die Bruderhand. Dargereicht vom Rabbiner Dr. Abraham Geiger ... dem evangel. Prediger Dr. theol. Sydow. Hermannsburg: Missionshausdr. 1872. 88 S. 8° 7. 33. 35. 109. 14.7251

— die Bruderhand. Dargereicht vom Rabb. Abrah. Geiger dem evang. Pred. Sydow. gr. 8. (88 S.) Hermannsburg 872. (Leipzig, J. Naumann.) n. — 80

Becker, Buchführung f. Geflügelzüchter. (32 S.) 34×22 cm. Hannover (909). M. u. H. Schaper. — 75

Becker: Buchführg f. Geflügelzüchter. 2. Afl. (3, 12 Doppels. u. S. 13 u. 14.) 34×21,5 cm. Hann., M u. H Schaper ('12). — 75 d

Becker, Carl, der Christbaum. Ein Weihnachtsgeschenk f. die lieben Kinder. gr. 16. (68 S.) Königsberg i. d. N. 852, Windolff & Striese. 3 ngr

— Der Christbaum. Ein Weihnachtsgeschenk. — Königsberg i. N.: Striese [um 1855]. 68 S. 8° 1:Ds 5809. 14.7252

Becker, Karl, Arzt, München. 1898: **Der amtsärztliche Dienst in Bayern. Vortrag.** — Minden [1907]. 155 S. 8°
Aus: Offizieller Bericht d. IV. Landesversammlung d. Bayerischen Medizinal-Beamten-Vereins. 1907. 12:Bavar. 4248q. 14.7323

Becker, Carl, Grossh. Hess. Steuer-Assessor: Ueber den Einfluss der internationalen Getreidekonkurrenz auf die jährlichen Schwankungen der landwirtschaftlichen Geldroherträge und auf die Anbauflächen im Grossherzogtum Hessen. Ein Beitrag zur hess. Landeskunde. *Giessen 1898: v. Münchow.* (95 S.) 8° [F.]
Giessen, Phil. Diss. v. 1898

— Einige unserer alten Liederfürsten. Hrsg. von d. Haupt-Verein für christliche Erbauungsschriften in d. preußischen Staaten. — Berlin 1869. 64 S. 8° 1:Eg 1500. 33. 14.7253

— einige unserer alten Liederfürsten. Berlin 869. Matthies. 8. (64 S.) n. 3 ngr

— Ende einiger Apostaten von der lutherischen Wahrheit und Kirche. Wider Dr. Hager. — Wismar [usw.]: Hinstorff 1873. 15 S. 8° 1:Cn 3200. 28. 33. 14.7254

— Mal'ak pānāw. (Jes. 63,9.) Der Engel des Angesichts oder der Bundes-Engel. — Berlin: (Sittenfeld) 1873. 63 S. 8° [Hebr. u. F.] 33. 14.7255

— Die Entwickelung der Geflügelzucht in Dänemark. — Kiel 1907: Vollbehr & Riepen. 19 S. 8° (Arbeiten d. Landwirtschaftskammer für d. Provinz Schleswig-Holstein. 13.)
1:4° Ou 13657-13. 8. 12:4° Oecon. 510q-13. 101. 206. 14.7334

Becker, Carl: AG Kaestners Epigramme, s: Bausteine z. Gesch. d. neueren deut. Lit.

— Die Errettung aus den Sünden-Schulden. Predigt über d. Evangelium am 22. Sonntage nach Trinitatis, Matth. 18, 23-35. — Neu-Ruppin: Bergemann 1860. 16 S. 8° 33. 14.7256

Becker, Karl, das Fabelbuch. Eine Auswahl der schönsten Fabeln, f. die Jugend bearb. u. m. Berücksicht. der neuen Rechtschreibg. hrsg. Mit 6 Textbildern v. E. Hanetzog, sowie 6 farb. Bildern v. Ernst Zimmer. (128 u. 109 S.) 8. Berlin (904). Verlag Jugendhort.
Geb. in Halbleinw. n. 2. 25; in Leinw. gr. 8. n. 3. —

— 100 Fabeln, s.: Hey, Wilh.

— Fabelstrauß. Eine Auswahl der schönsten Fabeln, f. die Jugend bearb. u. m. Berücksicht. der neuen Rechtschreibg. hrsg. Mit 8 schwarzen Textbildern v. E. Hanetzog, sowie 3 farb. Bildern v. Ernst Zimmer. (VII, 128 S.) 8. Berlin (904). Verlag Jugendhort.
Geb. in Halbleinw. n. 1. 40

Becker, Karl, Kunstmaler, München, 1862-1932. 1901: Unter den Fahnen. Das deutsche Heer an d. Jahrhundertwende. In Wort u. Bild. — Eßlingen [usw.]: Schreiber [1901]. 56 S. 4° 17. 24.
14.7329

Becker, Carl, appr. Arzt, Unterarzt b. Feldartill.-Reg. Nr. 4: Ein Fall von Cancroid der Lidhaut auf dem Boden eines subkutanen Fibroms. Ein Beitr. z. Kenntnis d. Augenlidtumoren. Berlin (1908): Ebering. 29 S. 8°
Berlin, Med. Diss. v. 11. Dez. 1908, Ref. v. Michel
[Geb. 12. Mai 81 Irxleben; Wohnort: Magdeburg; Staatsangeh.: Preußen; Vorbildung: Gymn. Neuhaldensleben Reife O. 02; Studium: Greifswald 1, Berlin K. W. A. 9 S.; Coll. 9. Dez. 08; Approb. 10. Dez. 08.] [U 09. 24

Becker, Carl [prakt. Arzt]: Aus der Königlichen Universitäts-Frauenklinik zu Breslau, 25 Fälle von künstlicher Frühgeburt bei engem Becken .... Breslau, Druck v. Grass, Barth u. Comp. (W. Friedrich.), 1888; 43 + 1 S. + 1 Bl. 8°
Breslau, Med. Fak., Inaug.-Diss. v. 12. Mai 1888

Becker Carl (II.), 25 Fälle von künstlicher Frühgeburt bei engen Becken. Inaugural-Dissertation. gr. 8. (43 S.) Breslau 888, (Köhler.) *

— Dr. Martin Luthers Familienleben. — Königsberg i. N. 1858: Striese. 79 S. 8° 28. 33. 48. 75.
14.7257

Becker, Karl, Brauereibesitzer, Heimatdichter, Rudolstadt, 1844-1906. 1879: Festalbum zur 25jährigen Jubelfeier der 'Liedertafel' zu Rudolstadt gewidmet. — Rudolstadt [1879]: Stroh. 38 S. 8° 78.
14.7309

— Festpredigt, beim Jahresfeste des Enthaltsamkeits-Vereins zu Potsdam, am 21. September 1842. — Berlin: Wohlgemut 1842. 15 S. 8° 35.
14.7258

— August Hermann Franke. Ein Mann nach d. Herzen Gottes. — Hermannsburg: Missionshausbuchdr. 1870. 144 S. 8° 33.
14.7259

— August Hermann Franke. Ein Mann nach dem Herzen Gottes. 8. (III, 144 S.) Hermannsburg 871. (Leipzig, J. Naumann.) n. — 80

— — 3. Aufl. Hermannsburg: Missionshandlung 1892. 144 S. 8°
Das Umschlagtitelblatt hat d. Erscheinungsvermerk: Hermannsburg: Missionshausbuchdr. 1870 u. keine Auflagebezeichnung.
7. 35.
14.7260

Becker, C, s: Freundschaftstempel, Der, im Gleimhause zu Halberstadt.

Becker, Carl, das edle sächsische Fürsten-Kleeblatt oder die Hauptzüge aus dem Leben der drei Kurfürsten Friedrich, Johann und Johann Friedrich. gr. 8. (III und 444 S. mit 3 Portr. auf 1 Stnt.) Berlin 860. Schlawitz. *

— Das edle sächsische Fürsten-Kleeblatt oder die Hauptzüge aus d. Leben d. 3 Kurfürsten Friedrich, Johann u. Johann Friedrich. — Berlin: Schlawitz 1861. 444 S. 8°
1: Sq 2074. 3. 11. 12: Germ. sp. 27 ni [2 Ex.] 14. 15. 16. 27. 29. 33. 39. 106. 111. 207.
14.7261

— Der Gang nach Gethsemane und Golgatha. Betrachtungen über d. Leiden Christi nach d. Alten bearb. Hrsg. vom christlichen Vereine im nördlichen Deutschland. — Eisleben: Klöppel [usw.] [in Komm.] 1874. 369 S. 8°
1: Bs 3008. 3. 9. 12: Asc. 5426 [2 Ex.] 23. 28. 30. 41.
14.7262

— Zum Geburtstage Ihrer Majestät der Königin Wittwe Elisabeth von Preussen den 13. November 1873. — (Ludwigslust [1873]: Hinstorff.) 2 Bl. 4° 33.
14.7263

Becker, Karl, Goldschmied, Moskau, geb. 1776. 1798: Gedichte. Moskau [1798]: Rüdiger & Claudi. VII, 51 S. 8° 5.
14.7246

Becker, Karl, der Geiz, die Sünde der Welt. Abgekürzt nach einem engl. Orig. 16. (88 S.) Berlin 865, Buchh. des Missions-Vereins.

Becker, Carl (II.), Paul Gerhard. Der treue Kämpfer und Dulder für die lutherische Kirche. gr. 8. (III und 80 S.) Schneidemühl 852. (Breslau, Dülfer's Buchh.) *

— Paul Gerhardt. Der treue Kämpfer u. Dulder für d. lutherische Kirche. — Schneidemühl 1852: Eichstädt. 80 S. 8°
1: Eh 9006. 2. 28. 33. 44. 106. 109. 207.
14.7264

— — 2., verm. Aufl. Leipzig: Naumann [um 1855]. 120 S. 8°
1: Eh 9006³. 48. 101. 111.
14.7265

— — Paul Gerhardt, der treue Kämpfer und Dulder für die lutherische Kirche. 2. verm. Aufl. 16. (120 S. mit P. Gerhardt's Bildniß in Stahlst.) Hermannsburg 872. (Leipzig, J. Naumann.) cart. (75 Pf.)

Becker, Karl, deutsche Gesänge, s.: Steinhausen. Karl Milh.

Becker, Karl v., Staatsrat, Karlsruhe. 1876: Geschichte des badischen Landes zur Zeit der Römer. H. 1. — Carlsruhe: Hasper 1876. 69 S. 8°
1. Critik d. Geschichtsschreibung Mone's u. seiner Schule. Die sogenannten Römerburgen Krieg's von Hochfelden.
1: Si 321. 5. 7. 10. 12: Germ. sp. 27 nid. 14. 16. 17. 21. 24. 25. 29. 30. 31. 34. 35. 36. 43. 90. 107. 180. 300: 188.929-B.
14.7306

Becker, K. v., Geschichte des badischen Landes zur Zeit der Römer. 1. Heft: Critik der Geschichtsschreibung Mone's und seiner Schule. Die sogenannten Römerburgen Krieg's von Hochfelden. gr. 8. (69 S.) Karlsruhe 876, (Creuzbauer's Verlag.) *

Becker, K v., Gesch. d. bad. Landes zur Zeit d. Römer. 1. Hft. Critik d. Geschichtsschreibg Mone's u. s. Schule. Die sogenannten Römerburgen Krieg's v. Hochfelden. 8. (69) Karlsr. 77. (Creuzbauer). n. 1. 50

Becker, Carl, (II.) 144 Geschichten d. alten u. neuen Testam. mit 144 lith. Darstelln. schmal gr. 4. Magdeburg 835, [Baensch.]
Einzeln: Altes Testament. 1 Thlr. 6 Gr.
Neues Testament. 1 Thlr. 6 Gr.

— 144 biblische Geschichten des Alten u. Neuen Testaments in lith. Darstellungen m. dazu gehörigem Texte. Neue (Titel-) Ausg. Lex. 8. (VI u. 290 S. m. eingedr. Lith.) Magdeburg (842) 851, Baensch. n. 2 1/3 ₰; das Neue Testament allein n. 1 1/2 ₰

Becker, C, 144 bibl. Geschichten d. A. u. N. Testam. N. Asg. 8. (290) Magdeb. 51. (Lpzg, Gräbner.) geb. n. 2. 10; d. N. T. ap. n. 1. 15

Becker, Karl, s. Geschichten, 72, des A. u. N. Testaments.

Becker, Karl, 72 Geschichten des alten Testaments, mit (72) lithogr. Darstellungen. 16—8s Hft. schmal gr. 4. Magdeburg 835. (Richter.) (à H. 1/4 ₰) 2 ₰ jetzt n. 1 ₰

— Zwei und siebzig Geschichten des Alten Testaments in lithographischen Darstellungen mit dazugehörigem Texte. Magdeburg: Rubach [1835]. 76 Bl. 4° 1: 1 in 4° Bh 5755.
14.7266

— 72 Geschichten d. neuen Testaments, mit 72 lithogr. Darstellungen. 16—8s Hft. schm. gr. 4. Ebd. 835, 36. 2 ₰ jetzt n. 1 ₰

— 72 Geschichten des Neuen Testaments in lithographischen Darstellungen mit dazugehörigem Texte. — Magdeburg: Rubach [1836]. 73 Bl. 4°
1:2 in 4° Bh 5755. **33.**
14.7267

— Die Gewerbefreiheit als Mittel gegen die überhandnehmende Ehelosigkeit. — Jena: Mauke 1861. 15 S. 8°
1: Stala 849. **12**: J. germ. 242–6. **27. 31. 47. 48. 203. 207.**
14.7302

Becker, C. (I.), die Gewerbefreiheit als Mittel gegen die überhandnehmende Ehelosigkeit. gr. 8. (15 S.) Jena 861, Schweiger. *

— s. Großvater Gregor.

Becker, Karl (Carl): Grundr. d. Strafrechts, s: Schaeffer, C.

Becker, Carl, Handbuch d. Medicinalgesetzgebung i. Königr. Bayern. 1. u. 2. Bd. gr. 8. München 898. J. F. Lehmann's Verl. n. 12. —
I. Bd. D. Leichen- u. Begräbniswesen. Vollst. Sammlg. d. in sanitäts-polizeil. u. gerichtl.-medicin. Hinsicht hierauf bezügl. u. gegenwärt. gelt. Reichs- u. Landesgesetze, Verordngn., Ministerialentschliessgn. u. oberpolizeil. Vorschriften. Hrsg. u. erl. gr. 8. (VIII, 141 S.) n. 4. —
II. Bd. Infektionskrankheiten. Vollst. Sammlg. d. hierauf bezügl. u. gegenwärtig gelt. Reichs- u. Landesgesetze, Verordngn., Ministerialentschliessgn. u. oberpolizeil. Vorschriften. Hrsg. u. erläutert. gr. 8. (VI, 328 S.) n. 8. —

Becker, Carl, Handbuch der Medicinalgesetzgbung im Königr. Bayern. Hft. III u. IV. gr. 8. München, J. F. Lehmann's Verl. n. 12, 40
III. Apotheken, Arzneimittel u. Gifte. Vollständige Sammlg. der hierauf bezügl. u. gegenwärtig gelt. Reichs- u. Landesgesetze, Verordngn., Ministerialentschliessgn. u. oberpolizeil. Vorschriften. Hrsg. u. erläutert. (VII, 454 S.) 899. n. 10. —
IV. Das niederärztl. Personal. (Bader u. Hebammen.) Vollständige Sammlg. der hierauf bezügl. u. gegenwärtig gelt. Reichs- u. Landesgesetze, Verordngn., Ministerialentschliessgn. u. oberpolizeil. Vorschriften. Hrsg. u. erläutert. (IV, 130 S.) 900. Subskr.-Pr. n. 2. 40; Einzelpreis n. 3. 20
I. u. II. Ebd. 898. n. 12. —.

Becker, Carl, Handbuch der Medicinalgesetzgebung im Königr. Bayern. V. Heft: Das ärztl. Gebührenwesen. Anh.: Die Besteuerg. des ärztl. Einkommens. Vollständige Sammlg. der hierauf bezügl. u. gegenwärtig gelt. Reichs- u. Landesgesetze, Verordngn. u. Ministerialentschliessgn. Hrsg. u. erläutert. (IV, 228 S.) gr. 8. München 903. J. F. Lehmann's Verl.
Subskr.-Pr. n. 4. —; Einzelpr. n. 5, 40
I—IV. Ebd. 898—899. n. 21, 40.

Becker, d. Handelsbilanz u. d. Statistik d. auswärt. Handels. Berlin 876. (Nicht im Handel.)

Becker, Karl, Handkommentar zur Zivilprozeßordnung, s.: Neukamp, Ernst.

— s. J. Harris, Mammon.

[F.] **Becker**, Karl: Die Hauptregeln der lateinischen Syntax zsgest. Duisburg, gedr. bei F. H. Nieten, *1893*; 24 S. 8.
Duisburg, st. RG, OP 1893 (475)

Becker, Karl, die Hauptregeln der lateinischen Syntax. gr. 8. (24 S.) Duisburg 893. (J. Ewich.) n. — 50

Becker, Carl, das Haus. In drei Artikeln. Eine Gabe namentlich für angehende Eheleute. Neu-Ruppin 860. Bergemann. 12. (151 S.) 7½ ngr.

Becker, Karl, deutsche **Heimatlieder**, f. vierstimmigen Männerchor komponiert, teils bearb. (16 S.) 13×18 cm. Neuwied (910). L. Heuser Wwe. u. Co. p — 25

Becker, Karl: Herakles u. andere Sagen, s. Schwab, Gust.

— Hirt und Heerde. Oder Betrachtungen über d. 23. Psalm. Hrsg. von d. christlichen Vereine im nördlichen Deutschland. — Eisleben: Klöppel [usw.] [in Komm.] 1861. 206 S. 8°
1: Et 12456. **3. 12**: Exeg. 1318 w. **23. 28. 33. 41. 42. 48. 78.**
14.7270

— Die beiden böhmischen Reformatoren und Märtyrer Johann Huß und Hieronymus von Prag nebst e. Ueberblicke der Hußiten-Kriege u. d. fernern Entwickelung d. evangelischen Wahrheit in Böhmen. — Nördlingen: Beck 1858. 239 S. 8°
1: Ck 11089. **3. 4. 7. 12**: H. eccl. 102 y. **14. 19. 21. 27. 53. 169. 207. 302.**
14.7271

— Ja; die Juden haben wirklich Jesum gekreuzigt. Antwort an d. Rabbiner Dr. Ludwig Philippson. — Berlin 1872: Sittenfeld. 168 S. 8°
1: Bs 3501. **24. 30. 33.**
14.7272

—— Ja: die Juden haben wirklich Jesum gekreuzigt. Antwort an den Rabb. Dr. Ludw. Phillppson. gr. 8. (168 S.) Berlin 878. (Leipzig, J. Naumann.) *

— Ist eine wahrhafte, schriftgemäße Union zwischen der lutherischen und reformirten Kirche denkbar, wenn letztere ihre schriftwidrigen Lehren nicht aufgibt? — Berlin: Schlawitz 1860. 57 S. 8°
1:1 in 4° Dk 92. **3. 24. 33.**
14.7273

—— Kaiser-, Königs- und Vaterlandslieder. Eine reichhalt. Sammlung vierstimm. Männerlieder in Partitur. Zur Förderung des patriot. Volksgesanges. Für Lehrer-Gesangvereine, Seminarien, Oberklassen der Gymnasien, Kadetten-, Real- und Bürgerschulen ꝛc. hrsg. Suppl.-Heft 3 zu Becker, deutscher Männerchor. qu. 8. (S. 341—370.) Ebendas. 883.

— Eine Karte der Chronologie der Heil. Schrift von der Erschaffung der Welt bis zur Zerstörung Jerusalems. — Leipzig: Bredt 1859. 16 S. 8°
15.
14.7274

Becker, Karl, Konsul, Frankfurt a. M., † 1897. 1898: Katalog der Kunst-Sammlung aus dem Nachlasse des Herrn Consul Carl Becker zu Frankfurt a. M. und Gelnhausen (früher Amsterdam). Keramik, Arbeiten in Glas ... [Auktionskat.] — Köln 1898: Dumont Schauberg. 63 S., 21 Taf. 2°
Nebent.: Kunst-Sammlung Consul C. Becker, Frankfurt a. M.
1:2° Ns 9028. **4. 5. 30. 39.**
14.7328

— Rudolph Weigel's Kunstauction. Catalog der vom K. Preuss. Steuer- u. Zollinspector ... Herrn Carl Becker ... hinterlassenen Sammlung von Kunstbüchern, plastischen Werken etc. [Auktionskat.] — Leipzig 1859: Hirschfeld. VIII, 66 S. 8°
14. 18. 23. 44.
14.7207

Becker, Carl, aus Kirchherten: Kennen und Kennen-Müssen als gleich- oder nicht gleichwirkende Thatbestände im Bürgerlichen Gesetzbuch. *Bergheim (Erft) 1899: J. Heinrich.* (57 S.) 8° [F.]
Erlangen, Jur. Diss. v. 7. Juni 1899

[—] Die lutherische Kirche in Preußen. Eine zunächst d. gesamten lutherischen ecclesia repraesentativa gewidmete Denkschrift. — Leipzig: Fritzsche 1846. 38 S. 8°
1:4 in Sy 4962. **11. 12**: H. ref. 402–18. **29. 30. 79.**
14.7275

Becker, Carl (I.), Klänge vom Marienturme. Freunden des Gesanges gewidmet. 8. (IV, 88 S.) Rudolstadt 877, (Keil.) cart. **

— Klänge vom Marienturme. Freunden d. Gesanges gewidmet. 2. Aufl. — Rudolstadt 1903: Mitzlaff. VI, 136 S. 8°
78.
14.7310

—— und J. v. Hefner, s. Kunstwerke und Geräthschaften des Mittelalters, s. Kunstwerke.

Becker, Karl

—— das Leben der ersten Christen. Ein Spiegel für die jetzt Lebenden. (Nach Lucius: „Bild Gottes an den ersten Christen". 8. (78 S.) Hermannsburg 869. (Leipzig, J. Naumann.) *

Becker, Carl, das Leben der ersten Christen. Ein Spiegel für die jetzt Lebenden. [Nach Lucius: „Bild Gottes an den ersten Christen".] 3. Aufl. 8. (78 S.) Hermannsburg 875, Missionshausdruckerei. *

Becker, C., das Leben der ersten Christen. Ein Spiegel für die jetzt Lebenden. [Nach Lucius: „Bild Gottes an den ersten Christen".] 4. Aufl. 8. (78 S.) Hermannsburg 880. Missionshausdruckerei. — 30

—— 5. Aufl. Ebd. 1885. 77 S. 8° 35.
14.7278

Becker, Carl: Vom geist. Leben u. Schaffen. (164) 8° Berl., H Steinitz '12. 1.50

Becker, C. (III.), Leben und Werke des Bildhauers Tilman Riemenschneider, eines fast unbekannten aber vortrefflichen Künstlers am Ende des 15. und Anfang des 16. Jahrh. Mit Kpfrtaf. und Vignetten, gez. von F. Leinecker und gest. von C. Regnier. Imp.-4. (21 S. und 7 Kpfrtaf. incl. 1 ill. und 2 Vign.) Leipzig 849, R. Weigel. *

— Lebensgeschichte der Frau Julie Mariane Caroline Lange. Aus ihrem eigenen Munde. — Berlin: Hauptverein für christliche Erbauungsschriften in d. preuss. Staaten 1844. 60 S. 8° ([Traktate hrsg. vom] Hauptverein für christliche Erbauungsschriften in Berlin. 111.) 18.
14.7279

— Lehrbuch der Chemie für die k. k. Infanterie- u. Kavallerie-Kadeten-Schulen. Vom k. k. Reichs-Kriegs-Ministerium f. die k. k. Kadeten-Schulen als Lehrbuch vorgeschrieben. gr. 8. (VII, 112 S. m. eingedr. Holzschn.) Wien 878. Seidel & Sohn. n. 2. —

Becker, Karl, Lehrer, St. Goarshausen. 1866: Das Lehrerfest zu Idstein bei Enthüllung des dem verstorbenen Seminarschreiblehrer, Herrn Buchhalter Johann Leonhard Friedrich Thiel von dankbaren Schülern gestifteten Grabdenkmals, am 4. October 1865. — Idstein 1866: Ohlenmacher. 47 S. 8° 43.
14.7304

Becker, Karl, zweistimmige Lieder f. Volksschulen, s. Steinhausen, Karl Wilh.

Becker, Carl, Doctor Martin Luther in den Hauptzügen seines Lebens geschildert. Mit 1 Abbildg. der Luther-Statue in Möhra (in Holzschn.). Leipzig 856. Weber. 8. (IV, 368 S.) n. 1 ℔

—— Leipzig: J. J. Weber; [übergekl.:] Halle: Fricke 1856. IV,368 S. 8° 5. 12: Biogr. 662a. 15. 112. 207.
14.7281

—— Dr. Martin Luther der deutsche Mann. Ein Büchlein für deutsche Schulen und das deutsche Volk. 8. (98 S. mit 12 eingedr. Holzschn. nach Gey von A. Gaber.) Berlin 861, Schlawitz. *
Vlnp. *

—— Dr. Martin Luther der deutsche Mann. Ein Büchlein für deutsche Schulen und das deutsche Volk. 2. Aufl. 16. (128 S. mit 15 eingedr. Holzschn. und 1 Holzschntaf.) Leipzig 872, J. Naumann. cart. (75 Pf.)

Becker, Karl, deutscher Männer-Chor. Eine reichhalt. Sammlung alter und neuer vierstimm. Männerlieder. Zum Gebrauch für Lehrer-[Konferenzen]Gesangvereine, Seminarien, Oberklassen der Gymnasien und Realschulen. 12 Hefte. qu. 8. (S. 1—292.) Neuwied 882,83, Heuser's Verlag. à Heft * 25 Pf. *

—— deutscher Männer-Chor. Eine reichhalt. Sammlung alter und neuer vierstimm. Männerlieder. Zum Gebrauch für Lehrer-Seminarien, Oberklassen der Gymnasien, Kadetten- und Realschulen hrsg. 13. und 14. Heft. [1. und 2. Suppl.-Heft.] qu. 8. (S. 293—370.) Ebendas. 885. à Heft *

—— dass. — Suppl.-Heft 1—3. qu. 8. (S. 293—370.) Ebendas. 883. à Heft * 32 Pf. *

Becker, Karl, deutscher Männer-Chor. Eine reichhalt. Sammlg. alter u. neuer 4stimm. Männerlieder. Zum Gebrauch f. Lehrer-Seminarien, Präparanden-Anstalten, Oberklassen der Gymnasien, Kadetten- u. Realschulen hrsg. 8.—12., 15. u. 16. Hft. qu. 8. Neuwied 892. Heuser's Verl. n. 2. 15
8. Neue veränd. Aufl. (S. 173—196.) n. — 25
9. Neue veränd. Aufl. (S. 197—220.) n. — 25
10. (S. 221—244.) n. — 25
11. Neue veränd. Aufl. (S. 245—268.) n. — 25
12. (S. 269—292.) n. — 25
15. Suppl.-Hft. III. Kaiser-, Königs- u. Vaterlandslieder zur Förderg. d. patriot. Volksgesanges. Neue veränd. Aufl. (S. 371—400.) n. — 50
16. Suppl.-Hft. IV. Trauer-Gesänge. (S. 401—432.) n. — 40

— Deutscher Männer-Chor. Eine reichhalt. Sammlg. alter u. neuer vierstimmig. Männerlieder. Zum Gebrauch f. Lehrer-Seminarien, Präparanden-Anstalten, Oberklassen der Gymnasien, Kadetten- u. Realschulen. (492 u. IV S.) 13,5×18,5 cm. Ebd. (907.) Geb. p nn 5. 25

— Matrosenlieder. Aus d. Munde d. Volkes, sowie aus geschriebenen u. gedruckten Liederbüchern gesammelt u. für d. zweistimmigen Volksgesang bearb. — Neuwied [usw.]: Heuser [1899]. 46 S. 8° (Karl Becker's Taschenliederbücher für d. deutsche Volk.) 1: Mus. O. 246. 5. 14.
14.7316

— Māšîaḥ ḥemdat kol-hag-gōjîm. Der Messias Lust oder Trost aller Völker. Haggai 2,7. Gespräche über ihn mit Israeliten während der Leipziger Michaelis-Messe 1858 und in etwas erweiterter Form den Kindern Abraham's dargeboten. Hrsg. von d. sächsischen Haupt-Missions-Verein, Abtheilung für Judenmission. — Leipzig [usw.]: Naumann in Comm. 1859. 56 S. 8° [Hebr. u. F.] 14. 15. 33. 111.
14.7284

Becker, Carolus [Berolinensis]: De metris in Heptateuchum ... Bonnae, typ. Caroli Georgi univ. typogr. (1889); 46 S. + 1 Bl. 8°
Bonn, Phil. Fak., Inaug.-Diss. v. 2. Aug. 1889

Becker, Car. (Joan.) (geb. Jüterbog 26. 10. 1834): De morte chloroformio inducta. Berolini (1858). (32 S.) 8°
Berlin, Med. Diss. v. 1. Apr. 1858

Becker, Car. (Joach. Theod.) (geb. Gross-Behnitz bei Nauen 5. 4. 1828): De motu vibratorio. Berolini (1852). (27 S.) 8°
Berlin, Med. Diss. v. 29. Sept. 1852

[– –] Ueber das Munimentum Traiani. — Trier: Lintz 1881. 16 S. 8°
Aus: Monatsschrift für d. Geschichte Westdeutschlands. 6. 1880. 30. 31.
14.7307

Becker, Karl, die Mysterien Le Siége d'Orléans und La Destruction de Troye la Grant. Eine sprachliche Untersuchung. Diss. Marburg 1886. N. G. Elwertsche Univ.-Buchh. 8°. 33 S.

Becker, Karl [aus Grossalmerode, Kreis Witzenhausen]: Die Mysterien Le Siége d'Orléans und La Destruction de Troye la Grant. Eine sprachliche Untersuchung ... Marburg, Univ.-Buchdr. (R. Friedrich), 1886; 2 Bl. + 33 S. 8°.
Marburg. Phil. Fak., Inaug.-Diss. v. [14. Apr.] 1887.

— König Nobel u. sein Reich. Eine Sammlung lust. Tierstreiche u. Fabeln. Für die Jugend erzählt u. m. Berücksicht. der neuen Rechtschreibg. durchgesehen. Mit 12 schwarzen Textbildern sowie 12 farb. Bildern von F. Konfort, E. Hanetzog u. Ernst Zimmer. (X, III—V, S. 9—216, 11—128 u. 109 S.) gr. 8. Berlin (907). Verlag Jugendhort. Geb. in Leinw. 8. —

(—) Die Organisation der amtlichen Statistik im Deutschen Reich u. Die Veröffentlichungen des Kaiserlichen Statistischen Amts. — Berlin: Puttkammer & Mühlbrecht [um 1885]. 56 S. 8°
Erschien zuerst in: Deutsche Revue über d. gesamte nationale Leben d. Gegenwart. 9,1. 1884. 1:Sa 4746. 11. 90. 203.
14.7303

— Predigt über das Evangelium am 10. Sonntage nach Trinitatis Luc. 19,41-48. — Königsberg i. N.: Verf. [1859]. 15 S. 8° 27.
14.7285

— Predigt über Hos. 1,7. Gehalten am 14. August 1839 beim Juden-Missionsfeste zu Frankfurt a. d. Oder. — Berlin [1839]: Sittenfeld. 16 S. 8° 4.
14.7286

— Predigt über Matth. 9,35-39. beim jährlichen Missionsfeste am 25sten Juni 1843 gehalten in Luckenwalde. — Berlin 1843: Schantze. 16 S. 8° 48. 109.
14.7287

BECKER, Carl (Grünstadt): Der Querulantenwahn.- München: Ernst 1889. 51 S.
2.8.1889 - Chr 1889/90,27; Jv 1889/90,220
Diss. Ingolst.-Landsh.-Mchn.

— — Rechnen v. d. Anfangsgründen fortschreit. bis z. Lösg d. schwierigsten Vorprüfgsaufg. bei allen Behörden. — Postfranzösisch, s: Militäranwärter-Bücherei.

— Die Rechtfertigung des Sünders vor Gott. Mit Zeugnissen aus Luther u. d. Kirchenvätern. — Hermannsburg: Missionshausdr. 1869. IV,184 S. 8° 7. 20. 35.
14.7288

—— die Rechtfertigung des Sünders vor Gott. Mit Zeugnissen aus Luther und den Kirchenvätern. 8. (IV, 184 S.) Hermannsburg 870. (Leipzig, J. Naumann.)

— Rede über 2. Corinther, Cap. 4, Vers 17 u. 18, gehalten ... 1849 in Rixdorf bei Berlin. — Berlin: Verf. 1849. 15 S. 8° 1:18 in E 251-2. 33.
14.7280

Becker, Karl: Zur Reichsfinanzreform, s. Becker, Johann.

— Rheinlieder, 50 der bekanntesten u. beliebtesten, nach Text u. Melodie sorgfältig ausgewählt u. bearb. — Neuwied [usw.]: Heuser [1897]. 47 S. 8° (Becker's Taschenliederbücher für d. deutsche Volk.) 1:Mus. O. 247. 5. 38.
14.7316

— Rheinlieder, 50 d. bekanntesten u. beliebtesten, nach Text u. Melodie sorgfältig ausgewählt u. bearb. (Taschenliederbücher für das deutsche Volk.) 12. (III, 48 S.) Ebd. (899). n. — 25

— Sagen des klassischen Altertums. Eine Auswahl der schönsten Sagen des Altertums. Für die Jugend m. Berücksicht. der neuen Rechtschreibg. durchgesehen. Mit 13 schwarzen Textbildern sowie 12 farb. Bildern von L. du Bois-Reymond u. E. Hanetzog. (VI S., S. 5—120, 126 u. 222 S.) gr. 8. Ebd. (907.) Geb. in Leinw. 8. —

Becker, Karl: Die schönsten Sagen des klassischen Altertums, s. Schwab, Gust.

—— Saget der Tochter Zion: Siehe, dein König kommt zu dir 2c. Gespräche mit Kindern Israels über diesen König während der leipziger Michaelis-Messe 1860. gr. 8. (35 S.) Berlin 861, Schlawitz. *

Becker, Karl: Sammlungen des Gymnasiums zu Elberfeld: IV. u. V. Teil. Teil IV. Verzeichnis der Anschauungsmittel. Zusammengestellt und erläutert von K. B. 8 (29 S.). Teil V. Bücherverzeichnis der Archivbibliothek. 1898. 8 (S. 31—71). [Vorwort von Ludwig Friedrich Scheibe. Zusammenstellung von Carl Stolze, Ernst Wilhelm Richard Jahnke und Ernst Karl Ufer.] Progr. G. Elberfeld 1898

Becker, Karl, s. Scherwood, das Schloß Dublet.

— Otto Marbitz u. Fritz Steineck, deutsches Schulliederbuch. 4 Hefte. 8. Neuwied, Heuser's Verl. — Berlin, M. Macht. 1.50; Begleitwort (9 S.) (909.) Unentgeltlich.
1. Choräle. (Ausg. f. Berlin u. die Prov. Brandenburg.) (44 S.) (909.) — 25
2. Kinder- u. Spiellieder (61 S.) (909.) — 35
3. Volks- u. volkstümliche Lieder. (102 S.) (909.) — 40
4. Chorlieder. (134 S.) (909.) — 50

— — — dass. Begleitwort: Die systemat. Anordng d. Schullieder n. Uebgsfeldern (Tongebieten) als notwend. Grundl. f. e. rationellen Gesangunterr. (9) 8° Ebd. (09). Unentgeltlich. d

— Schwert gegen Schwert. Ein abgedrungenes Wort d. Vertheidigung für die lutherische Kirche in Preußen. — Schneidemühl: Eichstädt in Comm. 1850. 55 S. 8° 1:10 in Sy 4962. 12:Polem. 208o. 28.
14.7290

— Deutsches Soldatenliederbuch. Eine Sammlung beliebter zwei- u. mehrstimmiger Vaterlands- u. Volkslieder für d. deutsche Armee, für Militärbildungsanstalten u. Kriegervereine. — Lahr: Schauenburg [1894]. 168 S. 8° 17.
14.7317

— deutsches Soldatenliederbuch. Eine Sammlg. beliebter zwei- u. mehrstimm. Vaterlands- u. Volkslieder f. die deutsche Armee, f. Militärbildungsanstalten u. Kriegervereine, bearb. u. hrsg. 3., verm. Aufl. schmal 12. (IV, 199 S.) Lahr (900). M. Schauenburg. Kart. n. — 60

— — 4. Aufl. Ebd. 1906. 199 S. 8° 48.
14.7319

— Der Streit der Münchener Aerzte mit der Ortskrankenkasse IV. — München: Lehmann [1901]. 16 S. 8°
Aus: Münchener medicinische Wochenschrift. 48. 1901.
12:Bavar. 212ia.
14.7325

— **Karl** (Michelstadt), Syntactische Studien über die Plejade. Diss. philos. Leipzig. Darmstadt (C. W. Leske) 1885. 64 S. mit Biogr. (4.—) 1714

Becker, Karl, syntaktische Studien über die Plejade. Diss. Leipzig 1885, Gustav Fock. 8°. 63 S.

— Die Sünde des Selbstmordes. — Hermannsburg: Missionshausbuchdr. 1872. 51 S. 8° 111.
14.7201

—— die Sünde des Selbstmordes. 8. (III, 51 S.) Hermannsburg 872. (Leipzig, J. Naumann.) *

— — 2. Aufl. Ebd. 1878. 51 S. 8° 7.
14.7202

— die Sünde des Selbstmordes. 2. Aufl. 8. (III, 51 S.) Ebend. 879. n. — 30

— Zur Theorie der Sterbetafeln für ganze Bevölkerungen. Statist. Nachr. über das Großherzogtum Oldenburg 9. Oldenburg 1867.

Becker, Karl: Die Trojasage u. Odyssee, s. Schwab, Gust.

Becker, Carl (II.), Umgangs-Gebote für Kinder. Zum Gebrauch beim Schul- und Turnunterricht. 8. (16 S.) Hannover 884, Meyer. *

Becker, Carl & Anton Hoffmann. Uniformbilder des deutschen Heeres. Stuttgart, M. Seeger [um 1900].
90 farb. Taf. 4°

Becker, Carl, (I.) Vater Conrad's lehrr. Unterhaltn. mit seinen Enkeln. Ein Weihnachts- od. Geburts-Tags-Geschenk f. wißbegier. Kinder. gr. 8. (8 B., 5 ill. Stndr. u. Ttlvign.) Breslau 835. [Berlin, Richtersche Buchh.] Thlr.

Becker, K. v., Versuch einer Lösung der Celtenfrage durch Unterscheidung der Celten und der Gallier. 1. Hälfte. Mit 1 (lithogr.) Karte und 1 ungedr. Briefe von Jac. Grimm. gr. 8. (124 S.) Karlsruhe 883, Bielefeld's Verlag. *

(B) **Becker,** K. v., Versuch e. Lösung der Celtenfrage. 883. (KBL 23.) Jetzt: Karlsruhe, G. Braun'sche Hofbuchdr.

Becker, Karl, Hofrat. 1819: Raisonnirendes Verzeichniss einer Sammlung vorzüglicher und zum Theil sehr kostbarer Gemaelde in Oehl von sämmtlichen bekannten ältern und neuern Schulen, nebst e. Anh. von einigen andern Kunstgegenständen. [Verf.: Karl Becker; Sammler: Anton Ulrich Karl v. Holzhausen.] [Auktionskat.] — Frankfurt a.M. 1819: Andreä. 84 S. 8° **30.**
14.7246

— Das deutsche Volkslied. Ein Vortrag ... von Karl Becker. Ein Volksliederabend mit lebenden Bildern von Elisabeth Postler. Programme von Volksliederabenden aus verschiedenen Vereinen. — Berlin: Sohnrey's Dorfbote 1904. 64 S. 8° (Handreichungen für Volks- u. Familien-Abende. 2.) 1:Fb 13334-2. **207.**
14.7320

Becker, K, 25 in- u. ausländ. Volkslieder [Auslese] f. vierstimm. Männerchor. 8. (36) Neuw. 89. Heuser's V. n. — 40

— 25 in- u. ausländische Volkslieder [Auslese] f. vierstimm. Männerchor, unter besond. Berücksicht. e. leicht sangbaren Stimmführung bearb. qu. 8. (36 S.) Ebd. 890. n. — 40

— 9 altniederländ. Volkslieder a. d. Sammlung d. Adrianus Valerius v. J. 1626, ins Deutsche übertr. v. J. Gysin. F. d. zweistimm. Schülerchor (ohne Instrumentalbegleitg.) getreu n. d. Orig.-Ausg. bearb. (D. Anh. enth. außerdem noch 2 altdeutsche Marschlieder.) gr. 8. (IV, 11 S.) Ebd. 895. — 15

Becker, Karl. Rheinische Volkslieder f. vierstimmigen Männerchor. qu.-12. (12 S.) Neuwied 892, Heuser's Verlag. * — 20

Rheinische Volkslieder für vierstimmigen Männerchor, bearb. von Karl **Becker,** Kgl. Musikdir. (Neue verm. Aufl.) Neuwied & Leipzig: Heuser [um 1910]. 15 S. quer-8° [Umschlagt.] fo. 9713

Becker, Karl, 6 altdeutsche Volkslieder. J. Musikschatz a. Liederbücher d. 15. u. 16. Jahrh. f. Männerchor bearb. qu. 12 (12 S.) Neuwied 895. Heuser's Verl. n. — 25

—— 20 Volkslieder für Männerchor, zum Teil wenig bekannt oder noch ungedruckt. In volkstüml. Satzweise für den Concertgebrauch und zur Unterhaltung bearb. qu. 8. (28 S.) Ebendas. 887. *

— Volkslieder-Album f. vierstimmigen Männerchor. Eine reichhalt. Sammlg. wirklich. Volkslieder, volkstüml. Lieder u. Lieder im Volkstone, nach den neuesten Forschgn. auf dem Gebiete des Volksgesanges bearb. qu. 8. (IV, 152 S.) Neuwied (900). Heuser's Verl. Geb. in Leinw. n. 1. —

— Volkslieder-Album f. 4stimm. Männerchor. (152) 8° Neuw., Heuser's V. (01). Geb. 1 —

— Volkslieder-Album f. 4stimmigen Männerchor. Eine reichhalt. Sammlung wirkl. Volkslieder, volkstüml. Lieder u. Lieder im Volkstone, nach den neuest. Forschgn. auf dem Gebiete des Volksgesanges bearb. Neue, verm. Aufl. (168 S.) 14×19 cm. Ebd. (910.) Geb. in Leinw. 1. —

— Rheinischer Volksliederborn. Auswahl d. edelsten u. schönsten Volkslieder mit ihren Melodien d. verschiedenen Gegenden d. Rheinlande. — Neuwied: Heuser [1892]. IX,127 S. 8° 1:Mus. O. 254. **4. 5. 6.** 12:P.o.germ. 82a. **14. 18. 26. 28. 30. 34. 36. 38. 43. 48. 61.**
14.7322

— — K. Roeder u. E. Zeh. Volksschul-Liederbuch. Nach Quellen bearb. 102 Lieder u. Elementar-Übgn. 1.–5. Aufl. 8. (80, XIV S.) Ebd. 890,91. * — 35

Becker, Karl, K. Roeder u. E. Zeh, Volksschul-Liederbuch. Jetzt: Neuwied, L. Heuser Wwe. & Co.

— u. F **Löwe,** Volksschul-Liederbuch. 102 Lieder. 8° (82) Ebd. 92. — 30

Becker, Karl, K. Roeder, E. Zeh, Volksschul-Liederbuch. Nach Quellen bearb. 102 Lieder u. Elementar-Übgn. 13. Ster.-Aufl. 8. (80 u. XIV S.) Neuwied 894. Heuser's Verl. n. — 35

[F.] Volksschul-Liederbuch. Nach Quellen bearb. v. K[arl] Becker, K. Roeder, E. Zeh. 102 Lieder u. Elementar-Übgn. 14. Stereotyp-Aufl. ... *Neuwied-Leipzig: L. Heuser [o. J.]* (1 Bl., 80, XIV S.) 1 Bd 8. [illegible]

— K. Roeder u. E. Zeh, Volksschul-Liederbuch. Nach Quellen bearb. 115 Lieder u. Elementar-Übgn. 16. Aufl. 8. (IV, 91 u. XII S.) Ebd. (900). Geb. n. — 50

— K. Roeder u. E. Zeh, Volksschul-Liederbuch. Nach Quellen bearb. 115 Lieder u. Elementar-Übgn. 20. Aufl. (IV, 91 u. XII S.) 8. Neuwied (904). Heuser's Verl. Geb. n. — 50

— K. Roeder u. E. Zeh, Volksschulliederbuch. Nach Quellen bearb. 119 Lieder u. Elementar-Übgn. 24. Aufl. (115 S.) 8. Neuwied (910). Heuser's Verl. Geb. — 50

—— Wander-Lieder f. Männer-Chor. Zum Gebrauch f. Lehrer-Seminarien, Präparanden-Anstalten, Oberklassen d. Gymnasien, Kadetten- u. Realschulen hrsg. qu.-12. (III, 48 S.) Ebd. 892. cart. in Leinw. * — 70

— Die moderne Weltanschaug. (140) 8° Ebd. '11. 1 — d

Becker, Karl, Evangelischer Pfarrer, Traben a. d. Mosel. 1905: Aus Trabens alter Zeit. — [Traben a. d. Mosel]: Verf. [1905]. 58 S. 8° **38.**
14.7332

— Aus Zeit und Vergangenheit. Erzählende Gedichte. — Rudolstadt 1890: Mitzlaff. IX,304 S. 8° **78.**
14.7311

— Kräftiges Zubrot zu Luthers Kleinem Katechismus. Hrsg. von d. christlichen Vereine im nördlichen Deutschland. — Eisleben: Klöppel [usw.] [in Komm.] 1868. VI,347 S. 8° 1:Eo 12039. **9.** 12:Catech. 809u. **28. 41. 42. 48.**
14.7204

— kräftiges Zubrot zu Luthers kleinem Katechismus. 2. Aufl. gr. 16. (IV, 347 S.) Ebd. 871. Geb. — 90

— 31. Deutscher Aerztetag in Cöln. Zusammenstellung der gesetzlichen Handhaben zur Bekämpfung der Kurpfuscherei. — (Leipzig [1903]: Ackermann & Glaser.) 48 S. 4° **30. 60.**
14.7326

— — ⟨31. (Nachtr.: 33.) Deutscher Aerztetag in ...⟩ Zusammenstellung der gesetzlichen Handhaben zur Bekämpfung der Kurpfuscherei. [Nebst] Nachtr. 1. — [Berlin: Aerztevereinsbund 1903–05.] 4°
Nachtr. 1. Enth. die seit dem XXXI. Deutschen Aerztetage in Cöln 1903 erlassenen landesgesetzlichen Bestimmungen d. deutschen Bundesstaaten.
(Aerztliches Vereinsblatt für Deutschland. Beil. zu 30.32.)
1: in 4° I 6029-1903.1905. 12: 4° Med. g. 219g–30,Beil. 32,Beil. **17. 24. 25. 30. 31. 34. 61. 208.**
14.7327

Becker, Karl August, Kgl. Sächsischer Oberst. 1818: Das Aufnehmen nach dem Augenmaße, erläutert durch eine praktische Durchführung desselben nach einem dem Lehmann'schen System gemäß bearbeiteten Plane der Umgegend von Stokerau an der Donau. [Nebst] Pläne. — Leipzig: Arnold 1850. 8° [u.] quer-8° 33[°° Pl.] **89. 302. 305.**
14.7370

— — Das Aufnehmen nach dem Augenmaße. 1850 in: *Becker:* Das Aufnehmen mit dem Meßtische.

Becker, Karl Aug. I., d. Aufnehmen mit d. Meßtische, im Sinne d. Lehmann'schen Lehrart u. als Ergänzung u. Erläuterung derselben, mit 3 Pl. gr. 8. Dresd. 826. Arnold. 7 ngr 12 ℳ

— Das Aufnehmen mit dem Meßtische, im Sinne der Lehmannischen Lehrart als praktische Ergänzung und nothwendige Erläuterung derselben. [Nebst] Pläne. — Dresden [usw.]: Arnold 1829. 8° [u.] quer-2°
1: Text = Of 4246; Pl. = quer-2° Of 4247.
12: Text = Mapp. 1x; Pl. = 4° Mapp. 11d.
14. 16. 25. 31. 209.
14.7371

— das Aufnehmen mit dem Meßtische. Im Sinne der Lehmann'schen Lehrart, als prakt. Ergänzung und nothwend. Erläuterung derselben. 2. (Titel-)Ausg. gr. 8. (III und 500 S. mit 3 Planen in Fol.) Leipzig 850, Arnoldische Buchh. *

— dass. Nebst einer Abhandlung: Das Aufnehmen nach dem Augenmaße. gr. 8. (III und 604 S. mit 6 Planen in Fol.) Dresden 850, Arnoldische Buchh. *

Becker, Karl August, Dr. med., Lambsheim i. d. Pfalz, später Speyer. 1903 [Hrsg.] s. *Becker*, August. 1854: Erzählungen aus der Heimat. 1906 u.ö.

— [Vorr.] s. *Becker*, August. 1854: Wasgaubilder. 1903.

— [Hrsg.]
s. *Becker*, August. 1854: Ein Weihnachtsbuch. 1906.

Becker, K. A., s. Lehmann, J. H. Gev., die Lehre der Situations-Zeichnung.

Becker, Karl August, Postmeister, Jena. 1803: Neues Post- und Reise-Taschenbuch. — Jena: Stahl 1803. XV,407 S. 8°
32. 39. 308.
14.7368

Becker, Karl Aug. II., neues Post- u. Reise-Taschenbuch. Mit 1 Kpf. 8. Jena 804. 2e A. 811. (Schmidt). 20 ℳ

— — Jena: Voigt 1811. XV,407 S. 8° **32.**
14.7369

Becker's, Post- u. Reisetaschenbuch. 12. Leipzig, Paul Vogel. 811. —

Becker. Prüfung des von Aster herausgegebenen Plans der Schlacht bei Leipzig. 8. Leipzig 1814.

— Prüfung des vom K. Sächs. Major Aster herausgegebenen Plans des Schlachtfeldes von Leipzig im Sinne der Lehre der Situation-Zeichnung, von J. G. Lehmann. Mit Profilen. — Dresden: Arnold 1818. 13 [vielm. 31] S. 8°
1: Kart. 8° V 32559. **14. 17. 101. 117.**
14.7374

Becker, Karl August [cand. med. aus Klingenmünster (bayer. Rheinpfalz)']: Über Stichwunden des Schädels und Gehirnes. M. 2 Abb. ... (Aus: Friedreich's Blätter f. ger. Med., 1896.) Nürnberg, F. Korn, 1896; 31 S., 1 Taf. 8.
München, Med. Fak., Inaug.-Diss. v. 1896

Becker, Karl Christian: Beiträge zu der Geschichte der bürgerlichen Unruhen zu Frankfurt am Main in den Jahren 1612 bis 1616. — Frankfurt a. M. 1862. 165 S. 8°
Aus: Archiv für Frankfurts Geschichte u. Kunst. N.F. 2. 1862.
7. 17. 30.
14.7370

Becker, Karl Chrn., Beiträge zu der Kirchengeschichte der evangelisch-luther. Gemeinde zu Frankfurt am M., m. besond. Beziehung auf Liturgie. gr. 8. (XII u. 217 S.) Frankfurt a. M. 852, Zimmer'sche Sort.-B. (Völcker) in Comm. n. 1 ℳ

(—) Betrachtungen über kirchliche Zustände der lutherischen Kirchengemeinde zu Frankfurt am Main. H. 1. — Frankfurt a. M. 1843: Sauerländer. 40 S. 8° **30.**
14.7377

Becker, Karl Chr., wissenschaftl. Darstellung d. Lehre von den Kirchenbüchern. Mit Beilagen landesherrl. Verordnungen. A. mit d. Umschlagst.: Ueber Kirchenbücher. Ein Handbuch für Behörden, Prediger, Kirchenbuchführer u. Rechtsgelehrte. Mit 2 Tabellen. gr. 8. Frankfurt a. M. 831. Sauerländer. (Wohlf. Ausg.) $1\frac{1}{6}$ ℳ

— Gedächtnisspredigt bei der letzten Gottesverehrung in der Hospitalkirche zum heiligen Geist, Sonntag, 16. Febr. 1840. — Frankfurt a. M. 1840: Sauerländer. 16 S. 8° **30.**
14.7379

— Die göttliche Flamme wahrer Begeisterung wird nicht getilgt durch den Stachel des Spottes. Predigt. — Frankfurt a. M.: Hermann 1819. 15 S. 8° **29. 30.**
14.7380

— Ueber die Kirchenagende der evangelisch lutherischen Gemeinde zu Frankfurt am Main. — Frankfurt a. M. 1848: Heller & Rohm. 121 S. 8° 12: Liturg. 36x. **18. 30.**
14.7381

— über die Kirchenagende der evangel. luther. Gemeinde zu Frankfurt a. M. gr. 8. (121 S. m. 1 Tab. in qu. Fol.) Frankfurt a. M. 848. (Wilmans.) n. ½ ℳ

— die Kirchenagenden der evangelisch-luther. Gemeinde zu Frankfurt a. M. 2. verm. u. verb. Aufl. 1. Hft. gr. 8. (S. 1—72.) Ebd. 850, Zimmer'sche Sort.-B. (Völcker.) n. ⅓ ℳ

— Vorträge am Sonntage, 15. Februar 1846, morgens in der St. Peters-Spätkirche und am Sonntage, 22. Februar 1846, nachmittags in der Betstunde zu St. Katharinen, als Vor- und Nachfeier des dreihundertjährigen Gedächtnißtages des Todes Dr. Martin Luthers. — Frankfurt a. M. [1846]: Heller & Rohm. 16 S. 8° **30.**
14.7384

— Einige Worte am Grabe des Herrn Georg Friedrich Völcker, Candidaten des Ministeriums und Predigers im Versorgungshause, gesprochen am 4. Mai 1855. — Frankfurt a. M. [1855]: Brönner. 8 S. 8° **30.**
14.7385

Becker, Karl Eduard: Predigten. — Straßburg: Kräuter 1848. 194 S. 8° 1: Ec 14440. **5. 109.**
14.7386

— **Carl Ehrenreich** (Meissen), De jure consulto politico. Diss. posthuma. Lpz. (Wwe. Fleischer) 26. VIII. 1719. 52 S. mit Biogr. (M.: M. Ch. Wilcke.) (5.—) 1669
Vorw. v. Joh. Aug. Becker.

Becker, Karl Ferdinand

— [Commentatio de effectibus caloris et frigoris externi ..., deutsch] Abhandlung von den Wirkungen der äußeren Wärme und Kälte auf den lebenden menschlichen Körper ... Neu bearb. u. deutsch hrsg. von d. Verf. Göttingen: Dieterich 1804. 227 S. 8°
1: Ik 875. **2. 3. 5. 7. 8.** 12: Anat. 64x. **15. 17. 21. 24. 25. 27. 33. 38M. 43. 46. 78. 88. 123. 302. 304.**
14.7390

— Theoretisch-praktische Anleitung zur künstlichen Erzeugung und Gewinnung des Salpeters ... Nebst e. Anh. über die öffentliche Verwaltung des Salpeterwesens. Mit e. Vorr. von Joh. Fr. Lud. Hausmann. — Braunschweig: Lucius 1814. XXIV,319 S. 8°
7. 12: Techn. 12m. **14. 17. 20. 24. 29. 30. 44. 83. 210.**
14.7387

— s. Joh. Seb. Bach's vierstimm. Kirchengesänge. —

[—] Beleuchtung des Marcardischen Aufsatzes: Ueber die Brownische Irrlehre. — Göttingen: Dieterich 1803. 144 S. 8° **7.** 12: Med. g. 29m. **28. 35. 45.**
14.7388

— Brief eines Arztes an einen Landpfarrer. — Göttingen: Dieterich 1804. 56 S. 8° **5. 7.**
14.7389

Becker, Carl Ferd., evangel. **Choralbuch.** 138 vierstimm. Choräle mit genauest. Berücksichtig. d. neuen leipz. Gesangbuchs. qu. Lex.-8. (7 3/4 B.) Leipzig 844, Fr. Fleischer. *

Becker, Carl Ferd., evangel. Choralbuch für Kirche, Schule u. Haus. 1. Thl., enth. 138 Choräle. (Neue Titel-Ausg.) qu. Lex. 8. (VIII u. 115 S.) Leipzig 847, Fr. Fleischer. — 2. Thl., enth. 102 Choräle. qu. Lex. 8. (VIII u. 100 S.) Ebd. 847. (à n. 2 ₙß) n. 4 ₙß

Becker, Karl Ferd., evangelisches Choralbuch f. Kirche, Schule u. Haus. 1. Thl. enth. 138 Choräle. 10. Aufl. qu. gr. 4. (VIII, 116 S.) Leipzig 877. F. Fleischer. cart. n. 6. —

Becker, Carl Ferd., 60 vierstimm. **Choralmelodien** zu C. J. Ph. Spitta's Psalter u. Harfe, theils comp., theils bearb. qu. Lex.-8. (2 3/4 B.) Leipzig 841, Friese.

—— vollständ. **Choralmelodienbuch** zu d. neuen leipziger Gesangbuche, zum Gebr. in Kirchen u. Schulen. qu. 16. (2 3/8 B.) Leipzig 844, Fr. Fleischer. *

Becker, Karl Ferdinand, Organist, Musikwissenschaftler, Leipzig. 1804-1877. 1828: Die **Choralsammlungen** der verschiedenen christlichen Kirchen. Chronologisch geordnet. — Leipzig: F. Fleischer 1845. VI,220 S. 8°
1: Mus. A 15 [2 Ex.] **5. 7. 9. 10. 12:** Liturg. 37. **15→18. 24. 30. 106. 117. 207. 300:** 662.004–B.M.
14.7433

— **Comment. de effectibus caloris et frigor. externi in corp. hum. vivum.** 4maj. Götting. (802.) Dieterich. 12 ℔ Dass. deutsch u. d. T.: Abhandl. von d. Wirkung d. äuß. Wärme u. Kälte auf d. lebenden menschl. Körper. gr. 8. Ebd. 804. 20 ℔

— Systematisch-chronologische **Darstellung** der musikalischen Literatur von der frühesten bis auf die neueste Zeit. — Leipzig: Friese 1836. II,605 S. 4° **51.**
14.7434

— — Lfg 1.2 [nebst] Nachtr. Ebd. 1836–39. 4°
Nachtr. Nebst e. Anh.: Choralsammlungen aus d. 16., 17. u. 18. Jahrhundert. 1839.
1: Mus. 4° A 12 [2 Ex.] **2. 3. 5. 7. 10. 11. 12:** 4° Mus. Th. 94. **14. 15. 18. 19. 20. 30. 31. 38. 39. 43. 109. 117. 300:** 395.069–C. M. **302.**
14.7435

— Ueber die **Erkenntniß** und Heilung des Petechialfiebers. Göttingen: Dieterich 1814. XII,283 S. 8°
5. 7. 15. 30. 43. 46. 61.
14.7301

Becker, Karl Ferd., a **grammar** of the german language. 2 Edit. Ed. by Bern. Becker. 12. (15 B.) Francfort o. M. 845, libr. Hermann. *

— Ausführliche deutsche **Grammatik** als Kommentar der Schulgrammatik. Statt e. 2. Aufl. der Deutschen Grammatik. Abth. 1–3. — Frankfurt a. M.: Hermann (2.3: Kettembeil) 1836–39. 8°
1: Y 5421 [u.] 5421a [auch Abth. 2 = Y 5421b]. **2. 3. 4. 10. 11. 12:** L. germ. 20mc [auch Abth. 2 = L. germ. 20mbs]. **14→18. 21. 24. 26. 27. 30. 33. 34. 35. 38. 41. 45. 47. 48. 79. 107. 123. 208. 300:** 33.846. **302.**
14.7396

— — 2., neubearb. Ausg. Bd 1.2. Frankfurt a. M.: Kettembeil 1842–43. 8°
1: Y 5423. **4. 6. 7. 9. 12:** L. germ. 20md. **17. 24. 28. 30. 31. 38. 39. 43. 46. 47. 48. 53. 123. 207. 208. 302→305.**
14.7397

Becker, Karl Ferd., ausführliche deutsche **Grammatik** als Kommentar der Schulgrammatik. 2 Bde. 2. neu bearb. Aufl. gr. 8. (XVI, 428 u. XIII, 694 S.) Prag 870. Tempsky. n. 12. —

— Deutsche **Grammatik**. [Nebst] Tabellen. — Frankfurt a. M.: Hermann 1829. 8° [u.] 2° (Becker: Deutsche Sprachlehre. 2.)
Spätere Aufl. s. *Becker:* Ausführliche deutsche Grammatik. 1836-39 u. ö.
1: Hauptwerk = Y 5411–2; Tab. = 2° Y 5436. **3. 5. 6. 9. 10. 12** [°°Tab.]: L. germ. 412c. **24. 26. 29. 41. 43. 47. 51. 207. 300:** 56 Q 11 •. Bd 2.3. **304. 305.**
14.7399

—— Grammatik der hochdeutschen Sprache unserer Zeit. Für Schulen u. privatunterricht bearb. von J. Eiselein. Bellevue 1843. 8.

— **Handbuch** der deutschen Sprache. 1870 u. ö. s. *Becker:* Schulgrammatik der deutschen Sprache. 9. Aufl. u. ö.

—— die **Hausmusik** in Deutschland in d. 16., 17. u. 18. Jahrh. Materialien zu e. Gesch. ders., nebs e. Reihe Vocal- u. Instrumental-Compositn. v. H. Isaack, L. Senfl., L. Lemlin, W. Heintz, H. L. Hassler, J. H. Schein, H. Albert u. A. zur näheren Erläuterung. gr. 4. (16 B.) Leipzig 840, Fest'sche Vrlsbuchh.

— **Lehrbuch** des deutschen Stiles. Hrsg. von Theodor Becker. — Frankfurt a. M.: Kettembeil 1850. VIII,336 S. 8°
1: Yb 675. **2. 3. 4. 15. 17. 26. 29. 34. 44. 46. 93. 107. 207. 211. 304.**
14.7400

— **Leitfaden** für den ersten Unterricht in der deutschen Sprachlehre. — Frankfurt a. M.: Hermann 1833. VIII, 124 S. 8° **17. 24. 26. 30. 48. 60. 207.**
14.7401

— Leitfaden für den ersten Unterricht in d. deutschen **Sprachlehre**. gr. 8. Frankf. 835. Hermannsche B. (Kettembeil.) 1/3 ₙß 2e Ausg. gr. 8. Ebd. 836. 1/3 ₙß 3e Ausg. gr. 12. Ebd. 838. 1/3 ₙß

— — 2. Ausg. Ebd. 1836. XII,124 S. 8° **18. 24. 34. 52.**
14.7402

— — 3. Ausg. Frankfurt a. M.: Kettembeil 1838. XIV,169 S. 8° 1: Y 5414^3. **21. 30. 41. 46. 48. 207.**
14.7403

— — 4. Ausg. Ebd. 1841. XII,135 S. 8°
17. 36. 45. 47. 111. 123.
14.7404

— — 5. Ausg. Ebd. 1845. XII,138 S. 8° **10. 23. 26. 60.**
14.7405

—— **Leitfaden** für den ersten Unterricht in der deutschen Sprachlehre. Hrsg. von Thdr. Becker. 6. Ausg. gr. 8. (XII und 138 S.) Frankfurt a. M. 851, Kettembeil. *

— — 7. Ausg. Ebd. 1857. XII,138 S. 8° **211.**
14.7407

Becker, Karl Ferd., **Leitfaden** für den ersten Unterricht in der deutschen Sprachlehre. Herausg. von Thdr. Becker. 8. Aufl. Frankfurt a. M. 864. Hermann'sche Verlhdlg. gr. 8. (XII, 136 S.) n. 10 *ngr.*

Becker, KF, Leitf. f. d. ersten Unterr. in d. deut. Sprache. Hrsg. v. T Becker. 8. Afl. 8. (136) Frankf. 64. (Prag, Tempsky.) *n.* — 10

Becker, Karl Ferd., **Leitfaden** f. den ersten Unterricht in der deutschen Sprachlehre. Hrsg. v. Thdr. Becker. 8. Aufl. gr. 8. (XII, 136 S.) Prag 870. Tempsky. n. 1. —

— erstes **Lesebuch** in der Elementarschule f. den Lese-, Schreib- u. Rechtschreibe-Unterricht. 8. (54 S.) Jena 849, Cröker. n. n. 1/12 ₙß

—— **Lieder** und Weisen vergangener Jahrhunderte, s. **Lieder.**

— über die **Methode** des Unterrichts in d. deutschen Sprache, als Einleitung zu den Leitfaden für den ersten Unterricht in der deutschen Sprachlehre. 8. Frankf. 833. Hermannsche Buchh. (Kettembeil.) 1/4 ₙß

Becker, Carl Ferd., über die Methode des Unterrichts in der deutschen Sprache, als Einleitung zu dem Leitfaden für den ersten Unterricht in der deutschen Sprachlehre. 2. Aufl. gr. 8. (IV und 60 S.) Frankfurt a. M. 861, Hermann'sche Verlagsh.

— Organism der Sprache, als Einl. zur Deutschen Grammatik. — Frankfurt a. M.: Reinherz 1827. XVI,367 S. 8°
(Becker: Deutsche Sprachlehre. 1.) 1:Y 5411-1. 3. 5. 10. 11. 12:L. germ. 20m. 15. 17. 19. 24. 26. 29. 42. 43. 44. 47. 79. 207. 300:56Q 11 •. Bd 1. 304. 309.
14.7412

— — Organism der Sprache. 2., neubearb. Ausg. Frankfurt a. M.: Kettembeil 1841. XXXII,603 S. 8°
1:Y 5412 [u.] 5412a. 2. 3. 4. 6→9. 11. 12:L. gen. 8d. 14. 16. 17. 19. 20. 21. 26→30. 34. 38. 41. 45. 46. 48. 79. 123. 207. 211. 300:60C 62. 302. 303. 305.
14.7413

— Organism der Sprache. 2. neubearb. Ausg. gr. 8. Ebd. 841. n. 3 ℛ — Nachtrag und Schluß. gr. 8. Ebd. 842. n. 1/3 ℛ — Complet n. 3 1/3 ℛ

— Rathgeber für Organisten, denen ihr Amt am Herzen liegt. — Leipzig: Schwickert 1828. VIII,142 S. 8°
1:Mus. Fo 190. 10. 15. 28. 41. 117.
14.7439

— u. G. Billroth, Samml. von Choralen aus d. 16. u. 17. Jahrh., der Melodie u. Harmonie nach, aus d. Quellen herausg. Lex. 8. Leipz. 831. Tauchnitz. 1 ℛ 8 gr.

— [Hrsg.] s. *Schlimbach*, Georg Christian Friedrich: Ueber die Struktur, Erhaltung, Stimmung und Prüfung der Orgel. 3. Aufl. 1843.

Becker, Karl Ferdinand
— Schulgrammatik der deutschen Sprache. — Frankfurt a. M.: Hermann 1831. 227 S. 8°
1:Y 5415. 10. 23. 24. 25. 30. 123. 207.
14.7414

— — 2., durchges. Ausg. Ebd. 1832. 235 S. 8°
17. 18. 24. 26. 27. 34. 38. 41. 45. 47. 123. 207. 308.
14.7415

— Schulgrammatik d. deutsch. Sprache. 1. Aufl. (15¼ B.) 831., 2. A. (16 B.) 832., 3. A. (16¼ B.) gr. 8. Frankfurt a. M. 834, Hermann. à

— — 3., neubearb. Ausg. Ebd. 1835. XII,251 S. 8°
1:Y 5416. 2. 3. 12:L. germ. 20mb. 17. 21. 23. 24. 27. 29. 30. 34. 44. 47. 48. 60. 107. 111. 123. 207.
14.7416

— — 4., neubearb. Ausg. Frankfurt a. M.: Kettembeil 1839. XVI,474 S. 8° 1:Y 5416⁴. 2. 3. 5. 10. 18. 25. 27. 30. 47. 48. 79. 123. 207. 303. 305.
14.7417

— Schulgrammatik der deutschen Sprache. 5. Ausg. gr. 8. (30½ B.) Frankfurt a. M. 845, Kettembeil. *

— Schulgrammatik der deutschen Sprache. 6. Ausg. gr. 8. (XII und 468 S.) Frankfurt a. M. 848, Kettembeil. *

Becker, Carl Ferd. (II.), Schulgrammatik der deutschen Sprache. Hrsg. von Thdr. Becker. 7. Ausg. gr. 8. (XII und 468 S.) Frankfurt a. M. 852, Kettembeil. *

— Schulgrammatik der deutschen Sprache. Herausg. von Thdr. Becker. 8. gänzlich umgearb. Aufl. Ebend. 862. gr. 8. (1. Hälfte: 240 S.) n. 1 ℛ 10 ngr.

— Schulgrammatik der deutschen Sprache. Hrsg. von Thdr. Becker. 8, gänzlich umgearb. Aufl. gr. 8. (XIV und 678 S.) Frankfurt a. M. 863, Hermann'sche Verlagsh. *

— — Neu bearb. von Theodor Becker. 8. Aufl. [Nebst] Reg. Frankfurt a. M.: Hermann 1863-64. 8°
Vollst. . . . . 30. 48. 93. 207.
[° Reg.] . . . . 6. 34. 41. 51. 123.
14.7421

Becker, K. Ferd., Handbuch der deutschen Sprache. 9. Aufl. der deutschen Schulgrammatik. Neu bearb. von Th. Becker. Prag 870. Tempsky. gr. 8. (XV, 756 S.) n. 1 ℛ 10 ngr.

— — 10. Aufl. Ebd. 1872. XIV,756 S. 8° 1:Y 5428. 19. 21. 27. 29. 44. 46. 60. 117. 207. 300:62.091-B.
14.7423

Becker, Karl Ferd., Handbuch der deutschen Sprache. Neu bearb. v. Thdr. Becker. 11. verb. Aufl. gr. 8. (XV, 756 S.) Prag 876. Tempsky. n. 6. —

— — [Ausz.] Auszug aus der Schulgrammatik der deutschen Sprache. — Frankfurt a. M.: Kettembeil 1845. VI, 396 S. 8° 1:Y 6047. 36. 207.
14.7425

— Deutsche Sprachlehre. Bd 1.2. — Frankfurt a. M.: Reinherz (2: Hermann) 1827–29. 8°
1. Becker: Organism d. Sprache. 1827.
2. Becker: Deutsche Grammatik. [Nebst] Tabellen. 1829.
1:Y 5411. 3. 5. 10. 12:1–L. germ. 20m; 2–L. germ. 412c. 17. 24. 26. 29. 43. 47. 51. 207. 300:56Q 11 •. 304.
14.7426

— — Deut. Sprachlehre f. Mittelsch. Nach d. Best. in Preussen v. 3.2.'10 bearb. 1—3. Tl. 8° Ebd. ('12). d
1. Unterst. (6, 58) geb. — 60 ‖ 2. Mittelst. (11, 212) geb. 1.60 ‖ 3. Oberst. (9, 223) geb. 1.60

— Der deutsche Stil. — Frankfurt a. M.: Kettembeil 1848. XIV,606 S. 8° 1:Yb 660. 2. 3. 7. 8. 11. 12:L. germ. 20mf. 17. 21. 23. 29. 34. 38. 41. 45. 47. 48. 93. 111. 300:20.769-B. 302. 303. 305. 308.
14.7427

Becker, Carl Ferd., der deutsche Styl. 2. (Titel-)Ausg. gr. 8. (XIV und 607 S.) Frankfurt a. M. (848)62, Hermann'sche Verlagsh. Thlr. *

— der deutsche Stil. 2. (Titel-)Ausg. gr. 8. (XIV, 607 S.) Prag (848)70, Tempsky. *

Becker, Karl Ferd., der deutsche Stil. Neu bearb. von Otto Lyon. 3. Aufl. 13 Lfgn. gr. 8. (XII, 628 S.) Prag 883, Tempsky. — Leipzig, Freytag. à Lfg. * 50 Pf. geb. in Halbfrzbd. *

— Tabellen zur deutschen Grammatik. Fol. Frankf. a. M. 829. Hermann. 8 gr.

— Die Tonkünstler des neunzehnten Jahrhunderts. Ein kalendarisches Handbuch. — Leipzig: Kössling 1849. VIII, 177 S. 8° 1:Mus. D 89. 2. 4. 5. 7→10. 12:Mus. Th. 4340. 14. 15. 24. 26. 28. 30. 32. 41. 43. 45. 46. 48. 78. 117. 123. 300:395.963-B. M. 307.
14.7440

— Die Tonwerke des XVI. und XVII. Jahrhunderts oder systematisch-chronologische Zusammenstellung der in diesen 2 Jahrhunderten gedruckten Musikalien. — Leipzig: E. Fleischer 1847. XIII S., 346 Sp. 4°
1:Mus. 4° A 16 [2 Ex.] 2. 7. 10. 12:4° Mus. Th. 95. 14. 17. 32. 38. 43. 48. 117. 214. 300:390.914-C. M. 303.
14.7441

Becker, Carl Ferd. (I.), die Tonwerke des XVI. und XVII. Jahrhunderts oder systematisch-chronolog. Zusammenstellung der in diesen zwei Jahrhunderten gedruckten Musikalien. 2., mit einem Anhang verm. Ausg. gr. 4. (XIV und 350 S.) Leipzig 855, E. Fleischer.

— Alphabetisch und chronologisch geordnetes Verzeichniss einer Sammlung von musikalischen Schriften. — Leipzig: Breitkopf & Härtel 1843. 22 S. 4°
1:Mus. 4° Ac 70. 12:4° Mus. Th. 1810/2 [2 Ex.] 15. 117.
14.7443

— alphab. u. chronol. geordn. Verzeichniss ein. Sammlung v. musikal. Schriften. Ein Beitrag z. Literaturgesch. d. Musik. 2., verm. Ausg. schm. 4. (3¼ B.) Leipzig 846, Breitkopf u. Härtel.

— das Wort in seiner organischen Verwandlung. gr. 8. Frankf. a. M. 833. (eigentl. 832.) Hermannsche B. 1 ℔ 16 gr.

— Das Wort in seiner organischen Verwandlung. — Frankfurt a. M.: Hermann 1833. X,322 S. 8°
Beigedr.: Becker: Verzeichniß etymologischer Nachweisungen, als Reg. zu K.F. Beckers 'Wort in seiner organischen Verwandlung'.
In einigen Exemplaren fehlt d. Verzeichniß etymologischer Nachweisungen.
1:V 2524. 2→5. 7→11. 12:Polygl. 6m. 15. 17→20. 24. 25. 26. 30. 31. 34. 35. 38. 42. 43. 46. 60. 207. 300:57.037-B. 303.
14.7431

— Die deutsche Wortbildung oder die organische Entwickelung der deutschen Sprache in der Ableitung. — Frankfurt a. M.: Hermann 1824. XIV,451 S. 8° (Abhandlungen d. frankfurtischen Gelehrtenvereines für deutsche Sprache. 4.) 1:Ya 3841 [u.] Y 1021-4. 2→5. 7. 8. 10. 11. 15. 17. 18. 24. 26. 29. 30. 34. 35. 39. 41. 42. 43. 48. 123. 180. 300:48 R 37. Bd 4. 302. 304. 305.
14.7432

Becker, Karl Friedrich

Becker, C. F., s. Apollo u. Minerva.

Becker, Karl Friedrich, Buchhändler, Ulm, geb. 1768. 1791
Der Name d. Verfassers findet sich auch in d. Form Christoph Friedrich Becker.
— Aufmunterung zur Pflanzung und Schonung der Bäume. 2 Lieder. — Ulm [1810]: Becker. 4 Bl. 8°
12:P.o.germ. 1698-34.
14.7445

* Becker, C. F., Aufmunterung z. Pflanzung und Schonung d. Bäume. 8. Ulm, Jac. Ebner. 810.

Becker, Karl Friedrich, Historiker, Berlin, 1777-1806. 1801: Die Dichtkunst aus dem Gesichtspunkte des Historikers betrachtet. — Berlin: Nauk 1803. 471 S. 8°
1:Xa 212. 3. 7. 10. 12:L.eleg.g. 33. 17. 25. 28. 35. 39. 41. 43. 109. 117. 202. 302.
14.7447

Becker, Karl Frdr., Erzählungen aus dem griechischen Alterthum für die Jugend. In neuer Bearbeitung. Mit 8 Holzschntaff. Leipzig 868. Dpk. 16. (IV, 472 S.) n. 10 ngr.

— Erzählungen aus der alten Welt für die Jugend. Th. 1-5. Halle: Waisenhaus 1802-53. 8°
1. Ulysses von Ithaka. 1802.
2. Achill. 1802.
3. Kleinere griechische Erzählungen. 1803.
4. Guenther, Friedrich Joachim: Die Geschichte d. Perserkriege. 1842.
5. Hertzberg, Gustav Friedrich: Die Geschichte d. Messenischen Kriege. 1853.
1[∞4]: Pz 2420. 3[∞1/3.5]. 12[∞4.5]: Ant. 456k. 14[∞1.4.5]. 19. 36[∞4.5]. 41[∞2/5]. 44[∞1.2.4.5]. 47[∞2/5]. 51[∞1.4.5]. 62[∞1.4.5]. 78[∞3/5]. 111[∞1.4.5].
14.7448

— — Neue Aufl. Th. 1. Halle [usw.]: Waisenhaus 1815. IV, 348 S. 8°
Inhalt wie in 14.7448. 44. 51. 62. 109. 111.
14.7449

— — Neue Aufl. Th. 1-3. Halle: Waisenhaus 1825. 8°
Inhalt wie in 14.7448. 2[∞1.3]. 12: Ant. 456i. 33[∞3].
14.7450

— — Neue Aufl. Th. 1-3. Ebd. 1832. 8°
Inhalt wie in 14.7448. 1:Pz 2420³. 3. 17. 20.
14.7451

— — 6. (1.2: 6., verb.) Aufl. Th. 1-3. Ebd. 1836. 8°
Inhalt wie in 14.7448. 1:Pz 2420⁶. 3. 17. 30. 48.
14.7453

Becker, Karl Fr., Erzählungen aus der alten Welt für die Jugend. 1.—3. Thl. 7. verb. Aufl. (Herausgeg. v. F. A. Eckstein.) 1. Thl. Ulysses v. Ithaka. — 2. Thl. Achilles. 3. Thl. Kleinere Erzählungen. Mit 15 Stahlst. 8. 844. $2^2/_3$ ℔ — Einzeln jeder Bd. n. 1 ℔ — 4. Thl. — A. u. d. T.: Die Geschichte der Perserkriege nach Herodot für die Jugend v. F. J. Günther. 8. Halle 842, Buchhandlung des Waisenhauses. 1 ℔

Becker, Karl Frdr., Erzählungen aus der alten Welt f. d. Jugend. Hrsg. v. Frdr. Aug. Eckstein. 3 Thle. Mit 15 Stahlst. 8. Aufl. 8. (XVI u. 910 S.) Halle 848, Buchhandlung des Waisenhauses. $2^2/_3$ ℔

— — 5. Thl. A. u. d. T.: Die Geschichte der Messenischen Kriege nach Pausanias für die Jugend von Gust. Friedr. Hertzberg. Ebend. 853. 8. (XII, 163 S.) 18 ngr.

— — 4 Thl. 2., verb. Aufl. A. u. d. T.: Die Geschichte der Perserkriege nach Herodot für die Jugend v. F. J. Günther. Ebend. 854. 8. (XXIV, 327 S.) 1 ℔

Becker, C(arl) F(riedr.), Erzählungen aus der alten Welt für die Jugend. 4. Thl. 2., verb. Aufl. A. u. d. T.: Die Geschichte der Perserkriege nach Herodot für die Jugend von F. J. Günther. 2., verb. Aufl. 8. (XXIV und 327 S.) Halle 855, Buchh. des Waisenhauses.

Becker, Karl Friedr., Erzählungen aus der alten Welt für die Jugend. Herausg. von Friedr. Aug. Eckstein. 1—3. Bd. 9. Aufl. Halle 857. Buchhdlg. d. Waisenhauses. 8. 2 ℔ 20 ngr.; einzeln jeder Bd. 1 ℔
Inhalt: 1. Bd.: Ulysses von Ithaka. Mit 5 Stahlst. (IV, 284 S.) — 2. Bd.: Achilles. Mit 5 Stahlst. (320 S.) — 3. Bd.: Kleinere Erzählungen. Mit 5 Stahlst. (XII, 284 S.)

— — 9. Aufl. 2., unveränd. Abdr. Th. 1-3. Ebd. 1861. 8°
Inhalt wie in 14.7448.
(Jugend-Bibliothek d. griechischen u. deutschen Alterthums. 1/3.) 24. 47[∞1.3]. 64[∞1.2].
14.7457

Becker's, Karl Frdr., Erzählungen aus der alten Welt, s. a. Jugend-Bibliothek des griechischen und deutschen Alterthums.

— — dass. — In 3 Thln. (in 1 Bd.). Neue durchgeseh. Ausg. von Max Moltke. 1.—3. Aufl. Mit 3 Illustr. (Holzschntaf.) von H. Leutemann. gr. 16. (XII, 218; 260; 222 S.) Leipzig 868—76, Gebhardt's Verlag. cart. *

— — Hrsg. von Hermann Masius. 10., durchges. Aufl. Th. 1. Ebd. 1871. VI,221 S. 8° Inhalt wie in 14.7448.
(Jugend-Bibliothek ... 1.) 1:Ng 200-1.
14.7458

— — Erzählungen aus der alten Welt für die Jugend. Hrsg. von Herm. Masius. 3 Thle. 11.—13. durchgeseh. Aufl. 8. (Mit je 1 Stahlst. und 4 Holzschntaf.) Halle 870—73, Buchh. des Waisenhauses. geb. *
Inhalt:
Thl. 1. Odysseus von Ithaka. (IV, 224 S.)
" 2. Achilleus. (258 S.)
" 3. Kleinere Erzählungen. (VIII, 214 S.)

— — 12., durchges. Aufl. Th. 2.3. Ebd. 1872. 8°
Inhalt wie in 14.7448.
(Jugend-Bibliothek ... 2.3.) 1:Ng 200-2.3.
14.7459

— — Erzählungen aus der alten Welt für die Jugend. Neue, durchges. Ausg. Th. 1-3. — Leipzig: Gebhardt [1874]. 8°
Inhalt wie in 14.7448.
(Klassische Jugendbibliothek. 2.) 18. 309.
14.7460

Becker's, Karl Frdr., Erzählungen aus der alten Welt f. die Jugend. 13. durchgeseh. Aufl. Hrsg. v. Herm. Masius. 3 Thle. 13. Aufl. 8. Halle 875. Buchh. d. Waisenh. n. 6. —

1. Odysseus v. Ithaka. Mit e. Stahlst. u. 4 Holzschntaf. (IV, 228 S.)
2. Achilleus. Mit e. Stahlst. u. 4 Holzschntaf. (204 S.)
3. Kleinere Erzählungen. Mit e. Stahlst. u. 3 Holzschntaf. (VIII, 223 S.)

— dasselbe. 14. durchgeseh. Aufl. Hrsg. v. Herm. Masius. Volksausg. in 1 Bde. gr. 8. (396 S.) Ebend. 875. n. 3. —

— — Neue, durchges. Ausg. von Max Moltke. 3, Aufl. Leipzig: Gebhardt [1877]. Getr. Pag. 8° **47. 107.**
14.7462

Becker's, Carl Friedr., Erzählungen aus der alten Welt für die Jugend. 15. durchgeseh. Aufl. Hrsg. von Herm. Masius. 8. (XVIII, 718 S. mit 3 Stahlst. und 10 Holzschn.) Halle 878, Buchh. des Waisenhauses. cart.

Becker's, Karl Frdr., Erzählungen aus der alten Welt f. die Jugend. Schulausg. v. Emil Henrici. gr. 8. (300 S.) Berlin 881. Klönne & Müller. n. 1. 80
geb. n. 2. 20; Geschenk-Ausg. cart. 3. —

Becker's, Karl Friedr., Erzählungen aus der alten Welt für die Jugend. 16. Aufl. [Orig.-Ausg.] Hrsg von Herm. Masius. 8. (XVIII, 718 S. mit 3 Stahlst. und 10 Holzschn.) Halle 881, Buchh. des Waisenhauses. cart.

— — dass. — 17. Aufl. [Orig.-Ausg.] Hrsg. von Herm. Masius. Volksausg. in 1 Bde. [Odysseus. Achilleus. Kleinere Erzählungen.] gr. 8. (XIII, 423 S.) Ebendas. 881. cart.

— — dass. — In 3 Thln. Neue durchgeseh. Ausg. von Max Moltke. 4. Aufl. Mit 3 Illustr. (Holzschntaf.) von H. Leutemann. 12. (X, 218; 260; 222 S.) Leipzig 881, Gebhardt. geb. in 1 Bd. *

— — Neu bearb. von Moriz Zeller. T. 1-3. Stuttgart: Kröner [1881]. 8° Inhalt wie in 14.7448.
(Universalbibliothek für d. Jugend. 60/68.)
12[∞3]:Paed.Pr.4405k 60/65. 24.
14.7465

— — dass. — s. Universal-Bibliothek für die Jugend.

Becker's, Karl Friedr., Erzählungen aus der alten Welt für die Jugend. In 3 Tln. Neue durchges. Ausg. v. Max Moltke. 5. Aufl. 8. (XIII, 704 S. mit 3 Illustr. von H. Leutemann.) Leipzig 888, Gebhardt's Verlag. geb. *

Becker's, Karl Friedr. Erzählungen aus der alten Welt f. die Jugend. 18. Aufl. Orig.-Ausg. Hrsg. v. Herm. Masius. gr. 8. (XVIII, 718 S. m. 3 Stahlst. u. 10 Holzschn.) Halle a. S. 890, Buchh. d. Waisenhauses. 4 80; geb. * 6 —

— — Neue, durchges. Ausg. von Max Moltke. 6. Aufl. Leipzig: Gebhardt [um 1890]. XIII,704 S. 8° **207.**
14.7466

Becker's, Karl Frdr., Erzählungen aus der alten Welt f. die Jugend. Orig.-Ausg. 19. Aufl. (XIV, 689 S. m. 10 Holzschn. u. 3 Stahlst.) gr. 8. Halle 904. Buchh. des Waisenhauses. n. 3. 60; geb. in Leinw. n.n. 5. —

— dasselbe. Neue, wohlfeile Ausg. in 3 Tln. 7. Aufl. Besorgt v. Rhold. Hofmann. Mit 8 Bildern nach den Orig.-Kartons zur Odyssee v. Frdr. Preller, nach Entwürfen v. Frdr. Preller dem Jüngeren u. m. e. Darstellg. der Laokoongruppe. Nebst 1 Karte. (XIII, 164, 201 u. 102 S.) 8. Leipzig (904). J. M. Gebhardt. In 1 Leinw.-Bd. 4. —

— — [Teilausg.] Geschichte des Alterthums. (Hrsg.: Emil Kneschke; 2.3: Achilles Liegel.) Bd 1-3. — Hamburg: Henschel & Müller [1874]. 8° **36.**
14.7514

— — griechische Geschichte für die Jugend. Neu bearb. von Carl Barthol. 2. und 3. Thl. 8. (IV, 156; IV, 160 S. mit Initialen, Kopfleisten und Schlußvignetten.) Berlin 880, C. Duncker. à Thl. *
1. Thl. Ebendas. 1879. *ℳ 1.; compl. geb. *ℳ 3,50.

Becker, Karl Frdr., griechische Götter- u. Heldensagen, s.: Greßler's, F. G. L., neue Jugendbücherei. 3. Bd.

— neues Liederbuch f. Freunde d. Gesanges, s. a. Liederbuch.

(—) Neues Liederbuch für Freunde des Gesangs. — Mannheim: Schwan & Götz in Comm. 1794. 261 S. 8°
1:Yd 5341. 10. 180.
14.7446

Becker, Karl Friedrich, Lehrer. Oestrich. 1876: Luise Auguste Wilhelmine Amalie, Königin von Preußen. Ihr Leben, Wirken, Dulden u. Sterben. Zur Feier d. 100jährigen Geburtstages d. hochseligen Königin, den 10. März 1876. — Oestrich: Etienne [1876]. 32 S. 8° **33. 43.**
14.7518

Becker, Karl Friedrich

— Die Weltgeschichte, für Kinder u. Kinderlehrer. (10: Nach d. Verf. Tode fortges. von Johann Gottfried Woltmann; 11.12: Die Weltgeschichte.) Th. 1-12. — Berlin: Frölich (10ff.: Duncker & Humblot) 1801-25. 8°
10 mit Nebent.: Die Weltgeschichte für d. Jugend. 1809.
11.12. Menzel, Karl Adolf: Geschichte unserer Zeit seit d. Tode Friedrichs d. Zweiten. Th. 1.2. 1824-25.
In dieser u. d. folgenden Ausgaben fehlt in einzelnen Exemplaren teils d. Haupt-, teils d. Nebentitelblatt.
1[∞1.6]:2-5.7-10-Py 287; 11.12-Py 298. 2. 3[∞7.10/12]. 5[∞1/10]. 6[∞1/10]. 7[∞2/12]. 10[∞1/9.11.12]. 11[∞2.3.11.12]. 15[∞1/10]. 17[∞1/10]. 18[∞1/3]. 23[∞1.7.12]. 24[∞1/10]. 27[∞1/9.11.12]. 30[∞1/9]. 31[∞1/10.12]. 33[∞1/9]. 34[∞1]. 36[∞11.12]. 41[∞1/9.11.12]. 42[∞1/9]. 46[∞1/10]. 47[∞9.11.12]. 48[∞1/10]. 79[∞2]. 106[∞1/10]. 123[∞1/9]. 303[∞10]. 304[∞1/10].
14.7471

— — Die Weltgeschichte, für Kinder u. Kinderlehrer (10: Die Weltgeschichte. Nach d. Verf. Tode bearb. von Johann Gottfried Woltmann). 2., verb. Aufl. Th. 1-10. — Berlin: Frölich (10: Duncker & Humblot) 1804-17. 8°
1-9 mit Nebent.: Die Weltgeschichte für d. Jugend. 1804-07.
1[∞1/9]:Py 290-10. 2[∞1/5]. 3[∞1/6.8/10]. 10[∞10]. 11[∞4/10]. 18[∞10]. 23[∞10]. 27[∞1/4.10]. 30[∞1.2]. 32[∞1/4]. 33[∞1.10]. 34[∞2/5]. 41[∞1/3.10]. 42[∞1/3.9.10]. 47[∞1/3.10]. 79[∞1/4]. 109[∞1/4]. 123[∞1/3.10].
14.7474

— — Die Weltgeschichte, für die Jugend. 3. Aufl. Bearb. von Johann Gottfried Woltmann. Th. 1.2. — Berlin: Duncker & Humblot 1810. 8°
17. 18. 27. 30. 42. 47. 79. 123.
14.7475

Becker, K. F., Weltgeschichte für die Jugend. Berl. 801-809. 10 Theile. 8. 19 rthl. 20 gr. Wien 813. 10 Theile. 8. Neue von Woltmann fortgesetzte 3te Ausg. Berlin 816-21. 10 Thle. 8. 20 rthl. (Jedoch sind die einzelnen Theile von verschiedenen Ausgaben). Theil. 3, Ausgabe 4. (Römische Geschichte). 822.

— — 3., unveränd. Aufl. Th. 1-9. Stuttgart: Macklot 1813-15. 8° **8[∞1.9]. 24. 31. 304.**
14.7477

— — 3., unveränd. Aufl. Th. 3. Ebd. 1814. VIII,598 S. 8°
2. 6. 17. 30. 32. 34. 42. 47. 79. 109. 123.
14.7476

— — Die Weltgeschichte, für die Jugend. Nach d. Verf. Tode fortges. von Johann Gottfried Woltmann. Neue Aufl. Th. 10. — Ebd. 1815. VI,550 S. 8° **8. 24. 31. 304.**
14.7473

— — Die Weltgeschichte, für die Jugend (5: Die Weltgeschichte). 3.,verb. Aufl. Th.4.5. — Berlin: Duncker & Humblot 1816-19. 8°
4. 1816. 5. Bearb. von Johann Gottfried Woltmann. 1819.
2. 17. 33. 34. 42.
14.7478

— — Die Weltgeschichte. 4.Aufl. Bearb. von Johann Gottfried Woltmann. Th.1-3. — Ebd. 1817-23. 8°
1. 1817. 2. 4.,verb. Aufl. 1817.
3. 4.,verb. u. verm. Aufl., bearb. von Johann Gottfried Woltmann; hrsg. von Georg Gustav Samuel Köpke. 1823.
1[∞3]:Py 296. **2**[∞3]. **17**[∞3]. **30**[∞3]. **32**[∞3]. **33. 34**[∞3]. **48. 109**[∞3]. **117**[∞1.2].
14.7480

— — Die Weltgeschichte, für die Jugend. (10: Nach d.Verf. Tode fortges. von Johann Gottfried Woltmann.) 4.,unveränd. Aufl. Th.1-10. — Stuttgart: Macklot 1818-19. 8°
12:H. Un. 24c-1/10. **17. 19. 24. 26. 30. 31. 47. 75. 123.**
14.7481

— — Die Weltgeschichte, für die Jugend. Fortges. von Karl Heinrich Ludwig Pölitz. Th.11.12. — Stuttgart: Macklot 1819. 8°
11.12. Poelitz: Die europäischen Völker u. Staaten am Ende d. 18. u. am Anfange d. 19. Jahrhunderts. Th.1.2.
7. 12:H. Un. 24c-11.12. **17. 19. 24. 26. 27. 30. 31. 42. 123.**
14.7472

— — Die Weltgeschichte. 3.,rechtmäßige Aufl. Th.4.6-10. Ebd. 1819-21. 8°
4. 1819. 6-9. 1820.
10. Bearb. von Johann Gottfried Woltmann. 1821.
1[∞4.7/10]. **17**[∞4]. **32**[∞4.6/9]. **33**[∞4]. **42**[∞4.9]. **48. 117**[∞4.6/9].
14.7479

— deſſ. 11r u. 12 Thl. A. u. d. T.: K. F. Menzel Geſchichte unſerer Zeit ſeit dem Tode Friedrichs des Zweiten. 2 Thle. 8. Ebend. 826.

— — Weltgeschichte. 5.,verb. Ausg., mit d. Forts. von J.G. Woltmann u. K.A.Menzel. Th.1-12. — Berlin: Duncker & Humblot 1824-27. 8°
11.12. Menzel, Karl Adolf: Geschichte unserer Zeit seit d. Tode Friedrichs d. Zweiten. 2., verb. Aufl. Th.1.2. 1827.
1:Py 301. **2. 3. 7. 9. 18. 26. 30. 32. 33. 36. 38. 41. 44. 51. 61. 79. 111. 117. 123. 300**:21 H 13.
14.7482

— — Die Weltgeschichte, für die Jugend. 5. Ausg. Neu durchges. (10ff.: Fortges.) von Karl Pfaff. Th.1-12. — Stuttgart: Macklot 1825-26. 8°
1-10. 1825.
11.12. Pfaff: Geschichte d. neuesten Zeit, für d. Jugend bearb. Th.1.2. 1825-26.
17[∞1.12]. **24. 82. 180**[∞5.7.8.12]. **309.**
14.7483

— — 6.Ausg., neu bearb. von Johann Wilhelm Loebell. Mit d. Forts. von J.G.Woltmann u. K.A.Menzel. Th. 1-14. Berlin: Duncker & Humblot 1828-30. 8°
12-14. Menzel, Karl Adolf: Geschichte unserer Zeit seit d. Tode Friedrichs d. Zweiten. 3., verb. Aufl. Th. 1-3. 1830.
1:Py 304.**12**:H. Un. 24d-1/14. **14. 15. 18. 24. 27. 30. 32. 41. 45. 48. 78. 111. 211.**
14.7484

— — 7.,verb. u. verm. Ausg. Hrsg. von Johann Wilhelm Loebell. Mit d. Forts. von J.G.Woltmann u. K.A. Menzel. Th.1-14. — Ebd. 1836-38. 8°
1[∞1/11]:Py 307-12/14. **2. 3. 5. 10. 11. 12**:H. Un. 24ds. **15. 23. 29. 41. 42. 60. 75.**
14.7485

— — 7.,verb. u. verm. Ausg. ⟨2.Abdr.⟩ Hrsg. von Johann Wilhelm Loebell. Mit d. Forts. von J.G.Woltmann u. K.A.Menzel. Th.1-14. — Ebd. 1836-38. 8°
1-4. 1836.
5. Geschichte d. Mittelalters. Neu bearb. von Max Wolfgang Duncker. Th. 2. 1837.
6. 1837.
7. Geschichte d. neueren Zeit. Neu bearb. von Johann Wilhelm Loebell. Th. 1. 1837.
8.9. 1837. 10. 1838.
11. Geschichte d. neueren Zeit. Neu bearb. von Johann Wilhelm Loebell. Th. 5. 1838.
12-14. Menzel, Karl Adolf: Geschichte unserer Zeit seit d. Tode Friedrichs d. Zweiten. 4., verb. u. verm. Ausg. Th. 1-3. 1838.
1[∞12/14]:Py 307-1/11. **4. 10. 14. 18. 19. 20. 22. 23. 29. 41. 42. 47. 52. 62. 79. 106. 111. 123. 180. 207. 209. 211. 300**:36W95. **308.**
14.7486

— — Suppl.-Bd zu allen früheren Ausgaben. Ebd. 1838. IV, 278 S. 8°
Suppl.-Bd. Menzel, Karl Adolf: Geschichte d. Jahre 1815 bis 1837.
1:Qo 1316. **7. 11. 27. 30. 45. 75. 207.**
14.7487

— — 7.,verb. u. verm. Ausg. ⟨3.Abdr.⟩ Hrsg. von Johann Wilhelm Loebell. Mit d. Forts. von J. G. Woltmann u. K.A.Menzel. Th.1-14. — Ebd. 1841. 8°
1-3. Geschichte d. alten Welt. Neu bearb. von Johann Wilhelm Loebell. Th. 1-3.
4-6. Geschichte d. Mittelalters. Neu bearb. von Max Wolfgang Duncker. Th. 1-3.
7-11. Geschichte d. neueren Zeit. Neu bearb. von Johann Wilhelm Loebell. Th. 1-5.
12-14. Menzel, Karl Adolf: Geschichte unserer Zeit seit d. Tode Friedrichs d. Zweiten. 4., verb. u. verm. Ausg. Th. 1-3.
6. 23. 30. 34. 38. 42. 52. 107. 302. 305.
14.7488

Becker, Karl Friedr., Weltgeſchichte. 7., verb. u. verm. Ausg. Hrsg. v. J. W. Loebell. Mit d. Fortſetz. v. J. G. Woltmann u. K. A. Menzel (1—) 3. Abdruck. 14 Bde. (28 Lfgn.) gr. 8. (ca. 350 B.) Berlin 841, 42, Duncker u. Humblot. à * 8 Gr. *
14 Stahlſtiche (Titelkupfer) zu Becker's Weltgeſch. Nach guten Orig.-Zeichn. geſtoch. v. berühmt. Künſtlern (C. Mayer, Schuler, Schwerdtgeburth, Roßmäßler u. A.) gr. 8. Berlin, Heymann. 1 Thlr. 18 Gr., Hrbgſ. Pr. 1 Thlr. 4 Gr.
Karten zu Becker's Weltgeſch. ſ. Löwenberg, J.

— Weltgeſchichte. 7. verbeſſerte und vermehrte Ausgabe. (3. Abdruck.) Herausgeg. von Jh. Wlh. Loebell. Mit den Fortſetzungen von J. G. Woltmann und K. A. Menzel. 28 Liefer. gr. 8. Berlin 841—43, Duncker u. Humblot. à n. 1/3 ℛ — 4. unveränd. Abdr. (In 28 Lfr. oder 14 Bdn.) gr. 8. Ebd. 844. à n. 1/3 ℛ

—— Weltgeſchichte. 7., verb. u. verm. Ausg. (4., unveränd. Abdr.) Hrsg. v. Joh. Wilh. Loebell. Mit d. Fortſetzungen v. J. G. Woltmann u. K. A. Menzel. (28 Lfgn.) 14 Bde. gr. 8. (ca. 350 B.) Berlin 844, Duncker u. Humblot. à Lfg. * 10 Ngr. *
Bd. 1—3. Geſchichte d. alt. Welt. Neu bearb. v. J. W. Loebell. * 2 Thlr.
" 4—6. Geſchichte d. Mittelalters. Neu bearb. v. Max Wolfg. Duncker. * 2 Thlr.
" 7—11. Geſchichte der neueren Zeit. Neu bearb. v. J. W. Loebell. * 3 Thlr. 10 Ngr.
" 12—14. Geſchichte unſerer Zeit ſeit d. Tode Friedrichs II., von K. A. Menzel. 4., verb. u. verm. Ausg. * 2 Thlr.

—— Weltgeſchichte. 15. Bd. A. u. d. T.: Geſchichte der letzten 40 Jahre von Ed. Arnd. Ergänzungs-Band zu allen Ausg. 1—7. Lfg. (des ganzen Werkes 29—35. Lfg.) gr. 8. Berlin, Duncker und Humblot. [1. Thl. VII und 504 S.) 854. * 1 Thlr., 2. Thl. (XI und 598 S.) 855. * 1 Thlr. 10 Ngr.]
1—14. Bd. Ebendaſ. 1844. * 9 Thlr. 10 Ngr.

—— Weltgeſchichte. 15. Bd. A. u. d. T.: Geſchichte der letzten 40 Jahre von Ed. Arnd. Supplement zu allen Ausgaben. 2. (Titel-)Ausg. 2 Thle. oder 8 Lfgn. gr. 8. Berlin 855. 57, Duncker und Humblot. [1. Thl. (VIII und 504 S.) 2. (X und 598 S.) à Lfg. * 6 Ngr.]

— Weltgeſchichte. 8. neu bearb., bis auf die Gegenwart fortgeführte Ausg. Herausg. von Adf. Schmidt. Mit der Fortſetzung von Ed. Arnd. 18 Bde. Berlin 860—64. Duncker & Humblot. gr. 8. (XCVIII, 8238 S.) n. 12 ℛ

— — 8., neu bearb., bis auf d. Gegenwart fortgeführte Ausg. Hrsg. von Adolf Schmidt. Mit d. Forts. von Eduard Arnd. Bd 1–[22] [nebst] Suppl. Bd 1.2. — Berlin (19ff.: Leipzig): Duncker & Humblot 1860–78. 8°
1-4. Alte Geschichte. 1-4. 1860-61.
5-8. Mittlere Geschichte. 1-4. 1861-62.
9-13. Neuere Geschichte. 1-5. 1862-63.
14-18. Arnd: Geschichte d. neuesten Zeit. 1789 bis 1860. Bd 1-5. 1860-63.
[19-22.] Suppl. Bd 1.2. Arnd: Geschichte d. Gegenwart. Bd [1-]6. 1868-78.
1[∞22]: 1–18 – Py 309-1/18; 19.20 – Qo 3412; 21. Suppl. Bd 1.2 – Py 309 – Forts. 3.5.6. 12: H. Un. 24e. 24. 27. 46. 300 [∞ 1/18. Suppl. Bd 2]: 19.20 – 31.813; 21.22 – 38.410; Suppl. Bd 1 – 537.543 – B.
14.7492

— — 8., neu bearb., bis auf d. Gegenwart fortgeführte Ausg. Hrsg. von Adolf Schmidt. Mit d. Forts. von Eduard Arnd. Bd 5. — Leipzig: Duncker & Humblot 1866. IV, 320 S. 8°
5. Mittlere Geschichte. 1. 1866. 91.
14.7493

— — 8., neu bearb., bis auf d. Gegenwart fortgeführte Ausg. Hrsg. von Adolf Schmidt. Mit d. Forts. von Eduard Arnd. Neuer Abdr. Bd 1–18. — Ebd. 1867. 8°
1-4. Alte Geschichte. 1-4. 1867.
5-8. Mittlere Geschichte. 1-4. 1867.
9-13. Neuere Geschichte. 1-5. 1867.
14-18. Arnd: Geschichte d. neuesten Zeit. 1789 bis 1860. Bd 1-5. 1867.
7[∞ 1/13]. 10[∞ 1/13]. 14[∞13/18]. 26. 33[∞ 1.2]. 41[∞ 1/13]. 91[∞1.2.16/18]. 206. 207.
14.7494

— — 8., neu bearb., bis auf d. Gegenwart fortgeführte Ausg. Hrsg. von Adolf Schmidt. Mit d. Forts. von Eduard Arnd. Neuer Abdr. Bd 16–18. — Ebd. 1868. 8°
16-18. Arnd: Geschichte d. neuesten Zeit. 1789 bis 1860. Bd 3-5. 1868. 91.
14.7495

— — 8., neu bearb., bis auf d. Gegenwart fortgeführte Ausg. Hrsg. von Adolf Schmidt. Mit d. Forts. von Eduard Arnd. Neuer Abdr. Bd 4.6.18. — Ebd. 1869. 8°
4. Alte Geschichte. 4. 1869.
6. Mittlere Geschichte. 2. 1869.
18. Arnd: Geschichte d. neuesten Zeit. 1789 bis 1860. Bd 5. 1869.
9[∞18]. 14[∞4.6]. 31. 36[∞4.6]. 38[∞4.6]. 47. 79[∞4.6]. 304[∞4.18]. 309[∞18].
14.7496

— — 8., neu bearb., bis auf d. Gegenwart fortgeführte Ausg. Hrsg. von Adolf Schmidt. Mit d. Forts. von Eduard Arnd. 3., verm. Aufl. Bd 1–20. — Ebd. 1869. 8°
1-4. Alte Geschichte. 1-4. 1869.
5-8. Mittlere Geschichte. 1-4. 1869.
9-13. Neuere Geschichte. 1-5. 1869.
14-18. Arnd: Geschichte d. neuesten Zeit. 1789 bis 1860. Bd 1-5. 1869.
19.20. Arnd: Geschichte d. Jahre 1860 bis 1867. Bd 1.2. 1869.
7[∞3/20]. 9[∞4.6.8/15.17.18]. 14[∞1/12.18]. 17[∞1/19]. 25[∞2/20]. 27[∞1/16]. 30[∞1.2.9/20]. 31[∞4.6.18]. 32[∞2/20]. 33[∞1/18]. 36[∞18]. 38[∞18]. 47[∞4.6.9/11.18]. 79[∞18]. 123[∞14.15.17.18]. 206[∞1/18]. 302[∞2/20]. 304[∞2.7.9/18]. 309[∞1.2.4.6/18].
14.7497

— — 8., neu bearb., bis auf d. Gegenwart fortgeführte Ausg. Hrsg. von Adolf Schmidt. Mit d. Forts. von Eduard Arnd. 3., verm. Aufl. Bd 2.6–18. — Ebd. 1870. 8°
2 Alte Geschichte. 2. 1870.
6-8. Mittlere Geschichte. 2-4. 1870.
9-13. Neuere Geschichte. 1-5. 1870.
14-18. Arnd: Geschichte d. neuesten Zeit. 1789 bis 1860. Bd 1-5. 1870.
9[∞2.6.7.15.16]. 25[∞2.6.7.9.10.15.16]. 32[∞2.6.7.9/18]. 33[∞2.6/16.18]. 47[∞2.6/18]. 123[∞2.6/13.16]. 203[∞2.6/12.14/16.18]. 304[∞6.8]. 309[∞6.15.16].
14.7498

— Weltgeschichte für das deutsche Volk. 8., neu bearb., bis auf die Gegenwart fortgeführte Ausg. Hrsg. von Adf. Schmidt, mit der Fortsetzung von Ed. Arnd. 3. verm. Aufl. 1. Abdruck 1869, 2. Abdruck 1871, und neuester Abdruck. 20 Bde. in 80 Lfgn. gr. 8. (X, 504; IV, 418; IV, 395; IV, 280; IV, 320; IV, 296; IV, 292; IV, 332; IV, 380; IV, 466; IV, 440; V, 410; VIII, 399; VI, 539; VI, 608; VI, 384; VI, 588; VII, 636; III, 352; III, 272 S.) Leipzig 874,75, Duncker und Humblot. à Lfg. * 50 Pf.; compl. * geb. *

— — 8., neu bearb., bis auf d. Gegenwart fortgeführte Ausg. Hrsg. von Adolf Schmidt. Mit d. Forts. von Eduard Arnd. 3., verm. Aufl. Bd 2–5.7–9.19.20. — Ebd. 1871. 8°
2-4. Alte Geschichte. 2-4. 1871.
5.7.8. Mittlere Geschichte. 1.3.4. 1871.
9. Neuere Geschichte. 1. 1871.
19.20. Arnd: Geschichte d. Jahre 1860 bis 1867. Bd 1.2. 1871.
25[∞5.8]. 32[∞5.8.19.20]. 33[∞2/9]. 60[∞5.9.19.20]. 91[∞3/5.7/9.19.20]. 109[∞5]. 203[∞5]. 302[∞5].
14.7499

— — 8., neu bearb., bis auf d. Gegenwart fortgeführte Ausg. Hrsg. von Adolf Schmidt. Mit d. Forts. von Eduard Arnd. 3., verm. Aufl. Bd 1.6.10–18. — Ebd. 1872.
1. Alte Geschichte. 1. 1872.
6. Mittlere Geschichte. 2. 1872.
10-13. Neuere Geschichte. 2-5. 1872.
14-18. Arnd: Geschichte d. neuesten Zeit. 1789 bis 1860. Bd 1-5. 1872.
25[∞1.11/18]. 30[∞1.6.10/17]. 32[∞1.6.11/18]. 33[∞1.6.10/17]. 60[∞10]. 91[∞6.10/18]. 109[∞6.15.16]. 203[∞6.10.13.16.17]. 302[∞1].
14.7500

— — 8., neu bearb., bis auf d. Gegenwart fortgeführte Ausg. Hrsg. von Adolf Schmidt. Mit d. Forts. von Eduard Arnd. 3., verm. Aufl. Bd 2.14–17.21.22. — Ebd. 1873. 8°
2. Alte Geschichte. 2. 1873.
14-17.21.22. Arnd: Geschichte d. neuesten Zeit. 1789 bis 1871. Bd 1-4.8.9. 1873.
30[∞2.21.22]. 33[∞2.14/17]. 60[∞2.14/17]. 207[∞14/17.21.22]. 302[∞2.14/17]. 304[∞2.14/17]. 308[∞14/17.21.22]. 309[∞2.14/17].
14.7501

— dasselbe. 8. neu bearb., bis auf die Gegenwart fortgeführte Ausg. Hrsg. v. Adf. Schmidt. Mit der Fortsetzg. v. Ed. Arnd. 3. verm. Aufl. 21. u. 22. Bd. gr. 8 Leipzig 874. Duncker & Humblot. à n. 2. —
Geschichte der neuesten Zeit 1789—1871 v. Ed. Arnd. 8. u. 9. Bd (419 u. 236 S.)

— — 8., neu bearb., bis auf d. Gegenwart fortgeführte Ausg. Hrsg. von Adolf Schmidt. Mit d. Forts. von Eduard Arnd. 4., verm. Aufl. Bd 1–9.14–22. — Ebd. 1874–76. 8°
1-4. Alte Geschichte. 1-4. 1874-75.
5-8. Mittlere Geschichte. 1-4. 1875.
9. Neuere Geschichte. 1. 1875.
14-22. Arnd: Geschichte d. neuesten Zeit. 1789 bis 1871. Bd 1-9. 1875-76.
16[∞1.2.19.20]. 18[∞1/9.14/21]. 25[∞2.4]. 32[∞1/9.14/20]. 41[∞1/7.9.16/22]. 60[∞1.2.4.19.20]. 61[∞1.2.5/9.14/22]. 123[∞1/7.9.14/22]. 180[∞1]. 207[∞2]. 214[∞2/9.14/22]. 308[∞2].
14.7503

— — 8., neu bearb., bis auf d. Gegenwart fortgeführte Ausg. Hrsg. von Adolf Schmidt. Mit d. Forts. von Eduard Arnd. 4., verm. Aufl. Neuester Abdr. Bd 10–13. — Ebd. 1875. 8°
10-13. Neuere Geschichte. 2-5. 1875.
16. 25. 60. 180. 207. 308.
14.7505

— — Weltgeschichte. Neu durchgesehen u. hrsg. von Emil Kneschke (2ff.: von Achilles Liegel). Bd 1–6. — Altona: Verlags-Bureau [1875]. 8° 12: H. Un. 24eb.
14.7507

— — 8., neu bearb., bis auf d. Gegenwart fortgeführte Ausg. Hrsg. von Adolf Schmidt. Mit d. Forts. von Eduard Arnd. 4., verm. Aufl. Neuester Abdr. Bd 1–6.9–22. — Ebd. 1876. 8°
1-4. Alte Geschichte. 1-4. 1876.
5.6. Mittlere Geschichte. 1.2. 1876.
9-13. Neuere Geschichte. 1-5. 1876.
14-22. Arnd: Geschichte d. neuesten Zeit. 1789 bis 1871. Bd 1-9. 1876.
16[∞3/6.9/18.21.22]. 18[∞1/6.9/18.22]. 41[∞1.2.10/15.19/21]. 60[∞3/6.9/18.21.22]. 123[∞6]. 180[∞2/6.9/22]. 309[∞2/6.9/22].
14.7506

— — 8., neu bearb., bis auf d. Gegenwart fortgeführte Ausg. Hrsg. von Adolf Schmidt. Mit d. Forts. von Eduard Arnd. 4., verm. Aufl. Bd 6.7. — Ebd. 1878. 8°
6.7. Mittlere Geschichte. 2.3. 1878. 41[∞6]. 123.
14.7504

—— Weltgeschichte für das deutsche Volk. 8. neu bearb., bis auf die Gegenwart fortgeführte Ausg. Hrsg. von Adf. Schmidt. Mit der Fortsetzung von Ed. Arnd. 4. verm. Aufl. Neuester Abdr. 1. und 2. Suppl.-Bd.: Geschichte der Jahre 1871 bis 1877 von Const. Bulle. 2 Bde. gr. 8. (VIII, 421; IV, 331 S.) Leipzig 878, Duncker und Humblot. à Bd.
geb. à Bd. *
Komplet 22 Bde. und 2 Suppl.-Bde. (1874—79) *M. 54.; geb. *M 70,40.

—— Weltgeschichte. Neu bearb. u. bis auf d. Gegenwart fortgeführt von Wilhelm Müller. Bd 1-12. — Stuttgart: Kröner 1884-86. 8°
14. 23. 24. 27. 31. 41. 61. 64. 102. 169. 207. 309.
14.7508

— Weltgeschichte. 3. Aufl. Neu bearb. u. bis auf die Gegenwart fortgeführt v. Wilh. Müller. Mit zahlreichen Illustr. u. Karten. 66 Lfgn. 8. Stuttgart 891—893. Union. à — 40 (à Bd. n. 2. 20; geb. in 6 Doppelbde. à n. 6. —)
1. Bd. (VII, 397 S.) — 2. Bd. (VII, 308 S.) — 3. Bd. (VIII, 496 S.) — 4. Bd. (VI, 374 S.) — 5. Bd. (V, 290 S.) — 6. Bd. (VII, 304 S.) — 7. Bd. (VI, 310 S.) — 8. Bd. (VI, 314 S.) — 9. Bd. (VI, 306 S.) — 10. Bd. (VI, 290 S.) — 11. Bd. (VI, 284 S.) — 12. Bd. (VI, 336 S.)

Becker's, K. F., Weltgeschichte. Neu bearb. u. bis auf die Gegenwart fortgeführt v. K. H. Groß u. J. Miller. 4. Aufl. (In 66 Lfgn.) 1.—59. Lfg. 8. Stuttgart (900—902). Union. à — 40; auch in 12 Bdn. à n. 2.20 u. in 6 geb. Doppelbdn. à n. 6.—
1. Bd. (VI, 322 S. m. Abb. u. 1 Karte.) — 2. Bd. (VII, 295 S. m. Abb.) — 3. Bd. (VIII, 416 S. m. Abb.) — 4. Bd. (VI, 411 S. m. Abb. u. Karte.) — 5. Bd. (VI, 323 S. m. Abb.) — 6. Bd. (VI, 337 S. m. Abb.) — 7. Bd. (VI, 356 S. m. Abb.) — 8. Bd. (VI, 325 S. m. Abb.) — 9. Bd. (VI, 308 S. m. Abb. u. 2 Karten.) — 10. Bd. (VI, 320 S. m. Abb.) — 11. Bd. (S. 1—112 m. Abb. u. 1 Karte.)

— Weltgeschichte. Neu bearb. u. bis auf die Gegenwart fortgeführt v. K. H. Groß u. J. Miller. 4. Aufl. 60.—66. (Schluß-)Lfg. (11. Bd. VI u. S. 113—254 u. 12 Bd. VI, 301 S. m. Abbildgn. u. 1 farb. Karte.) 8. Stuttgart 903. Union. à n. — 40; auch in 12 Bdn. à n. 2. 20 od. in 6 geb. Doppelbdn. à n. 6. —

— dasselbe. Neueste Zeit. Von der französ. Revolution bis zur Gegenwart. 1789—1902. Neu bearb. v. K. H. Groß. 2 Bde. (VIII, 628 S. m. 193 Abbildgn. u. 1 Karte u. VIII, 553 S. m. 241 Abbildgn. u. 1 Karte.) gr. 8. Ebd. (903). n. 10. 50: geb. in Leinw. n. 14. —

Becker's, KF, Weltgeschichte. Neu bearb. v. J Miller u. KH Grotz. Bis auf d. Gegenwart fortgeführt v. E Hesselmeyer. Mit Illustr. u. Ktn. 5. Afl. 12 Bde. (6,322; 7,295; 8, 446; 6, 411; 6, 323; 6, 337; 6, 356; 6, 325; 6, 308; 6, 320; 6, 254; 6, 360) 8° Stuttg., Union ('10'11). je 2.20; in 6 Bde geb., L je 6 —; HLdr je 6.50; zus. in Karton 36 —; bezw. 39 —; auch in 66 Lfgn zu je — 40 d

Becker, Karl Friedrich Christian

— **Carl Friedrich Christian** (Greiz), An et quatenus collegium culpam ab uno alterove ex suis membris vel antecessoribus commissam praestare teneatur expendens. Diss. jur. Göttingen (A. Vandenhoeck) 16. IX. 1741. 32 S. (5.—) 1670
Gew.: Gerl. Adolf v. Münchhausen.

Becker, Karl Friedrich Christian: Dissertatio inauguralis iuridica An et quatenus collegium culpam ab uno alterove ex suis membris vel antecessoribus commissam praestare teneatur? Rec. — Jenae 1744: Heller. 48 S. 8°
Erschien zuerst als Diss. Göttingen 1741.
12: 4° Diss. 3037-5. **19. 23. 24. 25. 28. 30. 36.**
300: 22.274-B. **302.**
14.7519

Becker, Karl Gustav Adolf: De Motu corporum libere cadentium. Part. 1. — Vratislaviae: Hirt 1840. 55 S. 8°
1. Historiam huius scientiae litterariam cont.
Zugleich Diss. Breslau 1840.
1: Og 116. **15. 21. 41. 300:** 19.684-B.
14.7520

Becker, Carl H[einrich], Dr. phil.: Beiträge zur Geschichte Ägyptens unter dem Islam. (H. 1.) *Strassburg: K. J. Trübner 1902.* (80 S.) 8° ¶ (Die Indices folgen in einem späteren Hefte.)
Heidelberg, Phil. Hab.-Schr. v. 1902

Becker, Carl H., Beiträge zur Geschichte Ägyptens unter dem Islam. 2. Heft. (V u. S. 81—198.) gr. 8. Strassburg 903. K. J. Trübner. n. 8. 50
1. Hft. Ebd. 902. n. 2. 50.

— Christentum und Islam. — Tübingen: Mohr 1907. 56 S. 8° (Religionsgeschichtliche Volksbücher für d. deutsche christliche Gegenwart. 3,8.)
1: Bd 7001/8-3,8. **2→7. 9. 10. 11. 12:** Th. U. 387z-III,8. **14→18. 20. 21. 24. 26→31. 36. 38. 39. 48. 60. 61. 79. 107. 123. 169. 206. 207. 211. 302→304.**
14.7528

Becker, Karl Heinrich, s. Islam, Der.

— Der Islam und die Kolonisierung Afrikas. — Berlin: Scherl [1910]. 26 Sp. 4°
Aus: Internationale Wochenschrift für Wissenschaft, Kunst u. Technik. 4. 1910.
18. 21.
14.7530

Becker, C. H., die Kanzel im Kultus des alten Islam, s. a. Studien, orientalische.

— Die Kanzel im Kultus des alten Islam. — Gießen: Töpelmann 1906. 21 S. 8°
Aus: Orientalische Studien. Theodor Nöldeke zum 70. Geburtstag. 1. 1906. **4. 16. 17. 169.**
14.7541

Becker, Karl Heinrich

— s.: Ibn Gauzī's Manāqib 'Omar Ibn 'Abd el 'Azīz.

Becker, Carl Heinrich: Ibn Gauzī's **Manāqib** 'Omar ibn 'Abd el 'Azīz besprochen und im Auszuge mitgeteilt. *Leipzig 1899: W. Drugulin.* (VIII, 22, 168 S.) 8°
Heidelberg, Phil. Diss. v. 1899

— Ibn Gauzī's Manāqib 'Omar Ibn 'Abd el 'Azīz. Besprochen u. im Auszuge mitgeteilt. — Berlin: Calvary 1900. VIII,22,168 S. 8° Zugleich Diss. Heidelberg 1899.
1: Um 1309. **7. 12:** A. or. 1034 f. **15. 21.**
300: 404.390 B.
14.7543

— Panislamismus. — Leipzig 1904. S. 169-192. 8°
Aus: Archiv für Religionswissenschaft. 7. 1904. **21.**
14.7545

— s.: Papyri Schott-Reinhardt I.

Becker, Karl Heinrich, s. Studien z. Geschichte u. Kultur d. islam. Orients.

Becker, Karl Johann Friedrich: Dichterische Versuche aus den neuesten Zeitereignissen geschöpft. — Liegnitz 1830: D'oench. IV,108 S. 8° **1:** Yn 5931. **2. 7.**
14.7554

Becker, C. J. F., dichterische Versuche, aus d. neuesten Zeitereignissen geschöpft. 8. Liegnitz 830. (Kuhlmey). 6 gr.

— **Carl Josef Theodor** (Herrnhut), De acidi hydrocyanici vi perniciosa in plantas. Diss. med. Jena (Schreiber & Co.) 21. XI. 1823. 24 S. (4.—) 1671

Becker, Car. Julius Ric. (geb. Eschweiler 23. 5. 1840): De epilepsia. Berolini (1867). (32 S.) 8°
Berlin, Med. Diss. v. 17. Aug. 1867

Becker, Karl Leopold, Referendar in Metz in Lothr.: Das sogenannte qualifizierte Geständnis. Metz 1908: Buchdr. „Le Messin". (79 S.) 8° [F.]
Heidelberg, Jur. Fak., Ref. v. Lilienthal, Diss. v. 1908
[Geb. 18. Juli 84 Metz; Wohnort: Metz; Staatsangeb.: Elsaß-Lothringen; Vorbildung: Gymn. Altkirch Reife Juni 02; Studium: Freiburg i. B. 1, Bonn 2, Straßburg 1, Berlin 1, Straßburg 2 S.; Rig. 19. Febr. 08.]

Becker, Karl Theodor: Festschrift zur Weihe der evangelischen Kirche in Solingen . . . 1901. — Solingen: Selbstverl. d. Presbyteriums 1901. 44 S. 8° **62.**
14.7556

Becker, Karl Th., die Volksschule der Siebenbürger Sachsen. Ein Ueberblick über ihre geschichtl. Entwickelg. m. e. Anh. erklär. Beilagen. Als Arbeit der Dorner-Bach-Stiftg. hrsg. vom evangelisch-theolog. Verein zu Bonn. gr. 8. (II, 156 S.) Bonn 894. O. Paul. n. 2. 50

Becker, Karl Wilhelm: Verzeichniss der Becker'schen Münzen. — (Homburg [um 1830]: Steinhäusser.) 8 S. 8°
30. 43.
14.7558

— Verzeichniß der Becker'schen Suiten von griechischen, römischen, Mittelalter- und modernen Münzen nach ihrem Alter u. verschiedenen Kunstepochen geordnet. — o. O. [um 1830]. 7 S. 8° 1:Pi 7312.
14.7559

Becker, Kaete, geb. Sturmfels, Schriftstellerin, Darmstadt, geb. 1878. 1909 s. *Sturmfels,* Kaete.

Becker, Kaete, Schriftstellerin, Frankenthal i.d. Pfalz, geb. 1849. 1892: Beate. Eine Erzählung in gebundener Rede. — Neustadt a. d. Haardt: Gottschick-Witter 1892. 99 S. 8°
12:P. o. germ. 83x. **24. 107.**
14.7242

— — 2. Aufl. Ebd. 1896. 101 S. 8°
12:P. o. germ. 83xa. **107. 180.**
14.7243

Becker, Käthe, Elsbeth. 8. (144 S.) Neustadt a/H. 896. Gottschick-Witter's Verl.
Geb. in Leinw. m. Goldschn. n. 8. —

Becker, Klemens: Die Aufwendungen des Benediktiner-Klosters Liesborn für Kunst und Wissenschaft um die Wende des 15. Jahrhunderts. ⟨Unter der Regierung des Abtes Johann Schmalebecker 1490—1522⟩. Münster 1904: Joh. Bredt. (24 S.) 8° [F.]
Münster i. W., k. PG OP 1904 (421)

Becker, Klemens, S. J., Münster, 1724-1790. 1766: Compendium iuris Decretalium ex ipsis Decretalibus collectum. Monasterii Westph.: Aschendorf 1772. 315 S. 8°
6. 12: J. can. U. 6h [2 Ex.] **16. 19. 61. 211. 303.**
14.7567

— Decretum Gratiani abbreviatum, cum designatione fontium, unde singula desumsit, notisque chronologicis, criticis, et historicis. Acc. maiora quaedam excerpta ex binis Just. Henningi Boehmeri Ad Decretum, & Decretales dissertationibus, cum app. Synopseos virorum clarorum, qui praeter Gratianum canones collegerunt (Verf.: Petrus Pithoeus). — Monasterii Westph.: Aschendorf 1781. 375 S. 8°
6. 12: J. can. F. 44f. **16. 19. 180. 208.**
14.7568

Becker, Klemens
— Dissertationes ad historiam conciliorum generalium de divina incarnatione. — Coloniae [usw.]: Pütz 1776. 354 S. 8°
6. 12: Conc. C. 4 [2 Ex.] **16. 19. 25.**
14.7569

— — Monasterii Westph.: Aschendorf 1776. 354 S. 8°
1: Cx 788. **5. 6. 211.**
14.7570

— dissert. juris ecclesiast. 3 Tmi. 8. ib.

Becker, dissertationes theol. 3 ptes. 8. Cölln, Fabricius. 772.

— Dissertationes theologicae ad normam publicarum hodie in scholis praelectionum accomodatae. T. 1. 2. — Monasterii Westph.: Aschendorff 1772-73. 8°
3. 5. 6. 16. 19. 52. 60. 61. 102. 211.
14.7571

Becker, Klem., Dissertationes theol. II Tom. 8. Köln 772. Ed. altera 8. Münst. 802. Aschendorf. 1 ℔

— Dogmatica et moralia selecta in exercitationibus theologicis publice proposita, & propugnata. — [Münster]: Koerdinck [1766]. 27 Bl. 8° **61.**
14.7573

— Dissertat. de electione Coadjutorum. 4. Münst. 781. Aschendorf. 3 ℛ

— Historia ecclesiastica practica. Liber 1-7 [nebst] Ind. — Monasterii Westph.: Aschendorf 1782-90. 8°
1. . . . trium primorum seculorum. 1782.
[2.] . . . seculi 4. una cum genuinis Romanorum Pontificum Decretalibus epistolis seculi 5. 1783.
3. . . . seculi 5. una cum Schismate Graecorum, et Concordato Hormisdae Papae, initio seculi 6. 1784.
4. 1785.
5. . . . seculo 8. & 9. 1786.
6. . . . seculo 10., 11. & 12. 1787.
7. . . . seculo 13., 14. & 15. 1787.
Ind. Varii indices . . . confecti & in ordinem redacti a F. X. Brosius et F. Haacke. 1790.
Deutsche Forts. s. *Becker:* Kirchengeschichte d. XVI. u. XVII. Jahrhunderts. 1791.
5. 6. 12 [∞ 6. 7. Ind.]: H. eccl. 103. **16** [∞ Ind.] **19** [∞ Ind.] **20** [∞ Ind.] **36** [∞ 7. Ind.] **66** [∞ Ind.] **180** [∞ 1/5. Ind.] **211.**
14.7574

— Varii indic. in sept. libr. hist. ecclesiast. etc. ib. 809.

Becker, Klemens
— Ius ecclesiasticum universale antiquum per prima septem secula, ex Actis Concilii Chalcedonensis et Corpore canonum, in universa Ecclesia Graeca, et Latina tunc recepto, ed. — Monasterii Westph.: Aschendorf 1777. 50, 183 S. 8°
2. 6. 12: 4° J. can. U. 16 [2 Ex.] **16. 19. 25. 36. 45.**
14.7575

— Des Herrn Clemens Becker Kirchengeschichte des XVI. und XVII. Jahrhunderts bis zu dem Westphälischen Frieden. Nach seinem Tode als e. Forts. seiner lateinischen Kirchengeschichte zum Drucke befördert. — Münster: Aschendorf 1791. 312 S. 8° **2. 3. 6. 16. 19. 52. 60. 64. 211.**
14.7576

— Dissert. canon. de regim. Episcopor. etc. 4. Münst. 784. Aschendorf. 2 ℛ

Becker, Klemens, Oberlehrer: Die Wirtschaftsverhältnisse des westfälischen Benediktinerklosters Liesborn am Ende des Mittelalters. ⟨Unter der Regierung des Abtes Johann Smalebecker 1490—1522.⟩ Bocholt i. W. 1909: Temming. 62 S. 8° ¶ (Ersch. vollst. in: Zeitschrift f. vaterl. Gesch. u. Altertumsk.)
Münster, Phil. Diss. v. 1. Okt. 1909, Ref. Meister
[Geb. 2. Okt. 76 Burgsteinfurt; Wohnort: Bocholt; Staatsangeh.: Preußen; Vorbildung: Paulin. Gymn. Münster Reife O. 99; Studium: Münster 4, München 1, Münster 2 S.; Rig. 19. Juni 09.] [U 10. 3762

Becker, Clem. August. (geb. Burgsteinfurt 1794): De dolore faciei Fothergillii. Berolini (1817). (32 S.) 8°
Berlin, Med. Diss. v. 8. Nov. 1817

Becker, Konrad, Tierarzt, Breslau. 1905: Handbuch für Gespannführer . . . Zur Erinnerung an d. Breslauer Fahrschule d. Schlesischen Zentral-Vereins zum Schutze d. Tiere. (Verf.: K. Becker u. L. Hahn.) — Breslau 1905: (Fleischmann). 36 S. 8° 1: Ov 22678. **2. 41.**
14.7581

Becker, Kornelius
— — Güldnes A.B.C. Augspurgischer Confession. Ein altes, schon vor hundert Jahren verfertigtes Lied über die Augspurgische Confession, in etwas neuern, und durch Beyhülff der Buchstaben leichter zu behaltenden Reimen. — Hanover 1730. 8 S. 8° **23. 29. 35. 41.**
14.7613

— — Die ungeänderte Augspurgische Confession . . . gesangsweise. Leipzig 1631. — Dresden: Zimmermann & Gerlach 1730. 8 S. 8° 1: 7 in Ei 2621. **18.**
14.7612

—— Das königliche Gesang-Buch oder die Psalmen des Königs Davids ... in gebundenen Versen nach bekanten Kirchen-Melodeien samt andern beygefügten gewöhnlichen Kirchen-Liedern. — Dresden: Winckler 1703. 507 S. 8° 7. 14. 24.
14.7604

Becker, Kornel., die Psalmen Davids nach den bekannten Kirchenmelodien abgefaßt. 8. Dresd. 759. Walther. 4 gr

Becker, Kurt, aus Wiesbaden: Ueber die elektrochemische Darstellung der hydroschwefligen Säure. *Gießen 1903: v. Münchow.* (44 S.) 8°
Gießen, Phil. Diss. v. 1903

-03

Becker, Kurt: Zur funktionellen Diagnose der Magenerkrankungen. Heidelberg: Heidelberger Verlagsanstalt u. Dr. 1909. 32 S. 8°
Heidelberg, Med. Diss. v. 14. Aug. 1909, Ref. W. Fleiner
[Geb. 6. Sept. 84 Freinsheim; Wohnort: Heidelberg; Staatsangeh.: Bayern; Vorbildung: Gymn. Speyer Reife M. 02; Studium: Erlangen 1, München 5, Heidelberg 4 S.; Coll. 2. März 09; Approb. 15. März 09.] [U 09. 1950

Becker, Kurt, prakt. Arzt aus Chemnitz (Kgr. Sachsen): Über Mesenterialcysten. *Berlin (1900): G. Schade.* (33 S.) 8°
Berlin, Med. Diss. v. 13. Febr. 1900

Becker, Kurt Friedrich Max, Referendar: Der Begriff der Eisenbahn nach dem Strafgesetzbuche für das Deutsche Reich. Dresden 1910: Schönfeld. 56 S. 8°
Leipzig, Jur. Diss. v. 23. Mai 1910
[Geb. 9. Okt. 81 Zwickau i. S.; Wohnort: Dresden; Staatsangeh.: Sachsen; Vorbildung: Wettiner-Gymn. Dresden Reife O. 01; Studium: Leipzig 8 S.; Rig. 9. März 05.] [U 10. 2654

Becker, L., Geh. Medizinalrat, Berlin, 1844-1921. 1888 s. *Becker,* Ludwig.

Becker, L., Dr. 1848: Die Unvernunft der gegenwärtigen Zeit. Des teutschen Michels Geständnisse, Leiden, Freuden, Wünsche und Hoffnungen. — Frankfurt a. M.: Stritt 1848. 16 S. 8° 14. 19. 30.
14.7623

Becker, L. A.: Neues Post-u. Reisetaschenbuch, s. Becker, Karl August.

Becker, L. Hugo, s. Gedenkblätter.

Becker, L. Th. s. *Becker,* Ludwig Theodor.

Becker, Leberecht: Erholungen für allerley Leser in zwey Abtheilungen poetischer Versuche von L. Becker u. A. Breuer. — Frankenhausen: Becker 1820. XC,233 S. 8° 1: Yn 2912.
14.7624

Becker, L., u. A. Fr. Breuer, Erholungen für allerlei Leser, in 2 Abtheill. poetischer Versuche. 8. Frankenh. 820. (Leipz., Hinrichs). 1 rℓ 8 gr

Becker, Leonhard: Betrachtungen über die Verluste bei Ilgner-Förderanlagen und Bestimmung der wirtschaftlichsten Schlüpfung ihrer Anlaßmotoren. 1907. 30 S. 4° ¶ Auch in: Elektr. Kraftbetriebe u. Bahnen. Jg. 5.
Berlin, Dr.-Ing.-Diss. v. 22. 3. 1907

Becker, Leop[old], approb. Arzt aus Gonsenheim: Aus d. Universitäts-Augenklinik zu Giessen. Beitrag zur Kenntnis der Pulver- und Dynamitverletzungen des Auges. *Giessen 1900: v. Münchow.* (28 S.) 8°
Giessen, Med. Diss. v. 1900

00-01

Becker, Leopold, Präfekt, Prof. d. k. k. Theresianischen Akademie i. R., Salzburg. 1901: Über die Salzburger Haus- und Hofmarken. — Salzburg [1901]. 26 S.,8 Taf. 8°
Aus: Mittheilungen d. Gesellschaft für Salzburger Landeskunde. 41. 1901. 308.
14.7020

Becker, Leopold, Referendar am Kgl. Amtsgericht zu Schmiedeberg i. R.: Die rechtliche Natur der sogenannten Genußscheine. Breslau 1906: A. Favorke. (66 S.) 8°
Breslau, Jur. Fak., Ref. Dahn-Brie, Diss. v. 31. Juli 1906
[Geb. 8. Aug. 80 Breslau; Wohnort: Breslau; Staatsangeh.: Preußen; Vorbildung: Matthiasgymn. Breslau O. 02; Studium: Breslau 5, München 1 S.; Rig. 9. Nov. 05.]

Becker, Liane
(—) Die Erziehungskunst der Mutter. Ein Leitfaden d. Erziehungslehre. — M.Gladbach: Volksverein 1908. 124 S. 8° 1: Nd 7033. 5. 61.
14.7628

(—) — (2. Aufl.) Ebd. 1909. 132 S. 8° 1: N 10.2565.
14.7629

— Die Frauenbewegg. s: Sammlung Kösel.

Becker, Liane, newest method for learning easily the German language. (VIII, 175 S. m. 5 Vollbildern, 1 Karte u. 1 Plan.) 8. Heidelberg 907. J. Groos. Geb. in Leinw. 2. —

— Nouvelle Méthode pour apprendre facilement la langue allemande. — Paris, Heidelberg [usw.]: Groos 1907. VIII, 180 S. 8° 16. 101.
14.7637

— Novísimo Método ameno para aprender fácilmente la lengua alemana. — Madrid: Romo [usw.]; Heidelberg: Groos 1907. VIII,180 S. 8° 16. 101.
14.7638

Becker, Lothar: Der Bauerntabak (Nicotiana rustica L.): eine Pflanze der alten Welt. — Breslau: Verf. 1875. 51 S. 8° 41. 60. 169.
14.7040

Becker, Loth., die Fabrikation des Tabaks in der alten und neuen Welt. Unter Berücksicht. der allgemein gehörten Behauptung: Der Gebrauch des Tabaks sei der alten Welt vor 1492 unbekannt gewesen. gr. 8. (187 S.) Bremen 878, Kühtmann und Comp. *

Becker, Loth., die Fabrikation d. Tabaks in der alten u. neuen Welt. Unter Berücksichtigung der allgemein gehörten Behauptung: Der Gebrauch des Tabaks sei der alten Welt vor 1492 unbekannt gewesen. gr. 8. (187 S.) Norden 878. Fischer Nachf. n. 6. —

Becker, Loth., die Fabrikation des Tabaks in der alten und neuen Welt. Unter Berücksicht. der allgemein gehörten Behauptung: Der Gebrauch des Tabaks sei der alten Welt vor 1492 unbekannt gewesen. 2. (Titel-)Aufl. gr. 8. (187 S.) Norden (878)883, Fischer Nachf. *

Becker, Louis Christian: Die Obliegenheiten des evangelischen Ortsschulinspektors im Regierungs-Bezirk Hildesheim. — Hildesheim: Gerstenberg 1906. 31 S. 8° 7. 35.
14.7643

Becker, Ludwig, Geh. Medizinalrat, Berlin, 1844-1921. 1888: Anleitung zur Bestimmung der Arbeits- und Erwerbsunfähigkeit nach Verletzungen. — Berlin: Enslin 1888. IV,120 S. 8° 1: Fe 11217. 4. 6. 7. 10. 12: Cam. 9 dm. 17. 22. 24. 30. 38 M. 43. 44. 47. 48. 53. 64. 106. 123. 202. 203. 208. 302.
14.7646

Becker, L. Anleitung zur Bestimmung der Arbeits- u. Erwerbsunfähigkeit nach Verletzungen. Für Aerzte, Berufsgenossenschaften u. Versicherungsanstalten bearb. 2. u. 3. Aufl. (VI, 144 S.) u. 4. verm. Aufl. gr. 8. (VI, 160 S.) Berl. 889—92, (Th. Chr. Fr. Enslin.) Schölz. * 3 —

BECKER, Ludwig (München): Ueber das Aortenaneurysma.- München: Straub 1871. 44 S.
26.7.1870 - Urk (Titel: De aneurysmate aortae.); F 72; Chr 1870/71,14
Diss. Ingolst.-Landsh.-Mchn.

Becker, Ludwig R[r] v., Zentralinspektor, Chef d. Zugförderungsdienstes d. A. Pr. Kaiser-Ferdinands-Nordbahn. 1878: Die selbstthätige Frictions-Bremse für Eisenbahn-Fahrzeuge und ihre Anwendung ... Nebst e. kritischen Beleuchtung der anderen bekannten Systeme selbstthätiger Bremsen. — Wien: v. Waldheim 1878. 40 S., 8 Taf. 4°
1: 4° Nz 15841. 83. 84. 89. 91. 93. 201.
300: 184.426-C. 302. 305.
14.7644

Becker, Ludw.: Das Jugendgericht in Frankfurt a/M., s: Allmenröder, Karl.

Becker, Ludwig, Architekt, Mainz. 1899: Kirchenbauten. — Mainz 1899: Falk. 45 S. 8° 211.
14.7657

— Kirchen- und Profanbauten. — Mainz 1905: Falk. 56 S. 8° 36.
14.7658

— Lehrbuch der ärztlichen Sachverständigen-Thätigkeit für die Unfall- und Invaliditäts-Versicherungs-Gesetzgebung. — Berlin: Schoetz 1895. XII, 356 S. 8°
3. 10. 12: Cam. 9do. 14. 15. 17. 21. 25. 27. 29. 30. 38M. 48. 106. 202. 203. 208. 303.
14.7650

— — 2. Aufl. Ebd. 1895. XII, 356 S. 8° 1: Fe 11237[2]. 4. 5. 7. 9. 11. 17. 24. 26. 27. 28. 30. 33. 38M. 51. 302.
14.7651

Becker, L., Lehrbuch der ärztlichen Sachverständigen-Thätigkeit f. die Unfall- u. Invaliditäts-Versicherungs-Gesetzgebung. 3. u. 4. Aufl. gr. 8. (à XII, 500 S.) Berlin 899. 900. R. Schoetz. n. 12.—; Einbd. n.n.n. 1.—

Becker, L., Lehrbuch der ärztl. Sachverständigen-Tätigkeit f. die Unfall- u. Invaliditäts-Versichergs.-Gesetzgebung. 5. neubearb. u. verm. u. 6. Aufl. (à X, 584 S.) Lex. 8. Berlin 907. 909. R. Schoetz. 14.—; geb. in Leinw. n 15. 50

Becker, Ludw.: Kurzer Leitf. f. d. Unterr. im gregorian. Choral, s: Sammlung „Kirchenmusik".

Becker, Ludov. (geb. Memel 24. 7. 1844): De morbo typhoide choleram Asiaticam sequente. Berolini (1867). (28 S.) 8°
Berlin, Med. Diss. v. 6. Apr. 1867

Becker, L. (Hrsg.), s. Sachverständigen-Zeitung, Ärztliche.

Becker, Ludw. Ritter v., über das periodische Schmieren der Eisenbahnwagen und Mittheilungen der bei 33 österreichisch-ungarischen Eisenbahn-Verwaltungen angewandten Methoden und gewonnenen Erfahrungen. Verfasst und zusammengestellt auf Wunsch der techn. Commission des Vereins deutscher Eisenbahn-Verwaltungen. Fol. (26 S., 6 Tab. und 20 Stnt.) Wien 880, v. Waldheim. *

— — 3. Aufl. Ebd. 1890. IV, 143 S. 8°
1: Fe 11217[3]. 4. 11. 20. 24. 28. 30. 47. 106. 203. 302.
14.7648

— — 4., verm. Aufl. Ebd. 1892. VI, 160 S. 8° 1: Fe 11217[4]. 7. 11. 15. 17. 26. 30. 33. 38M. 43. 61. 79. 106. 202. 208. 302.
14.7649

Becker, Ludwig
— [Hrsg.] s. *Simulation*, Die, von Krankheiten und ihre Beurteilung. 1908.

—— die Technik des Betriebes, s. Handbuch für specielle Eisenbahn-Technik.

Becker, Ludwig <geb. am 8 Jan. 1860 in Wesel>: Untersuchungen über die allgemeinen Störungen der Feronia ... Bonn, Univ.-Buchdr. v. C. Georgi 1882. 2 Bl., 46 S., 1 Bl. 4.
Bonn, Phil. Fak., Diss. v. 29 März 1882

Becker, Ludwig Christian: Verzeichniss von 380 Oelgemälden, welche als dritte Abtheilung der L. C. Becker'schen Sammlung ... öffentlich versteigert werden. [Auktionskat.] — Frankfurt a. M. [1849]: Mittenzwey. 36 S. 8°
30.
14.7664

Becker, Ludwig Karl: Der Bataillons-Kommandeur im äußeren und inneren Dienst. — Berlin: Mittler 1905. VII, 143 S. 8° (Handbibliothek d. Offiziers. 6.)
1: Hu 15100-6. 11. 12: Mil. g. 93 p-6. 41. 209.
14.7665

Becker: Dienstunterr. d. Infanteristen, s. a. Weisshun.

— Dienstunterricht des Infanteristen. Ein Leitfaden f. den Unterricht der Mannschaften sowie zum Selbstunterricht des Soldaten. Auf Grund d. neuesten Dienstvorschriften hrsg. u. bearb. Nebst e. Beitrag von v. Liebert. Mit e. Bildnis Sr. Maj. d. Kaisers, 4 Bildertaf., zahlreichen Abb. u. e. Übersicht üb. d. vaterländ. u. Heeres-Geschichte. (6. Aufl.) (IV, 228 S. m. 1 farb. Karte.) 8. Berlin 910. Vossische Buchh.
nn — 50; kart. nn — 60

— Dienstunterr. d. Infanteristen. Neu bearb. von Alfr. v. Aster. Nebst e. Beitrag von v. Liebert. 8. Afl. Mit Anh.: Die Abwehr fremdländ. Spionage-Bestrebgn u. Die französ. Fremdenlegion. (250 m. Abb., 5 farb. Taf., 1 farb. Kte u. 1 Bildn.) 8° Berl., Vossische Bh. '13. nn — 50 d

— Dienst-Unterricht des bayerischen Infanteristen. 1904 s. *Schulz*, Otto.

Becker, Dienst-Unterricht des deutschen Infanteristen, s. a. Menzel, Max.

— Dienst-Unterricht des deutschen Infanteristen. [Nebst] Das Gewehr 98. — Berlin: Voss 1904. 218, 40 S. 8°
Spätere Auflagen sind in 1, 38 u. 307 vorhanden. 1: Hw 7530.
14.7666

— dass. d. deut. Infanteristen. (Neue Afl.) (218 m. Abb., 1 Bildnis u. 8 farb. Taf.) 8° Berl., Vossische Bh. '06. nn — 50; kart. — 60 d

— Dienst-Unterr. d. deut. Infanteristen. Nachtr. a. Anlass d. Schiessvorschrift f. d. Infant. v. 2. XI. 05. (88 m. Abb.) 8° Berl., Vossische Bh. '06. — 20 d

— Dienst-Unterricht des deutschen Infanteristen. Mit e. Beitrag von v. Liebert. 8. Aufl. (Ausg. m. Gewehr 98.) (IV, 230 S. m. Abbildgn., 1 Bildnis, 4 farb. Taf. u. 1 farb. Kart.) 8. Berlin 907. Vossische Buchh.
n.n. — 50; kart. n.n. — 60

— Dienst-Unterricht des sächsischen Infanteristen. 1904 s. *Weigel*, Bernhard Heinrich.

— das Gewehr 98 u. seine Munition, Behandlung u. Reinigung. Ergänzungsheft zu dem Dienst-Unterricht des deutschen Infanteristen. (40 S.) 8. Berlin (904). Vossische Buchh. n. — 20

Becker, Ludwig Karl
— Notizen für die Bekleidungs-Wirthschaft der Kompagnie. Wesel: Kühler 1898. 188 S. 8°
Spätere Auflagen sind in 1, 5, 17 u. 100 vorhanden.
1: Hu 22624. 5.
14.7668

Notizen für die Bekleidungs-Wirthschaft der Kompagnie. Zsgest. von Becker, Major im Inf.-Reg. Nr. 56. 2. verb. u. verm. Aufl. *Wesel: C. Kühler 1900.* (IX, 182 S.) 8° [F.] [o.. 3255

— Notizen f. d. Bekleidgs-Wirtschaft d. Kompagnie. 3. Afl. (208) 16° Wes., C Kühler '04. Geb. 2 — d

— Notizen f. d. Bekleidgs-Wirtschaft d. Kompagnie. 4. Afl. (215) 16° Wes., C Kühler '07. L. 2 — d

Becker: Bekleidgs-Notizen. Notizen f. d. Bekleidgs-Wirtsch. d. Kompagnie. 6. Afl. (10, 256) 16° Wes., C Kühler '12.
L 2 — d

— — **Turn- u. Fechtübungen für die Infanterie. 9. Aufl. Ebd. 1908. 32 S. 8° 1:N 09.1132.**
14.7670

Becker, Ludwig Karl

— **Zusammenstellung der in der Turnvorschrift für die Infanterie vom 24. Okt. 1895 enthaltenen Uebungen. Mit e. Anh.: Ausbildungsplan für d. Bajonettfechten. 6. Aufl. Wesel: Kühler 1901. 28 S. 8° 1:Hu 24384⁶. 5.**
14.7669

— Zusammenstellung der in der Turnvorschrift f. die Infanterie vom 24. X. 1895 enthaltenen Übungen. Mit e. Anh.: Ausbildungsplan f. das Bajonettfechten. 8. Aufl. (32 S.) kl. 8. Ebd. 905. n. — 25

Becker, Ludwig M[ax], Regierungsass.: Die Heimweberei im westlichen Vogelsberg. Leipzig 1910: Brandstetter. 62 S. 8° ¶(Aus: Die Heimarbeit im rhein.-mainz. Wirtschaftsgebiet hrsg. v. P. Arndt.)

Würzburg, Jur. Diss. v. 17. März 1910, Ref. G. v. Schanz

[Geb. 15. Dez. 82 Friedberg i. H.; Wohnort: Friedberg; Staatsangeh.: Preußen; Vorbildung: Gymn. Friedberg Reife O. 01; Studium: Genf 1, Berlin 1, München 1, Gießen 3 S.; Rig. 26. Juli 09.] [U 10. 4282

Becker, Ludwig Theodor: Neue Abendunterhaltungen zur Erheiterung. — Nürnberg: Zeh [1820]. 319 S. 8° 1:Yw 8834. 12:P. o. germ. 84d. 19.
14.7671

— **Adel und Liebe. Ein Gemälde in 3 Aufz. — Nürnberg: Zeh [1814]. 144 S. 8° 1:Ys 3426. 7. 12:P. o. germ. 84. 19. 39.**
14.7672

— **Angenehme Familien-Geschichten und Erzählungen. Nürnberg: Zeh [1820]. 279 S. 8° 1:Yw 8833. 19.**
14.7673

— **Feierstunden. Erzählungen, Geschichten und kleine Romane. Th. 1.2. — Nürnberg: Zeh [1815–16]. 8° 1:Yw 7781. 12:P. o. germ. 84f. 19.**
14.7674

— **Gemäldesammlung in Erzählungen, Geschichten und kleinen Romanen. — Nürnberg: Zeh in Comm. 1819. 313 S. 8° 1:Yw 8732. 12:P. o. germ. 84g. 19. 30.**
14.7675

Becker, L. Thor., Leonore u. Klara; e. Geschichte fur Familien. 2 Thle. 8. Augsb. 803. v. Jenisch u. St. 1 ℔ 9 gr

— **Moosrosen. Erzählungen, Geschichten und kleine Romane. — Nürnberg: Zeh [1814]. 243 S. 8° 1:Yt 552. 12:P. o. germ. 85. 19. 33.**
14.7676

— **Rosen und Dornen in Erzählungen und Scenen aus dem stillen häuslichen Leben in einem Kranz gewunden für gute Menschen. Th. 1.2. — Nürnberg: Zeh in Comm. [1817]. 8° 1:Yw 8310. 12:P. o. germ. 85e. 19.**
14.7677

Becker, Ludwig Theodor

— **Zeitvertreib bei langen Winterabenden in Erzählungen, Geschichten und kleinen Romanen. Th. 1.2. — Nürnberg: Zeh in Comm. [um 1810]. 8° 1:Yt 551. 12:P. o. germ. 85k. 17[∞2].**
14.7678

— **Zeitvertreib bei langen Winterabenden. 2 Thle. 8. Nürnb. 818. Zeh. 1 ℔ 12 gr**

Becker, M., Prof., Karlsruhe TeH., später Großherzogl. Badischer Oberbaurat. 1842 s. *Becker,* Max.

Becker, M., Lehrer, München, † 1887. 1861 s. *Becker,* Michael.

Becker, M., Schulrat, Wien. 1851 s. *Becker,* Moritz Alois.

Becker, M.: Dissertation sur la question: est-il utile au peuple d'être trompé?, s. Becker, Rudolf Zacharias.

Becker, M.: Die atmosphaerische Eisenbahn, s. Becker, Friedrich.

Becker, M. (II.), neueste Getreide-Reductionstabelle nach Markwährung. 16. (8 S.) Danzig 875, Anhuth's Separat-Conto.

Becker, M. C. C.: Gebet am Grabe der Frau Maria Gertraude Braumann in Hausen, am Morgen des 22sten May. 1822. [Verf.: M. C. C. Becker.] — Frankfurt a. M. [1822]: Scherer. 2 Bl. 8° 30.
14.7679

Becker, M. L., der geschickte Buchhalter, od. die Kunst, ohne Lehrer, in wenigen Stunden die einfache u. doppelte Buchhaltung zu erlernen. 16. (62 S.) Cöln 847, Lengfeldt. 6¼ ngr

Becker, ML, d. geschickte Buchhalter. 2. Afl. 16. (62) Cöln 55. (Lpzg, Mayer.) — 6¼

Becker, M. L., der geschickte Buchhalter, oder die Kunst, ohne Lehrer in wenigen Stunden die einfache und doppelte Buchhaltung zu erlernen. 2. Aufl. Cöln 856. Lengfeld. 16. (1 Bl., 62 S.) 6¼ ngr

Becker, M. L., der geschickte Buchhalter, oder die Kunst, ohne Lehrer, in wenigen Stunden die einfache und doppelte Buchhaltung zu erlernen. 3. Aufl. gr. 16. (62 S.) Leipzig 869, Mayer.

Becker, Marie Luise (Frau Marie Luise Kirchbach), die Erben der Babette Niebenschütz. Roman. (252 S.) 8. Dresden 909. C. Reissner. 3.50; geb. 4.50

— — **2. Aufl. Ebd. 1909. 252 S. 8° 1:Yx 39764². 5. 18.**
14.7685

Becker, Marie Luise, Italien u. ich. Reisebilder. 8. (112 S.) Leipzig 902. H. Seemann Nachf. n. 2.50

Becker, Marie Luise, Kanalkinder. Roman. (228 u. IV S. m. Bildnis.) kl. 8. Berlin (905). H. Krüger. n. 2. —; geb. n. 3. —

Ⓑ — Kanalkinder. Roman. (223 u. IV S. m. Bildnis.) kl. 8. Berlin (906). R. Eckstein Nachf. 2.—; geb. 3. —

— — **Dresden: Reissner 1910. 223 S. 8° 14. 27. 38. 64.**
14.7692

— Friedrich Wilhelm Karsten u. seine Enkel. Roman. (432 S.) 8. Dresden 910. C. Reissner. 5.—; geb. 6. —

— s.: Kirchbach, Wolfgang, in seiner Zeit.

Becker, Marie Luise

— **Die Liebe im deutschen Märchen. — Leipzig: H. Seemann 1901. 87 S. 8° 1:Yt 812. 5. 14. 26. 27. 38. 107.**
14.7698

— Der eiserne Ring. Roman. (353) 8° Ebd. '12. 4 —; geb. 5 —

— Schlösser. Dichtgn. (7, 171) 8° Ebd. '11. 3 —; geb. 4 — d

— **Sonnenkinder. Ein Lieder-Cyklus. — Leipzig: H. Seemann 1901. VI,47 S. 8° 27. 33. 38.**
14.7705

— **Der Tanz. — Leipzig: H. Seemann [1901]. 210 S. 4° 1:Os 9394. 3. 6. 10. 12:4° Gymn. 4h. 14. 16. 17. 25. 26. 28. 29. 30. 32. 38. 41. 53. 109. 117. 210. 300: 524.847–B. M. 308.**
14.7706

Becker, Markus Heinrich: Predigt über Psalm XIII. v. 6. an dem wegen des Allerdurchleuchtigsten und Großmächtigsten Fürsten und Herrn Herrn Peter des Dritten Käysers und Selbsthalters aller Reußen ... höchstbeglückten Thron-Besteigung feyerlich begangenen Danck-Fest den 24. Febr. des 1762. Jahrs gehalten. — Kiel [1762]: Bartsch. 14 Bl. 4° **8.**
14.7709

Becker, Martin, pract. Arzt aus Pritzwalk: Beiträge zur Therapie des Ulcus ventriculi. *Würzburg 1901: C. J. Becker.* (22 S.) 8°
Würzburg, Med. Diss. v. 1901

02

Becker, Matthias, Erzpriester, Bodland, O./S., 1823: Kirchweih-Predigt am 29sten Juni 1823, gehalten in der neuerbauten katholischen Curatial-Kirche zu Creutzburg. In Druck gegeben vom Curatus Neumann. — Oppeln [1823]: Feistel. 25 S. 8° **214.**
14.7716

Becker, Matthias, Kurfürstlich-Sächsischer Hofprediger. 1780: Trauerrede auf den Durchlauchtigsten Prinzen und Herrn, Herrn Karl Maximilian, Prinzen und Herzogen zu Sachsen, &c. &c. Bey höchstdesselben öffentlichen Leichenbesingnisse ... gehalten. — o.O. 1781. 30 S. 8°
3. 14. 15. 106.
14.7713

— Trauerrede auf Ihro Königl. Hoheit die Durchlauchtigste Fürstinn und Frau, Frau Maria Antonia, verwittibte Churfürstinn und Herzoginn zu Sachsen, &c. &c. ... Bey höchstdero öffentlichen Leichenbesingniße ... gehalten. o.O. 1780. 31 S. 4°
3. 12: 4° Or. fun. 269–23 [2 Ex.] **14. 15. 19. 106.**
14.7714

— Trauerrede auf Ihro Königl. Hoheit, die Durchlauchtigste Fürstinn und Frau, Frau Marie Karoline Antonie, Königliche Prinzeßin von Sardinien ... vermählte Herzoginn zu Sachsen &c. &c. Bey höchstdero öffentlichen Leichenbegängnisse ... gehalten. — o.O. 1783. 24 S. 8°
1: Sq 5276. **3. 14. 15. 106. 117.**
14.7715

Becker, Max, Prof., Karlsruhe TeH., später Großherzogl. Badischer Oberbaurat. 1842: Allgemeine Baukunde des Ingenieurs. Ein Leitfaden zu Vorlesungen u. zum Selbstunterrichte. [Nebst] Atlas. — Stuttgart 1853. 8° [u.] 4° (Becker: Handbuch d. Ingenieur-Wissenschaft. 1.) (Carl Mäcken's Bibliothek technischer Wissenschaften. 5,1.)
In einigen Exemplaren fehlen d. Gesamttitel.
7. 17. 21. 24. 31. 33. 38. 45. 60. 82→85. 88→91. 93. 210. 302. 303. 305. 307.
14.7719

— — 2., verb. Aufl. [Nebst] Atlas. Ebd. 1857. 8° [u.] 4° (Becker: Handbuch ... 1.) (Carl Mäcken's Bibliothek ... 5,1.) In einigen Exemplaren fehlen d. Gesamttitel.
1: 8° [u.] 4° Ny 6679²–1. **12:** Text – A. hydr. 6g–1; Atlas – 2° A. hydr. 1u–1. **17. 24. 34. 46. 47. 48. 82. 84. 90. 300:** Text – 117.723–C. 1; Atlas – 117.457–D. 1. **305.**
14.7720

— — 3., verb. u. verm. Aufl. [Nebst] Atlas. Ebd. 1865. 8° [u.] 4° (Becker: Handbuch ... 1.) (Carl Mäcken's Bibliothek ... 1.)
In einigen Exemplaren fehlen d. Gesamttitel.
Exemplar von 90 mit abweichendem Umschlagtitel: Carl Mäcken's Bibliothek technischer Wissenschaften. 1. 1873.
6. 24. 30. 36. 43. 48. 82. 83. 84. 88→91. 93. 201. 210. 307.
14.7721

— — 4., verm. u. verb. Aufl. [Nebst] Atlas. Leipzig: Baumgärtner 1883. 8° [u.] 4° (Becker: Handbuch ... 1.)
In einigen Exemplaren fehlt d. Gesamttitel.
1: 8° [u.] 4° Ny 6679⁴–1. **31. 39. 85. 86. 89. 210. 305.**
14.7722

Becker, Max [app. Arzt aus Hannover]: '[Aus d. Augenklinik zu Jena.]' Beitrag zur Kenntniss der Augenlidtumoren ... M. 2 Taf. (Aus: v. Graefe's Arch. f. Ophthalmol., Bd XLI Abth. 3.) Leipzig, W. Engelmann, 1895; 21 S., 1 Taf. 8.
Jena, Med. Fak., Inaug.-Diss. v. [10. Aug.] 1895

(—) Beschreibung der Carrouselbrücke in Paris. — Dat. Carlsruhe 1844. 10 S., 6 Taf. 4°
Titel u. Text autographiert. **90. 305.**
14.7723

— Eiserne Bogenbrücke über die Murg bei Forbach. 1877 in: *Becker:* Eiserne Brücke über die Tauber in Wertheim.

— Eiserne Brücke über die Tauber in Wertheim. Centralgüterbahnhof und Hafencanal in Mannheim. Eiserne Bogenbrücke über die Murg bei Forbach. Drehbrücke über den Verbindungscanal zwischen Rhein und Neckar in Mannheim. [Nebst] Atlas. — Stuttgart 1877. 8° [u.] 4° (Becker: Ausgeführte Constructionen d. Ingenieurs. 7.) (Becker: Handbuch d. Ingenieur-Wissenschaft. 5,7.) (Carl Mäcken's Bibliothek technischer Wissenschaften. 5,5,7.)
In einigen Exemplaren fehlen d. Gesamttitel.
12: Text – A. hydr. 6g–5,7; Atlas – 2° A. hydr. 1u–5,2. **24. 31. 43. 84. 88. 89. 91. 93. 300:** Text – 117.723–C. 5; Atlas – 117.457–D. 5. **305.**
14.7724

Becker, Max, die gusseisernen Brücken der badischen Eisenbahn, insbesond. die Kinzigbrücke bei Offenburg und Elzbrücke bei Sexau. Mit Versuchen über die Senkungen dieser Brücken und Berechnung ihres Tragvermögens. gr. 4. (VIII und 100 S. mit 2 Stnt. in Fol. und 11 Stnt. von H. Pr. Melchelt in Imp.-Fol. und gr. Fol.) Carlsruhe 847, Holtzmann. *

— Der Brückenbau in seinem ganzen Umfange und mit besonderer Rücksicht auf die neuesten Constructionen. Ein Leitfaden zu Vorlesungen u. zum Selbstunterrichte. [Nebst] Atlas. — Stuttgart 1854. 8° [u.] 4° (Becker: Handbuch d. Ingenieur-Wissenschaft. 2.) (Carl Mäcken's Bibliothek technischer Wissenschaften. 5,2.)
In einigen Exemplaren fehlen d. Gesamttitel.
12: Text – A. hydr. 6g–2; Atlas – 2° A. hydr. 1u–2. **21. 24. 31. 33. 38. 44. 45. 60. 64. 82. 83. 84. 88→91. 93. 210. 302→305.**
14.7726

— — 2., verm. u. verb. Aufl. [Nebst] Atlas. Ebd. 1858. 8° [u.] 4° (Becker: Handbuch ... 2.) (Carl Mäcken's Bibliothek ... 5,2.) In einigen Exemplaren fehlen d. Gesamttitel.
1: 8° [u.] 4° Ny 6679²–2. **17. 24. 34. 43. 46. 48. 66. 82. 88. 89. 90. 300:** Text – 117.723–C. 2; Atlas – 117.457–D. 2. **305.**
14.7727

— — 3., verb. u. verm. Aufl. [Nebst] Atlas. Ebd. 1869. 8° [u.] 4° (Becker: Handbuch ... 2.)
24. 30. 31. 82. 84. 86. 89. 91. 210. 304. 305.
14.7728

— — 4., verb. u. verm. Aufl. [Nebst] Atlas. Ebd. 1873. 8° [u.] 4° (Becker: Handbuch ... 2.) **1:** 8° [u.] 4° Ny 6679⁴–2. **24. 36. 41. 47. 60. 83. 88. 89. 91. 201. 210.**
14.7729

— — 4., verb. u. verm. Aufl. Neue Ausg. [Nebst] Atlas. Dresden: Kühtmann [usw.] 1882. 8° [u.] 4° (Becker: Handbuch ... 2.) **85. 305.**
14.7730

— — 4., verb. u. verm. Aufl. Neue Ausg. [Nebst] Atlas. Leipzig: Baumgärtner 1882. 8° [u.] 4° (Becker: Handbuch ... 2.) **86. 210.**
14.7731

Becker, Max. Der Brückbau in seinem ganzen Umfange u. m. besond. Rücksicht auf die neuesten Constructionen. Ein Leitfaden zu Vorlesgn. u. zum Selbstunterrichte f. Wasser- u. Straßenbau-Ingenieure u. andere Techniker. Mit 1 Atlas v. 44 lithogr. Taf. in gr. Fol. 4. verb. u. verm. Aufl. Neue Ausg. gr. 8. (XVI, 482 S.) Dresd. 891, Kühtmann. * 16 —

(B) Becker, Max, der Brückenbau. 891. (ABB 27.) Jetzt: Leipzig, H. A. L. Degener.

— Drehbrücke über den Verbindungscanal zwischen Rhein und Neckar in Mannheim. 1877 in: *Becker:* Eiserne Brücke über die Tauber in Wertheim.

— Die neue Eisenbahnschiffbrücke über den Rhein bei Maxau, Linie Carlsruhe-Winden. [Nebst] Atlas. — Stuttgart 1865. 8° [u.] 4° (Becker: Ausgeführte Constructionen d. Ingenieurs. 5.) (Becker: Handbuch d. Ingenieur-Wissenschaft. 5,5.) (Carl Mäcken's Bibliothek technischer Wissenschaften. 5,5,5.) In einigen Exemplaren fehlen d. Gesamttitel.
12: Text = A. hydr. 6g–5,5; Atlas = 2° A. hydr. 1u–5,2. 17. 21. 24. 31. 33. 43. 60. 82. 83. 88→91. 209. 300: Text = 117.723–C. 5; Atlas = 117.457–D. 5. 305.
14.7732

— Entwäßerungen und Bewäßerungen für den Unterricht an der polytechnischen Schule. — Carlsruhe 1845. 115 S. 4° Titel u. Text autographiert. 90.
14.7733

Becker, Max

— Handbuch der Ingenieur-Wissenschaft. Bd 1–5 [nebst] Atlas 1–5.
1. Becker: Allgemeine Baukunde d. Ingenieurs.
2. Becker: Der Brückenbau.
3. Becker: Der Straßen- u. Eisenbahnbau.
4. Becker: Der Wasserbau.
5. Becker: Ausgeführte Constructionen d. Ingenieurs. Abth. 1.2.

(Carl Mäcken's Bibliothek technischer Wissenschaften. 5.)
Vgl. die Einzelaufnahmen.
14.7734

Becker, M., Handbuch der Ingenieur-Wissenschaft. 5 Bde. gr. 8. Mit Atlas in gr. Fol. Leipzig 862—82. Dresden, Kühtmann. à Bd. * compl. *ℳ 68.—.; geb. *

— Die Kabelschiffahrt und die Eisenbahnbrücke über den Neckar bei Jaxtfeld. [Nebst] Atlas. — Stuttgart 1870. 82 S. 8° (Becker: Ausgeführte Constructionen d. Ingenieurs. 6.) (Becker: Handbuch d. Ingenieur-Wissenschaft. 5,6.) (Carl Mäcken's Bibliothek technischer Wissenschaften. 5,5,6.)
In einigen Exemplaren fehlen d. Gesamttitel.
12: Text = A. hydr. 6g–5,6; Atlas = 2° A. hydr. 1u–5,2. 17. 24. 31. 33. 38. 43. 60. 82. 84. 88. 89. 91. 300: Text = 117.723–C.5; Atlas = 117.457–D. 5. 305.
14.7735

— Ausgeführte Constructionen [Konstruktionen] des Ingenieurs. Abth. 1.(2) [nebst] Atlas 1.(2.) — Stuttgart: Mäcken (8: Leipzig: Baumgärtner) 1863–83. 8° [u.] 4°
1 = H. 1-4. 1863.
2 = H. 5-8. 1865-83.
5. Becker: Die neue Eisenbahnschiffbrücke über d. Rhein bei Maxau, Linie Carlsruhe-Winden. 1865.
6. Becker: Die Kabelschiffahrt u. d. Eisenbahnbrücke über d. Neckar bei Jaxtfeld. 1870.
7. Becker: Eiserne Brücke über d. Tauber in Wertheim. 1877.
8. 1883.

(Becker: Handbuch d. Ingenieur-Wissenschaft. 5.) (Carl Mäcken's Bibliothek technischer Wissenschaften. 5,5.)
In einigen Exemplaren fehlen d. Gesamttitel.
1[∞ H. 5/8]: 8° [u.] 4° Ny 6679^2–5. 12: Text = A. hydr. 6g–5; Atlas = 2° A. hydr. 1u–5,1.2. 43. 88. 89. 91. 300: Text = 117.723–C. 5; Atlas = 117.457–D. 5. 305.
14.7736

Ausgeführte Constructionen d. Ingenieurs. 7. u. 8. (Schluß-)Hft. gr. 8. Mit Atlas in gr. Fol. Ebend. 883. n. 10. — (5. Bd. cplt.: n. 32. —)
7. Eiserne Brücke üb. die Tauber bei Wertheim. Centralgüterbahnhof m. Hafenanlage in Mannheim. Eiserne Bogenbrücke üb. die Murg bei Forbach im Murgthal. Eiserne Drehbrücke üb. den Verbindungskanal zwischen Rhein u. Neckar in Mannheim. (IV, 44 S. m. 6 Steintaf.) n. 4. —
8. Die Correction der Wiese. Wasserversorgung d. Ortes Neiselfingen. Eiserne Brücke üb. den Mühl- u. Floßkanal in Offenburg m. Straßencorrection. (VI, 81 S. m. 6 Steintaf.) n. 6. —

— — 2. Ausg. Abt. 1 [= H. 1–4]. (2=)H. 5–7 [nebst] Atlas. Stuttgart: Mäcken (7: Leipzig: Baumgärtner) 1882. 8° [u.] 4° (Becker: Handbuch ... 5.) 17 [∞ H. 1/6]. 31 [∞ H. 1/5. 7. Atlas]. 33 [∞ Abt. 1]. 85. 86. 210.
14.7737

Becker (M.), Sammlung von Constructionen aus dem Gebiete des Wasser- und Strassenbaues. Carlsruhe 1837. Fol.
Dergleichen Fortsetzung, 1. Abthl.: Brücken. — 2. Abthl.: Schleusen. Carlsruhe 1842. Fol.

— Der Straßen- und Eisenbahnbau in seinem ganzen Umfange und mit besonderer Rücksicht auf d. neuesten Constructionen. Ein Leitfaden zu Vorlesungen u. zum Selbstunterrichte. [Nebst] Atlas. — Stuttgart 1855. 8° [u.] 4° (Becker: Handbuch d. Ingenieur-Wissenschaft. 3.) (Carl Mäcken's Bibliothek technischer Wissenschaften. 5,3.)
In einigen Exemplaren fehlen d. Gesamttitel.
12: Text = A. hydr. 6g–3; Atlas = 2° A. hydr. 1u–3. 21. 24. 31. 33. 38. 45. 60. 64. 82→85. 88. 89. 90. 93. 210. 302. 303. 305. 307.
14.7738

— — 2., verm. u. verb. Aufl. [Nebst] Atlas. Ebd. 1858. 8° [u] 4° (Becker: Handbuch ... 3.) (Carl Mäcken's Bibliothek ... 5,3.) In einigen Exemplaren fehlen d. Gesamttitel.
1: 8° [u.] 4° Ny 6679^2–3. 6. 24. 34. 39. 43. 46. 47. 48. 66. 82. 83. 88. 210. 300: Text = 117.723–C. 3; Atlas = 117.457–D. 3. 305.
14.7739

— — 3., verb. u. verm. Aufl. [Nebst] Atlas. Ebd. 1870. 8° [u.] 4° (Becker: Handbuch ... 3.)
17. 21. 24. 30. 31. 82. 83. 84. 89. 91. 210. 307.
14.7740

— — 4., verb. u. verm. Aufl. [Nebst] Atlas. Ebd. 1876. 8° [u.] 4° (Becker: Handbuch ... 3.) 1: 8° [u.] 4° Ny 6679^4–3. 24. 26. 31. 82. 83. 84. 86. 88. 89. 201.
14.7741

— — 4., verm. u. verb. Aufl. Neue Ausg. [Nebst] Atlas. Leipzig: Baumgärtner 1882. 8° [u.] 4° (Becker: Handbuch ... 3.) 85. 86. 305.
14.7742

Becker, Max, Referendar: Die Untreue des Rechtsbeistandes, eine vergleichende Darstellung des § 356 des Strafgesetzbuchs für das Deutsche Reich und des § 175 des Vorentwurfs zu einem deutschen Strafgesetzbuch. Cassel 1910: Weber & Weidemeyer. 46 S. 8°
Marburg, Jur. Diss. v. 15. April 1910, Ref. Traeger
[Geb. 25. Mai 88 Kassel; Wohnort: Felsberg; Staatsangeh.: Preußen; Vorbildung: Friedrichs-Gymn. Kassel Reife O. 06; Studium: Grenoble 1, Berlin 2, Halle 1, Marburg 2 S.; Rig. 11. März 10.] [U 10. 3293

— Der Wasserbau in seinem ganzen Umfange. Ein Leitfaden zu Vorlesungen u. zum Selbstunterrichte. [Nebst] Atlas. — Stuttgart 1856. 8° [u.] 4° (Becker: Handbuch d. Ingenieur-Wissenschaft. 4.) (Carl Mäcken's Bibliothek technischer Wissenschaften. 5,4.)
In einigen Bibliotheken fehlen d. Gesamttitel.
9. 12: Text = A. hydr. 6g–4; Atlas = 2° A. hydr. 1u–4. 21. 24. 33. 34. 36. 38. 45. 46. 64. 83. 84. 88→91. 93. 205. 209. 210. 300[∞ Text]: 568.110–D. 302→305. 307.
14.7743

Der Wasserbau in seinem ganzen Umfange und mit besonderer Rücksicht auf die neuesten Constructionen. Ein Leitfaden zu Vorlesungen und zum Selbstunterrichte für Wasser- und Straßenbau-Ingenieure und andere Techniker. Mit Atlas enth.: 32 grav. Taf. in gr. Fol. 2. verm. u. verb. Aufl. 859. (XIV, 293 S.) 5 *ℛ︎* 22½ *ngr.*

— — 2., verb. u. verm. Aufl. [Nebst] Atlas. Ebd. 1861. 8° [u.] 4° (Becker: Handbuch ... 4.) (Carl Mäcken's Bibliothek ... 5,4.) In einigen Exemplaren fehlen d. Gesamttitel.
1: 8° [u.] 4° Ny 6679^2–4. 4. 17. 24. 30. 39. 43. 48. 60. 82. 84. 89. 91. 210. 300: Text = 117.723–C. 4; Atlas = 117.457–D. 4. 309.
14.7744

— — 3., verb. u. verm. Aufl. [Nebst] Atlas. Ebd. 1873. 8° [u.] 4° (Becker: Handbuch ... 4.)
24. 31. 47. 83. 85. 88. 89. 91. 93. 106. 201. 210. 305.
14.7745

— — 3., verb. u. verm. Aufl. Neue Ausg. [Nebst] Atlas. Leipzig: Baumgärtner 1882. 8° [u.] 4° (Becker: Handbuch ... 4.) 84. 86. 88.
14.7746

— Wehr- und Schleußen-Bau für den Vortrag an der Ingenieur Schule entworfen. — Carlsruhe 1846. 101 S., 16 Taf. 4° Titel u. Text autographiert. 90.
14.7747

Becker, Max: Der Argentinische Weizen im Weltmarkte. Eine volks- und weltwirtschaftl. Studie. *Jena: G. Fischer 1903.* (37 S.) 8° ¶ Erscheint vollst. als: Abhandlungen d. Staatswiss. Seminars, hrsg. v. Pierstorff, H. 6.
Jena, Phil. Diss. v. (19. Dez.) 1902
-04.

Becker, Max, Dr. phil., Weimar, geb. 1870. **1903; Der argentinische Weizen im Weltmarkte. Eine volks- u. weltwirtschaftliche Studie. — Jena: G. Fischer 1903. XV,276 S. 8° (Abhandlungen d. staatswissenschaftlichen Seminars zu Jena. 1,6.)** Erschien teilweise auch als Diss. Jena 1903.
1:F 573-1,6. 4. 11. 12:Cam. 3ow-1,6. 15. 16. 17. 21. 25. 26. 27. 29→32. 38. 106. 169. 203→206. 208. 212. 300:442.114-B.1,6 302.
14.7748

— Centralgüterbahnhof [Zentralgüterbahnhof] und Hafencanal in Mannheim. 1877
in: *Becker:* Eiserne Brücke über die Tauber in Wertheim

Becker, Max Wilhelm Gustav. Über die histologischen Veränderungen der Niere des Rindes bei Nephritis. Diss. Vet.-Med. Bern. 23 S. 8. Naumburg a. d. S., Lippert & Co., 1909.

Becker, Michael, Lehrer, München, † 1887. **1861: [Teils.] Das Bergmännlein. Wiedervergeltung. Der kleine Finger. 3 Schauspiele ... [Nebst] e. Musikbeil. — Regensburg: Volks- u. Jugendschriften-Verl. 1877. 8° 12: Paed. Pr. 314.**
14.7749

Becker, M. Das Bergmännlein. Wiedervergeltung. Der kleine Finger. Drei Schauspiele f. Jugend- u. Familienkreise ꝛc. 2. (Titel-) Aufl. 8. (54; 46; 20 S.) Straubing 892, Volks- u. Jugendschriften-Verlag. 1 —

— Erzählungen aus der allgemeinen Geschichte. — München: Lentner 1870. IV,66 S. 8° 12:H.Un.24eg.19.
14.7753

Becker, M., Festspiel zur Wittelsbacher Jubiläums-Feier für die Jugend. Mit 2 Liedern von Ferd. Schaller und J. Plaß und einem Anhang: Festkränze der Kinder zum Wittelsbacher Jubiläum vom Onkel Ludwig. 16. (24 S.) Donauwörth 880, [Buchh. des kathol. Erziehungsvereins.] Auer.

— Geschichte München's für Alt und Jung, insbesondere für die Münchner Kindeln. — München: Renner 1871. 512 S. 8° 1:Sg 2622. 12:Bavar.212r.
14.7755

Becker, Michael: Geschichte Münchens für Alt u. Jung, insbesondere für die Münchner Kindeln erzählt. Regensb: Frdr. Pustet, o.J. (188*). 8°
512 S. (incl. Hlzsch.-Titel u. Reg.).

Becker, Mich., Geschichten aus der bayerischen Geschichte für Knaben erzählt. gr. 8. (VIII und 170 S.) München 862, Lentner'sche Buchh. cart. *

Becker, Michael, Geschichten aus der bayerischen Geschichte für Mädchen erzählt. gr. 8. (X und 158 S.) München 861, Lentner'sche Buchh. *

— der lebendige Haubenstock. Die strenge Erzieherin. Das französische Stubenmädchen. Drei Lust- u. Schauspiele f. weibl. Jugend- u. Familienkreise, Bildungs- u. Erziehungsanstalten ꝛc. 8. (91 S.) Regensburg 877. Volks- u. Jugendschriften-Verl. cart. 1. —

—— Der lebendige Haubenstock. Die strenge Erzieherin. Das französische Stubenmädchen. 3 Lust- u. Schauspiele f. die weibl. Jugend. 2. Aufl. 8. (80 S.) Ebd. 891. 1 —

Becker, Michael
—— Komödien-Büchlein für die Jugend. gr. 16. (VI, 403 S.) München 875, Stahl.

Becker, M., Narren sind wir Alle. — Kinder u. Narren sagen die Wahrheit. — Das verzauberte Häusle. — 3 Lust- u. Singspiele für Jugend- u. Familienkreise, Bildungs- u. Erziehungs-Anstalten, Schulbibliotheken ꝛc. ꝛc. v. Musik Ferd. Schaller. 8. (118 S.) Regensburg 878. Volks- u. Jugendschriften-Verl. 1. —;
Partitur dazu hoch 4. (37 S.) 1. 40

—— Narren sind wir Alle. Kinder u. Narren sagen die Wahrheit. Das verzauberte Häusle. Drei Lust- u. Singspiele f. Jugend- u. Familienkreise ꝛc. ꝛc. Musik v. Ferd. Schaller. 2. (Titel-)Aufl. 8. (49; 31; 36 S.) Ebd. 892. 1 —

Becker, M. (I.), die sechs gescheidten Närrinnen. — Wahrheit gibt kurz Bescheid. — Die verzauberte Störchin. Drei Lust- und Singspiele für weibl. Jugend- und Familienkreise, Bildungs- und Erziehungs-Anstalten ꝛc. Musik von Ferd. Schaller. 8. (135 S.) Ebendas. 878.

—— Die sechs gescheiten Närrinnen. Wahrheit giebt kurz Bescheid. Die verzauberte Störchin. Drei Lust- u. Schauspiele f. die weibl. Jugend. 2. Aufl. 8. (144 S.) Ebd. 891. 1 20

[—] Ein Räthselbuch zu schenken den Kindern, die recht denken. Von Michael B...r. — München: Lentner [1863]. 39,VIII S. quer-8° 12:Paed.Pr.311.
14.7759

Becker, Michael
—— der Sängerstreit vor der Wartburg oder die Sternenlieder. Drei Tage aus Peters Leben. Die Zaubertuba. Drei Lust- und Singspiele für Jugend- und Familienkreise, Bildungs- und Erziehungs-Anstalten, Schulbibliotheken ꝛc. Musik von Ferd. Schaller. 8. (36, 89 und 88 S.) Ebendas. 877. cart.
Partitur hierzu. gr. 8. (23, 6 und 13 S.) *

—— Der Sängerstreit vor der Wartburg. Drei Tage aus Peters Leben. Die Zaubertuba. Drei Lust- u. Schauspiele f. Jugend- u. Familienkreise ꝛc. ꝛc. Musik v. Ferd. Schaller. 2. (Titel-)Aufl. 8. (36; 39; 38 S.) Ebd. 892. 1 —

—— geistliche Spiele für die Jugend. gr. 16. (174 S. mit 2 Musikbeilagen in Fol.) München 875, Stahl.

Becker, Michel
Becker, M, E Grosjean-Maupin, Rud. Sprotte: Prakt. Esperanto-Lehrb. nach d. Anschaugsmethode. (Esperanto kolekto de la revuo.) (12, 190 m. Abb.) kl8° Berl. '10. Dresd., Ader & B. 1.50 ‖ Schlüssel (110) '10. — 80

— Praktisches Esperanto-Lehrbuch ... Von M. Becker, E. Grosjean-Maupin, Rudolf Sprotte. [Nebst] Schlüssel. Berlin: Möller & Borel [usw.] 1910. 8° (Esperanto. Kolekto de la Revuo.) 1:V 8646/124.
14.7766

Becker, Moritz: Denkschrift zum Urtheil des Königlichen Landgerichts Stolp, welches in der Strafsache c/a. Edmund Westphal am 15. Mai 1896 ergangen ist. [Nebst] Anlage-Bd. — Berlin: Hermann 1896. 4° 1:4° Fy 14889. 4. 10. 11. 17. 38. 44. 52. 60. 64. 102. 121. 205. 206.
14.7777

Becker, Moritz Alois: Abwehr und Entgegnung. — Wien: Seidel 1863. 29 S. 8°
Aus: Oesterreichischer Schulbote. 13.1863. 300:66.028-B.
14.7778

Becker, M. A., *k. k. Schulrath.* Administrativ-Karte des österreich. Kaiserstaates. Nach Angabe des Herausgebers gezeichnet und lithogr. v. *Franz Šimič*, Offizial im k. k. geogr. Inst. *Wien* Druck u. Verl. v. *A. Hartinger's* art. Anst.

1 Blatt. Höhe 1' 8¼", Breite 2' 4". Massstab 1 Grad am Aequator gleich 14.64 österr. gl. 15 deutsch. Meilen. Die Karte ist ohne Terrain und ohne Farben. Am untersten Rande findet sich eine kurze statistische Uebersicht der einzelnen Kronländer nach Flächenraum und Bevölkerungszahl; dann Schrift- und Zeichenerklärung. Am obersten rechten Rande die Anmerkung: Die Zahlen bei den Orten der Monarchie bezeichnen die Bevölkerung nach den letzten Angaben. Die erste Ziffer rechts bedeutet hundert; z. B. 5 gleich 500, 56 gleich 5600, 571 gleich 57100 u. s. w.

— [Hrsg.] s. *Album* von Hernstein. 1882.

— Ein ehelicher Ausgleich. Sittenbild aus d. Wiener Gesellschaft zu Anfang d. 18. Jahrhunderts. — Wien 1882: (Holzhausen). 39 S. 8° 30. 300:83.900-B.
14.7779

Becker, M. A., Bettler u. Bettelwesen in Niederösterreich. Vortrag im Verein für Landeskunde von Niederösterreich am 13. März 1868. Wien 868. Beck. 16. (61 S.) n. 8 *ngr.*

Becker, M. A., Bettler und Bettelwesen in Niederösterreich. Vortrag im Verein für Landeskunde von Niederösterreich am 13. März 1868. gr. 16. (61 S.) Wien 868, Hölder. *

Becker, Moritz Alois

— Bilder aus der Geschichte von Österreich für die vaterländische Jugend. — Wien: K. k. Schulbücher-Verl. 1857. 172 S. 8° 300:191.413-B. 302.
14.7781

— — Ebd. 1863. 132 S. 8° 300:38.352.
14.7782

— Ueber allgemeine Bildung. Vortrag. — Wien: Militärwissenschaftlicher Verein 1871. 15 S. 8° 300:128.536-B. 302. 308.
14.7783

Becker, M.A. (Red.) s. Blätter des Vereins für Landeskunde von Niederösterreich.

— Verstreute Blätter. — Wien: Konegen 1880. 274 S. 8° 1:Ag 9344. 5. 14. 15. 29. 30. 42. 300:181.944-B. 302→305. 307→309.
14.7784

— Dunkelstein bei Neunkirchen. Topographische Studie. Wien 1882: (Holzhausen). 26 S. 8° 1:Sc 1550. 30. 300:603.259-B. 308.
14.7785

— Einleitung in die Vaterlandskunde. Ein Leitfaden zum erdkundlichen Unterrichte für Schule u. Haus. — Wien: Seidel 1852. VIII,198 S. 8° 300:34.882-B.
14.7786

— Emmerberg. Historisch-topographische Studie. — Wien: Verf. 1883. 41 S. 8°
Aus: Blätter d. Vereines für Landeskunde von Niederösterreich. N.F. 17. 1883. 30. 304.
14.7787

— Die Enzersdorfe in Niederösterreich. Historisch-topographische Studien. — Wien: Hölder 1884. 174 S. 8° 1:Sc 1561. 7. 12: Austr. 370 bd. 21. 22. 23. 212. 300:49.640-B. 302. 304.
14.7788

— Eine Episode aus der Geschichte der Puchaim in Niederösterreich. — Wien 1877. 17 S. 8°
Aus: Blätter d. Vereines für Landeskunde von Niederösterreich. N.F. 11. 1877. 308.
14.7789

Becker, Moritz Alois

— Die Erde und ihre Bewohner. Ein Lesebuch. — Wien: Seidel 1854. VIII,198 S. 8° 300:36.719.
14.7790

— Die Erziehung in ihrem Verhältniß zu den Naturwissenschaften. Ein Vortrag gehalten im Vereine zur Verbreitung naturwissenschaftlicher Kenntnisse. — Wien 1870. 36 S. 8° 308.
14.7791

— Falkenstein und die Falkensteine in Niederösterreich. Historisch-topographische Studie. — Wien 1885. 41 S. 8°
Aus: Blätter d. Vereines für Landeskunde von Niederösterreich. N.F. 19. 1885. 30. 302. 308.
14.7792

— Feldsberg in Niederösterreich. Historisch-topographische Studie. — Wien 1886. 78 S. 8°
Aus: Blätter d. Vereines für Landeskunde von Niederösterreich. N.F. 20. 1886. 30. 300:187.982-B. 302.
14.7793

[—] Fragen zur Förderung der Ortskunde. Vom Verein für Landeskunde von Niederösterreich. — Wien 1865. V,71 S. 8° 1:Sc 399. 300:74.301-A. 302.
14.7794

— älteste Geschichte der Länder des österreichischen Kaiserstaates, s. a. Geschichte, österreichische, für das Volk.

— Aelteste Geschichte der Länder des österreichischen Kaiserstaates bis zum Sturze des Weströmischen Kaiserreiches. — Wien: Prandel & Ewald in Comm. 1865. 236 S. 8° (Oesterreichische Geschichte für d. Volk. 1.) 5. 12: Austr. 1737-1 [2 Ex.] 18. 19. 21. 30. 52. 208. 300:167.751-B. 1. 302→305. 307→309.
14.7795

Becker, Moritz Alois: Zur Geschichte der Geographie in Oesterreich seit 1750. (Sonderabdruck aus den „Mittheilungen der geographischen Gesellschaft".) Wien 1873. 8°

— Die Gesellschaft der Musikfreunde in Wien. — Wien 1867. S. 100–130. 8°
Aus: Oesterreichische Revue. 5. 1867. 30.
14.7796

[—] Gesellschaftsreise nach Dalmatien. In Tagebuchblättern geschildert von B. u. B. Mit Illustr., gezeichnet von E. F. Ameseder. — Wien: Wissenschaftl. Club 1886. 44 S. 4° 304.
14.7797

— Gloggnitz in Niederösterreich mit historischen Streiflichtern. — Wien: Selbstverl. [1879]. 51 S. 8°
Aus: Oesterreichisches Jahrbuch. 3. 1879. 23. 302. 308.
14.7798

— Gutachten über zwei Schulfragen. — Wien: Beck 1866. 47 S. 8° 1:Stala 852. 24. 46. 300:70.648-A. 302.
14.7799

— Wilhelm Haidinger. — Wien 1871. 8 S. 8°
Aus: Mittheilungen d. kais. u. königl. geographischen Gesellschaft in Wien. 14. 1871. 1:Stala 853. 2. 20. 30. 300:115.130-B. 302. 305. 308.
14.7800

Becker, Moritz Alois: Handkarte von Niederösterreich für Schulen. Wien 1853.

— [Hrsg.] s. *Hernstein* in Niederösterreich. 1882–88 u. ö.

— Konrad von Fussesbrunnen. Eine Studie. — Wien 1887. 12 S. 8°
Aus: Blätter d. Vereines für Landeskunde von Niederösterreich. N.F. 20. 1886. 5. 123.
14.7801

— Niederösterreichische Landschaften mit historischen Streiflichtern. Schottwien. Gloggnitz. Wartenstein. Hernstein. — Wien: Konegen 1879. V,242 S. 8°
1: Sc 424. 7. 12: Austr. 370b. 14. 15. 23. 30. 43. 300: 183.331-B.K. 302→305. 307→309.
14.7802

— Aus dem Leben eines Edelmannes im XVI. Jahrhundert. Wien 1878. 20 S. 8°
Aus: Blätter d. Vereines für Landeskunde von Niederösterreich. N.F. 12. 1878.
304. 308.
14.7803

Becker, Mor. Alois, Lehr- und Lernbuch der Weltkunde. Ein Leitfaden zum erdkundl. Unterrichte für Schule und Haus. Im Vereine mit W. F. Warhanek und C. F. Furlani von Felsenburg bearb. und hrsg. 1. Bd.: Weltkundliche Vorschule. gr. 8. (VIII und 190 S.) Wien 852, Seidel. *

— Hermann von Orges. Ein Nachruf. — Wien 1875. 18 S. 8°
Aus: Mittheilungen d. kais. u. königl. geographischen Gesellschaft in Wien. 18. 1875.
30. 300: 35.951.
14.7806

Becker, M. A., der Oetscher und sein Gebiet, aus eigener Beobachtung und bisher unbenützten Quellen geschöpft von mehreren Freunden der Landeskunde. 2 Thle. 8. Wien 859. 60, (Gerischek's Universitäts-Buchh.) *

Inhalt:
Thl. 1. Reisehandbuch für Besucher des Oetscher. (XVI und 524 S. mit 1 lithogr. Karte des Oetscher in 4. und der Rundsicht vom Gipfel auf 4 Steint. in qu. gr. Fol.) * 1 Thlr. 24 Ngr.
2. Geschichte und Topografie. (XII und 444 S.) * 1 Thlr.

Becker, M. A., der Otscher und sein Gebiet, aus eigener Beobachtung und bisher unbenützten Quellen geschöpft von mehreren Freunden der Landeskunde. 2 Thle. Wien 859, 60. Grund. 8. n. 2 *ℳ* 24 ngr.
1. Thl.: Reisehandbuch für Besucher des Ötscher. Mit 1 (lith.) Karte des Ötscher (in 4.) und der Rundsicht vom Gipfel (auf 4 lith. Taf. in Fol.) (XVI, 524 S.) n. 1 *ℳ* 24 ngr.
2. Thl.: Geschichte und Topografie. (XII, 444 S.) n. 1 *ℳ*

(—) Die Sammlungen der vereinten Familien- und Privat-Bibliothek Sr. M. des Kaisers. Bd 1-3. — Wien 1873-82: Finsterbeck (2,3 f.: Holzhausen). 2°
1. 1873. 2,1. 1875. 2,2. 1879. 3,1. 1882.
1: 2° Ao 8561. 2. 4. 5. 9. 10. 12: 2° Cat. 49. 16. 19. 24→29. 300: 397.072-D [u.ö.] 302→305.
14.7807

— Das Schlachtfeld vom 26. August 1278. Vortrag. — Wien: Verf. 1880. 14 S. 8°
Aus: Organ d. Militär-wissenschaftlichen Vereins. 20. 1880.
30. 303.
14.7808

— Schottwien und Umgebung mit geschichtlichen Streiflichtern. — Wien: Österr. Volksschriften-Verein 1877. 59 S. 8°
1: Sc 2371.
14.7809

Becker, M. A. Ritter v., die essbaren u. giftigen Schwämme in ihren wichtigsten Formen. Zur Förderg. d. Schulunterrichtes angeordnet. 3., verm. Ausg. 12 (farb.) Taf. à 54 × 55 cm. Nebst Erläuterg. Im Auftrage des k. k. Ministeriums f. Cultus u. Unterricht beschrieben v. Joh. Geo. Bill. gr. 8. (IV, 59 S.) Wien 892. (C. Gerold's Sohn.) n. 13. 20; auf Pappe gefirnisst u. m. Oesen n. 18. —

— Für unsere Soldaten. Ein Wort an d. Lehrer d. vaterländischen Volksschule. — Wien: Seidel 1864. 30 S. 8°
300: 168.365-A.
14.7810

Becker, Moritz Alois

— Kurze deutsche Sprachlehre. — Wien: Seidel 1862. 182 S. 8°
300: 523.790-B. 302.
14.7811

— — 2., verb. Aufl. Ebd. 1864. VIII, 181 S. 8°
300: 35.186. 2. Aufl. 302. 308.
14.7812

—— kurze deutsche Sprachlehre. 3., durchaus verb. Aufl. gr. 8. (VIII, 183 S.) Wien 869, Seidel und Sohn. *

— Die letzten Tage und der Tod Maximilians II. — Wien 1877. 44 S. 8°
Aus: Blätter d. Vereines für Landeskunde von Niederösterreich. N.F. 11. 1877.
300: 34.450-B. 302→304. 308.
14.7814

— Über Topographie, mit Rücksicht auf Nieder-Österreich. — Wien: Geitler 1864. 7 S. 8°
Aus: Mittheilungen d. k. k. geographischen Gesellschaft. 7. 1863.
302.
14.7815

Becker, Mor. Aloys, österreichische Vaterlandskunde. Ein Handbuch zunächst für Lehrer, und die es werden wollen, dann für alle, denen eine genauere Kenntniss des Vaterlandes vom erdkundlichen Standpunkte wünschenswerth erscheint. Unter Mitwirkung von Freunden der Erdkunde verf. u. herausg. 1. Thl., mit 1 Karte in Steindr. (in 4.) Wien 855. Seidel. gr. 8. (XV, 300 S.) n. 1 *ℳ*

— Das Waldviertel in alter und neuer Zeit. — Wien 1874. 14 S. 8°
Aus: Blätter d. Vereines für Landeskunde von Niederösterreich. N.F. 8. 1874.
308.
14.7817

— deutsches Wörterbuch in kürzester Form mit Rücksicht auf Rechtschreibung, auf Biegung und Abstammung, auf Worterklärung, einschlüssig der gebräuchlichsten Fremdwörter für den allgemeinen Gebrauch bearb. Wien 861. Wallishausser. 16. (X, 712 S.) n. 28 ngr.

— Zustände in Niederösterreich 1246-1251. — Wien 1882. 16 S. 8°
Aus: Blätter d. Vereines für Landeskunde von Niederösterreich. N.F. 15. 1881.
30.
14.7819

Becker, Moritz August

— Moritz August (Zwickau), Nonnulla de corporibus prorsus alienis tractui intestinali impositis addito casu in nosocomio Lipsiensi a. 1859 observ. Diss. chir. Präs. Gust. Biedermann Günther. Lpz. (A. Edelmann) 18. VIII. 1860. 23 S., meist dtsch., mit Biogr. (M.: A. Meissner.) (3.—) 1716

Becker, Moritz Ludwig: Kurtze Vernunft-Arbeit über wichtige, meistens den Menschen betreffende Wahrheiten. Th. 1. — Herborn: Regelein 1752. 488 S. 8°
42. 61.
14.7820

Becker, Nikolaus, Hünshoven, später Friedensgerichtsschreiber, Köln, 1809-1845. 1840: Gedichte. — Köln: Du Mont-Schauberg 1841. VI,218 S. 8°
1: Yo 71. 2. 3. 5. 7. 11. 12: Don. Lud. 776. 15. 17. 19. 21. 23. 30. 32. 34. 38. 39. 43. 44. 52. 60. 61. 109. 180.
14.7823

— der deutsche Rhein. (Gedicht. Mit Randzeichnung von Neureuther.) Lithogr. 1/2 gr. Fol. München 841, Mey u. Widmayer. n. 1/6 *ℳ*

(—) — Der deutsche Rhein. o.O. [um 1845]. 2 Bl. 8°
Darin außerdem: Weismann, Heinrich: Das Vaterland. (An Niklas Becker.)
30.
14.7827

[—] [Das Rheinlied, polygl.] Polyglotte des Rheinliedes oder das Rheinlied in deutscher, engl., franz., holl. u. lat. Sprache. Aus Zeitblättern ges. von J. Günther. — Ilmenau: Trommsdorff 1841. 12 S. 8°
1: an Io 71.
14.7824

— — [deutsch] **Das Nationallied 'Sie sollen ihn nicht haben, den freien deutschen Rhein'. Mit acht Melodien nach den beliebtesten Volksweisen bearb. (Hrsg.: P. J. Beumer.) — Wesel: Bagel [1840]. 15 S. 8°** **61.**
14.7825

[—] — **Sie sollen ihn nicht haben den freien deutschen Rhein! Nürnberg: Renner [1841]. 1 Bl. 2°** **1: 2° P.o.germ. 2e.**
14.7826

(—) — **Sie sollen ihn nicht haben den freien deutschen Rhein. [Faksimile d. eigenhändigen Abschrift Kaiser Wilhelms I.] (Berlin: Parey 1897.) 4 Bl. 4°**
1:2 in Hundertjahrfeier – Gedichte u. Gesänge. 1. **2→5. 7. 8. 10. 11. 15. 16. 19. 20. 21. 25. 27. 29. 34. 109.**
14.7828

Becker, Nikolaus, der Jüngere. 1848: **Wir wollen ihn nicht haben den Prinzen Urian. Allerneuestes Volkslied. — Berlin [1848]: Brandes & Schultze. 2 Bl. 8°**
1:15 in Rz 8885/90. **28. 109. 203.**
14.7830

Becker, Nikolaus Ludwig: Kurtzer Entwurff vernünfftiger Gedancken von der Freymäurerey. — Augspurg 1746: Lotter. 15 S. 8° **302. 303.**
14.7832

— Die vorzügliche Glückseeligkeit der Kirche des neuen Bundes, für der[!] Kirche des alten Bundes, als einen Bewegungs-Grund grosser Freude zur Weyhnachts-Zeit mitgetheilet. — Augspurg 1745: Lotter. 8 S. 8° **19.**
14.7833

Becker, O., Mediziner. 1857: **Ueber Flimmerepithelium und Flimmerbewegung im Geschlechtsapparate der Säugethiere und des Menschen. — Frankfurt a. M.: Meidinger 1857. S. 72-99. 8°**
Aus: Untersuchungen zur Naturlehre d. Menschen u. d. Thiere. 2. 1857. **17. 302.**
14.7837

Becker, O. F., über Gymnasien u. Realschulen. Ein Beitrag zur Beantwortung der Frage über die Vorschule zum Studium der Naturwissenschaften überhaupt u. der Heilkunde im Besonderen. gr. 8. (64 S.) Sondershausen 847, Eupel. — 2. Aufl. Mit einem Vorworte üb. des Realschuldir. Dr. Fischer zweites nothwend. Wort zur medicin. Schulfrage. gr. 8. (LX u. 64 S.) Ebd. 847. 1/3 ℛ

Becker, Oscar, aus Köln a. Rh.: Die englischen Madrigalisten William **Byrd**, Thomas Morley und John Dowland. ⟨Ein Beitrag zur Geschichte d. weltl. Chorliedes u. dessen Pflege in England.⟩ *(Leipzig 1901: L. Seidel.)* (70 S., 16 autogr. Bl.) 8°
Bonn, Phil. Diss. v. [10. Aug.] 1901

Becker, Osc., die Schmuggler, s. a. Indianer- u. Volksbibliothek. Nr. 349.

Die Schmuggler. Eine Erzählung f. d. Jugend von Oscar Becker. *Berlin: A. Weichert [1899].* (32 S.) 8° [F.]
= Indianer- u. Volksbibliothek. 349. [03. 14196

Becker, Osk. Der Zauberkünstler. Eine Auswahl überrasch., jedoch leicht zu erlern. Kunststücke zur angenehmen Unterhaltg. gesell. Kreise. 16. (62 S.) Köln 891, Püttmann. — 30

Becker, Osk., der Zauberkünstler. Eine Auswahl überrasch., jedoch leicht zu erlern. Kunststücke zur angenehmen Unterhaltg. gesell. Kreise. 4. Aufl. (69 S.) 16. Berlin (906). Leipzig, F. Püttmann. — 30

Becker, Oskar, Ein Zeichen der Zeit. Breslau 861. Max & Co. 8. (31 S.) 3 *ngr.*

Becker, Otto, Ophthalmologe, Prof., Heidelberg. 1828-1890. 1861: **Photographische Abbildungen von Durchschnitten gesunder und kranker Augen. Durchschnitten von Otto Becker, gemessen von Krükow, gezeichnet von Friedrich Veith, photographirt von J. Schulze. Ser. 1→3. — Heidelberg (2.3: Wien: Braumüller) 1875-76. 8°**
16. 20. 30. 61. 304.
14.7844

Becker, Otto, photographische Abbildungen von Durchschnitten gesunder und kranker Augen. Gezeichnet von Friedr. Veith, photogr. von J. Schulze in Heidelberg. 1.—3. Serie. gr. 8. (30 Photogr. mit 16 S. Text.) Wien 876,77, Braumüller.
In Mappe à Heft * ℳ 12. *

Becker, Otto, zur Anatomie der gesunden und kranken Linse. Unter Mitwirkung von J. R. da Gama Pinto und H. Schäfer. gr. 4. (XVI, 220 Sp. mit 14 lithogr. Taf.) Wiesbaden 883, Bergmann. cart. in Mappe *

Becker, O., s.: Arbeitsmarkt, der.

Becker, Otto, Atlas der pathologischen Topographie des Auges. Gezeichnet von Carl Heitzmann. 1. Lfg. gr. 4. (VIII, 32 S. mit 9 lithogr. Taf., 7 eingedr. Holzschn. und 9 S. Tafelerklärungen.) Wien 874, Braumüller. geb. *

—— Atlas der pathologischen Topographie des Auges. Gezeichnet von Carl und Jul. Heitzmann, Hub. Sattler und Friedr. Veith. 2. Lfg. Imp.-4. (IV, S. 33—58 mit 9 lithogr. Taf.) Ebendas. 875. cart. *

Becker, Otto, Atlas der pathologischen Topographie d. Auges. Gezeichnet v. Jul. Heitzmann, Hub. Sattler u. Frdr. Veith. Lith. v. Jul. Heitzmann. 3. Lfg. Mit 12 (lith.) Taf. Imp.-4. (IV u. S. 59—95.) Wien 878. Braumüller. cart. n. 24. —; (1—3.: n. 60. —)

— **Über Augenkrankheiten mit Rücksicht auf Localisation von Hirnleiden. Vortrag. — (Amsterdam [um 1880]: de Roever-Kröber-Bakels.) 20 S. 8°** **16. 38. 302. 304.**
14.7847

Becker, Otto, Privatgelehrter, Bonn, 1835-1915. 1902: **Der Basalt vom Finkenberg. — Bonn: Behrendt 1906. V, 61 S. 4°**
1:4° Mh 8137. **2. 3. 5. 11. 15. 16. 19. 25. 26. 61. 84. 210. 302.**
14.7859

Becker, Otto, Ministerialrat, Darmstadt. 1889: **Beiträge zur Kenntniß des ehelichen Güter- und Erbfolgerechts in den rechtsrheinischen Provinzen des Großherzogthums Hessen, insbesondere in der Provinz Oberhessen. — Darmstadt [usw.]: Zernin 1889. IV, 140 S. 8°**
Aus: Archiv für praktische Rechtswissenschaft. F. 3, 4 = N. F. 15. 1889. **17. 26. 45. 106.**
14.7858

Becker, Otto, und Alex. Rollett, Beiträge zur Lehre vom Sehen der dritten Dimension. Lex.-8. (42 S. mit 2 Stnt. in Lex.-8. und Fol.) Wien 861, (Gerold's Sohn.)
Aus: Sitzungsberichte der k. Akademie der Wissenschaften Jahrg. 1861. besonders abgedruckt.

Becker, Otto, und Alex. **Rollett,** Beiträge zur Lehre vom Sehen der dritten Dimension. Mit 2 (lith.) Taf. (Aus den Sitzungsber. 1861 der k. Akad. d. Wiss.) Wien 862. Gerold in Comm. gr. 8. (42 S.) n. 10 *ngr.*

Becker, Otto, Jacques Daviel. Ein Gedenkblatt. Festgabe zum 7. internationalen Ophthalmologen-Congress in Heidelberg den 8.—11. Aug. 1888. Imp.-4. (12 S. mit 1 Lichtdr.-Taf.) Wiesbaden 888, Bergmann. In Mappe *

— — **(Würzburg [1888]: Stürtz.) 6 Bl. 2°** **16. 30. 46.**
14.7850

Becker, Otto, Dr. rer. pol., Frankfurt a. M. 1907: **Die Ergebnisse der Wohnungszählung in der Stadt Offenbach a. M. im Jahre 1906/07. (Verf.: O. Becker.) — (Offenbach a. M. [1909]: W. Wagner.) 65 S. 4°** **17. 26. 30.**
14.7865

Becker, Otto, die Eruptivgesteine des Niederrheins u. die darin enthaltenen Einschlüsse. gr. 8. (III, 99 S.) Bonn 902. F. Cohen. n. 2.40

Becker, Otto, Breslau. 1853: **Der Frachtfuhr-Verkehr in Breslau. Ein alphabetisches Verzeichniß ... 7., verb. Aufl. Breslau: Lucas 1853. 32 S. 8°** **2.**
14.7842

— — Der Frachtfuhr-Verkehr in Breslau pro 1859/60. Ein alphabetisch geordnetes Verzeichniß. — Ebd. 1859. 15 S. 8° **41.**
14.7843

Becker, Otto, zur Frage der Volksvorstellungen, s. Volkskultur, die. Nr. 1.

— Zur Frage der Volksvorstellungen. Eine Enquête, veranstaltet vom Ausschuß für Volksvorlesungen zu Frankfurt a. M. — Leipzig: Quelle & Meyer 1907. V,63 S. 8° (Die Volkskultur. 1.) 1: Fb 13015/4-1. **5. 10.** 12: Paed. Th. 6053m-1. **17. 18. 23. 30. 36. 38. 43. 60. 62. 75. 107. 180. 207. 302. 304.**
14.7866

— Die Gefässe der menschlichen Macula lutea, abgebildet nach einem Injectionspräparate von Heinrich Müller. — Berlin: Peters 1881. 20 S. 8°
Aus: Albrecht v. Graefe's Archiv für Ophthalmologie. 27,1. 1881. **16.**
14.7851

— Zur Geschichte der Medizinischen Fakultät in Heidelberg. — Heidelberg 1876: Hörning. 51 S. 8°
Zugleich Univ.-Schrift. Heidelberg 1876. **21. 27. 47. 107. 304.**
14.7852

Becker, Otto, Landrentmeister, Gumbinnen. 1909: Das Kassen- und Rechnungswesen in Fragen und Antworten. Ein Lehr- u. Nachschlagebuch. [Nebst] Nachtr. — Danzig: Sauer [1909–11]. 8°
1: 4° Gt 10068. **7**[°° Nachtr.] **10. 38**[°° Nachtr.]
14.7867

Becker, Otto, Dr. d. Staatswissenschaften. 1903: Deutschlands Kohlenhandel. — Tübingen: Laupp 1903. III,101 S. 8°
Zugleich Diss. Tübingen 1903. **10. 24. 25. 28. 106.**
14.7864

Becker, Otto, Rechtsprakt.: Zur Lehre von den Willensmängeln. Borna-Leipzig 1910: Noske. VIII, 50 S. 8°
Erlangen, Jur. Diss. v. 26. April 1910, Ref. Binder
[Geb. 11. Sept. 84 Landau, Pfalz; Wohnort: München; Staatsangeh.: Bayern; Vorbildung: Gymn. Landau Reife 04; Studium: Berlin 3, München 5 S.; Rig. 9. Febr. 10.] [U 10. 665

Becker, Otto, appr. Arzt: Aus d. Krankenh. d. Paul-Gerhardt-Stifts. Die Lokalanästhesie in der ärztlichen Allgemeinpraxis. Greifswald (1909): Adler. 54 S. 8°
Greifswald, Med. Diss. v. 24. Jan. 1910, Ref. De Ruyter in Berlin, Payr
[Geb. 19. März 85 Liegnitz; Wohnort: Berlin; Staatsangeh.: Preußen; Vorbildung: Ritterakad. Liegnitz Reife O. 03; Studium: Tübingen 1, Breslau 4, Berlin 1, Greifswald 4 S.; Coll. 2. Dez. 09; Approb. 20. Juli 09.] [U 10. 1562

— Das Metallgeld u. s. Ersatzmittel. Beitrag z. Selbstunterr. (103) 8° Ebd. ('12). nn 1.50

— Petrographische Mitteilungen. — Bonn: Rost 1910. 22 S. 8° 1: Mh 8138. **5. 10. 11. 61.**
14.7862

— s.: Ophthalmologen-Congress, 7. periodischer internationaler.

— Pathologie und Therapie des Linsensystems. — (Leipzig [1877].) S. 158–520. 8°
Aus: Handbuch d. gesamten Augenheilkunde. 5. 1877. **16. 20. 202.**
14.7853

— Rede am Sarge von Nikolaus Friedreich, im Auftrage d. medizinischen Fakultät gehalten. — Heidelberg 1882: (Hörning). 15 S. 8°
1: Au 4318. **2. 6. 16. 17. 26. 27. 30. 31. 36. 109. 123.**
14.7854

Becker, Otto: Die 'séance royale' am 23. Juni 1789. (Berlin 1909: Ebering.) S. 49—89. 8° ¶ (Ersch. vollst. in: Historische Studien b. Ebering, Berlin.)
Berlin, Phil. Diss. v. 14. Aug. 1909, Ref. Delbrück
[Geb. 17. Juli 85 Malchow i. M.; Wohnort: Charlottenburg; Staatsangeh.: Mecklenburg-Strelitz; Vorbildung: Domsch. Güstrow Reife O. 05; Studium: Freiburg i. B. 1, Heidelberg 2, Berlin 6 S.; Rig. 14. Aug. 09.] [U 09. 137

— Vier Tafeln zur Bestimmung des Astigmatismus. — Wien: Braumüller 1868. 4 Taf. 4° **20. 302.**
14.7855

— die Universitäts-Augenklinik in Heidelberg. 20 Jahre klin. Thätigkeit. gr. 8. (VIII, 113 S. m. 1 Lichtdr.- u. 8 Steintaf.) Wiesbaden 888, Bergmann. n. 3.—

Becker, Otto

— Die Verfassungspolitik der französischen Regierung bei Beginn der grossen Revolution. ⟨Vom Ausbruch d. Ständekampfes im Sept. 1788 bis zum Eintritt d. ersten Stände in d. Assemblée nationale am 27. Juni 1789.⟩ — Berlin: Ebering 1910. XX,274 S. 8° (Historische Studien. 86.)
Erschien teilweise auch als Diss. u. d. T.: Becker: Die 'Séance royale' am 23. Juni 1789. Berlin 1909.
1: P 7638-86. **2→8. 10. 11.** 12: H. misc. 293 apd-86. **14→18. 20. 21. 24→30. 34. 38. 43. 208.** 300: 392.087-B. Per. 86. **302→304.**
14.7874

— Über den Wirbel und den Kernbogen in der menschlichen Linse. — Wiesbaden: Bergmann 1883. 11 S. 8°
Aus: Knapp-Schweigger's Archiv für Augenheilkunde. 12. 1883. **16.**
14.7857

Becker, Otto Heinrich: Abgenöthigte Apologie und Schutz-Schrifft wieder eine unter der Rubric Historia pietistica Waldeccensis heraus gekommene Schmäh-Schrifft ... Nebst vielen Beylagen. — o. O. 1712. 124,223 S. 8°
1: an Dm 9970. **4. 7. 10.** 12: 4° H. ref. 78m. **14. 26. 30. 34. 41.**
14.7885

[—] L'Esprit égaré du monde, das ist, das verkehrte Urtheil der Welt in geistlichen Dingen, oder treugemeinte Erinnerung und Unterricht, wieder die vorgefaste übele Meynungen und leichtsinniges Urtheilen derer weltlich-gesinneten Menschen, so ihren Nächsten ohne erhebliche Ursachen, aus blindem Religions-Eyffer, in Verdacht irriger Lehre ziehen. — Amsterdam [vielm. Frankfurt a. M.]: Betkius 1710. 44 S. 8° **17. 18. 21.**
14.7886

— Ius mundi seu vindiciae iuris naturae. 1698 u. ö. s. *Boden*, Heinrich v.

— Sieg der Wahrheit und Unschuld, gegen das untheologische Responsum derer Herren Professorum theol. zu Wittenberg, in der so genandten Causa piet. Waldec. zu Ablehnung derer darinn ... enthaltenen Unwahrheiten und Calumnien. — Gräitz 1715: Martini. 22 Bl. 8°
1: 6 in Dm 8012. **16. 41. 45.**
14.7887

Becker, Otto Helmuth, appr. Arzt: Über die kongenitale Duodenumatresie. Giessen 1910: Kindt. 33 S. 8°
Gießen, Med. Diss. v. 7. April 1910, Ref. Bostroem
[Geb. 2. Okt. 85 Friedberg i. H.; Wohnort: Halle a. S.; Staatsangeh.: Hessen; Vorbildung: Gymn. Friedberg Reife O. 04; Studium: Gießen 2, München 1, Gießen 3, München 1, Halle 2, Gießen 1 S.; Coll. 25. Juni 09; Approb. 1. April 09.] [U 10. 1129

Becker, P., Propst an St. Nicolai, Kiel, 1837-1908. 1878 s. *Becker*, Wilhelm.

Becker, P. Nach 30 Jahren. Reise-Erinnerungen. Schweidnitz 1901. 8°.

Becker, P.H., Pastor, Lübeck. 1769 s. *Becker*, Peter Hermann.

Becker, P. W., Samlinger til Danmarks Historie under Kong Fredriks III. Regiering, af udenlandske Archiver. 1. Deel. gr. 8. (X u. 451 S.) Kopenhagen 847, Deichmann's Verl. n. $2^{5}/_{6}$ ℛ

Becker, Paul: Die Armee des Großen Kurfürsten. Ihre historische Entwicklung und ihre politische Bedeutung. (Meseritz 1909: Matthias.) 64 S. 8°
Meseritz, k. G P 1909 (229) [S 09. 12

Becker, Paul, Assistenzarzt a. d. Kgl. Univ.-Frauenklinik: Aus d. Kgl. Universitäts-Frauenklinik zu Breslau. Ein Beitrag zur operativen Behandlung entzündlicher Adnexerkrankungen. *Breslau 1904: Bresl. Genoss.-Buchdr.* (94 S.) 8°
Breslau, Med. Diss. v. 12. Aug. 1904

Becker, Paul, Referendar: Ein Beitrag zur Lösung der Frage: Was versteht das Bürgerliche Gesetzbuch unter 'Schadensersatz wegen Nichterfüllung' bei gegenseitigen Verträgen in den §§ 325, 326? Borna-Leipzig 1909: Noske. IX, 69 S. 8°
Leipzig, Jur. Diss. v. 27. Febr. 1909
[Geb. 28. Juli 82 Hannover; Wohnort: Hannover; Staatsangeh.: Preußen; Vorbildung: Kaiser-Wilhelms-Gymn. Hannover Reife O. 02; Studium: Jena 4, Göttingen 2 S.; Rig. 4. Aug. 05.] [U 09. 2443

Becker, Paul, aus Domnowitz, Kr. Trebnitz i. Schl.: Beiträge zur Kenntnis der α-(1)-Naphtochinolin-5-Sulfonsäure und des 5-Oxy-α-(1)-Naphtochinolins. *Freiburg i. B.: Speyer & Kaerner 1899.* (50 S.) 8°
Freiburg i. B., Phil. Diss. v. 1899

— **Die Gestade des Pontus Euxinus vom Ister bis zum Borysthenes in Bezug auf die im Alterthume dort gelegenen Colonien. — St.-Petersburg: Expedition zur Anfertigung d. Reichspapiere 1852. 82 S. 8°**
Aus: Mémoires de la Société Impériale d'archéologie. 5. 6. 1851-52.
15. 106.
14.7893

Becker, Paul, die Herakleotische Halbinsel in archäologischer Beziehung behandelt. Mit 2 (lith.) Karten. Leipzig 856. Teubner. gr. 8. (102 S. mit Holzschn. im Text.) n. 24 *ngl*

— **Ueber die im südlichen Russland gefundenen Henkelinschriften auf griechischen Thongefässen. 8°**
Aus: Mélanges gréco-romains. 1. 1855. 78.
14.7895

Becker, Paul: Kanon der einzuprägenden Jahreszahlen. Auf Grund d. neuen Lehrpläne u. Lehraufgaben f. d. h. Schulen in Preußen von 1901. *Inowrazlaw: Kujawischer Bote 1903.* (28 S.) 8° [J.]
Inowrazlaw, k. G, OP 1903 (186)

— **Ueber eine Sammlung unedierter Henkelinschriften aus dem südlichen Ruszland. — Leipzig: Teubner 1862. S. 454-502. 8°**
Aus: Jahrbücher für classische Philologie. Suppl. Bd 4. 1861-67.
14. 18. 20. 32. 34.
14.7898

Becker, Paul, über eine zweite Sammlung unedierter Henkelinschriften aus dem südlichen Russland. gr. 8. (92 S.) Leipzig 870, Teubner. *
Aus: Jahrbücher für class. Philologie, 5. Supplementbd., besonders abgedruckt.

Becker, Paul, üb. eine dritte Sammlung unedirter Henkelinschriften aus dem südlichen Russland u. über Dumonts Inscriptions céramiques de Grèce [Paris 1871]. [Aus: „Jahrbb. für class. Philol. 10. Suppl.-Bd."] gr. 8. (231 S.) Leipzig 878. Teubner. n. 3. 60

— **Eine Studie über die Münzen von Amorgos. — Wien 1871. 38 S. 8°**
Aus: Numismatische Zeitschrift. 2. 1870. 11. 15.
14.7900

Becker, Paul, Tierarzt in Neustadt-Dosse: Aus d. Klinik f. kleine Haustiere d. Kgl. Tierärztl. Hochschule zu Berlin. Vorstand: Prof. Regenbogen. Untersuchungen über die Otitis externa des Hundes. Stuttgart 1907: Union. (22 S., 1 Taf.) 8° ¶ (Aus: Monatshefte f. prakt. Tierheilkunde Bd 18.)
Gießen, Veterinär-Med. Koll., Ref. Pfeiffer, Diss. v. 30. Sept. 1907
[Geb. 7. Aug. 83 Strabbergshof (Kr. Ruppin); Wohnort: Neustadt-Dosse; Staatsangeh.: Preußen; Vorbildung: Joachimsth. Gymn. Berlin Reife O. 03; Studium: Tierärztl. Hochsch. Berlin 4, München 1, Berlin 2 S.; Rig. 5. Juni 07.]

Becker, Paul, aus Witten a. d. Ruhr: Das Verhältnis von John Marston's 'What you will' zu Plautus' 'Amphitruo' und Sforza d'Oddi's 'I Morti Vivi.' *Halle a. S. 1904: (R. Noske, Borna-Leipzig).* (42 S.) 8°
Halle, Phil. Diss. v. 1904

— **Verzeichniss alt-griechischer und römischer Münzen aus dem Nachlasse des Dr. phil. Paul Becker. [Auktionskat.] — Berlin: Weyl 1881. 38 S. 8° 14. 15. 30. 31. 39.**
14.7901

Becker, Peter, Prof. d. Mathematik u. Pastor, Rostock. 1672-1753. 1699: **Als der Durchlauchtigste Fürst und Herr Herr Carl Leopold Regierender Hertzog zu Mecklenburg ... das den 6. Febr. An. 1721. veranstaltete Leichbegängniß des ... Hn. Joh. Ernesti Schapern ... Leib-Medici ... mit einer Hoch-Fürstlichen Gesandtschafft ... zu würdigen geruhete, hat an dem ... Abgesandten, dem ... Ober-Kammer-Juncker von Bibawen ... folgende An-Rede gethan, Petrus Becker. — Rostock [1721]: Weppling. 30 S. 4° 42.**
14.7925

[—] Anfangs-Gründe der hebräischen Sprache, für Schuel-Knaben, nach Anleitung Schickards. — Rostock [um 1710]: Adler. 8 Bl. 8° 28.
14.7926

Becker, Peter ⟨geb. am 30 Jan. 1852 in Königswinter⟩: Experimentelle Beiträge über Santoninvergiftung und deren Heilung ... Bonn, Univ.-Buchdr. v. C. Georgi 1876. 30 S., 1 Bl. 8.
Bonn, Med. Fak., Diss. v. 18 Juli 1876

— — **[Ausz.] Bericht über die Fehde der Städte Magdeburg, Halle und Braunschweig und der Herren von Veltheim mit Graf Bernhard von Bernburg im Jahr 1426, mitgetheilt von Friedrich Sintenis. — Halle 1835. 17 S. 8°**
Aus: Neue Mittheilungen aus d. Gebiet historisch-antiquarischer Forschungen. 2. 1836.
26.
14.7935

— **Erbauliche Betrachtungen über dem Propheten Jonas, darinn zwar der Umbstand der Geschichte gründlich untersuchet, auch der Wort-Verstand kurtz u. deutlich erläutert u. erklähret, hauptsächlich aber aus einem jeglichen Satz eine gewisse Meditation ... zur Erbauung im Glauben, Leben u. Leyden ausgeführet wird. — Rostock [usw.]: Fritsch 1717. 620 S. 8° 1: an Ea 9140. 28. 29. 33.**
14.7927

Becker, Peter, Prof., Kunstmaler, 1828-1904. 1855: **Bilder aus dem alten Frankfurt. Nach d. Natur gezeichnet. — Frankfurt a. M.: Prestel [um 1875]. 1 Bl., 25 Taf. quer-4° 30.**
14.7936

— — **Ebd. [um 1880]. 1 Bl., 40 Taf. quer-4° 30.**
14.7937

Becker's, P, Zerbster Chronik, s. a. Kindscher, F.

Becker's, P., zerbster Chronik hrsg. von Frz. Kindscher, s. a. Urkundensammlung.

Becker, Peter, Bürgermeister, Zerbst, † um 1455. 1835: **Zerbster Chronik zum ersten Male hrsg. von Franz Kindscher. — Dessau: Baumgarten 1858. 186 S. 8° (Urkundensammlung zur Geschichte von Anhalt. Einl.) 1: Ss 9614. 5. 7. 11. 12: 4° Germ. sp. 179. 14. 15. 16. 18. 23. 29. 32. 41. 111. 169. 203.**
14.7934

Becker, Pet.: Entwurf e. allg. Pensions-Gesetzes m. Anmerkgn, Berechngs-Tab., Pensions-Nachweis, Schema e. Pensionsb. u. Nachweis d. finanz. Möglichk. e. allg. Pensions-Gesetzes, Verwaltgs- u. Einführgs-Gesetz m. Erläutergn. (24) 8° Magdebg, P Becker ('11). — 20 d

Becker, Pet.: Der Heldentod Schill's u. sr Offiziere, s: Theaterbibliothek (Heidelmann).

Becker, Pet., Nova hypothesis de duplici visionis organo, dioptrico altero, altero catoptrico, quorum hoc insectis, illud animalibus reliquis natura concessisse videtur. Rost. 4°. *Haller*, Bibl. anat. II, 141. (De oculis insectorum. Nulla iis pupilla, neque cornea pellucida tunica, sed oculi catoptrici.) 1720

— **Katalog** über den künstlerischen Nachlaß des verstorbenen Frankfurter Kunstmalers Professor Peter Becker, bestehend aus Aquarellen, Handzeichnungen, einigen Ölgemälden sowie Studien und Skizzen von des Meisters eigner Hand. [Auktionskat.] — Frankfurt a. M. 1906: Osterrieth. 44 S. 4° 30.
14.7938

Becker, Peter, Superintendent, Marburg. 1719: Frommer Christen wohlgegründete **Lebens- und Liebes-Pflicht**, oder ein kurtzer Unterricht, recht christlich und erbaulich zu leben ... In einer Predigt ... vorgestellet. — Offenbach a. M.: 1719: de Launoy. 60 S. 4° 34.
14.7933

— Dissertatio circularis exhibens **Miraculum** solis atque lunae in hemisphaerio Gabaonis et Aialonis ad mandatum Josuae stantium Josuae X. v. 12. 13. [Resp.:] Isaac Hoemann. Recuss. — Jenae 1739: Schill. 24 S. 8°
Erschien zuerst als Diss. Rostock 1703.
2. 4. 5. 12: 4° Diss. 3037-24. 17. 28. 32. 34. 39. 41.
14.7929

— Sieben **Paßions-Seulen**, deren jede für Augen stellet das Bild Jesu. Mit e. Denck-Wort in 7 Fasten-Predigten uber den 22. Psalm. — Rostock [usw.]: Fritsch 1721. 209 S. 8° 18. 24. 28. 33. 53.
14.7930

Becker, Peter, Dr. phil., geb. 1884. 1909: De **Photio et Aretha** lexicorum scriptoribus. — Bonnae: Behrendt 1909. 91 S. 8°
Zugleich Diss. Bonn 1909. 5. 21.
14.7942

Becker, Petrus: De Photio et Aretha lexicorum scriptoribus. Bonnae 1909: Georgi. 91 S. 8°
Bonn, Phil. Diss. v. 14. Aug. 1909, Ref. Elter
[Geb. 1. Juli 84 Berlin: Wohnort: Bonn; Staatsangeh.: Preußen; Vorbildung: Kgl. Gymn. Bonn Reife O. 04; Studium: Bonn 10 S.; Rig. 19. Mai 09.]
[U 09. 380

— **Malerisches Rhein-Album** nach Originalzeichnungen, lithogr. von J. L. Buhl. — (Frankfurt a. M.: May & Wirsing [um 1855].) 25 Taf. quer-2° 30.
14.7939

Becker, Peter

[—] **Prima logicae Rudimenta**, tyronum captui accommodata in usum scholarum. — Rostochii [1708]: Schwiegerau. 54 S. 8° 9. 28.
14.7931

— **Universal**, neue Weltanschauung. — Magdeburg: Becker 1909. 216 S. 8° 1: Np 11625/8. 3. 38. 79.
14.7950

— **Untersuchung** und Aufflösung, des so genandten oesterreichischen Friedens-Wunsches, im grössesten Triangul, oder der Auffgabe, wie zu gegebenen Basi a und Verhältniß der Schenckel m. zu n. das allergrösseste Triangulum zu determiniren sey. — Rostock 1711: Schwiegerau. 6 Bl. 8° 28.
14.7932

Becker, Peter: Aus der chirurgischen Klinik zu Kiel. Ueber seltenere Verlagerung der Niere und dadurch bedingte Gesundheitsstörungen. *Kiel 1898: P. Peters.* (20 S.) 8°
8. Kiel, Med. Diss. v. [10. März] 1898

— **Verzeichnis** der Bibliothek des verstorbenen Herrn Professor Peter Becker, Frankfurt a. M., enthaltend: Alte Holzschnitt- und Kupferstichbücher (dabei viele Merian), neuere Kunst- und Prachtwerke, sowie einer Sammlung von Francofurtensien aus Altfrankfurter Besitz u. a. [Auktionskat.] — (Frankfurt a. M. [1906]: Baumbach.) 32 S. 8°
Nebent.: Bibliothek Professor Peter Becker † Frankfurt a. M. u. Francofurtensien-Sammlung.
30.
14.7940

Becker, Pet., **Vorschläge**. I. Allgemeines Pensionsgesetz, II. Schulreform als Grundlage neuer Staats-Einrichtgn. (64 S.) kl. 8. Magdeburg 909. P. Becker. — 80

— **Antike Wohnungs-Einrichtung**, Atelier-Mobiliar und Dekorations-Gegenstände aus dem Nachlasse des Frankfurter Kunstmalers Prof. Peter Becker. [Auktionskat.] Frankfurt a. M. 1905: Osterrieth. 13 S. 8° 30.
14.7941

Becker, Petrus Henricus (geb. am 16 Sept. 1823 in Koblenz): De urethrotomia ... Bonnae, litt. L. Anschelii 1850. 3 Bl., II, 24 S., 1 Bl. 8.
Bonn, Med. Fak., Diss. v. 10 [nach d. Akten v. 12] Aug. 1850

Becker, Peter Hermann: Beylage der von dem Hrn. Professor Nölting herausgegebenen Zwoten Vertheidigung des Herrn Pastor Schloßers beygefüget. — Lübeck 1769. 16 S. 8°
1: 10 in Xa 6001. 7. 12: H. lit. P. 330 u/1. 18. 42. 205.
14.7956

— **Catalogus** der außerlesenen Bibliothek des seel. Herrn Pastoris P. H. Becker. [Auktionskat.] — Lübeck 1788: Green. 162 S. 8° 21. 28.
14.7957

Becker, Pt. Herm. († ... 1788.) Entwürfe seiner Predigten über d. Evangelien, von 1769—1785. gr. 8. Lübeck, Donatius. à Jahrg. 16 gr.

— **Entwürfe** seiner im Jahr 1776 gehaltenen Predigten über die Evangelischen Texte. — Lübeck: Green [1776]. 250 S. 8° 48. 101. 207.
14.7958

— **Grundrisse** der im Jahr ... gehaltenen Hauptpredigten. 1779-1787. — Lübeck [1780-88]: Green. 8° 48.
14.7959

— zwei Predigten bei Veränder. seines Amts. 8. Lübeck 767. Donatius. 3 gr.

— **Regeln** für christliche Seefahrende. Am 4. Sonntag nach Epiph. über das ordentl. Evangelium öffentlich vorgetragen. Lübeck 1787: Green. 40 S. 8° 48.
14.7960

Becker, Peter Hermann

— Samml. auserles. Predigten. 8. Lübeck 773. Donatius. 12 gr.

— Samml. auserles. **Predigten**. 8. Lübeck, Niemann u. C. 773.

— **Sammlung** einiger Predigten. — Lübeck: Donatius 1773. 320 S. 8° 5. 17. 48.
14.7961

— Die schädliche **Verwechselung** natürlicher Empfindungen mit den Empfindungen der Religion. Predigt. — Lübeck: Donatius 1771. 40 S. 8° 5.
14.7962

Becker, Peter Hermann
— **Der Wehrt eines gefühlvollen und die Unseligkeit eines harten Herzens, in 2 Predigten. — Lübeck [usw.]: Iversen 1777. 66 S. 8° 42.**
14.7063

— d. Werth e. gefühlvollen Herzens. 8. Lübeck 778. Donatius. 3gl

Becker, Philipp
— — De comitiis provincialibus, vulgo Land-Tagen. Diss. jur. Präs. Friedr. Ulr. Pestel. Rinteln (Joh. Gottfr. Enax) 27. X. 1732. 54 S., teilw. deutsch. (5.—) 1725
Gewidm.: Eberh. Ludw. u. Friedr. Frh. v. Danckelman.

— **Philipp** (Rinteln), Edicto divi Hadriani tollendo. Exercit. acad. Präs. Friedr. Ulr. Pestel. Rinteln (Joh. Gottfr. Enax) 29. X. 1723. 50 S. (5.—) 1724
Gew.: Joh. Balthas. Klaute, Hieron. Riesen.

Becker, Philipp: Programma de tempore academico in studio iuris prudenter collocando publicis praelectionibus iuridicis in Academia Ernestina praemissum. — Rintelii [1743]: Enax. 19 S. 8° 12: 4° Diss. 424-5. 17. 34.
14.7068

— Vorbereitung zur Rechts-Gelahrtheit. — Rinteln: Strieder 1745. 331 S. 8° **2. 4. 5. 17. 18. 28. 31. 48.**
14.7909

Becker, Ph., Vorbereit. zur Rechtsgelahrheit, in 3 Thle. 8. Rinteln. 746.

Becker, Philipp Alfred Ferdinand
— **Phil. Alfr. Ferd.** (Agriopetranus), De ambigu quorundam recentiorum ceratotomorum praestantia. Diss. med. Lpz. (Gust. Naumann) 13. V. 1836. 16 S. u. 1 Tfl. Abb. (3.—) 1726

Becker, Philipp August
— [Mitarb.] s. *Beitraege* zur romanischen Philologie. Festgabe für Gustav Gröber. 1899.

Becker, Philipp Aug., Geschichte der spanischen Litteratur. (VII, 151 S.) 8. Strassburg 904. K. J. Trübner. n. 2. —; geb. in Leinw. n.n. 2. 50

Becker, Ph. Aug.: Zur Geschichte der vers libres in der neufranzösischen Poesie .... Halle a. S., Druck v. Ehrhardt Karras, 1888; 1 Bl. + 37 S. 8°
Strassburg, Phil. Fak., Inaug.-Diss. v. 1888

Becker, Ph. Aug., Grundriss der altfranzös. Literatur, s. a. Sammlung roman. Elementar- u. Handbücher. II, 1.

— Grundriss der altfranzösischen Literatur. T. 1. — Heidelberg: Winter 1907. VI,144 S. 8°
1. Älteste Denkmäler. Nationale Heldendichtung.
(Sammlung romanischer Elementar- u. Handbücher. Reihe 2,1,1.)
1: Xi 132-2,1,1. **2→11. 12**: L. lat. f. 1 fdf-II,1,1. **14→21. 24→28. 30. 31. 34. 36. 38. 44. 48. 52. 61. 300**: 413.819-B. Rh. 2,1. **302.→304.**
14.7974

— Jean Lemaire der erste humanistische Dichter Frankreichs. — Strassburg: Trübner 1893. XII,390 S. 8°
1: As 9541. **2. 3. 5. 6. 7. 10. 11. 12**: Biogr. 618ko. **14→17. 19. 21. 24. 25. 26. 29. 30. 38. 43. 117. 189. 300**: 157.352-B. **302.**
14.7977

Becker, Philipp August
— **Die spanische Litteratur von ihren Anfängen bis zu den katholischen Königen. 8°**
Aus: Neue Heidelberger Jahrbücher. 12. 1903. **25.**
14.7979

— Der Quellenwert der Storie nerbonesi. Wilhelm Korneis u. Mönch Wilhelm. Übers. d. 9. Teils d. Karlamagnussaga u. Auszüge aus Ulrichs von Türheim Willehalm. — Halle: Niemeyer 1898. 75 S. 8°
1: Xr 2648. **2. 3. 5. 7. 11. 14→18. 25. 26. 27. 30. 34. 38. 300**: 101.964-C. **302. 303.**
14.7983

— Jean-Jacques Rousseau. Ein Lebensbild. — Stuttgart: Union [1898]. 43 S. 8°
Aus: Rousseau, Jean Jacques: Ausgewählte Werke [Teils., deutsch]. 1. 1898. **14. 25. 30.**
14.7984

— Der südfranzösische Sagenkreis und seine Probleme. — Halle: Niemeyer 1898. 81 S. 4°
1: Xs 14780. **2. 3. 5. 6. 7. 11. 12**: P. o. gall. 216pb. **14→18. 20. 25. 27. 29. 38. 102. 302. 303.**
14.7986

Becker, Ph. Aug. Ueber den Ursprung der romanischen Versmasse. Habilitationsschrift. gr. 8. (IV, 54 S.) Strassb. i. E. 890, Trübner Verlag. * 1 20

— Die altfranzösische Wilhelmsage und ihre Beziehung zu Wilhelm dem Heiligen. Studien über d. Epos vom Moniage Guillaume. — Halle: Niemeyer 1896. 175 S. 8°
1: Xt 2316. **2→7. 9. 10. 11. 12**: P. o. gall. 216p. **14. 15. 16. 25. 26. 29. 30. 34. 38. 107. 300**: 190.095-B. **302.**
14.7988

Becker, Ph. Aug., s: Zeitschrift f. vergleich. Lit.-Gesch.

Becker, Ph[ilipp] Ferdinand: Der männliche Castrat mit besonderer Berücksichtigung seines Knochensystems. *Freiburg i. B. 1898: E. Kuttruff.* (81 S. mit Taf. u. Tab.) 8°
Freiburg i. B., Med. Diss. v. 1898

Becker, Philipp J.: Catalogue of a collection of books on the history, archeology, ethnography, geography, literature and languages of Mexico and of the adjoining countries. From the library of the late Mr Philipp J. Becker. [Auktions-kat.] — Darmstadt 1896: Wittich. 48 S. 8°
14. 17. 300: 411.229-B.
14.7989

Becker, R., Herrnhut. 1872 s. *Becker*, Reinhold.

Becker, R., Redakteur, Breslau. 1835 s. *Becker*, Robert.

Becker, R. 1894: Abenteuer mit indischen Piraten. Erzählung. — Mülheim/Ruhr: Bagel [1894]. 62 S. 8° (Kleine Volks-Erzählungen. 2487.) 1: Ng 25225-2487.
14.7990

— Ein Ritt auf Leben und Tod. In den Wildnissen Südafrikas. 2 Erzählungen. — Mülheim/Ruhr: Bagel [1894]. 63 S. 8° (Kleine Volks-Erzählungen. 2480.)
1: Ng 25225-2480.
14.7991

— Der treue Sensis-Indianer. Erzählung. — Mülheim/Ruhr: Bagel [1894]. 64 S. 8° (Kleine Volks-Erzählungen. 2475.) 1: Ng 25225-2475.
14.7992

— — Ebd. [1902]. 64 S. 8° (Kleine Volks-Erzählungen. 2749.)
1: Ng 25225-2749.
14.7993

Becker, R., s.: Volkserzählungen, kleine.

Becker, R. S.: Die letzten Worte an meine Zöglinge gesprochen am zweiten Tage nach ihrer Konfirmation. Ein Buch zum Gebrauch für Lehrer u. Konfirmanten auf d. Lande. — Camberg 1833: Schreyer. VI,117 S. 8° 207.
14.7994

Becker, K. S., die letzten Worte an meine Zöglinge, gesprochen am 2. Tage nach ihrer Konfirmation. Ein Buch zum Gebrauch für Lehrer u. Konfirmanten auf d. Lande. 8. Camburg 833. (Leipzig, Franke.) 1/4 ß

Becker, Reinhold
— Frauenlob. Oper von Franz Koppel-Ellfeld. [Textb.] — Dresden [um 1890]: Meinhold. 54 S. 8°
Im Exemplar von 17 ist eingeklebt: Berlin: Entsch.
1:Mus.Tb 350/1. 14. 17.
14.8006

— — Frauenlob. Oper. Dichtung von Franz Koppel-Ellfeld. Op. 75. [Textb.] — Dresden: Plötner & Wagner in Comm. [um 1890]. 60 S. 8° 1:Mus. Tb 350. 106.
14.8007

— — Frauenlob. Oper. Dichtung von Franz Koppel-Ellfeld. [Textb.] — Leipzig: Schuberth [um 1910]. 60 S. 8°
101.
14.8008

Becker, Rhold., der Dresdener Friede u. die Politik Brühl's, s. a. Bibliothek der sächsischen Geschichte u. Landeskunde.

Becker, Reinhold, Dr. phil., aus Geithain i. S., geb. 1876. 1902: Der Dresdener Friede und die Politik Brühls. — Leipzig: Hirzel 1902. XIV, 143 S. 8°
Zugleich Diss. Leipzig 1902.
(Bibliothek d. sächsischen Geschichte u. Landeskunde. 1, 1.)
1:Sq 629–1,1. 2. 5. 6. 7. 12:Germ. sp. 61d–1,1. 14. 15. 16. 20. 28→30. 32. 34. 39. 106. 117. 169. 203. 208. 300:465.250–B. Per. 1,1. 302.
14.8011

Becker, Reinhold, aus Geithain i. S.: Der Dresdener Friede und die Politik Brühls. ⟨1745—1746.⟩ *Rudolstadt [1902]: F. Mitzlaff.* (VIII, 132 S.) 8° ¶ (= Bibl. d. sächs. Gesch., I, 1.)
Leipzig, Phil. Diss. v. [11. Aug.] 1902

(—) Das Jubelfest der Gründung von Herrnhut am 17. Juni 1872. — Herrnhut: Selbstverl. 1872. 64 S. 8° 14.
14.8000

Becker, Reinhold, Gymnasialdirektor, Düren. 1882: Der mittelalterliche Minnedienst in Deutschland. — Leipzig: Fock in Komm. [1895]. 70 S. 8°
Festschrift d. Oberrealschule zu Düren zur Begrüssung d. 43. Versammlung deutscher Philologen. ⟨Köln, 25.-28. Sept. 1895.⟩
4. 5. 11. 14. 19. 21. 25. 26. 27. 30. 31. 34. 38. 43. 109. 123. 207. 300:99.474–B. 302. 303.
14.8001

— — Halle: Niemeyer in Komm. 1897. 70 S. 8°
1:Yc 5023. 3. 7→10. 12:H. g. hum. 14t. 15. 18. 35. 107. 128. 300:77.920–B. 302.
14.8002

Becker, Rhold., der altheimische Minnesang. gr. 8. (VIII, 280 S.) Halle 882, Niemeyer. *

— Ratbold. Oper. Dichtung von Felix Dahn. [Textb.] — Leipzig [1898]: Röder. 27 S. 8°
1:Mus. Tb 351. 14. 38. 106.
14.8009

— — Leipzig: Schuberth [um 1900]. 27 S. 8°
1:Mus. Tb 351/1. 11. 101.
14.8010

Becker, Reinh. Der Trochaeus und die deutsche Sprache. S. 17—31. 8.
Progr. G. **Coblenz* 1882.

Becker, Reinhold, Dir. Dr.: **Umwandlung** der Oberrealschule in ein Realgymnasium. *Düren (1901): M. Becker.* (S. 11—12.) 4°
Düren, OR m. Unterbau e. RG ⟨RG i. Entw.⟩, OP 1901 (532)

Becker, Reinhold Ritterliche Waffenspiele nach Ulrich von Lichtenstein. 4 (31 S.). Ev. Rprg. *Düren* 1887 Progr.

Becker, Rhold., Wahrheit und Dichtung in Ulrich v. Lichtensteins Frauendienst. 8. (116 S.) Halle 888, Niemeyer *

Becker, Rich., Alois als Leutnantsbursche. Schwank in 1 Aufzuge. (19 S.) kl. 8. Warendorf 909. F. Wulf. p — 75

Becker, Richard: Gonzalo de Berceos Milagros und ihre Grundlagen mit einem Anhange: Mitteilungen aus der lat. Hs. Kopenhagen, Thott 128. Strassburg 1910: Heitz. 94 S. 8°
Straßburg, Phil. Diss. v. 26. Febr. 1910, Ref. Gröber
[Geb. 24. Okt. 84 St.-Ingbert; Wohnort: Straßburg; Staatsangeh.: Bayern; Vorbildung: Gymn. Zweibrücken Reife M. 03; Studium: Phil. München 2, Heidelberg 3, Berlin 2, Straßburg 1, Jura 5 S.] [U 10. 4072

Becker, Richard, Prenzlau. 1891: Buchführung für Handwerksmeister und kleinere Gewerbetreibende. — Prenzlau: Mieck 1891. 23 S. 8° 1:Fg 7569.
14.8012

— Die Generalprobe, s. a. Dilettanten-Theater, neue Folge.

Becker, Richard, Theaterschriftsteller. 1909: Die Generalprobe. Lustspiel. — Paderborn: Schöningh [1909]. 19 S. 8° (Dilettanten-Theater. N. F. 20.) 1:Yp 6376/2–20. 6.
14.8014

Becker, *Wilhelm* Richard: Johann Hoffmann, der nachmalige Bischof Johann IV. von Meissen. Seine Wirksamkeit an den Universitäten Prag und Leipzig. . . . Grossenhain, Druck v. Baumert & Ronge, 1891; 2 Bl., 59 S. 8°
91. Leipzig, Phil. Fak., Inaug.-Diss. v. [24. Jul.] 1891

Becker, Rich. (I.). Johann Hoffmann, der nachmal. Bischof Johann IV. v. Meissen. Seine Wirksamkeit an den Universitäten Prag u. Leipzig. Diss. gr. 8. (59 S.) Grossenhain 891. (Lpz., Fock.) * 1 —

Becker, Richard: Aus d. Zool. Inst. d. Univ. Freiburg i. B. Zur Kenntnis der Mundteile und des Kopfes der Dipteren-Larven. Freiburg i. B. 1910: (Lippert, Naumburg a. S.). 34 S. 8° ¶ (Aus: Zool. Jahrbücher. Bd 29, Abt. f. Anat.)
Freiburg i. B., Phil. Diss. v. 10. April 1910, Ref. Weismann
[Geb. 3. Dez. 87 Hamburg; Wohnort: Hamburg; Staatsangeh.: Hamburg; Vorbildung: Johanneum Hamburg Reife O. 06; Studium: Marburg 3, Freiburg i. B. 4 S.; Rig. 16. Juli 09.] [U 10. 1026

— Ein feiner Mann. Lustspiel in 1 Aufzuge. (19 S.) kl. 8. Warendorf (909). F. Wulf. p — 75

— Das verkaufte Manuscript, s. a. Theater-Bibliothek.

— Das verkaufte Manuscript. Lustspiel. — Bonn: Heidelmann [1910]. 20 S. 8° (Theaterbibliothek. 322.)
1:Yp 6421–322.
14.8015

— Die Rache des Kommis. Schwank in 1 Aufzuge. (18 S.) kl. 8. Warendorf (909). F. Wulf. p — 75

Becker, Rich.: Die Revision. Militär. Schwank. (19) kl8° Warendf, F Wulf (09). — 75 (Partiepreise) d

— Das Versprechen. Lustspiel in 1 Aufzuge. (19 S.) kl. 8. Ebd. (909). p — 75

Becker, Richard, Berlin. 1900: Zuschneidebuch für Sattler. Ein praktisches Handbuch. 1. Aufl. — Berlin [usw.]: Becker [um 1900]. 48 S. 8° 17.
14.8013

Becker, Richard Zacharias, s. Becker, Rudolf Zacharias.

Becker, Robert (Hrsg.), s. Alt-Breslau, Aus.

Becker, Robert, Redakteur, Breslau. 1835: Die Anwendung und Vortheile des Preiß'schen Wollwaschmittels. Mit e. Vorw. von D. G. Elsner. — Breslau: A. Schulz 1840. VI, 72 S. 8° 1:Ov 27815. 2. 14. 24. 305.
14.8016

Becker, Robert, Marburg. 1902
s. *Arbeits-Ordnung* für das Zimmergeschäft u. Dampfsägewerk von Robert Becker in Marburg a.d. L. 1902.

— Die Benivieni-Büste des Giovanni Bastianini. Zur Geschichte d. Fälschungen. Vortrag. — Breslau: Schottlaender 1889. 57 S. 8° (Schriften d. wissenschaftlichen Vereins zu Breslau. 1.) 1: Ag 369-1. 2. 11. 12: Acad. 21 rs-1. 14. 29. 41. 85. 300: 411,188-B. 302.
14.8024

— Bildnisse des Geschichtsschreibers Livius. — Leipzig 1890. 19 S. 4°
Aus: Verhandlungen d. 40. Versammlung deutscher Philologen u. Schulmänner in Görlitz. 1890. 41.
14.8025

— Der Bildwerkfries am südlichen Hauptgesims des Rathhauses in Breslau. — Berlin: Ernst 1899. 14 S. gr. 2°
Aus: Zeitschrift für Bauwesen. 49. 1899.
1: gr. 2° Tb 1558/3. 2. 41. 169.
14.8026

Becker, Robert, Leipzig. 1872: Die Erfolge der preussischen Feld-Artillerie in der Campagne 1870/71. — Leipzig: Buchh. für Militärwissenschaft 1872. 46 S. 8°
1: Kr. Samml. Ga 51. 7. 10. 17. 31. 33. 41. 43. 209. 210.
14.8027

— Friedrich der Grosse. Dessen Leben, Regierung und Thaten. Th. [1.] 2. — Breslau: Selbstverl. 1842. 8°
2. 41. 169.
14.8019

Becker, Robert
— Das Grabmal der Herzogin Mechthilde von Glogau. — Breslau 1895. 27 S. 8°
Aus: Schlesiens Vorzeit in Bild u. Schrift. 6. 1896.
1: Ta 1925. 15. 41. 169.
14.8030

— Verein für Geschichte der bildenden Künste zu Breslau. Carl Luedecke, Gedächtnissrede. — Breslau: Wiskott 1896. 35 S. 4° 2. 32. 41. 169.
14.8036

Becker, Rob.: Julius Scholtz u. d. Ausstellg v. Zeichngn u. Studien a. s. Nachlass im schles. Museum d. bild. Künste. (24) 8° Bresl., (Maruschke & B.) '12. — 80 d

— Alwin Schultz. Biographische Skizze. — Breslau: Aderholz 1910. S. 45-64. 8°
Aus: Jahresbericht d. Schlesischen Gesellschaft für vaterländische Cultur. 87. 1909. 2. 41.
14.8043

— Der Breslauer Wollmarkt seit Beginn dieses Jahrhunderts. Eine historische Uebersicht über d. Gang d. Woll-Geschäfts. — Breslau: Freund 1845. 42 S. 8° 41. 302.
14.8020

Becker, Rob., der breslauer Wollmarkt, seit Beginn dies. Jahrhunderts. Eine histor. Uebersicht über d. Gang d. Woll-Geschäfts als Beitrag z. Geschichte d. schles. Woll-Veredlung u. Erzeug., nach amtl. Quellen zusammengestellt. gr. 8. (2⅞ B.) Breslau 845. [Trewendt.] *

— [Hrsg.]
s. *Zeitung* für Landwirthschaft. 1835 ff. [Zeitschriften].

Becker, Rudolf, Polizeikommissar, Aschersleben. 1889: Anleitung zum Vergiften der Hamster. — Aschersleben: Schnock 1889. 3 Bl. 8° 3.
14.8050

Becker, R. (III.). Anleitung zum Vergiften der Hamster. gr. 8. (5 S. m. 1 Fig.) Aschersl. 890 Schock. * — 20

Becker, Rudolf: Das 'La Genesi de Nostre Dame Seinte Marie' betitelte Gedicht des Britischen Museums der Handschrift Cotton Domitian XI, fol. 43 b—80 a. Greifswald 1908: Adler. 60 S. 8°
Greifswald, Phil. Diss. v. 4. Jan. 1909, Ref. Stengel
[Geb. 19. Nov. 85 Torgau; Wohnort: Torgau; Staatsangeh.: Preußen; Vorbildung: Gymn. Torgau Reife O. 04; Studium: Jena 3, Straßburg 2, Dijon 1, Greifswald 2 S.; Rig. 20. Juli 08.] [U 09. 1518

Becker, Rudolf, Arzt, Gotha. 1892: Sammlung gerichtsärztlicher Gutachten. — Berlin: Karger [1892]. VII,166 S. 8°
1: Kr 5645. 11. 12: Med. for. 2 hi. 15. 17. 27. 38. 39. 202. 208. 302.
14.8051

Becker, Rudolf: Das Selbsteintrittsrecht des Kommissionärs im Kommissionsgeschäft auf Grundlage des Börsengesetzes. *Andernach 1897: C. Weigt.* (37 S.) 8°
Erlangen, Jur. Diss. v. 30. Okt. 1897

Becker, Rud., Sophocles quemadmodum sui temporis res publicas ad describendam heroicam aetatem adhibuerit. Pars I. Dissertatio inauguralis. gr. 8. (92 S.) Giessen 888. (Leipzig, Fock.) *

Becker, Rudolf Zacharias
— Ankündigung des zweyten Theils des Noth- und Hülfs-Büchleins und eines damit verbundenen Volks-Lieder-Buches. — Gotha 1798. 38 S. 8°
1: Ox 17970/1. 2. 6. 30. 48.
14.8063

Becker, R.Z. (Hrsg.), s. Anzeiger, Der, d. Deutschen. Jge. 1791, 92.

— [Hrsg.] s. *Aufsaetze*, Gemeinnützige, vermischten Inhalts. 1797-98.

— gemeinnütz. Auff. s. Reichsanzeiger.

— — [deutsch] Beantwortung der Frage: Kann irgend eine Art von Täuschung dem Volke zuträglich sein ... Von R. Z. Bekker. Teutsche, verb. u. mit e. Anh. verm. Ausg. — Leipzig: Crusius 1781. XII,155 S. 8°
1: Fb 13025. 7. 10. 24. 28. 34. 39. 75. 302. 303.
14.8067

— Beantwort. d. Frage: Kann irgend eine Art Täuschung d. Volke zuträgl. seyn etc.? 8. Leipz. F. C. W. Vogel. 781.

Becker, Rudolf Zacharias: [Werke, Ausz.] Rudolf Zacharias Becker. Um 1850
in: *Babo*, Josef Marius: Otto von Wittelsbach. 2.

— Bildnisse der Urheber und Beförderer, auch einiger Gegner der Religions- und Kirchenverbesserung im sechszehnten Jahrhundert nebst andern darauf Bezug habenden Bildern in gleichzeitigen Holzschnitten. — Gotha: Becker 1817. 23 gez. Bl. 2°
Nebent.: Andenken d. dritten Jubelfestes d. evangelisch-lutherischen Kirche.
Im Exemplar von 34 fehlt d. Nebentitel.
1: 2° Am 1055. 3. 8. 14. 18. 24. 27. 28. 31. 33. 34. 39. 41. 42. 45. 46. 48. 109.
14.8064

Becker, Rudolph Zacharias. Bildnisse der Urheber und Beförderer auch einiger Gegner der Religions- und Kirchenverbesserung im sechzehnten Jahrhundert nebst andern darauf Bezug habenden Bildern in gleichzeitigen Holzschnitten. Zum Andenken des dritten Jubelfestes der evangelisch lutherischen Kirche am 31sten October 1817 herausgegeben und mit Erläuterungen begleitet von Rudolph Zacharias Becker. Zweyte unveränderte Auflage. Gotha, in der Becker'schen Buchhandlung 1817.
Tit., 2 Bl.; 23 Taf. gr 2°.
Die Porträts sind abgedruckt von Holzstöcken des 16. Jahrhunderts aus der ehem. Slg. von Derschau (jetzt im Kupferstichkab., Berlin)
1. Aufl. ebenfalls 1817.

— Ueber Bürgerschulen. Eine Gelegenheitsschrift. — Gotha: Deutsche Zeitung 1794. 64 S. 8°
18. 39. 42. 44. 46. 109. 117. 207.
14.8066

Becker, Rudolf Zacharias: Allgem. Choralbuch, s. Choralbuch, Allgemeines u. Umbreit, C. G.

— dissertation sur la question: est-il utile au peuple, d'être trompé, soit qu'on l'induise dans les nouv. erreurs. gr. 4. Berl. 780. Rottmann in Basel. 16 gr. Dass. deutsch unt. d. Tit.: Beantwortung d. Frage: Kann irgend eine Art Täuschung d. Volke zuträgl. sein? 8. Leipz. 781. W. Vogel. 10 gr.

— et F. de Castillon, est-il utile au peuple d'être trompé? 4. Berl. Acad. Buchhdl. 780.

— Das Eigenthumsrecht an Geisteswerken, mit einer dreyfachen Beschwerde über das Bischöflich-Augsburgische Vikariat wegen Nachdruck, Verstümmelung und Verfälschung des Noth- und Hülfsbüchleins. — Frankfurt [usw.] 1789. 94 S. 8° 3. 7. 12: N. libr. 17h. 14. 15. 17. 21. 30. 39. 117. 208. 302.
14.8068

— das Eigenthumsrecht an Geisteswerken rc. 8. Frankf. u. Leipz. 789. (Gotha, Becker). 6 gl

— d. Eigenthumsrecht an Geisteswerken rc. 8. Frankf. u. Leipz. F. C. W. Vogel. 789.

— — Gotha: Deutsche Zeitung 1791. 94 S. 8° 24. 27.
14.8069

[—] Mildheimisches Evangelien-Buch auf alle Sonn- und Festtage des Jahres mit kurzen Vorreden und erbaulichen Schluß-Reimen versehen ... Hrsg. von d. Verf. d. Noth- u. Hülfsbüchleins. — Gotha: Becker 1816. XIV,130 [vielm. XIV,178] S. 8° 1: Dy 13430. 7. 15. 17. 18. 39. 207.
14.8070

(—) Das deutsche Feyerkleid, zur Erinnerung des Einzugs der Deutschen in Paris am 31. März 1814 eingeführt von deutschen Frauen. — Gotha: Becker 1814. 20 S. 8°
1: Pn 3244. 5. 10. 11. 12: Germ. g. 30am. 17. 18. 21. 30. 34. 39. 43. 117. 300: 80 J 124.
14.8071

— das deutsche Feyerkleid, mit 2 K. gr. 8. Gotha, Becker. 815.

— Flugschriften. s. Flugschriften.

— Fragebuch für Lehrer über das Noth- und Hülfsbüchlein. — Gotha: Becker 1799. 72 S. 8°
10. 12: Paed. Th. 361. 14. 21. 39. 41. 47. 48. 207.
14.8072

— — Fragebuch für Lehrer über das für katholische Leser eingerichtete Noth- und Hülfsbüchlein. — Ebd. 1800. 72 S. 8° 25.
14.8073

[—] Das Friedensfest, wie solches zu Mildheim gefeyert worden ... Als ein Anh. zum Noth- und Hülfsbüchlein hrsg. von dessen Verfasser. — Gotha: Becker 1801. 96 S. 8° 15. 23. 39.
14.8074

— d. Friedensfest zu Mildheim, ein Anhang z. Noth- u. Hülfsbüchl. 8. Gotha, Becker. 810.

Gesellschafts-Lieder aus dem Mildheimischen Liederbuche. — o.O. 1814. 117 S. 8° 39. 101.
14.8089

— Grundsätze, Verfassung, und Schicksale des Illuminaten-Ordens in Bayern. Ein historischer Auszug aus den von dieser Gesellschaft hrsg. Schriften. Vom Verf. der Deutschen Zeitung [d. i. Rud. Zacharias Becker]. 4°
Aus: Deutsche Ztg (Gotha). 1786 S. 329—333, 339—344, 347—352, 355—359.
Kl. 3235.

— Holzschnitte alter deutscher Meister in den Original-Platten gesammelt von Hans Albrecht von Derschau. Als ein Beytrag zur Kunstgeschichte hrsg. u. mit e. Abhandlung über d. Holzschneidekunst u. deren Schicksale begleitet von Rudolf Zacharias Becker. Gravures en bois des anciens maitres allemands ... Lfg (1)-3. — Gotha: Hrsg. 1808-16. gr. 2° Text deutsch u. französisch.
1: gr. 2° Nv 378. 7. 12: 2° Art. 7m. 14. 16. 18. 30. 32. 39. 300: 9765. 302.
14.8075

— Die Kunst, Leute zu schröpfen, die noch nicht gebohren sind. 1789
s. *Becker:* Eine Lobrede auf die Todten-Cassen und Trauerpfennigs-, Denk- und Sterbethaler-Genossenschaften.

— Leiden u. Freuden in 17monatl. Gefangenschaft. Ein Beitr. zur Charakteristik d. Despotismus. 8. Gotha 813. Becker. 12 gl

— Leiden und Freuden in siebzehnmonatlicher französischer Gefangenschaft von ihm selbst beschrieben. Ein Beytrag zur Charakteristik d. Despotismus. — Gotha: Becker 1814. 206 S. 8° 1: At 9641. 2. 4. 5. 7. 10. 12: Biogr. 79m. 14→19. 21. 23. 24. 27. 30. 31. 32. 34. 35. 36. 39. 41. 43. 44. 46. 51. 52. 53. 106. 109. 121. 123. 180. 209. 302.
14.8076

— Mildheimisches Lieder-Buch von 518 lustigen und ernsthaften Gesängen. — Gotha: Becker 1799. XIV,330 S. 8°
1: Yd 5381. 10. 11. 15. 24. 25. 32. 47.
14.8077

— — Ebd. 1799. XIV,331 S. 8° 1: Yd 5381/3. 2. 5. 9. 12: P. o. germ. 86b. 14. 18. 29. 30. 39. 41. 109.
14.8078

— — 2. Aufl. Ebd. 1800. XIV,330 S. 8°
1: Yd 5383. 41. 45. 117.
14.8079

— — Mildheimisches Lieder-Buch von fünfhundert und achtzehn lustigen und ernsthaften Gesängen ... 3. Aufl. — Ebd. 1801. XIV,330 S. 8° 1: Yd 5384. 2. 10. 12: P. o. germ. 86d. 14. 17. 23. 32. 41. 43. 66. 123. 305.
14.8080

— — 4. Aufl. Ebd. 1804. Getr. Pag. 8°
17. 21. 22. 24. 26. 30. 308.
14.8081

— — 4., rechtmäßige Aufl. Ebd. 1806. XIV,330 S. 8°
14. 30. 32.
14.8082

— — 5., rechtmäßige Aufl. Ebd. 1808. XIV,330 S. 8°
1: Yd 5387. 300: 483.083-B.
14.8083

— — 6., rechtmäßige Aufl. Ebd. 1810. XIV,336 S. 8°
1: Yd 5388. 4. 22.
14.8084

— — Mildheimisches Lieder-Buch von acht hundert lustigen und ernsthaften Gesängen ... Neue, verm. u. verb. Ausg. Ebd. 1815. VIII,551 S. 8° 1: Yd 5390 [u.] 5390a. 7. 10. 11. 12: P. o. germ. 86c. 18. 21. 23. 27. 28. 30. 32. 41. 43. 46. 47. 61. 66. 75. 106. 109. 169. 302.
14.8085

— — Neue, verm. u. verb. Ausg. (2. Aufl.) Ebd. [1822]. VIII,551 S. 8° 33.
14.8086

— — Neue, verm. u. verb. Ausg. 2. Aufl. Ebd. 1822. VIII, 551 S. 8° 1: Yd 5392. 10. 14. 19. 25. 26. 44. 51.
14.8087

Becker, Rud. Zach., Mildheim. Liederbuch von 800 lustigen und ernsthaften Gesängen über alle Dinge in d. Welt rc. N. verb. u. verm. Ausg. 8. Gotha 833. Becker. 1/2 rthl Mit Melodien 3 rthl 8e Aufl. 8. Ebd. 838. 1/2 rthl Die Melodien 2 1/2 rthl

Becker, Rud. Zachar., mildheimisches Liederbuch von 800 lustig. u. ernsthaft. Gesängen üb. alle Dinge d. Welt u. alle Umstände d. menschl. Lebens, die man besingen kann. Gesammelt f. Freunde erlaubt. Fröhlichkeit u. echter Tugend, die d. Kopf nicht hängt. 8. Aufl. 8. (25 1/2 B.) Gotha 837, [Becker'sche Vrlsbuchh.]
Melodieen hierzu, gr. 4. 2 Thlr. 12 Gr.

— Mildheim. Liederbuch von 800 lustigen u. ernsthaften Gesängen rc. 8. Gotha 799. 6 gl N. A. 8. 822. Becker. 12 gl Schrbp. 18 gl Ausg. in gr. 8. 815. 18 gl Daraus apart: Gesellschaftslieder. 8. Ebd. 8 gl. Melodien zum Mildheim. Liederbuche für Violine u. Baß. 799. 2 rthl Dies., für Clavier u. Pianoforte. Neue (5te) Aufl. gr. 4. Ebd. 817. 3 rthl 20 gl Anhang für d. Besitzer d. alten Ausg. 815. 1 rthl 12 gl

—— daſſ. mit Melodien.
Vgl. Melodien.

— — Melodien zum mildheim. Liederbuche, neue verm. Ausg. 4. Ebendaſ. 817.

— Die Kunst, Leute zu schröpfen, die noch nicht gebohren sind. Eine Lobrede auf die Todten-Cassen und Trauerpfennigs-, Denk- und Sterbethaler-Genossenschaften. Mit e.Vor- u. Nachrede. — Gotha: Ettinger 1789. 99 S. 8°
1: Fe 9760. 12: P.o.germ. 86. 14. 18. 35. 207.
14.8090

[—] Nachricht vom jetzigen Verfall und den innern Unruhen der Republik Nürnberg. Aus d. Acten gezogen vom Verfasser d. Deutschen Zeitung. — Frankfurt [usw.] 1787. 64 S. 8° 29. 30. 75.
14.8091

Becker, Rudolf Zacharias: Nachricht von d. jetzigen Verfall u. Unruhen der Republik Nürnberg. 8°. Nürnberg: Grattenauer 1788.

Becker, Rud. Zach. (Hrsg.), s. Nationalzeitung der Teutschen.

(—) Noth- und Hülfsbüchlein für den Landmann ... [Ankündigung u. Probedruck.] — Leipzig: Göschen [1785]. 24 S. 8° 14. 17. 20. 31.
14.8092

[—] Noth- und Hülfs-Büchlein für Bauersleute oder lehrreiche Freuden- und Trauer-Geschichte des Dorfs Mildheim (2: Noth- und Hülfs-Büchlein oder lehrreiche Freuden- und Trauer-Geschichte der Einwohner zu Mildheim). Th.[1.]2. — Gotha: Hrsg. d. Deutschen Zeitung [usw.] (2: Gotha: Becker) 1788–98. 8°
Anh. s. *Briefsteller*, Der mildheimische. 1805.
1[$^{\infty}$1]: Ox 17971–2. 12[$^{\infty}$2]: Oecon. 2044 b.
16[unvollst.] 21. 23. 32. 36. 39. 109.
14.8093

[—] — 2. Aufl. Th.[1.]2. Gotha: (Verf.) [usw.] (2: Gotha: Becker) 1788–1800. 8°
1.2 . . . . 15.
1 . . . . 3. 10. 11. 15. 26.
2 . . . . 3. 19. 24. 25. 44. 109. 180. 207.
14.8094

[—] — 3. Aufl. [1.] Ebd. 1789. 446 S. 8°
15. 27. 36. 109. 121. 302.
14.8095

[—] — 4. Aufl. [1.] Ebd. 1789. 446 S. 8° 4.
14.8096

[—] — 5. Aufl. [1.] Ebd. 1789. 446 S. 8° 17. 24. 25. 203.
14.8097

[—] — Noth- und Hülfs-Büchlein oder lehrreiche Freuden- und Trauer-Geschichte der Einwohner zu Mildheim. 6. Aufl. [1.] — Ebd. 1789. 446 S. 8° 207.
14.8098

[—] — 7. Aufl. [1.] Ebd. 1789. 446 S. 8° 1: Ox 17970^{7}. 18.
14.8099

[—] — Noth- und Hülfs-Büchlein für Bauersleute oder lehrreiche Freuden- und Trauer-Geschichte des Dorfs Mildheim. Neue Aufl. [1.] — Ebd. 1789. 446 S. 8° 41.
14.8100

[—] — Neue, für Nieder-Deutschland eingerichtete Aufl. [1.] Ebd. 1789. 446 S. 8° 26. 34. 48.
14.8101

[—] — Noth- und Hülfs-Büchlein für Bauersleute oder lehrreiche Freuden- und Trauer-Geschichte des Dorfs Mildheim. [1.] — Grätz: Miller 1789. 446 S. 8° 303.
14.8102

[—] — [1.] Köln: J.G.B. Schmitz 1789. 414 S. 8°
6. 60. 123[$^{\infty}$Titelbl.] 207.
14.8103

[—] — Neue, für Oberdeutschland besonders eingerichtete Aufl. [1.] — Sulzbach: Seidel 1789. 446 S. 8° 16. 31.
14.8104

[—] — Noth- und Hülfs-Büchlein für Bauersleute oder lehrreiche Freuden- und Trauer-Geschichte des Dorfs Mildheim. 8. Aufl. [1.] — Gotha [usw.]: (Verf.) 1790. 446 S. 8° 61.
14.8105

[—] — Noth- und Hülfs-Büchlein oder lehrreiche Freuden- und Trauer-Geschichte der Einwohner zu Mildheim. 8. Aufl. Aufs neue durchges. u. verb. [1.] — Gotha: (Verf.) [usw.] 1790. 446 S. 8° 6. 15. 41. 51.
14.8106

[—] — Noth- und Hülfs-Büchlein oder lehrreiche Freuden- und Trauer-Geschichte der Einwohner von Mildheim. Neue, verb. Aufl. [1.] — Gotha: (Deutsche Zeitung) [usw.] 1790. 428 S. 8° 14. 19. 20. 30. 36. 207.
14.8107

(—) — Noth- und Hülfsbüchlein, welches lehret, wie man vergnügt leben, mit Ehren reich werden, und sich, und andern in verschiedenen Nothfällen helfen kann ... Nebst ... Freuden- und Trauergeschichte des Dorfs Mildheim. [1.] — [Kempten]: Hochfürstl. Kemptische Hofbuchdr. 1790. 359 S. 8° 5.
14.8108

[—] — Noth- und Hülfs-Büchlein oder lehrreiche Freuden- und Trauer-Geschichte der Einwohner von Mildheim. Neue, verb. Aufl. [1.] — Sulzbach: Seidel 1790. 428 S. 8° 302. 305.
14.8109

(—) — Unterricht-, Noth- und Hülfsbüchlein für Bürgers- und Bauersleute ... (Bearb.: Jacobi.) Verm. u. verb. Aufl., für das katholische Oberdeutschland, besonders für den bayerschen [!] Kreis eingerichtet. [1.] — Weissenburg in Franken: Jacobi 1790. VIII, 326 S. 8° 12: Oecon. 201 p.
14.8110

[—] — [Bearb.: Jacobi.] Verm. u. verb. 2. Aufl., für Oberdeutschland, besonders für den bayerschen [!] und schwäbischen Kreis, eingerichtet. (Bdch. 1.) — Ebd. 1790. 304 S. 8° 19.
14.8111

[—] — [Bearb.: Jacobi.] Verm. u. verb., für Oberdeutschland, besonders für d. schwäbischen u. bayerischen Kreis eingerichtete Aufl. [1.] — Bregenz: Brentano 1791. 326 S. 8° 16. 25.
14.8112

[—] — Noth- und Hülfs-Büchlein oder lehrreiche Freuden- und Trauer-Geschichte der Einwohner zu Mildheim. 11., rechtmäßige Aufl. [1.] — Gotha: Deutsche Zeitung 1791. 446 S. 8° 18.
14.8113

[—] — 12., rechtmäßige Aufl. [1.] Ebd. 1791. 446 S. 8° 6. 207.
14.8114

[—] — Noth- und Hülfs-Büchlein oder lehrreiche Freuden- und Trauer-Geschichte der Einwohner von Mildheim. 2., rechtmäßige Aufl. für katholische Leser. [1.] — Gotha: (Deutsche Zeitung) [usw.] 1791. 428 S. 8° 52. 109.
14.8115

[—] — Noth- und Hülfsbüchlein für Bürgers- und Bauersleute. [Bearb.: Jacobi.] Bd 2. — Grätz 1791. 352 S. 8° 16.
14.8116

[—] — Noth- und Hülfs-Büchlein für Bauersleute oder lehrreiche Freuden- und Trauer-Geschichte des Dorfs Mildheim. 4. Aufl. [1.] — Grätz: Miller 1791. 447 S. 8° 309.
14.8117

[—] — Noth- und Hülfs-Büchlein oder lehrreiche Freuden- und Trauer-Geschichte der Einwohner zu Mildheim. 13., rechtmäßige Aufl. [1.] — Gotha: Deutsche Zeitung 1792. 446 S. 8° 14.
14.8118

[—] — Neue, verb. Aufl. Th. 1. Gotha: Becker 1798. 446 S. 8°
11. 15.
14.8119

(—) — Neue, verb. Aufl. Th. 1. Ebd. 1799. 426 S. 8° 66.
14.8120

[—] — Neue, verb. Aufl. Th. 1. Ebd. 1799. 446 S. 8°
1: Ox 17971-1. 8. 15. 17. 32. 60.
14.8121

[—] — Neue, verb. Aufl. Th. 1. Ebd. [um 1800.] 448 S. 8°
Das Erscheinungsjahr auf d. Titelblatt ist zerstört. Das Exemplar ist mit keiner d. aufgeführten Ausgaben identisch.
61.
14.8122

[—] — Neue, verb. Aufl. Th. 1. Ebd. 1800. 448 S. 8°
15. 19. 32. 44. 180.
14.8123

— Noth- u. Hülfsbüchlein f. kathol. Leser eingerichtet, s. a. Muth.

[—] — Für katholische Leser eingerichtet von Placidus Muth. Th. 1. 2. — Gotha: Becker [usw.] 1800. 8°
1. Neue, verb. Aufl. 1800. 2. 1800.
12[= 2]: P. o. germ. 992 t-1. 25. 305 [= 1].
14.8124

[—] — Noth- und Hülfsbüchlein, oder lehrreiche Freuden- und Trauergeschichte der Einwohner zu Mildheim. Th. 2. Grätz: Tusch 1800. 320 S. 8°
308.
14.8125

[—] — Neue, verb. Aufl. Th. 1. 2. Gotha: Becker 1801-10. 8°
1. 2 . . . . 28. 35.
1 . . . . 2. 8. 23. 41. 109. 207.
14.8126

[—] — Für katholische Leser eingerichtet von Placidus Muth. Th. 2. — Gotha: Becker [usw.] 1802. 352 S. 8°
12: P. o. germ. 992 t-2. 30.
14.8127

— — Noth- und Hilfsbüchlein für Bürger und Bauersleute ... (Bearb.: Jacobi.) Neueste ... besonders für Bayern u. Schwaben ganz umgearb. Original-Aufl. Bdch. 1. 2. — Augsburg: Platzer 1804. 8°
15. 180 [= 1].
14.8128

BECKER (HOFRAT RICHARD ZACHARIAS): Noth- und Hilfsbuch oder: lehrreiche Freuden und Trauergeschichte der Einwohner zu Mildheim; welches lehret, wie man vergnügt leben, mit Ehren reich werden und sich und andern in allerhand Nothfällen helfen kann. Von H. Hofrat Becker. Für Katholiken eingerichtet von Placidus Muth. Pest 1814: Josef Leyrer. 416 S. - 180 mm

[—] — Das Noth- und Hülfs-Büchlein oder lehrreiche Freuden- und Trauer-Geschichte des Dorfes Mildheim. Neue, verb. Ausg. Th. 1. 2. — Gotha: Becker 1814-15. 912 S. 8°
1: Ox 17972. 12: Don. Lud. 623. 15. 23. 27. 30. 33. 34. 41. 47. 53. 60. 109. 207.
14.8129

— — Neue, verb. Ausg. Th. 1. 2. Ebd. 1825. 8°
1: Ox 17973. 3. 7. 33. 111. 180. 303. 304.
14.8130

—— das Noth- u. Hülfs-Büchlein, od. lehrr. Freuden- u. Trauer-Geschichte d. Dorfes Mildheim. 2 Thle. Neue, verb. Ausg. 8. (55½ B., 1 Tab. in Fol.: Sittentafel, u. viele Holzschn.) Gotha 838, Becker.

—— das Noth- u. Hülfsbüchlein, od. lehrr. Freuden- u. Trauer-Geschichte d. Dorfes Mildheim. 2 Thle. Neue, verb. Ausg. (Mit Holzschn. n. Zeichn. v. Ramberg.) 8. (55½ B. u. 1 Tab.) Gotha 838, [Becker'sche Brlsbuchh.]

(—) — [Ausz., wendisch] Wendisches Noth- und Hülfsbüchlein. Te knigli sa Běrske luže ... Do nascheje Běrskeje rězi pschest. wot Johann Sigismund Friedrich Schindler. Th. 1. — Choschobusu 1793: Kühn. 103 S. 8°
1: in Bh 2075.
14.8137

— Hans Sachs, im Gewande seiner Zeit, s. Sachs.

Becker, Rudolf Zacharias
— kurze Staatengesch., s. Nationalzeitung.

— kurze Staatengeschichte d. Jahres 1796—97. (Als 2r Thl. d. Nationalzeitung.) 4. Gotha, Becker. à 12 gr. 1 rth

— Unterricht-, Noth- und Hülfsbüchlein für Bürgers- und Bauersleute. 1790 u. ö.
s. *Becker:* Noth- und Hülfs-Büchlein für Bauersleute.

— Versuch über die Aufklärung des Landmannes. Nebst Ankündigung eines für ihn bestimmten Handbuchs. — Dessau [usw.]: Göschen 1785. 21,103 S. 8°
1: an Nq 12892a. 6. 7. 12: Pol. g. 48. 14. 15. 20. 24. 31. 33. 35. 36. 39. 51. 53. 78. 121. 207.
14.8138

— Verzeichniss einer Sammlung von Kupferstichen, Radierungen, Holzschnitten und Handzeichnungen von und nach italienischen Künstlern ... aus dem Nachlasse des Hrn. Hofr. R. Z. Becker. [Auktionskat.] — Leipzig [1844]: Melzer. 48 S. 8°
3. 106.
14.8139

— Vorlesungen über die Pflichten und Rechte des Menschen. Th. 1. 2. — Gotha: Deutsche Zeitung 1791-92. 8°
1: Np 4042. 10. 12: Ph. Pr. 110. 14. 16. 18. 20. 24. 27. 29 [unvollst.] 35. 39. 47. 53. 60. 109. 117. 300: 20.111. 302.
14.8140

Becker, Rudolf Zacharias (Hrsg.), s. Zeitung, Dessauische, für die Jugend und ihre Freunde.

Becker, Rud. Zach. (Hrsg.), s. Zeitung, Deutsche, für die Jugend und ihre Freunde.

Becker, Rud. Zach., Zugabe zu Heynens d. Jüng. Preisschr.: üb. die besten Mittel, den kranken Verstand eines Kindes gesund zu machen. 8. Leipz. 785.

(—) Pro Memoria. (Zweck und Plan des deutschen Reichs-Anzeigers.) — [Regensburg 1792.] 14 S. 8°
12: Per. 212-11.
14.8141

Becker, Rupert s. *Becker*, Gotthelf Wilhelm Rupert.

Becker, S. Die Stammesgeschichte der Seewalzen. (Habil.-Schr.) Giessen 1908.

Becker, Siegmund Wilhelm: Antrittspredigt bei der evangelisch lutherischen Gemeinde zu Remscheid am 9ten Oktober 1814. — o. O. [1815]: Büschler. 30 S. 8° 38.
14.8142

Becker, Sophie, vor hundert Jahren: Elise v. der Recke Reisen durch Deutschland 1784—86, s. Collection Spemann.

Becker, Theodor, Kaufmann, Dillingen, geb. 1865. 1905: Der Bärenhäuter. Ein deutsches Märlein in 4 Aufz. — Dillingen: Keller [1905]. 122 S. 8°
12: P. o. germ. 86 dg. 202.
14.8164

Becker, Theodor, Hofrat, Gymnasiallehrer, Offenbach. 1850 [Bearb.] s. *Becker*, Karl Ferdinand. 1803: Handbuch der deutschen Sprache. 9. Aufl. 1870 u. ö.

— [Hrsg.] s. *Becker*, Karl Ferdinand. 1803: Lehrbuch des deutschen Stiles. 1850.

— [Hrsg.]
s. *Becker*, Karl Ferdinand. 1803: Leitfaden für den ersten Unterricht in der deutschen Sprachlehre. 6. Ausg. 1851 u. ö.

Becker, Theodor, Entomologe, Stadtbaurat, Liegnitz, 1840-1928. 1894: **Ein Beitrag zur Kenntnis der Dipterenfauna Nordsibiriens.** — St.-Pétersbourg 1907. 6 S. 4° (Résultats scientifiques de l'Expédition polaire russe en 1900–1903. Sect. E. Vol. 1,10.)(Mémoires de l'Académie Impériale des sciences de St.-Pétersbourg. Sér. 8. Cl. phys.-math. 18,10.)
1:4° Ab 5409-Sér. 8. Cl. phys.-math. 18,10. 2→5. 7→10. 12:4° Acad. 140d-Ser. 8. Cl. phys.-math. 18,10. 14. 16. 17. 18. 21. 24→30. 39. 46. 303. 305.
14.8152

Becker, Th., ein Beitrag zur Kenntnis der Dipterenfauna Nordsibiriens. (6 S.) 33,5×25 cm. St.-Pétersbourg 907. (Leipzig, Voss' Sort.) — 55
Sonderabdruck aus: „Mémoires de l'acad. imp. des sciences de St.-Pétersbourg".

Becker, Theodor, a. Kiel: Aus d. Königl. psychiatrischen u. Nervenklinik d. Univ. Kiel. Beitrag zur Lehre von der Simulation und Aggravation bei traumatischer Neurose. Rostock 1906: C. Hinstorff. (45 S.) 8°
Kiel, Med. Fak., Ref. Siemerling, Diss. v. 29. April 1907
[Geb. 5. Aug. 81 Kiel; Wohnort: Kiel; Staatsangeh.: Preußen; Vorbildung: Gymn. Kiel Reife O. 00; Studium: München 2, Kiel 3, München 1, Kiel 4 S.; Coll. 23. März 06; Approb. 1. Apr. 07.]

Becker, T., Ueber die Caesarlektüre in Tertia. Pr. 1886. 19 S.

Becker, Theodor, Dr. phil., Professor, Neustrelitz, geb. 1851. 1879: **Plato's Charmides inhaltlich erläutert.** — Halle: Pfeffer 1879. 106 S. 8° 1:Vs 6788. 3. 7. 9. 10. 11. 12:A. gr. b. 2558 l. 21. 26. 30. 300:117.027–B. 302.
14.8151

Becker, Thdr: Chloropidae. 1. Tl. Paläarkt. Region. [Aus: „Archivum zool."] (33—200 m. 2 Taf.) 30,5×21,5 cm. Budapest ('10). (Berl., R Friedländer & S.) nn 15 —
Fortsetzg nur in d. Annales musei hungarici.

— **Chorgesang und Gemeindegesang beim evangelischen Gottesdienst.** Ein Vortrag. — Darmstadt [1854]. 28 S. 8°
Aus: Kirchenblatt für d. Großherzogthum Hessen. 1854.
12:Liturg. 37g. 14. 17. 26. 28. 123.
14.8145

— **Culicoides Habereri** n.sp. Eine blutsaugende Mücke aus Kamerun. — Stuttgart 1909. S. 289-294, Taf. 8.9. 8°
Aus: Jahreshefte d. Vereins für vaterländische Naturkunde in Württemberg. 65. 1909.
(Mitteilungen aus d. Kgl. Naturalienkabinett zu Stuttgart. 68.) 24. 30.
14.8153

Becker, *Theodor* [Prof. Dr.]: Das Deutsche im altsprachlichen Unterricht. Neu-Strelitz, Druck d. Hellwig'schen Hofbuchdr., 1894; 1 Bl., 28 S. 4.
Neu-Strelitz, G Carolinum, OP 1894 (664)

Becker, Theod., ägyptische Dypteren, s. **Mitteilungen** aus dem zoologischen Museum in Berlin.

Aegyptische Dipteren gesammelt u. beschrieben von Th[eodor] **Becker**, Liegnitz. [1. 2.] *Berlin: R. Friedländer & Sohn 1902–03.* 4°(8°)
[1.] Mit 1 Taf. 1902. [2.] (Forts. u. Schluß.) Mit 4 Taf. 1903.
= Mitteilungen aus d. Zoolog. Museum in Berlin. Bd 2, H. 2, [3.] 3. (03.11687)

— **Aegyptische Dipteren gesammelt u. beschrieben.** [1.2.] Berlin: Friedländer 1903. 195 S. 4° (Mitteilungen aus d. Zoologischen Museum in Berlin. 2,2.3.)
1:4° Lk 1386–2,2.3. 7. 11. 12:4° Zool. 246s–2,2.3. 15. 18. 25. 30. 43.
14.8154

— **Dipteren der Kanarischen Inseln.** — (Berlin: Friedländer in Komm.) 1908. 180 S. 4° (Mitteilungen aus d. Zoologischen Museum in Berlin. 4,1,1.) 1:4° Lk 1386–4,1,1. 7. 11. 12:4° Zool. 246s–4,1,1. 15. 18. 25. 30. 43.
14.8155

— **Dipteren der Insel Madeira.** — (Berlin: Friedländer in Komm.) 1908. S. 184-206. 4° (Mitteilungen aus d. Zoologischen Museum in Berlin. 4,1,2.) 1:4° Lk 1386–4,1,2. 7. 11. 12:4° Zool. 246s–4,1,2. 15. 18. 25. 30. 43.
14.8156

— **Dipteren aus Südarabien und von der Insel Sokótra.** Unter Mitw. von P. Stein u. Villeneuve. — Wien: Hölder in Komm. 1910. 30 S. 4°
Die Schrift erschien später nochmals in: Akademie d. Wissenschaften in Wien. Math.-nat. Kl. Denkschriften. 71,2. 1931.
12:4° Zool. 480m. 302.
14.8157

Becker, Thdr., Geschichte des Bisthums Havelberg in ihren Grundzügen dargestellt. Ein Beitrag zur Kirchengeschichte der Mark Brandenburg zum bevorstehenden siebenhundertjähr. Jubiläum des Havelberger Doms in sechs Vorträgen dargeboten. Berlin 870. W. Schultze. gr. 8. (VIII, 114 S.)
n. 15 *ngr.*

BECKER, THEODOR. Ueber die stassfurter Kaliindustrie. Tübingen, 1872. Diss.

Becker, [Theodor]: Das Volkslied Kein schönrer Tod ist in der Welt und Daniel Georg Morhof. Neustrelitz 1909: Bohl. 32 S. 4°
Neustrelitz, großh. G Carolinum P 1909 (897) [S 09. 13

Becker, Theodor [aus Wismar]: Über die Konstitution der phosphorigen Säure und Über einige Phosphorderivate des Thymols und Karvakrols ... Rostock, C. Hinstorffs Buchdr., 1896; 42 S., 1 Bl. 8.
Rostock, Phil. Fak., Inaug.-Diss. v. [27. Mai] 1896

— **Luft und Bewegung zur Gesundheitspflege in den Schulen.** — Frankfurt a. M.: Hermann 1867. 36 S. 8°
Zugleich Progr. Darmstadt, Ludwig Georgs G. 1867.
1:Ne 8228. 12:4° Paed. Th. 17. 15. 17. 20. 24. 38M. 44. 46. 128. 202. 207. 302. 305.
14.8146

Becker, T., Luft u. Bewegg z. Gesundheitspfl. in d. Schulen. 4. (36) Frankf. 67. (Prag, Tempsky.) n. — 10

Becker, Theodorus: De philosophia Lockii et Humii, Spinozismi fructu, criticismi germine. Halis Saxonum (1875): Ploetz. 31 S. 8°
Halle-Wittenberg, Phil. Diss. v. 19. Juni 1875
Geb. Neu-Strelitz (Meckl.-Strel.) 23. 1. 1851. V.

— **Die Phoriden.** — Wien: Hölder 1901. 100 S. 4° (Abhandlungen d. K.K. Zool.-Botan. Gesellschaft in Wien. 1,1.)
1:4° Lc 7474–1,1. 6. 12:4° H. nat. 1hd–1,1. 15. 18. 21. 26. 27. 28. 30. 300:419.169–C. Per. 1,1. 302→305.
14.8158

Becker, Thdr., alphabetisches Register und orthographisches Wörterbuch zu Dr. Karl Ferd. Becker's Schulgrammatik der deutschen Sprache. 8. Aufl. Frankfurt a. M. 864. Hermann'sche Verlhblg. gr. 8. (XII, 78 S.) n. 10 *ngr.*

— **Revision der Gattung Chilosia Meigen.** — Halle; Leipzig: Engelmann in Comm. 1894. 330 S., 13 Taf. 4° (Nova Acta Academiae Caesareae Leopoldino-Carolinae Germanicae naturae curiosorum. 62,3.) 1:4° Lc 6491–62,3. 2→11. 12:4° Acad. 5–62,3 [u.5.] 14→18. 20. 21. 24→30. 32. 33. 34. 39. 45. 46. 84. 111. 302. 305.
14.8159

Becker, Theodor, Hessen-Nassauischer Offizier. 1875: **Aus unseren Tagebüchern.** Geschichte des 2. Nassauischen Infanterie-Regiments Nr. 88 während des Feldzuges 1870/71. Berlin: Militaria 1875. 89,24 S. 8° 17. 36. 47.
14.8148

Becker, Th. (II.), aus unseren Tagebüchern. Geschichte des 2. Nassauischen Infanterie-Regiments Nr. 88 während des Feldzuges 1870/71. Mit 9 Bildern (6 Holzschntaf.), gezeichnet von Sec.-Lieuten. Berta, in Holz geschn. von Brend'amour. Auf Befehl des königl. Commando's des Regiments zusammengestellt und entworfen. (III, 113 S.); 2. revid. und ergänzte Aufl. gr. 8. (III, 120 S.) Berlin 875, Militaria. *

— — 3., rev. u. erg. Aufl. Berlin: Kittel 1895. 136 S. 8°
1:Kr. Samml. Fa 35³. 11. 12:Eur. 694d–805. 26. 30. 34. 43. 46. 66. 209.
14.8150

Becker, [Theodor]: Die Vorgeschichte zur Haupthandlung der Ilias. *Neu-Strelitz 1898: G. F. Spalding & Sohn.* (29 S.) 4°
Neu-Strelitz, G Carolinum, OP 1898 (702)

Becker, [Theodor], Prof. Dr.: Zur **Vorgeschichte** der Ilias. (Umschlagt.: Die Vorgeschichte zur Haupthandlung der Ilias.) ⟨Forts.⟩ *Neu-Strelitz 1902: H. Bohl.* (S. 1—30.) 4° ¶ [Forts. d. P-Beil. 1898.]
Neu-Strelitz, G Carolinum, OP 1902 (743)

Becker, Theophil: Einführung in die Neurologie. — Leipzig: Thieme 1910. 280 S. 8°
7. 12: Path. 1458 g. 19. 20. 52.
14.8165

— Einführung in die Psychiatrie. Mit specieller Berücks. d. Differentialdiagnose d. einzelnen Geisteskrankheiten. — Leipzig: Thieme 1896. IV,101 S. 8°
12: Path. 105 mg. 15. 17. 26. 38M. 42. 79.
14.8166

— — 2., verm. u. veränd. Aufl. Ebd. 1899. IV,141 S. 8°
16. 25. 27. 202. 203.
14.8167

— — 3., verm. u. veränd. Aufl. Ebd. 1902. IV,166 S. 8°
11. 15. 16. 24. 26. 30. 31. 33. 38M. 202.
14.8168

— — 4., verm. u. veränd. Aufl. Ebd. 1908. IV,228 S. 8°
7. 16. 19. 20. 24. 27. 29. 30. 38M. 202.
14.8169

Becker, *Gustav Georg* Theophil [aus Michelstadt im Odenwald]: Ueber Psychosen beim Militär ... Berlin, C. Vogts Buchdr., *1894:* 55 S. 8.
L94. Berlin, Med. Fak., Inaug.-Diss. v. 7. Aug. 1894

— Der angeborene Schwachsinn in seinen Beziehungen zum Militärdienst. Für Sanitätsoffiziere. — Berlin: Hirschwald 1910. VII,211 S. 8° (Bibliothek v. Coler-v. Schjerning. 27.) **1: Id 2121-27. 2. 7. 9. 10. 11.**
12: Med. g. 36 bf-27. 15. 17. 26. 30. 302.
14.8170

— **Theophil Christian** (Wannfrida/Hess.), Doctrinam de poena capitali homicidis dolosis necessario infligenda. Comment. theolog. evangel. Präs. Joh. Gg. Estore. Marburg (Phil. Cas. Müller) Okt. 1747. 70 S. (5.—) 1728
Widm. v.: J. J. Herbst, Joh. Wilh. Fech, Joh. Mich. Otto (Nessellröden/Hessen, dtsch.).

Becker, Theophil. Chr., († d. 22. Febr. 1780.) Samml. merkwürd. Rechtsfälle. 5 Bde. 8. Eisenach 772—80. Wäreke. 5 rth 12 gl.

Becker, Theophil Christian: Sammlung merkwürdiger Rechtsfälle. Bd 1-5. — Eisenach: Griesbach (4: Wittekindt; 5: Wittekind) 1774-80. 8°
1 mit Nebent.: Sammlung merkwürdiger Rechtsfälle aus verschiedenen Theilen d. Rechtsgelehrsamkeit mit ihren Entscheidungsgründen nebst einigen Schutzschriften. Bd 1, Samml. 1-8. 1772-74.
1: Hg 8890. 2. 6. 8. 12: Decis. 10. 14. 17. 18. 19. 21.
24. 27. 28. 34. 42. 121. 208. 302. 303.
14.8171

Becker, Theoph[ilus] Theodorus: •De Ideis Platonis sive de causis et rationibus idearum quantumque ideae ad argumenta et conformationem philosophiae Platonicae valuerint dissertatio philosophica. VIII, 100 S. 2"
Halle-Wittenberg, Phil. Diss. v. 11. Juli 1840
Geb. [Aschersleben 31. 7. 1812]

Becker, Tobias Johann

— Neue Auferbauung einer geistlichen Archen Noe, bestehend in nachfolgenden Buß- oder Sonn- und Feyer-Tags-Predigen. Dominicale & festivale 2. — Nürnberg: Lochner 1700. 531,394 S. 8°
Sondert.: Neue Auferbauung einer geistlichen Archen Noe, bestehend in nachfolgenden Feyertags-Predigen. **2. 17. 30. 66.**
14.8175

Becker, U., Prolog zur Eröffnung der Oldenburger Bühne mit Schiller's „Wilhelm Tell“ am 18. Septbr. 1870. gr. 8. (4 S.) Oldenburg 870, Schulze'sche Buchh. *

Becker, Ulrich Justus Hermann: Anmerkungen und Excurse zu Tacitus Germania Cap. 1 bis 18. — Hannover: Hahn 1830. 102 S. 8° **Zugleich Progr. Ratzeburg 1830.**
1: Wn 1676. 5. 7. 8. 10. 12: A. lat. b. 1935 k. 14. 15.
16. 18. 28. 32. 34. 38. 43. 45. 117.
14.8182

Becker, Ulrich Justus Hermann: Ansichten des Römischen Kaiserreiches bis zur Mitte des 3. Jahrhunderts n. Chr. Schönberg. (1834.) 8°

— [Vorr.] Der heilige Ansverus, Abt des Klosters Ratzeburg. 1841 s. *Becker*, Eberhard.

— Briefe von Ulrich Justus Herm. Becker aus seiner Studenten- und Lehrer-Zeit in den Jahren 1809-18. — Riga 1904: Häcker. VIII,119 S. 8° **15.**
14.8183

— Die Kriege der Römer in Hispanien. H. 1. — Altona: Hammerich 1826. XI,131 S. 8° **1. Viriath u. d. Lusitanier.**
1: Rl 5800. 5→8. 10. 11. 14. 15. 17. 23. 24. 35. 39.
42. 302.
14.8184

— über Livius XXX., cap. 25 et 29. oder Entwickelung d. Begebenheiten, welche zwischen Hannibals Rückkehr nach Afrika u. d. Schlacht bei Zama liegen. gr. 8. Ratzeburg 822.

Becker, Ulrich Justus Hermann

— [Hrsg.] s. *Tacitus*, Publius Cornelius: De vita et moribus Cn. Julii Agricolae libellus [Agricola]. 1826.

Becker, U. J. H., über deutsche Vaterlandsliebe. Eine am 18. Oct. 1836 gehalt. Schulrede, mit Anmerkn. u. Rechtfertign. gr. 4. (3 B.) Lübeck 839, (v. Rohden'sche Buchh.) •

— Vorarbeiten zu einer Geschichte des zweiten punischen Krieges. — Altona: Hammerich 1823. VI,215 S. 8° (Dahlmann, Friedrich Christoph: Forschungen auf d. Gebiete d. Geschichte. 2,2.) **1: Pa 1408-2,2. 2→11.**
12: H. ant. 93 m-2,2 [2 Ex.] 14→20. 24. 25. 26. 28.
30. 34. 35. 36. 38. 39. 45. 46. 51. 53. 123. 203. 206.
300: BE 6 L 72. Bd 2,2. 302. 303.
14.8186

Becker, Valentin: Gedichte. Von Valentin Becker u. Georg Humbert. — Billigheim: Becker 1852. 144 S. 8°
12: P. o. germ. 86e.
14.8187

Becker, Valentin, Referendar a. Cassel: Wird der Anspruch aus unerlaubter Handlung dadurch ausgeschlossen, daß zwischen dem Täter und dem Verletzten ein besonderes Rechtsverhältnis, insbesondere ein Vertragsverhältnis, besteht? Dillenburg 1905: E. Weidenbach. (51 S.) 8°
Marburg, Jur. Fak., Ref. André, Diss. v. 19. Sept. 1905
[Geb. 24. Nov. 77 Neuburg a. D.; Wohnort: Cassel; Staatsangeh.: Preußen; Vorbildung: Wilhelms-Gymn. Cassel Reife O. 99; Studium: Berlin 2, München 1, Berlin 1, Marburg 2 S.; Rig. 9. Dez. 02.]

Becker, Valentin Eduard

Becker, V. E., Gesänge für Männerchor. Op. 3 und 5, f. Sängerbund.

Becker, Valentin Eduard: Die Legende vom hl. Kilian in zehn lebenden Bildern. Gestellt vom Kunstmaler Hans Sperlich, mit verbindendem Texte vom kgl. Reichsarchivrath Dr. August Schäffler, Musik von Valentin Eduard Becker. — Würzburg [usw.]: Woerl 1889. 15 S. 8°
1: Mus. Tb 360/1.
14.8188

— — (2. ⟨illustr.⟩ Aufl.) Ebd. 1889. 20 S. 8°
1: Mus. Tb 360.
14.8189

— — Die Legende vom hl. Kilian. Dichtung von August Schäffler, Musik von V. E. Becker u. S. Breu. 3. Aufl. — Ebd. 1890. 27 S. 8°
66.
14.8190

Becker, B. E., d. Schlacht i. Teutoburger Walde. Große lyrisch-romant. heroische Oper in 3 Akten. Text v. van Brouwer. Musik n. berühmten Mustern u. Meistern v. B. (Nachgelass. Werk.) Regiebuch. 12. (31 S.) Coburg (893). Leipzig, C. Glaser.
n. —60; Textbuch. (16 S.) n. —15

Becker, Victor, aus Riga (Russland): Zur Kenntnis der Aminonaphtole. Basel 1907. 41 + 3 S. 8°. [6. III. 07.]
Basel. Phil. Diss. 1906/1907.

Becker, Victor, pract. Zahnarzt zu Berlin: (Aus d. anat.-biol. Institut zu Berlin.) Untersuchungen an der Mundschleimhaut von Cryptobranchus japonicus. *Berlin: M. Günther (1902).* (66 S.) 8°
Berlin, Phil. Diss. v. 20. März 1902

02

Becker, W., Propst an St. Nicolai, Kiel, 1837-1908. 1878 s. *Becker*, Wilhelm.

Becker, W., Botaniker. 1902 s. *Becker*, Wilhelm.

Becker, W., Binnenschiffahrt. Schiffahrtskanäle. Flusskanalisierung. s.: Sonne, Ed.

Becker, W., comment l'enseignement de la langue maternelle peut-il, surtout dans les écoles dites réales, servir de base à celui de la langue française. Progr. der Realschule. Düsseldorf 1842. 8°. 45 S.

Becker, W. Comment se rendent en français les mots étrangers? Weilburg, G., 1875.

Becker, W., Geographie für Gymnasien und höhere Bürgerschulen. 1. Aufl. 1858. * 1 Thlr. und 2. (Titel-)Ausg. gr. 12. (VIII und 520 S.) Köln 861, Du Mont-Schauberg'sche Buchh.

Becker, W., Lehrbuch der Elementargeometrie. 1. Thl.: Planimetrie. 1. Abth. Mit 6 lith. Taf. (in qu. Fol.) 2. verm. u. verb. Aufl. gr. 8. (VI, 90 S.) Oppenheim 870. Kern. 1. 50
1.Aufl., s. Becker, F.W.

Becker, W., Dr. 1843: Der neue und vollständige italienische Sprachmeister. 1843 s. *Aldini*, Giovanni Battista.

Becker, W., Amerikanischer Theologe. 1885: Die Streittheologie der Missourier; ihre Ursachen und ihre Wirkung gegenüber der Evangelischen Synode von Nord-Amerika. o.O. [um 1885]: Wiebusch. 23 S. 8° 29.
14.8197

Becker. Le subjonctif français comparé au conjonctif latin. Weilburg, G., 1857. 19 S. 4.

Becker, W., s.: Taschenbuch d. ärztl. Fortbildungs-Unterrichtes.

Becker, W. 1882: Ein Verfahren zum Kochen von Speisen mittelst Wasser- oder Dampfbades unter Anwendung entsprechender Temperaturen speciell für Armen- und Volksverpflegung. — (Berlin 1882.) 16 S.,6 Taf. 8° 108.
14.8196

Becker, W., s. Wandkarte der beiden Hemisphaeren.

Becker, W.A., Prof. d. klassischen Philologie, 1796-1846. 1823 s. *Becker*, Wilhelm Adolf.

Becker, W.A., Kgl. Landbaumeister, Berlin. 1853: Practische Anleitung zur Anwendung der Cemente zu baulichen, gewerblichen, landwirthschaftlichen und Kunst-Gegenständen. — Berlin: Nicolai 18(60–)68. 123 S.,31 Taf. 2°
1:2° Nz 4541. 7. 12:2° A. civ. 14xb. 30. 33. 36. 82. 83. 88. 89. 91. 93. 121. 300:57.700–D. 305.
14.8198

Becker, W. A., practische Anleitung zur Anwendung der Cemente zu baulichen, gewerblichen, landwirthschaftlichen und Kunst-Gegenständen. 2. Ausg. Fol. (123 S. mit eingedr. Holzschn. und 31 chromolithogr. Taf.) Berlin 869, Nicolai'sche Verlagsh. *

— Der Backstein-Rohbau in seinem ganzen Umfange. 1862 s. *Fleischinger*, A. F.

— der Bau von feuerfesten Treppen aus natürlichen und künstlichen Steinen. Dargestellt, und durch viele Beispiele praktisch erläutert. 2. verm. Aufl. Berlin 861. Riegel. (Ernst & Korn.) Fol. (IV, 138 S. m. Holzschn. im Text u. 15 lith. Taf.) n. 4 ℛ

— Systematische Darstellung der im Gebiet der Landbaukunst vorkommenden Constructionen und der zur Ausführung derselben erforderlichen Hülfsmittel. 1859–64 s. *Fleischinger*, A.F.

Becker, W. A., Erfahrungen über den Portland-Cement. gr. 8. (IV und 86 S.) Berlin 853, (Gebauer'sche Buchh.) *

Becker, W. A., Erfahrungen über den Portland-Cement. Berlin 853. (Streerath u. Co.) gr. 8. (1 Bl., II, 86 S.) n. 15 ngr.

—— der feuerfeste Treppenbau von natürlichen und künstlichen Steinen. Nach den neuesten Erfindungen. Fol. (1. Abthl. III und 132 S. mit eingedr. Holzschn. und 15 lithogr. und lithochrom. Taf.) Berlin 856, Riegel's Verlag. *

— der feuerfeste Treppenbau von natürlichen u. künstlichen Steinen. Nach den neuesten Erfindungen und Ausführungen mit besonderer Berücksichtigung der Constructionen zum praktischen Gebrauche. Berlin 857. Riegel's Verlag. Fol. (2 Bl., 132 S. m. Holzschn. im Text u. 15 lith. Taf.) n. 6 ℛ

— — Der feuerfeste Treppenbau von natürlichen und künstlichen Steinen ... Neue Ausg. — Berlin: Ernst & Korn 1862. 138 S.,15 Taf. 2° 47. 90. 91. 180.
14.8203

— Über die Ursachen und die Nachtheile der Feuchtigkeit in den Gebäuden und über Cement als Mittel gegen dieselben sowie über die Herstellung wasserdichter Keller ... Hrsg. von F. Stahlenbrecher. — Berlin: Nicolai 1868. S.107-124,7 Taf. 2°
Aus: Becker: Practische Anleitung zur Anwendung d. Cemente. 1868. 302.
14.8204

— — Ebd. 1868. 18 S.,7 Taf. 2° 88. 89. 305.
14.8205

Becker, W. C., comment. de humorum mutation. in theoria artis medicae. 8. Gotting. 803. Brose. 4 gr.

Becker, W.G., Arzt, Leipzig, 1778-1854. 1802 s. *Becker*, Gottfried Wilhelm.

Becker, W. G., Professor, Inspektor d. Kurfürstl. Antikengalerie, Dresden. 1775 s. *Becker*, Wilhelm Gottlieb.

Becker, Wally: Erinnerungen aus meinem Leben. Für meine Kinder und Enkel. (Verf.: Wally Becker.) — Frankfurt a.M. 1901: Deitz. 247 S. 8° 16. 30. 33.
14.8206

Becker, Walther, a. Posen: Aus d. chemischen Institut d. Universität Breslau. Atomgewichtsberechnung des Siliciums. Breslau 1905: H. Fleischmann. (47 S.) 8°
Breslau, Phil. Fak., Ref. Ladenburg, Diss. v. 16. Febr. 1905
[Geb. 16. Nov. 79 Posen; Heimatsort: Posen; Staatsangeh.: Preußen; Vorbildung: Berger-Realgymn. Posen Reife O. 99; Studium: Greifswald 6, Breslau 5 S.; Rig. 8. Febr. 05.]

Becker, Walter, Cand. phil., Buenos Aires, später Gymnasiallehrer, Godesberg. 1900: Okkultismus und Wissenschaft. — Buenos Aires: van Woerden in Komm. [1900]. 36 S. 8° (Veröffentlichungen d. Deutschen Akademischen Vereinigung zu Buenos Aires. 1,3.)
Der Name d. Verfassers ist vermutlich Pseudonym für Kurt Reuss.
1: Ag 388/10–1,3. 2. 4. 7→11. 12: Acad. 22c–3. 16. 18. 19. 21. 25. 26. 27. 36. 48. 204. 205. 302.
14.8207

Becker, Wern., Geschäftsgänge f. den Buchführungsunterricht in kaufmännischen Schulen. — Handbuch f. d. Buchführungsunterricht in kaufmännisch. Schulen. — Übungshefte f. den Buchführungsunterricht in kaufmännischen Schulen, s.: **Wower, J.**

— Wirtschaftskde. Wirtschaftsgeogr. in Verbindg m. Staatsbürgerkde f. kaufmänn. Fortbildgsch. 3 Tle. 8° Dortm., FW Ruhfus ('12). 1.70 d
1. Das deut. Wirtschaftsleben. (58) — 50 ‖ 2. Die Weltwirtsch. (63) — 60 ‖ 3. Deutschlds Stellg in d. Weltwirtsch. (63) — 60

Becker, Wern[er] H., approb. Arzt aus Bederkesa ⟨Prov. Hannover⟩: Ein Beitrag zur Statistik der künstlichen Frühgeburt. *Kiel 1899: C. Paulsen.* (21 S.) 8°
Kiel, Med. Diss. v. [19. Apr.] 1899
-1899.

Becker, Wern. H., s.: **Essays,** medizinische.

— **Pantopon,** e. Ersatzmittel des Opiums u. seine Verwendbarkeit in der Irrenpflege. (Aus d. Landesirrenanstalt Weilmünster in Nassau.) (5 S.) gr. 8. Leipzig 910. B. Konegen. 1. —
Sonderabdruck aus: „Reichs-Mediz.-Anz."

— **Therapie** der Geisteskrankheiten f. prakt. u. Irrenärzte. (V, 113 S.) 8. Ebd. 911. 2.60; geb. in Leinw. 3.25

Becker, Wilhelm, Technischer Konsulent im Ackerbauministerium, Wien. 1876: Die **Absteckung** von Straßen- & Eisenbahncurven mit und ohne Benutzung eines Winkelinstrumentes. — Wien: Lehmann & Wentzel 1876. 52 S. 8°
84. 89. 300: 118.655-A. 302.
14.8231

Becker, Wilh. (III.). Die Absteckung von Strassen- u. Eisenbahncurven m. u. ohne Benutzg. e. Winkelinstrumentes. 2. unveränd. (Titel-)Ausg. 16. (52 S. m. 1 Taf.) Wien 891, Spielhagen u. Schurich. * 1 60

Becker, Wilhelm, Pfarrer a. D., Missionsprediger, Berlin, später Wien, geb. 1853. 1885: Zur **Abwehr.** Ein offener Brief an jüdische Freunde. 2. Aufl. — Diesdorf b. Gäbersdorf: Schreiberhau-Diesdorfer Rettungsanst. [1910]. 16 S. 8°
1: N 11.1710. 2.
14.8253

— Zur **Abwehr** der Cholera. 4 Regeln d. geistlichen Gesundheitspflege. Predigt. — Berlin: Evang. Vereinsbuchh. 1892. 8 S. 8° 1: Ec 25264. 302.
14.8254

— [Hrsg.] s. *Andel,* Adriaan van: Das Weihnachtsfest. 1891.

— Gustav Immanuel **Anderson.** Ein frühvollendeter Zionsbote. — Köln a. Rh.: Verein für Israel 1893. 36 S. 8° (Kölner Schriften für Christen u. Israeliten. 2.) 5.
14.8255

— — 2. Aufl. Ebd. 1910. 31 S. 8° 41.
14.8256

— **Anmerkungen** zu ausgewählten Stellen des Alten Testaments. H. [1]-3. — Diesdorf b. Gäbersdorf: Schreiberhau-Diesdorfer Rettungsanst. 1904-06. 8°
1: Bl 9860. 2. 18 [**3].
14.8257

— **Anmerkungen** zu ausgewählten Stellen des Neuen Testaments. — Friedenau-Berlin: Goßnersche Mission 1896. 48 S. 8° 1: Br 5362. 11. 18. 29.
14.8258

— **Antisemit** oder Philosemit? Wer hat recht? Bündig beantwortet. — Gotha: F. A. Perthes 1891. 34 S. 8° (Zimmer-Handbibliothek d. praktischen Theologie. 11/14, 35a.)
1: Bd 6973-11/14, 35a. 9. 26. 28. 29. 39. 60. 106. 203. 205.
14.8259

Becker, Wilhelm, Referendar in Cassel: Die Auslobung nach dem Bürgerlichen Gesetzbuch unter Berücksichtigung des vor 1900 in Deutschland geltenden Rechts. Borna-Leipzig 1905: R. Noske. (x, 59 S.) 8° [F.]
Marburg, Jur. Fak., Ref. Leonhard, Diss. v. 9. Nov. 1905
[Geb. 1. Mai 79 Homberg a. Efze; Wohnort: Homberg; Staatsangeh.: Preußen; Vorbildung: Gymn. Hersfeld Reife O. 97; Studium: Marburg 4, München 1, Marburg 1 S.; Rig. 9. Okt. 05.]

— Ferdinand Wilhelm **Becker.** Eine Heldengestalt in der Judenmission d. 19. Jahrhunderts. — Berlin: Evang. Vereinsbuchh. 1893. 72 S. 8° (Schriften d. Institutum Judaicum in Berlin. 16.) 1: De 5490-16. 10. 11.
12: Jud. 45qb-16. 14→18. 29. 30. 302.
14.8260

Becker, W., die Bildg. d. Erdalkaliperoxyde, s.: **Engler,** C.

Becker, W: Die Bildg d. Erdalkaliperoxyde, s: Sitzungsberichte d. Heidelb. Akad. d. Wiss., Engler.

Becker, Wilhelm, approb. Arzt aus Kreuznach: Über inguinale Blasenbrüche. *Tübingen: H. Laupp 1898.* (16 S.) 8° (Aus: Beiträge zur klinischen Chirurgie, Bd 23, H. 1.)
Tübingen, Med. Diss. v. 1898

Becker, Wilhelm, Propst an St. Nicolai, Kiel, 1837-1908. 1878: Offener **Brief** an Se. Excellenz den Kultusminister Herrn von Goßler anläßlich des Ministerialerlasses vom 22. August d. J. in der Disciplinar-Untersuchungssache gegen den Diaconus Lühr. — Kiel 1883: Norddeutscher Landwirth. 7 S. 8° 1: Dn 9130. 8. 18. 39.
14.8235

— s.: Brot, d. lebendige.

[—] Hal-leḥem ha-ḥai. Das lebendige **Brot.** Den Denkenden beschrieben ... von W. B. — Bucarest: Mühlenbruch 1895 15 S. 8° 18.
14.8261

[—] — Das lebendige Brot. Den Denkenden beschrieben ... von W. B. 2. Aufl. — Berlin: Deutsche Evang. Buch- u. Tractat-Ges. [1896]. 12 S. 8° ([Tractate der] Deutschen Evangelischen Buch- u. Tractat-Gesellschaft. 717.)
1: Cv 52148-717.
14.8262

Der Christenglaube im Krankenhause. Geistl. Gedichte von W. **Becker.** Diesdorf: Buchdr. d. Schreiberhau-Diesdorfer Rettungsanst. [1907]. (52 S.) 8° [F.] 08. 6217 2

— Der **Christenglaube** im Krankenhause. Geistliche Gedichte. — Diesdorf b. Gäbersdorf: Schreiberhau-Diesdorfer Rettungsanst. [1908]. 32 S. 8° 1: Yo 31372. 2.
14.8263

Becker, W., der **Christenglaube** im Krankenhause. Geistl. Gedichte. (32 S.) 16. Diesdorf b. Gäbersdorf, Kr. Striegau (909). Buchdruckerei d. Schreiberhau-Diesdorfer Rettungsanstalten. (Nur direkt.) — 10

Becker, W: Christian education or the duties of parents. (Rendered from the German by a priest of the diocese of Cleveland.) 8° (424) St. Louis Mo. 99. Freibg i/B., Herder. Geb. in L. 4.60

Becker, Wilh. (I.). Eindrücke einer Pilgerfahrt durchs heilige Land. Rede. gr. 8. (8 S.) Friedenau-Berl. 892, Buchh. d. Goßnerschen Mission. ** — 10

— Zur **Einführung** ins Neue Testament. 1. Aufl. — Hamburg: Agentur d. Rauhen Hauses [1907]. 16 S. 8° (Lehr u. Wehr für's deutsche Volk. 25.)
10. 12: Polem. 3058q-25.
14.8266

— — 2. Aufl. Ebd. [1907]. 16 S. 8° (Lehr u. Wehr ... 25.)
18.
14.8267

— Die **Einigkeit** der christlichen Kirche. Predigt. — Kiel 1883: Norddeutscher Landwirth 1883. 13 S. 8°
1: 19 in E 251-2. 39.
14.8236

Becker, Wilh., Richt. Einschätzung u. erfolgr. Reclamation z. Einkommensteuer. Gemeinverständl. Darstellg. d. sächs. Einkommensteuergesetzes nebst Ausführgs.-Verordng. u. d. dazu ergang. Verordngn. u. Entscheidgn. gr. 8. (32 S.) Wurzen 898. C. Kiesler. n. — 50

— Aus der **Enge** und der Weite. Geistliche Gedichte. — Diesdorf b. Gäbersdorf; Schreiberhau-Diesdorfer Rettungsanst. [1910]. 32 S. 8° 1: N 11.767. 2.
14.8268

Becker W.: Ueber die geburtshilfliche Entwickelung zu grosser Kälber in der normalen Hinterendlage ohne u. m. Hilfe d. Embryotomie. Diss. (Bern). Wittingen 1909. 24 S. P.

Becker, Wilhelm. Ueber die geburtshilfliche Entwickelung zu grosser Kälber in der normalen Hinterendlage ohne und mit Hilfe der Embryotomie. Diss. Vet.-Med. Bern. [Mit Figuren.] 25 S. 8. Wittingen, Karl Neef, [1910].

Becker, Wilhelm [app. Arzt aus Barnstorf i. B.]: Über Erfolge der Trepanation bei Epilepsie nach Trauma... Halle a. S., Hofbuchdr. v. C. A. Kaemmerer & C., 1896; 30 S., 2 Bl. 8.
Halle, Med. Fak., Inaug.-Diss. v. 23. Nov. 1896

— **Zur Erinnerung an die Konfirmationszeit.** Predigten. H. [1]-3. — Kiel: Biernatzki 1887-91 (3: Kiel 1891: Schmidt & Klaunig). 8° — 8 [$^{\infty}$1.2]. 101 [$^{\infty}$3].
14.8237

Becker, Wilhelm: Glaziale Erscheinungen im Odenwalde. Mit e. Karte. Offenbach a. M. 1906: C. Forger. (39 S., 1 Karte.) 4°
Offenbach a. M., großh. G P 1906 (797)

Becker, Wilhelm, S. J. 1894: Die christliche **Erziehung** oder Pflichten der Eltern. — Freiburg i. Br. [usw.]: Herder 1894. VIII,282 S. 8° [(Becker: Standeslehren. 1.)] — 12: Paed. Th. 362-1. 300: 84.093-B. 1. 302.
14.8294

— — 2., verm. u. verb. Aufl. Ebd. 1896. XIV,305 S. 8° (Becker: Standeslehren. 1.) — 52. 169. 302.
14.8295

— — 3., verb. Aufl. Ebd. 1907. XIV,305 S. 8° (Becker: Standeslehren. 1.) — 169. 300: 449.518-B. 1. 302.
14.8206

— **Familienabende** nach der Ordnung des Kirchenjahres. Eine Handreichung zur Pflege christlicher Geselligkeit. — Barmen: Wupperthaler Traktat-Ges. 1901. 123 S. 8° — 1: Et 16864. 5. 12: Hom. 2013v.
14.8269

Becker, Wilhelm: Zur Frage der Erdalkaliperoxydbildung. 1909. 50 S. 8°
Karlsruhe, Dr.-Ing.-Diss. v. 26. 7. 1909

Becker, W[ilhelm]: Die sociale Frage im alten Athen nach neu aufgefundenen Solonischen Aussprüchen. 8° Aus: ?

[—] Die große **Freude.** Geistliche Gedichte von W. B. — Diesdorf b. Gäbersdorf: Schreiberhau-Diesdorfer Rettungsanst. [1905]. 31 S. 8° — 1: Yo 30647. 2.
14.8270

Becker, Wilhelm, Lehrer, Langenschwalbach. 1889: **Gedichte** zum Besten der hiesigen Kleinkinder und der Sonntagsschule. — Langenschwalbach: Wagner 1889. 30 S. 8° — 43.
14.8293

Becker, Wilh. Geschichte des Progymnasiums zu Michelstadt von 1823—1834 und der Realschule zu M. während der ersten 50 Jahre ihres Bestehens. 45 S. — **Progr.** *Michelstadt* 1884.

Becker, Wilh., zur Geschichte des Rödingsmarktes in Hamburg, s.: **Festgabe,** Anton Hagedorn gewidmet.

Becker, Wilh., die Gewässer in Österreich. Daten zur hydrograph. Übersichtskarte. Zum Amtsgebrauche im k. k. Ackerbauministerium angefertigt. 2 Bde. Lex.-8. Mit 6 farb. Karten. 1 : 500 000. Imp.-Fol. Wien 890. Hof- und Staatsdruckerei. — n. 24. —
1. Haupt-Übersicht. A. Nach Flussgebieten. B. Nach Ländern. (85 S.)
2. Special-Übersicht der Flussgebiete. (503 S.)

— **Eine dreifache Gewissensfrage** an die Glieder der lutherischen Kirche. Predigt zum Reformationsfeste. — Breklum: Christl. Buchhandlung 1903. 10 S. 8°
Die Schrift bricht auf S. 10 im Text ab. — 29.
14.8238

— **Der Glaube.** Katechetische Predigten. — Freiburg i. Br. [usw.]: Herder 1897. VIII,252 S. 8° (Becker: Glaube u. Kirche. 1.) — 52. 102. 211. 300: 93.309-B. 1. 302.
14.8207

Becker, Wilh., S. J., Glaube u. Kirche. Katechet. Predigten. 1. D. Glaube. 8. (IX, 252 S.) Freiburg i/B. 897. Herder. — n. 2. —; geb. in Leinw. n. 2. 80

[—] **Der Glücksbote.** Geistliche Gedichte von W. B. — Diesdorf b. Gäbersdorf: Schreiberhau-Diesdorfer Rettungsanst. [1906]. 32 S. 8° — 1: Yo 30958. 2.
14.8271

— s.: Goldkörner christl. Wahrheit u. Lebensweisheit v. Wandsbecker Boten.

— **Johann Melchior Goeze** und Lessing. Eine Säkular-Erinnerung und Ehrenrettung zum 100jährigen Todesjahre des ersteren. Vortrag. — Flensberg: Huwald 1887. 31 S. 8° — 1: Dd 9166. 14. 18. 23. 25.
14.8239

[—] **Der feste Halt.** Ein Ratgeber für Fragende u. Klagende. Von W. B. — Diesdorf b. Gäbersdorf: Schreiberhau-Diesdorfer Rettungsanst. [1904]. 48 S. 8° — 1: Yo 30144. 2.
14.8272

— **Der feste Halt.** Ein Ratgeber f. Fragende u. Klagende. 2. Aufl. (6.—10. Tausd.) (48 S.) 16. Ebd. (909). — —10

— **Der Himmelsschlüssel.** Gereimtes u. Ungereimtes. — Breslau: Evang. Schriftenverein 1891. VIII,96 S. 8° — 1: Yo 23804.
14.8273

Becker, Wilhelm: Die **Initiative** bei d. Stift d. Rhein. Bundes 1254, s. **Becker**, Wilhelm Martin

— **Ist die Judenmission** wirklich eine Christenpflicht? — Stuttgart: Belser 1894. 43 S. 8° (Zeitfragen d. christlichen Volkslebens. 19,2.) — 1: Bd 6860-19,2. 3. 5. 7. 12: Var. 392dg-19,2. 15. 17. 18. 20. 21. 24. 28. 29. 30. 33. 106. 205.
14.8274

Becker, Wilh. Karte d. Eifel. 1 : 400,000. Photolithogr. gr. Fol. Nebst Verzeichnis der Ortschaften, Berge, Burgen etc. gr. 16. (VIII S.) Aachen 890, Schweitzer. — * — 40

— **Confirmations-Rede [Konfirmationsrede]** am Sonntag Palmarum. — Kiel 1890: Böckel. 11 S. 8° — 8. 101.
14.8240

Becker, W. (I.). **Confirmationsrede** am Sonntag Palmarum 1892. gr. 8. (10 S.) Kiel 892, (Eckardt). — * — 40

— **Mein Kreuzzug.** Ferientage im Abend- u. im Morgenlande. — Berlin: Evang. Vereinsbuchh. 1892. IV,196 S. 8° — 1: Ul 6044/1. 17. 26.
14.8275

— — 2., verm. Aufl. Friedenau-Berlin: Goßnersche Mission 1897. 170 S. 8° — 1: Ul 6044/1[2]. 11. 12: H. ref. 613g. 18.
14.8276

Becker, W., Leitfaden für den Religions-Unterricht zur Vorbereitung auf die Confirmation. 2. Aufl. 8. (96 S.) Gotha 879, F. A. Perthes. — *
1. Aufl. erschien 1878 im Selbstverlag. (40 S.) * 60 Pf.

Becker, W., **Leitfaden** für den Religions-Unterricht zur Vorbereitung auf die Konfirmation. 4. Aufl. 8. (101 S.) Gotha 888, F. A. Perthes. — geb. *

— **Das Menschenopfer** bei den Israeliten. Der Synagoge u. der Kirche gewidmet. — Friedenau-Berlin: Goßnersche Buchh. 1898. 16 S. 8° — 1: Bi 2085.
14.8277

Becker, Wilh., Miete u. Pacht nebst Erläutergn. gr. 8. (55 S.) Leipzig-R. 902. A. Hoffmann. n. — 80

— **Der Missionsberuf der lutherischen Kirche. Predigt über Jes. 49,3-6. — Nürnberg: Raw 1888. 14 S. 8°**
12: Hom. 112 w. 29. 75.
14.8241

Becker, A. W., der Missionsberuf der lutherischen Kirche. Predigt über Jes. 49, 3—6, gehalten am Missionsfeste zu Nürnberg in der Kirche zu St. Lorenzen den 12. Juni 1888. 3. und 4. Aufl. gr. 8. (14 S.) Nürnberg 888, Raw'sche Buchh. *

Becker, Wilhelm, Landwirt, Oldenburg. **1840: Probates Mittel zur gänzlichen Vertilgung des Duwocks (equisetum palustre und arvense). (Verf.: Wilhelm Becker.) — Bremen: Kaiser in Comm. 1840. 7 S. 8°** **45.**
14.8230

— **Morgenstunden im Espenhaine. Streifzüge durch Bibel u. Geschichte. — Diesdorf b. Gäbersdorf: Schreiberhau-Diesdorfer Rettungsanst. [um 1910]. 48 S. 8°** **41. 101.**
14.8278

— Nachricht über den Verlauf der fünfzigjährigen Jubiläumsfeier der Realschule zu Michelstadt am 30. und 31. März und 1. April 1884. 21 S. Progr *Michelstadt* 1885.

— Nachruf am Sarge d. Hrn. Consist.-Präsid. Mommsen in der Friedhofs-Capelle zu Kiel 11. Febr. 1892. 12. (7 S.) Kiel 892. (H. Eckardt's Verl.) n.n. — 25

— **Nachruf am Sarge des Herrn Consistorial-Präsidenten Dr. Mommsen in der Friedhofs-Capelle zu Kiel 11. Februar 1892. — (Pinneberg 1892: Beig.) 7 S. 8°** **8. 101.**
14.8242

Becker, Wilhelm [aus Mülheim a. d. Ruhr]: Die rechtliche Natur des Geldwechselns ... Oberhausen, Buchdr. R. Kühne, 1892; 37 S. 8.
Erlangen, Jur. Fak., Inaug.-Diss. v. 1892

— das Necrologium der vormaligen Prämonstratenser-Abtei Arnstein a/Lahn, s.: Annalen d. Vereins f. Nassauische Alterthumskunde u. Geschichtsforschung.

[—] Die Nicolai-Kirche in Kiel. Ein Gedenkblatt ihrer Restauration in den Jahren 1878-84. — Kiel: Univ.-Buchh. 1884. 64 S. 8°
1: So 8766/10. 7. 8.
14.8243

Becker, Wilh., die agrarischen Operationen, s.: Verwaltung, sociale, in Oesterreich. I. 5.

— Die Pflichten der Kinder und der christlichen Jugend. Freiburg i. Br. [usw.]: Herder 1895. VII,203 S. 8° (Becker: Standeslehren. 2.) **52. 211. 300:** 84.093-B. 2. **302.**
14.8299

— 2., verm. u. verb. Aufl. Ebd. 1898. XII,218 S. 8° (Becker: Standeslehren. 2.)
52. 169. 211. 300: 102.824-B. 2. **302.**
14.8300

— **Predigt bei dem Feldgottesdienst der Schleswig-Holsteinischen Kampfgenossenvereine von 1870/71 am 21. July 1895. — Kiel: Peters [1895]. 8 S. 8°** **8.**
14.8244

— **Predigt bei dem Gottesdienst zur Eröffnung der fünften allgemeinen lutherischen Konferenz in Hamburg in der St. Petrikirche am 12. Oktober gehalten. — Hamburg: Grädener 1887. 16 S. 8°** **18.**
14.8245

— Predigt am Reformations-Tage. 8. (8) Kiel 90, (Haeseler's S.). n. — 20

— **Predigt am Reformations-Tage. — Kiel [um 1890]: Schmidt & Klaunig. 8 S. 8°** **8. 101.**
14.8246

Predigt am Sonntag Reminiscere Ev. Joh. Kap. 9 V. 4 u. 5 ⟨Eröffnung des Provinzial-Landtages in Kiel⟩ v. [Wilhelm] **Becker.** Kiel. 1905. 8°.

Becker, Wilhelm

— **Siehe da, eine Hütte Gottes bei den Menschen. Rede zur Einweihung des neuen Betsaales im evangelischen Diaconissenhause zu Eisenach. Gehalten am 25. Nov. ⟨Todtenfest⟩ 1877. — Gotha: F. A. Perthes 1878. 16 S. 8°** **39.**
14.8247

— **Christliche Reden an jüdischen Fest- und Fasttagen. — Diesdorf b. Gäbersdorf: Schreiberhau-Diesdorfer-Rettungsanst. [1903]. V,64 S. 8°** **1: De 5590. 2. 33.**
14.8279

— **Regula fidei. 12 Vorträge über das älteste Glaubensbekenntnis der Christenheit. — Leipzig: Deichert 1890. 134 S. 8°** **1: Df 850. 12: Dogm. 69p. 15. 28. 101.**
14.8280

Becker, das königliche Schloß zu Coblenz. Ein Beitrag zur Geschichte des letzten Kurfürsten von Trier Clemens Wenceslaus u. d. Stadt Coblenz. M. 4 Lichtdr.-Bildern. 8. (V, 223 S.) Coblenz 886. Groos. n. 2. 50

Becker, Wilh., S. J., der verlorene Sohn, die Geschichte des Sünders. Dreijähriger Fasten-Cyklus. 8. (VI, 301 S.) Freiburg i/B. 899. Herder. n. 2.20; geb. in Leinw. n. 3. —

Becker, Wilh., S. J., der verlorene Sohn, die Geschichte e. Sünders. Dreijähriger Fasten-Zyklus. 2. Aufl. (VIII, 299 S.) 8. Freiburg i/B. 908. Herder. 2. 40; geb. in Leinw. 3. 20

— **Standeslehren. [1.]2. — Freiburg i. Br. [usw.]: Herder 1894-95. 8°**
1. Becker: Die christliche Erziehung oder Pflichten d. Eltern. 1894.
2. Becker: Die Pflichten d. Kinder u. d. christlichen Jugend. 1895.
12 [∞2]: Paed. Th. 362. **52** [∞1]. **211** [∞1].
300: 84.993-B. **302.**
14.8303

— Standeslehren. I. u. II. Thl. gr. 8. Ebd. n. 3. 50; geb. n. 5. —
1. D. christl. Erziehg od. Pflichten d. Eltern 2., verm. u. verb. Aufl. (XIV, 305 S.) 896. n. 2. —; geb. n. 2. 80
2. D. Pflichten d. Kinder u. d. christl. Jugend. 2., verm. u. verb. Aufl. (XII, 218 S.) 898. n. 1. 50; geb. n. 2. 20

— **Standeslehren. I. Die christl. Erziehg. od. Pflichten d. Eltern. 3., verb. Aufl. (XVI, 305 S.) 8. Ebd. 907. 2.40; geb. in Leinw. 3. 20**

Becker, Wilh. (II.). Stellung u. Aufgabe der lutherischen Kirche gegenüber d. socialen Frage d. Gegenwart. Vortrag. gr. 8. (30 S.) Hannov. 890, Feesche. * — 40

— **Die münsterischen Straßen-Namen und ihre Erklärung. Münster: Alphonsus-Buchh. 1907. 72 S. 8°**
1: Ys 5400/310. 6. 64.
14.8314

— **von der heiligen Taufe. Predigt am 1. Aug. 1886 über Römer 6, 3—11. gr. 8. (12 S.) Kiel 886, Biernatzki. ***

Becker, Wilh. (IV.). Über die Teilnahme der Städte an den Reichsversammlungen unter Friedrich III. 1440—1493. Diss. gr. 8. (115 S.) Bonn 891, (Röhrscheid u. Ebbecke). * 1 50

— Immanuel Tremellius, s.: Schriften d. Institutum judaicum in Berlin.

Becker, Wilh., Immanuel Tremellius. Ein Proselytenleben im Zeitalter der Reformation. gr. 8. (55 S.) Breslau 887, (Dülfer.) *

— — **2., veränd. Aufl. Leipzig: Hinrichs 1890(1891). IV, 60 S. 8° (Schriften d. Institutum Judaicum in Berlin. 8.)**
1: De 5490-8. 6. 10. 11. 15→18. 24. 27→30.
300: 390.112-B. **8. 302.**
14.8282

—— Die Treue der Diener Christi. Predigt über 1. Kor. 4, 1—5, zur Eröffng. der Schleswig-Holstein. Pfingstkonferenz in Flensburg geh. gr. 8. (11 S.) (Ebd.) 892. — 30

[—] **Der einige Trost im Sterben. Zur Förderung der Kenntnis . . . des christlichen Glaubens hrsg. von W. B. — Breslau: Dülfer in Komm. 1887. 24 S. 8° 1: Et 15181.**
14.8283

— — **Der einige Trost im Sterben. Eine Beantwortung der Frage: Wie kann man des Todes Bitterkeit vertreiben? 2., verm. Aufl. — Friedenau-Berlin: Goßnersche Buchh. 1893. 31 S. 8° 12: Asc. 5415 s.**
14.8284

— — **Der einige Trost im Sterben. Geschichtliche Zeugnisse über die richtige Beantwortung der Frage: Wie kann man des Todes Bitterkeit vertreiben? 3., verm. Aufl. — Hamburg: Agentur d. Rauhen Hauses 1902. 38 S. 8° 12: Asc. 5434 k. 18. 207.**
14.8285

s.a. Trost, der einige, im Sterben.

[—] **Israels Trost. Geistliche Gedichte von W. B. — Diesdorf b. Gäbersdorf: Schreiberhau-Diesdorfer Rettungsanst. [1906]. 32 S. 8° 1: Yo 31161. 2.**
14.8286

Becker, Wilhelm, Universitäts-Turn- u. Fechtlehrer, Münster i. W. 1903: Turnen, Turnspiele und Fechten an der Universität Münster i. W.S. 1902/03 u. S.S. 1903. (Verf.: W. Becker.) — o. O. [1903]. 4 Bl. 4°
Titel u. Text autographiert. 6.
14.8309

— **Unarten, Krankheiten u. Feinde des Geflügels.** (72 S. m. Abbildgn.) gr. 8. Berlin (908). F. Pfenningstorff. n. 1. 60
Sonderabdruck aus: „Unser Hausgeflügel".

Becker, Wilhelm, Botaniker. 1902: Die Veilchen der bayerischen Flora mit Berücksichtigung des übrigen Deutschlands. — München 1902. 35 S. 8°
Aus: Berichte d. Bayerischen Botanischen Gesellschaft zur Erforschung d. heimischen Flora. 8. 1902. 20.
14.8306

(Becker, Wilhelm:) Der Verein zur Hebung der öffentlichen Sittlichkeit in Kiel. Mittheilungen aus den seine Entstehung und Thätigkeit betr. Aktenstücken. Kiel 1889. 8°

— **Violae Europaeae. Systematische Bearbeitung d. Violen Europas u. seiner benachbarten Gebiete. — Dresden: Heinrich 1910. IV, 153 S. 8°**
Aus: Beihefte zum Botanischen Centralblatt. 26. 1910. 302.
14.8307

Becker, W[ilhelm]. Die Violen der Schweiz. Mit vier Tafeln. II + VIII + 82 S. 4. Zürich, ... gedruckt von Zürcher & Furrer; Basel, Genf und Lyon, Komm. Georg & Cie., 1910. [fr. 6.—]
Neue Denkschriften der Schweizerischen Naturforschenden Gesellschaft .... Band 45, Abh. 1 ....

—— eine Vorfrage der Weihnacht: Wie dünket Euch um Christo, wes Sohn ist er? Predigt am 4. Adventsonntag über Evgl. Joh. 1, 19—28. gr. 8. (12 S.) Kiel 886, (Lipsius und Tischer.)

— **Eine Vorfrage der Weihnacht: Wie dünket Euch um Christo, wes Sohn ist er? Predigt. — Kiel 1886: Schmidt & Klaunig. 12 S. 8° 8. 101.**
14.8249

Becker, Wilhelm, Schriftsteller, Berlin. 1895: Psychodramatische Vortrags-Dichtungen. 1895
s. *Leuschner*, Oskar.

— **Heilige Wahrheiten. Reden u. Aufsätze. — Friedenau-Berlin: Goßner'sche Mission 1891. 81 S. 8° 1: Be 4650. 23.**
14.8287

[—] **Warum ist Graf Leopold Sedlnitzky, Fürstbischof von Breslau, zur evangelischen Kirche übergetreten. Ein Gedenkblatt zu seinem hundertjährigen Geburtstage (29. Juli 1887). (Verf.: W. B.) — Breslau: Dülfer 1887. 32 S. 8° 1: Sw 4391. 2. 10. 15.**
14.8288

— **Was hast du wider die Bibel? Ein Zwiegespräch in Briefen. Berlin: Deutsche Evang. Buch- u. Tractat-Ges. 1894. 84 S. 8° 1: Bf 7736. 12: Polem. 3061 r.**
14.8289

— **Was ist Wahrheit? Beiträge zur Beantwortung der Pilatusfrage. — Diesdorf b. Gäbersdorf: Schreiberhau-Diesdorfer Rettungsanst. [1909]. 48 S. 8° 12: Hom. 2017 t. 41. 302.**
14.8290

— **Weiherede zur Einweihung des neuen Friedhofteiles am 9. Oktbr. 1889. gr. 8. (8 S.) Kiel 889. (Haeseler's Sort.) n. — 20**

— **Weiherede zur Einweihung des neuen Friedhofteiles am 9. Okt. 1889. — Kiel 1889: Schmidt & Klaunig. 8 S. 8° 8.**
14.8250

— **Weiherede zur Eröffnung des neuen Nikolai-Heims. — Kiel [1906]: Jensen. 7 S. 8° 8.**
14.8251

— **Wir haben seinen Stern gesehen! Eine frohe Botschaft für alle Kinder Israels. — Friedenau-Berlin: Goßnersche Buchh. 1898. 8 S. 8° 1: Cv 30968.**
14.8291

Becker, Wilhelm
Becker-Kiel, W., wo ist dein Bruder Abel? Eine Gewissensfrage an unser deutsches Volk. Predigt zur VI. allgemeinen Konferenz der deutschen Sittlichkeitsvereine, geh. am Nachmittag des 19. Septbr. 1894 in der protestant. Kirche zu Kolmar i/E. gr. 8. (13 S.) Leipzig 894. R. Werther. n. — 20

Becker, W., Wo ist dein Bruder Abel? E. Gewissensfrage a. uns. deutsches Volk. Predigt, z. VI. allgem. Konferenz d. deutschen Sittlichkeitsvereine geh. a. Nachmittag d. 19. IX. 1894 i. d. protestant. Kirche z. Kolmar i. E. 2. Aufl. gr. 8. (13 S.) München 897. R. Werther. n. — 20

Worte der Einnerung an Frau Dorothea Jepsen gesprochen an ihrem Sarge v. [Wilhelm] Becker. (Bordesholm. [1896.]) 8° geb. in 4°

— **Zweisam. Gedichte für Menschen- u. Tierfreunde. — Diesdorf b. Gäbersdorf: Schreiberhau-Diesdorfer Rettungsanst. [1905]. 47 S. 8° 1: Yo 30649. 2. 30.**
14.8292

— **Zweisam. Gedichte f. Menschen- u. Tierfreunde.** (47 S.) 16. Ebd. (906). — 10

Becker, Wilhelm Adolf
— **Wilh. Adolf,** Antiquitatis Plautinae generatim illustratae. Tl. I. Lpz. (Friedr. Fleischer) 3. I. 1837. 52 S. mit 4 Medaill.-Vign. (3.50) 1729

Becker, Wilhelm Adolf [Hrsg.]
s. *Aristoteles:* De somno et vigilia, De insomniis et divinatione per somnum libri [Teils.] 1823.

— [Hrsg.]
s. *Becker*, Wilhelm Gottlieb: Augusteum. 2. Aufl. 1837.

— **Berichtigungen und Nachträge zu Beckers Augusteum. Leipzig: Brockhaus 1837. 50 S., 8 Taf. 8° [u.] 2° (Becker, Wilhelm Gottlieb: Augusteum. Suppl. II.)**
Die Tafeln sind gesondert gebunden.
5 [²° Taf.] 7. 14. 15. 31. 35. 109. 300: 178.562 B D. 302.
14.8339

Becker, Wilh. Ado., Charikles, Bilder altgriech. Sitte. Zur genau. Kenntniss d. griech. Privatlebens. 2 Thle. M. 5 lith. Taf. gr. 8. (65 3/4 B.) Leipzig 840, Fr. Fleischer.

Becker, Wilh. Adph., Charikles. Bilder altgriechischer Sitte, zur genaueren Kenntniss des griechischen Privatlebens entworfen; in 2. Aufl. bericht. u. mit Zusätzen versehen von Karl Friedr. Hermann. 3 Bde. Leipzig 854. Fr. Fleischer. gr. 8. (XXIII, 368; 2 Bl., 307; 2 Bl., 345 S.) 5 ℛ︁ 15 ngr

— — Neu bearb. von Hermann Göll. Bd 1-3. Berlin 1877-78. 8° (Calvary's philologische u. archaeologische Bibliothek. Ser. 3. Bd 34/42.)
In einigen Exemplaren fehlt d. Titel d. Sammlung.
1:Va 1510-34/42. 2. 3. 5. 6. 7. 10. 11. 15. 16. 17. 19→24. 26. 30. 31. 36. 39. 41. 46. 52. 62. 82. 109. 180. 211. 300:154.836-B. 302→304.
14.8342

Becker, W. A., Charikles, s. a. Calvary's philologische und archaeologische Bibliothek.

— Elegia Romana, s. Elegia.

— De comicis Romanorum Fabulis maxime Plautinis quaestiones. — Lipsiae: Fleischer 1837. 110 S. 8°
1:We 3500. 2. 5. 7. 8. 10. 11. 12:Philol. 18f [2 Ex.] 14. 15. 25. 27. 30.
14.8348

—— Gallus, od. röm. Scenen aus d. Zeit Augusts. Zur Erläuter. d. wesentlichsten Gegenstände a. d. häusl. Leben d. Römer. 2 Thle. M. 5 Stnt. (incl. 1 col.) gr. 8. (42 1/2 B.) Leipzig 838, Fr. Fleischer.

Becker, Wilh. Adph., Gallus od. Römische Scenen aus der Zeit Augusts. Zur genauen Kenntniss d. Röm. Privatlebens. 2. sehr verm. u. bericht. Ausg. v. Wilh. Rein. 3 Thle. Mit 2 lith. Taf. (in Fol. wovon 1 in Farbendr.) u. 26 eingedr. Holzschn. gr. 8. (1. Thl. XXIV u. 215 S. 2. Thl. VI u. 338 S. 3. Thl. VI u. 316 S.) Leipzig 849, Fr. Fleischer. 5 1/2 ℛ︁

Becker, Wilh. Adph., Gallus oder römische Scenen aus der Zeit Augusts. Zur genaueren Kenntniss des röm. Privatlebens. 3 Thle. 3. bericht. und abermals sehr verm. Ausg. von Wilh. Rein. Mit 2 lith. Taf. (in Fol.) u. 27 eingedr. Holzschn. Leipzig 863. Fr. Fleischer. gr. 8. (XXXIX, 1030 S.) 5 ℛ︁ 15 ngr

Becker, Wilh. Adph., Gallus oder römische Scenen aus der Zeit Augusts. Zur genaueren Kenntniss des röm. Privatlebens. Neu bearb. von Herm. Göll. 3 Thle. 8. Berlin, Calvary und Comp. [1. Thl. (XIV, 232 S.) 880. *M 4.; 2. Thl. (VIII, 462 S. mit 7 eingedr. Holzschn.) 881. *M 6.; 3. Thl. (VI, 569 S. mit 10 eingedr. Holzschn.) 882. *M 8.] *

Becker, Wilh. Adph., Gallus od. römische Scenen aus der Zeit Augusts. Neu bearb. v. Herm. Göll. 8. (112 S.) Berlin 883. Calvary & Co. n. 2 40; geb. n.n. 3. —

— dasselbe. s.: Calvary's philologische u. archaeologische Bibliothek.

Becker, Wilh. Adolph, Handbuch der röm. Alterthümer nach d. Quellen bearb. 1. u. 2. Thl. (3 Abthlgn.) gr. 8. Leipzig, Weidmann'sche Buchh. [1. (46 1/8 B., 1 vergl. Plan d. Stadt u. 4 Taf.) 843. 3 Thlr. 15 Ngr., 2. 1. Abthl. (27 1/4 B.) 44. 2 Thlr., 2. Abthl. (29 1/4 B.) 46. 2 Thlr. 15 Ngr.]

—— Handbuch der römischen Alterthümer nach den Quellen bearb. Fortgesetzt von Joach. Marquardt. II. Theil 3. Abthl. und III. Theil 1. Abthl. gr. 8. Leipzig, Weidmann'sche Buchh. [II. 3. (VI und 308 S.) 849. 1 Thlr. 15 Ngr., III. 1. (VI und 388 S.) 851. 2 Thlr.]
Vgl. 10. Bd. 1. Abthl. S. 65.

— Handbuch der Römischen Alterthümer nach den Quellen bearbeitet. Fortgesetzt von Joach. Marquardt. 3. Thl. 2. Abth. Mit 2 Kpfrtaf. (in qu. Fol.) 853. (VI, 480 S.) 2 ℛ︁ 22 1/2 ngr. — 4. Thl. Leipzig 856. Hirzel. gr. 8. (VIII, 569 S.) 2 ℛ︁ 22 1/2 ngr 5 ℛ︁ 15 ngr
4. Thl. S. 473 — Ende (die Spiele) bearb. von L. Friedländer.

—— Handbuch der römischen Alterthümer nach den Quellen bearb. Fortgesetzt von Joach. Marquardt. 5. Thl. 2 Abthlgn.: Römische Privatalterthümer von J. Marquardt. gr. 8. Leipzig 864, 67, Hirzel. [1. Abthl. (VIII und 384 S. mit eingedr. Holzschn. und 2 Stnt.) 2 Thlr., 2. Abthl. (VIII und 456 S. mit 4 Stnt.) 2 Thlr. 22 1/2 Ngr.
1.—4. Thl. und Nachtrag von Marquardt. Ebendas. 1843—56. * 17 Thlr. 10 Ngr.

Becker, Wilh. Adph., Handbuch der römischen Alterthümer nach den Quellen bearb. Fortgesetzt von Joach. Marquardt. 5. Thl. 2. Abth. Leipzig 868. Hirzel. gr. 8. (VIII, 456 S.) 2 ℛ︁ 22 1/2 ngr
Inhalt: Römische Privatalterthümer von J. Marquardt. 2. Abth. Mit 4 lith. Taff.

— — De Romae veteris muris atque portis. Diss. topographica. Lpz. (Breitkopf & Härtel) 5. XI. 1842. 132 S. (5.—) 1730

— De Romae veteris Muris atque portis. — Lipsiae: Weidmann 1842. 130 S. 8°
Zugleich Univ.-Schrift. Leipzig 1842.
5. 6. 7. 9. 11. 12:H. ant. 36h. 14. 18. 24. 27. 28. 39. 46. 48. 52. 53. 62. 300:80 V 7.
14.8353

— — Ebd. 1842. 132 S. 8° 32. 34. 43. 45.
14.8354

— Die römische Topographie in Rom. Eine Warnung. — Leipzig: Weidmann 1844. 59 S. 8° (Becker: Handbuch d. römischen Alterthümer. Beil. zu Th. 1.)
1:Rr 5211. 2. 4→8. 10. 12:Arch. 4 r. 14→19. 21. 23→30. 32. 34. 35. 38. 43. 48. 52. 53. 83. 106. 300:11.051-B. 302→304. 308.
14.8355

— Zur römischen Topographie. Antwort an Herrn Urlichs. Leipzig: Weidmann 1845. 102 S. 8°
1:Rr 5218. 4→8. 10. 12:Arch. 4 ra. 14→21. 23. 24. 25. 27. 29. 32. 34. 36. 43. 48. 53. 83. 106. 300: an 11.051-B. 303.
14.8356

— Der Symbolik Triumph. 4 Briefe. — Zerbst: Kummer 1825. IV, 50 S. 8° 1:Qb 2122. 5. 12:Ant. 393a-1/2. 15. 16. 19. 21. 24. 26. 111.
14.8357

Becker, (W. A.) der Symbolik Triumph. 4 Briefe, gr. 8. Zerbst 826, Kummer.

Becker, Wilhelm Adolf
— Verzeichniß der von den Herren M. Wilh. Adolph Becker und Pastor Dr. C. C. Fr. Siegel in Leipzig hinterlassenen Bibliotheken. [Auktionskat.] — (Leipzig [1847]: Breitkopf & Härtel.) 224 S. 8° 12:Cat. 36um. 14. 15.
14.8358

Becker, Wilhelm Augustin, s. Becker, Wilhelm

Becker, Wilhelm Gottfried s. *Becker*, Gottfried Wilhelm.

Becker, Wilhelm Gottlieb
Becker, W. G., s. Almanach und Taschenbuch zum geselligen Vergnügen.

— Amasis. Eine Begebenheit aus d. Vorwelt. Nach Saint-Pierre. — Görlitz: Anton 1800. VIII, 244 S. 8°
1:Xy 6585. 19.
14.8359

Becker, Wlh. Gli., Amasis; e. Begebenheit aus d. Vorwelt, nach St. Pierre. 8. Görlitz 800. Anton in Halle. 22 gr Wolfmar in Leipz. 6 gr

Becker, Wlh. Gtl., († d. 3. Juni 1813.) Dresdens Augusteum, s.a. Augusteum.

— Augusteum. Dresden's antike Denkmäler enthaltend. Bd 1-3 [nebst] Suppl.H. — Leipzig: Hempel in Comm. [u.a.] 1804-37. 8° [u.] 2°
1. 1804. 2.3. Dresden: Verf.; Leipzig: Gleditsch in Comm. 1808-11. Suppl. H. Becker, Wilhelm Adolf: Berichtigungen und Nachträge zu Beckers Augusteum. Leipzig: Brockhaus 1837.
In einigen Bibliotheken sind d. Tafeln d. Hauptwerks u. d. Supplements gesondert gebunden.
Vollst. . . . . 5. 7. 14. 15. 31. 35. 109. 300: 178.562-B-D. 302.
1-3 . . . . 1: 2° Ns 5486. 12: 2° Arch. 35.
14.8360

Becker, W. G., Augusteum. Dresdens antike Denkmäler enth. 1—13 Hefte. Folio. Ist Verl. v. Steinacker u. Wagner. I

Becker, Wilh. Gtll., Augusteum, Dresdens antike Denkmäler enthalt. 2. Aufl. Besorgt u. durch Nachträge verm. v. Wilh. Ad. Becker. 13. u. 14. (letzt.) Hft. Taf. CXLIII—CLXII. (Kpfr.- u. Stnst. gr. Fol.) u. Text. Bog. 23—29. (Schluss.) gr. 8. Leipzig 837, (Brockhaus.) * Thlr.
1—12. Hft. Ebendas. 1832—34. * 22 Thlr. 18 Gr. — Jetzt (1842) Frankf. a. M., St.-Goar. Hrbgs. Pr. vollständig * 20 Thlr.
Vgl. Bekker.

— — [franz.] Augusteum ou description des monumens antiques qui se trouvent à Dresde. T. 1-3. — Leipzig: Hempel en comm. [usw.] (2.3: Leipzig: Auteur; Gleditsch en comm. [usw.]) 1804-11. 2° 2. 14. 21. 28. 39. 41. 52.
14.8362

Becker, Wilhelm Gottlieb (Hrsg.), s. Bardon, Dandre: Costüme der ältesten Völker.

— Vermischte Blätter. Bd 1. — Dresden: Walther 1790. 356 S. 8° 7. 14.
14.8363

— Charaktere und Costümes aus d. Darstellungen d. kurf. Sächs. Hofschauspieler-Gesellschaft, nach d. Leben gez. u. gest. u. color. von Schröter u. Oelsner. 2 Hefte. Fol. Mit 12 color. Kpf. Leipz. 804. Hinrichs 6 rß

Becker, W. G., Charakterzüge, Anecdoten ꝛc. russischer Krieger aus dem Leben aufgegriffen. 8. Leipzig, Joachim. 814.

— Darstellungen. 3 Bde. Mit Kpf. 8. Leipz. 795—99. Voß 4 rß

— Darstellungen. Bdch. 1-3. — Leipzig: Voß 1798-99. 8°
1: Yw 4838. 12: P. o. germ. 86f. 14. 17. 19. 24. 117.
14.8364

Becker, Wilh. Gottl. (Hrsg.), s. Ephemeriden der Menschheit, oder Bibliothek der Sittenlehre und der Politik.

— [Übers.] s. *Erasmus*, Desiderius: Lob der Narrheit [Moriae Encomium, deutsch]. 1780 u.ö.

— Erholungen von 1796—1810, der Jahrg. zu 4 Bdchen. 8. Leipz., (Brockhaus). 15 rß

— Erholungen, v. 1796—810. der Jahrg. zu 4 Bdch. 8. Leipz. Gleditsch. (à 1 Thlr.)

— neue Erholungen. Jahrg. 1808—10, oder 1r—12r Bd. 8. Leipz., (Brockhaus). 3 rß

— Erholungen, neue, Jahrg. 1808—10. od. 1r bis 12r Bd. 8. Leipz. Gleditsch. (à 1 Thlr.)

— [Übers.] s. Die Erscheinung, oder Begebenheiten des Neocles. 1779

— Erzählungen. Bdch. 1-4. — Leipzig: Hartknoch 1813-15. 8° 7[= 4]. 11. 17[= 3]. 19. 33.
14.8365

— — Bd 1-5. Wien: Lechner 1828. 8°
1. Die Bestimmung. Der Graf von St. Martin. Die hohe Liebe. Die Großmutter.
2. Der Maler. Die Reise nach Paris. Die seltenen Opfer.
3. Die Brautwerbung. Der Ruf in d. Stadt. Die Angebinde.
4. Der Schutzgeist d. Liebe. Das Madonnenbild. Die Geschwister.
5. Die Kirmse zu Wallendorf. Die Erbin von Bellenz. Rettung durch Rettung. Der Fund.
44[= 4.5]. 300: •43 Bb 272. 307.
14.8366

— Neue Garten- und Landschafts-Gebäude. Lfg 1-4. — Leipzig: Voss 1798-99. 2° 14. 17. 18. 39. 300: 7320.
14.8367

[—] Gedichte an Elisen. — Leipzig: Crusius 1775. 45 S. 8°
1: Ym 1391. 7. 11. 12. P. o. germ. 6/2. 15. 18. 111. 117. 300: 522.371-A.
14.8368

Becker, Wilhelm Gottlieb s.a. Gedichte an Elisen.

— s. Girardin, d. Verschönerung.

— Guirlanden. 4 Bde. Mit 4 Kpf. 8. Leipz. 811—13. (Brockhaus). 6 rß

— Guirlanden. 4 Bde. 8. Leipz. Gleditsch. 811—13. (à 1 Rthlr. 12 gr.)

— Der Plauische Grund bei Dresden, mit Hinsicht auf Naturgeschichte u. schöne Gartenkunst. (Mitarb.: Andreas Tauber.) — Nürnberg: Frauenholz 1799. XII, 128, 120 S. 4°
Darin außerdem:
1. Tauber, Andreas: Mineralogische Beschreibung des Plauischen Grundes bis Tharand.
2. Pursch, Friedrich Traugott: Verzeichnis der im Plauischen Grunde und den zunächst angrenzenden Gegenden wildwachsenden Pflanzen.
3. Block, Ludwig Heinrich Frhr v.: Verzeichnis der merkwürdigsten Insecten, welche im Plauischen Grunde gefunden werden.
1: 2° Sr 6684. 3. 7. 12: 2° Germ. sp. 10m. 14. 15. 17. 18. 19. 23. 30. 32. 34. 35. 39. 48. 75. 78. 106. 117. 202. 300: 179.163-D.
14.8369

— vom Costume an Denkmälern. 8. Leipz. 776. (Centr.-Compt.) 6 gr.

(—) Vom Costume [Kostüm] an Denkmälern. — Leipzig: J.C. Müller 1776. 80 S. 8° 1: Nu 1754. 7. 12: Art. 59. 14. 15. 23. 31. 32. 39. 53. 111. 117. 300: 31.211-A. 302.
14.8370

— s. Das Liebesgrab. Ein Schauspiel mit Gesang. 1779

— s. v. Ligne, Gärten zu Belveil.

Becker, Wilhelm Gottlieb (Hrsg.), s. Litteratur und Kunst.

Becker, Wilh. Gottlieb (Hrsg.), s. Magazin der neueren französichen Literatur.

— Magazin d. neuern französ. Literatur. 12 Stcke. gr. 8. Leipz. 780—81. Breitkopf u. H. 3 rß

— s. Marmontels Leben.

— s. Monatsschrift für Damen.

— Zweihundert seltene Münzen des Mittelalters in genauen Abbildungen mit historischen Erl. hrsg. — Dresden: Walther in Comm. 1813. 102 S., 7 Taf. 4°
1: 4° Pl 402. 2. 3. 4. 7. 12: 4° Num. rec. 8m. 14→17. 19. 20. 21. 24. 28. 30. 32→35. 39. 42. 45. 48. 53. 78. 117. 121. 300: 23 G 35.
14.8371

— 200 seltene Münzen d. Mittelalters in genauen Abbildungen, mit histor. Erläuterungen. gr. 4. Leipzig, Steinacker. (in Comm.) 813.

— [Hrsg.] s. *Muse*, Die. 1776 [Zeitschriften].

Becker, W. G., die drei Pächter, ein ländl. Schspl. mit Gesang. Nach d. Französ. des Monvel. 8. Gotha 779. Ettinger. 5 gr.

Becker, Wilhelm Gottlieb
— **Das Seifersdorfer Thal [Tal]. — Leipzig: Voß & Leo [usw.] 1792. 176 S., 40 Taf. 8°**
1: Sr 10840. 14. 15. 17. 24. 28. 32. 106. 117. 302.
14.8372

— d. Seifersdorf'er Thal. 4 Hefte. Mit 40 Kpft. gr. 4. Leipz. 792, 93. 2e Aufl. 800. Voß 5 rℓ

— d. Seifersdorfer Thal. 4 Hfte. Mit 40 Kpf. gr. 4. Leipzig, 1793—94. 2. Aufl. 1799. Voss. 5. —

— — 2. Aufl. Leipzig: Voß 1800. 36 S., 40 Taf. 4°
1: 4° Sr 10841. 24. 32. 43. 44. 117. 211. 300: 53.717–C.
14.8373

— [Hrsg.]
s. *Taschenbuch* für Gartenfreunde. 1795 ff. [Zeitschriften].

— [Hrsg.] s. *Taschenbuch* (und Almanach) zum geselligen Vergnügen. 1791 ff. [Zeitschriften].

— [Übers.]
s. *Vernet*, Jacob: Die unglücklichen Folgen der Modephilosophie [Confidence philosophique, deutsch]. 1778.

— Ueber Wasern und seinen Prozeß an Herrn Canonicus Gleim nebst Herrn Prof. Schlözers Zerstreuten Anmerkungen darüber. — Franckfurt a. M. 1782. 101 S. 8°
1: an Av 21426. 2. 5. 8. 12: Biogr. 1235 th. 19. 25. 32. 61. 300: 40.582–A.
14.8374

— — über Wasern u. seinen Prozeß, an Herrn Kanonicus Gleim, nebst Hrn. Prof. Schlözer's Anmerkungen darüber. 8. Frankf. a. M., Streng. 782.

s.a. Wasern, über.

Becker, Wilhelm Gottlieb
— Der Wiedererzähler. Bd 1. — Dresden: Gerlach 1804. 313 S. 8° 14.
14.8375

— der Wiedererzähler. 8. Dresd. 804. N. A. Leipz. 811 u. 21. (W. Nauck). 1 ℔ 6 gr

— Wiedererzähler. 8. Leipz. Sommer. 804.

— Wiedererzähler f. Freunde d. Unterhaltung. 8. Leipz. Sommer. 811. Rthlr.

— — Der Wiedererzähler. Eine Sammlung interessanter Unterhaltungen. Neue Ausg. — Leipzig: Sommer 1821. 313 S. 8° 19.
14.8376

Becker, Wilhelm Gottlob Ernst: Ueber die Flötzgebirge im südlichen Polen, besonders in Hinsicht auf Steinsalz und Soole. — Freyberg: Craz & Gerlach in Comm. 1830. XVI, 160 S. 8° 1: Mn 15845. 5. 7. 8. 12: Lith. 34 f. 15. 17. 21. 31. 43. 90. 300: • 44 J 86.
14.8377

— Journal einer bergmännischen Reise durch Ungarn und Siebenbürgen. Th. 1.2. — Freyberg: Craz & Gerlach 1815–16. 8° 1: Ot 6810. 2. 4. 7. 14. 17. 19. 31. 61. 300: 75 J 16. 302. 305.
14.8378

Becker, Wilhelm Karl: Der Nietzschekultus. Ein Kapitel aus d. Geschichte d. Verirrungen d. menschlichen Geistes. — Leipzig: Lipinski 1908. 140 S. 8°
1: Nm 23790/180. 10. 12: Ph. Pr. 110 d. 14. 30. 33. 208. 300: 462.506–B. 302.
14.8380

Das Recht zu lieben. Schauspiel in 3 Aufz. Von Wilhelm Carl Becker. Leipzig: Lipinski in Komm. [1909]. 98 S. 8°
(Mehrakter. Nr 4.) [11. 13551

Becker, W. C. Der Völkerfriede. Betrachtungen über die gegenwärtigen internationalen politischen Zustände der Kulturstaaten und Ideen hinsichtlich der zukünftigen Gestaltung derselben. Gr. in-8°. XVI, 248 S. Zürich, Verlags-Magazin (J. Schabelitz). **1892** — —

— 'Patriotismus' contra Civilisation! Der Völkerfriede. Betrachtungen über d. gegenwärtigen internationalen politischen Zustände d. Kulturstaaten u. Ideen hinsichtlich d. zukünftigen Gestaltung derselben. — Zürich: Verlags-Magazin 1893. XV, 247 S. 8°
7. 12: J. publ. E. 37 fs. 19. 106. 203. 208. 302.
14.8381

Becker, Wilh. Mart., das erste halbe Jahrhundert d. hessendarmstädt. Landes-Universität, s. a. Giessen, die Universität, von 1607—1907.

— Das erste halbe Jahrhundert der Hessen-Darmstädtischen Landesuniversität. — Gießen: Töpelmann 1907. VIII, 364 S. 4°
Aus: Die Universität Gießen von 1607-1907. 1907.
4. 15. 17. 30. 34. 36. 43. 160.
14.8383

Becker, Wilhelm Martin
Becker, Wilhelm, aus Gernsheim am Rhein: **Die Initiative bei der Stiftung des Rheinischen Bundes** 1254. *Giessen 1899: r. Münchow.* (86 S.) 8° ¶ (Gekr. Preisschr.)
Giessen, Phil. Diss. v. 1899

Becker, Wilh. Mart., die Initiative bei der Stiftung des Rheinischen Bundes 1254. gr. 8. (IV, 86 S.) Giessen 899. (J. Ricker.) n. 1. 60

Becker, William: Heilung und Linderung aller veralteter, langjähriger Krankheiten des menschlichen Körpers durch die ... Naturheilmethode. 160. Aufl. — (Braunschweig [1886]: Sievers.) 16 S. 8° 12: Path. 105 mk.
14.8387

Becker, Willy, die practische Arbitrage. Die gesetzl. Bestimmungen und allgemeinen Platz-Usancen sämmtl. Börsen, sowie vergleich. Zusammenstellung der Berechnungsweise aller Arbitragewerthe. 8. (VI, 181 S.) Berlin 876, Springer. geb. *

Becker, Willy, Köln. 1906: Neues Deklamatorium. Vom Guten das Beste. — Köln a. Rh.: Hoursch & Bechstedt (1906). X, 229 S. 8° 18.
14.8389

— — 2., unveränd. Aufl. Ebd. [1907]. X, 229 S. 8°
Spätere Aufl. s. *Becker:* Neues Vortragsbuch. Bd 1. 1908 u. ö.
1: Yf 5930/308²–1. 5. 62.
14.8390

Becker, Willy: Das Poetische in den biblischen Darstellungen Rembrandts. Ein Ergänzungskapitel zu Lessings Untersuchungen über die Grenzen der Malerei und Poesie. Leipzig [1909]: Klinkhardt. 162 S. 8° ¶ (Ersch. auch u. d. T.: Rembrandt als Dichter, als: Bücher d. Kunst. Bd 4.)
Leipzig, Phil. Diss. v. 13. Juli 1909, Ref. Schmarsow, Volkelt
[Geb. 21. April 81 Erfurt; Wohnort: Erfurt; Staatsangeh.: Preußen; Vorbildung: Realgymn. Erfurt Reife O. 01; Studium: Göttingen 1, München 1, Leipzig 8 S.; Rig. 17. Dez. 08.] [U 09. 2922

Becker, Willy, Dr. phil., geb. 1881. **1909: Rembrandt als Dichter. Eine Untersuchung über d. Poetische in d. biblischen Darstellungen Rembrandts. — Leipzig: Klinkhardt & Biermann 1909. X, 162 S., 20 Taf. 8° (Bücher d. Kunst. 4.)**
Erschien auch als Diss. u. d. T.: Becker: Das Poetische in den biblischen Darstellungen Rembrandts. Leipzig 1909.
1: Nt 7014/171–4. 11. 12: Art. 45c–4 [2 Ex.] 14. 15. 21. 27. 30. 31. 33. 38. 43. 48. 300: 466.035–B. Ks. 302.
14.8404

— Von den Kleinen für die Großen. Ernst u. Scherz aus d. Kinderleben. Zum Vortragen. — Köln: Hoursch & Bechstedt [1909]. XII, 156 S. 8°
Spätere Aufl. s. *Becker:* Neues Vortragsbuch. Bd 3. 1912 u. ö.
1: Yf 5930/580. 5. 9. 14. 38.
14.8391

Becker, Willy
— Neues Vortragsbuch. Vom Guten das Beste. 3., verm. Aufl. [1.]— Köln: Hoursch & Bechstedt 1908. XII,247 S. 8°
Frühere Aufl. s. *Becker:* Neues Deklamatorium. 1906 u. 5.
1:Yf 5930/308³-1. 5. 9. 24. 38.
14.8392

— — 4. u. 5., unveränd. Aufl. [1.] Ebd. 1909. 254 S. 8° 9.
14.8393

Becker, Willy: Neues Vortragsb. Vom Guten d. Beste. 1—3. Bd. 22,5×12,5 cm. Köln, Hoursch & B. '12. jo 2 — L jo 3 — d
1. Ernstes u. Heiteres. 7. u. 8. Afl. (256) ‖ 2. Dass. N. F. Mit Orig.-Beiträgen. (10, 250) ‖ 3. Kindermund. Ernst u. Scherz a. d. Kinderleben z. Vortragen f. Erwachsene. 2. Afl. v. „Von d. Kleinen f. d. Grossen". (12, 188)

Becker-Becker, J., s. Bericht über Gruppe 22 der schweizerischen Landesausstellung Zürich 1883: Maschinen-Industrie.

Becker-Becker, Julius: Die Schirmhäuser des Schweizerischen Alpenclubs.— Glarus 1892: Buchdr. Glarus. 54 S., 16 Taf. quer-8° 25. 43.
14.8406

Becker-Emmerling, Luise, Puppenmöbel,
— Farb. Vorlagen f. Möbel-Dekoration in Brandmalerei,
} s.: Vorlagen f. Brandmalerei.

— Vorlagen f. Lederschnitt u. Brandmalerei. 1. u. 2. Hft. (Tondr.) Leipzig 898. E. Haberland. n. 3. 50.
1. gr. Fol. (4 Bl.) n. 2. —; einz. Blätter n. — 60
2. Fol. (6 Bl.) n. 1. 50; einz. Blätter n. — 30

Becker-Hagen, Wilhelm s. *Becker,* Wilhelm. 1907.

Becker-Heyer, Album berühmter Pferde. Heliograv. nach Originalen. Imp.-Fol. (11 Bl.) Berlin (900). II. Preiss. In Leinw.-Mappe 75 —; einzelne Blatt 10.—

Becker-Kiel, Wilhelm, s. Becker, Wilhelm

**Becker-Laurich, Fr.* Die wirtschaftlichen Unternehmungsformen in ihrer Anwendbarkeit auf das Versicherungswesen. D. Jena 1883.

Becker-Laurich, Karl Franz: Beobachtungen über die Blatterepidemie im Sommer 1871. — Altenburg: Pierer 1871. 39 S. 8° 10. 11. 12: Path. 105 mo. 15. 46. 53.
14.8431

Becker-Laurich, C., die jodhaltige Eisenquelle zu Ronneburg im Herzogth. Sachsen-Altenburg und die damit verbundenen Heilanstalten. Ein balneolog. Versuch. 8. (VIII und 72 S. mit 1 Stnt. in qu. 4.) Ronneburg 852, Hofmeister. *

Becker-Laurich, C (F), d. jodhalt. Eisenquelle zu Ronneburg. 8. (72) Ronneb. 52, Schöntag. *n.* — 10

— Die ersten zehn Jahre des Vereins der osterländischen Aerzte. — (Ronneburg 1862: Theuerkauf.) 31 S. 8° 15.
14.8433

— Nachrichten vom Mineralbad zu Ronneburg. (3: Zur Feier d. 100jährigen Bestehens d. Anstalt.) H. 1-3. — Ronneburg: Hofmeister (2: Ronneburg: Herzogl. Brunneninspection; 3: Altenburg: Bonde) 1857-66. 8°
12[∞2.3]: M. med. 92ec. 14[∞2.3]. 15. 53.
14.8434

Becker-Lemke, Rudolf: Skizzen in Versen. — Berlin: Schuhr [1904]. 30 S. 8° 1:Yo 30014. 101. 109.
14.8435

Becker von Lichtenström, G.T., s. Becker, Gotthelf Theodor

Becker v. der Oese, Wilh., humoristische Welt-Anschauung mit Einschluß einiger Sylvestergedanken. 16. (32 S.) Hannover 875. (Breslau, Aderholz' Buchh.) *

Becker von der Oese, Wilhelm: Humoristische Welt-Anschauung mit Einschluß einiger Sylvestergedanken. — Hannover: Selbstverl. 1875. 32 S. 8°
1:Yo 15060. 2. 7. 9. 10. 19. 25. 26.
14.8450

Becker-Rössing, Aug., dennoch — ich wag's! 1. Sammlg. Gelegenheitsgedichte. 12. (86 S.) Leipzig 901. M. Ruhl. n. 1. —; geb. n. 1. 60

Becker-Tempelburg: Kinderstudien f. Künstler, s: Becker, Fritz Adf.

Becker & Ulmann: Die Becker'schen Patent-Koch-Apparate. Berlin (1889?)

Beckerath, Herm. v., der Reichsfinanzminister d. J. 1848, s. Siebourg, Max.

Beckerath, Heinrich Leonhard v.: Aufzeichnungen und Erinnerungen. Nebst Anh. — Krefeld: Hohn 1905. 123 S. 8° Nebent.: Cracau. 1:Th 3763. 5. 38.
14.8457

— Stammbaum von Beckerath nebst Descendenz zsgest von Heinrich Leonhard v. Beckerath. Bd [1.] 2. — Krefeld 1903-36: Kramer & Baum (2: Gippers). 4°
2. Familie von Beckerath, hrsg. von Oskar v. Beckerath. 1936.
1:4° S 2508. 5. 12 [∞1]: 4° 37/298. 38 [∞2]. 61 [∞1]. 101 [∞1]
14.8458

Beckerath, Hermann v.: An die Wähler des Wahlbezirkes Crefeld zur deutschen National-Versammlung. (Verf.: Hermann v. Beckerath.) — (Köln 1848: Du Mont-Schauberg.) 4 S. 8° 1:27 in 4° Rz 9355.
14.8468

Beckerath, Mor. v., die Zwickelfiguren im Lichthof der königl. Technischen Hochschule zu Berlin, darstellend die verschiedenen Disciplinen. Fol. (15 Lichtdr.- und 1 chromolithogr. Taf. mit 1 Bl. Text.) Berlin 885, Wasmuth. In Mappe *

Beckerath, Richard v.: Die Duell-Angelegenheit Freiherr v. Erhardt und F. v. Kamptz gegen Referendar Dr. iur. Ewers vor dem Düsseldorfer Ehrengericht. — Stuttgart: Lutz 1896. 48 S. 8° (Die Düsseldorfer Ehrenhändel. 2.)
5. 24. 38. 60. 61. 203.
14.8475

Beckerhinn, Carl, Beiträge zur Kenntniss des Nitroglycerin und der wichtigsten Nitroglycerinpräparate. 1. und 2. Mittheilung. Lex.-8. (12; 14 S.) Wien 876, (Gerold's Sohn.) à ** 30 Pf. **
Aus: Sitzungsberichte der k. Akademie der Wissenschaften, ,besonders abgedruckt.

Beckerhinn, Karl: Die Feld-Artillerie Oesterreichs, Deutschlands, Englands, Russlands, Italiens und Frankreichs in Bezug auf ihre Bewaffnung, Ausrüstung, Organisation und Leistungsfähigkeit. — Wien: Seidel 1879. VII,136 S. 8° 1:Hw 43480. 10. 17. 33. 45. 201. 209. 300:181.978-B. 302. 304.
14.8477

— — 2., durchges. Aufl. Ebd. 1879. IX,136 S. 8° 24. 308.
14.8478

Beckerhinn, Carl, die Gebirgsartillerie in den europäischen Armeen in Bezug auf ihre Bewaffnung, Ausrüstung und Organisation. gr. 8. (VI, 109 S. mit 11 lithogr. Taf.) Wien 883, Seidel und Sohn. *

[—] Gedanken über die zukünftige Organisation unserer Feld-Artillerie. — Wien: Seidel 1890. 50 S. 8°
300:121.243-B. 302.
14.8480

— Kurzes Handbuch der theoretischen Chemie. — Wien: Verf.; Seidel in Comm. 1877. 184 S. 8°
84. 300:183.305-B.
14.8481

— Kurzes Handbuch der mechanischen Technologie mit bes. Berücks. der österreichischen Waffen-Fabrikation. [Nebst] Atlas. — Wien: Verf.; Seidel in Komm. 1877. 8° [u.] quer-4°
88. 201. 300:128.147-B-C. 302[∞Atlas]. 308.
14.8482

— Lehrbuch der Chemie für die k. k. Infanterie- und Kavallerie-Kadeten-Schulen. — Wien: Seidel 1878. VI,112 S. 8°
300:171.284-B. 302. 308.
14.8483

Beckerhinn, Carl, über das Monoacetrosanilin. Lex.-8. (7 S.) Wien 870, (Gerold's Sohn.) *

— **Die conservirten Nahrungsmittel und deren Werth für die Verpflegung operirender Armeen. — o. O. [1875]. 66 S. 8°**
Aus: Organ d. militär-wissenschaftlichen Vereins. 14. 1877.
202. 209.
14.8484

— **Ueber das Nitroglycerin und die Schiessbaumwolle in chemischer und chemisch-technischer Beziehung. Vortrag. — Wien 1871. 27 S. 8°**
Aus: Organ d. Wiener militär-wissenschaftlichen Vereins. 3. 1871.
300:63.599-B. 302.
14.8485

— Notiz üb. das Verhalten einiger Nitroverbindungen unter Einwirkung d. Ozons. [Aus d. Sitzungsber. d. k. Akad. d. Wiss.] Lex.-8. (2 S.) Ebend. 870. — 15

— **Die Ursachen der Entstehung und Verbreitung epidemischer Krankheiten und die Schutzmittel gegen dieselben. — Wien [1872]. 31 S. 8°**
Aus: Organ d. Wiener militär-wissenschaftlichen Vereins. 5. 1872.
300:156.773-B. 302.
14.8486

Beckerhoff, *Eduard Wilhelm* Heinrich [aus Hamm i. W.]: Über den Verlauf der Reaction von gewöhnlichem und tertiärem Amylalkohol und Chlorzink auf Phenol und Anilin. Beiträge z. Kenntnis d. Amylbenzole ... Bonn, Univ.-Buchdr. v. C. Georgi, 1896; 39 S. 8.
97. Bonn, Phil. Fak., Inaug.-Diss. v. 27. Nov. 1896

Beckerin, d. schöne, mit. e. Apologie. 8. Dessau, Gelehrten-Buchhdl. 781.

Beckerin, Maria Susanna s. *Becker*.

Beckering, Gustav, approb. Arzt aus Sögel i. H.: Die Fälle von Wendung nach Braxton-Hicks bei Placenta praevia in der Münchener Frauenklinik. *München 1904: Kastner & Callwey*. (35 S.) 8°
München, Med. Diss. v. 1904

Beckering, Heinrich [app. Arzt aus Sögel in Hannover]: Zur Casuistik der Pericarditis, speziell d. hämorrhagischen Form ... München, Druck v. V. Höfling, 1893; 28 S. 8.
93. München, Med. Fak., Inaug.-Diss. v. 1893

BECKERLE, Peter (Stotten): Das Haus vom hygienischen Standpunkte aus betrachtet.- Kirchheimbolanden: Thieme 1867. 42 S.
27.7.1866 - Urk (Titel: De domiciliorum salubritate.); F 71 Diss. Ingolst-Landsh.-Mchn.

Beckern, Daniel s. *Beckher*.

Beckerordnung

Anderweitige revidierte Becker-Ordnung, wie auch Semmel- und Brodt-Calculation, wonach in hiesigen Residentzien hinkünftig die Semmel und das Brodt gebacken ... werden soll. Anno 1721. — Berlin 1721: Lorentz. 21 S. 8° **2.**
9.7227

Der Kayserlichen und Königlichen Stadt Breslau neu-umbgefertigte und verbesserte Becker-Ordnung. — Ebd. 1701. 4 Bl. 4° **2. 18. 27. 41. 300:13.963-C.**
9.7231

Beckers, A.: Das Gesammte der Färberei und Druckerei mit Anilin-Farbstoffen auf Wolle, Baumwolle und Seide. [Nebst] Suppl. — Berlin: Grieben 1864-[67]. 8°
1: Hauptwerk-Op 7640; Suppl.-Op 7642. 11. 15 [Suppl.] 83 [**Suppl.] 89 [**Suppl.] 91 [**Suppl.]**
14.8487

Beckers, A., das Gesammte der Färberei und Druckerei mit Anilin-Farbstoffen auf Wolle, Baumwolle und Seide. 1. Aufl. 1863,64. und 2. Aufl. gr. 8. (220 S. mit 72 gefärbten Stoffmuster-Proben.) Berlin 865, Th. Grieben. *
Die 1. und 2. Aufl. sind auch in 8 Lfgn. erschienen.

— — **Anilin-Färberei. Das Gesammte d. Färberei u. Druckerei mit Anilin-Farbstoffen auf Wolle, Baumwolle u. Seide. 3., verm. Aufl. — Ebd. 1867. 268 S. 8° 20. 88. 89.**
14.8488

— — **Anilin-Färberei. Das Gesammte d. Färberei u. Druckerei mit Kohlentheer-Farbstoffen auf Wolle, Baumwolle u. Seide. Neu bearb. u. ... fortgeführt von M. Reimann. 4., verm. Aufl. — Ebd. 1870. VII,237 S., 12 Taf. 8° 91. 305.**
14.8489

Beckers, A., Anilin-Färberei. Das Gesammte der Färberei und Druckerei mit Kohlentheerfarbstoffen auf Wolle, Baumwolle und Seide. Nach dem Tode des Verf. neu bearb. und bis auf die neueste Zeit fortgeführt von M. Reimann. 4. verm. Aufl. Mit einigen 70 Garn- und Stoffmustern. In 6 Lfgn. 1871. (à Lfg. *M 3.), und 5. Aufl. gr. 8. (237 S. mit 12 Taf. Muster.) Berlin 874, Grieben. [Leipzig, Gust. Weigel.] *

Beckers, Eberhardus Adolphus (Hofstadt, Westfalen)
De partibus Embryonis Formationem Constituentibus. Giessae 1810. 17 S.
Diss. med. Juni 1810. vorh. 26.11.

Beckers, Heinrich [app. Arzt aus Leer (Hannover)]: Über trichinenähnliche Gebilde im Schweinefleisch. ... Leipzig, Druck v. J. B. Hirschfeld, 1889; 15 S. 8°
München, Med. Fak., Inaug.-Diss. v. 1889

Beckers, Hermann, Referendar: Die Anfechtung von Generalversammlungsbeschlüssen in der Aktiengesellschaft. Borna-Leipzig 1909: Noske. IX, 73 S. 8°
Leipzig, Jur. Diss. v. 2. Aug. 1909
[Geb. 16. Sept. 84 Grevenberg b. Aachen; Wohnort: Eitorf; Staatsangeh.: Preußen; Vorbildung: Kaiser-Karls-Gymn. Aachen Reife O. 05; Studium: Freiburg i. B. 1, München 2, Bonn 4 S.; Rig. 2. Aug. 09.] [U 09. 2444

Beckers, Hermann: Die Verstaatlichung des Heilwesens. — Hannover: Schmorl & v. Seefeld 1895. 56 S. 8°
7. 24. 30. 35. 47. 48. 106. 302.
14.8490

Beckers, Hubert: Aphorismen über Tod und Unsterblichkeit. Zu Schelling's hundertvierzehnjährigem Geburtstag. München: Finsterlin 1889. VI,99 S. 8°
12: Ph. Sp. 66e. 19. 36. 47. 123. 207. 302.
14.8497

— **Ueber die Bedeutung des geistigen Doppellebens für die Wissenschaft der Anthropologie mit Rücks. auf die neuesten hierauf bezüglichen Untersuchungen von Immanuel Hermann Fichte. — München 1860. 20 S. 8°**
Aus: Sitzungsberichte d. königl. bayerischen Akademie d. Wissenschaften zu München. 1860. **12: Anthr. 7sh. 19. 30. 211.**
14.8498

— **Ueber die Bedeutung der Schelling'schen Metaphysik. Ein Beitrag zum tieferen Verständniss d. Potenzen- oder Principienlehre Schelling's. — München 1861. 148 S. 4°**
Aus: Abhandlungen d. philosoph.-philologischen Classe d. Königlich Bayerischen Akademie d. Wissenschaften. 9,2.3. 1861-63.
1: 4° Nm 6582. 8. 12: 4° Ph. Sp. 22a. 19. 21. 30. 43. 46. 64. 75. 214. 305.
14.8499

— **Ueber die wahre und bleibende Bedeutung der Naturphilosophie Schelling's. — München 1864. 49 S. 4°**
Aus: Abhandlungen d. philosophisch-philologischen Classe d. Königlich Bayerischen Akademie d. Wissenschaften. 10,2. 1865.
8. 12: 4° Ph. Sp. 22t. 19. 21. 28. 30. 64. 75. 302. 305.
14.8500

[—] Das geistige Doppelleben in einer seiner reinsten und merkwürdigsten Erscheinungen. — Leipzig: Brockhaus 1856. XXXVI,380 S. 8°
6. 7. 12: Anthr. 7sg. 14. 18. 19. 304.
14.8501

— Historisch-kritische Erläuterungen zu Schelling's Abhandlungen über die Quelle der ewigen Wahrheiten und Kant's Ideal der reinen Vernunft. — München 1858. 20 S. 4°
Aus: Abhandlungen d. philosoph.-philologischen Classe d. Königlich Bayerischen Akademie d. Wissenschaften. 8,3. 1858.
8. 12: 4° Ph. Sp. 214–30. 19. 20. 21. 75. 123. 305.
14.8502

— Festrede zur Enthüllung des Standbildes Schelling's am 28. November 1861. — München 1861: Weiß. 7 S. 4°
1: 4° Av 10554. 19. 25. 30. 214.
14.8503

— Festrede zur Feier des hundertjährigen Geburtstages von Johann Gottlieb Fichte. Gehalten am 19. Mai 1862. — München 1862: Weiß. 21 S. 4°
1: 4° Au 3432. 5. 6. 8. 9. 11. 12: 4° Ph. U. 10h [2 Ex.] 15. 19. 21. 25. 29. 123. 214. 302. 303.
14.8504

— Schelling's Geistesentwicklung in ihrem inneren Zusammenhang. Festschrift zu Friedrich Wilhelm Joseph Schelling's 100jährigem Geburtstag ... 1875. — München: K. B. Akad. 1875. 101 S. 4° 1: 4° Av 10566. 2→5. 7. 8. 10. 11. 12: 4° Ph. U. 10hc [2 Ex.] 14. 15. 19. 21. 22. 24. 25. 29→32. 39. 41. 44. 51. 52. 75. 91. 207. 300: 440.952–C. 302. 304.
14.8505

Beckers, Hub., zur Geschichte der allgemeinen akademischen Gesellschaftsaula an Münchens Hochschule [1829—30]. Ein Gedenkblatt zur Feier des 100jähr. Geburtstages von Friedr. Thiersch. gr. 8. (48 S.) München 884, J. A. Finsterlin. *

Beckers, Hubert: Hauptmomente der Geschichte der Psychologie. S. 3 - 19
Progr. Dillingen 1839.

— [Hrsg.] s. *Mittheilungen*. — Mittheilungen aus den merkwürdigsten Schriften der verflossenen Jahrhunderte über den Zustand der Seele nach dem Tode. 1835–36.

[—] Ueber die Rechte der bayerischen Ständeversammlung in Beziehung auf Wünsche und Anträge an die Regierung. München 1828. 16 S. 8° 12: Bavar. 2295mb/1. 302.
14.8507

— [Hrsg.] s. *Repertorium* der in- und ausländischen Literatur der gesammten Philosophie. 1839 ff. [Zeitschriften].

Beckers, Hubert, Friedr. Wilh. Jos. v. Schelling. Denkrede, vorgetragen in der öffentl. Sitzung der k. Akademie der Wissenschaften zu München, zur Feier ihres 96. Stiftungstages am 28. März 1855. gr. 4. (59 S.) München 855, (Franz.) *

Beckers, H., über die Stellung u. Aufgabe der Philosophie in der Gegenwart. Eine Antrittsrede geh. zur Eröffnung f. Vorlesungen. gr. 8. (15 S.) München 847, Literarisch-artist. Anstalt. 3 ngr

— Ueber die Stellung der Philosophie zu den exacten Wissenschaften mit bes. Rücks. auf einige hierauf bezügliche Aeusserungen Schelling's aus letzter Zeit. — München 1861. 18 S. 8°
Aus: Sitzungsberichte d. königl. bayerischen Akademie d. Wissenschaften zu München. 1861,2. 12: Ph. U. 37g. 19. 211.
14.8510

Beckers, Hubert
— Die Unsterblichkeitslehre Schelling's im ganzen Zusammenhange ihrer Entwicklung. — München 1865. 112 S. 4°
Aus: Abhandlungen d. philosophisch-philologischen Classe d. Königlich Bayerischen Akademie d. Wissenschaften. 11,1. 1868.
10. 12: 4° Ph. Sp. 22w. 19. 64. 75. 305.
14.8511

— Ueber Carl Friedrich Göschel's Versuch eines Erweises der persönlichen Unsterblichkeit, vom Standpunkte der Hegel'schen Lehre aus. Nebst e. Anh. über d. Anwendung d. Hegel'schen Methode auf d. Wissenschaft d. Metaphysik. — Hamburg: F. Perthes 1836. VI,95 S. 8°
1: Nq 9839. 2. 3. 6. 7. 8. 10. 12: Ph. Sp. 66 d. 16. 18. 19. 21. 24. 27. 29. 32. 38. 39. 44. 46. 48. 308.
14.8512

Beckers, H., über d. Wesen d. Gefühles. Inaugural-Abhandl. gr. 8. (3 B.) München 830, (Lindauer.)
8

Beckers, J., De hostiis humanis apud Graecos. Diss. 1867. 69 S.

Beckers, Jakob s. *Becker*, Jakob. 1716.

Beckers, Johann Franz Xaver: Darstellung des Ober-Appellations-Gerichts des Königreiches Bayern nach seinem Organismus und Wirkungskreise, und seinen Attributen. Ein Beitrag zur Geschichte u. Statistik dieses obersten Gerichtshofes. [Nebst] Tabellen. — München 1840. 4° 12: 2° Bavar. 91v.
14.8514

Beckers, Josef (Gesecke/Westf.), De caro idiopathico adjecta morbi historia. Diss. med. Bln. (Nietack) 20. III. 1834. 32 S. mit Biographie. (M.: Th. Sertuerner.) (4.—) 1731
Oppon.: H. Marcard, A. Zimmermann, Max. Graeff. — Gew.: Fried. Sertuerner.

Beckers, Jos. Comment les substantifs et adjectifs composés de la langue allemande se rendent en français. 12 S. Marz. G. Cöln 1881. Progr.

Beckers, Josef, a. Würselen: ⟨Aus d. Königl. hygien. Institut d. Univ. zu Kiel. Geh.-Rat Prof. Dr. B. Fischer.⟩ Zur Frage der Mischinfektion mit Typhus und Paratyphusbakterien. Berlin 1908: L. Schumacher. (13 S.) 8° ¶ (Aus: Hygien. Rundschau 1908 No 6.)
Kiel, Med. Fak., Ref. Fischer, Diss. v. 20. Juli 1908
[Geb. 11. Okt. 81 Würselen (Rheinland); Wohnort: Würselen; Staatsangeh.: Preußen; Vorbildung: Gymn. Brühl Reife O. 02; Studium: München 2, Freiburg i. B. 4, Kiel 1, Berlin 1, Kiel 2 S.; Coll. 27. Jan. 08 [!]; Approb. 1. Juli 08.]

Beckers, Josef Graf v.: Plane des Carousels mit 110 Pferden des Palatinal-Husaren-Regiments. Nro 12. Zum Namensfest Ihro Majestät d. Kaiserin. Von d. Obersten Grafen v. Beckers erfunden. Von d. Prof. Trauner gezeichnet. — o. O. 1811. 34 Taf. quer-8° 300: • 6972.
14.8515

Beckers, Josef Hermann: Umrisse der sechs großen Marmor-Basreliefs, welche sich auf dem hohen Chore der Domkirche zu Münster in Westphalen befinden. — Münster 1827: Schimmel. 6 Taf. gr. 2° 30.
14.8516

BECKERS, Max (München): Ueber die Darrsucht der Kinder.- München: Wild 1849. 15 S.
21.8.1849 - Urk (Titel: De marasmo aetatis infantilis.); F 67

Diss. Ingolst.-Landsh.-Mchn.

Beckers, Otto [Hrsg.] Das Spiel von den zehn Jungfrauen und das Katharinenspiel. 1905
s. *Ludus* de decem virginibus.

Beckers, Otto, a. Rheydt ⟨Rheinl.⟩: Untersuchungen über das Spiel von den Zehn Jungfrauen. Breslau: M. & H. Marcus 1904. (VI, 95 S.) 8° ¶ (Ersch. vollst. 1905 u. d. T.: Das Spiel von den zehn Jungfrauen und das Katharinenspiel, als: Germanistische Abhandlungen, H. 24.) *J*
Göttingen, Phil. Fak., Ref. Schröder, Diss. v. 15. Okt. 1904
[Geb. 7. Okt. 79 Rheydt; Wohnort: Rheydt; Staatsangeh.: Preußen; Vorbildung: Gymn. Mörs Reife O. 98; Studium: Marburg 3, Bonn 1, Marburg 5 S.; Rig. 23. Juli 03.]

Beckers, Wilhelm [aus Kempen '(Rheinl.)']: Beiträge zur Kenntnis des Chinins ... [o. O.], *1897*; 55 S. 8.
Freiburg i. B., Phil. Fak., Inaug.-Diss. v. 1897

Beckers, Wilhelm
— — Synopsis iuris Imperii Romano-Germanici. Acc. huic ed. matricula Imperii. — Coloniae: Rommerskirchen 1722. 511 S. 8° 7. 14. 38. 42. 61.
14.8537

— — Acc. huic ed. matricula Imperii. Coloniae Agr.: Steinhaus 1733. 511 S. 8° 5.
14.8538

Beckert, Friedr. Emil (Freiberg), De cephalotripsia perforationem sequente. Diss. med. Präs. Gust. Biedermann Günther. Lpz. (A. Edelmann) 9. IX. 1858. 24 S. mit Biographie. (M.: C. Witzfinsky.) (3.50) 1732

Beckert, Julius: Das Hebelspiel. Anläßlich d. Erschließung d. Fahler Wasserfälle 1904. — Todtnau [1904: Franke]. 24 S. 8° 31.
14.8545

Beckert, Karl: Das Bad Hohenstein mit seinen allseitigen Heilbrunnchen. — Leipzig: Binder 1843. VIII,184 S. 8°
3. 12:M.med. 92h. 14. 15. 39. 53. 106.
14.8546

Beckert, Theodor: Die deutschen Baugewerk- u. Maschinenbau-Schulen. Eine Zusammenstellung von deutschen technischen Unterrichtsbehörden, schulgesetzlichen Bestimmungen, Lehrkörpern u. d. Dienstverhältnissen d. letzteren ... bearb. von Beckert, Haarmann. — Duisburg 1904: Ewich. 71 S. 8° 17. 84. 90. 91.
14.8550

Beckert, Theodor (Hrsg.), s. Bericht üb. d. Fortschritte der Eisenhüttentechnik.

(—) Gemeinfaßliche Darstellung des Eisenhüttenwesens. Hrsg. vom Verein deutscher Eisenhüttenleute. (Verf.: Th. Beckert, J. Schlink u. J. Kollmann.) — Düsseldorf [1889]: Bagel. 77 S. 8° 1:Ot 15398. 82. 84. 88. 205. 305.
14.8551

(—) — (Verf.: Th. Beckert u. J. Schlink.) 2. Aufl. Ebd. [1890]. 112 S. 8° 17. 61. 84.
14.8552

(—) — (Verf.: Th. Beckert u. E. Schrödter.) 3. Aufl. Düsseldorf: Bagel in Comm. [1896]. XI,115 S. 8°
1:Ot 15398^{3}. 5. 24. 30. 61. 82. 84. 89. 202. 305.
14.8553

(—) — 4. Aufl. Ebd. 1901. XII,144 S. 8°
1:Ot 15398^{4}. 5. 20. 38. 61. 82. 89.
14.8554

(—) — 5. Aufl. Ebd. 1903. XII,164 S. 8°
Spätere Aufl. s. *Darstellung*, Gemeinfassliche, des Eisenhüttenwesens. 1907 u. 5.
1:Ot 15398^{5}. 17. 30. 35. 61. 82. 84. 88. 89.
14.8555

Gemeinfaßliche Darstellung des Eisenhüttenwesens. Hrsg. v. Ver. deutscher Eisenhüttenleute in Düsseldorf. (Verf.: Th. **Beckert**, J. Schlink, E[mil] Schrödter.) 6. Aufl. Düsseldorf: A. Bagel in Komm. 1907. (XVI, 254 S.) 8° [ob. 18189

Beckert, Th., Die Eisenindustrie. Dortmund, 1888.

— Hüttenkunde von Th. Beckert u. Albano Brand. — Stuttgart: Enke 1895. XIII,765 S. 8°
1:Ot 9144. 12:Metall. 8p. 26. 53. 83. 89. 91. 305.
14.8557

Beckert, Th., Leitfaden zur Eisenhüttenkunde. Ein Lehrbuch f. den Unterricht an techn. Lehranstalten, sowie für Meister u. Unterbeamte auf Hüttenwerken. Mit 155 in den Text gedr. Holzschn. u. 3 lith. Taf. gr. 8. (VIII, 416 S.) Berlin 885. Springer. n. 9. —; geb. n. 10. —

— — 2., umgearb. Aufl. 1.3. Ebd. 1898–1900. 8°
1:Ot 15382^{2}. 11. 38. 60. 82. 83. 86. 89. 93. 201. 210. 305.
14.8559

Beckert, Th., Metallurgische Technologie. Berlin, 1900. 290 S. mit 267 Abb. und 11 Taf.

Beckert, Udo [Hrsg.]
s. *Antiquitaetenzeitung*. 1893ff. [Zeitschriften].

Beckert, Udo (Red.), s. Bäcker- und Conditor-Zeitung, Allgemeine.

Beckerus, Daniel s. *Beckher*.

Beckerus, Wilhelmus s. *Beckers*, Wilhelm.

Beckesius, Jonas: Einige anstößige Puncten, in dem zu Stade neulichst heraus gekommenen Catechismo. — o.O. 1724. 8 S. 8° 1:7 in Eo 7260. 7. 8. 18. 22. 32. 35. 46.
14.8561

Becket. — Thomas Becket und Thomas More, zwei Blutzeugen der kirchlichen Freiheit. — Berlin: Germania (1892). 71 S. 8° (Katholische Flugschriften zur Wehr u. Lehr'. 54.) 1:Di 9254–54. 12:Polem. 1008p–54. 169.
14.8562

Herausgebohrt! Kriminal-Erzählung von Arthur W. à Beckett. Deutsch von J. Cassirer. Mit 3 Vollbild. *Berlin: A. Weichert [1902].* (96 S.) 8° [ᵹ.]
— Wochen-Bibliothek, Weichert's. Bd 127. [03. 8333

Beckett, E G . Beitrag zur Bestimmung des Antimons. Diss. Phil. [II.] Univ. Zürich. [Mit Figuren.] 95 S. 8. Zürich-Selnau, Gebr. Leemann & Co., 1909.

Beckett, GA à, the man with the carpet bag, s.: Theatre, modern Engl. comic.

Beckey, Heinrich: Das Evangelium in Köln. — Leipzig: Strauch [1903]. 15 S. 8° (Festschriften für Gustav-Adolf-Vereine. 20.) 1:Cv 2117/5–20. 14. 38. 44. 101.
14.8585

— Halleluja. Kleines Gesangbuch enthaltend d. bekanntesten Kirchenlieder u. geistlichen Volkslieder. — Anklam: Bugenhagenstift 1885. VII,125 S. 8° 9. 79.
14.8586

Beckey, H, Halleluja. Kleines Gesangbuch. 16. (125) Ankl. 85. (Lpzg, Wallmann.) geb. n. — 35

— — Stereot. Ausg. Neuer unveränd. Abdr. Altona: Hoffmann [um 1890]. V,138 S. 8° 9.
14.8587

! Beckey, Heinr.: Halleluja. Jetzt: Strieg., Hus-Verl. — 10 81/85

— Höhenwege. Für erwachsene junge Mädchen. 2. Afl. (382) 8° Lenger., Bischof & K. ('12). L 5 — d

— Hosianna. Geistliches Liederbuch, enthaltend d. bekanntesten Kirchenlieder u. geistlichen Volkslieder. Textausg. — Anklam: A. Schmidt [1891]. 112 S. 8°
1:Ek 7470. 9.
14.8590

! — Hosianna. Jetzt: Strieg., Hus-Verl. — 10 91/95

— Im Jugendparadies. Eine Festgabe für d. (3.5: liebe) Jugend. H. 1–3. 5. — Lengerich i.W.: Bischof & Klein [um 1910–15]. 63 S. 8°
Die Schrift ist identisch mit Beckey: Deutsche Weihnachten. 1910–28.
1[∞1/3]: Ng 221/5–5. 6[∞5]. 12[∞1/3]: Paed.Pr. 4420p.
14.8591

Beckey, Heinr., s.: Jung-Deutschland in Heimat u. Fremde.

— Jung-Deutschland in Heimat und Fremde. Zur Unterhaltung u. Belehrung für d. Jugend. — Lengerich (Westf.): Bischof & Klein [1909]. 312 S. 8°
1:N 10.4083. 6. 207.
14.8592

— Die heilige Nacht. Weihnachtsfestspiel für Kinder u. Kinderfreunde ... mit Gesang. Von Heinrich Beckey u. Luise Behm. — Berlin: Schriftenvertriebsanst. 1897. 31 S. 8° 1:Ng 24983/20.
14.8594

— Trostrede für die Gemeinde. Gehalten anläßlich d. ... Hinscheidens ... des Kaisers Wilhelm ... 1888. — Anklam: Wolter 1888. 8 S. 8° 1:Sw 19356. 9. 14.
14.8595

Beckey, Heinrich
— Der rechte Weg. Erzählungen ... für Konfirmanden. — Lengerich i.W.: Bischof & Klein [um 1910]. 207 S. 8°
1:N 11.1349.
14.8597

— Der rechte Weg. Erzählgn u. Schildergn a. d. Leben f. d. Leben, f. Konfirmanden u. d. konfirmierte Jugend hrsg. (207 m. Abb.) 8° Lenger., Bischof & Kl. ('11). L 3.50; Geschenkausg. m. G 4 — d

— Deut. Weihnachten. Festgabe f. d. Jug. 1—3. Heft. 1—100. Taus. (je 64 m. Abb.) 8° Ebd. ('10—12). Je — 20; geb. je — 40 d

— **Deutsche Weihnachten.** Eine Festgabe für d. deutsche (3-5: liebe) Jugend. H. 1-6.8. — Lengerich i.W.: Bischof & Klein [1910-28]. 8°
Die Schrift ist identisch mit Beckey: Im Jugendparadies. 1910-15.
1[*5.6.8]: Ng 221/5-1/4. 6[*6.8]. 12[*1.2.6.8]: Paed.Pr.4415. 33[*1.3/6.8]. 38[*6.8]. 101[*1.3].
14.8599

Beckey, H, wer ist geschickt z. Reiche Gottes?, s.: Sammlung theolog. u. soc. Reden u. Abhandlgn.

Beckford, Peter
— — [deutsch] Gedanken über Parforce-Jagd. Aus d. Engl. von C.F.V.v.Müller. — Güstrow: Opitz 1846. XVI,302 S. 8°
33.
14.8604

Beckford, William
— — [deutsch] Mahlerische Beschreibung der Insel Jamaica mit Hinsicht auf die Verbesserung der Lage der Neger-Sclaven. — Berlin: Voß 1791. 312 S. 8°
4. 5. 10. 12: Am. A. 244. 14. 17. 24. 42. 46. 205. 302.
14.8647

— [Modern **Novel-Writing**, or the elegant enthusiast; and interesting emotions of Arabella Bloomville, deutsch] Miß Arabella Bloomville. Ein rhapsodistischer Roman von Lady Harriet Marlow [d. i. William Beckford]. Th. 1.2. — Weißenfels [usw.]: Severin 1798. 246 S. 8°
39.
14.8616

— — [deutsch] Erinnerungen von einem Ausfluge nach den Klöstern Alcobaça und Batalha. Aus d. Engl. von S. H. Spiker. — Berlin: Duncker & Humblot 1835. XIII, 194 S. 8°
1: Qq 9336. 11. 15. 16. 23. 24. 28. 75.
14.8618

— [The **History of France**, deutsch] Geschichte von Frankreich von den ältesten bis auf die neuesten Zeiten. [Übers.: Johann Christian Fick.] Die Geschichte der Revolution von einem Pariser Augenzeugen bis zum Tode Ludwig's XVI. nach d. engl. Original erw. u. fortgeführt. Bd 1-4. — Leipzig: Gräff 1795-98. 8°
8. 12: Gall. g. 81. 17. 19. 20. 30. 33. 36. 302. 308.
14.8649

[—] The **Story of al Raoui**, a tale from the Arabic. — London: Geisweiler [usw.]; Magdeburg: Keil [usw.] 1799. 59 S. 8°
Beigedr.: [Beckford:] Die Geschichte von al Raoui. Eine arabische Erzählung. Zum erstenmal ins Engl. u. aus d. Engl. ins Deutsche übers. London: Geisweiler.
28. 300: 547.912-B.
14.8619

[—] — 2.ed. Ebd. 1799. 59 S. 8°
Beidruck wie in 14.8619.
5. 7. 39.
14.8620

[—] — [deutsch] Der Thurm von Samarah. Eine warnende Geschichte für Astrologen. Aus d. Arab. [Übers.: Georg Schatz.] — Leipzig: Dyk 1788. 253 S. 8°
1: Xy 6450. 10. 17. 24. 32. 39.
14.8626

— — Vathek, eine arabische Erzählung. Aus d. Franz. übers. [von Georg Christian Römer]. — Mannheim 1788. 235 S. 8°
14. 31. 35.
14.8627

— — Vathek, eine arabische Erzählung. Aus d. Franz. übers. Wien 1788. 235 S. 8°
32.
14.8628

— — Aus d. Engl. von Otto Mohnike. Leipzig: Cnobloch 1842. XVI,256 S. 8°
1: Xy 6452. 21. 24. 109.
14.8629

— — Vathek. (Übers.: Franz Blei.) Leipzig: Zeitler 1907. IV,139 S. 8° (Editionen merkwürdiger u. berühmter Romane d. Weltliteratur. 1.)
1: X 8489/20-1. 12: L. eleg. g. 121 ki-1. 17. 26. 38. 109.
14.8630

Beckfort s. *Beckford.*

Beckh, August v.: Die **Gotthardbahn** in technischer Beziehung und Rentabilitäts-Berechnung auf Grundlage des kommerziellen und technischen Gutachtens. (Verf.: A. Beckh u. R. Gerwig.) — Zürich 1865: Ulrich. Getr. Pag. 8°
1: Nz 39932/10. 10. 17. 18. 23. 24. 25. 30. 38. 39. 43. 46. 82. 83. 88. 89. 90. 106. 180. 305.
14.8651

— **Projet** d'un chemin de fer par le St. Gotthard dressé ... par A. Beckh et R. Gerwig. — Winterthur: Wurster, Randegger & Co. 1864. 4°
Die Anzahl d. beigegebenen Pläne schwankt in d. einzelnen Bibliotheken.
12: 2° A. hydr. 3000 c. 30. 31. 36. 38. 43. 46. 48. 88. 91. 180. 305.
14.8652

— — Avec une annexe renfermant le projet proposé par K. Wetli. — Ebd. 1864. 4°
Die Anzahl d. beigegebenen Pläne schwankt in d. einzelnen Bibliotheken.
39. 47. 82. 86.
14.8653

— — Projet d'un chemin de fer par le St. Gotthard. Dressé ... par A. Beckh et R. Gerwig. — Ebd. 1864. gr. 2°
Die Anzahl d. beigegebenen Pläne schwankt in d. einzelnen Bibliotheken.
25. 39. 91.
14.8654

[—] **Stammbuch** der von Nördlingen stammenden Familie Böckh. [Nebst] Nachtr. — Stuttgart 1887-[1903]: Metzler. 8°
24.
14.8656

Beckh, August [app. Arzt aus Nürnberg]: Ueber die antibakteriellen Wirkungen einiger Anilinfarbstoffe... Nürnberg, Druck v. J.L. Stich, 1889; 2 Bl. + 38 S. 8°
Erlangen, Med. Fak., Inaug.-Diss. v. 28. Jun. 1888.

Beckh, Georg Matthaeus: Biblisches **Catechismus-Beicht-Büchlein**, darinnen neben dem heil. Catechismo Lutheri, und den Sprüchen im Sprüch-Büchlein, zu finden, wie die Kinder-Fragen über dessen 6. Haupt-Stück, in dem Nördlingischen Beicht-Büchlein enthalten ... der Nördlingischen Jugend zum besten verfertiget von Georg Matthäo Beckhen. — Nördlingen 1706: Hilbrandt. 444 S. 8°
24.
14.8657

— Die von dem barmherzigen Gott ... begnadigte ... **Kindes-Mörderin in Nördlingen** ... in einer ... Warnungs-Wochen-Predigt ... vorgestellet. — [Nördlingen] 1716: Schulte. 52 S. 8°
1: 8 in Fy 7910. 24.
14.8658

Beckh, Heinrich, Seminarrektor, Nürtingen, 1834-1903. 1885 [Übers.] s. *Anonymus* Londinensis: Auszüge eines Unbekannten aus Aristoteles-Menons Handbuch der Medizin [Eclogae, deutsch]. 1896.

Beckh, Henricus, de Geoponicorum codicibus manuscriptis. Diss. Erlangen 1886, Th. Blaesing. 8°. 86 S.

Beckh, Henricus: De Geoponicorum codicibus manuscriptis.... Erlangae, typis Jungii et filii, 1886; 86 S. 8°.
Erlangen, Phil. Fak., Inaug.-Diss. v. 1886.

Beckh, Heinrich, Dekan, Neuenstadt a. K., später Crailsheim, 1819-1893. 1870: **Fest-Gottesdienst** am 500jährigen Jubiläum des Stadtfeiertags in Crailsheim den 4. Februar... 1880, mit geschichtlichem Ueberblick und Fest-Predigt über Psalm 90,2-6. — Hall: Staib [1880]. 18 S. 8°
24. 29.
14.8659

Beckh, Heinrich: Veit Joachim von Jaxheim auf Adlitz. Ein Beitr. z. Geschichte d. fränk. Reichsritterschaft. Erlangen (1909): Junge. 33 S. 8°
Erlangen, k. G P 1909* [S 09. 14

Beckh, Heinrich, Prof. Dr.: Ein geschichtliches Kollegienheft aus dem XVI. Jahrhundert. Erlangen 1904: Junge & Sohn. (34 S.) 8°
Erlangen, k. humanist. G P 1904*

— Confirmationspredigt[Konfirmationspredigt]am Sonntag Jubilate den 21. April 1872 über 1. Petri 2,11–17. Crailsheim [1872]: Stüber. 10 S. 8° 24.
14.8660

— Unser König. Zum Gedächtnis d. Feier d. 25jährigen Regierungs-Jubiläums d. Königs Karl von Württemberg. — Stuttgart: Süddeutsches Verl. Inst. 1889. 32 S. 8° 24.
14.8662

— Lehrbuch der evangelischen Volksschulkunde. — Stuttgart: Krabbe 1885. XVIII,597 S. 8°
1: Ne 14844. 21. 24. 46. 207. 302.
14.8663

— Rede am Grabe des Herrn Eugen Bürger Oberlieutenants und Bataillonsadjutanten im 7. Königl. Württembergschen Infanterie-Regiment. Verwundet bei Villiers am 30. November, gestorben in Lagny am 5. December, begraben in Kochersteinsfeld am 12. December 1870. — Heilbronn [1870]: Oehler. 8 S. 8° 61.
14.8661

— Aus den Zeiten des Königs Friedrich. — Stuttgart: Gundert 1890. 48 S. 8° (Württembergische Neujahrsblätter. 7.)
1: Sh 260–7. 5. 12: Germ. sp. 341 lb–7. 14→17. 19. 21. 24. 25. 31. 39. 93.
14.8664

Beckh, Hermann, a. Nürnberg: Ein Beitrag zur Textkritik von Kālidāsas Meghadūta. (Berlin 1907: Reichsdruckerei.) (37 S.) 4°
Berlin, Phil. Fak., Ref. Pischel, Diss. v. 13. Juli 1907
[Geb. 4. Mai 75 Nürnberg; Wohnort: Nürnberg; Staatsangeh.: Bayern; Vorbildung: Kgl. Neues Gymn. Nürnberg Reife M. 93; Studium: Kiel 1, Berlin 1, Bonn 1, Berlin 5 S.; Rig. 30. Juni 07.]

— Beiträge zur tibetischen Grammatik, Lexikographie, Stilistik und Metrik. — Berlin 1908. 65 S. 4°
Aus: Abhandlungen d. Königlich Preussischen Akademie d. Wissenschaften. Phil.-hist. Cl. 1908.
1: 4° Zx 3029/15. 4. 15. 19. 302. 303.
14.8667

— Die Beweislast nach dem Bürgerlichen Gesetzbuch. — München: C. H. Beck 1899. VII,277 S. 8° 1: He 556. 2→11. 12: J. germ. 1144. 15. 16. 17. 19. 20. 21. 24. 26. 27. 28. 30. 31. 33. 38. 106. 203. 208. 300: 417.722–B. 302. 303.
14.8668

Beckh, Hermann, Dr., Rittergutsbesitzer, Rathsberg bei Erlangen. 1888: Catalog der reichen Kupferstichsammlung aus dem Nachlasse des Herrn Dr. Hermann Beckh auf Rathsberg bei Erlangen. [Auktionskat.] — (Leipzig 1888.) IV,136 S. 8° (Boerner, C. G.: Leipziger Kunst-Auction. 44.)
1: Nv 2593–44. 29.
14.8665

Beckh, Hermann, Justizrat, Nürnberg. 1900: Rede in der Generaldebatte zur dritten Lesung der lex Heinze im Deutschen Reichstag am 13. März 1900. (Nach d. stenogr. Berichte.) — Nürnberg [1900]: Tümmel. 11 S. 8° 5. 19.
14.8687

— Die tibet. Übersetzg v. Kālidāsas Meghadūta. Nach d. roten u. schwarzen Tanjur hrsg. u. übertr. [SA] (85) Lex 8° Ebd. '07. 4.50

Beckh, Herm.: Udānavarga. Sammlg buddhist. Sprüche in tibet. Sprache. Nach d. Kanjur u. Tanjur m. Anmerkgn hrsg. (7. 150) Lex 8° Berl., G Reimer '11. 6 —

Beckh, J. A.: Ueber physische Erziehung der Kinder in den ersten Jahren mit Hinsicht auf deren geistige Ausbildung. Nürnberg: Wittwer 1808. XVI,190 S. 8°
10. 12: Paed. Th. 364. 15. 19. 75.
14.8688

Beckh, Jo. (Resp.): Diss. de epilepsia, s. Zuinger, Th. (Praes.)

Beckh, Johann Jakob s. *Beck*.

Beckh, Matthaeus Friedrich s. *Beck*.

Beckh, Walter [aus San Francisco]: Ueber die Einwirkung von Ammoniak und Aminen auf Oxalessigester ... Würzburg, Druck d. Stahel'schen k. Hof-Buchdr., 1896; 63 S. 8.
Würzburg, Phil. Fak., Inaug.-Diss. v. 1896

Beckh, Wilhelm: Festgruß des Pegnesischen Blumenordens zu den Kölner Blumenspielen am 7. Mai 1899. (Verf.: Wilhelm Beckh.) — Nürnberg [1899]: Stich. 2 Bl. 8°
1: Yo 27605. 4. 22. 36. 52. 60. 109. 300: 467.445–B.
14.8709

— Gedichte. — Nürnberg: Zeiser in Komm. 1906. XI, 247 S. 8° 1: Yo 31036. 12: P. o. germ. 86 gd [2 Ex.]
19. 29. 38. 75.
14.8710

Beckh, W, F Goldschmidt, C Weber: Gesundheitspflege in Nürnberg an d. Wende d. 19. Jahrh. Festschrift. 4° (372 m. Abb. u. Pl.) Nürnbg 99, JL Schrag. Geb. in L. 6 —

— Meningitis cerebro-spinalis epidemica und Typhus oder Febris recurrens. Genickkrampf u. sibirische Menschenpest. In allgemein verständlicher Darstellung. — Nürnberg: Stein 1865. 22 S. 8° 2. 4. 12: Path. 105 n. 20. 48.
14.8712

— — 2. Aufl. Ebd. 1865. 23 S. 8° 1: Ki 4148². 12: Path. 105 na.
14.8713

— [Hrsg.] s. *Nuernberg*. Festschrift. 1892.

— In ernster Zeit. Vorgetragen in d. öffentlichen Versammlung d. Pegnesischen Blumenordens am 8. Nov. 1886. — Nürnberg: Ebner 1886. 8 S. 8°
12: P. o. germ. 86 g. 15. 29.
14.8714

Beckh-Widmanstetter, Leopold v.: Über Archive in Kärnten. — Wien 1884. 87 S. 8°
Aus: Mittheilungen d. k. k. Central-Commission zur Erforschung u. Erhaltung d. Kunst- u. historischen Denkmale. N. F. 9.10. 1883-84.
12: Austr. 372 c. 22. 23. 300: 163.244–B. 302→304.
14.8715

— Die ältere Art der Geldbeschaffung im Kriege. Mit besonderer Rücksicht auf d. 15. u. 16. Jahrhundert. — Wien: Verf. 1880. 31 S. 8° Aus: Oesterreichisches Jahrbuch. 5. 1881.
1: Ff 834. 12: Mil. g. 12 r. 14. 17. 22. 39. 106. 303. 304.
14.8716

— Die historische Ausstellung des Fürsten Johann Adolf zu Schwarzenberg in dessen Sommerpalaste zu Wien. — Graz: Selbstverl. 1873. 15 S. 8°
Aus: Grazer Zeitung. 1873. 302.
14.8717

— Die angebliche Belagerung von Graz und die Schlacht bei Fernitz im Jahre 1532 als unhistorisch abgewiesen. — Graz: Verf. 1887. 33 S. 8°
Aus: Grazer Zeitung. 1886.
Erschien zuerst in: Streffleur's österreichische militärische Zeitschrift. 27,2. 1886.
12: Geneal. 118 rn/1. 22. 24. 300: 172.202–A. 302. 303.
14.8718

Beckh-Widmanstetter, Leopold v.
— Ueber die Benennung neu entstandener Gassen und Plätze in Graz. — Graz: Selbstverl. 1873. 8 S. 8°
Aus: Tagespost. 1873. 12: Austr. 372/7. 14. 303.
14.8719

— Ein kaiserliches Dankschreiben an die Stadt Graz aus dem Jahre 1463. — Graz: Selbstverl. 1871. 12 S. 8°
Aus: Mittheilungen d. historischen Vereines für Steiermark. 19. 1871. 12: Austr. 372/5. 21. 302. 303.
14.8720

— Denkstein Sigmund's von Wildenstein im Schlosse Wildbach in Steiermark. — Wien 1873. 13 S. 8°
Aus: Mitteilungen d. k. k. Central-Commission für Erforschung u. Erhaltung d. Kunst- u. historischen Denkmale. 18. 1873.
22. 303.
14.8721

— Dichtung und historische Wahrheit. — o. O. [1899]. 19 S. 8° Aus: Deutsches Adelsblatt. 17. 1899. 10. 303.
14.8722

— Eine Erinnerung aus der Napoleon'schen Kriegszeit. — Graz: Verf. 1890. 15 S. 8° Aus: Tagespost. 1890.
12: Geneal. 8 ce/2. 22. 303. 309.
14.8723

Beckh-Widmannstetter, Leopold von
— Die gegenwärtig blühenden Familien des steiermärkischen Hochadels. — Graz: Verf. 1871. 18 S. 8°
Aus: Mittheilungen d. historischen Vereines für Steiermark. 19. 1871.
1: Sc 4918. 12: Austr. 372/3. 21. 300: 33.156. 303.
14.8724

— Das k.k. X. Feld-Jäger-Bataillon bei Erstürmung der Monti Berici vor Vicenza am 10. Juni 1848.—[Graz: Beckh-Widmanstetter 1884.] 8 Bl. 4° Titel u. Text autographiert.
12: 2° Geneal. 24/4. 300: 164.959–D. 302. 303.
14.8725

— Kaiser Sigismunds Fürstenbrief an die untersteirischen Grafen von Cilli. — Marburg: Verf. 1890. 12 S. 8°
Aus: Marburger Zeitung. 1890. 12: Geneal. 8 ce/3. 303.
14.8726

Beckh-Widmanstetter, L. v., Genealogie und Geschichte der Herren von Stubenberg. Mit Stammtfln. 1877 - 78

Beckh-Widmanstetter, Leop. v. Aeltere Grab-Denkmale in der Steiermark. Separat-Abdruck aus den „Mittheilungen der k. k. Central-Commission zur Erforschung und Erhaltung der Kunst- und historischen Denkmale", Neue Folge, vom XVII. Jahrg., 1891. (Mit 3 Abbild. und mehreren Illustrationen im Text.)
8. Wien 1892.

— Die Grabdenkmäler der Familie Thannhausen in der Dominicaner-Kirche zu Friesach. — o.O.[um 1880]. 9 S. 4° 1: 4° S 9427. 12: 4° Austr. 10 t/1. 303.
14.8727

— Ulrich's von Liechtenstein, des Minnesängers, Grabmal auf der Frauenburg. — Graz: Verf. 1871. 30 S. 8°
Aus: Mittheilungen d. historischen Vereines für Steiermark. 19. 1871.
1: Yg 2836. 3. 7. 8. 10. 12: Biogr. 631 w [u.ö.] 14. 15. 17. 19. 21. 22. 29. 30. 39. 300: 62.998–B. 302. 303. 308. 309.
14.8728

— Grabsteine der christlichen Zeit zu Friesach in Kärnten. — Wien 1882. IV,36 S. 4°
Aus: Mittheilungen d. k. k. Central-Commission zur Erforschung u. Erhaltung d. Kunst- u. historischen Denkmale. N.F. 7.8. 1881-82. 12: 4° Austr. 10t. 300: 177.886–C. 302. 303.
14.8729

Beckh-Widmannstetter, Leopold von
— Graz und seine neuen Gassenbenennungen. Ein quellenmäßiger Beitrag zur Personen-Geschichte dieser Stadt. — Graz: Selbstverl. 1869. 28 S. 8° Aus: Grazer Volksblatt. 1869.
1: 17 in Sc 1. 12: Austr. 372. 21. 300: 120.483–A. 303.
14.8730

— Die Hexe von Wernsee. Aus Criminalacten d. Jahre 1744-46 erzählt. — Graz: Verf. 1884. 32 S. 8°
Aus: Tagespost. 1884.
12: 2° Geneal. 24/5. 22. 39. 300: 162.277–B. 302. 303. 309.
14.8731

— Eine innerösterreichische Hofschuldenverhandlung aus dem 16. Jahrhunderte. (Die Städte Wien, Graz u. Bruck a.M. als Bürgen ihrer Landesfürsten.) Aktenmäßiger Beitrag zur Geschichte d. Finanzwesens jener Tage. — Graz: Verf. 1870. 31 S. 8°
Aus: Mittheilungen d. historischen Vereines für Steiermark. 18. 1870.
1: 18 in Sc 1. 12: Austr. 372/1. 21. 302. 303. 309.
14.8732

— Ein Kampf um's Recht. Enthüllungen über d. Leitung im Ausschusse d. Historischen Vereines für Steiermark. — Graz: Verf. 1884. 192 S. 8°
1: Sc 4575. 2. 3. 7→10. 12: Austr. 372 d. 14. 15. 17. 21. 24→27. 30. 31. 33. 36. 38. 39. 41. 43. 46. 48. 106. 107. 211. 300: 158.138–B. 302→305. 308. 309.
14.8733

— Catalog [Katalog] der Bibliothek des k. k. 27. Linien-Infanterie-Regiments Leopold II., König der Belgier. — Graz: Selbstverl. 1873. 22 S. 8° 303.
14.8734

Beckh-Widmanstetter, Leopold v.: Ein persischer Königssohn in k.k. österr. Diensten. (Joseph Freiherr v. Semlin.) (Wien 1892.) 8°

— Kriegs- und Congreß-Correspondenten vor hundert Jahren. — Graz: Selbstverl. 1878. 32 S. 8°
Aus: Grazer Zeitung. 1878. 19. 303.
14.8735

— Eine Leidensgeschichte. Aus Criminalprozeßakten d. 1760er Jahre. — Graz: Verf. 1870. 23 S. 8°
12: Austr. 372/2. 21. 302. 303.
14.8736

Beckh-Widmanstetter, L, e. Leidensgeschichte. Aus Criminalprozessakten d. 1760er Jahre. 8. (23) Graz 70, (Leuschner u. L.) n.n. — 25

— Literatur über das Leben und Wirken des oesterr. Kanzlers und Orientalisten Dr Johann Albrecht Widmanstetter, zubenannt Lucretius, geboren Nellingen bei Ulm 1506, † Regensburg 28. März 1557. — o. O. [1884]. 7 Bl. 2°
Titel u. Text autographiert. 303.
14.8737

— Marburg und Umgebung (Steiermark). — Graz: Leykam 1900. 43 S. 8° Aus: Tagespost. 1900. 303.
14.8738

Beckh-Widmanstetter, Leopold v.: Opposition Einst und Jetzt. 8°
Aus: Jahrbuch d. oesterr. Volksschriften-Vereines in Wien. 23. 1899. (04. 8339 10

— Die kärntnerischen Grafen von Ortenburg der Neuzeit und ihre Acte als Inhaber der erblichen Pfalzgrafenwürde. Wien: Selbstverl. 1890. 100 S. 8° 1: Sc 6064.
12: Geneal. 8 ce. 22. 300: 80.526–B. 302. 303. 309.
14.8739

— Die Porträts in Kupferstichen der steierischen Herren und Grafen von Stubenberg. — Wien: Verf. 1883. 16 S. 8°
Aus: Berichte u. Mittheilungen d. Alterthums-Vereines zu Wien. 22. 1883. 12: 2° Geneal. 24. 300: 48.240. 302. 303.
14.8740

— Zwei Porträts eines historischen Ehepaares im Schlosse Murau. — Graz: Leykam 1887. 14 S. 8°
Aus: Tagespost. 1887.
12: Geneal. 118 rn/2. 22. 300: 172.170–B. 302. 303.
14.8741

— Deutschlands größte Räuberburg. — Graz: Leykam 1891. 10 S. 8° Aus: Tagespost. 1891. 302.
14.8742

Rechtskämpfe seit Beginn des Jahrhunderts erlebt v. d. steier. Familie Beckh-Widmanstetter. Ursprg u. Folgen v. Rechtsirrgn, hervorgerufen zumeist durch Nichterkannte Irre. Nach Aktenstücken vorgetr. v. d. Familiengenossen u. Mitleidenden Leopold v. Beckh-Widmanstetter, k. u. k. Hauptmann i. R. ... zu Marburg a. d. Drau ... *Budapest: K. Rózsa & Frau 1896.* (2 Bl., 479 S.) 1 Bd 8. [96. 5761

— Der Deutsche Ritterorden. Eine interne Antwort auf d. unter dieser Ueberschrift im 'Slovenski narod' vom 18. Mai 1899 No 113 enthaltenen Artikel. — o.O.[1899]. 15 S. 4°
Titelblatt u. Text lithographiert. 1: 4° Sz 1558. 10.
12: 2° Geneal. 24 d. 24. 44. 300: 403.038–D. 302. 303.
14.8744

Offenes Schreiben an die P.T. Mitglieder des histor. Vereines für Steiermark, zugleich Warnung für alle Autodidacten, in gelehrten Gesellschaften Ehrenstellen zu übernehmen.— (Graz [1876]: Janotta.) 25 S. 8° **30. 303. 304.**
14.8745

— Die alten Stadtvorstände von Graz. — Graz: Leykam 1891. 24 S. 8° Aus: Tagespost. 1891. **24. 303.**
14.8746

— Hauptmann Josef Stockaar vom Bärnkopf der Vertheidiger der Bergfeste 'Bard' vom 19. Mai bis 2. Juni 1800. Eine Erinnerung an d. Widerstand, welchen Napoleon Bonaparte beim Abstiege vom St. Bernhard, im Aostathale gefunden hat. — Wien: Seidel 1900. 14 S. 8°
Aus: Armeeblatt. 19. 1900. **300: 408.799-B. 302. 303.**
14.8747

— Genealogische Studien über das Geschlecht der Gräfin Susanna Elisabeth Kempinski, Gemahlin des Herzogs Albrecht III. von Sachsen-Coburg. — o. O. [1876]. 42 S. 8°
Aus: Vierteljahrsschrift für Heraldik, Sphragistik u. Genealogie. Hrsg. vom Verein 'Herold' zu Berlin. 4. 1876.
22. 39. 302. 303.
14.8748

Beckh-Widmanstetter, Leopold v., k. k. Hauptm. im untersteirischen Inft.-Reg. FZM. von Hartung Nr. 47, Correspondent der k. k. Central-Commission für Kunst und historische Denkmale in Wien, etc. Studien an den Grabstätten alter Geschlechter der Steiermark und Kärntens. (Lichtenstein zu Murau, Teuffenbach, Neumann, Eggenberg.) Mit (12) photo-lithographischen Beilagen und Stammtafeln. 8. Berlin 1877–1878.

— Studien an den Grabstätten alter Geschlechter der Steiermark und Kärntens. — o. O.: Verf.; Graz: Wohlfarth in Comm. 1877–78. 218 S. 8°
Aus: Vierteljahrsschrift für Heraldik, Sphragistik u. Genealogie, hrsg. vom Verein 'Herold' zu Berlin. 5.6. 1877–78.
1: Sc 4922. 8. 12: Geneal. 8 c. 14. 19. 22. 23. 24. 30. 39. 300: 115.709-B. 302→304. 308. 309.
14.8749

Beckh-Widmanstetter, L., k. k. Oberlieut. im 27. Inft.-Reg. zu Graz. Ein Todschlag und seine Sühne. Sittenbild aus dem XVII. Jahrhunderte. Aus Criminalacten dargestellt. (Separat-Abdruck aus der „Carinthia" Nr. 11, 1872.) 8. Klagenfurt 1872.

[—] Die sechste Vierteljahresversammlung des historischen Vereines für Steiermark. Gehalten zu Graz am 26. April 1871. — Graz: Selbstverl. 1871. 19 S. 8°
12: Austr. 372/6. 303.
14.8750

— Zur Vorgeschichte der Grundentlastung im Kaiserstaate Oesterreich mit Hervorhebung der einschlägigen Beziehungen in der Steiermark. — Wien: Verf. 1889. 26 S. 8° Aus: Oesterreichische Zeitschrift für Verwaltung. 22. 1889.
12: J. austr. 4k. 22. 300: 82.029-B [u. ö.] 302. 303.
14.8751

— Geschichtliche Wanderungen in den Umgebungen von Judenburg (Steiermark). — Graz: Selbstverl. 1890. 31 S. 8° Aus: Tagespost. 1889. 1890. **12: Geneal. 8 ce/1. 303. 309.**
14.8752

Beckh-Widmanstetter, L. v., Dr. J. A. Widmanstetter in seinen Beziehungen zu den Regentenhäusern in Bayern etc. Stammbaum. 1884.

— Von der Wiegenstätte der Khevenhüller. — Klagenfurt 1892. 16 S. 8° Aus: Klagenfurter Zeitung. 1892. **22. 309.**
14.8753

Beckhaus: Xenophon d. J. u. Isokrates, s. Beckhaus, Hubert

Beckhaus, August (Bielefeld), De gastromalacia infantum. Dissertat. med. Bln. (Nietack) 17. III. 1834. 52 S. mit Biogr. (M.: Kroenig.) (4.60) 1731
Oppon.: A. Hammer, H. Jordan, M. Nagel. — Gew.: C. Beckhaus.

Beckhaus, August. Gerichtsref. aus Bielefeld: Die rechtliche Stellung der Unteragenten der Binnenversicherungsgesellschaften nach dem Handelsgesetzbuche vom 10. Mai 1897 und dem Bürgerlichen Gesetzbuche unter besonderer Berücksichtigung der neueren Literatur. *Borna-Leipzig 1903: R. Noske.* (IX, 67 S.) 8°
Leipzig, Jur. Diss. v. 1903

Beckhaus, Emil [app. Arzt aus Schwerte a. d. Ruhr]: Über den Einfluss intercurrenter Krankheiten und physiologischer Processe auf die Epilepsie ... München, J. F. Lehmann, 1893; 34 S. 8.
München, Med. Fak., Inaug.-Diss. v. 1893

Beckhaus, Emmie, geb. Heyl: Gedichte von Emmie H. Beckhaus. — Münster: Mitsdörffer [1900]. 159 S. 8°
6. 10.
14.8756

Beckhaus, F, üb. d. Nutzen d. Drainage nach d. Ovariotomie. 8. (28) Gött. 74, (Vandenhoeck u. R.) n. — 80

Beckhaus, Friedrich Wilhelm Konrad: Abschiedswort in Sachen der Privatdocenten. — Königsberg: Theile in Komm. 1860. 31 S. 8° **1: Ay 2817. 5. 6. 7. 9. 10. 12: H. lit. P. 34 mb. 15. 26. 109.**
14.8757

Beckhaus, FWK, Abschiedswort in Sachen d. Privatdoc. 8. (31) Königsb. 60, Beyer. n. — 5

— Ueber die bedingte Erbeseinsetzung des suus heres nach römischem Rechte. Habilitations-Rede. — Köln: Du Mont-Schauberg 1858. IV, 17 S. 8°
1: Gi 17300. 5. 11. 12: J. rom. m. 552-20. 18. 38.
14.8758

(—) Erwiderung auf die Erklärung Hoher Juristen-Fakultät zu Königsberg vom 22. Mai 1860. — (Königsberg 1860: Gruber & Longrien.) 2 Bl. 8° **10.**
14.8759

— Grundzüge des gemeinen Erbrechts. Ein Leitfaden für Studirende. Abth. 1. — Jena: Mauke 1860. XII, 203 S. 8°
1. Die Einleitung in d. Erbrecht u. d. Lehre von d. Delation d. direkten Erbfolge.
1: Gi 690. 5. 6. 9. 12: J. rom. m. 33 wc. 14. 15. 16. 20. 21. 25. 27. 29. 32. 45. 208. 303. 304.
14.8760

Beckhaus, Friedrich Wilhelm Konrad
— Die gemeinrechtlichen Quellen zum bürgerlichen Gesetzbuche für das Königreich Sachsen. Ein Anh. zu d. Handausgaben d. bürgerlichen Gesetzbuchs. — Leipzig: Barth 1866. V, 119 S. 8° **5. 14. 15. 39. 106. 208.**
14.8761

— Ueber die Ratihabition der Rechtsgeschäfte. — Bonn: Henry & Cohen 1859. 55 S. 8°
1: Gd 20110. 2. 3. 5. 6. 7. 9. 11. 12: J. rom. m. 33 w. 15. 18. 21. 24. 27. 29. 45. 48. 111. 208. 302. 304.
14.8762

— Repetitorium der römischen Rechtsgeschichte. — Berlin: Acad. Buchh. 1864. 51 S. 8° **1: G 737. 11. 15.**
14.8763

— — Repetitorium der äußeren römischen Rechtsgeschichte. 2., verb. Aufl. — Berlin: Puttkammer & Mühlbrecht 1873. 86 S. 8° **1: G 738. 15. 19.**
14.8764

— — 3., verb. Aufl. Ebd. 1876. 86 S. 8°
1: G 739. 12: J. rom. c. 404 i. 41.
14.8765

— Rückblicke auf die preußische Politik der beiden letztvergangenen Jahre. — Leipzig: Verf. 1868. VIII, 67 S. 8°
1: Rz 10467. 14. 16. 38. 79. 109. 123.
14.8766

— Die Stellung der Privatdocenten. — Leipzig: Wigand 1858. IV, 44 S. 8°
1: Ay 2816. 2. 5→11. 12: H. lit. P. 34 m. 14. 15. 16. 21. 25. 27. 30. 41. 106. 206. 207. 302.
14.8767

Beckhaus, Hermann Carl (geb. am 28 Aug. 1846 in Bielefeld): Beitrag zur Behandlung der Geisteskrankheiten mit Opium ... Bonn, Druck v. C. Georgi 1869. 31 S. 8.
Bonn, Med. Fak., Diss. v. 12 März 1869

Beckhaus, Hubert.: De Xenophonteo qui fertur Agesilao. Berolini 1863 (77 S.). Phil. Diss. Berlin

Beckhaus, Hubert [Dir. Dr.]: „Die ideale Bedeutung des Gymnasiums." Festrede z. fünfzigj. Jubelfeier d. Gymn. Ostrowo, Th. Hoffmann's Erben, *1896*; 12 S. 4.
Ostrowo, k. G, OP 1896 (104)

Beckhaus, *Hubert* [Dir. Dr.]: Festrede zum 100jährigen Geburtstage Kaiser Wilhelms des Grossen. ([Umschlagt.:] Eine Festrede.) Ostrowo, Druck v. Th. Hoffmann's Erben, *1897*; 8 S. 4.
Ostrowo, k. G, OP 1897 (107)

Beckhaus, Hubert Geibel als Verkündiger der deutschen Einheit durch Kaiser Wilhelm. Festrede zum 90. Geburtstage Sr. Majestät des Kaisers Wilhelm. 4 (12 S.). Progr. G. *Ostrowo* 1888

Beckhaus, Hubert [Dir. Dr.]: Zur Geschichte des Königlichen Gymnasiums zu Ostrowo. *Ostrowo, Druck v. Th. Hoffmann, 1895;* 42 S., 9 Bl. 4.
Ostrowo, k. G, Festschr. 1895 (103)

Beckhaus, Hubert [Dir. Dr.]: Zu Schillers Jungfrau von Orleans. Ostrowo, T. Hoffmanns Buchdr. (1890); S. 3—27; 4°
Ostrowo, k. G, OP 1890 (153)

Beckhaus, H, zu Schillers Jungfrau v. Orleans. 4. (27) Ostrowo 90. (Lpzg. Fock.) n. 1. —

Beckhaus, Hubert [Dir. Dr.]: Shakespeares Macbeth und die Schillersche Bearbeitung. Ostrowo, Th. Hoffmanns Buchdr. (1889); S. 1—25; 4°
Ostrowo, k. G, OP 1889 (150)

—— Shakespeares Macbeth u. d. Schiller'sche Bearbeitg. 4. (25) Ebd. 90. n. 1. —

Beckhaus, Hubert [Dir. Dr.]: Zu Schillers Wallenstein. *Ostrowo, Th. Hoffmanns Buchdr., 1892;* 31 S. 4.
Ostrowo, k. G, OP 1892 (159)

Beckhaus, H, zu Schillers Wallenstein. 4° (31) Ostrowo 92. (Lpzg, Fock.) 1 —

Beckhaus, Xenophon d. Jüngere u. Isokrates od. üb. d. unechten Schriften Xenophons u. d. Hellenica. 4. (33) Pos. 72. (Berl., Calvary u. Co.) n. 1. 50

Beckhaus, J. C., Argumentum contra celebrem *Russanii* doctrinam de hominis animalitate cultura ingenii praestantiore. 45 pp. Hal. 4°. 1787

Beckhaus, J.F.
— J. F., Specimen observatt. critico exegeticar. de vocabul. ἅπαξ λεγομένοις et rarioribus dicendi formulis in prima ad Thimotheum epistola Paulina obviis. Lipg. 810. 8. 8 gr.

Beckhaus, J.H., s. Beckhaus, Moritz Johann Heinrich

Beckhaus, Johann Hermann Mauritz: Der grosse am 15ten Febr. 1763. zu Hubertusburg geschlossene Friede. Zur Verherrlichung Gottes, zum Ruhm d. grossen Friederichs Königs in Preussen, zur Freude aller Patrioten, gefeiert d. 13ten März, und in Vor- u. Nachmittags-Predigten ... abgeschildert u. öffentlich vorgetragen. — Frankfurt [usw.] 1763. 40 S. 8° 60.
14.8768

— Heilige, zur rechten Zeit, bey ausserordentlichen Umständen geredete Worte, zum Lobe Gottes und zur dankbaren Erinnerung. — Dortmund 1765: Bädeker. 120 S. 8° 60.
14.8769

Beckhaus, Karl Friedrich
— **Carl Fried.** (Wetter/Ruhr), De sarcomate scroti. Diss. med. Bln. (Gebr. Unger) 10. XI. 1830. 30 S. mit Biogr. (M.: Engels.) (4.50) 1735
Oppon.: L. Weber, G. Lohoff, W. Deutecom.
— Gew.: J. C. L. W. Proebsting.

Beckhaus, Konrad: Das Evangelium von der Vergebung der Sünden. Ein Jahrgang Predigten ... Hrsg. u. mit e. Lebensbild vers. von W. Burgbacher. — Gütersloh: Bertelsmann 1892. LVI,547 S. 8°
1:Ec 24924. 6. 9. 11. 12:38/2450. 33.
14.8772

—— Hrsg. u. mit e. Lebensbild vers. von M. [vielm. W.] Burgbacher. 2., verm. Aufl. — Ebd. 1894. LVI,582 S. 8°
1:Ec 24924². 6.
14.8773

— Flora von Westfalen. Die in d. Provinz Westfalen wild wachsenden Gefäss-Pflanzen ... Hrsg. von L.A.W. Hasse. — Münster: Aschendorff 1893. XXII,1096 S. 8°
1:Lx 11916. 3. 5-8. 12:Phyt. 32b. 15. 38. 46. 60. 64. 211.
14.8774

Beckhaus, Conrad, Medizinalprakt. a. Königslutter: Zur Lehre von den Scheidencysten. München 1905: Kastner & Callwey. (41 S.) 8°
München, Med. Fak., Ref. v. Winckel, Diss. v. 28. Okt. 1905
[Geb. 30. April 79 Königslutter; Wohnort: Königslutter; Staatsangeh.: Braunschweig; Vorbildung: Wilh.-Gymn. Emden Reife O. 00; Studium: Freiburg i. B. 3, Kiel 2, Leipzig 1, München 4 S.; Coll. 28. Okt. 05; Approb. 28. Okt. 05.]

— Suche Jesum und sein Licht! Noch e. Jahrgang Predigten meist über d. alten Evangelien ... Hrsg. von W. Burgbacher. — Gütersloh: Bertelsmann 1900. VIII,551 S. 8°
1:Ec 24926. 6.
14.8775

Beckhaus, Moritz Johann Heinrich
—— [Ausz., deutsch] Bemerkungen über den Gebrauch der apokryphischen Bücher des alten Testaments zur Erläuterung der neutestamentlichen Schreibart. — Dortmund [usw.]: Mallinckrodt 1808. 148 S. 8° **3. 4. 5. 7. 8. 10. 12:Exeg. 91 m. 15. 19. 21. 24. 25. 27. 28. 117.**
14.8783

— Ueber die Aechtheit [Echtheit] der sogenannten Taufformel. Evangl. Math. 28,19. — Offenbach: Weiß & Brede 1794. 58 S. 8° 4. 62.
14.8776

— Einleitung in die Bücherkunde der Kirchen-Geschichte. Marburg 1840: Elwert. 23 S. 8° 4. 15. 34.
14.8777

[--] Geschichte der Menschheit und Religion. Freymüthig dargestellt für Freunde d. Aufklärung. — Weißenfels [usw.]: Severin 1793. 358 S. 8° **12:H. eccl. 422. 25. 303.**
14.8778

— Ueber die Integrität der prophetischen Schriften des Alten Bundes ... Nach d. lat. Urschrift vom Verf. selbst bearb. — Halle: Curt 1796. IV,406 S. 8°
1:Bo 190 [u.] 8° Bibl. Diez 5392. 3. 4. 5. 7. 10. 15. 18. 20. 21. 26. 29. 32. 45.
14.8779

— Marburger Bücher-Auktion ... 1846. Katalog der von M. J. H. Beckhaus ... hinterlassenen Bibliothek. — Marburg 1845: Elwert. 226 S. 8° **3. 4. 7. 12:Cat. 36 w**
14.8780

— Sammlung einiger öffentlichen Vorträge für Freunde einer rein-biblischen Religionserkenntniß und eines thätigen Christenthums. — Düsseldorf: Schreiner 1798. XVIII, 390 S. 8° **4. 5. 61.**
14.8781

Beckhaus, Rudolf
Beckhaus: Das Haftpflichtrecht nach d. heut. Stande d. Rechtsprechg. (128) gr8° Berl., W Moeser '12. L 3.50 d

Beckhaus, Rud.: In stillen Stunden. Gedichte. (69) kl8° Lpzg, Verl. f. Lit., Kunst u. Musik '07. 2 —; geb. n 3 — d

Beckhaus, Rudolf, Rechtskandidat: Die Subsidiarität des Bereicherungsanspruchs nach dem Bürgerlichen Gesetzbuch. Leipzig-R. 1906: A. Hoffmann. (61 S.) 8° [J.]
Heidelberg, Jur. Fak., Ref. Bekker, Diss. v. 14. Dez. 1906
[Geb. 24. Aug. 83 Stiepel; Wohnort: Langendreer; Staatsangeh.: Preußen; Vorbildung: Gymn. Dortmund Reife O. 03; Studium: München 3, Münster 3 S.; Rig. 14. Nov. 06.]

— **Wilhelm** (Bielefeld), De deformationibus cordis congenitis. Diss. med. Bln. (A. Petsch) 25. X. 1825. 42 S. mit Biogr. (M.: F. W. Kroenig) u. Abb. (C. L. Müller del. F. Guimpel sc.) (4.—) 1736

Beckhaus, Wilhelm: Aus der Jugendzeit. Ausgewählte Gedichte. — Leipzig: Lißner 1869. 64 S. 8° 14.
14.8785

Beckhaus, Guilelmus (geb. am 18 Nov. 1828 in Bielefeld): De iure in re publica sive populi sive civitatis, quod nomine quasiservitutis designari potest ... Bonnae, typ. C. Georgii 1851. 2 Bl., 37 S., 1 Bl. 8.
Bonn, Jur. Fak., Diss. v. 12 Aug. 1851

Beckhen s. *Beckh.*

Beckher, Daniel
Der Name d. Verfassers erscheint meist in d. Form Daniel Beckherus.
— — Historia des preussischen Messerschluckers ... Geschrieben durch Daniel Beckern. Hrsg. von Paul Sinnhold. — Liegnitz: Hrsg. 1845. 8 S. 8° 2.
14.8795

Beckher, Wilhelm Heinrich: Kurtzer Auszug, aus denen vornehmsten Königlichen Preußischen Edicten und Verordnungen, welche in Kirchen-Sachen in dem Königreich Preussen publiciret worden. — Berlin: Rüdiger 1731. 60 S. 8° 1:19 in 4° Gu 502. 9. 10. 12: 4° Liturg. 51. 41.
14.8805

— — Preußische Kirchenregistratur, oder: Kurzer Auszug Königlich-Preußischer Edicten und Verordnungen, welche in Kirchen- und Schulsachen in dem Königreich Preußen publiciret worden ... Mit e. Vorr. von d. Leben des Verfaßers versehen von Friedrich Samuel Bock. 2., verm. Aufl. — Königsberg: Hartung 1769. 146 S. 8°
1: Fq 20052. 5. 10. 22. 24. 44. 102. 208.
14.8806

— — 2., verm. Aufl. Königsberg [usw.]: Zeis & Hartung 1769. 146 S. 8° 7. 10. 14. 15. 25. 44. 214.
14.8807

— — Fortges. u. nebst e. Betrachtung, über d. gegenseitige Verhältniße d. Obrigkeit u. d. Predigers, hrsg. von Ludwig Ernst Borowski. — Königsberg: Hartung 1773. XXVIII, 16 S. 8°
Die Ausgabe enthält nur die Fortsetzung von Beckher.
Spätere Ausg. s. *Borowski*, Ludwig Ernst: Neue preußische Kirchenregistratur. 1789. 1: Fq 20056. 5. 10. 24. 44. 102. 208.
14.8808

Beckher, M. Guil. Henr., Schediasma de controversiis praecipuis Balthasari Beckero — quondam motis ob librum cui titulum fecit: Die bezauberte Welt. Adjecta in fine auctorum farragine, qui vel Beckeri scriptum refutarunt, vel assectorum more illud defenderunt. Regiomonti 721. 4. Helmst. 719. 4.

— Schediasma critico-litterarium de controversiis praecipuis Balthasari Bekkero ... motis, ob librum cui titulum fecit: Die bezauberte Weit. Adi. in fine auctorum farragine, qui vel Bekkeri scriptum refutarunt, vel asseclarum more illud defenderunt. — Regiomonti [usw.]: Hase 1721. 47 S. 8° 1: N 8792 [u.] 1 in N 8812. 4. 8. 9. 11. 12: 4° Phys. m. 14 [2 Ex.] 14→19. 21. 24. 27. 29. 32. 33. 36. 41. 43. 44. 53. 300: 33.194-B.
14.8809

— Die beyden Söhne Abrahams als Vor-Bilder der beyden Testamenten Gottes am Sonntage Lätare aus der ordentlichen Sonntags-Epistel Gal. IV,21–31. im Jahr 1726 der Labiauschen Gemeine in einer Vesper-Predigt vorgestellet. Königsberg: Eckardt [1726]. 28 S. 8° 44.
14.8811

— Das Testament Gottes von unserer Seeligkeit, ward aus der ordentlichen Sonntags-Epistel Gal. III. 15–22 ... 1724. der Labiauschen Gemeine in einer Vesper-Predigt vorgestellet. — Königsberg: Eckardt [1724]. 26 S. 8°
1: 10 in E 157.
14.8812

Beckher, Wilh. Heinr. (Labiau), De eo: utrum Cartesius, qui de omnibus dubitandum esse credidit, numinis divini quoque existentiam in dubium vocaverit, exindeque recte atheis annumeretur? Ob Cartesius gezweiffelt dass ein Gott sey, und ein Atheist gewesen? Schediasma crit.-philos.-litt. — Praem. scriptorum, qui de Cartesio, in eius vel vitae monumenta, vel doctr. novasque hypoth. inquir., pluribus diss., brevi catalogo. Königsberg u. Leipzig (Jo. Phil. Haas) 1724. 64 S. (6.80) 1737

— Die vornehmsten Irrthümer in der Lehre von der Sünde, hat im Jahr 1728.... in einer ... Nachmittags-Predigt ... schrifftmäßig wiederlegen wollen ... Wilhelm Heinrich Beckher. — Königsberg: Eckardt [1728]. 27 S. 8° 10. 18.
14.8813

— Den wohleingerichteten äusserlichen Gottesdienst der Christen hat im Jahr 1728. ... in einer ... Nachmittags-Predigt ... schrifft-mäßig entworffen ... Wilhelm Heinrich Beckher. — Königsberg: Eckardt [1728]. 24 S. 8°
10. 18.
14.8814

Beckher, Wilhelm Heinrich
— Den zwar empfindlichen, jedennoch höchst-angenehmen Advent und Zukunfft Christi, in unsere Hertzen, stellete ... 1734 ... in einer einfältigen Buß- u. Gnaden-Predigt vor, Wilhelm Heinrich Beckher. — [Königsberg]: Hartung 1735. 30 S. 8° 10. 18.
14.8815

Beckhern, Daniel s. *Beckher.*

Beckherrn, Karl: Beiträge zur Topografie und Statistik des ehemaligen Amtes Rastenburg. — Königsberg: Beyer 1881. 65 S. 8° Aus: Altpreussische Monatsschrift. 18. 1881.
10.
14.8816

— Geschichte der Befestigungen Königsbergs. — Königsberg: Beyer 1890. 91 S. 8°
Aus: Altpreussische Monatsschrift. 27. 1890.
1: Sz 8171. 10. 17. 43. 44.
14.8817

Beckherrn, C, Geschichte d. Befestiggn Königsbergs. Nachtrag. 8° (3 m. 1 Planskizze.) Kögsbg 91, F Beyer. — 40 (Hauptwerk u. Nachtrag: 2.90)

— Die Mitglieder des Rathes und Gerichtes der Stadt Rastenburg. — Rastenburg 1887: Kowalski. 16 S. 8°
1: Sz 9482. 10.
14.8818

— Mittheilungen aus Rastenburgs Vergangenheit. — Rastenburg: Kowalski 1881. 55 S. 8°
1: Sz 9481. 10. 14. 44. 102. 208.
14.8819

— Rastenburg historisch-topografisch dargestellt. — Rastenburg: Schlemm 1880. 126 S. 8°
1: Sz 9480. 10. 29. 44. 102. 203.
14.8820

— Die S[ank]t Georgenkirche zu Rastenburg. — Königsberg: Beyer 1883. 68 S. 8°
Aus: Altpreussische Monatsschrift. 20. 1883. 10. 102. 214.
14.8821

— **Verzeichniss** der die Stadt Rastenburg betreffenden Urkunden. — Königsberg: Beyer 1885. 101 S. 8° **10. 29.**
Aus: Altpreussische Monatsschrift. 22. 1885.
14.8822

— Die **Wappen** der Städte Alt-Preussens. — Königsberg: Beyer 1892. 68 S., 15 Taf. 8°
Aus: Altpreussische Monatsschrift. 29. 1892.
1: Sz 3075. **10. 44. 102. 214.**
14.8823

Beckherrn, Richard: M. Opitz, P. Ronsard und D. Heinsius.... Königsberg in Pr., Buchdr. v. R. Leupold, 1888; 1 Bl. + 143 + 1 S. + 2 Bl. 8°
Königsberg, Phil. Fak., Inaug.-Diss. v. 18. Mai 1888

Beckherus s. *Beckher.*

Beckhof, Walter: Kurzer **Begriff**, wie es in Hamburg mit der Erbfolge ohne Testament gehalten wird. [Verf.: Walter Beckhof.] — Hamburg: Piscator 1759. 14 S. 8° **18.**
14.8824

[—] — Hamburg: Meyn 1785. 14 S. 8° **18.**
14.8825

— **Differentiae** iuris naturae et gentium in libertate navigationis commerciorum caussa institutae. — Lipsiae 1748: Breitkopf. XXIII [vielm. XXIV] S. 8°
2. 3. 4. 8. 12: 4° Diss. 3037–29. **15. 17. 18. 19. 26. 27. 28. 30. 36. 46. 48. 205. 300:** 130.208–B.
14.8826

— Bibliothecae Beckhoffianae **Nomenclator**, sive bibliotheca Waltheri Beckhoffii, libros ex omni fere eruditionis parte complectens, una cum app. librorum quorundam theologicorum. [Auktionskat.] — Hamburgi [1781]: Meyn. 108 S. 8° **18.**
14.8827

Beckhoff, Walther (Hamburg), Utrum electores vi archi-officiorum imperatorem eligant. Diss. jur. Präs. Just. Henning Boehmer. Halle (J. F. Grunert) 17. IX. 1746. 44 S. (5.—) 1738
Widm. v. Chn. Frh. v. Wolff, Joh. Beckhoff (Bruder).

Beckhoff, Walter s. *Beckhof.*

Beckhusen, Helene: Erfahrungen im Molkereiwesen u. in der Kälbermast. (Danzig 1876). 14 S. P.
(Schriften d. milchw. Vereins Nr. 3). 523

Becking, Eduard: Die **Aufgaben** der Fliesen-Keramik bei der Ausschmückung des Fussbodens in Kirchen. 4. Aufl. (Trier [um 1910]: Paulinus-Dr.) 47 S. 4° **121.**
14.8839

— **Fliesen-Böden** nach Gemälden des fünfzehnten und sechzehnten Jahrhunderts von Jan van Eyck, Hans Holbein d. Ä., Hans Memling, Dürik Bouts, Meister von St. Severin u. anderen mehr. — Stuttgart: J. Hoffmann [1903]. 6 Bl., 48 Taf. 8° **30. 89. 91. 121.**
14.8840

— **Wie** soll der Fussboden unserer Kirchen geschmückt werden? Ein Leitfaden für Geistliche u. Architekten. 3. Aufl. Trier 1903: Paulinus-Dr. 20 S. 8° **305.**
14.8841

Becklus s. *Beck.*

BECKLER, Hermann (Höchstädt): Ueber die Uterinblennorrhoe.- München: Weiss 1855. 15 S.
20.6.1855 - Urk (Titel: De blennorrhoea uteri.); F 68
Diss. Ingolst.-Landsh.-Mchn.

Beckman, Bengt: Üb. d. Verhältnis d. spezif. Wärmen d. Kohlensäure bei niedrigen Drucken. [Aus: „Arkiv f. matematik, astronomi och fysik".] (9) 8° Upsala '12. Berl., R Friedländer & S. nn ·60

Beckman, Dietrich Matthias
s. *Beckman*, Theodor Matthias.

Beckman, Johan Wilhelm
— **Schwedische Bearbeitungen** und Uebersetzungen der Sequenzen Dies irae und Stabat mater. — Stockholm: Norstedt 1843. 39 S. 8° 1: En 7770.
14.8868

Beckman, Theodor Matthias
Der Verfasser nennt sich auch Dietrich Matthias Beckman.
— Freundliche **Einladung** zum friedlichen liebreichen Gespräch und Untersuchung der Prophezeyungen Alten Testaments, von der Juden bald bevorstehender so leiblicher als geistlicher Erlösung. — o. O. 1707. 95 S. 8° **28.**
14.8892

Beckman Olofson: **Geschichtliches** und Wissenschaftliches über: Die Gas-Werke zu Schwerin. — Hamburg: Niemeyer 1856. 30 S. 8° **12:** A. civ. 118–28. **33.**
14.8896

Beckmann s. auch *Beckman.*

Beckmann, Hauptmann, Militärtechn. Akademie, Berlin. 1908
s. *Beckmann*, Bernhard.

Beckmann, Direktor d. Kaiser Wilhelm-Instituts für Chemie, Berlin-Dahlem, 1853-1923. 1896 s. *Beckmann*, Ernst.

Beckmann, Sanitätsrat, Harburg. 1890 s. *Beckmann*, Ernst.

Beckmann, Prof. d. Ökonomie, Göttingen, 1739-1811. 1766
s. *Beckmann*, Johann.

Beckmann, Oberbürgermeister, Crimmitschau, geb. 1858. 1894
s. *Beckmann*, Johann Friedrich.

Beckmann, Bischof, Osnabrück. 1843
s. *Beckmann*, Johann Heinrich.

Beckmann, Gerichtsassessor, Berlin, geb. 1876. 1905
s. *Beckmann*, Theodor.

Beckmann: Ueber die Entstehung des Niederländischen Aufruhrs unter Philipp II. Münster 1861. 4°

Beckmann: Führer durch ..., s. Beckmann-Führer.

Beckmann's Kunstbb. 30,5×25 cm. Berl., O Beckmann. je 6 —; Luxusausg. 25 —
Bénédite, Léonce: Ignacio Zuloaga. (80 m. Abb. u. 1 Grav.) ('11)
Brieger-Wasservogel, Loth.: Francisco de Goya. (79 m Abb. u. 1 Grav.) ('11)
Dake, Cl.: Jozef Israëls. (Neue [Tit.]-Ausg.) (79 m. Abb., 1 Grav. u. 2 Farbentaf.) ['10] ('11)
Rapsilber, M: Stephan Sinding. (Neue [Tit.-]Ausg.) (80 m. Abb., 2 Grav. u. 1 Bildn.) ['10] ('11)
Thalasso, Adolphe: Türk. Kunst. (Neue [Tit.-]Ausg. v.: Thalasso: Die oriental. Maler d. Türkei.) (79 m. Abb., 1 Grav. u. 2 Farbentaf.) ['10] ('11)

— Plan s.: Beckmann-Plan.

Beckmann: 100 Prüfgs-Aufg. z. Reserveoffizieraspiranten- u. Reserveoffizierprüfg, s.: Klemm.

Beckmann: Staat u. Kirche, s: Vorträge, Wiesbadener kirchenpolit.

Beckmann: Straßenführer, s. Beckmann-Straßenführer.

Beckmann. 1903: **Welchen** Fortschritt bedeuten die ministeriellen Bestimmungen vom 1. Juli 1901 für die Vorbildung der Volksschullehrer? — Bielefeld: Helmich [1903]. 15 S. 8° (Pädagogische Abhandlungen. 78.)
1: Nc 3973–78. **6. 207.**
14.8907

Beckmann, Adalbert (geb. Zeitz 8. 8. 1826): De systematis cutanei nonnulla. Berolini (1851). (27 S.) 8°
Berlin, Med. Diss. v. 20. Aug. 1851

Beckmann, Adolf, Oberregierungsrat, Berlin. 1891 [Hrsg.] s. *Archiv* für gewerbliche Rechtspflege. 1900 ff. [Zeitschriften].

— Tafeln zur Ermittelung der Invaliden- und Altersrenten (Reichsgesetz, betr. die Invaliditäts- u. Altersversicherung, vom 22. Juni 1889) ... Hrsg. von A. Beckmann u. H. Niebour. [Nebst] Nachtr. 1.2. — Berlin (Nachtr. 2: Groß-Lichterfelde): Siemenroth & Worms (Nachtr. 1.2: Troschel) 1891–1911. 4°
Vollst. . . . . 1: Fe 11013. 21. 38.
Hauptw. . . . . 12: 4° Cam. 80d [2 Ex.] 39. 41. 45. 107. 203. 208. 302.
14.8909

Beckmann, Albert: Ein verarmter Edelmann. Charakter-Lustspiel. Nach d. 'Roman d'un jeune homme pauvre' von Octave Feuillet ... bearb. — Berlin: Heinrich 1859. 55 S. 8° 1: 1 in Ys 10800. 12: P. o. gall. 2559s. 30.
14.8911

— — Berlin [um 1880]. 71 S. 8° (A. Kühling's Volks-Schaubühne. 31.) 1: Yp 6325–31.
14.8912

Beckmann, A, e. verarmter Edelmann, s.a. Kühling's, A, Volks-Schaubühne.

Beckmann, Amalie: Vegetarisches Kochbuch. Mit Einl. von C. H. Fehlauer. — Berlin: 'Unser Hausarzt' 1909. XV, 236 S. 8° 1: N 11.68.
14.8913

Beckmann, Andreas Friedrich: Einige Anmerckungen über des Herrn J. J. Büchtings ... Gegründete Beurtheilung und Anmerckungen über des Herrn J. G. Beckmanns ... hrsg. Schrifften von der Holtzsaat, Forstwissenschafft, &c. zu billiger Vertheidigung des seel. verstorbenen Verfassers gedachter Schrifften. — Chemnitz: Stößel [1770]. 20 S. 8° 14.
14.8914

Beckmann, Armin. (geb. Osnabrück 26. 11. 1819): De chlo[illegible] Berolini (1853). (32 S.) 8°
Berlin, Med. Diss. v. 7. Okt. 1853

Beckmann, August, Dr. phil., geb. 1863. 1889: Num Plato artefactorum ideas statuerit. — Bonnae: Hanstein 1889. 36 S. 8° Zugleich Diss. Bonn 1889. 25. 302.
14.8916

Becmann, B. L., de lapidatione Hebraeorum. Fcfr. 1716. 4.

Beckmann, Benjamin: Album der Kirche zu Doberan. Detail-Aufnahmen aus d. 13. Jahrh. (Hrsg.: G. L. Möckel.) Rostock: Boldt [1880]. 1 Bl., 17 Taf. 2° 30.
14.8920

Beckmann, Bernhard, Hauptmann, Militärtechn. Akademie, Berlin. 1908: Zur Maschinengewehrfrage. — Berlin: Bath 1908. 44 S. 8° (Militärische Zeitfragen. 16.) 1: Hu 3131–16. 21. 29. 41. 169. 209.
14.8922

Beckmann. Zur Maschinengewehrfrage. Berlin 1910. 8°.

Beckmann: Zur Maschinengewehrfrage. s.a. Zeitfragen, militär.

Beckmann, Bernhard Ludwig [Mitarb.] s. *Beckmann*, Johann Christoph: Historische Beschreibung der Chur und Mark Brandenburg. 1751–53.

(—) Erklährung der königlich-preußischen und churfürstlich-brandenburgischen Wapen, von Churfürst Friderich I. bis auf Se. jetzt regierende Königliche Majestät Friderich den II. (Verf.: Bernh. Ludwig Bekmann.) — Berlin 1751: Kunst. 30 S. 8° 2.
14.8923

[—] Noctium Joachimicarum seu elucubrationum varii argumenti vol. 1. — Berolini 1750: Kunst. 144 S. 8° 1: Tc 132 [u.] 8° Bibl. Diez 4705. 2. 7. 15. 33.
14.8924

Beckmann, C., s.a. Beckmann, Karl u. Beckmann, Konrad

Beckmann, C., Cand. theol. 1802: Eine Predigt über die Feindesliebe. Text: Matth. V, 44.45. — Rostock 1802: Adler. 32 S. 8° 28.
14.8925

Beckmann, Clemens [aus Lohne (Oldenburg)]: Beitrag zur Differenzialdiagnose der Milztumoren von anderen Tumoren des Unterleibs. . . . Würzburg, Paul Scheiner's Buchdr., 1890; 18 S. 8°
Würzburg, Med. Fak., Inaug.-Diss. v. 1890

Beckmann, Detlev
— — Das gantze Leben Christi, oder ausführliche, andächtige und bewegliche Beschreibung des allerheiligsten Lebens und Leidens unsers Herrn und Heylandes Jesu Christi ... auffgezeichnet ... von Detlevo Becmann. (Th. 1.2.) — Durlach: Hecht 1702. 8° 28. 31.
14.8978

Beckmann, (Eberhard). Beckmann's Reisehandbüchlein der Schweiz. 1883. Mit allgemeinem Führer durch die Schweizerische Landesausstellung Zürich. 1883. Kurzer Führer durch die Schweiz.... Ein unentbehrlicher Rathgeber umfassend die Angabe der nennenswerthesten Sehenswürdigkeiten. 8. Zürich [1883].

Beckmann, Ed.

Beckmann, E, d. lust. Deklamator. 2. Afl. 16. (124) Mülh. 69, Bagel. — 6

Beckmann, Ed.: Der lustige Deklamator. Eine Sammlung komischer Gedichte, Parodieen u. launiger Vorträge. 13. Aufl. — Mülheim a. d. R.: Bagel [um 1890]. IV, 200 S. 8° 1: Yf 5834^{13}. 5.
14.8981

Beckmann, E, d. lust. Deklamator. 14. Afl. 12° (200) Mülh. a/d. R. 91, J Bagel. 1 — ‖ Kleine Asg. 13. Afl. (120) 91. — 60

— — 14. Aufl. Ebd. [1894]. IV, 200 S. 8° 1: Yf 5834^{14}. 5.
14.8982

Beckmann, Emil: Anleitung zu englischen Arbeiten. — Altona: Schlüter 1888. 88 S. 8° 1: Z 3298. 8. 18. 41.
14.8983

— Anleitung zu französischen Arbeiten. 2., verb. u. verm. Aufl. — Berlin: Friedberg & Mode 1886. 68 S. 8° 1: Xs 8014. 207.
14.8984

Beckmann, E. Anleitung zu französischen Stilübungen. Altona, Rg., 1885. 36 S.

Beckmann, E: Die Behandlg französ. u. engl. Schriftwerke, s.a. Abhandlungen, neusprachl., a. d. Gebieten d. Phraseol. etc.

— Die Behandlung französischer und englischer Schriftwerke. — Dresden [usw.]: Koch 1898. VIII, 38 S. 8° (Neusprachliche Abhandlungen aus d. Gebieten d. Phraseologie, Realien, Stilistik u. Synonymik. 5.) 1: V 685/10–5. 3. 9. 10. 11. 12: H. lit. P. 0x–5. 15. 30. 38. 93. 207. 302.
14.8985

Beckmann, *Emil* [Prof. Dr.]: Bemerkungen zur Förderung des guten Gebrauches der deutschen Sprache in Altona. Altona, Druck v. P. Meyer, *1891;* 1 Bl., XXVIII S. 4°
Altona, RG u. R, OP 1891 (282)

Beckmann, Emil (August) (geb. am 25 Dez. 1843 in Barmen): Étude sur la langue et la versification de Malherbe ... Elberfeld, Druck v. R. L. Friderichs & Comp. (1872). 2 Bl., 76 S. 8. ¶ Erschien 1873 selbständig bei Friderichs in Elberfeld.
Bonn, Phil. Fak., Diss. v. 27 Dez. 1872

— Étude sur la langue et la versification de Malherbe. — Elberfeld: Friderichs 1873. 74 S. 8° 32.
14.8986

Beckmann, E, Hilfsbuch f. d. engl. Ausdruck. 12° (56) Altona 95, Schlüter. — 80

— Hilfswörterbuch zum englischen Ausdruck. — Leipzig: Renger 1905. 144 S. 8° 12: L. g. sept. 12 ad. 27.
14.8987

— Kurzgefaßtes Lehrbuch der spanischen Sprache. — Altona: Schlüter 1884. XX,136 S. 8° 1:Xl 2738. 16. 46.
14.8988

Beckmann, Emil August, s. Beckmann, Emil

Beckmann, Erich: Untersuchungen über Wirbelstrombremsen. [1903.] 39 S. 4°
Hannover, Dr.-Ing.-Diss. v. 11. 12. 1902

Beckmann, Erika: Schiffer Hansen u. s. Haus od. Gottes Wege. Erzählg f. d. Jugend. (110 m. Titelbild.) 8° Konst., Christl. Buch- u. Kunstverl. C Hirsch ('09). L. 1 — d

Beckmann, Ernst, Direktor d. Kaiser Wilhelm-Instituts für Chemie, Berlin-Dahlem, 1853-1923. 1896 s. *Abhandlungen* aus dem Institut von E. Beckmann. 1908 ff. [Zeitschriften].

— Beiträge zur Bestimmung von Molekulargrößen. 5. — Leipzig: Engelmann 1897. 8°
Aus: Zeitschrift für physikalische Chemie. 22. 1897. 83.
14.8993

— Beiträge zur Prüfung des Honigs. — (Wiesbaden: Kreidel [1896].) S. 263-84. 8°
Aus: Zeitschrift für analytische Chemie. 35. 1896. 84.
14.8994

— Borneol und Reduction des Kamphers. — Leipzig: Barth (1897). S. 31-40. 8°
Aus: Journal für praktische Chemie. N.F. 55. 1897.
(Beckmann: Untersuchungen in der Kampherreihe. 7.)
84.
14.8995

— Ueber das Drüsensecret des Stinkdachses. — o. O. (1896.) 3 S. 8° Aus: Pharmaceutische Centralhalle. 1896. 84.
14.8996

Beckmann, Ernst *August Friedrich* [app. Arzt aus Braunschweig]: Ein Fall von Riesenzellen-Sarkom der Schilddrüse ... Leipzig, Metzger & Wittig, 1895; 27 S., 1 Bl. 8.
Leipzig, Med. Fak., Inaug.-Diss. v. 12. Febr. 1895

— Ueber Kampherpinakon. — Leipzig: Winter (1896). 30 S. 8°
Aus: Justus Liebig's Annalen der Chemie. 292. 1896.
(Beckmann: Untersuchungen in der Kampherreihe. 4.)
84.
14.8997

— E. Beckmann u. H. Eickelberg: Zur Kenntnis der Menthone, Ueberführung in Thymol. — Berlin 1896. S. 418-21. 8°
Aus: Berichte d. Deutschen Chemischen Gesellschaft. 29. 1896.
84.
14.8998

— Das Laboratorium für angewandte Chemie der Universität Leipzig in seiner neuen Gestaltung. — Leipzig: Quelle & Meyer 1908. 83 S. 8° 1:4° Mr 6311. 11. 14. 15. 29. 83. 84. 86. 88. 89. 91. 117. 201. 210. 302. 305.
14.8999

— Das neubegründete Laboratorium für angewandte Chemie an der Universität Leipzig. Von Ernst Beckmann u. Theodor Paul. — Berlin: Springer 1899. VI,62 S. 8°
1:Mr 6279. 11. 12:H. lit. P. 34a. 14. 15. 26. 82. 89. 106. 117. 180. 210. 305.
14.9000

Beckmann, Ernst, Sanitätsrat, Harburg. 1890: Zur Warnung! Leidensgeschichte eines für geisteskrank gehaltenen Arztes. — Hamburg: Ahrens 1890. 40 S. 8° 18. 109.
14.8992

— Menthol und Reduction des Menthons. — Leipzig: Barth (1897). S. 14-31. 8°
Aus: Journal für praktische Chemie. N.F. 55. 1897.
(Beckmann: Untersuchungen in der Kampherreihe. 6.)
84.
14.9001

Beckmann, Ernst: Studien zur ebullioskopischen Bestimmung von Molekulargewichten. Lipsiae (1907): A. Edelmann. (S. 1—34) 4°
Leipzig, Verz. d. Promotionen in d. philos. Fak. 1906—1907

— Studien z. ebullioskop. Bestimmg v. Molekulargewichten. (34 m. Fig.) Lex 8° Lpzg. A Edelmann ('08). 1 —

— Untersuchung von Honig. 1896 in: *Beckmann*, Ernst: Verhalten proteïnartiger Stoffe gegenüber Aldehyden.

Beckmann, Ernst, Dr.: Untersuchungen ueber die Aluminate und basischen Haloïdsalze des Bariums sowie Notizen ueber Barythydrat und die Haloïdsalze des Bariums. 1882. 96 S. 8° ¶ Aus: Journal f. prakt. Chemie. Bd 134. 135. N. F. Bd 26. 27. 1882. 83. *Br*
Braunschweig Te. H., Hab.-Schr. v. 23. 5. 1882

— Untersuchungen in der Kampherreihe. Abh. 4.6.7. — Leipzig: Winter (6.7: Leipzig: Barth) (1896-97). 8°
4. Beckmann: Ueber Kampherpinakon. 1896.
6. Beckmann: Menthol u. Reduction d. Menthons. 1897.
7. Beckmann: Borneol u. Reduction d. Kamphers. 1897. 84.
14.9003

— 1. Verhalten proteïnartiger Stoffe gegenüber Aldehyden. 2. Untersuchung von Honig. — München [usw.]: Wolf 1896. S. 324-29. 8°
Aus: Forschungsberichte über Lebensmittel u. ihre Beziehungen zur Hygiene, über forense Chemie u. Pharmakognosie. 1896.
84.
14.9005

Beckmann, E: Neue Vorrichtgn z. Farben nichtleucht. Flammen (Spektrallampen), s.a. Abhandlungen d. kgl. sächs. Gesellsch. d. Wiss.

— Neue Vorrichtungen zum Färben nichtleuchtender Flammen (Spektrallampen). — Leipzig: Teubner 1900. 23 S. 4° (Abhandlungen d. Königlich Sächsischen Gesellschaft d. Wissenschaften. Bd 45,1 = Math.-phys. Cl. 26,1.)
1:4° Ab 994-Math.-phys. Kl. 26,1. 2→11.
12:4° Acad. 78 fa-Math.-phys. Kl. 26,1. 14→21. 24→30. 32. 38. 39. 45. 48. 86. 88. 89. 90. 117. 300:390.879-C. Per. 45. 302→305.
14.9006

— Wein u. Bier, s.a. Hochschul-Vorträge f. Jedermann.

— Wein und Bier. Vortrag. — Leipzig: Seele 1899. 27 S. 8° (Hochschul-Vorträge für jedermann. 16.) 1:Ag 7229-16.
12:Var. 329 wx-16. 15. 16. 22. 29. 38. 43. 302.
14.9007

Beckmann, Ernst

— Clemens Winkler. Nekrolog. — o. O. [1905]. 8 S. 8°
Aus: Berichte über d. Verhandlungen d. Königlich-Sächsischen Gesellschaft d. Wissenschaften zu Leipzig. Math.-phys. Kl. 56. 1904. 10.
14.9008

— Johannes Wislicenus †. [Ansprache bei der Trauerfeierlichkeit im Chemischen Laboratorium Leipzig.] — o. O. [1902]. 10 Bl. 8° 90.
14.9009

Beckmann, Ernst. Johannes Wislicenus (1835—1902). Nachruf von E. B. Revidierter Sonder-Abdruck aus den Berichten der deutschen chemischen Gesellschaft. Jahrg. 37, Heft 19. [Mit 1 Abbildung und 1 Porträt-Tafel, sowie bibliographischem Anhang.] II + 86 S. 8. Berlin, R. Friedlaender & Sohn, 1905. [M. 1. 60]
(J. Wislicenus, *Docent und Prof.* in Zürich 1860—1872. Züricher Bürger.)

Beckmann, Ernst Ludwig: Die landwirthschaftliche doppelte Buchhaltung. — Cöslin: Hendeß 1829. Getr. Pag. 8°
1:Ox 20659. 7. 9. 19. 20. 27. 28. 31.
14.9011

— — 2., verm. Aufl. Ebd. 1846. Getr. Pag. 8°
1:Ox 20660. 15. 20.
14.9012

— Ueber Taxen und Abschätzungen ländlicher Grundstücke. — Cöslin: Hendeß 1832. 32 S. 8°
4. 9. 10. 28. 60. 106. 302.
14.9013

Beckmann, F.: A n l e i t u n g zur Technologie . . ., s. B e c k m a n n , Johann

Beckmann, F, Beitr. z. chem. Gesch. d. aether. Senföls. 8. (27) Dorp. 64, (Gläser.) n. — 10

Beckmann, F: Der Schnepfenjäger, s.: Universal-Bibliothek.

Beckmann, F.J. (Red.), s. H a n d e l s b l a t t für den deutschen Gartenbau und die ihm verwandten Zweige.

Beckmann, FJ, d. Märchen v. vier Wenzeln. Ein Skatgedicht m. Declamation u. leb. Bildern. 8° (24) Hamb. 91, G Kramer V. — 75

Beckmann, F. L.: Ein Project für die Paris-Hamburger Bahn. (Strecke Osnabrück-Hunteburg.) (Verf.: F. L. Beckmann.) — Osnabrück 1866: Kisling. 47 S. 8° 82.
14.9015

Beckmann, Ferdinand [app. Arzt aus Wattenscheid]: Aus d. Univ.-Augenklinik in Giessen. Ein Beitrag zu den Dynamit- und Pulververletzungen des Auges . . . Giessen, grossh. Hof- u. Univ.-Dr. C. v. Münchow, 1895; 33 S. 8.
Giessen, Med. Fak., Inaug.-Diss. v. 1895

Beckmann, Ferdinand, Assistenzarzt am Stadtkrankenh. zu Schwerin (Meckl.): Über den Zusammenhang von Deformitäten des Thorax und Herzhypertrophie nebst einigen therapeutischen Bemerkungen. *Rostock 1903: C. Hinstorff.* (43 S.) 8°
Rostock, Med. Diss. v. [10. Mai] 1903

Beckmann, Fr. (Hrsg.), s. A n s i e d l e r , Der deutsche. Jg. 41 (1803)-44(1806).

Beckmann, Franz: Bemerkungen zum Prolog und zur Parodos des äschyleischen Agamemnon. — Braunsberg: Peter 1867. 33 S. 8°
1: Vg 4320. 10. 11. 12: A. gr. a. 91. 102. 214.
14.9016

— De primo Episcopo Varmiae commentatio. — Brunsbergae: Huye 1854. 47 S. 8° 1: 7 in Sz 1. 5. 9.
12: Diss. 2178-8. 15. 102. 211. 214. 300: 405.049-B.
14.9017

Beckmann, Franz [aus Buer i. W.]: Aus d. chirurg. Klinik zu Bonn. Ueber die Epulis. . . . Bonn, Buchdr. J. Bach Wwe., 1891; 35 S. 8°
Bonn, Med. Fak., Inaug.-Diss. v. 3. März 1891

— Zur Geschichte des kopernikanischen Systems. Artikel [1]-4 [nebst] Forts. zu 3. — Braunsberg: Peter (4: Königsberg) 1861-66. 8°
Aus: Zeitschrift für d. Geschichte u. Alterthumskunde Ermlands. 2.3. 1863-66.
2[∞1.2]. 4[∞2/4. Forts. zu 3]. 10[∞3.4. Forts. zu 3]. 12[∞3.4]: Astr. P. 10 k. 38[∞4. Forts. zu 3]. 52[∞3.4. Forts. zu 3]. 102. 211.
14.9018

—— z. Gesch. d. kopernik. Systems. I. u. II. 8. (85) Lpzg 62, Peter. à n. — 8

Beckmann, F., De Aeschyli locis Agam. 3 et Eumen. 80. Pr. 1865. 9 S. 4°.

Quaestionum Pythagoricarum particulae. 2 Tle. Pr. 1855 u. 1859. 20 u. 18 S. 4°. à 1.20

Beckmann, Franc. (geb. Schönholthausen in Westf. 1811): Quaestionum de Pythagoreorum reliquiis pars prior. Berolini (1844). (38 S.) 8°
* Erschien umgearbeitet u. d. T.: De Pythagoreorum reliquiis quaestionum prooemium. Berolini: Besser 1850.
Berlin, Phil. Diss. v. 9. Apr. 1844

— De Pythagoreorum reliquiis Quaestionum prooemium. Berolini: Besser 1850. VI, 36 S. 8°
Erschien zuerst als Diss. u. d. T.: Beckmann: Quaestionum de Pythagoreorum reliquiis p. 1. Berlin 1844.
1: 1 in Ah 7785. 2. 10. 11. 12: Diss. 2145-19. 19. 102. 214.
14.9019

Beckmann, Franz

— Ursprung und Bedeutung des Bernsteinnamens Elektron. Braunsberg: Beyer 1869. 43 S. 8°
Aus: Zeitschrift für d. Geschichte u. Alterthumskunde Ermlands. 1. 1860.
7. 10. 11. 38. 44. 214. 303.
14.9020

—— Ursprg u. Bedeutg d. Bernsteinnamens Elektron. 8. (44) Braunsb. 69. (Lpzg, Peter.) n. — 10

— Versuch einer Erklärung der Stelle I. Mos. II. 10.-15. über das Gewässer in Eden. — Köln 1836: DuMont-Schauberg. 22 S. 8°
Erschien zuerst in: Zeitschrift für Philosophie u. katholische Theologie. 16. 1836.
6.
14.9021

Beckmann, Friedrich

Beckmann, Frdr.: Einfuhrscheinsysteme, s: Abhandlungen, Volkswirtschaftl.. d. bad. Hochsch.

Beckmann, Friedrich, aus Kurland, Ueber die Fettsäuren von der generellen Formel $(C_2H_2)_n O_4$ und ein neues Glied derselben: Hordeïnsäure. Mag. Diss. Dorpat. 8°. 33 pp. 1855

Beckmann, Friedrich, Schauspieler am Königstädt. Theater, Berlin, später am Hofburgtheater, Wien, 1803-1866. **1833: Der Eckensteher Nante im Verhör. Lokal-Posse. 4. Aufl. — Berlin: Rücker 1833. 36 S. 8°**
Ausgaben dieser Posse in modernen minderwichtigen Sammlungen sind im folgenden nicht berücksichtigt.
8.
14.9023

— — 7. Aufl. Ebd. 1833. 36 S. 8° 1: 4 an Tc 7556-6.
14.9024

— — 8. Aufl. Ebd. 1833. 36 S. 8°
12: Heyse Archiv XI-4,9.
14.9025

— — 9. Aufl. Ebd. 1833. 36 S. 8° 31.
14.9026

— — 11. Aufl. Ebd. 1833. 36 S. 8° 75.
14.9027

— — 12. Aufl. Ebd. 1833. 36 S. 8° 32.
14.9028

— — 14. Aufl. Ebd. 1833. 36 S. 8° 21.
14.9029

— — 23. Aufl. Ebd. 1837. 36 S. 8° 78.
14.9030

— — 24. Aufl. Ebd. 1838. 36 S. 8° 20.
14.9031

— — 31. Aufl. Berlin: Rücker & Püchler 1843. 36 S. 8°
1: Ys 6216[31]. 11. 300: 621.661-A. Th.
14.9032

— — 32. Aufl. Ebd. 1845. 36 S. 8° 1: 2 in 4° Yy 11.
14.9033

— — 33. Aufl. Ebd. 1846. 36 S. 8° 1: 2a in 4° Yy 11. 302.
14.9034

— — 34. Aufl. Ebd. 1847. 36 S. 8° 1: 2b in 4° Yy 11.
14.9035

— — 39. Aufl. Ebd. 1861. 36 S. 8° 1: 2c in 4° Yy 11. 18.
14.9036

— — 41. Aufl. Ebd. 1868. 36 S. 8° 12: L. eleg. m. 112d.
14.9037

— — 42. Aufl. Ebd. 1869. 36 S. 8° 1: 2d in 4° Yy 11.
14.9038

— — 44. Aufl. Berlin: Bernhardi 1873. 36 S. 8° 109.
14.9039

Beckmann, F, d. Eckensteher Nante im Verhör. Kom. Scene. 45. Afl. 8. (36) Berl. 74, Bernhardi. n. 1. —

— — 46. Aufl. Ebd. 1876. 36 S. 8° 1:2e in 4° Yy 11.
14.9040

— — 47. Aufl. Ebd. 1878. 36 S. 8° 109.
14.9041

— — 48. Aufl. Ebd. 1879. 36 S. 8° 109.
14.9042

— — 49. Aufl. Ebd. 1880. 36 S. 8° 5. 9.
14.9043

Beckmann, F, d. Eckensteher Nante im Verhör. Kom. Scene. 49. Afl. 8. (36) Berl. 82, Bernhardi. *n.* 1. —

Der Eckensteher Nante im Verhör. Komische Scene von **Friedrich Beckmann**. *Berlin: E. Bloch (1891).* (14 S.) 8° [F.]
— Dilettanten-Bühne, Eduard Blochs. No 225. [01. 9944

— — Mit e. Lebensbilde d. Verf. hrsg. von Carl Friedrich Wittmann. Mit e. Musikbeil. — Leipzig: Reclam [1897]. 38 S. 8° (Universal-Bibliothek. 3707.)
1:Ag 7201–3707. 10. 12:Var. 380k–3707. 15. 211. 300:410.411–A. Per. 3707. 302.
14.9044

Beckmann, F: Eckensteher Nante im Verhör. Posse m. Gesang. 8° (15) Berl. 98, M Böhm. 1 —

— — Der Eckensteher Nante im Verhör. Komische Scene. Paderborn: Bonifacius-Dr. 1898. 20 S. 8° 1:Ys 6216/3. 6.
14.9045

— — Durchgesehen von Paul Sonnekalb. Styrum: Spaarmann [1898]. 32 S. 8° 1:Ys 6216/5. 5.
14.9046

Der Eckensteher Nante im Verhör. Komische Scene von **Friedrich Beckmann**. *Paderborn: B. Kleine [1902].* (24 S.) 8° [F.]
— Theater, Kleines. H. 326. [03. 9061

— dass., s.: Bloch's, E, Dilettanten-Bühne. — Universal-Bibliothek.

Beckmann, Friedrich Wilhelm: Casualpredigt über die Pflichten eines Christen vor und bei der Cholera. — Schwerin 1832: Hofbuchdr. 15 S. 8° 33.
14.9047

Beckmann, Fritz. 1895: Der Hochzeits-Dichter oder Vorträge, Glückwünsche, Toaste und Tafel-Lieder zu grünen, silbernen und goldenen Hochzeiten. 7. Aufl. — Berlin: Mode [1895]. 187 S. 8° 1:Yf 5913.
14.9018

Beckmann, F: Der Hochzeits-Dichter. 10. Afl. 8° (187) Berl. '99, S Mode's V. 1 —

Beckmann, F: Der Hochzeits-Dichter. 12. Afl. (187) 8° Berl., S Mode (05). 1 — d

Beckmann, Fritz, Gerichtsref. aus Münster: Das deutsche Lagerrecht. *Münster i. W. 1898: Westf. Vereinsdr.* (42 S.) 8°
Erlangen, Jur. Diss. v. 20. Apr. 1898

Beckmann, Georg: Das Laternenmännchen. Aphorismen über Leben, Kunst u. Natur. — Berlin: Oehmigke 1845. 102 S. 8° 1:Nh 8954.
14.9004

Beckmann, Gustav

Beckmann, G: Zehn Choralbearbeitgn, als Vor- od. Nachspiele beim Gottesdienste zu gebrauchen f. Orgeln m. 2 Manualen. 8° (27) Ess. 98, GD Baedeker. 1.60

Einstimmiges Chorbuch für höhere Lehranstalten, insbes. f. Schüler, welche nicht am mehrstimm. Chorgesang teilnehmen. 110 Lieder ausgewählt u. hrsg. von Gustav **Beckmann**. (2.–5. Taus.) Essen: G. D. Baedeker (1905). (108 S.) 8° [F.] [08. 1620

Einstimmiges Chorbuch für höhere Lehranstalten, insbes. f. Schüler, welche nicht am mehrstimm. Chorgesang teilnehmen. 110 Lieder ausgewählt u. hrsg. von Gustav **Beckmann**. (Vorr.: Dr. Victor Steinecke, Dir. d. Realgymn.) Essen: G. D. Baedeker [1906]. (108 S.) 8° [F.] [06. 9367

Beckmann, Gust.: 1stimm. Chorb. f. höh. Lehranst., insbes. f. Schüler, welche nicht am mehrstimm. Chorgesang teilnehmen. 110 Lieder. (1—5. Taus.) (109) kl8° Ess., GD Baedeker ('06.'07). — 60 d

Beckmann, G, s.: Concilium Basiliense.

Beckmann, Gustav [aus Osnabrück]: Das mittelalterliche Frankfurt a. M. als Schauplatz von Reichs- und Wahltagen. I. Die Beherbergung und Verpflegung des Königs und der Fürsten .... Aus: Archiv f. Frankfurts Gesch. u. Kunst. Dritte Folge, Bd. II. 1889.) Frankfurt a. M., Druck v. August Osterrieth (1888); 1 Bl. + 50 S. + 1 Bl. 8°
Berlin, Phil. Fak., Inaug.-Diss. v. 31. Jul. 1888

Praktische Gesangschule f. d. unteren Klassen d. höh. Lehranst. männlicher Jugend u. deren Vorschulen. Nach d. neuen preuß. Lehrplänen u. Lehraufgaben v. 29. Mai 1901 ... bearb. u. hrsg. von Gustav **Beckmann**. Gütersloh: Bertelsmann 1910. XII, 264 S. 8° [11. 1404

Beckmann, Gust.: Prakt. Gesangsch. f. d. unt. Kl. d. höh. Lehranst. männl. Jugend u. deren Vorsch. Nach d. preuss. Best. vom 21.6.'10, insbes. f. Gymn., Realgymn., Oberrealsch., Progymn., Real-, auch Rektorat- u. Mittelsch. bearb. u. hrsg. A. Ausg. f. parität. Anst. (12, 271 m. Fig. u. 1 farb. Taf.) gr8° Gütersl., C Bertelsmann '11. L 2.50 d

— dass. B. Ausg. f. evang. Schulen. (12, 271 m. Fig. u. 1 farb. Taf.) 8° Ebd. '11. L 2.50 d

— dass. Ausg. C f. Mittelsch. 2 Tle. 8° Ebd. '12. d
1. (8, 78 m. Fig.) geb. 1 — ‖ 2. (126) geb. nn 1.25

— Haus-Choralb. Im Anschl. an d. rheinisch-westfäl. Kinderharfe, an d. ev. Gesangb. f. Rheinl. u. Westf. u. z. Gebr. f. Klavier, Harmonium, Orgel, Kirchen- u. Posaunenchöre bearb. u. hrsg. (209) Lex8° Ebd. '08. L. 5 —

Beckmann, Gustav, Dr. phil.: Der **Kampf** Kaiser Sigmunds gegen die werdende Weltmacht der Osmanen 1392—1437. 1. *Gotha 1902: F. A. Perthes.* (36 S.) 8° ¶ [Erschien vollst. 1902 ebenda.]
München, Phil. Hab.-Schr. v. 1902
(Nicht für den Austausch)

Beckmann, Gustav, Historiker, Erlangen. 1864-1928. 1890: **Der Kampf Kaiser Sigmunds gegen die werdende Weltmacht der Osmanen. 1392–1437. Eine historische Grundlegung. — Gotha: F. A. Perthes 1902. XII, 118 S. 8°**
Erschien teilweise auch als Univ.-Schrift. München 1902.
1:Ui 1502. 2. 5. 6. 7. 9. 10. 11. 12:Germ. g. 30 tb. 14→18. 20. 21. 23. 25. 26. 27. 29. 30. 31. 34. 39. 41. 43. 46. 300:422.284–B. 302. 303.
14.9065

— Katalog der Stadt-Bibliothek (Bibliotheca Lepsiana) zu Naumburg a. S. [Nebst] Nachtr. [1.] 2. — Naumburg [1890]-1905: Pätz. 8°
Nachtr. 1. 2. Von F. Köster. 1899-1905.
Vollst. **3.**
Hauptw. . . . . **1:Ao 7236. 4. 12.:Cat. 704 p. 14. 180.**
14.9066

Beckmann, G, s.: Reichstagsakten, deut.

Beckmann, Gust.: Deut. Reichstagsakten. König Albrecht II., s.: Reichstagsakten, deut.

— [Hrsg.] s. *Reichstagsakten*, Deutsche, unter Kaiser Sigmund. 5.6. 1898-1901.

Schulchorbuch für höhere Lehranstalten, vornehmlich f. Progymnasien, Real- u. Rektoratschulen. 281 gemischte Chöre nach neuen Gesichtspunkten ausgew. u. geordnet, ... bearb. u. hrsg. von Gustav **Beckmann**. *Essen: G. D. Baedeker 1903.* (XVI, 416 S.) 8° [F.] [03. 14418 5

— Schulchorb. f. höh. Lehranst., vornehml. f. Gymn., Realgymn., Progymn., Real- u. Rektoratsch. 2. Afl. (15, 381) gr8° Ess., GD Baedeker '10. L 2.80 d

Beckmann, Gustav Bernhard: Gustavi Becmanni Adnotationes ad Justi Henningii Boehmeri Introductionem in ius Digestorum. — Goettingae [um 1750]. 336 S. 8°
Titelblatt handschriftlich ergänzt.
Die Schrift bricht auf Seite 336 mitten im Text ab. 7. 18.
14.9070

— Gustavus Bernh. Becmannus: Dissertatio de Aequitate privilegii odiosi et potestate imperantis circa illud. [Resp.:] Carolus Guilielmus Mauritius de Bode. — Goettingae [1750]: J.C.L.Schultze. 56 S. 8°
Erschien zuerst als Diss. Göttingen 1750. 7. 16. 17.
14.9071

— Bibliotheca fratrum Becmannorum libros praestantissimos ex omni iure tam civili privato, canonico, feudali et criminali, quam publico ... continens. [Auktionskat.] — Goettingae 1785: Dieterich. 126 S. 8° 7. 21.
14.9072

Becmannorum fratrum, consultationum et decisionum iuris, post obitum natu majoris G. B. Becmanni ed. natu minor O. D. H. Becmannus etc. 4. Götting. 783, 84. Dieterich. 4 ℔ Indices a Thdr. Fr. Wlh. Gercke. 4. ibid. 789. 7 ℔

— Fratrum Becmannorum Consilia et decisiones post obitum natu maioris Gustavi Bernhardi Becmanni edidit natu minor Otto David Henricus Becmannus. Praef. De commoda iurisprudentiae comparandae ratione adiecta b. fratris vita. P. 1.2 [nebst] Ind. — Goettingae: Dieterich 1784–89. 8°
1.2. 1784. Indices ... confecti a Theod. Frid. Wilh. Gercke. 1789.
1 [∞ Ind.]: 4° Hg 9480. 2. 4. 7. 8. 10. 12: 4° Decis. 12. 15. 16. 18→21. 23. 24. 26. 27. 28. 30. 31. 32. 35. 45. 48. 53. 111. 208. 303 [∞ Ind.]
14.9073

— De Exceptionibus litis ingressum impedientibus meditatio. Qua praemissa ad audiendas orationes ... invitant Gustavus Bernhardus Becmannus ... et Otto David Henr. Becmannus. — Goettingae [1753]: G.L.Schultze. 20 S. 8°
4. 7. 9. 11. 17. 24. 28. 29.
14.9074

— Gustav Bernhard Beckmanns u. Otto David Heinrich Beckmanns Gedancken von der Deutlichkeit und ihren Hindernissen im Vortrage besonders der Rechtsgelahrtheit. — Göttingen 1749: J.C.L.Schultze. 30 S. 8°
1: Fk 8885. 4. 10. 15. 17. 26. 28. 121.
14.9075

— Gustav Bernhard Beckmanns u. Ott [!] David Heinrich Beckmanns Gedancken vom Gebrauch und Mißbrauch der Exceptiv-Sätze so wol überhaupt als ins besondere in der Rechtsgelahrtheit. — Halle 1749: Grunert. 36 S. 8°
3. 4. 5. 7. 8. 10. 11. 12: 4° Diss. 706–11. 15. 17. 23. 28. 36. 41. 48. 121. 300: 126.580–B.
14.9076

— Gustav Bernhard Beckmanns u. Otto David Heinrich Beckmanns Gedancken von den wahren Quellen des Rechts der Natur. — Göttingen 1754. 80 S. 8°
5. 7. 9. 10. 11. 15. 17. 21. 23. 24. 27. 29. 32. 33. 39. 42. 45.
14.9077

Beckmann, Gust. Bhrd., (†d. 4. Apr. 1783.), Gedanken von d. wahren Quellen d. Rechts d. Natur. 4. Jena 754. 9 ℔

— Gustav Bernhard Beckmanns u. Ott [!] David Heinrich Beckmanns Gedancken vom Reformiren des Rechts. — Halle: Bierwirth 1747. 24 S. 8°
3. 5. 7. 9. 10. 12: 4° Diss. 2010–29. 15. 17. 18. 19. 26. 28. 29. 33. 36. 45. 48.
14.9078

— Gustavi Bernhardi Becmanni Dissertatio de Obligatione mandantis erga mandatarium fines mandati excedentem ... Denuo typis expr. — Halae Magd. 1767: Hendel. 40 S. 8° Erschien zuerst als Diss. Halle 1747.
4. 9. 16. 17. 24. 25. 28. 29. 36.
14.9079

— Gustavus Bernh. Becmann: Dissertatio inauguralis iuridica de Successione creditoris in alterius et suum ipsius locum. [Resp.:] Petrus Manecke. Ed. 2. — Erfordiae: Hagen [um 1785]. 60 S. 8°
Erschien zuerst als Diss. Göttingen 1751. 7. 24.
14.9080

Beckmann, Gustav Bernhard
— Fratrum Becmannorum Tractatio mathematico-iuridica de interusurio quam Gustavo Bernhardo Becmanno ... defuncto ed. Otto David Henricus Becmannus. — Goettingae: Dieterich 1784. 108 S. 8° 3. 4. 5. 7. 8. 10. 11. 15. 16. 17. 19. 23→28. 31. 33. 35. 45. 208.
14.9081

Beckmann, H., Schultheiß, Nordleda i. Hannover. 1847
s. *Beckmann,* Heinrich Georg Ludwig.

Beckmann, Hartwig Timaeus von Tauromenium. XIX S.
Progr. *Wandsbeck* 1884.

Beckmann, Heinrich, approb. Arzt aus Lippborg (Westf.): Die Abhängigkeit der Lage- und Haltungsanomalien der Frucht von der Jahreszeit. *Halle a. S. 1901: C. A. Kaemmerer & Co.* (25 S.) 8°
Halle, Med. Diss. v. 23. Febr. 1901

Beckmann, Heinrich: Ueber einen Fall congenitaler Knorpelreste am Halse ... München, kgl. Hof-Buchdr. Kastner & Lossen, 1897; 38 S. 8.
München, Med. Fak., Inaug.-Diss. v. 1897

Beckmann, Heinrich, Hamburg. 1884: Spaziergänge auf dem Felde der Reimkunst. — Hamburg: Boysen in Comm. 1884. VII,238 S. 8° 1: Yo 19890.
14.9083

Beckmann, Heinrich Georg Ludwig: Darstellung der Verfassung des Landes Hadeln. — Hannover: Schlüter 1847. 103 S. 8°
1: Sm 4148. 2. 7. 10. 12: Germ. sp. 27o. 31. 35. 38. 46. 208.
14.9086

Beckmann, Heinz: Der moderne Mensch u. d. Relig. Vortr. (16) 8° Kiel. R Cordes '08. — 80

Beckmann, Heinz: Was sagen wir zu Jathos Gottesanschaug? Predigt. (10) 8° Wiesb., H Staadt '11. — 30 d

Beckmann, Hermann, cand. rer. techn. et stud. rer. nat. aus Echem: Abhängigkeit der Strahlungsintensität des 'schwarzen Körpers' von der Temperatur, untersucht für einen bestimmten Strahlenkomplex. *Hannover-Linden: A. Edel 1898.* (26 S.) 8°
Tübingen, Naturw. Diss. v. 1898

Beckmann, Hermann *Detlef* [app. Arzt aus Holm]: Aus d. med. Poliklinik in Kiel. Ein Beitrag zur Statistik und Therapie der Malaria in Kiel.... Kiel, Druck v. L. Handorff, 1891; 19 S. 8°
Kiel, Med. Fak., Inaug.-Diss. v. [7. März] 1891

— Elternabend-Vorträge. Mit e. Begleitwort über Gestaltung u. Wert d. Elternabende. — Minden: Hufeland 1910. XXVI,102 S. 8° 1: Ne 9277. 6. 207.
14.9097

Beckmann, H, u. F Glindmeier: Geschäftsaufsätze f. Schule u. Leben. 8° (56) Brnschw. 09, H Wollermann. — 50

— Das Glück unserer Kinder. Vorträge. — Minden: Hufeland 1910. 108 S. 8° 1: Ne 9278. 6. 10. 64.
14.9099

— Hilfsb. d. Bürger- u. Lebenskde. (163) 8° Ebd. '11. geb. 1.50 d

Beckmann, Hermann, Ingenieur, Magdeburg, 1843-1917. 1896: Lehrgang einer einfachen, leicht erlernbaren Zahlenstenographie für den allgemeinen und speciell stenographischen Gebrauch. Zum Selbstunterricht. — Magdeburg: Verf. [1896]. 16,VIII S. 8° 207.
14.9092

Beckmann, J. G. H., Lehrg. e. einf., leicht erlernbaren Zahlenstenographie f. d. allgem u. speciell stenograph. Gebrauch. Z. Selbstunterr. 12. (16 S. u. VIII autogr. S.) Magdeburg 896. (Leipzig, J. H. Robolsky.) n. — 40

Beckmann, J. G. H., Lehrgang e. einfachen, leicht erlernbaren internationalen Zahlenstenographie f. den allgemeinen u. speziell stenographischen Gebrauch. Zum Selbstunterricht. Deutsche Ausg. (3. Aufl.) (19 u. 8 S.) kl. 8. Magdeburg (Wilhelm Raabestr. 1) 904. Ingenieur J. G. H. Beckmann. n.n. — 50

— — Deutsche Ausg. 3. Aufl. Wilhelmshagen (Mark): Roller 1907. 15,VIII S. 8° **101.**
14.9094

Beckmann, Hermann

— Theorie u. Praxis d. Bürger- u. Lebenskde. (36, 163) gr8° Ebd. '11. 2.20; geb. 2.80 d

— **Zahlen-Kurzschrift** mittelst arabischer Ziffern für den allgemeinen Gebrauch. Zum Selbstunterricht. Deutsche Ausg. 1. Aufl. — (Magdeburg): Verf. 1904. 12 S. 8° **1:V 23190. 3. 4. 207.**
14.9095

Beckmann, Hermann Friedrich

— **Hermann Friedrich,** Differentias quasdam inter spolia et alias dejectionum species. Diss. jur. Präs. Hermann Becker. Greifswald (A. E. Röse) Aug. 1768. 30 S. (4.80) 1743

Beckmann, Hugo, Dr., Berlin. **1904:** Das Eindringen der Tuberkulose und ihre rationelle Bekämpfung. Nebst kritischen Bemerkungen zu E. v. Behrings Tuberkulosebekämpfung. — Berlin: Karger 1904. 47 S. 8° **1:Iz 5172. 5. 11. 15. 30. 169.**
14.9112

Beckmann, J. G. Hermann s. *Beckmann*, Hermann. 1896.

Beckmann, J. P. s. *Beckmann*, Johann Philipp.

BECKMANN, J. V. De coitu damnato, von fündlichen Vermifchungen. Halae 1733. 4°. 40 S.

von **Beckmann,** Jo. Matth., De actione secretoria cerebri, cerebelli, med. spinalis. 45 pp. Frcf. 4°. de *Oberkamp*, Coll. Diss. Frcf. 1767, I, 233—274. 1767

Beckmann, Johann: Anfangsgründe der Naturhistorie. Göttingen [usw.]: Förster 1767. 302 S. 8° **1:Le 3330. 2. 5. 7. 17. 19. 21. 23. 24. 27. 29. 31. 34. 36. 38. 45. 46. 47. 111. 302. 305. 307.**
14.9118

— — Frankfurt [usw.] 1777. 276 S. 8° **12:Var. 588. 14. 19. 180. 309.**
14.9119

— — Ebd. 1785. 264 S. 8° **2 [unvollst.] 21.**
14.9120

Beckmann, Jh., Anfangsgründe d. Naturhistorie. 8. Gött. u. Brem. 767. N. A. Fr. u. Leipz. 785. N. A. (v. ... Scholz). 8. Bresl. 812. (Gosohorsky). 20 gr.

— — Anfangsgründe der Naturgeschichte. Neue Aufl., verb. u. verm. von Franz Paul Scholz. — Breslau: E. G. Meyer 1814. 256 S. 8° **302.**
14.9121

— **Anleitung zur Handlungswissenschaft** ... Nebst Entwurf zur Handlungsbibliothek. — Göttingen: Vandenhoek & Ruprecht 1789. 140 S. 8° **1:Fg 5218. 3. 6. 7. 10. 12:Merc. 21 [2 Ex.] 15. 17→21. 23. 24. 26. 44. 45. 46. 78. 106 117. 205.**
14.9122

— **Anleitung zur Technologie** ... Nebst Beytragen zur Kunstgeschichte. — Göttingen: Vandenhoeck 1777. XXXIV,460 S. 8° **1:Oo 5350. 2. 3. 4. 6. 7. 10. 12:Techn. 12z. 14. 16→19. 21→24. 27. 28. 30. 32. 39. 41. 43. 44. 45. 51. 89. 91. 106. 210. 308.**
14.9123

— — 2., verb. u. verm. Ausg. Ebd. 1780. 515 S. 8° **1:Oo 5350². 10. 14. 15. 17. 19. 21. 24. 26. 27. 28. 31. 36. 38. 39. 42. 44. 53. 60. 61. 62. 83. 206. 210. 302. 303.**
14.9124

— — Neue, verb. u. verm. Ausg. Wien 1785: v. Trattner. 515 S. 8° **25. 303. 304. 307. 308.**
14.9125

— Anleit. z. Technologie od. Kenntniß d. Handwerke, Fabriken ꝛc. 8. Götting. 777. 2e A. 780. 3e A. Ebd. 787. 4e A. ... 5e A. 802. 6e A. Ebd. 808. Vandenhöck u. R. 2 rthl

— — Neue, verb. u. verm. Ausg. Wien 1789: v. Trattner. 515 S. 8° **19. 210.**
14.9127

— — Anleitung zur Technologie ... 4., verb. u. verm. Ausg. Göttingen: Vandenhoeck & Ruprecht 1796. 663 S. 8° **1:Oo 5350⁴. 7. 10. 14. 17. 20. 21. 26. 27. 39. 45. 46. 48. 61. 89. 91. 117. 210. 300:37 H 22. 304.**
14.9128

— — 5., verb. u. verm. Ausg. Ebd. 1802. 680 S. 8° **1:Oo 5350⁵. 5. 6. 10. 11. 12:Don. Lud. 633. 17. 21. 24. 26. 33. 39. 52. 88. 117. 121. 169. 202. 302.**
14.9129

— — 6., verb. u. verm. Ausg. Ebd. 1809. XXIV,740 S. 8° **5. 7. 8. 19. 21. 23. 25. 26. 30. 32. 34. 47. 51. 60. 66. 83. 93. 123. 210. 305.**
14.9130

— — 7., umgearb. u. verm. Ausg. Bd 1–3. Wien [usw.]: B. Ph. Bauer 1823. 8° **31. 305.**
14.9131

— [Hrsg.]
s. *Antigonus* Carystius: *'Ιστοριῶν παραδόξων συναγωγή.* Historiarum mirabilium Collectanea [griech. u. lat.] 1791.

[—] **Vorläufige Antwort** auf die K[d. i. Abraham Gotthelf Kästner]-sche Erinnerungen wider eine Recension. — o. O. [1780]. 15 S. 8° **5. 7. 17. 34.**
14.9132

— **Anweisung** die Rechnungen kleiner Haushaltungen zu führen. — Göttingen: Dieterich 1797. 154 S., 23 Doppel-S. 8° **7. 17. 18. 20. 21. 22. 26. 33. 36. 304.**
14.9133

— — 2., verb. u. verm. Ausg. Ebd. 1800. VIII,156 S., 27 Doppel-S. 8° **1:Ox 20563². 7. 12:Oecon. 203. 14. 15. 20. 25. 35. 42. 180. 305.**
14.9134

— [Hrsg.] s. *Aristoteles: Περὶ θαυμασίων ἀκουσμάτων.* Liber de mirabilibus Auscultationibus [griech. u. lat.] 1786.

BECKMANN, Johannes (Borbek b. Essen): Zur operativen Behandlung der Kniegelenkankylosen.- München: Ernst 1886. 21 S., 1 Bl.
27.7.1887 - Chr 1887/88,18; Jv 1887/88,206 Diss. Ingolst.-Landsh.-Mchn.

Beckmann, Johannes [pr. Arzt aus Borbeck b. Essen i. d. Rheinprovinz]: Zur operativen Behandlung der Kniegelenkankylosen .... München, Druck v. M. Ernst (vorm. Georg Pollner), 1887; 21 S. + 1 Bl. 8°
München, Med. Fak., Inaug.-Diss. v. 1887

— Beiträge z. Gesch. d. Erfindungen. 5 Bde. à 4 Stcke. 8. Lpz. 780—805. Kummer. 5 rthl 20 gr

— **Beyträge [Beitraege] zur Geschichte der Erfindungen.** Bd 1–5. — Leipzig: Kummer 1782–1805. 8°
1: Al 1091 [u.] 8° Bibl. Diez 9986–8° Bibl. Diez 9990 [auch Bd 2 – Al 1091a–2]. **2. 4. 5. 7→10. 12:** 1,1.2 = Techn. 15–1,1.2; 2–5 = Techn. 14–2/5 [auch Bd 2 = Techn. 15–2]. **14. 16. 18. 19. 21. 23. 24. 26. 27. 28. 30. 31. 32. 34. 44. 45. 48. 53. 83. 84. 85. 88. 117. 121. 300**[∞1]: 51 M 20. Bd 2/5. **304. 305. 308.**
14.9135

— — (2., verb. Ausg.) Bd 1, St. 1–4. Ebd. 1786. 577 S. 8°
Im Exemplar von 1 ist d. Haupttitelblatt d. 1. Bandes d. 1. Ausg mit d. Erscheinungsjahr 1782 vorgebunden.
1[∞ 1,3.4]: Al 1091a–1. **2. 3. 8. 9. 12:** Techn. 14–1,1/4 [auch Bd 1,3.4 = Techn. 15–1,3.4]. **15. 18. 19. 20. 27→30. 32. 34. 35. 36. 38. 39. 46. 51. 83. 84. 86. 91. 93. 117. 201. 202. 205. 210. 300:** 51 M 20. Bd 1. **305.**
14.9136

Beckmann, Joh., Beiträge z. Oekonomie, Technologie, Polizei- u. Cameralwissenschaft. 12 Thle. (Thl. 11 u. 12: Trauben-Tabelle v. Friedr. Ludw. Walther). gr. 8. Göttingen, 1779—91. Vandenhoeck u. Ruprecht.

Beckmann, Joh. (Hrsg.), s. Bibliothek, Physikalisch-ökonomische.

— **[Vorr.] s. *Bischoff*, Johann Nikolaus: Versuch einer Geschichte der Färberkunst. 1780.**

Beckmann, Johann: Briefe, Sibirische, s. Laxmann

— **Catalogus librorum quos Joannes Beckmannus ... reliquit. Praef. est Chr. Gottl. Heyne. [Auktionskat.]** — Gottingae [1812]: Dieterich. VI,354 S. 8°
7. 12: Cat. 37. **14. 15. 16. 21.**
14.9141

— **Ehren-Erklärung des Herrn Professor Johann Beckmann zu Göttingen.** — Frankfurt a. M. 1780. 2 Bl. 8°
17. 27.
14.9142

— **Entwurf der algemeinen Technologie.** — Göttingen: Röwer 1806. 72 S. 8°
Aus: Beckmann: Vorrath kleiner Anmerkungen über mancherley gelehrte Gegenstände. 3. 1806.
7. 14. 19. 21. 106.
14.9143

Beckmann, Johann: Fragmente, s. Hollmann, J. S.

— **Gedanken von der Einrichtung oekonomischer Vorlesungen stat einer Einladung zu seinen Vorlesungen in bevorstehendem Winter 1767.** — Göttingen: Bossiegel [1767]. 24 S. 8°
4. 7. 12: 4° Diss. 3767–32. **21. 31. 302.**
14.9144

— Gedanken von d. Einrichtung ökonom. Vorlesungen. 4. Gött. 767. Vandenhöck u. R. 2 gr

— **Grundriß zu Vorlesungen über die Naturlehre.** — Göttingen: Vandenhoek 1779. 168 S. 8°
2. 7. 17. 19. 21. 26. 28. 44. 45. 202. 302.
14.9145

— — 2., verb. u. verm. Ausg. Ebd. 1785. 170 S. 8°
1: Mv 4870^{2}. **5. 7. 8. 17. 26. 27.**
14.9146

Beckmann, Johann
— **Grundsätze der teutschen Landwirthschaft.** — Göttingen [usw.]: Dieterich 1769. 382 S. 8°
1: Ov 2280. **2. 3. 6. 7. 10. 16. 17. 19. 21. 27. 39. 43. 307.**
14.9147

— — 2., verb. u. verm. Ausg. Göttingen: Dieterich 1775. 573 S. 8°
1: Ov 2281. **2. 6. 7. 10. 12:** Oecon. 205. **15. 17. 19. 20. 21. 23. 24. 30. 31. 41. 42. 44. 66. 111. 302.**
14.9148

— — 3., verb. u. verm. Ausg. Ebd. 1783. 578 [vielm. 594] S. 8°
1: Libri impr. c. not. mss. Quart. 25a.b.c. **2. 7. 9. 10. 12:** Oecon. 206. **14. 17. 21. 24. 28. 31. 34. 36. 45. 60. 303. 308.**
14.9149

— — 4., verb. u. verm. Ausg. Ebd. 1790. XXVIII,597 S. 8°
1: Ov 2280^{4}. **7. 12:** Oecon. 208. **17. 21. 23. 24. 28. 29. 31. 32. 33. 36. 42. 300:** 60 L 15. **303.**
14.9150

— — 5., verb. u. verm. Ausg. Ebd. 1802. XXII,751 S. 8°
1: Ov 2280^{5}. **7. 12:** Oecon. 210. **17. 19. 20. 21. 27. 28. 33. 52. 53. 106. 107. 117. 210. 302. 304. 308.**
14.9151

— — 6., verb. u. verm. Ausg. Ebd. 1806. XXV,772 S. 8°
1: Ov 2280^{6}. **2. 5. 7. 8. 9. 12:** Oecon. 211. **15. 17. 19. 21. 23. 26. 30. 34. 35. 42. 47. 60. 84. 111. 117. 123. 302.**
14.9152

— — **[Ausz.] Grundsätze der teutschen Landwirtschaft, mit e. Vorerinnerung hrsg. von Klaudius v. Scherer.** — Grätz 1809: Kienreich. IV,135 S. 8°
303.
14.9153

— **De Historia naturali veterum libellus 1.** — Petropoli & Göttingae: Dieterich 1766. 246 S. 8°
1: Ld 7400 [u.] 8° Bibl. Diez 3230. **2. 3. 5. 7. 8. 10. 12:** H. nat. 24. **15. 17. 21→29. 31. 34. 36. 39. 43. 46. 169. 180. 300:** • 44 Mm 435. **302.**
14.9154

— **[Hrsg.]
s. *Justi*, Johann Heinrich Gottlob v.: Vollständige Abhandlung von den Manufacturen und Fabriken. 1780 u. 5.**

— **[Hrsg.] s. *Justi*, Johann Heinrich Gottlob v.: Grundsätze der Policeywissenschaft. 3. Ausg. 1782.**

Beckmann, Johann
— **Lexicon botanicum, exhibens etymologiam, orthographiam et prosodiam nominum botanicorum.** — Gottingae: Röwer 1801. VIII,230 S. 8°
1: Ms 6475. **2. 5. 7→10. 14. 15. 17. 19. 21. 23. 24. 26. 28. 29. 30. 32. 34. 35. 39. 43. 46. 48. 180. 300:** 29.379. **302.**
14.9155

— **[Hrsg.] s. *Linné*, Karl v.: Systema naturae ex editione duodecima in epitomen redactum. 1772.**

— **[Hrsg.]
s. *Linné*, Karl v.: Terminologia conchyliologiae. 1772.**

— **Litteratur der älteren Reisebeschreibungen.** Bd 1.2. — Göttingen: Röwer 1808–10. 8°
1,1. 1807. 1,2-4. 1808. 2,1.2. 1809. 2,3.4. 1810.
Im Exemplar von 302 fehlen d. Titelblätter.
1: Ps 160; 8° Bibl. Diez 10340–8° Bibl. Diez 10341 [u.] Kart. 8° Z 1204. **2→5. 7. 8. 10. 11. 12:** It. coll. 12. **14→21. 23→26. 30. 31. 32. 35. 39. 41. 44. 61. 121. 205. 212. 300:** 392.969–B. K. **302. 308.**
14.9156

— **[Hrsg.] s. *Marbodus* Episcopus Redonensis: Liber lapidum [De Lapidibus]. 1799.**

— **[Übers.] s. *Moscati*, Pietro: Von dem körperlichen wesentlichen Unterscheide zwischen der Structur der Thiere und der Menschen [Delle corporee Differenze essenziali che passano fra la struttura de'bruti, e la umana, deutsch]. 1771.**

Beckmann's, Joh., schwed. Reise 1765—1766. Tageb., m. Einleitg u. Anmerkgn hrsg. v. Th. M Fries. (Uppsala univ. årsskrift '11, program 1 och 3.) (4, 174 m. Bildn. u. 1 Taf.) gr8° Ups., Akad. Bh. ('11). 4.20

— Samml. auserles. Landesgesetze, s. J. H. L. Bergius, Samml.

— **Sammlung auserlesener Landesgesetze, welche das Policey- und Cameralwesen zum Gegenstande haben.** Th. 1–10. — Frankfurt a. M.: Andreä 1783–93. 8° (Bergius, Johann Heinrich Ludwig: Sammlung auserlesener teutschen Landesgesetze. Alphabet 5/14.)
1: Fb 2363. **3→8. 10. 12:** 4° Pol. civ. 2. **14→17. 19. 20. 21. 23. 24. 27. 30. 35. 39. 43. 45. 48. 66. 84. 205. 208. 300:** 65 G 13. **308.**
14.9159

— [Übers.] s. *Tilas*, Daniel Frhr: Entwurf einer schwedischen Mineralhistorie [Utkast til Sveriges mineralhistoria, deutsch]. 1767.

— **Vorbereitung** zur Waarenkunde. Th. (2: Bd) 1,1-4. 2,1.2. Göttingen: Vandenhöck & Ruprecht 1794–1800. 8°
1,1.2. 1793. 1,3.4. 1794. 2,1. 1796. 2,2. 1800.
1: Fg 12341. 2. 3. 7→10. 12: Merc. 22. 16. 17. 20. 24. 34. 83. 300: 6 M 2. 302. 304. 305.
14.9160

— **Vorrath** kleiner Anmerkungen über mancherley gelehrte Gegenstände. St. 1–3. — Göttingen: Röwer 1795–1806. 593 S. 8°
1 mit Nebent.: Vorrath kleiner Anmerkungen über mancherley gelehrte Gegenstände. Von B. v. H. [d. i. Beckmann v. Hoya]. Leipzig: Fleischer 1795.
In 1: Ag 8130 u. im Exemplar von 3 fehlt in Stück 1 d. Haupttitel.
1: 8° Bibl. Diez 7768 [auch St. 1 - Ag 8130]. 2. 3. 7→10. 12: Var. 286. 14. 15. 19. 21. 27. 30. 32. 35. 46. 121. 205. 302.
14.9161

Beckmann, Johann, s.a. V o r r a t h kleiner Anmerkungen . . .

Beckmann, Johann Christoph
Pseudonyme: Hubertus Mosanus u. Ortwinus Gratius

— **Accessiones** historiae Anhaltinae. 1716 s. *Beckmann:* Historie des Fürstenthums Anhalt. Accessiones.

— — Joh. Christoph. Becmani Analecta historica de variis rebus a condito mundo usque ad tempora Constantini Magni. — Francofurti a.O.: Schrey & Hartmann 1709. 184 S. 8° 2. 8. 9. 14. 17. 18. 21. 23. 24. 26. 27. 28. 31. 35. 41. 45. 48. 117. 300: 59 F8•. 304.
14.9166

— — Jo. Christophori Becmanni Analecta historica quibus res sacrae et profanae apud praecipuos populos inde ab orbe condito, usque ad tempora Constantini Magni ... exponuntur atque ... traduntur. — Francofurti a.V.: Conradi 1722. 192 S. 8° 5. 7. 10. 12: 4° Bavar. 1122/1. 24.
14.9167

[---] **Analecta** de vitis professorum ac rebus gestis quibusdam in Universit. Francofurtana, continuandae Notitiae Universitatis adiecta.— [Frankfurt a.O. 1707.] S. 56–284. 4°
Aus: Beckmann: Notitia Universitatis Francofurtanae. 1707.
1[∞Titelbl.]: 1 in 2° Bibl. Diez 1173. 3. 7.
14.9168

Beckmann, Johann Christoph: De A n t h r o p o p a t h i a partium humani corporis. (Resp.:) Fridericus Benjamin Stubenrauch. Francofurti ad Viadrum (1713:) Schwartz. 40 S. 8°
Frankfurt a. d. Oder, Med. Diss. v. 22. März 1713.

— Historische **Beschreibung** der Chur und Mark Brandenburg ... Zusammen getragen u. verf. von Johann Christoph Bekmann, erg., fortges. u. hrsg. von Bernhard Ludwig Bekmann. Th. (2: Bd) 1.2. — Berlin: Voß 1751–53. 2° 1: 2° Tc 2550, 2551 [u.] 2552. 2. 3. 7. 9. 10. 11. 12: 2° Bor. 2. 14. 15. 17. 18. 19. 21. 23. 24. 26→31. 34. 35. 36. 39. 45. 46. 48. 109. 117. 302.
14.9174

Becmann, Jh. Chrph., (†...) histor. Beschreib. der Churmark Brandenburg, nach ihrem Ursprunge, Einwohnern, natürl. Beschaffenheiten, Gewässern, Landschaften, Städten, geistl. Stiftern 2c. ergänzt, fortgesetzt u. herausgeg. von Bhrd. Ldw. Becmann. 2 Thle. M. Kpf. Fol. Berl. 751, 54. Voß. 7 ₰ Hbg. Pr. 4 ₰

— **Beschreibung** des ritterlichen Johanniter-Orden[!] ... in der Marck, Sachsen, Pommern und Wendland. Samt vorhergehenden General-Reflexionen über die ritterliche Creutz-Orden. Mit nöthigen Anmerckungen ... verm. von Justus Christoph Dithmar. — Franckfurth a.O.: Conradi 1726. 312,98 S. 8°
Frühere Aufl. s. *Beckmann:* Anmerckungen von d. ritterlichen Johanniter-Orden. 1693 u.ö.
1: Pf 8256 [u.] 8257. 2. 3. 4. 7→11. 12: 4° Herald. 9 [2 Ex.] 14. 15. 16. 18. 19. 23→29. 31. 32. 33. 35. 36. 39. 41. 43. 46. 61. 109. 117. 300: 173.421-B. 302. 307.
14.9175

— — Catalogus Bibliothecae publicae Universitat. Francofurtanae, edente Joh. Christophoro Becmano. — Francofurti a.V.: Schrey & Hartmann 1706. 312 S. 4°
In einigen Exemplaren fehlt d. Praefatio.
1: 2° Ao 6249; Libri impr. c. not. mss. Fol. 67; an 2° Bibl. Diez 1172; an 4° Ay 23770 [u.] 3 in 4° Td 5536. 2→5. 8. 10. 11. 12: 2° Cat. 13. 14. 17. 18. 19. 23. 24. 25. 27. 29. 30. 32. 34. 39. 41. 43. 46. 79. 109. 117. 300: • 44 N 47.
14.9176

— De scribenda historia Bibliothecae Regiae Berolinensis **Consilium** & occasio. 1725 s. *Berger*, Joachim Ernst.

Beckmann, Johann Christoph
— — Conspectus doctrinae politicae et moralis brevibus thesibus earumque demonstrationibus propositus a Jo. Chr. Becmanno. Ed. 3. — Wittenbergae: Zimmermann 1718. 393 S. 8° 2. 12: Pol. g. 49. 14. 24. 26.
14.9181

[—] Christliche **Erwegung** der Historie der ersten Religions Motuum zwischen den Evangelisch-Lutherischen und Reformirten: an stat einer Duplique wieder eine Allerunterthänigste Addresse an ein Großmächtigstes Ober-Haupt, die Religions-Vereinigung betreffende.— o.O. 1705. 400 S. 8° 1: Dl 300 [u.] 4 in Dl 104. 2. 7. 14. 17. 18. 23. 24. 30. 31. 34. 39. 48. 300: 43 R 29.
14.9186

[—] — Christliche Erwegung der Historie derer ersten Religions-Motuum zwischen den Evangelisch-Lutherischen und Reformirten statt einer Duplique wieder eine Allerunterthänigste Addresse an ein Großmächtigstes Ober-Haupt, die Religions-Vereinigung betreffend. — o.O. 1723. 400 S. 8° 1: Dl 302. 14.
14.9187

[—] **Exception-Schrift** wieder eine Aller-unterthänigste Addresse, so an S. Königl. Maj. in Preussen im Nahmen der Evangelisch-Lutherischen Kirche gerichtet worden.— o.O. 1703. 32 S. 8° Verschiedene Drucke.
1: Dl 116; 2 in Dl 104 [u.] 3 in Dg 33. 2. 4. 7. 8. 9. 14. 18. 23. 24. 29. 31.
14.9188

Beckmann, Johann Christoph: H i s t o r i a orbis terrarum, geographica et civilis. (Verf.: J. C. Becmanus.) Ed. 6., corr. Francofurti a. O.: Fincelius 1707. 773 S.

Beckmann, Johann Christoph
— **Historie** des Fürstenthums Anhalt ... Abgefasset von Johann Christoff Beckmannen. Th. 1–7 [nebst] Accessiones. Zerbst: Zimmermann 1710–16. 2°
1-7. 1710.
Accessiones historiae Anhaltinae. 1716.
Sonderdruck von Th. 5, S. 63 u. 64 in einer von d. spätern Druck abweichenden älteren Form vorhanden in 1: Libri impr. rari Fol. 161
1 [∞ Acc.]: 2° Ss 8666 [u.] Kart. 2° Z 9805. 2. 4. 5. 7→9. 12: 2° Germ. sp. 11 [auch Th. 1–4 - 2° Germ. sp. 11 b; Acc. - 2° Germ. sp. 11a]. 14→21. 23. 24. 26→32. 34. 35. 36. 39. 41. 43. 45. 46. 48. 51. 53. 78. 111. 117. 203. 211. 300: Hauptw. - 37 B 14; Acc. - 38 N 3. 302. 309.
14.9196

(—) — **Notitia** Universitatis Francofurtanae, una cum iconibus personarum aliquot illustrium, aliorumque virorum egregiorum, qui eam praesentia sua ac meritis illustrarunt, professorum denique ordinariorum qui anno seculari Universitatis secundo vixerunt. (Verf.: J. C. Becmanus.) — Francofurti a.V.: Schrey & Hartmann 1707. 284,30 S. 4°
In einigen Exemplaren fehlt auf d. Titelblatt d. Erscheinungsvermerk.
1: 4° Ay 23770; 2° Bibl. Diez 1172; 6 in 4° Ay 55 [u.] an 4° Td 5536. 2→5. 7. 8. 10. 11. 12: 2° H. lit. P. 16h. 14. 15. 18. 19. 21. 23. 24. 28. 29. 30. 32. 34. 35. 41. 43. 45. 46. 109. 300: 106.001-D.
14.9206

Beckmann, Johann Friedrich
— **Geschichte** und Aufgabe der Armenpflege. Vortrag ... 1894. — Crimmitschau [1894]: Raab. 15 S. 8° 207.
14.9213

Beckmann, Johann Gottlieb [Hrsg.]
s. *Forstkalender*. — Forst-Calender. 1765ff. [Zeitschriften].

— Gegründete Versuche und Erfahrungen von der zu unsern Zeiten höchst nöthigen Holzsaat. Th. [1]–3. — Chemnitz: Stößel 1756–63. 8°
[1.] 1756. 2. Anweisung zu e. pfleglichen Forstwirthschaft. 1759. 3. Beyträge zur Verbesserung d. Forstwissenschaft. 1763.
1–3 . . . . 30.
1.2 . . . . 2. 24. 29.
1 . . . . 4. 14. 20.
2.3 . . 1: Oy 3423^{2}–2.3. 7. 10. 12: 4° Oecon. 24–2.3. 17. 19. 28. 31. 32. 33. 39. 44. 78. 300: •46 X 2. Bd 2.3.
2 . . . . 18. 26. 169.
3 . . . . 34. 302. 303.
14.9214

— — 2. Aufl. Th. [1]–3. Ebd. 1758–69. 8°
[1.] 2., verm. Aufl. 1758. 2. Anweisung zu e. pfleglichen Forstwirthschaft. 1766. 3. Beyträge zur Verbesserung d. Forstwissenschaft. 1769.
1–3 . . . . . . 12: 1 – 4° Oecon. 24–1; 2.3 – 4° Oecon. 24d–2.3. 17. 19. 21. 33.
1.2 . . . . 24.
1.3 . . . . 2. 30.
1 . . . . . . 1: Oy 3423^{2}–1. 7. 10. 18. 22. 28. 29. 32. 39. 44. 78. 300: •46 X 2. Bd 1.
2.3 . . . . 14. 20. 48. 302.
2 . . . . 8. 36. 308.
3 . . . . 15. 16. 20. 26.
14.9215

— — 3., verm. Aufl. Th. [1.]2. Ebd. 1765–84. 8°
1. 1765. 2. Anweisung zu e. pfleglichen Forstwirthschaft. 1784.
1.2 . . . . 14. 302. 303.
1 . . . . 8. 17. 24. 31. 308.
2 . . . . 2. 15. 16. 20. 26. 30
14.9216

— — 4. Aufl. [Th. 1.] Ebd. 1777. 16,295 S. 8°
12: 4° Oecon. 24d–1. 17. 19. 20. 21. 30. 48.
14.9217

Beckmann, Jh. Gli., (†.... vor 1778). Versuche u. Erfahrr. von d. zu unsern Zeiten höchst nöthigen Holzsaat rc. 8. Chemnitz 756. 2e A. 758. 3e A. 765. 4e A. 777. 2r Thl., oder Anweis. zur Forstwissenschaft. 8. Ebd. 758. 2e A. 8. 766. 3r Thl. Beitrr. zur Verbesser. der Forstwissenschaft. 8. Ebd. 763. 2e A. 8. 769. Neueste Aufl. 3 Thle. 4. Ebd. 785 — 87. (Starke). 2 ℛ 8 gℓ Dass. Werk. 1r 2r Thl. mit Anmerkk. v. C. P. Laurop. N. A. gr. 8. Leipz. 805. (Aue in Alt.) 2 ℛ 16 gℓ (s. auch Buchenblack).

— — 5. Aufl. [Th. 1.] Ebd. 1788. 16,295 S. 8°
2. 15. 16. 20. 26. 302.
14.9218

— — Versuche und Erfahrungen von der Holzsaat nebst einigen Beiträgen zur Verbesserung der Forstwirthschaft. Mit Zusätzen u. Anm. neu hrsg. von C. P. Laurop. Bd 1.2. — Leipzig: Jacobäer 1805–06. 8°
1: Oy 3425. 5. 7. 12: Oecon. 214. 16. 17. 66.
14.9219

— — [Ausz.] Abgekürzter und in hiesige Mundart übergebrachter Auszug des ... Herrn J. G. Beckmanns fürtreflicher Beschreibung der Holzsaat. 1760
s. *Buchenblack*, Leontzi Ursprung v.

Beckmann, Johann Heinrich: Nachwort zu der 'Beleuchtung der Kampfweise gegen die katholische Kirche'. — Osnabrück: Overwetter 1843. 19 S. 8°
12: Polem. 208t. 52. 214.
14.9220

— Wo leuchtet das Licht des Evangeliums voll und rein? Predigt ... Nebst e. Beleuchtung der Kampfweise gegen die katholische Kirche. 2. Aufl. — Osnabrück: Overwetter 1843. 62 S. 8°
52. 214.
14.9221

— **Joh. Laur.** (Parchim, Meckl.), Physiognomiam sacerdotis. Präs. Dav. Richter (Güstrow/Meckl.) Jena (Nisian) 1715. 54 S. (5.—) 1751
Gew.: J. Alb. v. Krakevitz, J. Chr. Schaper.

Beckmann, Joh. Mart. Die ebnen involutorischen Grundgebilde. 28 S. u. Taf. Progr. Rg. *Trier* 1876.

Beckmann, Johann Martin Das absolute Mafssystem in der Mechanik und in der Electricität. 99 S. u. Taf. 8. Rg. *Trier* 1885. Progr.

Beckmann, Johann Peter
— **Joh. Pet.** (Gera), De proëdria legum Justinianearum prae jure patrio antiquo in foris Germanorum. Diss. jur. Präs. Ferd. Aug. Hommel. Lpz. (Langenheim) 2. X. 1739. 4 Bl., 44 Seiten. (5.—) 1744

Beckmann, Johann Philipp: Verzeichniß der vortreflichen Sammlung von Büchern aus der Verlassenschaft des verstorbenen Herrn Doct. und Domherrn, J. P. Beckmann. [Auktionskat.] — Hamburg 1815: Wörmer. 464 S. 8°
18. 21.
14.9222

Beckmann, Johanna [Illustr.] s. *Andersen*, Hans Christian: Märchen [Eventyr og Historier, deutsch]. 1909 u. ö.

Beckmann, Johanna, freut Euch des Lebens. (24 Bl. m. Abbildgn.) 4. Berlin (905). D. Dreyer & Co. Geb. 3. —

(B) Beckmann, Johanna, freut Euch des Lebens. 905. (KBL 33) Jetzt: Berlin, B. Blaurock.

Beckmann, Johanna: Jedem d. Seine. Schwarz-Bilder u. Sprüche. (72) Lex 8° Berl., M Warneck ('06). Geb. 3 — d

Beckmann, Johanna: Die schwarze Kunst. (63 m. Schattenbildern.) 8° Berl.-Ch., A Glaue V. '11. 1 — d

— Natur. Vom Wollen u. Walten. — Berlin: Warneck [1905]. 34 gez. Bl. 4° 1: 4° Yo 30601. 11. 23. 28. 33. 109.
14.9229

— Sternlein. — Berlin: Warneck [1907]. 93 S. 4°
1: 4° Yt 3606/4°. 11. 23. 60. 109.
14.9232

Beckmann, Johanna, Storch u. Frauen-Frage. (11 Bl. m. Abbildgn.) Lex.-8. Berlin (905). M. Warneck.
Kart. n. 2. —

— Wichtel-Männchen. — Berlin: Warneck [1906]. 80 gez. Bl. 4° 1: 4° Yo 30880. 11. 23. 33.
14.9241

Beckmann, Johanna
— Vom Zufrieden-Werden. (Die Originale sind m. der Schere geschnitten.) (87 S. m. Silhouetten.) Lex. 8. Berlin (910). A. Glaue. Geb. in Leinw. 5. —

Beckmann, Johannes, s. Beckmann, Johann

Beckmann, Josef Doimo
— Capital [Kapital] und Arbeit. Ein Beitrag zur Kritik d. Weltwirthschaft. — Wien: Konegen 1890. 80 S. 8°
11. 106. 169. 203. 300: 85.509–B. 302.
14.9246

— Die Wahrheit über Bulgarien. — Leipzig: G. H. Meyer 1898. IV,141 S. 8° 5. 12: Turc. 7i [2 Ex.] 24. 28. 38. 39. 41. 106. 169. 203. 300: 94.114–B.
14.9247

(B) Beckmann, Jos., d. Wahrheit über Bulgarien. 898. (KBL. 29.) Jetzt: Berlin, F. Wunder. Ladenpr. aufgeh.

— Was ist uns Geld? Eine Studie über d. kapitalistische Wirtschaft d. Gegenwart. — Wien: Beckmann 1899. 80 S. 8° 12: Cam. 9 dy. 24. 203. 300: 96.159–B. 302.
14.9248

Heimatkunde des Regierungsbezirks Osnabrück. Für d. Hand d. Schüler bearb. von K. **Bockmann**. Eine Ergänzung z. Lesebuch u. Realienbuch. Mit vielen Bild. u. 1 Karte d. Prov. Hannover. *Osnabrück: G. Pillmeyer 1901.* (34 S.) 8° [J.] [oz. 10445

Beckmann, Karl, Evang. Geistlicher, Stifter d. Norddeutschen Deklamations- u. Geselligkeits-Vereins, Schwerin, 1801-1879. 1833: Poetischer Anecdoten-Kranz, gewunden aus 60 launigen Erzählungen, ein Vorlese- und Declamations-Buch für gesellige Kreise. — Hamburg: Verf. 1853. 24 S. 8° 18.
14.9251

— Anecdoten-Schatz für gesellige Kreise mit 77 auserlesenen Geschichten. — Hamburg: Verf. 1856. 12 S. 8° 18.
14.9252

— Poetische Beschreibung von neun wohlthätigen Vereinen. — Schwerin: Verf. 1851. 8 S. 8° 18. 28.
14.9253

— Dank- und Bitt-Gebet eines edelgesinnten deutschen Regenten zu Gott, dem Lenker aller menschlichen Schicksale. — Rostock [um 1870]: Hinstorff. 2 Bl. 8° 33.
14.9254

— Neuestes Declamations-Buch für gesellige Kreise mit 34 geistreichen Declamations-Stücken, der eleganten Welt gewidmet. — Hamburg: Verf. 1856. 12 S. 8° 18.
14.9255

— Poetische Erdbeschreibung vom Freistaate Hamburg für Gebildete aus allen Ständen. — Hamburg: Verf. 1853. 32 S. 8° 18. 33. 205.
14.9256

Beckmann, Carl [pr. Arzt aus Fulda]: Über einen Fall von Exstirpation der Gallenblase ... Würzburg, P. Scheiner's Buchdr., 1893; 25 S. 8.
Würzburg, Med. Fak., Inaug.-Diss. v. 1893

— Gebetbuch für Deutschlands Volksschulen. — Schwerin: Verf. 1846. VIII,40 S. 8° 33.
14.9257

— — 2., unveränd. Aufl. Ebd. 1846. VIII,40 S. 8° 28. 33.
14.9258

— Gedenkbuch der Liebe. Eine sorgfältig ausgewählte u. geordnete Sammlung von 350 d. vorzüglichsten Stammbuchaufsätze. — Schwerin: Verf.; Parchim [usw.]: Hinstorff [in Komm.] 1844. 80 S. 8° 28.
14.9259

— — 2. Aufl. Ebd. 1845. 80 S. 8° 33. 42.
14.9260

— — 3. Aufl. Ebd. 1846. 80 S. 8° 33.
14.9261

— Auserlesene Gedichte, Räthsel und Wortspiele für Gebildete aus allen Ständen. — Hamburg: Verf. 1853. 18 S. 8° 18.
14.9262

— Der Gelegenheitsdichter, enthaltend eine geordnete Sammlung der besten Fest- und Gelegenheits-Gedichte für gesellige Kreise. — Schwerin: Verf. 1849. 35 S. 8° 28.
14.9263

— Goldgrube für Landwirthe, darbietend eine Uebersicht von 150 der vorzüglichsten Culturpflanzen, die ein Schlag von 12 Morgen, bei einer richtigen Fruchtfolge, in sieben Jahren zu tragen vermag. — o.O. [um 1860]. 1 Bl. gr. 2° 28.
14.9264

— Gott ist die Liebe. Predigt ... über den Text: I. Joh. IV, 16-21. — Rostock 1833: Adler. 28 S. 8° 28. 33.
14.9265

— Der Hauptinhalt des kleinen Katechismus Luthers in Lehrgedichten und Gesängen. 2. Aufl. — Schwerin: Verf. 1850. 45 S. 8° 28.
14.9266

Freudebringender Hausschatz für Geselligkeitsfreunde. Hamburg: Verf. 1856. 16 S. 8° 18.
14.9267

Beckmann, Karl, a. Köln: Zum Leben und zur literarischen Stellung des rheinischen Satirikers Heinrich Lindenborn. 1706—1750. Bonn 1907: P. Hauptmann. (69 S.) 8° ¶ (Erscheint vollst. u. d. T.: „Heinrich Lindenborn, der kölnische Diogenes" b. P. Hanstein, Bonn.) *)
Bonn, Phil. Fak., Ref. Litzmann, Diss. v. 18. Dez. 1907
[Geb. 24. Febr. 82 Cöln; Wohnort: Cöln; Staatsangeh.: Preußen; Vorbildung: Apostel-Gymn. Cöln Reife O. 02; Studium: Bonn 10 S.; Rig. 24. Juli 07.]

*) als: Beiträge z. Literaturgeschichte u. Kulturgeschichte d. Rheinlandes. 1.
= Ltg. A I, 1153 [1]

— Die Lehre von den erhabenen Eigenschaften Gottes, veranschaulicht durch 25 Geschichten u. Erzählungen. — Schwerin: Verf. 1846. 56 S. 8° 33.
14.9268

— — 2. Aufl. Ebd. 1846. 56 S. 8° 28. 33.
14.9269

— Die Lehre vom Menschen. — Schwerin: Verf. 1848. IV, 99 S. 8° 33.
14.9270

— — (3. Aufl.) Ebd. 1849. IV,99 S. 8° 18. 28. 48.
14.9271

— Die Lehre von der Schöpfung, Erhaltung und Regierung der Welt veranschaulicht durch 22 Geschichten und Erzählungen in gebundener Rede. — Schwerin: Verf. 1847. 66 S. 8° 28. 33.
14.9272

— — 2. Aufl. Ebd. 1847. 66 S. 8° 28. 33.
14.9273

Beckmann, Karl, französisches Lesebuch f. Realschulen u. die mittleren Klassen realer Vollanstalten. Mit 3 Übersichtskarten u. 31 in den Text gedr. Abbildgn. u. Kartenskizzen. (X, 352 S.) 8. Bielefeld 907. Velhagen & Klasing. Geb. 3. —

Französisches Lesebuch für Realschulen und die mittleren Klassen realer Vollanstalten von Karl **Beckmann**, Dir., Geisenheim. Mit 3 Übersichtskarten u. 31 Abb. u. Kartenskizzen. [Nebst] Ergänzungsband: 1. Anmerkungen. 2. Das Wichtigste aus d. Verslehre. 3. Wörterbuch. Mit 8 Kartenskizzen. Bielefeld & Leipzig: Velhagen & Klasing 1907. 2 Bde 8° [o8. 5296

Beckmann, Karl: Französ. Leseb. f. Realsch. u. d. mittl. Kl. realer Vollanst. 2. Afl. (10, 352 m. Abb. u. 3 Ktn.) 8° Bielef., Velh. & Kl. '10. L 3 —

— dass. Ergänzgsbd: 1. Anmerkgn. 2. Das Wichtigste a. d. Verslehre. 3. Wörterb. 2. Afl. (137 m. Ktnskizzen.) 8° Ebd. '10. L 1.40 d

— Lieder-Krone für Deutschland's Sänger und Sängerinnen. 2. Aufl. — Schwerin: Verf. 1858. 36 S. 8° 28.
14.9274

— Heinrich Lindenborn, der kölnische Diogenes. Sein Leben u. seine Werke. Ein Beitrag zur Literatur- u. Kulturgeschichte d. Rheinlandes. — Bonn: Hanstein 1908. XII,288 S. 8° (Beiträge zur Literaturgeschichte u. Kulturgeschichte d. Rheinlandes. 1.)
Erschien teilweise auch als Diss. u. d. T.: Beckmann: Zum Leben u. zur literarischen Stellung d. rheinischen Satirikers Heinrich Lindenborn. Bonn 1907.
1: At 5027-1. 5. 6. 9. 11. 12: H. lit. P. 36 ndf-1. 14. 15. 20. 30. 38. 41. 43. 52. 60. 61. 62. 64. 121. 211. 300: 502.078-B. Per. 1. 302.
14.9288

— Poetische Lobrede auf Deutschland und seine Bewohner. Rostock: Verf. 1871. 24 S. 8° 28. 33.
14.9275

— Poetische Lobrede auf den weltbeglückenden Ehestand. Schwerin: Verf. 1854. 16 S. 8° **33.**
14.9276

BECKMANN, C., Poetische Lobrede auf den weltbeglückenden Ehestand. Schwerin 1856. 8°.

Beckmann, Karl, Müllermeister, Schwerin. 1905: **Zur Lösung** der sozialen Frage. Wie kann unter d. jetzigen Wirtschaftsverhältnissen in unserm Klassenstaate 1. die drückendste Notlage eines jeden Menschen ... gelindert ... werden, und 2. welche Partei steht diesem Gedanken zur Verwirklichung am nächsten? — Schwerin: Verf. [1905]. 44 S. 8°
28. 33.
14.9287

— Mustersammlung von poetischen Briefen und Reden. Hamburg: Verf. 1856. 12 S. 8° **18.**
14.9277

— Neuestes Räthsel-Buch. — Schwerin: Verf. 1848. 47 S. 8° **33.**
14.9278

— Räthsel-Kranz für alle Stände, gewunden aus 125 Räthseln, Charaden, Räthselfragen und Wortspielen. — Hamburg: Verf. 1850. 12 S. 8° **18.**
14.9279

— Die Religion in Liederversen, ein Beitrag zur Fortbildung des wahren Christenthums zur Weltreligion. Buch 1.2. — Rostock: Verf.; Stiller [in Komm.] 1838–39. 8°
28. 33.
14.9280

Beckmann, C, graph. Resultate d. Perspective. Fol. (12 m. 3 K.) Berl. 58, Ernst u. K. *n.* 1. 10

Beckmann, Karl, Prof. d. Architektur an d. Kunstakademie, Berlin. 1790–1859. 1859: Graphical results ... Graphische Resultate der Perspective zum Selbstunterricht für Architekten u. Maler. Résultats graphiques ... — Berlin: Ernst & Korn [1859]. 12 S. 4° Text deutsch, englisch u. französisch.
1: 4° Nu 9462. 7. 82. 83. 93.
14.9286

— Poetische Schilderung des Musensitzes Rostock und der Residenzstadt Schwerin. — Rostock: Verf. 1871. 16 S. 8°
28. 33.
14.9281

— Sendschreiben an die edelgesinnten Vaterlandsgenossen (2: an edelgesinnte Vaterlandsfreunde). [1.] 2. — Schwerin: Verf.; Parchim [usw.]: Hinstorff [in Komm.] (2: Schwerin: Verf.) 1845–46. 8°
1. Enthaltend e. Aufforderung zur Theilnahme an d. allgemeinen Verbreitung d. wahren, thätigen Christenthums im Vaterlande.
2. Enthaltend d. Beantwortung d. Frage: Was geschah bisher zur Beförderung der allgemeinen größtmöglichsten Vollkommenheit u. Glückseligkeit; und was ist noch zu vollbringen, damit d. Erde in ein Himmelreich verwandelt wird?
28. 33. 42 [∞ 1].
14.9282

— — Sendschreiben an edelgesinnte Vaterlandsfreunde. 2. Aufl. 2. — Schwerin: Verf. 1847. 50 S. 8°
Inhalt wie in 14.9282. **28. 33.**
14.9283

— — Sendschreiben an die edelgesinnten Vaterlandsgenossen. 3. Aufl. [1.] — Schwerin: Verf.; Parchim [usw.]: Hinstorff [in Komm.] 1846. 24 S. 8° Inhalt wie in 14.9282. **28. 33. 42.**
14.9284

Beckmann, Karl

— Der Wille bei Descartes. Eine psychologische Untersuchung. — Leipzig: Engelmann 1909. S. 43–101. 8°
Aus: Archiv für d. gesamte Psychologie. 14. 1909. **52.**
14.9290

— Zuruf eines edelgesinnten, deutschen Kriegers an seine Waffengefährten. — o. O. 1870. 1 Bl. 8° **33.**
14.9285

Beckmann, Karl Leopold Ludwig s. *Beckmann,* Karl. 1833.

Beckmann, Konrad: Fritz-Reuter-Gallerie mit Bildern von Conrad Beckmann u. Text von Karl Theodor Gaedertz. München: Verl. Anst. für Kunst u. Wissenschaft 1884. III, 64 S. 4° **9. 12: 4° P. o. germ. 170t.**
14.9298

— — 2. Aufl. Ebd. 1886. III, 64 S. 4° **9. 33.**
14.9299

Beckmann, C, s. a. Fritz Reuter-Gallerie.

Beckmann, Conrad, Referendar in Radeberg: **Die rechtliche** Stellung des Vorstandes der Aktiengesellschaft. **Borna-**Leipzig 1905: R. Noske. (VIII, 46 S.) 8° [F.]
Leipzig, Jur. Fak., Diss. v. 19. Juli 1905
[Geb. 3. Febr. 79 Frankenberg i. S.; Wohnort: Dresden; Staatsangeh.: Sachsen; Vorbildung: Gymn. Dresden-N. Reife O. 01; Studium: Tübingen 1, Leipzig 5 S.; Rig. 30. Juni 04.]

Beckmann, Konrad Ludwig: Reinke Fuchs. Das ist: Ein sehr nutz-, sinn- und lehrreiches Büchlein, darein auf verblümte, jedoch löbliche Schreibart der Thierwelt Wesen, Tugenden und Laster mercklich beschrieben. Aufs neue in jetziger Zeit üblichen Reimarten verarb. u. mit ... Kupffern versehen. — Düsseldorf: Arnz 1856. 30 S., 8 Taf. 4°
Nebent.: Reinke Fuchs. Auff Grund d. Rostocker Ausgaben vom jar '1662' aufs neue ... verarb. ... vom Verf. d. 'Idiotism. venator'.
(Deutsche Volksbücher.)
In einigen Exemplaren fehlt d. Titel d. Sammlung.
7. 9. 11. 33. 38. 61.
14.9300

Beckmann, Herrn Conr. Ludw., [Verf. d. „Idiotismus venatorius"] Reinke Fuchs. 4. (31 m. 8 K.) Düsseld. 56, Breidenbach u. Co. *n.* — 27

Beckmann, Leo. Zur Biologie des bacillus suipestifer und einiger ihm nahestehenden Bacterien. Diss. Vet.-Med. Bern. *Kopftitel:* Aus dem Institut für Hygiene und Bacteriologie der Universität zu Strassburg, Leiter: Prof. Dr. I[oseph] Forster. 48 S. 8. Metz, Buchdr. des «Courrier de Metz», 1906.

Beckmann, Ludwig

Beckmann, Ludw., Geschichte u. Beschreibung der Rassen des Hundes. Unter Mitwirkg. der namhaftesten Züchter u. Preisrichter u. in Uebereinstimmg. m. den officiell anerkannten Rassezeichen der maßgeb. Vereine des In- u. Auslandes, hrsg. u. illustr. v. B. (In 2 Bdn.) 1. Bd. 4. (XV, 386 S. m. Holzst. u. 2 farb. Taf.) Braunschweig 894. F. Vieweg & Sohn. n. 50. —; geb. in Halbfrz. n.n. 56. —; auch in 10 Lfgn. à n. 5. —; Velin-Ausg. n. 72. —; geb. in Saffian n.n. 96. —

Beckmann, Ludw., Geschichte u. Beschreib. d. Rassen d. Hundes. Unt. Mitwirkg. d namhaftesten Züchter u. Preisrichter u. i. Uebereinstimmg. m. d. officiell anerkannten Rassezeichen d. maßgeb. Vereine d. In- u. Auslandes, hrsg. u ill. v. B. 2. (Schluß-)Bd. 4. (XIII, 351 S. m. Holzst.) Braunschweig 895. F. Vieweg & Sohn.
n. 10. —; geb. in Halbfrz. n.n. 16. —; auch i. 9 Lfgn. (1. u. 2. Lfg. à n. 1. 50; 3.—9. Lfg. à n. 1. —); Velin-Ausg. n. 18. —; geb. in Saffian n.n. 42. — (kplt.: n. 60. —; geb. n.n. 72. —; Velin-Ausg. n. 90 —; geb. n. 138. —

Beckmann, Ludwig, Hamburg. 1848: **Theoretisch-practisches Handbuch des Wagners und Chaisenfabrikanten.** Nach Lebrun und den neuesten Fortschritten dieses Gewerbes hrsg. von Ludwig Beckmann. [Nebst] Atlas. — Weimar: Voigt 1848. 8° [u.] quer-4°
Atlas u. d. T.: Zeichnungen u. Risse zum Handbuch d. Wagenbauers.
(Neuer Schauplatz d. Künste u. Handwerke. 65.)
32. 83. 89. 210. 302.
14.9303

— — Theoretisch-practisches Handbuch für Wagenbauer, Wagenfabrikanten und alle beim Wagen- und Luxuswagenbau beschäftigten Künstler und Arbeiter ... Mit e. Anh., betr. die Construction der Eisenbahn-Waggons. 2., verb. u. verm. Aufl. [Nebst] Atlas. — Ebd. 1854. 8° [u.] quer-8° (Neuer Schauplatz ... 65.) **38. 90. 91. 210.**
14.9304

— — 3., verb. u. verm. Aufl. [Nebst] Atlas. Ebd. 1855. 8° [u.] quer-8° (Neuer Schauplatz ... 65.) **17. 44. 305.**
14.9305

— — Theoretisch-praktisches Handbuch für Wagenfabrikanten und alle beim Wagenbau beschäftigten Künstler und Handwerker ... 4., verm. u. verb. Aufl. ... Neu bearb. von Wilhelm Rausch u. mit e. einl. Vorw. von Heinrich Lindner. [Nebst] Atlas. — Ebd. 1865. 8° [u.] 4° (Neuer Schauplatz ... 65.)
5. Aufl. s. *Rausch*, Wilhelm: Theoretisch-praktisches Handbuch für Wagenfabrikanten. 1877. **17. 82. 89. 210.**
14.9306

Beckmann's, L., theoretisch-praktisches Handbuch für Wagenfabrikanten, s. Schauplatz der Künste rc.

Beckmann, Ludw., Thierstudien nach der Natur gez. und lithogr. 1—4. Heft. (à 6 Stnt. in Tondr.) qu. gr. Fol. Hannover 856, Hornemann'sche Hofkunsth. à Heft * 22 1/2 Ngr. *

Beckmann, L, Thierstudion. 1—4. Hft. (à 6 L.) qu. Fol. Hann 56, Schrador's Nf. à n. — 22[1]

Beckmann, Lukas: Lucas Beekmann: Disputatio iuridica de Laudemiis, vulgò vom Lehn-Geld, oder von der Lehn-Wahre. [Resp.:] Johannes Baumannus u. Martinus Jonius. Rec. — Jenae 1721: Heller. 12 Bl. 8°
Erschien zuerst als Diss. u. d. T.: Beckmann: Theses de laudemiis. Wittenberg 1610. **7. 17. 19. 28. 29. 30. 300:** 133. 082-B. **303.**
14.9308

— — Nunc recus. Wittebergae 1721. 12 Bl. 8°
4. 8. 9. 12: 4° Diss. 3038-19. **24. 26.**
14.9309

— — Lucae Beekmanni Disputatio de Laudemiis, Germanis: Vom Lehn-Gelde oder Lehn-Waare. Acc. Jo. Ernesti Schroeteri Commentatio de origine laudemiorum apud Germanos, vernacula lingua: Vom Ursprung der Lehnreichung bey denen Teutschen. Rec. — Jenae 1747: Heller. 36 S. 8°
Sondert.: Schroeter, Johann Ernst: Commentatio iuris feudalis de Origine laudemiorum apud Germanos. Nunc rec. Jenae 1747.
4. 7. 12: 4° Diss. 2005-28. **14. 16. 17. 19. 24. 26. 28. 29.**
14.9310

— Disputatio ordinaria de Privilegiis studiosorum, ex Auth. Habit. C. ne filius pro patre. [Resp.:] Matthias Grosius. Recusa. — Wittebergae 1702. 12 S. 8°
Erschien zuerst als Diss. Wittenberg 1616.
2. 4. 7. 8. 11. 12: 4° Diss. 334-56. **14. 16. 17. 27. 32. 39. 48.**
14.9311

Beckmann, M.: Deutsche Märzlieder. Ein Schärflein für d. deutsche Flotte. — Düsseldorf: Stahl 1848. 32 S. 8°
61.
14.9312

Beckmann, Mathilde s. a. *Raven*, **Mathilde.**

Beckmann, Mathilde, s. Erholungsstunden. Unterhaltungsblatt.

Beckmann, M., eine Familie aus der ersten Gesellschaft. 8. (419 S.) Düsseldorf 847, Buddeus. *

Beckmann, M., Wilhelm v. Lecce, Trauerspiel in 5 Akten. gr. 12. (5 B.) Osnabrück 845, Meinders.

Beckmann, Nikolaus, Prof. für römisches Recht, Lund, später Kanzleidirektor d. St. Michaelsklosters bei Bamberg. 1666
Pseudonyme: Constans Veridicus, Constantinus Veridicus u. Veridicus Constans
— Constantini Veridici Geschichte des vorigen Seculi, worbey die Staats-Fehler der damahls herrschenden Regenten und Staats-Minister bescheidentlich entdecket, und dadurch denen heutigen Staas [!] Angelegenheiten ein desto helleres Licht gegeben wird. — Regenspurg 1739. 332 S. 8°
18. 24. 27. 31. 302.
14.9338

Beckmann, Nik., († d. 25. Juli 1786), Grundriß zur Kenntniß u. Verbesser. d. Flüsse u. Ströme, A. d. Holländ. gr. 8. Götting. 775. Vandenhöck u. R. 5 gl.

Beckmann, O., Lehrer d. Stenographie. 1897: Lehr-Buch der Stolzeschen Stenographie nach der System-Urkunde vom September 1888. — Magdeburg: Beckmann 1897. 103 S. 8° **30. 48.**
14.9342

Beckmann, Otto: Aus d. Univ.-Poliklin. f. Ohren- u. Nasenkrankheiten zu Göttingen. Klinische Beobachtungen über die Tonhöhe pathologischer Gehörsempfindungen. Göttingen 1908: Dieterich. 28 S. 8°
Göttingen, Med. Diss. v. 22. Aug. 1908, Ref. Bürkner-Verworn
[Geb. 18. Nov. 82 Roggenstede; Wohnort: Eggelingen; Staatsangeh.: Preußen; Vorbildung: Gymn. Jever Reife O. 02; Studium: Göttingen 5, Freiburg i. B. 1, Leipzig 1, Göttingen 3 S.: Coll. 20. Febr. 08; Approb. 22. Aug. 08.] [U 09. 1299

Beckmann, O: Special-Post- u. Eisenbahnk. d. Deut. Reichs. Rev. v. G Müller. 1:700,000. 4 Bl. à 71×87 cm. Farbdr. Nebst Orts-Verzeichniss. 8° (210) Berl. 99. Mannh., Internat. Verl.-Anst. O Beckmann. In Mappe u. kart. 15 —

Beckmann, Otto, approb. Arzt aus Schwerin: Zur **Statistik** und Therapie der Placenta praevia. *Leipzig 1902: B. Georgi.* (39 S.) 8°
Leipzig, Med. Diss. v. (22. Apr.) 1902

Beckmann, Otto David Heinrich: Bibliotheca fratrum Becmannorum. 1785 s. *Beckmann*, Gustav Bernhard.

— Consilia et decisiones. 1784-89
s. *Beckmann*, Gustav Bernhard.

— De Exceptionibus litis ingressum impedientibus meditatio. 1753 s. *Beckmann*, Gustav Bernhard.

Beckmann, Otto Dav. Heinr. (Präs.): De exspectativis feudalibus ..., s. Beckmann, Wedig Christoph Karl (Resp.)

— **Otto David Heinrich** (Devitz/Meckl.), De feudo emto sub pacto de retrovendendo. Halle (Joh. Chn. Hilliger) April 1747. 32 S. (4.80) 1752

— De Feudo emto sub pacto de retrovendendo. — Halae Magd. 1768: Hendel. 32 S. 8°
Erschien zuerst als Diss. Halle 1747.
1:19 in Fi 9. **4. 5. 7. 17. 23. 26. 28. 29. 34.**
14.9350

Beckmann, Otto David Heinrich
— Gedancken von der Deutlichkeit und ihren Hindernissen im Vortrage besonders der Rechtsgelahrtheit. 1749
s. *Beckmann*, Gustav Bernhard.

— Gedancken vom Gebrauch und Mißbrauch der Exceptiv-Sätze. 1749 s. *Beckmann*, Gustav Bernhard.

— Gedancken von den wahren Quellen des Rechts der Natur. 1754 s. *Beckmann*, Gustav Bernhard.

— Gedancken vom Reformiren des Rechts. 1747
s. *Beckmann*, Gustav Bernhard.

— Otto Dav. Henr. Becmannus. Quaedam ad art. CCXVIII. C. C. C. praefatus tum praelectiones suas aestivas tum opera b. fratris postuma edenda indicit. — Gottingae: Dieterich 1783. 36 S. 8° **3. 5. 7. 11. 19. 34.**
14.9351

— Tractatio mathematico-iuridica de interusurio. 1784
s. *Beckmann*, Gustav Bernhard.

Beckmann, P.
—— französisches Lesebuch für die mittleren und oberen Klassen höherer Schulen. 3 Thle. 8. (VIII, 218; VI, 251; IV, 196 S.) Paderborn 870, Junfermann'sche Buchh.
à Thl. * ℳ 1. *

Beckmann, P., französisches Lesebuch für die mittleren Klassen höherer Schulen. 1. Thl. 2. verb. Aufl. 8. (VIII, 237 S.) Paderborn 878, F. Schöningh. *

Beckmann, *Friedrich* Paul [aus Wernigerode]: Beitrag zur Frage der Therapie der Blasen- und Urethralverletzungen ... Halle a. S., Druck v. Wischan & Wettengel, 1896; 33 S., 1 Bl. 8.
Halle, Med. Fak., Inaug.-Diss. v. 1. Aug. 1896

Beckmann, Paul, a. Bielefeld: Korveyer und Osnabrücker Eigennamen des IX.—XII. Jahrhunderts, ein Beitrag zur altsächsischen Dialektforschung. Bielefeld 1904: A. von der Mühlen. (100 S.) 8°
Münster, Phil. Fak., Ref. Jostes, Diss. v. 4. Febr. 1905
[Geb. 27. Apr. 81 Gütersloh i. W.; Wohnort: Bielefeld-Gadderbaum; Staatsangeh.: Preußen; Vorbildung: Gymn. Bielefeld Reife M. 00; Studium: Halle 2, Straßburg 1, Freiburg i. B. 1, Berlin 1, Münster 2 S.; Rig. 31. Okt. 04.]

Beckmann, Paul, a. Solingen: Zur Kenntnis der Okklusion und Diffusion von Gasen durch Metalle. Weida i. Th. 1907: Thomas & Hubert. (78 S.) 8°
Leipzig, Phil. Fak., Ref. Le Blanc-Beckmann, Diss. v. 3. Juli 1907
[Geb. 12. März 81 Solingen; Wohnort: Solingen; Staatsangeh.: Preußen; Vorbildung: Oberrealsch. Bonn Reife O. 01; Studium: Freiburg i. B. 2, München 5, Leipzig 5 S.; Rig. 15. März 07.]

Beckmann, Paul, a. Dessau in Anhalt: ⟨Arbeit aus dem Laboratorium des Kgl. Bot. Gartens u. Mus. zu Berlin⟩. Untersuchungen über die Verbreitungsmittel von gesteinbewohnenden Flechten im Hochgebirge mit Beziehung zu ihrem Thallusbau. Spezieller Teil. Mit 10 Fig. im Text. (Leipzig: W. Engelmann 1907.) (53 S.) 8° ¶(Erschien vollst. 1907 in: Botan. Jahrbücher Bd 38, Beibl. 88.)
Berlin, Phil. Fak., Ref. Engler, Diss. v. 2. Febr. 1907
[Geb. 18. Juli 81 Dessau; Wohnort: Berlin; Staatsangeh.: Anhalt; Vorbildung: Herzogl. Friedrichs-Realgymn. Dessau Reife O. 01; Studium: Lausanne 2, München 2, Berlin 3 S.; Rig. 8. Nov. 06.]

Beckmann, Peter: Forschungen über die Quellen zur Geschichte der Jungfrau von Orleans. — Paderborn: Junfermann 1872. 96 S. 8°
Zugleich Diss. Göttingen. 1872.
In d. Exemplaren von 6, 10, 12, 38 u. 46 mit d. Zusatz: Th. 1. Geschichtschreiber.
1: Qw 2535. 2. 4→11.
12: Biogr. 558ab. 14→19. 21. 23. 24. 26. 27. 28. 35. 38. 46. 52. 121. 180. 203. 211. 304.
14.9354

Beckmann, (Theodor), Gerichtsassessor: Die Straftat eines Deutschen im Konsulargerichtsbezirke und den Schutzgebieten, insbesondere die Vielehe in der Türkei. Berlin 1905: G. Schenck Nachf. (VIII, 49 S.) 8° [F.] ¶(Erschien 1905 als: Berliner juristische Beiträge, H. 7.)
Berlin, Jur. Fak., Ref. Kohler, Diss. v. 9. Juni 1905
[Geb. 5. Okt. 76 Bremen; Heimatsort: Hannover; Staatsangeh.: Preußen; Vorbildung: Kaiser Wilhelm-Gymn. Hannover Reife O. 95; Studium: Freiburg i. B. 1, Leipzig 1, München 1, Berlin 3 S.; Rig. 30. Mai 05.]

Beckmann, Viktor [Bearb.] s. *Ammann,* Gustav A.; Ammann's Schiffsmaschinist. 4. Aufl. 1904.

Beckmann, Victor [app. Arzt]: Funktionelle End-Resultate der Oberarm-Kopf-Resection mit Bezug auf die Methode ... Strassburg, Buchdr. C. Goeller, 1890; 51 S. + 1 Bl. 8°
Strassburg, Med. Fak., Inaug.-Diss. v. 1890

Beckmann, W., Lieder für Volksschulen, — u. H. L. Harland, kalligraphische Vorlege-Blätter, } s. Harland, H. L.

Beckmann, W. A.: Jugend-Bilder. Eine Sammlung von Erzählungen, den Jünglingen u. Jungfrauen Deutschland's gewidmet ... Mit e. Vorw. von F. Ranke. Bdch. 1. — Göttingen: Vandenhoeck & Ruprecht 1840. XII, 208 S. 8°
1. Enthaltend: 1. Geschichte d. Hans Rüdiger u. seines Sohnes. 2. Der Sohn des Schleichhändlers. 3. Die Auswanderer.
7.
14.9357

Beckmann, Wedig Christoph Karl: Exercitatio academica de Exspectativis feudalibus earumque collisione, auctore Wedige Christophoro Carolo Becmanno. — Gottingae: Bibliopolium acad. privilegiatum 1753. 121 S. 8°
Zugleich Diss. Göttingen 1753.
4. 7. 9. 14. 17. 19. 23. 24. 26. 30.
14.9358

— **Wedige Christoph Carl** (Mecklenburg), De exspectativis feudalibus earumque collisione. Diss. jur. Präs. Otto David Heinrich Becmann. Göttingen (Gg. Ludw. Schultz) 3. III. 1753. 121 S. (5.50) 1753
Gewidm.: Gerl. Adolf Frh. v. Münchhausen (Strausfurt).

Beckmann, Wilhelm [app. Arzt aus Barmen]: Ueber die typhusähnlichen Bacterien des Strassburger Wasserleitungswassers aus d. Laboratorium d. medizin. Klinik '(bakteriolog. Abteilg unter Leitg v. Privatdoc. Dr. Levy.)' ... Strassburg, Elsäss. Druckerei u. Verlagsanst., 1894; 26 S., 1 Tab. 8.
Strassburg, Med. Fak., Inaug.-Diss. v. 1894

Beckmann, Wilhelm, Stud. hist., Rostock. 1872: Die Gewerbe Mecklenburgs im 13. Jahrhundert. 1872
in: *Beitraege* zur Geschichte Mecklenburgs vornehmlich im dreizehnten Jahrhundert. 1.

Beckmann, Wilh., die Gewerbe Mecklenburgs im 13. Jahrh. gr. 8. (27 S.) Rostock 878, Kuhn. [Werther's Verlag.] *

Beckmann, Wlh., Handbuch d. prakt. Arithmetik zum Gebrauch für Kaufleute u. d. d. Handlung sich widm. Jugend. 8. Mitau 813. 2 ₰ Mit N. T. Riga 823. (Leipz. Serig). Hbd. Pr. 16 gr.

Beckmann, W., Handb. d. prakt. Arithmetik zum Gebr. f. Kaufleute u. die d. Handlung sich widm. Jugend. 8. Riga, Deubner u. Treuy. 813.

Beckmann, (W.,) Handbuch d. prakt. Arithmetik, zum Gebrauch für Kaufleute u. d. d. Handlung sich widmenden Jugend. Wohlfeile Ausg. 8. Riga 821, Hartmann.

Beckmann, Wilhelm (Hrsg.), s. Merkur, Hannoverscher.

Beckmann, Wilhelm [aus Westenfeld '(Westf.)']: Das Recht der Nachlassgläubiger auf Erbeserklärung ... Göttingen, Druck d. Dieterich'schen Univ.-Buchdr., 1894; 45 S. 8.
Göttingen, Jur. Fak., Inaug.-Diss. v. [18. Dez.] 1894

Beckmann, Wilh., s: Schrift, 28., d. Verbandes deut. Handlgsgehülfen zu Leipzig, Gehaltsfrage.

Beckmann, Wilh. Experimentelle Untersuchungen über den Einfluss d. kohlensauren u. citronensauren Natron auf die Ausscheidg. der Alkalien. Diss. gr. 8. (74 S.) Dorpat 889, (Karow). * 1 50

Beckmann, Willy: Spektroskopische Untersuchung über die Verschiedenartigkeit der Teile des galvanischen Lichtbogens. Leipzig 1906: J. A. Barth. (19 S.) 8°
Bonn, Phil. Fak., Ref. Kayser, Diss. v. 14. Jan. 1907
[Geb. 7. Nov. 80 Cöln; Wohnort: Bonn; Staatsangeh.: Preußen; Vorbildung: Gymn. Theux (Belgien), Münstereifel Reife O. 02; Studium: Bonn 9 S.; Rig. 7. Nov. 06.]

Beckmann, Wolbert, appr. Arzt a. Papenburg: Die Behandlung der Meningitis cerebrospinalis epidemica mit Meningococcenheilserum, hergestellt nach dem Verfahren Kolle-Wassermann in Berlin ⟨15 Fälle⟩. Leipzig 1908: B. Georgi. (30 S.) 8°
Leipzig, Med. Fak., Ref. Curschmann, Diss. v. 3. Aug. 1908
[Geb. 28. Aug. 81 Papenburg; Wohnort: Bochum; Staatsangeh.: Preußen; Vorbildung: Gymn. Meppen Reife O. 02; Studium: Tübingen 1, Würzburg 4, Berlin 1, Kiel 4 S.; Coll. 8. Aug. 08; Approb. S.-S. 07.]

Beckmann, Zacharias Ludwig: Verzeichniß einer auserlesenen Sammlung theologisch-philosophisch-mathematisch-juristisch-medicinisch-historisch-philologisch und geographischen sehr gut conditionirten Büchern. [Auktionskat.] — Braunschweig 1772. 111 S. 8° 1: Ap 1148.
14.9368

Beckmann v. Hoya, Johann s. *Beckmann*, Johann.

Becknann-Album. Folge von 14 Costume - Porträts, so wie des Brustbildes des k. k. Hofschauspielers Beckmann, nach der Natur phoographirt von E. Cramolini. Wien, L. T. Neumann. In elegantem 1863 Einband 12 fl.

Beckmann-Führer

Beckmann's Führer durch Augsburg u. Umgebg. (85 m. Pl. u. 8 Beil.) 8° Stuttg., W Seifert (02). ‖ 2. Afl. (100 m. Pl. u. 12 Beil.) (05) Je — 75

— **Baden-Baden u. Umgebung. m. 5farb. Stadtplan, 8 Kunstbeilagen u. Umgebungskarte.** Bearb. v. Alfr. Wagner. (IX, 122 S.) schmal 8. Ebd. (906). — 75

— **Basel u. Umgebung, m. 5farb. Stadtplan u. 10 Kunstbeilagen.** Bearb. v. Rud. Kelterborn. (VII, 98 S.) schmal 8. Ebd. (906). — 75

— **Darmstadt u. Umgebung, m. e. 5farb. Stadtplan u. 8 Kunstbeilagen u. vollständ. Strassenführer.** Bearb. v. E. Anthes. (X, 96 S.) schmal gr. 8. Stuttgart 903. [Klemm & Beckmann], W. Seifert. — 75

— **Dürkheim a. H. u. Umgebung, unter besond. Berücksicht. der Städte Wachenheim u. Deidesheim, sowie der Gemeinden Forst, Königsbach, Freinsheim u. Weisenheim a. S., m. e. 4farb. Umgebungskarte 1:75,000.** Bearb. v. A. Heeger. (VIII, 102 S. m. Abbildgn.) schmal gr. 8. Ebd. (903). — 75

— Führer durch Frankfurt a/M. u. Umgebg v. T Poppe. (108 m. Pl. u. 8 Beil.) 8° Ebd. (03). — 75

— **Frankfurt a. M. u. Umgebung, m. 5farb. Stadtplan u. 12 Kunstbeilagen.** Bearb. v. Thdr. Poppe. 2. verb. Aufl. (IV, 144 S.) schmal 8. Stuttgart (906). W Seifert. — 75

— Führer durch Freiburg im Br. u. Umgebg. (128 u. 4 m. Abb., Pl. 1 Karte u. 8 Beil.) 8° Ebd. (03). — 75

— **Freiburg i. B. u. Umgebung, m. 5farb. Stadtplan, e. 5farb. Umgebungskarte, 12 Kunstbeilagen, 10 Textillustr. u. vollständ. Strassenführer.** Bearb. v. F. Baumgarten. 3. Ausg. (XVI, 112 S.) schmal 8. Ebd. (906). — 75

— Führer durch Heidelberg u. Umgebg. Bearb. v. T Lorentzen. (135 m. Pl. u. 8 Beil.) 8° Ebd. '02. ‖ 2. Afl. (140 m. Pl. u. 9 Beil.) (05. 3.Aufl.1907.(158 m.1 Pl., 1 Pan. — 75 u.10 Taf.).- 4.Aufl.1909.

— Fürer durch Kaiserslautern u. Umgebg. Hrsg. v. O Fleischmann. (97 m. Pl. u. 8 Beil.) 8° Ebd. (02). — 75

— Führer durch Karlsruhe u. Umgebg. (76 m. Pl. u. 8 Beil.) 8° Ebd. '02. ‖ 2. Afl. (87 m. Pl. u. 10 Beil.) (05.) Je — 75 3.Ausg.1908.(64 m.1 Pl.u.11 Taf.)

— Fürer durch Landau i./Pfalz u. Umgebg. Bearb. v. G Heeger. (93 n. Pl. u. 8 Beil.) 8° Ebd. (02). — 75

— Führer durch Mainz u. Umgebg v. E Neeb. (107 m. Abb., Pl. u. 8 Beil.) 8° Ebd. (03). — 75

— **Mainz u. Umgebung. Mit 5farb. Stadtplan, 18 Kunstbeilagen u. vielen Textillustr.,** bearb. v. E. Neeb. 2. verb. u. verm. Aufl. (V, 138 S.) schmal 8. Stuttgart (906). W. Seifert. — 75

— **Mannheim-Ludwigshafen u. Umgebung, m. 5farb. Stadtplan, 8 Kunstbeilagen u. vollständ. Strassenverzeichnis** v. Max Oeser. (X, 100 S.) schmal 8. Stuttgart (904). [Klemm & Beckmann], W. Seifert. — 75

— **München u. Umgebung, m. 5farb. Stadtplan u. 15 Kunstbeilagen.** Bearb. v. Jos. Benno Sailer. (IV, 11? S.) schmal 8. Stuttgart (906). W. Seifert. — 75 2.Ausg.1908.

— **Bad Nauheim u. Friedberg in Hessen nebst Umgebung m. (farb.) Stadtplänen v. Nauheim u. Friedberg u. 10 Kunstbeilagen.** Bearb. v. Helmke. (X, 96 S.) schmal 8. Ebd. (906). — 75

— **Neustadt a. H. u. Umgebung, unter besond. Berücksicht. der Stadt Lambrecht, sowie der Gemeinden Hassloch, Maikammer, Diedesfeld u. Gimmeldingen, m. 16 Kunstbeilagen u. e. 4farb. Uebersichtskarte im Massstab 1:75,000.** Bearb. v. C. Mehlis. (62 S.) schm. gr. 8. Stuttgart (903). [Klemm & Beckmann], W. Seifert. — 75

— **Nürnberg u. Umgebung, m. 5farb. Stadtplan, 12 Kunstbeilagen u. vollständ. Strassenverzeichnis** von Heinr. Heerwagen. (X, 96 S.) schmal 8. Stuttgart (905). W. Seifert. — 75

— Führer durch Speier a/Rh. Bearb. v. E Heuser. (72 m. Pl. u. 8 Beil.) 8° Ebd. (02). — 75

— Führer durch Strassburg i/E. u. Umgebg. (132 m. Pl. u. 8 Beil.) 8° Ebd. (03). ‖ 2. Afl. (128 m. Pl. u. 10 Beil.) (05.) Je — 75

— **Strassburg i/E. u. Umgebung, m. 5farb. Stadtplan, 10 Kunstbeilagen u. vollständ. Strassenführer.** 2. verm. u. verb. Aufl. (VIII, 128 S.) schmal 8. Stuttgart (905). [Klemm & Beckmann], W. Seifert. — 75

— **Stuttgart u. Umgebung, m. 5farb. Stadtplan, 15 Kunstbeilagen u. vollständ. Strassenverzeichnis** v. J. Bazlen. (IV, 99 S.) schmal 8. Ebd. (904). — 75

— — Stuttgart und Umgebung. 2., verb. Aufl. Stuttgart: Seifert [1907]. VIII, 100 S. 8° (Beckmann-Führer.) 24. 13.11446

— — Stuttgart mit Cannstatt, Ludwigsburg u. Esslingen nebst Umgebung. 3., verb. Aufl. — Ebd. [1909]. XLVIII, 81 S. 8° (Beckmann-Führer.) 12: It. coll. 201 t–2. 24. 109. 13.11447

— Führer durch Ulm u. Neu-Ulm nebst Umgebg v. E Nübling. (2. Afl.) (100 m. 4 Pl. u. 8 Beil.) 8° Ebd. (03). — 75

Beckmann-Führer, Ulm u. Neu-Ulm nebst Umgebung, m. 5farb. Stadtplan u. 10 Kunstbeilagen. Bearb. v. Eug. Nübling. 4. verb. Aufl. (IV, 127 S.) schmal 8. Stuttgart (906). W. Seifert. — 75

— Führer durch Wiesbaden u. Umgebg. Bearb. v. C Spielmann. (95 m. Pl. u. 8 Beil.) 8° Ebd. (04). — 75

— **Wiesbaden u. Umgebung, m. 5farb. Stadtplan, 9 Kunstbeilagen u. 5farb. Umgebungskarte.** D.R.G.M. Bearb. v. C. Spielmann. 2. verb. Aufl. (VI, 102 S.) schmal 8. Ebd. (906). — 75

— Führer durch Worms a. Rh. Bearb. v. Weckerling. (93 m. Pl. u. 8 Beil.) 8° Ebd. (02). — 75

— **Würzburg u. Umgebung, m. 5farb. Stadtplan, 10 Kunstbeilagen, 1 Eisenbahn-Karte u. 1 Profil-Karte.** Bearb. v. Fritz Rogel. (VIII, 123 S.) schmal 8. Ebd. (906). — 75

Beckmann-Führer. Stuttgart, W. Seifert.

Aachen nebst Schwesterstadt Burtscheid u. Umgeb., m. 5farb. Stadtplan u. 7 Kunstbeilagen. Bearb. v. Ant. C. Kisa. (VII, 185 S.) 20×11 cm (907). — 75

Baden-Baden u. Umgebung. Mit 5farb. Stadtplan u. vielen Kunstbeilagen. Bearb. v. A. Wagner. 2. verb. Aufl. (V, 122 S. m. 1 farb. Karte.) 19,5×10,5 cm. (909). 1. —

Basel u. Umgebung. Mit 5farb. Stadtplan u. vielen Kunstbeilagen. Bearb. v. Emil Schaub. (IV, XXIV, 50 S., 13 Taf. u. 1 weiteren farb. Plan.) 8. (909). — 75

Bonn u. Umgebung, Mit 5farb. Stadtplan, 10 Kunstbeilagen, 2 Karten u. einigen Textillustr. Bearb. v. Max Ruhland. (VI, XIV, 67 S.) 19,5×11 cm (908). 1. —

Darmstadt u. Umgebung. Mit fünffarb. Stadtplan u. 11 Kunstbeilagen. Von E. Anthes. 2. durchgesch. Aufl. (VI. XII. 90 S.) 19,5×11 cm. (908.) 1. —

Frankfurt am Main u. Umgebung. Mit (farb.) Beckmann-Plan, (12) Kunstbeilagen u. Textillustr. Bearb. v. Thdr. Poppe, R. Welcker u. H. Krakau. 4. verb. Aufl. (IV, XXX, 140 S. m. 1 weiteren farb. Plan.) 8. (909.) 1. —

Heidelberg u. Umgebung. Mit (farb.) Beckmann-Plan u. vielen Kunstbeilagen. Von Th. Lorentzen. 5. verb. Aufl. (XIV, 147 u. 4 S. m. 2 weiteren farb. Plänen.) 8. (910.) 1. —

Karlsruhe in Baden u. Umgebung. Mit (farb.) Beckmann-Plan u. vielen Kunstbeilagen. Bearb. v. K. Widmer u. F. Stark. 4. verb. Aufl. (XII, 58 S. m. 1 weiteren farb. Plan.) 8. 910. — 75

Kassel u. Wilhelmshöhe. Mit 5farb. Stadtplan u. vielen Kunstbeilagen. Bearb. v. A. Gild. 2. verb. Aufl. (XXIV, 73 S.) 19,5×10,5 cm. (909.) — 75

Köln a. Rh. u. Umgebung, m. 5farb. Stadtplan u. 8 Kunstbeilagen. Bearb. v. A. Kisa. (VI, 107 S.) 20×11 cm. (907.) — 75

Mainz u. Umgebung. Mit 5farb. Stadtplan, 15 Kunst-Beilagen u. vielen Textillustr. Von E. Neeb. 3. verb. Aufl. (VII, 138 S.) 19,5×11 cm. (908.) 1. —

Mannheim-Ludwigshafen u. Umgebung, m. mehrfarb. Stadtplan u. 13 Kunstbeilagen. Bearb. v. Max Oeser. 2. verb. Aufl. (XII, 108 S.) 20×11 cm. (907.) — 75

München u. Umgebung. Mit 5farb. Stadtplan u. 16 Kunstbeilagen. Bearb. v. M. K. Rohe. (Neue Ausg.) (XX, 90 u. 16 S.) 19,5×11 cm. (909.) 1. —

Bad Nauheim u. Friedberg in Hessen nebst Umgebung. Mit Stadtplänen v. Nauheim u. Friedberg u. 10 Kunstbeilagen. Bearb. v. Holmke. 2. verb. Aufl. (VI, 81 S.) 19,5×11 cm. (908). — 75

Nürnberg m. Fürth nebst Umgebung, m. 5farb. Stadtplan u. vielen (14) Kunstbeilagen. Bearb. v. Heinr. Heerwagen. 8. verb. Aufl. (III, XXVII, 95 S. m. 2 eingedr. Grundrissen u. 1 weit. farb. Plan.) 8. (909.) — 75

Reutlingen. Bearb. v. Gust. Hochstetter. (9 S. m. Abbildgn. u. 1 farb. Plan.) 8. (910.) — 30

Speyer u. Umgebung, m. 9 Kunstbeilagen u. e. mehrfarb. Stadtplan. Bearb. v. Emil Häuser. 3. verb. Aufl. (IV, 68 S.) 19,5×11 cm. (908.) — 75

Strassburg im Elsass u. Umgebung, m. 5farb. Stadtplan u. 13 Kunstbeilagen. Bearb. v. O. Winckelmann u. M. Bendiner. 3. verb. Aufl. (VIII, XIV, 135 S.) 19,5 × 11 cm. (908.) — 75

Stuttgart m. Cannstatt, Ludwigsburg u. Esslingen nebst Umgebung. Mit 5farb. Beckmann-Plan, vielen Kunstbeilagen u. Textillustr. Bearb. v. J. Bazlen. 8. verb. Aufl. (XLVII, 81 S.) 19,5×10,5 cm. (909). — 85

Tübingen u. Umgebung. Mit (farb.) Beckmann-Plan, (5) Kunstbeilagen u. Textillustr. Bearb. v. Hesselmeyer. (III, 51 S.) 8. (909.) — 50

Ulm u. Neu-Ulm nebst Umgebung. (Mit [farb.] Beckmann-Plan, Kunstbeilagen u. Textillustr. [auf Taf.]. Bearb. v. Eugen Nübling. 5. verb. Aufl. (IV, XI, 127 S.) 8. (910.) — 80

Wiesbaden u. Umgebung. Mit fünffarb. Stadtplan, 12 Kunstbeilagen u. e. Umgebungskarte. Bearb. v. C. Spielmann. 8. verb. Aufl. (VI, XVI, 91 S.) 19,5×11 cm. (908.) — 75

Worms am Rhein u. Umgebung. Mit 5farb. Stadtplan, 12 Kunstbeilagen u. einigen Textillustr. Bearb. v. Weckerling. 3. verb. Aufl. (IX, VII, 97 S. 19,5×11 cm. (908.) — 75

Würzburg u. Umgebung. Mit (farb.) Beckmann-Plan, Kunstbeilagen u. Textillustr. Bearb. v. Fritz Regel. 2. verb. Aufl. (XXIX, 88 S. m. 1 weiteren farb. Plan, 1 Eisenbahn- u. 1 Profil-Karte.) 8. (910.) — 75

Beckmann-Führer. (Mit Abb., Taf., Plänen u. Ktn.) 8° Stuttg., W. Seifert.

Baden-Baden u. Umgebg v. A Wagner. 3. Afl. (20, 101) ('11) 1 —
Bern u. Umgebg. Bearb. v. Hans Bloesch. (60) ('12) — 75
Freiburg i. Br. (36) ('12) — 60
Heidelberg u. Umgebg v. Th. Lorentzen. 5. Afl. (14, 147 u. 4) ('10) 1 —
Karlsruhe i. B. u. Umgebg v. K Widmer u. F Stark. 4. Afl. (12, 58) '10. — 75
Kassel u. Wilhelmshöhe v. A Gild. 3. Afl. (24, 79) ('11) — 75
München u. Umgebg v. MK Rohe. 2. Afl. (20, 104 u. 16) ('11) 1 —
Nauheim, Bad, u. Friedberg i. H. nebst Umgebg v. Strecker u. Helmke. 3. Afl. (6, 56) ('12) — 75
Nürnberg u. Umgebg v. Heinr. Heerwagen. 4. Afl. (28, 96 u. 12) ('12) — 75
Reutlingen v. Gust. Hochstetter. (9) ('10) — 30
Stuttgart u. Umgebg v. J Bazlen. 4. Afl. (32, 81) ('11) — 80
Ulm u. Neu-Ulm nebst Umgebg v. Eug. Nübling. 5. Afl. (4, 11, 127) ('10) — 80
Würzburg u. Umgebg v. Fritz Regel. 2. Afl. (20, 88) ('10) — 75

Beckmann-Plan

— Plan v. Augsburg. 1:8,750. 58×53 cm. Farbdr. Mit Strassenverz. an d. Seite. Ebd. '02. — 50

Beckmann-Plan. Neuester Plan von Basel in fünffarbiger Ausführung mit Strassenverzeichnis. Massstab 1 : 7500. 8 S., + 1 Bl. fol., *in Umschlag* 8. Stuttgart, Walter Seifert, [1906]. (fr. —.70 = M. —.50)

Titel auf dem Blatt: Neuester Beckmann-Plan von Basel. Maassstab 1:7500. 608/546 mm. Lithogr. von Karl Juhrisch, Stuttgart. Druck von Knoblauch & Dürr, St'. Verlag von Walter Seifert, St'.

— Plan v. Darmstadt. 1:8000. 59,5×47 cm. Farbdr. Mit Strassenverz. an d. Seite. Ebd. ('03). — 50

— Plan d. Stadt Freiburg i. Br. 1:6500. 48×55 cm. Farbdr. Mit Strassenverz. an d. Seite. Ebd. ('02). — 50

— Plan v. Heidelberg. 1:7500. 41,5×55 cm. Farbdr. Mit Strassenverz. an d. Seite. Ebd. ('02). — 50

— Plan v. Kaiserslautern. 1:7500. 33,5×54 cm. Farbdr. Mit Strassenverz. an d. Seite. Ebd. ('02). — 50

— Plan v. Karlsruhe. 1:10,000. 34×78 cm. Farbdr. Mit Strassenverz. am Fusse. Ebd. '02. — 50

— Plan v. Landau i. Pfalz. 1:6000. 50×42 cm. Farbdr. Mit Strassenverz. an d. Seite. Ebd. ('02). — 50

— Plan v. Mainz. 1:7500. 51×57,5 cm. Farbdr. Mit Strassenverz. an d. Seite. Ebd. ('03). — 50

— Plan v. Mannheim u. Ludwigshafen a/Rh. 1:10,000. 43×57,5 cm. Farbdr. Mit Strassenverz. an d. Seite u. am Fusse. Ebd. ('04). — 50

— Plan v. München. 1:20,000. 48,5×48,5 cm. Farbdr. Nebst Verz. d. Strassen u. Plätze. (8) 8° Ebd. '02. — 50; auf L. — 75

— dass. Gr. Ausg. 1:15,000. 73×73 cm. Farbdr. Nebst Text. (16) 8° Ebd. ('03). — 75; kl. Ausg. 47,5×63 cm. Nebst Text. (16) ('03.) — 50

— Plan v. Nürnberg. 1:12,000. 54×71,5 cm. Farbdr. Mit Strassenverz. an d. Seite. Ebd. ('05). — 50

— Plan v. Strassburg i. E. 1:10,000. 43×60 cm. Farbdr. Mit Strassenverz. an d. Seite u. am Fusse. Ebd. ('03). — 50

— Plan v. Stuttgart. 1:12,000. 33,5×62,5 cm. Farbdr. Mit Text am Fusse. Nebst Strassenverz. etc. (3) 8° Ebd. '02. — 50; auf L. — 75

— Plan v. Ulm u. Neu-Ulm. 1:7500. 2. Afl. 47×57,5 cm. Farbdr. Mit Strassenverz. an d. Seite. Ebd. ('03). — 50

— Plan v. Wiesbaden. 1:10,000. 57×45,5 cm. Farbdr. Mit Strassenverz. an d. Seite. Ebd. ('04). — 50

— Plan v. Worms a. Rh., m. d. eingemeind. Vororten Hochheim, Neuhausen, Pfiffligheim. 1:8000. 48×61 cm. Farbdr. Mit Strassenverz. an d. Seite. Ebd. ('02). — 50

Beckmann-Plan. Farbdr. Stuttg., W Seifert.
Aachen. 1:10,000. 59×68 cm. Mit Strassenverz. an d. Seite. ('07.) — 50
Baden-Baden. 1:7,500. 68,5×51 cm. ('06.) — 50
Basel. 1:7,500. (Neue Ausg.) 56,5×55 cm. Mit Strassenverz. (7) 19,5×11 cm. ('08.) — 50
Bonn. 1:10,000. 44,5×54 cm. Mit Strassenverz. an d. Seite. ('08.) — 50
Darmstadt. 1:8,000. (Neue Ausg.) 59,5×47,5 cm. Farbdr. Mit Strassenverz. an d. Seite. ('08.) — 50
Frankfurt a. M. (Neue Ausg.) 1:12,500. 39,5×56 cm. Mit Strassenverz. (14) ('09.) — 50
Freiburg i. B. 1:6,500. 48,5×55,5 cm. Mit Strassenverz. an d. Seite. ('07.) — 50
Heidelberg. 1:7,500. 47,5×61 cm. Mit Strassenverz. (4) 11×19,5 cm. ('08.) — 60
Kaiserslautern i. Pfalz. 1:7,500. (Neue Ausg.) 83×53,5 cm. Mit Strassenverz. am Fusse. ('08.) — 50
Karlsruhe in Baden. 1:10,000. (Neue Afl.) 87,5×79,5 cm. Mit Strassenverz. am Fusse. ('09.) — 50
Kassel m. Wilhelmshöhe. 1:14,000. (Neue Ausg.) 47,5×74,5 cm. Mit Strassenverz. am Fusse u. 1 Bl. Text. 10,5×18,5 cm. ('08.) — 50
Köln am Rh. 1:10,000. 50,5×65 cm. Nebst Strassenverz. (11) 8⁰ ('07.) — 50
Mainz m. Kastel. 1:7,500. (Neue Ausg.) 51×58 cm. Mit Strassenverz. an d. Seiten. ('08.) — 50
Mannheim u. Ludwigshafen a. Rh. 1:10,000. 51,5×57,5 cm. Mit Strassenverz. an d. Seite u. am Fusse. ('07.) — 50
Mülhausen im Elsass. 1:10,000. 50,5×48 cm. Mit Strassenverz. (4) ('09.) — 50
München. 1:15,000. Kl. Ausg. (Neue Ausg.) 47×62,5 cm. Mit Strassenverz. (20) schmal 8⁰ ('09.) — 50 ‖ Gr. Ausg. 73×72,5 cm. Mit Strassenverz. (20) — 75
Nürnberg. 1:7,700. 45×55 cm. (Neue Afl.) Mit Strassenverz. (10) 19,5×11 cm. ('09.) — 50
Strassburg i. E. 1:6,500. (Neue Ausg.) 48,5×69 cm. Mit Strassenverz. (15) 19,5×11 cm. ('08.) — 50
Stuttgart. 1:11,500. 43×78,5 cm. Mit Strassenverz. usw. (15) 19,5×11 cm. ('09.) — 50
Tübingen. 1:8,500. 17,5×32,5 cm. Mit Strassenverz. (3) ('09.) — 20
Ulm u. Neu-Ulm. 1:7,500. (Neue Ausg.) 44,5×77 cm. Mit Strassenverz. an d. Seite. ('08.) — 50
Wiesbaden. 1:8,500. (Neue Ausg.) 57×45,5 cm. Mit Strassenverz. (7) 19,5×11 cm. ('08.) — 50
Stadt Worms a. Rh. m. d. Stadtteilen Worms-Hochheim, Worms-Neuhausen, Worms-Pfiffligheim. 1:8,000. (Neue Ausg.) 48,5×61 cm. Mit Strassenverz. an d. Seite. ('08.) — 50
Würzburg. 1:7,500. 43,5×52,5 cm. Mit Strassenverz. ('06.) — 50

Beckmann-Plan. (Mit Strassenverz. an d. Seiten oder geheftet.) Farbdr. Ebd.
Baden-Baden. 1 : 7.500. (Neudr.) 63×51 cm. ('12) — 50
Basel. 1 : 7,500. (Neudr.) 56,5×55 cm. (7) 19,5×11 cm. ('12) — 50
Bonn. 1: 10,000. (Neudr.) 44,5×54 cm. ('10) — 50
Frankfurt a. M. (Neudr.) 1: 12,500. 39,5×55,5 cm. (14) 19,5×11 cm. ('12) — 50
Freiburg i. B. (Neudr.) 1: 6,500. 48,5×68,5 cm. ('11) — 50
Heidelberg. 1: 7,500. (Neudr.) 47×57,5 cm. (4) ('10) — 60
Karlsruhe i. B. (Mit 1 weiteren farb. Pl.). 1: 10,000. (Neudr.) 36,5×81 cm. ('11) — 50
Kassel m. Wilhelmshöhe. 1: 14,000. (Neudr.) 47×74,5 cm. Mit 1 Tab. d. Sehenswürdigk. (auf d. Umschl.). ('10) — 50
Köln a. Rh. 1: 10,000. (Neudr.) 47×56 cm. (11 u. 1 Tab. d. Sehenswürdigk.) ('10) — 50
München. 1: 15,000. (Neudr.) 47,5×58,5 cm. (20 m. 1 weiteren Pl.) 19,5×11 cm. ('12) — 50
Nauheim Bad. 1: 8,000. 28×30,5 cm. Farbdr. ('12) — 30
Nürnberg. 1: 7,700. (Neudr.) 45×54,5 cm. (11 m. e. Tab. d. Sehenswürdigk.) 19,5×11 cm. ('12) — 50
Strassburg i. E. 1: 6,500. (Neudr.) 45,5×56,5 cm. Farbdr. (12) 19,5×11 cm. ('12) — 50
Stuttgart. 1: 11,500. (Neudr.) 43×78,5 cm. Farbdr. (15 m. 1 weiteren farb. Pl.) ('11) — 50
Ulm u. Neu-Ulm. 1: 7,500. (Neudr.) 44×76,5 cm. ('12) — 50
Worms (m. d. Stadttln Worms-Hochheim, Worms-Neuhausen, Worms-Pfiffligheim). 1: 8,000. (Neudr.) 48,5×61 cm. ('10) — 50
Würzburg. 1: 7,500. (Neudr.) 43×52 cm. ('10) — 50

Beckmann-Straßenführer
— Strassenführer v. München m. 5farb. Stadtpl. u. 8 Kunstbeil. 1—20. Taus. (214) 8° Ebd. '02. 1 —

— Strassenführer v. Stuttgart m. 5farb. Stadtpl. u. 8 Kunstbeil. 1—10. Taus. (112) 8° Ebd. '02. — 75

Beckovský, Jan František: [Milá choť nebeského miláčka blahoslavená Anežka Panna, deutsch] Die geliebte Gespons des himmlischen Bräutigams, die seelige Jungfrau Agnes, Przemislai dieses Nahmens des II. ... dritten böhmischen Königs, dritte Tochter, vorgestellet zur aufmercksamen Betrachtung ... Vormalens von ... J.F.A. Betzkowsky ... verf., nun aber in d. Teutsche übertr. — Prag 1758: Labaun. 118 S. 8° **300: •43V21.**
14.9373

(—) Die betrübte und nach ihrem Geliebten seufzende Turteltaube oder bußfertige christliche Seele. (Verf.: Johannes Beczkowsky.) — Nürnberg: J.P. Wolff 1747. 533 S. 8° **303.**
14.9379

Beckowský, Jan s. *Beckovský*, Jan František.

Becks, Franz Kaspar: Geognostische Bemerkungen über einige Theile des Münsterlandes, mit besonderer Rücksicht auf das Steinsalzlager, welches die westphälischen Soolen erzeugt. — o.O. [1835]. 117 S. 8°
Aus: Archiv für Mineralogie, Geognosie, Bergbau u. Hüttenkunde. 8. 1835. **5. 43.**
14.9382

— Ueber das Vorkommen fossiler Knochen in dem aufgeschwemmten Boden des Münsterlandes. — o.O. [um 1835]. 28 S. 8° **43.**
14.9383

Becks. Ueber das Vorkommen fossiler Knochen in dem aufgeschwemmten Boden des Münsterlandes. (Aus Karsten's Archiv für Mineral. Vol. VIII.) Berlin. 1835. 8.

Incognito! Schwank in 1 Act von Josef **Becks**. Düsseldorf: W. Deiters [1892]. (28 S.) 8° [F.]
= **Dilettanten-Bühne**, Die. H. 12. [46. 1399

Becks, Josef, s. Theater, Kleines.

Beckschaefer, Bernard
— Beiträge zur Geschichte des Osnabrücker Weihbischofs Reichsfreiherrn von Gruben. — Osnabrück: Schöningh [1910]. 83 S. 8°
Aus: Mitteilungen d. Vereins für Geschichte u. Landeskunde von Osnabrück. 34. 1910. **7. 25.**
14.9386

Beckstaedt, A: Altertum, s: Repetitorium d. Gesch.

Beckstaedt, Alfred: Die Bemühungen Lübecks als Vororts der Hanse um Aufhebung des Strandrechts in den Ostseegebieten bis zur Mitte des 15. Jahrhunderts. Strassburg i. E. 1909: Goeller. 134 S. 8°
Straßburg, Phil. Diss. v. 25. Febr. 1909, Ref. Breßlau
[Geb. 29. Nov. 85 Straßburg; Wohnort: Gr-Lichterfelde; Staatsangeh.: Preußen; Vorbildung: Gymn. Gr.-Lichterfelde Reife O. 04; Studium: Berlin 8, Straßburg 3 S.; Rig. 22. Mai 09.] [U 10. 4073

Beckstein, B.W.
Pseudonyme: B.W. Beck u. L.W. Beck
— Der Arzt ohne Medizin oder Anweisungen, wie ohne Medizin, durch Anwendung des kalten Wassers, sowohl Uebel verhütet, als auch vorhandene gehoben werden können. — Berlin: Plahn 1837. IV,86 S. 8° **1: Ir 11605. 41.**
14.9388

— Belehrungen über körperliche, sittliche und geistige Kindererziehung, für den Zeitraum, von der Geburt bis zum fünften Lebensjahre der Kinder. Von B.W. Beck. — Berlin: Verf. 1832. IV,7,133 S. 8° **3. 60. 207.**
14.9389

— — Von L.W. Beck. 2. Aufl. Ebd. 1835. 8,106 S. 8° **1: Nd 6806. 18.**
14.9390

— — Von B.W. Beck. 2. Aufl. Berlin: Lüderitz 1838. IV, 103 S. 8° **1: Nd 6807.**
14.9391

— Cunina, eine neue practische Erziehlehre ... Nebst e. Anh. über Ehenglück, den Verhältnissen der Zeit angemessen. Von B.W. Beck. — Berlin: Verf. 1829. XXXII, 275 S. 8° **1: Nd 1978. 8. 9[*Titelbl.] 109. 207.**
14.9392

— — Ebd. 1830. XXXII,275 S. 8° **26. 27. 207.**
14.9393

— — 2., umgearb., verm. Aufl. Bd 1. Ebd. 1836. XXIV, 275 S. 8° **1:**
14.9394

— — 2., umgearb., verm. Aufl. Bd 1. Ebd. 1837. XXIV, 275 S. 8° **1: Nd 1978a.**
14.9395

— Hydriatrik oder die Wasserheilkunde auf pathologische Grundsätze gestützt, von B.W. Beck. — Berlin: Ende 1838. XXIV,79 S. 8° **1: Ir 11615. 6. 11. 19. 26. 44. 66. 304. 308.**
14.9396

— Liebe und Vaterland. Der Edelsten der deutschen Frauen in tiefster Ehrfurcht zugeeignet von B.W. Beck. — Berlin: L.W. Krause [um 1835]. VI,264 S. 8° **1: Yz 7582. 5.**
14.9397

— — Ebd. [um 1835]. XXVIII,264 S. 8° **3. 42. 109.**
14.9398

— Was ist bei der anhaltenden Cholera zu lassen oder zu thun? Von B. W. Beck. (Beckstein.) — Berlin: Plahn 1837. 32 S. 8° 1: Ka 12888.
14.9399

Beckstein, Wasserkatechismus, od. Lehre v. d. heilsam. Wirkung d. kalt. Wassers, u. wie dass. in d. mannigfachen Krankheitszuständen als d. sicherste u. wohlf. Heilmittel anzuwenden ist. 8. (4½ B.) Berlin 834, Lüderitz.

—— der Wasserkatechismus, od. Lehre v. d. heilsam. Wirkung d. kalten Wassers, u. wie dass. in d. mannigfachen Krankheitszuständen als d. sicherste u. wohlfeilste Heilmittel anzuwenden ist. 2., verm. Aufl. 8. (6¼ B.) Berlin 836, C. G. Lüderitz'sche Verlsbuchh.
Die 1. Aufl. kam nicht in d. Buchhandel.

Beckstein, Ernst Daniel

Beckstein, Er. Dn., († d. 29. Jan. 1809.), kurzer Auszug d. christl. Lehre, in Fragen u. Antworten. 8. Hannov. 793. Helwing. 5 gr.

Beckstein, Ernst Daniel: Die Bemühungen der Menschen ihr irrdisches Glück zu machen. Traurede. — o. O. 1791. 40 S. 8° 1: Eb 13644. 46.
14.9402

Beckstein, E. D., die Bemühungen der Menschen, ihr irdisches Glück zu machen. Eine Trauerrede. N. Aufl. 8. Hannover, Gebr. Hahn. 793.

— Umständliche Beschreibung der Feierlichkeiten bei der 50jährigen Amtsfeier des Herrn Seniors Steffens in Stade im Jahr 1799 den 4ten August, wie auch Anzeige aller Schriften, die bei dieser Gelegenheit im Druck erschienen sind. — Stade [1799]: Friedrich. 8 S. 8° 18. 46.
14.9403

Beckstein, Er. Dn., Fragen ohne Antworten aus d. Landes-Katechismus. 8. Hannov. 794. Hahn. 4 gr.

— Glaube und Pflicht des Christen in deutlichen und faßlichen Sätzen nebst beigefügter Erläuterung derselben zum belehrenden und ausübenden Gebrauche für Christen in einem jeden Stande, Alter und Geschlecht. Th. 1, Bd 1.2. Braunschweig: Schulbuchh. 1795–96. 8° 18. 48[*1,2].
14.9404

— Glaube u. Pflicht d. Christen in deutl. Sätzen. A. u. dem T.: Comment. d. Hannov. Landes-Katechism. 1r Thl. 1r 2r Bd. 8. Braunschw. 795, 96. Schulbuchh. 1 rℓ 20 gr. 1n Thls. 3r u. 2n Thls. 1r Bd. 8. Hamb. 798. (Herold jun.) 1 rℓ 4 gr.

Beckstein, E. D., Commentar des Hannöv. Landes-Catechismus. 3r Thl. 8. Hamb. Vollmer. 798.

— der Hannöv. Landes-Katechismus im Auszuge. 8. Hannov. 793. Helwing. 5 gr.

— Rede bei der funfzigjährigen Amtsfeier des Herrn Seniors Steffens Hauptpastoris an der St. Cosmä und Damiani Kirche in Stade am Altar gehalten ... 1799. — Stade [1799]: Friedrich. 16 S. 8° 18. 46.
14.9405

— Zergliederung der im Hannov. Katechismus enthalt. Wahrheiten. 8. Hannov.... 2e Aufl. 793. Helwing. 7 gr.

Beckstroem, Karl: Einrichtungs- und Unterrichtsplan für Volksschulen auf dem Lande mit bes. Berücks. von Mecklenburg-Strelitz. — Berlin: W. Schultze 1873. 90 S. 8° 33. 42.
14.9406

—— Einrichtungs- und Unterrichtsplan für ein- und mehrklassige Volksschulen auf dem Lande. Mit Berücks. d. neuesten Verordnungen. — Ebd. 1875. 152 S. 8° 33. 62.
14.9407

— Das Großherzogliche Landschullehrerseminar in Mirow. Seine Vorgeschichte u. d. Geschichte seiner ersten 50 Jahre. — Neustrelitz: Barnewitz 1870. VIII, 215 S. 8° 1: Az 6288. 28. 33. 42.
14.9408

— Der elementare Lese-, Schreib- und Rechtschreibeunterricht nach der Schreiblesemethode. — Berlin: W. Schultze 1879. VIII, 166 S. 8° 1: Nf 5672. 207.
14.9409

Beckstroem, Rudolf. Ueber die Bestandteile des Kalmusöles. Diss. Phil. Basel. [Mit Figuren.] 95 S. 8. Berlin, E. Ebering, [1902].

Beckum, Kreis, s.: Münster.

Beckum, Kreis, s.: Westfalen. Wegekarte.

Beckurs, Aug.: Bestimmgstafeln f. einheim. Samenpflanzen, s: Schwaighofer, Ant.

Beckurs, August: Das Pflanzenkleid der Altmark. — (Stendal): Verf. 1906. 32 S. 8° 1: Lx 9215. 3.
14.9413

Beckurs, A., das Pflanzenkleid der Altmark. (32 S.) 8. Stendal 906. (Franzen & Grosse's Sort.) n. —. 50

Beckurts, F[erdinand], Prof. Dr.: Grundriß der braunschweigischen Geschichte. Ein Leitfaden für den Unterricht. Braunschweig 1905: J. H. Meyer. (58 S.) 8° [F.]
Braunschweig, herz. Neues G OP 1905 (830)

Beckurts, *Ferdinand* Die Kriege der Römer in Afrika nach dem Untergange der vandalischen Herrschaft in den Jahren von 534—547 nach den Quellen dargestellt. Erster Teil. 4 (23 S.).
Progr. G. *Wolfenbüttel* 1888

— Zur Quellenkritik des Tacitus, Sueton und Cassius Dio: das Vierkaiserjahr. — Braunschweig: Haering in Comm. 1880. 70 S. 8° Zugleich Diss. Jena 1880.
12: A. lat. C. 130 t. 14. 19. 23.
14.9415

Beckurts, Heinrich [Mitarb.] s. *Abhandlungen* aus den Gebieten der Mathematik, Physik, Chemie und beschreibenden Naturwissenschaften. 1901.

Beckurts, Heinr., s. Archiv f. Pharmacie.

— Bericht über den Betrieb der Braunschweiger Rieselfelder in den Jahren 1895 bis 1900. Erstattet von H. Beckurts u. R. Blasius. — Leipzig: Veit 1906. S. 234–294. 8°
Aus: Zeitschrift für Hygiene u. Infektionskrankheiten. 55. 1906.
84.
14.9416

— Analytische Chemie für Apotheker. — Stuttgart: Enke 1896. IV, 466 S. 8° 9. 12: Chem. 18q. 24. 84. 89. 302. 305.
14.9417

— Analytische Chemie f. Apotheker. 2. neu bearb. Aufl. (VIII, 460 S. m. 99 Abbildgn. u. 1 farb. Taf.) Lex. 8. Stuttgart 908. F. Enke. 11. 60; geb. in Leinw. n 18. —

— [Hrsg.] s. *Fest-Schrift* der Herzoglichen Technischen Hochschule Carolo-Wilhelmina, dargeboten d. naturwissenschaftlichen Theilnehmern an d. 69. Versammlung deutscher Naturforscher u. Ärzte vom Herzogl. Braunschw. Staats-Ministerium. 1897.

— Die Fortschritte auf dem Gebiete der chemischen Prüfung und Werthbestimmung von Drogen und galenischen Präparaten. — o. O. [1896]. S. 161–202. 4°
Aus: Festschrift d. Deutschen Apotheker-Vereins zur 25. Haupt-Versammlung. 1896.
84.
14.9419

— Grundz. d. pharmazeut. Chemie. 1. Bd. Anorgan. Tl. (19, 386 m. Abb. u. 1 farb. Taf.) Lex8° Wien, S Hirzel '12. 10 —; geb. 11 —

— s: Gutachten d. Reichs-Gesundheitsrats, betr. d. Versalzg d. Wassers v. Wipper u. Unstrut durch Endlaugen a. Chlorkalium-Fabriken. —

Beckurts, H., u. B. **Hirsch,** Handbuch d. praktischen Pharmacie f. Apotheker, Drogisten, Ärzte u. Medicinal-Beamte. 14 Lfgn. Lex.-8. (1. Bd. XV, 738 S.; 2. Bd. XIX, 721 S.) Stuttgart 887—889. Enke. n. 30 —

Beckurts, H., s.: Jahresbericht über d. Fortschritte in der Untersuchung d. Nahrungs- u. Genussmittel.

Beckurts, H. (Red.), s. Jahresbericht der Pharmacie.

— **Aus dem pharmazeutischen Institut der herzogl. technisch. Hochschule Carolo-Wilhelmina. Den Teilnehmern der 39. Hauptversammlg. des deutschen Apotheker-Vereins in Braunschweig vom 6.—8. IX. 1910 gewidmet. (V, 121 S. m. 9 Abbildgn., 1 Grundriss u. 5 Taf.) gr. 8. Braunschweig 910. F. Vieweg & Sohn.** 3.—

Beckurts, Heinrich

— **Die Methoden der Massanalyse. Von H. Beckurts. Unter Mitw. von O. Lüning. Zugleich 8., umgearb. Aufl. von Fr. Mohr's Lehrbuch der chemisch-analytischen Titriermethode. — Braunschweig: Vieweg 1913. XX,1112 S. 8°**
Die Schrift erschien in 3 Abt. 1910-13.
1: Mr 13926. 5. 7. 9. 10. 11. 20. 23. 26. 29. 33. 83. 84. 88. 89. 90. 107. 180. 201. 210. 302. 305.
14.9424

— Naturgesch. f. Mittelsch. 3 Tle. gr8° Wien, A Pichler's Wwe & S. d
1. Für d. 6. u. 5. Kl. (217 m. Abb. u. 10 farb. Taf.) '11. L 2.40 || 2. Für d. 4. u. 3. Kl. (214 m. Abb. u. 8 farb Taf.) '11. L 2.40 || 3. Für d. 2. u. 1. Kl. (4, 232 m. Abb., 9 Taf. u. 2 Ktn.) '11. L 2.60

Beckx, Peter Johann
-- **Der Monat Mariä. Nebst e. Anh. von Morgen-, Abend-, Meß-, Beicht- u. Communiongebeten. 3. Aufl. — Wien: Mechitaristen-Congregations-Buchh. 1844. 312 S. 8° 6.**
14.9440

Beckx, P. J., der Monat Mariä. Nebst einem Anhange von Morgen-, Abend-, Meß-, Beicht- u. Communiongebeten. 5. Aufl. Wien 853. Mechitharisten-Congreg.-Buchhdlg. 16. (326 S. u. 1 Stahlst.) 8 ngr

Beckx, P. J. — General der Gesellschaft Jesu. Der Monat Mariä. Nebst einem Anhange von Morgen-, Abend-, Meß-, Beicht- und Kommuniongebeten. Von — —. Sechste Auflage. Wien. 1855. Druck und Verlag der Mechitharisten-Kongregations-Buchhandlung. (308 S. 8)

Beckx, P. J. — Der Monat Maria. Nebst einem Anhange von Morgen-, Abend-, Meß-, Beicht- und Kommuniongebeten. Von — —. Siebente Auflage. Wien, 1856. Druck und Verlag der Mechitharisten-Congregations-Buchhandlung. (306 S. 8. Mit einem Titelkupfer.)

Beckx, P. J., der Monat Mariä. Nebst einem Anhange von Morgen-, Abend-, Meß-, Beicht- und Communiongebeten. 8. Aufl. 8. (324 S.) Wien 860, Mechitharisten-Congregations-Buchh. geb. —

Beckx, J., der Monat Mariä. Nebst einem Anh. von Morgen-, Abend-, Meß- etc. Gebeten. 9.—12. Aufl. 16. (315 S. mit 1 Stahlst.) Wien 861—67, Mechitharisten-Congregations-Buchh.

Beckx, J., der Monat Mariä. Nebst e. Anh. von Morgen-, Abend-, Meß- etc. Gebeten. 12. Aufl. Wien 867. (Kirsch.) 16. (315 S. u. 1 Stahlst.) 8 ngr.

Beckx, P. J., der Monat Mariä. Nebst einem Anhang von Morgen-, Abend-, Meß-, Beicht- und Communiongebeten. 13. Aufl. 16. (288 S. mit 1 Stahlst.) Wien 878, Kirsch. *

Beckx, P. J., der Monat Mariä. Nebst einem Anhang von Morgen-, Abend-, Meß-, Beicht- und Communion-Gebeten. 13. verm. Aufl. 16. (288 S. mit 1 phototyp. Abbild.) Freiburg i. Br. 879, Herder'sche Verlagsh.
Früher Verlag von Kirsch in Wien.

— dasselbe. 18. verm. Aufl. Mit einer (phototyp.) Abbildung. 16. (288 S.) Freiburg i/Br. 880. Herder. — 90

— dasselbe. 14., im Auftrage d. hochw. Verf. neu durchgeseh. Aufl. Mit einem Titelbild (in Lichtdr.) 16. (XVI, 312 S.) Ebend. 880. 1. 50

Beckx, P. J., der Monat Mariä. Mit einem Anhang von Morgen-, Abend-, Meß-, Beicht- und Communion-Gebeten, nebst Liedern zur allerseligsten Jungfrau. 15. Aufl. 12. (XIV, 254 S. mit dem Gnadenbild Maria Schnee in Farbendr.) Freiburg i. Br. 885, Herder'sche Verlagsh.

— — **Nebst Liedern zur allerseligsten Jungfrau. 16. Aufl. Freiburg i. Br. [usw.]: Herder 1896. XVI,254 S. 8° 302.**
14.9443

Beckx, P. J., S. J., der Monat Mariä. Mit e. Anh. v. Morgen-, Abend-, Meß-, Beicht- u. Kommunion-Gebeten, nebst Liedern zur allerseligsten Jungfrau. 17. Aufl. von neuem durchgeseh. u. hrsg. v. P. Diel, S. J. 16. (XVI, 252 S. m. farb. Titelbild.) Freiburg i/B. 901. Herder. 1. 20; geb. in Leinw. n. 1. 60

Béclard, A. s. *Béclard*, Pierre Augustin.

Béclard, F. A. s. *Béclard*, Pierre Augustin.

Béclard, Jules
— — **[deutsch] Grundriss der Physiologie des Menschen mit Bezugnahme auf die vergleichende Physiologie ... Deutsch bearb. von Carl Kolb. — Stuttgart: Schweizerbart 1861. XIV,936 S. 8° 8. 10. 12: Anat. 65e. 15. 16. 19. 21. 22. 24. 26. 28. 31. 33. 36. 43. 302.**
14.9460

Béclard, J., Grundriss der Physiologie d. Menschen mit Bezugnahme auf die vergleichende Physiologie bearb. Nach der 2. beträchtlich verm. und mit 203 Holzschn. versehenen Aufl. deutsch bearb. von C. Kolb. Stuttgart 862. Schweizerbart. gr. 8. (XIV, 936 S.) n. 4 ₰

Béclard, J., Grundriss der Physiologie des Menschen mit Bezugnahme auf die vergleichende Physiologie bearb. Nach der 2. beträchtlich verm. und mit 203 eingedr. Holzschn. verseh. Aufl. deutsch bearb. von Carl Kolb. 2. Ausg. 2 Hälften. gr. 8. (IV, 936 S.) Stuttgart 868, Schweizerbart'sche Verlag. à Hälfte M 3.

Béclard, Pierre Augustin
Béclard, F. A., Uebersicht d. n. Entdeckungen in d. Anatomie etc. s. Bichat, allgem. Anatomie.

— — **[deutsch] Uebersicht der neuern Entdeckungen in der Anatomie und Physiologie. Übers. von Ludwig Cerutti. — Leipzig: Hartmann 1823. XXIV,344 S. 8° (Bichat, Xavier: Allgemeine Anatomie [Anatomie générale, deutsch]. 3.) 2. 3. 8. 12: Anat. 75 e-3. 17. 19. 25. 26. 30. 43. 79. 300: 67 H 1. Bd 3. 302. 303. 308. 309.**
14.9466

— — **Uebersicht der neuern Entdeckungen in der Anatomie und Physiologie. Auch u. d. T.: Xavier Bichat Allgemeine Anatomie, dritter Theil. Übers. von Ludwig Cerutti. Wohlfeile Gesammtausg. — Leipzig: Lehnhold 1839. XXIV,344 S. 8° (Bibliothek d. ausländischen Literatur für praktische Medicin. 10.) 3. 10. 300: 77 S 8. Bd 10. 302.**
14.9467

Becman s. *Beckmann*.

Becmann s. *Beckmann*.

Becmannus s. *Beckmann*.

Becque, Henry
— — **[deutsch] Die Pariserin. Lustspiel. Übers. von Albert Langen. — Paris & Leipzig: A. Langen 1895. 104 S. 8° 1: Xw 10242. 12: P. o. gall. 216q. 19. 28. 31.**
14.9540

— — **Ebd. [um 1900]. 104 S. 8° 32.**
14.9541

Becque, Henry, die Pariserin. Komödie. Einzig berecht. Übersetzg. a. d. Franz. v. Alb. Langen. 2. Aufl. 8. (XXXX, 104 S. m. 3 Bildnissen.) München 901. A. Langen. n. 2. 50; geb. n. 3. 50

Bécquer, Gustavo Adolfo

Pseudonyme: Adolfo García (zusammen mit Luis García de Luna) u. Adolfo Rodrigues (zusammen mit Ramón Rodrigues Correa)

Der Name d. Verfassers findet sich auch in d. Form Gustavo Adolfo Domingues Bécquer.

— — Gedichte. Übertr. von L. Darapsky. Leipzig: Heitmann 1902. V,42 S. 8° **1:Xi 10222. 18. 38. 101.**
14.9576

Becquer, Gustavo Adolfo, Legenden. Aus dem Span. übers., m. literarisch-krit. Einleitg. u. biograph. Skizzen von Ottokar Stauf v. der March. Mit dem Bildnis des Dichters. 1. deutsche Gesamt-Ausg. (Umschlagzeichnung v. Rich. Sackur, Buchschmuck nach alten Kpfrn.) (VIII, 335 S.) 8. Berlin 907. Dr. F. Ledermann. 6. —; geb. n 8. —

— — [Werke, Ausz., deutsch] Ausgewählte Legenden und Gedichte. Übers. von A. Meinhardt. — Leipzig: Friedrich 1880. VIII,175 S. 8°
1:Xl 5316. 3. 11. 15. 18. 25. 30. 36. 38. 60. 109. 123.
14.9563

Becquer, Gustavo Adolfo, spanische Lieder, s. a. Bibliothek der Gesamtlitteratur d. In- u. Auslandes.

— — [deutsch] Spanische Lieder. Übertr. von Richard Jordan. — Halle: Hendel [1893]. XII,68 S. 8° (Bibliothek d. Gesamtlitteratur d. In- u. Auslandes. 655.)
In einigen Exemplaren fehlt d. Titel d. Sammlung.
1:X 8366–655. 3. 9. 10. 12:Keller-Jordaniana 6. 18. 21. 34. 38. 52. 79. 109. 207. 300:603.462–B. 302. 309.
14.9575

Becquer, Johann Christian von (Lüneburger Adel), De jure episcopali principum evangelicorum. Diss. jur. Präs. Just. Henning Böhmer. Halle (J. Gruner) Sept. 1712. 80 S. (6.—) 1754
Gew.: Andr. Gottlieb v. Bernsdorff (Gartau). — Widm. v.: Gotthard v. Hoeveln, C. L. Ramdohr, Gg. Wilh. Ramdohr (dtsch.), Joh. Andr. Hagen (Magdeburg, dtsch.).

— — Dasselbe. Neudr. (Jo. Christian Grunert) 1736. 72 S., stellenweis dtsch., ohne Widm. (5.—) 1755.

Becqueray, J. L., rheinische Jugend-Bibliothek, s. Jugend-Bibliothek.

Becquerel, A. V.: Reduktionen der Conv. Münze W. W. in Einlös-Scheine, und Einlös-Scheine in Conventions-Münze W. W. ... Von 1 Pfennig bis 100 000 fl. Zum Gebrauch für Kanzleyen. — Linz: Quandt 1822. 14 Bl. 8°
19.
14.9578

Becquerel, Alfred

— — [deutsch] Abhandlung über die Bright'sche Krankheit. 1842 u. ö. in: *Becquerel:* Der Urin im gesunden und krankhaften Zustande [Séméiotique des urines, deutsch].

— Traité du bégaiement et des moyens de le guérir. Ouvrage contenant l'exposé de la méthode découverte par M. Jourdant pour guérir le vice de la parole. — Paris: Fortin, Masson & Cie; Leipsig: Michelsen [in Komm.] 1843. 139 S. 8° **202. 302.**
14.9590

— — [deutsch] Untersuchungen über die Zusammensezung des Blutes im gesunden und kranken Zustande von A. Becquerel u. A. Rodier. Übers. von Eisenmann. — Erlangen: Enke 1845. X,162 S. 8° **1:Kv 2740. 2. 3. 6. 8→11. 12:Anat. 65 m. 19. 21. 22. 24. 27. 29. 30. 31. 38M. 43. 52. 202. 302→304.**
14.0583

— [Nouvelles Recherches sur la composition du sang dans l'état de santé et dans l'état de maladie, deutsch] Neue Untersuchungen über die Zusammensezung des Blutes im gesunden und kranken Zustande von A. Becquerel u. A. Rodier. Übers. von Eisenmann. — Erlangen: Encke 1847. IV,69 S. 8°
Das Original erschien in: Gazette médicale de Paris. Sér. 3,1. 1846.
2. 5. 8. 10. 12:Anat. 65 ma. 15. 19. 22. 29. 33. 38M. 41. 46. 52. 123. 180. 302. 304.
14.9584

Becquerel, Alfred

— — [deutsch] Der Urin im gesunden und krankhaften Zustande chemisch-physikalisch u. semiotisch-diagnostisch betrachtet. Nebst e. Abhandlung über die Bright'sche Krankheit. Deutsch bearb. von Carl Neubert. — Leipzig: Breitkopf & Härtel 1842. XVI,312 S. 8°
2. 7. 10. 15. 16. 25. 30. 31. 46. 48. 52. 111. 302. 309.
14.9586

— — Umfassende Zeichenlehre des Harnes im gesunden, besonders aber im kranken Zustande, nebst e. ausführlichen Abhandlung über die Bright'sche Krankheit in den verschiedenen Lebensaltern. Deutsch bearb. von Siegmund Frankenberg u. S. Landmann. Mit e. Vorr. von Franz Rinecker. — Leipzig: Kollmann 1843. VI,529 S. 8°
1:Kc 1181. 2. 5. 9. 20. 21. 22. 24. 28. 32. 43. 46. 121. 202. 302.
14.9587

Becquerel, Antoine César

— — [deutsch] Elemente der Electro-Chemie in ihrer Anwendung auf die Naturwissenschaften und die Künste. — Erfurt: Otto 1845. XVI,488 S. 8° **1:Mr 12208. 3. 8. 18. 24. 27. 28. 30. 78. 84. 86. 90. 111. 210. 308.**
14.9602

— — 2., wohlfeilere Ausg. Ebd. 1848. XVI,488 S. 8°
43. 45. 79. 300:32.205. 304. 308.
14.9603

— — 3., wohlfeilere Ausg. Ebd. 1857. XVI,488 S. 8°
89. 305.
14.9604

Becquerel, des forces physico-chimiques et de leur intervention dans la production des phenomènes naturels. Av. atlas de 11 planches. gr. 8. (XII, 648 S.) Paris 875. Didot & Co. n. 15. —

— — [deutsch] Populäre Naturlehre mit besonderer Rücksicht auf die Chemie und verwandten Wissenschaften. Aus d. Franz. von G. Kißling. Th. 1–9. — Stuttgart: Scheible, Rieger & Sattler 1845. 8° **6. 9. 12:Phys. g. 35g [2 Ex.] 14. 15. 17. 19. 24. 25. 26. 28. 30. 31. 34. 46. 47. 90. 123. 210. 211. 305.**
14.9615

— populäre Naturlehre mit besond. Rücksicht auf d. Chemie u. verwandten Wissenschaften. Mit Abbildn. A. d. Franz. v. G. Kißling. 9 Thle. 16. ($114\frac{3}{4}$ B. u. 13 Taf.) Stuttgart 845, Scheible, Rieger u. Sattler. à $5\frac{1}{2}$ Ngr.
Bildet eine Ergänzung zur Naturgeschichte d. 3 Reiche. Vgl. Beudant, F. S.

Becquerel, Edmond: Die Daguerreotypie und Photographie in einer Sekunde. Nebst Bemerkungen über d. Galvanotypie. Übers. von Oger. — Aachen: Roschütz 1841. 21 S. 8° **5. 305.**
14.9616

Becquerel, Louis Alfred s. *Becquerel*, Alfred.

Becquius, Christianus Daniel s. *Beck*, Christian Daniel.

Becu de Tavernier, Osc. (geb. Warglitten in Ostpr. 7. 12. 1835): De specimine quodam neuralgiae infraorbitalis dextri per neurectomiam sublatae. Berolini (1860). (36 S.) 8°
Berlin, Med. Diss. v. 11. Okt. 1860

Bečvář, Hans: Kann Porphyrio als einziger Führer in der Horazkritik dienen?
Phil. Diss. Prag 1908/09.

Beczlczka, Ambros
Beczieʒka, A., histor. u. topograph. Darstellung von Lilienfeld (Sanct Pölten 1. Bd.), s.a.Darstellung, histor. u. topographische, 6. Bd.

Beczlczka, Ambros: Historische und topographische Darstellung von Lilienfeld und seiner Umgegend; mit besonderer Rücksicht auf Pfarren, Stifte, Klöster, milde Stiftungen und Denkmähler des Erzherzogthums Oesterreich unter der Enns, (der Viertel ober und unter dem Wiener-Walde). (Verf.: Ambros Beczlczka.) — Wien: Doll in Comm. 1825. XXXII,499 S. 8° (Historische u. topographische Darstellung d. Pfarren, Stifte, Klöster, milden Stiftungen u. Denkmähler im Erzherzogthume Oesterreich. [Abth. 1,] Bd 6 = Diöcese von Sanct Pölten. 1.)
1:Sb 6592-6. **2. 5. 10. 14. 17. 18. 20. 23. 24.**
300:392.974-B.K.6. **302→304.**
14.9646

(—) — Ebd. 1825. XXXII,499 S. 8°
Nebent.: Das Decanat Wilhelmsburg von Ambros Beziczka [!]. Wien: Wenedikt in Comm. o. J.
(Topographie d. Erzherzogthums Oesterreich. Abth. 1, Bd 6.) **12:**Austr. 4797-6. **34.**
14.9647

— Historische und topographische Darstellung von der Stadt Salzburg mit der ausführlichen Geschichte des Benediktiner-Stiftes zu St. Peter in Salzburg mit besonderer Rücksicht auf die Geschichte Oesterreichs, und der Erzbischöfe von Salzburg. — Wien: Doll in Comm. 1829. 448 S. 8° (Kirchliche Topographie von Oesterreich. Abth. 3, Bd 1.) In einigen Exemplaren fehlen d. Seiten 447-448.
1:Sb 6592-8. **2. 5. 7. 10. 14. 17→20. 24. 30.**
300:392.974-B.K.9. **303. 304. 308.**
14.9648

— — Das Erzbisthum Salzburg; Stadt Salzburg, und das Stift St. Peter von Ambros Beziczka [!]. — Wien: Wenedikt in Comm. [1829]. 446 S. 8°
Nebent.: Historische u. topographische Darstellung d. Stadt Salzburg mit d. ausführlichen Geschichte d. Benediktiner-Stiftes zu St. Peter in Salzburg.
(Topographie d. Erzherzogthums Oesterreich. Abth. 3, Bd 1.) **12:**Austr. 4797-10 [2 Ex.]
14.9649

Beczkowsky, Jan s. *Beckovský*, Jan František.

Maurerischer Fest-Gesang für die hochw. Gr. Nat.-Mutter-Loge zu den drei Weltkugeln comp. vom Br. **Boczwarzowsky.** [Berlin 1802.] 2 Bl. 8° [Umschlagtit.]
Tt. 2402. Ohne Noten: „Heil'ger Tag, dich segnen wir!"

Kantate zum Johannis-Tage vom Br Hubert. Die Music ist vom Br **Boczwarzowsky** theils aus eigner, theils aus Haydns Composition arrangiert. Berlin: 1804. 2 Bl. 8° [Umschlagtit.]
Ohne Noten: „Versenkt, in Nacht gehüllt und tod, ..."

An Beda Fürst und Abbt zu St. Gallen und sein Volk, die Männer der alten Landschaft, über die grosse Landsgemeind zu Gossau gehalten d. 23. Wintermonat 1795. — Bregenz [1795]: Brentano. 12 S. 8° 1:11 in Rv 2850.
14.9651

— — Helvetien 1796. 22 S. 8° 1:2 in Rv 2850.
14.9652

Beda, s. a. Baeda.

Beda, Benedektiner, Wearmouth u. Jarrow, † 735. Um 1475
s. *Beda* Venerabilis.

Beda Oenipontanus, O. Cap.: Der großmütige, lieb- und lehrreiche Vatter, das ist: Lob- und Ehren-Red an dem Fest-Tag der Heil. Apostlen Philippi und Jacobi als Höchsten Nahmens-Tag deß Durchläuchtigsten Fürsten und Herrn, Herrn Caroli Philippi Pfaltz-Grafen bey Rhein, deß Heil. Röm. Reichs Ertz-Schatz-Meister, und Chur-Fürsten, Hertzogen in Bayrn, zu Jülich, Cleve, und Bergen. — Augspurg: B. H. Mayer (1741). 20 S. 4°
12:2° Bavar. 92. **21.**
14.9653

Beda Abt von Sankt Gallen
Weltlicher Name: Johann Konrad Angehrn
— [Erlass vom 7. Okt. 1795 betr. die Abstellung von Beschwerden der Landschaft auf Gantsachen, Gefälle ... in 17 Artikeln.] — Dat. St. Gallen 7. Oct. 1795. 9 S. 8°
Titel fingiert. 1:9 in Rv 2850.
14.9655

Beda Abt von Sankt Peter, Salzburg
Weltlicher Name: Beda Seeauer
— Kurze Betrachtungen über das allerheiligste Sakrament des Altars für jede Woche des Jahres. Mit e. Anh., enth. d. gewöhnlichsten Andachtsübungen. Von Beda Seeauer. — Freiburg i. Br.: Herder 1858. VII,240 S. 8° **31.**
14.9656

(—) Novissimum Chronicon antiqui monasterii ad Sanctum Petrum Salisburgi Ordinis Sancti Benedicti ... Praemissa Disquisitione historico-chronica de adventu, fundatione et obitu Sancti Ruperti. — Augustae Vind. [usw.]: Wolff 1772. 683 S. 2° 1:2° Sc 2258. **2→8. 11.**
17. 19. 24. 25. 302→304. 307. 308.
14.9657

— Concionator catechetico-moralis, in 2 partes divisus: Das ist: Auserlesene in 2 Theil verfaßte Lehr- und Sitten-Predigen ... Von Beda Seeauer. — Augspurg [usw.]: Wolff 1756. 416,349 S. 4° **308.**
14.9658

— Concionator panegyrico-moralis, in 4 partes divisus. Das ist: Auserlesene in 4 Theil verfaßte Lob- und Sitten-Predigen ... Von Beda Seeauer. — Augspurg [usw.]: Wolff 1753. Getr. Pag. 4° **17. 25. 308.**
14.9659

— Novendialia Exercitia pro septem festis principalioribus Beatissimae Virginis Mariae iuxta ordinem, quo per annum occurrunt in officio ecclesiastico, distributa ... in 7 partes ... distincta, & concinnata à Beda Seeauer. — Augustae Vind.: Wolf 1743. 659 S. 8° **2. 308.**
14.9660

— Geistliche Liebs-Gedancken von dem hochwürdigen Sacrament des Altars, gezogen aus unterschiedlichen Stellen der Heil. Schrifft und Lehrstucken der hh. Vätter ... welche zum Nutzen geistlich- und weltlicher Personen sambt einem Zusatz, in sich haltend andächtige Ubungen bey dem heil. Meß-Opffer vor und nach der heil. Communion, geschrieben u. vorgetragen Beda Seeauer. — Augspurg: Wolff 1744. 348 S. 8° **308.**
14.9661

[—] Saecularis Memoria defunctorum, sive compendium vitae et mortis religiosorum, qui in monasterio ad S. Petrum Salisburgi Ord. S. Benedicti ab anno 1682. usque ad annum 1782. in Domino obierunt sub quinque abbatibus: Edmundo, Carolo, Placido, Godefrido, & Beda. — Salzburgi [1782]: Typogr. Aulico-acad. 206 S. 8°
12:H. mon. 367. **19. 25. 61. 300:**16.473-B. **302. 304. 308.**
14.9662

— Das Opfer eines Gerechten, als ... Herr Bernardus in dem ... Kloster zu Monsee Ord. S. Benedicti in Ober-Oesterreich würdigster Abbt &c. ... nach fünfzig Jahren ... die drey hh. Ordens-gelübde erneuret. An welchem Tag zugleich ... P. Hermanus Sarsteiner ... das fünfzigjährige heilige Meß-Opfer verrichtet: In e. Lob- u. Ehren-Rede vorgestellet. — Salzburg [1760]: J. J. Mayr. 23 S. 4°
19. 307. 308.
14.9663

— Philosophia antiquo-nova ad usum iuventutis academicae luci publicae facta. In 5. tractatus divisa. Authore Beda Seeauer. — Salisburgi 1745: J. J. Mayr. 219,399 S. 8°
24. 25. 307. 308.
14.9664

— Sanctificatio iubilaei a ... Domino Praesule Beda ... quinquagesimo religiosae professionis suae et ducentesimo post millesimum ab ortu Sanctpetrensis ecclesiae, et coenobii anno facta. — [Salzburg 1782]: Typogr. Aulico-acad. 14 S. 8° **12:4° P. o. lat. 758-3.**
14.9665

— Marianischer Seelen-Trost auf alle Fest-Täg der glorwürdigen Himmels-Königin Mariae, umb dieselbe andächtig zu verehren in geistlichen Betrachtungen: dann auch auf jedwederes Fest besonders angeordneten Andachts-Ubungen ... Von Beda Seeauer. — Salzburg: J. J. Mayr 1741. 147 S. 8° **308.**
14.9666

— Bedae Seeauer Sermones pastorales et capitulares numero quinquaginta (5: numero septuaginta novem). P. [1]-5. — Augustae Vind. [usw.] (3ff.: Augustae Vind.): Wolff 1764-87. 8° **2[∞5]. 19[∞4.5]. 24[∞2/5]. 303[∞5]. 307[∞2/5]. 308.**
14.9667

— Sigismundus Christophorus auß dem Reichs-Hoch-Gräfl. Hause von Schrattenbach, deß H. Röm. Stuhl Legatus Natus, und Primas Germaniae &c. &c. ... erhöhet an das dreyfache und sittliche Creutz eines Lands-Fürsten ... Lob- und Ehren-Rede bey der höchst-feyerlichen Fest-Begängnuß, als Se. Hochfürstl. Gnaden &c. &c. zum Bischoff consecriret worden, und das ertz-bischöffliche Pallium empfangen. — Salzburg [1754]: Mayr. 24 S. 4°
12:2° Bavar. 772 t.
14.9668

Beda Venerabilis
— Historia ecclesiastica liber I, s.: Codices graeci et latini.

Bedae Historiae ecclesiasticae gentis anglorum libri III, IV. Edited by John E. B. Mayor and J. R. Lumby. 8. (XX, 480 S.) Cambridge 878. (Leipzig, Brockhaus' Sortiment und Antiquarium.) geb. *

— — Baedae Historia ecclesiastica gentis Anglorum. Ed. Alfred Holder. — Freiburg i. B. [usw.]: Mohr 1882. 314 S. 8° (Germanischer Bücherschatz. 7.)
In einzelnen Exemplaren fehlt d. Titel d. Sammlung.
1:Qc 601-7. 2. 3. 5. 8. 9. 12:Germ. g. 58n-7. 14→21. 23→26. 28→31. 34. 36. 38. 39. 43. 45. 53. 61. 107. 109. 180. 203. 300:176.704-B. 7. 302.
14.9735

— — 2. Ausg. Freiburg i. B.: Mohr [1890]. 314 S. 8° (Germanischer Bücherschatz. Ausg. zu ermässigtem Preis. 7.)
In einzelnen Exemplaren fehlt d. Titel d. Sammlung.
6. 10. 11. 30. 41. 79. 107.
14.9736

— — (Neue billige Ausg.) Freiburg i. B. [usw.]: Mohr 1895. 314 S. 8° (Germanischer Bücherschatz. 7.)
14. 15. 27. 300:190 157-B. 7.
14.9737

— Historiam ecclesiasticam gentis Anglor., historiam abbatum, epistolam ad Egbertum una cum historia abbatum auctore anonymo ad fidem cod. manuscriptor. denuo recogn., commentario tam critico quam historico instruxit C. Plummer. 2 voll. 8° (178, 458 u. 40, 545) Oxford 96, Clarendon Press. Geb. nn 21 —

Beda, Homilien auf das ganze Kirchenjahr. Aus dem Latein. von Joh. Nep. Paul Oischinger. 3 Bde. Schaffhausen 854. Hurter. 8. 2 ₰ 6 ngr
1. Bd.: Homilien auf die Feste des Kirchenjahres. (VIII, 440 S.) 1 ₰
2. „ Homilien auf die Sonntage des Kirchenjahres. (VI, 309 S.) 21 ngr
3. „ Homilien auf die Fastenzeit. (X, 230 S.) 15 ngr

— — [deutsch] Beda des Ehrwürdigen Kirchengeschichte der Angelsachsen. Als Anh.: Willibald's Leben des heiligen Bonifacius. Deutsch von M. M. Wilden. — Schaffhausen: Hurter 1866. VI,375 S. 8°
1:Tw 5308. 6. 8. 11. 12:P. lat. 287x. 14. 18. 25. 38. 45. 46. 66. 203. 211. 300:31.536. 308.
14.9770

Beda Venerabilis, Auszüge aus der Kirchengeschichte desselben, s. Geschichtschreiber, die, der deutschen Vorzeit in deutscher Bearbeitung.

— König Alfreds Übersetzung von Bedas Kirchengeschichte. 1897-99 s. *Alfred* the Great König v. England: Anglo-Saxon Version of Beda: Historia ecclesiastica.

Beda Abt von Wessobrunn
Weltlicher Name: Beda v. Schallhammer
— Mirabilis Deus in sanctis suis. Epistola amplissimi, & Reverendissimi Abbatis Wessofontani ac totius Congregationis Benedictino-Bavaricae Praesidis Generalis ad Eminentissimum & Reverendissimum D. D. Angelum Marian Quirinum S. R. E. Card. Bibliothecarium et Episc. Brixiae. o. O. [175?] 2 Bl. 4° **12:4° Bavar. 3147 p. 14.**
14.9768

Beda: Friedrich der Große als Erbe der Regierungs-Maximen Friedrich Wilhelms I.
Progr. Bromberg 1860.

Beda, Getaufte u. Baldgetaufte. Umschlagzeichnung v. Carl Josef. (64 S.) 16. Wien (IX, Liechtensteinstr. 11), 908. Dr. Fritz Löhner. 1. —

Beda (Fritz Loehner): Israeliten u. and. Antisemiten. (60) kl8 Wien, Huber & L. Nf. '09. 1 — d

— Die milde Marie u. andere Gemeinheiten. Satiren u. Chansons. 1.—3. Tausend. (67 S.) 8. Berlin 910. H. Bondy. 1. —

— Neue Satiren. 1—5. Taus. (57) kl8° Wien, Druck- u. Verl.-Anst. „Adria" '12. 1.20 d

Beda, C.: Vertheidigung der Deutschen und Slaven in Ungarn. Die Kehrseite d. Vierteljahresschrift aus u. für Ungarn. — Leipzig: Binder 1843. IV,117 S. 8°
1:Se 7548. 12:Austr. 375. 300:17.543-B. 304. 309.
14.9767

Beda, Willy: Japan am Ende seiner Ruhmesbahn. Eine nüchterne Betrachtung über d. kriegführenden Völker u. ihre Aussichten in d. gegenwärtigen Feldzuge. — Berlin: Walther 1905. 62 S. 8° **203.**
14.9776

— — (2., veränd. Ausg.) Ebd. 1905. 64 S. 8°
1:Un 8982/698. 61.
14.9777

Bédacier, Catherine, née Durand
[—] — [deutsch] Der Gräfin von Mortane Lebens-Geschicht in einem angenehmen Liebes-Roman beschrieben. Übers. von Damiro. — o. O. 1719. 492 S. 8° **14. 18.**
14.9800

Bedall, Carl, s.: Arznei-Taxe f. das Königr. Bayern.

Bedall, Carl. Arznei-Taxe f. d. Königr. Bayern 1881 m. Ergänzgn. u. Erläutergn. 5. Aufl. gr. 8. (112 S.) Münch. 891, Grubert. cart. * 2 80

Bedall, Carl, Arznei-Taxe für das Königr. Bayern 1888 mit Ergänzungen und Erläuterungen. gr. 8. (VI, 48, 54 S. mit 3 Tab.) München 888, Grubert. cart. *

Bedall, Carl, Arznei-Taxe f. das Königr. Bayern 1886 m. Ergänzungen u. Erläuterungen. gr. 8. (VIII, 45 u. 59 S. m. 1 Tab.) München 886. Grubert. cart. n. 2. —

Bedall, C., Arznei-Taxe für das Königr. Bayern 1886, nebst den nach höchster Entschliessg. d. kgl. Staatsministeriums d. Innern v. 20. Dez. 1887 getroffenen Abändergn., mit Ergänzgn. u. Erläutergn. (4. Aufl.) gr. 8. (120 S.) München 889. Grubert. cart. n. 2. 80

Bedall, C, Arznei-Taxe f. d. Kgr. Bayern 1891 m. Ergänzgn u. Erläutergn. 5. Afl. 8° (112) Münch. 91, J Grubert. Kart. 2.80 || Nachtrag 1892. (4) — 20 || Nachtrag 1893. (8) — 40

— dasselbe. Nachtrag 1895. Hrsg. vom Verein der Apotheker Münchens. gr. 8. (4 S.) München 895. J. Grubert. n. — 20 (Hauptwerk u. Nachtrag: n. 3. 20)

— Ergänzungs-Taxe, s. a. Arznei-Taxe für das Königr. Bayern.

Bedall, Karl, Apotheker. 1869: **Ergänzungs-Taxe und Erläuterungen zur Arznei-Taxe für das Königreich Bayern.** München: Grubert 1869. VI,49 S. 8°
12: Bavar. 141 ic-2. 19.
14.9810

Bedall, Carl, Ergänzungs-Taxe und Erläuterungen zur Arznei-Taxe für das Königreich Bayern. gr. 8. (VII, 49 S. mit 3 Tab.) München 877, Grubert. cart. *

— — Ergänzungstaxe. 1883 u.ö.
in: *Arznei-Taxe* für das Königreich Bayern.

Bedall, Carl, Handverkaufs-Taxe f. Apotheker. [In Reichswährg.] gr. 8. (VII, 68 S.) München 876. Grubert. n. 1. 60

Bedall, Carl, Handverkaufs-Taxe f. Apotheker. 3. vollständig umgearb. Aufl. gr. 8. (X, 61 S.) München 881. Grubert. cart. n. 1. 60

— Handverkaufs-Taxe f. Apotheker. 4. Aufl. gr. 8. (VIII, 67 S.) Ebend. 886. cart. " 1. 60

— Handverkaufs-Taxe f. Apotheker. 5., vollständig umgearb. Aufl. gr. 8. (120 S.) Ebd. 894. Kart. n.n. 3. —

— Handverkaufs-Taxe f. Apotheker. 6., vollständig umgearb. Aufl. gr. 8. (112 S.) München 902. J. Grubert. Geb. n.n. 3. —

— **Ueber Koussin und dessen medizinische Anwendung gegen Bandwurm.** — München 1872: Weiss. 22 S. 8°
12: M. med. 1200. 19. 308.
14.9816

Bedall, Karl. Ueber Oxychinolin. (München) Leipzig, 1882.
Diss.

— **Reductions-Tabelle des bayer. Medicinal-Unzen-Gewichtes in das Grammengewicht und des Längen- und Hohlmasses in das Meter- und Liter-Mass. Für d. Gebrauch d. Aerzte u. Apotheker.** — München: Grubert 1869. 16 S. 8°
12: Bavar. 4101-26. 19.
14.9817

Bedall, Carl, Reductions-Tabelle des bayerischen Medicinal-Unzen-Gewichtes in das Grammengewicht u. des Längenmasses in das Meter- u. Liter-Mass. Für den Gebrauch der Aerzte u. Apotheker bearb. München 870. Grubert. 8. (16 S.) 4 ngr.

Bedall, Karl, Apotheker, Sohn d. vorigen. 1898: **Sammlung der wichtigsten Verordnungen über Apotheken-Betrieb und Verkehr mit Arzneimitteln und Giften.** — München: Grubert 1905. 84 S. 8°
12: M. med. 92 km. 19.
14.9818

— **Verzeichnis der Apotheker Bayerns sowie der obersten Medizinalbehörden, pharmazeutischen Prüfungskommissionen, Gremialausschüsse und Kreisvorstände des Deutschen Apotheker-Vereins nebst statistischen Tabellen.** — München: Grubert 1905. 86 S. 8°
12: 4° Bavar. 220 o. 10.
14.9819

— — **Verzeichnis der Apotheker Bayerns sowie der obersten Medizinalbehörden, der pharmazeutischen Prüfungskommissionen, der Mitglieder der Apothekerkammern und der pharmazeutischen Vereine nebst statistischen Tabellen und einem Vorwort über die geschichtliche Entwicklung der bayerischen Apothekenverhältnisse.** [Nebst] Nachtr. München: Selbstverl. 1910–12. 8°
12: Bavar. 212 z. 19.
14.9820

Bedall, Carl, s.: Vorschriften zur gleichheitlichen Herstellung pharmaceutischer Zubereitungen.

— **Vorschriften zur gleichheitlichen Herstellung pharmaceutischer Zubereitungen, welche weder im Arzneibuch für das Deutsche Reich, noch in dem vom Deutschen Apothekervereine herausgegebenen Ergänzungsbande enthalten sind.** [Nebst] Nachtr. — München: Grubert 1898–1902. 8°
12: M. med. 92 kg. 19.
14.9821

— — [Nebst] Nachtr. 3. Aufl. Ebd. 1903–05. 8°
12: M. med. 92 kh. 19.
14.9822

Bedall, Max, ein Fall von hämorrhagischer Pericarditis. Diss. München 1887, A. Buchholz. 8°. 22 S.

BEDALL, Max: Ein Fall von hämorrhagischer Pericarditis.- München: Mühlthaler 1887. 22 S.
26.7.1887 - Chr 1887/88,17; Jv 1887/88,206
Diss. Ingolst.-Landsh.-Mchn.

Bedancken. — Curieuse Bedancken, von der wahren Alchymia, insbesonderheit dessen Prima Materia, nebst völliger Anweisung zu Präparirung des Lapidis Philosophorum und Universal-Medicin etc. (o. O.) 1702.

Bedarf.–
Bedarf der §. 45. des jüngsten Reichsschlusses einer authentischen Interpretation oder nicht? Ein Gegenstück zu den Betrachtungen über den §. 45. des jüngsten Reichsschlusses. o.O. 1805. 78 S. 8°
4. 7. 8. 12: J. publ. G. 732n/1. 17. 21. 28. 31.
14.9824

Bedarf der siebente Artikel des Friedens von Luneville einer Auslegung? . . . Germanien 1801. V: *Bingel.* (MGT)

Bedarf Deutschland einen Kaiser? Und gebührt dem Hause Oesterreich die deutsche Krone? Vielleicht noch ein Wort zu seiner Zeit. — Germanien [d.i. Frankfurt a. M.: Andrea] 1814. 38 S. 8°
1: Deutsche Flugschr. 1814–151. 5. 12: J. publ. G. 921–26. 14. 15. 16. 23. 24. 30. 32. 36. 39. 43. 48. 106. 180. 300: 80 J 277.
14.9825

Bedarf Deutschland einen Kaiser? u. gebühret dem Hause Oestreich die deutsche Krone? 8. Frankf. a. M. 815. Andreä. 4 gr.

Bedarf Deutschland einen Kaiser? Und gebührt dem Hause Oesterreich die deutsche Krone? Vielleicht noch ein Wort zu seiner Zeit. Germanien im Monat Nov. 1814. Wörtlich wieder abgedr. 8. (31 S.) Frankfurt a. M. 848, Schmerber. 1/8 ℔

Bedarf die Kirche Christi der zeitlichen Gewalt? gr. 8. (15 S.) Bern 887. (Bonn, Schergens.) n. — 10

Bedarf die Kirche Christi der zeitlichen Gewalt? — Bern: Wyß in Komm. 1887. 15 S. 8°
1: Fq 9746.
14.9827

Bedarf es eines neuen Gesangbuches für unsere schleswig-holsteinische Landeskirche, und welche Forderungen für ein solches müssen wir stellen mit Rücksicht auf den vorgelegten Entwurf? — Leipzig: Wagner 1882. 78 S. 8°
1: Em 7134.
14.9828

Bedarschi, Abraham, Chotam Tochnit (Hebraeische Synonymik) ... Nebst Anhange: Chereb Hammithappechet Gedicht vom Verfasser, aus der H. S. Almanzi's, mitgetheilt, punktirt und erklaert von S. D. Luzzatto; Briefe und noch andere unedirte Gedichte, vom Verfasser; Gedicht auf den Verfasser von Jakob Gorni, mitgetheilt von M. Steinschneider; kritische und erläuternde Anmerkungen zu Chotam Tochnit von J. H. Dünner zum ersten Male herausgegeben ... von G. T. Polak. Amsterdam 1865.

Bedárschi, Jedajah Penini, „Bechinoth olam." Betrachtungen über das Weltleben, mit interpunktirtem ebräischen Texte und einer neuen, metrisch-gereimten, treuen Uebersetzung von M. E. Stern. Nebst einer biogr. Einleitung von Jos. Weiße. 12. (XXX und 111 S.) Wien 847, (Greß.)

Bedarschi, Jedajah Penini, „Bechinoth olam." Betrachtungen über d. Weltleben, m. interpunktirtem ebräischen Texte u. einer neuen, metrisch-gereimten, treuen Uebersetzung von M. E. Stern. Nebst einer biogr. Einleitung von Jos. Weiße. 12. (XXX u. 111 S.) Wien 847. (Mörschner's Wwe. u. Bianchi.) 2/3 ℛ

Bedarschi, JP, Bechinoth Olam. Betracht. üb. d. Weltleben Mit interpunkt. ebr. Texte u. e. Uebers. v. ME Stern. 2. Afl. 8. (141) Wien 52, (Capellen.) — 10

Bedarschi, Jedajah Penini, „Bechinot Olam." Betrachtungen über das Weltleben. Mit interpunktirtem ebräischen Texte u. einer neuen, metrisch-gereimten, treuen Uebersetzung von M. E. Stern. Nebst einer biograph. Einleitung von Jos. Weisse. 2. mit ן״ בקשת המגיי verm. Aufl. Wien 852. (Greß.) gr. 8. (1 Bl., 141 S.) 16 ngl

Beda's Leiden, ob. das Unglück im Thurme St. Antonius. 8. Naumb. 806. Rößler. 1 ℛ 8 gl

BÉDAT, Franz (München): De typho.- München: Mühlthaler 1871. 15 S.
25.7.1870 - Urk; F 72; Chr 1870/71,14

Diss. Ingolst.-Landsh.-Mchn.

Bedau, Christian. (geb. Wolmirsleben 17. 8. 1834): De syphilide. Berolini (1861). (32 S.) 8°
Berlin, Med. Diss. v. 21. Dez. 1861

Bedbur, C., s. Organ, allgem., für Handel.

Bedbur, Klaus: Erinnerungen aus dem Schleswig-Holsteinischen Feldzuge von 1850. Von e. ehemaligen Freiwilligen des 1. Jägercorps [d. i. Klaus Bedbur]. — Itzehoe 1851: Pfingsten. 116 S. 8° 8.
14.9919

Beddard, Frank Evers

Beddard, Frank E., M. A., Naidon, Tubificidon u. Torricolon, s. a. Ergobnisso d. Hamburgor Magalhaonsischon Sammolroiso.

— Hamburger Magalhaensische Sammelreise. Naiden, Tubificiden und Terricolen. — Hamburg: Friederichsen 1896. 62 S. 4° (Ergebnisse d. Hamburger Magalhaensischen Sammelreise. 3.) 1: 4° Lk 12170-3. 5. 12: 4° It. sing. 85gn-3. 18. 20. 21. 46. 204.
14.9929

Beddies, Alfred [aus Braunschweig]: Ueber die Einwirkung des freien Broms auf höhere Fettsäuren ... Heidelberg, Univ.-Buchdr. v. J. Hörning, 1892; 30 S., 1 Bl. 8.
Heidelberg, Naturw.-math. Fak., Inaug.-Diss. v. [29. Febr.] 1892

Beddies, Alfred: Ueber Kakao-Ernährung. Eine vergleichende chemisch-physiologisch-therapeutische Studie, unter Mitw. von W. Tischer. — Berlin: Skopnik 1897. 13 S. 8° 1: Ip 1464. 11. 12: Anat. 65mh. 14. 15. 17. 41. 44. 47. 202.
14.9937

Beddoes, Guil. Minton (geb. Cheney Longville in England 8. 4. 1817): De ammonio ejusque salibus officinalibus. Berolini (1842). (31 S.) 8°
Berlin. Med. Diss. v. 11. Aug. 1842

Beddoes, Thom., Anhang zu J. Brown's System d. Heilkunde, s. J. Brown, System.

Beddoes, Thomas

— — [deutsch] Betrachtungen über den medicinischen Gebrauch künstlicher Luftarten und die Methode, sie in großen Quantitäten zu bereiten von Thomas Beddoes u. James Watt. Übers. von Casp. Zollikofer v. Altenklingen. — Halle: Curt 1796. 200 S. 8°
1: Ik 175. 2→5. 8. 10. 16. 17. 27. 31. 45. 48. 52. 61. 202.
14.9957

— u. Jam. Watt, Betrachtt. über die medicin. Gebräuche künstl. Luftarten. Aus d. Engl. (von Zollikofer v. Altenklinger). Mit 4 Kpf. 8. Halle 796. (Laue in Berl.) 18 gl

Beddoes, Thomas

— John Brown's Biographie nebst einer Prüfung seines Systems von Thomas Beddoes u. einer Erklärung der Brownischen Grundsätze von T. Christie. Aus d. Engl. (Übers.: P. Scheel.) Ein Anh. zu Brown's System d. Heilkunde. — Kopenhagen: Proft & Storch 1797. XII, 116 S. 8°
Die Schrift enthält e. Übersetzung d. biographischen Einleitung Beddoes' zu Brown, John: The elements of medicine [Elementa medicinae, engl.] 1795.
1: Aw 4954. 2. 3. 5. 7. 8. 11. 12: Path. 181c. 14. 15. 16. 18. 19. 20. 22. 26. 27. 31. 34. 38M. 44. 45. 46. 48. 61. 202. 300: 57 J 7. 302. 303.
14.9951

— die wichtigsten Erfahrungen britt. Aerzte üb. die Wirkungen d. Salpetersäure in d. Lustseuche. Aus d. Engl. von F. G. Friese. gr. 8. Bresl. 797. Mit n. Titelbl. 799. W. G. Korn. 1 ℛ 6 gl

— [A Collection of testimonies respecting the treatment of the venereal disease by nitrous acid, deutsch] Die neuesten Erfahrungen brittischer Ärzte über die Würkungen der Salpetersäure in der Lustseuche. In einer Sammlung von Briefen u. Zeugnissen hrsg. Übers. u. mit einigen Anm. vers. von Friedrich Gotthelf Friese. — Breslau: Korn 1799. VIII, 334 S. 8° 1: Kd 6090. 2. 3. 5. 8. 11. 14. 15. 17. 19. 22. 34. 48. 202. 302.
14.9953

— — [deutsch] Uber die neuesten Methoden die Schwindsucht zu heilen; besonders über den rothen Fingerhut, den salzsauren Kalk, und über die Kuhstall-Kuren. Aus d. Engl. u. mit e. eignen Abhandlung vermehrt von K. G. Kühn. — Leipzig: Sommer 1803. X, 242 S. 8°
5. 15. 16. 20. 25. 30. 34. 43. 46. 202. 302. 303.
14.9968

— — Neue Ausg. Ebd. 1810. VIII, 242 S. 8° 3. 8. 21.
14.9966

— über d. neueste Methode, d. Schwindsucht zu heilen. A. d. Engl. von K. G. Kühn. Mit 1 Kpf. gr. 8. Leipz. 810. (Rauck). 1 ℛ

Beddoes, Thomas: [Teils., deutsch] Medicinische (2: Medizinische) Schriften. Bdch. 1. 2. — Leipzig: Weygand 1794-96. 8°
1. Bemerkungen über d. Natur u. Heilart d. Steins, Scharbocks, d. Schwindsucht, Catarrhen u. Fieber. 1794.
2. Enth. 1. einen Brief an D. Darwin, über e. neue Behandlungsart d. Lungensucht, u. einiger andrer bisher unheilbar befundenen Krankheiten. 1796. 2. Briefe von verschiedenen angesehenen Aerzten, nebst einigen andern Aufsätzen als Anhänge zu zwey Schriften über Engbrüstigkeit, Schwindsucht, Fieber, u. andre Krankheiten.
1: Ic 7045. 3. 5. 7. 8. 10. 14. 15. 17. 19. 21. 27. 29. 46. 202. 302.
14.9949

— — [deutsch] Ueber die Ursachen, frühen Zeichen und Verhütung der Lungensucht. — Halberstadt: Groß 1802. XII, 312 S. 8°
2. 5. 8. 15. 16. 19. 20. 21. 24. 28. 30. 31. 38M. 46. 302.
14.9961

— — Neue Ausg. Halberstadt: Büreau für Literatur u. Kunst 1812. XII, 312 S. 8° 34.
14.9962

— über d. Ursachen, frühen Zeichen u. Verhüt. d. Lungensucht. A. d. Engl. 8. Halberst. 802. N. A. 812. Vogler in Potsd. 1 ℛ

Beddoes, Thomas Lovell
(—) Manuscript für des Nachtwächters Freunde. Anti-straussian-ossianisch-oceanischer Graus-Gruss an einen Herrn Antistes von Struthio Camelus, gehaltlos-pensionirtem Professor in Zürich, nunmehr Nachtwächter in Bülach (d. i. T. L. Beddoes). — o. O. [1839]. 4 S. 8° 21.
14.9977

(—) — Manuscript für des Nachtwächters Freunde. Anti-straussianischer Gruss an einen Herrn Antistes von Struthio Camelus, Nachtwächter in Bülach (d. i. T. L. Beddoes). o. O. [1839]. 4 S. 8° 7.
14.9978

Beddow, Benjamin
Beddow, B, Erinnergn an Stambourne. Mit persönl. Bemerkgn, Erinnergn u. Betrachtgn v. CH Spurgeon. Übers. v. E Spliedt. 8° (78 m. Bildern.) Hag. 92. Hamb., JG Oncken Nf. 1 —

— — [deutsch] Erinnerungen an Stambourne. Skizzen von Benjamin Beddow. Mit persönlichen Bemerkungen, Erinnerungen u. Betrachtungen von C. H. Spurgeon. Uebers. von E. Spliedt. — Hagen: Risel [1892]. 78 S. 8°
1: Tx 6922. 6. 18.
14.9992

(B) Beddow, Benj., Erinnerungen an Stambourne. 892. (KBL 27.) Jetzt: Neukirchen, Buchh. d. Erziehungsvereins.

Beddow, F. On some new Series of Cobaltamine Compounds. Zürich, 1896. Diss. 68 S.

Bede, Benediktiner, Wearmouth u. Jarrow, † 735. Um 1475
s. *Beda* Venerabilis.

Bède, Émile
— — [deutsch] Ueber Brennmaterial-Ersparung oder über die vorzüglichsten wirklich angewendeten oder vorgeschlagenen Mittel bei Dampfmaschinen den Dampf wohlfeil zu erzeugen und zu verwenden. Übers. von Carl Zickwolff. — Brüssel; Leipzig: Schnée 1861. VI, 246 S. 8°
12: Oecon. 215m. 14. 17. 46. 82. 83. 84. 88. 89. 91. 93. 305.
14.9997

— — Die Brennmaterial-Ersparung bei der Dampferzeugung. Nach d. 2. Aufl. ... frei bearb. von Leopold Einsiedel. — Weimar: Voigt 1863. VIII, 147 S. 8° (Neuer Schauplatz d. Künste u. Handwerke. 103.) 36. 82. 89.
14.9998

Bede, E., über Brennmaterial-Ersparniss mit Rücksicht auf Dampfkessel-Anlagen. Nach der 3. durchgeseh. und verm. Aufl. mit Genehmigung des Verf. deutsch bearb. von F. Schotte. 2 Hälften. gr. 8. (VIII, 277 S. mit eingedr. Fig.) Berlin 879, Polytechnische Buchh. à Hälfte * ℳ 2,50. *
Aus: Annalen für Gewerbe und Bauwesen, besonders abgedruckt.

Bede, E, üb. Brennmaterial-Ersparniss m. Rücksicht auf Dampf-Kessel-Anlagen. 8. (277 m. Fig.) Berl. 80, Polytechn. Bh. n. 5. —

Bedeckung. — Die Bedeckung der Hypotheken-Pfandbriefe. Zeitgemässe Betrachtung zu d. Entwurf e. Hypothekenbank-Gesetzes. — Berlin: Berliner Actionair 1899. 35 S. 8°
38. 203.
14.10085

Bedeković, Josef: Natale Solum magni Ecclesiae Doctoris Sancti Hieronymi in ruderibus Stridonis occultatum, probatorum nihilominus historicorum, et geographicorum opinionibus, ac brevis Illyricanae chronologiae adiumento erutum, atque cum vita eiusdem purpurati Dalmatae per Josephum Bedekovich, patefactum. — Neostadii Austriae 1752: Müller. 310, 230 S. 8°
7. 12: 2° V. SS. 37. 300: 18 O 12. 302→304.
14.10087

Bedeković, Kazimir
— Casimiri Bedekovics Sermones ad suos in theologia auditores. — Viennae 1779: Trattner. 367 S. 8° 21.
14.10091

Bedekovich s. *Bedeković.*

Bedel, Jean: [Discours aux Juifs de Metz sur la conversion du Sr. Paul du Vallié, deutsch] Anrede an die Juden von Metz über die Bekehrung des Herrn du Valié. — München 1777: Vöter. 141 S. 8° 1: De 3285. 19.
14.10098

(—) — Imago beati parochi, seu acta, praecipuè parochialia, Beati Petri Forerii, parochi in Mataincour in Lotharingia. (Übers.: Dominicus Bisselius.) — Augustae Vind.: Wolff 1731. 47 S. 8° 12: V. SS. 308 [2 Ex.] 19. 308.
14.10101

(—) — Wratislaviae 1731: Typ. acad. Coll. Soc. Jesu. 56 S. 8°
1: Cf 10186. 2.
14.10103

(—) — Viennae Austriae 1731: Schwendimann. 56 S. 8°
2. 19. 12: V. SS. 309.
14.10102

Bedel, Louis, Directeur de tissage. 1846: Traité élémentaire du parage et du tissage mécanique du coton. Par Louis Bedel et Émile Bourcart. — Mulhouse 1846: Baret. 198 S. 8° 21.
14.10104

— — 2. éd. Mulhouse: Risler 1859. VI, 206 S. 8° 88.
14.10105

Bedel, L., et Emile Bourcart, Traité élémentaire du parage et tissage mécanique du coton. A l'usage des directeurs, contre-maîtres, employés de tissage et des fabricants. 3e édit. gr. 8. (205 S. mit 7 Stnt. in qu. 4. und Fol.) Basel 874, Bahnmaier's Verlag. *

— — 3. éd. Bâle [usw.]: Detloff 1874. VI, 205 S. 8° 83. 93. 201.
14.10106

Bedel, René: Essai de parallèle entre les racines de l'hébreu et de l'allemand. 1. — Heidelberg: Rieger 1861. V, 10 S. 8°
5.
14.10129

Bedell, Frederick
— — [deutsch] Theorie der Wechselströme in analytischer und graphischer Darstellung. Von Frederick Bedell u. A. C. Crehore. Uebers. von Alfred H. Bucherer. — Berlin: Springer [usw.] 1895. XIII, 266 S. 8°
1: My 11685. 11. 12: Phys. sp. 46 t. 15. 19. 20. 30. 38. 46. 82→86. 88→91. 93. 201.
14.10133

Bedemar, der Markis von Spaniens Abgesandter. 8. Gießen, Müller. 814.

v. Bedemar, der Marquis; Spaniens Abgesandter. 8. Gieß. 816. (Ferber). 20 gr.

Bedemar, der Markis von, Spaniens Abgesandter. 8. Gießen, Müller. 816.

Bedemar, Edvard Romeo Greve af Vargas-
s.: *Vargas*-Bedemar.

Bedenck, Jos[ef], aus Heilsberg, Ostpr.: 63 in der Erlanger chir. Klinik beobachtete Fälle von Lippencarcinom aus den Jahren 1893—97 (incl.). *Erlangen 1899: E. Th. Jacob.* (36 S.) 8°
Erlangen, Med. Diss. v. (6. März) 1899

Bedencken. — Bedencken s. *Bedenken.*

Bedenk es wohl!, s. Bedenke es wohl!

Bedenk, Kath., Alphabete zum Zeichnen d. Wäsche, nebst Stickmustervorlagen. 2. Aufl. qu. gr. 8. (12 lith. S.) Bühl 888. Konkordia, Aktiengesellschaft für Druck u. Verlag. — 30

Bedenk, Kath., Alphabete zum Zeichnen der Wäsche nebst Stickmustervorlagen. 6. Aufl. (25.—30. Taus.) qu. gr. 8. (12 S.) Bühl 899. Konkordia. n. — 25

Bedenk, Kath., Alphabete zum Zeichnen der Wäsche nebst Stickmustervorlagen. 8. Aufl. (12 S.) qu. 16. Bühl (904). Konkordia. — 25

Bedenk, Kath.: Alphabete z. Zeichnen d. Wäsche nebst Stickmustervorl. 10. Afl. (12) 14,5×22 cm. Bühl, Konkordia ('10) nn — 25

— Anleitung f. d. Arbeitsunterricht an einfachen Volksschulen. gr. 8. (36 S. m. Fig.) Tauberbischofsheim 887. Lang. cart. n. 1. —

Bedenk, Katharine, der Arbeits-Unterricht. Anleitung f. den Unterricht in Industrieschulen. gr. 8. (VI, 65 S. m. eingedr. Fig.) Tauberbischofsheim 881. Lang. cart. n. 1. 20

Bedenk, Katharina: Der Arbeits-Unterricht. Anleitung für den Unterricht in Industrieschulen. 2. Aufl. — Tauberbischofsheim: Lang 1881. VI,65 S. 8° 17.
14.10152

—— 3. Aufl. Ebd. 1886. VI,66 S. 8° 207.
14.10153

Bedenk, Katharine, der Arbeitsunterricht. Anleitung f. den Unterricht in Industrieschulen. 4. (verm. u. verb.) Aufl. gr. 8. (VIII, 88 S. m. Abbildgn.) Karlsruhe 893. J. Lang. Kart. n. 1. 20

Bedenk, Katharina, u. Luise Albiker u. Elise Wundt, der Arbeitsunterricht. Anleitg. f. den Unterricht in Industrieschulen. 6. Aufl. (XII, 106 S. m. Abbildgn.) 8. Karlsruhe 909. J. Lang. Kart. 1. 60

— Grundriß der Erziehungslehre für Handarbeitslehrerinnen. — Karlsruhe: Lang (1906). 12 S. 8° 31.
14.10156

— u. Mathilde Bedenk, der Handarbeitsunterricht in der Frauenarbeitsschule u. im Haus. (In 4 Tln.) 1., 2. u. 3. Tl. 1. Hft. Lex.-8. Karlsruhe, Ch. F. Müller. n. 5. 60
1. Handnähen. (23 S. m. 18 Taf.) 893. n. 1. 60
2. Maschinennähen. (20 S. m. 23 Taf. u. 1 Tab.) 893. n. 1. 60
3. 1. Das Sticken. (16 S. m. 19 Taf.) 894. n. 2. 40

Bedenk, Katharina, u. Mathilde Bedenk, d. Handarbeitsunterricht i. d. Frauenarbeitsschule u. i. Haus. 3. Tl. 2. Hft. D. Sticken. Lex.-8. (18 S. m. 16 Taf.) Karlsruhe 896. Ch. F. Müller. n. 2. 40 (I—III, 2.: n. 8. —)

—— Hrsg. von Katharina Bedenk u. Josefine Mayer. (3: Neu bearb. von J. Mayer, M. Umhauer.) In 4 Teilen. 2. Aufl. T. 1.3. — Ebd. 1909-19. 4°
1:4° Op 16321/4²-1.3. 31 [*3]. 101 [*3].
14.10158

Bedenk, Mathilde: Der Handarbeitsunterricht in der Frauenarbeitsschule und im Haus. 1894-96
s. *Bedenk*, Katharina.

Bedenkbüchlein. —

Bedenk- und Gedenkbüchlein. Leipzig (856.) G. Wigand. 16. (1 Bl., 183 Notizbl. mit Denksprüchen u. Vignetten u. 1 Holzschn.) n. 1 ₰ 10 ngr

Bedenk- und Gedenkbüchlein für ... Leipzig (859.) G. Wigand. 16. (132 S. m. Holzschn. im Text.) n. 1 ₰ 10 ngr

Bedenke. —

Bedenke das Ende! I. u. II. Serie. Je 250 S. ernste Traktate. kl. 8. Neumünster (906). Vereinsbuchh. G. Ihloff & Co. à n.n. — 20

Bedenk es wohl, Das neue.

Oder: Die reuige Seele. Nach d. Franz. Nebst einem Gebetbüchlein. Münster 1841. 7. Aufl. 1865. B: *Meyer, Bernh.* (Rass I, 211)

Bedenk es wohl, das neue, od.: Die reuige Seele. A. d. Franz. Nebst ein. kurzen Gebetbuche: Die reuige Seele in ihrer Andacht vor Gott, v. ein. kathol. Geistlichen. 12. (12 B.) Münster 841, Deiters.

Bedenke es wohl! das neue, oder: die reuige Seele. Nach d. Franz. Nebst e. kurzen Gebetb.: Die reuige Seele in ihrer Andacht vor Gott, von einem kathol. Geistlichen. 2., verb. u. verm. Aufl. 18. (7¼ B.) Münster 844, Deiters. *

Bedenke es wohl! das neue. Oder die reuige Seele. Nach d. Franz. Nebst einem Gebetbüchlein von einem kathol. Geistlichen. 3. sehr verm. Aufl. 12. (IV u. 271 S.) Münster 847, Deiters. — 4. sehr verm. Aufl. 16. (IV u. 271 S.) Ebd. 851. ⅙ ₰

Bedenke es wohl, das neue! Oder: Die reuige Seele. Nach dem Französ. Nebst einem Gebetbüchlein. Von einem kathol. Geistlichen. 5. (Miniatur-) Ausg. Münster 853. Deiters. 32. (VIII, 368 S.) 7½ ngr

— — 6. sehr verm. rc. Aufl. Ebend. 855. 16. (310 S.) n. 5 ngr

— — Neue Miniatur-Ausg. Ebend. 856. 32. (VIII, 368 S.) 7½ ngr

Bedenke es wohl, das neue! Oder: Die reuige Seele. Nach dem Französ. Nebst einem Gebetbüchlein. Von e. kathol. Geistlichen. 7. Miniat.-Ausg. Münster 860. Aschendorff. 64. (VIII, 369 S.) n. 5 ngr

Bedenke es wohl, das neue! Oder: Die reuige Seele. Nach dem Französ. Nebst e. Gebetbüchlein von e. kathol. Geistlichen. 7., sehr verm. u. verb. Aufl. Münster 865. Aschendorff 16. (498 S.) n. 5 ngr

Bedenken. —

Abermahliges rechtliches Bedencken der Juristen-Facultaet bey Löblicher Universität zu Altdorff, in Sachen der Freyfrauen von Ingelheim und Consorten contra Ihro Hochfürstl. Gnaden zu Würtzburg und Consorten citationis & mandati. In specie Höchstgedachte Ihro Hochfürstl. Gnaden zu Würtzburg betreffend. — Wetzlar 1728: Winckler. 10 S. 4° 14.
14.10169

Einige Bedenken gegen die Abschaffung aller Zehntrechte ohne Ausnahme im Großherzogthum Baden. 1831 s. *Biecheler*, Ferdinand.

Bedenken über die preußische Agende von 1829 vorzüglich in Beziehung auf deren projectirte Einführung bey den evangelisch-protestantischen Gemeinden des Großherzogthums Baden. Von e. evangelisch-protestantischen Pfarrer Badens. H. (1.) 2. — Speyer: Kolbe 1830. 8°
1:1.2 in Sy 5688-3. 23.
14.10170

—— allerunterthänigstes, der holsteinischen Ständeversammlung an Se. Majestät den König über den Entwurf eines Gesetzes betreffend die Verfassung des Herzogth. Holstein, sowie das als Entwurf zu behandelnde, durch allerh. Patent vom 6. Novbr. v. J. für die Herzogth. Holstein und Lauenburg aufgehobene Verfassungsgesetz für die gemeinschaftl. Angelegenheiten der dän. Monarchie vom 2. Octbr. 1855 und das in gleicher Weise zu behandelnde vorläufige Gesetz, betreffend die Wahlen zum Reichsrath, vom selbigen Dato. Imp.-4. (41 S. und 18 Sp.) Itzehoe 859. (Kiel, Akademische Buchh.)

Ihro Römisch. Käyserl. Majest. allerunterthänigstofferirtes rechtliches Bedencken in Sachen Hn. Johann Jacob Günthers zu Franckfurt contra Hn. Jacob von den Velden daselbst. — o.O. 1712. 18 S. 4° 24. 26.
14.10172

Bedenken, Anbefohlnes pflichtmässiges, über das höchstverehrliche provisorische Cirkulare Sr. Herzogl. Durchl. M. S. O. à Victoria [Ferdinand von Braunschweig] sub dato den 19. Sept. 1780 einen allgemeinen O. Convent betreffend. Abseiten Fr. Christoph Esq. a Lilio conuallium [Joh. Joachim Christoph Bode]. Hrsg. u. mit Anm. versehen. Rudolstadt ca. 1803—1806. V: *Schröder, Friedrich Ludwig.* (KL 23/4) (TT 809) (WOLFSTIEG II, 533)

—— zu der Anklage d. neueren beraischen Gesangbuches, s. Jacobi, G. A.

Bedenken gegen die Annahme des Gesetzentwurfs, betr. die Konsolidation preußischer Staatsanleihen. 1869 s. *Kronecker*, Leopold.

Bedenken über die Anträge der Altona-Kieler Eisenbahn-Verwaltungs-Behörden in der General-Versammlung am 24. Juni 1863. 1863 s. *Kruse*, Christian.

Bedenken über die Art zu punctiren. Jena 703. 8.

Bedencken nebst einigen Artzney-Mitteln über und wider die jetzo an etlichen Orten grassirende Vieh-Seuche. 1745 s. *Coiquelle*, Johann.

*Aufrichtiges Bedenken über Apologiam Geomantiae etc. s. l. 702. 4.

Aufrichtiges und gewissenhaftes Bedenken über die Frage: ob und wie bey so vielen ... Klagen gegen die Geistlichkeit und derselben Immunität ein Landesherr im Gewissen schuldig die Hände einzuschlagen? Auf Verlangen e. großen Hofes verf. von e. alten hochverdienten Staatsminister. — o.O. 1770. 16 S. 8° 1:Fr 7083. 211.
14.10175

— Aufrichtiges und gewissenhaftes Bedenken über die Frage: ob und wie bey so vielen ... Klagen gegen die Geistlichkeit und derselben Immunität ein Landsherr im Gewissen schuldig die Hände einzuschlagen? Auf Verlangen e. grosen Hofes verf. von e. alten hochverdienten Staatsminister. — o. O. 1770. 16 S. 8°
7. 12:4° J. can. P. 107 [u.ö.] 19. 303.
14.10176

— o. O. 1770. 24 S. 8°
1:an Fr 7080. 2. 12:J. can. P. 100 [u.ö.] 19. 20. 22. 25.
14.10177

— Aufrichtiges und gewissenhaftes Bedenken über die Frage: ob und wie bey so vielen ... Klagen gegen die Geistlichkeit und derselben Immunität ein Landsherr im Gewissen schuldig die Hände einzuschlagen? Auf Verlangen e. großen Hofes verf. von e. alten hochverdienten Staatsminister. — o.O. 1770. 29 S. 8° 17. 308.
14.10178

— Aufrichtiges und gewissenhaftes Bedenken über die Frage: ob und wie bey so vielen ... Klagen gegen die Geistlichkeit und derselben Immunität ein Landesherr im Gewissen schuldig die Hände einzuschlagen? Auf Verlangen e. großen Hofes verf. von e. alten hochverdienten Staatsminister. — o. O. 1771. 16 S. 8°
12:4° J. can. P. 109. 20. 31.
14.10179

— Aufrichtiges und gewissenhaftes Bedenken über die Frage: ob und wie bey so vielen ... Klagen gegen die Geistlichkeit und derselben Immunität ein Landsherr im Gewissen schuldig die Hände einzuschlagen? Auf Verlangen e. großen Hofes verf. von e. alten hochverdienten Staatsminister. Neue Aufl. — o.O. 1773. 24 S. 8°
2. 12:J.can.P. 101. 20.
14.10180

—— o.O. 1782. 16 S. 8° 19.
14.10181

— Eines alten hochverdienten Staasministers [!] auf Verlangen eines grossen Hofes verfastes, aufrichtiges und gewissenhaftes Bedenken über die Frage: ob und wie bei so vielen ... Klagen gegen die Geistlichkeit und derselben Immunität ein Landesherr im Gewissen schuldig die Hände einzuschlagen? — o.O. 1782. 30 S. 8°
12:H.eccl. 426t/1. 16. 30.
14.10182

Aufrichtig [Aufrichtiges], patriotisches Bedenken in Untersuchung der Frage, ob gegenwärtige oeconomische Umstände der Hausarmen und Bedürftigen des Rheinthals so dringend, daß sie zu besserer Nutzbarkeit und Erquickung der grossen Menge derselben, eine Theilung des zwischen denen Gemeinden noch ungetheilt liegenden Grundes bedörfen. — Lindau [usw.]: Typogr. Ges. 1769. 48 S. 8° 18.
14.10183

Aufrichtiges Bedencken, über Herrn Georg Herman Giblehrs ... erfundenen warhafftigen terminum, oder eigentliche Zeit des letzten und jüngsten Gerichts ... Durch e. Liebhaber schrifft-gemäßer philadelphischen Kern-Lehren. — Erffurt: Stößel [usw.] 1702. 64 S. 8°
1:Cz 2402.
14.10184

Bedenken, Aufrichtiges, über die zu Tübingen vorgeschlagene Vereinigung der Protestirenden, 17.. V: *Foertsch, Michael.* (MYL)

Aufrichtiges und wohlmeynendes Bedencken von dem jetzigen Zustand und fernern Verbesserung der voigtländischen Historie. — Erfurt: Jungnicol 1735. 24 S. 8°
3. 7. 14. 17. 23. 26. 45. 78. 117. 300:126.301-B [2 Ex.]
14.10185

Aufrichtig-gesinntes Bedencken von denen so genannten müssigen Stunden, Zeitvertrieb- und Kurtzweilen. o.O. 1714. 56 S. 8° 1:Da 4350. 12:Liturg. 718 t/5.
14.10186

— Eines Aufrichtig-gesinnten Bedenken von so genanten Visiten, müssigen Stunden, Kurzweilen und Zeitvertreib. Zum andernmal aufgeleget. — o.O. 1736. 64 S. 8°
2. 14. 23. 41.
14.10187

— 3. Aufl. o.O. 1738. 64 S. 8° 1:7 in Da 17260. 9.
14.10188

Allerhand außerlesene [auserlesene], rare und curiöse theologische und juristische Bedencken von denen Heyrathen. 1733 s. *Odelem*, Johann Philipp.

Bedenken über die historisch-kritische Beleuchtung der Frage: Hat die Preussische Ritterschaft das Recht ein beständiges Corps zu formiren . . . 1787. V: *Hippel, Theodor Gottlieb von.* (ML)

— üb. d. Beleucht. d. Frage: Hat d. Preuß. Ritterschaft d. Recht, e. beständiges Corps zu formiren? 2c. gr. 8. Zürich 787. Orell (auch Franke in Berl.) 10 gl.

— über die Beleuchtung der Frage: Hat die preußische Ritterschaft das Recht 2c. gr. 8. Zürch. Orell, (auch Unzer in Königsb.) 788.

Bedenken über die augsburgischen Bemerkungen wegen der Gelderhöhung in Frankreich und Oesterreich und deren Anwendbarkeit im Reiche, besonders in den vordern löbl. Reichskreisen. Von e. Freunde d. Wienerkonvention. — München 1786. 8 S. 4°
12:2° Eur. 100-29 [2 Ex.] 14. 19. 24.
14.10192

Bescheidenes Bedencken über Christiani Fratelli Unpartheyisches Liebes-Schreiben wegen Vereinigung derer beyden protestirenden Religionen, welchem nicht nur obbemeldten Fratelli Unions-Schrifft praemittiret, sondern auch wegen Gleichheit der Materien beygefüget sind einige Hindernisse, welche dem bisher gesuchten Unions-Werck entgegen stehen. — Regenspurg 1727. 24,24,30 S. 8°
12:4° Polem. 326m. 18. 24.
14.10198

Bedencken und Betrachtung über den von J.J.S.P.G. heraus gegebenen und hie beygefügten Patriotischen Vorschlag zu einem Frieden zwischen Bayern und Oesterreich. o.O. 1743. 23 S. 8°
1:Flugschr. 1743-4. 28.
14.10199

— Bedencken und Betrachtung über den von J.J.S.P.G. heraus gegebenen und hier beygefügten Patriotischen Vorschlag zu einem Frieden zwischen Bayern und Oesterreich. o.O. 1743. 23 S. 8°
12:4° Eur. 396-14. 27. 41.
14.10200

Bewegliches Bedencken und erhebliche Ursachen, was ihn eigentlich darzu bewogen, daß er sich von dem finstern Pabstthum zu der evangelischen lutherischen Religion gewendet, und ehemahls zu Lübeck in der Kirchen zu St. Marien offentlich revociret ... Von ihm selbst wolmeynend auffgesetzet und zum Druck befördert C.A.L. — o.O. 1705. 8 S. 8°
30.
14.10201

Bedenken über die Stuttgardische Bibel. 1705. V: *Neumann.* (Myl)

Bedenken des gesammten deutschen Buch-, Kunst- und Musikalienhandels über den Abschluß internationaler Verträge. — ([Frankfurt a. M. 1857]: Osterrieth.) 2 Bl. 4°
30.
14.10202

— Christ-fürstliches Bedencken und Ausschreiben von nothwendiger Ergreiffung der jenigen Mittel, wodurch Gottes gerechtes Gerichte, gefasseter Zorn, und endliche Straffe ⟨uber jetzige Welt⟩ mit rechtem Ansehen erkennet ... werden möge ... An d. Tag gegeben durch Amadeum v. Friedeleben. Aufs neue gedr. — o.O. 1706. 84 S. 8°

Darin:
1. Fürstliche Briegische Erinnerung an die Priesterschafft selbiges Fürstenthums bey öffentlicher Zusammenkunfft. 1627.
2. Das fürstl. Patent od. oeffentliche Ausschreiben an die Unterthanen. Dat. Brieg 22. Aug. 1627.

18. 75.
14.10211

— Christ-fürstliches Bedencken und Ausschreiben, des weyl. Durchl. Fürsten ... Johann Christian ... von nothwendiger Ergreiffung derjenigen Mittel, wodurch Gottes gerechtes Gerichte, gefasseter Zorn und endliche Straffe, ⟨über die böse Welt⟩ mit rechtem Ansehen erkennet ... werden möge ... Nach denen vorigen holl. Aufl. wiederum an d. Tag gegeben. — o.O. 1721. 78 S. 8°

Darin:
1. Fürstliche Briegische Erinnerung, an die Priesterschafft selbiges Fürstenthums bey öffentlicher Zusammenkunfft. Anno 1672 [vielm. 1627].
2. Das fürstliche Patent, oder offentlich Ausschreiben an die Unterthanen. Dat. Brieg 22. Aug. 1627.

2. 41.
14.10212

— Christ-fürstliches Bedencken und Ausschreiben von nothwendiger Ergreiffung derjenigen Mittel, wodurch Gottes gerechtes Gerichte, gefasseter Zorn und endliche Straffe mit rechtem Ansehen erkennet ... werden möge ... An d. Tag gegeben durch Amadeum v. Friedeleben. — o.O. 1735. 32 S. 8°
Darin: Christ-fürstliche Erinnerung an die Priesterschafft bey öffentlicher Zusammenkunfft.
28.
14.10213

Christliche Bedenken über modern christliches Wesen. 1888 u. ö. s. *Kuebel*, Robert.

Christliches Bedencken uber den in teutscher Sprache unlängst edirten Abdiam Babylonium, von der Historie des apostolischen Kampfs und die demselben aus alten Scribenten von Wolfgango Lazio beygefügte Lebens-Beschreibung des Apostels Matthiae und anderer Heiligen, nebst e. Vorr. Johann Gustav Reinbecks. — Berlin: Rüdiger [1716]. 48 S. 8°
1:Br 2320 [u.] Cn 5560. 41. 117.
14.10215

Christliches Bedencken von Abschaffung des Exorcismi bey der Tauffe, an einen Hochweisen Raht zu Dantzig, von den Predigern daselbst, ehemahls gestellet, am Dinstag nach Judica Anno 1571 übergeben und folglich Anno 1591 gedruckt ... u. ... abermahl zum Druck befodert. (Unterzeichn.: Joan. Kittelius [u.a.]) — o.O. 1704. 31 S. 8°
24.
14.10217

Bedenken, Christliches, über den Theologischen Brief-Wechsel von der Benennung der heiligen Tauffe. Frankfurt 1721. V: *Lange, Joachim.* (Myl)

Bedenken, Christliches, über die Frage: ob ein Reichsfürst ... die so genannten Gotteshausgelder, ... abfordern und anwenden könne. Schwabach 1773. V: *Hirsch, Joh. Chn.* (Holz)

Christliches Bedencken, ob einem evangelischen Christen, nachdem er die göttliche Wahrheit, und dagegen des Pabstthums Greuel und Abgötterey erkannt, einiger Gestalt erlaubt seye, sich in und bey dem päbsttischen Gottesdienst und sonderlich in der Meß finden zu lassen. Nebst einer kürtzlichen Beschreibung vom Anfang und Ursprung derer Secten und Mönchs-Orden, und deren seltsamen h. Patronen ... Hrsg. ... durch e. Liebhaber d. Wahrheit. — o.O. 1741. 40 S. 8°
24. 28.
14.10227

Bedenken, Christliches, in den erwegenden Ursachen: Warum die gute Stadt Hamburg ... in mancherlei Widerwärtigkeit gerathen, ... 1703. V: *Mushard, Ernst.* (schr)

Bedenken. – Bedenken, daß den Grafen von Wittgenstein ... keine rechtl. Action gebühre..., s. Bedenken, Rechtsgegründetes, ...

Bedenken eines Deutschen an den hohen deutschen Bund in betreff der schleswig-holsteinischen Frage. — Kiel: Bünsow 1847. 12 S. 8°
7. 8. 18. 34. 205.
14.10241

Bedenken über weibliche Diakonie innerhalb der protest. Kirche Bayerns, insonderheit über zu errichtende Diakonissenanstalten. — (Nürnberg [um 1840]: Sebald.) 8 S. 8°
29.
14.10243

Ehrerbietigste Bedenken und Bitten des Weißenburger Lehrervereins in betreff des Artikels IV. der Grundrechte des deutschen Volks. — Dat. Weißenburg a.S. 22. Okt. 1848. 14 S. 8°
1:2 in Ay 5002.
14.10248

Eilfertiges Bedencken uber einer Hoch-Ehrwürdigen Theologischen Facultaet zu Jena neulich gedruckte Ablehnung der Verleumdungen. — o.O. 1729. 8 Bl. 8°
1:Ay 31820. 3. 9. 10. 14. 18. 32.
14.10251

— Deme beygefüget sind Hr. D. Weissenborns Schreiben an das Hoch-Fürstl. Ober-Consistorium, Hr. D. Buddei deßwegen an Hr. D. Weissenborn abgelassenes Schreiben u. die Antwort hierauf. 2. Aufl. — o. O. 1729. 24 S. 8°
1:Ay 31820². 28. 41.
14.10262

Bedenken gegen die projectirte Einführung des Malz-Aufschlages oder einer Biersteuer in der Pfalz. — Speyer 1867: Kranzbühler. 14 S. 8° 107.
14.10264

Eingeholtes rechtliches Bedencken der Theologischen Facultaet zu Wittenberg über die wegen des Hospitals zu Sanct Hiob bishero beyderseits gewechselte sämtliche Schrifften, worinnen ... die Unstatthafftigkeit der gegen die Verfassung des Hospitals verkaufften Pröven und die nohtwendige Bestraffung des Speise-Meisters Carsten Evers ... erwiesen wird. Hrsg. von mir Jobst von Overbecke. — o.O. 1718. 34 S. 8° 1:Ib 14647/199. 7.
14.10265

— o.O. [um 1720]. 34 S. 8° 14. 18.
14.10266

Bedencken von Einrichtung der Archiven und Registraturen. — Frankfurth [usw.] 1767. 32 S. 8°
10. 12:4° J. pract. 230–3 [2 Ex.] 15. 16. 17. 19. 21. 24. 26. 39. 48. 209. 302.
14.10267

Bedenken und Einwendungen gegen den Gesetz-Entwurf 'über die Heimath in der Pfalz'. — o.O. [um 1850]. 16 S. 8° 22.
14.10268

Eines scharffsinnigen Engelländers patriotisches Bedencken über die Ostendische Compagnie und die unglückseelige Folgen, welche die Engelländer und Holländer aus deren Aufrichtung zu befürchten haben ... Aus d. Engl. überges. — Amsterdam 1726. 36 S. 8°
1:Tl 9764. 9. 18. 23. 27.
14.10269

Bedenken über das Entschädigungs-System besonders für weltliche Fürsten. — o.O. 1801. 46 S. 8°
1:Qn 3731 [u.] 4 in P 6585–6. 7. 12:J. publ. G. 157 t/1. 17. 30. 39. 78.
14.10270

Bedenken gegen den neuen Entwurf einer Gebührentaxe für die Gerichtsvollzieher. — Coblenz [1849]: Hergt. 23 S. 8° 1:Stala 655. 9. 109. 123.
14.10271

Bedenken gegen den revidirten Entwurf eines Landes-Kultur-Gesetzes für Württemberg nebst den Entwürfen zu einem Waide-, Ablösungs- und eines Feldstraf-Gesetzes von 1853. — Stuttgart: Belser 1853. 24 S. 8° 24.
14.10272

Bedenken über den Entwurf des Strafgesetzbuches für das Königreich Ungarn. Pesth 1844. V: *Benyovszky, Graf.* (KU) (Pk)

Bedenken über den Entwurf eines Verfassungsgesetzes für die besonderen Angelegenheiten des Herzogthums Holstein. (Unterzeichn.: C. Scheel-Plessen, Rötger.) — Dat. Itzehoe 12. Sept. 1857. 24 Sp. 4° 14.
14.10273

Bedenken, ernste, über die bei d. Vereinigten Landtage eingebrachte Differenzial-Zoll-Petition. Ausgesprochen durch Mitglieder der kaufmänn. Corporation in Stettin. gr. 8. (21 S.) Berlin 847, Springer. 4 ngr

Ernste Bedenken gegen die Einführung eines Schutzzollsystems in der Schweiz. Von e. schweizerischen Staatsmann. — Herisau 1849: Schläpfer in Komm. 30 S. 8°
205.
14.10277

Ernste Bedenken gegen eine abermalige Uebertragung des Rechtes der Geldnoten-Erzeugung an eine Actien-Gesellschaft und Vorschläge zu einem staats- und volkswirthschaftlichen Geldbankwesen von e. Patrioten. — Wien: Beck in Comm. 1877. 64 S. 8° 30. 302.
14.10278

Bedenken, Ernstes, bey Anlaß zweyer rührender Predigten, über ein schweres Verbrechen eines Jünglings. O. O. u. J. V: *Tobler, Joh.* (Cat. d. Stadtbibl. Zürich. Zürich 1864—97.) (Doubletten-Anzeiger. 1903. Nr. 7.)

Evangelische Bedenken über bereits erfolgte und noch zu erwartende Veränderungen in Sachen der königl. sächsischen Landeskirche. 1. Ueber Vertheilung der Kirchengewalt. 2. Ueber liturgische Veränderungen. Von e. Geistlichen d. Königreichs Sachsen. — Neustadt a. d. Orla: Wagner 1832. 40 S. 8°
1:Sr 648. 12:J. can. P. 101 m. 14. 30. 32.
14.10279

Bedenken der theologischen Facultät zu Göttingen bei Gelegenheit der Gözischen Untersuchung über d. Sittlichkeit d. heutigen deutschen Schauspiele. Hamb. 1769. V: *Less, Gottfried.* (Winer)

E. Hochwürdigen Theologischen Facultät [Fakultät] zu Rostock gründliches Bedencken auf Christvertrau Frommholds zwo Fragen über Herrn Henrich Engelbert zur Westen Past. zu Sprockhövel gedruckte Predigt Von dem Tantzen auf den heutigen Hochzeiten als einem Haupt-Aergernis, so andern gegeben wird. — Dortmund [1738]: Bädeker. 35 S. 8° 33. 60.
14.10284

Der Hochw. Theologischen Facultaet [Fakultät] zu Tübingen geistliches Bedencken über die Frage: ob die Mährische Brüder-Gemeine supposito in doctrinam evangelicam consensu, bey ihren seit 300 Jahren her gehabten Einrichtungen und bekanter disciplina ecclesiastica verbleiben, und dennoch ihre Connexion mit der evangelischen Kirchen behaupten könne und solle? — Löbau 1733: Reimers. 88 S. 8° 41.
14.10285

— Der Theologischen Facultaet zu Tübingen Bedencken über die Frage: ob die Mährische Brüder-Gemeine in Herrenhut supposito in doctrinam evangelicam consensu, bey ihren seit 300 Jahren her gehabten Einrichtungen und bekanter disciplina ecclesiastica verbleiben und dennoch ihre Connexion mit der evangelischen Kirchen behaupten könne und solle? Neue u. ächte Aufl. — Tubingen: Berger 1735. 128 S. 8°
1:Cp 13728. 2. 3. 7. 9. 12:4° Polem. 322. 15. 17. 19. 21. 24. 26. 30. 33. 41. 45. 117.
14.10286

Der Löblichen Theologischen Facultät [Fakultät] zu Wittenberg Bedencken über das zu Glauche an Halle 1703. im Waysen-Hause daselbst edirte Gesang-Buch eingeholt u. zum Druck befördert durch ... waldeckische ... Land-Drost und Räthe. — Franckfurth [usw.]: Zimmermann 1716. 28 S. 8°
1:Eh 11692 [u.] 7 in Bd 8600. 3. 4. 7. 10. 26. 39. 41. 42.
14.10288

Derer drey Hohen Facultäten [Fakultäten] zu Leipzig Bedencken und respective Urthel, welche uber den zu Jena in der Heil. Christ-Nacht Anno 1715 passirten traurigen casum mit denen so genannten Teuffels-Bannern auf Begehren derer Hoch-Fürstl. Eißenachischen Hrn. Commissarien den 6. Mart. 1716 ausgefertiget worden. — o.O. [1716]. 23 S. 8° **2. 14. 17. 19. 20. 27. 32. 44.**
14.10291

— Derer drey Hohen Facultäten zu Leipzig Bedencken und respective Urthel, welche uber den zu Jena in der Heil. Christ-Nacht Anno 1715 passirten traurigen casum mit denen so genannten Teuffels-Bannern auf Begehren derer Hoch-Fürstl. Weymarischen Hrn. Commissarien den 6. Mart. 1716 ausgefertiget worden. — o.O.[1716]. 23 S. 8° 1:5 in 4° Bibl. Diez 2381. 2. 3. 4. 7. 14. 27. 35.
14.10292

Bedenken der theologischen Facultäten [Fakultäten] der Landesuniversität Jena und der Universitäten zu Berlin, Göttingen und Heidelberg über das Rescript des Herzoglichen Consistoriums zu Altenburg vom 13. Nov. 1838. — Altenburg: Schnuphase in Comm. 1839. IV,174 S. 8°
1:Dn 3466. 3. 4. 8. 10. 12:H. ref. 18r. 15. 16. 18. 23. 27. 41. 43. 44. 48. 53. 75. 78. 79. 106. 111. 207.
14.10293

Bedenken über die Frage: Ob das Pflügen in dem Marschboden könne verändert und verbessert ... werden? Flensb. 1765. V: *Lüders, Phil. Ernst.* (Bruun, Bibl. Danica. II, 280.) (Collin, Anonymer. Kiobenh. 1869.)

Bedencken uber die Frage, ob die Abschaffung des öffentlichen Gottes-Dienstes an den Apostel-Tagen, in Städten und Landen, allwo die feyerliche Begehung derselben biß anhero gebräuchlich gewesen, ... ersprießlich seyn könne? o.O. 1725. 32 S. 8° **48.**
14.10295

— o.O.1726. 32 S. 8° **9. 18.**
14.10296

Bedenken über die Frage: Was von der verstrichenen Sommer- und Herbst-Witterung zu halten sey? Flensburg 1765. V: *Lüders, Phil. Ernst.* (Bruun, Bibl. Danica. II, 306.) (Collin, Anonymer. Kiobenh. 1869.)

Bedenken üb. die Frage: Was v. der verstrichenen Sommer- u. Herbst-Witterung zu halten sey? u. ob. nicht das Hornvieh auf den Güthern eine nähere Aufmerksamkeit u. Vorsorge für dessen Gesundheit verdiene? Flensb. 1765. (12) S.

Bedenken über die Frage: wie dem Bauernstande Freyheit und Eigenthum ... verschaffet werden könne? 1769–71 u.ö. s. *Oeder*, Georg Christian.

Bedenken über die Frage: wie weit ein catholischer Landes-Herr die institutionem ecclesiasticam über die in seinem Lande Augsp. Conf. verwandte Unterthanen zu exerciren befugt sey? 17.. V: *Meiern, Johann Gottfried von.* (Myl)

Bedencken über die Frage: wieweit ein Prediger gegen seinen Landes-Herrn, welcher zugleich Summus Episcopus mit ist, sich des Binde-Schlüssels bedienen könne? Um 1705 s. *Thomasius*, Christian.

Freimüthige und unpartheiische Bedenken und Wünsche in Beziehung auf eine Liturgie für die evangelisch-protestantische Kirche des Großherzogthums Baden. — Heidelberg: Mohr 1829. 26 S. 8°
1:Dr 7552. 7. 16. 19. 25. 31.
14.10299

Bedencken über die zum Vorschein gekommene Unvorgreiffliche Gedancken das Stift Naumburg betreffend. — o.O. [1719]. 2 Bl. 8° **32.**
14.10305

— o.O.1719. 4 Bl. 8°
1:Tf 2401/3. 12:4° Ded. 296-15. 14. 19. 24. 45.
14.10306

Bedenken über die Gedanken des Herrn Franz Xavier Gmeiner wegen bischöflichen Konsistorien und den in denselben zu entscheidenden Ehestreitigkeiten, zu seiner eigenen Belehrung und gründlicher Zurechtweisung jener übertriebenen Abhandlung zum Druck befördert von P*** dem Aeltern. — Frankfurt [usw.]: Renchel 1783. 96 S. 8° **308.**
14.10307

— eines alten Geistlichen gegen die beabsichtigte Presbyterial- u. Synodal-Verfassung der evangel. Kirche. Von dem Verf. der Pastoralschrift: „Theophrons Leben." gr. 8. Perleberg 840, Horvath. 3 ngl

— eines alten Geistlichen gegen die beabsichtigte Presbyterial- und Synodal-Verfassung der evangel. Kirche. Von dem Verf. der Pastoralschrift: „Theophrons Leben." gr. 8. (17 S.) Perleberg 847, Horvath.

Bedenken eines lutherischen Geistlichen über die Mängel seiner Kirche. — Dessau: Buchh. d. Gelehrten 1783. 40 S. 8° **20. 24. 39.**
14.10308

Bedenken eines berühmten Gelehrten über des famosen Schröpfers Geister-Citiren. O.O. 1775. V: *Crusius, Chn. Aug.* (Kl)

Bedenken über das neue preussische Gesangbuch. Leipzig 1781. V: *Schultze, Rudolf Fr.* (Ky)

Bedenken über das neue Preuß. Gesangbuch. 8. Leipz. 781. Compt. f. Litt. 4 gl.

Bedenken über den Gesetzes-Entwurf der Volksbewaffnung in Württemberg. — Tübingen: Buchh. zu Guttenberg 1848. 18 S. 8° **21.**
14.10309

Bedenken, Gesetz- u. actenmässiges, über die Materie von der Römischen Königswahl. O. O. 1751. V: *Keller, Chph Dietrich von.* (Preuß. Staatsschriften. Bd. II. Berlin 1885. S. 358 f.)

Gewissenhaftes Bedencken eines Politici über die durch den Herrn Grafen v. Zintzendorfen und dessen Mit-Brüder verursachte Kirchen-Trennung. — Franckfurt [usw.]: J.F.Ritter 1745. 44 S. 8° 1:4 in Cp 13500. 7. 9. 14. 16. 19. 21. 24. 27. 32. 39. 41. 48.
14.10311

Gewissenhafftes, rechtliches Bedencken uber die also rubricirte Wohl-gegründete Facti Speciem, samt angehängtem Responso iuridico, eines in gantz Teutschland auch sonsten hochberühmten Rechts-Gelährten in Sachen des Hochgräffl. Hauses Isenburg contra des Herrn Fürsten von Hohenzollern, Hoch-Fürstl. Durchl. in puncto debiti. o.O. 1715. 52 S. 4° **17. 24. 26.**
14.10312

BEDENCKEN, Gothaisches, über die Frage: Ob die Ehe mit des Bruders Wittwe erlaubt sey? O. O. 1752. 8°.
Cat. Cammerer II. p. 44 u. 315; Bibl. J. J. Schwabii hat „Gotha 1752".

Bedenken, Gothaisches, über die Frage: Ob die Ehe mit des Bruders Wittwe erlaubt sey? Samt desselben umständlicher Widerlegung. Frankfurt und Leipzig 1758. V: *Klüpfel, Heinrich Immanuel* (?). (KGBerlin I, 1450)

— Gothaisches über die Frage: Ob die Ehe mit des Bruders Wittwe erlaubt sey? s. die Widerlegung. 8. Stuttg. 758.

Bedenken, Eines allzeit aufrichtigen Gottesgelehrten aufrichtiges, über die ... als unrecht und sündlich verworfene Privat-Communion ... Bremen 1736. V: *Gossel, Andreas Arnold.* (ML)

Bedenken gegen die versicherungstechnischen Grundlagen der geplanten staatlichen Alters- und Invaliditäts-Versicherung. — Berlin: Hermann 1889. 32 S. 8°
12: Cam. 9e. **31. 203.**
14.10315

Bedenken. Gründliches B' oder Außführung der Gründen, so zu Wiederlegung der von dem Durchl. Erzhaus Oesterreich prætendirenden Kastenvogtey-Gerechtsame über das Frauenstift Münster fürwalten. So aus Befehl Einer Hohen Superioritæt. in Druck befördert worden. Anno 1753. fol. Chur 1753.

Gründliches und ausführliches Bedencken die intendirende Vereinigung der evangelisch-lutherischen mit der reformirten Religion betreffend ... Von e. Liebhaber d. göttlichen Wahrheit u. d. gottgefälligen Friedens, Politischen Ordens. — Leipzig: Große 1725. 178 S. 8°
Verfasser nach handschriftlicher Notiz im Exemplar von 29 Hieronymus Gottfried Peisker.
1: 1 in Dl 2440 [u.] 55 in Dk 15. **4. 5. 10.**
12: 4° Polem. 3359–29. **14. 18. 23. 24. 28. 29. 44. 45.**
14.10313

Bedenken, Gründliches, von der Ehe-Scheidung, deren Art, Unterscheid und Ursachen. Frankfurt u. Leipz. 1720. 1726. V: *Lehmann, Joh. Gtfr.* (BGG)

Gutachtliches Bedenken über die event. Zuendeführung der Restauration der St. Marienkirche. (Flensburg. 1887.) Fol.

Bedenken über drey Hauptfragen: bey Gelegenheit, daß man so viel von einem Umtausch des Baierlandes spricht. 1. Wer kann ein König werden, und wer macht die Könige? 2. Kann das Haus Pfalzbaiern die königliche Würde erhalten ...? 3. Kann auf die spanischen Niederlande ein Königreich radicirt werden, mit Beybehalt des Verbandes mit dem teutschen Reich? — o. O. 1786. 16 S. 8°
12: 4° J. publ. G. 1013n/1. **17. 19. 21. 33. 39.**
14.10319

Bedenken, Historisch-rechtliches, über die Frage: ob der retractus equestris ... sich sowohl auf erkaufte, als apert gewordene Lehen-Güter erstrecke? Frankfurt 1776. V: *Sartori, Jos. Edler v.* (EB)

Bedenken der bourbonischen Höfe über den Jesuitismus ... Aus dem Wälschen übersetzt. Freystadt 1773. Ü: *Khomberg, Ignaz.* (Jcs)

Bedenken, J. P. T., über die heutige Pietistische Herunterlassung zum schwachen Bruder. 1710. V: *Time, Johann Peter.* (Myl)

— des Dr. L. J. Janssen etc. s. Janssen, L. J.

Ein Bedenken gegen den Inhalt der Flugschrift 'Die Frevel der Revolution' von einem antirevolutionären Katholiken in Rheinpreussen. Geschrieben im März 1838. — Frankfurt a. M. 1838: Osterrieth. 96 S. 8° (Clementina. Beiträge zur Beleuchtung d. Kölnischen Kirchen-Angelegenheit. 1.) **3. 5. 6. 14. 18. 30. 35. 38. 52. 60. 61. 107.**
14.10321

Bedenken, ein, geg. d. Inhalt d. Flugschrift „die Frevel d. Revolution," s. Clementina I.

Bedenken wiefernn der Nachfolger in der Regierung pflichtig ist die Schulden seines Vorwesers zu bezahlen. ... A. d. Dän. Kopenh. u. Hamb. 1772. V: *Schumacher, Jens Reimert.* (Bruun, Bibl. Danica. I, 1048.) (Collin, Anonymer. Kiobenh. 1869.)

— in wiefern ein Nachfolger der Regierung verpflichtet ist, die Schulden seiner Vorfahren zu bezahlen? 8. Kopenh. 772. Schubothe. 6 gl.

Bedenken über die zwischen Herrn D. Teller zu Zeiz und einem ungenannten Buchhändler bei Gelegenheit einer Brandpredigt entstandenen Irrungen. — Leipzig [um 1780]: Büttner. 14 S. 8° **3. 14.**
14.10322

Einer Hochlöblichen Juristen Facultät zu Göttingen rechtliches Bedencken, ueber einen sonderbaren Fall: da ein gewisser Opfermann seines Predigers gedruckten Namen ... abgerissen ... Mit e. Vorr. begleitet von J. B. St. Aed. ad S. And. — Hildesheim: Raths Buchdr. 1746. 12 S. 8° **7. 28.**
14.10323

Der Löblichen Königlichen Preusischen Juristen-Facultät zu Halle rechtliches Bedencken in Sachen Nassau-Weylburg entgegen Nassau-Usingen, Nassau-Ottweiler und Nassau-Saarbrücken. — o. O. [um 1720]. 7 S. 4° **27.**
14.10324

Bedenken, Kalkulatorische und rechtliche, gegen die Anwendbarkeit der Einwert-Methode bei Berechnung des Pflichttheils im Präjudiz des Ober-Tribunals No. 2620 vom 4. April 1855. Glogau [1872]. V: *Spangenberg, H.* (Schz)

Bedenken gegen den neuen Katechismusentwurf für die vereinigte Kirche der Pfalz. — Neustadt a. d. Haardt: Gottschick 1846. 20 S. 8° 12: Bavar. 4076–2.
14.10328

Katholische Bedenken über die erzwungene Einsegnung gemischter Ehen. Abfertigung der bei L. F. Fues in Tübingen 1841 erschienenen Ausführlichen Erörterung eines unpartheiischen Canonisten. — Augsburg; Wien: Braumüller & Seidel [usw.] 1841. 68 S. 8° 1: Ft 10055. **21. 24. 107.**
14.10329

— katholische, üb. d. erzwung. Einsegnung gemischter Ehen. Abfertig. der bei Fues in Tübingen 1841 erschien. ausführl. Erörterung ein. unparthei. Canonisten üb. gemischte Ehen. gr. 8 (4½ B.) Augsburg 841, Wirth.

Bedenken über des seligen Rich. Baxters Schrifft, die wahre Kirche in allen Secten. [Budingen] 1739. V: *Holst, Pet. Nic.* (Bruun, Bibl. Danica. I, 250.) (Collin, Anonymer. Kiobenh. 1869.)

Bedenken des Kirchenraths über einige Artikel des Verfassungs-Entwurfs dem Großen Rathe im Namen des Ministeriums pflichtmäßig vorgelegt. (Unterzeichn.: Georg Geßner, J. Jakob Pestalutz.) — Zürich 1831. 7 S. 8°
21.
14.10330

Kirchenrechtliches Bedenken über die General-Synode im Großherzogthum Baden. Ein Beitrag zur Kirchengeschichte unsrer Zeit. Mit einigen Actenstücken. — Basel: Schweighauser in Comm. 1833. 24 S. 8° 31.
14.10331

Bedenken erstattet von der zufolge allerhöchster Resolution vom 17ten März 1856 zur Vorbereitung einer Untersuchung der Postirungen in den älteren Budgets und dem vorläufigen Normalreglement niedergesetzten Comite. [Nebst] Beil. [u.] Bil. — Kopenhagen 1857: J.H. Schultz. 8° [u.] 4°

Beilagen zu dem von der ... Comite erstatteten Bedenken, insoweit dasselbe d. Herzogthum Holstein betrifft. [1857.]
Bilag til Betænkning, afgiven af den ifølge allerhøieste Resolution af 17de Marts 1856 til at Forberede en Undersøgelse af Posteringerne ... nedsatte Committee forsaavidt Hertugdømmet Slesvig angaaer. [1857.]
8.
14.10236

Bedenken über die Concurenz der Fürsten des Reichs bey der bevorstehenden Abhandlung des Friedens. O. O. 1709. V: *Rheinbaben, Georg, Wilh. Freih. von.* (Pütter, Litt. des Teutsch. Staatsr. Gött. 1773—91. IV, 496.)

Bedenken eines süddeutschen Krebsfeindes über Schellings erste Vorlesung in Berlin. 1842
s. *Reichlin*-Meldegg, Karl Alexander v.

Bedenken über itzigen spanischen Krieg, und die 9. Kuhr, welche disen Krieg schwer macht. — o.O. 1702. 4 Bl. 8°
24.
14.10333

Bedenken, Kritische, betreffend die neuesten Quai-Projekte 1875. [Zürich 1875.] V: *Pestalozzi-Wiser, Rudolf.* (Cat. d. Stadtbibl. Zürich. Zürich 1864—97.)

Bedenken, Kritisches, über die angebliche Verbesserung ... oder vielmehr Wiederherstellung des ebräischen Grundtextes ... 1. Moses 26, 28. [Hamb. 1768.] V: *Meyer, Adolph Heinrich.* (schr)

Bedenken, Einige, zur salzburgischen Kulturgeschichte des Herrn Dr. med. Dr. Fr. V. Zillner. Salzburg 1872. V: *Huber, Alois (= Alois Vogel).* (Wagner, H. F., Zeitschr. f. öst. Gymnasien 61. 1900. S. 141.)

Bedenken, einige, zur salzburgischen Culturgeschichte des Herrn Dr. med. Fr. V. Zillner. gr. 8. (V, 146 S.) Salzburg 872. (Kath. Vereinsbuchh.) n. — 80

Bedenken über die gaßnerische Curen [Kuren], die er mit Acatholicis vornimmt. 1771 s.a. *Auersperg*, Johann Graf v.

— üb. d. Curen, d. Gaßner in Ellwangen mit den Akatholicis vornahm. 8. Münch. 775. Grätz (J. Lindauer) 2 ℋ . .

Kurze Bedenken zur Beherzigung für die, welche an Wiederherstellung des protestantischen Kirchenthums arbeiten. — o.O. [um 1815]. 47 S. 8° 1: Dn 750.
14.10339

— kurze, eines Layen zu der offenen Anklage des neueren Bergischen Gesangbuches von dem Hrn. Pfarrer Stier, und über die Vertauschung dieses Gesangsbuches mit dem nach den Beschlüssen der Synoden von Jülich, Cleve u. Berg u. von der Grafschaft Mark herausgegebenen Evangelischen Gesangbuch. (Elberfeld 1840.) (Von Geo. Arnold Jacobi.) gr. 8. Düsseldorf 841, Schreiner. 1/6 ℛ

Bedenken, Kurzes, ob es dem Publico dienlich, dass die Kirchen-Historie den Theologis lediglich überlassen werde? Jena 1725. V: *Struve,* (Myl)

Kurtzes [Kurzes] Bedencken, an die Studiosos theologiae zu Halle, über Hrn. D. Mäyers &c. wieder die Theologische Facultät daselbst letztlich heraus gegebene Schrifft. — Franckfurt 1707. 32 S. 8° 18. 35.
14.10347

Kurtzes [Kurzes] und vernünfftiges Bedencken, so über die vermeinte glaubwürdige Vertheidigung des Todes der alten Zieglerin zu Blanckenhayn, deren Titul also lautet: Umständlich und glaubwürdiger Bericht von der ... Mord-That, welche an Margaretha Söffingin zu Blanckenhayn ... verübt worden ..., auf begehren eröffnet wird von einem, der die Wahrheit liebet. — o.O. 1731. 4 Bl. 8°
1: Na 1836.
14.10352

Bedenken. —
— eines Laien gegen die kirchliche Einführung des neuen Gesangbuchs für Neu-Vorpommern und Rügen dargethan an Anstößigkeiten und Geschmacklosigkeiten in Inhalt und Form vieler Lieder desselben. Herausg. von X. Y. Z. Greifswald 859. Koch. gr. 8. (13 S.) 3 *ngr.*

M.H.S.F. unvorgreiffliches Bedencken über Herrn M. Christian Weissens, Diaconi zu Leipzig, so genante Schrifftmäßige Untersuchung der Gnaden-Zeit &c. — Franckfurt a. M. 1700. 18 Bl. 8° 1: Dm 9225 [u.]
8 in Cw 36. 4. 8. 9. 10. 14. 15. 18. 24. 35. 39. 78. 117.
14.10357

M.K.C.P.C. unvorgreiffliches Bedencken uber die Schrifften derer bekantesten Poeten hochdeutscher Sprache; zusammengetragen u. zum erstenmahl Anno 1681 gedruckt in Königsberg bey denen Reußnerischen Erben. Anitzo zum andern mahl gedr. — Hamburg [um 1700]: Rebenlein. 63 S. 8°

Als Verfasser werden Michael Kempe u. Michael Kongehl genannt.
1: Yc 5722. 14. 35.
14.10368

Medicinisches [Medizinisches] Bedenken ueber das in Deutschland und auch in dahiesigen und angränzenden Gegenden sich äusserende so genannte Faulfieber. — Fuld 1772: Stahel. 32 S. 8° 20. 66.
14.10362

Bedenken, Meine, über Aufklärung, ... Frankf. u. Leipzig [Salzburg] 1793. [Passau] 1794. V: *Wöckl, Leopold Andreas.* (Hr) (Ky) (MGT) (ML)

— meine, über Aufklärung, (v. L. A. Wöckl). 8. Frankf. u. Lpz. 793. (Salzb., Mayr). 5 ℋ 2e A. 794. 3e A. 8. Wien 795. (Schaumburg). 9 ℋ

— — dass., 8. Frkf. u. Lpz. Rößl u. Kaulfuß in Wien. 794.

Des Ministerii in Hamburg christliches Bedencken uber das so genandte Arcanum regium, die Religions-Vereinigung der Lutheraner und Reformirten betreffend. [Bearb.: Johann Winckler.] — Hamburg 1703: C. Neumann. 64 S. 8° 2: Dl 138, 2 in Dl 136[u.] 4 in Dl 100. 2. 8. 18. 75.
14.10372

Eines Hoch-Ehrwürdigen Evangelisch-Lutherischen Ministerii zu Halberstadt Bedencken uber zwey Fragen. 1. Ob man einem Prediger, der einen freyen Vortrag hat, ... mit Recht könne einen Pulten auf die Cantzel stellen ...? 2. Ob einem Prediger bey einer erledigten Prediger Stelle ... erlaubet sey, in eines andern Collegen Woche ohne besondere Bewilligung desselben actus ministeriales zu verrichten? Nebst e. Vorberichte u. Beyl. zum Druck befordert von Just. Martin Gläsener. — o.O. 1745. 10 Bl. 8° 1: Dh 13429/60. 7. 14. 28.
14.10373

Bedenken des Ministeriums und der Landgeistlichen der evangelisch-lutherischen Kirche des Lübeckischen Freistaates gegen die vom Senate beabsichtigte Ausschließung der Kirche von fernerer Theilnahme an der Verwaltung des Schul- und Begräbnißwesens. — Lübeck 1850: Rathsbuchdr. 23 S. 8° 1: Fq 24868. 18. 21. 48. 205.
14.10374

Bedenken gegen das Minoritätsgutachten zu Nr. II. des Majoritätsberichtes der zweiten Deputation der zweiten Kammer über das Eisenbahnwesen. — Dresden 1864: Blochmann. 8 S. 8° 14. 106.
14.10375

Neues Bedencken wegen der künfftig vorgeschlagenen Landes-Vermessung in specie der zu errichtenden Directorial-Commission [in Mecklenburg]. — o.O. 1755. 4 Bl. 4° 28. 33.
14.10378

Bedenken über die Nothwendigkeit [Notwendigkeit], die Anzahl der geistlichen Ordens-Häuser zu vermindern. 1755 u.ö. s. *Arcère*, Louis Étienne: Mémoire sur la nécessité de diminuer le nombre ... des maisons religieuses [deutsch].

— ob bey Recursen an die allgem. Reichsversammlung vom Kaiser und Reichskammergericht Bericht zu erfordern? Fol. Frankf. Andreä. 748.

*BEDENCKEN, ob die H. Schrifft einem Mann erlaube, zwey Schwestern nach einander zu heyrathen?
56 S. u. 2 Bll. Err. An: Wagenseil, Joh. Chp., Belehrung der Jüdisch-Teutschen Red- u. Schreibart .... 1699; rep. 1715. 4°.

Bedenken ob die Resignationen der Präbenden in Protestantischen Stiftern nach dem canonischen oder weltlichen Recht anzusehen... Erfurt 1774. V: *Springer, Joh. Chph Erich von.* (ML) (Stri)

Bedenken. – Bedenken, ob man den Ordensgeistlichen die Pfarreyen ... abnehmen soll oder nicht, s. Braun, Heinrich.

— ob u. wenn ein Bürger seine Landesreligion verdächtig machen könne? 8. Wismar 777. Bödner. 6 ℊ

Bedenken, Offenes, die Kniebeugungsfrage, insbesondere die neueste (königl. bayer.) Entschließung vom 28. März 1844 betreffend. Erlangen 1844. V: *Giech, Carl Graf von.* (Russell IV, 88)

— offenes, die Kniebeugungsfrage, insbesond. die neueste Entschließung vom 28. März 1844 betreffend. (Abdruck aus der Zeitschrift für Protestantismus u. Kirche.) gr. 8. Erlangen 844, Bläsing. 1/12 ₰

—— zweites offenes, die Kniebeugungsfrage, insbesond. die neueste kgl. b. Entschließung vom 3. Nov. 1844 betreff. Mit 2 Beilagen. Vom Verf. d. Schrift: Die Kniebeugung d. Protestanten vor dem Santissimum der kathol. Kirche. (Graf C. v. Giech.) 2. Aufl. gr. 8. (2 B.) Bayreuth 845, Buchner'sche Buchh.

— offenes, gegen die reformirte Mission in Basel, s.: Kirche, evangel.-lutherische.

Offenhertziges Bedencken eines gut Lutherisch-Gesinnten uber einige theologische Novitaeten: Als 1. Herrn Alsteins Catechetischen Weg-Weiser. 2. Theophili Lutherani Heimgewiesenen Wegweiser. 3. Freyherrn von Canitz Gedancken von der Gnaden-Wahl. 4. Laur. Klempkii Bericht von der Gnadenwahl. 5. Den dabey angezogenen Außführlichen Bericht. 6. Den so genandten Gestillten Streit einiger Demetrisch Gesinnten: Kürtzlich doch gründlich abgefasset. — o.O. 1712. 20 S. 8° 30. 35.
14.10395

— ökonomische, vom Gebaue in Hölzern ꝛc. 8 Stcke. 8. Chemnitz 756—62. Stößel. 16 ℊ

J.E.v.S. oeconomisches Bedencken von dem Nachtheil derer Gebaue in den sogenannten schwartzen Höltzern nebst einigen Sendschreiben vom Acker und Feldbau im Ertzgebürge und andern in die Haußwirthschaft einschlagenden Sachen. St. [1]–6. — Chemnitz: Stößel 1757–60. 456 S. 8°
2–6. J. E. v. S. oeconomische Bedenken über allerhand in die Hauswirthschaft einschlagende Sachen.
9. 30 [$^{\infty}$2/6]. 31. 33 [$^{\infty}$4/6].
14.10489

Eines aufrichtigen Patrioten rechtliches Bedenken, wie die Liquidation und Erstattung des Kriegs-Schadens, so Pommern und benachbarte Lande ... betroffen, zwischen denen Grund-Herren und Pensionariis zu beschaffen. 1750 u.ö. s. *Balthasar*, Augustin v.

Bedenken, Eines Patrioten freywilliges, von der Wiederaufrichtung hinfällig gewordener Universitäten. Arnstadt 1768. V: *Vogel, Chn Heinrich.* (Ky)

Bedenken eines oberteutschen Patrioten über den Tausch von Bayern. Mösburg 1785. V: *Truchsess zu Zeil & Trauchburg, Franz Anton Reichsgraf.* (ML)

Patriotisches Bedenken über das wider Vermuthen zum Vorschein gekommene Chur-Brandenburgische Pro Memoria. — o.O. 1745. 4 Bl. 8° 18. 28.
14.10396

— Patriotisches Bedencken über das wider Vermuthen zum Vorschein gekommene Chur-Brandenburgische Pro Memoria. — o.O. 1745. 8 S. 4°
5. 8. 12: 2° J. publ. E. 18m/4. 14. 17. 21. 24.
14.10397

— o.O. 1745. 6 Bl. 8°
12: 4° Eur. 396–34. 300: 79 Cc 300.
14.10398

— Franckfurth [usw.] 1745. 2 Bl. 4° 24.
14.10399

Bedenken der Pfarrer der Inspectur Hersfeld in Sachen der hessischen Kirche, gegen diejenigen, welche sie aus der Reihe der berechtigten Existenzen streichen wollen. — Hersfeld: Böttrich & Hoehl 1867. 27 S. 8°
1: Theol. Flugschr. 1867–22. 4. 17. 28. 34. 47. 66. 75. 203.
14.10400

Bedenken der Pfarrer der Inspectur Hersfeld, in Sachen der hessischen Kirche, gegen diejenigen, welche sie aus der Reihe der berechtigten Existenzen streichen wollen. Hersfeld 867. Maier. gr. 8. (27 S.) 4 ngr.

Physicalisches Bedenken über die Relation des gegenwärtigen 1778sten Jahre erscheinen sollenden Cometen, und was für naturgemäße Folgen derselbe haben könne. Verf. von e. Liebhaber physicalischer Wahrheiten I.L.I.L.M. — o.O. 1778. 24 S. 8° 2. 39.
14.10401

Bedenken gegen die Pläne behufs Ausführung des Anschlusses der Stadt Hamburg an das Zollgebiet. [Aus: „Bürgerzeitung".] gr. 8. (VII, 39 S.) Hamburg 882. Mauke Söhne in Comm. n. 1. —

Eines christlichen Politici wolmeinendes Bedencken ... über das neulig heraus gekommene Arcanum regium. — Schleswig 1703. 44 S. 8°
1:3 in Dl 100. 2. 7. 9. 14. 18. 23. 27. 28. 35. 75.
14.10403

Dreier verschiedener Politicorum Bedencken über des Herrn Johann Christian Edelmanns Glaubens-Bekentnis. Franckfurt a. M.: Fleischer 1747. 28 S. 8°
2. 4. 7. 12:4° Diss.1601-38. 24. 28. 39. 41.
14.10404

Politische und militärische Bedenken gegen die neue Heeres-Verfassung. — Speyer: Kleeberger 1867. 22 S. 8°
22.
14.10405

Bedenken. – Politische Bedenken üb. d. Schiffbarmachung der Elde, s. Zimmermann, Johann Karl David.

Bedenken, Politisches darin erwiesen wird: 1. Dass die Römische Religion alle Herrschafften, allwo sie die Oberhand hat, zu Grunde richte. 2. Dass sie Frankreich um mehr denn 200 Millionen Pfund jährlich in Schaden bringe ... Aus dem Französischen übersetzt. O. O. 1701. V: *Souligné, de.* (KGBerlin II, 2235)

Polit. Bedenken üb. d. Frage: Ob d. kaiserl. Titel u. Name unbeschadet Kaiserl. Maj. u. d. röm. Reichs allerhöchsten Würde, nicht weniger d. christl. Könige u. freien Staaten Vorrecht u. Interesse dem Czaaren communicirt werden könne; verfasst v. F. L. N. D. D. B. (Friedr. Lud. Nob. Dom. de Berger.) 722. 4.

Bedenken, Politisches, über die Frage: Ob der kaiserliche Titel und Namen ... dem Czaaren communiciret werden könne? Cöln 1722. V: *Berger, Friedr. Ludw. Edl. von.* (Oa) (Myl) (Wr)

Bedenken, Politisch und rechtliches, über die letzte zwiespaltige Burggrafenwahl zu Friedberg. [Hanau] 1749. V: *Moser, Johann Jacob.* (Ml)

Praktische Bedenken zur Grundsteuer-Frage in Preußen. Berlin: F. Schneider 1859. 31 S. 8° 1:Gt 4741. 27.
14.10412

— praktische, zur Grundsteuer-Frage in Preußen. Berlin 859. F. Schneider. (Stille & v. Muyden.) gr. 8. (31 S.) u. 5 ngr.

—— prakt., z. Grundsteuer-Frage in Preussen. 8. (31) Berl. 59, Weber. n. — 5

Bedenken von zwölf evangelischen Predigern in Berlin, sowie vom Berliner Magistrat ... über die Einführung der neuen Kirchen-Agende. Leipzig 1826. V: *Couard, L. und andere.* (BrMm)

Bedenken von zwölf evangelischen Predigern in Berlin, so wie vom Berliner Magistrat ... über die Einführung der neuen Kirchen-Agende. — Leipzig: Kollmann 1826. 70 S. 8° 1:Sy 5959 [u.] 6 in Sy 5688-2. 2→5. 8. 9. 12:H.ref.400-30 [2 Ex.] 14. 15. 16. 25→30. 41. 42. 48. 109. 117. 214.
14.10417

Bedenken gegen die Principien des Entwurfs einer Prozeß-Ordnung in den bürgerlichen Streitigkeiten für den Preußischen Staat. 1865 s. *Plathner*, Otto.

Bedenken über die bey einigen Lutheranern annoch gebräuchliche Privat-Beichte, auch satsam begründete Bewegursachen, warum dieselbe abzuschaffen und dagegen die öffentliche Beichte zu introduciren. — o.O. 1756. 11 S. 2° 30.
14.10419

Bedenken über einige Punkte des Criminalrechts in drey Abhandlungen von A.Z.H.K.R.K. in B. — o.O. 1773. 52 S. 8° 12:J.can.F.89/1 [u.ö.] 53.
14.10420

Raisonables [Räsonables] Bedencken über die Hungarischen Tractaten und deren Haupt-Puncten, warum dieselben biß dato noch schwührig und unbeständig, auch aus erheblichen Ursachen sobald ... nicht zum Schluß ... zu bringen seyn. — Cölln 1706. 10 Bl. 8°
8. 14. 18. 23. 24. 27. 28.
14.10421

Bedenken eines Fürstl. Sächß. adelichen Raths [Rat] über die Frage: ob die Kosten der Legation eines am Kaiserl. Hof accreditirten Reichsfürstlichen Ministri aus des ablegirenden Reichsfürstens Landessteuern oder Cammereinkünften zu bestreiten seyen? — o.O. 1757. 16 S. 8°
8. 12:4° J.publ.G.1227-T.I,10. 17. 24. 28. 30. 31.
14.10437

Rechtliche Bedenken, betreffend die Ansprüche auf Succession in die Herzogthümer Holstein, Schleswig und Lauenburg. — Berlin 1865. 86 S. 8°
Aus: Jahrbücher für Gesellschafts- u. Staatswissenschaften. 3.1865.
1:Deutsche Flugschr. 1865-16. 8. 10. 17. 48. 203.
14.10438

Bedenken, Rechtliche, zu dem Entwurf eines bürgerlichen Gesetzbuches für das Königreich Sachsen. Leipzig 1853. V: *Weiske, Julius.* (Haan)

Bedenken, rechtliche, zu dem Entwurf eines bürgerlichen Gesetzbuches für das Königr. Sachsen. gr. 8. (78 S.) Leipzig 853, T. O. Weigel. Thlr.

Rechtliche Bedencken der löblichen juristenfacultät zu Marburg, den kirchenzustand der gemeinde Melbach in der Wetterau betreffend. — o.O. [nach 1753]. 36 S. 8°
17. 26. 48.
14.10439

G. K. St. V.: Rechtl. Bedenken üb. d. Natur, Eigenschaften u. Wirkungen d. Neutralität etc. *Frankf.* u. *Leipz.* 746. 4.

Rechtliche und politische Bedenken über den Prozeß Ohm-Waldeck. — Berlin: Walter 1850. 44 S. 8° 11. 109.
14.10440

— 2. Aufl. Ebd. 1850. 44 S. 8° 1:Fy 13232. 109.
14.10441

Rechtliche Bedenken über das in der Nationalversammlung vom 20. Juni 1848 proponirte von Patow'sche Promemoria betreffend die Maßregeln der Gesetzgebung, durch welche die zeitgemäße Reform der guts- und grundherrlichen Verhältnisse ... bezweckt wird, mit bes. Beziehung auf die Provinz Westphalen. (Unterzeichn.: Graf v. Bocholz [u.a.]) — Frankfurt a. M. 1848: Krebs-Schmitt. 19 S. 4° 1:Gr 13096. 7. 18. 19. 21. 23. 25. 30. 35. 47.
14.10442

— Mit bes. Beziehung auf die Provinz Westfalen. Münster 1848: Regensberg. 19 S. 4° 38. 196.
14.10443

Bedenken, Rechtliche, wie die Liquidation, Erstattung der Kriegsschäden ... zu entscheiden. Göttingen 1759. V: *Balthasar, August von.* (Engj)

Rechtliches Bedenken. [Gutachten der Juristenfakultät zu Göttingen über die Frage: 'Wie nach verändertem äussern Wert der Münzsorten ein Gelddarlehn, dessen Wiederbezahlung nicht auf gewisse Geldstücke, sondern auf die Quantität überhaupt gerichtet ist, den Rechten gemäß, erstattet werden müsse?] — o.O. [1779]. 15 S. 4° 52.
14.10445

Rechtliches Bedenken. Consultation. [Gutachten der Juristenfakultät zu Göttingen betr. die Reichs- und Landessteuern der Propstei Münstertal.] — (Colmar: Decker 1783.) 24 S. 4° 1:4° Gx 14108.
14.10446

Rechtliches Bedenken über die Alimentation der durch den Reichsfrieden gefährdeten deutschen Staatsbeamten. o.O. 1801. 15 S. 8° 7. 14. 19. 29. 23.
14.10448

Rechtliches Bedenken über die Art, wie gegen jene Deutschen in den obern Rheingegenden zu verfahren seyn möge, welche während der Anwesenheit der Franzosen allda gegen ihr Vaterland sich feindselig betragen haben? — Frankfurt [usw.] 1793. 71 S. 8°
1:Flugschr. 1793-35. 12:Germ. sp. 27q. 14. 17. 36.
14.10449

Rechtliches Bedencken in causa famosa criminali, die in loco publico an. 1738. den 11. Febr. beschehene Entleibung des ulmischen Herrn Burgermeisters von Besserers von seinem Collega Herrn von Harsdörfer betreffend. — o.O. 1744. 40 S. 8°
1:Fy 11080. 3. 14. 16. 19. 24. 27. 29. 30. 31. 44. 75. 78.
14.10451

Rechtliches Bedenken über die neue Differenzen zwischen dem Herrn Reichskammerrichter und den Herren Assessoren zu Wetzlar, wegen eines verdächtigen Umgangs zwischen Assessoren und Prokuratoren. — o.O. 1788. 22 S. 8°
7. 12:4° J. publ. G. 1208 w/4. 21. 31. 39.
14.10452

Rechtliches Bedenken über die Frage: Kann ein Landesherr nach den Reichs-Gesetzen seinen Bürgern ein billige Abgabe auf den Handel schlagen? — [Bruchsal 1777.] 30,31 S. 4° 16. 24. 25.
14.10453

Rechtliches Bedencken uber die Frage: ob Magistratus Noribergensis sich eines Privilegii Caesarei, vermög dessen, die jenigen Nürnberger, welche das Burger-Recht aufgeben, obligiret seyn sollen, innerhalb fünff Meilen von der Stadt Nürnberg, sich nicht häußlich nieder zu lassen. Nebst Beyl. — o.O. 1731. 6 Bl. 4° Verschiedene Drucke.
1:4° Sg 4213. 2. 12:2° Ded. 464-10 [2 Ex.] 15. 24. 26. 29. 75.
14.10455

Rechtliches Bedencken uber die Frage, ob und wie weit die reformirte Gemeinden zu Franckfurth, zu Wiedererlangung ihres offentlichen Religions-Exercitii innerhalb der Stadt Ringmauren ... bey einem ... Reichs-Hofrath richterliche Hülffe zu suchen ... befugt gewesen? — o.O. [um 1750]. 13 S. 4°
4. 12:2° H. ref. 56-18. 14. 16. 24. 30. 34. 39. 48.
14.10457

— Rechtliches Bedencken uber die Frage, ob und wie weit die reformirte Gemeinden zu Franckfurth, zu Wiedererlangung ihres offentlichen Religions-Exercitii innerhalb der Stadt Ringmauern ... bey einem ... Reichs-Hofrath richterliche Hülffe zu suchen ... befugt gewesen? — Regenspurg 1751. 40 S. 4°
14 [unvollst.] 27 [unvollst.] 30. 41 [unvollst.] 61 [unvollst.]
14.10458

Bedenken, Rechtliches, über drey wichtige, die Religions Freyheit betreffende Fragen (bey Succession eines Kathol. Fürsten in einem rein Evangelischen Lande). [Regensb.] 1752. V: *Vetter, Joh. Frdr.* (Kat. d. ständ. Bibl. Stuttg. 1907. S. 94.)

Bedenken, Rechtliches, über den Gebrauch der alten Lübschen Rechtsbücher, ... Kiel 1746. V: *Dreyer, Johann Carl Heinrich.* (MGT)

Rechtliches Bedenken in causa von Gollen das Baron Sturmfederische Debit-Wesen betreffend und zwar insonderheit in pto. oppignorationis praedii feudalis, consensu domini directi subsecuto. — o.O. [um 1740]. 6 Bl. 4° 24. 26.
14.10462

Rechtliches Bedenken in Sachen der verwittibten Frau Sophia von Hinterfad zu Freyburg im Breisgau und des churbadischen Obervogts Spinner zu Rastatt, curatorio et tutorio nomine der hinterbliebenen Wittib und Kinder des verstorbenen ... Carl Freyherrn von Bender, Kläger an einem, entgegen ... Joachim Freyherrn von Bender zu Gengenbach, Beklagten am andern Theile; die Verlassenschaft der verwittibten ... Maria Theresia von Fahnenberg, gebohrnen Freyinn von Bender betreffend. Im Namen der Juristen-Facultät ... Göttingen abgefaßt. — o.O. 1806. 42 S. 8° 31. 45.
14.10463

Bedenken, Rechtliches, eines J. Cti, von dem schädlichen Nachdruck andern gehöriger Bücher. Leipzig 1728. V: *Gundling.* (Myl)

Rechtliches Bedenken der Juristen-Fakultät zu Göttingen, ausgearbeitet von dem großen Pütter, die Successions-Ansprüche des Herrn Fürsten Fugger zu Babenhausen auf die Schellenbergische Herrschaften Kislegg, Röthsee, und Waltershofen &c. &c. betreffend. — o.O. [1798]. 38 S. 8° 21.
14.10468

Rechtliches Bedenken der Göttingischen Juristen-Facultät in der zwischen den Herren Grafen zu Rantzau obwaltenden Streitsache wegen Veräusserung des Guthes Ascheberg. — o.O. [1771]. 8 S. 4° 45.
14.10469

Rechtliches Bedencken von einer Hochlöbl. Juristen Facultaet auf der Königlich Großbrittanischen und Churfürstlich Braunschweigischen Georg Augustus Universitaet zu Göttingen in Sachen der revidirenden Gemeinde zu Marck-Fürth et Consorten ad causam weyland Herrn Weigands, jetzo Herrn Adam Friedrichs, Bischoffens und Fürsten zu Bamberg ... wider Herren Stadthalter und Räthe zu Onolzbach, jetzo Herrn Christian Friedrich Carl Alexander, Marggraffen zu Brandenburg Onolzbach ... Intervenienten, mandati poenalis, die Verstrickung des Amtmanns und Gerichts Knechts zu Fürth betreffend, nunc revisionis. — o.O. 1768. 31 S. 4°
12: 2° Bavar. 1605x. 16. 24.
14.10470

Rechtliches Bedencken der Löblichen Juristen-Facultät auf der nürnbergischen Universität zu Altorff in causa Hrn. Erdmans, Barons von Stein contra desselben Frauen Töchtere. — o.O. 1722. 26 S. 8° 24. 39.
14.10472

Rechtliches Bedenken der Löbl. Juristenfakultät auf der Herzogl. Würtembergischen Universität zu Tübingen in Sachen von Franckenstein contra den Magistrat zu Franckfurt. [Bearb.: Gottfried Daniel Hofmann.]—Frankfurt a. M. 1779. 79 S. 4° 5. 17. 21. 24. 26. 30.
14.10473

Rechtliches Bedencken der Juristen Facultaet bey Hochfürstlicher Würtenbergischen Universitaet Tübingen in Sachen der chur-pfältzischen geistlichen Administration oder Verwaltung gegen den Chur-pfältzischen Geheimen Rath ... Hrn. v. Haumüller wegen General-Admodiation der Kirchen-Güter. — Dat. Tübingen 12. May 1713. 10 [vielm. 15] S. 4° 27.
14.10476

Rechtliches Bedencken eines gewissen Ministri, über die Frage: ob der Reichs-Hof-Rath in causis matrimonialibus statuum evangelicorum nicht sprechen könne? — o.O. [um 1725]. 2 Bl. 8° 32.
14.10477

Bedenken, Rechtliches, über eine von der Marquise de Favras ... bekannt gemachte Schrift ... O. O. 1776. Nachtrag. [Göttingen] 1777. V: *Pütter, Joh. Steph.* (Holz)

Rechtliches Bedencken über den ohnmittelbahren Stand und deme anklebende fürstliche Würden und Gerechtigkeiten, deren abgetheilten Fürsten, Grafen und Herren des Heiligen Römischen Reichs. — o.O. [um 1700]. 27 S. 8° 17. 34.
14.10481

Rechtliches Bedencken und wollgegründete Fürstellung, daß die löbliche Stadt Lüneburg, die intendirende Zollfreyheit der Annonae zu Eßlingen zu praetendiren nicht befuget sey. Auf Verlangen Herren Burgermeister und Rähte der löblichen Städte Lübeck und Hamburg kürtzlich entworffen und aufgesetzet. Mit Beyl. — o.O. [um 1710]. 107 S. 4° 18. 28. 35. 48. 205.
14.10482

Bedenken, Rechtliches, über Nürnbergische Wälder, Wildbahn ... 1732. V: *Peller von und zu Schoppershof, Chph.* (will)

Rechtliches Bedenken, welches von der hochlöblichen Juristen-Facultät zu Göttingen über die von ... anhaltbernburgischen Unterthanen bey dem ... Cammer-Gericht anmaßlich angebrachte Krieges-Contributions-Sache ... im Monat Jun. 1772 abgefasset worden. [Bearb.: Johann Stephan Pütter.] — o.O. 1772. 62 S. 2°
1: 2° Gx 14070. 3. 7. 16. 18.
14.10484

Bedenken, Rechtliches, über das Zehendrecht und dabey Statt habenden Verjährung. Laubach 1774. V: *Sames, Wilh. Carl Frdr.* (Holz)

Bedenken, Rechtsgegründetes, worinnen ausgeführt worden, daß denen Herren Grafen von Wittgenstein wegen ihrer praetension ... keine rechtliche Action gebühre ... O. O. 1744. V: *Senckenberg, Hnr. Chn Freih. v.* (Holz)

Bedencken, dass den Grafen von Wittgenstein auf die Reichsgraffschaft Sayn keine rechtliche Action gebühre und die Churfürsten zu Pfalz ebenso wenige Befugniss haben. Mit 5 geneal. Tabellen. 1744. fol.

Bedenken eines fürnehmen und berühmten Rechtsgelehrten in Sachen ... die angeblichen Uebermasse des Ambtes Sonnefeld betreffend. Marburg 1743. V: *Kopp, Johann Adam.* (MI.)

Bedenken, Eines vornehmen Rechtsgelehrten unvorgreifliches, in Nürnbergischen Frevelsachen. 1732. V: *Link, Johann Leonhard.* (will)

— üb. Regalität d. Steinbrüche. 4. Riga 797. Hartknoch in Lpz. 2⅔

Bedencken über die Religions-Irrungen zu Regenspurg, und deren erwünschliche, von Kayserl. Majestät, dann denen Hoh- und Löblichen Catholischen Reichs-Ständen seither in alle wege verlangt und beförderte Abstellung: dargegen aber von denen Herren A.C. Verwandten gesuchte, noch zur Zeit ohnbillig- und ohnstatthaffte Local-Commissiones. — o.O. [nach 1726]. 4 Bl. 4°
Verschiedene Drucke. 24.
14.10488

Bedenken von der Schädlichkeit der Festungen, bei der neulich übergegangenen Festung Bergen-op-Zoom 4. Frankfurth 1748.

Anon. Bedenken v. Schädlichk. d. Festungen n. dem wid. d. Natur- u. Völkerrecht lauf. Gebr. d. Pulvers. *Frankf.* 748.

Schrifft- und gewissenmäßiges [Schriftmäßiges] Bedencken uber der Frage: ob ein luthersicher Prediger sich könne bey Ubernehmung der Vocation ... verpflichten, die Reformirten nicht zu verketzern? 1705
s. *Bahr*, Thomas.

— v. Separatismo. 8. 727.

Bedenken, Herrn S. von E., vom Separatismo und Vereinigung der Religionen. Frankfurt 1737. V: *Loen, Johann Michael von.* (MI.)

Eines vornehmen Staatsmanns unpartheyisches rechtliches Bedenken über die Materie von ungleichen Ehen und Mißheyrathen eines Reichsstandes, besonders eines regierenden Reichsgrafen, oder eines aus einem solchen Hause entsprossenen Herrn. — Deutschland [vielm. Gießen: Krieger] 1787. 110 S. 8°
1: Gy 5120. 4. 7. 12: J. publ. G. 52c. 17. 31. 32. 41. 45.
14.10495

Eines alten hochverdienten Staasministers [Staatsministers] auf Verlangen eines grossen Hofes verfastes, aufrichtiges und gewissenhaftes Bedenken über die Frage: ob und wie bei so vielen ... Klagen gegen die Geistlichkeit und derselben Immunität ein Landesherr im Gewissen schuldig die Hände einzuschlagen? 1782
s. *Bedenken*, Aufrichtiges und gewissenhaftes.

Staatsrechtliche Bedenken über das Patent Sr. Maj. des Königs Ernst August von Hannover vom 5. Julius 1837. 1837 s. *Thiersch*, Friedrich.

Einer hohen Stands-Person [Standesperson] öffentlich-gestellter Bedencken und Send-Schreiben Abth. 1–3. Franckfurt [usw.]: Berger 1740. 8° 2. 23. 24. 32.
14.10496

—— aus höherm Standpunkte üb. d. religiös. Absonderung uns. Zeit in Bezug vornehml. auf die neuest. Ereignisse in den Cantonen Bern u. Waad u. hieraus abfließ. Räthe f. d. kirchl. Publikum überhaupt, d. kirchl. Geistlichkeit insbes. u. jede evangel. Landesobrigkeit vornehml. v. ein. freysinn. Landsmann. 8. (4 B.) Zürich 829, Schultheß.

Bedencken einiger wittenbergischen Studenten uber die Jochische gar schlecht abgelauffene Disputation. — o.O. 1727. 8 S. 8° Als Verfasser wird Sebastian Edzardi genannt.
18.
14.10500

— zweyer Theologen über Sellers Bibeln, s. Nösselt.

— zweier Theologen (J. A. Nösselt u. ... Körner): Ob es nützlich u. nöthig sei, außer dem ganz Neuen, nur e. Auszug des Alten Test. bei d. christl. Jugendunterr. zu gebrauchen? 8. Erlang. 784. Palm. 5 gr.

Bedenken, Eines Curländischen Theologi, vom Pietismo ... Hamburg 1737. V: *Weinmann, Johann Wilhelm.* (R-N)

Eines lutherischen Theologi wohlgegründetes Bedencken von der heutiges Tages erneuerten Friedens-Handlung, dadurch die so genannten lutherische und reformirte Religionen zu vereinigen man sich bemühet. — Freystadt 1704. 54 S. 8° 1:5 in Dl 102. 2. 12: Polem. 209.
14. 18. 24. 27. 29. 35. 41. 47.
14.10516

Eines niedersächsischen Theologi Bedencken über folgende richtige Fragen: 1. ob ein Melancholicus, welcher sich selbst umbringet, schlechterdings zu verdammen sey? 2. wie man, bey solchen Fällen, die Hinterlassenen und Anverwandten zu trösten habe? ... Von e. Liebhaber d. Wahrheit. — o.O. 1735. 24 S. 8°
2. 4. 12: 4° Mor. 41 m. 14. 17. 18. 41. 75.
14.10517

— Neu aufgelegt. o.O. 1749. 10 Bl. 8° 41.
14.10518

Eines vornehmen Theologi vernunft- und schrift-mäßiges Bedencken von den Schul-Comödien. 2. Aufl. — Halle: Hendel 1731. 92 S. 8° 9. 14. 18. 19. 23. 24. 28. 32. 78.
14.10519

— theologische, betreffend reformirten u. luther. Lehrbegriff, Kirchenverfassung u. Union, in Bezug auf Aufsätze in d. Evangel. Kirchenzeitung von Dr. Guerike u. Dr. Scheibel. gr. 8. Frankfurt a. M. 834. (Leipzig, Dörffling.) 5/12 rf

—— theolog., betreff. reformirt. u. luther. Lehrbegriff, Kirchenverfass. u. Union, in Bezug auf Aufsätze in d. „Evangel. Kirchenzeitung" v. Guericke u. Scheibel. gr. 8. (6 B.) Frankfurt a. M. 834, Schmerber.

Theologisches Bedencken über den Nähern Entwurf von der Vereinigung der protestirenden Kirchen. — Jena: Hartung 1722. 28 S. 8°
Als Verfasser wird Dietrich Menius genannt.
1:6 in Bd 8603–189. 7. 12: 4° Polem. 3359–2 [u.ö.]
14. 23. 24. 27. 30. 41. 300: 182.524–B.
14.10525

Bedenken, Theologisches, über die Frage: ob die Seele eines Gläubigen alsbald nach dem Abschiede zu Christo in die ewige Freude komme. Dressden 1705. V: *Gerber, Christian.* (Myl)

Theologisches Bedencken uber die Fragen: ob und wie weit es einem Christen zugelassen sey, bey einer guten Gesellschafft sich mit dem Trunck zu ergötzen? ... Vorgestellt u. zum Druck befördert von M.C.S. — Christian-Erlang 1727: Schmatz. 71 S. 8° 8. 24.
14.10526

Theologisches Bedenken für evangelische Geistliche, die Führung des christlichen Predigtamts betreffend. — Elberfeld: Hassel 1833. 24 S. 8° 1: Dp 6738. 5.
14.10527

— theol. u. jurist., von dem Heyrathen mit der verstorbnen Frauen Schwester rc. 4. Leipz. 735.

Ein theologisches, juristisches, medicinisches und philosophisches Bedenken über die ... gerichtlichen Akten betreffend eine Recension des vom Herrn Hauptpastor Goeze ... herausgegebenen Buchs, betitelt: Betrachtungen über das Leben Jesu auf Erden. — o.O. 1773. 48 S. 8°
1:16 in Dm 12006.
14.10528

Theologisches Bedencken von denen sogenannten Lotterien, darinnen gründlich gezeiget wird, wie diese ... vor Gott sündlich sind. — Franckfurt [usw.]: Raspe 1752. 70 S. 8° 2. 308.
14.10529

Theologisches Bedencken: was von der Moralität oder Rechtmässigkeit der Lotterien, so unter dem Vorwand eines zum Behuf der Armen daher entstehenden Nutzens heutzutag üblich sind, nach denen Grund-Reguln christ-evangelischer Lehre und Wahrheit ... eigentlich zu halten sey? ... Aufgesetzt von e. dem Predig-amt Zugethanen. Benebenst einer besondern Zugabe eines christlichen Juristen von eben derselben Materie. — Franckfurt [usw.]: Haug 1720. 105 S. 8° 10. 26.
14.10531

— Theologisches Bedencken, wie und welcher gestalt christl. Obrigkeiten den Juden unter Christen zu wohnen gestatten können ... Sampt e. Vorr. d. Theologischen Facultät von d. Universität zu Giessen. Daselbsten vormahlen gedr. ... 1612. — Cassel: Werner 1882. 32 S. 8°
4. 11. 18. 26. 34. 203.
14.10234

— theologisch-kirchliche, auf d. dritte Jubelfeier d. bernischen Reformation. gr. 8. Bern 828. Jenni. (Frankf., Streng). 1 rf 3 gr.

Theologisch kirchliche Bedenken auf die dritte Jubelfeier der bernischen Reformation. — Frankfurt a. M.: Streng 1828. VI, 275 S. 8°
1: Cn 22002. 11. 12: H. ref. 18 rc. 15. 19.
14.10532

Bedenken für die Töchter Abrahams und Sarahs. 3. Aufl. Cannstatt: Bosheuyer 1857. 18 S. 8° (Schriften für Israels geistliches Wohl. 2.) 24.
14.10533

— über die Toleranz, (v. W. Frölich). 8. Augsb. 783. Wolff. 3 gr.

Bedenken über die Toleranz. A. d. Franz. . . . 1783. [Augsburg 1785.] V: *Pey.* (Jes)

Einige **unmaßgebliche Bedenken über das Projekt einer Eisenbahn von Halle über Nordhausen nach Hannover.** — Nordhausen: Rosenthal 1846. 15 S. 8° **7. 302.**
14.10544

Bedenken, Unmassgebliches, über das frei zu lassende anverlante stille Beisetzen der Leichen, wie auch über das Aufbreiten der hiezu zu verordnenden Teppiche. O. O. u. J. V: *Clos, Peter.* (Trausch IV, 73)

Ohnmaßgebliches [**Unmaßgebliches**] **Bedencken** und aus denen ohnleugbaren Reichs-Gesetzen hergenommener kurzer, jedoch gründlicher Beweiß: daß das letztere Verfahren des Reichs Hoff-Raths bey Gelegenheit der jezigen öffentlichen Unruhen nicht allein gantz illegal ... sondern auch denen gesamten Ständen des Reichs höchst praejudicirlich sey ... Entworffen durch einen d. Wahrheit u. teutsche Freyheit-liebenden Patrioten. — Rostock 1756. 12 S. 4° 12:2° Ded. 355/15. **33. 39.**
14.10545

— Ohnmaßgebliches Bedencken und aus denen ohnleugbaren Reichs-Gesetzen hergenommener kurtzer, jedoch gründlicher Beweiß: daß das letztere Verfahren des Reichs-Hof-Raths bey Gelegenheit der jetzigen öffentlichen Unruhen nicht allein gantz illegal ... sondern auch denen gesamten Ständen des Reichs höchst praejudicirlich sey ... Entworffen durch einen d. Wahrheit u. teutsche Freyheit-liebenden Patrioten. — Ebd. 1756. 15 S. 8° 1:Flugschr. 1756-39. **2. 24. 27.**
14.10546

— Ohnmaßgebliches Bedencken und aus denen ohnleugbaren Reichs-Gesetzen hergenommener kurtzer, jedoch gründlicher Beweiß: daß das letztere Verfahren des Reichs-Hof-Raths ... nicht allein ganz illegal ... sondern auch ... höchst praejudicirlich sey. — Ebd. 1756. 15 S. 8° 1:Flugschr. 1756-39a. **3. 14.**
14.10547

— Ohnmaßgebliches Bedencken und aus denen ohnleugbaren Reichs-Gesetzen hergenommener kurtzer, jedoch gründlicher Beweis: daß das letztere Verfahren des Reichs-Hof-Raths ... nicht allein gantz illegal ... sondern auch ... höchst praejudicirlich sey. — Ebd. 1756. 15 S. 8° 1:Flugschr. 1756-39b. **2. 18. 41.**
14.10548

— Ohnmaßgebliches Bedencken und aus denen ohnleugbaren Reichs-Gesetzen hergenommener kurtzer, jedoch gründlicher Beweiß; daß das letztere Verfahren des Reichs-Hoff-Raths ... nicht allein gantz illegal ... sondern auch ... höchst praejudicirlich sey. — Ebd. 1756. 16 S. 8° 1:Flugschr. 1756-39c [u.] 4 an Yl 1211. **2. 3. 4. 14. 28. 34. 109.**
14.10549

— Ohnmaßgebliches Bedenken und aus denen unläugbaren Reichs-Gesetzen hergenommener kurzer, jedoch gründlicher Beweiß: daß das letztere Verfahren des Reichs-Hofraths ... nicht allein gantz illegal ... sondern auch ... höchst präjudicirlich sey. — Ebd. 1756. 8 [vielm. 16] S. 8° **19. 24. 25. 29. 30. 31.**
14.10550

— Ohnmaßgebliches Bedenken und aus denen ohnläugbaren Reichs-Gesetzen hergenommener kurzer, jedoch gründlicher Beweiß, daß das letztere Verfahren des Reichs-Hofraths ... nicht allein ganz illegal ... sondern auch ... höchst praejudicirlich sey ... Entworfen durch einen d. Wahrheit u. teutsche Freyheit liebenden patriotisch gesinnten Weltbürger. — o.O. 1757. 12 S. 4° 1:5 in 2° Sv 4122/7. **7.** 12:2° J. publ. G. 451-20 [u.ö.] **14. 16. 17. 21. 20. 48.**
14.10551

— Entworfen durch einen d. Wahrheit u. deutsche Freyheit liebenden patriotisch gesinnten Weltbürger. — o.O. 1757. 12 S. 4° **16. 300:** 38.832-B.
14.10552

— Ohnmaßgebliches Bedencken und aus denen unleugbaren Reichs-Gesetzen hergenommener kurtzer, jedoch gründlicher Beweis, daß das letztere Verfahren des Reichs-Hofraths ... nicht allein gantz illegal, ... sondern auch ... höchst präjudicirlich sey ... Entworffen durch einen d. Wahrheit- u. teutsche Freyheit liebenden Patrioten. Rostock 1757. 16 S. 8° 1:Flugschr. 1756-39d. **9. 14. 32. 109.**
14.10553

— Ohnmaßgebliches Bedencken und aus denen ohnleugbaren Reichs-Gesetzen hergenommener kurzer, jedoch gründlicher Beweiß: daß das letztere Verfahren des Reichs Hoff-Raths ... nicht allein gantz illegal, ... sondern auch ... praejudicirlich sey. — Ebd. 1757. 16 S. 8° **17.**
14.10554

Ohnmaßgebliches [**Unmaßgebliches**] **politisches Bedenken über die Schifbarmachung der Elde.** 1791 s. *Zimmermann*, Johann Karl David.

Unmaßgebliches Bedencken, wie das Fürsten-Recht in Vereinigung der beyden evangel. Religionen circa adiaphora ... zu exerciren. — o.O. 1703. 32 S. 8° 1:7 in Dl 100. **2. 3. 9. 14. 18. 24. 25. 27. 28. 29. 35. 41. 75.**
14.10562

Unpartheyisches Bedencken uber die an Se. Königl. Majest. in Schweden unter dem Namen der redlich gesinneten Fürstl. Gottorfischen Unterthanen zum Vorschein gekommene Gegen-Vorstellung, dem Memorial der sämmtlichen schleßwig-hollsteinischen Unterthanen Fürstlichen Antheils entgegen gesetzet. — o.O. 1715. 8 Bl. 8° **9. 14. 18. 23. 24. 35.**
14.10565

— Unpartheyisches Bedencken uber die an Sr. Königl. Majest. in Schweden unter dem Nahmen der redlich gesinneten Fürstl. Gottorfischen Unterthanen, zum Vorschein gekommene Gegen-Vorstellung, dem Memorial der sämbtlichen schleßwig-hollsteinischen Unterthanen Fürstlichen Antheils entgegen gesetzet. — o.O. 1715. 16 Bl. 8° 1:8 in So 1560 [u.] 3 in So 1780. **8. 9. 14. 18. 23. 27. 28.**
14.10566

Unpartheyisches und der Heil. Schrifft gantz gemässes Bedencken wegen des jetzigen Zustandes im Geistl., sonderlich von der unschrifftmässigen Privat-Beicht, Exorcismo, sündlichen Accidentien und der äusserlichen Religions-Vereinigung eines ... evangelisch-lutherischen Christen. — o.O. 1711. 81 S. 8° 1:Dl 805.
14.10567

Bedenken, Unpartheyisches, über die Rechtmässigkeit ... der Berichtsförderung bey dem Sachsen-Meiningischen Recurse ... Frankfurt 1748. V: *Falcke, Johann Philipp Conrad.* (MGT)

Unpartheyisches Bedencken uber die reichs-kundige zwingenbergische Vergleichs- und Verkaufs-Sache. — o.O. 1747. 8 Bl. 4° **17. 39.**
14.10570

— Unpartheyisches Bedencken uber die reichskundige zwingenbergische Vergleichs- und Verkaufs-Sache. — o.O. 1747. 10 Bl. 4° 12:2° J. publ. G. 162/36 [2 Ex.] **24.**
14.10571

Unpartheyisches Bedenken, worinnen aus allen natürlichen, göttlich- und menschlichen Civil- und Criminal-Rechten und Gesetzen ... bewiesen wird, daß der unbefugte Nachdruk privilegirter und unprivilegirter Bücher ein ... infamer Diebstahl sey. — Cölln: Marteau 1742. 175 S. 8° **4. 7. 9. 14. 19. 22. 23. 27. 29. 39. 75. 208.**
14.10572

— unpartheyisches, über den unbefugten Nachdruck &c. 8. Bayr. Lübeck. 742.

Bedenken und Untersuchung der Frage: ob man den Ordensgeistlichen die Pfarreyen und Seelsorge abnehmen soll oder nicht. 1768 u.ö. s. *Braun*, Heinrich.

Unterthänigstes rechtliches Bedencken die Winterische Reservatur-Sache und darüber zwischen Hessen-Darmstadt und Hessen-Homburg entstandenen Strittigkeiten betreffend. Mit beygedr. Urkunden. — o.O. 1760. 12 S. 4°
3. 30.
14.10575

Unterthänigstes unmaßgebliches Bedencken von dem Erb- und Zeit-Pacht, welches unter beyden die beste Art vor einen grossen Herren und dessen Unterthanen sey. — o.O. 1717. 60 S. 8°
1:Ff 6268; 2 in F 914 [u.] 7 in Ou 28010. **4. 5. 7. 9. 15. 16. 23. 27. 28. 35. 36. 48.**
14.10576

Unvorgreiffliches [Unvorgreifliches] Bedencken uber das Theologische Bedencken, welches ein berühmter Doctor theologiae ... über XV projectirte und den 9. Octobris A. 1721 zu Regenspurg bekant gewordene Puncten, die Kirchen-Vereinigung beyder evangelischer Religionen betreffend von sich gegeben und demselben ein so genanntes Calvinisten-A.B.C. angehencket. — o.O. 1722. 2 Bl. 8°
1:Dl 1930; 14 in Dg 33; 14 in Dk 15; 7 in Dl 101 [u.] 16 in Bd 8603-192. **7. 14. 15. 24.**
14.10577

— Unvorgreiffliches Bedencken uber das Theologische Bedencken, welches ein berühmter Doctor theologiae ... über XV projectirte und den 9. Octobris Anno 1721 zu Regenspurg bekant gewordene Puncten, die Kirchen-Vereinigung beyder evangelischer Religionen betreffend von sich gegeben und demselben ein sogenanntes Calvinisten A B C angehencket. — o.O. 1722. 3 Bl. 8°
12:4° H. ref. 87. **78.**
14.10578

— Unvorgreiffliches Bedencken uber das Theologische Bedencken, welches ein berühmter Doctor theologiae ... über XV projectirte und den 9. Octoaris [!] Anno 1721 zu Regenspurg bekant gewordene Puncten, die Kirchen-Vereinigung beyder evangelischer Religionen betreffend von sich gegeben und demselben ein sogenanntes Calvinisten ABC angehencket. — o.O. 1722. 3 Bl. 8°
19. 30.
14.10579

Unvorgreiffliches [Unvorgreifliches] Bedencken uber die Beweißthüme oder Remonstrationes, der sich so schändlich also nennende Jacobitischen Deputirten. — o.O. 1703. 4 Bl. 8°
1:23 in Sp 4100. **15. 18. 39.**
14.10580

Unvorgreifliches Bedencken über die wichtige Frage: was wegen der Wahl eines Römischen Königs, bey Lebzeiten eines Römischen Kaysers, dessen hohem Wohlseyn, bestem Alter, und würcklicher Gegenwart in dem Römischen Reich, der Reichs-Verfassung, und dessen Gesetzen und Ordnungen gemäß seye? — o.O. 1751. 43 S. 8°
12:4° Diss. 5293-5. **14. 17. 19. 24**[unvollst.] **26. 30. 31.**
14.10582

Ohnvorgreiffliches [Unvorgreifliches] Bedencken über nachstehende, das Müntzwesen im teutschen Reich betreffende sieben Fragen. 1753 s. *Jaster*, Georg Friedrich.

Unvorgreiffliches [Unvorgreifliches] Bedencken, ob und wie ferne zu einer Käyserl. Achts-Erklärung, oder andern dergleichen Proceß wider einen H. von Savoyen und Mantua die Zuziehung derer Chur-Fürsten und Stände von nöthen seye. — o.O. 1702. 15 S. 8°
3. 7. 12:4° J. publ. G. 1236-6. **14. 15. 24. 26. 27. 28.**
14.10593

Bedenken, Unvorgreifliches, vom Rechte des Sabbats. O. O. 17??. V: *Beyer, Georg.* (JÖCH)

Unvorgreiffliches [Unvorgreifliches], aber schriftmäßiges Bedencken von dem Gesichte oder Traum des Mannes zu Hornhausen im Fürstenthum Halberstadt im Januario Anno 1734. — o.O. [1734]. 4 Bl. 8°
3. 14. 78.
14.10596

Unvorgreiffliches [Unvorgreifliches] theologisches Bedencken uber die Frage, ob einem Theologo erlaubet sey, denen Krancken aus christlicher Liebe Medicamenta zu verordnen? Gestellet von e. Liebhaber d. göttlichen Warheiten. — o.O. 1711. 4 Bl. 8°
26.
14.10598

Unvorgreiffliches [Unvorgreifliches] und unpartheyisches Bedencken über die Contenta deß Theilungs- und Guarantie-Tractats, von der Spanischen Monarchie, zwischen Sr. Aller-Christl. Majest. Ludwig dem XIV. König in Franckreich ... wie auch Wilhelms deß III. Königs von Groß-Britannien, und ... denen Herren General-Staaten der vereinigten Niderländischen Provintzen. — o.O. 1700. 48 S. 8°
1:Flugschr. 1700-21. **17. 24. 300:**BE 6 S 61(2).
14.10599

Unvorgreifliches Bedencken über des Tit. Herrn Sebastiani Edzardi, Prof. publ., so genannte Abgenöthigte Widerlegung &c. Gestellet von e. beyden Partheyen Wolwollenden. — o.O. 1703. 8 S. 8°
7. 9. 15. 18. 39.
14.10604

Unvorgreiffliches [Unvorgreifliches] Bedencken über das zu Abau in Finnland erst kürtzlich, nemlich den 18. May jetztlauffenden 1702. Heil-Jahrs am Himmel wahr-genommene Wunder- und Feuer-Zeichen, aus der finnländischen in die teutsche Sprach auf vieler Anhalten zu Unterhaltung curieuser Gemüther, übers. von Jechonio. — Hamburg 1703. 3 Bl. 8°
30.
14.10606

Bedenken auf Veranlassung des wichtigen Gerüchts von der Einführung einer neuen Münze in Holstein. Kopenh. 1786. V: *Bang, F. L.* (MS)

Bedenken über einige vorgeschlagene Verbesserungen des evangel. Gottesdienstes in Franken. Altona 1780. V: *Dietelmair, Johann August.* (ML)

Bedenken des architektonischen Vereins [Verein] gegen die vom Ausschuß der Bürgerschaft beantragte Begränzung der Stadt und Vorstädte gegen das Landgebiet. — ([Hamburg 1864]: Nobiling.) 2 Bl. 4°
18.
14.10608

— die Vereinigung der luther. mit der reformirt. Religion betreffend. 4. 726.

Bedenken gegen die Vereinigung der Telegraphie mit der Post. — Bremen: Hampe 1875. 19 S. 8°
1:Gz 5529/15. **11. 30. 38. 83. 203. 205.**
14.10609

Bedenken über die projectirte selbständige kirchliche Verfassung der evangelisch-lutherischen Gemeinden in Holstein. — Lübeck: Asschenfeldt 1863. 16 S. 8°
8. 48.
14.10610

Bedenken über die Verkleinerung der grossen Güter. [Schleswig & Leipzig. 1788.] V: *Camerer, Joh. Frd.* (BB) (ML)

Bedenken über zwo Vermählungen, womit das Geschlecht der alten Grossfürsten von Russland vermehret werden wollen ... 1754. V: *Müller, Gerhard Friedrich.* (ML)

Bedenken über die zu Rom in Vorschlag gebrachte gänzliche Zernichtung eines der grösten Orden, die jemals in der Kirche Gottes an Gelehrsamkeit und Tugend geblühet haben, oder noch blühen. Aus e. welschen u. zwar römischen Handschrift ins Deutsche übers. im Jahr 1768. — Cölln [1768]. 31 S. 8°
12:Jes. 779/8 [2Ex.] 19. 20. 24. 25. 27. 33. 66. 169. 203. 303.
14.10637

— Aus e. wälschen u. zwar römischen Handschrift ins Deutsche übers. u. mit Anm. begleitet. — Straßburg [1768]. 38 S. 8° 12:H. eccl. 130/1. 25. 121.
14.10638

Vernünftiges Bedencken über die Nothwendigkeit, die Anzahl der geistlichen Ordens-Häuser zu vermehren, und deren Verfassung nicht anderst einzurichten. Gegen d. französische u. teutsch-gemachte Original. Vorgestellt von e. Priestern Ord. Min. Gonventualium [!]. — o.O. 1755. 61 S. 8° 4. 17. 20. 302. 307. 308.
14.10611

— Vorgestellt von e. Priestern Ord. Min. Conventualium. [Würzburg]: J. J. Stahel 1755. 61 S. 8°
12:Opp. 252/2 [u.ö.] 17. 38.
14.10612

— o.O. 1766. 72 S. 8°
2. 5. 12:H. mon. 45b/1. 41. 300:+43 Y 159. 307.
14.10613

Bedenken, Vernunftmässiges, bescheidenes und unparteyisches, über die... Streitigkeit vom Tanzen ... Frankf. u. Leipzig 1704. V: *Lange, Johann Christian.* (BGE) (ML) (stri)

Vernunfftmäßiges Bedencken über die Frage: ob die Würde der hohen academischen Graden durch die Vielheit derer, so jetzo solche führen, verringert werde? Bey Gelegenheit der von Herrn Christian Gotthelff Stoltzen ... erlangten Licentiaten-Würde abgehandelt und ihm zugeschrieben von e. uhralten graduirten Mit-Bruder. — o.O. [1735]. 8 Bl. 8° 12:4° Diss. 555-44.
14.10614

Bedenken für das jüdische Volk, bezüglich seines bisherigen Zustandes und seiner Erwartungen. 1845
s. *Blendinger*, Konrad.

Vorläuffiges Bedencken über den in der Sachsen-Meiningischen Successions-Sache genommenen Recurs. — o.O. [1748]. 4 Bl. 4° 24. 27.
14.10617

Bedenken über den prätendirten Vorzug derer von der Rhön-Werraischen Orts-Hauptmannschaft confirmirten Hypotheken ... Lauterb. 1775. V: *Schäffer, Conrad.* (ML)

Einige Bedenken, welche einer Erhöhung der Besteuerung auf Rüben-Zucker entgegenstehen. — (Magdeburg [1848]: Haenel.) 2 Bl. 8° 1:an Gt 6452. 2.
14.10620

Bedencken, Wichtig u. hochnötig, welcher gestalt der Jesuiter blutdürstigen anschlägen u. Practicken zu begegnen seyn möge. Sampt e. Relation. Von der Jesuiter geheimsten sachen / auch umbständtl. Bericht v. d. Triumph u. Siegzeichen d. Jesuiter zu Paris. Hrsg. u. m. e. Nachwort versehen v. Hans Ludw. Held. (8, 127) 8° Münch., Hans Sachs-Verl. '12. 2.50 d

Bedenken gegen die von Kasimir Pfyffer ... gefertigte Widerlegung ... [Zürich 1838.] V: *Keller, Frdr. Ldw.* (Cat. d. Stadtbibl. Zürich. Zürich 1864—97.)

— wie dem Bauernstande ꝛc. s. auch Beder.

Bedenken wiefern..., s. Bedenken inwiefern.

Nach bewährtesten Gründen göttlicher Wahrheit und gesunder Vernunfft wohl-erwogenes, gutachtliches Bedencken: Von Gebrauch un-natürlicher Hülffs-Mittel gegen den Biß wütender Hunde und andere dergleichen gefährliche Zufälle. In veranlaßter Beantwortung einer vorgelegten Gewissens-Frage. — Franckfurt a. M.: Andreas 1752. 48 S. 8° 28.
14.10626

Wohlgemeyntes [Wohlgemeintes] Bedenken über die in Dessau unlängst errichtete Buchhandlung der Gelehrten, von einem daran eifrigst theilnehmenden Schriftsteller. o.O. 1781. 32 S. 8° 3. 27.
14.10628

Bedenken und Wünsche eines wirklich Liberalen. — Leipzig: Hildebrandt 1876. 41 S. 8°
Nebent.: Politika. Bedenken u. Wünsche eines wirklich Liberalen.
30. 47. 106.
14.10636

Zwey christliche Bedencken über einige Materien, so in denen vor die itzige Inspirationen und Agitationen vom sogenannten Testimonio veritatis, und andern verbundenen Freunden heraus gegebenen Schrifften verhandelt worden. o.O. 1715. 30 S. 8° 30. 211.
14.10641

Bedenket. — Bedenket die armen Waisen im Kinderhause. Danzig, den 11. Februar 1795 auf dem Masquenball. — [Danzig]: Wedel [1795]. 2 Bl. 8° 44.
14.10649

Bedenket es wohl! ob. kurzgefaßte Betrachtungen d. wichtigsten Heilswahrheiten, sammt Morgen-, Abend-, Meß-, Beicht- u Communion-Gebeten, nebst Kreuzweg- u. a. Andachtsübungen. (Mit Titlbild.) gr. 12. (18 B.) München 840. (Regensburg, Manz.)

Bedenket es wohl! oder kurzgefasste Betrachtungen der wichtigsten Heilswahrheiten. — München: Rösl [um 1840]. 428,IV S. 8° 19.
14.10650

Bedenklichkeiten. — Bedenklichkeiten bey Errichtung neuer Sterbethalercaßen. — o.O. 1784. 16 S. 8° 35.
14.10688

Bedenklichkeiten, meine, über das Staarwegnehmen im 18ten Jahrh., von e. Verehrer d. ursprüngl. Religion. 8. Augsburg 791. Rieger. 1/8 ꝛf

Bedenklichkeiten eines k. baier. Staatsdieners über die Anträge der Abgeordneten HH. v. Utzschneider und Häcker zur baierischen Ständeversammlung 1825 in betreff der Einführung einer Accise-Verfassung. — München 1825. 29 S. 8° 12:Bavar. 4062-24.
14.10689

Bedenklichkeiten über die Taufe der Kinder, besonders der Abortus. — Augsburg: Rieger 1786. 40 S. 8°
12:Past. 25. 19. 308.
14.10690

Bedenknisse. — Bedenknisse eines Slaven. (15. October 1850.) Leipzig: Barth & Schulze 1850. 44 S. 8°
12:Austr. 377. 14. 209. 300:7534-B.
14.10691

Bedentschitsch, Joh., göttl. Anstalten z. Beseligung d. Menschen u. ihre Vollendung durch Jesum. breit gr. 8. (15¼ B.) Laibach 828. (Augsburg, Kollmann; Leipzig, Weygand.)

B(EDEÖ), P(AUL): Geschichte des alten und neuen Testamentes für die zartere Jugend bearbeitet von P. B. Preßburg 1845: A. Bucsánszky. Druck Beinay. 75 S. - 210 mm

- Dass. Pest 1853: A. Bucsánszky. IV, 96 S. - 8°
- Dass. Pest 1856: A. Bucsánszky. IV, 96 S. - 8°
- Dass. Pest 1859: A. Bucsánszky. IV, 96 S. - 8°

Bedeoe, Paul: Geschichte Ungarns mit Abbildungen der Anführer und Könige. [Verf.: Paul Bedeő.] — Pesth: Bucsánsky 1848. 139 S. 8° 304. 308.
14.10692

BEDEŐ, PAUL: Das Leben der Heiligen für die christkatholische zarte Jugend zur Belehrung und Nachahmung. Mit vielen Holzschnitten. Pest 1848: Verlag A. Bucsánszky. Druck v. Beimel. 112 S. - 4°
Dass. Budapest o. J. (1915?). Zu beziehen: Rózsa Kálmán u. Frau. Mit 54 Bildern

Bedeordnung, s. Beethordnung

Beder, A. Bodmer- , s. Bodmer-Beder

Beder, Robert, aus Zürich: Ueber basische Eruptivgesteine im ostschweizerischen Verrucano. Zürich 1909 28 S. und zwei Tafeln. 4°. [28. IX. 09.]
Zürich. Univ. Phil. Diss. II. S. 1909/10.
3

Bederkesa, s.: Preussen. Messtischblätter.

Bederlunger, Heinz: Aldrans und Umgebung und Führer im Mittelgebirge. Verschönerungs-Verein Aldrans. [Verf.: Heinz Bederlunger.] — Wilten-Innsbruck [1904]: Koppelstätter. 23 S. 8° 304.
14.10716

[—] — Innsbruck [1910]: Koppelstätter. 23 S. 8° 304.
14.10717

[—] Spaziergänge in der Umgebung Innsbrucks. 2., umgearb. Aufl. — Innsbruck [1904]. 7 S. 8°
Aus: Jahresbericht d. Innsbrucker Verschönerungsvereins. 21.1902.
304.
14.10718

— Tourenbuch von Tirol und Vorarlberg für Radfahrer. Mit d. anschliessenden Touren von Baiern, Salzburg, Kärnten, Steiermark, Ober-Italien u. Schweiz. — Innsbruck: Tiroler Radfahrer-Verband 1895. XXVI,115 S. 8° 304.
14.10719

— — Wegweiser von Tirol und Vorarlberg für Radfahrer. Mit d. anschliessenden Strecken ... 3. Aufl. — Ebd. 1899. XXVIII,118 S. 8° 304.
14.10720

— — 4. Aufl. Ebd. 1904. XV,120 S. 8° 304.
14.10721

Bedosula, Th., vita Petri Klobusiczky de eadem, archi-episcopi Colocensis et Bacsiensis. 8. (879 S.) Pest 860, Lauffer und Stolp.

Bedeus v. Scharberg, Gustav Bn

Bedeus, Baron Gustav: Eingabe an d. größere Gemeindevertretung [betr. d. Bau d. Hermannstädter ev. Mittelschule. Hermannstadt: Drotleff 1904.] 8 S. 8°.

— Ortsnamendeutung mit bes. Berücks. der siebenbürgisch-sächsischen Namen. Von Gustav Bn Bedeus. — Hermannstadt 1906: Drotleff. 32 S. 8° 9. 16. 30. 43. 212.
14.10735

— Archäologische Ortsnamenkunde Obergermaniens. Von Gustav Bn Bedeus. — (Hermannstadt [um 1905]: Krafft.) 23 S. 8° 9.
14.10736

— Der Roteturmpass und die Roteturmbahn, die Hauptlinie zum Schwarzen Meere und in den Orient. Von Gustav Bn Bedeus. — Hermannstadt: Drotleff in Komm. 1910. 73 S. 8° 86.
14.10741

Bedeus, Baron Gustav: Die Verrammelung d. Fleischergasse. Hermannstadt: Drotleff 1905. 4 S. 8°.

Bedeus v. Scharberg, Joachim: Gründliche Anleitung zur wohlfeilsten und doch feuerfesten Baukunst von bloßen Erdwänden und Strohdächern zum Behuf des Landvolks. (Verf.: Joachim Bedeus v. Scharberg.) — Hermannstadt 1804: Barth. XX,296 S. 8° 300:33 E 66.
14.10743

[—] Opinio Deputationis regnicolaris systematicae in cammeralibus [!] et commercialibus ordinatae circa promotionem agriculturae, manufacturarum, commerciique Transylvanici deprompta. — o.O. 1795. 136 Bl. 4° 300:68.711-D.
14.10745

Bedeus v. Scharberg, Josef Frhr, Ober-Landes-Kommissär, Siebenbürgischer Hofrat, 1783-1858. 1825: Abbildung von zwei alten Mosaiken, welche im Jahr 1823 zu Várhely im Hunyader Comitate entdeckt worden. [Verf.: Josef Frhr Bedeus v. Scharberg.] — Hermannstadt [usw.]: Thierry in Comm. 1825. 20 S. 2° 1:2° Nx 12025. 7. 300:•28 G 22. 302.
14.10746

Bedeus v. Scharberg, Jos., histor.-genealog.-geograph. Atlas zur Uebersicht der Geschichte des ungrischen Reichs u seiner Nebenländer. (In 8 Liefg.) 1.—3. Liefg. Roy.-Fol. (Mit Tab. u. Text.) Hermannstadt 845, 46, v. Hochmeister. Mit Pränumeration auf die letzte Liefg. n. 1 ₰ 18 ngl 2. 3 Liefg. à 24 ngl

Bedeus v. Scharberg, Jos., histor.-genealog.-geograph. Atlas zur Uebersicht d. Geschichte des Ungrischen Reiches u. seiner Nebenländer. 4. u. 5. Lfg. Imp. Fol. (6 Tabellen.) Hermannstadt 847, v. Hochmeister. à n. 24 ngl

Bedeus von Scharberg, Jos., historisch-genealogisch-geographischer Atlas zur Uebersicht der Geschichte des ungrischen Reichs seiner Nebenländer u. der angrenzenden Staaten u. Provinzen, nach den besten Quellen bearb. 6—8. Liefg. Hermannstadt 851. v. Hochmeister. Roy.-Fol. (12 Bl. mit 7 in den Text eingedr. lith. u. color. Karten.) Jede Liefg. nn. 24 ngl
1—5. Liefg. Ebend. 845—47.

— — Historisch-genealogisch-geographischer Atlas zur Übersicht der Geschichte des ungrischen Reichs, seiner Nebenländer und der angrenzenden Staaten und Provinzen. Hermannstadt: Steinhaussen 1851. gr. 2°
5. 12:2° Austr. 132 m. 300:44.006-E. 303→305.
14.10748

Bedeus von Scharberg, Josef Frhr.: Beiträge zur Zeitgeschichte Siebenbürgens im 19. Jahrh., s. Friedenfels, Eugen von

Bedeus v. Scharberg, Josef Frhr, Dr. iur., Direktor d. Bodenkreditanstalt, Beisitzer d. Konsistoriums d. Evangelischen Landeskirche, Hermannstadt, 1826-1901. 1865: L.-C.-Z. 429. 1865. Entwurf einer Vorlage über die Errichtung einer allgemeinen Pensionsanstalt der evang. Landeskirche A.B. in Siebenbürgen. — Hermannstadt 1865: Filtsch. 42 S. 4°
300:174.445-C.
14.10752

[-] Das sächsische National-Vermögen. Eine rechtsgeschichtliche Studie. — Hermannstadt 1871: Steinhaußen. 41 S. 8° Erschien zuerst in: Hermannstädter Zeitung. 1871.
5. 212. 300:109.725-B.
14.10753

— Die Verfassung des Großfürstenthums Siebenbürgen aus dem Gesichtspunkte der Geschichte, der Landesgesetze und des bestehenden öffentlichen Rechtes. — Wien: Gerold 1844. VI,106 S. 8°
1:Sd 10200. 2. 5. 6. 7. 12:Austr. 4163. 14. 15. 212.
300:•44 J 53. 302. 304. 308.
14.10749

Bedeus v. Scharberg, Josef Frhr

[—] Die Wappen und Siegel der Fürsten von Siebenbürgen und der einzelnen ständischen Nationen dieses Landes. Ein Versuch von J.B.v.S. — Hermannstadt 1838: v. Closius. 38 S. 8° 1:Sd 10195. 300:44.560-B. 302.
14.10751

Bedeutsamkeit, über die hohe, eines kathol. Gotteshauses. Predigt gehalt. bei Gelegenheit der Einweihg. der neuen kath. Kirche zu Wiesbaden am 19. Juni 1849. Von Peter Joseph (Blum). gr. 8. (20 S.) Mainz 852, Kirchheim & Schott. 2 ngr.

Bedeutsamkeit, die, der Juden in Leipzig. gr. 12. (1½ B.) Leipzig 842, Ph. Reclam jun. *

Bedeutung. —
Die Bedeutung der Agitation für Vertretung landwirthschaftlicher Interessen auf den Landtagen. 1871
s. *Schulz*, Friedrich Karl.

Die Bedeutung des Altkatholicismus für unsere Zeit. Flugblatt für d. deutsche Volk. Von e. Protestanten. — Hannover: Helwing 1882. 15 S. 8°
Als Verfasser wird Karl Frhr v. Beaulieu-Marconnay genannt.
1: Do 17948. 12: H. eccl. 3056-10. 14. 21. 31. 33. 43. 106.
14.10756

— 2. Aufl. Ebd. 1882. 15 S. 8° 43.
14.10757

Die Bedeutung der Arlbergbahn. — Wien: Eipeldauer 1880. 35 S. 8° 300: 43.037-B. 302.
14.10760

Bedeutung und Aufgaben der Gesellen-Ausschüsse. — (M.-Gladbach 1899.) 2 Bl. 8° (Centralstelle d. Volksvereins für d. katholische Deutschland. Flugblatt. 14.) 203.
14.10762

— u. Aufgaben des internationalen landwirtschaftlichen Instituts in Rom. (Verhandlungen der XXXVIII. Plenarversammlung des deut. Landwirtschaftsrats 1910.) S. 348—363.) Lex. 8. Berlin (910.) (P. Parey.) nn — 75
Sonderabdruck aus „Archiv d. deut. Landw.-Rats".

— u. Aufgaben religiöser Vereine f. die gebildete katholische Männerwelt. Blätter der Erinnerg. an die 25jähr. Jubelfeier des Aachener Lesevereins. Mit e. Festrede v. H. J. Schmitz. gr. 8. (38 S. m. 1 Bildnis.) Aachen 898. (A. Jacobi & Co.) n. — 40

— u. Bekämpfung d. Tuberkulose (Perlsucht, Franzosenkrankheit) in Rindvieh- u. Schweinebeständen. Veröffentl. i. Auftr. d. k. pr. Ministeriums f. Landwirtschaft, Domänen u. Forsten. gr. 8. (8 S.) Berlin 896. P. Parey. n. — 20

Bedeutung und Bekämpfung der Tuberkulose ⟨Perlsucht, Franzosenkrankheit⟩ in Rindvieh- und Schweinebeständen. — Berlin: Parey 1897. 8 S. 8° 1: Ks 13841. 203.
14.10764

Bedeutung, die, der ländlichen Bevölkerung f. die Wehrkraft des Deutschen Reichs nach den v. dem Herrn Reichskanzler angeordneten Erhebungen. Hrsg. vom Deutschen Landwirtschaftsrat. (S. 257—301 m. 3 Tab.) Lex.-8. Berlin 904. P. Parey. n. 1. —
Sonderabdruck aus: „Archiv d. Deut. Landwirtschaftsr."

Bedeutung. – Dt. Landwirthschaftsrath. Die Bedeutung der landwirthschaftlichen B e v ö l k e r u n g für die Wehrkraft des Deutschen Reiches. – Berlin: Parey in Komm. 1902. 110 S. 8°
(Aus : Archiv d. Deutschen Landwirthschaftsraths. 26.1902.)

Bedeutung, Biblische, des Wortes Geist. Giessen 1862. V: *Solms-Lich, Ludwig Fürst zu.* (Russell IV, 563)

Bedeutung, die biblische, des Wortes Geist. Lex.-8. (263 S.) Gießen 862, [Heinemann.] *

— die biblische, des Wortes Geist. Gießen 862. Heyer. gr. 8. (263 S.) n. 1 ₰ 6 ngr.

Die bleibende Bedeutung des neutestamentlichen Kanons für die Kirche und für des Volkes Abwendung von derselben. Ev. J. 8,31. 32. Denkschrift vom Hrsg. d. Einigen Evangelii d. Apostel. — (Dresden [usw.]: Pierson 1901.) 48 S. 8° 1: Bp 4480. 3.
14.10767

Bedeutung der Blumen. 8. Dresden 824. (Braunschweig, Meyer.) 1/3 ₰

Bedeutung der mecklenburgischen Bündnereien für die Einschränkung des Arbeitermangels auf dem Lande. — Bevölkerungsabnahme im Gebiet der mecklenburgischen Ritterschaft 1850—1905. 8°. Rostock i. M., Carl Boldt, 1908. (Landarbeit u. Kleinbesitz, Heft 5.)

— die, deutscher Bürgerbewaffnung, geschichtlich entwickelt. Braunschw. Vieweg. 6 gr.

Die Bedeutung der directen Eisenbahnverbindung Chemnitz-Annaberg-Prag durch Erbauung der Linie Annaberg-Kommotau-Saaz-Katcic ⟨Prag⟩. [Nebst] Anh. — (Annaberg [1865]: Teutsch.) 4° 300: 65.121-C.
14.10771

Die Bedeutung der Dappenthalfrage. Zur Belehrung u. Aufklärung d. Schweizervolks. Hrsg. auf Veranstaltung d. Centralausschusses d. Helvetia. — Basel 1859: Baur. 55 S. 8° 12: Eur. 293d-53 [2 Ex.]
14.10772

—— die, der Dappenthalfrage. Zur Belehrung und Aufklärung des Schweizervolks. Hrsg. auf Veranstaltung des Centralausschusses der Helvetia. gr. 8. (56 S.) Basel 859. (Zürich, Schabelitz'sche Buchh.) *

Die Bedeutung des Deklarierungsgesetzes zum Kommunalabgabengesetz für den städtischen Hausbesitz. — Spandau 1907: Graßmann in Stettin. 18 S. 8° (Mitteilungen d. Preußischen Landesverbandes d. Haus- u. Grundbesitzer-Vereine. 31.) 1: Fd 3489/3-31. 4. 9. 26. 29. 44.
14.10773

Ueber die Bedeutung Deutschlands, und seiner Schicksale für Europa. Eine Betrachtung. — o.O. 1814. 46 S. 8° 12: Germ. g. 31. 41.
14.10774

Die Bedeutung und der Dienst der Kavallerie im Felde. Th. 1.2. — Berlin 1891-92. 8°
1. Aufklärungsdienst. Befehlsübermittlung u. Meldewesen. 1891. 2. Sicherung. 1892.
(Eisenschmidt's Büchersammlung für Unteroffiziere u. Mannschaften d. Armee u. Marine. 1,6. 2,2.)
1: Hu 14963-1,6; 2,2.
14.10775

Die Bedeutung des neuen Dörrverfahrens nach amerikanischem Systeme in Rücksicht auf die österreichische Landwirthschaft, auf die Armee und Marine etc. sowie auf die Volkswirthschaft des Staates. Eine auf Erfahrungen d gräflich H. Attems'schen Centralstation ⟨St. Peter bei Graz⟩ basirte Studie. — Wien 1886. 14 S. 4°
Aus: Mittheilungen des k. k. österreichischen Pomologen-Vereines. 1886.
300: 100.609-C. 302.
14.10776

Ueber die eigentliche Bedeutung der Aufgabe einer Vereinigung von Rationalismus und Realismus, als der beiden Hauptrichtungen philosophischer Ansichten. Von *****. — Frankfurt a. M.: Brönner 1830. VI, 32 S. 8° 25.
14.10778

Ueber die eigentliche Bedeutung des deutschen Fürstenbundes von 1785. — Berlin: R. Wagner 1859. 48 S. 8°
1: Rz 5742. 7. 11. 12: J. publ. G. 925-29. 14. 27. 31. 32. 35. 38. 43. 205.
14.10779

Ueber Bedeutung und Einrichtung von Volksbibliotheken. Vom Ministerium d. Cultus u. öffentlichen Unterrichts. — Leipzig 1876: Roßberg. 51 S. 8°
4. 12: N. libr. 17n. 14. 26. 30. 41. 64. 106. 207.
14.10780

Die Bedeutung des romänischen [!] Elementes im Völkerconcerte Europas. Von e. wahren Patrioten. (Verf.: S..n.) Arad 1905: Nichin. 29 S. 8° 302.
14.10781

— Die entscheid., d. Seesieges f. d. Führg d. Landkrieges gegen Italien. (Umschlag: Ohne Seesieg — kein Landsieg.) Von R. [Aus: „Danzer's Armee-Zeitg".] (4, 26) gr8° Wien, (LW Seidel & S.) '11. 1 — d

Verein deutscher Eisenhüttenleute. Die Bedeutung und neuere Entwicklung der Flußeisenerzeugung. Verhandelt in d. Hauptversammlung d. Vereins deutscher Eisenhüttenleute in Düsseldorf am 25. April 1897. — Düsseldorf [1897]. 61 S. 4° Aus: Stahl u. Eisen. 17. 1897. 60. 83.
14.10784

Ueber die Bedeutung der neusten Entwickelung [Entwicklung] des Geschützwesens in Deutschland. 1883 s. *Grabe*, A.

Bedeutung, die epochebildende, des Pontificates Leo des XIII. für die Reform des kirchlichen Gesanges. Festrede, gehalten bei einer kirchenmusikal. Papstjubiläumsfeier zu Frankfurt a. M. gr. 8. (16 S.) Frankfurt a. M. 888, Foesser Nachf. *

—— und Erfolge der kirchlichen October-Versammlung zu Berlin. Ein Wort zur Verständigung über dieselbe an ihre Mitglieder und Beurtheiler von einem schweigenden Theilnehmer. gr. 8. (III, 71 S.) Gotha 872, F. A. Perthes. *

Die Bedeutung und Feier des hundertjährigen Geburtstages von Friedrich Schiller. 1859 s. *Wittig*, Ludwig.

Bedeutung, die, der Feldbahn f. intensive Wirtschaftsbetriebe. A. Pferdebetrieb v. Ed. Meyen. B. Lokomotivbetrieb v. Carl Müller. (12 S.) gr. 8. Breslau (908.) M. Nessel. — 50

Die Bedeutung der Festungen, ihre Vertheidigung und ihre Belagerung durch die Mittel der Neuzeit. — Leipzig: Buchh. für Militärwissenschaften 1873. 66 S. 8° (Militärische Zeit- u. Streitfragen. 20.) 1: Hu 2950-20.
12: Mil. g. 234 h-20 [2 Ex.] 17. 18. 26. 33. 36. 209.
14.10788

Bedeutung des Feuergefechtes. Temesvar 1897. V: *Waldstätten*, *Johann Freih. v.* (EB)

Internationale Ausstellung für Feuerschutz u. Feuerrettungswesen zu Berlin 1901. Die Bedeutung der öffentlichen Feuerversicherungs-Anstalten in Deutschland für den Feuerschutz. (Mit e. statistischen Uebersicht.) Ausgestellt vom Vorstand d. Verbandes öffentlicher Feuer-Versicherungs-Anstalten in Deutschland. Kassner. (Merseburg 1901: Stollberg.) 35 S. 4°
1: 4° Fb 8214. 2. 3. 5. 7. 9→11. 15. 18. 19. 39. 203. 206.
14.10789

Die Bedeutung der öffentlichen Feuerversicherungsanstalten in Deutschland für die Landeswohlfahrt. 8°
Aus: Mitteilungen f. d. öffentl. Feuerversicherungs-Anst. Jg. 1903. No 5. [03.6061]10

Die Bedeutung der detachierten Forts für die heutige Befestigungskunst und allgemeine Grundsätze bei Anlage derselben von H. B. — Dessau: Barth 1879. 16 S. 8° 33.
14.10792

Ueber die Bedeutung und den Fortschritt des Deutschen Instituts für ärztliche Mission. — [Tübingen 1910.] 3 S. 4° 24. 26.
14.10793

Ueber die Bedeutung und den rechten Gebrauch des Gesetzes. (1. Tim. 1, v. 8.) Hrsg. von d. Niedersächsischen Gesellschaft zur Verbreitung christlicher Erbauungsschriften. — Hamburg [um 1830]: Nestler. 11 S. 8° 17. 33.
14.10795

Ueber die Bedeutung der Worte Geist, Geist Gottes und heiliger Geist in der Bibel. 1845 u. ö. s. *Henrici*, Georg.

Bedeutung, die, des heiligen Geistes bezüglich der Auferstehung des Leibes und des ewigen Lebens, nach Luther's Katechismussatz: „Ich glaube, daß der heil. Geist mich und alle Todten auferwecken; und mir, sammt allen Gläubigen in Christo, ein ewiges Leben geben wird." Eine biblisch-theolog. Studie. gr. 8. (172 S.) Basel 866, [Riehm.]

Die gesundheitliche Bedeutung des Turnens im reiferen Alter (Werbebl. d. Bukarester Dtsch. T. V.), 6 S., 8°.

Die Bedeutung rentabler Getreidepreise für den bäuerlichen Grundbesitz, verfaßt von der Deutschen Section des Landesculturrathes für die Markgrafschaft Mähren. — Wien 1901. 32 S. 8° (Mittheilung d. Oesterreichischen Centralstelle zur Wahrung d. land- u. forstwirthschaftlichen Interessen beim Abschlusse von Handelsverträgen. 1901, 42.) 300: 413.674-B. Per. 1901, 42. 302.
14.10797

Ueber die Bedeutung der Gewerbe im Staate und über das Naturprinzip der Verfassungsbildung. Eine staatswissenschaftliche Fehde. Hrsg. von Heinr. Schultz. Abth. 1. Hamm: Schultz & Wundermann 1821. XII, 246 S. 8°
1: Sa 6891. 3→7. 12: Cam. 143q. 19. 21. 29. 35. 308.
14.10798

Die gewerbliche Bedeutung des sächsischen Obererzgebirges in der Gegenwart und Zukunft. 1862 s. *Gerber*, Moritz.

Die Bedeutung der gegen den Rhein-Elbe-Kanal vorgebrachten Gründe. — Hannover: Jänecke 1900. 41 S. 8°
Erweitert aus: Zeitschrift für Binnenschiffahrt. 7. 1900.
7. 27. 35. 47. 51. 86. 106. 206.
14.10802

— Ebd. 1900. 41 S. 8° (Sammlung von Schriften zur Kanalfrage. 7.) 1: Sa 6249/96-7. 4. 6. 26. 27. 38. 44. 60. 64. 180. 203. 214.
14.10803

Bedeutung, die, des Grundwassers f. die Land- u. Forstwirtschaft. (Verhandlgn. d. XXXVIII. Plenarversammlg. des deut. Landwirtschaftsrats 1910.) (S. 571—591.) Lex. 8. Berlin (910) (P. Parey). nn — 75
Sonderabdruck aus „Archiv d. deut. Landw.-Rats".

Handelspolitische Bedeutung des Gerstenzolles. Eingabe d. Handelskammer für d. Herzogtum Oldenburg an d. Deutschen Reichstag. — Oldenburg 1902: Stalling. 11 S., IV gez. Bl. 4° 17. 24. 33. 203.
14.10805

Die Bedeutung der Herbergen zur Heimath. 1873 s. *Boehlau*, Hugo.

Die hohe Bedeutung des heiligen Rockes Jesu Christi zu Trier, zur Rechtfertigung der Verehrung desselben ... Von e. Priester zu Aschaffenburg. — Würzburg: Voigt & Mocker 1845. 26 S. 8°
2. 5. 10. 12: H. eccl. 3017. 19. 20. 32. 38. 41. 102.
14.10808

Die Bedeutung der Judenfrage in Preussen. Ein Wort aus Preußen nur für Christen, Mosaisten, Muhamedaner etc. — Schwerin 1860: Sandmeyer. 26 S. 8°
5. 7. 12: Jud. 6c. 18. 26. 28. 32. 33.
14.10811

—— die, der Judenfrage in Preußen. Ein Wort aus Preußen nur für Christen, Mosaisten, Muhamedaner rc., nicht für Atheisten, Deisten, Menschenthümler und Heuchler. gr. 8. (26 S.) Schwerin 860, (Stiller'sche Hofbuchh.) *

Die Bedeutung der Candidatur [Kandidatur] des Fürsten Alois Liechtenstein für den Antisemitismus und die christlich-sociale Reform in Oesterreich. — Wien: Austria 1891. 16 S. 8° 300:86.031-B. 302.
14.10814

Die Bedeutung des Kaufmanns in unserer Zeit. 2 Vorträge. 1. Die Bedeutung des Kaufmanns in der Gegenwart vom wirtschaftlichen Standpunkte aus betrachtet. Von R. v. Renauld. 2. Welche Aufgaben hat der reisende Kaufmann in der Gegenwart? Von Hermann Pilz. — Leipzig 1906. 18 S. 8° [(Veröffentlichungen d. Verbandes reisender Kaufleute. 5.)] 1:Fg 299/5-5. 30.
14.10816

Von der Bedeutung der Kenntnisse, oder der Skepticismus, Idealismus und Realismus. 1799
s. *Abicht*, Johann Heinrich.

Die Bedeutung der Kirche und des Cultus auf der Stufe freier menschlicher Bildung. 1840 s. *Froebel*, Julius.

Ueber die Bedeutung der lutherischen Kirche und ihr Verhältniß zur allgemeinen Kirche und zum Staate. 1849
s. *Goeschel*, Karl Friedrich.

Die Bedeutung des merkwürdigen Cometenjahres [Kometenjahres] 1860. Höchst wichtige Prophezeihungen auf d. Jahre 1860–1865. oder d. Zukunft Europa's, namentlich Deutschlands, sowie d. Ende Napoleon III. — Augsburg: Jaquet 1860. 29 S. 8° 12:Phys.m.17c.
14.10817

Bedeutung der Confirmation [Konfirmation]. Eine Gedenkschrift für Jung u. Alt. — Bremen: Valett in Comm. 1860. 31 S. 8° 46.
14.10818

Die Bedeutung der Marianischen Congregationen [Kongregationen] für junge Männer, insbesondere für junge Kaufleute. Eine Festschrift zur 25jährigen Jubelfeier d. Gründung d. Aachener Congregation. — Aachen: Jacobi 1880. IX,90 S. 8° 52.
14.10819

Die Bedeutung der Marianischen Kongregationen für junge Männer, insbesondere für junge Kaufleute. Eine Festschrift zur 50jährigen Jubelfeier d. Gründung d. Aachener Kongregation. — Aachen 1905: La Ruelle. XII,104 S. 8°
38. 52. 211.
14.10820

Die Bedeutung der Schulze-Delitzsch'schen Kreditgenossenschaften und Raiffeisen'schen Darlehnskassen für den landwirtschaftlichen Kredit. Leipzig 1888.

1. Die Bedeutung der Krieger-Vereine in unserer Zeit. 2. Gedanken über die Organisation derselben. Deutschlands Krieger-Vereinen gewidmet von e. alten Soldaten. — Freiburg i. Br. 1877: Poppen. 31 S. 8° 12:Mil.g.12s.
14.10821

— die landwirtschaftliche, der Saatkrähe. 3 Abhandlgn. (Deutsch u. ungarisch.) (20 S. m. 2 Karten u. 1 Tab.) Lex.-8. Budapest 904. (F. Kilián's Nachf.) n.n. 2. 50
Sonderabdruck aus: „Aquila".

Bedeutung, Die, des diesjährigen Lätarsonntages für die hiesige Marienkirche. [Wismar 1853.] V: *Crain*, *C. F.* (Bachmann, Mecklenburg. Güstrow 1889. S. 478.)

Die Bedeutung der Lebensversicherung für die Landwirtschaft, insbesondere für die Schuldentlastung. Verhandl. der Plenarvers. des deutschen Landwirtschaftsrats. Berlin 1897—1899.

Die Bedeutung der Lehre vom Teufel in der Kirche und die neue Hannoversche Taufformel beleuchtet von e. hannoverschen Geistlichen. — Hannover: Hahn 1864. 33 S. 8° 7. 8. 23. 26. 35.
14.10826

Bedeutung.– Carl von Linne's Bedeutung als Naturforscher und Arzt. Schilderung hrsg. von d. Kgl. schwed. Akad. d. Wissensch. anlässl. d. 200-jähr. Wiederkehr d. Geburtstages Linnes. Jena: Fischer 19(08-)09. Getr. Pag. 8°
Sondert. 1: Hjelt, Otto E. A.: Carl v. Linne als Arzt u. med. Schriftsteller. Übers. aus d. Schwed. 1909.
2. Lönnberg, Einar: Carl v. Linne u. d. Lehre von d. Wirbeltieren. 1909.
3. Aurivillius, Christopher: Carl v. Linne als Entomolog. 1909.
4. Lindman, Carl Axel Magnus: Carl v. Linne als botan. Forscher und Schriftsteller. 1908.
5. Nathorst, Alfred Gabriel: Carl v. Linne als Geolog 1909.
6. Sjögren, Hjalmar: Carl v. Linne als Mineralog. 1909.

Die Bedeutung Lippspringes im Kampf gegen die Lungentuberkulose. — Lippspringe [um 1910]: Vahle. 7 S. 8° 14.
14.10829

Ueber die Bedeutung von Mannheim und Ulm in dem Vertheidigungssystem von Deutschland. 1819
s. *Theobald*, Josef v.

Ueber die Bedeutung der Mineralien in geologischer und cultureller Beziehung. 1877 s. *Baumheyer*, Johann.

Die Bedeutung des Muiracithin für die Behandlung der Impotenz. ⟨Sammelreferat 1905/1907.⟩ — (Berlin) 1907: (Strauss). 33 S. 8° 33.
14.10833

Die Bedeutung der Nährsalze ⟨Blutsalze⟩ für den Organismus unter specieller Berücksichtigung von Krewels Sanguinal. — Köln 1897. 8 S. 8° 1:Ms 9828. 27. 30.
14.10834

Die nationale Bedeutung des Altkatholicismus. Ein Wort an d. Deutschen von e. Deutschen. — (Warnsdorf: Strache [um 1885].) 8 S. 8° 300:49.114-B.
14.10835

Die nationale Bedeutung der Reichsfinanzreform. 1908
s. *Kahl*, Wilhelm.

— Die, v. Obst u. Zucker f. d. Volksernährg, s: Schriften d. volkswirtschaftl. Vereins z. Förderg d. Obst- u. Gemüseverwertg in Deutschld.

Die Bedeutung der Ölkuchen für die Landwirtschaft. ⟨Auszug aus e. Vortrage.⟩ — Triest: A. G. zur Fabrikation vegetabilischer Öle [um 1905]. 41 S. 8° 305.
14.10838

Bedeutung u. Organisation der Arbeitskammern. (Hrsg.: Franz Hitze.) — Köln 1899: Bachem. 64 S. 8°
Aus: Arbeiterwohl. 18.19. 1898—99. 61.
14.10841

— Ebd. 1899. 64 S. 8° (Soziale Tages-Fragen. 2.3.) 203.
14.10842

— 2. Aufl. M. Gladbach: Volksverein für d. kath. Deutschland 1901. 63 S. 8° (Soziale Tages-Fragen. 2.3.)
5. 26. 38. 169. 211.
14.10843

Die Bedeutung der gewerkschaftlichen Organisation der Arbeiter. Referat gehalten auf d. Arbeiterkongreß zu Bern. Pfingsten 1885. — Hottingen-Zürich 1885: Schweizerische Genossenschaftsbuchdr. 16 S. 8° 16. 60. 109. 203.
14.10844

— u. Organisation d. landwirtschaftl. Unterr. im deut. Heere. (Verhandlgn d. 39. Plenarversammlg d. deut. Landw.-Rats '11.) [Aus: „Archiv d. deut. Landw.-Rats".] (658—688) Lex8° Ebd. '11. nn — 60 d

Bedeutung von Ostafrika für unsere Industrie und unsern Handel. Kaufmännisches Directorium. — (St. Gallen 1869: Zollikofer.) III,26 S. 8°
Darin: Rigby, Christopher Palmer: Das Gebiet von Zanzibar. 10.
14.10845

Oesterreichs Bedeutung für die gegenwärtige Lage Deutschlands. — München: Lentner 1867. 47 S. 8°
5. 12:J. publ. G. 927-48. 19. 34. 41. 106.
14.10839

Ueber die Bedeutung der Wörter parties ⟨p. contractantes⟩, héritiers et ayant-cause und tiers im französischen Rechte. — Köln: Eisen 1859. 36 S. 8° 5. 29. 52.
14.10848

Bedeutung. Die B˙ der deutschen Pestalozzi-Stiftungen für den Lehrerstand s. (D[iesterweg], A[dolf]).

Bedeutung, Die politische, Kölns am Ende des zwölften Jahrhunderts. [Halle 1852.] V: *Abel, Otto.* (stBKöln I, 210)

Die Bedeutung der guten und der schlechten Presse für die katholische Kirche und ihrer [!] Gläubigen in unserer Zeit. Erlaß der vereinigten Bischöfe der Schweiz. — (Luzern [1872]: Räber.) 4 S. 2° 1:2° Ae 220.
14.10851

Bedeutung, über die, des Priesterthums. Eine Primizrede, gehalten zu Burghausen in Oberbayern (von Dr. Anzenberger.) Passau 840, Pustet. 3 *ngr*

Bedeutung der feierlichen Prozession am hochheiligen Frohnleichnamsfeste. — Speyer: Wappler 1845. 37 S. 8° 12: Liturg. 1351–28.
14.10852

Bedeutung, Die psychologische, des Gedankenlesens. Von J. St. Leipzig 1885. V: *Striegel, J.* (Russell XVI, II, 2, 2077)

Bedeutung, Die, der Religion für die Jugenderziehung. St. Gallen 1878. V: *Kesselring, Her.* (Cat. d. Stadtbibl. Zürich. Zürich 1864—97.)

Die religiöse Bedeutung der spanischen Frage. 1869 s. *Pressel,* Friederike.

Bedeutung und Rentabilität der Locomotiv-Eisenbahn Sternberg-Wildenschwert-Mittelwalde im Anschlusse an die mährisch-schlesische Nordbahn über Mährisch-Neustadt, Mährisch-Schönberg, Hannsdorf und Grulich nächst der österreichisch-preussischen Grenze. Von G. & F. — Wien: Hölder 1872. 16 S. 8° 300:58.028–B. 302. 305.
14.10856

Die Bedeutung Rumäniens in dem bevorstehenden österreichisch-(deutsch-)russischen Kriege. Eine zeitgemäße Studie von e. deutschen Soldaten. — Minden i. W.: Bruns 1888. 28 S. 8°
1: Ui 26466. 6. 14. 30. 44. 47. 106. 300: 189.015–B.
14.10858

Die Bedeutung des Sauerstoffs und Ozonsauerstoffs und die Gebrauchsweise des Sauerstoff- und Ozon-Wassers. — Berlin 1873: (Hoffschläger). 14 S. 8°
2. 6. 14. 44. 48.
14.10859

Die Bedeutung der Savoyerfrage. Zur Belehrung u. Aufklärung d. Schweizervolks. Hrsg. auf Veranstaltung d. Centralausschusses d. Helvetia. — Basel 1860: Krüsi. 28 S. 8° 1: an Ru 3218.
14.10860

Bedeutung (Ueber die sittliche) der freiwilligen Armenpflege, besonders durch Armenvereine. (Aus d. „Toggenburger Boten" abgedr.) 8°. Lichtensteig 1855 (St. Gallen, Röppel).

Bedeutung (Die sociale) der Consumvereine. Drei Briefe an einen Freund in Basel zur Vertheidigung des Baseler allgem. Consum-Vereins (von Bernh. Collin). 8°. Basel (Amberger) 1867. 29 S.

— die soziale, des Rettungswesens. Unter Mitwirkg. v. Alexander, Dietrich, Düms u. a. im Auftrage des Aerztevereins der Berliner Rettungsgesellschaft hrsg. v. S. Alexander u. George Meyer. (XI, 218 S.) gr. 8. Berlin 906. A. Hirschwald. n. 5. —

Die sozialpolitische Bedeutung der Terraingesellschaften im Rahmen der bestehenden Wirtschaftsordnung. München: Fachzeitschriftenverl. [1902]. 23 S. 8°
Aus: Handels-Revue. 9. 1902. 41. 47.
14.10866

— (2. Aufl.) Ebd. [um 1905]. 23 S. 8° 180.
14.10867

Die Bedeutung der Staats-Berg- und Hüttenwerke des Kaiserthums Oesterreich. — Wien 1862: Gerold. 23 S. 8°
300: 175.737–B. 302. 305.
14.10869

Die staatsrechtliche Bedeutung des Streites der Nordbahn gegen die Staatsbahn. Ein Promemoria an d. Reichsrath. — Wien: Hügel 1861. 36 S. 8°
300: 168.784–B. 302. 305.
14.10870

Ueber die Bedeutung, den volkswirthschaftlichen und den technischen Standpunct, die Productions- und die Handelsverhältnisse der sächsischen Holzkohleneisenerzeugung. Bericht an d. Handels- u. Gewerbekammer zu Plauen vom Mai 1864. — Eibenstock [1864]: Hofmann. 24 S. 8°
14.
14.10872

Die Bedeutung der hypnotischen Suggestion als Heilmittel. Gutachten u. Heilberichte ... Hrsg. von J. Grossmann. A. Ausg. im Orig.-Text. — Berlin: Bong 1894. XVIII, 160 S. 8° 1: Kk 7238–Ausg. A. 11. 15. 25. 27.
14.10874

— B. Deutsche Ausg. Ebd. 1894. XVIII, 163 S. 8°
1: Kk 7238–Ausg. B. 9. 12: Path. 509m. 19. 34.
14.10875

— B. Deutsche Ausg. 2. Aufl. Ebd. 1894. XVIII, 163 S. 8°
3. 30.
14.10876

— B. Deutsche Ausg. 3. Aufl. Ebd. 1894. XVIII, 163 S. 8°
11. 20. 79.
14.10877

Die Bedeutung des Tastenlehrers oder warum vielen das Klavierspielen so schwer wird. Ein Wort für Lehrer u. Schüler von e. Fachmann. — Düsseldorf: Riedrich [1896]. 4 Bl. 8° 1: Mus. Fk 259. 5.
14.10878

Die tellurische Bedeutung der Wälder, die Bestimmung und der Werth derselben für die Landwirthschaft, sowie das Auftreten und die weite Verbreitung der Kartoffelkrankheit in Folge der Entwaldungen ganzer Gegenden. Für Landwirthe, Forstmänner, Bergknappen u. Cameralisten von C. v. K. — Breslau: Graß, Barth & Co. in Komm. 1860. VI, 94 S. 8° 12: Oecon. 215 r. 15. 34.
14.10880

Die Bedeutung des Terminhandels für das Warengeschäft. Eine Denkschrift d. Vorstandes d. Wiener Frucht- u. Mehlbörse. — (Wien [1888].) 11 S. 4° 302. 304.
14.10881

Die therapeutische Bedeutung des Tannoform. — (Darmstadt [1899].) IV, 32 S. 4°
Aus: Thierärztlicher Central-Anzeiger. 5. 1899 [u.] Klinisch-therapeutische Wochenschrift 6. 1899.
26.
14.10882

Die Bedeutung des Torfs für die Provinz Ostpreußen. 2 Vorträge gehalten ... über: Die Torflager als Kraftquellen von N. Caro u. über: Die Torflager als Rohstoffquellen und die landwirtschaftliche Nutzung der Torflager von W. Feldt. — Danzig: Verband Ostdeutscher Industrieller 1907. 37 S. 8° 11. 38. 86. 206.
14.10883

Bedeutung, Die, des Urchristenthums und sein Verhältniss zum Christenthum der Gegenwart . . . Darmstadt 1846. V: *Althaus, Theodor.* (zu)

— die, des Urchristenthums u. sein Verhältniß z. Christenthum d. Gegenwart. Ein Beitr. z. religiösen Selbstverständ. d. Gegenwart. Mit e. Vorw. v. Ludw. Noack. gr. 8. (6⅓ B.) Darmstadt 846, Leske.

Venedigs militärische Bedeutung für Österreich und Deutschland. Berlin 1861. 8°.

Venedig's militärische Bedeutung für Österreich und Deutschland. Mit e. Uebersichtskt. — Wien: Seidel 1861. 24 S. 8° 17. 25. 209. 300[°°Kt.]: 168.996–B. 302[°°Kt.]
14.10886

Bedeutung. Die Bedeutung der Vereinheitlichung des schweizerischen Civilrechts für die Landwirtschaft s. [Huber, Eugen].

Die Bedeutung der deutschen Vereinsorganisation vom Roten Kreuz für das Rettungswesen. — (Berlin 1908: Norddeutsche Buchdr.) 110 S. 8°
1: Kq 8744. 9. 10. 15. 17. 25. 27. 29. 30. 36. 47. 64.
14.10887

Die Bedeutung und Verwendung des Gewehrfeuers im Festungskriege. (Eine Studie.) — Berlin 1904. 39 S. 8° (Mitteilungen d. Ingenieur-Komitees. 36.) 10. 209.
14.10889

Die volkswirthschaftliche [volkswirtschaftliche] Bedeutung der Kremsthalbahn (Kirchdorf–Linz). Zur Widerlegung d. jüngst in Wels erschienenen Broschüre 'Die Flügelbahn Wels–Kirchdorf'. Hrsg. von d. . . . Agitations-Komité zur Realisierung d. Kremsthalbahn. — Linz 1874. 40 S. 8° 300: 523.792–B.
14.10891

Bedeutung und Vorbedeutung des sechsten deutschen Protestantentages . . . für die Kirchengesetzgebung der Gegenwart. 1873 s. *Ananonymus*.

Bedeutung, die, der gebräuchlichsten Vornamen. 2. Aufl. 8. (16 S.) Hamburg 883. Exped. der „Erholungsstunden". — 20

Die Bedeutung der Waldbahnen für die Forstwirthschaft. Veröffentlicht von d. Firma Orenstein & Koppel in Wien u. Prag. — Wien 1899. 12 S. 8°
Aus: Oesterreichische Forst- u. Jagd-Zeitung. 17. 1899.
300: 402.515–B.
14.10898

Die weltgeschichtliche Bedeutung Konstantinopels. Von *. Mit e. Kt. d. Gestade d. Marmarameeres. — Prag: Mercy in Komm. 1878. VI, 93 S. 8° 203.**
14.10900

Die wirtschaftliche Bedeutung der deutschen Kälte-Industrie im Jahre 1908. Für d. 1. Internationalen Kongreß d. Kälte-Industrie Paris 1908 bearb. von d. Abteilung Ia d. deutschen Ausschusses. — München [usw.]: Oldenbourg 1908. 23 S. 4°
11. 12: 4° Techn. 6f. 19. 83. 91. 302.
14.10904

Handelskammer zu Hanau. Die wirthschaftliche [wirtschaftliche] Bedeutung des großschifffahrtsfähigen Mainkanals für die Stadt Hanau und ihr Hinterland. — (Hanau [1901]: Heydt.) 6 S. 4° 4.
14.10905

Die wirtschaftliche Bedeutung Mannheims im Reich und in Baden. Dem Verein für Sozialpolitik . . . gewidmet von d. Handelskammer für d. Kreis Mannheim. — (Mannheim [1905]: Haas.) 45 S. 8°
Erweitert aus: Jahresbericht d. Handelskammer für d. Kreis Mannheim. 1904.
5. 11. 16. 26. 27. 31. 61. 64. 79. 83. 86. 106. 180. 203.
14.10906

Bedeutung. Die wirtschaftliche B' des Rekurses der Appenzeller-Bahn wegen verweigerter Baubewilligung nach St. Gallen. (Untersuchungen, [den Mitgliedern des] Nationalrat[es unterbreitet durch] Behörden und Industrielle der von der A'-B' bedienten Landesgegend. 1905 August 29/September 12.) 32 S. 8. [Herisau, Schläpfer & Cie., 1905.] [fr. —.50]

Die Bedeutung des gegenwärtigen Zeitalters. 1848 s. *Smetana*, Augustin.

Die Bedeutung der Zeiten und die Zeitenfolge in der lateinischen Sprache, vom rein logischen Standpunkt betrachtet. Von e. k. bayer. Studienlehrer. — Amberg: Pohl 1861. 24 S. 8° 12: L. lat. 91g. 19.
14.10908

Ueber die Bedeutung des Zofingervereins für das Vaterland. Rede gehalten von d. Redner d. Zürcherischen Section desselben am Jahresfeste in Zofingen d. 22. Sept. 1836. — Zürich: Höhr 1836. 30 S. 8° 12: Helv. 141.
14.10910

Bedeutungen. — Bedeutungen und Inschrifften einiger wienerischen redenden Erleuchtungen bey welt-erwünschter Geburt des Durchlauchtigsten Ertz-Hertzogs Leopoldi &c. &c. A.C. 1716 . . . von C.G.H. — Wienn 1716: Heyinger. 16 Bl. 2° 2. 7. 23.
14.10911

v. Bedford, des Herzogs, wichtige Begebenheiten in d. herzogl. Familie von Devonshire. 2 Thle. 8. Leipz. 791. Weygand. 1 ₰ 18 ℊ

Bedford, Eugenie, oder die unmöglich geglaubte Heyrath, aus dem Franz. 8. Berlin, 788. Bourdeaux. 1 Rthl. 5 sgl.

Bedford, . . ., Eugenie, od. die unmögl. geglaubte Heirath. 2 Thle. 8. Berl. 788. Schöne. 1 ₰ 16 ℊ

Bedford, Fred, a. Sleaford in Lincolnshire (England): Über die ungesättigten Säuren des Leinöls und ihre quantitative Reduktion zu Stearinsäure. Halle a. S. 1906: Waisenhaus. (46 S., 2 Taf.) 8°
Halle, Phil. Fak., Ref. Volhard, Diss. v. 23. März 1907
[Geb. 17. Jan. 79 Sleaford in Lincolnshire (England); Wohnort: Halle a. S.; Staatsangeh.: England; Vorbildung: Grammar School Sleaford 90—95; Studium: London 12, Halle 7 S.; Rig. 18. Dez. 06.]

—

Bedford, John Russell 6th Duke of

v. Bedford, (J., Herzog,) chemisch-agronom. Untersuchungen über d. Werth verschied. Futtergräser. Herausgeg. v. H. Davy. Aus dem Engl. von A. A. Haas. gr. 8. Trier 821. (Hergt in Kobl.) 18 ℊ

Bedford, Karl Julius Eduard [Pseud.]
s. *Weinmann*, Karl Gottfried.

Bedjan, Paul (Hrsg.), s. Acta martyrum et sanctorum.

— s.: Eusèbe de Césarée, histoire ecclésiastique.

Bedjan, Paul, s.: Gregorii Bar-Hebraei Nomocanon.

— s.: Histoire de Mar Jabalaha.

Bedjan, Paul., C. Miss., s.: Isaac, Syrus Antiochenus, Homiliae.

— s.: Manuel de piété etc.

— s.: Mar-Jacobus Sarugensis, homiliae selectae.

Bedjan, Paul, s.: Mar Isaacus Ninivita, de perfectione religiosa.

— Mois de Marie. (Texte syriaque.) (XV, 886 S.) 16. Paris 904. Leipzig, O. Harrassowitz. n.n. 8. —

Bedjan, Paul, s: Nestorius, le livre d'Héraclide de Damas.

— s.: Thomas Marga, liber superiorum.

— Vies des saints. (In syr. Spr.) kl8° Lpzg, O Harrassowitz '12. nn 16 —

Bedjanić, M., De Q. Horatii Flacci Epist. libro I. Pr. 1883. 39 S.

Bedienstung. — Ueber die Bedienstung der Advocaten und Schreiber in Wirtemberg. — Stuttgart: Löflund 1797. 38 S. 8° **19. 21. 24.**
14.10953

Bediente, Der falsche, oder der bestrafte Betrüger, ein Lustspiel. Wien 1749. V: *Ossenfelder, Heinr. Aug.* (MGT)

Bedienten, die falschen. Lustsp. 8. Wien. 757.

BEDIENTEN, Die, in Wien. Gemälde in 3 A. Wien, Wallishausser, 1807. 8°.
Kayser's Schsp.-Verz. 1836. p. 9.

Bedienten-Buch, s. Buch für Diener.

Bedienung. — Bedienung und Behandlung der schweren Feldhaubitze 02 und der 10 cm Kanone 04. — Berlin: Mittler 1907. V, 87 S. 8° Aus: D. V. E. 197. M. N. 1906. (Sondervorschriften für d. Fußartillerie. 8.)
1: Hx 25333-S. 11. 12: Bavar. 4190-163-S.
14.10954

Bedienung des Belagerungs-Geschützes und des Hebzeugs. — Karlsruhe 1852: Gutsch. VI, 100 S. 8° **17. 31.**
14.10956

Bedienung der kleinen Kartätschgeschütze u. Leuchtkörper. 12. (103 S.) Berlin 901. E. S. Mittler & Sohn. n. — 70; kart. n. — 80

Entwurf. Die Bedienung der 21 cm Ringkanone in Minimalscharten-Laffete. — Berlin: Voss 1883. 31 S. 8° **11.**
14.10958

Bedienungsvorschrift. — Bedienungsvorschrift für den 21 cm Bronce-Mörser in 21 cm Mörser-Küsten-Lafette. — Berlin: Reichs-Marine-Amt; Mittler [in Komm.] 1909. 25 S. 8° ([Bedienungsvorschriften für d. Küstengeschütze d. Marine.] 27.) (D.E.229.) 1: Hx 25366-27. 11.
14.10959

Bedienungsvorschrift für die 8,7 cm Kanone L/24 in Gelenk-Laffete. — Berlin: Reichs-Marine-Amt 1901. 23 S. 8° ([Bedienungsvorschriften für d. Schiffsgeschütze.] 30.)
1: Hx 25145-30.
14.10960

Bedienungsvorschrift für die 10,5 cm Kanone L/35 in Pivot-Laffete C/86 und Mittel-Pivot-Laffete C/81. 87. — Berlin: Mittler 1900. 31 S. 8° ([Bedienungsvorschriften für d. Schiffsgeschütze.] 29.) 1: Hx 25145-29.
14.10961

Bedienungsvorschrift für die 15 cm Kanone L/22 in Halb-Rahmen-Laffete C/77. — Berlin: Reichs-Marine-Amt 1901. 34 S. 8° ([Bedienungsvorschriften für d. Schiffsgeschütze.] 16.) 1: Hx 25145-16.
14.10962

Bedienungsvorschrift für die 15 cm Kanone L/22 und die 15 cm Ring-Kanone L/22 in Rahmen-Laffete C/68 für Pfortenwechsel. — Berlin: Mittler 1900. 37 S. 8° ([Bedienungsvorschriften für d. Schiffsgeschütze.] 22.)
1: Hx 25145-22.
14.10963

Bedienungsvorschrift für die 15 cm Kanone L/22 und 15 cm Ring-Kanone L/22 in Rahmen-Laffete C/82 u. für die 15 cm Kanone L/22 in Mittel-Pivot-Laffete C/82. — Berlin: Mittler 1899. 39 S. 8° ([Bedienungsvorschriften für d. Schiffsgeschütze.] 20.) 1: Hx 25145-20.
14.10964

Bedienungsvorschrift für die 15 cm Kanone L/35 Nr. 86 u. 87 in 15 cm Küsten-Lafette. Kiautschou. — Berlin: Reichs-Marine-Amt; Mittler [in Komm.] 1908. 35 S. 8° ([Bedienungsvorschriften für d. Schiffsgeschütze.] 22.) (D.E.229.) 1: Hx 25145a-22. 11.
14.10965

Bedienungsvorschrift für die 21 cm Kanone L/35 in 21 cm Küsten-Mittel-Pivot-Laffete C/92. — Berlin: Reichs-Marine-Amt 1902. 37 S. 8° ([Bedienungsvorschriften für d. Küstengeschütze d. Marine.] 19.)
1: Hx 25366-19.
14.10966

— Berlin: Reichs-Marine-Amt; Mittler [in Komm.] 1909. 36 S. 8° ([Bedienungsvorschriften ...] 19.) (D.E.229.)
1: Hx 25366-19². 11.
14.10967

Bedienungsvorschrift für die 21 cm Kanone L/35 Nr. 57, 58, 70 und 71 in 21 cm Küsten-Mittel-Pivot-Lafette C/92. Berlin: Reichs-Marine-Amt; Mittler [in Komm.] 1909. 32 S. 8° ([Bedienungsvorschriften für d. Küstengeschütze d. Marine.] 26.) (D.E.229.) 1: Hx 25366-26. 11.
14.10968

Bedienungsvorschrift für die 21 cm Kanone L/35 und 28 cm Kanone L/35 in 21 und 28 cm Küsten-Lafette C/85. Berlin: Reichs-Marine-Amt; Mittler [in Komm.] 1910. 38 S. 8° ([Bedienungsvorschriften für d. Küstengeschütze d. Marine.] 33.) (D.E.229.) 1: Hx 25366-33. 11.
14.10969

Bedienungsvorschrift der 24 cm Kanone L/30 in Pivot-Laffete C/84. — Berlin: Mittler 1899. 37 S. 8° ([Bedienungsvorschriften für d. Schiffsgeschütze.] 7.)
1: Hx 25145-7.
14.10970

Bedienungsvorschrift der 24 cm Kanone L/30 in Rahmen-Laffete C/84. — Berlin: Mittler 1900. 39 S. 8° ([Bedienungsvorschriften für d. Schiffsgeschütze.] 8.)
1: Hx 25145-8.
14.10971

— der 24 cm Kanone L/30 in Rahmen-Laffete C/84. VIII. 8. (39 S.) Ebd. 901. n.n. — 50

Bedienungsvorschrift für die 24 cm Kanone L/35 Nr. 49 und 51 in 24 cm Küsten-Mittel-Pivot-Lafette. Kiautschou. Berlin: Reichs-Marine-Amt; Mittler [in Komm.] 1908. 36 S. 8° ([Bedienungsvorschriften für d. Schiffsgeschütze.] 24.) (D.E.229.) 1: Hx 25145a-24. 11.
14.10972

Bedienungsvorschrift für die 24 cm Kanone L/35 in Mittel-Pivot-Laffete C/88. 93, C/90 und C/90. 95. — Berlin: Mittler 1899. 41 S. 8° ([Bedienungsvorschriften für d. Schiffsgeschütze.] 39.) 1: Hx 25145-39.
14.10973

Bedienungsvorschrift für die 26 cm Kanone L/22 und die 26 cm Ring-Kanone L/22 in Drehscheiben-Laffete C/76. — Berlin: Mittler 1897. 35 S. 8° ([Bedienungsvorschriften für d. Schiffsgeschütze.] 3.) 1: Hx 25145-3.
14.10974

Bedienungsvorschrift für die 26 cm Kanone L/22 und die 26 cm Ring-Kanone L/22 in Pivot-Laffete C/76. — Berlin: Mittler 1897. 37 S. 8° ([Bedienungsvorschriften für d. Schiffsgeschütze.] 2.) 1: Hx 25145-2.
14.10975

Bedienungsvorschrift für die 28 cm Kanone L/40 und L/35 in Drehscheiben-Laffete C/92. ('Brandenburg'-Klasse.) — Berlin: Mittler 1897. 39 S. 8° ([Bedienungsvorschriften für d. Schiffsgeschütze.] 41.) 1: Hx 25145-41.
14.10976

Bedienungsvorschrift für die 30,5 cm Kanone L/22 in Pivot-Laffete C/76. — Berlin: Reichs-Marine-Amt 1901. 36 S. 8° ([Bedienungsvorschriften für d. Schiffsgeschütze.] 1.) 1: Hx 25145-1.
14.10977

Bedienungsvorschrift für die 30,5 cm Kanone L/35 in 30,5 cm Küsten-Laffete C/90. — Berlin: Reichs-Marine-Amt; Mittler [in Komm.] 1902. 42 S. 8° ([Bedienungsvorschriften für d. Küstengeschütze d. Marine.] 20.)
1: Hx 25366-20.
14.10978

— Ebd. 1910. 39 S. 8° ([Bedienungsvorschriften ...] 20.) (D.E.229.) 1:Hx 25366^{2}-20. 11.
14.10979

Bedienungsvorschrift für die 15 cm Mantel-Kanone L/22 in der 15 cm apt. Kst. L. I. f. M.K. L/22 und 15 cm apt. Kst. L. II. und III. 15 cm Ring-Kanone L/22 in der 15 cm apt. Kst. L. I. f. R.K. L/22 und der 15 cm apt. Kst. L. IV. 15 cm Kanone L/22 in der 15 cm apt. Kst. L. I. f. K. L/22 und 15 cm apt. Kst. L. IV. — Berlin: Mittler 1899. 34 S. 8° ([Bedienungsvorschriften für d. Küstengeschütze d. Marine.] 16.) 1:Hx 25366-16.
14.10980

— Berlin: Reichs-Marine-Amt; Mittler [in Komm.] 1909. 31 S. 8° ([Bedienungsvorschriften ...] 16.) (D.E.229.) 1:Hx 25366^{2}-16.11.
14.10981

Bedienungsvorschrift für die Maschinenwaffen a) das 8 mm Maschinengewehr, b) die 3,7 cm Maschinenkanone. Berlin: Mittler 1901. 29 S. 8° ([Bedienungsvorschriften für d. Schiffsgeschütze.] 42.) 1:Hx 25145-42. 117.
14.10982

Bedienungsvorschrift für 8,8 cm Munitionsaufzug mit Fahrstuhl (Dampf). — Berlin: Reichs-Marine-Amt; Mittler [in Komm.] 1906. 10 S. 8° (D.E.394,B.) 1:Hz 4424-B.
14.10983

Bedienungsvorschrift für 8,8 cm Munitionsaufzug mit Fahrstuhl (hydraulisch). — Berlin: Reichs-Marine-Amt; Mittler [in Komm.] 1907. 10 S. 8° (D.E.394,O.) 1:Hz 4424-O.
14.10984

Bedienungsvorschrift für 8,8 cm Munitions-Kettenförderwerk (elektrisch). — Berlin: Reichs-Marine-Amt; Mittler [in Komm.] 1907. 11 S. 8° (D.E.394,A.) 1:Hz 4424-A.
14.10985

Bedienungsvorschrift für 10,5 cm Munitions-Kettenförderwerk (elektrisch). — Berlin: Reichs-Marine-Amt; Mittler [in Komm.] 1906. 11 S. 8° (D.E.394,G.) 1:Hz 4424-G.
14.10986

Bedienungsvorschrift für 15 cm Munitions-Klinkenaufzug (elektrisch). — Berlin: Reichs-Marine-Amt; Mittler [in Komm.] 1907. 13 S. 8° (D.E.394,M.) 1:Hz 4424-M.
14.10987

Bedienungsvorschrift für 17 cm Munitions-Klinkenaufzug (elektrisch). — Berlin: Reichs-Marine-Amt; Mittler [in Komm.] 1906. 12 S. 8° (D.E.394,N.) 1:Hz 4424-N.
14.10988

Bedienungsvorschrift für 21 cm Munitions-Klinkenaufzug (elektrisch) mit Horizontaltransport. — Berlin: Reichs-Marine-Amt; Mittler [in Komm.] 1909. 14 S. 8° (D.E.394,T.) 1:Hz 4424-T. 11.
14.10989

Bedienungsvorschrift für 8,8 cm doppelte Munitionswinde (elektrisch). — Berlin: Reichs-Marine-Amt; Mittler [in Komm.] 1906. 12 S. 8° (D.E.394,D.) 1:Hz 4424-D.
14.10990

Bedienungsvorschrift für 8,8 cm einfache Munitionswinde (elektrisch). — Berlin: Reichs-Marine-Amt; Mittler [in Komm.] 1906. 12 S. 8° (D.E.394,E.) 1:Hz 4424-E.
14.10991

Bedienungsvorschrift für 8,8 cm einfache Munitionswinde mit Fahrstuhl (elektrisch). — Berlin: Reichs-Marine-Amt; Mittler [in Komm.] 1906. 11 S. 8° (D.E.394,C.) 1:Hz 4424-C.
14.10992

Bedienungsvorschrift für 10,5 cm doppelte Munitionswinde (elektrisch). — Berlin: Reichs-Marine-Amt; Mittler [in Komm.] 1906. 12 S. 8° (D.E.394,H.) 1:Hz 4424-H.
14.10993

Bedienungsvorschrift für 10,5 cm einfache Munitionswinde (elektrisch). — Berlin: Reichs-Marine-Amt; Mittler [in Komm.] 1906. 12 S. 8° (D.E.394,I.) 1:Hz 4424-I.
14.10994

Bedienungsvorschrift für 10,5 cm einfache Munitionswinde mit Fahrstuhl (Dampf) und 10,5 cm Munitionsaufzug mit Fahrstuhl (hydraulisch). — Berlin: Reichs-Marine-Amt; Mittler [in Komm.] 1906. 10 S. 8° (D.E.394,F.) 1:Hz 4424-F.
14.10995

Bedienungsvorschrift für 15 cm doppelte Munitionswinde (elektrisch). — Berlin: Reichs-Marine-Amt; Mittler [in Komm.] 1906. 12 S. 8° (D.E.394,K.) 1:Hz 4424-K.
14.10996

Bedienungsvorschrift für 15 cm doppelte Munitionswinde (elektrisch) mit Horizontaltransport. — Berlin: Reichs-Marine-Amt; Mittler [in Komm.] 1909. 13 S. 8° (D.E.394,S.) 1:Hz 4424-S. 11.
14.10997

Bedienungsvorschrift für 15 cm einfache Munitionswinde (elektrisch). — Berlin: Reichs-Marine-Amt; Mittler [in Komm.] 1906. 11 S. 8° (D.E.394,L.) 1:Hz 4424-L.
14.10998

Bedienungsvorschrift für 17 cm doppelte Munitionswinde (elektrisch). — Berlin: Reichs-Marine-Amt; Mittler [in Komm.] 1908. 12 S. 8° (D.E.394,R.) 1:Hz 4424-R. 11.
14.10999

Bedienungsvorschrift für 17 cm einfache Munitionswinde (elektrisch). — Berlin: Reichs-Marine-Amt; Mittler [in Komm.] 1908. 12 S. 8° (D.E.394,Q.) 1:Hz 4424-Q. 11.
14.11000

Bedienungsvorschrift für einen Panzerdrehturm mit einer 28 cm Ring-Kanone L/22. — Berlin: Reichs-Marine-Amt; Mittler [in Komm.] 1909. 40 S. 8° ([Bedienungsvorschriften für d. Küstengeschütze d. Marine.] 11.) (D.E.229.) 1:Hx 25366-11. 11.
14.11001

Bedienungsvorschrift für einen Panzerdrehturm mit zwei 15 cm Ring-Kanonen L/23. — Berlin: Reichs-Marine-Amt; Mittler [in Komm.] 1909. 36 S. 8° ([Bedienungsvorschriften für d. Küstengeschütze d. Marine.] 12.) (D.E.229.) 1:Hx 25366-12. 11.
14.11002

Bedienungsvorschrift für einen Panzerdrehturm mit zwei 28 cm Ring-Kanonen L/22. — Berlin: Reichs-Marine-Amt; Mittler [in Komm.] 1909. 42 S. 8° ([Bedienungsvorschriften für d. Küstengeschütze d. Marine.] 13.) (D.E.229.) 1:Hx 25366-13. 11.
14.11003

Bedienungsvorschrift für die 12,5 cm Ring-Kanone L/23 in Rahmen-Laffete C/84. — Berlin: Reichs-Marine-Amt 1901. 31 S. 8° ([Bedienungsvorschriften für d. Schiffsgeschütze.] 25.) 1:Hx 25145-25.
14.11004

— für die 21 cm Ring-Kanone L/22 in 21 cm Kst. L. C/69 Nr. I, II u. III, 21 cm Ring-Kanone L/22 in 21 cm Nr. Kst. L. C/73, 21 cm Ring-Kanone L/22 in 21 cm Kst. L. C/70 u. C/79, 21 cm Kanone L/22 in 21 cm Kst. L. C/85 u. 21 cm apt. Kst. L. C/69, 21 cm Kanone L/35 in 21 cm Kst. L. C/85, 24 cm Ring-Kanone L/22 in 24 cm Kst. L. C/69, 28 cm Ring-Kanone L/22 in 28 cm Kst. L. a./C. u. n./C., 28 cm Kanone L/22 in 28 cm Kst. L. n./C., 28 cm Kanone L/35 in 28 cm Kst. L. C/85. [17.] 8. (45 S.) Ebd. 899. n.n. — 50.

Bedienungsvorschrift für die 21 cm Ring-Kanone L/22 in Minimalscharten-Lafette in Panzerbatterien. — Berlin: Reichs-Marine-Amt; Mittler [in Komm.] 1909. 35 S. 8° ([Bedienungsvorschriften für d. Küstengeschütze d. Marine.] 10.) (D.E.229.) 1:Hx 25366-10. 11.
14.11005

Bedienungsvorschrift für die 24 cm Ring-Kanone L/22 in 24 cm Kst. L. C/69, 28 cm Ring-Kanone L/22 in 28 cm Kst. L. a/C. u. n/C. und 28 cm Kanone L/22 in 28 cm Kst. L. n/C. — Berlin: Reichs-Marine-Amt; Mittler [in Komm.] 1909. 39 S. 8° ([Bedienungsvorschriften für d. Küstengeschütze d. Marine.] 28.) (D.E.229.)
1:Hx 25366-28. 11.
14.11007

Bedienungsvorschrift für die 6 cm Schnellade-Boots-Kanone L/21 in Boots- und Landungs-Lafette mit Protze C/1900 und für die 3,7 cm Maschinen-Kanone in 6 cm Landungs-Lafette mit Protze C/1900. — Berlin: Reichs-Marine-Amt; Mittler [in Komm.] 1903. 64 S. 8° ([Bedienungsvorschriften für d. Schiffsgeschütze.] 28.)
1:Hx 25145-28.
14.11008

— Bedienungsvorschrift für die 6 cm Schnellade-Boots-Kanone L/21 in Boots- und Landungs-Lafette mit Protze C/1900. — Ebd. 1909. 45 S. 8° ([Bedienungsvorschriften ...] 28.) (D.E.228.) 1:Hx 25145a-28. 11.
14.11009

Bedienungsvorschrift. —
Bedienungsvorschrift für die 5 cm Schnellade-Kanone L/40 in Mittel-Pivot-Lafette C/90. — Berlin: Reichs-Marine-Amt; Mittler [in Komm.] 1907. 25 S. 8° ([Bedienungsvorschriften für d. Schiffsgeschütze.] 37.) (D.E.228.)
1:Hx 25145-37. 11.
14.11010

Bedienungsvorschrift für die 5,2 cm Schnellade-Kanone L/55 in Mittel-Pivot-Lafette C/1903. — Berlin: Reichs-Marine-Amt; Mittler [in Komm.] 1907. 24 S. 8° ([Bedienungsvorschriften für d. Schiffsgeschütze.] 52.) (D.E.228.) 1:Hx 25145-52. 11.
14.11011

Bedienungsvorschrift für die 5,2 cm Schnellade-Kanone L/55 in Mittel-Pivot-Lafette C/1903 auf Torpedobooten. — Berlin: Reichs-Marine-Amt; Mittler [in Komm.] 1907. 20 S. 8° ([Bedienungsvorschriften für d. Schiffsgeschütze.] 53.) (D.E.228.) 1:Hx 25145-53. 11.
14.11012

Bedienungsvorschrift für die 8,8 cm Schnelllade-Kanone L/30 in 8,8 cm Mittel-Pivot-Laffete C/89. — Berlin: Mittler 1897. 20 S. 8° ([Bedienungsvorschriften für d. Schiffsgeschütze.] 34.) 1:Hx 25145-34.
14.11013

— Bedienungsvorschrift für die 8,8 cm Schnellade-Kanone L/30 in Mittel-Pivot-Lafette C/89. — Berlin: Reichs-Marine-Amt; Mittler [in Komm.] 1908. 26 S. 8° ([Bedienungsvorschriften ...] 34.) (D.E.228.)
1:Hx 25145a-34. 11.
14.11014

Bedienungsvorschrift für die 8,8 cm Schnellade-Kanone L/30 in 8/8 cm Mittel-Pivot-Lafette C/89. Marine-Küsten-Artillerie. — Berlin: Reichs-Marine-Amt; Mittler [in Komm.] 1909. 27 S. 8° ([Bedienungsvorschriften für d. Küstengeschütze d. Marine.] 29.) (D.E. 229.)
1:Hx 25366-29. 11.
14.11015

Bedienungsvorschrift für die 8,8 cm Schnellade-Kanone L/35 in Mittel-Pivot-Lafette C/1901. — Berlin: Reichs-Marine-Amt; Mittler [in Komm.] 1908. 26 S. 8° ([Bedienungsvorschriften für d. Schiffsgeschütze.] 55.) (D.E. 228.) 1:Hx 25145-55. 7. 11.
14.11016

Bedienungsvorschrift für die 8,8 cm Schnellade-Kanone L/35 in Mittel-Pivot-Lafette C/1901 auf Torpedobooten. — Berlin: Reichs-Marine-Amt; Mittler [in Komm.] 1907. 20 S. 8° ([Bedienungsvorschriften für d. Schiffsgeschütze.] 54.) (D.E. 228.) 1:Hx 25145-54. 11.
14.11017

Bedienungsvorschrift für die 10,5 cm Schnellade-Kanone L/35 in 10,5 cm Mittel-Pivot-Lafette C/91. Marine-Küsten-Artillerie. — Berlin: Reichs-Marine-Amt; Mittler [in Komm.] 1909. 27 S. 8° ([Bedienungsvorschriften für d. Küstengeschütze d. Marine.] 30.) (D.E. 229.)
1:Hx 25366-30. 11.
14.11018

— für die 10,5 cm Schnellade-Kanone L/35 in Mittel-Pivot-Lafette C/1891. XXXVIII. (D. E. Nr. 228.) (26 S.) 8. Ebd. 908. — 30

— für die 10,5 cm Schnellade-Kanone L/40 in Mittel-Pivot-Lafette C/1897. XLVII. (D. E. Nr. 228.) (28 S.) 8. Ebd. 908. — 30

Bedienungsvorschrift für die 10,5 cm Schnellade-Kanone L/40 in Mittel-Pivot-Lafette C/1904. — Berlin: Reichs-Marine-Amt; Mittler [in Komm.] 1907. 25 S. 8° ([Bedienungsvorschriften für d. Schiffsgeschütze.] 12.) (D.E. 228.) 1:Hx 25145-12.
14.11019

Bedienungsvorschrift für die 15 cm Schnelllade-Kanone L/35 in Mittel-Pivot-Lafette C/92 u. C/94. — Berlin: Reichs-Marine-Amt 1901. 26 S. 8° ([Bedienungsvorschriften für d. Schiffsgeschütze.] 43.) 1:Hx 25145-43.
14.11020

Bedienungsvorschrift für die 15 cm Schnellade-Kanone L/35 in 15 cm Mittel-Pivot-Lafette C/94. Marine-Küsten-Artillerie. — Berlin: Reichs-Marine-Amt; Mittler [in Komm.] 1909. 27 S. 8° ([Bedienungsvorschriften für d. Küstengeschütze d. Marine.] 32.) (D.E. 229.)
1:Hx 25366-32. 11.
14.11021

Bedienungsvorschrift für die leichte 15 cm Schnellade-Kanone L/40 Nr. 155 und 158 in 15 cm Küsten-Mittel-Pivot-Lafette C/94. Kiautschou. — Berlin: Reichs-Marine-Amt; Mittler [in Komm.] 1908. 28 S. 8° ([Bedienungsvorschriften für d. Schiffsgeschütze.] 23.) (D.E. 229.)
1:Hx 25145a-23. 11.
14.11022

Bedienungsvorschrift für die 15 cm Schnellade-Kanone L/40 Nr. 617, 618 und 619 in 15 cm Minimalscharten-Lafette C/1902. Marine-Kolonial-Artillerie. — Berlin: Reichs-Marine-Amt; Mittler [in Komm.] 1909. 25 S. 8° ([Bedienungsvorschriften für d. Küstengeschütze d. Marine.] 25.) (D.E. 229.) 1:Hx 25366-25. 11.
14.11023

Bedienungsvorschrift für die 15 cm Schnelllade-Kanone L/40 in Mittel-Pivot-Laffete C/97. [Nebst] Deckblätter. — Berlin: Reichs-Marine-Amt; Mittler [in Komm.] 1902-04. 8° ([Bedienungsvorschriften für d. Schiffsgeschütze.] 19.) 1:Hx 25145-19. 11. 34 [** Deckbl.]
14.11024

Bedienungsvorschrift für die 15 cm Schnellade-Kanone L/40 in 15 cm Mittel-Pivot-Lafette C/97 in Einzelkasematte. Marine-Küsten-Artillerie. — Berlin: Reichs-Marine-Amt; Mittler [in Komm.] 1909. 29 S. 8° ([Bedienungsvorschriften für d. Küstengeschütze d. Marine.] 31.) (D.E. 229.) 1:Hx 25366-31. 11.
14.11025

Bedienungsvorschrift für die 15 cm Schnellade-Kanone L/40 in Mittel-Pivot-Lafette C/97 in Gesamtkasematte. — Berlin: Reichs-Marine-Amt; Mittler [in Komm.] 1907. 26 S. 8° ([Bedienungsvorschriften für d. Schiffsgeschütze.] 51.) (D.E. 228.) 1:Hx 25145-51. 11.
14.11026

Bedienungsvorschrift für die 15 cm Schnellade-Kanone L/40 in Mittel-Pivot-Lafette C/1902. — Berlin: Reichs-Marine-Amt; Mittler [in Komm.] 1908. 26 S. 8° ([Bedienungsvorschriften für d. Schiffsgeschütze.] 59.) (D.E. 228.) 1:Hx 25145-59. 11.
14.11027

Bedienungsvorschrift für die 15 cm Schnellade-Kanone L/40 in Mittel-Pivot-Lafette C/1902.06 in Gesamtkasematte. — Berlin: Reichs-Marine-Amt; Mittler [in Komm.] 1909. 25 S. 8° ([Bedienungsvorschriften für d. Schiffsgeschütze.] 61.) (D.E. 228.) 1:Hx 25145-61. 11.
14.11028

Bedienungsvorschrift für die 15 cm Schnelllade-Kanone L/40 in Thurm-Laffete C/97. — Berlin: Reichs-Marine-Amt; Mittler [in Komm.] 1902. 23 S. 8° ([Bedienungsvorschriften für d. Schiffsgeschütze.] 23.)
1:Hx 25145-23.
14.11029

Bedienungsvorschrift für die 15 cm Schnellade-Kanone L/40 in Turm-Lafette C/97.99. — Berlin: Reichs-Marine-Amt; Mittler [in Komm.] 1908. 27 S. 8° ([Bedienungsvorschriften für d. Schiffsgeschütze.] 48.) (D.E. 228.) 1:Hx 25145-48. 11.
14.11030

Bedienungsvorschrift für die 17 cm Schnellade-Kanone L/40 in Drehscheibenlafette C/1901. — Berlin: Reichs-Marine-Amt; Mittler [in Komm.] 1908. 30 S. 8° ([Bedienungsvorschriften für d. Schiffsgeschütze.] 56.) (D.E. 228.) 1:Hx 25145-56. 11.
14.11031

Bedienungsvorschrift für die 17 cm Schnellade-Kanone L/40 in Mittel-Pivot-Lafette C/1902 bzw. C/1902/04. Berlin: Reichs-Marine-Amt; Mittler [in Komm.] 1908. 28 S. 8° ([Bedienungsvorschriften für d. Schiffsgeschütze.] 57.) (D.E. 228.) 1:Hx 25145-57. 11.
14.11032

Bedienungsvorschrift für die 21 cm Schnellade-Kanone L/40 in Drehscheibenlafette C/1901. — Berlin: Reichs-Marine-Amt; Mittler [in Komm.] 1907. 35 S. 8° ([Bedienungsvorschriften für d. Schiffsgeschütze.] 13.) (D.E. 228.) 1:Hx 25145-13.
14.11033

Bedienungsvorschrift für die 21 cm Schnellade-Kanone L/40 in Mittel-Pivot-Lafette C/1904. — Berlin: Reichs-Marine-Amt; Mittler [in Komm.] 1909. 27 S. 8° ([Bedienungsvorschriften für d. Schiffsgeschütze.] 62.) (D.E. 228.) 1:Hx 25145a-62. 11.
14.11034

Bedienungsvorschrift für die 21 cm Schnelllade-Kanone L/40 in Thurm-Laffete C/97. — Berlin: Reichs-Marine-Amt; Mittler [in Komm.] 1902. 25 S. 8° ([Bedienungsvorschriften für d. Schiffsgeschütze.] 44.) 1:Hx 25145-44.
14.11035

— Ebd. 1908. 34 S. 8° ([Bedienungsvorschriften ...] 44.) (D.E. 228.) 1:Hx 25145a-44. 11.
14.11036

Bedienungsvorschrift für die 24 cm Schnelllade-Kanone L/40 in Drehscheiben-Laffete C/97. — Berlin: Reichs-Marine-Amt; Mittler [in Komm.] 1902. 27 S. 8° ([Bedienungsvorschriften für d. Schiffsgeschütze.] 45.) 1:Hx 25145-45.
14.11037

— Ebd. 1908. 31 S. 8° ([Bedienungsvorschriften ...] 45.) (D.E. 228.) 1:Hx 25145a-45. 11.
14.11038

Bedienungsvorschrift für die 24 cm Schnelllade-Kanone L/40 in Drehscheiben-Laffete C/98. — Berlin: Reichs-Marine-Amt; Mittler [in Komm.] 1902. 27 S. 8° ([Bedienungsvorschriften für d. Schiffsgeschütze.] 46.) 1:Hx 25145-46.
14.11039

Bedienungsvorschrift für die 24 cm Schnellade-Kanone L/40 in Drehscheibenlafette C/98 (Fahrstuhl). — Berlin: Reichs-Marine-Amt; Mittler [in Komm.] 1908. 30 S. 8° ([Bedienungsvorschriften für d. Schiffsgeschütze.] 60.) (D.E. 228.) 1:Hx 25145-60. 11.
14.11040

Bedienungsvorschrift für die 24 cm Schnellade-Kanone L/40 in Drehscheibenlafette C/98. (Klinkenaufzug.) Berlin: Reichs-Marine-Amt; Mittler [in Komm.] 1908. 34 S. 8° ([Bedienungsvorschriften für d. Schiffsgeschütze.] 46.) (D.E. 228.) 1:Hx 25145a-46. 11.
14.11041

— für die 24 cm Schnellade-Kanone L/40 in Drehscheibenlafette C/99. XLIX. (D.E. Nr. 228.) (34 S. m. 1 Fig.) 8. Ebd. 909. — 40

Bedienungsvorschrift für die 28 cm Schnellade-Kanone L/40 in Drehscheibenlafette C/1901. — Berlin: Reichs-Marine-Amt; Mittler [in Komm.] 1908. 40 S. 8° ([Bedienungsvorschriften für d. Schiffsgeschütze.] 58.) (D.E. 228.) 1:Hx 25145-58.
14.11042

Bedienungsvorschrift für die 28 cm Schnellade-Kanone L/40 in Minimalscharten-Lafette C/1901. (Panzerturm Laboe.) — Berlin: Reichs-Marine-Amt; Mittler [in Komm.] 1905. 31 S. 8° ([Bedienungsvorschriften für d. Schiffsgeschütze.] 21.) 1:Hx 25145-21. 11.
14.11043

Bedienungsvorschrift für die 8,8 cm Torpedoboots-Kanone L/30 in 8,8 cm Torpedoboots-Lafette. — Berlin: Reichs-Marine-Amt; Mittler [in Komm.] 1910. 20 S. 8° ([Bedienungsvorschriften für d. Schiffsgeschütze.] 63.) (D.E. 228.) 1:Hx 25366-63. 11.
14.11044

Bédier, Joseph

Bédier, J. Le lai de l'ombre, publié par *J. B.* Lex. in-8°. 58 p. Fribourg, Libr. de l'université (P. Friesenhahn). 1890

Bédier, Jos., der Roman v. Tristan u. Isolde. Mit Geleitwort v. Gaston Paris. Autoris. Uebersetzg. v. Jul. Zeitler. 8. (VI, 246 S.) Leipzig 901. H. Seemann Nachf. n. 4.—; geb. n. 5.—

— dasselbe. Mit ca. 150 Vollbildern, Textillustr. u. Zierleisten v. Rob. Engels. gr. 4. (156 S.) Ebd. 901. Geb. in Tuch n. 18.—; Prachtausg. n. 50.—

— 2. Aufl. Ebd. (1901). 156 S. 4° 22. 61. 107. 117.
14.11109

— — Ebd. [1907]. VI, 246 S. 8° 44.
14.11111

Bédier, Jos.: Der Roman v. Tristan u. Isolde. Erneut v. B. (Übertr. v. Rud. G Binding.) (227) 8° Lpzg, Insel-Verl. '11. 3.50; L 5 —; Ldr 7 —; Vorzugsausg.: 100 num. Exempl. auf Japanbütten, Ldr 25 —

— Spécimen d'un essai de réconstruction conjecturale du Tristan de Thomas. — Halle: Niemeyer 1900. 40 S. 8°
Aus: Forschungen zur romanischen Philologie. Festgabe für Hermann Suchier. 12: Hertziana 103 d.
14.11119

Bedingnissheft für die Uebernahme von Bauarbeiten und Lieferungen f. d. schweiz. Nordostbahn. ca. 1860. 4.

Bedingnisse. —

Bedingnisse, allgemeine — für Beschotterung und Legung des Oberbaues. (17 S. 4.) 1857

Bedingnisse. — Allgemeine Bedingnisse für die Sicherstellung der Arbeiten und Lieferungen bei der k. k. Reichshaupt- und Residenzstadt Wien. — Wien: Magistrat [um 1870]. VI, 231 S. 2° 305.
14.11137

Allgemeine technische Bedingnisse für den Bau von Kofferkesseln und Instruction für die Übernahme von Flußeisen-Material für den Bau von Schiffsdampfkesseln. — ([Wien]: K. u. k. t. & a. Mil.-Comité) 1889. 26,14 S., 15 Taf. 2° Titelblatt u. Text autographiert. 305.
14.11138

Bedingnisse, allgemeine, für die Veraccordirung von Staatsbau-Arbeiten. München 870. (Kaiser.) Fol. (30 S.) n. 6 ngr

Allgemeine Bedingnisse für die Vergebung und Ausführung von Bauarbeiten der k. k. Staatseisenbahn-Verwaltung. Fol. (19 S.) Wien: Hof-u. Staatsdruckerei 1902. K —.60

Besondere Bedingnisse für die Ausführung der Beschotterung und Oberbauarbeit bei Staatseisenbahnbauten. Fol. (6 S.) K —.30
Wien: Hof-u. Staatsdruckerei 1902.

Besondere Bedingnisse für die Ausführung des Unterbaues bei Staatseisenbahnbauten. Fol. (34 S.) K 1.10
Wien: Hof-u.Staatsdruckerei 1902.

Besondere Bedingnisse betreffend die Lieferung von fertigen Bekleidungs- und Ausrüstungs-Sorten für die k. k. Landwehr im Wege der allgemeinen Concurrenz. — Wien 1888: K. k. Hof- u. Staatsdr. 12 S. 4° 302.
14.11142

— Besondere Bedingnisse betreffend die Lieferung von fertigen Bekleidungs- und Ausrüstungs-Gegenständen für die k. k. Landwehr im Wege der allgemeinen Concurrenz. Ebd. 1899. 12 S. 4° 306:407.278–C.
14.11143

Bedingniße und Gebethe zur heilsamen Gewinnung des Jubel-Ablasses, welchen Seine Heiligkeit Pius IX. in Rom, dann der ganzen christlichen Welt ertheilet hat. Eröffnet in d. Linzer-Diöcese ... 1847. — Linz: Haslinger [1847]. 48 S. 8° 307. 308.
14.11144

Wasserversorgung von Wien. II. Oberingenieurs-Abtheilung. Bedingnisse, Kosten-Voranschläge, Instructionen für den Bau der Wasserbehälter und die Herstellung des Röhrennetzes. — (Wien: Gemeinderath 1869.) Getr. Pag. 2°
Darin u. a.:
Baubedingnisse betreffend d. Hintangabe u. Ausführung d. für d. Bau d. Wasserbehälter u. d. dazu gehörigen Ueberfallcanälen u. Aufsichtsgebäuden u. für d. Herstellung d. Röhrenleitungen außerhalb u. innerhalb d. Linien Wien's erforderlichen Arbeitsleistungen u. Lieferungen.
Instructionen für d. Bauleitung d. Wasserbehälter u. d. Röhrennetzes innerhalb u. außerhalb d. Gebietes d. Stadt Wien.
90. 305.
14.11145

Bedingnisse bey der neuen Matten-Verpachtung. Auf Befehl e. Hochedlen Raths d. Stadt Hamburg publicirt den 15. Jan. 1749. — Hamburg: König [1749]. 20 S. 8° 10. 18.
14.11146

Bedingnisse, unter welchen den bisherigen Matten-Pächtern die Matten-Pacht vom 1 May 1789 bis zum letzten April 1793 prolongirt ist. Auf Befehl e. Hochedlen Raths d. Stadt Hamburg publicirt. — [Hamburg 1789]: Meyn. 19 S. 8° 18.
14.11147

Bedingnisse, unter welchen den bisherigen Matten-Pächtern die Matten-Pacht vom 1 May 1793 bis zum letzten April 1797 prolongirt ist. Auf Befehl e. Hochedlen Raths d. Stadt Hamburg publicirt. — [Hamburg 1793]: Meyn. 19 S. 8° 18.
14.11148

Bedingnisse, unter welchen die Accise von dem fremden Bier außerhalb der Stadt der hiesigen Brauer-Brüderschaft vom 1 Jul. d. J. an auf zwey Jahre verpachtet worden. — Hamburg 1786: Meyn. 4 Bl. 8° 18.
14.11149

Bedingnisse, unter welchen die Gassenreinigung der Altstadt auf vier Jahre an den Mindestnehmenden zu verpachten ist. — Hamburg 1788: Meyn. 8 S. 8° 18.
14.11150

Bedingnisse, unter welchen die Gassen-Reinigung der Neustadt auf vier Jahre an den Mindest-Nehmenden zu verpachten ist. — Hamburg 1793: Meyn. 4 Bl. 8° 205.
14.11151

Bedingnisse zu der Verpachtung der Korn-Branntwein-Accise. Auf Befehl e. Hochedlen Rathes d. Stadt Hamburg publicirt den 26 Nov. 1760. — [Hamburg 1760]: Piscator. 12 S. 8° 18.
14.11152

Bedingnisse zu der Verpachtung der Korn-Branntwein-Accise, vom 15 April 1773 bis 14 April 1777. Auf Befehl e. Hochedlen Rathes d. Stadt Hamburg publicirt d. 4. März 1773. — [Hamburg 1773]: Piscator. 4 Bl. 8° 18.
14.11153

Bedingnisse zu der Verpachtung der Korn-Branntwein-Accise, vom 15 April 1777 bis 14 April 1781. Auf Befehl e. Hochedlen Rathes d. Stadt Hamburg publicirt d. 14. Febr. 1777. — [Hamburg 1777]: Piscator. 4 Bl. 8° 18.
14.11154

Bedingnisse zu der Verpachtung der Korn Branntwein Accise, vom 15 May 1785 bis 14 May 1789. Auf Befehl e. Hochedlen Rathes d. Stadt Hamburg publicirt d. 15. April 1785. — [Hamburg 1785]: Meyn. 4 Bl. 8° 18.
14.11155

Bedingnisse zu der Verpachtung der Matten von 1 Martii 1761. bis zum letzten Februarii 1765. Auf Befehl e. Hochedlen Rathes d. Stadt Hamburg publicirt, d. 12 Jan. 1761. — [Hamburg 1761]: Piscator. 23 S. 8° 18.
14.11156

Bedingnisse zu der Verpachtung der Matten vom 1 May 1777 bis zum letzten April 1781. Auf Befehl e. Hochedlen Rathes d. Stadt Hamburg publicirt d. 14. Februar 1777. — [Hamburg 1777]: Piscator. 16 S. 8° 18.
14.11157

Bedingnissheft.–
— Bedingniss-Heft zu der Offertverhandlung für den Bau einer stabilen Brücke über den Salzachfluß in der Landeshauptstadt Salzburg. — Salzburg: Stadtgemeinde 1883. 22 S. 4° 308.
14.11134

Bedingnißheft für die Vergebung von Bauarbeiten der k. k. priv. Südbahn-Gesellschaft. — (Wien [um 1845]: Massanetz.) 165 S. 8° 305.
14.11135

Königlich ungarische Staats-Eisenbahnen. Bedingniss-Heft für die Vergebung von Linien gegen Pauschalsummen. — (Pest 1872: Heller.) 428 S. 8° 305.
14.11136

Bedingnisshefte, specielle, für Dampfkessel und Eisenbahnmaterialien. gr. 8. (38 S. mit eingedr. Fig.) Zürich 883, (Schmidt.)

Bedingt. — Bedingt oder unbedingt? Eine Ansicht über d. Lösung unserer staatsrechtlichen Fragen. Aus d. Kroatischen übers. — Agram 1864: Albrecht. 19 S. 8° 15. 304.
14.11158

Bedingung. — Die Bedingung zur Emancipation der Juden. 1848 s. *Koehler*, Alexander v.

Bedingungen für die Abgabe von Leuchtgas Seitens der städtischen Gasanstalt sowie Instruction für die Gasfitter. Kiel. 1872. 8°

Bedingungen. — Allgemeine Bedingungen wegen der mit der Pacht der Königlichen Amtssitz-Vorwerke verbundenen Amts-Verwaltung, welche von dem Chef der II. Abtheilung im Ministerium des Königlichen Hauses unterm 23sten April 1837. genehmigt sind. — [Berlin 1837: Decker.] 4 S. 4° 1:28 in 2° An 8630–30.
14.111[illegible]

Bedingungen, allgemeine, f. die Ausführung v. Bauarbeiten u. Lieferungen. Fol. (6 S.) Frankfurt a/M. (902). Gebr. Knauer. — 60

Schlesische Gebirgsbahn. Allgemeine Bedingungen für Ausführung von Bau-Unternehmungen und Lieferungen zur Schlesischen Gebirgsbahn. — (Berlin [1864]: Decker.) 8 S. 4° 1:121 in 2° An 8630–64.
14.11160

Bedingungen. – Allgemeine und besondere Bedingungen (Usancen) für den Handel in Waaren an der Wiener Börse. Statut für die Wiener Börse. Amtl. Maklertarif. Giltig von 1. Jän. 1882. Wien 1882.

Bedingungen, allgemeine und besondere, welche von Großh. bad. Bauverwaltung gewöhnlich bei Uebernahme von Arbeiten u. Lieferungen für den Wasser-Straßen- u. Eisenbahnbau den bezüglichen Vertragsabschlüssen u. Steigerungsverhandlungen zu Grunde gelegt werden. Karlsruhe 858. Gutsch. 4. (72 S.) n. 15 ngl

Bedingungen. – Allgemeine Bedingungen der vereinigten landschaftlichen Brandcasse zu Hannover für die Versicherung von Gebäuden und beweglischen Sachen im Fürstenthum Schaumburg-Lippe vom 10. Juli 1899.
Hannover 1899: Schlüter. (20 S.) 8° (F.)

Prager Waren- und Effectenbörse. Allgemeine Bedingungen (Usancen) für den Handel in Waren. — Prag: Prager Börse 1903. 23,21 S. 8°
Nebent., tschechisch: Pražská bursa pro zboží a cenné papíry. Všeobecné Podmínky (usance) pro obchod se zbožím.
Text deutsch u. tschechisch. 300:427.058-B.
14.11162

Schweiz. Gewerbe-Unfallkasse in Zürich. (Auf Gegenseitigkeit gegründete... schweiz. Unfallversicherungsgesellschaft.) Allgemeine Bedingungen der Kollektiv-Unfallversicherung (Arbeiter-Unfallversicherung), mit oder ohne Deckung der industriellen Haftpflicht des Arbeitgebers. II + 16 S. 8. [Zürich,] A[rt.] I[nstitut] O[rell] F[üssli], Januar 1901.

«Helvetia,» Schweiz. Unfall- und Haftpflicht-Versicherungsanstalt in Zürich. Allgemeine Bedingungen der Kollektiv-Unfallversicherung (Arbeiter-Unfallversicherung), mit oder ohne Deckung der industriellen Haftpflicht des Arbeitgebers. Genehmigt ... 21. Dezember 1900. II + 16 S. 8. [Zürich,] A[rt.] I[nstitut] O[rell] F[üssli], Juli 1901.

Bedingungen, Allgemeine, für Concessionen zur Ausbeutung von Petroleum auf Staatsgütern. Bucarest 1890

Bedingungen, allg., f. Leistgn zu Bauzwecken. (Festgestellt v. Verb. deut. Architekten- u. Ingenieur-Ver. im J.'06.) (5) 4° Berl., (Deut. Bauzeitg) ('06). nn — 25

Allgemeine Bedingungen der Norddeutschen See-Versicherungs-Gesellschaften. Revidirter Entwurf. [Bearb.: Joh. Friedr. Voigt.] — Hamburg 1866: (Borchers in Lübeck). IV,86 S. 8° 1:11 in Fo 11604. 48. 205.
14.11163

Allgemeine Bedingungen, unter welchen in den Provinzen West- und Neu-Ostpreussen ausländische Colonisten, sowohl in den Städten, als auf dem platten Lande angesetzt werden. — [Berlin 1801: Decker.] 2 Bl. 4°
1:74 in 2° An 8630-13.
14.11164

Allgemeine Bedingungen, unter welchen in der Provinz Neu Ostpreussen ausländische Colonisten, sowohl in den Städten, als auf dem platten Lande, angesetzt werden. — [Berlin 1801: Decker.] 2 Bl. 4° 1:59 in 2° An 8630-13.
14.11165

Allgemeine Bedingungen zur Verpachtung der Domainen in der Provinz Posen, welche von dem Chef der zweiten Abtheilung des Königlichen Haus-Ministerii unterm 23sten April 1837. genehmigt sind. — [Berlin 1837: Decker.] 28 S. 4° 1:30 in 2° An 8630-30.
14.11166

Allgemeine Bedingungen zur Verpachtung der Domainen in der Provinz Posen, welche von dem Chef der zweiten Abtheilung des Königlichen Haus-Ministerii unterm 28sten August 1841. genehmigt sind. — [Berlin 1841: Decker.] 31 S. 4° 1:38 in 2° An 8630-31.
14.11167

Allgemeine Bedingungen zur Verpachtung der Domainen in der Provinz Posen, welche von dem Chef der zweiten Abtheilung des Königlichen Haus-Ministerii unterm 19ten Januar 1846. genehmigt sind. — [Berlin 1846: Decker.] 31 S. 4° 1:6 in 2° An 8630-34.
14.11168

— Ebd. [1861]. 31 S. 2° 1:96 in 2° An 8630-56.
14.11169

Allgemeine Bedingungen zur Verpachtung der Domainen in der Provinz Preußen, welche von dem Chef der zweiten Abtheilung des Königlichen Haus-Ministerii unterm 23sten April 1837. genehmigt sind. — [Berlin 1837: Decker.] 28 S. 4° 1:32 in 2° An 8630-30.
14.11170

Allgemeine Bedingungen zur Verpachtung der Domainen in der Provinz Preußen, welche von dem Chef der zweiten Abtheilung des Königlichen Haus-Ministerii unterm 28sten August 1840. genehmigt sind. — [Berlin 1840: Decker.] 28 S. 2° 1:22 in 2° An 8630-31.
14.11171

Allgemeine Bedingungen zur Verpachtung der Domainen in der Provinz Preußen, welche von dem Chef der zweiten Abtheilung des Königlichen Haus-Ministerii unterm 19ten Januar 1846. genehmigt sind. — [Berlin 1846: Decker.] 31 S. 4° 1:5 in 2° An 8630-34.
14.11172

Allgemeine Bedingungen zur Verpachtung der Domainen in der Provinz Preußen. (Berlin, 22. Febr. 1855.) — [Berlin 1855: Decker.] 31 S. 4° 1:33 in 2° An 8630-46.
14.11173

Allgemeine Bedingungen zur Verpachtung der Domainen in den Provinzen Sachsen, Brandenburg und Pommern, ausschließlich des Regierungsbezirks Stralsund, welche von dem Chef der zweiten Abtheilung des Königlichen Haus-Ministerii unterm 23sten April 1837. genehmigt sind. [Berlin 1837: Decker.] 28 S. 4° 1:29 in 2° An 8630-30.
14.11174

Allgemeine Bedingungen zur Verpachtung der Domainen in den Provinzen Sachsen, Brandenburg und Pommern, ausschließlich des Regierungsbezirks Stralsund, welche von dem Chef der zweiten Abtheilung des Königlichen Haus-Ministerii unterm 16ten April 1840. genehmiget sind. [Berlin 1840: Decker.] 28 S. 2° 1:11 in 2° An 8630-31.
14.11175

Allgemeine Bedingungen zur Verpachtung der Domainen in den Provinzen Sachsen, Brandenburg und Pommern, ausschließlich des Regierungsbezirks Stralsund, welche von dem Chef der zweiten Abtheilung des Königlichen Haus-Ministerii unterm 26sten Mai 1843. genehmiget sind. [Berlin 1843: Decker.] 28 S. 2° 1:20 in 2° An 8630-32.
14.11176

Allgemeine Bedingungen zur Verpachtung der Domainen in den Provinzen Sachsen, Brandenburg und Pommern, ausschließlich des Regierungsbezirks Stralsund, welche von dem Chef der zweiten Abtheilung des Königlichen Haus-Ministerii unterm 11ten Dezember 1845. genehmigt sind. — [Berlin 1845: Decker.] 31 S. 4°
1:146 in 2° An 8630-33.
14.11177

Allgemeine Bedingungen zur Verpachtung der Domainen in den Provinzen Sachsen, Brandenburg und Pommern, ausschließlich des Regierungs-Bezirks Stralsund. (Berlin, 29. Nov. 1850.) — (Berlin [1850]: Decker.) 32 S. 4°
1:106 in 2° An 8630-39.
14.11178

Allgemeine Bedingungen zur Verpachtung der Domainen in den Provinzen Sachsen, Brandenburg und Pommern, ausschließlich des Regierungs-Bezirks Stralsund. (Berlin, 26. Juli 1853.) — (Berlin [1853]: Decker.) 32 S. 4°
1:78 in 2° An 8630-43.
14.11179

Allgemeine Bedingungen zur Verpachtung der Domainen in den Provinzen Sachsen, Brandenburg und Pommern, ausschließlich des Regierungsbezirks Stralsund. Vom 8. Juli 1857. — (Berlin [1857]: Decker.) 32 S. 4°
1:146 in 2° An 8630-49.
14.11180

— Ebd. [1861]. 32 S. 4° 1:108 in 2° An 8630-57.
14.11181

Allgemeine Bedingungen zur Verpachtung der Domainen in der Provinz Schlesien, welche von dem Chef der zweiten Abtheilung des Königlichen Haus-Ministerii unterm 23sten April 1837. genehmigt sind. — [Berlin 1837: Decker.] 28 S. 4° 1:31 in 2° An 8630-30.
14.11182

Allgemeine Bedingungen zur Verpachtung der Domainen in der Provinz Schlesien, welche von dem Chef der zweiten Abtheilung des Königlichen Haus-Ministerii unterm 13ten Mai 1843. genehmigt sind. — [Berlin 1843: Decker.] 28 S. 2°
1:21 in 2° An 8630-32.
14.11183

Allgemeine Bedingungen zur Verpachtung der Domainen in der Provinz Schlesien, welche von dem Chef der zweiten Abtheilung des Königlichen Haus-Ministerii unterm 19ten Januar 1846. genehmigt sind. — [Berlin 1846: Decker.] 31 S. 4° 1:7 in 2° An 8630-34.
14.11184

Allgemeine Bedingungen zur Verpachtung der Domainen und deren Zubehörungen. — [Berlin 1823: Decker.] 23 S. 4°
1:151 in 2° An 8630-24.
14.11185

Allgemeine Bedingungen zur Verpachtung der Königlich Preußischen Domainen-Vorwerke. Vom 22. März 1882. — (Berlin [1882]: Reichsdr.) 16 S. 4° 1:4° Sx 8573.
14.11186

— allgemeine, zur Verpachtung der königl. preußischen Domänen-Vorwerke. Vom 12. Apr. 1888. Fol. (16 S.) Berlin 888. (Parey.) n. 1. —

Allgemeine Bedingungen zur Verpachtung der Königlich Preußischen Domainen-Vorwerke. Vom 16. März 1890. Berlin: Parey [1890]. 16 S. 4° 1:4° Sx 8573. 203.
14.11187

Allgemeine Bedingungen zur Verpachtung der Königlichen Preußischen Domainen-Vorwerke, ausschließlich derer des Regierungsbezirks Stralsund. Vom 11. Dez. 1862. (Berlin [1862]: Decker.) 16 S. 4°
1:117 in 2° An 8630-60. 7.
14.11188

— Ebd. [1864]. 16 S. 4° 1:125 in 2° An 8630-65.
14.11189

Allgemeine Bedingungen zur Verpachtung der Königlich Preußischen Domainen-Vorwerke, ausschließlich derer des Regierungsbezirks Stralsund. Vom 8. Juli 1872. — (Berlin [1872]: Decker.) 16 S. 4° 1:4° Sx 8572.
14.11190

Allgemeine Bedingungen zur Verpachtung der Königl. preuß. Domainen-Vorwerke, ausschließlich derer des Reg.-Bez. Stralsund. Berlin, v. Decker. 1874. Fol.

Allgemeine Bedingungen zur Verpachtung der zum Königlichen Haus-Fideikommisse gehörigen Landgüter seitens der Königlichen Hofkammer der Königlichen Familiengüter. — (Berlin [1852]: Decker.) 30 S. 4°
1:3 in 2° An 8630-41.
14.11191

Bedingungen für die Anfertigung, Abnahme &c. von Tauwerk sowie Vorschriften über zulässige Beanspruchung, Prüfung und Erhaltung in Gebrauch befindlicher Ketten und Kettenzubehörstücke für die Kaiserliche Marine. — Berlin 1887: Handorff. 76 S. 8° 1:Hz 2270.
14.11193

— (Berlin: Reichs Marine-Amt 1901.) 67 S. 4°
1:4° Hz 2270/4. 201. 203.
14.11194

Bedingungen für das Angebot auf den Bau eines Expeditionsschiffes für die geplante Südpolarerforschung. Berlin 1899. 12 S. Fol. [D 4055

Bedingungen der jetzt in Bremen bestehenden vier Assecuranz-Compagnien, nämlich: der Assecuranz-Compagnie, der Neuen Assecuranz-Compagnie, der See-Assecuranz-Compagnie, der Nautischen Assecuranz-Compagnie, nach welchen sie mit dem 1sten Jänner 1818 zu versichern anfangen. — Bremen [1818]: Schünemann. 76 S. 8°
10. 16. 18. 46. 48. 208.
14.11195

Bedingungen für die Aufnahme in die königl. Erziehungsanstalt für Studirende in Amberg. 16. (7 S.) Amberg 873, Pustet. [Habbel.]

Bedingungen zur Aufnahme in das Reitende Feldjäger-Korps. 8. (4 S.) Berlin 888. Mittler & Sohn. — 15

Österreichischer Flottenverein. Bedingungen für die Aufnahme in die k. u. k. Kriegsmarine und in die Handelsmarine. — Wien [um 1910]. 30 S. 8° 300:527.785-B.
14.11197

—— zur Ausführung von Bau-Arbeiten resp. Lieferung von Materialien. Fol. (11 S.) Halle 871, Knapp's Verlag. *

Bedingungen für die Ausführung von Hausinstallationen im Anschluss an d. Elektrizitätswerk in d. Residenzstadt Potsdam. *(Potsdam 1902).* 2 Bl. 4° [Kopft. F.] [02. 1164

Bedingungen für die Ausführung von Hausinstallationen in der Residenzstadt Potsdam. *(Potsdam 1901: Krämer.)* (4 S.) 8° [Kopft. F.] [01. 11536

Bedingungen der Bremer Baumwollbörse. Buch 1. — Bremen: Hauschild in Komm. 1909. 8° 206.
14.11198

Bedingungen für die Belegung von Mündel- und Pflegschafts-Geldern bei der Reichsbank. — Löbau: Skrzeczek 1876. 8 S. 8°
Text deutsch u. polnisch. 1:Gz 14307/5. 10.
14.11203

Bedingungen der Beleuchtung für Frankfurt a/M. durch die Imp. Cont. Gas-Association. 1847
s. *Bedingungen*, unter welchen die Beleuchtung für Frankfurt a. M. und Sachsenhausen mittelst Anwendung des Gaslichtes vom 1........ an in Entreprise gegeben werden soll.

Bedingungen für die Bewerbung um Arbeiten u. Lieferungen. (2 S.) 4. Berlin (906). W. Ernst & Sohn. n. — 10

Bedingungen für den Bezug von Wasser aus dem Kieler wasserwerk. Kiel 1880. 8°

Bedingungen und Einrichtung der Zellischen Sterbfalls-Cassen-Gesellschaft. — Zelle 1784: J. D. Schulze. 22 S. 8°
23.
14.11204

Bedingungen, Ueber die, der Deutschen Eisenbahnverwaltungen für die Lieferung von Schienen, Radreifen und Achsen aus Flußeisen. Berlin 1882

Die Bedingungen zur Erhaltung und Erhöhung der Steuerfähigkeit der österreichischen Eisenindustrie. — (Wien [1859]: Wallishausser.) 16 S. 8°
300:174.937-B. 302. 303.
14.11205

— die, zur Erhaltung und Erhöhung der Steuerfähigkeit der österreich. Eisenindustrie. 8. (15 S.) Wien 860, Wallishausser'sche Buchh.

Bedingungen für die Erlangung der Doctorwürde bei der juristischen Facultät zu Halle. (Halle) [1857]: (Waisenhaus). 1 Bl. 8° [Kopft.]

Bedingungen für die Erlangung der Doctorwürde bei der juristischen Facultät zu Halle. (Halle) [nach 1873]: (Hendel) 1 Bl. 8° [Kopft.]

Bedingungen für die Erlangung der Doctorwürde bei der juristischen Facultät zu Halle. (Halle) [nach 11. 3. 1882]: (Karras). 1 Bl. 8° [Kopft.]

Erneuerte Bedingungen, unter welchen der Besuch und Gebrauch der Herzoglichen Bibliothek zu Weimar verstattet ist. — Dat. Weimar 21. März 1810. 1 Bl. 4° 5. 32.
14.11206

Bedingungen für die Erwerbung der Doktorwürde bei der medizinischen Fakultät der Universität Bern. (20. November 1901.) 11 S. 8°.

Bedingungen und Gebete zur Erlangung des vollkommenen, von Sr. Heiligkeit Pabst Pius IX. in der Form eines Jubiläums verliehenen Ablasses, von Sr. fürstlichen Gnaden Herrn Erzbischof Friedrich in der Olmützer Erzdiözese verkündet vom 1. November 1854 bis 31. Jänner 1855. 8. (24 S.) Olmütz. Gedruckt in der A. Halauska'schen Univers.-Buchdruckerei.

Central-Genossenschaftsbank f. Ost- u. Westpreussen zu Königsberg i. Pr. Bedingungen für den Geschäftsverkehr mit den Mitgliedern. *([Königsberg i. Pr.] 1898.)* (2 Bl.) 4°(2°) [Kopft. F.] [93. 801 10

Bedingungen für den Geschäftsverkehr bei der Königlichen Seehandlung ‹Preuß. Staatsbank›. (Berlin [1907]: O. v. Holten.) (37 S.) 8° [F.]
[07. 14217 7

Grundleglich zu machende Bedingungen zur Verpachtung der aus sechs Mahlgängen bestehenden hiesigen Kornmühle, nebst den dazu erforderlichen Hülfsmaschinen. (Parchim [um 1855]: Gerlach.) 8 S. 4° **28.**
14.11207

Bedingungen, die, des Coksbrennens. [Aus: „Bergbau".] gr. 8. (20 S.) Gelsenkirchen 889. C. Bertenburg. n. — 75

Bedingungen für die Lieferung elektrischer Energie aus d. städtischen Elektrizitätswerk Charlottenburg. Charlottenburg (1904): A. Gertz. (20 S.) 8° [F.]
[07. 17517

Bedingungen für die Lieferung der Schlengen- und Steindeichs-Materialien im Deichbande des Stadt- und Butjadinger-Landes. — [Oldenburg um 1840.] 23 S. 8° **45. 46.**
14.11208

Bedingungen für die Lieferung von elektrischem Strom aus dem Elektrizitätswerk der Residenzstadt Cassel. *Cassel 1900: Weber & Weidemeyer.* (12 S.) 8° [F.]
[01. 8371

Bedingungen, nach welchen das adeliche Gut Bürau cum pertinentiis . . . verkauft werden soll. — o. O. [1805]. 6 S. 4° **8.**
14.11209

Bedingungen, nach welchen das adeliche Gut **Schönhorst** (den 10. Jan. 1805 zu Kiel) verkauft werden soll. o. O. (1804.) Fol.

Bedingungen, nach welchem [!] das in dem Herzogthum Schleswig im Dänischen Wohlder-Distrikt belegene adeliche Guth Hartzhoff, den 24sten April 1802 . . . verkauft werden soll. — Schleswig [1802]: Serringhausen. 8 S. 4° **8.**
14.11210

Bedingungen, nach welchen der Meierhof Rolübbe öffentlich meistbietend verpachtet werden soll. — (Itzehoe 1822: Schönfeldt.) 12 S. 4° **8.**
14.11211

Bedingungen, nach welchen der Meyerhof Seekamp . . . am 26sten April 1820 . . . verpachtet werden soll. — Dat. Plön 8. April 1820. 12 S. 4° **8.**
14.11212

Bedingungen, nach welchen die beiden adelichen Güter **Oppendorf** und **Schönhorst,** (den 10. Jan. 1805 zu Kiel) verkauft werden sollen. o. O. (1804.) Fol.

Bedingungen, nach welchen die im Herzogthum Holstein belegenen adlichen Güter **Oppendorff** und **Schönhorst** den 7. Julv 1819 zu Kiel verkauft werden sollen. o. O. (1819.) Fol.

Bedingungen, nach welchen die unten bezeichneten, zu dem Haupthofe Seedorf gehörigen Ländereien und Gebäude . . . am 26sten April 1820 . . . verpachtet werden sollen. — Dat. Plön 8. April 1820. 14 S. 4° **8.**
14.11213

Bedingungen, nach welchen diejenigen hamburgischen Assekuradeurs, welche sich bey ihren Unterschriften darauf beziehen, vom 1sten Januar Anno 1800 an, Versicherungen übernehmen. — Hamburg [1800]: Meyn. 6 Bl. 8° **18. 48. 205.**
14.11214

— Hamburg [1800]: Schniebes. 6 Bl. 8° **208.**
14.11215

Neu bearbeitete Bedingungen, unter welchen die sechs Versicherungs-Gesellschaften . . . am ersten Juni dieses Jahres zu versichern anzufangen übereingekommen sind. Bremen: Schünemann 1836. 48 S. 4° **18. 205.**
14.11216

Neueste Bedingungen, unter denen der Königlich Preußische konzessionirte General-Agent für den ganzen Umfang der Preußischen Monarchie C. Eisenstein in Berlin . . . Auswanderer und Reisende nach allen Häfen Amerikas und Australien befördert. — Berlin [um 1860]: Pormetter. 18 S. 8° **1: Stala 858.**
14.11217

— des wirksamen Predigens. Testament eines alten Emeritus. 8. (20 S.) Bonn 888, Schergens. *

Bedingungen, Die, der Production gehaltreicher Milch. [Zürich 1898.] V: *Krämer, Adolph.* (Zuwachsverz. d. Bibliotheken in Zürich 1898 ff.)

Land-Feuer-Societät d. Herzogthums Sachsen, Provinzial-Städte-Feuer-Societät d. Provinz Sachsen u. Magdeburgische Land-Feuer-Societät . . . Bedingungen und Rathschläge für die Prämiirung neuer Feuerspritzen nebst Anleitung zur Prüfung von Feuerspritzen. Vom 26. Nov. 1868. 4. Aufl. vom 30. April 1888. — Merseburg [1888]: Stollberg. IV,68 S. 8° (Die Förderung d. Feuerlöschwesens u. d. Feuersicherheit in d. Provinz Sachsen. 2.) **1: Fb 8130/3-2.**
14.11218

Bedingungen, rechtliche u. technische, f. d. Ausführung v. Arbeiten u. Lieferungen beim Eigenhausbau. (22 S.) Lex. 8. Wiesbaden 909. C. W. Kreidel. — 60; f. Eisenbahn-Vereine u. deren Mitglieder — 40

Bedingungen für die Schlengenarbeiter im Deichbande der vier Marsch-Vogteien. — Dat. Oldenburg 1. Juli 1840. 14 S. 8° **45. 46.**
14.11219

Bedingungen für die Schlengenarbeiter im Rüstringer und im Wangerländischen Deichbande. — Oldenburg: Stalling 1843. 14 S. 8° **45.**
14.11220

Bedingungen für die Schlengenarbeiter im Deichbande des Stadt- und Butjadingerlandes. — (Oldenburg [1839].) 14 S. 8° **45. 82.**
14.11221

Ueber die Bedingungen zur Sicherung der Rentabilität der Eisenbahnen. — Wien: Lehmann & Wentzel 1874. 36 S. 8° **1: Stala 859. 79. 82. 89. 90. 106. 203. 205. 800: 62.867-B. 802.**
14.11222

Bedingungen. —

— specielle, betr. die Ausführung der Dachdecker-Arbeiten nebst Material-Lieferung. Fol. (2 S.) Ebd. (902.) — 20

— specielle, betr. die Ausführung der Erd-, Maurer-, u. Verputz-Arbeiten nebst Material-Lieferung. Fol. (4 S.) Ebd. 902. — 25

— specielle, betr. die Ausführung der Spengler-Arbeiten nebst Material-Lieferung. Fol. (2 S.) Ebd. (902). — 20

— specielle, betr. die Ausführung der Steinmetz-Arbeiten nebst Material-Lieferung. Fol. (2 S.) Ebd. (902). — 25

— specielle, betr. die Ausführung der Zimmer-Arbeiten nebst Material-Lieferung. Fol. (2 S.) Frankfurt a/M. (902). Gebr. Knauer. — 25

Technische Bedingungen für die Ausführung von Hochbauten. *(Pr. Eylau: R. Scheffler [um 1900].)* (11 S.) 4° [Kopft. F.]
[03. 9539 10

Technische Bedingungen für die Uebernahme der Portland-Cemente in Russland ‹Verordnung vom 12. Mai 1891›. Mit e. Einl. als Beitr. zur Vereinheitlichung d. Prüfungsmethoden von N. Belelubsky. — Riga 1891. 30 S. 8°
Aus: Rigasche Industrie-Zeitung. 17. 1891. **89.**
14.11223

Bedingungen, unter denen die Allerhöchst privilegirte Gas-Actiengesellschaft in Pinneberg Leuchtgas . . . überläßt. — Altona 1857: Esch. 8 S. 8° **8.**
14.11224

Bedingungen unter denen die Lichterfahrzeuge der neuen Bordings-Societät dem Geschäftsbetriebe in Danzig gewidmet sind. — Danzig im April 1829. 16 S. 8° 44.
14.11225

(Bedingungen, unter denen sich die National-Versammlung mit der Krone aussöhnen will.) Der Abgeordnete v. Kirchmann — Deckersche Geh. Ober-Hofbuchdruckerei. 1 Bl. 8.
Flugblatt. Berlin, 16. Nov. 1848.

Bedingungen, unter welchen abseiten des Landgerichts zu Lübeck der Abbruch einer alten und die Erbauung einer neuen Kirche in dem Kirchdorfe Nusse einem Entrepreneur pr. Submission überlassen werden soll. — Lübeck 1837: (Rathsbuchdr.) 22 S. 4° 48.
14.11226

Bedingungen unter welchen am 16. März d. J. das in **Ober-Schleems** belegene combinirte Mühlengewese nebst Fabrikgeschäft verkauft werden soll. Königl. Amtstube zu Reinbeck d. 16. Febr. 1816. 1 Bl. Fol. Lithographiert.

Bedingungen, unter welchen Aerste in den Dienst Sr. Russisch Kaiserlichen Majestät aufgenommen werden. — o. O. [um 1805]. 8 S. 2° 7.
14.11227

Bedingungen, unter welchen das adeliche Guth **Grünhorst**, am 17. Sept. dieses Jahres auf dem Schlosse Gottorff verkaufet werden soll. o. O. (1787.) Fol.

Bedingungen, unter welchen das adeliche Gut Ludewigsburg ... ferner der Haupthof und die Meyerhöfe desselben ... den 15ten Januarii 1823 ... verkauft werden sollen. — o. O. [1823]. 7 S. 4° 8.
14.11228

Bedingungen, unter welchen das dem hiesigen heil. Geist-Gotteshause gehörige, vor dem Mühlenthor außerhalb der Landwehre belegene Gehöfte Falckenhusen am Montage den 20. April 1801 ... in Zeitpacht demjenigen überlassen werden soll, welchen Herren Verpächter unter den zween Höchstbietenden sich erwählen werden. — Lübeck [1801]: Römhild. 12 S. 4° 48.
14.11229

Bedingungen, unter welchen das der Barkauer Kirche zugehörige, an der Landstraße zwischen Preetz und Neumünster belegene Gehöfte Ovendorf ... am ... 12. October d. J. ... meistbietend vom 1. Mai 1843 an ... verpachtet werden soll. — o. O. [1842]. 16 S. 4° 8.
14.11230

Bedingungen, unter welchen das Gehöfte **Schulenhof** am 3. Juni 1824 zu Bordesholm verkauft werden soll. o. O. (1824.) Fol.

Bedingungen, unter welchen das im ersten Angelschen District belegene adeliche Gut Ohrfeld und die ... Geltinger Parcelen ... am 22sten Julii 1812 ... verkauft werden sollen. — Schleswig [1812]: Serringhausen. 14 S. 4° 8.
14.11231

Bedingungen, unter welchen das im ersten Angelschen District belegene adel. Gut Priesholz und die ... Priesholzer Parcelen ... am 5ten October 1812 ... verkauft werden sollen. — Schleswig [1812]: Serringhausen. 8 S. 4° 8.
14.11232

Bedingungen, unter welchen das im Herzogthum Schleswig ... belegene ... adeliche Gut Rögen ... am 3ten Julii 1811 ... verkauft werden soll. — Schleswig [1811]: Serringhausen. 8 S. 4° 8.
14.11233

Bedingungen, unter welchen das, im Herzogthum Schleswig ... belegene ... adeliche Gut Töstorf am 26sten Februar 1822 ... verkauft werden soll. — Kiel [1822]: Mohr. 6 S. 4° 8.
14.11234

Bedingungen, unter welchen das im Schwansener District belegene adel. Gut Loitmark am 8ten Januar 1813 ... verkauft werden soll. — Schleswig [1813]: Serringhausen. 12 S. 4° 8.
14.11235

Bedingungen, unter welchen das im 2ten dänisch Wohlder adel. Güterdistrict belegene adeliche Gut Schiernau und die ... Kornwassermühle zu Schiernau ... am 10ten October 1816 ... verkauft werden soll. — Schleswig [1816]: Serringhausen. 8 S. 4° 8.
14.11236

Bedingungen, unter welchen das in Angeln belegene Kanzeleygut Neutolckschubuy, auch Catharinenhof genannt ... am 12ten October 1814 ... verkauft werden soll. Schleswig [1814]: Serringhausen. 16 S. 4° 8.
14.11237

Bedingungen, unter welchen das in dem Herzogthum Schleswig ... belegene adeliche Gut Dollrott am 3ten December 1813 ... verkauft werden soll. — o. O. [1813]. 6 S. 4° 8.
14.11238

Bedingungen, unter welchen das zu Dissau befindliche herrschaftliche Försterhaus cum pert. nebst Garten und beide Holzzuschläge, die alte Hütte und der Niendehl genannt, sammt denen von dem Förster benutzten Koppeln und Wiese ... in Zeitpacht ... demjenigen überlassen werden sollen, welchen Herren Ober- und Vorsteher unter den drey Höchstbietenden sich erwählen werden. — [Lübeck 1806.] 8 S. 4° 48.
14.11239

Bedingungen, unter welchen der eine Meile von Lübeck belegene Crumesser Hof auf 21. nach einander folgende Jahre, von Maitag 1839 angerechnet, Montag den 2. July 1838 ... verpachtet werden soll. — (Lübeck [1838]: Rathsbuchdr.) 10 S., 1 Kt. 2° 18. 48.
14.11240

Bedingungen, unter welchen der eine Meile von Mölln und eine halbe Meile von Ratzeburg belegene Albsfelder Hof auf 21 nach einander folgende Jahre, von Maitag 1840 angerechnet, Montag den 2. März 1840 ... verpachtet werden soll. — (Lübeck [1840]: Rathsbuchdr.) 8 S. 2° 48.
14.11241

Bedingungen, unter welchen der Gebrauch der Herzoglichen Bibliothek zu Weimar verstattet ist. — o. O. [1817]. 2 Bl. 8° 32.
14.11242

Bedingungen unter welchen der Hof **Albsfelde** bei Ratzeburg auf 21 Jahre, vom 1. Mai 1881 an, den 24. Sept. 1880 zu Lübeck zur Verpachtung aufgeboten werden soll. (Lübeck. 1880.) Fol.

Bedingungen, unter welchen der Hof Behlendorf Montag den 30. September 1844 ... verpachtet werden soll. — (Lübeck [1844]: Rathsbuchdr.) 10 S. 4° 48.
14.11243

Bedingungen, unter welchen der Hof Klein Steinrade, bisher erste und zweite Parcele, Montag den 26. October 1846 ... verpachtet werden soll. — (Lübeck [1846]: Rathsbuchdr.) 9 S. 4° 48.
14.11244

Bedingungen, unter welchen der Hof Moisling Montag den 12. Decbr. 1831 ... verpachtet werden soll. — ([Lübeck 1831]: G. C. Schmidt.) 10 S. 4° 18. 48.
14.11245

Bedingungen, unter welchen der Hof **Niemark** bei Lübeck auf 20 Jahre, vom 1. Mai 1881 an, den 30. Sept. 1880 zu Lübeck zur Verpachtung aufgeboten werden soll. (Lübeck. 1880.) Fol.

Bedingungen, unter welchen der Hof Niemark Montag den 24. Sept. 1832 ... verpachtet werden soll. — (Lübeck [1832]: G. C. Schmidt.) 10 S. 4° 48.
14.11246

Bedingungen, unter welchen der Hof Ritzerau Montag den 30. September 1844 ... verpachtet werden soll. — (Lübeck [1844]: Rathsbuchdr.]) 11 S. 4° 48.
14.11247

Bedingungen, unter welchen der Hof **Roggenhorst** bei Lübeck auf 20 Jahre, vom 1. Mai 1872 an, den 27. Nov. 1871 zu Lübeck zur Verpachtung aufgeboten werden soll. (Lübeck. 1871.) Fol.

Bedingungen, unter welchen der Hof Roggenhorst Montag den 15. Decbr. 1828 ... verpachtet werden soll. — (Lübeck [1828]: G. C. Schmidt.) 8 S. 4° 48.
14.11248

Bedingungen, unter welchen der in Angeln belegene Haupthof Rundhoff ... den 20. November 1830 ... soll verpachtet werden.—Schleswig 1830: Kgl. Taubstummen-Inst. 16 S. 4° **8.**
14.11249

Bedingungen, unter welchen der Wesseloer Hof Montag den 2. April 1832, auf vierzehn Jahre, von Maitag 1832 angerechnet, mithin bis Maitag 1846 ... verpachtet werden soll. — (Lübeck [1832]: G. C. Schmidt.) 9 S. 4° **48.**
14.11250

Bedingungen, unter welchen der zu den Großherzoglichen Gütern des Herzoglich Schleswig-Holsteinischen Fideicommisses gehörige Hof **Lübbersdorf** am 9. Dec. 1851 zu Eutin zur Verpachtung gestellt werden soll. o. O. (1851.) Fol.

Bedingungen, u n t e r welchen der zum Herzoglich Glücksburgischen Güter-Fideicommiss gehörige Haupthof des adligen Gutes Carlsburg verpachtet werden soll. Flensburg. 1873. 4°

Bedingungen, unter welchen des Cedenten Johann Friederich Gäde Gehöfte Schulenhof am 3ten Junius 1824 ... verkauft werden soll. — o. O. [1824]. 8 S. 4° **8.**
14.11251

Bedingungen, unter welchen die adelichen Güter **Noer** und **Grünewald** den 11. Oct. 1822 in Kiel verkauft werden sollen. Schleswig. 1822. Fol.

Bedingungen, unter welchen die Beleuchtung für Frankfurt a. M. und Sachsenhausen mittelst Anwendung des Gaslichtes vom 1...... an in Entreprise gegeben werden sollen. — ([Frankfurt a. M. um 1840]: Fey.) 8 S. 4° **30.**
14.11252

— Bedingungen, unter welchen die Beleuchtung für Frankfurt a. M. und Sachsenhausen mittelst Anwendung des Gaslichtes vom 1....... an in Entreprise gegeben werden soll. — Dat. Frankfurt a. M. 1. Sept. 1847. 12 S. 4°
Nebent.: Bedingungen d. Beleuchtung für Frankfurt a/M. durch d. Imp. Cont. Gas-Association. **30.**
14.11253

Bedingungen, unter welchen die dem Amte der Schuhmacher in Lübeck gehörende, vor dem Holstenthore in der Vorstadt St. Lorenz belegene holländische Wind-Lohmühle nebst Zubehör Montag den 18. März 1850 ... verpachtet werden soll. — (Lübeck [1850]: Rahtgens.) 4 S. 4° **48.**
14.11254

Bedingungen, unter welchen die dem Heil. Geist Gotteshause gehörigen, vor dem Burgthore zwischen dem Ackerhofe und der hohen Warte belegenen drei Koppeln am 29. Oct. d. J. ... in Zeitpacht öffentlich aufgeboten und an einen der Höchstbietenden, welchen die Herren Verpächter erwählen werden, zugeschlagen werden sollen. — Lübeck 1798. 2 Bl. 4° **48.**
14.11255

Bedingungen, unter welchen die dem St. Johannis Jungfrauen-Kloster zu Lübeck gehörige Parzele Nº 1. des zur Schwinkenrader Forst gehörigen bisherigen Forstortes Averland, auf acht und zwanzig nach einander folgende Jahre, nämlich von Maitag 1842 bis dahin 1870, am Donnerstag den 31sten März 1842 ... verpachtet werden soll. (Lübeck [1842]: Rathsbuchdr.) 4 S. 4° **18.**
14.11256

Bedingungen, unter welchen die dem zum Concurs gediehenen ehemaligen Verwalter ... Hinrich Friedrich Hansen ... zugehörige fünffache im Börmerkoeg belegene Hauptparticipantenstelle ... am 19ten December 1812 ... verkauft werden soll. — Schleswig [1812]: Serringhausen. 12 S. 4° **8.**
14.11257

Bedingungen, unter welchen die der Kaiserl. freyen Reichsstadt Lübeck angehörigen, binnen der Landwehre vor dem Burgthore belegenen Güter Weslohe und Lauerhof am 19ten Junius dieses 1797sten Jahres ... auf Zeitpacht, die dabey befindlichen Gebäude aber wiederkäuflich denjenigen überlassen werden sollen, welche die Stadtcasse zu Lübeck unter den zween Höchstbietenden sich erwählen wird. — Lübeck 1797: Römhild. 12 S. 4° **48.**
14.11258

Bedingungen, unter welchen die der St. Lorenz-Kirche in Travemünde gehörende Windmühle verpachtet werden soll. — (Lübeck [1837]: Rathsbuchdr.) 6 S. 4° **48.**
14.11259

Bedingungen, unter welchen die Freiwilligen, in Folge des Aufrufs der freien Hansestadt Lübeck, vom 29sten März 1815, sich einzeichnen. — [Lübeck 1815.] 2 Bl. 8° **18.**
14.11260

Bedingungen unter welchen die fünffache im **Börmerkoeg** belegene Hauptparticipantenstelle am 19. Dec. 1812 auf dem Schlosse Gottorff verkauft werden soll. Schleswig. (1812.) Fol.

Bedingungen, unter welchen die fünfte Parcele zu Wesseloe Montag den 2. April 1832 ... verpachtet werden soll. (Lübeck [1832]: G. C. Schmidt.) 6 S. 4° **48.**
14.11261

Circular-Verordnung des k. k. Ministeriums für Landesvertheidigung vom 26. Sept. 1883 ... Bedingungen, unter welchen die Hinausgabe von abgerichteten Dienstpferden der Cadres der k. k. Landwehr-Cavallerie-Regimenter, dann der Cadres der k. k. Landesschützen zu Pferd in Tirol und Vorarlberg und der k. k. berittenen Schützen in Dalmatien in die Privatbenützung erfolgen kann. — Wien 1883: K. k. Hof- u. Staatsdr. 113 [vielm. 53] S. 8°
303. 304. 308.
14.11262

— unter welchen die Hinausgabe von abgerichteten Dienstpferden der k. k. Cavallerie-Regimenter in die Privat-Benutzung erfolgen kann. Giltig für die Cavallerie-Regimenter, welche in den im Reichsrathe vertret. Königreichen und Ländern garnisoniren. [1., 2., 3., 8., 9., 10., 11. Corps-Bereich.] 8. (56 S. mit Tab.) Wien 888, Hof- und Staatsdruckerei. *

Bedingungen, unter welchen die im Flecken **Reinfeld** belegene landesherrliche Kornwassermühle, so wie einige bisher damit verbundenen Fischteiche und Ländereien, mit dem dabei befindlichen Mühlenzwange, und der Fuhr- und Dienstleistung, in Erppacht überlassen werden sollen. (Oldesloe. 1849.) Fol.

Bedingungen unter welchen die ... in **Bahrenfeld** belegene Besitzung am 4. April d. J. zum Aufgebot gebracht werden soll. Datiert: Blankenese, den 11. März 1857. o. O. (1857.) Fol.

Bedingungen, unter welchen die lübeckischen Post-Fuhren, von hier nach Schönberg und von da zurück, an den Mindestnehmenden verpachtet werden soll. — Hamburg 1794: Meyn. 4 Bl. 8° **18.**
14.11263

Bedingungen, unter welchen die nur eine Viertel-Meile von Lübeck belegenen Höfe I. Lauerhof auf dem Berge, II. Lauerhof am Fuchsberge auf 21 nach einander folgende Jahre, vom Maitage 1841 angerechnet, Montag, den 23. November 1840 ... verpachtet werden sollen. — (Lübeck [1840]: Rathsbuchdr.) 12 S. 2° **48.**
14.11264

Bedingungen, unter welchen die Papiermühle zu Slutup sammt dazu gehörigen Ländereien und in Verbindung mit der benachbarten Schwarzmühle, auf zwanzig nach einander folgende Jahre, von Johannis 1829 angerechnet, am Montage den 27sten April d. J. ... verpachtet werden soll. (Lübeck [1829]: G. C. Schmidt.) 7 S. 4° **48.**
14.11265

Bedingungen, unter welchen die zu dem, im Sundewittschen belegenen, Guthe Blansgaarde gehörige Ländereyen ... am 19ten August dieses Jahres in Blans ... zum öffentlichen Aufgebot gebracht werden sollen. — Schleswig 1796: Serringhausen. 8 S. 4° **8.**
14.11266

Bedingungen, unter welchen die zu Neumühlen, im Amte Kiel, belegene herrschaftliche Kornwassermühle ... am Dienstag, den 4. Oct. 1853 ... in Zeitpacht überlassen werden soll. — o. O. [1853]. 8 S. 4° **8.**
14.11267

Bedingungen, unter welchen von der Elbwasserkunst Brunnen zu erhalten sind. — ([Hamburg 1810]: Meißner.) 7 S. 8° **18.**
14.11268

Bedingungen zur Verpachtung der Rittergüter Beesen und Ammendorf. — (Halle [1865]: Gebauer-Schwetschke.) 18 S. 2°
8.
14.11272

Bedingungen zur Verpachtung der der Stadt Halle gehörenden Rittergüter Beesen und Ammendorf. — (Halle 1882: Nietschmann.) 15 S. 2°
8.
14.11273

Bedingungen und Vertragsmuster für die Verdingung von Arbeiten und Lieferungen im Bereiche des staatlichen Hochbauwesens. — Karlsruhe 1892: C. F. Müller. 85 S. 4°
25. 31.
14.11274

Vorläufige Bedingungen zur Errichtung einer hiesigen Brand-Entschädigungs-Gesellschaft. — Rostock 1780: C. Müller. 4 Bl. 8°
9. 28. 33.
14.11275

Bedingungen, welche b. d. Vergebung v. Arbeiten u. Lieferungen i. Bereiche d. allgem. Bauverwaltung, d. Staatseisenbahn- u. Bergverwaltg. z. Anwendg. kommen. gr. 8. (14 S.) Leipzig 895. C. E. M. Pfeffer.
n. — 30

Bedingungen, welche beym Verkauf der Güther Mieckenhagen und Lütten Nienhagen zum Grunde zu legen. — Dat. Blengow 10. April 1790. 2 Bl. 4°
28.
14.11276

Bedingungen, welche die, zur Werbung in der Reichs-Stadt Frankfurt angestellt werdenden Herrn Staabs- und Ober-Offiziers, nachdeme die Werbung selbst, auf Anlangen Ihrer Höchsten und Hohen Herren Committenten von einem Edlen Rath gestattet worden ist, zu erfüllen haben. — o. O. [um 1790]. 1 Bl. 2°
30.
14.11277

Bedingungen, wornach das adeliche Gut Borstel cum pertinentiis ... am 19ten März 1806 ... verkauft werden soll. — o. O. [1806]. 44 S. 4°
8.
14.11279

Bedingungen, wornach die, aus den Hoffeldern und Ländereyen des adel. Guths Rundhof und des dazu gehörigen Meyerhofes Drüllt, in Angeln, nach der desfalls ausgefertigten und beigefügten Beschreibung, abgelegten Parcelen, den 16. Dec. dieses Jahres und folgende Tage, auf dem Hofe Rundhof verkauft werden sollen. Schleswig. 1799. Fol.

Basler Lebens-Versicherungs-Gesellschaft [in Basel]. Invaliditäts-(Lebens-)Versicherung. (Bedingungen und Zuschlags-Prämien für die Befreiung von der Prämienzahlung ohne und mit Anspruch auf Rente im Invaliditätsfalle.) ⟨Nur zum Gebrauch der Herren Vertreter.⟩ II + 17 S. 8. [Basel,] R. Ehrich, (III./[19]01).

Bednař, Alois, Kinder-Diätetik oder naturgemäße Pflege des Kindes in den ersten Lebensjahren, mit besond. Berücksichtigung der noch dabei herrschenden Irrthümer und Vorurtheile. gr. 12. (VI und 275 S.) Wien 856(57,) Braumüller. *

Bednař, Alois: Kinder-Diätetik oder naturgemäße Pflege des Kindes in den ersten Lebensjahren. — Wien: Braumüller 1857. IV,278 S. 8° 1: Ii 5523. 8. 12: Path. 105 te.
15. 17. 20. 30. 43. 46. 123. 180. 302→304.
14.11284

Bednař, Alois, die Krankheiten der Neugebornen u. Säuglinge vom klinischen u. pathologisch-anatom. Standpunkte bearb. 3 Thle. gr. 8. (1.: VIII u. 131 S. 2.: VI u. 198 S. 3.: VIII u. 208 S.) Wien 850—52, Gerold. (1.: 1 ℛ︀ 2.: 1 ℛ︀ 6 ngr 3.: 1 1/3 ℛ︀) 3 ℛ︀ 16 ngr

— die Krankheiten der Neugebornen und Säuglinge vom klinischen u. pathologisch-anatomischen Standpunkte bearb. 4. Theil. Wien 853. Gerold. 8. (VIII, 268 S.) 1 ℛ︀ 18 ngr

— Lehrbuch der Kinderkrankheiten. — Wien: Braumüller 1856. XX,594 S. 8° 1: Ii 5510. 2. 4→8. 11.
12: Path. 105 td. 15→18. 20. 24. 26. 27. 28. 30. 33. 36. 43. 44. 46. 79. 111. 180. 202. 302→304. 308.
14.11286

— Versuch einer auf pathologische Anatomie gegründeten Eintheilung der Krankheiten der Neugebornen und Säuglinge. — Wien 1847: Ueberreuter. 47 S. 8°
30. 33. 304. 308.
14.11287

Bednara, Ernst, Silesius: De sermone dactylicorum latinorum quaestiones. Catullus et Ovidius quibus rationibus linguam metro dactylico accommodaverint. P. 1. Lipsiae 1905: B. G. Teubner. (48 S.) 8° ¶ (Aus: Archiv f. lat. Lexikographie u. Gramm. Bd 14.)
Breslau, Phil. Fak., Ref. Skutsch, Diss. v. 27. Sept. 1905
[Geb. 26. Okt. 81 Orzegow, Kr. Beuthen O.-S.: Wohnort: Hohenlinde O.-S.; Staatsangeb.: Preußen; Vorbildung: Gymn. Beuthen O.-S. Reife O. 00; Studium: Breslau 10 S.; Rig. 27. Sept. 05.]

Bednara, Ernst: De Sermone dactylicorum Latinorum quaestiones. Catullus et Ovidius quibus rationibus linguam metro dactylico accommodaverint. — Lipsiae: Teubner 1906. 120 S. 8°
Aus: Archiv für lateinische Lexikographie u. Grammatik. 14. 1906.
Erschien teilweise auch als Diss. Breslau 1905.
15. 169.
14.11291

Bednárick, Karl Borromaeus: Ebenfurt und dessen Merkwürdigkeiten sammt Neu-Ebenfurt, Haschendorf und Siegersdorf. — Wien 1853: Schweiger. 62 S. 8°
300: 35.340–A. 302.
14.11292

Bednarowski, Adolf: Horatii Lyricorum apud Cochanovium vestigia perscrutatus est A. B. 42 S. 8.
Progr. K. k. Rudolf-Gymn. *Brody* 1908.

Bednarowski, Adph., Horatii lyricorum apud Cochanovium vestigia. (42 S.) 8. Brody 908. F. West. 1. —

Bednarski, Boleslaw [aus Podgórze (österreichisch Polen)]: Über einige Chalkonderivate. Krakau 1900. 55 S. 8°.
Bern. Phil. Diss. 1899/1900.

Bednarski, S., De infinitivi apud Catullum usurpatione. 1886. 89 S.

Bednarz, Georgius *(geb. Pleß 23. 12. 1853)*: De universo orationis colore et syntaxi Boethii. P. 1: De Boethii universo orationis colore. Vratislaviae: G. Koebner 1883. (31 S.) 8°
[Buchausg. ebenda; Forts. ist d. Progr. d. Gymn. in Striegau v. 1892: „De syntaxi Boethii. p. 1."]
Breslau, Phil. Diss. v. 29. Sept. 1883

Bednarz, Georg [Dr.]: De syntaxi Boëthii. P. I. (Forts. d. Bresl. Inaug.-Diss. 1883.) Striegau, Druck v. Ph. Tschörner, *1892*; 1 Bl., 16 S. 4.
Striegau, st. PG, OP 1892 (207)

Bednarz, Georg, Dr.: De syntaxi Boethii. Part. 2. Striegau 1907: Ph. Tschoerner. (15 S.) 4° ¶ [Forts. d. P-Beil. 1892.]
Striegau, st. RG OP 1907 (270)

Bednarz, G[eorg]: Die Syntax des Boethius. T. 3. ⟨Schluß.⟩ Striegau (1910): Tschoerner. 18 S. 4° ¶ (Forts. d. P-Beil. 1892. 1907.)
Striegau, st. RG P 1910 (310) [S 10. 16

Bednař, Konstantin: Normalbilanzen. Ein Beitrag zum Rechnungswesen in Rohzuckerfabriken. — Wien: Centralverein für Rübenzucker-Industrie in d. Oesterr.-Ungar. Monarchie 1894. 18 S. 8°
Aus: Oesterreichisch-Ungarische Zeitschrift für Zuckerindustrie u. Landwirthschaft. 23. 1894.
300: 197.400–S. 302.
14.11303

Bedö, Alb., die wirthschaftliche und commercielle Beschreibung der königl. ungarischen Staatsforste. Im Auftrage des Hrn. königl. ungar. Finanzministers Colomann Széll verfasst. Mit einer (chromolithogr. und color.) Uebersichts-Karte der königl. ungar. Staatsforste (in Imp.-Fol.). gr. 4. (III, 211 S.) Budapest 878, (Grill's Hofbuchh.) **

Bedö, Alb., die wirthschaftliche und commercielle Beschreibung der Wälder des Ungarischen Staates. Im Auftrage des Hrn. königl. ungar. Ministers für Ackerbau, Handel und Gewerbe Grafen Paul Széchényi verfasst. Uebersetzung des ungar. Orig. 3 Bde. in 4 Thln. Hrsg. vom königl. ungar. Ministerium für Ackerbau, Handel und Gewerbe. Imp.-4. (VIII, 544; XI, 1024; XX, 233 S. mit 1 chromolithogr. Uebersichtskarte [1 : 800,000. 12 Bl. Imp.-Fol.]) Budapest 885, Grill. **
Karte allein **

— [A magyar állam erdőségeinek gazdasági és kereskedelmi Leirása, deutsch] Die wirthschaftliche und commercielle Beschreibung der Wälder des ungarischen Staates. Bd 1.2,1.2.3. — Budapest 1885: Pester Buchdr.-Actien-Ges. (2: Kgl.-Ung. Staatsdr.) 4°
1. Allgemeine forstliche Verhältnisse.
2,1.2. Lagerbuch d. Wälder.
3. Aerarial-Wälder.
12:4° Oecon. 24 f.
14.11343

— Hrsg. von Ignatz v. Darányi. 2. Aufl. Bd 1-4. Budapest 1896: Magyar Ny. 4°
1. Allgemeine forstliche Verhältnisse.
2,1.2. Lagerbuch d. Wälder.
3. Aerarial-Wälder.
4. In staatliche Verwaltung übernommene Gemeindewälder.
12:2° Oecon. 1 km. 16. 21. 302. 305.
14.11344

— Das Forstwesen als Gegenstand der internationalen Statistik. Denkschrift. — Budapest 1874: Athenaeum. 21 S. 8°
1:Oy 663. 17. 302.
14.11340

— [Hrsg.] s. *Jahresschrift* des ungarischen Forstvereines. 1866 ff. [Zeitschriften].

Bédollière, de la s.a. **La Bédollière.**

Bédollière, E. de la, Geschichte der Mutter Michel, s. Schlimpert.

Bédos de Celles, François
—— [Ausz., deutsch] Kurzgefaßte Geschichte der Orgel ... Nebst Herons Beschreibung der Wasserorgel, aus d. Griech. übers. von Johann Christoph Vollbeding. — Berlin 1793: Felisch. 34 S. 8°
1:40 in 4° Bibl. Diez 2900 [u.] Mus. Fo 20. 2. 5. 10.
12:4° Mus. Th. 105. 14. 18. 23. 28. 41. 117.
14.11363

Bedos de Celles, D., kurze Geschichte der Orgel, a. d. Frz. 4. Berl. Felisch. Gräff, Lpz. 793.

Bedos de Celles, Don, kurze Geschichte d. Orgel; nebst Herons Beschreib. der Wasserorgel. Aus d. Griech. v. J. Chph. Vollbeding. Mit 1 Kpf. 4. Berl. 793. (Leipz., Wienbrack). 6 gl.

Bedot, H.: Blitzmädel-Geschichten. — Berlin: Weichert [1904]. 236 S. 8°
1:Yx 36133. 11.
14.11370

Bedot, Maur. et Alfred Cartier. Notice sur le Musée d'histoire naturelle de Genève. Pet. in-8° 53 p. avec 1 portr. et 5 phototyph. (Genève et Bâle, Georg & Co.) 1899 1 25

Bedraengnis. — Von der Bedrängniß evangelischer Glaubensbrüder. Ein Bericht an alle Freunde d. Wortes Gottes in d. evangelischen Kirche Deutschlands. — Neubrandenburg [usw.]: Barnewitz in Comm. 1843. 16 S. 8° 28.
14.11381

Bedraengnisse. — Mailand's Bedrängnisse im Jahre 1576. — Wien: Mechitaristen-Congregations-Buchh. 1835. 120 S. 8°
7. 12:Ital. 2721. 75. 102. 211. 302→304. 308.
14.11382

Bedrängten, die, ein komischer Roman, von G. Schilling. (Sämmtl. Schriften 42r. Bd.) 8. Dresden, Arnold. 817.

(Bedr-ed-din.) هذا كتاب شرح العلامة بدر الدين عيل قصيدة والده العلامة ابن مالك الشهورة بلامية الافعال طبع فى احلجر يف مدينة هلسنغرس يف سنة ١٨٥١ السيحية (Helsingfors 851. Leipzig, Brockhaus.) 12. (42 lith. S.) nn. 22½ ngl
(Bedr-ed-dîn's Commentar zu seines Vaters, Ibn Malik, Gedicht über die Formen der arab. Verba und Verbal-Nomina. Herausg. von G. A. Wallin.)

Bedrjaga, Jakov Vladimirovič
Der Name d. Verfassers erscheint meist in d. Formen Jacques v. Bedriaga u. J. de Bedriaga.

Bedriaga, I. v., Amphibien u. Reptilien, s.: Resultate, wissenschaftl., d. v. N. M. Przowalski n. Central-Asien unternomm. Reisen.

— **Die Amphibien und Reptilien Griechenlands.** 8°
Aus: Bulletin de la Société Impériale des naturalistes de Moscou. 56. 1881.
5.
14.11386

Bedriaga, J. v., Beiträge zur Kenntnis der Lacertiden-Familie [Lacerta, Algiroides, Tropidosaura, Zerzumia u. Bettaia]. [Aus: „Abhandlungen d. Senckenberg. naturforsch. Gesellschaft".] gr. 4. (428 S. m. 1 Steintaf.) Frankfurt a. M. 886. (Diesterweg.) n. 18. —

! Bedriaga: Lacertiden-Familie. Jetzt: Frankf.a/M. (Viktoria-Allee 7), Senckenberg. naturforsch. Gesellsch. nn 6 — 86/90

Bedriaga, J. v., über die Entstehung der Farben bei den Eidechsen. gr. 8. Jena 874. Leipzig. Abel. *

— **Ueber die Entstehung der Farben bei den Eidechsen.** — Jena: Dabis 1874. 39 S. 8°
1:Lo 15761. 5. 12:Zool. 31 e. 16. 90. 302. 303.
14.11388

Bedrjaga, Jakov Vladimirovič
Bedriaga, Jacques v., über die Entstehung der Farben bei den Eidechsen. gr. 8. (39 S. mit 1 color. Stnt.) Jena 874, Deistung. *

Bedriaga, Jacques v., die Faraglione-Eidechse und die Entstehung der Farben bei den Eidechsen. Eine Erwiderung an Hrn. Prof. Dr. Th. Eimer. gr. 8. (21 S.) Heidelberg 876, C. Winter's Universitäts-Buchh. *

— **Die Lurchfauna Europa's.** 1.2. — Moskau 1891-97: Univ.-Buchdr. 8°
1. Anura. Froschlurche. 2. Urodela. Schwanzlurche.
Aus: Bulletin de la Société Impériale des naturalistes de Moscou. Année 1889. 1896 = N.S. 3.10. 1890-97.
5 [=2]. 12:Zool. 632 r. 30.
14.11391

Bedriaga, J. v., die Lurchfauna Europa's. I. Anura. Froschlurche. [Aus: „Bulletin de la soc. imp. des Naturalistes de Moscou".] gr. 8. (III, 369 S.) Moskau 891. (Berlin, Friedländer & Sohn.) n.n. 8. —

— D. Lurchfauna Europa's. II Urodela. Schwanzlurche. [Aus: „Bulletin de la soc. imp. des Naturalistes de Moscou".] gr. 8. (III, 435 S.) Moskau 897. (Berlin, R. Friedländer & Sohn.) n.n. 9. — (I u. II. n.n. 17. —)

Bedriaga, J. v., s.: Resultate, wissenschaftliche, der v. N. M. Przewalski nach Central-Asien unternomm. Reisen.

Bedrueckung. — Die Bedrückung der Deutschen und die Entrechtung der protestantischen Kirche in den Ostseeprovinzen. — Leipzig: Duncker & Humblot 1886. 56 S. 8°
1:Uf 3074/40. 5. 8. 10. 12:Russ. 9 uh. 14. 15. 18. 21. 26. 30. 34. 44. 79. 106. 212. 302.
14.11402

Lübecks Bedrückung durch die dänische Politik. — Braunschweig: Westermann 1845. 61 S. 8°
1: Sp 7040. 5. 10. 11. 12: Germ. sp. 27 r. 16. 18. 23. 27. 28. 31. 34. 35. 38. 48. 106. 205. 302.
14.11403

Beduinenbraut. — Die Beduinenbraut, oder Liebe und Aufopferung, geschehen in der Dahara in Egypten 1846. — (Hain: Starke [um 1850].) 4 Bl. 8° 1: Ng 25884.
14.11426

— Die Beduinenbraut, oder: Liebe und Aufopferung, geschehen in der Sahara in Afrika. — Hamburg [um 1855]: Kahlbrock. 4 Bl. 8° 18.
14.11427

Beduinenlieder. Aus dem Arabischen übersetzt von Abdulmalik bnu 'l-Chatib al-Azrak al Turingi [Pseudonym für O. Blau]. [In: Europa. Chronik der Gebildeten Welt. 1856. No. 6.]

—, Tripolitanisch-tunisische. Von Hans Stumme. Leipzig 1894.

Beduerfen. — Bedürfen wir des Pfarrers noch? Ergebnis einer Rundfrage, eingel. u. zsgest. von Theodor Kappstein. — Berlin [usw.]: Hüpeden & Merzyn 1906. 175 S. 8° (Das moderne Christentum. Ser. 1,1.2.)
1: Bd 7002/10-1,1.2. 11. 12: Past. 501 w-1,1.2. 18. 24. 26. 203. 207. 302.
14.11410

Bedürfen wir künftig einer Schlachten-Kavallerie? Skizzirte Darstellung der Ursachen des Verfalls der Verwendung dieser Waffe in den Schlachten, sowie der Bedingungen zur Wiederbelebung ihrer Schlachtenthätigkeit von v. B. gr. 8. (VIII, 132 S.) Oldenburg 882, Schulze'sche Hofbuchh. 2 —

Bedürfniß, das, einer deutschen Bank in volkswirthschaftl. Beziehung. gr. 8. (5⅛ B.) Berlin 845, Hayn.

Ueber das Bedürfniß einer verbesserten Bibel-Uebersetzung statt der lutherischen. 1849. s. *Henrici*, Georg.

Ueber das Bedürfniß einer verbesserten Einrichtung des Gottesdienstes in den protestantischen Kirchen. 1815 s. *Rambach*, August Jakob.

Ueber das Bedürfniß der Errichtung eines Polytechnicums in Laibach. — Laibach: Kleinmayr & Bamberg 1872. 7 S. 8° Aus: Laibacher Zeitung. 1872.
300: 57.640–B.
14.11413

Ueber das Bedürfniß der Intelligenz unserer Zeit und die Möglichkeit, mit einer liberalen Majorität einen Staat zu regieren. — Leipzig: Barth 1830. 36 S. 8°
1: Deutsche Flugschr. 1830–6. 5. 10. 15. 26. 27.
14.11414

Ueber das Bedürfniß einer bessern Justiz in Baiern, besonders bey den Landgerichten, den Land-Ständen gewidmet. — o. O. 1819. 35 S. 8°
12: Bavar. 213. 19. 20. 22. 61. 302.
14.11415

Bedürfniß, über das, einer bessern Justiz in Baiern, besonders bei Landgerichten. 8. Bamb. 819. Dausnik. 2 K

Bedürfniß, über das, einer bessern Justiz in Baiern, besonders bei Landgerichten. 8. Regensb. Daisenberger. 819.

Das Bedürfniß der evangelischen Kirche und die nothwendige Richtung theologischer Wissenschaft mit Bezugnahme auf die Strauß'sche Schrift Das Leben Jesu. Eine Betrachtung in Briefen von e. Freunde d. Kirche. — Leipzig [usw.]: Char 1838. 61 S. 8° 1: Bq 980. 5. 21. 61.
14.11416

Ueber das Bedürfniß einer Reformation des Priesterstandes. 1811 s. *Fingerlos*, Matthaeus.

Das Bedürfniss nach Reformen an der Hof- und Staatsbibliothek in München. 1894 s. *Quidde*, Ludwig.

Das religiöse Bedürfniß der Zeit. — Vaihingen a. d. Enz: Berwick 1837. 127 S. 8° 24.
14.11417

Bedürfniss, das, grösserer Sauberkeit im Kleinvertrieb v. Nahrungsmitteln. 18 Aufsätze f. Unterhaltungsblätter, Sonntagsblätter, Frauen-Zeitgn., Volks- u. Schullesebücher, Familien- u. Hauskalender u. a., veröffentlicht in Folge e. allgem. Preisausschreibens zu Wiederabdruck u. möglichster Verbreitg. v. d. Deutschen Verein f. öffentl. Gesundheitspflege. 2., unveränd. Abdr. gr. 8. (76 S.) Frankfurt a/M. 902. Mahlau & Waldschmidt. n. 1.20

Beduerfnisse. — Deutschlands Bedürfnisse. 1850 s. *Stueve*, Karl.

Die Bedürfnisse der Gegenwart im Lichte der apostolischen Zeit. Ansprachen u. Zeugnisse von d. Konferenz vom 23.–26. Aug. 1910 in Mülheim a. d. R. — Mülheim-Ruhr: Humburg [1910]. 137 S. 8° 1: N 16.1049.
14.11419

Die gottesdienstlichen und seelsorgerlichen Bedürfnisse der evangelischen Gemeinde Heilbronn. Ansprache. Heilbronn: Schell 1881. 12 S. 8° 24.
14.11420

Ueber die Bedürfnisse und Mittel der Universität Leipzig mit vorzüglicher Berücks. des medicinischen Lehrfachs. — Leipzig 1838: Staritz. 59 S. 8°
1: Az 2974. 2. 3. 5. 7. 14. 15. 45. 53. 106. 117.
14.11421

Beduerfnisse. —

Des badenschen Volkes materielle Bedürfnisse und Wünsche. Dargest. von einigen Vaterlandsfreunden. — Villingen: Förderer 1848. 39 S. 8° 25.
14.11422

— 3. Aufl. Ebd. 1848. 39 S. 8° 31.
14.11423

Bedürfnisse der vornehmen Welt. Belehrungs- u. Unterhaltungsbuch für Erwachsene gebildeten Standes. Insonderheit ein hygienischer Wegweiser. (Mitarb.: Ewald Paul [u. a.]) — Graz: Paul 1891. 188 S. 8°
300: 202.068–B. 303.
14.11424

Bedürfnisse und Wünsche der Stadt Fiume. Aus d. Ital. übers. — (Fiume 1861: Rezza.) 47 S. 8°
300: 169.045–B. 304.
14.11425

Bedyński, M. u. **Michałowski,** I.: Statistische Karte Galiziens und der Bukowina. (1: 288.000.) Wien: Bechmann 1879.

Bedyński, M., i J. Michałowski: Mapa statystyczna Galicyi i Bukowiny. (Statist. Karte v. Galizien u. d. Bukowina.) Nach amtl. Erhebungen im Jahre 1878. Maßstab 1:288 000. Wien (ca. 1880). – (2)

Bée, Jules de: Französische Conversations-Sprachlehre zum Schul- und Privat-Unterricht. — Wien: Mayer 1870. X,384 S. 8° 302.
14.11436

— — 2., verb. Aufl. Ebd. 1877. 387 S. 8°
300: 92.903–B. 302.
14.11437

Beebe, Minnie A. Mason [aus Geneseo (New-York, U.S.A.)]: Die Haltung Ciceros beim Ausbruch des Bürgerkrieges. Eine historisch-psychologische Studie. Zürich 1900. II, 62 S. 8°.
Zürich. Phil. Diss. I. S. 1900/1901.

Beecher, Catherine Esther [Vorr.] s. *Beecher* Stowe, Harriet: Die Maiblume [The Mayflower, deutsch]. 1853 u. ö.

Beecher, Henry Ward
— Lebensgedanken. Aus d. Engl. [von Gustav Lisco]. Berlin: G. W. F. Müller [1863]. 440 S. 8°
12: Mor. 1262 h. 23. 44.
14.11515

Beecher, Henry Ward, Lebensgedanken. Aus dem Engl. 8. (IV und 440 S.) Berlin 864, G. W. F. Müller. *
geb. *

— [deutsch] Norwood oder Dorfleben in Neu-England. Stuttgart: Steinkopf 1871. 432 S. 8° 24. 207.
14.11530

— [Ausz., deutsch] Ausgewählte Predigten. Deutsch von E. Kannegiesser. — Berlin: Berggold 1874. XIV,288 S. 8° 1:Ed 12456. 3. 11. 27. 30. 107.
14.11542

Beecher-Ward, H., Ausgewählte Predigten, deutsch, v. Kannegiesser. Berl. 1814. 8.

— Drei Predigten. Uebers. aus d. Engl. Stuttgart: Krabbe 1887. IV,59 S. 8° 24.
14.11543

— [deutsch] Geistliche Reden ... Mit e. biogr. Einl. von Henri Tollin. — Berlin: O. Müller 1870. X,340 S. 8° 1:Ed 12420. 15. 26. 27. 28.
14.11541

—— Religion und Pflicht. 52 Sonntagsbetrachtungen. Aus dem Engl. von F. Leoni. 8. (XII, 191 S.) Stuttgart 888, Greiner und Pfeiffer. *M 2.40.; geb. *

— Religion und Pflicht. 52 Sonntagsbetrachtungen ... übertr. von F. Leoni. — Stuttgart: Greiner & Pfeiffer 1889. XII,191 S. 8° 24. 27. 79. 107. 123.
14.11517

—— Vorträge über das Predigtamt. Deutsch von E. Kannegießer. gr. 8. (XII, 288 S.) Berlin 878, Berggold. *

— [Ausz., deutsch] Vorträge über das Predigtamt. Deutsch von E. Kannegießer. — Berlin: Berggold 1874. XII,233 S. 8° 1:Dy 4070. 3. 4. 6. 11. 17. 21. 24. 26. 27. 28. 30. 34. 44. 60. 79.
14.11522

— [deutsch] Wahrheiten des Himmelreichs. Aus Predigten u. Betrachtungen. Übers. von e. Mitgliede d. evangelischen Dom-Candidaten-Stifts zu Berlin. — Bielefeld: Velhagen & Klasing 1863. XXXII,264 S. 8° 1:Ed 12270. 6. 15. 26. 60.
14.11514

— [deutsch] Königliche Wahrheiten. [Übers.: Gustav Lisco.] — Berlin: G.W.F. Müller [um 1865]. 298 S. 8° 1:Et 12840. 8. 23. 26. 33. 41. 44. 60. 79. 123.
14.11549

— königliche Wahrheiten. Aus dem Engl. Berlin 866. G. W. F. Müller. 8. (V, 298 S.) n. 1 ℛ; geb. n. 1 ℛ 15 ngr.

Beecher, Lyman, sechs Betrachtungen üb. Wesen, Veranlassungen, Kennzeichen, Folgen u. Heilung d. Unmäßigkeit, mit ein. Einleit. v. John Edgar. N. d. Engl. bearb. v. Ad. Reinecke. gr. 8. (4¼ B.) Hannover 841, Hahn'sche Hofbuchh.

Beecher, Lyman, sechs Betrachtungen über Wesen, Veranlassungen, Kennzeichen, Folgen und Heilung der Unmäßigkeit. Aus dem Engl. übers. gr. 16. (118 S.) New-York 851. (Philadelphia, Schäfer.) *

Beecher Stowe, **Enrichetta** s. *Beecher* Stowe, Harriet.

Beecher-Stowe, HB, s.a. Stowe, HB.

Beecher Stowe, Harriet
— [Ausz., franz.] Abrégé de l'histoire de l'oncle Tom à l'usage de la jeunesse. Avec un questionnaire par Mme A. Brée. — Leipzig: Baumgaertner 1853. 211 S. 8° (Petite Bibliothèque française. 24.) 300:547.175-A. 24.
14.11716

— [deutsch] Blätter über Haus und Heim. Brandenburg: Wiesike 1866. 154 S. 8° 1:Ng 28644.
14.11750

Beecher-Stowe, Harriet, Blätter über Haus u. Heim. Aus dem Engl. Brandenburg 867. Wiesike. 8. (154 S.) n. 12 ngr.

— [deutsch] Des Predigers Brautwerbung. Deutsch von A. Kretzschmar. Bd 1-4. — Wurzen: Verl.-Comptoir 1860. 8° (Europäische Bibliothek. Ser. 11,87/90 = 1087/1090.)
In d. Exemplaren von 12 u. 17 fehlt d. Titel d. Sammlung.
12:P.o.angl. 534a. 14. 17. 44.
14.11811

— Des Predigers Brautwerbung. Neue Ausg. Leipzig: Jansa 1901. 479 S. 8° 5. 7. 29.
14.11812

— [deutsch] Briefe und Tagebücher hrsg. von Charles E. Stowe. Deutsch von Margarethe Jacobi. — Gotha: F.A. Perthes 1892. VIII,311 S. 8° 1:Ax 13385/2. 3. 6. 11. 12:Biogr. 80g. 20. 26. 30. 36. 38. 39. 45. 61. 79. 109. 302.
14.11766

— Uncle Tom's Cabin. With a new pref. Vol. 1.2. Leipzig: Tauchnitz 1852. 8° (Collection of British authors. 243.244.) 1:Ah 30-243.244. 3. 5. 6. 8→11. 12:P. o. angl. 30mc-1.2. 14. 15. 16. 18. 19. 20. 24. 26→29. 32. 34. 36. 39. 44. 45. 47. 48. 52. 53. 62. 64. 75. 79. 107. 109. 111. 117. 180. 302→304. 307. 308.
14.11570

— Uncle Tom's Cabin: A tale of life among the lowly. Leipzig: Friedlein 1853. IV,188 S. 8° 47.
14.11585

Beecher Stowe, Harriet, Uncle Tom's cabin. A tale of life among the lowly. 8. (382 S.) Leipzig 889. Grossner & Schramm. n. 2.—

— [Ausz.] Uncle Tom's Cabin by Harriet Beecher Stowe and Little Lord Fauntleroy by Frances Hodgson Burnett. The birds of passage, and The voice of spring by Felicia Hemans. Ed. ... by Heinrich Saure. [Nebst] Vocabulary. — Berlin: Herbig 1895. 8° (Modern English Authors. 1.) 1:Z 9603-1. 34. 47.
14.11657

— — 2. Aufl. [Nebst] Vocabulary. Ebd. 1898. 8° (Modern English Authors. 1.) 1:Z 9603²-1. 12:P. o. angl. 19k-1. 123.
14.11658

— — 3. Aufl. [Nebst] Vocabulary. Ebd. 1902. 8° (Modern English Authors. 1.) 1:Z 9603³-1. 123.
14.11659

— — 4. Aufl. Ebd. 1910. VIII,111 S. 8° (Modern English Authors. 1.) 1:N 10.028-1.
14.11660

— [deutsch] Dred. Erzählung aus d. großen Wüstenmoore. Übers. von Marie Heine. Bd 1-3. — Leipzig: Kollmann 1856. 8° 12:P. o. angl. 30mn [2 Ex.] 17. 31.
14.11734

— — Leipzig: Tauchnitz 1856. 8° (Collection of British authors. 372.373.) 1:Ah 30-372.373. 3. 5. 11. 14. 18. 19. 24. 27. 30. 34. 36. 44. 51. 53. 111. 117. 123. 300:393.080-A. Per. 372.373. 304.
14.11732

— Dred. Erzählung aus d. amerikanischen Sümpfen. Buch 1.2. — Wien: Ludwig & Zang 1856. 8° (Roman-Zeitung.) 300:391.011-A. 302.
14.11735

— Dred. Erzählung aus d. großen Schreckenssumpfe. Übertr. von A. Kretzschmar. Bd 1-7. — Wurzen: Verl.-Comptoir 1857. 8° (Europäische Bibliothek d. neuen belletristischen Literatur Deutschlands, Frankreichs, Englands ... Ser. 10,92/98 = 992/998.) 14.
14.11736

— Evangeline, oder: 'Das Loos ist mir gefallen auf's Lieblichste'. Für d. Jugend bearb. von E. Langenberg. 3. Aufl. — Hamburg: Oncken 1868. 95 S. 8° 18.
14.11608

[Beecher-Stowe]. *Evangeline*, oder: „Das Loos ist mir gefallen auf's Lieblichste." Aus „Onkel Toms Hütte", für die Jugend bearb. v. E. Langenberg. 4. Aufl. Hamburg, 1874. 96 S. und 1 Holzschnitt-Frontispiz. 12°. Ill. Or.-Karton. — Etw. fleckig, Titel gestempelt. 6.—

— Evangeline und Neger Tom ... Ausgew. für d. liebe Jugend ... Mit Vorw. von Karl Mann. — Stuttgart: Quack 1854. VIII,205 S. 8° 24.
14.11607

— Evangeline. Erzählung aus d. nordamerikanischen Sklavenzeit. Frei nach d. Engl. ... von Anna Steen. 6. Aufl. — Hamburg: Oncken 1895. 128 S. 8° [(Jugendheim. 6.)] 4. 18.
14.11677

— Familiensilhouetten. Freie Uebertr. u. Bearb. ... von Hermine Frank. — Frankfurt a. M.: Alt in Comm. 1870. 232 S. 8° 12:Ph.Pr.1312a. 30.
14.11740

Beecher-Stowe, Harriet, Little Foxes, s. Frank, Hermine.

— [Little Foxes, deutsch] Kleine Füchse oder die kleinen Fehler, welche das häusliche Glück stören. — Gütersloh: Bertelsmann [1869]. 142 S. 8° 1:Np 18586. 4. 44.
14.11739

— Kleine Füchse oder die kleinen Fehler, welche das häusliche Glück stören. — Gütersloh: Bertelsmann [1873]. 223 S. 8° 1:Np 18587. 6. 29. 30.
14.11741

— — Ebd. [1874]. 182 S. 8° 109.
14.11742

Beecher-Stowe, Harriet, kleine Füchse oder die kleinen Fehler, welche das häusl. Glück stören. Aus dem Engl. 4. Aufl. 16. (224 S.) Gütersloh 878, Bertelsmann. cart. mit Goldschn.

— — 6. Abdr. Ebd. 1882. 223 S. 8° 26.
14.11743

— — 8. Abdr. Ebd. 1887. 223 S. 8° 1:Np 18586^{8}.
14.11744

— — 11. Aufl. Ebd. 1908. 191 S. 8°
1:Np 18586^{11}. 6. 12:Ph.Pr. 1313 i. 32. 79.
14.11745

— Gemälde aus dem Sklaven-Leben in den Vereinigten Staaten von Nord-Amerika. 1. Onkel Tom's Hütte, 2. Schlüssel zur Onkel Tom's Hütte. — Dresden: H. Schmidt [um 1855]. 368,208 S. 8° 14. 207.
14.11629

– Onkel Tom's Hütte, s.a. Erzählungen, 1001, f. Jung u. Alt Nr. 24.

— dasselbe, s.a. Geyer, Alb.

— dasselbe, s.a. Herold, Heinr.

— dasselbe, s.a. Jacobi, Marie.

— dasselbe, s.a. Petersen, Geo. Paysen.

— dasselbe, s.a. Reichhardt, Rud.

— dasselbe, s.a. Tom's, Onkel, Hütte

Beecher-Stowe, Harriet, Onkel Tom's Hütte. Erzählung aus dem fernen Westen. Für die Jugend bearb. v. Br. Hoffmann. Mit Farbendr.-Illustr. nach Orig.-Zeichngn. v. C. Koch. 8. Aufl. gr. 8. (219 S.) Berlin o. J. Leipzig, O. Drewitz' Nachf. Geb. 4. 50

— [Ausz., deutsch] Onkel Tom's Hütte. Scenen aus d. Sklavenleben in Amerika. — Oels: Ludwig o. J. 48 S. 8°
2.
14.11663

— Onkel Tom's Hütte. Eine Negergeschichte. Bd 1–3. Berlin: Allgem. deutscher Volksschriften-Verein 1852. 8° (Allgemeine deutsche Volks-Bibliothek. 5,4/6.)
5. 12:P. o. germ. 1527 sp–V,4/6. 29. 30. 51. 302.
14.11605

— Onkel Tom's Hütte. Ein Roman aus dem Leben der Sklaven in Amerika. Th. 1.2. — Berlin: Sacco [1852]. 8°
1:Zd 7635. 10. 32. 38. 41. 44. 109.
14.11604

— Onkel Tom's Hütte. Bilder aus d. Sclavenleben in d. vereinigten Staaten Nordamerika's. Von H. B. Stowe. — Bremen: Ordemann 1852. 280 S. 8° 18.
14.11606

— Onkel Tom's Hütte, oder: Negerleben in den Sklavenstaaten Amerika's. Bd [1]–3. — Berlin: Brandis 1853. 8°
1:Zd 7637. 41.
14.11609

— Onkel Tom's Hütte, oder: Leiden der Negersklaven in Amerika. Im Ausz. für d. Volk bearb. — Berlin: Lassar 1853. 55 S. 8° 14.
14.11666

— Onkel Tom's Hütte. Ein Roman aus d. Leben d. Sklaven in Amerika. 3. Aufl. Th. 1.2. — Berlin: Sacco [1853]. 8° 1:Zd $7637/20^{3}$. 12:P. o. angl. 30 mp. 109.
14.11610

— Onkel Tom's Hütte oder Negerleben in den Sclavenstaaten von Nord-Amerika. — Hannover: Schlüter 1853. VIII S., 556 Sp. 8° 35.
14.11612

— Onkel Tom's Hütte, oder Negerleben in den Sklavenstaaten von Amerika. Von Harriet Stowe, geb. Beecher. Nebst d. neuen ... eigens für Europa geschriebenen Vorr. Vollst. u. wohlfeilste Stereot.-Ausg. — Leipzig: Friedlein 1853. VIII,326 S. 8° 17. 31. 109.
14.11613

— — ⟨2. Aufl.⟩ Ebd. 1853. VIII,326 S. 8° 43. 207.
14.11614

— — ⟨3. Aufl.⟩ Ebd. 1853. VIII,326 S. 8° (Neue Volks-Bibliothek. 1.)
4.
14.11615

— — ⟨4. Aufl.⟩ Ebd. 1853. VIII,326 S. 8° (Neue Volks-Bibliothek. 1.)
In d. Exemplaren von 11 u. 23 fehlt d. Titel d. Sammlung.
11. 18. 23. 41.
14.11616

— — 5. Aufl. Ebd. 1853. VIII,326 S. 8° (Neue Volks-Bibliothek. 1.) 4. 123.
14.11617

— — 6. Aufl. Ebd. 1853. VIII,326 S. 8° (Neue Volks-Bibliothek. 1.) 15. 75.
14.11618

— — Mit erklärenden Noten, d. Biographie d. Verf. u. e. Vorr. von Elihu Burritt. Vollst. u. wohlfeilste Stereot.-Ausg. 7. Aufl. — Ebd. 1853. XIV,326 S. 8° 31.
14.11619

— — Mit d. Biographie d. Verf. u. e. Vorr. von Elihu Burritt. Vollst. u. wohlfeilste Stereot.-Ausg. 9. Aufl. — Ebd. 1853. XIV,326 S. 8° (Neue Volks-Bibliothek. 1.) 8. 26.
14.11620

— — 10. Aufl. Ebd. 1853. XIV,326 S. 8° (Neue Volks-Bibliothek. 1.)
8.
14.11621

— Onkel Tom's Hütte. Bd 2. Ebd. 1853. XVI,448 S. 8°
2. Beecher Stowe: Schlüssel zu Onkel Tom's Hütte [A Key to Uncle Tom's cabin, deutsch].
1:Zd 7638. 10. 21. 41. 51.
14.11622

— Onkel Tom's Hütte; oder Negerleben in den Sklavenstaaten von Nord-Amerika. Mit 40 Illustr. — Leipzig: J. J. Weber 1853. VIII S., 556 Sp. 8° (Erzählungen aller Nationen. 1.) Im Exemplar von 33 fehlt d. Titel d. Sammlung.
4. 10. 14. 15. 27. 33. 79.
14.11623

— — Mit 50 Illustr. 2. Aufl. Ebd. 1853. XII S., 786 Sp. 8°
36. 169.
14.11624

— Onkel Tom's Hütte; oder Negerleben in den Sklavenstaaten von Nordamerika, 3., mit Anm. verm. Aufl. — Ebd. 1853. XII,430 S. 8° 207. 302.
14.11625

— Onkel Tom's Hütte oder die Geschichte eines christlichen Sklaven. Übertr. von L. Du Bois. Bdch. [1]–11. — Stuttgart: Franckh 1853. 8° 24. 109. 209.
14.11626

— Onkel Tom's Hütte oder die Sclaven in Amerika. Roman. Deutsch bearb. von Alexander Franz. — Berlin: Lindow [um 1855]. 408 S. 8° (Haus-Bibliothek ausgewählter fremdländischer Unterhaltungsschriften. 1.)
1:Zd 7640. 7.
14.11628

— Onkel Tom's Hütte. Bd 2. Leipzig: Friedlein [um 1855]. 256 S. 8°
2. Beecher Stowe: Schlüssel zu Onkel Tom's Hütte [A Key to Uncle Tom's cabin, deutsch].
Die Schrift bricht auf S. 256 mitten im Text ab. 7.
14.11630

— Onkel Tom's Hütte. Eine Negergeschichte. Von H. B. Stowe. Bd 1-3. — Wittenberg: Mohr 1856. 8° 18.
14.11631

—— Onkel Tom's Hütte oder Leben unter den Verstoßenen. Nach dem Engl. frei bearb. von Adf. Strodtmann. gr. 8. (271 S.) Philadelphia 864, (Schäfer und Koradi.) geb. *

—— dass. — s.a. Universal-Bibliothek Nr. 961—965.

— Toms Hütte oder das Sklavenleben in Amerika. Für d. Jugend bearb. von Wilh. Kammerer. — Regensburg: Manz 1869. 166 S. 8° (Lesekranz. 12.)
12:Paed. Pr. 2140-12.
14.11609

— – Toms Hütte. Für d. Jug. bearb. v. W Kammerer. 8. (166 m. 4 St.) Regensb. 70, Manz. — 10

— Onkel Tom's Hütte oder das Schreckliche des amerikanischen Sklavenlebens. — Reutlingen: Enßlin & Laiblin [um 1870]. 60 S. 8° (Reutlinger Volksbücher. 3.) 24.
14.11670

— dasselbe od. Leben unter den Verstoßenen. Nach dem Engl. frei bearb. v. Adf. Strodtmann. gr. 8. (271 S.) Philadelphia 874. (Schäfer & Koradi.) geb. n. 4. —

— Onkel Tom's Hütte. Frei nach dem Engl. v. A. Eltze. 8. (296 S.) Berlin 875. Janke. n. 2. —

— Onkel Tom's Hütte oder Negerleben in den Sklavenstaaten von Amerika. — Leipzig: Reclam [1878]. 550 S. 8° (Universal Bibliothek. 961/965.) 1:Ag 7201-961/965. 15. 18. 23. 29. 30. 36. 300:410.411-A.Per. 961/965.
14.11632

—— dass. — Erzählung aus dem fernen Westen. Für die Jugend bearb. von Br. Hoffmann. Mit (5) Farbendr.-Illustr. nach Orig.-Zeichnungen von C. Koch. 1.—4. Aufl. gr. 8. (218 S.) Berlin 880—83, Drewitz. cart.

—— dass. — s.a. Universal-Bibliothek für die Jugend.

— Onkel Tom's Hütte. Bild aus d. Sklavenleben im Lande d. Freiheit. Aus d. Engl. d. H. B. Stowe, nacherzählt von E. Anton. — Reutlingen: Bardtenschlager [um 1880]. 64 S. 8° ([Reutlinger Volksbücher.] 203.) 24.
14.11672

— Onkel Tom's Hütte oder das Schreckliche des amerikanischen Sklavenlebens. Stereot.-Ausg. — Reutlingen: Enßlin & Laiblin [um 1880]. 59 S. 8° (Neue Volksbücher. 95.) 123.
14.11673

—— Onkel Tom's Hütte. Nach dem engl. Orig. neu bearb. 8. (320 S.) Berlin 881, Janke. ℳ 2.; geb. *

—— dass. Für d. Jugend bearb. v. B Hoffmann. 4. Afl. 8. (218 m. 5 Chromol.) Berl. 84, Drewitz. 4. 50

—— dass., s.a. Familienbibliothek, Calwer.

— Onkel Tom's Hütte. Berlin [1885]. 320 S. 8° (Collection Otto Janke.) 1:Zd 7642.
14.11633

—— dass. — Erzählung aus dem fernen Westen. Übers. und bearb. von C. v. der Boeck. 8. (218 S. mit 1 Farbendr.-Illustr. nach Orig.-Aquarellen von Marie Koch.) Berlin 885, Drewitz Nachf. geb.

— Onkel Toms Hütte oder Negerleben in den Sklavenstaaten von Nordamerika. Neue Ausg. — Calw [usw.]: Vereinsbuchh. 1886. 336 S. 8° (Calwer Familienbibliothek. 3.) 24.
14.11634

— Onkel Tom's Hütte. Für die Jugend bearb. von M. Jacobi. 8. (172 S. mit 4 Farbendr.-Bildern nach Aquarellen v. G. Frenz.) Stuttgart 888. Thienemann's Verl. cart. n. 2. —

— — 2. Aufl. Calw: Vereinsbuchhandlung 1891. 324 S. 8° (Calwer Familienbibliothek. 3.)

— Onkel Toms Hütte. Für d. Jugend bearb. von L. Kheim. Nebst e. Anh.: Conanchet, der Häuptling d. Naragansetts. — Fürth: Löwensohn [1893]. IV, 192 S. 8°
Sondert. Conanchet, d. Häuptling d. Naragansetts. Nach J. F. Cooper d. Jugend erzählt von W. Christian.
12:Paed. Pr. 319. 29.
14.11676

Beecher-Stowe. *Onkel Toms Hütte* . . . neu übersetzt von Margarete Jacobi. Mit 112 Illustrationen und 1 Farbendruckbilde. Stuttgart u. Leipzig, Deutsche Verlags-Anstalt [c. 1895]. Gr.-8°. Farbig illustr. Orlwd. 10.—

— — Bearb. von Hermann Trescher. Halle: Hendel [1897]. 342 S. 8° (Bibliothek d. Gesamtlitteratur d. In- u. Auslandes. 1098/1102.)
1:X 8366-1098/1102. 3. 16. 52. 62. 303.
14.11636

— Onkel Toms Hütte oder Negerleben in den Sklavenstaaten von Amerika. Neu übers. von Margarete Jacobi. — Stuttgart [usw.]: Deutsche Verl. Anst. [1897-98]. XX, 624 S. 8° 24. 60.
14.11637

— Onkel Toms Hütte. Nach d. Original-Erzählung für d. Jugend bearb. von Gustav Heine. — Berlin: Meidinger [1898]. 222 S. 8° 1:Ng 17130/5. 60.
14.11678

— Onkel Tom's Hütte oder Negerleben in den Sklavenstaaten in Amerika. Illustr. von Peter Geh. — Berlin: F. Schulze [1898]. 240 S. 8° 1:Ng 17154.
14.11679

— Onkel Tom's Hütte oder: Negerleben in den Sklavenstaaten von Nord-Amerika. Für d. Jugend bearb. von Marie v. Felseneck. — Berlin: Weichert [1898]. 159 S. 8° 1:Ng 17160/35.
14.11680

— Onkel Toms Hütte oder Negerleben in den Sklavenstaaten von Nordamerika. 3. Aufl. — Calw [usw.]: Vereinsbuchh. [1899]. 320 S. 8° (Calwer Familienbibliothek. 3.) 24.
14.11638

— Onkel Toms Hütte. Für d. Jugend bearb. von Klaus Bernhard. — Stuttgart: Weise [1899]. 80 S. 8° 24.
14.11681

— — Neu bearb. von Albert Geyer. Leipzig: Abel & Müller 1901. 239 S. 8° 207.
14.11682

— Onkel Tom's Hütte oder Negerleben in den Sklavenstaaten in Amerika. Bearb. von Emil Buwald. Illustr. von Peter Geh. — Berlin: Gahl [1902]. 128 S. 8° 26.
14.11683

— Onkel Tom's Hütte oder Negerleben in den Sklavenstaaten in Amerika. Illustr. von Peter Geh. — Ebd. [1902]. 240 S. 8° 1:Zd 7640/20.
14.11684

— Onkel Toms Hütte. Nach d. Original-Erzählung für Jung u. alt bearb. von Gustav Heine. — Berlin: Meidinger [1903]. 208 S. 8° 1:Zd 7640/25.
14.11685

— dasselbe. Erzählung f. die Jugend. Unter Mitwirkg. v. Münchgesang neu bearb. v. Osk. Hoffmann. Mit Farbdr.- u. Text-Bildern. (III, 124 S.) gr. 8. Stuttgart (903). W. Nitzschke. Geb. in Leinw. n. 2. —

— Onkel Toms Hütte. Für d. Jugend bearb. u. ... hrsg. von Georg Reichard. — Berlin: Jugendhort [1904]. 223 S. 8° 1:Ng 17411.
14.11686

— Onkel Toms Hütte. Für d. Jugend neu bearb. u. ... hrsg. von Ulrich Mentzel. — Ebd. [1905]. 96 S. 8° (Jugendhort. 8.) 1:Ng 10580-8.
14.11687

— Onkel Toms Hütte oder Negerleben in den Sklavenstaaten von Nordamerika. Frei ... bearb. von Emmy v. Feilitzsch. — Konstanz: Hirsch [1905]. 95 S. 8°
12:P. o. angl. 30mr.
14.11688

— Onkel Tom's Hütte. Für d. Jugend bearb. von Rudolf Reichhardt. — Berlin: Globus Verl. [1906]. 240 S. 8°
1:N 09.12.
14.11689

— — Für d. Jugend bearb. von Georg Paysen Petersen. Stuttgart: Loewe [1906]. VI,152 S. 8° 24.
14.11690

— — Volksausg. 2. Aufl. Ebd. [1906]. VI,150 S. 8° 207.
14.11691

— dasselbe. Bearb. v. Otto Zimmermann. (298 S.) 8. Leipzig 907. O. Spamer. 1. 25; geb. in Leinw. 1. 75

— Onkel Toms Hütte. Für die Jugend bearb. v. Klaus Bernhard. 4.—6. Taus. (80 S. m. 4 Farbdr.) 8. Stuttg. (907). G. Weise. Kart. — 60

— Onkel Tom's Hütte. Neu übers. u. für d. Jugend bearb. von Wilhelm Lehr. — Berlin [usw.]: Hillger [1908]. 96 S. 8° (1001 Erzählungen für Jung u. Alt. 24.)
1:Yt 728/50-24.
14.11692

— dasselbe od. Negerleben in den Sklavenstaaten v. Nordamerika. Frei nach d. Engl. bearb. v. Emmy v. Feilitzsch. (95 S. m. 6 Vollbildern.) 8. Konstanz (909). Christlicher Buch- u. Kunstverlag C. Hirsch. Geb. — 40

— Onkel Toms Hütte. Für d. Jugend bearb. von Klaus Bernhard. — (Stuttgart: Weise [1909].) 80 S. 8° 24.
14.11693

— Onkel Toms Hütte. Erzählung aus d. Negerleben in Nordamerika vor Aufhebung d. Sklaverei ... Für d. Jugend bearb. von Ewald Anders. — Stuttgart: Weise [1909]. VI,215 S. 8° 24.
14.11694

— — 4. Aufl. Calw: Vereinsbuchhandlung (um 1910). 320 S. 8° (Calwer Familienbibliothek. 3.)

Beecher-Stowe, Harriet, Onkel Tom's Hütte. Bearb. v. Otto Zimmermann. 2. [Titel-]Aufl. (298 S.) 8. Leipzig [907] (910). O. Spamer. 1. 25; geb. in Leinw. 1. 75

Beecher-Stowe, Harriet: Onkel Toms Hütte. Für d. Jugend u. d. Volk hrsg. v. Rob. Münchgesang. (224 m. Abb.) 8° Reutl., Ensslin & L. ('11). L 3 — d

— dass., s.a. Jugendklub-Bücherei, Deutsche.

— A Key to Uncle Tom's cabin; presenting the original facts and documents upon which the story is founded. Together with corroborative statements verifying the truth of the work. — Vol.1.2. Leipzig: Tauchnitz 1853. 8° (Collection of British authors. 266.267.)

— [deutsch] Schlüssel zu Onkel Tom's Hütte. Enthaltend: d. Original-Thatsachen u. Beweisstücke, auf welche d. Erzählung gegründet ist. Nebst neuen Darlegungen. Th.1-4. — Berlin: Duncker & Humblot 1853. 8° 1:Zd 7648. 11. 20. 47. 109.
14.11757

— Schlüssel zu Onkel Tom's Hütte. Enthaltend d. ursprünglichen Thatsachen und Documente, die dieser Geschichte zu Grunde liegen. Nebst einer Darlegung von Umständen, welche d. Wahrheit d. Buches bestätigen. — Leipzig: Friedlein 1853. XVI,448 S. 8° (Beecher Stowe: Onkel Tom's Hütte [Uncle Tom's Cabin, deutsch]. 2.)
1:Zd 7638. 10. 21. 31. 41. 51.
14.11758

— Schlüssel zu Onkel Tom's Hütte ... Von Harriet Stowe, geb. Beecher ... 2. Aufl. Vollst. u. wohlfeilste Stereot.-Ausg. — Ebd. 1853. XVI,439 S. 8° (Neue Volks-Bibliothek. 5.7,2.)
In einigen Exemplaren fehlt d. Titel d. Sammlung.
2. 11. 36. 44. 79. 302.
14.11759

— Schlüssel zur Onkel Tom's Hütte. Um 1855 s.a. in: Beecher Stowe: Gemälde aus dem Sklaven-Leben in den Vereinigten Staaten von Nord-Amerika

— Schlüssel zu Onkel Tom's Hütte. Leipzig: Friedlein [um 1855]. 256 S. 8° (Beecher Stowe: Onkel Tom's Hütte [Uncle Tom's Cabin, deutsch]. 2.)
Die Schrift bricht auf S. 256 mitten im Text ab. 7.
14.11760

— [deutsch] Die Leute von Oldtown. Roman. Übers. von J.N.Heynrichs. Bd 1-4. — Berlin: Janke 1870. 8°
1:Zd 7665. 11. 12:P. o. angl. 571 o.
14.11796

— Das Maiblümchen, oder Skizzen u. Scenen von Charakteren unter d. Nachkommen d. Pilger. Aus d. Engl. d. Miss Harriet Stowe, geb. Beecher. Mit e. Vorr. von Catherine E.Beecher ... Wohlfeilste Stereot.-Ausg. — Leipzig: Friedlein 1853. X,VII,138 S. 8°
1:Zd 7657. 14. 16. 24. 31.
14.11774

— Maiblümchen oder amerikanische Skizzen u. Erzählungen. — Leipzig: Kittler 1853. 178 S. 8° 4.
14.11775

— Das Maiblümchen, oder Skizzen und Scenen von Charakteren unter d. Nachkommen d. Pilger. Von Harriet Stowe, geb. Beecher. Mit e. Vorr. von Catherine E. Beecher. Vollst. u. wohlfeilste Stereot.-Ausg. 2. Aufl. — Leipzig: Friedlein 1856. X,138 S. 8° 2. 11.
14.11776

— [deutsch] Die Maiblume. Bilder u. Charaktere. (Vorr.: Catherine E. Beecher.) — Berlin: Duncker & Humblot 1853. XVIII,334 S. 8°
1:Zd 7656. 5. 7. 10. 12:P. o. angl. 530 r. 29. 33.
14.11773

Beecher-Stowe, Mrs. Harriet, Morgen kommt Er! Aus dem Engl. 8. (12 S.) Barmen 881, Wiemann. — 8

— Oldtown Folks. Vol.1.2. Leipzig 1869. 8° (Collection of British authors. Tauchnitz Edition. 1019.1020.)
1:Ah 30-1019.1020. 9. 11. 12:P. o. angl. 30 mc-8.9.14. 16. 18.19. 29. 30. 36. 44. 52. 62.117. 300:393.080-A.Per. 1019.1020.303.
14.11791

— [Little Pussy Willow, deutsch] Das Pathchen der Palmweide. — Gütersloh: Bertelsmann 1871. 160 S. 8°
1:Zd 7668.
14.11800

– Schlüssel zu Onkel Tom's Hütte, s. Beecher Stowe: Onkel Tom's Hütte. Schlüssel.

— Sklavenleben in Nordamerika oder Onkel Tom's Hütte. Aus d. Engl. von F. C. Nordstern. Bd 1.2. — Wien: Wenedikt 1853. 8° 300:23.664-A. 302. 307.
14.11627

— Sclaverei in dem Lande der Freiheit oder das Leben der Neger in den Sclavenstaaten Nordamerika's ... Von H.B.Stowe. Bd 1-4. — Leipzig: Wigand 1852. 8°
1[=3.4]:Zd 7633. 4. 7. 9. 29. 33. 44. 47. 61.
14.11608

(—) [Earthly Care, a heavenly discipline, deutsch] Irdische Sorgen, eine Erziehung für den Himmel. Ebraer 12,11. Übers. von R.S.Bramwell. — Darmstadt: Leske 1855. 8 S. 8° 17.
14.11729

—— four nice tales for riper youth, s.: Library, little engl.

— [Ausz.] Uncle Tim and Uncle Jaw. 2 tales for riper youth. — Leipzig: Baumgaertner 1853. 126 S. 8° (Little English Library. 8.) (Literary Amusements and conversation.) 30.
14.11780

— — 2. Aufl. Ebd. [1880]. 136 S. 8° (Little English Library. 9.) 1:Zd 7669[3].
14.11781

— [deutsch] Onkel Tom oder Sklavenleben in der Republik Amerika. — Berlin: Janke 1852. 357 S. 8°
1:Zd 7634. 11. 24.
14.11603

— Onkel Tom oder Negerleben in den nordamerikanischen Sklavenstaaten von H.B.Stowe ... Übers. von W.E.Drugulin. Bd 1-4. — Leipzig: Kollmann 1852. 8° (Amerikanische Bibliothek. 9/12.)
1:Zd 299-9/12. 12[** 1.2]:P.o.angl. 527i. 14. 20.
14.11607

— Onkel Tom oder Schilderungen aus dem Leben in den Sklavenstaaten Nordamerika's. Nach der 35. engl. Aufl. von J.S.Lowe. Bd 1.2. — Hamburg: Kittler 1853. 8°
1:Zd 7637/10. 61. 64.
14.11611

— wir u. uns. Nachbarn, s.a. Collection Hartleben.

— wir u. unsere Nachbarn, s.a. Lese-Cabinet, neues belletristisches.

— [We and our neighbours, deutsch] Wir und unsere Nachbarn. Chronik einer entlegenen Straße. Roman. Deutsch von Emil Lehmann. Bd 1.2. — Wien [usw.]: Hartleben 1876. 8° 12:P.o.angl.572 l. 300:109.121-A. 302.
14.11802

— Wir und unsere Nachbarn. Chronik einer entlegenen Straße. Bd 1-3. — Ebd. [1895-96]. 8° (Collection Hartleben. 4,16/18.) 300:60.383-B.IV,16/18. 302.
14.11803

— The minister's Wooing. — Leipzig: Tauchnitz 1859. 362 S. 8° (Collection of British authors. 494.)
1:Ah 30-494. 3. 9. 11. 12:P.o.angl. 30mc-7. 14. 17. 18. 24. 30. 33. 36. 44. 52. 117. 300:393.080-A.Per.494. 302.
14.11806

Beecher Stowe, Henriette s. *Beecher* Stowe, Harriet.

Beecher-Ward, Henry, s. Beecher, Henry Ward.

Beecher Advocate: 1881? -1882? Beecher, IL
Weekly. Published in English and German. Edited & published by E. L. Knapp.

Beecher Volksblatt: 1881 - ? Beecher, IL
Weekly. Edited & published by G. Metterhausen.

Beechey, Frederick William:
[deutsch] Reise nach dem Stillen Ocean und der Beeringsstraße zur Mitwirkung bei den Polarexpeditionen ... Th.1.2. — Weimar: Landes-Industrie-Comptoir 1832. 8° (Neue Bibliothek d. wichtigsten Reisebeschreibungen. 59.61.)
2. 3. 5→8. 10. 12:It. coll.85-59.61. 14→19. 21. 22. 24. 27. 31→35. 38. 39. 43. 45. 53. 205. 302. 304.
14.11818

Bechtholb, Th., der Mitschuldige, s. Familien-Bibliothek.

Beeck, Alfred:
Landwirtschaftliche Federviehzucht. — Hannover 1908. VII,131 S. 8° (Bibliothek d. gesamten Landwirtschaft. 33.) (Jäneckes Bibliotheken. Reihe B.) 7. 62.
14.11831

— Die Federviehzucht als Wirtschaftszweig und Liebhaberei. 1908 s.a. *Baldamus*, August Karl Eduard: Illustriertes Handbuch der Federviehzucht. 4. Aufl.

Die Federviehzucht als Wirtschaftszweig und Liebhaberei. Von Alfred Beeck. Bd 1. Berlin: R. C. Schmidt 1908. 8° [J.]
= Baldamus, August Karl Eduard: Illustr. Handbuch d. Federviehzucht 4. Aufl. Bd 1.
[od. 9771]

Beeck, Alfr.: Allg. Geflügelzüchtgslehre, s: Aus Theorie u. Praxis d. Geflügelzucht.

— Illustr. Hdb. d. Federviehzucht, s.: Baldamus, ACE.

— Notizb. z. Richten d. Geflügels usw. auf d. Geflügelausstellg. Entwurf. (Umschl.: Preisrichterb. f. Geflügelausstellgn.) (4 S., 28 Bl.) gr8° Berl., F Pfenningstorff ('11). — 60

Beeck, Eduard. 1873: Practische Abhandlung über Knochenkohle, deren Fabrikation und Verwendung. — Halle: Selbstverl. 1873. 16 S. 8° 308.
14.11845

Beeck, Eduard von der. Um 1850: Kurze Uebersicht, die Rentabilität der sächsisch-bayerschen Eisenbahn betreffend. — Dresden [um 1850]: Meinhold. 8S. 8° 14.106.
14.11844

Beeck, Fridericus Otto: De acrothymio, tumoris specie minus cognita. Accedit tabula lithographica. Halis Saxonum (1852): Gebauer. 12 S., 1 Taf. 8° (4°)
Halle-Wittenberg, Med. Diss. v. 5. Apr. 1852
Geb. Halle a. d. S. 10. 5. 1827. V.

Beeck, Nikolaus
De inclito Adolpho comite Holzacie, ordinis minorum in Kyl. Ein Beitrag zur Geschichte Graf Adolf IV. von Schaumburg. hrgg. v. Nikolaus Beeck. 8°.
(Ausschnitt aus: Quellensammlung der Gesellschaft für Schleswig-Holst.-Lauenb.-Geschichte, Bd. 4, Kiel 1875.)

Beeck, Nikol., Analecta ad historiam Novimonasterii. gr. 8. (101 S.) Kiel 875, (Universitäts-Buchh.) *

Beeck, Nikol. Alte Drucke der Flensburger Gymnasialbibliothek. S. 25—32. Progr. *Flensburg* 1877.

Beeck, Nikolaus (Bearb.), s.a. Geschichte der Familie Beeck ...

Beeck, Nikolaus: Geschichte der Familie Beeck mit urkundlichen Nachweisen u. 2 Beil.: 'Die Beeck'sche Präbendenstelle im Friedrichsberger Armenhause' u. 'Geschichte des Hofes Neuland'. — Berlin 1885: Unger. 151 S. 8° 1:S 2516.
14.11847

Beeck, N., Geschichtstabellen für die oberen Klassen höherer Lehranstalten, sowie zum Selbstunterricht. 2 Tle. gr. 8. Leipzig 883, Engelmann. ℳ 1,70.; cart. **
Inhalt:
Tl. 1. Alterthum und Mittelalter. (IV, 122 S.) * 80 Pf.; cart. **ℳ 1.
" 2. Neue Zeit. (VIII, 128 S.) * 90 Pf.; cart. **ℳ 1,10.

—— Handlexikon der Geschichte und Biographie. Historisch-biograph. Daten in alphabet. Ordnung. gr. 8. (443 S.) [Berlin 881, Bolm's Verlag.] Leipzig, Litterarische Gesellschaft. *

—— Handlexikon d. Geschichte u. Biographie. 8. (443) Berl. 81. Lpzg, Martin. n. 5. —

— — 2. Neudr. Ebd. 1882. 443 S. 8°
Nach d. Norm = Beek: Schlüssel zur Weltgeschichte. 107.
14.11850

— Schlüssel zur Weltgeschichte sowie Register zum Tagebuch der Geschichte und Biographie. — Berlin: [um 1880]. 443 S. 8° (Bolms Geschichts-Lexikon.) 107.
14.11848

Beeck, N., Übersicht der Weltgeschichte, s.: Holtze, F.

Beeck, Otto: [Tafeln zur Berechnung der Verbindungsrenten, jährlichen Prämien, Überlebungs-Versicherungen und aufgeschobenen Leibrenten.] — (Halle 1866: Waisenhaus.) 39 Taf. 2° Titel fingiert. 88.
14.11851

Beeck, Peter à, Aquisgranum oder Geschichte der Stadt Aachen. Aus dem Latein. übersetzt und durch eine kurze chronolog. Uebersicht bis zur Jetztzeit fortgeführt von Peter St. Käntzeler. 1. Lfg. gr. 8. (96 S. mit Münztpfrtaf., Plänen und Vignetten in qu. 4.) Aachen 874, Gebr. Habes. *

Beeck, Richard: Theoretisch-praktische Anleitung zum Schönschreiben durch Selbstunterricht. — Essen: Baedeker [1898]. 6 Bl. 8° 1:Os 669. 5.
14.11854

van Beeck Calkoen, J. F., Euryales über das Schöne. Mit 1 Kpf. 8. Lingen 803. Jülicher. 16 gr.

— examen du système de depuis et Volney, sur l'orrigine de la religion mosaique et chretienne. gr. 8. Gotha 802. Ettinger. 1 ß 6 gr.

Beeck Vollenhoven, Hendrik van, s.: Vollenhoven.

Beecke, Eugen, a. Straßburg: Die historischen Angaben in Aelius Aristides Panathenaikos auf ihre Quellen untersucht. Straßburg: K. J. Trübner 1905. (73 S.) 8° ¶(Erscheint demnächst vollst.)

Straßburg, Phil. Fak., Ref. Keil, Diss. v. 1. Aug. 1903

[Geb. 6. Dez. 75 Straßburg i. E.; Wohnort: Straßburg; Staatsangeh.: Elsaß-Lothringen; Vorbildung: Gymn. Diedenhofen Reife M. 96; Studium: München, Straßburg; Rig. 1. Aug. 03.]

Beecke, Eugen: Die historischen Angaben in Aelius Aristides Panathenaikos auf ihre Quellen untersucht. — Strassburg: Trübner 1908. 139 S. 8°
Erschien teilweise auch als Diss. Straßburg 1903. 1:Vx 9801. 12: A. gr. b. 524de. 14. 26. 38. 300:462.219–B. 303.
14.11856

Beecke, Ignaz v.: Die Jubelhochzeit. Komische Oper. [Komp.: Ignaz v. Beecke; Textdichter: Christian Felix Weiße.] [Textb.] — Leipzig: Dyck 1773. 208 S. 8° 180.
14.11857

— Der brave Mann, von Bürger. In Musik gesetzt vom Hauptmann Becke. — o.O. [um 1790]. 8 S. 8° 32.
14.11858

— Die Weinlese. Singspiel. Nach d. Erndtekranz d. Herrn Weiße... Die Composition ist von Herrn Becke. — Mannheim: Schwan 1783. 110 S. 8°
12: Coll. Her 2211. 32. 180. 300:392.620–A.253.
14.11859

Beecke, Josef Anton: Catalogus librorum in omni scientiarum genere, magna ex parte rariorum. 1788
s. *Baumann*, Valentin.

Beecken, Heinrich: Leitfaden in Zollangelegenheiten für Grosskaufleute und Zöllner. 2., neu bearb. u. erw. Aufl. Hamburg: Zembruski 1910. 48 S. quer-8° 18. 101.
14.11860

— Tabellarische Uebersicht über den Verkehr in den Niederlagen unverzollter Waren. Die Zollbehandlung von Rückwaren. Der zollfreie Veredelungsverkehr. Die Zollbehandlung der mit der Eisenbahn eingehenden Gegenstände. — Hamburg: Zembruski [1909]. 36 S. quer-8° 205.
14.11861

Beecker, Adolf, prakt. Tierarzt aus Elberfeld (Rheinl.): Die Nasenregion des Amniotenkopfes. *Leipzig: W. Engelmann 1903.* (57 S.) 8° ¶(Aus: Morphol. Jahrbuch, Bd 31 H. 4. — Ohne Taf.)
Erlangen, Phil. Diss. v. 18. Mai 1903

Beeckhen, Georg Adalbert v.: Kurzer Begrif von der durch die Rechenkammer eingeführten verbesserten Staats-Buchführung, in 3 Aufsätzen. [Verf.: Georg Adalbert v. Beeckhen.] — o.O. [1770]. 8 Bl., 2 Taf. 2° 308.
14.11866

[—] Ausführliche Erklärung der dermaligen, im Jahre 1770. von der Rechenkammer eingeführten Staats-Buchführung, welche dem über solche ertheilten Kurzen Begriffe, zum Nachtrage zu dienen hat. — o.O. 1772. 54 Bl. 2° 308.
14.11867

Beeckman, Benoît Emmanuel Léon:
Das schwarze Buch oder die enthüllte Propaganda Belgiens. Mit einl. Bemerkungen von G.F.H. Rheinwald. — Altenburg: Pierer 1838. LXXXVIII, 224 S. 8° 1: To 9266. 2→8. 11. 12: H. eccl. 160u. 16. 17. 18. 21. 24. 25. 27. 29. 30. 31. 33→36. 38. 41. 79.
14.11872

Beeckman, Daniel: Nachrichten von der Insel Borneo. (Aus Daniel Beeckman's Voyage to and from the Island of Borneo. London 1718.) (Uebersetzt von J. G. Forster.)
in: Neue Beiträge zur Völker- und Länderkunde. Th. 10. S. 63—118. Leipzig 1792. 8°.

Beedenbostel [Schlagwort]

Beedenbostel, s.: Preussen. Messtischblätter.

Beeg: Reformfrage des Gewerbewesens,
s. Beeg, Johann Kaspar

Beeg, Adam, Wanderbilder. Gedichte. 8. (IV u. 59 S.) Passau 851, Elsässer & Waldbauer. 1/4 ₰

Beeg, August, Referendar: Die **Auflage nach gemeinem Recht und Bürgerlichem Gesetzbuch.** *Stettin 1903: E. Gentzensohn.* (90 S.) 8°
Greifswald, Jur. Diss. v. [18. Juli] 1903

Beeg, Gunda: Die Anfertigung der Damengarderobe,
s. Lehrbücher der Modenwelt.

– Die Anfertigung der Kindergarderobe,
s. Lehrbücher der Modenwelt.

– Die Anfertigung der Leib- und Hauswäsche,
s. Lechner, H.

– Die Anfertigung der Leib- und Hauswäsche,
s. Lehrbücher der Modenwelt.

Beeg, J.C.: Die Reformfrage des Gewerbewesens ..., s. Beeg, Johann Kaspar

Beeg, J.G. s. *Beeg*, Johann Kaspar.

Beeg, J.K.: Die Form. pg. 1 - 8. 4°. Jul. Volkhart.
Progr. Fürth 1845/46.

Beeg, J.K.: Die Reformfrage d. Gewerbewesens ...,
s. Beeg, Johann Kaspar

Beeg, J.K.: Die Fürther Spiegelmanufaktur. pg. 1 - 20. 4°. Jul. Volkhart.
Progr. Fürth 1856/57.

Beeg, Johann Kaspar:
Die Reformfrage des Gewerbewesens in den sieben älteren Theilen des Königreichs Bayern. — München: Cotta 1860. 102 S. 8° 12: Bavar. 4302t [2 Ex.] 14. 16. 17. 19. 27. 31. 48.
14.11883

Beeg, J. K., die Reformfrage des Gewerbewesens in den sieben älteren Theilen des Königr. Bayern. München 860. Literar.-artist. Anstalt. gr. 8. (102 S.) n. 10 *ngr.*

(—) Programm. Ueber die beabsichtigte Wirksamkeit des Gewerbskommissariates der Stadt Nürnberg. — Fürth 1864: A. Schröder. 35 S. 8° 12: Bavar. 214ar.
14.11884

Beeg, M, christl. Gedenkbuch, s.: Bern, M.

Beeg, M.: Idee einer Frauenarbeits-Schule ...,
s. Beeg, Mathilde

Beeg, Marie, s. a.: Ille-Beeg, Marie.

Beeg, Marie (Frau Marie Ille), **Backfischgeschichten.** (160 S.) 8. Berlin (905). Schreiter. Geb. in Leinw. n. 3.—

Beeg, Marie, s.: Bern, Max., christliches Gedenkbuch.

— Herzblättchens Bilderbuch. gr. 4. (16 farb. S. m. eingedr. Text.) Stuttgart 889. Nitzschke. geb. n. 2.50

Beeg, M, Herzblättchens Bilderbuch, jetzt Berlin, Adph Engel.

Beeg, Marie, s.: **Blüten u. Ähren.**

Beeg, Marie, junge Freunde. Erzählung für Knaben und Mädchen im Alter von 12—14 Jahren in Wort und Bild. 8. (179 S. mit 3 autotyp. Illustr.) München 886, Richter und Kappler. geb. *

— Lieschen Fröhlich. Eine Erzählg. f. heranwachs. Fräulein. gr. 8. (III, 184 S. m. Titelbild.) Stuttgart 893. Süddeutsches Verlags-Institut. Geb. in Leinw. n. 3.—

Beeg, Marie (Marie Ille), **Lieschen Fröhlich.** E. Erzählg. f. heranwachs. Fräulein. gr. 8. (III, 184 S. m. 1 Farbdr. Stuttgart 898. Süddeutsches Verlags-Institut. Geb. in Leinw. n. 3.—

! – Lieschen Fröhlich. Jetzt: Berl., Schreiter.

— Allerlei Geschichten aus der Tierkinderstube. Mit Illustr. nach Originalen v. F. Müller-Münster. (VII, 226 S. m. farb. Titelbild.) gr. 8. Berlin (908). Globus-Verlag. Geb. in Leinw. 2. 50

Beeg, Marie (Marie Ille), Glück auf! Erzählg. f. d. junge Mädchenwelt. gr. 8. (III, 228 S.) Stuttgart 896. Süddeutsches Verlags-Institut. Geb. i. Leinw. n. 3. 50

! – Glück auf! Jetzt: Berl., Schreiter.

Beeg, Marie, Hänschen in den Kinderschuhen. Eine lust. Geschichte. Mit Bildern in Farbendr. gr. 4. (6 Bl.) Nürnberg 887. E. Schimpf. geb. n. 1. 50

—— Hänschen auf der Wanderschaft. 12 Bl. Farbendr.-Bilder nach Aquarellen von M. B. gr. 4. Stuttgart 887, Süddeutsches Verlags-Institut. geb. *

— Deutsche Jugend, s.: Jugend- u. Volksbühne.

— Jugend-Theater-Bibliothek. 8. (VI, 16, 24, 24, 22, 31, 14, 31, 32, 28, 32 u. 20 S.) München 898. Berlin, E. Bloch. Geb. n. 3. —

— Jugend-Theater-Bibliothek. 8. (VI, 16, 24, 24, 22, 31, 14, 31, 32, 28, 32 u. 20 S.) München 898. Lohner & Co. Geb. n. 2. —; auch in 10 Hftn. à — 25

— Lustiges Kasperltheater. 6 Hefte. (Je 16 S.) kl. 8. Reutlingen (909). Enßlin & Laiblin. à — 20
1. Kasperl bei der Kaffee-Visite. — 2. Kasperl bekommt Unterricht v. Schulkindern. — 3. Kasperl kommt v. der Reise nach Hause. — 4. Kasperl, der Prinz u. die Prinzessin. — 5. Kasperl u. die gefundene Geldbörse. — 6. Kasperl ist krank.

— Kinderaug u. Kinderherz. 24 Bl. Farbdr.-Bilder nach Aquarellen v. M. B. gr. 4. Stuttgart 887. Süddeutsches Verlags-Institut. geb. n. 6. —

—— aus dem Kinderleben. 12 Bl. Farbendr.-Bilder nach Aquarellen von M. B. 1. und 2. Aufl. gr. 4. Ebendas. 887,88. geb. *

— neue Kinder- u. Hausmärchen. Eine Sammlg. schöner neuer Märchen v. M. Beeg, M. Bertram, H. v. Gabain, Ernst Lausch, R. Müldener, Luise Pichler u. A. Mit 4 Aquarellen u. vielen Illustr. v. Alex. Zick, Herm. Kaulbach, M. Beeg etc. u. e. Anh.: „Deutsche Lieblings-Sagen“. gr. 8. (VIII, 323 S.) Stuttgart 892. Süddeutsches Verlags-Institut. Geb. in Leinw. n. 5. —

Beeg, Marie, die Kinderstube zur Dämmerstunde. In Wort u. Bild. gr. 4. (VII, 40 S. m. eingedr. Chromolith.) Stuttgart 882. Nitzschke. geb. n. 6. —

— die Kinderstube zur Dämmerstunde. In Wort u. Bild. 2. Aufl. gr. 4. (40 S. m. Holzschnfarbendr.) Stuttgart 883. Nitzschke. geb. n. 6. —

— glückliche Kinderzeit in Wort u. Bild. gr. 4. (16 farb. S. m. eingedr. Text.) Stuttgart 889. Nitzschke. geb. n. 2. 50

! **Beeg**, M.: Kinderzeit, Glückliche ..., jetzt Berlin: Engel.

— goldene Kinderzeit. Erzählungen u. Märchen f. Knaben u. Mädchen im Alter von 7—10 Jahren. (230 S. m. Titelbild.) 8. Berlin (904). Globus Verlag. Geb. in Leinw. n. 1. 50

— D. Kränzchen i. d. Küche. E. Kochbuch i. Versen. 8. (VI, 122 S.) München 897. C. Haushalter. Geb. in Leinw. n. 2. 20

—— Lenzesstürme. Erzählung für junge Mädchen in Wort und Bild. 8. (V, 244 S. mit 1 Lichtdr.) Stuttgart 883, Richter und Kappler. geb. *

—— Lust und Leid der Kinderzeit in Wort und Bild. 1. und 2. Aufl. gr. 4. (32 S. mit Holzschn.-Farbendr.) Stuttgart 883,84, Nitzschke. geb. *

— Mädchenjahre in Lust u. Leid. Erzählung f. junge Mädchen. 8. (VIII, 407 S. m. farb. Titelbild.) Stuttgart 890. Union. n. 4. —; geb. n. 5. —

— Mädchenjahre in Lust u. Leid. Erzählung f. junge Mädchen. 2. Aufl. (VI, 402 S. m. farb. Titelbild.) 8. Stuttgart (903). Union. Geb. in Leinw. n. 4. 50

Beeg, Marie, Mädchenjahre in Lust u. Leid. Erzählung f. junge Mädchen. 3. Aufl. (VI, 402 S. m. 1 farb. Titelbilde.) 8. Stuttgart (910). Union. Geb. in Leinw. 4. 50

—— erträumte Märchen. Erzählt und illustrirt. 4. (67 S. mit Initialen, 11 Chromolithogr. und chromolithogr. Titel.) Leipzig 884, E. Twietmeyer. geb. *

— neues Märchenbuch. Mit Illustr. in Farbendr. gr. 4. (6 Bl.) Nürnberg 887. C. Schimpf. geb. n. 1. 50

— Münchener Marionettentheater. Für die liebe Jugend verf. Nr. 1—6. kl. 8. Ebd. à — 20
1. Kasperl als Bergführer. (18 S.) (908). — 2. Kasperl u. der Zauberer. (16 S.) (908). — 3. Kasperl rettet die geraubte Prinzessin. (20 S.) (908). — 4. Kasperl, Hansel u. Gretel. (16 S.) (908). — 5. Kasperl als reicher Mann. (16 S.) (908). — 6. Kasperl u. der Zwerg. (16 S.) (908).

— mit frohem Mut. 2 Erzählgn. f. Mädchen. (199 S. m. 2 Vollbildern.) 8. Stuttgart (904). Reutlingen, R. Bardtenschlager. Geb. in Leinw. n. 3. —

— Otholie, d. Polenmädchen. E. Erzählg. f. junge Mädchen gr. 8. (IV, 166 u. 82 S. m. 4 Farbdr.) Stuttgart 896 Süddeutsches Verlags-Institut. Geb. in Leinw. n. 3. 50

— d. Reise in's Puppenland. qu. gr. 4. (27 S. m. farb. Bildern auf Pappe.) München 898. Lohner & Co. Kart. 4. —

— Rute u. Düte. gr. 4. (22 S. m. farb. Abb.) Ebd. 898. Kart. 1. 80

— zum Scherz u. fürs Herz. Verse v. M. B. Mit Illustr. in Farbendr. gr. 4. (6 Bl.) Ebd. 886. geb. n. 1. 50

Beeg, Marie, Schneekönigin u. Maikönigin, s.: Bloch's, Ludw., Kindertheater.

—— Schulmädelgeschichten f. Mädchen v. 7—12 Jahren. Mit 4 Farbdr.-Bildern nach Aquarellen. 8. (150) Stuttg. 87, Süddeut. Verl.-Inst. geb. n. 3. —

— Schulmädelgeschichten f. Mädchen v. 7—12 Jahren. 4. Afl. 8° (158 m. H. u. 4 Farbdr.) Ebd. 94. Geb. 3 —

— Schulmädelgeschichten f. Mädchen v. 7—12 Jahren. M. zahlr. Holzschn. u 4 schönen Farbdr.-Bild. 4. Aufl. gr. 8. (III, 158 S.) Stuttgart 898. Süddeutsches Verlags-Institut. Geb. in Leinw. n. 3. —

! – Schulmädelgeschichten. Jetzt: Berl., Schreiter.

— auf der Sonnenalp. Erzählung f. junge Mädchen. Mit 4 Kunstdr.-Bildern u. Einbandzeichng. v. W. Roegge. (163 S.) 8. Cöln (906). J. P. Bachem. n. 2. —; geb. in Leinw. n. 2. 50

— Sonnenscheinchen. Ein Buch f. liebe, kleine Kinder. Mit 1 farb. Titelbild u. Textillustr. nach Originalen v. O. Gebhardt. (201 S.) gr. 8. Berlin (905). Globus Verlag. Geb. in Halbleinw. n. 1. 60; in Leinw. n. 2. 25

— Sonnenscheinchen. Ein Buch f. liebe, kleine Kinder. (201 m. Abb. u. Titelbild.) gr8° Berl., Globus Verl. ('12). L 2.50 d

— Aus der Spielzeugschachtel. Bilder z. Ausmalen. (8 z. Tl. farbige Bl.) Lex. 8. Wesel (908). W. Düms. — 70

— Aus d. Spielzeugschachtel. Bilder z. Ausmalen. (Neue Ausg.) (8 z. Tl farb. Bl.) Lex8° Wes., W Düms ('11). — 60 d

— Die lustige Spielzeugschachtel. (12 Bl. m. farb. Abb.) 33,5×25 cm. Ebd. (907). Geb. 1. 80; auf Pappe (12 S.), in Leporelloform 2. 25; geb. 2. 50; auf Leinw. (12 Bl.) 3. 50

— Die Tage der Rosen. Erzählg. für die Mädchenwelt. Mit 8 Einschaltbildern. (240 S.) 8. Berlin (907). Verl. Jugendhort. Geb. in Leinen 5. —; Prachtausg. m. 4 Einschaltbildern 6. —

—— das Traumgeistchen in 12 brillanten Farbendr.-Bildern und 12 Bildern in Schwarz- und Gold-Druck mit Text. Fol. Nürnberg 886, C. Schimpf. geb. *

— das Vermächtnis der Tante, s.a. Nitzschke's, Wilh., neue Mädchen-Gaben. Bd. 2.

Berg, Marie, das Vermächtnis der Tante. Erzählung f. junge Mädchen. Mit Titelbild in Lichtdr. nach e. Orig.-Zeichng. der Verf. 8. (III, 220 S.) Stuttgart 892. W. Nitzschke. Geb. in Leinw. n. 4. —

— die Vierblättrigen, s.a. Nitzschke's, Wilh., neue Mädchen-Gaben. Bd. 4.

— d. Vierblättrigen. E. Erzählg. f. d. junge Mädchenwelt. Preisgekr. Arbeit d. Verfasserin. M. 4 Lichtdr.-Bild. v. A. Greiner. gr. 8. (III, 224 S.) Stuttgart 895. W. Nitzschke. Geb. in Leinw. n. 4. —

—— von ferner Welt, den Kindern erzählt. gr. 4. (12 Chromolithogr. mit eingedr. Text.) München 886, (F. Arnold.) geb.

Beeg, Mathilde: Idee einer Frauenarbeits-Schule in Nürnberg. — Nürnberg: Zeiser 1875. 31 S. 8° **20. 29.**
14.11885

Beeg-Aufseß, M., s. Muster altdeutscher Alphabete.

Beeg-Kubach: Frieden auf Erden! Weihnachtsbild. — Dresden 1891: Walther. 19 S. 8°
31. 32. 300:624.945-B.Th.
14.11886

Beege, genannt Bolling, Oswald Max: Byrons Einfluss auf Jugendgedichte Bulwers ... Leipzig, Druck v. C. W. Vollrath, *1891;* 47 S. 8.
Leipzig, Phil. Fak., Inaug.-Diss. v. [25. Sept.] 1891

Edler v. BEEGER, F. C.: Gründl. Erweis., dass Ihro Röm.-kaiserl. Maj. in d. Oesterr. Niederlanden commercia zu stabiliren u. zu Aufricht. ein. Ost- u. Westind. Comp. Privilegia zu ertheilen berechtigt. 724. 4.

Beeger, Friedrich Wilhelm: Seltsame Schicksale eines alten preußischen Soldaten. Die höchst merkwürdige Lebensgeschichte des ... Friedrich Wilhelm Beeger. — Ueckermünde: Verf. 1850. 187 S. 8° **2. 5. 33. 42. 79.**
14.11887

Beeger, J.: Die Frage der Reichsschulgesetzgebung, s, Beeger, Julius

Beeger, Joh. Wie kann von Seiten der Schulen dem Branntwein-Uebergenüsse entgegengewirkt werden? Klagenfurt 1889. 22 S. m. Abb. Mk. 1.—.

Beeger, Julius: Die Aufgabe des deutschen Lehrervereins. 8°
Aus: Freie deutsche Schulzeitung. 1872. **207.**
14.11888

Beeger, Jul., die Aufgabe der Lehrervereine. Festrede, bei der 25jähr. Jubelfeier des Erfurter Lehrervereins gehalten. gr. 8. (15 S.) Leipzig-Reudnitz 886, Osw. Schmidt.

— Die pädagogischen Bibliotheken, Schulmuseen und ständigen Lehrmittelausstellungen der Welt, mit bes. Berücks. der Pädagogischen Centralbibliothek ⟨Comenius-Stiftung⟩ zu Leipzig. — Leipzig: Zangenberg & Himly 1892. 84 S. 8°
1:Nc 156. 8. 9. 11. 12:Paed.Th. 370b. 14. 15. 18. 23. 27. 30. 31. 36. 44. 46. 47. 48. 52. 60. 75. 79. 106. 203. 207.
14.11890

Beeger, J. (Red.), s. Blätter, Leipziger, für Pädagogik.

— J. A. Comenius, nach seinem Leben und seinen Schriften mit bes. Berücks. der Großen Unterrichtslehre dargest. von Julius Beeger u. Franz Zoubek. — Leipzig: Hesse [1883]. 176 S. 8° (Biographien berühmter Männer. 1.)
In d. Exemplaren von 14, 18, 33 u. 39 fehlt d. Titel d. Sammlung.
1:Nc 5456-1. 14. 15. 16. 18. 33. 39. 41. 53. 107. 207.
14.11891

— Die Disziplinargewalt der Schule. Vortrag. — Leipzig: Findel 1876. 16 S. 8° **15. 207.**
14.11892

— Entwurf eines Schulgesetzes für das Königreich Preussen. — Leipzig: Findel 1877. VI,88 S. 8°
1:Stala 860. 5. 12:Paed.Th. 370. 15. 17. 82. 106. 203. 207.
14.11893

— Die Frage der Reichsschulgesetzgebung. — Bielefeld [usw.]: Velhagen & Klasing 1889. 20 S. 8° (Sammlung pädagogischer Vorträge. 2,1.)
1:Nc 3944-2,1. 4. 6. 33. 38. 106. 207. 302.
14.11894

— Die Grenzen der Staats- und Gemeinderechte auf die Volksschule. Vortrag. — Hamburg [1880]: Koch. 16 S. 8°
207.
14.11895

— Motivirtes Gutachten über das Gesetz vom 26. Mai 1868, die Emeritirung ständiger Lehrer an den Volksschulen im Königreich Sachsen betreffend. Zugleich eine Entwickelung der Hauptforderungen, welche an die Lehrerpensionsgesetzgebung im allgemeinen zu stellen sind. — Leipzig: Klinkhardt 1868. 65 S. 8°
1:Stala 861. 14. 15. 106. 207.
14.11896

—— die Lehrerbesoldungen in Sachsen. Eine Denkschrift. Im Auftrage des Leipziger Lehrervereins und unter Mitwirkung einer Commission ausgearb. und nach ertheilter Zustimmung von Seiten des größten Theils der sächs. Lehrerschaft veröffentlicht. 2. Aufl. gr. 8. (60 S.) Leipzig 874, Siegismund und Volkening.

— Die Lehrerbesoldungen in Sachsen. Denkschrift. — Leipzig: Verl. d. Lehrervereins 1874. V,60 S. 8° **47.**
14.11897

— — 2. Aufl. Ebd. 1874. V,60 S. 8° **14. 26. 106. 207.**
14.11898

— Namenlos. Volksschauspiel von Paul Eberhard [d. i. Julius Beeger]. — Borna 1885: Reiche. 84 S. 8° **31. 32.**
14.11899

Beehr, Johann s. *Beer.*

Beehr, Matthias Johann v. s. *Behr.*

Beehren, Johann, s. Bähr, Johann

Beeidigung, die. Humoristischer Vortrag f. frohe Kreise. 16. (4 S.) Kaiserslautern 887. Gotthold's Verl. n. — 10

Die Beeinflussung der Strafrechtspflege durch religiöse Vorstellungen unter bes. Berücks. des sogenannten 'göttlichen' Strafrechts der Obrigkeit. — o.O. 1889. 68 S. 8°
18. 109.
14.11907

Beeintraechtigung. — Die Beeinträchtigung der materiellen Interessen der Stadt Hamburg durch die neue 'Staatsverfassung' nach dem Projecte der Neuner-Commission. — [Verf.: Karl Wilhelm Harder u.a.] — Hamburg 1850. 20 S. 4°
Aus: Zur Verwahrung gegen Beseitigung d. Grundgesetze d. Stadt Hamburg. 1850. **18.**
14.11908

Beeinträchtigung, die, der materiellen Interessen der Stadt Hamburg durch die neue „Staatsverfassung" nach dem Projecte der Neuner-Commission. (20 S.) Hamburg 850, (Erie.) *
Aus: Zur Verwahrung gegen Beseitigung der Grundgesetze der Stadt Hamburg rc., besonders abgedruckt.

Beeintraechtigungen. — Ueber die Beeinträchtigungen und Rechtsschmälerungen des unmittelbaren deutschen Reichsadels der drei Ritterkreise, besonders des Ortenauischen Bezirks, von Seiten der französischen Nation. — o.O. 1796. 16 S. 4°
1:2 in 4° Si 2550. 12:2° J. publ. G. 454-2. 14. 25.
14.11909

Beek, s.: Jong van Beek en Dont.

Beek, A. van et C.A. Bergsma, Observations thermo-électriques sur l'élévation de température des fleurs de Colocasia odora. Avec 1 planche lithogr. gr. in-4. Utrecht 838. Natan. n. 5/6 ngr

Beek, A. van
— Moll, van Rees, van den Bos, Versuche über das Magnetisiren des Stahls durch Maschinen-Elektricität, angestellt von den Herren —. (Frei ausgezogen und mit einigen Bemerkungen von Gilbert.) (Aus: Annal. der Physik, Bd. 72, St. 1, J. 1822, St. 9.)

Beek, A. van, Neue thermo-elektrisch-magnetische Wirkungen. (Gilb. Annalen der Physik, Bd. 73, St. 4, J. 1823, St. 4.)

Eine Muster-Einrichtung für zinkographische Anstalten. (Verf.: H. van Beek). *Halle a. S.: W. Knapp 1899.* (22 S.) 8° [ℨ.]
(Beilage zu: Zeitschrift f. Reproduktionstechnik.) [01. 40]

Beek, Martin van der, s. Becanus, Martinus

Beeke, Hendrik:
[deutsch] Der Durst nach Schönheit. Von Krede Ben Heik. Übers. von Else Otten. — Leipzig: Schulze 1908. 419 S. 8° 1:Zh 8051.
14.11924

Beekenkamp, T. [geb. in Nieuwerkerk a/d Ijsel]: Ueber Osteomyelitis albuminosa. . . . Leiden, E. J. Brill, *1890;* 52 S. 8°
Freiburg i. B., Med. Fak., Inaug.-Diss. v. 25. Jul. 1890

Beeker, Fr. Ad., s.: Schrift, die moderne.

Beeker, Kaethe van: Großstädtischer Besuch. Eine kleinstädtische Familiengeschichte. — Leipzig: Reclam [1899]. 94 S. 8° (Universal-Bibliothek. 3978.)
1:Ag 7201-3978. 12:Var. 380k-3978. 15. 44. 302. 308.
14.11935

— Die Borgkinder u. and. Geschichten. (188 m. 3 farb. Vollbild.) 8° Nürnbg. E Nister ('12). L 3.50

— die Familie v. Ellernbruck, s.: Auswahl v. Werken zeitgenössischer Schriftsteller. I.

Beeker, Käthe van, Tante Aurores Erbin. Eine Erzählg. f. junge Mädchen. Mit 1 Titelbild v. Ernst Keppler. gr. 8. (328 S.) Stuttgart (900). Levy & Müller. Geb. in Leinw. n. 4. 50

— Tante Aurores Erbin. Erzählung für junge Mädchen. 2. Aufl. — Stuttgart: Levy & Müller [1901]. 328 S. 8° 24.
14.11937

— Hansis Europareise. Eine Erzählg. f. Mädchen. (161 S. m. 4 Tonbildern.) 8. Stuttgart (906). Loewe. Geb. 3. —

— Hansis Europareise. Erzählung für Mädchen. — Stuttgart: Loewe [1907]. 151 S. 8° 24.
14.11938

— Hedwigs Ferienstreiche. Eine Erzählg. f. junge Mädchen. (214 S. m. 4 Vollbild.) 8. Berlin 910. Trowitzsch & Sohn. Geb. in Leinw. 3. 50

— Glücksklee! Sommergeschichten. — Wismar: Hinstorff 1904. 299 S. 8° 33.
14.11940

— Guste, Gretel und ich. Erzählung für Mädchen. — Stuttgart: Loewe [1902]. 192 S. 8° 24.
14.11941

— Guste, Gretel u. ich. Eine Erzählg. f. Mädchen. 4. Aufl. (192 S. m. 6 Bildern.) 8. Stuttgart (907). Loewe. Geb. in Leinw. 3. —

Beeker, Käthe van: Guste, Gretel u. ich. Erzählg f. Mädchen. 5. Afl. (192 m. 6 Vollbild.) kl8° Stuttg., Loewe ('11). L 3 —d

— Hans im Glück. Humoristischer Roman. — Berlin: Eckstein [1910]. 256 S. 8° 1:Yy 13496. 11. 43.
14.11943

— die wilde Hummel. Eine Erzählg. f. junge Mädchen. 1. u. 2. Aufl. gr. 8. (à 299 S.) Stuttgart (899. 900). Levy & Müller. Geb. in Leinw. n. 4. 50

— die wilde Hummel. Eine Erzählg. f. junge Mädchen. 4. Aufl. (299 S. m. 4 Vollbildern.) 8. Stuttgart (906). Levy & Müller. Geb. in Leinw. n. 4. 50

— Die wilde Hummel. Erzählg f. junge Mädchen. 5. Afl. (297 m. 4 Vollbild.) 8° Stuttg., Levy & M. ('11). L 4.50 d

— Heddas Lehrzeit in Süd-West. Erzählung für Mädchen. — Stuttgart: Loewe [1909]. 154 S. 8°
12:36/7429. 24.
14.11946

— Komtesschen Reh. Erzählung für junge Mädchen. — Stuttgart: Levy & Müller [1901]. 267 S. 8° 24.
14.11947

— Komteßchen Reh. Eine Erzählg. f. junge Mädchen. 3. Aufl. (267 S. m. 4 Vollbildern.) 8. Ebd. (905). Geb. in Leinw. n. 4. 50

— Herrin Sascha. Ein Buch f. junge Mädchen. (196 m. 4 Taf.) 8° Nürnbg. E Nister ('11). L 1 d

— Ostpreuss. Sauerkirschen, s: Volksbücher, Neue.

— Fräulein Schulmeister u. andere lustige Liebesgeschichten. 8. (340 S.) Wismar 902. Hinstorff's Verl. Geb. in Leinw. n. 4. —

— Gretes Verlobung. Die Geschichte einer Jugend. Original-Roman. Bd 1.2. — Berlin [usw.] (1907). 8° (Vobachs illustrierte Roman-Bibliothek. 5,1.2.)
1:Yt 725/70-5,1.2. 300:464.630-B.Per. 5,1.2. 302.
14.11953

Beekmann, E. H. M., Tabellen zur mikroskopischen Bestimmung der Mineralien nach ihrem Brechungsindex, s.: Schroeder van der Kolk, J. L. C.

Beekmann, Lukas s. *Beckmann.*

Beeldsnijder v. Voshol u. Frhr. G. J. Vrye-Ness, das Stammbuch d. Joannes Narsius v. Dortrecht, Leibarztes u. Historiographen Gustaf Adolph's, Königs v. Schweden. gr. 8. (3 B.) Utrecht 837, Natan. *

Beeldsnyder, Franz. (Amsterdam), De negotiis bonae fidei, ob intervenientem dolum, vel metum, ipso jure nullis. Spec. jur. Rector Hieron. David Gaub. Leyden (Theod. Haak) 12. II. 1762. 31 Seiten. (4.80) 1757

Beele, Rechtspraktikant, Wiesbaden. 1879: Der Rechts-Practikant bei den allgemeinen deutschen Amtsgerichten ... Auf Grund d. neuen Civil-Prozeß-Ordnung ... populär bearb. — Heidelberg: v. Schenk 1879. 100 S. 8° 24.
14.11909

Beele J. C., drei Predigten, wie d. Ende d. Jahres 1813 sie helf.. 8. Sondersh. Voigt. 814.

Beelen, Jo. Theod., אבני חפץ Chrestomathia rabbinica et chaldaica, cum notis grammat., histor., theolog., glossario et lexico abbreviaturarum, quae in Hebraeor. scriptis passim occurrunt. III Vol. à 2 Pts. 8maj. Lovanii. (Moguntiae 841, Kirchheim, Schott et Thielmann.) *

Beelen, Joa. Thdr., commentarius in acta apostolorum. Editio II. Löwen 864. (Bonn, Marcus.) gr. 8. (607 S. u. 1 lith. Karte in 4.) nn. 2 ₰ 25 ngr.

Beelen, Joa. Thdr., Grammatica graecitatis Novi Testamenti quam ad Geo. Wineri ejusdem argumenti librum, germanico idiomate conscriptum, in usum suorum auditorum composuit. gr. 8. (VIII und 584 S.) Löwen 857. (Bonn, Marcus.) *

Beelen de Bertholff, Eugène Bn de

Beelen v. Bertholf, k. k. Major im 12. Jäg.-Bat. Belehrung über die Bajonett-Fechtkunst. (Manuscript) Quer-Fol. 1820.

Beelen de Bertholff, **Eugène** Bn de: Die Berichte des ersten Agenten Österreichs in den Vereinigten Staaten von Amerika Baron de Beelen-Bertholff an die Regierung der österreichischen Niederlande in Brüssel 1784–1789. Hrsg. von Hanns Schlitter. — Wien: Tempsky in Comm. 1891. S. 225–890. 8° (Fontes rerum Austriacarum. 2,45,2.)
1: in Sb 218–2,45. 2→11. 12: Austr. 1510–II,45. 14. 16→21. 24→31. 33. 34. 38. 39. 41. 43. 45. 46. 61. 205. 300: 392. 395–B. 2,45. 302→305. 307→309.
14.12010

Beelen-Bertholff, Baron de, Berichte an die Regierung der österreichischen Niederlande in Brüssel, s.a. Fontes rerum austriacarum.

(**Beelenherm, Carl,**) Andacht z. d. Kreuzwunden Jesu, s. Andacht.

Beelenherm, Carl: Anleitung zum inneren Gebete in kurzen Betrachtungen und Unterweisungen über die Litanei vom h. Namen Jesus, mit bes. Beziehung auf das h. Altarssacrament. — Münster: Regensberg 1856. XVI, 150 S. 8° 1: Er 13276. 6.
14.12011

—— priesterl. Einführung u. Einsegnung christkathol. Mütter bei ihrem ersten Kirchgange nach vollendeten Wochen. 12. Münster 834, Deiters.

— Ein Gebet- und Erbauungsbuch für katholische Christen bei gemeinsamen und besonderen Andachtsübungen, mit vielen Litaneien. 3. Aufl. — Münster: Deiters 1855. VI, 280 S. 8° 15.
14.12012

Beelenherm, C., Haus-Abend-Segen, od. gemeinschaftliche Abendgebethe auf alle Tage d. Woche. Nebst e. Anh. 12. (5 B.) Münster 833, Deiters.

—— Haus-Abend-Segen, od. gemeinschaftl. Abendgebethe auf alle Tage d. Woche. 2., verm. Aufl., nebst ein. Morgen-, Meß-, Beicht-, Communion-Andacht u. m. a. Gebethen. 12. (9½ B.) Münster 840, Deiters.

—— Haus-Abend-Segen. 3. Afl. 16. (281) Münst. 55, Aschendorff. — 7½; f. Pap. — 15

—— Haus-Abend-Segen oder gemeinschaftliche Abendgebete auf alle Tage der Woche. 3., verm. Aufl., nebst einer Morgen-, Meß-, Beicht-, Communion-Andacht und mehreren andern Gebeten. A. u. d. T.: Wo zwei oder drei in meinem Namen versammelt sind, da bin ich mitten unter ihnen. Matth. 18, 20. gr. 16. (IV und 281 S. mit 1 Stahlst.) Münster 855, Deiters. fein Pap.

—— unsere Heiligung durch den heil. Geist besonders in der heil. Firmung. Anleitung zum würdigen Empfange dieses gnadenreichen Sacramentes ꝛc. 2., umgearb. und verm. Aufl. gr. 16. (VI und 148 S.) Münster 853, Theissing'sche Buchh.

(—) Unterricht zur heiligen Firmung. Zur Belehrung und Erbauung, auch für Gefirmte. — Münster: Theissing 1824. IV, 143 S. 8° 18. 102. 214.
14.12017

—— Unterricht über die heil. Firmung nebst Andachtsübungen. Zum würdigen und heilbringenden Empfange dieses Sacramentes. gr. 16. (IV und 84 S.) Münster 853, Theissing'sche Buchh.

— Unterricht über die Kirche Christi in Fragen und Antworten. Zunächst zum Gebrauche bei d. Communion-Unterrichte u. zum Geschenke für Neu-Communicanten. Nebst e. Predigt an diese. 2., unveränd. Aufl. — Münster: Deiters 1839. 96 S. 8° 6.
14.12018

— — Nebst 2 Predigten an diese. 4. Aufl. Ebd. 1848. 91 S. 8° 214.
14.12019

— — 5. Aufl. Münster: Aschendorff 1862. 91 S. 8° 22.
14.12020

— — 6. Aufl. Ebd. 1866. 91 S. 8° 6.
14.12021

Beelenherm, Carl, Unterricht über die Offenbarung im Allgemeinen über die Kirche Christi und über einzelne Offenbarungslehren in Fragen und Antworten. Zunächst zum Gebrauch bei dem Communion-Unterrichte und zum Geschenke für Neu-Communicanten. Nebst 2 Predigten an diese. 24. (VI und 192 S.) Münster 840, Deiters. Thlr.

—— Unterricht über die Offenbarung im Allgemeinen und über einzelne Offenbarungslehren in Fragen und Antworten. Als Einleitung und Zugabe zu des Verf. „Unterricht über die Kirche Christi ꝛc. 24. (VI und 82 S.) Münster 840, Deiters.

Beelert, Friedrich:
Sieben Fastenpredigten. Von Gott los, zu Gott zurück. Die Abkehr von Gott u. d. Umkehr zu Gott zur Warnung u. Belehrung für d. christliche Volk in d. Geschichte d. verzweifelnden Judas u. d. büßenden Petrus. — Paderborn: Schöningh 1899. 63 S. 8° 1: Ec 26540. 6. 211.
14.12027

Beeley, F.: Der menschliche Fuss, seine Bekleidung und Pflege, s. Beely, Florian

Beelitz [Sachliches OW]
Beelitz. — Die Heilstätten Beelitz und sonstige Einrichtungen der Landes-Versicherungsanstalt Berlin im Kampfe gegen die Tuberkulose. Dem Internationalen Tuberkulose-Kongress in Washington überreicht vom Vorstand d. Landes-Versicherungsanstalt Berlin. — Berlin [1904]: Loewenthal. 120 S. 4° 1: 4° Iz 5184.
14.12030

Beelitz [Schlagwort]
Beelitz, s.: Preussen. Messtischblätter.

Beelitz [Verfasser]
Beelitz: Die deutschen Colonisationen ..., s. Beelitz, Alfred

Beelitz: Lexilogus zur Lutherischen Bibel-Übersetzung ..., s. Beelitz, Gustav

Beelitz, A., Hohenzollern-Stammtafel. Aufgestellt unter Benutzg. der Stammtafeln a) zur Geschichte der deutschen Staaten u. der Niederlande v. L. A. Cohn. b) aus: die Hohenzollern u. das deutsche Vaterland v. Stillfried-Alcantara u. Kugler, c) des Hohenzollern-Jahrbuches v. Paul Seidel, d) des preuss. Königshauses v. M. Gritzner, e) der Gothaischen Taschenbücher v. Justus Perthes u. s. w. 70,5×66,5 cm. Berlin (905). Militär-Verlag R. Felix. n. 1. 50

Beelitz, Alfred: Die deutschen Colonisationen an der Westküste Afrika's nach ihren Vorgängen und ihrer Bedeutung. Vortrag. — Köln: Warnitz 1885. 30 S. 8°
1: Us 3436. 5. 7. 8. 38. 48. 109. 209.
14.12031

Kurze allgemeine Orientierung über die schleswig-holsteinischen Feldzüge der Jahre 1848, 49, 50 und die Teilnahme unseres Vaters Emil und Onkels Bruno Beelitz an denselben. Ein Jubiläumsgedenken v. Alfred Beelitz. (Altona. 1909.) 4° Ausschnitt aus: Altonaer Nachrichten. Morgenausg. v. 20.–27. Okt. 1909.

Beelitz, C.E.: Andeutungen für den Vortrag der Kirchengeschichte in Prima. 15 S.
Progr. Stendal 1846.

Beelitz, C.E.: J.Christi ratio praecepta divina tradendi, omnib. religionis doctoribus exemplar spectatiss. 8 S.
Progr. Stendal 1838.

Beelitz, Carl, Architectur-Katalog, s.a. Architectur-Katalog.

Beelitz, Carl: Architectur-Katalog. Verzeichniss d. vorzüglichsten Werke aus d. Gesammtgebiete d. Bau- und Ingenieurwesens. 5., neu bearb. Aufl. — Berlin: Riegel 1861. 115 S. 8° 12: A. civ. 11g. 17. 45. 84. 88. 89. 209.
14.12035

Beelitz, Curt, Referendar: Die Haftung des Kommanditisten aus den Schulden der Kommanditgesellschaft. Borna-Leipzig 1908: Noske. IX, 131 S. 8°
Leipzig, Jur. Diss. v. 1. Okt. 1908
[Geb. 6. April 82 Leipzig-Gohlis; Wohnort: Altona; Staatsangeh.: Preußen; Vorbildung: König-Albert-Gymn. Leipzig Reife O. 02; Studium: Lausanne 1, Leipzig 1, Heidelberg 1, Berlin 1, Kiel 2 S.; Rig. 28. Okt. 05.] [U 09. 2445

Beelitz, Gustav

Beelitz, Gust., d. Heidelberger Katechismus. Unt. Benutzg. d. „Kl. Katechismus" u. d. „Pfälzer Fragestücke" z. Gebr. b. Confirmandenunterr. bearb. gr. 8. (44 u. Begleitwort 2 S.) Halle 895. (E. Anton.) Kart. n. — 50

Beelitz, Gustav: Der Heidelberger Catechismus. Unter Benutzung d. 'Kleinen Catechismus' u. d. 'Pfälzer Fragestücke' zum Gebrauch beim Confirmandenunterricht bearb. Halle: (Selbstverl.) 1895: Karras. 44 S. 8°
1: Eo 13912. 3. 30.
14.12032

— Der Heidelberger Katechismus ... 2. Aufl. Ebd. 1903. 71 S. 8° 1: Eo 13912². 3. 16.
14.12033

Beelitz, G., die französische Colonie in Halle a/S., s.: Geschichtsblätter des deutschen Hugenotten-Vereins.

Beelitz, G., unsere Konfirmationsordnung im Lichte der hl. Schrift. Vortrag. gr. 8. (28 S.) Neukirchen (901). Buchh. des Erziehungsvereins. n. — 35

— **Unsere Konfirmationsordnung im Lichte der Heiligen Schrift. Vortrag. — Neukirchen: Erziehungsverein [1903]. 28 S. 8° 1: Dt 1981/42. 5. 12: Hom. 2019d. 17. 207.**
14.12034

Beelitz: Lexilogus zur Lutherischen Bibel-Uebersetzung des Neuen Testaments. 16 S.
Progr. Stendal 1857.

Beelitz, Ilse, s: Berku, Ilse.

Beelitz, Oswald: Stammtafel, Geschichte und Register der Familie Beelitz nach dem Stande vom 1. April 1909. Nach Dokumenten unter Mitarb. d. Verwandten zusammengest. — Stuttgart 1909: Uhland. 64 S. 8°
14. 15. 101. 117.
14.12037

Beelitz, Otto: Notstände in der Versorgung der Nervenkranken. Vortrag. — Hamburg 1908. 8 S. 8°
Aus: Die Innere Mission im evangelischen Deutschland. 3. 1908.
38.
14.12038

Beelte [Christoph]: [Kurzer Lebensabriß des Professors a. D. Heinrich Düker.] S. 18—19. 4.
Progr. Bischöfl. Gymn. Josephinum *Hildesheim* 1904

Beelte, Christoph: Thangmar. Sein Leben u. Beurteilung seiner Vita Bernwardi. — Hildesheim [1881]: Lax. 28 S. 8°
Zugleich Progr. Hildesheim, G. Josephinum 1880/81.
1: Dw 3615. 7. 24. 25. 35. 168. 203.
14.12048

Beely, Florian: Zur Behandlung einfacher Fracturen der Extremitäten mit Gyps-Hanf-Schienen. — Königsberg: Hartung 1878. XI, 78 S. 8° 1: Kg 2205. 5. 10. 11. 12: Chir. 15 v. 18. 27. 30. 38M. 201. 202. 302.
14.12050

— Zur Behandlung der Pott'schen Kyphose mittelst tragbarer Apparate. — Leipzig: Breitkopf & Härtel 1881. 19 S. 8° (Sammlung klinischer Vorträge. Ser. 7, 19 = Nr 199 = Chirurgie. 62.) 1: in Ic 2466-7. 3→11. 12: Path. 1352g-II, 62. 15. 16. 17. 20. 21. 24→28. 30. 31. 33. 34. 38M. 43. 46. 61. 121. 202. 304. 308.
14.12051

— Der menschliche Fuss, seine Bekleidung und Pflege. Von F. Beely u. E. Kirchhoff. — Tübingen: Laupp [1891]. 112 S. 8° (Tuebinger Gesundheits-Buecher.)
In d. Exemplaren von 24 u. 201 fehlt d. Titel d. Sammlung.
1: Kz 9073. 17. 24. 26. 30. 38M. 201. 202.
14.12052

Beely, F., siehe: *Monatsschrift der ärztl. Polytechnik.*

Beely, Florian (geb. Cöln a. Rh. 24. 1. 1846): Die Veränderungen des Kindes bei der Geburt, dargestellt nach der Cellularphysiologie. Berlin (1870). (40 S.) 8°
Berlin, Med. Diss. v. 29. Apr. 1870

Beelzebub und Wittenberg. Hamburg 1775. V: *Curio, Johann Carl Daniel.* (schr)

Beelzebubs Reisen u. Thaten, seit der Eroberung v. Mexico. 8. Leipz. 796. Andrä. 1 ₰ 4 ℊ

Beelzebub's Reisen u. Thaten, seit d. Eroberung v. Mexico bis auf d. Targowitscher Bund od. d. Umsturz d. neuen polnischen Constitution. 2 Thle. 8. Lpz. Kleefeld. (Bauer.) 796. (I. 16 gr. II. 12 gr.)

Beelzebub: W e g w e i s e r, Ein sicherer, zur Hölle, in sieben Abschnitten. Aus dem Engl.
Frankfurt/M., Leipzig 1752.
96 S. 8°.

Beemelmans, Wilhelm: Ein B e i t r a g zur Geschichte des oberelsässischen Weinbaues. Aus: Jahrbuch für Geschichte, Sprache u. Literatur Elsass-Lothringens. (26.) - - Bibliothèque Nationale et Universitaire de Strasbourg. –
Strassburg 1910.
18 S.

Beemelmans, Wilhelm:
Die Organisation der vorderösterreichischen Behörden in Ensisheim im 16. Jahrhundert. — Heidelberg: Winter 1908. 97 S. 8°
Aus: Zeitschrift für d. Geschichte d. Oberrheins. N. F. 22. 23. 1907-08.
300: 44.689.
14.12059

— Die Verfassung und Verwaltung der Stadt Ensisheim im sechzehnten Jahrhundert. — Strassburg: Heitz 1908. IV, 96 S. 8° (Beiträge zur Landes- u. Volkeskunde von Elsass-Lothringen. 35.)
1: Rh 4886-35. 2→11. 12: Als. 15-35. 14→17. 21. 24. 25. 29. 31. 32. 34. 36. 107. 109. 203. 205. 208. 300: 394.161-B.K. 7,35. 302. 303.
14.12060

Been, Hein: § 175 d. Reichsstrafgesetzb. Jurist. Abhandlg üb. d. homosexuelle Frage. (175) gr8° Strassbg, J Singer '12. 3 —

Beendigung. — Beendigung der Rechtssache des Freyherrn von Brabeck. — Helmstädt [usw.] 1801. 4 Bl. 8°
Aus: Staats-Archiv. 6. 1801. 7. 35. 111.
14.12063

Beenk, Heinrich

Referat betr. das Fürsorgegesetz vom 2. Juli 1900. Gehalten auf der Propsteisynode Südangeln am 1. Juli 1901 v. [Heinrich] **Beenk.** (Kappeln. 1901.) 8°.

Beenk, Max: Referat betreffend das Fürsorgegesetz vom 2. Juli 1900. Gehalten auf d. Propsteisynode Südangeln am 1. Juli 1901. — (Kappeln 1901: Heide.) 14 S. 8°
1: Fd 10889.
14.12066

Referat betreffend das Fürsorgegesetz vom 2. Juli 1900. Geh. auf d. Propsteisynode Südangeln am 1. Juli 1901 von Pastor **Beenk**-Kappeln. *(Kappeln 1901: W. G. Heide's Erben.)* (14 S.) 8° [F.] [01. 9264

Beensch, Leo *Victor Erdmann* [aus Posen]: **Ueber die Glucoside einiger Alkohole und Oxysäuren ... Berlin, A. W. Schade's Buchdr., 1894; 28 S., 2 Bl. 8.**
Berlin, Phil. Fak., Inaug.-Diss. v. 12. Dez. 1894

Beer.– Beer's neuester hamburger Führer,
s. Beer, Carl

Beer, Historiker, St. Petersburg, 1694-1738. 1718
s. *Bayer*, Gottlieb Siegfried.

Beer, Augenarzt, Wien, 1763-1821. 1790 s. *Beer*, Georg Josef.

Beer, Pfarrer, Brieg. 1804-1881. 1842 s. *Beer*, Gustav.

Beer, Vize-Gouverneur von Livland. 1796 s. *Beer*, Karl.

Beer, K. k. Regimentsarzt, † 1886. 1868 s. *Beer*, Karl.

Beer, Arzt, Brünn, geb. 1802. 1836 s. *Beer*, Leopold.

Beer, Dr. med., Barmen. 1895 s. *Beer*, Max.

Beer, Apotheker, Berlin. 1897 s. *Beer*, Moritz.

Beer: Die handelspolit. Beziehungen Österreichs ...,
s. Beer, Adolf

Beer: Die Ersitzbarkeit v. Erzeugnissen gestohlener Sachen nach römischem Recht,
s. Beer, Max

Beer: Zur Geschichte des Jahres 1756,
s. Beer, Adolf

Beer: Geschichte der österreichischen Volkswirtschaft ..., s. Beer, Adolf: Studien zur Geschichte ...

Beer: Hinterlegung zum Zwecke d. Befreiung v. Schuldverbindlichkeiten, s. Beer, Ludwig

Beer: Lehrbuch der Markscheidekunst,
s. Behr, August Heinrich

Beer: Geographische und naturhistorische Räthsel und Charaden für die lernbegierige Jugend. 13 S. 8°.
Progr. Elbogen OR. 1857.

Beer, ..., s. Reihe, bunte.

Beer, Dr., Arzt, Würzburg. 1819: **Schwefel-Dampf-Bad-Anstalt unter der Leitung des Dr. Beer in Würzburg. — Würzburg 1819: Dorbath. 16 S. 8° 1: Iv 10062 15. 24. 27.**
14.12078

Beer: Staatsschulden ..., s. Beer, Adolf

Beer: Trauer-Bühne, Neu-eröffnete ..., s. Beer, Johann Christoph

Beer: Zeitvertreibung, Historische, s. Beer, Johann Christoph

Beer, A., Aurich. 1818 s. *Beer*, Abraham.

Beer, A.: Aufzeichnungen des Grafen William Bentinck, s. Beer, Adolf

Beer, A.: Kleine Beiträge zur gotischen Syntax,
s. Beer, Antonin

Beer A.: Die handelspolitischen Beziehungen Österreichs ..., s. Beer, Adolf

Beer, A.: Die Bindesubstanz der menschlichen Niere im gesunden und krankhaften Zustande,
s. Beer, Arnold

Beer, A.: Über plastische Deckung von Hautdefekten an den Gelenken, s. Beer, Arthur

Beer, A.: Andrea Del Castagno, s. Beer, Arnold

Beer, A.: Denkschriften des Fürsten Wenzel Kaunitz-Rittberg Rittberg, s. Beer, Adolf

Beer, A.: Die Eingeweidesyphilis,
s. Beer, Arnold

Beer, A.: Einleitung in d. Elektrostatik ...,
s. Beer, August

Beer, A.: Die Finanzen Österreichs im XIX. Jahrhundert,
s. Beer, Adolf

Beer, A.: Hypatia, s. Beer, Arnold

Beer, A. H.: Erdbohrkunde, s. Beer, August Heinrich

Beer, A. T. [Pseud.] s.a. ***Binzer*, August v.**

† Beer, A. T., (A. v. Binzer,) Erzählungen. 2 Bdchn. 8. (33 1/2 B.) Stuttgart u. Tübingen 836, Cotta'sche Buchh.
Inh.: Kallendorf. — A. d. Tagebuche e. Dichters. Meine Geschichtsforschung in B. — Soldatenschicksale. — Erste Liebe. — Der ungerathene Prinz.

—— Erzählungen und Novellen. 3 Bde. 8. (43 3/4 B.) Leipzig 836, Focke.
Inh.: Die Brüder. — Leonore. Die Auswanderer. — Schicksale der Fürstin Petrowna. Joanna.

Beer, Abraham: Gebete der Israeliten auf das ganze Jahr. Hrsg. von A. u. L. I. Beer u. A. J. Ballin. — Aurich 1818: Tapper. XVI, 438 S. 8° **30. 45. 48.**
14.12079

Beer, Adolf: Kirchliche Angelegenheiten in Oesterreich (1816–42). Archivalische Mittheilungen. — Innsbruck: Selbstverl. 1897. 89 S. 8°
Aus: Mittheilungen d. Instituts für Oesterreichische Geschichtsforschung. 18. 1897. **302. 303.**
14.12080

Beer, Adf., Aufzeichnungen des Grafen William Bentinck, s.a. Bentinck.

Beer, Adolf. Aufzeichnungen des Grafen William Bentinck über Maria Theresia. Mit einer Einleitung: Ueber die österreichische Politik in den Jahren 1749—1755. 8. Wien 1871.

— Die handel-politischen Beziehungen Österreichs zu den deutschen Staaten unter Maria Theresia. Ar. 79. 101 . . . . 5.—
Separatabdruck

— **Die handelspolitischen Beziehungen Österreichs zu den deutschen Staaten unter Maria Theresia. — Wien: Tempsky in Comm. 1893. 269 S. 8°**
Aus: Archiv für österreichische Geschichte. 79. 1893.
12: Merc. 22af. 27. 106. 205. 208. 300: 500.025-B. **302.**
14.12081

— Denkschriften des Fürsten Wenzel Kaunitz-Rittberg Ar. 48. 1 . . . . 2.80
Separatabdruck

—— Denkschriften des Fürsten Wenzel Kaunitz-Rittberg. Lex.-8. (162 S.) Wien 872, (Gerold's Sohn.)
Aus: Archiv für oesterreichische Geschichte, besonders abgedruckt.

— **Die Finanzen Oesterreichs im XIX. Jahrhundert. — Prag: Tempsky 1877. XI, 458 S. 8°**
1: Sb 8436. 3. 4. 5. 7. 11. 12: Austr. 377x. 14. 15. 16. 19. 20. 21. 24. 27. 29. 106. 169. 180. 203. 205. 206. 300: 181.557-B. 302→304.
14.12082

! Beer, A: Finanzen Oesterr.'s. Jetzt: Wien, M Kuppitsch Wwe.

— **Das Finanzwesen der Monarchie. 8°**
Aus: Oesterreichischer Erbfolge-Krieg 1740-1748. 1. 1896.
302.
14.12083

— Die Fortschritte des Unterrichtswesens in den Culturstaaten Europas. Von Adolf Beer u. Franz Hochegger. Bd 1.2. — Wien:Gerold 1867–68. 8°
1. 1867.
2,1. Beer: Das Unterrichtswesen Russlands u. Belgiens. Von Adolf Beer u. Franz Hochegger. 1868.
2,2. Beer: Das Unterrichtswesen d. Schweiz. 1868.
1:Nc 472. 2. 3. 4. 6. 7. 8. 12:Paed. Th. 373. 15. 16. 17. 20. 21. 24. 30. 41. 43. 45. 46. 53. 61. 62. 88. 203. 207. 300:118.385–B. 302. 308. 309.
14.12084

—— Friedrich II. und van Swieten. Berichte über die zwischen Oesterreich und Preussen geführten Unterhandlungen, die erste Theilung Polens betr. gr. 8. (VII, 143 S.) Leipzig 874, Duncker und Humblot. *

Beer, Adf., allgemeine Geschichte des Welthandels. 3 Bde. gr. 8. Wien 860—84. Leipzig, Gressner und Schramm. *

— Allgemeine Geschichte des Welthandels. Abth. 1-3. — Wien: Braumüller 1860–84. 8°
1. 1860. 2. 1862.
3. Beer: Geschichte d. Welthandels im 19. Jh. Bd 1.2,1.2. 1864-84.
1:Fg 2766. 2. 5→8. 10. 11. 12:Merc. 22a. 14→17. 19→22. 24. 25. 27. 29. 30. 34. 35. 38. 39. 41. 43. 53. 64. 79. 84. 89. 90. 91. 93. 109. 121. 169. 180. 203. 205. 206. 208. 300:115.580–B. 302→305.
14.12085

— Zur Geschichte des Friedens von Aachen im Jahre 1748. Ar. 47. 1 . . . . . . vgr.
Separatabdruck

— Zur Geschichte des Friedens von Aachen im Jahre 1748. Wien: Gerold in Comm. 1871. 196 S. 8°
Aus: Archiv für österreichische Geschichte. 47. 1871.
1:Ql 3170. 25. 38.
14.12086

Beer, A. Zur Geschichte des Jahres 1756. Innsbruck 1896. 8°. (Aus: Mitteil. d. Instituts f. Österr. Geschichtsforschung.)

— Zur Geschichte der österreichischen Politik in den Jahren 1801 und 1802. Ar. 52. 475 . 1.—
Separatabdruck

— Zur Geschichte der oesterreichischen Politik in den Jahren 1801 und 1802. — Wien: Gerold in Comm. 1874. 66 S. 8° Aus: Archiv für österreichische Geschichte. 52. 1875.
35. 117. 302.
14.12087

– Geschichte d. österr. Volkswirthschaft unter Maria Theresia, s. Beer: Studien zur Geschichte . . .

— Geschichte des Welthandels im neunzehnten Jahrhundert. Bd 1.2,Th. 1.2. — Wien: Braumüller 1864–84. 8° (Beer: Allgemeine Geschichte d. Welthandels. 3.)
1:Fg 2766–3. 2. 5→8. 10. 11. 12:Merc. 22a–3. 14→17. 19→22. 24→27. 29. 30. 34. 35. 38. 39. 41. 43. 53. 64. 75. 79. 84. 89. 90. 91. 93. 109. 121. 169. 180. 203. 205. 206. 208. 300:115.580–B. 3. 302→305. 309.
14.12088

— — Bd 1.2,Th. 1.2. Ebd. 1884. 8°
Nach d. Norm = Beer: Allgemeine Geschichte d. Welthandels. 3.
3. 36. 82. 206.
14.12089

— Die österreichische Handelspolitik im neunzehnten Jahrhundert. — Wien: Manz 1891. X,618 S. 8°
1:Sb 9071. 2→7. 9. 10. 12:Merc. 22ad. 14. 15. 18. 21. 24. 27→30. 38. 43. 46. 86. 106. 109. 117. 169. 203. 205. 206. 208. 300:185.554–B. 302. 304. 307.
14.12090

— Die österreichische Handelspolitik unter Maria Theresia und Josef II. — Wien: Gerold in Comm. 1898. 204 S. 8° Aus: Archiv für österreichische Geschichte. 86. 1898.
12:Austr. 378h. 106. 203. 205. 213. 302.
14.12091

— Holland und der österreichische Erbfolge-Krieg. — Wien: Gerold in Comm. 1871. 122 S. 8°
Aus: Archiv für österreichische Geschichte. 46. 1871.
1:Tk 11430. 25.
14.12092

— Zehn Jahre österreichischer Politik 1801–1810. — Leipzig: Brockhaus 1877. VI,542 S. 8° 1:Sb 4246. 2→5. 7→10. 12:Austr. 378. 14. 15. 16. 18→21. 24→29. 32. 33. 35. 36. 38. 41. 43→46. 60. 109. 117. 169. 203. 205. 300:181.673–B. 302→304. 308.
14.12093

– Joseph II., s. Plutarch, Der neue.

Beer, Adf., s.a. Joseph II. u. Graf Ludw. Cobenzl, Briefwechsel.

— und Fiedler Josef Ritter von: Josef II. und Graf Ludwig Cobenzl. Ihr Briefwechsel. 1. Band: 1780—1784. Siehe I. Abt. F. II. 53. Band.
— — Josef II. und Graf Ludwig Cobenzl. Ihr Briefwechsel. 2. Band: 1785—1790. Siehe I. Abt. F. II. 54. Band. Separatabdruck

—— Joseph II., Leopold II. und Kaunitz. Ihr Briefwechsel. gr. 8. (XXV, 533 S.) Wien 873, Braumüller. *

— s.a. Kübeck u. Metternich, Denkschriften.

— Kübeck und Metternich, Denkschriften und Briefe. D 45/3 . . . . 8.90
Separatabdruck

Beer, Adolf. Kübeck & Metternich. Denkschriften und Briefe. 4. (157 S.) 4.50
Wien: Gerold 1897.

—— Leopold II., Franz II. und Catharina. Ihre Correspondenz nebst einer Einleitung zur Geschichte der Politik Leopold's II. gr. 8. (X, 259 S.) Leipzig 874, Duncker und Humblot. *

Tegetthoff. — Beer. — Aus Admiral Wilhelm v. . . . . .'s Nachlass. Wien 1882.

— Österreich und Rußland in den Jahren 1804 und 1805. Ar. 53. 125 . . . . . . vgr.
Separatabdruck

— Österreich und Russland in den Jahren 1804 und 1805. Wien: Gerold 1875. 119 S. 8°
Aus: Archiv für österreichische Geschichte. 53. 1875. 35.
14.12094

—— Die deutsche Politik des Fürsten Schwarzenberg bis zu d. Dresdener Conferenzen, s. Taschenbuch, historisches.

— Die orientalische Politik Oesterreichs seit 1774. — Prag: Tempsky; Leipzig: Freytag 1883. VI,832 S. 8°
1:Sb 698. 2→11. 12:J. publ. E. 37i. 14→18. 20. 21. 24. 25. 26. 29. 30. 34. 45. 109. 117. 203. 205. 206. 213. 300:64.562–B. 302. 303. 307. 308.
14.12095

! — Die oriental. Politik Oesterr.'s. Jetzt: Wien, Wiener Volksbh.

— Der Staatshaushalt Oesterreich-Ungarns seit 1868. — Prag: Tempsky 1881. VIII,524 S. 8° 1:Sb 8438. 4. 6. 7. 9. 10. 12:Austr. 378d. 14. 15. 19. 20. 24. 27. 43. 91. 106. 169. 203. 205. 206. 300:53.835–B. 302. 303.
14.12096

! — Staatshaushalt Oesterr.'s. Jetzt: M Kuppitsch Wwe.

— Die Staatsschulden und die Ordnung des Staatshaushaltes unter Maria Theresia. 1. Teil (mit 2 Taf.). Ar. 82. 1 . . . . 3.—
Separatabdruck

— d. Staatsschulden u. d. Ordng d. Staatshaushalts unter Maria Theresia. I. 8° (135 m. 2 Tab.) Wien 94, (C Gerold's S.). 3 —

— Die Staatsschulden und die Ordnung des Staatshaushaltes unter Maria Theresia. 1. — Wien: Tempsky in Comm. 1894. 135 S. 8°
Aus: Archiv für österreichische Geschichte. 82. 1895.
12:Austr. 378f. 27. 208. 302.
14.12097

Beer, Ad. Die Staatsschulden und die Ordnung des Staatshaushaltes unter Maria Theresia. I. (Aus: „Archiv f. österr. Geschichte".) Lex.-8°. Wien, F. Tempsky, 1895.

— Ueber die Steuer-Reform in Oesterreich. Vortrag. — Wien 1884. 19 S. 8°
Aus: Wochenschrift d. Niederösterreichischen Gewerbevereines. 45. 1884.
300:49.394-B. 302.
14.12098

— Finanzgeschichtliche Studien.—Wien: Gerold in Comm. 1903. 72 S. 8°
Aus: Sitzungsberichte d. Kaiserlichen Akademie d. Wissenschaften, Wien. Phil.-hist. Cl. 145. 1903.
12: Cam. 9ef. 206. 302.
14.12099

Beer, Adf., finanzgeschichtliche Studien. (72 S.) gr. 8. Wien 903. (A. Hölder.) n. 1. 70
Sonderabdruck aus: „Sitzungsber. d. k. Akad. d. Wiss."

— Studien zur Geschichte der österreichischen Volkswirtschaft unter Maria Theresia: 1. Die österreichische Industriepolitik. Ar. 81. 1 . . . . , 2.60
Separatabdruck

— Studien zur Geschichte der österreichischen Volkswirthschaft unter Maria Theresia. 1. — Wien: Tempsky in Comm. 1894. 133 S. 8°
1. Die österreichische Industriepolitik.
Aus: Archiv für österreichische Geschichte. 81. 1895.
12: Austr. 378e. 27. 32. 106. 205. 302.
14.12100

— Die erste Theilung Polens. Bd 1.2 [nebst] Documente. Wien: Gerold 1873. 8°
1: Ud 1448. 2. 4→11. 12: Polon. 3 l. 14→21. 23→30. 32. 34. 35. 38. 41. 43. 44. 53. 61. 64. 109. 117. 169. 203. 205. 208. 300: 62.030–B. 302→304. 307.
14.12101

— Das Unterrichtswesen Russlands und Belgiens. Von Adolf Beer u. Franz Hochegger. — Wien: Gerold 1868. 263 S. 8° (Beer: Die Fortschritte d. Unterrichtswesens in d. Culturstaaten Europas. 2,1.)
1: Nc 472–2,1. 2. 3. 4. 6. 7. 8. 12: Paed. Th. 373–2,1. 15. 16. 17. 20. 21. 24. 30. 41. 43. 45. 46. 53. 61. 62. 88. 203. 207. 300: 118.385–B. 2,1. 302. 308. 309.
14.12102

— Das Unterrichtswesen der Schweiz. — Wien: Gerold 1868. 370 S. 8° (Beer: Die Fortschritte d. Unterrichtswesens in d. Culturstaaten Europas. 2,2.)
1: Nc 472–2,2. 2. 3. 4. 6. 7. 8. 12: Paed. Th. 373–2,2. 15. 16. 17. 20. 21. 24. 30. 41. 43. 45. 46. 53. 61. 62. 88. 106. 203. 207. 300: 118.385–B. 2,2. 302. 308. 309.
14.12103

— Die Zollpolitik und die Schaffung eines einheitlichen Zollgebietes unter Maria Theresia. — Innsbruck: Selbstverl. 1893. 90 S. 8°
Aus: Mittheilungen d. Instituts für Oesterreichische Geschichtsforschung. 14. 1893.
302.
14.12105

— Die Zusammenkünfte Josefs II. und Friedrichs II. zu Neisse und Neustadt. Ar. 47. 383 . . . . , 2.20
Separatabdruck

— Die Zusammenkünfte Josefs II. und Friedrichs II. zu Neisse und Neustadt. — Wien: Gerold in Comm. 1871. 145 S. 8°
Aus: Archiv für österreichische Geschichte. 47. 1871. 38. 41.
14.12106

Beer, Albert: Statistische Darstellung der Mehlpreise vom Jahre 1848–1898 in der k. k. Reichshaupt- und Residenzstadt Wien. — Wien: Hrsg. 1898. 27 S., 25 Bl., 2 Taf. 8°
300: 102.786–B. 305.
14.12107

— Müllerei und Mehlhandel Oesterreich-Ungarns von 1850 bis Ende 1900. Vortrag. — Wien: Beer 1901. 24 S. 8°
300: 411.811–B. 302.
14.12108

— Zentralverband der Mühlen-Vertreter mit dem Sitze in Wien. 'Organisation'. Vortrag. — Wien [1903]. 8 S. 8°
300: 428.469–B. 302.
14.12109

Beer, Alexander: Eine social-historische Legende. Die moderne Sphinx. — Paris 1892: Hugonis. 138 S. 8° 15.
14.12110

Beer, Alexander [aus Berlin]: Die Zersetzungsproducte der Itamono- und Itabibrombrenzweinsäure. Berlin, Carl Koepsel's Buchdruckerei, 1881. 8. II, 34 S. Diss. Strassburg

Beer, Amalia: Verschiedene Blumen-Straussen inventirt, auf das Küpfer gebracht und hrsg. von Amal. Beerin. [Nürnberg um 1720]: Weigel. 12 Bl. 2° ([Neues Blumen- u. Zeichenbuch für Frauenzimmer u. Handwerker.] 2.)
1: 4 in Libr. impr. rari Folio 75c.
14.12111

— Wol-anständige und nutzen-bringende Frauen Zimmer-Ergözung, in sich enthaltend ein, nach der allerneuesten Façon eingerichtetes, Neh- und Stick-Buch ... von Amalia Beerin. — Nürnberg: Weigel [um 1720]. 3 Bl., 50 Taf. quer-8°
17. 75.
14.12112

Beer, Anton, Komponist. 1893 s. *Beer*-Walbrunn.

Beer, Anton, Fremdenführer, Wien. 1901: Useful Hints. A valuable guide book of Vienna and its beautiful surroundings by Anthony Beer and J. Czerny. — Vienna 1901: Kreisel & Gröger. 67 S. 8°
300: 418.378–B. 302.
14.12113

Beer, Antonín: Kleine Beiträge zur gotischen Syntax. — Prag: Řivnáč in Comm. 1904. 16 S. 8°
Aus: Sitzungsberichte d. Königl. Böhmischen Gesellschaft d. Wissenschaften in Prag. Phil.-hist. Kl. 1904.
10. 300: 436.971–B.
14.12114

Beer, Antonin: H. Winklers Dativ - Theorie im Lichte der mittelhochdeutschen Verhältnisse.
Phil. Diss. Prag 1903/04.

Beer, Arnold

Beer, Arn., die Bindesubstanz der menschlichen Niere im gesunden und krankhaften Zustande. Untersuchungen. Mit 4 (lith.) Taf. Abbildgn. (in Farbendr.) Berlin 859. Hirschwald. gr. 8. (V, 190 S.) n. 1 *ℛ* 20 *ngr.*

— Andrea Del Castagno. Tragödie. — Leipzig: Brockhaus 1872. 157 S. 8°
16. 21. 28. 43. 302.
14.12119

— Die Eingeweidesyphilis. Untersuchungen. — Tübingen: Laupp 1867. VIII, 172 S. 8° 1: Kd 4220. 2. 4. 5. 7. 9. 12: Path. 105xb. 16. 20. 21. 24. 29. 30. 36. 38M. 43. 46. 47. 52. 75. 180. 202. 302. 304.
14.12120

— Hypatia. Tragödie. — Leipzig: Brockhaus 1878. 161 S. 8°
16. 21. 24. 26. 28. 302.
14.12121

— Maria von Ungarn. Tragödie. — Leipzig: Brockhaus 1877. 160 S. 8°
5. 16. 21. 28. 300: 624.946–B. Th. 302.
14.12122

— Simon von Montfort. Tragödie. — Leipzig: Brockhaus 1865. 176 S. 8°
1: Ys 13896. 14. 16. 21. 43. 302.
14.12123

— Phaeton. Tragödie. — Leipzig: Brockhaus 1875. 118 S. 8°
16. 21. 26. 300: 624.948–B. Th. 302.
14.12124

— Rama. Dramatisches Poem. — Leipzig: Brockhaus 1879. 167 S. 8°
16. 21. 28. 302.
14.12125

Beer, Arthur, approb. Arzt aus Schlawe i. P.: Über plastische Deckung von Hautdefekten an den Gelenken. *Freiburg i. B.: Speyer & Kaerner 1903.* (38 S.) 8°
Freiburg i. B., Med. Diss. v. 1903

Beer, August: Einleitung in die Elektrostatik, die Lehre vom Magnetismus und die Elektrodynamik ... Hrsg. von Julius Plücker. — Braunschweig: Vieweg 1865. XVI,418 S. 8° 1:My 5383. 2→5. 7→10. 12:Phys. sp. 47. 15. 16. 17. 20. 21. 24. 26→30. 38. 43. 44. 45. 82. 83. 84. 88→91. 93. 121. 201. 210. 302→305.
14.12127

— Einleitung in die höhere Optik. — Braunschweig: Vieweg 1853. XIII,430 S. 8°
1:Mx 1251. 2→11. 12:Math. A. 18f. 15. 16. 17. 19. 20. 21. 24→30. 34. 38. 39. 43. 45. 52. 53. 82. 83. 84. 86. 88→91. 93. 102. 109. 121. 169. 201. 202. 207. 210. 300:46.205-B. 302→305. 308.
14.12128

— — 2., umgestaltete Aufl., bearb. von Viktor v. Lang. Ebd. 1882. XVII,423 S. 8°
1:Mx 1252. 2→5. 7. 10. 11. 18→21. 23. 25. 26. 29. 30. 38. 41. 47. 82. 83. 84. 86. 88→91. 210. 302. 305. 307.
14.12129

— Einleitung in die mathematische Theorie der Elasticität und Capillarität. Hrsg. von A. Giesen. — Leipzig: Teubner 1869. VI,196 S. 8° 1:Og 2557. 2→5. 7→11. 12:Phys. sp. 47d. 15→18. 20. 21. 24. 26. 27. 30. 39. 82. 83. 85. 86. 88→91. 93. 169. 201. 210. 211. 302→305.
14.12130

— Grundriss des photometrischen Calcüles. — Braunschweig: Vieweg 1854. VI,105 S. 8°
1:Mx 1256. 2. 3. 4. 7. 11. 12:Math. A. 18fc. 17. 19. 23. 26. 27. 28. 41. 46. 82. 83. 86. 88→91. 93. 109. 121. 169. 201. 202. 210. 300:46.346-B. 302→305.
14.12131

— Schreiben über die Richtung der Schwingungen des Lichtäthers im polarisierten Lichte. Mitgetheilt von W. Haidinger. — o.O. [1855]. 15 S. 8°
Aus: Sitzungsberichte d. Kaiserlichen Akademie d. Wissenschaften, Wien. Math.-nat. Cl. 15. 1855.
1:11 in Mx 14520. 12:Lith. 204k-30b. 27.
14.12132

Beer, Augustus (geb. am 31 Juli 1825 in Trier): De situ axium opticorum in crystallis biaxibus ... Bonnae, form. F. P. Lechneri 1848. 2 Bl., 44 S. 8.
Bonn, Phil. Fak., Diss. v. 6 Dez. 1848

— Tabulae curvarum quarti ordinis symmetricarum, asymptotis rectis et linea fundamentali recta praeditarum. — Bonnae: Marcus 1852. 12 S.,35 Taf. 4°
1:4° Oe 5132. 4. 5. 7. 12:4° Math. P. 31m. 16. 17. 28. 91. 121. 300:46.099-C.
14.12133

Beer, *August* Theorie der isochromatischen Kurven aus den hinterlassenen Papieren des Prof. Dr. Aug. Beer von *Adolf* Dronke. 8 (S. 145—184, 2 Taf.).
In: Festschrift z. Gedenkfeier des 60j. Bestehens des Rg. *Trier* 1882.
Nicht im Tauschverkehr. Progr.

— Tractatus de theoria mathematica phaenomenorum in liquidis actioni gravitatis detractis observatorum. — Bonnae 1857: Georgi. 44 S. 4° 1:2 in 4° Ah 7926 [u.] 6 in 4° O 2412. 2. 4. 5. 9. 10. 12:4° Math. A. 351-18. 15. 16. 18. 19. 21. 22. 26. 27. 90. 169. 302. 303.
14.12134

Beer, August Heinrich: Erdbohrkunde. Ein Abschnitt aus den Aufschluss- und Ausrichtungs-Arbeiten der allgemeinen Bergbaukunde. — Prag: Credner 1858. VIII, 399 S. 8° 7. 9. 12:Metall. 8r. 17. 19. 31. 41. 43. 82. 83. 85. 88. 89. 91. 201. 209. 210. 300:115.896-B. 302. 305.
14.12135

Beer, AH, Erdbohrkunde. 8. (400 m. 4 St.) Prag 58, Fuchs. *n*. 2. 20

— Lehrbuch der Markscheidekunst für Bergschulen und zum Selbstunterrichte. — Prag: Credner 1856. XXI,335 S. 8° 1:Ot 4056. 19. 21. 24. 26. 43. 89. 91. 93. 300:9748-B. 302. 305.
14.12136

—— Lehrb. d. Markscheidekunst. 8. (336) Ebd. 57. *n*. 2. 12

Beer, Augustus, s. Beer, August

Beer, B.: Die freie christl. Kirche und das Judenthum, s. Beer, Bernhard

Beer, B. J. s. *Beer*, Georg Josef.

Beer, Bernhard: Betrachtungen über den Gesetzentwurf, einige Modificationen in den bürgerlichen Verhältnissen der Juden in Sachsen betreffend, und die in der hohen 1sten Kammer der sächsischen Ständeversammlung im April d. J. deshalb stattgehabten Verhandlungen. — Dresden 1837: Ramming. 60 S. 8° 14. 15. 205.
14.12137

— Das Buch der Jubiläen und sein Verhältniss zu den Midraschim. Ein Beitrag zur orientalischen Sagen- u. Alterthumskunde. — Leipzig: Gerhard [1856]. IV,80 S. 8°
1:Bl 8390. 3. 7→10. 12:A. hebr. 596-24. 14. 15. 16. 27. 29. 30. 34. 47. 214.
14.12138

— Geschichtliche Darstellung der fünfzigjährigen Wirksamkeit des Kranken-Unterstützungs-Instituts für Israeliten zu Dresden. — Dresden [1857]: Meinhold. 30 S. 8°
15. 30. 106.
14.12139

Beer, Bhrd., אִמְרֵי יֹשֶׁר Imre joscher. Religiös = moralische Reden. 8. Leipz. 833. (832). Fest. 9 ¼

— R. Joseph Ibn Zadik. Ein Beitrag zur Geschichte der Philosophie im 12. Jahrhundert. — Leipzig: Hunger 1854. 16 S. 8°
Aus: Monatsschrift für Geschichte u. Wissenschaft d. Judenthums. 3. 1854. 10. 12:Ph. U. 576-27. 15. 18. 302.
14.12140

Beer, Bernhard, Catalog der Bibliothek des sel. Herrn Dr. Bernhard Beer. Herausgegeben von G. Wolf. Berlin 1863.

— Die freie christliche Kirche und das Judenthum. Sendschreiben an Herrn Johannes Ronge, in Bezug auf mehrere Aeußerungen in dessen neuester Schrift: 'Das Wesen der freien christlichen Kirche'. — Leipzig: Hunger 1848. 39 S. 8° 1:De 5081. 15.
14.12141

— Leben Abraham's nach Auffassung der jüdischen Sage, mit erl. Anm. u. Nachweisungen. — Leipzig: Leiner 1859. XIII,215 S. 8° (Beer: Lebensgemälde biblischer Personen. [1.]) In einigen Exemplaren fehlt der Titel d. Sammlung.
3. 5. 7. 11. 12:B. hist. 13n-1. 14. 15. 17. 19. 21. 26. 27. 29. 32. 35. 41. 45. 207. 302.
14.12142

— — Ebd. 1859. XIII,215 S. 8° (Beer: Lebensgemälde biblischer Personen. [1.]) (Schriften hrsg. vom Institute zur Förderung d. israelitischen Literatur. 4.)
1:Bm 4120-1. 2. 10. 30. 47. 123.
14.12143

— Leben Moses nach Auffassung der jüdischen Sage. Ein Fragment. — Leipzig: Leiner 1863. 64 S. 8°
Aus: Jahrbuch für d. Geschichte d. Juden u. d. Judenthums. 3. 1863.
14. 19. 28. 29. 30.
14.12144

— Lebensgemälde biblischer Personen nach Auffassung der jüdischen Sage. [1.] — Leipzig: Leiner 1859. XIII, 215 S. 8° 1. Beer: Leben Abraham's.
3. 5. 7. 11. 12:B. hist. 13n. 14. 15. 17. 19. 21. 26. 27. 29. 32. 35. 41. 45. 302.
14.12145

— — [1.] Ebd. 1859. XIII,215 S. 8°
1. Beer: Leben Abraham's.
(Schriften hrsg. vom Institute zur Förderung d. israelitischen Literatur. 4.) 1:Bm 4120. 2. 10. 30. 47. 123.
14.12146

—— jüdische Literaturbriefe. gr. 8. (IV und 94 S.) Leipzig 857, Hunger. **
Aus: Monatsschrift für Geschichte und Wissenschaft des Judenthums, hrsg. von Z. Frankel, Jahrg. 1853 und 1854, besonders abgedruckt.

— **Noch ein Wort über das Buch der Jubiläen. — Leipzig: Hunger 1857. 23 S. 8° 14. 15. 30.**
14.12148

— **'Imrê jôšer. Imre joscher. Religiös-moralische Reden. — Leipzig: Fest 1833. XXVI [vielm. XXIV], 132 S. 8° [Hebr., Ant. u. F.] 15. 30.**
14.12149

— **Vorstellung der israelitischen Gemeinde zu Dresden an die hohe Erste Kammer der Ständeversammlung des Königreichs Sachsen, eingereicht und bevorwortet durch Herrn Prof. D. Krug in der Sitzung vom 27. März 1833. Dresden 1833: Meinhold. 30 S. 8° 14. 15.**
14.12150

— **Vorstellung der Verwaltung des Mendelssohn-Vereins zu Dresden an die hohe Ständeversammlung des Königreichs Sachsen, die baldige Vorlegung des in der ständischen Schrift vom 29. October 1834 von beiden Kammern beantragten Gesetzes zur Verbesserung der bürgerlichen Verhältnisse der Israeliten betreffend. — Dresden 1837: Meinhold. 23 S. 8° 15. 205.**
14.12151

Beer, B., Vorstellung d. Verwaltung d. Mendelssohn-Vereins zu Dresden an die hohe Ständeversammlung d. Königr. Sachsen, die bald. Vorlegung des in d. ständ. Schrift v. 29. Oct. 1834. v. beiden Kammern beantragten Gesetzes zur Verbess. d. bürgerl. Verhältnisse d. Israeliten betreffend, mit Anmerkn. gr. 8. (1½ B.) Dresden 837. (Leipzig, Rein'sche Buchh.) *

— **Vortrag, bei der am 13. Januar 1850 stattgehabten Säkularfeier der israelitischen Kranken-Verpflegungs-Gesellschaft und der Beerdigungs-Brüderschaft zu Dresden ... gehalten. — Dresden: Mendel [1850]. 22 S. 8°**
1:5 in Ez 25000. 14. 30.
14.12152

Beer, C.: Betrachtungen üb. d. Gesetzentwurf, einige Modificationen in d. bürgerl. Verhältnissen d. Juden in Sachsen betreff., u. die in der h. 1n Kammer der sächs. Ständeversammlung im April d. J. desh. stattgehabten Verhandlungen. Der hohen 2n Kammer zu geneigter Berücksichtigung ehrerbietigst überreicht von der Verwaltung des hiesigen Mendelssohn-Vereins. *Dresden*, (Rein in *Leipzig*.) 837. gr. 8. (4 Gr.)

Beer, C., die Geschichte einer Stiefmutter, s. Zeitvertreib.

Beer, C.: Der Gratulant f. Jung u. Alt, s. Beer, Chr.

Beer, C.: Panorama von Hamburg aus der Vogelschau, s. Beer, Carl

Beer, C. G. C.
Anreden in der E. Loge der Verschwiegenheit [in St. Petersburg] gehalten von C. G. C. Beer. St. Petersburg 1781: Weitbrecht & Schnoor. 39 S. 8⁰
4 Reden bei festlichen Gelegenheiten.

Gedächtniss-Reden auf die BB. Nicol. Meyer und Dieter. Jager, gehalten in der e. Loge der Verschwiegenheit [in St. Petersburg] am 28sten Oct. und 4ten Nov. 1777 von C. G. C. Beer. St. Petersburg [1777]: Weitbrecht & Schnoor. 48 S. 8⁰
Kl. 1340. Selten.

Beer, Carl
Beer, C., s. Album Hamburg. National-Costüme.

Beer, Carl, Zeichner u. Lithograph, Hamburg. 1842: **Hamburgs Brand Trümmer enthaltend 1 die St Petri Kirche, 2 die St Nicolai Kirche, 3 die St Gertruden Kapelle u. 4 eine Total Ansicht nach d. Brande vom 5 bis 8ten May 1842 ... gezeichnet u. lithographirt von E.F.C. Beer nebst e. historischen Texte von Georg Buek. — Hamburg: Fuchs [1842]. 9 Bl. 2° 18.**
14.12456

Beer, Carl, **neuester Hamburger Führer. Illustrirter (lith.) Plan von Hamburg (in gr. Fol.) nebst 12 (lith.) malerischen Ansichten der Stadt u. Umgegend, einem Inbegriff aller für Fremde wichtigen Notizen u. dem Verzeichniss der vorzüglichsten Hôtels u. Kaufläden. Hamburg (853.) Beer. (Mit 35 S. Text in 8.) n. 15 ngr.**

Beer, C., Panorama von Hamburg aus der Vogelschau. Lith. in Tondr. gr. Fol. Mit 1 (lith.) Grundriss (in Fol.) zur Erklärung. Hamburg 849, Berendsohn. 1½ ₰

Beer, Carl, a. Chicago Ill.: Über Trioxydihydromethyluracil. Heidelberg 1907: K. Rössler. (38 S.) 8°
Rostock, Phil. Fak., Ref. Michaelis, Diss. v. 12. Juni 1907
[Geb. 26. Juni 80 Chicago; Wohnort: Hannover; Staatsangeh.: Preußen; Vorbildung: Realgymn. Hildesheim Reife M. 06; Studium: Techn. Hochsch. Hannover 14 S.; Rig. 7. Juni 07.]

Beer, Carl, appr. Arzt: Die Verwendung des Skopolamin-Morphiums als alleiniges und als vorbereitendes Narkotikum. Freiburg i. B.: Speyer & Kaerner 1910. 47 S. 8°
Freiburg i. B., Med. Diss. v. 1910, Ref. Krönig
[Geb. 19. Febr. 85 Liptó-Szt-Miklós, Ungarn; Wohnort: Frankfurt a. M.; Staatsangeh.: Preußen; Vorbildung: Gymn. Berlin Reife O. 03; Studium: Berlin 7, Freiburg i. B. 3 S.; Coll. 12. Febr. 09.] [U 10. 953

Beer, Carl, Klassischer Philologe, † 1844. 1844: **Ueber die Zahl der Schauspieler bei Aristophanes. Nebst e. Anh., Personenaenderungen einzelner Stellen der Aristophanischen Komoedien enthaltend. — Leipzig: Weidmann 1844. XII, 169 S. 8° 1:Vh 6960. 2→11. 12:A.gr.a. 509m. 15. 16. 18. 21. 26. 27. 32.**
14.12457

Beer, Carl Gottfried: Fest-Reden ..., s. Beer, Karl Gottfried

Beer, Carl Gottlieb (Wohlau), De vomitu et vomitionibus. Diss. med. Präs. Joh. Heinr. Schulze. Halle (Joh. Chr. Hilliger) Juli 1742. 32 Seiten. (5.—) 1759

Beer, Ch. 1902 [Übers.] s. *Annunzio*, Gabriele d': Das Buch der Jungfrauen [Il Libro delle vergini, Ausz., deutsch]. 1902.

— [Übers.] s. *Annunzio*, Gabriele d': Novellen [Teils., deutsch]. 1908.

Beer, Chr., der Gratulant für Jung und Alt. Eine Sammlung von bisher ungedruckten Gelegenheits-Gedichten aller Art zum Neujahrsfeste, zu Geburtstagen, Polterabenden und anderen ernsten und heiteren Festlichkeiten. gr. 12. (96 S.) Nordhausen 850(57,) Büchting.

Beer, Chr., der Gratulant für Jung und Alt. Eine Sammlung von bisher ungedruckten Gelegenheits-Gedichten aller Art zum Neujahrsfeste, zu Geburtstagen, Polterabenden und anderen ernsten und heiteren Festlichkeiten. Gesammelt und hrsg. 2. Aufl. 12. (96 S.) Nordhausen 861(62). [Leipzig, Willferodt.]

Beer, Chr.: Der höllische Intelligenz-Zettul ..., s. Beer, Johann Christoph

Beer, Christian: Der falsche Himmels-Weg derer so genannten Indifferentisten und Libertiner, darinnen sie vorgeben: daß ein jedweder Mensch in seiner Religion gerecht und selig werden könne; aus Gottes Wort geprüfet u. kürtzlich widerleget. — o.O. [um 1700]. 12 Bl. 8° 39.
14.12158

Beer, Christoph s. *Beer*, Johann Christoph.

Beer, D. Leonhard: Catalogus ... der Nelcken, sampt ihren Beynamen, so bey mir D. Leonhard Beeren zu Leipzig anzutreffen seyn. 1. — o.O. [um 1700]. 4 Bl. 8° **35.**
14.12162

Beer
— **Dan** (Ansbach), De assectatione veterum Romanorum. Exerc. philos. Präs. Chn. Gottlieb Schwarz. Altdorf (J. Wilh. Kohlesius) 15. IV. 1722. 20 S. (3.—) 1760

Beer, Dominikus:
Nürnbergisches geist- und lehr-reiches neu-vermehrtes Hand-Buch: In 70 nützliche Bücher abgetheilt, u. mit so viel beygefügten Kupfferstücken geziert. Von Dominico Beern ... In dieser Ed., von vielen Druck-Fehlern gesäubert u. verb., auch das Gesang-Büchlein mit neuen Liedern verm. (Vorr.: Johann Michael Dilherr.) — Ebd. 1707. 1150 S. 8° **31. 75.**
14.12176

— Nürnbergisches geist- und lehr-reiches neu-vermehrtes Hand-Buch: In 70 nützliche Bücher abgetheilt, u. mit so viel beygefügten Kupffer-Stücken geziert. Von Dominico Beern ... In dieser Ed. von vielen Druck-Fehlern gesäubert u. verb., auch das Gesang-Büchlein mit neuen Liedern verm. (Vorr.: Johann Michael Dilherr.) — Ebd. 1727. 1150 S. 8° **27. 42.**
14.12177

Beer, E: Ansprache, s.: Gedächtnisfeier f. usw. Dr. James Hobrecht u. Wilh. Böckmann.

— Jahresbericht d. Architekten-Ver. zu Berlin, s.: Stiehl, O, mittelalterl. Baukunst d. Gegenwart.

Beer, E. F. C., Zeichner u. Lithograph, Hamburg. 1842
s. *Beer,* Carl.

Beer, E. F. F.: I n s c r i p t i o n e s veteres ..., s. B e e r, Eduard Friedrich

Beer, E. F. F.: S t u d i a Asiatica, s. B e e r, Eduard Friedrich Ferdinand

Beer, Eduard
Beer, Ed., kleiner Duodez-Atlas in 24 Blatt, über alle Theile d. Erde, vornehmlich zum Gebrauch bei Cannabichs Schulgeographie, aber auch brauchbar bei allen übrigen Lehr- u. Unterrichtsbüchern der Erdbeschreibung. Lithogr. Ilmenau 833. 2e A. 835. 3e A. 837. 4e Aufl. von H. v. Gerstenberg revidirt. Voigt. 1/2 ß

Beer, Eduard. 1837: Kleiner Duodez-Atlas in 24 Blatt über alle Theile der Erde, vornehmlich zum Gebrauch bei Cannabichs Schulgeographie. 3., verb. Aufl. — Weimar: Voigt 1837. 2 Bl.,24 Taf. 8° **19. 32.**
14.12187

Beer, Ed., kleiner Duodez-Atlas in 24 Blatt über alle Theile der Erde. 5. von H. v. Gerstenbergk revidirte u. von A. Bürk in Kupfer gestoch. sehr verb. Aufl. Mit 2 Bl. Text. Weimar 842, Voigt. 1/2 ß — 6. Aufl. 844. 1/2 ß — 7. u. 8. von H. v. Gerstenbergk revid. u. von A. Bürk in Kupfer gest. sehr verb. Aufl. 12. Ebd. 846. 1/2 ß

Beer, Ed., kleiner Duodez-Atlas in 24 Bl. üb. alle Theile d. Erde. 6—8., v. H. v. Gerstenbergk revidirte u. v. A. Bürck in Kpfr. gest. verb. Aufl. 12. Weimar 845, 46, Voigt. à

Beer, Ed., kleiner Duodez-Atlas über alle Theile der Erde. Vornehmlich zum Gebrauch bei Cannabich's Schulgeographie, aber auch brauchbar bei allen übrigen Lehr- und Unterrichtsbüchern der Erdbeschreibung. 9. Aufl. 849. und 10., von H. v. Gerstenbergk rev. und von A. Bürck in Kpfr. gest. verb. Aufl. 4. (24 ill. Bl. und 4 S. Text.) Weimar 851(52,) Voigt.

Beer, Ed., kleiner Duodez-Atlas in 24 (ill.) Bl. über alle Theile der Erde. 11., von H. v. Gerstenbergk revidirte und von A. Bürck in Kpfr. gest., verb. Aufl. 4. (4 S. Text.) Weimar 854(55,) Voigt. *

— — 12. Aufl. Ebd. 1859. 24 Taf. 8° **207.**
14.12191

— Neuestes Fremdwörterbuch zur Verteutschung und Erklärung aller in Sprache und Schrift vorkommenden nicht teutschen Wörter, Redensarten, Kunstausdrücke und Abkürzungen. Th. 1.2. — Weimar: Voigt 1838. 8°
12: L. germ. 20n. 24. 29. 32. 47. 111. 307.
14.12192

Beer
— **Eduard Friedr. Ferdin.** (Bautzen), Inscriptiones et papyri veteres Semitici quoquot in Aegypto reperti sunt editi et inediti recens. et ad orig. Hebraeo-Judaicam relati cum palaeographia Hebraea concinnata. Part. I. Lpz. (Fridericinies) 14. IX. 1833. 22 S. u. 1 Taf. Abb. (4.—) 1761
Gew.: E. Fr. C. Rosenmüller, Gust. Seyffarth, Fr. Aug. Schlosser.

Beer, Eduard Friedrich Ferdinand: Inscriptiones veteres litteris et lingua hucusque incognitis ad montem Sinai magno numero servatae quas Pocock [u. a.] descripserunt. Fasc. 1. — Lipsiae: Barth 1840. XXIV,44 S.,16 Taf. 4° 1. Inscriptionum centuria litteris Hebraicis transcripta.
(Beer: Studia Asiatica. 3.)
1: 4° Ph 9092-3. 2. 4. 5. 7. 10. 12: 4° L. as. 1c-3. 14→17. 21. 25→29. 39. 300: 20.633-C. 3.
14.12193

— **Studia Asiatica.** Fasc. 3. — Lipsiae: Barth 1840. XXIV, 44 S.,16 Taf. 4°
3. Beer: Inscriptiones veteres litteris et lingua hucusque incognitis ad montem Sinai magno numero servatae. Fasc. 1.
1: 4° Ph 9092. 2. 4. 5. 7. 10. 12: 4° L. as. 1c. 14→17. 21. 25→29. 39. 300: 20.633-C.
14.12194

Beer, *Johann* Ernst [app. Arzt aus Peugenhammer]: Aus d. patholog. Institute zu Kiel. Ein Fall von Magen-Gallenblasenfistel ... Kiel, Druck v. P. Peters, 1896; 14 S., 1 Bl. 8.
Kiel, Med. Fak., Inaug.-Diss. v. [5. Mai] 1896

Beer, Ernst: Der Primat des Petrus. Eine Studie nach Matth. XVI. S. 3—14. 4. Progr. Kgl. Progymn. *Kempen i. Pos.* 1906

Beer, F., Pastor in Victorbur, Ostfriesland. 1879
s. *Beer,* Friedrich.

Beer, F. H. de: D e u t s c h - H o l l ä n d i s c h,
s. B e e r, Taco Hajo de

Beer, F. J., Diss. de chorea St. Viti. 17 l. Vienn. 4°. 1769?

Beer, Faco H. de s. *Beer,* Taco Hajo de.

Beer, Fd. Wlh.: A b h a n d l u n g e n ..., s. B e e r, Ferdinand Wilhelm

Beer, Feofil Sigefr s. *Bayer,* Gottlieb Siegfried.

Beer, Ferdinand [aus Zyrowa]: Beiträge zur Behandlung der Osteomalacie ... Breslau, F. W. Jungfer's Buchdr., *1892;* 31 S. 8.
Breslau, Med. Fak., Inaug.-Diss. v. 28. Juli 1892

Beer, Ferd., Beiträge zur Behandlung der Osteomalacie. Diss. gr. 8. (31 S.) Breslau 892. (L. Köhler.) n. 1. —

Beer, Ferdinand Wilhelm
— **Abhandlungen zu Erläuterung der alten Zeitrechnung und Geschichte.** Th. [1]-3.— Leipzig: Breitkopf 1752-56. 8°
[1.] 1752.
2. Zeitrechnung d. jüdischen Geschichte vom Ausgange aus Aegypten bis auf Simsons Tod. 1756.
3. Zeitrechnung d. jüdischen Geschichte von Samuel bis auf d. Zerstörung d. salomonischen Tempels, nebst e. Reg. über alle 3 Theile. 1756.
1: Pg 60 [u.] 8° Bibl. Diez 2526-8° Bibl. Diez 2528. **2. 4. 7. 8. 9. 12**: Chrlg. 12. **15. 17. 22. 23. 26→29. 34. 35. 38. 39. 117. 207. 302.**
14.12195

— f. Abhandlungen, welche an die Königl. Akademie in Paris eingesandt sind.

— [Übers.] **Lustige Lebensgeschichte Gußmanns von Alfarache.** 1751-52
s. *Alemán*, Mateo: Guzmán de Alfarache [deutsch].

— **Richtige Vereinigung der Regierungsjahre, welche die heil. Schrift den Königen von Juda und Israel beyleget.** — Leipzig: Breitkopf 1751. 101 S. 8°
1: an Pg 60. **2→5. 8. 18. 24. 26→29. 41. 44. 45. 78. 302.**
14.12196

Beer, Franz, *Magister der Pharmacie, Lehrer der Chemie etc.* Anfangsgründe der Chemie als Lehrbuch für Unterrealschulen. III. verbesserte und vermehrte Aufl. *Brünn* 1858. Druck u. Verl. von *Buschak* und *Irrgang*. 1 Bl. 272 S. 8°. 1 fl.

Beer, Friedrich: **Antrittspredigt am Tage der Einführung in Victorbur, den 13. Nov. 1879, über Ev. Joh. 3, 16.** Norden: Soltau [1879]. 16 S. 8° **7.**
14.12201

Beer, F., Antrittspredigt am Tage der Einführung in Victorbur, den 13. Novbr. 1879, über Ev. Joh. 3, 16. gr. 8. (16 S.) Norden 880, Soltau's Verlag. *

Beer, Friedrich, von Lindau [Bayern]: Beiträge zu der Lehre von den Missgeburten. Zür. Zürcher u. Furrer Dr. 1850. 40 S., 1 Taf. 8°.
Zürich. Med. Diss. v. 12. Jan. 1850.

Beer, F., die wahrhaftige u. volle Gottheit u. Menschheit Christi. Vortrag, geh. in Kropp am 7. Dezbr. 1892. [Aus: „Neue luther. Kirchenzeitg."] 12. (32 S.) Kropp 893. Buchh. „Eben-Ezer". n. — 20

— **Die brennende Kirchenfrage Ostfrieslands.** — Hannover: Weichelt 1884. 28 S. 8° **7.**
14.12202

— **Was ist gegenwärtig Recht in der lutherischen Landeskirche des vormaligen Königreichs Hannover? Vollständige Mitteilung der Akten des wider ihn kürzlich geführten Disziplinarprozesses von F. Beer.** — Kropp (Schleswig): Eben-Ezer 1886. 185 S. 8° 1: Sm 1706. **7. 8. 15.**
14.12203

Beer
— **Friedr. Gotthilf** (Neustadt b. Schneeb.), De variolarum exstirpatione insitioni substituenda. Diss. med. Präs. Carl Christian Krause. Leipzig (Langenheim) 5. VI. 1762. 42 S. (5.—) 1762

Beer, Fritz: Kriterien für die Irrationalität von Functionalwerten. *Berlin 1899: H. S. Hermann.* (61 S.) 8°
Göttingen, Phil. Diss. v. [25. Jan.] 1900

Beer, Fritz, Kriterien f. die Irrationalität v. Functionalwerten. Diss. gr. 8. (61 S.) Berlin 899. (Göttingen, Vandenhoeck & Ruprecht.) n. 1.50

Beer, G. v., acht Bücher der Mecklenb. Geschichte, a. d. Lat. 2 Bde. 4. Wismar, (Bödner. S.) 760. Rthlr.

Beer, G.: Der Text d. Buches Hiob untersucht, s. Beer, Georg

Beer, G. J. s. *Beer*, Georg Josef.

Beer, Georg

Beer, Geo.: Die französ. Fremdenlegion. Eine Warng f. Deutschlds Jugend. (32) 8° Lpzg, Th. Gerstenberg ('11). — 35 d

Beer, Geo., der biblische Hades, s.: Abhandlungen, theologische.

— **Individual- und Gemeindepsalmen. Ein Beitrag zur Erklärung des Psalters.** — Marburg: Elwert 1894. CI,92 S. 8° 1: Bn 4704. **4. 5. 7. 9. 10. 11. 12**: Exeg. 91o. **15. 16. 18. 20. 26. 27. 29. 34. 41.**
14.12222

Beer, Georg: Al-Gazzâlî's Maķâsid al-Falâsifat. I. Teil: Die Logik. Cap. I—II. Nach der Berliner und Oxforder Handschrift zum ersten Male herausgegeben, übersetzt und mit Vorwort nebst Anmerkungen versehen .... Leiden, gedr. bei E. J. Brill, 1888; 4 Bl. + 40 + 16 S. 8°
Leipzig, Phil. Fak., Inaug.-Diss. v. 18. Febr. 1888

Beer, Georg, Al-Gazzâlî's Maķâsid al-Falâsifat. I. Teil: Die Logik. Cap. I—II. Nach der Berliner und Oxforder Handschrift zum ersten Male hrsg., übersetzt und mit Vorwort nebst Anmerkungen versehen. Diss. Leipzig 1888, Gustav Fock. 8°. 40,16 S.

Beer, Geo., s: Mischna, Die.

— Mose u. s. Werk. Vortr. (48) 8° Giess., A Töpelmann '12. — 70 d

— **Der vordere Orient.** — Berlin: Schwetschke 1902. 55 S. 8° Aus: Theologischer Jahresbericht. 21. 1901. **21.**
14.12224

— Pascha od. d. jüd. Osterfest, s: Sammlung gemeinverständl. Vorträge u. Schriften a. d. Gebiet d. Theol. u. Relig.-Gesch.

Beer, Georg: Saul, David, Salomo, s.a. Beer-Straßburg, Georg

— **Saul, David, Salomo.** — Tübingen: Mohr 1906. 80 S. 8° (Religionsgeschichtliche Volksbücher. R. 2,7.)
1: Bd 7001/8-R. 2,7. **2. 3. 4. 6. 7. 9. 10. 11. 12**: Th. U. 387z-11,7. **14→18. 20. 21. 24. 26→31. 33. 36. 39. 44. 46. 48. 60. 79. 107. 123. 207. 211. 302→304.**
14.12220

— Schabbath. Der Mischnatractat „Sabbat", s.: Mischnatractate, ausgew.

Beer, Georg, Rektor, Nürnberg, 1643-1714. 1709: **Synopsis historiae sacrae sive ecclesiasticae Novi Testamenti.** Unà cum brevi introductione in historiam Aug. Confessionis, & annexo catalogo haeresium inibi contentarum ... studio Georgii Beerii, coronidis loco adiecti sunt Versus in art. A. C. iam antehac à B. Vogelio, elaborati & typis exscripti. Norimbergae: Zieger 1709. 173 [vielm. 273] S. 8°
2. 18. 24. 29. 36. 38.
14.12218

Beer, Georg [Lic. Dr., Privatdoz. d. Theol. an d. Univ. Breslau]: Der Text von Hiob Kap. VI—XIV unters. ... (Erscheint vollst. im gl. Verl. u. d. T.: Der Text d. Buches Hiob unters., Heft I. Kap. I—XIV.) Marburg, N. G. Elwert, 1895; 1 Bl., 35—89 S. 8.
Halle, Theol. Fak., Hab.-Schr. v. [22. Juli] 1895

— **Der Text des Buches Hiob.** — Marburg: Elwert 1897. XVI,258 S. 8°
Die Schrift erschien ursprünglich in 2 Heften 1895-97.
Erschien teilweise auch als Univ.-Schrift. Halle 1895.
1: Bn 1362. **2→5. 7→11. 12**: Exeg. 91oc. **15. 16. 20. 21. 24→28. 34. 211. 300**: 90.505-B. **302→304.**
14.12229

Beer, Georgius [theol. lic., phil. Dr.]: Theses ... pro munere privatim docentis in Academia Viadrina Vratislaviensi rite obtinendo ... Vratislaviae, typ. Grassii, Barthii & soc., *1892;* 2 Bl. 8.
Breslau, Ev.-theol. Fak., Thes. v. 21. Mai 1892
(Nicht für den Austausch)

Beer, Georgius [Dr. phil., cand. theol. Silesius]: Theses theologicae ... ad licentiati in theologia evangelica honores impetrandos ... Bonnae, typ. C. Georgi, typogr. acad., *1891;* 2 Bl. 8°
Bonn, Ev.-theol. Fak., Thes. v. 6. Aug. 1891

Beer, Georg Josef
— kurze Anleit. zu einer zweckmäß. Behandlung d. Augen, während d. Blatternkrankheit. gr. 8. Wien 801.

Beer, Georg Josef: Anrede bey Eröffnung der Klinik für die Augenkrankheiten. Gehalten den 19. Jenner 1813. — Wien [1813]: v. Haykul. 12 S. 8°
12:4° Diss. 3896-23. 19. 27. 304.
14.12235

— B. J. Beers Ansicht der staphylomatösen Metamorphosen des Auges und der künstlichen Pupillenbildung. [Nebst] Nachtr. — Wien: Camesina 1805–06. 8°
1:Km 7671 [auch Hauptw. = Km 7670]. 2. 3. 7. 10. 11. 12:Chir. 16. 15. 27. 29. 42.
14.12236

— Ansicht d. staphylomatösen Metamorphosen d. Auges ꝛc. Nebst Nachtrag. Mit 2 ill. Kpf. gr. 8. Wien 805, 806. (Heubner). 1 rß 8 gl Der Nachtrag apart 8 gl

— G. J. Beer's Ansicht der staphylomatösen Metamorphosen des Auges ... nebst e. Anh. — Ebd. 1806. 146,20 S. 8°
Sondert.: Nachtrag zur Ansicht d. staphylomatösen Metamorphosen d. Auges.
In d. Exemplaren von 32 u. 302 fehlt d. Sondertitelblatt.
1:Km 7672. 32. 302→304.
14.12237

— Kurze Anweisung zu einer zweckmäßigen Behandlung der Augen während der Blatterkrankheit. — Wien: Verf. 1800. 21 S. 8° **2. 4. 10. 302. 303.**
14.12238

— Das Auge, oder Versuch, das edelste Geschenk der Schöpfung vor dem höchst verderblichen Einfluß unseres Zeitalters zu sichern. — Wien: Camesina 1813. VIII,158 S. 8°
1:Km 857. 2. 5. 7. 10. 12:Chir. 16mb. 16→19. 23. 24. 27. 30. 33. 45→48. 61. 202. 300:68 Mm 1. 302→304. 308.
14.12239

Beer, Geo. Jos., d. Auge, od. Versuch, d. edelste Geschenk d. Schöpfung vor den höchst verderbl. Einflüssen d. Zeitalters zu sichern. Mit schw. u. ill. Kpf. gr. 8. Wien 813. (Heubner). 2 rß 8 gl

— Auswahl aus dem Tagebuche eines praktischen Augenarztes. — Wien: Camesina 1800. 18 Bl. 8°
1:Km 800. 10. 15→18. 23. 28. 33. 34. 302.
14.12241

— Auszug aus dem Tagebuche eines praktischen Augenarztes. H. 1. — Wien: B. Ph. Bauer 1799. 18 Bl. 8°
1. Als Programm bey Eröffnung seines 1. diesjährigen praktischen Lehrkursus über d. Augenkrankheiten unter seine Zuhörer u. Freunde verteilt. **2. 27. 300:135.267-B. 302. 304.**
14.12240

— Auszug aus d. Tagebuche e. prakt. Augenarztes. 1r Hft. gr. 4. Wien 800. 10 gl

Beer, Geo. Jos., Beantwortung d. Fragen: Wie kann man seine Augen gesund erhalten? Wie muß man sie behandeln ꝛc. Mit 1 Abbild. 8. Wien...

— s. Beobachtungen über Augenkrankheiten.

— Praktische Beobachtungen über verschiedene, vorzüglich aber über jene Augenkrankheiten, welche aus allgemeinen Krankheiten des Körpers entspringen. — Wien: Kaiserer 1790 (1791). 392 S. 8°
11. 16. 29. 47. 48. 302. 303. 309.
14.12242

— — Ebd. 1791. 392 S. 8° **1:Km 762. 2. 5. 7. 8. 9. 14. 15. 17. 18. 19. 22. 27. 28. 30. 43. 46. 202. 300:35 P 3. 304.**
14.12243

— prakt. Beobachtungen über Augenkrankheiten, mit K. gr. 8. Wien, Wappler. 791.

— prakt. Beobachtt. üb. d. grauen Staar ꝛc. Mit illum. u. schw. Kpf. gr. 8. Wien 791. Beck. 1 rß 4 gl

— Praktische Beobachtungen über den grauen Staar und die Krankheiten der Hornhaut. — Wien: Wappler 1791. 275 S. 8° **1:Km 8843. 2. 5. 7. 8. 9. 11. 12:Chir. 17. 15. 16. 19. 21. 22. 23. 26. 27. 28. 30. 43. 46. 47. 48. 202. 302.**
14.12244

Beer, Georg Joseph: Bibliotheca ophtalmica (Nebentit.), s. Beer: Repertorium aller bis zu Ende des Jahres 1797 erschienenen Schriften über die Augenkrankheiten.

— Geschichte der Augenkunde überhaupt und der Augenheilkunde insbesondere. H. 1. — Wien [1813]: v. Haykul. 53 S. 8°
1. Eine Einladungs-Schrift zur Eröffnung d. Clinic für d. Augenkrankheiten.
1:Km 109. 2. 6. 7. 8. 14. 15. 16. 18. 19. 24. 27. 32. 33. 52. 202. 300:•70 K 384 [u. ö.] 302. 304.
14.12245

— Geschichte d. Augenkunde überhaupt u. d. Augenheilkunde insbesondere. 1s Hft. gr. 8. Wien 813. (Heubner). 8 gl

Beer, Jos., Geschichte eines geheilten vollkommenen, von zurückgetriebener Krätze entstandenen schwarzen Staares ꝛc. Wien. 8°. Salzb. med. chir. Zt. 1798, IV, 312 (per cerussam.)

— Lehre d. Augenkrankheiten. 2 Thle. Mit Kpf. gr. 8. Wien 792. Beck. 2 rß Mit ill. u. schw. Kpf. 4 rß

— Lehre der Augenkrankheiten. Th. 1.2. — Wien: Wappler 1792. 8° **1:Km 775. 2. 3. 5. 7. 8. 10. 12: Chir. 17b. 15. 16. 19. 21. 24. 27. 29. 43. 46. 48. 53. 60. 123. 303. 304.**
14.12246

— Lehre von d. Augenkrankheiten, als Leitfaden zu seinen öffentl. Vorlesungen entworfen. Mit schw. u. ill. Kpf. 2 Thle. (N. A.) gr. 8. Wien 813 — 15. Heubner. 9 rß

— Lehre von den Augenkrankheiten, als Leitfaden zu seinen öffentlichen Vorlesungen. Bd 1.2. — Wien: Camesina (2: Heubner & Volke) 1813–17. 8°
1:Km 855. 2. 3. 5→11. 14→20. 25. 27→31. 42. 43. 46. 47. 75. 180. 202. 300:68 Mm 43. 302→304. 308. 309.
14.12247

— Methode den grauen Staar sammt der Kapsel auszuziehen. — Wien: Schaumburg 1799. 59 S. 8°
1:Km 8860. 2. 4. 5. 7. 8. 11. 12:Chir. 16n [2 Ex.] 14. 15. 16. 19. 21. 23. 25. 27. 30. 33. 43. 48. 202. 300:•69 H 144. 302. 303.
14.12248

— Pflege gesunder und geschwächter Augen, nebst einer Vorschrift, wie man sich bey plötzlichen Zufällen an den Augen, welche nicht eine eigentliche medicinisch-chirurgische Kenntniß fordern, selbst helfen kann. — Wien: Verf.; Leipzig: Weidmann [in Komm.] 1800. X,197 S. 8°
1:Km 801 [u.] 8° Bibl. Diez 7497. 2. 3. 5. 7. 8. 10. 11. 14→20. 22. 23. 25. 26. 27. 29. 30. 34. 36. 38M. 41. 42. 45→48. 52. 79. 117. 202. 300:•69 H 146. 303. 308.
14.12249

— — 2. Aufl. o. O. 1801. X,180 S. 8°
6. 12:Chir. 17c. 19. 20. 36. 43. 123. 302. 308.
14.12250

— dasselbe, 8. Augsb. Doll. 801.

— Pflege gesunder und geschwächter Augen, nebst einer Vorschrift, wie man sich bei plötzlichen Zufällen an den Augen, welche nicht eine eigentliche medizinisch-chirurgische Kenntniß fordern, selbst helfen kann. Neueste Aufl. Frankfurt [usw.] 1802. VII,361 [vielm.163] S. 8° **303. 308.**
14.12251

— — Neueste Aufl. Ebd. 1802. VII,163 S. 8° **19. 27.**
14.12252

— — Neue, verb. Aufl. Ebd. 1818. IV,105 [vielm. VI,104] S. 8° **25. 75. 300:** * 70 J 29. **303. 304. 307.**
14.12253

— Pflege gesunder und geschwächter Augen, nebst einer Vorschrift, wie man sich bey plötzlichen Zufällen an den Augen ... selbst helfen kann. — Linz 1826: (Eurich). VI, 92 S. 8° **300:**47.084–B. **307.**
14.12254

— **Queries** proposed to those medical gentlemen who have opportunities of observing the epidemical ophthalmia which has long prevaled in the British army. — Vienna 1806: Strauss. 8 S. 8° **19. 33.**
14.12261

— **Repertorium** aller bis zu Ende des Jahres 1797. erschienenen Schriften über die Augenkrankheiten. Th. 1-3. — Wien: Schaumburg 1799. 8°
Nebent.: Beer: Bibliotheca ophtalmica.
1:4° Km 105. **2. 3. 4. 7. 8. 9. 12:**4° Chir. 5 [2 Ex.] **14. 16→19. 21. 24→30. 33. 34. 39. 43. 45. 48. 180. 202. 300:** * 69 H 150. **302→304. 309.**
14.12262

— Repertorium aller bis zu Ende 1797 erschien. Schriften üb. die Augenkrankheiten. 3 Thle. 4. Wien 799 — 800. Schaumburg. 4 ℛ

— **Einige Worte** an meine künftigen Zuhörer, als nothwendige Einleitung zu meinen öffentlichen außerordentlichen Vorlesungen, und dem damit verbundenen clinischen Unterrichte in den Augenkrankheiten. — Wien [1812]: Gerold. 23 S. 8° **26. 300:**135.337–B. **302. 303. 308.**
14.12263

Beer, Georgius, s. Beer, Georg

Beer, Gottfr. Ludw. (Hrsg.), s.a. Magazin für die Brandenburgisch-Bayreuthische Geschichte.

Beer, Gf. Ldw., Magazin für Liebhaber d. brandenb. bayreuth. Geschichte. 3 Stcke. 8. Bayr. 789 — 90. (Grau). 1 ℛ 6 gr (3s Stck. A. u. dem T.: F. W. A. Layritz, Beiträge z. Gesch. d. Landeskult. d. Preuß. Fürstenth. in Franken. 1s Stck. 8 gr)

Beer, Gf. L., Magazin für Liebhaber der brandenburgischen bayreuth. Geschichte. 5 Stücke. 8. Hof, (Bayreuth. Lübeck. Bierling.) 789 — 90. (à St. 10 gr.)

Beer, Gustav, Pfarrer, Brieg, 1804-1881. 1842: **Schluß-Rede,** gehalten am 17. Februar in der katholischen Pfarrkirche zu Brieg. — Brieg: Wollmann in Comm. 1842. 15 S. 8° **1:**11 in E 236. **2.**
14.12274

Beer Gustav, Chorherr d. Stifts Tepl, 1792-1860. 1836: Hygieens **Weihegruß** am Tage der hohen Infulationsfeyer des hochwürdigsten Herrn Herrn Melchior Mahr, Landes-Prälaten des Königreichs Böhmen, Abtes des kanonischen Prämonstratenserstiftes Tepl &c. &c. &c. (Verf.: Gustav Beer.) — ([Marienbad 1836]: Schmid.) 2 Bl. 2° **12:**2° P. o. germ. 2 h.
14.12273

Beer, H. s. *Beer*, Hermann Hieronymus.

Beer, H.: Dichtungen, s. Beer, Heinrich

Beer, H. A.: Lehrbuch der Markscheidekunst, s. Beer, August Heinrich

Beer, H. H., s. Beer, Hermann Hieronymus

Beer, Hans, aus Chicago, Ill.: Ueber **höhermolekulare Kondensationsprodukte des Acetons.** *Heidelberg 1903: K. Rößler.* (37 S.) 8°
Heidelberg, Naturw.-math. Diss. v. 1903

Beer, Hans, aus Nürnberg: Über **Methoden zur direkten Bestimmung der Phosphorsäure in Wein und Bier.** *München 1904: C. Gerber.* (29 S.) 8°
Würzburg, Phil. Diss. v. 1904

Beer, Heinrich: Dichtungen. — Breslau: Trewendt & Granier 1853. VIII,219 S. 8° **1:**Yo 5851. **2. 41. 117. 169.**
14.12278

[—] Der Graf von **Gleichen.** Tragödie. — Berlin [um 1895]: Liebheit & Thiesen. 79 S. 8° **101. 117. 208.**
14.12279

Beer, Heinrich August: Lehrbuch der Markscheidekunst s. Beer, August Heinrich

Beer, Hermann Hieronymus: Ueber die **Bedeutung** der gerichtlichen Medizin für Juristen. — Wien 1859. 64 S. 8°
Aus: Oesterreichische Vierteljahrsschrift für Rechts- u. Staatswissenschaft. 3. 1859. **16. 300:**202.781–B.
14.12280

— Josef **Bernt.** Professor der Staatsarzneikunde an der medicinischen Facultät zu Wien. Denkrede. — Wien 1872: Sommer. S. 686–690. 4° (Oesterreichische Zeitschrift für praktische Heilkunde. 18,42. Ausserordentl. Beil.) **10. 14. 24. 25. 300:**104.848–C. 1872. **302. 308.**
14.12281

Beer, H(ermann) H(ieronymus) (Übers.):

s.: Brera, Valeriano Luigi: Ischl und Venedig in ihrer heilkräftigen Wirksamkeit dargestellt und verglichen... (Ischl e Venezia. Memoria Dt.) Wien: 1838

JB 2.793

— **Einleitung** in das Studium und die Praxis der gerichtlichen Medizin. — Wien: Braumüller 1851. VIII,154 S. 8° **12:**Med. for. 2 hm. **16. 20. 302. 303. 308.**
14.12282

Beer, H(ermann)H(ieronymus) (Hrsg.):

s.: Gesundheitszeitung. N.F. Bd 1-4. Wien: 1837-40.

JB 6.083

— **Worte** der Erinnerung an Crato von Krafftheim, Leibarzt dreier deutschen Kaiser aus dem Hause Habsburg, gesprochen in der 12. Jahresfeier der wissenschaftlichen Thätigkeit des Doctoren-Collegiums der Wiener medicinischen Facultät am 31. März 1862. — Wien 1862: Sommer. 20 S. 4° (Oesterreichische Zeitschrift für praktische Heilkunde. 8,38. Ausserordentl. Beil.) **2. 10. 12:**4° Med. g. 236 s–8. **24. 25. 26. 41. 202. 302. 304. 307. 308.**
14.12284

Beer, Hugo: **Geschichte** der ersten 25 Jahre der Burzenländer Bank Aktiengesellschaft, vormals National-Bank Aktiengesellschaft zu Kronstadt in Siebenbürgen. — Stuttgart: Ausland u. Heimat 1926. 23 S. 8° **1:**Fg 10383/295. **18. 24. 30. 38. 107. 203. 205. 206. 212.**
14.12285

Beer, J.: Arbeitsverhältnisse der Mühlenarbeiter..., s. Beer, Josef

Beer, J.: Eisenbahnkarte..., s. Beer, Josef

Beer, J.: Für Katholiken u. Protestanten, s. Beer, Josef

Beer, J.: Die Mängel der preuss. Medizinalgesetzgebung, s. Beer, Julius

Beer, J.: Praktische Studien an der Familie der Orchideen . . ., s. Beer, Josef Georg

Beer, J., dio Badostädto Toplitz u. Schönau u. Umgebungen, s.: Griobou's Roiso-Bibliothok.

Beer, J. Theoret. u. prakt. Unterricht über die Hufbeschlagkunde nebst Anh. Mit 1 Atl. München 1879. 305 S. 8° u. 4°

Beer, J. A. 1731: Neu-eröffnete Trauer-Bühne der vornehmsten unglücklichen Begebenheiten. 4. 1731 u.ö. s. *Beer*, Johann Christoph. 1667.

Beer, I. A. 1820: Was fehlt dem Normalunterrichte in öffentlichen Schulen? und wie kann er allen nützlich werden? Großen zum Besten der Kleinen gewidmet. — Wien: v. Schönfeld [um 1820]. 32 S. 8° 12: Paed. Th. 380.
14.12287

Beer, J. C. s. *Beer*, Johann Christoph. 1667.

Beer, J. C.: Beiträge zur Morphologie u. Biologie der Familie der Orchideen, s. Beer, Josef Georg

Beer, J. F.: Anfangsgründe in der Kriegskunst, s. Beer, Johann Friedrich

Beer, J. G., Pflanzenzüchter u. Botaniker. 1854 s. *Beer*, Josef Georg.

Beer, J. W., richtige Vereinigung der Regierungsjahre der Könige von Juda u. Israel. 8. Leipz. Breitkopf. 751.

Beer, Jacob. s. Beer, Jakob

BEER, JAC. ED., De effectibus, qvos habet praeproperum corporis juvenilis incrementum. Diss. inaug. Kiliæ. 1828. P.

Beer, Jakob: Über den Einfluss der Lectüre auf Menschenbildung. Ein Versuch. — Wien: Wimmer 1833. 92 S. 8°
Aus: Neue theologische Zeitschrift. 5.6. 1832-33. 36.
14.12288

— Erbauungsreden für Akademiker (2.3: und höher gebildete Christen). Samml. [1]–3. — Wien: Armbruster (2.3: Prag: Haase) 1829–35. 8° 20 [∞2.3]. 21 [∞3]. 25 [∞2.3]. 102. 300: 61 M 46. 302 [∞2.3]. 308.
14.12289

[—] Die Gymnasialreform in Oesterreich. — Leipzig: Steinacker 1858. 32 S. 8° 302.
14.12290

— Schlußgebet bei der feierlichen Weihe des weiland Seiner Majestät Kaiser Franz I. in Franzensbad errichteten Monuments. — Franzensbad 1853: Kobrtsch & Gschihay in Eger. 2 Bl. 8° 300: 466.473–B.
14.12291

— Trauerrede bei der von der k. k. Carl-Ferdinandeischen Universität veranstalteten Todtenfeier nach dem Ableben weiland Sr. k. k. apostolischen Majestät Franz des Ersten, Kaisers von Oesterreich ... 1835 gehalten. — Prag 1835: Haase. 23 S. 8° 300: 38.548–B.
14.12292

—— das segensreiche Wirken d. heil. Johann v. Nepomuck, dargestellt in ein. akadem. Erbauungsrede. 8. ... Prag 829, (Kronberger u. Weber.)

— Das segensreiche Wirken des heiligen Johann von Nepomuk, dargestellt in einer akademischen Erbauungsrede. — Prag: Senft 1829. 24 S. 8° 302.
14.12293

Beer, Jh. Ch., s. Beer, Johann Christoph

Beer, Jh. Fr.: Anfangsgründe i. d. Kriegskunst, s. Beer, Johann Friedrich

Beer, Johann, Konzertmeister am Hofe d. Herzogs von Weißenfels, 1655-1700. 1677

Pseudonyme:

Amandus de Amanto,	Jucundus Jucundissimus,
Amandus de Bratimero,	Expertus Rupertus Ländler,
Antonius Caminerus,	Alamodus Pickelhering,
Amaranthus Civilis,	Jan Rebhu,
Franciscus a Claustro,	Franciscus Sambelle,
Florianus de Francomonte,	Simplicius Simplicissimus,
Hans Guckindiewelt,	Wolfgang v. Willenhag,
	Zendorius a Zendoriis

— Bellum musicum oder musicalischer Krieg, in welchem umbständlich erzehlet wird, wie die Königin Compositio nebst ihrer Tochter Harmonia mit denen Hümpern und Stümpern zerfallen ... auch wie solcher Krieg endlich gestillet, u. der Friede mit gewissen Grund-Reguln befestiget worden ... Auf das kürtzeste entworffen, u. mit einer Landt-Carte des Cymbalischen Reichs vers. von Johann Beehren. (Hrsg.: Peter Wenig; Vorr.: Johann Christoph Lorber.) — o.O. 1701. 20 Bl. 8° 1: Mus. Hf 22. 3. 14. 35. 78. 111. 117.
14.12298

Beer, Joh., Chorgostühl in dor Cortosa boi Pavia, s.a. Vorlagen f. geworblicho Untorrichtsanstalton.

Beer, **Johann**, Chorgestühl in der Certosa bei Pavia. Aufgenommen und gezeichnet von — —. Mit Unterstützung des k. k. Ministeriums für Cultus und Unterricht herausgegeben. 12 Blatt. Wien 1894. Kunstverlag von Anton Schroll & Comp. (Min.-Erl. v. 29. Mai 1895, Z. 5031.) In Mappe 8.—

— Johann Beerens Musicalische Discurse durch die Principia der Philosophie deducirt, und in gewisse Capitel eingetheilt ... Nebst e. Anh. von eben diesem Autore, genannt Der musicalische Krieg zwischen der Composition und der Harmonie. — Nürnberg: Monath 1719. 116 [vielm. 216] S. 8° 1: Mus. Hf 23. 5. 7. 12: Mus. Th. 324. 14. 18. 24. 27. 29. 30. 33. 78. 117.
14.12301

— Disputatio curiosa von der Jungfer, gehalten von Floriano de Francomonte, als Praeside, und Amarantho Civili, als Respondente. — o.O. [um 1700]. 4 Bl. 8° 14.
14.12302

Beer, Johann, Professor, Reichenberg. 1903: **Festschrift** des Gabelsberger Stenographen-Vereines in Reichenberg, hrsg. aus Anlaß seines 25jährigen Bestandes. 1878–1903. Reichenberg: Gabelsberger Stenographen-Verein 1903. 51 S. 8° 300: 426.322–B. 302.
14.12330

— Der musicalische Krieg zwischen der Composition und der Harmonie. 1719 s. *Beer:* Bellum musicum.

— Der musicalische Krieg zwischen der Composition und der Harmonie. 1719 in: *Beer:* Musicalische Discurse.

— Printz Adimantus und der Königlichen Princeßin Ormizella Liebes-Geschicht ... Vorgestellet u. beschrieben durch d. allenthalben bekandten Jan Rebhu. — Druckts Jan Rebhu kleiner Vetter o.O. u.J. 96 S. 8°
Als Verfasser wird auch Johann Huber genannt.
1: 1 an Yu 7142. 12: P.o.germ. 1128s/2. 27. 300: 1576–A.
14.12316

— Der berühmte Narren-Spital, darinnen umschweiffig erzehlet wird, was der alte Lorentz hinter der Wiesen vor ein liederliches Leben geführet, u. was vor ehrliche Pursche man im Spital angetroffen habe ... Beschrieben u. hrsg. durch Hans guck in die Welt. — o.O. gedruckt in diesem Jahre. 122 S. 8° 1: Yt 9756.
14.12318

— Der verliebte Oesterreicher, oder Liebs- u. Lebens-Geschicht mit der an Tugenden u. Schönheit unvergleichlichen Sorona. Durch Jean Rebhu. — o.O. 1704. 248 S. 8° Als Verfasser wird auch Johann Huber genannt.
300:23.382–A.
14.12321

— Des abentheurlichen Jan Rebhu Artlicher Pokazi, bestehend in einer kurtzen u. lustigen Relation seinen Lebens-Wandel betreffend. [Th.1.] — o.O. gedruckt in diesem Jahre. 84 Bl. 8°
Als Verfasser wird auch Johann Huber genannt.
1:Yu 7121. **27. 300**:1578–A.
14.12322

— Des abentheurlichen Jan Rebhu Ritter Spiridon aus Perusina. In welchem nebenst lustiger, u. ausführlicher Erzehlung dessen Liebs-Geschichte, Castripoli des Printzens von Ferasca absonderliche Abentheuer erzehlet ... wird. Wobey auch anzutreffen etliche Judicia über den Ritter Hopffen-Sack ... Ans Tage-Liecht gegeben durch e. Liebhaber aller tugendsamen Gemüther. — o.O. gedruckt in diesem Jahre. 214 S. 8°
Als Verfasser wird auch Johann Huber genannt.
1:Yu 7142. **12**:P.o.germ.1128s. **27. 300**:1577–A.
14.12325

[—] Der verkehrte Staats-Mann, oder nasen-weise Secretarius, wie sich derselbe durch seine arglistigen Griffe in die Höhe geschwungen, durch die Wahrheit aber auff die Finger geklopfft, u. von seinen vermeynten Ehren-Stuffen gestossen worden. — o.O.: Zeitler [um 1700]. 258 S. 8°
Der Erscheinungsvermerk ist nicht mit Sicherheit festzustellen, da das Titelblatt zu stark beschnitten ist.
1:Yu 9911 [u.] [*****Titelbl.] an Co 12410.
14.12327

— Der verkehrte Staats-Mann, oder nasen-weise Secretarius, wie sich derselbe durch seine arglistigen Griffe in die Höhe geschwungen, durch die Warheit aber auff die Finger geklopfft, u. von seinen vermeynten Ehren-Stuffen gestossen worden ... Entworffen von Experto Ruperto Ländler. — Cölln: Martenau [!] 1700. 258 S. 8°
7. 36. 111.
14.12328

— Ursus murmurat, das ist: Klar u. deutlicher Beweiß, welcher gestalten Herr Gottfried Vockerod ... in seinem den 10. Augusti des abgewichenen 1696sten Jahres herausgegebnen ⟨nunmehr verteutscht beigefügten⟩ Programmate, der Music, und per consequens denen von derselben dependirenden zu viel gethan ... Jeder männiglich vor Augen gelegt durch Johann Bähren. Zum andernmal gedr. Weimar [um 1700]: J.A.Müller. 42 [vielm. 44], 14 S. 8°
Sondert.: Vockerodt, Gottfried: Der Fürsten-Schule zu Gotha hohe Förderer und Gönner, allerhand stands gelehrte Leute werden zu denen öffentlichen Reden, welche von falscher Artzeney unrichtiger Gemüther gehalten werden sollen [Consultationes de litterarum studiis recte, & religiose instituendis, Ausz., deutsch], ... eingeladen von Gothofred Vockerod.
1:Mus.ant.theor.B 10. **32. 117. 300**:396.046–A.M.
14.12330

— — Cölln: Marteau [vielm. Nürnberg] 1714. 188 S. 8°
1:Yu 7160. **300**:1504–A.
14.12333

— Des Simplicianischen Welt-Kuckers, oder, abentheuerlichen Jan Rebhu ... Theil. Th.2.3. — o.O.u.J. 8°
2. In welchem die angefangenen Erzehlungen des ersten Theils continuirt u. fortgeführet ... werden ... Neulich aus d. Welschen in d. Hoch-Teutsche übers. von e. Liebhaber des alten Ritter Rolandes. Gedruckt bey des Jan Rebhu seinem guten Freunde.
3. Welcher die angefangene u. fortgesetzte Erzehlungen vollkommentlich ausführet. Gedruckt in diesem Jahre.
Als Verfasser wird auch Johann Huber genannt.
1:Yu 7056–2.3.
14.12334

Beer, Johann Andreas: Ausführliche und gründliche Erklärung des kleinern Catechismi Lutheri und der nassau-saarbrückischen Fragstücke. Auf catechetische Art in Fragen und Antworten verf. von Johann Andreä Beeren. — o.O. 1725. 592 S. 8°
43.
14.12341

Beer, Johann Christoph, Nürnberg, 1638-1712. 1667
Pseudonyme: Amadeus v. Fridleben u. Amadeus v. Friedleben
— Jesum-liebender Christen himmelschallende Andachts-Lieder, welche vor und nach der Beicht ... gesungen werden. 1704 in: *Beer:* Des in Jesum verliebten Frauen-Zimmers schmertzliche Sünden-Bereuung.

Beer, Johann Christoph, Pfarrer in Gottmannshofen, Bayern. 1732: Angelica-Wurtz. Das ist wahrer Grund der wahren Buß, Tugend, und Vollkommenheit zum Nutzen aller, so andere zur wahren Tugend wöllen anführen. Th. 1.2. — Augspurg: Strötter 1732–33. 8°
20.
14.12401

— [Ausz.] Die Angelica-Wurtz in kurtzem Begriff, das ist der wahre Grund zur würckenden beharrlichen Buß, und Tugend, auch vollkommenen Heiligkeit. Zum Nutzen aller jener Geistlichen, welche frembde Seelen zur wahren Tugend und Heiligkeit wöllen anführen. — Dillingen 1749: Bencard. 298 S. 8°
16.
14.12402

— Beichtspiegel der Herren Beamten. Das ist: Heilsame, u. lehr-reiche geistliche Betrachtungen uber die, sowohl geistliche, als auch zeitliche Schuldigkeiten der Herren Beamten, besonders auf dem Land ... In 13 Gesprächen ... vorgetragen. — Augsburg: Mauracher 1752. 335 S. 8°
1:Gz 640. **16. 20. 21. 25.**
14.12403

[—] Beschreibung der gefürsteten und sehr mächtigen Graffschafft Tyrol, wie solche von Margaretha, Hertzogin in Kärndten und Gräffin zu Tyrol, Anno 1363. an das höchstlöbl. Ertz-Hauß Oesterreich kommen ... Welcher beygefüget, die kurtze Lebens-Beschreibung aller römischen Kayser, von Rudolpho I. biß auf jetzo regierende Kayserl. Maj. Leopoldum. — Augspurg: Kroniger & Göbel 1703. Getr.Pag. 8° **1** [unvollst.]: Sc 9008. **2. 6. 12**:Austr. 550. **15. 16. 18. 20. 21. 23** [unvollst.] **24. 25. 27. 31. 39. 41. 300**:667.483–A [u.ö.] **302. 304. 307. 309.**
14.12345

— Bibelkern oder bibl. Geschichte. Mit 52 Kpf. 8. Nürnb. 775. Bauer u. R. 12 gl. illum. 18 gl.

— Höchstnützlicher Bibelkern oder 365 biblische Geschichte alten und neuen Testaments mit den nöthigsten Glaubens- und Lebenslehren. (Neue Aufl.) — Nürnberg: Raspe 1765. 374 S. 8°
21.
14.12346

— Das brochne Brod der Kleinen. Das ist Erklärung der Christen-Lehr, nach der Ordnung des kleinen Catechismi R.P.Petri Canisii ... Haubtstuck 1–5. — Augspurg [usw.]: Strötter, Gastel & Ilgers 1736. 4°
1. Von d. christlichen Glauben.
2. Von d. hh. Sacramenten.
3. Von d. 10. Gebott Gottes, u. 5. Gebott d. christlichen Kirchen.
4. Von d. mündlichen Gebett.
5. Von d. christlichen Gerechtigkeit.
12:2° Catech. **4. 17. 19. 25. 30. 102.**
14.12404

— [Ausz.] Das brochne Brod der Kleinen, das ist: Erklärung der Christen-Lehr. Nach der Ordnung deß kleinen Catechismi R.P.Petri Canisii ... Anno 1736. weitläuffigers beschriben u. heraus gegeben, nunmehr aber in kurtzem Begriff von d. Authore selbsten zusammen gezogen, u. hin u. wider etwas verb., nemblich von Johann Christoph Behr. Haubtstuck 1–5. — Augspurg: Strötter 1737–38. 8°
1. Von d. christlichen catholischen Glauben. 1737.
2. Von d. heiligen Sacramenten. 1737.
3. Von d. 10 Gebotten Gottes. 1737.
4. Von d. Gebett. 1737.
5. Von d. christlichen Gerechtigkeit. 1738. **20. 25. 302.**
14.12405

— das brochene Brod der Kleinen, od. Erklärung d. Christenlehre mit Gleichnissen. 4. Augsb. 760. Doll. 20 gl.

— Die allersicherste, und würckliche Buß, wie selbe nach der Beicht durch Erfüllung dessen heil. Vorsatz mit Veränderung voriger bösen Sitten, krafft der innerlichen Abtödtung, in das Werck zu setzen. — Augspurg: Mauracher 1757. 46 S. 8° **12**:Asc. 5312–15.
14.12406

— Buß-, Beicht- u. Communionbuch. 12. Nürnb. 740.

— Kläglich-thränende und höchst-bewegliche Buß- Beicht- und Abendmahls-Gebete ... Samt hierzu schicklichen Liedern und Kupfern gezieret. Von Joh. Christoph Beern. Nürnberg: Lochner 1706. 290,70 S. 8° 12: Asc. 396.
14.12348

— — Ebd. [um 1710]. 383 S. 8° 18.
14.12349

— Geistreiche Buß-, Beicht- und Communion-Lieder. 1719 u.ö. in: *Beer:* Christlicher Communicanten geistliches Schatz-Kästlein.

— Andächtiger Christen Buß-, Beicht- und Communion-Werck. 1704 s. *Beer:* Des in Jesum verliebten Frauen-Zimmers schmertzliche Sündenbereuung.

— [lat.] Concionator extemporaneus in dominicas et festa per annum Germanico idiomate editus ... Nunc ob excellentiam operis et multorum instantiam Lat. redditus a Joan. Bapt. Theob. Sold. Tomulus 1–3. — Augustae Vind.: Bartl 1759. 8°
1,1. Pro dominicis per annum. 1,2. Pro festis per annum.
2,1. Pro dominicis per annum. 2,2. Pro festis per annum.
3,1. Pro dominicis per annum. 3,2. Pro festis per annum.
25. 308.
14.12424

— Concionator extemporaneus. 3 Tom. 8. Augsb. Doll. 759.

— Geistliche Donner- und Wetter-Glocke. Das ist: Eines rechtschaffenen Christen hertz-bewegliche Seuffzer und Gebete, welche er in ... währenden ... Ungewittern ... aufwerts schicken ... soll ... Mit einem hierzu dienlichen Lieder-Büchlein vers. von Johann Christoff Beern. — Nürnberg: Otto 1703. 236 S. 8° 75.
14.12351

— Das durch der hohen Alliirten zu Wasser und Land beunruhigte Königreich Franckreich. Welcher gestalt nemlich selbiges in 12. Haupt-Theile oder Provinzien u. Gouvernementen eingetheilet wird. — Ebd. 1707. 1095 S. 8°
2. 12: Gall. g. 340. 22. 23. 307.
14.12344

— der andächt. Jungfrau Gebetbuch. 12. Leipz. Gleditsch.

— Das Gericht der Elteren auf dieser Welt. Das ist: Kurtze u. deutliche Erklärung der grossen Schuldigkeit der Elteren, welche sie haben ihre Kinder ehrlich u. christlich zu erziehen. — Augspurg: Mauracher 1751. 144 S. 8° 19.
14.12407

— — Lintz: Ilger 1751. 144 S. 8° 12: Var. 530. 18. 20.
14.12408

— Der andächtig-Gott-ergebenen Jungfer tägliches Hand- und Gebet-Buch. Mit erbaulichen Kupffern vers. 6. Aufl., so vermehrt mit e. vollständigern Gesang-Buche. — Leipzig: Gleditsch 1701. 658 S. 8°
Nebent.: Die andächtig-Gott-ergebene Jungfer. 18.
14.12361

— Kluge Hauß-Frau, und die beliebte Magd ... Gesprächweis, u. in 2 Theilen vorgetragen. — Augspurg: Mauracher 1757. 230 S. 8° 1: Da 10324. 19.
14.12409

— Der Kinder Gottes himmel aufsteigende Hertzens- und Seelen-Music, bestehend in einer mercklichen Anzahl geistreichen Lieder oder gantz neuem Gesang-Buch, so wol zu Hauß, als in der Kirchen ... zu gebrauchen. — Ebd. 1700. 182 S. 8° 18.
14.12357

[—] — Der Kinder Gottes Himmel aufsteigende Hertzens- und Seelen-Music, bestehend in einer mercklichen Anzahl geitstreichen Lieder oder gantz neuem Gesang-Buch, so wol zu Haus, als in der Kirchen ... zu gebrauchen. — Ebd. 1705. 182 S. 8° 18.
14.12358

— Der höllische Intelligenz-Zettul, das ist, merckwürdige Betrachtungen über die dermahlige Verwirrung der gantzen Welt. — Augspurg: Mauracher [1753]. 472 S. 8°
1: Na 1296. 12: Asc. 396d. 17. 20. 21. 32. 207. 302. 308.
14.12410

— des andächt. Frauenzimmers Kirchenbuch. 12. Ebend.

[—] Der Durchleuchtigsten Erz-Herzogen zu Oesterreich Leben, Regierung und Groß-Thaten: Von dem allerpreiswürdigsten Urheber dieses höchst-löblichsten Erzhauses Rudolpho, Grafen von Habsburg ... an, biß in die höchst-glückseelige Regierung der Römischen Kayserlichen Majestät Leopoldi, u. der Römischen Königlichen Majestät Josephi ... Von J.C.B. [Nebst] Cont. — Nürnberg: Endter 1695–1713. 8°
Cont. Die Allerdurchleuchtigsten, Großmächtigsten u. Unüberwindlichsten Kaysere Leopoldum I., Josephum I. u. Carolum VI. vorstellend. 1713.
1: Sb 1546. 12: 4° Austr. 84. 24. 25. 31. 66. 300: 47 Nn 229. 302. 307. 309.
14.12362

— Leben, Regierung und Absterben aller Könige in Schweden, biß auf jetzige Zeit und ruhmwürdigste Expeditiones Caroli XII. — Nürnberg: Hoffmann & Streck 1702. 822 S. 8° 24. 27. 309.
14.12377

— Mercks Baur, das ist: Heilsame, geistliche Lehren, und Ermahnungen, an die christliche Baurschafft, zur absonderlichen Vermeidung der Sünden der Ungerechtigkeit und Unkeuschheit. — Augspurg: Mauracher 1751. 228 S. 8° 19.
14.12411

— Mercks Baur, das ist: Heilsame, geistliche Lehren, und Ermahnungen, an die christliche Baurschafft zur absonderlichen Vermeidung der Ungerechtigkeit u. Unkeuschheit. 2. Aufl. — Ebd. 1752. 227 S. 8° 1: Da 14758². 20.
14.12412

— — 2. Aufl. Lintz: Ilger 1752. 227 S. 8° 12: Mor. 91h.
14.12413

— — 4. Aufl. Augspurg: Mauracher 1755. 227 S. 8° 207.
14.12414

— — 7. Aufl. Ebd. 1765. 227 S. 8° 16.
14.12415

— Der in Eyl bereitete Prediger, das ist: Sehr geistreich-, beweglich- und nutzliche Lehren in kurtzen Sonn- und Feyertags-Predigen auf das gantze Jahr. Th. 1.2. — Augspurg: Bartl 1756. 8°
1. Sonntägliche Predigen. 2. Festtägliche Predigen. 19.
14.12416

— Der in Eyl bereitete Prediger, das ist: Sehr geistreich-, beweglich- und nutzliche Lehren in kurtzen Sonn- und Feyertags-Predigen auf das gantze Jahr.

—— Jg. 1. 2. Aufl. Th. 1.2. Augspurg: Bartl 1757. 8°
1. Sonntägliche Predigen. 2. Festtägliche Predigen. 6.
14.12417

— — 3. Aufl. (Th. 1.2.) Ebd. 1760. 8°
1. Sonntags-Predigen. 2. Fasttags-Predigen.
12[ᵐ1]: Hom. 115. 303.
14.12418

— — 4. Aufl. (Th. 1.2.) Ebd. 1765–66. 8°
1. Sonntags-Predigen. 1766. 2. Fasttags-Predigen. 1765.
2. 24.
14.12419

—— Jg. 2. Th. 1.2. Augspurg: Bartl 1759. 8°
1. Sonntägliche Predigen. 2. Festtägliche Predigen.
6. 303.
14.12420

— — [Th. 1.2.] Ebd. 1764. 8°
1. Sonntägliche Predigen. 2. Festtägliche Predigen.
2. 21[ᵐ2]. 24.
14.12421

—— Jg. 3. Th. 1.2. Augspurg: Bartl 1759. 8°
1. Sonntägliche Predigen. 2. Feyrtägliche Predigen.
24. 303.
14.12422

— — Th. 1.2. Ebd. 1766. 8°
1. Sonntägliche Predigen. 2. Feyertägliche Predigen.
2. 24.
14.12423

— der in Eile bereitete Prediger. 3 Jahrgg. od. 6 Thle. 8. Augsb. 760. Doll. 1 ꝛc.

— Der höllische R a i e n , oder die unglückselige Freude der Täntzer.
Augspurg 1750.
kl 8°

— **Der höllische Raien oder unglückseelige Freud der Täntzen, das ist: Kurtze Erklärung von dem Ursprung des Tantzens, und bösen Gebrauch desselbigen, wie auch von denen Sünden, so daraus erfolgen. 2.Aufl. — Augspurg: Mauracher 1752. 134 S. 8°** **20. 302.**
14.12425

– Dasselbe. Linz 1752. 8°
1. Ausg. 1700?

– R o s e n g a r t e n , Historischer, bestehend in dreyhundert auserlesenen Historien und Discursen . . .
Franckfurt, Leipzig 1710.
8°

— **Des andächtigen Frauen-Zimmers geistliches Schatz-Kästlein. Das ist: Neu-eingerichtetes Buß-, Beicht- u. Communion-Buch ... Samt e. Anh. der darzu dienlichen Kyrchen-Gesänge. Hrsg. von Johann Christoph Beeren. — Ebd. 1724. 504,94 S. 8°**
Sondertitel wie in 14.12381. **18.**
14.12383

— **Christlicher Communicanten geistliches Schatz-Kästlein. Das ist: Neu-eingerichtetes Buß-, Beicht- u. Communion-Buch ... Samt e. Anh. d. darzu dienlichen Kyrchen-Gesänge. Hrsg. von Johann Christoph Beeren. — Nürnberg: Endter 1719. 504,94 S. 8°**
Sondert.: (Beer:) Geistreiche Buß-, Beicht- u. Communion-Lieder.
66. 75.
14.12381

— — **Ebd. 1724. 504,94 S. 8°**
Sondertitel wie in 14.12381. **9.**
14.12382

— **Christlicher Communicanten geistliches Schatz-Kästlein. Das ist: Neu-eingerichtetes Buß-, Beicht- u. Communion-Buch. ... Samt e. Anh. der darzu dienlichen Kirchen-Gesänge. Hrsg. von Johann Christoph Beeren. — Ebd. 1735. 504,94 S. 8°**
Sondert. wie in 14.12381. **180.**
14.12384

— — **Ebd. 1737. 504,94 S. 8°**
Sondertitel wie in 14.12381. **18. 75.**
14.12385

— — **Ebd. 1749. 504,94 S. 8°**
Sondertitel wie in 14.12381. **12: Liturg. 1369a. 15. 29.**
14.12386

— — **Ebd. 1766. 627 S. 8°** **15.**
14.12387

— **Der in Verfertigung allerhand Briefen stets-bereiteter und trefflichst-expediter Secretarius. Das ist: Eine ausführlich u. gründliche Anweisung, in allerhand Begebenheiten, einen wohleingerichteten Brief in höchster Eilfärtigkeit zu Papier zu bringen ... Mit e. in allen Vorfällen eilfärtigsten Redner vers. u. ... mitgetheilet von Johann Christoph Beern. — Nürnberg: Buggel 1702. 1230 S. 8°**
12: Epist. 56. 308.
14.12388

— **Historisches Spatzier- und Conversation-Büchlein, von 300. auserlesenen, theils lust- u. lehrreichen, theils schrecken-vollen Trauer-Geschichten ... Vorgestellet von Johann Christoff Beern. — Nürnberg: Michahelles & Adolph 1701. 681 S. 8°** **2. 20.**
14.12394

– Des in Jesum verliebten Frauen-Zimmers schmertzliche S ü n d e n b e r e u u n g . . . oder Buß-, Beicht - u. Communion-Büchlein . . . Alles, theils aus reiner Lehrer Schriften hervorgesuchet; theils aber ganz neu verfertigt von Johann Christof Beern.–
Nürnberg: Otto 1704. 406 S., 158 S. 8°
Nebent.: (Beer:) Andächtiger Christen Buß-, Beicht- u. Communion-Werck.
Sondert.: (Beer:) Jesum-liebender Christen himmelschallende Andachts-Lieder, welche vor u. nach d. Beicht ... gesungen werden.
75.
14.12397

— neue Trauerbühne der ungleichen Begebenheiten hoher Standespersonen, von 1601—1710. 3 Thle. 8. Nürnb. 710.

— **Neu-eröffnete Trauer-Bühne der vornehmsten unglücklichen Begebenheiten, welche sich in dem vergangenen Seculo von 1601. biß 1700. (3: von 1677. biß 1710; 4: welche sich von 1710. bis auf gegenwärtige Zeit) in der ganzen (2ff.: gantzen) Welt ... ereignet und zugetragen ... Von J. C. Beern (4: Von J. A. Beern). Th. 1-4. — Nürnberg: Buggel (4: Franckfurt [usw.]: Buggel & Seitz) 1708-31. 8°**
1. 1708. 2. 1709. 3. [1710.] 4. 1731.
1[∞4]: Qh 169. **2**[∞2/4]. **4**[∞1.4]. **12**: H. misc. 25.
14[∞3.4]. **16**[∞1.4]. **19**[∞4]. **21**[∞4]. **24**[∞3.4].
25[∞4]. **111**[∞4]. **300**[∞1.4]: 66.055-A. 2.3.
302[∞4]. **303**[∞3.4]. **307.**
14.12398

– T r a u e r - B ü h n e , Neu-eröffnete, Der vornehmsten unglücklichen Begebenheiten, welche sich in dem vergangenen und itzigen Seculo in der gantzen Welt . . . ereignet. Aus Latein, Frantzös. u. Ital. Scribenten. 4 Thle.
Nürnberg 1709 - 31. 8°

— **[Ausz.] Neu-eröffnete Trauer-Bühne, der vornehmsten unglücklichen Begebenheiten, welche sich in dem vergangenen und itzigen Seculo in der gantzen Welt ... ereignet und zugetragen ... Von J. C. Beern. — Nürnberg: Buggel & Seitz 1726. 381 S. 8°** **31. 300: 66.055-A. 1.**
14.12400

— **Neu-eröffnete Trauer-Bühne der vornehmsten unglücklichen Begebenheiten, welche sich von 1710. bis auf gegenwärtige Zeit, in der gantzen Welt ... ereignet und zugetragen ... Von J. A. Beern. Th. 4. — Franckfurt [usw.]: Buggel & Seitz 1732. 480 S. 8°** **303.**
14.12399

— **Der heilige und verdammte Wirth, das ist: Erklärung der grossen Gefahr der Seeligkeit, in welcher sehr vile Wirth unseres Teutschlands sich wegen ihrer unverantwortlichen Gewerbschafft befinden ... Der 6. Druck. Besser erklärt, auch in etwas verm. — Augspurg: Mauracher 1754. 88 S. 8°** **20.**
14.12427

— — **Der 7. Druck. Besser erklärt, auch in etwas verm. Ebd. 1766. 88 S. 8°** **308.**
14.12428

— **Der heilige und verdammte Würth, das ist: Kurtze Vorstellung und Erklärung der grossen Gefahr der Seeligkeit, in welcher sehr vile Würth unseres Teutschlands, absonderlich in unserem Schwaben-Land sich befinden wegen ihrer vor Gott unverantwortlichen Gewerbschafft. — Dillingen 1738: Schwertlen. 27 S. 8°** **12: 4° Mor. 581-37.**
14.12426

— **Historische Zeitvertreibung, bestehend in 700 außerlesenen und anmuthigen Geschichten, mit angehengten Sitten-Lehren. — Augsburg [usw.]: Wolff 1761. 987 S. 8°**
14. 300: 11.215. 303.
14.12429

Beer, Johann Ernst, s. B e e r , Ernst

Beer, Johann Friedrich: Anfangsgründe in der Kriegskunst. [Verf.: Johann Friedrich Beer.] — Frankfurt [usw.]: Crätz 1771. 125 S. 8° **12: Sc. mil. 1f. 24.**
14.12430

Beer, Jh. Fr., Anfangsgründe in d. Kriegskunst. 8. München 771. J. Lindauer. 4 gl.

— Anleitung zu den großen Kriegstheilen für junge Offiziere. 8. Ebend. 776.

— Aufgaben aus den ersten und allgemeinen Grundsätzen der Tactic, welche sich, nach der gegebenen Anleitung Johann Friederich Beers ... zu beantworten ... erbiethen die Cadetts der Churfürstl. Militair Academie. — München 1773: Akademie. 20 S. 8° 12:4° Diss. 1638-18 [2 Ex.] 14.12431

— Einleitung zu den großen Kriegs-Theilen, zum Gebrauch junger Officiers. — München [usw.]: Crätz 1772. 205 S. 8° 17. 24. 42. 52. 209. 14.12432

— — Ebd. 1776. 205 S. 8° 12:Sc.mil.3m. 26. 14.12433

— Einleit. zu d. großen Kriegstheilen f. jung. Offiziere. 8. Münch. 776. J. Lindauer. 10 gl.

[—] Churbaierische Infanterie-Instruction und Dienst-Reglements. T. 1-5. — München 1774: Mit churfürstl. akad. Schriften. 8° 1:Hx 32660. 12:Bavar. 1331. 19[** 1/4]. 14.12434

Beer, Johann Georg, s. Beer, Josef Georg

Beer, Josef, Augenarzt, Wien, 1763-1821. 1790 s. *Beer*, Georg Josef.

Beer, Josef, Sekretär d. Gewerkschaft d. Mühlenarbeiter Österreichs, Wien. 1901: Arbeitsverhältnisse der Mühlen-Arbeiter in Niederösterreich, Steiermark, theilweise Salzburg und Böhmen nach statistischen Quellen bearb. Nebst e. Ausz. aus d. Gewerbeordnung betr. d. Bestimmungen über Arbeitszeit u. Sonntagsruhe für fabriksmäßige Betriebe. — Wien: Gewerkschaft d. Mühlenarbeiter Oesterreichs 1901. 51 S. 8° 300:413.879-B. 302. 14.12442

Beer, Jos., Eisenbahnkarte der österreichisch-ungarischen Monarchie. 1 : 1,228,000. 2 Bl. Chromolithogr. Imp.-Fol. Nebst Stationsverzeichniss. 8. (37 S.) Wien 884, Hartleben's Verlag. In Mappe *
Auf Leinw. in Octav-Carton * M 10.; mit Stäben *

Beer, Jos., Eisenbahn-Karte der österreichisch-ungarischen Monarchie. 1 : 1,228,000. 2 Bl. 2. Aufl. Chromolithogr. Imp.-Fol. Mit Stations-Verzeichniss. 8. (42 S.) Wien 886,87, Hartleben. In Mappe *
Auf Leinw. in Carton * M 10.—.; mit Stäben *

Beer, J: Eisenb.-Karte d. österr.-ungar. Monarchie. 1 : 1,440,000. 4. Afl. 85,5×116,5 cm. Farbdr. Mit Stations-Verzeichniss. 8° (65) Nebst Eisenb.-Karte v. Böhmen, Mähren & Schlesien. 1 : 770,000. 4. Afl. 69×83 cm. Lith. Wien 97, (C Graeser & Co.). In Karton 6 —

[Umschlagt.:] Eisenbahn-Karte der österreich-ungarischen Monarchie, Rumänien, Serbien, Bulgarien u. europ. Türkei sammt Stations-Verzeichn. (Massst.: 1:1 440 000.) Für Böhmen, Mähren, Schlesien u. die in diesen Ländern gelegenen grösseren Kohlen-Reviere als Beil. e. im grösseren Massst. (1:770,000) gezeichn. Eisenb.-Kt. Zsgest., gez. u. hrsg. v. Josef Beer, Beamter d. priv. österr.-ungar. Staatseisenb.-Ges. IV. Aufl. *Wien: Selbstr.; in Comm. A. Reimann 1897.* (1 Ktnbl. ..., 1 Ktnbl. ...; 65 S.) 1 Bd 4. [97. 3343

Beer, Jos., s.a. Für Katholiken u. Protestanten.

Beer, Josef. 1890: Für Katholiken & Protestanten. Von Irenikus [d.i. Josef Beer]. — Amberg: Böes [1895]. 102 S. 8° 12:Polem. 210x. 102. 14.12440

— s.: Massow, Julie v., Dorotheen-Körblein.

Beer, Jos., Plan von Kronstadt. 1 : 10,000. Lithogr. qu. Fol. Wien 886, Graeser. *

Beer, Jos.: Übersichtsk. d. Eisenb. v. Frankr., Russl., Italien, Belgien, Niederl., Dänemark u. Schweden, s.: Nietmann's, W, Eisenb.-Atlas.

— Die grundsätzliche Unduldsamkeit der Reformation. Von Dr. Irenicus [d.i. Josef Beer]. — Trier: Paulinus-Dr. 1890. 64 S. 8° 1:Di 9162. 5. 12:Polem. 1416. 30. 211. 14.12441

Beer, Josef Georg, Augenarzt, Wien, 1763-1821. 1790 s. *Beer*, Georg Josef.

Beer, Josef Georg, Pflanzenzüchter u. Botaniker, 1803-1873. 1854: Beiträge zur Morphologie und Biologie der Familie der Orchideen. — Wien: Gerold 1863. VIII,44 S., 12 Taf. 2° 1:2° Me 6930. 5. 7→10. 12:2° Phyt. 17q. 15. 17. 20. 21. 25. 28. 106. 300:115.402-D. 302. 305. 14.12443

— Die Erfurter Blumen-Ausstellung im September 1865. Auszug aus e. Berichte an d. k.k. Ministerium für Handel u. Volkswirthschaft. — Wien: K.k. Ministerium für Handel u. Volkswirthschaft 1865. 9 S. 4°
Aus: Allgemeine land- u. forstwirtschaftliche Zeitung. 15. 1865. 305. 14.12444

Beer, J. G., die Familie der Bromeliaceen. Nach ihrem habituellen Charakter bearb. mit besond. Berücksichtigung der Ananassa. gr. 8. (272 S.) Wien 856(57,) Tendler und Comp. *

— Die Familie der Bromeliaceen. Nach ihrem habituellen Charakter bearb. mit bes. Berücks. der Ananassa. — Wien: Tendler 1857. 271 S. 8° 1:Md 7470. 2. 7. 8. 12:Phyt. 32d. 20. 28. 45. 106. 300:46.751-B. 302. 305. 14.12445

Beer, J. G., Grundzüge der Obstbaukunde. Mit 42 (eingedr.) Holzschn. gr. 8. (XVII, 264 S.) Wien 1871, Gerold's Sohn. n. 5. —

— Grundzüge der Obstbaukunde. — Wien: Gerold 1872. XVI,263 S. 8° 1:Ow 35776. 12:Oecon. 215t. 21. 34. 82. 300:57.510-B. 302. 305. 14.12446

— Praktische Studien an der Familie der Orchideen nebst Kulturanweisungen und Beschreibung aller schönblühenden tropischen Orchideen. — Wien: Gerold 1854. X,332 S. 8° 1:Me 6897. 5. 7. 8. 9. 17. 30. 46. 84. 106. 300:18.954-B. 302. 304. 305. 308. 14.12447

— Über das Vorkommen eines Schleuderorganes in den Früchten verschiedener Orchideen. — Wien: Gerold in Comm. 1857. 8 S. 8°
Aus: Sitzungsberichte d. Kaiserlichen Akademie d. Wissenschaften. Math.-nat. Cl. 24. 1857. 12:Phyt. 804-19. 15. 302. 14.12448

— Worte der Wahrheit und der Trauer an Professor Dr. Leydolt. — Wien 1859: Ueberreuter. 8 S. 8°
Aus: Oesterreichische botanische Zeitschrift. 8. 1859. 305. 14.12449

BEER, ISASCHAR, Seph. Okel Isaschar, ɔ: Tentorium Isascharis expositiones in Pentateuchum. Altonae. 1826. 4.

Beer, Jul., Dr. med., Berlin, s. Beer, Julius

Beer, Jules: Zemphira. Romantische Oper. Nach d. Franz. d. J. Barbier für d. deutsche Bühne bearb. von Rudolph Genée. Musik von Julius Beer. [Textb.] — Coburg [um 1865]: Streit. 63 S. 8° 31. 14.12451

Beer, Julie [Vorr.] s. *Auskunftsbuch* über Wohlfahrts-Einrichtungen für Königsberg i. Pr. 1903 u. 5.

Beer, Julius, Komponist. 1862 s. *Beer*, Jules.

Beer, Julius (geb. Berlin 18. 8. 1822): Choreae casus singulari complicatione insignis in Wolffiana Caritatis clinice ab auctore observatus. Berolini (1846). (48 S.) 8°
Berlin, Med. Diss. v. 18. Aug. 1846

Beer, Julius, Dr. med., Berlin. 1855: Die Mängel der preussischen Medizinalgesetzgebung mit besonderer Bezugnahme auf die Stadt Berlin. — Berlin: Nöhring 1855. 103 S. 8° 1: Ib 6792 [u.] 8 in Ib 6200. 11. 46.
14.12452

— Memoiren einer Berliner Wickelfrau. — Berlin: Levit [1872]. V,65 S. 8° 1: Ih 900. 109.
14.12453

— Die Schließung der öffentlichen Häuser in ihren sittlichen Folgen für die Stadt Berlin. Vortrag. — Berlin: Nelte 1856. 16 S. 8° 1: Td 1012. 10. 27. 106.
14.12454

—— d. Schliessg d. öff. Häuser in ihren sittl. Folgen f. Berlin. 8. (16) Berl. 57, Nelte, B. u. Co. n. — 2½

Beer, K. F. (Hrsg.), s. Vorträge aus dem Gebiete der Naturwissenschaften und Ökonomie . . .

Beer, Karl, K. k. Regimentsarzt, † 1886. 1868: Die Elektricität als Heilmittel gegen Nervenkrankheiten, Rheumatismen, Gelenksleiden, Drüsenanschwellungen etc. Gemeinfasslich dargest. — Wien: Sallmayer 1868. 52 S. 8° 26. 302.
14.12458

Beer, Karl, Hotel-Besitzer, Innsbruck. 1901: Neuester Führer durch Innsbruck und Umgebung. — Innsbruck: Edlinger [1901]. 96 S. 8°
Nebent.: Innsbruck u. seine Umgebung. 123.
14.12461

— Der Geist der Wahrheit in der Gemeinde Jesu Christi. Predigt. — Meißen [1834]: Klinkicht. 13 S. 8° 14.
14.12468

Beer, Karl. 1878: Die Geschichte einer Stiefmutter. Erzählung. — Wien: Waldheim [1878]. 85 S. 8° (Zeitvertreib. 1878,2.) 300: 107.949–A. 1878,2.
14.12460

— Der allwissende Gott, eine wohlthuende Vorstellung in traurigen Tagen. Predigt. — Meißen [1829]: Klinkicht. 16 S. 8° 3.
14.12469

— Katalog der Gemälde- und Antiquitäten-Sammlung des ... verstorbenen Regimentsarztes Dr. Beer. [Auktionskat.] — Wien: Löscher 1886. 22 S. 8° 302.
14.12459

— Über Losungsbücher und Losungswesen böhmischer Städte im Mittelalter. 8°
Aus: Mitteilungen d. Instituts für österreichische Geschichtsforschung. 36. 1915. 184.
14.12465

Beer Karl: Uber die Möglichkeit einer algebraischen Teilung der Lemniskatenperipherie. 9. Kremsier R. 03. Progr.

Beer Karl: Der Prozeß in der kalorischen Maschine und seine Verallgemeinerung. 12. Kremsier R. 04. Progr.

Beer, Karl, Vice-Gouverneur von Livland. 1796: Rede gehalten im Thronzimmer bei Eröffnung der Gerichtsbehörden in der Kurländischen Staathalterschaft, am 28. Jan. 1796. — Mitau [1796]: Steffenhagen. 2 Bl. 8° 7.
14.12455

Beer Karl: Neue Studien zur sogenannten Reformation des Kaisers Sigmund. Diss. Wien. Univ.
1905 PN 1858 904

Beer, Karl Gottfr., Fest-Reden mit Beziehung auf den Bau des Tunnels zu Oberau an der Leipzig-Dresdener Eisenbahn, vor den Bergleuten daselbst in den Jahren 1837 u. 1838 gehalten. gr 8. Leipzig 838. Schreck. n. $^1/_6$ ₰

Beer, Karl Hermann, Referendar in Dresden: Die Ergänzung des Pflichtteils nach den §§ 2325ff des B.G.B's. Borna-Leipzig 1904: R. Noske. (VIII, 112 S.) 8° [Ʒ.]
Leipzig, Jur. Fak., Diss. v. 1. Dez. 1904
[Geb. 19. Jan. 77 Leipzig; Wohnort: Leipzig; Staatsangeh.: Sachsen; Vorbildung: Nikolaigymn. Leipzig Reife O. 96; Studium: Lausanne 2, Leipzig 5 S.; Rig. 24. Juli 01.]

Beer, L.: Die Trentschiner Bäder, s. Beer, Leopold

Beer, L.: Die Flamme, s. Beer, Ludwig

Beer, L.: Formelbuch für Handels-, Wechsel- u. Seerecht, s. Beer, Ludwig

Beer, L. van: Der Westindier. Schauspiel mit freier Benutzung e. älteren Motivs. — Berlin: Bloch 1882. 75 S. 8° 30. 32.
14.12470

Beer, L. I. s. *Beer*, Lewy Isaak.

Beer, Leonhard s. *Beer*, D. Leonhard.

Beer, Leopold, Arzt, Brünn, geb. 1802. 1836: Die Trentschiner Bäder, oder die Schwefelquellen zu Tepliz nächst Trentschin, im Königreiche Ungarn. — Preßburg: Wigand 1839. VI,138 S. 8° 2. 15. 300: 78 W 31. 302. 303.
14.12472

Beer, Leop., les Bains sulfureux de Trenchien proprement dits de Teplitz près de Trenchien en Hongerie. Avec 1 carte routière. 8. (6¼ B.) Güns 836, Reichard.

— Die Cholera in Brünn im Jahre 1849. Eine medicinisch-topographische Skizze. — Brünn 1850: Rohrer. 47 S. 8° 300: 182.017–B.
14.12474

— Ueber die Gesundheits-Verhältnisse in Brünn. — Brünn: Rohrer 1861. 36 S. 8° 300: 168.797–B. 302.
14.12475

Beer, Leop. (geb. Frankfurt a. O. 4. 12. 1817): De neuralgia intercostali. Berolini (1843). (32 S.) 8°
Berlin, Med. Diss. v. 14. Aug. 1843

— Rückblicke auf die Brechruhr-Epidemie in Brünn, im Jahre 1855. Eine statistisch-sanitätspolizeiliche Skizze. — Brünn 1856: Rohrer. 34 S. 8° 300: 44.595–B. 302.
14.12476

Beer, Lewy Isaak: Gebete der Israeliten auf das ganze Jahr. 1818 s. *Beer*, Abraham.

Beer, Lorenz
Beer, Lor., Edelsteine aus dem Gnadenschatze der Kirche, s.: Schenbeck, Fr. X.

Beer, Lorenz: Italiens nationale Einigung. Cavour. — Regensburg: Manz 1910. VI,265 S. 8° (Geschichtliche Jugend- u. Volksbibliothek. 29.30.)
12: Paed. Pr. 1699d–29.30. 19.
14.12479

— Der Katholik am Grabe sr Lieben, s: Kederer, Jos.

Beer, Ludwig. 1897: Die Brandschäden in Bayern, deren ungünstige Rückwirkung auf d. Volks- u. Nationalvermögen im Vergleiche mit d. Versicherungswesen u. d. Herbeiführung d. Verminderung d. Feuersgefahren insbes. durch d. allgemeine Einführung d. electrischen Lichtes im Interesse d. Wirtschaftspolitik. — München 1897. 30 S. 8° 12: Bavar. 214 dm. 19.
14.12496

Beer, Ludwig. 1903: Die Errichtung einer Mensa academica als Vorläuferin eines Akademischen Gesellschaftshauses in München. — München 1903: (C. Wolf). 11 S. 8°
12: Bavar. 214 dp. 19. 209.
14.12502

Beer, Ludwig. 1890: Die Flamme. Ein Trauerspiel. — Berlin 1890:(Boll). 102 S. 8°
30. 32.
14.12491

— — Dresden [usw.]:Minden 1892. 154 S. 8°
1:Ys 27393/33. **109.**
14.12492

Beer, Ludw., Formelbuch f. Handels-, Wechsel- u. Seerecht, s.: Friedberg, Emil.

— Geiernest. Eine Komödie. — Berlin 18(94)-95:(Boll). 56 S. 8°
31. 32. 302.
14.12493

— Ghismonda. Ein Trauerspiel. — Leipzig 1891:(Marquart). 112 S. 8°
30. 302.
14.12494

— Der arme Heinrich und die kleine Schwätzerin. Ein rührsames Histörlein aus d. Schwäbischen für fromme Gemüter. — Straßburg 1909:Du Mont Schauberg. IX, 170 S. 8°
300:624.954-B.Th.
14.12495

— Die Hinterlegung zum Zwecke der Befreiung von Schuldverbindlichkeiten. Ein Beitrag zur Lehre vom Erlöschen d. Schuldverhältnisse nach d. Rechte d. Bürgerlichen Gesetzbuches. — Leipzig: Hirschfeld 1900. IV, 136 S. 8°
1:Gn 4052. **2. 4→7. 9. 10. 11.**
12:J.germ. 1146. **15. 16. 21. 25. 28. 38. 41. 208.**
14.12498

(B) Beer, Ludw., d. Hinterlegung. 900. (KVB 81.) Jetzt: Tübingen, J. C. B. Mohr.

— Das Recht der Wohnungsmiete. 4 Vorträge. — Leipzig: Roßberg 1903. 77 S. 8°
1:Gn 4224. **4. 7. 16. 15. 38. 48. 106. 203. 208.**
14.12499

Beer. Ludwig [aus Leipzig]: Dfr [sic!] Stoff des Spielmannsgedichtes Orendel .... (Sonderabdr. a. d. Beiträgen z. Gesch. d. deutschen Sprache u. Litt. XIII, 1.) Halle a. S., Druck v. Ehrhardt Karras, 1887; 1 Bl. + 120 S. + 1 Bl. 8°.
Leipzig, Phil. Fak., Inaug.-Diss. v. 9. Jun. 1887.

Beer, Ludwig, der Stoff des Spielmannsgedichtes Orendel. Diss. Leipzig 1887. 8°. 120 S.
Sonder-Abdruck aus: Beiträge zur Geschichte der deutschen Sprache und Literatur, hrsg. von Herm. Paul und Wilh. Braune. XIII. Bd 1. Heft. Halle 1887, Max Niemeyer. 6 M.

— Das freie Verfügungsrecht des Autors über die zu einem Vorzugspreise vom Verleger bezogenen Exemplare seines Werkes. Rechtsgutachten. T.[1]-3. — Leipzig: Teubner 1904-06. 8°
1:Fm 19510. **2→7. 9. 10. 11.**
12:N.libr. 349q. **14. 15. 17. 19. 20. 21. 23. 25. 26. 27. 29→32. 38. 44. 86. 90. 93. 102. 106. 111. 203. 208.**
300[∞ 1.2]:603.218-B. **303. 304.**
14.12500

— Die Verstaatlichung des Mobiliar-Feuer-Versicherungswesens in Bayern zu Gunsten d. Feuerwehren, im Interesse d. Feuerlösch-, Rettungs- u. Sanitätswesens. — München 1898. 11 S. 8°
12:Bavar. 214do. **19.**
14.12497

Beer, Ludwig J.: Die Bekämpfung der Reblaus ⟨Phylloxera vastatrix⟩ und des falschen Mehlthaues ⟨Peronospora viticola⟩ in Steiermark. Referat. — Marburg a. d. Drau: Kaltenbrunner in Comm. 1892. 22 S. 8°
300:195.655-B. **302. 305.**
14.12503

Beer, M., Sozialwissenschaftler. 1906 s. *Beer*, **Max.**

Beer, M., s. Beer, Michael

Beer, M., Apotheker, Berlin, s. Beer, Moritz

Beer, M.: Bekehrt, s. Beer, Max

Beer, M., s.: National-Litteratur, deutsche.

Beer, M.: Passions-Buch, s. Beer, Martin

Beer, M. J., s.a. Beer, Max Josef

Beer, Mart., Passions-Buch. Andachten über das heil. Leiden u. Sterben unsers Herrn Jesu Christi, für den Hausgebrauch bearb. von Ludw. Schoeberlein. Mit 1 (photogr.) Titelbilde. Gotha 868. Schloeßmann. 4. (XI, 126 S.)
n. 1 *rthl* 6 *ngr.*

Beer, Max: Aus der Königl. medicinischen Poliklinik zu Königsberg. Beitrag zur Kenntnis der „Hemiatrophia facialis progressiva“. *Königsberg i. Pr. (1898): L. Krause & Ewerlien.* (45 S. mit Taf. u. Tab.) 8°
Königsberg, Med. Diss. v. 7. März 1898

Beer, Max, Beitrag z. Kenntnis d. „Hemiatrophia facialis progressiva“. Diss. gr. 8. (45 S. m. 5 Tab.) Königsberg 898. (Gräfe & Unzer's Sort.) n.n. 2.—

Beer, Max, Dr. med., Barmen. 1895: Bekehrt. Schwank. — Königsberg: Hartung 1895. 31 S. 8°
1:Ys 28936. **7. 16.**
14.12524

Beer, Max, üb. die Ersitzbarkeit v. Erzeugnissen gestohlener Sachen nach römischem Recht. Inaugural-Dissertation. gr. 8. (V, 59 S.) Leipzig 884. (Roßberg.) n. 1. 60

Beer, Max Josef: Friedel mit der leeren Tasche. Oper von Victor Léon. Musik von Max Josef Beer. [Textb.] — Leipzig: Weinberger [1890]. 73 S. 8°
1:Mus. Tb 380. **300**:202.485-B.
14.12568

— Der wilde Jäger. Eine Johannisnacht-Dichtung von Paul Günther. In Musik gesetzt von Max Josef Beer. [Textb.] Wien: Huber & Lahme in Komm. (1878). 30 S. 8°
1:Mus. Tb 380/25.
14.12569

— — Leipzig [1879]. 22 S. 8° (Breitkopf & Härtel's Textbibliothek. 51.)
1:Mus. T 111-51. **308.**
14.12570

— Eva Pogner. Ein deutsches Charakter-Frauenbild. — Wien: Gutmann [um 1880]. 18 S. 8°
Aus: Zeitschrift für d. musikalische Welt.
1:Mus. Dw 1111.
14.12571

— Das Stelldichein auf der Pfahlbrücke. Parodistische Operette von Julian Raudnitz. Musik von Max Josef Beer. [Textb.] — Wien: Rebay & Robitschek 1883. 32 S. 8°
12:Coll. Her. 3985. **300**:36.650-B.
14.12572

Beer, MJ: Der Strike d. Schmiede, s.a. Léon, V.

... Der Strike der Schmiede. Oper in 1 Akt (frei nach Fr. Coppée's gleichnam. Gedichte)' v. Victor Léon. Musik v. Max Josef Beer. Klavierausz. m. Text ... *München: Brakl's Rubinoerl. 1897.* (83 S.) 1 Bd 4.
[98. 12334

— Der Strike der Schmiede. Oper ⟨frei nach Fr. Coppée's gleichnamigem Gedichte⟩ von Victor Léon. Musik von Max Josef Beer. Textb. — München: Brakl [usw.] [1898]. 32 S. 8°
1:Mus. Tb 381. **19.**
14.12573

— — Ebd. [1898]. 40 S. 8°
1:Mus. Tb 381/1. **12**:P.o.germ. 161p-104. **24. 31. 101.**
14.12574

— Ein deutsches Weihnachtsspiel. Zur scenischen Darstellung in Vereinen, Schulen u.s.w. — Offenbach a. M.: André [um 1890]. 14 S. 8°
1:Mus.Tb 382.
14.12575

Beer, Michael:
Die Bräute von Arragonien [!]. Trauerspiel. — Leipzig: Brockhaus 1823. 182 S. 8° 1:Ys 4616. 3. 7. 10. 11. 14. 17. 19. 27. 35. 42. 117. 180. 300:3848–A[u.ö.] 302.
14.12577

— Briefwechsel. Hrsg. von Eduard v. Schenk. — Leipzig: Brockhaus 1837. VI,281 S. 8°
1:Yz 19200 [u.] an Bibl. Varnh. 2070. 2→7. 9→11. 12:Epist. 56g. 14. 15. 16. 18→22. 24. 29. 32. 35. 38. 39. 43→46. 60. 61. 62. 64. 109. 111. 300:23.152–B. Th. 302.
14.12578

[—] Laura Grimaldi. Trauerspiel vom Verf. der Clytemnestra. — Mannheim: Löffler 1835. 69 S. 8° 17. 31.
14.12579

— Klytemnestra. Trauerspiel. — Leipzig: Brockhaus 1823. 132 S. 8° 1:Ys 4611. 3. 5. 7. 8. 10. 11. 12:P. o. germ. 86iw. 16. 17. 19. 42. 109. 300:3946–A[u.ö.]
14.12580

— Der Paria. Trauerspiel. — Leipzig: Brockhaus 1826. 52 S. 8° Aus: Urania. 1826. 12:Don. Lud. 777. 109.
14.12581

— — Stuttgart [usw.]: Cotta 1829. 62 S. 8°
1:Ys 5591. 5. 7. 8. 10. 11. 17. 21. 24. 27. 30. 31. 41. 111. 300:624.951–B. Th.
14.12582

— le Paria. Tragédie en un acte, traduite par Xav. Marmier. gr. in-8. Strasb. 834. Levrault. 7/12 ℔

— — Leipzig: Reclam [1868]. 42 S. 8° (Universal-Bibliothek. 27.) 1:Ag 7201–27. 5. 14. 15. 18. 26. 31. 46. 79. 88. 123. 184. 300:410.411–A. Per. 27. 302. 303. 309.
14.12583

— — Elberfeld: Loll [um 1880]. 36 S. 8° (Museum. Sammlung litterarischer Meisterwerke. 51.) 62. 304.
14.12584

Beer, Mch., († d. 22. März 1833.), s.a. Raphaels Schatten.

—— Raphael's Schatten, s.a. Siegfried's Mädchen-Bibliothek.

[—] Raphaels Schatten. Aus d. Papieren eines grossen Malers. Geboren 1802, gestorben 1890. — Stuttgart [usw.]: Cotta 1827. 72 S. 8° 12:P. o. germ. 86iz. 21. 27.
14.12585

— — Ebd. 1827. 72 S. 8° 5.
14.12586

— Struensee. Trauerspiel. — Stuttgart [usw.]: Cotta 1829. 250 S. 8°
1:Ys 5575. 5. 7. 11. 17. 18. 24. 30. 44. 300:3930–B. 308.
14.12587

— — 2., mit e. Nachtr. verm. Aufl. Ebd. 1847. 207 S. 8°
1:Ys 5576. 5. 8. 12:P. o. germ. 86kc. 14. 17. 21. 24. 31. 39. 43. 109. 180. 300:624.952–B. Th. 302.
14.12588

— Struensee. Trauerspiel. Leipzig: Reclam [1871]. 136 S. 8° (Universal-Bibliothek. 299.)
1:Ag 7201–299. 5. 8. 15. 18. 26. 30. 32. 42. 47. 61. 79. 107. 184. 300:410.411–A. Per. 299. 302→304. 309.
14.12589

— — Leipzig: Bibliogr. Inst. [1888]. 126 S. 8° (Meyers Volksbücher. 343.344.) 5.
14.12590

— — Leipzig [usw.]: Bibliogr. Inst. (1899). 126 S. 8° (Meyers Volksbücher. 343.344.) 15.
14.12591

— — Mit e. Vorbemerkung von Franz Kwest. Halle: Hendel [1900]. IV,125 S. 8° (Bibliothek d. Gesamtlitteratur d. In- u. Auslandes. 1395.)
1:X 8366–1395. 3. 44. 45. 52. 79. 307.
14.12592

Beer, Michael: Sämmtliche Werke. Hrsg. von Eduard v. Schenk. — Leipzig: Brockhaus 1835. XLIV,954 S. 8°
1:Ys 6401 [u.] Bibl. Varnh. 2070. 2→5. 7→11. 12:P. o. germ. 86k[u.ö.] 14→21. 24→32. 34. 35. 38. 39. 41. 43[unvollst.] 44→48. 60. 61. 109. 111. 123. 169. 300:23.146–B. 302→304.
14.12576

Beer, Moritz

Beer, M., s.: Kalender f. Apotheker.

Beer, Repetitorium f. Chemie, Physik, Pharmakognosie u. Botanik, s.: Herzfeld, H.

Beer, Moritz Isidor: Das Lied von der 'Stoppgans'. ⟨Frei nach Schillers Glocke.⟩ Ein Purimspiel ... von Reb Mausche Mikweh ⟨M[oritz] I[sidor] B[eer]⟩. — Berlin: Berliner Berichte 1895. VIII,43 S. 8° (Schmouzes-Berjouzes. 1,2.) 109.
14.12596

Beer, O: Schnellrechner. (2) 51,5×51,5 cm. Nebst Gebrauchs-Anweisg. D. R. G. M. (2) 8° Eilenbg, CW Offenhauer ('12). in Tasche 1.50 d

Beer, Oskar: Hebbels Judith und Maria Magdalena im Urteil seiner Zeitgenossen. (Naumburg a. S. [1909]: Pätz.) 99 S. 8°
Freiburg i. B., Phil. Diss. v. 1909, Ref. Wörner
[Geb. 24. Apr. 80 Liptó-Szent-Miklós; Wohnort: Berlin; Staatsangeh.: Preußen; Vorbildung: Askan. Gymn. Berlin Reife O. 05; Studium: Freiburg i. B. 1, München 1, Berlin 2, Freiburg i. B. 4 S.; Rig. 10. März 09.] [U 09. 993

Beer, Otto, approb. Arzt aus München: Ein Fall von Thrombose des Sinus cavernosus beiderseits. *München 1901: C. Wolf & Sohn.* (18 S.) 8°
München, Med. Diss. v. 1901

Beer, P.: Gebetbuch f. gebildete Frauenzimmer, s. Beer, Peter

Beer, Paul: Lehrb. d. Gesch. f. höh. Lehranst., s: Pfeifer, W.

— Sagen u. Geschichtsbilder a. d. Posener Lande. (16) 8° Lpzg, F Hirt & S. '11. — 20 d

- - Deut. Sprachlehre f. höh. Schulen, s: Sanden, Alfr. v.

— Übgsb. zu v. Sandens deut. Sprachlehre f. höh. Schulen. Unter Mitwirkg d. Verf. d. Sprachlehre bearb. (56) 8° Bresl., F Hirt '11. — 60 d

Beer, Peter: Dat Jisrā'ēl. Oder das Judenthum, das ist: Versuch einer Darstellung aller wesentlichen Glaubens-, Sitten- und Ceremoniallehren heutiger Juden. Bdch. 1.2. — Prag: Verf.; Barth in Komm. 1809–10. 8° [Hebr. u. F.]
1[∞2]: an Ez 10270. 8. 19. 28. 34. 300:10.458.
14.12602

Beer, Pt., Gebetbuch f. gebildete Frauenzimmer mosaischer Religion, zum Gebr. bei d. öffentl. als auch häusl. Gottesverehrung. 8. Prag 815. Enders. 20 ℛ

— Gebet- und Erbauungsbuch für gebildete Frauenzimmer mosaischer Religion. 2., verm. u. verb. Aufl. — Wien: Kaulfuß, Prandel & Co. 1843. XII,175 S. 8° 30.
14.12603

Beer, Peter, Gebet- u. Erbauungsbuch f. gebild. Frauenzimmer mosaischer Religion. 3. Aufl. 12. (7¾ B.) Wien 845, Kaulfuß Wwe., Prandel u. Comp. *
Vgl. Wehr.

Beer, Pt., u. Ballin, Gebete d. Israeliten auf d. ganze Jahr. 8. Aurich 818.

Beer, Peter —. Geschichte Israels. Enthält alle Ereignisse des jüdischen Volkes seit Erschaffung des Menschen, bis zur Rückkehr der Israeliten aus der babylonischen Gefangenschaft. 1. Theil. 6. Auflage. 8. (176 S.) Verlag der Ant. Edl. v. Schmid'schen Buchhandlung. Gedruckt bei Edl. v. Schmidbauer und Holzwarth. 1854.

Beer, Peter, Geschichte d. Juden, von d. Rückkehr aus d. babylon. Gefangenschaft bis auf die neueste Zeit. Zum Gebr. f. d. israelit. Jugend. 1. Hft. 8. Prag ..., Kronberger u. Rziwnatz.

— Geschichte der Juden von ihrer Rückkehr aus der babylonischen Gefangenschaft bis zur Zerstörung des zweyten Tempels; nach Josephus Flavius zunächst für d. jüdische Jugend bearb. u. mit erl. Anm. begleitet. — Wien: Beck 1808. XXVII,312 S. 8°
12:A.gr.b.1978s. 19. 30. 39. 45. 117. 300:65 Z 79. 302.
14.12604

Beer, (Pet.,) Geschichte, Lehren u. Meinungen aller bestand. u. noch besteh. religiösen Sekten d. Juden u. d. Geheimlehre od. Kabballa. 2 Bde. gr. 8. Brünn 822—24, Traßler. à 1 Rthlr. 16 gr.

Beer, P., Handbuch d. mosaischen Religion für studierende Jünglinge. 1r Bd. 1r u. 2r Cursus. Mit Kupfr. gr. 8. Prag u. Wien, Haas. 818.

— — 2r Cursus 1ste Abthlg. Prag, Enders. 818.

— Handbuch der mosaischen Religion für studierende oder sonst höhere Bildung genießende Jünglinge. Kurs 2, Abth. 1.2. — Wien [usw.]: Haas 18(18)-21. 8°
1:Ez 15930. 17. 21. 30[*2].
14.12607

— Handwörterbuch der deutschen Sprache. Mit besonderer Beziehung auf ihre gleichnamigen (homonymen), sinnverwandten (synonymen) u. uneigentlichen (tropischen) Ausdrücke. Nach d. Wörterfamilien geordnet, zunächst für angehende Schullehrer und reifere Schüler. Bd (2: Abth.) 1.2. — Wien: Sollinger 1827. 8°
184. 207. 300:78 F 27. 302. 308.
14.12608

— das Judenthum; Versuch e. Darstell. aller wesentl. Glaubens-, Sitten- u. Ceremoniallehren heut. Juden. 2 Bdchen. 8. Prag 810. Enders. 1 rthl 8 gr

– [Kōs ješū'ōt]
כוס־ישועות oder Kelch d. Heils, gefüllt aus d. Quellen d. Wahrheit rc., dargereicht d. Kindern Israels in d. k. k. Staaten. Mit 1 Kpf. 8. Prag 802. Barth. (Leipz., Taubert). 16 gr
— Kelch des Heils. 8. 802. Jetzt Hartmann in Prag.

Beer, Pt., Leben u. Wirken des Rabbi Moses ben Maimon, gewöhnlich Rambam auch Maimonides genannt. Prodrom und Einladung zur Subscription, auf eine, mit erläut. Anmerkk. begleitete deutsche Uebersetzung des von diesem hochgefeierten Manne verfaßten hermeneutisch-philosophisch-theolog. Werkes More nebuchim. Nebst e. Probebogen. gr. 8. Prag 834. (Kronberger u. Weber.) 3/8 rthl

— Leben und Wirken des Rabbi Moses ben Maimon gewöhnlich Rambam, auch Maimonides genannt. — Prag 1834: Sommer. 94 S. 8°
1:Ey 432. 7. 20. 24. 30. 300:+43 G 190. 302.
14.12610

— Die Macht der Religion. Ein Wort d. Trostes, allen, denen d. Krieg, mittelbar oder unmittelbar, eine geliebte Person durch d. Tod entrissen hat. — (Prag 1814: Scholl.) 78 S. 8°
1:Ez 26042.
14.12611

— Rede gehalten am Jubelfeste der israelitischen Hauptschule in Prag den 10. Mai 1812. — Prag: Sommer 1812. 32 S. 8°
300:80 Cc 84.
14.12612

— Rede, gehalten den 8. Sept. 1820, an die zu Ende des Schuljahrs aus d. prager israelit. Hauptschule austret. Schüler, mit Bezieh. auf d. Feyer d. hundertjähr. Geburtstags Moses Mendelsohn's. 8. Prag ..., Kronberger u. Rziwnatz.

— Reminiscenzen. Bezüglich auf Reorganisation d. öffentlichen Gottesdienstes bei d. Israeliten. — Prag 1837: (Pospischil). 73 S. 8°
1:Ez 22378. 15. 300:32.323.
14.12613

— s. Schriften, mosaische.

— Skizze einer Geschichte d. Erziehung u. d. Unterrichts bei d. Israeliten, von der frühesten Zeit bis auf die Gegenwart. gr. 8. Prag ..., Kronberger u. Rziwnatz.

— Skizze einer Geschichte der Erziehung und des Unterrichts bei den Israeliten von der frühesten Zeit bis auf die Gegenwart. — Prag 1832: Landau. 83 S. 8°
1:Ez 25130. 30. 300:79 Ee 484. 302.
14.12614

— Tholedoth Israel. Bibl. Geschichte, hebräisch mit deutscher Uebersetzung u. moral. Anmerkk. Zum Behuf d. Elementar-Unterr. d. Israelit. Jugend. 8. Prag 796. 5e A. 8. Wien 815.

Beer, P., „Toldot Israel“ תולדות ישראל Geschichte Israels bis zur Rückkehr aus der babylonischen Gefangenschaft. 7., verm. Aufl. 8. (155 S.) Wien 860, Knöpflmacher und Söhne.

— Tōledōt Jiśrā'ēl. Geschichte Israel. Enthält alle Ereignisse d. jüdischen Volkes seit Erschaffung d. Menschen bis zur Rückkehr d. Israeliten aus d. babylonischen Gefangenschaft. Nach Peter Beer. Th. 1. — Prag: Pascheles; [übergekl.: Brandeis] 1875. 138 S. 8° [Hebr. u. F.]
Text hebräisch u. deutsch.
18.
14.12615

— Ueber Versinnlichung und Zeremonien in der rein mosaischen Religion. Fragment eines bald erscheinenden Werkes über Mosaismus und Rabbinismus. — Prag 1825: Schöll & Landau. 35 S. 8°
300:396.306-B. 302.
14.12616

— über Versinnlichung u. Ceremonie in d. rein mosaischen Religion. Prag 826. (Enders). 4 gr

Beer
— Petrus den (Schiedam/Holland), De solutionibus. Disp. jur. Rect. Jac. Wittich. Leyden (van der Aa) Aug. 1727. 20 S., gest. Titbl. (4.50) 1765

Beer, R., Divisionspfarrer, Breslau, † 1872. 1867
s. Beer, Robert Sigismund.

Beer, R., Kustos an der Hofbibliothek, Wien, 1863 - 1913, s. Beer, Rudolf

Beer, R., Oberlehrer an d. Thomasschule, Leipzig. 1889
s. Beer, Rudolf.

Beer, R., De arte Aeschyli observationum in Septem contra Thebas capita II. Diss. 1877. 78 S. 2.—

Beer, R.H.: Wie wird man vor Gott gerecht und selig? Synodalpredigt. — Zwickau: Schriftenverein d. sep. evang.-luth. Gemeinden in Sachsen [1903]. 16 S. 8°
14.
14.12618

Beer, RH: Wie wird man vor Gott gerecht u. selig? Synodalpredigt. 3. Afl. (16) 8° Zwick., Schriftenver. ('10). — 10 d

Beer, R.S.: „Mit Gott“, s. Beer, Robert Sigismund

Beer, Richard
Beer, Rich., Urkundl. Beiträge z. Johannes de Segovia's Geschichte d. Basler Concils auf Grund v. Forschgn. i. d. Archiven u. Bibliotheken v. Basel, Genf, Lausanne u. Avignon i. Auftr. d. kais. Akademie d. Wiss. [Aus: „Sitzungsber. d. k. Akad. d. Wiss.“] gr. 8. (60 S.) Wien 897. (C. Gerold's Sohn.) n. 1. 30

(—) Denkschrift der funfzigjährigen Dienst-Jubelfeier des Herrn Karl Wagner ... am 5. März 1837. — Altenburg: Pierer 1837. 107 S. 8°
27. 53.
14.12620

Beer, Robert, Divisionspfarrer, Breslau, † 1872. 1867
s. Beer, Robert Sigismund.

Beer, Robert, Landrichter, Altenburg. 1837 [Bearb.] s. *Annalen* der deutschen und ausländischen Criminal-Rechts-Pflege [Zeitschriften]. N.F. Bd 5,3-H. 34. Repertorium. 1837.

([Bee]r, [Robert].) Jubiläums-Gruss an das Schweizerische Vereins-Sortiment Olten, 2. Juni 1907. 1882—1907. ([Von] ... r.) [Mit Vignetten.] 8 S. 8. Aarau, Sauerländer & Co.

Beer, Robert Sigismund: Hebr. 10,23.24. Fest-Predigt zur 100jährigen Jubelfeier der evangelischen Gemeinde zu Anhalt in Oberschlesien ... 1870. — Breslau [1870]: Storch. 15 S. 8° 2.
14.12622

— 'Mit Gott!' Eine Auswahl Predigten aus d. Nachlasse. Hrsg. von P. Gerhard. — Breslau: Dülfer in Comm. 1874. XV,184 S. 8°
Beigabe zur 2. Aufl. s. *Beer:* Fünf Passionsbetrachtungen. 1874.
1:Ec 22054. 2. 26[° Beigabe]. 41.
14.12623

— Fünf Passionsbetrachtungen aus dem Nachlasse. Als Beigabe zur 2. Aufl. der Predigt-Sammlung 'Mit Gott'. Hrsg. von P. Gerhard. — Breslau: Dülfer in Comm. 1874. S. 186-223. 8° 1:20 in E 251-2. 2. 41.
14.12624

— Predigt über Johannis Kapitel 15, Vers 16. Gehalten bei d. Hauptversammlung d. Schlesischen Gustav-Adolph-Vereine ... 1867. — Breslau [1867]: Graß, Barth & Co. 14 S. 8° 10. 27.
14.12625

Beer, Rudolf, Kustos an d. Hofbibliothek, Wien, 1863-1913. 1884: Acten, Regesten und Inventare aus dem Archivo general zu Simancas. — [Wien 1891.] S. 91-204. 4°
Aus: Jahrbuch d. kunsthistorischen Sammlungen d. Allerhöchsten Kaiserhauses. 12. 1891. 23. 300:59.851-D.
14.12626

— Die Anecdota Borderiana Augustineischer Sermonen. — Wien: Gerold in Comm. 1887. 14 S. 8°
Aus: Sitzungsberichte d. Kaiserlichen Akademie d. Wissenschaften in Wien. Phil.-hist. Kl. 113. 1886. 31. 300:188.970-B. 302.
14.12627

Beer Rudolf, Dr.: Die *Anecdota Borderiana* augustineischer Sermonen. S. 113. 679 . . —.30
Separatabdruck

Beer, R., die Anecdota Borderiana Augustineischer Sermonen. [Aus: „Sitzungsber. d. k. Akad. d. Wiss."] Lex.-8. (14 S.) Wien 887. (Tempsky.) n.n. — 30

Beer, Rudolf, Oberlehrer an d. Thomasschule, Leipzig. 1889: Der Bach-Verein zu Leipzig in den Jahren 1875-1899. Bericht, erstattet von d. Schriftführer d. Vereins (d.i. R. Beer). Leipzig [1900]: Bathe. 32 S. 8° 117.
14.12651

— Urkundliche Beiträge zu Johannes de Segovia's Geschichte des Basler Konzils auf Grund von Forschungen in den Archiven und Bibliotheken von Basel, Genf, Lausanne und Avignon. S. 135/13 . . . . 1.30
Separatabdruck

— Urkundliche Beiträge zu Johannes de Segovia's Geschichte des Basler Concils auf Grund von Forschungen in den Archiven und Bibliotheken von Basel, Genf, Lausanne und Avignon im Auftrage der Kaiserlichen Akademie der Wissenschaften. — Wien: Gerold in Comm. 1897. 60 S. 8°
Aus: Sitzungsberichte d. Kaiserlichen Akademie d. Wissenschaften in Wien. Phil.-hist. Kl. 135. 1896.
12:Conc. 9 l. 61. 300:402.175-B. 302.
14.12628

— Niederländische Büchererwerbungen des Benito Arias Montano für den Eskorial im Auftrage König Philipp II. von Spanien, nach unveröffentlichten ... Urkunden von Rudolf Beer. Das Inventar der Prager Schatz- und Kunstkammer vom 6. Dezember 1621 ... Hrsg. von Heinrich Zimmermann. — Wien: Tempsky [usw.] 1905. LXXXVIII S. 2° (Quellen zur Geschichte d. kaiserlichen Haussammlungen u. d. Kunstbestrebungen d. Allerdurchlauchtigsten Erzhauses.) (Jahrbuch d. kunsthistorischen Sammlungen d. Allerhöchsten Kaiserhauses. 25,2.)
1:2° Ns 6858-25,6. 2→7. 9. 10. 12:2° Art. 33n-25,6. 15. 16. 17. 21. 24. 25. 29. 30. 38. 39. 300:443.956-D.H. 25 [u.ö.] 302. 308.
14.12631

[—] Catalogue de la section autrichienne de l'Exposition colombine Madrid 1892. Sér. 1.2. — Vienne 1892: Holzhausen. 8° 300:189.381-B. 302.
14.12632

– Der Codex 'Budensis' des Juvenal, s. Studien, Wiener. 7., 8. u. 9. Jahrg.

— Die Handschriften des Klosters Santa Maria de Ripoll. 1.2. — Wien: Hölder in Komm. 1907-08. 8° (Sitzungsberichte d. Kais. Akademie d. Wissenschaften in Wien. Phil.-hist. Kl. 155,3. 158,2.) 1:Ab 1502-155,3. 158,2. 2→11. 12:Acad. 127fb-Phil.-hist. Kl. 155,3. 158,2 [2 Ex.] 14→21. 24. 25. 26. 28. 29. 31. 33. 34. 38. 39. 41. 300:450.381-B. 302. 304. 307. 308. 309.
14.12635

— Handschriftenschätze Spaniens. Bericht über eine im Auftrage der Kaiserlichen Akademie in den Jahren 1886—1888 durchgeführte Forschungsreise. S. 124/6. 125/3. 125/7. 126/2. 128/8. 128/12. 129/4. 129/6. 131/7. 131/11 . . . . 12 —
Separatabdruck

Beer, R, Handschriftenschätze Spaniens. Bericht üb. e. in d. J. 1886—1888 durchgeführte Forschungsreise. 8° (755) Wien 94, (C. Gerold's S.). 12 —

— Handschriftenschätze Spaniens. Bericht über eine im Auftr. d. Kaiserlichen Akademie d. Wissenschaften in den Jahren 1886-1888 durchgeführte Forschungsreise. — Wien: Tempsky in Comm. 1894. 755 S. 8°
Aus: Sitzungsberichte d. Kaiserlichen Akademie d. Wissenschaften in Wien. Phil.-hist. Kl. 124-126.128.129.131. 1891-94.
1:Ao 2499. 10. 11. 12:H. lit. P. 35k [2 Ex.] 15. 16. 18. 21. 23. 25. 30. 300:397.276-B.H. 302. 307.
14.12636

— Die Handschriftenschenkung Philipp II. an den Escorial vom Jahre 1576. Nach e. bisher unveröffentlichten Inventar d. Madrider Palastarchivs. — Wien: Tempsky [usw.] 1903. CXL S. 2° (Quellen zur Geschichte d. kaiserlichen Haussammlungen u. d. Kunstbestrebungen d. Allerdurchlauchtigsten Erzhauses.) (Jahrbuch d. kunsthistorischen Sammlungen d. Allerhöchsten Kaiserhauses. 23,2.)
1:2° Ns 6858-23,6. 2→7. 9. 10. 11. 12:2° Art. 33n-23,6. 15. 16. 17. 21. 24. 25. 29. 38. 39. 300:415.368-D.Ks. 23. 302. 303. 308.
14.12637

— — Ebd. 1903. CXL S. 2° (Jahrbuch d. kunsthistorischen Sammlungen d. Allerhöchsten Kaiserhauses. 23,2.)
12:2° N. libr. 1d. 18. 300:412.182-D.H.
14.12638

— heilige Höhen der alten Griechen u. Römer. Eine Ergänzung zu F. Frh. v. Andrian's Schrift „Höhencultus". 8. (X, 86 S.) Wien 890. Konegen. n. 2. —

Beer, Rud., heilige Höhen der alten Griechen u. Römer. Eine Ergänzg. zu Ferd. Frhr. v. Andrian's Schrift „Höhencultus". gr. 8. (X, 86 S.) Wien 891. Konegen. n. 2. —

— Inventare aus dem Archivo del Palacio zu Madrid. [1.2.] [Wien 1898.] 4°
Aus: Jahrbuch d. kunsthistorischen Sammlungen d. Allerhöchsten Kaiserhauses. 14.19. 1893-98. 300:87.174-D.
14.12640

— s.: Isidori etymologiae.

– Ein alter K a t a l o g u. eine junge Fälschung, s. S t u d i e n , Wiener, 7., 8. u. 9. Jahrg.

— **Spanische Literaturgeschichte. Bd 1.2. — Leipzig 1903. 8° (Sammlung Göschen. 167.168.)**
1:Ag 7216/10^{1902}–167.168. 5. 6. 7. 10. 11. 12:Var. 323–167.168 [2Ex.] 14→22. 24→27. 29. 30. 36. 38. 41. 43. 44. 47. 52. 60. 61. 62. 79. 128. 169. 201. 204. 207. 211. 300:403.639–A.Per.167.168[u.ö.] 302. 303. 308.
14.12641

— **Die Miniaturenausstellung der K. K. Hofbibliothek. — o. O. [1902]. S. 233–264, 285–360, 451–494. 4°**
Aus: Kunst u. Kunsthandwerk. 5. 1902.
25. 300:422.285–D.H.
14.12643

— s.: Monumenta palaeographica Vindobonensia.

— **Die Musik als Volksbildungsmittel. Vortrag. — Leipzig: Hinrichs in Comm. 1894. 23 S. 8°** **7. 207.**
14.12652

Beer, Rud., Quellen zur Geschichte der kaiserl. Haussammlungen u. der Kunstbestrebungen des allerdurchlauchtigsten Erzhauses: Die Handschriftenschenkg. Philipp II. an den Escorial vom J. 1576, s.: Jahrbuch der kunsthistorischen Sammlungen des allerhöchsten Kaiserhauses. Bd. VI.

— Die Quellen für den *Liber diurnus concilii Basileensis* des Petrus Bruneti. S. 124/7 . . . .
Separatabdruck

— d. Quellen f. d. „Liber diurnus concilii basileensis“ d. Petrus Bruneti. 8° (16) Wien 91, (C Gerold's S.). — 40

— **Die Quellen für den 'Liber diurnus Concilii Basileensis' des Petrus Bruneti. — Wien: Tempsky in Comm. 1891. 16 S. 8°**
Aus: Sitzungsberichte d. Kaiserlichen Akademie d. Wissenschaften in Wien. Phil.-hist. Kl. 124. 1891.
12:Conc. 9k. 302.
14.12646

– De nova scholiorum in Juvenalem r e c e n s i o n e instituenda, s.a. S t u d i e n , Wiener, 7., 8. u. 9. Jahrg.

— **De nova scholiorum in Iuvenalem Recensione instituenda libelli 2. — Vindobonae: Scriptor 1885. 32 S. 8°**
Aus: Wiener Studien. 6.7. 1884–85. **15. 300:79.801–B.**
14.12647

Beer Rudolf: Spicilegium Juvenalianum.
D: Selbstverlag, 1885.
1885 PN 386 Diss. Wien, Univ.

Beer, Rud., Spicilegium Juvenalianum. Accessit libri Pithoeani simulacrum (photolith.). gr. 8. (82 S.) Leipzig 885. Teubner. n. 2. 80

— **Zur Uberlieferung altspanischer Literaturdenkmäler. Wien: Gerold [!] 1898. 45 S. 8°**
Aus: Zeitschrift für d. österreichischen Gymnasien. 49. 1898.
5. 30. 300:96.377–B. 302.
14.12650

Beer, S., offenes Sendschreiben an d. Hrn. Justizminister Mühler, betr. die Ergebnisse der Prozeßtabellen. gr. 8. (15 S.) Berlin 847, Weyl & Co. n. 4 ngr

Beer, Frau S. de. 1903: Das Verschleierungssystem und die Prostitution. — Leipzig: Frauen-Rundschau 1903. 35 S. 8° **28.**
14.12654

— — **2. Aufl. Ebd. 1903. 35 S. 8°**
1:Fb 4869/3^{2} [u.] N 16.443. 30. 60.
14.12655

Beer, Samuel: Jesus, als ein Kind guter Art ... wurde, als ... Ernst August Constantin, Hertzog zu Sachsen, Jülich, Cleve und Berg ... an dem 1. Sonntag post Epiphanias dieses 1753sten Jahres ... durch einen solennen Confirmations-Actum zum erstmahligen seeligen Genuß des hochwürdigen heil. Abendmahls zubereitet worden, ... gezeiget ... von Samuel Beer. — Weimar [1753]: Mumbach. 26 S. 8° **3. 32. 39.**
14.12656

— — **Weimar [1753]: Mumbach. 26 S. 4°** **32.**
14.12657

— **Oppidum digniorem musis sedem quam rus esse: litteris propempticis ... breviter exponit Samuel Beer. — Erfordiae [1738]: Goerling. 4 Bl. 2°** **27.**
14.12658

— **Der von der Evangelischen Kirche werth zu haltende Todt Lutheri ... wurde bey dem in diesen 1746ten Jahr erneuerten Gedächtniß des Sterbe-Tages dieses ... theuren Lehrers ... fürgestellet von Samuel Beer. — Weimar: S. H. Hofmann 1747. 32 S. 8°** **3. 19. 39. 43. 205.**
14.12659

Beer, Schlomche: Biller (2–5: Bilder) aus de Neischtadt. Scenen aus d. Leben vun unse Lait! H. 2–5. — Hamburg: Meyer 1843–53. 8° **3. 18[$^{\infty}$3.5]. 205[$^{\infty}$2/5].**
14.12660

— — **Bilder aus de Neischtadt. Scenen aus d. Leben vun unse Lait. 2. Aufl. H. 1. — Ebd. 1851. 20 S. 8°** **8.**
14.12661

Beer, Sylvia, aus Odessa: Ueber die ätiologische und klinische B e d e u t u n g der Nierenstörung bei der Eklampsia gravidarum. [1907.] 25 S. 8°. [11. XII. 07.]
Bern. Med. Diss. 1907/08.

Beer, Sylvia. Ueber die ätiologische und klinische Bedeutung der Nierenstörung bei der Eklampsia gravidarum. Diss. Med. Bern. 25 S. 8. [Bern, Unionsdruckerei, 1908.]

Beer, T.: Aus N a t u r u. Kunst, s. B e e r , Theodor

Beer, T. H. de: The literary r e a d e r , s. B e e r , Taco Hajo de

Beer, Taco Hajo de
Pseudonyme: Taco u. Dr. Jos. Silvan
Beer, Taco H de: Deutsch-Holländisch, s.a. Grieben's Reise-Sprachführer.

Beer, T. H. de, Deutsch-Holländisch, s.a. Sprachführer f. die Reise.

— **Deutsch-Holländisch. Kleines Handbuch d. holländischen Sprache verf. von Faco [!] H. de Beer. — Berlin [1883]. IV, 128 S. 8° (Goldschmidt's Sammlung praktischer Sprachführer für Reisende. 6.)** **1:V 593–6. 17.**
14.12664

— — **2. Aufl. Ebd. [1891]. IV, 128 S. 8° (Goldschmidt's Sammlung ... 6.)** **11. 19.**
14.12665

— — **4. Aufl. Ebd. 1900. IV, 128 S. 8° (Goldschmidt's Sammlung ... 6.)** **1:V 593^{4}–6. 26.**
14.12666

— — **5. Aufl. Ebd. 1904. IV, 128 S. 8° (Sprachführer für d. Reise. 6.)** **1:V 593^{5}–6. 79. 111.**
14.12667

Beer, F. H. de, kleines Handbuch der holländischen Sprache, s. Sammlung praktischer Sprachführer für Reisende.

Beer, Taco H. de, and Elizabeth Jane Irving, the literary reader. A handbook for the higher classes in schools and for home teaching. III. The 19. century. Part II. 4. ed. Revised, rewritten, and brought down to date of publication by Taco H. de Beer. (XI, 520 S.) gr. 8. Halle 905. H. Gesenius. Geb. n. 5.—

— Der Unterricht in der deutschen Sprache, einleitendes Wort zu: Aus der Praxis, Lehrgang der deutschen Sprache zunächst für unsere Gymnasien und Realschulen von Taco H. de Beer u. F. Leviticus. — ['s-Gravenhage]: Haagsche Boeckh.- en Uitg.-Maatschappij 1899. 19 S. 8° 38.
14.12674

Beer, Theodor, Physiologe, Wien. 1892: Die Accomodation [Akkommodation] des Auges bei den Amphibien. — Bonn: Strauss 1898. S. 501–534. 8°
Aus: Archiv für d. gesammte Physiologie d. Menschen u. d. Thiere. 73. 1898. 302.
14.12676

— Die Accommodation [Akkommodation] des Auges bei den Reptilien. — Bonn: Strauss 1898. S. 507–568. 8°
Aus: Archiv für d. gesammte Physiologie d. Menschen u. d. Thiere. 69. 1898. 5.
14.12677

— Die Accomodation [Akkommodation] des Auges in der Thierreihe. (Nach e. beim 4. internationalen Physiologen-Congress in Cambridge (England) gehaltenen Vortrage.) Wien [usw.]: Braumüller 1898. 35 S. 8°
Aus: Wiener klinische Wochenschrift. 11. 1898. 302.
14.12678

— Die Accomodation [Akkommodation] des Fischauges. — Bonn: Strauss 1894. S. 523–650. 8°
Aus: Archiv für d. gesammte Physiologie d. Menschen u. d. Thiere. 58. 1894. 302.
14.12679

— Ueber den Einfluss der peripheren Vagusreizung auf die Lunge. — o. O. [1892]. S. 102–216. 8°
Aus: Archiv für Anatomie u. Physiologie. Physiolog. Abth. = Archiv für Physiologie. Suppl. 1892. 302.
14.12680

— On traumatic Enophthalmus. 1893 s. *Beer:* Studien über den traumatischen Enophthalmus.

— Aus der 2. Augenklinik des Herrn Professor Fuchs. Ueber einen Fall von Sehnervenaffection bei Uterus infantilis. — Wien: Hölder [1892]. 23 S. 8°
Aus: Wiener klinische Wochenschrift. 5. 1892. 302.
14.12681

— Zum fünfundzwanzigjährigen Jubiläum der zoologischen Station in Neapel. — Wien [usw.]: Braumüller 1897. 6 S. 8° Aus: Wiener klinische Wochenschrift. 10. 1897. 302.
14.12682

— Karl Ludwig †. — Wien: Braumüller [1895]. 11 S. 8°
Aus: Wiener klinische Wochenschrift. 8. 1895. 302.
14.12683

— Aus Natur und Kunst. Gesammelte Feuilletons. — Dresden [usw.]: Pierson 1900. 384 S. 8° 39.
14.12684

— Der gegenwärtige Stand unserer Kenntnisse über das Hören der Thiere. Ein Probevortrag zur Docentur für vergleichende Physiologie. — Wien [usw.]: Braumüller 1896. 18 S. 8°
Aus: Wiener klinische Wochenschrift. 9. 1896. 302.
14.12685

— (Aus dem physiologischen Institut der Universität Wien.) Studien über die Accommodation des Vogelauges. — Bonn: Strauss 1892. S. 175–237. 8°
Aus: Archiv für d. gesammte Physiologie d. Menschen u. d. Thiere. 53. 1892. 302.
14.12686

— Studien über den traumatischen Enophthalmus. (Nebst e. Nachtrag.) (Aus d. 2. Augenklinik d. Herrn Prof. Fuchs Wien.) — Wiesbaden: Bergmann 1892. S. 316–356, S. 448. 8°
Aus: Archiv für Augenheilkunde. 25. 1892. 302.
14.12687

— Vergleichend-physiologische Studien zur Statocystenfunction. 1. — Bonn: Strauss 1898. 41 S. 8°
1. Ueber d. angeblichen Gehörsinn u. d. angebliche Gehörorgan d. Crustaceen.
Aus: Archiv für d. gesammte Physiologie d. Menschen u. d. Thiere. 73. 1898. 302.
14.12689

— (Aus dem physiologischen Institute der Wiener Universität.) Ueber den Ursprung der Vagusfasern, deren centrale Reizung Verlangsamung resp. Stillstand der Athmung bewirkt. Von Theodor Beer u. Alois Kreidl. — Bonn: Strauss 1895. S. 156–165. 8°
Aus: Archiv für d. gesammte Physiologie d. Menschen u. d. Thiere. 62. 1895. 302.
14.12690

— Die Weltanschauung eines modernen Naturforschers. Ein nicht-kritisches Referat über Mach's 'Analyse d. Empfindungen'. — Dresden [usw.]: Reissner 1903. 115 S. 8°
Erschien zuerst in: Neue freie Presse. 1902.
1: Lf 5319. 3. 5. 6. 12: Ph. Sp. 66k. 18. 30. 43. 79. 88. 300: 424.116-B. 302. 308. 309.
14.12691

Beer, Theophilus Sigefer s. *Bayer,* Gottlieb Siegfried.

Beer, W.: Bemerkungen über Zettelbanken und Papiergeld, s. Beer, Wilhelm

Beer, W. A. s. *Beer,* Wilhelm Amandus.

Beer, Wilhelm, Lehrer, München. 1878. Auswahl empfehlenswerther Jugendschriften. Im Auftrage d. Bezirks-Lehrer-Vereins München zsgest. H. [1.]2. — München: Ackermann 1878–79. 8° 12: Paed. Th. 383. 30[=2].
14.12711

Beer, Wilhelm, Bankier u. Astronom, 1797-1850. 1830: Beiträge zur physischen Kenntniss der himmlischen Körper im Sonnensysteme von Wilhelm Beer, J. H. Mädler. — Weimar: Voigt 1841. X, 152 S. 4°
Franz. Ausg. s. *Beer:* Fragments sur les corps célestes du système solaire. 1840.
1: 4° Om 669. 2→5. 7. 8. 12: 4° Astr. U. 27 m. 14→18. 23. 24. 28. 29. 30. 32. 43. 84. 86. 89. 90. 109. 111. 169. 300: 18 Q 122. 302. 303. 305.
14.12697

— Bemerkungen über Zettel-Banken und Papiergeld. — Berlin 1845: Unger. 29 S. 8° 1: Fg 9611. 38. 83. 203.
14.12698

— Physische Beobachtungen des Mars bei seiner Opposition im September 1830 von Wilhelm Beer u. J. H. Mädler. Berlin [1830]. 15 S. 8°
Aus: Astronomische Nachrichten. 191. 1830.
12: Astr. P. 10m. 17. 19. 46. 109.
14.12699

— Patriotische Betrachtungen. — Berlin: F. Schneider 1849. 15 S. 8° 1: Deutsche Flugschr. 1849–180. 7. 9. 12: Germ. g. 555–39. 14. 38. 109. 203.
14.12700

— Das vereinigte Deutschland mit Erhaltung der Selbständigkeit deutscher Stämme. — Berlin 1848: Unger. 21 S. 8° 1: Deutsche Flugschr. 1848–80. 3. 11. 41. 109. 169.
14.12701

— Die Drei-Königs-Verfassung in ihrer Gefahr für Preußen dargestellt. — Berlin 1849: Unger. IV, 27 S. 8°
1: Deutsche Flugschr. 1849–181. 5. 7. 9. 10. 11. 15. 39. 41. 61. 106. 109. 203.
14.12702

— — 2. Aufl. Berlin: F. Schneider 1849. IV, 27 S. 8°
12: J. publ. G. 919–33. 18. 25. 109.
14.12703

— — 3. Aufl. Ebd. 1849. IV, 27 S. 8° 1: Rz 9610. 44. 109.
14.12704

(—) Gedanken und Besorgnisse eines preußischen Patrioten. 1. — Berlin: Unger [1848]. 8 S. 8°
1. Das Aufgehen in Deutschland.
1: Deutsche Flugschr. 1848–395. 7. 11. 25. 109.
14.12706

— Die Gefahren der Differenzial-Zölle und der Revision des Zoll-Tarifs. Ein Gutachten. — Berlin: Duncker 1848. 51 S. 8° 1:14 in 4° Fg 523. 9. 12: Merc. 22b. 16. 33. 35. 38. 44. 48. 109. 205. 206. 300: 12.263-B. 302.
14.12707

— s.a. J. H. Mädler.

Beer, (Wilh.), et Jo. Henr. Mädler, Mappa selenographica totam Lunae hemisphaeram visibilem complectens observat. propriis secund. projection. orthographicam IV Sectionibus. — Sect. I et II. Lithogr. Imp.-Fol. u. 1/4 B. Erläutern. in gr. 4. Berlin 834, Schropp u. Comp. à

— Mappa selenograph. totam Lunae hemisphaer. visibil. compl. observationib. propriis secund. projection. orthograph. IV Sect. — Sect. III et IV. Lithogr. Imp.-Fol. Berolini 835, 36, Schropp et Soc. à 1 1/6 Thlr.
Sect. I. II. Ebendas. 1834. 2 Thlr. 16 Gr.

— Der Mond nach seinen kosmischen und individuellen Verhältnissen oder allgemeine vergleichende Selenographie. Mit besondrer Beziehung auf d. von d. Verf. hrsg. Mappa selenographica. Von Wilhelm Beer u. Johann Heinrich Mädler. — Berlin: Schropp 1837. XVIII,412 S. 4°
Gekürzte Bearb. s. Maedler, Johann Heinrich v.: Kurzgefasste Beschreibung d. Mondes. 1839.
1: 4° Om 11926. 2→5. 7. 8. 10. 12: 4° Astr. P. 35. 14. 16→19. 21. 24. 27. 28. 30. 32. 38. 39. 43→47. 53. 61. 84. 102. 111. 169. 209. 210. 300: 25 H 26. 302. 304. 305. 308.
14.12708

Beer, Wilhelm (Red.), s. Schulanzeiger für Oberbayern.

(—) Die politische Seite der Einkommensteuer und ihre praktische Wirkung. — (Berlin [um 1850]: Unger.) 4 S. 4°
10. 109.
14.12709

— Historischer Überblick der bisher erschienenen Mondkarten. — Berlin 1834. 8 S. 8°
Aus: Annalen d. Erd-, Völker- u. Staatenkunde. 9. 1834.
1: 5 in 4° Om 11080 [u.] Kart. 8° Z 26658.
14.12710

Beer, Wilhelm Amandus: Erinnerungen an das Jahr 1870. Bilder nach Originalzeichnungen von W. A. Beer. Hermann Junker. F. C. Klimsch. — Frankfurt a. M.: Keller [nach 1870]. 18 Taf. 2° 1: 2° Kr. Samml. Z 90. 41 [unvollst.]
14.12712

— Hertzstärckende Erquick-Stunden oder geist-reiche Andachten uber einige merckwürdige Sprüche H. Schrifft, denen heutigen Schein- und Heuchel-Christen zur Warnung und Nachricht ... entdeckt, anitzo aber ... aufs neue wieder aufgelegt. (Th. 1-3.) — Flenßburg: Schumann 1708. 357 S. 8°
1. 1708. 2.3. 1707.
Beigedr.: Mueller, Heinrich: Anhang einiger gottseliger Gedancken [Werke, Ausz.] 1708.
14. 18.
14.12720

— Catalog [Katalog] über den künstlerischen Nachlass des ... Frankfurter Kunstmalers ... Prof. Wilhelm Amandus Beer. [Auktionskat.] — (Frankfurt a. M. [1909]: Osterrieth.) VII,82 S. 4°
Nebent.: Künstlerischer Nachlass. 30.
14.12713

[—] Zwölff Klagen über das ärgerliche unchristliche Christenthumb, so von unterschiedlichen evangelischen Lehrern in diesem 17. Seculo geführet worden sind; auss ihren Schrifften zusammen getragen ... von e. Bekenner d. Warheit. — Nürnberg: A. P. Beer [um 1700]. 23 Bl. 8°
75.
14.12722

Beer-Hofmann, Richard: Der Graf von Charolais. Trauerspiel. — Berlin: S. Fischer 1905. 264 S. 8°
3. 17. 19. 25. 46. 53. 60. 106. 109. 180. 308.
14.12725

— — 2. Aufl. Ebd. 1905. 264 S. 8°
18. 24. 28. 64. 109. 180. 300: 436.972-B.
14.12726

— — 3. Aufl. Ebd. 1905. 264 S. 8°
2. 15. 44. 45. 300: 624.953-B. Th. 302.
14.12727

— — 4. Aufl. Ebd. 1906. 264 S. 8°
1: Yt 34862[4]. 7. 10. 11. 14.
14.12728

— — 5. Aufl. Ebd. 1906. 264 S. 8°
12: P. o. germ. 86 kk. 30. 64. 302. 308.
14.12729

Gedenkrede auf Wolfgang Amade Mozart von Richard Beer-Hofmann. Berlin: S. Fischer 1906. (15 S.) 4° [07. 9686 II

— Novellen. — Berlin: Freund & Jeckel 1893. 112 S. 8°
Nebent.: Novellen, enthaltend: Das Kind. Camelias.
1: Yx 26771.
14.12735

— — Ebd. 1893. 112 S. 8°
Nebent.: Die Verlassene. Erzählung. 64. 302. 308.
14.12736

— — 2. Aufl. Ebd. 1894 (1893). 112 S. 8° 18. 300: 81.779-B.
14.12737

— Der Tod Georgs. — Berlin: S. Fischer 1900. 221 S. 8°
1: Yx 32124. 5. 11. 41. 44. 109. 300: 404.709-B. 302. 308.
14.12740

Beer v. Lahr: [Historia rerum Julio-Montensium] Original-Denkwürdigkeiten eines Zeitgenossen am Hofe Johann Wilhelm's III. Herzogs von Jülich, Cleve, Berg. (Verf.: Beer v. Lahr.) Nebst e. Anh. von Original-Briefen u. Verhandlungen betreffend d. Prozeß d. Herzogin Jakobe. (Hrsg.: E. K[ühlwetter] u. F. C[ustodis].) — Düsseldorf: Schreiner 1834. VI,143 S. 8°
1: Th 5146. 2. 3. 5. 9. 10. 11. 12: Germ. sp. 343 d. 24. 38. 52. 61. 203.
14.12077

Beer-Straßburg, Georg: Saul, David, Salomo, s.a. Beer, Georg

Saul, David, Salomo. Von Prof. Lic. Dr. Georg Beer-Straßburg. 1.-10. Taus. Tübingen: J. C. B. Mohr 1906. (80 S.) 8° [J.]
= Volksbücher, Religionsgeschichtl., f. d. deutsche christl. Gegenwart. Reihe 2, H. 7. [06. 15333

Beer-Walbrunn, Anton: Liebe. Tragische Oper. Text nach e. Entwurfe d. Komponisten bearb. von Georg Fuchs. [Textb.] — München: Selbstverl. 1893. 30 S. 8°
1: Mus. Tb 388. 48.
14.12766

— Don Quijote. Der sinnreiche Junker von der Mancha. Musikalische Tragikomödie nach Miguel de Cervantes Saavedra von Georg Fuchs. Musik von Anton Beer-Walbrunn. 2. Aufl. [Textb.] — München: G. Müller in Komm. 1908. 63 S. 8° 17.
14.12767

— Sühne. Tragische Oper von Anton Beer. [Textb.] — München: A. Schmid [1896]. 24 S. 8° 1: Mus. Tb 389.
14.12769

Beerbalck, Christian Friedrich (Sandersleben/Anh.), De vinculo familiae. Diss. jur. Präs. Nic. Chph. Lyncker (Fluhrstät & Kötschau). Jena (Gg. Heinr. Müller) Sept. 1691. 84 S. (5.20) 1766
— — Dasselbe. Sive Von denen Verbindlichkeiten zwischen Anverwandten. Wittenberg (Hak) 1749. 86 S. (5.—) 1767

Beerbaum, Emil: Die Vernunft in der Küche. (Vegetarismus in culina.) Eine Einleitung u. Grundlage für jedes Kochbuch. — Treptow-Berlin: Verf. 1898. 15 S. 8° 30.
14.12771

Beerbohm, Max: Zuleika Dobson, or An Oxford love-story, s: Collection of Brit. auth. 4309.

Beerdigung. — Beerdigung des Bürgers Felix Blau, Bibliothekars der Universität zu Mainz am VIten Nivose VII. Jahrs der Fraenkischen Republik. — Mainz: Pfeiffer [1798/99]. 92 S. 8° 1: At 10831. 12: Biogr. 105k. 14. 17. 30. 36. 43.
14.12792

Beerdigung, Die, der irdischen Überreste der im Jahre 1809 bei St. Leonhard erschossenen vierzehn Schill'schen Kriegern. Braunschweig 1837. V: *Vechelde, Carl Friedrich von.* (EB)

Beerdigungsfeier des hochwürd. Herrn Joh. Wolfg. Schmidt, Seniors, Distriktsschulinspektors und Pfarrers zu Uettingen am 22. Juni 1864. gr. 8. (28 S.) Würzburg 864, (Stuber). * *

Zur Beerdigungsfrage im Lichte der Neuzeit. Erörtert auf Grund gesammelter mehrjähriger Erfahrungen von einem Laien. 8. (16 S.) Wien, Ueberreuter. 1861.? 15 kr

Beerdigungs-Reglement. — Beerdigungs-Reglement für die christlichen Confessionen der Stadt Cöln. — Cöln 1829: Imhoff-Schwarz. 16 S. 8° 38.
14.12796

Beerdigungs-Reglement für die christlichen Confessionen der Stadt Köln. — Köln 1859: Gehly. 10 S. 8° 38.
14.12798

—— Cöln 1859: Greven & Bechtold. 16 S. 8° 38.
14.12797

Beerdigungswesen u. **Feuerbestattung** nach hess. Recht. Bestimmungen üb. die Leichenschau, s.a. **Gesundheitspflege.**

Beerdigungswesen u. **Feuerbestattung** nach hessischem Recht. Amtliche Handausg. m. Motiven, Erläutergn. u. e. Sachregister. (Bearb. im Auftrag grossh. Ministeriums des Innern v. Hechler.) (II, 41 S.) gr. 8. Darmstadt '06, G. Jonghaus. —. 50.

Beerel, M., Ralph Engelhardt. Novelle. (Unterwegs u. Daheim.) schmal 8. (130 S.) Breslau 899. Schles. Buchdruckerei rc. n. — 75; geb. n. 1. —

Beerel, M.: Ralph Engelhardt. Novelle. — Breslau: Schottlaender [usw.] [1899]. 130 S. 8° (Unterwegs u. daheim. [6,11.]) 1: Yt 697-6,11. 2. 12: P.o.germ. 1525z-6,11.
14.12799

— Erziehungsnormen. Ein Handbuch für Eltern u. Erzieher. — Breslau: Woywod 1883. IX,165 S. 8° 1: Nd 2900. 2. 30. 46. 207.
14.12800

— Festrede, zur Einweihung des von der Stadt Sagan ihren im Kriege 1870/71 gefallenen Söhnen errichteten Denkmals. — Sagan: Raabe [1872]. 8 S. 8° 2.
14.12801

— Gähren hilft klären. — Breslau: Schottlaender [1900]. 162 S. 8° (Unterwegs u. daheim. [7,12.]) 1: Yt 697-7,12. 2. 12: P.o. germ. 1525z-7,12.
14.12802

Beerel, Martinus (geb. Guhrau 22. 10. 1827): De contracturis musculorum et de vi, quam chloroformum in eas exserit. Berolini (1849). (36 S.) 8°
Berlin, Med. Diss. v. 21. März 1849

Beeren. — Beeren in Blättern. Eine Sammlung von Erzählungen u. Gedichten, hrsg. zum Besten d. Rettungshauses zu Schreiberhau. — Breslau: Dülfer in Comm. 1862. 51 S. 8° 2.
14.12803

Beeren, s.a. Beer.

Beeren, Hans v.: Die Elektrizität in der Medizin. — Leipzig: Jänecke 1926. VIII,271 S. 8° (Bibliothek d. gesamten Technik. 317.) 1: Oo 5111/64-317. 30. 38. 38M. 62. 83. 101. 201. 202. 210.
14.12804

Beerenberg, C., Die Nordsee-Inseln an der deutschen Küste nebst ihren Seebade-Anstalten. Norden u. Norderney 1884. . . . . (RPA.)

Beerenobst, das, uns. Gärten, s.: Miniatur-Bibliothek.

Beerenobst, das, der Handelsgärtnerei v. C. Platz und Sohn in Erfurt. Umfassendes Special-Verzeichniß der kulturwürdigsten Varietäten der Himbeere, Brombeere, Johannisbeere rc., nebst einer vollständigen Anleitung, alle diese Beerensträucher zu pflanzen, zu pflegen, zu schneiden, zu treiben und ihnen dadurch den höchsten Ertrag abzugewinnen, zugleich mit einigen Angaben über die Verwerthung ihrer Productionen. Mit einem Anh.: Anleitung zur Zucht der bekanntesten Blumen- und Gemüse-Pflanzen aus Samen, sowie zur Cultur von Hyazinthen, Tulpen, Narzissen, Tazetten rc. gr. 8. (146 S.) Erfurt 871, (Otto.) **

Beerensprung, Siegismund s. *Baerensprung*, Siegmund.

Beerensprungk, Siegmund s. *Baerensprung*.

Beerenweinbereitung, die. Eine prakt. Anleitg. f. Schule u. Haus. (28 S.) 12. Trier (903). Löwenberg. n. — 40

Beerfelde [Schlagwort]
Beerfelde, s.: Preussen. Messtischblätter.

Beerfelden [Schlagwort]
Beerfelden, s.: Deutschland. Kürschner-Pelp. — Geologische Karten. (Hessen.) — Hessen. Höhenschichtenkarte.

Beerholdt, A.: Unser Kreditwesen und dessen Schäden, s. Beerholdt, Alexander

Beerholdt, Adolf
Beerholdt, Ad., die einfache und doppelte Buchführung. Praktische Anleitung zur Erlernung der gesammten kaufmänn. Buchhaltung, nebst Zusammenstellung der Börsen-Usancen, Reichsbankstellen und den Geschäftsbedingungen derselben, sowie einem erläut. Fremdwörterbuch über kaufmänn. fremde Ausdrücke und Abkürzungen und einer Maß- und Gewichtstabelle. 1.—3. Aufl. gr. 8. (VI, 167 S.) Berlin 876—78, Mode's Verlag.

Beerholdt, Ad., die einfache und doppelte Buchführung. Praktische Anleitung zur Erlernung der gesammten kaufmänn. Buchhaltung, nebst Zusammenstellung der Börsen-Usancen, Reichsbankstellen und den Geschäftsbedingungen derselben, so wie einem erläut. Fremdwörterbuch über kaufmänn. fremde Ausdrücke und Abkürzungen und einer Maß- und Gewichtstabelle. 4. und 5. Aufl. 8. (167 S.) Berlin 880,82, Mode's Verlag.

Beerholdt, Ad., die einfache u. doppelte Buchführung. Praktische Anleitg. zur Erlerng. der gesammten kaufmänn. Buchhaltg., nebst Zusammenstellg. der Börsen-Usancen, Reichsbankstellen u. den Geschäftsbedinggn. derselben, sowie e. erläut. Fremdwörterbuch üb. kaufmänn. fremde Ausdrücke u. Abkürzgn. u. e. Maß- u. Gewichtstabelle. 8., verb. Aufl. 8. (VI, 167 S.) Berlin 892. S. Mode's Verl. 1. 80

Beerholdt, Ad., d. einf. u. dopp. Buchführung. Prakt. Anleitg. z. Erlerng. d. ges. kaufmänn. Buchhaltg., nebst Zusammenstellg. d. Börsen-Usancen, Reichsbankstellen u. d. Geschäftsbedinggn ders., sow. e. erläut. Fremdwörterbuch üb. kaufmänn. fremde Ausdrücke u. Abkürzgn. u. e. Maß- u. Gewichtstabelle. 11., verb. Aufl. gr. 8. (VIII, 167 S.) Berlin 895. S. Mode's Verl. 1. 80

Beerholdt, Ad., die einfache u. doppelte Buchführung. Praktische Anleitg. zur Erlerng. der gesammten kaufmänn. Buchhaltg., nebst Zusammenstellg. der Börsen-Usancen, Reichsbankstellen u. den Geschäftsbedinggn. derselben, sowie e. erläut. Fremdwörterbuch üb. kaufmänn. fremde Ausdrücke u. Abkürzgn. u. e. Maß- u. Gewichtstabelle. 13. Aufl. 8. (VI, 167 S.) Berlin (902). S. Mode. 1. 80

Beerholdt, Ad., allgemeine Handelswissenschaft. Ein Taschenbuch für Kaufleute zum Selbstunterricht, sowie zum Gebrauch in Handelsschulen. Enth. die Lehre über kaufmänn. Einrichtungen und Usancen, Handelsgesetze, Consular- und Zollwesen, Waarenkunde, Handelsgeographie, Post- und Eisenbahnwesen, Schiffahrt, Telegraphie, Wechselrecht, Börsen- und Wechselgeschäfte, Staatspapiere, Actien, Münz-, Maß- und Gewichtskunde, sowie das kaufmänn. Rechnen, Correspondenz und die einfache und doppelte Buchführung. 1.—8. Aufl. gr. 8. (X, 328; 160 und 167 S.) Berlin 876—78, Mode's Verlag.
Als Einzelausgaben erschienen daraus folgende drei Werke:

— Allgemeine Handelswissenschaft. Ein Taschenbuch für Kaufleute zum Selbstunterricht sowie zum Gebrauch in Handelsschulen. 8., verb. Aufl. — Berlin: Mode 1892. Getr. Pag. 8° 1:Fg 5452^{8}.
14.12837

— — 10., verb. u. verm. Aufl. Ebd. 1905. Getr. Pag. 8° 1:Fg 5452^{10}. 46.
14.12838

—— die kaufmännische Correspondenz und Contorarbeiten. Eine Anleitung zur Abfassung von kaufmänn. Briefen, Verträgen, Rechnungen, Preisverzeichnissen, Frachtbriefen, Rechnungs-Auszügen, Courszetteln rc. nebst vielen kaufmänn. Formularen. 1.—8. Aufl. gr. 8. (VI, 160 S.) Ebendas. 876—78.

— Die kaufmännische Korrespondenz und Kontorarbeiten. Eine Anleitung zur Abfassung von kaufmännischen Briefen, Verträgen, Rechnungen. 8., verb. Aufl. — Berlin: Mode 1892. VI,160 S. 8° 1:Yb 1954^{8}.
14.12839

— — 10., verb. Aufl. Ebd. 1896. VI,160 S. 8° 1:Yb 1954^{10}. 109.
14.12840

— die kaufmännische Korrespondenz u. Comptoirarbeiten. Eine Anleitg. zur Abfassg. v. kaufmänn. Briefen, Verträgen, Rechngn., Preisverzeichnissen, Frachtbriefen, Rechnungs-Auszügen, Wechseln u. s. w., nebst vielen kaufmänn. Formularen. 12. verb. Aufl. (162 S.) 8. Ebd. (904). n. 1. 80

— — 12., verb. Aufl. Ebd. (1905). 162 S. 8° 1:Yb 1954^{12}.
14.12841

—— Taschenbuch für Kaufleute zum Selbstunterricht, sowie zum Gebrauch in Handelsschulen. Enth. die Lehre über kaufmänn. Einrichtungen und Usancen, Handelsverträge, Consular- und Zollwesen, Waarenkunde rc., sowie das kaufmänn. Rechnen. 1.—8. Aufl. gr. 8. (VIII, 328 S.) Ebendas. 876—78.

Beerholdt, Alexander, Arzt, geb. 1882. 1910: Über epidemisch aufgetretene Appendizitis in einer Erziehungsanstalt. Borna [usw.] 1910: Noske. 28 S. 8°
Zugleich Diss. Leipzig 1910. 21. 25. 101.
14.12843

Beerholdt, Alexander. 1890: Unser Creditwesen und dessen Schäden. — Dresden: M. A. Beerholdt 1890. 26 S. 8° 1:Stala 862. 12:Cam. 112ab/3. 106. 203.
14.12842

Beerholdt, E. R. A. s. *Beerholdt*, Alexander. 1910.

Beerin, Amalia s. *Beer*.

Beerius s. *Beer*.

Beerli, Hans, bacc. iur. a. Thal ⟨Kant. St. Gallen⟩ Schweiz: Die st. gallische und schweizerische Freizügigkeit. Borna-Leipzig 1905: R. Noske. (IX, 150 S.) 8°
Leipzig, Jur. Fak., Diss. v. 3. Aug. 1905
[Geb. 24. Apr. 80 St. Gallen; Wohnort: St. Gallen; Staatsangeb.: Schweiz; Vorbildung: Gymn. St. Gallen Reife O. 00; Studium: Genf 2, München 1, Berlin 2, Leipzig 3 S.; Rig. 18. Mai 04.]

Beerli, Hans:
Von Rügen bis Lappland. Reiseskizzen aus Skandinavien. St. Gallen: Fehr 1910. 124 S. 8° 101. 121. 205.
14.12846

Beerli, Hermann: Stadt und Landschaft Zürich. Vortrag. o. O. [1904]. 14 S. 8° 15.
14.12847

Beermann. — Carl Beermann, Fabrik für Militairfahrzeuge und Kriegsmaterial. — Berlin [um 1900]. 33 Taf. quer-8° 209.
14.12849

Carl Beermann, Maschinenfabrik-Berlin. Zur Erinnerung an das 50jährige Bestehen der Fabrik 1849–1899. (Vorr.: Ludwig Pietsch.) — (Berlin 1899: Schwartz). 4 Bl., 24 Taf. quer-4° 1: quer-4° Td 1378. 83.
14.12850

Beermann, Dr., Kreisrabbiner, Heilbronn. 1896 s. *Beermann*, Max.

Beermann: Die Holzzucht im dänischen Forstreviere Cdsherred. [Frankf. a. M. 1879]. (9) S. (Udsnit). 4°.

Beermann: Die Rheinbrücken bei Cöln. (69 m. Abb. u. 8 Taf.) 32,5×24,5 cm. Cöln, M Du Mont-Schauberg ('11). 7 —

Beermann, Carl, Fabrik für Militärfahrzeuge u. Kriegsmaterial. 1900 s. *Beermann*. — Carl Beermann, Fabrik für Militairfahrzeuge und Kriegsmaterial. Um 1900.

Beermann, Carl, Maschinenfabrik, Berlin. 1856 s. *Beermann*. — Carl Beermann, Maschinenfabrik-Berlin. Zur Erinnerung an das 50jährige Bestehen der Fabrik 1849–1899. 1899.

Beermann, Carl: Katalog Nr 504 über Fahrzeuge und Straßen-Reinigungsgeräthe. Berlin 1901

Beermann, Carl, Fabrik für landwirtschaftliche Maschinen und Fahrzeuge: Kataloge. Nr 558. 1894 ff. Berlin

Beermann, Carl: Ueber die Methoden der Wiederbelebung scheintodter Neugeborener. Halle [1868]: Lipke. 30 S. 8°
Halle-Wittenberg. Med. Diss. v. 14. Aug. [1868]
Geb. Everswinkel (Westf.) 28. 5. 1843. V.

— Verzeichniß nebst Abbildungen von Ackergeräthen und landwirthschaftlichen Maschinen eigener Fabrik. [Verkaufskat.] — Berlin 1856: (Trowitzsch). IV,81 S. 8° 10.
14.12864

Beermann, E., De dialecto Boeotica. Diss. 1876. 86 S.

Beermann, E.: Novilatiin ..., s. Beermann, Ernst

Beermann, E., Griechische Wörter im Lateinischen. S.-A. 1878. 16 S.

Beermann, [Ernst], Prof. Dr.: Ad summum gymnasii Erfordiensis discipulum. [Ode an den früheren Schüler d. Anstalt Reichskanzler Fürst v. Hohenlohe zum 80. Geburtstage.] *Erfurt 1900: F. Bartholomäus.* (S. 20—21.) 4°
Erfurt, k. G, OP 1900 (247)

Beermann, Ernst: Novilatiin, un essaje de proformaar il Latiin a un lingue ussabil al internasionaal relasioons de nostre tempor. Ein Versuch das Latein zu einer für den internationalen Verkehr unserer Zeit brauchbaren Sprache weiterzubilden. — Leipzig: Fock 1895. 60 S. 8° 12:L. rel. 2381 hx. 300:189.329-B. 302.
14.12852

— Die internationale Hilfssprache Novilatin. Ein Vorschlag. Leipzig: Dieterich 1907. 211 S. 8° 1:V 8646/10. 12:L. rel. 2381 i. 15. 24. 26. 28. 29. 117. 300:452.021-B. 302. 303.
14.12853

Beermann, Ernst [Dr.]: Studien zu Schleyers Weltsprache Volapük. Ratibor, Riedingers Buch- u. Steindr., 1890; 30 S. 4°
Ratibor, k. ev. G, OP 1890 (197)

Beermann, Ernst, Prof. Dr.: Zur Weltsprache-Frage. *Erfurt 1901: F. Bartholomäus.* (33 S.) 8°
Erfurt, k. G, OP 1901 (250)

Beermann, Eva, aus Schitkowitschi (Russland): Ueber die Ausscheidung von anorganischem und organisch gebundenem Brom durch den Urin nach Einfuhr organischer Brompräparate. II. Mitteilung. Berlin 1910. II + 7 S. 8°. [17. II. 09.]
Bern. Med. Diss. 1909/10.

Beermann, Franz: Praktische Anleitung zur Aufstellung von Rentverwandlungs- resp. Ablöse-Berechnungen, insbesondere zur richtigen Berechnung des jährlichen Werths der Gewinngelder... nach der Ablöse-Ordnung vom 13. Juli 1829. — Münster: Regensberg 1838. 47 S. 8°
1: Gr 14276. 6.
14.12854

— Practische Hülfs-Tabellen zum schnellen, leichten und genauen Berechnen des Geldwerths von preußischen Scheffeln und Metzen. — Münster: Regensberg 1838. VI,41 S. 4°
1: 4° Fg 6984. 60.
14.12855

Beermann, Georg [Referendar]: Findet die lex Aquilia bei Unterlassungen Anwendung? ... Berlin, Mayer & Müller, 1896; 39 S. 8.
Göttingen, Jur. Fak., Inaug.-Diss. v. [13. Febr.] 1896

Beermann, Heinrich: Handbuch zur Kenntniß des im Königreiche Westphalen neueingeführten Strafrechts in alphabetischer Ordnung entworfen. Bd 1. — Cassel 1811: Waisenhausbuchdr. VI,357 S. 8°
1: Ht 9329. 4. 7. 16. 23. 27. 34.
14.12861

— Handbuch zur Kenntniß d. im Königr. Westphalen eingeführten Strafrechts. 1r Bd. gr. 8. Marb. 812. Krieger. 1 ₰ 12 ℊ

Beermann, Heinrich, aus Walstedde i. W.: Kritische Studien über die neueren quantitativen Bestimmungsmethoden der Borsäure mit Einschluss der Turmalinanalyse. *Berlin (1898): G. Schade.* (37 S.) 8°
Erlangen, Phil. Diss. v. 20. Juli 1898

Beermann, Johann Heinrich: Grundsätze des heutigen deutschen Kriegs-Rechts. Th. 1, Abth. 1.2. — Lemgo: Meyer 1795. 8° 1: Gy 17701. 3. 7. 9. 14. 17. 21. 24. 28. 30. 32. 33. 34. 39. 47. 66. 208.
14.12862

— s.a. Versuch üb. d. Mißbrauch d. Eide.

[—] Versuch einer Betrachtung der wichtigen Folgen des Misbrauchs der Eide für den Staat, und der nothwendigen Mittel die Heiligkeit des Eides zu erhalten. — Hamburg: Bohn 1796. 443 [vielm. 143] S. 8°
8. 14. 19. 28. 32. 34. 45.
14.12863

Beermann, Joseph [app. Arzt aus Riesenbeck (Westfalen)]: Über primäre Tuberculose der Nasenschleimhaut.... Würzburg, Becker's Univ.-Buchdr., 1890; 28 S. 8°
Würzburg, Med. Fak., Inaug.-Diss. v. 1890

Beermann, K.: F a b r i k für Militairfahrzeuge u. Kriegsmaterial, s. B e e r m a n n . – Carl Beermann, Fabrik für Militärfahrzeuge und Kriegsmaterial.

Beermann, [Ludwig] (Baumeister) und Weber, [Hugo Karl Wilhelm Heinrich] (Baurat): Beschreibung des Gymnasium-Neubaues, seiner gesamten inneren Einrichtung und der Bauausführung. (Umschlagtitel: Beschreibung des neuen Schulgebäudes.) S. 13—26, 4 Taf. 4 Progr. Neues Gymn. *Bremen* 1907

Beermann, [Ludwig] (Baumeister) und Weber, [Hugo Karl Wilhelm Heinrich] (Baurat): Beschreibung des Realgymnasiums in Bremen und seiner inneren Einrichtung. (Umschlagtitel: ... des neuen Schulgebäudes.) S. 11—26, 12 Taf. 4. Progr.
Realgymn. *Bremen* 1907

Beermann, Max

— Die vier Engel des Versöhnungstages. Eine Kolnidre-Betrachtung. — Berlin 1902: Scholem. 8 S. 8°
47.
14.12871

— Festpredigten gehalten am Rosch-Haschana und Jomkippur 5664. — Insterburg: Hirsch [1903]. 21 S. 8°
47.
14.12873

— Sonne und Schild ist der Ewige! Festpredigten nebst e. Anh.: Sabbat- und Gelegenheits-Reden. — Frankfurt a. M. Kauffmann 1909. XII,478 S. 8°
30.
14.12872

Beermann, Max, zur Jahreswende. Festpredigten, geh. am Roschhaschana u. Jom Kippur 5666. (74 S.) 8. Berlin (905). (Frankfurt a/M., J. Kauffmann.) n. 1. —

— Das Judentum und seine Bedeutung. — Berlin: Arends & Mossner 1896. 29 S. 8°
1: Ez 15412. 30. 203.
14.12874

Beermann, Max, d. Judentum u. s. Bedeutung. gr. 8. (III, 29 S.) Berlin 896. Verl. der Correspondenz Gelb. n. — 50

Beermann, Max: Maimonides' Commentar zum Tractat Edujoth Abschnitt I, 1—12. Zum ersten Male im arabischen Urtext herausgegeben, mit verbesserter hebräischer Uebersetzung, deutscher Uebersetzung, Einleitung und Anmerkungen versehen. *Berlin 1897: H. Itzkowski.* (37, 10 S.) 8°
¶ (Enthält nur einen Theil der eingereichten Arbeit.)
Giessen, Phil. Diss. v. 1897

— Raschis Leben und Wirken. 2 Preisschriften von Dr. Beermann u. Dr. Doctor. — Worms: Kräuter in Komm. 1906. 36,33 S. 8° 1: Ex 4028/5. 12: Biogr. 943 os. 17. 18. 21. 26. 30. 36. 123. 207. 300: 452.739–B. 302.
14.12876

Beermann u. **Doktor,** Raschis Leben u. Wirken. 2 Preisschriften. (VI, 36 u. 38 S.) gr. 8. Worms 908. (H. Kräuter.) 1. 20

— Sabbat- und Gelegenheits-Reden. 1909
in: *Beermann:* Festpredigten.

– Sonne und Schild ist der Ewige!, 1909 in: B e e r m a n n : F e s t p r e d i g t e n .

Beermann, Max, die Stimme Jakobs, s.: Lehmann's jüdische Volksbücherei. 13—15.

Beermann, Osc., über Sarkoma uteri. Inaugural-Dissertation. gr. 8. (24 S.) Göttingen 876. (Vandenhoeck & Ruprecht.) n. — 60

Beermann, Siegmund

Der Name d. Verfassers erscheint meist in d. Form Sigismundus Bermannus.

Das von Christo denen Christen eingesetzet h. Abendmahl, von denen Wohldienenden, aber sehr schädlichen Anmerckungen eines so genandten treuwilligen Schuldners derer Freunde d. Warheit gerettet. — Wolfenbüttel: Freytag [um 1700]. 80 S. 8°
23.
14.12879

— Dissertatio epistolica, in qua ... Hermanni von der Hardt ... Programma de rebus Jonae placidae disquisitioni subiicitur. — Wolffenbuttelae: Freytag 1719. 78 S. 8°
1: 19 in Ak 804. 7. 12: Exeg. 91 p. 18. 27. 35.
14.12880

— Epistola ad amicum, in qua ... Hermanni von der Hardt ... Jonas in Carcharia examinatur. — Wolffenbuttelae: Freytag 1719. 32 S. 8° 1: 18 in Ak 804. 7. 12: Exeg. 91 p/1. 18. 19. 26. 27. 29. 35. 48.
14.12881

— Impietas atheistica scoptico-sceptica, detecta et confutata, cum praef. Adami Rechenbergii. 2. ed., corr. — Lipsiae: Foerster 1720. 28,524 S. 8°
7.
14.12882

Beermann, Sg., impietas atheistica scopticosceptica. 8. Hannov. Helwing. 780.

— Evangelicae rei Integritas Hardtiana, in negotio Jonae quatuor epistolis examinata. — Wolffenbuttelae: Freytag 1721. 125 S. 8°
7. 18. 19. 23.
14.12883

— Einige historische Nachrichten und Anmerckungen von der Graffschafft Pyrmont und ihren berühmten Saur-Brunnen. — Franckfurt [usw.]: Hauenstein in Hannover 1706. 79 S. 8° 1: Is 9119 [u.] 3 in 8° Bibl. Diez 887. 2. 4. 5. 7. 12: Germ. sp. 27 s [2 Ex.] 14. 15. 17. 18. 19. 23. 26. 29. 41. 300: • 69 O 108(3).
14.12884

Beermann, Wilhelm

Gruss an die gel. besuchenden Brüder, am Tage der fünfzigjährigen Jubelfeier der Loge „Zur Siegenden Wahrheit“ Or. Gleiwitz, den 19. April 1863. [Unterz.:] W. **Beermann.** Gleiwitz [1863]: Neumann. 2 Bl. 8⁰ [Umschlagtit.]
Tt. 2400. Lied ohne Noten: „Es strahlt ins Maurerleben ...“

Stentz, Theod.: [Lied.] Dem Br. Th. Stentz zur fünfzigjährigen Jubelfeier der Loge „Zur Siegenden Wahrheit“ Or. Gleiwitz, am 19. April 1863. [Unterz.:] W[ilh.] **Beermann.** Gleiwitz [1863]: Neumann. 2 Bl. 8⁰ [Umschlagtit.]
Abgedr. in: Bh. 6 (1863) S. 184.
Tt. 2401. Ohne Noten: „Die ihr für die siegende Wahrheit erglüht, ...“

Beern, Johann Christoph, s. Beer, Johann Christoph

Beers neuester Hamburger Führer, s.a. Beer, Carl
Beer's neuester hamburger Führer. Illustrirter (lithogr.) Plan von Hamburg (in gr. Fol.) nebst 12 maler. (lithogr.) Ansichten der Stadt und Umgegend, ein Inbegriff aller für Fremde wichtigen Notizen und dem Verzeichniss der vorzüglichsten Hôtels und Kaufläden. Hrsg. von Carl Beer. gr. 8. (35 S.) Hamburg 853, Beer. *

van Beers, Carolus Franciscus Gisbertus ⟨geb. am 19 Okt. 1805 in Ürdingen Rgbz. Düsseldorf⟩: De texturae organorum per inflammationem mutatione ... Bonnae, typ. P. Neusseri (1826). VI, 10 S., 2 Bl. 4.
Bonn, Med. Fak., Diss. v. 30 Nov. 1826

Beerstecher, Andreas Bernhard: Eigentliches Contrefait deß römischen Papsts, vorgestellet in fünff Streit-Fragen, 1. Ob der Römische Papst der Antichrist? 2. Ob er das Kirchen-Haupt? 3. Ober der Streit-Fragen Richter? 4. Ob er in Sprechung der Urtheil unfehlbar sey? 5. Ob er geistliche Versamlungen zu beruffen Macht habe? ... Zusamen getragen durch Christianum Alethophilum [d. i. Andreas Bernhard Beerstecher]. — [Stuttgart] 1709. 256 S. 8⁰ 24.
14.12931

Beerstecher, Jh. Dav., s. B. Guerard, Nachricht.

Beerus, Theophilus Sigefridus
s. *Bayer*, Gottlieb Siegfried.

Beerwald, C. (Hrsg.), s. Meierei-Zeitung, Deutsche.

Beerwald, E. (Red.), s. Pionier.

Beerwald, H. s. *Beerwald*, Hermann Friedrich Heinrich.

Beerwald, Hermann Friedrich Heinrich: Rechnungstafeln zur Berechnung der Abgaben für Tabaksflächen ... Nebst d. Gesetze über d. Tabackssteuer u. d. auf dasselbe Bezug habenden wichtigeren Erlassen. Ein Handbuch für Tabackspflanzer, Kaufleute, Fabrikanten u. Steuer-Beamte. — Danzig: Kafemann in Comm. 1875. 16 S. 8⁰ 1:4 in 4⁰ Ow 17200. 10.
14.12936

Beerwald, K., s. Beerwald, Konrad

Beerwald, K, s: Hesse's, Max, Bücherei d. modernen Wissens.

Beerwald, K., s.: Sozialreform.

Beerwald, Konrad
Beerwald, K. (Red.), s. Blätter für Volks-Gesundheitspflege.

— Jugendfrische im Alter. — München [usw.]: Oldenbourg 1910. 35 S. 8⁰ (Veröffentlichungen d. Deutschen Vereins für Volks-Hygiene. 20.)
1:Kr 392-20. 5. 11. 12:Pol. civ. 149 bf-20. 19. 22. 28. 31. 35. 38M. 62. 123. 203. 207. 302.
14.12938

— Das Arsenbad Levico in seiner therapeutischen Bedeutung. — Berlin: Deutscher Verl. 1903. 95 S. 8⁰
7. 11. 17. 24. 26. 39. 43. 47. 303. 304.
14.12939

— Das Turnen im Hause. Leibesübungen zur Förderung und Erhaltung der Gesundheit für Jung und Alt ... Zsgest. u. hrsg. von K. Beerwald u. Gustav Brauer. — Leipzig: Grieben 1892. VII,144 S. 8⁰ 30. 207.
14.12940

— — 2. Aufl. 1901. Ebd.

Das Turnen im Hause. Leibesübungen z. Förderung u. Erhaltung d. Gesundheit f. Jung u. Alt. In fortlaufender Reihenfolge zsgest. u. hrsg. von Dr. med. K[onrad] Beerwald, Arzt, Berlin, u. Gustav Brauer, Turnl., Leipzig. Mit 140 Abb. 2. Aufl. *München & Berlin: R. Oldenbourg (1901).* (VI, 162 S.) 8⁰ [ℳ.]
[02. 1316

— — 2. Aufl. München [usw.]: Oldenbourg [1902]. VI,162 S. 8⁰ 1:Kg 14271². 12:Gymn. 5 qm. 19. 24. 38M. 60. 202. 307.
14.12941

— — 3., verm. u. verb. Aufl. Ebd. [1905]. IX,222 S. 8⁰
1:N 09.251. 12:Gymn. 5 qn. 19. 38M. 46.
14.12942

— Die Ursachen und die Beseitigung der Kurpfuscherei. Vortrag. — Berlin: Coblentz 1903. 20 S. 8⁰
1:If 10938. 11. 28. 29. 30.
14.12943

Beerwald, K., s.: Veröffentlichungen des deutschen Vereins f. Volks-Hygiene.

Beerwald, Louis: Danzig. Neueste Holzhandelsgebräuche. Königsberg: Deutsche Holz-Zeitung [1895]. 40 S. 8⁰
Nebent.: Beerwald: Danziger Holzhandelsgebräuche.
1:Fg 4280/88. 10.
14.12946

Beerwald, Louis (Red.), s. Gärtnerzeitung, Königsberger.

Beerwald, L. (Red.), s. Holzhandel, Preussischer.

— Danziger Holzhandelsgebräuche. 1895
s. *Beerwald:* Danzig. Neueste Holzhandelsgebräuche.

Beerwald, Louis, s.: Holzhändler-Adressbuch.

Beerwald, L. (Hrsg.), s. Holzzeitung, Deutsche.

Beerwald, Louis (Hrsg.), Holzzeitung, Preussische.

Beerwald, Louis (Hrsg.), s. Müllerzeitung, Preussische.

— Usancen im Holzhandel der Haupthandels-Plätze. 16. (VI, 71 S.) Königsberg i/Pr. 891. L. Beerwald. n. — 78

— Usancen im Holzhandel der Haupthandels-Plätze. — Königsberg: Deutsche Holz-Zeitung 1891. VI,90 S. 8⁰
1:Fg 4280/76. 10.
14.12947

— Usancen im Holzhandel von Magdeburg, Thorn und Tilsit. — Königsberg: Deutsche Holz-Zeitung 1894. 32 S. 8⁰ 1:Fg 4280/84. 10. 208.
14.12948

Béesau, Abbé, Marquis Franz v. Beauvau, Priester der Gesellschaft Jesu. [1617—1669.] Nach dem Französ. 8. (192 S.) Paderborn 869, Junfermann'sche Buchh.

Beesbardis, Kasp., der Sprach- u. Bildungskampf in den baltischen Provinzen Russlands. Bautzen 865. (Leipzig,) Schmaler & Pech. gr. 8. (29 S.) 6 ngr.

Beese, Ernst, Medizinalprakt. a. Kirch-Kogel b. Marienhof: Aus d. Ohren- u. Kehlkopfklin. d. Univ. Rostock. Die Tuberkulose der Nasenscheidewand und ihre Behandlung. Rostock 1909: Adler. 30 S. 8⁰
Rostock, Med. Diss. v. 9. Juni 1910, Ref. Körner
[Geb. 3. April 84 Wilsen; Wohnort: Rostock; Staatsangeh.: Mecklenburg-Schwerin; Vorbildung: Realgymn. Güstrow Reife O. 04; Studium: Halle 1, Berlin 2, Rostock 5, München 3 S.; Coll. 10. Mai 09; Approb. 31. Mai 10.]
[U 10. 3895

Beese, Ernst Carl Theod. (Hamburg), De delirii trementis pathologia. Diss. med. Götting. (Gebr. Baier) 16. X. 1830. 40 S. (4.—) 1769
Oppon.: E. Stromeyer, C. Reinhold.

Beese, Friedrich, approb. Arzt aus Polle a. d. Weser: Zwei Fälle von Encephalopathia saturnina. *Leipzig 1900: B. Georgi.* (21 S.) 8°
Leipzig, Med. Diss. v. (28. Juli) 1900

Beese, Friedrich Wilhelm Heinrich Paul, s. Beese, Paul

Beese, Paul

Beese, *Friedrich Wilhelm Heinrich* Paul [aus Magdeburg]: Über die sogenannte prophylaktische Wendung ... Halle a. S., Hofbuchdr. v. C. A. Kaemmerer & C., 1894; 39 S., 1 Bl. 8.
Halle, Med. Fak., Inaug.-Diss. v. 1. März 1894

Beese, Wilhelm: Die neuhochdeutsche Schriftsprache in Hamburg während des 16. und 17. Jahrhunderts. *Kiel 1902: A. F. Jensen.* (23 S.) 4°
Kiel, R, P 1902 (325)

Beese, Wilhelm: Die neuhochdeutsche Schriftsprache in Hamburg während des 16. und 17. Jahrhunderts. 23 S. 4. Progr.
Realscnule *Kiel* 1902 (325).

Beese, Wilhelm, approb. Arzt aus Steinbeck b. Doberan: Woher stammt die im Urin ausgeschiedene Oxalsäure? wodurch wird sie in demselben gelöst gehalten, resp. wodurch wird sie zum Ausfallen gebracht? und welches ist die klinische Bedeutung der Oxalurie? *Rostock 1902: C. Hinstorff.* (88 S.) 8°
Rostock, Med. Diss. v. [10. Mai] 1902

Beesebinner, die. [Humoristischer Vortrag.] 1.—5. Tausend. 16. (2 S.) Kaiserslautern 889. Gotthold's Verl. n. — 10

Beesel, Michael

Beesel, M., letzte Aussagen des Somnambulen C. W. Köhn zu Suckczyn bei Danzig, über Seele und Seelenschwingungen über mehrere bibl. Aussprüche im alten und neuen Testament, namentlich über die Offenbarung Johannis und über das höhere himmlische Leben, nebst der im magnet. Schlaf gehaltenen Osterpredigt im J. 1851. Zugleich als Fortsetzung der Schrift: Mittheilungen des Somnambulen C. W. Köhn rc. 8. (IV und 175 S.) Danzig 851, (Homann's Kunsth.) *

— **Wortgetreue Aussagen mehrerer noch lebenden Somnambulen in der Gegend von Danzig über ihre höhere Wahrnehmung aller Geistesthätigkeit in den ätherischen Geistesgestalten ... Nebst 3 vollständigen, im magnetischen Schlaf gehaltenen Predigten und den erforderlichen Beleuchtungen der Aussagen. — Danzig: Homann in Comm. 1853. VI,218 S. 8°**
1:4 in Na 9611. 10. 44.
14.12980

Beesel, M., Belehrungen üb. die Entsteh., Verhüt. u. Heilung d. Stotterns, Stammelns, Polterns, Lispelns u. anderer Sprachfehler. gr. 8. (10¼ B.) Danzig 843, Homann's K.- u. Buchh. *

Beesel, M., Darstellung und Enthüllung des Somnambulismus, mit besond. Bezugnahme auf den Somnambulen Stahlschmiedegesellen Carl Wilh. Köhn, in Kl.-Suckczyn bei Danzig. 2 Theile. gr. 8. (IV und 113 S.) Danzig 850, Homann's Buchh. *

Beesel, M., der Lebensmagnetismus, oder: Verbindung der schwingend-gestaltenden Geistes- und Lebenskräfte mit den Schwingungen und Strömungen des Aethers, und Zurückführung aller Naturkräfte auf das einfache Naturgesetz: Der unendliche Raum sucht sich in allen einzelnen Theilen gleichmäßig mit Aether zu füllen, wodurch in letzterem Schwingungen und Strömungen entstehen, durch welche die gebundenen, todten Massen bewegt und belebt werden. Gegründet auf die Aussagen mehrer Hellsehenden und auf die Erscheinungen in der Natur und im Geiste. gr. 8. (IV und 255 S.) Danzig 858, (Homann's Buchh.) *

—— **Mittheilungen des Somnambulen C. W. Köhn zu Suckczyn bei Danzig über die Art und Weise seiner erhöhten Wahrnehmung aller geistigen Thätigkeit, über Gegenwart und Zukunft rc. nebst einer vielseitigen Beleuchtung dieser Mittheilungen. 8. (132 S.) Danzig 851, Homann's Buchh.** *

Beesel, Otto (Reinhold) (geb. Schöneck in Westpr. 4. 12. 1842): De empyemate ejusque cura. Berolini (1866). (32 S.) 8°
Berlin, Med. Diss v. 18 Dez. 1866

Beeskow [Schlagwort]

Beeskow, s.: Deutschland. Karte (Abt. Preussen).

Beeskow, s.: **Deuschland. Kürschner-Pelp.**

Beeskow, s.: **Preussen.** Messtischblätter.

Beeskow [Verfasser]

Beeskow: De sedibus Cheruscorum, s. Beeskow, Joachim Friedrich Bernhard

Beeskow, Albert [pract. Arzt aus Eberswalde]: Zur Kenntniss des Tremor mercurialis .... Erlangen, Druck d. Univ.-Buchdr. v. Junge & Sohn, 1888; 49 S. 8°
Erlangen, Med. Fak., Inaug.-Diss. v. 1888

Beeskow, Fr., Uebungsstücke zum Uebersetzen aus dem Deutschen ins Lateinische für die ersten Anfänger, nebst einer Anzahl leichter Erzählungen, Fabeln und Gespräche, mit genauem Anschlusse an die latein. Uebungsstücke von E. Bonnell aus dem Nachlaß des Prof. Ferd. Schmidt geordnet und vervollständigt hrsg. 8. (IV und 268 S.) Berlin 854, Th. Enslin. *

Beeskow, Fr., Uebungsstücke zum Uebersetzen aus dem Deutschen ins Lateinische für die ersten Anfänger, nebst einer Anzahl leichter Erzählungen, Fabeln u. Gespräche, mit genauem Anschlusse an die Lateinischen Uebungsstücke von E. Bonnell aus dem Nachlaß des Prof. Fd. Schmidt geordnet u. vervollständigt herausg. Berlin 855. Th. C. F. Enslin. 8. (2 Bl., 268 S.) n. 16 *ngl*

Beeskow, Fr., Uebungsstücke zum Uebersetzen aus dem Deutschen ins Lateinische für die ersten Anfänger hrsg. 2. Aufl. 8. (IV und 268 S.) Berlin 863, Th. Enslin. *

Beeskow, Fr., Uebungsstücke zum Uebersetzen aus dem Deutschen ins Lateinische für die ersten Anfänger. 3. Aufl. 8. (IV, 227 S.) Berlin 868, Th. C. F. Enslin. *

Beeskow, Fr., Uebungsstücke zum Uebersetzen aus dem Deutschen ins Lateinische für die ersten Anfänger. 4. Aufl. gr. 8. (IV, 227 S.) Berlin 876, Enslin. *

Beeskow, Joachim Friedrich Bernhard: Die Insel Cephalonia. — Berlin 1860: Nauck. 34 S. 4°
Zugleich Progr. Berlin, Friedrichs-Werdersches G. 1860.
12:4° H.gr. 7f. 24. 169. 205.
14.12984

Beeskow, De sedibus Cheruscorum. Berlin 1844. 4.
Progr. Friedrichs-Werder-Gymn. (D.)

Beeskow, Johann Friedrich: Hundertjährige Liste der Getauften, Getrauten, Communicanten und Gestorbenen in der Parochie der Peters-Kirche zu Cölln an der Spree von Neujahr 1700 bis dahin 1800. — Berlin [1801]: Petsch. 4 Bl. 8° 1:an Td 2950.
14.12985

Beeskow-Storkow [Schlagwort]

Beeskow-Storkow, s.: Potsdam, Reg.-Bez.

Beeskow-Storkow, Kreis [Schlagwort]

Beeskow-Storkow, Kreis. Baron, Paul, Special-Karte des Kreises Beeskow-Storkow, Reg.-Bez. Potsdam. Gänzlich neu bearb. Aufl. Amtlich geprüft von den Lehrer-Vereinen des Kreises. 1 : 100,000. 49×60 cm. Farbdr. Storkow (900). G. Bauer. n. 1.—

— **Kreiskarte Beeskow-Storkow,** Reg.-Bez. Potsdam. (Umschlag: Spezialkarte.) Gänzlich neu bearb. Aufl. Amtlich geprüft v. Lehrerverein des Kreises, 1 : 100,000. 49×60 cm. Farbdr. Ebd. (900). n. 1.—

Beeson, Charles Henry (Hrsg.), s. Hegemonius.

Beest, IJ, s.: Anecdota from Irish manuscripts.

Beesten, C[arl] von, aus Lingen: Ein Fall von Polyneuritis recurrens. *Göttingen 1898: E. Hofer.* (28 S.) 8°
Göttingen, Med. Diss. v. [27. Sept.] 1898

Beesten, H[einrich] A[lexander] v., approb. Arzt aus Lingen: Casuistischer Beitrag zur Lehre von der Magenverletzung. *Leipzig 1902: A. Edelmann.* (29 S.) 8°
Leipzig, Med. Diss. v. (4. Jan.) 1902

Beesten, Werner
Beesten, W. v., Änderung des Berggesetzes zum Schutze der Landwirtschaft. Zwei Petitionen an das Herrenhaus u. das Abgeordnetenhaus zu Berlin m. ausführl. Begründg. (44 S.) 8. Lingen 905. R. van Acken. n. — 75

Beesten, Werner v.: Beiträge zur Characteristik des Kulturkampfes und seiner Folgen. Actenstücke. — Lingen 1883: v.d. Velde Veldmann. 156 S. 8° **1: Sm 6521. 35. 60.**
14.13009

— Petition betreffend Aenderung des Berggesetzes zum Schutze der Landwirtschaft. — Meppen [1905]: Bernsen. 5 S. 8° **32.**
14.13010

— Die Währungsfrage. Eine volkwirtschaftliche Skizze. Berlin: Simion 1883. 52 S. 8°
1: Fh 5544. 11. 35. 43. 60. 205.
14.13011

Beet, Joseph Agar:
[Holiness symbolic and real, deutsch] Heiligung und Heiligkeit in Sinnbild und Wirklichkeit. Eine Bibelstudie. Uebers. von Bernhard Haake. — Nürnberg: Martha-Maria-Verein; Bremen: Traktathaus in Komm. [1912]. VI, 136 S. 8° **12: Exeg. 91 qb. 29. 46. 75. 101.**
14.13019

Beethordnung. — **Neu aufgerichtete Beeth- u. Steuer-Ordnung des Heil. Reichs-Stadt Schwäb. Hall. — (Schwäb. Hall) 1712: G. M. Mayer. 31 S. 8° 7. 24.**
14.10693

Neu revidirte Beeth- und Steuer-Ordnung des Heil. Reichs-Stadt Schwäb. Hall. — (Schwäb. Hall) 1739: G. M. Majer. 31 S. 8° 21. 24.
14.10694

Beethoven [Sachliches OW]
Beethoven..., s.a. Beethovens...

Beethoven. Ein Künstlerleben. 1887, s. Rauh, Heribert.

Beethoven. Blätter für Tonkunst und Dichtung. Hrsgeg. von Johann Theimer.
Olmütz 1905: Kullil.
Jg. 1. 1905, Nr. 1-6.

Beethoven. Blätter f. Tonkunst u. Dichtung. Hrsg. u. Leiter: Joh. Theimer. 1. Jahrg. 1905. 6 Nrn. (à ca. 16 S.) 4. Olmütz (Elisabethstr. 33), Redaktion. à Nr. n. — 80

Beethoven und Himmel. [Wiener Sonntagsblätter, hgbn. von L. A. Franke 1845, S. 948.] V: *Lyser, Joh. Peter.* S. A. (Friedrich Hirth: J. P. Lyser. München u. Leipzig 1911. S. 564)

Museum der bildenden Künste in Leipzig. Max Klingers Beethoven. Kurze Erläuterung. 4. Aufl. — Leipzig: (J.J. Weber) 1907. 7 S. 8° **300: 575.783-B.M.**
15.

— 7. Doppel-Aufl. Ebd. [um 1910]. 7 S. 8° ● **17.**
15.

Beethoven, Ludw. van. Eine biograph. Skizze von O. Keller, s.a. Salonbibliothek, musikalische.

Beethoven, Ludwig van. Vom Verfasser des «Vater Doles». In: Neue Zeitschrift für Musik 1834, Nr. 31—37. S. A. V: *Lyser, Johann Peter.* (Friedrich Hirth: J. P. Lyser. München u. Leipzig 1911. S. 546.)

Ludwig van Beethoven. Ein dramatisches Charakterbild ... zur Feier von Beethoven's hundertjährigem Geburtstage ... Von e. Bonner. — Leipzig: Leiner 1870. 115 S. 8° **1: Ys 16454. 5. 12: P.o.germ. 86 l. 14. 38.**
15.

Ludwig van Beethoven. Denkschrift in Rede u. Dichtung zur Erinnerung an d. Säcular-Vorfeier d. Tonmeisters am 16. Dec. 1870. — Dresden: Meinhold [1871]. 39 S. 8°
14. 24.
15.

Ludwig van Beethoven. 1888, s. Wasielewski, W.J.v.

L[udwig] van Beethoven. Quartett in F dur nach seiner E dur-Klavier-Sonate op. 14 No 1. Rev. von Dr. W[ilhelm] Altmann. [4 Stimmen.] Leipzig: Breitkopf & Härtel (1905). 4 Bde 4° [Umschlagt.]
(Breitkopf & Härtel's Kammermusik-Bibliothek. No 191, 192.) [05.13326

—— in seinen Beziehungen zu Musikern u. Dichtern, s. Gerhard, L.

Beethoven, Ludw. van, als Mensch und Künstler, s. Jahn, C. F.

Beethoven [Schlagwort]
Joseph Danhauser und Beethoven, s. Frimmel, Thdr. v.

Musikalische Lebens- und Charakterbilder, s. Gumprecht, Otto.

Thematisches Verzeichnis der im Druck erschienenen Werke von Ludwig v. Beethoven, s. Nottebohm, E.

Beethoven [Verfasser]
Beethoven, J. L. van s. *Beethoven,* Ludwig van.

Beethoven, Louis v., s. Beethoven, Ludwig.

Beethoven, Ludwig van
Die musikalischen Werke Beethovens im eigentlichen Sinne sind im folgenden nicht berücksichtigt. Die Programme zu Aufführungen Beethovenscher Musik haben nur soweit Aufnahme gefunden, als sie zugleich als Textbücher wichtig sind oder wertvolle Erläuterungen zur Musik Beethovens enthalten.

– Arien und Gesänge aus..., s. unter dem Titel des jeweiligen Werkes.

— s. *Aufruf.* — Verein Beethoven-Haus in Bonn. Aufruf. 1889.

— Der glorreiche Augenblick. Cantate. Gedichtet von Aloys Weißenbach. [Textb.] — o.O. 1814. 11 S. 8°
12: P.o.germ. 1689-28 [2 Ex.] 24. 300: 2632-A.
15.

Beethoven, L.v.: Der glorreiche Augenblick. Gedicht v. Dr. Aloys Weissenbach. Kantate für 4 Solostimmen, Chor u. Orchester v. L[udwig] v. Beethoven. Op. 136.
Leipzig: Breitkopf & Härtel 1892.
(8 S.) 8°
= Textbibliothek, Breitkopf & Härtel's No. 302.

— Der glorreiche Augenblick. Gedicht von Aloys Weißenbach. Kantate ... Op. 136. — Leipzig [um 1900]. 8 S. 8° (Breitkopf & Härtel's Textbibliothek. 302.)
1: Mus. T 111-302. 5.
15.

— Beethoven im eigenen Wort von Friedrich Kerst. Berlin [usw.]: Schuster & Loeffler 1904. 213 S. 8°
1: Mus. Db 693. 5. 11. 12: Mus. Th. 339. 14. 16.
300: 441.097-A.M. 7. 302.
15.

— s. *Beethoven-Album.* 1846.

— s. *Beethoven-Album,* Erstes poetisches. 1872 u.ö.

— Neue Beethovenbriefe. Hrsg. u. erl. von Alfred Christlieb Kalischer. — Berlin [usw.]: Schuster & Loeffler 1902. VIII, 214 S. 8° **1: Mus. Db 513. 3. 5. 9. 10. 11. 12: Mus. Th. 338. 14. 15. 17. 24. 30. 300: 422.286-B. 302.**
15.

— Beethoven-Briefe an Nicolaus Simrock, F.G.Wegeler, Eleonore v.Breuning und Ferd.Ries ... Hrsg. von Leopold Schmidt. — Berlin: Simrock 1909. XXVIII,122 S. 8°
1:Mus.Db 522. **2. 3. 5. 10. 11. 12:**Mus.Th.341bd. **14. 15. 17. 18. 21. 24. 30. 30. 300:**462.507-B.M. **302.**
15.

— s. *Beethoven-Monument* in Heiligenstatt bei Wien. 1863.

– Begleitung zu ..., s. unter dem Titel des jeweiligen Werkes.

— Briefe. Hrsg. von Ludwig Nohl. Stuttgart: Cotta 1865. XXIV,371 S. 8°
1:Mus.Db 504. **2. 3. 5. 7. 8. 12:** Mus. Th. 334-1. **14→17. 21. 24. 26. 30. 38. 61. 300:**395.605-B.M. **302.**
15.

— Briefe. In Ausw. hrsg. von Karl Storck. (Stuttgart: Greiner & Pfeiffer [1905].) VII,330 S. 8° (Bücher d. Weisheit u. Schönheit.) **1:**Mus.Db 516. **5. 12:**Mus.Th.340. **14. 15. 16. 24. 30. 302.**
15.

— Briefe. In Ausw. hrsg. von Albert Leitzmann. Leipzig: Insel-Verl. 1909. XX,299 S. 8°
1:Mus.Db 521. **12:**Mus.Th.341be. **18. 24. 27.**
15.

— In Ausw. hrsg., eingel. u. erl. von Wolfgang A. Thomas-San-Galli. — Halle: Hendel [1910]. VI,210 S. 8° (Bibliothek d. Gesamtliteratur d. In- u. Auslandes. 2191/2194.)
1:X 8366-2191/2194. **3. 5. 101.**
15.

— Die Briefe Beethovens. Ausgew. von Curt Sachs. Berlin: Bard 1909. 271 S. 8° (H[ortus] d[eliciarum].)
1:Ag 7241/45-11. **11.**
15.

— Briefe an Marie Gräfin Erdödy, geb. Gräfin Niszky, und Mag. Brauchle. Hrsg. von Alfred Schöne. — Leipzig: Breitkopf & Härtel 1867. 28 S. 8° **1:**Mus.Db 500. **7. 12:**Mus.Th.336. **14. 15. 18. 30. 38. 302.**
15.

— neue Briefe. Nebst einigen ungedruckten Gelegenheitscompositionen u. Auszügen aus seinem Tagebuch u. seiner Lectüre. Hrsg. von Ludw. Nohl. Ebend. 868. gr. 8. (XVIII, 312 S.) 2 ℛ

— Neue Briefe Beethovens. Nebst einigen ungedruckten Gelegenheitscompositionen u. Auszügen aus seinem Tagebuch u. seiner Lectüre. Hrsg. von Ludwig Nohl. — Stuttgart: Cotta 1867. XVIII,312 S. 8°
1:Mus.Db 505. **5. 7. 8. 12:**Mus.Th.334-2. **14→18. 24. 26. 27. 29. 30. 38. 61. 300:**395.602-B.M. **302.**
15.

— Sämtliche Briefe. Kritische Ausg. mit Erl. von Alfr. Chr. Kalischer. Bd 1-5. — Berlin [usw.]: Schuster & Loeffler 1906-08. 8° **1:**Mus.Db 517. **5. 12:**Mus.Th.341. **14. 16. 17. 21. 24. 30. 38. 61. 300:**447.456-B.M.
15.

(F) Beethoven, L. v., Sämtliche Briefe und Aufzeichnungen 3 Bde. Gr.-8°. (XVIII, 374, XVI, 376, XV, 302 S.) à K 6.- Wien: Stern 1907?

— Sämtliche Briefe. Kritische Ausg. mit Erl. von Alfr. Chr. Kalischer. (2.3: Neu bearb. von Th. v. Frimmel.) 2. Aufl. Bd 1-3. — Berlin [usw.]: Schuster & Loeffler 1909-11. 8°
1. 1783 bis 1810. 1909. 2. 1811 bis 1815. 1910. 3. 1816 bis 1818. 1911.
1:Mus.Db 517². **6. 11. 12:**Mus.Th.341a. **14. 24. 30. 300:**467.075-B.M.
15.

— Sämtliche Briefe. Nebst e. Auswahl von Briefen an Beethoven. Hrsg. von Emerich Kastner. — Leipzig: Hesse [1910]. IV,957 S. 8°
1:Mus.Db 524. **2. 5. 9. 12:**Mus.Th.341bdm. **17. 18. 21. 91. 300:**473.994-A.M. **302.**
15.

— Sämtliche Briefe und Aufzeichnungen. Hrsg. u. erl. von Fritz Prelinger. (Bd 1-5.) — Wien [usw.]: Stern 1907-11. 8°
1. 1783-1814. 1907. 2. 1815-1822. 1907. 3. 1823-1827. 1907. 4. Nachträge. 1909. 5. Nachträge. Erläuterungen. 1911.
1:Mus.Db 518. **2→8. 12:**Mus.Th.341b. **14. 16. 21. 24. 25. 29. 30. 82. 300:**448.648-B.M. **302.**
15.

— Zwei Briefe an Goethe. Der historischen Gesellschaft zu Basel am 7. Jan. 1892 vorgelegt von Rudolf Kögel. — Basel: Schweighauser 1892. 23 S. 8° **29.**
15.

— Aus Beethoven's Briefen. Zur Charakteristik d. Meisters. Von Joseph Schlüter. — Leipzig: Engelmann 1870. 112 S. 8° **1:**Mus.Db 508. **7. 10. 12:**Mus.Th.3023. **17. 300:**69.098-B.
15.

Christus am Ölberg

Textdichter: Franz Xaver Huber

— Christus am Oelberge. Oratorium. [Textb.] o.O. [nach 1803]. 2 Bl. 8° **9.**
15.

— Christus am Oehlberge. Oratorium. [Textb.] o.O. [nach 1803]. 4 Bl. 8° **1:**Mus.Tb 400/1.
15.

— Christus am Oelberge. Ein Oratorium. [Textb.] o.O. [nach 1803]. 4 Bl. 8° **1:**Mus.Tb 400/3.
15.

— Christus am Oelberge. Oratorium. [Textb.] o.O. [nach 1803]. 8 S. 8° **1:**Mus.Tb 400.
15.

— Christus am Oelberg. Ein Oratorium. [Textb.] München 1812: Hübschmann. 12 S. 8°
12: Don. Lud. LVI,20.
15.

— Christus am Ölberge, Oratorium. [Textb.] St. Petersburg 1813: Iversen. 13 S. 8° **1:**in Mus. 8558a.
15.

— Christus am Oehlberge. Ein Oratorium von Franz Xaver Huber. [Textb.] — Wien 1815: v. Schmidbauer. 15 S. 8° **28.**
15.

— Christus am Oelberg. Ein Oratorium. [Textb.] München 1818: Hübschmann. 12 S. 8° **12:**Don.Lud.LVI,21.
15.

— Christus am Oelberge, Oratorium. [Textb.] Glogau [um 1820]: Günther. 4 Bl. 8° **2.**
15.

— Christus am Oehlberge. Großes Oratorium. [Textb.] Linz [um 1830]: Eurich. 8 S. 8° **300:**32.263-B.M.
15.

— Christus am Oehlberge. Oratorium. [Textb.] Wien 1832: Wallishausser. 8 S. 8° **300:**32.260-A.M.
15.

— Christus am Oelberge, Oratorium. [Textb.] Darmstadt 1833: Stahl & Bekker. 8 S. 8° **17.**
15.

— — Königsberg 1833: Hartung. 12 S. 8° **10.**
15.

— Christus am Oelberg. Ein Oratorium. [Textb.] München 1834: Rösl. 12 S. 8° Don. Lud. LVI,22 [2 Ex.]
15.

— Christus am Oelberge. Oratorium. [Textb.] Deßau 1835: Heybruch. 8 S. 8° **27.**
15.

— — (Rastenburg [1836]: Haberland.) 8 S. 8° **10.**
15.

BEETHOVEN, LUDWIG VAN: Christus am Oelberge. (Text von Franz Xaver Huber). Textbuch. Preßburg 1838: Wigand. 8 S. - 200 mm
- Dass. m. d. Zusatztitel: Oratorium. Aufgeführt durch den Pest-Ofner Gesang-Verein zu Pest. Pest 1859: Müller. 8 S. - 8°

— Christus am Oehlberge. Oratorium. [Textb.] Wien 1838: Pichler. 7 S. 8° **300:**32.262-B.M.
15.

— Christus am Oehlberge. Oratorium. Text von Göthe [vielm. Franz Xaver Huber]. [Textb.] — Karlsbad 1841: Franieck. 4 Bl. 8° 300:32.261-B.M.
15.

— Christus am Oelberg. Oratorium. [Textb.] Trier 1846: Lintz. 8 S. 8° 38.
15.

— Christus am Oehlberge. Oratorium. [Textb.] Wien 1849:Pichler. 7 S. 8° 302.
15.

— Christus am Oelberge. Oratorium. [Textb.] Dresden [um 1850]:Meinhold. 8,12 S. 8°
Beigedr.: [Wagner, Richard]: Neunte Symphonie mit Schluß-Chor über Schillers Ode: 'An die Freude' von Ludwig van Beethoven [Programm zur Neunten Symphonie]. o.J.
1:Mus. Tb 400/2.
15.

— Christus am Oelberge. [Textb.] [Hamburg um 1850.] 4 Bl. 8° 18.
15.

— Christus am Oehlberge. Oratorium. [Textb.] Wien 1853:Pichler. 9 S. 8° 302.
15.

— — Ebd. 1861 9 S. 8° 11. 300:51.032-B. 302.
15.

— Christus am Ölberge. Oratorium. Neu rev. Text, mit Einl. u. Anm. von W. Lackowitz. — Berlin [1886]. VI, 7 S. 8° (Gustav Mode's Text-Bibliothek. 220.)
1:Mus. T 110-220.
15.

— Christus am Oelberge. Oratorium. Op. 85. Leipzig [um 1890]. 8 S. 8° (Breitkopf & Härtel's Textbibliothek. 101.) 1:Mus. T 111-101. 5.
15.

— Denkschrift und bekräftigte Wahrnehmungen, durch die in Wien tagende internationale Musik-Ausstellung daselbst befindlichen Handschriften, Jos. Haydn, Mozart und Beethoven. 1892 s. *Austerlitz*, Siegmund.

Egmont

— Declamatorische Begleitung zu Beethoven's Musik zum Egmont. Von Friedrich Mosengeil. — Hamburg 1854: Nestler & Melle. 14 S. 8° 18.
15.

— Declamatorische Begleitung zu Beethoven's Zwischenacten zu Göthe's Trauerspiel: Egmont. Von Friedrich Mosengeil. — Berlin 1833:Krause. 16 S. 8°
1:Mus. Tb 401.
15.

— Poetische Erläuterung der Musik von Ludwig van Beethoven zu Goethe's Egmont von Friedrich Mosengeil. Leipzig:Breitkopf & Härtel 1848. 16 S. 8° 11. 27.
15.

— Poetische Erläuterung der Musik von Ludwig van Beethoven zu Goethe's Egmont von Friedrich Mosengeil. 2. Abdr. — Leipzig:Breitkopf & Härtel 1874. 16 S. 8°
14.
15.

— Poetische Erläuterung der Musik von Ludwig van Beethoven zu Goethe's Egmont von Friedrich Mosengeil. Leipzig [um 1880]. 16 S. 8° (Breitkopf & Härtel's Textbibliothek. 73.) 1:Mus. T 111-73. 5. 18.
15.

— Lieder zu Goethe's Egmont nebst verbindendem Texte von Michael Bernays. Musik von L. v. Beethoven. — Leipzig [um 1880]. 11 S. 8° (Breitkopf & Härtel's Textbibliothek. 71.) 1:Mus. T 111-71. 5. 14. 24.
15.

— Musik zu Goethe's Egmont, s. Breitkopf und Härtel's Textbibliothek

— Egmont's Traum. Gedicht von W. Willibald, als declamatorische Begleitung d. Beethoven'schen Musik zu Göthe's Egmont, mit 6 Traumbildern. — Hamburg 1856: Ackermann & Wulff. 14 S. 8° 18.
15.

– Zur Erinnerung an die Beethoven-Sammlung in Heiligenstadt bei Wien, s. Beethoven: Das Heiligenstädter Testament.

– Erläuterung zu . . . , s. unter dem Titel des jeweiligen Werkes.

[F. u. Ant.] Erlkönig. The Erl-King. '(Goethe.)' The English version by Harry Brett. Nach e. Skizze v. . . . L[udw.] v. Beethoven. Ausgef. v. . . . Reinhold Becker. Orig.-Tonart in D-moll . . . *Leipzig: J. Schuberth & C. 1897.* (13 S.) 1 Bd 4.
= Edition Schuberth. No 4028. [98. 98a

Fantasie

— Gesänge zur Fantasie für das Pianoforte mit Begleitung von Solo- u. Chorgesang u. Orchester ⟨op. 80⟩, u. Gesänge zum 4ten Satz von L. v. Beethoven's 9ter Symphonie ⟨D moll,op. 125⟩. [Textb.] — Breslau [1840]: Graß, Barth & Co. 2 Bl. 8° 2.
15.

Fidelio

Der Beethovenschen Komposition liegt eine deutsche Übersetzung von Bouilly, Jean Nicolas: Léonore, ou l'amour conjugal zugrunde, die von Josef Ferdinand Sonnleithner stammt und u.a. von Georg Friedrich Treitschke überarbeitet wurde.

— Gesänge zu der Oper: Fidelio. Frey nach d. Franz. bearb. von Joseph Sonnleithner . . . Musik von Ludwig van Bethoven. [Textb.] — o. O. [um 1805]. 32 S. 8°
1:Mus. Tb 402.
15.

— Fidelio. Eine Oper . . . Frey nach d. Franz. bearb. von Joseph Sonnleithner. Die Musik ist von Ludwig van Bethoven. [Textb.] — Wien:Pichler 1805. 59 S. 8°
7. 300:440.778-A. 242 [2 Ex.]
15.

— Arien und Gesänge aus: Fidelio. Eine Oper . . . nach d. Franz. von F. Treitschke. [Textb.] — Frankfurt am M. 1814. 32 S. 8° 17. 30.
15.

— Gesänge und Chöre aus: Fidelio. Oper . . . aus d. Franz. von Treitschke. Musik von L. von Bethoven. [Textb.] — o. O. [um 1815]. 40 S. 8° 1:Mus. Tb 402/1.
15.

— Arien und Gesänge aus Fidelio. Singspiel . . . Nach d. Franz. neu bearb., von F. Treitschke. In Musik gesetzt von Ludwig v. Bethoven. [Textb.] — Berlin [um 1815]. 45 S. 8° 1:Mus. Tb 402/3. 28.
15.

— Fidelio. Große Oper . . . Nach d. Franz. von R. Treitschke. [Textb.] — Nürnberg:Riedel 1832. 24 S. 8°
12:Coll. Her. 527 a.
15.

— Fidelio. Oper . . . Frei nach d. Franz. Neu bearb. 1814 für d. k. k. Hoftheater nächst d. Kärnthnerthore. [Textb.] Wien:Wallishausser 1835. 68 S. 8° 12:Coll. Her 527.
15.

— Fidelio. [Textb.] Danzig 1836:Botzon. 12 S. 8° (Alberti, Karl Edmund Robert: Programm zur . . . Opern-Aufführung am Pianoforte durch Dilettanten. 4.)
1:Mus. Db 1000. 10.
15.

— Text der Gesänge aus: Fidelio. Oper . . . Nach d. Franz. von F. Treitschke. — Frankfurt a. M. 1836: Heller & Rohm. 32 S. 8° 17.
15.

— Fidelio: An opera . . . In German and Engl. . . . 2.ed. [Textb.] — London:Schloss [um 1845]. 59 S. 8° (Manager's Edition.) 17.
15.

— Arien und Gesänge aus der Oper: Fidelio. [Textb.] — Hamburg [um 1850]:Nestler. 40 S. 8° 18.
15.

— Fidelio. Oper ... Frei nach d. Franz. ... Neue Aufl. [Textb.] — Wien: Wallishausser 1854. 52 S. 8°
300:51.832-B.M.
15.

— Fidelio. Oper ... Frei nach d. Franz. [Textb.] Ebd. [um 1860]. 58 S. 8° **302.**
15.

— Neue Aufl. [Textb.] Ebd. [um 1860]. 58 S. 8°
300:51.874-B.M. **302.**
15.

— Fidelio. Oper ... Der Text für d. Schultheater bearb. Aufzuführen von d. Schülern d. Klosterschule in Einsiedeln. [Textb.] — Einsiedeln 1865: Benziger. 23 S. 8° **15.**
15.

— Arien und Gesänge aus Fidelio. Oper. [Textb.] Berlin: Uthemann & Müller [um 1870]. 16 S. 8°
1:Mus.Tb 402/2.
15.

— Fidelio. Oper ... von R. Treitschke. Text d. Gesänge. Leipzig [um 1870]: J. F. Fischer. 31 S. 8° **17.**
15.

— Fidelio. Große heroische Oper ... von R. Treitschke. [Textb.] — Wiesbaden: Friedrich [um 1870]. 20 S. 8° **61.**
15.

— Fidelio. Oper ... Text nach d. Franz. von Treitschke. Text zu d. Gesängen. — München 1872: C. Wolf. 32 S. 8°
1:Mus.Tb 402/22.
15.

— Königliche Schauspiele. Arien und Gesänge aus: Fidelio. Oper ... Nach d. Franz. neu bearb. von F. Treitschke. [Textb.] — Berlin 1874: (v. Decker). 40 S. 8°
1:Mus.Tb 402/18.
15.

— Fidelio. Oper ... Text nach d. Franz. von Treitschke. Text zu d. Gesängen. — München 1874: C. Wolf. 32 S. 8°
12:L.eleg.m.1040sb.
15.

— — Nach e. franz. Stoffe von Georg Friedr. Treitzschke. Neu rev. Text d. Gesänge ... von Hermann Mendel. — Berlin [um 1875]. 24 S. 8° (Gustav Mode's Opern-Text-Bibliothek. 15.) **1**:Mus.T 108-15. **17. 24. 30. 302.**
15.

— — Nach d. Franz. von Georg Friedrich Treitzschke. [Textb.] — Ebd. [um 1875]. 40 S. 8°
1:Mus.Tb 402/12.
15.

— Fidelio. Oper ... von R. Treitschke. Text d. Gesänge. — Leipzig: Fischer & Kürsten in Comm. [um 1875]. 22 S. 8°
15 [defekt].
15.

— Königliche Schauspiele. Arien und Gesänge aus: Fidelio. Oper ... Nach d. Franz. neu bearb. von F. Treitschke. [Textb.] — Berlin 1877: (v. Decker). 40 S. 8°
1:Mus.Tb 402/4.
15.

— Fidelio. Oper ... Nach d. Franz. neu bearb. von F. Treitschke. [Textb.] — Berlin: Kühling [um 1880]. 20 S. 8° **1**:Mus.Tb 402/19.
15.

— Textbuch zu: Fidelio, Oper ... Nach d. Franz. bearb. Breslau: Graß, Barth & Co. [um 1880]. 24 S. 8°
1:Mus.Tb 402/5.
15.

— Gesänge und Chöre aus: Fidelio. Oper ... aus d. Franz. von Treitschke. [Textb.] — (Dresden [um 1880]: Meinhold.) 38 S. 8° **14.**
15.

— Fidelio. Oper ... aus d. Franz. von Treitschke. [Textb.] Ebd. [um 1880]. 40 S. 8° **1**:Mus.Tb 402/7.
15.

— Fidelio. Oper ... von R. Treitschke. Text d. Gesänge. Hamburg: Christians & Schultheis [um 1880]. 20 S. 8° **18.**
15.

— — Text frei nach d. Franz. des J. N. Bouilly von J. Sonnleithner u. Fr. Treitschke. Op. 72. — Leipzig [um 1880]. 28 S. 8° (Breitkopf & Härtel's Textbibliothek. 1.)
1:Mus.T 111-1. **15. 21.**
15.

— — Ebd. [um 1880]. 28 S. 8° (Breitkopf & Härtels Musikbücher. Textbibliothek. 1.) **4.**
15.

— Fidelio. Oper ... von R. Treitschke. Text d. Gesänge. Leipzig: Fischer & Kürsten in Comm. [um 1880]. 31 S. 8°
1:Mus.Tb 402/9.
15.

— — Text nach d. Franz. von Treitschke. Text zu d. Gesängen. — München 1884: C. Wolf. 36 S. 8°
12:L.eleg.m.1040sa.
15.

— Fidelio. Oper ... Nach d. Franz. von Georg Friedrich Treitzschke. Neu rev. vollst. Text ... von Hermann Mendel. ⟨Neu durchges. von W. Lackowitz.⟩ [Textb.] — Berlin: Mode [um 1885]. VIII, 40 S. 8° **27.**

— Fünfundzwanzigste Historische Soirée in Breslau. Bohn'scher Gesang-Verein ... Fidelio oder die eheliche Liebe. Eine Oper ... Frey nach d. Franz. bearb. von Joseph Sonnleithner. 1. Bearb. [Textb.] — (Breslau [1886]: Lilienfeld.) 16 S. 8° **1**:Mus.Tb 402/6.
15.

— Fidelio. Oper ... Text von Georg Friedr. Treitzschke. ... Nebst e. Besprechung d. Inhalts d. Oper vom Herausgeber. [Textb.] — Düsseldorf: Kauertz [um 1890]. 26 S. 8° **26.**
15.

— Bearbeitung für d. Frankfurter Opernhaus. Fidelio. Oper ... von Sonnleithner u. G. F. Treitzschke. [Textb.] Frankfurt a. M.: A. Neumann [um 1890]. 35 S. 8°
1:Mus.Tb 402/11. **30.**
15.

— Fidelio. Große Oper ... von Treitschke. [Textb.] Köln [um 1890]: Langen. 16 S. 8° **1**:Mus.Tb 402/8.
15.

— Fidelio. Große Oper ... von R. Treitschke. Text d. Gesänge, mit d. sämmtlichen Recitativen. Officielle Bearb. für d. Leipziger Bühne. — Leipzig [um 1890]. 23 S. 8° (Breitkopf & Härtel's Textbibliothek. 206.)
1:Mus.T 111-206.
15.

— Fidelio. Oper ... Dichtung nach Bouilly von Sonnleithner u. Georg Friedrich Treitschke. Vollst. Buch. Hrsg. von Carl Friedrich Wittmann. [Textb.] — Leipzig: Reclam [um 1890]. 54 S. 8° **1**:Mus.T 116-3. **30.**
15.

— — Ebd. [um 1890]. 54 S. 8° (Opernbücher. 3.) (Universal-Bibliothek. 2555.)
1:Ag 7201-2555. **7. 12**:Var. 380k-2555. **14. 15. 26.**
300:410.411-A.Per. 2555. **302.**
15.

— — Text nach J. N. Bouilly von Josef Sonnleithner u. korrigirt von Georg Friedrich Treitschke. Mit Geschichte d. Oper ... von Eduard Lucas jr. — Elberfeld [1890]. VIII, 22 S. 8° (Lucas' Operntexte. 1.) **1**:Mus.T 114-1. **5.**
15.

— Fidelio. Oper ... Specielle Bearb. für d. Frankfurter Opernhaus. [Textb.] — Frankfurt a. M.: Horstmann [um 1900]. 31 S. 8° **1**:Mus.Tb 402/23.
15.

— Fidelio. Grosse Oper ... Frei nach d. Franz. des J. M. Bouilly von G. F. Freitzschke [!]. [Textb.] — Frankfurt a. M.: Sarazin [um 1900]. 32 S. 8°
1:Mus.Tb 402/25.
15.

— Fidelio. Oper ... Text nach d. Franz. von Treitschke. Text zu d. Gesängen. — München 1900: Kastner & Lossen. 36 S. 8° **1**:Mus.Tb 402/21.
15.

— Fidelio. Oper ... Dichtung von Sonnleithner u. F. Treitschke. Bühnengerechter Text ... Redigiert von H. Fröhlich. — (Wien [um 1900].) 48 S. 8° (Kuhn's Wr. Opernbücher.)
1: Mus. Tb 402/26.
15.

— Fidelio. Große Oper ... Frei nach d. Franz. des J.N. Bouilly von G.F. Treitzschke. Neu rev. Text d. Gesänge ... (Hrsg.: K. Brüning.) — Wiesbaden: Bechtold [um 1900]. 22 S. 8°
1: Mus. Tb 402/10.
15.

— Fidelio. Oper ... Text frei nach d. Franz. des J.N. Bouilly von J. Sonnleithner u. Fr. Treitschke. — Halle [1909]. 35 S. 8° (Hendels Operntexte mit Notenbeispielen. 3.)
1: Mus. T 115-3. 8. 24.
15.

– An die Freude, s. Beethoven: Symphonie, Neunte.

— Ueber die unzweideutig aufgedeckten Geheimnisse der Thätigkeit Ludwig van Beethoven's. 1893 s. *Austerlitz*, Siegmund.

– Gesänge und Chöre aus ..., s. unter dem Titel des jeweiligen Werkes.

Die Geschöpfe des Prometheus

— Prometheus. Mythologisches Ballet ... Komponirt u. in d. Scene gesetzt von A. Hus. Musik von L. van Beethoven u. W.A. Mozart. [Textb.] — Wien [1843]: Ullrich. 16 S. 8°
300: 641.434-B.M.IV.15.
15.

— Musik zum Ballete: 'Die Geschöpfe des Prometheus'. Poetisch eingeleitet u. erl.' von Johann Gabriel Seidl. [Textb.] — München 1856: Schurich. 12 S. 8°
12: L.eleg.m. 1043 wl.
15.

— Die Geschöpfe des Prometheus. Pantomimisches Ballet. Nach Salvatore Vigano frei bearb. von Ernst Frank u. Franz Degen. [Textb.] — Hannover 1882: Schäfer. 10 S. 8°
1: Mus. Tb 404. 12: L.eleg.m. 1045 wm.

— Königliche Schauspiele. Prometheus ... Nach e. mythologischen Tanzdichtung Emil Tauberts von Emil Graeb. [Textb.] — Berlin [um 1890]: Trowitzsch. 20 S. 8°
1: Mus. Tb 404/1. 12: Heyse-Archiv XI,47-3.
15.

— Haydn, Mozart, Beethoven, ihr Leben und ihre Werke. 1866 u.ö. s. *Am Ende*, Christian Gottlob Ernst.

– Hymnen, Drei ..., s. Beethoven: Messe in C

Leonore. Oper in 3 Akten von Ludwig van **Beethoven**. [Textbuch; Hrsg.: Dr. Erich Prieger.] Leipzig: Breitkopf & Härtel [1905]. (51 S.) 8° [F.]
= **Musikbücher**, Breitkopf & Härtels. No 115. [07. 1886

— Leonore, oder der Triumph der ehelichen Liebe. Eine Oper ... Frey nach d. Franz. bearb. von Joseph Sonnleithner. [Textb.] — Ebd. 1806. 63 S. 8°
300: 2319-A.M.
15.

Beethoven, Ludwig van. Lied. Ohne Liebe lebe, wer da kann ... O. O. u. J. V (Text): *Lessing, Gotthold Ephraim.* (Less 35)

– Lieder zu ..., s. unter dem Titel des jeweiligen Werkes.

Maurerfragen. Ein Lied für die Loge d[es] F[rères] c[ourageux] a l'O.·. d[e] Bonn. Musik von Louis v. **Beethoven,** unterlegte Worte von [Wegel]er. Bonn: Simrock o. J. 3 S. quer 4° [Kpfrstich.] [Umschlagtit.]
Abgedr. in: Toepel, A.: D. Loge Friedrich Wilhelm z. eisern. Kreuz, Bonn. 1907 S. 21—25.
cf. BZC. 36 (1907) S. 508 (M. Wald).
Mit Noten für Gesang u. Pianoforte: „Was, was ist des Maurers Ziel?" Das Orig. hat deutschen u. franz. Text, hier ist nur der deutsche Text angegeben.

Maurerfragen. Ein Lied für die Loge d[es] F[rères] c[ourageux] á [!] l'O. d[e] Bonn mit Begleitung des Pianoforte von L[udw.] van **Beethoven,** unterlegte Worte von [Wegel]er. Frankfurt a. M.: Dunst o. J. 3 S. 4°. [Umschlagtit.]
(Sämmtl. Werke f. das Klavier 4. Abt. Nr. 27.)
Mit Noten: „Was, was ist des Maurers Ziel?"... Vgl. W. 41085.

Messe in C

— Drei Hymnen und das Oratorium Christus am Oelberge. [Textb.] — Breslau 1813: Kreuzers-Scholz. 15 S. 8°
28.
15.

— Gesänge der neuen großen Messe. Von L. von Beethowen. [Textb.] — Elbing [um 1820]: Hartmann. 4 Bl. 8°
1: Mus. Tb 403/25.
15.

— Text zur Messe in C, op. 86. Berlin [um 1875]: Elsner. 2 Bl. 8°
1: Mus. Tb 403.
15.

– Mittwoch, den 10. Nov. 1902 ⟨Bußtag⟩, Programm u. Text. Messe in C-dur, op. 86 ... von Ludwig van Beethoven. Die Sündfluth. Oratorium ... von Camille Saint Saëns. (Textdichter: Louis Gallet.) [Textb.] – (Dresden [1902]: Morgenstern.) 12 S. 8° Text lateinisch u. deutsch.

Messe in D

Ueber die fraglich spurlos verschollene kleine Messe in D von Beethoven. 1893 s. *Austerlitz*, Siegmund.

Missa solemnis

Beethoven, Ludwig van, missa solennis op. 123. Eine kurze erklärende Beschreib. bei Gelegenheit d. Beethovenfestes in Bonn aufgezeichnet v. ein. Mitgliede d. bonner Sängerchors. gr. 8. (2 B. u. 1 Facsim.) Bonn 845, Henry u. Cohen.

— Stern'scher Gesang-Verein. Aufführung im Saale d. Sing-Akademie ... Missa solemnis. [Textb.] — Berlin [1877]: Lange. 4 Bl. 8°
Text lateinisch u. deutsch. 1: Mus. Tb 403/1.
15.

— Missa solemnis in D-dur. ⟨Opus 123.⟩ Neu rev. Text mit Einl. u. Anm. von W. Lackowitz. — Berlin [1886]. V, 6 S. 8° (Gustav Mode's Text-Bibliothek. 222.)
Text lateinisch u. deutsch. 1: Mus. T 110-222.
15.

— Missa solennis ... Op. 123. Leipzig [um 1890]. 7 S. 8° (Breitkopf & Härtel's Textbibliothek. 102.)
Text lateinisch u. deutsch.
1: Mus. T 111-102. 4. 12: 36/4129. 18.
15.

— Städt. Musik-Verein, Düsseldorf ... 6. Concert unter Leitung d. städtischen Musikdirectors Julius Buths. Missa solemnis ⟨op. 123⟩. [Textb.] — Düsseldorf [1891]: Schwann. 2 Bl. 8° Text lateinisch u. deutsch. **61.**
15.

— Missa solemnis ⟨D dur, op. 123⟩. [Textb.] (Stuttgart [1894]: Metzler.) 6 S. 4°
Text lateinisch u. deutsch. **24.**
15.

— Städtischer Musik-Verein, Düsseldorf ... 4. Konzert. Missa solemnis. [Textb.] — Düsseldorf [1905]: Dietz. 2 Bl. 8° Text lateinisch u. deutsch. **61.**
15.

— Städt. Musik-Verein, Düsseldorf ... 1. Konzert unter Leitung d. städtischen Musikdirektors Julius Buths. Missa solemnis. [Textb.] — Ebd. [1907] 2 Bl. 8°
Text lateinisch u. deutsch. **61.**
15.

– Erläuterungen zur „M i s s a s o l e m n i s", s. F r a n k , E.

– M u s i k zu . . . , s. unter dem Titel des jeweiligen Werkes.

— Drei und achtzig neu aufgefundene Original-Briefe an den Erzherzog Rudolph, Cardinal-Erzbischof von Olmütz K.H. Hrsg. von Ludwig R[r] v. Köchel. — Wien: Beck 1865. 95 S. 8° 1: Mus. Db 503. **5. 7. 12:** Mus. Th. 335. **14. 17. 21. 23. 24. 26. 30. 300:** 74.949-B.M. **302.**
15.

— Preis der Tonkunst, Cantate. [Textb.] o. O. [um 1850]. 8 S. 8° **30.**
15.

— Preis der Tonkunst. Gedicht von Fr(iedr.) Rochlitz. Kantate f. 4 Solostimmen, Chor u. Orchester v. L(udwig) v. Beethoven. Op. 136.
Leipzig: Breitkopf & Härtel (1893).
9 S. 8° (F.) = Textbibliothek, Breitkopf & Härtel's. No. 307

— Preis der Tonkunst. Gedicht von Fr. Rochlitz. Kantate ... Op. 136. — Leipzig [um 1900]. 9 S. 8° (Breitkopf & Härtel's Textbibliothek. 307.)
Dieselbe Komposition wie in Ausg. 15. , jedoch anderer Text.
1: Mus. T 111-307. **5.**
15.

– P r o m e t h e u s , s. B e e t h o v e n : G e s c h ö p f e des Prometheus.

Die Ruinen von Athen

Textdichter: August v. Kotzebue

Beethoven, L. van, die Ruinen v. Athen, s.a. **Kotzebue, A.**

— Die Ruinen von Athen. Ein Nachspiel mit Chören u. Gesängen. Zur Eröffnung d. neuen Theaters in Pesth verf. von August v. Kotzebue. 1812
in: *Beethoven:* Ungerns erster Wohlthäter [König Stephan].

— Kotzebue's Festspiel: Die Ruinen von Athen. (Vorr.: Robert Heller.) [Textb.] — [Hamburg 1859.] V,7 S. 4° **18.**
15.

— Die Ruinen von Athen. Fest- u. Nachspiel von A. v. Kotzebue. Op. 113. — Leipzig [um 1880]. 8 S. 8° (Breitkopf & Härtel's Textbibliothek. 74.)
1: Mus. T 111-74. **5.**
15.

— — Ein Fest- u. Nachspiel von A. v. Kotzebue. Der, d. einzelnen Tonstücke miteinander verbindende Text für Conzert-Aufführungen neu verf. von J. B. Alfeld. — Metz 1885: Lang. 8 S. 4° 1: Mus. Tb 405/6.
15.

— — Fest- u. Nachspiel von August v. Kotzebue. Vollst. Text, mit Einl. u. Anm. von W. Lackowitz. — Berlin [1886]. VI,16 S. 8° (Gustav Mode's Textbibliothek. 221.)
1: Mus. T 110-221.
15.

— — Festspiel von A. Kotzebue. Op. 113. Für gemischten Chor ... bearb. u. ... eingerichtet von Fr. Kriegeskotten. Textbuch. — Quedlinburg: Vieweg [1901]. 15 S. 8°
1: Mus. Tb 405/1. **3.**
15.

— — Für gemischten Chor ... bearb. u. ... eingerichtet von Fr. Kriegeskotten. Textbuch bearb. von Fr. Ahrens. — Ebd. [1902]. 11 S. 8° **3.**
15.

– Königliche S c h a u s p i e l e , s. unter dem Titel des jeweiligen Werkes.

Sonaten für Clavier von L[udw.] van **Beethoven** ... (Hrsg.: Carl Krebs.) Bd 1—3. *Leipzig: Breitkopf & Härtel 1898.* 3 Bde 4.
1. (X, 204 S.) 2. (XII, 200 S.) 3. (XI, 188 S.)
(Urtext classischer Musikwerke.) (98. 10320

König Stephan

Textdichter: August v. Kotzebue

— Ungerns erster Wohlthäter. Ein Vorspiel mit Chören. Zur Eröffnung d. neuen Theaters in Pesth verf. von August v. Kotzebue. [Textb.] — Leipzig: Kummer 1812. 52 S. 8°
Beigedr.: Beethoven: Die Ruinen von Athen. Ein Nachspiel.
1: Mus. Tb 407. **7.**
15.

— — Pesth 1812. 15,20 S. 8°
Beigedr.: Beethoven: Die Ruinen von Athen. Ein Nachspiel.
17. 300: Hauptw.- 660.620-A M. [u. ö.];
Beidr.- 3429-A. M.
15.

— König Stephan. Opern-Drama ... Nach op. 43, 113, 116, 117 u. 136 zsgest. u. bearb. von F. v. Roda. [Textb.] Rostock 1868: Boldt. 24 S. 8° 1: Mus. Tb 406. **28.**
15.

v. Beethoven, Ldw., Studien im Generalbasse, Contrapunkte u. in d. Compositionslehre. Aus dessen handschriftl. Nachlasse gesammelt u. herausg. v. Ign. Ritter v. Seyfried. (Nebst e. Anhange biograph. Notizen etc.) Mit seinem Bildn., Fac-simile u. 2 Abbildd. u. 1 Musikbeil. gr. 8. Wien 832. Haslinger. 2 ℛ 16⅔

van Beethoven's, Ludw., Studien im Generalbasse, Contrapunkte u. in der Compositionslehre. Aus dessen handschriftl. Nachlass gesammelt u. hrsg. v. I g n. Ritter v. S e y f r i e d. 2. rev. u. im Texte vervollständigte Ausg. v. H e n r y H u g h P i e r s o n (E d g a r M a n n s f e l d t). Mit Beethovens Portrait u. Facsimile (in Kupferst.) nebst 6 anderen artist. (lith.) Beilagen. 6 Liefrgn. gr. 8. (XIV u. 328 S. nebst 118 S. Anhang.) Hamburg 851. 52. Schuberth & Co. (à n. 2/3 ℛ) n. 4 ℛ

— Studien im Generalbass, Contrapunkt und in der Compositionslehre ... Hrsg. von Ignaz R[r] v. Seyfried. 2., rev. ... Ausg. von Henry Hugh Pierson ⟨Edgar Mannsfeldt⟩. Mit Beethoven's Portrait u. ... anderen artistischen Beil. Leipzig [usw.]: Schuberth 1853. XIV,328,118 S. 8°
1: Mus. Db 552[2]a. **2. 5. 7. 8. 10. 12:** Mus. Th. 333.
14. 17. 18. 26. 300: 48.123-B.M. **302.**
15.

— — 2., rev. ... Ausg. von Henry Hugo Pierson. Ed. Nr 2. Ohne Portrait etc. für Musikschulen. — Ebd. [1853]. XIV, 328,118 S. 8° 1: Mus. Db 552[2].
15.

Beethoven's, Ludw. van, Studien im Generalbass, Contrapunkt und in der Compositionslehre etc. von Ign. v. Seyfried. 2., revid. und im Texte vervollständigte Ausg. von Edgar Mansfeldt - Pierson. 6 Lfgn. gr. 8. (1. Lfg. 8. 1—96.) Ebds. 856. *

— Studien im Generalbass, Contrapunkt und der Composition. Neue Ausg. (Umschlagt.: 3. Aufl.) von Louis Köhler. — Leipzig [1880]. III,86 S. 4° (Edition Schuberth. 1476.) 1: Mus. Db 552[3]. **9.**
15.

— [engl.] Studies in thorough-bass, counterpoint and the art of scientific composition, coll. ... and first publ., together with biographical notices, by Ignatius von Seyfried; transl. and ed. by Henry Hugh Pierson ⟨Edgar Mannsfeldt⟩. — Leipsic [usw.]: Schuberth 1853. XII,328,98 S. 8° **14. 18.**
15.

Neunte Symphonie
Textdichter: Friedrich v. Schiller

Beethoven, L.v.: An die F r e u d e . Schlusschor d. neunten Symphonie . Op. 125.
Leipzig: Breitkopf & Härtel 1892.
(8 S.) 8°
=Textbibliothek, Breitkopf & Härtel's No. 303.

— An die Freude. Schlußchor d. neunten Symphonie. Op.125. — Leipzig [um 1900]. 8 S. 8° (Breitkopf & Härtel's Textbibliothek. 303.) 1:Mus. T 111-303.
15.

— Symphonien, erläutert v. G. Erlanger, Helm, A. Morin, Radecke, Sittard u. Witting. s.a. Meisterführer. Nr. 1.

Beethoven's Symphonien, erl. m. Notenbeispielen v. G. Erlanger, Helm, A. Morin, Radecke, Sittard u. Witting, nebst e. Einleitg.: Ludwig van Beethoven's Leben u. Wirken m. bes. Berücksicht. s. Schaffens als Symphoniker v. A. Pochhammer. 8. (222 S. m. Bildn.) [Frankfurt a/M. 896. H. Bechhold.] Stuttgart, J. Schmitt Verlag. Geb. in Leinw. n. 2. —

— Symphonien, erläutert m. Notenbeispielen v. G. Erlanger, Helm, A. Morin, Radecke, Sittard u. Witting, nebst e. Einleitg.: Ludwig van Beethoven's Leben u. Wirken m. besond. Berücksicht. seines Schaffens als Symphoniker v. A. Pochhammer. 2. Aufl. 8. (222 S. m. Bildnis.) Stuttgart (900). Leipzig, H. Seemann Nachf. Geb. in Leinw. n. 2. —
! — Symphonien. Jetzt: Berl., Schlesinger'sche Bh.

—— Symphonien nach ihrem idealen Gehalt mit Rücksicht auf Haydn's und Mozart's Symphonien von einem Kunstfreunde. gr. 8. (33 S.) Dresden 854, Brauer. *

Das Heiligenstädter Testament

— Zur Erinnerung an die Beethoven-Sammlung in Heiligenstadt bei Wien ... Das Heiligenstadter-Testament. (Hrsg.: Josef Böck.) — Wien: Beethoven-Sammlung 1889. 8 S. 8° 300:405.071-B.M. 802.
15.

-- T e x t (b u c h) z u . . . , s. unter dem Titel des jeweiligen Werkes.

-- Egmont's T r a u m , s. B e e t h o v e n : E g m o n t .

— **Verzeichnis einiger gänzlich unbekannter Compositionen ... von ... Beethoven. Um 1895**
s. *Austerlitz*, Siegmund.

— **Wahrnehmungen über zumeist unveröffentlicht gebliebene Handschriften ... Beethoven's. Um 1895**
s. *Austerlitz*, Siegmund.

– Ungerns erster W o h l t ä t e r , s. B e e t h o v e n : König S t e p h a n .

Beethoven-Album. Ein Gedenkbuch dankbarer Liebe u. Verehrung für den grossen Todten, gestiftet u. beschrieb. v. einem Vereine v. Künstlern u. Kunstfreunden aus Frankreich, England, Italien, Deutschland, Holland, Schweden, Ungarn u. Russland. (Neue Titel-Ausg.) gr. Lex. 8. (XVI u. 312 S. m. 1 Stahlst.) Stuttgart (846) 850, Hallberger'sche Verlagsh. 3 ß

Beethoven-Album, E r s t e s poetisches, s.a. L a n d a u, Hermann Josef.

Erstes poetisches Beethoven-Album. Zur Erinnerung an d. grossen Tondichter u. an dessen Säcularfeier, begangen d. 17. Dez. 1870. Von Herrmann Josef Landau. — Prag: Verf. 1872. XIV,450 S. 8° 1:Mus. Db 706. 5. 11. 15.
15.

Erstes poetisches Beethoven-Album. Zur Erinnerung an d. grossen Tondichter. Nebst Anh.: Die Säcularfeier, begangen d. 17. Dez. 1870. Von Herrmann Josef Landau. 2. Ausg. — Ebd. 1877. XIII,450 S. 8° 1:Mus. Db 706[2].
15.

Beethoven-Feier, veranstaltet vom Verein Beethoven-Haus in Bonn, Mai 1890. Kammermusikfest, Beethoven-Ausstellung. gr. 8. (VIII, 46 S.) Bonn 890. (Verein Beethoven-Haus.) n. 1. 20

Beethoven-Feier. 9. Kammermusik-Fest Bonn 16.–20. Mai 1909. Veranst. v. Verein Beethoven-Haus in d. Beethoven-Halle. Bonn 1909: Carthaus. 51 S. 8° [ov. 12949

Beethovenfest. — Beethoven-Fest. Text d. Gesangstücke im 1. Concert, am 10. Aug. 1845. 1. Beethovens feierliche Messe in D, mit wörtlicher Übers. 2. Schluss-Chor über Schillers Ode an die Freude, letzter Satz von Beethovens Neunter Symphonie. — Bonn 1845: Lechner. 8 S. 8°
5.
15.

Beethoven-Fest veranstaltet zu Bonn am 4., 5. und 6. Mai 1894 . . . [Bonn 1894.] V: *Prieger, Erich.* (Berl)

Beethoven-Fest zu Eisenach vom 5. bis 7. X. 1901 unter Leitung des Hrn. Generalmusikdirektors Fritz Steinbach. gr. 8. (32 S. m. 1 Abbildg. u. 2 Ansichtspostkarten.) Eisenach (901). H. Kahle. n.n. — 75

Beethoven-Fest in Kiel am 9. u. 10. Juni 1907. (Kiel 1907: Schmidt & Klaunig.) (22 S.) 8° [Umschlagt.] [ot. 5997

Beethoven-Forschung. Lose Blätter, hrsg. v. Thdr v. Frimmel. 1—3. Heft. (1—100.) 8° Wien, (Gerold & Co.) '11. je 1 — d

N e u e Beethovenia, s. F r i m m e l , Thdr. v.

Beethovenjahrbuch. Hrsg. v. Theod. v. Frimmel. 1. Bd. (10, 195 m. 1 Bildn. u. 1 Taf.) 8° Münch., G Müller'08. L. 5 — || 2. Bd. (422 m. 1 Bildn. u. 3 Taf.)'09. Geb. 8 —

Beethovenjahrbuch. Hrsg. v. Theod. v. Frimmel. 1. u. 2. Bd. 8. München, G. Müller. Geb. in Leinw. 18. —
1. (X, 195 S. m. 1 Bildnis u. 1 Taf.) 5. —
2. (422 S. m. 1 Bildnis u. 3 Taf.) 909. 8. —

Beethoven-Kalender auf d. J. 1907. Hrsg. v. der „Musik". (90 S. m. 12 Taf. u. 1 Fksm.) gr. 8. Berlin, Schuster & Loeffler. n. 1. —; geb. n. 2. —; Luxusausg. n. 8. —

Beethoven Männerchor, NY, s. G e d e n k b l a t t an die Doppel-Feier des 125 jhr Geburtstags . . .

Beethoven-Monument in Heiligenstadt bei Wien. Wien 863. Typogr.-literar.-artist. Anstalt. gr. 8. (28 S. u. 1 Holzschn.) 6 ngr.

Beethovens Brevier. Sammlung der von ihm selbst ausgezogenen oder angemerkten Stellen aus Dichtern u. Schriftstellern alter u. neuer Zeit. Nebst e. Darstellung von Beethovens geistiger Entwicklung hersg. von Ludw. Nohl. Leipzig 870. E. J. Günther. 16. (CXII, 119 S. u. photogr. Portr.) n. 1 ß 2 ngr.; geb. n. 1 ß 10 ngr.

Beethoven's unsterbliche Geliebte, nach persönlichen Erinnerungen v. M. T. 16. (47 S.) Bonn 890. Neußer. n. 1. —

Beethoven's unsterbl. Geliebte, 2. Afl., s.: Tenger, M.

Beethovens Handschrift. Aus d. Beethoven-Haus in Bonn. — Bonn: Beethoven-Haus [nach 1910]. 10 gez. Bl. quer-8° 1:Mus. Db 561/4. 5. 38.
15.

Beethovens
—— Leben, s. Nohl, L. — Thayer, Alex. W.

L u d w i g van Beethovens
B e e t h o v e n s, L. van, Biographie, s. M a r x, Adf. Bernh.

B e e t h o v e n's Studien, s. N o t t e b o h m, Gust.
Vgl.: Breuning, G. v. — Buchner, W. — Evels, F. W. — Foglar, Ludw. — Hiller, Ferd. — La Mara. — Mensch, G. — Schlüter, Jos. — Wagner, Frz. — Wagner, Rich.

Beethoven's, L. van, Biographie, s.: **Marx, A. B.**

Beets, Emma Dina, s: Hertz, Emma Dina.

Beets, Gerrit: De vrolyke Gesettheyd eenes christen tegens de verschrikkingen des doods, voorgestelt in een leerreeden over 2 Timoth. I. vs. 12. ter gedagtenisse van ... Gerrit Karsdorp, leeraar der doopsgesinde of Mennoniten-Gemeente tot Hamburg en Altona, uytgesprooken door ... Gerrit Beets, den 18. October Ao. 1750. — Hamburg: de Vlieger [1750]. 39 S. 8° 18.
15.

Beets, Nicolaas

Beets, Nicol., fünf Betrachtungen, s. Zeugnisse des Evangeliums 2c.

Beets, Nicol., Erbauungsstunden. In einer Auswahl übers. und hrsg. von F. Meyeringh. Mit einem Vorwort des Verf. gr. 8. (VIII und 432 S.) Bonn 858, Marcus. *

Beets, Nicol., zum Gedächtniß an Otto Gerhard Heldring. [Aus dem Holländ. übers.] gr. 8. (16 S.) Hamburg 876, Agentur des Rauhen Hauses. *

— [Ausz., deutsch] Die Familie Kegge. Von Hildebrand. Nach d. Niederländ. von W. Lange. — Leipzig: Reclam [1876]. 101 S. 8° (Universal-Bibliothek. 648.)
1: Ag 7201-648. 12: P. o. rel. 5524. 15.
15.

— [De Christen bij en op het ziekbed, deutsch] Das Krankenbett. Worte christlicher Anleitung u. Ermahnung für Gesunde ... [Übers.:] F. Meyeringh. Mit e. Vorw. d. Verf. — Hamburg: Agentur d. Rauhen Hauses (1862). IV, 120 S. 8° 18. 29.
15.

—— Paulus in den wichtigsten Augenblicken seines Lebens und Wirkens. Biblische Schilderungen. Aus dem Holländ. von C. Groß. gr. 12. (IX und 276 S.) Gotha 856(57,) F. A. Perthes. *

— [Paulus in de gewichtigste oogenblikken van zijn leven en werkzaamheid, deutsch] Paulus in den wichtigsten Augenblicken seines Lebens und Wirkens. Biblische Schilderungen. Aus d. Holl. von C. Groß. — Gotha: F. A. Perthes 1857. 276 S. 8°
1: Bt 523. 7. 11. 12: H. eccl. 103h. 16. 27.
15.

— Schetzen van leerredenen benevens eenige geestelyke liederen ... voltooid en uitg. na d. dood d. aucteurs. — Altona: Burmester 1777. XIV,160,40 S. 8° 18.
15.

Beets, Pieter: Afscheids-rede te Almelo den 21sten April 1771, en intree-rede in de gemeente te Hamburg en Altona den 16ten Juny 1771. — Hamburg: Autheur; de Vlieger in Komm. [usw.] [1771]. XVI,96 S. 8° 18.
15.

Beetschen, Alfred

Beetschen, A. (Red.), s. Alphorn, Das.

Beetschen, Alfred: Litterarische Begegnungen. 10 Dichterprofile in Pastellmanier. — Leipzig [usw.]: Schröter 1896. 102 S. 8° 1: Xa 732. 5. 7. 12: H. lit. P. 35 l. 14. 24. 30. 38.
15.

— Flegeljahre der Liebe. — Leipzig: Reclam [1897]. 89 S. 8° (Universal-Bibliothek. 3619.)
1: Ag 7201-3619. 10. 15. 302.
15.

[Gedicht] Zum Gross-Logenfest der Alpina am 11. u. 12. Juni im Orient von St. Gallen. [1874?] [Unterz.:] Alfred Beetschen. 1 Bl. 8°. [Kopftit.] „Pfingsten das liebliche Fest ist gekommen" ...

— Gedichte. — München: Beck 1898. IX,210 S. 8°
1: Yo 26971. 7. 12: P. o. germ. 86 lf.
15.

— Glaskastenscherben und Secessiönliches von Alfred Beetschen u. Georg Ritzer. — Muenchen: Pössenbacher 1898. 36 S. 8° 12: Bavar. 1558 tsd-8.
15.

— Papageno's Glockenspiel. Neue Gedichte. — Zürich: C. Schmidt 1904. 100 S. 8°
1: Yo 30187. 12: P. o. germ. 86 lh [2 Ex.]
15.

— Ein schlimmer Heiliger. Komödie ... nach e. Legende Gottfried Kellers. — Baden-Baden: Selbstverl. [1908]. 40 S. 8° 12: P. o. germ. 86 lk [2 Ex.]
15.

— Hoch vom Säntis an. Neue Gedichte. — St. Gallen: Hasselbrink [1891]. 101 S. 8° 12: Heyse-Archiv XIII,23. 15.
15.

— Hohenschwangau. Eine Dichtung. — München [usw.]: Schupp [1899]. 82 S. 8°
1: Yo 27804. 12: P. o. germ. 86 lg. 15. 30. 38.
15.

— Jugendeiland. Gedichte. — Dresden [usw.]: Pierson 1888. IV,83 S. 8° 12: Heyse-Archiv XIII,25. 30.
15.

Beetschen, Alfr.: Ein Königstraum. 2. Afl. (4, 78) 8° Münch., Hans Sachs-Verl. '11. 1.50; geb. 2 —

– s.a. Die Musik im Spiegel zeitgenöss. Dichtung. 1896.

— Die Musik im Spiegel zeitgenössischer Dichtung. Mit Originalbeiträgen von Felix Dahn [u. a.] — Zürich [usw.]: Schröter 1896. XII,136 S. 8° 1: Mus. He 30. 10. 14. 30.
15.

— Pegasus im Joche. E. poet. Jahrbuch. [Aus: „Nebelspalter."] 8. (58 S.) Bern 897. Stalder & Sieber. n. 1. —

— Ein Pegasusritt durch die Schweiz. — Aarau: Müller & Trüb [1896]. 66 S. 8° 15.

— Scherben aus dem Muenchner Glaskasten von Alfred Beetschem, illustr. von Georg Ritzer. — Muenchen: Pössenbacher 1897. 36 S. 8° 12: Bavar. 1558 tr-4.
15.

— Schiller in Mannheim. Ein Schlußakt aus Schillers Wanderjahren. — Berchtesgaden: Vonderthann [1905]. 20 S. 8°
12: P. o. germ. 86 li. 21.
15.

— Schweizerluft. Neue Dichtungen. — St. Gallen [usw.]: Busch 1893. VI,86 S. 8° 1: Yo 24678.
12: Heyse-Archiv XIII,22. 14. 30.
15.

— Streikdämonen. Soziale Erzählung. — Breslau: Woywod; [übergestemp.:] Goerlich 1907. 87 S. 8° (Woywods Volks- u. Jugendbibliothek. 29.) 1: Ng 25274-29. 2.
15.

— Das Theaterwesen in der Schweiz. — Berlin: Harrwitz 1897. 41 S. 8° 1: Yp 4353. 11. 12: L. eleg. g. 39kc.
17. 38. 300: 77.999-B.
15.

— Aus dunkeln Welten. Roman. — Berlin [usw.]: Hillger [1904]. 109 S. 8° (Kürschners Bücherschatz. 411.)
1: X 8420-411. 11. 101.
15.

— Ein reiner Thor. Bayreuther Festspiel-Roman. — Berlin [1901]. 245 S. 8° (Collection Otto Janke.)
1: Yx 32808. 7. 11.
15.

Beetschen, Sam., 36 Jugend- u. Volkslieder f. Schule u. Haus. Im Auftrage des neuen Lehrervereins der Stadt Bern gesammelt u. in zweckentsprechender Tonhöhe hrsg. 8. (XII, 48 S.) Bern 877. Wyß. n. — 50

— 52 zweistimmige Jugend- u. Volkslieder f. Schule u. Haus. Im Auftrage d. Neuen Lehrervereins der Stadt Bern gesammelt u. in zweckentsprechender Tonhöhe hrsg. 2., verm. u. verb. Aufl. gr.16. (VIII, 72 S.) Ebend. 877. cart. n. — 60

Wilhelm v. Beetz; ein Lebensbild. München. 1886.

Beetz, Adolf [pr. Arzt aus Schwerin]: Experimentelle Beiträge zur Lehre von der Selbstreinigung der Flüsse ... Rostock, Univ.-Buchdr. v. Adler's Erben, 1892; 35 S. 8.
Rostock, Med. Fak., Inaug.-Diss. v. [24. Juni] 1892

— Kaffee- u. Abendtisch. Feinbäckerei, Hauskonditorei u. Getränke. NAfl. (269) 8° Ebd. ('12). 2 —; L 3 — d

Beetz, Elfriede: Die moderne Fischküche. Für d. einfachen u. feinen Tisch. (77) 8° Wiesb., Verl.-Anst. E Abigt ('11). 1 — d

Beetz, F.: Himmelsleiter, s. Beetz, Friedrich.

Beetz, F.: Volkskrankheiten..., s. Beetz, Felix.

Beetz, Felix: Ueber den Einfluß der Leibesübungen auf den menschlichen Körper. — Prag: Deutscher Verein zur Verbreitung gemeinnütziger Kenntnisse in Prag (1881). 14 S. 8° (Sammlung gemeinnütziger Vorträge. 69.)
1:Ag 309-69. 300:393.143-B. 69.

— Die Gesundheitsverhältnisse der K. B. Haupt- und Residenzstadt München. Ein hygienischer Führer. — München: Rieger 1882. VI,115 S. 8° 1:Ib 19044. 7. 12:Bavar. 214k. 17. 38M.
15.

— Bad Kreuth und seine Kurmittel. — München: Finsterlin 1879. 20 S. 8° 12:Bavar. 214i.
15.

Beetz, F., f.: Schematismus der Civil- u. Militär-Aerzte &c. im Königr. Bayern.

— Die großen Volkskrankheiten sonst und jetzt und deren Verhütung. — Prag: Deutscher Verein zur Verbreitung gemeinnütziger Kenntnisse in Prag (1883). 21 S. 8° (Sammlung gemeinnütziger Vorträge. 87.)
1:Ag 309-87. 300:393.143-B.87.
15.

Beetz, Friedrich:
Beetz, Frdr.: Ave Jesu. Kathol. Gebetbuch f. alle Stände. (4, 323 m. 17 Farbdr.) 16° FreiburgB., Herder '12. L 2 —; Kunstldr 2.40

— Engel u. Erstkommunikant. Unterr.-, Ubgs- u. Gebetbüchl. f. d. kl. Erstkommunikanten. 2. Afl. (8, 197 m. 39 Bild.) 16° Ebd. ('12). L 1.20 d

— Fixsterne. Untrüglicher Wegweiser für Katholiken u. Protestanten. — Aachen: G. Schmidt 1902. VIII,111 S. 8° 1:Di 11428. 5.
15.

— Himmelsleiter. Betrachtungsbuch für d. christliche Volk. — Regensburg [usw.]: Pustet 1889. XV,463 S. 8° 12:Asc. 396u.
15.

— Himmelsleiter. Illustriertes Betrachtungs- u. Erbauungsbuch für d. christliche Volk. 2., verm. u. verb. Aufl. Ebd. 1902. VIII,1011 S. 8° 12:Asc. 396 ua.
15.

— Klare Köpfe. Charakterzeichnungen deutscher Protestanten, die katholisch geworden sind. Nach d. Konvertitenbildern von Räss u. Rosenthal. (H. 1.) — Aachen: G. Schmidt 1902. 8° 38.
15.

— Klare Köpfe. Charakterzeichnungen hervorragender Protestanten, die katholisch geworden sind. Nach d. Konvertitenbildern von Räss u. Rosenthal. Bd 1.2. — Ebd. 1903. 8° 1:Cn 3216. 5. 12:Polem. 212d. 21[∞2].

Beetz, Frdr., klare Köpfe. Charakterzeichngn. hervorrag. Protestanten, die katholisch geworden sind. Nach den Konvertitenbildern v. Räß u. Rosenthal skizziert. 2. unveränd. Aufl. 2 Bde. kl.8. Aachen 908. G. Schmidt. 5. —
I. 100 deutsche Konvertiten. — II. 100 ausländische Konvertiten. (VIII. 409 S.)

— Neues Leben. Ein bilderreiches Übungs- u. Gebetbüchlein f. Erstkommunikanten zugleich zu wiederholter Erneuerg. des geistl. Lebens f. jedermann. 2. Aufl. (VII, 428 S. m. 58 Abb. u. Titelbild.) 16. Freiburg i/B. (909). Herder. 1.70; geb. in Kunstldr. 2.20; in Leinw. m. Goldschn. 2.70

— Neues Leben. Übgs- u. Gebetbüchl. f. Erstkommunikanten. 2. Afl. (7, 428 m. Abb. u. Titelbild.) 16° Ebd. ('10). 1.70; Kunstldr 2.20; L m. G 2.70 d

Beetz, Frdr., Männerspiegel. 3 Bilder v. Albr. Dürer d. kathol. Männerwelt zur Betrachtg. dargeboten. (VII, 28 S.) 8. Aachen (910). G. Schmidt. Geb. 1.—

— Männerspiegel. 3 Bilder von Albrecht Dürer, d. katholischen Männerwelt zur Betrachtung dargeboten. — Freiburg i. Br. [usw.]: Herder (1910). V,27 S. 8°
300:476.187-B. 302.

— Die Pfarrkirche in Weiterdingen. — Freiburg i. Br. [usw.]: Herder 1888. 24 S. 8° 30.
15.

— Der Schönste unter d. Menschenkindern. Sinnigen Seelen z. Betrachtg dargeboten. 1—10. Taus. (16) 16° FreiburgB., Caritas-Bh. ('11'12). — 10 (Pp.) d

Beetz, Frdr., Seelenführer. Illustrirter Katechismus der kathol. Ascese f. alle heilsbegier. Christen, besonders f. Tertiaren. Mit 42 Abbildgn. nach Zeichngn. v. A. u. L. Seitz. 16. (XI, 223 S.) Freiburg i/B. 893. Herder. n. 1. 20; geb. in Halbleinw n. 1. 60; in Leinw. n. 1. 75

— Seelenführer. Illustrirter Katechismus d. katholischen Ascese für alle heilsbegierigen Christen. 2. Aufl. — Freiburg i. Br.: Herder 1894. XII,227 S. 8° 302.
— — 3., verm. u. verb. Aufl. Ebd. 1902. XII,263 S. 8° O 302.
15.

Beetz, Gerold E, s. a.: Abigt, Emil.

Beetz, Gerold E.: Das eigene Heim und sein Garten. — Wiesbaden: Westdeutsche Verl. Ges. 1909. VIII,120,112 S. 8° 17. 30. 89.
15.

— — 3., verb. Aufl. Ebd. 1909. 171,190 S. 8° ● 17.
15.

— — 4., verb. Aufl. Ebd. 1909. 189,198 S. 8° ● 17. 30.
15.

— Das eigene Heim u. s. Garten. Unter bes. Berücks. d. Verhältn. uns. Mittelstandes hrsg. 5. Afl. (190 u. 198 m. Abb. u. Beil.) gr8° Ebd. '11. HL 6 —; L n 6.75

Beetz, Hans, Medizinalprakt.: Aus d. Tübinger Univ.-Augenklinik. Beitrag zur Casuistik des Ulcus corneae rodens. Tübingen 1910: Schnürlen. 34 S. 8°
Tübingen, Med. Diss. v. 10. Juni 1910, Ref. Schleich
[Geb. 2. Jan. 84 Langewiesen; Wohnort: Tübingen; Staatsangeh.: Schwarzburg-Sondershausen; Vorbildung: Gymn. Arnstadt Reife M. 03; Studium: Jena 6, Berlin 2, Tübingen 2 S.; Coll. 26. Nov. 09; Approb. 16. Mai 10.]
[U 10. 4149

Beetz, Jacob (Riga), Pietas Cornelii Centurionis Caesariensis, antequam ad eum mitteretur Petrus. Präs. Joh. Fecht. Rostock (Joh. Weppling) 15. X. 1701. 28 S. (4.80) 1771
Gew.: Dav. Caspari. — Widm. v.: Z. Grapius, Joh. Dreiling, Gg. Amsel.

Beetz, K.O., s. Beetz, Karl Otto.

Beetz, Karl: C und Ch vor lateinischem A in altfranzösischen Texten .... Darmstadt, G. Otto's Hofbuchdr., 1887: 2 Bl. + 74 S. 8°
Strassburg, Phil. Fak., Inaug.-Diss. v. 1887.

Beetz, Karl, C und Ch von lateinischem A in altfranzö sischen Texten. Diss. Strassburg i. Els. 1887, Trübners Buchh. u. Antiq. (E. d'Oleire). 8°. 74 S.

Beetz, Karl Otto

Beetz, K. O., Anleitung f. e. einheitlichen Rechenunterricht in Stadt- u. Landschulen. I.—III. Tl. gr. 8. Osterwieck 900. A. W. Zickfeldt. n. 2. 20
I. 1. u. 2. Schulj. Die Grundrechnungen m. den Zahlen im Hunderterkreise. Mit Illustr. (VIII, 69 S.) n. — 80
II. 3. u. 4. Schulj. Die Grundrechnungen in der aufsteigenden Zahlen- u. Zifferordnung. Mit 1 Illustr. (IV, 40 S.) n. — 60
III. 5. u. 6. Schulj. Die Grundrechnungen m. ganzen u. gebrochen. Grössenzahlen. Mit 1 Illustr. (VIII, 61 S.) n. — 80

Beetz, K. O., kritische Beiträge zu den Tagesströmungen im elementaren Rechenunterricht, s.: Zeit- u. Streitfragen, pädagogische.

Beetz, K. O., Besoldung u. Ruhegehalt der preuß. Volksschullehrer. Ges. v. 26. V. 1909, erläut. u. ergänzt durch die nachmal. behördl. Bestimmgn. u. Erlasse nebst Gehaltstabellen f. Preußen u. die anderen Bundesstaaten. Zugleich Nachtrag z. „Führer im Lehreramte". (56 S.) gr. 8. Osterwieck 910. A. W. Zickfeldt. — 50

— Einführung in die moderne Psychologie. T. 1. — Osterwieck/Harz: Zickfeldt 1900. XVI,424 S. 8° (Der Bücherschatz d. Lehrers. 2.)
1: Ah 4220-2. 3. 12: Paed. Th. 6848-2. 21. 30. 302.
15.

— — 2., umgearb. u. erw. Aufl. Abt. 1-4. Osterwieck/Harz [usw.]: Zickfeldt 1907. 8°
1. Geschichtliche Grundlage d. Psychologie.
2-4. Begriffliche Einleitung. Psychophysische Grundlinien d. Psychologie. Psychologischer Aufriss.
(Der Bücherschatz ... 2.3.)
1: Ah 4220²-2.3. 3. 9. 12: Paed. Th. 6653w-2.3. 21. 24. 300: 452.147-B.2.3.
15.

— Der Führer im Lehramte. Ein Ratgeber für Lehrer. — Osterwieck/Harz: Zickfeldt 1902. XII,378 S. 8° (Der Bücherschatz d. Lehrers. 6.)
1: Ah 4220-6. 3. 12: Paed. Th. 6848-6,1.2. 15.
15.

— — 2., umgearb. u. verm. Aufl. Ebd. 1902. XII,423 S. 8° (Der Bücherschatz ... 6.) 14.
15.

— — 3., umgearb. u. verm. Aufl. Ebd. 1905. XV,520 S. 8° (Der Bücherschatz ... 6.) 1: Ah 4220³-6. 3. 302.
15.

— — 4., umgearb. u. verm. Aufl. Osterwieck/Harz [usw.]: Zickfeldt 1908. XV,516 S. 8° (Der Bücherschatz ... 6.)
1: Ah 4220⁴-6. 3. 12: Paed. Th. 6731 r.
15.

— Kindergartenzwang! Ein Weck- u. Mahnruf an Deutschlands Eltern u. Lehrer. — Wiesbaden: Behrend 1900. 50 S. 8° 12: Paed. Th. 384. 38. 43.
15.

— Die Lehrerbildung, e. soziale Frage. Mit e. Begleitwort von Fr. Polack. gr. 8. (VIII, 104 S.) Gotha 891, Behrend. * 1 50

— einheitliche Rechenaufgaben f. Stadt- u. Landschulen. 4 Hfte. gr. 8. Osterwieck, A. W. Zickfeldt. n.n. 1. 25
I. 1. u. 2. Schulj. Die Grundrechnungen mit den Zahlen im Hunderterkreise. (52 S. m. Abbildgn.) 900. n. — 25
II. 3. u. 4. Schulj. Die Grundrechnungen in der aufsteigenden Zahlen- u. Zifferordnung. (66 S.) 900. n. — 30
III. 5. u. 6. Schulj. Die Grundrechnungen mit ganzen u. gebrochenen Grössenzahlen. (72 S.) 900. n. — 35
IV. 7. u. 8. Schulj. Die bürgerl. Rechnungsarten im Rahmen der wirtschaftl. Verhältnisse. (95 S.) 901. n.n. — 35

— einheitliche Rechenaufgaben f. Stadt- u. Landschulen. Auflösungsheft f. die Hand des Lehrers zu Heft 1—4. (152 S.) 8. Osterwieck (904). A. W. Zickfeldt. n.n. 1. 50

— d. vereinfachte Rechenunterricht. Vortrag. 8° (25) Jena 91. Lpzg, H Haacke. n.n. — 30

—— Der vereinfachte Rechenunterricht. Vortrag. gr. 8. (25 S.) Jena 891, Mauke. * — 30
Aus: Lehrerzeitg. f. Thüringen u. Mitteldeutschland, besonders abgedruckt.

— Der Schatz im Schlackenhof, s.a. Von Buch zu Buch.

Der Schatz im Schlackenhof. Eine Dorfgeschichte aus d. Harz. Von K[arl] O[tto] Beetz. *Osterwieck/Harz: A. W. Zickfeldt 1903.* (136 S.) 8° [F.] [04. 1731 3

Beetz, KO, s: Aus d. Schule — f. d. Schule.

— der Stand der Pädagogik im Spiegel der jüngsten Litteratur. Ein pädagog. Jahrbuch f. 1902. (Bandausg. v.: Litterarischer Wegweiser. Beilage zum „Deutschen Schulmann".) (XVI, 102 S.) gr. 8. Berlin 903. Gerdes & Hödel. n. 1. 50

— Das Typenrechnen auf psychophysischer Grundlage. T. 1. — Halle: Schroedel 1889. XII,146 S. 8°
1: Oc 3829-1. 2. 3. 12: Math. P. 27 n. 27.
15.

— Die Urahne. Neue Sammlung deutscher Volksmärchen. Bd 1. — Fürth (B.): Schaller [1899]. 95 S. 8°
12: Paed. Pr. 321 b.
15.

— Urd. Deutsche Volksmärchen aus d. Munde d. Volks gesammelt u. zum ersten Male nacherzählt. 3. Aufl. — Leipzig: Drewitz [um 1895]. VII,286 S. 8° 1: Yt 2510³. 9. 14.
15.

[F.] Urd. Deutsche Volksmärchen aus d. Munde d. Volks gesammelt u. z. ersten Male nacherzählt v. K. O. Beetz, ... Mittelschullehrer. M. 16 Autotyp. u. 1 Buntdruckb. v. Th. Riemann. 3. Aufl. *Leipzig: O. Drewitz Nachf.; [Nordhausen: G. Wimmer 1897].* (VII, 280 S., 1 Bl., 17 Taf.) 1 Bd 8. [98. 469

— Urd. Deut. Volksmärchen. 4. Afl. 8° (287 m. Abb. u. 1 Farbdr.) Lpzg 97. Gotha, R Schmidt. Geb. 1,50

— Urd. Deutsche Volksmärchen, aus Volksmunde gesammelt u. zum ersten Male nacherzählt. 1. Bdchn. 5., durchgeseh. u. verb. Aufl. (178 S.) 8. Gotha 906. F. E. Perthes. Geb. in Leinw. n. 2. 40

Ⓚ — Urd. 906. (KBL 28.) Jetzt: Leipzig, O. Himly.

— Urd. Deutsche Volksmärchen aus d. Volksmunde gesammelt u. nacherzählt. Neue illustr. Ausg. (6. Aufl.) 1-[3]. — Leipzig: Turm-Verl. [1910-12]. 8° 20. 101.
15.

— aus Volksmunde. Neue Märchensammlg. 1. Bd. 12. (80 S. m. 3 Farbdr.) Fürth (898). C. Schaller. Geb. n. — 60

— Aus Volksmunde. Neue Märchensammlung. Bd 1. — Fürth i. B.: Schaller [1899]. 80 S. 8°
12: Paed. Pr. 321.
15.

— s: Warte, Pädagogische.

— Das Wesen der Zahl als Einheitsprinzip im Rechenunterricht. T. 1.2. — Wiesbaden: Behrend 1895-97. 8°
1. Die Zahl im allgemeinen. 1895.
2. Die Größenzahl u. d. Bruchrechnen. 1897.
(Pädagogische Zeit- u. Streitfragen. H. 44-Bd 8, H. 3. H. 52.)
12: 1-Paed. Th. 6451-8,3; 2-Paed. Th. 6451-52. 15. 302.
15.

Beetz, Max:

Kleinwohnungs-Häuser. Praktische Anleitung u. Musterbeispiele für d. Bau billiger Ein- u. Mehrfamilienhäuser ... Mit e. Allgemein verständlichen Anweisung zur Gründung gemeinnütziger Bauvereine in Stadt u. Land nebst Musterstatutenentwurf von Gretzschel. 1. Aufl Wiesbaden: Westdeutsche Verl. Ges. 1910. 96 S. 8° 38.
15.

— — 3. Aufl. Ebd. 1910. 96 S. 8° ● 17.
15.

— — 4. Aufl. Ebd. 1910. 96 S. 8° ● 17. 89.
15.

Beetz, Wilhelm v., Prof. d. Physik, TeH. München. 1846: Der Antheil der k. bayerischen Akademie der Wissenschaften an der Entwickelung der Electricitätslehre. Vortrag. — München: Akad. 1873. 31 S. 4°
2→5. 7→11. 12: Bavar. 227 m [2 Ex.] 15. 16. 18. 21. 23→26. 29. 30. 91. 209. 300: 62.505-C.
15.

Beetz, W., der Antheil der k. bayer. Akademie der Wissenschaften an der Entwickelung der Electricitätslehre. Vortrag in der öffentl. Sitzung der k. Akademie der Wissenschaften am 25. Juli 1873 zur Vorfeier des allerhöchsten Geburts- und Namensfestes Sr. Maj. des Königs Ludwig II. gehalten. gr. 4. (31 S.) München 873, (Franz'sche Buchh.) *

Beetz, Wilhelm, a. Breslau: Über die bisherigen Beobachtungen im ultraroten Spektrum. Leipzig 1907: J. A. Barth. (45 S.) 8°
Rostock, Phil. Fak., Ref. Martens, Diss. v. 29. Dez. 1906
[Geb. 10. Febr. 77 Ober-Peilau i. Schl.; Wohnort: Rostock; Staatsangeh.: Preußen; Vorbildung: Matthias-Gymn. Breslau Prima-Reife O. 01; Studium: Breslau 4, Rostock 5 S.; Rig. 7. Dez. 06.]

– Bericht über die Elektricitäts-Ausstellung in München, s. Bericht, officieller.

— Offizieller Bericht über die im Jahre 1882 zu München stattgehabte internationale Elektricitäts-Ausstellung, verbunden mit elektro-technischen Versuchen. München 1883.

Beetz, Wilhelm, aus Langewiesen: Georg Rudolf Weckherlins Beziehungen zur antiken Litteratur. *Arnstadt 1903: O. Böttner.* (59 S.) 8°
Tübingen, Phil. Diss. v. 1903

— Ueber die Einwirkung der Elektricität auf Flüssigkeitsstrahlen. (Mathem.-physik. Classe. Sitzung vom 4. Nov. 1871.)

— Grundzüge der Elektricitätslehre. Zehn Vorlesungen, gehalten vor den Mitgliedern des ärztl. Vereines in München. gr. 8°. V, *109 S.* mit 56 eingedr. Holzschnitten. Stuttgart, Meyer & Zeller. 1877.

— **Grundzüge der Electricitätslehre.** 10 Vorlesungen. — Stuttgart: Meyer & Zeller 1878. IV,109 S. 8°
1: My 11560. 8. 9. 12: Phys. sp. 47 i. 16. 17. 24. 27. 29. 38 M. 83. 91.
15.

Beetz, W. v., Grundzüge der Electricitätslehre. Zehn Vorlesungen, geh. vor den Mitgliedern des ärztlichen Vereins in München. Mit 56 (eingedr.) Holzschn. gr. 8. (V, 109 S.) Stuttgart 878. Leipzig, F. C. W. Vogel. n. 3.60

– Leitfaden der Physik, s. Beetz: Leitfaden für die physikalischen Vorträge . . .

— **Leitfaden für die physikalischen Vorträge, zunächst in den oberen Klassen des Königl. Preuss. Cadetten-Corps.** — Berlin: Nauck 1846. 122 S. 8° 1: Mv 5444. 28.
15.

—— Leitfaden der Physik. 2. Aufl., verm. Ebd. 1857. 128 S. 8°
1: Mv 5458. 11. 29. 209.
15.

—— 3. Aufl. Ebd. 1865. 148 S. 8° 1: Mv 5458³. 30. 91.
15.

—— 4., verm. Aufl. Ebd. 1872. 175 S. 8°
1: Mv 5458⁴. 91.
15.

—— 5. Aufl. Ebd. 1875. 272 S. 8°
4. 12: Phys. g. 603 d. 91.
15.

—— 6. Aufl. Leipzig: Fernau 1880. 300 S. 8° ●
12: Phys. g. 35 h. 91.
15.

—— 7. Aufl. Leipzig: Grieben 1883. VIII,360 S. 8°
6. 82. 91.
15.

—— 8. Aufl. Ebd. 1886. VIII,342 S. 8° 2. 91. 101. 302.
15.

—— Bearb. u. hrsg. von J. Henrici. 9. Aufl. Ebd. 1888. VIII,354 S. 8° 6 [unvollst.] 8. 16. 17. 38 M. 91. 302.
15.

—— 10. Aufl. Ebd. 1890. VIII,371 S. 8°
1: Mv 5458¹⁰. 2. 11. 302.
15.

—— 11. Aufl. Ebd. 1893. VIII,395 S. 8°
4. 12: Phys. g. 35 hc. 30. 91. 302.
15.

— **Ueber Magnetismus.** Vortrag. — Berlin: G. Reimer 1852. 28 S. 8° 1: 2 in My 1. 11. 12: Phs. sp. 769-42. 38.
15.

– Ueber die Natur der galvanischen Polarisation. 8°. München. 1880.

Beetz, Guil. (geb. Berlin 27. 3. 1822): De cobalti oxydis, eorumque connubiis nonnullis. Berolini (1844). (43 S.) 8°
Berlin, Phil. Diss. v. 16. März 1844

— **Über die Wärme.** Vortrag. — Berlin: F. Schneider 1854. 39 S. 8° 1: 4 in Mx 16950. 7. 11.
12: Phys. sp. 770-21. 15. 38. 82. 91.
15.

Beetzendorf [Schlagwort]
Beetzendorf, s.: Preussen. Messtischblätter.

Beez, C. E. F.: Gereimtes und Ungereimtes aus meines Lebens Allerlei. — Passau 1853: Pustet. 78 S. 8° 16.
15.

Beez, Ed., Missa a IV vocibus, soprano, alto, tenore, basso, comitante organo cantanda. Opus III. Partitur und Stimmen. Imp.-4. (68 S.) Einsiedeln 876, Gebr. Benziger.

Beez, Josef: Topographische und statistische Beschreibung aller zur jetzigen würzburger Diözese gehörigen Pfarreyen, Kaplaneyen, Curatien und Benefizien. — [Würzburg] 1820: Dorbath. XIV,80 S. 8°
12: 4° Bavar. 227 n.
15.

Beez, Martin: Einige Worte über die Erscheinungen der Electricität überhaupt, nebst Hypothesen über die entgegengesetzten Electricitäten. Würzburg 1824: Becker. 55 S. 8°
Würzburg, Med. Diss. v. 1824.

Beez, Richard: Elemente der niedern Analysis. — Plauen: Schröter 1853. IV,60 S. 8°
Erschien zuerst als Prog. Plauen Kgl. Gewerb- u. Baugewerkenschule. 1853.
2.
15.

Beez, Rich., die Elemente der Geometrie, Planimetrie, Trigonometrie, Stereometrie. Ein Leitfaden für den geometr. Unterricht an höheren Lehranstalten nebst vielen Uebungsaufgaben. gr. 8. (VIII, 216 S. mit eingedr. Holzschn.) Plauen 869, Neupert.

Beez, Richard Über Euklidische und Nicht-Euklidische Geometrie. Ein Beitrag zur wissenschaftlichen Begründung der Raumlehre. (Umschlagtitel: . . . Geometrie.) 4 (32 S.).
Progr. G. u. Rg. *Plauen i. V.* 1888

Beez, Rich., über Euklidische und nicht-Euklidische Geometrie. gr. 4. (32 S.) Plauen 888. (Neupert.) *

Beez, Walther, Referendar: Die rechtliche Stellung des Finders nach dem Bürgerlichen Gesetzbuch. Mülheim a. Rh. 1909: Künstler. 45 S. 8°
Leipzig, Jur. Diss. v. 16. Dez. 1909
[Geb. 18. Aug. 84 Cöln; Wohnort: Mülheim a. Rh.; Staatsangeh.: Preußen; Vorbildung: Friedrich-Wilhelm-Gymn. Cöln Reife O. 04; Studium: Leipzig 3, Bonn 3 S.; Rig. 16. Dez. 09.] [U 10. 2655

Beez, Walter [app. Arzt aus Plauen i. V.]: Aus d. medizin. Klinik zu Jena. Ueber seltenere Vorkommnisse bei Nekrose und Vereiterung von Bronchialdrüsen ... Jena, Druck v. A. Kämpfe, 1895; 44 S., 1 Bl. 8.
Jena, Med. Fak., Inaug.-Diss. v. [4. Okt.] 1895

Beezwarzowsky, Maur. Festgesang für die Grosse National-Mutter-Loge z. d. 3 Weltkugeln. O. O. u. J. (ca. 1810.) S. 2 Bl. — Fehlt bei Kloss.

Befähigung zur Chelaschaft. — Mahatmas u. Chelas. Vermutlich v. H. P. Blavatsky, s.: Bibliothek, okkultistische.

Befaehigung. — Ueber die mögliche oder unmögliche Befähigung der Israeliten zum deutschen Bürgerrechte. — Stuttgart: Metzler 1828. 40 S. 8°
Erschien teilw. zuerst in: Europäische Annalen. Jg. 1820 u. d. T.: Fragmente, den Geist und die Wirkungen der mosaischen Anlehen-, Pfand- und Zinsen-Gesetze betreffend. 21. 25.
15.

Befähigungsnachweis, der im Handwerk. Herausgegeben vom Landesverband Badischer Gewerbevereine. (19 S) Rastatt 1903

Befähigungsnachweis u. Prüfung der Maschinisten auf Seedampfschiffen der deutschen Handelsflotte. [Aus: „Marineverordnungsbl."] gr. 8. (11 S.) Berlin 891. E. S. Mittler & Sohn. n.n. — 25

Befaehigungsnachweis. — Befähigungsnachweis und Prüfung der Maschinisten auf Seedampfschiffen der deutschen Handelsflotte. — Kiel [usw.]: Lipsius & Tischer 1892. 14 S. 8° 8.
15.

Befäl
Ihrer Königl. Majest. semtlicher inn Stockholm anwäsenden Räte [Raete] Befäl, wegen fünf allgemeiner Fast-, Buuß- und Bättage, welche über das ganze Königreich Schweden, Grooß-Fürstentuhm Finnland, und der Krohn Schweden zugehörige und darunter ligende Fürstentühmer, Lender und Herrschaften, hoochfeyerlich gehalten und begangen werden sollen, im gegenwertigen 1710 Jahr. o.O. [1710]. 4 Bl. 8° 14.
15.

Ihr. Königl. Majest. Gesammter hie gegenwertiger Räte [Raete] Befäl, wegen vier allgemeiner Fast-, Buuß- und Bättage, welche über das ganze Reich Schweden, Grooß-Fürstentuhm Finnland, und alle der Krone Schweden angehörige und darunter ligende Fürstentühmer, Lender und Herrschaften, hoochfeyerlich inn gegenwärtigem 1711ten Jahr, gehalten und begangen werden sollen. Gegäben Arboga den 12. Januarii 1711. — o.O. [1711]. 4 Bl. 8° 14.
15.

Die Befangenschafft menschlichen Lebens ... [Pindarische Ode von d. Prof. Maji sämmtl. Tisch-Gesellschaft auf Christophorus Francke, Prof. d. Theol., † 11. Febr. 1704.] — Kiel [1704]: Reuther. 2 Bl. 4°

Befehl, s.a. Befäl.

Allerhöchster Befehl vom 18. August 1906, betr. Ersetzung der im neuen Strafgesetzbuch für Verbrechen vorgesehenen Festungs- und Gefängnisstrafen bei den Militärpersonen durch Militär-Gerichtsstrafen. St. Petersb. 1906. Fol.

Allerhöchster Befehl vom 23. Dezember 1907, betr. Abänderung der Art. 514, 736, 738, 1181 und 1202[2] der Militärgerichtsordnung. St. Petersburg 1908. Fol.
Russischer gedruckter Text nebst deutscher Übersetzung in Maschinenschrift.

Allerhöchster Befehl vom 11. Juni 1906 betr. Abänderung und Ergänzung der Kriegs-Marine-Statuten über Bestrafungen, sowie der Kriegs-Marine-Disziplinarstatuten. St. Petersb. 1906. Fol.
Russisch gedruckter Text nebst deutscher Übersetzung in Maschinenschrift.

Befehl zum Allgemeinen Aufgebot, s. Wici

Außerordentlicher Befehl Se. Hochfürstl. Gnaden-Ertz-Bischoff, und Fürstens im Saltzburg. — [Salzburg 1731.] 6 Bl. 8° 12:4° H. ref. 814-16.
15.

Friedrichs. Herzogs zu Schleswig-Holstein Befehl an alle Advokaten, der Verordnung wegen gestempelten Papieres vom Jahre 1698, in Zukunft strenge nachzuleben, datiert Gottorp, den 9. May Anno 1701. o.O. (1701). [Titelblatt fehlt.] 4° k.

Nach Friedrichs (IV.), Erben zu Norwegen, Hertzogen zu Schleswig-Holstein etc. Befehl, Sol an dem angesetzten Buss- und Bet-Tage, So in diesem Jahr 1695. am 19. April einfallen wird, In Ihro Durchl. Fürstenthümern der Gottesdienst folgender massen angestellet werden. o. O. (1695.) 4 ungezählte Bl. 4° k.

Gottes Befehl an Mosen von Verfertigung und Gebrauch der Drometen bey dem israelitischen Volk. Vorgestellet auß dem 4. Buch Mose, Cap. 10. 1-10. von der Music-Gesellschaft ab dem Music-Saal auf der Teutschen Schul in Zürich: Der lieben Jugend daselbsten verehrt an dem Neuen Jahrs-Tag: 1724. — [Zürich 1724.] S. 89-96. 8° [(Neüjahrsgeschenk für d. vaterländische Jugend von d. Musik-Gesellschaft auf d. teütschen Schule in Zürich. 12. 1724.)] 1:4° Rv 8806/12-1724.
15.

Königlicher Befehl in betreff der Annahme der Interimsscheine aus der inländischen Anleihe von 1½ Millionen vom Februar 1810 beim Ankauf von Domainen und Forsten. Gegeben zu Berlin, den 27. Febr. 1812. — [Berlin 1812]: Decker. 2 Bl. 4° 1:12 in 2° An 8630-18.
15.

Königlicher Befehl wegen nicht fernerer Anwendung der Gesetzstellen des Allgemeinen Landrechts Theil 1, Tit. XXI, § 289 und 290 und der Städte-Ordnung auf die gegenwärtige Art der Einquartierung und Verpflegung ausländischer Truppen. Gegeben Potsdam, den 20. Mai 1812. — Berlin [1812]: Decker. 2 Bl. 4°
1:37 in 2° An 8630-18.
15.

Königlicher Befehl wegen Aufhebung der Privat-Genugthuung bei Injurien-Klagen. Berlin, den 1. Febr. 1811. [Berlin 1811]: Decker. 2 Bl. 4° 1:104 in 2° An 8630-17.
15.

Königlicher Befehl wegen Aufhebung der nicht öffentlich geschehenden körperlichen Züchtigungen in Fällen, wo auf lebenslängliche Einsperrung erkannt ist. Gegeben Potsdam, den 14. Mai 1811. — [Berlin 1811]: Decker. 2 Bl. 4° 1:122 in 2° An 8630-17.
15.

Königlicher Befehl, die weitere Ausdehnung des § 5 No 2 der Verordnung vom 20. Juni 1811 wegen Aufhebung des allgemeinen Indults betreffend. Gegeben Berlin, den 30. Dec. 1811. — [Berlin 1811]: Decker. 2 Bl. 4°
1:160 in 2° An 8630-17.
15.

Königlicher Befehl, die nachgelassene Ausfuhr bewolleter und unbewolleter Schaaf-Felle betreffend. Gegeben Potsdam, den 29. July 1811. — [Berlin 1811]: Decker. 2 Bl. 4° 1:135 in 2° An 8630-17.
15.

Königlicher Befehl wegen Ausschließung der Mitglieder der Provinzial-Domainen-Verwaltungen von Erwerbung der Domainen-Grundstücke ihrer Provinz. Gegeben Berlin, den 29. Febr. 1812. — [Berlin 1812]: Decker. 2 Bl. 4° 1:13 in 2° An 8630-18.

Königlicher Befehl vom 24. April 1812, wegen einiger näheren Bestimmungen der Verordnung vom 27. Oktober 1810, über die veränderte Verfassung aller obersten Staatsbehörden in der Preußischen Monarchie. Gegeben zu Charlottenburg, den 24. April 1812. — Berlin [1812]: Decker. 2 Bl. 4° 1:34 in 2° An 8630-18.
15.

Königlicher Befehl wegen Bestrafung von Verbrechen gegen die Sicherheit der Armeen. Gegeben Breslau, den 17. März 1813. — Berlin [1813]: Decker. 2 Bl. 4°
1:41 in 2° An 8630–19.
15.

Königlicher Befehl, daß bei Verwandlung erkannter Geldbußen in Leibesstrafen letztere nicht über zehnjährigen Verlust der Freiheit ausgedehnt werden sollen. Gegeben Berlin, den 24. Febr. 1812. — [Berlin 1812]: Decker. 2 Bl. 4° 1:10 in 2° An 8630–18.
15.

Königlicher Befehl, daß künftig nicht auf Todesstrafe des Schwerdts, sondern auf die des Beils erkannt werden soll. Gegeben Berlin, den 19. Juny 1811. — [Berlin 1811]: Decker. 2 Bl. 4° 1:129 in 2° An 8630–17.

Königlicher Befehl wegen nicht mehr statt findender Mitveräußerung der Jurisdiktion bei den Domainen und geistlichen Gütern. Gegeben Berlin, den 20. Febr. 1812. — [Berlin 1812]: Decker. 2 Bl. 4° 1:9 in 2° An 8630–18.
15.

Königlicher Befehl, die nicht ferner zu gestattende Mitveräußerung der Patronats-Rechte beim Verkauf der Domainen betreffend. Gegeben Berlin, den 9. Jan. 1812. — [Berlin 1812]: Decker. 2 Bl. 4° 1:2 in 2° An 8630–18.
15.

Königlicher Befehl wegen erneuerter strenger Untersagung alles Handels und sonstigen Verkehrs mit England. Gegeben zu Berlin, den 20. März 1812. — [Berlin 1812]: Decker. 2 Bl. 4° 1:20 in 2° An 8630–18.
15.

Königlicher Befehl, wonach, auch beim Militair-Stand, zur Bezahlung von Alimenten, Gehälter unter 400 Thlr. bis zur Hälfte in Anspruch genommen werden können. Gegeben Berlin, den 23. July 1811. — [Berlin 1811]: Decker. 2 Bl. 4° 1:133 in 2° An 8630–17.
15.

Königlicher Befehl wegen der in Schlesien zu entrichtenden Zehnten und Parochialabgaben. Gegeben Berlin, den 11. März 1812. — [Berlin 1812]: Decker. 2 Bl. 4°
1:16 in 2° An 8630–18.
15.

Königlicher Befehl vom 6. Februar 1812, wegen der in Schlesien zu entrichtenden Zehnten und Parochialabgaben, auf welchen sich die, in der Gesetzsammlung vom Jahre 1812 Seite 28 No 84 abgedruckte allerhöchste Kabinetsordre v. 11. März 1812 bezieht. Gegeben Berlin, den 6. Febr. 1812. — [Berlin 1812]: Decker. 2 Bl. 4°
1:5 in 2° An 8630–18.
15.

Seiner Hochfürstl. Durchlaucht. des Herrn Landgrafen zu Hessen-Cassel, &c. gnädigster Befehl an dero Hochlöbl. Consistorium, die in dero Fürstenthumen und Landen verordnete Publication ... wegen höchst-nothwendiger Verein- und näherern Zusammensetzung der beyden evangelischen Religionen den 28. Febr., anni current. abgefaßten Conclusi, betr. — Regenspurg 1722: Peetz. 4 Bl. 8°
1:Dl 1938.
15.

Des Magistrats in Hamburg Befehl, die Confiscation der Neumeisterischen und andrer dergleichen Streit-Schrifften betreffend. — o.O. [1722]. 2 Bl. 8° 29.
15.

Ihro Königl. Maytt. [Majestaet] Befehl. Daß alle dero Unterthanen, welche anitzo in des Königs in Pohlen und dessen Anhangs Dienst, oder bey dessen Trouppen sich auffhalten, sich ungesäumt daraus weg begeben sollen. Dat. Stockholm 3. April 1700. 2 Bl. 8° 17.

Ihrer Königl. Majestät Befehl, daß alle dero Unterthanen, welche jetziger Zeit in des Königs von Pohlen und seines Anhanges Dienst, oder bey dessen Troupen sich auffhalten, sich unverzüglich von dannen wegbegeben sollen. Dat. Stockholm 3 Aprilis. Anno 1700. Nach d. zu Stade gedr. Copie bey Caspar Holwein. — o.O. [1700]. 2 Bl. 8° 14.
15.

Befehl nahmens Sr. Königl. Majestät von Groß-Britannien und Chur-Fürstl. Durchl. zu Braunschweig und Lüneburg, in dero Hertzogthümern Bremen und Verden zu Wiedereinziehung aller Exemplarien des zu Stade gedruckten Catechismi Gesenii, ergangen. — o.O. 1724. 7 S. 8° 23.

Befehl Seiner Kaiserlichen Majestät des Selbstherrschers aller Reussen etc. aus der Kurländischen Gouvernements-Regierung zu jedermanns Wissenschaft ... 1827–34. — Dat. Schloss Mitau 1827–34. 4° 10.
15.

Befehl der Statthalterschaft an die Schleswig-Holsteiner, bis zum Frieden mit Dänemark allein den Weisungen der Statthalterschaft nachzukommen. Kiel, den 15. Juli 1850. 1 Bl. Fol.

Befehls-Büchlein f. den Turnunterricht an Volksschulen. 16. (13 S.) Braunschweig 900. H. Wollermann. — 15

Befehlsführung u. Selbstständigkeit. Von e. alten Truppenoffizier. Mit 2 Skizzen. gr. 8. (III, 64 S.) Berlin 885. Mittler & Sohn. n. 1. 60

Befehlstechnik. — Die Befehlstechnik bei den höheren Kommandobehörden zum Gebrauch bei Vorbereitung zur Aufnahmeprüfung für die Kriegsakademie. — Oldenburg: Stalling [1908]. 91 S. 8° 10.
15.

— — 2., verb. Aufl. Ebd. [1909]. 92 S. 8° 72. 200.
15.

— — 3. Aufl. Ebd. [um 1910]. 93 S. 8° 4.
15.

— — 4., neubearb. Aufl. Ebd. [1910]. 98 S. 8° 14.
15.

— — 5., neubearb. u. verb. Aufl. Ebd. 1912. 106 S. 8°
1:Hv 34500⁵. 10.
15.

— — 6., unveränd. Aufl. Ebd. 1912. 106 S. 8°
7. 12:Sc. mil. 206s. 20. 20.
15.

— — 7., neubearb. u. verb. Aufl. Ebd. 1913. 101 S. 8°
25. 101.

Befehlung. — Wochentliche Befehlung in den Schutz der allergebenedeytisten Jungfrauen und Mutter Gottes Mariae, sambt Tugends-Übungen, so Täglich in der Frühe, oder unter der Heil. Mess, vor- oder nach der H. Communion gar nutzlich können gebraucht werden. — München 1735: Riedel. 34 S. 8° 12:Asc. 5203/1.
15.

Befestigung, die, von Bagneux vom 16. Octbr. 1870 bis 27. Jan. 1871 während der Besetzung durch je 2 Bataillons der königl. bayer. 8. Infanterie-Brigade. Fol. Würzburg 872, Stahel'sche Buchh.

Beständige Befestigung. Wien 1884. 8° (Technischer Unterricht für die k. k. Pionnier-Truppe. 12.)

Die beständige Befestigung und der Festungskrieg. Nach d. neuesten Quellen bearb. Bd 1–3 [nebst] Taf. zu Bd 1.2. — Wien: Selbstverl. (3: v. Selbstverl.; Waldheim in Comm., Taf.: K. u. k. Militär-Geographisches Institut). 1893–99. 8° [u.] 2°

1. Allgemeiner Theil. Von Ernst Frhr v. Leithner. 1893.
2. Fortificatorische Constructionen u. Entwürfe. Von mehreren k. u. k. Officieren. 1893.
3. Neueste Anschauungen. Von Ernst Frhr v. Leuthner. 1899.

29 [$^{\infty}$1.2]. 300:147.560–B; Taf.: 147.452–D. 302.
15.

— 2. Aufl. Bd 1.2 [nebst] Taf. zu Bd 1.2. Wien: Selbstverl.; v. Waldheim in Comm. (Taf.: K. u. k. Militär-Geographisches Institut) 1894. 8° [u.] 2°

10 [$^{\infty}$Taf. 1.2]. 12:App. mil. 213k. 24. 302.

In iure & facto bestgegründete Befestigung, der Ihro Röm. Kayserl. Majest. in causis denegatae iustitiae & insanabilium nullitatum gegen Chur-Fürsten des H. R. Reichs in Aurea Bulla Cap. XI. §. 3. & 4. zustehenden allerhöchsten Jurisdictions-Befugnüß, in Sachen Johann Joachim von Röbels, als rechtmässigen Herrns des Guths Friedland, contrà Ihro Königl. Majestät in Preussen, als Chur-Fürsten zu Brandenburg und des Herrn Marggrafens Albrecht Friedrichs Hoheit, als dermahlig unrechtmässigen Besitzern und Usurpatoren beyder Röbelischen Gütter Friedland und Ringenwalde. Mit Beyl. — o. O. [1715]. 60,69 S. 4° 12: 2° Ded. 448-17. 14. 24. 30. 27.

Über Befestigung und Bewaffnung grosser Handelsstädte im ruhigen und reinen teutschen Geist geschrieben. Germanien 1814. 24 S. 8° 12: Germ. g. 556-42 [2 Ex.]
15.

Befestigung u. Bewaffnung, über, großer Handelsstädte. gr. 8. Hamb. 815. Nemnich. 4 gGr.

—gegenberichtl., d. von Seiten d. Ritter- u. Landschaft zu Gera wider Heinrich XXX. vorgenommenen Neuerungen ꝛc. (v. J. St. Pütter). Fol. (Götting.) 775. Dieterich. 1 Thlr 12 gGr.

Die Befestigung von Paris nach dem von den Kammern angenommenen Gesetze. — Berlin 1841: Hayn. 16 S. 8°
Erschien zuerst in: Allgemeine preußische Staatszeitung. 1841.
1: Rg 5459 [u.] Kart. X 8749 a. 10.
15.

Befestigung, die, von Paris im Jahre 1841. Historisch und militärisch. Lex.-8. (Mit 4 Plänen in gr. 4.) Leipzig 842. Rein'sche Buchh. (R. Heubel.) n. $^{2}/_{3}$ Thlr

Befestigung, Quintuplicarum loco Gründliche, der Triplicarum loco Gründlichen Deduction in Sachen des IIn RhR. Frhn von Hammerstein, . . . O. O. 1747. V: *Gerding, Joh. Ulr. von.* (Holz)

Befestigung des erläuterten Rechts, derer Evangelischen Anverwandten bey der Education und Vormundschafft evangelischer Pupillen gegen allen moralischen Religions-Zwang bey dem höchst-praejudicirlichen Exempel derer vier Freyherrl. Erthalischen in zarter Jugend gestandenen Kinder, zur Beantwort- und Abfertigung des ferner heraus gekommenen Habermännischen Gutachtens sub praetenso titulo Besser erläutertes Recht durch ein drittes Responsum iuris der Königl. Preußischen Juristen-Facultät zu Halle abgefasset. Mit Beyl. — o. O. [1729]. 52 S. 4°
12: 2° Ded. 73. 14. 24. 27.
15.

Ohnwiderleglich-begründete [Unwiderleglich - begründete] und rechts-bewehrte Befestigung der ordnungsmässigen Lehens-Folge und nähesten Successions-Rechts, vermittelst welchen die durch Absterben des . . . Joachim Friedrich, Erben zu Norwegen, &c. erledigte gesamte Lehne und Lande dem . . . Johann Adolph Ernst Ferdinand Carl, Erben zu Norwegen, &c. Rethwischer Linie angefallen; wobey dann auch zugleich, nicht nur der Ungrund . . . deren . . . Carlsteinischen Ansprüchen gründlich gewiesen, sondern auch das unumstoßliche Fundament der . . . den 15. Junii 1723. publicirten . . . Kays. Resolution . . . behauptet wird. Mit Beyl. — Wien 1724. Getr. Pag. 4°
Beigedr.: 1. N. 5. Apologia, des Fürstlichen Hauses Schleßwigh-Holstein Sönderburgischer Linien, sambt u. sonders, wieder den, zu praejudits desselben, durch D. Caspar Dangkwerth Burgermeistern der in dem Herzogthumb Schleßwigh belegenen Stadt Husum, in dessen in Druck ausgelassener Landesbeschreibung der Fürstenthümber Schleßwigh, Holstein &c. angeführten falschen Bericht. Lübeck 1654: Jäger. Nachgedr. in Wienn 1724.
Beigedr.: 2. Num. 7. Defension-Schrifft deß Fürstlichen Hauses Schleßwig-Holstein-Plön, wider einen, so genannten erwiedrigten Bericht, dessen Autor die königl. dennemärckische und fürstl. gottorfische eine Zeithero auf die Fürstl. Schleßwig-Holstein-Plönische Lande, ratione superioritatis & iuris collectandi, nichtiglich gemachte praetensiones, zu justificiren sich vergeblich unternommen hat. 1669. Nachgetr. in Wien 1724.
1: 4/6 in 4° So 33/5. 12: 2° Ded. 72 m [2 Ex.] 15. 16. 25. 26. 27. 300: 36 B 20.
15.

— Ebd. 1724. Getr. Pag. 4°
Nebent.: Gründlicher Gegen-Bericht von der fürstlichen hollstein-ploenischen Successions-Sache.
Beidrucke wie in Ausg. 1724.
1: 2 in 2° So 1850. 23. 27.
15.

Befestigung und Vertheidigung, die, der deutsch-russischen Grenze. Der deutschen Armee dargestellt von einem deutschen Offizier. gr. 8. (III, 35 S.) Berlin 879, Mittler und Sohn. *

Befestigung und Vertheidigung, Die, der deutsch-französischen Grenze. 3. Aufl. Berlin 1887. V: *Bonin, Udow.* (Landesbibl. Detmold. Kat. d. Zugänge 1869—95. Detm. 1896.)

Befestigung und Vertheidigung, die, der deutsch-französischen Grenze. Dem deutschen Volke dargestellt von einem deutschen Offizier. 3. umgearb. Aufl. gr. 8. (37 S.) Berlin 887, Mittler und Sohn. *

Befestigung u. Vertheidigung, die, der deutsch-russischen Grenze. Dem deutschen Volke dargestellt v. e. deutschen Offizier. 4., völlig umgearb. u. erweit. Aufl. gr. 8. (VI, 43 S.) Berlin 901. E. S. Mittler & Sohn. n. 1.—

Die Befestigung für den Volkskrieg. Ein Versuch von d. Herausgeber d. Nachrichten über d. Vertheidigung von Saragossa. — Berlin: G. Reimer 1821. V,71 S. 8°
Verfasser nach handschriftlicher Notiz im Exemplar von 209 F. L. Fromm.

Die Befestigung Wiens vom militärischen Standpunkte. Wien: Schweiger 1867. IV,75 S. 8°
300: 70.492-B. 302.
15.

Die Befestigung Wiens, insbesondere vom Standpunkt der allgemeinen Reichsvertheidigung beleuchtet von einem Fachmanne. — Wien: Gerold 1867. 50 S. 8°
30. 300: 69.532-B. 302.
15.

Befestigungen. — Die Befestigungen in den Balkanstaaten. — Dresden: Hrsg. 1908. 23 S. 8° (Internationale Revue über d. gesamten Armeen u. Flotten. Beih. 98.)
12: Mil. g. 198 blb-98. 17. 209.
15.

Befestigungen, die, Frankreichs. Ein Beitrag zur Kenntniß der französischen Landesvertheidigung. Mit e. Karte des nordöstl. Frankreich. gr. 8. (IV, 76 S.) Berlin 890. F. Luckhardt. n. 2.—

Befestigungen, über die, zur neueren Kriegführung. Mit 1 Karte v. Europa u. 14 Plän. gr. 8. Wien 843, (Braumüller u. Seidel.) n. 1½ Thlr

Die Befestigungen an der österreich-ungarischen und an der italienischen Küste. — Dresden: Hrsg. 1909. 30 S. 8° (Internationale Revue über d. gesamten Armeen u. Flotten. Beih. 112.) 12: Mis. g. 198 blb-112. 17. 209.
15.

Die Befestigungen von Mainz. Von A. v. M. — Wien: Förster 1861. 24 S. 8°
1: 5 in Sk 60. 12: Germ. sp. 27 u. 300: 120.690-B. 302.
15.

Die Befestigungen **Westrusslands** und des österreich-ungarischen Grenzgebietes. — Dresden: Hrsg. 1908. 26 S. 8⁰ (Internationale Revue über d. gesamten Armeen u. Flotten. Beih. 100.) **12**: Mil. g. 198 blb-100. **17. 200.**
15.

Befestigungs-Plan, topographischer, von Paris. 2. Aufl. mit den neuesten Ergänzungen. 1 : 76,000. qu. 4. Hildburghausen [Leipzig] 870, Bibliograph. Institut.

Beffroy, Louis Étienne: [Avantages du desséchement des marais, deutsch] Anweisung für Landwirthe, Moräste und Sümpfe auszutrocknen, und in nutzbaren Boden zu verwandeln. — Prag: Calve 1798. 139 S. 8⁰
5. 28. 80. 302.
15.

Beffroy de Reigny, **Louis Abel:**

[—] [Les Lunes du Cousin Jacques, deutsch] Vetter Jacobs Launen. Von J. F. Jünger. Bdch. 1. — Leipzig: Göschen 1786. 156 S. 8⁰ **1**: Xy 6323-1. **9.**
15.

[—] — Bdch. (1)-6. Ebd. 1787-92. 873 S. 8⁰
1.2. 1787. 3. 1789. 4.5. 1790. 6. 1792.
Paginierung fehlerhaft.
1 [∞ 4.6]: Xy 6324 [auch Bdch. 2 = Xy 6323-2]. **7. 8** [∞ 1/4.6]. **12** [∞ 1/3]: P. o. germ. 694 c. **15** [∞ 2/6]. **214** [∞ 1.3]. **300** [∞ 5.6]: 12070.
15.

[—] — Bdch. 1-6. Leipzig 1810. 8⁰ (Bibliothek gewählter ● Unterhaltungsschriften. 7/9.) **300**: 48 L 64. Bd 7/9.
15.

Befiehl d. Herrn deine Wege. 50 Gedenkscheine z. Konfirmation m. Bild v. Rud. Schäfer „Abschied d. Tobias". 29×19,5 cm. Hambg. G Schloessmann ('11). 3.50 d

Befinden. — Befinden der Experten des Einwohnergemeinderathes über die Bundesrathhauspläne. — Bern 1851: Haller. 28 S. 8⁰ **15.**
15.

Befinden über die Pensions- und Hülfskasse der schweizerischen Landesbahnen vom 30. Nov. 1904. Bern 1905. V: *Rebstein, Jac.* & *Gg Gfr. Schärtlin.* (Zuwachsverz. d. Bibl. Zürich 1898 ff.)

Befolgung. — Exhibit. 20. Novemb. 1719. An die Römisch-Kayserliche, auch in Hispanien, Hungarn und Böheimb Königliche Majestät, &. &. allerunterthänigste Befolgung deß Conclusi ... pro clementissimè reiiciendo partis impetrantis frivolo postulato in puncto dismembrationis actorum ... in Sachen Sachsen-Gothaische Rent-Cammer, contra Moses Benjamin Wulffen. Mit Beyl. — o. O. [1719]. 10 S. 4⁰ **27.**
15.

An die Römisch-Kayserliche auch in Germanien und Böheim Königliche Majestät &. &. allerunterthänigste Befolgung des allertieffest zu venerirenden Decreti de 3. Martii, & Conclusi de 7. Maii 1744. Junctis genuina, actorumque monumentis corroborata facti narratione, ... Unser, des burgerlichen Neuner-Collegii, in Sachen Franckfurt contra Franckfurt, commissionis finitae, den extraordinairen Beytrag betreffend. — Franckfurt a. M. 1744: Andreä. 30,83 S. 4⁰ **14. 30.**
15.

Befolgungsanzeige. — Gehorsamste Befolgungsanzeige, Vorstellung, nebst dringenden Bitten unser der innenverzeichneten Oberschützenmeister, Namens sämtlicher Mitglieder der Scharfschützen-Gesellschaft, Imploranten, um hochgeneigteste endliche Abschaffung der sogenannten blinden Rotte, Service, übertriebenen Quartiergelder, gesetzwidrigen Dienstbefreiungen und nützliche Einrichtung dieser Gesellschaft. Mit Anl. sub N⁰ 1-5. u. verehrlichem Raths-Concluso. Exhib. 28. Oct. 1801. — Frankfurt a. M. 1802. 16 S. 4⁰ **30.**
15.

An die Beförderer des **Instituts** für kranke weibliche Dienstboten. — [Hamburg um 1795.] 15 S. 8⁰ **18.**
15.

Befoerderer. — An die Befoerderer der **Institute** für weibliche und männliche Kranken. — Hamburg 1804: Rabe. 50 S. 8⁰
Beigedr.: ... Nachricht an die Beförderer des Instituts für weibliche Kranke. 1-7. 1797-1803. [1804.]
12: Don. Lud. X, 14. **18.**
15.

Beförderung, die, von absolutem Alkohol, Collodium, Aether etc. auf den Eisenbahnen. (Zur Kritik des Nordd. Eisenbahn-Verband-Reglements) Leipzig 1870

Beförderung, zur, der Aufmerksamkeit u. d. Nachdenkens f. die Jugend. 2 Thle. 8. Quedlinb. 790. Ernst. 16 gl.

Über Beförderung und Avancementsverhältnisse der Offiziere im k. u. k. Heere. [Sonderabdruck aus „Streffleurs Österr. militärische Zeitschrift". 2. Bd. 11. Heft.] Gr.-8⁰. (21 S.) Wien, Seidel 1906. K 1.—

Beförderung, die, des Baues und der Behandlung des Weines in Baden. Karlsruhe

Die Beförderung des Blutumlaufs durch Cloeter's allgemeine innere Massage zur Heilung und Verhütung von Krankheiten. Gr.-8⁰. (50 S.) † Wien: Huber u. Lahme 1902. K 1.50

— z., des wahren Christenthums. 8. Würzburg, Stahel. 790.

Zur Beförderung sanfter **Empfindung** des Herzens und Veredlung der Seele. Bd 3. — Breslau: Korn 1787. 240 S. 8⁰ **1**: Yt 11691.
15.

— z., sanfter Empfindungen des Herzens und Veredlung d. Seele. 4 Theile. 8. Bresl. Korn d. ält. 789. (1ster 8 gr. 2r u. 3r à 16 gr. 4r 20 gr.)

— z., des nützl. Gebrauchs des Tellersch. Wörterbuchs des N. Test. 4 Thle. gr. 8. Ansbach, Haßert. 778—79.

Beförderung, Die, Veit Hahns, oder die Kunst Jemand ein Amt zuzuschanzen. Heidelb. 1776. V: *Kirchhof, Peter Gottlieb.* (schr) (ML)

Die Beförderung der **Pferdezucht** im Großherzogthum Baden. — Karlsruhe 1862: Braun. 40 S. 8⁰
12: Oecon. 2015 g.
15.

Beförderung, die, der Rindviehzucht in Baden. Karlsruhe 1862

Beförderung nach Verdienst; Lustsp. s. Lustspiele von Jul. v. Voß.

Beförderung des **Vergnügens** und der Gemüths-Ruhe durch vernünfftige Untersuchung und Betrachtung auserlesener Materialien aus der Moral, Historie, Politik, und allen andern Arten der Wissenschafften und der Gelehrsamkeit; nebst einem kurtzgefaßten Auszuge von dem Neuesten der Zeit. Bd 1, 1-3. — Delitzsch: Vogelsang 1748. 8⁰
30.
15.

— zur, einer Gott wohlgefälligen Verwalt. d. Predigtamts. gr. 8. Leipz. 780. (W. Vogel). 8 gl.

Ueber die Beförderung des **Wachsthums** geistlichen Lebens unter den wesleyanischen Methodisten (Hrsg.: I. C. B.). — Cannstatt: Wesleyanische Methodisten-Gemeinschaft 1878. 15 S. 8⁰ **12**: H. ref. 388 i/1.
15.

Beförderung, Die, der allgemeinen und einzelnen Wohlfahrt. Wismar 1804. V: *Mau, D. C.* [?] (BrMm)

— zur, des Tellerschen Wörterbuchs des N. Test. 4 Thle. s. G. H. Lang.

Uiber die Beförderung des Zutrauens zwischen Regenten und Unterthanen. 1797 s.a. *Arndt*, Christian August.

— üb. die, des Zutrauens zwischen Regenten u. Unterthanen, (von Ch. A. Arndt). 8. Leipz. 797. Göthe. 10 gl.

Befoerderungen. — Die Beförderungen durch Wahl in der französischen Armee. — Berlin: Mittler in Komm. 1849. S. 145–167. 8° (Militair-Wochenblatt. Beih. 1849, Sept.)
1: in 4° Hu 2305–1849 [u.] in 4° Hu 2305a–1849.
3. 6. 8. 9. 14. 18. 21. 209.
15.

Beförderungs-Vorschrift f. d. Personen d. Soldatenstandes k. k. u. k. Heere, s.a. Militär-Vorschriften.

Beförderungs-Vorschrift für die Personen des Soldatenstandes im k. k. Heere. (14. Stück des N.-V.-Bl. für das k. k. Heer, von 1871.)
gr. 8. Wien 1871.

Befoerderungsvorschrift. — Beförderungs-Vorschrift für die Personen des Soldatenstandes im k.k. Heere, vom Jahre 1875. (Berichtigt bis Ende April 1879.) — Wien: K.-k. Hof- u. Staatsdr. 1879. VI,34 S. 8° (Taschen-Ausgabe d. Militär-Vorschriften. 2.) **302.**
15.

Beförderungs-Vorschrift für die Personen des Soldatenstandes im k.u. k. Heere vom Jahre 1895. [Nebst] Nachtr. 1–3. — Wien: K.-k. Hof- u. Staatsdr. 1896–1903. 8°
[Hauptwerk.] 1896.
1. Nachtrag zu d. Beförderungs-Vorschrift für d. Personen d. Soldatenstandes im k. u. k. Heere [vom Jahre 1895]. 1899.
2. Nachtrag vom Jahre 1901 zur Beförderungs-Vorschrift für d. Personen d. Soldatenstandes im k. u. k. Heere vom Jahre 1895. 1901.
3. Nachtrag vom Jahre 1902 zu d. Beförderungsvorschrift für d. Personen d. Soldatenstandes im k. u. k. Heere vom Jahre 1895. 1903.
(Taschen-Ausgabe d. Militär-Vorschriften. 2.) **302.**
15.

— Nachdr.-Ausg. mit Berücks. d. 1. Nachtr. Ebd. 1900. VI,29 S. 8° (Taschen-Ausgabe d. Militär-Vorschriften. 2.)
302.
15.

A–45. Beförderungsvorschrift für die Personen des Soldatenstandes im k. u. k. Heere. — Wien: Hof- u. Staatsdr. 1908. 24 S. 4°
Aus: Verordnungsblatt für d. k. u. k. Heer. Normalverordnungen. 50. 1909.
302.
15.

Beförderungs-Vorschrift f. die Personen des Soldatenstandes in der k. k. Landwehr, s.a. Taschen-Ausgabe der Vorschriften der k. k. Landwehr. 2. Heft.

Beförderungs-Vorschrift (A—XLVIII.) für die Personen des Soldatenstandes in der k. k. Landwehr. (Verordnungsblatt für die k. k. Landwehr Nr. 29 ex 1894.) 4. Wien 1894.

A–XLVIII. Beförderungs-Vorschrift für die Personen des Soldatenstandes in der k. k. Landwehr. — Wien: Hof- u. Staatsdr. 1901. IV,18 S. 4°
Aus: Verordnungsblatt für d. kaiserlich-königliche Landwehr. 32. 1902.
302.
15.

— (Mit Bewilligung d. k. k. Ministeriums für Landesvertheidigung.) — Ebd. 1903. VI,24 S. 8° (Taschen-Ausgabe d. Vorschriften d. k. k. Landwehr. 2.) **302.**
15.

A–45. Beförderungsvorschrift für die Personen des Soldatenstandes in der k. k. Landwehr. — Wien: Hof- u. Staatsdr. 1908. 23 S. 4°
Aus: Verordnungsblatt für d. kaiserlich-königliche Landwehr. 39. 1909.
302.
15.

Beförderungs-Vorschrift für die Personen des Soldaten-Standes in der königlich ungarischen Landwehr. (Lithogr.)
4. (Budapest 1876.)

Beförderungs-Vorschrift für die Personen des Soldatenstandes in der königlich ungarischen Landwehr. (Zu Präs. Nr. 458 vom Jahre 1897. — N. V. Bl. f. d. k. u. k. Heer. 3. Stück.)
4. (Wien 1897.)

— — (Neuauflage.) (Zu Praes. Nr. 5607, vom Jahre 1901. — N. V. Bl. für das k. und k. Heer 31. Stück.) 4. (Wien 1901.)

Befreier, Die, Europas in Paris ... Zweyte Auflage. Prag 1814. V: *Mikan, Johann Christian.* (GGr)

Befreiung, s.a. Befreyung.

Befreiung, s.a. Freidenker.

Befreiung, die, s.a. Osswobosohdenjo.

— die, Ägyptens. Von A. Z. Aus dem Engl. übers. (VIII, 128 S.) 8. Berlin 906. Puttkammer & Mühlbrecht. n. 3. 20; geb. in Leinw. n. 4.—

Befreiung, Die, von Akri. Ein historisches Gedicht usw. (Wien, Degen.) 1799. 4°. V: *Hammer, Josef v.* Vgl. Goed VII, 750, 8. (DARP)

Arnold's Befreiung aus der Verbannung in den Wüsten Asiens. Eine wahre und merkwürdige Begebenheit des Jahres 1839. (Text). Mügeln: o. J.: Stramer.
LBO Bänkelsängerlit. V, 16.

Befreiung, Die, der Stadt Bethulia. Eine heilige Handlung musikalisch aufgeführt in der Churfürstlichen Hofkapelle zu Dresden am heiligen Ostersonnabend im Jahr 1805. Dresden. V: *Metastasio, Pietro.* (BiblPort)

Zur Befreiung Deutschlands. Enthaltend: 1. An die Preußen. 2. Was bedeutet Landsturm und Landwehr? 3. Armee-Befehl Sr. Majestät des Kaisers Alexander ... [Mitarb.: Ernst Moritz Arndt u. a.] — Deutschland, im März 1813. 48 S. 8° **10. 11. 30.**
15.

— Deutschland, im März 1813. 48 S. 8°
1: Deutsche Flugschr. 1813–81. **14.**
15.

Deutschlands Befreiung im Jahre 1813. Ein Kriegeslied. — Liegnitz: Kuhlmey in Comm. 1833. 231 S. 8°
1: Yn 7401. **17.**
15.

Die Befreiung und ihre gesegneten Folgen. — Elberfeld: Brockhaus 1908. 30 S. 8° ([Schriften zur Erbauung d. Gläubigen.] 267.) 1: Eq 266–267. **5.**
15.

Befreiung der politischen Gefangenen. Der demokratische Bürgerwehr-Verein. Friedländersche Buchdruckerei. 1 Bl. Fol.
Flugblatt. Berlin, 19. Sept. 1848

Glorreiche Befreiung der deutschen Herzogthümer Schleswig-Holstein. — (Warmbrunn [um 1865]: Beholtz.) 8 S. 8° **2.**
15.

Befreiung, Griechenlands. Gedicht. O. O. u. J. V: *Reger.* (Bücher-Samml. d. hist. Ver. v. u. f. Oberbayern. Münch. 1867.)

Hamburgs Befreiung. Ein Jubellied für seine Bürger im Mai. 1814. U. St. P.

Hamburgs Befreiung durch Rußlands gerechten Monarchen. — Hamburg 1813. 16 S. 8° 18.
15.

Befreiung, die, der Leibeigenen in Rußland. Berlin 850. F. Schneider. (Stilke & v. Muyden.) gr. 8. (52 S.) n. 10 ngr.

Befreiung Roms, in Dialogen. (A. u. d. T.: Scenen). 2 Thle. 8. Leipz. 788. Göschen. 1 ℛ 14 𝒦

Die Befreiung Schleswigs oder Heitmann's wilde verwegene Jagd. — o. O. [um 1848]. 1 Bl. 8° 30.
15.

Befreiung, die, Schleswig-Holsteins vom Dänen-Joche im J. 1864. Historisch-romantische Erzählungen aus Schleswig-Holsteins Noth, Bedrängniß u. Befreiung. Geschichte des Freiheits-Kampfes von 1864 ꝛc. Ein Buch der Erinnerung für das deutsche Volk. Von E. W. J. Oederan 866. Schlesinger. 4. (IV, 252 S. u. 16 color. Lithogr.) 1 ℛ 18 ngr.; für Sachsen 1 ℛ 10 ngr.

Die Befreiung Schleswig-Holsteins im Jahre 1864. Um 1871 in: *Achtzehnhundertvierundsechzig*. — 1864, 1866, 1870, drei Jahre des Ruhmes aus Preußens Geschichte.

Spandaus Befreiung vom französischen Sklavenjoche, mit kurzgefaßten Nachrichten über die Belagerung und Uebergabe der Stadt und Festung ... Von e. Augenzeugen d. Belagerung. — Berlin: Littfas 1813. 16 S. 8°
1:13 in Tc 8902.
15.

Befreiung, Die, der arbeitenden Volksklassen aus dem Joche der Lohnsklaverei. Flugblatt. Zürich: C. Conzett. 4 S. 8°

Die Befreiung Wiens 1891–1895. Verhältniß d. Parteien im Gemeinderathe nach d. Wahlen im Jahre 1891, 1893, April 1895 u. September 1895. — Wien: 'Austria' [1895]. 1 Bl. 2° 302.
15.

Befreiungshalle, die deutsche, bei Kelheim. Historische Beleuchtung ihres Ursprungs und seiner nächsten Antecedentien nebst Beschreibung dieses Pracht-Baues u. seiner herrlichen Umgebungen. Mit 1 (lith.) Karte u. 4 lith. Ansichten (in 8., 4. u. Fol.) Regensburg 863. Pustet. 8. (115 S.) n. 12 ngr.

Das Befreiungsjahr. Ein Tagebuch der Vertheidigung Hamburgs gegen das franz. Heer unter Davout 1813. Aus d. Engl. von F. G. Buek. Hamburg 1834. 8°. (Orig. 1833.)

Befreiungsjahr, das, ein Tagebuch der Vertheidigung Hamburgs gegen das franz. Heer unter Marschall Davoust im Jahre 1813. Aus d. Engl. v. F. Geo. Buek. gr. 12. Hamburg 834. Hoffmann u. Campe. 1 ℛ

Befreiungskrieg. — Der Befreiungskrieg. Eine Geschichte für deutsche Knaben. — Hamburg: Hoffmann & Campe 1834. 258 S. 8° 1:Qn 8009.
15.

Befreiungskrieg, der. Für das preuß. Volk erzählt u. geschmückt mit 5 Bildnissen der Helden (in Holzschn.). Den Veteranen u. der Armee gewidmet von einem Kameraden. Stettin 862. v. d. Nahmer. 8. (32 S.) n. 7½ ngr.

Befreiungskrieg, der. Für das preuß. Volk erzählt und geschmückt mit 5 Bildnissen der Helden (in Holzschn.). Den Veteranen und der Armee gewidmet von einem Kameraden. 8. (32 S.) Stettin 863, v. der Nahmer. cart. *

Der Befreiungskrieg in Teutschland [Deutschland] im Jahr 1813. — Leipzig: Baumgärtner 1816. XIV,618 S. 8° (Kriegsbibliothek enthaltend d. Geschichte d. Befreiungskriege ... 1808 bis 1815. 3.)
4. 6. 7. 9. 10. 14. 17. 21. 24. 26. 209.
15.

— 2., verm. u. verb. Aufl. Ebd. 1820. XXII,772 S. 8° (Kriegsbibliothek ... 3.) 2[unvollst.] 14. 117.
15.

Der preußische Befreiungskrieg. Ein Mahnwort an d. Landtagswähler Preußens. *Berlin: Vorwärts 1903.* (31 S.) 8° [F.] [03. 14806]

Befreiungskriege, Die, in Lit. u. Kunst. 1813.1815. Die wichtigste Lit. üb. d. Zeit vor 100 Jahren. Die bekanntesten Kunstbl. (23 m. Abb.) Lex8° Hambg. G Schloessmann ('12). † — 15 (Pp.) d

Rußlands und Deutschlands Befreiungskriege von der Franzosenherrschaft unter Napoleon Buonaparte in den Jahren 1812 bis 1815 ... für die Jugend bearb. Bdch. 1. — Quedlinburg: Basse 1816. 202 S. 8° 1:Qn 6473.
15.

Befreiungs-Recht, Das, in Reichstädten in Absicht auf den Gottesdienst unterschiedener Religions-Verwandten. O. O. 1773. V: *Rosskampf, Gg Hnr. v.* (Holz)

Befreiungstage, Oestreichs, s.a. Oestreich.

Befreiungstage, Oestreich's! oder der 13., 14. und 15. März 1848 in Wien. Geschildert von Augenzeugen, ... Wien [1848]. V: *Schall, F. C.* (BrMm)

Oestreichs Befreiungstage oder der 13., 14. und 15. März 1848 in Wien. Geschildert von Augenzeugen. Mit allen Proklamationen und den wichtigsten Flugschriften. Wien, Jasper. (1848.) 84 S. 8.

Polens Befreiungswoche, od. Beschreibung der merkwürdigen Begebnisse in Warschau während der ersten 8 Tage der Revolution. (108.) 12. Warschau 1831.

Befreyung, s.a. Befreiung

Befreyung, die,. Schauspiel in 2 Aufz. von Albrecht. 8. Hamburg, Vollmer. 798.

Deutschlands Befreyung von dem Joche der Franzosen. Bd 1–6. — Köln a. Rh.: Schmitz [usw.] 1814. 8°
1[∞5]:Qn 7602. 21[∞4/6]. 38.
15.

Befreyung Roms, in Dialogen. (A. u. d. Titel: Scenen. 2 Thle.) 8. Leipz. Göschen. 788.

Befreyung, die, Roms, von Lafontaine, 8. Leipzig, 791. Göschen. 27 sgl.

Wiens Befreyung gesungen am Jahrtage, den 12. Herbstmonat, 1776. — Wien 1776: v. Trattner. 4 gez. Bl. 8°
25.
15.

Befugnis, s. Befugniss.

Befugniss. — Ueber die Befugniß der ordentlichen Gerichte zur straf- und civilrechtlichen Verfolgung von Staatsbeamten aus Anlaß von Amtshandlungen nach preußischem Recht. Von e. preußischen Richter. — Berlin: Guttentag 1868. 61 S. 8°
1:Gt 2283. 11. 12:Crim. 13 ln. 17. 21. 38.
15.

Befugniß, über die, des Calenberg-Grubenhagenschen Landes-Deputations-Collegii bei jetziger Occupation d. Landes ꝛc. 8. Hannov. 784. Hahn. 6 𝒦

Ueber die Befugniß des Calenberg-Grubenhagenschen Landes-Deputations-Collegii, behuf der Kosten der jetzigen Occupation Steuren auszuschreiben und Capitalien anzuleihen. Zu Widerlegung der öffentlichen Erklärung ... des ehemaligen Hofrichters ... von Berlepsch. Von e. Hannoveraner. — o.O. 1803. 46 S. 8°
7. 18. 23. 30.
15.

Befugniß, über die, des Calenberg-Grubenhagensch. Landes-Deputations-Collegii bey jetziger Occupation d. Landes rc. 8. Hannov. Gebr. Hahn. 804.

Befugniss, Der Obrigkeiten in den Preussischen Städten, Edelleute zu richten. Danzig [1764]. V: *Lengnich, Gottfried.* (ML)

Die Befugniß der Verwaltungsbehörden zur Reservation gewisser Districte für den fiskalischen Bergbau und die Rechtsgiltigkeit der in Schlesien bereits erfolgten Reservationen. Entgegnung auf die ... Frey'sche Schrift. — Breslau: Trewendt 1863. 48 S. 8°
1:15 in Gm 11195. **2. 6. 82.**
15.

Befugnisse. — Ueber die ärztlichen Befugnisse des Capitains auf Kauffahrtheischiffen. — (Berlin [um 1870]: Bernstein.) 26 S. 8° 1:Kq 10270.
15.

Befugnisse, die, der Dorfgerichte bei d. selbstständ. Bearbeit. gerichtl. Angelegenheiten, nach den Vorschriften d. allg. pr. Landrechts u. d. allgem. preuß. Gerichtsordn. 8. (3 B.) Eisleben 838, (Reichardt.)

Befugnisse, Die Kaiserliche und Ständische, bei Errichtung einer Hohen Schule ... Frankf. u. Leipz. 1786. V: *Cotta, Chph Frdr.* (Erman & Horn, Bibliogr. d. dtsch. Universitäten. 1. Leipz. u. Berl. 1904. S. 161.)

Befühlvolle, Der, oder der glückliche Maler, ein Originallustspiel in fünf Aufzügen. Wien 1773. V: ***Weidmann, Paul.*** (GGr V/313, Nr. 28/22) (BiblPort) Vgl. Der Gefühlvolle. Wien 1774.

Befund.
Warhaffter Befund, und grund-mäßige Gegen-Beantwortung, über die an Seithen der Freyherren von Gemmingen Hornberg in Druck herauß gegebene, und unter dem 7. Julii 1724. bey Kayserlicher Subdelegations-Commission ad liquidandum zu Worms insinuirte, den 8. Augusti aber dem Freyherrn von Gemmingen Michelfeld in Wienn zu Hand gekommene Designation der jenigen Schulden, welche vor Herrn Wolffgang von Gemmingen durch Herrn Weiprechten von Gemmingen Hornberg und dessen Erben, in Gefolg der Anno 1659. zwischen obbesagten Herrn Weiprechten, und dessen minder-jährigen Vetter Hrn. Johann Reinhard von Gemmingen Michelfeld super haereditate Wolffgangiana nichtiglich gepflogenen, und dahero, vermög der Reichs-Hof-Raths Sentenz de 21. Maii 1717. wider cassirten Cession anmaßlich sollen bezahlet seyn. — o. O. [um 1724]. 15 S. 4° **10. 24. 23.**

Befunde u. Gutachten, gerichtsärztl. Schwurgerichtsfragen bei Körperverletzgn. Hrsg. v. Otto Granichstädten. (240) Lex 8° Wien, F. Deuticke '09. 5 —

Befundsbericht. — Befunds-Bericht dreier sachverständiger Schulmänner über die städtischen Elementarschulen zu Dresden. — Dresden 1869: Heinrich. 36 S. 8° **15.**
15.

Befundschein. — Befundschein und Anweisung zum Gebrauche des eichamtlich beglaubigten Dichten-Aräometers (höhergrädiges Instrument). Von d. k. k. Normal-Eichungs-Kommission in Wien. — Wien 1906: K. k. Hof- u. Staatsdr. 36 S. 8° **302.**
15.

Befundschein und Anweisung zum Gebrauche des eichamtlich beglaubigten Kupfervitriol-Aräometers für 0 bis 4 Prozente. Von d. k. k. Normal-Eichungs-Kommission in Wien. — Wien 1906: K. k. Hof- u. Staatsdr. 14 S. 8° **302.**
15.

Begängnis, s. Begängnuß.

Begängnuß. — Achttägige Begängnuß, und Angedencken deß 17ten Saeculi, daß Christus unser Welt-Heyland, und Erlöser deß Heil. Apostel-Fürsten Petrum, als das erste, und höchste Kirchen-Haupt eingesetzt ... Sambt ... Siben Lob- u. Ehren-Predigen. — München 1735: Riedel. Getr. Pag. 8°
Sondertitel:
1. Gastl, Andreas: Dem Heiligen Petro an dem ihme zu Ehren angesetzten Jubel-Fest dreyfache päbstliche Ehren-Kron aufgesetzet, und in einer Lob und Ehren-Predig vorgetragen. 1734.
2. Hofreither, Michael: Lob-Predig dem Heiligen Apostel-Fürsten Petro zu Ehren gehalten von denen vier grösten Kirchen-Vättern in ihren Bild-Saulen aufgerichtet auf dem neu-erbauten kostbaren Hoch-Altar St. Peter in dessen ansehlichen Gottes-haus, und löbl. Pfarr-Kirchen zu München 1734.
3. Dietl, Philipp: Unzerstörliches Kirchen-Gebäu auf einen vösten Felsen gegründet ... Lob- u. Ehren-Predig. 1734.
4. Dommer, Aegidius: Simon Petrus der hohe Priester des neuen Bunds, vorgestellet in Simone dem Sohn Oniae ... In e. Lob- u. Ehren-Predig. 1734.
5. Lucas a Sancto Benedicto: Jesus Maria. Petrus weilen er ein bussender Heiliger erfreuet Munchen, bewisen in der Hoch-ansehlichen Pfarr-Kirche zu St. Peter. 1734.
6. Mayr, Victurus: Der gröste Priester, das gröste Wunder, zu sehen in dem sibenzehenhundert jährigen Priesterthum des H. Apostels, und Himmels-Fürsten Petri. Das ist Lob- u. Ehren-Red. 1734.
7. Erembertus Dachaviensis: Das Schifflein Petri, gefährlich ist bestritten, glückseelig ist erhalten. Sibend- u. letzte Predig. 1734.

12:4° Hom. 180 [2 Ex.]
15.

Hochfeyerliche Begängnuß eines zweyfachen saeculum, oder Jahr-Hunderts, der kayserl. Hof-Kirchen des Heil. Vatters Augustini deren Ehrwürdigen PP. Augustiner Barfüsser allhier ... Mit e. kurtzen Unterricht von d. Ursprung u. Merckwürdigkeiten besagten Kayserl. Gottes-Hauses u. Closters, nebst Erklärung desjenigen, so zu Beziehrung dieser Feyerlichkeit veranstaltet worden. — Wienn [1730]: Schilgen. 21 Bl. 8°
12:4° H. mon. 37. **300:**17 L 218.
15.

Begas, Adalbert
27. Sonderausstellung in der Königl. National-Galerie. Werke von Adalbert Begas und Wilhelm Riefstahl. Berlin 1888. 8°.

Begas-Ausstellung, s.a. Reinhold Begas Ausstellung

Reinhold **Begas-Ausstellung.** Veranstaltet vom Verein Berliner Künstler in der alten Hochschule für Musik (Potsdamerstr. 120) vom 15. IX. bis 14. X. 1906. (10 u. 8 S. m. 1 Bildnis u. 84 S. Abbildgn.) gr. 8. Stuttgart (906). Union. n. — 70

Bégasse, Joseph [Bearb.]
s. *Arbeiterversicherung*, Die, im Auslande. 12a. 1906.

Begasse, Jos., die Arbeiterversicherung in Belgien, s.: Zacher.

Begasse, Ludov. (geb. Cöln a. Rh. 1810): De actione vicaria. Berolini (1833). (44 S.) 8°
Berlin, Med. Diss. v. 19. Aug. 1833

Begattung und Fortpflanzung, Die, organischer Wesen nach der Stufenleiter der Natur. Berlin 1797. V: *Flittner, Chn Gtfr.* (BGG)

* Begattung u. Fortpflanzung organ. Wesen nach d. Stufenleiter d. Natur. Mit illum. K. 8. Berl. Neue Societätsbuchh. 807.

Bege, C.: Repertorium der Gesetz- u. Verordnungs-Sammlung . . ., s. Bege, Karl Friedrich.

Bege, C.F.R.: Chronik der Stadt Wolfenbüttel, s. Bege, Karl Friedrich.

Bege, Carl, s. Bege, Karl Friedrich.

Bege, Carl Friedrich, s. Bege, Karl Friedrich.

Bege, Johann Hieronymus Christian: Biblische Gebet-Concordanz als eine praktische und schriftmäßige Anweisung zum gottgefälligen Gebet. In welcher alle Gattungen d. biblischen Gebeter unter vorhergehenden Erklärungen zum erbaulichen Gebrauche zusammen getragen sind. — Wolfenbüttel: Meißner 1764. 698 S. 8° **23.**
15.

Bege, Karl, s. Bege, Karl Friedrich.

Bege, Karl Friedrich

Bege, Karl Fr., Beschreibung d. Fürstenth. Wolffenbüttel, s. Geo. Hassel.

Bege, Karl, Chronik der Stadt Wolfenbüttel u. ihrer Vorstädte. gr. 8. (VIII u. 232 S. m. 2 Tab. in 4.) Wolfenbüttel 839. (Holle. — Braunschweig. G. C. E. Meyer sen.) n. 2/3 ℛ

— Geschichte des Rittergutes Hedewigsburg. — [Wolfenbüttel] 1839. 12 S. 8° **7. 23.**
15.

[—] Geschichte der Stadt Seesen im Herzogthum Braunschweig. — Lüneburg: Herold & Wahlstab 1831. 63 S. 8° **1: Sl 7760. 7. 23. 28. 29.**
15.

Bege, Carl Friedr., Geschichte d. Stadt Wolfenbüttel. 8. (4½ B.) Lüneburg 832, Herold u. Wahlstab.

— Geschichten einiger der berühmtesten Burgen und Familien des Herzogthums Braunschweig. — Wolfenbüttel: Holle 1844. V,210 S. 8° **1: Sl 4300. 3. 5. 7. 10. 11. 12: Germ. sp. 28. 14. 15. 17. 18. 23. 29. 30.**
15.

—— Geschichten der Städte Seesen und Scheppenstedt, ein Beitrag zu der Geschichte der Ausbildung städtischer Verfassungen im Herzogth. Braunschweig, des braunschweig. Partikularrechts und des Steuerwesens. gr. 8. (IV und 84 S.) Wolfenbüttel 846, (Holle'sche Buchh. — Braunschweig, G. C. E. Meyer sen.) *

Bege, C., s.a. Repertorium der Gesetz- u. Verordnungs-Sammlg.

– Repertorium der Gesetz- und Verordnungssammlung für die herzogl. braunschweigischen Lande v.J. 1814-1833, s. Bege: Repertorium der Verordnungssammlung. . .

Bege v. Götz. Repert. d. Gesetz- u. Verordnungssammlg. für die herzogl. braunschw. Lande 1830–72. 9 Bde. Wolfenbüttel 830–73.

—— Repertorium d. Gesetz- u. Verordnungs-Sammlung für die herzogl. braunschweig. Lande mit erläut. u. ergänz. Rescripten, Instruktionen, Bekanntmachungen rc., nebst chronol. Verzeichnissen aller darin vorkommenden Rescripte, Instructionen rc. u. e. vollständ. Sachregister. 4. u. 5. Thl. gr. 4. Wolfenbüttel, Holle'sche Buchh. *
Thl. 4. Die Jahre 1833–1843 umfassend. (43 B.) 844. * 3 Thlr. 15 Ngr.
» 5. Die Jahre 1844 u. 1845 umfass. (36¾ B.) 846. * 3 Thlr.
1–3. Thl. Helmstedt, Fleckeisensche Buchh. 12 Thlr. 5 Ngr.

—— Repertorium der Gesetz- und Verordnungs-Sammlung für die herzogl. braunschweigischen Lande von den J. 1846, 1847 und 1848 mit erläut. und ergänz. Rescripten, Instructionen rc., nebst chronolog. Verzeichnissen aller darin vorkomm. Rescripte rc. und einem vollständ. Sachregister. 6. Theil. 4. (170 S.) Wolfenbüttel 849, Holle'sche Buchh. Thlr. *

Bege, Carl, Repertorium der Gesetz- und Verordnungs-Sammlung für die herzogl. braunschweigischen Lande vom 1. Jan. 1849 bis dahin 1853 mit erläuternden und ergänzenden Rescripten, Instructionen, Bekanntmachungen rc. nebst chronolog. Verzeichnissen aller darin vorkommenden Rescripte, Instructionen rc. und einem vollständigen Sachregister. Fortgesetzt von Wilh. Görtz. 7. Thl. 4. (177 S.) Wolfenbüttel 854, [Holle's Verlag.] *

Bege, Carl, Repertorium der Gesetz- und Verordnungs-Sammlung für die herzogl. braunschweig. Lande vom 1. Januar 1853 bis dahin 1860 mit erläuternden und ergänzenden Rescripten, Instructionen, Bekanntmachungen rc. Fortgesetzt von Wilh. Görtz. 8. Thl. 4. (394 S.) Wolfenbüttel 861(62), Holle.
1–7. Thl. kosten * 22 Thlr. 15 Ngr.

—— Repertorium d. Verordnungs-Sammlung für d. Herzogl. Braunschweig. Lande v. J. 1814 bis 1830, mit erläut. u. ergänz. Rescripten, Instructionen, Bekanntmachungen rc., nebst chronolog. Verzeichn. aller darin vorkomm. Rescripten, Instructionen rc. u. ein. vollständ. Sachregister. 2 Thle. 4. (111¾ B.) Helmstädt 830, 31, Fleckeisen.

Bege, Karl Fr., Repertorium der Verordnungs-Sammlung für die Herzogl. Braunschw. Lande vom Jahre 1832 u. 1833. Mit erläut. u. ergänz. Rescripten. 3r Bd. 4. Helmstadt 834. Fleckeisensche Buchh. 4⅓ ℛ 1r u. 2r Bd. ist d. Pr. 6½ ℛ nicht 7⅓ ℛ s. Thl. I. S. 182.

— Verzeichniss der von dem Kreisrichter Bege nachgelassenen Büchersammlung, vorzüglich juristischen und historischen Inhalts, welche . . . am 15. und 16. Mai d. J. . . . verkauft werden soll. [Verkaufskat.] — Wolfenbüttel 1850. 26 S. 8° **23.**
15.

Bege v. Götz: Repertorium der Gesetz- und Verordnungs-Sammlung, s. Bege, Karl Friedrich.

Begebenheit, s.a. Begebenheiten

Begebenheit, s.a. Begivenhed.

Begebenheit, s.a. Bekebeneit.

Begebenheit. — Ausserordentliche, doch wahrhaffte Begebenheit, so in dem Dorffe Hopffgarten, unter Geithen gelegen, in der dasigen Kirchen, den 6. November 1750. am frühen Morgen von des Schulmeisters Sohne, seines Alters 28. Jahr ist bemercket worden. Gedr. nach d. Leipziger Exemplar. — o.O. [um 1750]. 2 Bl. 8° **14.**
15.

Eine denkwürdige Begebenheit aus der Reformationsgeschichte. Peter Brully, Pfarrer zu Tournai, früher zu Straßburg. 1544-1545. — (Straßburg [um 1850]: Silbermann.) 11 S. 8° **1: Cn 2637.**
15.

Eine entsetzliche Begebenheit von einer Mißgeburth, welche den 16. Decembr. 1725. in dem Dorffe Hültewisch, in Mecklenburger Lande zur Welt gebohren worden, wie soches in nachfolgenden mit mehrern nachgelesen werden kan. — o.O. 1726. 2 Bl. 8° **14.**
15.

Eine fast noch nie erhörte und glaubwürdige Begebenheit, welche sich bey Franckfurth, in den Dorffe Neuwitnau mit einen Gast Wirth und seiner Frauen zugetragen wie zu denselben den andern Febr. in diesen 1747sten Jahr ein Cavelier gekommen, welcher Quartier begehrt, und wie der Wirth hernachmahls diesen Cavelier seine Frau zur Unzucht vor 200. Thaler gegeben, wie aber hernachmahls dieser Geldgeitz wie allemahl übel belohnet worden. Gedr. nach d. Franckfurther Exemplar. — o.O. 1747. 2 Bl. 8° **14.**

Noch nie erhörte Begebenheit, welche sich in denen letzten Zeiten hier und da zugetragen, und aus beykommender Beschreibung mit mehrern zu ersehen. (Nach d. augspurgischen Exemplar gedr.) — o.O. [um 1735]. 2 Bl. 8° **3.**
15.

Erschreckliche Begebenheit und gründliche Nachricht von einer ... Mordthat und Straßenraub, welche ... an einem rußischen Kaufmann und seiner ganzen Familie, als 7 menschliche Seelen getödtet und ... umgebracht. Gedr. in diesem Jahr. — o.O. [um 1740]. 2 Bl. 8° **3.**
15.

Eine erschröckliche [erschreckliche] Begebenheit von einem Tambour nahmens Andreas Bandau ... wie dieser Mensch Anno 1711. den 4. April mit dem Teuffel einen Bund ... gemacht, aber durch Gottes Gnade ... wieder von ihm gebracht, er aber gantzer 4. Wochen lang ... ist bewachet worden. — o.O. 1716. 4 Bl. 8° **27.**
15.

Erschreckliche, unerhörte, und grausame Begebenheit, welche sich mit dem Herrn Lieutenant Mohr, gewesenen Regiments-Quartiermeister des Kayserlich-Königlichen Leopold Palffyschen Hungarischen Infanterie-Regiments zu Mantua und Lodi, in der Oesterreichischen Lombardey, im Jahre 1751. und 1752. zugetragen hat. — o.O. [1752]. 52 S. 8° Als Verfasser wird Johann Friedrich Mohr genannt.
12:4° Biogr. 280-16m.
15.

Erstaunenswürdige Begebenheit von einen grausamen Ungewitter, welches in der Grafschaft Durrlach den 22. May 1746. geschehen. — o.O. 1746. 2 Bl. 8° **3.**
15.

Erstaunliche Begebenheit welche sich in vorigem Monathe dieses Jahres zu Leipzig in Sachsen ereignet hat. NB. für alle geplagte Ehemänner sehr trostreich zu lesen. Wien [um 1770]: Kurzböck. 9 Bl. 8° **300:**23.122-A.
15.

Begebenheit mit einem jungen Frauenzimmer genannt Pöna, oder das Mädchen mit dem Schweinskopf. Linz o.J. 8°

Eine gewisse und warhaffte Begebenheit, so sich in Ratzeburg zugetragen; nemlich: zwey Ertz-Diebe und Mörder, welche ... in Ratzeburg gefangen gesessen, haben d. 12. Sept. 1731. ... ihrer Ketten sich entlediget ... und davon geloffen; so aber d. 19. Sept. ... wieder ertappet und in ... Hafft ... gesetzet worden. — o.O. [1731]. 2 Bl. 8°
1:6 in Fy 7909.
15.

Die heilige Begebenheit nach der dreytägigen Schlacht bey Leipzig den 19. Oktober 1813. — o.O. [1813]. 4 Bl. 8°
1:Flugschr. 1813-25. **29.**
15.

Begebenheit, die — von Josef mit die Brüder (sic.) Gedr. bei M. F. Poremba in Lemberg, 1856. (15 Bl. 8.)

Eine sehr curiöse [kuriöse] Begebenheit, welche sich ohnweit Dreßden in dem Orte Kätzschberg genannt, auf einer Hochzeit ... zugetragen, wie solche ... unter sich 7 Churfürsten ausgemacht, und hernach einen von den Gästen ... zum Käyser erwählet. Nebst ein curiöses Gespräch verschiedener Völcker, welche sich ... über die ietzige Beschaffenheit des Krieges unterreden. — o.O. 1745. 2 Bl. 8° **1:**Rz 3300.
15.

Eine curieuse Begebenheit, welche sich zugetragen, in Kätzschberg auf einer Hochzeit, wie sie unter einander einen Kayser und sieben Churfürsten erwählet, und was sich weiter mit selbigen zugetragen, ausführlich beschrieben. — o.O. [um 1740]. 2 Bl. 8° **3.**
15.

Eine curiöse Begebenheit, welche sich zugetragen in Kätzschberg auf einer Hochzeit, wie sie unter einander einen Kayser und sieben Chur-Fürsten erwählet, und was sich weiter mit demselbigen zugetragen, ausführlich beschrieben. — o.O. 1745. 4 Bl. 8° **3.**
15.

Begebenheit der Marquisin de los Rios, einer Spanierin. Aus d. Frantz. übers. — Franckfurt [usw.] 1749. 44 S. 8°
2. 21. 24.
15.

Merckwürdige [Merkwürdige] Begebenheit mit einem Benedictiner-Mönch, welcher sich den 1. Decembr. dieses Jahrs auf einem secularisirten Closter ohnweit Magdeburg nicht nur hat sehen, sondern auch mit dem daselbstigen Abbt in einen langen Discours eingelassen. — o.O. 1710. 4 Bl. 8° **29.**
15.

Eine sehr merkwürdige und betrübte Begebenheit, welche sich mit einem verlobten Braut-Paare zugetragen. o.O. [um 1800]. 2 Bl. 8° **15.**
15.

Merckwürdige [Merkwürdige] und wahrhafftige Begebenheit, wie selbige mit J. G. E. bey Beschwerung des Teuffels, aus des so genannten D. Faustens Höllen-Zwang sich zugetragen ... vom 2. Oct. biß den 21. Dec. A. 1707. Leipzig: Zeidler 1708. 8 Bl. 8°
1:Na 1052. **2. 14. 26. 28. 29.**
15.

Merkwürdige Begebenheit, welche sich den 7ten und 8ten Christmonats 1774 zu Ellwangen mit einer beseßnen Person von München M. Anna Oberhueberinn in Kraft des heiligen Namens JEsu durch Herrn Joseph Gaßner, Pfarrer aus dem Klösterle zugetragen hat. — o.O. 1774. 7 Bl. 8° **17.**
15.

Merkwürdige Begebenheit, welche sich zwischen zweyen Bürgers-Kindern in der Stadt Hollbrunn zugetragen hat. o.O. [um 1830]. 2 Bl. 8° **1:**Yd 5638.
15.

Merkwürdige Begebenheit einer Wette, welche sich zwischen einem Hutmacher in Augsburg, und einem Wagnermeister in Lechhausen zugetragen hat. E. Beitrag zu d. Sitten-Geschichte d. Stadt Augsburg, aus d. ersten Hälfte d. 18. Jahrhunderts. Von H. — München: Fuchs in Comm. [um 1850]. 16 S. 8° **12:**Bavar. 4268q.

MERKWÜRDIGE Begebenheit! zur Zeit der großen Cholera geschehen in SIEBENBÜRGEN. Ein wirkliches Wunder des heil. Rochus, Sebastian und der heil. Rosalia; in der Form eines Liedes. Du lieber heil. Rochus und heil. Sebastian, du heil. Rosalia, wir bitten euch. (25 reimlose Strophen, anscheinend Prosaübersetzung eines anderssprachigen Textes.) Pest 1868: Aloys Bucsánszky. 8 S. - 173 mm

Eine neue und wahrhaffte Begebenheit, welche sich zugetragen bey Torgau, man hat allda in einer Mühle einen Sauer-Teig in Blut verwandelt funden ... Zum andern, eine gewisse und auch wahrhafftige Propheceyhung, von einem Bauer, Georg Eichelmann, welcher einen Scheffel Korn nach Meßritz zu Marckte gebracht. — o.O. 1720. 2 Bl. 8° **3. 14.**
15.

Schauderhafte Begebenheit welche sich zwischen einem Vater und seinem Sohne zugetragen, wobei sechs Personen um das Leben kamen. Ausführlich beschrieben u. mit e. passenden Liede versehen. — Hamburg [um 1860]: Kahlbrock. 4 Bl. 8° **18.**
15.

Schreckliche Begebenheit der Raubmörderin U. Koch, welche sich am 3. Dezbr. vorigen Jahrs in Inner-Rhoden Kanton Appenzell zugetragen hat. — (Landshut [um 1850]: Rietsch.) 1 Bl. 4° **1:**36 in 4° Fy 7909.
15.

Schreckliche Begebenheit eines geldgierigen Raubmörders im Dorfe R. in der Gegend von Starkenberg. — Dat. Starkenberg 7. July 1846. 2 Bl. 8° 1:Fy 24178.
15.

S c h r e c k l i c h e und schauderhafte Begebenheit, welche sich in der Stadt Dorrach in Holland zugetragen hat. Kein Fädchen ist so fein gesponnen. Es kommt doch endlich an die Sonnen.
Vegesack 1865.: J.F.Rohr.
LBO Bänkelsängerlit. II, 59.

S c h r e c k l i c h e Begebenheit, welche sich am 29. Juli 1862 bei Wien auf der Donau zugetragen und wobei zehn Frauenzimmer durch ihre Crinolinen das Leben verloren. Herausgegeben zu Nutz und Frommen der Menschheit anno 1863.
o.O., 1 Bl.
Diöz.-B. Rottenburg.

Schreckliche Begebenheit, welche sich im vorigen Jahre zwischen Debreczin und Temesvar in Ungarn zugetragen hat. — Anclam: Hoenatsch [um 1850]. 4 Bl. 8°
1:12 in Yf 5933/6005.
15.

S c h r e c k l i c h e Begebenheit, welche zwei ungarischen Husaren-Offizieren begegnet ist auf ihrer Heimreise, als sie von einer Räuberbande angefallen wurden und sich dabei sehr heldenmütig bewiesen. Geschehen im Monat September 1864.
Mühlhausen o. J. (1866): J. P. Risler.

Schreckliche Begebenheit zwischen einem Brautpaare, welche sich in Spanien zugetragen hat. — Hamburg [1866]: Kahlbrock. 4 Bl. 8° 18.
15.

Begebenheit, die seltene, oder der glückliche Ehemann, eine wenig wahrscheinliche Geschichte, 8. Leipzig, (Salzburg) 770. Mayrs. 3 ßgl.

Begebenheit, Die s e l t e n e , oder der glückliche Ehemann. 2.Bd. Leipzig, Salzburg: J. J. Mayer. 1779. 8°

Seltsame Begebenheit eines preußischen Grenadirs, namens Gustav Schnurbart. Ein Heldengedicht, in 6 Büchern. — Wien: Kurtzböcken [um 1780]. 14 Bl. 8°
18.
15.

Sonderbare Begebenheit, welche sich zu Fahrenreid, einem Dorfe, ohnweit Hof am 27. October 1771. in einer Scheune mit vier Engelu[!], welche in menschlicher Gestalt Getreyde gedroschen, zugetragen ... Nebst e. erbaulichen Liede. — o.O. 1772. 2 Bl. 8° 3.
15.

Sonder und wunderbahre [Sonderbare] Begebenheit, unterm königl. preussischen Ambt Wolmirstedt, im Dorff Lindhorst, mit Johann Müllers eines Ackermanns Sohn, Jürgen Müller genannt, im 23. Jahr seines Alters, angefangen am Tage Michaelis, den 29. Septembr. vollendet den 2. Octobr. 1708 welches auffgesetzt von Einem der gewiße Nachricht davon hat. — o.O. [um 1710]. 19 S. 8°
18. 23.
15.

Trauervolle Begebenheit, welche sich in unserer Churfürstl. Pfalzbaierischen Regierungs-Stadt Straubing heute den 13. Sept. 1780. zwischen halb zehn Uhr, so in einer förterlichen Feuersbrunst, welche bey einem Bräuer mit Namen Lechner aus dem Heuboden ausgebrochen, bestehet. — Augsburg: Bullmann [1780]. 2 Bl. 8°
12:4° Bavar. 3000-III,11.
15.

Die traurige Begebenheit von der Ermordung des Schankwirths Schreiter ... am 15. Juli 1859 geschehen. — Glauchau [1859]. 8° 14.
15.

Eine sehr t r a u r i g e Begebenheit von Peter Hahn, welcher seine Frau, 5 Kinder und die Dienstmagd erwürgte, weil er durch eigene Schuld, durch Verschwendung seine Familie in Armuth, Elend und Noth stürzte, wodurch er zu dem großen Verbrechen geführt wurde.
Saargemünd, o.J. (1870): Ant. Weiß.

T r a u r i g e und wahre Begebenheit, welche sich in diesem Jahre zur Mitternachtszeit in dem Städtchen Babenhausen, im Großherzogthum Hessen, zugetragen hat, wo ein Vater, Namens Ludwig Setzer, seine Frau nebst seinen vier Kindern grausamer Weise mit einem Dolche ermordete, und der Mörder, nachdem er sich vor seinem Ende treu bekehret hatte, durch das Schwert hingerichtet wurde. Möge diese schreckliche Begebenheit gegenwärtiger Zeit eine dauernde, abschreckende Warnung sein und alle Menschen vor Mordthaten und anderen Verbrechen verwahren.
Vegesack o. J.: J.F.Rohr.
LBO Bänkelsängerlit. I, 7 und Jahrmarktslit. R. c. 2,65.

T r a u r i g e Begebenheit, welche sich im Jahre 1856 in Madrid, der Hauptstadt Spaniens, zugetragen hat.
Torgau o.J.: E.Tragmann.
LBO Bänkelsängerlit. I, 29.

Traurige Begebenheit, welche sich vor einiger Zeit in Madrid, der Hauptstadt Spaniens, zugetragen hat. — Hamburg [1867]: Kahlbrock. 4 Bl. 8° 18.
15.

Begebenheit, W a h r e, am Stuttgarter Marktbrunnen.
Flugblatt

Wahre und merkwürdige Begebenheit von einem Fischersohne aus Amsterdam in Holland, welcher mit 31 Matrosen Schiffbruch gelitten, unter 84 Räuber gerathen und heldenmütig einem Grafen, seinen beiden Fräulein und der ganzen Dienerschaft das Leben gerettet hat. — Löbau: (Kreuzberg [in Komm.] [um 1840]): Hohlfeld. 4 Bl. 8°
1:21 in Yd 7929.
15.

— Nebst e. dazu verfaßten inhaltreichen Liede. Frankfurt [usw.]: Trowitzsch [um 1840]. 4 Bl. 8° 1:9 in Yt 8760.
15.

Eine wahre und merkwürdige Begebenheit aus den neuesten Kriegsereignissen in Spanien, welche sich zu Almeria zutrug. — (Znaim: M. Hofmann 1841.) 2 Bl. 8°
302.
15.

Eine w a h r e und rührende Begebenheit aus den jüngsten Kriegs-Ereignissen in Spanien. „Die Wege des Herrn sind wunderbar.“ (Text.)
Mügeln, o.J.: G. Strahmer.
LBO Bänkelsängerlit. V, 21.

Wahrhafte und schreckliche Begebenheit, wie ein Sohn seinen Vater, seine Mutter und seine 19jährige Schwester ermordete. Geschehen in Tübingen im Königreich Württemberg am 6. Januar 1850. — Meißen: Cato [um 1850]. 4 Bl. 8° 14.
15.

Eine wahrhafftige Begebenheit, welche sich begeben im Monat Septembris in einem Dorffe Beyersdorff genannt, von einem Huthmanne, welche Frau hat Brodt gebacken und angeschnitten, solches zu lauter Würmern geworden. (Grimma) 1721. 2 Bl. 8° 3.
15.

Höchstwunderbare Begebenheit einer Klosterfrau im Herzogspital zu München. — München: Eichelberger [1877]. 8 X. 8° 12: Bavar. 215f.
15.

Höchst wunderbare Begebenheit einer Klosterfrau im Herzogspital zu München. (Grosser Holzschnitt.) München, S. Eichelberger, o. J. -- *Am Ende:* Druck von G. Schuh. (Ca. 1878?) Gr. 8°. Cart. 8 S.

Die sehr wunderbahre und fatale Begebenheit welche sich in Meßritz in Thüringer-Lande im Monat April jetzigen 1725. Jahres zugetragen, da eine kräussende Frau Nahmens Catharina Puschin, so mit eines menschlich gebildeten Kindes ein dreyfachverändertes Monstrum in Meynung nach Gottes Bilde und andrer erschaffenen Creaturen, so sich bey der Tauffe 1. in einen wunderbaren Fisch, 2. in ein schaaf 3. in eine Korn-ähre bey der H. Tauffe verwandelt, gebohren hat. Gedr. nacht [!] d. Erfurtischen Exemplar. — o.O. [1725]. 2 Bl. 8° 14.
15.

Wunderbahre [Wunderbare] und seltsame Begebenheit, so sich vor ohngefehr 3. Wochen im Anfang des Monats Junii 1714. mit einem verstorbenen Obrist-Lieut. schwedischer Nation, nahmens Falck, zu Jaroslaw ... zugetragen. — o.O. [1714]. 2 Bl. 8° 3.
15.

Eine durch Gottes Verhängniß wunderbare Begebenheit, welche sich zu Langemünde einem Dorffe in der Ober-Pfaltz im verflossenen Monate den 28. Aug. dieses 1726sten Jahres ereignet, da eines Bauern Sohn seines Alters von 12. Jahren besageen [!] Tages, ... plötzlich zur Erden gefallen, ... drey gantzer Tage in solchen entlebten Wesen verharret, daß man ihn auch zur Erden zu bestatten willens gewesen, bey Erscheinung aber der Toden-Bare und Leichen-Begleiter hat er sich zu jedermans Entsetzen im Sarge erhoben und entsetzliche Dinge prophezeyet. Nach d. Ofenbachschen Exemplar. — o.O. [1726]. 2 Bl. 8° 14.
15.

Begebenheit, Wunderbare, welche sich mit einem Göttingischen Studenten ... zugetragen hat, s.a. Verdion, O.B.

Wunderbare Begebenheit, welche sich mit einem göttingischen Studenten auf dem alten Schloße Plesse ... zugetragen hat ... Von ihm selbst beschrieben u. nebst e. Theil seiner übrigen merckwürdigen Lebens-Geschichte von dessen guten Freunde zum Druck befördert. Th.[1]-3. o.O. (3: Frankfurt [usw.]) 1744-48. 8°

[1.] 1744.

2.3. Der merckwürdigen Geschichte des göttingischen Studenten Mons. V.**... Theil. 1746-48.

Als Verfasser wird Otto Bernhard Verdion genannt.

1: 1.3. – Yv 4180; – 1 an Yv 4182 [auch Th. 3 – 2 an Yv 4181 u. 2 an Yv 4182]. 7. 21 [∞2.3]. 24 [∞2]. 25 [∞1]. 35 [∞1.2].
15.

— 2. Aufl. Th. 1.2. o.O. 1746-49. 8°

1. 1746.

2. Der merckwürdigen Geschichte des göttingischen Studenten Mons. V.*** ... Theil. 1749.

1 [∞1]: Yv 4181. 24 [∞1]. 30. 78 [∞1]. 300: 22.781-A. 304 [∞1].

— Th. [1.]3. o.O. (3: Franckfurt [usw.]) 1748-55. 8°

[1.] 1748.

3. Der merckwürdigen Geschichte des göttingischen Studenten Mons. ... Theil. 1755.

1 [∞3]: Yv 4181 [u.] Yv 4182. 10 [∞3]. 17 [∞1]. 25 [∞3]. 30. 78. 304 [∞3].

— 3. Aufl. Th. 2. o.O. 1769. 568 S. 8°

2. Der merckwürdigen Geschichte des göttingischen Studenten Mons. V*** ... Theil.

17.
15.

— (Th. 1.) o.O. 1770. 212 S. 8° 17. 35.

Begebenheit, Wunderbare, welche sich mit dem Göttingischen Studenten auf dem alten Schlosse Plesse zugetragen hat nebst einem Theil seiner übrigen merckwürdigen Lebensgeschichte von ihm selbst beschrieben ... [Jena] 1744. Franckfurt u. Leipzig [Eisenach] 1746—1748. Franckfurt u. Leipzig 1746—1748. Eisenach 1776. V: *Verdion, Otto Bernhard* (?). (BGE I[a],201)

Wunderliche Begebenheit von einer wilden Frauens-Persohn, welche in Antwerpen den 5. Maji 1700. als sie ohngefehr 16. Monat alt gewesen, weggenommen, und ist dieselbe beynahe 18. Jahr gewesen, wie man sie in den Gebürgen oder Walde der Herren von Kranenberg wieder habhafft worden, nicht weit von der Stadt Schwol, in Ober-Yssel. — (Antwerpen 1722: Cornels von der Brück.) 15 S. 8° 24.

Wundersame Begebenheit der mirakulosen Augenwendung des gnadenreichen Vesperbildes in der St. Peters Pfarrkirche zu München. Auf Verlangen vieler marianischen Verehrer und Pflegkinder zum Druck befödert: als ein Schröckenbild allen Freygeistern vor Augen gestellt. — o.O. 1783. 8 Bl. 8° 12: Bavar. 215.
15.

Wundersame Begebenheit von einer den 3ten May 1738. zu Torgau in Kindes-Nöthen gestorbenen Sechs-Wöchnerin, Nahmens Anna Rosina Pfaffin, welche im Grabe und Sarge nicht ruhen kan, sondern beständig klopffet und pochet, so daß sie endlich ... ist ausgegraben und besichtiget worden, und ist der fernere wundersame Verlauff folgendlich ... zu lesen. — o.O. 1738. 2 Bl. 8°
12: 4° Phys. m. 114-15. 27.

Wunderseltsame Begebenheit, welche sich mit einem zwölfjährigen Mädgen nahmens Anna Elisabeth Leuschnerin ... zugetragen; wie solches aus nachstehendem Liede ausführlich zu vernehmen ist, u. ... überreichet von I.H.E. o.O. 1750. 4 Bl. 8° 2.

Begebenheiten, s.a. Begebenheit

Begebenheiten.

Begebenheiten und Abentheuer des Junker Hans von Hansburg auf Hanshausen. Eine deutsche Originalgeschichte nach d. Natur. Th. 1.2. — Altenburg: Richter 1783. 8° 1: Yw 1931. 7. 18.
15.

—u. Abentheuer des Junker Hans v. Hansburg auf Hanshausen. 2 Thle. 8. Jena 783. Akadem. Buchh. 2 ℛ 12 gl

— abenteuerliche, e. Hofmeisters in Paris, währ. d. Revolution, nach le Suire v. A. Wilhelmi. 3 Bde. 8. Lpz. Sommer. 800.

Begebenheiten, Abentheuerliche und wahrhafte, des Amtmann St***[ein] und seiner Familie. Leipzig 1798. V: *Laukhard, Friedrich Christian.* (BGE IV, 46)

Begebenheiten, abentheuerliche u. wahrhafte, des Amtmanns St**. u. seiner Familie. 2 Bde. 8. Leipz. H. Richter. 813.

Begebenheiten des Abulfaüaris, eine persianische Geschichte. — Berlin: Ringmacher 1770. 126 S. 8°
1: Yv 7101. 10.
15.

Begebenheiten des Prinzen Adalrichs und der Prinzessin Gothilda. A. d. Schwed. übers. Wismar u. Leipz. 1750. V: *Torngren, Anders & Jac. Hnr. Mörk.* (Bygdén, Svenskt anon. och pseud. lex. Upsala 1898 ff. I.)

Begebenheiten d. Prinzen Adalrich u. der Prinzessin Gotholda. 4 Thle. 8. Schwerin 752. Bödner. 1 ℛ

Allerneueste Begebenheiten an der böhmischen Grenze, und Nachricht von der hannoverschen Action mit der französischen Armee. Im Julii 1757. — [Berlin 1757.] 2 Bl. 8° 1: Flugschr. 1757-249.
15.

Angenehme Begebenheiten, oder Beyträge zur Geschichte der jezigen Zeiten. Th. 1-3. — Hof: Vierling 1763. 240 S. 8° 1: Yv 6319. 15.

Begebenheiten, Anmuthige, des Grafen von Grammont oder die vergnügten Abwechselungen der Geschäfte auf dem Lande. Stockholm 1745. V: *Hamilton, Antoine Comte de.* (BGE II², 659)

Begebenheiten von Asow, wie selbiges. . ., s.a. Begebenheiten von Azow, wie selbiges. . .

Begebenheiton von Asow, wio selbiges von den Griechen erbauet, welche Völckor es besessen u. wie es endlich von Russland wieder erobert worden. (242) 8. S. Petersburg (1738).

Ausführliche Begebenheiten zwischen zwey königl. preussl. Grenadiers-Bataillons und zwey Regimenter Husaren, und zwischen 6000 oesterreichischen Croaten und Banduren wie auch 3000 Husaren bey Teyn in Böhmen. — o.O. 1744. 2 Bl. 8° 2.

Ausführliche Begebenheiten der Türken von ihrer Entstehung angefangen bis nach den Vorfall von Kinburn. Th. 1. — Cherson [vielm. Leipzig: Crusius] 1788. 238 S. 8° 1: 8° Bibl. Diez 1274. 15. 16.

— ausführl., der Türken, von ihrer Entstehung an ꝛc. 1r Thl. 8. Leipz. F. C. W. Vogel. (Rötzl u. Kaulf. Wien) 788.

— ausführl., d. Türken v. ihrer Entstehung an ꝛc. bis nach d. Vorfall v. Kinburn. 1r Thl. 8. Leipz. 788. (W. Vogel, auch Wienbrack). 12 Gr.

Begebenheiten, außerordentliche, eines Kriegsgefangenen in Rußland. Aus d. Franz. v. . . . Leser. 18. Straßburg 811, Levrault. Mit Kpf. 1/8 Rthl. — color. 1/4 Rthl.

Begebenheiten, Die ausserordentlichen, des Automates eines jungen Edelmannes, . . . Aus dem Englischen übersetzt . . . Frankf. u. Leipz. 1750. V: *Kirkby, John.* (Ullrich, Robinson und Robinsonaden, Weimar 1898.)

Begebenheiten, Die ganz auserordentliche(!) aber doch wahrhaftige, Alexanders Freyherrn von Bernstein. Frankfurt, Leipzig 1727. 8°

Des seltsamen Avanturiers sonderbare Begebenheiten, oder Cornelius Paulsons wahrhaffte Lebensgeschichte, seiner Merckwürdigkeiten wegen d. curieusen Welt zur erbaulichen Vergnügung ans Licht gestellet. — Lübben: Voss 1724. 448 S. 8° 1: Yv 1743.

— einige, gaskonischer Avanturiers ꝛc. 2 Thle. 8. Glogau 769. Chr. Fr. Günther. 16 Gr.

— von Azow, von dessen Erbauung bis zur Wiedereroberung von den Russen. 8. Petersb. 10 Gr.

Begebenheiten von Azow, . . . welche Völcker es . . . besessen, und wie es endlich von Russland erobert worden. St. Petersburg [1737.] V: *Müller, G. F.* (BrMm)

Begebenheiten von Azow, wie selbiges . . . von den Grichen erbauet worden . . . und wie es endlich von Rußland wieder erobert worden. 1736 s. *Bayer,* Gottlieb Siegfried.

Begebenheiten von Azow, wie selbiges. . ., s. Begebenheiten von Asow, wie selbiges. . .

Begebenheiten einer Bankonote, 2 Th. 8. Breslau, 771. Korn sen. 20 sgl.

— einer Banknote. 2 Thle. 8. Bresl. 772. (J. F. Korn). 16 Gr.

Begebenheiten des Markgrafen von Bellamonte, oder der Deutsche Don Quixote, komisch u. satyrisch beschrieben. Breslau 1753. 8°

— auf Bergach. Roman durch Roman, v. Heinr. Frohreich. 3 Bde. s. neue Bibl. deutscher Romane 1r 2r 3r.

Begebenheiten, Bewunderungswürdige, eines Uhrmachers, wie auch dessen Reisen, Glück und Unglücksfälle auf dem Meere und unbewohnten Insuln; ingleichen Seine glückliche Zurückkunft in Deutschland. Regensburg 1770. V: *Hauffe, Christian Gotthold.* (BGE I², 211)

— bewunderungswürd., e. Uhrmachers. 8. Regensb. 770. Montag u. W. 12 Gr.

— Eduard Bomstons in Italien; e. Roman in Briefen, (v. F. A. K. Werthes). 8. Leipz. (Altenb.) 782. Richter. 12 Gr.

— des Mathurin Bonice, ersten Bewohner der Sclaveninsel ꝛc. 2 Thle. 8. Manh., Schwan u. G. 1 Rthl. 8 Gr.

Begebenheiten des Mathurin Bonice, ersten Bewohners der Sklaveninsel . . . Aus dem Französischen übersetzt. Frankfurt am Mayn 1783. V: *Joly, Romain.* (Ullrich, Robinson und Robinsonaden, Weimar 1898 S. 175.)

Begebenheiten einer Buhlschwester, s.a. Hogarth

— einer Buhlschwester, nach Hogarth. 8. Hamb. 769. Herold. 20 Gr.

— e. vornehmen Bürgers in Geschäften, od. d. Schule d. Menschheit. 8. Flensb. 773. (Alt., Hammerich). 16 Gr.

— eines vornehmen Bürgers in Geschäften, od. d. Schule d. Menschlichkeit, a. d. Franz. 8. Flensb. Korte. 773.

— eines vornehm. Bürgers in Geschäften, oder die Schule der Menschlichkeit. 8. Schlesw. Christiani. 773.

— Joseph Cafardo, ital. m. deutsch. Anmerk. 8. Augsburg, Stage. 768.

Begebenheiten, Cafardo merkwürdige. Augsburg und Memmingen 1767. V: *Schatz, Joh. Jac.* (MGT)

— d. Cecilie, v. ihr selbst aufges. ꝛc. 8. Glogau, Günther. 763.

— u. Charaktere ber. Personen, aus d. mittl. u. neuern Geschichte, (v. Graf v. Salisch). 2 Bde. (1r Bd. die Belagerung v. Malta; der Kardinal v. Retz. Mit 1 Karte. 1 Rthl. 2r Bd. die Friedensunterhandll. in Haag u. Antwerpen. 1 Rthl.) 8. Magdeb. 798, 99. Heinrichshofen. 2 Rthl.

Begebenheiten, Charakterzüge u. Anekdoten aus d. Leben der. Menschen. 4 Thle, s. Gemälde, histor.

— d. Graf. v. Commkinge, od. d. ungl. Verliebte. 8. Ebend. 767.

In der Nürnbergisch-Burgerlichen Stritt-Sache wider daselbstigen Magistrat, continuirende Begebenheiten, sammt an Ihro Röm. Kayserl. Majestät in Sachen Jenners weyl. Frantz nachgelassener Söhne und Erben, contra Friedrich Matthaeum Müllern, ... best-gegründeten Widerlegung des vom Nürnbergischen Magistrat unterm 25. April. 1731. allerunterthänigst eingereichten Berichts ad Rescriptum Caesareum. Dann Losungs-Anl. in Nürnberg, anfangend von Anno 1349. continuirend biß Anno 1731. und so weiter. — [Nürnberg 1731.] 12 Bl. 4° **15. 24. 26.**

Begebenheiten, Die, der Mad. Cronel mit dem Zunahmen Fredillion, Einer Comoediantin aus der Rouensschen Bande, Von ihr selbst geschrieben und aus dem Frantzösischen übersetzet. Francksurt u. Leipzig 1745. V: *La Bataille, Gaillard de.* (BGE I², 705/706)

Begebenheiten einer vornehmen Dame, ... Aus dem Französ. Augsburg 1749—1750. V: *Mouhy, Charles de Fieux Chevalier de.* (BGE)

Begebenheiten, Die, der Philippine Damien von ihr selbst beschrieben.
Frankfurt/M. 1769.
III, 342 S. 8°

Begebenheiten des Pedrillo Del Campo und der Donna Lorenza, s. Begebenheiten, Wunderbare, des Pedrillo del Campo.

Denkwürdige **Begebenheiten** aus dem Leben der bürgerlichen Fischermeister Georg Lichtenwallner und seines Sohnes Sebastian Lichtenwallner zu Landshut. – Landshut 1880.

— denkwürd., a. d. letzten Revolution zu Neapel. Aus d. Italien. 8. Berl. 805. Quien. (Reimer). 1 Rthl.

— eines Deutschen in d. türk. Sclaverei. 8. Jena 774. Kuno. 12 gr.

Begebenheiten derer Deutschen und Franzosen im Jahre 1792. Eine wahre Beschreibung von Anfang d. Einrückung d. Franzosen ins deutsche Reich. — o.O. [1792]. 16 S. 8° **1:1 [u.] 25 in Ym 6456. 10. 17. 24. 30.** 15.

Begebenheiten, die am 22, 23. u. 24. Hornung 1848 sich zu Paris zugetragen haben. 4. Colmar s. a.

Der reichen holländischen Juden Franz Düliz geheime seltsame Begebenheiten und sehr merkwürdige Geschichte, wie sie ... aufgesetzet, und nunmehro ... nebst einer lebhaften Vorstellung von dem Sieg des Eigen-Nutzes, zum Druck sind befördert worden. — Bastia: Ottoiano 1739. 268 S. 8° **12: Biogr. 315t. 300: 160.310-A.** 15.

— der aus e. alten abgelebten Einsiedler natürl. verwandelt. jungen Einsiedlerin. 8. Regensb. 778. Montag u. W. 16 gr.

Begebenheiten nach Eroberung der Stadt Riga im Jahr 1621 durch Gustav Adolph. [Riga 1808.] V: *Brotze, Johann Christoph.* (R-N)

Erstaunenswürdige Begebenheiten, welche sich an einem Orte Beynahe zugetragen ... In e. Trost-Liede verfasset. 1. Aufl. — o.O. [um 1750]. 2 Bl. 8° **3.** 15.

— u. Erzählungen z. lehrreichen Unterhaltung. 2 Thle. 8. Hamb. 776. Reuß. 1 Rthl.

— und Erzählungen zur lehrreichen und angenehmen Unterhaltung, 2 Theile, 8. Hamburg, 775. 1 Rthl. 8 sgl.

Begebenheiten des in dem wilden America von seiner Wildheit befreyeten Europäers. Oder: Merckwürdige u. lustige Lebens-Geschichte d. Herrn von M*** zu e. angenehmen u. zugleich nützlichen Zeitvertreibe von ihm selbst ans Licht gestellet. 2. Aufl. — Franckfurth [usw.]: [Griesbach] 1770. 368 S. 8° **1: Yv 5211².** 15.

Begebenheiten der Reinfeldischen Familie, ein Buch zur Beförderung der Tugend. 2 Theile. Frankfurt u. Leipzig 1779—1781. V: *Sintenis, Christian Friedrich.* (EE)

Begebenheiten, Ferdinands von Fathom. Kopenhagen 1770. V: *Smollet, Tobias.* Ü: *Örtel, Fr. von.* (GGr)

— des Grafen Ferdinand v. Fathom; aus d. Engl. 2 Thle. 8. Kopenh. 770 u. 71. Rothe. 1 Rthl.

— Dass.; aus d. Engl. (v. Fr. v. Oertel). 8. Leipz. 799. Beygang. 3 Rthl.

— Das. mit Kpf. 8. Wien 802. Al. Doll. 1 Rthl.

Begebenheiten Karls von Flammenberg. Ein Gemälde d. menschlichen Herzens u. e. Beitrag zur Geschichte d. menschlichen Leidenschaften. — Halberstadt: Vogler 1823. VIII, 346 S. 8° **1: Yw 9396/20. 5.** 15.

Begebenheiten der Miß Fanny Forrester. Aus d. Engl. übers. Th. 1.2. — Hannover: Helwing 1775. 372 S. 8° **1: Zd 3509.** 15.

Begebenheiten einer schönen Französinn, und eines jungen Edelmanns, eine wahre Geschichte, verfasset von G***. — Paris 1762. 48 S. 8° **14.** 15.

— d. Frau v. R*, od. d. Mädch. v. Ulm, von ihr selbst beschr. 8. Ebend. 772.

Begebenheiten, Die, eines Freymäurers. Ulm 1769. V: *Korn, Christoph Heinrich.* (Ky) (ML)

— e. Freimaurers rc. 2 Thle. 8. Ulm 769. Stettin. 16 gr.

— zweier noch lebenden Freunde. 8. Nürnb., Hause. 12 gr.

— zweyer noch lebender Freunde, oder Beweis, daß niemand seinem Schicksale entgehen könne, 8. Nürnberg, 780. Hause. 15 sgl.

Friedrichs des Einzigen merkwürdigste Begebenheiten von seiner Geburt bis zum Tode. Im Grundrisse. Von e. Offizier d. Preuß. Armee. — Berlin: Dieterici [usw.] 1802. 86 S. 8° **1: Sv 726. 7. 10. 11.** 15.

— des Herrn v. Fringuello. 8. Leipz. 797. (Lauffer). 20 gr.

Begebenheiten des Herrn von Fringuello u. seiner Freunde. Leipzig: Richter 1797. VIII, 328 S., 8°

— d. glücklich geword. Friseurs, welcher auf Reis. zu Wasser u. Lande zu e. ansehnl. Vermögen gelangt, von ihm selbst beschr. 8. Frankf. (Montag u. W. in Regensb.) 778.

Geheime und lustige Begebenheiten, einiger Herren und Frauenzimmer, die sich vor kurzem zu Dreßden, Frankfurt, Augspurg, N... und andern Orten zugetragen haben. Frankfurt [usw.] 1754. 94 S. 8° 3.
15.

Begebenheiten des Prinzen Gerbino und der Prinzessin Rosina. Eine wahre Geschichte. — o.O. gedruckt in diesem Jahr [um 1750]. 64 S. 8° 18. 27.
15.

— Frankfurth [usw.]: Trowitzsch [um 1800]. 52 S. 8° 24.
15.

— u. Geschichte e. adeligen Findelkindes. gr. 8. Frankf. u. Leipz. 778. (Montag u. W. in Regensb.) 12 gr.

— d. Russ. kais. Marine-Capitains Golowin in d. Gefangenschaft bei d. Japanern, in d. J. 1811 — 13, nebst sein. Bemerkk. über d. Japan. Reich u. Volk. Aus d. Russ. übers. v. C. J. Schultz. 2 Thle. Mit 1 Kpf. u. 6 Karten. gr. 8. Leipz. 810. Gr. Fleischer. 4 Rthl.

— d. Götter u. Helden nach d. Erzählungen Ovid's rc. (v. G. A. v. Breitenbauch). 2 Stücke. 8. Gotha 778, 82. Ettinger. 10 gr.

— d. Grafen v. ***, od. Abbild. e. Grossmüthigen. 8. Lpz. 745.

Begebenheiten des jungen Grafen von U. eine wahre Geschichte. Aus einer französischen Nachricht, u. d. Original-Briefen der Mutter. — o.O. 1793. 31 S. 8°
12:P.o.germ.86o.
15.

— große, aus kleinen Ursachen, a. d. Französchen. 8. Riga, Hartknoch. 771.

— des schwedischen Betrügers Jak. Guntlachs. 8. Kopenh. 772. Rothe. 4 gr.

Hamburgs ausserordentliche **Begebenheiten** und Schicksale in den Jahren 1813 und 1814 während der ersten Besitznahme durch den General Tettenborn bis zum allgemeinen Frieden. Mit 1 Kupfer und 1 Karte. Hamburg 1814. 8°

— d. Herzogs von ***, od. d. kriegerische Weltweise, nebst e. besond. Anmerk. des letzt. französ. Krieges in Italien. 8. Breslau. 746.

Begebenheiten eines Hirtenbuben. [ca. 1765.] V: *Hauffe, Christian Gotthold.* (will)

Begebenheiten eines Hirtenbuben. Frankfurt und Leipzig 1772. V: *Hauffe, Christian Gotthold.* (will)

— eines preuß. Husaren-Offiziers, von Jul. v. Voß. 8. Berlin, Schmidt. 818.

— des Paters Hyacinth. 8. Ulm 782. Stettin. 16 gr.

Begebenheiten, Des nordischen Hyacinthus, s.a. Begebenheiten, Sonderbare, und merkwürdige, des nordischen Hyacinthus.

— des nordischen Hyacinthus. 8. Frankf. u. Leipz. 757. Montag u. W. in Regensb. 8 gr.

Begebenheiten auf der Jagd, s.a. **Edling**, Anselm v.

Begebenheiten, die, auf der Jagd, od. über die Unschuld hält die ewige Vorsicht den Schild. Heroische Oper in 3 Aufz. vom Verf. des Cornets. 8. Leipz. Crusius. (W. Vogel.) 789.

Interessante Begebenheiten auf der Reise durch's Leben. Romantische Erzählungen. — Bremen: Heyse in Comm. 1810. 229 S. 8° 1:Yw 6770. 7. 15. 24.
15.

Begebenheiten, zweier herumgewanderter Jungfern, s.a. Begebenheiten, Sonderbare, zweier weit und breit herumgewanderten Jungfern...

— zweyer herumgewanderten Jungfern. 8. Frankf. u. Leipz. Metzler. 742.

— eines Jünglings, der schwarz geworden ist aus Liebe. 8. Leipz. 800. (Aue in Altona). 1 Rthl. 12 gr.

— e. Jünglings, d. schwarz geworden ist aus Liebe, u. ein and. die es nicht geworden sind. 8. Lpz. Jacobäer. 800.

Begebenheiten eines Jünglings, der schwarz geworden ist aus Liebe, und einiger andern, die es nicht geworden sind. — Bagdad [vielm. Cöthen]: Aue 1801. 416 S. 8°
1:Yw 5351. 14.
15.

— des Kapitains v. d. Rußisch-Kaiserl. Marine, Golowin. s. Golowin.

— dreyer Coquetten. 8. Sorau, Hebold. 760.

Kleine Begebenheiten und Charakterzüge aus dem französisch-preußischen Kriege 1806 und 1807. Bd 1,H.1–3. Bd 2,H.1.2 = H. 4.5. — Jena: Akad. Buchh. 1807–08. 8°
10. 17 [∞ 1,3]. 18 [∞ 1,2.3; 2]. 24. 27.
15.

— kl. u. Charakterzüge a. d. französ.-preuß. Kriege. 1r Bd. 3 Stcke u. 2r Bd. 1s, 2s Stck. 8. Jena 807, 8. (Hennings in Neisse). 2 Rthl. 12 gr.

— a. d. menschl. Leben, v. Rupr. Becker. 8. Berl. Maurer 786.

— u. Lebensgeschichte eines deutschen Holländers. 8. Regensb. 774. Montag u. W. 12 gr.

— auf der Lebensreise. 8. Altenb. 802. Petersen. 16 gr.

— aus einigen merkwürd. Lebensscenen berühmter Personen. 8. Prag 796. Buchler. 9 gr.

— eines Lüderlichen, nach Hogarth. Mit Kpf. 8. Hamb. 770. Herold. 22 gr.

— list- u. lustige, d. Officiers auf Werbungen. 8. Rostock, Fritsch. 741.

List- und lustige [Listige] Begebenheiten derer Herren Officiers auf Werbungen. Th. 1. — Rostock: Koppen 1741. 204 S. 8° 1:Yv 3426. 14. 28.
15.

Lustige Begebenheiten eines adlichen Avanturieurs entworfen von e. seiner Freunde. — Frankfurt [usw.] 1760. 248 S. 8° 1:Yv 6041. 7.
15.

Lustige Begebenheiten einiger französischen Officier, welche unter denen Marchals von Bell Isle und Maillebois mit nach Teutschland gekommen und sich währenden Kriegs in Bayern und Böhmen mit ihnen zugetragen. Wobey die neueste Oesterreichisch- und Bayerische Kriegs-Geschichte bis auf den Tod Kayser Carl des VII. kürtzlich enthalten sind. — Deutschland 1745. 96 S. 8° 24.
15.

Lustige Begebenheiten einiger französischen Officier, welche unter denen Marchals von Bell-Isle und Maillebois mit nach Teutschland gekommen, und sich währenden Kriegs in Bayern und Böhmen mit ihnen zugetragen. Wobey die neueste Oesterreichisch-und Bayerische Kriegs-Geschichte bis auf den Todt Kayser Carl des VII. kürzlich mit enthalten sind. — Franckfurt [usw.] 1745. 92 S. 8°
12:Bavar.216. 14. 24.
15.

Begebenheiten, Lustige, des Hertzogs von Rockelor, aus dem Frantzösischen . . . übersetzet. [Frankfurt?] 1741. V: *Le Roy.* (BrMm)

Begebenheiten, Lustige, des Hertzogs von Roquelaure, s.a. Begebenheiten, Des Herzogs von Roquelaure.

Begebenheiten, Lustige, des Herrn Herzogs von Roquelaure, Wegen ihres seltenen Innhalts aus dem Französischen aufs neue übersetzt. Franckfurt und Leipzig 1753. Ü: *Krünitz, Johann Georg.* (BGE VII[a], 530)

Begebenheiten auf dem Lustschlosse zu B**, oder die Macht der Erziehung. Th. 1. Nordhausen: K. G. Groß. 8°

Begebenheiten, mancherlei, in 12 Bildern mit Erklärungen. (Von B. R. Grüner.) 8. Wien 832. Bermann u. Sohn. 11 gl

— e. rechtschaff. Mannes, od. d. Gesch. d. Gräfin von ** a. d. Franz. d. Verf. v. Cleveland. 2 Thle. 8. Stockholm. (Gleditsch in Lpz) 736.

— . rechtschaff. Mannes, a. d. Franz. d. Frau v. Pussieur. 3 Thle. 8. Frankf. Gebhardt u. K. (Herrmann.) 768.

— geplagter Männer, z. Nutz. u. Frommen angehend. Eheleute, v. Verf. von Wallmonts Ruhestunden. 8. Elberfeld, Büschler. 801.

— geplagter Männer, zum Nutzen u. Frommen angehender Eheleute. 8. Elberf. 801. (Schönian). 10 gl

Der wegen besonderer Schönheit und seltener Tugenden liebenswürdigen Mariana merkwürdige Begebenheiten und Reisebeschreibung entworfen von e. unbekannten Feder. [Nebst] Forts. [1.] 2. — Frankfurt [usw.] 1752. 8°
1. Forts. der merkwürdigen Begebenheiten u. Reisebeschreibung d. liebenswürdigen Marianen, oder das unter d. Regierung d. Königs Samuels u. d. Königin Mariane beglückte Insel-Königreich Marianenburg.
2. Die 2. Forts. der liebenswürdigen Mariana merkwürdige Begebenheiten u. Reisebeschreibung oder das unter d. Regierung d. Kaysers Samuels u. dessen Sohns Jonathans beglückte Insul-Kayserthum Marianenburg.
1:Yv 4621. 7.

Begebenheiten, Der liebenswürdigen Mariane; aus dem Französischen. Leipzig 1752. Ü: *Weisse, Christian Felix.* (Ky)

Begebenheiten der liebenswürdigen Marianne, aus dem Französischen. Leipzig 1752. Ü (nicht): *Weisse, Christian Felix.* (Mitt. von Prof. Dr. H. Ullrich, Brandenburg a. H.)

— einer franz. Marketenderin, endlich auf St. Helena geschrieben, herausgeg. von Jul. v. Voß. 2 Theile. 8. Berlin, Schmidt. 816.

— die, auf dem Marsche; od. der Alkalde von Zalamea. Lustsp. nach d. Span. 8. Berlin, Sander. 780.

Begebenheiten, Merkwürdige, Anekdoten, Charakterzüge und kurze Lebensbeschreibung berühmter Männer aus der neuesten Zeit. 1. und 2. Band mit je 6 Kupfern. (2 Bde.) 8. Memmingen 1816.

Merkwürdige und außerordentliche Begebenheiten einer kosakischen Standesperson, von ihr selbst . . . beschrieben. Regensburg: Montag 1766. 568 S. 8°
Als Verfasser wird Christian Gotthold Hauffe genannt.
1:Yv 6737.
15.

— 2. Aufl. Ebd. 1780. 568 S. 8° 1:Yv 6737[2].
15.

— merk- u. bewundernswürd., e. reisend. Standesperson, od. d. galante u. beliebte Franzose, m. K. 8. Frankf. 745.

Merkwürdige Begebenheiten des Grafen v. Bonneval, commandirenden Bassa. 8. Frankfurt 1738.

— merkwürd., d. 18., 19. Brumaire's im J. 8 d. französ. Republik. v. C. A. S. gr. 8. Leipz., Andrä. 8 gl

— merkw., d. 18. u. 19. Brumairs im J. 8. d. fr. Republ. aufgez. v. C. A. S. gr. 8. Leipz. Bauer.

— merkw., u. Charaktere, a. d. mittl. u. neuern Geschichte, 1r u. 2r Bd. 8. Magdeb. Heinrichshofen. 798. 99. (à 1 Thlr.)

Begebenheiten und Charactere, Merkwürdige, berühmter Personen aus der mittlern und neuern Geschichte. Magdeburg 1797. V: *Salisch, C. H. J. Graf von.* (MGT)

Merkwürdige Begebenheiten, Charakterzüge und Anekdoten aus dem Leben berühmter und berüchtigter Menschen. Von den Verf. d. Historischen Gemälde. Bd 1–4. Leipzig: Hartknoch 1798–1800. 8° (Historische Gemälde in Erzählungen merkwürdiger Begebenheiten aus d. Leben berühmter u. berüchtigter Menschen. 5–8.)
2 [∞1.2.4]. 12:H.misc.116r–5/8. 18 [∞4].
15.

— merkw. Charakterzüge u. Anekdoten, a. d. Leben berühmter Menschen. 4 Bde. m. K. 8. Riga, Hartknoch. 798—800. (à 1 Thlr. 8 gr. ist d. histor. Gemälde 5r — 8r)

Begebenheiten, Merkwürdige, der Elisabeth Chudleigh, verw. Exherzoginn von Kingston, nunmehriger Gräfinn von Bristol, und der Marquisinn De La Touche, nebst andern Anekdoten. Sorau: Hebold 1777. 8°

Begebenheiten, merkwürd., die sich mit verschied. Adepten rc. zugetragen haben. 8. Braunschw. 780. Schröder. 6 gl

— merkwürd., einiger deutsch. Frauenzimmer. 8. Regensb. 780. Montag u. W. 12 gl

Merkwürdige Begebenheiten eines auf dem mittelländischen Meer schiffenden Capitains. — Strassburg 1774: Kürschner. 4 Bl. 8° 1:2 an Ym 1196. 30.
15.

— merkwürd., einiger reisenden Kaufmannsbedienten, (v. Chr. Gl. Hauffe). 8. Nürnb. 769. Montag u. W. in Regensb. 10 gl

— merkwürd. einiger reisenden Kaufmannsbedienten, welche auf Reis. zu Wasser u. Lande sehr reich u. glücklich geworden. 8. Regensb. Montag u. W. 781.

Merkwürdige Begebenheiten des Michael Kohlhaus. — Frankfurt [usw.]: Trowitzsch [um 1850]. 8°
1:1 in Yt 3757.
15.

— merkwürd., e. jungen Comödiantin. 2 Thle. 8. Berl. 788. Schöne. 22 gl

— merkwürd., u. Leben einer adeligen Pachterstochter in London ꝛc. 8. Regensb. 776. Montag u. W. 6 gr

Merkwürdige Begebenheiten aus dem Leben reisender Personen, die sich durch kühne Unternehmungen auszeichneten, großes Ungemach erduldeten ... und allerlei Abenteuer erfuhren. Ein Beitrag zur Menschen-, Völker- u. Länderkunde. Bdch. 1-4. — Ulm: Ebner 1831. 8°
Nebent.: Interessante Erzählungen von Landreisen, ... u. andern glücklichen u. unglücklichen Abenteuern als alter u. neuer Zeit. Bdch. 1-4. 183 -32.
Bei Bdch. 1.2 ist im Nebentitel das Erscheinungsjahr unvollständig angegeben. 24.
15.

Begebenheiten, merkwürdige, aus d. Leben reisender Personen, die sich durch kühne Unternehmn. auszeichn., großes Ungemach erduld., Schiffbruch litten, in harter Gefangenschaft schmachteten, u. allerl. Abenteuer erfuhren. Ein Beitrag zur Menschen-, Völker- u. Länderkunde. Für Leser a. allen Ständen. 1—6. Bdchn. gr. 16. (71¾ B. u. Kpfr.) Ulm 831—35, Ebner.

Merkwürdige Begebenheiten, Mord und Räubergeschichten oder: Die Tugend trägt doch entlich immer den Sieg davon; und das Laster seine Strafe. — Berlin: Zürngibl [um 1800]. 2 Bl. 8° 1:52 in Fy 7898.

Begebenheiten, Merkwürdige, einer adelichen Pachterstochter in London. Regensburg 1776. V: *Hauffe, Christian Gotthold.* (BGE IV³, 242)

Begebenheiten, Merkwürdige, der Elisabeth Phudleigh. . ., s.a. Begebenheiten, Merkwürdige, der Elisabeth Thudleigh. . .

Merkwürdige Begebenheiten der Elisabeth Phudleigh, verwittweter Exherzoginn von Kingston, nunmehriger Gräfinn von Bristol, und der Marquisinn De-La-Touche, nebst anderen Anekdoten, zum Unterrichte derer, die dessen bedürfen, u. zur Belustigung für andre. — Sorau: Hebold 1777. 214 S. 8° 15.
15.

Begebenheiten, Merkwürdige, der Stadt Riga. [Riga 1815.] V: *Bulmerincq, Johann Valentin von.* (R-N)

Sehr merckwürdige [merkwürdige] Begebenheiten eines Teutschen nicht nur auf seinen Reisen, sondern vornemlich, was ihm in der türckischen Sclaverey ... begegnet. Franckfurt [usw.] 1774. 310 S. 8° 7.
15.

— sehr merkw., eines Deutschen in der türk. Sclaverey ꝛc. m. K. 8. Jena, Cuno. 774.

Begebenheiten, Merkwürdige, der Elisabeth Thudleigh. . ., s..a. Begebenheiten, Merkwürdige, der Elisabeth Phudleigh. . .

— merkw., d. E. Thudleigh, Erzherz. v. Kingston, und d. Marqu. de la Touche, nebst and. Anekd. z. Unterr. u. z. Belustig. 8. Lpz. Jacobäer. 777.

— merkwürd., Elis. Thudleigh. 8. Sorau 777. Hebold. 7 gr

Die merckwürdigen Begebenheiten des ... Printzen Ditrichs zu Anhalt, & ... In Reimen abgefasst von F. L. o.O. 1742. 7 Bl. 8° 7.
15.

— merkwürdigste, aus d. deutschen Geschichte. Ein Leitfaden für den Unterricht in Bürgerschulen. 8. Helmstädt, Fleckeisen. 819.

— d. merkwürdigsten, aus der bibl. Gesch., nach ihrer Zeitfolge mit d. nöthigsten Erläuterungen faßlich u. treu erzählt. gr. 8. Leipz. (823). Centr.-Compt. 12 gr

Begebenheiten, Die merkwürdigsten, aus der Geschichte des Dänischen Staats, ... Itzehoe 1841. V: *Lobedanz, Edmund.* (schles)

Die merkwürdigsten Begebenheiten aus dem Leben Friedrichs des Gr., enthaltend: Friedrichs Jugendjahre, Regierungs-Antritt, den schlesischen u. siebenjährigen Krieg, das Leben u. Wirken als Regent u. Landesvater u. Friedrichs Tod. — Quedlinburg [usw.]: Ernst 1840. 123 S. 8° 1:Sv 1056.
15.

— Nebst Anekdoten aus seinem Leben. 2., verm. Aufl. Ebd. [1853]. IV,134 S. 8° 1:Sv 1004².
15.

Die merkwürdigsten Begebenheiten in Lüneburg während der Jahre 1813 und 1814 berichtet von e. Augenzeugen hrsg. vom Rector Dr. Volger. — Lüneburg: Herold & Wahlstab in Comm. 1839. IV,106 S. 8°
2. 7. 11. 12: Germ. sp. 499h. 18. 21.
15.

Begebenheiten der Jungfer Meyer'n eines jüdischen Frauenzimmers, von ihr selbst beschrieben. Frankfurt a. M. 1765. 2. Aufl. 1766. 3. Aufl. 1771. H: *Koelbele, Johann Balthasar.* (BGE I³, 208)

Begebenheiten des Markis von Mirmon. 1772
s. *Argens,* Jean Baptiste de Boyer Mis d'

Begebenheiten, Die, des Freyherrn von Mortczinni, eine wahre Geschichte. 2. Aufl. Königsberg o. J. V: *Kraus, Christian Jacob.* (BGE V³, 177)

1. *Mortczini, Friedr. Jos. Frh. v.:* Die **Begebenheiten** des Frh. v. Mortczini, eine wahre Geschichte Th. 1. 2. Wittenberg: Charisius [1782]. 8°
1. XII, 164 S.; 2. 136 S.
Kl. 3382. Üb. Mortczini s. Meusel: Lexikon der 1750—1800 verst. Schriftsteller Bd 9 1809 S. 269 – 275, wo auch weitere Literatur.

— die, d. Freyhrn. v. Mortczinni. 2 Thle. 8. Königsb. 783. Unzer. 8 gr

Begebenheiten, eines Moscoviters. 2 Thle. Strasburg; Nürnberg: Bauer 1722. 8°

Begebenheiten eines Moscowiters. Th. 1.2. — Frankfurt [usw.]: J. G. Bauer 1752. 8°
Als Verfasser wird Feodor Musin-Puškin genannt.
1: Yv 4609. 300 [∞ 1]: *38 G 116.
15.

— eines Moskowitters. 8. Straßb. 752. Treuttel u. W. 16 gr

Begebenheiten einer Nacht in Neapel. [Hamb. 1825.] V: *Meyer, Anton Johann Friedrich.* (schr)

Nächtliche Begebenheiten des Signor Jocondo eines veronesischen Cavaliers in Briefen abgefaßt. — Leipzig: Hilscher 1773. 224 S. 8° 12: P.o.germ. 80m. 30.
15.

— neue, u. Geschichten zur Warnung u. Unterhaltung f. Jedermann. 8. Leipz., Lauffer. 2 gr

Begebenheiten, Die neuesten,dieser Zeit. – Sagau: 1.X.1795 - 31.XII. 1799.
Vorh. u.d. T.: U n t e r h a l t u n g , Nützliche für den Bürger und Landmann.
Fortges. u.d. T.: W o c h e n b l a t t , Sagausches.

Begebenheiten eines jungen franz. O f f i z i e r s ,
s.a. B e g e b e n h e i t e n , S e l t s a m e , eines jungen französischen Offiziers.

• — eines jungen franz. Offiziers. 3 Bde. Erfurt, Hennings.

— eines schönen Offiziers, der wie Alcibiades lebte und wie Cato starb, v. I. v. Voß. 8. Berlin, Schüppel. 817.

— im Schlosse Otrante, e. gothische Geschichte; aus d. Engl. (des Walpole). 8. Leipz. 768. Gleditsch. (Brockhaus). 4 gr.

Begebenheiten einer adelichen Pachterstochter. [ca. 1765.] V: *Hauffe, Christian Gotthold.* (will)

Begebenheiten einer adelichen Pachterstochter. Regensburg 1776. V: *Hauffe, Christian Gotthold.* (will) (BGE I², 209)

Begebenheiten zweyer noch lebender Personen als ein Beweis Niemand entgeht seinem Schicksal. — Nürnberg: Hauffe 1780. 262 S. 8° 12:P.o.germ.86r.
15.

Begebenheiten zwoer Personen, welche ganz besondere Merkmale der göttlichen Güte an sich erfahren haben. — Frankfurt [usw.]: Hauffe 1772. 366 S. 8° 1:Yv 7403.
15.

Begebenheiten, Des durchlauchtigsten Philanders und anderer Hohen Persohnen, merckwürdige, ... Franckf. und Leipzig 1733. V: *Neuhaus, Samuel.* (Ullrich, Robinson und Robinsonaden, Weimar 1898.)

Begebenheiten, Philanders und anderer Hohen Personen merkwürdige, in einem Roman vorgestellet. Franckfurt 1722. V: *Hunold, Christian Friedrich* (?). (Graesse, Trésor IV, 84.) (BGE IV², 504)

Begebenheiten des Peregrine Pickels ... Aus dem Englischen. Leipzig 1769. V: *Smollet, Tobias George.* (EB)

— Jos. Pignata, z. Gebrauch e. Lesebuchs f. Kinder, (v. J. C. Fröbing). 8. Stendal 781. Franzen u. Gr. 3 gr.

— pohlnische, histor. u. polit. 4. Leipz. 739.

— die, d. Pyrrhus, d. Sohns d. Achilles. 8. Basel 772. Schweighauser. 8 gr.

Begebenheiten, Roderich Randoms. Aus d. Engl. Hamb. 1754. V: *Smollet, Tobias.* Ü: *Busch, Joh. Gg.* (GGr) *Büsch, Joh. Gg.* (schr)

Begebenheiten des Herrn Redlichs. 2. Theil. Frankfurt u. Leipzig 1769. V: *Bülau, Johann Jacob.* (MI.) 4. Theil Wittenberg und Zerbst 1771. V: *Schummel, Johann Gottlieb.* (MGT)

Begebenheiten des Herrn Redlichs. [Mitarb.: J. H. Lucius u.a.] Th. 1-4. — Wittenberg [usw.] (2 ff.: Frankfurth [usw.]): Zimmermann 1769-71. 8°
1. 2. Aufl. 1770. 1:Yv 6996.
15.

Begebenheiten eines Reisenden durch Deutschland, Polen, Böhmen, Frankreich, die Niederlande und Preußen, von 1782. bis 1790. Vorgetragen in Gestalt eines Romans. Wien 1791: Grund. 276 S. 8° 300:112.175-A.
15.

— die, der Revolution in Paris, an d. Tagen des 26. bis 31. Juli 1830, s.a. Mignet.

—— die, d. Revolution in Paris, an d. Tagen d. 26. bis 31. Juli 1830. A. d. Franz. nach Mignet u. Thiers. gr. 12. (4 B.) Stuttgart 830, [Weise.]

— e. Ritters v. Malta, nebst dessen Liebes- u. Lebensgesch. 8. Frankf. Knoch. 744.

Begebenheiten Heinrich Roberts, vom Verfass. des Erasmus Schleicher. Riga 1794. V: *Cramer, Carl Gottlob.* (MGT) (GGr)

— Heinrich Roberts. Vom Verf. des „Erasmus Schleicher". 3 Thle. 8. Riga 794. Meinshausen. 2 ℔ 4 gr

Begebenheiten, Heinrich Robers, aus den Jahren 1740—1780. Riga 1794. V: *Wallenrodt, Johanna Isabelle Eleonore von, geb. von Koppy.* (MGT) (Schl)

— u. Romane, rührend u. lehrreich für zärtliche Herren und Damen ꝛc. 8. Wien, Gerold. 791.

Begebenheiten, Des Herzogs von R o q u e l a u r e ,
s.a. B e g e b e n h e i t e n , L u s t i g e , Des Herzogs von Roquelaure.

— des Herzogs von Roquelaure; aus d. Französ. v. J. G. Krünitz. 8. Frankf. a. d. O. u. Leipz. 752. Akadem. Buchh. 3 gr

Begebenheiten R o s a l i e n s von Auffen, der Prinzessinn von Britannien.
Frankfurt, Leipzig; Straßburg: 1751. 8°

Rührende und lehrreiche Begebenheiten und Romane für zärtliche Herrn und Damen zur Beförderung sanfter Empfindungen des Herzens. — Wien: Gerold 1791. 234 S. 8° 1:Yt 525/100.
15.

— des Herrn Eduard Rumpel, (v. C. Ldw. Schreiber). 2 Thle. 8. Salzb. 791. Mayr. 1 ℔

— d. Gräfin v. Savoyen, od. d. geprüfte Standhaftigkeit, a. d. Franz. d. Crebillon. 8. Lüneb. Herold u. W. 787.

Schauderhafte Begebenheiten, welche die Franzosen in Moskau und in der umliegenden Gegend verübt haben. ⟨Nach d. Rußisch Kayserl. Original übers.⟩ — o.O. [um 1812]. 2 Bl. 8° 18.
15.

Begebenheiten eines französischen Schiffsjungen auf einer unbewohnten Insel oder der zwölfjährige Robinson. Zürich [1820]. V: *Mallès de Beaulieu.* (Ullrich, Robinson und Robinsonaden, Weimar 1898 S. 192.)

— eines franz. Schiffsjungen auf einer unbewohnten Insel oder d. 12 jährige Robinson. Mit illum. Kupf. 8. Zürich, Trachsler. 820.

— eines franz. Schiffsjungen auf e. unbewohnten Insel, od. d. 12jähr. Robinson. 2e Aufl. Mit illum. Kpfrn. gr. 12. Zürich 821. Trachsler.

— eines franzöſ. Schiffsjungen auf einer unbewohnten Insel oder d. 12jährige Robinson. Mit 6 ill. Kpf. gr. 12. Zürich (820). 2e A. 824. Trachsler. 1 ℛ 12 ℊ

— nach d. Schlacht bei Leipzig d. 19. Oct. 1813, und Kaiser Franzens Hut, (e. Gedicht). 4. Salzb. 814. Mayr. 1 ℊ

Begebenheiten Augusts von Schmaragden und seiner Geschwister; oder Undank ist der Welt Lohn. Eine original Familiengeschichte neuer Zeiten. — Budißin [usw.]: Arnold [um 1790]. 199 S. 8° 1:Yv 826. 14. 15.

Begebenheiten Augusts von S c h m a r a g d e n und seiner Geschwister.
Leipzig: o. J. (1790?)
8°.

— die seltene, oder d. glückliche Ehemann, e. wenig wahrscheinl. Geschichte. 8. Leipz. u. Salzb. 770. Mayr. 2 ℊ

Seltsame Begebenheiten eines berühmten Ebentheuerers, welche dessen außerordentliche Schicksale ... enthalten. (Hrsg.: Kornelis Dirks Karnemelk.) — Frankfurt [usw.] 1759. 144 S. 8° 1:Yv 5455. 15.

Begebenheiten, Seltsame, eines Hirtenbuben, welcher auf seinen Reisen durch Schiffbruch an eine mit Wilden bewohnten Insel verschlagen worden; alsdann aber mit vielen Reichthum wieder in sein Vaterland zurückgekommen ... Frankfurt u. Leipzig 1772. V: *Hauffe, Christian Gotthold.* (BGE I², 207)

Begebenheiten, seltsame, eines Hirtenbuben, von ihm selbst beschrieben. 8. Frankf. u. Leipz. 772. Montag u. W. in Regensb. 12 ℊ

Seltzame [Seltsame] Begebenheiten, eines vornehmen spanischen Kauffmanns-Sohn, nahmens: Domingo aus Cadix, bestehend in verschiedenen galanten Liebs-Geschichten und wunderlichen Abentheuren. Zu letzt auch einige Merck- und Sehens-Würdigkeiten von der berühmten Stadt Constantinopel, so ihme bey Erledigung aus d. türckischen Sclaverey vorkommen. Aus d. Span. übers. — Wienn: Grahl 1709. 128 S. 8° 300:96.224-A. 15.

Begebenheiten, S e l t s a m e , eines jungen französischen Offiziers, s.a. B e g e b e n h e i t e n eines jungen französischen O f f i z i e r s .

Begebenheiten, S e l t s a m e , eines jungen französischen Offiziers. Aus seinen Memoiren mitgetheilt von seinem Kriegscameraden. 3 Thle.
Berlin, Leipzig, Erfurt: Hennings 1810.
316 S., 8°

Seltsame Begebenheiten des unglückseligen Philope, oder Lebens-Beschreibung, einer vornehmen Standes-Person, unter diesen verdeckten Nahmen beschrieben. — Leipzig: Weidemann 1734. 316 S. 8° 14. 30. 15.

Seltsame Begebenheiten und Schicksale der schönen Charlotte von Leipzig. Eine moralische Geschichte. Th. [1.] 2. — o. O. (2: Frankfurt [usw.]) 1767. 8°
2. Der schönen Leipzigerin 2. Theil. 3. 15.

Begebenheiten, S e l t s a m e , und Schicksale der schönen Charlotte von . . .
Leipzig. 2 Thle.
O.O.; Halberstadt: Groß 1767. 8°

Begebenheiten, Die s e l t s a m e n , des Firindo, Einwohners derer glückseligen Insuln, so ihm auf seinen Reisen durch Europa begegnet seyn, Satyrische Historie. Dem beygefügt die untreue Ehefrau, aus d. Frantzös. übers., mit satyr. Anmerck. versehen von Rosantes.
Rostock: G. L. Fritsch.
8°

— des Ritters Sbropp, (v. Toussaint). 2 Bde. 8. Leipz. ... (W. Rauck). 18 ℊ

Begebenheiten etlicher Soldaten. Th. [1]-3. — Frankfurt [usw.] 1762-66. 8° 1[°°2]: 1 = Yv 6143; 3 = 2 an Yv 6144. 12[°°1]: P.o.germ. 87-2.3. 21[°°1,3]. 15.

— etlicher Soldaten. 3 Thle. 8. Quedlinb. 762—66. Biesterfeld. 18 ℊ

— 2. Aufl. Th. 1.2. Quedlinburg (2: Quedlinburg [usw.]): Biesterfeld 1765-75. 8° 1:Yv 6144. 12[°°2]: P.o.germ. 87-1. 14. 15.

Begebenheiten, S o n d e r b a r e , zweier weit und breit herumgewanderten Jungfern. . . , s.a. B e g e b e n h e i t e n , zweier herumgewanderten J u n g f e r n .

Begebenheiten, S o n d e r b a r e , zweier weit u. breit herumgewanderten Jungfern, nebst Erzählungen ihrer Reisen, und wie sie endlich durch ihre Heirath in einen höchst erwünschten Zustand gesetzet worden.
Franckfurt, Leipzig; Stuttgart: Metzler 1742, 1743? 8°.

Begebenheiten, S o n d e r b a r e und merkwürdige, des nordischen Hyacinthus, s.a. B e g e b e n h e i t e n , Des nordischen H y a c i n t h u s .

Sonderbare und merkwürdige Begebenheiten des nordischen Hyacinthus. — Frankfurt [usw.] 1757. 368 S. 8° 1:Yv 5281. 7. 15.

Begebenheiten, S o n d e r b a r e , Jürgen Müllers, eines Ackermanns Sohn.
1708. 4°

Begebenheiten Sophiens von Sondersheim, oder Nichts ist so fein gesponnen, Es kömmt doch endlich an der Sonnen. Ein Gemählde des Lebens aus der wahren Welt ... Berlin 1783. V: *Cranz, August Friedrich.* (BGE I², 210)

— eines Götting. Studenten auf dem Schlosse Plesse. 3 Thle. 8. Eisenach 770. Griesbach. 10 ℊ

— eines Leipziger Studenten. 3 Bde. 8. Leipz., Sommer. 16 ℊ

— eines Studenten, welcher bald geistl. bald weltl. rc. gewesen ist. 3 Thle. 8. Dresd. 766. Gerlach. 16 ℊ

Begebenheiten und Scenen [Szenen] des menschlichen Lebens. Bd 1. — Leipzig: Beygang 1790. 370 S. 8°
17.
15.

Die Begebenheiten des Telemachs auf der Insul der Göttin Calypso, in e. Tragödie vorgestellt. — Leipzig [usw.]: Siegert 1740. 88 S. 8° 3. 11. 14. 18.
15.

— des Grafen v. Tersan. Vom Verfass. des „Kleomers u. des Nachtwandlers"; aus d. Französ. 8. Liegnitz 790. (Krappe in Leipz.) 16 gr

Begebenheiten des Grafen von Tersan. Eine größtentheils wahre Geschichte, von d. Verf. des Kleomenes und des Nachtwandlers. Aus d. Franz. — Liegnitz [usw.]: Siegert 1790. VI,264 S. 8° 14.
15.

Begebenheiten, Thornische, welche zu gleicher Zeit der Dantziger Belagerung 1733 und 1734 sich merkwürdigst zugetragen. Cöln 1737. V: *Seyler, Georg Daniel & Georg Peter Schultz.* (EB)

Begebenheiten des Printzen Titi [Louis XV. als Dauphin]. Aus dem Französischen. Dressden o. J. V: *Saint Hyacinthe, Thémiseul (= Hyacinthe Cordonnier)* (BGE IV², 280)

Traurige Begebenheiten, welche in der ersten Ostermeßwoche zu Frankfurt am Main zwischen zwei Juden vorgefallen sind. — o.O. 1800. 4 Bl. 8° 30.
15.

— eines sich selbst Unbekannten; aus d. Engl. 8. Berl. 755. Voß. 14 gr

Begebenheiten eines sich selbst Unbekannten. Aus d. Engl. übers. — Frankfurt [usw.] 1755. 534 S. 8°
1:Zd 2440. 14. 24.
15.

Begebenheiten und Unterhandlungen, Die, vor, während und nach der Uebergabe der Augsburgischen Confession vom Nov. 1529 bis zum Jahre 1533 ... Mitau 1830. V: *Kraus, Joh. Chph Glieb.* (R-N)

Begebenheiten, Valentins; ein komischer Roman. Rostock. O. J. V: *Tennecker, Seyfert von.* (Ky)

— u. Schicksale, verwirrte u. bedenkliche, e. reisenden Person. 8. Regensb. 774. Montag n. W. 12 gr

Begebenheiten, vier, aus dem Leben oder Gehe hin und thue desgleichen! Berlin 861. (Beck.) 8. (16 S.) 1½ ngr.

— e. kleines Vogelfängers, e. Lesebuch f. Jung u. Alt. Mit 7 ill. Kpf. 12. Leipz. 823. Magazin f. J. 2 ℔ Hbg. Pr. 1 ℔

— des Grafen v. Vorback; aus d. Französ. 8. Jena 758. Cröker. 12 gr

— wahre u. außerordentl., eines rechtschaffenen französ. Flüchtlings. 2 Thle. 8. Leipz. 799. Graffé. 21 gr

— wahre, französ. Frauenzimmer von Stande. 7 Thle. 8. Frkf. u. Leipz. 766—74. (Walther in Dresd.) 3 ℔ 12 gr

Begebenheiten, Wahre, im romantischen Gewande. Hamb. 1796—1803. V: *Schütze, Joh. Frdr.* (LS)

— wahre, im romantisch. Gewande, v. Jäger. 3 Thle. 8. Hamburg, Hoffmann. 796—98. (I. 1 Rthlr. II. 20 gr. III. 1 Rthlr. 4 gr.)

— — derselb. 4r Th. (h. a. d. Titel: die Sitten uns. Zeit, e. Moderoman, v. J. F. Schütze.) 8. Posen, Kühn. (a. Müller in Bremen.) 802.

— — derselb. 5r Th. (h. a. d. Titel: Novellen, 3 humoristische, d. Tabatiere, d. Neujahrsabend und Amöneus Reise durchs Leben; v. J. F. Schütze.) 8. Posen, Kühn. 804.

Wahre und Wahrscheinliche Begebenheiten, auf ungestempfelten Papier, weil kein Gestempfeltes zu haben ist: 1766. Germantown, PA

Brigham records, regarding this interesting little paper: "Issues were without volume numbering, name of printer, or place of publication. The press-work is evidently that of Christoph Saur, of Germantown."

Begebenheiten, Wahrhafte, einiger Brüder Freymaurer, ... Frankf. u. Leipz. 1786. V: *Starck, Joh. Aug. v.* (Tt) (SJL)

— wahrhafte, einiger Brüder Freymaurer 2c. 8. Regensb. Montag. 787.

Wahrhaffte [Wahrhafte] und merckwürdige Begebenheiten der berühmten Türckischen Doctorin, Frauen, Fr. Maria Francisca de Voëwina von ihrer Türckischen Gefangenschafft, in Ungarn, Constantinopel, und Egypten; wie auch glücklicher Befreyung, Schiffbruch, Reise nach Jerusalem, Damascus, Tripolis, Aleppo und Capo de bona Speranza, sammt ihrer ... wunderhaffte verrichtete Curen, nebst vielen Curiositäten kurtzbündigst beschrieben und an das Licht gestellet. — Franckfurth [usw.] 1737. 42 Bl. 8° 14. 27.

— wahrscheinl., einiger Brüder Freimaurer 2c. 8. Regensb. 787. Montag u. W. 6 gr

— Clara Waldone, oder die Macht der Tugend. 2 Thle. 8. Berl. 781. Pauli. 20 gr

— der gräfl. Familie v. Wallis, (v. B. Naubert). 2 Thle. Mit Kpf. 8. Leipz. 790. Weygand. 2 ℔ 16 gr

Begebenheiten, Der gräfl. Familie Wallis merkwürdige, in der Geschichte zweyer Zwillingsschwestern. Leipzig 1790. V: *Naubert, Christiane Benedictine geb. Hebenstreit.* (EF) (Ky) (MGT)

Begebenheiten Eduard Wallsons eines Engelländers, aus d. Engl. übers. Buch 1-5. — o.O. 1752-55. 822 S. 8°
1:Zd 2577.
15.

— Eduard Wallsons, eines Engländers; aus d. Engl. 6 Büch. 8. Jena 758. Akadem. B. 12 gr

Begebenheiten der Miß Lucie Watson. Aus dem Engl. — Lübeck & Leipzig: Donatius 1777. 230 S.

— Luc. Miss. Watson. 8. Lübeck 778. Donatius. 8 gr

Begebenheiten der Lucia Wellers, oder Fallstricke der Schönheit und Unschuld. Aus dem Englischen übersetzt. Hamburg, Leipzig 1754. 8°

Wichtige Begebenheiten in der Familie des Herzogs von Bedford und der Herzoglichen Familie von Devonshire. Aus d. Engl. Bd 1.2. — Leipzig: Weygand 1791. 8°
300:849.

— Widegulards, König der Zobfransen. 8. Leipz. 756. 4 gr

— wirkliche, und Reisen eines Weltmannes, 2 Thle. 8. Frankfurt, 784. Garbe. 1 Rthl. 20 sgl.

— wirkl., u. Reisen e. Weltmannes. 2 Thle. 8. Frankf. a. M. 784. Gebhard u. K. 1 ⁄ 16 gr

— wirkliche, u. Reisen eines Weltmanns. 2 Thle. Frankfurt, Herrmann. 784.

— d. Ritters Wolfram v. Beldigk. Beytr. z. Gesch. der Mönchsintriguen rc. herausg. v. d. Fr. v. Wallenroth. 8. Berlin, Maurer. 798.

— des Ritters Wolfram von Beldigk. Herausgeg. von der Frau von Wallenrodt. 2te verm. Aufl. Mit Kupf. 8. Berlin, Maurer'sche Buchh. 816.

— wunderb. u. abenteuerl., dreyer reisend. Handwerksbursche. 8. Ebend. 751.

Wunderbahre und besondere Begebenheiten des Grafen von Claize ... Aus d. Frantz. übers. von H.N.G. — Franckfurth [usw.] 1743. 302 S. 8° 1:Xy 2840. 6. 15.

Begebenheiten, Wunderbare, eines Britten, s. Begebenheiten, Die wunderbaren, eines Britten.

Wunderbare Begebenheiten des Pedrillo del Campo und der Donna Lorenza, ein comischer Roman nach d. spanischen Geschmack aus d. Franz. d. Herrn T ... G.D.T ... übers. — Salamanka: Fernandez [vielm. Braunschweig: Schröder] 1747. 228 S. 8° 1:Xy 3368. 15.

Wunderbare Begebenheiten eines Engländers in Amerika. Neue Aufl. — Leipzig: [Joachim 1805]. 156 S. 8° 7. 14. 15.

Begebenheiten, Die wunderbahre und erstaunenswürdige, des Herrn von Lydio. Drey Theile ... Franckfurt und Leipzig 1730—1734. Dritte Auflage. Copenh. u. Leipz. 1754. V: *Fleischer, J. G.* [?] (wr) V: *Fleischer, Johann Michael.* [?] (Ullrich, Robinson und Robinsonaden, Weimar 1898 S. 123—124.)

— wunderbare, eines Geldbeutelchens. Von ihm selbst geschrieben. Ein Faschingsstück aufs J. 1810. 8. Münch. 819. J. Lindauer. 3 gr

Begebenheiten und Gnadenhilfen, Einige wunderbare, die zu Mariastein erlangt worden sind. Innsbruck 1855. V: *Schönherr, Nikolaus.* (MARGR)

Wunderbare Begebenheiten eines Jünglings, welcher die philosophischen Grundsätze des achtzehnten Jahrhunderts nicht verdauen konnte. Hrsg. von Philophos u. Philaletes. Gedr. in d. philosophischen Buchdr. im Anfange des 19. Jhs. [vielm. Lüneburg: Herold & Wahlstab] 1801. 399 S. 8° 1:Dd 2732. 15.

Begebenheiten, wunderbare, des Grafen Alethes von Lindenstein, von Fr. de la Motte Fouqué. 2 Theile. 8. Leipzig, G. Fleischer. 817.

Begebenheiten, Wunderbare, einer schönen Pariserin, ehemaligen Geliebten des kleinen Corsen. O.O. 1816. 8°

Wunderbare Begebenheiten des Schuhmachermeisters Christian Schmidt aus Brünn auf seiner Reise nach Californien. — (Freiberg: Bornmann [um 1860].) 8 S. 8° 14. 15.

Wunderbare und seltsame Begebenheiten eines africanischen Schuster-Sohnes ... Ans Licht gestellet von d. wohlbekannten Hrsg. — Franckfurt [usw.] 1750. 128 S. 8° 1:Yv 4396. 2. 11. 14. 15.

Begebenheiten, Wunderbare, jedoch wahrhafftige, der Valerie und des edlen Venetianers Barberigo. Aus dem Frantzös. übersetzt ... Bresslau 1744. V: *Bibiena, Jean Galli de.* (BGE)

Wunderbare Begebenheiten, welche sich mit etlichen Tausend Katzen im Schwartzwalde im Jahr 1750. zugetragen haben. — o.O. 1751. 4 Bl. 8° 8. 15.

Begebenheiten, Die wunderbaren, eines Britten, s.a. Hauffe, Christian Gotthold

Die wunderbaren Begebenheiten eines Britten, oder der betrügliche Schein vieler Weltbürgerinnen und süsser Herren. — Regensburg: Montag 1769. 287 S. 8°
Als Verfasser wird Christian Gotthold Hauffe genannt.
1:Yv 6994. 10. 15.

Wunderbar-übernatürliche Begebenheiten, geschehen zu Bekräfftigung deren Bücheren, benambset die Geistliche Stadt Gottes, und beschriben von der ehrwürdigen Dienerin Gottes Maria von Jesu, Abbtissin deß Convents der unbefleckten Empfängnuß der Stadt Agredae. — Augspurg [usw.]: Bencard 1736. 14 Bl. 8° 2.

Begebenheiten, Wunderliche, des Abdalla Eines Sohn des Hanif Welcher von dem Indianischen Sultan war abgeschicket worden, die verborgene Insel Borico zu entdecken; auf welcher die miraculöse Fontaine zu finden, dessen Wasser wieder jung zu machen pfleget. Nebst der Rouschen einer Persianisschen Dame, Reise Beschreibung in obbesagte Insul. Aus d. Frantzös. in das Teutsche übersetzet. Franckf. u. Leipzig 1731. V: *Bignon, Jean Paul.* (BGE I[a], 202)

Begebenheiten, Die Wunderlichen, des Unbekandten Philosophi, in Such- und Findung des Steins der Weisen, ... Aus dem Frantzösischen ... übersetzet von J. Langen. Franckfurt und Hamburg 1673. V: *Belin, Albert.* (BrMm)

Wundersame Begebenheiten so sich von einer unbeschreiblichen Zahl derer Heuschrecken den 1. Septemb. 1749. zwischen Kahldorf, Aichstätt und Neuburg zugetragen. — o.O. 1749. 2 Bl. 8° 29. 15.

• — wundersame, des Tu-Li, eines Tunkinischen Mandarins, aus dem Franz. 2 Thle. 8. Leipz. Hinrichs. 778.

— wundersame, Tu-li, e. chines. Mandarins; aus d. Französ. 2 Thle. 8. Leipz. 780. (Hinrichs). 12 gr

Begebenheiten, Die wundersamen, des Mandarinen Fum Hoam, s.a. Gueulette, Thomas Simon

Begebenheiten, Die wundersamen, des Mandarinen Fum Hoam etc. Aus dem Französischen. Leipzig 1727. V: *Gueulette, Thomas Simon.* (Mitt. Prof. Dr. H. Ullrich, Brandenburg a. H.)

Begebenheiten des Yu-Li, eines Tunkinischen Mandarins. Aus dem Französ. Augsburg [ca. 1760]. V: *Gueulette, Thomas Simon* (?). (BGE I², 212)

—2 höchst seltsame, aus d. Reiche d. Wahrheit. 8. Sonderssh. 802. (Leipz., Rein). 5 gr

Begeer, B.W.: The metallurgy of gold on 'The Rand'. A pract. treatise on the metallurgical processes in use in the Transvaal, being a description of assaying, milling, cyaniding, refining and coining. — Freiberg (Saxony): Craz & Gerlach 1898. XI,143 S. 8° **83. 91.**
15.

Begegnisse. — Vater Edelwald's Begegnisse in Südamerika. Eine Geschichte für d. Jugend, besonders für die, welche d. Naturgeschichte liebt. Aus d. hinterlassenen Schriften eines jungen Mannes: hrsg. von einem Verehrer desselben. Neuburg a/D.: Prechter 1844. 112 S. 8°
12: Paed.Pr.323.
15.

Begegnisse auf der Lebensreise. — Altenburg: Petersen 1802. 205 S. 8° **15.**
15.

— Leipzig: Kummer in Comm. 1802. 205 S. 8°
1: Yw 5466/40. **12:** P.o.germ. 127 qo/2.
15.

Begegnisse ein. jungen Thierquälers od. „Der Gerechte erbarmt sich auch seines Thieres." Eine neue Erzähl. f. d. Jugend. Vom Verf. d. „Glockenbuben." 8. (7½ B. u. 1 Stahlst.) Augsburg 843, v. Jenisch u. Stage'sche Buchh.

Begegnisse, Die — und Vermögens-Gebahrung der Versorgungs- und Beschäftigungsanstalt für erwachsene Blinde in Böhmen im Jahre 1841. 8., 9., 10., 11. Bericht vom 1. Jänner bis 31sten Dezember des Jahres 1841. 8. (32, 26, 26, 26 S.) Prag. Druck des artistisch-typograph schen Instituts von C. W. Medau. 1841.

Begehren. Ehrerbietiges B'. gestellt an die hohe [schweizerische] Bundesversammlung wegen der ausserordentlichen Massregeln, welche die Regierung des Kantons Freiburg gegen 214 Bürger und 139 Gemeinden oder Kirchspiele ergriffen hat. (Freiburg, den 12. Oktober 1848.) 8. *o. O.*

Begehren um Revision des Art. 32bis der Bundesverfassung (*betr.* das steuerfreie Verkaufsminimum nicht gebrannter geistiger Getränke). Motion der Herren Nationalrat Steiger (St. Gallen) und Mitunterzeichner, vom 20. Dezember 1894. Botschaft des Bundesrates. (Vom 15. März 1901.) 51 S. 8. [Bern, Stämpfli & Cie., 1901.]

Begehren an Schultheiss, Räth und Hundert der Stadt und Republik Luzern. O. O. 1827. V: *Schnell, Carl.* (AarK)

Begehren von Sektionen des Schweizerischen Handels- und Industrie-Vereins zum Entwurf des eidg. Fabrikinspektorats ... s. (Sprocher, [Hector]).

Begehren nach Unabhängigkeit von Russischer und Britischer Politik. I. Was haben Deutsche von Russen zu fordern? Berlin 854. Springer. gr. 8. (30 S.) 6 ngr

Das Begehren einer Zwangs-Concession für die Eisenbahn-Constanz-Romanshorn. Beleuchtet zu Handen [!] des Hohen Bundesrathes von der Direction der Schweiz. Nordostbahn. — (Zürich 1867: Zürcher & Furrer.) 23 S. 8° **82.**
15.

Begehung. — Die feyerliche Begehung des ersten Fästes [Fest] der Lauber-Hütten, nach der babylonischen Gefangenschafft. Nach Nehem. Cap. 8., v. 14-18 vorgestellet von d. Gesellschaft auf d. Musicsaal d. Teutschen Schule u. d. lieben Jugend in Zürich verehrt am neuen Jahrs-Tag. 1757. — [Zürich 1757.] S. 353-360. 8° [(Neüjahrsgeschenk für d. vaterländische Jugend von d. Musik-Gesellschaft auf d. teütschen Schule in Zürich. 45. 1757.)]
1: 4° Rv 8806/12-1757.
15.

Begehung, die feierliche, des 3. Jahrhunderts d. allgemeinen trienter Kirchenversammlung am 12., 13. u. 14. Dec. 1845 zu Trient in Tirol. 8. (1 B.) Innsbruck 846, Wagner'sche Buchh.
Aus: Kathol. Blätter aus Tirol besond. abgedruckt.

Begehungssünden der Kriminaljustiz und Unterlassungssünden des Staates. Von X. Y. Z. 8 °.– Friedberg i.d. W., Andr. Flor, 1880.

Begeisterung: Die **Begeisterung.** 2. Die heilige Drei. 3. Die Weihe des Raums. Drei Vorträge in der Freimaurer-Loge Carl zu den drei Adlern i. O. zu Erfurt gehalten von H., W. und Th. o. O. u. J. 32 S. 8° [Umschlagtit.] Kl. 1291.

Begeisterung eines deutschen Patrioten. 8. Leipz. 814. Joachim. 3 gr

Begemann, Carl

Begemann, C., Pharmakognosie, Pharmacie und Receptirkunde, auf Grund der Pharmacopoea germanica für die Thierheilkunde bearb. 2. verb. und verm. Aufl. der Veterinär-Pharmakopöe. gr. 8. (VI, 810 S.) Hannover 877, Schmorl und v. Seefeld. *

Begemann, C., allgemeine Veterinär-Pharmakopöe, thierärztl. Waarenkunde und Receptirkunde. gr. 8. (VIII und 304 S.) Hannover 864, Schmorl und v. Seefeld. *

Begemann, Carl Aug.: Aufforderungen zum gewissenh. Gebr. d. Zeit, s. Begemann, Karl August.

Begemann, Egbert: Die Finanzreformversuche im Deut. Reiche v. 1867 bis z. Gegenwart (unter Berücks. d. Deckg d. Wehrvorlagen v. '12). (146) gr8° Gött., Vandenh. & R. '12. 3.60 d

Begemann, Egbert: Zur Legende vom Heiligen Georg, dem Drachentöter. S. 97—116. 8.
In: Festschrift der 48. Versammlung deutscher Philologen u. Schulmänner in Hamburg dargebracht v. d. Lehrerkolleg. des
Progr. Kgl. Christianeums *Altona* 1905
I. Die Legenda aurea u. das Gedicht vom Ritter St. Georg im Wunderhorn. II. Zwei vulgär-griechische Gedichte über denselben Gegenstand.

Begemann, [Egbert]: [Worte bei der Sedanfeier.] S. 15–17. 4.
Progr. Kgl. Christianeum (Gymn. u. Realgymn.) *Altona* 1908

Begemann, Friedrich: Blumen von der Saale. Episches u. Lyrisches. — Jena: Verf.; Bran in Comm. 1828. 139 S. 8° **1:** Yn 5401. **8. 11. 27.**
15.

Begemann, G.: De suffixis latinis ‚t-or' ‚i-or', s. Begemann, Wilhelm.

Begemann, Gottlieb: Bad Oeynhausen und seine Umgebungen. — Berlin: (Verf.) 1855. 71 S. 8° **1:** Is 8785.
15.

Begemann, H.: Die vorgeschichtl. Altertümer d. Zietenschen Museums, s. Begemann, Heinrich.

Begemann, H.: De Solonis Plutarchei f o n t i b u s et auctoritate, s. B e g e m a n n , Heinrich.

Begemann, H.C.: H a n d b u c h , Praktisches, s. B e g e m a n n , Heinrich Carl.

Begemann, Heinrich: Zur Zeit verschollene Abiturienten des Friedrich-Wilhelms-Gymnasiums in Neu-Ruppin. [Nebst] Zu den Schulschriften der Anstalt. Ergänzung. Neu-Ruppin 1910: Buchbinder. S. 1—10. 4° ¶ (Vgl. P-Beil. 1908.)
Neu-Ruppin, Friedrich-Wilhelms-G P 1910 (96) [S 10. 17

Begemann, Heinrich [Dr., Dir.]: Die vorgeschichtlichen Altertümer des Zietenschen Museums. '(Histor. Ver. f. d. Grafsch. Ruppin. III.)' Neu-Ruppin, Druck v. E. Buchbinder, *1892;* 26 S., 5 Taf. 4.
Neu-Ruppin, st. Friedrich-Wilhelms-G, P 1892 (83)

Begemann, Heinrich, Dr., Dir.: [Ansprache bei der Entlassung der Abiturienten am 9. März 1899.] *Neu-Ruppin 1899: E. Buchbinder.* (S. 22—25.) 4°
Neu-Ruppin, Friedrich-Wilhelms-G, P 1899 (83)

Begemann, Heinrich: *Ansprache bei der Gedenkfeier am 9. März im Anschlufs an die Entlassung der Osterabiturienten.* 4 (S. 22—25). Progr. Friedrich-Wilhelms-G. *Neu-Ruppin* 1899

Begemann, Heinrich: [Ansprache an die scheidenden Prof. Gustav Schultz und Oberlehrer Dr. Ernst Vogel.] S. 12—13. 4. Progr. Friedrich-Wilhelms-Gymn. *Neu-Ruppin* 1906

Begemann, Heinr., Bemerkungen z. altsprachl. Lehrbüchern. Progr. gr. 4. (24 S.) Berlin 897. F. Dümmler's Verl. n. 1. —

[F.] **Begemann,** Heinrich [Dr., Dir.]: Bemerkungen zu altsprachlichen ([Umschlagt.:] zu unseren altsprachlichen) Lehrbüchern '(Richter, lat. Lesebuch. 7. Aufl. — Ellendt-Seyffert, lat. Grammatik. 39. Aufl. — v. Bamberg, griech. Schulgrammatik. 24. Aufl.)'. Neu-Ruppin, Druck v. E. Buchbinder, 1897; 24 S. 4.
Neu-Ruppin, Friedrich-Wilhelms-G, P 1897 (82)

Begemann, H., De Solonis Plutarchei fontibus et auctoritate. Diss. 1875. 80 S. 4°.

Begemann, Heinrich, Dr., Dir.: Zur Jahrhundertwende. Die Feier d. Jahreswechsels in d. Aula d. Gymn. am 20. Dez. 1899. *Neu-Ruppin 1900: E. Buchbinder.* (S. 3—8.) 4° [Ant. u. F.]
Neu-Ruppin, Friedrich-Wilhelms-G, P 1900 (84)

Begemann, Heinrich [aus Berlin]: Zur Kenntniss der sogenannten spontanen Darmruptur. . . . Berlin, Buchdr. v. G. Schade, *1891;* 30 S., 1 Bl. 8°
Berlin, Med. Fak., Inaug.-Diss. v. 1. Mai 1891

Begemann, Heinrich [Dr., Dir.]: Mitteilungen über das Zietensche Museum. '(Histor. Ver. f. d. Grafsch. Ruppin. IV.)' (Forts. d. P-Beil. 1892.) Neu-Ruppin, Druck v. E. Buchbinder, 1895; 28 S., 3 Taf. 4.
Neu-Ruppin, Friedrich-Wilhelms-G, P 1895 (83)

Begemann, Heinrich, Ref. am Kgl. Landgericht Bielefeld: Die rechtliche Natur des Eintritts in den Reichsstaatsdienst bezw. der Verleihung eines Reichsamtes. Ein staatsrechtlicher Versuch. Borna-Leipzig 1906: R. Noske. (VII, 128 S.) 8°
Münster, Jur. Fak., Ref. v. Savigny, Schreuer, Diss. v. 7. Juli 1906
[Geb. 14. Sept. 81 Bellenberg, Lippe; Wohnort: Bielefeld; Staatsangeh.: Preußen; Vorbildung: Gymn. Friedericianum Herford i. W. Reife [illegible]; Studium: Tübingen 1, Berlin 1, München 2, Kiel 2 S.; Rig. 31. Juli 05.]

Begemann, Heinrich [Dr., Dir.]: Ältere Neu-Ruppiner Programme. Neu-Ruppin, Druck v. E. Buchbinder, 1897; S. 2, 4.
Neu-Ruppin, Friedrich-Wilhelms-G, P 1897 (82)

Begemann, Heinr. Quaestionum solonearum particula altera. De insula Salamine Solone auctore ab Atheniensibus expugnata. S. 5—15. [I: Holzminden 1875.] Progr. *Allenstein* 1878.

Begemann, Henr., Quaestiones Soloneae. Specimen I. Dissertatio inauguralis. gr. 4. (80 S.) Holtesmindae 875. (Göttingen, Peppmüller.)

Begemann, H., Quaestiones Soloneae spec. Pr. 1878. 11 S. 4°.

Begemann, Heinrich *Rede bei seiner Einführung als Direktor.* 4 (S. 20—22). Progr. Friedrich-Wilhelms-G. *Neu-Ruppin* 1890

— **Latein. Schulgrammatik, s.: Friedersdorff, Frz.**

—: Zu den Schulschriften der Anstalt. S. 2. 4. S. 2. 4. Progr. Friedrich-Wilhelms-Gymn. *Neu-Ruppin* 1909 (95). 1910

Begemann, Heinrich: Verzeichnis der Beigaben zu den Einladungen und Jahresberichten einschließlich der Festschriften des Friedrich-Wilhelms-Gymnasiums zu Neu-Ruppin von 1805 bis 1907. Neu-Ruppin 1908: Buchbinder. S. 3—6. 4°
Neu-Ruppin, Friedrich-Wilhelms-G P 1908 (96) [S 08. 20

Begemann, Heinrich, Direktor Dr.: Verzeichnis der nachgewiesenen älteren Neu-Ruppiner Schulschriften. Neu-Ruppin 1907: E. Buchbinder. (S. 3—5.) 4°
Neu-Ruppin, Friedrich-Wilhelms-G OP 1907 (92)

Begemann, Heinrich Carl
— Kleine nautische Ephemeriden. Mit einem Anhange, enthaltend: 1. Angaben über neu ausgelegte Seemerken und eingerichtete Leuchtthürme etc. 2. Anderweitige Notizen. Für die Jahre 1844—1846. Emden.

Begemann, Heinrich Carl:
Handboek tot dagelijksch gebruik voor zeevarenden. — Emden: Schrijver 1835. XIII,72,280 S. 8°
Deutsche Ausg. s. *Begemann:* Practisches Handbuch für Seefahrer. 1835 u.ö.
7.
15.

Begemann, H. C., pract. Handbuch f. Seefahrer. Enthalt. eine vollständ. Samml. d. zur Berechn. d. gemuthmaßten u. wahren Breiten u. Längen, d. wahren Amplituden, Azimuthe, Höhen, Zeiten u. den betreff. Corrections-Rechnn. erforderl. Tafn., so wie ein. ausführl. Anweis. z. Gebr. ders. Durch einige Schemas f. d. mehr zusammengesetzten Rechnn. aus d. naut. Astronomie erläut. gr. 8. (18½ B.) Emden 835, (Altona, Aue.) *

— Practisches Handbuch für Seefahrer. — Emden: Verf. 1835. XIII,66,280 S. 8°
Holl. Ausg. s. *Begemann:* Handboek tot dagelijksch gebruik voor zeevarenden. 1835.
1: Hz 22918. 7. 302.

— — 2., neubearb. Aufl. Emden 1862: Woortman. X,240, 48 S. 8° 1: Hz 22919.
15.

— Leerboek der zeevaartkunde. — Emden 1842: Hahn. XVI,575 S. 8° 1: Hz 23015. 7.
15.

Begemann, H. C., s. Volksbuch, ostfriesisches.

Begemann, Hermann: Geschichte der evangelisch-reformierten Gemeinde in Münden. Eine Festgabe zur Feier ihres 200jährigen Bestehens. — Münden 1908: Klugkist. 48 S. 8° 7. 11. 30.
15.

— Die Toleranz. Öffentlicher Vortrag ... 1889 im Mündener Gustav-Adolfverein gehalten. — Münden: Augustin [1889]. 16 S. 8° 7.
15.

Begemann, Karl: Allgemeine Veterinär-Pharmakopöe. . . , s. B e g e m a n n , Carl.

Begemann, Karl Aug., Aufforderungen zum gewissenhaften Gebrauche der Zeit. Predigt, gehalten am 1. Jan. 1833. gr. 8. ... 833. (Altona, Aue.) 7 ℋ

Begemann, Wilhelm: Zur Bedeutung des schwachen Präteritums der germanischen Sprachen. Ergänzung zu d. Verf. Schrift: Das schwache Präteritum der germanischen Sprachen. — Berlin: Weidmann 1874. LII,192 S. 8°
1: Ya 3429. 2→8. 10. 11. 12: L. rel. 1gt-2. 14→17. 21. 25. 26. 28. 29. 300: 64.819-B.2. 302.
15.

— Comenius und die Freimaurer. — Berlin: Mittler 1906. 56 S. 8°
Aus: Zirkelcorrespondenz d. Großen Landesloge d. Freimaurer von Deutschland. 35. 1906.
1: Ne 5486/540. 8. 11. 12: Biogr. 259 vk. 25. 38. 300: 444.543-B. 15.

Fest-Lieder zum 70jährigen Stiftungsfeste der Prov.-Loge von Mecklenburg in Rostock. Am 17/21. Sept. 1889. [Unterz.:] W[ilh.] Begemann. [Rostock 1889: Boldt.] 2 Bl. 8° [Umschlagtit.]
3 Lieder ohne Noten.

Begemann, Wilh.: Die Fruchtbringende Gesellsch. u. Johann Valentin Andreä. Entgegng auf Ludw. Kellers Ausführgn im Maiheft d. Comenius-Gesellsch. [Aus: „Zirkelkorresp. f. d. BBr. Johannis-Meister".] (12, 79) gr8° Berl., ES Mittler & S. '11. 2 —

Gründung und Weiterentwicklung der Londoner Grossloge, die Ancient Masons und die Vereinigung der beiden Grosslogen von Wilh. Begemann. Mit 4 Taf. in Kunstdr. Berlin: Mittler & S. 1910. XII, 537 S. 8°
(Begemann, W.: Vorgesch. 2.)

Ludw. Keller, Joh. Amos Comenius und die Freimaurer. Von W[ilh.] Begemann. [Berlin 1907: Mittler & S.] 16 S. 8° [Kopftit.]
Aus: BZC. 36 (1907) S. 318—333.

Ludw. Keller, die „rektifizierten" Ritterorden und Andr. Mich. Ramsay. Von W[ilh.] Begemann. [Berlin 1907: Mittler & S.] 14 S. 8° [Kopftit.]
Aus: BZC. 36 (1907) S. 235—248.

[Lied.] Zum 75. Stiftungsfeste der Johannis-Loge Friderica Ludovica zur Treue. Parchim, am 25. Nov. 1893. [Unterz.:] W[ilh.] Begemann. [Rostock 1893: Boldt.] 1 Bl. 8° [Kopftit.]
Für Chor u. 1 Stimme ohne Noten.

— Die Haager Loge von 1637 und der Kölner Brief von 1535. Entgegnung auf Ludwig Kellers Ausführungen im Hohenzollern-Jahrbuch für 1906. — Berlin: Mittler 1907. XVI, 84 S. 8°
1: Nb 3574. 5. 11. 14. 38. 15.

— Der Orden d. Unzertrennlichen d. 18. u. d. Fruchtbringende Gesellsch. d. 17. Jahrh. [Aus: „Zirkelcorrespondenz".] (9, 77) gr8° Ebd. '11. 2 —

— Das schwache Präteritum der germanischen Sprachen. Beitrag zur Geschichte d. deutschen Sprache. — Berlin: Weidmann 1873. XVI, 186 S. 8°
Ergänzung s. *Begemann:* Zur Bedeutung d. schwachen Präteritums d. germanischen Sprachen. 1874.
1: Ya 3426. 2→11. 12: L. rel. 1 gt-1. 14→17. 21. 25. 26. 29. 30. 300: 64.819-B. 1. 302. 15.

Andr. Mich. Ramsays Rede über die Freimaurerei. Von Wilh. Begemann. Leipzig: Zechel 1907. III, 61 S. 8°
Aus: A. (NF.) 26 (1907) S. 107—165.
cf. Bbl. 21 (1907) S. 507 (G. Diercks); FZ. 61 (1907) S. 345 (R. Bachmann); L. 30 (1907) S. 239 (P. Fischer); R. 35 (1908) S. 31 (G. Schauerhammer).

Die angeblichen „rektifizierten" Ritterorden. Von W[ilh.] Begemann. Berlin 1907: Mittler & S. 29 S. 8° [Umschlagtit.]
Aus: BZC. 36 (1907) S. 15—43.
cf. DrL. 37 (1906—1907) S. 169—170 (J. H. Papsdorf); ArSt. 4 (1907) S. 58—59 (L. Keller); BZC. 36 (1907) S. 235—248 (W. Begemann).
Gegen Kellers „Die Tempelherrn u. die Frmr".

Begemann, Wilh. Der alte und angenommene Schottische Ritus und Friedrich der Grosse. Berlin 1913: Mittler & Sohn. VI, 137 S. 8°.

Begemann, G., de suffixis latinis „t-or" „i-or" „or" Göttingen. 42 p 1867
Schul-/Univ.-Schrift

— Die Tempelherrn und die Freimaurer. Entgegnung auf d. gleichnamige Schrift d. Geh. Archivrats Dr. Ludwig Keller. — Berlin: Mittler 1906. XI, 82 S. 8°
1: Nb 3573. 9. 11. 12: Herald. 13c. 14. 18. 21. 38. 302. 15.

Die erste französische Verräterschrift. Von W[ilh.] Begemann. [Berlin 1906: Mittler & S.] 5 Bl. 8° [Kopftit.]
Aus: BZC. 35 (1906) S. 621—629.
Übers. nebst Einl. der 1736 erschienenen Flugschrift des Pariser Polizeipräsidenten Hérault, eine Beschreibung der Aufnahme zum Frmr enth., die er sich durch die Choristin Carton verschafft hatte.

— Vorgeschichte und Anfänge der Freimaurerei in England. Buch 1-(3). — Berlin: Mittler 1909-11. 8°
1. Die alten englischen Werklogen u. ihre Sprößlinge. 1909.
2. Gründung u. Weiterentwicklung d. Londoner Großloge, die Ancient Masons u. d. Vereinigung d. beiden Großlogen. 1910.
3 u. d. T.: Begemann: Vorgeschichte u. Anfänge d. Freimaurerei in Irland. 1911.
1: Nb 3578. 5. 10. 11. 12: 1.2 - H.g.hum. 15ah; 3 - H.g.hum. 15ai. 14. 18. 21. 26. 27. 300[=3]: 463.084-B. 302. 15.

Die alten englischen Werklogen und ihre Sprösslinge von Wilh. Begemann. Berlin: Mittler & S. 1909. XIV, 488 S. 1909
(Begemann, W.: Vorgesch. 1.
Schlusskapitel abgedr. in: H. 19 (1908) No 48. Vor Gründung der Grossloge 1717.

Begen, Jh. Hier. Chr., (†... 1781.) bibl. Gebet-Concordanz. 8. Braunschw. 764. (Wolfenb., Meißner). 16 gl.

Begenau, Karl: Album der untern Donau-Gegenden. Nach d. Natur gezeichnet. — Berlin: Sala [um 1850]. 14 Bl. quer-4° **17.**
15.

Begeng, Kurt, Tierarzt: Ueber hypertrophische Granularcirrhose beim Rind. Berlin (1909): Heinicke. 37 S. 8°
Leipzig, Veterinär-Med. Diss. v. 14. Juli 1909, Ref. Joest
[Geb. 23. Jan. 84 Danzig; Wohnort: Berlin; Staatsangeh.: Preußen; Vorbildung: Städt. Gymn. Danzig Reife O. 04; Studium: Tierärztl. Hochschulen Dresden 1, Berlin 6 S.; Coll. 26. Juli 09; Approb. 26. Febr. 09.]
[U 09. 2751

Beger: Schönschreiber, s. Beger, H.

Beger: Über die allgemeine Versorgungsanstalt im Großherzogtum Baden, s. Beger, Carl Ludwig.

Beger, August: Kritische Beleuchtung der dem Schullehrer-Seminar zu Friedrichstadt-Dresden gemachten Vorwürfe, bestimmt für Freunde des vaterländischen Schulwesens. — Dresden: Grimmer 1833. 22 S. 8° **14.**
15.

— Ueber den Einfluß der Reformation auf das Unterrichtswesen und Familienleben. Ein Beitrag zur zeitgemäß erneuerten Würdigung des Katholicismus u. Protestantismus. — Berlin: Eichler 1839. IV,27 S. 8°
1: Cm 5770. **11.**
15.

— Die Idee des Realgymnasiums. — Leipzig: Hinrichs 1845. X,391 S. 8° 1: Ne 11596. **2. 7. 8.** **12:** Paed. Th. 386. **15. 18. 300:** 20.304-B.
15.

— Plato's Ideen über das Weltgebäude. Historisch-philosophische Abhandlung. — Dresden [1840]: Heinrich. 16 S. 8° 1: Nk 10834. **14.**
15.

Beger, A., Lateinisch u. Französisch. I. T. Pr. 1856. 28 S.
— — II. T. Pr. 1858. 36 S.

— Lateinisch und Romanisch, besonders Französisch. Nach d. Tode d. Verf. hrsg. von dessen Bruder Johann Heinrich Beger. — Berlin: Dümmler 1863. 146 S. 8°
1: Xs 792. **2. 5. 7. 9. 11. 12:** L. lat. f. 0m. **15. 16. 25. 29. 30. 300:** 66.110-B.
15.

— Mein Leben und Wirken. Selbstschilderung. Nach d. Tode d. Verf. mit Vorw. u. Nachtr. hrsg. von Johann Heinrich Beger. — Frankfurt a./M.: Hermann 1860. 77 S. 8°
Aus: "Diesterweg's Pädagogisches Jahrbuch 1861." **14.**
15.

—— m. Leben u. Wirken, hrsg. v. JH Beger. 8. (77) Frankf. 60. (Prag, Tempsky.) *n.* — 10

— mein Leben und Wirken. Selbstschilderung. Nach dem Tode des Verf. mit Vorw. u. Nachtrag herausg. von Joh. Heinr. Beger. (Abdr. aus „Diesterweg's Pädagog. Jahrbuch für 1861.") Frankfurt a. M. 862. Hermann'sche Buchh. gr. 8. (77 S. u. lith. Portr.) n. 10 *ngr.*

— Philosophie und Pädagogik. 3 Vorlesungen über Einfluß u. Anwendung d. Philosophie auf d. Unterrichts- u. Erziehungskunst. — Dresden [usw.]: Arnold 1841. 94 S. 8°
1: Nd 2280.
15.

— Zwei Reden im Schullehrer-Seminar zu Friedrichstadt-Dresden. — Dresden: Grimmer 1833. 38 S. 8° **14.**

(—) An die hohe Ständeversammlung im Königreich Sachsen. Das Realschulwesen betreffend. — (Neustadt-Dresden [1845]: Heinrich.) 30 S. 8° **14.**
15.

— Unterrichtsplan für die höhere Bürgerschule zu Neustadt-Dresden entworfen und mit Anm. begleitet. — Dresden 1838: Blochmann. 61 S. 8° **14.**
15.

— Die Würde der Musik im griechischen Alterthume. — Dresden [usw.]: Arnold 1839. 119 S. 8° 1: Mus. Cb 207. **5. 10. 12:** Mus. Th. 341 d. **14. 17. 21. 28.**
15.

Beger, C.: Anwendung der Friedel-Crafts'schen Reaktion auf Thiophenoläther, s. Beger, Carl.

Beger, C.G.: Taschenbuch, Gemeinnütziges . . . , s. Beger, Chr. Glo.

Beger, C. L. s. *Beger,* Carl Ludwig.

Beger, Carl *Ludwig Friedrich* [aus Heidelberg]: Anwendung der Friedel-Crafts'schen Reaktion auf Thiophenoläther ... Heidelberg, Univ.-Buchdr. v. J. Hörning, 1895; 30 S., 1 Bl. 8.
Heidelberg, Naturw.-math. Fak., Inaug.-Diss. v. [25. Febr.] 1895

Beger, Carl Ludwig: Ueber die Allgemeine Versorgungsanstalt im Großherzogthum Baden und die mit ihr in Verbindung gesetzte Uebernahme von Depositen (müßigen Baarschaften.) — Karlsruhe: Groos 1835. 156 S. 8°
1: Si 2320. **12:** Cam. 216n. **16. 25.**

Beger, Carl Ludwig Friedrich, s. Beger, Carl

Beger, Chr. Glo., († d. 9. Nov. 1804.) gemeinnütz. Taschenbuch z. Gebr. f. Anfänger d. Handels- u. Wechselgeschäftskunde ꝛc. 8. Dresd. 804. (Ohne s. Namen). N. A. 810. Arnold. 12 *gr.*

Beger, C. G., gemeinnütziges Taschenbuch zum Gebrauch für Anfänger der Handels- u. Wechselgeschäftskunde, so wie für Capitalisten, m. e. nützl. Tabellen. 8. Dresd. Arnold. 808.

Beger, Eusebius:
Der Name d. Verfassers erscheint meist in d. Form Eusebius Begerus.
Conspectus Corporis iuris Romani, ad ordinem Institutionum systematice dispositi, accessionibus locorum parallelorum ex reliquis iuribus Imperii communibus aucti. Tubingae 1762: Erhard. 320 S. 8° **8.**

—— Francofurti [usw.] 1764: Knoch & Eslinger. 320 S. 8° **5. 10. 12:** J. vom. c. 26. **16. 21. 23. 24. 25. 30.**
15.

– s.a. Corpus juris civilis.

— Corpus juris civilis etc. III Tom. 4. maj. ibid. 766–68.

Beger, Eus.: Corpus jur. civ. reconcinn. in III. partes distrib. c. praef. H. Ch. de Senkenberg. (*Frcf.* u. *Lpz.*) 767—68. 4 Tom. gr. 4. (10 Thl.)

—— s.a. Codicis Justinianei.

Beger, Eus., illustration. codicis Iustinianei etc. 4. Ulm, Stettin. 767.

Beger, Euseb., († d. 10. April 1788.) **Specimen corporis juris civilis Romani universi ad ordinem titulorum, institutionum uniformem nova methodo commode redacti etc. 8. Reutling. 767. Neue Ausg. u. folg. Tit.: Conspectus corporis juris Romani ad ordinem institutionum systematice dispositi etc. 8. Frankf. et Leipz. 764.** (Schäfer). 9 *gr.*

Beger, Friedrich August s. *Beger,* August.

Beger, Georg David: Kirchengeschichtlich- und rechtliche Nachrichten, von dem Rural-Capitel in des Heil. Röm. Reichs-Stadt Reutlingen, zur Aufklärung der Begriffe von dem Rural-Capitelwesen in Deutschland und Schwaben überhaupt. — Lindau: Otto 1765. 8,152 S. 8°
1: Sh 7996. **2. 4. 5. 7. 10. 12:** 4° J. can. P. 110 [2 Ex.] **15. 16. 21. 23. 24. 25. 30.**
15.

— **Sendschreiben**, an S.T. Se. Wohlgebohren &c. Herr Regierungs-Rath, ... und Oberamtmann zu Tübingen, Lt. Hubern, womit ... dieselbe, nicht alleine wegen dieser ... Beförderung beglückwünschet, sondern auch gelegenheitlich von dem gantz in Vergessenheit gerathen gewesenen uralten Kirspel- und zulauffenden Gericht zu Möringen, Tübinger Ober-Amts, aus Archivalien benachrichtiget werden. — Reuttlingen [1762]: Fischer. 8 S. 8°
12:4° Diss. 3039-3. 17. 21. 24.
15.

Beger, H.: A d d i t a m e n t a in anatomen compar. arvicolae amphib. lac. et arvicolae arvalis lac., s. B e g e r, Hermann.

Beger, H.

Beger, Schönschreiber, s.a. **Vorlegeblätter**, kalligraphische.

Beger, H., der Schönschreiber in der deutschen, insbesondere der preuß. Bürger- und Volksschule. 1. Hft. enth.: Ein- u. zweizeilige deutsche u. engl. Vorschriften in Sprüchwörtern, sowie kleine Kinderbriefe u. Adressen. Langensalza (860.) Verlags-Comptoir. 4. (20 lith. Bl.) n. 10 *ngr.*

(B e g e r), kalligraphische Vorlegeblätter. 2. und 3. Heft. (40 Bl) 4° Langensalza

Beger, Heinrich: Cypressenzweig auf das frische, frühe Grab der Vier in der Nacht vom 14.-15. Juli 1859 auf höchst freche Weise ermordeten Bewohner des Schreiter'schen Hauses zu Wetzelsgrün, im sächs. Voigtlande. Auf mehrseitiges Verlangen diese schauderhafte Begebenheit durch ein Gedicht veranschaulicht allen Menschenfreunden gewidmet. — Dahlen: Verf. 1859. 8 S. 8° **14.**

— Der edelmüthige **Wandrer**, oder: Sie weinen Alle! Eine merkwürdige Begebenheit, geschehen bei Tokai in Ungarn 1857. — (Meißen: Cato [1857].) 4 Bl. 8° **14.**
15.

Beger, Herm., additamenta in anatomen comparatam arvicolae amphibii lac. et arvicolae arvalis lac. Dissert. inaug. Halle 867. (Berlin, Calvary & Co.) gr. 8. (47 S.)
n. 8 *ngr.*

Beger, Hermannus: Addidamenta [!] in anatomen comparatam Arvicolae amphibii Lac. et Arvicolae arvalis Lac. Halis (1867): Lipke. 44 S. 8°
Halle-Wittenberg, Phil. Diss. v. 8. Jan. 1867
Geb. Weissensee (Prov. Sachsen) 18. 11. 1840. V.
Im Buchhandel Halle (Berlin: Calvary) 1867. 47 S. 8° — Nachher (ohne die Praefatio S. III f.) deutsch u. d. T.: Zur vergleichenden Anatomie der Wasserratte und Feldmaus: Arvicola amphibius und arvalis Lac. In: Zeitschrift f. d. ges. Naturwissenschaften. Bd. 30. Berlin 1867. S. 145—84.

Beger, J.: Die K u r z s i c h t i g k e i t in ihrer Beziehung z. Lebens- u. Erziehungsweise. d. Gegenwart, s. B e g e r, Johann Heinrich.

Beger, J. C., Aufruf an Deutschlands Söhne. gr. 8. (8 S.) Neusalza 848, Oeser.

Beger, Jh. Hnr., das A u g e ..., s. B e g e r, Johann Heinrich.

Beger, Johann Georg: Umbständliche **Relation**, wie es mit der Reformatione der Stadt Reuttlingen, so wohl vorinn und nach dem Jahr M. D. XVII. eigentlich hergegangen ... Mit vielen uralten Original-Documentis ... bestättigt. (Verf.: Johann Georg Beger.) — [Reutlingen] 1717: Füsing. 352 S. 8°
1:Sh 8056. 2. 4. 6. 7. 18. 21. 24. 27. 102.
15.

(—) — Ebd. 1717. 374 S. 8° **●3. 12:**H. ref. 155m.
15.

[—] Bestgegründete rechtliche **Repraesentatio**, was es mit dem, von des (Tit.) Herrn Praelaten zu Zwyfalten Hoch-Würden, in dero zu Reuttlingen innhabendem Hof ... vor einigen Jahren, clancularié angelegten kleinen Capellin, und darinnen, contra Pacem Westphalicam eigenmächtig und heimlich errichteten Actibus religionis, für eine wahrgründliche Beschaffenheit habe ... Hrsg. in des Heil. Röm. Reichs-Freyer Stadt Reuttlingen. [Nebst] Beyl. [u.] Rechtliches Gutachten. — [Reutlingen] 1714. 4°
21. 24.
15.

Beger, Johann Heinrich: Das **Auge** von dem Standpunkte der Medicinal-Polizei betrachtet. — Heidelberg [usw.]: Groos 1836. VI,2,76 S. 8°
Aus: Zeitschrift für d. Ophthalmologie. 5. 1837.
4. 5. 14. 16. 25.
15.

— [Hrsg.] s. *Beger*, August: Lateinisch und Romanisch, besonders Französisch. 1863.

— [Hrsg.] s. *Beger*, August: Mein Leben und Wirken. 1860.

— Das **Blutauge** oder die Blutergiessungen in das Auge und seine Schutz- und Hilfsorgane nach Form und Wesen pathologisch-therapeutisch dargestellt u. durch d. pathologische Anatomie erl. Bevorwortet von F. A. v. Ammon. — (Brüssel & Leipzig: Muquardt 1843.) XVIII,148 S. 8° (Sammlung ophthalmologischer Preisschriften. 1.)
1:Km 510. **2. 7. 15. 16. 27. 29. 300:**18.037-B.
15.

—— die Kurzsichtigkeit in ihrer Beziehung z. Lebens- u. Erziehungsweise d. Gegenwart u. als Gegenstand der Staats- u. Sanitätspolizei dargest. Mit 1 Stnt., welche den Grundriß u. das Profil ein. Musterschule in gesundheitl. Bezieh. darstellt. gr. 8. (5 B.) Dresden u. Leipzig 845, Arnoldische Buchh.

Beger, Joh. Heinr. (Dresden), **De reactione traumatica iridis et anterioris capsulae parietis exper.** ill. Diss. ophthalm. Lpz. (F. A. Brockhaus) 22. III. 1833. 78 S. u. 2 Taf. Abbild. (G. Pfau sc.) (4.50) 1773
Gew.: Friedr. Aug. v. Ammon.

Beger, L. Examen dubiorum quorundam. Accedit coniectura in locum Lycophronis hactenus non satis dilucidatum. Berolini 1704. Fol.

Beger, Lorenz
Der Name d. Verfassers erscheint meist in d. Form Laurentius Begerus.

— **Alcestis** pro marito moriens, et vitae ab Hercule restituta. Ex manuscripto, quod inter Regio-Electoralia Brandenburgica asservatur, Pighiano, publici iuris fecit et dialogo illustravit L. Beger. — Coloniae Brandenb. 1703: Liebpert. 27 S. 4° **1:**1 in 4° Nw 4413; 2 in 4° Nx 10517 [u.] 3 in 2° Bibl. Diez 277. **2→5. 7→10. 12:**2° Arch. 38a/2. **14→18. 26. 30. 38. 300:**1 an 106.157-D. **302.**
15.

— [Hrsg.] s. *Bartoli*, Pietro Santi: Lucernae veterum sepulchrales iconicae [Le antiche Lucerne sepolcrali figurate, lat.] 1702.

Beger, Lor., contempl. gemmarum dactylioth. Gortaei. 4. Berl.

— **Hercules** ethnicorum ex variis antiquitatum reliquiis delineatus. Add. in fine modernis quibusdam eiusdem argumenti picturis. — [Berlin] 1705. 38 Taf. 2°
1:2° Nw 3411. **2. 4. 5. 7. 10. 11. 12:**2° Arch. 30. **14. 15. 18. 21. 23. 300:**45 N 16. **302.**
15.

— lucernae veter. **sepulchrales** iconicae. c. fig. Fol. Berl. 702.

Begerus, L. Lucernae veterum sepulcrales iconicae, ex Cavernis Romae subterraneis collectae, et a Petro Santi Bartoli, Cum Observationibus J. Petri Bellorii, ante decennium editae: Nunc ob Argumenti nobilitatem, et latius diffundendi eius usus gratia, ad Exemplar Romanum, Versis ex Italico in Latinum Observationibus, recusae. Coloniae Marchicae 1702. 4°.

— medaglioni regis Galliarum monarchiae c. fig. Fol. ib. 704.

— Numismatum [Numismata] modernorum Cimeliarchii Regio-Electoralis Brandenburgici sect. 1. — Coloniae Brandenb. 1703: Liebpert. 88 S. 4°
1. Numismata pontificum Romanorum, aliorumque ecclesiasticorum, rariora & elegantiora.
Sect. 1 erschien auch vollständig.
10.
15.

— — Sect. 1. Ebd. 1704. 88 S. 2°
Inhalt wie in d. Ausg. 1703.
1: 2° Pl 6100. 2→10. 15. 17. 18. 23→29.
15.

[—] Numismata moduli maximi vulgò medaigloni ex Cimeliarchio Ludovici XIV, Potentissimi Galliarum Monarchae, ad exemplar Parisiense servato et ordine numismatum et numero 41 tabellarum ... recusa. — Eleutheropoli 1704. 41 Taf. 2° 1: 2° Pi 794. 2. 3. 5. 7. 8. 10. 11. 12: 2° Num. ant. 58. 14. 18. 21. 25. 27. 29. 30.
15.

— numismata pontific. Rom. etc. c. fig. Fol. Berlin. 704.

— Numismata pontificum Romanorum, aliorumque ecclesiasticorum, rariora & elegantiora: Ex Cimeliarchio Regio-Electorali Brandenburgico, selecta, aereque expressa, & dialogo illustr. — Coloniae Brandenb. 1704: Liebpert. 88 S. 2°
Die Schrift ist e. selbständige Ausg. von Beger: Numismatum modernorum Cimeliarchii Regio-Electoralis Brandenburgici sect. 1. 1703.
6. 14. 24. 300: BE 11 E 29.
15.

Beger, Laurentius. Regum et imperatorum romanorum numismata aurea, argentea, aerea, a Romulo et C. Jul. Caesare usque ad Justinianum, cura et impensis Caroli Ducis Croyiaci et Arschotani olim congesta aerique a Biaeo incisa, post insigni auctario locupletata et Alberti Rubenii commentario illustrata, nunc recusa et denuo publicata, subiectis Begeri annotationibus. Coloniae Brandenburgicae 1700. 4°.

— De Nummis Cretensium serpentiferis disquisitio antiquaria, qua Cretensium ab Asia Asiaticorumque à serpentibus credita origo adstruitur: Indeque & numismatibus serpentiferis Antonii et Augusti, aliorumque sua lux affunditur. — Coloniae March. 1702: Liebpert. 35 S. 4°
1: 2° Pk 2950. 2. 5. 7. 8. 10. 12: 2° Arch. 38 a/1. 14→18. 21. 23. 24. 28→30. 38. 300: BE 11 K 27. 302.
15.

— Poenae infernales Ixionis, Sisyphi, Ocni et Danaidum, ex delineatione Pighiana desumtae, et dialogo illustr. — Coloniae March. 1703: Liebpert. 22 S. 4°
1: 4 in 4° Nx 10517 [u.] 2 in 2° Bibl. Diez 277. 2→10. 12: 2° A. lat. b. 601/2 [2 Ex.] 14→18. 26. 30. 38. 102. 300: 166.157-D. 302.
15.

— Colloquii quorundam de tribus primis Thesauri antiquitatum Graecarum voluminibus ad eorum authorem Relatio, amicô Dulodori [d.i. Lorenz Beger] calamô ... scripta & publ. — [Berlin] 1702. 31 S. 4°
1: 4 in 4° Nw 4413 [u.] 12 in 2° P 6569. 2. 7. 8. 10. 12: 2° Arch. 38 a. 14. 15. 16. 18. 23. 24. 27. 29. 30. 300: BE 10 D 8. 302.

— Thesaurus Brandenburgicus selectus: Sive gemmarum et numismatum Graecorum, in Cimeliarchio Electorali Brandenburgico, elegantiorum series, commentario illustr. Vol. [1-] 3. — Coloniae March.: Impensis Electoralibus 1696[-1701]: Liebpert [u.a.] 2°
1. 1696.
2. Thesauri Electoralis Brandenburgici continuatio: Sive numismatum Romanorum, quae in Cimeliarchio Electorali Brandenburgico asservantur, tam consularium quam imperatoriorum, series selecta, aere expressa, et commentario illustr. Coloniae March.: Impensis Electoralibus; Berolini [usw.]: Rudiger [in Komm.] [1698]: Liebpert.
3. Thesauri Regii et Electoralis Brandenburgici vol. 3: Continens antiquorum numismatum et gemmarum, quae Cime-liarchio Regio-Electorali Brandenburgico nuper accessere, rariora: Ut & suppellectilem antiquariam uberrimam. Coloniae March. [1701]: Liebpert.
1: 2° Nx 6363 [auch Vol. 1.2 = 2° Nx 6363 b-1.2; Vol. 2 = 2° Nx 6363 a-2]. 2→5. 7→11. 12: 2° Arch. 38. 14→18. 21. 23. 24. 26. 27→30. 38. 89. 300: 667-482-D; [auch Vol. 1.2 = BE 11 E 24.25]. 302.
15.

— Thesauri Regii et Electoralis Brandenburgici vol. 3. Coloniae March. [1701]: Liebpert. 472 S. 2°
3. Continens antiquorum numismatum et gemmarum, quae Cimeliarchio Regio-Electorali Brandenburgico nuper accessére, rariora: Ut & suppellectilem antiquariam uberrimam.
1: 2° Nx 6363 a-3 [u.] 2° Nx 6363 b-3. 6. 10. 14. 25. 300: BE 11 E 26.

— Ulysses Sirenes praetervectus, ex delineatione Pighiana, subiectis aliis quibusdam de Ulysse antiquitatibus, dialogo illustr. — Coloniae Brandenb. 1703: Liebpert. 24 S. 4°
1: 2 in 4° Nw 4413; 3 in 4° Nx 10517 [u.] 1 in 2° Bibl. Diez 277. 2→11. 12: 2° Arch. 38 a/3. 14→18. 23. 26. 30. 38. 102. 300: 2 an 166.157-D. 302.
15.

Beger, N. N. Historie der Stadt Reutlingen. Reutlingen 1717.

Beger, Theodor: Populäre Abhandlung über Wechsel. Für Geschäfts- u. Gewerbsleute, Oekonomen, sowie für Alle, die das Wechselwesen kennen lernen u. sich vor Schaden bewahren wollen. — Ulm: Ling 1865. 38 S. 8° 24.
15.

– Bittsteller für Gewerbetreibende, s.a.
Beger: Briefsteller...

Beger Th, Bittsteller für Gewerbetreibende. Stuttgart 1856

Beger, Thdr., deutsch-französischer Briefsteller für Handel u. Gewerbe, sowie f. Schulen. Hervorgerufen durch den Handelsvertrag mit Frankreich. Nebst Anleitung zur Behandlung der Schuldforderungen in Frankreich u. einer Vergleichung der Maaße u. Gewichte nach metrischem System. Tuttlingen 865. Kling. 8. (101 S. u. 1 Tab. in 4.) 12 ngr.

Beger, Thdr., Briefsteller für Gewerbetreibende. Sammlung von Briefen und Geschäftsaufsätzen aus dem Gewerbeleben mit Rücksichtnahme auf alle Gewerbe. Ein praktisches Lehrbuch für Gewerbe-, Fortbildungs- und Volksschulen. Stuttgart 856. Schaber. gr. 16. (XVI. 144 S.) 12 ngr.

Beger, Thdr., gewerbliche Buchführung. Ein Hilfsbuch für Lehrer zum Gebrauch an den Fortbildungs-, Real-, Gewerbe- und Winterabendschulen, und zum Selbstunterrichte für Gewerbetreibende mit den im Verkehrs- und Geschäftsleben gebräuchl. Formaten, sowohl bei den Geschäftsbüchern als bei den übrigen Scripturen. Fol. (VIII und 87 S.) Ravensburg 859, (Dorn'sche Buchh.)

—— gewerbl. Buchführg. Fol. (87) Ravensb. 59, Ulmer. n. 1. 10

—— industr. Buchführg m. Einem Geschäfts-Buche. 8. (77) Stuttg. 63. (Ravensb., Ulmer.) n. — 18

— Industrielle Buchführung mit einem Geschäfts-Buche nach ganz neuem Systeme für Fabrikanten und Gewerbetreibende. — Stuttgart: Verf. 1863. 77 S. 8° 24.
15.

—— industrielle Buchführung mit Einem Geschäfts-Buche nach ganz neuem Systeme für Fabrikanten und Gewerbetreibende. Lex.-8. (IV und 77 S.) Stuttgart 863. (Esslingen, Weychardt.)

— die Elemente des Fabrik- u. Gewerbebetriebs für Arbeitgeber u. Arbeiter, sowie für Lehrer an den Fortbildungs-, Gewerbe- u. Winter-Abendschulen. Reutlingen 865. (Stuttgart, Fischhaber.) gr. 8. (95 S.) 9 ngr.

— Die Elemente des Fabrik- und Gewerbebetriebs für Arbeitgeber und Arbeiter, sowie für Lehrer an den Fortbildungs-, Gewerbe- und Winter-Abendschulen. — Reutlingen: Schauwecker 1865. 95 S. 8° 24.
15.

—— Handbuch für Gewerbetreibende über die allgemeinen zum Betrieb eines jeden Geschäfts nothwendigen Kenntnisse, erläutert durch Beispiele aus dem Gewerbeleben und mannigfaltige Formulare. 8. (XI und 315 S.) Stuttgart 855, Neff.

— Der Handwerker. Ein praktisches Hülfsbuch mit gründlichen Erl. u. d. nöthigsten Formularien über alle dem Handwerker nothwendigen Kenntnisse im Geschäftsleben. — Reutlingen: Verf. 1851. VIII,88 S. 8° 24.
15.

—— 2., verm. u. verb. Aufl. Ebd. 1851. VIII,112 S. 8° O 24.
15.

—— 3., verm. u. verb. Aufl. Ebd. 1852. VIII,196 S. 8° O 24.
15.

—— 4., verm. u. verb. Aufl. Stuttgart: Metzler 1858. 183 S. 8° 24.
15.

—— 5., verm. u. verb. Aufl. Ebd. 1861. 192 S. 8° O24.
15.

Beger, Thdr., der Handwerker. Ein prakt. Hülfsbuch m. gründl. Erläuterungen u. den nöthigsten Formularien über alle dem Handwerker nothwend. Kenntnisse im Geschäftsleben. 3. verm. u. verb. Aufl. gr. 8. (VIII u. 181 S.) Reutlingen 852. Stuttgart, Mäcken in Comm. n. 1/3 ℛ

— Industrie-Geographie von Württemberg und Baden für Real-, Gewerbe-, Fortbildungs- u. Handels-Schulen bearb. Göppingen 861. (Stuttgart, Lindemann.) 8. (IV, 143 S.) 15 ngr.

— Industrie-Geographie von Württemberg und Baden für Real-, Gewerbe-, Fortbildungs- u. Handels-Schulen. Göppingen: Stoz 1861. IV,143 S. 8° 21. 24.
15.

— Industrie-Karte von Wurttemberg und Baden. fol Stuttgart 1861

— die Ordnung des Geschäftsbetriebs auf dem Papier, umfassend Geschäftsgründung, Geschäftsführung, Geschäftsabschluß. Gesammt-Ausg. für Vereine u. Schulen. Tuttlingen 866. Kling. 8. (588 S.) 1 ℛ 15 ngr.
Einzelausgaben für Bierbrauer u. Wirthe; für Bortenmacher; für Buchbinder u. Cartonnagearbeiter; für Drechsler u. Schirmmacher; für Färber; für Feuerarbeiter; für Gold- u. Silberarbeiter; für Groß- u. Klein-Uhrmacher; für Handschuhmacher; für Hutmacher; für Küfer u. Böttcher; für Maurer u. Steinhauer; für Metzger oder Fleischer; für Müller, Bäcker u. Mehlhändler; für Roth- u. Weißgerber; für Sattler- u. Tapezierer; für Schneider u. Kleiderhändler; für Schreiner u. Glaser; für Schuh- u. Stiefelmacher; für Seifensieder; für Tuchmacher rc.; für Zimmerleute u. Holzhändler, à 5 ngr.

— und J. G. Ebner, gewerbliches Rechenbuch. Eine Sammlung von Rechenaufgaben aus dem praktischen Leben des Handwerkers, für Volks-, Real-, Gewerb- u. Fortbildungsschulen, sowie zum Gebrauche bei Gesellen- und Meisterprüfungen. Reutlingen 857. Rupp u. Baur. 12. (VIII, 371 S. u. 6 Tab. in 4. u. Fol.) 24 ngr.

—— allgemeine Rohproductenkunde für Fabrik-Gewerbe und Hausindustrie. Zum Gebrauche für Gewerbe-, Real- und Fortbildungs-Schulen, sowie zum Selbstunterrichte bearb. br. 8. (461 S.) Ulm 864, Brodt.

—— Skizzen aus dem Gebiete der Industrie für Jung und Alt. 1—6. Lfg. 8. (S. 1—552.) Reutlingen 860. 61, Rupp und Baur. à Lfg. * 6 Ngr. *

—— dass. — 1. Heft. 2. Aufl. 8. (96 S.) Ebendas. 861. *

— Taschenbuch für Handwerker. — Ulm: Ling 1862. 476 S. 8° 12: Techn. 2003b. 24.
15.

—— Taschenb. f. Handwerker. 2. Afl. 8. (477) Essl. 63. (Stuttg., Kirn.) 1. 3

—— Taschenbuch für Handwerker. 2. Aufl. br. 8. (477 S.) Eßlingen 863, Weychardt. cart.

Begeri, Laurentius, s. Beger, Lorenz.

Begert, Jak., († .. Dec. 1772.) s. Nachricht von d. amerikan. Halbinsel Californien.

Begerus. — Begerus s. *Beger.*

Beggerow, Hans, aus Swinemünde a. d. Ostsee: Elektricitäts-Zerstreuung durch Verdampfung von Flüssigkeiten. *Freiburg i. B. 1901: Ch. Lehmann's Nachf.* (49 S.) 8°
Freiburg i. B., Phil. Diss. v. 1901

Beggrow, Ernst, Rigenser, Die fibrösen Geschwulste des Schadelgrundes. Diss. Dorpat. 8°. 92 pp. 1860

Beghmann, A.: Moderner Flagellantismus. Darstellung der Rutenliebhaberei in den Kulturländern von Europa und Amerika.
1. Bd.: „Amerikanischer Flagellantismus."
Wien 1909.
78 S., 8°

Begiebing, Heinrich: Die Jagd im Leben der salischen Kaiser. — Bonn: Hanstein 1905. VIII,111 S. 8°
Erschien teilweise auch als Diss. u. d. T.: Begiebing: Die königlichen Pfalzen als Jagdaufenthalte der salischen Kaiser. Bonn 1904.
1: Rx 17684. 4. 5. 12: Oecon. 215v. 14. 16. 24. 28. 29. 38. 300: 436.973-B.
15.

Begiebing, Heinrich, a. Kirchlinde i. Westf.: Die königlichen Pfalzen als Jagdaufenthalte der salischen Kaiser. Bonn: P. Hanstein 1904. (56 S.) 8° ¶ (Ersch. vollst. im gleichen Verlage u. d. T.: Die Jagd im Leben der salischen Kaiser.)
Bonn, Phil. Fak., Ref. Schulte, Diss. v. 14. Dez. 1904
[Geb. 12. Febr. 80 Kirchlinde, Westf.; Heimatsort: Kirchlinde; Staatsangeh.: Preußen; Vorbildung: Gymn. Paderborn Reife O. 00; Studium: München 1, Münster 2, Berlin 1, Bonn 5 S.; Rig. 27. Mai 04.]

Begleiter eines wahr. Christen in d. Einsamkeit. 8. Frkf. Gebhard. 765.

Bégin, Louis Jacques
Militärarzt, Président du Conseil de santé des armées, 1793-1859.

— s. Dupuytren, über Steinoperation, u. dess. über den Steinschnitt.

— [deutsch] Lehrbuch der praktischen Chirurgie. Deutsch bearb. u. mit Zusätzen verm. von A. Neurohr. Mit e. Vorw. von J. F. Dieffenbach. Th. 1.2. — Berlin: Voss 1839. 8° 1: Ig 5382. 2. 3. 5. 7. 8. 11. 12: Chir. 17f. 15. 20. 25. 38M.
15.

Beginn. Vor B' der Schule. Dramatische Szenen. M[uralt], L[ily] v[on].

Der Beginn der neuen Zeit in der Pfalz. — Kirchheimbolanden: Thieme 1909. 31 S. 8° (Vaterländische Schülerfeste an d. Realanstalt am Donnersberg. 7.)
1: Ne 8852-7. 101.
15.

Beginnen. — Entsetzlich- und erstaunendes Beginnen, so am 4. April insonderheit, und einigen Tagen vorhero von 18. Studenten zu Halla in dem vorn Thore gelegenen so genannten Grünen Hofe, sammt dem Wirthe darinnen, schändlich ausgeübet worden. — o.O.1716. 2 Bl. 8° 14. 15.

Begivenhed

[dän.] En gruelig Begivenhed, som har tildraget sig mellem et Brudepar i Spanien i Sommeren 1865. — Hamborg [1866]: Kahlbrock. 4 Bl. 8° 18.

Beglarian, M. M. Über den Diabetes mellitus im Kindesalter. Mit Tab. In-8°. 34 S. Zürich. These. 1895 ?

Beglarian, Margarit Melik

Beglarian, Frl. Dr. med. Marg. Melit., Bericht über die gymnasiale Mädchenschule. --

»Jahresber. d. Vereins f. erweiterte Frauenbildung in Wien. Beilagen.« Wien 1894/95. Bermann u. Altmann. —.60

Beglarian, Frl. Margarit Melik, d. Stellung d. armen. Frau u ihrer mahomedan. Nachbarin, s.a. Jahresbericht d. Vereins f. erweit. Frauenbildung in Wien.

-- Die Stellung der armenischen Frau und ihrer mohammedan. Nachbarin. Vortrag. (40 S. m. 1 Bilde.) Ebd. 1896. Bermann u. Altmann.

Beglaubigung, Dogmatisch-philosophische, der Grundideen der evangelischen Geschichte ... Riga 1852. V: *Muralt*, *Eduard v.* (Cat. d. Stadtbibl. Zürich. Zürich 1864—97.)

Beglaubigung der Hefnerlampe. Berlin 1893

Beglaubigungsschreiben. — Sr. allerhöchst-Römisch-kaiserl. Majestät Beglaubigungsschreiben an die hochlöbliche allgemeine Reichsversammlung für des höchstansehnlichenKaiserlichenPrincipal-Commissarii, HerrnKarlAlexander, des Heil. Röm. Reichs Fürsten zu Thurn und Taxis &c. Hochfürstl. Gnaden. De dato Wien d. 23. März 1797. Regensburg [1797]: Neubauer. 2 Bl. 2° 12:2° J. publ. G. 475-11. 15.

Dictatum Ratisbonae, die 27.Oct.1790. per Moguntinum. Sr.allerhöchst-Römisch-kaiserl. Majestät Beglaubigungsschreiben an die Hochlöbliche allgemeine Reichsversammlung für des höchstansehnlichen Kaiserlichen Principal-Commissarii, Herrn Karl Anselms, des Heil. Röm. Reichs Fürsten zu Thurn und Taxis &c. Hochfürstl. Gnaden. De dato Frankfurt d. 10.Okt.1790. — Regensburg [1790]: Neubauer. 2 Bl. 2° 12:2° J. publ. G. 472-41. 14. 29. 15.

Sr.allerhöchst-Römisch-kaiserl. Majestät Beglaubigungsschreiben an die Hochlöbliche allgemeine Reichsversammlung für des höchstansehnlichen Kaiserlichen Principal-Commissarii Herrn Karl Anselms, des Heil. Röm. Reichs Fürsten zu Thurn und Taxis &c. Hochfürstl. Gnaden. De dato Frankfurt d. 15.Julius 1792. — Regensburg [1792]: Neubauer. 2 Bl. 2° 12:2° J. publ. G. 473-28. 15.

Dictatum Ratisbonae, die 21.Maii 1792. per Moguntinum. Der hohen des Heil. Röm. Reichs dieser Zeit Vikarien Beglaubigungsschreiben an die Hochlöbliche allgemeine Reichsversammlung für des Hochansehnlichen Vikariats-Prinzipal-Kommissarius Herrn Joseph Konrad, Bischofen zu Freysing und Regensburg ... Hochfürstliche Gnaden. De dato München d.13.May u. Dresßden den 20.April 1792. — Regensburg [1792]: Neubauer. 6 S. 2° 12:2° J. publ. G. 457-33 [2 Ex.] 14. 15.

Begleitbericht des aargauischen Regierungsrathes zum Decretsentwurf betreffend Verwendung der aufgehobenen Klosterstifte. Gr. in-8°, 12 S. Aarau, Sauerländer. 1883 ?

Begleite mich! oder Wanderungen durch Europa's Hauptstädte. Erzählung für Kinder von 8—14 Jahren, von einem Jugendfreunde. Mit 1 Ansicht von Breslau, u. 1 Karte von Europa. 12. Brieg 840, Wollmann. 3/4 ℔

Begleiter der Bibel. Bestimmt für Bibelklassen, Bibelvereine u. Familien, besond. für d. Jugend im Allgemeinen. Aus d. Engl. übers. v. Auguste Teschner. 8. (28¾ B.) Nürnberg 842. (Raw'sche Buchh.) *

— der, auf der Bonn-Cölner Eisenbahn, nebst einer Karte der Eisenbahn. 12. Bonn 844, Henry u. Cohen. 1/4 ℔

Begleiter des Christen. Gebet- u. Andachtsbuch, enthaltend alle Gebete u. Andachten, deren e. frommer Christ bedarf. 3.Aufl. — Kevelaer: Thum [um 1895]. 331 S. 8° 1:Er 16145³. 15.

Begleiter des Christen. Gebet- u. Andachtsbuch, enth. alle Gebete u. Andachten, deren e. frommer Christ bedarf. 4. Aufl. 32. (316 S. m. Titelbild.) Kevelaer (900). J. Thum. Geb. in Ldr. m. Goldschn. 2.—

— 4.Aufl. Ebd. 1901. 316 S. 8° 1:Er 16145⁴. 5. 15.

Begleiter, der, f. junge Damen u. Herren bei ihrem Eintritte in das gesellschaftliche Leben. Ein Rathgeber, um sich f. alle Vorkommnisse d. gesellschaftl. Lebens den sogenannten „guten Ton" aneignen u. beliebt machen zu können. 8. (136 S.) Wien 892. (Leipzig, Literar. Anstalt, Aug. Schulze.) n. —80

Der Begleiter auf der Eisenbahn. (2.Aufl.) — Barmen: Biermann 1866. 16 S. 8° ([Schriften der] Wupperthaler Traktat-Gesellschaft. 404.) 1:Cv 52040-404. 15.

Der Begleiter auf der Berlin-Stettiner Eisenbahn. — Stettin (1842): Dombrowsky. 35 S. 8° 1:Nz 33205/10. 15.

Begleiter auf der Hamburg-Bergedorfer Eisenbahn. Nach authentischen Quellen. Ausgegeben im Juni 1842. — Hamburg: Meißner (1842). 43 S. 8° 1:Nz 33205. 18. 89. 302. 15.

— 2., mit e. Anh. verm. Ausg. April 1843. Ebd. (1843). 46 S. 8° 8. 89. 15.

Begleiter. Der B' auf den Eisenbahnen und Dampfschiffen durch die Schweiz. oder Beschreibung aller an den schweizerischen Eisenbahnen und Seeufern gelegenen Ortschaften, Burgen u. Schlösser. der hauptsächlichsten Kurorte etc. Mit einem Eisenbahnkärtchen. nebst Münz- und Massreduktionstabelle und Eisenbahntarif. 8. Bern 1864.

Begleiter bei der Fahrt zur feierlichen Eröffnung des neuen Bahnhofes zu München, dann der Ludwigs-Süd-Nord-Bahn von Augsburg bis Hof am 30.Sept.1849. — o. O. ([1849]: Rösl). 4 Bl. 8° 12:Bavar. 216 k. 15.

Begleiter zu den landschaftl. Freskogemälden unter den Arkaden des Königl. Hofgartens in München, welche auf Befehl Sr. Maj. d. Königs Ludwigs v. Baiern von Karl Rottmann im J. 1830 begonnen u. im J. 1834 vollendet wurden. Von G. H. 16. München 834. Franz. 5/12 ℔

Getreuer Begleiter durch das Meißner Elbhochland oder die sächsische Schweiz. — (Schandau [um 1860]: Legler & Zeuner.) 24 S. 8° 1:Sr 10763/15. 15.

Der Begleiter auf der Havel- und Elbfahrt von Potsdam nach Hamburg und Helgoland. — Potsdam: Horvath 1846. 31 S. 8°
1:S 13833. 18. 302.
15.

— der, der Jugend auf ländlichen Spaziergängen, (v. Ferd. Renner). 2 Bdchn. Pirna 803.

Der kleine Begleiter auf der Elbfahrt von Magdeburg nach Hamburg und Helgoland. — Magdeburg: Heinrichshofen 1839. 20 S. 8°
1:S 13824 [u.] Kart. 8° L 15960. 3. 18.
15.

Des Kriegers Begleiter. Eine Mitgabe für Caserne u. Lager. 7. Aufl. — Bremen: Verl. d. Tractathauses 1870. 95 S. 8°
30.
15.

Begleiter zu sämtlichen deutschen Kurorten. (In russ. Sprache.) Red. v. A. B. Lewin. Serie Nr. 1—3. 8. Wiesbaden. (Berlin, Bühnen- u. Buch-Verlag russ. Autoren, J. Ladyschnikow.) à 1. 20
1. „Wiesbaden". Mit Beilage e. russ. Kalenders, Planes der Stadt, sowie Abbildgn. Hrsg. m. Genehmigg. der städt. Kurverwaltg. (60 S.) (907.)
2. „Süd-Tirol". Meran, Gries-Bozen, Arco. Mit Beilage e. russ. Kalenders, Planes der Stadt, sowie Abbild. (59 S.) (907.)
3. Bad Homburg vor der Höhe. Mit Beilage e. russ. Kalenders, Abbildgn., sowie Planes der Umgegend. Hrsg. im Auftrage der städt. Kur- u. Badeverwaltg. (60 S.) (908.)

Der Begleiter durch's Leben. Eine Sammlung interessanter Erzählungen u. Gedichte nebst Lebensbeschreibungen berühmter Männer. Im Interesse d. Louisen-Kinder-Heil-Anstalt Große Frankfurter Straße 41 hrsg. — Berlin: Selbstverl. [um 1850]. 336 S. 8°
5.
15.

Begleiter durch das Leben. 2. Aufl. Carlsruhe 867. Creuzbauer. gr. 8. (192 S. u. 29 Lithogr. in Ton- u. Farbendr.) geb. n. 7 ₰ 18 ngr; Lederb. m. G. n. 8 ₰

Begleiter, mein. Sammlung der gewöhnlichsten Gebete zum Gebrauche f. kathol. Christen. 24. (124 S. m. Titelbild.) Regensburg 890. Pustet. n. — 40

— mein. Sammlung der gewöhnlichsten Gebete zum Gebrauche f. kathol. Christen. 2., verb. Aufl. 16. (160 S. m. Titelbild.) Regensburg 893. F. Pustet. n. — 40;
geb. in Chagrin n. 1. —

Begleiter, mein. Taschengebetbüchl. f. Katholiken. Eine Sammlg. alter kern. Gebete. 32. (256 S. m. 1 Stahlst.) Einsiedeln 896. Verlagsanstalt Benziger & Co.
Geb. in Leinw. n. — 60; feine Ausg., geb. in Ldr. m. Goldschn. n. 1. 35; geb. in Kalbldr. m. Goldschn. n. 2. 20

— mein. Sammlung der gewöhnlichsten Gebete f. kathol. Christen. 3. Aufl. 16. (160 S. m. Titelbild.) Regensburg 899. F. Pustet. n. — 40;
geb. in Ldr. m. Goldschn. n. 1. —

Mein Begleiter. Taschengebetbüchlein f. Katholiken. Eine Sammlung alter kerniger Gebete. *Einsiedeln, Köln: Benziger & Co. [um 1902].* (256 S.) 8° [J.] [illegible]

Begleiter, mein. Sammlung der gewöhnlichsten Gebete f. kathol. Christen. 4. Aufl. (160 S. m. Abbildgn.) 16. Regensburg 905. F. Pustet. n. — 40;
geb. in Ldr. m. Goldschn. n. 1. —

— mein. Sammlung der gewöhnlichsten Gebete zum Gebrauche f. kath. Christen. 5. Aufl. (168 S. mit Titelbild.) 16. Regensburg 910. F. Pustet. — 40;
geb. in Ldr. m. Goldschn. 1. —

Begleiter, Mein. Sammlg d. gewöhnlichsten Gebete f. kathol. Christen. 6. Afl. v. Frz Brehm. (176 m. Abb.) 12×7,6 cm. Regensbg, F Pustet '13. — 40; Ldr 1 — d

Begleiter, mein, durch d. Schuljahr 1911/12. Taschenbuch f. Schüler u. Schülerinnen der sächs. Volksschulen. 2. Jahrg. Hrsg. im Auftrage des Zentral-Ausschusses f. Ferienwandergn. der Volksschuljugend im Königreich Sachsen v. Art. Vieweg. Mit 1 Übersichts-Karte von Sachsen u. Thüringen. (80 S. m. Abbildgn u. eingedr. Karten.) kl. 8. Dresden, C. C. Meinhold & Söhne. — 20
In Ausg. f. Chemnitz, Dresden u. Leipzig.

— Mein, durch d. Schulj.: '13/14. Taschenb. f. Schüler u. Schülerinnen d. sächs. Volkssch. 4. J. Hrsg. v. Art. Vieweg. (84 m. Abb. u. 1 farb. Kte.) kl8° Dresd., CC Meinhold & S. — 20
In Ausg. f. Chemnitz, Dresden u. Leipzig.

Begleiter, ein, auf den bayerischen Ost-Bahnen von einem Bediensteten derselben. München 862. Franz. 16. (50 S.) 2 *ngr.*

— der, auf der Reise in Deutschland. Oder beschreibendes Verzeichniß von Gasthöfen erster u. anderer Klassen, Bäder ꝛc. in Deutschland u. einigen Nachbarstaaten. In alphab. Ordnung der Ortsnamen u. Schilde. Nebst interessanten, unterhaltenden u. belehrenden Abhandll. u. kürzern Aufsätzen. Ein Hülfsbuch für Reisende. Mit 28) lithogr. Abbildd. von Gasthöfen ꝛc. gr. 8. Heidelberg 837. Engelmann. n. $2^2/_3$ *ngr*

Der Begleiter auf der Reise von Mainz bis Köln. — Frankfurt a. M.: Wilmans 1825. 14. S. 8° (Delkeskamp, Friedrich Wilhelm: Panorama d. Rheins. Text.)
1: Kart. 8° L 17411. 6. 10.

Begleiter auf Reisen ꝛc., s. W. J. Heinen.

— der religiöse. Gebetbuch für katholische Christen. Herausg. von einem Geistlichen der Diöcese Augsburg. Augsburg 860. Doll. 16. (X, 146 S. u. 1 Stahlst.) 6 *ngr.*

Begleiter, der religiöse. Gebetbuch für kathol. Christen. Hrsg. von einem Geistlichen der Diöcese Augsburg. 2. Aufl. 16. (X, 146 S. mit 1 Stahlst.) München 872, Stahl.

Begleiter, der religiöse. Gebetbuch für kathol. Christen. Hrsg. von einem ehemal. Geistlichen der Diöcese Augsburg. 3. Aufl. 16. (VIII, 142 S. mit 1 Stahlst.) München 887, Stahl sen. *

Des Reservisten Begleiter in die Heimath. Ein Rathgeber für d. bürgerliche Leben. Hrsg. von d. Verein Concordia. — Mainz [um 1895]: Prickarts. 32 S. 8°
12: Mil. g. 337 n. 20.
15.

Der Begleiter auf der Rheinreise stromaufwärts aus Holland, über Cöln nach Mainz. Guide pour le voyage du Rhin ... — (Frankfurt a. M.: Wilmans 1830.) 40 S. 8° (Rosenkranz, Heinrich: Panorama d. Rheins. Text.)
Text deutsch u. französisch. 1: an S 14673. 24.

Der Begleiter auf der Rheinreise von Mainz bis Cöln. Um 1830 s.a.
Begleiter, Der, auf der Reise von Mainz bis Köln.

Der Begleiter auf der Rheinreise von Mainz bis Cöln. Guide pour le voyage du Rhin ... — [Frankfurt a. M.: Wilmans um 1830.] 36 S. 8° (Delkeskamp, Friedrich Wilhelm: Panorama d. Rheins. Text.)
Text deutsch u. französisch. 26.
15.

Der Tugend theils angenehme, theils unangenehme Begleitere oder Gefährten, bey höchst-erwünschter Anwesenheit des Durchleuchtigsten Fürsten und Herrn, Herrn Heinrichs, Hertzogs zu Sachsen ... in nachgesetzten musicalischen Gespräch bey hoch-fürstl. Tafel abgesungen vorgestellet. — Gotha [1701]: Reyher. 6 Bl. 4°
1: 41 in 4° Mus. T 9.
15.

— der, auf dem Tugendwege. Zur Belehr. u. Erbauung frommer Seelen. 12. Wien 830. Haas. 8 *gr*

— der, auf d. Tugendwege. Zur Belehrung u. Erbauung für fromme Seelen. 2e, mit Meßgebeten u. 1 Titelkpfr. verm. Aufl. gr. 12. Wien 833, Haas. 1/3 ₰

Unentbehrlicher Begleiter für Eisenbahnreisende auf König Christian VIII. Ostseebahn zwischen Altona und Kiel. — Altona 1844: Esch. 71 S. 8°
Nebent.: König Christian VIII. Ostseebahn. Feierlich eröffnet am 18. Septb. 1844.
1:Nz 33257. 7. 8. 302.

—— unentbehrlicher, für Eisenbahnreisende auf König Christian VIII. Ostseebahn zwischen Altona u. Kiel. Mit Karte u. Ansichten d. Bahnhöfe in Altona u. Kiel u. d. geneigten Ebene bei Altona. 18. (2 B.) Altona 844. (Wendeborn.) **

—— auf dem schmalen Wege. Herzensklänge in Lob und Dank, in Schmerz und Leid. 12. (238 S.) Barmen 860, (Bertelsmann.) *

Begleiter auf dem schmalen Wege. Herzensklänge in Lob u. Dank, in Schmerz u. Leid. — Barmen: Steinhaus [usw.] 1860. 238 S. 8° 5.
15.

—— auf d. schmalen Wege. 12. (238) Gütersl. 60, Bertelsmann. n. — 5

Begleiterscheinungen bei Streiks im Jahre 1905, zusammengestellt vom Sekretariat des Schweizerischen Gewerbevereins (Geschäftskreis: Allg. Gewerbewesen). Separatabdruck aus der »Schweiz. Gewerbe-Zeitung« [Jahrg. 23, 1906]. II + 56 S. 8. Bern, Haller, [1906].

Begleitheft f. den Unterricht im Musterschnitt in den Kursen der Landes-Frauenarbeitsschule zu Dessau. gr. 8. (VIII, 32 S.) Dessau 894. P. Baumann. Kart. n. — 50

Begleitpapiere zu Ausfuhr-Sendgn (Zollinhaltserklärgn, Frachtbriefe, Paketadressen, Ursprgszeugn., Konsulatsfakturen, Viehpässe usw.). Zusammengestellt v. Verkehrsbureau d. Handelskammer zu Berlin. Nach d. Stande v. 1.1.'11. (319 u. 42) Lex8° Berl. (N.W. 7, Universitätsstr. 3b), Verkehrsbureau d. Handelskammer '11. † 4 —

— dass. Nachtrag I—III. 28,5×22 cm. Ebd. † 1.75
I. Die in d. Zeit v. 1. 1.—1. 7. '11 bekannt gewordenen Ändergn u. Ergänzgn. (60 Bl. m. 2 Tab. u. 4 Taf.) '11. † — 75 ‖ II. Dass. v. 1. 7.—31. 12. '11. (27 Bl. m. 1 Tab.) '12. † — 50 ‖ III. Dass. v. 1. 1.—30. 9. '12. (24 Bl. m. 2 Taf.) '12. † — 50

Begleitscheinregulativ. — Begleitschein-Regulativ. (Berlin, d. 25. Nov. 1839.) — (Berlin 1839: [Decker].) 48 S. 4°
1:7 in 2° An 8630-31.
15.

—— [Ausz.] Auszug aus dem Begleitschein-Regulativ vom 25. Nov. 1839. (Berlin, d. 22. Febr. 1840.) — Ebd. (1840). 12 S. 4° 1:9 in 2° An 8630-31.
15.

Begleitschein-Regulativ. (Berlin, d. 20. Aug. 1867.) [Nebst] Anh. — (Kiel [1867]: Jensen.) 4° 8.
15.

Begleitschein-Regulativ. Fol. (58 S.) Berlin 870, v. Decker'sche Geh. Ober-Hofbuchdr.

Begleitschein-Regulativ vom 5. Juli 1888. gr. 4. (53 S.) Berlin 888, C. Heymanns Verlag. **

Begleitschein-Regulativ vom 5. Juli 1888. 2. Aufl. — Berlin: Heymann 1889. 53 S. 4° 1:Gz 12419².
15.

Begleitschreiben der schweiz. Rentenanstalt an ihre Versicherten. 10. Sept. 1879. 4.

Begleitschreiben zu dem Bilde: Stammbaum der Schweizerischen Eidgenossenschaft. Luzern 1869 s. [Brunner, Joseph].

Begleitschrift. — Begleitschrift zu L. Deichmann's Astronomisches Chronometer. (Patent in fast allen Ländern.) Cassel: Deichmann 1888. 16 S. 8° 4.
15.

Begleitschrift zu der Petition des Bundes Deutscher Frauenvereine an die deutschen Regierungen, betreffend die Aufnahme von Mädchen in die höheren und mittleren Knabenschulen. Im Auftr. d. Bundes zsgest. — Frankenberg (Sachsen): Reisel 1905. 42 S. 8° (Schriften d. Bundes Deutscher Frauenvereine. 7.) 28.
15.

Begleitschrift zu G. Coordes Planetolabium. — Kassel: Deichmann 1880. 16 S. 8° 4.
15.

Begleitung. — Glückwündschende Begleitung, als die Durchlauchtigsten Printzen und Herren, Hr. Friedrich und Hr. Wilhelm Gebrüdere Hertzoge zu Sachsen, Jülich, Cleve und Berg ... d. 27. Mai. A. C. 1718. ihre Reise in fremde Lande glücklich angetreten ... In e. Cantata vorgestellet vom Choro musico des altenburgischen Gymnasii Fridericiani. — Altenburg [1718]: Richter. 2 Bl. 4°
1:4° Yk 2681.
15.

Begleitungsmemorial. — An eine Hoch-löbliche Allgemeine Reichs-Versammlung gehorsamstes Begleitungs-Memorial und Bitte unser Burgermeistern und Rath der kayserlichen und Reichs-Stadt Franckfurt am Mayn. Das von unsern reformirten Burgern und Schutz-Angehörigen bey dem Höchstpreislichen Kayserlichen Reichs-Hof-Rath widerrechtlich nachgesuchte Exercitium religionis reformatae publicum binnen denen Ring-Mauern der Stadt Franckfurt, und in specie den deßfalls fürgewesenen, aber nicht zum Stand gekommenen gütlichen Vergleich, betr. o.O. [1748]. 38 S. 4° 4. 14. 16. 17. 24. 30.
15.

Begleitungsmemoriale

An eine Hochlöbliche und Höchstansehenliche Allgemeine Reichs-Versammlung zu Regenspurg, gantz unterthänig- und gehorsames Begleitungs-Memoriale: Zu denen - von einem Hochfürstlichen Creyß-ausschreib-Ambt in Schwaben erhaltenen - auch hiebey kommenden Testimonialien, Burgermeisteren und Raths der Reichs-Stadt Kauffbeuren, die Ringerung deroselben alten Cammer-Matricular-Anschlags von jeglichem Ziehl à 25. bis auf 8½ Rthlr. betr. — o.O. [1721]. 2 Bl. 4°
1:156 in 4° Gw 12525-1.
15.

An die Höchst- und Hochlöbl. allgemeine Reichs-Versammlung zu Regenspurg, unterthäniges Begleitungs-Memoriale mit denen creyß-ausschreib-amtlichen Testimonialien, pro obtinendâ moderatione matriculae cameralis, tàm de praeterito, quam in futurum. Burggrafens, Burgermeisters, und Raths des Heil. Röm. Reichs Stadt Friedberg in der Wetterau. — o.O. [1722]. 2 Bl. 4°
1:72 in 4° Gw 12525-1.
15.

Begleitwort. — Begleitwort zu der zwölften Auflage der Auserlesenen biblischen Historien für evangelische Schulen. — Gütersloh: Bertelsmann 1880. 52 S. 8° 1:4 in Bh 2. 6.
15.

Begleitwort zum Liederbuch für die Volksschule hrsg. von praktischen Schulmännern d. Kreises Essen. (Mitarb.: Stennes.) — Essen: Bädeker 1883. 154 S. 8°
1:Mus. E 2602.
15.

Begleitwort zu der im Verlage von W. Crüwell in Dortmund erschienenen Normalwörter-Fibel. 1. und 2. Aufl. gr. 8. (34 S.) Dortmund 886.88, Crüwell's Verlag. *

Begleitwort zu der im Verlage v. W. Crüwell in Dortmund erschienenen Normalwörter-Fibel. 3. Aufl. gr. 8. (34 S.) Dortm. 890, Crüwell's Verlag. * — 50

—— dass. — 4. verm. Aufl. gr. 8. (41 S.) Ebd. 891. * — 60

Begleitwort zur Relief-Karte von Tirol und Vorarlberg im Garten der k. k. Lehrer- und Lehrerinnenbildungs-Anstalt in Innsbruck ... Innsbruck 1900. V: *Schuler, Johann.* (margr)

—— zu der neuen Ausgabe der im Auftrage d. königl. Provinzial-Schulkollegiums zu Münster hrsg., im Verlage v. W. Crüwell in Dortmund erschienenen Schreiblese-Fibel. gr. 8. (39 S.) Ebd. 891. * — 60

Vgl.: Fibel.

Begleitwort zum Schreibleseschüler nebst Gedanken üb. den Schreibleseunterricht überhaupt. Hrsg. v. Mitgliedern der Fibelkommission. (III, 47 S.) gr. 8. Cöthen 908. P. Schettler's Erben. n. 1. 50

Begleitwort zu den Wandbildern österreichischer Denkmäler. 8°. (ill. 23 S.) Wien: Pichler 1907. K —.60

Begleitworte. — Begleitworte zu der Ausstellung von Feldbereinigungs- und Meliorationsplanen durch die K. württ. Zentralstelle für die Landwirtschaft anläßlich der Wanderausstellung der Deutschen Landwirtschaftsgesellschaft in Stuttgart 1896. — Stuttgart [1896]: Kohlhammer. 13 S. 8° **24.**
15.

Begleitworte zu dem beifolgenden, im Atelier von Eberhard Schreiber in Stuttgart durch Lichtdruck vervielfältigten Briefe Luthers an den Magistrat zu Eßlingen. 1. Wortlaut von Luthers Brief. 2. Geschichtliche Bemerkungen über d. nächste Veranlassung zu Luthers Brief, sowie Schreiben d. Rats von Eßlingen, dem Luthers Brief zur Antwort dient. — Eßlingen 1891: Schreiber. 2 Bl., 1 Bl. 4° **14.**
15.

Beglinger, Johann

Beglinger, Joh., die Einheit des Weltalls oder neue Theorie der kosmischen Erscheinungen. Für alle Freunde der Naturwissenschaft populär dargestellt. 1. Thl. Zürich 863. Meyer & Zeller. 8. (IV, 48 S.) n. 8 *ngr.*

Beglinger, Johann: Das Weltgesetz oder neue Theorie der allgemeinen Schwere. — Zürich: Meyer & Zeller in Comm. 1885. 494 S. 8°
1: Mv 8853. 12: Phys. sp. 47 t. **15. 17. 27. 302.**
15.

Beglinger, Werner, von Mollis ([Kt.] Glarus): Das innere Wärmeleitungsvermögen verschiedener Eisensorten. (S.A. aus: Verhandlungen des Vereins z. Beförderung des Gewerbfleisses, Jg. 1896, S. 33—61; Titel: Das Wärmeleitungsvermögen von Stahl u. Eisen). Berl. L. Simion Dr. 1896. 33 S. 4°.
Zürich, Phil. Diss. [v. 26. Mai 1896].

Beglueckwuenschungsschrift. — Zur Jubelfeier des hundertjährigen Bestehens der Dr. Joh. Christian Senckenbergischen Stiftung am 18. August 1863. Beglückwünschungsschrift des Frankfurter Physikalischen Vereins. Mit Abhandlungen chemischen u. physikalischen Inhalts ... von Böttger u. Oppel. (Frankfurt a.M. [1863]: Naumann.) 23 S. 4° 1: 4° Lb 4960 [u.] 5 in 4° Ib 13040.
2. 7. 15. 17. 25. 26. 28. 30. 90.
15.

Begna del Castello di Benkovich, **Alfred** Cte: Geschichte des Wiener K.K. Militär-Invaliden-Hauses. — Wien 1886. 72 S. 8° (Organ der militär-wissenschaftlichen Vereine. 33,1, Separat-Beil.
1: Hu 2890-33,1, Separat-Beil. **300**: 397.950-B. **33. 302.**
15.

Begnadelli, Fra. Ant., Biblioth. Iuris canonico-civilis. IV Tomi. Fol. Augsb. Wolf. 712.

Die Begnadigung Napoleons, welche er im Beichtstuhle zu Paris erhalten. (Beschluß.) — o.O. 1814. 2 Bl. 8°
Anfang s. Beichte Napoleons in Paris. 1814.
1: 7 in Yn 880.
15.

Begnadigungsgesuch ... in Sachen Robert Halter von Mellingen. Zürich 1895. V: *Meili, Frdr.* (Cat. d. Stadtbibl. Zürich. Zürich 1864—97.)

Begnadigungsrecht, das. Altes u. Neues aus Leben u. Reichstag. Vom Verf. der Schrift „Die Aufgaben des Verteidigers". 8. (29 S.) Berlin 902. H. Bermühler. n. — 50

Begnadigungsrecht, üb. d., d. Regenten u. d. richterl. Ausspruch. 8. Jena 802. (Schmid). 6 gl.

Begnadigungsrecht, üb. d., der Regent. u. d. richterl. Ausspruch. Zwei Vers. v. S. 8. Jena, Stahl. 802.

Begnadung, Herrn Wilhalms. [Wien 156?.] V: *Herberstein, Sigm. Freih. v.* (JoanStyrA)

Begnudelli Basso, **Francesco Antonio:** Bibliotheca iuris canonico-civilis practica, seu repertorium quaestionum magis practicarum in utroque iure ... concinnatum labore ac operâ Francisci Antonii Begnudellii Bassi. T. 1-4. — Frisingae: Bencard 1712. 4°
2. 6. 12: 2° Jur. is. 5. **16. 21. 24. 25. 30. 38. 302.**
15.

—— Ed. novissima, auct. et em. T. 1-4. Coloniae Allobr.: de Tournes 1747. 2° 1: 2° Fk 2165. **18.**
15.

Begnudellius Bassus, **Franciscus Antonius**
s. *Begnudelli* Basso, Francesco Antonio.

Begodt, O., De oratione κατ Ανδοκιδου quae sexta inter Lysianas fertur. Diss. 1914. 52 S.

Begontina, Jo. Maria, Diss. de hydrophobia. Vienn. 8°.
1768 ?

Begorn u. Olwan. Bericht üb. 2 Untersuchungsreisen als Vorbereitung f. die Asante-Mission. 8. (32 S.) Basel 875. Missionsbuchh. n. — 15

Begovitsch, Milan, s.: Xeres de la Maraja.

Begräbnis ..., s.a. Begräbniss ...

Begräbnis ..., s.a. Begräbnüss ...

Begräbnis, Das, und die Auferstehung des Messias ... Frankfurt und Leipz. 1775. V: *Bodmer, Johann Jacob.* (GGr) (Ky) (ML) (Schr)

Zum **Begräbnis** der Frau Hedwig Dryander geb. Delbrück, geb. d. 22. Sept. 1826, gest. d. 16. Jan. 1898. Halle a. S. 1898: E. Karras. (16 S.) 8° [F.] [06. 9471 8

Begräbnis-Büchlein. Ein Auszug aus dem neuen Jauerschen Gesangbuche, ... Bresl. 1834. H: *Scherer.* (Ky) (Zu)

Begräbnis-Büchlein. Die kirchlichen Gebete bei Begräbnissen u. d. Toten-Messe ... Von e. Priester d. Diöcese Münster. — Dülmen: Laumann [1896]. 76 S. 8°
1: Dt 3032. **6.**
15.

Begräbnisfeier, s.a. Begräbisfeyer.

Zur Begräbnisfeier unsers am 24. Februar 1908 entschlafenen Bruders Konrad Beck. — (Herrnhut [1908]: Winter.) 2 Bl. 8° **14.**
15.

Begräbnisfeier unsers entschlafenen Bruders Theophilus Christlieb Reichel, heimgegangen in Herrnhut am 2. Mai 1889. — (Herrnhut [1889]: Lindenbein.) 34 S. 8° **101.**
15.

Begräbnisfeier, die, im Sterbehause nach d. in der Agende f. die evang.-luther. Kirche der Prov. Hannover vorgeschrieb. Form. Zum Gebrauch der Lehrer. Hrsg. im Auftrage der Bezirkssynode Sulingen. gr. 8. (32 S.) Hannover 902. H. Feesche. Geb. in Leinw. n. 1. 25

Zur Begräbnisfeier des am 19. Febr. 1881 selig entschlafenen emeritierten Pastors Carl Christian Thronicker. — (Bautzen [1881]: Monse.) 2 Bl. 8° **14.**
15.

Merkel, Paul Wolfg.: (Paul Wolfgang) Merkels **Begräbnisfeyer,** am 20. Januar 1820. Als Ms. gedr. Nürnberg (1820). 38 S. 4°.

Begräbnis - Gesangbuch. Eine Sammlung ausgewählter Lieder ... Breslau 1841. H: *Fischer.* (Zu)

Begräbnishalle mit pneumatischer Förderung für den Centralfriedhof der Stadt Wien. Wien 1874. V: *Hudetz, Joseph* & *Franz Ritter von Felbinger.* (Eb)

Begräbnis - Kapelle, Die, im Dom zu Freiberg. Festschrift. Freiberg 1885. V: *Levy, Alphons.* (Kat. d. stat. Bureaus. Dresden 1890.)

Begräbnis - Kirche, Die, im Muskauer Park. Muskau 1890. V: *Donath, Hnr.* (Nent)

Begraebniskirche. — Die Begräbniskirche am Wiener Zentral-Friedhofe. — Wien: Selbstverl. d. Gemeinde Wien [1910]. 2 Bl. 8° **300:479.441-B. 302.**
15.

Begräbniscollecten oder Ermunterungen und Gebete an den Gräbern unserer Entschlafenen. Zittau 1815. V: *Willkomm, Carl Gottlob.* (Ky)

Begräbnislieder

— Hrsg. v. der Pastorenkonferenz des Plauenschen Grundes. 3. Aufl. (27 S.) kl. 8. Dresden 906. C. L. Ungelenk. n. — 15

Begräbnislieder. (22 S.) kl. 8. Radeberg (906). Th. Pfeil. n. — 15

Begräbnisliederbuch. Auszug aus dem „Gesangbuch für evangel. Gemeinden, besonders in Schlesien" (neues Jauersches Gesangbuch.) schmal gr. 8. (108 S.) Breslau 899. W. G. Korn. n.n. — 85; geb. n.n. — 50

Begräbnisliederbuch. Auszug a. d. schles. Prov.-Gesangb. Nach d. Beschluss d. Prov.-Synode '08 hrsg. v. kgl. Konsistorium. (56) 8° Bresl., WG Korn '11. Ldr nn — 40 (Pp.)d

Begräbnis-Ordnung. Dat. Fulda 31. Mai 1906. 4 Bl. 8° **4.**
15.

Begräbnis- und Friedhof-Ordnung [Friedhofsordnung] der l. f. Stadt Bruck a. d. Leitha. — ([Bruck a. d. Leitha]: Stadtgemeinde Bruck a. d. Leitha [18]88.) 8 S. 8° **302.**
15.

Begräbnis-Ordnung für den Kommunal-Friedhof der Stadtgemeinde Hilchenbach. (Vom 14. Aug. 1907). — Hilchenbach [1908]: Leitel.) 4 Bl. 8° **6.**
15.

Begräbnis-Ordnung für die Parochie Pirna. (Vom 12. Febr. 1844.) — o. O. [1844]: Keller. 68 S. 8° **14.**
15.

Begräbnisordnung für die Stadt Worms (Vom 11. April 1879). — o. O. [1879]. 20 S. 8° **17.**
15.

Begräbniss. . ., s.a. Begräbnis . . .

Begräbniß, das, und d. Auferstehung des Messias. gr. 8. Nürnb. Monath. 776.

Das kirchliche Begräbniß. — ([Lübeck 1869]: Rathsbuchdr.) 36 S. 8° 1:3 in 4° Dr 12146/15.
15.

— von d., d. Selbstmörder. 8. Wien 786. Kurzböck. 3 $\mathcal{K}$

Bey dem traurigen Begräbniß Friederichs des Einzigen am 9ten September 1786. von J. W. F. Freyh. v. K. — o. O. [1786]. 2 Bl. 8° **2.**
15.

Begräbniß-Büchlein. Ein Auszug aus d. neuen Jauerschen Gesangbuche, in welchem noch 18 Lieder aus andern Sammlungen aufgenommen sind. (Herausg. v. Scherer.) schm. gr. 12. Breslau 834. Graß, Barth u. Comp. 1/6 ℛ︀

Begräbniß-Büchlein, zum Gebr. bei Beerdigungen in den Städten u. auf d. Lande. Nebst ein. Anh. v. Grabschriften. gr. 12. (11½ B.) Berlin 831, Hold.

Begräbniß-Casse, nebst denen Articuln, welche d. 1. Dec. 1754. zu Berlin auf d. Friedrichs-Stadt angefangen u. gestiftet worden; worinnen auch d. Nahmen d. sämtlichen Mitglieder befindlich sind. — [Berlin] 1756: Kunst. 40 S. 8° **2.**
15.

Christlicher Männer und Weiber Begräbniß-Casse, aufgerichtet in Pönig und Glauchau, am Tage Aller Heiligen, als d. 1. Nov. A. 1716. — Chemnitz [1716]: Stößel. 20 S. 8° **3.**
15.

Begräbniß-Casse-Ordnung für die Stadt Göttingen. [Göttingen 1855]: Dieterich. 17 S. 8°

Begräbnisscollekten, s.a. Begräbnisskollekten

Begräbnißcollecten, oder Ermunterr. u. Gebete an Gräbern. 8 Zittau 815. Schöps. 7 $\mathcal{K}$

Die Begräbnisse und Monumente nebst einigen andern Merkwürdigkeiten in der ehemaligen Stifts-, nun Pfarrkirche zu Baden. — Baden 1834: Scotzniovsky. 16 S. 8° 1:Si 2489.
15.

Die Begräbniße in Oesterreich. — Bregenz: Typogr. Ges. 1785. 56 S. 8° **38.**
15.

BEGRÄBNISSE DER SELBSTMÖRDER: Wien, bey Joseph Edler von Kurzbeck, k. k. Hofbuchdrucker, Groß- und Buchhändler, 1786, 46 S. 12°.

Uiber die Begräbnisse in Wien, als eine nöthige Zugabe und zur Erbauung der bisherigen Widersacher. 15 S., gbd.

Wien: Weingand 1781
an: (Schilling, Friedrich): Ueber die Begräbniße in Wien. 1781

JB 6.666

Begräbnissfeier, s.a. Begräbnissfeyer.

Begräbnißfeier des Hrn. Geh. Kirchenrath D. th. Friedrich Ahlfeld, Pastor emer. zu St. Nicolai in Leipzig, Donnerstag, 6. März 1884. gr. 8. (40 S.) Leipzig 884, Hinrichs'sche Buchh.

Begräbnissfeier des seligvollendeten Pastor Dr. Hermann Dürbig am 12. Oct. 1882 in der Kirche zu Grosstädteln und am Grabe. — Leipzig [1882]: Metzger & Wittig. 32 S. 8°
15.
15.

Begräbnissfeier d. verew. Hauptpast. G. F. Encke. Reden v. Müller u. Nielsen. 8. (15) Eutin 52, (Struve.) n. — 8

Begräbnißfeier des verewigten Hauptpastors Georg Friedrich Encke. Zwei Reden zu Eutin gehalten v. Müller u. Nielsen u. Worte des Letztern am Grabe. gr. 8. (15 S.) Eutin 852. (Völckers.) n. 3 ngl

Zur Begräbnißfeier unsers am 3. April 1862 selig entschlafenen Bruders und dänischen Predigers Niels Johanson Enequist in Christiansfeld. — (Haderslev [1862]: Nielsen.) 8 S. 8°
8.
15.

Begräbnißfeier d. Hrn. D. th. Bernhard Gräfe, Archidiakonus zu St. Nicolai in Leipzig. Am 7. Jan. 1887 in der Nicolaikirche. gr. 8. (16 S.) Leipzig 887. Hinrichs' Verl. — 30

—— v. Claus Harms. 8. (42) Kiel 55, Homann. n. — 6

Begräbnißfeier des theuren Gottesmannes Dr. Claus Harms Oberconsistorialraths ꝛc. zu Kiel, geb. den 27. Mai 1778, gest. den 1. Febr. 1855. Kiel 855. Schwers. gr. 8. (V, 42 S.) n. 6 ngl

Inhalt: Trauerrede von Balemann. — Gedächtnißpredigt von Hasselmann. — Aussegnung von Lüdemann. — Grabrede von Chr. Harms. — Nachruf von L. Siemonsen.

Zur Begräbnißfeier unsers am 24. August 1859 selig entschlafenen Bruders Peter Nyborg Hesselberg, dänischen Predigers ... in Christiansfeld. — (Hadersleben [1859]: Nielsen.) 4 Bl. 8°
8.
15.

Die Begräbnißfeier Johann Jacoby's in Königsberg i.Pr. am 11. März 1877. — Berlin: Allg. Deutsche Associations-Buchdr. [1877]. 16 S. 8°
14.
15.

Begräbniß-Feier des selig heimgegangenen Predigers Gustav Knak, weil. Pastor der böhmisch-lutherischen Gemeinde der Bethlehemskirche zu Berlin am 1. Aug. 1878, nebst der am 11. Aug. 1878 geh. Gedächtnißpredigt u. e. Lebenslauf d. theuren Gottesmannes v. Carl Straube. 8. (32 S.) Berlin 878. Beck. n. — 50

Begräbnißfeier der seligen Schwester Louise Franziska Emilie Raillard geb. Martin. Heimgegangen d. 6. April 1867 in Gnadenfrei. — Langenbielau [1867]: Schwencker. 12 S. 8°
101.
15.

— des königl Superintendenten u. Oberpfarrers Hrn. Jul. Rathmann zu Langensalza am 1. Jan. 1885. gr. 8. (20 S.) Langensalza 885. Huschke. n. — 25

—— des königl. Superintendenten und Oberpfarrers Hrn. Jul. Rathmann zu Langensalza am 1. Jan. 1885. gr. 8. (20 S.) Langensalza 885, Wendt und Klauwell. *

Doctor Val. Karl Veillodters Begräbniß-Feyer am 14. April 1828. Mit e. Abdrucke d. letzten am Osterfeste gehaltenen Predigt desselben, so wie d. an seinem Grabe gesprochenen Worte u. seinem Andenken geweihten Reden u. Gedichte. — Nürnberg: Riegel & Wießner 1828. Getr. Pag. 8°

Sondertitel:
1. Veillodter, Valentin Karl: Der Tod unter d. Bilde d. Erwachens zum ewigen Leben. Letzte Predigt, gehalten ... 1828.
2. Seiler, Georg Christian Heinrich: 'Wie sich am Schmerze d. Jünger Jesu unser eigner Schmerz abspiegelt, u. an ihrer Freude unsere Hoffnung aufrichtet.' Predigt, gehalten ... 1828.
3. Michahelles, P. A.: Leichenrede am Sarge ... d. ... Herrn Valentin Karl Veillodter. Nürnberg 1828.

12: Bavar. 4007-I,18. 14.
15.

Begräbnißfrage. — Wien 1862: Mechitharisten-Buchdr. 16 S. 8°

Begräbniß-Gesangbuch. Eine Sammlung ausgewählter Lieder u. Ariengesänge zur tröstl. Erbauung evangel. Christen in Leidensfällen u. beim Hinscheiden der geliebten Ihrigen. fl. 8. Breslau 841, Korn. n. 1/3 ℛ

Begräbniß-Kapelle, die, im Dom zu Freiberg. Festschrift zur Vollendung der Renovation. 8. (29 S. mit Lichtdr.-Abbild.) Freiberg 885, (Engelhardt'sche Buchh.) *

Begräbniß-Kapelle, die, im Dom zu Freiberg. Festschrift zur Vollendg. der Renovation. Mit (Lichtdr.-)Abbildg. 8. (29 S.) Freiberg 885. Mauckisch. n. — 60

Begräbnisskollekten, s.a. Begräbnisscollekten

Begräbnißkollekten, 50, oder kurze Gebete an den Gräbern unserer Entschlafenen. 4. Liegnitz 845, Kuhlmey. 1/3 ℛ

Begräbnißlieder. Gesammelt von T. Schaarschmidt. 8. (147 S.) Zwickau 868, Döhner. *

Begräbniß-Lieder und Arien, s. Sammlung.

Auserlesene alte und neue Begräbniß-Lieder ... 5. u. verm. Aufl. — Hirschberg: Krahn 1743. 288 S. 8°
1: Ei 4322.
15.

— Auserlesene alte und neue Begräbniß-Lieder. Ebd. 1764. 321 S. 8°
1: Ei 4324.
15.

Hamburgische Begräbniß-Lieder, nach d. Alphabeth eingerichtet. — Hamburg [um 1740]: Beneke. 108 S. 8°
18.
15.

Begräbniß-Lieder der vereinten ehemaligen Kriegsgefährten von 1813/15 zu Brieg. — Brieg [um 1850]: Klockau. 11 S. 8°
2.
15.

BEGRÄBNISSLIEDER bei katholisch-christlichen Leichenbegängnissen. Zum Gebrauch für deutsche Pfarrgemeinden. Mit ... einzelnen Gesangweisen. Pest 1854. Buchdruckerei v. Gustav Emich. 20 S. - 8°

Begräbnißlieder, zum Gebrauch bei Leichen-Begleitungen. Größtentheils aus dem neuen Gesangbuche. Nürnberg 855. Raw. 16. (87 S.) 3 ngl

Begräbnißliederbuch. Auszug aus dem Neuen Gesangbuch f. Evang. Gemeinden Schlesiens. Mit Genehmigg. der Kirchenbehörde. schmal 8. (100 S.) Breslau 889. Korn. n.n. — 35; geb. n.n. — 50

Neu-vermehrtes Begräbnißlieder-Büchlein, darinnen die gewöhnlichen Sterbegesänge, welche im Churfürstenthum Sachsen und incorporirten Landen, bey Christlichen Leichenbeerdigungen pflegen gesungen zu werden. Neue, verb. Aufl. — Zwickau: Höfer [um 1750]. 255 S. 8°

Begräbniß=Lieder=Büchlein --- Vermehrtes // Begräbniß=Lieder // Büchlein /// Darinnen nicht nur die // neuesten / sondern auch die / so zu // St. Annaberg bey den gantzen Leichen=// Begängnissen pflegen gesungen // zu werden. // Auff Begehren vieler vornehmer Per= //sonen / in diese Ordnung und schmeidi= //ges Format gebracht. // St. Annaberg / druckts und verlegts // Joh. Victorin Richter / 17o7. - 153 S. und noch 4 Blatt (nicht paginiert) Register.
B. S. T. 12°.9.

Begräbnissordnung für die Residenzstadt Altenburg. — (Altenburg 1854: Hofbuchdr.) 16 S. 8° **15.**
15.

Begräbniß-Ordnung der Gemeinden Baumgarten, Fünfhaus, Sechshaus und Rudolfsheim. (Vom 21. Jan. 1886.) — Wien: Gemeinde Rudolfsheim [1886]. 14 S. 8° **302.**
15.

Begräbniß-Ordnung für die Gemeinde Bornheim. Eingeführt im Jahr 1849. — Frankfurt a. M. 1849: Brönner. 16 S. 8° **30.**
15.

Begräbniß-Ordnung für die Stadt Burg. (Vom 9. Dez. 1881.) — Burg 1882: Hopfer. 15 S. 8° **3.**
15.

Erneuerte Chur-Cöllnische Begräbniß-Ordnung. (Vom 12. Aug. 1730.) — [Bonn 1730.] 10 S. 4° **38.**
15.

Begräbniss-Ordnung für den vor der Juliusstadt hieselbst belegenen neuen Friedhof der Hauptkirche B.M.V. und der St. Trinitatiskirche. — Wolfenbüttel 1886: Bindseil. 26 S. 8° **23.**

Begräbniß-Ordnung für den evangelischen Friedhof ad St. Trinitatem zu Brieg. (Vom 1. Mai 1854.) — (Brieg [1854]: Falch.) 16 S. 8° **2.**
15.

Begräbniß-Ordnung für den neuen israelitischen Friedhof zu Dresden. Dat. Dresden 31. Oct. 1867. — (Dresden [1867]: Ramming.) 7 S. 8° **14.**
15.

Begräbniß-Ordnung für den neuen israelitischen Friedhof zu Dresden. Dat. Dresden 1. Jan. 1876. — (Dresden [1876]: Ramming.) 8 S. 8° **14.**
15.

Begräbnißordnung für den Friedhof zu Ohlsdorf, nebst Bestimmungen über d. alten Begräbnißplätze. — Hamburg [1882]: Rademacher. 16 S. 4° **18.**
15.

Begräbniß-Ordnung für die städtischen Friedhöfe in Dortmund. (Vom 13. Dec. 1875.) — (Dortmund [1875]: Krüger.) 2 Bl. 4° **2. 3. 6. 7. 9.**
15.

Begräbniß-Ordnung für die städtischen Friedhöfe zu Frankfurt a. M. Genehmigt durch Beschluß d. Magistrats vom 30. Aug. 1895. — Frankfurt a. M. [um 1895]: Schaub. 13 S. 4° **30.**
15.

Begräbniß-Ordnung für die städtischen Friedhöfe von Köln. (Vom 21. Juli 1892.) — Dat. Köln 31. Okt. 1892. 19 S. 8° **38.**
15.

— Dat. Köln 7. Dez. 1900. 19 S. 8° **O38.**
15.

Begräbniß- und Friedhof-Ordnung [Friedhofsordnung] für die Kreisstadt Lauterbach. (Vom 26. Nov. 1897.) — (Lauterbach 1897: May.) 14 S. 8° (Kreisblatt für d. Kreis Lauterbach. 92.) **26.**
15.

Begräbniß-Ordnung für die christliche Gemeinde der Haupt- und Residenzstadt Darmstadt. — Dat. Darmstadt 28. Mai 1828. 3 Bl. 8° **26.**
15.

Begräbniss-Ordnung für die israelitische Gemeinde der Freien Stadt Frankfurt. — Frankfurt a. M. 1841: Krebs. 28 S. 8° **30.**
15.

Begräbniß-Ordnung für die israelitische Gemeinde der Freien Stadt Frankfurt. — Frankfurt a. M. 1863: Krebs-Schmitt. 31 S. 8° **30.**
15.

Begräbniß-Ordnung für die christlichen Gemeinden der freien Stadt Frankfurt. Genehmigt durch Beschluß Hohen Senates vom 13. Oktober 1863. — Frankfurt a. M. 1864. Osterrieth. VI, 206 S. 8° **30.**
15.

Begräbniß-Ordnung für die Herzogliche Residenzstadt Gotha, vom 20. März 1837. — o.O. [1837]. 16 S. 8° **3.**
15.

Begräbniß- und Gottesacker-Ordnung der Parochie Wurzen. — (Wurzen) 1887: (Jacob). 26 S. 8° **14.**
15.

Begräbniß-Ordnung für die Stadt Halle a. S. vom 31. Aug./13. Okt. 1887. — o.O. [1890]. 16 S. 8° **3.**
15.

Begräbniß-Ordnung für Jena. — [Jena] 1838: Schreiber. 23 S. 8° **27.**
15.

— Nach d. Abdr. v. J. 1838. Jena o.J.: (Ratz). 32 S. 8° **27.**
15.

Begräbniß-Ordnung für den neuen evangelischen Kirchhof zu Bunzlau. (Vom 10. März 1847.) — Bunzlau 1847: Titze. 7 S. 8° **2.**
15.

Begräbniß-Ordnung für die Kirchhöfe der drei evang.-luther. Gemeinden zu Altona. (Vom 6. Jan. 1888.) — (Altona: Köbner [1888].) 11 S. 8° **1: So 8131/64. 8.**
15.

Kirchliche Begräbniss- und Anniversarien-Ordnung für die Pfarrkirchen der Stadt Köln, mit Genehmigung des Hochw. Erzbischöflichen General-Vicariats. (Vom 3. Mai 1852.) — Köln 1852: DuMont-Schauberg. 24 S. 8° **38.**
15.

Begräbniß-Ordnung für die Synagogen-Gemeinde Köln. (Vom Dez. 1880.) — o.O. [1880]. 15 S. 8° **38.**
15.

E. E. Raths der Stadt Rostock vorläufige Begräbniß-Ordnung für den neuen Begräbniß-Platz. Publ. am 20. July 1831. — ([Rostock 1831]: Behm.) 2 Bl. 8° **28.**
15.

Begräbnissplatz. – Der Ohlsdorfer Begräbnißplatz in seinem Verhältniß zu den israelitischen Gemeinden zu Hamburg. Eine Zusammenstellung d. betr. Verhandlungen ... nebst Vorw. u. Einl. — Hannover 1889: Buchdr.-Verein. 42 S. 8° **1: Ez 9584.**
15.

Begräbnissrede. – Begräbnißrede und Lebenslauf der am 17. Dezember 1874 in Gnadenberg selig entschlafenen ledigen Schwester Ernestine Rosalie Trautvetter. — Bunzlau 1875: Fernbach. 22 S. 8° **2.**
15.

Begräbnissregulativ. – Begräbniß-Regulativ für die Parochie Geyer. — (Ehrenfriedersdorf [1859]: Löseke.) 14 S. 8° **14.**
15.

Begräbniß-Regulativ und Gottesacker-Ordnung für die Stadt Lichtenstein. — Lichtenstein: Große 1853. 24 S. 8° 14.
15.

Begräbniß-Regulativ und Gottesacker-Ordnung für die Parochie Waldheim. — Waldheim 1870: Seidel. 37 S. 8° 14.
15.

Begräbnißregulativ für die Stadt Löbau mit der Vorstadt Tiefendorf. — (Löbau [1866]: Hohlfeld & Witte.) 14 S. 8° 14.

A. Revidirtes Begräbniß-Regulativ, B. Revidirte Gottesacker-Ordnung, C. Regulativ, die Beerdigung der Selbstmörder betr., für die Parochie Waldheim. — Waldheim 1885: Seidel. 21 S. 8° 14.
15.

Begräbniß-Regulativ für die Parochie Waldheim. — Waldheim 1855: Seidel. 23 S. 8° 14.
15.

Begräbniß-Regulativ für die Parochie Zwenkau. — Zwenkau: Mauckisch 1867. 11 S. 8° 14.
15.

Begräbniss-Statut für die vereinte Loge zu den drei Schwertern und Asträa zur grünenden Raute im Orient Dresden. Dresden, am 8. April 1853. 1 Bl. 8°. [Kopftit.]

Begräbniß-Stolä-Tax-Ordnung für die der Augsburgischen Confeßion zugethane Einwohner der hiesigen Haupt- und Residenz-Stadt Breslau. (Vom 24. July 1786.) — Breslau, den 1. Sept. 1786. — Breslau: Korn [1786]. 39 S. 4° 2.

Begräbnisstolätaxordnung. – Begräbniß-Stolä-Tax-Ordnung aller hiesigen Haupt- und Filial-Kirchen für die der Augsburgischen-Confession zugethanen Einwohner der hiesigen Haupt- und Residenz-Stadt. (Vom 24. July 1786.) — Breslau [1786]. 62 S. 8°
Aus: Breslauer Lokalblatt. 1: Gu 14103. 2.
15.

Begräbnisstabelle. – Begräbniß-Tabelle und Vorschrift für die Universitäts-Verwandten zu Göttingen. — Göttingen 1798: Barmeier. 2 Bl. 4° 7.
15.

Begräbnisstage. – Am Begräbnisstage unsers theuern Lehrers Herrn Carl Friedrich Bergmann, gewidmet von d. Schülern d. 4. Klasse. — Görlitz 1835: Heinze. 2 Bl. 8°
1: 17 in Tb 3397.
15.

Johannis Hertzogs zu Holstein Sunderburg **Begräbniss-Thaler.** (Ausschnitt aus: Historische Remarques. Uber die neuesten Sachen in Europa. Nr. 51. 1707.) 1 Bl. 4° k.

Begräbnüss. . ., s.a. Begräbnis . . .

Begräbnüss. . ., s.a. Begräbniss . . .

Hoch Grävliches Rappoltsteinisches doppelt Begrabnüss. — o.O. (1673). 52,114,10 S. 4° 15.
15.

Der Thee Begräbnüß, und glückliche wieder Aufferstehung. — o.O. [um 1700]. 4 Bl. 8° 27.
15.

Begräbnüß-, auch Witwen- und Wäisen-Cassa, etlicher hochgräfl. reuß-plauis., unter- und ober-gräitzis. Einwohner in der Stadt und auff dem Landen . . . In Gräitz, d. 27. Nov. 1715. auffgerichtet. — Gräitz [1715]: Martini. 12 Bl. 8° 3.
15.

Ernewerte Chur-Cöllnische Begräbnüß-Ordnung. (Vom 12. Aug. 1730.) — Bonn [1730]: Rommerskirchen. 12 S. 4°
1: 7 in 4° Gu 25345. 4. 6. 16.
15.

Begram, Heinr. (Leiden), De causis exheredandi ab imp. Justiniano in nov. 115 cap. 3. et 4. determinatis. Spec. jur. Rector Adr. Kluit. Leiden (Sam. u. Joh. Luchtmans) 17. VII. 1783. 38 S. (4.80) 1774

Begreifliche. — Das Begreifliche und Unbegreifliche des jetzigen Kriegs, in nachdenckende Betrachtung gezogen. Nebst d. Schlacht-Gesang e. preußischen Soldaten [Verf.: Johann Wilhelm Ludwig Gleim]. — Breslau: Ges. d. Patrioten 1759. 4 Bl. 8° 1: 40 in Yf 6653. 29.
15.

Begrenzungsprofile (Lademasse) der im internationalen Eisenbahnverkehr zugelassenen Güterwagen. (Deutsch, französisch) Bern 1896

Begrich, Friedrich: Missionsgedanken aus den altkirchlichen evangelischen Perikopen auf alle Sonn- und Festtage des Kirchenjahres. Mit e. Vorw. von D. G. Warneck. — Gütersloh: Bertelsmann 1885. IV,115 S. 8°
1: Cv 8053. 6. 9.
15.

Begrich, F. (Red.), s. Wochenblatt, Kirchliches, für die Provinz Sachsen.

Begrich, Karl, a. Schora: Das Messiasbild des Ezechiel. Altenburg (1904): Piererschе Hofbuchdruckerei. (39 S.) 8°
Tübingen, Phil. Fak., Ref. Seybold, Diss. v. 15. Aug. 1904
[Geb. 2. Sept. 79 Schora, Prov. Sachsen; Wohnort: Wernigerode; Staatsangeh.: Preußen; Vorbildung: Gymn. Magdeburg Reife O. 99; Studium: Halle 7 S.; Rig. 4. März 04.]

Begrich, K: Seine letzten Worte. Karfreitagsandacht. (7) Lex8° Berl., Deut. Landbh. '11. — 10 d

Begriefe, Nöthige, von der Geschützkunst. In zween Theilen, wovon der erste von der Erzeugung des Geschützes und der darzu gehörigen Munition und der andere von der Anwendung und Gebrauch des Geschützes handelt. 8. (1820?)

Acten-mäßiger Begrieff der vornehmsten Motiven, welche die reformirte Burger und Einwohner zu Franckfurth am Mayn, so in . . . Bockenheim . . . ihrem Gottesdienst abgewartet, bey dem Höchstpreißlichen Kayserl. Reichs-Hof-Rath angeführet haben, damit ihnen das Exercitium religionis puplicum [!] in gedachter Stadt Ring-Mauern verstattet werden möge. Mit Beyl. — Franckfurth a. M. 1744: Diehl. 39 S. 4° 21. 4. 14. 24.
15.

Ausführlicher Begrieff der Gründen und Motiven, welche die reformirte Burger und Einwohner zu Franckfurt am Mayn, so in . . . Bockenheim . . . ihrem Gottesdienst abgewartet, bey dem Höchstpreißlichen Kayserlichen Reichs-Hof-Rath angeführet haben, damit ihnen das Exercitium religionis publicum in gedachter Stadt Ringmauern verstattet werden möge. Mit Beyl. — Franckfurt a. M. 1744: Andreae. '63 S. 4° 21. 4. 14. 16.
15.

Kurtzer [Kurzer] Begrieff des strengen Buß-Lebens, herrlichen Tugenden, und Wunder-Wercken des heiligen Vatters Petri Regalati, des Ordens der Mürder. [!] Brüd. S. Francisci, der Stren. Observantz. — Prag: Hraba [1747]. 47 S. 8° 1: Dx 5380. 2. 10.
15.

Summarischer Begrieff, worinnen die bey dem Hochlöblichen Ober-Rheinischen Crayß wegen der in Anno 1734/1735. und 1735/1736. ungleich getragenen Winter-Quartieren obschwebende langwierige Differenzien bestehen. — o. O. [um 1740]. 7 S. 4° 14. 23. 30.
15.

Kurzer Begrif derer in Sachen der Stadt Baden und des Herrn Marggraven zu Baden Durchlaucht Mandati Religions-Beschwerden betreffend, aus denen reichshofräthlichen Erkenntnissen erwachsenen, bey Kayserlicher Majestät und gesammten höchst und hohen Reichs-Ständen auszuführenden gemeinen und besonderen Beschwerden. o.O. [um 1780]. 4 S. 4° **12:2° Ded.476-1. 17. 24.**
15.

Kurzer, ächter Begrif und rechtsständige Darstellung des eigentlichen kurkölnischen Tripli. — o.O. [um 1760]. 14 S. 8° **24.**
15.

Kurtzer [Kurzer] doch gründlich- und acten-mäßiger Begrif der zwischen Chur-Bayern und dem Ertz-Stifft Saltzburg obwaltenden Halleinischen Saltz-Irrungen. — o.O. 1761. 211,192 S. 4°
12:2° Bavar. 98 [2 Ex.] **14. 26. 300:**14.914-D.
15.

Kurzer Begrif das Recht der Fürsten bey der Römischen Königswahl, vive [!] imperatore betr. Mit Anm. — Frankfurt [usw.] 1751. 16 S. 8° **8. 12:4°** Diss. 1194-5.
15.

Kurtzer [Kurzer] Begrif deren Regeln, und Abläß einer hochlöbl. Bruderschaft unter dem Titul, Schutz, und Anruffung des grossen wunderthätigen Blutzeugens, und heil. Diener Gottes Joannis Nepomuceni. — Wien [1729]: Kirchberger. 48 S. 8° **300:**165.884-A.
15.

Kurzer Begrif, von der Situation dererjenigen Mandats-Processe, Solms-Laubach contra Hessen-Darmstadt, und die Fürstl. Regierung zu Giessen, dann auch contra die Gemeinde Freyensehn, welche seit 1737 in excelsa Camera Imperiali pendent, längst beschlossen, darinnen aber seit langen Jahren vergeblich um Urthel sollicitiret worden. — o. O. [um 1750]. 19 S. 4° **16. 26.**
15.

ERZBRUDERSCHAFT DES HEILIGEN FRANZISKUS. Kurtzer Begrif, der Statuten, Regien, Indulgentzen, Ablass und Gnaden Der Hochlöblichen Ertzbruderschafft deß geweyhten Strick-Gürtl des Heil. Seraphischen Vatters Francisci, Von Sixto dem Fünfften dieses Nahmens Römischen Pabsten und andern unterschidlichen Römischen Päbsten verlihen und confirmiert; Welche aufgerichtet ist bey den Wohl-Ehrwürdigen Reformirten Franciscanern der Löblichen Ungarischen Provintz S. Salvatoris in der Königl. Haupt-Stadt Caschau. Caschau 1749: Academische Buchdruckerey Soc. Jesu. 51 S. - 130 mm

ERZBRUDERSCHAFT DES HEILIGEN FRANZISKUS Kurtzer Begrif der Statuten, Reglen, Indulgentzen, Ablass und Gnaden der ... Ertzbruderschaft ... des heil. Seraphischen Vatters Francisci ... welche aufgerichtet ist bey denen ... Franciscanern der ... bischöflichen Residenz-Stadt Waitzen. Ofen 1738: Nottensteinin. 45, 1 S. - 130 mm

Kurzer Begrif des Vornehmsten der neueren Weltbegebenheiten der merkwürdigen Periode von 1750 bis 1761. Nach Anleitung d. Altonaischen Mercurs. — Altona: Burmester 1761. VIII,408 S. 8° **8. 17. 18. 28.**
15.

Kurtzer [Kurzer] Begrif der fürnehmsten und nothwendigsten Wissenschaften des christlichen catholischen Glaubens. Allen heilsbegierigen Seelen ... aus Göttl. Heil. Schrifft, bewehrten Catechismis, besonders Petri Canisii, Caroli Joachim Colbert, Bischoffens zu Montpellier, und Petri Ludovici Danes verfasset. — Naumburg 1746. 210 S. 8° **2.**
15.

Begrif des Lebens des Heiligen Johannes Cantius, SS. Theol. Doct. Stadt-Pfarrers und offentlichen Lehrers der Gottsgelehrtheit ... zu Cracau ... welcher ... Anno 1767. ... feyerlich heilig gesprochen worden ist. Aus d. römischen Original herausgezogen, u. begrifweis übers. — Ingolstadt [1768]: Gran. 126 S. 8° **12:**V.SS. 205.
15.

Begrif eines Wunder-Wercks des seel. Andreae Conti, aus dem Seraphischen Orden Sancti Francisci, Minorum Conventualium; so geschehen in Wällischland zu Lugo ... 1724 ... Erstlich zu Faenza und Bologna gedruckt. — Wienn 1725. 1 Bl. 2° **300:**3 in 569.850-B.
15.

Begriff, s.a. Begriefe.

Begriff, s.a. Begrieff.

Begriff, s.a. Begrif.

— üb. d., e. Akademie u. e. Univers. ꝛc. gr. 8. Berl. 809. Unger. 4 gr.

Acten-mäßiger kurtzer Begriff der seit dem Jahr 1722. beym Höchstpreißl. Kayserlichen und Reichs-Cammer-Gericht anhängigen Rechtfertigung in Sachen weyland Herrn Joh. Bonaventurä von Bodeck, enjetzo dessen Cessionarii Johann Daniel Fay, entgegen Herren Burgermeister und Rath der Reichs-Stadt Franckfurt. Mit Beyl. o.O. 1763. 68 S. 2° **30.**
15.

Begriff, Actenmässiger, in Sachen des Magistrats zu Gengenbach wider die Bürgerschaft daselbst. 1769. V: *Hofmann, K. F.* (MGT)

Actenmäsiger Begriff von der, bey Höchstpreißlichem Cammer-Gericht anhängigen Sach Johann Christian Müller, Franckfurter catholischen Beysassen-Sohn gegen Frankfurter Rath, und Maurer, Mandati C. C. die Gelangung derer zum Franckfurter Burger-Recht qualificirten Catholischen, zu denen Handwerckern, worinn, den 1. Jan. 1624, keine catholische Meister gewesen seyn sollen, betr. o.O. 1767. 62 S. 8° **26. 30.**
15.

— allgem., d. Chemie, nach alphabet. Ordnung. A. d. Französ. M. Anmerkk. v. K. W. Pörner. 3 Thle. gr. 8. Leipz. 768, 69. Weidmann. 3 rß 20 gr

Begriff (Allgemeiner) von dem Contributionswesen in Preussisch Pommern. In: Gadebusch, Pommersche Sammlungen. 2. u. 3. Heft. Greifswald 1782.

Beurkundeter Begriff derer an das Durchlauchtigste Erz-Haus Oesterreich von dem Fürstlichen Haus Hessen-Darmstadt von dem Dreyßigjährigen Krieg her habenden Forderungen. — o.O. 1773. 32,59 S. 2°
15. 17. 300:48 P 20.
15.

Aechter Begriff deren nach alter unabgewürdigten deutschen Gewohnheit zu Lehn verliehenen Leibs-Diensten, oder: gründl. Bericht ... der ... vom Erzbischofen Diederich zu Köln ... 1843 denen Salzmüddern daselbst über vorige Privilegien u. Freyheiten, ertheilten Bestättigung. o.O. 1779.

Begriff, Erläuterter sogenannter kurzer, von der Verkezerungs-Geschichte. Bruchsal 1781. V: *Schmidt.* (KGBerlin II, 2021)

Begriff von der Reichsstadt Frankfurt neuestem Regierungs-Verhältnisse. O.O. 1769. V: *Senkenberg, Joh. Erasm. v.* (Holz)

Begriff, historischer, des letzten Jahrhunderts (1750—1850) oder: Die politische Phase des Protestantismus in Europa. Eine Antwort der Civiltà Cattolica von 1851 auf die Schrift des Herrn Professor Stahl: Der Protestantismus als politisches Princip von 1853. Aus dem Italien. Mainz 854. Kirchheim. gr. 8. (48 S.) 5 sgr.

— d. Idealismus; e. philos. Gespräch. 8. Götting. 803. Dieterich. 6 gr

— kleiner, großer Werke, oder Andachtsübung. 8. Augsb. Wolf. 766.

Begriff, der, des wahrhaften Krieges, s. J. G. Fichte.

Begriff aller Künste, Handwerke und Geschäfte des gemeinnützigen Lebens. Nördlingen 1807. V: *Beck*, *Johann Renatus Wilhelm.* (MGT)

Kurtzer [Kurzer], doch acten-mässiger Begriff, der von Ihro Kayserl. Majestät Dero Höchst-ansehnlichen Kayserlichen Rechnungs-Commission, in Sachen der Burgerschafft zu Franckfurth, Impetranten, entgegen den Magistrat daselbst, Impetraten, zu untersuchen aufgetragener Beschwehrungs-Puncten, und wie der Magistrat solche insgesambt gründlichen abgeleinet; worauf bey Entscheidung dieser Sache, gerechteste Reflexion zumachen, unterhänig und gehorsambst gebetten wird. — o.O. [um 1715]. 4 Bl. 4° **24. 30.**
15.

Kurtzer [Kurzer] actenmässiger Begriff der vornehmsten wider den denuncirten Samuel Schäffern, Burgermeistern zu Dünckelsbühl hervor gebrochenen schweren Innzüchten oder Extractus actorum der bey höchst-preißlichen Kayserl. Reichs-Hoff-Rath rechtshängigen Sache zu Dünckelsbühl Becken-Handwercks contra Bestelmayern und Schäffern. — o.O. [um 1720]. 8 S. 4° **18.**
15.

Begriff, Kurzer aktenmässiger, von der Verkezerungs-Geschichte des Prof. Wiehrl zu Baden aus Anlass einiger philosophischer Disputir-Sätze. Bruchsal 1781. V: *Seubert, K. F.* (KGBerlin II, 2021)

Kurzer Begriff von der nach Erlöschung der Freyherrlichen von Hornsteinisch-Weiterding-Bietingischen Branche im Mannsstamme, den weiblichen Lineal-Descendenten zustehenden Allodial-Regredient-Erbfolge. Aus der gegen die Freyherrn Joseph Anton von Hornstein zu Binningen und Honor von Hornstein zu Grieningen, als Lehens-Nachfolger allerunterthänigst eingereichten possessorischen Erbschaft-Klage mit Beyl. 1-36 ... zusammengezogen. — o.O. 1807. 30 S. 4° **24.**
15.

Kurtzer [Kurzer] Begriff der Anfangsgründe, von der Arithmetick, Geometrie und Trigonometrie. — o.O. 1763. 45 S. 8° **24.**

Begriff. Kurzer B'. Der summarischen Anzügen / betreffend die in Tamils unter dem 20,31 Augusti 1766. ereignete Unglücke. 8. *o. O.*

Kurtzer [Kurzer] Begriff, und Außzug, deß gottseeligem Lebens, und scheinbaren Wunderzeichen S. Rassonis, Fürstlichen Grafens Zu Diessem und Andex, & Insgemein Sanct Grafrath genannt. — Augspurg 1746: Labhart. 57 S. 8° **12:**V.SS.784p.
15.

Begriff, Kurtzer, oder Auszüge derer Gedanken des Grafen J. O. Uber unterschiedliche Materien . . . Aus d. Frantzös. übers. 2. Aufl. Frankfurt u. Leipzig 1739. V: *Oxenstjerna, Gabriel Thureson Graf.* (CLZür Forts. II)

Kurzer Begriff von der Beschaffenheit der christlichen Liebesversammlung in Passau, unter dem Schutze des heiligen Johannes Chrysostomus, dann von der Weise und Ordnung, wie das gesammlete Almosen auf das ersprießlichste verwendet wird. — Passau 1763: Mangold. 116 S. 8° **12:**Asc.403.
15.

Kurzer Begriff der Beweg-Gründe, aus welchen die Reichs-Stadt Eßlingen eine Verlängerung ihrer im Jahr 1747. erhaltenen zehen jährigen Exemtion ab oneribus circuli anhoffet. — o.O. [1757]. 6 Bl. 4° **24.**
15.

Kurtzer [Kurzer] Begriff deren gegen jüngsthin zum Vorschein gekommene sogenannte Abfertigung verthedigten Beweiß-Gründen, über des fuldischen Erb-Ambts Fischberg Eingehörung zum Löbl. Ober-Rheinischen Creyß und dahin habende Matricular-Verwandnus &c. — o.O. 1750. 81 S. 4° **1:**17 in 2° Gx 13000-34. **4. 17. 18. 300:**8692-C.
15.

Begriff, kurzer, von der Bruderschaft des heil. Rosenkranzes, zum heilsamen Unterricht der Mitglieder derselben. Nebst einigen Andachtsübungen. 7. Aufl. Augsburg 866. Kranzfelder. 8. (48 S. u. 1 Stahlst.) n. 4 *ngr.*

Kurzer Begriff von der Bruderschaft des heiligen Rosenkranzes zum heilsamen Unterricht der Mitglieder derselben. 8. Aufl. — Augsburg: Kranzfelder 1867. 48 S. 8° **12:**H.eccl.104c.
15.

Begriff, kurzer, von der Bruderschaft des heiligen Rosenkranzes, zum heilsamen Unterricht der Mitglieder derselben. Nebst einigen Andachtsübungen. 9. Aufl. 12. (48 S. m. 1 Stahlst.) Augsburg 880. Kranzfelder. n. — 40

Begriff, kurzer, v. d. Bruderschaft d. hl. Rosenkranzes, z. heils. Unterr. der Mitglieder ders. Nebst ein. Andachtsübgen. 10. Aufl. 12. (48 S. m. Titelb.) Augsburg 898. Kranzfelder. n. — 40

Kurzer Begriff der Bruderschafts-Andachten vom h. Rosenkranze und vom allerheiligsten Namen Jesus, wie solche in der Pfarrkirche der H. H. Andreas und Paulus zu Köln zur bestimmten Zeit gehalten werden. — Köln 1804: Rüttgers. 200 S. 8° **38.**
15.

Kurtzer [Kurzer] Begriff deß strengen Buß-Lebens, apostolischen Eyffers, Tugenden und Wunder-Wercken, deß Heiligen Jacobi von der March ... Von e. Priester d. Böhmischen Provintz ... Ordinis Minorum S.P. Francisci Reformatorum. — Prag 1727: Hraba. 47 S. 8°
Beigedr.: Kurtzer Begriff deß strengen Buß-Lebens, herrlichen Tugenden, und Miracklen deß Heiligen Francisci Solani ... Von e. Priester d. Böhmischen Provintz.
2.
15.

Kurtzer [Kurzer] Begriff deß strengen Buß-Lebens, herrlichen Tugenden, und Miracklen deß Heiligen Francisci Solani. 1727 in: *Begriff*, Kurtzer, deß strengen Buß-Lebens, apostolischen Eyffers ... deß Heiligen Jacobi von der March.

Kurtzer [Kurzer] Begriff oder Chronica derer merckwürdigsten Begebenheiten des Jahres 1717. — o.O. [1718]. 301 S. 8° **1:**Ql 596.
15.

Kurzer Begriff der Chronologie in sechs Tabellen, zum Gebrauch derer, welche nach der Methode des berühmten Herrn Hübners die Historie studiren. — Nürnberg: Felßecker 1731. 8 Bl. 2° **7. 12:**2° Chrlg. 5k. **17.**
15.

Kurtzer [Kurzer] und eigentlicher Begriff vollkommener Weißheit, darinnen alles dasjenige beschrieben wird, was ein weiser und kluger Mann in allen seinen Wercken zu thun oder zu lassen habe. In welscher Sprach erstlichen entworffen, anjetzo aber in ein schönes reines Teutsche übersetzet. — Augspurg 1720: Lotter. 272 S. 8° **12:**Ph.Pr.110m. **300:**71 Z 125.

Kurtzer [Kurzer] Begriff der zwischen dem Herrn Fürsten von Salm, und weyland der Frau Gräfin von Winckelhausen, obgeschwebt. und beym Preißl. Kayserl. Cammer-Gericht zum Vortheil des letzteren Theils entschiedener Erbschaffts-Sach, in welcher Sach gedachter Herr Fürst ... an die Hochlöbliche Reichs-Versamlung zu recurriren ... sich unterfanget. — o.O. [1736]. 20 S. 4° **5. 24. 27.**

Kurtzer [Kurzer] Begriff und acten-mäßige Erzehlung deren in Sachen der angeblichen Gemeinde zu Wallhaußen contra Freyherrn von und zu Dalberg. Praetens. mandat. de non inaedific. fundo à communitate ab immemor. temp. possesso &c. & de non contraven. antiquae observant. neque ulterius insolitis operis gravando &c. C. C. bey Höchstpreißlich-Kayserlichen und Reichs Cammer-Gericht von einigen pflicht-vergessenen leibeigenen Unterthanen, nahmens Adam Petri, Nicolas Winck, Valentin Lunckenheimer, und Consorten, unter mißbrauchtem Nahmen der gantzen Gemeinde Wallhaußen, gegen ihren gebietenden Herrn, den Tit. Reichs-Hochwohlgebohrnen Freyherrn Hugo Philipp Eckenbert, Cämmerern von Worms, Freyherrn von und zu Dalberg, frivolè angebrachter Klagden, und darauf sub- & obreptitiè klagender Seits erschlichener Mandatorum. Mit Beyl. — o.O. [um 1743]. 23 S. 4° **24.**

Kurtzer [Kurzer] Begriff und geschichts, auch actmäßige Erzehlung der zwischen dem Frey-Herren von der Reck ... und dem hochwürdigen, Dhom-Capitul zu Mäyntz erst entstandener, und nachgehends von dazu concurrierenden beyden Herren Graffen von Plettenberg und Nesselrodt mit ersterem gemeinschafftlich getriebener ... Praebend- und Streit-Sache sampt Anl. — o.O. [um 1740]. 30 S. 4° **3. 5. 14. 26.**

Begriff, Kurzer, der Klemmischen Familie in absteigender Linie. [1795.] V: *Klemm, Joh. Chph.* (Heyd)

— kurzer, des geſammt. Feldbaues, v. du Hamel. 8. Stuttg. Metzler. 764.

Kurzer Begriff menschlicher Fertigkeiten und Kenntnisse. 1778–81 u.ö. s.a. *Adelung*, Johann Christoph.

— kurzer, menſchl. Fertigkeiten u. Kenntniſſe, in ſofern ſie auf Erwerbung des Unterhalts, auf Vergnügen, auf Wiſſenſchaft ꝛc. abzielen. (Von Jh. Chr. Adelung.) 4 Thle. 8. Leipz. ... 2e A. Ebd. 783—89. Hertel. 3 ℛ 20 gr

Leonberg. Kurzer Begriff der Feuer-Ordnung und Anstalten, welchen ein jeder Haus-Vater fleissig zu lesen und bey seinem Eyd sorgfältig zu beobachten hat. — Dat. Leonberg 28. Aug. 1752. 2 Bl. 8° **24.** 15.

Stuttgart. Kurtzer [Kurzer] Begriff der Feuer-Ordnung und Anstalten, welchen ein jeder Hauß-Vatter fleissig zu lesen und bey seinem Eyd sorgfältig zu beobachten hat. — Dat. Stuttgart 10. Jul. 1752. 2 Bl. 8° **24.**

Stuttgart. Kurzer Begriff der Feuer-Ordnung und Anstalten, welche ein jeder Haus-Vatter fleissig zu lesen und bey seinem Eyd sorgfältig zu beobachten hat. — Dat. Stuttgart 18. Aug. 1761. 2 Bl. 4° **21. 24.** 15.

Tübingen. Kurzer Begriff der Feuer-Ordnung und Anstalten, welche ein jeder Haus-Vater fleißig zu lesen, und bey seinem Eyd sorgfältig zu beobachten hat. — Dat. Tübingen 30. Aug. 1790. 12 S. 8° **7. 21. 24.** 15.

Kurtzer [Kurzer] Begriff und Folge der teutschen römischen Kayser von Carolo dem Großen anfangend biß zu jetzt glorwürdigst regierendem Kayser Franciscum primum. — Wetzlar 1747: Winckler. 32 S. 8° **25.** 15.

Kurzer Begriff von den Forderungen, welche dem gräflichen Haus Reichserbtruchseß Waldburg gegen das landgräfliche und fürstliche Haus Fürstenberg zustehen. — o.O. 1784. 30 S. 4° **24.**

Kurtzer [Kurzer] Begriff ober-oesterreichisch-fiscalischer, und innsäßischer Fundamenten in causa des aus Bewilligung der Marggräflich-Burgauischen Herren Ober-Beambten A. 1722. erbauten, und aus Verordnung deß Innsäßischen ... Engen Ausschusses demolirten, im Monat Julio 1724. ... wiederum erbauten Juden-Hauses. — o.O. [1731]. 23 Bl., 2 Taf. 4° 12: 2° Ded. 74 [2 Ex.] 15.

— kurzer, d. nothwend. Gebete e. kathol. Chriſten. 12. Duisb. 801. Bädeker. 3 gr Daſſ. 18. Würzb. 808. Stahel. 4 gr N. A. 18. 829. Ebd. 5 gr

— kurzer, d. nothwendigſten Gebeter für kathol. Chriſten. 18. Würzburg 824, Stahel.

Begriff, kurzer, d. nothwend. Gebether f. kathol. Chriſten. Neue, verb. Aufl. 18. (226 Seiten, Ttlkpfr. u. Ttlvig.) Würzburg 829, Stahel. 6 Gr., Schrbp. Thlr.

Begriff. Kurtzer B' Der Gerechtsamen/so die Pündtner über die Graffschafft Cleffen... haben *s.* Compendio. Breve c' delle Ragioni, che li Grigioni hanno sopra... Chiavenna. Chur 1727.

Kurzer Begriff derer Gerechtsame, welche an der Verlassenschaft des am 17. Dec. 1750. verstorbenen Reichshofraths-Präsidenten Graf Johann Wilhelms von Wurmbrand &c. quoad noviter adquisita, mobiliaria & activa desselben dreyen Frauen Gräfinnen Töchtern zu gleichen Theilen mit dem Herrn Sohne zustehen. — o.O. [um 1755]. 8 S. 4° **17. 24. 26.** 15.

Kurtzer Begriff der Geschichte des wunderbarlichen Bildniß unser lieben Frauen von Tongren. Gedruckt zu Lutzemburg bey Johann Baptista Ferry, Buchdrucker. Im Jahr 1733.
36 S., kl-8° (12°).

— kurzer, der Brandenburg. Geſchichte; aus d. Franzöſ. v. J. G. Krünitz. 8. Berl. 782. Nicolai.

Kurzer Begriff biblischer Geschichten des alten, und neuen Bundes ehemalen zum Gebrauch der mindern Jugend in den frommen Schulen verfasset; nun aber neuer Dingen durchgegangen, verschiedentlich verbessert ... und verm. von e. Priester d. Ordens Piarum Scholarum. — [Kempten] 1767: Stadler. 168 [vielm. 208] S. 8° **16.** 15.

— kurzer, des chriſtl. Glaubens, s.a. Müller, J. G.

— kurzer, des chriſtl. Glaubens; in einer Auswahl bibl. Sprüche, z. Gebr. für den erſten Religions-Unterricht. 5e Aufl. 8. Schaffh. 819. (Lauffer in Leipz.) 4 gr

Begriff, kurzer, des chriſtl. Glaubens. In einer Auswahl bibliſcher Sprüche zum Gebrauch für den erſten Religions-Unterricht (v. Jh. Geo. Müller). 6e verb. Aufl. 12. Schaffhauſen 832. Hurter. ¹/₆ ℛ

Kurtzer [Kurzer] Begriff der grossen unerschöpfflichen Gnaden, Ablassen und Privilegien der heiligen uhralten Ertz-Bruderschafft Mariae vom Trost, und der H. Mutter Monicae, sambt dero einverleibten Bruderschafft der H. Jungfrauen und Martyrin Barbarae. — Freyburg i. Br. 1704: Handler. 114 S. 8°
Beigedr.: Seelig End-Büchlein, darinnen d. Officium. Litaney, Gebett u. Wunderzeichen d. H. Jungfrauen u. Martyrin Barbarae begriffen.
25. 15.

Begriff, Kurzer, derjenigen Gründe, welche bisher zu Behauptung des Rheingräfl. Grumbachischen und Rheingravensteinischen Erb- und Lehnfolgerechts, . . . vorgeleget worden sind. . . . 1758. V: *Kremer, Johann Martin.* (ML)

Begriff, Kurzer, derer Gründe, welche das gleiche Erbfolgrecht in denen fürstl. Solms-Braunfelsischen Landen . . . O. O. 1775. V: *Tabor, Joh. Hnr.* (Holz)

Kurzer Begriff derjenigen Gründen, welche dem von Hans von Franckenstein abstammenden ganzen Manns-Stamm die alleinige Erbfolge mit gänzlicher Ausschliessung der Töchter . . . behaupten. Zur Erläuterung des bei höchstpreißlich Kaiserlichem Reichs-Cammer-Gericht rechtshängigen Processes in Sachen der Freifrauen von Walpott zu Bassenheim u. von Wohnsheim, modo deren Erben contra von Eyb, als weiland Friederichs von Franckenstein hinterlassener Kinder Vormünder. — o.O. 1768. 30 S. 4° **24.**
15.

Begriff, Kurzer, doch gründlicher, des gesammten Feldbaues, grösstentheils aus Du Hamels Anfangsgründen des Ackerbaues gezogen . . . Stuttgardt 1769. H: *Sprenger, Balthasar.* (wö)

Kurtzer [Kurzer] doch gründlicher Begriff der edlen Jägerey. (Vorr.: Johann Heinrich Groß.) — Nordhausen: Gross 1730. 533 S. 8° **14. 17. 24. 20.**
15.

— Kurtzer Begriff der edlen Jägerey. (Vorr.: Johann Heinrich Groß.) Mit e. Anh. von d. Fischerey verm. 2. Aufl. Ebd. 1733. 499,336 [vielm. 136] S. 8°
Sondert.: Nützlicher Anhang von d. Fischerey. **4. 24. 302.**
15.

— Kurtzer, doch gründltcher Begriff der edlen Jagerey. Mit e. Anh. von d. Fischerey verm. 3. Aufl. — Ebd. 1745. 501, 135 S. 8° **27.**

— kurz., der Jägerey. 8. Nordh. 746.

Begriff, Kurzer, des fürstl. Hessen-Darmstädtischen landesherrl. Hoheitsrechts über das Teutschordenshaus u. Commende Schiffenberg, . . . 1755. V: *Moser, Friedrich Carl Freih. von.* (MGT) (ML) (stri)

Begriff, Kurzer, der (edlen) Jägerey, s. Begriff, Kurzer doch gründlicher, der edlen Jägerey.

Begriff und Inhalt, Kurzer, alles deß, so einem Christen Menschen . . . zu wünschen von Nöten. Zürich 1583. V: *Leemann, Burkhard.* (Cat. d. Stadtbibl. Zürich. Zürich 1864—97.) (Doubletten-Anzeiger. 1903. Nr. 7.)

Kurtzer [Kurzer] Begriff und Inhalt deß Lebens und Wunderzeichen deß Heiligen Pabst Pii V. Prediger Ordens. Cöllen [1712]. 83 S. 8° **1:2 in Dx 2677.**
15.

Kurzer cameral actenmäsiger Begriff, worauf es dermahlen ankommt in Sachen des Magistrats der Reichs-Stadt Gengenbach, wider die Bürgerschaft daselbst. — o.O. 1769. 12 S. 4° **25.**
15.

Kurzer Begriff oder Kern der ganzen Historie von Engeland bis zu dem Tod der glorwürdigsten Königin Anna. In Frag und Antwort. Aus d. berühmtesten eng. Geschicht-Schreibern insonderheit aber dem M. Rapin de Thoyras zsgezogen . . . Aus d. Engl. übers. — Copenhagen [usw.]: G. C. Rothe 1749. 410 S. 8°
4. 12: Brit. 51. 27. 28. 29.
15.

〈Sebastian Meyer〉. Ein kurzer **Begriff** von Hans Knüchel 〈1523〉. Hrsg. von Alfred Götze. Halle a. S.: R. Haupt 1906. (42 S.) 8° [F.] = **Flugschriften** aus d. ersten Jahren d. Reformation. Bd 1, H. 6. 07. 4466

Kurzer Begriff von der von Sr. K. K. Majestät unterm 6. Aprilis 1787. auf 25. Jahre privilegirten Commerzial-Leih- und Wechsel-Banck in Wien, und wovon das Réglement den darauf folgenden 16. November confirmirt worden. — o.O. [um 1790]. 12 S. 8°
12: 4° Merc. 135-22.
15.

Kurzer Begriff von der Kosmographie oder Weltbeschreibung, von der Geographie oder Erdbeschreibung, und von andern allgemeinen Begriffen. In Fragen u. Antworten deutsch u. französisch nebeneinander. Zum Gebrauche d. Kinder in d. französischen Schulen. — Münster: Aschendorf 1789. 71 S. 8° **17.**

Kurzer Begriff von der dermaligen Lage des fürstl. sachßen-hildburghäusischen Debit-Wesens und worauf es gegenwärtig dabey ankomme. — o.O. [um 1770]. 14 S. 4°
3. 14.
15.

Begriff, Kurzer, Braunschweig-Wolfenbüttelischer Landesordnungen und Gesetze; ausgefertiget und mit einer Vorrede von den Stadt-Policey-Gesetzen hiesiger Lande . . . H: *Wolterbeck, Friedrich Adolph.* (ML) V (Vorrede): *Lichtenstein, J. D.* (BrMm)

Begriff, Kurzer, von der Churmärkischen Landschaft. [Halle 1778.] V: *Hagen, Thomas Philipp von der.* (ML)

Kurtzer [Kurzer] Begriff deß buß- und wunder-vollen Lebens deß H. Petri von Alcántara auß dem Orden deß H. Francisci der Strengern, und Reformierten Observantz, Anfangern und Stifftern der Provintz St. Joseph im Hispanien. — Kempten 1726: J. Mayr. 32 S. 8°
12: V. SS. 369/1.
15.

Kurtzer [Kurzer] Begriff deß gottseeligen Lebens der gottfrommen Closter-Frauen Maria Margarita Alacoque, von der Heimsuchung der Allerseeligsten Jungfrauen Maria. Auß d. Frantz. übers. durch H.A.L.C.S.M.E.S.P. Augspurg 1704: Gruber. 137 S. 8° **12: V. SS. 8. 14.**
15.

AUGUSTINER-CHORHERREN. Kurtzer Begriff / Der Leben / Deren Heiligen / Auß dem Löblichen Orden der Regulir- / ten Chor-Herren Deß Heil. Augustini / Gezogen / Und in die teutsche Sprach / übersetzt auß dem Lateinischen / Tag-Zeiten / So mit Verwilligung Ihro Päbstlichen Heiligkeit / Pij deß Fünfften / Erwöhnten Regulirten Chorr-Her / ren zu betten erlaubet worden. / Mit einem Anhang / etlicher sonderbaren Gebettern / und Andachten. Gedruckt zu Preßburg bey Johann Paul Royer. 1726. 4,383 S. - 158 mm

— kurzer, d. Lebens Jesu Christi, (v. G. H. Hinüber). 8. Frankf. u. Le.pz. 763. 4 K

Kurtzer [Kurzer] Begriff des Lebens, Marter, Tods und Wunderwercken des Heiligen Agilolphi ersten Ertzbischoffen der Cöllnischen Kirchen bey Gelegenheit der im Jahr 1737 ... wiederhohlter Erhebung dessen HH. Gebein in Truck gegeben. — Collen 1737: Wilms. 39 S. 8° **38.**
15.

Kurtzer [Kurzer] Begriff deß Lebens und Tugenden deß Heiligen Joannis Francisci Regis, der Gesellschafft Jesu Priesteren, dessen Heiligsprechungs-Fest im Monat May feyrlich solle begangen werden 1738. — Augspurg: M. Wolff [1738]. 61 S. 8° **12:**V. SS. 787.
15.

Kurtzer [Kurzer] Begriff von dem Leben, Tugenden, und Miracklen des Seeligen Benedicti von S. Fratello, oder Philadelphio, eines Layen-Bruders, aus dem Orden der Reformirten Mindern Brüder des Heiligen Vatters Francisci, von der Schwärtze seines Leibs gemeiniglich der Schwartze Heilige genannt: Aus denen zu Rom in Ital. Sprach in d. Druck gegebener Beschreibung kürtzlich herausgezogen. München 1744: Vötter. VI,63 S. 8°
12:V. SS. 112 [2 Ex.]
15.

Kurtzer [Kurzer] Begriff des Lebens, der Tugenden und Miraclen, wie auch der gehaltenen Processen für die Heiligsprechung des Heiligen Aloysii Gonzagae der Societet Jesu. 1727 in *Begriff*, Kurtzer, des Lebens, der Tugenden und Miraclen des heiligen Stanislai Kostkae, Novitzen der Societet Jesu.

Kurtzer [Kurzer] Begriff des Lebens, der Tugenden und Miraclen, wie auch der gehaltenen Processen für die Heiligsprechung des heiligen Stanislai Kostkae, Novitzen der Societet Jesu. — Stadt am Hoff 1727: Hanck. 104 S. 8°
Beigedr.: Kurtzer Begriff des Lebens, der Tugenden und Miraclen, wie auch der gehaltenen Processen für die Heiligsprechung des Heiligen Aloysii Gowzagae der Societet Jesu. 1727.
12:V. SS. 854 [2 Ex.] **25.**
15.

Kurtzer [Kurzer] Begriff von dem Leben, Tugenden, Tod, Gnaden, Gutthaten, und Wunder-Wercken des insgemein genannten seeligen frommen Bäurleins zu Vohburg. München 1746: Vötter. 94 S. 8°
1:Er 6680. **12:**Bavar. 217m.
15.

Kurtzer [Kurzer] Begriff des Lebens, der Tugenden, und Wunderwercken des Heiligen Joannis Francisci Regis, ... welcher im Jahr 1716. von Ihro Pabstl. Heiligkeit Clemente XI. der Zahl deren Seeligen beygerechnet, von ... Clemente XII. im nächst verflossenen Jahr 1737. ... heilig gesprochen ... worden. — Mayntz 1738: Häffner. 128 S. 8°
17.
15.

Kurtzer [Kurzer] Begriff des Lebens, Tugenden und Wunder-Wercken B. Seraphini à Monte Granario. — Prag: Gerzabeck [1738]. 8 Bl. 8°
Beigedr.: Kleine Tag-Zeiten von d. seeligen Seraphino à Monte Granario.
2.
15.

Kurtzer [Kurzer] Begriff deß tugend-, gnaden- wunder- und glorreichen Lebens und Marter deß Seeligen Fidelis von Sigmaringen in Schwaben, deß Ordens der Minderen Brüderen X. Francisci Capucinern ... Auß d. Ital. übers. Costantz 1729: Labhart. 173 S. 8° **25.**

Kurtzer [Kurzer] Begriff deß Lebens und Wunderwercks deß H. Huberti Ardenner Patron. Verfasst durch e. Religiosen der sogenannten S. Huberti Abtey, nunmehro aber durch e. Liebhaber von d. Frantz. versetzet. — Lutzemburg: Ferry 1722. 56 S. 8° **12:**V. SS. 362.
15.

Kurtzer Begriff des Lebens und Wunderwercks des H. Huberti, Ardenner Patron.
Lutzemburg: Kleber 1756.
62 S., kl-8°

Kurtzer [Kurzer] Begriff und historische Lebens-Beschreibung B. Joannis Dei. Dem Tugend-liebenden Leser zu besserm Wolgefallen in disem kleinen Form verfasset. Th. 1–3. — o.O. u. J. 189 S. 8° **12:**4° V. SS. 357/1.
15.

Kurzer Begriff der Lebensgeschichte und Wunderwerke des Heiligen Josephs Calasanz von der Mutter Gottes Stifters des Ordens der frommen Schulen, aus d. Wälschen übers. — Günzburg 1768: Wagegg. 109,68 S. 8°
12:V. SS. 189. **15. 38.**
15.

Kurtzer [Kurzer] Begriff des heilig- und wundervollen Lebens-Wandels des von Benedicto XIV. den 24. Februarii, Anno 1753. seelig gesprochenen Josephi von Cupertino, Beichtigers und Priesters aus dem Orden der Minderen Brüdern. — Regenspurg 1753: Radlmayr. 128 [vielm. 127] S. 8° **38.**
15.

Kurtzer [Kurzer] Begriff deß wunder-schön und vollkommenen Lebens-Wandel deß Seeligen Fidelis von Sigmaringen aus Schwaben, deß Ordens der Minderen Brüder deß heiligen Francisci, Capuciners und ersten Martyrers S. Cong. de Propaganda Fide. Anfänglich in welscher Sprach verf. — Augspurg: Wolff 1729. 70 S. 8°
12:V. SS. 300.
15.

— München: v. Cöllen 1747. 71 S. 8° ● **12:**V. SS. 301.
15.

— kurzer, d. christl. Lehre. 8. Gera 785. Rothe. 3 gr

Kurtzer [Kurzer] Begriff der christlichen Lehre nach Anleitung des Catechismi Lutheri, in Frag und Antwort gestellet, und auf die Heil. Schrifft gegründet. Die 3. u. verm. Auffl. — Augspurg 1721: Detleffsen. 130 S. 8° **24.**
15.

— kurzer, der christlichen Lehre in Fragen u. Antworten. Ein Ausz. a. d. Lehrb. d. christl. Religion. 8. Hamb. 818.

Kurtzer [Kurzer] Begriff der christlichen Lehre, in dem kleinen Catechismo des seligen Manns Gottes D. Martini Lutheri gezeiget: Und zu dessen weiterer Erklärung, für diejenige, welche die Worte des Catechismi zwar können; aber in dem Verstand desselben nicht genugsam gegründet sind, zusammen getragen. Sammt e. Erinnerung an Eltern, Herrschafften, Kinder u. Gesinde. — Franckfurth a. M.: Walther [usw.] 1742. 204 S. 8° **30.**

Kurtzer [Kurzer] Begriff der christlichen Lehre oder Theologie, in so fern dieselbe nach der Heiligen Schrifft ohne Menschen Tand kan gelehret werden. Auffgesetzet von e. Liebhaber d. Wahrheit. — Franckfurt [usw.] 1719. 48 S. 8° **8.**
15.

* Kurzer Begriff der gesamten Mathesis, bestehend in 5 Theilen, welche enthalten:

I. 1) Die Universal-Mathesin, 2) die Wissenschaft der Zahlen, 3) der Grösse und Maass, 4) der Schwere und Bewegung, 5) die Algebra.

II. 1) Die Rechenkunst, 2) die Messkunst, 3) die Militar-Baukunst, 4) die Civil-Baukunst, 5) die Artillerie, 6) die Mechanica.

III. 1) Die Astronomie, 2) die Geographie, 3) die Chronologie.

IV. 1) Die Beschreibung der Sonnenuhren, 2) die Optica, 3) die Perspectiv.

V. Einen Anhang von allerhand nöthigen mathematischen Tabellen, nicht nur den Lehrenden und Lernenden zu Nutzen aufgesetzet, sondern auch vor die Geübten hin und wieder mit neuen Anmerkungen, kurz und zu weiterm Nachsinnen untergemengt von *Leonh. Chr. Sturm.* Frankf. an d. Oder, bey Jerem. Schrey und J. C. Hartmann. 8. (2 Rthlr. 8 gr.)

4 Theile. 1. und 2. Th. 397 S. 1707.
3. Th. 422 S.
4. Th. 187 S. und 21 S. Tab.
Anhang 86 S. Tab.

* — Anjtzo zum zweytenmahl herausgegeben und an vielen Orten vermehret und gebessert von *Leonhard Christoph Sturm.* Ebendas. 8. 1710.
1. u. 2. Th. 368 S. u. 70 Kupf.
3. Th. 382 S.) m. Kupf.
4. Th. 220 S.)
Anhang 236 S.

Begriff, Kurzer, der Reichsstadt Nürnbergischen Matricular-Angelegenheiten. [Nürnberg] 1775. [1787.] V: *Kress von Kressenstein, Chph Carl.* (MGT) (Will) (ML)

Kurtzer [Kurzer] Begriff der vornehmsten Motiven, welche die reformirte Burger und Einwohner zu Franckfurth am Mayn, so in ... Bockenheim ... ihrem Gottesdienst abgewartet, bey dem Höchstpreißlich Kayserlichen Reichs-Hof-Rath angeführet haben, damit ihnen das Exercitium religionis publicum in gedachter Stadt Ring-Mauren verstattet werden möge, und was dasiger löblicher Magistrat ... darauf mit bessern Grund antworten lassen. o.O. [1744]. 27 S. 4° **17. 24. 29. 30. 35.**
15.

Kurzer Begriff der Mythologie oder der alten heydnischen Götterlehre und Fabeln, soweit selbige zum Verständniß der griechischen und besonders der lateinischen Schriftsteller ... nöthig sind, ausgefertiget von J.J.L. — Leipzig: Hilscher 1776. 71 S. 8° **18.**
15.

Kurzer Begriff von Nuz- und Geschicklichkeit, auch Pflichten, und Privilegien, deren fürstl. auch anderen Oberbeamten ... Ans Licht gestellet von e. erfahrenen Oberbeamten. — Franckfurt [usw.]: Bez 1755. 74 S. 8°
12: J. pract. 45/1. **16.**
15.

Begriff, Kurzer, der deutschen Orthographie oder Rechtschreibung mit Uebungen für die Schuljugend. Leipzig 1776. V: *Lenz, Joh. Jac.* (Rüdiger, Neuester Zuwachs. Liegnitz 1782—93. IV, 67.)

Begriff, Kurzer, einer oekonomisch-medicinischen Pastoral sowohl für Geistliche auf dem Lande, als auch für den Landmann. Augsburg 1791. V: *Lechleutner, Thomas.* (Ky) (ML)

Kurzer Begriff des heutigen Rechtes der Freyung. — o.O. 1776. 24 S. 8°
1: 5 in Fu 801. **12:** Var. 614/3 [2 Ex.] **16. 17.**

Kurtzer [Kurzer] Begriff des Rechts circa sacra, geistlichen Jurisdiction und iuris patronatus ... Dem Drucke übergeben von F.V.W.— Leipzig: Lanckisch 1710. 50 S. 8°
2. 12: J. can. P. 103. **15. 27.**
15.

— Ebd. 1710. 64 S. 8° ● **29.**
15.

— Ebd. 1744. 64 S. 8°
8. 12: J. can. P. 103 m. **16. 17. 300:** 15.638-A.
15.

Kurzer Begriff des Rechts circa sacra, geistlichen Jurisdiction und iuris patronatus. Nebst rechtlichen Bedenken über die Fragen: 1. Ob ein römischcatholischer Fürst, so einem evangelischen ... succediret ... das völlige exercitium der römischcatholischen Religion ... einzuführen berechtiget seye? 2. Wenn ein römischcatholischer Fürst ... in einem evangelischen Lande succediret, ... ob solchen Falls ein solcher Fürst ... für sich das exercitium seiner Religion im Lande haben könne, und möge? 3. Ob ein solcher römischcatholischer Fürst ... auch ... iurisdictionem ecclesiasticam ... gleicher Weise in subditos Augustanos exerciren könne? — Frankfurt [usw.] 1775. 32,52 S. 8° **5. 16. 17.**
15.

Kurzer Begriff des Rechts circa sacra, geistlichen Jurisdiction und iuris patronatus. — Ebd. 1776. 32 S. 8°
8. 12: 4° J. can. P. 1000-22. **15. 26.**
15.

Kurtzer [Kurzer] Begriff der Sr. Hochfürstl. Durchl. zu Pfaltz-Birckenfeld auf die ... bevorstehende Landes-Succession in dem Fürstenthum Zweybrücken, gegen die, von wegen Sr. Churfürstl. Durchl. zu Pfaltz ... gemachte Einwendungen, zustehenden possessorischen Rechten, wie solche in einem am Hoch-Preißl. Reichs-Hof-Raht übergebenen ... ausführlicher deduciret worden. — o.O. 1729. 4 Bl. 4° **12:** 2° Bavar. 195/1. **17. 26. 27.**
15.

— kurzer, d. Regel d. Vollkommenheit, f. alle Stände d. Menschen, bes. f. Geistliche. 8. Augsb. 790. Bolling. 3 gr.

Kurzer Begriff der Regeln und des Ablasses, welchen Seine Päpstliche Heiligkeit Clemens der XII. der Bruderschaft des heiligen Johann von Nepomuck in der Pfarrkirche zu St. Nicolaus zu Luxemburg ertheilet hat. Lützemburg: Erben Schevalier 1783.
72 S., kl-8° (16°).

Kurtzer [Kurzer] Begriff aller im Heiligen Römischen Reiche Teutscher Nation auffgerichteter, in der mayntzischen Edition de anno 1692. befindlichen Reichs-Abschiede, auch der Wahl-Capitulation Josephi Röm: Königs ... Alles also zum Dienste der Advocaten, Procuratoren, Notarien, und aller derer, so des römisch-teutschen Reichs-Rechte, und dessen ab anno 1356 ... mercklich veränderten Zustand zu wissen ... begierig, verf. von C.R. — Regenspurg: Seidel 1703. 336,184 [vielm. 216] S. 8°
Verfasser nach handschrift. Notiz im Exemplar von 24: C. Reichel.
12: J. publ. G. 54. **16. 18. 24. 28. 30.**
15.

Kurtzer Begriff aller im Heil. Röm. Reich Teutscher Nation aufgerichteter, in der mayntzischen Edition de anno 1692 befindlicher Reichs-Abschiede und der Wahl-Capitulation Josephi &c.&c. Vermehret 1. mit der Ordnung des peinlichen Halß-Gerichts Käysers Caroli V., 2. mit dem veränderten Cammer-Recht des Käysers Ferdinandi III., 3. mit der Wahl-Capitulation Ihro Käyserl. Majest. Caroli VI. und 4., mit einer Nachricht vom perpetuirlichen Wahl-Capitulations-Negotio, vom Westphälischen Frieden an biß auf unsere Zeiten... Verf. von C.R. 2. Ed. — Regenspurg: Seidel 1720. 576 S. 8°
1:Gv 3374. **5. 7. 9. 12**:J.publ. G. 55. **10. 17. 18. 24.** 26->-20. **302.**
15.

Kurzer Begriff des reichsständischen Recursrechtes an die höchst ansehnliche allgemeine Reichsversammlung bey Gelegenheit des Fürstlich Neuwiedischen Recurses ... hrsg. Von e. altteutschen Publicisten. — o.O. 1794. 18 S. 8°
7. 12:4° J.publ. G.1062/6. **14. 17. 21.**

Kurtzer [Kurzer] Begriff der gantzen christl. Religion ... Vorgestellet von e. christlichen Liebhaber d. Philosophie u. Medicin. — o.O. 1738. 20 S. 8°
1:2 in Bd 8577. **9. 14.**
15.

Kurzer Begriff der Satzungen und Uebungen Marianischer Andacht, wie solche in der Herrn, und Bürger-Bruderschaft unter dem Titel: Verkündigung Mariä, der hh. drey Könige, des h. Josephs, Nährvater Christi, als angenommenen Mitpatronen, in der Jesuiten Kirche zur bestimmten Zeit gehalten werden. Samt e. Anh. d. Gebethe u. Gesänge d. sogenannten deutschen Messe. — Köln a. Rh. 1794: Lumscher. 120,56 S. 8°
Sondert.: Gebethe u. Gesänge zur heiligen Messe für alle Jahreszeiten. [Köln 1789].
38.

Kurtzer [Kurzer] Begriff in Sachen Schaumburg-Lippe-Alverdissen, contra Schaumburg-Lippe Bückeburg, die praetendirende Subdivision des Lippe-Brackischen Anfalls betreffend. — o. O. [um 1745]. 12 S. 4° **14. 17. 26. 27.**
15.

Kurtzer [Kurzer] Begriff derer wegen des zwischen denen rechtmässigen und natürlichen Printzen vom Geblüte in Franckreich obschwebenden Streits heraus gekommenen Schrifften, nebst einigen historisch-politischen Reflexionen, und dem desfals ergangenen Schluß-Edict vom Julio 1717. Aus d. Frantz. übers. — Hamburg: v. Wiering 1717. 287 S. 8°
2. 27. 28. 29. 302.
15.

Kurtzer [Kurzer] Begriff oder Species Facti, der zwischen denen hochfürstlichen Herren Possessorn, deß ... Hertzogthums Crummau an einen, dann dem Königl. Closter-Stifft Golden oder Heil. Cron genannt ... anderten Theils, in puncto reluitionis, derer an die jemahlige Crummauer Herren Possessores verpfändten clösterlichen Fundations-Güthern. [Nebst] Anh. — Prag [um 1710]: Ertz-Bischöffl. Buchdr. 8° **2.**
15.

Kurtzer [Kurzer] Begriff der lateinischen Sprache, bestehend in einem compendieusen Vocabulario, welches ... die nöthigsten Stamm- und abstammende Wörter, in sich enthält ... Verf. von D.S.L.R.S.P. — Stargardt: Ernst 1723. 150 S. 8° **9. 18.**
15.

Begriff, Kurzer, von der durch die Rechenkammer eingeführten verbesserten Staatsbuchführung, ... V: *Beeckhen, Georg Adalbert von.* (MGT)

Kurzer Begriff von Steinkohlen und derselben verschiedenen Arten und Eigenschaften nebst einer Anleitung zum vortheilhaftesten Gebrauch derselben. — Prag: Calve 1801. 68 S. 8° **2. 27. 29.**
15.

Kurzer tabellarischer Begriff des grosen [!] Weltall's, insonderheit der drei Naturreiche. Zum ersten Unterricht, vornemlich zum Gebrauch für d. Jugend. — Tübingen: Heerbrandt 1786. 320 S. 8° **21.**
15.

— kurzer tabellar., d. großen Weltalls rc. 8. Tübing. 786. (Osiander). 14 𝒦

— kurzer, d. Technologie od. Gewerbskunde. Zum Gebrauch d. Volksschulen. 8. Zeitz 811. Webel. 8 𝒦 (Auch im Elementarb. z. Unterr. d. Jugend.)

Kurtzer [Kurzer] Begriff des gantzen Neuen Testaments, darinnen die führnehmsten Sachen und Sprüche nach der gewöhnlichen Ordnung der Bücher und Capitel erzehlet werden. — Jena: Bielcke 1702. 264 S. 8° **23. 24.**
15.

Kurtzer [Kurzer] Begriff der fürnehmsten Testaments-Articuln Caroli des Andern, Königs von Spanien und Indien &c. glorwürdigsten Gedächtnus. — o.O. [1700]. 2 Bl. 8°
12:4° Eur. 387-1.
15.

Kurtzer [Kurzer] Begriff der sachsen-waymar-eisenachischen Tutel-Sache. — Dat. Wienn 1. Oct. 1748. 4 Bl. 4°
3. 26. 27.
18.

Begriff, Kurtzer, deren Uebungen des Heiligen Ignatii Von Lojola. Für die Heilige Advent-Zeit ... Wien 1731. [?] V: *Brean, Franz Xaver.* (so)

Begriff, Kurzer, des Ungrundes von dem zweyten Absatze des 1. Theils der Reichsritterschaftlichen Druckschrift ... Erlangen 1752. V: *Pfeil, Christian Carl Ludw. von.* (ML)

Kurtzer [Kurzer] Begriff, der hochwichtigen Ursachen, warumb man sicherlich solle catholisch verbleiben, oder werden. — München 1733: Riedlin. 36 S. 8°
12:Polem. 142 d/2.
15.

Kurtzer [Kurzer] Begriff der in selbst redender höchsten Billigkeit gegründeten ... Ursachen, daß des Heil. Röm. Reichs freye stets treue Stadt Speyr in ihrem Gesuch der Matricular-Moderation sich zur baldigen Erhörung beständige feste Hoffnung zu machen habe. — o. O. 1712. 2 Bl. 4°
1:2° Sg 7006. **26.**
15.

Kurtzer [Kurzer] Begriff und Ursprung der wunderthätigen h. Hostie und Altars-Sacrament. In d. löblichen Gottshauß deren PP. Augustinern zu Seefeld Lands Tyrol. Augspurg [usw.]: Wolff 1754. 20 S. 8°
12:H. eccl. 104 e.
15.

Kurtzer [Kurzer] Begriff von Ursprung, Regul, und Freyheiten deß dritten Ordens der Diener Mariae. — München [um 1730]: Vötter. 36 Bl. 8° **12**:Asc. 404.

— kurzer, von der Verehrung der seligsten Jungfrau u. Mutter Gottes Maria, zum gründlichen Unterrichte der Christen. 8. Augsb. 791. Doll. (Landsh., Krüll). 5 𝒦

Kurtzer [Kurzer] Begriff der christlichen Vollkommenkeit [!], nemlich Unterlassung des Bösen, auch der geringsten läßlichen Sünden; Ubung des Gutens und der wahren standmäßigen Tugenden. — Solothurn 1760: Schärrer. 288 S. 8° 25.
15.

Kurzer Begriff der Bengelischen Voreltern in aufsteigender Linie, (gestellet auf den Anfang des Jahres 1762). — o. O. [1762]. 8 S. 8° 24.
15.

Kurzer Begriff der Neuheuserischen Voreltern in aufsteigender Linie, gestellt mit Ende May 1768. — o. O. [1768]. 8 S. 8° 24.
15.

Kurtzer [Kurzer] Begriff des hellgläntzenden Wahrheits-Spiegels. — o. O. [um 1700]. 8 S. 8° 24.
15.

Begriff, Kurzer, christlicher Weisheit und Vollkommenheit. Innsbruck 1727. V: *Franck, Cajetan Frz Jos. Ign.* (Goovaerts, Ecrivains de l'ordre de Prémontré. I. Bruxelles 1899.)

Begriff, Kurtzer, eines Werckes, Silesia Numismatica genannt. O. O. 1708. V: *Dewerdeck, Gottfried.* (Nent)

Begriff, Ein kurtzer, wie der Schultheiß vn die gemein deß dorffs Fridhusen vff dem gnoden bärg, gemeinlich erkant vnd erwelt haben ein schöffel irs dorffs mit namen Hans Knüchel . . . [Basel 1523.] V: *Gengenbach, Pamphilus.* (Weller, Repert. typogr. Nördlingen 1864.) V: *Meyer, Sebastian.* (Flugschriften aus den ersten Jahren der Reformation, hsg. von O. Clemen. Leipz. 1907. I, 213ff.)

Kurtzer [Kurzer] Begriff, wie des Hochwürdigsten des Heil. Römischen Reichs Füsten [!] und Bischoffen zu Eichstätt Joannis Antonii . . . Knebell de Catzenelenbogen . . . devovirt-geschencket Vermögen . . . nach dero 1725 erfolgten tödtlichen Hintritt . . . in Abwerth und . . . Vernichtigung gantzlichen zu bringen, die schädlichste Unternehmungen von übelgesinten Raths-Gebern bis anhero 19. Jahr lang geschehen seyen. [Nebst] Adiuncta. T. 1-3. o. O. [um 1745]. 4° 5.
15.

Kurtzer Begriff, wie es an dem instehenden Buß-, Fast-, Bät- und Danck-Tage den 19. Tag Octob. dieses 1746ten Jahrs gehalten werden soll. — [Kassel 1746.] 4 Bl. 8° 4.
15.

Kurzer Begriff, wie es in Hamburg mit der Erbfolge ohne Testament gehalten wird. 1759 u. ö. s. a. *Beckhof,* Walter.

Begriff, Kurzer, wie es in Hamburg mit der Erbfolge ohne Testament gehalten wird. Hamburg 1759. V: *Beckhof, Walther.* (Schr)

Kurtzer [Kurzer] Begriff, oder Wiederholung der Substanz, und Wesenheit einer zu Nutzen der Reichen, und Armen in Freysing aufgerichten Liebs-Congregation. — Freysing 1707: Immel. 406 S. 8° 12: Bavar. 217 o.
15.

Begriff, Kurzer, aller Wissenschaften und anderen Theile der Gelehrsamkeit . . . Leipzig 1745. V: *Sulzer, Johann Georg.* (JL)

* Kurzer Begriff aller Wissenschaften und anderer Theile der Gelehrsamkeit. Frankft. Cotta. 8. 1774.

Begriff, Kurzer, aller vorzüglichsten interessantesten Wissenschaften und schönen Künste. Leipzig 1818. V: *Michaelis, Christian Friedrich.* (Ky)

— kurzer, aller vorzügl. interessanten Wissenschaften u. schönen Künste ꝛc. Nebst 1 Abriß der Gesch. des deuts. Reichs u. e. Vorrede v. M. Dolz. 8. Leipzig, Baumgärtner. 818.

* Kurzer Begriff aller Wissenschaften, worinnen die natürliche Verbindung aller Theile der Gelahrtheit gezeigt, auch ein jeder noch insbesondere nach seinem Inhalt, Nutzen, Vollkommenheit kürzlich beschrieben wird. Leipz. bey J. L. Langenheim. 8. 1745.
— Neuere Aufl. Leipz. 8. (4 ggr.)
rec. Gött. Anz. 1760. p. 606. 1759.

Kurzer Begriff, worauf die Abfassung eines Normativi über die ritterschafftl. Irrungen bey dem Reich ankomme. Dat. Stuttgart 30. Dec. 1752. 2 Bl. 4°
1: 6 in 4° Gw 12830. 5. 21. 24.
15.

Kurzgefaßter Begriff von dem hohen Orden der Johanniter- oder Malteser-Ritter. Hrsg. von C. H. CZ. — München 1782. 39 S. 8° 12: H. eccl. 151/2.
15.

Begriff der christlichen Lehre, in zwölf Zahlen vorgestellet und zum Gebrauch adelicher Jugend in mehreren Haupt-Sprachen versetzet. — Wien 1769: Schulz. 20 Bl. 8°
Nebent.: Grund zu allen Sprachen, und der ewigen Glückseligkeit.
302.
15.

Begriff in Sachen Müller & Cons. contra Franckfurt und Maurer. — o. O. [um 1770]. 6 S. 4° 26. 30.
15.

— natürl., von d. Körperwelt, f. d. Jugend. 8. Landsh. 790. Storno. 3 gr

Neuester Begriff des Verlaufs und derer Rechts-Gründe in Sachen zu Frankfurt beeder Teutsch- und Französischer Reformirten Gemeinden gegen den Rath daselbsten, die Wiederherstell- und Einräumung der Kirchen betr. — o. O. 1764. 2 Bl. 4° 26. 30.
15.

Ueber den Begriff der geistlichen Oberen in Preußen. (Verf.: P. J.) — o. O. [um 1830]. 15 S. 8° 5.
15.

— e. ökonom.-medicin. Pastoral, (v. Th. Lechleutner). 8. Augsb. 791. Rieger. 10 gr

Begriff, über den, des Protestantismus unserer Zeit, mit Bezug auf die Sehnsucht der evangel. Kirche nach Einheit. Promemoria an die Generalsynode zu Berlin von e. christl. Staatsbeamten. 8. Neuß 846, Schwann. n. 3 ngr

Begriff, über den, des Protestantismus unserer Zeit, mit Bezug auf die Sehnsucht der evangelischen Kirche nach Einheit. Promemoria an die Generalsynode zu Berlin v. einem christl. Staatsbeamten. 8. (22 S.) Reuß 847, Schwann. n. 3 ngf.

— d. Regel d. Vollkommenheit f. alle Stände d. Menschen rc. 8. Augsburg, Wolling. 790.

— v. d. christl. Religion. a. d. Franz. 8. Wien, Trattner. 775.

Begriff von der christlichen Religion. Wo in kurzem alles erkläret wird, was zur Seligkeit nothwendig ist. Aus d. Franz. übers. — Wien 1780: Trattner. 253 S. 8°
300:492.859-B.
15.

Der richtige Begriff vom Gesetz und von der Gnade. Oder: Die Wirkungen des Gesetzes im Vergleich zu den Gnadenwirkungen. — Reutlingen: Schauwecker 1880. 64 S. 8° (Die große Kraft u. Herrlichkeit durch d. Geist. 1.)
24.
15.

— der richtige, vom Reiche Gottes, enthüllt auf Grund der Gleichnisse vom Himmelreich. 8. (164 S.) Reutlingen 881. (Palm.) n. — 75

Der richtige Begriff vom Reiche Gottes, enthüllt auf Grund der Gleichnisse vom Himmelreich. — Reutlingen: Schauwecker 1881. 164 S. 8° **24.**
15.

Der richtige Begriff von der Seligkeit, enthüllt auf Grund der Eingangsworte der Bergpredigt. — Reutlingen: Schauwecker 1881. 192 S. 8° **24.**
15.

Continuation des Sachsen meining-coburgischen summarischen Begriffs von unfürdencklicher Beschaffenheit des Amtes Neustatt. 1735 s. *Begriff*, Summarischer, der vornehmsten Gründe von unfürdencklicher Beschaffenheit des Amtes Neustatt. Cont. 1.

Continuation des Sachsen meiningischen summarischen Begriffs von unfürdencklicher Beschaffenheit des Amtes Neustatt. 1738 s. *Begriff*, Summarischer, der vornehmsten Gründe von unfürdencklicher Beschaffenheit des Amtes Neustatt. Cont. 2.

Begriff der Satzungen und Ubungen Marianischer Andacht, wie solche in der der Himmels-Königin unter dem Titul: Mariae-Verkündigung; und der H. H. drey Königen gewidmeten Herren Bürger-Bruderschaft der freyen Reichs- und Haupt-Stadt Cölln unter der Obsicht der PP. Soc. J. daselbst gewöhnlich gehalten wird. — Cölln 1769. 112 S. 8°
38.
15.

Ueber den Begriff der Suggestiv-Fragen. Ein Beitrag zum Kriminalrechte. Nebst e. literarischen Zugabe von C. W. Fr. Grattenauer. — Berlin: J. W. Schmidt 1803. 96 S. 8° **1:Fx 3522. 2. 7→10. 12:Crim. 112. 18.**
15.

Summarisch-acten-mäßiger Begriff mit Beylagen, worinnen die Ohnfuege der an das Käyserliche und des Reichs Cammer-Gericht zu Wetzlar von dem Frey-Herren von Schmiesing in Sachen gegen den Frey-Herren Landsberg jüngst unternommenen Appellation deutlich gezeiget, und anneben angewiesen wird, daß die Anforderungen des Frey-Herren von Schmiesing dem Landsbergischen pacto familiae mehresten Theils wiederstreben. — o. O. 1744. 30 S. 4°
26.
15.

Begriff, Summarischer, ad instar relationis ex Actis verfasset, derer meist- und vornehmsten Argumenten, mit welchen der A. 1710 ... bestättigte Tractatus successorius ... von Höchst- und Hochgedachten Herrn Franz zu Öttingen ... recht und gründlich defendirt wird. Öttingen 173?. V: *Zengk, Adam Frdr.* (Holz)

Summarischer Begriff und Beweißthum derer dem löblichen Mittel-Rheinischen Wetterauischen Ritter-Corpori und dessen Directorio, über alle dero in der Ritter-Steuer Matricul begriffene Mit-Glieder und adelichen Güter Possessores, in specie die Burg Friedberg und Gelnhausen, auch übrige Gan-Erben Häuser ohnstrittig zukommenden Collectations- und Executions-Rechten. — o. O. [um 1730]. 23 S. 4° **26.**

Begriff, Summarischer, der Acten- auch dem alten Herkommen des gräfl. Ötting. Hauses gemäßen und rechtlichen Deduction, ... O. O. 1733. V: *Zengk, Adam Frdr.* (Holz)

Summarischer Begriff derer Exceptionen welche der ... Herr Christian Wilhelm, Fürst zu Schwartzburg ... wider die Praetensiones, so ... Frau Augusta Dorothea, verwittibte Fürstin zu Schwartzburg, gebohrne Hertzogin zu Braunschweig und Lüneburg &c. wegen dero Witthumbs und anderen weiblichen Gerechtigkeiten formiret, vor der zu dieser Sache allerhöchst angeordneten Käyserlichen Commission in Schrifften deduciren lassen. — o. O. 1718. 30 S. 8° **24. 26. 27. 302.**
15.

Summarischer Begriff der vornehmsten Gründe von unfürdencklicher Beschaffenheit des Amtes Neustatt aus denen bißherigen s. meiningischen Schrifften zusammen gezogen. [Nebst] Cont. [1.] 2. — o. O. 1735–38. 4°
Cont. 1. Continuation des Sachsen meining-coburgischen summarischen Begriffs von d. unfürdencklichen Beschaffenheit d. Amtes Neustatt. [Nebst] Beyl. [1735.]
Cont. 2. Continuation des Sachsen meiningischen summarischen Begriffs von unfürdencklicher Beschaffenheit d. Amtes Neustatt, worinnen die unhaltige s. saalfeldische Schrifften u. e. besonderes Impressum vollends gründlich wiederleget werden. [Nebst] Beyl. 1738.
1:3–5 in 2° Gq 5400 [u.] [° Cont. 2] : 2° Ss 3704. 3 [° Hauptw.; Cont. 1]. 4 [° Cont. 2]. 24 [° Cont 2]. 27.
15.

Summarischer Begriff derer vornehmsten Gründe, welche in Sachen Herrn Grafens, nunc Fürstens von Oettingen-Spielberg Impetranten eines- contra weyl. Herrn Albrecht Ernsten ... Fürsten zu Oettingen p.m., Herrn Anton Carl, Grafen zu Oettingen-Wallerstein und Herrn Craft Wilhelm, Grafen zu Oettingen-Baldern Impetraten andern Theils den Anno 1710 zwischen dem impetratischen Herrn Fürsten wegen künftiger Succession ... aufgerichteten Tractatum successorium betreffend vor höchst-preißlichem Reichs-Hof-Rath ... verhandelt worden sind. — o. O. [1734]. 19 Bl. 4° **1:an 2° Sg 4901. 26.**
15.

Summarischer Begriff des Rechts-Streits, in Sachen Leiningen-Hartenburg contra Leiningen-Westerburg. — o. O. [um 1710]. 2 Bl. 4°
5. 12:2° Ded. 133/4. 17. 24. 26. 27.
15.

Summarischer Begriff, was die Vestung Philippsburg bey einlegender 8000 Mann Guarnison auf einen sechsmonathlichen Vorrath sowol an Proviant, als andern Victualien, auch Salarirung ... erfordern. — Dat. Heylbronn 12. Dec. 1714. 6 Bl. 4° 1:13 in 2° Gx 13000–15
15.

Begriff derjenigen Tafeln, welche die Sinus und Tangentes vor jeden Grad und Minuten des Quadranten nebst ihren und der gemeinen Zahlen von 1 bis 10000 behörigen Logarithmis, wie auch die Quadrat- und Cubic-Zahlen von 1 bis 1000 und denn die in vielen Stücken höchstnützliche tabulam chordarum vom Radio der 100:0 Theilen nach aller Kürtze anweiset. — Giessen [usw.]: Lammers 1725. 519 [vielm. 319] S. 8°
Als Verfasser wird Henricus Briggius genannt.
6. 12: Math. P. 56h. 24.
15.

— über den, des Verbrechens aus dem Standpunkte des Strafgesetzgebers, und über das Verhältniß des Begnadigungsrechts zur Strafgewalt. Ein Beitrag zur Beurtheilung des Entwurfes zu einem Criminalgesetzbuch für das Königreich Sachsen. 8. Leipzig 837. Kummer. 1/3 ₰

Der wahre Begriff des Herkommens, als ein in den Rechten gegründeter Titel ein Recht zu besitzen. 1751
s.a. *Baleke*, Jakob Heinrich.

— der wahre, des Herkommens, als ein in den Rechten gegründeter Titel, ein Recht zu besitzen. 4. Rostock, Bödner. 751.

Begriff, Wahrer, derer von einigen Protestantischen Scribenten schändlich verdrähten §§ 30, 31. Art. V. Pac. Westph. erklärt aus denen actis publicis Westphalicae . . . Regensb. 1758. V: *Krauss, Joh. Bapt.* (Kat. der ständ. Bibl. Stuttg. 1907. S. 96.) (Pütter, Litt. des Teutsch. Staatsr. Gött. 1773—91. III, 720.)

Begriff einer allgemeinen Weltgeschichte ... Aus dem Französ. ... übers. von Joh. Christoph Roques. Frankfurt und Leipzig 1754. V: *Vernet, Jacques.* (EB)

— über den, u. d. Wesen d. Investitura Saxonica od. d. gerichtl. Beleihung nach Sächs. Recht. gr. 8. Naumb. 821. Wild. 6 gl.

Begriffe, Die allerersten, eines jungen Menschen, der seinen Gott erkennen und verehren lernen will, oder die ersten und vornehmsten Religionskenntnisse eines Christen. Hamburg 1785. V: *Herz, Johann Friedrich.* (EB)

Allgemeine Begriffe der Chymie nach alphabetischer Ordnung... Leipzig: 1768

s.: (Macquer, Pierre Joseph): Allgemeine Begriffe der Chymie nach alphabetischer Ordnung Dictionnaire de chymie. Dt.) ...übers.und mit Anmerkungen vermehrt von Karl Wilhelm Pörner. Th.1

JB 301/1

Algemeine [Allgemeine] Begriffe vom Münzwesen, nach welchen dasselbe in allen wohlangebaueten Staaten auf einen beständig guten Fus fest gesetzet und erhalten, ein verfallenes gründlich verbeßert werden kan. — Franckfurth [usw.] 1756. 12 S. 4°
7. 15. 17. 18. 21. 23. 24. 27. 30.
15.

Begriffe und Bezeichnungen, Schiffbautechnische. Entwurf. Berlin 1904

Edle Begriffe von Gott aus der Beschauung seiner Werke im dreyfachen Reiche der Natur. — Frankfurt a. M. 1780: Andreä. 119 S. 8°
17.
15.

— erste, aus der Naturlehre, für Kinder. 8. Bresl., Graß, B. u. C. 6 gl.

Ueber die falschen Begriffe von der Gottheit. — Berlin 1754. 4 Bl. 8°
27.
15.

— kurze, der nothwendigsten Gebeter ein. kathol. Christen. 12. Duisb. Bädecker. 801.

— — dasselbe. 18. Bamberg. Göbhardt. 801.

Kurzgefaßte Begriffe über Constitution, oder die Rechte und Freiheiten der Staatsbürger. — Wien: Ziegler [um 1850]. 11 S. 8°
300: 400.584–B. [u.ö.]
15.

Begriffe der matematiker. Forwort zur darstellung des ferhältnisses, in dem di seiten am menshen, tire, gewäxe und steine stehen, und des so erhaltnen begriffes fom bau des menshen, tires, gewäxes und steines. — Riga: Götschel [usw.] 1868. 40 S. 8°
1: O 5448. 5. 15. 16. 90.
15.

Begriffe, politische, des russischen Volkes in Erzählgn. (In russ. Sprache.) (2. Aufl.) 8. (243 S.) Leipzig (899). E. L. Kasprowicz. n. 3. —

Begriffe vom sog. verhexten Vieh. Salzb. 1787. V: *Detten, Anton v.* (HR)

Begriffe für's Volk von der bürgerlichen Freyheit und Gleichheit. Prag 1793. V: *Brauer, Anton.* (Bespr. in: Für Böhmen. Miscellen S. 43.) (BiblPort)

Von dem wahren Begriffe der herrschenden Religion eines Staates. Rede ... im Nahmen der Akademie zu Kiel gehalten am 2ten Oktober 1767. — Leipzig: Böhme 1775. 32 S. 8°
29.
15.

Begriffsbestimmungen, die wichtigsten, der allgemeinen Sittenlehre, für Lehrlinge der Volksschule zur Befestigung katechetischer Entwickelungen. 8. (1¾ B.) Glogau 837, Flemming.

Begrip, Kort, van het Oude en Nieuwe Testament, ten gebruike van jonge kinderen. Freiburg i. Br. 1879. V: *Meyer, J. de.* (Kat. Herder 1801—95.)

Begrip, kort, van het oude en nieuwe testament ten dienste van de leerlingen der middelklas in het gestight voor doofstommen te Antwerpen. gr. 16. (VIII, 112 S. mit eingedr. Holzschn.) Freiburg i. Br. 879, Herder'sche Verlagsh. *

Begruendung. —
„Begründung" zu einer bestimmten Ausgabe eines Gesetzes oder eines Gesetzentwurfes s. auch unter dem Titel des Gesetzes oder Entwurfes. Die Schriftleitung bittet, etwaige Titel dieser Art, soweit sie unter Begründung eingeordnet sind, gleichwohl zu melden.

Begründung, Allgemeine (und besondere), zum Entwurf eines Gesetzes betr. die Kommanditgesellschaften auf Aktien und die Aktiengesellschaften.
Berlin 1884.

Begründung einer allg. preuß. Altersversorgungsanstalt. Berlin 1849.

Begründung des Anspruchs Seiner Durchlaucht des Fürsten Stephan Albrecht Georg zu Schaumburg-Lippe auf die Thronfolge im Fürstenthum Lippe (in dem schiedsgerichtlichen Verfahren gegen Seine Erlaucht den Grafen und Edlen Herrn Leopold zur Lippe-Biesterfeld). Schriftsatz [1.]2 [nebst] Berichtigung [u.] Anl. A. — o.O. [1897–1905]. 4°

Berichtigung zu den Schriftsätzen ... Vom 30. April 1905. Berlin [1905]: Sittenfeld.
Anl. A. Zur Unruh-Frage. 1905. Berlin [1905].

14.
15.

Begründung des Antrags [Antrag] der Gemeinde Buer auf Verleihung der Städteordnung. — Buer 1907: Vest. 40 S. 4° 1:4° Tg 4784/10.
15.

Begründung und Antrag der wirthschaftlichen Korporationen Darmstadts, behufs d. Errichtung u. Angliederung e. Handelshochschule an d. 'Technische Hochschule'. — [Darmstadt 1901.] 10 S. 4° 17.
15.

Begründung des an den 5. Deutschen Turntag (3. Aug. 1872 zu Bonn) vom Turn-Klubb[!] zu Hannover gerichteten Antrages [Antrag], betr. d. Förderung d. Schulturnens. — (Hannover [1872]: Riemschneider.) 4 S. 8°
30.
15.

Begründung des Antrages [Antrag] des Verwaltungsausschusses (des Freien Deutschen Hochstifts) an die außerordentliche Hauptversammlung vom 5. Sept. 1890, betr. d. Erhöhung d. Mindestbeitrages für d. Frankfurter Mitglieder. — Frankfurt a. M. [1890]: Knauer. 8 S. 8°
30.
15.

Begründung der Anträge auf Errichtung von fünf wissenschaftlichen Beamtenstellen für Unternehmungen der physikalisch-mathematischen Classe [der Königlich Preußischen Akademie der Wissenschaften zu Berlin]. (Juni 1899.) — [Berlin 1899.] 16 S. 8° 1:Aa 2095/65.
15.

Begründung der Ausschreibnng von Preis-Aufgaben für den Bau von freistehenden Arbeiterhäusern. Zürich 1885. V: *Schindler-Escher*, *Caspar*. (Cat. d. Stadtbibl. Zürich. Zürich 1864—97.)

Begründung der Beschlüsse der vom 10. österreichischen Advocatentage zur Ausarbeitung eines Tarifes für bürgerliche Rechtsstreitigkeiten eingesetzten Commission. — (Wien: Fromme [1897].) 51 S. 8° 302.
15.

Begründung zum Branntweinsteuergesetzentwurf. Stenogr. Ber. über d. Verhandlungen d. Reichstages. Session 1894 1895. Nro. 235. II. Anlage-Bd. 971 ff. Berlin.

Begründung, Die, der Motion Brunner und Genossen im Bernischen Verein für Handel und Industrie. [Bern 1896.] V: *Brunner*, *Rudolf* & *Eduard Marti*. (BSchwLk V, 9 h)

Begründung, die, der Comenius-Gesellschaft. Aktenstücke u. Satzgn. [Aus: „Monatshfte. d. Comenius-Gesellsch."] gr. 8. (44 S.) Berlin 894. (Münster, J. Brodt.) — 25

Begründung der Eingabe des Verbandes Deutscher Handlungsgehülfen zu Leipzig über Ladenschluss und Ruhezeit in den offenen Verkaufsstellen des Handels. — Leipzig 1909: (Meyer). 14 S. 8° 23.

Begründung der Eingabe des Verbandes Deutscher Handlungsgehülfen zu Leipzig für Revision der Gesindeordnungen. Reichsgesetzliche Regelung d. Stellung d. Hausangestellten. — Leipzig 1910: (Meyer.) 22 S. 8°
12:J. germ. 255a.
15.

Begründung und Entwicklung, Die, der medicinisch-chirurgischen Lehranstalt zu Magdeburg ... Magdeburg 1828. V: *Trüstedt*, *F. L.* (call)

Begründung des Entwurfs [Entwurf] einer Deich- und Sielordnung für die Provinz Ostfriesland. — o.O. [1849.] 65 S. 8° 1:Gm 12988-2.
15.

Geheim! Begründung des Entwurfs [Entwurf] eines Einführungsgesetzes zur Militärstrafgerichtsordnung. — Berlin 1897: (Reichsdr.) 15 S. 8° 27.
15.

Zur Begründung des Entwurfs [Entwurf] einer Gebührenordnung für die Anwälte. Gesetz oder Verordnung über d. Anwaltgebühren. — Mannheim: Bensheimer 1867. 49 S. 8°

Aus: Jahrbücher für badisches Recht. 1,5. 1867.

31. 302.
15.

Begründung des Entwurfs [Entwurf] eines Gesetzes zur Abstellung der im prozessualischen Verfahren wahrgenommenen Mängel. — o.O. [1834]. 20 S. 8° 7.
15.

Begründung des Entwurfes [Entwurf] eines Gesetzes, durch welches die Grundsätze des Unterrichtswesens bezüglich der Volksschulen festgestellt werden. — ([Wien 1869]: K. k. Hof- u. Staatsdr.) 46 S. 8° 302.
15.

Begründung zu dem Entwurf eines Handelsgesetzbuchs für das Deutsche Reich. — Berlin 1895: Norddeutsche Buchdr. u. Verl. Anst. 257 S. 8° 21.11. 12: Merc. 325e. 17.
15.

Begründung zum Entwurfe [Entwurf] einer Kostenordnung für Notare. — Dresden [um 1890]: Heinrich. 10 S. 4° 14.
15.

Begründung zu dem Entwurfe [Entwurf] einer Notariats-Ordnung. — (Dresden [um 1890]: Heinrich.) 34 S. 4°
14.
15.

Begründung und Entwurf des Vereinsausschusses für die abgeänderte Buchhändlerische Verkehrsordnung. — (Leipzig 1909: Ramm & Seemann.) 17 S. 4° (Börsenblatt für d. Deutschen Buchhandel. 76, Beil.)
7. 12:4° N. libr. 2ep. 30. 101.
15.

— Ebd. [1910]. 19 S. 4° 12:4° U. libr. 129b/1. 21. 90.
15.

Begründung d. Entwurfs e. deutschen Civilprozeßordnung u. d. Einführungsgesetzes. Lex.-8. (VI, 636 S.) Berlin 872. v. Decker. n. 5. 50

Begründung zu den Entwürfen [Entwuerfen] eines Gesetzes über den Versicherungsvertrag, eines zugehörigen Einführungsgesetzes und eines Gesetzes, betreffend Anderung [!] der Vorschriften des Handelsgesetzbuchs über die Seeversicherung. Reichstagsvorlage nebst Abdruck der beiden veröffentlichten Gesetzentwürfe. — Berlin: Guttentag 1906. V,267 S. 8° 1:Fe 9574/3. 7. 8. 11. 12: J. germ. 265a. 17. 18. 30. 302.
15.

Begründung und Erläuterung des vom Architekten Franz Sitte angefertigten Kirchenbauplanes, bezüglich der im Breitenfelde neu zu erbauenden und dem heil. Franciskus Serafikus zu widmenden Kirche. 8. (24 S.) Wien. Mechitaristen Buchdruck. 1853.

Deutsche Gesellschaft zur Rettung Schiffbrüchiger. Die Begründung der Deutschen Gesellschaft zur Rettung Schiffbrüchiger. — Bremen 1886: Diercksen & Wichlein. 29 S. 8° 18.
15.

Begründung zu dem Gesetze über den Feingehalt der Gold- und Silberwaaren und dessen Ueberwachung. Wirksam für d. ganze Reich. — ([Wien um 1864]: k. k. Hof- und Staatsdr.) 162 S. 4° 300:118.343-C.
15.

— Ebd. [1864]. 170 S. 4° ●300:74.499-C.
15.

Begründung des Gesetzentwurfes, die Rechtsverhältnisse der Bauerhöfe in der Provinz Hannover betreffend. o. O. [1868]. 49 S. 4° 1:2 in 4° Gm 15400.

Begründung zu dem vorläufigen Gesetzentwurf über Fideikommisse. — o. O. [um 1900]. 212 S. 4° 27.
15.

Begründung der Gesetzentwürfe, betreffend die Einführung des Grundbuchsystems in Elsaß-Lothringen. Motifs des projets de lois concernant l'introduction du système des livres fonciers en Alsace-Lorraine. — Straßburg: Trübner 1885. 421 S. 8°
1: Stala 868. 12: J. pract. 405t/1.
15.

Begründung des Glaubens nach den Grundsätzen und im Geiste der Reformatoren. Denen, welche Gewißheit u. Einheit d. Glaubens suchen, gewidmet von d. Verf. d. Schrift: Die Augsburgische Confession beleuchtet im Jahr 1830. — Stuttgart: Metzler 1831. VI, 240 S. 8° 24.
15.

Begründung einer Gottesdienst-Ordnung für die evangelisch-protestantische Kirche im Großherzogthum Baden. Vorlage des evangelischen Oberkirchenraths an die Generalsynode von 1855. — Karlsruhe 1855: Braun. 320 S. 8° 3.
15.

Begründung zum deutsch-chinesischen Handelsvertrag. Shanghai 1903. — Berlin 1903: Reichsdr. 44 S. 4° 18.
15.

Die Begründung der Kaiser-Wilhelm-Bibliothek in Posen in den Jahren 1898 bis 1902. Dargestellt von d. Verwaltung d. Kaiser-Wilhelm-Bibliothek. — Posen 1904: Merzbach. 82 S. 4° 1:4° Ao 7384/59. 2→11. 12:4° N. libr. 53 od-1 [u.] 128 u. 14. 16. 17. 18. 21. 23. 24→27. 29. 30. 38. 82. 89. 90. 91. 102. 302.
15.

Begründung des von Josua Abraham gegen das Urtheil des Assisenhofes zu Cöln eingelegten Cassations-Gesuches. An den Königlichen hohen Revisions- und Cassationshof in Berlin. [Berlin ca. 1821.] V: *Sandt, A. von.* (KGBerlin I, 989)

Begründung der von den Elbinger Direktoren und Lehrern gegen den Schulrath Dr. Lucas öffentlich erhobenen Klage. — Königsberg: Theile 1848. 23 S. 8° 10.
15.

Begründung des Commissions-Entwurfs einer Deichordnung für das Herzogthum Oldenburg. Oldenburg 853. Stalling. gr. 8. (VII, 110 S.) n. 10 ngℋ
Vergl. Commissions-Entwurf ꝛc.

Begründung des Commissions-Entwurfs [Kommissionsentwurf] betreffend das revidirte Ritterrecht. — Dat. Stade 6. Oct. 1843. 2 Bl. 4° 7.
15.

Die Begründung des pfälzischen Kurstaates. — Kaiserslautern 1907: Thieme. 16 S. 8° (Vaterländische Schülerfeste an d. Realanstalt am Donnersberg. 5[a].)
1: Ne 8852-5[a]. 101.
15.

Kurze Begründung der Bitte des Kirchenvorstandes zu Neustadt-Dresden, zur Organisation der Seelsorge und der kirchlichen Liebesthätigkeit ihm die Einsetzung von Presbyterien für die Bezirke seiner Gemeinde zu ermöglichen. Dat. Dresden 10. April 1891. 14 S. 8° 14.

— kurz., des Vornehmst. der neuen Weltbegebenh. von 750—61. 8. Altona, Gebauer. 761.

Die Begründung des Landesfürstentums in Bayern. — Kirchheimbolanden 1906: Thieme. 4 S. 8° (Vaterländische Schülerfeste an d. Realanstalt am Donnersberg. 5.)
1: Ne 8852-5. 101.
15.

Zur Begründung der Bukowinaer Landes-Petition. — Wien 1848: Gerold. 48 S. 8° 300: 486.640-B. 302.
15.

Zur Begründung der Bukowiner Landespetition. Wien: Pichler 1848.

Begründung des Magistrats betr. die Ordnung vom 9. Sept. 1910 [über Tiefkanalisation]. — [Hanau 1910.] 3 Bl. 4°
Aus: Bericht über d. Verwaltung u. d. Stand d. Gemeindeangelegenheiten d. Stadt Hanau. 1908/10.

Begründung des Militär-Strafgesetzbuches im Entwurfe. (Lithographiert). (14 Hefte.) 4. (Wien zirka 1838.)

Begründung der Motion des Abgeordneten Aschbach, auf Einführung eines Verfassungs-Eides für alle Staatsbürger u. Beamte, so wie für d. Militär u. auf eine damit übereinstimmende Abfassung des Huldigungseides. (Aus den Verhandll. d. 2ten Kammer d. Badenschen Ständeversamml. besond. abgedruckt).
Karlsr. 1832. Braun.

Begründung der Motion, Aufhebung der Censur betreffend. Karlsruhe [1831]. V: *Welcker, Carl Theod.* (TÜBZ 26, 31)

Begründung der Motion des Abgeordneten Mathy auf Herstellung des freien Gebrauchs der Presse. Vorgetr. in d. 13. Sitzung der II. Kammer am 20. Dezbr. 1843. gr. 4. Carlsruhe 844, (Holtzmann). n. $^{1}/_{12}$ ℛ

— der Motive des Abgeordn. v. Rotteck, Aufhebung des Zehnten betreffend. gr. 8. Karlsr. 831. Braun. 4 𝒦

Begründung der Motion des Abgeordneten Welcker auf eine constitutionelle . . . Wehrverfassung. Carlsruhe 1831. V: *Welcker, Carl Theodor.* (ENGJ)

— der Motive des Abgeordneten Welcker auf eine constitutionellere, weniger kostspielige u. mehr sichernde Wehrverfassung. gr. 8. Karlsr. 831. Braun. 4 𝒦

— d. Motion des Abgeordneten Zittel auf Religionsfreiheit in d. badischen II. Kammer. Lex.-8. (1½ B.) Darmstadt 846, Pabst.
Aus den badischen Blättern besond. abgedruckt.

Begründung d. Motive des Abgeordn. v. Rotteck — Welcker — rc., lies bei allen dreien: Motion

Die **Begründung** des Uckermärkischen Museums-und Geschichtsvereins zu Prenzlau. – Landleute, schont Eure Alterthümer und verwerthet sie richtig! – Prenzlau (1898). Druck von A. Mieck. 8°

Begründung, Die öffentliche, des Rauhen Hauses am 12. September 1833. Hamburg 1837. H: *Wichern, Johann Heinrich.* (BrMm)

Begründung einer Petition wegen Beseitigung der monopolistischen Beschränkungen des Eisengewerbes im Siegerlande. — Siegen 1860: Vorländer. 10 S. 8° 38.
15.

Begründung des Projektes einer Elektrischen Eisenbahn von Brunnen nach Morschach ... s.a. [Brüstlein, John Eduard].

Begründung des Projektes einer Elektrischen Eisenbahn von Brunnen nach Morschach, Axenfels und Axenstein am Vierwaldstättersee. [Winterthur 1903.] V: *Brüstlein, John Eduard.* (BBullschw 3, 1903)

Begründung der gegen die Aufhebung der Familien-Fideicommisse gerichteten Proteste. (Von F. v. Daum.) gr. 8. (16 S.) Breslau 840, Max und Comp.

— des Nationalismus zur Religion, oder Darstell. des Nationalismus als Religiosismus. 8. Eisenb. 822. Schöne. 8 gl.

Ueber die Begründung der Realschulen zu Plauen und Zittau und ihre Verbindung mit den Gymnasien. Ein Beitr. zur Geschichte d. Realschulwesens im Königreich Sachsen. — Dresden [1866]: Teubner. 48 S. 8°
12: Paed. Th. 389. 14. 27.

Rechtliche Begründung des in den am 19ten Dec. 1768. und 27ten October 1769. gerichtlich übergebenen Suppliken unterthänigst gebettenen Mandati ... in Sachen d. Freyherrn Ludwig u. d. ... Freyherrn Christoph Albrecht Gebrüder von Hammerstein. wider d. ... Freyherrn Hans Werner v. Hammerstein ... Das Guth Ecquord betr. — o. O. 1770. 10 S. 4° 28.

Rechtliche Begründung eines unterthänigst zu erbittenden Mandati s. c. de exsequendo decreto per definitivam cameralem vires rei iudicatae obtinente. In Sachen u. abseiten Georg Friederich Richerz, Conrectors d. Johannsschule in Hamburg, entgegen u. wieder Herren Bürgermeister u. Rath daselbst. Mit Beyl. — [Hamburg] 1756 60 S. 4° 14.

Begründung der Rechtsansprüche des Fürsten zu Schaumburg-Lippe auf die Thronfolge im Fürstenthum Lippe. ... Strassburg 1896. V: *Laband, Paul.* (Berl 1913, S. 1250)

Begründung, Die, d. Deut. Reichs in Briefen u. Berichten d. führ. Männer, s: Voigtländer's Quellenbb.

Zur Begründung einer Chemischen Reichsanstalt. — (Berlin [1908]: Schade.) 13 S. 8° 20.

Begründung, Die, der »Deutschen Rundschau«. Ein Rückblick. Berlin 1899. V: *Rodenberg, Jul.* (Berl)

Begründung des gegen die Prager Burschenschaft Teutonia von den unterzeichneten Prager Burschenschaften und der deutsch-nationalen Verbindung unternommenen Schrittes, mit Bezugnahme auf d. von d. 'Teutonia' hrsg. Brochure: Verruf, ausgesprochen über die akad. Burschenschaft 'Carolina' zu Prag von der Prager Burschenschaft 'Teutonia'. — Prag: Selbstverl. 1889. 32 S. 8° 302.
15.

Begründung der Successionsansprüche Sr. Königlichen Hoheit des Grossherzogs Nicolaus Friedrich Peter von Oldenburg auf die Herzogthümer Schleswig-Holstein. Officielle Ausgabe. Oldenburg 1864. V: *Schultze, Theodor.* (ProvBHann 392)

Begründung der Successionsansprüche Sr. königl. Hoh. des Großherzogs Nicolaus Friedrich Peter v. Oldenburg auf die Herzogth. Schleswig-Holstein. Officielle Ausg. Oldenburg 864. Schulze. gr. 8. (297 S.) n. 28 ngr.

— urkundl., d. v. Grafen Schaumburg.-Lipp. Vormundschaft am Kammergericht übergeb. Imploration pro restitutione in integrum etc. Nebst Anlagen dazu. Fol. Leipz., Kummer. 2 ℔ 4 gl.

Begründung, Urkundliche, der von Gräflich-Schaumburg-Lippescher Vormundschaft am Kaiserlichen Reichskammergericht übergebenen Imploration pro restitutione in integrum ... Bückeburg 1793. V: *Reiche, Johann Daniel.* (ML)

Begründung des Verbandes. Erster Verbandstag in Dresden vom 21. bis 23. September 1898. — Berlin: Siemenroth & Troschel 1897. 43 S. 8° (Deutsch-Oesterreichisch-Ungarischer Verband für Binnenschiffahrt. Verbands-Schriften. 1.) 1: Sa 6022-1. 11.
12: A. hyd. 80 w-1. 14. 91. 300: 393.545-B. Per. 1. 302.
15.

Die Begründung und Verbreitung der Zuckergewinnung aus der weißen schlesischen Runkelrübe in Deutschland. 1836 s. *Arnoldi*, Ernst Wilhelm.

Die Begründung und 50jährige Wirksamkeit der Lebensversicherungs-Gesellschaft zu Leipzig. — Leipzig (1881): Reclam. 100 S. 4° [Umschlagt.:] Die Lebensversicherungs-Gesellschaft zu Leipzig 1830—1880. 1. 38 A.

Wissenschaftliche Begründung der Rechnungsmethoden des Centralbureaus der Europäischen Gradmessung. 1869-70 s. *Baeyer*, Johann Jakob.

Begruendungen der Entwürfe einer Militärstrafgerichtsordnung rc. Reichstagsvorlage. Berlin 1897. 243 S.
(s. a. Entwurf.)

Begruendungsurkunde. — Begründungsurkunde der gnädigst confirmirten Erneuerten Witwen- und Waisen-Societät der Beamten und Officianten beym Bergbau in der Grafschaft Mansfeld chursächsischer Hoheit. — Eisleben 1803 Verdion. 23 S. 8° 1.

Die feierliche Begrüßung Sr. Königlichen Hoheit des Kronprinzen Albert von Sachsen als Feldmarschall und Obercommandeur der Maasarmee an der Spitze der sächsischen Truppen durch den Rath der Stadt Dresden am 11. Juli 1871. Ölbild von F.W. Heine. Namens-Verzeichniß sämmtlicher darauf angebrachter Portraits. — Dresden: Teich-Hanfstängl [um 1880]. 6 Bl., 1 Taf. 4° 18.
15.

Zur feierlichen Begrüssung Sr. Maj. des Königs. — Dresden [1866]: Ernst & Porteger. 1 Bl. 8° 14.

Zur festlichen Begrüßung Seiner Majestät Koenig Ludwigs I von Baiern bey seinem Besuche der Propaganda in Rom. — (Rom 1842:Polyglottendr. d. Propaganda.) 9 S. 4°
1:4° Fr 726. 12:2° Don. Lud. II, 10.
15.

Begrüßung an Seiner Königlichen Hoheit dem Aller-Durchlauchtigsten Kron-Prinzen Friedrich Wilhelm von Preußen von dem Magistrat und der Stadt Minden unweit der Porta Westphalica. Am 5ten Junii 1788. — o.O. [1788]: Enax. 2 Bl. 2° 14.

Zur Begrüssung Sr. Königl. Hoheit Generalfeldmarschall Prinzen Georg v. Sachsen. Dargebracht von d. Gesangvereinen d. Stadt Leobschütz. — Leobschütz [um 1890]: Witke. 2 Bl. 4° 1:19 in Yf 6829.
15.

Begrüssung Sr. Hoh. des Herzogs bei Höchstseiner Heimkehr aus dem glorreichen Feldzuge gegen Frankreich. Dargebracht von Meiningens treuen Bürgern. — (Meiningen [1871]: Marbach.) 2 Bl. 4°
In 1 sind zwei Ausgaben dieses Druckes vorhanden, die auf verschiedenem Papier gedruckt sind.
1:4° Yo 13889.

Zur Begrüssung des zweiten Jahrhunderts der Loge zum goldenen Apfel. Dresden, am 27. Nov. 1876. — Dresden [1876]: C. Heinrich. 7 S. 8° 14.
15.

Begrüssung des Jubilars beim Eintritt in den Tempel. Dortmund o. J.: Crüwell. 1 Bl. 8° [Kopftit.]
Lied ohne Noten: „Heil Dir, Du treuer Freund, . . ."

Begrüssung des Hochgeliebten Landesvaters, von den Töchtern der Stadt Goldap den September 1844 überreicht durch eine Braut. — o.O. [1844]. 2 Bl. 2°
1:2° Yo 1584.
15.

Begrüßung der Lese aus Allenburg un des Görg aus'm Calenbergeschen an de Frah Känigin am 13. April 1853. — (Hannover [1853]: Culemann.) 2 Bl. 8° 18.
15.

Zur Begrüssung der Philologen, Schulmänner und Orientalisten bei ihrer Ankunft in Erlangen am 30. September 1851. Inhalt: 1. Duorum in Platonis Politico locorum emendationem proponit Christianus Cron. 2. Schulrede des Studienrectors Ludwig Döderlein: Über den Werth des äusseren Anstands. 3. Einige Beiträge zur Kritik des Vendidad von Friedrich Spiegel. — Erlangen 1851: Barfus. 22 S. 4° 1:4° Va 8914. 2. 4. 5. 8→11.
12: 4° Philol. 67 r-1851. 15. 16. 21. 25. 26. 28. 29.
15.

Zur Begrüssung des Herrn Karl Frdr. Wilh. Schwabe, bisher Archidiaconus zu Schneeberg, bei seinem Einzuge als Pastor Primarius in Kamenz, den 10. Maerz 1864, gewidmet von dem Saengerbunde zu Kamenz. — Kamenz [1864]: Krausche. 2 Bl. 4° 14.

Zur Begrüssung der XXXI. Versammlung Deutscher Philologen und Schulmänner, gehalten vom 25. bis 28. September 1876 in Tübingen. Inhalt: 1. Die Horazische Lyrik und deren Kritik von W. S. Teuffel. 2. Die nominale Reduplication im Griechischen von Ferd. Baur. Tübingen 1876: Fues. 36 S. 4°
1 Zugleich Univ.-Schrift Tübingen. 1876.
2. 7. 9. 11. 12: 4° Philol. 67 r-1876. 16. 21. 24. 24. 26. 30.

Begrüssung der Versammlung deutscher Naturforscher bei ihrem Besuch in Reutlingen den 23. Sept. 1853. [Reutlingen.] V: *Bamesius*. (Tübz 8, 65)

Zur Begrüssung der XXXVII. Versammlung Deutscher Philologen und Schulmänner in Dessau. Festschrift des Herzoglichen Francisceums in Zerbst. 1. Symbolae ad aetatem libelli qui Ἀθηναίων πολιτεία inscribitur definiendam. Scripsit Arminius Zurborg. 2. Studien zu den Ceremonien des Konstantinos Porphyrogennetos vom Oberl. Dr. Hermann Wäschke. 3. Horatiana. 4. Albanesische Farbennamen. Beides vom Director Gottl. Stier. Zerbst 1884: Römer & Sitzenstock. 30 S. 4°
1:4° Va 9193. 2. 3. 5. 7. 12: 4° H. lit. P. 260 p-1883/84.
14. 26. 300: 103.053-B.
15.

Begrüßung der Victoria auf dem Brandenburger Thore an die Victoria von England am 8. Febr. 1858. Berlin, Laffar. Fol. (4 S.) 2½ ngr

Begrüßungen Mariens, die andächtigen, an den vielbesuchtesten Gnadenorten. 2 Abthll. 12. Linz 838. (Haslinger.) 1/6 rℓ

Begruessungen. — Begrüßungen meines Vaterlandes. Einzelne Versuche. Samml. 1. — Frankfurt a.M.: J.G.W. Schaefer 1814. 27 S. 8°
1: Deutsche Flugschr. 1814-48. 30. 300: 80 J 254.
15.

Begrüßungen meines Vaterlandes, einzelne Versuche. 1e Sammlung. gr. 8. Frankf. 815. Schäfer. 3 gr

Begruessungsabend. — Unter dem Protektorate Seiner Königl. Hoheit des Grossherzogs Ernst Ludwig von Hessen. 16. Deutscher Feuerwehrtag in Mainz. 3. bis 6. Sept. 1904. Begrüssungs-Abend in d. Stadthalle am 3. Sept. 1904. — Mainz [1904]: Falk. 16 S. 8° 101.
15.

Begruessungsblatt. — Begrüßungs- und Gedenk-Blatt für die heimkehrenden deutschen Krieger. — Stuttgart: Evang. Ges. 1871. 40, XVI S. 8° 24. 29.
15.

Begrüssungs-Lied an den Durchl. Herzog Bernhard von S[achsen] Weimar bei seinem Besuche der □ Amalia den 5. Dec. 1820. [Weimar 1820.] 4 Bl. 4° [Kopftit.]
Ohne Noten: „Auf Brüder! reicht die Bruder-Hand . . ."

Begruessungsschrift. — Begrüßungsschrift zur Feier der Einweihung des neuen Gebäudes der Realschule mit Progymnasium zu Grimma am 9. Oktober 1899. — (Grimma 1899: Bode.) 62 S. 8° 1: Ay 27094/4. 25. 27.
15.

Begrüßungsschrift dem Gesammt-Vereine der deutschen Geschichts- und Alterthums-Vereine gewidmet zur General-Versammlung in Schwerin vom 7.-10. September 1890 vom Vereine für Meklenburgische Geschichte und Alterthumskunde. — Schwerin 1890: Bärensprung. 76 S. 8°
6. 14. 28.
15.

Begrüßungsschrift der deutschen Philologen-Versammlung zu Bremen dargebracht von dem Realgymnasium zu Vegesack. Inhalt: 1. F. Werry: Zur Vorgeschichte d. Realgymnasiums zu Vegesack. 2. Dr. Nagel: Ueber imitative u. induktive Methode. 3. F. Meigen: Versuch einer Vegetations-Geschichte d. Kaiserstuhls in d. oberrheinischen Tiefebene. 4. J. Vollert: Bemerkungen zum Nationalitätsgedanken. — (Bremen: Winter in Komm.); Vegesack 1899: Vegesacker Dr. 75 S. 8°
1: Va 9416. 3. 4. 6. 7. 9. 10. 11. 12: 4° Philol. 67 r-1899, 4.
14. 16. 17. 21. 23. 24. 26. 27.
15.

Begrüssungsschrift, der 28. Versammlung der Deutschen Anthropologischen Gesellschaft gewidmet bei ihrem Ausfluge nach Schwerin am 6. August 1897 von dem Vereine für Mecklenburgische Geschichte und Alterthumskunde. (Inhalt: Steinzeitliche Funde in Meklenburg. Von Robert Beltz.) Schwerin 1897. Druck der Bärensprungschen Hofbuchdruckerei.) 8°

Begrüssungsworte an Seine Königliche Hoheit den Prinzen Friedrich Wilhelm von Preussen, gesprochen durch Fräulein Marie Naunyn. — (Berlin [1858]: Decker.) 3 Bl. 8°
1:3 in 4° Rz 12906.

Begrüssungsworte an Ihre Königliche Hoheit die Frau Prinzessin Friedrich Wilhelm von Preussen, gesprochen bei Überreichung des Fest-Gedichts durch Fräulein Marie Krausnick. — [Berlin 1858: Decker.] 5 Bl. 4°
1:2 in 4° Rz 12906. 5.
15.

Begrüssungsworte an Seine Majestät den König, gesprochen bei der Ueberreichung des Festgedichts durch Louise Rehfeldt. — o.O. [1840]. 4 Bl. 4°
1:2 in 4° Sw 9936.
15.

Begrüssungsworte an Ihre Majestät die Königinn, gesprochen bei Ueberreichung des Festgedichts durch Elise Klein. — o.O. [1840]. 4 Bl. 4° 1:3 in 4° Sw 9936.
15.

BEGRY, FRANZ XAVER: Blüthen aus dem Gebiethe des Nachdenkens. Neusatz 1833: Jankowitsch. VII, 158 S. - 200 mm

Begry, Franz Xaver. Die wichtigsten Grundsätze und Vortheile des Kopfrechnens. Eine Hilfsschrift für den Unterricht und das bürgerliche Leben. Bearbeitet nach den besten Rechenbüchern von .... 8. (32 S.) Pesth, Emil Müller, 1853.

Begsteiger, Andreas: Wie ich zum evangelischen Glauben gekommen bin. (Verf.: Andreas Begsteiger. — (Leipzig: Braun [um 1900].) 7 S. 8°
Erschien zuerst in: Evangelisches Vereinsblatt aus Oberösterreich.
21.
15.

Begtrup, Gregers:
[deutsch] Bemerkungen über die englische Landwirthschaft, gesammlet auf einer Reise in England in dem Jahre 1797. Übers. von P. Jochims. Th. 1.2. — Kopenhagen [usw.]: Schubothe 1801-04. 8° 1:Ov 12102. 7. 12[°°1]: Oecon. 216-2. 14. 16. 24[°°1] 28. 302.
15.

— — 2., verb. Aufl. Th. 1.2. Ebd. 1804. 8°
12[°°2]: Oecon. 216. 21. 24[°°2]. 28[°°2]. 302[°°2].
15.

— Dissertatio de admirando consensu inter principia rationis practicae purae et doctrinam morum Jesu Christi. — Jenae: Goepferdt 1795. 74 S. 8°
1:D 9340. 4. 7. 12: Diss. 771-12. 24. 27.
15.

Beguelin: Darstellung, Historisch-kritische, der Accise- und Zoll-Verfassung in den Preußischen Staaten, s. Beguelin, Fr. Wlh. v. und Beguelin, Heinrich v.

Beguelin, Edouard
Béguelin, E. Les fondements du régime féodal dans la Lex Romano Curiensis. In-8°. 91 S. Berne. Thèse. **1894?**

Béguelin, Ed[ouard]. De la révision du droit de change en Suisse. **Extrait des délibérations de la Société suisse des Juristes 1904. 96 p. 8. Bâle, Helbing & Lichtenhahn, 1904.**

Beguelin, Fr. Wlh. v.: Darstellung, Historisch-kritische ..., s.a. Beguelin, Heinrich

v. Beguelin, Fr. Wlh., histor.-krit. Darstell. d. Accise- u. Zollverfahrens in d. Preuß. Staaten. 8. Berl. 797. (Reimer). 1 ₰

Beguelin, Franziska v., geb. Ziegler, der Küchen-Kalender oder 366 Mittagstische (menus) für jeden Tag des Jahres. Ein Kochbuch für alle Haushaltungen. Ein Handbuch für Hotelbesitzer, Vorsteher von Pensionen, Krankenhäusern und für Aerzte. Nach bewährten Recepten bearb. und mit einer einleitenden Vorrede von Frz. W. Ziegler. 8. (XVI, 388 S.) Hannover 874, Rümpler.
cart.

Beguelin, Heinrich v.: Darstellung, Historisch-kritische, s.a. Beguelin, Fr. Wlh.

Beguelin, Heinrich v.: Historisch kritische Darstellung der Accise- und Zoll-Verfassung in den Preußischen Staaten. — Berlin: Unger 1797. 319 S. 8° 1:Gt 6332. 2. 3. 5. 6. 7. 10. 12: Boruss. 23. 14. 18. 21. 27. 30. 38.
15.

* Beguelin, v., historisch-kritische Darstellung d. Accise u. Zoll-Verfassung in d. preuß. Staaten, ist jetzt Verlag d. Realschulbuchh. in Berl.

— Denkwürdigkeiten von Heinrich und Amalie v. Beguelin aus den Jahren 1807–1813 nebst Briefen von Gneisenau u. Hardenberg. Hrsg. von Adolf Ernst. — Berlin: Springer 1892. XVI, 292 S. 8°
1:Sw 2967. 2→5. 7→11. 12: Biogr. 80r. 14. 16. 18. 24→28. 30. 38. 300: 59.214-B. 302.
15.

v. Beguelin, H., s. v. Jovellanos, Gutachten.

von Beguelin, Max [aus Insterburg]: Iwan Iwanowič Chemnicer .... Berlin, Berliner Buchdr.-Actien-Ges. Setzerinnenschule d. Lette-Vereins, 1888; 1 Bl. + 46 S. + 1 Bl. 8°
Berlin, Phil. Fak., Inaug.-Diss. v. 10. Jul. 1888

Béguelin, Nicolas de
— Sur le dégré de confiance qu'on peut donner aux observations barométriques faites à Berlin par ordre de l'Acad. roy. des sciences depuis dix-sept ans. Berlin. (Die 3 Abhandl. befinden sich in den unter 5054 vereinnahmten Nouveaux mémoires de l'Acad. roy. des sc. de Berlin.)

Beguelin. [Nicolas de], Extrait des observations météorologiques faites à Berlin pendant les années 1770—74, 1776—86. (Jeder Jahrg. mit einer Tafel.)

— s. Ew. Chr. v. Kleist, le Printems.

— Ode sur la mort de S.A.R. Monseigneur le Prince Henri de Prusse, neveu du Roi. — Berlin: G.L. Winter 1767. 4 Bl. 8° 1:3 in Sv 2389. 2.
15.

Beguelin, [Nicolas de], Rapport de la comparaison présentée par le pêcheur Bergholz du froid des années 1740 et 1784 à Berlin. (Nouveaux Mémoires de l'Académie Royale des Sciences et Belles-Lettres 1784. Cfr.) Berlin.

— Suite des recherches sur les variations du baromètre.

Béguelin, Nicolas: Theses ex vario jure. 19 S.– Basel, Jur. Diss. v. 29. Sept. 1734.

[—] Wilhelmine ou la révolution de la Hollande. Poëme. — Berlin: Decker 1787. 35 S. 8° 1:Xu 3434. 2. 14.
15.

Beguen, Rou. A., die uollorgroosseste Welts-Menasoherie von Nikolaj Zdrameki aus Tomoszvar in Galizion. Humor. Vortrag. 8. (12 S.) Breslau 896. Prouss & Jünger.
n. — 50

Beguilin, Nicolaus (Bienna-Curtelarensis), Theses miscellaneae ex vario jure jurid. inaug. Basel (Joh. Pistorius) 29. IX. 1734. 20 S. (4.80) 1775
Gew.: Nicol. Laeder, Pet. Beguelin.

Béguin, Car. Ludov. (geb. Chaux-de-Fonds 6. 5. 1826). De cretinismo. Berolini (1851). (31 S.) 8°
Berlin, Med. Diss. v. 4. Apr. 1851

Béguin, Pierre. Schweizerische Kriminalstatistik für das Jahr 1906. Diss. Jur. Bern. Separatabdruck aus der «Zeitschrift für schweizerische Statistik», Jahrg. 45, 1909. II + 55 S. 4. Bern, Stämpfli & Cie., 1908.

Begünstigung des Rigischen Handels seit dem Ursprung der Stadt. [Riga 1807.] V: *Brotze, Johann Christoph.* (R-N)

Begünstigung und Hehlerei. Urkundenfälschung. Betrug. Nahrungsmittelfälschung. Bearb. von den Prof. Dr. [Ernst] Beling [u. a.]. Berlin: O. Liebmann 1907. (XIII, 554 S.) 4°(8°)
— **Darstellung,** Vergleichende, d. deutschen u. ausländ. Strafrechts. Besond. T. Bd 7. [07. 10132

Die **Begünstigung** der Sozialdemokratie durch die gegenwärtige Tarifgemeinschaft im Buchdruckgewerbe. Berlin: Bureau d. Arbeitgeberverbandes f. d. Buchdruckgewerbe 1908. 64 S. 8°
(Schriften d. Arbeitgeberverbandes f. d. Buchdruckgewerbe. Nr 4.) [09. 6676

Begünstigungen in der Erfüllung der Wehr- und Landsturmpflicht ... Innsbruck 1887. V: *Zubrinič, F.* (margr)

Begünstigungen in der Erfüllung der Wehr- u. Landsturmpflicht betr. die I. Zeitlichen Befreiungen [Reclamationen] v. der Stellungspflicht; II. Befreiungen v. der Landsturmspflicht; III. Enthebungen vom Landsturmdienste u. IV. Beurlaubungen während d. activen Landsturmdienstes. Nach den neuesten amtl. Quellen bearb. u. leicht faßlich dargestellt v. F. Z. Mit 4 Formularien. Gültig f. beide Staatsgebiete der Monarchie. gr. 8. (51 S.) Innsbruck 887. (Wagner.) n. — 50

Begutachtung des Begnadigungsgesuches von Ad. Bolliger ... Zürich 1897. V: *Schulthess-Rechberg, Rud. v.* (Zuwachsverz. d. Bibliotheken in Zürich 1898 ff.)

Begutachtung. Geologische B' des Stausee-Projektes im obern Sihltale ⟨Etzelwerk⟩ von Professor Dr. F[ritz] Mühlberg in Aarau, Professor Dr. C[arl] Schmidt in Basel [und] Professor Dr. A[ndreas] Gutzwiller in Basel. (1904 Juli 29/August 2, [mit 2 Nachträgen von] August 25/September 1.) 78 [+4] S. 8. Zürich, Aschmann & Scheller.

Begutachtung. — An des Königlichen Wirklichen Geheimen Staats-Ministers ... Dr. Eichhorn Excellenz in Berlin. Begutachtung der Verhandlungen der vierten Rheinischen Provinzial-Synode. (Mitarb.: Dr. Küpper [u.a.]) Dat. Coblenz 27. Juni 1845. 68 S. 8° 4.

Begutachtungen. — Begutachtungen und Betriebsresultate der Kohlenstaubfeuerung. 'Patente Wegener'. — (Berlin [1896]: Büxenstein.) 36 S., 6 Taf. 8° 82.
15.

Beguy, ..., Guide nouveau des mères, ou plan de conduite des le moment de la conception jusqu'a près l'accouchement. gr. 8. Braunschw. 809. Pluchart. 12 gGr.

Beh, Gustav Adolf: Berechnungs-Tabellen über die Pensionen a. der Angestellten der Civilstaats-Verwaltung, b. der Notare, c. der Volksschul-Hauptlehrer mit e. Zusammenstellung von Ausz. aus Gesetzes- u. Verordnungsblättern über d. Bezüge ihrer Wittwen u. Kinder. — Karlsruhe: Selbstverl. 1876: Gerbracht. 31 S. 8° 25.
15.

— Berechnungstabellen über Pensionen der Staats- und Hof-Diener im Großherzogthum Baden und über die Benefizien der Wittwen und Kinder derselben. — Karlsruhe: Selbstverl. 1876: Gerbracht. 32 S. 8° 25.
15.

— Registratur-Ordnung für Pfarr- und Stiftungsakten. Neue vollst. umgearb. u. verb. Aufl. — [Freiburg]: Erzbischöfl. Ordinariatskanzlei 1907. 22 S. 4° 25.
15.

— Zusammenstellung der noch giltigen Verordnungen über die für amtliche Dienstverrichtungen sowohl, als für Privatleistungen zu beziehenden Gebühren der Aerzte im Großherzogthum Baden, mit dazu gefertigten Tabellen nebst topographischem Verzeichniß d. im Großherzogthum Baden befindlichen Aerzte im Jahre 1868. — Freiburg i./Br.: L. Schmidt 1868. 85 S. 8° 10. 25.
16.

Béha, A[lexander]. Erklärende Ausführungen zum Projekt eines Palast-Hotels (in Lugano). Ausgearbeitet & zusammengestellt von A. B'-Castagnola, Hoteldirektor, Lugano. II + 11 S. 8. [Zürich, Orell Füssli, 1902.]

Béha, A[lexander]. Exposés et Calculations pour un Projet de Palace-Hôtel (à Lugano). Élaborés et motivés par A. B'-Castagnola, Directeur d'hôtel, Lugano. II + 11 p. 8. [Zürich, Orell Füssli, 1902.]

[**Béha,** Alexander.] Luganeser Hôtel-Industrie und Fremden-Verkehr. Kritische Betrachtungen von Sandor von Lauis. 1904. 18 S. 8. Luzern, H. Keller, 1904. [fr. 1. —]

— [franz.] Lugano et ses environs. St. Gallen: Scheitlin & Zollikofer 1866.

— Ebd. 1881. VI, 50 S. 8° 1:Rv 7518³. 18. 24.
15.

Béha, Alexander, Hotelbesitzer, Lugano. 1866: Lugano und seine Umgebungen. — St. Gallen: Scheitlin & Zollikofer 1866. VI, 41 S. 8° 1:Rv 7518. 6. 15. 16. 24. 33. 50.

Béha, C. Aug[ust]. Die Italienischen Seen: Comer See · Luganer See · Lago Maggiore. Pracht-Album mit 130 Illustrationen in Photogravure [und illustriertem Umschlag]. Text von Dr. C. Aug. B'. fol. Zürich und Leipzig [1899].

— u. Ew. **Haufe,** die oberitalienischen Seen. Comer See, Luganer See, Lago Maggiore, Lago di Garda. Pracht-Album m. 150 Illustr. in Photograv. Text v. B. u. H. 2., verm. Aufl. gr. 4. (94 S.) Ebd. (900). Geb. in Leinw. n. 16. —

Béha, C. Aug[ust], und **Haufe,** Ew[ald]. Die Oberitalienischen Seen. Comer See — Luganer See — Lago Maggiore — Lago di Garda. Pracht-Album mit 150 Illustrationen in Photogravure. Text von Dr. C. Aug. Béha und Dr. Ew. Haufe. 2. vermehrte Aufl. II + 94 S. fol. Zürich und Leipzig, Th. Schröter, [1901]. [geb. fr. 50. —]

Beha, Rich., zur Kenntnis des Echinococcus alveolaris der Leber. Diss. (37 S.) gr. 8. Freiburg i/B. 904. Speyer & Kaerner. n. 1. —

Beha Ullah s. *Bahâ-Allâh.*

Behacker, Anton:
Die wichtigsten Landesgesetze für das Volksschulwesen des Herzogtums Salzburg nebst den vom k. k. Landesschulrate in Salzburg erlassenen Durchführungsvorschriften ... samt den Lehrplänen. — Wien: K. k. Schulbücher-Verl. 1907. XII, 318 S. 8°
300:475.755-B. 302.
15.

Behacker, Ant., Lehrbuch der besond. u. allgem. Arithmetik f. Lehrer- u. Lehrerinnenbildungsanstalten, s.: **Močnik,** Frz. Ritter v.

— Lehrbuch der Geometrie f. Lehrer- u. Lehrerinnenbildungsanstalten, s.: **Močnik,** Frz. Ritter v.

Behacker, Anton. Lehrbuch der Logik mit einer psychologischen Einleitung zum Gebrauche an Gymnasien und zum Selbstunterrichte. Prag, Wien, Leipzig 1890. Tempsky-Freytag. (Min.-Erl. 26. Juni 1890. Z. 6137) Geheftet 1.—, gebunden 1.20

Behacker, Ant., Lehrbuch der Logik zum Gebrauche an Gymnasien u. zum Selbstunterrichte. 2., verb. Aufl. gr. 8. (VIII, 146 S. m. 33 Abbildgn.) Prag 891. F. Tempsky. — Leipzig, G. Freytag. Geb. n.n. 2.40

Behacker, Ant.: Materialien z. Gesch. d. Volkssch. d. Herzogt. Salzburg ausserhalb d. Landeshauptstadt. (96) gr8° Salzbg, Mayr '12. 2.40; geb. 3 —

Behacker, Max: Zur Berechnung des Erdfeldes unter der Voraussetzung homogener Ionisierung der Atmosphäre. Aus d. 2. physikalischen Institut d. Universität Wien. — Wien: Hölder in Komm. 1910. 10 S. 8°
Aus: Sitzungsberichte d. Kaiserlichen Akademie d. Wissenschaften in Wien. Math.-nat. Kl. 119,2a. 1910.
(Beiträge zur Kenntnis d. atmosphärischen Elektrizität. 41.) 302.
15.

Beha-eddin ben Alhossain, Mohammed, aus Amul, خلاصة الحساب Essenz der Rechenkunst, arabisch u. deutsch herausgeg. von G. H. F. Nesselmann. gr. 8. Berlin 843, Reimer. geh. 5/6 ℛ︁

Behagel Edler v. **Hack**, Jakob Wilhelm, s.a. Rede, welche bey dem ... Hintritt des ... Ludwig des VIII ... gehalten ...

Behagel Edler v. Hack, **Jakob Wilhelm:** Rede, welche bey dem höchstschmerzlichen Hintritt des Durchlauchtigsten Fürsten und Herrn Herrn Ludwig des VIII. Landgrafen zu Hessen, Fürsten zu Hirschfeld, Grafen zu Cazenelnbogen, Diez, Ziegenhain, Nidda, Schaumburg, Isenburg und Büdingen u.s.w. in einer ansehnlichen Versammlung gehalten und auf Verlangen dem Druck übergeben worden. — [Frankfurt a. M.] 1768. 10 S. 8° 30.
15.

Behaghel, Prof. d. Rechte, Freiburg i. Br., 1824-1896. 1862 s. *Behaghel*, Wilhelm.

Behaghel, August: [Hofrat Professor a. D. Karl Baumann † 14. Juni 1909.] S. 3—5. 4. — [Direktor Julius Keller tritt in den Ruhestand.] S. 5—6. 4.
Großherz. Karl Friedrichs-Gymn. *Mannheim* 1909 Progr.

Behaghel, August: Die Entlastung der überbürdeten Schuljugend der Mittelschulen. 2 Dialoge. — Heilbronn: Henninger 1882. 76 S. 8°
1: Ne 10566. 4. 21. 24. 30. 300: 409.805-B.

— Der Turn- und Spielplatz des Gymnasiums und der Realschule. Pädagogische Träumereien. — Heilbronn: Henninger 1883. 82 S. 8°
2. 4. 12: Gymn. 5a. 21. 24. 38.
15.

Behaghel, G.: Die erhaltenen Reste der altgriechischen Musik. 12 S. mit 2 Tafeln.
Progr. Heidelberg 1844.

Behaghel, J.G.: Auflösung der Aufgabe: Dato triangulo inscribatur figura quadrilatera datae similis. 16 S.
Progr. Elberfeld 1826.

Behaghel, J. P., das Familienleben nach Sophokles. Ein Beitrag zur sittlichen Würdigung dieses Dichters. Als Beilage zu dem Mannheimer Lyceumsprogramme von 1844. 8. Mannheim 844. (Heidelberg, K. Winter.) n. 1/3 ℛ︁

Behaghel, J.P.: Geschichte und Statistik des Lyceums in Mannheim, von der Gründung desselben im Jahr 1807 bis Herbst 1857. 83 S.
Progr. Mannheim 1857.

Behaghel, J.P.: Lebensabriss von Professor Karl Sachs und Geh. Hofrat Dr. Nüsslin. XXV. S.
Progr. Mannheim 1851.

Behaghel, J.P.: Drei Schulreden. 51 S.
Progr. Mannheim 1855.

Behaghel, Jac. Wilh. (Frankft./M.), An et quatenus asyla in republica christiana sint toleranda. Disquis. polit.-jur. Rect. Friedr. Gottfr. Houck. Utrecht (Joh. Broedelet) 26. VI. 1748. 42 Seiten. (5.—) 1776
Gew.: Wilh. Hack, Isaac Ubingh.

Behaghel, Ioan. Dav. (geb. Frankfurt a. M. 29. 8. 1804): De petechiis in genere ac de singulari casu intermedio quasi inter petechias et inter scorbutum. Berolini (1829). (33 S.) 8°
Berlin, Med. Diss. v. 26. Okt. 1829

Behaghel, Otto, Rektor, Dr., Prof. d. deutschen Philologie: Bewusstes und Unbewusstes im dichterischen Schaffen. (Enthält ausserdem: Chronik der Universität für 1905/06 sowie: Verkündigung des Ergebnisses der letzten Preisarbeiten u. der f. 1906/07 gestellten Preisaufgaben.) Gießen 1906: v. Münchow. (64 S.) 4°
Gießen, Rede zur Feier des Jahresfestes 1906

Behaghel, Otto:

Bewusstes und Unbewusstes im dichterischen Schaffen. Leipzig: Freytag 1907. 48 S. 8°
Zugleich Univ.-Schrift. Gießen 1906.
1: Xa 486. 12: L. eleg. g. 39ke. 21. 25.
300: 468.080-B. 302.
15.

Behaghel, O., Bewußtes und Unbewußtes im dichterischen Schaffen. Gr.-8°. (48 S.) Wien: Tempsky 1907? K 1.50

— **Festrede** zur Schillerfeier, Gießen 1905. — Gießen [1905]: Brühl. 16 S. 8° **10. 17. 26.**
15.

Behaghel, O, z. Frage e. mittelhochdeut. Schriftsprache, s.a. Maehly, J, z. Kritik lat. Texte.

— **Zur Frage** nach einer mittelhochdeutschen Schriftsprache. — Basel 1886: Schultz. 18 S. 4°
Aus: Maehly, Jacob: Zur Kritik lateinischer Texte. 1886.
29.
15.

— **Der Gebrauch** der Zeitformen im konjunktivischen Nebensatz des Deutschen. — Paderborn: Schöningh 1899. IX,216 S. 8° **1: Ya 4259. 2→11.**
12: L. germ. 20oi. 14→18. 21. 25→28. 28. 302.
15.

— **Geschichte** der deutschen Sprache. — Strassburg: Trübner 1889. 109 S. 8° (Grundriss d. germanischen Philologie. 5,5.) **26.**
15.

— Geschichte der deutschen Sprache. Der 2. verb. Aufl. 2. Abdr. gr. 8. (III u. S. 649—790 m. 1 farb. Karte.) Strassburg 902. K. J. Trübner. n. 4. —; geb. in Leinw. n. 5. —
Sonderabdruck aus „Paul's Grundriss d. german. Philologie".

— — Der 2. verb. Aufl. 3. Abdr. Ebd. 1905. S. 651-780. 8°
Aus: Grundriß d. germanischen Philologie. 2. Aufl. 1. 1901.
21. 302.
15.

— — 2., verb. Aufl., 3. Abdr. Strassburg: Trübner 1905. S. 651-790. 8°
Erweitert aus: Grundriss d. germanischen Philologie. 2. Aufl. 1. 1901.
4. 9. 12: L. germ. 20om. 14. 15. 17. 18. 302.
15.

— Altsächsische Grammatik von O. Behaghel u. J. H. Gallée. Hälfte 1. — Halle: Niemeyer [usw.] 1891. X,116 S. 8° (Sammlung kurzer Grammatiken germanischer Dialekte. 6.)
2. Aufl. s. *Gallée*, Johan Hendrik: Altsächsische Grammatik. 1910.
1: Y 3886-6. 2→11. 12: L. germ. 228 l-A,6. 14. 16. 17. 18. 21. 25→29. 300: 392.290-B,6. 302.
15.

— s.a. Heliand u. Genesis.

— Der Heliand und die Altsächsische Genesis. — Giessen: Ricker 1902. 48 S. 8°
1: Yc 1656/27. 2→7. 9. 10. 11. 12: P. o. germ. 597 skf. 14→18. 21. 23. 25. 26. 27. 29. 30. 300: 418.382-B. 302.
15.

— Zur Lehre von der deutschen Wortbildung. — Berlin 1898. 11 S. 8°
Aus: Zeitschrift d. Allgemeinen Deutschen Sprachvereins. Wiss. Beih. 14/15. 1898.

— s.: Literaturblatt f. german. u. roman. Philologie.

— s.: Litteraturblatt f. german. u. roman. Philologie.

— Die Modi im Heliand. Ein Versuch auf d. Gebiete d. Syntax. — Paderborn: Schöningh 1876. 60 S. 8°
Zugleich Diss. Heidelberg 1876.
1: Yc 1648. 5. 6. 10. 12: P. o. germ. 597 sl. 14. 15. 18. 21. 27. 28.
15.

— Schriftsprache und Mundart. — Giessen: v. Münchow 1896. 28 S. 8°
Zugleich Univ.-Schrift. Gießen 1896.
1: Yb 8416. 11. 14. 15. 21. 26. 38.
15.

Behaghel, Otto Prof. Dr., die deutsche Sprache. 8°. (IV, 231 S.) Prag, Tempsky. 8. —.60. 1886?

— Die deutsche Sprache. — Leipzig: Freytag [usw.] 1886. IV,231 S. 8° (Das Wissen … 54.)
1: Y 163-54. 2→7. 9. 10. 11. 12: Var. 390e-54. 15→18. 21. 23. 27→30. 91. 102. 300: 79.193-B. 54. 302.
15.

— — Ebd. 1887. IV,231 S. 8° (Das Wissen … 54.)
14. 25. 26.
15

— — 2., neubearb. Aufl. Wien: Tempsky [usw.] 1902. VIII, 370 S. 8° (Das Wissen d. Gegenwart. 54.)
1: Y 163²-54. 3. 9. 10. 11. 12: L. germ. 20 ol. 14. 15. 16. 18. 21. 24. 25. 26. 29. 38. 302.
15.

— — 3. Aufl. Ebd. 1904. VIII,370 S. 8° (Das Wissen … 54.)
17. 14. 23. 26. 29. 300: 435.556-B. 54. 302.
15.

— — 4. Aufl. Ebd. 1907. 380 S. 8° (Das Wissen … 54.)
2. 5. 10. 11. 16. 25. 300: 453.956-B. Per. 54. 4. Aufl. 302.
15.

Die Syntax des Heliand. Von Otto Behaghel. *Prag, Wien: F. Tempsky; Leipzig: G. Freytag 1897.* (XXV, 382 S.) 1 Bd 8.
I — Syntax d. Heliand. Jetzt: Wien, M Kuppitsch Wwe.

— s: Textbibliothek, Altdeutsche, Heliand u. Genesis.

— Die Zeitfolge der abhängigen Rede im Deutschen. — Paderborn: Schöningh 1878. 85 S. 8°
1: Ya 4178. 2. 3. 6. 9. 12: L. germ. 20 oh. 17. 25. 27. 28.
15

Behaghel, W.: Der Ehevertrag nach französisch-badischem Rechte, s. Behaghel, Wilhelm

Behaghel, W. Geschichte der Auffassung der aristophanischen Vögel. 2 Abteilungen. 33, 30 SS. G. *Heidelberg* 1878. 1879.
Progr.

Behaghel, W.: Das badische bürgerliche Recht u. der Code Napoléon …, s. Behaghel, Wilhelm

Behaghel, Wilhelm

Behaghel, Guil., de vetere comoedia deos irridente. Particula prior: Aristophanes. Dissertatio inauguralis. gr. 8. (45 S.) Göttingen 856, (Vandenhoeck und Ruprecht's Verlagsh.) * *

Behagel, Wilh., der Ehevertrag nach französisch-badischem Rechte. 8. Freiburg i. Br. 871. Karlsruhe, Bielefeld's Hofbuchh. *

Behaghel, Wilhelm, Prof. d. Rechte, Freiburg, 1824-1896. 1862: Der Ehevertrag nach Französisch-Badischem Rechte. — Freiburg i. B.: L. Schmidt 1871. 81 S. 8°
Erschien zuerst in: Notariatsblatt für d. Großherzogthum Baden. 1870. 1871.
12: J. Germ. 8 td. 21. 28.
15.

— Gedächtnißrede auf Franz Arnold von Woringen … bei dessen akademischer Todtenfeier am 10. Juli 1871. — Freiburg i. Br. 1871: Poppen. 30 S. 8°
12: 4° Biogr. 266 l. 15. 21. 25. 26.
15.

Behaghel, Wilhelm: Geschichte der Auffassung der Aristophanischen Vögel. Erste Abteilung. 33 S.
Progr. Heidelberg 1878.

Behaghel, Wilhelm: Geschichte der Auffassung der Aristophanischen Vögel. Zweite Abteilung. 30 S.
Progr. Heidelberg 1879.

— Gesetze über Erwerb und Belastung des Grundeigenthums. — Freiburg i. B.: Mohr 1888. XII,300 S. 8° (Rosin's Handbibliothek badischer Gesetze. 3.)
1: Gp 11427-3. 5. 11. 12: J. germ. 77 y-3. 14. 16. 24. 25. 30.
15

— Die ehelichen Güterverhältnisse der Ausländer, welche während bestehender Ehe in das Großherzogthum Baden seit Einführung des Landrechts eingezogen sind oder noch einziehen werden. — Freiburg i. Br.: L. Schmidt 1873. 55 S. 8°
Zugleich Univ.-Schrift. Freiburg 1873. 9. 16. 21. 25.
15.

Behaghel, *Wilhelm* [Dir. Dr.]: *Gesanglehrer Joseph Anton Kunz, gest. am 26. Sept. 1894.* Wertheim a. M., E. Bechstein's Buch- u. Steindr., 1895; S. 3. 4.
Wertheim a. M., grossh. G, MP 1895 (620)

Behaghel, Wilhelm [aus Mannheim]: Über Phenylpyrazole München, Druck v. V. Höfling, 1895; 31 S. 8.
München, Phil. Fak., Inaug.-Diss. v. 1895

—— das neue großherzoglich badische Preß-Gesetz vom 2. April 1868 erläutert. gr. 8. (48 S.) Freiburg i. Br. 868, Schmidt's Buchh. *

—— die Quellen des badischen Polizeistrafrechtes. Eine nach der Eintheilung des Polizeistrafgesetzbuches vom 31. Oktbr. 1863 geordnete Zusammenstellung der auf Uebertretungen bezügl. Vorschriften des Reichsstrafgesetzbuches, der daneben in Wirksamkeit gebliebenen Bestimmungen des Polizeistrafgesetzbuches und anderweiter Gesetze &c., nebst einem Anh. über die Polizeistrafgewalt der Bürgermeister. gr. 8. (VII, 251 S.) Freiburg i. Br. 872, Schmidt's Buchh. *

— Das badische bürgerliche Recht und der Code Napoléon. Freiburg i. Br.: L. Schmidt 1866. XX,892 S. 8° 25.
15.

— — Ebd. 1869. XX,892 S. 8°
3. 6. 15. 16. 21. 24. 25. 28. 29. 302.
15.

— — 2., verm. u. verb. Aufl. Bd 1-3. Ebd. 1875-80. 8°
1[–3]: Gp 11685. 2. 7[–3]. 9[–3]. 11. 16. 21. 24. 25. 26. 30.
15

— — 2., verm. u. verb. Aufl. Bd 1-3. Karlsruhe: Bielefeld [1875-80]. 8° 2.
15.

Behaghel, W., das badische bürgerliche Recht und der Code Napoléon, mit besond. Rücksicht auf die Bedürfnisse der Praxis dargestellt. 3. (Schluß-)Bd. [Nachträge zu Bd. 1 und 2.] gr. 8. (VII, 145 S.) Karlsruhe 881, Bielefeld's Verlag. *
1. und 2. Bd. [Freiburg i. Br. 1875, Schmidt's Buchh.] Karlsruhe, Bielefeld's Verlag. *ℳ 12.

—— 3., verb. u. verm. Aufl. Bd 1.2. Tauberbischofsheim: Lang 1891–92. 8° 18. 302.
15.

—— 3., verb. u. verm. Aufl. Bd 1.2. Ebd. 1892. 8°
1:Gp 11685³. 5. 6. 10. 15. 16. 24. 25.
15

— Der Badische Schwarzwaldverein und sein Wirken. Zur Feier seines 25jährigen Bestehens. — Freiburg i. B. 1889: Chr. Lehmann. 73 S. 8° 25.

Behaghel, Wilhelm, Historiker, Dr. phil., geb. 1886. 1910: Die gewerbliche Stellung der Frau im mittelalterlichen Köln. — Berlin [usw.]: Rothschild 1910. XII,89 S. 8° (Abhandlungen zur mittleren u. neueren Geschichte. 23.)
Zugleich Diss. Freiburg 1910.
1:P 7824–23. 2. 3. 5→8. 11. 12:H. misc. 1i–23. 14→18. 21. 23. 25. 27. 28. 30. 38. 300:450.332–B. Per 23. 302.
15

— Vorträge über das Allgemeine deutsche Handels-Gesetzbuch für den Freiburger Handelsstand. — (Freiburg i. Br. [1862]: Wangler.) VIII,168 S. 8° 1:Fn 4897. 25.
15

Behaghel v. Adlerskron, Tabelle zur Bestimmung des kubischen Inhaltes runder Baumklötze. Eine gekrönte Preisschrift. In russischer Sprache. 2., verb. Aufl. gr. 8. (XVI und 172 S. mit eingedr. Holzschn.) Mitau 857, Neumann's Verlag. *

Behaji bar Josef, R., System d. Moral. Nach d. v. Jehuda Ibn-Tibbon a. d. Arab. angefertigten Uebersetz. nebst e. kurzen Kommentar hrsg. Mit e. Einleit. u. Fragmenten d. Jos. Kimchi'schen Uebers. verm. 16. (5½ B.) Leipzig 846. (C. L. Fritzsche.)*

Behaim, Anna Elisabeth, Freifrau v. Schwarzbach, s. Behaim v. Schwarzbach, Anna Elisabeth Freifrau

Behaim, M: Orig.-Melodien, s.a. Puschman, Adam, Singeb.

Behaim, Martin, s.: Reichenbach, A.

Behaim, Michael s. *Beheim*.

[**Behaim, Paulus.**] Briefe eines Leipziger Studenten [Paulus Behaim aus Nürnberg] aus den Jahren 1572 bis 1574. Herausgegeben von W. Loose ... Beigabe zum Jahres-Bericht der Realschule zu Meissen. Meissen, Druck von C. E. Klinkicht & Sohn [1880].
Tit., 23 S. 4°.

Behaim von Kager, Albert, genannt der Böhme. München 1874. V: *Lerchenfeld, Aham, Otto Freiherr von.* (BMarsch 389)

Behaim v. Schwarzbach, **Anna Elisabeth Freifrau:** Die nach den gewöhnlichsten Kirchen-Gesängen eingerichtete Psalmen Davids, ehemahlen zu eigener Erbauung aufgesetzet, von Frauen Anna Elisabetha Behaimin, Frey-Frauen v. Schwartzbach, gebohrnen v. Schönberg. — Nürnberg: Monath 1723. 368 S. 8°
1:Ei 2350. 7. 9. 10. 18. 24. 29.
15.

Behaimb, Johannes Ferdinandus
s. *Behamb*, Johann Ferdinand.

Behaimin, Anna Elisabetha, Freifrau v. Schwartzbach s. *Behaim* v. Schwarzbach, Anna Elisabeth Freifrau.

Behalten. — Behalten? oder amendiren? das Mark-System! Von Gr. 3. Aufl. — Berlin: Peiser 1872. 38 S. 8°
Frühere Aufl. s. *Welches* Münzsystem für Deutschland zu befürworten ist. 1871.
1:Fh 8033³[u.]4 in 4° Fh 4196.
15.

—— 4. Aufl. Ebd. 1873. 38 S. 8° 7.

Beham, Hans Sebald, Maler und Kupferstecher, s. Seibt, G. K. Wilh., Studien zur Kunst- und Culturgeschichte.

Beham s.: Bücherzeichen (Ex libris) d. XV. u. XVI. Jahrh.

Beham, Albert v. s.a. *Albert* v. Beham.

Beham, Albert von, u. Regesten Innocenz IV., s.: Bibliothek d. litterar. Vereins in Stuttgart. 16.

Beham, Hans Sebald:

Holzschnitte zum alten Testament nach der 1537 bei Christian Egenolph in Frankfurt erschienenen Ausgabe: Biblicae historiae artificiosissime depictae. (Hrsg.: Otto Clemen.) — Zwickau: Ullmann 1910. 43 Bl. 8° (Zwickauer Facsimiledrucke. 1.) 1:Ag 220–1. 2. 5. 6. 7. 9. 10. 11. 12:4 N. libr. 27h–1. 14. 15. 17. 18, 21. 23. 26. 29. 30. 38. 300:486.202–B. H. 1. 302.
15.

— Die Planeten. 7 Originalholzschnitte von Hans Sebald Beham. Die Lebensalter des Menschen. 10 Holzschnitte d. Monogrammisten MB nach Zeichnungen von Tobias Stimmer. Mit e. Einl. von Wilhelm Niemeyer, hrsg. vom Jugendschriften-Ausschuß d. allgemeinen Lehrervereins Düsseldorf. — Berlin: Fischer & Franke [1907]. 20 Bl., 17 Taf. 2° (Hausschatz deutscher Kunst d. Vergangenheit. 6.) 1:2° Nr 3449/33–6. 10. 11. 26. 30.
15.

Beham, Johann Ferdinand s. *Behamb*.

Beham, Michel s. *Beheim*, Michael.

Beham, Sebald s. *Beham*, Hans Sebald.

Behamb, Johann Ferdinand
— 1. Neu revidirt- und mit 117. auserlesenen decidirten Casibus, auch resolvirten Rechts-Fragen vermehrt und verbessertes Roß-Tauscher-Recht, cum Supplemento selectarum quaestionum synopticarum ad equestre iudicium spectantium ex Jo. Wilhelmi Rövenstrunck Meditationibus aedilitiis extractarum. 2. Das seithero neu angefügte und annectirte Roß-Ausleiher-Recht. — Francofurti [usw.]: Ritschel 1707. 92,32 S. 8°
Sondertitel wie in d. Ausg. Francofurti 1692.
1:Gn 2188. 3. 5. 9. 11. 18. 23. 24. 27.
15.

— 1. Neu revidirt- und mit 117. auserlesenen decidirten Casibus, auch resolvirten Rechts-Fragen, vermehrt und verbessertes Roß-Tauscher-Recht, nebst e. Anh. unterschiedener kurtzen Fragen, aus Joan. Wilhelmi Rövenstrunck, Meditationibus aedilitiis gezogen. 2. Das neu angefügte und annectirte Roß-Ausleiher-Recht ..., welches ... mit unterschiedenen Anm. u. 3. Den benöthigten Fuhr-Manns-Recht vermehret hat Salander. — Ebd. 1715. 96, 32, 31 S. 8°
Sondert.: 1. Behamb: Roß-Außleiher Recht.
Sondert.: 2. Schade, Franz Henning: Salanders [d. i. Franz Henning Schade] Neues und nützliches Recht der Fuhr-Leute, in welchen d. Fuhr-Leute nach ihrer Art u. Gebrechen, auch ihren Rechte vor-, in- u. nach der Reise betrachtet werden, worzu noch beygefüget ist ein Anh. unterschiedener curieusen Fragen aus d. Pfand-Recht.
1:1 an Fn 3262[u.] 2 in Gg 455. 3. 4. 11. 12:4° Decis. 13a. 14. 15. 21. 24. 28. 302.
15.

— Ulmae: Roth 1735. 96,32,31 S. 8°
Sondertitel wie in d. Ausg. Francofurti [usw.]. 1715.
3. 12:4° Diss. 1623–4. 14→18. 21. 23. 24. 26. 30.
15.

— Augspurg: Lotter 1745. 96,32,31 S. 8°
Sondert.: 1. Behamb: Roß-Außleiher-Recht.
Sondert.: 2. Schade, Franz Henning: Salanders [d. i. Franz Henning Schade] Neues und nützliches Recht d. Fuhr-Leute, in welchem d. Fuhr-Leute nach ihrer Art u. Gebrechen, auch ihren Rechten vor-, in- u. nach der Reise betrachtet werden, worzu noch beygefüget ist ein Anh. unterschiedener curieusen Fragen aus d. Pfand-Recht.
5. 7. 9[∞Sondert. 2]. 11. 12:4° Decis. 13. 16. 18. 21. 23. 24. 29. 300:34 N 26.
15.

Ueber Behandlung der Armen-Polizey auf dem Lande im Würzburgischen.. — „Gesetzbüchlein vom 13. Septbr. 1791."

Die Behandlung der Armenstiftungen, s.a. Schriften des Deutschen Vereins für Armenpflege und Wohltätigkeit, H. 1.

Behandlung, Die, der Armenstiftungen. Leipzig 1886. V: *Emminghaus, Arnold* & *Carl Flesch.* (EB)

Zur Behandlung der Arteriosclerose. (Verf.: J. L.) — (München [1904]: Seyfried.) 16 S. 8°
Erschien zuerst in: Wiener medizinische Presse. 1904. 6.
15.

Schweizerisches Serum- und Impf-Institut Bern (Schweiz). Die ætiologische Behandlung des Abdominaltyphus. Januar 1901. 8 S. 8. Bern, Neukomm & Zimmermann.

Behandlung d. Bauerngüter, s. J. A. Amman.

Behandlung, d. beste des Chancres. 8. Leipz. Joachim. 803.

Von der besten Behandlung und den Krankheiten der Schaafe, Ziegen, Schweine, Hunde und des Federviehes. Magdeburg: F. W. Bauer 1799. 381 S. 8° (Hausvieh-Arzneybuch. 2.) 1: Ks 5238.
15.

Die chemische Behandlung der Rohstoffe. Eine chemische Technologie. Von Fr. Luckenbacher [u.a.] (5. Aufl.) Leipzig [usw.]: Spamer 1866. VII,548 S. 8° (Das neue Buch d. Erfindungen, Gewerbe u. Industrien. 4.)
1: Al 1190⁵-4. 2. 9. 10. 12:4° Techn. 11x-4. 14. 17. 21. 24. 26. 29. 82. 83. 89. 302.
15.

— (5. ⟨Pracht⟩ Ausg.) Ebd. 1866. VII,548 S. 8° (Das neue Buch d. Erfindungen ... 4.) 18.
15.

— 6. Aufl. Ebd. 1872. VII,520 S. 8° (Das neue Buch d. Erfindungen ... 4.) 21. 26. 27. 30. 91.

— 7., verm. u. verb. Aufl. Ebd. 1877. VIII,576 S. 8° (Das neue Buch d. Erfindungen ... 4.) 89. 90. 302.
15.

— 8., umgearb. u. erw. Aufl. Unter Mitw. von ... hrsg. von F. Reuleaux. — Ebd. 1886. VIII,622 S. 8° (Das Buch d. Erfindungen ... 4.) 1: Al 1190⁸-4.
2. 3. 4. 9. 12:4° Techn. 546p-4. 24. 26. 30. 83.
15.

— 8., umgearb. u. erw. Aufl. Unter Mitw. von ... hrsg. von F. Reuleaux. — Ebd. 1890. VIII,622 S. 8° (Das Buch d. Erfindungen ... 4.) 302.
15.

Behandlung der asiatischen Cholera nach Angabe einer Somnambüle. — Regensburg: Coppenrath 1873. 8 S. 8°
12: Path. 1433-14.
15.

Behandlung der asiatischen Cholera nach Angabe e. Somnambüle. gr. 8. (8 S.) Regensburg 874. Coppenrath. — 40

Behandlung, Die, der Cholera nach den verschiedenen Heilsystemen. Berlin (1903?)

Diätetische Behandlung der Krankheiten des Menschen von Josef Wiel. Bd 1-5. — Karlsbad (5: Karlsbad [usw.]): Feller 1876-92. 8°
1. Wiel, Josef: Tisch für Magenkranke. 3. Aufl. 1876.
2. Biermann, Adolf: Tisch für Lungenkranke. 1882.
3. Uffelmann, Julius: Tisch für Fieberkranke. 1882.
4. Eyselein, Oskar: Tisch für Nervenkranke. 1883.
5. Kisch, Enoch Heinrich: Tisch für Fettleibige. 1892.
1 . . . . 30.
2-5 . . . . 12: Path. 1391 r-2/5.
2-4 . . . . 1: Ie 9144. 27. 202.
2.3 . . . . 15.
3.4 . . . . 21. 30.
3 . . . . 28.
4 . . . . 11. 16. 38M.
15.

— (4., renovirte Aufl.) Bd 1. Karlsbad: Feller 1877. XVI, 208 S. 8°
1. Wiel, Josef: Tisch für Magenkranke. 4. 1877. 21. 202.

— (5., verm. u. verb. Aufl.) Bd 1. Ebd. 1880. XVI,208 S. 8°
1. Wiel, Josef: Tisch für Magenkranke. 1880.
Im Exemplar von 17 fehlt der Serientitel.
2. 3. 6. 10. 12: Path. 1391 r-1. 17. 26. 27. 30. 38M. 202.
15.

— (6., verm. u. verb. Aufl.) Bd 1. Karlsbad [usw.]: Feller 1884. XVI,210 S. 8°
1. Wiel, Josef: Tisch für Magenkranke. 1884.
Im Exemplar von 14 u. 25 fehlt d. Haupttitelblatt.
14. 21. 25.
15.

Aechte und vortheilhafte Behandlung des Weines. Zürich 1850.

Die Behandlung der Eingeborenen in den deutschen Kolonieen. Ein Sammelwerk. Hrsg. von Franz Giesebrecht. — Berlin: S. Fischer 1898. 194 S. 8°
1: Sa 5923/55. 3. 7. 8. 12: H. E. E. 55h. 14. 21. 27. 29. 300: 99.574-B. 302.
15.

Behandlung über die, des Eisenbahnwesens in Württemberg. 8. Würzburg 845, Voigt u. Mocker. ⅛ ℔

Ueber die Behandlung des Eisenbahnwesens in Würtemberg. Würzburg: 1848. 8°

Behandlung. Die B' von Engerlingswiesen s.a. [Thomann, Hans].

Behandlung, Die, von Engerlingswiesen ... [Chur 1904.] V: *Thomann, Hans.* (BBullschw. 4, 1904)

Behandlung v. Entwürfen u. Bauausführungen f. die königl. preuß. Domänen, Erdänzg., s.a. Anweisung f. Domänenbauten.

Behandlung von Entwürfen und Bauausführungen für die Königlich Preußischen Domänen (Forts.: Entwürfe für landwirtschaftliche Bauten). Hrsg. vom Kgl. Preuß. Ministerium für Landwirtschaft, Domänen u. Forsten. 2., durchges. Aufl. [Nebst] Nachtr. [u.] Forts. — Berlin: Parey 1897-1915.
Nachtr. Anweisung für Domänenbauten. [1.] 2. 1905-[09].
Forts. Wohnhäuser nebst Zubehörungen für Landarbeiterfamilien. 1915.
1: Hauptwerk - 4° Ny 12335²; Nachtr. u. Forts. - 4° Ny 12335 83. 89 [∞ Hauptw. Nachtr.]
15.

Ueber die fernere Behandlung der Revision des Preußischen Strafrechtes. Sendbrief an den Herrn Ober-Landesgerichts-Präsidenten von Gerlach. — Berlin: Schroeder 1846. 24 S. 8°
Als Verfasser wird August Wilhelm Heffter genannt.
1: 3 in Fz 676. 7. 11. 12: Crim. 295-22. 19. 23.
15.

Die Behandlung der Feuerlöschmaschine. Anleitung für d. Spritzenmannschaft. 2. Aufl. — München: Franz in Comm. [1886]. 24 S. 8° 12:Pol. civ. 10 vf. 15.

— 3. Aufl. Ebd. [1886]. 24 S. 8° 12:Pol. civ. 10 vfa. 15.

Behandlung, die formelle, d. Kassawesens in den Gemeinden m. Landgemeinde-Verfassung. [Min.-Entschl. v. 12. Oktbr. 1869.] 8. (19 S.) Ansbach 890. Brügel & Sohn. n. — 40

Die Behandlung des sechsten Gebotes in der Prima höherer Lehranstalten in vierfacher Ausführung. — Köln: Bachem i. Komm. 1909. S. 162-253. 8°
Aus: Monatsblätter f.d. katholischen Religionsunterricht an höheren Lehranstalten. 10. 1909. 5.
15.

Behandlung der politischen Gefangenen in Bayern, die. Prozess *Franz Kohleders.* Zusammengest. nach stenogr. Aufzeichnungen von *Sigmund Politzer,* Redakteur des „Zeitgeist". München 1878. Kl. 8°. 16 S. Cart.
Verboten von d. k. Reg. v. Oberbayern am 12 Dez. 1878.

Behandlung, die, der gezogenen Geschütze beim Scharfschießen. 16. (43 S.) Berlin 865, Voß'sche Buchh.

Über die Behandlung von Gipsabgüssen behufs deren Erhaltung. 3 gekrönte Preisbewerbungen. Vom Königlichen Ministerium d. Geistlichen, Unterrichts- u. Medizinal-Angelegenheiten mitgetheilt. (Mitarb.: W. Reissig [u.a.]) — Berlin: Nicolai [1877]. 20 S. 4°
Aus: Verhandlungen d. Vereins zur Beförderung d. Gewerbefleißes. 56. 1877.
1:4° Ns 079. 14. 16. 29. 38. 82. 85. 89.
15.

Behandlung, üb. d., d. Gonorrhoë. 8. Augsb. 781. Klett. 4 gl

Behandlung d. b. d. Truppen lagernden Handwaffen. Berlin 1890. 1902.

Behandlung der bei den Truppen lagernden Handwaffen. ⟨Vom 11. April 1902.⟩ — Berlin: Mittler 1902. 68 S. 8° (D.V.E. 180.) 1:Hu 40275. 27.
15.

Behandlung der b. d. Truppen lagernden Handwaffen. München 1903.

Behandlung und Heilung von Krankheiten. Ein Ratgeber für alle Leidenden. [Reklame-Broschüre, hrg. von der] Privatpoliklinik Glarus, ... Glarus ⟨Schweiz⟩. [Mit Titelvignette.] 79 S. 8. [Luzern, H. Keller, 1906.]

Behandlung, Die, der Hilfsbeamtenfrage seitens der österreichischen Regierungen. Innsbruck 1907. V: *Zainer, Wilhelm.* (margr)

Behandlung, homöopathische, der Cholera. (Von Brutzer, Riedel, Hencke und Lembke.) gr. 8. (16 S.) (Riga 847, Kymmel.) *

Behandlung, homöopath., der Cholera. (Von Brutzer, Riedel, Hencke u. Lembke.) gr. 8. (16 S.) (Riga 848, Kymmel.) n. 4 ngl

Ueber die intensive Behandlung der Tuberkulose von Kehlkopf und Lunge mittels Guajacolcarbonat und Creosotal ⟨Creosotcarbonat⟩. Ausz. aus d. Litteratur überreicht von d. Chemischen Fabrik von Heyden Radebeul-Dresden. (H. 1-4.) — o. O. [1899]. 47 S. 8°
Nebent.: Therapie d. Tuberkulose. H. 1-4. 14.
15.

Zur Behandlung des Irreseyns im Fieber. 8°
Aus: Edinburgh medical and surgical Journal. Bd. 13. 1817.

— des Karabiners 98. 106,5×68 cm. Bunzlau (909). G. Kreuschmer. Mit Blechleisten zum Aufhängen. 1. —

Die kausale Behandlung der akuten Krankheiten der Atmungsorgane mittels Creosotal. Hrsg. von d. Chemischen Fabrik von Heyden, Radebeul-Dresden. 1. 2. — o. O. [1902]. 8°
Nebent.: Spezifische Therapie (2: Therapie d. Pneumonie. 1. [2.]
1. Pneumonie, primäre u. sekundäre, Bronchitis, Katarrhe. Vollständige Literatursammlung in Auszügen.
2. Primäre u. sekundäre Pneumonie bei Kindern ... Auszüge aus d. ... Fachliteratur.
14[∞2]. 17[∞2]. 30[∞1].
15.

— die, d. evangelischen Kirchenliedes in der Volksschule. Für Lehrer an Land- u. Stadtschulen bearb. 8. (84 S.) Langensalza 878. Beyer & Söhne. n. — 40

— die, des evangelischen Kirchenliedes in der Volksschule. Für Lehrer an Land- und Stadtschulen bearb. 8. (84 S.) Langensalza 878, Verlags-Comptoir. *

Die Behandlung tiefer Konflikte im Roman. 1904 s. *Bachem,* J. P.,

— d. Krankheiten d. Thiere. 8. Magdeb. 799. v. Schütz. (Laufer in Leipz.) 16 gl

Behandlung, die, des Krebses. Eine ausführl. Darstell. d. jede Operation mit d. schneidenden Instrumente ausschließ. Methode d. Dr. Canquoin. Nebst d. Veränderungen, die er bei d. gewöhnl. Behandl. d. Uterusgeschwüre eingeführt hat, ein. Menge Krankheitsfälle u. ein. vollständ. chronol. geordn. Verzeichnisse aller üb. d. Krebs erschien. Werke, Abhandln., Dissertatn. etc. N. d. 2., verm. Aufl. deutsch bearb. v. Siegm. Frankenberg. Lex.-8. (14 B.) Braunschweig 839, G. C. E. Meyer. sen.

Kurze und faßliche Behandlung der Bienen-Zucht zunächst für den Landmann.
Reutlingen 1822. o.O.
24 S.

E. S. Ueber die mathematische Behandlung der Taktik. Eine Studie. 8. Wien 1874.

Die Behandlung der Militärvorlage im Reichstage, ein Freundeswort, ein Fleundeswort f. Wähler u. Gewählte. *(Berlin: Dtsch. Verl. u. Buchdr. A.-G. 1893.)* (8 S.) 4° | Kopft. [illegible]

Behandlung, Neue, des schwarzen Lederzeugs zum Gebrauche für die Infanterie und Cavalerie. (Lithographiert.) (Donation Liechtenstein.) 8. (ohne Druckort, zirka 1850.)

Die Behandlung der sexuellen Neurasthenie mit Muiracithin, Specificum gegen Impotentia virilis von Dr. J. Waitz [u.a.] — Berlin: (Zahn) 1905. 23 S. 8°
12:Path. 106 b.
15.

Die Behandlung der Obstbäume nebst e. Verzeichniß d. für Norddeutschland empfehlenswerthesten Obstsorten. 2. Aufl. — Soest 1886: Rochol. 48 S. 8° 4.
15.

Behandlung, die, v. Offiziers-Bekleidungs- u. Ausrüstungsstücken. Neue prakt. Burschen-Instruktion. Auch f. herrschaftl. Diener. Von e. Zuschneider u. e. Kammerunteroffizier. 2. Aufl. 3. Taus. gr. 8. (19 S.) Stuttgart 893. Strecker & Moser. n. — 30

Oeconomisch-practische Behandelung des Klee-Baues nebst dessen vielfachen Nutzen. — Wittenberg [usw.]: Zimmermann 1783. 63 S. 8° 9.
15.

— Neue Aufl. Ebd. 1786. 63 S. 8° 10. 16.
15.

Ueber die Behandlung des ungarischen Papiergeldes. — (Leipzig) 1850: (Brockhaus). 37 S. 8° 12:Austr. 393. 14.
15.

Die Behandlung des Pferdes auf Ritten, nebst e. Anleitung zum Carrière-Reiten, Graben- u. Hecken-Springen; von e. k. k. Cavallerie-Offizier. — Wien: Heubner 1855. VIII,56 S. 8° 300:12.759-A. 15.

Behandlung, Philosophische, der Lehre von dem genere lateinischer Substantiven. Jena 1809. V: *Schmid, Rudolph Ludwig Gottlieb.* (MGT)

Philosophische und methodische Behandlung der Lehre von dem genere lateinischer Substantiven. Nebst e. Anh. u. e. Zugabe. 2., verm. u. verb. Aufl. d. Grammatikalischen Lieder u. Tabellen. — Jena: Cröker 1809. VIII, 76 S. 8° 27. 15.

Behandlung der Postsendungen in Staatsdienst- und Parteisachen im Bereiche der Justizverwaltung, sowie Geschäftsverkehr zwischen den Postanstalten und den Justizbehörden. — Köln 1894: Ahn. 18 S. 8° (Zeitschrift für rheinische Justiz-Subalternbeamte. Jg. 5,Nr 7,Beil.) 1:Gu 22042-5, Beil. 15.

— die, der Presse in Nassau. Auf Beschluß des deutschen Journalistentages hersg. Bremen 865. Schünemann. gr. 8. (16 S.) 3 ngr.

Behandlung, die, u. Reinigung d. Bettfedern. Eine nützliche Schrift für jede Hausfrau. 8. Quedlinb. 834. Basse. 1/6 rthl

Ueber die Behandlung der Remonte-Pferde in den Königlichen Remonte-Depots. — Berlin 1837: Hayn. VI, 166 S. 8° 1:1 in Hw 17497. 15.

(Ueber schlechte Behandlung der Arbeiter.) Mitbürger! Vor einiger Zeit erregte eine Bekanntmachung. — Der demokratische Club. Vereins-Buchdruckerei. 1 Bl. Fol.
Flugblatt. Berlin, 27. Juni 1848.

Behandlung, über d. staatliche, d. Separatisten. Ein Versuch philosoph. Entwickelg. aus Staatsgrundsätzen, nebst e. kurzen geschichtl. Darstell. d. Separatism. u. d. neusten k. preuß. Verordnung darüber, von Theoph. Aletbozetus. 8. Karlsruhe 826, Braun. Rthlr.

— üb. die, d. Steuersatzes im Würtembergischen rc. (v. Chr. Heuchelin). 8. Stuttg. 797. Löfflund. 3 gr

Behandlung, die, der Syphilis m. dem Ehrlich'schen Präparat 606, s.: Vorträge üb. praktische Therapie.

— d. Talges, Talgschmelzen u. Herstellung v. Seife, besonders in Fleischereien, Landwirtschaften, Gasthäusern u. s. w. Für Laien gemeinfaßlich dargestellt, ohne besondere Vorkenntnisse u. Einrichtgn. ausführbar. [Aus: „Internat. Fleischer-Ztg."] 12. (24 S.) Leipzig 891. P. M. Blüher. n. — 50

— über die, der Unarten, Fehler u. Vergehungen d. Jugend, sowohl im älterl. Hause, als in der Schule, nebst Beschreib. e. Heilmittels gegen die Onanie rc. 8. Graud. 829. (Berl., Enslinsche Buchh.) 12 gr

Ueber die Behandlung der Unarten, Fehler und Vergehungen der Jugend, sowohl im älterlichen Hause als in der Schule ... Hrsg. ... von e. praktischen Pädagogen. — Graudenz: Röthe [usw.] 1829. 116 S. 8° 1:Nd 9876. 8. 10. 11.

Die unterrichtliche Behandlung des sechsten Gebotes in der Schule, dargelegt in drei Bearbeitungen von P. Ziethe in Linow bei Rheinsberg i. M., Pfarrer Dr. von Rohden in Helsingfors, Bürgerschullehrer Heyde in Dresden. Drei Preisschriften, gekrönt und herausgegeben von der Allgemeinen Konferenz d. deutschen Sittlichkeitsvereine. 8. Auflage.
Berlin: Selbstverlag der deutschen Sittlichkeitsvereine. 1894.8°

Behandlung obderennsischer Unterthanen zur Beherzigung für meine Freunde und wollte Gott auch für Joseph II. 1785. V: *Cremeri, Bened. Dom. Anton.* (WRZTG 1783, Nr. 89, Anhg.) (WBL III/27) (Friedr. Nicolai, Beschreibung einer Reise 3/240) (BIBLPORT)

Behandlung der Uviollampe. Jena (1905?)

— Verunglückter bis zur Ankunft des Arztes. Nach Emil Rotter. Hrsg. vom bayer. Frauenverein vom roten Kreuz. (1 Bl. m. Abbildgn.) 50,5×83,5 cm. München (904). J. F. Lehmann's Verl. n. — 40

Die volkstümliche Behandlung der Fremdwörter. Von e. deutschen Erzieher. — Kiel: Cordes 1906. 45 S. 8° 1:N 14.1085. 16. 15.

— 2. Aufl. Ebd. 1906. 45 S. 8° 8. 15.

Behandlung, Die volkstümliche, der Fremdwörter. 4. Aufl. Kiel 1906

— 26. Aufl. Ebd. 1906. 45 S. 8° 101.

Die vorschriftmässige Behandlung der Wasserclosets. *(Königsberg i. Pr: O. Neubucher [1903].)* (1 Bl.) 8° [Kopft. F.] [01. 1968 10

Behandlung
— üb. die, d. Weine auf d. Lager, von einem Sachkundigen. 8. Magdeb. 812. (Creutz). 8 gr

— der wichtigsten ablautenden u. unregelmäßigen Zeitwörter unserer Sprache. 4. (20 S.) Forchheim 890. Streit. n. — 40

— — dasselbe. Conjugations-Hft. dazu. 4. (36 S.) Ebd. 890. n. — 15

Die zollpolitische Behandlung der deutschen Chocolade-Industrie. — Stuttgart 1877: Vereins-Buchdr. 22 S. 8° 1:Stala 870. 14. 15.

— die, d. Zustellungswesens in dem verwaltungsgerichtlichen Verfahren. gr. 8. (16 S.) Tübingen 884. Fues. n. — 80

Behandlungsart, neu entdeckte, den Weizen vor d. Schmierbrande zu bewahren. 8. Frankf. u. Leipz. 802. (Wien, Schaumburg). 2 gr

Behandlungsart, neue Pariser, s.a. Rochol, A.

Behandlungsart, neue Pariser, Zwerg-Obstbäume u. Spalierbäume so zu erziehen, daß dieselben alle Jahre reichl. Früchte tragen, zur Verschönerung der Gärten u. zur vortheilhaften Anpflanzung der Gartenwände. Nebst Geheimnissen u. nützl. Anweisg. zur Gartenwirthschaft v. A. Rochon u. aufs Neue umgearb. v. Jak. Ernst v. Reider. 8. (VIII u. 80 S.) Quedlinburg 847, Ernst. 1/2 rthl

Behandlungsart der Scheintodten und deren zuverläßigste Rettungsmittel, nebst vielen Beispielen v. lebendig begrabenen u. aus d. Sarge entstand. Personen aus d. älteren u. neueren Zeitperiode. Getreu nach d. Urkunden mitgetheilt. (Von J. Holdenecker, Sohn ält.) 8. (6 B.) Biel 838. (Mannheim, Bensheimer.) Thlr.

Behandlungsart der Scheintodten u. deren zuverläßigste Rettungsmittel, nebst vielen Beispielen von lebendig begrabenen und aus dem Sarge entstandenen Personen aus der älteren und neueren Zeitperiode. Getreu nach den Urkunden mitgetheilt. 8. Biel 839. (Mannheim, Bensheimer.) 1/4 rthl

Beharrell, Thom. G., die Brüderschaft; oder eine Darstellung der Grundsätze der Sonderbaren Brüderschaft, nebst einer kurzen Geschichte von Männern und Frauen der Bibel, welche bei ihrer Lebzeit die Grundsätze entwickelten, die die Brüderschaft angenommen hat. 8 Thle. 8. (274 S. mit eingedr. Holzschn. und 1 lithogr. Portr.) Cincinnati 860. (Philadelphia, Schäfer und Koradi.) geb. *

Beharrell, T. G. Die Brüderschaft: Sonderbare Brüder. Cincinnati, 1861. UC

Beharrlichkeit. — Ueber die Beharrlichkeit in Sünden. 1788 s. *Ambrosi*, Johann Baptist.

Gründliche Behaubtung der hohen Landes-Obrigkeit, welche denen Löbl. Regierenden Eydgnössischen Orthen uber die in der Graffschaft Baden und im Thurgäu belegene Bischöfflich-Costantzische Privat-Aemter und Güter unstreitig zustehet. — o.O. 1713. 22,47 S. 4°
1:8 in 4° Rv 2723 [u.] 75 in Ms. germ. Fol. 801. 2. 12:2° Helv. 75. 14→18. 24. 26. 27. 300: 39.910-C.
15.

— o.O. 1713. 40,92 S. 8° ◡24.
15.

Rechts-bewehrte Behaubtung des in Sachen Würtenberg Oels contra Würtenberg Stuttgardt am 27. Septembris innlebenden 1718. Jahrs emanirten höchst-preyßlichen Reichs-Hof-Raths Conclusi remissorii ad forum Austregarum gegen die Fürstl. Oelsischer Seits in Druck ... disseminirte, so genannte rechtliche Frags-Erwegung die Weilting- und Brentzische Succession ... betreffend. — o.O. [1718]. 21 S. 4° 17. 24. 27.
15.

Warhafft-beständige Behaubtung der in Augustissima Imperiali Camera rechts-hängiger, von der unterm 3. Febr. 1727. binnen Aachen eröffneter Urtheil quatenus gravatorial und sonstigem Beschwehr dorten eingeführter auswendig rubricirter Appellations-Sachen. — o.O. 1729. 15 Bl. 4° 38.
15.

Behauptung, s.a. Behaubtung

Ausführl. Behaupt. des d. Inwohnern d. österr. Niederlande zusteh. Gerechtsames u. Privilegii, nach Indien u. Africa zu schiffen, um daselbst freie Handlung zu treiben. *Leipz.* 724. 4.

Behauptung, fernere, der Kritik über die krit. Beiträge zur Metaphysik u. s. w. Vom Anti-Kant. (B. Stattler.) 8. Münch. 796. J. Lindauer. 3 K

L. kürtzlich geprüfte Rechtliche Behauptung der Ehe mit seiner verstorbenen Frauen Schwester, so ohnlängst auf 4. Bogen in Quart durch Herrn K. zum Vorschein gekommen. Nebst d. geretteten Ehre d. sel. Lutheri. — Wittenberg [usw.]: Zimmermann 1751. 16 S. 8°
3. 8. 18. 24. 26. 27. 28. 302.
15.

Gründliche Behauptung der vor Allerhöchst Kayserlichem Reichs-Hof-Rath sub rubro: Franckfurt contra Franckfurt, in specie Hoppe modo dessen Erben betreffend, rechtshängig-Joachim-Hoppeischer-Erben uebriger Forderungen an das Stadt-Aerarium zu Franckfurt einem voriges Jahr 1752. gedruckten, aber gedachten Erben nicht communicirtem wiedrigen Bericht des Ein und funfziger und Neuner-Collegii daselbsten, mit Bestand entgegen gesetzt. — o.O. 1753. 34 S. 4° 30.
15.

Behauptung. Gründliche B' Der Hohen Landes-Obrigkeit. Anno 1713 s.a.[Escher, Johann Caspar, und Fischer, Beat Rudolf].

Die, im Nahmen Hoppeischer Erben, zu Franckfurt im Jahr 1753. herausgekommene- aber erst zu Ende des 1755sten Jahres einigermasen bekannt gewordene übel so genannte Behauptung &c. &c. Mit nöthigen Erl. derer von Kayserlicher Majestät allergnädigst verordnet- u. bestättigten Collegiorum d. burgerlichen Ausschusses u. burgerlicher Neuner daselbst, begleitet. Mit Beyl. — o.O. 1756. 70,22 S. 4° 24. 26. 30.
15.

K. rechtliche Behauptung der Ehe mit seiner verstorbenen Frauen Schwester. — o.O. 1751. 30 S. 8°
2. 4. 9. 10. 12: 4° Diss. 1601-36. 17. 18. 24. 26. 28. 302.
15.

— o.O. 1752. 30 S. 8° o27.

Mehrmahlige Behauptung derer Gräfl. und Freyherrl. Gurländischen Regredient-Erben Successions-Rechts, in des weyl. Herrn Johann Frantz Grafens von Gurland seel. ultimi familiae hinterlassenen Haab und Guth, ungeacht der Stammen-Vater Joannes Nicolaus Graf von Gurland nicht ab intestato gestorben seye. — o.O. [um 1740]. 9 Bl. 4° 26.
15.

Nochmahlige und endliche Behauptung, des freyen und unbeschränckten Exercitii des schleßwig-holstein-gottorpischen iuris armorum, armandiae, fortalitii, foederum, &c. &c. &c. gegen alle bißherige ungegründete schleßwig-holstein-glückstättische Anmassungen. — o.O. 1700. 180 S. 8° 1: So 1693. 2. 8. 14. 18. 26. 28.
15.

Rechtliche Behauptung, der ab Seiten Herren Burgermeister und Rath der Stadt Hildesheim vorhin zum Druck beförderten Kurtzen Abhandlung von dem Ursprung und Eigenschafft der iurium stolae. Endgegen gesetzt, der also genannten Wahrhafften Vorstellung der Sache Klosters ad St. Michaelem zu Hildesheim, wider den Magistrat daselbst, in puncto iurium stolae. — [Hildesheim] 1737. 136 [vielm. 154] S. 4°
1: 5 in 4° Sm 5688. 4. 5. 23. 24. 26. 27.
15.

Rechtliche Behauptung, daß in dem von weyland Herrr Jobst Aschen von Oberg, vor die Obergische Familie gestifften Stamm-Guht, vorietzt beyde Söhne, weyland Herrn Raban Heinrich von Oberg, zugleich die Erb-Folge haben ... Abseiten mein Christian Wilhelm von Oberg, wieder meinen Bruder Herrn Bodo Christoph Aschen von Oberg. — Hildesheim [um 1735]: Matthäi. 34 S. 4°
24. 26.
15.

Behauptung, Rechtliche, derer Gründe, worauf die von S. K. M. von Grossbritannien in Ansehung der Osnabrück. Bischoffswahl ... genommenen Maasregeln gebaut sind. [Osnabrück] 1767. V: *Möser, Justus.* (ML)

Behauptung, Standhafte, der bey dem Durchl. Erzhause Österreich festgesetzten Erbfolge, ... 1732. V: *Berger, Friedrich Ludwig von.* (Adel)

Behauptung, Standhaffte, der Freyheit des Ehestandes der evangelischen Domcapitularen zu Oßnabrück, ... Oßnabrück 1774—75. V: *Rudloff, Wilh. Aug.* (Holz)

Behauptung, Standhafte, deren bestgegründeten Gerechtsamen, welche Sr. Hochfürstl. Gnaden zu Paderborn, . . . unstreitig zustehen. 1775. V: *Meyer, Johann Friedr. Anton.* (ML)

Behauptung des Satzes: Der Sturz des Ansehns Mosis ziehet nicht nothwendig den Sturz des Christenthums nach sich . . . Frankfurt u. Leipzig [Nürnberg] 1783. V: *Thiess, Johann Otto.* (Kordes, Schlesw.-holst. u. eutin. Schriftst. Schleswig 1797.)

Summarische actenmässige Behauptung, der ad causam weyland Obrist-Leutenant Joh. Herman Burchard von Zerzen, Klägern, modò dessen Söhnen und Erben, bey Königl. Preussischer Regierung in Minden am 27. Martii 1694. publicirten . . . rechtlichen Urtheil, contra weyland Freyherrn von Leuchmar hinterlassene Erben . . . in specie das von diesen letzteren bey der Juristen-Facultät zu Franckfurt an der Oder ausgewircktes Responsum iuris beleuchtend. — o.O. 1716. 107 S. 4° 5. 27.
15.

Ueber die Behauptung eines rationalen Supernaturalisten, daß für die christliche Religionswissenschaft zwar der formale, aber kein materialer Vernunftgebrauch gelte. Altenburg: Hahn 1820. 74 S. 8° 28.
15.

— über die, eines rationalen Supernaturalisten, daß für die christl. Religionswissenschaft zwar der formale, aber kein materialer Vernunftgebrauch gelte. 8. Altenb. 820. (Schnuphase). 8 gr

— durch Gründe unterstützte, daß der Schulstand, wenn nicht wichtiger, doch gleichwichtig sei, als d. geistl. Stand, (v. J. G. K.) 2e Aufl. gr. 8. Erlang. 818. Palm. 12 gr

Behauptung der Warnung für dem pietistischen Hochmuths-Greuel, wider die gehäßige Anmerckungen eines vergalleten Pietisten. — o.O. 1728. 10 Bl. 8° 14. 18.
15.

Wohlbegründete Behauptung folgender curiösen, in einer . . . Erbschafts-Sache zwischen denen Erben des weiland Amts-Voigts Bünting zu Hermansburg und dessen hinterbliebenen Frau Wittiben . . . zur Disceptation gerathener Rechts-Sätze. — o.O. 1742. 60 S. 4°
1:26 in 4° Hf 8480-1. 3. 15. 23.

Behauptungen. — Abgenöthigte Behauptungen der sämmtlichen Diakonen bey den drey Hauptkirchen Königsbergs, Schröder [u.a.], gegen den, im April-Stück des Preußischen Archivs Seite 230 bis 244 unter dem Titel: Rechte und Pflichten der städtischen Pastoren bey den drey Hauptkirchen in Königsberg, enthaltenen Aufsatz. — Königsberg 1795: Degen. 90 S. 8° 10.
15.

Behe, Fr.D.: Anfangsgründe der Münzwissenschaft, s. Behn, Friedrich Daniel

Beheim, M.: Buch von den Wienern, s. Beheim, Michael

Beheim, M. s.: National-Litteratur. deut.

Beheim, Matth. v., Evangelienbuch in mitteldeutscher Sprache. 1343. Hrsg. von Rhold. Bechstein. gr. 8. (LXXX und 336 S.) Leipzig 867, T. O. Weigel. *

Beheim, Michael:
[Reimchronik, Ausz.] Zur Baugeschichte des Heidelberger Schlosses im Anschluß an des Weinsberger Meistersängers Michel Beheim Lob auf Heidelberg v. I. 1470. Von d. . . . Original d. 'Reimchronik' kopiert u. mit erkl. Anm. vers. von Karl Christ. — Heidelberg 1884: Hanzelky. 76 S. 8° (Pfälzisches Museum. [1,]6, Extra-Beil.)
12:P.o.germ.87me.
15.

Beheim, Michael: Buch von den Wienern. 1462–1465. Zum 1. Mahle nach d. Heidelberger u. Wiener Handschrift hrsg. von Th. G. v. Karajan. — Wien: Rohrmann 1843. XC, 477 S. 8° 1:Yg 4701. 2→5. 8. 10. 11. 12:P.o.germ.87m. 15. 16. 17. 24. 25. 29. 30. 300:5 G 4. 302.
15.

— — ⟨Neue Ausg.⟩ Wien: Braumüller 1867. XC, 477 S. 8°
1:Yg 4702. 7. 9. 10. 14. 18. 21. 25. 26. 28. 300:31.696.
15.

— Die Erziehung Friedrich's des Siegreichen, Kurfürsten von der Pfalz. Aus Michel Beheim's Reimchronik mitgeteilt von Karl Wassmannsdorff. — Heidelberg: Groos 1886. 43 S. 8°
1:Sf 4391. 12:Bavar. 218f. 14. 16. 300:161.367-B.

— Zehn Gedichte zur Geschichte Oesterreichs und Ungerns. Mit Erl. von Th. G. von Karajan. — Wien 1848. 65 S. 4°
Aus: Quellen u. Forschungen zur vaterländischen Geschichte, Literatur u. Kunst. 1849.
28. 302.
15.

— Zehn Meisterlieder. Mitgeteilt von Johannes Bolte. — Prag: Bellmann 1908. 21 S. 8°
Aus: Prager deutsche Studien. 8,1. 1908.
12:P.o.germ.154J-5. 302.
15.

Beheim-Schwarzbach: Repetitions-Tafeln, s. Beheim-Schwarzbach, A.

Beheim-Schwarzbach, A.
Beheim-Schwarzbach, Dr., die griechische Formenlehre in 10 Taf. Qu. 1/2 Fol. Berlin 845, Stuhrsche Buchh. n. 1/2 ℛ

Beheim-Schwarzbach, A., Lehrgang der lateinischen Grammatik in 6 Cursen. 2. Aufl. Berlin 866. Mittler & S. gr. 8. (X, 253 S.) n. 20 ngr.

— Repetitions-Tafeln zur latein. Grammatik für mittlere u. höh. Bildungsstufen. gr. 4. (3 1/4 B.) Berlin 845, Stuhr'sche Buchh. *

Beheim-Schwarzbach, Alexander (Frid. Franc.) (geb. Plock 1813):
De rebus Odrysarum. Berolini (1842). (61 S.) 8°
Berlin, Phil. Diss. v. 20. Aug. 1842

Beheim-Schwarzbach, Bruno, gräme Dich nicht! Ein Buch f. sonn. Lebensanschaug. in 10 Briefen. (143 S.) 8. Berlin 911. A. Hofmann & Co. Geb. 3. —

Beheim-Schwarzbach, Bruno, s.: Kurz u. bündig.

Beheim-Schwarzbach, **Bruno:**
Liebe und was drum und dran. Ernstes u. Heiteres. — Berlin [usw.]: Wigand 1909. 264 S. 8°
1:No 11762². 11. 15. 38.
15.

— Liebe u. was drum u. dran. Ernstes u. Heiteres, dem Unerschöpflichen entnommen. (Umschlag u. Schmuck v. Hans Lindloff.) 3. Taus. (264 S.) 8. Leipzig 909. Modernes Verlagsbureau. 3 —; geb. 4. -

— Der Liebe u. d. Meeres Wellen. Eine Weltreiseplauderei. (138) 8° Lpzg, Xenien-Verl. '13. 2 —; L 3 — d

Beheim-Schwarzbach, Felix. Libellus περὶ ἑρμηνείας, qui Demetrii nomine inscriptus est, quo tempore compositus sit. Diss. gr. 8. (40 S.) Kiel 890, (Lipsius u. Tischer). * 1 20

Beheim-Schwarzbach, H., Beitrag zur Kenntniß des Ackerbaues der Römer. Cassel 867. Freyschmidt. gr. 8. (VIII, 142 S.) Schul-/Univ.-Schrift **n. 25 ngr.**

[F.] Beheim-Schwarzbach, Karl [Referendar]: Die Redhibitionsgrundsätze bei Mangelhaftigkeit einer von mehreren zugleich verkauften Sachen ... Filehne, Druck v. H. Kaisler, 1894; 29 S. 8.

Greifswald, Jur. Fak., Inaug.-Diss. v. 1894

Beheim-Schwarzbach, Max [wirkl. Name], s.a. Böheimb, Max [Pseud.]

Beheim-Schwarzbach, Max

Pseudonym: Max Böheimb

— Die Besiedelung von Ostdeutschland durch die zweite germanische Völkerwanderung. — Berlin: Habel 1882. 68 S. 8° (Sammlung gemeinverständlicher wissenschaftlicher Vorträge. Ser. 17. H. 393.394.) 1: Ag 9016–393.394. 2→7. 9. 10. 11. 12: Var. 366 am.–393.394 [2 Ex.] 14→18. 21. 24→28. 30. 38. 60. 90. **300: 395.139–B. Per. 17,393.394.** 802. **15.**

Beheim-Schwarzbach, Maximilianus: De coloniis a Friderico II in eos agros deductis, qui in prima partitione regni Polonici ei cesserunt. P. 1. Halis Saxonum (1863): Ploetz. 43 S., 1 Tab. 8°

Halle-Wittenberg, Phil. Diss. v. 19. Dez. 1863

Geb. [Berlin 15. 4. 1839]

Ersch. vollst. deutsch u. d. T.: Friedrich der Große als Gründer deutscher Kolonien in den im Jahre 1772 neu erworbenen Landen. Berlin: Mittler 1864. 132 S. 8° u. 1 Tab. 2°

Epilog zur 75jährigen Jubelfeier der Vereinigung der Posener Logen zum „Tempel der Eintracht" gedichtet von Max **Beheim-Schwarzbach**, gesprochen von Schw. Riemann am 29. April 1895. [Posen 1895.] 2 Bl. 8° [Umschlagtit.]

„Es sind der Jahre über hundert schon ..."

— Friedrich der Große als Gründer deutscher Kolonien in den im Jahre 1772 neu erworbenen Landen. — Berlin: Mittler 1864. VIII,132 S. 8° 1: Sz 5148. 8. 10. 11. 12: Bor. 23 ag. 14. 16. 17. 18. 21. 24. 15.

— Herzog und Schöppenmeister. Tragödie von M. Böheimb. Breslau: Trewendt 1881. 74 S. 8° 1: Ys 21976. 10. 15. 15.

— Hohenzollernsche Colonisationen [Kolonisationen]. Ein Beitrag zu d. Geschichte d. preussischen Staates u. d. Colonisation des östlichen Deutschlands. — Leipzig: Duncker & Humblot 1874. XVIII,637 S. 8° 1: St 3864. 2→11. 12: Bor. 23 agd. 14→18. 21. 24→30. 38. 102. 300: 147.253–B. 802. **15.**

— Friedrich Wilhelm's I. Colonisationswerk [Kolonisationswerk] in Lithauen, vornehmlich die Salzburger Colonie. — Königsberg: Hartung 1879. X,423 S. 8° 1: Sy 11008. 2. 3. 5. 7. 9. 10. 11. 12: Bor. 23 agf. 14. 17. 18. 21. 24. 26. 27. 30. 102. 300: 181.067–B. 802. **15.**

— Deutsche Lieder und Gedichte von Max Böheimb. — Breslau: Trewendt 1884. VI,196 S. 8° 1: Yo 19611. 2. 15. 15.

Beheim-Schwarzbach, Max. Die Mäusethurmsage von Popiel u. Hatto. Kritisch beleuchtet. gr. 8. (48 S.) Posen 888, (Jolowicz). * 1 —

Beheim-Schwarzbach, Max: Die Mäusethurmsage von Popiel und Hatto. Kritisch beleuchtet. Posen 1888: E. Schmädicke. 8°

[—] Deutschlands Morgenröthe. Schauspiel. — Breslau: Trewendt 1876. 86 S. 8° 1: Ys 19341. 2. 7. 15. 15.

Rosen-Bundeslied. Der Posener Loge „Zum Tempel der Eintracht" gewidmet. [Unterz.:] Max **Beheim-Schwarzbach.** [Posen] o. J.: [Förster]. 2 Bl. 8° [Umschlagtit.]

Ohne **Noten: „Wenn die Abendwolken glühen, . . ."**

— König Sebastian. Dichtung aus d. Zeitalter d. Reformation. — Dresden: Hönsch & Tiesler 1890. 138 S. 8° 15.

— Aus Deutschlands Trauertagen. (Im März 1888.) 2 Gedächtnisreden auf Kaiser Wilhelm. — (Filehne: Kaisler [1888].) 31 S. 8° 1: Sw 19282. 15.

— Deutsche Volksreime. Ein sprachlicher Scherz. 2. Aufl. Posen: Jolowicz 1904. 42 S. 8° 1: Yd 2562[a]. 2. 26. 15.

— Von Prag bis Schweidnitz oder im Kampfe. Tragödie von M. Böheimb. 2. Ausg. — Breslau: Trewendt 1877. 92 S. 8° 1: Ys 19841. 2. 7. 15. 15.

— Die Zillerthaler in Schlesien. Die jüngste Glaubenscolonie in Preussen. — Breslau: Trewendt 1875. VI,100 S. 8° 1: Tb 9662. 2. 5. 7. 9. 10. 11. 12: H. ref. 20. 14. 15. 17. 21. 24. 38. 300: 61.898–B. 302. 15.

Beheim-Schwarzbach, Maximilianus, s. Beheim-Schwarzbach, Max

Beheizung, die, unserer Wohnräume. (12 S. m. Abb.) 8. München (910). (M. Beckstein.) — 10

Behelf f. d. Feuerleitg d. Infant.-Zugskommandanten. (4, 47 m. Fig.) gr8° Wien, Hof- u. Staatsdr. '12. — 80 d

Behelf, instructiver, f. Einjährig-Freiwillige. gr. 8. (112 S.) Pressburg 889. Heckenast's Nachf. n. 2. —

Behelf (II—44) für die Projectirung von Strassenbrücken. (Zu Abth. 8, Nr. 4420 vom Jahre 1888, N.-V.-Bl. für das k. k. Heer, 6. Stück vom Jahre 1889.) (Lithogr.) Fol. (Wien 1889.)

Behelf für den Schiessunterricht im K. K. Landwehr-Infanterie-Regimente Krakau Nr 16. — Kraków: (k. k. Landwehr-Infanterie-Regiment Krakau Nr 16) 1903. 69 S. 8° 300: 426.624–A.

Behelf für den Schul- und Selbstunterricht der Gendarmerie und anderer Sicherheitsorgane. Verfasst auf Grund langjähriger Erfahrungen. (Th. 1.) — Brody: West 1895. IX,215,XVI S. 8° 300: 92.090–B. 15.

Behelf für das Studium des Krieges 1866. Von M. St. — o. O. [um 1895]. 224 S. 8° 6. 15.

Behelf zum Studium des Militärsanitätswesens an den k. und k. Korpsoffiziersschulen. [Militärärztliche Publikationen. Nr. 132.] Gr.-8°. (ill. 50 S.) Wien: Safár 1910? K 1.20

— zum Studium der Militärtechnik an den k. u. k. Korpsoffizierschulen. 2. Aufl. (180 S. m. 5 Taf.) gr. 8. Wien 911. L. W. Seidel & Sohn. 4. —

K. u. k. Infanterieregiment Heinrich Prinz von Preussen Nr 20. Behelf für den Unterricht aus der Regimentsgeschichte in den Mannschaftsschulen. — Krakau [um 1900]: Czas. 24 S. 8° 800:442.185-A.

— zur Versinnlichung der Gebrauchsnahme moderner Richtmittel. (4 S. m. Fig.) 35×24,5 cm. Mit 6 Modellen auf Karton. Wien (909). G. Freytag & Berndt. In Karton 8. —

Behelfe. — Behelfe für die Anlage der Oleaten bei der Neuaufnahme und Kartenrevision nebst dem Zeichenschlüssel für die Darstellung der Verhältnisse an Gewässern und der Trinkwasserverhältnisse. 3. Aufl. — Wien: Militärgeogr. Inst. 1903. 27 S. 8° 1:Kart. 8° W 29064[3].
15.

Behelfe (11—1 a.) für Befestigungs- und Genie-Ausrüstungs-Arbeiten. A. Textheft. B. Figurenheft (mit 68 Tafeln). (Zu Abth. 8, Nr. 1384 vom Jahre 1901.) (2 Bde.)
Fol. u. 8. Wien 1901.

Behelfe zum Distanzbeurtheilen nebst einer Beschreibung der wichtigsten Distanzmesser... Laibach 1868. V: *Petrides, Ferd.* (KA)

Behelfe zum Distanzbeurtheilen nebst einer Beschreibung der wichtigsten Distanzmesser. Bearbeitet und zusammengestellt nach Möring, Köchert, Kübnel, O'Etzl, Streffleur etc.etc.etc. (Laibach.) 12°. (143 S.) Wien, Dirnböck's B. (G. Draudt) 1868.

Behelfe f. d. Fortbildg d. im Truppendienste steh. Offiziere, behufs Hebg d. Berufstüchtigk. s.a. Wolff, Joh.

Behelfe f. die Fortbildung der im Truppendienste stehenden Offiziere, behufs Hebung der Berufstüchtigkeit auf dem Gebiete der Truppenführung. I. u. II. gr. 8. Wien, L. W. Seidel & Sohn. n. 8. —
I. Anleitgn. f. Stellung, Leitung u. Durchführung v. Kriegsspiel-Übungen, dargestellt an e. bei e. Truppenkörper thatsächlich durchgeführten Detachement-Kriegsspiele. Als Übg. f. alle Officiere im Sinne der Instruction für Truppenschulen, sich in e. gegebenen Kriegslage rasch zurechtzufinden, schnell e. Entschluss zu fassen u. ihrem Willen klaren Ausdruck zu geben. Bearb. v. J. W. Mit 2 Tab., 1 Plan 1:25,000, 1 Skizze 1:100,000 u. 2 Oleaten. (77 S.) 901. n. 3. —
II. Theoretisch-praktischer Behelf f. die gefechtsmässige Ausbildung d. Plänklers, Schwarmes, Zuges u. d. Kompagnie, gleichzeitig reglementarisch-takt. Studie üb. das Gefecht der Kompagnie, nebst e. Sammlg v. Aufgaben f. Übgn. gegen Markiergn. u. von Gefechts-Momenten (Gefechts-Exerzitien) samt Lösgn. Im Anschlusse an das neue Reglement bearb. von Joh. Wolff. Mit 28 Fig. im Texte. (V, 272 S.) 903. n. 5. —

Behelfe für die Fortbildung der im Truppendienste stehenden Offiziere, behufs Hebung der Berufstüchtigkeit. III. gr. 8. Wien, L. W. Seidel & Sohn. n. 4. —
III. Felddienst. Anleitung f. die rationelle Ausbildung der Kompagnie u. ihrer Teile im Felddienste, gleichzeitig reglementarisch-takt. Abhandlg. f. Offiziere u. Offiziersaspiranten. Von Joh. Wolff. Mit 7 Fig. im Texte. (192 S.) 904.
I u. II. Ebd. 901. 903. n. 8. —.

Behelfe zum Studium des Heerwesens der bedeutenderen europäischen Staaten; (im besonderen Anschlusse an die „Kriegsmacht Oesterreichs") bearbeitet für den ausschliesslichen Gebrauch der k. k. Kriegsschule. 8. Wien 1876.

Behelfe zum Studium der Kriegsgeschichte. Für den ausschliesslichen Gebrauch der k. k. Kriegsschule als Manuscript gedruckt. (I. Band.) Feldzug 1796 in Deutschland. Auszüge aus dem Werke Sr. k. k. Hoheit des Herrn Erzherzog Carl. Wien 1876. Zum Feldzug 1800 in Italien. Von Carl Ritter von Gold, Oberstlt. im Gstbs.-Corps. Wien 1879. Feldzug 1805 in Deutschland. Von Carl Ritter von Gold, Major im Gstbs.-Corps. Wien 1877. — (II. Band.) Ueber die Versammlung der Armee und das Abwarten des Angriffes. Von Carl Ritter von Gold, Major im Gstbs.-Corps. Wien 1878. Zum Feldzug 1813. Vorbereitung des Kriegstheaters an der Elbe. Operationen der franz. Armee bis zur Schlacht von Dresden. (Als Ergänzung des vorgenannten Abschnittes.) Von Carl Ritter von Gold, Major im k. k. Gstbs.-Corps. Wien 1877. Ueber Lagerfestungen. Zusammengestellt aus den einschlägigen Daten der „Armee in der Bewegung" und der österr. militär. Zeitschrift, Jhrg. 1877. „Lagerfestungen und ihre Beziehungen zum grossen Krieg etc." Wien 1878. Gebirgskrieg. Befestigungswesen. Von Carl Ritter von Gold, Oberstlieut. im Gstbs.-Corps. Wien 1879. (2 Bde. Text und 1 Mappe mit 11 Karten.)
8. Wien 1876—1879

Behelfe für die Verwaltung der Präsidialgeschäfte und für die Geschäftsführung in den Gerichtskanzleien. Hrsg. vom m.-schl. Ober-Landesgerichts-Präsidium. — Brünn 1897: Winiker. 40 S. 4° 800:101.600-C.
15.

L-2, b. Behelfe, betreffend die Vorschrift für die Verpflegung des k. und k. Heeres. [Nebst] Nachtr. 1.2. — Wien: Verl. d. k. k. Hof- u. Staatsdr. 1894. 8° 302.
15.

Behelfe (L—2b.) betreffend die Vorschrift für die Verpflegung des k. und k. Heeres. (1894.) (Ergänzung.) Beigeb.: Nachtrag I (1900). II (1902). Wien 1900—1902.

(F) L—2, b.—1. Nachtrag zu den Behelfen, betreffend die Vorschrift für die Verpflegung des k. u. k. Heeres. (Zu Abth. 12, Nr. 1329 vom Jahre 1900 — Normal-Verordnungsblatt für das k. u. k. Heer 31. Stück.) [Wien. 1900. Hof- und Staatsdruckerei.] 8°. 8 S. K —.10

Behelfsarbeiten im Feldsanitätsdienste. Sonderabdr. der Ziff. 300—331 der Krankenträgerordng. vom 15. V. 1907 u. der Ziff. 590—634 der Anlagen zur Kriegs-Sanitätsordng. vom 27. I. 1907. (46 S. m. Fig.) 8. Berlin 907. E. S. Mittler & Sohn. — 60

Behelfsbrueckenvorschrift. — Behelfsbrücken-Vorschrift. ⟨B.V.⟩ — Berlin: Mittler 1894. IV,68,20 S. 8°
1:Hy 30125.
15.

—— Berlin: Bath 1899. IV,68,20 S. 8° 1:Hy 36130.
15.

Behelfsbrücken-Vorschrift. ⟨B.V.⟩ [Nebst] Deckbl. — Berlin: Bath 1907-12. 8° 1[°°Deckbl.]: Hy 36131. 14.
15.

Behem's, Balth., Codex picturatus, s. Bucher, Bruno. Die alten Zunft- u. Verkehrs-Ordnungen der Stadt Krakau.

Behem, Matthaeus:
Descriptio urbis Annaemontanae sitae in Mysia, ad montes Sudetes. Recudi curavit Christianus Leberecht Deumer. — Annabergae: Freyer 1812. XVI,61 S. 8°
1:Xd 14998. 8. 14.
15.

Behem, Nicolaus, Die Sechs // HAubtstück / // Christlicher Lehre/ // Welche einem jeden Christen /// zu wissen von nöten // sind. // Sampt etlichen fürnembsten Fra= //gen / für die Christen Kinder / und andere // Personen / so zum heiligen hochwirdigen // Sacrament des Altars / gehen // wollen. // Kürtzlich zusammen gezogen /// Durch // M. Nicolaum Behem /// Pfarrherrn zu Penigk. // Gedruckt zu Freybergk / bey // Georg Hoffman /// Anno 1603. - 15 Blatt (nicht paginiert). - Prosa.
B. S. T. 8°.156/3.

Behem, Sebald s. *Beham*, Hans Sebald.

Behemb's, M., geistliche Lieder, s. Sänger, geistliche.

Behemot der Roman über alle Romane oder Leben, Thaten, Meinungen des irrenden Ritters Orthodox . . . Bagdad [Hamburg] 1796. V: *Riem, A.* (Wr)

Behemot, der Roman über alle Romane. 8. Hamb. 796. (Herold jun.) 1 ℔

Beherrscher. — Die Beherrscher der Stadt Sulzbach durch achthundert Jahre, vorgestellt an dem Jubeltage des durchlauchtigsten Kurfürsten von Pfalz und Bayern Karl Philipp Theodors funfzig Jahre regierenden Herzogens von Sulzbach &c.&c. (Mitarb.: Johann Christian Frhr v.Fick [u.a.]) o.O. 1783. 83 S. 8°
1:Sg 7343. 12:4°Bavar.1189mh[2 Ex.] 10.
15.

Beherzigung, s.a. Beherzigungen.

Beherzigung. — Zur Beherzigung den Actionären [Aktionären] der bayerischen Hypotheken- und Wechselbank. München:Palm 1842. 16 S. 8° 12:Bavar.4070-6.
15.

Zur Beherzigung, meist Altes zu neuer. Gewidmet d. Freunden d. alten Katechismus von e. Freunde d. Aufklärung. — Stade:Schaumburg 1862. VI,42 S. 8°
1:2 in Eo 11875. 7.
15.

Beherzigung bey der Ausführung des abgeschlossenen Konkordats zwischen Sr. königl. Majestät von Baiern und Sr. päbstl. Heiligkeit Pius VII., damit die höhere und niedere Geistlichkeit veranlaßt werde, die Würde des Amtes mit der Würde des Privatcharakters in Uebereinstimmung zu bringen. Von e. Pfarrer d. Bisthumes Pazowe. — Landshut:Thonann in Komm. 1821. 24 S. 8°
12:Bavar.219.
15.

Beherzigung bei d. Ausführung d. geschloßnen Konkordates zw. Sr. Majestät v. Baiern u. Pius d. VII., damit d. höhere u. niedere Geistlichkeit veranlaßt würde, die Würde d. Amts mit d. Würde d. Privatcharakters in Uebereinstimmung zu bringen. 8. Landsh. 822. Thomann. 3 gr.

Zur Beherzigung für diejenigen jungen Geistlichen, welche der Gemeinde ihr Gelübde abzulegen haben über das, was sie glauben, und über das, was sie lehren sollen. — Hamburg:Tramburg 1839. 28 S. 8° 18.
15.

— freymüthige, eines Bürgers von Pohlen, a. d. Pohln. v. Lochmann. 2 Thle. gr. 8. Lemgo, Meyer. 772.

— üb. d. alte u. neue Dresdn. Gesangbuch. 8. Leipzig, Schlegg. 798.

— f. Confirmanden. gr. 12. Braunschweig, Vieweg. 803.

Joh. Friederich Krügelsteins Beherzigung der Zeit. Eine Wochenschrift im Jahr 1772. zum Besten d. Armen geschrieben u. verkauft. — Gotha [1772]:Reyher. 406 S. 8°
1:Ac 6285. 3. 4. 10. 21.
15.

— eines bieder-deutschen Landwirths. 8. Halle 825. Waisenhausbuchh. 2 gr.

Beherzigung, meine, bei d. Communion. 8. Leipzig, Hilscher. 780.

Zur Beherzigung für jeden Menschenfreund, dem die Bildung und Veredlung der jüdischen Jugend nicht gleichgültig ist, besonders für die Einwohner jüdischer Nation zu Frankfurt am Mayn. — o.O. 1794. 8 S. 8° 17. 30.
15.

— patriot., des berüchtigten Herrn u. Dieners, (v. F. K. K. v. Creuz). 8. Frankf. 767. Varrentrapp. 6 gr.

— f. die, so sich d. Forsthaushalt. rc. s. Voigt.

Zur Beherzigung der bayer. Staats-Regierung. Ein Beitrag zur Lösung d. von Seiner Majestät König Maximilian II. gegebenen Preisfrage durch Erziehung besserer u. wohlfeilerer Biere in Bayern u. speziell in München. — München 1849:Franz. 28 S. 8° 12:Bavar.4080-55.
15.

Beherzigung der Unruhen in Basel im Januar 1831. — o.O. [1831]. 8 S. 8° 7.
15.

Beherzigungen, s.a. Beherzigung.

Beherzigungen s.a. F. K. Moser.

Beherzigungen. Enthaltend moralische, historische und satyrische Abschilderungen. Hrsgeg. v. Freiherr Friedrich Karl v. Moser.
Frankfurt 1761.

– Dass. 2. Aufl. Glogau: Schäfer;
Glogau: Chr. F. Günther 1767.

Beherzigungen. — o.O. Gedruckt im Anfang d. Monaths Sept. 1814. 16 S. 8° 3. 5. 14.
15.

Beherzigungen in Ansehung der Stadt Thorn . . . O. O. 1775. V: *Geret, Sam. Luther v.* (Holz)

Beherzigungen der Beherzigungen. Lindau 1762. V: *Moser, Friedrich Carl von.* (BrMm)

Beherzigungen für heilbegierige Christen. — Wien [um 1800]:Großer. 87 S. 8° 300:1890.
15.

Beherzigungen für Teutsche. V: *Felner, Ign. Andr. Anton.* (Ky 2/201) (GGr VII/546, Nr. 24/11) (BiblPort)

Beherzigungen bei der Einführung der Pressfreiheit. Zürich 1829 s.a.[Snell, Ludwig].

Beherzigungen
— bei der Einführung der Preßfreiheit in d. Schweiz u. über gesetzl. Bestimm. über die Presse, (v. W. Snell). gr. 8. Zürich 829. Geßner. 12 gr.

Beherzigungen bei d. Einführung d. Preßfreiheit in d. Schweiz, u. üb. gesetzl. Bestimmungen üb. d. Presse. gr. 8. (9¼ B.) Zürich 829. [Siegfried.]

Beherzigungen, freimüthige, eines Bürgers v. Polen, lies: Fr. Ludolf Lachmann statt Lochmann.
— freimüth., e. Bürgers v. Polen. A. d. Poln. v. Lochmann. 2 Thle. gr. 8. Lemgo 772. Meyer. 16 gr.

Beherzigungen über das alte und neue Dresdnische Gesangbuch, . . . Leipzig 1798. V: *Schirlitz, Carl Christoph.* (Ky) (MGT)

Beherzigungen für christliche Jungfrauen. Ein Lehr- u. Gebetbuch. 5. Aufl. Mit 2 Stahlst. Zürich 867. Woerl. 16. (VIII, 448 S.) n. 8 ngr.

— für Konfirmanden. 12. (Braunschw.) 803. Vieweg. 6 gr.

Beherzigungen vor dem Wiener Kongreß. 1814 s.a. *Arndt*, Ernst Moritz.

Beherzigungen vor dem Wiener Congress ... O. O. 1814. V: *Arndt, Ernst Moritz*. (GGr)

Beherzigungen d. Lehre Jesu Christi u. seiner Jünger, od. Kern christl. Sitten u. Tugendlehre. Vom Verf. d. „Betrachtungen üb. d. Psalmen" (Joh. Nep. Hubert v. Schwerz). Mit Titlbild. gr. 8. (34⅛ B.) München 838, Literar.-artistische Anstalt.

Beherzigungen, meine, bei d. Kommunion. 8. Leipz. 780. Hilscher. 3 gr.

Beherzigungen für meine Mitbürger bei gegenwärtigen Zeitumständen. — Dresden [um 1810]: Meinhold. 22 S. 8° 14. 15.

Beherzigungen, Patriotische. Hamburg 1813. V: *Perthes, Frdr.* (Hauptkat. d. Univ.-Bibl. Tübingen. F. S. 251.)

Beherzigungen, Patriotische, des berüchtigten Herrn und Dieners. Frankfurt a. M. 1767. V: *Creutz, Friedrich Carl Casimir Freiherr von*. (Ky) (ML) (Stri) (Adel)

—— eines Predigers u. Seelsorgers rc, s. Dann, C. A.

Beherzigungen für Regenten, Staatsdiener und Regierte. (1.2.) — Germanien [vielm. Marburg: Krieger] 1815. 8° 21. 15.

Beherzigungen bey gegenwärtiger harten Theurung und Hungersnoth. — o.O. 1771. 8 S. 8° 3. 15.

Beherzigungen für Weltbürger und Patrioten. — Friedland: Treu 1816. 36 S. 8° 1: Rz 7168. 14. 106. 15.

Beherzigungen für Weltbürger und Politiker. Friedland [Leipzig] 1816. V: *Meisel, August Heinrich*. (MGT) (Wr)

Beherzigungen. Einige wohlgemeinte B' über die von ... Herrn Bundspräsident [Johann Baptista von] Tscharner sich ohne Rath, Wissen und Willen des Gottshausbundes erlaubte Bekräftigung des den 12. Hornung 1795. dem Herrn Jakob Ulrich Sprecher von Jenins von ... den HHerren Häupteren ertheilten Creditifs, mit Beydrükung des Gottshausbundessiegels. 8. *o. O. u. J.*

Behind the veil, s.: Asher's collection of engl. authors.

Behl, Ferdinand

Behl, Ferd., die Darstellung der Planimetrie nach induktiver Methode zum Gebrauche an höheren Lehranstalten u. zum Selbstunterrichte Mit 186 Fig. gr. 8. (VIII, 159 S) Hildesheim 886. Lax. n. 2. —

Behl, Ferd., Methodik d. Rechenunterrichtes in der Volksschule in 3 Teilen. 8. (VIII, 173 S.) Langensalza 880. Beyer & Söhne. n. 1. 50

Behl, Ferd., Methodik des Rechenunterrichtes in der Volksschule in 3 Teilen. (VIII, 173 S.) 1880; 2. Aufl. 8. (192 S.) Langensalza 882, Beyer und Söhne. *

Behl, Ferd. Methodik des Rechenunterrichtes in der Volksschule in 3 Tln. 3. verb. u. verm. Aufl. gr. 8. (VIII, 196 S.) Langensalza 890, Beyer u. Söhne. * 1 50

— Rechenhefte f. die Hand der Schüler in Seminarien u. höheren Bürgerschulen. Im Anschluß an d. Verf.'s Methodik d. Rechenunterrichtes in Volksschulen bearb. 6. Hft. 8. (IV, 164 S.) Ebd. 887. n. 1. —

— dasselbe. Ergebnisse. 8. Hft. Ergebnisse zum 6. Hft. 8. (16 S.) Ebd. 887. n. — 15

— Rechenhefte für die Hand der Schüler in Volksschulen. Im Anschluß an d. Verf. Methodik d. Rechenunterrichts in der Volksschule bearb. 3—5. Hft. 8. (42, 48 u. 48 S.) Ebend. 881. à n. — 25

— Rechenhefte f. die Hand der Schüler in Volksschulen. Im Anschluß an d. Verf. Methodik d. Rechenunterrichtes in der Volksschule bearb. 4. Hft. 2. Aufl. 8. (48 S.) Langensalza 886. Beyer & Söhne. n. — 25

— Rechenhefte f. die Hand der Schüler in Volksschulen. Im Anschluß an d. Verf.'s Methodik d. Rechenunterrichtes in der Volksschule bearb. 1. Hft. 3. Aufl. 8. (48 S.) Ebd. 888. n. — 25

Behl, Ferd., Rechenhefte f. die Hand der Schüler in Volksschulen. Im Anschluß an d. Verf. Methodik d. Rechenunterrichts in der Volksschule bearb. 3. Hft. 3. Aufl. 8. (44 S.) Langensalza 891. Beyer & Söhne. n. — 25

Behl, Ferd., Rechenhefte f. die Hand der Schüler in Volksschulen. Im Anschluß an des Verf. Methodik des Rechenunterrichts in der Volksschule bearb. 1. u. 3. Hft. 8. Langensalza, H. Beyer & Söhne. n. — 50
1. Der Zahlenkreis von 1—100. 5. Aufl. (48 S.) 899. n. — 25
3. Die gemeinen Brüche u. Dezimalbrüche u. Rechnen m. denselben. 4. Aufl. (44 S.) 899. n. — 25

Behl, Ferd., Rechenhefte f. die Hand der Schüler in Volksschulen. Im Anschl. an des Verf. Methodik des Rechenunterrichts in der Volksschule bearb. V. Heft. Die bürgerl. Rechnungsarten. 3. Aufl. (48 S.) kl. 8. Langensalza 910. H. Beyer & Söhne. nn — 25

Behl, Karl Wilh.: **Das** Buch d. bunten Welt. Gedichte. (69) 8° Dresd., E Pierson ('12). 1 —; geb. n 2 — d

Behla, Gustav [aus Luckau N/L.]: Über die Einwirkung von Phosgen auf Anthracen .... Freiburg i. B., Univ.-Buchdr. v. Chr. Lehmann, 1887; 38 S. + 1 Bl. 8°.
Freiburg i. B., Phil. Fak., Inaug.-Diss. v. 1887.

Behla, Robert: Die Abstammungslehre und die Errichtung eines Institutes für Transformismus. Ein neuer experimenteller phylogenetischer Forschungsweg. — Kiel [usw.]: Lipsius & Tischer 1894. VII,60 S. 8° 1: Li 13126. 8. 10. 12: H. nat. 24 g [2 Ex.] 15. 302. 15.

— Die Amöben insbesondere vom parasitären und culturellen Standpunkt. — Berlin: Hirschwald 1898. VI,73 S. 8° 1: Lv 8395. 8. 11. 12: Zool. 31 hf. 15, 30, 302. 15.

Behla, Rob.: Die Arbeits- usw. Verhältn. d. in Heilanst. d. Preuss. Staates im Krankenpflegedienste beschäftigten Personen n. d. Stande v. 15.8.'10. [Aus: „Med.-statist. Nachr."] (601—628) gr8° Berl., Verl. d. kgl. statist. Landesamts '12. — 60

— Die Bestätigung der künstlichen Züchtung des Krebserregers sowie weitere geschwulststatistische Mitteilungen über Familien-, Ehegatten- und endemischen Krebs. — Berlin: Schoetz 1910. 50 S. 8° 1: Ix 6500. 11. 21, 30, 33M. 302.

— Über die Errichtung eines Instituts für Krebsforschung. Berlin: Schoetz 1902. 8 S. 8° 1: Ix 6447. 39, 15.

— Die Gesundheitsverhältnisse des Kreises Luckau. — Luckau N.-L. 1884: Entleutnersche Buchdr. 53 S. 8° 101. 15.

— Die Carcinomlitteratur [Karzinomliteratur]. Eine Zusammenstellung d. in- u. ausländischen Krebsschriften bis 1900. — Berlin: Schoetz 1901. XXV,259 S. 8°
1: Ix 5640 [u.] 5640a. 5. 7, 9. 11. 12: Path. 106k. 14→17. 21. 26. 27. 28. 38M. 302. 15.

— Krebs u. Tuberkulose in berufl. Beziehg v. Standpunkte d. vergleich. internat. Statistik. [Aus: „Med.-statist. Nachr."] (113—248 m. graph. Darstellgn.) gr8° Berl., Verl. d. kgl. statist. Landesamts '10. 1 —

— Der tatsächliche Krebserreger, sein Zyklus und seine Dauersporen. — Berlin: Schoetz 1907. X,189 S. 8°
1: Ix 6483. 7. 11. 12: Path. 106kd. 38M. 302. 15.

— Das bakteriologische Laboratorium bei der Königlichen Regierung in Potsdam. — Berlin: Schoetz 1902. 30 S. 8°
1: Ib 13116. 11. 30, 15.

Behla, Rob. (geb. Luckau 2. 6. 1850): Ueber Resectionen in der Continuität beim difformen Callus mit Bezug auf einen vom Verfasser beobachteten Fall. Berlin (1874). (32 S.) 8°
Berlin, Med. Diss. v. 7. Aug. 1874

— Die vorgeschichtlichen Rundwälle im östlichen Deutschland. Eine vergleichend-archäologische Studie. — Berlin: Asher 1888. X,210 S. 8°
1: Pz 6409. 2. 3. 5. 7. 9. 10. 11. 12: Arch. 4u. 14. 15. 16. 21. 23. 24. 26→30. 38. 302. 15.

— Die Sammelmolkereien als Typhusverbreiter. — Jena: G. Fischer 1902. 60 S. 8°
Aus: Klinisches Jahrbuch. 10. 1903.
12: Pol. civ. 175-11. 17. 15.

— Spreewaldsklänge. Gedichte. — Lübbenau: Bruchmann 1895. VIII,196 S. 8° 1: Yo 25681. 101. 15.

— Die Urnenfriedhöfe mit Thongefäßen des Lausitzer Typus. — Luckau N.-L.: Kutzscher 1882. 119 S. 8°
1: Pz 6284. 10. 12: Germ. sp. 29. 14. 15. 17. 18. 300: 61.054-B. 302. 15.

Behla, Rob., die Urnenfriedhöfe m. Thongefäßen d. Lausitzer Typus. Eine Monographie. Mit 75 Abbildgn. auf 2 lith. Taf. gr. 8. (120 S.) Luckau N.-L. 882. Meißner. n. 2. 50

— Die pflanzenparasitäre Ursache des Krebses und die Krebsprophylaxe. — Berlin: Schoetz 1903. 48 S. 8°
1: Ix 6460. 11. 12: Path. 106kl. 15. 17. 24, 20. 20. 38M. 302.

— Zahl, Zunahme u. Beruf d. Geisteskranken in Preussen. [Aus: „Ztschr. d. kgl. preuss. statist. Landesamts".] (365—382) 32,5×23,5 cm. Ebd. '12. — 80

— Die künstliche Züchtung des Krebserregers, seine Feststellung in der Außenwelt und der rationelle Krebsschutz. Berlin: Schoetz 1908. VIII,84 S. 8°
1: Ix 6488. 12: Path. 106kf. 15, 21. 24. 28M. 302. 15.

— Meine Züchtgsmethode d. Blastozoon globosum a. krebsart. Geschwülsten u. s. diagnost. Verwertg. (48) gr8° Berl., Allg. medizin. Verl.-Anst. '12. 1 —

Behlau: Abhandlung über die Heizungs-Materialien, die in der Gegend von Heiligenstadt gebräuchlich sind. 16 S.
Progr. Heiligenstadt 1858.

Behlau: Ueber die Heizungs-Materialien, welche in der Gegend von Heiligenstadt gebräuchlich sind. 16 S.
Progr. Heiligenstadt 1858.

Behlau: Ueber Höhenrauch. 23 S.
Progr. Heiligenstadt 1867.

Behlau, A.: Ueber die Curven, welche die Tangentialebenen mit einer Fläche gemein haben und über die Beziehungen der Berührungspunkte zu diesen gemeinschaftlichen Curven. 26 S.
Progr. Heiligenstadt 1854.

Behlau, Johannes, a. Elbing: Anlage und Güterbestand des Klosters Neuencamp und dessen Filiale auf der Insel Hiddensoie. Mit 1 kartograph. Beil. Greifswald 1908: J. Abel. (39 S.) 8°
Greifswald, Phil. Fak., Ref. Bernheim, Diss. v. 21. Febr. 1908
[Geb. 13. April 80 Wartenburg (Ostpr.); Wohnort: Elbing; Staatsangeb.: Preußen; Vorbildung: Gymn. Konitz Reife M. 04; Studium: Berlin 4, Greifswald 2 S.; Rig. 21. Dez. 07.]

Behlen: Katechismus der Mineralogie, s. Behlen, Stephan

Behlen: Der Spessart, s. Behlen, Stephan

Behlen, H., Oberförster, Haiger in Hessen-Nassau, s. Behlen, Heinrich

Behlen, H., Dr., Studiendirektor, Liegnitz., s. Behlen, Heinrich

Behlen, Heinrich, Oberförster, Haiger in Hessen-Nassau. 1904: Das Alter und die Lagerung des Westerwälder Bimssandes und sein rheinischer Ursprung. — (Wiesbaden: Bergmann 1905.) 61 S. 8°
Aus: Jahrbücher d. Nassauischen Vereins für Naturkunde. 58. 1905.
14. 17. 15.

— Die Wallburg Heunstein bei Dillenburg. — Wiesbaden: Bechtold [1904]. 16 S. 8°
Erweitert aus: Mitteilungen d. Vereins für Nassauische Altertumskunde u. Geschichtsforschung. 1902-04.
1: Si 9074. 15.

Behlen, Heinr.: Das Mikroskop, s: Lehrmeister-Bibliothek.

— über das Milchgebiss der Paarhufer. Eine literaturgeschichtlich-vergleich. Studie in 2 Tln. 1. Tl.: Literaturgeschichtliches. (II u. S. 185—212.) gr. 8. Ebd. 906. n. — 80
2 Sonderabdrucke aus: „Jahrbb. d. nass. Ver. f. Naturkde."

Behlen, Heinr., über das Milchgebiss der Paarhufer, e. literaturgeschichtlich-vergleich. Studie in 2 Tln. II. Tl.: Vergleichendes. (S. 249—309.) gr. 8. Wiesbaden 907. J. F. Bergmann. 1.60; (kplt. 2.40)
Sonderabdruck aus „Jahrbb. d. nass. Ver. f. Naturkde."

— Der Pflug und das Pflügen bei den Römern und in Mitteleuropa in vorgeschichtlicher Zeit. Eine vergleichende agrargeschichtliche, kulturgeschichtliche u. archäologische Studie, zugleich als e. Beitrag zur Besiedelungsgeschichte von Nassau. — Dillenburg: Seel 1904. XVI,192 S. 8°
1: Ow 3418. 3. 5. 6. 7. 11. 12: Ant. 45sp. 14→18. 24→27. 30. 38, 300: 435.684-B. 302. 15.

— Die nassauischen Roteisensteine. Entstehung, Zusammenhang mit d. nassauischen u. Siegerländer Erzgängen, Alter, Beziehungen zu d. Schal- u. Grünsteinen nebst Exkursen über d. 'Serpentinisierung'. — Wiesbaden: Plaum in Komm. 1909. XX,250 S. 8° 1: Mm 15746. 302. 15.

Behlen, Heinrich: Friedrich S c h i l l e r,
s.a. B e h l e n - M a r b a c h, H.

Behlen, Heinrich, Dr., Studiendirektor, Liegnitz.
Friedrich Schiller. Zum 100. Todestage. — Bielefeld: Helmich [1905]. 18 S. 8° (Pädagogische Abhandlungen. 92.) 1:Nc 3973-92. 6. 8. 14.
15.

— Glacialgeschrammte Steine in den Mosbacher Sanden. — (Wiesbaden: Bergmann 1904). S. 174-192. 8°
Aus: Jahrbücher d. Nassauischen Vereins für Naturkunde. 57. 1904. 17.
15.

Behlen, Ludw. Philipp, De causis secularisationum illegitimis & legitimis. Diss. jur. Präs. Carl Phil. Heinr. Frh. v. Greiffenclau-Vollraths (Gundheim). Mainz (J. Haeffner) Juli 1746. 142. (5.80) 1778

Behlen, Ludwig Philipp: Ausführliche Deduction, daß dem Herrn Grafen von Ingelheim mit rechtlichem Bestand nicht zugemuthet werden könne, sich ante plenariam evacuationem spolii des von Seiten des Fürstlichen Hoch-Stiffts Würtzburg armata manu invadirten Ritter-Guths Bücholt irgendwo ein- oder sich auf die angebliche Nullitäten der Infeudation vernehmen zu lassen, sondern die redintegratio spolii plenaria ... geschehen müsse. In Sachen Herrn Grafen von Ingelheim contra ein Hochwürdiges Dom-Capitul zu Würtzburg. [Verf.: Ludwig Philipp Behlen.] — o.O. 1753. 70 S. 4° 24.
15.

[—] Ius metropoliticum Moguntinum in ditionem Fuldensem perpetuo possessum contra scriptum Fuldense sub rubro Fidelissimum specimen iurium Moguntinensium ... exhibitum. — Moguntiae 1754: Typogr. Electoralis Aulica acad. 152,CXXV S. 4° 17.
15.

[—] Series facti et iuris circa erectionem novi episcopatus Fuldensis et concessionem pallii Herbipolensis ac laesa Sedis metropoliticae Moguntinae ... iura. — Moguntiae 1753: Typogr. Electoralis Aulica acad. 95,XLII S. 4°
21. 17.
15.

Behlen, Stephan: Abriß der Geschichte und Statistik von Baiern. Zunächst zum Gebrauch beim Unterricht in Realschulen. — Karlsruhe [usw.]: Marx 1831. VIII,180 S. 8°
12: Bavar. 219gh.

— Abriß der Geschichte, Statistik, Verfassung und Verwaltung des Königreichs Baiern, mit besonderer Rücksicht auf die Administration der Forsten und Jagden. — Ebd. 1831. VIII,102 S. 8° 29.
15.

— Anleitung zur Kenntniß der Königlich Bayerischen Forstverwaltung. — Frankfurt a. M.: Wesché 1826. VI,104 S. 8°
1: Oy 5402. 5. 15. 21. 30. 300: 45 W 9.
15.

— [Hrsg.] s. *Archiv* der Forst- und Jagd-Gesetzgebung der deutschen Bundesstaaten.

—— forstliche Baukunde. Eine Anleit. zur Kenntniß, Leit. u. Ausführung der in den Forst- u. Jagdbetrieb einschlagenden Bauten u. baulichen Einrichtungen, unter Vorausschickung d. bezügl. allgem. Lehren. Zunächst für Forst- u. Jagdbeamte. gr. 8. (11½ B. u. 1 Kpfrt.) Leipzig 844, Baumgärtners Buchh.

Behlen, Steph., forstliche Baukunde. Eine Anleitung zur Kenntniß, Leitung u. Ausführung der in den Forst- u. Jagdbetrieb einschlagenden Bauten u. baulichen Einrichtungen, unter Vorausschickung der bezügl. allgem. Lehren. Zunächst für Forst- u. Jagdbeamte. gr. 8. (Mit 1 Kpfrt.) Leipzig 845, Baumgärtner. 7/8 ℛ︎

— [Hrsg.] s. *Bechstein*, Johann Matthaeus: Forstbotanik. 5. Aufl. 1843.

— [Hrsg.] s. *Bechstein*, Johann Matthaeus: Taschenblätter der Forstbotanik. 2. Aufl. 1828.

— Beiträge zur Lehre von den Taxen der Forstprodukte insbesondere des Holzes. Programm zur Eröffnung d. Vorlesungen an d. Königlichen Forst-Lehr-Anstalt zu Aschaffenburg. [1.] — Aschaffenburg 1828: Wailandt. 52 S. 8°
17.
15.

—— ([1.]2.) — Leipzig: Baumgärtner 1828-30. 8°
1. 1828 (1829). 2. 1830 (1831).
1 [∞2]: Oy 14458. 5. 12[∞2]: Don. Lud. 603. 16[∞2]. 26.
15.

– „B e i t r ä g e zur Lehre von den Taxen der Forstproducte, insbesondere des Holzes"; Programm zur Eröffnung der Vorlesungen der königl. Forstakademie zu Aschaffenburg. Leipzig: Baumgärtner 1829.

– Dass. Neue Aufl. Ebd. 1831.

Behlen, Stephan, s.a. D i e n s t - I n s t r u k t i o n

Behlen, Stephan u. Christian Peter Laurop: D i e n s t - I n s t r u c t i o n e n für das königlich Baierische Forst-Personal des äußern Dienstes.
Karlsruhe 1832.
H.1: Dienst-Instruction für die kgl. Baierischen Ober-Förster. 176 S.
H.2: Dienst-Instruction für die kgl. Baierischen Revier-Förster. 99 S.
H.3: Dienst-Instruction für die kgl. Baierischen Forstwarthe. 19 S.

Behlen, Stephan: F o r s t k r ä u t e r k u n d e .,
s.a. B e c h s t e i n , Johann Matthäus: Forstbotanik. T.2.

—— Forstkräuterkunde, s.a. Forst- u. Jagdwissenschaft rc., 2. Thl.

— Forstkräuterkunde oder Naturgeschichte der deutschen Forstkräuter. Hrsg. von S. Behlen u. mitbearb. von F. A. Desberger. Abth. 1.2. — Erfurt [usw.]: Hennings 1833. VIII,2002 S. 8°
1. Forst-Phanerogamen. 2. Forst-Kryptogamen.
(Bechstein, Johann Matthaeus: Forstbotanik. 2.) (Die Forst- u. Jagdwissenschaft nach allen ihren Theilen. [1,2.)
Selbständige Ausg. von Abth. 2 s. *Behlen*: Naturgeschichte u. Beschreibung d. deutschen Forst-Kryptogamen. Hrsg. von S. Behlen u. mitbearb. von F. A. Desberger. 1835.
1: Oy 9521. 3. 8. 9. 12: Oecon. 199m-2. 14. 21. 28. 32. 34. 39. 43. 45. 300: BE 4 Z 42. Tl. 1,2.
15.

—— die Forstkunstsprache. gr. 8. (2¾ B.) Leipzig 830, Baumgärtner.

— Die Forstkunstsprache. — Leipzig: Baumgärtner 1831. 43 S. 8° 26.
15.

Behlen, Stephan, s. F o r s t - und Jagd w i s s e n s c h a f t

Behlen, St. (Hrsg.), s. Allgemeine deutsche F o r s t - und Jagd z e i t u n g .

Behlen, Stephan (Hrsg.), s. F o r s t - u. Jagd- Z e i t u n g, Allgemeine.

Behlen, S.: Ueber die F o r t s c h r i t t e der Forsteinrichtung in Bayern, aus zuverlässigen Quellen.
Erfurt 1842. 38 S.

Behlen, Stephan, u. J. Merkel, Geschichte u. Beschreib. von Aschaffenburg u. dem Spessart. Lex.-8. (12⅞ B. u. 1 lith. Karte in gr. 4.) Aschaffenburg 842, Pergay. 1 Thlr.; Vlnp. mit 1 Kpfr. 1 Thlr. 20 Ngr.; mit 5 Kpfrn. 2 Thlr. 5 Ngr.; mit 5 col. Kpfrn. Thlr.

— Geschichte und Beschreibung von Aschaffenburg und dem Spessart. Von St. Behlen u. J. Merkel. — Aschaffenburg: Pergay 1843. XVI,188 S. 8° 1: Sf 7608. 2. 4. 7. 10. 12: Bavar. 219h. 16. 17. 18. 21. 24. 29. 30. 15.

— Grundsätze d. Geschäftsstyls in Beziehung auf d. schriftl. Arbeiten bei d. Forstverwaltung. gr. 8. Gotha 826. Hennings. 14 gr (A. u. d. T.: Forst- u. Jagdwissensch. 14r Thl.)

— botan. Handbuch, od. Diagnostik d. einheim, u. d. vorzüglichsten in Deutschland im Freien fortkomm. fremden Forstgewächse, mit besond. Hinweis. auf d. Schönbusch bei Aschaffenburg. gr. 8. Bamb. 824. (Wesché in Frankf.) 3 rf

— Handbuch der Forst- und Jagdgesetzgebung des Großherzogthums Baden. Hrsg. von St. Behlen u. C. P. Laurop. — Mannheim: Schwan & Götz 1827. XXXIV,558 S. 8° (Behlen: Systematische Sammlung d. Forst- u. Jagdgesetze d. deutschen Bundesstaaten. 1.)
1: Gm 9932-1. 5. 7. 8. 12: Oecon. 217p-1. 16. 17. 21. 24. 25. 27. 300: 34P 12-1.

—— u. C. P. Laurop, Handbuch d. Forst- u. Jagdgesetzgebung d. Königr. Baiern, 2 Bde., s.a. Sammlung, system., d. Forst- u. Jagdges. d. deutsch. Bundesstaaten, 3. u. 4. Bd.

— Handbuch der Forst- und Jagdgesetzgebung des Königreichs Baiern. Bearb. u. hrsg. von St. Behlen u. C. P. Laurop. Bd 1–3. — Karlsruhe [usw.]: Marx 1831. 8° (Behlen: Systematische Sammlung d. Forst- u. Jagdgesetze d. deutschen Bundesstaaten. 3/5.)
Im Exemplar von 14 fehlen d. Haupttitelblätter.
1: Gm 9932-3/5. 5. 12 [∞ 4.5]: Oecon. 217p-3. 14. 21 [∞ 3]. 24. 26 [∞ 3]. 29. 300: 34P 12-3/5. 15.

– „H a n d b u c h der Königlich Baierischen Forstverwaltung".
Frankfurt a.M.: Wesché 1825.

—— u. G. Reber, Handbuch d. Forstwissenschaft u. ihr. Hülfswissenschn. 1. Thl. Die Einleit. in d. Forstwissenschaft u. d. Forstnaturgesch. enthalt. — A. u. d. T.: Lehrbuch d. Forstnaturgesch. Von Behlen. gr. 8. (32 B.) Leipzig 831, Baumgärtner.

—— dass. 3. Thl. — A. u. d. T.: Handbuch d. Waldbaues u. d. Waldbenutzung. Von G. Reber. M. 4 lith. Taf. u. 4 Tab. gr. 8. (28 B.) München 831, Lindauer.
5. Thl. Reber's Grundsätze d. Waldtaxation. Bamberg, Dresch. 1827. 2 Thlr. 12 Gr. — 2. u. 4. Thl. fehlen noch.

Behlen, Stephan (Hrsg.), s. H o l z - und Wald o r d n u n g, Kaiserlich landts-fürstliche. . .

— Jagdkatechismus zum Gebrauche bei d. öffentlichen Unterrichte u. d. Selbstbelehrung. Th. 1.2. — Leipzig: Baumgärtner 1828–29. 8°
1. Die Einleitung in d. Jagdkunde, d. Weidmannssprache u. d. Naturgeschichte d. deutschen Jagdthiere. 1828.
2. 1829.
3 [∞ 2]. 12: Oecon. 217o. 15.

— Die Jagdkunst- oder Weidmanns-Sprache. — Leipzig: Baumgärtner 1828. 106 S. 8°
1: Oy 3070. 7. 17. 300: 27 X 23. 15.

Behlen, Stephan, s. J a h r b ü c h e r der Forst- und Jagdkunde

— K a t e c h i s m u s der Forstwissenschaft u. ihrer Hülfswissenschaften, zum Gebrauche bei dem Unterrichte u. dem Selbst-Studium. 1r Thl. 1e Abthl. A. u. d. T.: Katechismus der Mineralogie, Oryktognosie, Gebirgs- und Bodenkunde, in besond. Beziehung auf d. Forstwissenschaft. 8. Erfurt 838. Hennings u. Hopf. 1/2 rf ders. 3e Abthl. Katechismus der forstlichen Zoologie, insbesond. d. schädlichen Forstinsekten. 8. Ebd. 838. 1/4 rf ders. 7e Abthl. Katechismus von dem Anbau der Hoch-, Nieder- u. gemischten Waldungen durch natürliche Regeneration. 8. Ebd. 838. 1/2 rf

Behlen: K a t e c h i s m u s der Mineralogie, etc.
Erlangen 1838.

— Clima [K l i m a], Lage und Boden in ihrer Wechselwirkung auf die Wald-Vegetation. — Bamberg: Goebhardt in Comm. 1823. 66 S. 8° 5. 12: Bavar. 219g. 17. 24. 30. 302. 15.

— Clima, Lage u. Boden in ihrer Wechselwirk. a. d. Wald-Vegetation. gr. 8. Bamb. 824. (Wesché in Frankf. a. M.) 6 gr Schrbp. 8 gr

— Lehrbuch der beschreibenden Forstbotanik. — Frankfurt a. M.: Körner 1823. IV,326 S. 8°
5. 12: Phyt. 32h. 26. 30. 15.

— Lehrbuch d. beschreibenden Forstbotanik. gr. 8. Frankf. 824, Körner.

— Lehrbuch der deutschen Forst- und Jagd-Geschichte. — Frankfurt a. M.: Wilmans 1831. XVII,250 S. 8°
1: Oy 5512. 3. 7. 15. 17. 21. 24. 26. 28. 15.

— Lehrbuch der Forstnaturgeschichte. — Leipzig: Baumgärtner 1831. XIV,497 S. 8° (Handbuch d. Forstwissenschaft u. ihrer Hülfswissenschaften. 1.)
1: Oy 3694. 5. 12: Oecon. 217m-1. 21. 26. 15.

— Lehrbuch der Forst- und Jagdthiergeschichte. — Leipzig: Brockhaus 1826. XII,718 S. 8° 1: Oy 10270. 7. 16. 17. 21. 27. 30. 300: 16.849-B. 302. 15.

— Lehrbuch d. Gebirgs- u. Bodenkunde rc. 1e u. 2e Abthl. s.a. B e c h s t e i n, Forst- u. Jagdwissensch. 8r Thl. 4r Bd.

— Lehrbuch d. Gebirgs- u. Bodenkunde in Bezieh. auf d. Forstwesen. 2 Bde. Mit 6 Kpft. gr. 8. Gotha 825. Hennings. 2 rf 4 gr (A. u. d. T.: Forst- u. Jagdwissensch. 8r Thl. 4r Bd.)

— Lehrbuch der Gebirgs- und Bodenkunde in Beziehung auf das Forstwesen. Abth. 1.2. — Erfurt [usw.]: Hennings 1826. 8° (Die Forst- u. Jagdwissenschaft nach allen ihren Theilen. 8,4.) 1. Oryktognosie. 2. Geognosie u. Geologie.
Im Exemplar von 7 u. 302 fehlt d. Titel d. Sammlung.
1: Oy 9577. 5. 7. 12: Oecon. 632h-8,4. 17. 21. 26. 32. 39. 45. 61. 300 [∞ 1]: BE 4 Z 42. T. 8,4. 302. 15.

—— Lehrbuch d. Jagdwissenschaft in ihrem ganzen Umfange. Zum Gebr. bei öffentl. Vorlesn. u. beim Selbststud. 1. Aufl. 835. 1⅚ Thlr., 2. Ausg. gr. 8. (à 33 B.) Frankfurt a. M. 839, Sauerländer.

— u. F. A. Desberger, Naturgeschichte u. Beschreibung der deutschen Forst-Kryptogamen. gr. 8. Erfurt u. Gotha 834. Hennings. 2 1/2 rf
Die Schrift ist e. selbständige Ausgabe von: Behlen: Forstkräuterkunde. Hrsg. von S. Behlen u. mitbearb. von F. A. Desberger. Abth. 2. 1833. 1: Oy 9600. 9. 21. 89. 15.

Behlen S. u. **Desberger F. A.**: Naturgeschichte u. Beschreibung d. deutschen Forst-Kryptogamen. Erfurt u. Gotha 1835. 794 S.
[Oprindelig Th. 2 Abth. 2 af B e c h s t e i n's Forstbotanik 1833, se 579].

Behlen, Steph., Naturgeschichte d. deutschen Forstkräuter. 2 Abthll. gr. 8. Gotha 835. (Erfurt, Hennings u. Hopf.) 5 Rthlr

— Real- u. Verbal-Lexicon der Forst- u. Jagdkunde mit ihren Hülfswissenschaften. 1r Bd. 1e—5e u. 2r Bd. 1e u. 2e Lfrg. gr. 8. Frankf. 839, 40. Sauerländer. (à n. 1/2 Rthlr) 3 1/2 Rthlr

— Real- und Verbal-Lexicon der Forst- und Jagdkunde mit ihren Hülfswissenschaften. Bd 1-7. — Frankfurt a. M.: Sauerländer 1840-46. 8° 7. Siebenter oder Suppl.-Bd. 1846.
1: Oy 3120. 2. 3. 5. 6. 7. 12: Oecon. 217 n. 15. 16. 17. 21. 24. 30. 302.

— u. Laurop, Samml. d. Forst- u. Jagdgesetze, s.a. Sammlung.

— Systematische Sammlung der Forst- und Jagdgesetze der deutschen Bundesstaaten von den ältesten bis auf die neuesten Zeiten. Hrsg. von St. Behlen u. C. P. Laurop. Bd 1-5. Mannheim: Schwan & Götz (2: Hadamar: Neue Gelehrten-Buchh.; 3ff.: Karlsruhe [usw.]: Marx) 1827-31. 8°
1. Behlen: Handbuch d. Forst- u. Jagdgesetzgebung d. Großherzogthums Baden. Hrsg. von St. Behlen u. C. P. Laurop. 1827.
2. Laurop, Christian Peter: Handbuch d. Forst- u. Jagdgesetzgebung d. Herzogthums Nassau. Bearb. von C. P. Laurop u. hrsg. von St. Behlen u. C. P. Laurop. 1828.
3-5. Behlen: Handbuch d. Forst- u. Jagdgesetzgebung d. Königreichs Baiern. Bearb. u. hrsg. von St. Behlen u. C. P. Laurop. Bd 1-3. 1831.
Im Exemplar von 14 fehlen die Haupttitelblätter.
1: Gm 9932. 5. 7 [∞ 3/5]. 8 [∞ 3/5]. 12 [∞ 2.4.5]: Oecon. 217 p. 14 [∞ 1.2]. 16 [∞ 3/5]. 17 [∞ 3/5]. 21 [∞ 5]. 24. 25 [∞ 2/5]. 26 [∞ 1.2.5]. 27 [∞ 3/5]. 29 [∞ 1.2]. 300: 34 P. 12. 15.

— d. Spessart. Versuch e. Topographie dieser Weltgegend, m. besond. Rücksicht auf Gebirgs-, Forst-, Erd- u. Volkskunde. 3 Bde. M. 1 Karte. gr. 8. Leipz. 823 — 27. Brockhaus. 4 Rthlr 12 Gr

Behlen, St. (Hrsg.), s. Zeitschrift, Neue, für das Forst-und Jagdwesen.

Behlen, Steph. (Hrsg.), s. Zeitung, Staatswirtschaftliche.

Behlen-Marbach, H.: Friedrich Schiller, s.a. Behlen, Heinrich

Friedrich Schiller. Zum 100. Todestage. Von H. Behlen-Marbach. Bielefeld: A. Helmich [1905]. (15 S.) 8° [F.]
= Abhandlungen. Pädagogische. H. 92. [illegible]

Behlendorff, Julius: Der Hôtel-Secretair. Anleitung zur fachwissenschaftl. u. praktischen Hôtelführung. — München: Poessl 1893. 248 S. 8° 12: Oecon. 217 s. 15.

Behlendorff, Jul., Der Oberkellner u. Hotel-Secretair. Anleitg. zur fachwissenschaftl. u. prakt. Hotelführg. 2. Aufl. gr. 8. (248 S.) Leipzig 898. P. M. Blüher. Geb. in Leinw. n. 4. —

Behler, Mally: Ohne d. Mutter Segen, s: Höfling's Mädchenbühne.

Behlert, Karl: Das Herzogliche Hoftheater in Meiningen. Denkschrift zur Eröffnung am 17. Dez. 1909. Mit e. geschichtlichen Vorw. von Herm. Pusch. — Meiningen 1909: Junghanss & Koritzer. 24 S. 4°
Nebent: Herzglicheos Hoftheater Meiningen. 24. 30. 15.

Behling, Alfred, Referendar in Barmen: Kaiser und Reich als Träger der Kriegssouveränität in Geschichte und Gegenwart. Elberfeld 1908: E. Dick. (79 S.) 8°
Bonn, Jur. Fak., Diss. v. 30. Mai 1908
[Geb. 30. März 84 Voerde i. W.; Wohnort: Barmen; Staatsangeh.: Preußen; Vorbildung: Gymn. Barmen Reife O. 02; Studium: Tübingen, Berlin, Bonn; Rig. 15. Febr. 07.]

Behling, D.: Aufforderung zur Gründung einer teutschen Handels-Gesellschaft auf dem Continent von Nord-Amerika. (Verf.: D. Behling.) — (Berlin [1847]: Lohmann.) 10 S. 8° 1: 12 in 4° Fg 522. 15.

Behling, D., O. Hilsinger, E. Sieburg, praktisches Sprachbuch f. Volksschulen. 1.—3. Hft. gr. 8. Langensalza 891. H. Beyer & Söhne. n. 1. —; geb. n.n. 1. 15
1. Für das 3. u. 4. Schulj. (48 S.) n. — 30; geb. n.n. — 35.
2. Für das 5. u. 6. Schulj. (44 S.) n. — 30; geb. n.n. — 35.
3. Für das 7. u. 8. Schulj. (70 S.) n. — 40; geb. n.n. — 45.

Praktisches Sprachbuch für Volksschulen. Von D. Behling, O. Hilsinger, E. Sieburg. 2. Aufl. H. 1. 2. *Langensalza: H. Beyer & S. 1894-95.* 2 Bde 8° [F.] [ot. 6,68 3

Behling, D., O. Hilsinger, E. Sieburg, prakt. Sprachbuch f. Volksschulen. 1. u. 2. Hft. gr. 8. Langensalza. H. Beyer & Söhne. à n. — 30; geb. n.n. — 35
1. F. d. 3. u. 4. Schulj. 3. Aufl. (50 S.) 898.
2. F. d. 5. u. 6. Schulj. 2. Aufl. (IV, 47 S.) 895.

Behling, D., O. Hilsinger, E. Sieburg, praktisches Sprachbuch f. Volksschulen. 1. u. 2. Hft. gr. 8. Langensalza, H. Beyer & Söhne. Geb. à n.n. — 35
1. Für d. 3. u. 4. Schulj. 4. Aufl. (IV, 48 S.) 901.
2. Für d. 5. u. 6. Schulj. 3. Aufl. (IV, 48 S.) 899.

Behling, D, O **Hilsinger**, E **Sieburg**: Prakt. Sprachb. f. Volkssch. 3 Hefte. 8° Langens., H Beyer & S. Kart. bar nn 1.15 d
I. 3. u. 4. Schulj. 5. Afl. (48) '03. nn — 35 ‖ II. 5. u. 6. Schulj. 4. Afl. (50) '03. nn — 35 ‖ III. 7. u. 8. Schulj. 4. Afl. (87) '03. nn — 45.

Behling, D., O. Hilsinger, E. Sieburg, praktisches Sprachbuch f. Volksschulen. 3 Hfte. 8. Langensalza 906. H. Beyer & Söhne. Kart. n.n. 1. 15
I. Für das 3. u. 4. Schulj. 6. Aufl. (IV, 48 S.) n.n. — 35
II. Für das 5. u. 6. Schulj. 5. Aufl. (IV, 52 S.) n.n. — 35
III. Für das 7. u. 8. Schulj. 5. Aufl. (87 S.) n.n. — 45

Behling, D, O **Hilsinger**, E **Sieburg**: Prakt. Sprachb. f. Volkssch. 3 Hefte. 8° Langens., H Beyer & S. Kart. nn 1.15 d
I. 3. u. 4. Schulj. 7. Afl. (48) '06. nn — 35 ‖

Behling, D., O. Hilsinger, E. Sieburg, praktisches Sprachbuch f. Volksschulen. I. Heft. 8. Langensalza 908. H. Beyer & Söhne. Kart. — 35
Für das 3. u. 4. Schulj. 7. Aufl. (IV, 48 S.)

— — H. 1-3. Für das 5. u. 6. Schulj. 6. Aufl. Ebd. 1909.

Behling, D., O **Hilsinger** u. E **Sieburg**: Prakt. Sprachb. f. Volkssch. 1. u. 3. Heft. 8° Langens., H Beyer & S. d
1. Für d. 3. u. 4. Schulj. 8. Afl. (4, 56) '12. geb. — 40 ‖ 3. Für d. 7. u. 8. Schulj. 6. Afl. (91) '11. geb. — 50

— — — Vorst. z. prakt. Sprachb. f. Volkssch. Für d. 1. u. 2. Schulj. (60) 8° Ebd. '11. geb. nn — 35 d

Behling, J. F. (Resp.): De epilepsia, s. Janthe, Jo. Jac. (Praes.)

Behling
— **Joh. Dav.** (Regensbg.), De jure conferendi dignitates in imperio Romano Germanico. Präs. Joh. Theoph. Seger. Lpz. (Langenheim) 29. VI. 1773. 42 S. (4.50) 1780

— — De pacto hereditatis renunciativo. Diss. I. Präs. Heinr. Gottfr. Bauer. Lpz. (Langenheim Nachf. & Klauberth) 28. XII. 1780. 32 S. (4.50) 1781

Behling, Otto: Eindrücke eines Deutschen, empfangen von Iwanow's Gemälde 'Die Bergpredigt'. — Riga: Jonck & Poliewsky in Comm. 1901. 80 S. 8° 6. 18: L. eleg. g. 30 km. 30. 38. 15.

Behling, Rudolf: Hundert Jahre der Musikalischen Gesellschaft zu Riga. Zur Feier d. 100-jährigens Bestehens. — Riga 1800: (Häcker). 20 S. 8° 1: Mus. 4° Cb 220. 30. 15.

Behm: Die Bevölkerung der Erde, s. Behm, E.

Karl Wilhelm Ferdinand, Herzog von Braunschweig-Lüneburg: Empfindungen wahrer Frey-Maurer über die Höchsterwünschte Genesung des Durchlauchtigsten Erb-Prinzen zu Braunschweig und Lüneburg Carl Wilhelm Ferdinand bey der Feyer des Johannis-Festes den 29ten Dec. 1762 in der Loge Jonathan zu Braunschweig. [Unterz.:] **Behm.** [Braunschweig 1762.] 14 S. 4⁰ [Umschlagtit.]
Kl. 850. Führt aus, dass ein wahrer Held ein Menschenfreund sein müsse. — Üb. Karl Wilhelm Ferdinand s. Allgem. Deutsche Biographie Bd 15 1882 S. 272—281 (P. Zimmermann).

Behm: Hülfstafeln für forstliche Taxwerth- und Preisberechnungen ..., s. Behm, Heinrich

Behm u. Walter: Für d. Krankenstube. 100 Krankenblätter m. kurzen Andachten z. Verteilen an Kranke. 1. u. 2. Afl. (Je 2) 8⁰ Schwer., F Bahn (08). 1 — d

Behm u. Walter, für die Krankenstube. 100 Krankenblätter m. kurzen Andachten zum Verteilen an Kranke. 2. Aufl. 8. Schwerin (909). F. Bahn. In Umschlag 1. —

Behm: Statistik der Mortalitäts- Invaliditäts- u. Morbilitätsverhältnisse ..., s. Behm, G.

Behm, Die staatsrechtliche Stellung des Hauses Wittelsbach in Bayern in Vergangenheit u. Gegenwart. Festrede. gr. 8. (32 S.) Erlangen, F. Junge. 1901

Behm, C.: Ueber Unterricht und Erziehung. Mit besonderer Beziehung auf russische Verhältnisse. — Berlin: W. Schultze 1856. 62 S. 8⁰
Erschien gleichzeitig russisch in: Morskoj Sbornik. 1856.
27.

Behm, Carl (Friedr. Wilh.) (geb. Friedland in Meckl. 5. 7. 1855): Die verschiedenen Methoden der künstlichen Athmung bei asphyktischen Neugeborenen. Stuttgart (1879). (36 S.) 8⁰ ¶ Aus: Zeitschr. f. Geburtshülfe u. Gynäkologie Bd 5. 1880.
Berlin, Med. Diss. v. 19. [vielmehr 22.] Nov. 1879

Behm, Carl Friedrich (Habsalia/Esthonus), De peste Spec. med. Jena (Goepferdt) 4. II. 1792. 20 S. (1.50) 1782
Gew.: Matth. Gagarin.

Behm, Ch. Lud. (Resp.): De salubri sub somno situ, s. Hardwig, Gust. Chr. (Praes.)

Behm, Daniel Matthias (Behmeno), Poetisches // CABINET, // In sich haltend allerhand // Geist= und Weltliche // Gedichte /// Der Seelen // zu einer reinen Lust /// Und // dem Gemüht // zum // erlaubten Zeit=Vertreib // auffgerichtet /// Und // Nebst einer abgenöthigten Defension // wider den albernen Seiamintes, // Der neu=begierigen Welt mitgetheilet // von // BEHMENO. // Franckfurt und Leipzig / im Jahre 1715. - Titelkupfer, 140 S. und noch 2 Blatt (nicht paginiert) Register.
Auf dem Titelblatt steht mit Tinte geschrieben:
Ant. Daniel Matthias Behm. S. Th. C.
Innen im Einbanddeckel steht:
Vid. recensionem hujg lib. in P. I. p. 33. seqq.
Actor. Semieruditorum.
B. S. T. 8⁰.102.

Behm, E., und H. Wagner, die Bevölkerung der Erde, s.a. **Mittheilungen aus Just. Perthes' geograph. Anstalt.**

Behm, E., u. H. Wagner, die Bevölkerung der Erde, s.a. Petermann's, A., Mittheilungen aus J. Perthes' geographischer Anstalt.

Behm, E. (Hrsg.), s. Die Bevölkerung der Erde.

Behm, E., s.: Forst- u. Jagd-Kalender.

Behm, E.: Grubenholz-Kubiktabelle, s. Behm, Emil und Behm, Heinrich

Behm, E., s.a. **Jahrbuch, geographisches.**

Behm, E., Geographisches Jahrbuch. Gotha 1866—80 — 12⁰. Band 1—8 — (Alle 2 Jahre 1 Bd.)

Behm, E., Journalist, Hamburg. 1895: Die Schicksale eines Fremden-Legionärs, nach dessen Berichten erzählt. 2. Aufl. Hamburg: W. Behm [1895]. 104 S. 8⁰
12: Biogr. 406 fp. 24.
15.

Behm, E.: Verkehrsmittel ..., s. Behm, Ernst

Behm, Eduard. (geb. Stettin 7. 8. 1831): De exostosi pelvina, quae sectionem caesaream exegit. Berolini (1854). (20 S.) 4⁰
Berlin, Med. Diss. v. 1. Mai 1854

Behm, Eduard: Marienkind. Eine Legende ... von Hermann Erler. [Komp.: Eduard Behm.] [Textb.] — Berlin: Ries & Erler [um 1900]. 58 S. 8⁰ 24.

Marienkind. Legende in 3 Aufz. Dichtung von Hermann Erler. Musik von Eduard Behm. Klavierausz. mit Text. *Berlin: Freie musikal. Vereinigung; Leipzig: C. F. Fleischer (1901).* (192 S.) 4⁰ [01. 4061

— Meister Martin und seine Gesellen. Oper. Text ⟨nach E. Th. A. Hoffmann's gleichnamiger Erzählung frei bearb.⟩ u. Musik von Eduard Behm. [Textb.] — (Stettin [1892]: Graßmann.) 59 S. 8⁰ 1: Mus. Tb 420.
15.

— Sarolta. Oper. [Textb.] — Erfurt 1893: Bartholomäus. 20 S. 8⁰ 1: Mus. Tb 421.
15.

— Der Schelm von Bergen. Komische Oper. [Textb.] — Berlin 1897: (Gutenberg). 28 S. 8⁰ 4.
— — [Textb.] (Dresden [1898]: Meinhold.) 26 S. 8⁰ O 14.
15.

Sonate für Clavier und Violine comp. von Eduard Behm. Op. 15. *Berlin: Ries & Erler [1899].* (33, 10 S.) 4⁰ [Ant. u. F.] [00. 9614

Trio ⟨E moll⟩ für Clavier, Violine und Violoncell comp. von Eduard Behm. Op. 14. *Berlin: Ries & Erler [1899].* (47, 9, 9 S.) 4⁰ [Ant. u. F.] [00. 9613

— Zigeunerliebe. Dichtung von Albert Matthäi. Für Solostimmen ... mit Begleitung d. Pianoforte. Op. 21. [Textb.] Berlin: Ries & Erler [1900]. 6 S. 8⁰ 1: Mus. Tb 422.
15.

Behm, Em. Leop., De novissimo ingenii praecocis exemplo Chr. Henr. *Heinecke.* Lübeck. 4⁰. 1725?

Behm, Emil. 1889: Zu Wilhelm Heys hundertjährigem Geburtstag. ⟨26. März 1889.⟩ Gedenkblatt. — Gotha 1889: F. A. Perthes. 16 S. 8⁰ 1: Au 9618/5.

Behm, Emil: Grubenholz-Kubiktabelle, s.a. Behm, Heinrich

Behm, Emil, Oberregierungsrat, Berlin. :
Grubenholz-Kubiktabelle. Vierstellige Hilfstafel zur Bestimmung d. Kubikinhaltes e. Mehrzahl von Rundhölzern ⟨insbes. Grubenhölzern⟩ gleicher Stärke u. Länge. — Berlin: Springer 1897. 17 S. 8⁰ 1: Oy 14862.
15

Behm, Ernst
Behm, E., die modernen Verkehrsmittel Dampfschiffe, Eisenbahnen, Telegraphen, s.a. **Mittheilungen aus J. Perthes geograph. Anstalt.**

Behm, Ernst:

Die modernen Verkehrsmittel. Dampfschiffe, Eisenbahnen, Telegraphen. Geographisch-statistische Übersicht mit historischen u. volkswirthschaftlichen Notizen. — Gotha: J. Perthes 1867. 50 S. 4° (Mittheilungen aus Justus Perthes' Geographischer Anstalt. Erg.H. 19.)
1: 4 in 4° Po 2184-Erg. Bd 4. **2→11. 12**: 4° Geo. U. 84h-Erg. Bd. 4 [2 Ex.] **14→18. 21. 24→28. 30. 38. 82. 89. 90. 91. 300**: 393.053-C. K. Erg. Bd. 4. **302.**

Behm, Ernst Leopold Friedrich
— s. Grund-Lehren des Christenthums. 1729.

Behm, Ernst Leopold Friedrich: De rarissimo praecocis ingenti exemplo Christ. Henr. Heineken, Lubecens. commentatio, qua viro ... Christ. Henr. Behm... natalem sexagesimum tertium gratulatur filius Ernest. Leop. Frid. Behm. Acc. Jo. Henr. a Seelen Relatio de C. H. Heineken; nec non Descriptio itineris ipsius Danici ex autographo viri nobilissimi, qui itineris fuit comes. — Lubecae: J. C. Schmid 1725. 52 S. 8° **1**: an At 9041. **2. 3. 9. 12**: 4° Diss. 77-12. **14. 17. 18. 23. 28. 29. 15.**

— Ern. Leop. Frid. Behmii Interpretatio locorum quorundam quae in B. Luthero aliisque theologis saeculi Reformationis nonnullis difficultatem in articulo de praedestinatione habere videntur. Cum praef. Johannis Laur. Moshemii. — Helmaestadii 1729: Buchholz. 72 S. 8° **2. 4. 5. 12**: 4° Diss. 2478-12. **14. 18. 24. 15.**

— Seeleniana. Hoc est de vita, meritis et scriptis ... Joannis Henrici a Seelen ... commentatio, varia simul sacra, philologica, historica, philosophica, litteraria complectens, litteris consignata ab Ern. Leop. Frid. Behmio. — Hamburgi: Kisner 1728. 330 S. 8° **1**: Al 4216; 8° Bibl. Diez 9825 [u.] 1 an Wl 2336. **7. 8. 9** [unvollst.] **12**: Biogr. 1087 [2 Ex.] **14. 15. 17. 18. 23. 25. 29.**

Behm, Ernst Leopold Frid.: Den unschätzbaren Verlust Cimbriens ... [Trauergedicht auf Anna Catharina **Brocktorff** [Brockdorff], geb. von Ahlefeld, † 4. Jan. 1727.] — Lübeck (1727): Koop. 2 Bl. 4°

Behm, Freda, Gedichte. (VIII, 107 S.) 8. Dresden (909). E. Pierson. 2.—; geb. n 3.—

Behm, G., die Elementarlehrer-, Wittwen- und Waisenkassen vom Standpunkte wissenschaftlicher Principien beleuchtet. gr. 8. (48 S.) Neustadt-Eberswalde 870, Lemme. [Berlin, G. W. F. Müller.] *

—— mathematische Formeln. Zum Gebrauche in höheren Lehranstalten und bei der Vorbereitung auf das Portepeefähnrichs-, Seekadetten- und Oberförsterexamen zusammengestellt. 16. (VIII, 120 S. mit in den Text gedr. Holzschn.) Berlin 869, G. W. F. Müller. *

Behm, G., Gutachten üb. Alters- u. Invalidencassen f. Arbeiter, s.: Schriften f. Socialpolitik.

— das neue metrische Mass, s. Böhme, A.

— Projekt einer Lebensversicherungs-Anstalt für Lehrer. — Berlin: Bichteler 1879. 63 S. 8° **1**: Stala 871. **15.**

Behm, G., Project einer Lebensversicherungs-Anstalt für Lehrer. Im Auftrage des geschäftsführ. Ausschusses des deutschen Lehrer-Vereins bearb. gr. 8. (IV, 63 S.) Berlin 879. Puttkammer u. Mühlbrecht. n. 1. 50

— Statistik der Mortalitäts-, Invaliditäts- und Morbilitätsverhältnisse bei dem Beamtenpersonal der Deutschen Eisenbahn-Verwaltungen. [Nebst] Nachtr. pro 1874–1883. Berlin: Puttkammer & Mühlbrecht 1876–85. 8° [u.] 4°
Hauptwerk. 1876. 1877. Nachtr. pro 1874 u. 1875. Nachtr. pro 1876.
Nachtr. pro 1877. Nachtr. pro 1878. 1879.
Nachtr. pro 1879. 1881. Nachtr. pro 1880. 1882.
Nachtr. pro 1881. 1883. Nachtr. pro 1882. 1884.
Nachtr. pro 1883. 1885.
1: Nz 34011. **7** [∞ Hauptw. Nachtr. 1876–1883]. **9. 11** [∞ Nachtr.] **12**: A. hydr. 358.38M [∞ Nachr. 1877, 1878, 1881, 1883]. 15.

Behm G, Statistik der Mortalitäts- etc. Verhältnisse beim Beamtenpersonal der deutschen Eisenbahnverwaltungen. Nachtr. zu 1874-83. Berlin 1877-85
— Fortsetzung unter dem Titel: Beiträge zur Theorie der Dienstunfähigkeits- und Sterbensverhältnisse. Bearbeitet von *Zimmermann* und *Zillmer*. Berlin 1886--1891.

—— Tabellen, betr. preuß. Maß, s. Böhme, A.

—— 62 Tab. z. Verwandlg d. hannov. Masses, s.: Böhme, A.

Behm, Georg, Referendar in Greifswald: Die Höchstbetragshypothek des Bürgerlichen Gesetzbuchs. Greifswald 1905: J. Abel. (80 S.) 8°
Freiburg i. B., Rechts- u. staatsw. Fak., Ref. Merkel, Diss. v. 1905.
[Geb. 18. Sept. 82 Stettin; Wohnort: Stettin; Staatsangeh.: Preußen; Vorbildung: Marienstiftsgymn. Stettin; Studium: Lausanne 1, Heidelberg 3, Bonn 2 S.; Rig. 21. Dez. 03.]

Behm, Gottfried, Konsistorialrat, Brieg, geb. 1680. 1731: Gothofredi Behmii De nominibus Argumentum. — Bregae [1731]: Tramp. 56 S. 8° **2. 5. 14. 15.**

Behm, H., D. Dr. phil., Landesbischof, Schwerin, 1853-1930,
s. Behm, Heinrich

Behm, H., (Geh. Rechnungsrat, Berlin), + 1898,
s. Behm, Heinrich

BEHM, H. H., De ictero diss. inaug. Kiliae. 1840. P. (U. B.).

Behm, Hans: Die einheitl. Weltanschaug in ihrer geschichtl. Entwicklg m. bes. Berücks. v. Lamarck, Darwin, Haeckel. (43) gr8° Karlsr., Macklot '11. 1 —

Behm, Heinrich, D. Dr. phil., Landesbischof, Schwerin, 1853-1930. :
Armenpflege in der christlichen Gemeinde. Predigt über Apostelgesch. 6,1–7, am 2. Pfingstfeiertag 1889. — Parchim 1889: Wehdemann. 16 S. 8° **28.**

— **D. Johannes Bachmann ... Blätter zu seinem Gedächtnis nebst e. Auswahl seiner Gedichte. — Rostock**: Stiller **in Comm. 1888. 82,83 S. 8°**
1: At 8675. **7. 12**: Biogr. 51 ip. 28. 16.

—— D. Johs. Bachmann, † Konsistorialrat, ordentl. Prof. d. Theologie u. Universitätspred. in Rostock. Blätter zu s. Gedächtnis, nebst e. Auswahl s. Gedichte. 8. (165) Rost. 89. (Stiller). *n.* 1. 50

Behm, Heinr.: Der Begriff d. allg. Priestertums. (40) gr8° Schwer., F Bahn '12. — 75 d

Behm, H., s.: Forst- u. Jagdkalender.

– Grubenholz-Kubiktabelle,
s.a. Behm, Emil

— Grubenholz-Kubiktabelle. Vierstell. Hilfstafel zur Bestimmg. des Kubikinhaltes e. Mehrzahl v. Rundhölzern (insbes. Grubenhölzern) gleicher Stärke u. Länge innerh. d. Mitten-Durchmesser v. 9 b. 24 cm u. d. Längen v. 1,00 b. 4,00 m. gr. 8. (17 S.) Berlin 897. J. Springer. n n. — 30

Behm, Heinrich, Geh. Rechnungsrat, Berlin, † 1898. 1870: Hülfstafeln zur Berechnung des Preises von Bau- und Nutzhölzern nach Preissätzen für 0,01 (1/100) Kubikmeter. — Berlin: G. Lange in Komm. 1871. 48 S. 8° 9.
15.

Behm, H., Hülfstafeln für forstliche Taxwerth- und Preis-Berechnungen bei gegebenen Einheits-Sätzen, nach der Reichs-Mark-Währung. gr. 8. (IV, 98 S.) Berlin 868, Springer's Verlag. geb. *

Behm, H., Hülfstafeln f. forstliche Taxwerth- u. Preis-Berechnungen bei gegebenen Einheits-Sätzen, nach der Reichs-Mark-Währg. gr. 8. (IV, 98 S.) Berlin 875. Springer's Verl. geb. n. 2. 20

— Hülfstafeln für Taxwerth-, Preis- und Lohn-Berechnungen bei gegebenen Einheits-Sätzen nach der Reichs-Mark-Währung. 2., unveränd. (Stereotyp-) Aufl. — Berlin: Springer 1876. IV,98 S. 8° 24.
15.

Behm, H., Hülfstafeln f. Taxwerth-, Preis- u. Lohn-Berechnungen bei gegebenen Einheits-Sätzen nach der Reichs-Mark-Währung. 3. unveränd. (Ster.-) Aufl. (IV, 98 S.) gr. 8. Berlin 907. J. Springer. Kart. 2. 20

—— Kubik-Tabelle zur Bestimmung des Inhaltes von Rundhölzern nach Kubikmetern und Hunderttheilen des Kubikmeters in Abstufungen für den Mitten-Durchmesser von Centimeter zu Centimeter, für die Länge von 0,2 zu 0,2 Meter, mit angehängten Reduktionstaf. Nach den für die königl. preuß. Forstverwaltung ergangenen Bestimmungen zusammengestellt. gr. 8. (42 S.) Berlin 870, (Lange.) *
geb. *

—— dass. — 2. und 3. Aufl. 1872,73, und 4. Aufl., verm. durch Reduktionstafeln für preuß., süddeutsche und französ. Währung in deutsche Reichs-Mark-Währung. gr. 8. (56 S.) Berlin 875, Springer's Verlag. geb. *

—— Kubik-Tabelle zur Bestimmung des Inhaltes von Rundhölzern nach Kubikmetern und Hunderttheilen des Kubikmeters, in Abstufungen für den Mitten-Durchmesser von Cm. zu Cm., für die Länge von 0,2 zu 0,2 Meter, mit angehängten Reduktionstafeln. Nach den für die königl. preuß. Forstverwaltung ergangenen Bestimmungen zusammengestellt. 5. und 6. unveränd. Aufl. gr. 8. (56 S.) Berlin 876,78, Springer. geb. *

Behm, H., Kubik-Tabelle zur Bestimmung des Inhaltes von Rundhölzern nach Kubikmetern und Hunderttheilen des Kubikmeters, in Abstufungen für den Mitten-Durchmesser von Centimeter zu Centimeter, für die Länge von 0,2 zu 0,2 Meter, mit angehängten Reduktionstafeln. Nach den für die königl. preuß. Forstverwaltung ergangenen Bestimmungen zusammengestellt. 7. verm. Aufl. (56 S.) 1880; 8. und 9. verm. Aufl. gr. 8. (57 S.) Berlin 882,84, Springer. geb. *

Behm, H.: Nachtrag zu der bei der Preussischen Forstverwaltung eingeführten Kubik-Tabelle zur Bestimmung des Inhalts von Rundhölzern. (Für aussergewöhnliche Längen.)
Berlin 1885. 22 S.

Behm, H. (II.), Kubik-Tabelle zur Bestimmung des Inhaltes von Rundhölzern nach Kubikmetern und Hunderttheilen des Kubikmeters, in Abstufungen für den Mitten-Durchmesser von Centimeter zu Centimeter, für die Länge von 0,2 zu 0,2 Meter, mit angehängten Reduktionstafeln. Nach den für die königl. preuß. Forstverwaltung ergangenen Bestimmungen zusammengestellt. 11., um den bisher. Nachtrag verm. Aufl. gr. 8. (70 S.) Berlin 888, Springer. geb. *

Behm, H. Kubik-Tabelle zur Bestimmung d. Inhaltes v. Rundhölzern nach Kubikmetern u. Hunderttheilen d. Kubikmeters, m. angehängten Reduktionstafeln. Nach den f. die königl. preuß. Forstverwaltg. ergangenen Bestimmungn. zusammengestellt. 12. u. 13. verm. Aufl. gr. 8. (72 S.) Berl. 891, Springer. geb. in Leinw. * 1 20

Behm, H., Kubik-Tabelle zur Bestimmung des Inhaltes v. Rundhölzern nach Kubikmetern u. Hunderttheilen des Kubikmeters m. angehängten Reduktionstafeln. Nach den f. die königl. preuß. Forstverwaltg. ergang. Bestimmgn. zusammengest. 17. Aufl. gr. 8. (72 S.) Berlin 899. J. Springer. Geb. in Leinw. n. 1. 20

Behm, H., Kubik-Tabelle zur Bestimmung des Inhaltes v. Rundhölzern nach Kubikmetern u. Hunderttheilen des Kubikmeters m. angehängten Reduktionstafeln. Nach den f. die königl. preuß. Forstverwaltg. ergangenen Bestimmgn. zusammengestellt. 19. Aufl. (72 S.) gr. 8. Berlin 903. J. Springer. Geb. in Leinw. n. 1. 20

— Kubik-Tabelle zur Bestimmung des Inhaltes v. Rundhölzern nach Kubikmetern u. Hunderttheilen des Kubikmeters m. angehängten Reduktionstafeln. Nach den f. die königl. preuß. Forstverwaltg. ergangenen Bestimmgn. zusammengestellt. 20. Aufl. (72 S.) 8. Ebd. 907. Geb. in Leinw. 1. 20

—— Das katholische u. das evangelische Lebensideal. 2 Vorträge. 8. (VI, 46 S.) Güstrow 889, Opitz u. Co. * — 75

Behm, H.: Massen-Tafeln zur Bestimmung des Gehaltes stehender Bäume an Kubikmetern fester Holzmasse errechnet und zusammengestellt.
Berlin 1872. 47 S.

—— Massen-Tafeln zur Bestimmung des Gehaltes stehender Bäume an Kubikmetern fester Holzmasse. 2. Aufl. gr. 8. (46 S.) Berlin 875, Springer's Verlag. geb. *

—— Die innere Mission, e. kirchl. Reformbewegung d. 19. Jahrh. Zum 50. Namensjahr d. inneren Mission, e. Beitrag zu ihrer kirchengeschichtlichen Würdigung. gr. 8. (100 S.) Gütersloh 892, Bertelsmann. * 1 20
Aus: Monatsschrift f. innere Mission, besonders abgedruckt.

Behm, Heinrich, Kreistierarzt in Gnoien (Mecklenburg): Untersuchungen über den Mechanismus der Hinter- und Vorder-Extremität des Rindes in seiner Verschiedenheit bei Tieflands- und Höhenschlägen. (Aus dem zootechnischen und veterinärhygienischen Institut der Universität Bern. Vorstand Prof. Duerst.) Hannover, M. & H. Schaper, 1911. 102 S. und vier Tafeln. 8°. [12. VII. 09.]

Bern. Vet.-Med. Diss. 1910,11.

Behm, Heinr. M. Th., über den Verfasser der Schrift, welche den Titel „Hirt" führt. Historisch-krit. Versuch. Gekrönte Preisschrift. gr. 8. (71 S.) Rostock 876, Werther's Verlag. *

— Wach auf, Geist christlichen Zeugentums! Predigt zu Beginn d. kirchl. Landeskonferenz am 17. Okt. 1910 im Dom zu Güstrow. — Schwerin i. M.: Bahn 1910. 15 S. 8°
20.
15.

— Wilhelm der Große, der Ritter Deutschlands und der Held der Treue. Festrede zur Centenarfeier am 22. März 1897. — Parchim 1897: Gerlach. 17 S. 8° 30.
15.

— Wohlthätigkeit. Ein Vortrag. gr. 8. (20 S.) Güstrow 891. Opitz & Co. n. — 40

Behm
— **Heinr. Julius Ernst** (Braunschweig), De fide antiquarum litterarum investiturae recentioribus majori. Disquis. jur. Präs. Albert Phihlipp Frick. Helmstedt (Joh. Drimborn) 24. XII. 1760. 38 S. (4.80) 1783
Gewidm.: Aug. Adolf (v.) Cramm (Volckersheim). — Widm. v. Präs.

Behm, Heinrich Martin Theodor s. *Behm*, Heinrich. 1876.

Behm, Heinrich Wilhelm: Vorläufige Nachricht von dem Gesund-Brunnen bei Berlin. — [Berlin] 1760. 35 S. 8°
2. 15.
15.

Behm, J., de bullarum indulgentiarum pontificiarum antiquitate fucata. Regiom. 1718; rec. 1723. 4.

Behm, J., de lotione iu obeundis sacris gentilium, Judaeorum et Christianorum. Regiom. 1715. 4.

Behm, J., de antiqua ratione compellandi episcopos per coronam. Regiom. 1712. 4.

Behm
— **Joach. Philipp** (Hamburg), Animadvers. nonnull. de natura et indole exceptionum in causis cambialibus occurrentium continens. Diss. jur. Göttingen (J. Chn. Dieterich) 4. VII. 1783. 36 Seiten. (4.50) 1785

Behm, Johann, Dr. u. Prof. d. Theologie, Königsberg. 1687-1753. 1744: Das neue Jubel-Lied in Gott erfreuter Seelen, wurde bey dem durch Gottes Gnade erlebten zweyten Jubel-Fest der Königl. Königsbergschen Academie 1744 ... vorgestellet. — Königsberg [1744]: Kgl. Hof- u. Acad. Buchdr. 30 S. 8°
10.
15.

Behm, Johs: Der Begriff διαθήκη im Neuen Test. (7, 116) gr8° Lpzg, A Deichert Nf. '12. 3 —

— Die Handauflegg im Urchristentum n. Verwendg, Herkunft u. Bedeutg in religionsgeschichtl. Zusammenhang untersucht. (8, 208) gr8° Ebd. '11. 4.50

Behm, Karl, approb. Arzt aus Gr.-Drensen ⟨Prov. Posen⟩: Zur Kenntnis der primären bösartigen Unterkiefergeschwülste und ihrer operativen Behandlung. *Göttingen 1902: L. Hofer.* (74 S.) 8°
Göttingen, Med. Diss. v. [7. Nov.] 1902

Behm, Karl, zur Kenntnis der primären bösartigen Unterkiefergeschwülste u. ihrer operativen Behandlg. Diss. (74 S.) gr. 8. Göttingen 902. (Vandenhoeck & Ruprecht.) n. 1.40

Behm, Karl Eugen: Ueber den Glaubens-Eid. — Rostock 1833: Adler. 24 S. 8°
28.
15.

Behm, Kaspar: Arithmetica. Das ist: Die Rechenkunst. Neue Aufl. — Danzig: Wedel 1804. 216 S. 8°
10.
15.

Behm, L.: H a l t e, was du hast!, s. B e h m, Luise

Behm, L., d. Bruders Hüter,
— Verloren u. wiedergefunden,
— E. Weihnachtswunder,
— Wie d. Saat, so d. Ernte,
} s.: Perlen.

Behm, L. F.: Einladung zur Subscription auf mecklenburgische weiße Maulbeerbäume, Maulbeerbuschbäume und Maulbeersämlinge, sowie Seidenraupen-Eier. — Britzenburg [1839]: Weigel. XIII S. 4°
28.
15.

Behm, Ludov. Eduard. Aemil. (geb. Wriezen 1800): De parietis anterioris vesicae urinariae defectu. Berolini (1823). (23 S.) 8°
Berlin, Med. Diss. v. 20. Sept. 1823

Das junge Bienchen. Gottes suchende Liebe. Von Luise Behm. *Berlin: Schriftenvertriebsanst. 1903.* (16 S.) 8° [𝔉.]
= Kindergarten. 62. [04. 1:311]

Behm, Luise: Halte, was du hast! Deklamationen u. Festspiele für d. Feier d. Reformations- u. Gustav Adolfs-Festes. — Berlin: Schriftenvertriebsanst. [1902]. 23 S. 8°
1:Yf 4298/7.
15.

— Die heilige Nacht. Weihnachtsfestspiel. 1897 s. *Beckey,* Heinrich.

Aus Großmütterchens Schulzeit. Von Luise Behm. *Berlin: Schriftenvertriebsanst. 1903.* (16 S.) 8° [𝔉.]
= Kindergarten. 61. [04. 1:311]

Behm, Margareta, Frauenheimarbeit in der Bekleidungsindustrie. 8⁰. s. l. s. a.

Behm, Marie Luise: Gedichte. — Berlin [usw.]: Modernes Verl. Bureau 1906. 42 S. 8° 1:Yo 30814. 11.
15.

Gedichte von Marie-Luise **Behm**. Berlin-Leipzig: C. Wigand 1906. (42 S.) 8° [𝔉.] [08. 5731]

Behm, Max

Behm, M: Grundr. d. kaufmänn. Korrespondenz. (116) 8° Berl., (H Spamer) 1900. || 2. Afl. (118) '02. || 3. Afl. (125) '04. Je 1.30; geb. je 1.50 d

Behm, Max, Grundriß der kaufmänn. Korrespondenz zum Gebrauch in kaufmänn. Lehranstalten. 4. Aufl. (128 S.) 8. Berlin 908. (H. Spamer.) 1.30; geb. 1.50

Behm, Max: Grundr. d. kaufmänn. Korrespondenz z. Gebr. in kaufmänn. Lehranst. 6. Afl. (128) 8° Berl., H Spamer '12. nn 1.30 d

— allgemeine Handelskunde. (Sammlung v. Lehrmitteln f. Fach- u. Fortbildungsschulen, hrsg. v. Otto Knörk.) 2 Tle. (IV, 76 u. III, 76 S.) 8. Berlin 905. E. S. Mittler & Sohn. à n. — 90; geb. à n. 1.25

— Handelslehre in Verbindg m. d. kaufmänn. Schriftverkehr z. Gebr. in kaufmänn. Lehranst. 1—3. Schulj. (91; 111; 90) 8° Ebd. '12. je nn — 80 d

Behm, Max (Hrsg.), s.a. L e i t f a d e n der allgemeinen Handelslehre ⟨Kontorpraxis⟩.

— Leitfaden der allgemeinen Handelslehre (Kontorpraxis). Zum Gebrauch in kaufmänn. u. gewerbl. Fortbildungsschulen sowie f. jeden jungen Kaufmann. 3. Aufl. gr. 8. (V, 89 S.) Ebd. (901). n. — 80
2. Aufl. (V, III, 77 S.) Ebd. 901. n. — 80.

— Leitfaden der allgemeinen Handelslehre (Kontorpraxis). Zum Gebrauch in kaufmänn. u. gewerbl. Fortbildungsschulen sowie f. jeden jungen Kaufmann. 6. Aufl. (V, 96 S.) 8. Berlin 904. (H. Spamer.) n. — 80

— Leitfaden der allgemeinen Handelslehre (Kontorpraxis). Zum Gebrauch in kaufmänn. u. gewerbl. Fortbildungsschulen sowie f. jeden jungen Kaufmann. 7. Aufl. (IV, 94 S.) 8. Ebd. 909. — 80

— Leitf. d. allg. Handelslehre (Kontorpraxis). 9. Afl. (4, 101) 8° Ebd. '11. — 80

Behm, Max (Bearb.), s.a. Die P r a x i s des kaufmännischen Rechnens.

Behm, Max, u. Herm. **Dageförde,** d. Praxis d. kaufmänn. Rechnens. E. Lehrbuch f. kaufmänn. Lehranst., sow. z. Gebr. i. Kontor. Hrsg. i. Auftr. d. Kuratoriums d. „kaufmänn. Fortbildungsschulen z. Berlin". Subventioniert durch d. Ältesten-Kollegium d. Kaufmannschaft v. Berlin. 3 Tle. gr. 8. Berlin (895). H. Spamer. Kart. n. 5.50; in 1 Bd. geh. n. 5.—; geb. n. 5.50
1. (VI, 80 S.) n. 1.50
2. (VIII u. S. 81—180.) n. 1.50
3. (IV, u. S. 181—348.) n. 2.50

— — dasselbe. Auflösgn. f. d. 1.—3. Thl. gr. 8. (46 S.) Ebd. 897. n. 1.50 (Hauptwerk u. Auflösgn. n. 7.—)

— u. Herm. Dageförde, die Praxis des kaufmännischen Rechnens. Ein Lehrbuch f. kaufmänn. Lehranstalten sowie zum Gebrauch im Kontor. 3 Tle. gr. 8. Ebd. Geb. n. 4.50
I. 4. Aufl. 10.—14. Taus. (VII, 82 S.) 902. n. 1.25
II. 3. Aufl. 7.—10. Taus. (X, 98 S.) (901). n. 1.25
III. 2. Aufl. (IV u. S. 185—388.) (901). n. 2.—

— — dasselbe. Auflösungen f. d. 1.—3. Tl. gr. 8. (58 S.) Ebd. (902). n. 1.50

— u. Herm. Dageförde, die Praxis des kaufmännischen Rechnens. Ein Lehrbuch f. kaufmänn. Lehranstalten sowie z. Gebrauch im Kontor. I—III. 8. Ebd. Geb. n. 4.50
I. 7. Aufl. 20.—24. Taus. (VII, 82 S.) 905. n. 1.25
II. 7. Aufl. 20.—21. Taus. (X, 106 S.) 905. n. 1.25
n. 2.—

— — dasselbe. 1. Tl. 8. Aufl. Ausg. B: Für die Berliner Pflichtfortbildungsschule. (VIII, 119 u. VIII S.) 8. Ebd. 905. Geb. n. 1.25

— — dasselbe. Ausg. A. II. Tl. 8. Aufl. (X, 106 S.) 8. Ebd. 906. Geb. n. 1.25; Ausg. B (IV, 96 S.) (906.) geb. n. 1.25

— — dasselbe. Ausg. A. I.—III. Tl. Auflösungen. 3. Aufl. (22, 28 u. 12 S.) 8. Ebd. 907. 909. à —60

— — dasselbe. Ausg. A. I. u. II. Tl. Ebd. 908. à 1.25
I. 11. Aufl. (IV, 92 S.) — II. 10. Aufl. (VI, 100 S.)

— u. Herm. Dageförde, die Praxis des kaufmännischen Rechnens. Ein Lehrbuch, f. kaufmänn. Lehranstalten sowie zum Gebrauch im Kontor bearb. II. Tl. 11. Aufl. (VIII, 136 S.) 8. Ebd. 910. 1.25

— u. Herm. Dageförde: Die Praxis d. kaufmänn. Rechnens. 3 Tle. 8° Ebd.
I. 14. Afl. (112) '11. 1.25 ‖ II. 13. Afl. (8, 159) '12. 1.25 ‖ III. 6. Afl. (4, 159) 1.60

— — dass. Auflösgn. 3 Tle. 8° Ebd.
I. (Neue Afl.) (32) ('11) 1.50 ‖ II. 12. Afl. (64) ('11) 1.80 ‖ III. (27) ('12) 1.50

[Umschlagt.:] Behm, Moritz [aus Regensburg]: Beiträge zur anatomischen Characteristik der Santalaceen ... (Aus: Bot. Centralbl., Bd LXII. 1895.) Cassel, Druck v. Gebr. Gotthelft, 1895; 56 S. 8.
Erlangen, Phil. Fak., Inaug.-Diss. v. 10. Dez. 1894

Behm, Otto, a. Cöln: Die ältesten clevischen Chroniken und ihr Verhältnis zu einander. ⟨Wisseler Grafenreihe, Anonymi Chronicon u. Gert v. d. Schüren⟩. Ein Beitrag z. niederrhein. Territorialgesch. Bonn 1908: E. Eisele. (96 S.) 8°
Bonn, Phil. Fak., Ref. Schulte, Diss. v. 11. März 1908
[Geb. 14. Aug. 84 Cöln; Wohnort: Cöln; Staatsangeh.: Preußen; Vorbildung: Friedrich-Wilhelms-Gymn. Cöln Reife O. 03; Studium: Bonn 1, Paris 1, Bonn 5 S.; Rig. 3. Juli 07.]

Gesellschaft Erholung. Cöln. Verzeichnis der Bücher und Zeitschriften. (Zsgest. von Dr. Otto Behm.) Cöln 1908. 24 S. 8° A 12.905

Behm, Richard:

Behm, Rich., Kreuzfahrten. Reimereien. 8. (VII, 184 S.) Dresden 901. E. Pierson. n. 2.50; geb. n. 3.50

— Masken. Studienblätter. — Dresden: Pierson 1905. 224 S. 8° 1:Yx 36554.
15.

Behm, Richard: Vergleichung der kantischen und schopenhauerischen Lehre in Ansehung der Kausalität ... Heidelberg, Th. Groos, 1892; 88 S. 8.
Heidelberg, Phil. Fak., Inaug.-Diss. v. [18. Juli] 1892

Behm, Rich., Vergleichung der kantischen u. schopenhauerischen Lehre in Ansehung der Kausalität. Diss. gr. 8. (88 S.) Heidelberg 892. vorm. Weiss'sche Univ.-Buchh. n. 1.—

— Vorschule der Philosophie in Briefen an einen jungen Freund. — Heidelberg: Groos [1893]. 62 S. 8°
9. 12: Ph. U. 38.
15.

— Wiedergeburt. Ein Schauspiel in 2 Aufzügen. 8. (43 S.) Ebd. 901. n. 1.—

Behm, Ulrich: Die Bereitung der Völker. Vortrag. — Schwerin i. M.: Bahn 1898. 24 S. 8° 28.
15

Behm, Ulrich, Betrachtungen über die Evangelien des Kirchenjahres. gr. 8. (III, 193 S.) Eisleben 886, Christl. Verein im nördl. Deutschland. geb.

— Betrachtungen über die Evangelien des Kirchenjahres. Hrsg. vom christlichen Vereine im nördlichen Deutschland. — Eisleben: Klöppel [usw.] [in Komm.] 1886. 193 S. 8° 1: Et 15065. 8. 9. 12: Asc. 5427 I. 27. 28. 20. 30.
15.

— Christus, der uns selig macht! Predigten. Bd 1-3. — Schwerin i. M.: Bahn 1902–04. 8°
1. Die festliche Hälfte d. Kirchenjahres. 1902.
2. Die Trinitatiszeit d. Kirchenjahres. 1903.
3. Behm: Passions-Predigten. 1904.
1: Ec 27171. 28.
15.

— Dürfen wir bei unserem alten Glaubensbekenntnis bleiben? Ein Wort zu Prof. Kaftan's 'Glaube und Dogma'. — Güstrow: Opitz [1890]. 38 S. 8°
1: Dn 9712. 4. 5. 21. 28.
15.

Behm, Ulr., Friedrich Wilhelm, Herzog z. Mecklenburg. Gedächtnispredigt, geh. a. 17. Sonntage n. Trinitatis i. Dom. z. Schwerin. 1. u. 2. Aufl. gr. 8. (12 S.) Schwerin 897. F. Bahn. n. —20

— Die Fürsorge für die confirmierte Jugend. Referat. — Rostock: Landes-Ausschuss für I. M. [usw.] 1888. 23 S. 8° (Flugschriften für innere Mission. 6.) 28.
15.

— das christliche Haus, sein Wesen u. seine Aufgabe. Ein Vortrag. gr. 8. (36 S.) Ebd. 889. n. —60

— Das christliche Haus, sein Wesen und seine Aufgabe. Ein Vortrag. — Güstrow: Opitz [1889]. 36 S. 8° 28.
15.

— Der Herr ist Sonne und Schild. Predigten von Ulrich Behm, Heinrich Behm. — Schwerin i. M.: Bahn 1895. 80 S. 8° 28.
15.

— O Lamm Gottes unschuldig! Passionsbetrachtungen nebst einer Karfreitagspredigt. — Schwerin i. M.: Bahn 1897. 91 S. 8° 28.
15.

— Passions-Predigten. — Schwerin i. M.: Bahn 1904. 104 S. 8° (Behm: Christus, der uns selig macht! 3.)
1: Ec 27171-3. 28.
15.

— Verirrt, s.: Grüß Gott. 9. Heft.

— d. Wert u. d. Bedeutung d. Äußerlichen f. d. Christen. Vortrag. gr. 8. (24 S.) Schwerin 896. F. Bahn. n. —40

— Wie hat der Christ sich drohender Todesgefahr gegenüber zu verhalten? Ein Vortrag. — Stavenhagen i. M.: Beholtz [1893]. 28 S. 8° (Dein Wort ist d. Wahrheit. 1.) 28.
15.

Behm, Wern.: Die Mecklenburger '12 im russ. Feldzuge. (147 m. 81 Bild.) gr8° Hambg, R Hermes ('12). 3 —; L 3.50 d

Behm, Wolfgang, approb. Arzt aus Erfurt: ⟨Aus d. Augen-Klinik d. Universität Jena.⟩ Ueber die traumatische Linsenluxation. *Jena 1903: A. Kämpfe.* (50 S.) 8°
Jena, Med. Diss. v. (28. März) 1903

Behme, Ahasver Tobias: Ahasveri Tobiae Behmii Consultatio iuridica super casu quodam usurario ipsi consultationi praemisso. — Halae: Hendel 1725. 46 S. 8°
1:1 in Fi 1142. **4. 9. 10. 14. 17. 300:**151.002–B. **302.**
15.

Behme, Ahasver Tobias (Rudolstadt), De controversiis fori selectis. Disp. jur. Präs. Sam. Stryk. Halle (Joh. Gruner) 17. XII. 1704. 43 S. (4.80) 1787
Widm. v. Gottlob Ernst Sülzner (Rudolstadt).

Behme
— **Andreas** (Neubrandenburg), De partu humano, legitimo et illegitimo, Von (der ächten und unächten Geburt). Disp. jur. Präs. Heinr. Lincke. Dez. 1669. Wittenbg. 1740. 62 S. (5.—) 1789

Behme, E. Lp. Frz., Seelenianus, sive de vita etc. I. H. a Seelen. 8. Hamb. 728.

Behme, Friedrich: Bilder aus Goslars Umgebung 24 photogr. Orig.-Aufnahmen. 3. Aufl. — Hannover: Lcunis 1898. 24 gez. Bl. 8°
89.

Behme, Frdr.: Geolog. Führer durch d. Umgebg d. Stadt Blankenburg am Harz einschliessl. Benzigerode, Elbingerode, Rübeland u. Thale. (139 m. Abb. u. Ktn.) 8° Hann., Hahn '11. 2.50

— Geologischer Führer durch die Umgebung der Stadt Clausthal im Harz einschließlich Wildemann, Grund und Osterode. — Hannover [usw.]: Hahn 1898. 172 S. 8°
7. 11. 14. 83. 85. 80.
15.

— Geologischer Führer durch die Umgebung der Stadt Clausthal im Harz. 2. Aufl. — Ebd. 1909. 220 S. 8°
1:Mn 2479². **7. 89.**
15.

Behme (Friedr.), Geologischer Führer durch die Umgebung der Stadt Goslar am Harz. Goslar 1894. 8.

— Geologischer Führer durch die Umgebung der Stadt Goslar am Harz, einschließlich Hahnenklee, Lautenthal, Wolfshagen, Langelsheim, Seesen und Dörnten. 2. Aufl. Hannover [usw.]: Hahn 1895. 107 S. 8°
1. Aufl. s. *Behme:* Naturwissenschaftlicher Führer durch d. Umgebung d. Stadt Goslar am Harz. 1894.
7. 14. 83. 89.
15.

— — 3. Aufl. Ebd. 1903. 163 S. 8° **7. 89.**
15.

— Geologischer Führer durch die Umgebung der Stadt Harzburg einschließlich Ilsenburg, Brocken, Altenau, Oker u. Vienenburg. — Hannover [usw.]: Hahn 1895. 96 S. 8°
1:Mn 2466. **7. 14. 83. 89.**
15.

— — 2. Aufl. Ebd. 1903. 149 S. 8° ● **89.**
15.

— Naturwissenschaftlicher Führer durch die Umgebung der Stadt Goslar am Harz. T. 1. — Goslar: Angerstein 1894. 64 S. 8°
1. Geologie.
Nebent.: Behme: Geologischer Führer durch d. Umgebung d. Stadt Goslar am Harz von Harzburg bis Langelsheim.
Spätere Aufl. s. *Behme:* Geologischer Führer durch d. Umgebung d. Stadt Goslar am Harz. 1895 u. ö.
7. 89.

— **Führer durch Tsingtau und Umgebung.** Von Fr. Behme u. M. Krieger. — Wolfenbüttel: Heckner 1904. 139 S. 8°
1:Un 8532. **3. 10. 18. 38. 89.**
15.

— — 2. Aufl. Ebd. 1905. 168 S. 8° ● **23. 89.**
15.

— — 3. Aufl. Ebd. 1906. 222 S. 8°
1:Un 8532³. 12:It.sing.58a. **14. 24. 27. 89.**
15.

— [engl.] Guide to Tsingtau and its surroundings by F. Behme and M. Krieger. 2. ed. — Wolfenbüttel: Wessel 1905. 159 S. 8° **28.**
15.

-- and M **Krieger:** Guide to Tsingtau and its surroundings. 4. ed. (4, 185 m. Abb., 9 Ktn u. 1 Pl.) kl8° Wolfenb., Heckner '10. 3 —

-- – 4. ed. Wolfenbüttel: Wessel 1910.
IV, 185 S. 8°

Behme, Friedrich [aus Goslar]: Der Schuldner und die drohende Zwangsvollstreckung. Gefährdg v. Gläubigerrechten durch Beseitigg v. Befriedigungsmitteln. '(§ 288 Str.-G.-B.)' ... Hannover, Druck v. A. Eberlein & C., 1894; 55 S. 8.
Göttingen, Jur. Fak., Inaug.-Diss. v. [27. Apr.] 1894

Behme, Frdr., der Schuldner u. die drohende Zwangsvollstreckung. Gefährdung v. Gläubigerrechten durch Beseitigg. v. Befriedigungsmitteln. (§ 288 Str.-G.-B.) Diss. gr. 8. (55 S.) Hannover 894. Hahn. n. — 80

Behme, J., De lite sepulcrali in Sophoclis fabula quae vocatur Aiax. Diss. 1884. 70 S. 1.20

Behme, Johann s. ***Behm.***

Behme, Joseph [aus Westfalen] : Ueber die A n w e n d u n g der Galvanokaustik bei einem in der Entwicklung begriffenen Staphyloma partiale. . . Greifswald, Druck v. Julius Abel, 1886. 30 S. 8°
Greifswald, Med. Fak., Inaug.-Diss. v. 3. Aug. 1886.

Behme, Michael s. ***Behm.***

Behme, Theodor [aus Watenbüttel]: Beiträge zur Anatomie und Entwickelungsgeschichte des Harnapparates der Lungenschnecken. ... (Aus: Archiv f. Naturgesch. 1889.) Berlin, Nicolaische Verl.-Buchh. R. Stricker, 1889; 1 Bl. + 28 S. u. 2 Taf. 8°
Rostock, Phil. Fak., Inaug.-Diss. v. 24. Dez. 1888

Behmen s. auch ***Behm*** **u.** ***Behme.***

Behmenjâr Ben-el-Marzubân
s.a. ***Bahmanjâr*** **Ibn-al-Marzubân.**

Behmenjâr Ben el-Marzubân, der persische Aristoteliker aus Avicenna's Schule; Zwei metaphys. Abhandlungen von ihm, arabisch und deutsch mit Anmerkungen hrsg. von Salomon Poper. 8. (VI und 76 S.) Leipzig 851, Voss. *

Behmeno: Poetisches C a b i n e t, s. B e h m e n u s

Behmenus: Poetisches Cabinet, in sich haltend allerhand geist- und weltliche Gedichte ... Nebst ... Defension wider den albernen Selamintes ... von Behmeno. — Frankfurt [usw.] [vielm. Lübeck: J. C. Schmid] 1715. 140 S. 8°
1:an Yk 18. **18. 27.**
15.

Behmenus: C u p i d o , Der liebliche und doch kriegerische, oder ein galanter Roman von unterschiedlichen Liebes-Avanturen in Nieder-Sachsen. . .
Hamburg: Liebezeit 1711. 8°

– – Dasselbe. Neue Aufl. Ebd. 8°

Behmer: G r u n d s ä t z e bei Züchtung ... unserer Hausthiere, s. B e h m e r, Rudolf

Behmer, C. G. L., de mandato praesumto. Dissertatio inauguralis. 8maj. Giessen 840, Heyers Verl. n. 1/4 ℔

Behmer, Carl Aug., Laurence Sterne u. C. M. Wieland, s.a. Forschungen z. neueren Litteraturgeschichte. IX.

Behmer, Carl August: Laurence Sterne und C. M. Wieland. *München: C. Haushalter 1899.* (34 S.) 8° ¶ [Erschien vollst. als Bd 9 d. Forschungen zur neueren Litteraturgeschichte.]
München, Phil. Diss. v. 1899

Laurence Sterne und C. M. Wieland. Von Carl August Behmer. *München: C. Haushalter* (a. d. Umschl.: *A. Duncker) 1899.* (62 S.) 8°
= Forschungen zur neueren Litteraturgeschichte. 9. [99. 2518 3]

Behmer, Carl Heinrich (Hersbach/Trier), De praerogativis S. Rom. Imp. electoris Trevirensis. Diss. jur. Präs. Joh. Ludw. Wiederholdt. Herborn (Joh. Nic. Andreae) Febr. 1715. 64 S., teilweis deutsch. (5.—) 1790
Widm. v.: J. H. Reichmann (dtsch.), P. F. Demol, F. A. Hansen (Hadamar), J. A. Recclus (dtsch.).

Behmer, F.: Novum ius controversium ...,
s. Behmer, Friedrich Ehrenreich

Behmer, F.: Otia in otio minime otiosi,
s. Behmer, Friedrich Ehrenreich

Behmer, F.: Versuch einer Geschichte der Feldzüge des Preußischen Heers. . . , s. Behmer, Franz und Behmer, Friedrich

Behmer, Fr., († d. 2. Mai 1811.) über d. Wachsen u. Fortschreiten der Kultur bei d. Russ. Volke. Ein Versuch. Herausg. v. Fr. Rambach. 8. Dorp. 806.

Behmer, Fr. Ehrenr.: Novum ius controversium ...,
s. Behmer, Friedrich Ehrenreich

Behmer, Franz [Angebl. Verf.] Versuch einer Geschichte der Feldzüge des preußischen Heeres. 1801–03
s.a. *Behmer*, Friedrich. 1801.

Behmer, Frz., Versuch e. Gesch. d. Feldzüge d. Preuß. Heeres von d. Kurfürsten Friedrich Wilhelm d. Großen bis auf d. neuest. Zeiten, 2 Thle, (A. u. d. T.: Gesch. d. Feldz. Friedrichs I.) 8. Berl. 803. Braun. 1 ℔

Behmer, Frz., (Thl. I. S. 184) muß d. Titel so heißen: Versuch e. Geschichte d. Feldzüge des Preuß. Heeres &c. 2 Thle. 1 5/6 ℔ 1r Thl. Geschichte der Feldzüge d. Kurfürsten Friedrich Wilhelm des Großen. 1800. 5/6 ℔ 2r Thl. Geschichte d. Feldzugs d. Kurf. Friedrichs III. nachmal König Friedrich I. 1803. 1 ℔

Behmer, Friedrich, Kgl. Preuß. Tribunals- u. Oberappellationsrat, 1721-1777. 1741 s. *Behmer*, Friedrich Ehrenreich.

Behmer, Friedrich
— Kurze Geschichte der Feldzüge des preuss. Heeres von dem Churfürsten Friedrich Wilhelm dem Grossen bis auf den Churfürsten Friedrich Wilhelm den Dritten, nachmaligen König von Preussen. (2 Bde.) 8. Berlin und Leipzig 1816.

Behmer, Friedrich, bacc. iur.: Die Haftung des Schuldners für seine Erfüllungsgehilfen (§ 278 BGB.). Borna-Leipzig 1910: Noske. VIII. 51 S. 8°
Leipzig, Jur. Diss. v. 20. Jan. 1910
[Geb. 20. Sept. 79 Voßnacken; Wohnort: Voßnacken; Staatsangeh.: Preußen; Vorbildung: Gymn. Recklinghausen Reife O. 99; Studium: Freiburg i. B. 1, Bonn 2, München 1, Bonn 2 S.; Rig. 1. Aug. 02.] [U 10. 2656

Behmer, Friedrich. Versuch einer Geschichte der Feldzüge des preuss. Heeres, von dem Churfürsten Friedrich Wilhelm dem Grossen bis auf die neuern Zeiten. (2 Bde.) 8. Berlin 1800—1803.

Behmer, Friedrich. 1801: Versuch einer Geschichte der Feldzüge des preußischen Heeres, von dem Churfürsten Friedrich Wilhelm dem Großen, bis auf die neuern Zeiten. (Verf.: Friedrich Behmer.) Th. 1.2. — Berlin: Braun 1801–03. 8°
1. Geschichte d. Feldzüge d. Churfürsten Friedrich Wilhelms d. Großen. 1801 (1800).
2. Versuch e Geschichte d. Feldzüge d. Churfürsten Friedrichs III. nachmaligen Königs Friedrichs I. Historisch beschrieben von Friedrich Behmer. 1803.
Als Verfasser wird auch Franz Behmer genannt.
1[∞2]: Sy 152. 2. 7. 17[∞1].
15.

Behmer, Friedrich Ehrenreich
— [Ausz., franz.] Nouveau droit controversé où sont résolues des questions litigieuses, notables, du droit de la nature et des gens ... avec un relevé de décisions émanées du Tribunal suprême de Berlin. — o. O. 1770. 30 S. 8°
1: G 12225. 4.
15.

Behmer, Friedrich Ehrenreich: Friderici Behmeri Novum Ius controversum ... explicans illustriores selectioresque controversias iuris gentium, publici, feudalis, canonici, civilis, criminalis, cambialis etc. T. 1.2. — Lemgoviae 1771: Meyer. XLVI,670 S. 8° 1: G 12230. 2. 3. 5→10. 14→18. 21. 24. 25. 27. 28. 30. 102. 300: 26 O 65. 302.
15.

Behmer, F. Ehrr.: Novum jus controversum, explic. sel. controversias jur. gent., publ., feud., canon., civ., criminal. etc., in summo tribunali regio Berolino decisas. *Lemgo*, Meyer. (771.) 777. 2 T. gr. 4. (2 Thl. 12 Gr.)

— s.a. Observation du droit.

— Observation du droit de la nature et des gens, touchant la capture et la détention des vaisseaux et effets neutres en tems de guerre. — Hambourg: Bode 1771. XXVI,98 S. 8°
1: Fo 7756. 28.

[—] **Otia in otio minime otiosi, enthaltend verschiedene rechtliche practische Anmerkungen. P. [1.]2. — Lemgo: Meyer 1771–73. 8° 1: Hg 8770 [auch P. 1 = 8° Bibl. Diez 6753]. 2. 5. 7. 11. 14. 21. 23. 24.**
15.

— **Friedericus Behmer ... intimaturus praelectiones in civile ius per semestre aestivum resumendas praemittit Specimen iurisprudentiae legislatoriae de eo quod iustum est circa librorum privilegio carentium reimpressionem spuriam, fugitivam, promiscuam aut anomalam [!]; vulgo: Vom gewinnsüchtigen Nachdruck unprivilegirter Bücher. — Dat. Berolini 18. Mart. 1744. 2 Bl. 2° 1: 2° Fm 19170.**
15.

— Friedericus Behmer ... intimaturus praelectiones suco per reliquum semestris hyberni ruentis habendas in iurisprud. naturalem paucula quaedam de Usu egregio laudatissimi Corporis Myliani Constit. Borussico-Marchicar. iunctio aliquot eius rei speciminibus disserit. — Dat. Berolini 16. Nov. 1743. 4 Bl. 4° 1: 4° Gu 5323. 2.
15.

— Usum philosophiae circa emendandam iurisprudentiam in specimine singulari de accurata obligationis definitione ostendit Frid. Behmer. — Berolini 1741: Laurentius. 44 S. 8° 3. 12: 4° Diss. 585-11. 14. 17. 23.
15.

Behmer. Hans [aus Colberg in Pommern]: Über die Landrysche Paralyse. . . . Berlin, Buchdr. v. Gustav Schade (Otto Francke) (1889). 40 S. + 2 Bl. 8°
Berlin, Med. Fak., Inaug.-Diss. v. 14. Jun. 1889

Behmer, Jo. Ehrenreich: Observation du droit de la nature et des gens . . . ,
s. Behmer, Friedrich Ehrenreich

Behmer
— **Joh. Christian** (Cöthen/Anh.), De remissione delicti privata. Disp. jur. Erfurt (Grosch) 5. V. 1704. 28 S. (4.80) 1792
Widm. v. Chph. Gottfr. Vierthaler (Cöthen).

Behmer, Karl August, s. B e h m e r, Carl August

Behmer, Markus:
[Illustr.] s. *Balzac*, Honoré de: Das Mädchen mit den Goldaugen [La Fille aux yeux d'or, deutsch]. 1904.

— [Illustr.] s. *Bang*, Herman: Excentrische Novellen [Excentriske Noveller, deutsch]. 1905.

Behmer, Rudolf
Behmer, R, Bericht üb. d. Merinoschafe auf d. landwirthschaftl. Ausstellg d. deut. Landw.-Gesellsch. zu Bremen 1891. 8° (69) Brem. 91. (Berl., F Telge.) 1.50
Vergriffen.

Behmer, Rud. Bericht über die Merinoschafe auf der landwirthschaftlichen Ausstellung der deutschen Landwirthschafts-Gesellschaft zu Bremen 1891. 8. (69 S.) Brem. 891. (Bunzlau, Verlag der Landwirthschaftlichen Thierzucht). * 1 50
Aus: Weser-Zeitung, besonders abgedruckt.

Behmer, Rud. Ermittlungen der absoluten u. relativen Massverhältnisse am Körperbaue d. Rindes. Ueber das Mess- und Punktirverfahren zum Zwecke der Prämiirg. (Internationaler land- und forstwirthschaftl. Congress zu Wien 1890, 95. Heft.) gr. 8. (19 S.) Wien 890, (Frick). * 1 —

— Grundsätze bei Züchtung und Prämiirung unserer Hausthiere, besonders auch des Meißner Schweins. Vortrag. — Dresden: Schönfeld 1889. 33 S. 8° (Mittheilungen d. Oekonomischen Gesellschaft im Königreiche Sachsen. 49.)
1:Ov 17386. 14. 24.

— — Ebd. 1889. 33 S. 8° (Mittheilungen d. Oekonomischen Gesellschaft im Königreiche Sachsen. 49.) [(Sammlung von Vorträgen für praktische Landwirte.)]
1:11 in Ou 29523-1.
15.

(B) Behmer, R., Grundsätze bei Züchtung etc. uns. Hausthiere. 889. (KBL 25) Jetzt: Leipzig, Fritzsche & Schmidt.

Behmer, Rud., Neues a. d. Gebiete d. Züchtungskunde. Vortrag, geh. im „Klub d. Landwirthe" z. Berlin am 2. II. 1897. [Erweit. Sonderdr. aus: „Nachrichten a. d. Klub d. Landwirthe z. Berlin".] gr. 8. (58 S. m. 1 Tab.) Berlin 897. P. Parey. n. 1. —

— Das landwirthschaftliche Prämiirungswesen von Thieren und Maschinen. 8 Briefe über d. bisher üblichen Systeme ... u. Aufstellung eines neuen Points-Systemes. — Berlin: Wiegandt, Hempel & Parey 1877. 142 S. 8°
1:Ou 31806. 2. 3. 5. 7. 15. 17. 26. 28. 33.

Behmer, Rud., das landwirthschaftliche Prämiirungswesen v. Thieren u. Maschinen. 8 Briefe über die bisher üblichen Systeme in Bezug auf ihr mathemat. Prinzip u. ihre technische Einrichtung u. Aufstellung eines neuen Points-Systemes. gr. 8. (143 S. m. 4 Tab.) Berlin 878. Parey.
n. 3. —

Behmer, Rud., das landwirthschaftliche Prämiirungswesen von Thieren und Maschinen. Acht Briefe über die bisher übl. Systeme in Bezug auf ihr mathemat. Prinzip und ihre techn. Einrichtung und Aufstellung eines neuen Points-Systemes. gr. 8. (143 S. mit 4 Tab.) Berlin 878, Wiegandt, Hempel und Parey. *

— Detailliertes Punktier-Schema für Prämiirung von Zucht- und Gebrauchs-Pferden der verschiedenen Schläge, mit Andeutungen über ähnliche Schemata für Rindvieh und Schafe. — o. O. [um 1890]. 2 Bl. quer-8° 17.
15.

Behmer, Rud., über die Schafe auf der internationalen landwirthschaftlichen Thier-Ausstellung in Hamburg. gr. 8. (60 S.) Berlin 884, Parey. *
Aus: Deutsche landwirthschaftliche Presse, besonders abgedruckt.

Behmerus, Fridericus s. *Behmer*, Friedrich Ehrenreich.

Behmius s. *Behm* u. *Behme*.

Behms, Heinrich Otto [Mitarb.]
s. *Bauverein*, Der Gemeinnützige, zu Dresden. 1907.

Behms, Rudolf: Geschichte der Mühlen Zittau's. — Zittau 1886: Menzel. 42 S. 8° 14.

— Die Burg Rohnau. Ein Beitrag zur heimischen Geschichte. Zittau 1885. 15 S. 8°
Aus Zittauer Nachrichten u. Anzeiger. 1885. 14.
15.

— Kleine Sammlung von Sagen aus Zittau und dessen nächster Umgebung. — (Zittau [1885]. 47 S. 8°
Aus Zittauer Nachrichten u. Anzeiger. 1885. 14.
15.

Wilhelm Friedrich Georg Behn. (Aus der Leopoldina. Bd. 14 Nr. 9—10. Dresden und Halle. 1878.) 4° geb. in Fol.

Behn, Dr. med., Universitätsprofessor, 1808-1878. 1845
s. *Behn*, Wilhelm Friedrich Georg.

Behn, Fräulein. 1897: Junges Grün von Maria de Luhs [d. i. Fräulein Behn]. — Dresden [usw.]: Pierson 1897. 97 S. 8°
30.

Behn, Afra, s. B e h n, Aphra

Behn, Aphra:
[Oroonoko, deutsch] Lebens- und Liebes-Geschichte des königlichen Sclaven Oroonoko in West-Indien. Mit ihren wahrhafften und merckwürdigen Umständen. Verteutscht durch M.V. — Hamburg: v. Wiering 1709. 198 S. 8° 14.

– O r o n o k o , oder die Begebenheiten eines afrikanischen Prinzen. Aus d. Engl. 2 Thle.
Breslau 1763. 8°

Behn, August
Behn, Aug., das französische „Bureau Veritas" u. der intendirte Germanische Lloyd. Hamburg 867. Nolte. gr. 8. (7 S.) n. 2 ngr.

—— die neue deutsche Flagge und deren Bedeutung für die norddeutsche Handelsflotte. gr. 8. (7 S.) Hamburg 867, Nolte. *

—— weshalb wird der Germanische Lloyd in Hamburg nicht mit gleichem Enthusiasmus begrüßt wie in Bremen, Preußen und Mecklenburg? gr. 8. (8 S.) Hamburg 867, Nolte. *

Behn, Carl [aus Bergedorf '(Hamburg.)']: Welche Stellung soll die moderne Geburtshülfe zur Symphyseotomie einnehmen? ... Strassburg i. E., H. Friedemann Nf., 1893; 78 S., 1 Bl. 8.
Strassburg, Med. Fak., Inaug.-Diss. v. 1893

Behn, Carl, welche Stellung soll die moderne Geburtshülfe zur Symphyseotomie einnehmen? gr. 8. (78 S.) Strassburg i/E. 893. G. L. Kattentidt. n. — 80

Behn, F.: Die ficoronische C i s t a, s. B e h n, Friedrich

Behn, F.D.: G e d a n k e n von dem Geheimnisse ..., s. B e h n, Friedrich Daniel

Behn, F.D.: Linearum parallelarum p r o p r i e t a t e s nova ratione demonstratus, s. B e h n , Friedrich Daniel

Behn, F. G.: Georg Cuvier's B r i e f e an C. H. Pfaff, s. B e h n , Wilhelm Friedrich Georg

Behn, Friedrich, a. Hamburg: Die Ficoronische Cista. Mit 2 Tafeln in Autotypie. Rostock 1907: Adlers Erben. (80 S., 2 Taf.) 8°
Rostock, Phil. Fak., Ref. Watzinger, Diss. v. 3. Nov. 1906
[Geb. 14. Febr. 83 Neustrelitz; Wohnort: Rostock; Staatsangeh.: Mecklenburg-Strelitz; Vorbildung: Johanneum Hamburg Reife O. 01; Studium: Heidelberg 2, Rostock 9 S.; Rig. 29. Okt. 06.]

Behn, Friedrich:
Die ficoronische Cista. Archäologische Studie. — Leipzig: Teubner 1907. 80 S. 8° Zugleich Diss. Rostock 1907.
1: Nw 6747. 14. 21. 25. 300: 452.022-B. 16.

— Römische Keramik mit Einschluss der hellenistischen Vorstufen. — Mainz: Wilckens in Komm. 1910. 279 S. 8° (Kataloge d. röm.-germanischen Central-Museums. 2.)
1: Ns 6092/30-2. 2. 3. 5→11. 12: Arch. 70hd-2. 14→18. 21. 24. 25. 26. 28. 29. 30. 38. 300: 475.481-B. 2. 16.

— Die Musik bei d. Kulturvölkern d. Altertums. Vortrag. (15 m. 1 Taf.) 8° Mainz, V v. Zabern '12. — 60

Behn, Friedrich Daniel: Anfangsgründe der Münzwissenschaft besonders in Beziehung auf den lübeckischen Münzfuß. — Lübeck: Donatius 1789. 231 S. 8°
1: Pi 553. 2. 8. 10. 16. 18. 21. 23. 38. 16.

* Behe, Fr. D., Anfangsgr. d. Münzwissenschaft, ist jetzt Verlag von Hinrichs in Leipz.

— s.a. Anti-Lessing

[—] Anti-Leßing. — o.O. 1778. 16 S. 8°
1: Dd 9075; 4 in Dd 9002 [u.] 4 in Dd 9003. 7. 8. 10. 11. 14. 19. 23. 26.

[—] Die verschiedenen Arten, wie Großbritannien einige Jahre durch seine Staatsobligationen und Frankreich durch seine Lotterie vom Jahre 1783 Anleihen gemacht haben, unpartheyisch dargestellt und gegen einander gehalten. — Lübeck: Donatius 1786. 74 S. 8° 7. 14. 16. 28. 16.

Behn, Fr. Dn., Beschreib. des sonderbaren Nordlichts, welches in Lübeck d. 26. März 1773 beobachtet wurde. 8. Lübeck 773. Donatius. 6 gl

— Beschreibung des sonderbaren Nordlichtes welches zu Lübeck den 26sten März 1773 um 8 und ein halb Uhr abends bis 1 und ein halb Uhr nach Mitternacht beobachtet wurde. Lübeck: Fuchs [1773]. 4 Bl. 8° 30.

— Beschreib. einig. merkwürd. Nordlichter. 8. Ebend. 770.

— Beschreib. einiger merkwürd. Nordlichter. 8. Lübeck 783. Donatius. 6 gl

— Commentatio de poenitentia atque dolore Deo Geneseos cap. VI.6. adscriptis. — Jenae 1756: Marggraf. 35 S. 8°
3. 12: 4° Diss. 3039-11. 27. 16.

— Gedanken von d. Erkenntniß bei geometr. Wahrheiten. 8. Ebend. 764.

— Gedanken von dem Geheimnisse der Dreyeinigkeit. — Jena: Marggraf 1758. 266 S. 8° 27. 16.

— — 2., verm. Aufl. Lübeck: Donatius 1781. XXXII, 336 S. 8° 5. 16.

Behn, F. D., Gedanken v. d. Geheimnisse der Dreyeinigkeit. gr. 8. Lüb. Niemann u. C. 781.

— Gedanken über die Gewißheit der menschlichen Erkenntniß von geometrischen und metaphysischen Wahrheiten, wie auch von den ersten Grundsätzen der natürlichen Theologie und der Sittenlehre, und von den möglichen Graden in derselben. — Lübeck: Schmidt & Donatius 1764. 324 S. 8°
5. 7. 12: Ph. Sp. 67. 16. 24. 27. 300: 20.181-A.

— die Hirten auf d. Bethlehem. Felde; e. geistl. Sinngedicht in 5 Abthlgg. In Musik ges. v. A. K. Kunze. Lübeck 771.

— s. Horaz: 12 Oden.

— s. Klein, Jh. Th.: Classifikation und dessen Historie der Vögel.

— Leben und Verdienste des Wohlgebornen Hochgelahrten Herrn Herrn D. Hans Bernhard Ludwig Lembke Hochansehnlichen Physicus der Kaiserl. freyen und des Heil. Röm. Reichs Stadt Lübeck. — Lübeck 1803: Römhild. 48 S. 8° 1: Au 17100. 8. 16.

— Das verdienstvolle Leben des Wohlgebohrnen Hochgelahrten Herrn Herrn Hermann Adolph Wilcken ... Hochverdienten zweyten Syndicus der Kaiserl. freyen und des Heil. Röm. Reichs Stadt Lübeck. — Lübeck 1801: Römhild. 44 S. 8° 8.

— de Leopoldo II. et Francisco II. 8. Lübeck 792.

[—] Das Lotto di Genoua in seiner wahren Größe. — Philadelphia [vielm. Lübeck: Donatius] 1771. 110 S. 8° 4. 16.

— De immortalibus Divi Josephi II. eiusque successoris Leopoldi II. in omne humanum genus Meritis, quum auspicatissima electio et coronatio Leopoldi II. ... Lubecae ex decreto Amplissimi Senatus oratione votiva esset celebranda ... dixit Fridericus Daniel Behn. — Lubecae 1791: Green. 56 S. 8° 26. 28. 16.

— über den Hamburg. Münzfuß; e. Sendschr. an G. H. Sieveking. 8. Hamb. u. Lübeck 789.

— das Nordlicht, nebst 1 Abbild., wie es sich 1770 zu Lübeck zeigte. 8. Lübeck 770. Donatius. 6 gl

* Diss. mathem. sistens linearum parallelarum proprietates nova ratione demonstratas, quam publicae eruditorum disquisitioni subjiciunt M. *Fridericus Daniel Behn* Lubecensis Societ. quae hic floret Teutonicae membrum, et respondens *Joann. Jacob. de Hagen* Westphalus, SS. Theol. et Philos. Cultor. Jenae Litteris Marggrafianis. 4. 28 S. 1761.

— göttl. Verhalten Jesu gegen seine Feinde zu Gethsemane. 8. Lübeck 776. Donatius. 2 gl

— Seiner Magnificenz dem ... Herrn Friederich Green ... und dem ... Herrn Anthon Diederich Wilcken ... überreichte ... diese Ode und den ersten Versuch einer neuen Theodicee ... Friederich Daniel Behn. — Lübeck [1769]: Fuchs. 20 S. 8° 1: 23 in Bd 8603-24. 16.

— Versuch eines Gedichtes über die Landlust. — Lübeck: Böckmann 1754. 44 S. 8° 1: Yl 3751. 14.

— Versuch von d. Grenzen der menschl. Erkenntniß rc. 4. Lüb. 777.

— Versuch von der Theorie der Alligationsregel und der Münzwissenschaft. Lübeck 1779. 4°

— drei Versuche e. neuen Theodicee. 4. Lübeck 769—72.

— **Vertheidigung** der biblischen Geschichte von der Auferstehung Jesu gegen die bekannten Wolfenbüttelschen Angriffe. 2. Ausg. — Hannover 1778. 40 S. 8°
1:Dd 9083. 4. 11. 18. 23.
15.

— Vertheidig. der bibl. Geschichte von d. Auferstehung Jesu Christi; e. Fragment. 4. Lübeck 778.

— **Vertheidigung** der vornehmsten Wahrheiten der christlichen Religion vornämlich gegen die neuern Angriffe. Th. 1. — Lübeck: Donatius 1778. 560 S. 8°
1:Dd 9081. 27. 28.
15.

— **Vorschläge** zur Reform der Lübeckischen hohen Schule nach pädagogischen Grundsätzen. — Lübeck: Bohn 1801. XVI, 176 S. 8°
10. 48.

— Vorschläge z. Reform. d. Lübeck'schen hohen Schule. 8. Lübeck 801. Donatius. 12 gr

— die unermeßl. Weisheit d. Schöpfers. E. Ode. 4. Lübeck 774. Donatius. 1 gr

— die erhabene Würde d. Christen. E. Predigt. 8. Lübeck 776. Donatius. 2 gr

Behn, Georg Heinrich: C o g i t a t a quaedam de morbillis et epidemia morbillosa Ienensi. Ienae (1795): Stranckmann. 38 S. 8°
Jena, Med. Diss. v. 6. Okt. 1795.
Beigeb.: Nicolai, Ernst Anton: Commentatio de curatione febrium intermittentium per evacuantia. Partic. 4. Jenae 1795.

Behn, Georg Heinrich: Erinnerungen an Paris, zunächst für Ärzte geschrieben. H. 1. — Berlin [usw.]: Nicolai 1799. XXII, 257 S. 8°
1:Ib 10955. 2. 5. 8. 10. 11. 15. 17. 30.
15.

Behn, Georg Heinrich (Lübeck), De morbillis et epidemia morbillosa Jenensi. Diss. med. Jena (Stranckmann) 6. X. 1795. 38 S. (4.80) 1793

Behn
— **Gustav Adolf** (Bromberg), De olei jecinoris aselli praesertim in coxarthrocace efficacia. Diss. med. Bln. (Nietack) 2. IV. 1833. 32 S. mit Biogr. (M.: A. S. Hirschberger.) (4.—) 1794
Oppon.: C. Kannenberg, A. Lipke, E. Willmann. — Gew.: G. Luecke, H. J. Behn.

Behn, H. Lübeckische Luxusgesetze und Hochzeitsordnungen aus dem Mittelalter. Mitgetheilt von H. Behn ... O. O. u. J.
49—108 S. 8°.

Behn, H.F.: Über die L e h r a r t Jesu und seine Apostel ..., s. B e h n, Hermann Friedrich

Behn, H.F.: R e i s e s k i z z e n eines fahrenden Studenten von der Eider bis zum Po!, s. B e h n, Hugo Ferdinand

Behn, Heinrich, aus Uelzen (Rohrstorf): Beiträge zur Kenntnis der 1-Phenyl-3-methyl-5-halogenpyrazole. *Rostock 1900: C. Hinstorff.* (70 S.) 8°
Rostock, Phil. Diss. v. [1. Nov.] 1900

Behn, Heinrich Friedrich: Über die L e h r a r t Jesu und seine Apostel ..., s. B e h n, Hermann Friedrich

Behn, Hermann Friedrich: Ueber die **Lehrart** Jesu und seiner Apostel, in wie fern dieselben sich nach den damals herrschenden Volksmeinungen bequemt haben. — Lübeck: Donatius 1791. 148 S. 8°
1:Bq 4050. 5. 28.
15.

Behn, H. F., üb. d. Lehrart Jesu u. seiner Apostel. 8. Lübeck, Niemann u. C. 791.

Behn, Herm. Julius (geb. Bromberg 23. 12. 1805): De monopodibus. Berolini (1827). (17 S.) 4°
Berlin, Med. Diss. v. 24. Sept. 1828

Behn, Hnr. Fr.: Über die L e h r a r t Jesu und seiner Apostel, s. B e h n, Hermann Friedrich

Behn, Hugo Ferdinand: Aber Otto! Lustspiel. — o. O. [um 1880]. 9 Bl. 4°
Text autographiert.
1:4° Ys 20483.
15.

— **Germania's Auferstehung.** Festspiel zur Erinnerung an d. deutschen Waffenthaten in Frankreich. — Karlsruhe 1879: Braun. 23 S. 8°
1:Ys 20748.
15.

— **Die Erbin.** Schauspiel. — Mannheim 1882: Wendling. 38 S. 8°
1:Ys 21974. 30.
15.

(—) **Hofmanns-Feier** des Cäcilien-Vereins am 3. Februar 1880. — Karlsruhe [1880]: Reiff. 2 Bl. 8°
1:Ys 21451.
15.

— **Reiseskizzen** eines fahrenden Studenten von der Eider bis zum Po! — Hagen [usw.]: Risel 1883. 164 S. 8°
1:Yz 8679.
15.

— **Die Rose von Grötzing.** (Scenen aus e. Sommernachtstraum.) Festspiel. — (Karlsruhe [1879]: Badenia.) 15 S. 8°
1:Ys 20747.

— **Das Spiel der Liebe** oder: Ach, es ist wirklich reizend! Schwank in Prosa u. Alexandrinern. — (Carlsbad [1881]: Haas.) 20 S. 8°
1:Ys 31973.
15.

— Scenen [**Szenen**] aus einem Sommernachtstraum von Grötzingen. Festspiel. — o. O. [1878]. 17 S. 4°
Titelblatt u. Text autographiert.
1:4° Ys 20482.
15.

(—) **Text** für das Festspiel zur Giehne-Feier gelegentlich des 25jährigen Jubiläums des Hofkirchenmusikdirectors Heinrich Giehne am 14. April 1880. — (Carlsruhe [1880]: Reiff.) 8 S. 8°
1:Ys 21450.
15.

Behn, J. C.: R e l i g i o n s l e h r e ..., s. B e h n, Johann Konrad

Behn, J. Dan., Gedicht üb. d. Landlust. 4. Lübeck. 754.

Behn, J. H.: Die ehelichen G ü t e r r e c h t e ..., s. B e h n, Johann Heinrich

Behn, J. Karl: R e l i g i o n s l e h r e ..., s. B e h n, Johann Konrad

Behn
— **Jo. Vincent** (Hamburg), Apparatum Philistaeorum bellicum ad vindicandum locum 1. Sam. 13 com. 5. Präs. Jo. Chph. Wolff. Wittenberg (Schultz) April 1711. 38 S. (5.—) 1797

Behn, Johann Chr. Wilhelm
BEHN, J[OH.] C[HR.] W[ILH.], Diss. inaug. de aquæ frigidæ usu et abusu in febribus. Kiliæ. 1823. 4. P.

Behn, Johann Heinrich: Die ehelichen **Güterrechte** nach den älteren Codicen des lübischen Rechtes. Ein Versuch. Lübeck: Asschenfeldt 1830. XII, 44 S. 8°
1:Gn 4830. 3. 4. 7. 8. 16. 17. 18. 21. 28. 30.
15.

Behn, Johann Konrad
Behn, J. C., evangel.-christl. Religionslehre in Fragen u. Antworten. 8. Stade 823. (Lüneburg, Herold u. Wahlstab.) 1/6 th

Behn, Johann Konrad: Kurzgefaßte evangelisch-christliche Religionslehre in Fragen und Antworten. Zum Gebrauch als Leitfaden vorzüglich beim Unterrichte d. Confirmanden. — Stade: Pockwitz 1823. VIII,90 S. 8°
35. 45.
15.

Behn, J. Karl, kurzgefaßte evangel.-christl. Religions-Lehre in Fragen u. Antw. Zum Gebrauch als Leitfaden, vorzügl. beim Unterrichte d. Confirmanden. 8. Stade 824. Pockwitz. (Lüneb., Herold u. W.) 4 th

Behn, Irene: Leone Battista Alberti als Kunstphilosoph, s: Zur Kunstgesch. d. Auslandes.

Behn, Konrad, aus Altona: **Synthese aromatischer Alkohole mit Formaldehyd aus substituirten Phenolen.** *Rostock 1902: C. Boldt.* (45 S.) 8°
Rostock, Phil. Diss. v. [1. März] 1902

Behn, Otto [approb. Arzt aus Kiel]: Aus d. Anatom. Institute zu Kiel. Studien über die Hornschicht der menschlichen Oberhaut speciell über die Bedeutung des stratum lucidum (Oehl).... Kiel, Druck v. Schmidt & Klaunig, 1887; 25 + 1 S. + 1 Bl. 8°
Kiel, Med. Fak., Inaug.-Diss. v. 27. Sept. 1887

Behn, Otto, aus d. Anatom. Institute zu Kiel. Studien über die Hornschicht der menschlichen Oberhaut speciell über die Bedeutung des stratum lucidum (Oehl). Diss. Kiel 1887, Haeselersche Sort.-Buchh. 8°. 25 S.

Behn, Richard: Über Hydrochinon-Methylketon und seine Ätherderivate und über die Anwendung der Friedel-Craftsschen Synthese auf Phenole. *Berlin [1897]: G. Schade.* (61 S.) 8°
Rostock, Phil. Diss. v. [27. Sept.] 1897

Behn, Siegfr.: Der deut. Rhythmus u. s. eigenes Gesetz. (8, 169 m. Kurven.) gr8° Strassbg, KJ Trübner '12. 6.50

Behn, Siegfried:
Hieronymus Savonarola der Prophet von Florenz. Drama. — Worms 1901/02: Hoffmann. II,90 S. 8° **17.**
15.

Behn, Siegfried: Die Systembildung des dogmatischen Rationalismus im Lichte von Kants Amphibolien der Reflexionsbegriffe dargestellt. München 1908: Wolf. 74 S. 8°
Heidelberg, Phil. Diss. v. 2. Dez. 1908, Ref. Windelband
[Geb. 3. Juni 84 Hamburg; Wohnort: Hamburg; Staatsangeh.: Hamburg; Vorbildung: Gymn. Worms Reife O. 03; Studium: München 5. Heidelberg 4 S.; Rig. 24. Juli 08.] [U 09. 1985

Behn, U.
Ueber die Dichte der Kohlensäure im festen und flüssigen Zustande v. **U. Behn.** Separatabdruck aus den Annalen der Physik. 4. F. Bd. 3. 1900. Leipzig. (1900.) 8°

Behn, U., über das Verhältnis der mittleren (Bunsenschen) Kalorie zur 15°-Kalorie $\left(\frac{C_{0-100}}{C_{15}}\right)$. (5 S.) Lex.-8. Berlin 905. (G. Reimer.) n. — 50
Sonderabdr. aus: „Sitzungsber. d. preuss. Akad. d. Wiss."

— die gegenseitige Verwandlung der Calciummonoborate, s.: **Hoff, J. H. van't.**

Behn, Ulrich [aus Kiel]: Ueber streifenförmige Anordnung galvanischer Niederschläge ... M. 2 Taf. Leipzig, J. A. Barth, 1893; 23 S., 1 Bl., 2 Taf. 8.
Berlin, Phil. Fak., Inaug.-Diss. v. 3. Febr. 1894

Behn, W. F. G., s. Behn, Wilhelm Friedrich Georg

Behn, Wilhelm, Gerichts-Ass. aus Waren: Die Gemeinschaft nach Bruchtheilen nach dem Bürgerlichen Gesetzbuche des Deutschen Reiches. *Waren 1900: M. Sergel.* (53 S.) 8° [F.]
Rostock, Jur. Diss. v. [25. Nov.] 1900

Behn, Wilhelm Friedrich Georg
Behn, W. F. G., s.a.v. **Cuvier, G., Briefe an C. H. Pfaff.**

Behn, F. G. Georg Cuvier's Briefe an C. H. Pfaff. Kiel 1845.

Behn, Wilhelm Friedrich Georg:
Herr Medicinalrath Dr. Friedrich Küchenmeister und die Leopoldinisch-Carolinische Akademie der Naturforscher. — Hamburg: Mauke 1869. 32 S. 8°
1:1 in Lb 4700. **14. 18. 21.**
15.

Behn, W. F. G., s. Mittheilungen aus d. Gebiete d. Medicin.

[—] Die Hensler'sche Stiftung für junge Aerzte der Herzogthümer Schleswig und Holstein. Von d. Administration derselben. — Kiel: Homann 1863. 20 S. 8° 8. **10.**
15.

Behn-Eschenburg, H.: Charles Dickens, s. Behn-Eschenburg, Hermann

Behn-Eschenburg, H.: Untersuchungen über das Giltay'sche Eisenelectrodendynamometer, s. Behn-Eschenburg, Hans.

Behn-Eschenburg, Hans, Generaldirektor d. Maschinenfabrik, Oerlikon. geb. 1864. 1905:

Behn-Eschenburg, Hans. Bahnmotoren der Maschinenfabrik Oerlikon (Schweiz) für Einphasenwechselstrom. [Mit Illustrationen und 2 Tafeln.] Sonderabdruck aus «Schweizerische Elektrotechnische Zeitschrift» 1904, Heft 17. II + 6 S. 4. Zürich, Fritz Amberger.

Behn-Eschenburg, Hans. Erste Drehstrom-Kraftübertragung in Europa mit 30000 Volt, (der) Maschinenfabrik Œrlikon, Œrlikon bei Zürich. [Illustriert.] (Abdruck aus der Zeitschrift für Elektrotechnik, 1902, Heft 51/52.) 28 S. 4. (Zürich, Jean Frey,) 1903.

Behn-Eschenburg, Hans. Vierstufiger Drehstrommotor für 500, 750, 1000 und 1500 Touren und Gleichstrommotor von 350—1600 Touren der Maschinenfabrik Oerlikon. Sonderabzug aus der Schweizer. Bauzeitung Bd. 40 Nr. 16. [Mit 12 Abbildungen.] II + 16 S. 8. Zürich, Zürcher & Furrer, 1902.

Behn-Eschenburg, Hans, aus Stralsund: Untersuchungen über das Giltay'sche Eisenelektrodynamometer. Zür. D. Bürkli Dr. 1889. 2 Bl., 51 S. 8°.
Zürich, Phil. Diss. [v. 13. Mai 1889].

Behn-Eschenburg, H., Untersuchungen üb. das Giltay'sche Eisenelectrodynamometer. Inaug.-Diss. gr. 8. (51 S.) Zürich 889. (Alb. Müller.) n. 2. —

— **Über Wechselstrombahnmotoren der Maschinenfabrik Oerlikon und ihre Wirkungen auf Telephonleitungen. — Oerlikon bei Zürich: Maschinenfabrik** 1908. 40 S. 4° **21.**
15.

Behn-Eschenburg, Hans. Neue 200 PS Bahnmotoren der Maschinenfabrik Oerlikon. [Illustriert.] Sonderabdruck aus der «Schweizerischen Elektrotechnischen Zeitschrift» [Jahrg. 2,] No. 38 vom 23. September 1905. [Hrg. von der] Masch' Oe', Oerlikon bei Zürich. II + 6 S. 8. Zürich, Fritz Amberger.

Behn-Eschenburg, Hermann: Charles Dickens. Vortrag. Basel: Schweighauser 1872. 42 S. 8° (Oeffentliche Vorträge gehalten in d. Schweiz. 1,6.)
1:6 in Ag 9128–1. 5. 7. 9. 12: Var. 384 hc–1,6. 14. 15. 16. 18. 21. 24. 27. 28. 30. 300: 170.006–B.1,6.
15.

Behn-Eschenburg, Herm., Elementarbuch der englischen Sprache für Mittelschulen, Sekundarschulen rc. Zürich 870. Schultheß. gr. 8. (IV, 249 S.) n. 18 ngr.

—— **Elementarbuch der englischen Sprache für Mittelschulen, Sekundarschulen rc. 1. Aufl. 1870, und 2. sorgfältig durchgeseh. Aufl. gr. 8. (VI, 249 S.) Zürich 873, Schultheß.** *

Behn-Eschenburg, Herm., Elementarbuch der englischen Sprache für Mittelschulen, Sekundarschulen rc. 3. sorgfältig durchgeseh. Aufl. gr. 8. (VI, 249 S.) Zürich 876, Schultheß. *

Behn-Eschenburg, Herm., Elementarbuch der englischen Sprache für Mittelschulen, Sekundarschulen rc. 4. sorgfältig durchgeseh. Aufl. gr. 8. (VI, 249 S.) Zürich 882, Schultheß. *

Behn-Eschenburg, H., Elementarbuch der englischen Sprache f. Mittelschulen, Sekundarschulen rc. 5. Aufl. gr. 8. (VI, 249 S.) Zürich 887. Schultheß. n. 2. —

Behn-Eschenburg, Herm., Elementarbuch d. engl. Sprache f. Mittelschulen, Sekundarschulen rc. 6., vielf. verb. Aufl., besorgt v. K. Schnorf. gr. 8. (VI, 249 S.) Zürich 895. F. Schultheß. n. 2. —

[—] Graf Königsmark. Trauerspiel. Aus d. Engl. übers. vom Verf. — o.O. [um 1850]. 116 S. 8° **18.**
15.

Behn-Eschenburg, Herm., englisches Lesebuch für alle Stufen des Unterrichts berechnet und mit erklärenden und auf die Grammatik des Herausgebers hinweisenden Anmerkungen versehen. 1. und 2. Kurs. gr. 8. (1. Kurs. VIII und 206 S., 2. Kurs. VI und 216 S.) Zürich 857. 58, Schulthess. à Kurs * 18 Ngr. *

Behn-Eschenburg, Herm., englisches Lesebuch für alle Stufen des Unterrichts berechnet und mit erklär. und auf die Grammatik des Hrsgbrs. hinweis. Anmerkungen versehen. 1. Curs. 2., durchgeseh. Aufl. gr. 8. (VIII und 213 S.) Zürich 867, Schulthess. *

—— **englisches Lesebuch, für alle Stufen des Unterrichts berechnet und mit erklärenden und auf die Grammatik des Herausgebers hinweisenden Anmerkungen versehen. Neue, von H. Breitinger durchgeseh. Aufl. gr. 8. (III, 244 S.) Ebendas. 880.** *

— **Schulgrammatik der Englischen Sprache für alle Stufen des Unterrichts berechnet. 854. (X, 512 S.) — 2., sorgfältig verb. u. verm. Aufl. Zürich (857). Schultheß. 8. (XVI, 537 S.) 1 ℛ 6 ngr.**

—— Schulgrammatik der englischen Sprache für alle Stufen des Unterrichts berechnet. 2., sorgfältig verb. und verm. Aufl. gr. 8. (XVI und 537 S.) Zürich 858, Schultheß.

Behn-Eschenburg, Herm., Schulgrammatik der englischen Sprache für alle Stufen des Unterrichtes berechnet. 3., sorgfältig verb. u. verm. Aufl. Zürich 863. Schultheß. gr. 8. (XIV, 539 S.) 1 ℛ 6 ngr.

— **Schulgrammatik der englischen Sprache für alle Stufen des Unterrichtes berechnet. 4., sorgfältig durchgesehene u. verb. Aufl. Ebend. 867. gr. 8. (XII, 543 S.) 1 ℛ 6 ngr.**

—— **Schulgrammatik** der englischen Sprache für alle Stufen des Unterrichtes berechnet. 5. durchgeseh. Aufl. gr. 8. (XII, 501 S.) Ebendas. 876.

—— **Uebungsstücke zum Uebersetzen aus dem Deutschen in's Englische in 6 Stufen für mittlere Klassen von Gymnasien, Industrie- und Sekundarschulen bearb. Nach dem Tode des Verf. hrsg. von Gottfr. Kinkel. gr. 8. (IV, 220 S.) Zürich 873, Schultheß.** *

Behn-Eschenburg, H. Die Wechselwirkungen der englischen und der festländischen Literatur vor dem Zeitalter Shakespeares. Zürich, Polytechnicum, 1865. 27 S. 4.

Behn-Eschenburg, Herm., Suleima. Ein Jugendtraum im Kerker. (1835.) Lex.-8. (7¼ B.) Bonn 842, Henry u. Cohen.

Behnam. Dissertatio, de Curdis Thaddaeitis ex ore Behenami episcopi Chaldaei. Quam ... praeside Matth. Norberg ... permittit Johannes Wieslander. Lundae 1808.

Behncke, Christoph (R. B.), De deo suscitante Christum mortuis. Diss. theol. prior. Präs. Bernh. v. Sanden. Königsberg (Zaencker) 1718. 20 S. (4.50) 1798

Widm. v.: Joh. Bernh. Hahn, Wilh. Heinr. Beckher (dtsch.), Joh. Behncke (dtsch.). — Tl. II. s. Sanden, B. v.

Behncke, Franz, approb. Arzt aus Süsel: Aus d. pathol. Institute zu Kiel. Ueber Insufficienz der Aortenklappen auf luetischer Basis. *Kiel 1902: P. Peters.* (13 S.) 8°
Kiel, Med. Diss. v. [7. Febr.] 1902

Behncke, Fritz
Behncke, F: Kurze Anleitg z. Anfertigg farb. Wagenzeichngn. (8) 8° Hambg (23, Hambg (23, Hasselbrookstr. 47), Wagenbausch.-Lehr. Behncke ('12). — 30

Behncke, Fritz:
Entwürfe moderner Wagenzeichnungen. — Hamburg: Behncke 1910. 29 Bl. 8°
Nebent.: Luxuswagen. **91.**
15.

Behncke, F., Entwürfe moderner Wagenzeichngn. (Umschlag: Luxuswag.) (28 Taf.) 15,5×26 cm. Hamburg (23, Hasselbrookstr. 47) (910). Selbstverlag. 5. —

Behncke F, Lehrbuch f. Wagenbau I. Das Fachzeichnen f. Stellmacher. (32 S 32 T) 4° Hamburg (1908)

— **Lehrbuch f. Wagenbau. 1. Tl.: Das Fachzeichnen f. Stellmacher. (25 S. m. Abbildgn. u. 82 Bl. Zeichngn.) 31×24 cm. Ebd. (910). In Mappe 12. 50**

Behncke, F., Leichenwagenzeichnungen. qu. Lex.-8. (6 Taf.) Hamburg (St. Georg, Bremerstr. 9, I) 896. Selbstverlag. In Mappe n. 6. —

— **Normal-Masstabellen und Konstruktionszeichnungen für Luxuswagen. 2. Aufl. — Hamburg: Behncke 1910. 10 Bl. 4° 91.**
15.

Behncke, F., Sammlung neuer Entwürfe moderner Wagenzeichnungen m. Beschreibung f. Wagenbauer u. Fachschulen. gr. 8. (18 S. m. 25 Taf. in qu. hoch 4.) Hamburg-St. Georg 892. Kl. Kirchweg 8. F. Behncke. In Mappe. 12. —

— Sammlung mod. Wagenzeichnungen f. Wagenbauer u. Fachschulen. 2. Ausg. 36 Blatt Zeichngn. f. Luxuswagen. qu. Lex.-8. Ebd. 896. In Mappe. n. 10. —

— **Schlittenzeichnungen. qu. Lex.-8. (12 Taf.) Ebd. 896. In Mappe n. 6. —**

Behnke F, d. amerikan. Wagenbau Chicago 1893. (36 T m. Text) qu 4° Hamburg (1893)

— der amerikanische Wagenbau. Chicago 1893. gr. 8. (32 S. m. 36 Taf. in qu. Fol.) Hamburg 894. (Berlin, A. Nesselmann.) In Leinw.-Mappe. n. 12. 50

— **Der amerikanische Wagenbau. Chicago 1893. [Text. Taf.] — Hamburg [1894]: Schlotke. 8° [u.] quer-8°**
1:Or 10355/48. 17. 89.
15.

Behncke, G.: De Cicerone Epicureorum philosophiae existimatore et iudice, s. Behncke, Gustav

Behncke, G.: Plato's Ideenlehre im Lichte der aristotel. Metaphysik, s. Behncke, Gustav.

Behncke, G.: Patent- und Markenschutzgesetze der Republik Chile ..., s. Behncke, Guillermo

Behncke, G. A.: Das Staats-Examen der Pharmaceuten und die Ausbildung derselben, s. Behncke, Gustav Adolf.

Behncke, Georg Christoph Ludwig: Achtzig geistliche Schullieder, sämmtlich nach den 75 neu aufgenommenen Choral-Melodieen des neuen hamburgischen Gesangbuches zu singen. — Hamburg 1843: Stern. 54 S. 8° 18.
15.

Behncke, Guillermo: Patent- und Markenschutzgesetze der Republik Chile nebst dem Vertrage der Südamerikanischen Staaten über Patentgesetze als Anhang. — Berlin: Toeche in Komm. 1897. 28 S. 8° 11. 204.
15.

Behncke, Guillermo, Patent- u. Musterschutzgesetze d. Republik Chile, nebst d. Vertrage d. südamerikan. Staaten üb. Patentgesetze als Anh. Zusammengest. u. übers. gr. 8. (28 S.) Valparaiso 897. (Berlin, E. Toeche.) n. 1. —
! Behncke, G.: Patent- u. Musterschutzges. Jetzt: Deut. Bauzeitg.

Behncke, Gustav

Behncke, Gust., Ludwig van Beethoven, s.: Marx, Adf. Bernh.

Behncke, Gust. De Cicerone Epicureorum philosophiae existimatore et iudice. 24 S. Progr. Fr. Wi. G. *Berlin* 1879.

Behncke, G., de Cicerone Epicureorum philosophiae existimatore et judice. 4. (24 S.) Berlin 879, (Weber.) *

Behncke, G., de Cicerone Epicureorum philosophiae existimatore et judice. 4. (24 S.) Berlin 880. (Weber.) n. 1. —

Behncke, Gustavus: De heroibus Eleusiniis ac praecipue de Triptolemo. Berolini: Stilke (1863). 93 S. 8°
Halle-Wittenberg, Phil. Diss. v. 7. Mai 1863
Geb. [Jarmen (Kr. Demmin) 14. 1. 1839]

Behncke, G. Plato's Ideenlehre im Lichte der aristotel. Metaphysik. Pr. 1873. 32 S. 4°. 1.—

Behncke, Gustav: [Teils.] Schulandachten und Ansprachen. (Hrsg.: Sophie Behncke.) — Berlin: Mittler 1903. VI, 168 S. 8° 1: Nc 8409. 11. 88.
15.

Behncke, Gust. Adolph. (geb. Anklam 14. 9. 1805): De pondere specifico pyritae arsenicalis, qui sermone nostro „Arsenikkies" vocatur. Berolini (1854). (20 S.) 4°
Berlin, Phil. Diss. v. 1. Apr. 1854

Behncke, Gustav Adolf: Das Staats-Examen der Pharmaceuten und die Ausbildung derselben. — Berlin: Hirschwald 1851. 31 S. 8° 1: 2 in In 975. 2.
15.

Behncke, Heinrich Leo
Eine Lübecker Kaufmannsfamilie. Von Heinr. Leo Behncke. Mit Lichtdruckbildern. Th. 1. 2. *Lübeck 1900–01: H. G. Rathgens.* 2 Bde 8°
[F.]
[03. [illegible]

Behncke, Heinrich Leo: Eine Lübecker Kaufmannsfamilie. Th. 1–4. — Lübeck 1900–13: Rahtgens. 8°
1 [∞3.4]: Fg 3401. 18 [3.4]. 28 [3.4]. 30.

Behncke, Louise, Erzählungen e. Großtante. (63 S. m. Titelbild.) 8. Leipzig 907. E. Avenarius. Geb. in Leinw. 2. —

Behncke, Paul

Geschichte der Johannis-Loge Friedrich Wilhelm zur Liebe und Treue zu Demmin 1854–1904. Zum 50jähr. Stiftungsfeste dargestellt von [Paul] Behncke. [Demmin 1904: Gesellius.] 24 S. 8°.

Behncke, Sophie [Hrsg.] s. *Behncke,* Gustav: Schulandachten und Ansprachen [Teils.] 1903.

Behncke, Walther, a. Schwerin i. M.: Über p-Phenetidin- und p-Anisidinpyrin. Rostock 1906: C. Hinstorff. (56 S.) 8°
Rostock, Phil. Fak., Ref. Michaelis, Diss. v. 7. März 1906
[Geb. 22. Sept. 80 Stavenhagen; Wohnort: Rostock; Staatsangeh.: Preußen; Vorbildung: Gymn. Fridericianum Schwerin Reife O. 01; Studium: Freiburg i. B. 3, Rostock 3, München 1, Rostock 3 S.; Rig. 26. Febr. 06.]

Behncke, W(ilhelm): Albert von Soest und das Sitzungszimmer im Rathause zu Lüneburg. *Strassburg 1900: J. H. E. Heitz.* (43 S.) 8° ¶ (Erschien in erweit. Form als: Studien zur Deutschen Kunstgeschichte, H. 28.)
Heidelberg, Phil. Diss. v. 1900

Behncke, Wilhelm: Albert von Soest. Ein Kunsthandwerker d. 16. Jahrhunderts in Lüneburg. — Strassburg: Heitz 1901. 112 S. 8° (Studien zur deutschen Kunstgeschichte. 28.)
Erschien teilweise auch als Diss. u. d. T.: Behncke: Albert von Soest u. d. Sitzungszimmer im Rathause zu Lüneburg. Heidelberg 1900.
1: Nr 7092-28. 2. 3. 5→10. 12: Art. 276sb-28. 14→18. 24. 25. 27→30. 38. 89. 300: 394.053-B. Ks. 28. 302.

Das Kunstgewerbe im Altertum, im Mittelalter und zur Zeit der Renaissance von W(ilhelm) Behncke, O. v. Falke, E. Pernice u. G. Swarzenski. Berlin: Oldenbourg [1907–08]. VIII, 654 S. 4° (8°)
(Illustr. Geschichte d. Kunstgewerbes. Hrsg. von G. Lehnert. Bd 1.) [09. 17367

Behncken, Johann Heinrich: Geschichte des bremischen Theaters. Von 1688 bis auf die gegenwärtige Zeit. — Bremen: Kaiser in Comm. 1856. 144 S. 8° 1: Yp 1061. 8. 11. 12: L. eleg. g. 391. 14. 30. 300. 620.480-B. Th. 302.
15.

Behne, Adolfine: Die ersten Stufen zum praktischen Spiritismus ... Mit e. Anh.: Die ersten Stufen in der geistigen Schulung. Von Johannes Landenberger. — Lorch (Württemberg): Rohm 1907. 16 S. 8° 12: Phys. m. 404m.
15.

Behne, August: Beschreibung des Locomotiv-Systems Behne & Kool. (Verf.: August Behne). — Lüneburg 1861: v. Stern. 12 S., 2 Taf. 4° 89.
15.

Behne, Christian August Jakob

Behne, C. Aug. J., Maison impériale de Russie. Tableau généalogique depuis 1762—1861. 1 Bog. in Imp.-Fol. Leipzig 861, Franck'sche Verlagsbuchh. Thlr. *

Behne, Christian August Jakob: Genealogische Tabelle des königlichen Hauses der Guelphen. — Hannover: Klindworth 1850. 6 Taf. 2° 7.

—— geneal. Tabelle d. Hauses d. Guelfen. Fol. Hann. 52, Klindworth. 1. 15

Behne, Curt, appr. Arzt a. Bitterfeld: Aus der Med. Univ.-Poliklinik zu Halle a. S. Über das tryptische und antitryptische Vermögen des Blutes unter normalen und pathologischen Bedingungen und seine diagnostische Bedeutung. Halle a. S. 1909: Kaemmerer. 63 S. 8°
Halle, Med. Diss. v. 23. Dez. 1909, Ref. Schmidt
[Geb. 23. Aug. 85 Magdeburg; Wohnort: Kiel; Staatsangeh.: Preußen; Vorbildung: Oberrealsch. d. Franckeschen Stiftungen Halle Reife O. 03, Erg. Realgymn. Magdeburg O. 04; Studium: Halle 10 S.; Coll. 30. Juni 09; Approb. 1. Juni 09.] [U 10. 1678

Behne, Friedrich Heinrich: Vorträge zu Skioptikonbildern gehalten in Volksbildungs-Vereinen. — Landsberg a. W.: Schaeffer 1885. V, 72 S. 8° 1: Lf 23131.
15.

Behne, H. Choralmelodieen. Für Volks-, Mittel- u. höhere Mädchen-Schulen. Nach Verfügg. der königl. Regierg. zu Frankfurt a. O. zusammengestellt. gr. 8. (24 S.) Landsberg a. W. 890, Volger u. Klein. — 30

Behne, H. Vergleichende Grammatik und ihre Verwertung für den neusprachlichen Unterricht an den höheren Lehranstalten, zunächst auf dem Gebiete des Französischen. Darmstadt, Rg., 1882. 36 S.

Behne, H.: Vorträge zu Skioptikonbildern . . . , s. Behne, Friedrich Heinrich

Behne, H. F. T. Comparaison entre le „Jules César" de Voltaire et celui de Shakspeare. Diss. Rostock 1872. 42 S.

Behne, Joseph, über die Anwendung der Galvanokaustik bei einem in der Entwickelung begriffenen Staphyloma partiale. Diss. Greifswald 1886, Jul. Bindewald. 8°. 30 S.

Behne, M., d. Heinzelmännchen, s.: Grabl, M.

[J.] Die Rache des Toten. Deutsch v. M. Behne. M. 3 Vollbild. *Berlin: A. Weichert [1898].* (96 S., 3 Taf.) 1 Bd 8.
= Wochen-Bibliothek, Weichert's. Bd 42. [00. 493

Das Spiel verloren. Roman aus d. Engl. von M. Behne u. M. Grabl [-Harald]. Mit 3 Vollbild. *Berlin: A. Weichert [1899].* (96 S.) 8° [J.]
= Wochen-Bibliothek, Weichert's. Bd 72. [00. 774

Behnen s. auch *Behn* u. *Behne*.

Behner, Herm.: Weltkte d. Funken- u. Kabel-Telegr., s: Lossberg, Otto v.

Behnes, Diss. Observ. chir. Jen. 4°. (Fracturae cranii.) 1781 .

Behnes, Chr. Friedrich
— — De conjectura pietatis. Disp. jur. altera. Präs. Joh. Adam Schertzer. Lpz. (Krüger) 16. IX. 1717. 16 Bl. (4.60) 1802
Gew.: Gg. Heinr. Becker v. Rosenfeld.

Behnes, Clemens August
Behnes, Cl. A., Beiträge z. Geschichte u. Verfassung d. ehemal. Niederstifts Münster, als der früheren Aemter Meppen, Cloppenburg u. Vechte, mit Urkunden rc. rc. gr. 8. (62 B.) Emden 830. (Osnabrück, Rackhorst.)

Behnes, Clemens August: Beiträge zur Geschichte und Verfassung des ehemaligen Niederstifts Münster, als der früheren Aemter Meppen, Cloppenburg und Vechte, mit Urkunden &c.&c.—Emden: Woortmann 1830. XVII, 970 S. 8° 1: Tg 7377. 3. 5→10. 14. 15. 30. 15.

— Die unter Münster'scher u. Herzoglich-Arenberg'scher Hoheit von den Einwohnern des jetzigen Herzogthums Arenberg-Meppen geforderten s. g. Landfolgen haben einen höchstpersönlichen Character, sind jüngern Ursprungs, und sowohl gesetzlich als contractlich aufgehoben. Eine Erwiederung auf d. von d. Herrn Canzley-Director Bödiker . . . abgegebene . . . Rechts-Gutachten.—Meppen; (Sögel: Freer [1831].) 29 S. 8° 7. 15.

— die unt. Münster'scher u. Herzogl. Arenberg'scher Hoheit von d. Einwohnern d. jetz. Herzogth. Arenberg-Meppen geforderten s. g. Landfolgen haben einen höchstpersönl. Character, sind jüngern Ursprungs, u. sowohl gesetzl. als contractl. aufgehoben. Eine Erwiederung auf das v. Hrn. Canzlei-Dir. Bödiker unlängst abgegebene, mit d. obigen Grundsätzen in Widerspruch stehende Rechts-Gutachten. gr. 8. (2 B.) Meppen 831 (Osnabrück, Rackhorst.) Thlr.

— Über die bäuerlichen Verhältnisse und Lasten. Ein Beytrag zur Staats- u. Rechtsgeschichte d. Standesherrschaft Meppen. — Meppen; (Sögel: Freer) 1832. 56 S. 8° 7. 15.

Behnes, G.: Paulus Melchers, Erzbischof von Köln. — Würzburg: Woerl 1874. S. 176–224. 8° (Deutschlands Episcopat in Lebensbildern. 2,5.) 1: Sa 8256–2,5. 6. 12: Biogr. C. 94o–2,5. 38. 15.

— — Würzburg [usw.]: Woerl 1882. S. 176–224. 8° (Deutschlands Episcopat in Lebensbildern. 2,5.) 5. 102.

Behnick, E. B., die insekten- und fleischfressenden Pflanzen, s.: Lehrmeister-Bibliothek.

Behnisch, Anna, s.a. Behnisch-Kappstein, Anna

Behnisch, Anna, am Zuchthaus vorbei. Roman. 8. (424 S.) Berlin 900. R. Mosse. n. 4.—; geb. 5.—; ermäß. Preis geh. n. 1.50

Behnisch, Anna, Blutstropfen. Novellen u. Skizzen. 8. (198 S.) Dresden 899. E. Pierson. n. 2.50

Behnisch, Hermann: Handbuch der Appretur. — Grünberg 1879: Weiß. 49,78,112 S. 8° 1: Op 9167. 15.

— — 2. Aufl. Ebd. 1880. 49,78,112 S. 8° 2. 91. 15.

Behnisch, Johann Gottlob: Versuch einer Geschichte der Stadt Bartenstein in Ostpreußen und des Kirchspiels, als Denkmal der fünfhundertjährigen Jubelfeier der Stadt am 3ten August 1832. — Königsberg 1836: Paschke. XXIV, 774 S. 8° 1: Sz 5300. 4. 7. 10. 11. 12: Bor. 23ah. 29. 102. 15.

Behnisch, Walther, Gerichtsreferendar: Der Gattungskauf. Borna-Leipzig 1909: Noske. VIII, 48 S. 8°
Breslau, Jur. Diss. v. 26. Apr. 1909, Ref. Fischer-Schott
[Geb. 12. Febr. 82 Posen; Wohnort: Posen; Staatsangeh.: Preußen; Vorbildung: Friedr.-Wilh.-Gymn. Posen Reife O. 01; Studium: Marburg 2, München 1, Berlin 2, Breslau 3 S.; Rig. 31. Juli 05.] [U 09. 458

Behnisch, Willi, Referendar am Königl. Amtsgericht Gollnow i. Pomm.: Das rechtliche Wesen der Hinterlegungsmarke. Greifswald 1907: J. Abel. (48 S.) 8° [J.]
Greifswald, Jur. Fak., Ref. Jung, Diss. v. 18. Mai 1907
[Geb. 28. Febr. 85 Stargard i. Pomm.; Wohnort: Stettin; Staatsangeh.: Preußen; Vorbildung: Gymn. Stargard Reife O. 03; Studium: Heidelberg 1, Breslau 3, Greifswald 2 S.; Rig. 29. Okt. 06.]

Behnisch-Kappstein, Anna, s.a. Behnisch, Anna

Behnisch-Kappstein, Anna (Frau Anna Kappstein), freie Bahn. Roman. (866 S.) 8. Dresden 905. C. Reißner. n. 4.—; geb. n. 5.—

Ehrenschuldner u. andere Erzählungen von Anna **Behnisch**-Kappstein. Mit Ill. von A. Lewin. Berlin, Leipzig: H. Hillger [1908]. (96 S.) 8° [J.]
= **Bücherschatz,** Kürschners. No 592. [08. 1904

— das klingende Fließ. Novellen. (287 S.) 8. Berlin 906. Verlag Dr. Wedekind & Co. n. 3.—; geb. n. 4.—

— Meine zoologischen Freundschaften. (176 S.) 8. Berlin (907). Verlag Continent. 2.—; geb. 3.—

Behnisch-Kappstein, Anna (Anna Kappstein): Der Opferstein, s: Bibliothek Hans Bondy.

Behnisch-Kappstein, Anna (Frau Anna Kappstein), Wanderkameraden. Gedichte. (Mit e. Geleitsbriefe v. Pet. Rosegger.) gr. 8. (XI, 100 S.) Eisenach (902). Thüring. Verlags-Anstalt. n. 3.—; ermäß. Pr. n. 1.—

Behnius s. *Behn*.

Behnke, Stadtbaurat. Frankfurt a. M. 1888 s. *Behnke,* Gustav.

Behnke, die Markthalle in Frankfurt a/M. Mit 4 Kpfrtaf. [Aus: Zeitschr. f. Bauwesen".] gr. 4. (7 S.) Berlin 880. Ernst & Korn. n. 4.—

Behnke, August, aus Berlin: Studien über die Entwickelung der Mundwerkzeuge der Hymenopteren. *Berlin [1902]: E. Streisand.* (25 S.) 8°
Erlangen, Phil. Diss. v. [9. Dez.] 1896

Behnke, C., Rang-Liste der sämmtlichen angestellten Ober-Assistenten und Assistenten, sowie der Anwärter der kaiserl. deutschen Reichs-Post- und Telegraphen-Verwaltung für das J. 1885, zusammengestellt nach den zuverlässigsten Quellen. 1. Jahrg. (IV, 89 S.) Berlin 885, L. R. Schwarz. geb. *

Behnke, Fritz: Diego Ximénez de Encisos 'Los Medicis de Florencia', Giovanni Rosinis 'Luisa Strozzi' und Alfred de Mussets 'Lorenzaccio' in ihrem Verhältnis zur Geschichte. (Berlin: Trenkel 1910.) 147 S. 8°
Berlin, Phil. Diss. v. 11. Mai 1910, Ref. Tobler
[Geb. 2. Okt. 83 Potsdam; Wohnort: Berlin; Staatsangeh.: Preußen; Vorbildung: Humboldt-Gymn. Berlin Reife O. 02; Studium: Berlin 12 S.; Rig. 9. Dez. 09.] [U 10. 127

Behnke, Fritz: S a m m l u n g neuer Entwürfe moderner Wagenzeichnungen, s. B e h n c k e , Fritz

Behnke, Fritz: W a g e n b a u , Der amerikanische, s. B e h n c k e , Fritz

Behnke, G. A.: De pondere specifico Pyritae Arsenicalis, qui sermone nostro „ Arsenikkies" vocatur, s. B e h n c k e , Gustav Adolph

Behnke, Gustav
– A l t e r s v e r s o r g u n g s - A n s t a l t e n u. Siechenhäuser, s. H a n d b u c h der Architektur.

– A n s t a l t e n f. Schwachsinnige, Krippen, Kinder-Bewahranstalten, Kinderhorte u. Ferien-Colonien, s. H a n d b u c h der Architektur.

– A r m e n - V e r s o r g u n g s - u. Armen-Arbeits h ä u s e r , s. H a n d b u c h der Architektur.

– F i n d e l - u. Waisen h ä u s e r , s. H a n d b u c h der Architektur.

Behnke, Gustav:
Die Gasofen-Heizung für Schulen. — Darmstadt: Bergsträsser 1894. 24 S. 4° (Fortschritte auf d. Gebiete d. Architektur. 1.) **1:4° Ny 7018-Erg.H. 1. 2. 3. 4. 10. 12:4° A.civ. 35o-1. 14. 15. 17. 18. 21. 23→27. 30. 38. 38M. 89. 90. 15.**

– G e b ä u d e für Anstalten für Schwachsinnige, Krippen, Kinder-Bewahranstalten, Kinderhorte u. Ferien-Colonien, s. H a n d b u c h der Architektur.

— Heimstätten f. Genesende, s.: Handbuch d. Architektur.

— Schulbauwesen im allgemeinen. Volksschulen und andere niedere Schulen. Von Gustav Behnke. Niedere technische Lehranstalten und gewerbliche Fachschulen. Von Eduard Schmitt. Gymnasien und Real-Lehranstalten. Von Heinrich Lang. Mittlere technische Lehranstalten ... Von Eduard Schmitt. Pensionate und Alumnate. Von Heinrich Wagner. Lehrer- und Lehrerinnen-Seminare. Von Heinrich Lang u. Eduard Schmitt. Turnanstalten. Von Otto Lindheimer.—Darmstadt: Bergsträsser 1889. VII,311 S. 4° (Gebäude für Erziehung, Wissenschaft u. Kunst. 1.) (Entwerfen, Anlage u. Einrichtung d. Gebäude. 6,1.) (Handbuch d. Architektur. 4,6,1.) **1:4° Ny 7018-4,6,1. 3→7. 9. 12:4° A.civ. 44y-IV,6,1. 16. 17. 21. 24. 26. 27. 29. 30. 89. 90. 91. 15.**

— Schulbauwesen im allgemeinen. Volksschulen und andere niedere Schulen. Von Gustav Behnke. Niedere technische Lehranstalten und gewerbliche Fachschulen. Von Eduard Schmitt. Gymnasien und Real-Lehranstalten. Von Karl Hinträger. Mittlere technische Lehranstalten ... Von Eduard Schmitt. Pensionate und Alumnate. Von Heinrich Wagner. Lehrer- und Lehrerinnen-Seminare. Von Heinrich Lang u. Eduard Schmitt. Turnanstalten. Von Otto Lindheimer. 2. Aufl. — Stuttgart: Bergsträsser 1903. VII,360 S. 4° (Gebäude für Erziehung, Wissenschaft u. Kunst. 1.) (Entwerfen, Anlage u. Einrichtung d. Gebäude. 6,1.) (Handbuch d. Architektur. 4,6,1.) **1:4° Ny 7018²-4,6,1. 12:4° A.civ. 44ya-IV,6,1. 14. 17. 18. 24. 26. 89. 90. 15.**

– Niedere u. höhere S c h u l e n , s. H a n d b u c h der Architectur.

– Z u f l u c h t s h ä u s e r f. Obdachlose u. Wärmstuben, s. H a n d b u c h der Architektur.

Behnke, Frau H: Geprüft u. bewährt. Ein Buch d. Hamburger Küche. (225) gr8° Hambg, (W Bangert) '10. L 10 —

Behnke, Hugo [aus Berlin]: Zur Radicaloperation des Sarcoma uteri. ... Jena, G. Neuenhahn Univ.-Buchdr., 1891; 38 S., 1 Bl. 8°
Jena, Med. Fak., Inaug.-Diss. v. [9. Mai] 1891

Behnke, J. G.: Die Bienenzucht. — Berlin: Buchh. d. Kgl. Realschule 1794. 172 S. 8° **1:Ox 12135. 10. 27. 15.**

Behnke, J. G., (†...) die Bienenzucht. Mit 1 Kpf. 8. Berl. 794. Reimer. 12 gr.

— der Berl. Kinderfreund. 2 Bde. 8. Berlin. (Wilke in Warschau.) 795. 796. (1r 12 gr., 2r 6 gr.)

— Der Seidenbau und die Maulbeerbaumzucht. — Berlin: Buchh. d. Kgl. Realschule 1794. 190 S. 8° **1:Ox 15132. 10. 12:Oecon. 218. 24. 27. 15.**

— der Seidenbau u. d. Maulbeerbaumzucht. M. 1 Kpf. 8. Berl. 794. Reimer. 12 gr.

Behnke, Johann: Die durch die glorwürdigste Reformation des theuren Rüstzeugs Gottes D. Martini Lutheri entdeckte antichristische Arglistigkeit und Grausamkeit des Römischen Hoffes, wider das H. Evangelium und dessen treue ... Bekenner der Evangelisch-Lutherischen Kirchen ... hat an dem höchst-erfreulichen zweyten lutherischen Jubel-Jahr, so den 31. Octobris Anno 1717. ... höchst-feyerlich gehalten wurde, in einer Cantata, zwar dazumahl abmusiciren sollen, so aber aus Mangel der dazu gehörigen Personen nicht geschehen können, auf eine künfftig bequeme Zeit aber doch abmusiciret werden soll. Anitzo aber auf Zusprechen einiger hochgeneigten Gönner zum Druck hrsg. von Johann Behnke. — Königsberg [1717]: Stelter. 2 Bl. 2° **10. 15.**

Behnke, L.: Sammlung der für Grabow a. d. O. gültigen Orts-Gesetze und Polizei-Vorschriften. 2. Ausg. — Grabow: Schröder 1891. III,143 S. 8° **1:Gu 11426². 9. 15.**

Behnke, Paul: Palästina. Eine Reise durch d. gelobte Land. Vortrag. — Düsseldorf: Liesegang 1898. 131 S. 8° (Projections-Vorträge. 22.) **5. 102. 15.**

Behnke, Werner, Köln. 1901: Aus Köln's Franzosenzeit. Nach d. Quellen d. Stadt-Archivs bearb. — Köln: J. G. Schmitz 1901. 110 S. 8° **1:Th 8169. 5. 7. 12:Bor. 23akf. 17. 30. 38. 15.**

Behnke, Werner. 1907: Ein Wort für das preußische Landtagswahlrecht. — Halle 1907: Thiele. 31 S. 8° **1:Sw 21110. 3. 12:Bor. 317o. 18. 38. 15.**

Behnsch, Herr Dr., als Kritiker, Logiker u. Theolog, nebst untermischten Reflexionen über die kirchl. Zeitbewegungen. Besond. Abdruck aus dem 1. Hefte des Apologeten. gr. 8. Breslau 845, Fr. Aderholz. n. $^1/_{12}$ ℛ

Behnsch, Ottomar: The teacher's Assistant. A sequel to 'English made easy'. — Breslau: Kern 1841. VI,194 S. 8° [(Behnsch: English made easy. 2.)] **2. 15.**

Behnsch. (Ottom.) a day well spent, s. a. O x e n f o r d.

Behnsch, (Ottomar), a day well spent (by John Oxenford). Ein Beitrag zur Kenntniß der engl. Umgangssprache mit erläuternden Bemerkungen. 16. (47 S.) Breslau 855, Kern.

Behnsch, Ottomar, English made easy. Prakt. Lehrgang zur leichten u. schnellen Erlernung der engl. Sprache. gr. 8. Breslau 840. Kern. $^3/_8$ ℛ

— English made easy. — Prakt. Lehrgang zur leichten u. schnellen Erlernung der Engl. Sprache. 1. Cursus. 2. verb. u. verm. Aufl. gr. 8. Ebd. 843. $^3/_8$ ℛ — 3. verb. u. verm. Aufl. 8. Ebd. 846. $^1/_3$ ℛ

Behnsch, Ottomar, English made easy. Prakt. Lehrgang zur leichten u. schnellen Erlernung der engl. Sprache. 1. Cursus. 4. verb. u. verm. Aufl. gr. 8. (122 S.) Breslau 847, Kern. — 5. Aufl. gr. 8. (VI u 122 S.) Ebd. 849. — 6. Aufl. gr. 8. (VI u. 122 S.) Ebd. 851. — 7. verb. u. verm. Aufl. gr. 8. (IV u. 140 S.) Ebd. 852. 1/3 ₰

—— **English made easy.** Praktischer Lehrgang zur leichten und schnellen Erlernung der englischen Sprache. 1. Cursus. 7. Aufl. 1852. und 8., verb. und verm. Aufl. gr. 8. (IV und 140 S.) Breslau 854, Kern.

Behnsch, English made easy. Praktischer Lehrgang zur leichten und schnellen Erlernung der englischen Sprache. 1. Cursus. 9., verb. und verm. Aufl. gr. 8. (152 S.) Breslau 857, Kern.

Behnsch, English made easy. Praktischer Lehrgang zur leichten und schnellen Erlernung der engl. Sprache. 1. Cursus. 10., verb. und verm. Aufl. gr. 8. (200 S.) Breslau 862, Kern's Verlag.

— Geschichte der Englischen sprache und literatur von den ältesten zeiten bis zur einführung der buchdruckerkunst. Breslau 853. Korn. gr. 8. (IV, 228 S. u. 1 lith. Taf.) 1 ₰ 6 ℳ

— **Das bildliche Geschlecht der englischen Hauptwörter.** Breslau [1861]: Graß, Barth & Co. 49 S. 4°
Der Königl. Universität zu Breslau zur Feier ihres 50jährigen Bestehens am 3. August 1861 die Städtische Realschule am Zwinger.
1:4° Z 4317. 2. 5. 9. 11. 15. 18. 26. 27. 28. 30. 15.

— **Der erste öffentliche Gottesdienst der christkatholischen Gemeinde zu Breslau am 9ten März 1845.** — Breslau: Korn 1845. 22 S. 8° 1:Cq 8476. 2. 11. 15.

—— 2. Aufl. Ebd. [1845]. 22 S. 8° 1:Cq 8476². 2. 15.

—— 5. Aufl. Ebd. [1845]. 22 S. 8° 1:4 in Cq 8050. 2. 15.

—— 3. Aufl. Ebd. [1845]. 22 S. 8° O2. 15.

—— 6. Aufl. Ebd. [1845]. 22 S. 8° 2. 10. 15.

— s.a. : Kirche, die freie. A. u. d. T.: Für christkathol. Leben.

— **Die freie Kirche.** Bd 1-3. — Breslau: A. Schulz (2.3: Gosohorsky) 1847-48. 8° (Behnsch: Für christkatholisches Leben. 4/6.) 1:Cq 8220-4/6. 2 [∞1]. 5. 12 [∞3]: H. eccl. 104f-4,5. 10. 20. 15.

— **Die schlesische Kirchenprovinz.** Eine statistische Uebersicht sämmtlicher schlesischen christkatholischen Gemeinden u. ihrer Verhältnisse am Osterfeste 1846. — (Breslau [1846]: Klein.) 32 S. 8° 2. 15.

—— für christkatholisches Leben, s.a. Für.

Behnsch, O. (Hrsg.), s.a. Leben, Für christkatholisches.

— **Für christkatholisches Leben.** Bd 1-6. — Breslau: A. Schulz (5.6: Gosohorsky) 1845-48. 8°
4-6. Behnsch: Die freie Kirche. Bd 1-3. 1847-48.
1:Cq 8220. 2 [∞4]. 5. 12 [∞6]: H. eccl. 104f. 16. 21. 20. 15.

— **Die schlesische Presse, ein Dorn im Auge der Ultramontanen,** nachgewiesen an dem jüngsten Libell des Fürstbischöflichen Consistorialrathes Dr. J. B. Baltzer. — Breslau: Korn 1845. 28 S. 8° 1:Dv 17803 [u.] 11 in Dg 66. 2. 10. 20. 15.

—— 2. Aufl. Ebd. 1845. 28 S. 8° O21. 15.

—— die schlesische Presse, ein Dorn im Auge der Ultramontanen, nachgewiesen an dem jüngsten Libell d. fürstbischöfl. Consistorialrathes Dr. J. B. Baltzer. 3. Aufl. gr. 8. (1¾ B.) Breslau 845, Korn.

Behnsch, Ottomar *[geb. Sagan 24. 10. 1813]*: Rerum seculo quinto decimo in Mesopotamia gestarum librum e codice bibliothecae Bodleianae Syriaco ed. et interpretatione Latina ill. Vratislaviae: Schulz et soc. 1838. (VIII, 32, 18 S.) 4°
[Dem nach dem Rigorosum in England weilenden Verf. wurde wegen der weiten Reise die öffentliche Disputation erlassen.]
[Breslau, Phil. Diss. v. 1. Febr. 1837]

— **Dr. J. J. Ritter, Dom-Capitular** rc. u. d. R.-Kathol. Reliquien-Verehrung. 5. Aufl. 8. Breslau 845. (Korn.) 1/12 ₰ — Dass. Frankf. a/M. 845, (Sauerländer). 1/12 ₰

— **Dr. Anton Theiner als Widersacher von Johannes Ronge.** Eine Beleuchtung d. Verhältnisse beider zu einander u. zu d. christkatholischen Gemeinde in Breslau. — Breslau: A. Schulz 1846. 53 S. 8° 1:Cq 8570. 2. 3. C. 21. 15.

—— 4. Aufl. Ebd. 1846. 53 S. 8° O14. 15.

—— 5. Aufl. Ebd. 1846. 53 S. 8° O14. 15.

—— **Dr. Anton Theiner als Widersacher von Joh. Ronge.** Beleuchtung der Verhältnisse Beider zu einander und zu der christkathol. Gemeinde in Breslau. 5. Aufl. gr. 8. (53 S.) Breslau 847, A. Schulz.

Behnsch, über das Verhältniß der deutschen und romanischen Elemente der englischen Sprache. Ein Beitrag zur Charakteristik der neueren Sprachen. Progr. der Kgl. Realschule Berlin 1844, Mayer & Müller. 4°. 24 S.

—— üb. d. **Verhältniss** d. deutschen u. romanischen Elemente in d. engl. Sprache. Ein Beitr. z. Charakteristik d. neueren Sprachen. gr. 4. (3 B.) Breslau 844. (Max u. Comp.)

— **An meine Wähler.** Zugleich ein politisches Bekenntniß. — Salzbrunn [1848]: Schaumcerg. 20 S. 8° 2. 15.

—— was verstehen d. biblischen **Schriftsteller** unter d. Ausdrucke: Sohn Gottes? Eine Zeitfrage. gr. 8. (1 B.) Leipzig 846, Otto Wigand.

Behnstedt, Hans, approb. Arzt aus Magdeburg: Aus d. Kgl. chirurg. Klinik zu Kiel. Eiserner Haken in der rechten Lunge mit Hilfe der Bronchoskopie diagnosticiert und extrahiert. *Kiel 1904: Schmidt & Klaunig.* (26 S.) 8° Kiel, Med. Diss. v. [6. Apr.] 1904

Behörden, Kommissionen u. Lehrerschaft sämtl. Lehranst. u. Schulen d. Kts Bern. '09.'10. Organes et corps enseignant de l'univ. et des écoles du Ct. de Berne. (77) gr8° Bern, Aellig's Kontor Debora. (Nur dir.) 1.80

Behörden, Lehrer und Studierende.
Univ. Bern.

Universität Bern. Behörden, Lehrer und Studierende im Sommer-Semester 1898. 35 S. 4°.
Bern. Univ.-Schr. 1897/98.

[Hochschule] Universität Bern. Behörden, Lehrer und Studierende. kl.-4. Bern, Gebr. Fischer.
Winter-Semester 1900/01. II + 47 S. — Sommer-Semester 1901. II + 44 S. — Winter-Semester 1901/02. II + 47 S.

[Hochschule] Universität Bern. Behörden, Lehrer und Studierende. kl.-4. Bern, Gebr. Fischer.
Sommer-Semester 1902. II + 47 S. — Winter-Semester 1902/03. II + 50 S.

[Hochschule] Universität Bern. Behörden, Lehrer und Studierende im Sommer-Semester 1903. II + 50 S. kl.-4. Bern, Gebr. Fischer.

Universität Bern. Behörden, Lehrer und Studierende im Sommer-Semester 1910. Bern. 53 S. 8°.
Bern. Univ.-Schr. 1909/10.

Universität Bern. Behörden, Lehrer und Studierende im Winter-Semester 1909/10. Bern. 56 S. 4°.
Bern. Univ.-Schr. 1909/10.

Behörden, Lehrer und Studierende.
Univ. Freiburg.

Behörden, Lehrer und Studirende der Universität Freiburg in der Schweiz. Sommersemester 1891. In-4°. 12 S. Freiburg i. d. Schweiz, Universitäts-Buchhdlg. (P. Friesenhahn). — 50

Behörden, Lehrer und Studirende der Universität Freiburg in der Schweiz. Wintersemester 1891—1892. (Französisch und deutsch.) In-4°. 13 S. Freiburg (Schweiz), Universitäts-Buchhandlung (P. Friesenhahn). — 40

Behörden als Schulstürmer. Protest gegen d. gesetzwidrige Sperrung der Freien Schule. — Wien: Verein Freie Schule 1909. 20 S. 8° **302.**
15.

Die städtischen Behörden von Ottensen 1887. o. O. (1887.) 8° [Kopft.]

Wien's militärische Behörden und Anstalten. Ein Wegweiser für einheimische u. fremde Offiziere. — Wien: Gerold 1873. III,126 S. 8° **300:**170.220-A. **302.**
15.

— Nebst e. Anh. d. allgemeinen Fremdenführers. Ebd. 1873. Getr. Pag. 8° **17.**
15.

Behoerdenadressbuch. —
Behörden-Adreßbuch der Stadt Bonn. Hrsg. vom Städtischen Verkehrsamt. — Bonn [1924]: Scheur. 56 S. 8°
5. 38. 101.
15.

Behörden-Adressbuch Deutschlds. 1. Ausg. J. '11/12. (7, 653) gr8° Berl., Puttk. & M. L 25 —

Behörden- und Hof-Almanach, fürstlich schwarzburg-rudolstädtischer, s. Hof- und Behörden-Almanach.

Weimarisch-Schwarzburgischer **Behörden-Almanach** für . . . Enth. d. ges. Neuorganismus d. Justiz- u. Verwaltungs-Behörden d. Großherzogthums Sachsen-Weimar-Eisenach u. d. Fürstenthümer Schwarzburg-Rudolstadt u. Schwarburg-Sondershausen in historisch-dogmatisch-statist. Darst. . . . bearb. v. O. Walther. Sondershausen: Eupel 1851.
Weimar: Jansen 1852. (Jg. 1.) 1851. 2. 1852.

Behörden-Kalender für das Fürstenth. Reuß j. L. 1864, s. Hof- und Behörden-Kalender.

Behördenorganisation, die, u. die allgemeine Staatsverwaltung Preußens im 18. Jahrh., s.a. Acta borussica.

Behoerdenorganisation. — Die Behördenorganisation und die allgemeine Staatsverwaltung Preußens im 18. Jahrhundert. Bd 1–12. — Berlin: Parey 1894–1926. 8° [u.] 4°
1. Akten von 1701 bis Ende Juni 1714, bearb. von G. Schmoller u. O. Krauske. 1894.
2. Akten vom Juli 1714 bis Ende 1717, bearb. von G. Schmoller, O. Krauske u. V. Loewe. 1898.
3. Akten vom Januar 1718 bis Januar 1723, bearb. von G. Schmoller, O. Krauske u. V. Loewe. 1901.
4,1. Akten vom 8. Januar 1723 bis Ende December 1725, bearb. von G. Schmoller u. W. Stolze. 1908.
4,2. Akten von Anfang Januar 1726 bis Ende December 1729, bearb. von G. Schmoller u. W. Stolze. 1908.
5,1. Akten vom 3. Januar 1730 bis Ende December 1735, bearb. von G. Schmoller u. W. Stolze. 1910.
5,2. Akten vom 4. Januar 1736 bis 31. Mai 1740, bearb. von G. Schmoller u. W. Stolze. 1912.
6,1. Hintze, Otto: Einleitende Darstellung d. Behördenorganisation u. allgemeinen Verwaltung in Preußen beim Regierungsantritt Friedrichs II. 1901.
6,2. Akten vom 31. Mai 1740 bis Ende 1745, bearb. von G. Schmoller u. O. Hintze. 1901.
7. Akten vom 2. Januar 1746 bis 20. Mai 1748, bearb. von G. Schmoller u. O. Hintze. 1904.
8. Akten vom 21. Mai 1748 bis 1. August 1750, bearb. von G. Schmoller u. O. Hintze. 1906.
9. Akten von Anfang August 1750 bis Ende 1753, bearb. von G. Schmoller u. O. Hintze. 1907.
10. Akten von Januar 1754 bis August 1756, bearb. von G. Schmoller u. O. Hintze. 1910.
11,1. Akten vom August 1756 bis Ende d. Jahres 1757. Bearb. von Martin Haß u. Wolfgang Peters. 1922.
11,2. Akten von Ende d. Jahres 1757 bis Ende d. Jahres 1758. Bearb. von Martin Haß, Wolfgang Peters, Ernst Posner. 1925.
12. Akten vom Januar 1759 bis zum Februar 1763. Bearb. von Martin Haß, Wolfgang Peters, Ernst Posner. 1926.

(Acta Borussica. Behördenorganisation. 1/12.)
1: Gt 850–Behördenorg. 1/12; Gt 850a–Behördenorg. 1/12 [u.] Gt 850b–Behördenorg. 1/12 [auch Bd 1 – Gt 850c–Behördenorg. 1]. **2→11. 12:** Bor. 6md-A, 1/12. **14→18. 21. 24→30. 38. 102. 300:** 390.631–B. Abt. 1. **302.**
15.

Behörden- u. Beamten-Verzeichnis f. den Reg.-Bez. Coblenz, enth. die Reichs-, Staats- u. Kommunalbehörden u. Beamten aller Ressorts, die Geistlichen, Lehrpersonen, Ärzte, Tierärzte u. Apotheker, sowie die Militärbehörden, die Offiziere u. Militärbeamten des aktiven Dienststandes, der Reserve u. der Landwehr f. d. J. 1911. Nach amtl. Mitteilgn. bearb. v. dem Bibliothek-Beamten der Regierg. zu Coblenz. 2. Jahrg. (XXXI, 180 S.) 8. Coblenz 910. (W. Groos.) 2. —

Behörden- und Beamten-**Verzeichnis** für den Regierungsbezirk Coblenz enth. d. Reichs-, Staats- u. Kommunalbehörden u. Beamten aller Ressorts ... Nach amtl. Mitteilungen bearb. Jg. 2. Coblenz: Krabben 1910. 8°
Anf. s.: Adress-Kalender f. d. Reg.Bez. Coblenz. [10. 1806: 5

Behörden- u. Beamten-Verzeichnis f. d. Reg.-Bez. Coblenz f. '12. 3. J. (32, 190) 8° Cobl., (W Groos) '11. 2 —

Behounek, Jos., Höhenwahnsinn. Novelletten, Skizzen u. Gedichte. (IV, 140 S.) 8. Dresden 904. E. Pierson.
n. 1. 50; geb. n. 2 50

Behr s. auch *Beer*.

Behr, Königl. Polizeikommissar, Posen. 1878 s. *Behr*, Adolf.

Behr, Dr. jur. Amtsrichter, München, später Landgerichtsrat. Regensburg. 1902.
s. Behr, Albert

Behr, v., Regierungs- u. Baurat, Goslar, später Trier, geb. 1849. 1889
s. *Behr*, Anton v.

Behr, Kurbraunschweigischer Staatsminister, 1714-1772. 1750
s. *Behr*, Burchard Christian.

Behr, Superintendent, Gera. 1817
s. *Behr*, Jonathan Heinrich Traugott.

Behr, Dr. med., Internist, Bad Kissingen, geb. 1876. 1908
s. *Behr*, Valentin.

Behr, Staatsrechtslehrer, Professor u. Bürgermeister, Würzburg, 1775-1851. 1799 s. *Behr*, Wilhelm Josef.

Behr, von, Analyse des Ostseewassers. Königsberg 1861.
Progr.

— frommes Andenken an Luthers Abschied v. dieser Welt. Predigt, z. 300jähr. Gedächtnißfeier seines Todes bei dem Hauptgottesdienste zu Gera am 15. Febr. 1846 gehalt. 8. Ebd. 846, 3 *ngl*

Behr, Diss. sistens animadversiones quasdam ad illustrandam phrenitidis causam. Hal. 4°. 1772.

Behr u. Facius, Beiträge für Geist u. Herz. Zum Besten der Gustav-Adolph-Stiftung. 1. Hft. 8. (6 B.) Annaberg 843. (Rudolph u. Dieterici.) *
Vgl. Beer.

Behr. Bemerkungen über die neuere Theorie der Wärme. Königsberg 1854. 4.

Behr: Das Ganze der Nelkenzucht, s. Behr, Christian August Ludwig v.

Behr, ... (Isaschar Falkensohn † ...) s. Gedichte e. Poln. Juden.

Behr: Lehrbuch d. mosaischen Religion, s. Behr, Alexander

Behr, Lehre v. d. Wirthsch. d. Staates. Leipz. 822.

Behr, s. Soergel.

Behr, (Hrsg.), s. Staatscorrespondenz, Allgemeine.

Behr: Taschenbuch der Anatomie ..., s. Behr, Alfred v.

Behr, rechtl. Untersch. zw. Lehen-Herrlichkeit u. Lehen-Hoheit. Würzb. 799.

Behr, A., Redakteur, s., Behr, Anton

Behr, A. Regierungs-u. Baurat, Goslar, später: Trier, geb. 1849., s. Behr, Anton

Behr, A.: Gerechtigkeit. Zeit- und Streitfragen in populärer Form. 8°. Gera: Emil Vetterlein: 1890.

Behr, A.
— Gesetz gegen d. Verunstaltg v. Ortschaften u. landschaftl. hervorrag. Gegenden v. 15.7.'07, s: Baugesuch, Das.

Behr, A. v. Vide: Lichtputze (Die).

Behr, A.: Morgenroth. Zeit- und Streitfragen in populärer Form. 8°. Gera: Emil Vetterlein 1890.

Behr, A.: Planimetrie, s. Behr, Albert

Behr, A.: De Apollodori Artamiteni reliquiis atque aetate, s. Behr, Arnold

Behr, A. v., s. Volkszeitung, Anhaltische.

Behr, Adam Jos. (Würzburg) De re statutaria capitulorum Germaniae. Dissert. jur. eccles. Präs. Joh. Phil. Gregel. Würzburg (Franz. Ernst Nitribitt) 9. V. 1796. 66 S. (4.80) 1804

Behr, Adolf: Die Jagdgesetze und Jagdpolizeilichen Verordnungen für die älteren Provinzen der Preußischen Monarchie und die mit derselben vereinigten Landestheile ⟨Schleswig-Holstein, Hessen-Nassau und Hannover⟩ ... Zsgest. von Behr, Glasemann. — Posen: Selbstverl. 1878. VIII,205 S. 8° 14.

Behr und Glasemann, die Jagdgesetze und jagdpolizeilichen Verordnungen für die älteren Provinzen der preuß. Monarchie und die mit derselben vereinigten Landestheile [Schleswig-Holstein, Hessen-Nassau und Hannover], enth. die allgemeinen Landes- und Provinzialgesetze bis in die Neuzeit, mit den, dieselben erläut. Ministerial-Verfügungen, Ober-Tribunals-Erkenntnissen und Entscheidungen des Gerichtshofes für Kompetenz-Konflikte, nebst einem Anhang [Auszug aus der Dienstinstruktion für die königl. preuß. Forstbeamten 2c. Terminologie der Waidmannssprache] unter Benutzung amtl. Quellen bearb. und zum Gebrauche für Verwaltungs- und Gerichtsbehörden, Forstbeamte 2c. zusammengestellt. gr. 8. (VIII, 205 S.) Posen 878. (Leipzig, Wolff.) *

Behr, Achilles [cand. med. aus Leimersheim]: Zur Casuistik der primären Perichondritis laryngea. ... München, Druck v. A. Schaumberg, 1889; 27 + 1 S. + 1 Bl. u. 1 Taf. 8°
München, Med. Fak., Inaug.-Diss. v. 1889

Behr, Al.: Lehrbuch der mosaischen Religion, s. Behr, Alexander

Behr, Albert, Superintendent, Tilsit, 1811-1888. 1887: Abschiedspredigt, gehalten in der reformierten Kirche zu Tilsit den 25. Sept. 1887. — (Tilsit: Reyländer [1887].) 8 S. 8° 1:Ec 24612. 10.
15.

Behr, Alb., die Arithmetik u. Algebra, s.: Stade, Frz., die Schule des Bautechnikers. I.

Behr, Alb., D. Arithmetik u. Algebra, s.: Viewegor, H.

Behr, Albert, Rechtspraktikant aus München: Aerztlich-operativer Eingriff und Strafrecht. *München 1902: C. Wolf & Sohn.* (78 S.) 8°
Würzburg, Jur. Diss. v. 1902

Behr, Albert, Dr. iur., Amtsrichter, München, später Landgerichtsrat, Regensburg. 1902: Ärztlich-operativer Eingriff und Strafrecht. — München: Buchholz 1902. 78 S. 8°
Zugleich Diss. Würzburg 1902. 12:Crim. 13lw.
15.

Behr, Alb., die Frage der „Katatonie" od. d. Irreseins m. Spannung. Diss. gr. 8. (60 S. m. 1 Taf.) Jurjew (Dorpat) 891. (E. J. Karow.) n. 1. 20

Behr, Albert, Dr. med., Heilanstalt Stackeln bei Riga, später Stockholm, 1860-1919. 1895: Die moderne Irrenpflege und die livl. Heil- und Pflegeanstalt Stackeln. — Riga 1904. 24 S. 8°
Aus: Baltische Monatsschrift. Bd 57. 1904. 2.

— Die Physik, s.: Stade, Frz., die Schule des Bautechnikers. 2.

— die Planimetrie (ebene Geometrie), s.a. Stade, Frz, d. Schule des Bautechnikers. 5.

— D. Planimetrie (ebene Geometrie), s.a. Woitzel, Karl Geo., d. Schule d. Maschinentechnikers.

Behr, Albert, Lehrer d. Mathematik am Technikum Mittweida. 1894: Die Planimetrie ⟨Ebene Geometrie⟩. — Leipzig: Schäfer [usw.] [1894]. VII,104 S. 4° (Die Schule d. Maschinentechnikers. 2.) 30. 60.
15.

Behr, Alb., s.: Taschenkalender, medicinischer.

— Über die schriftstellerische Thätigkeit im Verlaufe der Paranoia. — Leipzig: Breitkopf & Härtel 1895. 24 S. 8° (Sammlung klinischer Vorträge. Ser. 5,14 = N.F. Nr 134 = Innere Medizin. 40.) 1:in Ic 2472-5. 2. 3. 5-:-10. 12:Path. 1352ga-1,40. 14→17. 21. 24→27. 30. 50M.
15.

Behr, Alexander
Behr, Alex., tägl. Gebete d. Israeliten, s. Gebete.

Behr, Alexander:
Lehrbuch der mosaischen Religion. — München: Verf.; Fleischmann in Comm. 1826. XII,160 S. 8°
1:Ez 15948. 12:Jud. 6m. 15. 18. 20. 30. 300:*000515.
15.

v. **Behr**, Alfr., Taschenbuch d. Anatomie d. Menschen, s.a. B. Behr u. Dr. Minding, Taschen-Encyclopädie.

Behr, Alfred v.: Taschenbuch der Anatomie des Menschen. — Erlangen: Enke 1845. VIII,496 S. 8° (Taschen-Encyclopädie d. medicinischen Wissenschaften. 1.)
Im Exemplar von 30 fehlt der Serientitel.
12:Med. g. 20f-1. 30.
15.

Behr, Alfr., u. Minding, Taschen-Encyclopädie d. medicin. Wissenschaften. (In 8 Bdchn.) I Bdchn.: Taschenbuch d. Anatomie d. Menschen v. Alfred v. Behr. 16. (31 ½ B.) Erlangen 845, Enke. *

Behr, Alfr. v. und Minding, Taschen-Encyclopädie der medicinischen Wissenschaften. 2. Bdchn. A. u. d. T.: Taschenbuch der Physiologie des Menschen von Moritz Fränkel. 16. (10 Bog.) Erlangen 847, Enke's Vrlgsh. *

—— —— dass., 3. Bdchn. (1. u. 2. Abthl.) A. u. d. T.: Systematisches Lehrbuch der gesammten Chirurgie enth. die chirurg. Krankheiten, chirurg. Anatomie, äusserlich gebrauchten Arzneimittel, Operations-, Instrumenten-, Maschinen- und Verbandlehre. (In 2 Bdn. mit etwa 400 eingedr. Holzschn.) Von Martell Frank. 1. Bdchn. 1. u. 2. Abthl. gr. 16. (1271 S.) Ebds. 849. *
1. Bdchn. Ebendas. 1845. * 1 Thlr. 15 Ngr.

Behr, Anton

— **Der Agitator.** **Zeitgemäße Aufsätze,** Lieder u. Gedichte. Krummau: Hrsg. [um 1885]. 14 S. 8°
800:442.186-B.
15.

Behr, Anton v., Regierungs- u. Baurat, Goslar, später Trier, geb. 1849. 1889: Die römischen Baudenkmäler in und um Trier. Architektonische Betrachtungen über ihre Bedeutung u. Instandhaltung. — Trier: Lintz in Komm. 1909. IV S., S. 25-85. 4°
Aus: Trierer Jahresberichte. N. F. 1. 1909. **21. 38.**

(—) Rheinischer Verein für Denkmalpflege u. Heimatschutz. Flugschrift ausgegeben im Dez. 1908. Denkmalpflege und Heimatschutz. — (Düsseldorf 1908: Schwann.) 8 S. 8°
5. 38. 83.
15.

— Rheinische Fachwerkbauten aus den Regierungsbezirken Coblenz und Trier, von Rhein und Mosel, Eifel, Westerwald und Hunsrück. — Trier: Schaar & Dathe in Komm. [1905]. 78 S. 8° **1**: Ny 1224/3. **5. 30. 38. 83.**
15.

— Baugeschichtlicher Führer durch Trier. Aus Anlass d. 10. Tages für Denkmalpflege zu Trier 1909 zsgest. — Trier: Lintz 1909. 116 S. 8° **6. 12**: A. civ. 204 f. **15. 16. 38.**
15.

— Führer durch Hildesheim und Umgebung. — Hildesheim: Lax 1889. 72 S. 8° **7.**
15.

— — 2., verm. Aufl. Ebd. 1890. 79 S. 8° **7.**
15.

— — 4., verm. u. verb. Aufl. Ebd. 1895. 83 S. 8° **●29.**
15.

— — 5., verm. u. verb. Aufl. Ebd. 1896. 84 S. 8°
1: Sm 5644/135. **18.**
15.

— — 6., verm. u. verb. Aufl. Ebd. 1902. 84 S. 8° **●4.**
15.

— — 7., verm. u. verb. Aufl. Ebd. 1907. 95 S. 8°
1: Sm 5644/137. **7.**
15.

— — 8., verm. u. verb. Aufl. Ebd. [1910]. 99 S. 8° **7. 83. 89.**
15.

— Guide through Hildesheim. Translated by Erna Beitzen. (64 m. Abb. u. 1 farb. Pl.) 8° Hildesh., A Lax ('11). 1 —

— die Kunstdenkmäler d. Prov. Hannover, s.: Wolff, Carl.

Behr, Ant.: Aus meiner Militärzeit. Erzählg. (35) 8° Reichenberg '12. (Wien, Wiener Volksbh.) — 25

Behr, Anton, Redakteur. 1883: [Teils.] Gesammelte Schriften. Ruppersdorf: Selbstverl. 1885. 16 S. 8°
800:85.769-A.
15.

Behr, A. v., der Wiederaufbau des Kaiserpalastes in Trier. Vortrag, geh. am 9. V. 1908 im Café Baur zu Trier in öffentl. Versammlg. auf Veranlassg. des Bundes f. Handel u. Gewerbe, des Verkehrsvereins u. des Vereins d. Haus- u. Grundbesitzer. (15 S.) 8. Trier 908. (F. Lintz.) — 50

— Der Wiederaufbau des Kaiserpalastes in Trier. Vortrag. Trier 1908: Schaar & Dathe. 15 S. 8° **5. 38.**
15.

Behr, Ant., s.: Zeitschwingen, die.

Behr, Arnold: Das neue Anstaltsgebäude und seine Einweihung. Stolberg Rhl. 1909: Fischer. S. 2—14. 4°
Stolberg Rhl., G i. E. P 1909 (632) [S 09. 15

Behr, Arnoldus [Rhenanus]: De Apollodori Artamiteni reliquiis atque aetate.... Argentorati, J. H. Ed. Heitz (Heitz et Muendel socii), 1888; 49 S. 8°
Strassburg, Phil. Fak., Inaug.-Diss. v. 1888

Behr, August v.: Flüchtige Bemerkungen über die neuesten politischen Ereignisse. Cöthen ... 1830. (Verf.: A. v. Behr.) — Cöthen [1830]: Aue. 14 S. 8° **4. 18.**
15.

[—] Betrachtungen über die Frage: Welches sind die Nachtheile, die denen gesammten drei Herzogthümern Anhalt durch Einführung der Königl. Preuß. neuen Zoll- und Verbrauchsteuer erwachsen? — Köthen: Aue 1821. 67 S. 8° **1**: Ss 8926. **2.**
15.

— Meine Reise durch Schlesien, Galicien, Podolien nach Odessa, der Krimm, Konstantinopel und zurück über Moskau, Petersburg, durch Finnland und die Insel Rügen im Sommer 1832. Th. 1.2. — Leipzig: Hartmann 1834. 8°
1: Pv 6130. **2. 10. 12**: It. sing. 58 u. **14. 16. 17. 800**: 48 K 81.

Behr, B., Verlag, Berlin. 1901: Gesamt-Verzeichnis der von B. Behr's Verlag (E. Bock) herausgegebenen Werke mit Ausschluss der Schriften in polnischer Sprache sowie aller nicht mehr vorrätigen Werke. Abgeschlossen: 15. Oct. 1901. [Nebst] Nachtr. — Berlin [1901-06]. 8°
Nebent.: Verlags-Verzeichnis 1835-1901.
Nachtr. 1901-1906. Abgeschlossen: 1. Mai 1906.
1: Aq 5554. **7. 10. 14**[° Nachtr.] **15**[° Nachtr.] **28**[° Nachtr.]
15.

Behr, B.: Hermann Korndörfer, s. Behr, Bruno

— Vollständiges Verzeichnis der vorrätigen Werke nach d. Stande am 1. Okt. 1910. — (Berlin [1910].) 87 S. 8°
4. 14. 15. 17. 27.
15.

Behr, Bern. (geb. Strelitz in Meckl. 10. 5. 1810): De antagonismo eiusque in therapiam usu. Berolini (1832). (30 S.) 8°
Berlin, Med. Diss. v. 6. Aug. 1832

Behr, Bernhard Dietrich Georg v.: Gedanken über die Göttlichkeit der heyligen Schrift und mehrerer darin vorkommenden streitigen Stellen, auch über sonstige Vorwürffe. Bd 1.2. — Stralsund 1791-92: Struck. 8° **9.**
15.

Behr, Bruno: Meine Erlebnisse als Kürassier beim Todes-Ritt von Mars la Tour am 16. August 1870, woselbst ich 7 Stiche, 1 Schuß, 2 Granatsplitter erhielt und in Gefangenschaft kam. Christian Ludwig. [Verf.: Bruno Behr.] — Zwickau [1896]: Eichhorn & Posern. 12 S. 8° **27.**
15.

— In französischer Gefangenschaft. Erlebnisse d. Bürgermeisters u. Standesbeamten Hermann Patzer ... in Tegau bei Schleiz. Mit Anh. (2., verb. u. verm. Aufl.) — Triebes: Verf. [1896]. 24 S. 8° **27.**
15.

— Hermann Korndörfer. Vaterländisches Schauspiel. — Leipzig: Leibing 1895. 22 S. 8°
Aus: Unser Vogtland. 2,7. 1895. **27. 101.**
15.

Behr

— **Burchard Christian** (Lüneburger Adel), Actionem de dolo malo malitiarum Romae everriculum supellectilem. Göttingen (Ab. Vandenhoeck) 18. VIII. 1738. 40 S. (5.—) 1807

Behr, Burchard Christian: [Einspruch gegen den anhaltischen Protest vom 4. Dez. 1748 betr. den Besitz des Herzogtums Sachsen-Lauenburg.] (Verf.: Behr.) — Dat. Regenspurg 14. Märtz 1750. 2 Bl. 2° Titel fingiert.
1: an 2° So 9044. **24.**
15.

— [Einspruch gegen den badischen Protest vom 28. Juni 1749 betr. den Besitz des Herzogtums Sachsen-Lauenburg.] (Verf.: Behr.) — Dat. Regenspurg 14. Märtz 1750. 2 Bl. 2° Titel fingiert. **1**: 2° So 9044. **24.**
15.

(—) Gegen-Pro Memoria. [Betr. die ostfriesische Successionsangelegenheit; Entgegnung auf das badische Pro Memoria vom 26. Juni 1753.] — Dat. Regenspurg 2. Aug. 1753. 2 Bl. 2° 24.
15.

— Pro Memoria. (Betr. die ostfriesische Successionsangelegenheit.) (Verf.: B.C.Behr.) — Dat.Regenspurg 30.Jenner 1753. 2 Bl. 2° 1:2° Sm 8560. 24.
15.

Behr, C. v., Leutnant, † 1915. 1898 s. *Behr*, Claus v.

Behr, C.: W i e sollen wir unsere Kinder richtig erziehen ? , s.a. B e h r , Ludwig

[F.] Wie sollen wir unsre Kinder erziehen? Gedanken über Kindererziehg v. C. Behr, ... Vorgetr. auf d. Niederrhein. Vereiniggs-Konferenz zu Bochum. *Hamburg-Borgfelde: Kommr. J. G. Oncken Nachf. 1896.* (16 S.) 1 Bd 8. [illegible] 4

Behr, C.A.: B e s c h r e i b u n g einer neu erfundnen englischen Zitz-Druckmaschine, s. B e h r, Carl August

Behr, C.A., s. F l u c h t , Meine

Behr, C.A., s. G e s a n g b u c h , Geraisches

Behr, C.A.: P r o p h e t von Tanna . . . , s. B e h r , Christian August

Behr, C.A.L.: Das G a n z e der Nelkenzucht, s. B e h r , Christian, August Ludwig

Behr, C. And.: E x a m e n quaestionis: Quare . . . , s. B e h r , Christian Andreas

Behr, Camill: G e n e a l o g i e der in Europa regierenden Fürstenhäuser . . . , s. B e h r , Kamill

Behr, Carl, approb. Arzt aus [illegible]: Aus d. chirurg. Klinik zu Kiel. Über Angioma cavernosum und Mitteilung eines Falles von Angioma cavernosum permagnum regionis lumbalis dextrae. *Kiel 1900: H. Fiencke.* (21 S.) 8°
Kiel, Med. Diss. v. [15. März] 1900

Loge der Freunde zur Eintracht in Mainz von Carl **Behr.** [Mainz 1886: Kunze.] 2 Bl. 8° [Kopftit.]
Gedicht: „Ihr Brüder all' im Osten und im Westen, . . ."

Behr, Carl, Dr., wiss. Assist.: Aus d. Univ.-Augenklinik in Kiel. Der Reflexcharakter der Adaptationsvorgänge, insbesondere der Dunkeladaptation, und deren Beziehungen zur topischen Diagnose und zur Hemeralopie. Mit 11 Fig. u. 2 Kurven im Text u. 2 Taf. Leipzig: W. Engelmann 1910. 85 S. 8° (Aus: Albr. v. Graefe's Archiv f. Ophthalmol. Bd 75. H. 2.)
Kiel, Med. Hab.-Schr. v. 1910 [U 10. 2547
(Nicht für den Austausch)

Behr, Carolus: De spasmo iridis. Halae (1817): Grunert. 38 S. 8°
Halle-Wittenberg, Med. Diss. v. 9. Aug. 1817
Geb. [Köthen 10. 8. 1796]

Behr, Carl August

Behr, C. A., Beschreib. e. engl. Zitz=Druckmaschine. 8. Dresd. 799. Arnold. 8 gr.

Behr, Carl August: Beschreibung einer neu erfundnen englischen Zitz-Druckmaschine. — Pirna: Arnold & Pinther 1799. 8 Bl. 8° 1:Op 7296. 7. 14. 17. 83.
15.

Behr, Carolus Josephus (geb. am 16 Jan. [nicht 13 Febr.] 1812 in Bonn): De morborum oesophagi cognitione . . . Bonnae, typ. C. Georgii 1836. 2 Bl., 40 S., 1 Bl. 8.
Bonn, Med. Fak., Diss. v. [1 Okt.] 1836

Behr, Car. Joseph. Gaudentius (geb. Burtscheid 31. 3. 1841): De syphilidis origine et natura. Berolini (1864). (32 S.) 8°
Berlin, Med. Diss. v. 5. Aug. 1864

Behr, [Carolus] Sebastianus, Bambergensis: De ratione qua venae et vasa lymphatica resorbeant. Tur. ex offic. Zürch. et Furr. 1842. 27 S. 8°.
Zürich, Med. Diss. v. 19. März 1842.

Behr
— **Caspar Friedrich** (Leisnig), De restitutione in integrum ex capite absentiae. Exerc. jur. Präs. Fried. Gottlieb Zoller. Lpz. (Loeper) 20. XI. 1781. 12 S. (4.—) 1808

Behr, Ch., Hollwesen, s.: Großkaufmann, der deutsche.

Behr, Christian Andreas [Übers.] s. *Ancora*, Gaetano d': Die Ruinen von Herkulanum und Pompeji [Prospetto storico-fisico degli scavi di Ercolano e di Pompei, deutsch]. 1806.

Behr, Chr. Andr. (Hrsg.), s. B i b l i o t h e k für Denker und Männer von Geschmack.

— s. 1) Dugour, Rechtfertigung.

Behr, Christian Andreas [Übers.], s.a. Die E i n s i e d e l e i in den Pyrenäen.

[*Behr, Christian Andreas, Übers.*] *Die Einsiedelei in den Pyrenäen. — Leipzig* 1799. [*Holzmann-Bohatta* II.14,1.]

— Examen quaestionis: Quare iuventutis educandae atque instituendae ratio exeunte hoc seculo apud nos usitata sit praestantissima? denuo ventilatae. Auctore Christiano Andrea Behrio. — Lipsiae: Grieshammer [1797]. XVI,173 S. 8° 38.
15.

Behr, Christian Andreas, s.a. F r a n k r e i c h , Das mit der Menschheit ausgesöhnte.

[*Behr, Christian Andreas, Übers.*] *Das mit der Menschheit ausgesöhnte Frankreich. — Gera & Leipzig* 1798. [*Meusel: Gel. Teutschland*, 11. S. 58.]

Behr, Christian Andreas, s.a. L e b e n , Turgot's

Leben Turgots; aus dem Französ., mit Anmerkungen (v. Chr. Andr. Behr). 2 Thle. 8°. Gera 1787, 88 (Kummer in Leipzig).

Behr, Christian Andreas [Übers.], s.a. L e s u i r e , Robert Martin: Das G e h e i m n i s glücklich zu werden...

[*Behr, Christian Andreas, Übers.*] *Lesuire, Robert Martin: Das Geheimnis glücklich zu werden . . . Gera* 1799. [*Holzmann-Bohatta* VII.180,2.]

Behr, Christian Andreas, s.a. S a m m l u n g vorzüglicher Aufsätze . . .

[*Behr, Christian Andreas, Übers.*] *Sammlung vorzüglicher Aufsätze im Fache der Beredsamkeit und Politik, die in Italien . . . ans Licht getreten sind. — Gera & Leipzig* 1718. [*Holzmann-Bohatta* IV.18,1.]

Behr, Christian Andreas (Hrsg.), s.a. S a m m l u n g , N e u e , Peinlicher und bürgerlicher Rechtsfälle.

[*Behr, Christian Andreas, & Wiedemann*]: *Neue Sammlung peinlicher und bürgerlicher Rechtsfälle. —Zeitz* 1794. [*Holzmann-Bohatta* IV.20,1.]

Behr, Christian Andreas [Übers.], s.a. Die Priorei S a n c t B e r n h a r d .

[*Behr, Christian Andreas, Übers.*] *Die Priorei Sanct Bernhard. — Gera* 1791. [*Holzmann-Bohatta* IV.22,1.]

Behr, Christian Andreas [Übers.], s.a. Der Z ö g l i n g des Unglücks.

[*Behr, Christian Andreas, Übers.*] *Der Zögling des Unglücks.* — *Gera* 1792. [*Holzmann-Bohatta* IV.13505.]

Behr, Christian August, s.a. Auswahl vorzüglicher Weissagungen älterer und neuerer Zeiten . . .

Behr, Christian August: Auswahl vorgeblicher Weissagungen älterer und neuerer Zeiten, nebst einer Anleitung richtig darüber zu denken. [Verf.: Christian August Behr.] Zeitz [usw.]: Heinse 1794. XVI,220 S. 8°
1: Na 5832. 15. 24. 27.

Behr, Christian August, s.a. Bemerkungen auf einer Reise im Bayereutischen Voigtlande.

[*Behr, Christian August:*] *Bemerkungen auf einer Reise im Bayreuthischen Voigtlande.* — [*Gera* 1785]. [*Holzmann-Bohatta* I.174,2.]

Behr, Christian Andreas [Übers.], s.a. Faber, Anton Moritz: Versuch geistlicher Beredsamkeit...

[*Behr, Christian August, Übers.*] *Faber, Anton Moritz: Versuch geistlicher Beredsamkeit ... Bamberg & Würzburg* 1783. [*Holzmann-Bohatta* II.84,2.]

Behr, Chr. Aug., über einige Fehler bei Passionspredigten. Lobenst. 785.

— über d. altdeutsche Wort: Fron etc. 8. Gera 795. Haller, 12 gr.

— Ueber das altdeutsche Wort Fron und diejenigen Ausdrücke, in welchen man es findet, als Fronleichnam, Fronfasten, Fronaltar ... u.a.m. — Gera: Roth 1795. 196 S. 8°
1: Ya 4911. 2. 5. 7. 12: L.germ. 20p. 14. 15. 21. 23. 27. 30. 300: 20.699-A. 302.
15.

Behr, Chrn Aug., Über das altdeutsche Wort Fron und diejenigen Ausdrücke, in welchen man es findet als Fronleichnam, Fronfesten, Fronaltar, Fronkreutz ... ... Jena 1795. 8. . . . . (D.)

Behr, C. A., üb. d. altdeutsche Wort: Fron. Gera 1798. 8.

— die Größe Gottes in der Zerstörung v. Gera. 8. Gera 781.

— das merkwürdige Jahr 1800 etc. 8. Gera 800. (Illgen in Lobenst.) 3 gr.

Behr, Chr. Aug., s.a. Kilian Pips.

[—] Kilian Pips, eine Candidatengeschichte. — Leipzig: Böhm 1781. 190 S. 8°
1: Yw 818. 7. 14. 300: 13.402.

Behr, C. A., d. Prophet. v. Tanna, od. Religionsschwärmerei J. G. Carls, Bürgers u. Fleischhauers zu Tanna im Reuß. Voigtlande. 8. Leipzig, Joachim.

— Der Prophet von Tanna oder Religionsschwärmereyen des Johann Georg Carls, Bürgers u. Fleischhauers zu Tanna im reußischen Vogtlande. — Hirschberg i. Schl.: Pittschiller 1798. 70 S. 8°
1: an Na 5832 [u.] [defekt] Na 9231. 23. 27.
15.

— d. Prophet v. Tanna, od. Religionsschwärmerei Jh. Geo. Karls etc. 8. Hirschb. 798. (Leipz. ... Central-Compt.) 6 gr.

— Auf das Gera am 18. September 1780. betroffene traurige Schicksal. — Cuba bey Gera 1781: Roth. 8 S. 8°
12: Germ. sp. 473n/16.

— Warum blieb das Christenthum nicht in seiner Reinheit und Einfalt? Nach Johann Alphons Turretin's Anleitung untersucht. — Leipzig [usw.]: Illgen 1799. XII,264 S. 8°
Die Schrift ist eine Übersetzung von: Turretin, Jean Alphonse: De adulterati christianismi Caussis & remediis. 1711 mit e. eingehenden Kommentar von Behr. 4.
15.

— warum blieb das Christenthum nicht in sr. Reinheit u. Einfalt? Nach J. A. Turratins Anleit. untersucht. 8. Lobenst. 799. Illgen. 18 gr.

Behr, Christian August [Übers.], s.a. Wie kann man dem Hange des Landvolkes zur Trunkenheit steuern?

[*Behr, Christian August:*] *Wie kann man dem Hange des Landvolkes zur Trunkenheit steuern?* — [*Gera* 1785.] [*Holzmann-Bohatta* IV.398,2.]

Behr, Christian August Ludwig v.: Das Ganze der Nelkenzucht. Oder System der Nelke nach der Natur aufgestellt von C. A. L. v. Behr, F. Münzel u. andern Mitarb. Th.1.2.—Leipzig: Industrie-Comptoir 1810. XVI,218 S. 8°
2. Das Ganze der Nelkenzucht. Oder gründliche Anweisung zur Wartung und Pflege eines Nelkenflors durch das ganze Jahr ... gesammelt u. verfasst von C. A. L. v. Behr, hrsg. v. F. Münzel. — 14. 17. 21.
15.

v. Behr, C. A. L., u. ... Münzel, d. Ganze d. Nelkenzucht. 2 Thle. M. ill. u. schw. Kpf. 8. Leipz. 810. Mag. f. Ind. 3 Rthlr 12 gr.

Behr, Christian August Ludwig, s. Nelkenbau...

Behr, Christian Ludwig: De vitae Regimine aegrorum ex febribus. Helmstadii (1786:) Schnorr. XXII S. 8°
Helmstedt, Med. Diss. v. 15. Juli 1786.

Behr, Christoph:
Catalogus bibliothecae ... Dn. Christophori Behrii. [Auktionskat.] — Gedani [1704]: Stoll. 78 S. 8°
Die Schrift bricht auf S. 78 mitten im Text ab. 14.
15.

Behr, Claus v.
Behr, C. v., Armee-Humor. Wahre Geschichten a. d. Soldaten-Leben. (Lustiges. Erlebtes) 1. Folge. 12. (125 S.) Berlin 898. F. v. Schimmelpfennig. 1. —

Behr, C. v., Armee-Humor. Wahre Geschichten aus dem Soldaten-Leben. (Lustiges. Erlebtes.) 1. Folge. 8. Aufl. 12. (162 S.) Berlin 898. F. v. Schimmelpfennig. n. 1. —

Behr, Detloff v., s.a. Vanselow-v. Behr, Detloff.

Behr, Detloff v.:
Kaleidoskop. Satiren von Detloff Vanselow-v. Behr. — Berlin [usw.]: Wigand 1907. 78 S. 8°
1: Yy 13292.
15.

— Detloff Vanselow-v. Behr. Mein Märchenbuch. — Berlin: Günther [1906]. 76 S. 8°
1: Yt 3603/15. 11.
15.

— Metrische Studien an 152 Guanchenschädeln. — Stuttgart: Strecker & Schröder 1908. 83 S. 8°
1: Kz 6470. 12: Anthr. 7 wi. 24. 302.

Behr, Detloff Vanselow- v. s. *Behr*, Detloff v.

Behr, E.: Gedenket an die vorigen Tage!, s. Behr, Ernst

Behr, E.: Haarerzeugungsverfahren, Das neue..., s. Behr, Theodor

Behr, E.: De Octavius des M. Minucius Felix in seinem Verhältnisse zu Cicero's Büchern de natura deorum, s. Behr, Ernst

Behr, E.v.: Otto von Rutenberg in partibus infidelium, s. Behr, Eduard

Behr, Eberhard von: Über die Löslichkeit des Silbernitrits und deren Beeinflussung durch Zusatz von gleichionigen Salzen. *Giessen 1898: v. Münchow.* (20 S.) 8°
Giessen, Phil. Diss. v. 1898

Beer, Eduard, Ansprache, s.: Gedächtnisfeier f. Dr. James Hobrecht u. Wilhelm Böckmann.

— Jahresbericht des Architekten-Vereins zu Berlin, s.: Stiehl, Otto, mittelalterliche Baukunst der Gegenwart.

Behr, Eduard v.: 'Zur kurländischen Reformfrage'. Offener. Brief an Herrn Edmund von Heyking. — Leipzig: Bär & Hermann 1879. 16 S. 8° 1:Uf 5626. 15. 20. 15.

— Otto von Rutenberg, in partibus infidelium. Eine Entgegnung auf d. bei Wilh. Engelmann in Leipzig erschienene Schrift: 'Mecklenburg in Kurland'. — Mitau: Lucas 1863. 35 S. 8° 1:Uf 5623/4. 10. 12: 36/4546. 14. 15. 16. 15.

Behr, Emil: Das neue Haarerzeugungsverfahren am Haupte des Menschen. 1856 s. *Behr*, Theodor.

Behr, Ernst: Des Deutschritterordens Ballei Sachsen und Kommende Burow. Tl 1. Zerbst, Druck v. O. Schnee, 1895; I—XIV S. 4.
Zerbst, herz. Franciseum, OP 1895 (700)

Behr, Ernst, gedenket an die vorigen Tage! Predigten u. Reden. gr. 8. (VII, 83 S.) Gera 891. Kanitz' Verl. n. 1. —

Behr, Ernst, Grüß dich Gott! Predigten. gr. 8. (VI, 80 S.) Gera 880, Kanitz' Verlag. *

Behr, Ernst, der Octavius des M. Minucius Felix in seinem Verhältnisse zu Cicero's Büchern de natura deorum. Inaugural-Dissertation. 8. (85 S.) Gera 870, Strebel's Verlag.

Behr, Ernst, s: Rechtsprechung, Die, d. grossh. bad. Verwaltgsgerichtshofs.

Behr, Ernst, Superintendent, Weimar. 1895: Die Schulbibelfrage. Vortrag. — Weimar: Wagner 1895. 39 S. 8° 27. 15.

Behr, F., s.: Anleitung zur Schreibung u. Aussprache der geographischen Fremdnamen.

Behr, F.: Die volkswirtschaftliche Bedeutung der technischen Entwicklung in der Schuhindustrie, s. Behr, Friedrich

Behr, F.v.: Der Caesar, s. Behr, Friedrich v.

Behr, F. 1887 [Mitarb.]
s. *Fremdnamen*. — Die im Schulunterricht gebräuchlichen geographischen Fremdnamen. 1887.

Behr, F., Lehrbuch der vergleichenden Erdbeschreibung, s.: Bütz. Wilh.

Behr, F., Die Lehre v. d. Successionsgründen im Justinian. Erbrecht. Diss. Donauwörth 1881. Varia 36.

— Leitfaden der vergleich. Erdbeschreibung, s.: Plitz, Wilh.

Behr, F. D., Vorschl. z. Reform. d. Lübeck. Hoh. Schule. 8. Lübeck, Niemann u. C. 801.

Behr, Fr., neue Karte von Australien. 1 : 12,500,000. 2 Bl. Imp.-Fol. Stuttgart 888, Maier, Sep.-Cto. In Mappe * Auf Leinw. * ℳ 10.—.; mit Stäben und lackirt *

Behr, F.: Karte v. Australien. 1886/90. (Im Karten-Anh.) Jetzt: Stuttg., F. Doerr.

Behr, Fr. Herm.: Briefe, Gesammelte ..., s. Behr, Friedrich Herrmann

Behr
-- **Franz. Joseph** (Zabern/Els.), De restitutione in integrum ob dolum malum. Disquis. jur. Präs. Joh. Heinr. Feltz. Strassburg (Jos. Staedel) Juli 1701. 22 S. (3.—) 1811

Behr, Friedrich, Dr. phil., Staatswissenschaftler, geb. 1879. 1909: Die volkswirtschaftliche Bedeutung der technischen Entwickelung in der Schuhindustrie. — Leipzig: Klinkhardt 1909. 148 S. 8° (Technisch-volkswirtschaftliche Monographien. 8.)
Erschien auch als Diss. u. d. T.: Behr: Die Wirkung d. fortschreitenden Technik auf d. Schuhindustrie. Erlangen 1909.
1:Ff 4280-8. 12: Techn. 147 mi-8. 16. 21. 25. 27. 30. 38. 82. 83. 15.

Behr, Friedrich v. 1901: Der Caesar. Bühnendichtung. — Leipzig [usw.]: G. H. Meyer 1901. 183 S. 8° 1:Ys 32205. 7. 11. 38.

(B) Behr, Frdr. v., der Caesar. 901. (KVB 81) Jetzt: Berlin, F. Wunder

Behr, Friedrich: Die Wirkung der fortschreitenden Technik auf die Schuhindustrie. Leipzig 1909: Brandstetter. 151 S. 8°
Erlangen, Phil. Diss. v. 24. Mai 1909, Ref. v. Eheberg
[Geb. 13. Jan. 79 Regensburg; Wohnort: München; Staatsangeh.: Bayern; Vorbildung: Maximilians-Gymn. München Reife 97; Studium: München 6 S.; Rig. 4. März 09.] [U 09. 801

Behr, Friedrich Herrmann
Behr, Fr. Herm., gesammelte Briefe über die deutsche Colonie Wartburg, s.a. Briefe neueste, v. ausgewand. Sachsen.

Behr's, Friedr. Herm., gesammelte Briefe über die deutsche Colonie Wartburg in Ost-Tennessee in Nordamerika. Zur Belehrung für Auswandernde und sich für Auswanderung Interessirende. gr. 8. (16 S.) Leipzig 848, (Klinkhardt.)

Behr, Friedrich Herrmann: Gesammelte Briefe über die deutsche Colonie Wartburg in Ost-Tennessee in Nordamerika. Zur Belehrung für Auswandernde u. sich für Auswanderung Interessierende. — Leipzig: J. E. Weigel 1848. 16 S. 8° [(Neueste Briefe von nach d. deutschen Colonie Wartburg in East-Tennessee in Nordamerica ausgewanderten Sachsen. 1.)] 14. 15

Behr, Friedrich Leopold
Behr, Fr. Leop., s.a. Bemerkk. üb. die Art zu fechten.

[Behr, Fried. L.] Flüchtige Bemerkungen über die verschiedene Art zu fechten einiger Universitäten von einem Fleissigen Beobachter. Halle 1791 [Dost].
Tit., 4 Bl., 63 S., 1 Bl.; 3 Taf. in Rad. 8°
Gelli S. 236.

[*Behr, Friedrich Leopold*]: *Flüchtige Bemerkungen über die verschiedene Art zu fechten einiger Universitäten* ... *Halle* 1792. [*Holzmann-Bohatta* I.181,2.]

Behr, Fritz, aus Leipzig: **Beiträge zur portugiesischen Lautgeschichte.** *Halle a. S. 1903: C. A. Kaemmerer & Co.* (49 S.) 8°
Leipzig, Phil. Diss. v. 1903

Behr, Fr[itz]: Victor Hugos 'Torquemada' unter vergleichender Berücksichtigung der übrigen Dramen des Dichters. Weimar 1910: Hof-Buchdr. 11 S. 4°
Weimar, Wilhelm-Ernstisches G OP 1910 (931) [S 10. 18

Behr, G., Die hs. Grundlage der im Corpus der Plutarch. Moralia überl. Schrift. *ΠΕΡΙ ΠΑΙΔΩΝ ΑΓΩΓΗΣ* Diss. 1911. 89 S. 2.50

Behr, G.H.: Die Gottheit, s. Behr, Georg Heinrich

Behr, Georg Frh. von, aus Weiss-Pomusch i. Russl.: **Einfluss von Zusätzen auf die Hydrolyse von Natriumphenolatlösungen bei der Siedetemperatur.** *Giessen 1902: Heppeler & Meyer.* (37 S.) 8°
Giessen, Phil. Diss. v. 1902

Behr, Georg: Der röm. Kaiser auch zu Hungarn und Böheimb Kgl. Majestät Obrister..., s. Bohlen-Bohlendorf, J. v.

Behr, Georg Anton: Iudicium politicum Superioris Senatus. Das Hochfürstl. Policey-Gericht des Oberen Raths dahier eiusque officium et iurisdictionem praesertim circa aedificia et illorum iura ... Das Stadt-Bau-Recht paginis praesentibus proponit Georgius Antonius Behr. — [Würzburg]: Nitribitt 1767. 70 S. 8° 17.
15.

— Quaestio an negligentia procuratoris in formalibus processûs commissa ita clienti noceat, ut causâ principali quoad materialia etiam iustissimâ cadat, quin restituatur in integrum? — Wirceburgi [1750]: Kleyer. 10 Bl. 8° 17.
15.

Behr, Geo. Ant., († d. 28. Jan. 1780.) Würzburgisches Stadtbaurecht. 4. Würzb. 756. 2e A. 767.

Behr, Georg Heinrich: Das welsche Bad. Oder d. Gesund-Bronnen zu St.Peters-Thal, im Bißthum Straßburg gelegen; samt desselben wahrhaftem Nutzen u. Gebrauch. — Strasburg: Verf.; Bodemer [in Komm.] 1756. 30 S. 8°
1: Is 8909.
15.

— [Hrsg.]
s. *Baeumler*, Gottfried Samuel: Mitleidiger Artzt. 1743 u. ö.

— [Hrsg.] s. *Baeumler*, Gottfried Samuel: Präservirender Artzt. 1738 u. ö.

— Beschreibung des Straßburger künstlichen Münsters und dessen Thurms ... 5., aufs neue verm. u. verb. Aufl. — Ebd. 1785. 167 S. 8°
1: Rh 6898. 3. 5. 21. 25. 30.
15.

— — 6., aufs neue verm. u. verb. Aufl. Ebd. [um 1785]. 167 S. 8° 1: Rh 6899. 24. 30. 300: 73 X 97.
15.

— — 6., aufs neue verm. u. verb. Aufl. Straßburg: Lorenz u. Schuler [um 1785]. 167 S. 8° 25.
15.

— Zwey Bücher von der Materia medica. Oder vollständige Beschreibung aller u. jeder Artzeney-Mittel. — Straßburg: J. Beck 1748. XII, 608 S. 8° 3 [unvollst.] 4 [unvollst.] 5 [unvollst.] 7 [unvollst.] 14. 16 [unvollst.] 17. 23 [unvollst.] 26 [unvollst.] 29 [unvollst.] 30 [unvollst.] 300 [unvollst.] 68 F 18. 302 [unvollst.]
15.

Behr, Ge. Henr. (Praes.): Diss. de colica spasmodica...,
s. H e i d e n r e i c h , Car. Fr. (Resp.)

— etwas Weniges aus den Papieren eines verfolgten Kindes u. Vaters. 8. o. O. 789.

— Der Gesund Brunnen zu Petersthal. Neue Aufl. Freyburg i. Br. 1827: F. Wagner. 16 S. 8° 25.
15.

Behr, G. H., die Gottheit rc. 8. Augsb. Klett. 752.

— Die Gottheit. Oder Lob u. Erkänntniß d. Schöpfers aus seinen Geschöpfen. — Franckfurt [usw.]: Klaffschenckel 1752. 147 S. 8°
1: Yk 5701. 7. 9. 12: P. o. germ. 88. 300: • 38 Y 24.

— Lexicon physico-chymico-medicum reale. Cum praef. Michaelis Alberti. — Argentorati: J. Beck 1738. 876 S. 8°
1: 4° Id 1590. 3. 4. 7. 9. 12: 4° Med. g. 26 [2 Ex.] 14→18. 24. 27. 29. 30. 300: 68 F 19. 302.
15.

— M e d i c i n a consultatoria. Oder Sammlung einiger schweh- ren u. seltenen Zufälle; samt denen von ihme darüber verfertigten Berathungen u. eingeschickten Beantwortungen. Th. [1.] 2. — Augspurg: Klaffschenckel (2: Klett) 1751–56. 4° 1 [∞2]: 4° Ic 5506. 12: 4° Med. g. 27 [2 Ex.] 14. 17. 23. 26. 29. 300 [∞2]: 75 B 27.
15.

Behr, Ge. Henr. (Praes.): De morbo Herculeo...,
s. F r i e s , Jo. Mart. (Resp.)

[—] Straßburger Münster- und Thurn-Büchlein, oder kurtzer Begriff der merckwürdigen Sachen, so im Münster und Thurn zu finden seynd. — Strasburg: Seyfrid 1732. 136 S. 8°

Die Schrift ist e. Neubearbeitung von: Schadaeus, Oseas: Summum Argentoratensium Templum. 1617.

1: Rh 6891. 2. 7. 14. 21. 24. 27.
15.

— Straßburger Münster- und Thurn-Büchlein; oder kurtzer Begriff der merckwürdigsten Sachen, so im Münster und dasigem Thurn zu finden. Auf das neue verm. u. verb. Strasburg: Seyfried 1744. 157 S. 8° 12: Als. 116. 25.
15.

— Strasburger Münster- und Thurn-Büchlein ... Hin u. wieder verm. u. verb. — Strasburg: Seyfried 1745. 157 S. 8° 2. 7.

— Ebd. 1746. 157 S. 8° 1: Rh 6892. 17.
15.

— Ebd. 1747. 157 S. 8° ●23.
15.

— Ebd. 1748. 157 S. 8° ●16.
15.

— Ebd. 1751. 157 S. 8° 7.
15.

— Ebd. 1752. 157 S. 8° ●18.
15.

— Straßburger Münster- und Thurn-Büchlein ... Auf das neue verm. u. verb. hrsg. von Joseph Schweigheußer. Straßburg: Häußler 1765. 178 S. 8°
1: Rh 6894. 16. 17. 23.
15.

— Straßburger Münster- und Thurn-Büchlein ... [Hrsg.: Josef Schweighäuser.] 4. Aufl. — Ebd. 1773. 178 S. 8° 1: Rh 6896. 4. 12: Als. 117. 15. 18.

— Physiologia medica; das ist: Richtige u. umständliche Beschreibung d. menschlichen Leibes. — Straßburg: J. Beck 1736. 623 S. 8° 1: an Ku 913. 2. 3. 4. 7. 14. 17. 18. 23. 27. 28. 29. 300: 68 F 17. 302.
15.

— Physiologia media. 4. Argent. Beck. 738.

— Georg Heinrich Behrs Letzter Wille. Nach seinem Tod u. Absterben treulich zu halten u. statt seines Leichen-Gedichts, drucken u. austheilen zu lassen. — Strasburg [1761]: Pauschinger. 9 Bl. 8° 30.
15.

— Hinterlassener letzte [!] Wille. Wetzlar [1761]: Winckler. 16 S. 8° 17.
15.

– Die schwache W i s s e n s c h a f t . der heutigen Aerzte: Eine Satyre. – Strasburg: Dulßecker 1753. 126 S. 8°

– – Ebd. 1758. 126 S. 8°

Behr
— **Gustav Heinr. Rudolf** (Gera), De pollicitatione reipublicae facta. Diss. jur. Lpz. (Friedr. Andrae) 3. VIII. 1841. 26 S. (3.60) 1812

Behr, H. Direktor d. Rostocker Stadt-Theaters., s. Behr, Heinrich

Behr, H. v., Major, später Legationsrat, Berlin. 1891 s. *Behr*, Hugold Felix v.

Behr, H. v., himml. Bewegungen, s. Unterhaltungen.

Behr, H.: Frisch gesungen!, s. Behr, Hermann

v. Behr, H. Vom Magnetismus, s.: Unterhaltungen, Königsberger.

— s.: Taschen-Encyclopädie, medicinische.

v. Behr, H., über die electromagnetische Theorie d. himml. Bewegungen, s. Unterhaltungen, Königsberger, naturwissenschaftl., 2. Heft.

Behr, H.v.: Offene Worte, s. Behr, Hedwig

Behr, H.F.: Kriegsbilder aus dem Araberaufstand in Deutsch-Ostafrika, s. Behr, Hugold Felix v.

Behr, H.G.: Über Wiedereinführung der diätetischen Bäder ..., s, Behr, Heinrich Gustav

Behr, Hans Hermann: Auf fremder Erde. Ein Roman von Ati Kambang [d. i. Hans Hermann Behr]. Bd 1-3. — Jena [usw.]: Costenoble 1864. 8° 1:Yx 12792. 4. 7. 9.
15.

Behr, Hedwig v., geb. v. Wussow, 1892: Am Grabmal der Sekundinier. Eine Erzählung aus d. Blütezeit d. römischen Trier. — Trier: Lintz 1908. 54 S. 8° 1:Yx 39031. 5. 38.
15.

— Offene Worte. Auf Herrn v. Egidys Anregung gesprochen. Kaiserswerth a. Rh.: Diakonissen-Anst. [1892]. 24 S. 8° 1:Dd 10790. 4. 5. 14.
15.

Behr, Heinrich, Direktor d. Rostocker Stadt-Theaters, 1858: Gesetze für die Mitglieder des Stadt-Theaters zu Rostock. Die Direction: Heinrich Behr. — Leipzig [1858]: Fischer & Kürsten. 12 S. 8° 14.
15.

— Die Porta Nigra in Trier. — Trier: Lintz in Komm. [1908]. 86 S. 4°
Aus: Zeitschrift für Bauwesen. 58. 1908.
Zugleich Diss. Berlin TeH 1909.
5. 15. 16. 25. 30. 38. 83. 91.
15.

— Predigt über 1 Korinther Kapitel 13, gehalten am Sonntag Esto mihi 1867. — Königsberg 1867: Schultz. 16 S. 8° 1:21 in E 251-2. 10.
15.

Behr, Heinrich [app. Arzt aus Celle]: Über das Vorkommen von Glycogen in Geschwülsten ... Hildesheim, Druck v. Gebr. Gerstenberg, 1897; 30 S., 1 Bl. 8.
Göttingen, Med. Fak., Inaug.-Diss. v. [8. März] 1897

Behr, Heinr., Üb. d. Vorkommen v. Glycogen in Geschwülsten. Diss. gr. 8. (30 S.) Hildesheim 897. (Göttingen, Vandenhoeck & Ruprecht.) n. — 80

Behr, Heinrich Gottlieb: Die Bibel die beste Gabe. Bibelfestrede an d. 5. Stiftungsfeier d. Frauen-Bibelvereins zu Dresden. — Dresden: Naumann 1840. 16 S. 8° 14.
15.

Behr, Hnr. Gtl., die Bibel die beste Gabe. Bibelfestrede, an der 5. Stiftungsfeier des Frauen-Bibelvereins zu Dresden am Reformationsfeste 1840 gehalten. Auf wiederholtes Verlangen zum Druck überlassen. gr. 8. Dresden 841, Naumann. n. 1/12 ℔

Behr, Heinr. Glieb., die Christbescheerung. Eine Weihnachtsgabe für Kinder. 32. (55 S.) Meißen 854, Mosche. *

Behr, Heinr. Gtlieb. der kleine Daniel u. d. kleine Christiane, od. Glaubensleben in Kinderherzen. Ein Schriftchen f. Kinder. 16. (1¼ B. u. 6 Bild.) Dresden 845, Naumann. *

Behr, Heinr. Glieb., der kleine Daniel und die kleine Christiane oder Glaubensleben in Kinderherzen. Ein Schriftchen für Kinder. 2., verb. Aufl. 16. (IV und 92 S. mit 6 lithogr. Bildern.) Leipzig und Dresden 858, Naumann.

Behr, Heinr. Glieb., der kleine Daniel und die kleine Christiane, oder Glaubensleben in Kinderherzen. Ein Schriftchen für Kinder. 8. verb. Aufl. 16. (IV, 95 S. mit 6 lithogr. Bildern.) Bern 870. Mann und Baeschlin. cart.

—— die Feier d. Weihnachtsabends. Eine Weihnachtsgabe f. Kinder. 2., verb. Aufl. gr. 12. (2 B.) Dresden 841, Naumann.

Behr, Heinr. Glieb., die Feier des Weihnachtsabends. Eine Weihnachtsgabe für Kinder. 3., verb. Aufl. 16. (90 S. und 1 ill. Ttlbld.) Dresden 849, Naumann. *

Behr, Heinr. Glieb., die Feier des Weihnachtsabends. Eine Weihnachtsgabe für Kinder. 4., verb. Aufl. 16. (88 S. mit 1 Titelbilde in Stahlst. und ill.) Berlin 865, Beck. cart.

— — 4., verb. Aufl. Berlin: Hauptverein für christliche Erbauungsschriften in d. Preußischen Staaten 1865. 88 S. 8° 1:Ds 5812⁴.
15.

Behr, Heinr. Glieb., Gotthelf und Anna oder die Waisenkinder. Eine Geschichte für Kinder erzählt. 16. (IV und 108 S. mit 2 Stnt.) Dresden 850, Naumann. Thlr. *

—— Gotthelf und Anna, oder die Waisenkinder. Eine Geschichte für Kinder erzählt. 2. verb. Aufl. gr. 16. (IV, 108 S. mit 2 lithogr. Bildern in Tondr.) Bern 869, Mann und Baeschlin. cart. *

— Jubelfestlied. Ihren Majestäten d. Könige Johann u. d. Königin Amalie von Sachsen am goldenen Ehejubiläum d. 10. Nov. 1872 ... dargebracht. — Meissen [1872]: Klinkicht. 2 Bl. 2° 14.
15.

— Leichenrede und Gebet am Begräbnißtage des Herrn Ernst Gottlob von Heynitz auf Heynitz, in der Kirche und auf dem Gottesacker zu Heynitz gehalten. Nebst e. kurzen Nachricht über d. Leben d. Heimgegangenen. — Leipzig 1861: Teubner. 11 S. 8° 14.
15.

Behr, Heinrich Gustav: Der Abt von Pottendorf. Ein Bild aus d. Heimath. — [Gera]: Selbstverl. 1878. 42 S. 8° 15. 27.
15.

— Medicinische Annalen von Gera mit bes. Berücks. der endemischen und epidemischen Verhältnisse. 17. Jh. [1.] o. O. [um 1875]. 27 S. 8°
Erschien zuerst in: Jahresbericht d. Gesellschaft von Freunden d. Naturwissenschaften in Gera. 14. 15. 1871-72.
10.-16. Jh. erschien in: Jahresbericht d. Gesellschaft von Freunden d. Naturwissenschaften in Gera. 11-13. 1868-70.
15.
15.

[—] Medicinische Annalen von Gera mit bes. Berücks. der endemischen und epidemischen Verhältnisse. 17. Jh. *f*2.] (Gera [um 1876]: Ruhr & Draeger.) 52 S. 8°
2. B. Chronistisches (2. Hälfte). Erschien zuerst in: Jahresbericht d. Gesellschaft von Freunden d. Naturwissenschaften in Gera. 16. 17. 1873-74.
15.
15.

[—] Medicinische Annalen von Gera. 18. Jh. — (Gera [um 1878]: Rudolph.) 107 S. 8°
Erschien zuerst in: Jahresbericht d. Gesellschaft von Freunden d. Naturwissenschaften in Gera. 18-20. 1875-77.
1: Ib 18736. 15. 27.
15.

— Medicinische Annalen von Gera mit bes. Berücks. endemischer und epidemischer Verhältnisse. 19. Jh. bis 1870 u. 1875. — Gera: Selbstverl. 1878. S. 17-140. 8°
1: 1 an Ib 18736. 15. 27.
15.

— Nachträge, ergänzende und berichtigende, zu den Medicinischen Annalen von Gera. — Gera [um 1880]: Bornschein & Lebe. 16 S. 8° 1: 2 an Ib 18736. 27.
15.

— Ausflüge in die Umgebung von Gera. — Gera: Selbstverl. 1877. Getr. Pag. 8° 27.
15.

— Beiträge zur Geschichte von Gera. [1]-3. — Gera: Selbstverl. 1876-79. 8° 15. 27.
15.

— Physisch-Medicinische Chronik von Gera. — (Gera): Verf. 1878. 148 S. 8° 15. 27.
15.

(—) Die 10 Gebote der Gesundheitslehre von I. Ch. G. Joerg und C. E. Bock. Kurz gefaßt u. mit zeitgemäßen Bemerkungen versehen. — Charlottenburg: Fritze 1880. 38 S. 8°
Aus: Die soziale Frage.
27.
15.

(—) Das liebthätige Gera gegen die Salzburger Emigranten und 'Hermann und Dorothea' von Goethe. — o. O. [um 1885]. 5 Bl. 8° 1: Yl 9440. 27 [unvollst.]
15

— Gera wie es 'gesund und krank' ist. Beitrag zu einer physisch-medicinischen Topographie. — Gera: Verf. 1877. 6, 36 S. 8° 15. 27.
15.

— Aktenmäßige Geschichte des Neuntödters Hans Eisenbeiss in Eliasbrunn bei Lobenstein. — Gera: Verf. 1874. 8 S. 8° 27.

Behr, H. Gust., Wie lautet das Princip der rationellen Verbrennungs-Therapie? Welches ist die natürlichste und zweckmäßigste Behandlung der Brandwunden? Ein Beitrag zur äußeren Heilkunde. 8. (40 S.) Gera 849, (Illgen's Erben.)

— Ueber Wiedereinführung der diätetischen Bäder als Mittel gegen Rheumatismus, Gicht und Nervenleiden aller Art; mit bes. Bezugnahme auf die gegen dieselben Krankheiten empfohlenen Goldberger'schen galvano-electrischen Rheumatismus-Ketten. — Gera: Illgen 1851. 48 S. 8°
12: M. med. 1128-3.
15.

Behr, Hermann
Aurikelchen. Volkslied. 2 Lieder f. e. mittlere Singstimme mit Begleitung d. Klavieres komp. von Hermann Behr. No 1. 2. *Berlin: Dreililien [1902].* 2 Bde. 4° [02 8310]

Behr, Herm.: Denkschr. z. Feier d. 50jähr. Bestehens d. Breslauer Orchester-Vereins. (1862—1912.) (159 m. 5 Bildn.) gr8° Bresl., (J Hainauer) '12. 1 —

Behr, Herm. Frisch gesungen! 4 Hefte. 8. Borna 888. Brandenb. a. H., Haeckert. * 2 —

Behr, Herm., frisch gesungen! Eine Sammlung von Volksliedern, Chorälen und daran sich anschließenden Übungen zur Erlernung des Tontreffens, der Tonbildung und Aussprache. Zum Gebrauche in Volksschulen hrsg. 4 Hefte, enth. je 2 correspondierende Teile. 8. Borna 888, Harschan. [1. Heft. (45 S.) * 80 Pf.; 2. Heft. (80 S.) * 50 Pf.; 3. Heft. (100 S.) * 60 Pf.; 4. Heft. (116 S.) * 60 Pf.] *

Behr, (Joan.) Herm. (geb. Cöthen in Anh.): De helminthiasi. Berolini (1843). (29 S.) 8°
Berlin, Med. Diss. v. 23. März 1843

Behr, Herm., Perlen englischer Dichtung in deutscher Fassung. — Eigenes. (X, 255 S. m. Bildnis.) 8. Dresden (909). E. Pierson. 10.—; geb. in Ldr. n 12. —

Behr, Hugo, Meletemata de effectu nonnullarum resinarum in tractum intestinalem. Diss. Dorpat. 8°. 30 pp.

Behr, Hugold Felix v.:

Behr, H. F. v., Kriegsbilder aus dem Araberaufstand in Deutsch-Ostafrika. Mit e. Vorwort von H. v. Wißmann. 8. (VIII, 343 S. m. 21 Abbildgn. u. 1 Karte.) Leipzig 890. Brockhaus. n. 6. —; geb. n. 7. —

Behr, H. F. v., Kriegsbilder aus dem Araberaufstand in Deutsch-Ostafrika. Mit e. Vorwort v. H. v. Wißmann, 21 Abbildgn. u. e. Karte. gr. 8. (VIII, 348 S.) Leipzig 891. F. A. Brockhaus. n. 6. —; geb. n. 7. —

von Behr, H. F.: Aus dem deutsch-ostafrikanischen Schutzgebiete. Die Wakua-Steppe. ([S.-A.] Mittheilungen aus den deutschen Schutzgebieten. Bd. 6. 1893.) Berlin 1893. 19 S. 8°.

— Streifzüge durch Central-Amerika. Ein privater u. vertraulicher Reisebericht. — Leipzig: Brockhaus 1901. 240 S. 8°
18. 26.
15.

Behr, J.
— u. O Tietze: Die Fortsetzg d. Lissaer Endmoränen nach Russisch-Polen u. d. Endmoränen bei Mlawa. [Aus: „Jahrb. d. kgl. preuss. geolog. Landesanst."] (98—113 m. 2 [farb.] Ktn.) Lex8° Ebd. '12. nn 1.50

Behr (J.), Über Glazialerscheinungen am Rummelsberg in Schlesien. s. a. Geologie, Schriften einz. Gegenden.

Behr, J: Üb. Glazialerscheingn am Rummelsberg in Schlesien. [Aus: „Jahrb. d. kgl. preuss. geol. Landesanst."] (301—305 m. 1 Taf.) Lex8° Berl. (N. 4), Vertriebsstelle d. kgl. geolog. Landesanst. '11. nn — 70

Behr, J. 1885: Das Opfer des Wucherers. Sozial-Novelle. — Karlsruhe: (Verf.) 1885. 142 S. 8° 12: P. o. germ. 88e.
15.

Behr, J., das Opfer des Wucherers. Sozial-Novelle. 1. und 2. Aufl. 8. (142 S.) Kaiserslautern 888, Gotthold's Verlag. *

Behr, J., das Opfer d. Wucherers. Sozial-Novelle. 3. Aufl. [11.—15. Tausend.] 8. (142 S.) Kaiserslautern 891. A. Gotthold. n. 1. —

—— u. Tietze (O.), Über den Verlauf der Endmoränen bei Lissa . . . s. a. Geologie, Schriften einz. Gegenden.

— — Üb. d. Verlauf d. Endmoränen bei Lissa (Prov. Posen) zwischen Oder u. russ. Grenze. [Aus: „Jahrb. d. kgl. preuss. geol. Landesanst."] (60—75 m. Fig.) Lex8° Ebd. '11. nn — 50

Behr, J.: Was mir m. Klavier erzählt, s. Behr, Julia

Behr, J.A.T.: De cultu Martis antiquissimo, s. Behr, Jonathan Heinrich Traugott

Behr, J.B.: Predigten, s. Behr, Jh. Bhrd.

Behr, J.H.: Die bey denen Europäern jetzt übliche Kriegs-Baukunst..., s. Behr, Johann Heinrich

Behr, J.H.T.: Einige G e d a n k e n über den Zudrang zum Studiren in unsern Tagen, s. B e h r , Jonathan Heinrich Traugott

Behr, JHT: P r e d i g t bei Eröffng des Landtags für die Reuss. Lande, s. B e h r , Jonathan Heinrich Traugott

Behr, Jo. H. (Resp.): De superstitione Hier. Cardani..., s. T e u b n e r , Jo. C. (Praes.)

Behr, Johann Adam: Catechismus in emblematibus. Das ist: Der durch Bilder erklärte Catechißmus, darinnen d. gantze Catechißmus Lutheri, nebst d. Hauß-Taffel, Morgen-, Tisch- u. Abend-Gebet, durch anmuthige biblische Bilder, Figuren, Historien u. Exempel vorgestellet, u. durch Frage u. Antwort ... erkläret u. appliciret wird. — Augspurg: J.Wolff 1718. 153 S. 8° 14. 17. 23.
15.

— — Ebd. 1748. 153 S. 8° ●15.
15.

Behr, Johann Bernhard

Behr, Jh. Bhrd., Predigten. 8. Freiberg 788. Craz u. G. 12 gr.
— Predigtentwürfe. gr. 8. Freiberg 801. Craz u. G. 16 gr.

Behr, Johann Christoph s. *Beer*.

Behr, Johann Gottlieb: Commentatio de verbis institutionis sacrae coenae non tropice per synecdochen sed proprie explicandis Matth. XXVI.26.27.28. Placido eruditorum examini exhibita ab Jo. Gottliebio Behrio. — Jenae 1756: Schill. 27 S. 8° 12: 4° Diss. 3768-25.
15.

— De Studiis litterarum castrensibus apud veteres Romanos oratio. Acc. Oratio qua explicat Horatii locum libr. I epist. I. v. 33-35 ... Jo. Christophorus Cramerus. — Ienae 1754: Schill. XX S. 8° 1: 4° Bibl. Diez 2589.
2. 3. 12: 4° Diss. 3039-17. 14. 15. 27.
15.

Behr, Johann Heinrich
— Die bey denen Europaeern jetzt-übliche Kriegs-Bau-Kunst. (3. Aufl.) — Leipzig: Groschuff 1714. 616 S. quer-8° Nebent. wie in 14.
1: Hy 25351. 2. 12: App. mil. 11. 14. 15. 17. 23. 24. 26. 302.
15.

Behr, Johann Heinrich, Leipzig. 1729: De Levitate animi in rebus diiudicandis. Exercitatio philosophica auctore Joanne Henrico Behrio. — Lipsiae 1729: Zeidler. 32 S. 8°
9. 12: 4° Diss. 3030-18.
15.

— **Joh. Heinr.** (Berlin), De necessitate credendi SS. trinitatem. Diss. theol. Präs. Joh. Franz. Budde. Jena (Joh. Friedr. Ritter) 24. XII. 1723. 100 S. (5.—) 1813

Behr, Johann Hermann, s. B e h r , Hermann

Behr
— **Joh. Philipp Caspar,** De praerogativis primogenitorum illustrium. Dissert. jur. publ. Präs. Jo. Ludw. Wiederholdt. Herborn (Jo. Nic. Andreae) 1714 (1745). 78 S. (5.—) 1814

Behr, Johannes, aus Buttstädt: Beiträge zu den Beziehungen zwischen eutropischen und isomorphen Substanzen. *Stuttgart: E. Schweizerbart 1903.* (S. 135—159.) 8° ¶(Aus: Neues Jahrbuch f. Mineralogie etc., 1903, Bd 1.)
Jena, Phil. Diss. v. (3. Aug.) 1901

Behr, Jonathan Heinrich August Traugott, s. B e h r , Jonathan Heinrich Traugott

Behr, Jonathan Heinrich Traugott: Frommes Andenken an Luthers Abschied von dieser Welt. Predigt, zur 300jährigen Gedächtnißfeier seines Todes. — Gera [1840]: Hofbuchdr. 15 S. 8° 10.
15.

Behr, Jonath. Heinr. Traug., frommes Andenken an Luthers Abschied v. dieser Welt. Predigt, z. 300jähr. Gedächtnißfeier seines Todes bei dem Hauptgottesdienste zu Gera am 15. Febr. 1840 gehalt. 8. (1 B.) Gera. (Kanitz.)

Behr, Jonath. Hnr. Tr., die regen Bewegungen unserer Zeit auf dem Gebiete der christlichen Kirche. Eine Pfingstpredigt am 12. Mai 1845 gehalten. gr. 8. Gera 845, Kanitz. 3 ngr

— **Jon. Heinr. Traug.,** De cultu Martis antiquissimo part. I. (Tres orationes in illustri Rutheneo, Gera; 2. I. 1818.) 16 S. (1.50) 1815
Fr. Aug. Boehme (Culmitio/Weimar), J. C. Giebner (Gera), E. Fr. Dinger (Gotha).

— — Dasselbe. Part. II. (Tres orat. in ill. Ruthenio, Gera, 3. I. 1820.) 15 S. (1.50) 1816
Carl v. Eychelberg, Mor. Jahn, Jul. Schlick.

Behr, J. A. T., de cultu Martis antiquissimo. Progr. P. I et II. Gerae 819. 20. 4.

— — Ueb. religiöse Erbauung in d. oberen Classen höherer Lehranstalten. Gera, 2. I. 1821. 16 S. (2.—) 1817
Eduard v. Brandenstein, Mor. Schede, Mor. Dinger.

Behr, Jthn. H. Tr., einige Gedanken üb. d. Zudrang z. Studiren in unsern Tagen. 4. Gera 826. Heinsius. 6 gr.

— Luther, als Muster für studir. Jünglinge. 8. Gera 817. Heinsius. 6 gr.

— Luther als Muster für studierende Jünglinge, in einer ... Rede dargestellt. — Gera [1817]: Hofbuchdr. 30 S. 8°
1: Cn 21101. 15. 27.
15.

— — Observationes quasdam in duo Suetonii locos vitae C. Julii Caesaris. Gera, 4. 1. 1822. 16 Seiten. (1.50) 1818
Alex. v. Einsiedel, Friedr. Winkler, Ant. Jan.

— — Dasselbe. Part II. Gera, 2. I. 1823. 16 Seiten. (1.50) 1819
Wolf v. Strauch, Salom. Burckhardt, Wilh. Krieger.

Behr, J. H. T., Observationes in aliquot Suetonii locos vitae C. J. Caesaris. II. u. III. 1828, 1825. 14, 16 S. 4°. à 1.—

— — Observat. in aliquot Suetonii locos vitae T. Flav. Vespasiani. Gera, 2. I. 1827. 18 S. (2.—) 1820
Herm. Scharschuch, Mor. Franz. Gottfried Büttner, Mor. Ziegler, Wilh. Neumärcker.

— Predigt bei der feierlichen Einweihung der nach dem grossen Brande am 3. Juli 1837 neu erbauten Schlosskirche zu Schleitz am Sonntage Exaudi 1840 ... gehalten. — Gera [1840: Hofbuchdr. 16 S. 8° 10.
15.

Behr, Jonath. Heinr. Traug., Predigt, bei d. feierl. Einweih. der nach dem großen Brande am 3. Juli 1837 erneuerten Stadtkirche zu Schleiz d. 1. Adventsonntag 1838 gehalten. gr. 8. (1 B.) Gera 839, [Kanitz.]

— Predigt, bei der feierlichen Einweihung der nach dem großen Brande am 3. Juli 1837 erneuerten Stadtkirche zu Schleitz, den 1. Adventf. 1838 geh. gr. 8. Gera 839. Scherbarth. 1/8 ₰

Behr, Jonathan Heinr. Aug. Traug., Predigt bei Eröffnung des Landtages für die fürstl. Reuß. Lande j. L. zu Gera am 15. Sonnt. n. Trin. den 1. Octbr. 1848 gehalten. gr. 8. (16 S.) Gera 848, Kanitz. 3 ngr

— Predigt bei Eröffnung des Landtags für die Fürstl. Reuß. Lande j. L. zu Gera am 21. Sonnt. n. Trinit. den 9. Novbr. 1851 gehalten. gr. 8. (16 S.) Gera 851. (Kanitz.) 3 ngr

— Predigt zur Feier der Wahl des deutschen Reichsverwesers, des Erzherzogs Johann v. Oesterreich, bei dem Hauptgottesdienste zu Gera am 5. Sonnt. n. Trin. 1848 gehalten. gr. 8. (15 S.) Gera 848, Kanitz. 3 ngr

— Predigt zum Gedächtniß des Durchlauchtigsten Fürsten und Herrn Herrn Heinrich LXXII. Jüngerer Linie Fürsten Reuß Lobenstein-Ebersdorf und Mitregenten von Gera am 2. Osterfeiertage 1853 ... zu Gera gehalten. — Gera [1853]: Hofbuchdr. 16 S. 8° 14.
15.

— Predigt, am Jubelfeste der Uebergabe des evangelischen Glaubensbekenntnisses auf dem Reichstage zu Augsburg ... zu Gera den 25. Juni 1830 gehalten. — Gera: Heinsius [1830]. 29 S. 8° 1: in Df 4259. 12: Hom. 116 d.
15.

— Predigten, gehalten bei d. Hauptgottesdienste zu Gera, u. zur Feier d. 50jähr. Amtsführung seines Vaters, Chr. A. Behr. gr. 8. Gera 829. Heinsius. 1 rf

— Predigten, gehalten bei d. Hauptgottesdienste zu Gera, u. z. Feier d. 50jähr. Amtsführung seines Vaters, Hrn. Consistorialrath ꝛc. Christ. Aug. Behr hrsg. 1. Ausg. (12½ B.) 829., 2. A. (14 B.) gr. 8. Gera 834, Heinsius. à

— Worte der Liebe und Verehrung am Sarge des Fürstlich-Reußischen Canzlers Herrn Gustav von Strauch gesprochen. — Gera 1839. 8 S. 8° 10.
15.

— Worte d. Trostes, bei d. Beisetzung u. an d. Gedächtnißfeier d. weil. Durchl. Fürstin u. Frau, Frau Louise Christiane, geb. Herzogin in Baiern, Hoh., verw. Fürstin Reuß ꝛc. gr. 8. (2 B.) Gera 829, Heinsius.

— Worte der Weihe in der erneuerten Kirche des fürstlichen Schlosses Osterstein bei Gera am 1. Pfingstfeiertage 1852 gesprochen. — Gera [1852]: Hofbuchdr. 15 S. 8° 10.
15.

Behr, Dr. Jos. Wilh., Die Lehre von der Wirthschaft des Staats oder pragmat. Theorie der Finanzgesetzgebung u. Finanzverwaltung. Mit Rücksicht auf den Gebrauch bei akademischen Vorlesungen. Leipzig 1822. 8°.

Behr, Isaschar Falkensohn: Am Geburtsfest der Großen Kayserin Katharina der Zweyten den 21. April 1781. [Gedicht.] — St. Petersburg [1781]: Weitbrecht & Schnoor. 4 Bl. 8° 7.
15.

[—] Gedichte von einem pohlnischen Juden. [Nebst] Anh. Mietau [usw.]: Hinz 1772. 8° 1: Ym 671 [u.] in Yk 7815a [auch Hauptwerk = Ym 571]. 8. 12: P. o. germ. 426m [2 Ex.] 18 [* Anh.] 25. 38 [* Anh.]
15.

Behr, Jthn. H. Tr., s. Behr, Jonathan Heinrich Traugott

Behr, Julie: Was mir mein Klavier erzählt. — Berlin: B. Behr 1859. 48 S. 8° 1: Yz 8381. 7.
15.

Behr, Kamill v.: Genealogie der in Europa regierenden Fürstenhäuser nebst der Reihenfolge sämmtlicher Päpste. Mit d. Wappen in Kupferstich. — Leipzig: Tauchnitz 1854. 207 S. 4° 1: 4° Pf 740. 2. 3. 7. 12: 4° Geneal 2c. 13. 15. 17. 24. 28. 83. 300: 8.710-C.
15.

Behr, Kamill, Genealogie der in Europa regierenden Fürstenhäuser nebst der Reihenfolge sämmtlicher Päpste. Mit den Wappen in Kupferstich. Leipzig 855. B. Tauchnitz. gr. 4. (4 Bl., 208 S. u. 47 Kpfrtaf.) n. 32 rf

Behr, Kamill v., Genealogie der in Europa regierenden Fürstenhäuser nebst der Reihenfolge sämmtlicher Päpste u. e. Anh. umfassend die Häuser Capet, Habsburg, Romanov u. e. Uebersicht d. Kaiser u. Könige v. Italien u. Deutschland. 2. verb. u. ergänzte Aufl. Imp.-4. (V, 218 S.) Leipzig 870. B. Tauchnitz. geb. n. 48. —

Behr, K. v., Genealogie der in Europa regierenden Fürstenhäuser. Suppl. zur 2. Aufl. gr. 4. (VII, 47 S.) Leipzig 890. B. Tauchnitz. geb. n. 15. —
(Hauptwerk u. Suppl.: n. 63. —)

— Wappenbuch zu der 2. Aufl. der Genealogie der in Europa regierenden Fürstenhäuser. Imp.-4. (33 Kpfrtaf.) Ebend. 871. 72. n. 24. —

Behr, Karl, Technischer Leiter d. Möbelfabrik A. Bembé, Mainz. 1880: Ueber Dekoration und Möblirung unserer Wohnungen. Vortrag. — Mainz [1881]: Prickarts. 44 S. 8° 17. 30.
15.

Behr, Karl, Dr. med., Arzt, Bernburg. 1836: Diätetik für Frauenzimmer und Kinder im gesunden und kranken Zustande; nebst Anleitung, die eigenthümlichen Krankheiten jener zu erkennen, und Anweisung zu zweckmäßiger Krankenpflege u. erster Hülfe bei d. Vergiftungen u. d. Scheintode. — Stuttgart: Hoffmann [1836]. XII, 228 S. 8° 25.
15.

— Ueber die Entwickelung der Moebelindustrie in Deutschland während der letzten 10 Jahre. Vortrag. — (Mainz [1880]: Wallau.) 20 S. 8° 1: Op 20649/4. 17. 30. 38. 302.
15.

Behr, Klaus v., Leutnant, † 1915. 1898: Armee-Humor. F. 1. Berlin: Schimmelpfennig [1898]. 128 S. 8° 1: Yy 11856.
15.

Behr, Konstantin Wilhelm: Predigt über Evangel. Joh. 10, V. 12–16. und zwey Reden bey der Taufe der Jüdin F... gehalten im Jahr 1798. — Breslau [usw.]: Korn [1798]. 38 S. 8° 2.
15.

Behr, Louis, Reductions-Tabellen für Getreide, Sämereien und Hülsenfrüchte. 1. Aufl. (8 S.) 1872. 80 Pf., und 2. verm. und nach Mark umgerechnete Aufl. 16. (18 S.) Bautzen 875, Rühl. *

Behr, Ludwig: Wie sollen wir unsere Kinder richtig erziehen?, s.a. Behr, C.

Behr, Ludwig, Prediger, Duisburg. 1896: Wie sollen wir unsre Kinder erziehen? — Hamburg: Oncken in Komm. 1896. 16 S. 8° 4.
15.

Behr, Martin [aus Graudenz]: Ein neuer Fall von ockergelbem Sputum ... Berlin, Buchdr. v. J. S. Preuss, *1896*; 36 S., 2 Bl. 8.
Berlin, Med. Fak., Inaug.-Diss. v. 13. Okt. 1896

Behr, Matthias Johann v.:
Pseudonym: Sincerus Veridicus
Juristische und politische **Betrachtungen** uber ein vor einiger Zeit an das Licht getrettene Rechtliches Gutachten, wegen der Lehns-Vererbung und jährlicher Bezahlung der Ritter-Pferde. Von Sincero Veridico. — Ulm: Bartholomäus 1721. 166 S. 8° 1: Ha 9121. 2. 7. 12: 4° Feud. 70-15 [2 Ex.] 14. 17. 24. 27. 28.
15.

— [deutsch] Acht Bücher der meklenburgischen Geschichte. Nebst e. Vror. des Herrn Professors Kapp. (Übers.: Otto Dieterich Schröder.) Bd 1.2. — Ratzeburg 1759-60: Schmidt. 8° 1: Sn 3924. 8. 9. 12: 4° Germ. sp. 22. 28.
15.

— Sinceri Veridici, **Fußstapffen** der göttlichen Fürsehung uber treue und demüthige Lehrer, oder kurtze ... Erzehlung ... uber den Beruff und Arbeit des ... Henrici Jacobi van Bashuysen. — Gedr. in d. Stadt d. Wahrheit 1714. 28 S. 8° 1: At 9285. 5.
15.

Beehr, Math. Io., rer. Meckenb. libri 8. edit. Kapp. fol. Leipz. Fritsch. 741.

— **Rerum** Mecleburgicarum libri 8 ... a Matthia Joanne Beehr. Ex manuscripto ed., et praef. De ratione, qua Germani merita sua in studium historicum in posterum amplificare possunt, vitamque auctoris praemisit Joannes Erhardus Kappius. — Lipsiae: J. Ch. Martin 1741. LVI S., 1872 Sp. 2° 1: 2° Sn 3920. 2→11. 12: 2° Germ. sp. 13. 14→18. 23. 24. 25. 27→30. 300: 40 O1. 302.
15.

— **Vigiliae** Bashuysianae, oder nähere Nachricht von des Herrn Professoris van Bashuysen Arbeit und Sorge vor das Gymnasium academicum Anhaltinum zu Zerbst. Von Sincero Veridico. — o. O. 1723. 4 Bl. 8°
1: in At 1009.
15.

Behr, Max, aus Beuel: Aus d. pathol.-anat. Institut d. Kgl. Friedrich-Wilhelms-Universität zu Bonn. Beiträge zur Kenntnis der Tuberculose der Aderhaut. *Bonn 1902: M. Herschel Nachf.* (46 S.) 8°
Bonn, Med. Diss. v. (29. Apr.) 1903

Behr, Moritz August: Abschiedspredigt über 1. Thess. 2,13. Philipp. 1,27. Apostelgesch. 20,31. — Grimma: Gensel 1856. 16 S. 8° 14. 15.
15.

— **Amtsfrüchte.** Predigten u. Casualreden. — Leipzig: Hahn 1852. XII, 305 S. 8° 7. 14. 23.
15.

— Politisches **Bekenntniß**, vor der am 8. December 1848 in Grimma abgehaltenen Volksversammlung ausgesprochen. Grimma 1848: Verlags-Comptoir. 16 S. 8°
1: Deutsche Flugschr. 1848-461. 7. 14. 15.
15.

— **Daß** alle, die an den kirchlichen Bestrebungen unserer Zeit Theil nehmen, sehr wohl thun, wenn sie sich das Bild Luthers vorhalten. Predigt am Reformationsfeste 1845. — Leipzig: Hahn 1845. 16 S. 8° 15.
15.

Behr, Mor. Aug., daß alle die an den kirchl. Bestrebungen unserer Zeit Theil nehmen, sehr wohl thun, wenn sie sich das Bild Luthers vorhalten. Predigt am Reformationsfeste 1845 gehalt. gr. 8. Leipzig 846, Hahn'sche Verl.-Buchh. 1/12 n♂

—— daß das Kreuz auf der Höhe unseres Thurmes der Verherrlichung des Gekreuzigten in der Gemeinde dienen solle. Predigt über Phil. 2, 8—11, zur Nachfeier der am 6. August erfolgten Enthüllung des Kreuzes auf dem neuen Thurme der evangel. Pfarr- und Garnisonkirche in Neustadt-Dresden. gr. 8. (18 S.) Dresden 857, Höckner.

— **Daß** wir durch einen Blick auf die früheste apostolische Kirche nachdrücklich zu der Gemeinschaft ermuntert werden, die unserm Vereine und unserer Kirche frommt. Predigt am Tage d. Jahresversammlung d. Zweig-Vereins zur Gustav-Adolph-Stiftung in Grimma. — Grimma: Gebhardt 1847. 15 S. 8° 15.
15.

— **Glockenweihe.** Rede u. Predigt auf d. Markte u. in d. Kirche zu Trebsen. — (Leipzig [1852]: Teubner.) 18 S. 8° 14.
15.

—— d. König stirbt nicht! Pred. 8. (16) Grimma 54, Gensel. — 3

—— der König stirbt nicht! Predigt bei der Gedächtnißfeier Sr. Maj. des in Gott ruhenden Königs von Sachsen Friedrich August II. am 2. Septbr. 1854 gehalten. gr. 8. (16 S.) Grimma 854, Werl.

—— die Leidensgeschichte des Herrn Jesu Christi in übersichtlichen Darstellungen nach den vier Evangelien. Predigten. gr. 8. (XV und 232 S.) Grimma 855(56,) Gensel. *

—— über die Quellen innerer Erhebung beim Gefühle des Dahinschwindens der Kräfte in der Mühe und Arbeit des Lebens. Predigt Dom. IV. n. Tr., den 27. Juni 1858 gehalten. gr. 8. (15 S.) Dresden 858, Höckner. *

Behr, Mor. Aug., was bei Christen an die Stelle der Furcht vor den Zeichen des Himmels treten müsse? Predigt vom Kometen über Jerem. 10, 2. den 10. Octbr. 1858 gehalten. gr. 8. (15 S.) Dresden 858, Höckner. *

Behr, Otto, Reisearzt d. Fürsten Grabowski. 1848: Die **Cholera** in Deutschland. Populaire Belehrungen über d. Auftreten u. d. Bekämpfung dieser Seuche. — Leipzig: Brügmann 1848. 36 S. 8° 1: Ka 7264. 24.

Behr, Otto, Rektor, Gera, 1868-1936. 1903: Georg **Kresse,** der Bauern-General. Eine Geschichte aus d. Dreißigjährigen Kriege. 2. Aufl. — Köln [1910]. 80 S. 8° (Schaffsteins Volksbücher. 77.) 1: Ng 10584-77. 5.
15.

Behr, Otto: Quaestiones forenses de exceptione redhibitoria ac aestumatoria s. quanti minoris. Halae 1843: Ploetz. 31 S. 8°
Halle-Wittenberg, Jur. Diss. v. [16. Nov.] 1843
Geb. [Edderitz (Kr. Köthen) 13. 12. 1818]

— Triebeser **Schulchronik.** Ein Beitrag zur Geschichte d. Landschulen in d. Herrschaft Schleiz. — (Triebes): Verf. 1903. 43 S. 8° 27.
15.

Behr, Ottomar v.: Guter **Rath** für Auswanderer nach den Vereinigten Staaten von Nordamerika mit bes. Berücks. von Texas. — Leipzig: Friese 1847. IV, 107 S. 8°
1: Sa 5798. 14. 28.
15.

Behr, Peter [aus Artlenburg in Hannover]: Beitrag zur pathologischen Anatomie der eitrigen Meningitis. . . . Würzburg, Anton Boegler'sche Buchdr., 1889; 25 S. 8°
Würzburg, Med. Fak., Inaug.-Diss. v. 1889

Behr
— **Philipp Christoph Carl** (Würzburg), De possessione vel quasi regalium, et in specie regalis venandi juris subditum seu landsassium advers. territorii dominum parum. Diss. jur. Präs. Joh. Adam Ickstatt. Würzbg. (Joh. Jac. Chph. Kleyer) 14. XII. 1736. 140 S. (5.—) 1821

Behr, Philipp Christoph Carl: Programmatis loco **Vinculum** iustitiae & aequitatis, quo Philipp. Christophorus Carolus Behr ... collegia anno proximo tradenda indicat. — Herbipoli 1747: Kleyer. 8 S. 8° 17.
15.

Behr, Rudolf [app. Arzt aus Ludwigsburg]: Ein Fall von Tetanus mit *Facialislähmung*. . . . Tübingen, *Druck* v. H. Laupp jr., 1891; 22 S., 1 Bl. 8°
Tübingen, Med. Fak., Inaug.-Diss. v. 1891

Behr, Rud., e. Fall v. Tetanus m. Facialislähmung. Diss. gr. 8. (22 S.) Tübingen 891. (Mosor.) n.n. — 70

Behr, R, e. Fall v. Tetanus m. Facialislähmg. 8° (22) Tübing. 91, (F Pietzcker). n.n. — 70

Behr, S.: Russische Dichtungen, s. Behr Sophie

Behr, Sally, approb. Arzt aus Karlsruhe i. B.: **Beitrag zur Casuistik der aus angeborenen Melanosen des Auges hervorgehenden Tumoren.** *Heidelberg 1903: J. Hörning.* (34 S.) 8°
Heidelberg, Med. Diss. v. 1903

Behr, Samuel Rudolf: Samuel Rudolph Behrens Anleitung zu einer wohlgegründeten Tantz-Kunst . . . auff Begehren seiner Herren Scholaren hrsg., welcher auch etliche Bogen von des Authoris Composition unterschiedener Courantes, Menuets . . . &c. zum divertissement angehencket. Th.[1.]2. — Leipzig: Heydler 1703. 8°
2. Anderer Theil der Tantz-Kunst, oder ausgesiebete Brillen, so wohl über sein herausgegebenes Tantz-Buch selbst, als auch über die von alten alt-väterischen und jungen super-klugen Leuten . . . darüber gefällten absurden Urtheile.
14.
15.

— L'Art de bien danser, oder die Kunst wohl zu tantzen . . . Worbey mit anzutreffen: 1. viele Inventiones unterschiedener curiösen Entrées und Balets. 2. Ein Bericht von dem Tantzen der Alten, und noch heut zu Tage von dem Tantzen unterschiedener fremder Nationen . . . Welches alles ediret worden durch Samuel Rudolph Behren. — o.O. [1712]. 135 S. 8° 14.
15.

Behr, Samuel Rudolph' L'art de bien danser, oder die Kunst wohl zu Tantzen. . . so wohl aus eigner Invention, als auch aus unterschiedener gelehrten Leuten Schrifften... zusammengetragen und. . . .ediret worden durch Samuel Rudolph Behren, Maitre de dance.
Leipzig: Martin Fulde 1713.
135 S. 8°

Behr, Sophie, s.a. Dichtungen, russische.

Behr, Sophie: Russische Dichtungen, übers. von Sophie Behr. Th.[1.]2. — Berlin: B. Behr 1890–92. 8°
1: Zn 4590.
15.

Behr, Sophie, Maria an Martha. E. Beitrag z. Menschenkenntnis. 8. (19 S.) Baden-Baden 898. D. R. Marx. n. — 60

[J.] Skizzen v. Sophie Behr. *Berlin: A. Deubner 1896.* (4 Bl., 199 S.) 1 Bd 8. [97. 1038

Behr, Theodor
— — **Eine praktische Anleitung zur Verhütung der Haarübel nebst Anleitung zu deren Heilung und Wiederherstellung bereits verlorenen Haupthaares. (3. verm. u. vollständig umgearb. Aufl.) Altona, (858.) Verlags-Büreau. 8. (2 Bl., 84 S.) n. 15 ngr**

Behr, Theodor: Das neue Haarerzeugungsverfahren am Haupte des Menschen nach gründlichen Forschungen auf dem Gebiete des Haarlebens . . . Von Th. u. E. Behr. — Leipzig: Ruhl [1856]. VI,76 S. 8° 17.
15.

— — 2., verm. Aufl. Ebd. [1856]. VI,76 S. 8° ●15.
15.

Behr, B., u. Dr. Minding, Taschen-Encyclopädie der medicinischen Wissenschaften. (In 8 Bdchen.) I. Bdchen. Taschenbuch der Anatomie des Menschen von Dr. med. Alfred v. Behr. 16. Erlangen 845, Enke. n. 1½ rf

Behr, Valentin
— Beiträge zur gerichtsärztlichen Diagnostik an Kopf, Schädel und Gehirn. — Jena: G. Fischer 1908. 71 S. 8° (Arbeiten aus d. psychiatrischen Klinik zu Würzburg. 3.)
1: 4° Kk 382–3. 11. 12: Path. 45mo–3. 21. 25. 27.
15.

Behr, Valentin, aus Urspringen (Unterfranken), früh. I. Assistenzarzt d. med. Poliklinik: Studien über die Wirkung der Einatmung von Dämpfen von Tetrachlorkohlenstoff nebst Vergleichsversuchen über Chloroformwirkung. *Würzburg 1903: P. Schreiner.* (42 S.) 8°
Würzburg, Med. Diss. v. 1903

Behr, Wilhelm Josef: Neuer Abriß der Staatswissenschaftslehre zum Gebrauche für Vorlesungen nebst e. Versuche des Grundrisses e. Constitution für Monarchien. — Bamberg [usw.]: Goebhardt 1816. XVI,366 S. 8°
1: F 8719. 12: Pol. g. 55. 16. 21. 24→27. 300: 21.806. 302.
15.

— neuer Abriß d. Staatswissenschaftslehre, zum Gebrauche für Vorlesungen, nebst einem Versuche des Grundrisses einer Constitution für Monarchien. gr. 8. Bamb. 816. (Wesché in Frkf.) 1 rf 16 gr

Behr, Wilh. Jos., kurze Andeutungen der Aufgabe der bevorstehenden konstituirenden Versammlg. zu Frankfurt. gr. 8. (15 S.) Bamberg 848. Nürnberg, Korn in Comm. n. 2 ngr

— — Bamberg: Off. d. Fränkischen Merkur [usw.] 1848. 15 S. 8° **5. 9. 12: J. publ. G. 923–28. 16. 302.**
15.

— Andeutungen in Beziehung auf die finanziellen Momente der neuen Verfassung des baierischen Staats. — Würzburg 1818: Nitribitt. 72 S. 8° **1: 1 in Ah 15101.**
2. 4. 5. 7. 9. 10. 12: Bavar. 220. 15. 16. 24→27.
15.

— Anforderungen an Bayerns Landtag im Jahre 1827/28 und unpartheyische wissenschaftliche Beurtheilung seiner Verhandlungen. Bd 1–5. — Würzburg: Bonitas (2.3: Würzburg: Strecker; 4.5: Bamberg: Dresch) 1827–28. 8°
4.5. Behr: Kritische Beleuchtung d. Verhandlungen d. Bayerischen Landtags 1827/28. 1. 1828.
1: 1–3 = Fi 188; 4.5 = Sf 3242. **12: Bavar. 220b [u.ö.]**
16 [∞ 1.3.4.5]. 20 [∞ 4].

— Bedürfnisse und Wünsche der Bayern, begründet durch freimüthige Reflexionen über die Verfassung, die Gesetzgebung und Verwaltung des bayerischen Staates. Beigefügt ist als Zugabe: Versuch des Grundrisses einer Verfassung für Monarchien. — Stuttgart: Franckh 1830. VI, 320 S. 8°
1: Sf 3062. **5. 7. 12:** Don. Lud. 453. **17. 21. 23. 24.**
15.

Behr, Wlh. Jos., Bedürfnisse u. Wünsche d. Baiern, begründet durch freimüthige Reflexionen, über die Verfassung, die Gesetzgebung u. Verwaltung d. Baierischen Staats. Als Anh.: Versuch des Grundrisses e. Verfassung für Monarchien. gr. 8. Stuttg. 830. (Münch., Franz). 1 rf 12 gr

— Kritische Beleuchtung der Verhandlungen des Bayerischen Landtages 1827/28. Bd 1.2. — Bamberg: Dresch 1828. 8° (Behr: Anforderungen an Bayerns Landtag im Jahre 1827/28. 4.5.) **1: Sf 3242. 12: 39/3005 [u.ö.]**
15.

—— nothgedrung. Berufung an d. öffentl. Stimme geg. d. Verfahren d. Kammer d. Abgeordn. in Bayern wider ihn, aus Veranlass. seines an d. ersten Hrn. Präsid. dies. Kammer am 1. Decbr. 1827 eingesendeten Schreibens. gr. 8. (1½ B.) Würzburg 828, (Strecker.)

Behr, Wilh. Jos.: Nothgedrungene Berufung an d. öffentliche Stimme gegen das Verfahren der Kammer der Abgeordneten in Baiern wider ihn, aus Veranlassung seines von d. ersten Hrn. Präsidenten dies. Kammer am 1n Decbr. 1827 eingesendeten Schreibens. *Würzburg*, (Strecker.) 831. gr. 8. (4 Gr.)

Behr, W. Jos.: Staatswissenschaftl. Betrachtungen über Entstehung u. Hauptmomente der neuen Verfassung d. Baier. Staats.; eine Rede b. d. Feier des vollbr. Verfassungswerkes. *Münch.*, Lentner. 818. 4. (1 Thl. 4 Gr.)

— Staatswissenschaftliche Betrachtungen über Entstehung und Hauptmomente der neuen Verfassung des baierischen Staats. Rede. — Würzburg 1818: Nitribitt. 34 S. 8°
1: Sf 3003; 11 in 4° Ah 15102 [u.] 2 in Sf 2776. 2. 4. 5. 7. 9. 12: 4° Bavar. 231 [2 Ex.] 15. 16. 21. 25. 26. 27.
15.

— staatswissenschaftl. Betrachtt. über Entstehung u. Hauptmomente d. neuen Verfassung d. Baier. Staats; e. Rede z. Feier d. 1n Jahrtages etc. gr. 4. Würzb. 819. (Münch., Lentner). 1 ₰ 8 ℊ

— Darstellung der Bedürfnisse, Wünsche und Hoffnungen deutscher Nation, in einer partheilosen Beantwortung der Fragen: 1.: Welche Zwecke sind von der deutschen Nation, nach vollendeter Besiegung des Feindes, zu erstreben? 2.: Welches sind die Bedingungen und Mittel ihrer Qualifikation zur Erreichung jener Zwecke? — Aschaffenburg: Dessauer 1814. 190 S. 8°
Erschien zuerst in: Allgemeine Staats-Korrespondenz. 1.2. 1814.
12: J. publ. G. 58. 15. 21. 24. 35. 300: 22.120.

— Darstell. d. Bedürfnisse, Wünsche u. Hoffnungen deutscher Nation, in ein. partheilos. Beantwort. d. Fr.: Welche Zwecke sind v. d. deutsch. Nation nach vollend. Besiegung d. Feindes zu erstreben? Welches sind die Bedingungen u. Mittel ihrer Qualifikation z. Erreichung jener Zwecke? gr. 8. Aschaffenb. 814. Dessauer. (Gebhardt u. K. in Frankf.) 16 ℊ

— Systematische Darstellung des Rheinischen Bundes aus dem Standpunkte des öffentlichen Rechts. — Frankfurt a. M.: Andreä 1808. XVI, 552 S. 8°
1: Gv 20132. 5. 7. 12: J. publ. G. 58b [2 Ex.] 14.→18. 21. 24→27. 30. 300: 20.141. 302.
15.

Behr, Wilhelm Joseph. Duplik und Schlußsatz der öffentlichen Verhandlungen gegen den Privatdozenten Dr. Franz Berks zu Würzburg, des letzteren verläumderische Denuntiation gegen den ersteren betreffend. Würzburg 1818. 86 S. 8.

— Die gerechte Entlarvung einer verläumderischen Denuntiation. Ein Beytrag zur Charakteristik d. Herrn Dr. Franz Berks. — Würzburg 1818: Nitribitt. 31 S. 8°
12: Bavar. 4071-20 [2 Ex.]
15.

— Dringende Erinnerung an die nun über sechs Monate versammelten Abgeordneten des bayerischen Volkes. — Würzburg: Strecker 1831. 24 S. 8° 12: Bavar. 4105-14.

Behr, W. J., staatswissenschaftl. Erörterung d. Fragen: 1) In wie fern ist der Regent eines Staates etc. 2) Sind die im Gefolge des Pariser Friedens etc. 3) Was ist von d. Benehmen des deutschen Bundestags etc. gr. 8. Bamb. 818. (Dresch.) 7/12 ₰

— Staatswissenschaftliche Erörterung der Fragen: 1. Inwieferne ist der Regent eines Staats an die Handlungen seines Regierungsvorfahrers gebunden? 2. Sind die in Gefolge des Pariser Friedens in den Besitz ihrer Länder restituirten Fürsten, z. B. der Kurfürst von Hessen, &c. an die Regierungshandlungen ihres Vorfahrers gebunden, oder nicht? 3. Was ist von dem Benehmen des teutschen Bundestags in der Angelegenheit der westphälischen Domainenkäufer zu halten? — Bamberg [usw.]: Kunz 1818. 144 S. 8° 2. 4. 5. 7. 8. 10. 12: J. publ. G. 58e. 14. 17. 21. 24. 26. 27. 30. 302.
15.

— Von den rechtlichen Grenzen der Einwirkung des deutschen Bundes auf die Verfassung, Gesetzgebung und Rechtspflege seiner Glieder-Staaten. — Würzburg 1820: Nitribitt. 78 S. 8°
2. 4. 5. 7. 12: Diss. 725-4. 16. 25. 26. 27.
15.

— — 2., verm. Aufl. Stuttgart: Metzler 1820. 71 S. 8°
1: Gw 18020. 5. 7. 8. 10. 11. 12: J. publ. G. 58d. 15. 17. 21. 24. 25. 27. 30. 300: •44 K 179. 302.
15.

— Die Lehre von der Wirthschaft des Staats oder pragmatische Theorie der Finanzgesetzgebung und Finanzverwaltung. — Leipzig: Brockhaus 1822. XXIV, 294 S. 8°
1: Ff 455. 5. 7. 9. 10. 11. 12: Cam. 9f. 14→17. 21. 23→27. 29. 38. 91. 300: BE 6 J 43. 302.

— Ueber die Nothwendigkeit des Studiums der Staatslehre besonders auf Akademien, nebst einem vorausgeschickten Grundrisse eines Systems derselben. — Würzburg: Rienner in Comm. 1800. 172 S. 8°
5. 11. 12: Don. Lud. 942. 26. 302.
15.

— s. a. Organismus d. rhein. Bundes.

[—] Der Organismus des rheinischen (deutschen) Bundes, zum Behufe seines Zweckes, so weit er bis jetzt positiv bestimmt ist, und Materialien zur nähern Bestimmung jenes Organismus. Von D.W.J.B.Pr. in W. — Altona 1807. 40 S. 8° 12: J. publ. G. 923-7. 17.
15.

—— allgemeine Polizei-Wissenschaftslehre oder pragmat. Theorie der Polizei-Gesetzgebung und Verwaltung. Zur Ehrenrettung rechtsgemäßer Polizei, mittelst scharfer Zeichnung ihrer wahren Sphäre und Grenzen. 1. und 2. Bd. gr. 8. Bamberg 848. (Nürnberg, Korn.) [1. (XVI und 373 S.) * 1 Thlr. 22½ Ngr., 2. (157 S.) * 1 Thlr.]

— Allgemeine Polizei-Wissenschaftslehre oder pragmatische Theorie der Polizei-Gesetzgebung und Verwaltung. Zur Ehrenrettung rechtsgemässer Polizei, mittelst scharfer Zeichnung ihrer wahren Sphäre u. Grenzen. Bd 1.2. — Bamberg: Off. d. Fränkischen Merkur [usw.] 1848. 8°
12: Pol. civ. 10w. 21. 24. 27. 29. 300: 16.887-B. 302.
5. 10.

— An Seine Excellenz Herrn Freyherrn von Asbeck ... unterthänigstes Promemoria, die von Bannwarth zum Behufe seiner Disputation gewählten Streitsätze &c. &c. betreffend. — o. O. [1821]. 15 S. 8°
12: Don. Lud. XL, 6. 27.
15.

— Das Recht und die Pflicht der Regierungen in Beziehung auf die gegenwärtige Theurungsangelegenheit. — Würzburg 1817: Nitribitt. 64 S. 8° 12: Don. Lud. LXIX, 1.
15.

— as Recht u. die Pflicht d. Regierungen, in Beziehung auf die gegenwärt. Theuerungs-Angelegenheit. 8. Würzb. 1e u. 2e Aufl. 818.

— Rede zur Feier des ersten Jahrtags der Einführung der Verfassung des Baierischen Staats, gehalten am Abend des 26. Mai 1819 in der Ständeversammlung. — München [1819]: Lentner. 35 S. 8° 12: 4° Bavar. 234.
15.

— Das teutsche Reich und der rheinische Bund. — Frankfurt a. M.: Mohr 1808. 179 S. 8°
Aus: Der Rheinische Bund. 6-8. 1808.
1: Gv 20135. 2. 5. 16. 21. 25.

— das deutsche Reich u. d. rhein. Bund. gr. 8. Heidelb. 808. Mohr. 18 ℊ

— System d. Staatskunst. 3 Abtheilungen. gr. 8. Ebend. 810. (I. II. à 1 Rthlr. 8 gr., III. 1 Rthlr. 16 gr.)

— System der allgemeinen Staatslehre zum Gebrauche für seine Vorlesungen. Bd 1. — Bamberg [usw.]: Goebhardt 1804. XXII,404 S. 8°
1: F 8514. 12: Pol. g. 55f. 16. 21 28. 300: 22.118.
15.

— System d. allgem. Staatslehre, z. Gebr. f. Vorles. gr. 8. Bamb. 804. (Wesché in Frankf.) 2 ℛ

— System der angewandten allgemeinen Staatslehre oder der Staatskunst (Politik). Abth. 1-3. — Frankfurt a. M.: Andreä 1810. 8° 2. 3. 4. 6. 7. 12: Pol. g. 55da. [2 Ex.] 14. 15. 17. 21. 24→27. 300: + 28 L 103. 302.
15.

— Unterhaltungen des Bürgermeisters Behr in Würzburg mit seinen geehrten Mitbürgern. Nr 1.2. — o. O. [1821]. 8°
12: Don. Lud. XXV,2.3.
15.

— die Verfassung u. Verwaltung des Staats, dargestellt in ein. Reihe v. Erörterungen ihrer wicht. Momente. Eine Zeitschr. 1r Bd. gr. 8. Nürnb. 811. Schrag. 1 ℛ 12 gℛ 2r Bd. gr. 8. Nürnb. 812. Riegel u. W. 1 ℛ 12 gℛ

— Versuch einer allgemeinen Bestimmung des rechtlichen Unterschiedes zwischen Lehen-Herrlichkeit und Lehen-Hoheit mit Anwendung auf die Subjekte beyder sowohl im ganzen teutschen Reiche als dessen Theilen. — Wirzburg: Stahel 1799. 176 S. 8°
2. 3. 7. 9. 12: Feud. 7 t. 15. 21. 24. 28. 300: 23.701. 302.
15.

— Versuch des Grundrisses einer Constitution für Monarchien. — Bamberg [usw.]: Goebhardt 1816. II,46 S. 8°
17.
15.

— Versuch e. Grundrisses einer Constitution f. Monarchien. (Aus dem vorher. Buche besond. abgedr.) gr. 8. Bamb. 816. (Wesché in Frankf.) 6 gℛ

— Welchen Hauptanforderungen muß ein Strafgesetzbuch genügen, um als befriedigend anerkannt werden zu können! Würzburg 1813: Nitribitt. 72 S. 8°
12: Crim. 13 lx. 16. 24.

— Einige Worte beym Empfange Sr. Fürstlichen Gnaden des Königlich baierischen Feldmarschalls Wrede und Sr. Excellenz des Königlichen Hof-Kommissairs Baron von Lerchenfeld in dem Harmoniefeste zu Würzburg am Abende des 30. Junius 1814. gesprochen. — Würzburg [1814]: Nitribitt. 8 S. 8° 12: 4° Don. Lud. IV,31 [2 Ex.]
15.

Behr-Negendanck, Karl v.: An unsre Landsleute. (Verf.: Carl von Behr-Negendanck u. Heinrich Kurt Stever.) — Dat. Neustrelitz 20. April 1813. 1 Bl. 2°
28.
15.

Behr-Negendank, Ulrich Graf v.
Behr-Negendank, Ulrich Graf v. (Hrsg.), s. Hans Behr der Aeltere . . .

Behr-Negendank, Graf. Georg Behr v. Bohlen-Bohlendorf, der Röm.-Kais. Majestät Obrister und Commandant der Vestung Brieg. Ein pommersches Lebensbild aus der Zeit des dreissigjährigen Krieges. (285) 8. Statt Handschrift gedruckt. Stralsund 1869.

Behr-Negendank, Ulrich Graf v.: Die Personalien und Leichen-Processionen der Herzoge von Pommern und ihrer Angehörigen aus den Jahren 1560 bis 1663. Gesammelt von Ulrich Grafen Behr Negendank-Semlow u. Julius Freiherrn v. Bohlen-Bohlendorf. — Halle 1869: Waisenhaus. XVI,648 S. 4° 1: 4° T 2068. 3. 9. 12: 4° Bor. 1 wr. 14. 28. 30. 300: 111.885-C.
15.

Behr Negendank, Ulr. Graf, s.: Urkunden u. Forschungen z. Geschichte d. Geschlechts Behr.

Behr Negendank-Semlow, Ulrich Graf v.
s. *Behr*-Negendank, Ulrich Graf v.

Behr-Pinnow, v., s.: Festschrift z. Eröffng d. Kaiserin Auguste Victoria-Hauses.

Behr-Schmoldow, F. v., das Haus des ländlichen Arbeiters. Bau-Erfahrungen. Lex.-8. (11 S. mit eingedr. Holzschn. und 2 Stnt. in qu. Fol.) Berlin 875, Wiegandt, Hempel und Parey. *
Aus: Landwirthschaftliche Jahrbücher, besonders abgedruckt.

Behram-Gur und die Russische Fürstentochter. Muhammed Niszamiu-d-din, dem Gendscher, nachgebildet u. durch kritisch-philologische Anmerkungen erläutert von Frz. v. Erdmann, dem Ludwigsluster. 2. Aufl. Lex.-8. Kasan 844. (Berlin, Logier). n. 2 ℛ

Behrbohm, Johann: Gedichte. — Dresden: Pierson 1903. V,95 S. 8°
14.
14.

— Im nordischen Ringen. (Vaterländisches Gedicht aus den Jahren 1163–1170.) — Dresden: Pierson [1907]. 44 S. 8°
24. 28.
14.

Behre, Arzt, Altona, 1797-1868, 1827
s. *Behre*, Georg Christoph Friedrich.

Behre's baltischer Schülerkalender f. d. J. 1886. 16. (188 S.) Mitau, Behre. cart. n. 1 —

Behre, Alfred, aus Hamburg: Beiträge zur Kenntnis der O-Acylverbindungen einiger Ketonsäureester, Diketone und verwandter Körper. *Kiel 1901: P. Peters.* (62 S.) 8°
Kiel, Phil. Diss. v. [17. Aug.] 1901

Behre, Alf., Beiträge zur Kenntnis der O-Acylverbindungen einiger Ketonsäureester, Diketone u. verwandter Körper. Diss. gr. 8. (62 S.) Kiel 901. (Hamburg, C. Behre). 1.80

Behre, Chrn. Spiritisten, Occultisten, Mystiker und Theosophen. Offenes Sendschreiben an den Verf. der „Spaziergänge in's Reich der Mystik". gr. 8. (85 S.) Lpz. 890, Rauert u. Rocco. * 1 50
Vgl.: Ludwig, Wilh.

Behre, Chrn., Spiritisten, Occultisten, Mystiker u. Theosophen. Offenes Send- u. Antwortschreiben an den Verf. d. „Spaziergänge ins Reich der Mystik". 2. [Titel-] Aufl. gr. 8. (85 S.) Leipzig (890). 899. Neu-Weissensee, H. W. Th. Dieter. n. 1.50

Behre, E.: Die Eigentumsverhältnisse im ehelichen Güterrecht des Sachsenspiegels u. Magdeburger Rechts, s. Behre, Ernst

Behre, C. W., Choral-Melodienbuch zu den Gesängen u. Liederversen des Hannoverschen Gesangbuches u. Katechismus, zum Gebrauche in Kirchen u. Schulen. 2. verb. u. verm. Aufl. 8. Hannover 845, Hahn'sche Hofb. n. 1/12 ℛ

Behre, C. W., Choral-Melodienbuch zu den Gesängen u. Liederversen d. Hannoverschen Gesangbuches u. Katechismus, zum Gebrauche in Kirchen u. Schulen. 3. verb. u. verm. Aufl. 8. (VI u. 30 lith. S.) Hannover 850, Hahn. n. 1/12 ℛ

Behre, Ernst: Die Eigentumsverhältnisse im ehelichen Güterrecht des Sachsenspiegels und Magdeburger Rechts. Weimar: Böhlau 1904. VIII,110 S. 8°
Zugleich Diss. Freiburg 1903.
1: Gn 5084. 6. 7. 9. 10. 11. 12: J. germ. 8 tg. 14. 15. 16. 21. 25→28. 38. 300: 435.685-B. 302.
15.

Behn, Georg Christoph Friedrich
BEHRE, GEORG CPH. FRID., Diss. inaug. chirurgica de lithotomia muliebri antea jam in certamine literario academiæ Ruperto-Carolinæ d. 22. Nov. 1821 præmio ornata. Kiliæ. 1822. 4. (M. 5 Tvl.).

Geo. Chph. Frid. Behre diss. inaug. de lithotomia muliebri. Cum tabb. 5 lithogr. Kiliae 1822. 4. — *German. ab auctore ipso versa et emendata:* Versuch einer historisch-kritischen Darstellung des Steinschnittes beim Weibe. Mit Vorwort von Max. Jos. Chelius. Nebst einem Steindrucke. Heidelb. u. Leipz. 1827. 8. (Cfr. de hoc opusculo diligenter conscripto Allgem. medic. Annal. 1827, pag. 783 sq.)

Behre, Georg Christoph Friedrich: Versuch einer historisch-kritischen Darstellung des Steinschnittes beim Weibe. Mit e. Vorw. von Chelius. — Heidelberg [usw.]: Groos 1827. IV,160 S. 8°
1: Kc 5022. 3. 4. 6. 7. 8. 16. 17. 25. 26. 27. 300: * 70 K 453.
15.

— Verzeichniss der Bücher-Sammlung des Dr. med. Behre in Altona. [Auktionskat.] — Altona 1848: Köbner. 24 S. 8°
23.
14.

Behre, Karl: Aus dem pathologischen Institute zu Kiel. Zur Frage der Lymfgefäss-Neubildung. *Kiel 1898: P. Peters.* (16 S.) 8°
Kiel, Med. Diss. v. [9. Juli] 1898

Behre, Otto: Geschichte der Statistik in Brandenburg-Preussen bis zur Gründung des Königlichen Statistischen Bureaus. — Berlin: Heymann 1905. XVI,468 S. 4°
1: 4° Sx 2783. 2. 4→11. 12: 4° Bor. 1 wv. 14. 15. 16. 18. 25. 27. 30. 38. 300: 437.713–C. 302.
15.

— Handbuch für Statistik, Verwaltung, Handel und Verkehr des Deutschen Reiches. — Lahr: Schauenburg 1877. VIII,166 S. 8° 1: Sa 4981. 12: Germ. g. 31c. 16. 18. 24. 38.
15.

— Das Klima von Berlin. Eine meteorologisch-hygienische Untersuchung. — Berlin: Salle 1908. 158 S. 8°
1: Mz 21444. 7. 11. 12: Phys. sp. 48d. 27.
15.

Behre, Paul: Über einige Adsorptionserscheinungen. Hildesheim 1908: Lax. 68 S. 8°
Göttingen, Phil. Diss. v. 10. Mai 1909, Ref. Wallach
[Geb. 25. Juni 75 Stolzenau; Wohnort: Stolzenau; Staatsangeh.: Preußen; Vorbildung: Gymn. Hameln Reife O. 97; Studium: Freiburg i. B. 3, Göttingen 11 S.; Rig. 2. Juli 08.] [U 09. 1331

Behre, W., Verlag, Osnabrück. 1850: Verzeichniss antiquarischer Bücher. Nr 21. — Osnabrück [um 1850]. 8 S. 4°
12: 4° Cat. 1,16m.
14.

Behren, Friedrich W(ilhelm) v(on), a. Osnabrück: Beiträge zur Kenntnis der Organisation des Blattes. Göttingen 1906: W. F. Kaestner. (297 S.) 8°
Göttingen, Phil. Fak., Ref. Berthold, Diss. v. 4. Febr. 1907
[Geb. 27. März 83 Bremen; Wohnort: Osnabrück; Staatsangeh.: Preußen; Vorbildung: Realgymn. Osnabrück Reife O. 03; Studium: Göttingen 2, München 1, Göttingen 4 S.; Rig. 24. Okt. 06.]

Behren, Samuel Rudolf, s. Behr.

Behrend, Dr. med., Geheimer Medizinalrat, Kolberg, geb. 1853. 1901 s. *Behrend,* Felix.

Behrend, Dr. phil., Oberstudiendirektor, Berlin, geb. 1880. 1904 s. *Behrend,* Felix.

Behrend, Dr. med., Arzt, Berlin, 1803-1889. 1830 s. *Behrend,* Friedrich Jakob.

Behrend, Dr. iur., Professor, Berlin, später Reichsgerichtsrat, Leipzig. 1833-1907. 1865 s. *Behrend,* Jakob Friedrich.

Behrend, Dr. med., Arzt, Grevesmühlen, 1804-1867. 1853 s. *Behrend,* Israel.

Behrend, Dr. phil., Handelskammersyndikus, Magdeburg, später Prof. an d. Handelshochschule, Mannheim, 1865-1926. 1900 s. *Behrend,* Martin.

Behrend, Kommunalarzt, Kolberg. 1860 s. *Behrend,* Moses.

Behrend, Dr. phil., Beamter für wirtschaftliche Angelegenheiten beim Verein d. Spiritusfabrikanten, Berlin, geb. 1855. 1891 s. *Behrend,* Wilhelm.

Behrend, s.a. Behrends

Behrend s. auch *Behrendt,*

Behrend: Anevang u. Erbengewere, s. Behrend, Jakob Friedrich

Behrend, Anleitung zur Gründung etc. kaufmännischer Fortbildungsschulen, s.: Schlossmacher.

Behrend, Dr. ..., über die Anwendung des Brechmittels gegen die Cholera. Ein Sendschr. an Aerzte. 8. Schönb. 831. (Schwer., Kürschner. Berl., Plahn). 3 gGr

Behrend, die Febris intermittens stationaria. Ein Beitrag zur Lehre von den Krankheitsconstitutionen unserer Zeit. Wismar 853. Hinstorff. 4. (1 Bl., 22 S.) n. 7½ ngr

Behrend: Die Magdeburger Fragen, s. Behrend, Jakob Friedrich

Behrend, s.: Führer durch Kolberg.

Behrend, Gebrauch u. Wirkung der Solbäder. Vortrag, geh. in der gemeinsamen Sitzg. der Aerzte-Vereine der Reg.-Bezirke Stettin, Stralsund u. Köslin, am 16. VI. 1901 in Kolberg. gr. 8. (10 S.) Kolberg 901. (C. F. Post). n. — 30

Behrend, Gesch. d. Gefängnissreform i. England. Amerika. Berl. 859. Vergr.

Behrend: Die Kunst hundert Jahre zu leben ..., s. Behrend, J. G.

Behrend: Lehrbuch des Handelsrechts, s. Behrend, Jakob Friedrich

Behrend: Lehre v. der Quittung, s. Behrend, Richard: Beiträge zur Lehre von der Quittung.

Behrend: Die unvollkommenen Ordrepapiere, insbes. die indossable Namensaktie, s. Behrend, Franz Hermann

Behrend, Privatlehrer, Berlin. 1790: Sammlung einiger interessanten Stücke aus alten und neuern Sprachen zum Vergnügen des schönen Geschlechts. (Hrsg.: Behrend.) — Berlin 1790: Dieterici. XVI,196 S. 8° 1: Xa 8720.
15.

Behrend: Stendaler Urtheilsbuch aus dem 14. Jahrh., s. Behrend, Jakob Friedrich

Behrend & Co., Verlag, Berlin. 1909: Verlags-Verzeichnis von Behrend & Co. (vormals A. Asher & Co. Verlag) in Berlin. — (Berlin) 1909. 65 S. 8° 1: Aq 5554/500.
15.

Behrend: Vortrag am Stiftungsfeste der Loge „Zum aufrichtigen Herzen" im Or. zu Frankfurt a. O. am 27. Februar 1910. Berlin 1910: Denter & Nicolas. 11 S. 8⁰. [Kopftit.]
Aus Bbl. 1910.

Behrend, A., s. Monatsblätter f. Arbeiterversicherung.

Behrend, Alfred, a. Dirschau: Nicholas Rowe als Dramatiker. Leipzig 1907: A. Hoffmann. (65 S.) 8°
Königsberg, Phil. Fak., Ref. Kaluza-Baumgart, Diss. v. 18. März 1907
[Geb. 19. Juli 83 Dirschau; Wohnort: Königsberg i. Pr.; Staatsangeh.: Preußen; Vorbildung: Realgymn. Danzig Reife O. 02; Studium: Königsberg 6 S.; Rig. 17. Jan. 07.]

Behrend, Arminius Martin. (geb. Berlin 30. 8. 1837): De effectu acidi chinici in organismum. Berolini (1860). (44 S.) 8°
Berlin, Med. Diss. v. 14. Juli 1860

Behrend, B., Gebete f. das weibl. Geschlecht, s. Gebetbuch, tägl., der Israeliten.

Behrend, B. A., the induction motor, deutsche Bearbeitg., s.a. **Berkitz, Paul, Induktionsmotoren.**

Behrend, B. A: Induktionsmotoren. Hrsg. von P. Berkitz. Berlin 1903

Behrend, Benzion:
Die Kreti und Pleti, ihre inhaltliche Bedeutung und Geschichte. — Krotoschin: B. Behrend 1888. 37 S. 8°
1:Bm 8276. 800:82.649-B. 802.
15.

Behrend, Benzion, die Kreti u. Pleti, ihre inhaltl. Bedeutg. u. Geschichte. gr. 8. (III, 37 S.) Krotoschin 888. (Stock.) n. — 60

Behrend, Benzion, Menorath hammaor, s. Menorath.

Behrend, Bernhard, Gerichtsassessor in Berlin: Das Prozeßführungsrecht des Ehemannes im gesetzlichen Güterstande des Bürgerlichen Gesetzbuchs, insbesondere die gerichtliche Geltendmachung einer zum eingebrachten Gut gehörigen Geldforderung durch den Ehemann. *Berlin 1903: W. Pilz.* (VIII, 52 S.) 8°
Rostock, Jur. Diss. v. [5. Aug.] 1903

Behrend, C., Geheimer Rechnungsrat, Berlin. 1880
s. *Behrend*, Carl.

Behrend, Carl, Geheimer Rechnungsrat, Berlin. 1880 [Bearb.]
s. *Appelt*, R.: Kommentar zum deutschen Zolltarif. 1880 u. ö.

Behrend, C., Nachtrag zu den Rechnungstafeln zum Zoll-Tarif. [In den Rechnungstafeln nicht vorgesehene Tarasätze für zu bonificirende Cigaretten, Abgabensätze für Tabacksurrogate und gewisse Wollenwaaren]. Im Auftrage des königl. preuß. Finanz-Ministeriums hrsg. gr. 8. (8 S.) Berlin 881. (Wittenberg, Herrosé Verlag.) *

— Rechnungstafeln zum Zoll-Tarif und zwar zur Reduction des Brutto-Gewichts auf Netto-Gewicht, zur Feststellung des Brutto-Gewichts vom Eigengewicht, sowie zur Berechnung der Abgaben. — Berlin: Hrsg.; Wittenberg: Herrosé in Komm. 1885. 139 S. 4° 27.
15.

—— Waaren-Verzeichniß zum Zolltarif des Deutschen Zollgebietes, nebst Instruktionspunkten, Zolltarif-Gesetz und Zolltarif unter Berücksicht. der Tarasätze. Nach Maßgabe des amtl. Waaren-Verzeichnisses, der zum Zolltarif vom 15. Juli 1879 ergangenen Abänderungsgesetze, der Handelsverträge mit der Schweiz, Italien, Spanien und Griechenland, sowie der vom Bundesrathe beschlossenen Aenderungen des amtl. Waaren-Verzeichnisses aufgestellt und hrsg. gr. 8. (IV, 481 S.) Berlin 884, Drewitz. *

Behrend, Clara, s. Baumbach, Klara

Behrend, Dav. (geb. Neustettin 1818): De fissura ani. Berolini (1842). (25 S.) 8°
Berlin, Med. Diss. v. 24. Aug. 1842

Behrend, E.: Warenverzeichnis zum Zolltarif des deutschen Zollgebiets, s. Behrend, Carl

Behrend, Emil [aus Neu-Stettin]: Ueber die Bedeutung der Mikroorganismen für die im Erdboden stattfindende Nitrification. . . . Berlin, *Druck v. Louis Borchardt* (1889); 32 S. 8⁰
Erlangen, Med. Fak., Inaug.-Diss. v. 1889

BEHREND, EMIL. Ueber die Bedeutung der Mikroorganismen für die im Erdboden stattfindende Nitrification. Berlin, 1890. Diss.

Behrend, Ernst, Referendar am Kgl. Amtsgericht zu Körlin an der Persante: Der Begriff des Mitbesitzes nach gemeinem Rechte und Bürgerl. Gesetzbuche. Borna-Leipzig 1905: R. Noske. (X, 74 S.) 8°
Rostock, Jur. Fak., Ref. Bernhöft, Diss. v. 2. Okt. 1905
[Geb. 6. Juni 82 Kolberg; Wohnort: Körlin; Staatsangeh.: Preußen; Vorbildung: Gymn. Kolberg Reife O. 00; Studium: Kiel 2, Berlin 1, Lausanne 1, München 2 S.; Rig. 22. Dez. 04.]

Behrend, Ernst, Dr. iur., Assessor, Berlin, später Präsident d. Oberzolldirektion, Königsberg, 1851-1912. 1894: Herdfeuer und Heidewind. Gedichte. — Münster: Mitsdörffer 1906. 126 S. 8° 6. 15.
15.

—— 2. Aufl. Ebd. 1907. 126 S. 8° 1:Ya 30778².
15.

— Novellen. — Berlin: Freund & Jeckel 1894. 168 S. 8°
1:Yx 26811. 15. 23.
15.

— Silberblick. Novellen. — Berlin: Concordia 1902. 245 S. 8° 1:Yx 33534. 11.
15.

— Sonntagskinder. Novellen. — Berlin: Concordia 1900. 277 S. 8° 1:Yx 32370. 11.

Behrend, F.: Die öffentlichen Bade- u. Waschanstalten, ihr Nutzen und Ertrag, s. Behrend, Friedrich Jakob

Behrend, F., s.: Geschäfts- u. Annoncen-Adreßbuch, Breslauer.

Behrend, F.: Der freistudentische Ideenkreis, s. Behrend, Felix

Behrend, F. H.: Die unvollkommenen Ordrepapiere . . ., s. Behrend, Franz Hermann

Behrend, F. J.: Die Kanalisirung der Stadt Berlin in gesundheitlicher Beziehung, s. Behrend, Friedrich Jakob

Behrend, F. J.: Die Prostitution in Berlin und die gegen sie und die Syphilis zu nehmenden Massregeln, s. Behrend, Friedrich Jakob

Behrend, Felix (geb. Kolberg 22. 8. 1853): 3 Fälle von Geschwülsten der Clitoris. Berlin (1874). (33 S.) 8°
Berlin, Med. Diss. v. 1. Aug. 1874

Behrend, Felix, Dr. med., Geheimer Medizinalrat, Besitzer von Dr. Behrend's Solbad, Kolberg, geb. 1853. 1901 [Mitarb.]
Führer durch das See-, Sol-und Morrbad Kolberg. 1010, s. Führer durch das Sol-und Seebad Kolberg. 11. Aufl.

— Gebrauch und Wirkung der Solbäder. Vortrag. — (Kolberg [1901]: Post.) 10 S. 8° 9.
15.

— Der freistudentische Ideenkreis. Programmatische Erklärungen. Hrsg. im Auftrag d. Deutschen Freien Studentenschaft. — München: Bavaria-Verl. 1907. 35 S. 8°
1: Ay 4133/10. 2→11. 12: H. lit. P. 35q. 14→17. 26. 27. 29. 30. 38. 88. C0.
15.

Behrend, Felix [Kammergerichtsref.]: Zur Lehre von der condictio causa data causa non secuta ... Hannover, Druck v. Edler & Krische, *1896*; 44 S., 1 Bl. 8.
Erlangen, Jur. Fak., Inaug.-Diss. v. 1896

Behrend, Felix, a. Königsberg i. Pr.: Psychologie u. Begründung der Erkenntnislehre. Halle a. S. 1904: Edler & Krische, Hannover-Berlin. (42 S.) 8°
Halle, Phil. Fak., Ref. Riehl, Diss. v. 29. Okt. 1904
[Geb. 22. Aug. 80 Königsberg i. Pr.; Wohnort: Halle a. S.; Staatsangeh.: Preußen; Vorbildung: Gymn. Kolberg Reife O. 98; Studium: Charlottenburg T.H. 8, Halle 5 S.; Rig. 28. Juli 04.]

— Psychologie u. Begründung der Erkenntnislehre. Ein Beitrag zur Widerlegung d. Psychologismus. — Berlin: Calvary in Komm. 1904. 42 S. 8°
Zugleich Diss. Halle 1904.
1: Nn 4501. 14. 21. 25. 300: 642.978-B.
15.

Behrend, Ferdinand
Behrend, F. (Hrsg.), s. Blätter, Fliegende.

— Erstlinge. 2 Erzählungen. Inhalt: 1. Victor und der Emigrant. 2. Hugo Sellmann. — Breslau: Verf. 1843. XVIII, 182 S. 8°
2.
15.

Behrend, Ferd., die Erstlinge meiner Muse. Zwei Erzählungen: Treue Liebe. — Victor und der Emigrant. gr. 12. Magdeb. 837. Verf. (Richter.) 1 ß

Behrend, Ferdinand:
Die Erstlinge meiner Muse. 2 Erzählungen. Inhalt: 1. Hugo Sellmann. 2. Victor und der Emigrant. — Berlin: Verf. 1841. XXIV, 179 S. 8°
1: Yx 4535.
15.

Behrend, Ferdinand, s. Volksspiegel

Behrend, Ferdinand, s. Volkstaschenbuch

Behrend, Fr. H.: Die Stiftungen nach deutschem bürgerlichen Recht, s. Behrend, Franz Hermann

Behrend, Fr. J., s. Behrend, Friedrich Jakob

Behrend, Franz, Dr. iur., Landgerichtsrat, Berlin, geb. 1871. 1904
s. *Behrend,* Franz Hermann.

Behrend, Franz Hermann
Behrend, *U.S. Berlin 1891/92*
Franz Hermann

Die unvollkommenen Ordrepapiere, insbes. die indossable Namenaktie (Art. 182, 183 H.G.B.

Diss. Berlin vom 10. März 1892.

Behrend, Frz. Herm., die unvollkommenen Ordrepapiere, insbesondere die indossable Namenaktie. [Art. 182, 183 H. G. B.] Diss. gr. 8. (IV, 78 S.) Leipzig 892. Alb. Berger.
n. 1. 60

Behrend, Franz Hermann:
Die Stiftungen nach deutschem bürgerlichen Recht. Eine civilrechtliche Monographie. T. 1. — Marburg: Ehrhardt 1904. IV, 439 S. 8°
1. Das rechtliche Wesen d. Stiftungen.
1: Gm 6582. 2→11. 12: J. germ. 1146m. 15. 16. 17. 21. 26. 28. 29. 30. 300: 437.714–B. 302.
15.

Das rechtliche Wesen der Stiftungen. Ein Beitrag zu allgem. Lehren d. geltenden Civilrechts, insbesond. zu d. Theorie d. Jurist. Personen von Dr. F(ranz) H(erm.) **Behrend,** Ger.-Ass. in Berlin. Marburg: O. Ehrhardt 1904. (IV, 439 S.) 8°
= **Behrend:** Die Stiftungen nach deutschem bürgerlichen Recht. 1. [05. 889]

Behrend, Friedrich Jacob, s.a. Behrend, Friedrich Jakob

Behrend, Friedr. Jacob (Neustettin), De chymosi. Tl. I. Diss. phys. Königsberg (Hartung) 31. X. 1826. 54 S. mit Biogr. (1.—) 1822

Behrend, Friedrich Jakob, s. Alcock, R.: Vorlesungen über Amputation.

Behrend, Friedrich Jakob [Hrsg.]
s. *Analekten* für Frauenkrankheiten. 1837–51.

— [Hrsg.] s. *Andral,* Gabriel: Vorlesungen über die Krankheiten der Nervenheerde. 1838.

Behrend, Friedrich Jakob: Über die Anwendung des Brechmittels, s.a. Behrend, Israel

Behrend, Friedr. Jac., (?) über d. Anwendung d. Brechmittels geg. d. Cholera. Ein Sendschreiben an Aerzte. 8. (1 B.) Schönberg 831. (Berlin, Plahn.)

Behrend, Friedrich Jakob, s. Archiv für Syphilis und Hautkrankheiten.

Behrend, Fr. J., die öffentlichen Bade- und Waschanstalten, ihr Nutzen und Ertrag. Mit Zeichnungen und Abbildungen (auf 3 lith. Taf. in gr. 8. u. 4.) Berlin 854. Brigl u. Lobeck. Lex.-8. (4 Bl., 52 S.)
n. 10 ℳ

— Die öffentlichen Bade- und Waschanstalten, ihr Nutzen und Ertrag. — Berlin: Moeser & Kühn 1854. 52 S. 8°
1: Ir 10795. 4. 7. 11. 12: Oecon. 218h. 16. 18. 89.
15.

— Beschreibung und Abbildung des Musculus compressor urethrae, eines neuen noch nicht dargestellten Muskels. Nach G. J. Guthrie. ⟨Als nothwendige Beil. zu 'G. J. Guthrie's Vorlesungen über die Anatomie und Krankheiten der Harnröhre, der Prostata und des Blasenhalses'.⟩ — Leipzig: Kollmann 1836. 10 Bl. 4°
1: 4° Kx 6400. 2. 3. 8. 14. 27. 302.
15.

— — Ebd. 1836. 11 Bl. 4° (Bibliothek von Vorlesungen d. vorzüglichsten u. berühmtesten Lehrer d. Auslandes über Medizin, Chirurgie u. Geburtshülfe. 16 [vielm. 4,] Beil.)
300: 27 Nn 42. Bd 4, Atlas.

—— Bibliothek v. Vorlesungen üb. Medizin, s. Bibliothek.

Behrend, Friedrich Jakob, s. Chowne, W.D.: Über Leichenerscheinungen.

— Ikonographische Darstellung der Beinbrüche und Verrenkungen. Unter Mitw. des Dr. Kluge besorgt u. hrsg. von Friedrich Jakob Behrend. — Leipzig: Brockhaus 1845. XIV, 127 S., 40 Taf. 2° (Ikonographische Encyklopädie. 2.)
1: 2° Id 2060–2. 2→11. 12: 2° Med. g. 23m–2. 15. 24. 25. 27. 38M.
15.

— Ikonographische Darstellung der nicht-syphilitischen Hautkrankheiten. Mit darauf bezüglichem systematischem Texte. Unter Mitw. des Prof. Dr. Trüstedt besorgt u. hrsg. von Friedrich Jakob Behrend. — Leipzig: Brockhaus 1839. XV, 96 S., 30 Taf. 2° (Ikonographische Encyklopädie. 1.)
Im Exemplar von 6 feht das Titelblatt der Sammlung.
1: 2° Id 2060–1. 2. 4. 5. 7→11. 12: 2° Med. g. 23m–1. 14. 15. 21. 24. 25. 27. 38M.

Behrend, Friedrich Jakob (Hrsg.):

s.: Enzyklopädie, Ikonographische, oder bildliche Darstellung aller Gegenstände der Medizin, Chirurgie und Geburtshülfe. Leipzig: (1839 - 1845)

JB 6.322

— Die Frage: ob zur Wegschaffung der Auswurfsstoffe und des Unraths die Stadt Berlin zu kanalisiren oder mit einem Abfuhrsystem zu versehen sei? vom sanitäts-polizeilichen Standpunkte aus beleuchtet. — Berlin: Verf. 1866. 44 S. 8°
1: Fb 5580.
15.

— Geschichte der Gefängnissreform. — Berlin: Brigl & Lobeck 1859. VIII, 182 S. 8°
[1.] Vereinigte Staaten; Grossbritannien; Irland.
1: Fd 13905. 3. 6. 7. 8. 12: Pol. civ. 10x. 16. 17. 21. 30. 202.
15.

Behrend, Friedrich Jakob, s. Grisolles: Vorlesungen über die specielle Pathologie ...

Behrend, Friedrich Jakob, s. Hall, M.: Über die Krankheiten des Nervensystem.

— Hülfsleistungen bei Lebensgefahr und plötzlichen Unglücksfällen bis zur Ankunft des Arztes. Für Jedermann, besonders für Landgeistliche, Schullehrer, Polizei- und Magistratsbeamte rc. 1—3. Aufl. Berlin 1855, 56. Gebr. Scherk. (1 Bgn. gr. Fol.)
n. 6 ngr

— Hülfsleistungen bei Lebensgefahr und plötzlichen Unglücksfällen bis zur Ankunft des Arztes. 4., durchges. u. verm. Aufl. — Berlin: Scherk 1860. 16 S. 8° 10.
15.

Behrend, Fr. J. (Hrsg.), s. Journal für Kinderkrankheiten.

—— die mediz.-chirurg. Journalistik d. Auslandes, s. Repertorium etc.

Behrendt, Fr. J.: Die medicin.-chirurg. Journalistik des Auslandes, s. Scot, W.: Bericht, Amtl.

Behrend, Fr. Jak. (Hrsg.), s. Journalistik, Neueste medicinisch-chirurgische, des Auslandes.

— Die Kanalisirung der Stadt Berlin in gesundheitlicher Beziehung. — Berlin: Springer 1866. 62 S. 8°
1: Fb 5577. 8. 11. 12: Pol. civ. 10xb. 15. 38M. 82. 89.
15.

—— die chirurgische Praxis, s. Praxis.

— Die Prostitution in Berlin und die gegen sie und die Syphilis zu nehmenden Massregeln. — Erlangen: Palm & Enke 1850. 294 S. 8°
Erschien zuerst in: Zeitschrift für d. Staatsarzneikunde. 29. 1849.
1: Td 1006. 7. 11. 12: Bor. 23al. 21. 24. 29. 30. 38M. 202.
15.

Behrend, Fr(iedrich) Jak(ob) (Hrsg.):

s.: Repertorium, Allgemeines, der medizinisch-chirurgischen Journalistik des Auslandes in...Auszügen. Bd 1 - 10, N.R. 1 - 6. Leipzig: 1831 - 1833, Berlin: 1834 - 1835

JB 6.075

Behrend, Friedrich Jakob, s. Repertorium der medicinisch-chirurgischen Literatur.

Behrend, Friedrich Jakob (Hrsg.):

s.: Repertorium, Wöchentliches, der neuesten medizinisch-chirurgischen Literatur des Auslandes. Bd 1 - 4. Berlin: 1836 - 1837

JB 6.076

Behrend, Friedrich J(akob) (Übers.u.Bearb.):

s.: Stokes, William: Über die Heilung der innern Krankheiten von dem Standpunkte der neuesten Erfahrungen am Krankenbette. Vorlesungen...der medizinischen Schule... zu Dublin. (Lectures on the theory and practice of physic. Dt.) Leipzig: 1835

JB 2.509

—— Syphilidologie, s. Syphilidologie.

Behrend, Friedrich J(akob) (Übers.):

s.: Thomson, A(nthony) T(odd): Vorlesungen über gerichtliche Arzneiwissenschaft... (Lectures on medical jurisprudence... Dt.) Leipzig: 1840

JB 5.349

Behrend, Friedrich Jakob, s. Wallace, W.: Darstellung des Verlaufs ...

Behrend, Friedrich Jakob (Hrsg.), s. Zeitschrift für die Staatsarzneikunde

Behrend, Friedrich Joachim
Behrend, Frid. Joach. (geb. Sorau 5. 11. 1823): De tussi convulsiva. Berolini (1845). (32 S.) 8°
Berlin, Med. Diss. v. 4. Juni 1845

Behrend, Fritz, a. Berlin: Über einige Carbonfarne aus der Familie der Sphenopteriden. (Berlin 1908: A. W. Schade.) (52 S.) 8° ¶ (Aus: Jahrbuch d. Königl. Preuß. Geolog. Landesanstalt Bd 29, 1908.)
Berlin, Phil. Fak., Ref. Branca, Diss. v. 4. Aug. 1908
[Geb. 24. Juni 85 Berlin; Wohnort: Berlin; Staatsangeh.: Preußen; Vorbildung: Sophien-Gymn. Berlin Reife M. 04; Studium: Berlin 7 S.; Rig. 21. Mai 08.]

Behrend, Fritz, über einige Carbonfarne aus der Fam. der Sphenopteriden. (S. 645—698 m. 2 Taf. u. 2 Bl. Erklärgn.) Lex. 8. Berlin (N 4, Invalidenstr. 44) 908. Vertriebsstelle der kgl. geol. Landesanstalt. nn 2. 50
Sonderabdr. aus: „Jahrb. d. kgl. preuss. geol. Landesanst."

Die neue Partei. Komödie in 4 Aufz. von Fritz Behrend. Berlin: R. Eckstein Nachf. [nach 1891]. (138 S.) 8° [F.] [ef. 1891]

Behrend, Fritz. 1900: Die neue Partei. Komödie. — Berlin: Eckstein [um 1900]. 138 S. 8° 1: Ys 31871.
15.

Behrend, Fritz, a. Berlin: Über den Verfasser des „Eselkönigs". Ein Beitrag zur Tierdichtung im Elsass. (Kap. 1—3.) (Berlin 1905: B. Paul.) (56 S.) 8° [F.] ¶ (Erscheint vollst.)
Berlin, Phil. Fak., Ref. E. Schmidt, Diss. v. 9. Dez. 1905
[Geb. 5. Aug. 78 Berlin; Wohnort: Berlin; Staatsangeh.: Preußen; Vorbildung: Sophien-Gymn. Berlin Reife O. 98; Studium: Tübingen 1, Berlin 10 S.; Rig. 19. Dez. 04.]

Behrend, G.: Die Abwärme-Kraftmaschine, s. Behrend, Gottlieb

Behrend, G.: Betrachtungen über den Gebrauch der evangelischen Kirchenmusik, s. Behrndt, Gottfried

Behrend, G.: Ueber die Chemie des Bieres vom Gerstenkorn bis zur Fertigstellung, s. Behrend, Gottlieb

Behrend, G.: Die Hautkrankheiten, s. Behrend, Gustav

Behrend, G.: Sammlung von Gedichten, s. Behrndt, Gottfried

Behrend, G.: Aus dem Tagebuch einer Sünderin, s. Behrend, Gudda

Behrend, Gottfried s. *Behrndt.*

Behrend, Gottlieb: Die Abwärme-Kraftmaschine (System Behrend-Zimmermann). Verfahren, mechanische Arbeit durch Abwärme zu erzeugen. 4 Vorträge. — Halle: Knapp 1902. 32 S. 8° **1:Og 13934. 3. 6. 30. 80. 91.** 15.

Behrend, Glieb., über Ausschank von Lagerbier und über die dazu gehörigen Räume, Einrichtungen und Apparate für Bierwirthe und Brauer. gr. 8. (VIII, 117 S. mit 115 eingedr. Abbild.) Halle 888, Knapp. *

— Der Bau und die Einrichtung der Schlachtereien. — Halle: Knapp 1884. 20 S. 4°
Aus: F. L. Haarmann's Zeitschrift für Bauhandwerker. 27. 1883.
1:4° Ny 11375. 3. 16.

— das Brauen mit ungemälztem Getreide. Eine prakt. Darlegung. Uebersetzung einer Abhandlung von Th. W. Lovibond, F. C. S., F. I. C. in London. gr. 8. (44 S.) Ebendas. 884. *

— Ueber die Chemie des Bieres vom Gerstenkorn bis Fertigstellung. — Hamburg: Verl.Anst. u. Dr. A.-G. 1897. 36 S. 8° (Sammlung gemeinverständlicher wissenschaftlicher Vorträge. N.F. Ser. 11. H. 264.)
1:Ag 9017-264. 2→6. 9. 11. 12:Var. 366an-264. 16. 17. 18. 24. 25. 27. 28. 30. 38. 82. 83. 89. 90. 91. 300:395.139-B.Per. N.F. 11. 302. 15.

— Eis- und Kälteerzeugungs-Maschinen nebst e. Anzahl ausgeführter Anlagen zur Erzeugung von Eis, Abkühlung von Flüssigkeiten u. Räumen. — Halle: Knapp 1883. VIII, 164 S. 8° **1:Or 12512. 3. 10. 12:Techn. 17g-1. 17. 30. 82. 83. 89. 91.** 15.

—— 2., verm. Aufl. Ebd. 1888. XII, 304 S. 8° **1[unvollst.]:Or 12512². 3. 15. 17. 82. 83. 89. 91.** 16.

—— 3., verm. Aufl. Ebd. 1894. XII, 444 S. 8° **1:Or 12512³. 3. 7. 30. 82. 83. 89. 91.** 15.

—— 4., verm. Aufl. Ebd. 1900. XVIII, 594 S. 8° **1:Or 12512⁴. 3. 17. 89. 91.** 15.

— Der Eiskellerbau mit einer Anzahl ausgeführter Anlagen neuester Art. — Halle: Knapp 1900. 37 S. 4° **1:4° Nz 3485. 3. 30. 85. 89. 91.** 15.

—— Export-Catalog über Maschinen, Maschinentheile und Fabrik-Einrichtungen aller Art, sowie technische Artikel. 1. Abthl. gr. 4. (III, 750 S.) Ebendas. 883. *

Behrend, Gottlieb (Hrsg.), s. Handbuch der Bierbrauerei

—— Handbuch der Bierbrauerei, s.a. Schneider, C.

— Ueber künstliche Kälteerzeugung und Kälteindustrie. Hamburg: Verl.Anst. u. Dr. A.-G. 1898. 32 S. 8° (Sammlung gemeinverständlicher wissenschaftlicher Vorträge. N.F. Ser. 13. H. 297.) **1:Ag 9017-297. 2→6. 9. 11. 12:Var. 366an-297. 16. 17. 18. 24. 25. 27→30. 82. 83. 89. 90. 91. 300:395.139-B.Per. N.F. 13. 302.** 15.

— Kompressions-Kältemaschinen m. flücht. Flüssigkeiten. Machines frigorifiques à gaz liquéfiable de R. E. de Marchena. Autoris. deutsche Ausg. v. B. Veröffentl. als wissenschaftl. Ergänzg. z. s. Buche üb. Eis- u. Kälteerzeugungs-Maschinen. 3. Aufl. gr. 8. (IV, 83 S. m. 12 Fig.) Halle 895. W. Knapp. n. 4. —

— Das electrische Licht. — Halle: Knapp 1883. 23 S. 8° **1:5 in Op 29601. 3. 17. 18. 82. 83.** 15.

— üb. pneumatische Mälzerei. Kurze Darstellg. dieses Teiles der Brauerei u. Zusammenstellg. v. Resultaten desselben. [Aus: „Der Bierbrauer".] gr. 8. (III, 63 S. m. 21 Abbildgn.) Ebd. 889. n. 2. —

Behrend, Glieb., Tabellen üb. Kraft- u. Nutz-Leistung v. Dampfmaschinen. Zum Gebrauche für Maschinen-Techniker u. Besitzer von Dampfmaschinen nach J. Völcker's Indicator berechnet. (In 15—20 Hftn.) 1. Hft. gr. 4. (XXI, 10 S.) Halle 882. Knapp. n. 2. —

— Tabellen über Kraft- und Nutz-Leistung von Dampfmaschinen. H. 1. — Halle: Knapp 1883. XXI, 10 S. 4° **1:4° Og 13832**

Behrend, Gudda: [En Synderinde, deutsch] Aus dem Tagebuche einer Sünderin. Uebers. von Mathilde Mann. Berlin [usw.]: Juncker 1902. 105 S. 8° **1:Zk 15178/100. 11. 18. 24. 38.** 15.

Behrend, Gudda, aus dem Tagebuche e. Sünderin. 5.—8. Aufl. (Je 105 S.) 8. Stuttgart (906). A. Juncker. n. 2. —

— dasselbe. 9.—12. Aufl. (Je 116 S.) 8. Ebd. (906). n. 2. —

Behrend, Gudda, aus d. Tagebuche e. Sünderin. 14. Aufl. (116 S.) 8. Stuttgart (907). Charlottenburg, A. Juncker. 2. —

Behrend, Gustav, Dr. med., Prof. für Dermatologie, Berlin, 1847-1925. 1879: Die Hautkrankheiten für Aerzte und Studirende dargest. — Braunschweig: Wreden 1879. XV, 569 S. 8° **1:Ko 835. 2. 5. 6. 10. 11. 15. 25. 27. 30. 38M.** 15.

— Lehrbuch der Hautkrankheiten. Für Aerzte u. Studirende. 2., verm. Aufl. — Berlin: Hirschwald 1883. XII, 612 S. 8° **1:Ko 836. 2. 6. 8. 11. 12:Path. 106me. 14. 15. 21. 30. 38M.** 15.

Behrend, Gust. (geb. Neustettin 16. 1. 1847): Studien über das breite Condylom. Historisches und Klinisches. Leipzig 1871. (29 S.) 8°
Berlin, Med. Diss.
nachgeliefert v. dem am 5. Aug. 1870 auf Grund gedruckter Thesen promov. Verf.

Behrend, G., Studien über das breite Condylom. gr. 8. (29 S.) Berlin 871, (Oliven.) *

Behrend, Heinz: Leidenschaft. Gedichte. — Braunschweig: Sattler 1904. VII, 105 S. 8° **12:P.o.germ. 88f. [2 Ex.]** 15.

Behrend, Hugo, Referendar aus Neu-Stettin: Die Konkurrenz der Kontraktsklage mit der Deliktsklage. *Greifswald 1900: J. Abel.* (43 S.) 8°
Greifswald, Jur. Diss. v. 1900

Behrend, J., s. Bibliothek v. Vorlesungen etc. über Medicin.

Behrend, J., s.: Festgaben f. Aug. Wilh. Heffter.

Behrend, J. Ad., s. B e h r e n d s , Johann Adolf

Behrend, I. F., Harmonia systematis de hodierna animar. creatione etc. 8. Berl. Haude. 744.

Behrend, J. F.: Christian Friedrich K o c h , s. B e h r e n d , Jakob Friedrich

Behrend, J. F. : L e h r b u c h des Handelsrechts, s. B e h r e n d , Jakob Friedrich

Behrend, J. Fr.: A n e v a n g u. Erbengewere, s. B e h r e n d, Jakob Friedrich

Behrend, J. G., die Kunst hundert Jahre zu leben, nie krank zu werden, und jede abzehrende Krankheit, als Lungensucht, Schwindsucht, Auszehrung, Blutarmuth rc., wofern das letzte Stadium der Krankheit noch nicht eingetreten, gründlich zu heilen u. den geschwächtesten weiblichen als männlichen Organismus in kürzester Zeit auf den höchsten Grad von Kraft zu bringen und zwar ohne alle Medizin. Naumburg (855) Garcke. 16. verklebt

Behrend, J. G., die Kunst, hundert Jahre zu leben, nie krank zu werden und jede abzehrende Krankheit, als: Lungensucht, Schwindsucht, Auszehrung rc., wofern das letzte Stadium der Krankheit noch nicht eingetreten, gründlich zu heilen und den geschwächtesten weiblichen als männlichen Organismus in kürzester Zeit auf den höchsten Grad von Kraft zu bringen und zwar ohne alle Medicin. 5. Aufl. Volksausg. 16. (77 S.) Naumburg 858, [Tauerschmidt.]

— — 5. Aufl. Volksausgabe. Ebend. (858.) 16. (77 S.) 15 ngl.

Behrend, Jacob: Theoretisk-praktisk Anviisning til at saette Sanskrit ⟨. . . Dêvanâgarî⟩. I Anledning af Bogtrykkerkunstens fjerde Secularfest. — Berlin: Selbstverl. 1840. 24 S. 4° [Ant. u. Nagari.] **35.**
15.

Behrend, Jac. (geb. Neustettin 16. 8. 1834): De partu praematuro artificiali. Berolini (1857). (32 S.) 8°
Berlin, Med. Diss. v. 18. Apr. 1857

Behrend, Jakob Friedrich: Anevang und Erbengewere. Festschrift (Herrn Geheimen Justiz-Rath Professor Dr. Karl Georg Christof Beseler zur Feier seines 50jährigen Doctorjubiläums überreicht) im Namen u. Auftr. der Breslauer Juristenfacultät. — Berlin: Guttentag 1885. 55 S. 8° **1: Gn 8915. 2. 3. 5→9. 11. 14. 15. 16. 18. 25. 26. 29. 30. 302.**
15.

Behrend, J. Fr., die Magdeburger Fragen. gr. 8. (L und 300 S.) Berlin 865, Guttentag. *

Behrend, J. Fr., Chrn. Friedr. K o ch, s.a. K o ch, C. L., allgemeines Landrecht.

— Christian Friedrich Koch. Eine Skizze seines Lebens. — Berlin: Guttentag 1872. 22 S. 8° **1: An 14460. 2→11. 12: Biogr. 582d [2 Ex.] 14. 15. 17. 18. 23. 26→30. 38.**
15.

Behrend, J. Fr., Lehrbuch des Handelsrechts. (In 2 Bdn.) 1. Bd. 1. u. 2. Lfg. gr. 8. (III, 384 S.) Berlin 880. 81. Guttentag. à n. 8. —

— Lehrbuch d. Handelsrechts. 1. Bd. 3. u. 4. Lfg. gr. 8. (VIII, S. 385—694.) Ebend. 884. 86. à n. 3. —

Behrend, J. Fr., Lehrbuch d. Handelsrechts. 1. Bd. 5. Lfg. gr. 8. (II u. S. 695—870.) Berlin 892. J. Guttentag. n. 3. — (I, 1—5.: n. 15. —)

Behrend, J. Fr., Lehrbuch d. Handelsrechts. 6. Lfg. gr. 8. (IV u. S. 871—986.) Berlin 896. J. Guttentag. n. 2. 50 (1. Bd. kplt.: n. 17. 50)

—— **Lex salica.** Nebst den Capitularien zur lex salica bearb. von Alfr. Boretius. gr. 8. (XXIII, 163 S.) Berlin 874, Guttentag. *

— Lex salica. 2., veränd. u. verm. Aufl. v. Rich. Behrend. gr. 8. (XII, 236 S.) Weimar 897. H. Böhlau's Nachf. n. 4. 50

— **Mängel und Reform der Gesetzgebung über Actiengesellschaften.** — Leipzig: Duncker & Humblot 1873. S. 37-90. 8°
Aus: Wiener, Heinrich: Zur Reform d. Actiengesellschaftswesens. Von H. Wiener, Goldschmidt, Behrend. 1873.
7. 16. 30.
15.

Behrend, Jak. F., Observationes de actione simplici (schlichte Klage) juris germanici. Diss. inaug. jurid. Berolini 1861. 8. . . . . (BKG.)

— **Zum Process der Lex salica.** — o. O. [1873]. S. 59-89. 8°
Aus: Festgaben für August Wilhelm Heffter. 1873.
7. 16. 18. 21.
15.

—— ein Stendaler Urtheilsbuch aus dem 14. Jahrh. als Beitrag zur Kenntniss des Magdeburger Rechts hrsg. gr. 8. (XVI, 122 S.) Berlin 868, Guttentag. *

— **Vorbemerkung zu einer Ausgabe der Lex Salica.** — (Berlin 1871: Weinberg.) XXIV, 13 S. 8° **38.**

Behrend, J.F. (Hrsg.), s. Z e i t s c h r i f t für die deutsche Gesetzgebung und für einheitliches Recht.

Behrend, Israel: Über die A n w e n d u n g des Brechmittels, s.a. B e h r e n d, Friedrich Jakob

Behrend, Israel: Ueber die Anwendung des Brechmittels gegen die Cholera. Sendschreiben an Aerzte. — Schönberg 1831: Bicker. 14 S. 8° **18. 28.**
15.

— **Die Febris intermittens stationaria.** Ein Beitrag zur Lehre von d. Krankheitsconstitutionen unserer Zeit. — Wismar [usw.]: Hinstorff 1853. 22 S. 8° **1: It 5045. 2. 12: 4° Path. 432-33. 28.**
15.

— **Die Juden im Großherzogthume Mecklenburg-Schwerin und ihre Aussicht auf bürgerliche Gleichstellung.** Denkschrift. — Schwerin: Kürschner [usw.] 1843. 40 S. 8° **28.**
15.

Behrend, K.: S a m m l u n g polizeilicher Vorschriften für den Polizeibezirk Schöneberg-Wilmersdorf. Im amtl. Auftr. hrsg. Berlin-Wilmersdorf (1911).

Behrend, Käthe
Tables of English literature with corresp. hist. dates. Tabellen zur englischen Litteraturgeschichte nebst parallelen hist. Daten. Von K ä t h e Behrend, Sprachlehrerin. *Berlin: Winckelmann & Söhne 1900.* (20 S.) 4° (os. 1208)

Behrend, Klara [Wirkl. Name] **s.** ***Baumbach*****, Klara.**

Behrend, M., Schriftsteller, Hamburg. 1859 - 1935, s. B e h r e n d , Martin

Behrend, M., Dr. phil., Handelskammersyndikus, Magdeburg, später Prof. an der Handelshochschule, Mannheim, 1865 - 1926., s. B e h r e n d , Martin

Behrend, M.: A m e n ! , s. B e h r e n d , Max

Behrend, M., d. Anwendung von Thyreoidea-Präparaten i. d. ärztl. Praxis. [A.: „Allg. med. Central-Zeitg."] gr. 8. (4 S.) Berlin 895. O. Coblentz. n. 1. —

Behrend, Martin
Behrend, M: Anl. z. Gründg etc. kaufmänn. Fortbildgssch., s.: Schlossmacher.

Behrend, *Paul* Martin [app. Arzt aus Berlin]: Aus d. kgl. medicin. Universitätspoliklinik zu Leipzig. Beitrag zur Lehre vom Myxoedem ... Leipzig, Druck v. E. Freter, *1895;* 49 S., 1 Bl. 8.
Leipzig, Med. Fak., Inaug.-Diss. v. 20. Jan. 1895

Behrend, Martin:
Handelskammer zu Magdeburg. Enquête über die weiblichen Handlungsangestellten Magdeburgs. — (Magdeburg [1907]: Baensch.) 26 S. 4° 1:4° Te 9282. **3. 27. 38.** 15.

Behrend, Enquête üb. die weibl. Handlungsangestellten, veranst. v. der Handelskammer zu Magdeburg. (26 S.) Lex. 8. Magdeburg (907). (Heinrichshofen's Sort.) — 75

Behrend, Martin:
Frau Eva. Schwank. Von Martin Behrend u. Ludwig Spannuth. — Berlin: Kühling & Güttner [1901]. 28 S. 8° (Album für Liebhaber-Bühnen. 364.) 1:Yp 6329-364. 15.

— Die obligatorische kaufmännische Fortbildungsschule zu Magdeburg. — Magdeburg 1904: Baensch. 27 S. 8° (Verhandlungen u. Mitteilungen d. Handelskammer zu Magdeburg. 1904,9,Beil.) 1:in 4° Te 9273-1904. **8.** 15.

Behrend, M., die obligatorische kaufmännische Fortbildungsschule zu Magdeburg. Beilage zu den „Verhandlgn. u. Mitteilgn. der Handelskammer zu Magdeburg". Im Auftrage der Handelskammer. (27 S.) 8. Magdeburg (904). (Heinrichshofen's Sort.) n. — 50

— Zur Frage der Schiffahrtsabgaben auf künstlichen Wasserstrassen. — Berlin: Troschel 1903. 23 S. 8° (Deutsch-Oesterreichisch-Ungarischer Verband für Binnenschiffahrt. Verbands-Schriften. N.F. 23.) 1:Sa 6022-N.F.23. **11. 12:**A.hydr. 80wb-23. **14. 38. 90. 91. 300:**393.545-B.Per.N.F.23. **302.** 15.

— Haus Gerling. Roman. — Berlin [usw.]: Hillger [1901]. 128 S. 8° (Kürschners Bücherschatz. 244.) 1:X 8420-244. **26. 101.** 15.

— Geschichten aus dem Artistenleben. — Leipzig: Reclam [1896]. 95 S. 8° (Universal-Bibliothek. 3499.) 1:Ag 7201-3499. **15. 101. 300:**410.411-A.Per.3499. **302.** 15.

— Magdeburger Großkaufleute. Lebensbilder, hrsg. zur Einweihung d. Hauses d. Handelskammer ... 1906. — Magdeburg: Handelskammer [1906]. 173 S. 4° 1:4° Te 9281. **3. 16. 27.** 15.

Behrend, M., Magdeburger Großkaufleute. Lebensbilder, hrsg. zur Einweihg. d. Hauses der Handelskammer, Alter Markt 5 u. 6, am 19. V. des J. 1906. (173 S. m. Abbildgn.) Lex.-8. Magdeburg (906). (Heinrichshofen's Sort.) n.n. 18 —

— Gründung, Einrichtung und Verwaltung von obligatorischen kaufmännischen Fortbildungsschulen unter Mitw. der Herren: Anschütz [u.a.] — Leipzig: Teubner 1905. XII,193 S. 8° (Veröffentlichungen d. Deutschen Verbandes für d. kaufmännische Unterrichtswesen. 32.) 1:Fg 6000-32. **16. 27. 38.** 15.

— Handelsgebräuche im Grosshandel u. Schiffahrtverkehre Magdeburgs, s.: Gutsche, Geo.

— s.a. Korporation, die, der Kaufmannschaft zu Magdeburg u. die Handelskammer.

(—) Die Korporation der Kaufmannschaft zu Magdeburg und die Handelskammer. 1876-1906. Festschrift hrsg. zur Einweihung d. Hauses d. Handelskammer 1906. (Verf.: Behrend u. Gehrig.) — (Magdeburg [1906]: Baensch.) 158 S. 4° 1:4° Te 9280. **3. 4. 26. 27.** 15.

Behrend, Martin, prakt. Arzt, Vol.-Assist. am Kgl. pathol.-anat. Univ.-Inst.: Aus d. Kgl. hygien. Universitäts-Institut zu Königsberg i. Pr. Nachprüfung zweier neuer Methoden der Geisselfärbung bei Bakterien. *Berlin 1902: Edler & Krische.* (30 S.) 8°
Königsberg, Med. Diss. v. 11. Apr. 1902

— s.a. Schiffahrtsgebräuche.

— Central-Verein für Hebung d. Deutschen Fluss- u. Kanalschiffahrt. Schiffahrtsgebräuche. T.1. Vortrag, gehalten in d. ordentlichen Hauptversammlung ... 1904 ... von Behrend. T.2. Handelskammer-Gutachten betr. Schiffahrtsgebräuche. — Berlin 1904. 43 S. 8°
Aus: Zeitschrift für Binnenschiffahrt. 11. 1904.
1:Fo 13328. 15.

Behrend, M., der Spiegel d. Teufels, s.: Büchersammlung, allgemeine, lebender Schriftsteller.

— Das kaufmännische Unterrichtswesen in Magdeburg. Nach e. Vortrage. — (Magdeburg 1901: Baensch.) 36 S. 8° (Verhandlungen u. Mitteilungen d. Handelskammer zu Magdeburg. 1901,1.Beil.) [Umschlagt.]
Erweitert aus: Blätter für Handel, Gewerbe u. soziales Leben. 1900.
1[illegible]. 16. 15.

– fahrendes Volk, s. Hermann, Otto

— fahrendes Volk, s.: Saltarino, Signor.

Behrend, M., die berufsmäßige Vorbildung der volkswirtschaftlichen Beamten, s.: Bücher, K.

— Vortragskurse für Kaufleute 1897-1907. Veranstaltet von d. Handelskammer zu Magdeburg. — (Magdeburg [1907]: Baensch.) 36 S. 8° 1:Fg 6028. **3. 4. 21. 27. 38.** 15.

Behrend, Max, Amen! s.: Heybrich, Bruno.

Behrend, Max *Albert* [aus Hamburg]: Neue Beiträge zur Kenntniss des Glyoxalins ... Göttingen, Buch- u. Steindr. v. L. Hofer, 1892; 56 S., 1 Bl. 8.
Göttingen, Phil. Fak., Inaug.-Diss. v. [18. Febr.] 1892

Behrend, Max, neue Beiträge zur Kenntniss d. Glyoxalins. Diss. gr. 8. (56 S.) Göttingen 892. (Vandenhoeck & Ruprecht.) n. 1. —

Behrend, Max, Regisseur u. Intendant, Mainz, später Frankfurt a. M., 1863-1927. 1895:
Aus dem Panoptikum. Posse. — Berlin: Entsch 1895. 71 S. 8° 1:Ys 29093/44 [u.] Yp 5005-384. 15.

Behrend, Max Albert, s. Behrend, Max

Behrend, Moses, Kommunalarzt, Kolberg. 1860
— Das Sool- und See-Bad Colberg nebst einer Genauen chemischen Analyse der Colberger Soolquellen von Wöhler u. einer Geschichte der Colberger Saline von M. Behrend. Colberg: Howe 1860. 144 S. 8. 1:Is 3761. **2. 9. 11. 21.** 15.

— Kritik der Schrift: Die Summe unseres Wissens vom Sool- und Seebade Colberg. Vortrag. — Colberg: Howe 1865. 18 S. 8° 9. 15.

Behrend, Otto:
Der Bildhauer. Künstlerroman aus Pompeji. — (Berlin): Schall [1907]. 312 S. 8° (Verein d. Bücherfreunde. [16,7.])
1:Yt 684-16,7. 4. 11. 12:Var. 377 v-16,7. 26.
15.

Behrend, Otto, geopfert, s.: **Eckstein's Miniaturbibliothek.**

Behrend, Otto [aus Varzin i. Pom.]: Konstitutionsbeziehungen zwischen Ricinölsäure- und Oelsäurederivaten ... Berlin, A. W. Schade's Buchdr., 1896; 38 S., 1 Tab. 8.
Rostock, Phil. Fak., Inaug.-Diss. v. [21. Juli] 1896

— Manöver. Erzählung aus d. Soldatenleben. Mit Illustr. von Adolf Wald. — Stuttgart [usw.]: Deutsche Verl.-Anst. 1901. 140 S. 8° 24.

— Roman einer Liebe. — Berlin: S. Fischer 1898. 202 S. 8°
1:Yx 30428. 11. 18.
15.

— In Schwulibus. Gefangen. 2 Erzählungen. — Stuttgart [usw.]: Deutsche Verl.-Anst. 1903. 159 S. 8° (Deva-Roman-Sammlung. 30.) 24.
15.

Behrend, Otto: Ums Seelenheil. Roman. 1. u. 2. Afl. (326) 8° Berl., E Hofmann & Co. ('11). 4 —; L 5 — d

— Sigfrid. — Leipzig: Renger 1892. 250 S. 8°
1:Yo 24609. 12:P. o. germ. 1871 e. 30.
15.

Ein stolzes Weib. Aus d. Papieren eines Juristen von Otto Behrend. Berlin: R. Eckstein Nachf. [1905]. (95 S.) 8°
= Bibliothek, Ecksteins Moderne. No 37. [05. 4519

Behrend, O., Wieland der Schmied. 8. (VII, 199 S.) Leipzig 890. (Renger.) n. 3. —; geb. n. 4. —

Behrend, Paul, Dr. phil., Prof. für chemische Technologie, Hohenheim, später Danzig, 1853-1905. 1881: Kurzgefaßte Anleitung zum praktischen Brennereibetrieb. — Stuttgart: Ulmer 1885. IV,139 S. 8° 1:Oq 4466/5. 21. 24. 91.
15.

—— 2. Aufl. Ebd. 1900. VI,185 S. 8°
3. 12:Techn. 17gd. 24. 91. 302.
15.

– Beiträge zur Chemie des Obstweines und des Obstes. Als Progr. zur 74. Jahresfeier der K. Württemb. landwirtschaftlichen Akademie Hohenheim.
Stuttgart: A. Müller 1892.
106 S.

Behrend, Paul [aus Tilsit i. Ostpr.]: Ueber die Einwirkung von Oxaläther auf Hydroxylamin und Äthoxylamin .... Königsberg i. Pr., Hartungsche Buchdr. (1885): 32 S. 8°.
Königsberg, Phil. Fak., Inaug.-Diss. v. 12. Dez. 1885.

Behrend, Paul, über die Einwirkung von Oxaläther auf Hydroxylamin und Aethoxylamin. Diss. Königsberg i. P. 1885, Graefe &. Unzer. 8°. 32 S.

Behrend, Paul, s: Erläuterungen zu sämtl. Lesestücken in F Hirts deut. Leseb.

Handkarte der Provinz Westpreussen. Entw. u. gezeichnet von Paul **Behrend,** Lehrer. (Maßst. 1 : 1.000.000. Auf 2 Kartenbl. enth.: Bodengestaltung u. Bewässerung ... Danzig: A. W. Kafemann [1906].) (1 beiderseitig bedrucktes Kartenbl. 32×23 cm.) 8° [lith.] [kol.] [07. 608

Behrend (P.), Zur Kenntniss des Stoffumsatzes bei der Malzbereitung und Spiritusfabrikation. Als Programm zur 66. Jahresfeier der K. Würtemberg. landwirthschaftlichen Akademie Hohenheim. 8°. Stuttgart 1884.

— Verstossene Kinder. Sammlg westpreuss. Volksmärchen. (48) kl8° Königsbg, JH Bon's V. '12. — 50 d

Behrend P und E Klaiber, Vergleichende Mahl- und Backversuche mit in- und ausländischen Weizensorten. (31 S) Stuttgart 1901

Behrend, Paul, Volksschullehrer, Kommerau. 1906: Märchenschatz. Volksmärchen, in Westpreußen gesammelt. 1. Aufl. — Danzig: Kafemann 1908. IV,96 S. 8°
1:Yt 2517/275. 3. 7. 10. 11. 21. 26. 300:457.509-B. 302.
15.

Behrend, P., Max Maercker. Ein Rückblick. gr. 8. (54 S. m. 1 Bildnis.) Berlin 902. P. Parey. n. 2. —
Sonderabdruck aus „Landw. Jahrbücher".

Behrend, Paul, die Resultate der hauptsächlichsten Felddüngungsversuche v. Lawes u. Gilbert in England u. ihre Bedeutung f. die deutsche Landwirthschaft. Bearb. u. kritisch dargestellt. Lex.-8. (138 S.) Berlin 881. Parey. n. 4. —

Behrend, Paul: Ein Rückblick, s. Behrend: Max Maercker.

— Westpreußischer Sagenschatz. Eine Auswahl d. schönsten Heimatsagen. Bdch. 1–6. — Danzig: Kafemann 1906–10. 8° 1-3. 1. Aufl. 1906-08. 4-6. 1909-10.
1:Yt 2517/159. 10. 11 [* 1]. 30 [* 1.2].
15.

— Westpreuss. Sagenschatz. Der Jugend erzählt. I. u. VI. Bdchn. gr8° Danz., AW Kafemann. je 1 —; L 1.50 d
I. 2. Afl. (8, 111 m. Abb.) '11. ‖VI. (8, 80 m. Abb.) '10.

Behrend, Paul: Studien über die Einwirkung der wichtigsten Pflanzennährstoffe auf das Leben einiger Culturpflanzen nach Versuchen von Lawes und Gilbert in England. Halle a/S. 1881: Waisenhaus. 50 S. 8°
Halle-Wittenberg, Phil. Hab.-Schr. v. 25. Nov. 1881
Auszug aus des Verf. Abhandlung in: Landwirtschaftliche Jahrbücher. Bd 10. Berlin 1881. 4° S. 342—480 und der vollst. Buchausg. u. d. T.: Die Resultate der hauptsächlichsten Felddüngungsversuche v. Lawes u. Gilbert in England u. ihre Bedeutung f. die deutsche Landwirthschaft. Berlin: Parey 1881. 138 S. Lex.-8°

BEHREND, PAUL. Ueber Sulfurylchlorid und sein Verhalten gegen Alkohole. Leipzig, 1876. Diss. G. S.

— Mein Vaterld, s: Krahn, Fritz.

Behrend, Paul, Architekt u. Ingenieur, Hamburg. 1910: Wie schaffe und erhalte ich mir eine ökonomische Dampfanlage? — Halle: Knapp 1910. 47 S. 8°
1:Og 13966. 3. 38. 91.
15.

Behrend, P., M. Maercker u. A. Morgen, über den Zusammenhang des specifischen Gewichts mit dem Stärkemehl- u. Trockensubstanzgehalt der Kartoffeln, sowie über die Methode der Stärkemehlbestimmung in den Kartoffeln. [Aus: „Landwirthsch. Versuchs-Stationen".] gr. 8. (62 S. m. 1 Steintaf.) Berlin 880. Parey. n. 1. —

— **M. Maercker und A. Morgen,** über den Zusammenhang des specifischen Gewichts mit dem Stärkemehl- und Trockensubstanzgehalt der Kartoffeln, sowie über die Methode der Stärkemehlbestimmung in den Kartoffeln. gr. 8. (62 S. mit 1 Stnt.) Berlin 880, [Wiegandt, Hempel und Parey.] Parey. * 1 —
Aus: Landwirthschaftliche Versuchs-Stationen, besonders abgedruckt.

Behrend, P. W.: Geschichte der Stadt Neuhaldensleben, s. Behrends, Peter Wilhelm

Behrend, P. W.: Geschichte der Stadt Öbisfelde, s. Behrens, Peter Wilhelm

Behrend, Paul Martin, s. Behrend, Martin

Behrend, Raimund [Hrsg.] s.a. *Behrend*, Theodor: Aus dem Tagebuch meines Vaters Theodor Behrend in Danzig. 1896.

Behrend, Raim., a. d. Tagebuch m. Vaters Theodor Behrend in Danzig. gr. 8. (VI, 170 S.) Königsberg 896. (Bon's Buchh.) n. 2. —; geb. n. 3. —

[F.] Aus dem Tagebuch meines Vaters Theodor **Behrend** in Danzig. Von Raimund Behrend, Pr. Arnau. *Königsberg: Ostpreuss. Ztgs- u. Verl.-Dr. (Kommr. Bon) 1896.* (4 Bl., 170 S., 1 Portr., 1 Taf.) 1 Bd 8. [96.7…]

Behrend, Richard: Beiträge zur Lehre von der Quittung. Leipzig: Veit 1896. IV,98 S. 8°
Erschien teilweise auch als Diss. u. d. T.: Behrend: Zur Geschichte d. Quittung. Berlin 1896.
5. 6. 9. 11. 15. 16. 18. 302.
15.

Behrend, Richard *Adolf* [Kammergerichtsref.]: Zur Geschichte der Quittung … (Erscheint vollst. im gl. Verl. u. d. T.: Beiträge zur Lehre von der Quittung.) Leipzig, Veit & C., 1896; 42 S., 1 Bl. 8.
Berlin, Jur. Fak., Inaug.-Diss. v. 9. Juli 1896

Behrend, R., d. Handelsgesetzbuch, s. Handbibliothek, jurist., Bd. 91.

— Handelsgesetzbuch f. d. Deutsche Reich, s.: Wengler, Frdr. Alb.

Behrend, Rich., das Handelsgesetzbuch (m. Seerecht), s.: Handbibliothek, juristische.

— s.: Meinhold's jurist. Handbibliothek.

— Reichsgesetz üb. den Versicherungsvertrag, s.: Hager, W.

Behrend, R., s. Guttentags Sammlung deutscher Reichsgesetze Nr. 83.

Behrend, Richard Adolf, s. Behrend, Richard

BEHREND, ROBERT. Ueber substituirte Sulfamide und Amidosulfonchloride. Leipzig, 1882. **Diss.** G. S., S. I.

BEHREND, ROBERT. Versuche zur Synthese von Körpern der Harnsäurereihe. Leipzig, 1885. **Diss.** G. S., S. I.

Behrend, Roland, aus Hamburg: Der Begriff der verlorenen Sache nach dem Fundrecht des BGB. *Rostock 1903: C. Hinstorff.* (62 S.) 8°
Rostock, Jur. Diss. v. [12. Febr.] 1904

Behrend, S.: Der Kanonier in der Tonne, s. Volksbibliothek des Lahrer Hinkenden Boten.

– ein Karnevalscherz, s. Volksbibliothek des Lahrer Hinkenden Boten.

Behrend, S.: Kuckucks-Eier.
Altona: Verlags-Bureau; August Prinz o.J. [ca. 1875]
78 S. Kl. 8°

Behrend, S., verirrt, s.: Lehmann's jüdische Volksbücherei. 12.

Behrend, S.: Lustige Zeisige.
Altona: Verlags-Bureau; August Prinz O.J. [c. 1875]
80 S. Kl. 8°

Behrend, Theodor
(—) Denkschrift der Kaufmannschaft von Danzig dem von einer hohen deutschen National-Versammlung eingesetzten Ausschusse für Arbeiter-, Gewerbs- und Handels-Angelegenheiten, zur geneigten Beachtung überreicht. — Danzig 1848: Gerhard. 27 S. 4° **18.**
15.

— Grundzüge zu einer wissenschaftlichen Theorie des Freihandels. Vorlesung. — Berlin: Springer 1848. 32 S. 8°
1:13 in Fg 523. 3. 9. 10. 11. 12: Merc. 273-30. 15. 18.
15.

Behrend, Theodor: [Teils.] Aus dem Nachlasse von Theodor Behrend. — Danzig 1852: Wedel. 175 S. 8° **101.**
15.

— Special-Votum in Sachen des einigen Deutschlands. — Danzig: Anhuth 1848. 47 S. 8°
1: Deutsche Flugschr. 1848-71. 5. 10. 11.
12: Germ. g. 554-25. 25. 30.
15.

— Aus dem Tagebuch meines Vaters Theodor Behrend in Danzig. Von Raimund Behrend. — Königsberg: Ostpreußische Zeitungs- u. Verl.-Dr. 1896. 170 S. 8°
1: Sw 2969. 2. 7. 10. 26. 38. 300: 105.308-B.
15.

Behrend, W.: Landwirtschaftliche u. gewerbliche Brennereien im Lichte der Branntweinsteuer-Gesetzgebung, s. Behrend, Wilhelm

Behrend, W.: Zwei Ostseestädte, Rostock und Wismar, s. Behrend, Walter

Behrend, Walter, Journalist, Mannheim, geb. 1885. 1907: **Zwei Ostseestaedte, Rostock und Wismar. — Leipzig: Klinkhardt & Biermann [1909]. 141 S. 8° (Stätten d. Kultur. 21.)**
1: Pq 5400/10-21. 7. 9. 10. 11. 12: H. misc. 292 md-21. 14→17. 24. 28. 30. 38. 300: 460.856-B. 21. 302.
15.

— Ernst von Wildenbruch. Theater, Erzählung u. Lyrik. Essay. — Leipzig: Verl. für Literatur, Kunst u. Musik 1907. 101 S. 8° (Beiträge zur Literaturgeschichte. 37.)
1: X 8478-37. 12: H. lit. P. 36 nd-37. 15. 18. 300: 495.951-B. Per. 37.
15.

Behrend, Wilhelm
Behrend, die wirtschaftliche Bedeutung der Kartoffeltrockng. Vortrag, geh. in der ökonom. Gesellschaft im Königreich Sachsen zu Dresden am 6. III. 1908. (8 S.) gr. 8. Leipzig 908. Fritzsche & Schmidt. — 60

Behrend, Wilhelm: Die wirtschaftliche Bedeutung der Kartoffeltrocknung. Vortrag. — Leipzig: Reichenbach [1908]. 8 S. 8° **1:13 in Ou 29523-5.**
15.

— Landwirthschaftliche und gewerbliche Brennereien im Lichte der Branntweinsteuer-Gesetzgebung. — Berlin: Parey 1902. 35 S. 4° **1: 4° Oq 4539. 11.**
15.

— Deutschlands Kartoffelerzeugung und Verbrauch in Gegenwart und Zukunft. — Berlin: Parey 1905. 47 S. 8°
1: Ff 7418. 11. 30. 90. 01.
15.

— die Novelle von 1902 zum Branntweinsteuer-Gesetz. Text u. krit. Erläuterg. gr. 8. (IV, 102 S.) Ebd. 902. n. 2. —

Spiritus contra Petroleum. Ein Beitrag z. Frage d. Unterbringung unserer steigenden Ernten von Dr. W[illy] **Behrend.** Berlin: P. Parey 1906. (78 S.) 8° [J. u. Ant.] 07. 4758

Behrend, W., die rechnerische Thätigkeit des Landwirts. Eine Anleitung, alle für den Landwirt wicht. Fragen der Taxation, Kalkulation und Buchführung richtig und in übersichtl. Form durch Rechnung zu beantworten. Mit einem Vorwort von A. Kraemer. gr. 8. (XII, 109 S.) Weimar 884, B. F. Voigt.

— Die rechnerische Thätigkeit des Landwirts. Anleitung, alle für d. Landwirt wichtigen Fragen d. Taxation, Kalkulation u. Buchführung richtig u. in übersichtlicher Form durch Rechnung zu beantworten. Mit e. Vorw. von A. Krämer. — Weimar: Voigt 1885. XII, 109 S. 8°
16. 17. 26. 91.
15.

— Wie ist die Lösung praktischer Düngungsfragen zu behandeln? — Halle: Tausch & Grosse 1891. VI, 77 S. 8°
Zugleich Diss. Heidelberg 1890. **1: Ow 7784. 3. 21. 25.**
15.

Behrend, Wilhelm *Josef Joachim Arthur* [aus Halle a/S.]: Wie ist die Losung praktischer Düngungsfragen zu behandeln? . . . Halle a. S., Druck d. Buchdr. d. Waisenhauses, 1891; 2 Bl., 77 S., 1 Bl. 8°
Heidelberg, Phil. Fak., Inaug.-Diss. v. [4. Aug.] 1890

Behrend, Wilhelm Josef Joachim Arthur, s. B e h r e n d , Wilhelm

Behrend, Willy, s. B e h r e n d, Wilhelm

Behrend- Kolberg, Felix
Gebrauch und Wirkung der Solbader. Vortrag, geh. von Med.R. Dr. [Felix] Behrend-Kolberg 1901 in Kolberg. *(Kolberg [1901]: C. F. Post.)* (10 S.) 8° [ℌ] [illegible] 9

Behrendorf, A., Vorsitzender des Nordwest-Sächsischen Verbandes Gabelsberger, Leipzig. 1910: Praktischer Lehrgang der Gabelsbergerschen Stenographie für den Schul-, Vereins- und Selbstunterricht. Verkehrsschrift. Ausg. A. 4. Aufl. Leipzig: Gabelsberger Centralbuchh. 1910. 79 S. 8°
15.
15.

— dass. Ausg. B. Für Kurse m. grösserer Stundenzahl. 3. Afl. (79) 8° Ebd. '10. nn 1 —

Behrends, s.a. B e h r e n d .

Behrends, Universitätsrichter, Breslau. 1854 s. *Behrends,* Carl August Friedrich.

Behrends, Pfarrer u. Geschichtsforscher, Nordgermersleben, 1773-1854. 1823 s. *Behrends,* Peter Wilhelm.

Behrends, s.a. B e h r e n s .

Behrends, Bernhard Rudolf [Hrsg.] s. *Behrendt,* Peter Wilhelm: Chronik des Kreises Neuhaldensleben [Neuhaldenslebische Kreis - Chronik, Ausz.] 2. Aufl. 1890-91.

Behrends, C. s. *Behrendt,* Karl Friedrich Wilhelm.

Behrends, C. A. F. s. *Behrendt,* Carl August Friedrich.

Behrends, C. Fr.: Gründliche und leicht faßliche Anweisung zum Illuminiren. Nebst e. Anh. die Beschreibung d. orientalischen Malerei betreffend. — Magdeburg: Bühler 1836. 30 S. 8° 1:Nu 5679.
15.

Behrends, C. Fr., gründliche u. leicht faßliche Anweisung zum Illuminiren. Nebst einem Anhange, die Beschreibung der orientalischen Malerei betreffend. Als ein zweckmäß. Unterrichtsbuch für die Jugend. Mit 1 schwarzen u. 1 sauber color. Abbildg. 8. Magdeburg 841, Bühlersche Buchh. 1/4 ß

Behrends, Carl
Behrends, Carolus *(geb. Breslau 13. 8. 1823)*: De delirio tremente. Vratislaviae (1847). (26 S.) 8°
Breslau. Med. Diss. v. 23. Jan. 1847

Behrends, Carl August Friedrich:
Die Ausbildung der Gerichts-Auskultatoren in Preußen, mit Ausschluß der Rheinprovinz, nach den neuesten gesetzlichen Vorschriften. — Breslau: Aderholz 1856. 36 S. 8° 1:5 in Gr 2760. 2. 12:J. pract. 339-20.
15.

Behrends, Caroline: Veilchen. — Magdeburg: Rubach 1820. 135 S. 8° 1:Yn 3013. 5.
15.

Behrends, E.: Fatalitäten der Liebe. Komische Pantomime. — Weißensee b. Berlin: Bartels [1905]. 13 S. 8° (Theater-Allerlei. [10.]) 1:Yp 6445-10.

Behrends, Ernst. Der Ketzerbischof (Menno). Roman. Agape-Verlag, Basel 438 S.

[*Behrends, F*]: *Das hohe Lied im deutschen Reim. o.O.* 1893. [*Holzmann-Bohatta V.*195,1.]

Behrends, Franz, Referendar in Hamburg: Die **Rechtsnatur** des Verlöbnisses nach dem Recht des Bürgerlichen Gesetzbuchs. *Borna-Leipzig 1903: R. Noske.* (VIII, 77 S.) 8°
Leipzig, Jur. Diss. v. 1903

Behrends, Gerhard: Ueber Hornzähne. — Halle; Leipzig: Engelmann in Comm. 1892. 39 S. 4° (Nova Acta Academiae Caesareae Leopoldino-Carolinae Germanicae naturae curiosorum. 58,6.)
1:4° Lc 6491-58,6. 2→10. 12:4° Acad. 5-58 [u. 6.] 14→18. 21. 23→30. 300:393.144-C.Per. 58. 302.
15.

Behrends, Gerhard J. [aus Siebenhuben]: Beiträge zur Kenntniss der Entwicklung des Nervus opticus und des Glaskörpers bei Säugetieren . . . . Erlangen, Druck d. Univ.-Buchdr. v. E. Th. Jacob, 1888; 19 + 1 S. u. 1 Taf. 8°
Erlangen, Phil. Fak., Inaug.-Diss. v. 1887

Behrends, H. Ad., vollständ. Tabellen für die Reduktion der neuen ⅔ auf Gold u. des Goldes auf neue ⅔, von e. Pfennig bis 2000 Rthlr., nach dem Pari v. 4 Rthlrn. 24 Sch. N. ⅔ gleich 5 Rthlr. Louisd'or. 4. Lübeck u. Güstr. 818.

Behrends, Heinrich: Das Altenteilsverhältnis nach preußischem Recht seit dem Inkrafttreten des BGB. Borna-Leipzig 1909: Noske. VIII, 60 S. 8°
Heidelberg, Jur. Diss. v. 22. Febr. 1909, Ref. Endemann
[Geb. 5. Febr. 85 Osterrade; Wohnort: Süderholm: Staatsangeh.: Preußen; Vorbildung: Gymn. Meldorf Reife O. 05; Studium: München 2, Berlin 4 S.; Rig. 25. Nov. 08.]
[U 09. 1742

Behrends, Jh. Ad.: B r i e f e an Baldinger . . . , s. B e h r e n d s , Johann Adolf

Behrends, Jh. Ad.: Der E i n w o h n e r zu Frankfurt a.M..., s. B e h r e n d s, Johann Adolf

Behrends, Jo. B. Jac.: Qua demonstratur " C o r nervis carere", s. B e h r e n d s, Johann Bernhard Jacob

Behrends, Johann Adolf: B r i e f an den Herrn Ernst Gottfried Baldinger . . . , s.a. B e h r e n d , J. Ad.

Behrends, Johann Adolf: Brief an den Herrn Ernst Gottfried Baldinger . . . über die wahre Beschaffenheit des neu inspirirten Fauerbacher Mädgens. — Franckfurt a. M.: Garbe 1768. 32 S. 8° 30.
15.

— — Briefe . . . Ebd. 1768. 78 S. 8°
5. 7. 16. 17. 21. 23. 24. 30.
15.

Behrends, Jh. Ad., Briefe an Baldinger üb. d. inspicirten Fauerbacher Mädchen. 1r — 3r Brief. 8. Frankf. 768—70. Brönner, auch Hermann. 4 gr

— Briefe an Baldinger üb. das inspirirte Fauerbachne Mädchen. 8. Ebend. 770.

Behrends, Johann Adolf: C o r nervis carere, s.a. B e h r e n d s, Johann Bernhard Jacob

Behronds, Jo. Ad., Cor nervis carero. Frcf. ad M. 4°. *Ludwig*, Lps. 1793. 1762

Behrend, J. Ad., der Einwohner zu Frankfurt am M., in Abs. auf s. Gesundh. m. K. gr. 8. Frankfurt, Brönner, auch Herrmann. 770.

— Der Einwohner in Frankfurt am Mayn in Absicht auf seine Fruchtbarkeit, Mortalität und Gesundheit geschildert. — Frankfurt a. M.: Garbe 1771. 248 S. 8°
1:Ib 18701. 3. 4. 5. 7. 12:Germ. sp. 29s. 14→18. 30.
15.

Behrends, Jh. Ad., der Einwohner zu Frankf. a. M. in Absicht auf seine Fruchtbarkeit, Moralität u. Gesundheit. M. Kpf. gr. 8. Frankf. 776. Gebhard u. K. 12 K

Behrends, Johann Bernhard Jacob: Abdruck eines von dem seligen Herrn Doct. med. Professor Behrends verfertigten Gutachten, betreffend den zu einem Spitalbau zu wählenden Platz. — Frankfurt a. M. 1821. 17 S. 8°
30.
15.

— Beschreibung und Abbildung knolliger Auswüchse der Hände und Füsse des Lorenz Ruff. Hrsg. von Wilhelm Sömmerring. — Frankfurt a. M. 1825: Wilmans & Naumann. 14 S., 5 Taf. 2°
1: 2° Kg 11035. 2. 4. 6. 7. 8. 16. 21. 24. 26. 27. 28. 30.
15.

—, Diss. de cardialgia. Frcf. 4°. 1792

Behrends, Jo. B. Jac., Diss., qua demonstratur „cor nervis carere", addita disquisitione de vi nervorum arterias cingentium. 24 pp. Magunt. 4°. *Ludwig*, III, 11. (Experimenta de galvanismo.)
1792

Behrends, Joh. Conrad (Dr. med. in Frankfurt a. M.) [Auctor]
Dissertatio inauguralis juridica de cambiis Judaeorum contra cridarium christianum jurejurando corroborandis.
Giessae 4. Juli 1800: Braun. 32 S. 4°
pro gradu doctoris in utroque jure rite consequendo.

Behrends, Johanne: Leben, Licht, Liebe. Gedichte. (128) kl8° Berl., Vaterländ. Verl.- u. Kunstanst. ('11). geb. 1.80 d

Behrends, Karl Friedrich Wilhelm: Woans een richtig Meckelbörger öwer de Vehversicherung denkt. (Hrsg.: C. Behrends.) — (Güstrow [um 1890]: Beyer & Lange.) 2 Bl. 8°
28.
15.

Behrends, Onno: Der Thee. Uebersichtliche Darstellung seiner Cultur u. des Theehandels unter bes. Berücks. der Bedeutung des Thees als Volksgetränk. — Norden: Soltau [1898]. 16 S. 8°
7.

Behrends, P.: Chronik der Stadt Neuhaldensleben, s. Behrends, Peter Wilhelm

Behrends, P.F.: Faust's Vermächtniss, s. Behrends, Philipp Friedrich

Behrends, P.W.: Chronik des Kreises Neuhaldensleben, s. Behrends, Peter Wilhelm

Behrends, P.W.: Könige, Die heiligen drei ..., s. Behrends, Peter Wilhelm

Behrends, Paul, prakt. Arzt a. Wolmirstedt: Über einen Fall von zentraler Gliomatose des Rückenmarkes mit Ausgang vom Lendenmark. Kiel 1904: H. Fiencke. (18 S.) 8°
Kiel, Med. Fak., Ref. Quincke, Diss. v. 22. Nov. 1904
[Geb. 16. Dez. 75 Wolmirstedt, Reg.-Bez. Magdeburg; Wohnort: Wolmirstedt; Staatsangeh.: Preußen; Vorbildung: Lat. Hauptschule d. Francke'schen Stiftungen zu Halle Reife M. 95; Studium: Berlin 4, Kiel 5 S.; Coll. 5. Nov. 04; Approb. 12. Jan. 04.]

Behrends, Peter Wilhelm: Beschreibung und Geschichte des Amtsbezirks von Ocbisfelde mit Inbegriff mehrerer die umliegende Gegend und besonders den Drömling betreffenden Nachrichten. — Königslutter: Culemann 1798. XVI, 220 S. 8°
1: Tf 3040. 2. 3. 7. 17. 18. 21. 23.
15.

Behrends, Pet. Wilh., kurze Beschreib. d. heil. Landes, besond. wie es zur Zeit uns. Erlösers war u. jetzt ist; zum bess. Verstehen d. Bibel u. als Anh. z. jed. Katechismus aller christl. Bekenntn., f. Schulen bearb. M. 1 kl. Charte u. 1 Abbild. 8. (2½ B.) Helmstädt 829, Fleckeisen.

— Das Christenheil in der Gemeinschaft am Evangelium, dargestellt in e. Predigt über Phil. 1, 3–6 ... gehalten ... 1840, und verbunden mit e. kurzen Kirchengeschichte d. vereinten Parochieen Volkmarsdorf und Nordsteimke. — Neuhaldensleben 1840: Eyraud. 32 S. 8°
3.

Behrends, Pet. Wilh., Chronik d. Kreises Neuhaldensleben. 2. Aufl., neu bearb. v. dem Enkel d. Verf. der 1. Aufl., Bernhard Rud. Behrends. 2 Bde. gr. 8. (Mit Abbildgn.) Neuhaldensleben, C. A. Eyraud. à n. 3. —
1. Geschichte der zu dem frühern Landgericht der Burg Erxleben gehörigen 6 Dörfer Erxleben, Hörsingen, Uhrsleben, Bregenstedt, Eimersleben, Ostingersleben. (VIII, 50; 28, 20, 16, 22, 18 u. 8 S.) 890.
2. Geschichte der zu dem früheren Landgericht der Burg Wartensleben gehörigen 6 Dörfer Groß-Wartensleben, Klein-Wartensleben, Bändorf, Schwanefeld, Alleringersleben u. Morsleben, nebst der Beschreibg. u. den geschichtl. Denkwürdigkeiten des Helmstedter Brunnens. (VIII, 48; 20, 24, 22, 28, 28 u. 20 S.) 891.

Behrends, P., Chronik der Stadt Neuhaldensleben. 2. Aufl. Neu bearb. von Th. Sorgenfrey. (In ca. 8 Lfgn.) 1.—4. Lfg. gr. 8. (S. 1—128.) Neuhaldensleben 883,84, Eyraud.
à Lfg. * 50 Pf. * 2 —

— [Ausz.] Chronik der Stadt Neuhaldensleben. Aus archivalischen Quellen. 2., neubearb. Aufl. von Theodor Sorgenfrey. — Ebd. 1886. 256 S. 8°
3.
15.

Behrends, Pet. Wilh., Chronik der Stadt Neuhaldensleben. Aus archival. Quellen bearb. 3., der Neubearbeitg. 2. Aufl. v. Thdr. Sorgenfrey. (VIII, 293 S.) gr. 8. Neuhaldensleben 902. (A. Besser's Nachf.)
Geb. in Leinw. n. 4. 50

— 3., der Neubearb. 2. Aufl. von Theodor Sorgenfrey. Neuhaldensleben: Pflanz 1902. 293 S. 8°
1: Te 4350³. 3. 14. 15.
15.

— Geschichte der aus Kalvörde stammenden Familie Behrends. Mit Portr. u. Stammtfl. Neuhaldensleben 1878. 8. Nicht im Handel.

— Kurzgefaßte Geschichte der aus der braunschweigischen Landstadt Kalvörde stammenden Familie Behrends nach den Lebensbeschreibungen meiner Voreltern und den meinigen. — Helmstädt 1820: Leuckart. 132 S. 8°
1: S 2541/950.
15.

— Geschichte der Stadt Neuhaldensleben mit e. Anh. merkwürdiger Urkunden und der alten Statuten des Ortes. — Königslutter 1802: Hahn. XII, 147 S. 8°
1: Te 4334. 3. 7. 14. 15. 17. 23. 27. 29.
15.

— Geschichte d. Stadt Neuhaldensleben, mit e. Anh. merkwürd. Urkunden ꝛc. gr. 8. Königsl. 802. (Heinrichshofen in Magdeb.) 12 K

Behrend, P. W., Gesch. d. Stadt Neuhaldensleben. gr. 8. Magdeb. Heinrichshofen. 802.

— Gesch. d. Stadt Orbisfelde u. ihres Bezirks. ... 18..

—— allgem. altchristl.-evangel. Kirchen-Agende f. Pfarrgeistl., mit archäolog. Bemerkn. u. 1 Musikbeil. (1¼ B.), auf der Grundlage d. Preuß. zur Anregung ähnl. kirchl. Formen im Hrzgth. Braunschweig u. in d. gesammt. übr. evangel. Deutschland entworfen. gr. 8. (14 B.) Helmstedt 832, Fleckeisen.

— Kurzgefaßte Kirchengeschichte der Parochie Nord-Germersleben. — Zerbst: Füchsel 1810. 42 S. 8°
4.

Behrends, Pet. Wilh., die heil. drei Könige od. d. Sternweisen a. d. Morgenlande. gr. 8. Helmstedt 833, Fleckeisen'sche Buchh.

— Neuhaldenslebische Kreis-Chronik, oder Geschichte aller Oerter des landräthlichen Kreises Neuhaldensleben, im Magdeburgischen. Th. 1.2. — Neuhaldensleben: Eyraud 1824–26. 8° 1: Te 4350. 2. 3. 5. 6. 7. 9. 10. 11. 12: Germ. sp. 29t. 14. 15. 23. 38.

—— Neuhaldenslebische Kreis-Chronik, od. Gesch. aller Oerter des landräthl. Kreises Neuhaldensleben im Magdeburgischen. Aus archival. Quellen bearb. 2 Thle. Mit ill. Abbildn. u. Karten. gr. 8. ... Neuhaldensleben 832, Eyraud.

— Leben des heiligen Ludgerus, Apostels der Sachsen, und Geschichte des ... Reichsklosters St. Ludgeri zu Helmstedt. — Neuhaldensleben [usw.] 1843: Eyraud. XX,168 S. 8° 1: Dw 14262. 3. 4. 7. 8. 12: V. SS. 496n. 15. 23. 27. 30. 15.

— s.a. Ursprung u. Inhalt d. neuen Kirchenagende.

[—] Ueber den Ursprung, den Inhalt, und die allgemeine Einführung der neuen Kirchen-Agende für die Hof- und Dom-Kirche in Berlin. Von e. evangelischen Prediger. — Magdeburg: Heinrichshofen in Comm. 1823. 53 S. 8° 2. 15.

[—] — (Verf.: P.W. Bds.) 2., verm. Aufl. Magdeburg: Heinrichshofen 1823. 56 S. 8° 1: Sy 5703². 2. 4. 5. 8. 11. 15. 23. 27. 15.

— Kunigunde von Walbeck und Joachim von Alvensleben oder das Ehrengedächtniß der Stifterin und des Reformators der Pfarrkirche in Nordgermersleben. 2 historische Festpredigten. — Helmstädt 1817: Leuckart. IV,82 S. 8° 1: 2 in Cn 21105.

— Die christliche Wallfahrt zum heiligen Grabe und das tausendjährige Gedächtniß der Apostel der Niedersachsen zwischen der Elbe, Ocker und Bode, in e. Oster- u. Pfingstpredigt d. Jahre 1814 u. 1816 dargest. — Helmstädt 1817: Leuckart. VI,64 S. 8° 8. 15.

– Herzog W e l f VI ..., s.a. B e h r e n s, Friedrich Wilhelm

— Herzog Welf VI., letzter Welfischer Stammherr in Süd-Deutschland, u. seine Zeitgenossen. gr. 8. Braunschw. 829. (Vogler in Potsd.) 1 ₰

Behrends, Philipp Friedrich
Behrends, Ph. Fr., das Hohe Lied i. deutschen Reim. V. Verf. d. „Fausts Vermächtniss" (B.) 8. (58 S. m. Bildn.) Leipzig 893. E. Baldamus. Geb. in Leinw. m. Goldschn. n. 3. —

Behrends, Philipp Friedrich: Faust's Vermächtniß. Geister-, Seelen- u. Körperwelt volksthümlich erörtert. (Verf.: Phil. Friedr. Behrends.) — [Frankfurt a. M.]: Verf. 1892. 556 S. 8° 1: Nb 1548. 17. 21. 27. 30. 15.

(—) — Leipzig: Baldamus in Komm. 1893. 556 S. 8° 15. 20. 15.

Behrends, Pt. Wlh.: Kurze B e s c h r e i b u n g des heiligen Landes ..., s. B e h r e n d s, Peter Wilhelm

Behrends-Wirth, Rosa: Frauenarbeit im Kriege. Selbsterlebtes aus den Jahren 1870–1871. — Berlin: Brachvogel 1892. 170 S. 8° 1: Kr. Samml. Id 9. 14. 16. 17. 20. 30. 15.

Behrends-Wirth, R, Frauenarbeit im Kriege. Selbsterlebtes a. d. J. 1870—1871. 8° (170 m. 1 Titelbild.) Berl. 92, F Fontane & Co. 3 — 8 Neue Asg. (170) 94 2 —

—— Neue Ausg. Berlin: Fontane 1894. 170 S. 8° 1: Kr. Samml. Id 9². 11. 15.

Behrendsen, Gymnasialprof., Göttingen. 1900 s. *Behrendsen*, Otto.

Behrendsen, Gertrud
Behrendsen, Gertr.: Anfertigg v. Wäsche u. Oberkleidg, s: Werkunterricht, Moderner.

Behrendsen, Gertrud: Maschinennähen. Ein Leitfaden für d. Unterricht an Mädchenschulen, Fortbildungs-, Gewerbe- u. Haushaltungsschulen. — Berlin: Springer 1909. VII,98 S. 8°
Spätere Auflagen sind vorhanden in 1, 11, 14, 20, 38 u. 101.
1: N 09.1709. 15.

1. Was ist Recht, und wie stellen wir uns zu demselben? Von O. Behrendsen. o. O. u. J. 12 S. 8° [Umschlagtit.]
Abgedr. in: BrL. 17 (1899—1900) S. 25—30; FZ. 54 (1900) S. 249—254.

Behrendsen, Otto
Behrendsen, O., E. Bose, E. Riecke, J. Stark u. K. Schwarzschild, Beiträge zur Frage des Unterrichts in Physik u. Astronomie an den höheren Schulen. Vorträge, geh. bei Gelegenheit des Ferienkurses f. Oberlehrer der Mathematik u. Physik, Göttingen, Ostern 1904. Gesammelt u. hrsg. v. E. Riecke. (IV u. S. 83—190.) Lex.-8. Leipzig 904. B. G. Teubner. n. 2. —

Behrendsen, Otto [Mitarb.] s. *Beitraege*, Neue, zur Frage des mathematischen und physikalischen Unterrichts an den höheren Schulen. 1. 1904.

Behrendsen, Otto Die Cephalopoden der Juraformation Hildesheims. 20 S. Progr. Andr. *Hildesheim* 1884.

— Zur Geschichte der Entwicklung der mechanischen Kunst. Neue Beiträge zur Geschichte d. Mechaniker Göttingens im 18. u. in d. ersten Hälfte d. 19. Jahrhunderts. — o.O. [1907]. 30 S. 4°
Aus: Deutsche Mechaniker-Zeitung. 27. 1907.
7. 15.

Behrendsen, O., zur Geschichte der Entwicklung der mechanischen Kunst. Neue Beiträge zur Geschichte der Mechaniker Göttingens im 18. u. in der ersten Hälfte des 19. Jahrh. (30 S.) Lex. 8. Berlin 907. J. Springer. 1. —
Sonderabdruck aus „Deut. Mechaniker-Zeitg."

Behrendsen, Otto, Grundzüge der Botanik. Zum Gebrauche für den Unterricht an höheren Lehranstalten. gr. 8. (VIII, 196 S. mit zahlreichen Holzschn.) Halle 885, Niemeyer.

Behrendsen, O., Grundzüge der Botanik. Zum Gebrauche f. den Unterricht an höheren Lehranstalten. 2., verm. Aufl. gr. 8. (VI, 220 S. m. zahlreichen Holzschn.) Halle a/S. 890. Niemeyer. n. 2. —

— u. E. Götting, Lehrbuch der Mathematik nach modernen Grundsätzen. A. Unterstufe. (VII, 254 S. m. 280 Fig.) gr. 8. Leipzig 908. B. G. Teubner. Geb. 2. 80

— — dasselbe. Ausg. f. höh. Mädchenlehranstalten, zugleich Unterstufe f. Lyzeen u. Studienanstalten. Mit vollständ. Aufgabensammlg. u. 296 Fig. im Text. (VII, 310 S.) gr. 8. Ebd. 909. Geb. 3. —

— Lehrb. d. Mathematik f. höh. Mädchen-Bildgsanst. 1. Tl. Für höh. Mädchensch. zugleich Unterst. f. Lyzeen u. Studienanst. 2. Afl. (8, 348 m. Fig.) gr8° Ebd. '11. L 3 — d

— — dass. Unterst. Ausg. A für Gymn. 2. Afl. (8, 277 m. Fig.) gr8° Ebd. '11. L 2.80 d

— — dass. Ausg. B f. 6klass. Realsch. sowie f. d. Mittelkl. d. Ober-Realsch. u. Realgymn. 2. Afl. (8, 327 m. Fig.) gr8° Ebd. '11. geb. 2.80 d

Behrendsen, O, u. E Götting: Lehrb. d. Mathematik nach modernen Grundsätzen. Oberst. Ausg. A f. Gymn. sowie f. Oberlyzeen u. Studienanst. gymnasialen Charakters. (8, 394 m. Fig.) gr8° Lpzg. BG Teubner '12. L 3.60 d

— — dass. Oberst. Ausg. B f. Oberrealsch. sowie f. Studienanst. realen Charakters. (8, 508 m. Fig.) gr8° Ebd. '12. L 4 — d

— L e h r b u c h der Mathematik für höhere Mädchenlehranstalten, s. B e h r e n d s e n : L e h r b u c h der Mathematik nach modernen Grundsätzen.

Behrendsen, O., Schulwandkarte der Balkan-Halbinsel 1 : 925,000. 4 Bl. Chromolithogr. Imp.-Fol. Hildesheim 882, Gude. *ℳ 9.; auf Leinw. mit Rollen *

— Die mechanischen Werkstätten der Stadt Göttingen, ihre Geschichte und ihre gegenwärtige Einrichtung. Denkschrift hrsg. bei Gelegenheit der ... 1900 zu Paris stattfindenden Weltausstellung von d. vereinigten Mechanikern Göttingens. — Leipzig: Kiepert 1900. 148 S. 4°
7. 12: 4° Math. A. 20 g.
15.

— Melle: Haag 1900. 148 S. 4°
1: 4° Oo 2084/56. 7. 15. 24. 82. 83. 85. 89. 91.
15.

Behrendsen. Werner [aus Königsberg i. Pr.]: Über die Verbreitung des Echinococcus im menschlichen Organismus .... Berlin, Buchdr. v. Gustav Schade (Otto Francke) (1888); 35 + 1 S. 8°
Berlin. Med. Fak., Inaug.-Diss. v. 14. Jul. 1888

Behrendsohn, Walter A., Deutsche Kultur und Freistudententum. Vortr. Kiel 1910. 8°.

Behrendt. — Der Criminal-Prozeß Behrendt. Die vorsätzliche Versenkung d. Barkschiffs Alma am 18. April 1864 unweit der Scilly-Inseln. Stenographischer Bericht ... gegen d. Schiffsrheder Behrendt, Capitain Walsdorff u. Steuermann Bock. (Hrsg.: J. O. Meyer.) [Nebst] Suppl. Memel: Axt 1865. 8°
1: Fy 13986. 10. 11 [° Suppl.] 18 [° Suppl.]
15.

Behrendt s. auch *Behrend, Berend, Berendt* u. *Berent*.

Behrendt, Pastor, Pyritz. 1904 s. *Behrendt*, Adolf.

Behrendt, Leihbibliothek u. Buchhandlung, Berlin. 1840 s. *Behrendt*, C. F.

Behrendt, Lehrer in Rhein, Ostpr. 1903 s. *Behrendt*, Emil.

Behrendt, Lähn, geb. 1848. 1886 s. *Behrendt*, Johann.

Behrendt, Generalsekretär d. Deutschen Vereins Arbeiterheim, Bethel. 1898 s. *Behrendt*, Paul.

Behrendt, A.:
Der kleine Mann. Deutsche Wohlfahrt, wie dieselbe ist u. sein müßte ... Wünsche für deutsches Recht. Verf. u. hrsg. im Jahre 1908 bis 1910. — (Berlin): Verf. [1910]. 113 S. 8° 1: Fc 5955/11. 11.
15.

Behrendt, A. (Red.), s. V e r e i n s b l a t t der deutschen Ziegelei - Arbeiter.

Behrendt, Adolf, s. B e h r e n d t, Adolf Philipp Michael

Behrendt, Adolf Philipp Michael
Des Herrn Jesu Drohung am Bußtage. Predigt über Matth. 11, 16–24, geh. ... von Pastor [Adolf Philipp Michael] Behrendt. Pyritz: H. Backe 1905. (8 S.) 8° [F.] [o6. 1699 B

Behrendt, Adf: „Kehre wieder, Kehre wieder!" Erweckgspredigten. (7, 383) gr8° Lpzg, G Strübig '12. 5 —

— Unser Trost am Totenfeste. Predigt über 1. Kor. 13, 13. — Pyritz: Backe 1904. 8 S. 8° 1: Ec 27516.
15.

Behrendt, Anton [aus Petztin bei Frankenhagen (Westpreussen)]: Über die Bursa pharyngea. ... Würzburg, Becker's Univ.-Buchdr., 1888; 28 S. 8°
Würzburg, Med. Fak., Inaug.-Diss. v. 1888

Behrendt, C.: De Aeneae Tactici c o m m e n t a r i o Poliorcetico, s. B e h r e n d t , Curtius

Behrendt, C.: H a n d a r b e i t s b u c h für die Hand der Schülerinnen, s. B e h r e n d t, Clara

Behrendt, C. : R e d e n s a r t e n, Königsberger, s. B e h r e n d t, Carl

Behrendt, C.: V e r e i n s l e b e n, Königsberger, s. B e h r e n d t, Carl

Behrendt, C.F., Leihbibliothek, Berlin: Catalogue of a choice of the best British romances to let out in the circulating library of Dr. phil. E. Henschel, (Behrendt'sche Leihbibliothek u. Buchhandlung). — Berlin 1893. 28 S. 8°
1: Aq 5555/18.

— Catalogue d'un choix des meilleurs romans récemment publiés en France qui sont à louer ... au Cabinet de lecture de C. F. Behrendt. [Nebst] Suppl. 1. — Berlin 1852–54. 8° 1: Aq 5555/10.
15.

— Catalogue des livres français qui sont à louer ... par le Cabinet de lecture de Dr. phil. E. Henschel (sous la raison: Behrendt'sche Leihbibliothek u. Buchhandlung). — Berlin 1893. 46 S. 8° 1: Aq 5555/16.
15.

— Haupt-Verzeichniß der C. F. Behrendt'schen Leihbibliothek ... Unterhaltungsschriften. Jugendschriften. Dramatische Werke u. Werke wissenschaftlicher Richtung. Berlin 1893. 376 S. 8° 1: Aq 5555.
15.

— Verzeichniß einer Auswahl der neuesten und besten Schriften schönwissenschaftlicher Literatur, welche ... verliehen werden in der Leih-Bibliothek von C. F. Behrendt. Verzeichniß 15–24. 26–62. — Berlin 1840–88. 8°
1: Aq 5554/95.
15.

— — Berlin 1852. S. 71–609. 8°
Selbständige Ausg. von S. 1-68 s. *Behrendt:* Verzeichniß von Ritter-, Räuber- u. Geistergeschichten. 1852.
1: Aq 5554/100.
15.

— Verzeichniß von Ritter-, Räuber- u. Geistergeschichten, welche ... verliehen werden in der Leih-Bibliothek von C. F. Behrendt. — Berlin 1852. 68 S. 8°
Die Schrift ist e. selbständige Ausg. von: Behrendt: Verzeichniß e. Auswahl d. neuesten u. besten Schriften schönwissenschaftlicher Literatur. 1852. S. 1-68. 1: Ap 1165.
15.

Behrendt, Carl, Dr. med., Königsberg. 1900: Königsberger Redensarten. [Verf.: C. Behrendt.] — (Königsberg [um 1900]: Liedtke.) 1 Bl. 8° 10.
15.

(—) Königsberger Vereinsleben. — ([Königsberg um 1900]: Liedtke.) 1 Bl. 8° 10.
15.

Behrendt, Clara, Handarbeitsbuch f. die Hand der Schülerinnen. gr. 16. (58 S. m. Abbildgn.) Lahr 893. M. Schauenburg. n. — 40

Behrendt, Curtius: De Aeneae Tactici Commentario poliorcetico quaestiones selectae. Regimonti 1910: Hartung. 137 S. 8°

Königsberg, Phil. Diss. v. 25. Febr. 1910, Ref. Ludwich, Wünsch

[Geb. 10. Juli 84 Tapiau; Wohnort: Königsberg i. P.; Staatsangeh.: Preußen; Vorbildung: Gymn. Lyck Reife O. 03; Studium: Königsberg 13 S.; Rig. 16. Juni 09.] [U 10. 2592

Behrendt, E, s.: Handkarte d. Herzogt. Anhalt.

Behrendt, E, Karte d. Herzogt. Anhalt. 1:300,000. 27×40 cm. Farbendr. Dess. 93, R Kahle. — 40

— Wandkarte d. Herzogt. Anhalt. 1:75,000. 6 Bl. à 59×56 cm. Farbendr. Lpzg 85, H Wagner & E Debes. n.n. 12.50; auf Lnw. m. St. n.n. 20 —

Behrendt, E.C.: K o m p e n d i u m der qualitativen Analyse, s. B e h r e n d t, Emil C.

Behrendt, Ed.

Karte des Herzogtums Anhalt. Maßst. 1:300,000. Entworfen von Ed. **Behrendt**, Dessau. (Mit e. Verz. sämtl. anhalt. Ortschaften u. Wohnstätten nebst Angabe d. Bestellungs-Postanstalten, Kreise u. Einwohnerzahl.) [Mit Legende.] *Cöthen: O. Schulze [1904].* (1 Kartenbl. 39×26 cm, 16 S.) 8° [kol.]
[Umschlagt.:] Neue Handkarte von Anhalt. [04. 9441

Behrendt, Emil: Präparationen und Entwürfe für den Realunterricht der Mittelstufe der Volksschulen Ost-, Westpreußens und Posens im Anschluß an das Deutsche Lesebuch von Ferd. Hirt. Ausg. A. — Langensalza: Greßler 1903. VI, 212 S. 8° 1: Ne 15012/4. 3. 15.

— **Präparationen und Entwürfe für den Realunterricht der Mittelstufe der Volksschulen. 2. Aufl. — Ebd. 1908. VI, 212 S. 8° 1: N 09.13. 3. 15.**

— **Der Unterricht im Deutschen (1.2: auf Grundlage des Hirtschen Lesebuches). T. 1-3. — Langensalza: Greßler 1906-12. 8°**
1. Schuljahr 1-3. 1906. 2. Mittelstufe. 1908. 3. Oberstufe. 1912
1: Nf 2896/19. 3. 15.

Behrendt, Emil, aus Potsdam: **Verbindungen des vierwertigen Vanadins mit Schwefelsäure und schwefliger Säure.** *Berlin 1902: M. Driesner.* (68 S.) 8°
Berlin, Phil. Diss. v. 28. Juni 1902

Behrendt, Emil C.: Kompendium der qualitativen Analyse von Emil C. Behrendt u. Waldemar Krühn. — Berlin: Calvary 1904. 132 S. 8°
1: Mr 13475. 11. 12: Chem. 25 cf. 30. 302. 15.

Behrendt, Felix [aus Damerau (Westpreussen)]: Über das Verhalten der Lymphdrüsen bei Syphilis .... Würzburg, Becker's Univ.-Buchdr., 1886; 58 S. 8°.
Würzburg, Med. Fak., Inaug.-Diss. v. 1886.

Behrendt, Felix, über das Verhalten der Lymphdrüsen bei Syphilis. Diss. Würzburg 1886, Stahelsche Univ.-Buchh. 8°. 58 S.

Behrendt, Ferd. (Hrsg.), s. V o l k s s p i e g e l, Breslauer, eine unterhaltende und belehrende Monatsschrift zur Beleuchtung der gesellschaftlichen Zustände und zur Beförderung der Volksbildung.

Behrendt, Franz [pr. Arzt aus Westpreussen]: **Ueber einen complicirten Fall von Beckenfractur. ...** Greifswald, Druck v. Julius Abel. 1889; 30 S. u. 1 Taf. 8°
Greifswald, Med. Fak., Inaug.-Diss. v. 14. Dez. 1889

Behrendt, Frz. Französische Finanz- und Volkszustände unter Ludwig XIV. 18 S. Progr. *Perleberg* 1879.

[Behrendt, Franciscus]: * Volks- und Finanzzustände Frankreichs in den spätern Regierungsjahren Ludwigs XIV. 88 S. 4° (2°)
Halle-Wittenberg, Phil. Diss. v. 7. Nov. 1871
Geb. [Dahme (Kr. Jüterbog-Luckenwalde) 15. 2. 1843]

Behrendt, Friedrich Jakob, s. B e h r e n d, Friedrich Jakob

Behrendt, G.: Über den G e b r a u c h des Infinitivs mit Artikel bei Th., s. B e h r e n d t, Gustav

Behrendt, G., s. G e r i c h t s s c h r e i b e r

Behrendt, G., s. G e r i c h t s v o l l z i e h e r

Behrendt, G., s. P o l i z e i – B u r e a u b e a m t e

Behrendt, G.: Ü b u n g s s t ü c k e ..., s. B e h r e n d t, Gustav

Behrendt, G.: U n t e r r i c h t s b r i e f e, s. B u r e a u b e a m t e, Der

Behrendt, G., s. V e r w a l t u n g s b e a m t e

Behrendt, G., s. Z o l l - u. S t e u e r b e a m t e

Behrendt, Georg, Medizinalprakt.: Über Milchdrüsensekretion bei gynäkologischen Erkrankungen. **München 1908: Wolf.** 31 S. 8°
München, Med. Diss. v. 26. März 1909, Ref. Döderlein
[Geb. 10. Sept. 78 Karlsruhe i. B.; Wohnort: Karlsruhe; Staatsangeh.: Baden; Vorbildung. Realgymn. Gr.-Lichterfelde Reife O. 98; Studium: Straßburg 5, München 5 S.; Coll. 26. März 09; Approb. 31. Jan. 09.] [U 09. 3288

[F.] Ueber die Chemie des Bieres vom Gerstenkorn bis zur Fertigstellung. Von Gottlieb **Behrendt,** Ing. in Hamburg. M. 1 Abb. *Hamburg: Verlagsanst. u. Dr. A.-G. 1897.* (36 S.) 8.
= Sammlung gemeinverständl. wiss. Vorträge. N.F. Ser. 11. H. 264.
[98. 9912

Behrendt, Gustav Über den Gebrauch des Infinitivs mit Artikel bei Thucydides. 4 (23 S.). Sophien-G. *Berlin* 1886
Progr.

Behrendt, Gust., über den Gebrauch des Infinitivs mit Artikel bei Thucydides. gr. 4. (23 S.) Berlin 886, Gaertner. *

Behrendt, G[ustavus]: * Platonis de arte rhetorica iudicia. 61 S. 2°
Halle-Wittenberg, Phil. Diss. v. 19. Jan. 1874
Geb. [Berlin 25. 2. 1846]

Behrendt, Gustav: Methode Rustin. Griechische Selbstunterrichtsbriefe in Verbindung mit eingehendem Fernunterricht. Hrsg. vom Rustinschen Lehrinstitut. T. 1,1-31. 2,1-10. — Potsdam [usw.]: Bonneß & Hachfeld [1902]. 4° (Selbst-Unterrichts-Briefe.)
1: 4° A 6359-2. 101[∞2]. 15.

Behrendt, G., u. P. Hirt, Übungsstücke zum Übersetzen aus dem Deutschen in das Griechische im Anschluß an Bellermanns griechische Grammatik u. Lesebuch. 4. verm. Aufl. (IV, 64 S.) gr. 8. Leipzig 904. A. Felix. n.n. 1. —

Behrendt, H.L.: Der Großstein auf der Insel Gristow bei Cammin in Pommern. Novelle. — Cammin: Behrendt 1847. 32 S. 8° 12: P. o. germ. 1094-28. 15.

Behrendt, H. L., der Großstein auf der Insel Gristow bei Cammin in Pommern. Novelle. 8. (32 S.) Cammin 848, Behrendt und Comp.

Behrendt, H. L., neue Stenographie [in 4 Stunden zu erlernen] bestehend aus nur 50 unserer deutschen Schreibschrift entnommenen und fast ähnl. Zeichen in 4 Lectionen. qu. 16. Cammin 868, Behrendt. Verklebt. *

Behrendt, Heinrich Rudolf
s. *Behrendt.* — Der Criminal-Prozeß Behrendt. 1865.

Behrendt, J.F.: Commentat. Virgilii locor. i n d e x,
B e h r e n d t, Johann Friedrich

Behrendt, J. J., Sammlung ein-, zwei-, drei- u. vierstimm. Kirchen- u. Schullieder, Motetten, Intonationen, Choräle, Liturgien, Chöre, Meß-, Vesper- u. a. geistl. Lieder auf alle Festtage im Jahre, mit deutsch., poln. u. latein. Texte von verschied. vorzügl. Componisten, zunächst f. Volksschulen u. Seminarien gesammelt, nach Ziffern u. Noten eingerichtet u. in 2 Thln. hrsg. gr. 4. (59 B. u. 1 Bign.) Glogau 828, Heymann.

Behrendt, Johann Friedrich: Adversaria ad dubia auctorum loca. — Servestae [1755]: Bernuth. 15 Bl. 8°
5.
15.

— Epinicium in Augusti Borussorum Regis, Friderici Secundi, tertiam palmam, clade Friedebergensi Austro-Saxonum nobilitatam. — Berolini 1745: Henning. 10 Bl. 8°
1:27 in Rz 3300. 3.
15.

— Harmonia systematis de hodierna animarum creatione cum creatoris sanctitate et p. o. propagatione. — Berolini: Haude 1744. 84 S. 8°
1:Nn 2148. 8. 14. 18.
15.

B e h r e n d t, J. F., Commentat. Virgilii locor. index. Berol. 746. 4.

— Soteria ... Carolo Stephano Jordan ... cum e gravi et satis tenace morbo convalesceret, dicata a musis et strenae loco expromta. — Berolini 1745: Henning. 12 Bl. 8°
2. 15.
15.

— Viro Perillustri et Excellentissimo, Dn. Carolo David Kircheisen ... ineuntis anni 1748. laetum auspicium gratulatur Joh. Frid. Behrendt. — Berolini [1748]: Henning. 4 Bl. 8°
1:17 in Xc 509.
15.

Behrendt, Johann Georg: Das Aquilische Gesetz. Seine Entstehung, Entwickelung u. heutige Anwendbarkeit. — Breslau 1874: Schlesische Volkszeitung. 32 S. 8°
27.
15.

Behrendt, Ludwig:

Welt- und Lebensbilder in Dichtungen. — Berlin: C. W. L. Behrendt 1892. VII,314 S. 8°
1:Yo 24411.

Behrendt, Otto: ⟨Aus der medizinischen Klinik zu Jena.⟩ Der Einfluss des Heilserums auf die Diphtherie nach den Beobachtungen auf der medizinischen Klinik zu Jena ⟨August 1894—Juli 1896⟩. *Jena 1897: B. Engau.* (31 S. mit Tab.) 8°
Jena, Med. Diss. v. [25. Jan.] 1897

Behrendt, Paul, Generalsekretär d. Deutschen Vereins Arbeiterheim, Bethel. 1898: Die Ansiedlung im Einfamilienhause. Ratgeber für d. Kleinwohnungsbau. — Bethel b. Bielefeld: Verein Arbeiterheim [1909]. 24 S. 8°
1:1 in N 12.27. 6. 12:A.civ. 210q.
15.

Behrendt, P., Die Ansiedlung im Einfamilienhause. Ein prakt. Ratgeber f. den Kleinwohnungsbau. (24 S. m. 2 Taf.) 8. Bethel bei Bielefeld, Deutscher Verein „Arbeiterheim". 1910
—. 80.

Behrendt, Paul, das „Arbeiterheim" zu Bielefeld. Ein Hilfsbuch bei der Gründg. v. Baugenossenschaften f. Arbeiterhäuser. Im Auftrage des deutschen Vereins „Arbeiterheim" hrsg. gr. 8. (19 S. m. Fig. u. 1 Taf.) Bielefeld 900. Bethel, Buchh. der Anstalt Bethel. n. — 25

— Der Deutsche Verein 'Arbeiterheim' und seine Versuchsstation. 2., umgearb. Aufl. — Bielefeld: Anst. Bethel [in Komm.] 1898. 24 S. 8°
1:Fd 3767². 6. 26.
15.

— der deutsche Verein „Arbeiterheim" u. seine Versuchsstation. 2. umgearb. Aufl. gr. 8. (24 u. Jahresrechnung 15 S. m. 1 Abbildg. u. 1 Plan.) Ebd. 899. n. — 25

(—) Die Arbeiterwohnungsverhältnisse der Provinz Westfalen. — Dat. Bethel b. Bielefeld 12. Okt. 1901. 3 Bl. 4°
1:4 in 4° N 12.501.
15.

— Begründung von Rentengütern kleinsten Umfanges durch Baugenossenschaften. Vortrag. Hrsg. vom Deutschen Verein 'Arbeiterheim'. — Bielefeld: Anst. Bethel [1905]. 8 S. 8°
1:Gr 13464 [u.] 3 in N 12.437. 6. 26. 101.

Behrendt, P., Begründung v. Rentengütern kleinsten Umfanges durch Baugenossenschaften. Vortrag, geh. auf der Versammlung des Verbandes der westfäl. Baugenossenschaften in Bochum am 17. XI. 1905. Hrsg. vom deutschen Verein „Arbeiterheim", Bethel b. Bielefeld. (8 S.) 8. Bethel b. Bielefeld (906). Buchh. der Anstalt Bethel.
n. — 10

Behrendt, Paul [pr. Arzt aus Königsberg]: Ueber die chirurgische Behandlung der Spinalen[!] Kinderlähmung ... Strassburg i. E., Buchdr. C. Gœller, 1895; 34 S., 1 Bl. 8.
Strassburg, Med. Fak., Inaug.-Diss. v. 1895

— Der kleinste Garten. Anleitg z. Ausnutzg d. eig. Scholle. (18) 8° Ebd. '11.
— 35 d

— Linderung der Wohnungsnot durch Linderung der Staats-Finanznot! Ein Kolumbus-Ei. Vorschlag zur Kapitalbeschaffung für d. Kleinwohnungswesen. — Bielefeld: Anst. Bethel 1908. 12 S. 8°
1:Fd 3815/8. 6. 101.

Behrendt, Salomon (geb. Massow in Pomm. 25. 7. 1846): Ueber die Anwendung des Quecksilbers in der Augenheilkunde. Berlin [o. J.] (31 S.) 8°
Berlin, Med. Diss.
nachgeliefert v. dem am 23. Juli 1870 auf Grund gedruckter Thesen promov. Verf.

Behrendt, Theophil [appr. Arzt aus Petztin bei Frankenhagen in Westpreussen]. Hernia umbilicalis .... Neuhaldensleben, Druck v. C. A. Eyraud, 1885; 30 S. 8°.
Würzburg. Med. Fak. Inaug.-Diss. v. 1885.

B e h r e n d t, Theophil, Hernia umbilicalis, Diss. Würzburg 1885, Stahelsche Univ.-Buchh. 8°. 30 S.

Behrendt, W.: Die Ernte ist groß! Sammlung von Gedichten u. Gesprächen für Kinder-Missionsfeste. — St. Louis, Mo.: Eden Publ. House [1898]. 24 S. 8°
21.
15.

Behrendt, W.: Meine L e s e f r ü c h t e,
s. B e h r e n d t, Wilhelm

Behrendt, W.: P y t h e a s v. Massilia u. seine Meerfahrt nach dem Bernsteinlande, s. B e h r e n d t, Wilhelm

Behrendt, Walt. Curt, Alfred Messel. Mit e. einleit. Betrachtg. v. Karl Scheffler. (188 S. m. 90 Abb.) Lex. 8. Berlin 911. B. Cassirer.
Geb. 10. —

Behrendt, Wilhelm
Behrendt, Wilh. (II.), meine Lesefrüchte. Eine Sammlung lehrreicher Aussprüche, den Nachdenkenden gewidmet. 12. (VIII, 78 S.) Zanesville, O. 884. (Philadelphia, Schäfer und Koradi.)
geb. *

Behrendt, Wilhelm: Pytheas von Massilia und seine Meerfahrt nach dem Bernsteinlande. Mit Berücks. d. geschichtlichen Überlieferungen frei erzählt. — Breslau: Trewendt [1888]. IX,305 S. 8°
1:Ng 10238. 2. 10.
15.

Behrendt de Cuvry, Erich: Aus der Universitäts-Frauenklinik zu Giessen. Ueber die Ergebnisse der künstlichen Frühgeburt. *Giessen 1898: r. Münchow.* (24 S.) 8°
Giessen, Med. Diss. v. 1898

Behrendts, Otto: Die erste Bezirksschule, frühere Armenschule der Stadt Leipzig. 1804 bis 1904. Festschrift zur Feier ihres hundertjährigen Bestehens am 7. Januar 1904. Beitrag zur Geschichte d. Armenschulwesens. — Leipzig: Hahn in Komm. 1904. 77 S. 8°
12: Paed. Th. 6631a. 14.
15.

Behrenklau, Valent. Gottfr. (Eisenach), Diss. de novatorum in philosophia requisitis. Präs. Bonif. Heinr. Ehrenberger. Jena (Werther) Juli 1712. 32 S. (5.—) 1823

Behrenroth, Erich: Aus d. Universitätsklinik f. psych. u. Nervenkranke und aus d. pathol. Inst. zu Göttingen. Ueber einen Fall von Glioma cerebri und Myelitis transversa. Berlin: Karger 1909. 15 S. 8° ¶ (Aus: Monatsschrift f. Psychiatrie u. Neurol. Bd 26.)
Göttingen, Med. Diss. v. 15. Dez. 1909, Ref. Cramer, Kaufmann
[Geb. 9. Sept. 83 Hann.-Münden; Wohnort: Hann.-Münden; Staatsangeh.: Preußen; Vorbildung: Realgymn. Osterode a. H. Reife O. 03; Studium: Tübingen 6, Berlin 2, Göttingen 3 S.; Coll. 28. Jan. 09; Approb. 15. Dez. 09.]
[U 10. 1366

Behrenroth, Erich: Üb. Zwerchfellähmg, s: Sammlung klin. Vorträge.

Behrens. — Der Betschuanen-Missionar Georg Behrens zu Harmshope in Südafrika. — Hermannsburg i. H.: Missionshandl. [1905]. 32 S. 8° (Kleine Hermannsburger Missionsschriften. 39.)
1: Cv 5252/15-39. 7. 12: H. ref. 634u-39. 18. 26.
15.

Behrens, s. a. B e h r e n d s.

Behrens, Major, Lübeck, 1780-1830. 1818 s. *Behrens*, Heinrich Ludwig.

Behrens, Bergrat, Herne, 1854-1906. 1896 s. *Behrens*, Karl.

Behrens, Dr. med. red. Repetitor, Berlin. 1908 s. *Behrens*, Karl.

Behrens, Oberst, Lübeck, geb. 1702. 1829 s. *Behrens*, Karl Georg.

Behrens, Prediger an d. St. Pauli-Kirche, Hamburg. 1882 s. *Behrens*, Karl Heinrich.

Behrens, Prof., Architekt, Berlin, geb. 1868. 1900 s. *Behrens*, Peter.

Behrens: A n l e i t u n g zur mikrochemischen Analyse, s. B e h r e n s, Heinrich

Behrens, Arbeitsrecht, s. Hefte d. kirchl.-soz. Konferenz.

Behrens: B e i t r ä g e zur Schlagwetterfrage, s. B e h r e n s, Karl

— Bericht üb. die Tätigkeit der kaiserl. biologischen Anstalt f. Land- u. Forstwirtschaft im J. 1906, s.: Mitteilungen aus der kaiserl. biologischen Anstalt f. Land- u. Forstwirtschaft. 3. Hft.

Behrens, Handbuch f. Vereine bei Aufstellung der Vereins-Satzung. Mit Anmerkgn. Berlin 899.

Behrens, s. Harms, das Arbeitskammergesetz.

Behrens: Gründliche alte und neue K r i e g s b a u - k u n s t der Europäer, s. B e h r e n s, J.H.

Behrens: Des 105jähr. Invaliden L e b e n, s. B e h r e n s, Joh.H.

Behrens: Selecta m e d i c a . . ., s. B e h r e n s, Conrad Bertold

Behrens: T o p o g r a p h i e und Statistik ..., s. B e h r e n s, Heinrich Ludwig

Behrens: V o l k s b u r e a u s, s. H e f t e der kirchl.-soz. Konferenz.

Behrens, A.: Die E n d u n g der zweiten Person Pluralis d. altfranzösischen Verbums, s. B e h r e n s, Alb.

Behrens, A.: Die F ä l l e v. Diabetes mellitus ..., s. B e h r e n s, Adolf

Behrens, A., Zum neuen Jahr. 12. (31 S.) Delft (890). (Amsterdam, J. M. Moulenhoff.) M. Goldschn. n. — 75

Behrens, A.: Kaltwasserbehandlung des Abdominaltyphus in der Kieler Poliklinik. — Berlin 1878. 40 S. 8°
Aus: Deutsche Klinik. 25. 1878. 8.

Behrens, A.: Die Mecklenburgische L a n d b a u - k u n s t, s. B e h r e n s, Ernst Christian August

Behrens, Adolf [aus Gifhorn]: Die Fälle von Diabetes mellitus, welche von 1877—1887 in der Göttinger medicinischen Klinik beobachtet wurden. . . . Göttingen, Druck d. Dieterichschen Univ.-Buchdr. W. Fr. Kaestner, 1889; 42 S. 8°
Göttingen, Med. Fak., Inaug.-Diss. v. 5. Jun. 1889

Behrens, Adf. Die Fälle v. Diabetes mellitus, welche von 1877—1887 in der Göttinger medicinischen Klinik beobachtet wurden. Diss. gr. 8. (42 S.) Gött. 889, (Vandenhoeck u. Ruprecht). * — 80

Behrens, Albert [aus Lüneburg]: Die Endung der zweiten Person Pluralis des altfranzösischen Verbums. . . . Greifswald, Druck v. Julius Abel, 1890; 2 Bl. + VI + 52 S. 8°
Greifswald, Phil. Fak., Inaug.-Diss. v. 25. Febr. 1890

Behrens, Alb. Die Endung der zweiten Person Pluralis des altfranzösischen Verbums. Diss. gr. 8. (VI, 52 S.) Greifsw. 890. (Lpz., Fock.) * 1 20

Behrens, *Karl Detlev* **Alexander** [aus Wittenberge]: Ueber primäre tuberkulöse Darminfektion des Menschen ... Berlin, C. Vogts Buchdr., *1894*; 30 S., 1 Bl. 8.
Berlin, Med. Fak., Inaug.-Diss. v. 15. Juni 1894

Behrens, Alfr.: Handelsgesetze üb. Anstellg u. Kündigg d. Kaufmanns. Mit Kommentaren versehen. Mit Anh.: Das Kaufmannsgericht. (35) 8° Hambg, O Meissner's V. '11.
— 75 d

Behrens, Anna, diesseits und jenseits des Oceans. Eine Erzählung für die reifere Jugend. Bevorwortet von Schliemann. Mit (lithogr.) Titelvignette in Farbendr. gr. 8. (308 S.) Zürich 869, Staub. geb.

Behrens, Anna, Martha. Eine Erzählung für die reifere Jugend. Bevorwortet von Ch. H. Sixt. gr. 8. (VI und 98 S.) Nürnberg 865, Zeiser. *

Behrens, August, bacc. jur., Referendar a. Hemelingen: Die Rechte des offenen Handelsgesellschafters im Innenverhältnis. Hildesheim 1907: Gebr. Gerstenberg. (59 S.) 8°
Leipzig, Jur. Fak., Diss. v. 29. Mai 1907
[Geb. 4. Apr. 80 Hemelingen; Wohnort: Hildesheim; Staatsangeh.: Preußen; Vorbildung: Gymn. Bremen Reife O. 01; Studium: Freiburg i. B. 1, München 1, Berlin 1, Göttingen 3 S.; Rig. 2. Mai 05.]

Behrens, B., neueste Polterabend-Scherze für Damen und Herren. 1. Heft. 8. (64 S.) Landsberg a. d. W. 887, Volger und Klein. *

— Schlafrock und Uniform. Schwank nach e. älteren Stoffe. Landsberg a. W.: Volger & Klein 1884. 16 S. 8° (Militairisches Theater-Album. 16.) 1: Yp 6370-16.
15.

Behrens, Bertha, s. a. Heimburg, Wilhelmine.

Behrens, Bertha

Haus Beetzen. Roman. Von Wilhelmine Heimburg [d.i. Bertha Behrens].
Leipzig: Keil (1895). 266 S. 8°

Trotzige Herzen. Roman von W[ilhelmine] Heimburg [d. i. Berta Behrens]. Stuttgart, Berlin, Leipzig: Union [1908]. 308 S. 8°

Aus dem Leben meiner alten Freundin. Von W[ilhelmine] Heimburg [d. i. Berta Behrens]. 11. Aufl. Stuttgart, Berlin, Leipzig: Union [1908]. 335 S. 8° [09. 10740

Alte Liebe und anderes. Erzählungen von W[ilhelmine] Heimburg [d. i. Berta Behrens]. 2. Aufl. Stuttgart, Berlin, Leipzig: Union [1904]. (329 S.) 8° [F.] [05. 509

Unter der Linde. Sieben Novellen von W. Heimburg [d. i. Berta Behrens]. 3. Aufl. Stuttgart, Berlin, Leipzig: Union [1909]. 270 S. 8° [10. 12590

W(ilhelmine) Heimburgs [d. i. **Bertha Behrens**] gesammelte Romane und Novellen. 2. Aufl. Bd 1—10. *Leipzig: E. Keil's Nachf. [1894—96].* 10 Bde 8.
1. ... [A. T.:] Aus d. Leben m. alten Freundin. ... M. Ill. v. W. Claudius ... (284 S., 1 Portr.)
2. ... [A. T.:] Lumpenmüllers Lieschen. Roman ... M. Ill. v. R. Wehle ... (328 S.)
3. ... [A. T.:] Kloster Wendhusen. Ursula ... M. Ill. v. A. Zick ... (338 S.)
4. ... [A. T.:] Ein armes Mädchen. D. Fräulein Pate ... M. Ill. v. A. Mandlick ... (280 S.)
5. ... [A. T.:] Trudchens Heirat. Im Banne d. Musen ... M. Ill. v. E. Ravel ... (310 S.)
6. ... [A. T.:] Die Andere. Unverstanden ... M. Ill. v. W. Claudius ... (314 S.)
7. ... [A. T.:] Herzenskrisen ... M. Ill. v. C. Zopf ... (315 S.)
8. ... [A. T.:] Lore v. Tollen. Roman ... M. Ill. v. M. Flashar u. H. Albrecht ... (364 S.)
9. ... [A. T.:] Eine unbedeutende Frau. Roman ... M. Ill. v. R. Gutschmidt ... (352 S.)
10. ... [A. T.:] Unter d. Linde. 12 Nov. ... M. Ill. v. ... (404 S.) [97. 1039

W[ilhelmine] Heimburg's [d. i. Bertha Behrens] gesammelte Romane und Novellen. (Ill. Ausg.) 2. Aufl. Bd 1. Stuttgart, Berlin, Leipzig: Union [1905]. 8° [F.] [06. 813

Um fremde Schuld. Roman von W. Heimburg [d. i. Berta Behrens]. 3. Aufl. Stuttgart, Berlin, Leipzig: Union [1909]. 310 S. 8° [10. 12591

Großvaters Stammbuch und anderes. Novellen von W[ilhelmine] Heimburg [d. i. Berta Behrens]. 2. Aufl. Stuttgart, Berlin, Leipzig: Union [1904]. (367 S.) 8° [F.] [05. 510

Der Stärkere. Roman von W. Heimburg [d. i. Berta Behrens]. 4. Aufl. Stuttgart, Berlin, Leipzig: Union [1909]. 414 S. 8° [10. 12592

Lore von Tollen. Roman von W[ilhelmine] Heimburg [d. i. Berta Behrens]. 4. Aufl. Stuttgart, Berlin, Leipzig: Union [1908]. 345 S. 8° [09. 10741

Über steinige Wege. Roman von W[ilhelmine] Heimburg [d. i. Berta Behrens]. 4. Aufl. Stuttgart, Berlin, Leipzig: Union [1908]. 300 S. 8° [09. 10742

Behrens
— **Burchard Heinrich** (Gramzow/Pomm.), De lumbricis effractoribus. Diss. med. Präs. Joh. Heinr. Schulze. Halle (Joh. Chn. Hilliger) März 1740. 22 S. (4.80) 1825

Behrens, C., Maler, Berlin., s. Behrens, Carl

Behrens, C., Redakteur, Berlin, 1851-1938. 1890 s. *Behrens*, Karl.

Behrens, C. Vide: Arbeitgeber (Der). Unabhängiges Organ.

Behrens, C. A., prakt. Mühlenbaukunst. 4. 789. Ist Verl. v. Stiller in Rostock.

Behrens, C.B.: Catalogus ..., s. Behrens, Conrad Bertold

Behrens, C.B.: Stammbuch ..., s. Behrens, Conrad Bertold

Behrens, C.F.: Anleitung zur Kenntnis von Wechseln und Wechselgeschäften, s. Behrens, Christian Friedrich

Behrens, C. G. s. *Behrens*, Carl Georg.

Behrens, C. H. s. *Behrens*, Carl Heinrich.

Behrens, C.L. (Resp.): Diss. de solitudinis medica utilitate..., s. Alberti, M. (Praes.)

Behrens, Carl, Maler, Berlin. 1899: ABC des Decorationsmalers. Ein Lehrgang für Fach- u. Fortbildungsschulen sowie für d. Selbstunterricht. — Berlin: Baumgärtel [1902]. 15 S., 20 Taf. 2° 1:2° Nu 3365. 15.

— Blattformen. Abdrucke nach d. Natur. Eine Sammlung von mehr als 500 Blättern einheimischer wie ausländischer Pflanzen in natürlicher Größe aufgenommen. — Berlin [usw.]: Hessling [1899]. 7 Bl., 80 Taf. gr. 2° 1:gr. 2° M 8954. 15.

— Blattformen. Abdrucke nach der Natur. Eine Sammlg. v. ca. 500 Blättern einheim., wie ausländ. Pflanzen, in natürl. Grösse aufgenommen. 8 Lfgn. gr. Fol. (80 Lichtdr.-Taf. m. XXIV S. Text.) Berlin (900). B. Hessling. In Mappe n. 48.—

— Bluethe und Frucht in dekorativer Anordnung. Nach d. Natur aufgenommen. Ser. 1.2. — Berlin [usw.]: Hessling [1902-03]. gr. 2° 1:gr. 2° Nu 3363/5. 11 [∞2]. 15.

(B) **Behrens,** C., Blüthe u. Frucht. 902. 903. (KBL 81. 83) Jetzt: Berlin, Ornament-Verlag.

— Moderne Decken- und Wandmalereien entworfen in der neuen freien naturalistischen Kunstrichtung. Ser. 1. 2. Berlin: Hessling (1897-[99]). 2° 89.

Behrens, C., neue Deckenmalereien. Ca. 125 Motive im Geschmack der Neuzeit zur prakt. Verwendg. f. Decken, Flure u. Treppenhäuser. 24 Taf. in farb. Lichtdr. (III S. Text.) Fol. Berlin (908). O. Baumgärtel. In Mappe n. 20. —

— der Dekorationsmaler. Eine Sammlg. farb. Vorlagen f. den prakt. Gebrauch. [Aus: „ABC des Dekorationsmalers".] (12 Taf. m. III S. Text.) Fol. Ebd. (903). In Mappe n. 15. —

— Contur u. Farbe. Motive f. Decorations-Malerei. 30 Taf. in Licht- u. Farbendr. 3 Lfgn. gr. Fol. (30 Taf. m. 5 S. Text.) Ebd. 899. 900. In Mappe n. 36. —

— Louis XVI Malereien. Entwürfe unter teilweiser freier Benutzung älterer Arbeiten aus d. 2. Hälfte d. 18. Jhs. — Berlin [usw.]: Hessling 1909. 11 S., 20 Taf. 2° 1:2° Nu 3375. 11. 15.

Behrens, C., Louis XVI-Malereien. Entwürfe unter teilw. freier Benutzg. älterer Arbeiten aus der 2. Hälfte des 18. Jahrh. (20 Lichtdr.-Taf.) Mit e. illustr. textl. Beigabe v. Bruno Hessling. (IV, 12 S.) 41×30,5 cm. Berlin 909. Ornament-Verlag. In Mappe 24. —

Behrens, Carl Erich, das alte Lied in Dur. Ein Liebesdrama in 5 Akten. (VII, 69 S.) 8. Dresden 909. E. Pierson. 1.50; geb. n 2.50

Behrens, Carl Erich: Das alte Lied in Dur. Tragödie. 2. Afl. (83) 8° Hambg. Verl.-Gesellsch. Hamburg '12. 2 —; geb. 3 —; Ldr 5 —

— Der Taumelbecher. Tragödie e. Mädchens. Gesellschaftsdrama. (106) 8° Ebd. '12. 2 —; geb. 3 — d

Behrens
— **Carl Ernst** (Hildesheim), De moderno usu constitutionis pacis publicae in supremis dicasteriis. Diss. histor.-jur. Giessen (Joh. Jac. Braun) Dez. 1750. 68 S. (5.—) 1826

Behrens
— **Carl Friedr.** (Stipend. Wakenitz. Pomm.), Quatenus religio merae ethicae antecellat? Diss. philos. Präs. Jac. Wallen. Greifswald (J. H. Eckhardt) 23. VIII. 1805. 14 S. (2.—) 1827
Gew.: Theoph. Schlegel.

Behrens, Carl Georg
Behrens, G. (Hrsg.), s. K a r t e, Topographische, des Gebiets der freien Hanse-Stadt Lübeck.

Behrens, G.: T a b e l l e, Topographisch—statistische, s.a. T a b e l l e ...

Behrens, G., topograph.-statist. Tabelle üb. d. freie Hansestadt Lübeck, zunächst als Repertorium zu d. 1843 berichtigten topograph. Karte dienend. Roy.-Fol. Lübeck 843, v. Rohden'sche Buchh. *

—— dass. mit der Karte. Imp.-Fol. Ebds. *

Behrens, Carl Georg: Topographie und Statistik von Lübeck und dem mit Hamburg gemeinschaftlichen Amte Bergedorf. 1829–39 u.ö. s.a. *Behrens*, Heinrich Ludwig.

v. **Behrens, G.**, allgemeiner Zoll-Tarif des russischen Kaiserreichs u. des Königr. Polen für den europäischen Handel. Allerhöchst bestätigt am 5. Juli 1868, nach dem Tarif von 1865 vergleichend zusammengestellt u. durch Hervorhebung aller Veränderungen u. Abweichungen von demselben in der tabellar. Ordnung der Waarenartikel u. in den Steuersätzen übersichtlich u. nachweislich bearb. Riga 868. (Leipzig, Fr. Fleischer.) gr. 4. (IV, 84 S.) n. 3 ngr

Behrens, Carl Heinr., Daß wir f. das Wohl des Vaterlandes nicht besser sorgen können, als indem wir den Kampf kämpfen, den die Epistel uns vorschreibt. Predigt am 21. Sonnt. nach Trin. üb. Eph. 6, 10—17 gehalten. gr. 8. (16 S.) Altona 850, Lehmkuhl. n. 3 ngr

Behrens, Carl Heinrich: Gedächtnißpredigt zur Todesfeier des ... 1830 verstorbenen Predigers der hiesigen reformirten Gemeinde, Johann Friedrich Petri. — Braunschweig 1830: Vieweg. 22 S. 8° 5.
15.

— Predigt über Jesaias 37,1-7, am 18. Oct. 1863, dem 50jährigen Gedenktage der Schlacht bei Leipzig, in der Kirche St. Pauli gehalten. — o.O. [1863]. 15 S. 8° 8.
15.

—— 5. Aufl. o.O. [1863]. 15 S. 8° 18.
15

— Predigt am 2. Sonntage des Advents den 6. December 1846 in der St. Catharinen-Kirche zu Braunschweig gehalten. 8. Gastpredigt. — Braunschweig: Krampe 1846. 16 S. 8° 23. 27.
15.

— Predigt üb. 1. Tim. 3, 1, beim Antritte seines Amtes in der gr. 8. (16 S.) Hamburg 850, Volksbuchh. in St. Pauli. 1/12 rſ
Gemeinde St. Pauli zu Hamburg am 27. Jan. 1850 gehalten.

— Sechszehn Predigten über freie Texte. — Braunschweig: Lucius 1837. VIII,160 S. 8° 23. 27.
15.

Behrens, C. H., wie muß die protest. Kirche sich entwickeln, wenn es im Sinne Jesu geschehen soll? Ein Vortr. am 21. Sonnt. n. Trinit. gehalt. Nebst e. Brief an Hr. Pf. Uhlich z. Magdeburg u. d. bei dem Gottesdienst gehalt. Liturgie. 8. (1 ½ B.) Braunschweig 845, Rademacher Thlr. *

— 'Wie sollen wir mit der feiernden Mutter-Gemeinde uns dieses Tages freuen?' Predigt am 19. Oct. 1862, als am ersten 100jährigen Gedenktage d. Einweihung d. St. Michaelis-Kirche, in d. Kirche zu St. Pauli gehalten. — Hamburg: Schultheiß in Comm. [1862]. 14 S. 8° 18.
15.

— Worauf gründet sich die Hoffnung einer glücklichen Zukunft, die wir für unser Vaterland hegen? Predigt. — Braunschweig: J. H. Meyer 1831. 15 S. 8° 5. 7. 27.
15.

Behrens, Christian Friedrich: Anleitung zur Kenntniß von Wechseln und Wechselgeschäften. — Magdeburg: Creutz 1794. XII,200 S. 8° 7. 14. 15. 23. 30.
15.

— Anweis. zu Zins- u. Wechsel-Rechnungen, s. Chr. Fr. Hoff, Rechnenbuch 2r Thl.

— sichere Dauer d. Berliner allgem. Wittwenkasse. gr. 8. Leipz. 795. (Nauk). 4 gr

(—) Sichere Dauer der Berliner allgemeinen Wittwenkasse. Beytrag zur Entwiklung d. natürlichen Grundsätze, worauf Anstalten dieser Art zu bauen sind. — Leipzig 1795: Sommer. 35 S. 8° 14.
15.

— etwas üb. Unterricht in d. Rechnungswissenschaft. gr. 8. Magdeb. 791. Creutz. 4 gr

— Rechnenbuch, s.a. Chr. Fr. Hoff.

— Christoph Friedrich Hoffs vollständiges Rechenbuch für angehende Kaufleute und Oekonomen. Völlig umgearb. u. für alle Stände brauchbar gemacht. Th. 1. — Magdeburg: Creutz 1790. XIV,286 S. 8°
12: Math. P. 224.

— Vollständiges Rechenbuch für angehende Kaufleute und Oekonomen. Ganz neu gearb. u. für alle Stände brauchbar gemacht. Th. 1. — Ebd. 1790. XIV,286 S. 8° 23.
15.

— Recht u. nicht Recht, Beleidigung u. nicht Beleidigung; e. Uebersicht der Hoffischen Prüfung der Nachlese zur kaufmänn. Regel de Tri. 8. Magdeb. 790.

Behrens, Conrad Bertold: Additiones und Verbesserungen der von ihm vor fast viertzig Jahren zum Druck gegebenen hoch-adelichen Steinbergischen Geschlechts-Historie. — Hildesheim 1733: Matthäi. 72 S. 2°
Im Exemplar von 17 ist d. Seitenzahl verdruckt.
1: an 2° S 888. 12: 2° Geneal. 26/1. 17. 18. 30.
15.

(—) Gründlicher Bericht, von der Natur, Eigenschafft und wahrem Uhrsprung der Pest, auch wie dieselbe auf alle Weise praecaviret, und am sichersten curiret werde. — Braunschweig: Zilliger & Schröder 1714. 118 S. 8°
1: 3 in 4° Iu 5300 [u.] 1 in 4° Iu 2003. 7. 8. 14. 17. 24. 27. 29. 30.
15.

Behrens, C. B., Catalog. praepositor. cathedral. ecclesiae Hildesh. fol. Hannov. Helwing.

— Catalogus reverendissimorum ac illustrissimorum praepositorum cathedralis ecclesiae Hildesheimensis. — Hannoverae: Foerster [um 1705]. 18 S. 4°
1: 1 in Bm 5047, 27.
15.

— Selecta Diaetetica seu de recta ac conveniente ad sanitatem vivendi ratione tractatus. — Francofurti [usw.]: L. Schröder 1710. 548 S. 8°
2. 3. 5. 7. 8. 10. 12: 4° Path. 33. 14. 15. 17. 18. 23. 27→30. 300: 68 F 20. 302.
15.

Behrens, Conr. Barth., Selecta diaetetica de recta ad valetudinem tuendam ratione. Hildesh. 4°. *Haller*, Bibl. med. pr. IV, 17. (Usus aquae vitae excusatur. Mors a choreis subita. Sect. III c. 1 § 7 Ebrietatis noxae, abortus, generatio stupidorum.) 1710

— Dissertatio epistolaris de certitudine ac difficultate artis medicae, aliisque ad eandem requisitis ad inclytam Leopoldinam naturae curiosorum Societatem. — Hildesii 1703: Schlegel. 23 S. 8° 20. 302.
15.

— Historia reverendissimorum ac illustrissimorum dominorum praepositorum, decanorum & scholasticorum cathedralis ecclesiae Hillesheimensis. — Lemgoviae: H.W.Meyer 1705. 84 S. 8° 4. 5. 7. 12:4°Diss. 148-25. 14. 15. 23. 24. 25. 27. 300:38.728-B. 15.

— Selecta Medica de medicinae natura ac certitudine, medicis, eorumque requisitis ... Cum epimetro: De magorum existentia ac dignotione. — Francofurti [usw.]: Hauenstein 1708. 96 S. 8° 2. 7. 8. 9. 12:4°Med.g.28. 14. 17. 23. 24. 27→30. 302. 15.

— Abgenöhtigte Remonstration und abermahlige Antwort an ... Polycarpum Lyser, die Gräfliche Eberstei-nische Historie an der Weser betr. — o.O. 1725. 4 Bl. 8° 1:3 in S 848. 23. 27.

— Responsio ad Observationes ... Polycarpi Lyseri ... in tabulam genealogicam comitum Eberateinensium ad Visurgim. — Hillesheimii 1724. 3 Bl. 8° 1:2 in S 848. 7. 23. 15.

— Hochgemüßigtes Schreiben an einen vornehmen Freund, betr. die von Herrn Johanne Georgio von Eccard ..., jüngsthin edirte Historiam genealogicam principum superioris Saxoniae, in welchem dessen neue genealogische Meinungen untersuchet werden. — o.O. 1724. 28 S. 8° 1:Sq 7008 [u.] 3 in Sq 152. 2. 3. 7. 10. 12:4° Diss. 5204-9. 14. 15. 17. 23. 25. 26. 27. 300:38.491-B. 15.

— Stamm-Baum des ... Hauses Asseburg, auß allerhand alten ... Uhrkunden von neuen zsgetragen, biß auff jetzige Zeiten abgeführet, u. mit e. historischen Zusatz verm. — Paderborn 1721: Todt. 41 S. 4° 3. 23. 15.

— Stamm-Baum und Geschlechts-Historie des ... Hauses der Herren von Grone, auff Wester- und Kirchbrake ... Aus alten Briefen und ... Uhrkunden von neuen zsgetragen. — Hildesheim: Schröder 1726. 23 S. 4° 1:an 2° S 8011. 3. 7. 12:2°J.publ.G.427/1. 14. 23. 25. 28. 30. 15.

Behrens, C. B., Stammbuch und Geschlechtshistorie von Grone auf Wester- und Kirchbracke. Mit Wappenbild. Hildesheim 1726. fol.
Additiones und Verbesserungen dazu. Hildesheim 1733. fol.

Behrens, C. B., Geneal. und zum Theil histor. Vorstellung einiger uralter hochadelicher Häuser namentlich derer von Adelips, Alvensleben, Hardenberg, Korff etc., Sonderlich derer von Steinberg. Hannover 1703. fol.

— Genealogische und zum Theil historische Vorstellung des Uhrsprungs und Fortstammung einiger uhralter ... hochadelichen Häuser, nahmentlich, deren von Adelips, Alvensleben, Asseburg ..., sonderlich derer von Steinberg ... Von Conrad Barthold Berens. — Ebd. 1703. 72 [vielm. 74], 118 S. 4° 1:2° S 888. 3. 4. 6. 7. 12:Geneal. 26. 14. 27. 30. 15.

Behrens, Curt, Fritz Hahn, Hugo André, das große Polterabendbuch. (128, 128 u. 127 S.) 8. Dresden (907). W. Fischer. Geb. in Leinw. 7. 50

Behrens, D.: Unorganische Lautvertretung, s. Behrens, Dietrich

Behrens, D.S.: De vulnere cerebri non semper et absolute letali, s. Behrens, Daniel Siegmund Gottlieb

Behrens, D.T.: Tafeln über den Cubik-Inhalt der runden gefällten Hölzer, s. Behrens, Dietrich Theodor

Behrens
— Daniel Sigmund Gottlieb (Halberstadt), De haemorrhoidum anomaliis. Diss. med. Präs. Mich. Alberti. Halle (Chn. Henckel) Aug. 1717. 60 S. (5.—) 1828

Behrens, Daniel Siegmund Gottlieb: De Vulnere cerebri non semper et absolute lethali, oder merckwürdige Observation, von einer greulichen Verwundung des Gehirns. — Franckfurth a.M. 1733. 40 S. 8° 1:11 in Kr 411. 4. 9. 14→17. 21. 24. 26. 28. 29. 30. 302. 15.

Behrens, Dietrich: Grammatikalische und lexikalische Arbeiten über die lebenden Mundarten der langue d'oc und der langue d'oïl. — o.O. [1887]. 123 S. 8°
Aus: Zeitschrift für neufranzösische Sprache u. Literatur. 9. 1887. 9.

— Beiträge zur Geschichte der französischen Sprache in England. 1. — Heilbronn: Henninger 1886. 223 S. 8°
1. Zur Lautlehre d. französischen Lehnwörter im Mittelenglischen.
(Französische Studien. 5,2.) 1:Xs 236-5,2. 2. 3. 5→11. 12:P. o. gall. 2094 1-5,2. 14. 16. 17. 18. 21. 24. 25. 26. 29. 30. 38. 300:397.937-B. 5,2. 302. 15.

Behrens, Dietr., s.: Beiträge zur roman. Philologie.

— Beiträge zur französischen Wortgeschichte und Grammatik. Studien u. Kritiken. — Halle: Niemeyer 1910. IX, 500 S. 8° 1:Xs 5934/250. 2→6. 9. 10. 11. 12:L. lat. f. 12rd. 14→18. 21. 25. 26. 38. 300:472.857-B. 302. 15.

— [franz.] Bibliographie des patois gallo-romans. 2. éd., rev. et augm. par l'auteur, trad. en français par Eugène Rabiet. (Hrsg.: Paul Lejay.) — Berlin: Gronau 1893. VIII, 255 S. 8° (Französische Studien. N.F. 1.) 1:Xs 236-N.F.1. 2→11. 12:P. o. gall. 2094 la-1. 14→18. 21. 25. 26. 29. 30. 38. 300:397.937-B. N. F. 1. 302. 15.

— Friedrich Diez. Festrede zur Feier von Diez' 100stem Geburtstage. Mit e. Portrait u. bisher nicht veröffentlichtem biographischem Material. — Giessen: v. Münchow 1894. 41 S. 4°
Zugleich Univ.-Schrift. Gießen 1894.
21.5. 12:Biogr. 305h. 14. 17. 30. 38. 15.

— Geschichte der englischen Sprache, s.: Kluge, Frdr.

— Zur Geschichte des neusprachlichen Unterrichts an der Universität Giessen, s.a. Giessen, die Universität, von 1607—1907.

— Zur Geschichte des neusprachlichen Unterrichts an der Universität Gießen. — Gießen: Töpelmann 1907. 28 S. 4°
Aus: Die Universität Gießen von 1607 bis 1907. Beiträge zu ihrer Geschichte. Festschrift. 1907.
1:4° Ay 24970/4. 9. 11. 15. 17. 25. 15.

— Grammaire de l'ancien français, s.: Schwan, Ed.

Behrens, Dietr., Grammatik des Altfranzösischen, s.: Schwan, Ed.

Behrens, Dietrich: Unorganische Lautvertretung innerhalb der formellen Entwickelung des französischen Verbalstammes. (Separat-Abdruck aus den Französischen Studien herausgegeben von G. Körting und E. Koschwitz.) Altenburg, Pierer'sche Hofbuchdruckerei. Stephan Geibel & Co., 1882. 8. 32 S. Diss. Strassburg

— Unorganische Lautvertretung innerhalb der formalen Entwickelung des französischen Verbalstammes. — Heilbronn: Henninger 1882. 91 S. 8° (Französische Studien. 3,6.)
Erschien teilweise auch als Diss. Straßburg 1882.
1: Xs 236-3,6. **2. 3. 5→11. 12:** P. o. gall. 2094 1-3,6. **14. 16. 17. 18. 21. 24→27. 29. 30. 38. 300:** 397.937-B. 3,6. **302.**
15.

— Über reciproke Metathese im Romanischen. — Greifswald: Abel 1888. 119 S. 8°
1: Xi 560. **2→7. 9. 10. 11. 12:** L. lat. f. 551. kt. **15. 21. 25. 26. 27. 300:** 413.880-B. **302.**
15.

— **Wortgeschichtliches.** — Erlangen: Junge 1906. S. 548-555. 8°
Aus: Mélanges Chabaneau. 1907. **9.**
15.

— s.: Zeitschrift f. französ. Sprache u. Litt.

Behrens, Dietrich Theodor: Tafeln über den Cubik-Inhalt der runden gefällten Hölzer von 1 bis 48 Zoll Durchmesser nebst einer Kreisflächen-Tabelle für 12theiliges Maß. — Göttingen: Dieterich in Komm. 1847. V,34 S. 8° **7.**
15.

Behrens, E: Die Bürgerkde im Unterr. d. höh. Mädchenschule, s: Magazin, Pädagogisches.

BEHRENS, E. A.
Ueber Steinkohlentheer und über Steinkohlentheerpecn. [Leipzig, 1872.] 8vo.

Behrens, E. A.: Vortrag über Leinöl gehalten ... 1877 ... zu Bremen. — Bremen 1877: Hauschild. 31 S. 8° **5.**
15.

Behrens, E.C.A.: Beschreibung eines Instruments ..., s. Behrens, Ernst Christian August

Behrens, E.C.A.: Die mecklenburgische Land-Baukunst ..., s. Behrens, Ernst Christian August

Behrens, E.G.: Einige Bemerkungen über Deckungen bei Fallissementen.
Hamburg 1841.

- Vorh.: Com. Bibl. Hamburg.

Behrens, Eduard. 1910: Gründung und Leitung von Kaninchenzüchter-Vereinen nebst Anleitung zur Veranstaltung von Ausstellungen u. Verlosungen usw. 2., verb. Aufl. — Leipzig: Poppe [1910]. 70 S. 8° **101.**

- Das Havannakaninchen, s. Poppe's, F.: Bibliothek für Kaninchenzüchter.

- Das Japaner-Kaninchen, s. Poppe's F.: Bibliothek für Kaninchenzüchter.

Behrens, Eduard, Schriftsteller, Bern, geb. 1884. 1905: Ed. Behrens (Gottlieb Krähenbühl). Der tanzende Papst. Stimmungen auf Reisen durch Italien, London, Paris. — Zürich: Bopp; [übergekl.:] Zürich: C. Schmidt 1905. 108 S. 8° **24. 30.**
15.

— **Pilatus.** Traumspiel. — Bern 1905: Benteli. 66 S. 8° **30.**
15.

Behrens, Eduard, Livonus, De abortus symptomatologia et aetiologia. Diss. Dorpat. 16°. 56 pp. 1833.

- Das französische Widderkaninchen, s. Poppe's F.: Bibliothek für Kaninchenzüchter.

Behrens, Eduard Ludwig: Katalog der Bibliothek Eduard L. Behrens Hamburg. — Hamburg 1900: (Verl. Anst. u. Dr. A.-G.) 123 S. 8° 18.
15.

Behrens, Emil, a. Rethem ⟨Aller⟩: Assyrisch-babylonische Briefe religiösen Inhalts aus der Sargonidenzeit. Leipzig 1904: A. Pries. (56 S.) 8° ¶(Aus: Leipziger semitistische Studien Bd II, H. 1.)
Leipzig, Phil. Fak., Ref. Zimmern u. Fischer, Diss. v. 31. März 1905
[Geb. 5. Mai 79 Rethem a. d. Aller; Wohnort: Rethem; Staatsangeh.: Preußen; Vorbildung: Gymn. Wolfenbüttel Reife O. 99; Studium: Breslau 2, Berlin 4, Leipzig 4 S.; Rig. 25. Juli 04.]

Behrens, Emil: Assyrisch-babylonische Briefe kultischen Inhalts aus der Sargonidenzeit. — Leipzig: Hinrichs 1906. 124 S. 8° (Leipziger semitistische Studien. 2,1.)
Erschien teilweise auch als Diss. Leipzig 1905.
1: Zt 272-2,1. **2→9. 11. 12:** A. or. 297-2,1. **14. 15. 16. 18. 21. 25. 27→30. 300:** 443.246-B. Pp. 2. **302.**
15.

Behrens, Emmi: Mußestunden. Gedichte. — Leipzig: Verl. für Litteratur, Kunst u. Musik 1908. 63 S. 8° **101.**
15.

Behrens, Ernest A. 1862-1892. Fest-Büchlein z 30-jhr Jub der Dt-Ev. Luth St Matthäus-Gemeinde in Melrose, NY. NY, 1892.

Behrens, Ernst, Referendar in Göttingen: Die Erfüllung unter Vorbehalt. *Alfeld 1900: F. Stegen.* (59 S.) 8°
Göttingen, Jur. Diss. v. [24. Okt.] 1900

Behrens, Ernst Christian August: Beschreibung eines erprobten Instruments, wodurch ein Dieb ... allemal entdeckt, wenigstens aber sicher verscheucht wird. — Schwerin: Verf. 1797. 44 S. 8° **15. 17.**
15.

—— Ebd. 1797. 46 S. 8° **18. 28.**
15

—— 2., verm. Aufl. Hamburg: Bachmann & Gundermann 1799. 8,44 S. 8° **5. 15.**
15.

—— Deutschland: In allen guten Buchh. 1800. 46 S. 8°
12: Graph. 8m/1. **302.**
15.

— Die mecklenburgische Land-Baukunst oder Sammlung von Original-Zeichnungen, wornach gebauet worden ist, u. noch gebauet wird. — Schwerin [usw.]: Bödner 1796. 232 S., 35 Taf. 8° **12:** 4° A. civ. 18b. **14. 28. 302.**

— Die practische Mühlen-Baukunst oder gründliche und vollständige Anweisung zum Mühlen- und Mühlen-Grundwerks-Baue. — Schwerin: Bärensprung 1789. XI,260 S., 31 Taf. 8° **12:** 4° A. civ. 18. **28. 83. 89.**
15.

Behrens, C. C. A., d. practische Mühlenbaukunst. m. K. 4. Schwerin, (Graff in Leipz.) 789. Rthlr.

— die prakt. Mühlenbaukunst, od. Anweis. zum Mühlen- u. Mühlengrundwerksbaue etc. M. 31 Kpf. gr. 4. Schwerin 789. Rost., Stiller. (Leipz., Wienbrack). 2 Rthlr 4 gr

Behrens, F., u. F. Heege, Fibel. Mit 40 Illustr. (Holzschn.) Braunschweig 868. Bruhn. 8. (72 S.) n. 4⅓ ngr

Behrens, F., und F. Heege, Fibel. 2. neu bearb. Aufl. 8. (80 S. mit 40 Illustr.) Braunschweig 884, Bruhn.

Behrens, F., Gärtnergewerbe, s. Schriften f. soz. Gesellsch.

Behrens, F.: Der Gummidruck ...,
s. Behrens, Friedrich

Behrens, F.: Das hohe Lied im deutschen Reim,
s. Behrends, F.

Behrens, F., s. Mahling, F., u. Behrens

Behrens, F., und F. Heege, Rechenbuch für Schulen. 3 Hefte. 8. Braunschweig, Bruhn.
Inhalt:
Heft 1. Die Grundrechnungsarten in unbenannten oder gleichbenannten Zahlen. (49 S.) 872. 30 Pf.
» 2. Die Grundrechnungsarten in ungleichbenannten Zahlen. (48 S.) 873. 25 Pf.
» 3. Bruchrechnung. (48 S.) 874. 25 Pf.

—— Auflösungen zum Rechenbuch für Schulen. 4 Hefte. 8. Ebendas. 875. [1.—3. Heft. (70 S.) 80 Pf.; 4. Heft. (12 S.) 20 Pf.]

Behrens, F.: Die Reichsfinanzreform u. die Christl.-Sozialen im Reichstage, s. Behrens, Franz

Behrens, F., kleine Schulgeographie. Heimathskunde des Herzogthums Braunschweig. Nebst einer Specialkarte. 8. (36 S.) Schleswig 870. [Halle, Buchh. des Waisenhauses.] *

Behrens, F.: Zweck und Ziele der Freiwilligen Sanitäts-Kolonnen vom Rothen Kreuz,
s. Behrens, Fritz

Behrens, F.W., Distriktsgerichtsauditor, Braunschweig. 1829
s. *Behrens*, Friedrich Wilhelm.

Behrens, F.W., Pfarrer, geb. 1848. 1891
s. *Behrens*, Friedrich Wilhelm Berthold.

Behrens, F.W.B.: Deutsches Ehr- und Nationalgefühl ...,
s. Behrens, Friedrich Wilhelm Berthold

Behrens, Ferdinand [Assist. am anat. Inst. zu Rostock]: Zur Kenntnis des subepithelialen elastischen Netzes der menschlichen Haut ... Rostock, Univ.-Buchdr. v. Adler's Erben, 1892; 24 S., 1 Taf. 8.
Rostock, Med. Fak., Inaug.-Diss. v. [22. Sept.] 1892

Behrens, Franz: Die Arbeiten des Reichstages 1909–10. Parlamentarischer Bericht d. christlich-sozialen Abgeordneten. — Barmen: Christl.-soziale Partei 1910. 64 S. 8°
28.
15.

— u. W. Bartelt, Bericht des Berliner Volksbureaus, s.: Hefte der freien kirchlich-sozialen Konferenz. 30. Heft.

Behrens, Franz, a. Hildesheim, zurzeit Einj.-freiw. Arzt im Inf.-Reg. Nr. 79: Aus der Königl. chirurgischen Universitätsklinik Berlin ⟨Exz. v. Bergmann⟩. Über inter- und submuskuläre Lipome. Berlin (1907): G. Schade. (27 S.) 8°
Berlin, Med. Fak., Ref. Bier, Diss. v. 25. Juli 1907
[Geb. 20. Juli 81 Hildesheim; Wohnort: Hildesheim; Staatsangeh.: Preußen; Vorbildung: Gymn. Andreanum Hildesheim Reife O. 01; Studium: Göttingen 4, München 1, Berlin 2, Göttingen 3 S.; Coll. 18. Juli 07; Approb. 18. Febr. 07.]

Behrens, Frz., die Rechtsverhältnisse im Gärtnergewerbe.
s.a. Schulz, M. v.

— Die Reichsfinanzreform und die Christl.-Sozialen im Reichstage. — Essen-Ruhr: Evang. Geschäftsstelle für soziale Arbeit 1909. 32 S. 8° **1: Gz 7921/3. 5.**
15.

— — 2. Aufl. Barmen: Christl.-soziale Partei 1910. 30 S. 8°
101.
15.

— Die Reichsfinanzreform u. die Christl.-Sozialen im Reichstage. 2. Aufl. Bericht der christlich-sozialen Reichstagsabgeordneten. (30 S.) 8. Barmen 910. (Essen, Dinnendahlstr. 9, Ev. Geschäftsstelle f. soziale Arbeit.) n — 25

— — 3. Aufl. Barmen: Christlich-soziale Partei 1910. 32 S. 8°
1: Gz 7921/3³. 26.

Behrens, Frz., patriarchalische Verhältnisse u. modernes Arbeitsrecht, s.: Oertzen, Dietr. v.

Behrens, Franz: Ueber das Vorkommen von Mastzellen in pathologischem Bindegewebe. Halle 1884: Karras. 29 S. 8°
Halle-Wittenberg, Med. Diss. v. 16. Dez. 1884
Geb. Wolfenbüttel 26. 3. 1857. V.
Verf. erlebte die Diplomerneuerung 1934 als Sanitätsrat in Wolfenbüttel, vgl. Anh. Nr. 490.

— Wandlungen in der Sozialdemokratie? Referat erstattet auf d. 15. Kirchlich-sozialen Kongreß ... 1910 in Hannover. — Berlin: Vaterländ. Verl.- u. Kunst-Anst. 1910. 58 S. 8° (Hefte d. Freien kirchlich-sozialen Konferenz. 45.)
1: Fc 392–45. 11. 14. 15. 21. 21. 26. 29. 30.
15.

Behrens, Frz., welche Aufgaben erwachsen der inneren Mission aus der gegenwärt. Entwicklg. der Arbeiterbewegg.? s.: Mahling, Frdr.

— s.: Zuwachssteuer, die.

Behrens, Friedrich
Behrens, Frdr., D. Gummidruck. Prakt. Anleitg., vermittelst Aquarellfarben photograph. Bilder herzustellen. M. 1 Lichtdr.-Beilage u. mehr. Abb. gr. 8. (78 S.) Berlin 898. Fischer's technolog. Verl. n. 1.50

Behrens, Friedrich: Der Gummidruck. Praktische Anleitung vermittelst Aquarellfarben photographische Bilder herzustellen. — Berlin: Krayn 1898. 78 S. 8°
1: Os 1403/15. 16. 17. 01.
15.

— — 2., umgearb. u. erw. Aufl. Ebd. 1903. 109 S. 8°
1: Os 1403/15². 11. 17.
15.

Behrens, Frdr.: Der Gummidruck. Prakt. Anleitg. f. Freunde künstler. Photogr. 3. Afl. (98 m. Abb. u. 1 Farbdr.) 8° Berl., M Krayn '11. 1.50

Behrens
— Friedrich (Torgau), De scirrho. Diss. chirurg. Präs. Burcard Wilh. Seiler. Wittenberg (Ch. H. Graessler) 14. VIII. 1810. 32 S. (4.50) 1829
Gew.: Imman. Theoph. Toepfer, Gottlob Heinr. Ohl, Joh. Dan. Behrens.

Wodans Tod. Drama in 5 Aufz. von Hans Friedrich **Behrens**. Berlin-Friedenau: Bur. Fischer 1910. 68 S. 8° [10. 5300

Umgebungskarte von Posen. ⟨Stadtkreis Posen u. Kreis Posen Ost u. -West.⟩ (Neueste Ausg.) (Red. v. Friedrich **Behrens**, Posen 1904. Maßst. 1:100.000. *Lissa i./P.: F. Ebbecke [1904]; Lith. P. Baron in Liegnitz.*) (1 Kartenbl. 56 × 44 cm mit Legende.) 8° [Kopft.] [kol.] [04. 16650

Behrens, Frdr.: Umgebgsk. v. Posen (Stadtkreis Posen u. Kreise Posen-Ost u. -West). 1:100,000. 2. Afl. 46 × 57,5 cm. Farbdr. Lissa, O Eulitz ('09). 1 —; auf L. in Etui 1.50

Behrens, Fr.: Wandkte d. Prov. Posen, s: Gaebler, Eduard.

Behrens
— Friedr. Gottfried (Aschersleben), De animae foetore. Diss. med. Bln. (Ferd. Nietack) 21. X. 1829. 31 S. mit Biogr. (M.: Ch. Bekker.) (3.50) 1830
Oppon.: J. E. Gabler, J. Koehler, B. Preiss. — Gew.: A. F. G. Taubert.

Behrens, Friedrich Wilhelm
Behrens, F. W. Deutsches Ehr- u. Nationalgefühl in seiner Entwicklung durch Philosophen u. Dichter. [1600–1815.] 8. (150 S.) Lpz. 891, Fock. * 2 50

Behrens, Friedrich Wilhelm: Geschichte der deutschen Staaten in Tabellen. — Braunschweig 1832: Vieweg. 1 Bl., 11 gez. Tab. 2° **23.**
15.

– Herzog Welf VI..., s.a. Behrends, Peter Wilhelm

— Herzog Welf VI., letzter welfischer Stammherr in Süddeutschland, und seine Zeitgenossen. — Braunschweig; Leer: Vogler in Comm. 1829. XVI,270 S. 8° 1:Rx 19674. **2. 5. 7. 8. 11. 12:**Bavar. 221h. **14. 15. 17. 23. 24.**
15.

Behrens, Friedrich Wilhelm Berthold: Deutsches Ehr- und Nationalgefühl in seiner Entwicklung durch Philosophen und Dichter. ⟨1600–1815.⟩ — Leipzig: Fock 1891. 150 S. 8° Zugleich Diss. Leipzig 1891.
1:Rx 2265. **8. 12:**Germ. g. 31cf. **15. 21. 25.**
15.

Behrens, F. W. B., Deutsches Ehr- und Nationalgefühl in seiner Entwicklung durch Philosophen und Dichter (1600–1815). ... Leipzig-Reudnitz. Druck v. M. Hoffmann, 1891; 152 S., 1 Bl. 8°
Leipzig, Phil. Fak., Inaug.-Diss. v. 2. Jul. 1891

Behrens, Fritz: Zweck und Ziele der Freiwilligen Sanitäts-Kolonnen vom Rothen Kreuz. — (Berlin: [Mittler 1902].) 90 S. 8° 1:Kq 8713. **11. 12:**M. med. 1209e. **300:**42.775.
15.

Behrens, G.: Topographie und Statistik ..., s. Behrens, Heinrich Ludwig

Behrens, G.v.: Allgemeiner Zoll-Tarif ..., s. Behrens, Carl Georg

Behrens, Georg. Missionar. 1905 s. *Behrens.* — Der Betschuanen-Missionar Georg Behrens. 1905.

Behrens, Georg, Die Charakterbildung und das Turnen, Leipzig, 22 S., 8°.

Behrens, Georg Henning
— Hercynia curiosa, oder curiöser Hartz-Wald, das ist sonderbahre Beschreibung u. Verzeichnis derer curiösen Hölen, Seen, Brunnen, Bergen. — Nordhausen: Neuenhahn 1703. 200 S. 8° 1:S 12316. **2. 3. 7. 9. 10. 12:**4 H. nat. 14. **14. 15. 17. 18. 21. 23. 26→30. 302.**
15.

— — Ebd. 1712. 200 S. 8°
1:S 12318. **2. 3. 4. 15. 17. 18. 21. 23. 27. 28. 29.**
15.

— Hercynia curiosa oder curiöser Hartz-Wald ... (Hrsg.: Herm. Heineck.) (Neudr.) — (Nordhausen: Ebert [1899].) 203 S. 8° **1:**S 12321. **3.**
15.

Behrens, Geo. Henning, Hercynia curiosa od. Curiöser Hartz-Wald, d. i. sonderbare Beschreibg. u. Verzeichnis derer curiösen Hölen, Seen, Brunnen, Bergen u. vielen andern an- u. auff dem Hartz vorhandenen denkwürd. Sachen, m. unterschiedenen Nützlichen u. Ergetzlichen medicin., physical. u. histor. Anmerkgn., denen Liebhabern solcher Curiositäten zur Lust heraus gegeben. Nordhausen 1703. Neudr. (Hrsg. v. Herm. Heineck.) 8. (VI. V. 216 S.) Nordhausen (900). O. Ebert. n. 2.75

— Hercynia curiosa i. e. curiöser Hartz-Wald, darinnen alle, an- u. auf dem Hartz gelegene Hölen, Seen ... beschrieben werden. — Nürnberg [usw.]: Tauber 1720. 200 S. 8° 1:S 12319 [u.] an Al 5196a. **3. 5. 7. 12:**4° H. nat. 15. **14. 15. 21. 23. 29. 30. 300:**44 G 58.
15.

Behrens, Gumpertz, Antiquariat: Catalogus oder Verzeichniss der hebraeisch- und rabbinischen Buecher, welche durch oeffentliche Auction in d. Hausse d. Gebrüder Gumpertz u. Isaac Behrens ... sollen verhandelt ... werden. — o.O. [um 1725]. 47 S. 8° **23.**
15.

Behrens, Gustavus: Quaestiones metricae. Gottingae 1909: Dieterich. 96 S. 8°
Göttingen, Phil. Diss. v. 15. März 1910, Ref. Leo, Wendland
[Geb. 18. Okt. 84 Birkenfeld; Wohnort: Birkenfeld; Staatsangeh.: Oldenburg; Vorbildung: Gymn. Birkenfeld Reife O. 03; Studium: Marburg 2, Bonn 1, Berlin 1, Göttingen 9 S.; Rig. 27. Okt. 09.] [U 10. 1394

Behrens, G[ustav]: Die Reifung und Befruchtung des Forelleneies. *Wiesbaden: J. F. Bergmann 1898.* (63 S. mit Taf.) 8° (Aus: Anatomische Hefte, Abth. 1 H. 32.)
Würzburg, Phil. Diss. v. 1898

Behrens, H. s. *Behrens,* Georg Henning.

Behrens, H., Großherzoglicher Lehrschmied, Rostock., s. Behrens, Heinrich

Behrens, H., Prof. für Bergbau u. Mikrochemie, Kiel, 1842–1905., s. Behrens, Heinrich

Behrens, H.: Entwässerung der Haaler Niederung, s. Behrens, Hugo

Behrens, H.L.: Grundriss der Freien Stadt Lübeck, s. Behrens, Heinrich Ludwig

Behrens, H.O.: Grundlagen und Entwicklung der regelmässigen deutschen Schiffahrt nach Südamerika, s. Behrens, Hans Oskar

Behrens, Hans Friedrich: Wodans Tod. Drama. — Berlin: Fischer 1910. 68 S. 8° **1:**Ys 39096. **11. 300:**473.996-B.
15.

Behrens, Hans O., Leitung grosser Lawn-Tennis-Turniere. Anh.: Regulativ f. die Durchführung v. Lawn-Tennis-Turnieren. (92 S. m. Abbildgn. u. Titelbild.) kl. 8 Baden-Baden 904. E. Sommermeyer. n. 1. 20

Behrens, Hans Oscar
Behrens, Hans Osc., Grundlagen u. Entwickelung der regelmässigen deutschen Schiffahrt nach Südamerika, s.a. **Geographie, angewandte. II, 4.**

Behrens, Hans Oscar ⟨Hamburg⟩: Grundlagen und Entwickelung der regelmäßigen deutschen Schiffahrt nach Südamerika. Halle a. S. 1904: Gebauer-Schwetschke. (VIII, 180 S.) 8°
Tübingen, Staatsw. Fak., Ref. v. Schönberg, Diss. v. 23. Febr. 1905
[Geb. 28. Okt. 80 Hamburg; Wohnort: Hamburg; Staatsangeh.: Hamburg; Vorbildung: Privat-Realsch. v. Dr. Lieben Hamburg Reife M. 96; Studium: Handelshochsch. Cöln u. Leipzig 4, Tübingen 2 S.; Rig. 22. Dez. 04.]
(Nicht für den Austausch)

Behrens, Hans Oskar: Grundlagen und Entwickelung der regelmäßigen deutschen Schiffahrt nach Südamerika. — Halle: Gebauer-Schwetschke 1905. VIII, 180 S. 8° (Angewandte Geographie. 2,4.)
Erschien zuerst als Diss. Tübingen 1904.
1:Po 2582-2,4. **3. 6. 7. 10. 11. 12:**Geo. U. 145mc-II,4. [2 Ex.] **15. 17. 18. 21. 26. 27. 30. 38. 204. 300:**433.859-B.K. 2,4. **302.**

Behrens, Heinrich, Prof. für Bergbau u. Mikrochemie. Kiel. 1842-1905. 1874: Anleitung zur mikrochemischen Analyse. Mit e. Vorw. von S. Hoogewerff. — Hamburg [usw.]: Voss 1895. XI,224 S. 8° 1:Mr 13430. 10. 12:Chem. 25co. 15. 16. 18. 21. 82. 83. 89. 90. 302. 15.

— — 2., verm. u. verb. Aufl. Ebd. 1899. XI,242 S. 8° 3. 8. 11. 15. 18. 25. 26. 30. 83. 89. 302 15.

— Anleitung zur mikrochemischen Analyse der wichtigsten organischen Verbindungen. H. 1-4. — Hamburg [usw.]: Voss 1895-97. 8°
1. Anthracengruppe, Phenole, Chinone, Ketone, Aldehyde. 1895.
2. Die wichtigsten Faserstoffe. 1896.
3. Aromatische Amine. 1896.
4. Karbamide u. Karbonsäuren. 1897.
1:Mr 13429/15. 7. 12:Chem. 25cob. 15. 16. 18. 24. 30. 82. 83. 89. 90. 302. 15.

Behrens, H., Anleitung zur mikrochemischen Analyse der wichtigsten organ. Verbindungen. 2. Heft. (Die wichtigsten Faserstoffe.) 2. ergänzte Aufl. Mit 20 Fig. im Text u. 8 Taf. in Farbendr. (VIII, 118 S.) gr. 8. Hamburg 908. L. Voss. 5. —

Behrens, Th. H., Beiträge zur Petrographie d. indischen Archipels. 1. u. 2. Stück. gr. 4. Amsterdam. J. Müller. cart. n.n. 4. 20
1. Mit 2 (1 lith. u. 1 chromolith.) Taf. (24 S.) 880. n.n. 1. 60
2. Die Gesteine der Vulkane v. Java. Mit e. (lith.) Taf. (78 S.) 882. n.n. 2. 60

Behrens, Heinrich, Großherzoglicher Lehrschmied, Rostock. 1880: Die Erziehung des Pferdes mit Rücksicht auf die Vorbereitung zum Beschlag. — Berlin: Parey 1894. 32 S. 8° 1:Ov 23417. 15. 17. 24. 91. 15.

— Das mikroskopische Gefüge der Metalle und Legierungen. Vergleichende Studien. — Hamburg [usw.]: Voss 1894. VIII,170 S., 16 Taf. 8° 1:Ot 21594. 12:Metall. 8rd. 18. 21. 24. 25. 82. 83. 89. 91. 302. 15.

— Englischer Hufbeschlag. Praktische Anleitung für Hufschmiede u. Pferdebesitzer. — Berlin: Wiegandt, Hempel & Parey 1880. VIII,162 S. 8° (Thaer-Bibliothek. 56.) 1:Ou 29504-56. 2. 3. 5. 7. 8. 10. 15. 24. 26. 91. 15.

— — 2., umgearb. Aufl. Berlin: Parey 1894. VIII,180 S. 8° (Thaer-Bibliothek. 56.) 1:Ou 29504²-56. 11. 17. 24. 91. 15.

— Die englische Hufbeschlaglehranstalt und Beschlagschmiede zu Rostock i. M. Festschrift anläßlich d. Ausbildung d. 1000. Schülers. — Rostock: Hinstorff 1900. 78 S. 8° 28. 15.

— Katechismus des englischen Hufbeschlags für Hufschmiede und Pferdebesitzer und zum Gebrauch bei Schmiedeprüfungen. — Berlin: Parey 1882. VIII,104 S. 8° 1:Ov 23394. 3. 5. 10. 17. 15.

— — 2., umgearb. Aufl. Ebd. 1901. VIII,103 S. 8° 1:Ov 23394². 28. 15.

Behrens, H., die Krystalliten. gr. 8. Kiel 874. Leipzig, Licht und Meyer.

— Die Krystalliten. Mikroskopische Studien über verzögerte Krystallbildung. — Kiel: v. Wechmar 1874. 115 S. 8° 1:Mg 608. 3. 4. 7→10. 12:Lith. 34 l. 15. 26. 28. 89. 302. 15.

Behrens, Heinrich, Kaufmann, Lübeck. † 1912. 1905: Münzen und Medaillen der Stadt und des Bisthums Lübeck. — Berlin: Berliner Münzblätter 1905. 274 S. 8° 11. 15.

— — Ebd. 1905. 290 S. 8° 8. 24. 48. 15.

Behrens, Heinr., Münzen u. Medaillen der Stadt u. des Bisth. Lübeck. Nebst Nachtrag m. Beigabe lübeck. Zeichen u. Marken. (IV, 290 S. m. 8 Taf. gr. 8. Berlin 905. (Lübeck, R. Lübcke.) nn 12. —

Behrens, Heinrich
Behrens, Henr. (Frid. Rud.) (geb. Posen 28. 9. 1817): De phthisi pulmonum tuberculosa. Berolini (1840). (30 S.) 8°
Berlin, Med. Diss. v. 2. Okt. 1840

— Mikrochemische Technik. — Hamburg [usw.]: Voss 1900. VIII,68 S. 8° 1:Mr 6285. 11. 12:Techn. 17hd. 16. 18. 26. 83. 89. 90. 15.

Behrens, T.H.: Die Untersuchung der Grundproben auf der Expedition zur Untersuchung der Ostsee im Sommer 1871 v. T.H. Behrens. (Berlin, 1873.) Siehe in: 1. Jahresbericht der Commission zur wissenschaftlichen Untersuchung der deutschen Meere in Kiel. Jg. 1. Fol.

—— mikroskopische Untersuchungen über die Opale. Lex.-8. (48 S. mit 2 chromolithogr. Taf. in qu. Fol. und 2 Holzschn.) Wien 872, (Gerold's Sohn.) *
Aus: Sitzungsberichte der k. Akademie der Wissenschaften, besonders abgedruckt.

Behrens, Heinrich: Über magnetische Zirkularpolarisation in Metallen. Borna-Leipzig 1908: Noske. 51 S. 8°
Münster, Phil. Diss. v. 28. Okt. 1908, Ref. Schmidt
[Geb. 2. Juni 86 Twistringen; Wohnort: Münster i. W.; Staatsangeh.: Preußen; Vorbildung: Gymn. Osnabrück Reife O. 03; Studium: München 3, Berlin 1, Münster 7 S.; Rig. 18. Juli 08.] [U 09. 3573

Behrens, Heinrich Friedrich Rudolf, s. Behrens, Heinrich

Behrens, Heinrich Ludwig
Behrens, H. L. Grundriss der Freien Stadt Lübeck. 1824. 1 Bl. K.

Behrens, Heinrich Ludwig (Hrsg.), s. Karte, Topographische, des Gebiets der freien Hanse-Stadt Lübeck.

Behrens, Heinrich Ludwig: Das Lottospiel. Nach Grundsätzen d. Arithmetik entworfen u. durch Beispiele erl. — Lübeck: Borchers 1825. 21 S. 8° 18.

Behrens, Heinrich Ludwig (Hrsg.), s.a. Topographie und Statistik ...

— Topographie und Statistik von Lübeck und dem mit Hamburg gemeinschaftlichen Amte Bergedorf ... Hrsg. von H. L. u. C. G. Behrens (2: Hrsg. von G. Behrens). Th. 1.2. Lübeck: v. Rohden 1829-39. 8° 1:Sp 7620. 2. 3. 5. 7. 8. 12 [= 2]: Germ. sp. 29tz. 15. 18. 24. 26. 28. 48. 302. 15.

— — 2. Aufl. ... hrsg. vom Major Behrens. Abth. 1. Ebd. 1856. 200 S. 8°
1. Topographie. 7. 12:Germ. sp. 29u. 18. 24. 48. 15.

Behrens, Heinrich Ludwig (Hrsg.), s.a. Topographie des Stecknitz-Kanals.

— Topographie des Stecknitz-Kanals, und Darstellung eines Projects zu einer besseren Einrichtung desselben. — Hamburg 1818: Mahncke. 48 S. 8° 1:Sa 6122 [u.] Kart. 8° L 19011. 18. 28. 89.

Behrens, H. L., Topographie d. Stecknitzkanals u. Darstellung eines Projects zu einer bessern Einrichtung desselben. Mit 3 Plän. 4. Hamb. 819. (Auc in Altona). 1 ₰ 16 ß

Behrens, H. L., Topographie d. Stecknitzkanals u. Darstellung eines Projects zu einer bessern Einrichtung desselben. Mit 3 Plan. 4. Hamburg, Herold in Comm. 819.

Behrens, Heinrich Theodor
Aus Alt Büsum. Ein Menschenleben (Heinrich Theodor Behrens) v. Anna Behrens-Litzmann. Dortmund 1907 8°

Behrens, Hermann Adolf: Vollständige Tabellen für die Reduction der Neuen $^1/_3$tel auf Gold, und des Goldes auf Neue $^1/_3$tel, von einem Pfennig bis 20000 , nach dem Pari von . 24ß N. $^1/_3$tel bis . 47ß N. $^1/_3$tel gleich 5 Louisd'or. — Güstrow 1818: Ebert. 51,6 S. 8°
In einem 2. Exemplar von 28 ist d. Erscheinungsvermerk überklebt mit Güstrow: Frege.
28.
15.

Behrens, Hugo [wirkl. Name], s.a. R e n z, B. [Pseud.]

Behrens, Hugo, Bahningenieur, Altona. 1861: Zur Aufklärung. Juli 1861. — Altona [1861]: Esch. 43 S. 8° 8.
15.

— Bericht betreffend ein Canal-Unternehmen von der, durch C. Hansen aus New-York repräsentirten Gesellschaft, für die grosse Schifffahrt zwischen Nord- und Ostsee von der Elbe nach der Neustädter Bucht. — Pinneberg 1865: Beig. 56 S., 1 Kt. 8° 18.
15.

(—) Entwässerung der Haaler Niederung. Bericht an d. verehrlichen Vorstand d. Haideculturvereins für Schleswig-Holstein. — Altona [1874]: Köbner. 71 S. 8°
1: So 8594. 8.
15.

Die polnische Gefahr u. andere Novellen. Von B. Renz [d. i. Hugo Behrens]. Mit Ill. von A. Lewin. Berlin, Eisenach, Leipzig: H. Hillger [1905]. (110 S.) 8° [F.]
= Bücherschatz, Kürschners. No 450. [05. 1077]

Im Gertraudenhof. Roman von B. Renz [d. i. Hugo Behrens]. Mit Ill. von W. Roegge. *Berlin, Eisenach, Leipzig: H. Hillger [1903].* (108 S). 8° [F.]
= Bücherschatz, Kürschner's. No 352. [04. 977]

[F.] Hamburger Geschichten v. B. Renz [d. i. Hugo Behrens]. *Stuttgart, Leipzig, Berlin, Wien: Dtsch. Verl.-Anst. 1896.* (3 Bl., 384 S.) 1 Bd 8. [97. 3177]

Am Ibenstein. E. Erzählg v. B. Renz (d. i. [Hugo] Behrens). M. 25 Ill. v. O. Herrfurth. *Berlin, Eisenach, Leipzig: A. Hillger [1897].* (128 S.) 1 Bd 8.
= Bücherschatz, Kürschners. No 2. [97. 6299]

[F.] Nach vierzig Jahren. Pyramus u. Thisbe. Novellen v. B. Renz [d. i. Hugo Behrens]. M. Ill. v. W. Roegge. *Berlin, Eisenach, Leipzig: H. Hillger (1898).* (128 S.) 1 Bd 8.
= Bücherschatz, Kürschners. No 115. [99. 369]

Behrens, J., Dr. phil., Prof., Hildesheim, geb. 1864, s. Behrens, Johann

Behrens, J., Webermeister., s. B e h r e n s, Johann

Behrens, J. s. *Behrens,* Wilhelm Julius.

Behrens, J.: A u f b a u d. Rebenprozess. Mainz 1897.

Behrens, J.. Ueber die anatomischen B e z i e h u n g e n zwischen Blatt und Rinde der Koniferen, s. B e h r e n s, Johann

Behrens, J. D., deutsches Lesebuch für Schule und Haus. gr. 8. (VII und 517 S.) Dorum 854. (Stade, Schaumburg.) *

Behrens, J. D.: Deutsches Lesebuch für Schule und Haus. Dorum: Verf. 1854. VII,515 S. 8° 35.
15.

Behrens, J. F. (Resp.): Diss. spinae bifidae... initia persequitur, s. M u r r a y, Jo. Andr. (Praes.)

Behrens, J. H., gründl. alte u. neue Kriegsbaukunst der Europäer. m. K. 8. Leipz. 714.

Behrens, J. J., 24 drei- u. vierstimmige Gesangstücke für Singvereine u. Schulen. Lex.-8. Hamb. 838. Heroldsche B. $^2/_3$ ß

Behrens, Jo. B. H., praes. L. **Heister,** De partu mirabili foetus vivi in somno matris profundo. 36 pp. Helmst. 4°. 1751 ?

Behrens, Johann, a. Hemelingen bei Bremen: Beiträge zur Kenntnis der Phenyl- sowie der o- und p-Tolyl-3-pyrazolone. Rostock 1905: C. Hinstorff. (79 S.) 8°
Rostock, Phil. Fak., Ref. Michaelis, Diss. v. 20. Juli 1905
[Geb. 25. Sept. 77 Hemelingen; Wohnort: Bremen; Staatsangeh.: Preußen; Vorbildung: Gymn. Bremen Primareife; Studium: Hannover T.H. 2, Berlin 2, Heidelberg 3, Würzburg 2, Rostock 4 S.; Rig. 18. Juli 06.]

Behrens, Johann, Dr. phil., Prof., Hildesheim, geb. 1864. 1900: Die derzeitigen Bestrebungen zur Hebung des Tabakbaues. Eine kritische Uebersicht. — (Mannheim [um 1900]: Katz.) 21 S. 8° 17.

Behrens, Joh., über die anatomischen Beziehungen zwischen Blatt und Rinde der Coniferen. Inaugural-Dissertation. 8. (51 S.) Osterode a. H. 886. (Kiel, Lipsius und Tischer.) *

Behrens, Johann, Webermeister. 1888: Flächsen und Heden. Gedichte. — Rendsburg [um 1890]: Möller. 140 S. 8°
8. 9.
15.

— Joseph Gottlieb Koelreuter. Ein Karlsruher Botaniker d. 18. Jhs. — Karlsruhe 1894. 53 S. 8°
Aus: Verhandlungen d. Naturwissenschaftl. Vereins in Karlsruhe. 11. 1896.
21. 99.

Behrens, J. Lehrbuch der allgemeinen Botanik. 5. A. Braunschweig 1894.

— Nutzpflanzen. — Leipzig 1900. 163 S. 8° (Sammlung Göschen. 123.) 1: Ag 7216/10-123. 11.
12: Var. 323-123. 15. 18. 24. 26. 102.
15.

Behrens, J., Studien üb. d. Konservierung u. Zusammensetzg. d. Hopfens. [Aus: „Wochenschr. f. Brauerei".] gr. 8. (63 S.) Berlin 896. P. Parey. n. 1.60

Behrens, Johannes, Dr.: Physiologische Studien über den Hopfen. 1894. 40 S. 8° ¶ Aus: Flora oder allg. botan. Zeitung. Bd 78.
Karlsruhe Te. H., Hab.-Schr. v. 29. 6. 1894

— Untersuchungen über die Gewinnung der Hanffaser durch natürliche Röstmethoden. — Jena: G. Fischer 1902. 39 S. 8°
Aus: Centralblatt für Bakteriologie, Parasitenkunde u. Infektionskrankheiten. Abt. 2, 8. 1902.
90.
15.

— d. Ursprung des Trimethylamins i. Hopfen u. d. Selbsterhitzg. desselben. [A.: „Arbeiten d. bakteriolog. Instituts d. grossh. Hochschule z. Karlsruhe".] gr. 8. (16 S.) Karlsruhe 894. O. Nemnich. n. — 80

Behrens, Johann, Dr. phil., geb. 1877. 1907: Die natürliche Welteinheit. Naturwissenschaftliche u. philosophische Bausteine zu e. idealistischen Weltanschauung. — Wismar: Hinstorff 1907. 319 S. 8°
1: Nm 29090. 12: H. nat. 24 h. 28. 302.

Behrens
— **Johann Georg** (Nürnberg), De exceptionibus litis finitae et litis ingressum impedientibus. Dissert. jur. Altdorf (J. W. Kohles) Mai 1726. 44 Seiten. (5.—) 1833

Behrens, Joh. H., des 105jähr. Invaliden Leben, s.a. Lebensgeschichte.

Behrens, des 105jähr. Invaliden Joh. H., (eines Zeitgenossen u. Kriegers Friedrichs des Großen) Leben, welcher im 7jährigen Kriege von dessen Anfange bis zur Schlacht bei Torgau als Unterofficier unter den Zietbenschen Husaren gedient hat, und jetzt mit Pension bedacht wird. Nach Mittheilungen desselben geschildert. Mit 2 Abbild. 8. Wolfenbüttel 840. Holle. 1/6 n/ß

Behrens, Johann Jakob: Vater unser von W. N. Freudentheil, in Musik gesetzt von J. J. Behrens. [Textb.] — o. O. [um 1830]. 1 Bl. 8° 18.
15.

Behrens
— **Joh. Levin** (Braunschweig), De falsis quae vulgus ignorat. Präs. Aug. Leyser. Helmstedt (Herm. Dan. Hamm) März 1718. 56 S., z. Tl deutsch. (5.—) 1834
Gew.: Jul. Basil. Papen, Gebh. Levin Luedecken.

Behrens, Johannes, s. Behrens, Johann

Behrens, Isaac: Catalogus oder Verzeichnis der hebräisch- und rabbinischen Bücher. Um 1725 s. *Behrens*, Gumpertz.

Behrens, Julius: Ueber Inhalation zerstaeubter Medicamente. Halle (1872): Lipke. 30 S. 8°
Halle-Wittenberg, Med. Diss. v. 29. Juli 1872
Geb. Kirchhain (Mark Brandenburg) 14. 3. 1846. V.

Behrens, Justus Henning: Programma de linguarum sanctarum notitia utilissima et maxime necessaria. — Rintelii [1735]: Enax. 12 S. 8° 4. 24.
15.

Behrens, K.: Beiträge zur Schlagwetterfrage, s. Behrens, Karl

Behrens, K., Der v. Walcher'sche „Pneumatophor" und seine Verwendung in irrespirablen Gasen beim Grubenbetriebe. Essen, 1897. 9 S.

Behrens, K., was Militärpflichtige, Rekruten u. Freiwillige wissen müssen. In leichtverständl. Weise nach langjähr. Erfahrgn. bei Ersatzbehörden zusammengestellt nebst Mustern f. Gesuche u. Meldgn. (38 S.) 8. Emmendingen 910. Druck- u. Verlagsgesellschaft vorm. Dölter. —75

Behrens, K. F.: Reisen durch die Südländer ..., s. Behrens, Karl Friedrich

Behrens, Karl, Dr. med. vet., Tierarzt, Berlin. 1908: Ein Beitrag zur mechanischen Behandlung der Kolik der Pferde. Stuttgart: Enke [1908]. S. 57–81. 8°
Aus: Monatshefte für praktische Tierheilkunde. 22. 1908.
12: A. vet. 151 y.

Behrens, Karl, Bergrat, Herne, 1864-1906. 1896: Beiträge zur Schlagwetterfrage. — Essen: Baedeker 1896. 115 S., 19 Taf. 8° 1: Ot 7590. 5. 12: Metall. 8 rc. 83.

Behrens, Karl, Literarhistoriker u. Journalist, Kopenhagen, geb. 1867. 1906: Agnes Bernauer i Historiens og Digtningens Lys. Kobenhavn: Salmonsen 1906. 118 S. 8° 16.
15.

Behrens, Karl, Schriftsetzer, Berlin, 1831-1938.:
Geschichte der Berliner Buchdrucker-Fachschule seit ihrer Begründung (1875–1907) nebst einem Mahnwort zur Errichtung praktischer Fachklassen. — Berlin 1907: Schade. 91 S. 8° 12: Typ. 69b. 17.
15.

Behrens, Karl, Tierarzt a. Eutin: Aus d. pharmakolog. Institut d. Tierärztl. Hochsch. in Berlin. (Vorstand: Prof. Regenbogen.) Vergleichende Untersuchungen über das Isophysostigminum sulfuricum (Merck) und das Physostigminum sulfuricum. Stuttgart 1906: Union. (55 S.) 8°
(Aus: Monatshefte f. prakt. Tierheilkunde Bd 17.)
Gießen, Med. Fak., Ref. Geppert, Diss. v. 26. Juli 1906
[Geb. 18. April 78 Eutin; Wohnort: Eutin; Staatsangeh.: Preußen; Vorbildung: Gymn. Eutin Reife M. 98; Studium: Tierärztl. Hochsch.: München 3, Hannover 2. Berlin 4 S.; Rig. 16. Mai 05.]

Behrens, Karl Detlev Alexander, s. Behrens, Alexander

Behrens, Karl Friedrich
— Selbst gethane Reise und Begebenheiten durch die bekannte und unbekannte Südländer und um die Welt. — Franckfurth 1737: v. Lahnen. 380 S. 8°
7. 12: It. sing. 59. 14. 17. 30.
15.

Behrens, Karl Friedrich: Reise nach den unbekandten Süd-Ländern und rund um die Welt, nebst vielen von ihm angemerckten Seltenheiten und zugestossenen wunderlichen Begebenheiten; anbey e. warhaffte Nachricht von d. Insul u. Historie d. Robinson Crusoe. In e. Send-Schreiben an e. guten Freund mit poetischer Feder entworffen.. Franckfurt [usw.] 1728. 64 S. 8° 23. 29.
— — 2. u. verb. Druck. Hamburg: Borchers 1735. 48 S. 8° 6.
15.

— Reise nachden unbekanden Süd-Ländern ... Nebst e. wahrhaffte Beschreibung eines neu erfundenen Eylandes, worauff der kleine Robin-Sohn George Pineser durch ein unglücklichen Schiff-Bruch angetrieben worden sind, worauf 1789 seelen von ihm endsprossen. — o. O. 1736. 30 S. 8° 9.
15.

— Reise durch die Süd-Länder und um die Welt. — Franckfurt [usw.] 1737. 331 S. 8°
1: Pt 745. 3. 14. 17. 18. 23. 27. 29.

Behrens, K. F., Reisen d. d. Südländer u. um d. Welt. nu. A. 8. Hamb. 738.

— Der wohlversuchte Süd-Länder, das ist: Ausführliche Reise-Beschreibung um die Welt. — Leipzig: Autor; Monath [in Komm.] 1738. 331 S. 8°
1: Pt 746. 7. 14. 17. 27. 28.
— — Leipzig: Monath 1739. 331 S. 8° 16.
15.

Behrens, Karl Gottfried: Einige Bemerkungen über Deckungen bei Fallissementen. — Hamburg: Perthes-Besser & Mauke 1841. IV, 84 S. 8° 15. 18. 23.
15.

Behrens, Konrad Barthold, s. Behrens, Conrad Barthold

Behrens, Ludov(icus) Albert(us) Hugo: De aquis Sancti Huberti medicatis in Budae convalli. Halis (1845): Ploetz. 28 S. 8°
Halle-Wittenberg, Med. Diss. v. 25. Juli 1845
Geb. Hamburg 21. 7. 1820. V.
Verf. erlebte die Diplomerneuerung 1895 als Oberstabsarzt a. D. in Kötzschenbroda, vgl. Anh. Nr. 395.

Behrens, Max [aus Rostock]: Ueber einige aromatische Bor- und Quecksilberverbindungen ... Rostock, C. Boldt'sche Hof-Buchdr., 1892; 52 S. 8.
Rostock, Phil. Fak., Inaug.-Diss. v. [9. Juli] 1892

Behrens, Michael
— Endeckung [!] des Greuel Wesens, welches die so genandte neue Christen, mit der biß dahin in Wandesbeck gedruckten Biblia Pentapla vorhaben ... Auffgesetzet, von Michael Berns. — Hamburg 1710. 68 S. 8°
1: Bu 8159 [u.] 4° Bibl. Diez 2378. 4. 7. 9. 10. 18. 24. 27.
15.

— Das Cabinet [Kabinett] der Pietisten, worin enthalten: Ihre doppelte Rechtfertigung; und daß die guten Wercke nöthig zur Seligkeit ... Aufgesetzet von Michael Berns. Hamburg: Piscator 1724. 250 [vielm. 350] S. 8°
2. 8. 10. 24.
15.

— Das göttliche Licht und Recht, worinn wird dargethan 1. daß Gott sey einig im Wesen und dreyfaltig in Personen, Gott Vater, Sohn und Heiliger Geist. 2. daß man von diesen dreyen Personen ... sichtbare Versicherung und thätliche Uberführung vor Augen habe ... 3. daß die eintzige und wahre Religion ... auf die Erkäntniß des Drey-Einigen Gottes, und auf den Glauben an Christum ... bestehe. 4. daß die Heilige Schrifft, das allein wahre lebendige Wort Gottes. Aufgesetzet von Michael Berns. — Hamburg: Schiller 1718. 158 S. 8°
10.
15.

— Das natürliche Licht des Verstandes in seinem centralischen Wesen und das in algebraischer und also nicht fehlender Arth auffgeführet; auch sind zugleich die Irr-Lichter von denen phantastischen Pietisten, item der neuen Christen mit auffgestecket ... Auctore Michael Berns. — Hamburg [usw.]: Reumann 1711. 94 S. 8°
8. 10. 17. 18.
15.

— Das Recht der Natur, aus der Natur so aufgeführt, daß kein Heyde, Jude oder Türck ... sich dessen vernünfftig kan begeben. Aufgesetzet von Michel Berns. — Hamburg: Liebezeit 1703. 70 S. 8°
18.

— Das nat. und göttl. Recht, wie auch des Teuffels Macht und Herrschafft über die Menschen, in 3 Theilen abgetheilet. Mit 3 Reg. versehen. Aufgesetzet von Michel Berns. — Ebd. [um 1700]. 70,958 S. 8°
29.
15.

Behrens, N., prakt. Handbuch d. Liqueur-Fabrikation ohne Destillation. Ein unentbehrl. Leitfaden für Liqueur-Fabrikanten, Branntweinbrenner, Gastwirthe u. Hausväter. gr. 12. Duisburg 835. (Schmachtenberg.) 1/3 ß

Behrens, Oscar
Behrens, O. Die Haftung für Tierschäden in ihrer geschichtlichen Entwicklung. Göttingen 1900.

Behrens, Oscar, Referendar zu Hannover: Die Haftung für Tierschäden in ihrer geschichtlichen Entwicklung. Göttingen 1906: Dieterich. (86 S.) 8°
Göttingen, Jur. Fak., Ref. Regelsberger, Diss. v. 9. März 1906
[Geb. 19. März 80 Harburg; Wohnort: Harburg; Staatsangeh.: Preußen; Vorbildung: Gymn. Celle Reife O. 00; Studium: Berlin 1, München 2, Berlin 1, Göttingen 2 S.; Rig. 5. Dez. 05.]

Behrens, Otto, Buchführung u. Bilanzen bei Nebenbahnen, Kleinbahnen u. ähnlichen Verkehrsanstalten. gr. 8. (VI, 140 S.) Berlin 900. J. Springer.
Geb. in Leinw. n. 5.—

Behrens, Otto: Über die Einwirkung von Natriumhypochlorit auf imidenthaltende Stoffe. Kiel 1910: Lüdtke & Martens. 42 S. 8°
Kiel, Phil. Diss. v. 29. Juli 1910, Ref. Harries
[Geb. 2. Nov. 84 Magdeburg; Wohnort: Lübeck; Staatsangeh.: Preußen; Vorbildung: Realgymn. Lübeck Reife O. 05; Studium: Götingen 4, Kiel 5 S.; Rig. 11. Juni 10.]
[U 10. 2491

Behrens, Otto [approb. Arzt aus Neustadt a./Rübge]: Über den Wert der künstlichen Auftreibung des Dickdarms mit Gasen und Flüssigkeiten .... Helmstedt, Druck v. J. C. Schmidt, 1886; 78 S. 8°.
Göttingen, Med. Fak., Inaug.-Diss. v. 1886.

Behrens, Otto, über den Wert der künstlichen Auftreibung des Dickdarms mit Gasen und Flüssigkeiten. Inaugural-Dissertation. gr. 8. (78 S.) Helmstedt 886. (Göttingen, Vandenhoeck und Ruprecht.) *

Behrens, P., s. die Gesellschaft.

Behrens P, d. Kremat. i. Hagen. (9 T) (Köln 1906) fol Berlin (1907)

Behrens, P: Preisliste über landwirthschaftliche Maschinen. Magdeburg (1892?)

Behrens P, das Tonhaus und das Krematorium in Hagen. (27 T) (Köln 1906) fol Berlin (1907)

Behrens, Paul [aus Wennigsen]: Ueber Aphasie im Kindesalter nach cerebraler Hemiplegie ... Göttingen, Druck d. Dieterich'schen Univ.-Buchdr., 1893; 30 S. 8.
Göttingen, Med. Fak., Inaug.-Diss. v. [3. Aug.] 1893

Behrens, Paul, üb. Aphasie im Kindesalter nach cerebraler Hemiplegie. Diss. gr. 8. (30 S.) Göttingen 893. (Vandenhoeck & Ruprecht.) n. — 60

Behrens, Paul, Handbuch f. Vereine bei Aufstellung, Berathung od. Aenderung der Vereins-Satzung auf Grund der §§ 21 bis 79 des bürgerl. Gesetzbuchs. Mit erläut. Anmerkgn., e. sachl. Einleitg., sowie e. Satzungsentwurf versehen u. hrsg. 8. (VIII, 61 S.) Berlin 899. [J. J. Heine.] J. Guttentag. Kart. n. 1.—

Behrens, Paul, a. Kröpelin i. Meckl.: Über Refraktion von Schallstrahlen in der Atmosphäre. Rostock 1905: Adler. (29 S.) 8°
Rostock, Phil. Fak., Ref. Matthiessen, Diss. v. 4. Jan. 1905
[Geb. 13. Nov. 80 Kröpelin; Wohnort: Rostock; Staatsangeh.: Preußen; Vorbildung: Gymn. Doberan Reife O. 01; Studium: Tübingen 3, Berlin 2, Rostock 3 S.; Rig. 19. Jan. 05.]

Behrens, Peter:
— Alkohol und Kunst. — Flensburg: Deutschlands Großloge II des I.O.G.T. 1905. 8 S. 8°
20.
15.

— — Flensburg (Hamburg): Deutschlands Großloge II des I.O.G.T. 1907. 8 S. 8°
1: Fd 9319/38. 8. 18. 20. 38.
15.

— [Illustr.] s. *Antoninus,* Marcus Aurelius: Selbstbetrachtungen [Commentarii, deutsch]. 1903 u.ö.

Behrens, Pet., s.: Dokument, e., deutscher Kunst.

— Feste des Lebens u. der Kunst. Eine Betrachtg. des Theaters als höchsten Kultursymbols. 4. (25 S.) Leipzig 900. E. Diederichs. Kart. n. 2.—

— Köln 1906. Das Tonhaus u. das Crematorium in Hagen i. W. (27 Taf.) 49,5×33 cm. Berlin (907). E. Wasmuth. 30.—

— Das Zeichen. Festliche Handlung von Peter Behrens, Willem de Haan u. Georg Fuchs. — (Offenbach a. M. [1901]: Rudhard.) 8 Bl. 4°
Ein Dokument deutscher Kunst. Die Ausstellung d. Künstler-Kolonie in Darmstadt. Zur Feier d. Eröffnung 15. Mai 1901.
1: 6 in 4° An 1744/20-1. 17.
15.

Behrens, Philipp, Referendar in Winsen a. d. Luhe: Der Eigentumsvorbehalt nach § 455 des bürgerlichen Gesetzbuchs. *Alfeld 1903: E. C. Behrens.* (56 S.) 8°
Göttingen, Jur. Diss. v. [15. Juni] 1904

Behrens
— **Phil.** (Diepholz), De felicitate ecclesiae externa internae plerumque noxia. Präs. Joh. Lor. Mosheim. Helmstedt (Seb. Buchholtz) 9. III. 1726. 3 Bl., 42 S. (5.—)
1836

Behrens, R.: dissertat. botanica de dracone abore Clusii, s. Behrens, Reinh.

Behrens, R.A.: C o n s i d e r a t i o animae rationalis medica, s. B e h r e n s, Rudolf August

Behrens, Reinh., Diss. botan. de dracone arbore Clusii. C. tab. 4. Riga 770. (Hartknoch in Leipz.) 6 gl.

Behrens, Richard [aus Heidelberg]: Ueber die Ursachen der Schädellagen ... Heidelberg, Univ.-Buchdr. v. J. Hörning, 1895; 21 S. 8.
Heidelberg, Med. Fak., Inaug.-Diss. v. [12. Juli] 1895

Behrens, Richard: Der Verlauf der Säuglingssterblichkeit im Großherzogthum Baden von 1852 bis 1895. Aus d. Materialien d. Großh. statistischen Landesamts. — Karlsruhe: Ch. F. Müller [1904]. 23 S., 9 Taf. 4° (Beiträge zur Statistik d. inneren Verwaltung d. Großherzogthums Baden. 46,1.) 1: 4° Si 1378-46,1. 2. 4→7. 9. 10. 11. 14. 16. 21. 24. 25. 30. 90.

Behrens
— **Rud. Anton** (Wolfenbüttel), De charta blanca, von Blanqueten. Exerc. jur. 17. XII. 1692. Präs. Gg. Engelbrecht. Helmstedt (Gg. Wolfg. Hamm) 1717. 10 Bl. (4.—) 1837
Widm. v.: Heinr. Meibom.
— — Dasselbe. 1735. (3.50) 1838

Behrens, Rudolf August, s.a. A n w e i s u n g , kurtze, für die Leute auf dem Lande,...

Behrens, Rudolf August: Kurtze Anweisung für die Leute auf dem Lande, wie dieselben bey der im Schwange gehenden rohten Ruhr sowohl für diese Kranckheit sich bewahren, als auch in derselben theils durch Haus- theils durch geringe Artzney-Mittel von denen Apotheken, sich rahten und helffen können. (R.A.B. [d. i. Rudolf August Behrens].) — Braunschweig 1736: Weitlein. 8 Bl. 8° 23.
15

Behrens, R. A., Consideratio animae rationalis medica. 40 pp. Lps. 4°. 1720

— De Contorsionibus atque nodis intestinorum tractatus medicus ... Acc. observationum aliquot medicarum mantissa. — Brunsvigae 1637 [vielm. 1737]: Weitlin. 16 S. 8° 23 [unvollst.]

— Dissertatio epistolaris de affectionibus a comestis mytulis. Hannoverae: Förster 1735. 28 S. 8° 2. 5. 14. 15. 16. 21. 23.
15.

— Epistolica Dissertatio altera ad virum ... Paulum Gottlieb Werlhofium ... pro spicilegio observationum de morbo maculoso haemorrhagico et noxiis nonnullis mytulis perscripta. — Brunsvigae 1735: Weitlein. 26 [vielm. 32] S. 8° 4. 14. 23. 300: 79 F 20.
15.

[—] R.A.B.M.D. Dissertatio de imaginario quodam miraculo in gravi oculorum morbo eiusdemque spontanea atque fortuita sanatione. — Brunsvigae 1734: Keitel. 32 S. 8° 23.
15.

[—] E[udoxi] S[ecundi] [d.i. Rudolf August Behrens] Epistola gratulatoria ad virum ... Sigismundum Jacobum Apinum ... cum novum munus Brunsvigae capesseres, qua meditati olim commentarioli de studio colligendi imagines doctorum virorum primas simul lineas proponit. — Brunsvigae: Schroeder 1730. 96 S. 8° 23.

— Rudolph. August. Behrens ad Conr. Bartholdum Behrens ... Epistola qua trigam casuum memorabilium historico medicorum simul exponit. — Wolfenbuttelae: Meisner 1727. 35 S. 8° 1: 5 in 4° Ia 352. 3. 4. 12: 4° Diss. 3769-35. 14. 24. 26. 29.
15.

[—] Gutachten, die Abwendung und Cur der schlimmen grassirenden Vieh-Seuche betreffend. — Braunschweig 1745. 4 Bl. 8° 23.
15.

[—] — Wolffenbüttel 1745: Bartsch. 8 Bl. 8° ● 23.
15.

— [Übers. u. Hrsg.] Die Kunst ertrunkene Menschen wieder zu erwecken. 1742 u. ö. s. *Avis* pour donner du secours à ceux que l'on croit noyez [franz. u. deutsch].

Rud. Aug. B e h r e n s oratio de fortuna medicorum aucta in terris Brunsvicensibus, in primo consessu Collegii medici d. 23. Martis MDCCXXXXVII gratulando recitata. Brunsvicae. 1747. 4.

— Oratio de fortuna medicorum aucta in terris Brunsvicensibus. — Brunsvigae: F. W. Meier [1748]. 40 S. 8° 1: 16 in 4° Ie 1 [u.] 4 in 4° Bibl. Diez 2580. 8. 9. 11. 15. 16. 17. 21. 23. 29.
15.

— Euhydatophili Sinceri [d. i. Rudolf August Behrens] Schreiben an einen guten Freund, den neu-entsprungenen Brunnen zu Bortfeld betreffend. — Braunschweig 1737: Weitlein. 8 Bl. 8° 23.
15.

— [Examen aquarum mineralium Fürstenau- et Vechteldensium, deutsch] Untersuchung der mineralischen Wasser zu Fürstenau und Vechtelde. — Braunschweig [um 1725]: F.W. Meyer. 63 S. 8°
Das lateinische Original erschien als Diss. Helenstedt 1724.
1: Is 4830. 3. 7. 14. 15. 23. 27. 29. 30.
15.

[—] Vorschläge von einigen guten Hülfs-Mitteln, welche dem Horn-Vieh, so mit der umhergehenden Seuche würklich befallen und davon erkranket wäre, zu dessen Wiederherstellung zu gebrauchen stünden, und wie übrigens mit demselben sowol in dem Anfang, als Fortgang und Ende der Krankheit zu besserer Sicherheit derer annoch Gesunden zu verfahren. — Braunschweig 1745. 8 Bl. 8° 23.
15.

[—] — Wolffenbüttel 1745: Bartsch. 16 Bl. 8° ○ 23.
15.

Behrens, S. (Hrsg.), s. K a t a l o g , O f f i z i e l l e r , der Ausstellung von Handwerkserzeugnissen.

Behrens, S.: K r e b s s c h a d e n des Ausstellungswesen, s. B e h r e n s , Siegmund

Behrens, S.J.G.: B e t r a c h t u n g e n über Staatsverwaltung . . . , s. B e h r e n s , Siegfried Johann Georg

Behrens, S.J.G.: De P e r i c u l o ..., s. B e h r e n s, Siegfried Johann Georg

Behrens, Samuel Rudolf: Anleitung zu einer wohlgegründeten Tantz-Kunst, so er aus vielfältiger Praxi in sehr vielen merckwürdigen Operen ... angemercket. — Leipzig: Heydler 1703. 44 Bl. 8° 18.
15.

– Curieuser T a n t z - I n f o r m a t o r , welcher durch angenehme Discurse, Beschreibung artiger Qvalitäten mancher tantzenden Person in seiner Information sich darstellet.
Ebd. 1703. 12°

– Wohlgegründete T a n t z - K u n s t .
Ebd. 1709.
4 Bogen. 12°

– Anderer Theil der Tantz-Kunst, oder ausgesiebete Grillen, so wohl über sein herausgegebenes Tantz-Buch selbst, als auch über die von alten alt-väterischen u. jungen super-klugen Leuten, so alleine Tantzen verstehen wollen, darüber gefälleten absurden Urtheile. Ebd. 1703.
5 Bogen. 12°

Behrens, Siegfr., s.a. **Maimuni's, Mose ben, Mischnah-Commentar zum Tractat Megillah.**

Behrens, Siegfried, aus Rethem a. d. Aller ⟨Prov. Hannov.⟩: Mose ben Maimûni's Mischnah-Commentar zum Tractat Megillah nebst der hebräischen Übersetzung des Josef ibn Al-Fawwal. Kritische Edition mit Anmerkungen. *Breslau 1901: Th. Schatzky.* (19, 26 S.) 8°
Breslau, Phil. Diss. v. 2. Mai 1901

Behrens, Siegfried Johann Georg: Betrachtungen über Staatsverwaltung, nebst einer Vergleichung der innern Verwaltung Frankreichs während der kaiserlichen Regierung, und der von Großbritannien. — Schleswig: Koch 1817. XVI,265 S. 8°
1:Fb 2675. 9. 10. 12:Cam. 9m. 23. 35. 15.

— Erörterung der Verordnung vom 5. Jan. 1813, 'wegen einer Veränderung im Geldwesen der Königreiche Dännemark und Norwegen, wie auch der Herzogthümer Schleswig und Holstein'. — Schleswig 1813: Serringhausen. 49 S. 8°
1:Fh 7958. 8. 15.

— d. Gewohnheitsrecht, betrachtet in Beziehung auf d. Hamb. Gesetze. 8. Hamb. 826. Herold. 12 Gr

[—] Ideen über Politik, Völkerrecht und allgemeinen Frieden. — Germanien [vielm. Hamburg: Perthes] 1813. 31 S. 8°
1:Fl 9040. 5. 18. 15.

— de periculo et commodo rei sub lege addictionis etc. 8. Altona 793. Hammerich. (Berl., List). 6 Gr

Behrens, S. I. G., de periculo et commodo rei sub lege addictionis etc. 8. Altona, Hammerich. (Sommer, Leipz.) 793.

— De Periculo et commodo rei sub lege addictionis in diem venditae commentatio. — Kiliae 1793: Mohr. 90 S. 8°
15. 28. 15.

— über Staatsverfassung. 8. Hamb. 815. (Herold jun.) 1 Rℓ

— Ueber Staatsverfassung. — Hamburg: Vollmer 1816. XVI,191 S. 8° 1:Fa 281. 8. 12:Pol.g.55g. 15. 17. 26. 30. 15.

— Was ist von den 95 Thesen des Archidiaconus Herrn Harms zu halten? — Hamburg: Perthes & Besser 1818. 40 S. 8° 1:9 in Bu 8400 [u.] 1 in Dn 894–4. 5. 8. 10. 12:Polem. 1230n-7,32. 18. 23.

Behrens, Siegmund
Behrens, S., Krebsschaden des Ausstellungswesens. (51 S.) 8. Berlin 907. (G. Nauck.) nn 1. —

— Krebsschaden des Ausstellungswesens. — Berlin: Verf. 1907. 51 S. 8°
30. 38. 15.

Behrens, Sophie: Fromme Lügen. Schauspiel nach d. gleichnamigen Telmann'schen Novelle. — Berlin: F. Bloch 1897. 63 S. 8°
1:Yp 5005–385. 15.

Behrens, T.H.: Kürzungs-Anweisungen für angehende Berufs-Stenographen, s. Behrens, Theodor Heinrich

Behrens, T.H.: Die Untersuchung der Grundproben auf der Expedition zur Untersuchung der Ostsee..., s. Behrens, Heinrich

Behrens, Th.: Über die in neuerer Zeit zur Verhütung der Verbreitung der Tuberkulose vorgeschlagenen sanitäts-polizeilichen Maßregeln, s. Behrens, Thomas

Behrens, Th.
— **Special-Votum in Sachen d. einigen Deutschlands. gr. 8. (47 S.) Danzig 848. Anhuth. 6 sgr**

Behrens, Th. H. s. *Behrens*, Heinrich.

Behrens, Theodor Heinrich, Prof. für Bergbau u. Mikrochemie, Delft, 1842-1905. 1874 s. *Behrens*, Heinrich.

Behrens, Theodor Heinrich, Stenographielehrer.
Behrens, Th. H., Kürzungs-Anweisungen f. angeh. Berufs-Stenographen, insbes. f. Kaufleute u. Rechtsanwalts-Gehülfen. D. Neu-Stolze'schen System-Urkunde v. 1888 angepasst. 4., durchges. Aufl. gr. 8. (16 autogr. S.) Hamburg 896. (C. Boysen.) n. — 60

Behrens, Th. H., Kürzungs-Anweisungen f. angehende Berufs-Stenographen, besonders f. Kaufleute u. Rechtsanwalts-Gehülfen. Der Urkunde der vereinfachten deutschen Stenographie v. 1897 (System: Stolze, Schrey, Velten) **angepasst. 7. Aufl. Mit e. Anh.** (S. 18): **Wann darf der Stenographie-Lehrer m. dem Unterricht in Spezial-Kürzgn. beginnen? u. alphabet.** Zusammenstellgn. **auf den Seiten 13, 14, 15, 16, 17,** (18 S.) **4.** Berlin 903. **Frz.** Schulze. **n. — 75**

Behrens, Th. H. Ausführliches Lehrbuch [Regeln] d. Neu-Stolze'schen Stenographie-Systems, weiter vereinfacht. 2 Thle. gr. 8. Hamb. (C. Boysen). [1. Thl.: Theorie. (Schulschrift.) (S. 1—12.) 890. * — 60; 2. Thl.: Praxis. (Berufsschrift.) (II, S. 13—17.) 891. * — 40.] * 1 —

— 28 Lese- u. Schreib-Uebungs-Vorlagen zum ausführlichen Lehrbuch d. Neu-Stolze'schen Stenographie-Systems, weiter vereinfacht durch Th. H. B. 1. Thl.: Theorie (Schulschrift). Nach d. Verf. Handschrift autogr. v. C. Giebner. 2. Aufl. gr. 8. (1 u. 28 autogr. Bl.) Ebd. 892. n. 1. —

— 8 Tabellen zum Lehrbuch d. Neu-Stolze'schen Stenographie-Systems, weiter vereinfacht. 2 Thle. gr. 8. (à 12 autogr. S.) Ebd. à n. — 60
1. Theorie (Schulschrift), m. 2 Tab. Schreibhülfe f. Anfänger. 889.
2. Praxis (Berufsschrift), m. 3 Tab., Gegenüberstellgn.: „Neu-Stolze v. 1888 : 1889" u. „Gabelsberger v. 1857 : Neu-Stolze v. 1889." 891.

Behrens, Th. H., 8 Tabellen zum Lehrbuch des Neu-Stolze'schen Stenographie-Systems, weiter vereinfacht. Anh.: System-Studien. I. u. II. gr. 8. Hamburg 891. (C. Boysen Verl.) à n. — 30
I. Was ist unter Neu-Stolze zu verstehen? (S. 18—26 m. 2 stenogr. Taf.)
II. Gabelsberger v. 1857 u. Stolze v. 1889. (S. 27—30 m. 1 stenogr. Taf.)

— 8 Tabellen z. ausführl. Lehrbuch d. Neu-Stolze'schen Stenographie-Systems, weiter vereinf. durch B. 1. Thl.: Theorie (Schulschrift) m. 2 Tab. Schreib-Hülfe f. Anfänger. 2. Aufl. gr. 8. (11 autogr. S.) Hamburg 892. C. Boysen. n. — 60

Behrens, Th. H., 11 Tabellen z. Lehrbuch d. Neu-Stolze'schen Stenographie-Syst. i. d. J. 1888/1889 weiter vereinf. durch B. 2. Tl.: Praxis. (Berufsschrift.) 2. Aufl. gr. 8. (12 autogr. S.) Hamburg 894. (C. Boysen) **n. — 60**

Behrens, Th. H., Leitfaden eines erleichterten Unterrichts in der deutschen Stenographie [besonders für grössere Kurse] mit Schreib- und Lese-Hülfe. Nach „Stolze's Anleitung" verf. gr. 8. (24 autogr. S.) Hamburg 885, Boysen. *

– Lese- und Schreib-Übungs-Vorlagen, s. Behrens: Lehrbuch, Ausführliches.

Behrens', Th. H., Schreibhilfe bei Erlernung des Einigungs-Systems Stolze-Schrey. — Lesehilfe f. Anfänger im Einigungs-System Stolze-Schrey u. f. System-Unkundige. 2. Aufl. 4. (3 S.) Berlin (899). Frz. Schulze. n.n. — 10

– Schreibhilfe bei Erlernung des Einigungs-Systems Stolze-Schrey. — Lesehilfe f. Anfänger im Einigungs-System Stolze-Schrey u. f. Systems-Unkundige. 3. Aufl. (4 S.) 4. Ebd. (903). n.n. — 15

Behrens, TH, Schreibe-Hülfe f. d. angeh. Stolzianer. 1. Thl. Deut. Wörter. 8. (32) Rost. 61, Kuhn. n. — 12 ‖ 2. Thl. Fremdw. u. Eigennamen. (28) 62. n. — 9

Behrens, Theodor Heinrich, Stenographielehrer. 1861: Schreibe-Hülfe für den angehenden Stolzianer. Th. 1. 2. Rostock: Leopold 1861-62. 8°
1. Deutsche Wörter. 1861.
2. Fremdwörter u. Eigennamen. 1862.
15. 27.

— Stolze, das Stolze'sche System der deutschen Stenographie, die Stolzianer und ihre Leistungen. — Hamburg: Nestler & Melle 1866. 20 S. 8° 1: V 12929. 3. 18. 27. 15.

— System-Studien. 1. Was ist unter Neu-Stolze zu verstehen? — Hamburg: Boysen in Komm. 1891. S. 19-25. 8° 27. 15.

– Tabellen zum Lehrbuch, s. Behrens: Lehrbuch, Ausführliches.

Behrens, TH, e. part. Widerlegg d. K Eggers'schen Streitschr.: Zur Kritik d. deut. Stenogr.-Systeme. 8. (27) Rost. 66, Kuhn. n. — 5

— eine partielle Widerlegung der Dr. Karl Eggers'schen Streitschrift: Zur Kritik der deutschen Stenographie-Systeme. gr. 8. (27 S.) Rostock 866, Leopold's Universitäts-Buchh. *

Behrens, Theodor Leopold Gottfried: Gespräche eines Bauhandwerkers mit seinem Fürsten, oder: Geschichte des Dachdeckergesellen T. L. G. Behrens in den Jahren 1848 und 1849. Aus seinem Leben geschrieben von ihm selbst. Braunschweig: Verf. 1849. 80 S. 8° 23. 15.

Behrens. Thomas [approb. Arzt aus Jtzum]: Über Fremdkörper in den Luftwegen.... Kiel, Druck v. C. Schaidt, C. F. Mohr Nachfl., 1887; 63 S. 8°.
Kiel, Med. Fak., Inaug.-Diss. v. 6. Apr. 1887.

Behrens, Thomas, über Fremdkörper in den Luftwegen. Diss. Kiel 1887, Haeselersche Sort.-Buchh. 8°. 63 S.

Behrens, Thomas: Ueber die in neuerer Zeit zur Verhütung der Verbreitung der Tuberkulose vorgeschlagenen sanitätspolizeilichen Maßregeln. — Hildesheim: Borgmeyer 1891. 38 S. 8° 7. 25. 38M. 15.

Behrens, W., Rektor, Bielefeld, s. Behrens, Wilhelm

Behrens, W., Botaniker, Göttingen. 1854-1903. 1878 s. *Behrens*, Wilhelm Julius.

Behrens, W., Entwürfe f. Decorationsmaler, s. a. Kramer, Th. v., u. Behrens, ornamentale Fragmente.

Behrens, W., Kunstgewerbler. 1885: Entwürfe für Decorationsmaler. Lfg 1. 2. — Cassel: Th. Fischer [1891-92]. gr 2° (Kramer, Th. v.: Vorlagen für d. Kunstgewerbe. 3.) 82.

Behrens, W., Flachornamente f. den Zeichenunterricht. 1. Abth. 30 (lith.) Blatt. 4. Kassel 886. Fischer. n. 4. —

—— Flachornamente für den Zeichenunterricht und das Kunstgewerbe. II. Abthl. 1.—3. Lfg. Fol. (à Lfg. 8 Chromolithogr.) Ebendas. 887.88. à Lfg. *ℳ 3.—. *

— Flachornamente f. den Zeichenunterricht u. das Kunstgewerbe. II. Abth. 4.—6. Lfg. Fol. (à 6 farb. Taf.) Cassel 891—894. Th. Fischer. à n. 3. — (I—II, 6: n. 22. —)

Behrens, W., Flachornamente f. den Zeichenunterricht u. das Kunstgewerbe. 2. Abth. 2. u. 3. Hft. 2. Aufl. gr. Fol. (à 8 farb. Taf.) Leipzig 899. R. Hornig. à n. 3. —

—— ornamentale Fragmente für das Kunstgewerbe, s. Kramer, Th. v.

Behrens, W.: Die Gewebe des menschlichen Körpers u. ihre mikroskopische Untersuchung, s. Behrens, Wilhelm Julius

Behrens, W.: Rechenbuch f. d. Volksschulen, s. Behrens, Wilhelm

Behrens, W. (Red.), s. Stenographen-Zeitung, Norddeutsche.

Behrens, W. J.: Lehrbuch der allgemeinen Botanik, s. Behrens, Wilhelm Julius

Behrens, Wilhelm, Botaniker, Göttingen. 1854-1903. 1878 s. *Behrens*, Wilhelm Julius.

Behrens, Wilhelm, Praktischer Essigbereiter. 1833: Anweisung zur Schnell-Essigfabrikation nach den neuesten, bewährtesten Methoden. — Quedlinburg [usw.]: Basse 1833. 87 S. 8° 3. 15.

Behrens, Wilhelm: Zur Kenntnis des Bisnitrosylbenzyls sowie der bei seiner Bildung entstehenden Nebenprodukte. 1901. 31 S. 8° ¶ Vgl. J. Liebig's Annalen d. Chemie. Bd 323. 1902.
Hannover, Dr.-Ing.-Diss. v. 22. 11. 1901

Behrens, Wilhelm: Die juristische Konstruktion der deutschen Handelsgesellschaften. Inauguraldissertation welche geschrieben hat Wilhelm Behrens. Kiel, 1879. 4°

Behrens, Wilhelm, Rektor, Bielefeld. 1903: Lehrplan in der Naturbeschreibung für die siebenstufigen Volksschulen des Stadt- und Landkreises Bielefeld. Von W. Behrens u. Fr. Schroeder. — Gütersloh: Bertelsmann 1903. 90 S. 8° 1: Ay 17200. 6. 15.

Behrens, W., u. E. Probst, stenographisches Lesebuch zum Gebrauch in Unterrichts- u. Fortbildungskursen. 12. (32 autogr. S.) Lübeck 888. (Carstens.) n.n. — 60

Behrens, Wilh., stenographisches Lesebuch zum Gebrauch beim Lehr- u. Fortbildungsunterricht. 2., verm. Aufl. 8. (32 S. m. Stolze's Bildnis.) Lübeck 893. (Lübcke & Hartmann.) n. — 60

— u. Fr. Witte, Rechenbuch f. die Volksschule. Ausg. C des Rechenbuches v. Bosse in 7 Heften. (Neue Rechtschreibg.) gr. 8. Ebd. 903. n. 1. 80
1. Rechenfibel, umfassend die Zahlen von 1—20. (24 S. m. Abbildgn.) n. — 15.
2. Die 4 Grundrechnungen im Zahlenraum von 1—100. (32 S. m. Abbildgn.) n. — 20
3. Die 4 Grundrechnungen im Zahlenraum von 1—1000. (40 S. m. 1 Abbildg.) n. — 20
4. Die 4 Grundrechnungen im unbegrenzten Zahlenraum. Rechnen m. mehrfach benannten Zahlen bei Zeit-, Zähl- u. Papiermaßen. (48 S. m. 1 Karte auf dem Umschlag.) n. — 25
5. Die 4 Grundrechnungen m. mehrfach benannten Zahlen in Verbindung m. den wichtigsten Übungen aus der Bruchrechnung. (64 S. m. Abbildgn. u. eingedr. Karten.) n. — 30
6. Bruchrechnung. Schluß-, Prozent- u. Zinsrechnung. Aufgaben aus der Raumlehre. (72 S. m. eingedr. Karten.) n. — 30
7. Die bürgerlichen Rechnungsarten. Wichtige Gebiete des prakt. Lebens. Aufgaben aus der Raumlehre. (80 S. m. Fig.) n. — 40

— — dasselbe. Auflösungen. 3.—7. Heft. 8. Ebd. 904. n. 2. 30
3. (40 Doppels.) — 30. — 4. (48 Doppels.) — 40. — 5. (63 Doppels. m. Abbildgn.) — 50. — 6. (71 Doppels. u. S. 72 m. Fig.) — 50. — 7. (80 Doppels. m. Abbildgn.) — 60.
Zu Heft 1 u. 2 sind Auflösungen nicht erschienen.

Behrens, W: Rechenb. f. d. Volkssch. Ausg. C d. Rechenb. v. Bosse in 7 Heften. (Mit Fig.) 8° Gütersl., C Bertelsmann ('11). d
Heft 3—7 auch in Ausg. f. Herford.
1. Rechenfibel. (32) — 20 ‖ 2. (56) — 25 ‖ 3. (48) — 25 ‖ 4. (56) — 30 ‖ 5. (72) — 30 ‖ 6. (84) — 40 ‖ 7. (104) — 50

— dass. Auflösgn. (Mit Fig.) 3—7. Heft. 8° Ebd. ('11).
3. (48 Doppels.) — 40 ‖ 4. (56 Doppels.) — 50 ‖ 5. (72 Doppels.) — 50 ‖ 6. (84 Doppels.) — 60 ‖ 7. (104 Doppels.) — 75

Behrens, Wilh. [prakt. Arzt]: Ueber den Verschluss des Ductus thoracicus. Strassburg, Universitäts-Buchdruckerei von Johann Heinrich Eduard Heitz, 1879. 8. 52 S.
Diss. Strassburg

Behrens, Wilhelm Julius
Behrens (W. J.). Anatomischen Bau des Griffels und der Narbe einiger Pflanzenarten. Goett. 1875. 8°.

Behrens, Wilhelm Julius: Beiträge zur Geschichte der Bestäubungstheorie. — Elberfeld 1878. 45 S. 4°
Zugleich Progr. Elberfeld, Kgl. Gewerbeschule 1878.
7.

— Die Gewebe des menschlichen Körpers und ihre mikroskopische Untersuchung von W. Behrens, A. Kossel u. P. Schiefferdecker. Bd 1.2,1. — Braunschweig: Bruhn 1889-91. 8°
1. Behrens: Das Mikroskop u. d. Methoden d. mikroskopischen Untersuchung von W. Behrens, A. Kossel u. P. Schiefferdecker. 1889.
2. Schiefferdecker, Paul: Gewebelehre mit bes. Berücks. d. menschlichen Körpers von P. Schiefferdecker u. A. Kossel. Abth. 1. 1891.
1: Kv 830. 3. 4. 5. 7. 11. 12: Anat. 65o. 15. 21. 26. 38M. 91. 302.
15.

Behrens, W. J., Hilfsbuch zur Ausführung mikroskopischer Untersuchungen im botanischen Laboratorium. gr. 8. Braunschweig 883, Bruhn. *

Behrens, Wilh. Jul., Hilfsbuch zur Ausführung mikroskopischer Untersuchungen im botanischen Laboratorium. gr. 8. (XII, 398 S. mit 2 Taf. und 132 eingedr. Abbild. in Holzschn.) Braunschweig 883, Schwetschke und Sohn. k

Behrens', Wilh. Jul., Lehrbuch der Botanik. Neu bearb. u. hrsg. v. Fritz Krüger. 7. Aufl. Mit 416 Abbildgn. (meist nach Orig.-Vorlagen). (IX, 372 S.) gr. 8. Leipzig 905. S. Hirzel. n. 3. 60; geb. n. 4. —

Behrens, Wilh. Jul., Lehrbuch der allgemeinen Botanik. 5., durchgeseh. Aufl. Mit 4 analyt. Tab. u. zahlreichen Orig.-Abbildgn. in **411** Fig., vom Verf. nach der Natur auf Holz gezeichnet. gr. 8. (VIII, 350 S.) Braunschweig 894. H. Bruhn. n. 3. 60; geb. n. 4. 20

Behrens, Wilh. Jul., Lehrbuch der allgemeinen Botanik. 6. durchges. Aufl. Mit 4 analyt. Tab. u. zahlr. Orig.-Abbildgn. in 411 Fig., vom Verf. nach der Natur auf Holz gezeichnet. gr. 8. (VIII, 361 S.) Braunschweig 899. [H. Bruhn.] Leipzig, S. Hirzel. n. 3. 60; geb. n.n. 4. 20

Behrens, WJ, method. Lehrb. d. allg. Botanik f. höh. Lehranstalten. 8. (337 m. H.) Brnschw. 80, Schwetschke u. S. n. 3. —

Behrens, Wilh. Jul., methodisches Lehrbuch der allgemeinen Botanik für höhere Lehranstalten. Nach dem neuesten Standpunkte der Wissenschaft. 2., durchgearb. Aufl. Mit 4 analyt. Tabellen u. zahlreichen (eingedr.) Orig.-Abbildgn. in 408 Fig., vom Verf. nach der Natur auf Holz gezeichnet. gr. 8. (XIV, 348 S.) Braunschweig 882. Schwetschke & Sohn. n. 3. —

Behrens, Wilh. Jul., methodisches Lehrbuch der allgemeinen Botanik für höhere Lehranstalten. Nach dem neuesten Standpunkte der Wissenschaft. 3. durchgeseh. Aufl. gr. 8. (X, 350 S. mit 4 analyt. Tab. und zahlreichen Orig.-Abbild. in 411 Fig., vom Verf. nach der Natur auf Holz gezeichnet.) Braunschweig 885, H. Bruhn. *

Behrens, W., methodisches **Lehrbuch** der allgemeinen Botanik f. höhere Lehranstalten. Nach dem neuesten Standpunkte der Wissenschaft. 4., durchgeseh. Aufl. Mit 4 analyt. Tabellen u. zahlr. Orig.-Abbildgn. in **411** Fig., vom Verf. nach der Natur auf Holz gez. gr. 8. (VIII, 350 S.) Braunschweig 889. H. Bruhn. n. 3. 60; geb. n.n. 4. 20

— Leitfaden der botanischen Mikroskopie. — Braunschweig: Bruhn 1890. VIII,208 S. 8°
6. 7. 21. 26. 30. 89. 90. 91. 302.
15.

— Das Mikroskop und die Methoden der mikroskopischen Untersuchung von W. Behrens, A. Kossel u. P. Schiefferdecker. — Braunschweig: Bruhn 1889. VIII,315 S. 8° (Behrens: Die Gewebe d. menschlichen Körpers u. ihre mikroskopische Untersuchung. 1.) 2→5. 7. 11. 12: Anat. 65o-1. 15. 16. 17. 21. 26. 30. 38M. 89. 302.
15.

— Tabellen zum Gebrauch bei mikroskopischen Arbeiten. Braunschweig: Bruhn 1887. 76 S. 8° 1: Lg 26743. 2. 3. 8. 12: 36/5882. 14. 15. 29. 38M. 83. 90. 91.
15.

— — 2., neu bearb. Aufl. Ebd. 1892. VII,205 S. 8°
8. 18. 21. 91. 102. 302.
15.

— — 3., neu bearb. Aufl. Ebd. 1898. VII,237 S. 8°
2. 7. 15. 24. 38M. 83.
15.

— — 4., verb. Aufl., hrsg. von Ernst Küster. Leipzig: Hirzel 1908. VIII,245 S. 8° 7. 11. 15. 30. 302.
15.

— Der naturhistorische und geographische Unterricht auf den höheren Lehranstalten. — Braunschweig: Schwetschke 1879. 59 S. 8° 6. 7. 15.
15.

Behrens, Wilh. Jul., Untersuchungen über den anatomischen Bau des Griffels und der Narbe einiger Pflanzenarten. Inaugural-Dissertation. gr. 8. (46 S. mit 2 lithogr. Taf. in qu. Fol.) Göttingen 875, (Vandenhoeck und Ruprecht's Verlag.)

Behrens, Wilh., Untersuchungen über den Processus uncinatus der Vögel u. Krokodile. Inaugural-Dissertation. 8. (86 S.) Göttingen 880. (Vandenhöck & Ruprecht.) n. — 80

Behrens, Wilh. Jul., s.: Zeitschrift f. wissenschaftl. Mikroskopie.

Behrens, Wilhelmine, s.a. Gedichte und kleine prosaische Aufsätze.

Behrens, Wilhelmine: Gedichte und kleine prosaische Aufsätze, guten Menschen gewidmet von Wilhelmine B** [d. i. Behrens]. Hrsg. von Friedrich Burchard Beneken. — Hannover: Schmidt 1789. XII,187 S. 8°
1:Yz 5727/20. 7. 14. 18. 26. 27.

Behrens, Wilhelmine, s.a. Gedichte eines Mädchens.

[—] Gedichte eines Mädchens zur Unterhaltung für gute Menschen von Wilhelmine B**. — Leipzig: Crusius in Comm. 1787. 104 S. 8° 1:Ym 5126. 23. 27.
15.

Behrens-Litzmann, Anna: Aus Alt Büsum. Ein Menschenleben. ⟨H. Th. Behrens.⟩ — Dortmund: Ruhfus 1907. 114 S. 8° 1:At 9764. 6. 8. 14. 17. 26. 30.
15.

— Hans Peter und andere Erzählungen. — Berlin: Schwetschke 1905. 182 S. 8° 1:Yx 36307. 11.
15.

Behrens-Senegalden, G. A.: Die Vierteltöne in der Musik. Begleitschrift zu d. Erfindung e. achromatischen Klaviers u. Entwurf zur Darstellung d. Vierteltöne als Notenschrift. Berlin: Sulzer 1892. 16 S. 8° 1:Mus. Gb 161.
15.

Berenštam, Vladimir
Vladimir Berenštam. V Ognĕ zaščity. Iz vpečatlĕnij političeskago zaščitnika. — Berlin: Štejnic (1909). 72 S. 8° [Russ.] [Im Feuer d. Verteidigung. Eindrücke e. politischen Verteidigers.]
Nebent.: Behrenstamm: Aus russischen Gerichtssachen.
(Sobranie lučšich russkich proizvedenij. 140.)
1:Ho 4115. 11. 302.

[Russ.] Vladimir Berenštam (Vladimir **Behrenstamm**). V ognĕ zaščity. Iz vpečatlĕnij politiceskago zaščitnika. (Wl. Behrenstamm. Aus Russischen Gerichtssachen.) Berlin: Štejnic (1909). 72 S. 8°
[Im Feuer d. Verteidigung. Aus d. Eindrücken e. polit. Verteidigers.]
(Sobranie lučšich russkich proizvedenij. Č. 140.) (12. 3060

Behrenstamm, Wladimir, aus russischen Gerichtssachen. Im Feuer der Verteidigg. Eindruck e. polit. Verteidigers. (In russ. Sprache. (72 S.) 8. Berlin (907). H. Steinitz. 2. —

Behring, Emil v.: [Teils.] Gesammelte Abhandlungen zur ätiologischen Therapie von ansteckenden Krankheiten. [Nebst] N. F. — Leipzig: Thieme (N. F.: Bonn: Marcus & Weber) 1893-1915. 8° 1:Iu 7716. 2. 3. 4. 7. 8→11. 12:Path. 106nc. 14→17. 24. 26. 27. 38M.
15.

— Aetiologie und ätiologische Therapie des Tetanus. — Berlin: Hirschwald 1904. 72 S. 8° (Beiträge zur experimentellen Therapie. 7,1.) 1:Id 11784-7,1. 2. 4. 7. 10. 11. 12:Path. 106pf-7,1. 15. 16. 21. 24. 25. 27. 30. 302.
15.

— 1. Beitrag zur Frage der Rindertuberculose-Immunisirung. Von E. v. Behring. 2. Ueber ultramikroskopische Proteïn-Untersuchungen. Von E. v. Behring. 3. Experimentelle Beiträge zu einer Adsorptionstheorie der Toxinneutralisierung und verwandter Vorgänge. Von Wilhelm Biltz, H. Much u. C. Siebert. 4. Ultramikroskopische Bakterien-Photogramme. Von C. Siebert. — Berlin: Hirschwald 1905. 58 S. 8° (Beiträge zur experimentellen Therapie. 10.) 1:Id 11784-10. 2. 4. 7. 10. 11. 12:Path. 106pf.-10. 16. 21. 24. 25. 29. 302.
15.

Behring, Emil (Hrsg.), s. Beiträge zur experimentellen Therapie.

— [Hrsg.]
s.a. *Bekaempfung*, Die, der Infectionskrankheiten. Hygienischer Th. 1894.

— die Bekämpfung der Infectionskrankheiten. Hygienischer Thl. v. Brix, Pfuhl u. Nocht. gr. 8. (XXXI, 493 S. m. 14 Abbildgn. u. 8 Taf.) Ebd. 894. n. 12. —; geb. in Leinw. n. 13. —

— u. Dammann, Bekämpfung der Tuberkulose beim Rindvieh u. hygienische Milcherzeugung. (43 S.) Lex.-8. Berlin 906. P. Parey. n. 1. —
Sonderabdruck aus: „Archiv des deut. Landwirtschaftsrats".

Behring, Emil (Adolf) (geb. Hansdorf bei Deutsch-Eylau 15. 3. 1854): Neuere Beobachtungen über die Neurotomia opticociliaris. Berlin (1878). (20 S.) 8°
Berlin, Med. Diss. v. 15. Aug. 1878

— s.: Berichte üb. die Wertbestimmung des Pariser Pestserums.

— Die Blutserumtherapie. 1.2. — Leipzig: Thieme 1892. 8°
1. Behring: Die praktischen Ziele d. Blutserumtherapie u. d. Immunisirungsmethoden zum Zweck d. Gewinnung von Heilserum.
2. (Behring:) Das Tetanusheilserum u. seine Anwendung auf tetanuskranke Menschen.
1:Im 204. 2. 4→7. 10. 12:Path. 106n. 15. 16. 24→27. 29. 30. 38M.
15.

— Die Blutserumtherapie bei Diphtherie und Tetanus. Von Behring. — Ueber Immunisirung und Heilung von Versuchsthieren bei der Diphtherie. Von Behring u. Wernicke. — Ueber Immunisirung und Heilung von Versuchsthieren beim Tetanus. Von Behring. — o. O. 1892. 57 S. 8°
Aus: Zeitschrift für Hygiene u. Infectionskrankheiten. 12. 1892.
26.
15.

— Die Blutserumtherapie zur Diphtheriebehandlung des Menschen. — o. O. [um 1895]. 7 S. 8° 6.

Behring, E v.: Meine Blutuntersuchgn, s.a. Beiträge z. experimentellen Therapie.

— Die Bovovakzination in der landwirtschaftlichen Praxis nebst einer polemisierenden Kritik der Herren Schütz [u. a.] — o. O. [1907]. IV,38 S. 8°
Aus: Behringwerk-Mitteilungen. 2. 1907.
1:Ks 16762.
15.

— Diphtherie. ⟨Begriffsbestimmung, Zustandekommen, Erkennung u. Verhütung.⟩ — Berlin: Hirschwald 1901. XVI,185 S. 8° (Bibliothek v. Coler. 2.) 1:Id 2121-2. 2. 7. 9. 10. 11. 12:Med. g. 36bf-2. 15. 17. 24. 29. 30. 302.
15.

— Diphtheriebekämpfg. [Aus: „Behring's Einführg in d. Lehre v. d. Bekämpfg d. Infektionskrankh."] (29 m. Fig. u. 1 Tab.) Lex8° Berl., A Hirschwald '12. 1 —

— das neue Diphtheriemittel. gr. 8. (46 S.) Berlin 894. O. Haering. n. 1. —

— Einführg in d. Lehre v. d. Bekämpfg d. Infektionskrankh. (7. 500 m. Abb., 1 farb. Taf. u. Tab.) Lex8° Ebd. '12. 15 —

— Die Geschichte der Diphtherie. Mit bes. Berücks. der Immunitätslehre. — Leipzig: Thieme 1893. VI,208 S. 8°
Im Exemplar von **26** mit d. Nebent. Behring Diphtherie 1.
1: Iy 7970. **3→7. 10. 11. 12**: Path. 106 nb. **14. 15. 16. 21. 24. 25. 26. 28. 30. 38M. 302.**

— Ueber Immunisirung und Heilung von Versuchsthieren bei der Diphtherie. 1892 in: *Behring:* Die Blutserumtherapie bei Diphtherie und Tetanus.

— Ueber Immunisirung und Heilung von Versuchsthieren beim Tetanus. 1892 in: *Behring:* Die Blutserumtherapie bei Diphtherie und Tetanus.

— Infection und Desinfection. Versuch e. systematischen Darstellung d. Lehre von d. Infectionsstoffen u. Desinfectionsmitteln. — Leipzig: Thieme 1894. XII,251 S. 8° (Bekämpfung d. Infectionskrankheiten. [1].)
1: Ii 2074-Einl.Th. **3. 4. 5. 10. 11. 16. 26. 29. 302.**
15.

(—) Ueber eine neue Methode der Blutmengebestimmung. o.O. [um 1910]. 36 S. 8° **6.**
15.

Behring, Emil (Vorr.), s. Mitteilungen aus dem Marburger Behringwerk...

— Moderne phthisiogenetische und phthisiotherapeutische Probleme in historischer Beleuchtung. — Marburg: Selbstverl. 1905. XXXV,156 S. 8° (Beiträge zur experimentellen Therapie. 11.) 1: Id 11784-11. **2. 4. 7. 10. 11. 12**: Path. 106 pf-11. **15. 16. 21. 24. 25. 29. 302.**
15.

— Ueber ultramikroskopische Protein-Untersuchungen. s.a. in: *Behring:* Beitrag zur Frage der Rindertuberculose-Immunisirung.

Ueber ultramikroskopische Proteïn-Untersuchungen. Von E[mil] v. **Behring**. Berlin: A. Hirschwald 1905. (S. 22–29.) 8°
= **Beiträge** z. experimentellen Therapie. H. 10, 2. [05. 1340

— Die Serumtherapie in der Heilkunde und Heilkunst. — (Stockholm 1902.) 14 S. 8°
Aus: Nordiskt medicinskt Arkiv. 34,2. 1901.
24.
15.

Zur feierlichen Einführung des neuen Rectors der Universität am 13. Oct. 1895 ... ladet ein der zeit. Rector Theobald Fischer Dr. d. Phil., o. Prof. d. Geogr. — Inhalt: Die Statistik in der Heilserumfrage. Von Emil **Behring**, Dr. d. Med. u. o. Prof. d. Hyg. Marburg, Univ.-Buchdr. '(C. L. Pfeil)', 1895; 1 Bl., 38 S., 1 Bl., 1 Tab. 4.

Behring, E., d. Statistik i. d. Heilserumfrage. gr. 4. (38 S.) Marburg 895. N. G. Elwert's Verl. n. 1. 60

(—) Das Tetanusheilserum und seine Anwendung auf tetanuskranke Menschen. — Leipzig: Thieme 1892. 122 S. 8° (Behring: Die Blutserumtherapie. 2.)
1: Im 204-2. **2. 4→7. 10. 11. 12**: Path. 106 n-2. **15. 16. 24→27. 29. 30.**
15.

Behring, E. v., allgemeine Therapie der Infectionskrankheiten, s.a. **Beiträge zur experimentellen Therapie. 3. Hft.**

Behring, E.: Allgemeine Therapie der Infectionskrankheiten, s.a. Lehrbuch der allgemeinen Therapie und der therapeutischen Methodik.

— Allgemeine Therapie der Infectionskrankheiten. ⟨Th.[1.] 2.⟩ Berlin [usw.]: Urban & Schwarzenberg 1899–1900. 8°
T. 1 = Aus: Lehrbuch d. allgemeinen Therapie u. d. therapeutischen Methodik. 3. 1899.
2 = (Beiträge zur experimentellen Therapie. 3.)
Vollständig . . . . **4. 30.**
2 . . . . 1: Id 11782. **2. 7. 10. 11. 12**: Path. 106 pf-3. **15. 16. 21. 24. 25. 26. 29. 300**: 404.520-B. 3. **302.**
15.

— s.a. Tuberkulose.

— Tuberkulose. Einl. von E. v. Behring. 1. Theil von E. v. Behring, P. Römer u. W. G. Ruppel. Mit 5 Tab., 1 Lagepl. u. 36 Kurventaf. — Marburg: Selbstverl.; Elwert in Comm. 1902. XVIII,90 S. 8° (Beiträge zur experimentellen Therapie. 5.) 1: Id 11784-5. **2. 4. 5. 7. 10. 12**: Path. 106 pf-5. **15. 16. 21. 24. 25. 26. 29. 30.**
15.

Tuberkulosebekämpfung. Vortrag geh. auf d. Versammlung von Naturforschern u. Ärzten 1903, in Kassel von Prof. E[mil] v. **Behring**. *Marburg: N. G. Elwert 1903.* (34 S.) 8° [03. 11060

— Tuberculoseentstehung [Tuberkuloseentstehung], Tuberculosebekämpfung und Säuglingsernährung. — Berlin: Hirschwald 1904. 138 S. 8° (Beiträge zur experimentellen Therapie. 8.)
1: Id 11784-8 [u.] Id 11784a-8. **2. 4. 7. 10. 11. 12**: Path. 106 pf-8. **14. 15. 16. 21. 24. 25. 27. 29. 302.**
15.

Tuberkulosetilgung, Milchkonservierung und Kälberaufzucht. Vortrag, geh. ... 1904 ... in Bonn von d. Wirkl. Geh. Rat Prof. Dr. [Emil] v. **Behring** nebst Diskussion in d. Sitzung d. Sektion Viehzucht d. landw. Ver. f. Rheinpreußen ... Bonn: Landwirtschaftskammer f. d. Rheinprov. 1904. (27 S.) 8° [F.]
= **Veröffentlichungen** d. Landwirtschaftskammer f. d. Rheinprovinz. 1904, No 3. [06. 5779

— Die praktischen Ziele der Blutserumtherapie und die Immunisirungsmethoden zum Zweck der Gewinnung von Heilserum. — Leipzig: Thieme 1892. 60 S. 8° (Behring: Die Blutserumtherapie. 1.) 1: Im 204-1. **2. 4→7. 10. 12**: Path. 106 n-1. **15. 16. 24→27. 29. 30. 302.**

Behring, Emil Adolf, s. Behring, Emil

Behring, Wilhelm, Prof.: **Beiträge** zur Geschichte der Stadt Elbing. 1. Zur Geschichte d. 'Danziger Anlaufs'. *Elbing 1900: R. Kühn.* (S. 1—44.) 4°
Elbing, k. G, P 1900 (29)

Behring, Wilhelm: Beiträge zur Geschichte der Stadt Elbing. 2. Zur Geschichte Elbings im Reiterkriege ⟨1519—1521⟩. Mit 1 Abb. im Text u. 1 Taf. Elbing (1909): Kühn. 34 S. 8° ¶ [Forts. d. P-Beil. 1900.]
Elbing, k. G P 1909 (36) [S 09. 16

[Ant. u. F.] **Behring,** Wilhelm: Bericht über den Unterricht in der Kunstgeschichte 1896/97. Elbing, Buchdr. R. Kühn, 1897; 23—24 S. 4.
Elbing, k. G, P 1897 (29)

Behring, Wilhelm: Zur Geschichte des Danziger Krieges 1577. Stenzel Bornbachs Kriegstagebuch nach der Originalhandschrift herausgegeben. T. 1.: 10. Juni bis 6. September. Elbing 1904: Reinh. Kühn. (58 S.) 8°
Elbing, k. G P 1904 (32)

Behring, Wilhelm: Zur Geschichte des Danziger Krieges 1577. Stenzel Bornbachs Kriegstagebuch nach der Originalhandschrift hrsg. T. 2.: 7. September bis 25. Dezember. Elbing: Reinh. Kühn 1905. (43 S.) 8° ¶ [Forts. d. P-Beil. 1904.]
Elbing, k. G P 1905 (31)

Behring, Wilhelm: Die Ressource Humanitas zu Elbing. Geschichtliche Nachrichten. — Elbing 1897: (Siede). 31 S. 8° Festschrift zur 100jährigen Jubelfeier d. Ressource Humanitas.
10.
15.

Behring, Wilh. Sicilianische Studien. I. Teil. 30 S. Progr. G. *Elbing* 1882.

Behring, *Wilhelm* Sicilianische Studien. II. 4 (28 S.). Progr. G. *Elbing* 1887

Behringen [Schlagwort]
Behringen, s.: Preussen. Messtischblätter.

Behringer: W ü r d i g u n g des Heliand,
s. B e h r i n g e r, Edmund

Behringer, Carl [aus Oberdorf (Bayern)]: Über kohlenstoffreichere Zuckerarten aus Galactose. . . . Würzburg, k. Universitätsdr. v. H. Stürtz, 1891; 21 S. 8⁰
Würzburg. Phil. Fak., Inaug.-Diss. v. 1891

Behringer, Christian, a. Bürglein, Pfarrer in Streitau: Die Person Christi in der neueren Religionsphilosophie. Borna-Leipzig 1907: R. Noske. (70 S.) 8°
Erlangen, Phil. Fak., Ref. Hensel, Diss. v. 11. Mai 1907
[Geb. 12. Nov. 66 Bürglein (Mittelfranken); Wohnort: Streitau Oberfranken); Staatsangeh.: Bayern; Vorbildung: Gymn. Ansbach Reife 85; Studium: Erlangen 5, Leipzig 3 S.; Rig. 13. Mai 07.]

Behringer, E., Das Beiwort in der Iliade und im Nibelungenliede. Gel. 1878. 26 S. 4°.

Behringer, Edmund
Behringer, Edm., die Apostel d. Herrn. Eine Dichtung. 8. (VII, 306 S.) Aschaffenburg 879. Krebs. n. 4. —

Behringer, Edm., die Apostel des Herrn. Eine Dichtung. 2. Aufl. 8. (VI, 311 S.) Aschaffenburg 885, Krebs. *
geb. mit Goldschn. *

Behringer, E., Bilder aus der deutschen Heimat. [Aus: „Der Feierabend".] 12. (111 S.) Landeshut i. Schl. 888. (Breslau, Aderholz.) n. 1. —

Behringer, Edm., Burschenfahrten, gedichtet u. den Waisen des Spessart gewidmet. 12. (III, 149 S.) Aschaffenburg 900. C. Krebs. n. 1. —

Ein Erdenwallen von Edmund Behringer mit d. Bildn. d. Verf. *Aschaffenburg: C. Krebs 1896.* (200 S.) 8°

— s.: Evangelionharmonie, d. altsächsische.

Behringer, Edm., das Felsenkreuz. (Gedichte.) Würzburg 854. Stahel in Comm. 16. (XV, 248 S.) n. 28 *ngr.*

— das Felsenkreuz. 2. Aufl. gr. 16. (XVII, 248 S.) Würzburg: Stahel [in Komm.] 1854. **n. 2. 50**

— — 2. Aufl. Aschaffenburg: Krebs 1878. XVI, 248 S. 8°
12: P. o. germ. 88 gb.
15.

Behringer, Edmund, ein Gotteswort. Den gefallenen Kriegern am Jahrestage der Friedensfunde gewidmet. 8. (7 S.) Würzburg 872, Stuber.

— der englische Gruß. 8. (36 S.) Kempten 900. J. Kösel. n. — 60; geb. m. Goldschn. n.n. 1. 10

— ein Kaiserwort. Den heimgekehrten Kriegern am Jahrestage der Schlacht bei Wörth gewidmet. 1. und 2. Aufl. 8. (7 S.) Würzburg 871, Stuber.

[—] Der hl. Kilian und seine Gefährten Kolonat und Totnan die Apostel des Frankenlandes. (Festgabe zum 1200jähr. Jubiläum d. Frankenapostel. Von e. Priester d. Diöcese Würzburg.) — Würzburg: Dornauer 1889. 15 S. 8°
12: Bavar. 1249 rfb/1.
15.

— der Königin des heiligen Rosenkranzes. 12. (98 S. mit farb. Titelbild.) Kempten 888, Kösel'sche Buchh. *

Behringer, Edm. Der Königin d. hl. Rosenkranzes. 2. Aufl. 12. (98 S. m. Ornamenten u. 1 Farbendr.) Kempten 889, Kösel.
* 1 20; geb. in Hbleinw. * 1 60; geb. in Leinw. m. Goldschn. * 2 —

— Krist und Heliand. Eine Studie. gr. 4. (62 S.) Berlin 870, Ebeling und Plahn. *

Behringer, Edm.: Krist und Heiland. 59 S.
Progr. Würzburg 1870.

— das Morgenopfer der Natur. Eine Frühlingsgabe. 1. u. 2. Aufl. Würzburg 867. Stuber. 8. (30 S.) n. 6 *ngr.*

Behringer, Edm. Drei Reden. [Zum Schlusse der Schuljahre 1871/72, 1872/73, 1873/74.] 26 S. 8. Progr. *Aschaffenburg* 1880.

— Das Vater unser. — Kempten: Kösel 1890. 81 S. 8°
12: P. o. germ. 88gh.
15.

— — 2., durch d. Englischen Gruß u. e. Nachgesang verm. Aufl. — Ebda. 1900. 121 S. 8°
12: P. o. germ. 88ghb.

Behringer: Zur Würdigung des Heliand. 35 S.
Progr. Würzburg 1863.

Behringer, Edmund Zur Würdigung des Heliand. 8 (85 S.). Progr. Kgl. Studienanstalt *Aschaffenburg* 1891.

Behringer, Edm., zur Würdigung d. Heliand. gr. 8. (85 S.) Würzburg 891. (Aschaffenburg, C. Krebs.) n. 2. 40

Behringer, Edmund: Zur Würdigung des Heliand. Würzburg, Druck d. k. Universitätsdr. v. H. Stürtz, 1891; 85 S. 8°
Aschaffenburg, k. StA, P 1891 •

Behringer, Fritz, Vasallen und Bürger, s. Aehrenlese auf dem Felde der Romantik.

Behringer, G.: G e f ä n g n i s s c h u l e,
s. B e h r i n g e r, Gottfried

Behringer, G: Sprachb. f. Volkssch., s: Lauer, K.

Behringer, Gottfried: Aufseher-Katechismus. Unterhaltungen e. Aufseher-Veteranen mit seinem Neffen, e. jungen Hilfsaufseher, über d. Gefängnisdienst. — Freiburg i. Br. [usw.]: Waetzel 1905. IX, 60 S. 8° **23. 24. 30.**
15.

Behringer, G., die Gefängnisschule. Ein Überblick üb. die geschichtl. Entwicklg., den heut. Stand u. die Bedeutg. des Schul- u. Bildungswesens in Strafanstalten. gr. 8. (IV, 132 S.) Leipzig 901. C. L. Hirschfeld. n. 3. 60
(B) **Behringer, G., d. Gefängnisschule. 901. (KBL 31.) Jetzt: Tübingen, J. C. B. Mohr.**

Behringer, Hugo
Behringer, H., eine Auswahl der besten Deklamationsstücke f. frohe Geister. Geeignet zum Vortrage f. Damen u. Herren. (Umschlag: Bravo! Dacapo!) 8. (112 S. m. Abbildgn.) Neu-Weißensee (902). E. Bartels. — 75

Behringer, H., s.: Bibliothek f. Scherz u. Ernst.

— im Myrthenkranz. Eine große Auswahl v. Kranz- u. Schleier-Gedichten, Polterabendscherzen ernsten u. heiteren Inhalts, nebst e. Sammlg. von Glückwünschen zu grünen, silbernen u. goldenen Hochzeiten. 8. (197 S.) Hainichen (900). G. E. Hoffmann. — 75

Behringer, H., der Salon-Deklamator. Eine Auswahl d. wirksamsten Gedichte ernsten u. heiteren Inhaltes, geeignet zum Vortrage f. Damen u. Herren. Hrsg. u. m. Anleitgn. zum richt. Vortrage versehen. 8. (VIII, 104 S.) Stuttgart 888. Braunbeck. n. 1. 20

— d. Salon-Deklamator. E. Ausw. d. wirksamsten Gedichte ernsten u. heit. Inhaltes, geeign. z. Vortrage f. Damen u. Herren. Hrsg. u. m. Anleitgn. z. richt. Vortrage vers. (2. [Titel-]Aufl. 8. (VIII, 104 S.) Stuttgart (888) 895. C. Dieterich. n. 1. 20

Behringer, J.: Das Erbrecht des deutschen bürger-lichen Gesetzbuches ..., s. Behringer, Jakob

Behringer, J.: Kommunion, Die heilige, in ihren Wirkungen und ihrer Heilsnotwendigkeit, s, Behringer, Jakob

Behringer, Jakob

Behringer, J., Das Erbrecht des deutschen bürgerlichen Gesetzbuches in seinen wichtigsten Bestimmungen unter kurzem Hinweis auf sein Verhältnis zum natürlichen u. kirchlichen Rechte. (IV, 120 S.) 8. Regensburg, F. Pustet. 1905 1. —; geb. 1. 50.

Behringer, Jakob: Das Erbrecht des Deutschen Bürgerlichen Gesetzbuches in seinen wichtigsten Bestimmungen unter kurzem Hinweis auf sein Verhältnis zum natürlichen und kirchlichen Rechte. — Regensburg [usw.]: Pustet 1906. IV,120 S. 8°
12: J. germ. 1146x.
15.

— — 2., verb. Aufl. Ebd. 1910. 128 S. 8°
12: J. germ. 1146xb.
15.

Behringer, J., d. hl. Kommunion i. ihren Wirkgn. u. ihrer Heilsnotwendigkeit. gr. 8. (IV, 172 S.) Regensburg 898. F. Pustet. 1. 40; geb. in Halbldr. n. 1. 80

— Das Sachenrecht des Deutschen Bürgerlichen Gesetzbuches in seinen wichtigsten Bestimmungen. Unter kurzem Hinweis auf natürliches u. göttliches Recht. — Regensburg [usw.]: Pustet 1908. IV,93 S. 8°
12: J. germ. 1146xc.
15.

Behringer, Johann Gottlob: De Mutationibus quibusdam gravitatis quibus systema Copernicanum confirmatur epistola. — Lipsiae [um 1775]: Langenheim. XII S. 8°
1: 37 in 8° Bibl. Diez 2580. 2. 15.
15.

Behringer, Joh. Gottlob, De mutationibus quibusdam gravitatis quibus systema Copernicanum confirmatur epistola qua viro Christophil o Benedicto Funccio . . gratul. Lpz. (Langenheim) o. J. (ca. 1780). 12 S. (1.80) 1839

Behringer, Josef [app. Arzt aus Mindelheim]: Zwei Fälle von Pseudoneurom ... München, kgl. Hof- u. Universitätsbuchdr. v. Dr. C. Wolf & Sohn, 1896; 22 S. 8.
München, Med. Fak., Inaug.-Diss. v. 1896

Behringer, Joseph: Die suggestiven Willenserscheinungen. München 1910: Mühlthaler. 77 S. 8°
München, Phil. Diss. v. 4. Febr. 1910, Ref. Lipps
[Geb. 19. März 86 München; Wohnort: München; Staatsangeh.: Bayern; Vorbildung: Maximilians-Gymn. München Reife Juli 06; Studium: München 6 S.; Rig. 4. Febr. 10.] [U 10. 3617

Behringer, Ludwig

Behringer, Ludw., die bayerische Armee unter König Maximilian II. Entw. u. auf Stein gez. München 854. Mey u. Widmayer. qu. gr. Fol. (10 color. Taf.) n. 14 ⁄ß 20 ngr; einzelne Bl. à n. 28 ngr

Behringer, Ludwig: Das bayerische Heer in seiner neuesten Uniformierung gezeichnet und lithographiert. — München: Mey & Widmayer [1862]. 24 Bl. 8°
12: Bavar. 1919h/1.
15.

Behringer, L., und F. Münich, die Uniformen der bayerischen Armee, s. Münich, F.

Behringer, Martin

Behringer, Mart. Ueber den Einfluß wirthschaftlicher Maßregeln auf Zuwachsverhältnisse und Rentabilität der Waldwirthschaft. Von der staatswirthschaftl. Fakultät der Universität München m. dem Preise gekrönte forstl. Studie. gr. 8. (III, 76 S.) Berl. 891, Springer. * 2 —

Behringer, Martin [K. Forstamtsassist.]: In welcher Weise greifen wirthschaftliche Maßregeln bei gegebenen natürlichen Standortsfaktoren in den Zuwachsgang der Bäume und Bestände und damit in die Rentabilität der Waldwirthschaft ein? ... Berlin, Verl. v. J. Springer, 1891; 2 Bl., 76 S. 8°
München, Staatswirtsch. Fak., Inaug.-Diss. v. 1891

Behringer, Mart., Schätzung stehenden Fichtenholzes m. einfachen Hilfsmitteln, unter besond. Berücksicht. der sogenannten Heilbronner Sortirg. 2 Thle. schmal gr. 8. Berlin 900. J. Springer. Kart. à n. 2. —
1. Praktischer Thl. Anleitung f. Forstwirthe, Holzhändler u. Holzinteressenten. (V, 84 S.)
2. Theoretischer Thl. Entwickelung u. Erläuterg. des Schätzungsverfahrens. (III, 43 S. m. 5 Taf.)

Behringwerk-Mitteilungen. 1. u. 2. Heft. Lex. 8. Stuttgart, Deutsche Verlags-Anstalt. 5. 50
1. Diphtherieheilserum, Tetanusheilserum, Tulase. [Aus: „Deut. Revue".] (72 S.) (907.) 2. 50
2. I. Sufonin. II. Kuhmilchkonservierung. III. Künstliche Säuglingsernährg. IV. Bovovakzination. V. Tierärztliche u. menschenärztliche Tulaselaktintherapie. VI. Taurovakzination. (100 S. m. 3 Tab.) 907. 3. —

Behrisch. – Ernst Wolfgang Behrisch's Biographie, s. Behrischs.

Behrisch & Co.: Ill. Katalog über landwirthschaftliche Maschinen. Löbau i. S. (1896)

Behrisch, Plan von Dresden. 1 : 11,000. Fol. Dresden 871, (am Ende.) In Carton
—— dass. — Ausg. 1873. *ℳ 1,25.; Ausg. 1874. *ℳ 1,35., und Ausg. 1875. Fol. Dresden, Kaufmann. **

Behrisch, Plan von Dresden. 1 : 11,000. Hrsg. von der königl. Polizei-Direction 1876. Kpfrst. Imp.-Fol. Dresden 876, Kaufmann's Sortiment. *
—— dass. — Hrsg. von der königl. Polizei-Direction zu Dresden 1877 und 1878. Kpfrst. Imp.-Fol. Dresden, (Biller.) *

Behrisch, Carl Friedrich, De sectione cadaveris occisi. Präs. Joh. Theophil Seger. Lpz. (Langenheim) 25. X. 1769. 26 S. (4.50) 1840

Behrisch

— — Adversaria de historia morbi ariadnaeo in praxi medica filo. Präs. Gg. Rud. Boehmer. Wittenbg. (C. Chn. Dürr) 15. XI. 1765. 18 S. (4.50) 1842
Gew.: Heinr. Gottlieb v. Lindenau.

— Christian Georg Wolfg., Viro Wolff Albrecht Behrisch (Adelsdorf . .) patri . . diem natalem. . . gratul. pauca quaedam de caussis senectutis in genere. Lpz. (F. G. Jacobäer) 22. IX. 1761. 15 S. mit Vign. (3.50) 1841

Behrisch, Christ(ian) Georg Wolfg(ang) (Übers.):

s.: Mißbräuche, Die, des Aderlassen, bewiesen aus Gründen, welche von der Natur und dem Verfahren der berühmtesten Aerzte zu allen Zeiten hergenommen sind. Nebst einem Anhange, über die Mittel, die Arzneykunst zu verbessern. Aus dem Französischen. Leipzig: 1767

JB 2.648

Behrisch, Christian Ludwig: Gründliche A n w e i s u n g, wie sowohl die zahme als wilde Fischerey gehörig zu betreiben, um den höchstmöglichen Ertrag hiervon zu erlangen etc. zum Nutzen für Landwirte, Dorfgemeinden etc.
Leipzig 1794

Behrisch, Ghr. Gttfr. (Resp.): Diss. de phantasiae usu... in medicina, s. A l b e r t i, M. (Praes.)

Behrisch, Heinrich Wolfgang

Der Name d. Verfassers findet sich auch in d. Formen Beris u. Berisch.

Außer den im folgenden verzeichneten Schriften sind noch die nachstehenden, meist anonym erschienenen Schriften von Behrisch bekannt:
L'Ami des auteurs. — 1778.
Anthropographie ou de la connaissance de l'homme physique. 1778.
Auch ein Beitrag zu Wiens Broschüren. 1782.
Bayard oder der Mann ohne Vorurtheil. 1777.
Beiträge zur Geschichte der neuesten Weltmemoiren. — Pressburg 1780.
Beiträge zur Staatenlehre, oder Lektüren für alle Welt. o. J.
Biographien der Heiligen. 1778.
Historische Briefe. o. J.
Literarische Briefe philosophischen Inhalts. 1778.
Der neue Demokrit. 1782.
Dialoge der Guten. — Leipzig 1776.
Dictionnaire des maux et des ennemis de l'homme avec les moyens d'y rémedier. 1778.
Enzyklopädie der Schönheitslehre. o. J.
Erbauungsstunden. — Dresden 1775.
Gallerie der schönen Seelen. — Münster 1777.
Geschichte der Glücklichen aus den Zeiten der Troubadours. Th. 1.2. 1776.
Das Glück des Ehestandes. — Altenburg 1775.
Harmonien der Götterlehren aller Zeiten und Völker. — Leipzig 1776.
Hermann, Nationalheld der Deutschen. — o. O. 1779.
Leben Friedrichs des Eisernen. o. J.
Männer aus der alten und neuen Welt. Th. 1.2. o. J.
Matinées d'un ministre qui s'est retiré du monde. 1778.
Der neue Mond. 1775.
Parallele(n) der Nationalsprüchwörter. — Leipzig: Müller o. J.
Phantasien. — Dresden 1775.
Philosophie des Authortums. o. J.
Philosophie des Lachens. o. J.
Philosophie der sittlichen Wollust. — Prag 1777.
Rapsodies du Docteur Panglosse. 1778.
Die Rose im Augarten. — Wien 1782.
Sansnom, heroische Scenen für die Nachwelt. 1782.
Sitten, Gewohnheiten und Gebräuche der alten Völker ... nach Sabbathier (Sabatier). 1777.
Spaziergänge oder Wanderungen der Philosophen und Dichter. o. J.
Allgemeines Wiener Verzeichnis neuer Bücher. o. J.
Verzeichniß der neuesten und gangbarsten Bücher in deutscher u. lateinischer Sprache.

[—] Die Wiener Autoren. Ein Beytrag zum gelehrten Deutschland. — o.O. 1784. 271 S. 8°
7. 12: Var. 594/3. **14. 15. 17. 300:** 396.413–B [u.ö.] **302.**
15.

[—] Allgemeines Autor- und Litteraturlexikon in alphabetischer und chronischer Ordnung bis 1778. Th. (1)–3. — Hannover: Helwing 1778. 8°
1: Am 404. **2. 7. 10. 15. 17. 18. 21. 24. 26. 30.**
15.

[—] Biographien der Sachsen. Th. [1.] 2. — Dresden: Hilscher 1775–76. 8°
1: Sq 8282. **3. 7. 8. 12:** Biogr. C. 40. **14. 15. 21. 30.**
15.

[—] Historische Briefe und Schilderungen zur Aufklärung der Leidenschafts- und Weltmemoiren unserer Zeiten. — Leipzig & Prag: Mangoldt 1780. 159 S. 8° **15.**

[—] Das blaue Buch oder Nonens ein allegorisches Gemälde. — Mietau: Hinz 1776. 328 S. 8°
Sondert.: [Behrisch:] Die neue Ninon oder die Originalbriefe der Juliana v. B. und des Ritters d'Orso, aus des letztern Journalen gezogen.
1: Yv 9851.
15.

[—] Das goldne Buch, oder Moral für's Herz. — Leipzig: Hilscher 1777. 86 S. 8° **2.**
15.

— Die Chimären des Glücks. 1778
s. *Behrisch:* Die Schimären des Glücks.

[—] Chrysophil oder der Weg zum Glück. — Altenburg: Richter 1777. 228 S. 8° **3.**
15.

[—] Ebazilima. Ein Blick ins Vaterland d. Seelen. 2 Gesänge. — Leipzig 1778. 94 S. 8° **1:** Ym 2311. **17.**
15.

[—] Einleitung zur allgemeinen Harmonie der Götterlehren aller Völker und Zeiten. — Leipzig: J. C. Müller 1776. LXII, 304 S. 8° **7. 12:** K. g. hum. 48 r. **15. 302.**

[—] Der neue Epikur: Oder die Philosophie der sittlichen Wollust. — Prag: Buchler 1798. 86 S. 8° **1:** Np 4187.
15.

[—] Erbauungsstunden. Bd [1]–3. — Dreßden: Hilscher 1775. 8° **17. 30.**
15.

[—] Farao für die Könige. Bd 1–3. — Leipzig: Weygand 1776–77. 8° **1:** F 2882. **12:** Pol. g. 298 [auch 1.2 = P. o. germ. 96 q]. **300:** 112.180–A.
15.

[—] Freundschaften. — Leipzig: Weygand 1775. 269 S. 8°
7. 12: Ph. Pr. 126 i. **15.**
15.

Behrisch, Heinrich Wolfgang: G l ü c k , Das, des Ehestandes.
Altenburg 1775.

[—] Der Koran. Oder Monologen d. Vernunft. — Leipzig: Hilscher 1776. 150 S. 8°
1: 5 in Nh 207 **12:** Opp. 522. **21.**
15.

[—] Leben Conrads des Großen, Marggrafens zu Meißen, und Ludwigs des Eisernen, Landgrafens in Thüringen. — Dresden: Hilscher 1776. 96 S. 8°
Aus: Behrisch: Biographien d. Sachsen. 2. 1776.
3. 14.

[—] Leben Friedrichs des Weisen, Kurfürstens von Sachsen. Dresden: Hilscher 1776. 120 S. 8°
Aus: Behrisch: Biographien d. Sachsen. 2. 1776.
1: Sq 2066. **3. 5. 14. 302.**
15.

[—] Leben Johann Friedrichs des Großmüthigen, Kurfürstens von Sachsen. — Dresden: Hilscher 1776. 96 S. 8°
Aus: Behrisch: Biographien d. Sachsen. 2. 1776.
14.
15.

[—] Leben Wittekinds des Großen. — Dresden: Hilscher 1775. 208 S. 8° Aus: Behrisch: Biographien d. Sachsen. 1. 1775.
1: 8° Bibl. Diez 3598. **3. 14. 300:** 37 Mm 75. **302.**
15.

— Litteratur jeztlebender militarischer Schriftsteller und der neuesten Kriegsbücher, hrsg. vom Chevalier Beris. — Magdeburg: Günther 1789. XIV, 418 S. 8° (Vollständiger Inbegrif d. Kriegswissenschaften. 9.)
1: Hv 282–9. **12:** Mil. g. 18 m. **15.**
15.

[—] Der neue Mond: Oder die Geschichte Pöquilons. Vom Herrn v. B. — Leipzig: Hilscher 1777. 214 S. 8° **18.**
15.

— Die neue Ninon oder die Originalbriefe der Juliana v. B. und des Ritters d'Orso. 1776 s.a.
in: *Behrisch:* Das blaue Buch.

Behrisch, Heinrich Wolfgang: N i n o n , Die neue.
Mitau 1776.

Behrisch, Heinrich Wolfgang: O r a k e l , Das, vom Ehestande. Altenburg 1775. 8°

[—] Das Orakel vom Ehestande oder die ersten Linien der Gynäkologie. — o.O. 1776. 72 S. 8° 11. 15.

[—] Parallelen und Paraphrasen der vorzüglichsten Nationaldenksprüche zum Besten der Jugend. — Prag: Mangoldt 1780. 63 S. 8° 15. 15.

[—] Phantasien. — Dresden: Hilscher 1775. 320 S. 8° 12: P. o. germ. 96ps. 15.

Behrisch, Heinrich Wolfgang: P h i l o s o p h i e , Die, der sittlichen Wollust. Prag 1777.

[—] Predigten an meine Brüder oder Monologen der Guten. Leipzig: Hertel 1775. XXIV,208 S. 8° 1: Np 622. 15.

[—] Reise nach Königstein. Den 1sten May. — o.O. 1776. 15 S. 8°
Die Schrift ist ein Probedruck einer geplanten, aber nicht erschienenen Schrift 'Wanderungen'. 3. 15.

[—] Reisen der Tugend. — Leipzig: Hilscher 1776. 272 S. 8° 3. 15.

— Sansnom, oder die Größe der Seele. Heroische Auftritte für d. Nachwelt. Von Chevaliere [!] de Beris. — Wien [usw.]: Holle 1782. 50 S. 8° 300: 32.599-A [u.ö.]

[—] Die Chimären [Schimären] des Glücks, eine deutsche Geschichte. — Leipzig: Hertel 1776. 128 S. 8° 1: Yv 9853. 18. 15.

— [Teils.] Chevalier Beris Kleine Schriften. — Wien [usw.]: Mößle 1784. 92 S. 8° 1: 4 in Nh 267. 15.

[—] Stimmen der Religion an die Besten unter den Menschen. Frankfurt [usw.]: Perrenon 1779. 192 S. 8° 5. 15.

[—] Tempel der Unsterblichen, oder Analogien und Apologien großer Männer, aus der alten und neuen Welt. Th. 1–3. Münster [usw.]: Perrenon 1777. XVIII,516 S. 8° 1: Pb 1265. 5. 6. 12: Biogr. C. 309p. 25. 28. 15.

Behrisch, H.W. (Hrsg.), s. V e r z e i c h n i s , Allgemeines Wiener, neuer Bücher mit kurzen Anmerkungen nebst einem gelehrten Anzeiger.

[—] Charakteristisches Völkerlexicon oder Sitten- und Völkergebräuche der neuesten Zeiten. Nach d. Franz. d. Herrn Sabbathier. — Bayreuth: Lübeck 1778. XL S., S. [409]-[414], 590 S. 8° 1: Pn 392. 12: Geo. U. 377. 15.

[—] Wodan, der Sachsen Held und Gott. — Dresden: Hilscher 1775. 143 S. 8°
Aus: Behrisch: Biographien d. Sachsen. 1. 1775.
1: Sa 4213[u.] an 8° Bibl. Diez 3598. 3. 12: Germ. sp. 533s. 14. 27. 15.

Behrisch
— **Wolffg. Albrecht** (Dresden), De juribus civium Misniae et Thuringiae acquirendi feuda equestria. Präs. Gottfr. Ludw. Mencken. Wittbg. (Wwe. Gerdes) 22. VI. 1724. 27 S. (4.60) 1844

Behrisch's, Ernst Wolfg., Biographie, s. Hofäus, Wilh.

Behrius s. *Behr.*

Behrle, Franz: Die Versteuerung der Schlussnoten über Prolongationen, Report und Deport. — Kaiserslautern: Verf. 1892. 12 S. 8° 12: Merc. 22cs. 15.

Behrle, *Johann Paul* Der mathematische Unterricht am Gymnasium. 4 (18 S.). Progr. G. *Offenburg* 1886

Behrle, O: Specialitäten für Mühlenbetrieb. Renchen in Baden 1882

Behrle, Rudolf

Behrle, Rud., der Franktireur. Kleines Kriegsbild in einem Aufzuge. gr. 16. (VIII, 58 S.) Aachen 871, Jacobi und Comp.

[F.] Der Franktireur. Kleines Kriegsbild in 1 Aufz. v. Rudolf Behrle ... 2. Aufl. ... *Aachen: A. Jacobi & C. 1897.* (4 Bl., 58 S.) 1 Bd 8. [97.5693]

—— Frauentreue oder: die Ritter v. der Rosen. Romantisches Ritterschauspiel in 5 Aufzügen aus der Mitte des 12. Jahrh. 8. (136 S.) Regensburg 869, Pustet.

— Frauentreue od.: D. Ritter v. d. Rosen. Romant. Ritterschauspiel i. 5 Aufz. a. d. Mitte d. XII. Jahrh. 2., neu durchgeseh. u. verb. Aufl. 12. (136 S.) Regensburg 897. F. Pustet. — 90

— Josef und seine Brüder. Biblisch-historisches Schauspiel. Regensburg: Pustet 1857. 128 S. 8° 12: P. o. germ. 88h. 15.

—— 2., verb. Aufl. Regensburg [usw.]: Pustet 1870. 132 S. 8° 12: P. o. germ. 88ha. 15.

—— 3., verb. Aufl. Ebd. 1878. 128 S. 8° O 102. 15.

—— 4., neu umgearb. u. veränd. Aufl. Ebd. 1893. 128 S. 8° 12: P. o. germ. 88hb. 15.

—— 5., unveränd. Aufl. Ebd. 1904. 128 S. 8° 12: P. o. germ. 88hc. 15.

Behrle, Rud., die Kinder im Walde. Ein Weihnachtsspiel mit 5 lebenden Bildern in 1 Aufzuge. 12. (20 S.) Freiburg i. Br. 887, Herder'sche Verlagsh. *

Behrle, Rud., die Kinder im Walde. Ein Weihnachtsspiel m. 5 leb. Bildern in 1 Aufzuge. 2. Aufl. (20 S.) kl. 8. Freiburg i/B. 907. Herder. — 40

Behrle, Rud., König und Königin. Romantisch-historische Erzählung aus der Mitte des 10. Jahrhunderts. Freiburg im Br. 861. Herder. 8. (559 S.) 1 ₰

[—] Predigt zum heiligen Kirchweihfest, geh. d. 21. Okt. 1877 im Münster zu Freiburg zur Erklärung d. neuen Dombildes. — (Freiburg 1877: Herder.) 8 S. 8° 25. 15.

— der Schützling Unserer Lieben Frau. Schauspiel m. Gesang in 2 Aufzügen. Mit e. Musikbeilage v. Gust. Schweitzer. (VIII, 68 S.) kl. 8. Freiburg i/B. 905. Herder. n. — 80

— Tobias. Biblisch-historisches Schauspiel. — Freiburg i. Br.: Herder 1873. IX,148,23 S. 8° 25. 101. 15.

—— Tobias. Biblisch-historisches Schauspiel in 5 Aufzügen. Mit einer Musik-Beilage. 8. (IX, 148 S. und Musikbeilage qu. 4. 23 S.) Freiburg i. Br. 874, Herder'sche Verlagsh.

— Der falsche Treffer. Tragikomisches Lust- u. Singspiel. Regensburg [usw.]: Pustet 1869. VIII,99 S. 8° 12: P. o. germ. 88k/1. 15.

—— 2., vielfach umgeänd. Aufl. Ebd. 1893. VIII,103 S. 8° 1: Mus. Tb 435. 12: P. o. germ. 88kb. 15.

Behrli, Gottlieb
Behrli, G., Irrfahrten; Jugenderinnerungen e. alten Arbeiters, s.a. **Verein f. Verbreitung guter Schriften, Zürich. Nr. 50.**

Behrli, G[ottlieb]. Irrfahrten. Jugend-Erinnerungen eines alten Arbeiters. (Original-Ausgabe.) [Mit Porträt.] 100 S. 8. Zürich, J. Vollenweider-Gubler, 1902. fr. —. 60

Behrli, G(ottlieb). Irrfahrten. Jugenderinnerungen eines alten Arbeiters. 115 S. 8. Zürich, Jacques Bollmann, Mai 1903. fr. —. 20

Verein für Verbreitung guter Schriften. (Zürich) No. 50. 1903.

Behrman, Heinrich s. *Behrmann*, Henrik.

Behrmann, Senior u. Hauptpastor an St. Michaelis, Hamburg, 1840-1911. 1873 s. *Behrmann*, Georg.

Behrmann, Adolf, approb. Arzt aus Gross-Häuslingen: Ueber einfache chronische Exsudativperitonitis. *Tübingen: F. Pietzcker 1898.* (31 S.) 8°
Tübingen, Med. Diss. v. 1898

Behrmann, Alfr. (Eduard) (geb. Hamburg 23. 5. 1860): Ueber die Constitution der als Umbildungsproduct der Citramide entstehenden Monocarbonsäure des Pyridins. Berlin 1885. (46 S.) 8°
Berlin, Phil. Diss. v. 25. März 1885

Behrmann (C.), Beobachtungen über die Sternschnuppen (Dissertation). Göttingen 1866. 8.

Behrmann, C. C. E. s. *Behrmann*, Georg.

Behrmann, C. C. G. s. *Behrmann*, Georg.

Behrmann, Georg, Senior u. Hauptpastor an St. Michaelis, Hamburg, 1840-1911. 1873 s. *Amtseinfuehrung* des Herrn Senior C.C.B. Behrmann am 1. Mai 1894. 1894.

Behrmann, Geo., zum Andenken an Hamburgs Trauer um Kaiser Wilhelms Heimgang. Zwei Predigten, gehalten am 11. und 16. März 1888. gr. 8. (26 S.) Hamburg 888, Gräfe. **

Behrmann, Ansprache vor der Ordination, s.: Körner, Johs. Walth., Antrittspredigt.

Behrmann, C. C. Geo., Antrittspredigt gehalten bei seiner Einführung in das Amt eines Pastors zu St. Michaelis am 16. Jan. 1872. gr. 8. (20 S.) Hamburg 872, (Nolte.) *

Behrmann, Chr. C. Geo., Antrittspredigt, gehalten bei seiner Einführung in das Amt eines Hauptpastors zu St. Michaelis am 6. Jan. 1880. gr. 8. (23 S.) Hamburg 880, Nolte. *

Behrmann, Geo., die Auferstehung Jesu Christi. Fünf Betrachtungen. 8. (64 S.) Brecklum 880, Christl. Buchh. *

— Die Auferstehung Jesu Christi. — Brocklum: Sonntagsblatt fürs Haus 1880. 64 S. 8° **3. 8. 12:** Polem. 3065 z. **18.**
15.

— Die Bergpredigt unseres Herrn Jesu Christi. In Bibelstunden ausgelegt. — Kiel: Homann 1877. VIII,184 S. 8° (Behrmann: Bibelstunden. 1.) 8. 26. 29.
15.

— die Bergpredigt unsers Herrn Jesu Christi. In Bibelstunden ausgelegt. 2. Aufl. gr. 8. (VIII, 206 S.) Hamburg 882. Oemler. n. 2. 50

— Bibelstunden, Beiträge zum Verständniß d. göttlichen Wortes. Th. 1-4. [5. 6.] — Kiel: Homann (3ff.: Hamburg: Oemler) 1877-82. 8°
1. Behrmann: Die Bergpredigt unseres Herrn Jesu Christi. 1877.
[2.3.] „ Die Gleichnisse unseres Herrn Jesu Christi. Hälfte 1.2. 1878-79.
4. „ Reden unseres Herrn Jesu Christi nach d. Evangelium St. Johannis. 1880.
[5.6.] „ Das Leben unseres Herrn Jesu Christi 1882.
8[∞3/6]. 18[∞1]. 26[∞3.4]. 29.
15.

— s.: Bilder aus der christl. Liebesthätigkeit in Hamburg.

—— Christenthum und Lutherthum. Offener Brief an die luther. Christen im Amte Ritzebüttel. 8. (24 S.) Hamburg 878, Nolte. *

Behrmann, Georg (Hrsg.), s. Claudius, Matthias: Werke.

Behrmann, Geo., das Buch Daniel übers. u. erklärt, s.: Handkommentar zum Alten Testament.

—— Einführung in die Heilige Schrift Alten und Neuen Testaments. Vorträge. gr. 8. (V, 341 S.) Gütersloh 888, Bertelsmann. *ℳ 4.50.; geb. *

— Einführungsrede für Paul Ebert, s.: Ebert, Paul, er soll die Starken zum Raube haben.

Behrmann, Einführungsrede üb. 1. Kor. 2, 2, s.: Möller, Herm., Einführungspredigt.

— Erinnerungen. — Berlin: Warneck 1904. VIII,466 S. 8° **1:** At 9776. **2. 5. 8. 9. 11. 12:** Biogr. 81k. **14. 18. 27.**
15.

—— 4. u. 5. Taus. Ebd. 1905. VIII,466 S. 8° **12:** Biogr. 81kb. **20. 30.**
15.

— u. Schwieger, Festpredigten bei der Glockenweihe zu St. Michaelis, geh. v. B. im St. Michaelis-Gemeindesaal u. v. S. in der Lutherkirche am Sonntag, den 3. VII. 1910. (26 S.) 8. Hamburg (910). C. Jensen. — 40

— Festpredigten, bei der Glockenweihe zu St. Michaelis gehalten von Behrmann ... und von Schwieger ... am Sonntag, den 3. Juli 1910. — Hamburg: Johne [1910]. 26 S. 8° 18.
15.

— Die Gleichnisse unseres Herrn Jesu Christi. In Bibelstunden ausgelegt. Hälfte 1.2. — Kiel: Homann (2: Hamburg: Oemler) 1878-79. 8° (Behrmann: Bibelstunden. 2.3.) 8[∞2]. 18. 26[∞2]. 29.

—— Hälfte 1. 2. Hamburg: Gräfe 1879. 8° **3[∞2]. 26[∞1].**
15.

—— 2., durchges. Aufl. Hamburg: Gräfe & Sillem 1892. VIII,355 S. 8° **18.**
15.

—— Claus Harms. Eine Predigt und ein Vortrag. 16. (80 S.) Kiel 878, Homann. *

Behrmann, Georg, Kaufmann, Hamburg, 1704-1756. 1741: Die Horazier. Trauerspiel. — Hamburg: Bohn 1751. 114 S. 8° **14. 18. 28. 302.**
15.

– Die Horazier. Trauerspiel. Hamburg: Bohn 1752. 8°

— Kinderleben, Bilder aus dem Seehospiz Kaiserin Friedrich zu Norderney. (V, 119 S. m. 14 Taf.) kl. 8. Norden 904. D. Soltau. n. 1.25

Behrmann, Geo., Kinderleben. Jetzt: Norderney, H. Hofmann's Verl.

— Klopstockbüchlein. Zum 100jähr. Todestag des Dichters am 14. III. 1903. (72 S. m. 7 Abbildgn.) gr. 8. Hamburg 903. Agentur des Rauhen Hauses. n. 1.—

—— Konfirmationsrede, geh. am 4. April 1892. 12. (13 S.) Hamb. 892, Mauke Söhne. * — 40

— Konfirmationsrede, gehalten am 23. März 1898. — Hamburg [1898]: Persiehl. 13 S. 8° 18.
15.

— Konfirmationsrede gehalten am 29. März 1895. — Hamburg: Mauke 1895. 12 S. 8° 18.
15.

— das Leben unsers Herrn Jesu Christi. In Bibelstunden ausgelegt. (Der „Bibelstunden" 5. u. 6. Thl.) gr. 8. (428 S.) Hamburg 882. Oemler. n. 4. 80; geb. n. 6. —

—— Eine Maienfahrt durch Griechenland. gr. 8. (X, 360 S.) Hamb. 890, [Gräfe.] Gräfe u. Sillem. * 4 80; geb. * 6 —

Behrmann, Georg (Hrsg.), s. M o n a t s s c h r i f t für die evangelisch-lutherische Kirche im hamburgischen Staat.

— Hamburgs Orientalisten. — Hamburg 1902: Persiehl. 108,III S. 8° 1:Zt 193/22. 4. 5. 7. 10. 12:A.or. 14t. 16. 17. 18. 21. 24. 300:491.431-B.
15.

— u. Schwieger, Predigten, in den Trauergottesdiensten anläßlich der am 8. VII. 1906 erfolgten Einäscherung der Gr. St. Michaelis-Kirche, geh. am Sonntag, den 8. VII. 1906, in der St. Petri-Hauptkirche v. B. u. in der Lutherkirche zu St. Michaelis v. Sch. (20 S.) gr. 8. Hamburg 906. L. Gräfe. n. — 50

Behrmann, G: 4 Predigten, als letzter Gruss sr Gemeinde u. s. Freunden hinterlassen. (37) gr8° Hambg, HO Persiehl ('11). — 50 d

— Rede am Sarge des Herrn Johannes Robert Thormählen, Cand. Rev. Min. * 11. Febr. 1857, † 3. Okt. 1881. — (Hamburg [1881]: Oemler.) 8 S. 8° 8.
15.

— Reden unseres Herrn Jesu Christi nach dem Evangelium St. Johannis. In Bibelstunden ausgelegt. — Hamburg: Oemler 1880. VI,211 S. 8° (Behrmann: Bibelstunden. 4.) 18. 20.

Kirchliche Reisebilder aus dem Norden. Von Georg Behrmann. — (Hamburg o. J. [nach 1883]: Oemler.) 20 S. 8°
Aus: Monatsschrift f. d. evang.-luth. Kirche im hamburg. Staate.

— Kirchliche Reisebilder aus dem Norden. — ⟨Hamburg: Gräfe [1885].⟩ 20 S. 8°
Aus: Monatsschrift für d. evangelisch-lutherische Kirche im hamburgischen Staate. 5. 1885. 5.
15.

— St. Michaelis, s.: Hamburg's 5 Hauptkirchen.

— Pastor Heinrich Matthias Sengelmann Dr. Eine biographische Skizze. — Hamburg: Gräfe & Sillem 1896. VI, 105 S. 8° 1:Av 14381. 15. 18.
15.

— Charles Haddon Spurgeon. Vortrag. — Hamburg: Evang. Buchh. d. Niedersächs. Ges. 1887. 32 S. 8° 8. 14. 18.
15.

— Timoleon, der Bürgerfreund. Trauerspiel. (Vorr.: Johann Matthias Dreyer.) — Hamburg 1741: Piscator. 130 S. 8° 1:39 in Mus. T7. 3. 18. 300: 449.520-B.
15.

— — Franckfurt [usw.] 1750. 104 S. 8° 3. 7. 10. 18. 23.
15.

— s.: Vollkommenheit durch Leiden.

(—) Wiederaufbau der St. Michaelis-Kirche in Hamburg. Kranzrede geh. bei Vollendung d. Dachstuhles am 13. Juni 1908. — ([Hamburg 1908]: Bendschneider.) 6 Bl. 4° 18.
15.

— Nikolaus Ludwig Graf v. Zinzendorf. Gedenkbüchlein zu seinem 200jähr. Geburtstag am 26. V. 1900. 1.—3. Aufl. gr. 8. (à 16 S. m. Abbildgn.) Hamburg 900. Agentur des Rauhen Hauses. n. — 15

— — 5. Aufl. Ebd. 1900. 16 S. 8° ● 18.
15.

Behrmann, Georg Adam (Weimar), De observantiis collegiorum juridicorum occas. § 49 res. grav. d. anno 1661. 44 S. (5.20) 1845
Widmung von: Lüder Mencke, Friedr. Phillipp (deutsch).

— — Dasselbe. Lpz. (Schede) 1718. Ohne Widm. (4.80) 1846

Behrmann, Georg Friedrich

— — Contra virium mensuram Cartesianam pro Leibnitiana. Präs. Friedr. Wilh. Stübner. Lpz. (Breitkopf) 18. IV. 1733. 56 S. (5.50) 1848
Gew.: Chn. Wolf, Chn. Aug. Hausen.

— **Georg Friedr.** (Leipzig), Philosophia perfectae grammaticae. Diss. philos.-philol. Präs. Joh. Aug. Ernesti. Lpz. (Zeidler) 5. I. 1732. 40 S. (4.80) 1847

Behrmann, Chr. C. Georg s. *Behrmann*, Georg.

Behrmann, H.: Die Rhätische B a h n. Rh.B., s. B e h r m a n n, Hermann

Behrmann, H.: D a r s t e l l u n g, Kurze, des polit. Verhaltens Dänemarks..., s. B e h r m a n n, Henrik

Behrmann, H.: G e s c h i c h t e Christian II..., s. B e h r m a n n, Henrik

Behrmann, H. (Hrsg.), s. H a n d e l s - R e v u e.

Behrmann, Hans: D a r s t e l l u n g, Kurze, des politischen Verhaltens Dänemarks ..., s.a. B e h r m a n n, Henrik

Kurze Darstellung des politischen Verhaltens Dännemarks in den letztern Jahren nebst einer nähern Beleuchtung der dem dänischen Hofe neuerdings gemachten Anträge, v. Hans Behrmann. Kopenhagen. 1813. 8°.

Behrmann, Heinrich, Archivar u. Kanzleirat, Kopenhagen, 1770-1836. 1805 s. *Behrmann*, Henrik.

Behrmann, Heinrich, Advokat, Hamburg. 1823 s. *Behrmann*, Peter Heinrich Karl.

Behrmann, Hendrik s. *Behrmann*, Henrik.

Behrmann, Henrik

— [deutsch] Christian II, König von Dännemark, Norwegen und Schweden. Th. 1. — Kopenhagen [usw.]: Schubothe 1805. XX,430 S. 8°
1. Geschichte Christian II ... während seiner Regierung. Im Exemplar von 10 fehlt d. Haupttitelblatt, u. im Exemplar von 12 d. Sondertitel.
1:Tz 7560. 7. 12:H.sept. 17. 14→18. 30. 300:4 M 11.
15.

Behrmann, Henrik: D a r s t e l l u n g, Kurze, des politischen Verhaltens Dänemarks ..., s.a. B e h r m a n n, Hans

— [deutsch] Kurze Darstellung des politischen Verhaltens Dännemarks in den letztern Jahren nebst einer nähern Beleuchtung der dem dänischen Hofe neuerdings gemachten Anträge. — Kopenhagen: Schubothe in Comm.; Altona: Hammerich 1813. 96 S. 8°
1:Tz 10024. 8. 10. 14. 17. 18. 30. 302.
15.

Behrmann, H., kurze Darstellung des polit. Verhaltens Dänemarks in d. letzten Jahren. 8. Kopenh. (Altona, Hammerich in Comm.) 814.

Behrmanns, H., Geschichte Christian II. Königs v. Dänemark, Norwegen u. Schweden. m. Anmerk. gr. 8. Kopenhagen, Schubothe. 805.

B e h r m a n n, H[ermann]. Die Rhätische Bahn Rh. B. Praktischer Reiseführer durch das Schweizer. Hochland Graubünden. Mit Illustrationen, mehreren Karten im Text und zwei Kartenbeilagen. Hrg. von der Direktion der Rhätischen Bahn. 8.
[1. Aufl.] 96 S. Chur [Buchdr. Benteli A.-G., Bümpliz.] 1908.

— Die Rhätische Bahn. Rh. B. Praktischer Reiseführer durch d. Schweizer Hochland Graubünden. — Chur: Direktion d. Rhätischen Bahn 1908. 96 S. 8° 12:Helv. 141 p.
15.

— — 2., durchges. u. erg. Aufl. Hrsg. von d. Direktion d. Rhätischen Bahn. — Chur: Schuler in Komm. 1909. 102 S. 8° 14. 24. 29.
15.

— — 3. Aufl. Ebd. 1910. 127 S. 8° 1:Kart. 8° K 17003. 30.
15.

B e h r m a n n, H[ermann]. The Rhaetian Railway Rh. B. ⟨Rhätische Bahn⟩. A practical Guide to the Swiss Highlands of the Grisons. With Illustrations, several Maps in the Text and two Supplementary Maps. Published by the Rhaetian R' Co. 98 p. 8. Chur [Buchdr. Benteli A.-G., Bümpliz.] 1908.

B e h r m a n n, H[ermann]. Die Schweiz. Kleiner Führer durch die schönsten Gegenden der Schweiz. Auf Veranlassung und unter Mitwirkung der Schweizer. Verkehrs-Vereine bearbeitet. Hrg. vom Vorort des Verbandes Schweizerischer Verk'-V'. [Mit Illustrationen und 1 Karte.] 128 S. 8. Zürich, (Jacques Bollmann,) 1909.

— Die Schweiz. Kleiner Führer durch d. schönsten Gegenden d. Schweiz. — Zürich: Verband Schweizerischer Verkehrs-Vereine 1909. 124 S. 8° 1:Ru 4815. 10. 14. 29.
15.

(Behrmann, H[ermann].) Sommertage in St. Moritz. Briefe und Bilder von der Perle des Engadins. Mit einem kurzen Führer. Hrg. vom Kurverein St. M'. (Zeichnungen, [4 Tafeln] und Buchschmuck von H[einrich] Hönich, München.) 95 S. 8. (St. Gallen, Zollikofer & Cie.,) 1910.

(—) Sommertage in St. Moritz. Briefe u. Bilder von d. Perle d. Engadins. — St. Moritz: Kurverein 1910. 94 S. 8°
1: Ir 30864/50. 17.
15.

Behrmann
— **Johann** (Hamburg), De juribus atque obligationibus matris tutricis circa administrationem bonorum a defuncto marito relictorum secundum jus statutarium Hamb. part. I. Göttingen (Jo. Christ. Dieterich) 16. II. 1771. 58 S. (5.—) 1849

Behrmann, Johann Heinrich Christian: Einige Worte über die Verhältnisse der Vorstadt St. Georg und ihrer Bewohner zur Stadt. [Verf.: Johann Heinrich Christian Behrmann.] — Hamburg 1816. 24 S. 8° 18.
15.

Behrmann, Karl: Atlas des südlichen gestirnten Himmels. Darstellung d. zwischen d. Südpol und d. 20. Grad südlicher Abweichung mit blossen Augen sichtbaren Sterne. [Nebst] Stern-Verzeichniss. — Leipzig: Brock-haus 1874. 4° [u.] 8°
1: Kart. 4° [u.] 8° A 870. 12: 4° Enc. 1 f. 16. 26. 28. 30. 302.

Behrmann, M.: Hinter den Kulissen des mandschurischen Kriegstheaters. . . , s. Behrmann, Max Theodor

Behrmann, M.T.S., s. Behrmann, Max Theodor

Behrmann, Max s. *Behrmann*, Max Theodor.

Behrmann, Max Theodor
Behrmann, Max Theodor:
Hinter den Kulissen des mandschurischen Kriegstheaters. Lose Blätter aus d. Tagebuche e. Kriegskorrespondenten. — Berlin: Schwetschke 1905. 308 S. 8°
1: Un 8982/216. 2. 5. 7. 10. 11. 14. 17. 21. 24. 29. 30. 38.
15.

! Behrmann, MTS: Mandschur. Kriegstheater. Jetzt: Berl., Süd-West-Verl.

Behrmann, Max Theodor S. s. *Behrmann*, Max Theodor.

Behrmann, Peter Heinrich Carl, s. Behrmann, Peter Heinrich Karl.

Behrmann, Peter Heinrich Karl: Beweis daß der, zwischen der Ritter- und Landschaft und der Stadt Rostock am 27sten Juny 1793 über die, wegen des neuen Rostockschen Erb-Vertrags entstandenen Differenzen, abgeschlossene Vergleich, keine Rechtskraft habe. — Hamburg 1823: Hartwig & Müller. 68 [vielm. 58] S. 8° 1: Sn 7276. 28.
16.

— Das Gewohnheitsrecht betrachtet in Beziehung auf die hamburgischen Gesetze. — Hamburg 1826: Appel. 86 S. 8° 1: Ga 612. 2. 8. 10. 14. 18. 28. 30.
15.

Behrmann, (P. H. C.,) d. Gewohnheitsrecht, betrachtet in Beziehung auf die Hamb. Gesetze. 8. Hamb. 826, Herold.

— Rede gesprochen am Stiftungstage den 15. März 5826 in der gerechten, verbesserten und vollkommenen Loge zum Pelican in Hamburg. — [Hamburg 1826]: Appel. 14 S. 8° 8.

Behrmann
— **Pet. Ludw.** (Rostock), De termino nascendi naturali unico filiationis, et paternitatis fundamento. Comment. jur. Göttingen (J. A. Barmeier) 1784. 31 S. (4.80) 1850

Behrmann, Rudolf Gerhard, Pastor an d. Peter- u. Paulkirche Hamburg, 1743–1827. 1786: Jubelpredigt in der Hauptkirche St. Petri zu Hamburg am 2. September 1823. — Hamburg: Wörmer 1823. 37 S. 8° 18.
15.

— Gehaltene Reden, bey der den 20sten Nov. 1785. an einem jüdischen Proselyten: Joseph Michael Israel Schwerin, itzt: Wilhelm Rudolph Christiani, öffentlich vollzogenen Taufe, nebst d. von d. Proselyten selbst hiebey aufgesetzten u. abgelegten Glaubens-Bekenntnisse. — Hamburg: Herold [1785]. 51 S. 8° 8. [unvollst.] 18. 28.
15.

Behrmann, Rudolf Gerhard, Sohn d. vorigen, Advokat, geb. 1806. 1823: Versuch einer Geschichte der Kirche St. Petri und Pauli. (Verf.: Rudolphus Gerhardus Behrmann.) — Hamburg 1823. XII, 138, XLIV S. 8°
1: Sp 4724. 7. 12: 4° H. eccl. 83e. 15. 18.

Behrmann, Solon [aus Mainz]: Über Malum Pottii . . . Würzburg, J. B. Fleischmann'sche Buchdr., *1895*; 49 S. 8.
Würzburg, Med. Fak., Inaug.-Diss. v. 1895

Behrmann, Th., Beiträge aus Rußland zur Kenntniß des Portland- und Roman-Cements. 8. (V, 67 S. mit 4 Tab. in qu. 4. und 2 lithogr. Taf. in qu. gr. 4.) Riga 876, (Kymmel.) * *

Behrmann, Walter
Behrmann, Walt.: 40 Blätter d. Kte d. Deut. Reiches 1 : 100,000. Ausgewählt f. Unterr.-Zwecke. Erläutergn. Mit 1 Übersichtsbl. (52) Lex8° Berl., (ES Mittler & S.) '12. 1 —

— Der Dolchschutz an Deutschlds Küsten, s: Meereskunde.

Behrmann, Walter:
Zur Kritik der flächentreuen Projektionen der ganzen Erde und einer Halbkugel. — München 1909. 48 S. 8° (Sitzungsberichte d. Kgl. Bayerischen Akademie d. Wissenschaften. Mathematisch-physikalische Klasse. 1909, 13.)
1: Ab 733–1909, 13. 2→7. 9. 10. 11.
12: Bavar. 246q-Math.-phys. Kl. 1909, 13 [u.ö.] 14. 16. 17. 18. 21. 23→30. 38. 90. 300: 392.744-B. Per. 1909, 13. 302.
15.

— Die Oberflächengestaltg d. Harzes, s: Forschungen z. deut. Landes- u. Volkskde.

Behrmann, Walter, a. Oldenburg i. G.: Über die niederdeutschen Seebücher des fünfzehnten und sechzehnten Jahrhunderts. Mit 4 Abbildungen im Text und 4 Karten. Hamburg: L. Friederichsen 1906. (VI, 110 S.) 8° ¶ Aus: Mitteilungen der Geographischen Gesellschaft in Hamburg Bd XXI.
Göttingen, Phil. Fak., Ref. Wagner, Diss. v. 14. Febr. 1906
[Geb. 22. Mai 82 Oldenburg; Wohnort: Göttingen; Staatsangeh.: Oldenburg; Vorbildung: Gymn. Oldenburg Reife O. 01; Studium: Göttingen 3, Berlin 1, München 1, Göttingen 5 S.; Rig. 17. Mai 05.]

Behrmanns, H.: Geschichte Christian II. Königs von Dänemark ..., s. Behrmann, Henrik

Behrnauer, s. Beiträge z. konservativer Politik.

Behrnauer: Streit über Steuerhinterziehung . . . , s. Behrnauer, Friedrich

Behrnauer, Carl Gottlieb
— — Praecipuae differentiae juris Saxon. elector. et Lusat. superior. in luitione fundi sub hasta venditi. Diss. jur. Präs. Mich. Heinr. Gribner. Lpz. (J. H. Richter) Juni 1730. 24 S. (4.50) 1851

— — De S. R. I. electorum imprimis Saxoniae feudis et officiis Bambergensibus. Dissert. jur. Präs. Carl Wilh. Gärtner. Lpz. (Joh. Heinr. Richter) 28. XI. 1726. 38 S., z. gr. Tl. dtsch. (4.80) 1852

— — Dasselbe. Lpz. (Langenheim) 1741. 40 S., z. gr. Tl. dtsch. (4.50) 1853

Behrnauer, Carl Gottlieb (Bautzen), Diss. de necessario historiarum et jurisprudentiae nexu. Präs. Gg. Ehrenfried Behrnauer. Bautzen (Richter) April 1724. 24 S. (4.50) 1851
Widm. v.: F. G. A. v. Warnsdorff, Joh. Gg. Krause (Bautzen), Fried. Amandus Warnshagen (Jassow/Pomm., deutsch).

— **Carl Theophil** (Görlitz), De jure repraesentationis in linea collaterali ob § 19. rec. imp. a 1521 in Lusatia superiore obvio. Diss. jur. Lusatici. Präs. Chn. Aug. Günther. Lpz. (Klaubarth) 4. X. 1786. 19 S. (3.50) 1855
Gew.: Dan. Theophil u. Erdmann Theophil Hartmann.

Behrnauer

— **Christian Wilhelm** (Bautzen), Diss. de solidorum valore. Präs. Abrah. Kaestner. Lpz. (Gabr. Trog) 16. XI. 1735. 5 Bl. (2.50) 1856

Behrnauer, Ernst Friedrich August: Aphoristische Gedanken über die Reform des sächsischen Advokatenstandes. — Bautzen: Helfer 1848. VIII,62 S. 8° 11.
15.

Behrnauer, Friedrich:
Der Streit über die Steuerhinterziehungen in Preußen. — Berlin: Hobbing [1910]. 39 S. 8° (Beiträge zu konservativer Politik u. Weltanschauung. 7,8.)
1:F 844-7,8. 11. 12:Pol.g. 1049f-7,8.
15.

— Zur Verständigung üb. die Reichsfinanzreform. (64 S.) gr. 8. Berlin 909. R. Hobbing. 1.—

Behrnauer, Georg Ehrenfried

— v. d. Bildern u. Gemälden der Begräbnisse bei den Alten. Ibid. 1728. f.

Behrnauer, Georg Ehrenfried: Die durchlauchtigsten sächsischen Prinzen als Stiffter und Erhalter hoher und niedriger Schulen werden in dem Budißinischen Gymnasio den 12. Februar. Anno MDCCXXI ... in einem Actu oratorio und kurtz gefasten Panegyricis, unterthänigst verehret ... wozu ... gehorsamst invitiret M. George Ehrenfried Behrnauer. — Budißin [1721]: Richter. 8 S. 4°
1:4° Sq 7987. 14.
15.

— Kurtzer Entwurff, wie in dem Budißinischen Gymnasio seithero die anvertraute Jugend so wohl in Doctrina, als Disciplina, unter göttlichem Segen angeführet worden, nebst einigen annectirten Postulatis. — Budißin: Richter 1722. 50 S. 8° 14. 24.

— — De eo, quod in doctrina de angelis, et temere quaeritur, et male affirmatur . . et de dracone geniorum apud veteres symbolo. Bautzen (Richter) 29. IX. 1736. 4 S. (2.—) 1859
G. E. Richter, H. G. Schneider, T. L. Meissner, J. Th. Simers, Ch. W. Naumann, H. G. Leder.

Behrnauer, G. E., de fronde viridi, sacra olim et religiosa. Budiss. 1738. f.

— — De praecipuis musarum furiis, . . et de tyrannide literaria furiae instar in musas saeviente diss. Bautzen (Richter) 3. X. 1732. 4 S. (3.—) 1858
Ch. H. Isaac, J. G. Kittel, J. G. Demisch, Ch. Faber, Ch. W. Behrnauer, J. C. Finger, J. F. Teifel, G. Ch. Simers, J. G. Bürger.

— **Georg Ehrenfried** (Löbau/Laus.), u. (Resp.) **Philip Jacob Faulmann** (Merseburg), De furto in necessitate licito. Diss. moralis. Lpz. (J. H. Richter) 22. IV. 1702. 12 Bl. (4.—) 1857

— Servatoris optimi, maximi Jesu Christi sepulcrum, cum fidei, tum religionis nostrae emblema memorabile, iuvenes quidam pii et eximii ... d. 31. Mart. A.O.R. 1737 ... Sistere conabuntur, ad quos audiendos ... hac tabula, de Iis, qui olim habitabant in sepulcris ex loc. Es. LXV. c. 3. 4. inscripta, ... invitat Georg. Ehrenfried Behrnauer. — Budissae [1737]: Richter. 3 Bl. 8° 17.
15.

— de luminaribus cereisque veterum religionis causa accensis. Ibid. 1722. f.

— Die von dem Himmel beschützte Marg-Gräfin Milzavia. Singe-Spiel. — Budißin [1726]: Richter. 8 Bl. 8° 3.
15.

— de more veterum, captivos diebus festis vinculis suis exsolvendi. Ibid. 1726. f.

— de munere veterum paschali. Ibid. 1727. f.

Behrnauer, G. E., de nimio corporum defunctorum ornatu, e Christ. republica proscribenda. Budiss. 1732. f.

— de ossuariis, vulgo Beinhäusern. Ibid. 1723. f.

Behrnauer, Go. Ehrenfr., De priscae Germaniae populis ab historicorum quorundam opprobriis vindicatis. Resp. G. F. A. de Warnsdorff. Budissae 1723. 4. . . . . (D.)

— Problemata philologico-philosophica ... singulis Saturni diebus hor. 8. matutina in Gymnasio Budissini auditorio superiori a quibusdam alacrioris ingenii iuvenibus ventilanda recenset George Ehrenfried Behrnauer. — Budissae [1721]: Richter. 4 Bl. 8° 27.
15.

Behrnauer, G. E., de superstitione paschali ad suam originem deducta. Budiss. 1725. f.

— Georgii Ehrenfr. Behrnhaueri Tractatio brevis de prudentia in eligendo vitae genere summe necessaria. Von der höchstnöthigen Klugheit in Erwählung einer Lebensart. — Francofurti [usw.] 1757. XVI S. 8°
4. 12: 4° Diss. 2442-8. 24. 30.
15.

— Bona Verba quae iuveni Erasmo Leopoldo de Gersdorff dicebat George Ehrenfried Behrnauer. — Budissae [1719]: Richter. 2 Bl. 4° 1: 2 in 8° Bibl. Diez 2432.
15.

Behrnauer, Gottlieb Jeremias

Behrnauer, Gli. Jer., († d. 24. Oct. 1806.) etwas von d. Gerichts- u. Rechtsverfassung d. Oberlausitz. 4. Bautzen 779. Deinzer. 4 gl.

Behrnauer, Gottlieb Jeremias: Etwas von der Gerichts- und Rechts-Verfassung des Marggrafthums Oberlausitz, besonders denen Chefs der beyden Aemter Budißin und Görlitz. (Verf.: Gottlieb Jeremias Behrnauer.) — Görlitz: Fickelscherer 1779. 36 S. 8° 1: Gq 4388. 3. 7. 14. 15.

Behrnauer, J.G.: Etwas von der Gerichts- u. Rechtsverfass. der Oberlausitz, s. Behrnauer, Gottlieb Jeremias

Behrnauer, Jeremias Gotthelf August: De Superioris Lusatiae Iudicio equestri scripsit viro Joanni Gothofredo Fiedlero ... gratulaturus Jeremias Gotthelf Augustus Behrnauer. — Lipsiae [1773]: Loeper. VIII S. 8° 3. 14.
15.

Behrnauer, W., s. Busiri.

Behrnauer, Walter Friedrich Adolf: (Walter Friedrich Adolf Behrnauer u. Ferdinand Franz Krasselt: Bericht über den Fortgang der Catalogarbeiten der Bibliothek der Kaiserlich Leopoldinischen-Carolinischen Akademie der Naturforscher.) — (Dresden [1864]: Ramming.) 2 Bl. 8°
Zur fünfzigjährigen Jubelfeier d. hochgeschätzten Präsidenten d. Kaiserlich Leopoldinischen - Carolinischen deutschen Akademie d. Naturforscher Herrn Dr. Carl Gustav Carus am 2. November 1864 überreicht.
10. 15.

Behrnauer Walter Friedrich Adolf, Dr.: Sultân Ahmads I. Bestallungs- und Vertragsurkunde für Gabriel Báthori von Somlyó, Fürsten von Siebenbürgen, vom Jahre 1608 der christlichen Zeitrechnung. Ar. 18. .... vgr. Separatabdruck

Behrnauer, W. F. A., Die Landschaften Holontalo, Limoeto, Bone, Boalemo und Kattinggola oder Andagilo mit geographischen, statistischen, geschichtlichen und ethnographischen Anmerkungen näher beleuchtet nach der ... Arbeit des ... J. G. F. Riedel. [Zeitschrift für Ethnologie 1871.] o. O. [1871]. 4°.

Behrnauer, Walter Friedrich Adolph, [Programm eines photolithographischen orientalischen Album]. [= Serapeum. XXVIII. Jahrgang. No. 12. 1867.] Leipzig 1867.

Behrnauer, Walter Friedrich Adolf [Übers.], s. Quellen für serbische Geschichte.

— Suleiman des Gesetzgebers Tagebuch auf seinem Feldzuge nach Wien im Jahre 935/6 d. H. = J. 1529 n. Chr. Zum ersten Male im türkischen Originaltexte herausgegeben, mit einer deutschen Übersetzung und mit Anmerkungen versehen von W. F. A. Behrnauer. Wien 1858.

Behrnd, Gottfried s. *Behrndt.*

Behrnd, Gustav, appr. Arzt a. Coblenz (Rheinprov.), Assistenzarzt im Triersch. Feldart.-Reg. Nr. 44: Punktion bei Pericarditis. Berlin (1905): G. Schade. (29 S.) 8°
Berlin, Med. Fak., Ref. Heubner, Diss. v. 9. Febr. 1905
[Geb. 2. Jan. 80 Coblenz; Heimatsort: Trier; Staatsangeh.: Preußen; Vorbildung: Gymn. Crefeld Reife O. 98; Studium: Bonn 1, Berlin, K. Wilh. Akad. 9 S.; Coll. 6. Febr. 05; Approb. 21. Juni 04.]

Behrndt, Christoph: Der Werth der Bibel. Predigt. — Stettin: Weiß 1847. 16 S. 8° 1: 22 in E 251-2.
15.

Behrndt, Gottfried

Der Name d. Verfassers findet sich auch in d. Formen Behrend, Behrnd u. Berends.

— Betr. üb. d. Gebr. d. evangel. g. Kirchenmusik. 8.

— Geschlechts-Ahnen des weyland Hochwohlgebohrnen Herrn, Herrn Jacobs von Schenck ..., so den 27. Junii An. 1643 gebohren, und den 12. Febr. 1732 im 89. Jahre seines Alters, wolseeligst verstorben, nachdem derselben Personalien nebst der Leichen-Predigt bereits einige Zeit vorher abgedruckt gewesen, noch weiter bis ins 6. Glied mit Fleiß zusammen gesucht, und in 2 noch hiebey gefügten Tabellen verf. — Magdeburg [um 1735]: Faber. 4 Bl. 4° 15.
15.

Behrend, G., Samml. v. Gedichten. 8. Magdeburg, Scheidh. 746.

— Sammlung von Lob-, glückwünschungs-, trauer-, vermischten, geistlichen, und weltlichen Gedichten, welche theils verschiedene geschickte Personen, theils er selbst verfertiget hat. — Ebd. 1746. 944 S. 8 1:Yk 8766. 7.
15.

— Bernanders Sammelung verirrter Musen, darinnen theils zerstreuete, theils noch gantz ungedruckte, jedoch auserlesene Gedichte verschiedener berühmten und geschickten Persohnen nebst seinen eigenen enthalten. St. 1–10.— Magdeburg [usw.]: Seidel & Scheidhauer 17[32–]35. 944 S. 8° 1[∞10]:Yf 2301. 9[∞1].
15.

— — 2. Aufl. St. 1. Ebd. [1732]. 96 S. 8° 9.
15.

Die Sammlung enthält Gedichte von G. J. von Alvensleben, F. G. B===, Kloster=Convent Bergen, Bernander, M. C. G. Bock, Chr. D. von Böhlau, M. Chr. Brandenburg, E. Bütov, M. J. Christgau, G. S. Corvinus, Th. J. Edeling, Chr. Fürer von Haimendorf, der deutschübenden poetischen Gesellschaft, Stift S. S. Simon u. Juda zu Goßlar, J. Chr. Gottsched, P. Griese, Busso von Hagen, Heegius, Chr. F. Henrici, L. O. Hieronymi, Chr. G. Jacobi, J. G. Immermann, H. K. von Kirchbach, J. U. König, J. P. Lamprecht, G. W. Leibnitz, J. G. zur Linden, Chr. G. Ludewig, M. J. P. May, J. B. Menke, F. O. Menke, J. S. Müller, Fried. Car. Neuberin, Picander, J. V. Pietsch, E. M. Plarre, M. Richey, P. W. Roloff, J. B. Schartau, P. Chr. Schreiber, E. Maria von der Sch===, J. J. Schwabe, A. W. von Schwiechold, L. Senf, H. Chr. Stockhausen, H. E. Graf zu Stollberg, G. Stolle M. J. J. Struve, Chr. Sucro, J. S. Suschke, T===, Chr. A. Teuber, Joh. Elisab. Trappsen geb. Fohlmannin, G. S. Treuer, H. G. Reichsgraf von Waldeck, J. G. Waltner, S. Walther, Chr. F. Weichmann, Dr. P. G. Werlhoff K. J. H. Winckler, J. Chr. Wolffersmann, J. Chr. Zimmermann.

B. S. T. 8°.1o7.

— Poetische Sonn- und Fest-Tags-Betrachtungen über die verordneten Evangelia durch das gantze Jahr, in so genandten Oratorien bestehend ... Nebst e. Anh. von verschiednen andern geistlichen Oden, Liedern ... u. Ubersetzungen. — Magdeburg 1731: Faber. 300,63 S. 8° 1:2 in Ei 1010.

— Versuch einiger Stammtafeln des uralten hochadelichen Geschlechts von dem Busch, westphälischen Ursprungs.— Magdeburg 1742: Vetter. 4 Bl. 4° 1:4° S 3357. 3.
15.

— Geschicht-mäßige Vorstellung von den Gerechtsamen derer teutschen Käyser und des Heil. Reichs auf das Groß-Herzogthum Florentz, denen zugleich die von florentinischer Seite gemachten Einwürffe und derselben gründliche Wiederlegung ... beygefüget von Bracciano [d. i. Gottfried Behrndt]. — o.O. 1722. 103 S. 8°
Die Schrift ist eine erweiterte Übers. von Mascow, Johann Jakob: De Jure Jmperii in magnum ducatum Etruriae. 1721.
1:Rq 2176. 2. 3. 5. 7. 8. 10. 12:4° Ital. 294/6. 17. 23. 24. 27. 28. 29.
15.

— — o.O. 1722. 76,[vielm.120] S. 8°
12:4° J. publ. E 50 [u.ö.] 300:117.437-B.

Behrndt, *Albert Friedrich Julius* [Referendar]: Der dolus bei Verträgen nach gemeinem Rechte ... Stettin, Druck v. E. Gentzensohn, 1894; 49 S., 1 Bl. 8.
Greifswald, Jur. Fak., Inaug.-Diss. v. 1894

Behrnhauer, Georg Ehrenfried s. *Behrnauer.*

Behrns: De stichomythia Euripidea. 16 S.
Progr. Wetzlar 1864.

Behrns, Michael s. *Behrens.*

Behrns, Wilhelm [aus Schleswig]: Ueber die Excision von Sclerosen. . . . Würzburg, Anton Boegler'sche Buchdr., 1889; 44 S. 8°
Würzburg, Med. Fak., Inaug.-Diss. v. 1889

Behs, W.H.: Das Entwerfen u. Zeichnen der gewöhnlich vorkommenden Baurisse nach ihren verschiedenen Beziehungen. Nebst gründlicher Anweisung zu übersichtlicher Abfassung eines Bauanschlags.
Weimar 1880. 8°

Behschel, S. A.: Der Werth der chirurgischen Schulen im Königreiche Bayern geprüft auf dem Probiersteine der Erfahrung. — Bamberg: Dresch 1835. 104 S. 8°
12: Bavar. 221 k.
15.

Behschnitt, Max [aus Breslau]: Das französische Personalpronomen bis zum Anfang des XII. Jahrhunderts .... Bonn. Univ.-Buchdr. v. Carl Georgi, 1887; 31 S. 8°.
Heidelberg, Phil. Fak., Inaug.-Diss. v. 1887.

Behschnitt, Max, das französische Personalpronomen bis zum Anfang des XII. Jahrhunderts. Diss. Heidelberg 1887, Theodor Groos. 8°. 31 S.

Behse, Ed., Beiträge zur Lehre vom Fieber. Inaug.-Dissert. Dorpat 864. Gläser. 4. (48 S. u. 1 lith. Taf. in Fol.) n. 15 ngr.

Behse, Friedr. (Hrsg.), s. Die Volksschule.

Behse, Gust., de graviditate tubaria in specie et de graviditate extranterina in genere. Dissertatio inauguralis anatomico-physiologica. 8maj. (72 S. mit 1 Stnt. in qu. 4.) Dorpati 832. Mitaviae, Reyher.

Behse, H.W.: Die Chemie in der Werkstatt 1872, s. Behse, Wilhelm Hermann

Behse, W.: Arbeiten, Die, des Zimmermanns, s. Behse, Wilhelm Hermann

Behse, *Wilhelm Hermann* [Dir. Dr.]: *Abschiedswort an die Schüler und Eltern.* Dortmund, Druck v. W. Crüwell, 1894; 28--30 S. 4.
Dortmund, st. R, P 1894 (381)

Behse, Wilhelm Hermann: Die praktischen Arbeiten und Baukonstruktionen des Maurers und Steinhauers in allen ihren Theilen. Ein Handbuch für Maurer u. Steinhauer, sowie für Baugewerk- u. Gewerbeschulen. 4. Aufl. von Matthaey's 'Handbuch für Maurer etc.' in gänzlicher Umgestaltung. [Nebst] Atlas. — Weimar: Voigt 1869. 8° (Neuer Schauplatz d. Künste u. Handwerke. 22.)
17. 82. 89. 91.
15.

Behse, W. H., die praktischen Arbeiten und Baukonstruktionen des Maurers und Steinhauers in allen ihren Theilen. Ein Handbuch für Maurer und Steinhauer, sowie für Baugewerk- und Gewerbeschulen. 5. verb. und verm. Aufl. Mit einem Atlas von 49 (lithogr.) Foliotaf., enth. 575 Fig. 8. (XII, 233 S.) Weimar 879, B. F. Voigt.

Behse, W. H., die praktischen Arbeiten u. Baukonstruktionen d. Maurers u. Steinhauers in allen ihren Teilen. Ein Handbuch f. Maurer u. Steinhauer, sowie f. Baugewerkschulen. 6., verm. Aufl. Mit e. Atlas, enth. 61 Foliotaf. m. 659 Fig. 8. (XII, 234 S.) Weimar 893. B. F. Voigt. 10. —

— Die praktischen Arbeiten und Baukonstruktionen des Zimmermanns in allen ihren Theilen. Ein Handbuch für Zimmerleute ... 6. Aufl. von Matthaey's 'Baukonstruktionen des Zimmermanns' in gänzlicher Umgestaltung. [Nebst] Atlas. — Weimar: Voigt 1868. 8° (Neuer Schauplatz d. Künste u. Handwerke. 49.) 17. 82.
15.

— — 7. Aufl. [Nebst] Atlas. Ebd. 1875. 8° [u.] 4° (Neuer Schauplatz d. Künste u. Handwerke. 49.) 89.
15.

Behse, W. H., die praktischen Arbeiten u. Konstruktionen d. Zimmermanns in allen ihren Theilen. Ein Handbuch f. Zimmerleute, sowie f. bautechn. Lehranstalten. 8., verb. Aufl. Mit e. Atlas v. 51 Fol.-Taf., enth. 595 Abbildgn. 8. (XII, 235 S.) Weimar 887. B. F. Voigt. 9. —

— — 9., verb. Aufl. [Nebst] Atlas. Ebd. 1894. XII,245 S. 8° [u.] 4° (Neuer Schauplatz d. Künste u. Handwerke. 49.) 91. 15.

—— der Bau hölzerner Treppen. Eine kurze Anleitung zum Selbstunterricht für Zimmerleute und Tischler. Mit 4 (lithogr.) Foliotaf., enth. 59 Fig. gr. 8. (16 S.) Weimar 868, B. F. Voigt.
Aus: Die praktischen Arbeiten und Baukonstruktionen des Zimmermanns, besonders abgedruckt.

Behse, W. H., der Bau hölzerner Treppen. Eine kurze Anleitung zum Selbstunterricht für Zimmerleute und Tischler. 2. umgearb. und wesentlich verm. Aufl. gr. 8. (16 S. mit 62 Abbild. auf 4 lithogr. Taf.) Weimar 884, B. F. Voigt. * 1 —

Behse, W. H. Der Bau hölzerner Treppen. Eine kurze Anleitung zum Selbstunterricht f. Zimmerleute u. Tischler. 3. verb. Aufl. gr. 8. (19 S. m. 4 lith. Taf.) Weimar 890, Voigt. * 1 —

— der Bau hölzerner Treppen. Eine kurze Anleitg. zum Selbstunterricht f. Zimmerleute u. Tischler. 4. Aufl. Mit 64 Abbildgn. auf 4 Taf. gr. 8. (19 S.) Ebd. 893. n. 1. —

Behse, W. H., der Bau hölzerner Treppen. Mit besond. Berücksicht. der Konstruktion, neu bearb. v. A. Opderbecke. 24 Taf. m. erläut. Text. 5. vollst. neubearb. Aufl. des Treppenwerkes v. W. H. Behse. gr. 4. (III, 4 S. Text.) Leipzig 902. B. F. Voigt. 6. —

—— der Bau massiver Treppen. Eine kurze Anleitung zum Selbstunterricht für Maurer und Steinhauer. Mit 9 (lithogr.) Foliotaf., enth. 81 Fig. gr. 8. (18 S.) Weimar 869, B. F. Voigt.
Aus: Die praktischen Arbeiten und Baukonstruktionen des Maurers und Steinhauers, besonders abgedruckt.

Behse, WH: Die Baurisse, umfassend d. zeichner. Darstellg u. d. Entwerfen d. gewöhnlich vorkomm. Gebäudegattgn. Nebst e. Aufstellg e. ausführl. Kostenanschlags. 5. Afl. v. H Robrade. 8° (165 m. 30 Taf.) Lpzig 1900, BF Voigt. 6 —

Behse, WH, d. Berechng d. Festigk. v. Holz- u. Eisenconstruct. ohne höh. math. Vorkenntn. 4. (155 m. H. u. 22 L.) Lpzg 64, Gebhardt. n. 2. 20

Behse, W. H., die Berechnung der Festigkeit von Holz- und Eisenconstructionen ohne höhere mathematische Vorkenntnisse. Mit Tabellen zur Bestimmung ihrer Dimensionen. Für Baugewerk- u. Gewerbeschulen, Bauhandwerker, Mühlen- u. Maschinenbauer. In 2 Thln. Mit 137 in den Text eingedr. Holzschn. u. 22 lith. Taf. Leipzig 864. Seemann. gr. 4. (VIII, 155 S.) n. 2 ℛ 20 ngr.

Behse, *Wilhelm Hermann* [Rekt. Dr.]: *Bericht über die Feier des 25jährigen Bestehens der Anstalt.* Dortmund, Druck v. F. Crüwell, 1892; 18—29 S. 4.
Dortmund, st. GwS '(HB)', P 1892 (377)

—— die Chemie in der Werkstatt. Leichtfaßl. Darstellung der chem. Erscheinungen, wie sie im Berufe des Bauhandwerkers, Metallarbeiters, Landwirths u. s. w. täglich vorkommen. Eingerichtet sowohl zum Selbststudium, als auch zum Gebrauche beim Unterricht an Gewerbe-, Real-, Baugewerk- und Handwerker-Schulen. In 2 Thln. Mit vielen in den Text eingedr. Illustr. 1. Thl.: Anorganische Chemie. gr. 8. (XX, 312 S. mit 115 Illustr.) Weimar 872, B. F. Voigt.

—— das Entwerfen und Zeichnen der gewöhnlich vorkommenden Baurisse, s.a. Schauplatz, neuer, der Künste und Handwerke.

— das Entwerfen u. Zeichnen der gewöhnlich vorkommenden Baurisse nach ihren verschiedenen Beziehungen. Nebst gründlicher Anweisung zu übersichtlicher Abfassung eines Bauanschlags. Für gewerbl. Fortbildungsschulen, sowie zum Selbststudium für Gesellen u. Lehrlinge. 3. Aufl. v. Hertel's Unterricht im Zeichnen ꝛc. der Baurisse in gänzlicher Umgestaltung. Mit einem Atlas (in 4.) v. 29 (lith.) Taf., enth. 410 Fig. gr. 8. (XII, 136 S.) Ebend. 880. 6. —

— Das Entwerfen und Zeichnen der gewöhnlich vorkommenden Baurisse nach ihren verschiedenen Beziehungen. Nebst gründlicher Anweisung zu übersichtlicher Abfassung e. Bauanschlags. Für gewerbliche Fortbildungsschulen, sowie zum Selbststudium. 4., verm. u. verb. Aufl. Mit e. Atlas. — Weimar: Voigt 1892. XII,150 S.,30 Taf. 8° [u.] 4° (Neuer Schauplatz d. Künste u. Handwerke. 54.)
Der Atlas ist gesondert gebunden.
91. 15.

— Darstellende Geometrie mit Rücksicht auf technische Anwendung, insbes. über Steinschnitt d. Gewölbe, Construction d. gewundenen Treppen, Schiftung bei Walmdächern. Für Baugewerk- u. Gewerbeschulen so wie zum Selbstunterricht. — Siegen: Grimm (1864). XXIX gez. Bl. gr.2° 6. 15.

— darstellende Geometrie mit Rücksicht auf technische Anwendung, insbesondere über Steinschnitt der Gewölbe, Construction der gewundenen Treppen, Schiftung bei Walmdächern. Für Baugewerk- u. Gewerbeschulen so wie zum Selbstunterricht bearb. In 30 (lith.) Blättern mit erläuterndem Text. 2. Aufl. Siegen 865. (Halle, Knapp.) gr. Fol. n. 2 ℛ 20 ngr.

— — 2. Aufl. Siegen: Grimm o. J.; [aufgekl.:] Halle: Knapp 1866. XXX Bl. 1:2° Of 911. 80. 15.

— Die darstellende Geometrie mit Rücksicht auf technische Anwendung für Real-, Gewerbe-, Handwerker- u. Baugewerkschulen, sowie zum Selbstunterricht. 3., umgearb. Aufl. Th.1.2. — Halle: Knapp 1869–71. quer-4° 3. 6. 82. 83. 15.

—— die darstellende Geometrie für Real-, Gewerbe- und Werkmeisterschulen, sowie zum Selbstunterricht für Bautechniker und Mechaniker. 2 Tle. 4. gänzlich umgearb. Aufl. gr. 8. [Leipzig, Knapp's Verlag.] Karlsruhe, J. Bielefeld's Verlag. *
Inhalt:
Tl. 1. Die Projectionslehre. Konstruktion der Durchschnittsfiguren. Windschiefe Flächen. Spirallinien und Spiralflächen. (IV, 119 S. mit 214 eingedr. Fig.) 882. *ℳ 3.
» 2. Die darstellende Geometrie. [Ausmittelung der Dachflächen. Schiftung bei Walmdächern. Konstruktion der windschiefen Dächer. Konstruktion von gewundenen Treppen. Steinschnitt der Gewölbe.] (III, 64 S. mit 144 eingedr. Fig.) 883. *ℳ 1,50.

Behse, W. H., d. darstell. Geometrie f. Real-, Gewerbe- u. Werkmeisterschulen, sow. z. Selbstunterr. f. Bautechniker u. Mechaniker. Nach dess. Tode bearb. v. P. Borthold. 1. Tl. gr. 8. Leipzig 895. J. J. Arnd. n. 3. —
1. Projektionslehre. Konstruktion d. Durchschnittsfiguren. Windschiefe Flächen, Spirallinien u. Spiralflächen. Schräge Projektion. 5., gänzl. umgearb. Aufl. (VIII, 150 S. m. 257 Fig.)

— die darstellende Geometrie f. Real-, Gewerbe- u. Werkmeisterschulen, sowie zum Selbstunterricht f. Bautechniker u. Mechaniker. Nach dessen Tode bearb. v. P. Borthold. II. Tl. Die darstell. Geometrie. Dachausmittelungen. Die Schiftgn. Die gewundenen Holztreppen. Steinschnitt. 5. gänzl. umgearb. Aufl. Mit 179 Fig. gr. 8. (III, 96 S.) Leipzig 897. J. J. Arnd. n. 2. —
I. Tl. Ebd. 895. n. 3. —.

—— Lehrbuch der Physik für höhere Bürgerschulen und technische Lehranstalten. gr. 8. (XVIII, 229 S. mit 229 in den Text gedr. Abbild.) Weimar 887. B. F. Voigt.

—— Lehrb. d. Physik f. höh. Bürgerschulen u. techn. Lehranstalten. 8. (229 m. H.) Ebd. 87. 4. 50 || 2. Afl. (229 m. H.) 88. geb. 3. 75

—— dass. — 2. unveränd. Aufl. gr. 8. (XVIII, 229 S. mit 229 eingedr. Abbild.) Ebendas. 889. geb.

— der Maurer. Eine umfassende Darstellg. der sämtl. Maurerarbeiten. 7. gänzlich neubearb. Aufl. Hrsg. v. Herm. Robrade. Mit e. Atlas v. 56 Foliotaf., enth. 720 Fig. (gebrochen in gr. 4). gr. 8. (X, 234 S.) Leipzig 902. B. F. Voigt. 12. —; geb. 15. —

—— Sammel-Mappe für Bau-Entwürfe, s.a. Sammel-Mappe.

Behse, W H. Sammel-Mappe für Bau-Entwürfe. 1. Heft. Halle a. S. 1866. Fol.

Behse (W. H.), Sammelmappe für Entwürfe ausgeführter Wohn- und landwirthschaftlicher und Fabrik-Gebäude. Heft 6 und 7: Hohofenanlage zu Kreuzthal bei Siegen. Halle 1868. 4.

— Treppen aus Holz. Eine kurze Anweisung zum Gebrauch für Treppenbauer, Baugewerksmeister, Zimmerleute u. Bauschüler. 5. Aufl. Hrsg. von W. Müller. — Leipzig: Voigt 1899. 32 S.,6 Taf. 8° **300:**543.033–B. 15.

— — 6. Aufl. Hrsg. von Emil Lorenz. Ebd. 1907. 32 S.,6 Taf. 8° **1:**Nz 5325/25[6]. 15.

— Treppenwerk für Architekten, Zimmerleute und Tischler, sowie für Baugewerk- und Gewerbeschulen, oder vollständige Abhandlung der Treppen in Holz. Nach d. neuesten Ausführungen mit bes. Berücks. d. Konstruktion. — Weimar: Voigt 1873. 10 S.,30 Taf. 4° **17. 82. 89. 01.** 15.

— — 2., verm. u. verb. Aufl. Ebd. 1876. 10 S.,32 Taf. 4° **30.** 15.

—— Treppenwerk f. Architekten, Zimmerleute u. Tischler, sowie f. Baugewerk- u. Gewerbeschulen. 2. Afl. gr. 4. (10 m. 32 L.) Ebd. 77. 6. —

—— Treppenwerk f. Architekten, Zimmerleute u. Tischler, sowie für Baugewerk- u. Gewerbeschulen, od. vollständ. Abhandlung der Treppen in Holz. Nach den neuesten Ausführgn. m. besond. Berücksicht. der Konstruktion bearb. Mit 33 (lithogr.) Taf., enth. 199 Abbildgn. 3. verm. u. verb. Aufl. gr. 4. (13 S.) Weimar 890, Voigt. 6 —

— Treppenwerk für Architekten, Zimmerleute und Tischler, sowie für Baugewerk- und Gewerbeschulen oder vollständige Abhandlung der Treppen in Holz. 4., verm. u. verb. Aufl. Nach d. neuesten Ausführungen ... bearb. von W. Müller. — Ebd. 1897. 16 S.,36 Taf. 4°
5. Aufl. s. *Behse:* Der Bau hölzerner Treppen. 1902. **80.**

Behse W, Zeichnen und Entwerfen der Baurisse mit Atlas. 3. Auflage. (Schauplatz der Künste und Handwerke 54) Weimar 1880

— der Zimmermann. Eine umfass. Darstellg. der Zimmermannskunst. 10. erweit. Aufl., hrsg. v. Herm. Robrade. Mit e. Atlas v. 44 Foliotaf., enth. 652 Abbildgn. gr. 8. (X, 176 S. m. Abbildgn.) Ebd. 899. 9. —

— Der Zimmermann. Eine umfassende Darstellung d. Zimmermannskunst. 11., umgearb. u. berichtigte Aufl. Hrsg. von Hermann Robrade. [Nebst] Atlas. — Leipzig: Voigt 1901. 8° [u.] 2° **1:**8° [u.] 2° Nz 6648[11]. **89.** 15.

Behsel, Anton: Verzeichniß aller in der kaiserl. königl. Haupt- und Residenzstadt Wien mit ihren Vorstädten befindlichen Häuser, mit genauer Angabe der älteren, mittleren und neuesten Nummerirungen, der dermahligen Eigenthümer und Schilder, der Straßen und Plätze, der Grund-Obrigkeiten, dann der Polizey- und Pfarr-Bezirke. Wien: Gerold 1829. 226 S. 8° **300:**569.866–B.K. **302.** 15.

Behtge, Joh. Heinr. (Quedlinburg), De probatione animi inferendae injuriae. Diss. jur. Präs. Lüder Mencke. Lpz. (Joh. Georgi) 30. IV. 1685. 22 Bl. (5.—) 1860
Gew.: Phil. Ludw. Probst v. Wendthausen, Joach. Chph. Stisser, Valent. Krüger.

— — Dasselbe. Lpz. (Chn. Emmerich) disp. II. 82 S. (4.80) 1861

Behtmann, Karl Alfr.: Die Liebesverirrgn e. Enterichs. Jungfer Laura. 2 Satiren in Versen. (63) 8° Berl. W.-Zehlend., R Eckstein Nf. ('11). 1 — d

Behuneck, Adolph

Behuneck, Adph., alphabetisch-tabellarisches Verzeichniß sämmtlicher Städte, Flecken, Dörfer und anderer Orte Schlesiens, unter Angabe des Regierungsbezirks, Kreises, Landschafts-Systems und der Gerichtsbehörden, sowie sämmtlicher Städte und derjenigen Ortschaften Preußens, in denen Gerichtssitze sind oder Gerichtstage abgehalten werden. Aus amtlichen Quellen zum Gebrauch für Behörden u. Geschäftsmänner zusammengestellt. Steinau a. N. 855. (Breslau, Kern.) gr. 8. (VI, 262 S.) n. 1 ß

Behuneck, Adolf: Alphabetisch-tabellarisches Verzeichniß sämmtlicher Städte, Flecken, Dörfer und anderer Orte Schlesiens ... sowie sämmtlicher Städte und derjenigen Ortschaften Preußens, in denen Gerichtssitze sind oder Gerichtstage abgehalten werden. — Steinau a.O.: Verf. 1855. 214,46 S. 8° **1:**Ta 5462. **2.** 15.

Behuneck, Adph., alphabetisch-tabellarisches Verzeichniß sämmtlicher Städte, Flecken, Dörfer und anderer Orte Schlesiens, unter Angabe des Regierungsbezirks, Kreises, Landschafts-Systems und der Gerichtsbehörden, sowie sämmtlicher Städte und derjenigen Ortschaften Preußens, in denen Gerichtssitze sind oder Gerichtstage abgehalten werden. Aus amtl. Quellen zum Gebrauch für Behörden und Geschäftsmänner zusammengestellt. gr. 8. (VI und 262 S.) Steinau a. O. 855(57). (Breslau, Kern.) Thlr. *

Behuneck, Clara: Festgrüße zur Silber-Hochzeits-Feier unseres Kaiserpaares. (Verf.: C. Behuneck.) — Schweidnitz: Brieger [1906]. 11 S. 8° **1:**Yo 30915. **2.** 15.

— Festklänge. Dichtungen zu Schulfeiern. — Schweidnitz: Brieger [1906]. 103 S. 8° **1:**Yo 30909. **2.** 15.

— Der Sieg d. Abstinenz. Festsp. (10) kl8° Heidhausen-Werden-Ruhr, St. Kamillushaus ('09). — 15 (Partiepreise) d

Behüt' dich Gott! Christliche Dichtgn. als Mitgabe f. den Lebensweg. 12. (95 S. m. 6 Farbdr.) Konstanz (901). C. Hirsch. Geb. in Leinw. m. Goldsch. n. 1. 60

Behuet. — Behüt dich Gott! Christliche Dichtungen als Mitgabe für den Lebensweg. — Konstanz [usw.]: Hirsch [1902]. 96 S. 8° **1:**N 18.629. **21.** 15.

Behüt dich Gott! Ein Geleitswort auf den Lebensweg f. evangel. Töchter. Hrsg. v. der Konferenz der evangel. Kirchenbehörden der Schweiz. (52 S.) kl. 8. Zürich (906). Fäsi & Beer. n. — 25

Behütet eure Kindlein vor englisch. Krankheit (Rachitis)! Den deutschen Frauen! Gewidmet vom Plauener Verein „Jugendfürsorge". (Von Delitsch u. Frucht.) (1 Taf. u. 1 Bl. Text.) 23,5×29,5 cm. Plauen (908). (A. Kell). nnn — 50

Kolibri 360 GmbH
Ferdinand-Jühlke-Straße 7
99095 Erfurt, Deutschland
produktsicherheit@kolibri360.de